DICTIONNAIRE GÉNÉRAL

DE

GÉOGRAPHIE UNIVERSELLE

ANCIENNE ET MODERNE.

STRASBOURG,
IMPRIMERIE DE PH.-H. DANNBACH, RUE DU BOUCLIER, 1.

DICTIONNAIRE GÉNÉRAL

DE

GÉOGRAPHIE UNIVERSELLE

ANCIENNE ET MODERNE,

HISTORIQUE, POLITIQUE, LITTÉRAIRE ET COMMERCIALE,

PAR

ENNERY ET HIRTH,

ACCOMPAGNÉ

D'UNE INTRODUCTION A L'ÉTUDE DE LA GÉOGRAPHIE DANS SES RAPPORTS AVEC L'HISTOIRE,

PAR

CH. CUVIER,

PROFESSEUR D'HISTOIRE A LA FACULTÉ DES LETTRES DE L'ACADÉMIE DE STRASBOURG.

TOME PREMIER.

STRASBOURG,
CHEZ BAQUOL ET SIMON, ÉDITEURS,
GRAND'RUE, 29.

1839.

INTRODUCTION.

La Géographie est la science qui a pour objet la connaissance et la description de la terre. Considérée dans le sens le plus étendu et le plus complet, on peut la définir : la science de l'espace rempli par les choses terrestres. Elle a pour base l'idée de la terre ou son essence, son individualité, qui se révèle surtout dans les divers phénomènes de sa surface.

La terre est une des onze planètes opaques qui tournent autour du soleil, dans les limites du zodiaque, et dont plusieurs ont des satellites ou des planètes secondaires, telles que notre lune, qui tournent autour d'elles. Cette réunion d'astres, dont les phases et les mouvements déterminent la mesure du temps et toute la chronologie, forme ce qu'on appelle le système solaire. Ce système fait lui-même partie, avec les étoiles fixes et les comètes, de ce vaste ensemble de corps célestes dont l'astronomie observe les phénomènes, calcule les lois mathématiques et qu'on nomme le système du monde.

La géographie astronomique ou mathématique fait connaître les rapports du globe terrestre avec le reste de l'univers.

La géographie physique fait connaître la surface de la terre, sous ses trois formes d'atmosphère, de mer et de terre, et dans ses rapports aux trois règnes de la nature, c'est-à-dire, aux minéraux, aux végétaux, aux animaux et à l'homme.

La géographie politique et historique s'occupe des états et de tout ce qui sur la terre est l'ouvrage des hommes.

La géographie comparée, telle que l'a conçue le savant Ritter de Berlin, rapproche les éléments de détail que lui fournit l'observation des phénomènes géographiques, les compare sans cesse entre eux, les classe selon leurs caractères naturels, découvre par là en quoi ils se ressemblent, en quoi ils diffèrent; fait comme l'anatomie comparée et la physiologie du globe, et montre ainsi, par les faits envisagés à la lumière de la révélation et de l'histoire, une partie du plan qu'a suivi le Créateur dans la création de la terre et dans la conduite des destinées de notre planète.

L'ethnographie, aidée de l'anthropologie, de la linguistique, de la statistique, etc., fait connaître la classification des peuples, considérés sous les divers points de vue; de leur origine, des races physiques auxquelles ils appartiennent, des langues qu'ils parlent, des religions qu'ils professent, des formes sociales qui les régissent, des divers degrés de civilisation auxquels ils sont parvenus.

L'histoire, soit universelle, soit générale, soit particulière, soit biographique ou individuelle, soit locale et monographique, expose, en suivant la chronologie, la succession et l'ensemble organique des développements de l'humanité, des races, des nations, des états, des institutions, des individus, des localités qui ont joué un rôle plus ou moins important dans le monde, depuis la création jusqu'à nos jours.

L'histoire se compose de faits matériels et spirituels, puisés à des sources, soit orales et traditionnelles, soit écrites et monumentales. Elle s'appuie, comme auxiliaire de toutes les sciences théoriques et pratiques qui peuvent jeter quelque lumière sur ces faits, et s'éclaire de la critique historique, qui examine, en les appréciant, l'authenticité, l'intégrité, la véracité des monuments et des témoignages dont elle détermine l'importance publique et privée, ainsi que le degré de confiance qu'ils méritent. Enfin, la méthode qu'elle suit peut être, quant à l'ensemble, synchronistique ou ethnographique, ou mélangée de l'une et de l'autre; et, quant à l'exposition, elle peut être, ou purement chronologique, ou descriptive et pittoresque, ou pragmatique et raisonnée, ou philosophique, ou combinée de chacune de toutes ces méthodes.

Une grande harmonie providentielle existe entre la nature géographique, l'ethnographie et l'histoire des diverses régions du globe, et ces trois parties de la science se rencontrent comme unité sur un même point.

Ce point d'unité, mis en lumière par nos livres saints, qui seuls peuvent donner la clef de la nature et de l'histoire, n'est autre que l'idée divine qui a présidé à la création du globe et du genre humain, qui détermine la marche respective et commune de leur vie progressive à travers les siècles, et qui a posé, dans le christianisme idéal et triomphant à la fin des temps, le but final vers lequel ils tendent de concert, sous la conduite de la Providence.

Ce but final est le rétablissement définitif de l'harmonie divine éternelle au sein de l'humanité et de la nature terrestre déchues, harmonie que doit consommer un jour la Parole, le Verbe, le Christ éternel de Dieu, qui par son Esprit vivifiant doit détruire l'empire du mal et de la mort, et renouveler toutes choses.

Dans son état actuel, notre terre, encore opaque, de forme sphéroïdale, de grandeur moyenne et placée, relativement aux autres planètes, à une distance moyenne du soleil, exécute, depuis des milliers d'années, autour de son axe un mouvement diurne de rotation qui produit le jour et la nuit. Elle poursuit, le long de l'écliptique, son orbite ovale et incliné sur l'équateur, un mouvement de révolution autour du soleil qui, combiné avec celui de la lune autour de la terre, donne naissance aux mois, aux saisons, aux années et à toute la chronologie. La lumière et la chaleur du soleil se répandent ainsi successivement d'un méridien, d'un équinoxe, d'un solstice et d'un hémisphère à l'autre, entre les tropiques, des deux côtés de l'équateur, jusques aux cercles polaires, et pénètre tour à tour au-delà de chacun de ces derniers cercles, vers les deux extrémités de l'axe terrestre qu'on nomme les pôles.

Une opposition féconde et vivante des quatre points cardinaux, se manifeste par là continuellement, entre l'orient et l'occident, le midi et le nord; et la différence des longitudes, déterminées par les méridiens, des latitudes, déterminées par l'équateur et ses parallèles, des zônes torride, tempérées et glaciales, limitées par les cercles de latitude, exerce sur les climats une influence profonde, que les climats, à leur tour, exercent sur toute la création terrestre, inanimée et vivante.

L'atmosphère, composée d'air et de vapeurs, constitue la première forme, l'élément le plus délié de la surface terrestre, et reçoit, d'une part, l'influence des astres, de l'autre, celle des éléments liquides, solides et impondérables du globe.

Cette enveloppe atmosphérique, fluide, gazeuse et sphéroïdale de notre planète, de 15 à 20 lieues de haut, est l'un des agents les plus actifs de la vie de la terre et des êtres dont elle est peuplée.

Dans son sein se passent des phénomènes variés, connus sous les dénominations de météores lumineux, ignés, aqueux, aériens, qui tous jouent, selon l'ordre marqué par la Providence, un rôle important dans l'économie de la vie du globe.

Des causes variées, mais soumises à la sagesse suprême qui régit le monde, les produisent, les modifient et, réunis à la chaleur, au froid, à la sécheresse, à l'humidité, à l'électricité, à la salubrité ou au méphitisme de l'air, ils contribuent, avec les influences astronomiques et terrestres, à produire les climats physiques, dont l'action est si importante sur les corps organisés et sur la vie des populations.

Ajoutez à cela que l'air est le véhicule du son et que par son intermédiaire se produisent les merveilles du langage articulé, de la parole et de l'harmonie.

Moins ténue et moins déliée que l'élément atmosphérique, la forme liquide de la surface terrestre cherche son niveau dans les régions basses et marque par ce niveau la rotondité du globe.

Elle forme d'une part les eaux salées maritimes ou l'océan général, qui couvre les deux tiers de notre planète, surtout vers le sud; et de l'autre les eaux continentales des glaciers, des sources, des ruisseaux, des rivières, des fleuves qui sont comme les artères et les veines du corps géographique, et se déversent dans les lacs et dans les mers.

Centre du principe aqueux et de sa circulation à la surface de la terre, l'océan général est sujet aux mouvements divers des ondes, des vagues et des lames, causés par les vents; du flux et du reflux ou des marées, causés par les astres; des courants généraux et particuliers, déterminés par la rotation terrestre, par la chaleur des tropiques, par les froids polaires et par les obstacles mécaniques que présentent à ces mouvements de la masse des eaux les parties saillantes des continents et des îles.

La grande mer générale qui environne le globe se divise en océan Boréal, océan Austral, grand océan Pacifique, océan Indien et océan Atlantique. Chacun de ces océans a ses mers particulières, ses méditerranées, ses golfes, ses baies, ses détroits, ses rades, ses anses, ses havres, ses ports, ses formes caractéristiques, ses phénomènes spéciaux, sa création organique, soit végétale, soit animale.

L'eau des océans rafraîchit l'air par ses exhalaisons continuelles; concourt à produire les météores qui agissent sur la vie des êtres organisés; alimente, par le moyen de ces météores, les eaux continentales qui retournent dans son sein; engloutit et décompose beaucoup de mauvais gaz et de débris animaux et végétaux, et devient par la navigation un moyen de communication, de rapprochement et de commerce réciproque, entre les contrées et les peuples qu'elle avait d'abord isolés.

Du sein de l'océan général s'élèvent les parties solides de la terre, qui constituent la charpente et comme les membres du globe.

Ces parties solides se divisent, selon leur grandeur respective et relative, en continents et en îles, et forment, dans leurs rapports avec les eaux océaniques et les eaux courantes, divers bassins maritimes, dont chacun verse la masse de ses eaux fluviales dans une même mer.

Trois grands groupes de terre se distinguent les uns des autres au milieu des océans qui environnent notre planète et portent les noms d'Ancien-Monde, de Nouveau-Monde et de Monde-Maritime ou d'Océanie. Leurs contours variés, qu'on appelle côtes, qui déterminent les dimensions horizontales de la terre et qui présentent des caps, des promontoires, des presqu'îles, tournées en général vers le sud, des isthmes, des parties saillantes et rentrantes, sont tantôt découpés, tantôt uniformes, tantôt escarpés, tantôt par falaises, tantôt par écueils, tantôt par dunes, tantôt bas et vagues et, selon ces diverses formes, ils exercent une influence différente sur les peuples qui les habitent.

A l'intérieur, les terres, considérées sous le point de vue de leurs dimensions verticales, c'est-à-dire, de leur élévation au-dessus des mers, affectent plusieurs formes fondamentales. Tels sont les plateaux ou plaines élevées, avec leurs terrasses et leurs montagnes intégrantes; les massifs ou les systèmes de montagnes proprement dits, formant tantôt des chaînes, tantôt des groupes isolés; les pays de gradins ou les régions inclinées graduellement, et les bas-pays ou les plaines basses, qui s'étendent au pied des gradins et des terrasses, et sont en général contigus aux mers.

Dans ces diverses formes fondamentales de la surface terrestre, qui sont en rapport intime avec les sources, le cours supérieur, le cours moyen et le cours inférieur des fleuves et de leurs affluents, se montre, d'une manière plus ou moins saillante, soit en grand, soit en petit, le contraste des montagnes et des vallées, des plaines cultivées et des plaines désertes, des hauts et des bas-pays, dont l'élévation relative, la situation, l'exposition, la nature géologique, influent puissamment sur le climat, les productions des trois règnes et le génie des différents peuples.

Ces formes terrestres se combinent entre elles de mille manières différentes. Leurs combinaisons sont réglées par la Providence en vue surtout de l'humanité, et de là résulte la composition caractéristique et individuelle des continents et des îles.

Les îles et les continents, ces membres solides du globe, ont pour centre des plateaux, des systèmes de montagnes ou des terres hautes, dont le nombre et la nature déterminent le caractère de chaque région. Les fleuves et leurs affluents, dont les bassins sont séparés par des terres hautes qui déterminent les lignes de partage des eaux, forment des systèmes hydrographiques d'un embranchement plus ou moins varié, et descendent, par les pays de gradins, vers les plaines basses, qui sont les intermédiaires entre les hauts-pays et les océans. Au-delà des bas-pays, sont souvent d'autres plateaux, d'autres massifs de montagnes, d'autres hautes terres qui forment les presqu'îles avec leurs isthmes et qui donnent aux continents et aux îles leur richesse et leur perfection.

Comme membres d'un même tout qui a sa vie propre, les masses solides de la terre sont les unes avec les autres dans des rapports intimes et variés. Chacune d'elles forme, à son tour, un tout qui existe pour soi, a son individualité, son caractère qui lui est propre, et se compose de parties diverses, qui sont ses membres et qui forment, à leur tour, autant de nouveaux touts indépendants et individuels.

L'Asie, l'Afrique et l'Europe sont trois continents distincts ou trois membres d'un seul tout qu'on nomme l'Ancien-Monde et qui ont pour dépendances respectives des îles plus ou moins nombreuses.

Le Nouveau-Monde, c'est l'Amérique avec ses îles. L'Afrique y trouve son analogue dans le continent de l'Amérique du Sud; l'Asie et l'Europe, avec les plaines polaires, y trouvent leur analogue dans le continent de l'Amérique septentrionale.

Entre l'Ancien et le Nouveau-Monde est située l'Océanie, ou le Monde-Maritime, qui se compose d'un continent, la Nouvelle-Hollande, et d'une multitude d'archipels et d'îles isolées. Ses grandes divisions sont l'Australie, la Notasie et la Polynésie.

Dans l'Ancien-Monde, situé presque tout entier dans l'hémisphère boréal, à l'exception d'une partie de l'Afrique, les terres sont accumulées vers le nord et s'étendent principalement dans le sens de la longitude. Dans les deux sections du Nouveau-Monde, réparti plus également entre les deux hémisphères, les terres sont aussi jetées vers le nord; mais sa direction principale s'étend d'un pôle à l'autre dans le sens de la latitude. Le Monde-Maritime occupe plus exclusivement les régions tropicales et moyennes du globe.

L'Asie septentrionale, avec une partie du nord de l'Europe et de l'Amérique, forme le bassin maritime de l'océan Boréal. Celui du Grand-Océan se compose de l'Amérique orientale, de l'orient extrême de l'Asie et de l'Océanie presque tout entière, tandis que le bassin de la mer des Indes est formé de l'Asie méridionale et de l'orient de l'Afrique, d'une partie de la Notasie et de l'Australie, et que celui de l'océan Atlantique embrasse la plus grande partie de l'Afrique, de l'Europe et du Nouveau-Monde.

L'Asie, placée au centre des terres sur notre planète, et communiquant facilement avec les autres, qui ont reçu d'elle leur population, est le plus vaste des continents. Elle présente une surface horizontale qui surpasse de cinq fois et quart celle de l'Europe, de six fois et demie celle de la Nouvelle-Hollande. L'Afrique n'est que trois fois et un tiers plus étendue que l'Europe, et l'Amérique quatre fois.

Considérées dans leurs contours, ces diverses parties du monde présentent des différences importantes, qui sont dans un rapport étroit avec la vie historique respective de chacune d'elles.

L'Asie, à laquelle se rattachent, comme de grandes presqu'îles, l'Afrique et l'Europe, présente à l'océan Boréal ses côtes les plus uniformes et les moins civilisées, tandis qu'à l'est, au sud et à l'ouest des échancrures considérables, des golfes profonds y déterminent un grand nombre de péninsules qui sont les membres détachés de ce vaste corps et qui se distinguent, pour la plupart, par leur vie historique. Toutefois, dans cette partie du monde, la masse continentale l'emporte encore sur les membres et sur la mer.

En Afrique, les membres péninsulaires disparaissent entièrement. Les contours sont de la plus grande uniformité, et l'absence des découpures, des golfes et des mers méditerranées, fait du continent africain le plus compact de tous, le moins varié dans ses formes, le moins favorable à la vie active, maritime et extérieure des populations.

Il n'en est pas de même de l'Europe; les côtes en sont tellement échancrées et sinueuses qu'elles offrent un développement de dix milles lieues, de sorte que la masse continentale et les membres y sont dans un rapport à peu près égal, et que les terres et les mers s'y tiennent comme en équilibre; aussi cette partie du monde, la plus variée de ses formes, est-elle le théâtre de l'activité océanique la plus prononcée, surtout au sud et à l'ouest, et d'une vie continentale analogue.

En regard de l'Europe, de l'autre côté de l'Atlantique, le Nouveau-Monde, aux bords uniformes vers l'océan Boréal, comme ceux de l'Asie, présente à l'est une côte remarquable par ses enfoncements et par ses saillies. Des golfes nombreux et profonds, espèces de mers méditerranées, avec des îles correspondantes à celles de l'Europe, ont été comme préparées par la Providence pour recevoir de la partie occidentale de l'Ancien-Monde cette vie active et mobile qui devait distinguer à son tour les côtes de l'Amérique orientale. A l'ouest, au contraire, vers l'océan Pacifique, le Nouveau-Monde étend son immense côte en une ligne uniforme, où le mouvement historique est tout autrement restreint que du côté opposé.

Enfin, la Nouvelle-Hollande offre à son tour une grande uniformité dans ses contours maritimes; mais le reste de l'Océanie, formé d'îles, d'archipels, de membres épars au sein du vaste océan, se distingue de toutes les autres parties du monde, par la prépondérance bien marquée des formes et de la vie océaniques.

La composition des divers continents, comparés entre eux sous le point de vue des dimensions verticales et des formes de leur surface, offre des différences aussi importantes et aussi tranchées que celles qui les distinguent les uns des autres dans leurs dimensions et leurs formes horizontales.

En Asie, où tout est grand et gigantesque, les hauts-pays affectent surtout la forme de plateaux, entourés ou dominés par des montagnes qui en font partie et qui descendent par des terrasses brusques vers les bas-pays. Les systèmes de montagnes, indépendants des plateaux, ne s'y rencontrent guère, et les gradins étendus s'y rencontrent tout aussi peu. Les grandes régions physiques de ce continent, séparées, distinctes et communiquant entre elles seulement par des passages peu nombreux, sont, en général, des plateaux montagneux avec leurs terrasses et des plaines basses, qui se déterminent les uns les autres par des contrastes saillants d'élévation et de climats, et se présentent sous de grandes proportions, analogues à l'étendue de l'Asie elle-même.

En Afrique domine encore le contraste des plateaux et des plaines basses; mais les uns et les autres sont autrement disposés et moins nombreux qu'en Asie, et des pays de gradins, beaucoup plus caractérisés, leur servent d'intermédiaires.

L'Europe, au contraire, offre une constitution entièrement différente. Son peu d'étendue ne laisse que peu de place aux vastes plateaux, et la dimension verticale s'y prononce dans les hauts-pays, sous forme de systèmes de montagnes proprement dits. Ces systèmes nombreux et accidentés offrent une foule de passages, favorables aux communications des peuples, et déterminent de nombreux gradins qui vont se perdre dans les bas pays, interposés entre eux et les océans.

La forme de plateau se retrouve en Amérique; mais elle s'y combine avec un vaste système de montagnes, fécond en volcans, qui court d'un bout à l'autre du nouveau monde, et qui descend, par des pentes brusques, vers les immenses plaines atlantiques de l'Amérique orientale et vers les plages étroites de l'océan Pacifique.

Quant à la Nouvelle-Hollande, encore peu connue, elle paraît être caractérisée surtout par des plaines basses, tandis qu'un grand nombre d'îles de l'Océanie sont, les unes élevées et formées par des montagnes volcaniques, les autres basses et formées de bancs de coraux.

Autant les diverses parties du monde présentent de différences caractéristiques dans leurs dimensions respectives, dans leurs formes et dans la constitution géographique de leur surface, autant elles se distinguent les unes des autres par la répartition variée de leurs eaux continentales.

Abondante en lacs salés sans écoulement, l'Asie est arrosée par des fleuves immenses qui, s'échappant de ses plateaux, en franchissent rapidement les terrasses, traversent les plaines basses et vont se déverser dans les mers qui baignent les côtes de ce continent vers le nord, vers l'est et vers le midi. Ces fleuves, d'un grand embranchement et sujets, dans les contrées méridionales, à des débordements périodiques, sont, sur plusieurs points, groupés deux à deux et forment des mésopotamies dont plusieurs jouent un rôle intéressant dans l'histoire.

L'Afrique, qui compte quelques grands lacs, est pauvre en grands fleuves, comme elle l'est en golfes, en mers méditerranées et en combinaisons variées des hauts et des bas-pays. Sujets comme tous les fleuves des régions tropicales à des débordemens périodiques et réguliers, ceux qu'elle nous présente descendent à la mer, les uns par des gradins, les autres par des terrasses, et offrent à la navigation intérieure moins de ressources que ceux de l'Asie

Quant à l'Europe, elle se distingue par ses lacs nombreux, dans les régions montagneuses, et par l'abondance de ses eaux courantes, autant que par ses formes et par ses régions variées. Cette abondance de fleuves et de rivières navigables qui sortent des montagnes, parcourent les nombreux gradins, les plaines basses de l'Europe et se jettent dans toutes les mers limitrophes, principalement dans l'Atlantique et ses dépendances, donne encore, sous ce rapport, à ce continent déjà si parfait un avantage immense pour le développement social des populations.

Dans l'Amérique, dont les lacs se trouvent surtout vers le nord, les fleuves, comme les régions physiques, reprennent les proportions immenses qu'ils ont en Asie. Les hautes terres y donnent naissance à une multitude de cours d'eau, qui se rassemblent dans un petit nombre de fleuves gigantesques, et vont pour la plupart se verser dans l'océan Atlantique.

Enfin, dans l'Océanie, les proportions plus petites, la constitution particulière du continent australien et le morcellement des autres parties de ce monde maritime en îles innombrables, rendait les grands fleuves impossibles.

Les climats froids et les climats chauds se tranchent, en Asie, par des contrastes saillants. En Afrique domine le climat ardent des tropiques. L'Europe se distingue par son climat tempéré. Les contrastes reparaissent en Amérique, où le climat est en général plus froid, à latitudes égales, que dans l'ancien monde, et l'on rencontre dans l'Océanie une heureuse combinaison du climat tropical, avec les influences rafraîchissantes de la mer.

Il résulte de cette comparaison générale des diverses parties du monde, que l'Asie présente, sous tous les rapports, la nature géographique la plus riche, la plus imposante et la plus majestueuse; que l'Afrique et la Nouvelle-Hollande sont les continents les plus imparfaits, les plus pauvres et les moins développés; que l'Europe nous offre, au contraire, toutes les conditions géographiques dans leurs combinaisons les plus harmonieuses, et qu'en Amérique se reproduisent vaguement les traits différents qui caractérisent toutes les autres parties du monde.

Si des formes extérieures et géographiques de la surface solide du globe, nous pénétrons dans son intérieur, pour en étudier la composition, la vie, la structure, nous trouvons dans ses profondeurs l'action plus ou moins marquée des gaz, des eaux souterraines, de la chaleur et du feu central, dont la présence est constatée par les phénomènes des sources thermales ou chaudes, des volcans et des tremblements de terre, fréquents surtout dans le voisinage des océans et dans les régions voisines des tropiques et de l'équateur.

Une multitude de substances, tantôt cristallisées régulièrement ou d'une manière confuse, tantôt disposées par couches, forment les nombreuses espèces de sels, de terres, de pierres précieuses ou communes, de combustibles et de métaux; qui constituent le règne minéral, dont l'exploitation offre à l'homme de nombreuses ressources pour les arts utiles et pour les beaux-arts.

Ces substances diverses, les unes groupées par grandes masses sous le nom de roches, les autres disséminées en détail dans les roches même, sous le nom d'espèces minérales, et souvent sous la forme de filons, sont accompagnées fréquemment de débris anciens de végétaux et d'animaux qu'on nomme fossiles. L'étude comparée des divers fossiles sert à reconnaître la succession chronologique et l'ancienneté présumée de différentes espèces de terrains, qu'on divise en primitifs ou primardiaux, intermédiaires ou de transition, secondaires, tertiaires; d'alluvion et pyrogéniques.

Tantôt cristallisés en masses confuses, tantôt disposés en une suite irrégulière de couches diverses, soit horizontales, soit inclinées et contournées en différents sens, les terrains distincts les uns des autres, attestent la succession de changements violents, de révolutions physiques qui, avant et depuis la création de l'espèce humaine, ont bouleversé la surface de notre planète à une profondeur plus ou moins grande. La dernière grande catasrophe de ce genre, dont les traditions antiques de toutes les nations, et surtout celles des Hébreux, ont conservé le souvenir, est connue sous le nom de déluge universel. Elle est postérieure d'une longue suite de siècles à l'apparition de l'homme sur le globe et paraît avoir définitivement contribué à déterminer, selon le plan de la Providence, les bornes précises des habitations des peuples.

C'est à ces révolutions physiques, toujours produites et réglées par les vues morales de la sagesse qui régit le monde; c'est aux cristallisations primitives, aux dépôts successifs formés sous les eaux, aux soulèvements, aux dislocations causés par le feu central, aux irruptions, aux retraites, aux mouvements successifs des eaux de la mer et des eaux douces, à l'action même de l'atmosphère et d'autres agents physiques et chimiques, que le globe terrestre doit la nature diverse de ses couches solides, les enfoncements, les élévations, les formes géographiques de sa surface, la distribution actuelle des mers, des continents et des îles; la formation des plateaux et des montagnes, des vallées, des gradins et des bas-pays; les contours maritimes des terres; les côtes de nature diverse; la distribution des eaux courantes qui arrosent la terre; celle des eaux tranquilles, comme des lacs, et celle des volcans, témoins encore subsistants et irrécusables des forces ignées qui ont de tout temps fermenté dans les entrailles de notre planète.

Nous venons d'apprendre à connaître le globe terrestre dans ses éléments et dans ses formes inorganiques. Mais la connaissance de ces éléments et des formes qu'ils affectent à la surface ou dans l'intérieur de la terre, ne suffit point à la géographie philosophique et comparée. Elle doit, pour remplir sa tâche, étudier encore la vie dont notre terre est le théâtre, et qui se développe, se diversifie sous toutes les faces, dans la création organique.

Le règne végétal est la première section de cette création vivante, qui ait paru sur le globe. D'une part, il n'a reçu l'être qu'après le règne inorganique ou minéral, au sein duquel il devait prendre racine, puiser la nourriture, trouver, sous tous les rapports, ses conditions d'existence; de l'autre, il a précédé le règne animal qui devait, à son tour, trouver dans les deux règnes précédents, les éléments nécessaires à sa propre vie, à son propre développement.

D'accord avec la tradition mosaïque, l'étude des débris fossiles, soit végétaux, soit animaux dont s'occupe la géologie, démontre cette progression, non seulement pour les trois règnes de la nature en général, mais encore pour différentes sections de chacun de ces règnes qui ont paru peu à peu dans un certain ordre de succession chronologique à la surface de la terre.

La force végétative embrasse toute l'étendue du globe depuis un pôle jusqu'à l'autre, depuis le sommet des hautes montagnes jusqu'au fond de la mer. Cependant la végétation, dont la force repose essentiellement sur la chaleur moyenne du sol, devient toujours plus vigoureuse, plus variée et plus riche du sommet des monts aux bords de l'océan et des pôles à l'équateur. Le petit nombre de plantes qui croissent à toutes les latitudes se trouvent aussi à toutes les hauteurs. La zône glaciale offre peu d'espèces de végétaux; les zônes tempérées s'enrichissent de plus en plus en s'approchant des tropiques, et la zône torride offre des richesses végétales qu'on s'efforcerait en vain de naturaliser dans d'autres régions.

C'est par la science de la botanique que l'homme classe, d'après les données de l'observation, les productions végétales de tous les climats, dont on connaît déjà plus de cinquante-six mille espèces et dont, au moyen de l'agriculture et de l'industrie, il s'occupe à tirer parti, soit dans des vues d'utilité, soit dans des vues d'agrément.

La géographie botanique fait connaître les rapports des végétaux avec la surface terrestre. Elle distingue les stations des plantes d'après les circonstances physiques et géographiques où chaque espèce se plaît et prospère. Elle cherche à déterminer l'extension horizontale et verticale des familles, des genres, des espèces, c'est-à-dire, l'espace qu'elles occupent, selon la température relative des lieux en longitude, en latitude et en élévation au-dessus de la mer. Enfin, elle s'occupe aussi à faire connaître leurs habitations respectives, c'est-à-dire les régions spéciales et particulières, les parties du globe où chaque espèce est la plus commune.

Quatre causes agissent constamment pour disséminer les plantes sur la surface du globe : les eaux, les vents, les animaux et l'homme.

Les plantes se naturalisent partout où elles trouvent une température et d'autres circonstances atmosphériques, analogues à celles de leur pays natal. Pour ce qui est des plantes cultivées et devenues domestiques entre les mains de l'homme, dans ses champs ou dans ses jardins, la plupart le suivent partout, en raison des soins dont elles sont l'objet.

Le règne animal est postérieur aux deux autres dans l'ordre chronologique de la création, comme le prouvent l'histoire et la géologie; mais il leur est supérieur par sa nature plus développée et trouve dans l'un et dans l'autre ses conditions d'existence.

Les animaux, dont on connaît déjà cinquante-deux mille espèces environ, sont les représentants, au plus haut degré, de la vie organique matérielle, au sein des différents éléments de la surface de la terre. Les minéraux sont privés de cette vie organique. Dans les végétaux, elle se borne aux fonctions nutritives et reproductives; dans les animaux, elle comprend, outre la nutrition et la reproduction, la faculté d'entrer en relation, soit instinctive, soit volontaire, au moyen des sens et du mouvement, avec les êtres extérieurs.

Le règne animal, comme le règne végétal, nous présente une échelle d'organisation progressive où la vie se développe et se complette graduellement, depuis l'animal imparfait, à peine distinct du minéral et de la plante, jusqu'à celui qui se rapproche le plus de l'homme, soit par ses organes, soit par ses instincts et ses rudiments d'industrie et d'intelligence.

L'étude des animaux, objet de la zoologie, est, aussi bien que celle des minéraux et celle des plantes, l'une des parties intégrantes de la géographie, tandis que d'autre part elle se rattache, comme les précédentes, à celle de l'histoire, à cause de l'influence immense qu'exerce aussi cette partie de la création sur le bien-être et la civilisation du genre humain.

La géographie zoologique fait connaître les rapports du règne animal avec la surface terrestre.

La vie animale, comme la vie végétale, embrasse, pour ainsi dire, tout le globe; mais la température de ses diverses parties, l'opposition et la chaleur de ses zônes moyennes, avec le froid de ses régions polaires, y diversifient à l'infini les productions tant animales que végétales.

Les divers climats ont chacun leurs animaux, de manière que le globe se laisse diviser en plusieurs régions ou royaumes zoologiques, dans chacun desquels des genres et des espèces particulières remplacent ceux qu'on trouve dans d'autres.

Comme pour les plantes, les espèces d'animaux, leurs diversités, le nombre des individus, la beauté des formes et des couleurs de ces êtres diminuent à mesure que l'on s'avance de l'équateur vers les pôles, ou du niveau des mers vers les sommités des aspérités du globe. On ne peut y méconnaître l'intime liaison qui existe entre la vitalité, l'électricité et le calorique.

Quant à l'océan, il fourmille, même vers les pôles, d'une multitude d'animaux, attendu que ses profondeurs, plus indépendantes de l'influence solaire, présentent aux différentes latitudes une température moyenne beaucoup plus égale que l'atmosphère et la surface solide du globe.

Ceux des animaux qui se sont répandus partout ou dans plusieurs royaumes zoologiques et dans plusieurs zônes à la fois, doivent leur extension géographique et la facilité de leurs migrations moins à leur force active et à l'énergie de leurs organes qu'à leur force passive, c'est-à-dire, à la faculté de résister aux changements de température. Parmi ces espèces il faut distinguer surtout les animaux domestiques que l'homme a transportés avec lui aux deux bouts du monde et qui lui offrent plus de ressources que tous les autres.

Quelque supérieures que soient déjà les formes végétales et animales de la vie de la terre, relativement aux formes minérales et inorganiques de cette même vie, elles n'en sont point encore le couronnement. C'est l'homme qui y occupe la première place et qui y tient le rang le plus élevé.

L'homme créé pur, dans l'origine, à l'image de Dieu, est tombé depuis dans le péché, qui, par la séduction et sous l'influence du prince des ténèbres, est devenu pour l'humanité et pour toutes les créatures terrestres la source du mal et de la souffrance, de la perturbation et de la mort.

L'homme est composé d'un corps, d'une âme et d'un esprit.

Il appartient par son corps au règne animal, dont il forme, par son organisation plus parfaite que celle de tous les êtres organisés, le point culminant, le véritable sommet. Son allure droite et élevée annonce la dignité et le courage; ses mains, au service de sa volonté, exécutent avec adresse les travaux les plus surprenants. Ses yeux expressifs réfléchissent à la fois le ciel et la terre. La beauté immatérielle, répandue sur sa figure, est le reflet d'une âme infiniment riche en pensées et en sentiments. Ses organes vocaux lui permettent d'exprimer, par les sons articulés de la parole, tout ce qui se passe au-dedans de lui. Un mélange de force et de souplesse se remarque dans tous ses membres. En un mot, la perfectibilité et l'harmonie de tous ses sens annoncent en lui la première des créatures matérielles.

Son âme, à la fois passive et active, est douée de sentiment et de désir, d'imagination et de mémoire, d'intelligence et de raisonnement, de volonté et de liberté. Elle est avide d'impressions, cherche la vie dans toutes les sphères, rayonne sans cesse au dehors, a la pleine conscience d'elle-même et est responsable de ses actions. Par elle, l'homme vit pour les autres hommes et est sociable de sa nature. Il possède un génie inventif; il a le don de sentir, de discerner et de comprendre d'une manière plus ou moins superficielle, plus ou moins profonde l'utile et le beau, le vrai et le juste, et de les reproduire sous diverses formes, au moyen de l'industrie et de l'art, de la parole et des langues, de la science, des mœurs, des institutions sociales.

Par son esprit, enfin, supérieur à l'âme et au corps, l'homme est capable de religion, c'est-à-dire, d'entrer en communion réelle avec Dieu. La parole de Dieu arrive jusqu'à lui, et il acquiert par elle la conscience morale et religieuse des choses célestes et invisibles. De l'esprit, la vie éternelle, indépendante des choses terrestres, se répand dans l'âme par le canal de la foi; elle y produit l'espérance, ainsi que l'amour de Dieu et des hommes, ou la charité avec l'harmonie et la paix qui en sont le fruit, et elle descend dans le corps pour en faire le temple du Saint-Esprit et pour lui rendre, ainsi qu'à l'âme elle-même, la sainteté, le bonheur parfait, l'immortalité.

Ainsi l'homme est un être mixte qui résume toute la nature. Il a de commun avec le minéral l'existence; avec la plante, la vie végétale; avec l'animal, le corps et les rudiments de l'âme. Mais par son esprit il tient au monde invisible des esprits; il se rattache à Dieu lui-même, qui est le père des esprits, et s'élève à une hauteur infinie au-dessus de toute la création qui l'entoure.

Depuis sa naissance, l'homme se développe selon les lois et les besoins de sa nature physique, animale et spirituelle, selon l'usage qu'il fait de sa liberté et sous l'influence combinée de la nature, des autres hommes et de Dieu.

Il est, en vertu de l'image de Dieu qu'il porte en lui, le roi de la nature dénuée de raison. Les éléments, les plantes, les animaux sont ses serviteurs; le sol le supporte et le nourrit; l'eau le désaltère; l'air entretient sa vie; toute la nature est destinée à satisfaire ses besoins, à développer les facultés de son âme et à fortifier, en lui parlant sans cesse de Dieu, la vie religieuse qui réside dans son esprit.

L'action que la nature exerce sur les individus varie selon les pays; car le globe se divise en contrées qui ont chacune leur caractère, et toute contrée a son peuple qui lui est propre. Pour ce qui est des peuples, la terre agit sur eux par le sol et par le climat, par l'eau et par les formes géographiques de sa surface.

L'homme, à son tour, exerce sur la nature une action puissante. Il défriche et laboure le sol. Par la culture, il améliore les plantes nutritives, les arbres fruitiers et accroît la beauté des fleurs. Il s'attache par la douceur les animaux domestiques. Il emploie le feu à préparer ses aliments, à transformer les métaux en instruments d'agriculture, en ustensiles de tout genre, en armes, en monnaies, en objets d'art et d'ornement. Les plantes filamenteuses et le poil des animaux se changent en mille étoffes diverses; les arbres en meubles, en constructions de tout genre; certains minéraux se transforment sous sa main pour servir à toutes sortes d'usages, et des machines que le vent, l'eau ou la vapeur font mouvoir dispensent l'homme de ce que le travail a de plus pénible, de plus matériel. Sous la main de l'artiste, les matières brutes revêtent toutes les formes que leur font subir l'architecture, la sculpture et la peinture. Mais l'homme fait plus que de donner une forme nouvelle à quelques objets isolés. Il agit sur toute une région et même sur la surface entière de la planète. Il construit partout des habitations, des hameaux, des villages, des villes, des palais, des forteresses et des temples. Il change le sol et le climat par la culture; il établit des communications par terre et par eau, et rapproche ainsi les lieux les plus éloignés. Il transporte les productions d'un pays à l'autre par le commerce, fait circuler sur le globe ses idées comme les produits de la nature et de l'industrie, et prépare ainsi, soit à son insu, soit de propos délibéré, les relations morales et religieuses que le christianisme tend à créer entre tous les membres de la grande famille humaine.

Toutefois, le péché a singulièrement restreint ou dénaturé l'empire de l'homme sur la création qui l'environne et altéré l'action qu'elle-même exerce sur lui. Souvent ils se portent mutuellement préjudice, et l'homme devient l'esclave ou le tyran de la nature. Alors elle le dégrade et le détourne de Dieu, et lui la dévaste ou la divinise. Le mal qui s'est introduit dans l'homme s'est communiqué à la terre, et l'action réciproque de la nature sur l'homme et de l'homme sur la nature est toute imprégnée de ce principe de perturbation et de mort.

Il en est de même de l'action de l'homme sur l'homme, de la

vie sociale, qui prend naissance dans la société domestique, se développe et s'épanouit dans la société civile et politique et porte ses fruits pour l'éternité dans la société religieuse.

Cette vie sociale, au sein de laquelle se développent en bien et en mal l'éducation dans la famille, les mœurs et la civilisation dans l'ensemble de la société, est le complément nécessaire de l'existence individuelle et se modifie selon les races, les tribus, les nations, les peuples, les langues, les états et les religions.

Des caractères particuliers distinguent les trois familles primitives des peuples, issues d'Adam par les trois fils de Noé, Sem, Cam et Japhet. qui repeuplèrent la terre après le déluge.

Les Sémites, placés par la Providence dans cette partie de l'Asie occidentale qui touche à l'Afrique et à l'Europe, représentent surtout, dans l'humanité, l'esprit religieux; et quoique cet esprit se soit altéré et obscurci chez le plus grand nombre, c'est par les Hébreux ou Israélites, rameau béni de cette famille, que le vrai Dieu s'est révélé au reste du genre humain.

Les Camites, qui occupent principalement le continent africain, sont la race la plus superstitieuse, la plus sensuelle, la plus dégradée, la plus esclave de la nature matérielle.

Les Japhétites, qui ont peuplé le reste de l'Asie, toute l'Europe, l'Amérique et l'Océanie, se sont répandus au loin plus que tous les autres. Ils ont développé, sous toutes les formes, les diverses branches de la civilisation humaine, et après avoir reçu des Sémites la vérité révélée, les Japhétites européens en sont devenus les propagateurs zélés dans toutes les parties du monde.

De ces trois races primitives se sont formés une multitude de peuples qui, selon le génie caractéristique des familles, selon les lieux, le climat, les diverses influences physiques et morales, ont pris peu à peu des physionomies, des couleurs diverses et ont donné naissance à ce que l'on nomme les variétés ou les races physiques de l'espèce humaine. Ces races physiques, au nombre de cinq, sont la race blanche, la race mongolique ou jaune, la race malaise, la race cuivrée ou américaine et la race nègre.

La race blanche, la plus belle de toutes et la plus civilisée, offre trois rameaux : le rameau sémitique, le rameau indo-germanique ou indo-européen et le rameau turc, scythique ou tartare.

Le rameau sémitique, auquel appartiennent les Assyriens, les Babyloniens, les Syriens, les Abyssiniens, les Hébreux et les Arabes, paraît avoir conservé, plus que tous les autres, la constitution physique primitive du corps humain.

Le rameau indo-germanique ou indo-européen appartient à la famille japhétique et comprend les Hindous, les Persans, les Arméniens, les peuples du Caucase et de l'Asie Mineure, les nations thraco-pélasgiques ou gréco-latines, les nations ibériennes, celtiques, germaniques et slaves, y compris les peuples lettes ou lettons. Les Slaves sont à demi Turcs, à demi Germains.

Le rameau scythique comprend les Finnois et les Turcs proprement dits, qui font le passage à la race mongole.

Les Japhétites de l'Asie orientale ont revêtu dans cette race mongole ou jaune une physionomie moins noble et moins belle que celle de la race blanche, et n'ont pas été aussi progressifs dans leur civilisation. Caractérisée surtout par les Mongols et les Calmouks de l'Asie centrale, la race mongole s'est enlaidie au nord chez les Tongouses, les Samoyèdes, les Lapons et les Esquimaux. Elle se rapproche, vers le sud et le sud-est de l'Asie, par les Chinois, les Japonais, les Indo-Chinois, de la race malaise qui peuple l'Océanie; et par les peuples nord-ouest du Nouveau-Monde, de la race cuivrée ou américaine, qui comprend les indigènes de ce dernier continent. Les Hindous ressemblent à la fois aux blancs, aux Mongols et aux Malais, entre lesquels ils se trouvent placés; et les Thibétains complettent le passage des blancs Hindous aux Mongols.

Les Camites ont dégénéré dans la race nègre, qui est la plus laide de toutes. Cette race se lie aux Malais, par les Nègres océaniens, et se rapproche de la race blanche par les Cafres, les Gallas et les Libyens ou Berbers. Les vrais Nègres se trouvent surtout dans l'Afrique centrale et occidentale et dégénèrent, vers le sud, dans les Namaquas, les Hottentots et les Boschimans.

A ces différences d'origine et de constitution physique correspondent les différences des langues, dont la science moderne compte déjà 860, avec 5000 dialectes, et qu'elle est sur le point de ramener à trois grandes classes, analogues aux trois familles primitives des peuples.

Déjà l'on a reconnu comme langues sœurs les langues sémitiques, qui sont l'hébreu, l'arabe, l'éthiopien et l'araméen (caldéen et syriaque).

On vient d'entrevoir qu'à une même classe se rapporteront, non seulement les idiômes des Japhétites blancs, tels que l'indien ou sanscrit et ses dérivés, le persan ancien et moderne avec le zend et le pehlvi, l'arménien, le géorgien, les langues thraco-pélasgiques ou gréco-latines, le basque, le celte, le germain, le slave et le lette; mais encore les idiômes des Japhétites mongols, tels que les langues chinoise, japonaise, indo-chinoise, tibétaine, mongoles, turques, finnoises, boréales et jusqu'aux idiômes des Malais.

Les langues des Américains étonnent à la fois par la ressemblance de leurs grammaires et par l'entière différence de leurs racines.

Celles des Nègres sont encore fort peu connues.

Aux diversités d'origine, de physionomie extérieure, de langues et d'idiômes, il faut joindre les différences qui se rencontrent dans l'état social entre les peuples errants, pêcheurs et chasseurs, pasteurs ou nomades, et les peuples sédentaires et agriculteurs, entre les peuplades sauvages, les peuples barbares et les nations historiques, policées et civilisées; entre les peuples pratiques et les peuples théoriques; entre les monarchies, soit absolues, soit limitées, et les républiques, soit aristocratiques, soit démocratiques.

Enfin, le dernier grand trait qui distingue les populations répandues sur la face du globe, ce sont les religions, dont les unes sont païennes ou polythéistes et les autres monothéistes.

Les religions païennes comprennent le paganisme, varié dans ses formes, de tous les peuples anciens; le brahmanisme, encore en vigueur dans l'Inde; le bouddhisme de l'Asie ultérieure; les religions de Laotseu ou des Taosse, des Lettrés ou de Confucius et du Sinto, en Chine, en Corée et au Japon; celles des Guèbres zoroastriens et des Sabéens; l'idolâtrie des Malais; le fétichisme des Nègres, le schamatisme des Sibériens; les croyances des sauvages de l'Amérique et de l'Océanie, etc.

Les religions monothéistes sont le judaïsme, dont les sectateurs sont aujourd'hui dispersés sur toute la terre; le mahométisme, dans une partie de l'Asie, de l'Afrique et du sud-est de l'Europe; et le christianisme, en Europe, en Amérique, d'où il se répand de plus en plus dans toutes les autres parties du globe.

A l'exception du judaïsme pur et du christianisme, toutes les autres religions sont purement humaines, naturelles ou fausses. Le judaïsme pur ou biblique et le christianisme sont les seules religions essentiellement divines et révélées, et le christianisme pur est la seule complète.

C'est à lui qu'appartient l'avenir du monde. Sous l'influence régénératrice et vivifiante de la sainte parole de Dieu, il constitue l'église universelle, destinée à unir éternellement, par la vérité et la charité, les véritables enfants de Dieu de toute famille, de toute race, de toute nation et de toute langue dans une grande unité morale qu'on nomme communion des saints.

Aux destinées finales et glorieuses de l'église chrétienne, contre laquelle combattent sans cesse, à l'intérieur et au dehors, toutes les puissances des ténèbres, se rattachent les destinées finales du genre humain et de la terre, dont la parfaite restauration sera consommée par la victoire définitive du Christ et des siens. C'est à l'Évangile à servir de boussole et de bannière aux sociétés, aussi bien qu'aux individus, pour arriver, dans le temps et l'éternité, à ce dernier terme de perfection, de félicité et de paix. La plus haute fonction de l'histoire est de montrer la marche que suit l'humanité pour arriver à ce but final sous la conduite de la Providence*.

---

* En terminant cette introduction, nous renvoyons particulièrement le lecteur aux excellents ouvrages de Ritter et de son élève M. F. de Rougemont, sur la géographie comparée, ouvrages dont nous avons profité nous-même, et dont plusieurs passages se sont fondus dans notre travail. (Voyez RITTER, *Géographie comparée*; en allemand. Le tome Ier, qui renferme l'introduction et l'Afrique, a été traduit en français, en 3 vol. — Voyez F. DE ROUGEMONT, *Précis de géographie comparée*, Neufchâtel, 1831, 1 vol. *Géographie topique*, Neufchâtel, 1837, 1 vol. *Essai d'une géographie de l'homme*, Neufchâtel, 1835—1837, 2 vol.)

ABRÉVIATIONS.

arr. — arrondissement.
b. — bourg.
bge. — bailliage.
c. — carré.
cant. — canton.
cer. — cercle.
com. — commune.
dép. — département.
dist. — district.
E. — Est.
emp. — empire.
fl. — fleuve.
Fr. — France.
g. a. — géographie ancienne.
gouv. — gouvernement.
gr. — grand.
hab. — habitants.
ham. — hameau.
J.-C. — Jésus-Christ.
l. — lieue.

lat. — latitude.
long. — longitude.
mérid. — méridional.
mont. — montagne.
N. — Nord.
O. — Ouest.
occ. — occidental.
orient. — oriental.
parois. — paroissial.
pet. — petit ou petite.
pop. — population.
prov. — province.
rég. — régence.
rép. — république.
riv. — rivière.
roy. — royaume.
S. — Sud.
sept. — septentrional.
v. — ville.
vg. — village.

DICTIONNAIRE GÉNÉRAL
DE
GÉOGRAPHIE UNIVERSELLE
ANCIENNE ET MODERNE
PAR

ENNERY ET HIRTH.

A

(l'), pet. riv. de Fr., dans le dép. de Loir-et-Cher, se jette dans le Beuvron non loin de la forêt de Chambord. Son cours n'est que de 3 l.

AA, 15 petites rivières portent ce nom : 1 en France, 5 en Allemagne, 5 en Suisse, 3 dans les Pays-Bas et 1 dans la Courlande, en Russie. Nous citerons les plus considérables.

AA, *Agino*, riv. navigable dans le dép. du Pas-de-Calais, se jette dans la Manche près de Gravelines.

AA, riv. de Hollande, dans la prov. du Brabant septentrional, se jette dans la Dommel près de Bois-le-Duc.

AA, riv. de Hollande, dans la prov. d'Overyssel, se jette dans le Zuydersee près de Blockzill.

AA, riv. de Suisse, dans le cant. d'Unterwalden, a sa source dans l'abbaye d'Engelberg, traverse le canton et se jette près de Buchs dans le Vierwaldstædtersee ou lac des Quatre-Cantons. Cette rivière, comme tous les torrents des Alpes, est sujette à de grandes inondations et cause souvent de grands dégâts.

AA, *Alpha*, riv. de Suisse, dans le cant. de Lucerne, se jette dans l'Aar près de Lenzbourg.

AA, riv. de Prusse, dans la prov. du Bas-Rhin, se jette dans le Rhin près de Sennig.

AA, riv. de Prusse, dans la prov. de Saxe et dans la régence de Mersebourg.

AA, riv. de Russie, se jette dans le golfe de Riga.

AA, *Alpha*, riv. de Prusse, dans le cercle de Steinfurt, rég. de Münster, se jette dans la Vechta au-dessus de Bentheim.

AABACH, pet. riv. du canton de Berne.

AABENRADE. *Voyez* APENRADE.

AABŒLLING, gr. vg. du Danemark, dans le Jütland.

AACH, riv. du grand-duché de Bade, dans le cercle du lac de Constance, a son embouchure dans ce lac.

AACH, riv. du Wurtemberg, a sa source

aux environs d'Effenhausen et de Pfrungen, et se jette, au-dessus de Friederichshafen, dans le lac de Constance.

AACH, pet. v. du grand-duché de Bade, dans le cercle du lac de Constance; elle est bâtie en partie sur le sommet et en partie au bas d'un rocher escarpé, au pied duquel jaillit d'un lac la source de l'Aach. Son industrie consiste dans la fabrication du papier; elle possède aussi quelques moulins à huile; pop. 770 hab.

AACH, gr. vg. de Bavière, dans le cercle du Haut-Danube et le bailliage d'Immenstadt.

AACH, vg. du Wurtemberg, dans le grand bailliage de Freudenstadt; pop. 400 hab.

AACHEN. *Voyez* AIX-LA-CHAPELLE.

AACHTHAL (vallée d'Aach), vallée du Wurtemberg, tire son nom de la petite rivière d'Aach, s'étend près d'Urspring, dans la direction N.-O. de Schelklingen jusqu'à Blaubeuren, où elle se joint à la Vallée Bleue, qui en fait la continuation.

AADAYA, *Castrum Fontarabiæ*, b. d'Espagne, dans le roy. de Navarre et dans la prov. de Guipuscoa à l'E. de Fontarabie.

AADENEH, v. de la Turquie d'Asie, dans l'eyalet et à 12 l. N. d'Alep.

AADOR, riv. du Maroc, à 6 l. de Marmora.

AADORF, vg. parois. de Suisse, dans le canton de Thurgovie.

AAGI DOGH, mont. de la Turquie d'Asie, dans l'Anatolie et sur les frontières de la Perse. Les caravanes, allant de Constantinople à Ispahan, y passent ordinairement.

AAHAUS ou AHAUS, v. de Prusse, sur l'Aa, dans la prov. de Westphalie et la rég. de Münster; elle possède des filatures de laine; pop. 1750 hab.

AAKIRKE, pet. v. du Danemark, dans le diocèse de Zeeland, sur l'île de Bornholm; elle a une belle église de marbre noir. Les habitants sont presque tous agriculteurs; pop. 500 hab.

AAL, vg. du duché de Nassau, à 1 1/2 l. d'Ems (les bains), sur la Lahn. Il possède des forges.

AALBORG (diocèse d'), en Danemark, comprend la partie septentrionale du Jütland et l'île de Lessoé. Il est divisé en 3 bailliages; sa superficie est de 524 l. c. et sa pop. de 150,000 hab. Le pays est entrecoupé de montagnes assez élevées, couvertes de bruyères; la plus haute est le Himmelsberg, qui a 1000 mètres d'élévation. De nombreux marais ajoutent encore à l'humidité produite par les mers qui environnent cette contrée; cependant l'air n'y est point malsain et la partie orientale possède des sites assez agréables et des terres fertiles. On en exporte des grains, du beurre, du bétail, des laines et une grande quantité de harengs qu'on pêche en abondance sur cette côte. Les chevaux y sont d'une race très-estimée.

La grande voie de transport est le Lymfiord, qui traverse le diocèse et se décharge dans le Cattégat.

AALBORG, *Alburgum*, v. du Danemark, chef-lieu du diocèse et du bailliage de ce nom, sur le Lymfiord, qui forme en ce lieu un port assez vaste, à 4 l. de la mer et à 12 l. N. de Viborg. Cette ville possède un château (Aalborghuus), une cathédrale, un collège renommé, une bibliothèque considérable, une école de navigation, des manufactures de soieries, d'armes blanches, des tanneries, des raffineries de sucre et des fabriques de tabac; mais le principal commerce de cette ville consiste dans l'exportation des grains et des harengs; pop. 8000 hab.

AALBORG, b. peu considérable dans le Brabant septentrional.

AALBUCH, groupe de la chaîne des Alpes de Souabe (Rauh-Alb), dans le Wurtemberg, entre Aalen, Heidenheim et Weinenstein, sur la rive droite de la Brenz. *Voyez* ALB.

AALE ou AHLEN, pet. v. de Prusse, dans la prov. de Westphalie et la rég. de Münster; elle a des filatures de lin; pop. 2500 hab.

A'ALEM, cant. de Perse, dans l'Irac-Adjemi; il est situé entre les monts Elvend et d'Aglin-Dagh, et fertile en raisins, en fruits excellents, en blé et en coton.

AALEN, AHLEN, *Ala, Alena, Ola, Julia Alensis*, v. du roy. de Wurtemberg, chef-lieu de bailliage dans le cercle de l'Yaxt. Cette ville, autrefois ville impériale, est située sur le Köcher, dans une vallée agréable et bien cultivée, bornée au S. et à l'E. de hautes montagnes couvertes de forêts, dont l'exploitation est d'un grand rapport. Elle possède des filatures de laine et de coton, des fabriques de rubans de laine, des fabriques de maroquins et des brasseries, dont la bière brune est renommée dans le pays. Le commerce y est de peu d'importance, et un grand nombre d'habitants s'occupent de la culture des terres; la pop. est de 2600 hab.

L'histoire de cette ville remonte à des temps fort reculés; des monnaies romaines trouvées à la fin du dernier siècle, font présumer qu'elle fut fondée par une colonie romaine, et qu'elle porta d'abord le nom d'Aquileja ensuite Ola, qui plus tard devint Aalen, du nom de la petite rivière d'Aal, qui arrose le territoire de la ville, et que peu de géographes ont encore observée.

Aalen appartint longtemps au royaume de Bohême, et c'est au quinzième siècle qu'elle reçut le titre de ville impériale.

Elle fut une des premières villes qui acceptèrent la réformation, et en 1575, Valentin Andrea y tint le premier prêche. Dans la guerre de 30 ans elle fut entièrement détruite, et ce n'est qu'après de grands efforts que le peu d'habitants qui restaient, sont parvenus à rebâtir quelques maisons, devenues le noyau de cette ville telle qu'elle existe aujourd'hui. Patrie de l'historien J. G. Pahl (1768).

AALSMEER, vg. de Hollande, à 7 1/2 l. d'Amsterdam, près de la mer de Harlem ; il a de belles et nombreuses pépinières; pop. 1800 hab.

AALST ou **ALOST**, v. de Belgique, dans la prov. de la Flandre orientale. On remarque son hôtel-de-ville d'une construction fort ancienne. Fabriques de toiles, tanneries, savonneries, chapelleries, etc. Commerce de tabac, de toiles de lin, de colza et de houblon. En 1667, cette ville fut prise et démantelée par le maréchal Turenne. Elle fut reprise, en 1706, à la bataille de Ramellies, livrée par le duc de Marlborough et le maréchal hollandais Ouwerkerk contre les Français et les Bavarois, sous les ordres du prince électoral Maximilien-Émanuel et le maréchal de Villeroy, pendant la guerre de la succession; pop. 10,000 hab.

AALTEN, vg. de Hollande, dans la prov. de Gueldre, arr. de Zütphen; pop. 3600 hab.

AAMA, port de Barbarie, d'un accès difficile et dangereux.

AAMARAH, b. dans l'état de Tripoli, sur une anse formée par le cap de Ramida.

AANAH, *Hena, Anathon, Anathan*, v. sur l'Euphrate dans la Turquie d'Asie; elle avait été détruite par l'empereur Julien.

AANATHOTH, g. a., v. de la Judée, dans la tribu de Benjamin, à 6 l. N.-E. de Jérusalem; c'est là que naquit le prophète Jérémie, 630 ans avant J.-C.

AANKI, prov. du Japon, dans la principauté d'Iao, sur l'île de Niphon.

AAR, *Arola, Arula*, riv. de Suisse, principal affluent du Rhin dans ce pays, a sa source sur les glaciers du Finster-Aarhorn, à l'O. du Saint-Gothard, à 6 l. du Rein de Toma, forme près de Handeck la belle cascade de l'Aar (Aarfall), de 150 pieds de hauteur, traverse les lacs de Brienz, de Thun et passe par les villes de Thun, de Berne, d'Aarberg, de Soleure, d'Aarau, de Brugg. Ses affluents de droite sont l'Emme ou grande Emme (grosse Emme), la Vigger, la Sur, l'Aa, la Reuss et la Limmath ; ses affluents de gauche sont la Lutschine, la Kander, la Sarine (Saane) et la Zihl ou Thiele; elle se jette dans le Rhin près de Koblenz, petit village sur la rive gauche du Rhin. Elle charrie du sable d'or qui paraît lui être apporté par l'Ems, mais on n'en tire pas grand avantage.

AARABAN, *Acraba*, g. a., v. située sur le fleuve Chaboras (aujourd'hui Elkhabur), dans le N. de la Mésopotamie.

AARAKI, *Narthacium*, v. de Turquie, dans la Thessalie, non loin de Pharsal (Sataldje).

AARASSUS, g. a., v. de Pisidie, dans l'Asie-Mineure.

AARAU, *Araugia, Aravia, Arovia, Aro-vium*, v. de Suisse, chef-lieu du canton d'Argovie, sur les bords de l'Aar entre Bâle et Zurich et à 12 l. de cette dernière ville. Elle est bien bâtie et arrosée par un ruisseau poissonneux, qui sert en même temps aux divers usages des fabriques ; sa situation, dans un pays riant et fertile, sur les bords d'une rivière navigable dont le passage est assuré par un pont bien couvert, facilite l'industrie et le commerce. Elle a de beaux édifices et d'utiles établissements ; des fabriques d'étoffes de coton, des filatures, des tanneries; sa coutellerie est fort estimée. Parmi ses établissements on remarque surtout sa fonderie de canons; elle a 7 foires chaque année. Il y a près d'Aarau un banc d'albâtre, une mine de houille et une mine de fer. Rudolph Mayer, peintre et sculpteur, a laissé dans cette ville des bas-reliefs qu'on admire.

On ne peut déterminer l'époque de la fondation d'Aarau. Au dixième siècle elle était sous la domination des comtes de Rhov; elle passa ensuite sous celle des Altembourg et des Habsbourg. Les ducs d'Autriche accordèrent de grands privilèges aux bourgeois d'Aarau, qui combattirent pour eux à Sempach en 1386. En 1415 elle se soumit aux Bernois. La réforme y fut introduite en 1528, et depuis, cette ville servit de lieu de conférence aux cantons réformés. C'est dans cette ville aussi que fut signée la paix qui termina la guerre civile de 1712; pop. 3800 hab.

AARBERG, *Mons Arolæ, Arberga, Arlaburgum*, v. de Suisse, chef-lieu d'un bailliage dans le canton de Berne, bâtie sur un rocher dans une île de l'Aar, à 4 l. N.-O. de Berne et 5 l. S.-O. de Soleure. Cette ville fut fondée au commencement du treizième siècle par Ulric, comte de Neufchâtel, père d'Ulric, premier comte d'Aarberg. Depuis 1397, le territoire d'Aarberg fut gouverné par un bailli de Berne, résidant dans cette ville. L'ancien château, autrefois résidence des comtes d'Aarberg, a été restauré. On passe l'Aar à Aarberg sur un pont couvert. Il y a une grande communication par cette ville entre Genève, Lausanne, Morat, Neufchâtel, etc. ; pop. 737 hab.

AARBOURG, *Arburgum, Arolæburgus*, v. de Suisse, chef-lieu du cercle de ce nom, sur l'Aar, dans le cant. d'Argovie, à 5 l. E. de Soleure et 12 l. S. de Zurich; elle est dominée par un château fort, le seul qui soit en Suisse, et qui fut fortifié dans le siècle dernier. C'était autrefois une prison d'état; aujourd'hui il sert d'arsenal. On y fait commerce de vin et d'étoffes de coton; pop. 1200 hab. Il existait anciennement des barons d'Aarbourg; leur domaine passa aux comtes de Fribourg, qui furent forcés de le céder aux ducs d'Autriche en 1299. L'état de Berne le racheta lors de la conquête de l'Argovie en 1415.

AARDAL, vg. de Suède, dans le diocèse de

Bergen. Il a une mine de cuivre qui n'est plus exploitée.

AARDAL-FIOERD, *Ardalius-sinus*, golfe près de Stavanger en Norwège, dans le diocèse de Christiansand.

AARDENBORG. *Voyez* ARDENBOURG.

AARENSBORUGH, v. des États-Unis, dans la Pensylvanie, à l'O. de Philadelphie.

AARGAU. *Voyez* ARGOVIE.

AARHORN, une des montagnes les plus hautes du globe, fait partie de la chaîne des Alpes entre le canton de Berne et le Valais; elle a 13,230 pieds d'élévation.

AARHUUS, *Aarhusius* ou *Arhusius comitatus*, diocèse du Danemark, dans la partie orientale du Jütland, et quelques îles voisines; sa superficie est de 350 l. c. et sa pop. de 137,000 hab. Le sol est entrecoupé de collines, de rivières et de lacs; il produit des grains, du lin et du chanvre. Le bétail et surtout les chevaux, y sont de belle race, aussi en exporte-t-on beaucoup. La pêche y est abondante, surtout celle du saumon, que l'on exporte en très-grande quantité. Ce diocèse est divisé en deux bailliages : celui d'Aarhuus et celui de Randers.

AARHUUS, *Arhusia*, v. du Danemark, chef-lieu du diocèse et du bailliage de ce nom, est située sur le Cattégat près d'un lac, qui, en se déchargeant dans la mer, forme un petit port sûr et commode. On y exerce presque toutes les industries, mais on y trouve plus particulièrement des fabriques de tabac, des raffineries de sucre, des brasseries et des distilleries. Il s'y fait aussi un grand commerce de ganterie et de pelleterie. Cette ville a 34 rues bien bâties, 2 églises, dont l'une, la cathédrale, est d'architecture gothique et surmontée d'un clocher très-élevé. Aarhuus est le lieu ordinaire et le plus fréquenté pour la traversée du Jütland à l'île de Zeeland; pop. 6000 hab.

AARL-AN-DER-VEEN, vg. de Hollande, dans la prov. de Nordholland ou Hollande septentrionale, entre Harlem et Leyde, à 4 l. S.-E. de cette dernière ville; pop. 2200 hab.

AARLE, vg. de Hollande, dans le Brabant septentrional, sur l'Aa, a une belle fonderie de cloches; chaque année deux foires aux chevaux très-fréquentées; pop. 980 hab.

AARON, rocher sur lequel est bâti Saint-Malo. *Voyez* Saint-Malo.

AARON (Saint-), vg. de Fr., dép. des Côtes-du-Nord, arr. de St-Brieuc, cant. et poste de Lamballe; pop. 700 hab.

AAROU. *Voyez* ARROU.

AARSÉO, v. d'Algérie, sur la Miria.

AARWANGEN, gr. vg. et château de Suisse, chef-lieu de bailliage dans le cant. de Berne sur l'Aar, à 4 l. E. de Soleure. Ce village est renommé pour ses foires aux bestiaux. Près de là se trouve une mine de houille; pop. 1050 hab.

AAS, vg. de Fr., dép. des Basses-Pyrénées, arr. d'Oloron, cant. et poste de Laruns, à 6 l. S. d'Oloron et à un quart de lieue du petit hameau d'Eaux-Bonnes qui fait partie de cette commune, et dont les eaux minérales sont depuis longtemps renommées; pop. 260 hab.

AAS, *Aasa*, v. forte et port de Norwège, dans le diocèse d'Aggerhuus, à l'embouchure de la Lindal. Près d'Aas il y a une source d'eau minérale, des mines de fer et de plomb et une carrière d'ardoise.

AASI ou **ASI**, *Orontes* ou *Axius*, fl. de la Turquie d'Asie, a sa source au mont Liban, coule du S. au N. et se jette dans la Méditerranée à l'O. d'Antakia.

AAST, vg. de Fr., dép. des Basses-Pyrénées, arr. et à 6 l. E. de Pau, cant. de Montaner, poste de Vic-en-Bigorre; a une source d'eaux minérales; pop. 160 hab.

ABA, g. a., v. de la Livadie, fondée par les Abantes, près du fleuve Céphise; elle avait un temple d'Apollon et un oracle célèbre. L'empereur Adrien avait fait rebâtir ce temple deux fois détruit par l'incendie. Il y avait en Messénie une ville du même nom.

ABABA, riv. de la Thessalie.

ABABDES, peuple nomade et belliqueux de la Nubie (Afrique orientale); c'est une race perfide et cruelle. Les tribus qui la composent sont celles des Fokana, des Ashabats et des Meleykeb; ils sont gouvernés par un cheik. Ils parcourent la contrée entre le Nil et la mer Rouge, depuis les environs de Cosseïr jusqu'à la frontière de la Nubie, et attaquent les Arabes Bédouins avec lesquels ils sont toujours en guerre. Ils font aussi le commerce de gomme de Séné, d'alun, de charbon, de natron et d'esclaves Nubiens.

ABACA, v. de la Romanie, dans la Turquie d'Europe.

ABACA, une des îles Philippines.

ABACARES, peuple du Brésil, près du fleuve des Amazones.

ABACAXIS, riv. de l'Amérique méridionale, au Brésil, dans la prov. de Para; affluent du fleuve des Amazones, dans lequel elle se jette au-dessous de la ville de Rainha.

ABACH ou **ABBACH**, *Abacum*, *Abudiacum Danubium*, pet. b. de la Bavière, dans le cercle du Danube inférieur, à 4 l. S.-O. de Ratisbonne (Regensburg), a des eaux minérales. C'est dans le château de ce bourg que naquit l'empereur Henri II, dit le Boiteux, que l'église a canonisé en 1152 et surnommé l'apôtre des Hongrois.

ABACO, une des îles Lucayes ou Bahama, dans la mer des Antilles. Elle a 18 l. de long et 1 1/2 l. de large; c'est là que les Anglo-Américains fondèrent Carltown. Cette île fournit du bon bois de construction.

ABACOORE, mont. de l'Arabie-Heureuse.

ABACOU, péninsule vis-à-vis l'Ile-à-Vache; on en exporte de l'indigo, qui est très-estimé dans le commerce.

ABAD, v. de l'Indoustan, au pays des Marattes, dans la prov. d'Aurangabad.

ABADAN, v. de Perse, sur le Tigre, à 7 l. de Bassora.

ABADE, v. de la moyenne Égypte, à 30 l. S. du Caire et sur la rive gauche du Nil, bâtie sur les ruines d'une ancienne ville que l'on prétend être l'ancienne Antinoe.

ABADEH, v. de Perse, dans le Farsistan, à 40 l. N. de Chiraz.

ABADÈS, v. d'Espagne, dans la prov. de Ségovie.

ABADIA, vg. du roy. Lombard-Vénitien, dans la prov. de Comes, à 1 l. N.-O. de cette ville; commerce de vins, olives, soie; pop. 550 hab.

ABADIOTES, peuplade candiote qui occupe une vingtaine de villages au S. du mont Ida et forme une population d'environ 4000 âmes. Ils sont musulmans, et leur langage, leur teint basané, leur taille, leur caractère méfiant et vindicatif, et surtout leur habitude du brigandage, indiquent assez qu'ils descendent des Arabes, qui, en 823, enlevèrent l'île de Crète aux Grecs et y bâtirent un fort qu'ils nommèrent Al-Khandak (retranchement). Plus tard se forma par corruption le nom de Candie, capitale de l'île. *Voyez* Candie.

ABADUN, v. de Perse, entre Bassora et le golfe Persique.

ABAERA, g. a., v. de l'Arabie Déserte, sur le versant oriental des montagnes de l'Arabie Heureuse.

ABAFAJA, v. de la Transylvanie, frontière militaire de l'Autriche; elle est défendue par deux forts.

ABAGAITOUVEWSKI, vg. et poste militaire de la Russie d'Asie, dans le gouv. d'Irkutsk, sur la frontière de la Chine.

ABAI, v. de l'île de Bornéo, dans la Malaisie. C'est le port le plus important et le plus commode de l'île.

ABAINVILLE, vg. de Fr., dép. de la Meuse, arr. de Commercy, cant. et poste de Gondrecourt, à 8 l. S.-O. de Bar-le-duc; il a des forges considérables; pop. 520 hab.

ABAKAN, riv. de la Russie d'Asie, dans le gouv. de Tomsk, a sa source aux monts Altaï; c'est un des principaux affluents du Jeniséï.

ABAKANSK, v. forte de la Russie d'Asie, sur le Jéniséï, dans le gouv. de Tomsk; elle est située dans une steppe très-étendue. Cette ville fut fondée par Pierre-le-Grand en 1707. Les habitants s'occupent principalement de la chasse aux zibelines.

ABALASKOI, v. de Sibérie, fameuse par une relique qui y attire chaque année un grand nombre de pèlerins.

ABALE, g. a., port de Sicile, célèbre dans l'histoire ancienne, pour avoir servi de refuge à César qui, défait par Pompée, y aborda avec un seul homme.

ABALEISQUETA, b. d'Espagne, dans la prov. basque de Guipuscoa, à 6 l. de Saint-Sébastien.

ABAN, v. de Perse, dans la prov. de Kerman.

ABANA, g. a., riv. de la Syrie; sa source est au mont Amara dans la chaîne du Liban; elle passe près de Damas, se divise en trois bras qui se réunissent au-dessous de Damas et se jette dans la Méditerranée.

ABANÇAY, prov. du Pérou, comprend une étroite vallée arrosée par l'Apurimac; sa superficie est de 300 l. c., elle est bornée à l'E. par le district de Cusco, à l'O. par celui d'Andahuailas, au N. par Urubamba et au S. par celui de Catabambas et d'Atamaraes. Le terrain est très-accidenté et offre des sites très-agréables. Le climat est chaud et favorable à la culture de la canne à sucre, du maïs et du froment. Cette province possède des mines d'argent.

ABANÇAY, v. du Pérou, capitale de la prov. de ce nom, est située près de l'Apurimac, sur la grande route de Cusco à Lima; elle a un bon port et un commerce assez important; elle est renommée pour ses sucres.

ABANCOURT, vg. de Fr., dép. du Nord, arr., cant. et poste de Cambray; pop. 660 hab.

ABANCOURT, vg. de Fr., dép. de l'Oise, arr. de Beauvais, cant. et poste de Formerie.

ABANCOURT-EN-BRAY, vg. de Fr., dép. de la Seine-Inférieure, fait partie de la com. de Saumont-la-Poterie, arr. de Neufchâtel-en-Bray, cant. et poste de Forges; pop. 320 hab.

ABANCOURT-WARFUSÉ, vg. de Fr., dép. de la Somme, arr. d'Amiens, cant. et poste de Corbie; pop. 500 hab.

ABANILLA, b. d'Espagne, dans le roy. de Murcie.

ABANO, *Aponus*, pet. v. d'Italie dans le roy. Lombard-Vénitien, dans la délégation et à 2 lieues de Padoue. Près d'Abano se trouvent les célèbres eaux thermales *Aponi fontes*, chantées par le poète Claudianus; les environs sont riches en restes d'antiquités romaines. Cette ville est la patrie de Tite-Live; pop. 2600 hab.

ABANTES, g. a., peuple d'origine thrace, qui établit une colonie en Phocide et fonda la ville d'Aba dans la Livadie, et s'établit plus tard dans l'Eubée. Une partie de ce peuple passa ensuite en Ionie.

ABANTIS ou **ABANTIDE**, g. a., contrée de l'Épire; elle prend son nom des Abantes, qui, selon l'historien Pausanias, y furent jetés par une tempête après la prise de Troie.

ABAORTÆ, g. a., peuple de l'Inde, établi sur les bords de l'Indus.

ABANY, b. de Hongrie, dans le comitat de Hèves.

ABAOUJVAR, comitat de Hongrie, a une superficie de 212 l. c. et 134,000 hab., dont deux tiers Slaves et un tiers Hongrois. La majorité de la population est catholique. Le pays est fertile, surtout en blé, dont on y fait grand commerce. C'est dans ce comitat et dans le district de Zemplin que se trouve la montagne de Tokay si célèbre par ses vignobles. Les autres montagnes de cette contrée renferment de l'or, de l'argent et d'autres métaux.

ABAR (le pic d'), un des plus élevés des monts Elbours en Perse, dans la province de Ghilan; il a 7950 pieds de haut.

ABARCA, b. d'Espagne, dans le roy. de Léon et dans la prov. de Palencia.

ABARCAL, v. du Portugal, près du Duero, entre Lamego et Porto.

ABARAN ou **ABARANEZ**, *Abaranum*, b. de Perse, dans la prov. d'Aderbaidjan. La congrégation, fondée à Rome en 1622 pour la propagation de la foi, a établi à Abaran, depuis deux siècles, une mission de Dominicains dont le directeur s'intitule archevêque de Nackschivan.

ABARAN, b. d'Espagne dans le roy. et la prov. de Murcie, sur la Segura, à 7 l. au-dessus de Murcie.

ABARIM ou **IBRIM**, g. a., groupe de montagnes du pays des Moabites. Nebo, sur lequel mourut Moïse, fait partie de ce groupe.

ABARIMON, g. a., contrée de la Scythie, entre les chaines de l'Imaüs.

ABASABAD, forteresse régulièrement bâtie sur la rive gauche de l'Aras, dans la Russie d'Asie, prov. d'Arménie, près de la chaine du Caucase. C'est en 1827 qu'elle fut conquise par les Russes.

ABASES, *Abasci, Abasgi*, peuplade caucasique composée de 80,000 individus qui habitent les rives supérieures du Kouban; ils n'ont aucune parenté avec les autres tribus du Caucase; ils sont bien faits, robustes, adroits, mais portés au brigandage et à la piraterie. Ils s'occupent d'agriculture, et plus généralement de l'éducation du bétail, occupation plus conforme à leur vie nomade. Ils ont conservé la religion mahométane qui leur a été imposée, et quoique depuis 1813 ils aient passé sous la domination russe, ils sont loin encore de vouloir changer leur culte et leurs mœurs, et le gouvernement russe n'a pas toujours lieu de s'applaudir de ces nouveaux sujets, dont il a fort souvent à réprimer les déprédations et les cruautés.

ABASIE, *Abascia*, contrée de la Russie d'Asie au N.-E. du Caucase, habitée par des Abases, des Géorgiens, des Arméniens, des Turcomans, des Grecs et des Russes. Ce pays, de 560 l. c., est divisé en grande et petite Abasie. La première est bornée au N. et à l'E. par le Caucase et la Mingrélie, à l'O. par la Circassie et au S.-O. par la mer Noire. Le climat y est doux et le sol fertile en grains, en fruits et en vin. La chasse y est productive. Les chevaux et les bêtes à cornes de ce pays sont très-estimés. La *petite Abasie*, sur le versant septentrional du Caucase, comprend le territoire entre le Kouban supérieur et la Kouma. Le sol y est aussi productif que dans la *grande Abasie*, et le bétail y est aussi beau. Les habitants sont presque tous pasteurs, cependant ils se livrent aussi à la culture des terres.

ABASTANII, peuple des bords de l'Indus; il fut soumis par Alexandre.

ABASTAS, villa d'Espagne, dans la prov. de Toro.

ABASTILLAS, villa d'Espagne, dans la prov. de Toro.

ABATOS, g. a., île du lac Mœris, où l'on prétend que fut enterré Osiris.

ABAUCOURT, vg. de Fr., dép. de la Meurthe, sur la Seille, arr. et à 7 l. N. de Nancy, cant. de Noményi, poste de Pont-à-Mousson; pop. 670 hab.

ABAUCOURT, vg. de Fr., dép. de la Meuse, arr. de Verdun, cant. et poste d'Étain; pop. 120 hab.

ABAXAS, villa d'Espagne, dans la prov. de Burgos.

ABAY, v. de l'île de Bornéo, dans un des états soumis au sultan de Soulon.

ABAYTE, riv. du Brésil; elle a sa source dans la Serra de Marcella, arrose une partie de la province de Minas Graes et se jette dans le San Francisco. On trouve du diamant dans le sable de cette rivière.

ABAZIE, pet. v. du roy. de Naples, dans l'Abruzze citérieure.

ABB, v. d'Arabie, dans la prov. du Yémen; elle est remarquable par le nombre et la beauté de ses mosquées.

ABBA ou **OBBA**, g. a., v. d'Afrique, dans les environs de Carthage.

ABBA-PANTALEON, monastère dans le voisinage d'Axum, dans le roy. de Tigré en Afrique. Il est remarquable par un petit obélisque qui se trouve près de là et par une inscription grecque sculptée sur une pierre, et qui remonte au commencement du quatrième siècle.

ABBADIA, v. du Brésil, dans la prov. de Bahia, à 5 l. de la mer. Commerce de sucre, de coton et de tabac.

ABBANS-DESSOUS, vg. de Fr., dép. du Doubs, arr. de Besançon, cant. de Boussières, poste de Quingey; pop. 250 hab.

ABBANS-DESSUS, vg. de Fr., dép. du Doubs, arr. de Besançon, cant. de Boussières, poste de Quingey; pop. 230 hab.

ABBARETZ, vg. de Fr., dép. de la Loire-Inférieure, arr. de Châteaubriant, cant. et poste de Nozay; pop. 1080 hab.

ABBAS, vg. de Fr., dép. de l'Aveyron, arr., cant. et poste de Rhodes, com. de Moyrazès; pop. 80 hab.

ABBA-ASSÉ, ruines remarquables dans l'Abyssinie, près de la riv. de Mareb.

ABBA-SANTA, b. de Sardaigne, près du cap Cagliari; les environs produisent du blé, du vin et de bons pâturages; pop. 1250 hab.

ABBA-SARIMA, église remarquable, dans le roy. de Tigré, partie septentrionale de l'Abyssinie.

ABBAS-ABAD. *Voyez* ABASABAD.

ABBA-SIN, riv. de l'Afghanistan, a sa source dans les montagnes du Thibet, et se jette dans le Sind (Indus).

ABBASSUS, g. a., v. de Phrygie.

ABBAY ou **ÁLVAY**, volcan près de Manille, dans l'île Luçon aux Philippines.

ABBAYE (l'), vg. de Fr., dép. d'Ille-et-Vilaine, arr., cant., poste et com. de Dol; pop. 250 hab.

ABBAYE (l'), vg. de Fr., dép. du Jura, arr. de Saint-Claude, cant. et poste de Saint-Laurent, fait partie de la com. de Rivière-Devant; pop. 260 hab.

ABBAYE (l'), ham. de Fr., dép. du Loiret, arr., cant., poste et com. de Pithiviers; pop. 178 hab.

ABBAYE (l'), ham. de Fr., dép. de Seine-et-Oise, arr. de Versailles, cant. de Palaiseau, poste d'Orsay, fait partie de la com. de Gif; pop. 20 hab.

ABBAYE (l'), vg. de Fr., dép. de la Somme, arr. de Montdidier, cant. et poste de Roye, fait partie de la com. de Beuvraignes; pop. 180 hab.

ABBAYE-BLANCHE, ham. de Fr., dép. de la Manche, arr., cant., poste et com. de Mortain; pop. 160 hab.

ABBAYE-BOYLE. *Voyez* BOYLE.

ABBAYE-DE-BELLEVAUX, ham. de Fr., dép. de la Haute-Saône, arr. de Vesoul, cant. et poste de Rioz, fait partie de la com. de Cirey; pop. 30 hab.

ABBAYE-DE-LA-CHARITÉ (l'), vg. de Fr., dép. de la Haute-Saône, arr. de Vesoul, cant. de Scey-sur-Saône, poste de Fretigny, fait partie de la com. de Neuville-lès-la-Charité; pop. 110 hab.

ABBAYE-D'IGNY, ham. de Fr., dép. de la Marne, arr. de Reims, cant. et poste de Fisme, fait partie de la com. d'Arcis-le-Ponsart; pop. 40 hab.

ABBAYE-NOUVELLE, vg. de Fr., dép. du Lot, arr. et poste de Gourdon, canton de Salviac, fait partie de la com. de Léobard; pop. 200 hab.

ABBAYE-SOUS-PLANCY, vg. de Fr., dép. de l'Aube, arr. d'Arcis-sur-Aube, cant. et poste de Mery-sur-Seine; pop. 170 hab.

ABBAYE-SAINT-LAURENT (l'), ham. de Fr., dép. de la Charente-Inférieure, arr. de La Rochelle, cant. de Saint-Martin-de-Ré, poste et com. de La Flotte, pop. 20 hab.

ABBAYE-DE-SAINT-LAMBERT (l'), dans la vallée, à quelque distance de Liège en Belgique. C'était autrefois un riche monastère dont on admirait les vastes bâtiments et les jardins; on y a établi de grandes verreries où l'on fabrique par an pour plus de 500,000 francs de cristaux et d'autres verreries.

ABBECOURT, vg. de Fr., dép. de l'Aisne, arr. de Laon, cant. et poste de Chauny; pop. 680 hab.

ABBECOURT, vg. de Fr., dép. de l'Oise, arr. de Beauvais, cant. et poste de Noailles; pop. 430 hab.

ABBECOURT, ham. de Fr., dép. de l'Oise, arr. de Versailles, cant. et poste de Poissy, fait partie de la com. d'Orgeval; pop. 30 hab.

ABBÉE (l'), vg. de Fr., dép. de Seine-et-Oise, arr. de Rambouillet, cant. de Dourdan, poste d'Ablis, fait partie de la com. de Craches; pop. 65 hab.

ABBEFORT, *Abbefortia*, v. de la Norwege, dans le diocèse d'Aggerhuus.

ABBEHAUSEN, b. et chef-lieu du bailliage de ce nom, dans le duché d'Oldenbourg et dans le cercle d'Oovelgænne, est situé près du Weser; pop. 350 hab.

ABBENANS, vg. de Fr., dép. du Doubs, arr. de Baume-les-Dames, cant. et poste de Rougemont. On y exploite une mine de houille; pop. 954 hab.

ABBENDORF, vg. de Prusse, dans la prov. de Silésie, rég. et cercle de Breslau. Ce village possède une relique qui attire chaque année plus de 40,000 personnes en pélérinage.

ABBERFORTH, *Calcaria*, b. d'Angleterre, dans le comté et au S.-O. d'York.

ABBERTOWN, vg. d'Angleterre, dans le comté de Worcester; il est connu par ses eaux minérales salines.

ABBETOT, vg. de Fr., dép. de la Seine-Inférieure, arr. du Hâvre, cant. et poste de Saint-Romain, fait partie de la com. de La Cerlange; pop. 230 hab.

ABBEVILLE, vg. de Fr., dép. du Calvados, arr. de Lisieux, cant. et poste de Saint-Pierre-sur-Dives, fait partie des com. de Vaudeloges et d'Ammeville; pop. 152 hab.

ABBÉVILLE, vg. de Fr., dép. de la Moselle, arr. et poste de Briey, cant. de Conflans; pop. 458 hab.

ABBEVILLE, vg. de Fr., dép. de Seine-et-Oise, arr. et poste d'Étampes, cant. de Méréville; pop. 412 hab.

ABBEVILLE, *Abbatis villa*, *Abba villa*, *Abbatico villa*, v. de Fr., chef-lieu d'arr. dans le dép. de la Somme; place de guerre de quatrième classe, sur la riv. et à l'embouchure de la Somme, à 34 l. N.-O. de Paris; elle est le siège d'un tribunal de première instance et d'un tribunal de commerce, chef-lieu d'une direction des douanes, d'une conservation des hypothèques et d'une sous-inspection des forêts. L'industrie, jointe aux avantages de sa situation, la communication établie entre la Somme et l'Oise, par le canal de St.-Quentin, ont procuré à Abbeville une rapide prospérité. Son commerce avait pris un grand essor sous le ministère de Colbert; c'est alors que le Hollandais van Robais y établit sa célèbre manufacture. Cette ville forme la réunion de sept grandes routes, par lesquelles elle communique avec la Picardie, l'Artois, la Champagne et la haute Normandie. Elle est bien bâtie; on y entre par cinq portes.

Elle possède de belles casernes, un hospice pour les enfants trouvés, un hôtel de ville, un collége, une bibliothèque publique, une salle de spectacle, une halle couverte, un haras royal et d'autres établissements d'utilité publique et d'agrément. Le palais de justice et l'église gothique de St.-Vulfran sont dignes d'être remarqués. Fabriques et commerce de draps, de tapis, de velours, de toiles, de serge, etc.; tanneries, papeteries, bonneteries. Il y a une grande foire à Abbeville le 22 juillet; elle dure vingt jours; pop. 19,560 hab.

La fondation d'Abbeville remonte aux temps des Romains, qui eurent près de là un camp dont on a retrouvé quelques vestiges. Le nom d'Abbeville (Abbatis villa) provient de ce qu'elle fit partie du domaine de l'Abbaye de Centule ou de St.-Riquier. Elle fut la capitale du Ponthieu et la résidence des comtes de ce nom. Elle avait déjà été fortifiée par Charlemagne; Hugues Capet, en 992, y ajouta de nouvelles fortifications pour arrêter de ce côté les Normands et les Danois qui avaient plusieurs fois, en remontant la Somme, pénétré dans la basse Picardie. Lorsqu'au treizième siècle le Ponthieu subit le joug des Anglais, les citoyens d'Abbeville firent preuve de fidélité à la France et se distinguèrent par leur courageuse résistance. L'un d'eux, nommé Ringois, fut martyr de son patriotisme et de sa probité : refusant de prêter serment à Edouard III, roi d'Angleterre, il fut précipité du haut d'une tour à Douvres. Ce fut à Abbeville que séjourna quelque temps le duc de Bourgogne, Charles-le-Téméraire, après avoir ravagé la Picardie pour se venger de la mort du duc de Guyenne qu'il prétendait avoir été empoisonné par Louis XI. En 1638, pendant le siége de Hesdin, Louis XIII étant à Abbeville, mit sa personne et son royaume sous la protection de la Vierge; ce vœu, fait le jour de l'Assomption, donna à cette fête un caractère de solennité qu'elle n'avait pas auparavant. Ce fut dans cette ville aussi que le malheureux chevalier de Labarre, âgé de dix-neuf ans, subit en 1766 un supplice d'autant plus affreux qu'il a été infligé à une époque où les idées philosophiques semblaient triompher des préjugés d'une fanatique superstition. Ce jeune homme, dont le crime était d'avoir chanté des couplets licencieux et de ne s'être point découvert devant une procession, fut condamné par la sénéchaussée d'Abbeville à avoir la langue arrachée, le poing coupé, la tête tranchée et à être ensuite brûlé. A cette même époque Piron, l'auteur de l'ode fameuse par son obscénité, jouissait d'une pension de 1200 livres sur la cassette du roi.

Abbeville est la patrie de plusieurs hommes célèbres : de J. Alegrain qui fut patriarche de Constantinople sous Grégoire IX, de Philippe Briet, né en 1600, et de Pierre Duval, né en 1651, tous deux géographes; de Claude Mellan, né en 1601, et de François Poilly, graveurs, né en 1622; et enfin de Millevoye, poète distingué, né en 1782 et mort en 1816.

ABBEVILLE, district de la Caroline du Sud aux États-Unis. Le chef-lieu de ce district porte le même nom.

ABBEVILLE-SAINT-LUCIEN, vg. de Fr., dép. de l'Oise, arr. de Clermont, cant. de Froissy, poste de Breteuil; pop. 350 hab.

ABBEVILLERS, vg. de Fr., dép. du Doubs, arr. et poste de Montbéliard, cant. d'Audincours; pop. 430 hab.

ABBEY-HOLME. *Voyez* HOLME-CULTRAM.

ABBEYLEIX, b. d'Irlande, dans le comté de la Reine. Fabriques de dentelles.

ABBIATEGRASSO ou ABIAGRASSO, *Albiate*, *Albiatum Grassum*, b. du roy. Lombard-Vénitien, dans la délégation de Pavie et dans la belle vallée du Tessin sur le canal de Naviglio-Grande, à 4 l. S.-O. de Milan. Territoire fertile; on y cultive le riz et le mûrier; il a des filatures de soie; pop. 5000 hab. Ce bourg fut pillé et dévasté en 1167 par Frédéric Barberousse, empereur d'Allemagne, qui luttait alors contre l'insurrection de la haute Italie, encouragée et soutenue par le pape Alexandre III (guerre des Guelfes et des Gibelins). C'est près de ce bourg aussi que périt le brave Bayard en 1524.

ABBINGDON, district des États-Unis, dans la Pensylvanie.

ABBINGDON, b. du district de ce nom, dans le comté de Perry; pop. 530 hab.

ABBINGDON, b. du Massachussett, dans le comté de Plymouth; pop. 1720 hab.

ABBINGTON, b. de la Pensylvanie, dans le comté de Montgommery; il y a près de là des eaux ferrugineuses; pop. 1250 hab.

ABBORFORS, île près de la côte méridionale, dans le golfe de Finlande.

ABBOTS-BROMLEY, b. d'Angleterre, dans le comté de Stafford; pop. 1533 hab.

ABBOTS-BURY, b. d'Angleterre, dans le comté de Dorset, près de la Manche. On y pêche une grande quantité de maquereaux; pop. 910 hab.

ABBOTS-CASTLE, château situé sur la côte de la mer du Nord, dans le comté de Stafford en Angleterre.

ABBOTSFORD, château gothique en Écosse, dans le comté de Roxburg, près de la Twed. Il fut la demeure du célèbre romancier Walter-Scott.

ABBOTS-HALL, paroisse d'Écosse, dans le comté de Fife. Manufactures de toiles; pop. 2950 hab.

ABBOTS-LANGLEY, vg. d'Angleterre, dans le comté de Hertford; pop. 1820 hab. C'est là que naquit le moine Nicolas Brakspear, qui, par ses seuls talents, s'éleva rapidement à la dignité de cardinal et fut élu pape en 1154 sous le nom d'Adrien IV. Ce fut lui qui couronna l'empereur Frédéric I (Barberousse) en 1155, et qui excita ensuite les Lombards à se révolter contre lui. Il mourut à Agnani en 1159, sans avoir vu finir la querelle qui ensanglanta si longtemps l'Italie.

ABCAHY, vg. du Brésil, dans la prov. de Saint-Paul.

AB-CHURIN, *Medus*, riv. de Perse, dans le Khouzistan, se jette dans le Bend-Emir.

ABCOUDE, vg. de Hollande, dans la prov. d'Utrecht, sur l'Amstel, à 6 l. N. d'Utrecht; pop. 1120 hab.

ABDATSK, b. de la Russie d'Asie, dans le gouv. de Tobolsk.

ABD-AL-CHURIAH, pet. île de la mer des Indes, près de Socotora, à l'E. du détroit de Bab-el-Mandeb.

ABDIE, paroisse d'Écosse, dans le comté de Fife; carrière de granit; on tire de là les pavés pour les rues de Londres; pop. 880 hab.

ABDJAN ou **DESTBARI**, v. de Perse, dans le Farsistan. Elle est située au pied d'une montagne et près d'une source d'eaux amères.

ABDON, île très-élevée, située à quelque distance S.-O. de la côte de la Nouvelle-Guinée dans l'Océanie.

ABDOULLAH-ABAD, vg. de Perse, dans l'Irac-Adjémi. Il y a près de ce village des eaux thermales renommées dans le pays.

ABDUM, b. de l'Afrique, dans la Nubie, sur la rive gauche du Nil.

ABECTOF, vg. de Fr., dép. du Nord, arr. de Hazebrouck, cant., poste et com. de Bailleul; pop. 130 hab.

ABEELE, vg. de Fr., dép. du Nord, arr. de Hazebrouck, cant. et poste de Bailleul, fait partie de la com. de Bœschèpe; pop. 410 hab.

ABEJA ou **ABEADHK**, riv. d'Afrique, a sa source dans l'Atlas et son embouchure dans le lac Melgig.

ABEILHAN, vg. de Fr., dép. de l'Hérault, arr. de Bézières, cant. de Servian et poste de Pézénas; pop. 920 hab.

ABEILLES (les), ham. de Fr., dép. de Vaucluse, arr. de Carpentras, cant. et poste de Sault, fait partie de la com. de Monieux; pop. 60 hab.

ABEKFINOI, une de plus grandes îles des Jewkokejew, groupe des Aléoutiennes; elle est inhabitée.

ABEL, b. de la Russie d'Europe, dans le gouv. de Wilna.

ABEL, *Abéla*, g. a., v. de la Palestine, dans la tribu de Manassé, au-delà du Jourdain.

ABEL-BETH-MANCHA, g. a., v. de la Palestine, dans la tribu de Nephtali, non loin de l'Anti-Liban.

ABELCOURT, vg. de Fr., dép. de la Haute-Saône, arr. de Lure, cant. de Saulx, poste de Luxeuil; pop. 450 hab.

ABEL-KERAMIM, *Abel-Vinearum*, g. a., b. du pays de Galaad, au-delà du Jourdain, près du torrent de Jaboc. Il était entouré de vignes.

ABELLAT, île de la mer Rouge, près des côtes de l'Arabie.

ABELLA-VECCHIA ou **AVELLA**, *Abella*, b. du roy. de Naples, dans la prov. de Terra di Lavoro (Terre de Labour), près de la source de la Chiana et de la ville de Nola; c'était sous Vespasien une colonie romaine dans l'ancienne Campanie.

ABEL-MEHOLA, g. a., v. de la Palestine, entre Scythopolis et Sichem; c'est là que naquit le prophète Elisa.

ABEL-MIZZRAIM, g. a., v. de la Palestine, à l'O. du Jourdain, près du lieu où Joseph enterra son père.

ABELONA ou **ABELOVA**, b. de Hongrie dans le comitat de Nograd.

ABEL-SITTIM, g. a., v. de la Palestine, dans la contrée des Moabites, à 60 stades du Jourdain, vis-à-vis de Jericho.

ABENAQUI, peuplade de la Nouvelle-Écosse de l'Amérique septentrionale; elle est une des branches principales d'une nation jadis nombreuse, qui habitait plusieurs contrées de la Nouvelle-Angleterre et du territoire de New-York.

ABENBERG, pet. v. de Bavière, dans le cercle de la Rezat, à 5 l. S. de Nuremberg. On y fabrique des aiguilles; pop. 1070 hab.

ABENHEIM, vg. du grand-duché de Hesse-Darmstadt, dans le cant. d'Osthofen. On y cultive beaucoup le trèfle; pop. 1230 hab.

ABENOJAR, b. d'Espagne, dans la prov. de la Manche, au pied de la Sierra-Morena.

ABENON, vg. de Fr., dép. du Calvados, arr. de Lisieux, cant. et poste d'Orbec, fait partie de la com. de La Folletière; pop. 210 hab.

ABENSBERG, *Aventinum*, *Abusina*, *Arusena*, v. de la Bavière, sur l'Abenst, dans le cercle de Regen, à 6 l. S.-O. de Ratisbonne. Elle possède des fabriques de draps et de flanelles et l'on y cultive bien le houblon; source d'eaux minérales. C'est la patrie du célèbre historien bavarois Jean Thurmaier, surnommé Aventinus ou Abensberger, né en 1446 et mort à Ratisbonne en 1534. Sa chronique de Bavière, publiée à Francfort sur le Mein en 1580, mérite d'être lue. C'est près de cette ville que (20 avril 1809) Napoléon battit une armée autrichienne, commandée par l'archiduc Louis et le général Hiller; victoire qui amena la prise de Ratisbonne.

On trouve encore près d'Abensberg les traces d'un camp romain. Cette ville est le siége d'un tribunal; elle a un vieux château, autrefois résidence des comtes d'Abensberg; pop. 1200 hab.

ABENST, *Ampla*, pet. riv. de Bavière, dans le cercle d'Isar et de Regen; se jette dans le Danube.

ABENSE-DE-BAS, vg. de Fr., dép. des Basses-Pyrénées, arr., cant. et poste de Mauléon; pop. 270 hab.

ABENSE-DE-HAUT, vg. de Fr., dép. des Basses-Pyrénées, arr. de Mauléon, cant. et poste de Tardets; pop. 400 hab.

ABER, vg. de la principauté de Galles, dans le comté de Carnarvon; passage à l'île d'Anglesey; pop. 680 hab.

ABER, lac d'Autriche, dans le pays de l'Ens supérieure.

ABERAVON, *Aberavonium*, b. d'Angleterre de la principauté de Galles, dans le comté de Glamorgan, à l'embouchure de l'Avon. Exploitation de pierres à chaux; pop. 350 hab.

ABER-BENOIT (l'), ham. de Fr., dép. du Finistère, arr. de Brest, cant. de Ploudalmezeau, poste de Saint-Renan, fait partie de la com. de Saint-Pabu; pop. 35 hab.

ABERBROTHIK ou **ABBROATH**, b. d'Écosse, dans le comté de Forfar, à l'embouchure de la Brothik, possède un port, un chantier, une fabrique de toiles à voiles et des tanneries. On en exporte des grains. On voit dans les environs les ruines d'un ancien monastère et des cavernes remarquables; il y a aussi près de ce bourg une source d'eaux minérales; pop. 8500 hab.

ABERCONWAY, *Aberconvonium*, v. et port d'Angleterre, dans la principauté de Galles, dans le comté de Carnarvon sur la Conway. Cette ville est fort ancienne; sa forteresse date de Guillaume le Conquérant, mais ce fut Edouard I qui, en 1284, fit bâtir le château actuel pour tenir en respect les Gallois, qui ne supportaient qu'avec impatience la domination anglaise. On pêche dans ce port des harengs et des huîtres que l'on exporte en très-grande quantité. On y exploite aussi du cuivre, du plomb et de la calamine; pop. 1260 hab.

ABERCORN, paroisse d'Écosse, dans le comté de Linglihgow, sur le golfe de Frith of Forth; pêche du saumon. On visite dans ce bourg le palais du comte Hopetown; pop. 1100 hab.

ABERKORN, v. des États-Unis, dans la Géorgie, au N.-O. de Savannha.

ABERDALGIE, paroisse d'Écosse, dans le comté de Perth. C'est là que Baliol Edouard défit en 1322 le comte de Marr, régent d'Écosse au nom de David Bruce; pop. 600 hab.

ABERDARE, b. d'Angleterre, dans la principauté de Galles et le comté de Glamorgan; pop. 2000 hab.

ABERDEEN, comté de l'Écosse centrale, est traversé au S. et à l'O. par la chaîne des Grampians. Il est borné au S. par le comté de Kincardine, au N. par celui de Banff, à l'O. par les monts Grampians et à l'E. par la mer du Nord. L'air y est humide et rude. Le sol n'est fertile qu'en quelques endroits, mais là il est bien cultivé. Il est arrosé par la Dee, le Don, le Deveron et par quelques lacs, dont les principaux sont le Loch-Muick et le Loch-Kanders. Le comté a 370 l. c. de superficie et 160,000 hab. Les principaux produits sont des grains, du bois, du fer, de la chaux, de l'ardoise et un granit très-recherché. Un canal de navigation qui a été ouvert en 1807 et qui établit une communication entre Aberdeen et la mer d'Irlande, contribue beaucoup à la prospérité du commerce dans cette contrée.

ABERDEEN-NEW, *Aberdonia*, *Aberdonium*, v. d'Écosse, chef-lieu du comté de ce nom, à l'embouchure de la Dee, est une des principales villes de l'Écosse et la première pour la marine marchande de ce pays. Elle possède un grand port, un chantier pour la construction des vaisseaux, des forges, des brasseries. Parmi ses constructions on remarque une belle digue, formée de blocs de granit d'une grandeur extraordinaire, son nouveau palais de justice, l'hôpital des fous et son école de médecine. Elle a une université célèbre, fondée en 1593. On y fait un grand commerce de librairie. Aberdeen est une des villes de l'Écosse qui, après Glasgow, prend le plus de part à la pêche de la baleine; pop. 50,000 hab.

ABERDEEN-OLD (*Aberdeen le vieux*), à trois-quarts de l. de New-Aberdeen, b. royal dans le comté de ce nom, sur le Don, possède le Kings-Collége ou collége royal avec une bibliothèque et un musée. On admire près de ce bourg un moulin à filer le lin, c'est le plus beau du royaume; pop. 3000 hab.

ABERDOUR, paroisse d'Écosse, dans le comté d'Aberdeen; vg. situé près de la mer; on y visite les ruines du château de Dundasque; pop. 1450 hab.

ABERDOUR, paroisse d'Écosse, dans le comté de Fife, sur le Forth; fabriques de draps et de mousseline. On vient y prendre les bains de mer et dans la saison c'est un port très-animé; pop. 1500 hab.

ABÈRE, vg. de Fr., dép. des Basses-Pyrénées, arr. et poste de Pau, cant. de Morlaas; pop. 180 hab.

ABERE, g. a., v. au S.-E. de l'Arabie-Déserte.

ABERFOYLE, paroisse d'Écosse, dans le comté de Perth. On y exploite des carrières de granit, de pierres et d'ardoises; pop. 500 hab.

ABERFRAW, *Aberfravia*, *Gadiva*, vg. de l'île d'Anglesey, dans la mer d'Irlande; pop. 1200 hab.

ABERGAVENNY, *Abergonium*, *Hobannium*, b. d'Angleterre, dans le comté de Monmouth, au confluent de la Gavenny et de l'Usk, à 6 l. de Monmouth, possède un vieux château. On y fait un commerce fort considérable en flanelle, et dans les environs on exploite des mines de fer et de houille; pop. 4000 hab.

ABERGELEY, pet. v. et port d'Angleterre, dans la principauté de Galles et le comté de Denbigh. Il y a des mines de plomb dans les environs; pop. 2800 hab.

ABERGEMENT (l'), vg. de Fr., dép. de l'Ain, arr. de Trévoux, cant., poste et com. de Châtillon-les-Dombes; pop. 228 hab.

ABERGEMENT, vg. de Fr., dép. du Jura, arr. de Lons-le-Saunier, cant. et poste de Beaufort, fait partie de la com. de Rozay; pop. 136 hab.

ABERGEMENT-DE-CUISERY (l'), vg. de

Fr., dép. de Saône-et-Loire, arr. de Louhans, cant. de Cuisery, poste de Tournus; pop. 1020 hab.

ABERGEMENT-DE-MESSEY, vg. de Fr., dép. de Saône-et-Loire, arr. de Châlons-sur-Saône, cant. et poste de Buxy, fait partie de la com. de Messey-sur-Crosne; pop. 280 hab.

ABERGEMENT-DE-VAREY (l'), vg. de Fr., dép. de l'Ain, arr. de Belley, cant. d'Ambérieux, poste de Pont-d'Ain; pop. 560 hab.

ABERGEMENT-DU-NAVOIS (l'), vg. de Fr., dép. du Doubs, arr. de Besançon, cant. d'Amancey, poste d'Ornans; pop. 190 hab.

ABERGEMENT FOIGNET (l'), vg. de Fr., dép. de la Côte-d'Or, arr. de Dijon, cant. et poste de Genlis; pop. 385 hab.

ABERGEMENT-LA-RONCE, vg. de Fr., dép. du Jura, arr., cant. et poste de Dôle; pop. 380 hab.

ABERGEMENT-LE-DUC (l'), vg. de Fr., dép. de la Côte-d'Or, arr. de Beaune, cant. et poste de Seurre; pop. 1104 hab.

ABERGEMENT-LE-GRAND (l'), vg. de Fr., dép. de l'Ain, arr. et poste de Nantua, cant. de Brenod; pop. 800 hab.

ABERGEMENT-LE-GRAND, vg. de Fr., dép. du Jura, arr. de Poligny, cant. et poste d'Arbois; pop. 240 hab.

ABERGEMENT-LE-PETIT, vg. de Fr., dép. de l'Ain, arr. et poste de Nantua, cant. de Brenod; pop. 650 hab.

ABERGEMENT-LE-PETIT, vg. de Fr., dép. du Jura, arr., cant. et poste de Poligny; pop. 170 hab.

ABERGEMENT-LES-AUXONNE (l'), vg. de Fr., dép. de la Côte-d'Or, arr. de Dijon, cant. et poste d'Auxonne; pop. 420 hab.

ABERGEMENT-LES-MALANGE (l'), vg. de Fr., dép. du Jura, arr. de Dôle, cant. de Gendrey, poste d'Orchamps, fait partie de la com. de Malange.

ABERGEMENT-LES-MOLOY (l'), ham. de Fr., dép. de la Côte-d'Or, arr. de Dijon, cant. et poste d'Iss-sur-Tille, fait partie de la com. de Moloy; pop. 32 hab.

ABERGEMENT-LES-SEURRES (l'). *Voyez* ABERGEMENT-LE-DUC.

ABERGEMENT-LES-THESY, vg. de Fr., dép. du Jura, arr. de Poligny, cant. et poste de Salins; pop. 200 hab.

ABERGEMENT-SAINTE-COLOMBE (l'), vg. de Fr., dép. de Saône-et-Loire, arr. et poste de Châlons-sur-Saône, cant. de Saint-Germain-du-Plain; pop. 620 hab.

ABERGEMENT-SAINT-JEAN, vg. de Fr., dép. du Jura, arr. de Dôle, cant. de Chaussin, poste de Le Deschaux; pop. 160 hab.

ABERGEMENT-SAINTE-MARIE, vg. de Fr., dép. du Doubs, arr. de Pontarlier, cant. de Mouthe, poste de Jougne; pop. 458 hab.

ABERGWILLY, vg. d'Angleterre, dans la principauté de Galles et le comté de Carmarthen; pop. 2000 hab.

ABERILDUT, vg. de Fr., dép. du Finistère, arr. de Brest, cant. de Ploudalmézeau, poste de Sainte-Renon, fait partie de la com. de Porspoder; pop. 110 hab.

ABERKOUH, v. de Perse, dans le Farsistan, entre Chiraz et Yezd.

ABERLADY, b. d'Écosse, dans le comté d'Haddington; pop. 1100 hab.

ABERLAUR, vg. d'Écosse, dans le comté de Banff; pop. 1000 hab.

ABERLEMNO, paroisse d'Écosse, dans le comté de Forfar, sur le South-Esk; pop. 1040 hab.

ABERNETHY, *Abernethæ*, *Abrinca*, b. d'Écosse, dans le comté de Perth, sur la Tay, on y fabrique de la toile pour linge. Quelques géographes historiens pensent que ce bourg fut la capitale des anciens rois Pictes; une tour triangulaire qui s'y trouve, a donné quelque poids à cette supposition; pop. 1720 hab.

ABERNETHY, paroisse d'Écosse dans le comté d'Inverness; pop. 1200 hab. Ce bourg et celui qui précède, se disputent l'honneur d'avoir vu naître le célèbre médecin Jean Abernethy, premier chirurgien de l'hôpital Saint-Barthélemi à Londres. Il a travaux scientifiques de ce savant praticien, mort en 1830, eurent une influence marquée sur la médecine.

ABERSEE. *Voyez* ABER.

ABERTAMM, b. de la Bohême, dans le cercle d'Elbogen, près de Joachimsthal dans l'Erzgebirge (montagnes métalliques), au N.-O. de la Bohême. Il y a près de ce bourg des mines d'argent, d'étain et de cobalt. Quoique les habitants soient presque tous mineurs, on y fait pourtant aussi quelque commerce de bétail; pop. 1640 hab.

ABERYSTWITH, vg. d'Angleterre, dans le pays de Galles et le comté de Monmouth, à 2 l. d'Abergavenny; pop. 4200 hab.

ABERYSTWITH, *Aberistivium*, v. et port d'Angleterre, dans le comté de Cardigan, principauté de Galles, sur le Rhydol; on y voit des ruines de fortifications. Il y a des bains de mer, des mines de plomb et de calamine dans les environs. On y fait un grand commerce de poissons; pop. 2300 hab.

ABESCH ou **HABESCH**, *Abexia Ora*, *Troglodytice*, contrée de l'Afrique; elle s'étend sur les côtes de la mer Rouge, depuis le détroit de Bab-el-Mandeb jusqu'aux frontières de la Nubie; une chaîne de hautes montagnes rocheuses la sépare du Tigré; elle fait partie de l'Abyssinie à laquelle la plupart des géographes allemands donnent le nom de Habesch. Elle est habitée par des Arabes et d'autres tribus nomades qui entretiennent des relations de commerce avec l'Arabie. L'anglais Salt, qui a fait de 1802 à 1806 un voyage dans l'intérieur de ce pays, en donne des détails très-intéressants.

ABESSE, ham. de Fr., dép. des Landes, arr., cant. et poste de Dax, fait partie de la com. de Saint-Paul; pop. 60 hab.

ABETO (les), vg. de Fr., dép. de la Charente, arr. de Cognac, cant. de Segonzac, poste et com. de Barbézieux; pop. 108 hab.

AB-GEHM, v. de Perse, dans la prov. d'Irac-Adjemi, à 20 l. de Yezd.

ABHA, gr. vg. d'Abyssinie, dans le roy. de Tigré; on y fait commerce de fer, de bétail, de peaux et de coton; il y a un marché chaque semaine.

ABHER, v. de Perse, dans la prov. d'Irac-Adjemi. On voit près de cette ville les ruines d'un ancien château que l'on croit avoir été bâti par Darius.

ABIA, g. a., v. de la Messénie, sur le golfe de Messénie, célèbre dans la ligue Achéenne. C'est une des villes qu'Agamemnon avait promises à Achille dans la dot d'Iphigénie.

ABIA-DE-LAS-TORRES, b. d'Espagne dans la prov. de Palencia.

ABICHAM, lac de la Russie-d'Asie, dans le gouv. de Tomsk.

ABID, *Abida*, pet. v. d'Arabie, dans la prov. de Yémen; les environs sont fertiles en café.

ABIDOS, vg. de Fr., dép. des Basses-Pyrénées, arr. d'Orthez, cant. de Lagon, poste de Lacq; pop. 240 hab.

ABIJERAS, peuplade de l'Amérique méridionale dans la Colombie.

ABILA, g. a., v. de la Syrie, à 18 milles N. de Damas. Sous les successeurs d'Alexandre elle portait le nom de Leucos, et sous Claudius celui de Claudiopolis. Ses ruines sont connues aujourd'hui sous le nom de Nebi-Abel.

ABILD, v. de la Suède, dans la prov. de Halland.

ABILÈNE, g. a., contrée de la Syrie, entre l'Anti-Liban et le mont Hermon, au N.-O. de Damas; elle appartenait à un roi, nommé Lysaminias, fils de Ptolémée Mennæus. Cléopâtre fit assassiner ce prince, 36 ans av. J.-C., et cette contrée passa sous le sceptre d'un descendant de Lysaminias, puis à Claudius qui en fit don à Agrippa, après la mort duquel elle passa aux Romains.

ABILLY, vg. de Fr., dép. d'Indre-et-Loire, arr. de Loches, cant. et poste de La Haye-Descartes; pop. 750 hab.

ABINA, riv. sur l'île de Madagascar.

ABINGDON, *Abindonia, Abintonia*, v. d'Angleterre, dans le comté de Berk, au confluent de l'Ock et de la Tamise. Commerce de grains et de drèche; manufactures de toile à voiles; fabriques de tapis et de draps; pop. 5140 hab.

ABINZI, peuples tartares de la Russie d'Asie, dans le gouv. de Tomsk; ils sont agriculteurs, pasteurs et chasseurs; ils exploitent aussi les mines de fer de leurs montagnes.

ABIPONS, peuplade de l'Amérique méridionale, dans la partie occidentale du Paraguay, sur les bords de la Plata. C'est une tribu guerrière, composée d'environ 5000 individus, qui ont longtemps harcelé les Espagnols. Les Abipons sont de haute stature, et leurs femmes ont le même teint que celles de l'Europe méridionale. Ils se nourrissent grossièrement, et la chair du tigre est celle qu'ils préfèrent. Cette tribu était autrefois plus considérable, mais elle diminue de jour en jour, et disparaîtra bientôt tout à fait par le mélange avec d'autres tribus et même avec des blancs.

AB-IRACH, pet. v. de la Perse, dans la prov. de Kerman.

ABISA, g. a., v. de l'Arabie Heureuse, non loin de Bosora.

ABIT (Saint-), vg. de Fr., dép. des Basses-Pyrénées, arr. de Pau, cant. et poste de Nay; pop. 325 hab.

ABITAIN, vg. de Fr., dép. des Basses-Pyrénées, arr. d'Orthez, cant. et poste de Suveterre; pop. 390 hab.

ABITIBIS, lac de l'Amérique septentrionale, dans le haut Canada. Les Abitibes, peuplade indienne, habitent les bords de ce lac.

ABIUL, villa du Portugal, dans l'Estramadure.

ABJAT-DE-NONTRON, vg. de Fr., dép. de la Dordogne, cant. et poste de Nontron; pop. 1560 hab.

ABKAR, v. d'Afrique, dans la Nigritie.

ABLA, b. d'Espagne, dans le roy. de Grenade et la prov. d'Almeria.

ABLACH, pet. riv. dans le grand-duché de Bade, prend sa source à 1 l. de Mœskirch, dans le cercle du lac de Constance, passe près de Mœskirch, reçoit plusieurs autres petites rivières et se jette dans le Danube au-dessous de Mengen, dans le roy. de Wurtemberg.

ABLACH, vg. du grand-duché de Bade, dans le cercle du lac de Constance et le bailliage de Mœskirch, appartenait autrefois à la seigneurie de Gutenstein, que le comte Schenk de Castel tenait en fief de l'empire. Il y eut aussi des barons d'Ablach.

ABLAIKIT, v. de la Tartarie indépendante, dans la contrée habitée par les Kirghis.

ABLAIN-SAINT-NAZAIRE, vg. de Fr., dép. du Pas-de-Calais, arr. et poste d'Arras, cant. de Vimy; pop. 860 hab.

ABLAINCOURT, vg. de Fr., dép. de la Somme, arr. de Peronne, cant. de Chaulnes, poste de Lihons-en-Santerre; pop. 440 hab.

ABLAINZEVELLE, vg. de Fr., dép. du Pas-de-Calais, arr. d'Arras, cant. de Croisilles, poste de Bapaume; pop. 325 hab.

ABLAK, château fort de l'Arabie, dans la prov. de Nedjed.

ABLAKET, affluent de l'Irtisch, dans le cercle d'Ischim, dans la Russie d'Asie.

ABLANCOURT, vg. de Fr., dép. de la Marne, arr. et cant. de Vitry-le-Français, poste de La Chaussée; pop. 250 hab.

ABLEIGES, vg. de Fr., dép. de Seine-et-Oise, arr. de Pontoise, cant. et poste de Marines; pop. 230 hab.

ABO — ABON

ABLEMONT, vg. de Fr., dép. de Seine-et-Oise, arr. de Mantes, cant. de Limay, poste de Meulan, fait partie de la com. de Juziers; pop. 100 hab.

ABLEUVENETTES, vg. de Fr., dép. des Vosges, arr. de Mirecourt, cant. et poste de Dompaire; pop. 260 hab.

ABLÉVILLE, vg. de Fr., dép. du Calvados, arr. de Pont-l'Évêque, cant. et poste de Honfleur, fait partie de la com. d'Ablon; pop. 200 hab.

ABLEY, riv. de l'Abyssinie.

ABLIS, b. de Fr., dép. de Seine-et-Oise, arr. de Rambouillet, cant. de Dourdan. Ce bourg, sur la route royale de Paris à Chartres, a un bureau et un relai de poste. Commerce de bétail et de quincaillerie; il a deux foires par an; pop. 1000 hab.

ABLITAS, v. d'Espagne, dans le roy. d'Arragon et la prov. de Sarragose. Les environs de cette ville sont fertiles en grains et en fruits de toutes espèces.

ABLOIS, gr. vg. de Fr., dép. de la Marne, arr., cant. et poste d'Épernay; pop. 1450 hab.

ABLON, vg. de Fr., dép. du Calvados, arr. de Pont-l'Évêque, cant. et poste de Honfleur; pop. 950 hab.

ABLON, *Ablonium*, vg. de Fr., dép. de Seine-et-Oise, arr. de Corbeil, cant. de Lonjumeaux, poste de Choisy-le-Roi. Il y a dans ce village, situé au bord de la Seine, un grand entrepôt de vin; pop. 230 hab.

ABLONIYA. *Voyez* AVLONE.

ABLOUX, vg. de Fr., dép. de l'Indre, arr. de Le Blanc, cant. et poste de Saint-Benoist-du-Sault, fait partie de la com. de Saint-Gilles; pop. 181 hab.

ABLOUX (l'), riv. de Fr., a sa source dans le dép. de la Creuse et se jette dans l'Anglin, riv. du dép. de l'Indre, à 1 l. du vg. de Challais.

ABO, *Aboa* (en finois TOURCOU), v. de la Russie d'Europe, chef-lieu du district d'Abo, à l'embouchure de l'Aurajoki, sur le golfe de Finlande. Cette ville, enfermée de tous côtés par des montagnes et un promontoire du côté de la mer, était autrefois la capitale de la Finlande; elle a été privée de ce titre en 1817; mais pour la dédommager, son évêché luthérien a été érigé depuis la même époque en archevêché.

Elle est le siége d'une haute cour de justice; elle possède une belle cathédrale, une société biblique et une société d'économie industrielle, une banque, un mont-de-piété, un gymnase ou collège, fondé par Gustave-Adolphe en 1628, et dont la reine Christine fit ensuite une université qui, par suite de l'incendie d'Abo en 1827, a été transférée à Helsingford. Le commerce d'Abo est considérable et très-étendu, surtout celui d'exportation, qui consiste en grains, en planches de sapin, en goudron, etc. Ses chantiers fournissent chaque année un grand nombre de vaisseaux; elle a des fabriques de draps, de soieries, de toile à voiles, de cordages, de quincailleries, des verreries, des savonneries, des tanneries, des raffineries de sucre, etc.

A trois quarts de lieue de la ville se trouve le port de Bekholm, et tout près de là une source d'eau ferrugineuse, appelée Kuppis. Au-dessous, sur l'Aurajoki, est situé le château fort Abohus ou Aboslot. Abo a 1100 maisons et 12,000 habitants. C'est dans cette ville que fut signé, en 1743, un traité de paix entre la Russie et la Suède, après une guerre de deux ans que la France avait suscitée contre la Russie pour l'empêcher d'intervenir dans la guerre de la succession d'Autriche. Les Suédois, sous les ordres de Lœwenhaupt, furent battus par les Russes, qui conquirent toute la Finlande. L'impératrice restitua une partie de sa conquête à la Suède avec la condition que les Suédois éliraient pour roi Adolphe-Frédéric de Holstein-Gottorp, à l'exclusion du prince royal de Dancmark. C'est après cette élection que fut signé le traité d'Abo.

ABOD, b. de Hongrie, dans le comitat de Borsod.

ABOGOW, v. d'Afrique, dans le pays d'Aowin, sur la côte d'Or, dans la Guinée supérieure.

ABOHUS ou ABOSLOT, château fort à l'embouchure de l'Aurajoki, sur un cap du golfe de Finlande, dans la Russie d'Europe. *Voyez* ABO.

ABOIBOU, gr. vg. d'Afrique, dans le roy. d'Assin, sur la côte d'Or, dans la Guinée supérieure.

ABOKNA, v. d'Afrique, dans le roy. de Sennaar.

ABOMEY, v. d'Afrique, dans le roy. de Dahomey, sur la côte des Esclaves, dans la Guinée supérieure. Cette ville, située sur un plateau, est entourée d'un fossé profond que l'on passe sur quatre ponts; elle est la résidence du roi de Dahomey; pop. 2400 hab.

ABON, vg. de Fr., dép. de la Nièvre, arr. de Château-Chinon, cant. et poste de Moulins-en-Gilbert, fait partie de la com. de Maux; pop. 70 hab.

ABONCOURT, vg. de Fr., dép. de la Moselle, arr. et poste de Thionville, cant. de Metzerwisse; pop. 400 hab.

ABONCOURT, vg. de Fr., dép. de la Haute-Saône, arr. de Vesoul, cant. de Combeau-Fontaine, poste de Jussey; pop. 400 hab.

ABONCOURT-EN-VOSGES, vg. de Fr., dép. de la Meurthe, arr. de Toul, cant. et poste de Colombey; pop. 380 hab.

ABONCOURT-SUR-SEILLE, vg. de Fr., dép. de la Meurthe, arr., cant. et poste de Château-Salins; pop. 150 hab.

ABONDANCE. *Voyez* NOTRE-DAME-D'ABONDANCE.

ABONDANCE (Sainte-), ham. de Fr., dép. de Lot-et-Garonne, arr., cant. et poste de Marmande, fait partie de la com. de Virazeil; pop. 75 hab.

ABONDANT, vg. de Fr., dép. d'Eure-et-Loire, arr. et poste de Dreux, cant. d'Anet; pop. 720 hab.

ABONY, b. de Hongrie, dans le comitat de Pesth.

ABOODAE, v. de la Guinée supérieure, sur la côte des Dents.

ABOS, vg. de Fr., dép. des Basses-Pyrénées, arr. d'Oloron, cant. et poste de Monein; pop. 600 hab.

ABOS, vg. de Fr., dép. des Basses-Pyrénées, arr. de Pau, cant. et poste de Lembey, fait partie de la com. de Peyrelongue; pop. 240 hab.

ABOSCHFALVA, gr. vg. parois. de la Transylvanie, dans les Sept Montagnes (Siebenbürgen), comitat de Kokelburg.

ABOSCHIN, vg. de Bohême, dans le cercle de Pilsen, a des sources d'eaux minérales.

ABOSI, v. du Japon, sur l'île de Niphon, à 30 l. de Miaco.

ABOSLOT. *Voyez* ABOHUS.

ABOU, chaîne de montagnes, dans l'Indoustan, fait partie de la chaîne des Gates.

ABOU, v. de l'Indoustan, dans l'Adjimer, pays des Radsbouts, au pied de la haute chaîne de montagnes d'Abou.

ABOU-ARICH, v. forte de l'Arabie, dans la prov. du Yémen, résidence du chérif. Il y a du sel gemme dans les montagnes des environs. Cette ville est la capitale d'un état du même nom, tributaire du pacha d'Égypte.

ABOUBELLOU, ruines remarquables, dans la Basse-Égypte.

ABOU-CHAREB, v. d'Afrique, dans la Nigritie.

ABOU-CHEGHER, montagnes de l'Afrique, dans la Haute-Égypte, aux environs de Thèbes. Elles attirent, pendant les grandes chaleurs, des orages dont les effets sont souvent bien déplorables pour cette contrée.

ABOUCHER ou BENDER-BOUCHEHR, v. de Perse, dans le Farsistan; elle est située à l'extrémité d'une petite presqu'île sur le golfe Persique; c'est le premier port marchand de la Perse. Les Anglais y ont une factorerie. La population de cette ville a été réduite par la guerre et la peste de plus de 12,000 âmes, elle n'est plus que de 2000 hab.

ABOUDAKLOUGH, vg. d'Afrique, dans l'oasis de Dakhel, au Sahara.

ABOU-DJIRDJED, v. d'Égypte, dans la prov. de Beni-Soueyf. Elle a un couvent sous l'invocation de St.-Georges; il est desservi par des moines d'Europe. Les environs de cette ville sont très-fertiles.

ABOUGA, riv. de la Russie d'Asie, affluent du Tobol.

ABOUHASSOUBLA, vaste église dans le roy. de Tigré en Afrique. Il se trouve plusieurs églises de ce genre en Afrique. Celle-ci est ornée de plusieurs images du Christ et des Apôtres.

ABOUKIR, ou BIKKIR, b. et citadelle dans la Basse-Égypte, en la prov. d'Alexandrie, à 6 l. E. de cette ville, sur une large baie de la Méditerranée. C'est là que Bonaparte essuya le premier revers. L'armée expéditionnaire avait heureusement débarqué le 1er juillet 1798; Alexandrie avait été enlevée en quelques heures, et moins de vingt jours après, le drapeau tricolore flottait sur la citadelle du Caire; mais pendant que Bonaparte organisait le gouvernement du pays conquis, et préparait tout pour soumettre les autres provinces de l'Égypte, la flotte anglaise, commandée par Nelson, s'avançait, et le 31 juillet, elle parut sur les côtes d'Égypte. Bonaparte avait donné ordre de faire entrer la flotte française à Alexandrie ou de la conduire à Corfou. L'amiral français Brueys ne se conforma point à cet ordre et s'embossa dans la rade d'Aboukir.

Le 1er août, vers 6 heures du soir, le combat commença, il ne finit que le lendemain à midi: La flotte française était détruite et Brueys avait payé de sa vie sa courageuse mais funeste résolution. Un grand nombre d'officiers distingués trouvèrent une mort glorieuse dans cette fatale journée.

La France redira toujours avec reconnaissance les noms de Casabianca, de du Petit Thouars et de Thevenard; l'histoire les transmettra à la postérité, ainsi que le dévouement filial du jeune Casabianca, âgé de 10 ans, qui fut englouti dans les flots avec son père. Le 24 juillet 1799 un autre combat eut lieu sous les murs d'Aboukir entre les Français et les Turcs, ceux-ci furent entièrement défaits. Cependant, le 7 mars 1801, 6000 Anglais, ayant débarqué à Aboukir, le général Friant, qui tenait la campagne avec moins de 1200 hommes, les arrêta longtemps et ne se retira qu'au moment où une nouvelle division de 6000 Anglais allait débarquer. Après la retraite du général Friant, les Anglais bloquèrent Aboukir; mais ils n'en devinrent maîtres que lorsque les Français eurent épuisé tous les moyens de défense.

ABOU-KOH, vg. de Syrie, dans les environs de Jérusalem.

ABOUL, vg. de Fr., dép. de l'Aveyron, arr. de Rhodez, cant. et com. de Rozoulé, poste d'Espalion; pop. 98 hab.

ABOULAHOR, b. de la Turquie d'Europe, dans la prov. de Romélie, sur l'Aspropotamo (*Acheloüs* des anciens), à 14 l. N.-O. de Lepante. Le sol est productif en huile, coton et sumac. Les vers à soie y sont d'un très-grand rapport.

ABOUL-CASEM, b. de la Turquie d'Asie, dans l'eyalet de Bagdad.

ABOULIOUN, *Apollonia supra Rhyndacum*, v. de la Turquie d'Asie, dans l'eyalet d'Anatolie. Elle est située sur le lac de ce nom. Les habitants vivent tous de la pêche; pop. 2000 hab.

ABOULIOUN (lac d'), *Apolloniatis lacus*, dans la Turquie d'Asie, et dans la prov. d'Anatolie; il est très-poissonneux.

ABOULLANIÆ, b. de la Grèce, au pied du

mont Olympe. On y voit des restes d'antiquités.

ABOUM, v. de l'Arabie, dans la prov. de Yémen.

ABOUMANAH, vg. de l'Égypte, dans la prov. de Djirjeh. Les Français y livrèrent un combat en 1799.

ABOUNEATH, pet. v. de l'Indoustan, dans la présidence de Bombay, dans les possessions anglaises.

ABOUSIR, b. de la Basse-Égypte, dans la prov. du Caire; on voit près de ce bourg une des célèbres pyramides; elle a 330 pieds de haut.

ABOYNE, paroisse d'Écosse, dans le comté d'Aberdeen; pop. 916 hab.

ABRADI, b. d'Afrique, dans la Guinée supérieure, dans l'état des Fantis.

ABRAH ou **ABRA**, v. d'Afrique, capitale du roy. des Achantis, dans la Guinée supérieure. Autrefois cette ville était le centre d'un grand commerce d'esclaves.

ABRAHAM (Saint-), vg. de Fr., dép. du Morbihan, arr. et poste de Ploërmel, cant. de Malestroit; pop. 428 hab.

ABRAHAMS-THOR, gr. b. de Hongrie, dans le comitat de Zips.

ABRAMS-CREEK, riv. des États-Unis de l'Amérique, affluent du Hudson.

ABRANDABAS, pet. v. de Perse, dans la prov. de Yezd.

ABRANTÈS, *Abrontium*, pet. v. forte sur la rive droite du Tage, dans la prov. d'Estramadure, en Portugal. Elle possède un vieux château, trois églises, parmi lesquelles on remarque celle de St.-Vincent, comme une des plus vastes et des plus riches du royaume. Sa population est de 4000 hab. On y cultive, pour l'exportation, du blé, des olives, des pêches, des melons, etc.

Le général Junot qui, après une marche périlleuse et pénible, s'empara de cette ville le 22 novembre 1807, la mit en état de défense, y établit une garnison et marcha ensuite sur Lisbonne. Le courage qu'il déploya dans cette campagne, la rapidité avec laquelle il fit la conquête du Portugal, lui valurent le titre de duc d'Abrantès. Par la capitulation de Cintra, cette ville fut remise aux Anglais, qui ajoutèrent aux anciennes fortifications construites par les Portugais en 1762.

ABRASIMOWA, b. de la Russie d'Europe, dans le gouv. de Woronej.

ABRECHESWILLER, vg. de Fr., dép. de la Meurthe, arr. de Sarrebourg, cant. et poste de Lorquin. Forges, verreries et papeteries; pop. 1980 hab.

ABREGA, vg. de l'emp. d'Autriche, dans le gouv. de Trieste et le cercle d'Istrie, entre Rovigo et Parenzo.

ABREIRO, b. du Portugal, dans la prov. de Tras-os-Montes.

ABREISHA, v. de l'île de Chypre, au N.-E. de Buffa.

ABREST, vg. de Fr., dép. de l'Allier, arr. de La Palisse, cant. et poste de Cusset; pop. 300 hab.

ABRETS (les), vg. de Fr., dép. de l'Isère, arr. de Latour-du-Pin, cant. de Pont-de-Beauvoisin; pop. 1200 hab.

ABRIÈS, b. de Fr., dép. des Hautes-Alpes, sur le Guil, arr. de Briançon, cant. d'Aiguilles; pop. 1850 hab.

ABRIN, pet. vg. de Fr., dép. du Gers, arr. et poste de Condom, cant. de Valence; pop. 60 hab.

ABRIOLA, b. du roy. de Naples, dans la prov. de Basilicate.

ABRO, île de la mer Baltique, au S. de l'île d'Oesel, possession russe, fait partie du gouv. de Livonie.

ABROLHOS, lieu situé sur le continent austral, près de la terre d'Endracht, sous le 29°13′ de lat. mér. et le 132° de long. occ.

ABROLHOS (Punta dos), établissement sur la côte du Brésil, dans la prov. Espirito santo.

ABRON (l'), riv. de Fr., a sa source près et au N. de St.-Bonnet, passe à St.-Symphorien et se jette dans la Loire près d'Avril-sur-Loire, dép. de la Nièvre.

ABROUTON, peuplade africaine sur la côte d'Or et des Dents.

ABRUDBANYA ou **ABROBANIA**, *Auraria* (*Gross-Schlatten*), b. de la Transylvanie, dans le comitat de Weissembourg, au N.-O. de Carlsbourg. Il est renommé pour ses mines d'or et d'argent.

ABRUZZES (les), *Aprutium*, contrée la plus septentrionale du roy. de Naples. Elle est bornée au N. et à l'O. par les états de l'Église, à l'E. par la mer Adriatique, au S. par l'Apulie et la Terre de Labour. Elle a une population de 650,000 hab. sur une superficie de 850 l. c. Elle est divisée en Abruzze citérieure et en Abruzzes ultérieures première et deuxième. Ce pays de montagnes est traversé par le Gran-Sasso, la plus haute crête des Appenins. Le sol est peu fertile; cependant dans les vallées on cultive avec assez de succès le froment, le maïs et le lin; les fruits, surtout les amandiers et les noyers, y réussissent partout. Les Abruzzes sont un rempart naturel pour le royaume de Naples, qu'il serait bien difficile d'envahir, si les Napolitains savaient défendre leurs positions presque inexpugnables. En 1798 les habitants des Abruzzes resistèrent cependant aux Français; le général Hilarion fut tué dans cette campagne, et l'armée française assez maltraitée; mais les Napolitains ne surent point persister dans leur résistance, et plus tard ils ne firent plus la guerre qu'en brigands, rôle dont les montagnards de ce pays ne se dépouillent pas même en temps de paix.

ABRUZZE CITÉRIEURE, *Aprutium citerius, Provincia Theatina*, prov. du roy. de Naples, au S.-E., près des côtes de l'Adriatique, a une superficie de 308 l. c. et 224,600 hab.; 13 villes, 21 bourgs et 97 villages. Elle est divisée en deux districts: celui de Chieti et celui de Lamiano. C'est un pays montagneux, arrosé par la Pescara et quelques autres rivières qui ne sont point navigables et auxquelles le nom de torrents conviendrait mieux. Les fruits y sont délicieux; les olives et l'huile de cette province sont particulièrement renommées.

ABRUZZE ULTÉRIEURE (Ire), *Aprutium ulterius, Provincia Aquilensis*, prov. du roy. de Naples, au N.-E., sur les côtes de l'Adriatique, et vers les frontières des états de l'Église, a 160 l. c. et 158,800 hab.; 17 villes, 12 bourgs et 87 villages; elle est divisée en deux districts: celui de Teramo et celui de Civita di Penne. Le sol y est fertile, mais mal cultivé. Les forêts y fournissent une grande quantité de bois de construction. Les habitants s'occupent presque exclusivement de l'éducation du bétail; on y fait aussi commerce de vins, de laine, de peaux, de fruits et de grains.

ABRUZZE ULTÉRIEURE (IIe), prov. du roy. de Naples, au N.-O., près de la frontière des états romains, a une superficie de 380 l. c. et une pop. de 266,600 hab.; 37 villes, 28 bourgs et 123 villages. Elle est partout couverte de montagnes. Les rivières qui arrosent ce pays, sont souvent gonflées par les pluies et causent de grands désastres. Le lac Fucino a aussi souvent des débordements désastreux. L'air y est sain, mais les neiges qui couvrent les montagnes pendant six mois de l'année, rendent le climat assez rigoureux. Les forêts fournissent aussi dans cette province beaucoup de bois de construction. On y récolte du grain, du lin, du maïs, du chanvre, du safran, beaucoup de figues et d'olives. Les habitants font le commerce de contrebande avec les états romains. Cette province est divisée en trois districts: ceux d'Aquila, de Civita Ducale et de Sulmona.

ABSAL ou **AB-ZAL**, *Copratas*, riv. de Perse, dans le Khusistan, passe près de Despoul et se jette dans le Karoun près de cette ville.

ABSARUM, g. a., v. sur l'embouchure de l'Absarus.

ABSARUS ou **APSARUS**, g. a., fl. de la Colchide, traverse le pays de Cisses, et se jette, à 60 stades de l'Archabis, dans le Pont-Euxin.

ABSARY, v. de la Nubie, dans la contrée de Mahas, au N. de Dangolah.

ABSBERG, pet. b. de Bavière, dans le cercle du Rezat; il est situé sur une hauteur et possède un château. La culture du houblon est très-productive dans les environs; pop. 470 hab.

ABSCHERON, pet. presqu'île de la Russie d'Europe, dans la prov. caucasique de Schirvan, à l'O. de la mer Caspienne. (*Voyez* BAKOU.)

ABSCHWANGEN, vg. de Prusse, dans la régence de Kœnigsberg, cercle d'Eylau; pop. 400 hab.

ABSCHWIND ou **ABSWIND**, b. de Bavière, au pied de Steigerwald, dans le cercle du Main inférieur (Untermainkreis); pop. 950 hab.

ABSCON, vg. de Fr., dép. du Nord, arr. de Valenciennes, cant. et poste de Bouchain; pop. 950 hab.

ABSIE (l'), *Absia*, vg. de Fr., dép. des Deux-Sèvres, arr. de Parthenay, cant. et poste de Moncoutant, com. de La Chapelle-Séguin; on y remarque une ancienne abbaye de Bénédictins; pop. 500 hab.

ABSILÆ ou **APSILÆ**, g. a., peuple de la Colchide, près la ville de Dioscurias ou Sebastopolis.

ABSORRUS ou **APSORRUS**, g. a., v. de l'île d'Apsorus, aujourd'hui Osero, sur la côte de l'Illyrie.

ABSRODE ou **ALBSRODE**, pet. vg. de la Hesse-Électorale, dans la prov. et le cercle de Fuld, bailliage de Biberstein, sur la Fulda; pop. 150 hab.

ABSTATT, vg. parois. du roy. de Wurtemberg, dans le cercle du Neckar, grand bailliage de Besigheim; pop. 770 hab.

ABSTORF, b. d'Autriche, dans le cercle d'Unter-Mannhartsberg.

ABTERODE, vg. de la Hesse-Électorale, dans la prov. de Cassel, bailliage de Bilstein; pop. 780 hab.

ABTENAU, b. de la Basse-Autriche, dans le cercle de Salzbourg. Ce bourg, siége d'une cour de justice, est situé dans le Thannengebirge.

ABTNAUENDORF, vg. du roy. de Saxe, dans le cercle de Leipzig, possède un fort joli parc.

ABTSGMUND, vg. parois. du roy. de Wurtemberg, dans le cercle de l'Iaxt, grand bailliage d'Aalen, au confluent de la Laine et du Köcher. Il y a des forges dont les produits sont très-estimés. Patrie de J. Satat (1766), écrivain et philosophe distingué; pop. 630 hab.

ARTSHAGEN, vg. de Prusse, dans le gouv. de Kœslin et le cercle de Schlawe, en Poméranie; pop. 450 hab.

ABUCAY, v. de l'île Mindanão, dans les Philippines.

ABU-GASCHIM, endroit de la Nubie où l'on voit les ruines d'un grand nombre d'habitations.

ABU-MANDUR, mosquée célèbre d'Égypte, à quelque distance au S. de Rosette.

ABU-MENEGGY, canal en Égypte; il passe par Balbecs et près de Tell Buisah; sa longueur est de 16 myriamètres.

ABUNIA, g. a., v. de la Sarmatie asiatique, sur le mont Corax, à l'O. de la Colchide.

ABU-RONGDE, v. du roy. de Mobba, dans le Soudan en Afrique.

ABURY ou **AVEBURY**, vg. d'Angleterre, dans le comté de Wilts sur les dunes de Malborough; pop. 690 hab.

ABU-SABEL, b. de la Basse-Égypte, à 4 l.

du Caire, prov. de Kelyoub, est remarquable par son grand hôpital qui peut recevoir 1800 malades, et par son école de médecine et de chirurgie. Un Égyptien qui a étudié à Paris est aujourd'hui professeur dans cette école et chargé de traduire les ouvrages de médecine français.

ABUSUMBOL ou **IPSAMBUL**, vg. de la Nubie, près du Nil; à très-peu de distance de cet endroit se trouve un temple fort bien conservé.

ABUSYR ou **BUSYR**, *Busiris*, pauvre vg. de la Moyenne-Égypte, dans la prov. de Djyzeh; c'était là, selon quelques géographes, que fut l'ancienne Busyris et le grand temple consacré à Isis, en l'honneur de laquelle les Égyptiens célébraient chaque année une grande fête, dont on peut lire la description dans Hérodote.

ABUTIDJE ou **ABOUTIG**, *Abotis*, b. considérable de la Haute-Égypte, dans la prov. de Syout ou Saïd, sur la rive gauche du Nil. C'est de là que l'on tire le meilleur opium. A environ une journée de marche d'Abutidje on remarque les restes de l'ancienne Lycopolis.

ABUTUA, contrée élevée sur la côte de l'Afrique orientale, faisait partie de l'empire du Monomotapa, et appartient aujourd'hui aux Maravis, le plus puissant des peuples de ce pays.

ABWERDEN, b. de Prusse, dans le cercle de Kœnigsberg.

ABYDOS ou **ABYDUS**, g. a., v. de la Haute-Égypte; elle a disparu sous les sables: elle était située sur un canal à gauche du Nil, à l'endroit où se trouve aujourd'hui le misérable village Madfouneh. (*Voyez* ce mot.)

ABYDUS, g. a., v. de la Troade, fondée par les Milésiens, entre Lampsaque et Troyes, célèbre par les amours de Léandre et de Héro. C'est près de cette ville que Xerxès, voulant envahir la Grèce, jeta un pont sur l'Hellespont, qui n'a en cet endroit que 7 stades de largeur. Aujourd'hui encore on y remarque le château des Dardanelles, appelé Avido.

ABYSSINIE, *Abyssinia* (Éthiopie occidentale des anciens), vaste contrée qui forme la limite orientale de l'Afrique entre les 8° et 15° 35' de lat. N. et les 32° et 41° de long., est bornée au N. et à l'O. par les sables de la Nubie, à l'E. par la mer Rouge, au S.-E. par le pays des Somaulis et au S. par le pays des Gallas encore inexploré; on estime sa superficie à 16,000 milles carrés. C'est un pays entrecoupé ou plutôt presque entièrement couvert de montagnes hautes et escarpées, dont une grande partie, surtout le plateau élevé de Naréa, est encore tout à fait inconnue. Ces montagnes, dont les plus élevées ont jusqu'à 13,000 pieds de haut, sont toujours couvertes de neiges et jetées avec confusion les unes sur les autres; elles s'étendent dans toutes les directions. Une chaîne importante traverse du S. au N. les royaumes de Schoa, d'Amhara et de Tigré. On y remarque le mont Amba-Geschen au S. et les monts de Veyeda et d'Amba-Hadji au N. Dans cette partie qui porte le nom de Samen et dans la province de ce nom habitée par les Falasjas ou juifs abyssiniens, ces monts formidables semblent se prolonger vers le S.-O., par le haut plateau de Naréa, pour s'unir aux montagnes de la Lune. Une seconde chaîne s'étend du plateau du lac Dembéa vers l'O. et se joint aux montagnes du pays de Bertat. Une autre ramification très-élevée s'éloigne, vers l'E., du groupe du Samen, traverse le Tigré, et, se prolongeant du S. au N., forme le fameux défilé de Taranta; suivant ensuite les côtes de la mer Rouge, elle forme en Nubie les montagnes de Langey.

Sur la côte de l'Abyssinie, au pays de Samhara, où l'on ne pénètre qu'à travers les défilés les plus tortueux et les plus difficiles, se trouve, près de la province des Dankalis, une plaine de terre saline très-remarquable. Cette plaine, que l'on dit avoir une circonférence de trois jours de marche, a un champ de glace boueuse. Le sel s'y trouve par couches superposées horizontalement; c'est une saline abondante pour les Abyssiniens.

Les montagnes de l'Abyssinie renferment les sources d'innombrables rivières toutes affluant au Bahar-el-Azrek ou fleuve Bleu, qui a sa source dans le pays des Agows, près de Sacala, non loin du village de Geesch et qui porte toutes ses eaux dans le Nil, en passant par le lac de Dembéa et les pays de Sennaar.

Les principales rivières de l'Abyssinie, sont: le Cakaze ou Atbara, qui prend sa source dans les monts Samen; le Mareb, qui se perd dans les sables de la Nubie, sur le versant S.-E. du pays; le Havasch et l'Anazo, fort peu connus; le Rahod et le Dender, qui se jettent dans le Nil en Nubie; le Gangour et le Tukour, qui descendent des montagnes du Tigré; le Sabalete et l'Ancona, venant du versant oriental et dont la réunion forme l'Anazo. Les différentes relations des voyages en Abyssinie citent les noms d'un grand nombre d'autres rivières encore trop peu connues pour qu'on en puisse exactement tracer le cours; nous donnerons pourtant ces noms dans l'ordre de leurs initiales.

L'Abyssinie est d'une fertilité extraordinaire, et le sol volcanique, selon les observations de Rüppel, produit en beaucoup d'endroits deux et quelquefois trois moissons par année. Les montagnes de ce pays renferment certainement dans leur sein des trésors immenses en mines de tous genres; mais jusqu'à présent, par ignorance sans doute, on n'exploite que les mines de fer et de sel.

Le règne animal y présente une grande et riche variété d'oiseaux, de quadrupèdes et de reptiles. On y rencontre la plupart de nos animaux domestiques dans toute leur perfection : le cheval, petit mais vigoureux, le mulet, l'âne, une espèce de bœufs, remarquables par leurs cornes qui ont quelquefois jusqu'à quatre pieds de long, les moutons noirs et petits, de grands troupeaux de chèvres, des chiens et des chats; le chameau ne se trouve que dans les basses contrées. Parmi les animaux sauvages : le lion, l'éléphant, la girafe, le rhinocéros, le zèbre, le buffle, le léopard, l'hyène, le chacal, la gazelle (en très-grand nombre), le singe, le renard, l'ours, le sanglier, l'hippopotame, le crocodile.

Les espèces d'oiseaux sont l'aigle, le vautour, le faucon, la poule, la perdrix, la caille, la bécasse, l'alouette, etc. Il y a plusieurs espèces de serpents, parmi lesquels on remarque le serpent géant. Des nuées de sauterelles détruisent souvent les récoltes.

Aucun pays ne présente une végétation plus belle ni plus variée : les grains, particulièrement une espèce que l'on nomme Durra et une autre appelée Teffe, dont les Abyssins font un pain blanc et léger, l'orge, le maïs, la vigne, les fruits du midi, la canne à sucre, le coton, le séné et une foule de plantes médicinales forment la richesse principale du pays. Parmi les espèces d'arbres, Bruce cite le cantuffa épineux, le cusso, arbre dont les fleurs infusées guérissent, dit-on, la maladie des vers, et le vanzey que plusieurs voyageurs regardent comme le cèdre des anciens.

La population de ce pays se compose d'Abyssiniens ou Itiopiawan, ainsi qu'ils se nomment eux-mêmes, d'Arabes, de Maures, de Juifs, d'Agous, de Changallas et de Gallas. On y parle la langue d'Amhara qui est la langue vulgaire; mais dans les livres et surtout dans les cérémonies du culte, on se sert du dialecte de Tigré ou de Geez, c'est l'ancienne langue des Éthiopiens.

La religion la plus répandue est le christianisme copte mêlé de formes et d'usages juifs. Le chef du culte se nomme Abuna, c'est-à-dire notre père. On y professe aussi le judaïsme et l'islamisme.

L'industrie et le commerce se bornent à la préparation des cuirs, à la fabrication et à la vente d'étoffes, de coton, de tapis grossiers, d'armes à feu et de coutellerie. C'est à Axum et dans les environs que l'on trouve le plus grand nombre de ces fabriques.

Le gouvernement de l'Abyssinie est une monarchie absolue. Autrefois elle était despotiquement gouvernée par un roi ou empereur qui portait le titre de Grand-Negus; mais cette puissance est tout à fait déchue, et depuis plus de soixante ans, divers chefs ou princes se disputent les provinces de ce pays; l'anarchie et la guerre sont les fléaux de cette belle contrée qui n'a aujourd'hui d'autres lois que celles qui lui sont imposées par la force.

L'Abyssinie est divisée en trois états, morcelée par un système féodal et tourmentée sans cesse par l'ambition des gouverneurs (Raz) des provinces : 1° le Tigré; 2° Amhara; 3° Schoa et Efat.

L'histoire de l'Abyssinie est enveloppée d'un profond mystère; cependant le hasard en a fait découvrir une partie. Un moine égyptien, nommé Cosmas-Indicopleustes, pénétra en Abyssinie au sixième siècle, du temps de l'empereur Justinien, et fut chargé par le roi Elsbaan de copier deux inscriptions gravées sur les marbres d'Adulé. L'une de ces inscriptions parle de conquêtes faites en Asie, par Ptolémée Evergètes, roi d'Égypte, l'autre rappelle la conquête d'une grande partie de l'Abyssinie même. Ce sont là les seuls monuments connus de son antiquité. L'histoire moderne a aussi ses époques d'obscurité et d'incertitude; l'événement le plus remarquable fut l'introduction du christianisme au quatrième siècle, que les Abyssiniens modifièrent en y mêlant une grande partie de pratiques juives, telles que la circoncision et la célébration du sabat. Ils ont des couvents d'hommes et de femmes, dont la discipline a toujours été très-relâchée. Leurs prêtres sont mariés, et il y a même des monastères où les moines vivent avec leurs femmes et leurs enfants. Ces institutions et le mélange bizarre introduits dans le culte abyssinien ne manquèrent pas de fixer l'attention des papes. Ils tentèrent, à différentes époques, d'y établir le catholicisme qui prévalut en effet au commencement du dix-septième siècle, par l'influence des Portugais, que la reine Hélène, tutrice de son fils David II, encore enfant, avait appelés en 1516 à son secours contre les Turcs et les Gallas. Ceux-ci, ayant été repoussés, les Portugais établirent une colonie dans le pays, et le jésuite Alphonse Mendez fut nommé patriarche d'Abyssinie en 1626. Mais moins de vingt ans après le Negus Basilides chassa les Portugais ainsi que le patriarche et les moines catholiques, et rétablit l'ancienne religion abyssinienne. Depuis cette époque, le zèle et les efforts de la propagande de Rome ont toujours échoué en Abyssinie.

ABYSTRUM, g. a., v. de la Grande-Grèce (*Græcia magna*), sur les frontières de la Lucanie, au N. de Petelia et au S. du fleuve Sybaris.

ABZAC, b. de Fr., dép. de la Charente, arr., cant. et poste de Confolens. C'est près de là, au château de Serres, que naquit, en 1641, la célèbre Montespan, concubine de Louis XIV; pop. 1230 hab.

ABZAC, gr. vg. de Fr., dép. de la Gironde, arr. de Libourne, cant. et poste de Coutras; pop. 1500 hab.

ABZAL. *Voyez* ABSAL.

ACABE, g. a., mont. d'Égypte, près du

golfe d'Arabie, entre Bérénice et Myos-Hormos.

ACABENE, g. a., contrée sur la rive du Tigre, en Mésopotamie.

ACABIS, g. a., v. au S. de Cyrenaica, dans les environs d'Auritina.

ACACESION, g. a., v. d'Arcadie, au pied de la montagne du même nom, et au N.-O. de Megalopolis.

ACACESIUS, g. a., mont. d'Arcadie, sur la frontière de la Laconie.

ACACHUMA. *Voyez* AXOUM.

ACADRA, g. a., v. au N. du pays de Sins, dans l'Inde au-delà du Gange, aujourd'hui la partie S. de la Chine.

ACAJA, b. du roy. de Naples, près de Lecce, dans la prov. d'Otrante; pop. 500 hab.

ACALAPA, fl. de l'Amérique centrale, dans le district de Guatemala.

ACAMAS, *Acamas*, cap et b. sur la côte O. de l'île de Chypre.

ACAMATA ou ILE DU DUC D'YORK, avec un port, fait partie de l'archipel de la Nouvelle-Bretagne, à l'E. de la Nouvelle-Guinée ou Papouasie.

ACAMBARO, v. du Mexique, à l'O. de Mexico.

ACAMPSIS, g. a., fl. de la Colchide, passe près de Trapezus et à 50 stades N. de l'Absarus, prend sa source au pied du Caucase, et se jette dans le Pont-Euxin.

ACANÆ, g. a., port d'Afrique, au S.-O. de l'île Socotora.

ACANGUSSON, peuplade de l'Amérique méridionale entre l'Uruguay et le Parana. Cette peuplade a sa langue particulière.

ACANSAS, riv. de la Louisiane, se jette dans le Mississippi; elle donne son nom à peuplade sauvage des environs.

ACANTHINE, g. a., île du golfe d'Arabie, sur la côte de l'Éthiopie (Haute-Égypte), entre Daphnim et Macaria.

ACANTHUS, g. a., v. de la Moyenne-Égypte, sur la rive occidentale du Nil et à 20 stades de l'ancienne Memphis; elle avait un temple d'Osiris et était située au milieu d'un bois sacré.

ACANTHUS, g. a., nom de plusieurs autres villes de l'antiquité, dont une en Macédoine, sur la côte de Chalcis et dans le golfe de Strymon; une en Thrace, une en Épire, et une en Carie près de Coride.

ACAPONCTA, v. de l'Amérique septentrionale, dans l'intendance de Guadalaxara. Il y a des mines très-riches dans les environs.

ACAPULCO, *Acapulcum*, *Portus Aquæ Pulchræ*, v. maritime du Mexique, sur la mer du Sud, dans l'intendance de Mexico et à 80 l. S. de cette dernière ville. C'est le meilleur port du Mexique; il est défendu par le fort Diégo, situé au N.-O. sur un rocher très-élevé; la ville est adossée à une chaine de montagnes de granit dont la réverbération augmente les chaleurs étouffantes de l'été. La température y est très-malsaine et le sol presque stérile, on n'y récolte que du coton, du maïs, du tabac et un peu de grains. La contrée est souvent ravagée par les ouragans et les tremblements de terre. On y fait un grand commerce d'échange, surtout avec Manille. La population d'Acapulco est de 4000 âmes de diverses nations; il y a des Chinois, des Nègres, des Mulâtres et peu d'Européens, le climat étant toujours fatal à ces derniers. A l'époque de l'arrivée du Galion, les marchands arrivent en foule dans cette ville dont la population est alors plus que doublée; mais fort peu s'y arrêtent au-delà du temps nécessaire à leurs affaires.

ACAR, *Demetrias*, v. de la Turquie d'Asie, dans le paschalic de Bagdad, est habitée par des Juifs et des Musulmans.

ACARA, riv. de l'Amérique méridionale, au Brésil, dans la prov. de Para; c'est un affluent du Maragnon.

ACARAHY, riv. de l'Amérique méridionale, dans le Paraguay; c'est un affluent du Parana.

ACARAI ou ACARAIA, établissement du Paraguay, fondé par les jésuites, en 1624, à l'O. de la prov. et de la riv. de Parana.

ACARIGUA, riv. de l'Amérique méridionale, dans la Colombie, affluent de l'Apure.

ACARIGUA, b. de la Colombie, sur la riv. de ce nom, dans la prov. de Venezuela.

ACARIRIOUS, peuplade de l'Amérique méridionale, entre l'Uruguay et le Parana.

ACARNANIE, *Acarnania*, prov. de la Grèce, bornée au N. par le golfe, appelé aujourd'hui Golfo di Arta (*Sinus ambrasius*), à l'E. par l'Acheloüs, à l'O. et au S. par la mer Ionienne, de nos jours réunie à l'Etolie avec laquelle elle forme une seule division administrative. Cette province, couverte de forêts, n'a aucune importance historique.

ACARNE, g. a., v. de Thessalie, dans la presqu'île de Magnésie.

ACARON, g. a., v. du pays des Philistins qui la possédaient quoiqu'elle fut donnée à la tribu de Juda. Baal-Sebub ou le Dieu des mouches eut des adorateurs dans cette ville.

ACARRETO, port de l'Amérique centrale, dans la Nouvelle-Géorgie, sur la mer des Antilles, dans la prov. de Darien.

ACAS, *Acaxium*, v. avec port, sur l'île de Niphon, dans le roy. de Japon.

ACASAGUASTLAN, v. de l'Amérique centrale, dans l'état et le district de Guatemala. Elle est importante par son commerce.

ACATE (les), vg. de Fr., dép. du Rhône, arr., cant. et poste de Marseille. Ce village, situé dans le ban de Marseille, a une pop. de 250 hab.

ACATLAN, pet. v. de l'Amérique septentrionale, dans la confédération du Mexique et l'état de Puebla. Les environs sont fertiles, surtout en excellents pâturages. On y élève de grands troupeaux de menu bétail; on y fait commerce de peaux, de suif et de viande salée. Il y a près d'Acatalan des salines assez productives dont on exporte beaucoup de sel.

ACAYUCAN, b. de l'Amérique septentrionale, dans la confédération mexicaine, chef-lieu du district de ce nom, dans l'état de Vera-Cruz. La contrée est belle et très-fertile, mais trop souvent dépouillée de ses récoltes par des nuées de sauterelles, auxquelles les habitants superstitieux n'ont encore su opposer que des processions, dont l'efficacité n'est point encore constatée. Le district d'Acayucan est divisé en trois cantons, ceux d'Acayucan, de Justla et de Nuymanguillo.

ACAZUTLA, pet. port de la confédération de l'Amérique centrale, dans l'état de San-Salvador et dans le district de Sonsonate.

ACBERPOOR, pet. riv. de l'Indoustan, dans la prov. d'Agra. Possessions anglaises.

ACBOULA, pet. v. de Perse, dans l'Irak-Adjémi, entre Téhéran et Hamadan.

ACCADIA, b. du roy. de Naples, dans la prov. de Capitanate; pop. 3000 hab.

ACCAMAPETTAH, pet. v. de l'Indoustan, dans la prov. de Karnatik.

ACCETTURA, b. du roy. de Naples, dans la prov. de Basilicate; pop. 2400 hab.

ACCIANO, b. du roy. de Naples, dans l'Abruzze ultérieure seconde, à trois lieues d'Aquila.

ACCIPITRUM URBS, g. a., v. de la Thébaïde, dans la Haute-Égypte, à l'O. du Nil. L'autour y reçut les honneurs divins.

ACCISI, ancien peuple, derrière le Palus Mœotide.

ACCODA, b. et fort occupé par les Hollandais, dans l'état des Achantis sur la côte d'Or en Afrique, non loin du cap des Trois Pointes.

ACCOLANS, vg. de Fr., dép. du Doubs, arr. de Beaume-les-Dames, cant. et poste de l'Ile-sur-le-Doubs; pop. 280 hab.

ACCOLLORETTO, v. des états de l'Église, dans la délégation de Spoletto.

ACCOLAY, vg. de Fr., dép. de l'Yonne, arr. d'Auxerre, cant. et poste de Vermanton; pop. 1160 hab.

ACCOMACK, comté des États-Unis, dans la Virginie, à l'E. de la baie de Potomac, sur la pointe méridionale de la presqu'île.

ACCOMBA, *Hypania*, b. de la Morée, sur l'Yagon.

ACCOMCORDEY, v. d'Afrique sur la côte d'Or, dans le roy. d'Assin.

ACCOMPONG, b. de la Jamaïque, dans le comté de Cornouailles.

ACCONS, vg. de Fr., dép. de l'Ardèche, arr. de Tournon, cant. et poste de Le Cheylard; pop. 1150 hab.

ACCOUS, b. de Fr., dép. des Basses-Pyrénées, arr. d'Oloron, chef-lieu de canton. Il est situé dans une belle vallée sur le gave d'Aspe, à 7 l. S. d'Oloron. On suppose que c'est l'*Aspalunca* des anciens. A une petite distance d'Accous, se trouve la fontaine d'eau minérale tiède de Superlaché; pop. 1610 hab.

ACCRA, état sur la côte d'Or et des Dents, dans l'empire d'Achanti en Afrique. Les Anglais y ont un établissement, entre autres le fort *James;* les Danois et les Hollandais y ont aussi des comptoirs.

ACCRA ou **ANKRAM**, cap. du roy. de ce nom. Les Anglais, les Danois et les Hollandais y faisaient un commerce assez important, mais qui est beaucoup déchu depuis que la traite des noirs a été prohibée; pop. 12,000 hab.

ACCUCHE, b. d'Espagne, dans l'Estramadure et dans la prov. de Cacères.

ACCUM, vg. du duché d'Oldenbourg, dans le cercle de Jever.

ACCUMERSYHL, vg. et port du roy. de Hanovre, dans la prov. d'Ostfriesland.

ACCUMULO ou **ACCUMOLI**, v. du roy. de Naples, sur le Tronto, dans la prov. de l'Abruzze ultérieure seconde; pop. 920 hab.

ACECA, château royal situé sur un plateau près du Tage, dans la prov. de Tolède en Espagne.

ACEGLIO, *Acellium*, b. du roy. Lombard-Vénitien, dans la prov. de Milan, près du lac Majeur et de la ville d'Arone.

ACELDAMA, g. a., champ de sang, terrain situé à environ 500 pas de Jérusalem, qui fut acheté 30 pièces d'argent pour lesquelles Judas Iscariote trahit Jésus-Christ.

ACERA, villa sur le Duero, dans la prov. de Toro en Espagne.

ACERA, villa d'Espagne, dans la prov. de Palencia, sur le Carrion.

ACERE ou **ACERRE**, v. du roy. Lombard-Vénitien, dans la prov. de Pavie.

ACERENZA, *Acherentia*, v. du roy. de Naples, dans la prov. de Basilicate. Elle est située au pied des Appenins et défendue par un château fort; pop. 2000 hab.

ACERNO, *Acernum*, v. du roy. de Naples, dans la prov. Principato citeriore (principauté citérieure), à 10 l. N.-O. de Salerno et à 8 l. S.-O. de Conza. Elle est le siège d'un évêché; pop. 2500 hab.

ACERRA, *Acerræ*, v. du roy. de Naples, dans la prov. de Terre de Labour (Terra di Lavoro), sur l'Agno, à 2 l. N. de Naples et à 8 l. S.-O. de Bénévent. Cette ville, après avoir été presque détruite par Annibal, fut rebâtie par Auguste. Le pays est fertile, mais l'air y est malsain; pop. 6250 hab.

ACERY, pet. v. de l'Indoustan, dans la présidence de Bombay.

ACEY, vg. de Fr., dép. du Jura, arr. de Dôle, cant. de Gendrey, poste d'Orchamps, com. de Vitreux; pop. 730 hab.

ACEYR-GHOR, v. forte de l'Indoustan, dans le roy. d'Indore ou de Holkar, possession anglaise depuis 1819. On y recueille d'excellents raisins.

ACGUETEBIA, vg. de Fr., dép. des Pyrénées-Orientales, arr. de Prades, cant. et poste d'Olette; pop. 520 hab.

ACH ou **Acha**, pet. riv. du roy. de Bavière, dans le grand bailliage de Rain et Neubourg, affluent de droite du Danube.

ACHACACHE, b. de la rép. de Bolivia, chef-lieu de la prov. d'Omasuyo, dans le dép. de la Paz; il est situé sur le bord oriental du lac Titicaca.

ACHADEEP, v. de l'Indoustan sur le Cossimbazar, dans la présidence de Calcutta et dans le district de Murchidabad.

ACHÆA, g. a., v. de la prov. de Jalysia, sur l'île de Rhodes.

ACHÆA, g. a., pet. v. de la Sarmatie asiatique.

ACHÆA, g. a., endroit sur la côte N.-E. du Pont-Euxin.

ACHÆMENES, ancien peuple d'Afrique, entre le Cyriphus et le Triton.

ACHÆORUM PORTUS, g. a., port de la Troade, à l'E. du cap Sigée.

ACHÆORUM PROMONTORIUM, g. a., promontoire au N. de l'île de Chypre, où Teucer, chassé de sa patrie, chercha un refuge.

ACHÆORUM STATIO, g. a., endroit de Thrace, près de l'Hellespont.

ACHÆUM, g. a., prov. de la Troade, vis-à-vis l'île de Ténédos.

ACHAFAR ou plutôt GUOR-FARSAN, île qui donne son nom à un groupe d'îles, dans la mer Rouge au N. de l'île de Camaran. Farsan est renommée par la pêche des perles.

ACHAGUA, v. de la rép. de Venezuela, dans l'Amérique méridionale. Elle est le chef-lieu de la prov. d'Apure, dans le dép. de l'Orénoque.

ACHAGUEAS, peuplade qui habite la contrée entre le Rio-Negro et l'Orénoco supérieur. Les Achagueas sont rusés et perfides; la chasse est leur seul moyen d'existence.

ACHAIA, g. a., v. de Perse, prov. d'Asia, non loin de la ville d'Artacana et du fleuve Arius.

ACHAIE, prov. de la Grèce; elle forme avec l'Élide un nomos ou dép. au N.-O. de la Morée. Ce département, dont Patras est le chef-lieu, est divisé en 4 eptarchies ou arrondissements. Cette contrée produit beaucoup de raisins de Corinthe; on en exporte quelquefois jusqu'à 5 millions de livres par année; on y fait aussi commerce d'huile et de grains.

ACHAIN, vg. de Fr., dép. de la Meurthe, arr., cant. et poste de Château-Salins. On exploite près d'Achain une carrière de pierres à plâtre; pop. 340 hab.

ACHAIS, g. a., endroit de la Perse, dans la prov. d'Aria, habité par les Cadusiens.

ACHAJACHALA, g. a., château en Mésopotamie, sur une île de l'Euphrate, non loin de l'île d'Anathon.

ACHALA (mont. d'). *Voyez* SIERRA DE COMICHIGELES.

ACHALARORUM PETRA, g. a., b. de la Galilée supérieure.

ACHALGORI ou AKHALGORIE, v. de la Russie d'Asie, dans la Géorgie. Cette ville est remarquable par ses 200 habitations souterraines.

ACHALKALAKI ou AKHALKALAKI, en arménien Akihal, forteresse bien bâtie, sur la rive droite du Kour, dans la Géorgie. Elle est située dans une contrée montagneuse et peu fertile. Elle fut enlevée aux Turcs, en 1828, par les Russes, sous le commandement du général Paskewitsch.

ACHALM, haute mont. de la chaîne de l'Alb au roy. de Wurtemberg, dans le cercle de la Forêt-Noire (Schwarzwald), au sommet de laquelle l'on voit les ruines du vieux château seigneurial des comtes d'Achalm, qui fut tellement dévasté en 1525, dans l'insurrection des paysans et pendant la guerre de trente ans, qu'il n'en reste plus que quelques pans de murailles et une haute tour assez bien conservée.

ACHAMÆ, ancien peuple qui habitait la partie S.-O. de l'intérieur de l'Afrique.

ACHAMBONE, vg. de Nègres, sur la côte d'Or en Afrique, près d'Axim, dans les possessions hollandaises; pop. 2000 hab.

ACHANTI ou ACHANTÉE, puissant empire d'une superficie de 660 milles géogr. carr., dans l'Afrique centrale et dans la Guinée septentrionale. Il s'étend de l'O. à l'E., depuis le Rio Saint-André jusqu'au roy. de Dahomey, et depuis le cap des Trois Pointes sur la côte d'Or jusque entre le 9e et le 10e parallèle. Il a conquis ou rendu tributaires tous les états qui l'environnaient. C'est un pays très-boisé, montagneux et fertile; Coumassie en est la capitale (*voyez* ce mot). Le sol est assez bien cultivé; il produit du millet, du sucre, du beurre végétal, des oranges, des ananas, des bananes, etc. Les forêts sont peuplées de lions, d'éléphants, de singes, de cerfs, de gazelles, etc. La population indigène est de 2 millions d'âmes. La religion du pays est le fétichisme. La polygamie y est permise; mais le nombre de femmes qu'un homme peut avoir dépend du rang qu'il occupe. Le roi a le droit d'en avoir 3333, nombre mystique auquel les Achantis attachent le salut de l'empire.

Le gouvernement est despotique; cependant la constitution repose sur des principes féodaux. L'histoire de cet empire ne remonte pas à plus d'un siècle; il fut fondé par un chef des Achantis nommé Saï-Touton, qui fonda aussi la ville de Coumassie; cependant il ne tarda pas à envahir les autres états et à devenir redoutable, même à la colonie anglaise qui occupe quelques forts dans le pays, entre autres le fort du cap Coast.

Le général anglais Maccarthy perdit la vie dans une guerre que la colonie eut à soutenir contre les Achantis, qui sont aujourd'hui le peuple le plus fort et le plus civilisé de la Guinée.

ACHAP, vg. de la Russie d'Europe, dans le gouvernement de Perm. Mines de fer et forges; pop. 800 hab.

ACHARACA, g. a., v. de Lydie, entre Trallis et Nysa. C'est dans cette ville que les divinités de l'enfer recevaient des honneurs particuliers.

ACHARNA, g. a., v. d'Attique, à 60 stades d'Athènes, avec plusieurs temples.

ACHASA, g. a., pays scythe, au-delà de l'Imaüs, près la prov. de Casia.

ACHATEL, vg. de Fr., dép. de la Moselle, arr. de Metz, cant. de Verny et poste de Solyne; pop. 280 hab.

ACHAWUTTY, affluent du Cavery, dans l'Indoustan.

ACHDORF, vg. parois. du grand-duché de Bade, dans le cercle du Haut-Rhin (Oberrheinkreis), dans le bailliage de Saint-Blasien, sur le Wutach.

ACHÉENS, ancien et puissant peuple de Grèce, originaire du Péloponèse, et qui s'établit ensuite dans l'Ionie. C'est ce peuple qui fonda et donna son nom à la mémorable ligue achéenne, qui rappelle les beaux noms d'Aratus et de Philopœmen. Cette ligue eut pour but de délivrer la Grèce de la prépondérance macédonienne, ce qu'elle effectua glorieusement; mais elle ne put résister à l'ambition des Romains qui la détruisirent sous le consul Mummius, et la Grèce fut déclarée province romaine.

ACHEL, b. du roy. de Belgique, dans la prov. de Limbourg, à 8 l. O. de Ruremonde.

ACHELANDA ou **ACHELUNDA**, lac de la Guinée méridionale; il renferme, dit-on, les sources du Zaïre.

ACHELANGA, roy. ou district encore inexploré, dans l'intérieur de l'Afrique.

ACHELOUS, g. a., cinq fleuves de l'antiquité portent ce nom : le premier s'appelle aujourd'hui Aspro Potamo (*voyez* cet art.); le second, en Phrygie, prend sa source au mont Lipylus; le troisième est en Arcadie; le quatrième est en Achaïe et le cinquième est en Thessalie, où il se réunit au Pénée.

ACHEM ou **ATCHIN** (roy. d'), comprend la partie la plus septentrionale de l'île de Sumatra, dans la Malaisie; étendue 17,000 m. c.; pop. 500,000 hab. La chaîne de montagnes qui traverse le pays, s'étend au S.-E. et s'unit aux monts Samponan; le mont Éléphant en est le point culminant. Les rivières principales de cette contrée sont : l'Atchin, l'Anna-Labon et le Sinckel, le plus grand fleuve de la Malaisie, qui traverse une partie du territoire d'Achem et du pays des Battas, et se jette dans l'Océan Indien. Le climat y est assez tempéré, mais l'évaporation des lacs et des eaux stagnantes, très-nombreuses dans ce pays, vicient l'air et le rendent aussi malsain pour les Européens que celui de Batavia. Le sol y est fertile et mieux cultivé que dans les pays voisins ; il produit du riz, du coton, du bétel, du camphre, du poivre, du sucre; les forêts fournissent du bon bois; il renferme de riches mines d'or, de cuivre et de soufre. On y élève une bonne race de chevaux et toute sorte de bétail. Le gibier et le poisson y sont en abondance. Parmi les animaux sauvages qui peuplent les forêts de ce pays, on distingue le tigre royal et l'éléphant, très-commun dans ce pays.

L'industrie des Achinais consiste dans la fabrication d'ouvrages d'or et d'argent et dans la préparation de la soie dont on fait une grande exportation, ainsi que de toutes les productions du pays. Les objets d'importation sont les étoffes de coton, le fer ouvré et le sel. Les Achinais sont robustes et d'un extérieur agréable; cependant ils ont des mœurs barbares et l'habitude de la cruauté; leur langue est le malais et ils professent l'islamisme. L'état est gouverné despotiquement par un sultan qui, depuis quelques années, perd beaucoup de son autorité, ébranlée par une continuelle anarchie. La population du royaume se compose de Battas, de Redjanas, de Malais et d'Européens, particulièrement de Hollandais. Le royaume d'Achem, fondé par une race malaise, s'étendait autrefois sur presque la moitié de l'île Sumatra et même sur une partie de la presqu'île de Malacca ; les Achinais étaient la nation prépondérante et la plus commerçante de la Malaisie, mais depuis la fin du dix-septième siècle cet état s'est affaibli considérablement par des guerres intestines, et aujourd'hui il est réduit à sa capitale et aux environs assez rapprochés de la ville.

ACHEM, *Acemum*, v. capitale du roy. de ce nom, est située à l'extrémité N.-O. de l'île de Sumatra, à 1 l. de la mer, sur les deux rives de l'Achem, rivière continuellement couverte de bateaux. Cette ville se trouve au centre d'une vaste forêt de cocotiers, de bananiers, de bambous, et se compose de 8000 maisons bâties en bambous sur pilotis, pour se préserver de l'inondation. Les environs sont fertiles et bien cultivés, et les hauteurs qui entourent la ville offrent des sites très-pittoresques. Le palais du sultan est une forteresse grossièrement construite, entourée d'un fossé large et profond et défendue par plusieurs grosses pièces de canon. Le commerce d'Achem s'étendait, il y a un siècle, depuis le Japon jusqu'au golfe Persique; mais depuis il a toujours été en décroissant, et il est presque tout à fait anéanti aujourd'hui. La population était également plus forte qu'elle ne l'est actuellement; on la porte à 30,000 âmes, nombre bien faible en comparaison de celui des maisons, et qui ne donne même pas quatre individus pour chaque habitation.

ACHEN. *Voyez* Aix-la-Chapelle.

ACHEN, riv. qui a sa source dans les montagnes du Tyrol, non loin du Drei-Herrenspitz (pointe des Trois Seigneurs), passe par Kizbühel, entre dans le roy. de Bavière et traverse le lac Chiem ; elle prend alors le nom de Alz et se jette dans l'Inn à 3 l. au-dessous de Neu-Oetting.

ACHEN, vg. de Fr., dép. de la Moselle,

arr. de Sarreguemines, cant. et poste de Rorbach; pop. 1620 hab.

ACHENAU, pet. riv. de Fr., dép. de la Loire-Inférieure. Le canal de l'Achenau, d'un parcours de 19 kilom., conduit à la Loire les eaux du lac de Grandlieu.

ACHENBACH, vg. du grand-duché de Hesse-Darmstadt, dans le bailliage de Battenberg; pop. 250 hab.

ACHENBACH, pet. vg. de Prusse, sur le Westerwald, dans la prov. de Westphalie, régence d'Arnsberg, dans le cercle de Siegen et dans le bailliage de Hilchenbach.

ACHENHEIM, vg. de Fr., dép. du Bas-Rhin, arr. et poste de Strasbourg, cant. d'Oberhausbergen. Ce village est situé près du canal de la Bruche, dans une des plus belles et des plus fertiles campagnes de l'Alsace; pop. 830 hab.

ACHENRAIN, vg. de l'emp. d'Autriche, sur l'Achen, dans le Tyrol et dans le cercle d'Unterinnthal (vallée de l'Inn inférieure). Il possède une grande fabrique de laiton et de tôle. Près de ce village et presque vis-à-vis de Rattenbourg se trouve un château du même nom.

ACHENTHAL, vg. de l'emp. d'Autriche, dans le Tyrol et dans le cercle d'Unterinnthal (vallée de l'Inn inférieure).

ACHER (l'), riv. du grand-duché de Bade; elle sort du Mummelsee, dans la Forêt-Noire, arrose la vallée de Seebach, passe par Achern et se jette dans le Rhin près de Lichtenau. Cette rivière cause souvent de grands dégâts par ses inondations; on y pêche d'excellentes truites.

ACHÈRES, vg. de Fr., dép. du Cher, arr. de Sancerre, cant. et poste de Henrichemont; pop. 543 hab.

ACHÈRES, vg. de Fr., dép. d'Eure-et-Loire, arr. de Dreux, cant. et poste de Châteauneuf en Thymerais; pop. 150 hab.

ACHÈRES, vg. de Fr., dép. de Seine-et-Marne, arr. de Fontainebleau, cant. et poste de La Chapelle-la-Reine; pop. 730 hab.

ACHÈRES, vg. de Fr., dép. de Seine-et-Oise, arr. de Versailles, cant. de Saint-Germain-en-Laye, poste de Poissy; pop. 480 hab.

ACHÈRES-LE-MARCHÉ, b. de Fr., dép. du Loiret, arr. de Pithiviers, cant. d'Outurville, poste de Neuville-aux-Bois; pop. 1350 hab.

ACHERN, pet. v. du grand-duché de Bade, sur l'Acher, chef-lieu du bailliage de ce nom, dans le cercle du Rhin moyen (Mittelrheinkreis). On y cultive la vigne, le chanvre, le tabac; on y fait aussi commerce de fer. C'est en cette ville, dans la chapelle de St.-Nicolas, que sont déposées les entrailles du maréchal Turenne. Cette ville, qui faisait partie de l'Autriche, a une pop. de 1720 hab.

ACHÉRON, g. a., cinq fleuves différents portaient ce nom: le premier, qui de nos jours porte le nom de Delichy, est en Épire (aujourd'hui prov. de Janina), traverse le lac Achéruse et se jette dans la mer Ionienne, après s'être grossi des eaux du Cocytus; le second, dans la partie S.-O. de la Grande-Grèce, arrose le pays des Bruttes, passe devant Pandosia et se jette dans le lac Achéruse; le troisième, dans le Péloponèse, se jette dans l'Alphée et porte aujourd'hui le nom de Savuto; le quatrième est près d'Héraclée en Bithynie; dans ses environs était la caverne par où Hercule sortit des enfers; le cinquième enfin est au bas du Nil, qui portait le nom d'Achéron et arrosait les plaines de Memphis. L'enfer des anciens contenait aussi un fleuve du nom d'Achéron et sur lequel Caron passait dans une barque les âmes des trépassés, moyennant le droit d'une obole qu'on avait soin de placer sous la langue du mort. Ce passage n'était toutefois accordé qu'aux âmes dont les corps avaient reçu la sépulture, ou qui avaient été recouverts au moins d'un peu de terre; dans le cas contraire elles étaient obligées d'errer pendant un siècle sur les rives du fleuve.

ACHERONTINA PROVINCIA, g. a., pays de la Basse-Italie, forme une partie de la Grande-Grèce, borné à l'E. par le golfe de Tarente, au N. par le Bradanus, à l'O. par la Campanie et par la mer Tyrrhénienne, et au S. par Bruttium; aujourd'hui les provinces Basilicate et Citeriore.

ACHERUSIA, g. a., lac de l'Épire, dans le pays des Molosses; Thésée et Pyrithoüs y furent faits prisonniers.

ACHERUSIA, g. a., lac de la Campanie, entre Cume et Mysène.

ACHERUSIA, g. a., lac et île d'Égypte, sépulture des rois.

ACHERUSIA, g. a., presqu'île de Bythinie, au N.-O. d'Héraclée.

ACHERY, vg. de Fr., dép. de l'Aisne, arr. de Laon, cant. et poste de Lafère; pop. 1050 hab.

ACHEUL (Saint-), ham. de Fr., dép. de la Somme, à une demie l. d'Amiens; il fait partie de cette commune. L'abbaye de St.-Acheul a été habitée par les jésuites, auxquels elle servit de séminaire jusqu'en 1830; pop. 80 hab.

ACHEUL (Saint-), vg. de Fr., dép. de la Somme, arr. de Doullens, cant. et poste de Bernaville; pop. 125 hab.

ACHEUZ, vg. de Fr., dép. de la Somme, chef-lieu de cant., arr. de Doullens; pop. 910 hab.

ACHEUZ, vg. de Fr., dép. de la Somme, arr. d'Abbeville, cant. de Moyenneville et poste de Vallines; pop. 1000 hab.

ACHEVILLE, vg. de Fr., dép. du Pas-de-Calais, arr. d'Arras, cant. de Vimy et poste de Lens; pop. 308 hab.

ACHEY, vg. de Fr., dép. de la Haute-Saône, arr. de Gray, cant. de Dampierre-sur-Saolon et poste de Champlitte; pop. 270 hab.

ACHHAUSEN, vg. du roy. de Bavière, dans le cercle du Danube supérieur et le bailliage de Lindau.

ACHICHAT, pet. v. de la Nouvelle-Écosse, sur l'île du cap Breton dans l'Amérique septentrionale. Elle fait un commerce considérable et la pêche de la morue y est très-productive ; pop. 2000 hab.

ACHICOURT, vg. de Fr., dép. du Pas-de-Calais, arr., cant. et poste d'Arras ; pop. 1250 hab.

ACHIDANA, g. a., fl. de la Caramania vera, entre Sagonus et Carius, se jette dans le golfe Persique.

ACHIET-LE-GRAND, vg. de Fr., dép. du Pas-de-Calais, arr. d'Arras, cant. et poste de Bapaume ; pop. 490 hab.

ACHIET-LE-PETIT, vg. de Fr., dép. du Pas-de-Calais, arr. d'Arras, cant. et poste de Bapaume ; pop. 690 hab.

ACHILA, g. a., petite montagne de la Palestine, dans la tribu de Juda, sur laquelle Hérode-le-Grand fit construire un superbe palais.

ACHILA, g. a., v. d'Afrique, au S.-O. de la ville appelée aujourd'hui Elalia.

ACHILLEA, g. a., île dans la mer d'Égée, non loin de Samos.

ACHILLEA, g. a., île du Pont-Euxin, non loin de l'embouchure du Danube. C'est dans cette île que les anciens placent le tombeau d'Achille.

ACHILLEOS-DROMOS, g. a., langue de terre, près la côte N.-O. du Pont-Euxin, à l'E. de la source du Borysthènes, où Achille célébra des jeux.

ACHILLEUM, g. a., v. et cap de la Troade, non loin du tombeau d'Achille. La ville, fondée par les Mytilènes, fut détruite par les Athéniens et rebâtie ensuite à l'endroit où la flotte d'Achille avait débarqué.

ACHILLEUM, g. a., v. à l'endroit où le Bosphore Cimmérien se jette dans le Palus Méotide.

ACHILLEUS-PORTUS, g. a., port de la Laconie, à l'O. du cap Ténarien.

ACHILL-ISLANDS, deux îles de l'Océan Atlantique, faisant partie du comté de Mayo en Irlande. Ces îles ont quelques villages habités par des pêcheurs.

ACHIM ou **ECHEIM**, vg. parois. et bailliage domanial, dans le duché de Brunswick et le district de Wolfenbüttel.

ACHIR, v. forte de la Russie d'Europe, dans le gouv. de Kiew.

ACHKARA, fl. qui descend du Caucase et se jette dans le Terek.

ACHLYTSCHK, b. de la Russie d'Asie, dans le gouv. de Tobolsk.

ACHMETHI, v. forte sur la riv. de ce nom, dans la Géorgie caucasienne. Elle est le siège d'un archevêché. On y cultive la vigne.

ACHMETHIS, riv. de la Russie d'Europe, dans la Géorgie.

ACHMIN ou **AKHENIN**, *Panopolis*, v. sur la rive du Nil, dans la prov. de Djerdjeh en Égypte. Elle a une pop. de 18,000 hab., dont 2000 chrétiens. On y fabrique des étoffes de coton et de la poterie. Elle est remarquable par les ruines d'un temple et les catacombes qui se trouvent dans les environs.

ACHMOUNEYN, gr. et riche vg. avec une pop. de 5000 âmes, dans la prov. de Minyeh en Égypte. C'est là que fut Hermopolis-la-Grande ; les ruines que l'on voit près d'Achmouneyn, ne laissent point de doute à cet égard. Dans ses environs se trouvent les vastes catacombes ou le Necropolis d'Hermopolis-la-Grande (Hermopolis Magna), ainsi nommée par distinction d'une Hermopolis Parva, située dans la Basse-Égypte, et qui, selon d'Anville, est le Damanhur d'aujourd'hui.

ACHNE, g. a., île aux environs de Rhodes.

ACHNUGAR, v. de l'Afghanistan, dans la prov. de Laghman ; au N.-O. d'Attock.

ACHONRY, *Achada*, *Achata*, *Achonrita*, b. d'Irlande, dans le comté de Sligo, à 6 l. N. de la ville de Létrim, sur le lac Allyn, était autrefois assez considérable pour avoir le rang de cité.

ACHOR, g. a., vallée de la Palestine, au N. de Jéricho, non loin de Gilgal.

ACHOUK, pet. v. de la Turquie d'Asie, dans le paschalik de Bagdad, sur la rive droite du Tigre.

ACHRADINA, g. a., nom d'une partie de la ville de Syracuse, en Sicile.

ACHRAF, vg. de Perse, dans le Mazanderan, près de Farhabad, cap. de la prov. On remarque dans ce village les restes d'un magnifique palais bâti par Abbas-le-Grand.

ACHRIDA, v. de la Turquie d'Europe, dans l'Albanie ; c'est dans les environs de cette ville que naquit, en 483, d'une famille inconnue, Justinien, élu empereur en 527 et mort en 565.

ACHSAI ou **JAKSAI**, riv. de la Russie d'Europe ; elle a sa source dans le Caucase et se jette dans le Terek.

ACHSAI, cap. d'une contrée de ce nom, sur le versant septentrional du Caucase. Les habitants sont des pirates qui font un grand commerce d'esclaves.

ACHSAPH, g. a., v. de la Galilée supérieure, entre Tyr et Ecdippe, appartenait à la tribu d'Ascher.

ACHSENRIED, pet. vg. de Bavière, cercle du Danube supérieur, dans le bailliage de Mindelheim.

ACHSHEIM, vg. parois. de Bavière, sur la Schmutler, dans le cercle du Danube supérieur ; pop. 300 hab.

ACHSIB, g. a., v. appartenant à la tribu de Juda, située dans une plaine, non loin de Maresa.

ACHSIB ou **ACHZIB**, g. a., v. de la Galilée supérieure, sur les limites de la tribu d'Ascher, entre Acco et Tyr.

ACHSTET, b. du roy. de Hanovre, à peu de distance de Brême.

ACHSTETTEN, vg. du roy. de Wurtemberg, sur le Rottum, dans le grand bailliage de Weiblingen; il est situé sur une côte entre Ulm et Biberach; il possède un château et a une pop. de 650 hab. Il fut brûlé, en 1245, par Henri Raspo, compétiteur (Gegenkaiser) à l'empire.

ACHTA, v. de l'Indoustan et du roy. de Sindhia, dans le pays de Kandeich, au N. de Hindia.

ACHTERMANNSHŒHE, un des points culminants de la chaîne du Harz, dans le duché de Brunswik, au S. du mont Broken; 2706 pieds de haut.

ACHTKARN, vg. parois. du grand-duché de Bade, près de Vieux-Brisach, dans le cercle du Rhin supérieur.

ACHTYRKA, pet. riv. de la Russie d'Europe, dans l'Ukraine.

ACHTYRKA, *Achyrum*, v., chef-lieu du cercle et près de la riv. de ce nom, dans la Russie d'Europe et dans le gouv. de l'Ukraine (Slobodes, autrefois gouv. de Charkow). Cette ville est entourée de remparts et de fossés; elle possède 8 églises, 1140 maisons et une pop. de 12,800 hab. On y fabrique des tissus de coton et de laine. Dans les environs on récolte beaucoup de prunes et de cerises.

ACHUARIS, peuplade du Brésil; elle habite la prov. de Comarco.

ACHUN, vg. de Fr., dép. de la Nièvre, arr. de Château-Chinon, cant. et poste de Châtillon-en-Bazois; pop. 615 hab.

ACHVAHAVAY, peuplade de l'Amérique septentrionale, établie sur la rive et à l'O. du Mississipi.

ACHY, vg. de Fr., dép. de l'Oise, arr. de Beauvais, cant. et poste de Marseille; pop. 680 hab.

ACIAPONDA, v. et port de l'Inde transgangétique, dans l'empire de Birman et la prov. d'Aracan.

ACIBI, ancienne peuplade de Sarmatie, habitant le pays compris entre les sources du Don et de la Wolga.

ACIDALIE, g. a., fontaine en Béotie, près d'Orchomène; elle donne quelquefois son nom à Vénus.

ACIDAS ou **ACIDON**, g. a., pet. riv. d'Élide, prov. de Triphylie; quelques anciens auteurs la placent en Arcadie.

ACIGNÉ, v. de Fr., dép. d'Ille-et-Vilaine, arr., cant. et poste de Rennes; pop. 2300 hab.

ACILA, g. a., v. des Sabéens Nomades, dans l'Arabie Heureuse, avec un port où l'on s'embarquait pour l'Inde.

ACILISÈNE, g. a., pays de l'Arménie-Majeure, compris entre le Taurus et l'Euphrate, au N. de Sophène.

ACILU, villa d'Espagne, dans la prov. d'Alava.

ACINA, g. a., v. d'Éthiopie, dans la Haute-Égypte, entre Syrène et Méroé.

ACINASIS, g. a., riv. au S. de Colchide, se jette dans le Pont-Euxin.

ACINIPO (ruines d'), en Espagne, dans la prov. de Malaga, aux environs de Ronda. On y voit les restes d'un théâtre et d'un temple de Mars, dont on retire encore continuellement des statues et des monnaies romaines.

ACIPHAS ou **ACYPHAS**, g. a., v. de la Tétrapolis dorique, sur la rive occidentale du Pinde.

ACI-REAL, v. de Sicile, dans la prov. de Catane. Elle est située dans le val de Demona et régulièrement bâtie sur un rocher de laves dans le dangereux voisinage de l'Etna. Le territoire y est très-fertile; on en exporte une grande quantité de grains et de lin; on y cultive aussi la soie.

ACITAVONES, ancien peuple des Alpes.

ACKEN ou **AKEN**, *Acona*, v. du roy. de Prusse, dans la prov. de Saxe et la rég. de Magdebourg. Cette ville, située sur la rive gauche de l'Elbe, possède des ateliers où l'on fabrique diverses mécaniques et des manufactures de drap et de tabac; on s'y occupe aussi de l'éducation du bétail; pop. 3750 hab.

ACKEO, v. de l'Inde transgangétique, dans l'empire Birman, sur l'Iraouaddy.

ACKERAN, b. de la Syrie, à l'E. d'Alep.

ACKERBACH, ham. de Fr., dép. de la Moselle, com. de Hellimer, arr. de Sarreguemines, cant. Gros-Tenquin et poste de Puttelange; pop. 17 hab.

ACKERSUND, île sur la côte de Norwège, entre Friedrichstadt et Tönsberg.

ACKLIN, groupe d'îles des Antilles anglaises, dans le gouvernement des Bahamas ou Lucayes.

ACKLINGTOWN, b. d'Angleterre, dans le comté de Northumberland; pop. 400 hab.

ACKREUM, vg. de Hollande, dans la prov. de Friesland, a de grandes filatures de laine et des fabriques de drap; pop. 1100 hab.

ACKWORTH, paroisse d'Angleterre, dans le comté d'York. Les quakers y ont une maison d'éducation; pop. 1780 hab.

ACLA, pet. v. de la Colombie, dans la prov. de Darien. Le climat y est très-malsain pour les étrangers; aussi les Européens n'y ont-ils point d'établissement.

ACLE, *Aclea*, v. d'Angleterre, dans le Durhamshire, non loin de Durham.

ACLOU, vg. de Fr., dép. de l'Eure, arr. de Bernay, cant. et poste de Brionne; pop. 400 hab.

ACMONIA, g. a., v. de la Grande-Phrygie, au S. de Tibéripolis.

ACOBA, b. du Portugal, dans l'Estramadure.

ACOBAMA, v. de la rép. du Pérou, dans le dép. d'Ayacucho. Le sol y est très-fertile en blé.

ACOLA, v. du roy. de Naples, dans la Sicile. Depuis le tremblement de terre de 1693 elle n'est plus qu'une masse de décombres, entre lesquels on aperçoit çà et là quelques misérables habitations.

ACOLHUACAN, v. de la confédération mexicaine. *Voyez* TEZUCO.

ACOLHUESON ou ACOLHUACAN, peuple de l'Amérique méridionale ; il était maitre de toute la contrée qui forme aujourd'hui l'état de Mexico.

ACOMA, b. de la confédération mexicaine, dans le Nouveau-Mexique ; il est situé sur une montagne et défendu par un château fort.

ACON, vg. de Fr., dép. de l'Eure, arr. d'Evreux, cant. de Nonancourt et poste de Tillières-sur-Avre ; pop. 660 hab.

ACONA ou AGUONA, roy. de l'Afrique centrale ; il est divisé en plusieurs petits états et est tributaire de l'empire d'Achanti. Les Européens y ont des établissements.

ACONCAGUA, prov. de la rép. du Chili, dont San Félipe est la capitale. Cette province est fertile en blé et en fruits de toute espèce ; les melons surtout y sont excellents. Elle envoie sept représentants au congrès.

ACONCAGUA ou QUILLOTA, riv. du Chili ; elle arrose la partie centrale de ce pays et se jette dans le grand Océan Austral.

ACONE, g. a., v. de Bithynie, non loin d'Héraclée, tire son nom d'une plante vénéneuse appelée *Aconitum*, qu'on trouve dans ses environs en grande quantité.

ACONIN, ham. de Fr., dép. de l'Aisne, com. de Noyant, arr., cant. et poste de Soissons ; pop. 30 hab.

ACONITES, ancien peuple de pirates, habitant la côte d'Italie.

ACONTIA, g. a., v. de l'Espagne citérieure, sur le Duero.

ACONTISMA, g. a., v. de Macédoine, entre Néapolis et Topiris.

ACONTIUS, g. a., mont. de Béotie, sur laquelle était bâtie la ville d'Orchomène.

ACORA, b. de la rép. de Bolivia, dans le dép. de Chuquisaca, qui faisait partie, avant 1825, de la vice-royauté du Rio-de-la-Plata. Elle est située sur le lac Titicaca.

ACORES, villa du Portugal, dans la prov. de Beira.

AÇORES (les), *Accipitrum Insulæ*, *Terceres Insulæ*, appelées aussi ILES DE TERCEIRA, ou bien encore ILES DES AUTOURS, du nom que leur ont donné les Islandais, sont situées dans l'Océan Atlantique, entre le 36°, 57' lat. et 39°, 41' latitude sept. et le 7°, 14' et 13°, 28' longitude occ. Les Açores forment un archipel composé de neuf îles, divisées en trois groupes. Le premier groupe se compose des îles *Santa-Maria* et *San-Miguel* ; le second des îles de *Terceira*, *Graciosa*, *Saint-Georges*, *Pico* et *Fayal* ; le troisième de celles de *Florès* et *Corvo*. Les Açores comprennent encore un groupe de sept ou huit rochers inhabités, appelés *Formigas*, et qui s'étendent entre Santa-Maria et San-Miguel, dans la direction de S.-O. vers N.-E. Le plus grand de ces rochers s'élève à 54 pieds au-dessus de la surface de la mer et est situé au N. des autres rochers, dont il se trouve séparé. Au N.-E. des Formigas se trouve encore une série d'autres rochers au niveau de la mer, qui ont reçu sur plusieurs cartes le nom de *Rochers de Tulloch*.

Les Açores, dont la superficie totale est de 53 milles c., sont le résultat d'éruptions volcaniques sous-marines ; la superposition successive des couches se dessine nettement sur les parois perpendiculaires des rochers. Ces îles, en très-grande partie montagneuses, renferment une masse de volcans, les uns éteints, et les autres vomissant encore des laves ou de l'eau bouillante ; elles sont en général fertiles et arrosées de nombreuses rivières. Elles doivent leur magnifique végétation tant à la fertilité du sol qu'à l'humidité constante de l'atmosphère. On y trouve du blé, des légumes, des yams, des bananes, du lin, du vin, des cèdres, d'excellents fruits, productions que l'hiver voit toutes fleurir. Le tabac y vient spontanément et deviendrait, si on le cultivait, une source abondante de richesses. L'on y remarque également une espèce de hêtre (*myrica faya*), qui a donné son nom à l'île de Fayal, et dont le feuillage est toujours vert. A l'époque de leur découverte, ces îles ne paraissent avoir été habitées par d'autres mammifères que par des chauves-souris ; l'on y trouve aujourd'hui tous les animaux domestiques de l'Europe et des volatiles qui passent pour les plus beaux du monde. On pêche aux Açores des dauphins et des cachalots, ainsi que des huitres ; parmi les mollusques il est une espèce que les naturalistes appellent *balanus*, qui est très-estimée pour la délicatesse de son goût.

Les Açores, qui ne sont qu'à 220 lieues de l'ancien continent, appartiennent au Portugal et comptent 160,000 habitants, tant Portugais que Nègres ; à l'île de Fayal il y a aussi des Anglais, des Écossais et des Irlandais. Les principales ressources de ces îles sont l'agriculture, l'éducation des bestiaux, la pêche, ainsi que le ravitaillement des bâtiments qui, faisant voile pour les Indes Orientales ou le Brésil, viennent relâcher aux Açores. Le commerce avec le Portugal, Madère, l'Angleterre, l'Amérique et la Russie y est également assez considérable, quoique les ports ne puissent recevoir les grands navires. Les rades les plus sûres sont celles de Fayal, d'Angra à Terceira et de Ponta-Delgada dans l'île de San-Miguel. Le commerce d'exportation consiste en blés, légumes, volailles, bestiaux, plantes, bois, fruits et vins ; celui d'importation en pelleteries, laines, cotons, fers, aciers, poterie, planches, merrains, riz, morrues, résine, goudron, objets en fer et en marchandises des Indes. La religion catholique y domine, l'évêque d'Angra en est le chef. C'est la ville d'Angra, dans l'île de Terceira, qui est la capitale de tout l'archipel ; elle est le siège d'un gouverneur qui réunit sous son commandement un corps de troupes de 800 hommes. Les revenus des Açores s'élèvent à plus de 500,000 francs.

Les Açores ont été découvertes le 8 mai 1444 par le Portugais Gonçala-Velho, qui leur donna le nom d'Azores, du grand nombre d'éperviers qu'il y trouva. L'on prétend cependant que déjà quelques années auparavant elles avaient été aperçues par un marchand flamand, appelé Van-der-Berg. Par suite de leur nature volcanique, ces îles ont eu fréquemment à souffrir des tremblements, dont quelques-uns ont manqué de les anéantir. On cite parmi les plus violents celui de 1591, qui détruisit de fond en comble la ville de Villa-Franca, et celui de 1757, qui dévasta tout l'archipel. Les Açores ont été aussi souvent témoins de phénomènes extraordinaires; c'est ainsi que l'on y a vu des tourbillons de flammes jaillir du fond des eaux, des îlots volcaniques sortir subitement du sein de la mer, vomir d'épaisses fumées, puis de nouveau s'abîmer dans les flots. L'un de ces îlots a eu une existence de près de deux ans: apparu en 1720, et assez haut d'abord pour être aperçu à une distance de sept lieues, on le voyait encore en 1722, mais à fleur d'eau seulement. Le dernier phénomène de ce genre a été vu en 1811. L'île de Terceira a acquis quelque célébrité par l'exil d'Alphonse VI, roi de Portugal, qui vint l'habiter après son expulsion du trône par sa femme. C'est aussi dans cette île qu'a été formée l'armée d'expédition de Don Pédro qui, en 1832, est allée détrôner Don Miguel.

ACORIS, g. a., v. de la Moyenne-Égypte, à l'E. du Nil.

ACOSTA, ham. de Fr., dép. de Seine-et-Oise, com. d'Obergenville, arr. de Versailles, cant. de Meulan et poste de Maule; pop. 12 hab.

ACOTA, g. a., v. de Médie, près l'embouchure de l'Amardus.

ACOUDI. *Voyez* ASOUDA.

ACOUN ou AKUN, une des îles les plus peuplées des Aléoutiennes.

ACOUQUIJA, mont. de l'Amérique méridionale, dans la prov. de Chuquisaca; elle renferme de l'or.

ACOURY, v. du Kaboul, au N. d'Attok.

ACQ, vg. de Fr., dép. du Pas-de-Calais, arr. d'Arras, cant. de Vimy et poste d'Arras; pop. 424 hab.

ACQUA, b. d'Italie, dans le grand-duché de Toscane, à quelques lieues E. de Livourne. Il y a près de là une source d'eaux minérales.

ACQUA CHE FAVELLA, source célèbre dans la Calabre, roy. de Naples.

ACQUA-DAGNA, bourg des états de l'Église, dans la délégation d'Urbin.

ACQUA-DELLA-FICO, b. du roy. de Naples, dans la Calabre ultérieure.

ACQUA - DELLE - PISCIARELLE, source d'eau bouillante et sulfureuse qui s'échappe avec impétuosité au pied d'un rocher, non loin du lac Agnano, dans le roy. de Naples.

ACQUALE, ham. de Fr., dép. de la Corse, com. de Lozzi, arr. de Corte, cant. de Calacuccia et poste de Corte; pop. 210 hab.

ACQUA-NEGRA, v. du roy. Lombard-Vénitien, près de Canneto.

ACQUA-NEGRA, v. du roy. Lombard-Vénitien, près de Crémone.

ACQUAPENDENTE, pet. v. fort mal bâtie sur un rocher de basalte, dans les états de l'Église et la délégation de Viterbe. Les étrangers y admirent une fort jolie cascade; pop. 2500 hab.

ACQUARA, v. du roy. de Naples, dans la Principauté citérieure.

ACQUARIA, b. du duché de Modène; il est situé sur une montagne près de la Scoltena, et possède une source d'eaux thermales.

ACQUARO, b. du roy. de Naples, dans la Calabre ultérieure; détruit en 1783 par un tremblement de terre, il fut reconstruit par Ferdinand IV; pop. 1150 hab.

ACQUA-SPARTA, b. des états de l'Église, dans la délégation de Spoletto.

ACQUATE, v. du roy. Lombard-Vénitien, dans la prov. de Como. Commerce de soie écrue. Près de cette ville on exploite une mine de fer.

ACQUAVIVA, v. du roy. et dans la prov. de Naples; pop. 5500 hab.

ACQUAVIVA, b. du roy. de Naples, dans la prov. de Molise; pop. 600 hab.

ACQUAVIVA, b. des états de l'Église, à 4 l. de Rome.

ACQUAVIVA-COLLE-DI-CROCE, b. du roy. de Naples, dans la prov. de Molise; il y a de bons pâturages dans ses environs; pop. 1480 hab.

ACQUET, ham. de Fr., dép. de la Somme, com. de Neuilly-le-Dieu, arr. d'Abbeville, cant. de Crécy et poste d'Auxy-le-Château; pop. 80 hab.

ACQUEVILLE, vg. de Fr., dép. du Calvados, arr. de Falaise, cant. et poste d'Harcourt-Thury; pop. 466 hab.

ACQUEVILLE, vg. de Fr., dép. de la Manche, arr. de Cherbourg, cant. et poste de Beaumont; pop. 490 hab.

ACQUI, province des états sardes, dans l'intendance d'Alexandrie, au S. de la prov. d'Asti; les Appenins la séparent du duché de Gênes. Elle, belle et fertile, est arrosée par le Bello et la Bormida; elle produit en abondance du grain et du vin.

ACQUI, *Aquæ statiellæ*, chef-lieu et évêché de la prov. de ce nom, dans les états sardes, à 7 l. S. d'Alexandrie, sur la rive gauche de la Bormida; elle est dominée par une citadelle. C'est une petite ville fort ancienne; on y remarque encore un reste d'aqueduc romain. Elle a des bains sulfureux très-fréquentés. Ses fabriques d'étoffes de soie sont assez importantes. Acqui fut prise par les Français en 1799; pop. 7000 hab.

ACQUIGNY, vg. de Fr., dép. de l'Eure, arr., cant. et poste de Louviers; pop. 840 hab.

ACQUILIN-D'AUGERON (Saint-), vg. de Fr., dép. de l'Eure, arr. de Bernay, cant. de Broglie, poste de Montreuil-l'Argillé; pop. 268 hab.

ACQUILIN-DE-PACY (Saint-), vg. de Fr., dép. de l'Eure, arr. d'Evreux, cant. et poste de Pacy-sur-Eure; pop. 400 hab.

ACQUIN, vg. de Fr., dép. du Pas-de-Calais, arr. de St.-Omer, cant. de l'Umbres, poste de St.-Omer; pop. 790 hab.

ACRA, g. a., v. de Sicile, entre Syracuse et Camarina, non loin du cap appelé aujourd'hui Passaro.

ACRA, g. a., v. de la Sarmatie d'Europe, sur le Palus Méotide.

ACRA, g. a., colline sur laquelle était bâtie Jérusalem et où Antiochus Epiphane fit construire une citadelle, qui fut détruite par Simon le Maccabéen.

ACRA, g. a., v. commerciale sur la côte S. d'Afrique, non loin du Lixus. Elle fut fondée par Hannon, général carthaginois.

ACRABA, g. a., v. de Mésopotamie, près de la rivière appelée de nos jours Chaber.

ACRABATÆ, g. a., v. de Judée, sur la frontière samaritaine.

ACRABATENA, g. a., pays de Judée, compris entre Sichem et Jéricho.

ACRABATENE, g. a., contrée mér. de la Palestine, dans la prov. d'Idumée.

ACRABIM ou **AKRABBIM**, g. a., chaine de montagnes, au S. de la Palestine, et sur la frontière de l'Idumée, remarquable par le grand nombre de scorpions qu'on y trouve encore aujourd'hui.

ACRACANUS, g a., riv. de la Babylonie.

ACRADINA ou **ACHRADINA**, g. a., pet. île de la côte orientale de l'île de Sicile, sur laquelle était bâti un des cinq quartiers de Syracuse, ruines magnifiques, entre lesquelles on distingue celles d'un temple de Jupiter olympien. Elle fut assiégée et prise par Maculus, 212 ans avant J.-C.

ACRÆPHIA, g. a., v. de Béotie, entre les lacs de Topoglia (Copaïs) et de Limne-Stiwa (Hylice).

ACRAGALLIDÆ, ancien peuple de Phocide, aux environs de Cirrha.

ACRAGANTE, g. a., b. de l'Étolie.

ACRAGANTES, g. a., endroit de l'île d'Eubée.

ACRAGAS, g. a., mont. de Sicile, près de laquelle était située Agrigente.

ACRAIGNE. *Voyez* FROLOIS.

ACRA LEUSE, g. a., v. de l'Espagne arragonnaise, bâtie par Hamilcar.

ACRATH, g. a., v. de la Maurétanie tingitane, non loin du promontoire Oléastrum ou Barbari.

ACRE ou **AKKA**, *Colonia Claudii, Cesaris Ptolémaïs*, eyalet de la Turquie d'Asie, est borné au N. par l'eyalet de Tripoli ou Tarablous, à l'E. et au S. par celui de Damas et à l'O. par la mer Méditerranée; il comprend tout le versant occidental du Liban; il a une superficie de 860 l. c. Le sol n'y est point partout de la même fertilité, les plaines sont arides et les vallées d'une grande fécondité. On y cultive les grains, le lin, le coton, les olives, le tabac et le mûrier, les citrons, les oranges et les figues. Les forêts du Liban fournissent de très-beaux sapins. La contrée est habitée par des Turcs et des Arabes. Ceux-ci occupent la plaine et les côtes de la Méditerranée et se livrent à l'agriculture, à l'éducation du bétail ou au commerce; les Turcs sont établis dans les montagnes.

Ce pays faisait partie de la Judée; il devint colonie romaine sous l'empereur Claudius, fit ensuite partie de l'empire grec (bysantin) et devint, en 636, la conquête des Sarrasins. Vers la fin du onzième siècle, cette contrée devint le théâtre de la lutte sanglante des croisades et fut pour quelque temps enlevée à la domination des Mahométans. Saladin la reconquit, et depuis, elle est restée sous l'autorité des califs jusqu'à ce qu'elle fut, comme toute la basse Asie, incorporée à l'empire ottoman.

ACRE (Saint-Jean-d') ou AKKA (g. a., *Achsaph* des Hébreux, *Acco* chez les Grecs et *Ptolemais* chez les Romains et au moyen âge), v. forte et chef-lieu de l'eyalet de ce nom dans la Turquie d'Asie, située sur une baie de la Méditerranée au pied du mont Carmel. Cette ville, résidence d'un pacha, présente le contraste désagréable du luxe le plus recherché et de la plus affligeante misère; les rues y sont sales et étroites; cependant on y voit quelques beaux édifices; le palais du pacha et la mosquée, bâtis par Djezzao, sont magnifiques; ses deux bazars, les bains publics, les plus beaux de la Turquie, une fontaine de marbre blanc, font l'admiration des voyageurs. On y remarque encore les restes du château de fer, ancien palais des templiers.

Le port, quoique engorgé, est un des meilleurs et des plus fréquentés de cette côte. C'est un grand entrepôt de coton et de riz. Les Français, les Anglais et plusieurs autres puissances y ont un consul.

Saint-Jean-d'Acre a joué un grand rôle dans l'histoire des croisades, c'était un des principaux points de débarquement des croisés; elle n'a plus eu d'importance depuis jusqu'au milieu du dix-huitième siècle. Le cheik arabe Daher s'en empara alors et y fit fleurir le commerce et la navigation. Son successeur, Djezzar-Pacha, tyran fameux par sa cruelle énergie, embellit cette ville et la fortifia; tous les beaux monuments d'Acre ont été bâtis par lui; ce fut lui aussi qui, appuyé par la flotte anglaise, sous les ordres du commodore Sidney-Smith, arrêta, en 1799, sous les murs d'Acre, l'armée française, commandée par Bonaparte. Ce siège, qui dura 61 jours, fut un des plus meurtriers, et remarquable autant par l'opiniâtre résistance des Anglo-Turcs, que par la constance courageuse des

Français, qui donnèrent plusieurs assauts terribles. La peste s'étant jointe à la mitraille des assiégés et décimant les troupes françaises, Bonaparte résolut de lever le siège le 20 mai 1799, après avoir fait raser les fortifications et les principaux édifices de la ville.

La population, composée de Turcs, d'Arabes et de Juifs, est évaluée par les derniers voyageurs à 20,000 hab.

ACREA ou **ACRIÆ**, g. a., pet. v. maritime de la Laconie, au S.-O. d'Hélos, non loin de l'embouchure de l'Eurotas, avec un temple de Cybèle, qui passait pour le plus ancien de la Grèce.

ACRES (les), ham. de Fr., dép. de la Seine-Inférieure, arr. de Neufchâtel-en-Bray, cant. et poste d'Argueil, com. de Beauvoir-en-Lions; pop. 90 hab.

ACRI, pet. v. du roy. de Naples, prov. de la Calabre citérieure, à 6 l. N.-E. de Cosenza; pop. 7000 hab.

ACRIAS (Serra d'), mont. du Brésil, entre les prov. de Minas-Geraës et de Goyaz.

ACRICOK. *Voyez* BÉNIN (côte de).

ACRIDOPHAGES (les), g. a., peuple de l'Éthiopie au-dessus de l'Égypte (Abyssinie); très-habile à la course; il vivait de sauterelles et mourait de maladies de peau, dans un âge peu avancé.

ACRILLA ou **ACRILLÆ**, g. a., v. de Sicile, non loin d'Agrigente.

ACRISTIA, v. de Sicile, intendance de Trapani, à 14 l. O. de Mazzara.

ACROA, peuple du Brésil, sur le Parana et l'Aruguay, parlant une propre langue.

ACROATHON ou **ACROTHON**, **ACROTHOON**, g. a., v. de Macédoine, sur le mont Athos, au N.-O. d'Apollonia; air très-sain.

ACROCERANNIUM, g. a., cap. de l'ancienne Épire, sur la frontière de l'Illyric grecque.

ACRO-CORINTHE, citadelle de l'ancienne et de la nouvelle ville de Corinthe, sur un rocher de 1400 pieds de haut; source mythique de Pirène (Draco-Néro), temples de Vénus et d'Erechtée, parthénon, propylées; elle forme avec ses 300 tours et ses triples lignes de fortifications la clef de la péninsule. Belle vue sur l'isthme, les deux golfes, le Parnasse et l'Hélicon.

ACRONOMA-SAXA, g. a., endroit cité par Cicéron, qui était probablement situé dans la Basse-Italie.

ACROPOLIS, g. a., partie la plus élevée et la plus ancienne d'Athènes; fondée par Cécrops, 1582 ans avant J.-C., sur un rocher de 240 pieds de haut; panthéon, odéon, parthénon ou hécatompédon, avec la statue superbe de Minerve par Phidias, etc. Elle forme encore aujourd'hui la citadelle d'Athènes.

ACROPOLIS, g. a., partie la plus élevée de l'ancienne Jérusalem.

ACROPOLIS, g. a., b. de l'ancienne Grèce, prov. d'Étolie.

ACROTERI ou **ACROTIRI**, v. de l'île de Santorin, dans l'Archipel grec, roy. de Grèce, nomos des Cyclades.

ACROU, district de la rép. du Fantin, dans la Guinée, sur la côte d'Or, capitale Apang ou Apam, sur la mer, détruite par les Achantis, en 1811; possède un comptoir hollandais; à 20 l. N.-E. du cap Corse.

ACRURION ou **GALATÉ**, g. a., un des sommets du mont Oeta en Thessalie.

ACS ou **ATS**, b. de Hongrie, cercle au-delà du Danube, comitat et à 2 l. S.-O. de Comorn; pop. 3500 hab.

ACSAI, b. de la Russie d'Europe, dans le pays des Cosaques du Don; au confluent du Don et de l'Acsaï, non loin de Staraja-Tscherkask.

ACSAI ou **JACSAI**, chef-lieu d'une principauté du même nom de la Russie d'Asie, dans le pays des Ckamykes, sur le Terek et la Soundscha; vrai repaire de voleurs qui font le commerce d'esclaves.

ACSAI (le grand et le petit), deux riv. affluentes du Bas-Don, au S. de Zarizye, gouv. de Saratow, dans la Russie d'Asie.

ACSARAI ou **ACSERAI**, *Anazarba*, b. de la Turquie d'Asie, dans l'Anatolie, paschalik de Caramanie, sur le Kisilhissar; lac salant aux environs.

ACSHEER, v. de la Turquie d'Asie, dans l'Anatolie, prov. de Caramanie, sur la pente d'une montagne; cette ville est baignée par un lac et la riv. de Poursak; tapisseries, commerce de laine et de gomme; pop. 48,000 hab.

ACSOU, v. de la Turquie d'Asie, dans l'Anatolie, paschalik d'Anadoli, à 14 l. S.-O. d'Iznick.

ACSOU, v. de la Turquie d'Asie, dans l'Anatolie, paschalik d'Anadoli, à 8 l. E. d'Iznick.

ACSOU (lac d'), *Ascanius lacus*, dans la Turquie d'Asie, dans l'Anatolie, paschalik d'Anadoli, non loin d'Iznick.

ACSOU, *Ascanius*, riv. de la Turquie d'Asie, dans l'Anatolie, paschalik d'Anadoli, par laquelle le lac d'Acsou communique à la mer de Marmora.

ACSOU, v. de l'empire chinois, dans la Petite-Bucharie, au pied des monts Thian-Schan; résidence du commandant en chef de toutes les troupes chinoises dans cette partie de l'empire; fabriques de toiles de coton et d'ouvrages en jaspe; pop. 6000 hab.

ACSOUMA ou **AXUM**, v. cap. du roy. de Tigré, dans l'Abyssinie, autrefois capitale de toute l'Abyssinie, située dans une belle plaine entrecoupée de collines. Dans les environs on trouve un obélisque d'un seul bloc de granit et d'une hauteur de 60 pieds; pop. 4000 hab.

ACTA, g. a., pet. v. maritime de l'Acarnanie, non loin d'Anactorium.

ACTA, g. a., b. de la Magnésie, sur la frontière sept. de la Thessalie.

ACTA, v. de la Turquie d'Asie, dans la Syrie, paschalik et à 12 l. S.-E. d'Alep.

ACTÆONIS FONS, g. a., source dans l'ancienne Béotie, entre Pharée et Mégare, sur le Cithæron.

ACTAMAR ou **VAN**, *Artemita*, v. forte de la Turquie d'Asie, paschalik de la Turcomanie, sur la rive orient. du lac du même nom. La citadelle est bâtie sur une colline, sous laquelle on trouve de vastes cavernes et des souterrains, qui renferment les débris de vieux monuments attribués à la reine Sémiramis, qui doit y avoir séjourné; pop. 20,000 hab.

ACTAMAR ou **DE VAN** (lac d'), *Arsissa*, grand lac de la Turquie d'Asie, paschalik de la Turcomanie; il a environ 60 lieues de tour et renferme deux îles.

ACTJAR ou **SÉVASTOPOL**, v. forte de la Russie d'Europe, gouv. de Tauride, située sur la côte occ. de la Crimée, à 1 1/2 l. de la mer Noire et à 10 l. S.-O. de Baktschisaraï; bâtie en forme d'amphithéâtre sur une hauteur; la baie y forme un des ports les plus beaux, les plus vastes et les plus sûrs de toute l'Europe, dans lequel stationne la flotte russe de la mer Noire; amirauté, arsenal de marine, quarantaine. La flotte russe y fut battue par celle des Turcs le 14 juillet 1788. Dans les environs se trouvent les ruines de l'ancienne ville de Cherroné ou Chersonèse et le temple de Diane, dans lequel on immola à la déesse tous les naufragés qui y abordèrent; pop. 4000 hab.

ACTEPOL, cap de la Turquie d'Europe, prov. de Romélie, sur la mer Noire, à 30 l. N.-O. de Constantinople.

ACTIUM ou **FANUM APOLLINIS CLARII**, g. a., v. de l'ancienne Acarnanie, entre le cap d'Actium et Anactorium, sur le golfe d'Ambracie, avec un temple d'Apollon, construit par les Argonautes. Auguste y institua les jeux actiaques en l'honneur de Mars et de Neptune.

ACTIUM, g. a., promontoire de l'Acarnanie, à l'O. de la ville du même nom et du golfe d'Ambracie; célèbre par la victoire navale qu'Octavien y remporta sur Antoine et Cléopâtre (an du monde 3973, an de Rome 722, 31 ans avant J.-C.)

ACTOBAN, v. d'Amérique, dans les états-unis du Mexique, prov. de Tabasco, à 28 l. N.-E. de Mexico; contrée fertile et riche en troupeaux; commerce de suif et de peaux. On y compte environ 3000 familles indiennes et 50 espagnoles.

ACTON, district des États-Unis d'Amérique, prov. de Massachusetts, comté de Middlesex, à 9 l. N.-O. de Boston.

ACTON, district des États-Unis d'Amérique, prov. de Vermont, comté de Wirdham, à 12 l. S. de Windsor.

ACTON, district du Bas-Canada, comté de Buckingham.

ACTON, vg. des États-Unis d'Amérique, dans la prov. de Massachusetts; pop. 1000 hab.

ACTON-BURNELL, b. d'Angleterre, dans le Shropshire, l'on y voit encore les ruines d'un château, où Edouard II tint un parlement en 1283.

ACTON-WEST and **EAST**, vgs. d'Angleterre, comté de Surry, à 2 l. S. de Londres, eaux minérales; pop. 2000 hab.

ACTRIDA, g. a., v. de l'Arabie Heureuse.

AÇU ou **ASSU**, pet. v. d'Amérique, de l'emp. du Brésil, prov. de Rio-Grande-do-Norte, sur le Piranga.

ACUANA, peuple de l'Amérique méridionale, dans la Colombie, à l'E. de Quito, sur le Maragnon.

ACUBADOES, peuple de l'Amérique septentrionale, à l'O. des États-Unis.

ACUBE, g. a., source ou lac dans l'intérieur de la région syrtique, à l'O. de l'Égypte et à l'E. du fleuve Cinyps.

ACUL, pet. v. sur la côte septentrionale de l'île d'Haïti.

ACUL, pet. v. sur la côte méridionale de l'île d'Haïti.

ACULEO (lac d'), dans la rép. de Chili, Amérique méridionale, à 6 l. de San-Jago, alentours charmants; il a plusieurs îles.

ACULIU ou **ACULJU**, peuple de la Guyane, dans l'Amérique méridionale, sur le Corentin.

ACUNHA. *Voyez* **TRISTAN-D'ACUNHA**.

ACUPE, riv. du Brésil, qui se jette dans la mer Atlantique.

ACUTO, b. d'Italie, dans les états de l'Église, délégation de Frosinone, à 1 l. N. d'Anagni; pop. 1000 hab.

ACUTO (MONTE) appelée aussi **VOLTORE**, mont. du roy. de Naples, prov. de Basilicate, non loin de Venosa; ici les Apennins se séparent en deux parties, dont l'une s'étend vers le S. jusqu'à l'extrémité de la Calabre ultérieure Ire, et l'autre vers le S.-E. jusqu'au cap Santa-Maria-di-Leuca.

ACWORTH, v. et chef-lieu d'un district des États-Unis d'Amérique, prov. de New-Hampshire, à 13 l. O. de Concorde.

ACY, vg. de Fr., dép. de l'Aisne, arr., à 2 l. S.-E. et poste de Soissons, cant. de Braine; commerce de chevaux; pop. 750 hab.

ACY-EN-MULTIEN, b. de Fr., dép. de l'Oise, arr. de Senlis, cant. et poste de Betz; sur la Gergogne, dans une vallée fertile en grains et en bois, à 14 l. N.-E. de Paris, avec un château, un marché par semaine et deux foires par an, le premier jeudi de mai et le 2 octobre; pop. 780 hab.

ACY-ROMANCE, vg. de Fr., dép. des Ardennes, arr., cant., à 1/2 l. S.-O., et poste de Rhéthel; pop. 800 hab.

ADA, pet. v. de la Turquie d'Asie, dans l'Anatolie, paschalic d'Anadoly, près de la riv. de Sakara, à 16 l. O. d'Angora.

ADA, b. de la Turquie d'Asie, dans l'Anatolie, paschalic d'Anadoly, à 4 l. 1/2 N.-O. d'Iznick.

ADA, v. de la Russie d'Asie, prov. d'Abasie, à 6 l. d'Anapa.

ADACARA ou **IDACARA**, g. a., v. de l'Arabie Déserte, sur le golfe Persique.

ADACH ou **ADAG**, **ADAKH**, une des îles Aleutiennes, avec un assez bon port.

ADACHA, g. a., v. de Palmyrène, en Syrie.

ADADA, g. a., v. de Pisidie, au S. de Séleucie.

ADADA, g. a., v. de Palmyrène, en Syrie.

ADADA, g. a., v. au S. de la tribu de Juda, non loin de la frontière d'Idumée.

ADADATE, g. a., v. de Pisidie.

ADAD-REMMON ou **HADAD-RIMMON**, **MAXIMIANOPOLIS**, g. a., v. de Samarie, dans la plaine de Magedo, à 6 l. S.-O. de Jesréel.

ADACHSUNA, branche occid. de l'Atlas, dans l'emp. de Maroc en Afrique.

ADADWASSIE, v. du pays des Achantis, Guinée supérieure, côte d'Or.

ADÆ, g. a., pet. v. marit. d'Éolie, dans l'Asie Mineure.

ADAHUESCA, b. d'Espagne, roy. d'Aragon, à 8 l. E. de Huesca.

ADAINCOURT, vg. de Fr., dép. de la Moselle, arr., à 6 l. S.-E. de Metz, cant. et poste de Faulquemont; pop. 230 hab.

ADAINVILLE, vg. de Fr., dép. de Seine-et-Oise, arr., à 9 l. S. de Mantes et à 12 l. 1/2 O. de Paris, cant. et poste d'Houdan; prairies, bois, bruyères; pop. 500 hab.

ADAIR, v. d'Irlande, prov. de Munster, comté de Limerick, sur le Maig; elle est dominée par un château; à 5 l. S.-S.-O. de Limerick.

ADAIR, comté des États-Unis d'Amérique, prov. de Kentoucky, avec une pop. de 10,000 hab.

ADAIR, cap. *Voyez* BAFFIN (terre de).

ADAJA, riv. d'Espagne, qui prend sa source dans la Sierra d'Avila, roy. de la Vieille-Castille, arrose Avila, se dirige vers le N., et se jette dans le Duéro entre Tordesillas et Simancas, prov. de Valladolid, après avoir reçu les eaux du canal de l'Eresma.

ADAJAL, contrée maritime de l'Afrique orientale, entre le détroit de Bab-el-Mandeb et la baie de Zéila, habitée par les Somanlis, capitale Haoussa, sur le Hawasch ou Hawusch.

AD-ALBULAS, g. a., station romaine, entre Rusucurrum et Calama, dans la Mauritanie césarienne.

ADALI, îles de l'archipel des Maldives, dans l'Océan Indien.

ADALIA, b. d'Espagne, dans le roy. de Léon, prov. de Toro.

ADALIA, district maritime de la Turquie d'Asie, dans le paschalik de Caramani; on y voit les ruines d'un superbe théâtre romain et de grandes digues en briques.

ADAM ou **ADOM**, g. a., v. de la Pérée, sur le Jourdain, non loin de Zarthan.

ADAM (baie d'), sur la côte N.-O. de l'Amérique septentrionale; elle reçoit les eaux du fleuve de Colombie.

ADAM (pic d') ou **HAMALEL**, **HAMMALEC**, **TALMELA**, *Malea*, mont. la plus élevée de l'île de Ceylan, dans les Indes orientales, d'une hauteur de 6680 pieds; sa substance est granitique, sa figure conique, et sa surface est couverte d'épaisses forêts. On trouve à une certaine hauteur une grande plaine avec un lac d'où découlent plusieurs ruisseaux qui forment le Mahawalle-Gange et deux autres grandes rivières de l'île. De son sommet, qu'on atteint par un sentier très-difficile, Adam (Buddha) doit avoir vu, à ce que disent les nombreux pèlerins qui se rendent en ce lieu, le paradis terrestre pour la dernière fois; une sorte d'empreinte de pied, qui se trouve sur une pierre, est celle d'Adam; d'autres l'attribuent à St.-Thomas. On découvre cette montagne, qui est à 20 l. E. de Colombo, à une distance de 50 l.

ADAM (pont d'), banc de sable, entre la petite île de Manaar, au N.-O. de l'île de Ceylan et la côte de Coromandel, dans les Indes orientales; il n'est couvert par la mer qu'au temps de la marée, de sorte que durant le reflux on peut y passer à pied sec comme sur un pont, à l'île de Ramisseram, située sur la côte du continent.

ADAMA, g. a., v. de Palestine, tribu de Naphtali.

ADAMANCOTA, v. de l'Indoustan, dans la présidence de Bombay.

ADAMAR, b. du roy. de Pologne, dans la woiwodie de Podlaquie, sur le Wieprz, vis-à-vis de Baranow; pop. 600 hab.

ADAMAWA, contrée d'Abyssinie, en Afrique, entre les villes d'Axum et de Gondar.

ADAMI-NEKEB, v. de Palestine, dans la tribu de Naphtali.

ADAM-LE-PASSAVANT, vg. de Fr., dép. du Doubs, arr., cant., à 1 l. S. et poste de Baume-les-Dames; pop. 300 hab.

ADAM-LE-VERCEL, vg. de Fr., dép. du Doubs, arr., à 3 1/2 l. S. de Baume-les-Dames, cant. de Vercel, poste du Valdahon, pop. 100 hab.

AD-AMONEM, station romaine de la région syrtique, dans l'Afrique septentrionale, non loin de Tripolis.

ADAMOVA, contrée de la Nigritie en Afrique, dans le pays de Fellatahs, au S. de la prov. de Zeg-Zeg, capitale Koutoup.

ADAMOVA, branche des montagnes de la Lune, qui s'étend jusque dans l'Abyssinie.

ADAMOW, pet. v. du roy. de Pologne, dans la woiwodie de Podlaquie, à 14 l. N. de Lublin.

ADAMPE ou **ADAMPI**, **LAMPI**, **NINGO**, pet. roy. de Nègres, sur la côte d'Or de la Haute-Guinée, entre le Volta et le roy. d'Acra; il est divisé en plusieurs républiques qui dépendent des Achantis. Les principaux endroits sont Mingo, capitale, et les forts danois de Friedensbourg et de Kœnigstein. Au N. de ce royaume est située la contrée montagneuse, appelée Krobbo.

ADAMS, comté des États-Unis d'Amérique, dans la prov. de Pensylvanie, avec une surface de 25 l. c. géogr. et 20,000 hab. A l'O. s'élèvent les montagnes, appelées South-Mountains, qui sont couvertes de forêts; chef-lieu Gettysbourg.

ADAMS, comté des États-Unis d'Amérique, dans la prov. de Mississippi, au N. de Wilkinson, avec 16,000 hab.

ADAMS, comté des États-Unis d'Amérique, dans la prov. d'Ohio, et séparé du Kentoucky par l'Ohio; pop. 15,000 hab.

ADAMS, v. des États-Unis d'Amérique, comté de Saint-Clair, prov. d'Alabama.

ADAMS; v. des États-Unis d'Amérique, prov. de New-York, comté de Jefferson, poste; pop. 1400 hab.

ADAMS, fort des États-Unis d'Amérique, sur le Mississippi, à 150 l. S.-O. de Washington.

ADAMS, v. des États-Unis d'Amérique, dans la prov. de Massachusetts, comté de Berks, à 11 l. N. de Lenox; pont de marbre naturel sur le Hudson, poste; pop. 1800 hab.

ADAMS, v. des États-Unis d'Amérique, dans la prov. de Pensylvanie, comté de Lancaster.

ADAMSFREIHEIT, b. du roy. de Bohême, cercle de Tabor, seigneurie de Neu-Bistritz, à 3 l. S. de Neuhaus. Fabriques de rubans et de dentelles; mines de fer et forges assez considérables; pop. 600 hab.

ADAMSTÆDTEL, vg. du roy. de Bohême, cercle et à 1 l. E. de Budweis. Mines d'argent; pop. 500 hab.

ADAMSTHAL, vg. du margraviat de Moravie, en Autriche, cer. et à 3 l. N. de Brünn, sur la Zwittawa, beau château et jardin, grottes avec stalactites, moulin à poudre; affinage de fer et forges.

ADAMSTOWN. *Voyez* BRECKNOCK.

ADAMSWEILER ou ADAMSWILLER, vg. de Fr., dép. du Bas-Rhin, arr. et à 7 l. N.-O. de Saverne, cant. de Drulingen, poste de Saar-Union; pop. 296 hab.

ADAMUZ, b. d'Espagne, dans l'Andalousie, roy. et à 6 l. N.-E. de Cordoue, près de la rive droite du Quadalquivir. On y élève beaucoup d'abeilles.

ADANA ou ITSCHIL, paschalik de la Turquie d'Asie, dans l'Anatolie, entre la Caramanie, Mérasch, la Méditerranée et l'Anadoli, divisé en cinq sandschaks, dont deux, Adana et Tarsus, furent réunis, en 1833, au paschalik d'Égypte.

ADANA ou ADENA, EDENÆ, v. de la Turquie d'Asie, dans l'Anatolie, chef-lieu du paschalik du même nom, sur le Seihan, près du promontoire de Caradash; résidence d'un pacha turc. Elle est bâtie en forme d'amphithéâtre au pied d'une montagne, entourée de beaux jardins et dominée par un château fort, avec des ruines; pop. 30,000 hab., selon d'autres seulement 6000 hab.

ADANAD, v. de l'Indoustan, sur la côte de Malabar, présidence de Madras.

ADANARA, île du grand archipel d'Asie, dans l'Océanie, au S. des Célèbes.

ADANARO ou ADANERO, b. d'Espagne, dans le royaume de la Vieille-Castille, prov. d'Avila, à 8 1/2 l. N.-E. de la ville de même nom, sur la Bolroya.

ADANI, g. a., deux îles de la mer Rouge, près des îles Malichi, dans le détroit de Babel-Mandeb.

AD ANSAM, g. a., station romaine, dans la Grande-Bretagne, entre Combretonium et Camulodunum.

ADAOUS ou QUAQUAS, peuples les plus policés de la Guinée, dans le roy. de Saccoo.

ADAPERA, g. a., v. de Galatie, sur les frontières du Pont et de la Cappadoce, non loin d'Ancyre.

AD AQUAS ou AQUÆ, g. a., b. de Dacie, à 6 l. de Sarmizaegethusa; bains thermaux très-fréquentés par les Romains.

AD AQUAS ou AQUÆ, g. a., lieu de la Haute-Mœsie, non loin d'Ægeta.

AD AQUAS, g. a., station romaine en Numidie, entre Onellaba et Simittu.

ADAR ou ADDARA, HAZAR-ADDAR, g. a., v. de Judée, dans la tribu de Juda, sur la frontière mérid. de la Palestine, près du désert de Maon.

ADAR ou ADRA, v. de l'Arabie Pétrée, à 8 l. de Bostra ou de la Batanée, au-delà du Jourdain, au S.-E. de Capitolias.

ADAREB, peuple de la Haute-Égypte, au confluent du Nil et du Taccazzé.

ADARISTUS, g. a., v. de Pélagonie, non loin de Stobi.

ADARKEND, v. d'Asie, dans la Tartarie indépendante, dans la prov. de Ferghanah, à 84 l. N.-E. de Samarcand.

ADASA ou ADARSA, ALASA, LAISA, g. a., v. de Judée, dans la tribu d'Ephraïm, près de Gophna, au N. de Jérusalem. C'est là que fut le camp de Judas-Machabée, qui défit Nicanor (165 avant J.-C.).

ADAST, vg. de Fr., dép. des Hautes-Pyrénées, arr., cant., poste et à 1 l. E. d'Argelès; pop. 150 hab.

ADAT, v. du Japon, dans l'île de Niphon, à 12 l. N. de Nambou.

ADAYES, fl. de l'Amérique septentrionale, qui se jette dans le golfe du Mexique, après avoir reçu la rivière de Sancto-Marco.

AD BASILICAM, g. a., station romaine dans la Mauritanie césarienne, entre Saldæ et Igilgili, à 5 l. E. de Ad Ficum.

AD CAMŒNAS, g. a., endroit du Latium, non loin d'Aricia.

AD CAPRÆ PALUDES ou CAPRILIA, g. a., lieu près de Rome où fut assassiné Romulus (environ l'an 3288 du monde, 38 de Rome, 716 avant J.-C.).

AD CAPRAS, CAPRÆ, g. a., b. de l'Ombrie, dans les états de l'Église, près de Spolette, où mourut Totila, roi des Goths, des blessures reçues à la défaite de Callis (552 ans après J.-C.). *Voyez* CAGLI.

AD CASTRA, g. a., endroit de la Gaule transpadane, à 5 l. d'Aquiléja.

AD CEBRUM, g. a., b. de la Basse-Mœsie,

au confluent du Danube et de la Zibritz ; l'empereur Justinien, selon Procope, en fit restaurer les fortifications.

AD CENTENARIUM ou **AD CENTURIONES**, g. a., lieu de la Gaule narbonnaise, chez les Volsques Tectosages, au pied des Pyrénées, au S. de Ruscino.

ADCHERHERBA, v. de l'île de Sumatra, située sur la côte O. ; les Hollandais y ont un établissement protégé par un fort ; ils y font le commerce d'or, d'ivoire, de cire et de coton.

AD CRISPAS, g. a., station romaine, dans la Mauritanie césarienne, entre Siga et Cartennæ, à 2 l. O. de Gilva.

ADDA ou **ADDUA**, **ABDUA**, riv. des états autrichiens, dans le roy. Lombard-Vénitien, prend sa source dans les montagnes qui séparent le Haut-Engadin (cant. des Grisons) de la Valteline, arrose cette dernière province dans toute sa longueur, traverse les lacs de Côme et de Lecco, en sort à Lecco et se jette dans le Pô, au-dessus de Crémone, après cinquante lieues d'un cours très-rapide et important pour le commerce. En 1777, elle a été rendue à la navigation depuis sa sortie du lac de Lecco jusqu'à son embouchure, par ordre de l'impératrice Marie-Thérèse ; son lit charrie des paillettes d'or. C'est sur ses bords que le consul Flaminius défit complétement les Gaulois (l'an 527 de Rome) ; Odoacre, roi des Hérules, y fut vaincu par Théodoric-le-Grand, roi des Ostrogoths (490 ans après J.-C.), et les Français s'y illustrèrent par le passage du pont de Lodi (10 mai 1796).

ADDA, établissement danois, dans la Haute-Guinée, état d'Adampi, côte d'Or ; sur le Volta ; pop. 3000 hab.

ADDÆA, g. a., v. de Mésopotamie, au-dessous du confluent de l'Euphrate et du Saocoras.

ADDEHEB ou **GIBBEL-ADDEHEB**, mont. d'Abyssinie.

ADDERGEY. *Voyez* WOGGARA.

AD DIANAM, g. a., station romaine, dans l'Arabie Pétrée, entre Ela et Elusa.

AD DIANAM ou **DIANA**, g. a., endroit de l'intérieur de la Numidie, à 11 l. N. de Lambesa et 14 l. E. de Nova-Petra, entre Theveste et Sitifi.

AD DIANAM, g. a., endroit de Numidie, entre Hippo Regius et Tabraca.

ADDIDA ou **ADIDA**, **ADDUS**, **HADID**, g. a., v. de Judée, dans le pays de Séphélah, tribu de Dan, sur la Méditerranée, au N.-O. d'Eleutheropolis, fondée par Simon Machabée.

ADDINA ou **ELMINA**, fort et comptoir des Hollandais, dans la Guinée, état de Fantin, côte d'Or, à 20 l. N.-E. du cap des Trois-Pointes.

ADDINGA, b. du roy. des Pays-Bas, dans la prov. et à 10 l. S. de Grœningue.

ADDINGHAM, b. d'Angleterre, comté d'York. On y fait du fil de laine ; 1700 hab.

ADDINGTON ou **LENOX**, contrée du Haut-Canada, dans l'Amérique septentrionale, entre le lac Ontario et la Grande-Rivière.

ADDINGTON, promontoire de la côte N.-O. de l'Amérique septentrionale, dans l'archipel du Prince de Galles.

ADDIR, v. d'Abyssinie, prov. d'Amhara, pays des Gallas.

ADDISON, comté des États-Unis d'Amérique, prov. de Vermont, baigné par le lac Champlain et beaucoup de fleuves, parmi lesquels l'Otterkrick est le plus considérable ; entrecoupé de montagnes avec des mines de fer, carrières de marbres et d'ardoise ; bons pâturages ; pop. 20,900 hab.

ADDISON, b. des États-Unis d'Amérique, prov. de Vermont, comté d'Addison, sur le lac Champlain ; pop. 1100 hab.

ADDISON, b. des États-Unis d'Amérique, prov. de Pensylvanie, comté de Sommerset ; pop. 700 hab.

ADDOUY, v. de l'Indoustan, état de Guykavar, à 19 l. E. de Bhoudj.

AD DRACONES, g. a., station romaine dans la Mauritanie césarienne, au S. de Cirta, entre Lamasba et Tadutti.

AD DRACONES, g. a., endroit de la petite Arménie, non loin d'Aza.

ADDUA, g. a., riv. de la Vindélicie.

AD DUODECIMUM, g. a., endroit dans l'île des Bataves (roy. de Hollande), entre Noviomagus et Lugdunum Batavorum.

ADÉ, vg. de Fr., dép. des Hautes-Pyrénées, arr. et à 4 l. N. d'Argelès, cant. et poste de Lourdes ; pop. 800 hab.

ADÉA, capitale d'un état d'Afrique, côte d'Ajan.

ADEBA, g. a., ville de l'Espagne tarragonaise, à l'embouchure de l'Ebre.

ADEBUHL, vg. de Suisse, cant. et à 3 l. N.-O. de Lucerne.

ADECHEM, vg. du roy. de Belgique, dans la Flandre occidentale, à 4 l. E. de Bruges ; pop. 2700 hab.

ADEGA, b. du Portugal, prov. de Beira, à 3 l. E. d'Aveiro.

ADEGRAT, v. *Voyez* GENATER.

ADEHADID, v. *Voyez* SERAI.

ADEILHAC ou **ADEILLAC**, ham. de Fr., dép. de la Haute-Garonne, arr. et à 8 l. S.-O. de Muret, cant. du Fousseret, poste de Martres ; pop. 80 hab.

ADEKULKUL, v. d'Abyssinie, non loin des sources du Wasie.

ADEL ou **ZEILA**, *Adelum regnum*, contrée maritime de l'Afrique orientale, qui s'étend sur l'Océan Indien, depuis l'Abyssinie jusqu'au delà du cap Guardafui ; habitée par les Somanlis, Arabes mahométans, qui font un commerce d'échange considérable de poudre d'or, de cire, de miel, de myrrhe, d'ivoire, de blé, d'esclaves et de bestiaux. On trouve dans cette contrée des brebis dont les queues pèsent jusqu'à 25 livres. Zeila et Berbera en sont les villes principales.

ADÉLAIDE (île d'), découverte par Biscoë le 15 février 1832, dans l'Océan Antarctique. Probablement elle est la plus occidentale d'un groupe d'îles, qui s'étend de l'E.-N.-E. vers l'O.-S.-O. lat. S. 67°, 1' long. O. 91°, 48'.

ADELANAB, tribu puissante des Arabes Schageia, dans la Nubie.

ADELANGE ou ÆDELINGEN, vg. de Fr., dép. de la Moselle, arr. et à 9 l. E. de Metz, cant. et poste de Faulquemont; pop. 460 hab.

ADELANS, vg. de Fr., dép. de la Haute-Saône, arr., cant., à 2 1/2 l. O. et poste de Lure; pop. 450 hab.

ADELBERG, vg. du roy. de Wurtemberg, cercle de l'Yaxt, à 2 l. S.-E. de Schorndorf; ancienne abbaye.

ADELBODEN, l'une des quatre paroisses du bailliage de Frutingen, dans le cant. de Berne, en Suisse. Son église, fondée, en 1433, par 56 paysans, est à 3990 pieds au-dessus du niveau de la mer, et compte actuellement 1274 paroissiens.

ADELBODEN, vg. de Suisse, dans le cant. de Berne, à 6 l. S. de Thun, dans une vallée remarquable par la beauté d'une cascade et des bains sulfureux.

ADELBORN, b. du roy. de Hanovre, prov. de Hildesheim, principauté de Gœttingue, à 3 l. de Duderstadt.

ADÈLE (île d'), sur la côte N.-O. de la Nouvelle-Hollande, près de la terre de Witt.

ADELEGG, pet. chaîne de mont. du roy. de Wurtemberg, cercle du Danube, entre les rivières d'Argen et d'Eschach. Sa plus grande hauteur est de 3100 pieds.

ADELEPSEN, b. du roy. de Hanovre, prov. de Hildesheim, principauté et à 3 l. N.-O. de Gœttingue, fabriques de toiles; culture de tabac et de lin; pop. 1500 hab.

ADELFORS, b. de Suède, prov. de Smaland, préfecture de Jœnkœping; dans ses environs se trouve la seule mine d'or du pays, découverte en 1737 et exploitée pour le compte du gouvernement, auquel elle rapporte peu. On y trouve aussi une mine de cuivre.

ADELHAUSEN, ancienne abbaye de Bénédictines, près de Fribourg en Brisgau, grand-duché de Bade, cercle du Haut-Rhin; détruite par les Français en 1677.

ADELHOLZEN, vg. du roy. de Bavière, dans le cercle de l'Isar, à 4 l. O. de Traunstein. Un château, des eaux thermales renommées et des mines de mercure, donnent de la considération à cet endroit, et les étrangers ne manquent pas d'y visiter une grande grotte remarquable qui se trouve dans ses environs.

ADELMANNSFELDEN, b. du roy. de Wurtemberg, dans le cercle de l'Yaxt, gr.-bailliage et à 3 l. N.-O. d'Aalen; filature de coton; fabriques de papier, de tamis et d'ouvrages en fer et en bois; pop. 1200 hab.

ADELNAU ou ODALANOW, cercle des états prussiens, dans la Prusse occidentale, rég. de Posen; pop. 43,000 hab.

ADELNAU, v. et chef-lieu du cercle de même nom, dans la Prusse occidentale, rég. et à 25 l. S.-E. de Posen, sur la Bartsch, non loin de la frontière de Silésie; belle église catholique; tanneries; pop. 1660 hab.

ADELOCUM ou AGELOCUM, g. a., endroit de la Grande-Bretagne, chez les Coritani, sur la route d'Eboracum à Londinium, à 5 l. de Lindum.

ADELPHI ou FRATELLY, quatre petites îles de l'Archipel grec, du groupe des Sporades septentrionales, nomos d'Eubée, roy. de Grèce, à l'E. de Scopelos.

DELSBERG, Pastoina, cercle des états autrichiens, roy. d'Illyrie, gouv. de Laybach, dans les Alpes juliennes. On appelait autrefois ce cercle la Carniole centrale. Il est fertile en blé et en fruits; mines de mercure, de marbre et de houille; cavernes remarquables; pop. 90,000 hab.

ADELSBERG, b. bien bâti et chef-lieu du cercle du même nom, dans le roy. d'Illyrie, gouv. et à 10 l. S.-O. de Laybach, et à 5 l. E.-N.-E. de Trieste, sur la Poigk; ruines du château d'Adlersbourg; on y élève beaucoup de chevaux. Cet endroit est connu par sa caverne, qui consiste en trois grottes formant autant d'étages et ornées de très-belles stalactites. A 3/4 de lieue plus loin on voit la belle caverne de Sainte-Marie-Madelaine, d'une longueur de 1200 pieds, avec de profonds abîmes, des ruisseaux, des lacs, des cascades, des ponts de rochers et des stalactites remarquables; pop. 1500 hab.

ADELSBERG, vg. du roy. de Bavière, dans le cercle du Bas-Mein, sur la rive droite de ce fleuve; avec un château; pop. 350 hab.

ADELSBERG, vg. du grand-duché de Bade, dans le cercle du Haut-Rhin, bailliage de Schönau; filatures de coton et fabriques de toiles de coton; pop. 200 hab.

ADELSDORF, vg. du roy. de Prusse, prov. de Silésie, rég. de Liegnitz.

ADELSDORF, b. du roy. de Bavière, dans le cercle du Haut-Mein, sur l'Aisch, à 10 l. S. de Bamberg; avec un château.

ADELSHEIM, district du grand-duché de Bade, dans le cercle du Bas-Rhin; pop. 15,000 hab.

ADELSHEIM, b. et chef-lieu du district du même nom, grand-duché de Bade, dans le cercle du Bas-Rhin, au confluent de la Kernau et du Seckbach; pop. 1500 hab.

ADELSHOFEN, b. du roy. de Bavière, dans le cercle de l'Isar, à 7 l. O. de Munich.

ADELSHOFEN, vg. du grand-duché de Bade, dans le cercle du Rhin-Moyen, sur la Kintzig, à 1 l. E.-S.-E. de Kehl; pop. 500 hab.

ADELSO, pet. île du roy. de Suède, dans le lac Mälar, à l'O. de celle de Munsö.

ADEMMIN ou ADOMMIN, g. a., vg. et montagne de Palestine, dans la tribu de Benjamin, à 3 l. de Jérusalem, sur la route de Béthanie au Jourdain; passage étroit et redouté par les voyageurs à cause des assassins qui l'infectaient.

ADEMUZ, pet. v. d'Espagne, dans le roy. et à 24 l. N.-O. de Valence, sur la rive droite du Guadalaviar; pop. 3500 hab.

ADEN ou **ADEM**, *Adana*, v. d'Arabie, dans la prov. du Yémen, sur le détroit de Bab-el-Mandeb et à l'extrémité d'un promontoire, au S. de Mocka. Quoique déchue de son ancienne splendeur et tombée en ruines, cette ville fait encore aujourd'hui un commerce assez considérable d'or, de gomme, de café, de myrrhe et d'aloë, que les Anglais viennent y chercher; pop. 6000 hab.

ADENARE, pet. île de l'archipel Indien, au S. de Célèbes.

ADENAU, cercle de la Prusse-Rhénane, prov. du Bas-Rhin, rég. de Coblence; pop. 20,000 hab.

ADENAU, b. et chef-lieu du cercle de même nom, dans la Prusse-Rhénane, prov. du Bas-Rhin, rég. et à 10 l. O. de Coblence, sur la riv. d'Adenau, dans l'Eifel; fabriques d'étoffes de fil et de coton; mines de fer et de plomb, avec affinages; tanneries; pop. 1500 hab.

ADENBOURG. *Voyez* ALDENBOURG.

ADENDROS, g. a., pet. île du golfe Saronique, à l'E. du promontoire Spiraeon.

ADENDUM, v. du roy. de Fez (Afrique), prov. de Temesna, sur l'Omnirabi.

AD ENSEM, g. a., endroit de l'Ombrie, au pied des Appenins, au S. de Callis.

ADER ou **EDER**, HARAD, HORME (*Tour du troupeau*), g. a., v. de la Palestine, au S. de la tribu de Juda, où Jacob dressa sa tente; à 1/2 l. de Bethléhem, à l'O. de la mer Morte.

ADER, v. de la Nigritie (Afrique), dans le pays des Fellatahs.

ADERBAIJAN ou ADIRBEITZAN, ADSCHERBIDSCHAN, ASERBEIDSCHAN, AZERBAIDSCHAN (*Terre de feu*), grande prov. de Perse, bornée au N. par l'Arménie russe, au S. par l'Irac-Adjémi, le Kurdistan et l'Irac-Arabi, à l'E. par la mer Caspienne et le Ghilan, et à l'O. par l'Arménie turque et le Kurdistan; surface, environ 4000 l. c. Quoique montagneuse et aride, elle renferme de grandes plaines et des vallées agréables; mines d'argent, de cuivre, de fer, de jaspe et de marbre blanc de peu de rapport, en général; sol fertile, surtout en vin; beaucoup de bestiaux et de bons chevaux; capitale Tauris; pop. 1,400,000 h.

ADERBAIJAN (lac d') ou ORMIAH, lac dans la prov. d'Aderbaijan, à quelques l. O. de Tauris. Ses eaux sont salées et bitumineuses; sur ses bords est située la ville d'Ormiah.

ADERBORN, pet. v. des états prussiens, prov. de Poméranie, rég. et à 3 l. N.-O. de Stettin.

ADERNO, *Adranum*, pet. v. de l'île de Sicile, intendance et à 7 l. N.-O. de Catane, dans une contrée charmante sur le Gabello, près de la base S.-O. de l'Etna.

ADERSBACH, vg. du roy. de Bohême, dans le cercle de Kœniggrätz, au pied des monts Sudètes et à 6 l. N.-O. de Braunou, avec un château. Célèbre pour son labyrinthe de rochers de grès, dont beaucoup ont une hauteur de 250 pieds; un ruisseau l'arrose et y forme une belle cascade de presque cent pieds de haut; mais ce qu'il y a de plus remarquable, c'est que l'écho y répète plusieurs fois les sons qu'on lui confie; pop. 1200 hab.

ADERVEILLE, ham. de Fr., dép. des Hautes-Pyrénées, arr. et à 12 l. S.-E. de Bagnères-en-Bigorre, cant. de Bordères, poste d'Arreau; carrières d'ardoises; pop. 200 hab.

ADES, g. a., v. de la Zeugitane (Afrique), sur une hauteur, non loin de Tunis.

ADESA, g. a., riv. de Lysie (Asie Mineure), non loin de Choma.

ADET, v. d'Abyssinie (Afrique), dans le roy. de Tigré.

AD FICUM, g. a., endroit de la Mauritanie césarienne, à 11 l. E. d'Igilgili.

AD GALLUM GALLINACUM, g. a., endroit de la Zeugitane, entre Carthage et Utique.

ADHÉMART, vg. de Fr., dép. de la Drôme, arr. de Montélimart, cant. et poste de Pierrelatte.

ADIABARÆ ou MEGABARI, MEGABRADI, g. a., peuple de l'Éthiopie au-dessus de l'Égypte, à l'O. de la mer d'Arabie.

ADIABAS, g. a., riv. d'Assyrie; selon les uns le Physcus, selon les autres le Caprus.

ADIABÈNE, g. a., principale prov. d'Assyrie, à l'E. du Tigre, entre le Lycus et le Caprus; habitants alliés des Parthes; sources de Naphte; capitale Arbèles.

ADIALTA, v. d'Abyssinie (Afrique), district de Dixan.

ADIAZZO ou AJAZZO, v. de la Turquie d'Asie, dans l'Anatolie, paschalik d'Adana, sur le golfe d'Alexandrette.

ADICHTA ou ADICHTCHI, b. de la Russie d'Europe, gouv. de Kostroma, dans le cercle de Kineschma; fabriques de papier; deux foires par an.

ADICONI, pet. port de la Colombie dans l'Amérique méridionale, prov. de Venezuela, sur la mer des Antilles.

ADIENUS, g. a., riv. de la Colchide, à 7 l. S. d'Athènes et à 9 l. de Trapezus.

ADIGE (l'), fl. des états autrichiens, qui prend sa source dans le Tyrol, à 3 l. S.-E. du bourg de Fünstermünz, non loin de la frontière du canton des Grisons, arrose Bolzano, Trente, Rovéredo, Legnano, Vérone, et se jette dans la mer Adriatique, près de Porto-Fossone, à 8 l. S. de Venise, après un cours d'environ 90 l. Elle est navigable de Trente à la mer et a, au-dessous de Vérone, une largeur de 300 à 500 pieds.

Son embouchure n'est séparée de celle du Pô que par une petite langue de terre; riche en saumons et en esturgeons.

ADILABAD, v. de l'Indoustan, dans la prov. de Khandesch, appartenant au Nizam, sur le Poumah, regardée par les Hindous comme une ville sacrée.

ADILLY, vg. de Fr., dép. des Deux-Sèvres, arr., cant., à 1 1/2 l. N.-O., et poste de Parthenay; pop. 320 hab.

ADINAGOR, v. de l'Afghanistan, sur le Kamsch, à 20 l. E. de Caboul.

ADINFER, vg. de Fr., dép. du Pas-de-Calais, arr., à 3 l. S.-S.-O., et poste d'Arras, cant. de Beaumetz-les-Loges; pop. 350 hab.

ADING, fl. de la Haute-Guinée, sur la côte d'Or.

ADINKARA, prov. de la Haute-Guinée, dans le pays des Achantis, côte d'Or.

AD INTERCISA ou **INTERCISA**, **PETRA PERTUSA**, g. a., lieu fortifié d'Ombrie, sur le Métaurus, non loin d'Urbinum, à 5 l. de Fanum Fortunæ.

ADIOULTA, v. d'Abyssinie, entre Dixan et Gondar.

ADISATHRI, g. a., peuple de l'Inde, presqu'île en deçà du Gange, entre les Poruari et les Soræ nomades, sur les bords du Gange et du Dschouma.

ADISATHRUS, g. a., chaîne de montagnes de la presqu'île en deçà du Gange, au S. de l'Indus; probablement les monts Gates ou Ghauts.

ADISSAN, vg. de Fr., dép. de l'Hérault, arr., à 6 l. N.-E. de Béziéres, cant. de Montagnac, poste de Pezénas; pop. 600 hab.

ADITHAIM, g. a., pet. v. de Palestine, dans la tribu de Juda.

ADJA ou **ACCRA**, pet. état et v. de la Haute-Guinée, côte d'Or, sur la côte de Fantin, où les Anglais et les Hollandais ont des établissements.

ADJODIN, pet. v. de l'Afghanistan, célèbre pélérinage, à 28 l. S.-O. de Lahor.

ADJOTS (les), vg. de Fr., dép. de la Charente, arr., cant., à 2 l. N., et poste de Ruffec. Mines de fer; culture de marronniers; pop. 900 hab.

ADJOUMBA, roy. de la Haute-Guinée, à l'embouchure de l'Assazie; capitale du même nom.

ADJURIE, île de la mer Rouge, sur les côtes de l'Abyssinie.

ADJUTORY (Saint-), vg. de Fr., dép. de la Charente, arr., à 8 l. S. de Confolens, cant. de Montembœuf; poste de Larochefoucauld; pop. 800 hab.

ADJYGHUR, pet. forteresse de l'Indoustan, dans la prov. d'Allahabad.

AD LABORES ou **CIBALÆ**, **CIBALIS**, g. a., v. de la Basse-Pannonie, entre Ulmi et Mursa; Constantin-le-Grand y défit Licinius (314 après J.-C.).

AD LACUM REGIUM, g.a., endroit de la Numidie massylienne, à 7 l. O. d'Ad Rotam, et à autant de l. E. de Cirta.

ADLER, riv. des états autrichiens, dans le roy. de Bohême, qui prend sa source dans les Sudètes et se jette dans l'Elbe près de Kœniggrætz.

ADLERBERG, mont. d'Autriche, dans le gouv. de la Haute-Autriche, cercle de Salzbourg; mines de cuivre.

ADLERBERG ou **ARLBERG**, chaîne de montagnes, entre l'Iller et l'Inn, qui sépare la Bavière du Tyrol. On la franchit sur une belle chaussée construite de 1786 à 87; belles forêts de pin.

ADLERSBERG (l'), *Aquila montium*, un des sommets les plus élevés de la forêt de Thuringe, à 2 1/2 l. de Suhl, dans le duché prussien de Saxe, rég. d'Erfurt.

ADLIGENSCHWYL, vg. paroiss. de Suisse, dans la juridiction de Neu-Habsbourg, bge et cant. de Lucerne. On remarque dans son église un tableau représentant le Sauveur sur la montagne des Oliviers, par Moos; pop. 450 hab.

ADLIKON, nom de deux villages de Suisse, dans le cant. de Zurich; l'un dans la paroisse de Regenstorf et le bailliage de Regensperg, l'autre dans la paroisse et le bailliage d'Andelfingen.

AD LUNAM, g. a., endroit de la Rhétie, sur le Danube, vis-à-vis d'Ehingen, roy. de Wurtemberg, cercle du Danube.

AD MAJORES, g. a., endroit de la Byzacène, aux environs d'Adrumetum.

AD MARTEM ou **STATIO MARTIS**, g. a., endroit de la Gaule cisalpine, non loin de Secusio.

AD MEDERA ou **ADMEDERA**, **AMMÆDARA**, g. a., colonie romaine de la Numidie massylienne, à 11 l. O. d'Altieuri et à 8 l. de Theveste, dans la direction de Cirta; depuis siége épiscopal.

AD MERCURIUM ou **AD MERCURII** (*Oppidum*), g. a., endroit de l'intérieur de la Mauritanie tingitane, à 4 l. N. d'Ad Novas, et à 6 l. S. de Tingis.

ADMONT, *Ad Montes*, pet. v. de la Haute-Styrie, en Autriche, dans le cercle et à 7 l. N. de Judenbourg, sur l'Ens; entourée de hautes montagnes; célèbre abbaye de Bénédictins, avec une belle bibliothèque et un cabinet d'histoire naturelle; gymnase; haras; mines de fer; fabrique de faux et de salpêtre; caverne remarquable. Aux environs se trouvent les châteaux de Rœthelstein et de Kaiserau; pop. 900 hab.

AD MURES ou **AD MUROS**, **MUROCINCTA**, g. a., endroit de la Basse-Pannonie, non loin de Bregetio. On y remarque une maison de campagne de l'empereur Valentinien I et de son épouse Justine.

AD NOVAS ou **NOVÆ**, g. a., lieu de la Haute-Mœsie, aux environs de Routschouck, sur le Danube.

AD NOVAS ou **NOVÆ**, g. a., lieu de la Basse-Mœsie, non loin de Securisca.

AD NOVAS, g. a., station romaine, dans l'intérieur de la Mauritanie tingitane, à 11 l.

N. d'Oppidum Novum, et 4 l. S. d'Ad Mercurium.

ADOLFSECK ou **ADOLPHSECK**, nommé aussi LA FAISANDERIE, château de plaisance aux environs de Fulde, dans la prov. de Fulde, électorat de Hesse; avec un beau jardin.

ADOLFSECK ou **ADOLPHSECK**, vg. du duché de Nassau, bailliage de Langenschwalbach, dans une belle vallée, arrosée par l'Aar, avec un château en ruines; pop. 150 hab.

ADOLFSLUST ou **ADOLPHSLUST**, château de plaisance, dans le grand-duché de Mecklenbourg-Strélitz, non loin de Strélitz.

ADOLINS ou **ADOULINS**, ham. de Fr., dép. du Gers, arr., à 5 l. E.-S.-E. de Mirande, cant. et poste de Masseube, com. de Bellegarde-Adoulins; pop. 160 hab.

AD OLIVAM, g. a., endroit dans l'intérieur de la Mauritanie césarienne, à 10 l. S.-E. de Saldæ, du côté d'Igilgilis.

ADOLLAM ou **ADULLAM**, **ODOLLAM**, g. a., v. de Palestine, tribu de Juda, dans la plaine. Elle fut fortifiée par Roboam.

ADOLZFURLH, b. du roy. de Wurtemberg, dans le cercle de l'Yaxt, gr.-bailliage et à 1 l. S.-O. d'OEhringen, sur la Brettach. martinets à cuivre; pop. 580 hab.

ADOLZFURT, vg. parois. du Wurtemberg, dans le cercle de l'Yaxt, gr.-bailliage d'OEhringen, est situé sur la Brettach. Forges; moulins à poudre; pop. 580 hab.

ADOLZHAUSEN, vg. parois. du Wurtemberg, dans le cercle de l'Yaxt, gr.-bailliage de Mergentheim; pop. 380 hab.

ADOM ou **ADON**, pet. rép. de Nègres, dans l'intérieur de la Haute-Guinée, sur la côte d'Or, le long du fleuve Sama jusqu'à celui d'Ankobar; pays très-riche; mines d'or.

ADOMÉNIL, ham. de Fr., dép. de la Meurthe, arr. et poste de Lunéville, cant. de Gerbéviller, com. de Rehainviller; pop. 30 hab.

ADOMPT, ham. de Fr., dép. des Vosges, arr., à 2 1/2 l. S.-S.-E. de Mirecourt, cant. et poste de Bompaire, com. de Gelvécourt; pop. 250 hab.

ADON, vg. de Fr., dép. des Ardennes, arr., à 4 l. N. de Rhétel, cant. et poste de Chaumont-Porcien; pop. 250 hab.

ADON, vg. de Fr., dép. du Loiret, arr., à 4 l. N.-E. de Gien, cant. de Briare, poste de Châtillon-sur-Loing; pop. 430 hab.

ADONI, v. de l'Indoustan, dans l'état de Mysore, à 30 l. N.-E. de Chitteldroug, et à 80 l. N.-O. de Madras; sous la domination anglaise.

ADOPISSUS, g. a., v. de la Lycaonie, dans l'Asie-Mineure.

ADOR ou **ADON**, g. a., château fort, dans l'Arménie, sur l'Euphrate.

ADORA ou **ADORAIM**, g. a., v. au S. de la tribu de Juda, occupée du temps de Flavien-Joseph par les Édomites.

ADOREUS MONS, g. a., mont. de la Galatie, à 150 stades de Pessinus; source du Sangarius.

ADORF ou **ADERF**, **ANDORF**, b. du roy. de Saxe, dans le cercle du Voigtland, sur l'Elster, à 2 l. S. de Voigtsberg, dans une contrée sauvage, mais riche en bois. Fabriques d'étoffes de laine, de coton et d'instruments de musique; pop. 2500 hab.

ADORF, vg. d'Allemagne, dans la principauté de Waldeck, dist. de l'Eisenberg, à 3 l. N. de Corbach; mines et forges de fer et de cuivre; carrières d'ardoises; pop. 900 hab.

ADORNO, pet. v. du roy. de Sardaigne, dans la principauté de Piémont, non loin de la frontière du duché de Gênes.

AD ORONTEM, g. a., endroit de Syrie, au S. d'Apamée.

ADORSI ou **AORSI**, **UTIDORSI**, g. a., peuple de la Sarmatie asiatique, sur la côte N.-O. de la mer Caspienne, au S.-E. du Tanaïs; leur roi Spidane fut l'allié de Mithridate, roi du Pont, auquel il fournit des troupes auxiliaires.

ADOU (l'), riv. de Fr., qui prend sa source dans le dép. du Tarn, cant. de Vabre; il passe à Montdragon, Graulhet, et se joint à l'Agont, au dessous de Lavaur, après un cours de 15 l.

ADOU ou **ADU**, **CANDU**, groupe de douze petites îles inhabitées de l'Océan Indien, au S.-O. des Maldives, découverte par le navigateur français Moreau.

ADOUR (l'), *Aturis*, *Aturus*, riv. de Fr., dép. des Hautes-Pyrénées, prend sa source dans les Pyrénées, au col du Tourmalet, à 2 l. E. de Barrèges, à une hauteur de 5940 pieds, arrose la belle vallée de Campan, Bagnères, où elle forme une cascade de 100 pieds de haut, Tarbes, Aire, Grenade, St.-Sever, où elle devient navigable, Dax et Bayonne, où, après un cours de 55 l., elle se jette dans l'Océan Atlantique par le Boucant-Neuf, canal ouvert en 1579 par Louis de Foix. Ses principaux affluents sur la rive droite sont la Midouze et l'Arros, et sur la rive opposée toutes les eaux qui descendent des Pyrénées et qui forment le Gave de Pau avec celui d'Oléron, la Bidouze, la Nive, etc. Elle sert au transport des productions du pays, tels que vins, eaux-de-vie, grains, goudrons, bois, etc.

ADOUR, nom de deux autres rivières de ce nom, dans la ci-devant Gascogne: l'Adour de la Suède et l'Adour de Baudean, qui se jettent dans le grand Adour.

ADOWA, v. très-commerçante d'Abyssinie, dans le Tigré proprement dit, à 10 l. E. d'Axum; centre commercial de tout le pays, située à l'E. du Tacazzé. Fabriques considérables d'étoffes de coton et de parchemin; marché d'esclaves et commerce d'or; pop. 10,000 hab.

AD PACTAS (**TABERNAS**), **AD PICTAS**, g. a., endroit du Latium, à 3 l. d'Ad Quintanas.

AD PALATIUM, g. a., endroit de Rhétie, non loin de Rovérédo.

AD PALMAM, g. a., endroit dans l'intérieur de la Byzacène, près de Capsa.

AD PERTUSA ou **PERTUSA**, g. a., v. de la Zeugitanie, à 2 l. E. d'Unuca et à 5 l. O. de Carthage.

AD PONTEM, g. a., v. des Coritani, dans la Grande-Bretagne, à 2 l. de Margidunum, aujourd'hui Bever-Castle.

AD QUINTANAS, g. a., lieu du Latium, sur la voie Lavicaine, à 5 l. de Rome, non loin de Labicum et d'Ad Pactas.

ADRA, g. a., endroit dans la Liburnie.

ADRA, *Abdara*, pet. v. d'Espagne, dans l'Andalousie, roy. et à 18 l. S. S.-E. de Grenade, sur la Méditerranée, avec un château très-fort. On y cultive la canne à sucre; eaux minérales.

ADRADA, pet. v. d'Espagne, dans le roy. de la Vieille-Castille, prov. et à 15 l. N.-E. de Ségovie, sur la Riaza.

ADRAGIANAS, g. a., v. de la Grande-Médie, près de Concobar.

ADRAGNE, pet. v. de l'île de Sicile, intendance de Trapani, à 8 l. E. de Mazzara.

ADRAISTÆ, g. a., peuple de l'Inde, dans la presqu'île en deçà du Gange, avec la ville de Pimprama.

ADRAMITÆ ou **ATRAMITÆ**, CHATRAMITÆ, CHATRAMOTITÆ, g. a., peuple de l'Arabie Heureuse, sur la côte mér. de la mer Rouge, dans le pays d'Hadramant d'aujourd'hui. Il était une branche des Sabæi.

ADRAMYTTENA ou **ADRAMYTTENUS**, HELLESPONTIA DIOECESIS, g. a., pet. contrée de l'Asie Mineure, qui contenait une partie de la Mysie et des côtes de l'Hellespont.

ADRAPSA ou **DARAPSA**, DRAPSACA, g. a., v. de la Bactriane, près de Bactra.

ADRARA, b. du roy. Lombard-Vénitien, gouv. de Lombardie, prov. et à 5 l. E. de Bergame; éducation de vers à soie; mines de fer; carrières de marbre, d'albâtre; argile plastique; plantes médicinales. Foire de bestiaux et de draps le 11 novembre de chaque année.

ADRASTEA ou **AGER**, REGIO PARIANORUM, *Adrasteæ campus*, g. a., pet. contrée de la Petite-Mysie, bornée au N. par la Propontide, à l'O. par l'Hellespont; avec les villes d'Adrastea, de Parium et de Priapus.

ADRASTEA, g. a., v. de la Petite-Mysie, sur la Propontide, au N.-E. de Lampsaque.

ADRASTEA, g. a., source dans le Péloponèse.

ADREAT, b. de Syrie, paschalik et à 20 l. S. S.-O. de Damas. Culture considérable de soude.

AD REGIAS, g. a., lieu de la Mauritanie césarienne, sur la route de Mallana à Calania.

ADREICH (l'), ham. de Fr., dép. du Var, arr. de Draguignan, cant. et poste d'Aups, com. de Vérignon; pop. 10 hab.

ADRESCHS (les), ham. de Fr., dép. du Var, arr. de Draguignan, cant. et poste de Fayence, com. de Montauroux; pop. 200 hab.

ADRESSE (Sainte-), vg. de Fr., dép. de la Seine-Inférieure, arr., à 1 l. N.-O. et poste du Hâvre, cant. d'Ingouville; pop. 800 hab.

ADRETS (les), vg. de Fr., dép. de l'Isère, arr., à 5 1/2 l. N.-E. de Grenoble, cant. et poste de Goncelin; célèbre par le baron de ce nom, chef des protestants au seizième siècle. On y trouve une mine d'excellente houille, dont une grande quantité est transportée par eau à Toulon; pop. 900 hab.

ADRIX ou **HADRIA**, v. du roy. Lombard-Vénitien, dans l'Italie autrichienne, gouv. de Venise, prov. de Polésine, sur le Tartaro et le canal de Bianco, qui y forme une île, entre l'embouchure du Pô et celle de l'Adige, dans une contrée marécageuse et malsaine. Autrefois baignée des eaux de la mer, à laquelle elle a donné son nom, elle en est aujourd'hui éloignée de plus de deux lieues; à 5 1/2 l. E. de Rovigo et 11 l. S.-O. de Venise; antiquités romaines; commerce de bestiaux, de soie, de lin, de cuirs et de fayence; pop. 10,000 hab.

ADRIAMPATAM, v. de l'Indoustan, présidence de Madras, sur l'Océan Indien, à 15 l. E. de Tanjaour.

ADRIATIQUE (mer), grand golfe de la Méditerranée, qui baigne au N. le roy. Lombard-Vénitien et le roy. d'Illyrie, à l'E. l'Illyrie, la Croatie, la Dalmatie et la Turquie d'Europe, dans la prov. d'Albanie, à l'O. et au S.-O. toute la côte orient. de l'Italie, depuis Venise jusqu'au cap Sancta-Maria-di-Leuca dans le roy. Lombard-Vénitien, les états de l'Église et le roy. de Naples. Sa longueur de S.-E. vers le N.-O. est de 200 l., et sa plus grande largeur entre Ortona et Mare, dans l'Abruzze citérieure, roy. de Naples, et l'entrée du golfe de Cattaro, en Dalmatie, est d'environ 80 l., tandis que la moyenne n'en a que de 35 à 40. Elle a une superficie de presque 4000 l. c. géographiques. Les côtes de l'Italie sont basses, couvertes de bas-fonds et malsaines, celles de la Dalmatie, au contraire, sont abruptes et hérissées de rochers, qui forment de nombreuses îles et promontoires. Sa profondeur, qui, vers l'E., est en quelques endroits de 470 brasses, offre une navigation d'autant plus sûre, qu'elle n'a ni tempêtes ni bancs de sable. On lui donne ordinairement aussi le nom de golfe de Venise, quoique ce nom ne convienne qu'au golfe qu'elle forme au N.-O.; à l'O. elle forme le golfe de Manfrédonia, et au N.-E. et à l'E. ceux de Trieste, de Tinma ou de Quarnaro, de Cattaro et du Drin. Il est aussi à remarquer que ses eaux sont plus salées que celles de l'Océan.

ADRIBE, *Crocodilopolis*, b. de la Haute-Égypte, à l'O. du Nil et S. du lac de Birket-al-Garum, autrefois Mœris lacus. Ce bourg est bâti sur les ruines de l'ancienne Arsinoe où se trouva le temple du Crocodile, divinité égyptienne.

ADRIEN (Saint-), pet. v. du roy. de Belgique, dans la prov. de la Flandre orientale, a 4 l. S.-E. de Gand.

ADRIEN (Saint-), vg. de Fr., dép. des Côtes-du-Nord, arr. de Guingamp, poste de Plésidy, cant. de Bourbriac; pop. 800 hab.

ADRIEN (Saint-), ham. de Fr., dép. du Finistère, arr. et poste de Quimper, cant. et com. de Briec; pop. 40 hab.

ADRIEN (Saint-), ham. de Fr., dép. de la Seine-Inférieure, arr. et poste de Rouen, cant. de Boos, com. de Belbeuf; pop. 200 hab.

ADRIEN-LES-ANTHIEUX (Saint-), vg. de Fr., dép. de la Seine-Inférieure, arr., à 2 1/2 l. N. et poste de Rouen, cant. de Clères; pop. 100 hab.

ADRIERS, b. de Fr., dép. de la Vienne, arr., à 5 l. S. S.-O. de Montmorillon, cant. et poste de l'Isle-Jourdain; pop. 1500 hab.

ADRIS ou HYDRAOTES, HYRAOTIS, g. a., fl. de l'Inde.

ADRISANS, ham. de Fr., dép. du Doubs, arr. et poste de Baume-les-Dames, cant. de Rougemont, com. de Cuse; pop. 200 hab.

ADRIUS MONS ou ARDIUS, g. a., mont. d'Illyrie et de Dalmatie.

ADROIT (l'), vg. de Fr., dép. des Hautes-Alpes, arr. de Briançon, cant. d'Aiguilles, com. et poste d'Abriès; pop. 650 hab.

ADROIT (l'), ham. de Fr., dép. des Hautes-Alpes, arr. d'Embrun, cant. de Guillestre, com. de St.-Crépin, poste de Mont-Dauphin; pop. 120 hab.

AD ROTAM, g. a., lieu dans l'intérieur de la Numidie massylienne, à 10 l. O. de Tamugadi, et à 6 1/2 l. d'Ad Lacum Regium.

ADRU, g. a., v. de l'Arabie Pétrée, au N.-E. du Sinus Ælanites.

AD RUBRAS, g. a., lieu dans l'intérieur de la Mauritanie césarienne, sur la route de Malliana à Calama.

AD SALSUM FLUMEN, g. a., lieu dans la Mauritanie césarienne, à 4 l. E. de Camarata, et à 8 l. O. d'Ad Crispas, sur la route de Siga à Cartennæ.

AD SAXA MUNICIPIUM, g. a., lieu de l'intérieur de la Mauritanie césarienne, entre les rivières d'Ampsaga et de Gulus, à 8 l. O. d'Ad Olivam, et à 8 l. E. de Sitifi.

ADSCHA ou ATSCHA, une des îles Aleutiennes. *Voyez* ce mot.

ADSCHALIK (le grand et le petit), deux riv. de la Russie d'Europe, gouv. de Cherson.

ADSCHAN ou AJAN (*côte des Sowaulis*), pays maritime de l'Afrique orientale, depuis le cap Guardafui jusqu'au fleuve Quilimanci; sablonneux, plat et infertile; habité par des mahométans, qui descendent d'Arabes et par des indigènes païens. Les petits états qu'on y trouve sont gouvernés par des princes arabes.

ADSCHERCHERBA, v. de l'état de Passaman, sur la côte occ. de l'île de Sumatra; comptoir hollandais.

ADSCHIAN, v. de la Petite-Bucharie, dans l'empire chinois, principauté et à 55 l. O. de Kaschgar.

AD SEPTEM AQUAS ou SEPTEM AQUÆ, g. a., lieu du pays des Sabins, non loin de Reate.

AD SEPTEM ARAS ou SEPTEM FRATRES, g. a., v. de Lusitanie, à 2 1/2 l. d'Olisippo.

AD SEPTEM FRATRES ou SEPTEM FRATRES, g. a., mont. à l'extrémité sept. de la Mauritanie tingitane, là où le Fretum Gaditanum a le moins de largeur. On les nomme aujourd'hui les montagnes des Singes.

AD SEPTEM MARIA ou SEPTEM MARIA, g. a., les lagunes et les canaux à l'embouchure du Pô.

AD SEPTEM MARIA ou SEPTEM MARIA, g. a., lieu de la Gaule cisalpine, à 2 l. d'Adria.

AD SEX INSULAS, g. a., lieu de la Mauritanie tingitane, à l'E. de Tingis, entre Abyla et Rusadir.

AD SEXTUM, g. a., endroit d'Étrurie, non loin de Rome, au-dessous de Cremera.

AD STOMA, g. a., endroit de la Basse-Mœsie, près duquel le Danube se divise en plusieurs bras, à 8 l. de Salsovia.

AD TRES INSULAS, g. a., endroit de la Mauritanie tingitane, à l'O. de la riv. de Malva.

AD TRICESIMUM ou TRICENSIUM (*Lapidem milliarium*), g. a., station romaine de la Gaule cisalpine, région Transpadane, entre Aquiléja et Julium Carnicum, sur la route d'Aquiléja à Veldidena.

AD TOPÆA ou TROPÆA, g. a., endroit dans le pays des Bruttii, dans la Grande-Grèce, non loin du Portus Herculis.

AD TURRES, g. a., lieu d'Étrurie, entre Alsium et Pyrgi.

AD TURRES, g. a., lieu de Dalmatie, entre Naro et Epidaurus.

ADUATICI ou ATUATICI, g. a., peuple de la Gaule belgique, issu des Cimbres et des Teutons, entre l'Escaut et la Meuse, dans les prov. de Liége et de Namur, du roy. de Belgique; rois-prêtres de Neptune. Il fut compté dans la suite au nombre des Tungri.

ADULA ou VOGELBERG, groupe de mont. de la Suisse. C'est la partie de la chaîne des Alpes qui se prolonge, à l'E. du formidable St.-Gothard, vers le Muschelhorn et le St.-Bernardin, et qui renferme les sources du Rhin, du Tessin et de la Reuss. Elle borne au S. la vallée de Rheinwald, dans le canton des Grisons. Ses points culminants sont : le Vogelberg de 4890 mètres, le Muschelhorn de 4575 mètres, et l'Avicula de 4860 mètres au-dessus du niveau de la Méditerranée.

ADULITÆ, g. a., peuple sur la côte orient. d'Afrique, sur le golfe Arabique, séparé des Adulites par le détroit de Bab-el-Mandeb.

ADULITES, g. a., peuple d'Afrique, au S.-E. des Adulitæ, sur la côte d'Adel.

ADUMMIN ou **ADAMMIN**, g. a., b. et mont. de la Palestine méridionale, dans la tribu de Benjamin, entre Jérusalem et Jéricho.

ADUNICATES, g. a., peuple de la Gaule narbonnaise.

AD URBANAS, g. a., colonie romaine, entre Capoue et Sinuesse, conduite par Scipion.

ADURKANA, v. de la Tartarie indépendante, sur le Sir ou Gihon, à 70 l. E. de Samarkand.

ADUVICH, pet. v. d'Égypte, sur la rive droite du Nil, à 2 l. S. du Caire.

ADUWA, v. de la Haute-Guinée, sur la côte d'Or, à 20 l. N. de l'embouchure de l'Ancobra.

ADVENTURE (îles de l'), groupe d'îles, dans l'archipel des îles Basses, découvertes par Cook en 1773. Lat. S. 7′ 4″, long. O. 132′ 59″.

ADVENTURE-BAY, grande baie de l'Océanie, sur la côte orient. de l'île de Bruny, près de la terre de Van-Diémen.

AD VICESIMUM, g. a., endroit de la Grande-Grèce, sur le golfe de Tarente, entre Siris et Sybaris.

AD VICESIMUM, g. a., endroit d'Étrurie non loin des monts Soracte, du côté de Rome.

AD VICTORIALAS, g. a., endroit sur la voie Émilienne, dans la Gaule cispadane, non loin de Scultenna, à 1 l. de Mutina.

AD VIGESIMUM, g. a., endroit de la Gaule narbonnaise, entre Narbo Martius et Salsulæ.

ADYRMACHIDÆ, g. a., peuple sur la côte de la Marmarique; plus tard il s'établit dans le nomos Libyæ, près de Catabathmus Magnus.

ADZANETA, pet. v. d'Espagne, dans le roy. de Valence, à 10 l. S. O. de Peniscola.

ADZEL ou **GOUJENE**, v. de la Russie d'Europe, gouv. de Livonie, à 8 l. S.-O. de Dorpat et à 28 l. N.-O. de Riga.

ADZIUD ou **ASCHUD**, **ADSCHUD**, pet. v. de la Turquie d'Europe, principauté de Moldavie, au confluent de la Totrusch et du Szireth, à 28 l. S. de Jassy.

ÆA ou **ÆAPOLIS**, g. a., v. de la Colchide, fondée par Sésostris, natif d'Égypte, à l'embouchure du Phase et à 5 l. du Pont-Euxin; célèbre par les aventures de Jason, des Argonautes, de Médée et de Circé, dont les deux dernières doivent y avoir vu le jour. Non loin de là, la toison d'or doit avoir été attachée au milieu d'un bois sacré.

ÆAEA INSULA, g. a., île du Pont-Euxin, à l'embouchure du Phase, demeure de Circé, sœur d'Aéte, roi de Colchide. Homère a probablement voulu désigner par cette île tout le promontoire de Circé, presque tout à fait entouré des eaux de la mer.

ÆAEA ou **ÆAEE**, g. a., île de la mer de Toscane, appartenant aux Volsques et située sur la côte du Latium; Circé y séjourna, après avoir quitté la Colchide. Elle tient aujourd'hui au continent, mais environnée des marais Pontins.

ÆANEUM, g. a., bois sacré de la Locride, près de la ville d'Opus.

ÆANIS, g. a., source dans la Locride.

ÆANTION, g. a., île de la mer d'Égée, entre Samothrace et la Chersonèse de Thrace.

ÆANTIS, g. a., district de l'Attique.

ÆANTIUM, g. a., lieu de la Troade, sur le Bosphore de Thrace, au N.-O. de Rhœteum; tombeau d'Ajax.

ÆANTIUM, g. a., endroit et promontoire de la Pelasgiotide, à l'entrée du Sinus Pelasgicus, vis-à-vis de Thèbes.

ÆANTIUM, g. a., montagne de la Thébaïde, sur le golfe Arabique.

ÆANTIUM PROMONTORIUM, g. a., cap dans la Magnésie.

ÆAPOLIS. *Voyez* ÆA.

ÆAPOLIS ou **THIAPOLIS**, g. a., v. de la Colchide, entre les rivières de Cyancus et Charistus.

ÆAS, g. a., mont. d'Égypte, sur la côte du golfe Arabique, entre Philoteræ Portus et Albus Portus.

ÆBELOE, pet. île de la mer Baltique, au N. de l'île de Fionie; elle appartient au roi de Danemark.

ÆBURA, g. a., v. de l'Espagne tarragonaise, non loin de Toletum et d'Hippo.

ÆDDELFORS. *Voyez* ADELFORS.

ÆDELINGEN. *Voyez* ADELANGE.

AEDONIA ou **AEDONIS**, g. a., île sur la côte de la Marmarique, près de Paliurus, vis-à-vis de l'île de Crète.

ÆDUI ou **EDUI**, **HEDUI**, appelés aussi **FRATRES ROMANORUM**, g. a., peuple de la Gaule lyonnaise (celtique), entre la Loire et la Saône (dép. de la Côte-d'Or, de la Nièvre, de Saône-et-Loire et de l'Yonne, de la Bourgogne et du Nivernais).

ÆGA, g. a., riv. de la Phocide, qui se jette dans le golfe de Corinthe.

ÆGA, g. a., promontoire de l'Éolide, près de l'embouchure du Caïcus, vis-à-vis de Lesbos.

ÆGA ou **ÆGÆ**, g. a., v. de l'Achaïe proprement dite, à l'embouchure du Crathis, dans le golfe de Corinthe, près d'Ægira, avec un temple de Neptune.

ÆGÆ, g. a., v. sur la côte occ. de l'île d'Eubée, au N. de Chalcis, à l'opposite d'Anthédon, en Béotie.

ÆGÆ, g. a. *Voyez* ÆGA.

ÆGÆ ou **ÆGEÆ**, **ÆGÆÆ**, g. a., v. de la Cilicie proprement dite, vers l'embouchure du Pyrame, dans le golfe d'Issus, à l'O-N.-O. d'Issus, avec un temple où Esculape reçut des honneurs particuliers.

ÆGÆ ou **ÆGÆÆ**, g. a., v. de l'Éolide, sur le golfe et au S.-O. de la ville de Cuma.

ÆGÆA, g. a., v. de la Mauritanie césarienne, entre Vescether et Taruda, au S. de Sitifi.

ÆGÆÆ, g. a. *Voyez* ÆGÆ (en Cilicie).

ÆGÆÆ, g. a. *Voyez* ÆGÆ (en Éolide).

ÆGALEON, g. a., mont. de Messénie, au pied de laquelle était située la ville de Pylus.

ÆGALEON ou **ÆGALEOS, AIGIALEUS**, g. a., mont. de l'Attique, à l'opposite de l'île de Salamine.

ÆGAN, g. a., *Voyez* CANA.

ÆGARA, g. a., v. sur les frontières de l'Éolide et de la Lydie, à l'E. de Cyme.

ÆGEIS, g. a., district de l'Attique, avec 16 communes.

ÆGERI ou **EGERI** (Haut-), *Aquæ Regiæ*, vg. parois. de Suisse, dans le cant. de Zug, au N. du lac d'Ægeri, à 2460 pieds au-dessus de la mer; pop. 1300 hab.

ÆGERI (Bas-) ou **WYL-ÆGERI**, vg. parois. de Suisse, dans le cant. de Zug, à 1/2 l. N.-O. de Haut-Ægeri, sur le bord sept. du lac d'Ægeri, à l'endroit où ce lac donne naissance à la Lorze; pop. 1220 hab.

ÆGERI, *Egerius Lacus*, lac de Suisse, dans le cant. de Zug; ce lac qui a environ cinq quarts de lieues de longueur sur une demi-lieue de largeur, est très-poissonneux; il est à 2210 pieds au-dessus du niveau de la mer et à 260 pieds de profondeur.

ÆGERTEN, district domanial de Suisse, composé d'un grand nombre de maisons éparses, dans le cant. de Berne, bge d'Obersimmenthal. C'est une des contrées de la Suisse où la nature déploie le plus de majesté; pop. 500 hab.

ÆGERTLI, pet. vg. de Suisse, dans le cant. de Zurich, bge de Wædenschweil, paroisse de Thalweil. Les habitants sont laborieux et joignent à l'agriculture la fabrication d'étoffes de soie.

ÆGIÆ ou **AUGEÆ**, g. a., lieu sur la côte de la Laconie, à 30 stades E. de Gythion et à égale distance S.-O. de Croceæ, non loin d'un petit lac consacré à Neptune.

ÆGIALI ou **ÆGIALON, AIGIALON, ÆGIALOS, AIGIALOS**, g. a., pet. v. de Paphlagonie, dans le pays des Meneli, sur la côte du Pont-Euxin, au S.-O. de Carambis.

ÆGIALIA, g. a., île sur la côte de l'Étolie.

ÆGIALON ou **ÆGIALOS**. *Voyez* ÆGIALI.

ÆGIALUS, g. a., mont. de l'Attique.

ÆGIDII (Saint-), b. des états autrichiens, dans l'archiduché d'Autriche, gouv. de la Basse-Autriche, cer. au-dessus du Wienerwald, à 9 l. de St.-Pötten; forges importantes, fabriques de fer et d'acier.

ÆGILA, g. a., b. de la Laconie, avec un temple de Cérès. Aristomène en fut chassé par des femmes qu'il avait surprises dans leurs jeux.

ÆGILIA, g. a., dist. de l'Attique, à l'opposite de l'île de Salamine.

ÆGINA, g. a., v. de l'île d'Égine.

ÆGINETES ou **AIGINETIS**, g. a., v. et riv. sur la côte de Paphlagonie, au S.-E. de Carambis.

ÆGINIUM, g. a., v. de la Thessalie, au pied de Tymphæi Montes, sur les frontières de l'Épire.

ÆGIPANS, g. a., habitants des montagnes, vêtus de peaux de chèvres, et supposés en avoir les pieds.

ÆGIRA, g. a., port de mer dans l'Achaïe proprement dite, à 1 1/2 l. de la ville du même nom.

ÆGIROËSSA, g. a., v. de l'Éolide.

ÆGIROS, g. a., v. de l'île de Lesbos, entre Mytilène et Méthymne.

ÆGISTENA ou **ÆGOSTHENA**, g. a., v. de la Mégaride, au N.-O. de Mégare, et au N.-E. de Pagæ.

ÆGITHALLUM ou **ÆGITHARSUM**, g. a., promontoire et château fort de l'île de Sicile, entre Motye et Drapanum.

ÆGITIUM, g. a, v. de l'Étolie, à 70 stades de la mer.

ÆGONES, g. a., peuple de la Gaule cispadane, sur la côte de la mer Adriatique.

ÆGOS ou **AIGOS-POTAMOS, CAPRÆ FLUMINA**, g. a., endroit et riv. de la Chersonèse de Thrace, où Lysandre, général des Lacédémoniens, remporta une victoire sur les Athéniens, commandés par Conon, 405 ans avant J.-C.

ÆGOSTHENA, g. a. *Voyez* ÆGISTENA.

ÆGUSA, g. a., île de la Méditerranée, à l'E. de l'Afrique proprement dite, au N.-E. de Lopadusa.

ÆGYS, g. a., v. de la Laconique, sur la frontière d'Arcadie.

ÆLEN. *Voyez* AIGLE.

ÆLETANI, g. a., nom commun à tous les peuples qui habitaient la côte occ. de l'Espagne tarragonaise, entre Carthagène et l'Èbre: Contestani, Edetani et Ilercaones.

ÆLHRA-A, riv. de Suède, qui sort du lac de Lonn et se jette dans le Cattégat, près de Falkenberg.

ÆLII PONS, g. a., lieu des Brigantes, non loin du rempart d'Adrien, dans la Grande-Bretagne.

ÆLISARI, g. a., peuple de l'Arabie Heureuse, sur la côte S.-E. du golfe Arabique.

ÆLTERE, b. du roy. de Belgique, dans la Flandre orientale, arr., et à 4 l. O. de Gand.

ÆMELF, riv. de Suède, qui se jette dans la mer Baltique.

ÆMILIA, g. a., prov. de la Gaule cispadane, entre le Pô et les Appenins, dans le duché de Modène et les légations de Bologne, Ferrare et Ravenne.

ÆMILIA, g. a., v. des Oretani, dans l'Espagne tarragonaise, près de Libisosa.

ÆMILIA ou **ÆMILIANA VIA**, g. a., voie construite par Aemilius Scaurus, entre Pisa, Luna et Dertona.

ÆMILIA ou **ÆMILIANA VIA**, g. a., célèbre voie qui conduisait en ligne droite d'Ariminum à Placentia, sur le Pô. Elle fut construite par Aemilius Lepidus.

ÆMILIANA (*Loca*), g. a., endroit près de Rome.

ÆMINES, g. a., v. maritime de la Gaule narbonnaise, à l'E. de Cassis, dép. du Var (Provence).

ÆNARE, g. a., île dans la mer Égée, non loin de Lesbos ou de Samos.

ÆNEA, g. a. *Voyez* ÆNIA.

ÆNESIPASTA ou ÆNESIPPA, g. a., île entre l'Égypte et Parætonium, dans la Lybie.

ÆNESISPHYRA, g. a., port de mer et promontoire, sur la côte de Lybie, entre Apis et Catabathmus Magnus.

ÆNIA ou ÆNEA, g. a., v. de Macédoine, au S.-O. de Thessalonique, et au N.-O. d'Antigone. Énée doit l'avoir fondée après sa fuite de Troie.

ÆNIA, g. a., nom de deux villes d'Acarnanie, près de l'embouchure de l'Acheloüs.

ÆNIA, g. a., v. des Perrhæbii, sur les confins de l'Étolie et de la Thessalie.

ÆNIANES, g. a., peuple de la Thessalie méridionale, sur le Sperchius; plus tard ils en furent chassés par les Lapithes, se joignirent aux Éthiques, occupèrent Molosse et devinrent les voisins des Locriens, Epicnémidiens et de l'Étolie. Ils prétendaient descendre de Deucalion et avaient un vote dans le conseil des Amphictyons.

ÆNIUS, g. a., pet. riv. de la Dardanie, dans l'Asie Mineure; sa source était au S. du Caresus.

ÆNNUM, g. a., promontoire de la Haute-Égypte, non loin de la ville d'Ænnum.

ÆNOS, g. a., mont. de l'île de Cephallénie, où Jupiter Énésien avait un temple.

ÆOLIA ou ÆOLIS, MYSIA, g. a., prov. de l'Asie Mineure, en deçà du Halys, qui, dans le sens le plus étendu, composait la Mysie occidentale, toute la Troade, la côte de l'Hellespont jusqu'à la Propontide. Ses habitants étaient des colons éoliens, chassés du Péloponèse par les Héraclides.

ÆPEA ou ÆPEIA, g. a., v. de la Messénie, sur le Sinus Asinæus. Agamemnon la promit à Achille dans la dot de sa fille.

ÆPFINGEN, vg. paroiss. du Wurtemberg, dans le cer. du Danube, gr.-bge de Biberach; pop. 450 hab.

ÆPOLIUM, g. a., v. de la Sarmatie européenne, probablement au N.-O. de l'embouchure du Danube.

ÆPY, g. a., v. de Messénie.

ÆQUABONA, g. a., v. de Lusitanie, à l'embouchure du Tage et à l'opposite de Lisbonne.

ÆQUANI ou ÆQUI, ÆQUICOLA GENS, ÆQUICOLI, ÆQUICOLÆ, ÆQUICULI, ÆQUICULANI, g. a., peuple de l'Italie centrale, issu des Sabins, entre les Marses et les Latins, sur les rives de l'Anio.

ÆQUIMÆLIUM ou ÆQUIMELIUM, g. a., quartier de Rome, près du Capitole.

ÆQUOR TUSCUM. *Voyez* MARE TUSCUM.

ÆQUUM ou COLONIA AQUENSIS, g. a., lieu de la Dalmatie.

ÆRÆ, g. a., peuple de Cappadoce, non loin de la frontière de Perse.

ÆRAS ou AURESS, mont. de l'Afrique septentrionale, dans l'Algérie.

ÆRDING ou ERDING, *Ariodunum*, pet. v. du roy. de Bavière, dans le cer. de l'Isar, sur la Sempt, chef-lieu de présidial, à 6 l. N.-E. de Munich; manufactures de tissus de laine, tanneries, scieries, forges à martinets, marchés considérables de grains; pop. 2000 hab. et 28,000 pour le présidial.

ÆRIA ou AETHRIA, CHRYSA, CHRYSE, THASSUS, THASUS, THALASSIA, g. a., île de la mer Égée, sur la côte de Thrace.

ÆRNEN ou ÆRNON, *Aragnum*, vg. de Suisse, dans le cant. du Valais, près de la rive gauche du Rhône, à 4 l. N.-E. de Brieg, et à 18 l. E.-N.-E. de Sion. Non loin de ce village se trouvait le château des anciens seigneurs de l'endroit, dont les débris ont servi à la construction de la nouvelle église. Le célèbre évêque du Valais, Walter de Flue, y a reçu le jour. Une armée de 10,000 Savoyards ayant pénétré dans le Haut-Valais, l'évêque Walter se mit à la tête des habitants, défit complétement l'ennemi, fit la conquête du Bas-Valais et le rendit tributaire; pop. 300 hab.

ÆROE ou EROE, g. a., riv. de Béotie, qui prend sa source au mont Cythéron, et se jette dans l'Asopus.

ÆROPUS, g. a., mont. entre l'Illyrie grecque et l'Épire, qui formaient avec le mont Asnaus une vallée arrosée par l'Æas.

ÆRSCHOT, v. du roy. de Belgique, sur la Demer, dans la prov. du Brabant méridional, arr. et à 3 1/2 l. N.-E. de Louvain. On y fait de la bière, de l'eau-de-vie et le commerce de bestiaux. Ancien monument appelé la Tour d'Aurélie; pop. 3000 hab.

ÆRSELE, v. du roy. de Belgique, prov. de la Flandre occidentale, à 6 l. N.-E. de Courtray; pop. 3000 hab.

ÆRSKAIA, v. de la Russie d'Asie, dans la Sibérie, sur l'Irtysch, à 25 l. N.-O. de Tara.

ÆRZBERG. *Voyez* ERZBERG.

ÆRZEN, b. du roy. de Hanovre, principauté de Kalenberg, à 2 l. S.-O. de Hameln. pop. 900 hab.

ÆSACUS, g. a., riv. de la Troade, qui prend sa source au mont Ida.

ÆSAR ou ESAR, ESER, SAPE, g. a., v. de l'île de Meroé, sur l'Astaboras, au S. de Sacolché.

ÆSCH, vg. parois. de Suisse, dans le cant. de Bâle, district de Birseck, situé dans une contrée très-fertile en blé, vin, fruits, etc., avec une belle église construite en 1821; pop. 900 hab.

ÆSCH, vg. parois. de Suisse, dans le cant. de Lucerne, bge de Hochdorf. Les habitants s'adonnent à l'agriculture, à l'éducation du bétail et à la pêche. Le nom de M. Müller, mort en 1786, mérite d'être cité ici pour les établissements de bienfaisance qu'il y fonda; pop. 950 hab.

ÆSCH, nom de trois autres villages du

cant. de Zurich : 1° dans le bailliage de Zurich, sur la route de Zurich à Muri ; 2° dans le bailliage de Winterthur, non loin de Nefftenbach ; 3° dans le bailliage de Greifensee.

ÆSCHI, vg. parois. de Suisse, dans le cant. de Berne, bge de Frutingen. Son église, fondée vers le milieu du onzième siècle par Berthe, épouse de Rudolphe, roi de Bourgogne, surpasse toutes celles des environs par la beauté de son architecture, et est située à 2700 pieds au-dessus du niveau de la mer ; pop. 680 hab.

ÆSCULAPII NEMUS, g. a., bois sacré de Phénicie, près de Leonis Oppidum.

ÆSITÆ, AUSITÆ, g. a., peuple de l'Arabie Déserte, pays d'Ausitis (Uz), entre Rheganna et Themma.

ÆSIUS, g. a., riv. de Bithynie.

ÆSOLA ou **ÆSULA, ÆSULUM**, g. a., v. du Latium, entre Tibur et Præneste.

ÆSON, g. a., v. et riv. de la Magnésie.

ÆSONA ou **JESONA, JESSONIA**, g. a., v. de l'Espagne tarragonaise, chez les Ilergetæ, sur les bords du Sicoris, au S.-O. d'Orgia et au N.-E. d'Ilerda.

ÆSQUILIÆ. *Voyez* ESQUILIÆ.

ÆSTII ou **ÆSTYI**, g. a., peuple de la Germanie, au-delà de la Vistule, sur la mer Baltique, dans la Prusse et la Pologne, issu des Vénédi et voisins des Guttones.

ÆSTRÆUM ou **ASTERION**, g. a., v. de Pœnie, dans la Macédoine.

ÆSTRÆUM, g. a., v. de l'Illyrie grecque, entre Lychnidus et Albanopolis.

ÆSTYI. *Voyez* ÆSTII.

ÆSULA ou **ÆSULUM**, g. a. *Voyez* ÆSOLA.

ÆSYMNE, g. a., v. de Thrace.

ÆSYROS, g. a., fl. de Bithynie.

ÆTARA ou **ÆTARE**, g. a., v. du pays des Cirtésiens, dans la Numidie massylienne, à l'O. de Myrée.

AETAS, peuple de l'île de Manille, occupant les gorges des montagnes.

ÆTHALOES, g. a., nom d'une ville et d'une petite rivière de la Mysie majeure, non loin de la ville d'Hamaxitus.

ÆTHEA, g. a., v. de Messénie, sur les confins de la Laconie.

ÆTHERII, g. a., peuplade éthiopienne.

ÆTHICIA, g. a., contrée de la Thessalie.

ÆTHUSA, g. a. *Voyez* ÆGUSA.

ÆTNA, g. a., v. de Sicile, au pied de l'Etna et au N.-E. de Catane.

ÆTOLI, g. a., peuple d'Étolie, composé de plusieurs peuplades qui s'adonnaient à la piraterie.

ÆX, g. a., rocher près de Tenos, qui, selon quelques écrivains, a donné son nom à la mer d'Égée.

ÆXONE, g. a., b. sur la côte d'Attique, vis-à-vis de l'île de Salamine.

AFA, ham. de Fr., dép. de la Corse, arr. d'Ajaccio, cant., com. et poste de Bocognano ; pop. 100 hab.

AFELSHEIM. *Voyez* AVOLSHEIM.

AFF, riv. de Fr., dép. d'Ille-et-Vilaire, qu'elle sépare en partie de celui du Morbihan ; elle se perd dans l'Aoust près de Glenac, et est navigable entre Gacilly et l'Aoust. Elle sert au transport du bois de construction et de chauffage, des grains, du cidre, de la cire, du miel, du lin, du chanvre, des toiles, et des fers des forges de Paimpont.

AFFADEH, pays du Soudan, en Afrique, à l'E. du Bournou.

AFFAGAY, v. grande et peuplée du pays de Bournou, dans la Nigritie.

AFFALTER, vg. du roy. de Saxe, dans le cer. de l'Erzgebirge, près de Lossnitz ; carrières d'ardoises, blanchisseries de toile.

AFFALTERBACH, vg. parois. du Wurtemberg, dans le cer. du Neckar ; gr.-bge de Marbach ; pop. 1200 hab.

AFFALTRACH, vg. parois. du roy. de Wurtemberg, dans le cer. du Neckar, gr.-bge de Weinsberg, à 3 l. E. de Heilbronn ; pop. 1000 hab.

AFFAR, v. d'Arabie, dans la prov. du Yémen, à 23 l. E. de Loheïah.

AFFARLI, v. de la Turquie d'Europe, prov. de Romanie, sur la Marissa, à 18 l. S.-E. de Philippopoli.

AFFELN, b. des états prussiens, prov. de Westphalie, cer. et à 3 l. S.-E. d'Iserlohn ; pop. 400 hab.

AFFELTRANGEN, vg. parois. de Suisse, cant. de Thurgovie, bge de Tobel, sur la Lauche ; population, y compris celle de trois autres petits villages qui en font partie, 1330 hab.

AFFENBERGE. *Voyez* SINGES (montagnes des).

AFFENTHAL, vg. du grand-duché de Bade, cer. du Rhin-Moyen, dans une vallée de la Forêt-Noire, à 2 l. S. de Bade, à l'E. de Strasbourg. On y fait un excellent vin rouge ; pop. 900 hab.

AFFERSER-THAL ou **AVERSER-THAL**, nom de la plus haute vallée habitée du cant. des Grisons ; ceinte de rochers et de glaciers, la nature la plus sauvage et en même temps la plus grandiose s'y déroule aux yeux. Elle est à 6790 pieds au-dessus du niveau de la mer, et est divisée en 6 communautés dont Cresta est le chef-lieu.

AFFI, vg. des états autrichiens, roy. Lombard-Vénitien, gouv. de Venise, prov. et à 5 l. N.-O. de Vérone ; carrières de pierres calcaires ; pop. 500 hab.

AFFIEUX, vg. de Fr., dép. de la Corrèze, arr. et à 9 l. de Tulle, cant. et poste de Treignac ; pop. 1000 hab.

AFFILE, b. des états de l'Église, délégation de Frosinone, à 2 l. N. de Paliano ; pop. 1000 hab.

AFFILE, g. a., v. des Herniciens, dans le Latium, entre Sublaquum et Anagnia.

AFFINA, île de la Turquie d'Asie, paschalik d'Anadoly.

AFFIONA, pet. v. maritime de l'île de Corfou, dans la rép. des Sept-Iles, non loin de la presqu'île de Palæo Castrissa, cant. de Spagus.

AFFLENTZ, b. des états autrichiens, duché de Styrie, cer. de Bruck, à 3 l. N. de la ville de ce nom; il y a des forges nombreuses et des exploitations de marbre. On y élève aussi beaucoup de bestiaux.

AFFLÉVILLE, vg. de Fr., dép. de la Moselle, arr. et à 3 l. O. et poste de Briey, cant. de Conflans; pop. 350 hab.

AFFLIANUS MONS, g. a., mont. du Latium, près de Tibur.

AFFOLDERN, v. d'Allemagne, principauté de Waldeck, dist. de la Werbe, près de Waldeck.

AFFOLTERN (Grand-), vg. de Suisse, cant. de Berne, bge d'Aarberg. Une industrie particulière s'exerce dans ce village, c'est celle de petites gourdes dont on exporte chaque année une grande quantité en France; pop. 700 hab.

AFFOLTERN, vg. de Suisse, entre Burgdorf et Huttweil, cant. de Berne, bge de Trachselwald. Fabriques de toiles et commerce de fromage, dit d'Emmenthal, et de plantes médicinales, entre autres de lychen d'Islande; pop. 1150 hab.

AFFOLTERN SUR L'ALBIS, gr. vg. de Suisse, sur la rive O. de l'Albis, cant. de Zurich, bge de Knonau. Son église, située à 1516 pieds au-dessus du niveau de la mer, se distingue par son architecture moderne. Près de là se trouve le Brandschloss (château de l'Incendie), dans les environs duquel on a découvert, au milieu d'un amas de ruines, une inscription romaine (Legio undecima Claudia pia) et différentes pièces de monnaies de Galba et de Trajan. Mais ce qu'on y remarque particulièrement, c'est une fontaine, dite de la Faim (hygromètre); d'après des traditions populaires, elle ne coule que dans les temps de disette (1771 et 1817); population, y compris les hameaux de Ferenbach et de Zwillikon, 1380 hab.

AFFONX, vg. de Fr., dép. du Rhône, arr. et à 7 3/4 l. S.-O. de Villefranche, cant. et poste de Tarare; pop. 620 hab.

AFFORI, vg. des états autrichiens, roy. Lombard-Vénitien, gouv. de Lombardie, prov. et à 1 l. N. de Milan; filature de soie; pop. 1000 hab.

AFFRACOURT, vg. de Fr., dép. de la Meurthe, arr. et à 6 1/2 l. S.-O. de Nancy, cant. d'Haroué, poste de Neuviller-sur-Moselle; pop. 350 hab.

AFFRE (Saint-), ham. de Fr., dép. du Lot, arr. de Figeac, cant. et poste de Cajarc, com. de Lorroque-Toirac; pop. 8 hab.

AFFRINGUES, ham. de Fr., dép. du Pas-de-Calais, arr. de St.-Omer, cant. de Lumbres; pop. 160 hab.

AFFRIQUE ou **AFRIQUE** (Sainte-), v. de Fr., dép. de l'Aveyron, chef-lieu d'arr., à 5 l. S.-O. de Milhaud et 12 l. S.-E. de Rhodez, sur la Sorgue; tribunaux de première instance et de commerce, conservation des hypothèques, collége communal, postes aux lettres et aux chevaux; société d'agriculture. Tanneries et mégisseries, fabriques de draps, cadis, molletons, ratines, papeteries et couvertures; filatures de coton et de laine. Commerce assez considérable. Il s'y tient annuellement quatre foires : les 4 février, 4 mars, 14 septembre et 9 décembre. L'aspect de cette ville est peu agréable; autrefois elle était fortifiée et soutint, en 1628, avec succès un siège contre le prince de Condé. Son arrondissement contient 85 communes réparties en 6 cantons : Belmont, Camarès, Cormes, Ste.-Affrique, St.-Rome de Tarn et St.-Sernin; pop. 6340 hab.

AFFRIQUE-LES-MONTAGNES (Saint-), vg. de Fr., dép. du Tarn, arr. et à 3 l. S. et poste de Castres, cant. de Labruguière; pop. 550 hab.

AFFRIQUE-DU-CAUSSE Saint-), ham. de Fr., dép. de l'Aveyron, arr., cant. et poste d'Espalion, com. de Gabriac; pop. 44 hab.

AFGHANISTAN ou royaume de KABOUL, appelé aussi KABOULISTAN, et plus anciennement KANDAHAR ou PERSE ORIENTALE. Ce pays, entièrement montagneux, comprend une partie de l'Asie occidentale, et s'étend du 28° 54′ au 37° 26′ lat. boréale, et du 57° 40′ au 74° 57′ long. orient.; il est borné à l'O. par le roy. d'Iran, au N. par le Turkestan, au N.-E. par la Chine, à l'E. et au S.-E. par l'Indoustan et au S. par le Beloutchistan, sa surface est de 16,340 milles c. L'aspect de ce vaste royaume offre un groupe de montagnes très-compliqué; au N. l'Hindou-Kouch, dont l'élévation est de plus de 3600 toises et qui touche à l'Himalaya-Géant; de là s'étendent du N. au S. les monts Soliman, dont le plus haut, le *Toukte Soliman*, atteint une hauteur de 2000 toises, et d'où se détachent, vers l'E., plusieurs autres chaînes secondaires, formant une espèce de vaste terrasse qui se perd insensiblement vers l'Indus. Ce n'est qu'au S.-E. que l'on trouve la plaine aride de *Buchawalpour*, et non loin de là celles de *Leïa* et de *Sistan*. Parmi les vallées, celle de *Kachmir* (Cachemire) se distingue surtout tant par sa fertilité que par sa situation ravissante au pied de l'Himalaya et de l'Hindou-Kouch. Le pays est en général bien arrosé; les courants aboutissent principalement, vers le N.-O., à la mer d'Aral et, vers le N. et l'E., à l'Indus. Dans la mer d'Aral se jettent l'*Amou* avec ses affluents, le Gori et le Khouloum. Le principal fleuve du pays est l'*Indus* ou *Syndh*, qui descend de l'Himalaya, dans le Petit-Tibet, et reçoit, dans l'intérieur d'Afghanistan, le *Kaboul*, ainsi que le *Pounschir*, le *Gourbound*, le *Togou*, l'*Alingour* et le *Loundye*; du côté de l'E. l'Indus a pour affluents le Djhelam Ihylum (l'*Hydaspe* des anciens), ainsi que le *Tchenab* et le *Gharra*, qui est formé par la réunion du *Bedja* et du *Stetledje* (Sutledje, l'*Hésudrus*). Les autres rivières voisines de l'Indus, mais qui ne se jettent pas dans ce fleuve, sont l'Abba-Sin, le Bourroutdou, le Tor, le Kouroum et le Gomoul. Dans la plaine supérieure de la partie occidentale du pays, il y a plusieurs rivières qui se perdent dans les steppes; la plus importante d'entre elles est l'*Helmend* ou *Hirmend* qui, sur une longueur de 100 milles, s'accroît des eaux de l'*Urghendáb*, du *Tarnak* et du *Kochroud* (Khanish), et se jette ensuite dans le lac-steppe de *Zerrah*, dont le circuit est de 30 milles géogr., et qui reçoit également la rivière de *Farrahroud*. L'on doit citer encore, outre ces courants, le *Lora*, qui prend sa source sur le versant occidental des monts Soliman ; en hiver, cette rivière est un des principaux affluents de l'Helmend, en été elle se perd dans les sables.

Le climat du pays est très-varié; généralement très-chaud dans les terrains bas, il est tempéré sur les plateaux d'une élévation moyenne, et très-froid dans les régions supérieures. On peut nommer, comme produits naturels de l'Afghanistan, en tant que le pays est connu, dans le règne minéral : l'or, l'argent, le fer, le cuivre, le plomb, l'antimoine, le salpêtre, du sel de fontaine, de l'albâtre, des pierres précieuses et de la terre colorée; dans le règne végétal : le pin, le cèdre, le cyprès, le houx, le bouleau, presque toutes les espèces de fruits et d'arbrisseaux de l'Europe; puis le maïs, le froment, l'orge, le coton, le tabac, la canne à sucre, la garance, le chanvre, le gingembre, etc. Dans le règne animal on remarque, parmi les animaux domestiques, le cheval, le chameau, le mulet, l'âne, le buffle, le taureau, la chèvre, le mouton, le chien et le chat; le gibier qui peuple les forêts de ce pays se compose des mêmes espèces que celui de l'Europe, Sur les hautes montagnes on trouve l'élan, et dans les plaines l'antilope. Les contrées montagneuses sauvages renferment des bêtes féroces, et principalement des tigres, des léopards, des ours noirs, des hyènes, des renards et des chacals. Les espèces d'oiseaux sont aussi nombreuses que variées; mais l'on n'y connaît aucune espèce particulière de poissons. L'on cite encore au nombre des animaux utiles les tortues, les abeilles et les vers à soie, comme, parmi les dangereux, les serpents et les crocodiles.

D'après Elphinstone, le nombre des habitants s'élève à 10 millions, composés d'Afghans, qui sont le peuple dominant, de Beloutchis, d'Ouzbecks, d'Hazarehs, d'Hindous, d'Eimaks, de Tadjiks, de Turkomans, d'Arabes et de Kafer. Les Afghans se subdivisent eux-mêmes en branches occidentale et orientale ; à la première appartiennent les tribus des Douranis, des Baraitch, des Térims, des Ghildji, des Wardas, des Kakers, des Nassers, etc., et la dernière se compose des tribus des Berdouranis, des Touris, des Tchatjars et des Damans.

Il n'y a chez les Afghans aucune distinction d'état particulière; ils s'occupent principalement d'agriculture, de jardinage, d'éducation des bestiaux et de commerce; toutes les autres industries ne sont que secondaires. La langue particulière aux Afghans porte le nom de Pouchtoue ou Pouchta. L'islamisme est la religion dominante dans l'Afghanistan. Les Afghans proprement dits, ainsi que les Beloutchis, les Tadjiks et les Ouzbecks sont sonnites. Quant aux Hindous qui habitent ce pays, ils sont adorateurs de Brahma.

Pour ce qui est de son organisation politique, l'Afghanistan forme une monarchie dont le chef porte le titre de chah, mais n'est point héréditaire. Ce sont les khans et les gouverneurs ou hakims, choisis dans les familles les plus considérées, qui ont le plus d'influence sur les affaires publiques.

L'Afghanistan, qui faisait jusqu'à la fin du dernier siècle un royaume puissant, composé d'un grand nombre de provinces riches et vastes, telles que le Kachemire, le Peichaouer, le royaume de Hérat, le Tchotch, l'Hazareh, le Moultan avec ses dépendances, etc., n'est plus divisé aujourd'hui qu'en trois parties inégales, dont la septentrionale, qui est aussi la principale, forme le royaume de *Kaboul* proprement dit; la partie méridionale forme le royaume de *Kandahar* et la troisième partie se nomme le *Sistan* ou *Sedjistan*, ne consistant presque qu'en déserts arides. Les autres royaumes ou provinces qui faisaient anciennement partie de l'Afghanistan s'en sont détachés; les royaumes de *Hérat* et de *Peichaouer* sont devenus vassaux et tributaires du roi de Lahore, qui s'est également emparé des riches provinces de Kachemire, du Tchotch, d'Hazareh et du Moultan. Les pays de Balkh et du Beloutchistan se sont constitués en états indépendants de leur ancienne métropole.

Les principales villes de l'Afghanistan sont : *Kaboul*, qui en est la capitale; *Kandahar*, place forte et l'une des plus belles villes de l'Asie, *Ghaznah* ou *Ghizneh*, *Bamiam*, *Djelalabad* et *Illoumdar*; ces quatre dernières villes sont peu importantes.

AFGHANS ou PATANS, peuple de l'Asie, occupant les bords du Haut-Indus et de Caboul, qui mène une vie nomade; quelques tribus pourtant habitent des villes et des villages; celles-ci ne sont pas sans industrie, et fabriquent des toiles de laine, des métaux et des cuirs; ce peuple est bon guerrier, hospitalier et sans malice; religion mahométane sonnite; pop. 1,500,000 hab.

AFIOUM-CARAHISSAR, v. de la Turquie d'Asie, au pied d'une montagne volcanique, dans l'Anatolie, paschalik d'Anadoly, à 46 l. S.-E. de Brousse, au pied des monts Mourad; elle est protégée par un château fort et entourée d'une vieille muraille; elle contient plusieurs belles mosquées; on y fabrique des armes, des étoffes, des toiles et des tapis ; on y vend une grande quantité d'opium ; pop. 60,000 hab.

AFKA ou **APHACA**, b. de la Turquie d'Asie, dans le paschalik de Tripoli, à l'E. de Dschébaïl (Byblos), à l'O. d'Héliopolis et au S.-O. du Liban.

AFNOU ou **HAUSSA**, **SOUDAN**, roy. considérable de Nigritie, au S.-E. de Tombouctou, habité par des Nègres et par des Arabes assez civilisés. Une partie du pays est montagneuse et riche en bois ; l'autre plate, cultivée, très-fertile et arrosée par le Yeou. La population est considérable et on y trouve beaucoup de villes entourées de murailles et de fossés. Il renferme sept provinces, dont chacune a son gouverneur.

AFOKNAK, île au N. de Kodjak, appartenant au groupe des îles des Renards, sous la domination russe.

AFRAGOLA, v. du roy. de Naples, dans la prov. et à 2 l. N. de Naples, district de Casoria ; fabriques de chapeaux ; pop. 13,000 hab.

AFRIQUE (l'), *Africa*, est la partie S.-O. de l'ancien continent, une immense presqu'île, jointe à l'Asie par l'isthme de Suez, et baignée au N. par la Méditerranée, à l'O. par l'Océan Atlantique, et à l'E. par la mer des Indes et le golfe Arabique (mer Rouge). Elle s'étend du S. au N. entre 37 1/3° lat. boréale et 35° lat. australe et de l'O. à l'E., entre 19° long. occ. et 49° long. orient. ; ainsi sa partie septentrionale est aussi éloignée du pôle Nord, que sa partie méridionale l'est du pôle Sud. Sa longueur de l'E. à l'O. (1020 milles) est presque aussi grande que celle du S. au N. (1070 milles). La superficie de cette partie du monde est, d'après Hoffmann, de 534,000 milles carrés sur lesquels il n'y a que 3500 milles de côtes, ce qui est très-défavorable pour la culture du pays. Aucune partie du monde n'a aussi vivement excité l'esprit de recherches des Européens. Depuis trente ans, Hornemann, Rœntgen, Mungo Park, Burckhardt, Lyon, Mollien, Ruppell, Jackson, Ritchen, Belzoni, Minutoli, et beaucoup d'autres voyageurs ont essayé d'explorer l'intérieur de la moitié septentrionale de l'Afrique. Leurs efforts, qui ont coûté la vie à la plupart d'entre eux, n'ont à la vérité, pas été infructueux dans certaines contrées, mais ont jeté de nouveaux doutes sur des notions qui étaient admises comme positives. Oudney, Klapperton, Laing, Denham, Llandes, Douville paraissent seuls avoir réussi à recueillir des éclaircissements importants sur l'intérieur. Burchell et Campbell ont fait des découvertes remarquables dans la partie méridionale.

Description orographique. — L'Afrique forme, dans sa partie S., à partir de la côte méridionale jusqu'au 10° long. boréale, un pays élevé, très-étendu, nommé la Haute-Afrique, dont les extrémités touchent jusqu'aux côtes et ne laissent entre elles et celles-ci qu'une lisière étroite de terrain bas. Depuis l'extrémité septentrionale de la Haute-Afrique jusqu'au 16° lat. boréale, s'étend en long un terrain plat, comme le pays haut, et qui n'est entrecoupé par aucune chaîne de montagnes proprement dite ; on l'appelle le *Soudan* ou la *Nigritie*. Au N. du Soudan, et dans la direction d'O. à l'E. se trouve la partie basse de l'Afrique, le pays de *Sahara*. A partir de l'extrémité septentrionale de ce dernier, le pays s'élève de nouveau et forme ce qu'on nomme les *Hautes-Terres* qui se séparent en deux rameaux, s'étendant le long des côtes de la Méditerranée. Ces deux rameaux qui sont entièrement séparés de la Haute-Afrique, s'appellent l'un : le plateau de Barbarie, qui longe les côtes de l'Océan Atlantique septentrional et de la Méditerranée jusqu'à la petite Syrte ou Sidre ; l'autre, le plateau de Barqah qui se trouve au-delà de la grande Syrte.

I. La Haute-Afrique s'abaisse, vers les côtes et le Soudan, par terrasses ; on n'en connaît en quelque sorte que les extrémités et sa conformation intérieure est totalement ignorée. En montant, à partir du S., elle forme trois terrasses, dont la plus basse, c'est-à-dire les plaines qui s'étendent, dans une largeur de cinq à sept milles, vers les côtes de la colonie du Cap, est bornée, du côté de l'Océan Atlantique, par les monts *Bokkeveld*, qui, du N. au S., se prolongent jusqu'à la mer et divisent les côtes en deux moitiés, unies par le défilé de l'Hollandkloof dans la Hottentotie ; à partir de la mer des Indes vers le N., les mêmes plaines traversent le *Zwartberg*. Entre ces deux rangs de montagnes s'élève, vers l'intérieur du pays, la seconde terrasse, située à une hauteur bien plus considérable que les plaines des côtes, et formant un vaste plateau de 1000 milles carrés, légèrement incliné vers le S., et qu'on nomme le *Grand-Karrou* ; c'est une steppe plate, élevée, au centre, de 3000 pieds, dénuée d'eau, sans arbre ni buisson, et sur laquelle l'on ne voit que de distance en distance quelques terrains couverts de gazon et d'herbes. Vers l'équateur, ce plateau est borné par une chaîne de montagnes dont la branche, courant vers l'Océan Atlantique, prend le nom de monts *Roggeveld*, et celle qui se dirige vers la mer des Indes, se nomme *Nieuveld* ; à l'E. de ces montagnes apparaissent les monts de *Neige*, dont le point culminant (le Compass) a une élévation de 9384 pieds. Par-delà ces monts qui comptent parmi les montagnes les plus élevées du globe, on arrive par des gorges difficiles à franchir à la troisième terrasse, c'est-à-dire au plateau central, et le plus élevé de la Haute-Afrique, que l'on nomme aussi le *haut plateau de l'Orange*, et vers lequel les monts Roggeveld et Nieuveld viennent s'incliner insensiblement. Cette terrasse est une plaine, presque sans eau, haute de plus de 8000 pieds; elle s'étend à perte de vue, vers le N., dans l'intérieur de l'Afrique et n'est connue, même médiocrement, que jusqu'au 25° lat. australe. Il s'y trouve, autant que l'on sait, deux chaînes de montagnes qui s'étendent toutes deux de l'E. à l'O.: la première, les monts *Karri*, au S. de l'Orange; la seconde, les *Magaaga* ou *monts de Fer*, au N. de ce fleuve.

L'on a pu décrire, ainsi que l'on vient de le faire, la partie de la Haute-Afrique qui s'étend de la côte méridionale au plateau central, mais les notions que l'on possède sur cette partie du monde, ne permettent pas d'en faire autant pour les terres qui partent de la côte orientale; car, sur toute la lisière orientale de la Haute-Afrique, qui se dirige vers le N. jusqu'au cap Gardafoui, dans une étendue d'environ 3000 milles géographiques, et qui, dans sa conformation, ressemble probablement à la partie méridionale, l'on ne connaît, outre le plateau de la côte (qui n'a pas même pu être exploré dans toute sa longueur), d'autre pays qui s'avance dans l'intérieur, vers le plateau central de la Haute-Afrique, que celui voisin du fleuve de Zanbèze. Ainsi l'on sait que des monts de *Neige* se détachent le long de ces côtes et dans la direction d'E. et de N.-E., les *Bambous* ou monts d'*Hiver;* mais il est incertain, et même peu probable que cette chaîne de montagnes s'abaisse jusque vers le plateau de la côte; l'on doit admettre plutôt, par analogie avec la conformation de la lisière méridionale et du pays de Zanbèze, il existe une seconde série de montagnes formant entre le plateau de la côte et les monts d'Hiver, une terrasse intermédiaire, semblable au plateau du Karrou. En effet, au S. et au N. du Zanbèze, s'étend vers le S.-S.-O. et le N.-N.-E. et parallèlement à la côte, une série de monts qui, au S. de ce fleuve, prennent le nom de *Beth*, et au N., celui de *Lupata*, ou *Épine du Monde*, et cette pente, précipitée vers l'E., s'incline doucement, dans la direction occidentale, vers une seconde terrasse. Cette terrasse, bien différente du Karrou, ne forme pas, comme celui-ci, un plateau aride, mais un haut terrain montueux, d'une largeur de 80 lieues, avec de longues vallées qui se dirigent du N. au S. pour revenir ensuite vers le Zanbèze. Ce plateau est élevé de 8 à 9000 pieds au-dessus de la mer et s'appelle le *plateau de Mocaranga*. (L'on n'en connaît que la partie qui se trouve au S. du Zanbèze.) A l'O. ce pays montueux est borné par de hautes chaînes de montagnes, nommées monts *Foura*, qui s'étendent du S. au N.-E. et sont éloignées de 200 lieues de la côte. Du côté de l'O. ces monts viennent s'incliner légèrement vers la haute terrasse de *Chicova* qui, vraisemblablement, appartient, comme celle de l'Orange, au plateau central de la Haute-Afrique; on croit savoir du moins que ces plaines s'étendent, à perte de vue, dans la direction septentrionale et occidentale. A l'exception de quelques points fort rares, toute la lisière orientale de la Haute-Afrique, depuis le Zanbèze jusqu'au cap Gardafoui est totalement inconnue; il est probable toutefois que sa configuration ne diffère pas de celle de la partie déjà décrite. La lisière du N. de la Haute-Afrique est encore moins connue que celle de l'E. Des extrémités E. et O. de la lisière septentrionale se détachent deux massifs montueux, l'Abyssinie et le Haut-Soudan, dont la description viendra plus bas. L'on est porté à croire que les monts Lupata, dans leur prolongement vers la contrée du cap Gardafoui, viennent aboutir à une pareille chaîne, se dirigeant vers l'O. et dont la base méridionale s'appuie sur un plateau qui, comme ceux de Chicova et de l'Orange, fait partie du plateau central de la Haute-Afrique, et que l'on désigne du nom de *plateau d'Éthiopie*. La chaîne de montagnes, dont il vient d'être question, et qui probablement s'étend du cap Gardafoui vers l'O., doit se rattacher aux monts de la *Lune* ou *Djebeirel-Kumr*, dont on ne connaît que très-imparfaitement la situation, la direction et l'étendue. Des notions peu précises nous apprennent qu'à 80 lieues au S. du lac Tchad, au 10° de lat. boréale, se trouve le *Mandara*, pays montueux, dont l'étendue méridionale n'est pas connue, mais qui, dans cette même direction, doit toucher à un pays encore plus élevé, nommé *Adamova*; l'on peut présumer par là que la partie septentrionale est également construite en forme de terrasse. L'on connaît encore de ce côté une autre région montueuse, nommée *Haoussa*; elle s'étend au N.-O. d'Adamova et forme probablement un avant-plateau de l'extrémité septentrionale. Les parties les plus élevées de ce pays sont, à ce que l'on croit, les monts *Naroa*, dans le Zegzeg. Au S. d'Adamova s'avance jusqu'au golfe de Biafra le plateau des *Ambozes*, que l'on croit être la partie la plus septentrionale de la lisière occidentale de la Haute-Afrique; ses cimes s'élèvent en pointes à une hauteur de plus de 3000 toises; mais on ignore par quels points il se rattache aux régions plus méridionales de la partie O. L'on ne connaît des extrémités occidentales de la Haute-Afrique que celles voisines des fleuves du Zaïre et du Couanza; il n'existe aucune notion sur la lisière qui s'étend plus au S. jusqu'à l'embouchure de l'Orange. Près des deux premiers fleuves, se détachent du plateau de la côte, larges d'environ 40 à 60 lieues, pour s'élever vers l'E., de hautes chaînes de montagnes, diversement dénommées; elles s'étendent du N. au S. et sont traversées par les deux fleuves qui y forment plusieurs cataractes. A l'E. de ces chaînes se trouve un second plateau, formé par un massif d'une largeur de 60 à 80 lieues, et qui ressemble au plateau de

Mocaranga, dans la partie orientale. A l'extrémité E. de ce plateau et au-dessus de lui, s'élèvent de nouvelles chaînes de montagnes, parallèles aux premières et à la côte, et qui probablement séparent ce second plateau du plateau central de la Haute-Afrique, qui, de ce côté, porte le nom de *plateau de Dembor*, et est élevé de 8000 pieds.

Les terres qui forment les côtes de la Haute-Afrique sont: du côté de l'Océan Atlantique: 1° La Sénégambie, qui s'étend au S. jusqu'au cap de la Sierra Leone; 2° La Guinée dont les côtes septentrionales, s'étendant jusqu'au golfe de Biafra, se divisent, en *côte des Graines*, entre le cap de la Sierra Leone et celui de las Palmas; *côte d'Ivoire*, entre ce dernier cap et celui des Trois-Pointes; *côte d'Or*, entre les Trois-Pointes et le cap St.-Paul, et enfin *côte de Benin*, le long du golfe de Benin jusqu'à celui de Biafra. Les côtes méridionales de la Guinée se divisent en *côte de Congo* qui s'étend du golfe de Biafra, à l'embouchure du Couanza, et prend au N. le nom de *Loango*, et au S. celui de Cacongo; et en *côtes d'Angola* et de *Benguela*, entre l'embouchure du Couanza et le cap Negro; 3° La côte Inconnue ou Cimbebasie, entre le cap Negro et l'embouchure de l'Orange; 4° La côte du Cap. Du côté de la mer des Indes se trouvent: 1° Les plaines de la colonie du cap de Bonne-Espérance, jusqu'à l'embouchure du Grand-Poisson; 2° La côte de Natal ou Cafrerie, jusqu'à l'embouchure du Lorenço-Marquez; 3° La côte de Sofala, jusqu'à l'embouchure du Zanbèze; 4° La côte de Mozambique, jusqu'au cap Delgado; 5° La côte de Zanguébar, environ jusqu'à l'équateur; 6° La côte d'Ajan, depuis l'équateur jusqu'au cap Gardafoui; 7° la côte d'Aden ou Adel, à l'O. de ce cap jusqu'au détroit de Bab-el-Mandeb. Il a été parlé plus haut de deux massifs qui aboutissent aux extrémités N.-O. et N.-E. de la Haute-Afrique, l'Abyssinie et le Haut-Soudan; en voici la description.

L'*Abyssinie* comprend le territoire qui s'étend à l'O. du détroit de Bab-el-Mandeb jusqu'aux sources du fleuve Bleu ou Bahr-el-Azrek, qui, dans sa première direction occidentale, arrose deux pays montueux encore inconnus, les provinces de *Schoa* et d'*Éfat*. En remontant ce fleuve, on arrive à un plateau étendu qui forme le royaume d'*Amhara* ou de *Gondar*, et au milieu duquel, à peu près, se trouve le lac de Tzana ou Dembéa. A l'O. et au S., ce plateau est ceint par les monts Gojam, sur lesquels se trouvent, à une hauteur de près de 16,000 pieds, les sources du fleuve Bleu, et qui, vers N.-O., descendent en pentes rudes et escarpées, vers les côtes qui forment un large territoire, couvert de marécages et de forêts, et qui prennent le nom Kolla et Mazaga. A la limite orientale du plateau d'Amhara, s'élèvent les monts Samen, qui longent la rive gauche du Tacazzé et viennent se rattacher au N. du même plateau, vers le 13° latitude boréale aux monts Gojam. La gorge de Lamalmon, en traversant les monts Samen, conduit sur un second plateau de l'Abyssinie, celui de *Tigré*, qui est situé au N. d'Éfat. A l'E., ce plateau est bordé par plusieurs chaînes de montagnes qui s'étendent parallèlement à la mer Rouge, et sont séparées par des plaines allongées, mal arrosées et dont quelques unes n'offrent que des marais salants; on désigne ces montagnes sous la dénomination générale de chaînes orientales de Tigré. Ces plaines s'abaissent graduellement vers la côte, jusqu'à ce que, réunies avec les terres étroites et sablonneuses de Sennaar, elles touchent à la mer. Au N., le plateau de Tigré est séparé de ces mêmes chaînes par un pays montueux moins élevé: le *Baharnegach* que l'on traverse en quelques journées, jusqu'à la côte de la mer Rouge où il tombe par des pentes rapides, près de la baie de Massouah (15° lat. bor.).

Le *Haut-Soudan*, qu'on nomme plus généralement la *Nigritie*, qui forme l'extrémité N.-O. de la Haute-Afrique, comprend les terres situées entre les méridiens du golfe de Biafra et du cap de Sierra Leone, c'est-à-dire, du 5° long. orient. et 15° long. occ., dans une étendue de 600 lieues, et du 5° au 15° lat. bor. dans une étendue de 300 lieues; sa superficie est de 80,000 lieues carrées. C'est une région qui paraît être peu élevée et dont les points culminants atteignent à peine une hauteur de 5000 pieds; elle renferme des chaînes de montagnes, des vallées longitudinales et transversales et des plateaux de peu d'étendue. A partir de l'étroite et basse côte de la Guinée septentrionale, les terres s'élèvent graduellement vers le Nord. C'est ainsi que l'on trouve au N. de la côte de Benin le pays montueux d'*Iabou*; derrière la côte des Esclaves, le pays montueux de *Dahomey*; derrière la côte d'Or, *Warsaw* et *Aquapim*, pays également montueux; et derrière ceux-ci, le pays montueux d'*Achanti* (Ashantée), qui forme l'extrémité méridionale de la chaîne du Kong, qui commence à l'angle N.-O. du plateau des Ambozes, se dirige d'abord vers le N.-O., et forme au 0° long. environ, une espèce de plateau large, qui s'étend à l'O. jusqu'au cap de Sierra Leone. La chaîne du Kong peut être regardée comme le noyau du Haut-Soudan; tandis qu'à l'O., à la côte de Sierra Leone, elle paraît descendre directement vers la mer, elle s'étend au N.-O. de même qu'au S., en s'abaissant par plateaux successifs; le plus bas est séparé de la côte par des chaînes qui se dirigent au N. de la Sierra Leone vers le fleuve de la Gambie, et s'étendent ensuite circulairement vers l'E. Toute l'avant-terrasse septentrionale des monts de Kong est divisée par la Gambie, dont le cours se dirige du S.-E. au N.-O. en deux terrasses inégales, celles du S.-O. et du N.-E., dont la dernière est la plus grande, et qui toutes deux descendent vers les basses plaines environnantes; ces terrasses s'appellent la première, terrasse de *Foulah*, et la seconde, terrasse de *Mandingos*; on connait, sur la première, le plateau de *Soulimana*, près des sources du Djoliba, et au N. de celles-ci, le plateau de *Fouta-Djalo* ou *Temby*; sur la terrasse de Mandingos se trouvent les plateaux de *Djallonkadou* à l'E., de *Neola* au N. de Fouta-Djalo, de *Tenda* au N.-O.; et ceux de *Bambouk* au N.-E. de Neola, de *Kasso*, de *Kaarta*, de *Fouladou* et de *Bambarra*, tous au N. du Djoliba.

II. A l'E. du Haut-Soudan (Nigritie), et au N. de la chaîne qui le ceint à l'extrémité septentrionale, s'étend, ainsi qu'il a déjà été dit dans la description générale de la configuration de l'Afrique, la plaine du Soudan, ou le *Soudan* proprement dit, qui s'étend dans une longueur de 1500 lieues vers l'E. et dans une largeur de 100 à 140 lieues du S. au N. Sa superficie est au moins de 80,000 lieues carrées. Couvert de collines qui le font ressembler à une mer houleuse, le Soudan forme en quelque sorte une terrasse de transition entre la Haute-Afrique et les terres basses de cette partie du monde; le désert de Sahara et les chaînes de montagnes de la Haute-Afrique, en le tenant clos au N. et au S., en font la partie de la terre le plus isolé. Le Soudan est coupé en deux du S. au N., par le plateau de *Haoussa*. Dans la partie occidentale se trouvent les pays de *Ludamar*, entre l'extrémité septentrionale de la Nigritie et le Sahara, de *Massina* à l'E. de Bambarra, de *Tombouctou* (Ten-Boktoue), qui renferme le lac Djebou (Dibbi, Debo), traversé par le Niger (Djoliba); ceux de *Yaouri* à l'O. et de *Niffé* au S.-O. de Haoussa, et à l'O. de Yaouri le pays de *Borgou*, qui touche à l'extrémité septentrionale de la partie E. de la chaîne de Kong. Les pays que nous connaissons dans le Soudan oriental, sont, à l'E. du lac Tchad, l'empire de *Bornou*, au S. le royaume de *Baghermeh*, et au N.-O. la province de *Kano*.

A l'E. le Soudan vient toucher à la *Nubie*. Le Nil qui tombe par cataractes des hauteurs de l'Abyssinie, traverse, vers le N., le Kolla et entre ensuite dans la Nubie, qui forme la région centrale de ce fleuve. La superficie de cette contrée est de 29,200 lieues carrées; sa hauteur dans les régions supérieures est de 2000 pieds environ, et dans les régions basses d'environ 600 pieds; elle est parcourue par des chaînes de montagnes qui s'étendent de l'O. à l'E., parallèlement à la limite septentrionale de la Haute-Afrique, et sont traversées dans leur direction du S. au N. par le Nil, qui y forme plusieurs cataractes et cascades; on ne compte pas moins de dix de ces chutes d'eau dans la partie moyenne du cours de ce fleuve; les dernières se trouvent près d'Assouon (Syène), ville au-delà de laquelle le Nil entre dans l'Égypte, qui forme la région basse de ce fleuve. (*Voir* ÉGYPTE.) La Nubie forme trois plateaux principaux que séparent les hautes montagnes de Berbère (sous le 18 1/2° lat. bor.), et le mont Lamoule (sous le 21 1/3° lat. bor.). Le plateau méridional comprend le royaume de *Sennaar* et les pays de *Chendy* et de *Méroë*, au confluent du fleuve Bleu et du fleuve Blanc (Bahr-el-Abiad); le plateau du milieu comprend le pays de Dongolah, et celui du N. la basse Nubie ou pays des *Barabras* (Kenouz).

Cette région centrale du Nil s'étend plus au N. que le Soudan (jusqu'au 24° lat. bor.) et touche par sa partie septentrionale, vers l'O., à la basse région de l'Afrique, au *Sahara*. Le *Sahara* ou GRAND-DÉSERT, qui s'incline légèrement de l'E. à l'O. et qui, au S., touche au Soudan, s'étend jusqu'à l'Océan Atlantique, et se prolonge même jusque dans la mer qui, vers la côte entièrement plate et basse de ce pays, n'est nullement haute et ne gagne de profondeur qu'à mesure qu'elle s'en éloigne. Sur plusieurs points, ce désert, le plus vaste de la terre, s'étend dans une largeur de 400 lieues, et sa longueur de l'E. à l'O. est de 1300 lieues; la superficie du Sahara est donc d'environ 22,000 lieues carrées; l'on ne trouve à sa surface ni eau ni végétation. Dans sa partie orientale, nommée *désert de Lybie*, le désert est coupé, en quelques endroits, par des rangs de bancs de pierres bas et couverts de sable; l'on y rencontre aussi fréquemment des oasis, parmi lesquelles il y en a d'assez considérables; elles sont situées plus bas que le niveau du désert; de là les sources et la végétation que l'on y trouve. Dans le nombre des oasis qui peuplent le désert de Lybie, il faut nommer celle du *Pezzan* (entre le 25° lat. bor. et 14° long. orient.), la plus grande de toutes; celles de *Bilma*, au S. de la précédente; de *Syouah* ou *Oasis de Jupiter Ammon*, au S.-E. de Barqâh; la *Petite-Oasis*, à l'E. de la précédente; la *Grande-Oasis*, au S. de la *Petite*; celles de *Kordofan* et de *Darfour*.

La partie occidentale du grand désert, appelée *Sâhhel* (la côte de), est entièrement plate, et se compose de sable mouvant que le vent chasse çà et là et rassemble en collines; les oasis y sont rares et de peu d'étendue.

III. Au N. du Sahara, le pays s'élève de nouveau et forme deux plateaux, entièrement séparés de la Haute-Afrique : le *plateau de Barbarie* et le *plateau de Barqâh*.

Au N. de la partie occidentale du désert de Sahara, le pays s'élève et forme un plateau qui s'étend, sous le nom de *Bélâd-el-Djéryd* (Biledulgerid) ou *Pays des Dattes*, jusqu'à l'oasis du Fezzan, et forme la transition au plateau de Barbarie. Au N. du Bélâd-el-Djéryd, s'élève le *Grand-Atlas*, qui se dirige de l'O. à l'E.; son prolongement oriental se rattache, sous le nom de *Soudah* ou *Monts Noirs*, à une chaîne de montagnes qui, se détachant, sous le nom de *Haroudjé-Noir*, de la plaine de Soultine vers le N.-O., s'étend, après sa réunion avec les monts Soudah, parallèlement à la côte de la grande Sidre, avec la dénomination de *Monts Gharian*, se dirige ensuite du S.-E. au N.-O. vers le cap Bon, et forme ainsi avec sa série de rochers peu élevés, la lisière orientale du plateau de Barbarie. Près du cap Bon, cette chaîne se rattache au *Petit-Atlas*, qui s'étend de l'E. à l'O. jusqu'au cap Spartel et descend directement et par pentes escarpées dans la Méditerranée. Avec le Petit-Atlas se réunit ensuite le *Grand-Atlas* ou monts de *Darah*, dont les points culminants se trouvent près des sources de Molouyah (Malouia), et qui se prolonge, dans sa direction principale de S.-O., en plusieurs chaînes parallèles, puis retombant par terrasses vers l'Océan Atlantique, forme la lisière occidentale du même plateau. Ces chaînes cernent ainsi le plateau de Barbarie, qui, toutefois, n'est pas une plaine proprement dite, mais un plateau couvert de montagnes, qui se dirigent en partie parallèlement aux chaînes qui en forment la limite, tandis qu'une autre partie s'y joint perpendiculairement. Les pays de cette contrée sont : l'*empire de Maroc*, le *royaume de Fez*, la *régence d'Alger*, l'*état de Tunis* et la *régence de Tripoli*, y compris la grande Syrte du plateau de Barqâh.

Le plateau de Barqâh s'élève à pic de l'extrémité méridionale du golfe de la Syrte, et retombe insensiblement dans le Sahara; sa hauteur moyenne est de 1500 pieds environ.

IV. Autour du continent de l'Afrique sont situées, dans l'Océan Atlantique et dans la mer des Indes, plusieurs îles et groupes d'îles que l'on comprend sous la dénomination commune d'*Iles africaines* ; elles sont pour la plupart élevées, montueuses et de nature volcanique, comme les *Açores*, les *Iles Canaries*, les *Iles du Cap Vert*, celles de l'*Ascension* et de *Bourbon*. Les plus étendues sont l'île de *Madagascar*, qui est traversée du N. au S. par une chaîne de montagnes très-élevées; l'*île Maurice* (île de France); *Sainte-Hélène*; *Tristan-d'Acunha*. (*Voir* les noms de ces îles.)

V. La structure hydrographique de l'Afrique est, ainsi que sa configuration orographique, d'une grande uniformité. Tous les fleuves de la Haute-Afrique descendent du plateau central, en traversant, presque toujours par cataractes, les chaînes qui bordent les terrasses, et sont, par conséquent, peu étendus dans leur cours inférieur, tandis que leur cours supérieur paraît s'étendre considérablement; de ce nombre sont le *Congo* ou *Zaïre*, le *Couanza* ou *Couenza*, qui ont leur embouchure dans l'Océan Atlantique, le *Zanbèze*, dit aussi Couama et Quilimané, et le Quilimancy, qui se jettent dans l'Océan Indien. Les fleuves de ce genre, qui se trouvent sur la côte orientale, paraissent être le *Sofala*, le *Sabia*, le *Lorenzo-Marquez* et le *Grand-Poisson*. Les fleuves de la Nigritie, le *Sénégal*, la *Gambie* et le *Rio-Grande*, tombent également par cataractes des hauts plateaux, pour se jeter de suite dans les terres inférieures, vers la côte de l'Océan Atlantique; quant au *Niger* on ne connaît pas la partie supérieure de son cours. Dans l'intérieur du pays l'on trouve, en fait de lacs, celui de *Tchad*, vaste mer intérieure, qui reçoit à l'O. la rivière de *Yéou*, et au S. celle de *Chary*; le lac *Maravi*, dont la partie N. s'appelle lac Zambre et doit, selon quelques géographes, être regardé plutôt comme un marais que comme un lac. D'après la conformation de la partie septentrionale de l'Afrique, les fleuves qui se jettent dans la Méditerranée, ne peuvent être également, à l'exception du Nil, que des fleuves qui se forment près de la côte; les plus considérables sont le *Malouia*, le *Chelif* et le *Medjerdah*.

La situation de l'Afrique, dont la plus grande partie est placée entre les tropiques, sa structure en massifs uniformes et le peu de largeur de ses côtes, produisent dans cette partie du monde une température d'été plus chaude, et une température d'hiver moins froide que dans les autres contrées du globe. De plus, la température y varie considérablement du jour à la nuit; aux chaleurs les plus brûlantes du jour succèdent des nuits relativement très-fraîches; c'est ainsi que, même dans les régions de l'équateur, et sur des hauteurs peu considérables, l'eau, renfermée dans de petits vases, gèle facilement. La succession des saisons y est tout aussi brusque; la plus grande partie de l'Afrique ne connaît, à vrai dire, que deux saisons, l'une sèche et l'autre pluvieuse, et ce n'est que dans ses régions septentrionale et méridionale que l'on connaît les saisons transitoires du printemps et de l'automne. Au N. de l'équateur, les pluies durent depuis mai jusqu'en octobre, et au S., depuis novembre jusqu'en avril; elles s'annoncent par un ciel sombre et vaporeux; bientôt des pluies d'orage tombent par torrents, les rivières inondent les vallées, et la chaleur étouffante de l'air, jointe aux évaporations humides, produisent des fièvres et d'autres maladies. Plus tard le temps s'éclaircit, les nuages et les vapeurs disparaissent pour faire place à un ciel pur, dont rien ne vient troubler la sérénité; alors la terre, que favorisent des brises rafraîchissantes, produit peu à peu une riche végétation. Dès ce moment, la chaleur augmente de plus en plus, jusqu'à ce qu'elle atteigne, en mars, avril et mai, ou, au S., en octobre et novembre, le degré le plus élevé, au point de devenir presque mortelle ; c'est à cette époque que commence à souffler le terrible *Semoun*, vent brûlant qui dessèche toute végétation. Au pays du Cap, la plus grande chaleur règne à l'époque de nos hivers ; on y récolte le blé en décembre et janvier, et le vin au commencement de l'année.

Pour ce qui concerne les productions de l'Afrique, l'on peut dire, en général, qu'il n'y règne pas une grande diversité ; c'est la même uniformité de création que l'on trouve dans ses rapports orographiques et hydrographiques ; on y voit par contre les animaux les plus puissants et les plantes les plus aromatiques de toute la terre. Le désert est peuplé d'éléphants, de lions, de crocodiles, de hyènes, de tigres, de panthères, de chacals, de plusieurs sortes de grands reptiles, de serpents vénimeux, d'hippopotames, de rhinocéros, de singes, d'antilopes, d'autruches et de perroquets. La girafe, le zèbre et le quagga paraissent appartenir exclusivement à cette partie du monde. L'on y trouve les espèces les plus variées de palmiers, le cafier, la canne à sucre, le cotonnier, l'ébénier, l'aloès, la gomme, des épices et des aromates, de l'indigo et du bois de teinture, en grande quantité. Les plantes alimentaires de l'Afrique sont le froment, le maïs, le riz, les dattes, les bananes, des espèces de millet et, en général, les fruits méridionaux. Le règne minéral y produit de l'or, de l'argent, du cuivre, du fer, de la houille, du sel, de l'ammoniac, mais point de pierres précieuses.

Il est impossible de déterminer le chiffre de la population de l'Afrique ; la principale partie de ses habitants appartient à la race *éthiopienne* ou race des *Nègres* ; au nord se trouvent aussi, répandues en grand nombre, des *familles caucasiennes* d'origine arabe. Celles-ci, ainsi que les familles qui habitent au N. du 10° lat. boréale, professent l'islamisme, tandis que le fétichisme est la religion dominante de la plus grande partie des autres peuplades. L'Abyssinie contient des habitants appartenant à une secte chrétienne ; des juifs se trouvent également répandus sur le sol de l'Afrique ; leurs rites diffèrent de ceux de leurs coréligionnaires d'Europe, et il est probable que leur émigration dans cette contrée remonte bien au-delà de la destruction de Jérusalem, peut-être bien à la sortie d'Egypte. Dans la plus grande partie des pays de la côte, dans le Soudan, dans l'Abyssinie, etc., on se livre à l'agriculture ; l'éducation des bestiaux est la principale ressource de ce dernier pays et de la Nigritie ; l'on s'y livre aussi fort activement au commerce, et ce n'est que sur les côtes que celui-ci se trouve entre les mains des Européens. Il y a des foires régulières à Kouka, à Kano, à Sackatou et à Tombouctou, pour le commerce qui s'y fait par le moyen des caravanes, et l'on se sert, à défaut d'argent monnayé, de coquillages, de morceaux de toile, de toiles en coton, de sel et de fausses perles. L'industrie est de bien peu d'importance en Afrique ; l'on fabrique cependant à Bournou des étoffes de soie, et dans la Nigritie, il y a des tanneries, des teintureries, des fabriques de toile, de poterie et de coutellerie ; il arrive même de l'intérieur des bijoux en or que l'on y fabrique. Les peuplades arabes et mahométanes ont une organisation militaire très-régulière ; mais les autres peuplades, telles que les Nègres-Gallas, les Boijémans, les Cafres, etc., sont sauvages et vivent de la chasse. L'on ne connaît que bien peu de chose de la constitution politique des états africains. A en juger par ce que nous savons sur l'organisation des pays des côtes, ils doivent être régis plus ou moins despotiquement.

Avant de terminer, nous allons faire connaître les possessions des puissances européennes en Afrique ; elles ne forment pas une région géographique, mais plusieurs divisions politiques très-inégales et très-morcelées. Plusieurs des établissements qui appartiennent aux Européens, surtout ceux de la côte de Guinée, ont beaucoup perdu de leur importance, depuis que la traite des Nègres est défendue. On évalue à plus de quarante millions le nombre des Nègres qui, pendant trois siècles et demi, ont été pris sur ces côtes et transportés en Asie et surtout en Amérique. Nous réunirons sous les dénominations d'*Afrique ottomane*, d'*Afrique française*, d'*Afrique portugaise*, etc., tout ce que l'empire Ottoman, le Portugal, la France et d'autres puissances européennes, possèdent dans cette partie du monde.

Afrique ottomane. Toute l'Égypte proprement dite ; dans le désert de Lybie, la Grande-Oasis, la Petite, celles de Dakhel, de Farafreh et de Syouah, les lacs de Natron ; dans la Nubie, le royaume de Sennaar, les pays de Halfay, de Chendy, de Damer, de Barbar, des Chaykyé, de Dongolah, de Mahas, de Sokkot, d'Ouady-el-Hadjar et des Barabras. A l'O., dans les pays situés entre le Nil, le Tacazzé ou Atbarah et la mer Rouge, et qui prennent en partie le nom de désert de Nubie ; outre Suez et Cosséir, les vastes solitudes parcourues par des tribus arabes nomades, et dans lesquelles il se trouve quelques petites villes ou villages, presque tous situés sur les bords de la mer Rouge, et dont Souakim est la plus importante ; dans le pays du Bahr-el-Abiad, situé au S. de la Nubie et à l'O. de l'Abyssinie, le Kordofan, qui n'est qu'un assemblage de plusieurs petites oasis séparées par de vastes déserts ; dans le pays de Samara, côte maritime de l'Abyssinie, la ville de Massouah. Ces pays qui, à l'exception de l'Égypte, formaient presque tous, il y a peu d'années encore, des états indépendants, sont aujourd'hui soumis au vice-roi d'Égypte et relèvent par conséquent de l'empire Ottoman, dont ils doivent être considérés comme les vassaux. La Porte Ottomane tient en outre sous sa domination directe l'ancien état de Tripoli qui, depuis 1835, forme une province turque gouvernée par un pacha.

Afrique portugaise. Le gouvernement de Madère, comprenant le groupe de Madère; le gouvernement du cap Vert, composé de l'archipel du cap Vert et de la partie continentale; le gouvernement de San-Thomé et Do Principe, îles situées dans le golfe de Guinée; celui d'Angola, comprenant une grande partie du Congo, dans la Nigritie; et le gouvernement de Mozambique, comprenant une partie considérable de la région de l'Afrique orientale. En tout cinq gouvernements, indépendants les uns des autres, et très-inégaux pour la surface et la population.

Afrique anglaise. 1º Les établissements dans la Nigritie et sur les îles de l'Océan Atlantique, comprenant les colonies de la Sénégambie, composées de la ville de Bathunt, sur l'île Ste.-Marie, et des comptoirs de Vingtain, Jonkakonda et Pisania, qui en dépendent; les établissements de Sierra-Leone, où l'on remarque les villes de Freetown et de Regentstown; ceux de la côte d'Or et de la côte des Esclaves, ne consistant tous, à l'exception du cap Corse, qu'en de petits forts insignifiants; les établissements dans les îles de l'Océan Atlantique, qui sont Fernando-Po, l'Ascension, Ste.-Hélène et Tristan d'Acunha. 2º Les établissements dans l'Afrique australe, comprenant la colonie du cap de Bonne-Espérance; et 3º les établissements sur les îles dans l'Océan Indien, comprenant l'île Maurice (ancienne île de France), l'île Rodriguez, les îlots de Diego-Garcia et d'Agalega, le groupe des îles Seychelles, le groupe des îles Amirantes, l'île de Socotara, et enfin le port Louquez dans l'île de Madagascar.

Afrique française. L'Algérie (*Voyez* ALGER, régence). Les établissements dans la Sénégambie, divisés en deux arrondissements: celui de St.-Louis, qui comprend l'île de St.-Louis et celles de Babagué, Safal et Ghimbar, formées par le Sénégal; les divers établissements sur ce fleuve, tels que Kanou, Makama ou St.-Charles, Bagel, Dagana et Faf; les escales ou lieux de marché le long du Sénégal, où se traite la gomme; enfin la partie de la côte qui s'étend depuis le cap Blanc jusqu'à la baie d'Iof; l'arrondissement de Gorée, qui comprend, avec l'île de Gorée, toute la côte depuis la baie d'Iof jusqu'à la Gambie; les établissements dans l'Océan Indien, comprenant l'île Bourbon et l'île Ste.-Marie.

Afrique espagnole. Elle se compose de l'archipel des Canaries et de quatre forteresses situées dans l'empire de Maroc, et que les Espagnols appellent Presidios; elles servent de lieu de déportation pour les criminels. Ces Presidios sont Ceuta, Penon-de-Velez, Alhucemas et Melilla.

Afrique hollandaise. Les possessions de la Hollande ne consistent que dans quelques forts insignifiants sur la côte d'Or. Ce sont, dans le royaume d'Ahanta, les forts Antonius, Hollandia, jadis nommés Friedrichsbourg, et deux autres près d'Akhouna et de Taccorary, et les forts Orange et Sébastien; dans la république de Fanti, les forts Vredenburg, Elmina ou St.-George de la Mina, Nassau, Leydsamheyde ou Apam et le fort près de Seniah; enfin, dans le royaume d'Accra, le fort Crève-Cœur et la ville d'Elmina.

Afrique danoise. Les possessions du Danemark ne consistent également que dans quelques petits forts situés sur les côtes d'Or et des Esclaves, et qui sont, dans le royaume d'Incran, le fort de Christiansbourg; dans le pays d'Adampi, les forts Friedensbourg, Adda et Kœninstein; enfin, dans le pays de Crépi, le fort Binzenstein.

Nous ajouterons encore que la société de colonisation des États-Unis a fondé en 1821, dans la Guinée, à l'E. du cap de Mesurado, un petit établissement appelé *Liberia* (*voyez* ce nom), et qu'un autre établissement de ce genre a été fondé dans la Nigritie maritime, près du cap Palmar, par le Maryland. Enfin les îles Quiloa, Pemba et Zanzibar et les villes de Patta et Lamo, toutes situées le long de la côte orientale d'Afrique, dépendent de l'iman de Mascate, et sont par conséquent des possessions arabes.

Nous renvoyons, pour des détails plus développés sur cette partie du monde, aux noms des pays, villes, fleuves, etc., qui s'y trouvent.

AFTAN. *Voyez* ARABIE.

AFVESTAD ou AVESTA, AWESTAD, b. du roy. de Suède, dans la Dalécarlie, dist. de Kopparberg, sur la Dal-Elf; mines de cuivre avec affinage; fabriques d'ouvrages en cuivre; monnaie, dans laquelle on monnaya, depuis 1715 jusqu'à 1792, 80 millions d'écus en grosse monnaie; pop. 800 hab.

AGABENI ou AGUBENI, g. a., peuple de l'Arabie Déserte, non loin des montagnes de l'Arabie Heureuse.

AGABLY, autrefois BOUDA, v. du grand désert de Sahara et capitale du pays de Touat, entre Tripoli et Tombouctou. Les habitants sont Touariks, branche issue des Collouwis.

AGADES ou AGHADES, oasis considérable, bien cultivée et bien arrosée, dans la partie occ. du désert de Sahara, roy. d'Asben, bornée à l'E. par le pays de Bournou et habitée par des Touariks.

AGADES ou AGHADES, v. d'Afrique, dans le grand désert de Sahara et l'oasis du même nom, capitale du roy. d'Asben, sur la route de Mourzouh à Kaschna, à 47 journées de la première ville et à 20 journées de la seconde. Ses environs sont fertiles et riches en bons pâturages; on y recueille de la manne et du séné; commerce considérable de bœufs, de moutons et de sel; pop. 30,000 hab.

AGADIR ou AGUER, AGHER, autrefois

Gurtguessem, aujourd'hui nommée ordinairement Sainte-Croix, pet. v. fortifiée sur la côte N.-O. de l'Afrique, emp. de Maroc, prov. de Sus, sur la riv. de Sus et sur le sommet d'une montagne escarpée, près du cap Gher, à 55 l. S.-O. de Maroc. Son port est le meilleur du pays; pop. 5000 hab., dont la plupart juifs.

AGÆ, g. a., pet. v. maritime de Cilicie, dans l'Asie Mineure.

AGÆTE, b. de la côte N.-O. de l'île de Ténériffe.

AGAGA, g. a., v. et roy. en Éthiopie.

AGAJANAKSICH ou **Agajanakisch**, une des plus grandes des îles Renards, au S. de la presqu'île d'Alaschka, au N.-O. de l'Amérique septentrionale.

AGALEGA ou **Galega**, deux pet. îles stériles de l'Océan Indien, entre l'Isle-de-France et les îles Séchelles.

AGA-LIMAN ou **le Port de l'Aga**, baie de la Turquie d'Asie, à 2 l. S.-E. de Selefkeh; elle est défendue par un fort mal construit et mal armé.

AGAMA, port sur la côte sept. de l'île de Chypre, à 9 l. N. de Baffa.

AGAMÉ ou **Agowa**, dist. élevé et fertile de l'Abyssinie, pays de Tigré.

AGAMEDE, g. a., v. de l'île de Lesbos, non loin de Pyrrha.

AGAMOS, g. a., v. du Pont, dans l'Asie Mineure, non loin d'Héraclée.

AGANA, v. de l'île de Guabam (Guam), dans l'archipel des îles Mariannes ou Carolines, dans une situation agréable; pop. 800 hab.

AGANIPPE, g. a., fontaine sur l'Hélicon, en Béotie; elle était consacrée aux Muses.

AGAPIA, v. de la Turquie d'Europe, principauté de Moldavie, à 3 l. S. de Niemecz.

AGARA, v. de l'Afrique, désert de Sahara, pays des Touariks.

AGARRA, g. a., v. de Perse, dans la prov. appelée, de nos jours, Chusistan, non loin de Suze.

AGARSEL, g. a., endroit de la prov. de Tripoli, en Afrique, près du lac Tritonis.

AGASSA, g. a., v. de Macédoine, sur les frontières de Thessalie.

AGASSAC, vg. de Fr., dép. de la Haute-Garonne, arr., à 8 l. N.-N.-E. de St.-Gaudens, cant. et poste de l'Isle-en-Dodon; pop. 450 hab.

AGASSAS, ham. de Fr., dép. de Lot-et-Garonne, arr. de Marmande, cant. de Castelmoron, com. de La Bretonnie, poste de Tourcins; pop. 30 hab.

AGASSENS (la Grange d'), ham. de Fr., dép. de l'Aude, arr. de Castelnaudary, cant. et poste de Salles-sur-l'Hers, com. de Payra; pop. 27 hab.

AGASSER, ham. de Fr., dép. du Var, arr. de Toulon-sur-Mer, cant. d'Ollioules, com. de Sixfours, poste de la Seyne; pop. 60 hab.

AGASUS, g. a., port d'Apulie, aux environs du cap Garganum.

AGATHA (Santa-), pet. v. des états sardes, principauté du Piémont, dans la prov. de Novare, non loin de Verceil.

AGATHA (Santa-), b. du grand-duché de Toscane, compartiment de Florence, sur le Sornecchio.

AGATHA (Santa-), b. des états de l'Église, délégation d'Urbino et Pesaro, à 8 l. O. d'Urbino.

AGATHA (Santa-), vg. du roy. de Naples, dans la prov. de la Terre de Labour, près de Sessa; c'est là que sont les ruines de Minturne et celles d'un vaste amphithéâtre.

AGATHA (Santa-), b. du roy. de Naples, dans la prov. de Capitanate, à 2 l. S. de Bovino, sur la mer.

AGATHA-DI-GOTHI (Santa-), *Agathopolis*, pet. v. du roy. de Naples, dans la prov. de la Principauté Ultérieure, sur l'Isclero, à 5 l. E. de Capoue et à 5 l. S.-O. de Bénévent; évêché; pop. 4500 hab.

AGATHA-NUOVA (Santa-), b. du roy. de Naples, dans la prov. de la Calabre Ultérieure I, à 2 l. S.-E. de Reggio, sur une colline des Apennins, non loin du phare de Messine; filatures de coton; pop. 1300 hab.

AGATHA-VECCHIA (Santa-), b. du roy. de Naples, dans la prov. de la Calabre Ultérieure I, non loin de Reggio.

AGATHE (Sainte-), ham. de Fr., dép. du Gers, arr. de Lombez, cant. de Cologne, com. d'Encausse et poste de l'Isle-en-Jourdain; pop. 272 hab.

AGATHE (Sainte-), ham. de Fr., dép. de la Meurthe, arr. de Lunéville, cant. et poste de Blamont, com. d'Ancervillers; pop. 15 hab.

AGATHE (Sainte-), ham. de Fr., dép. de la Moselle, arr., cant. et poste de Metz, com. de Woippy; pop. 10 hab.

AGATHE D'ALIERMONT (Sainte-), vg. de Fr., dép. de la Seine-Inférieure, arr., 4 l. N.-N.-O., et poste de Neufchâtel-en-Bray, cant. de Londinière; pop. 350 hab.

AGATHE-EN-DONZY (Sainte-), vg. de Fr., dép. de la Loire, arr., à 7 l. S.-S.-E. de Roanne, cant. de Néronde, et poste de St.-Symphorien-de-Lay; pop. 320 hab.

AGATHE LA BONESSE (Sainte-), vg. de Fr., dép. de la Loire, arr., à 3 l. N. de Montbrison, cant. et poste de Bœn; pop. 400 hab.

AGATHENBOURG, vg. du roy. de Hanovre, dans le duché de Brémen, à 1 l. S.-E. de Stade.

AGATHŒLIS INSULÆ, g. a., groupe de petites îles, sur la côte d'Afrique, à l'O. de l'île de Dioscorides.

AGATHON ou **Agatton**, **Gatto**, v. commerciale du roy. de Bénin, en Afrique, sur la rive droite du Rio-Formoso, à 20 l. de son embouchure; grand marché d'esclaves.

AGOTHON, b. sur la côte septentrionale

de l'île de Chypre, avec des bois de cyprès et d'orangers, à 7 l. N.-E. de Nicosie.

AGATHON (Saint-), vg. de Fr., dép. des Côtes-du-Nord, arr., cant., à 1/2 l. E., et poste de Guincamp; pop. 950 hab.

AGATHONISI, île de l'archipel Grec, dépendante de la Turquie d'Asie, et située à 5 l. S. de l'île de Samos.

AGATHONIS INSULA, g. a., île d'Égypte, sur la côte O. du golfe Arabique.

AGATHOS DÆMON, g. a., bras occ. du Nil, se jette dans la mer, entre Alexandrie et Rosette.

AGATHYRNA, g. a., v. sur la côte N. de Sicile, entre Tyndaris et Calacta, non loin d'Aluntium.

AGATHYRSI, g. a., peuple qui habitait la province, appelée de nos jours Transylvanie.

AGAUS, peuplade d'Afrique, en Abyssinie.

AGAY, *Agathenæ portus*, petit port et rade de Fr. sur la Méditerranée, dép. du Var, arr., cant. et poste, à 2 l. de Fréjus, com. de St.-Raphael. Il est protégé par les forts Dagny et de Darmont; pop. 30 hab.

AGAZAGA, g. a., v. de Perse, dans la prov. de Paropamisus.

AGAZIANES (les), peuplade d'Afrique, en Abyssinie.

AGBIENSIUM MUNICIPIUM, g. a., v. d'Afrique, non loin de Tucca.

AGBOMÉ, roy. *Voyez* DAHOMEY.

AGDAH, b. riche d'Asie, dans la Perse, prov. de l'Irac, à 33 l. d'Ispahan; situé dans une contrée fertile en grains, garance, coton et dattes; les chèvres y fournissent un poil très-estimé pour la fabrication des shawls.

AGDAMIA, g. a., v. de la Phrygie.

AGDE, *Agatha*, v. de Fr., dép. de l'Hérault, arr., à 5 l. E. de Béziers, à 10 l. S.-O. de Montpellier et à 1 l. de la Méditerranée, sur la rive gauche de l'Hérault, et près d'une des ouvertures du canal Royal dans l'étang de Thau; chef-lieu de cant., poste aux lettres, tribunal de commerce et bourse, chambre de prud'hommes, collége communal. Ce port, favorable au commerce par sa situation, a une école de navigation et des chantiers de construction; il reçoit environ 1200 navires par an. Cabotage très-actif. Fabriques de savon, de verdet et d'eau-de-vie; commerce en vins, grains, laines, etc. Entrepôt de sels. Il s'y tient annuellement une foire de trois jours le 9 août. Dans la chapelle Notre-Dame-de-Gruau, située près de la ville, on voit le tombeau du duc de Montmorency, grand connétable, mort en 1614; pop. 9000 hab.

AGDIS, g. a., mont. de Mysie, s'étendait depuis la Phrygie jusqu'à Pessinus; célèbre pour avoir été consacrée à Cybèle. C'est là que la fable place Deucalion et Pyrrha qui repeuplèrent le monde après le déluge, en jetant derrière eux des pierres qui se métamorphosaient en hommes ou en femmes, selon qu'elles provenaient de Deucalion ou de Pyrrha.

AGÉA, ham. de Fr., dép. du Jura, arr., à 7 1/2 l. S. de Lons-le-Saulnier, cant. et poste d'Arinthod, com. de Légna; pop. 150 hab.

AGEL ou **AKIL**, v. de la Turquie d'Asie, dans la Mésopotamie, paschalik de Diarbékir, dans une contrée très-montagneuse, près des sources du Tigre.

AGEL, vg. de Fr., dép. de l'Hérault, dans le Languedoc, arr., à 7 1/2 l. S.-S.-E. de St.-Pons, cant. et poste de St.-Chinian; pop. 400 hab.

AGELUN, pays de la Syrie, à l'E. du Jourdain et de la mer Morte, avec une petite ville du même nom, près du Jourdain, à 14 l. S.-E. d'Acre, 17 l. N.-E. de Jérusalem; résidence d'un pacha; beaux jardins.

AGEN, *Agenus*, *Agennum*, *Agenno*, v. de Fr., chef-lieu du dép. de Lot-et-Garonne, sur la rive droite de la Garonne, à 30 l. S.-E. de Bordeaux, à 8 l. N.-E. de Condom; 159 l. S.-S.-O. de Paris par Limoges, et 183 l. par Bordeaux; poste; cour royale, dont ressortissent les départements du Gers, du Lot et de Lot-et-Garonne; cour d'assises, tribunal de première instance et de commerce, conservation des hypothèques, etc.; évêché suffragant de Bordeaux, grand et petit séminaire; société des sciences, bibliothèque publique, collége communal; salle de spectacle; bains; voitures à vapeur de Bordeaux à Toulouse.

Du temps des Romains, elle était le siége d'un prétoire, et des ruines de constructions romaines attestent encore à nos yeux la présence dans Agen des vainqueurs de l'univers. Les chrétiens y subirent une grande persécution, à l'occasion de laquelle on montre encore un trou, dit le Tombeau des Martyrs; chapelles et cellules taillées dans le roc. Elle est la patrie de l'historien Sulpice Sévère, surnommé le Salluste chrétien, qui vivait au cinquième siècle; de Jos. Scaliger, scoliaste célèbre, né en 1540; du continuateur de Buffon, Lacépède, né le 26 décembre 1756, mort le 6 octobre 1825. Charlemagne y remporta une victoire sur le roi africain Ægoland. La ville n'est pas jolie, et les seuls édifices remarquables y sont la basilique de St.-Caprais, l'hôtel de la préfecture et l'hôpital St.-Jacques. Fabriques de serges, ras, toiles à voiles, indiennes, molletons, couvertures; chaudronnerie, tanneries et teintureries estimées. Agen annuellement deux foires principales : le premier lundi de juin et le deuxième lundi de décembre. Les environs de cette ville produisent du vin, du grain et du chanvre et surtout des fruits secs; on y élève beaucoup de bestiaux; pop. 13,399 hab.

AGEN, vg. de Fr., dép. de l'Aveyron, arr., à 2 l. E.-N.-E., et poste de Rhodez, cant. de Poste-de-Salars; pop. 710 hab.

AGENCOURT, vg. de Fr., dép. de la Côte-d'Or, arr. et à 4 l. N.-E. de Beaune, cant. et poste de Nuits; pop. 160 hab.

AGENOIS (l'), contrée de Fr., dans la Guyenne, ainsi nommée de sa capitale Agen, comprise aujourd'hui dans le département de Lot-et-Garonne. Charles V, roi de France, la réunit à la couronne.

AGENS, ham. de Fr., dép. de l'Aveyron, arr. et poste de Villefranche-de-Rouergue, cant. de Rieupeyroux, com. de Vabre; pop. 40 hab.

AGENVILLE, vg. de Fr., dép. de la Somme, arr., à 5 l. O. de Doullens, cant. et poste de Bernaville; pop. 250 hab.

AGENVILLERS ou **AGENVILLIERS**, vg. de Fr., dép. de la Somme, arr., à 3 l. N.-E., et poste d'Abbeville, cant. de Nouvion-en-Ponthieu; pop. 530 hab.

AGER, b. d'Espagne, principauté de Catalogne, à 5 l. N. de Balaguer, à 8 l. N.-N.-E. de Lérida; il est défendu par une citadelle.

AGERENTHAL ou **GERENTHAL**, vallée de Suisse, dans le Haut-Valais, traversée par l'Élan.

AGEROLA, pet. v. du roy. de Naples, Principauté Citérieure, à 4 l. O. de Salerne, siége d'un évêché; pop. 2200 hab.

AGERT, ham. de Fr., dép. de l'Ariège, arr. de St.-Hirons, cant. et poste de Castillion, com. de Balaguères; pop. 185 hab.

AGESINATES ou **CAMBOLECTRIAGESINATES**, g. a., peuple de la Gaule aquitanique, voisins des Pictavi (Poitevins), sur l'Océan Atlantique, partie S.-O. du dép. de la Vendée.

AGEUX (les), vg. de Fr., dép. de l'Oise, arr., à 4 l. E.-S.-E. de Clermont, cant. de de Liancourt, poste et à 3/4 l. de Pont-Ste.-Maxence; commerce de grains, chanvre et bois; il s'y trouve de belles prairies; pop. 270 hab., y compris ceux du hameau de Longneau.

AGEUX (bois d'), ham. de Fr., dép. de l'Oise, arr. de Compiègne, cant. d'Estrées-St.-Denis, poste de Verberie, com. de Longueil-Ste.-Marie; pop. 90 hab.

AGEVILLE, vg. de Fr., dép. de la Haute-Marne, arr., à 4 l. E. de Chaumont-en-Bassigny, cant. et poste de Nogent-le-Roi; pop. 480 hab.

AGEY, vg. de Fr., dép. de la Côte-d'Or, arr., à 6 l. O. de Dijon, cant. et poste de Someron; pop. 500 hab.

AGFOUN, v. de la Haute-Égypte, prov. de Thèbes, sur la rive gauche du Nil.

AGGECHE, nom que donnent les Mahics au pays des Achantis en Guinée.

AGGER, g. a., île d'Égypte.

AGGER, riv. de la Prusse-Rhénane, prov. de Juliers, Clèves et Berg, régence de Cologne; elle se jette dans la Sieg, au-dessous de Siegbourg.

AGGER, riv. des états autrichiens, qui se jette dans la Traun.

AGGERHUUS ou **CHRISTIANIA**, *Aggerhusia Præfectura*, la plus fertile, la plus étendue et la plus peuplée de toutes les provinces de la Norwège, dont elle forme la partie S.-E. Sa superficie est de 1587 l. c. sur une longueur de 120 et sur une largeur de 40-45. Elle est bornée au N. par les monts Dovrefjeld, qui la séparent de la province de Drontheim, à l'E. par la Suède, au S. par le Cattégat, et à l'O. par les provinces de Christiansand et de Bergen, dont les monts Langfjeld la séparent en partie; elle est arrosée par la rivière de Drammen. Son sol est généralement ingrat, en grande partie couvert de lacs, de rivières et de montagnes, et le climat rigoureux; les forêts, les mines d'argent, de cuivre, de fer, de cobalt, d'alun et de sel font la principale richesse du pays; beaucoup de verreries, de tanneries et de scieries, de là, exportation considérable de bois, travaillé en poutres, planches, etc., de goudron, de fonte, de fer, de suif, de peaux et de fourrures; on y élève de bons chevaux; pop. 500,000 hab.

AGGERHUUS, ancienne citadelle de la ville de Christiania, dans la Norwège, située sur un petit promontoire, au S. de la ville, sur le Christiansfiord; elle a été rasée en 1815.

AGGEROUD, pet. v. de la Basse-Égypte, à 3 l. N.-O. de Suez.

AGGERSOE, pet. île du Grand-Belt, dans le Danemark, au S. de Corsoër.

AGGIUL-FELIANOL, pet. v. épiscopale de la Natolie, non loin de la rivière de Madre.

AGGIUS, v. de l'île de Sardaigne, intendance générale à 12 l. N.-E. de Sassari.

AGGSBACH, b. des états autrichiens, archiduché d'Autriche, gouv. de la Basse-Autriche, cer. supérieur du Wienerwald, sur le Danube, à 5 l. O. de St.-Pölten.

AGHADES. *Voyez* AGADES.

AGHADOÉ, v. du roy. d'Irlande, dans la prov. de Munster, comté de Kerry, au N. du lac de Killarney; autrefois siège d'un évêché.

AGHADYP, v. de l'Indoustan, dans la présidence du Bengale; on y adore une image de Krichna qui y est en grande vénération.

AGHAL-GORI, pet. v. de la Russie d'Asie, dans la prov. de Géorgie, sur le Ksani, et dans une vallée où il y a des mines de fer.

AGHAROÉ, b. du roy. d'Irlande, dans la prov. de Leinster, comté de la Reine, à 4 l. S.-O. de Marycorough; il s'y tient deux foires par an; pop. 4500 hab.

AGHENISH, b. du roy. d'Irlande, dans la prov. de Munster, comté et à 7 l. O. de Limerick, sur le Shannon.

AGHER, *Agbera*, b. du roy. d'Irlande, dans la prov. d'Ulster, comté de Tyrone, envoie deux députés au parlement.

AGHIA-POURA, v. de l'Indoustan, présidence du Bengale, à 23 l. N.-O. de Kelek.

AGHIOLINDI, b. du roy. de Grèce, dans la Morée, nomos de Laconie, à 4 l. S. de Napoli-di-Malvoisie.

AGHIOMANA ou **AGIOMANA, AJOMANA,** OLYNTHE, v. de la Turquie d'Europe, dans la prov. de Macédoine, à 15 l. S.-E. de Salonique, sur le golfe de Cassandrie.

AGHRIM, vg. d'Irlande, dans la prov. de Connaught, comté et à 12 l. E. de Galway, célèbre par la victoire des Anglais sur les partisans de Jacques II, commandés par St.-Ruth, qui y fut tué; pop. 1691 hab.

AGIA ou **HAGIA, YENIDGE-FENER,** *Dium*, v. de la Turquie d'Europe, dans la prov. de Thessalie, à l'E. de Larisse, au pied du mont Ossa, au milieu d'une plaine fertile. La population se compose d'environ 800 familles chrétiennes.

AGIALEA ou **AIGIALEA**, éptarchie du roy. de Grèce, dans le nomos d'Achaïe ou d'Élis, sur la côte méridionale du golfe de Lépante; il comprend le dist. de Vostizza.

AGIANI, b. du roy. de Grèce, sur la Rufia, dans le nomos de Messénie, éptarchie d'Olympie.

AGIDUS, g. a., v. de l'île de Chypre, près d'Aphrodisium.

AGIL (Saint-), vg. de Fr., dép. de Loir-et-Cher, arr. à 7 l. N. de Vendôme, cant. et poste de Mondoubleau; pop. 680 hab.

AGINCOURT, vg. de Fr., dép. de la Meurthe, arr., cant., à 3 l. N.-E., et poste de Nancy; pop. 260 hab.

AGINNA, g. a., v. d'Ibérie, en Asie, sur la frontière de la Colchide.

AGION-OROS. *Voyez* ATHOS.

AGIOSTRATI, pet. île de l'archipel Grec, au S. de Stalimène.

AGIOT (l'), ham. de Fr., dép. de Seine-et-Oise, arr. de Rambouillet, cant. de Chevreuse, com. de la Verrière, et poste de Trappes; pop. 45 hab.

AGIRIA, g. a., v. de l'Espagne tarragonaise, au S.-E. de Bilbilis.

AGIRON, dist. de la partie occidentale de l'île de Corfou, dans la rép. des Sept-Iles Ioniennes.

AGIULAR, pet. v. d'Espagne, dans l'Andalousie, roy. de Cordoue; pop. 1800 hab.

AGIZIMBA, g. a., grand pays de l'intérieur de l'Afrique, au S. de l'Éthiopie. Les anciens n'en connaissaient que le nom; peut-être Monomotapa.

AGLA, g. a., v. de Palestine, sur la route d'Eleuthéropolis à Gaza.

AGLA, *Æglæ*, v. d'Afrique, dans l'empire de Maroc, roy. et à 6 l. N. de Fez, sur la rive droite du Guarga ou Gijarga, dans une contrée fertile et bien cultivée. On y vend des bestiaux, de la cire et du miel.

AGLAN, ham. de Fr., dép. du Lot, arr. de Cahors, cant. de Puy-l'Évêque, com. de Soturac, et poste de Fumel (Lot-et-Garonne); pop. 40 hab.

AGLAN, ham. de Fr., dép. de la Nièvre, arr., cant. et poste de Nevers, com. de Challuy; pop. 80 hab.

AGLAND, ham. de Fr., dép. de la Nièvre, arr., cant. et poste de St.-Saulge, com. de Bona; pop. 150 hab.

AGLAR. *Voyez* AQUILÉJA.

AGLASOUN, b. de la Turquie d'Asie, dans l'Anatolie, à 5 l. S. d'Isbartch; on y teint des étoffes.

AGLASTERHAUSEN, vg. du grand-duché de Bade, cer. du Bas-Rhin, bge de Mosbach; pop. 810 hab.

AGLIATÉ, vg. des états autrichiens, roy. Lombard-Vénitien, gouv. de Lombardie, dans la prov. et à 5 l. N. de Milan; pop. 200 hab.

AGLIÉ, b. des états sardes, principauté de Piémont, intendance générale de Novare, à 4 l. S.-O. d'Ivrée; château royal, dans lequel le roi fit déposer les antiquités, déterrées par ses ordres en 1825, dans une villa qui lui appartient, près des ruines de l'ancienne Tusculum, dans les états de l'Église; pop. 3240 hab.

AGLIO, ruines de la ville d'Elgidam, dans la campagne de Rome.

AGLISH, vg. d'Irlande, dans la prov. de Munster, comté de Waterford, à 3 l. O. de Dungarvan.

AGLY ou **LA GLY**, pet. riv. de Fr., qui prend sa source dans le département de l'Aude et se jette dans la Méditerranée, après avoir arrosé St.-Paul, Estagel et Rivesaltes; son cours, qui n'a que 16 l., sert au flottage du bois.

AGMAT ou **AGMET**, v. d'Afrique, dans l'empire et à 12 l. S.-E. de Maroc, sur la pente occidentale de l'Atlas; défendue par un château fort; jadis considérable et bien peuplée; pop. 6000 hab., parmi lesquels beaucoup de juifs.

AGMÉ ou **AYMÉ, AYMET**, vg. de Fr., dép. de Lot-et-Garonne; arr., cant. à 4 l. E. de Marmande et poste de Tonneins; pop. 550 hab.

AGMONDESHAM, pet. v. d'Angleterre, comté de Buckingham, à 10 l. N.-O. de Londry, avec une église remarquable par son architecture gothique, un hôtel de ville élégant, des fabriques de toiles, de coton et de dentelles, un marché hebdomadaire et deux foires annuelles; deux députés au parlement; pop. 3000 hab.

AGNA, g. a., riv. de la Mauritanie tingitane.

AGNAC, ham. de Fr., dép. de l'Aveyron, arr., cant. à 1 1/4 l. O. et poste de Rodez, com. de Vors-de-Rodez; pop. 67 hab.

AGNAC, ham. de Fr., dép. de l'Aveyron, arr. de Villefranche-de-Rouergue, cant. et poste d'Aubin, com. de St.-Parthem; pop. 150 hab.

AGNAC, vg. de Fr., dép. de Lot-et-Garonne, arr. à 8 l. N. de Marmande, cant. de Louzun et poste de Miramont; pop. 750 hab.

AGNADEL ou **AGNADELLO**, *Agniadellum*, b. des états autrichiens, roy. Lombard-Vénitien, gouv. de Lombardie, dans la prov. et à 3 l. N. de Lodi, à 9 l. E. de Milan, sur un canal entre l'Adda et le Sério, célèbre par la victoire complète que Louis XII, roi de France, y remporta sur les Vénitiens, le 14 mai 1509, et par la bataille que le duc de Vendôme y gagna sur le prince Eugène, le 16 août 1705; pop. 1800 hab.

AGNAN (Saint-), vg. de Fr., dép. de l'Aisne, arr., à 3 1/2 l. E., et poste de Château-Thierry, cant. de Condé-en-Brie; pop. 370 hab.

AGNAN (Saint-), b. de Fr., dép. de la Charente-Inférieure, arr., à 2 3/4 l. N.-E. de Marennes, chef-lieu de cant. et poste de Rochefort-sur-Mer; pop. 1200 hab.

AGNAN (Saint-), ham. de Fr., dép. de la Dordogne, arr. de Périgueux, cant. et com. d'Hautefort et poste d'Excideuil; pop. 100 hab.

AGNAN (Saint-), ham. de Fr., dép. du Gers, arr., cant. et poste de Condom, com. de Larromieu; pop. 20 hab.

AGNAN (Saint-), ham. de Fr., dép. de la Gironde, arr., cant., com. et poste de la Réole; pop. 20 hab.

AGNAN (Saint-), ham. de Fr., dép. du Lot, arr. de Cahors, cant. et poste de Montcuq, com. de Valprionde; pop. 50 hab.

AGNAN (Saint-), ham. de Fr., dép. de Lot-et-Garonne, arr. et poste de Villeneuve-sur-Lot, cant. et com. de Penne; pop. 120 hab.

AGNAN (Saint-), ham. de Fr., dép. de la Moselle, arr. de Thionville, cant. et poste de Longuyon, com. de Grand-Tailly; pop. 10 hab.

AGNAN (Saint-), ham. de Fr., dép. de la Moselle, arr. et poste de Metz, cant. de Pange et com. d'Ogy; pop. 40 hab.

AGNAN (Saint-), b. de Fr., dép. de Saône-et-Loire, arr., à 5 l. O. de Charolles, cant. et poste de Digoin, sur la Loire; pop. 1700 hab.

AGNAN (Saint-), ham. de Fr., dép. de Seine-et-Oise, arr. de Mantes, cant. et poste d'Houdan, com. de Gambais; pop. 15 hab.

AGNAN (Saint-), ham. de Fr., dép. de la Somme, arr. et poste de Montdidier, cant. d'Ailly-sur-Noye, com. de Grivesnes; pop. 300 hab.

AGNAN (Saint-), vg. de Fr., dép. du Tarn, arr., cant., à 3 l. O., et poste de Lavaur; pop. 300 hab.

AGNAN (Saint-), ham. de Fr., dép. du Tarn, arr. de Castres, cant. et poste de Brassac, com. du Bez-de-Belfourte; pop. 36 hab.

AGNAN (Saint-), vg. de Fr., dép. de l'Yonne, arr., à 7 l. N.-O. de Sens, cant. de Pont-sur-Yonne, poste de Villeneuve-la-Guyard; pop. 350 hab.

AGNAN-DE-CERNIÈRES (Saint-), vg. de Fr., dép. de l'Eure, arr., à 4 l. S. de Bernay, cant. de Broglie et poste de Montreuil-l'Argillé; pop. 400 hab.

AGNAN-DE-COSNE (Saint-), ham. de Fr., dép. de la Nièvre, arr., cant., poste et com. de Cosne; pop. 120 hab.

AGNAN-DE-PONT-AUDEMER (Saint-), vg. de Fr., dép. de l'Eure, arr., cant., à 3/4 l. N., et poste de Pont-Audemer; pop. 200 h.

AGNAN-DE-SANDILLON (Saint-), ham. de Fr., dép. du Loiret, arr. d'Orléans, cant. et poste de Jargeau, com. de Sandillon; pop. 11 hab.

AGNAN-DE-SÉGUR (Saint-), ham. de Fr., dép. de l'Aveyron, arr. de Milhau, cant. de Vezins et poste de Pont-de-Salars, com. du Ségur; pop. 200 hab.

AGNAN-EN-CRAONOIS ou **AGNAN-SUR-ROÉ** (Saint-), vg. de Fr., dép. de la Mayenne, arr., à 3 1/2 l. O. de Château-Gontier, chef-lieu de cant. et poste de Craon; pop. 600 hab.

AGNAN-EN-MORVAN ou **AGNAN-LA-CHAPELLE** (Saint-), vg. de Fr., dép. de la Nièvre, arr., à 8 l. N. de Château-Chinon, cant. de Montsauche et poste de Saulieu (Côte-d'Or); pop. 650 hab.

AGNAN-EN-VERCORS (Saint-), vg. de Fr., dép. de la Drôme, arr., à 6 1/2 l. N., et poste de Dié, cant. de La-Chapelle-en-Vercors; pop. 1300 hab.

AGNAN-LE-MALHERBE (Saint-), vg. de Fr., dép. du Calvados, arr. à 6 l. S.-O. de Caen, cant. de Villers-Bocage et poste d'Aulnay-sur-Odon; pop. 400 hab.

AGNAN-SUR-ERRE (Saint-), vg. de Fr., dép. de l'Orne, arr., à 6 l. S.-S.-E. de Mortagne-sur-Huine, cant. du Theil et poste de Bellême; pop. 500 hab.

AGNAN-SUR-SARTHE (Saint-), vg. de Fr., dép. de l'Orne, arr., à 10 l. N.-E. d'Alençon, cant. de Courtomer et poste de Moulins-la-Marche; pop. 450 hab.

AGNANA ou **ANANA**, b. d'Espagne, dans la prov. basque d'Alava, à 5 l. O.-S.-O. de Vittoria; on y trouve des sources salées.

AGNANO, pet. v. du grand-duché de Toscane, compartiment et à 2 l. N.-E. de Pise; on trouve dans les environs une belle grotte et des sources minérales.

AGNANO, *Anianus Lacus*, lac du roy. de Naples, prov. et à 2 l. O. de Naples, dans un bassin charmant; il est formé par le cratère d'un ancien volcan. De temps en temps les eaux de ce lac, quoique froides, semblent être en ébullition. C'est sur ses bords que se trouvent les étuves de St.-Germain et la grotte du Chien, fameuse par ses exhalaisons dangereuses de gaze acide carbonique, qui donnent la mort à tous ceux qui y entrent. A 1/4 de lieue du lac est la vallée de Solfatara, dont l'intérieur est constamment en feu.

AGNANT (Saint-), vg. de Fr., dép. de la Creuze, arr., à 5 3/4 l. S.-E. d'Aubusson, cant. de Crocq et poste de La-Villeneuve; pop. 1100 hab.

AGNANT (Saint-), vg. de Fr., dép. de la Meuse, arr., à 3 l. N. de Commercy, cant. et poste de St.-Mihiel; pop. 350 hab.

AGNA-REVES, b. du Portugal, dans la prov. de Traz-os-Montes.

AGNAT, vg. de Fr., dép. de la Haute-Loire, arr., à 3/4 l. N. et poste de Brioude, cant. d'Auzon; pop. 800 hab.

AGNE, ham. de Fr., dép. de la Charente, arr. d'Angoulême, cant. et poste de Blanzac, com. d'Aignes; pop. 60 hab.

AGNE (Saint-), ham. de Fr., dép. de la Haute-Garonne, arr., cant., poste et com. de Toulouse.

AGNEAUX (les), vg. de Fr., dép. de la Manche, arr., cant., à 1/4 l. O. et poste de St.-Lô; pop. 900 hab.

AGNEAUX (les), ham. de Fr., dép. de Seine-et-Marne, arr. de Melun, cant. de Tournan, com. d'Ozouer-la-Ferrière et poste de la Queue-en-Brie; pop. 10 hab.

AGNEAUX (les), ham. de Fr., dép. de Seine-et-Oise, arr. de Rambouillet, cant. de Montfort-l'Amaury, com. d'Orgerus et poste de la Queue-Gallius; pop. 6 hab.

AGNELIERS (les), ham. de Fr., dép. des Basses-Alpes, arr., cant. et poste de Barcelonnette, com. d'Uvernet; pop. 150 hab.

AGNEREINS ou **AGNERINS**, vg. de Fr., dép. de l'Ain, arr., à 2 3/4 l. N. de Trévoux, cant. de St.-Trivier-sur-Moignans et poste de Montmerle; pop. 250 hab.

AGNERQ (Bas-), ham. de Fr., dép. des Basses-Alpes, arr. de Castellane, cant. et poste d'Entrevaux, com. de Castellet-les-Fausses; pop. 30 hab.

AGNERQ (Haut-), ham. de Fr., dép. des Basses-Alpes, arr. de Castellanne, cant., com. et poste d'Entrevaux; pop. 50 hab.

AGNERVILLE, vg. de Fr., dép. du Calvados, arr., à 4 1/2 l. O.-N.-O., et poste de Bayeux, cant. de Trévières.

AGNÈS, ham. de Fr., dép. de l'Aveyron, arr. de Milhau, cant. et poste de Laissac, com. de Vimenet; pop. 60 hab.

AGNÈS, ham. de Fr., dép. de l'Isère, arr. de la Tour-du-Pin, cant. de Crémieu, com. de St.-Baudille et poste de Mens; pop. 80 h.

AGNÈS ou **SAINTE-ANNE** (Sainte-), vg. de Fr., dép. du Doubs, arr., à 10 1/4 l. S. de Besançon, cant. d'Amancey et poste de Salins; pop. 150 hab.

AGNÈS (Sainte-), vg. de Fr., dép. de l'Isère, arr., à 4 l. E., et poste de Grenoble, cant. de Domène; pop. 950 hab.

AGNÈS (Sainte-), vg. de Fr., dép. du Jura, arr., à 3 l. S.-O. de Lons-le-Saulnier, cant. et poste de Beaufort; pop. 400 hab.

AGNÈS (Sainte-), pet. v. d'Angleterre, duché de Cornouailles, avec un port ensablé; pop. 5800 hab.

AGNÈS (Sainte-), île du groupe des Sorlingues, en Angleterre; phare, monuments druidiques.

AGNET (Saint-), vg. de Fr., dép. des Landes, arr., à 9 l. S.-E. de St.-Sever, cant. d'Aire-sur-l'Adour et poste de Garlin; pop. 400 hab.

AGNETEN, b. des états autrichiens, grand-duché de Transylvanie, pays des Saxons, sur le Rartbach, à 3 l. N.-O. de Grossschenck et à 4 l. N.-O. d'Hermannstadt; on y fait des ouvrages de pelleterie et de tonnellerie.

AGNETENBERG. *Voyez* ZWOLL.

AGNETENDORF, v. des états prussiens, dans la prov. de Silésie, rég. de Liegnitz, cer. d'Hirschberg, avec un château. Dans les environs on montre un bloc de granit, appelé la pierre ambulante, qui, selon la tradition vulgaire, doit déjà avoir plusieurs fois changé de place; pop. 700 hab.

AGNETS (les), ham. de Fr., dép. de l'Isère, arr. de Vienne, cant. et poste de la Verpillière, com. de Roche; pop. 160 hab.

AGNETZ, vg. de Fr., dép. de l'Oise, arr., cant., à 1/2 l. O., et poste de Clermont, à 14 1/4 l. de Paris. Prairies, vignes, bois; source d'eau vive; mines de houille et de pierre calcaire; belles maisons de campagne; tuileries; population, y compris onze hameaux environnants, 1500 hab.

AGNEZ, v. d'Afrique, au pied de l'Atlas.

AGNEZ-LES-DUISANS, vg. de Fr., dép. du Pas-de-Calais, arr., à 1 1/4 l. et poste d'Arras, cant. de Beaumetz-les-Loges; pop. 450 hab.

AGNICOURT, vg. de Fr., dép. de l'Aisne, arr. et à 8 l. N.-E. de Laon, cant. de Marle, poste de Montcornet; pop. 700 hab.

AGNIELLES-EN-BEAUCHÊNE, vg. de Fr., dép. des Hautes-Alpes, arr. et à 5 l. O. de Gap, cant. d'Aspres-les-Veynes, poste de Veynes. On y exploite des mines de houille; pop. 300 hab.

AGNIÈRES, vg. de Fr., dép. de la Somme, arr. et à 9 l. S.-O. d'Amiens, cant. de Poix, poste de Grandvilliers; pop. 460 hab.

AGNIÈRES-EN-DÉVOLUY, vg. de Fr., dép. des Hautes-Alpes, arr. et à 8 1/2 l. N.-N.-E. de Gap, cant. de St.-Etienne-en-Dévoluy, poste de Corps; pop. 500 hab.

AGNIÈRES-LÈS-AUBIGNY, vg. de Fr., dép. du Pas-de-Calais, arr. et à 6 3/4 l. de St.-Pol-sur-Ternoise, cant. et poste d'Aubigny; pop. 160 hab.

AGNIN, vg. de Fr., dép. de l'Isère, arr. et à 5 l. S. de Vienne, cant. de Roussillon, poste du Péage; pop. 740 hab.

AGNIN (Saint-), vg. de Fr., dép. de l'Isère, arr. et à 7 l. E. de Vienne, cant. de St.-Jean-de-Bournay, poste de Bourgoin; pop. 650 hab.

AGNO ou **ANIO**, *Clanius*, riv. du roy. de Naples, qui prend sa source dans la Principauté Ultérieure, traverse la Terre de Labour et se jette dans le golfe de Gaëte.

AGNO, b. de Suisse, dans le cant. de Tessin, chef-lieu du cercle du même nom, à 1 l. O. de Lugano, sur le lac; population, y compris celle de 10 villages et hameaux qui font partie de son arrondissement, 2500 hab.

AGNONE, pet. v. du roy. de Naples, prov. et à 4 l. N. de Molise et à 8 l. N.-O. de

Campo-Basso, près du mont Majello ; pop. 7500 hab., qui fournissent la meilleure chaudronnerie du royaume.

AGNOS, g. a., endroit de l'Attique, tirant son nom de la plante *Agnus Castus* qu'on y trouve en grande abondance.

AGNOS, vg. de Fr., dép. des Basses-Pyrénées, arr., poste et à 1 l. S. d'Oloron, cant. de Ste.-Marie d'Oloron ; pop. 430 hab.

AGNOTES, g. a., peuple de la Gaule, au N.-O. des Osimii, sur la côte de l'Océan (partie N.-O. du dép. du Finistère).

AGNY, vg. de Fr., dép. du Pas-de-Calais, arr., cant., poste et à 1 1/4 l. d'Arras ; pop. 1010 hab.

AGOA-DE-PAO, pet. v. de l'île St.-Michel, dans les Açores ; la vigne est la culture la plus importante de son territoire ; 1200 hab.

AGOAFRIA, pet. v. de l'emp. du Brésil, dans la prov. de Bahia.

AGOAS, v. de Portugal, dans la prov. d'Estramadure, à 4 l. N.-E. de Sétuval.

AGOBEL, *Victoria*, v. forte de l'emp. de Maroc, dans la prov. d'Héa, près de Tednest.

AGOBEL, pet. v. de la régence d'Alger, près d'Asar.

AGOF, fort d'Abyssinie, dans la prov. d'Angot, dans le pays des Gallas.

AGOGE, g. a., v. sur les frontières d'Éthiopie (Haute-Égypte).

AGOGNA, *Albona*, riv. des états sardes, dans le duché du Piémont ; elle se jette dans le Pô, à 2 l. N.-O. de Voghera.

AGOGNATA, b. des états sardes, dans la principauté du Piémont, dans la prov. de Novare, sur l'Agogna ; on y cultive beaucoup de riz ; pop. 1280 hab.

AGOLINIZZA, b. du roy. de Grèce, nomos de Messénie, éparchie d'Olympie, non loin du lac du même nom et de l'embouchure de la Rufia, dans le golfe d'Arcadie.

AGOLS, ham. de Fr., dép. de l'Aveyron, arr. d'Espalion, cant. de Montpeyroux, poste de Laguiole ; pop. 80 hab.

AGOMISCA, pet. île de l'Amérique septentrionale, sur les côtes de la Nouvelle-Galles (New-Wales), dans la baie de St.-James, entre l'embouchure du fleuve Albany et le cap Henriette-Marie.

AGON, pet. v. et port de Fr., dép. de la Manche, arr., poste et à 3 l. O. de Coutances, cant. de St.-Malo-de-la-Lande. On y fabrique des hameçons et on y fait des armements pour la pêche de la morue au banc de Terre-Neuve et le commerce des sapins du Nord ; pop. 1530 hab.

AGON, pet. île de Suède, préfecture d'Helsingland, avec un port sur le golfe de Bothnie.

AGONAC, vg. de Fr., dép. de la Dordogne, arr., poste et à 4 l. N. de Périgueux, cant. de Brantôme ; pop. 1750 hab.

AGONCILLO ou **ALGONCILLO**, b. d'Espagne, dans le roy. de la Vieille-Castille, prov. de Soria, à 2 l. E. de Logrono, au confluent du Léza et de l'Èbre.

AGONÈS, vg. de Fr., dép. de l'Hérault, arr. et à 1/2 l. N. de Montpellier, cant. et poste de Ganges ; pop. 120 hab.

AGONGES, vg. de Fr., dép. de l'Allier, arr. et à 4 l. O. de Moulins-sur-Allier, cant. et poste de Souvigny, pop. 750 hab.

AGONNA, dist. de la Haute-Guinée, dans l'état de Fantin, côte d'Or.

AGONNAY, vg. de Fr., dép. de la Charente-Inférieure, arr. et à 4 l. O.-S.-O. de St.-Jean-d'Angely, cant. et poste de St.-Savinien ; pop. 260 hab.

AGORA, b. des états autrichiens, dans le roy. Lombard-Vénitien, gouv. de Venise, prov. de Bellune, sur la Cordevole.

AGORA, pet. v. d'Abyssinie, dans le pays de Tigré ; grand péage pour le sel.

AGORA, g. a., ville de la Chersonèse de Thrace, au N.-O. de Gallipolis ; Xerxès y passa avec son armée pour envahir la Grèce.

AGORANIS, g. a., riv. de l'Inde entre Mago et Omalis, se jette dans le Gange.

AGORDO, b. des états autrichiens, dans le roy. Lombard-Vénitien, gouv. de Venise, prov. et à 5 l. N.-O. de Bellune ; son territoire est fertile et produit des fruits et des vins excellents ; on y trouve des mines de cuivre qui occupent 200 ouvriers ; soufre et vitriol.

AGOS, ham. de Fr., dép. des Landes, arr., poste et à 3 l. E. de Mont-de-Marsan, com. de Bougue ; pop. 50 hab.

AGOS, vg. de Fr., dép. des Hautes-Pyrénées, arr., cant., poste et à 1 l. N. d'Argelès ; pop. 250 hab.

AGOS, ham. de Fr., dép. des Hautes-Pyrénées, arr. de Bagnères-en-Bigorre, cant. et com. de Vieille-Aure, poste d'Arreau ; pop. 40 hab.

AGOSTA ou **AUGUSTA**, v. forte de l'île de Sicile, dans l'intendance et à 4 l. N. de Syracuse, avec un des plus grands et des meilleurs ports de toute l'île, à l'entrée du petit golfe d'Agosta, sur une presqu'île. Elle fut détruite en 1693 par un tremblement de terre qui la sépara de la terre ferme. Commerce assez considérable de vins, d'huile d'olive, de lin, de sel et de sardines. Dans les environs sont les cavernes remarquables de Timpa.

AGOSTA ou **LAGOSTA**, **ASTEWO**, pet. île de la mer Adriatique, sur les côtes de Dalmatie, au N.-O. de Raguse et au S. du lac ou canal de Cuzela. On y trouve le petit port de Porto avec 1000 hab.

AGOSTINHO (Capo), promontoire de l'Amérique méridionale, dans l'emp. du Brésil, prov. de Fernambouc, non loin d'Olinde.

AGOT, pet. île de Fr., sur les côtes de la Bretagne, dép. d'Ille-et-Vilaine, arr., cant., com. et poste de St.-Malo.

AGOUGES, pet. riv. d'Auvergne.

AGOULA, v. d'Afrique, dans la Sénégambie et le pays des Feloups-Biafares, à 8 l. O. de Géba.

AGOULIN (Saint-) vg. de Fr., dép. du Puy-de-Dôme, arr. et à 4 1/4 l. N. de Riom, cant. et poste d'Aigueperse ; pop. 400 hab.

AGOUNA, v. d'Afrique, dans la Guinée, côte d'Or; on y fait le commerce de la poudre d'or.

AGOUSA, pet. promontoire de l'île de Paros, dans l'archipel Grec.

AGOUT (l'), riv. de Fr., qui prend sa source au mont Carroux dans les Cévennes et le dép. de l'Hérault, traverse celui du Tarn en passant par Castres, Vielmur et Lavaur, et se joint au Tarn à 1 l. S.-O. de Rabastens. Il fournit beaucoup de truites d'une excellente qualité

AGOUTS (les), *Voyez* SAINT-GEORGES-DES-AGOUTS.

AGOWA. *Voyez* AGAMÉ.

AGOWS ou AGAUS, AGAWI (les), peuple chrétien d'Abyssinie, au N.-O. des monts Lupata. Ils adoraient autrefois le Nil, sont de petite taille et les femmes deviennent mères à onze ans. Ils occupent une contrée très-fertile et font le commerce de bestiaux, de blé et de beurre.

AGRA ou AGRAH, gr. prov. de l'Indoustan, présidence de Bengale, entre les provinces de Delhi, d'Oude, d'Allahabad, de Malwah et d'Ajmeer; une partie est sous la domination immédiate des Anglais, auxquels appartiennent les districts d'Agra, d'Etaweh, de Furrukabad et d'Aligour; l'autre est gouvernée par des souverains indigènes, alliés et tributaires des Anglais. La province, plaine très-fertile, renferme 40 villes et 34 villages. Les habitants, au nombre de 5,500,000, sont hindous et mahométans. Les productions les plus importantes sont un indigo très-estimé, la canne à sucre et le coton; l'industrie s'exerce sur la fabrication de soieries et d'étoffes de coton; on y élève de bons chevaux et beaucoup de bestiaux; le poisson et le gibier y abondent.

AGRA ou AGRAH, AKBARABAD, v. capitale de la prov. du même nom, dans l'Indoustan, bâtie en forme de demi-lune sur la rive gauche du Dschumma, à 45 l. S.-E. de Delhy. Elle était autrefois une des villes les plus considérables des Indes orientales et la résidence du grand-mogol; mais depuis la translation du siége de l'empire à Delhi par Schah-Dschéhan, elle a beaucoup perdu de son ancienne splendeur. Parmi les édifices qui attestent sa magnificence, nous citerons en premier lieu le palais du grand-mogol qui est immense, et le superbe mausolée Taasché-Mahal (couronne des édifices), que l'empereur Schah-Dschéhan fit élever en l'honneur de son épouse; il est en marbre blanc d'une grande richesse, exécuté dans le plus beau style de sculpture et d'architecture orientale, orné de pierres précieuses, et a coûté près de 19 millions de francs. Les Anglais y ont un fort très-bien entretenu ; ils y dirigent aussi le commerce depuis 1803. Aujourd'hui cette ville renferme près de 30,000 maisons, 153 temples hindous, 2 églises chrétiennes, 107 mosquées, 60 vastes caravansérails et une pop. de 98,000 hab.

AGRA, g. a., v. d'Éolie.

AGRA, g. a., v. de Perse, prov. de Suze.

AGRÆ, g. a., v. d'Arcadie.

AGRÆI ou AGARÆI, g. a., peuple de l'Arabie Déserte, à l'O. des Æsitæ; on prétend qu'il tire son nom d'Agar ou Hagar, mère d'Ismaël.

AGRÆI, g a. *Voyez* AGRENSES.

AGRAFA ou AGRAPHA, nom d'une partie des monts Mezzovo, entre l'Albanie, la Thessalie (Turquie d'Europe) et le roy. de Grèce.

AGRAFA ou AGRAPHA, dist. de la Thessalie, dans la prov. de Tricala, habité par 6000 familles grecques avec un évêque; lieux principaux Fanari et Rentina.

AGRAFUS, v. de l'île de Corfou; pop. 100 hab.

AGRAGANSK, forteresse de la Russie d'Asie, dans le gouv. du Caucase, sur un promontoire de la mer Caspienne.

AGRAM, comitat du roy. de Croatie, en Autriche; renfermant 12 bourgs et 964 villages, avec une pop. de 190,000 hab.

AGRAM ou ZAGRAB, v. capitale du roy. de Croatie, en Autriche, chef-lieu du comitat de même nom, sur une hauteur, non loin de la rive gauche de la Save et de la frontière de Styrie, à 12 l. N.-E. de Carlstadt. Elle est la résidence du *ban* ou vice-roi de Croatie et d'Esclavonie, du commandant-général militaire de ces deux provinces et d'un évêque; elle a une académie, deux séminaires, un archigymnase, des fabriques de soie et de porcelaine, un entrepôt de marchandises. Son commerce assez considérable se fait par la Save et consiste principalement en tabac, grains et porcs; pop. 16,000 hab.

AGRAMONT ou AGRAMUNT, pet. v. d'Espagne, dans la principauté de Catalogne, sur le Scio, à 3 l. N. de Cervéra et à 11 l. de Lérida; pop. 3000 hab.

AGRANUM, g. a., v. de Chaldée, sur un canal de l'Euphrate.

AGRANVILLE, ham. de Fr., dép. de la Seine-Inférieure, arr. de Dieppe, cant. et poste d'Envermeu, com. de Douvrend; pop. 50 hab.

AGRAPHIE, v. du district d'Adampi, dans la Haute-Guinée, côte d'Or.

AGRAPHIOTES (les), habitants des monts Agrafa. *Voyez* ce mot.

AGRATE, b. des états autrichiens, dans le roy. Lombard-Vénitien, gouv. de Lombardie, prov. et à 4 l. N.-E. de Milan. La récolte de l'avoine y est très-productive; pop. 1200 h.

AGRAULE, g. a., bois sacré, non loin de la citadelle d'Athènes.

AGREAUX (les), ham. de Fr., dép. des Landes, arr. de Mont-de-Marsan, cant. et poste de Roquefort, com. de Lugaut ; pop. 15 hab.

AGREDA, pet. v. d'Espagne, dans le roy. de la Vieille-Castille, prov. et à 10 l. N.-E.

de Soria; sur le Mont-Cajo, non loin de la lagune d'Anna-Vieja; poteries et tanneries; pop. 3600 hab.

AGREDA ou **NUOVA-MALAGA**, v. de la Colombie, dans l'Amérique méridionale, rép. de la Nouvelle-Grenade, à 30 l. S.-O. de Popayan, et à 42 l. N.-E. de Quito; on y trouve des mines d'or.

AGREH, b. de la Turquie d'Asie, dans l'Anatolie, paschalik d'Anadoly, à 7 l. N. de Nicomédie.

AGREI, g. a., peuple de l'Arabie Heureuse, entre les Atramites et les Homérites.

AGRENSES (les), g. a., peuple guerrier de l'Arabie Heureuse.

AGRENSES ou **AGRACI** (les), g. a., peuple de l'Arabie Déserte.

AGRENSES (les), g. a., peuple d'Étolie, dans la Turquie d'Europe et le roy. de Grèce.

AGRÈS, ham. de Fr., dép. de l'Aveyron, arr., à 10 l. N. de Villefranche, cant. et poste d'Aubin, com. de St.-Parthem; pop. 40 hab.

AGRÈVE (Saint-), pet. v. de Fr., dép. de l'Ardèche, sur l'Érieux, arr., à 7 l. O. de Tournon, chef-lieu de cant. et poste; pop. 2500 hab.

AGRI, riv. du roy. de Naples, qui prend sa source près de Marsico-Nuovo, dans la Principauté Citérieure, et se jette dans le golfe de Tarente, à 3 l. E. de la petite ville de Tursi, dans la Basilicate, après un cours de 24 l.

AGRI ou **EGER**, pet. v. démantelée de la Haute-Hongrie, à 15 l. N.-E. de Bude; siége d'un évêché. Mahomet II la prit en 1596, l'empereur Charles VI la reprit en 1715.

AGRI, g. a., peuple près du Palus Méotide, voisins des Toréates.

AGRIANES (les), g. a., peuple de l'ancienne Thrace, près du mont Pangée.

AGRIANES (les), riv. de l'ancienne Thrace, qui se jetait dans l'Hébrus.

AGRIANES, g. a., pet. riv. de Thrace, se joint à l'Èbre.

AGRIANES, g. a., peuple de Péonie, dans la Thrace.

AGRIASPÆ ou **ZARIASPÆ**, g. a., peuple de Perse, dans la prov. de Drangiana; Cyrus, manquant de vivres dans le désert, fut secouru par ce peuple qui reçut en retour exemption d'impôts et le nom d'Evergètes.

AGRIASPE ou **ARIASPE**, g. a., capitale du pays des Evergètes, non loin du mont Becius.

AGRIASPE, g. a., v. d'Asie, dans la Drangiane, chez les Agriaspes, sur l'Etymandre, près de l'Arachosie.

AGRIASPES ou **EVERGETES** (les), peuple du S. de la Drangiane, dans l'Afghanistan.

AGRICO, fort anglais, dans la Haute-Guinée, en Afrique, côte d'Or, état maritime d'Accra.

AGRI DECUMATES, g. a., contrée entre la Lahn, le Rhin et le Mein; les Romains y eurent de bonne heure des colonies.

AGRIÉE, ham. de Fr., dép. de la Nièvre, arr. de Clamecy, cant. de Brinon-les-Allemands, com. de Moraches, et poste de St.-Révérien; pop. 100 hab.

AGRIENS (les), g. a., peuple de Péonie en Thrace, entre les monts Hemus et Rhodope.

AGRIGAN ou **AGRIGNAN**, **GRIGNAN**, **SAINT-XAVIER**, île montagneuse et peu peuplée du groupe des Larrons ou Mariannes, dans le Grand-Océan; elle renferme plusieurs volcans; ses habitants sont des hindous mahométans.

AGRIGENTI. *Voyez* **GIRGENTI**.

AGRILIUM, g. a., v. de Bithynie, au S.-E. de Nicée.

AGRIMENTO ou **AGROMENTO**, v. du roy. de Naples, dans la prov. de Basilicate, à 3 l. de Tursi, dans une contrée fertile et agréable; ancien évêché.

AGRINION, éptarchie du roy. de Grèce, dans le nomos d'Acarnanie ou d'Étolie. Il comprend la partie moyenne de cette dernière province, entre les lacs de Vrachori et d'Angelo Castron, joints ensemble par une langue de terre marécageuse, à travers laquelle conduit un pont de pierres de 360 arches.

AGRINIUM, g. a., v. d'Étolie, non loin du fleuve Acheloüs.

AGRIOPHAGES (les), g. a., peuple d'Éthiopie, vivant de la chasse aux bêtes féroces; il existe encore.

AGRIOPHAGES, g. a., peuple de l'Inde transgangétique, voisins des Parapiotes.

AGRIPENSES, g. a., peuple de Bythynie.

AGRIS, g. a., v. de Carmanie, entre Carthapis et Combana.

AGRIS, vg. de Fr., dép. de la Charente, arr., à 5 l. N.-E. d'Angoulême, cant. et poste de Larochefoucault; pop. 1400 hab.

AGRIZALA, v. de Galatie, chez les Tectosages.

AGROMELA, riv. de la Turquie d'Europe, dans la prov. de Thessalie, qui se jette dans le golfe de Zeitoun.

AGROPOLI, b. du roy. de Naples, dans la Principauté Citérieure, à 2 l. S.-O. de Capaccio, et à 9 l. S.-S.-E. de Salerne, sur la Méditerranée, dans une très-belle contrée; pop. 800 hab.

AGRYLE, g. a., colonie athénienne, en Ionie, dans l'Asie Mineure.

AGRYLE, g. a., colonie athénienne, en Sardaigne.

AGSBACH ou **AHGSBACH**, b. de l'archiduché d'Autriche, gouv. de la Basse-Autriche, cer. supérieur du Wienerwald, sur le Danube; à 17 l. O. de Vienne.

AGSTEIN, vg. de l'archiduché d'Autriche, gouv. de la Basse-Autriche, cer. supérieur du Wienerwald; château, mines de houille, de cuivre et de verdet.

AGTELEK ou **AGGTELEK**, b. du roy. de Hongrie, cer. en-deçà de la Theiss, comitat de Gömör, non loin de Sajo-Gömör. A 200 pas

N. du bourg se trouve la caverne de Borakla ou Agtelek, célèbre par sa vaste étendue et la beauté de ses stalactites. Elle est la plus remarquable de toutes les cavernes de Hongrie; formée de trois grottes, dont l'une est nommée la grotte de cire, à cause de la couleur jaune de ses stalactites, et arrosée par trois ruisseaux, dont l'un touche au pied d'une montagne, nommée le Parnasse. Au fort de l'hiver on en voit sortir des vapeurs, et de tous les animaux, les chauves-souris sont les seuls qu'on ait pu y remarquer.

AGTEROKEFELD, cant. de la colonie du cap de Bonne-Espérance, dans l'Afrique méridionale, dans la prov. occ., dist. de Worcester.

AGUA, volcan des Cordillières de Guatemala, dans la prov. de Guatemala, états-unis du Mexique, Amérique centrale.

AGUA-BRANCA (Serra d'), chaîne de montagnes de l'Amérique méridionale, dans l'empire de Brésil, prov. de Fernambouc.

AGUA-CATAL, b. de l'Amérique méridionale, dans la Colombie, rép. de la Nouvelle-Grenade, dép. de Cundinamarce, prov. et à 25 l. de Santa-Fé-de-Bogota.

AGUA-CHAVES ou **CHAVES**, b. du Portugal, dans la prov. de Tras-os-Montes, sur une pet. riv. du même nom.

AGUA-CUJA, vg. de l'emp. du Brésil, dans la prov. de Minas-Geraës, sur une rivière de même nom, près de son embouchure dans l'Arau-Aya; elle charrie des paillettes d'or.

AGUADA, fort du Dekan, dans les Indes orientales.

AGUA-DE-GEIXES, b. du Portugal, dans la prov. Alentéjo, à 6 l. N. de Beja.

AGUADILLA, joli pet. port de l'île de Porto-Rico, dans les Antilles, au fond d'un golfe; pop. 2500 hab.

AGUA-ERIA, pet. v. du Brésil, dans la prov. de Bahia, à 26 l. de San-Salvador; on y cultive d'excellent tabac, du sucre et du manioc.

AGUAJÉ, b. des états-unis du Mexique, dans l'état de Sonora, à 12 l. E. du golfe de Californie; mines d'or et d'argent.

AGUALTA, b. du Portugal, dans la prov. d'Estramadure, à 10 l. S.-E. de Lisbonne.

AGUAN, riv. navigable des états-unis du Mexique, qui se jette dans le golfe Mexicain.

AGUAPEHY, riv. de l'empire du Brésil, dans la prov. de Matto-Grasso; elle prend sa source dans les monts Aguapéhy, y forme plusieurs cascades et se jette dans le Jaurou.

AGUAQUENTE, b. de l'emp. du Brésil, dans la prov. de Goyaz, à 20 l. N.-E. de Pilar; mines d'or, autrefois très-riches.

AGUARICO ou **AHUARICOU**, **RIO-DEL-ORO**, riv. de l'Amérique méridionale, dans la Colombie, rép. de la Nouvelle-Grenade; elle prend sa source dans les Andes et se jette dans le Napo, après un cours d'une centaine de lieues; on y trouve de nombreuses paillettes d'or.

AGUARON, b. d'Espagne, dans le roy. d'Aragon, à 9 l. S.-O. de Saragosse.

AGUAS, pet. v. d'Espagne, dans le roy. de Valence, à 5 l. N.-O. d'Alicante.

AGUAS ou **PAYAGUAS**, peuple considérable et bien policé de l'Amérique méridionale, sur les bords du Maragnon, dans un pays très-fertile.

AGUAS-BELLAS, pet. v. du Portugal, dans la prov. d'Estramadure, non loin de la rive droite du Zézéré, à 5 l. N.-E. de Thomar.

AGUAS-CALIENTES, jolie v. des états-unis du Mexique, état de Zacatecas, à 40 l. N. E. de Guadalaxara. Elle tire son nom de deux sources d'eaux thermales, imprégnées de cuivre, dont la chaleur est de 62 degrés Réaumur; fabriques de draps; pop. 40,000 hab.

AGUATUBI, v. des état-unis du Mexique, dans le Nouveau-Mexique, à 85 l. S.-O. de Santa-Fé.

AGUA-VIVA, b. d'Espagne, dans le roy. d'Aragon, à 3 l. S. d'Alcaniz.

AGUDELLE, vg. de Fr., dép. de la Charente-Inférieure, arr., cant. et poste de Jonzac; pop. 300 hab.

AGUDO, b. d'Espagne, dans le roy. de la Nouvelle-Castille, prov. de la Manche, à 17 l. E. de Ciudad-Réal.

AGUEDA, riv. de Portugal, qui prend sa source dans la Sierra-de-Alcoba, dans la prov. de Beira, arrose Adéga, et se jette dans le Vouga, à 2 l. N.-E. d'Aveiro.

AGUEDA, riv. d'Espagne, qui prend sa source dans la Sierra-de-Gata, non loin de Pago-la-Vera, dans la prov. de Salamanque, roy. de Léon, arrose Ciudad-Rodrigo, et se jette dans le Duéro près d'Alva, sur la frontière du Portugal; elle charrie des paillettes d'or.

AGUEIRA, *Æminium*, pet. v. du Portugal, dans la prov. de Beira, sur le Vouga, à 8 l. N.-E. d'Aveiro.

AGUELA-DOS-VINHOS, b. du Portugal, dans la prov. d'Estramadure, à 8 l. N. de Thomar; cabinet d'histoire naturelle, laboratoire de chimie et jardin botanique; pop. 1200 hab.

AGUERO, pet. v. d'Espagne, dans le roy. d'Aragon.

AGUESSAC, vg. de Fr., dans le dép. de l'Aveyron, arr., cant., à 1 1/2 N.-N.-E. et poste de Milhau, au confluent du Tarn et du Mensou; tanneries; pop. 750 hab.

AGUIAR, pet. v. du Portugal, dans la prov. de Beira, à 10 l. O. de Ciudad-Rodrigo.

AGUIAR, pet. v. du Portugal, dans la prov. d'Alentéjo.

AGUIASIE, v. de la Haute-Guinée, sur la côte d'Or, pays des Achantis.

AGUILA, v. du roy. de Fez, en Afrique, dans la prov. de Rabat, sur l'Aguila, à 5 l. N. de Méquinez.

AGUILA, v. des états-unis du Mexique, dans l'état de Xalisco, à 9 l. E. de Xérès.

AGUILAR-DE-CAMPOS, pet. v. d'Espagne, dans le roy. de Léon, prov. et à 12 l. N.-O. de Valladolid.

AGUILAR-DE-CAMPOS, b. d'Espagne, dans l'Andalousie, roy. et à 8 l. S. de Cordoue; pop. 800 hab.

AGUILAR-DEL-CAMPO, pet. v. d'Espagne, dans le royaume de Léon, prov. et à 22 l. N.-N.-E. de Palencia, sur la Pisuerga; commerce de bestiaux; pop. 1600 hab.

AGUILAR-DI-INISTRELLAS, pet. v. d'Espagne, dans le roy. de Léon, avec le titre de comté.

AGUILAS, pet. île d'Espagne, dans l'archipel des Baléares, près de la côte E. de Minorque.

AGUILAS, v. et port d'Espagne, sur la Méditerranée, prov. de Murcie, à 10 l. O. de Carthagène; elle est défendue par des forts, et fait le commerce des productions de la province.

AGUILCOURT, vg. de Fr., dép. de l'Aisne, sur la Suippe, arr., à 10 l. S.-E. de Laon, cant. de Neufchâtel et poste de Berry-au-Bac; pop. 250 hab.

AGUILLAN, ham. de Fr., dép. de la Drôme, arr. de Nyons, cant. et poste du Buis, com. de Mérindol; pop. 100 hab.

AGUILON, b. d'Espagne, dans le roy. d'Aragon, à 8 l. de Saragosse.

AGUILOTS (les), peuple de l'Amérique méridionale, dans le Paraguay occidental.

AGUIN, ham. de Fr., dép. du Gers, arr., cant., à 4 1/2 l. S.-O., et poste de Lombez, com. de Betcave; pop. 140 hab.

AGUINSKOI, riche mine de la Russie d'Asie, dans la Sibérie, gouv. d'Irkoutsch; elle a été ouverte en 1737.

AGULHAS, cap sur la côte méridionale de l'Afrique, colonie du cap, dans la prov. de l'O., dist. de Zwellendam.

AGULUH, v. de l'emp. de Maroc, en Afrique.

AGULUH, cap de l'emp. de Maroc, en Afrique.

AGUNA, v. d'Afrique dans la Haute-Guinée, à 10 l. S.-O. de Bénin, sur le Rio-Formoso.

AGURAM, v. de l'emp. de Maroc, en Afrique, dans la prov. de Sus, habitée par des pêcheurs, sur un golfe de l'Océan Atlantique, dans lequel est située l'île fréquentée de Cerné.

AGUSTIN (Saint-), b. d'Espagne, dans le roy. de la Nouvelle-Castille, prov. et à 6 l. N. de Madrid.

AGUTS ou **AGUTZ**, vg. de Fr., dép. du Tarn, arr. de Lavaur, cant. de Cuq-Toulza et poste de Puy-Laurens; pop. 680 hab.

AGUZAN, ham. de Fr., dép. du Gard, arr. de Vigan, cant. et poste de St.-Hippolyte-du-Fort, com. de Conqueyrac; pop. 30 hab.

AGVEH, v. de la Turquie d'Asie, dans l'Anatolie, paschalik d'Anadoly, sur la mer Noire, à 18 l. E. de Constantinople.

AGWOONA ou **AGWOUNA**, état de la Haute-Guinée, en Afrique, côte des Esclaves, à l'E. du Volta.

AGWOONA ou **AGWOUNA**, v. de la Haute-Guinée, en Afrique, côte des Esclaves, sur le lac Amoë; salines; pop. 10,000 hab.

AGY, vg. de Fr., dép. du Calvados, arr., cant., à 1 1/2 l. S.-O., et poste de Bayeux; pop. 350 hab.

AGYGRE, g. a., île dans le golfe du Bengale, près l'embouchure du Gange.

AGYROCASTRO ou **ARGYROCASTRO**, v. considérable de la Turquie d'Europe, dans la prov. d'Albanie, bâtie sur plusieurs collines séparées les unes des autres par des précipices, dans une grande vallée; pop. 20,000 hab.

AGYTHYRNA, g. a., v. au N.-O. de Sicile.

AHA, v. du pays de Bournou, en Nigritie, Afrique.

AHAICE, v. de Fr., dép. des Basses-Pyrénées, arr. de Mauléon, cant. de St.-Étienne-de-Baigorry, com. d'Ossès et poste de St.-Jean-Pied-de-Port; pop. 500 hab.

AHANTA ou **ANTA**, **ANTE**, état de Nègres, dans la Haute-Guinée, en Afrique, côte d'Or, entre les rivières d'Ancombra et de Chama, non loin de l'état de Fantie. Il comprend le pays le plus favorisé, le plus riche et le mieux cultivé de toute cette côte : le sol y est fertile, le climat sain, les habitants civilisés; on y trouve des mines d'or assez abondantes, de la canne à sucre et du bois de charpente. Le gouvernement y est monarchique, mais très-modéré. Les lieux les plus remarquables sont : Boussoa, résidence du roi; Succondi, avec le fort Orange, appartenant aux Hollandais; Axim, avec le fort Antonio, également aux Hollandais, qui y possèdent encore plusieurs forts, entre autres celui de Dixcowe.

AHAR, v. de Perse, dans la prov. d'Aberbaïdjan, à 18 l. N.-O. de Tauris, dans une contrée fertile.

AHAR, v. de l'Indoustan, dans le Bendelkend, à 16 l. S.-O. de Tschaterpour.

AHAR, v. de l'Indoustan, dans la présidence du Bengale, à 25 l. E. de Delhy, sur la rive droite du Gange.

AHARNA, g. a., v. d'Étrurie.

AHAUS. *Voyez* AAHAUS.

AHAVA, g. a., fl. d'Assyrie.

AHAXE, vg. de Fr., dép. des Basses-Pyrénées, arr., à 11 l. S.-O. de Mauléon, cant. et poste de St.-Jean-Pied-de-Port; pop. 560 h.

AHBITS ou **AHBDS** (les), peuple de Nubie, en Afrique, dans les monts Bertaï; il élève beaucoup de troupeaux.

AHELAB ou **AHALAB**, g. a., v. de Galilée, dans la tribu d'Ascher.

AHETZE, vg. de Fr., dép. des Basses-Pyrénées, arr., à 1 1/2 l. S. de Bayonne, cant. d'Ustaritz et poste de St.-Jean-de-Luz; pop. 550 hab.

AHÉVILLE, vg. de Fr., dép. des Vosges,

arr., à 3 1/2 l. S.-E. et poste de Mirecourt, cant. de Dompaire; pop. 200 hab.

AHIDOUH ou **AHEEDOUH**, partie orientale de l'île d'Owaihi (Océanie), avec le pic Mauna-Roa.

AHIMAN, g. a., peuplade de Palestine, au-delà du Jourdain, prétendait descendre d'Ahiman, fils d'Enoch.

AHIR, oasis et état du désert de Sahara, en Afrique, entre Mourzouk et Kaschna, à six journées d'Agadès, contrée couverte de palmiers et habitée par des Touariks. On y trouve une grande quantité de lions, de singes et de chèvres sauvages; Asouda en est la capitale.

AHJOLI, pet. v. de la Turquie d'Europe, dans la prov. de Romélie, à 3 l. N.-E. de Borgas, sur le golfe du même nom. Grandes salines; moulins-à-vent.

AHKAF, désert d'Arabie, situé entre les provinces de Nedsied, d'Yémen et d'Oman; on ne peut le parcourir qu'à l'aide d'une boussole.

AHKORA, pet. v. du Béloudchistan, sur la côte de la mer des Indes, à 7 l. O. de Goundawa.

AHLBECK, vg. des états prussiens, dans la prov. de Poméranie, rég. de Stettin, cer. d'Uckermünde, sur un lac qui porte le même nom. On appelle aussi cet endroit See-Grund; pop. 1200 hab.

AHLBERG, pet. v. d'Allemagne, électorat de Hesse, prov. de la Basse-Hesse, à 3 l. N. de Cassel; mine abondante de magnésie.

AHLDEN, b. et chef-lieu de bge du roy. de Hanovre, dans la principauté de Lunebourg, à 8 l. O. de Celle; avec un château habité par l'épouse divorcée du roi George Ier, depuis 1694 jusqu'en 1726; commerce de lin; le bailliage compte 5000 et le bourg 800 hab.

AHLDORF, vg. du roy. de Wurtemberg, dans le cer. de la Forêt-Noire, bge et à 3/4 l. E. de Horb. On y fabrique de l'huile, de l'eau-de-vie et beaucoup de toile.

AHLDORF, vg. parois. du roy. de Wurtemberg, dans le cer. de la Forêt-Noire, gr.-bge de Horb; pop. 900 hab.

AHLEN, pet. v. des états prussiens, dans la prov. de Westphalie, rég. et à 6 l. E. de Munster, sur la Werse; pop. 2550 hab.

AHLERSTEDT, vg. du roy. de Hanovre, dans le duché de Brémen, à 2 l. S.-O. de Harsefeld.

AHLO, pet. île du golfe de Botnie, appartenant à la Russie, gouv. de Finlande.

AHLSHAUSEN, vg. du duché de Brunswick, dist. et à 2 l. S. de Gandersheim; filatures de laine; pop. 600 hab.

AHLTEN, vg. du roy. de Hanovre, dans la principauté de Calenberg, à 2 1/2 l. E. de Hanovre; commerce assez étendu de poterie et de bois; pop. 500 hab.

AHMADABAD ou **AHMEDABAD**, HAMEDEWATH (cité d'Ahmed), autrefois GUZURATE, une des villes les plus considérables de l'Indoustan, présidence de Bombay, dans la prov. de Guzurate, état du prince Maratte de Guykawar, sur la rive droite du Sauhermutte, à 40 l. N. de Surate et à 120 l. N. de Bombay. Elle a un circuit de plus de 4 l.; des ruines encore magnifiques attestent son ancienne splendeur, son commerce étendu et son industrie. Elle a beaucoup perdu par suite des guerres, de la peste de 1812 et du tremblement de terre de 1819. On y voit une des plus belles mosquées de l'Indoustan; les Indiens y entretenaient autrefois un hôpital pour les oiseaux et les bêtes malades. Depuis 1819 elle appartient aux Anglais, qui s'en sont emparés, ainsi que de toutes les possessions du Peshwa de Pounah. Fabriques considérables d'étoffes d'or et d'argent, de soie, de velours, de tapis, d'ouvrages en acier et en ivoire; commerce de toiles de coton, calicots, etc.; sa population se monte à 150,000 hab. Hindous, Arméniens, Arabes, Persans et chrétiens.

AHMEDNAGOR ou **AMEDNAGOUR**, DOWLETABAD, v., chef-lieu de dist. du Dékan, dans la présidence de Bombay, état du Nizam de Hyderabad, dans une contrée charmante et très-saine, sur la Scena, à 65 l. E. de Bombay. Cette ville fut fondée, en 1493, par le sultan Ahmed-Chah; dans la suite elle passa successivement au pouvoir du Grand-Mogol, à celui des Marattes, de plusieurs autres despotes et fut conquise par les Anglais, en 1803. Aurengzeb y mourut en 1707. Elle a beaucoup de bâtiments magnifiques, un fort imprenable situé sur une montagne haute de 500 pieds, avec une colonne de 160 pieds de hauteur.

AHMEDPOUR, v. de l'Indoustan, dans la prov. de Moultan, résidence du cheik de Bouhawalpour, dans un désert, à 60 l. S. de Moultan. Non loin de là est située la forteresse de Darawal; pop. 10,000 hab.

AHMOOD ou **AHMOUD**, v. de l'Indoustan, présidence de Bombay, dans l'état de Guykawar, sur le Schandour, dans une contrée très-abondante en coton.

AHON (Saint-), ham. de Fr., dép. de la Gironde, arr. et poste de Bordeaux, cant. et com. de Blanquefort; pop. 40 hab.

AHOONA ou **AHOUNA**, pet. v. de l'Indoustan, présidence de Bombay, dans la prov. de Khandesch, à 35 l. N.-E. de Tschandour.

AHORNBERG ou **AHRBERG**, ARBERG, vg. du roy. de Bavière, dans le cer. du Haut-Main, dist. de Münchberg. La bière qui s'y fait est renommée, et on y élève beaucoup de bestiaux; pop. 500 hab.

AHOUAC ou **AHOUAZ**, HAWISSA, pet. v. de Perse, dans la prov. de Khousistan, sur la rive gauche du Karoun ou Karasou, dans une contrée malsaine, à 25 l. S.-O. de Suse.

AHR, riv. de la Prusse-Rhénane, dans la prov. du Bas-Rhin, rég. de Coblence. Elle prend sa source dans l'Eifel et se jette dans le Rhin à Sinzig.

AHRBERG, v. du roy. de Bavière, dans le cer. du Rézat, dist. de Hénieden; pop. 580 hab.

AHRENSBOURG, b. du roy. de Danemark, dans le duché de Holstein, à 4 l. N.-N.-O. de Lubeck, entre cette ville et Kiel, avec un château.

AHRENSBOURG, vg. et chef-lieu de bailliage de la principauté de Schaumbourg-Lippe, sur l'Aue.

AHRWEILER, pet. v. et chef-lieu de cer. de la Prusse-Rhénane, dans la prov. du Bas-Rhin, rég. de Coblence, sur la rive gauche de l'Ahr, à 3 l. S. de Bonn et à 8 1/2 l. N.-O. de Coblence. Vins estimés; tanneries, fabriques de draps; le cercle a 30,000 et la ville 2500 hab.

AHSTON, b. des États-Unis d'Amérique, dans la prov. de Pensylvanie, comté de Delaware. Forges de fer, scieries; pop. 900 hab.

AHUILLÉ, vg. de Fr., dép. de la Mayenne, arr., cant. et poste de Laval; pop. 1500 hab.

AHUN ou AGEDUNUM, pet. v. de Fr., sur la Creuse, dép. de la Creuse, arr., à 4 l. S.-E. de Guéret et à 12 l. N.-O. de Limoges, chef-lieu de cant., poste aux lettres; avec un château; son origine est fort ancienne; fabriques de toiles; neuf foires par an; mines de houille dans les environs. C'est dans cette ville que fut fondée, vers le commencement du dixième siècle, la célèbre abbaye de Cluny, où les sciences et les lettres ont été cultivées pendant longtemps avec le plus grand éclat; pop. 3000 hab.

AHUNALA, (les), peuple de l'Amérique méridionale, à l'E. de Quito, sur le Maragnon.

AHUS, vg. du roy. de Suède, dans la prov. de Gothie, préfecture de Scionie, à 5 l. E. de Christianstadt, dont il forme l'entrepôt; il est situé à l'embouchure de l'Helge-A, dans la mer Baltique. Sa situation est en général importante.

AHUY, vg. de Fr., dép. de la Côte-d'Or, arr., cant., à 1 1/2 l., et poste de Dijon; pop. 550 hab.

AI, g. a., v. des Ammonites, au S. de Rabbath-Ammon.

AI. *Voyez* AY.

AI (la Tour d'), groupe de hautes montagnes calcaires, dont le sommet est à 2290 mètres au-dessus du niveau de la mer, sur la limite S.-E. du canton de Vaud, dans le district d'Aigle. A sa base et sur les belles Alpes de Leysin et de Carbeyrier se trouvent deux jolis lacs, qui ont un cours souterrain et passent par le Nant-de-Fontenay et quelques autres ruisseaux, jusque dans le bassin de Grand'Eau. A l'E. du groupe s'élève la Tour de Mayens de 2170 mètres de haut, et plus à l'E. encore la Tour de Famelon de 2030 mètres; celle-ci est liée aux Mosses sur lesquelles un chemin, construit à 1420 mètres au-dessus du niveau de la mer, mène d'Aigle et d'Armonds-Dessous à Étivaz et à Château-d'OEx. Chaque troisième dimanche on distribue dans les chalets d'Aï une certaine quantité de crème aux pauvres du pays. Cet acte de charité attire ordinairement un grand concours de spectateurs, et semble être chaque fois l'occasion d'une fête pastorale pour les habitants de ces montagnes.

AI ou AJA, AINA, GOÏ, HAÏ, g. á., v. de Palestine, Judée, dans la tribu de Benjamin, à l'O. et près de Jéricho et à 12 l. N. de Jérusalem; détruite par les Israélites, sous Josué, elle ne fut rebâtie que du temps d'Esdras et de Néhémie.

AI ou AJI (les), g. a., peuple de l'Inde, à l'extrémité de la presqu'île en-deçà du Gange, sur la côte de Malabar.

AIA, riv. des états de l'Église, qui se jette dans le Tibre à 4 l. de Rome.

AIACUELA, dist. des états-unis de l'Amérique centrale, rép. de Guatemala, avec le chef-lieu du même nom.

AIADAGI, grande chaîne de montagnes de la Russie d'Europe, dans le gouv. de Tauride, qu'on peut regarder comme la pente occidentale du Caucase; elle s'étend jusqu'au port de Balaklawa, sur la côte S.-O. de la Crimée. Ses sommets les plus élevés sont le Tschadurtagh (6600 pieds) et le Tomdschir.

AIAGHA-TAGH, chaîne de montagnes, en Asie, qui forme la continuation méridionale des monts Dschebel-Tagh; elle s'étend sur la rive gauche du Tigre, et sépare le Kurdistan et l'Irac-Arabi de la Perse.

AIANDOUN, v. de la Turquie d'Asie, dans l'Anatolie, paschalik d'Anadoly, sur la mer Noire; mine et commerce de cuivre.

AIAPEL, pet. v. de l'Amérique méridionale, dans la Colombie, rép. de la Nouvelle-Grenade, sur un lac de même nom.

AIAR-NOOR, lac de la Haute-Asie.

AIAS, pet. v. de la Turquie d'Asie, dans l'Anatolie, paschalik d'Anadoly, sur la rivière d'Aïas, entre Constantinople et Angora, à 10 l. O. de cette dernière ville; célèbre par ses bains chauds et ses mines d'argent et de cuivre.

AIAS ou AJASSO, SIS, pet. port de mer de la Turquie d'Asie, dans l'Anatolie, paschalik d'Adana, sur le golfe d'Alexandrette, à 6 l. N. de la ville du même nom, possède des eaux thermales. On croit que c'est l'ancienne Issus, où Alexandre-le-Grand défit les Perses (an du monde 3672, 332 avant J.-C.).

AIASALOUK ou AIASOLOUK, AIASALOAK, AIAJUNI, b. de la Turquie d'Asie, dans l'Anatolie, paschalik d'Anadoly, habité par de pauvres Grecs, à 15 l. S.-S.-E. de Smyrne, non loin de l'embouchure du Koutschouk, dans l'archipel Grec. Les ruines pompeuses de monuments épars de tous côtés sur ce territoire, ont fait présumer à beaucoup de savants que ce bourg est bâti près des restes de l'antique Éphèse.

AIBES, vg. de Fr., dép. du Nord, arr.,

à 4 l. N.-E. d'Avesnes, cant. et poste de Solre-le-Château; pop. 400 hab.

AIBLING, b. du roy. de Bavière, dans le cercle de l'Isar, présidence de Rosenheim, au confluent de la Glon et du Mangfall, avec un château; on y plante beaucoup de trèfle et de fruits, et on y élève beaucoup de bestiaux; pêche abondante; commerce de chanvre; pop. 1300 hab.

AIBRE, vg. de Fr., dép. du Doubs, arr., cant., à 2 1/2 l. N.-E. et poste de Montbéliard; pop. 400 hab.

AICH, ham. du roy. de Bavière, dans le cercle du Haut-Danube sur l'Iller, non loin de Kempten; eaux minérales.

AICH, vg. du roy. de Wurtemberg, dans le cer. de la Forêt-Noire, bge de Nurtingen, sur l'Aich; carrières d'où l'on tire surtout de bonnes meules de moulins; pop. 870 hab.

AICH ou **AIA**, pet. riv. de Wurtemberg, prend sa source dans les forêts du Schœnbuch et se jette dans le Neckar, près d'Ober-Ensingen.

AICHA ou **ALT-AICHA**, **BÖHMISCH-AICHA**, pet. v. du roy. de Bohême, dans le cercle de Jung-Bunzlau; manufacture de toiles, carrières de pierres. Aux environs on trouve le mur du Diable, rocher basaltique d'une lieue de long, 12 pieds de large et 9 pieds de haut; pop. 1500 hab.

AICHACH ou **AICHA**, pet. v. du roy. de Bavière, dans le cercle du Haut-Danube, sur le Paar, à 6 l. N.-E. d'Augsbourg; avec un château; chef-lieu de district; gruerie. On y fait beaucoup d'eau-de-vie et de bière; dépôt de sel; commerce considérable de lin. Cette ville eut beaucoup à souffrir dans la guerre de trente ans et dans celle de la succession d'Espagne; pop. 1700 hab., parmi lesquels on compte beaucoup d'horlogers.

AICHELAU, vg. parois. de Wurtemberg, dans le cer. du Danube, gr.-bge de Münsingen; pop. 400 hab.

AICHELBERG, vg. parois. du roy. de Wurtemberg, dans le cer. de l'Yaxt, gr.-bge de Schorndorf; pop. 730 hab.

AICHHALDEN, pet. vg. du roy. de Wurtemberg, dans le cer. de la Forêt-Noire, gr.-bge de Calw; pop. 150 hab.

AICHHALDEN, vg. parois. du roy. de Wurtemberg, dans le cer. de la Forêt-Noire, gr.-bge d'Oberndorf; pop. 835 hab.

AICHHALDERSEE ou **HEILIGENBRUNNEN**, pet. lac du roy. de Wurtemberg, dans la Forêt-Noire, où l'Eschach prend sa source.

AICHSTÆDT. *Voyez* EICHSTÆDT.

AICHSTETTEN, vg. parois. du roy. de Wurtemberg, dans le cer. du Danube, bge et à 2 l. N.-N.-E. de Leutkirch, sur la rive droite de l'Aitrach; pop. 700 hab.

AICHSTETTEN, pet. vg. du roy. de Wurtemberg, dans le cer. de l'Yaxt, gr.-bge de Schorndorf; pop. 290 hab.

AICHSTETTEN. *Voyez* EICHSTETTEN.

AICIRITS, vg. de Fr., dép. des Basses-Pyrénées, arr., à 6 l. N.-E. de Mauléon,

cant. et poste de St.-Palais; pop. 300 hab.

AICORES (les), peuple de l'Amérique méridionale, à l'E. de Quito, vers le Maragnon.

AIDA, v. de l'île de Kiousiou, principauté de Fingo, dans l'empire de Japon, en Asie.

AIDAB ou **DSCHIDID**, v. de Nubie, en Afrique, avec un port sur la mer Rouge, à 60 l. N.-O. de Bérénice, dans le désert d'Aïdab. Commerce assez considérable.

AIDARSKAIA, b. de la Russie d'Europe, dans le gouv. de Woronesch, à 14 l. S. de Starobielsk.

AIDAT, v. de l'île de Niphon, dans la principauté d'Ox, emp. du Japon (Asie).

AIDE (Sainte-), ham. de Fr., dép. des Côtes-du-Nord, arr. de Dinan, cant. et poste de Plancoët; com. de Pluduno; pop. 60 hab.

AIDENBACH ou **AITENBACH**, b. du roy. de Bavière, dans le cer. du Bas-Danube, présidence de Vilshofen, sur l'Aitenbach; pop. 700 hab.

AIDES (les), vg. de Fr., dép. du Loiret, arr., cant., com. et poste d'Orléans; pop. 800 hab.

AIDIN ou **AIDINELLI**, pet. pays de la Turquie d'Asie, dans l'Anatolie, paschalik d'Anadoly; couvert de montagnes; la partie méridionale est fertile, bien cultivée et riche en bestiaux.

AIDINZIC, g. a., deux prov. de Natolie.

AIDLING, ham. de Fr., dép. de la Moselle, arr. de Thionville, cant., com. et poste de Bouzonville; pop. 200 hab.

AIDLINGEN ou **ÆTLINGEN**, vg. parois. du Wurtemberg, cer. du Necker, gr.-bge de Böblingen, sur la Würm; pop. 1500 hab.

AIDONE ou **AIDUNI**, pet. v. de Sicile, dans l'intendance de Caltanissetta (vallée de Noto), sur la Gabella, à 2 l. N.-E. de Piazza; pop. 4000 hab.

AIDOS, pet. v. de la Turquie d'Europe, dans la prov. de Romélie, au pied du Balkan, au N.-O. de Borgas, sur la route de Silistria à Constantinople. Eaux thermales dans ses environs; foires très-fréquentées.

AIELLO, pet. v. du roy. de Naples, dans la prov. de l'Abruzze ultérieure IIe, à 1 l. N.-E. de Célano. Elle appartient au duc de Modène, avec le titre de duché; pop. 2500 hab.

AIFFRES, vg. de Fr., dép. des Deux-Sèvres, arr., poste et à 1 1/2 l. S.-E. de Niort, cant. de Prahecq; pop. 550 hab.

AIGALADES (les), vg. de Fr., dép. des Bouches-du-Rhône, arr., cant., com. et poste de Marseille; pop. 770 hab.

AIGALIERS ou **AIGALIÈS**, vg. de Fr., dép. du Gard, arr., cant., poste et à 2 l. N.-O. d'Uzès; pop. 500 hab.

AIGEN, b. des états autrichiens, dans l'archiduché d'Autriche, gouv. de la Haute-Autriche, cer. dit Mühlkreis; toilerie.

AIGEN, château appartenant au prince de Schwartzenberg, aux environs de Salzbourg, gouv. de la Haute-Autriche, cer. de

Salzbourg ou de la Salzach, au pied du Geisberg (2562 p. de haut), sur le sommet duquel on jouit d'une vue superbe; beau parc; eaux minérales.

AIGENDIAH, v. de l'île de Chypre, à 7 l. S.-O. de Famagousta.

AIGIALÉA. *Voyez* AGIALÉA.

AIGLADINES (les), ham. de Fr., dép. du Gard, arr. d'Alais, cant., poste de St.-Jean-du-Gard, com. de Mialet, pop. 150 hab.

AIGLANDE, vg. de Fr., dép. de la Manche, arr., cant. et poste et à 2 l. N.-N.-O. de St.-Lô.

AIGLE, en allemand ÆLEN, dist. le plus méridional du cant. de Vaud, est borné au N. par le lac de Genève, le dist. de Bevay et le pays d'En-haut-roman; à l'O. et au S. par le Valais, dont il est séparé par le Rhône, et à l'E. par le bailliage bernois de Saanen. Il s'étend du sommet oriental des Alpes hautes du canton jusqu'aux bords fertiles du Rhône. Ses éboulements de montagnes, ses glaciers et ses mines de sel le rendent fort remarquable. Il forme la partie haute du canton de Vaud, et présente de toutes parts quelques sites qui charment ou qui intéressent. De vertes prairies, des plaines fertiles, des vallées qui serpentent entre de hautes montagnes couvertes de superbes forêts, attirent tour à tour les regards du voyageur, et lui font souvent oublier la fatigue d'une route presque toujours difficile et pénible dans ces pays de montagnes. Les habitants des vallées d'Aigle presque tous bergers, sont robustes et laborieux. Ils descendent des anciens Nantuates, dont Tarnada ou Agaunum, aujourd'hui St.-Maurice, était la capitale. Dans quelques villages de ce district, du côté du Valais, on rencontre encore des crétins; mais leur nombre diminue heureusement dans la même proportion que la misère et la malpropreté. Ce district se subdivise en cinq cercles, dont les chefs-lieux sont : Ormonds, Bex, Ollon, Aigle et Villeneuve; pop. 12,830 hab.

AIGLE, *Aquilea*, b. de Suisse, cant. de Vaud, chef-lieu du cercle et du district de même nom; il est à 456 mètres au-dessus du niveau de la mer. La plupart de ses maisons sont bâties en marbre noir brut, ce qui lui donne un aspect sombre et mélancolique, et forme un contrast frappant avec la riante campagne dont on y est partout entouré. L'ancien château a été converti en hôpital. Les environs passent pour produire les meilleurs vins de la Suisse. C'est non loin d'Aigle que les Romains furent défaits (100 ans avant J.-C.) par Diviko, général des armées helvétiques; pop. du cercle, 3000 hab.; du bourg, 1720 hab.

AIGLE (l'), *Ad aquilas*, jolie pet. v. de Fr., dép. de l'Orne, arr., à 6 l. N. de Mortagne-sur-Haine, à 20 l. S.-O. de Rouen et à 28 l. O. de Paris, chef-lieu de canton, poste au chevaux et aux lettres, tribunal de commerce, chambre consultative des manufactures. Elle est située très-agréablement sur le penchant de deux côteaux, près d'une belle forêt et ceinte de murs. La Reille la traverse de l'E. à l'O. et la baigne encore au N. par un de ses bras. On y remarque la tour St.-Martin, le château, les promenades, et à 1 l. N.-E. la fontaine minérale de St.-Saintin ou Ecubley. Cette ville est principalement renommée pour ses fabriques d'aiguilles à coudre et à tricoter, d'épingles, lacets, agrafes, rubans, fil retors et pour tout ce qui a rapport à la mercerie, quincaillerie et tréfilerie de fil de fer et de laiton; belles manufactures de toiles, de serge, de basins, d'huile de vitriol; filatures hydrauliques de coton et de laine, moulins à tan et à papier. Les grains, le cidre, le bois de sapin et les bestiaux forment aussi des branches de son commerce. Cinq foires très-fréquentées s'y tiennent chaque année : le second mardi de février, le premier mardi après Pâques, le 11 juillet, le premier vendredi de septembre et le 12 novembre. L'Aigle est la patrie de Catel (1773-1830), musicien, membre de l'Institut; pop. 5500 hab.

AIGLE (l'), ham. de Fr., dép. de l'Oise, arr. de Compiègne, cant. et poste de Noyon, com. de Caisne; pop. 250 hab.

AIGLE (l'), ham. de Fr., dép. du Doubs, arr., cant., poste et com. de Beaume-les-Dames; pop. 150 hab.

AIGLE (bec de l'), petit promontoire escarpé de Fr., sur la côte de la Méditerranée, dép. des Bouches-du-Rhône, arr. de Marseille, cant., com. et poste de la Ciotat; avec un château.

AIGLE (l'), pet. île du fl. St.-Laurent, dans le Bas-Canada (Amérique septentrionale), beaux pâturages.

AIGLEMONT, vg. de Fr., dép. des Ardennes, arr., à 1 1/2 l. N.-E., et poste de Mézières, cant. de Charleville; pop. 750 hab.

AIGLEPIERRE, vg. de Fr., dép. du Jura, arr., à 3 1/2 l. N. de Poligny, cant. et poste de Salins; mines de cuivre non exploitées; pop. 530 hab.

AIGLEVILLE, vg. de Fr., dép. de l'Eure, arr., à 5 1/2 l. E. d'Evreux, cant. et poste de Pacy-sur-Eure; pop. 150 hab.

AIGLEVILLE, v. des États-Unis d'Amérique, prov. d'Alabama, chef-lieu de la colonie française, à laquelle le congrès américain a donné 100,000 acres de terre, sous la condition d'y cultiver la vigne et l'olivier, à 15 l. de Cahawba.

AIGLUN, vg. de Fr., dép. des Basses-Alpes, arr., cant., à 3 l. S.-O., et poste de Digne; pop. 400 hab.

AIGLUN, vg. de Fr., dép. du Var, arr. de Grasse, cant. de St.-Auban et poste d'Escragnoles; pop. 270 hab.

AIGNAC, ham. de Fr., dép. de la Loire-Inférieure, arr. de Saurnay, cant. et poste de Pont-Château, com. de St.-Joachim; pop. 400 hab.

AIGNAN, b. de Fr., dép. du Gers, arr., à 6 l. N.-O. de Mirande, chef-lieu de cant. et poste de Plaisance; pop. 1800 hab.

AIGNAN (Saint-), vg. de Fr., dép. de la Gironde, arr., à 2 1/2 l. N.-O., et poste de Libourne, cant. de Fronsac; pop. 350 hab.

AIGNAN (Saint-), pet. v. de Fr., dép. de Loir-et-Cher, sur le Cher, arr., à 10 l. S. de Blois, chef-lieu de cant., poste aux lettres, chambre des manufactures. Elle est importante par ses fabriques de draps, de cuir et de chapeaux, et des carrières d'excellentes pierres à feu de Meusnes et de Coussy; commerce de bois et de vins; pop. 3000 hab.

AIGNAN (Saint-), vg. de Fr., dép. de la Loire-Inférieure, arr., à 3 l. S., et poste de Nantes, cant. de Bouaye; pop. 1300 hab.

AIGNAN (Saint-), ham. de Fr., dép. de Lot-et-Garonne, arr. et poste d'Agen, cant. de Prayssas, com. de Madaillan; pop. 40 hab.

AIGNAN (Saint-), vg. de Fr., dép. du Morbihan, arr., à 5 l. N., et poste de Pontivy, cant. de Cléguerec; pop. 1300 hab.

AIGNAN (Saint-), ham. de Fr., dép. de la Seine-Inférieure, arr., à 7 1/2 l. E. de Dieppe, cant. et poste d'Envermeu, com. d'Avesnes; pop. 100 hab.

AIGNAN (Saint-), vg. de Fr., dép. de Tarn-et-Garonne, arr., à 1 l. S.-O., et poste de Castel-Sarrasin, cant. de St.-Nicolas-de-la-Grave; pop. 600 hab.

AIGNAN-DE-CRAMESNIL (Saint-), vg. de Fr., dép. du Calvados, arr., à 3 1/2 l. S.-E. de Caen, cant. de Bourguébus et poste de May-sur-Orne; pop. 400 hab.

AIGNAN-DES-GUAIS ou **DES-GUÈS** (Saint-), vg. de Fr., dép. du Loiret, arr., à 7 l. E. d'Orléans, cant. et poste de Châteauneuf-sur-Loire; pop. 150 hab.

AIGNAN-DES-NOYERS (Saint-), vg. de Fr., dép. du Cher, arr., à 5 l. E. de St.-Amand-Mont-Rond, cant. et poste de Sancoins; pop. 250 hab.

AIGNAN-DE-VERSILLAC (Saint-), b. de Fr., dép. de la Creuse, sur la Suippe, arr., à 7 l. O.-N.-O. de Guéret, cant. et poste de la Souterraine; pop. 2250 hab.

AIGNAN-EN-LASSAY (Saint-), vg. de Fr., dép. de la Mayenne, arr. de Mayenne, cant. de Couptrain et poste de Prez-en-Pail; pop. 1100 hab.

AIGNAN-LA-CROPTE (Saint-), ham. de Fr., dép. de la Dordogne, arr. et poste de Périgueux, cant. de Vergt, com. de la Cropte.

AIGNAN-LE-JAILLARD (Saint-), vg. de Fr., dép. du Loiret, arr. de Gien, cant. et poste de Sully; pop. 420 hab.

AIGNAN-LÈS-ROUEN (Saint-). *Voyez* MONT-SAINT-AIGNAN.

AIGNAN-SUR-BALON (Saint-), vg. de Fr., dép. de la Sarthe, arr., à 5 l. S. de Mamers, cant. de Marolles-les-Braux et poste de Bonnétable; pop. 1000 hab.

AIGNAN-SUR-BAR (Saint-), vg. de Fr., dép. des Ardennes, arr., cant., à 2 1/2 l. S.-E., et poste de Sédan; pop. 320 hab.

AIGNAN-SUR-ROÉ (Saint-). *Voyez* AGNAN-EN-CRAONOIS (Saint-).

AIGNAN-SUR-RY (Saint-), vg. de Fr., dép. de la Seine-Inférieure, arr., à 6 l. N.-E. de Rouen, cant. et poste de Buchy; pop. 350 hab.

AIGNAY ou **AIGNAY-LE-DUC**, b. de Fr., dép. de la Côte-d'Or, arr., à 7 l. S. de Châtillon-sur-Seine, chef-lieu de cant., poste; forges, tanneries, manufactures de toiles et source d'eau salée; pop. 900 hab.

AIGNAY, ham. de Fr., dép. de la Côte-d'Or, arr., cant. et poste de Beaune, com. de Mursanges; pop. 110 hab.

AIGNE, vg. de Fr., dép. de l'Hérault, arr., à 5 l. S. de St.-Pons, cant. d'Olonzac et poste d'Azille; pop. 350 hab.

AIGNE, ham. de Fr., dép. de la Vienne, arr. de Poitiers, cant. et poste de Vivonne, com. d'Iteuil; pop. 110 hab.

AIGNE (Saint-), vg. de Fr., dép. de la Dordogne, arr., à 4 l. E., et poste de Bergerac, cant. de Lalinde; pop. 300 hab.

AIGNÉ, vg. de Fr., dép. de la Sarthe, arr., cant., à 1/2 l. N.-O., et poste du Mans; pop. 1000 hab.

AIGNERVILLE, vg. de Fr., dép. du Calvados, arr. et poste de Bayeux, cant. de Trévières; pop. 450 hab.

AIGNES, vg. de Fr., dép. de la Charente, arr. d'Angoulême, cant. et poste de Blanzac; pop. 650 hab.

AIGNES, vg. de Fr., dép. de la Haute-Garonne, arr. de Muret, cant. et com. de Cintegabelle et poste d'Anterive; pop. 1100 hab.

AIGNEVILLE, vg. de Fr., dép. de la Somme, arr., à 5 l. S.-O. d'Abbeville, cant. de Gamaches et poste de Valines; pop. 830 hab.

AIGNEVILLE, ham. de Fr., dép. d'Eure-et-Loire, arr. de Châteaudun, cant. et poste de Bonneval, com. de Pré-St.-Martin; pop. 200 hab.

AIGNOZ, ham. de Fr., dép. de l'Ain, arr. de Belley, cant. de Seyssel, com. de Geyzérieu et poste de Culoz; pop. 160 hab.

AIGNY, vg. de Fr., dép. de la Marne, arr., cant., à 4 l. N.-O., et poste de Châlons-sur-Marne; pop. 340 hab.

AIGNY, ham. de Fr., dép. de l'Aisne, arr. de Soissons, cant. et poste de Villers-Cotterets, com. d'Oigny; pop. 350 hab.

AIGNY (Saint-), vg. de Fr., dép. de l'Indre, arr., cant., à 1 l. N.-O., et poste du Blanc; pop. 500 hab.

AIGONNAY, vg. de Fr., dép. des Deux-Sèvres, arr., à 3 l. N.-O., et poste de Melle, cant. de Celles; pop. 600 hab.

AIGOU, ham. de Fr., dép. du Tarn, arr. d'Albi, cant. et poste de Valence-en-Albigeois, com. de St.-Cirque; pop. 30 hab.

AIGRE, pet. v. de Fr., dép. de la Charente, arr. et à 5 l. S.-O. de Ruffec, et à 7 l.

AIGU   AIGU

N.-O. d'Angoulême, chef-lieu de cant. et poste ; commerce de grains, de lin, de chanvre, de vins et d'eaux-de-vie. Cette ville a douze foires chaque année ; pop. 1600 hab.

AIGREFEUILLE, b. de Fr., dép. de la Loire-Inférieure, arr. et à 4 1/2 l. S.-E. de Nantes, chef-lieu de cant. et poste aux lettres; pop. 1300 hab.

AIGREFEUILLE, vg. de Fr., dép. de la Charente-Inférieure, arr. et à 5 l. N. de Rochefort-sur-Mer, chef-lieu de cant. et poste de Croix-Chapeau; pop. 1650 hab.

AIGREFEUILLE, vg. de Fr., dép. de la Haute-Garonne, arr. et à 6 l. N. de Villefranche-de-Lauraguais, cant. de Lanta et poste de Caraman; pop. 180 hab.

AIGREFIN (l'), ham. de Fr., dép. d'Indre-et-Loire, arr. et poste de Tours, cant. de Montbazon, com. de Ballan; pop. 44 hab.

AIGREFOIN (l'), ham. de Fr., dép. de Seine-et-Oise, arr. de Rambouillet, cant. et poste de Chevreuse, com. de St.-Rémy-les-Chevreuse; pop. 15 hab.

AIGREMONT, vg. de Fr., dép. du Gard, arr. et à 4 l. S.-E. d'Alais, cant. et poste de Ledignan ; pop. 440 hab.

AIGREMONT, ham. de Fr., dép. de Seine-et-Oise, arr. et à 4 l. N. de Versailles, cant. et poste de St.-Germain-en-Laye; bois et châtaigneraies; pop. 170 hab.

AIGREMONT, vg. de Fr., dép. de l'Yonne, arr. et à 5 l. S.-O. d'Auxerre, cant. et poste de Chablis; pop. 230 hab.

AIGREMONT, château fort de la prov. de Liége, dans le roy. de Belgique.

AIGREMONT-LE-DUC, vg. de Fr., dép. de la Haute-Marne, arr. et à 8 1/2 l. N.-E. de Langres, cant., à 2 l. N., et poste de Bourbonne-les-Bains; pop. 1000 hab.

AIGUATÉBIA, vg. de Fr., dép. des Pyrénées-Orientales, arr., à 3 l. O., et poste de Prades, cant. d'Olette; pop. 500 hab.

AIGUEBELLE, *Aquæ Bellæ*, pet. v. commerçante des états Sardes, duché de Savoie, sur l'Arco, à 6 l. S.-S.-E. de Chambéry. Elle fut le théâtre d'un combat célèbre, qui eut lieu en 1742 entre les Français, les Espagnols et le roi de Sardaigne, qui fut défait par les puissances alliées. Cette ville a donné naissance à Thomas Ier, comte de Maurienne; fabriques de soieries et de cuirs.

AIGUEBELLE, *Aqua Bella*, ham. de Fr., dép. de l'Isère, arr., cant. et poste de Vienne, com. d'Estrablin; pop. 100 hab.

AIGUEBELLE, ham. de Fr., dép. de la Drôme, arr. de Montélimart, cant. de Grignan, com. de Réauville et poste de Donzère; pop. 90 hab.

AIGUEBERE, ham. de Fr., dép. du Gers, arr. de Lombez, cant. de l'Isle-en-Jourdain, com. de Garbic et poste de Gimont; pop. 130 hab.

AIGUEBLANCHE, b. des états Sardes, duché de Savoie, sur l'Isère; source d'eau ferrugineuse.

AIGUEFONDE, b. de Fr., dép. du Tarn, arr. et à 4 1/2 l. S. de Castres, cant. et poste de Mazamet; pop. 2050 hab.

AIGUEMORTE, vg. de Fr., dép. de la Gironde, arr. de Bordeaux, cant. de Labrède et poste de Castres; pop. 230 hab.

AIGUENOIRE, ham. de Fr., dép. de l'Isère, arr. de Grenoble, cant. de St.-Laurent-du-Pont, com. d'Entre-deux-Guiers et poste des Échelles; pop. 120 hab.

AIGUEPARSES, ham. de Fr., dép. de la Dordogne, arr. de Sarlat, cant. et poste de Villefranche-de-Belvès, com. de Fontenilles; pop. 45 hab.

AIGUEPERSE, *Aqua Sparsa*, pet. v. de Fr., dép. du Puy-de-Dôme, sur le Béron, arr., à 3 1/2 l. N. de Riom et à 87 l. S.-S.-E. de Paris, chef-lieu de cant. et poste aux chevaux et aux lettres; fontaine dont l'eau, froide au toucher, bout à gros bouillons et d'où l'on éloigne les bestiaux ; patrie du chancelier Michel de L'Hospital (1505-73) et du Virgile français Jacques Delille, né le 22 juin 1758, mort le 1er mai 1813; pop. 3250 hab.

AIGUEPERSE, b. de Fr., dép. du Rhône, arr. et à 10 l. N.-O. de Villefranche-sur-Saône, cant. de Monsols et poste de Beaujeu ; pop. 1030 hab.

AIGUEPERSE, ham. de Fr., dép. de la Haute-Vienne, arr. de Limoges, cant. et poste de Pierre-Buffière, com. de St.-Bonnet-la-Rivière; pop. 350 hab.

AIGUEPERSE, ham. de Fr., dép. de la Haute-Vienne, arr. de Limoges, cant. et poste de Pierre-Buffière, com. de St.-Paul; pop. 84 hab.

AIGUES, riv. de Fr., qui prend sa source dans le département de la Drôme, arrose Nyons, et se jette dans le Rhône, non loin d'Orange, dép. de Vaucluse.

AIGUES-BONNES, ham. de Fr., dép. de l'Aude, arr., à 6 l. S. de Limoux, cant. de Roquefort-de-Sault, com. de Puilaurens, et poste de Quillan; trois sources d'eaux minérales sulfureuses; pop. 60 hab.

AIGUES-CHAUDES, *Aquæ Calidæ*, ham. de Fr., dép. des Basses-Pyrénées, dans la vallée d'Ossan, à 6 l. S. de Pau, eaux thermales salutaires contre les blessures, les ulcères et les maladies intérieures.

AIGUÈSE ou **AIGUÈZE**, vg. de Fr., dép. du Gard, arr., à 9 l. N. d'Uzès, cant. et poste du Pont-St.-Esprit; pop. 580 hab.

AIGUES-JUNTES, vg. de Fr., dép. de l'Arriège, arr., à 4 l. 1/2 N.-O. de Foix, cant. et poste de la Bastide-de-Serou; pop. 320 hab.

AIGUES-MORTES, *Aquæ Mortuæ*, pet. v. de Fr., dép. du Gard, arr., à 8 l. 1/2 S.-S.-O. de Nîmes, chef-lieu de cant., poste, direction des salines. Située sur la mer à l'époque des croisades, car St.-Louis s'y embarqua pour la Palestine en 1248, et pour l'Afrique en 1270, elle en est maintenant distante d'une lieue et demie. Aujourd'hui la ville communique avec la mer par le canal de la Roubine, creusé en 1786, depuis Beaucaire jusqu'à Aigues-Mortes, pour le desséchement des marais, et l'assainissement de l'air. Elle est entourée de murailles, et a une assez grande importance comme poste militaire. Il s'y tient chaque année une foire de huit jours le 8 septembre, et une autre de quinze jours le 30 novembre. Commerce considérable de sel provenant de onze salines, situées aux environs, et de poissons frais et salés. Il est encore à remarquer, que François Ier et Charles-Quint y eurent une entrevue en 1538; pop. 3000 hab.

AIGUES-MORTES, ham. de Fr., dép. du Gers, arr. de Lectoure, cant. et poste de Mauvezin, com. de Taybosc; pop. 88 hab.

AIGUES-VIVES, *Aquæ Vivæ*, vg. de Fr., dép. du Gard, arr., et à 4 l. S.-O. de Nimes, cant. de Sommières, poste de Calvisson. Ce village possède une immense distillerie d'eau-de-vie; pop. 1700 hab.

AIGUES-VIVES, vg. de Fr., dép. de l'Arriège, arr., à 8 l. S.-E. de Pamiers, cant. et poste de Mirepoix; pop. 420 hab.

AIGUES-VIVES, vg. de Fr., dép. de l'Aude, arr. et poste, à 3 l. 1/2 E. de Carcassonne, cant. de Peyriac-Minervois; pop. 350 hab.

AIGUES-VIVES, vg. de Fr., dép. de la Haute-Garonne, arr., à 2 l. 1/2 N.-O. de Villefranche-de-Lauraguais, cant. de Montgiscard, poste de Baziège; pop. 700 hab.

AIGUES-VIVES, vg. de Fr., dép. de l'Hérault, arr., à 6 l. 1/2 S. de St.-Pons, cant. et poste de St.-Chinian; pop. 500 hab.

AIGUEVIVE, ham. de Fr., dép. de Loir-et-Cher, arr. de Blois, cant. et poste de Montrichard, com. de Faverolles; pop. 8 hab.

AIGUEVIVE, ham. de Fr., dép. de Lot-et-Garonne, arr. de Villeneuve-sur-Lot, cant. de Monclar, com. de St.-Pastour, poste de Cancon; pop. 25 hab.

AIGUIERS (les), ham. de Fr., dép. du Var, arr. de Toulon-sur-Mer, cant. et poste de Solliès-Pont, com. de Solliès-Ville; pop. 50 hab.

AIGUILHE ou **LES AIGUILLES**, vg. de Fr., dép. de la Haute-Loire, arr., cant., com. et poste du Puy; pop. 330 hab.

AIGUILLANES, ham. de Fr., dép. de l'Aude, arr. de Limoux, cant. de Chalabre, com. de Villac, poste de Ste.-Colombe-sur-l'Hers; pop. 200 hab.

AIGUILLE, ham. de Fr., dép. de la Charente-Inférieure, arr. de St.-Jean-d'Angely, cant. et poste de St.-Savinien, com. d'Agonuay; pop. 100 hab.

AIGUILLE (l'), célèbre mont. de Fr., dans le dép. de l'Isère, appelée aussi la MONTAGNE INACCESSIBLE, à 2 l. N. de Die. Cet immense rocher vertical est une des merveilles du Dauphiné.

AIGUILLES, b. de Fr., dép. des Hautes-Alpes, arr., à 6 l. S.-E. de Briançon, chef-lieu de cant., poste d'Abriès. Commerce assez considérable de fromage; pop. 1000 hab.

AIGUILLES (cap des), *Acuum Caput*, promontoire d'Afrique, dont il forme la pointe la plus méridionale, au S.-E. du cap de Bonne-Espérance. Au-devant est un banc de sable appelé le BANC DES AIGUILLES.

AIGUILLON, *Acilio*, pet. v. de Fr., dép. de Lot-et-Garonne, arr., à 6 l. N.-O. d'Agen, cant. de Port-Ste.-Marie, poste; au confluent de la Garonne et du Lot, dans une vallée très-fertile. Commerce en vin, eau-de-vie, blé, chanvre et tabac; pop. 4100 hab.

AIGUILLON-SUR-MER (l'), vg. de Fr., dép. de la Vendée, arr., à 10 l. S.-O. de Fontenay-le-Comte, cant. et poste de Luçon; pop. 900 hab.

AIGUILLON-SUR-VIE (l'), vg. de Fr., dép. de la Vendée, arr., à 5 l. 1/2 N. des Sables, cant. et poste de St.-Gilles-sur-Vie; pop. 600 hab.

AIGUILLY, ham. de Fr., dép. de la Loire, arr. et poste, à 1 l. N. de Roanne, cant. de Charlieu, com. de Vougy; pop. 300 hab.

AIGUINES, vg. de Fr., dép. du Var, arr., à 11 l. N.-O. de Draguignan, cant. et poste d'Aups, près de la rivière de Verdon; pop. 1050 hab.

AIGUIZY, ham. de Fr., dép. de l'Oise, arr. de Compiègne, cant. et poste d'Estrées-St.-Denis, com. de la Chelle; pop. 12 hab.

AIGUIZY, ham. de Fr., dép. de l'Aisne, arr. de Château-Thierry, cant. et poste de Fère-en-Tardenois, com. de Villers-Agron; pop. 70 hab.

AIGULIN (Saint-), vg. de Fr., dép. de la Charente-Inférieure, arr., à 12 l. S.-E. de Jonzac, cant. de Montguyon, poste de Contras (Gironde); pop. 1480 hab.

AIGUMONT, ham. de Fr., dép. de la Seine-Inférieure, arr. de Dieppe, cant. et poste d'Envermeu, com. d'Avesnes; pop. 100 hab.

AIGURANDE, pet. v. de Fr., dép. de l'Indre, arr., à 5 l. S.-O. de la Châtre, chef-lieu de cant. et poste; commerce de bétail; antiquités; pop. 1900 hab.

AIHA, v. de la Mantchourie, dans le gouv. de Mukden, sur la riv. de même nom.

AIHENE, v. des Indes orientales, sur la presqu'île au-delà du Gange, à l'embouchure du Cancar, dans le roy. de Camboye.

AIJALTAN, v. de la Turquie d'Asie, dans le paschalik de Syrie, à 14 l. S. de Tripoli.

AIJANA, b. de l'Arabie, dans la prov. de Nedjed; lieu de naissance du prophète Waheb, fondateur de la secte des Wechabites.

AIL (Saint-), vg. de Fr., dép. de la Moselle, arr., cant. et poste, à 2 l. S.-E. de Briey; pop. 200 hab.

AILAH ou **AKABA**, *Ælana*, v. d'Arabie, dans la prov. d'Hedschas, sur la presqu'île Pétrée et près d'un golfe de la mer Rouge, qui porte le nom de la ville; garnison turque pour la sûreté des caravanes, à 45 l. E.-S.-E. de Suez.

AILE-DES-HAYS (l'). *Voyez* PENGUILLY.

AILESBURY ou **AYLESBURY**, b. d'Angleterre, dans le comté et à 5 l. S.-E. de Buckingham, sur la Tamise. Deux députés au parlement.

AILHON, vg. de Fr., dép. de l'Ardèche, arr., à 7 l. 1/2 S.-O. de Privas, cant. et poste d'Aubenas; pop. 700 hab.

AILLAC, vg. de Fr., dép. de la Dordogne, arr., à 2 l. 1/2 S.-E. et poste de Sarlat, cant. de Carlux; pop. 400 hab.

AILLANT-SUR-MILLERON, vg. de Fr., dép. du Loiret, arr., à 7 l. S.-E. de Montargis, cant. et poste de Châtillon-sur-Loing; pop. 500 hab.

AILLANT-SUR-THOLON, b. de Fr., dép. de l'Yonne, arr., à 3 l. S. de Joigny, chef-lieu de cant., poste; manufacture de gros draps et d'étoffes de laine; pop. 1100 hab.

AILLANVILLE ou **AILLIANVILLE**, vg. de Fr., dép. de la Haute-Marne, arr. de Chaumont, cant. de St.-Blin, poste d'Andelot; pop. 500 hab.

AILLAS-LA-VILLE, b. de Fr., dép. de la Gironde, arr. et poste, à 3 l. 1/2 N.-E. de Bazas, cant. d'Auros; pop. 2100 hab.

AILLAS-VIEUX, ham. de Fr., dép. de la Gironde, arr. et poste de Bazas, cant. d'Auros, com. d'Aillas-la-Ville; pop. 300 hab.

AILLEAUX, vg. de Fr., dép. de la Loire, arr., à 5 l. N. de Montbrison, cant. de Boen, poste de Roanne; pop. 400 hab.

AILLES, vg. de Fr., dép. de l'Aisne, arr., à 3 l. 1/2 S.-E. de Laon, cant. de Craonne, poste de Corbeny; pop. 400 hab.

AILLET, ham. de Fr., dép. de l'Eure, arr. de Louviers, cant. et poste de Neubourg, com. d'Épégard; pop. 200 hab.

AILLEVANS, vg. de Fr., dép. de la Haute-Saône, arr., à 4 l. 1/2 S. de Lure, cant. et poste de Villersexel; forges, fabriques de ferblanterie, commerce de coton et de fil; pop. 500 hab.

AILLEVILLE, vg. de Fr., dép. de l'Aube, arr., cant. et poste, à 3/4 l. N. de Bar-sur-Aube; pop. 300 hab.

AILLEVILLERS, b. de Fr., dép. de la Haute-Saône, arr., à 8 l. N. de Lure, cant. et poste de St.-Loup; pop. 2700 hab.

AILLICOURT, ham. de Fr., dép. des Ardennes, arr. et poste de Sédan, cant. de Raucourt, com. de Romilly; pop. 50 hab.

AILLIEL, ham. de Fr., dép. de la Somme, arr. d'Abbeville, cant. et com. d'Ailly-le-Haut-Clocher, poste de Flixecourt; pop. 380 hab.

AILLIÈRES, vg. de Fr., dép. de la Sarthe, arr. et poste de Mamers, cant. de la Fresnaye; pop. 360 hab.

AILLON, vg. des états sardes, duché de Savoie. Mines de fer, fonderie, clouterie.

AILLONCOURT, vg. de Fr., dép. de la Haute-Saône, arr., à 3 l. N.-O. de Lure, cant. et poste de Luxeuil; pop. 450 hab.

AILLY, vg. de Fr., dép. du Calvados, arr., à 3 l. N.-E. et poste de Falaise, cant. de Coulibœuf; pop. 200 hab.

AILLY, b. de Fr., dép. de l'Eure, arr., à 2 l. S.-E. de Louviers, cant. et poste de Gaillon; pop. 1400 hab.

AILLY-LE-HAUT-CLOCHER, b. de Fr., dép. de la Somme, arr., à 4 l. E. d'Abbeville, chef-lieu de cant., poste de Flixecourt; papeteries; pop. 300 hab.

AILLY-SUR-MEUSE, vg. de Fr., dép. de la Meuse, arr., à 3 l. N. de Commercy, cant. et poste de St.-Mihiel; pop. 160 hab.

AILLY-SUR-NOYE, b. de Fr., dép. de la Somme, arr., à 5 l. N.-O. de Montdidier, chef-lieu de cant., poste de Flers; pop. 900 hab.

AILLY-SUR-SOMME, vg. de Fr., dép. de la Somme, arr., à 2 l. O. d'Amiens, cant. et poste de Picquigny; pop. 530 hab.

AILOU, groupe des îles Radak, à l'E. des Carolines (Océanie), au S.-E. de Tagaï.

AILRINGEN, vg. parois. du Wurtemberg, cer. de l'Yaxt, gr.-bge de Kunzelsau; pop. 390 hab.

AILSA, rocher qui forme une petite île sur la côte occidentale de l'Écosse, dans le comté d'Ayr, à l'entrée du Firth of Clyde, au S.-E. de l'île d'Arran; il atteint une hauteur de 940 p. anglais; vieux château en ruines.

AIMAKAN, riv. de la Russie d'Asie, en Sibérie; elle se jette dans le golfe d'Ochotsk.

AIMARAES ou **AIMARAEZ**, prov. du Pérou, dans l'Amérique méridionale, très-riche en mines d'or. Le climat en est froid à cause des montagnes couvertes de neige; cependant elle renferme aussi des districts d'une température plus douce, où l'on cultive du blé et de la canne à sucre. Sa superficie est de 180 l. c. g.; Challuanea en est la capitale.

AIMARAS (les), peuple de l'Amérique méridionale, sur les fleuves de Parana et d'Uruguay; il parle une langue qui lui est particulière.

AIMARGUES ou **AYMARQUES**, pet. v. de Fr., dép. du Gard, arr. et à 5 l. S.-O. de Nîmes, cant. de Vauvert, poste de Lunel, sur le Rosny. Contrée marécageuse; distillerie d'eau-de-vie; pop. 2200 hab.

AIME ou **AIXME**, **AYME**, b. des états sardes, dans la principauté de Piémont (ci-devant Tarantaise), sur l'Isère. Par l'une des portes de ce bourg passe la route du Petit-Saint-Bernard. Les environs sont abondants en houille; pop. 900 hab.

AIMES (les), ham. de Fr., dép. de l'Isère, arr. de Grenoble, cant. et poste de Bourg-d'Oisans, com. de Mizoen; pop. 120 hab.

AIMONTIERS ou **AYMONTIERS**. *Voyez* EYMOUTIERS.

AIN, riv. de Fr., dans le dép. du même nom, a sa source dans le Jura; elle coule un peu obliquement du N. au S. et divise le département en deux régions; elle est affluent de droite du Rhône, dans lequel elle se jette à 7 l. au-dessus de Lyon. Elle n'est navigable que pendant la crue des eaux et seulement sur une ligne très-courte. Son cours est d'environ 15 myriamètres ; ses principaux affluents sont : la Bienne, l'Oignon, l'Albarine, la Vatouse et le Suran.

AIN (dép. de l'), en France. Il est formé de l'ancienne Bresse, du Bugey, du Valromey, du pays de Gex et de la principauté de Dombes. Situé à la frontière de l'E., il est borné à l'E. par la Suisse et la Savoie, au N. par le dép. du Jura, au N.-O. par le dép. de Saône-et-Loire, à l'O. par celui du Rhône et au S. par le dép. de l'Isère dont il est séparé par le Rhône. Sa superficie est de 594,700 kilomètres carrés, et sa population de 346,188 habitants. Ce département, que la rivière d'Ain divise en partie orientale et en partie occidentale, offre un sol très-varié. La première est formée par un vaste plateau qui s'étend par ondulations du N. au S.-O. ; le terrain y est marécageux et argileux ; la partie occidentale est hérissée de hautes montagnes, qui sont une ramification du Jura et se rattachent ainsi aux Alpes ; les intervalles de ces montagnes présentent des vallées profondes traversées par de nombreux et rapides torrents. L'extrémité méridionale des montagnes du département est connue sous le nom de Credo. Cette chaîne est couverte de sapins ; mais quelques sommets n'ont que des taillis ou des landes arides. Une autre chaîne, appelée Revermont, est en partie couverte de vignobles. Le département est arrosé par un grand nombre de rivières ; les plus importantes sont la Valserine, la Bienne, la Reyssouse, la Veyle, la Chalaronne et la Saône ; cette dernière borne le département à l'O. Le Rhône, qui le borne à l'E. et au S., y devient navigable à 4 lieues au-dessus de Seyssel. A quelques lieues plus haut se trouvait autrefois une voûte d'environ 50 mètres de longueur, sous laquelle passait le Rhône et qu'on nommait la perte du Rhône ; les rochers qui formaient cette voûte ont été coupés, parce qu'ils étaient un obstacle au flottage. Les étangs y sont très-nombreux ; on en compte 1667 ; les plus considérables sont le Grand-Birieux, le Grand-Glareins, la Brévoune, Bulancey, Turlet et Chevroux. Parmi les lacs, celui de Nantua est le seul important. Le département ne possède encore qu'un canal, celui de Pont-de-Vaux ; il a 400 mètres de longueur et joint la Reyssouse à la Saône.

La température du département varie suivant les localités ; elle est humide et brumeuse dans les cantons où les eaux sont abondantes, et surtout dans l'arrondissement de Trévoux, car c'est celui qui possède le plus grand nombre de lacs et d'étangs ; dans les autres, l'air est sec et froid. Le sol produit des végétaux de toute espèce, et les nombreux marais sont riches en plantes aquatiques. Parmi les céréales on distingue l'orge, le maïs et le sarrazin. Le châtaignier et le noyer sont les arbres fruitiers les plus communs dans le département ; le mûrier y est aussi cultivé avec succès.

Les productions minérales sont le fer, la houille, le marbre, la pierre de taille, le gypse. Les pierres lithographiques de l'arrondissement de Belley sont d'une excellente qualité et très-recherchées. Près de Seyssel on exploite une mine de bitume. Le département possède aussi des bancs d'albâtre de diverses couleurs. Il existe aussi dans le département plusieurs sources d'eaux minérales ; mais elles sont peu renommées.

On élève dans le département des bêtes à cornes et des bêtes à laine de belle race, des chevaux, des mulets, des ânes ; les animaux sauvages sont le loup, l'ours, le renard, le chat sauvage, etc. Le gibier à poil y est rare ; mais les oies, les canards sauvages, les bécasses, et en général le gibier à plumes y est abondant.

L'industrie du département consiste dans la fabrication de toiles de fil et de coton ; il possède des papeteries, des tanneries, des verreries, des filatures, des faïenceries et des mégisseries ; on fabrique à Lagnieu des chapeaux de paille de très-belle qualité ; un grand nombre d'autres branches d'industrie et de commerce, telles que l'affinage et le battage d'or, la taille des pierres fausses, la fabrication de produits chimiques s'introduisent insensiblement dans ce département.

Il est divisé en 5 arrondissements, 35 cantons et 439 communes. Les chefs-lieux d'arrondissements sont :

Bourg	10	cant.	120	com.	117,753	hab.
Belley	9	»	109	»	77,366	»
Nantua	3	»	28	»	50,826	»
Gex	6	»	71	»	22,713	»
Trévoux	7	»	111	»	77,530	»
		35 cant.		439 com.	346,188 hab.	

Ce département nomme cinq députés ; il fait partie de la septième division militaire dont le quartier général est à Lyon ; il est du ressort de la cour royale et de l'académie de Lyon, du diocèse de Belley, évêché suffragant de l'archevêché de Besançon, du douzième arrondissement des eaux-et-forêts dont le chef-lieu est Mâcon, de la cinquième inspection des ponts-et-chaussées dont le chef-lieu est Lyon, et de la quatrième division des mines dont le chef-lieu est St.-Étienne. Le département possède deux colléges, une école normale primaire et 452 écoles primaires.

L'histoire de cette contrée remonte à une époque fort reculée. Avant la conquête des Gaules par César, elle était habitée par les Ségusiani, les Allobroges et les Séquaniens ; sous la domination romaine elle fit partie de la première Lyonnaise. Des Romains elle passa aux Bourguignons ; lors de la décadence du royaume de Bourgogne, les comtes de Savoie s'emparèrent de ce pays ; Louis XI le conquit en grande partie et le restitua en 1468 à Philippe de Savoie par le traité de Péronne. Enfin, en 1601, la maison de Savoie le céda à la France en échange du marquisat de Saluces. Voyez, pour plus de détails historiques, les articles Bresse, Bugey, Valromey et Dombes.

AIN, g. a., source du Jourdain, près de Panée.

AIN ou **EN-RIMMON**, g. a., v. de Judée, au S.-O. d'Hébron.

AINA. *Voyez* ENGIA.

AINABACHTI. *Voyez* LÉPANTE.

AINAC, vg. de Fr., dép. des Basses-Alpes, arr., cant., à 4 l. N. et poste de Digne; pop. 120 hab.

AINADA ou **EINADA**, v. de la Turquie d'Europe, dans la prov. de Romélie, sur la mer Noire, à 25 l. N.-O. de Constantinople.

AINAN. *Voyez* HAYNAN.

AINARSIE, v. de l'île de Chypre, à 4 l. N.-N.-E. de Baffa.

AINAY-LE-CHATEAU, b. de Fr., dép. de l'Allier, arr. et à 9 l. N. de Montluçon, cant. de Cérilly, poste de Meaulne. Manufactures d'étoffes et de drogues; tanneries; pop. 1200 hab.

AINAY-LE-VIEIL, vg. de Fr., dép. du Cher, arr., à 2 l. S.-E. et poste de St.-Amand-Mont-Rond, cant. de Saulzais-le-Potier; pop. 450 hab.

AIN-CHARIN ou **AIN-CHERIN**, vg. de la Turquie d'Asie, dans la Syrie, paschalik de Damas, à 3 l. de Jérusalem; il doit avoir été la demeure de Zacharie et d'Elisabeth. On y cultive beaucoup de roses pour en fabriquer de l'essence.

AINCILLE, vg. de Fr., dép. des Basses-Pyrénées, arr. et à 10 l. S.-O. de Mauléon, cant. et poste de St.-Jean-Pied-de-Port; salines; pop. 600 hab.

AINCOURT, vg. de Fr., dép. de Seine-et-Oise, arr., à 3 l. N. de Mantes et à 13 l. O.-N.-O. de Paris, cant. et poste de Magny. La belle ferme de Brunelle en fait partie, ainsi que le hameau de Lesseville; bonneterie; pop. 400 hab.

AINCOURT, ham de Fr., dép. de l'Oise, arr. de Beauvais, cant. de Chaumont-en-Vexin, com. de Parnes, poste de Magny; pop. 62 hab.

AINCREVILLE, vg. de Fr., dép. de la Meuse, arr. et à 5 1/2 l. S.-O. de Montmédy, cant. et poste de Dun-sur-Meuse; 250 hab.

AINE ou **AINES**, ham. de Fr., dép. de Saône-et-Loire, arr. de Mâcon, cant. de Lugny, com. d'Azé, poste de St.-Oyen; pop. 200 hab.

AINEBOLI ou **INEBOLI**, v. de la Turquie d'Asie, dans l'Anatolie, paschalik de Scivas, sur la mer Noire, à 33 l. E. de Sinope.

AINEGHEUL ou **AGIO-NICOLO**, pet. v. de la Turquie d'Asie, dans l'Anatolie.

AIN-EL-EALU, v. du roy. de Fez, en Afrique, bâtie par les Romains.

AIN-EL-SALAH, v. du pays de Touat, dans la partie occ. du désert de Sahara, en Afrique, à 35 journées de Tombouctou.

AIN-ETTUZAR (citerne des marchands), château fort de la Turquie dans la Palestine (Syrie, paschalik de Damas), au pied du mont Tabor; lieu de refuge et de sûreté des caravanes.

AIN-GEBEL, v. de la Turquie d'Asie, dans le Diarbékir, à 16 l. S.-O. de Mosul.

AINGERAY, vg. de Fr., dép. de la Meurthe, arr., cant., à 3 l. N. et poste de Toul; pop. 450 hab.

AINGEVILLE, vg. de Fr., dép. des Vosges, arr. et à 4 1/2 l. S. de Neufchâteau, cant. et poste de Bulgnéville; pop. 280 hab.

AINGOULAINCOURT, vg. de Fr., dép. de la Haute-Marne, arr. et à 7 1/2 l. E. de Vassy, cant. de Poissons, poste de Sailly; pop. 100 hab.

AINHARP, vg. de Fr., dép. des Basses-Pyrénées, arr., cant., poste et à 2 l. N.-O. de Mauléon; pop. 430 hab.

AINHICE-MONGELOS, vg. de Fr., dép. des Basses-Pyrénées, arr. et à 7 1/2 l. O. de Mauléon, cant. et poste de St.-Jean-Pied-de-Port; pop. 400 hab.

AINHOUE ou **AINHOA**, vg. de Fr., dép. des Basses-Pyrénées, arr. et à 6 l. S. de Bayonne, cant. d'Espelette, poste d'Ustarits; forges; pop. 800 hab.

AINIMOASA, v. florissante dans la partie N.-E. de la principauté de Valachie, dans la Turquie d'Europe.

AINŒD ou **EINOED**, **SOTESCA**, **AINOEDA**, vg. des états autrichiens, dans le roy. d'Illyrie, cer. de Neustädtl, sur une hauteur escarpée que baigne la Gurk; beau château.

AINOS (les), peuplade tributaire de l'emp. du Japon, en Asie, habitant la partie septentrionale de l'île de Jesso et la partie méridionale de celle de Tarakaï ou Sachalin. Les habitants se tatouent et se vêtent de peaux de phoques; ils sont doux, généreux et hospitaliers; du reste toute civilisation leur est étrangère; ils ne savent ni lire ni écrire; leurs mœurs admettent la polygamie, et le frère peut épouser la sœur; ils n'ont d'autres habitations que des cabanes, couchent sur des nattes, vivent de la pêche et nagent avec une grande agilité. Leurs opérations commerciales se bornent à des échanges avec les Japonais.

AINS, ham. de Fr., dép. des Basses-Pyrénées, arr. de Pau, cant. et com. de Montaner, poste de Vic-en-Bigorre; pop. 90 hab.

AINSA ou **AINZA**, pet. v. d'Espagne, dans le roy. d'Aragon, au confluent de l'Ara et de la Cinca, à 8 l. N. de Barbastro; ancienne capitale du royaume du Sobraroc et résidence des rois d'Aragon.

AINSAIS, ham. de Fr., dép. des Deux-Sèvres, arr. de Niort, cant. et poste de St.-Maixent, com. de Souvigné; pop. 140 hab.

AINSCHUE (l'), pet. fl. du pays des Achantis, dans la Haute-Guinée, Afrique, à l'O. du Volta.

AINTAB ou **ANDEB**, v. industrielle de la Turquie d'Asie, dans le paschalik de Mérasch, sur le Sedschour, à 19 l. N.-N.-O. d'Alep. Elle a de belles mosquées, de vastes marchés publics, des bazars, etc.; fabriques de coton et de tissus; l'on y prépare des peaux qui imitent le maroquin; château fort qui domine la ville; pop. 20,000 hab.

AINOUKHANI. *Voyez* JESSO.

AINVAL, vg. de Fr., dép. de la Somme, arr., à 3 l. O. et poste de Montdidier, cant. d'Ailly-sur-Noye; pop. 230 hab.

AINVELLE, vg. de Fr., dép. de la Haute-Saône, arr. et à 8 1/4 l. N.-O. de Lure, cant. de St.-Loup, poste de Luxeuil; pop. 350 hab.

AINVELLE, vg. de Fr., dép. des Vosges, arr. et à 10 l. S. de Neufchâteau, cant. et poste de Lamarche; pop. 600 hab.

AIOMAMA, pet. v. de la Turquie d'Europe, dans la prov. de Macédoine, sur le golfe du même nom (appelé aussi golfe de Cassandrie), à 9 l. S.-E. de Saloniki.

AIOU ou **AJOU**, YOWL, groupe de vingt îles de la mer des Indes, au-delà de la côte sept. de l'île de Waigiou, au N.-O. de la Nouvelle-Guinée et au N.-E. des Moluques; elles sont séparées des îles d'Asie par le canal de Ste.-Anne; la plus grande est nommée Aïou-Babo. Le poisson et les tortues y abondent; on y fait le commerce des écailles de tortues avec les Chinois.

AIOUMAKOU, v. commerciale du Fantin, dans la Haute-Guinée, sur la côte d'Or.

AIOUSDEKA, v. de l'île de Candie, à 1 l. N. de Métropoli. Aux environs se trouvent les ruines de l'ancienne Gortynie.

AIPOLIS, g. a., v. de la Babylonie.

AIR ou **AYR**, comté du roy. d'Écosse, borné au N. par le comté de Renfrew, à l'E. par ceux de Lanark, de Dumfries et de Kirkudbright, au S. par celui de Wigton et à l'O. par le Firth of Clyde; il est traversé par l'Ayr, le Doon, le Garnok, le Girvad, l'Irvine et le Stincher. Son climat est rigoureux, mais sain; son territoire montagneux, mais fertile en avoine et en pommes de terre; bons pâturages; fromages estimés; exploitation de mines de cuivre, plomb, fer, argile, porphyre, houille; fabriques de lainages, toiles, cuirs; pop. 127,000 hab.

AIR ou **AYR**, *Æra*, v. mal bâtie et capitale du comté de ce nom, à l'embouchure de l'Air, dans le Firth of Clyde, à 24 l. S.-O. d'Edimbourg; avec un bon port dont l'entrée est dangereuse; collége académique, bibliothèque, hôpital; tanneries, chantiers, filatures de coton, commerce de grains, fer, charbon, goudron, salaisons, étoffes de laine et de coton; sources d'eaux minérales aux environs; elle envoie un député au parlement; pop. 8000 hab.

AIR ou **AYR**, riv. du comté du même nom, qui prend sa source sur les limites du comté de Lanark et se jette dans le golfe de Clyde, à Air.

AIR ou **AYR**, bg. des États-Unis d'Amérique, dans la prov. de Pensylvanie, comté de Bedford; poste; eaux minérales; pop. 2000 hab.

AIRAGUES ou **AYRAGUES**. *Voyez* EIRAGUES.

AIRAINES, b. de Fr., sur l'Airaines, dép. de la Somme, arr. et à 7 l. O. d'Amiens, cant. de Molliens-Vidame, poste. Ce seul bourg possède 25 moulins à huile et des fabriques de grosses toiles; commerce d'huile de navette, de lin, de faines, de chanvre, etc. A deux lieues de là se trouvent les restes d'un camp de César; pop. 2000 hab.

AIRAN, vg. de Fr., dép. du Calvados, arr. et à 4 l. S.-E. de Caen, cant. de Bourguébus, poste de Vimont; pop. 680 hab.

AIRASCA, b. des états sardes, dans la principauté de Piémont, à 2 l. E. de Pignerol et à 4 l. S.-O. de Turin.

AIRDRIE, pet. v. d'Écosse, dans le comté de Lanark, à 5 l. E. de Glasgow, sur le canal de Monkland; distilleries, forges, fabriques de toiles de coton, houillères aux environs; pop. 5000 hab.

AIRE ou **AIRE-SUR-L'ADOUR**, *Aturum*, *Vicus Julii, Martianum*, pet. v. de Fr., dép. des Landes, arr. et à 5 1/2 l. S.-E. de St.-Sever, chef-lieu de cant., poste. La ville est située au bas d'un côteau, au-dessus duquel est le Mas-d'Aire, autrefois ville considérable et ancienne résidence d'Alaric, roi des Visigoths; collége communal, fabriques de chapeaux et tanneries; pop. 4100 hab.

AIRE ou **AIRE-SUR-LA-LYS**, **ARIEN**, *Æria*, v. forte de Fr., dép. du Pas-de-Calais, arr. et à 3 1/2 l. S.-E. de St.-Omer, chef-lieu de cant., poste; située au confluent de la Lys et de la Laquette; évêché, école secondaire ecclésiastique, collége communal; place de guerre de quatrième classe. Elle fut assiégée et prise en 1641 par le maréchal de La Meileraye; elle tomba ensuite au pouvoir des Espagnols; le maréchal d'Humières la reprit en 1676. Elle fut cédée de nouveau en 1710 et restituée enfin par le traité d'Utrecht en 1713. L'église St.-Pierre est vaste et belle; le fort St.-François, situé à une portée de canon de la ville, est aussi un monument remarquable; l'hôtel de ville et les casernes méritent l'attention des voyageurs. Fabriques d'huile, de savon, de fayence, de futaines, etc.; commerce de vins, d'eau-de-vie, de grains, de bois, etc. Elle a chaque semaine deux foires de neuf jours chacune. Patrie du jésuite Mallebranche et de Guyard des Moulins, premier traducteur français de la Bible; pop. 9000 hab.

AIRE, vg. de Fr., dép. des Ardennes, arr. et à 3 1/2 l. O.-S.-O. de Réthel, cant. d'Asfeld-la-Ville, poste de Tagnon-sur-l'Aisne; pop. 500 hab.

AIRE, riv. de Fr., qui prend sa source près du village de St.-Aubin, entre Ligny et Commercy, et se jette dans l'Aisne au-dessous de Senuc, après un cours de 22 lieues.

AIRE, riv. d'Angleterre, dans le comté d'York; elle arrose Leeds, où elle devient navigable et se jette dans l'Ouse au-dessus d'Howden, elle joint par un canal de 21 lieues de longueur la mer du Nord à la mer d'Irlande, et entretient de cette manière une communication très-facile entre les villes d'Hull et de Liverpool.

AIREL, vg. de Fr., dép. de la Manche, arr. et à 3 1/2 l. N. de St.-Lô, cant. de St.-Clair, poste de la Périne; pop. 650 hab.

AIRES (les), ham. de Fr., dép. de la Lozère, arr. de Florac, cant. de St.-Germain-de-Calberte, com. de St.-Hilaire-de-Lavit, poste de Pompidou; 20 hab.

AIRES (les), ham. de Fr., dép. de le Vendée, arr. des Sables, cant. des Moutiers, com. de St.-Vincent-sur-Graon, poste d'Avrillé; pop. 320 hab.

AIRIAC, ham. de Fr., dép. de l'Ardèche, arr. de Privas, cant. et poste de Villeneuve-de-Berg, com. de Lussas; pop. 160 hab.

AIRIEAS)les), peuplade de l'Amérique méridionale, entre le Casanare et le Bas-Orénoque.

AIRIN, ham. de Fr., dép. de la Haute-Vienne, arr. de Limoges, cant. et poste d'Aixe, com. de St.-Yrieix-sous-Aixe; pop. 60 hab.

AIRION, vg. de Fr., dép. de l'Oise, arr., cant., poste et à 1 1/4 l. N. de Clermont-Oise, sur l'Arret; bonneterie; pop. 210 hab., y compris ceux des maisons isolées de Crécy.

AIRIPTS, ham. de Fr., dép. des Deux-Sèvres, arr. de Niort, cant. et poste de St.-Maixent, com. de Romans et de Ste.-Néomaye; pop. 200 hab.

AIROLA, pet. v. du roy. de Naples, à 6 1/2 l. de Capoue, dans la Principauté ultérieure.

AIROLA, gr. vg. parois. de Suisse, chef-lieu du cercle du même nom, cant. du Tésin, au pied du St.-Gothard. Il y a un entrepôt assez considérable d'eaux minérales. Non loin d'Airolo il y eut (septembre 1799) un combat des plus meurtriers entre les Russes et les Français; ces derniers, après une longue et courageuse résistance furent forcés de céder au nombre et de battre en retraite; pop. du cercle 1720 hab., du village 900 hab.

AIRON, ham. de Fr., dép. de la Vienne, arr. de Loudun, cant. de Moncontour, com. de St.-Chartres; poste de Mirebeau; pop. 100 hab.

AIRON-NOTRE-DAME, vg. de Fr., dép. du Pas-de-Calais, arr., cant., à 2 l.O. et poste de Montreuil-sur-Mer, pop. 250 hab.

AIRON-SAINT-VAAST, vg. de Fr., dép. du Pas-de-Calais, arr., cant., à 2 l. S.-O. et poste de Montreuil-sur-Mer; pop. 160 hab.

AIROU. *Voyez* LA LANDE-D'AIROU.

AIROUX, vg. de Fr., dép. de l'Aude, arr., cant. à 2 l. N.-O. et poste de Castelnaudary.

AIRTH, pet. v. d'Écosse, dans le comté de Stirling.

AIRTON, b. d'Angleterre, dans le comté d'York (West-Riding).

AIRVAULT ou AIRVAUX, *Aurea Vallis*, pet. v. de Fr., dép. des Deux-Sèvres, arr. et à 5 l. N.-N.-E. de Parthenay, chef-lieu de cant., poste, sur la rive droite du Thouet. Elle a une belle église avec des tours gothiques; sol peu fertile, avec du blé, du chanvre, du lin, etc.; fabrique d'étoffes de laine, de toiles et tanneries; commerce de vins, d'eau-de-vie, d'horlogerie, etc.; pop. 2000 hab.

AISA, pet. v. d'Espagne, dans le roy. d'Aragon, dans une vallée du même nom, à 3 l. N. de Jaca.

AISACUS, g. a., riv. de Rhétie, se jette dans l'Adige.

AISCH, riv. du roy. de Bavière, dans les cer. de la Rézat et du Haut-Main; elle arrose Windsheim, Neustadt, et se jette dans la Regnitz près de Brandenloh, après un cours de 14 lieues.

AISERAY, vg. de Fr., dép. de la Côte-d'Or, arr. de Dijon, cant. et poste de Genlis; pop. 600 hab.

AISEY, vg. de Fr., dép. de la Haute-Saône, arr. et à 9 l. N.-O. de Vesoul, cant. et poste de Jussey; pop. 360 hab.

AISEY-LE-DUC ou AISEY-SUR-SEINE, b. de Fr., dép. de la Côte-d'Or, arr., cant., à 3 1/4 l. S. et poste de Châtillon-sur-Seine, sur la Seine; restes d'un château des anciens ducs de Bourgogne; pop. 550 hab.

AISKA, v. de l'emp. du Japon, en Asie, dans l'île de Niphon.

AISLINGEN, b. du roy. de Bavière, dans le cer. du Haut-Danube, dist. et à 2 l. S.-S.-O. de Dillingen, sur la riv. de Glött; avec un château; pop. 1200 hab.

AISNAY, célèbre abbaye de bénédictins à Lyon, collége dit *Athenæum;* restes d'un temple bâti par Munatius-Plancus en l'honneur d'Auguste; Drusus y dressa un autel; la voûte de l'église est soutenue par deux colonnes que les Romains érigèrent au confluent du Rhône et de la Saône.

AISNE, *Axona*, riv. de Fr., a sa source dans le dép. de la Meuse, entre Triaucourt et Vaubecourt, traverse du S. au N. la partie N.-E. du dép. de la Marne, puis du S.-E. au N.-O. celui des Ardennes, entrant alors près de Neufchâtel dans le dép. auquel elle donne son nom, elle le traverse de l'E. à l'O., passe dans celui de l'Oise où elle se jette dans l'Oise au-dessus et tout près de Compiègne, après un cours de 58 l. Ses affluents sont l'Aire, la Vaux, la Retourne, la Suippe et la Vesle.

AISNE (département de l'), région du N. de la France. Il est formé du pays de Thiérache, du Vermandois, du Laonnois, du Tardenois, du Soissonnais, d'une partie de l'Ile-de-France et de la Brie champenoise. Il est borné au N. par le département du Nord et la Belgique, à l'O. par les départements de l'Oise et de la Somme, à l'E. par ceux de la Marne et des Ardennes et au S. par le département de Seine-et-Marne. Sa superficie est de 7491,83 kilomètres carrés et sa population de 527,095 habitants. La rivière

Aisne qui donne son nom au département, le traverse de l'E. à l'O. et le divise ainsi en partie septentrionale et en partie méridionale. Celle-ci comprend à peine le quart du département; elle a quelques petites chaînes de collines qui s'étendent parallèlement à l'Aisne, et dont les sommets offrent des plateaux assez considérables. Les plus hauts ne s'élèvent pas à plus de 200 mètres au-dessus du niveau de la mer. Le département est arrosé par l'Oise, l'Aisne, la Marne, le Petit-Morin, la Serre, la Vesle, le Surmelin, etc. L'Escaut, la Sambre et la Somme y ont leurs sources. Les trois premières rivières sont les seules navigables dans ce département, qui possède aussi trois canaux; celui de St.-Quentin joint la Somme à l'Escaut; celui de Crozat joint la Somme à l'Oise, et celui de Manicamps qui sert de prolongement au canal de Crozat. La température froide et humide de ce département doit être attribuée au grand nombre de cours d'eau, d'étangs et de marais qu'il renferme. Le plus grand de ces étangs, qui sont au nombre de 80, est celui de St.-Laurent. Ce département est un des plus riches de la France, tant sous le rapport de ses productions que sous celui de l'industrie. Le sol fertile de cette contrée fournit en abondance toutes les espèces de céréales, des fruits à cidre, du houblon, des graines oléagineuses, des légumes, des haricots très-recherchés, du lin, du chanvre; il renferme de belles forêts dont les essences principales sont le chêne, le charme, le hêtre, le frêne et le bouleau. Parmi ces forêts on distingue celles de Villers-Cotterêts, de Nouvion, de St.-Michel, de l'Arronaise et de St.-Gobin. On admire aussi les belles prairies naturelles et artificielles de ce département. Le règne minéral offre de belles pierres à bâtir, des marbres de différentes espèces, du plâtre, des ardoises, de l'argile propre à la fabrication des creusets, de la tourbe, des terres vitrioliques, du sulfate de fer, de l'alumine, du vitriol vert, etc.

On trouve dans le département tous les animaux domestiques connus dans le N. de la France. On y élève aussi des chèvres du Thibet. Les forêts y sont habitées par des sangliers, des cerfs, des daims, des loups, des chats sauvages, des renards, des martres, des blaireaux, etc. Les étangs et les rivières renferment des loutres; en général, les diverses espèces de gibier à poils et à plumes y sont très-communes, et la pêche comme la chasse y est très-productive.

L'industrie du département est très-étendue et d'une activité extraordinaire; elle s'exerce sur un grand nombre d'articles. Les tissus de coton, les batistes et le linge de table de St.-Quentin sont renommés; les glaces de St.-Gobin, les produits chimiques, les verreries, les fabriques de châles, les affineries, les blanchisseries, les tanneries, les forges et une immense quantité d'autres établissements industriels font de ce département un des plus importants de la France. Les objets d'importation sont le vin, le sel, le tabac et les matières premières.

Le département nomme 7 députés. Il est divisé en 5 arrondissements, 37 cantons et 836 communes. Les chefs-lieux sont :

Laon	. . . . .	11 cant.	288 com.	164,114 h.	
Soissons	. . .	5 «	124 «	68,761 «	
St.-Quentin	.	7 «	127 «	117,280 «	
Vervins	. . .	6 «	167 «	115,400 «	
Chât.-Thierry		8 «	130 «	61,540 «	

37 cant. 836 com. 527,095 h.

Il fait partie de la première division militaire dont le quartier général est à Paris; il est du ressort de la cour royale et de l'académie d'Amiens, du diocèse de Soissons, suffragant de l'archevêché de Reims; de la septième conservation forestière, dont le chef-lieu est Laon; de la deuxième inspection des ponts-et-chaussées, dont le chef-lieu est Amiens, et de la deuxième division des mines, dont le chef-lieu est Abbeville. Le département possède 5 collèges, 1 école normale primaire et 915 écoles primaires.

Les restes d'antiquité et les monuments découverts à différentes époques dans ce département, ont été des guides assez infaillibles dans les recherches historiques faites sur cette partie de la France.

Lorsque les Romains pénétrèrent dans cette contrée, elle était habitée par les Suessones, les Lauduni et les Viromandui. Au commencement du cinquième siècle, les Vandales l'envahirent et la ravagèrent, mais ne purent s'y maintenir. Les Francs, sous la conduite de Clovis, furent plus heureux et s'y établirent vers la fin du même siècle. Nous rapporterons les détails historiques postérieurs dans l'ordre des localités auxquelles ils se rapportent plus spécialement.

AISNE ou **VESINE**, vg. de Fr., dép. de l'Ain, arr. de Bourg-en-Bresse, cant. de Bagé et poste de Mâcon; pop. 210 hab.

AISONVILLE, vg. de Fr., dép. de l'Aisne, arr. et à 7 l. O. de Vervins, cant. et poste de Guise; pop. 750 hab.

AISSÈNE-BROQUIÈS, ham. de Fr., dép. de l'Aveyron, arr. et poste de St.-Affrique, cant. de St.-Rome-de-Tarn, com. du Truel; pop. 200 hab.

AISSÈNE-LA-BESSE, ham. de Fr., dép. de l'Aveyron, arr. et poste de St.-Affrique, cant. de St.-Rome-de-Tarn, com. du Truel; pop. 150 hab.

AISSEY, vg. de Fr., dép. du Doubs, arr. cant. et poste, à 2 1/2 l. de Beaume-les-Dames; pop. 400 hab.

AISSIALS, ham. de Fr., dép. de l'Aveyron, arr. d'Espalion, cant. de St.-Amans, com. de Florentin-la-Capelle et poste d'Entraygues; pop. 36 hab.

AISSIAS, ham. de Fr., dép. de l'Aveyron,

arr., cant. et poste de Rhodez, com. d'Onet-le-Château; pop. 25 hab.

AISSOUARIÈS (les), peuplade de l'Amérique méridionale, sur le Maragnon.

AISTAIG, vg. parois. du roy. de Wurtemberg, sur le Neckar, dans le cer. de la Forêt-Noire, gr.-bge de Sulz; pop. 490 hab.

AISTERSHEIM, b. des états autrichiens, dans l'archiduché d'Autriche, pays au-dessus de l'Ens, ccr. de l'Inn; avec un château.

AISY, ham. de Fr., dép. du Calvados, arr. et cant. de Falaise, com. de Soumont et poste de Langannerie; pop. 70 hab.

AISY-SOUS-THIL, vg. de Fr., dép. de la Côte-d'Or; arr. et à 5 l. S. de Semur, cant. de Précy-sous-Thil et poste de la Maison-Neuve; pop. 400 hab.

AISY-SUR-ARMANÇON ou SOUS-ROUGEMONT, vg. de Fr., dép. de l'Yonne, arr. de Tonnerre, cant. et poste d'Ancy-le-Franc; forges; pop. 500 hab.

AITERHOFEN, vg. du roy. de Bavière, dans le cer. du Bas-Danube, dist. de Straubing, sur l'Aiterbach; pop. 500 hab.

AITI, vg. de Fr., dép. de la Corse, arr., à 3 l. N., et poste de Corté, cant. de St.-Laurent; pop. 400 hab.

AITINGEN, vg. du roy. de Bavière, dans le cer. du Haut-Danube, dist. de Schwabmünchen, sur la Sinkel; pop. 1200 hab.

AITO, bg. du roy. de Grèce, dans le nomos d'Acarnanie et d'Étolie, eptarchie de Missolonghi.

AITONA, pet. v. d'Espagne, dans la principauté de Catalogne, à 2 l. S.-S.-O. de Lérida, sur le Ségré.

AITOWN ou ETOWN, b. d'Écosse, dans le comté de Berwick, sur l'Eyr.

AITRACH, vg. parois. du roy. de Wurtemberg, dans le cer. du Danube, gr.-bge de Leutkirch. Commerce de bois; pop. 490 hab.

AITSI, prov. de la principauté d'Owari, dans l'île de Niphon, emp. du Japon, Asie.

AIX (les), ham. de Fr., dép. de l'Allier, arr. de Moulins-sur-Allier, cant. et poste de Montel, com. de Meillard; pop. 50 hab.

AIX, *Aquæ Sextiæ*, v. de Fr., chef-lieu d'arr. du dép. des Bouches-du-Rhône, à 172 l. S.-S.-E. de Paris, siège d'une cour royale, d'un tribunal de première instance et d'un tribunal de commerce, d'un archevêché et d'une école de droit. Cette ville, située sur la rivière d'Arc, dans un beau vallon, entourée de côteaux fertiles, possède des édifices remarquables, des promenades fort agréables; la plus belle est l'Orbitelle, joli cours orné de trois fontaines, sur l'une desquelles est placée la statue du roi René, une bibliothèque riche de plus de 80,000 volumes et d'un grand nombre de manuscrits. Les eaux d'Aix ont beaucoup perdu de leur vogue depuis trente ans; le nombre d'étrangers qui visitent encore ces sources chaudes est très-borné. On fabrique à Aix des draps, des molletons, du velours; mais les établissements d'industrie sont fort peu importants. L'éducation des vers à soie et la fabrication de la soierie y sont au contraire très-étendues et forme la branche principale de l'industrie de cette ville. On y fait aussi grand commerce de fruits secs, d'olives et d'huiles. Cette ville est la patrie du marquis d'Argens, auteur des *lettres juives, chinoises et cabalistiques*, né en 1704 et mort en 1772. Frédéric, roi de Prusse, lui fit élever un magnifique tombeau dans l'église des Minimes à Aix; du célèbre botaniste Tournefort, né en 1656, et mort en 1708; du botaniste Adanson, Michel, né en 1727 et mort en 1806; de Peyron, l'un de ceux qui concoururent puissamment à la réforme de la peinture, né en 1744 et mort en 1815.

L'arrondissement est divisé en 10 cantons et 58 communes. Sa population est de 104,510 habitants et celle de la ville, de 24,660.

Aix, autrefois la capitale de la Provence, est sinon la plus ancienne, au moins une des plus anciennes villes des Gaules. Elle fut fondée l'an 123 avant J.-C. par une armée romaine, commandée par Sextius Calvinus, qui avait son camp en ce lieu, et qui y remporta une victoire sur les Salluiens contre lesquels les Phocéens avaient appelé les Romains à leur secours.

Aix fit partie de la deuxième Narbonnaise et suivit le sort des autres conquêtes romaines. Lors des grandes invasions des barbares, cette ville fut comprise dans la province que Justinien abandonna aux Francs en 563. Elle s'agrandit à mesure qu'Arles et Marseille perdaient de leur importance et devint la capitale de la Provence et la résidence des rois et des comtes de ce pays.

AIX, vg. de Fr., dép. de la Corrèze, arr., à 2 l. N. et poste d'Ussel, cant. d'Eygurande, pop. 1100 hab.

AIX, vg. de Fr., dép. de la Drôme, arr., cant., à 1 l. S.-E. et poste de Die; source salée; pop. 250 hab.

AIX, ham. de Fr., dép. de la Moselle, arr. de Thionville, cant. de Conflans, com. de Gondrecourt, poste de Briey; pop. 230 hab.

AIX, vg. de Fr., dép. du Nord, arr. de Douay, cant. et poste d'Orchies; forges et fabriques d'instruments aratoires; tanneries; pop. 1000 hab.

AIX, ham. de Fr., dép. de la Somme, arr. et poste de Péronne, cant. de Roisel, com. de Bernes; pop. 160 hab.

AIX, île de Fr., sur les côtes de l'Océan, dép. de la Charente-Inférieure, arr., cant., à 4 l. O. de Rochefort-sur-Mer; poste; entre l'embouchure de la Charente et l'île d'Oléron. C'est une place de guerre; pop. 256 hab.

AIX-D'ANGILLON (les), b. de Fr., dép. du Cher, arr., à 4 l. 1/2 N.-E. de Bourges, sur le ruisseau le Coliers, chef-lieu de cant.; poste; pop. 1400 hab.

AIXE, b. de Fr., dép. de la Haute-Vienne,

arr., à 2 l. S.-O. de Limoges, chef-lieu de cant., poste; au confluent de l'Aixette et de la Vienne; antiquités romaines; aux environs un gouffre dans lequel se perd une partie des eaux de la Vienne; vignes; foires le 14 de chaque mois, le 5 fevrier et le 3 novembre; pop. 2700 hab.

AIX-EN-ERGNY ou **AIX-L'ÉVÊQUE**, vg. de Fr., dép. du Pas-de-Calais, arr., à 4 l. N.-E. de Montreuil-sur-Mer, cant. et poste de Hucqueliers. Fabriques d'étoffes de laine et de draps; pop. 350 hab.

AIX-EN-GOHELLE ou **NOULETTE**, vg. de Fr., dép. du Pas-de-Calais, arr., à 3 l. 1/2 de Béthune, cant. et poste de Lens; pop. 900 hab.

AIX-EN-ISSART, vg. de Fr., dép. du Pas-de-Calais, arr., à 1 l. 1/2 et poste de Montreuil-sur-Mer, cant. de Campagne-les-Hesdin; pop. 650 hab.

AIX-EN-OTHE, vg. de Fr., dép. de l'Aube, arr., à 8 l. O. de Troyes, chef-lieu de cant., poste d'Estissac. Tanneries, mégisseries, bonneteries, commerce de laine; pop. 1800 hab.

AIXHEIM, vg. parois. du Wurtemberg, dans le cer. de la Forêt-Noire, gr.-bge de Spaichingen; pop. 900 hab.

AIX-LA-CHAPELLE (en allemand AACHEN), *Aquæ Granii*, v. de Prusse, capitale de la prov. du Bas-Rhin, et chef-lieu de la régence du même nom, entre le Rhin et la Meuse, dans une vallée fertile, entourée de collines très-pittoresques. Cette ville, quoique fort ancienne, est assez bien bâtie. Les édifices les plus remarquables sont : l'hôtel de ville, ancien château bâti par les Francs, ruiné par les Normands en 882 et qu'Othon III fit rebâtir en 933. On y visite la salle du sacre où 55 empereurs furent couronnés et où, parmi de nombreux portraits, on voit aussi celui de Napoléon, peint par David; la cathédrale fondée par Charlemagne en 796; le tombeau de cet empereur se trouve au milieu du chœur. Un lustre immense, en cuivre et en argent, ayant la forme d'une couronne, est suspendu au-dessus de ce tombeau. Il fut donné par l'empereur Fréderic Ier. Sur la place principale, vis-à-vis de l'hôtel de ville, se trouve la statue de Charlemagne; elle est en bronze et de grandeur colossale. La ville possède aussi un gymnase, une école des métiers et une galerie de tableaux. Aix-la-Chapelle est une ville assez importante sous le rapport du commerce et de l'industrie. Elle a des fabriques de draps, de casimir, des orfévreries, des carosseries et des quincailleries. La fabrication des aiguilles et des épingles y occupe un grand nombre d'ouvriers. Cependant une partie de la population se livre à la culture des terres. Les sources d'eaux minérales et les beaux établissements thermaux que possèdent cette ville et les environs, y attirent chaque année une foule d'étrangers et contribuent beaucoup à sa prospérité. Il y a dans la ville même six sources chaudes et une froide. A 500 pas d'Aix-la-Chapelle se trouve le bourg de Burtscheid qui possède aussi des sources d'eaux chaudes. La régence est divisée en onze cercles. Sa superficie est de 76,000 milles carrés et sa population de 340,000 habitants. La ville a 39,000 habitants.

La contrée d'Aix-la-Chapelle fut habitée par des Romains du temps de Jules-César et de Drusus. Pline donne à cette ville, fondée, dit-on, sous Adrien, par Serenus Granius, le nom de Veterra. Les Francs y séjournèrent aussi, et les Normands la dévastèrent. Charlemagne y naquit en 742, et y mourut en 814. Cette ville jouissait de privilèges extraordinaires; elle était un refuge même pour ceux qui étaient mis au ban de l'empire. Elle était la ville du sacre des empereurs, et les insignes du couronnement ne furent transportés à Vienne qu'en 1795. Deux traités de paix y furent signés: le premier (2 mai 1688), entre la France et l'Espagne. Il mit fin à la guerre que Louis XIV avait entreprise pour maintenir les droits de sa femme Marie-Thérèse, fille aînée du roi d'Espagne, à la succession d'une partie des domaines de la couronne d'Espagne. Par ce traité la France garda une partie de la Flandre et du Brabant, et restitua la Franche-Comté à l'Espagne. Le second traité (18 octobre 1748) termina la guerre de la succession d'Autriche, entre la France, l'Espagne, la Prusse et la Bavière d'une part, et Marie-Thérèse d'Autriche, l'Angleterre et la Hollande de l'autre. Cette ville, prise par les Français pendant la révolution, et reprise par les Autrichiens, fut conquise de nouveau par les Français; elle devint le chef-lieu du département de la Roër, et fit partie de l'empire français jusqu'en 1814. Depuis ce temps elle est incorporée avec son territoire dans le royaume de Prusse. C'est dans cette ville aussi que se tint en 1818 le congrès relatif à l'évacuation de la France par les troupes étrangères qui occupaient les frontières du Nord et de l'Est du territoire français.

AIX-LA-FAYETTE, vg. de Fr., dép. du Puy-de-Dôme, arr., à 4 l. 1/2 O. d'Ambert, cant. et poste de St.-Germain-l'Hermite; pop. 800 hab.

AIX-LES-BAINS, *Aquæ Gratianæ*, pet. v. du duché de Savoie, à 792 p. au-dessus du niveau de la mer. Cette ville, qui ne doit son origine qu'au grand nombre des sources thermales qui s'y trouvent, fut appelée *Aquenses* par ses premiers habitants, à en juger par une inscription, découverte par Pingon en 1566. Les restes d'antiquités romaines qu'on trouve dans ses environs, ont été décrits avec beaucoup de détails par Pingon et Guichenon, et plus récemment encore par Albanis-Beaumont. On y remarque surtout l'Arc de Campanus et un temple de Vénus ou de Diane, enclavé dans le château des anciens margraves d'Aix. Les deux sources d'eaux minérales se trouvent dans la partie haute de la ville où elles jaillissent d'un rocher, à une distance d'environ 150 pieds l'une de l'autre. Leur chaleur varie de 30 à 37 et 38 degrés. Un proconsul, nommé Domitius, fut le premier qui y ait ordonné l'établissement des bains, perfectionné ensuite sous l'empereur Gratien. Mais le bel établissement des bains thermaux qui existe maintenant, et qui attire chaque année un si grand nombre d'étrangers, est dû aux talents de l'ingénieur Capellini, et fut construit sur les ordres du duc de Savoie, Amédée III. Les environs sont agréables, le climat y est pur et tempéré; pop. 2000 hab.

AIZAC, v. de Fr., dép. de l'Ardèche, arr., à 7 l. 1/2 O. de Privas, cant. d'Antraigues, poste d'Aubenas; pop. 700 hab.

AIZANVILLE, vg. de Fr., dép. de la Haute-Marne, arr. et à 5 l. O. de Chaumont-en-Bassigny, cant. et poste de Château-Villain; pop. 200 hab.

AIZE, vg. de Fr., dép. de l'Indre, arr. et à 7 l. N.-O. d'Issoudun, cant. et poste de Vatan; pop. 480 hab.

AIZECOURT-LE-BAS, vg. de Fr., dép. de la Somme, arr., à 2 l. N.-E. et poste de Péronne, cant. de Roisel; pop. 350 hab.

AIZECOURT-LE-HAUT, vg. de Fr., dép. de la Somme, arr., cant., à 1 1/4 l. N. et poste de Péronne; 250 hab.

AIZECQ, vg. de Fr., dép. de la Charente, arr., cant., à 2 l. S.-E. et poste de Ruffec; pop. 560 hab.

AIZELLES, vg. de Fr., dép. de l'Aisne, arr., à 5 l. S.-E. de Laon, cant. de Craonne, poste de Corbeny; pop. 350 hab.

AIZENAY ou **AZENAY**, b. de Fr., dép. de la Vendée, arr. et à 6 l. O. de Bourbon-Vendée, cant. du Poiré-sous-Bourbon-Vendée, poste de Pallau; pop. 3500 hab.

AIZEREY, vg. de Fr., dép. de la Côte-d'Or, arr. et à 4 l. S. de Dijon, cant. de Genlis, poste de St.-Jean-de-Losne; pop. 480 hab.

AIZIER, vg. de Fr., dép. de l'Eure, arr., à 2 l. N. et poste de Pont-Audemer, cant. de Quillebœuf; pop. 600 hab.

AIZOU, v. de l'emp. du Japon, dans l'île de Niphon, Asie.

AIZY, vg. de Fr., dép. de l'Aisne, arr. et à 4 l. N.-E. de Soissons, cant. de Vailly, poste de Chavignon; pop. 400 hab.

AJAC, vg. de Fr., dép. de l'Aude, arr., à 1 3/4 l. O. et poste de Limoux; pop. 230 hab.

AJAC ou **AJAT**, vg. de Fr., dép. de la Dordogne, arr. et à 8 l. E. de Périgueux, cant. de Thenon, poste d'Azerac; pop. 900 hab.

AJACCIO, *Adjacium*, v. et port de Fr., chef-lieu du dép. de la Corse, sur la côte occ. de l'île, au N. du golfe de même nom, à 65 l. de Toulon et à 285 l. de Paris. Le port est vaste et sûr. Cette ville est le siège d'un évêché, fondé au sixième siècle, et d'un tribunal de première instance. Elle a une forte citadelle bâtie en 1554 par le maréchal de Thermes. On remarque, comme ses plus beaux édifices, la cathédrale, l'hospice civil, celui des enfants trouvés et une belle salle de spectacle; elle possède aussi une belle bibliothèque de 13,000 volumes et plusieurs établissements d'instruction; on admire à Ajaccio une fort jolie promenade située au bord de la mer. Mais ce qui attire avant tout la curiosité des étrangers et surtout des militaires, c'est la maison où naquit, en 1769, *Napoléon Bonaparte*, le plus grand homme de l'Europe moderne. Cette maison, de chétive apparence, qui appartient aujourd'hui à un membre de la famille maternelle de l'empereur, est un but de pélérinage pour tous ceux qui font un voyage en Corse. Les environs d'Ajaccio sont fertiles, mais mal cultivés. Le commerce y est de peu d'importance; il consiste principalement en huiles, en vins et en corails que l'on pêche sur la côte méridionale de l'île. L'arrondissement d'Ajaccio est divisé en 12 cantons et 72 communes; sa population est de 46,383 habitants et celle de la ville de 9005.

Ajaccio fut fondée, selon la plupart des auteurs, par des Lesbiens, qui la nommèrent Ajassio, du nom d'une petite ville de l'île de Lesbos. Le nom d'Urcinium que les Romains lui donnèrent plus tard, lui vint de ce que l'on y fabriquait de très-bons vases dans lesquels ils conservaient le vin. Mais cette ville des Lesbiens et des Romains n'est point l'Ajaccio d'aujourd'hui. Les tombeaux et les ruines d'anciens édifices découverts à une lieue de la ville, prouvent qu'Urcinium était située plus au N. et au fond du golfe, et ce n'est en effet que vers le milieu du quatorzième siècle que les habitants de l'ancienne ville s'établirent dans celle-ci, plus saine et plus commode que l'autre, située trop près des marais qui, dans la saison chaude, infectaient l'air par leurs évaporations.

AJA-HINCELBA, g. a., pet. riv. du pays des Sabins, en Italie.

AJA-HINCELBA, g. a., pet. riv. près du Monte-Rotondo, qui se jette dans le Tibre.

AJAIN, vg. de Fr., dép. de la Creuse, arr., cant., à 3 l. E. et poste de Guéret; pop. 1900 hab.

AJALON, g. a., v. et vallée de la Palestine, dans la tribu de Dan, entre Bethsémès et Thimna, près de Rama.

AJALON, g. a., v. de la Basse-Galilée, dans la tribu de Sébulon, au S.-E. de Cana.

AJALVIR, b. d'Espagne, dans le roy. de la Nouvelle-Castille, prov. et à 4 l. N.-E. de Madrid.

AJAMATI, v. de la Russie d'Asie, dans la prov. d'Imirette, sur le Rioni, à 4 l. S.-E. de Cotaïs.

AJAN. *Voyez* AYAN.

AJA-PETRI, b. du roy. de Grèce, dans le nomos d'Arcadie, eptarchie de Kynourie, au milieu des montagnes, dans une contrée

6

sauvage et romantique, entre les monts Bourboura et Chrysapha.

AJAS, vg. de Fr., dép. de l'Aveyron, arr. de Millau, cant. de Campagnac, poste de la Carnougue; pop. 100 hab.

AJASIUM, g. a., v. de la Troade, dans l'Asie Mineure, sur le rivage, bâtie par les Rhodiens; tombeau d'Ajax et d'Achille.

AJASSO ou AJAZZO, AKASSO, vg. et bon port de la Turquie d'Asie, dans l'île de Mitylène; contrée abondante en oliviers.

AJELLO, b. du roy. d'Illyrie, dans le gouv. de Trieste, district et à 5 l. S.-O. de Gorice; pop. 1200 hab.

AJELLO, *Thiella*, b. du roy. de Naples, dans la prov. de l'Abruzze ultérieure IIe, à 8 l. S. d'Aquila; il appartient au duc de Modène; pop. 2100 hab.

AJELLO, b. du roy. de Naples, dans la prov. de la Calabre citérieure, à 5 l. S. de Cosenza; pop. 2650 hab.

AJELLO, b. du roy. de Naples, dans la prov. de la Principauté citérieure, à 1 1/2 l. N. de Salerne.

AJETA, b. du roy. de Naples, dans la prov. de la Calabre citérieure, à 3 l. N. de la Scalea; pop. 1300 hab.

AJO, promontoire d'Espagne, dans le roy. de la Vieille-Castille, prov. de Burgos, entre Santander et Santona, sur la mer de Biscaye.

AJOFRIN ou ALJOFRIN, pet. v. d'Espagne, dans le roy. de la Nouvelle-Castille, prov. et à 3 l. S.-S.-E. de Tolède; pop. 3500 hab.

AJONCOURT, vg. de Fr., dép. de la Meurthe, arr., cant. et à 4 1/2 l. O. de Château-Salins, poste de Delme; pop. 260 hab.

AJOS, pet. île du golfe de Botnie, Suède.

AJOS-OROS. *Voyez* ATHOS.

AJOU. *Voyez* AIOU.

AJOU, vg. de Fr., dép. de l'Eure, arr., à 5 l. S.-E. et poste de Bernay, cant. de Beaumesnil; pop. 560 hab.

AJOUNTÉE, v. et forteresse considérable de l'Indoustan, dans les états du Nizam de Hyderabad, non loin du fameux défilé de même nom.

AJOUX, vg. de Fr., dép. de l'Ardèche, arr., cant., à 2 l. N.-O. et poste de Privas; pop. 600 hab.

AKABA. *Voyez* AILAH.

AKABET-ASSOLOUM, *Catabathmus Magnus*, défilé de l'Afrique, au désert de Barka, avec un port sur la Méditerranée, à 30 l. O. d'Albaretoun.

AKABLY. *Voyez* AGABLY.

AKADRA, g. a., v. des Indes, dans la presqu'île au-delà du Gange, emp. d'Anam.

AKALKALAKI, v. forte de la Russie d'Asie, dans la prov. de Grusinie ou Géorgie russe, sur une montagne baignée par le Kur. Elle fut jadis une des plus vastes et des plus belles villes de l'Arménie, et elle était encore dans toute sa prospérité, lorsqu'en 1064 elle fut prise par les Turcs, qui la cédèrent à la Russie par la paix d'Andrinople en 1829;

elle faisait partie du paschalik d'Akalziké d'Arménie. Ses environs sont montagneux et couverts de forêts; les chaleurs ardentes et les froids extrêmes qui y règnent alternativement, nuisent beaucoup à la culture; les principales productions du sol sont le blé, le maïs, l'orge, le lin, le coton et le tabac; le raisin surtout y est d'une beauté remarquable; les bestiaux s'y élèvent avec succès. Le commerce consiste en esclaves, bestiaux, peaux, miel, suif, étoffes de soie, tapis, étoffes de coton, mouchoirs, etc.

AKALZIKE ou AKHISKA, TSCHALDIR, v. de la Russie d'Asie, dans la prov. de la Géorgie russe, au pied du Caucase et à 12 l. de la source du Kur, qui passe auprès et à 47 l. N.-E. d'Erzeroum; autrefois chef-lieu d'un paschalik turc d'Arménie; citadelle; à côté de la vieille ville on a commencé à en bâtir une nouvelle; commerce assez considérable avec les ports de la mer Noire; pop. 15,000 hab.

AKAM ou AKIM, AXIM, contrée d'Afrique, sur la côte d'Or de Guinée et la riv. de même nom; poudre d'or. *Voyez* AXIM.

AKAMI, v. du Japon, en Asie, dans l'île de Niphon.

AKANIMINA, v. de la Haute-Guinée, sur la côte d'Ivoire; poudre d'or et ivoire.

AKAROUNGA, prov. dans l'île de Niphon, principauté de Tango, emp. du Japon.

AKAROUNGA, v. capitale de la prov. de même nom, dans l'emp. du Japon, île de Niphon.

AKARSOU, riv. de la Turquie d'Asie, dans l'Anatolie, paschalik d'Anadoly.

AKAS ou AKASI, v. maritime du Japon, dans l'île de Niphon, à 21 l. O.-S.-O. de Miako.

AKASAKA, prov. dans l'île de Niphon, principauté de Bigsen, emp. du Japon.

AKASAKA, v. capitale de la prov. de même nom, dans l'empire du Japon, île de Niphon; c'est une des plus belles villes de toute l'île, située sur la côte mér., à 4 l. de Miako et à 50 l. O.-S.-O. de Jeddo.

AKASSA, riv. du désert de Sahara, à l'O. et non loin de la forêt de gommiers de Sahel et de la frontière du Maroc.

AKAST, v. du désert d'Arabie, à 30 l. E. de Jérusalem.

AKATO, v. de l'emp. du Japon, dans l'île de Niphon, à 24 l. O. de Miako.

AKAWOUL, v. de l'Indoustan, dans la prov. de Guzurate.

AKBACH ou ACBACH, vg. de la Russie d'Asie, dans la prov. d'Arménie, à 4 l. S. d'Erivan.

AK-BACHI-LIMAN, l'ancienne *Sestos*, anse du détroit des Dardanelles, avec un pet. port, non loin de la fameuse tour de Héro, à 1/2 l. N. des ruines d'Abydos (tour de Léandre), et à 7 l. S.-O. de Gallipoli; restes du fort de Zéménic, ruiné par les Turcs en 1356.

AKBARABAD. *Voyez* AGRA.

AKBERABAD, pet. v. de l'Indoustan, dans

la présidence du Bengale, à 6 l. de Rampour; elle appartient aux Anglais.

AKBERABAD, pet. v. de l'Indoustan, dans la présidence du Bengale, à 37 l. S. de Delhy; possession anglaise.

AKBERPOUR, v. de l'Indoustan, à 13 l. S.-E. de Feyzabad.

AKDOSCH ou **ACDOSCH**, v. de la Russie d'Asie, dans le pays du Caucase, prov. de Schirwan, non loin de Schekhi; commerce en soie, riz et coton.

AKELKOTHA ou **AKOULKOTTA**, v. de l'Indoustan, dans la présidence de Bombay, prov. d'Aurungabad, à 2 1/2 l. N. de Beydjapour.

AKELO ou **AKJALI**, *Anchialus*, pet. v. de la Turquie d'Europe, dans la prov. de Romélie, sur la mer Noire, à 32 l. N.-O. de Constantinople.

AKEN, pet. v. des états prussiens, dans la prov. de Saxe, rég. de Magdebourg, sur l'Elbe, à 3 l. O.-N.-O. de Dessau; fabriques de draps, de cuirs et de tabac; pop. 4000 h.

AKERVICK, pet. port du roy. de Suède, dans la prov. de Nordland, dist. de Medelpad, sur le golfe de Botnie.

AKHAF, le plus grand des déserts de l'Arabie.

AKHAJAK, une des plus grandes îles du groupe de Schumagin, au S.-O. de la presqu'île d'Alaschka, au N.-O. de l'Amérique septentrionale.

AKHALGORI, v. de la Russie d'Asie, dans la province de Géorgie, à 34 l. O. de Tiflis; fabriques de tissus de coton et de mouchoirs, etc.; pop. 1500 hab.

AKHESSAR ou **AKHISSAR**, **AKSAR**, **AKSAKAI**, *Thyatira* (château blanc), v. de la Turquie d'Asie, dans l'Anatolie, paschalik d'Adadoly, à 20 l. N.-E. de Smyrne, sur l'Hermus, dans une belle plaine, fertile en vin, blé et coton. Les vastes et belles maisons qui faisaient autrefois de cette ville une des plus splendides de cette contrée, ont été remplacées par de chétives habitations en terre; fabriques d'étoffes de coton; pop. 7000 hab.

AKHISKA. *Voyez* AKALZIKÉ.

AKHISSAR, *Crua, Croja*, b. de la Turquie d'Europe, dans la prov. de Romélie.

AKHISSAR ou **VAKOUP**, château fort de la Turquie d'Europe, prov. de Bosnie, dans les Alpes Dinariques.

AKHOUMA. *Voyez* AHANTA.

AKHTIAR ou **ACHTIAR**. *Voyez* AWASTOPOL.

AKI, principauté et prov. de l'emp. du Japon, dans l'île de Niphon, au N.-O. d'Iwami.

AK-IFLAK, nom turc de la Valachie, dans la Turquie d'Europe.

AKIK, promontoire en Nubie.

AKILI, v. de la Turquie d'Asie, dans l'Anatolie, paschalik d'Anadoly, sur la mer Noire, à 10 l. N.-E. de Constantinople.

AKIM. *Voyez* AKAM.

AKINDA, v. et prov. de la principauté de Déwa, dans l'île de Niphon, emp. du Japon, sur la mer.

AKINDATORI, v. de la principauté de Déwa, dans l'île de Niphon, emp. du Japon.

AKISIKA, prov. de la principauté d'Idsumo, dans l'île de Niphon, emp. du Japon.

AKISIKA, v. dans la prov. de même nom, île de Niphon, emp. du Japon, sur le détroit de Corée.

AKJERMANN (en polonais *Bialogrod* et en allemand *Weissenburg*), v. de la Russie d'Europe, dans la Bessarabie, sur les bords d'un golfe du Dniester, avec un port sur la mer Noire et une citadelle. Les environs possèdent de riches salines dont l'exploitation fait la principale richesse de la contrée.

Cette ville a acquis une célébrité politique par les conférences qu'y tinrent les commissaires russes et turcs en 1826. Ces conférences se terminèrent par un traité que l'empereur russe Nicolas imposa à la Porte, et par lequel la Russie obtint, outre l'abandon des forteresses d'Asie au pouvoir des Russes, la libre navigation sur la mer Noire, l'établissement de divans en Moldavie et en Valachie, le rétablissement des privilèges de la Servie, dont les forteresses seules devaient être occupées par les Turcs, la reconnaissance de la détermination de la frontière du Danube, et enfin une satisfaction entière aux réclamations financières faites par la Russie.

AKKA. *Voyez* ST.-JEAN-D'ACRE.

AKKA ou **AKRA**, **INKRA**, pet. roy. de la Haute-Guinée, en Afrique, sur la côte d'Or. Outre la capitale de même nom, on y trouve la cité des Fourmis, les forts anglais de James-Castle et d'Agrico, le fort détruit de Crève-Cœur, et le fort danois de Christiansbourg. Le climat y est très-sain.

AKKA, bourgade de l'emp. de Maroc, dans la prov. de Sus, à 70 l. S. de Maroc, sur la route de Tombuctou.

AKKAR ou **AKKER**, **AKKIAR**, **KER**, pet. v. de la Turquie d'Asie, dans la Syrie, paschalik et à 10 l. E. de Tripoli, sur le mont Akkar (Bargylus). Excellents fruits dans les environs.

AKKAS, paroisse de la Russie d'Europe, dans le gouv. de Finlande, cer. d'Helsingfors.

AKKEND, v. de Perse, dans la prov. de l'Irac-Adschémi, à 35 l. S.-E. de Tauris.

AKKEROUNTÉ, v. des états-unis du Mexique, dans l'état de Mexique. Elle fut dépeuplée par la peste dans la seconde moitié du dernier siècle.

AKKOTIM ou **AKOUTIM**, état sur la côte des Esclaves en Guinée, dans le pays des Kerrapays.

AKLAT, v. de la Turquie d'Asie, dans l'Arménie. Ancienne résidence des rois d'Arménie, conquise et en partie détruite en 1228 par Djelal-Eddin, ruinée en 1246 par un tremblement de terre, elle fut prise en 1548 par Aladdin. Malgré la rigueur du climat, les vignes et les fruits y prospèrent.

AKLENSK ou **OKLENSK**, cer. du gouv. de Jakoutzk en Sibérie, dans la Russie d'Asie; il s'étend au N.-E. jusqu'au détroit de Béring; les habitants sont les Tschoutchis et les Korjäks; pays de bêtes farouches; mauvais état de culture.

AKLENSK ou **OKLENSK**, v. et chef-lieu du cer. de même nom en Sibérie, sur l'Aklana et le golfe de Penschin; elle est la ville la plus septentrionale de toute la Russie d'Asie, et n'a que 50 maisons; à 1320 l. d'Allemagne de St.-Pétersbourg.

AKLÉH, v. de la Turquie d'Asie, en Syrie, paschalik et à 10 l. S.-E. d'Alep.

AKLIN, île du golfe du Mexique.

AKMESCHID ou **AKMETSCHED**, **SOLTAN-SARAÏ**, **SIMFEROPOL**, v. de la Russie d'Europe, dans le gouv. de la Tauride, dont elle est la capitale, sur le Salgir. Autrefois résidence du kan des Tartares, prise par les Russes en 1771. Les environs sont riches en fruits; pop. 20,000 hab.

AKO, v. sur la côte occ. de l'île de Niphon, emp. du Japon, dans la principauté de Xima.

AKOAD, v. de l'Indoustan, dans l'état du Nizam d'Hyderabad, sur la Moorna. Les environs sont riches en ruines remarquables.

AKOLINGAN, v. de l'île de Célèbès (mer des Indes), dans la baie de Buggess.

AKORA, v. de l'Afghanistan, à 50 l. S.-E. de Kaboul.

AKOULI, v. de Perse, dans la prov. d'Aderbaijan; souvent prise et ravagée par les Persans et les Turcs.

AKOUMI, prov. de la principauté de Déwa dans l'île de Niphon, emp. du Japon.

AKOUMI, capitale de la prov. de même nom, dans l'île de Niphon, emp. de Japon.

AKOUNOVA, b. de la Russie d'Asie, dans le gouv. d'Orenbourg, à 11 l. N.-E. de Werkho-Ouffralsk.

AKOUSCHA, rép. dans le Lesghistan, dans la Russie d'Asie, séparée du pays des Awarckhans ou Avares par les monts Schagdaï. Elle renferme le chef-lieu du même nom et 34 villages avec 18,000 familles. On y élève beaucoup de bestiaux.

AKOUTAN, une des îles Aleutiennes, au N.-O. de l'Amérique septentrionale, avec 5 villages.

AKOWNA, v. de l'Indoustan, présidence du Bengale, dans la prov. d'Oude.

AKRABBIM. *Voyez* ACRABIM.

AKRANNCÉ, v. et fort de l'Indoustan, présidence de Bombay, dans la prov. de Khandesch, sur la frontière de Guzurate.

AKRANY, v. de l'Indoustan, présidence de Bombay.

AKRATA ou **KRATA**, b. maritime du roy. de Grèce, nomos d'Achaïe et d'Élide, eptarchie d'Aigialéa.

AKRILAS, promontoire dans la Turquie d'Europe, prov. de Romélie, sur la mer de Marmora.

AKROFROUM, v. de la Haute-Guinée, roy. d'Assin, à 11 l. de Coomassie.

AKROPONG, v. de la Haute-Guinée, capitale du roy. d'Aquapim, à 50 l. S.-E. de Coomassie.

AKSA, fl. de la Russie d'Asie, dans la prov. de Géorgie, qui se jette dans la mer Caspienne.

AKSABISURÉFA, v. de la Barbarie, en Afrique, emp. de Maroc, à 50 l. S. de Fez.

AKSAI ou **AXAI**, dist. du pays des Koumyks, dans la Russie d'Asie, sur l'Axaï et la mer Caspienne.

AKSAI ou **JACHSAI**, riv. de la Russie d'Asie, qui prend sa source dans le Caucase et se jette dans le Tereck.

AKSAI, riv. de la Russie d'Asie, dans le gouv. d'Astrakan, qui se jette dans le Don.

AKSAKAL, lac de la Russie d'Asie, dans le gouv. d'Astrakan.

AKSAKAL, riv. du Turkestan.

AKSARRAI, riv. du Turkestan, qui se jette dans l'Amou, après avoir arrosé la prov. de Balk.

AKSCHEER ou **AKSCHEHER**, **AKSCHIR**, *Antiochia ad Pisidiam* (ville blanche), v. de la Turquie d'Asie, dans l'Anatolie, paschalik de Caramanie, dist. et à 27 l. O.-N.-O. de Konia, sur le Poursak et près d'un lac. On y voit une mosquée d'une beauté remarquable, et son collége est dédié à la mémoire de Bajazet, qui mourut dans cette ville en 1403; sa position et ses beaux jardins en rendent le séjour charmant. Manufactures fort renommées de tapis; commerce assez étendu.

AKSCHEER, *Tetarium*, *Tetradium*, *Tyriacum*, v. de la Turquie d'Asie, dans l'Anatolie, paschalik d'Anadoly, sur la mer Noire, à 35 l. E. de Constantinople.

AKSCHINSKA, forteresse de Sibérie, dans la Russie d'Asie, gouv. d'Irkoutsk, sur l'Onon, à 25 l. de Doroninsk, non loin des frontières de la Chine; commerce de petit-gris et de zibelines.

AKSERAI ou **ARCHELAIS**, **GARSEVORA**, v. de la Turquie d'Asie, dans l'Anatolie, paschalik de Caramanie, sur le Kisilhissar, près d'un lac d'eau salée, à 30 l. N.-E. de Koniéh; territoire fertile en grains; les jardins qui l'entourent abondent en fruits.

AKSOU. *Voyez* ACSOU.

AKTAMAR, île du lac de Van, paschalik de Van, dans la Turquie d'Asie, prov. de Turcomanie. Il y a un fort qui remonte à une époque très-reculée, et un antique monastère fondé vers le septième siècle par Théodore, prince d'Arménie.

AKTAS, v. de la Soongarie (emp. chinois), sur la route de Hoci-Youantschhing.

AKTÉPOLI, b. de la Turquie d'Europe, dans la prov. de Romélie, sur les bords de la mer Noire, à 30 l. N.-O. de Constantinople.

AKTI, v. de la Russie d'Asie, dans la prov. de Géorgie, à 26 l. E. de Thélawi.

AKTOUBA, bras sept. du Wolga, qui commence près de Zarizyn, dans le gouv. de Saratow (Russie d'Asie), et vient rejoindre le Wolga près de son embouchure dans la mer Caspienne. Les terres qu'il arrose sont propres à la culture des mûriers, surtout l'île formée par lui et le Wolga.

AKTOUBENSK, b. de la Russie d'Asie, dans le gouv. de Saratow, à 5 1/2 l. N.-E. de Zarizyn.

AKTYRKA. *Voyez* ACHTYRKA.

AKZAR, v. de la petite Bucharie, dans l'emp. chinois, à 55 l. N.-E. de Kaschgar.

ALA ou ALLA, *Sarnœ*, pet. v. des états autrichiens, dans le comté de Tyrol, cer. et à 3 l. S. de Rovérédo, sur l'Adige; fabriques de velours et d'étoffes de soie; filatures de soie; pop. 3000 hab.

ALA, v. de l'île de Kiousiou, dans l'emp. du Japon.

ALABA, g. a., v. de l'Espagne Tarraconaise.

ALABANDA, g. a., v. de Carie, dans l'Asie Mineure, non loin du Méandre et au N.-E. de Milet; chef-lieu d'une confédération de villes libres; habitants voluptueux qui rendaient un culte à la ville de Rome.

ALABASTER ou ELEUTHERA, l'une des îles Lucayes dans l'Océan Atlantique, à la pointe orientale du grand banc de Bahama; beaucoup d'ananas.

ALABASTRORUM OPPIDUM, g. a., v. d'Égypte, dans l'Heptanomide ou la Thébaïde, vraisemblablement non loin d'Acoris.

ALABASTRUS, g. a., riv. de la Troade, qui prend sa source au mont Ida.

ALABAT, île de l'archipel des Philippines, dans l'Océan Indien.

ALABATER, g. a., v. et promontoire sur les confins de la Gédrosie et de la Carmanie, à l'E. d'Hormuza.

ALABIS ou ALABON, ALABUS, g. a., riv. de Sicile, entre Myla et Mégare, au N. de Syracuse.

ALABON, g. a., v. de Sicile, sur la riv. de même nom.

ALABORAS (les), peuplade de l'Amérique méridionale, à l'E. de Quito, sur le Maragnon.

ALABUGA, riv. de la Russie d'Asie, dans le gouv. de Tobolsk.

ALABUS. *Voyez* ALABIS.

ALABUSCHKOI, forteresse dans la partie sept. du gouv. de Tobolsk en Sibérie, sur la riv. d'Alabuga.

ALAC, ham. de Fr., dép. de l'Aveyron, arr. de Rhodez, cant. et com. de Bozouls, poste d'Espalion; pop. 90 hab.

ALACÉIRA, b. du Portugal, dans la prov. de Béira, sur la rive de Péra, à 14 l. S.-E. de Coïmbre.

ALACH, vg. des états prussiens, dans la prov. de Saxe, rég. et cer. d'Erfurt; pop. 615 hab.

ALACHI ou HALAC, b. du roy. de Grèce, eptarchie de Thèbes du nomos de l'Attique et de la Béotie.

ALACHROÆ ou LOTOPHAGI, g. a., v. de la région Syrtique, en Afrique, sur les bords du Cinyphus et du Triton.

ALACRANES, île ou plutôt chaîne de rochers dans la partie mér. du golfe du Mexique, vis-à-vis la côte d'Yucatan, à l'O. du cap St.-Antoine.

ALADAGH ou ALKOUROUN, *Taurus*, chaîne de montagnes de la Turquie d'Asie, dont les branches parcourent toute l'Anatolie, depuis l'Archipel jusqu'aux sources de l'Euphrate, et depuis la Méditerranée jusqu'à la mer Noire. La partie méridionale est appelée l'Aladagh proprement dit, et la partie septentrionale le Tscheldir.

ALADAGH DERBEH, b. de la Turquie d'Asie, dans l'Anatolie, paschalik de Caramanie, à 14 l. S. de Koniéh.

ALADI, île de la mer des Indes, près de Malacca.

ALADINES (les), îles sur la côte orient. du golfe du Bengale, dans les Indes orientales, presqu'île au-delà du Gange, près de la côte de Siam; elles font partie de l'archipel de Mergui.

ALADSCHA HISSAR, sandschak de la Turquie d'Europe, dans la prov. de Romélie, entre la Servie et la Bulgarie, sur la Morawa, avec une superficie de 252 l. c. g.

ALADSCHA HISSAR ou KRUSCHEVACZ, chef-lieu du sandschak de même nom dans la Turquie d'Europe, sur la Morawa, à 28 l. S.-S.-E. de Semendria; avec un château; évêché grec.

ALADULIE, *Aladulia*, *Armenia Minor*, prov. considérable de la Turquie d'Asie, dans l'Anatolie, entre les paschaliks de Sirvas, de Caramanie et d'Itschil, la Syrie, l'Al-Dschésirah et l'Arménie turque, aujourd'hui paschalik de Ménasch; pays impraticable à cause des montagnes; habitants guerriers mais voleurs; bons pâturages; excellents chevaux et chameaux. Villes principales: Aintab, Albostan, Malatieh, Mérasch.

ALÆSA ou ALESA, CIVITAS HALESINA, HALESA, g. a., v. de Sicile, à l'E. de Céphalœdis et à l'O. de Calacta.

ALÆSUS ou HALESINUS FONS, HALESUS, g. a., source dans l'île de Sicile, non loin d'Alesa, dont l'eau, selon la fable, commençait à jaillir extraordinairement au son d'une flûte.

ALAFOENS, dist. de la prov. de Beira en Portugal.

ALAFOENS, chef-lieu du dist. de même nom, en Portugal, dans la prov. de Beira, à 2 l. N.-N.-E. de Viseu.

ALAGNA, b. des états sardes, dans la principauté de Piémont, dans la vallée de la Sésia.

ALAGNON ou ALAIGNON (l'), riv. de Fr., qui prend sa source au Puy-de-Grieux, dans le dép. du Cantal, à l'O. de Murat, et se jette dans l'Allier entre Brioude et Issoire, après un cours de 16 lieues; sa grande rapidité nuit à la navigation.

ALAGOA, pet. v. maritime de l'île de St.-Michel, une des Açores; on y cultive beaucoup de blé et de vignes; pop. 3000 hab.

ALAGOAS ou Dos ALAGOAS, prov. de l'emp. du Brésil, bornée par la mer Atlantique et les prov. de Fernambouc et de Sergipe. Elle a une superficie de 910 l. c. g.; on y plante beaucoup la canne à sucre; pop. 296,000 hab.

ALAGOAS ou VILLA-DA-MAGDALENA, VILLA-DO-FORTE-DOS-ALAGOAS, v. de la prov. du même nom dans l'emp. du Brésil, sur la mer Atlantique; elle exporte beaucoup de bois de construction; pop. 2000 hab., selon Balbi 14,000 hab.

ALAGOAS, riv. dans la prov. de même nom, dans le Brésil, formée de deux autres rivières sortant des deux lacs Lagoas; il se jette dans la mer Atlantique.

ALAGON ou ALABON, ALLABONA, ALAVONA, ALBA BONA, v. d'Espagne, dans le roy. d'Aragon, au confluent du Xalo et de l'Ebre, à 5 l. N.-O. de Saragosse.

ALAGON (l'), riv. d'Espagne, dans la prov. d'Estramadure; elle prend sa source dans la chaîne de Guadarrama, prov. de Salamanque du roy. de Léon, arrose Coria et se jette dans le Tage près d'Alcantara, après un cours de 30 lieues.

ALAGONIA, g. a., pet. v. du Péloponèse, sur les confins de la Laconie et de la Messénie, chez les Eleutherolacones.

AL-AHSA. *Voyez* LACHSA.

ALAID, une des îles Kourilles, au S. de Kamtschatka, en Asie.

ALAIGNE, vg. de Fr., dép. de l'Aude, arr. de Limoux, chef-lieu de cant. et poste; pop. 500 hab.

ALAINCOURT, vg. de Fr., dép. de l'Aisne, à 2 3/4 l. S. et poste de St.-Quentin, cant. de Moy; pop. 800 hab.

ALAINCOURT, ham. de Fr., dép. de l'Eure, arr., à 7 l. S. d'Évreux, cant. de Verneuil, com. et poste de Tillières-sur-Avre; pop. 25 hab.

ALAINCOURT, vg. de Fr., dép. de la Meurthe, arr., à 4 l. N.-O. de Château-Salins, cant. et poste de Delme; pop. 280 hab.

ALAINCOURT, vg. de Fr., dép. de la Haute-Saône, arr. de Lure, cant. et poste de Vauvillers; pop. 210 hab.

ALAINS (les), *Alani, Alauni*, peuple de la Scythie asiatique, qui habitait d'abord sur l'Hypanis (le Kouban) et le Tanaïs (Don); chassés par les Huns, une partie se dirigea vers le Sud et passa par les Pylæ Caspiæ en Médie, tandis que la grande masse se retira en deçà du Tanaïs, d'où ils firent souvent des incursions en Europe. Vespasien les arrêta, mais Gordien fut battu par eux, près de Philippi en Macédoine; poussés de nouveau par les Huns, ils quittèrent les rives du Bas-Danube pour faire (405-7),

avec les Suèves et les Vandales, la conquête de l'Allemagne méridionale, de la France et de l'Espagne, dont ils furent de nouveau chassés par les Francs et les Visigoths.

ALAIRAC, *Cástrum Alarici*, vg. de Fr., dép. de l'Aude, arr., à 2 1/2 l. O. de Carcassonne, cant. de Montréal, poste d'Alzonne; pop. 650 hab.

ALAIS ou ALETS, ALÈZ, *Alesia, Alesium*, v. de Fr., dép. du Gard, sur le Gardon et au pied des Cévennes, chef-lieu d'arr. et de cant., poste, tribunal de première instance et de commerce, collége communal, inspection forestière, ancien évêché suffragant de Narbonne. Cette ville, dont l'origine remonte aux temps des Romains, fut longtemps des principales places des réformés; elle fut soumise par Louis XIII; la révocation de l'édit de Nantes lui valut beaucoup de persécutions, et Louis XIV y fit bâtir un fort en 1689. Il y a beaucoup de fabriques de draps, de bonneterie, de gants, de serges, de ratines, de fayence, de poteries, de verreries, de chapeaux et surtout de galons et de rubans, dont elle fait un grand commerce avec l'Espagne et l'Amérique; eaux minérales; mines de sulfate de fer et de houille, qui font une des principales richesses du pays. On y plante beaucoup de vin, de blé et d'olives. Trois foires s'y tiennent chaque année : le 17 janvier, trois jours, le 27 avril et le 24 août; à 10 l. N. de Nîmes et 170 l. S.-E. de Paris; pop. 83,091 hab. pour l'arrondissement et 13,566 pour la ville.

ALAISE ou ALAIZE, vg. de Fr., dép. du Doubs, arr., à 8 l. S. de Besançon, cant. d'Amancey, poste de Quingey; pop. 200 h.

ALAJA, *Coracesium, Coracensium*, v. de la Turquie d'Asie, dans l'Anatolie, paschalik d'Adana, sur un golfe de la Méditerranée; pop. 2000 hab.

ALAJOR, *Sanisera*, pet. v. sur la côte méridionale de l'île de Minorque, à 3 l. O. du Port-Mahon.

ALAKNANDA ou ALAKANANDA (l'), riv. de l'Indoustan, qui prend sa source dans la chaîne d'Himaleh, dans la prov. de Gourwal, et forme le Gange après s'être réunie au Bagkirati. Il est des endroits de cette rivière où son cours est totalement caché sous d'immenses neiges amassées là depuis des siècles.

ALAKOUL, lac de la Mongolie, au milieu duquel s'élève un ancien volcan appelé Aral-Toubé.

ALALACI, g. a., plusieurs îles de la mer Rouge, à l'opposite de la ville d'Adulis.

ALALCOMENÆ ou ALALCOMENIUM, g. a., v. de Béotie, entre Haliartus et Tilphusium, près du lac Copaïs; patrie de Minerve.

ALALCOMENÆ, g. a., v. dans l'île d'Astérian.

ALALCOMENIUM. *Voyez* ALALCOMENÆ.

ALALIS, g. a., v. de Syrie, dans la Palmyrène, sur l'Euphrate.

ALAMANNI, g. a. *Voyez* ALEMANNI.
ALAMBADDY, v. de l'Indoustan, dans la prov. de Mysore, sur le Cavéry.
ALAMEDA, pet. v. d'Espagne, dans le roy. de la Vieille-Castille, prov. de Soria.
ALAMEDA, pet. v. d'Espagne, dans le roy. de Léon, prov. de Salamanque.
ALAMEDILLA, pet. v. d'Espagne, dans le roy. de Léon, prov. de Salamanque.
ALAMELECH, g. a., v. de la Haute-Galilée, dans la Palestine, tribu d'Ascher, à l'E. d'Helcath.
ALAMERA, pet. v. du Portugal, dans la prov. d'Estramadure, à 3 l. N.-O. de Léira.
ALAMOS, v. bien bâtie des états-unis du Mexique, dans la prov. de Cinaloa. Les environs sont riches en mines d'argent; commerce de café et de cacao; pop. 7000 hab.
ALAN, b. de Fr., dép. de la Haute-Garonne, arr. de St.-Gaudens, cant. d'Aurignac, poste de Martres; on y trouve des fabriques d'étoffes de laine; pop. 1100 hab.
ALAN ou ALANUS, riv. d'Angleterre, dans la principauté de Galles; elle se jette dans le golfe de Bristol.
ALANCHES. *Voyez* ALLANCHES.
ALANÇON, b. d'Espagne, dans le roy. de la Nouvelle-Castille, prov. de Guadalaxara.
ALAND (îles d'), *Alandia*, archipel de la mer Baltique à l'entrée du golfe de Botnie, entre le 59° 47' et de 60° de lat. sept., et entre le 16° 57' et la 19° 47' de long. orient. du méridien de Paris. Le sol y est pierreux et coupé de ruisseaux et de marais, il produit du seigle et de l'orge. Les forêts de ces îles ne fournissent que des pins, des sapins, des aulnes et des noisetiers. Les animaux les plus communs dans ces forêts sont le lynx, le renard et le lièvre. L'agriculture, la pêche du hareng et des phoques et la chasse aux oiseaux aquatiques, sont la principale occupation des habitants presque tous Suédois. Cet archipel a des ports fort commodes et sûrs. C'est près de cette île que Pierre-le-Grand battit, en 1714, la flotte suédoise et acheva par cette victoire la conquête de la Finlande, qui pourtant ne fut cédée entièrement à la Russie qu'en 1809, avec les îles d'Aland et une partie de la Laponie (traité de Friedrichsham). Depuis cette époque, le gouvernement russe a fait fortifier plusieurs points de cet archipel, et y a établi la principale station de sa flotte côtière. L'île principale d'Aland a une population de 9000 habitants; le groupe entier n'en a pas plus de 15,000.
ALAND (l'), riv. de la rég. de Magdebourg, en Prusse, et du roy. de Hanovre; elle prend sa source dans l'Altmark, en Prusse, devient navigable à Seehausen et se jette dans l'Elbe à Schnackenbourg, après avoir reçu la Biesé et plusieurs autres rivières.
ALANDER, g. a., riv. de la Galatie, qui prend sa source dans la Grande-Phrygie et se jette dans le Sangarius.

ALANDO, vg. de Fr., dép. de la Corse, arr., à 2 1/2 l., et poste de Corté, cant. de Sermano; pop. 140 hab.
ALANDRIANA, g. a., v. d'Épire.
ALANDROAL, b. du Portugal, dans la prov. d'Alemtéjo.
ALANGATA ou MANGATTE, v. de l'Indoustan, présidence de Bombay, dans les états de Travancor, sur la riv. d'Alangata.
ALANGIS ou ALANGYS, ham. de Fr., dép. des Vosges, arr. de Remiremont, cant. et poste de Plombières, com. de Ruaux; forges et usines; pop. 60 hab.
ALANGUER ou ALENGUER, *Alanguera*, *Alanguerum*, pet. v. du Portugal, prov. d'Estramadure, à 9 l. N.-N.-E. de Lisbonne.
ALANI, g. a. *Voyez* ALAINS.
ALANI ou ALAUNI MONTES, ALANIA, ALANEUS MONS, g. a., chaîne de montagnes dans la Sarmatie européenne, au S.-E. de Moscou; berceau des Alains.
ALANIEH. *Voyez* ALAYAH.
ALANIS, *Ancanicum*, b. d'Espagne, dans l'Andalousie, prov. et à 14 l. N.-E. de Séville, près des frontières de l'Estramadure; mine d'argent.
ALANJÉ ou ALHANGÉ, pet. v. d'Espagne, prov. d'Estramadure, près du confluent de la Matachel et de la Guadiana, à 4 l. S.-S.-E. de Mérida.
ALANNO, b. du roy. de Naples, dans l'Abruzze ultérieure IIe; il s'y tient deux foires par an.
ALA-NOVA, g. a., v. de la Haute-Pannonie, entre Vindobona et Carnuntum.
ALAPAICZA, mont. de la Russie d'Asie, gouv. de Perm, cer. d'Ekaterinbourg; mines de fer et de cuivre.
ALAPAJEWSK, v. de la Russie d'Asie, dans le gouv. de Perm, chef-lieu de cer., sur l'Alapajawka, à 33 l. N.-E. d'Ekaterinbourg; pop. 1000 hab.
ALAPOUSCHÉ, v. commerçante de l'Indoustan, présidence de Bombay, dans l'état de Travancor, sur la côte de Malabar.
ALAR ou ALLART, b. de Perse, dans la prov. de l'Irac-Adschémi.
ALAR, riv. de Perse, qui se jette dans la mer Caspienne.
ALARA, b. de l'île Majorque, à 3 l. N.-N.-E. de Palma; contrée belle et fertile, avec une carrière de marbre, nommée *marbre amandrado*.
ALARÇON, *Ilercao*, *Illerco*, *Illarco*, pet. v. d'Espagne, dans le roy. de la Nouvelle-Castille, prov. et à 14 l. S. de Cuença, sur le Xucar. Du temps des Maures elle eut beaucoup d'importance par sa situation sur un rocher, entouré d'eau et de précipices; aussi y avaient-ils construit une forteresse qui ajoutait un moyen de défense à ses fortifications naturelles. Les Maures y vainquirent les Espagnols en 1195; pop. 800 hab.
ALARES, g. a., habitants d'un district de Pannonie, qui servirent dans l'armée romaine.

ALARIC, canal de Fr., dans le dép. des Hautes-Pyrénées, construit, en 507, par Alaric, roi des Visigoths. Sa longueur est d'environ 10 l.; il fait mouvoir 59 moulins.

ALARINUM. *Voyez* LARINUM.

ALAS, vg. de Fr., dép. de l'Arriège, arr. de St.-Girons, cant. et poste de Castillon, com. de Balaguères; pop. 460 hab.

ALASANI (l'), riv. de la Russie d'Asie, dans le pays du Caucase.

ALA-SCHAN, mont. de l'emp. chinois, qui joignent les monts Inschan ou Gardschan aux monts Kilianschan et Nanschan.

ALA-SCHÉHIR, v. de la Turquie d'Asie, dans l'Anatolie, paschalik d'Anadoly, à 28 l. E. de Smyrne, avantageusement située pour le commerce, sur une des principales routes du pays, où passent continuellement les caravanes. On trouve dans cette contrée une grande quantité de cigognes, et les Turcs superstitieux, qui les regardent comme des oiseaux d'heureux augure, ont grand soin de ne leur faire aucun mal; pop. 6000 hab.

ALASCHKA ou ALASKA, ALIASCHKA, ALIASKA, ALLASKA, presqu'île sur la côte N.-O. de l'Amérique septentrionale, dans le Sund d'Ismaïloff, avec quelques établissements russes; on en tire de très-belles fourrures; chef-lieu Koukak; pop. 150 hab.

ALASCHKA (îles d'), groupe d'îles au S. de la presqu'île de même nom, appartenant au groupe des îles des Renards. Les plus grandes sont Nainmak, Animak (île des rennes), Luluskiéh, Agajanakisch, Kujegdach, Kilajotaëh et Unatehoëh.

ALASI, g. a., v. de la Lybie, chez les Garamantes, au S.-O. des monts Aer.

ALASSAC ou ALLASSAC, pet. v. de Fr., dép. de la Corrèze, arr. de Brives, cant. et poste de Donzenac, non loin de la Vezire; bon vin; pop. 4100 hab.

ALASSIO ou ALLASSIO, b. des états sardes, dans le duché de Gênes, sur la Méditerranée, à 1 1/2 l. S.-O. d'Albenga, rade excellente, chantiers de construction, tanneries, commerce considérable de vin, blé, vermicelles, fromage, thon, toiles, etc.; pop. 4000 hab.

ALASSONA, *Oloosson*, *Elasson Alba*, b. de la Turquie d'Europe, dans la prov. de Thessalie; il s'y tient chaque année une foire très-fréquentée.

AL-ASSUBAN, île de la mer Rouge, près de la côte d'Arabie.

ALAT ou ALATI, pet. v. de la Russie d'Asie, gouv. et à 10 l. N. de Casan.

ALATA, g. a., v. au S. de l'Arabie Déserte.

ALATA, g. a., v. de l'Arabie Heureuse, sur le golfe Persique.

ALATA ou ALETA, g. a., v. de Dalmatie, entre Narona et Scodra, sur la route de Salona à Dyrrachium.

ALATA, vg. de Fr., dép. de la Corse, arr., à 2 l. N. et poste d'Ajaccio, cant. de Sari-d'Orcino; pop. 400 hab.

ALATA, b. d'Abyssinie, où l'un des affluents du Nil forme une très-belle cataracte, à 13 l. S.-S.-E. de Gondar.

ALATA CASTRA (camp ailé), g. a., v. ou camp en Calédonie, établi entre les deux remparts, élevés successivement par les empereurs Adrien et Septime-Sévère; aux environs d'Edimbourg.

ALATAMAHA ou ALTAMAHA, riv. navigable des États-Unis d'Amérique, dans la prov. de Géorgie; elle est formée de deux branches, l'Oakmulgée et l'Oconoé, et se jette dans l'Océan Atlantique, à 10 l. S.-O. de Savannha, après un cours de 36 l.

ALATAMAHA ou ALTAMAHA, v. des États-Unis d'Amérique, dans la prov. de Géorgie, à 20 l. de Milledgeville.

ALATAVILLA, b. du roy. Lombard-Vénitien, dans le gouv. de Venise, prov. de Vicence.

ALATOF ou OLOTIEF, chaîne de mont. de la Tartarie indépendante, s'étend depuis les sources du Jaïk jusqu'à son embouchure dans la mer Caspienne; riche en fer, cristal et albâtre. Elle peut être regardée comme une continuation des monts Ural.

ALATRI ou ALATRO, *Alatrium*, *Aletrium*, pet. v. épiscopale des états de l'Église, en Italie, dans la délégation et à 5 l. N.-N.-O. de Frosinone, sur une colline. Murs cyclopéens; pop. 4000 hab.

ALATTINEUR, v. de l'île de Ceylan, dans les Indes orientales, détruite en grande partie par les Portugais.

ALATUR ou ALATIR, *Allatura*, v. de la Russie d'Asie, dans le gouv. et à 30 l. O. de Simbirsk, au confluent de l'Alatyr et de la Soura. Elle est toute bâtie en bois, et habitée par des Tschouwasches. Fabriques de cuirs, commerce de grains.

ALATYR (l'), riv. de la Russie d'Europe et d'Asie, qui prend sa source à l'E. de Kortschinow, et se joint à la Soura, près d'Alatyr, après un cours de 50 l.

ALAUNA, g. a., v. de la Calédonie, chez les Damnii, à l'E. du golfe Glota.

ALAUNUS MONS, g. a. *Voyez* ALANI MONTES.

ALAURES (les), ham. de Fr., dép. de l'Aude, arr. de Carcassonne, cant. et poste d'Alzonne, com. d'Arrens; pop. 100 hab.

ALAUSI, v. de l'Amérique méridionale, dans la Colombie, rép. et dép. d'Ecuados, dans une contrée montagneuse, mais fertile en grains et en fruits. On y trouve des fabriques de draps, de tissus de coton et d'une étoffe nommée *espagnolette*; eaux minérales.

ALAUSI, riv. de l'Amérique méridionale, dans la Colombie, république d'Ecuados; elle prend sa source dans la partie occidentale des Cordillières et se jette dans le golfe de Guayaquil.

ALAUT ou ALT. *Voyez* ALUTA.

ALAUX, ham. de Fr., dép. de l'Aveyron, arr. et poste de Rhodez, cant. de Bozouls, com. de Rodelle; pop. 20 hab.

ALAUZIC (Sainte-), vg. de Fr., dép. du Lot, arr., à 5 l. S.-O. de Cahors, cant. et poste de Castelnau-de-Montratier; pop. 600 hab.

ALAVA, une des trois provinces basques de l'Espagne, au N.-E. de l'Ebre, d'une superficie de 50 l. c. g., avec 92,000 hab. C'est un pays boisé et environné de montagnes, mais fertile et riche en mines de fer et de houille, en carrières de marbre et en eaux sulfureuses et salées; on y récolte principalement du blé, du chanvre, du lin et une sorte de vin nommé *chakoli*, qui est fort agréable. Il y existait autrefois un grand nombre de forges qui formaient une des propriétés de l'état, ainsi que plusieurs fabriques; aujourd'hui il n'y a plus que les salines et les manufactures de gros draps et de toile pour linge de table qui fassent vivre les ouvriers. On célèbre annuellement dans cette province trois fêtes extraordinaires : celle des filles, celle des garçons et celle des époux. On y compte une ville, 31 bourgs et 340 villages.

ALAWERDI, pet. forteresse de la Russie d'Asie, dans le pays du Caucase, sur l'Alasani.

ALAYAH ou **ALANIEH**, *Coracesium*, *Corabensium*, v. misérablement bâtie de la Turquie d'Asie, dans l'Anatolie, paschalik d'Adana, sur un golfe de la Méditerranée, à 20 l. S.-E. de Satalieh. Elle n'a ni port, ni commerce; pop. 2000 hab.

ALAYRAC ou **ALEYRAC**, ham. de Fr., dép. de l'Aveyron; arr., cant., poste et com. d'Espalion; pop. 170 hab.

ALAYRAC ou **ALEYRAC**, ham. de Fr., dép. de l'Hérault, arr., à 5 l. N. de Montpellier, cant. de Claret, poste et com. des Matelles; pop. 30 hab.

ALAYRAC ou **ALEYRAC**, vg. de Fr., dép. de la Drôme, arr. de Montélimart, cant. de Dieu-le-Fit, poste de Toulignan. Il est situé sur la lisière d'une forêt où il y a une belle verrerie; pop. 120 hab.

ALAYRAC, vg. de Fr., dép. du Tarn, arr., à 6 l. N. de Gaillac, cant. et poste de Cordes; pop. 160 hab.

ALAZEIA, *Alazia*, vg. de la Russie d'Asie, dans le pays du Caucase, sur la riv. de même nom; c'est là qu'en 1788, l'Alazeia s'étant retirée de son lit, on trouva des débris de Mammouth; ancienne capitale du pays des Alazones.

ALAZEIA (l'), *Alazon*, *Alazonius*, *Abas*, riv. de la Russie d'Asie, dans le pays du Caucase, qui se jette dans le Cyrus (Kur), et sépare l'Albanie de l'Ibérie.

ALAZONES, g. a., ancien peuple de la Sarmatie européenne, entre le Dniester et le Dniéper; dans le gouv. de Podolie de la Russie d'Europe, selon d'autres, dans la Russie d'Asie, au N.-E. du Pont-Euxin.

ALB ou **ALP** (*Rauhe Alp ou Alpes de Souabes*), chaîne de mont. calcaires dans le roy. de Wurtemberg. Elle s'étend sur les cercles de l'Yaxt et du Danube et se rattache à la Forêt-Noire, dans les environs de Sulz, près des sources du Necker. De là elle se prolonge vers le N.-E., entre le Necker et le Danube, sur une surface de 18 milles. Sa largeur varie de 2 à 4 milles. Cette chaîne traverse la contrée d'Ebingen, le pays de Hohenzollern, les environs de Hayingen, de Munsingen, de Blaubeuren, de Geislingen, de Heidenheim jusque près de Bopfingen. Le point le plus élevé de l'Alb, le Schafberg, près du village de Rosswangen, n'atteint point 1100 mètres au-dessus du niveau de la mer. Les autres points culminants sont : Le Plättenberg près de Dotternhausen, de 1030 mètres; le Rossberg, 890 mètres; le Hohenzollern sur lequel se trouve le château féodal de la famille princière de ce nom, 860 mètres; le Tek, 770 mètres; le Rechberg, 736 mètres; l'Achalm, 725 mètres. On divise l'Alb en Rauhe Alb, Hochsträss et Aalbuch. La Rauhe Alb qui comprend la partie de la chaîne entre la Lauchart et Zaisingen, est la plus aride et la plus élevée. On y trouve peu d'eau de source, aucun arbre fruitier, quelques champs pierreux, couverts de rares et maigres épis, des bruyères et des forêts de hêtres. Les villages, quoiqu'à une grande distance les uns des autres, n'ont qu'une faible population. La Hochsträss (route haute), qui tient son nom d'une ancienne voie romaine, comprend la contrée depuis Blaubeuren jusque vers Ulm. Moins élevée et moins aride, la terre y est assez bien cultivée; les pâturages y sont fort beaux, et le bétail qu'on y élève, est très-recherché. L'Aalbuch est la partie la plus basse des Alpes de Souabe. C'est un plateau élevé et ondulé entre Aalen, Heidenheim et Weissenstein sur la rive droite de la Brenz. Ici le sol est fertile en légumes et en fruits. On y voit de beaux vergers où l'on récolte en abondance des cerises, des poires, des pommes d'une excellente qualité. Les pâturages y sont aussi, comme dans toutes les autres parties de l'Alb, très-favorables à l'éducation du bétail. Les chevaux y sont également d'une race vigoureuse.

La chaîne de l'Alb porte de nombreux vestiges du moyen-âge. L'on aperçoit sur presque tous les sommets des ruines de châteaux et de donjons, qui rappellent les temps de la féodalité.

Les habitants de ces montagnes sont robustes et courageux, d'un caractère âpre, mais franc. Ils sont, comme tous les montagnards, fort attachés au sol qui les a vus naître, qu'ils n'abandonnent jamais sans chagrin, et dont ils ne peuvent rester longtemps éloignés sans éprouver cette maladie souvent mortelle, à laquelle le naïf langage du peuple a donné le nom de mal de pays.

ALB (l'), riv. du grand-duché de Bade, dans le cercle du Haut-Rhin; elle prend sa source au Feldberg et se jette dans le Rhin à Albbrugg, à une petite lieue S.-O. de

Waldshut, après un cours d'environ douze lieues.

ALBA, g. a., v. du Picenum, en Italie, à l'E. de l'Ombrie.

ALBA, *Alba Docilia*, *Alba Pompeïa*, v. des états sardes, dans la principauté de Piémont, sur une montagne, au confluent de la Carasca et du Tanaro, à 10 l. S.-S.-E. de Turin, évêché. On y fait un commerce considérable de bestiaux ; on trouve dans les environs, qui sont fertiles en blé, maïs, vin, fruits et truffes, du marbre et du sel gemme. Elle a été cédée au duc de Savoie par la paix de Quérasque en 1631 ; pop. 10,000 hab.

ALBA, *Alba*, *Alba Fucentia*, *Alba Fucentis*, b. du roy. de Naples, dans l'Abruzze ultérieure IIe, à 3 l. O. de Celano, sur la pente mér. du Monte-Velino, avec le titre de comté ; ancienne colonie romaine, où le sénat reléguait les rois prisonniers, entre autres Persée, roi de Macédoine, vaincu par Paul-Émile ; il s'y tient chaque année une foire assez fréquentée.

ALBA, *Alba*, *Alba Longa*, *Albona*, g. a., v. du Latium, fondée par Ascagne, fils d'Énée, au pied de l'Albanus Mons, et détruite par Tullus Hostilius (l'an du monde 3333, an de Rome 83) ; ruines près du village de Palazzolo, non loin d'Albano, à 5 l. S.-E. de Rome.

ALBA ou **ALVA DE CERRATO**, b. d'Espagne, dans le roy. de Léon, prov. de Palencia, dans la vallée de Cerrato.

ALBA ou **ALVA DE TORMÈS**, *Alba*, pet. v. d'Espagne, dans le roy. de Léon, prov. et à 5 l. S.-E. de Salamanque, dans une plaine très-fertile, sur le Tormès, avec un beau château du duc d'Albe ; duché érigé par Henri IV, roi de Castille, en 1449. Ste.-Thérèse y mourut en 1584 ; les Espagnols y furent battus par les Français en 1809 ; pop. 2000 h.

ALBA ou **ALVA DE LOS CARDANOS**, b. d'Espagne, dans le roy. de Léon, prov. et à 4 l. O. de Palencia.

ALBACENA, b. des états de l'Église, dans la délégation d'Ancône, à 9 l. O.-N.-O. de Tolentino.

ALBACETE ou **ALBACETTE**, pet. v. d'Espagne, dans le roy. de Murcie, sur la grande route de Madrid à Murcie et à Alicante, à 3 l. N.-O. de Chinchilla, dans une plaine vaste et très-fertile en vins et en safran ; cette dernière production surtout est d'un rapport considérable. Au mois de septembre de chaque année s'y tient la foire de bestiaux la plus célèbre de toute l'Espagne ; fabriques de draps communs et d'ouvrages en acier estimés ; pop. 8000 hab.

ALBADRA, îles de l'Océan Indien, entre la côte de Zanguebar et l'île de Madagascar.

ALBAGH ou **ALBAC**, v. de la Turquie d'Asie, dans la Turcomanie ; selon les traditions arméniennes, St.-Barthélemy doit y avoir reçu la palme du martyr.

ALBAGNAC ou **ALBANHAC**, ham. de Fr., dép. de l'Aveyron, arr. de Rodez, cant. et poste de Sauveterre, com. de Castelnau-Peyralès ; pop. 100 hab.

ALBAGNAN, ham. de Fr., dép. de l'Hérault, arr. et poste de St.-Pons, cant. d'Olargues, com. de St.-Étienne-d'Albagnan ; pop. 100 hab.

AL-BAHARI. *Voyez* ÉGYPTE.

ALBAIDA ou **ALBAYDA**, pet. v. d'Espagne, dans le roy. et à 15 l. S.-S.-O. de Valence, savonneries, herberies ; pop. 3500 hab.

ALBAIN (Saint-), vg. de Fr., dép. de Saône-et-Loire, arr., à 4 l. N. de Macon, cant. de Lugny, poste de St.-Oyen, relai ; pop. 780 hab.

ALBALADEJO, b. d'Espagne, dans le roy. de la Nouvelle-Castille, prov. et à 7 l. S.-S.-O. de Cuenca.

ALBALATE, b. d'Espagne, dans le roy. de la Nouvelle-Castille, prov. et à 7 l. N.-N.-O. de Cuenca.

ALBAN ou **ALBAING**, b. de Fr., dép. du Tarn, arr., à 6 l. E. d'Albi, chef-lieu de cant. et poste. Les environs sont riches en mines de fer ; il s'y tient chaque année douze foires de bestiaux ; pop. 3000 hab.

ALBAN (Saint-), vg. de Fr., dép. de l'Ain, arr., à 3 l. 1/2 S.-O. de Nantua, cant. de Poncin, poste de Cerdon ; pop. 550 hab.

ALBAN (Saint-), vg. de Fr., dép. des Côtes-du-Nord, arr., à 4 l. 1/2 E. de St.-Brieuc, cant. de Pléneuf, poste de Lamballe ; pop. 1500 hab.

ALBAN (Saint-) ou **SAINT-ALBAN-LES-ALAIS**, ham. de Fr., dép. du Gard, arr., à 1 l. N.-E. et poste d'Alais, cant. de St.-Martin-de-Valgalges, com. de St.-Privat-des-Vieux. Cristal de roche, exploité sous le nom de spath d'Irlande ; pop. 50 hab.

ALBAN (Saint-), vg. de Fr., dép. de la Haute-Garonne, arr., cant., à 3 l. et poste de Toulouse ; pop. 200 hab.

ALBAN (Saint-) ou **SAINT-ALBAN-DE-VAULX**, vg. de Fr., dép. de l'Isère, arr., à 7 l. E. de Vienne, cant. de la Verpillère, poste de Bourgoin ; pop. 950 hab.

ALBAN (Saint-), ham. de Fr., dép. de la Loire, arr., à 3 l. S. de Roanne, cant. de St.-Haôn-le-Châtel, com. de St.-André d'Apchon, poste de St.-Germain-Lespinasse. Eaux minérales, mines de plomb ; pop. 190 hab.

ALBAN (Saint-), b. de Fr., dép. de la Lozère, arr., à 8 l. N. de Marvejols, cant. et poste de Serverette. Manufactures d'étoffes de laine ; pop. 2500 hab.

ALBAN (Saint-), ham. de Fr., dép. du Rhône, arr., cant. et poste de Lyon, com. de la Guillotière ; pop. 150 hab.

ALBAN D'AY (Saint-), vg. de Fr., dép. de l'Ardèche, arr., à 5 l. N.-O. de Tournon, cant. de Satiletieu, poste d'Annonay ; pop. 1200 hab.

ALBAN DE VAREIZE (Saint-), vg. de Fr., dép. de l'Isère, arr. de Vienne, cant. de Roussillon, com. de Vernioz, poste du Péage ; pop. 100 hab.

ALBAN-DES-URTIÈRES (Saint-), vg. des

ALBA

états sardes, dans le duché de Savoie, à 2 l. S. d'Aiguebelle, près d'un lac, dans une contrée riche en mines de fer; pop. 1100 hab.

ALBAN-DES-VILLARDS (Saint-), vg. des états sardes, dans le duché de Savoie, à 2 l. O. de St.-Jean-de-Maurienne, sur le Glandon. Mines de fer; pop. 1200 hab.

ALBAN-DU-RHONE (Saint-), vg. de Fr., dép. de l'Isère, arr., à 3 l. S. de Vienne, cant. de Roussillon, poste de Condrieu; pop. 300 hab.

ALBAN-EN-MONTAGNE (Saint-), vg. de Fr., dép. de l'Ardèche, arr., à 10 l. N.-O. de l'Argentière, cant. de St.-Étienne-de-Lugdarès, poste de Langogne (Lozère); pop. 320 hab.

ALBAN-SOUS-SAMPZON (Saint-), vg. de Fr., dép. de l'Ardèche, arr., à 4 l. S. de l'Argentière, cant. et poste de Joyeuse; pop. 800 hab.

ALBANA, g. a., v. capitale de l'Albanie, en Asie, près de l'embouchure de l'Albanus dans la mer Caspienne, non loin des Portæ ou Pylæ Albaniæ.

ALBANHAC, ham. de Fr., dép. de l'Aveyron, arr. et poste de Villefranche-de-Rouergue, cant. et com. de Villeneuve; pop. 60 hab.

ALBANI, g. a., peuple de l'Illyrie grecque entre la Méditerranée et la Macédoine, contrée d'Albanopolis; prédécesseur des Albanais modernes.

ALBANIA, g. a., v. de la Chalonitide, en Assyrie, au S.-O. de Siazuros, à l'O. du Zagros Mons.

ALBANIÆ ou **SARMATIÆ PORTÆ** ou **PYLÆ**, **PORTA FERREA, PORTÆ FERREÆ**, g. a., trois passages à travers le mont Caucase, pour pénétrer de la Sarmatie en Albanie, à l'embouchure du Casius dans la mer Caspienne; aujourd'hui Derbent.

ALBANIE, *Albania*, ancienne prov. de la Turquie d'Europe, comprise aujourd'hui dans les prov. de Roum-Ilie et de Scutarie. Elle s'étend le long des côtes de l'Adriatique depuis le Drin jusqu'aux monts Acrocerauniens. C'est un pays montagneux; le climat y est sain et le sol fertile en vin, blé, huile, coton, bois et sel minéral. Cette province, formée des anciens royaumes d'Épire et d'Illyrie, est habitée par des Turcs, des Grecs, des Juifs et des Arnautes. Sa superficie est de 700 l. c. et sa population de 300,000 hab.

Les Arnautes ou Albanais forment une peuplade d'origine mixte et d'un caractère très-belliqueux, mais en même temps cruel et perfide. Ils n'ont aucun goût pour les arts mécaniques, ni pour l'agriculture, et ne peuvent concevoir qu'il soit tout aussi honorable de labourer et d'ensemencer la terre que de faire métier de combattre; enfin ils préfèrent donner leur sang que leur sueur. Aussi tous les travaux des champs sont-ils confiés aux femmes qui sont remarquablement laborieuses.

L'histoire de ce pays jusqu'au quinzième siècle se confond avec celle de la Grèce, et depuis avec celle de la Turquie sous le joug de laquelle elle passa alors, et qui n'a rien fait encore pour en civiliser les habitants hétérogènes et à demi barbares. Depuis la révolution de la Grèce, la partie méridionale de l'Albanie a repris le nom d'Épire. Avant cette époque, Ali-Pascha régna à Janina, alors capitale de l'Albanie. Mais en 1822, Ali fut assassiné par les Turcs auxquels il s'était livré par capitulation le 28 janvier 1822.

ALBANIÈS, vg. de Fr., dép. du Cantal, arr., à 6 l. 1/2 E. de Mauriac, cant. de Rions-ès-Montagne, poste de Bort; pop. 800 hab.

ALBANO (Saint-), vg. des états sardes, duché de Savoie, dans une contrée riche en vignobles, vergers et prairies.

ALBANO, vg. des états sardes, dans la principauté de Piémont; mine de plomb assez considérable.

ALBANO, jolie pet. v. du roy. Lombard-Vénitien, dans le gouv. de Lombardie, prov. et à 2 l. de Bergame, sur le Sério.

ALBANO, *Albanum, Albanum Pompeji*, pet. v. des états de l'Église, dans la comarca et à 5 l. S.-S.-E. de Rome, près le Lago Castello ou d'Albano, sur une montagne. Sa belle situation et l'air bienfaisant qu'on y respire, en font un séjour de prédilection pour les gens riches; aussi y voit-on un grand nombre de palais et de maisons de campagne superbes, entre autres Castel-Gandolfo, où les papes passent ordinairement les mois d'été; quelques ruines intéressantes d'Alba Longa, telles que le tombeau d'Ascagne, fils d'Énée, et celui des Horaces et des Curiaces, ou plutôt celui de Pompée; ainsi que l'aqueduc remarquable, nommé l'émissaire, que les Romains construisirent pendant le siège de Véji pour détourner les eaux du lac d'Albano (398 ans avant J.-C.), achèvent de rendre cette campagne l'une de plus intéressantes à visiter; elle fut ruinée dans le douzième siècle par l'empereur Frédéric-Barberousse; évêché. La contrée est riche en vignobles qui fournissent un vin fort recherché; pop. 3000 hab.

ALBANO (lac d') ou **LAGO CASTELLO**, *Albanus Lacus*, dans les états de l'Église, comarca et à 4 l. 1/2 S.-E. de Rome. Selon toutes les apparences, il est le cratère d'un ancien volcan; remarquable par la beauté des sites qui l'environnent, ainsi que par les belles ruines romaines, éparses çà et là sur ses bords.

ALBANO (Monte). *Voyez* ALBANUS MONS.

ALBANO, pet. v. du roy. de Naples, dans la prov. de Basilicate, à 5 l. S. d'Acerenza, dans une contrée très-fertile, sur le Basiento.

ALBANO, pet. v. du roy. de Naples, dans la Terre d'Otrante, à 2 l. O.-N.-O. d'Ostuni.

ALBANOPOLI ou **ALBANOPOLIS**, pet. v. de la Turquie d'Europe, dans l'Albanie, sur la Drina, à 16 l. E. d'Alessio.

ALBANS (Saint-), *Verolamium, Verula-*

mium, Urolanium, Fanum Sancti Albani, pet. v. d'Angleterre, dans le comté de Hertford, à 7 l. N.-O. de Londres, sur la Ver et la route de cette ville à Birmingham, l'une des plus fabriquantes et des plus commerçantes du pays; chaque semaine il s'y tient un grand marché de grains. On y fait beaucoup d'ouvrages en paille. Outre l'importance industrielle de cette ville, elle est curieuse par les souvenirs historiques qui s'y rattachent; c'est là que, l'an 55 avant J.-C., Cassivellanus, chef des Bretons, fut défait par Jules-César, et que, l'an 62 de notre ère, la reine Boudicea fit perdre aux Romains 70,000 hommes; c'est là que le saxon Offa, roi de Mercie, l'un des sept royaumes de l'eptarchie, fonda le monastère longtemps célèbre de St.-Alban; c'est là encore que deux batailles mémorables eurent lieu dans la guerre civile entre les *Deux Roses*, l'une en 1455, où le duc d'York défit l'armée royale, commandée par le duc de Sommerset, qui y périt; le roi Henri VI (Lancastre, *Rose Rouge*) y fut blessé et fait prisonnier; l'autre en 1461; à cette dernière plus de 2000 Yorktises périrent, et la reine Marguerite, princesse aussi courageuse et aussi intrépide que son époux était nul et sans énergie, le délivra de la captivité. Patrie du célèbre François Bacon de Vérulam, dont on voit le tombeau dans l'église St.-Michel. Deux députés au parlement; pop. 5000 hab.

ALBANS (Saint-), dist. des États-Unis d'Amérique, dans le comté de Licking.

ALBANS (Saint-), dist. des États-Unis d'Amérique, dans la prov. de Vermont, comté de Franklin.

ALBANS (Saint-), v. des États-Unis d'Amérique, et capitale du comté de même nom, dans la prov. de Vermont, sur le Champlain; pop. 2500 hab.

ALBANUM DOMITIANI, g. a., maison de campagne, aux environs d'Alba Longa.

ALBANUS MONS, g. a., mont. du Latium, près d'Alba Longa, avec un temple de Jupiter Latialis, dans lequel furent célébrées les Feriæ Latinæ qu'institua Tarquin-le-Superbe; aujourd'hui *Monte-Albano*.

ALBANY, autrefois ZOUREFELD, dist. de la prov. orient. de la colonie du cap de Bonne-Espérance, en Afrique, séparé du dist. d'Uitenhage par la riv. du Dimanche, et du pays des Caffres par le Keiskamma.

ALBANY, comté des États-Unis d'Amérique, dans l'état de New-York, formant un plateau assez élevé qu'entrecoupent les monts Katskill; arrosé par le Hudson, le Mohawk et plusieurs autres rivières; les plaines sablonneuses qu'on y rencontre sont peu propres à la culture; les pins y viennent en abondance.

ALBANY, v. des États-Unis d'Amérique et chef-lieu du comté de ce nom, dans l'état de New-York, sur le bord occ. de la riv. de Hudson, à 50 l. N. de New-York, dont elle est presque l'égale. C'est une belle ville bien bâtie; parmi ses édifices publics on distingue le Capitole ou palais de l'état, la salle de spectacle, l'arsenal, l'hôpital et la prison; elle possède, en outre, plusieurs établissements scientifiques, littéraires et philantropiques, ainsi qu'un grand nombre de manufactures; elle est l'entrepôt des marchandises du Canada, avec lequel elle communique par deux canaux. Le blé est la principale denrée; une immense quantité y est vendue chaque année; 17 bâteaux à vapeur entretiennent continuellement la correspondance avec New-York; pop. 25,000 hab.

ALBANY, b. des États-Unis d'Amérique, dans l'état de Vermont.

ALBANY, mont. dans l'Amérique septentrionale, au S.-E. du fl. St.-Laurent, où elles forment la frontière entre les États-Unis et le Bas-Canada. Elles atteignent une hauteur de 2000 pieds.

ALBANY, fort de la Nouvelle-Galles, dans l'Amérique septentrionale, sur la côte S.-O. de la baie de St.-James et à l'embouchure de la riv. d'Albany.

ALBANY, riv. de l'Amérique septentrionale, dans la Nouvelle-Galles; elle est formée des eaux de plusieurs lacs et se jette dans la baie de St.-James, près du fort Albany.

ALBARA, pet. v. des états autrichiens, dans le roy. d'Illyrie.

ALBARA, riv. d'Abyssinie, en Afrique.

ALBARACIN ou ALBARACCIN, ALBARAZIN, ALBARRACIN, *Albaracinum, Lubetum, Turia*, v. forte d'Espagne, dans le roy. d'Aragon, sur le Guadalaviar, à l'E. des sources du Tage et à 6 l. N.-O. de Teruel, dans une contrée sauvage mais fertile; grand commerce de laine; manufactures de draps; mine de cuivre; forges; pop. 2000 hab.

ALBARAN, b. d'Espagne, dans le roy. et à 9 l. N.-O. de Murcie, sur la rive gauche de la Ségura.

ALBARCO-DE-TAJO, b. d'Espagne, dans le roy. de la Nouvelle-Castille, prov. de Tolède.

ALBARÈDE. *Voyez* ST.-MARTIAL-D'ALBARÈDE.

ALBAREGAS (l'), riv. considérable de l'Amérique méridionale, dans la Colombie, rép. de la Nouvelle-Grenade, dép. de Coundinamarca. Elle a sa source dans les montagnes du Bogota et se jette dans le lac Maracaïbo.

ALBARÈS, b. d'Espagne, dans le roy. et la prov. de Léon, à 4 l. de Ponferrada.

ALBARÈS, b. d'Espagne, dans le roy. de la Nouvelle-Castille, prov. et à 12 l. E. de Madrid.

ALBARET, ham. de Fr., dép. de l'Aveyron, arr. d'Espalion, cant. et com. de Ste.-Geneviève, poste de Laguiole; pop. 30 hab.

ALBARET-LE-COMPTAL, vg. de Fr., dép. de la Lozère, arr. de Marvejols, cant. de Fournels, poste de St.-Chely; pop. 620 hab.

ALBARET-SAINTE-MARIE, vg. de Fr., dép. de la Lozère, arr. de Marvejols, cant. et poste de St.-Chely; pop. 520 hab.

AL-BARETOUN ou **AL-BERTON**, **AL-BER-TOUN**, *Albertonium*, *Ammonia*, *Parœtonium*, v. du pays de Barca, dans l'ancienne Libye maritime, sur la Méditerranée, à 50 l. O. d'Alexandrie.

ALBARON (l'), ham. de Fr., dép. des Bouches-du-Rhône, arr., cant., com. et poste d'Arles-sur-Rhône; pop. 150 hab.

ALBARONNE, b. du roy. Lombard-Vénitien, dans le gouv. de Lombardie, prov. et à 2 l. S.-E. de Pavie.

ALBAS, vg. de Fr., dép. de l'Aude, arr. de Narbonne, cant. de Durban, poste de Sijean; pop. 360 hab.

ALBAS, vg. de Fr., dép. du Lot, arr., à 5 l. O. de Cahors, cant. de Luzech, poste de Castelfranc; pop. 1950 hab.

ALBASANO ou **ELBASSAN**, v. de la Turquie d'Europe, dans l'Albanie, au pied d'une chaîne de montagnes, à 15 l. E.-S.-E. de Durazzo.

ALBASINSK ou **ALBAXIN**, **ALBAZIN**, **JATSCHA**, *Albasinum*, *Labasinum*, v. d'Asie, dans la Mandschourie (emp. chinois), prov. de Tschitschikar, non loin de l'Amur, sur la grande route de Pékin à Moscou. Les Chinois, auxquels elle a été abandonnée par les Russes, en 1715, en ont rasé le fort.

ALBATANA, b. d'Espagne, dans le roy. et à 16 l. N.-O. de Murcie.

ALBATERA, b. d'Espagne, dans le roy. de Valence, sur la route d'Alicante à Orihuela; belle église; culture de vers à soie; pop. 2500 hab.

ALBATROS, pet. île inhabitée, près de la côte N.-O. de la terre de Van-Diémen, dans l'Océanie, Océan Pacifique.

ALBATROS, capitale de la Nouvelle-Zélande, dans l'Océanie.

ALBA URGAON ou **URGAO**, **MUNICIPIUM ALBENSE URGAONENSE**, **MUNICIPIUM ALBEEGENSE URGAVONENSE**, g. a., v. de la Bétique, en Espagne, à l'E. de Corduba.

ALBAY, prov. de l'île de Manille, dans l'archipel des Philippines, qui comprend la partie méridionale de la presqu'île de Camarinès.

ALBAY, v. de l'île de Luçon et capitale de la prov. de même nom. En 1814 elle fut détruite de fond en comble par une éruption du volcan Majon, qui est dans une fermentation continuelle; plusieurs milliers d'habitants y perdirent la vie; depuis elle a été rebâtie.

ALBBRUGG, b. du grand-duché de Bade, cer. du Haut-Rhin, au confluent du Rhin et de l'Alb, à 1 l. S.-O. de Waldshut; forges considérables; pop. 300 hab.

ALBE ou **ALPS**, **APS**, *Alba Augusta*, *Albaugusta*, *Alba Helviorum*, *Civitas Albensium*, vg. de Fr., dép. de l'Ardèche, arr., à 7 1/2 l. S. de Privas, cant. de Viviers, poste de Villeneuve-de-Berg; antiquités; pop. 1200 hab.

ALBE. *Voyez* **ERLENBACH**.

ALBECA, b. d'Espagne, dans la principauté de Catalogne, à 2 l. S.-S.-O. de Lérida.

ALBECI ou **ALBICI**, **ALBII**, **ALBIOECI**, g. a., peuple montagnard de la Gaule narbonnaise, allié des Marseillais contre César; il occupait les diocèses d'Apt et de Riez (dép. de Vaucluse et des Basses-Alpes); capitale **ALBECE** (**RIEZ**. *Voyez* ce mot).

ALBECK ou **ALPECK**, *Angulus Alpium*, pet. v. du roy. de Wurtemberg, cer. du Danube, au pied d'une montagne, à 2 l. N.-N.-O. d'Ulm, chef-lieu du bailliage de même nom, contrée fertile en blé, fruits et pâturages. Les Autrichiens y furent défaits par les Français, en 1805; pop. 450 hab.

ALBEFEUILLE-LAGARDE, vg. de Fr., dép. de Tarn-et-Garonne, arr., cant., à 2 l. E., et poste de Caltelsarrasin; pop. 800 hab.

ALBEGNO, vg. des états sardes, dans la principauté de Piémont, à 1 1/2 l. N.-E. de Domo d'Ossola.

ALBE-JULIE ou **CARLSBOURG**, **WEISSEMBOURG**, *Alba Carolina*, *Alba Julia*, *Apulum*, v. forte et considérable des états autrichiens, grand-duché de Transylvanie, pays des Hongrois, au pied d'une montagne dans une contrée riante et fertile, sur la Marosch, qui y devient navigable, à 10 l. N.-O. de Hermannstadt, résidence du gouverneur de Transylvanie et d'un évêque. Elle tire son ancien nom de *Julia Domna*, épouse de l'empereur Septime-Sévère et mère de Caracalla; belle cathédrale, bibliothèque, observatoire, monnaie; 12,000 hab.

ALBEKIRK, pet. v. du roy. des Pays-Bas, dans la prov. de Hollande, à 4 l. de Médenblick.

ALBELDA, b. d'Espagne, dans le roy. de la Vieille-Castille, prov. de Soria, sur l'Yrégua.

ALBEMARLE. *Voyez* **AUMALE**.

ALBEMARLE, comté des États-Unis d'Amérique, dans l'état de Virginie.

ALBEMARLE, contrée de la Caroline septentrionale des États-Unis d'Amérique, sur l'Albemarle-Sound et à l'embouchure de la riv. de Roonack.

ALBEMARLE ou **SAINTE-ISABELLE**, la plus grande des îles Galapagos dans l'Océan Pacifique, vis-à-vis des côtes de la Colombie, avec un bon port.

ALBEMARLE-SOUND (l'), golfe de la mer Atlantique, sur les côtes de la Caroline septentrionale, séparé du Pamlico-Sound par le banc de Hatteras et d'autres dunes étroites.

ALBEN ou **MONTE-DEL-CARSO**, *Albanus* ou *Albius Mons*, pet. chaîne de montagnes, dans le cer. d'Adelsberg du roy. d'Illyrie, riche en mines de mercure. Les habitants du pays l'appellent le Karst.

ALBEN, b. du roy. d'Illyrie, près de la montagne de même nom.

ALBEN ou **ALPIS** (l'), riv. du roy. d'Illyrie, qui prend sa source dans les monts Alben et se jette dans le golfe de Venise entre Trieste et Capo d'Istria.

ALBEN ou **OBER-ALM**, b. des états autrichiens, dans l'archiduché d'Autriche, gouv. de la Haute-Autriche, sur la Salzach; forges de fer et de laiton.

ALBENC (l'), vg. de Fr., dép. de l'Isère, arr. et à 4 l. N.-E. de St.-Marcellin, cant. et poste de Vinay; pop. 1100 hab.

ALBENDORF, vg. des états prussiens, dans la prov. de Silésie, rég. de Breslau, comté et cer., à 3 l. N.-O. de Glatz, dans une belle vallée, avec une belle église catholique et un château. Il y a près de ce village un lieu de pélerinage fameux nommé la Nouvelle-Jérusalem; sur une montagne appelée le Mont-Calvaire se trouvent 58 chapelles, érigées en mémoire des principales scènes de l'histoire de Jésus-Christ et de ses apôtres, un hermitage et le saint-sépulcre; la foule des dévôts qui s'y portent est immense; on s'y rend de toutes les contrées de la Prusse et de l'Allemagne, surtout de la Bohême; pop. 1200 h.

ALBÈNE, vg. des états sardes, dans le duché de Savoie, à 3 l. N. de Moutiers; forge considérable.

ALBENGA ou **ALBENGUE**, **ALBIENGA**, *Alba Ingannorum*, pet. v. maritime des états sardes, dans le duché et à 18 l. S.-O. de Gênes; évêché; contrée très-fertile, principalement en huile et en chanvre; air malsain. Elle fut prise par les Pisans en 1175 et ensuite rebâtie; pop. 4000 hab.

ALBENQUE (l'), b. de Fr., dép. du Lot, arr., à 4 l. S. et poste de Cahors, chef-lieu de cant.; pop. 2000 hab.

ALBENS, vg. des états sardes, dans le duché de Savoie, sur la Daisse, à 1 l. S.-O. d'Albi; antiquités; pop. 1200 hab.

ALBEPIERRE, ham. de Fr., dép. du Cantal, arr., cant. et poste de Murat, com. de Bredon; pop. 100 hab.

ALBERA ou l'**ALBÈRE**, **ALBÈRES**, vg. de Fr., dép. des Pyrénées-Orientales, arr., à 5 3/4 l. E. et poste de Céret, cant. d'Argelès; pop. 400 hab.

ALBERCA, b. d'Espagne, dans le roy. de la Nouvelle-Castille, prov. de Cuença.

ALBERCHE (l'), riv. d'Espagne, qui prend sa source dans les monts Guadarrama, prov. d'Avila, dans le roy. de la Vieille-Castille, arrose Escalona, et se jette dans le Tage un peu au-dessus de Talaveyra-de-la-Reyna, après un cours d'environ 18 lieues.

ALBEREGRAN, roy. dans l'Abyssinie; Afrique.

ALBÈRES (les), montagnes qui font suite à la chaîne des Pyrénées orientales, dont elles forment la limite au S.-E. du côté de l'Espagne.

ALBERGARIA-DOS-FUZOS, b. du roy. de Portugal, dans la prov. d'Alentéjo, à 6 l. N. de Béja.

ALBERGUÉRIA, b. d'Espagne, dans le roy. de Léon, prov. de Salamanque.

ALBERGUISIA, b. d'Espagne, dans le roy. de Galice, à 12 l. E. d'Orense.

ALBERODE, vg. du roy. de Saxe, dans le cerc. de l'Erzgebirge, seigneurie de Schönbourg.

ALBERONA, b. du roy. de Naples, dans la prov. de Capitanate, à 8 l. S.-O. de Foggia. Il s'y tient chaque année une foire; pop. 2400 hab.

ALBE-ROYALE ou **STUHL-WEISSEMBOURG**, *Albanium*, *Alba Regalis*, *Cimbrianæ*, v. de la Basse-Hongrie, dans le cer. au-delà du Danube, chef-lieu du comitat de même nom, dans une contrée marécageuse, sur la Sarwitz, à 12 l. S.-O. de Bude et à 35 l. S.-E. de Vienne; surnommée Royale, parce qu'elle était autrefois le lieu du couronnement, la résidence et la sépulture des rois. Longtemps disputée aux Impériaux par les Turcs, qui la prirent deux fois, en 1543 et en 1601; démantelée en 1702. Il est à remarquer que, malgré le grand nombre de grenouilles qu'on y trouve, elles n'y coassent pas, ce qui fait dire au peuple qu'elles ont été chassées par les Turcs. La ville a une belle cathédrale, un séminaire, un gymnase, des fabriques de lainages, de maroquins, de soude, etc.; pop. 20,000 hab. Le comitat a 76 l. c. g. de superficie avec une pop. de 129,000 hab.; sol montagneux; culture de grains, vins et tabacs.

ALBERSHAUSEN, vg. du roy. de Wurtemberg, dans le cer. du Danube, gr.-bge et à 1 l. O.-S.-O. de Niedlingen; pop. 600 h.

ALBERT ou **ANCRE**, *Albertum*, *Ancora*, pet. v. commerciale et industrielle de Fr., dép. de la Somme, sur l'Ancre, arr. et à 5 l. N.-O. de Péronne, chef-lieu de cant., poste. Filature de coton, papeterie, blanchisserie de toiles; commerce de blé, de bétail et de chevaux. On voit dans les environs la caverne dite le *Souterrain d'Albert*, longue de 100 pieds, avec des pétrifications curieuses; pop. 2700 hab.

ALBERT (Saint-), ham. de Fr., dép. des Ardennes, arr., cant. et poste de Sédan, com. de St.-Menges; pop. 20 hab.

ALBERT (Saint-), ham. de Fr., dép. de la Gironde, arr., cant. et poste de la Réole, com. de la Mothe-Landeron.

ALBERTACCIA ou **ALBERTACCE**, vg. de Fr., dép. de la Corse, arr., à 6 l. O. et poste de Corté, cant. de Calacuccia; pop. 950 h.

ALBERTAS ou **BOUC**, vg. de Fr., dép. des Bouches-du-Rhône, arr., à 2 l. S. et poste d'Aix, cant. de Gardanne; pop. 1450 hab.

ALBERTI, b. de la Basse-Hongrie, dans le cer. en-deçà du Danube, comitat et à 9 l. S.-E. de Pesth.

AL-BERTOUN. *Voyez* **AL-BARETOUN**.

ALBERTS (les), ham. de Fr., dép. des Hautes-Alpes, arr., cant. et poste de Briançon, com. de Mont-Genèvre; pop. 150 hab.

ALBERTS. *Voyez* **ALBRECHTS**.

ALBERWEILER, vg. parois. du Wurtemberg, cer. du Danube, gr.-bge d'Ebingen; on y élève de bons chevaux; pop. 340 hab.

ALBESA, b. d'Espagne, dans la principauté de Catalogne, à 3 l. O.-S.-O. de Balaguer, près du confluent du Sègre et de la Noguera Ribagorzana.

ALBESTROFF, b. de Fr., dép. de la Meurthe, arr., à 5 l. N.-E. de Château-Salins, chef-lieu de cant., poste de Dieuze; pop. 860 hab.

ALBEUVE ou **ALBAIGUE**, *Alba Aqua*, gr. vg. parois. de Suisse, dans le cant. de Fribourg, bge de Gruyère, sur la rive gauche de la Sarine. Il a trois foires annuelles très-fréquentées, et l'éducation du bétail y est bien soignée; pop. 580 hab.

ALBI ou **ALBY**, *Albia*, b. des états sardes, dans le duché de Savoie, sur le Séran, à 3 l. O.-S.-O. d'Annecy; tanneries; pop. 900 hab.

ALBI-D'AIGUEFONDE (Sainte-), vg. de Fr., dép. du Tarn, arr., à 4 l. S.-E. de Castres, cant. et poste de Mazamet, com. d'Aiguefonde; pop. 270 hab.

ALBIAC, vg. de Fr., dép. de la Haute-Garonne, arr., de Villefranche-de-Lauraguais, cant. et poste de Caraman; pop. 280 hab.

ALBIAC, vg. de Fr., dép. du Lot, arr. de Figeac, cant. de la Capelle, poste de Gramat; pop. 240 hab.

ALBIAC-DE-COMTE ou **ALBIAC-DE-HAUT**, **ALBIAC-DES-MONTAGNES**, ham. de Fr., dép. de l'Aveyron, arr. d'Espalion, cant. et com. de Ste.-Geneviève, poste de Laguiole; pop. 50 hab.

ALBIANO, b. des états sardes, dans le duché de Gênes.

ALBIANO, b. du grand-duché de Toscane, dans le compartiment de Florence; avec un château.

ALBIANUM, g. a., endroit du Noricum, non loin de la forteresse de Kufstein, dans le Tyrol.

ALBIAS, vg. de Fr., dép. de Tarn-et-Garonne, arr., à 3 l. N.-E. de Montauban, cant. de Négrepelisse, poste de Réalville; pop. 1200 hab.

ALBICI, g. a. *Voyez* ALBECI.

ALBIDONA, b. du roy. de Naples, dans la prov. de la Calabre citérieure, à 5 l. N.-E. de Cassano. Patrie du célèbre mathématicien Elie Astorini.

ALBIÈRES, vg. de Fr., dép. de l'Aude, arr., à 9 l. S. de Carcassonne, cant. de Mouthoumet, poste de Davejean; pop. 320 hab.

ALBIÉS, vg. de Fr., dép. de l'Arriège, arr. et à 7 l. S.-E. de Foix, cant. et poste des Cabannes; pop. 500 hab.

ALBIEU ou **ALBIEUX**, ham. de Fr., dép. de la Loire, arr. de Montbrison, cant. et poste de Boën, com. de Bussy-Albieu; pop. 90 hab.

ALBIEZ-LE-VIEUX, vg. des états sardes, dans le duché de Savoie; pop. 1100 hab.

ALBIGEOIS (l'), *Albigensis Ager*, territoire d'Albi (dép. du Tarn), divisé inégalement par le Tarn, d'une longueur de 15 l.; séjour des Albigeois, secte religieuse du douzième et treizième siècle, presque entièrement extirpée sous Philippe-Auguste et Louis VIII, après une guerre sanglante de vingt ans (1209—1229); il produit des grains, de bons vins, entre autres celui de Gaillac; du pastel, du safran; bois; bons pâturages; grand commerce de pruneaux; mines de charbon. Ses habitants *Albienses, Albigenses, Albiges*.

ALBIGNAC, vg. de Fr., dép. de la Corrèze, arr., à 3 l. E. et poste de Brives, cant. de Beynac; pop. 650 hab.

ALBIGNY, vg. de Fr., dép. du Rhône, arr., à 3 1/2 l. N. de Lyon, cant. de Neuville-sur-Saône, poste de Chasselay; pop. 410 hab.

ALBI MONTES, g. a., montagnes couvertes de neige, dans l'île de Crète.

ALBIN. *Voyez* AUBIN.

ALBIN, vg. de Fr. dép., du Tarn, arr. d'Albi, cant. et poste de Valence-en-Albigeois, com. du Dourn; pop. 40 hab.

ALBIN (Saint-), ham. de Fr., dép. du Pas-de-Calais, arr. d'Arras, cant., com. et poste de Bapaume; pop. 95 hab.

ALBIN (Saint-), ham. de Fr., dép. de la Haute-Saône, arr. et à 5 l. O. de Vesoul, cant. et com. de Scey-sur-Saône, poste de Port-sur-Saône; pop. 80 hab.

ALBIN-DE-VAULSERRE (Saint-), vg. de Fr., dép. de l'Isère, arr., à 5 1/2 l. de la Tour-du-Pin, cant. et poste du-Pont-de Beauvoisin; pop. 600 hab.

ALBINA, ham. de Fr., dép. du Tarn, arr. de Castres, cant., com. et poste de St.-Amans-la-Bastide; pop. 320 hab.

ALBINALI, gr. et ancienne ville du pays de Seger, dans l'Arabie Déserte, sur la Prim, qui se jette dans l'Océan Indien.

ALBINHAC, vg. de Fr., dép. de l'Aveyron, arr. d'Espalion, cant. et poste de Mur-de-Barrez; mines de fer; pop. 500 hab.

ALBINIA, g. a., riv. d'Étrurie, se jette dans la mer Tyrhénienne, entre Cosa et Télamon.

ALBINO, b. du roy. Lombard-Vénitien, dans le gouv. de Lombardie, prov. et à 2 1/2 l. N.-E. de Bergame. Il règne une industrie remarquable dans cet endroit, qui possède de fort belles filatures de soie, des forges, une fonderie, des mécaniques pour polir les pierres à aiguiser et une école normale; pop. 2600 hab.

ALBINOS (les), appelés aussi DONDOS ou KAKERLAKES, *Æthiopes Albicantes*, nom que les Portugais donnent aux Nègres de la Basse-Guinée (côtes de Congo, Angola et Loango), issus de parents blancs et bruns. Ils sont pâles, d'une couleur blanc de lait, et leurs yeux sont jaunes, gris ou rouges; ils voient mieux la nuit que le jour, surtout au clair de lune, ce qui les a fait aussi appeler *yeux lunaires*. En Asie, cette race se trouve dans les îles de Ceylan, de Java et de Bornéo; en Amérique, surtout sur l'isthme de Panama, et en Polynésie, dans la Nouvelle-Guinée.

ALBICECI, g. a. *Voyez* ALBECI.
ALBION, g. a., ancien nom de l'Angleterre.
ALBION (la Nouvelle-), contrée au N.-O. de l'Amérique septentrionale, sur les côtes de l'Océan Pacifique, au N. de la Californie, découverte par l'amiral anglais Drake, en 1578 sous le règne de la reine Élisabeth, et reconnue par G. Vancouver, en 1792. Elle appartient depuis 1815 aux États-Unis et forme le district d'Orégon, qui s'étend de la frontière des états-unis du Mexique jusqu'aux Rocky-Mountains. Son sol est fertile et on y trouve des sites d'une grande beauté; les habitants sont tout-à-fait sauvages. Superficie 14,259 l. c. g., avec 172,000 habitants.
ALBION NOVA, les états de Connecticut, de New-Hampshire, de Massachussets, de Rhode-Island et de Vermont, connus sous le nom général de Nouvelle-Angleterre.
ALBIOS ou ALBIOSC, vg. de Fr., dép. des Basses-Alpes, arr. de Digne, cant. et poste de Riez; pop. 100 hab.
ALBIS (l'), mont. dont le noyau est sur la frontière S.-O. du cant. de Zurich. Ses points culminants sont: l'Uto (Hütli ou Uetli) de 930 m., et le Schnabelberg de 913 m. L'agriculture est presque nulle sur cette montagne, et on n'y trouve pas les plantes des autres chaînes des Alpes. Les Français en occupèrent les hauteurs en 1799, sous Masséna.
ALBISOLA ou ALBIZOLA, vg. des états sardes, dans le duché de Gènes, à 1 l. N.-E. de Savone, dans une contrée parée de belles campagnes, de vignes, d'oliviers, de grenadiers et de figuiers, remarquable par sa fertilité et sa belle végétation. Patrie du pape Jules II (1503-1573).
ALBITRECCIA, vg. de Fr., dép. de la Corse, arr., à 4 l. et poste d'Ajaccio, cant. de Ste.-Marie-et-Sicche; pop. 500 hab.
ALBOCAVE, b. d'Espagne, dans le roy. de la Vieille-Castille, prov. de Soria.
ALBOCENSES ou ALBOCENSII, g. a., peuple de la Dacie.
ALBON, *Castrum Albonis*, vg. de Fr., dép. de la Drôme, arr., à 9 l. 1/2 N. de Valence, cant. et poste de St.-Vallier. Ruines d'un château fort sur une montagne; pop. 2700 hab.
ALBON (Saint-Romain ou Saint-Roman d'). *Voyez* ROMAIN-D'ALBON (Saint-).
ALBONA, *Albona, Alvona, Alvum*, pet. v. du roy. d'Illyrie, gouv., cer., et à 18 l. de Trieste, sur le golfe de Quarnero. Sol favorable à la culture de la vigne, de l'olivier et des fruits, qui y viennent en abondance; pop. 2000 hab.
ALBONENSES, g. a., peuple de l'Illyrie.
ALBONOL, *Sex, Sexi, Sexitanum, Sexti Firmum Julium*, b. d'Espagne, dans l'Andalousie, roy. de Grenade, aux environs de Motril.
ALBOR ou ALVOR, *Alborium*, pet. v. maritime du Portugal, dans le roy. d'Algarve, sur la mer Atlantique, à 1 l. E. de Lagos. Bains chauds; pêcherie, vins, salines. C'est dans ses environs que l'on place le *Portus Hannibalis* des anciens; pop. 1000 hab.
ALBORAN, *Albucenia*, pet. île de la Méditerranée, à l'E. du détroit de Gibraltar et au N. du cap des Trois-Fourches. Elle appartient à l'empire de Maroc.
ALBORAN ou ALBOUZÈME, ALBUSÈME, *Albuzenia, Albusama*, pet. île et port de la Méditerranée, dans la partie orient. du roy. de Fez, à l'O. de Melilla.
ALBOREBELLO, vg. du roy. de Naples, dans la terre de Bari, à 9 l. N. de Tarente.
ALBORS ou ALBOURS, mont. de la Perse, qui entourent le plateau septentrional de cet empire vers la mer Caspienne. Leur sommet le plus élevé, le Démawend, est un volcan isolé, couvert de neige presque toute l'année; hauteur 12,000 pieds. Personne jusqu'ici n'en a atteint la cime.
ALBOSTAN, v. de la Turquie d'Asie, dans l'Anatolie, paschalik de Mérasch; pop. 9000 hab.
ALBOURGH, v. maritime des États-Unis d'Amérique, dans l'état de Vermont, comté de Grand-Jole, à 14 l. N. de Burlington, sur une presqu'île; pop. 1500 hab.
ALBOUSSIÈRE, ham. de Fr., dép. de l'Ardèche, arr. de Tournon, cant. et poste de St.-Péray, com. de St.-Didier-de-Crussol; pop. 130 hab.
ALBOX, b. d'Espagne, dans l'Andalousie, roy. de Grenade, à 6 l. N.-O. de Vera.
ALBRECHT (Saint-), b. de la Prusse occ., rég. et cer., à 9 l. E. de Marienwerder.
ALBRECHI (Saint-), b. de la Prusse occ., rég. et cer., à 1 l. 1/2 de Danzig, dont il forme un des faubourgs; pop. 800 hab.
ALBRECHT (canal d'). *Voyez* KARASITZA (canal de la).
ALBRECHTS ou ALBERTS, MALMERS, vg. des états prussiens, dans la prov. de Saxe, rég. d'Erfurt, entre Schwarza et Suhl, dans la forêt de Thuringue; on y fabrique de la clouterie et des futaines; mines de fer; pop. 800 hab.
ALBRECHTSBERG, pet. v. de l'archiduché d'Autriche, dans le gouv. de la Basse-Autriche, cer. au-dessus du Wienerwald, à 3 l. O. de St.-Pœlten.
ALBRECHTSBOURG. *Voyez* MEISSEN.
ALBREDA, b. de la Sénégambie, dans le pays des Mandigues, sur la Gambie, dans l'état de Barra. Les Français y ont un comptoir, mais les Anglais y dominent. On y faisait la traite des Nègres; pop. 7000 hab.
ALBRES (les), ham. de Fr., dép. de l'Aveyron, arr., à 6 l. et poste de Villefranche-de-Rouergue, cant. et com. d'Asprières; pop. 30 hab.
ALBRET ou LABRIT, *Albretum, Lebretum, Vicus Leporeti, Leporetum*, pet. v. de Fr., dép. des Landes, arr., à 6 l. N. et poste de Mont-de-Marsan, chef-lieu de canton. Le pays d'*Albret*, d'une longueur d'en-

viron 5 l. et abondant en lièvres, fut érigé en duché-pairie, par Henri II, en faveur d'Antoine de Bourbon, réuni à la couronne par Henri IV, et donné par Louis XIV au duc de Bouillon, en échange de Sédan et de Raucourt. Capitale Nérac; pop. 950 hab.

ALBUEN, pet. île dans le Cattégat, près de l'île de Laaland.

ALBUFEIRA, *Balsa*, pet. v. maritime du Portugal, dans le roy. d'Algarve, agréablement située sur une montagne baignée par la mer Atlantique, entre Lagos et Faro. Pêcherie; commerce; pop. 3000 hab.

ALBUFÉRA, *Amœnum Stagnum*, lac le plus considérable de l'Espagne, dans le roy. et à 1 l. 1/2 S. de la ville de Valence. Il a 4 l. de longueur sur 1 l. de large, et communique à la Méditerranée par un petit détroit. Ses bords produisent en abondance du riz sur lequel le gouvernement perçoit un énorme droit. Il est devenu célèbre durant le siége de Valence par les Français en 1811 et 1812, et ce fut en récompense de la prise de cette dernière ville (9 janvier 1812) par le maréchal Suchet que Napoléon le créa duc d'Albuféra.

ALBUHÉRA, vg. d'Espagne, dans la prov. d'Estramadure, à 5 l. S. de Badajoz. Les Français, commandés par Soult, y furent défaits le 16 mai 1811 par l'armée combinée des Anglais et des Espagnols, sous Bérésford et Castanos.

ALBULA ou ELBULABERG, chaîne des Alpes, dans le cant. des Grisons, entre les vallées de Bergün et␣d'Engadine. Sur son sommet se trouve un lac de trois quarts de lieue de tour, à 2126 m. A l'O. de cette montagne se trouve le grand glacier de Piz-Err, 2923 m. au-dessus du niveau de la mer.

ALBULA, riv. de Suisse, dans le cant. des Grisons, a sa source dans la mont. de même nom, et se jette dans le Rhin postérieur (Hinter-Rhein), un peu au-dessous de Thusis.

ALBULÆ AQUÆ ou ALBULEA FONS, g. a., sources minérales dans le pays des Sabins, à l'O. et près de Tibur.

ALBUM LITUS, g. a., promontoire de la Marmarique, entre Hermæa et Parætonium, selon d'autres dans le nomos Libyæ.

ALBUM LITUS, g. a., promontoire en Thrace, sur la Propontide, non loin de Perinthus.

ALBUNIOL, b. d'Espagne, dans l'Andalousie, roy. et à 3 l. S. de Jaën.

ALBUNUCLAS, b. d'Espagne, dans l'Andalousie, roy. de Grenade, à 4 l. E. d'Alhama.

ALBUQUERQUE, *Albuquercum*, pet. v. fortifiée d'Espagne, dans la prov d'Estramadure, à 8 l. N.-N.-O. de Badajoz, non loin des frontières du Portugal; vieux château; fabrique de draps et d'étoffes de coton; commerce de laine; pop. 6000 hab.

ALBUQUERQUE ou ALBUQUERKE, *Albuquercum Americanum*, pet. v. des états-unis du Mexique, dans le dist. et à 20 l. S.-O. de Santa-Fé, sur la rive gauche du Rio-del-Norte; pop. 6000 hab.

ALBUQUERQUE, pet. îles dans la mer des Antilles, en Amérique.

ALBUQUERQUE, vg. du Brésil, dans la prov. de Matto-Grosso.

ALBURNUS MONS, g. a., mont. de la Lucanie, entre le Silarus et le Tanager, au N. de Pæstum.

ALBURNUS PORTUS, g. a., port de mer en Lucanie, au N. de Pæstum.

ALBUSIAT, pet. v. de la Basse-Égypte, près du lac Menzaléh, à 13 l. S.-E. de Damiette.

ALBUS PORTUS, g. a., v. maritime d'Égypte, sur le golfe Arabique, entre le mont Aeas et Acabe.

ALBUSSAC, vg. de Fr., dép. de la Corrèze, arr., à 5 l. S.-E. de Tulle, cant. et poste d'Argentat; pop. 1300 hab.

ALBUS VICUS, g. a., v. forte de l'Arabie Heureuse, sur la côte orient. du golfe Arabique.

ALBY, *Albiga, Civitas Albigensium*, v. de Fr., chef-lieu du dép. du Tarn, à 159 l. S. de Paris, archevêché et siége d'une cour d'assises, d'un tribunal de première instance et d'un tribunal de commerce, d'une direction des domaines et des contributions et d'une conservation des hypothèques. Elle est située sur une colline escarpée qui domine le cours du Tarn que l'on y passe sur un pont à plusieurs arches. Château-Vieux, petite ville fort ancienne sur la route de Gaillac à Montauban, sert de faubourg à la ville. Quoique fort mal bâtie, Alby possède quelques monuments remarquables, un musée et une bibliothèque de 12,000 volumes. Les voyageurs admirent surtout la *Lice*, belle promenade qui ceint la ville et d'où la vue embrasse une plaine vaste et magnifique. Le territoire d'Alby est très-fertile en blé et en vin dont on y fait un commerce important. On y exploite aussi des mines de houille. Elle possède des fabriques de molletons, de toiles de toutes espèces, de couvertures de laine, des ateliers d'orfévrerie, des chapelleries, des tanneries, des forges et des fonderies. Sa population est de 11,801 et celle de l'arrondissement de 84,929. L'arrondissement d'Alby est divisé en 8 cantons et 99 communes.

Alby est une ville fort ancienne et son nom indique assez qu'elle fut la principale cité des Albigi. En 730 elle fut prise par les Sarrasins et reprise en 765 par Pepin. Mais c'est pendant le douzième et au commencement du treizième siècle que cette ville éprouva les plus grandes calamités. Alors capitale du pays des Albigeois sur lesquels une doctrine religieuse attirait l'anathème des papes, elle fut confisquée et échut en partage à Simon de Montfort, dont l'histoire a flétri les cruautés et le despotisme. Le joug que le féroce de Montfort faisait peser sur cette cité, était intolérable; les habitants d'Alby se revoltèrent, et en 1226 ils reconnurent pour maître Louis VIII, et enfin, en 1229, le traité de Meaux, qui réunit l'Albigeois à la couronne, mit fin aux odieux massacres commis au nom d'un Dieu de paix. Sous Louis XIII, Alby fut au nombre des villes que les persécutions religieuses avaient portées à l'insurrection, mais elle fut réduite par le maître de Louis XIII, le cardinal Richelieu. La funeste révocation de l'édit de Nantes fut pour Alby le signal de nouveaux malheurs et de persécutions, et une source de regrets pour la France qui perdit alors un grand nombre de bons et laborieux citoyens. Cette ville est la patrie du cardinal de Bernis; de l'infortuné La Peyrouse, navigateur distingué; du général de cavalerie d'Hautpoul, tué à la bataille d'Eylau; de Pierre Borel, médecin de Louis XIV; du mathématicien Rossignol et d'un grand nombre d'autres hommes distingués.

ALCA, *Chalca*, *Talca*, *Talga*, pet. île très-fertile de la mer Caspienne, non loin de l'embouchure du Kour.

ALCABÉHÉTY, ham. de Fr., dép. des Basses-Pyrénées, arr., à 4 l. S. de Mauléon, cant. et poste de Tardets, com. d'Alçay; pop. 180 hab.

ALCAÇAR, un des trois promontoires africains, sur le détroit de Gibraltar; entre Ceuta et Tanger, dans le roy. de Fez.

ALCAÇAR-CEGUER (Petit-Palais), *Alcasarea Parva*, *Alcasarium Parvum*, pet. v. fortifiée du roy. de Fez, dans l'emp. du Maroc en Afrique, à l'endroit le plus resserré du détroit de Gibraltar, entre Ceuta et Tanger, à 4 l. des côtes d'Espagne. Elle eut de l'importance du temps des Maures.

ALCAÇAR-DE-GUETE, b. d'Espagne, dans le roy. de la Nouvelle-Castille, prov. et à 8 l. de Cuenca.

ALCAÇAR-DE-SAN-JUAN, *Alcasarium Sancti-Johannis*, pet. v. d'Espagne, dans le roy. de la Nouvelle-Castille, prov. et à 18 l. S.-E. de Tolède; elle est importante par sa raffinerie de salpêtre, sa fabrique de poudre à canon et ses mines de fer.

ALCAÇAR-DO-SAL, *Alcasarium Salinarum*, *Salacia Imperatoria*, pet. v. du Portugal, dans la prov. d'Estramadure, sur la rive droite du Sado, à 10 l. S.-E. de Sétuval. Pays de sel, dont on fait un grand commerce; fabriques de sparterie. Patrie de Pierre Nunèz, astronome célèbre du seizième siècle; pop. 3500 hab.

ALCAÇAR-QUIVIR (Grand-Palais), *Alcasarea Magna*, *Alcasarium Magnum*, pet. v. du roy. de Fez, sur le Luccos, à l'E. de Larache; célèbre par la bataille de 1578, dans laquelle périrent Sébastien, roi de Portugal, et le roi de Maroc. Son origine remonte au temps des Maures; pop. 6000 h.

ALCACOVAS, b. du Portugal, dans la prov. d'Alentéjo, à 6 l. S.-O. d'Évora.

ALCAFUCHE, vg. du Portugal, dans la prov. de Beira, à 2 l. S.-E. de Viseu; eaux minérales.

ALCAI, *Alcaja*, mont. hautes et sauvages de la partie sept. du roy. de Fez, en Afrique; on y trouve cependant des sites favorables au vin et aux fruits du Sud.

ALCALA-DE-CHISBERT, pet. v. d'Espagne, dans le roy. de Valence, à 3 l. S.-O. de Peniscola; pop. 3600 hab.

ALCALA-DE-GUADAIRA, *Hienipa*, pet. v. d'Espagne, dans l'Andalousie, roy. et à 1 l. S.-E. de Séville, sur la rive droite de la Guadaira.

ALCALA-DE-HENARÈS, *Complutum*, v. d'Espagne, dans le roy. de la Nouvelle-Castille, prov. de Tolède, à 5 1/2 l. E.-N.-E. de Madrid, sur le Hénarès, dans un territoire fertile et bien cultivé. Elle a une fameuse université, fondée, en 1500, par le cardinal Ximenès; patrie du célèbre Michel Cervantès et de Solis; pop. 5000 hab.

ALCALA-DE-LOS-GAZULÈS, b. d'Espagne, dans l'Andalousie, roy. de Séville, à 8 l. S.-E. de Xérès-de-la-Frontéra; on y plante beaucoup d'oliviers; pop. 1600 hab.

ALCALA-DEL-RIO, *Aquæ Duræ*, b. d'Espagne, dans l'Andalousie, roy. et à 2 l. N. de Séville, sur le Guadalquivir, non loin des ruines d'Italica. (*Voyez* ce mot.)

ALCALA-DE-VALLE, b. d'Espagne, dans l'Andalousie, roy. de Grenade.

ALCALA-LA-REALE, *Alcala Regalis*, *Alcala Regia*, belle v. d'Espagne, dans l'Andalousie, roy. et à 10 l. S.-O. de Jaën, sur une éminence, non loin des frontières du roy. de Grenade; vins et fruits exquis; pop. 9000 hab.

ALCALA-LA-SELVA, b. d'Espagne, dans le roy. d'Aragon, à 5 l. E. de Teruel.

ALCAMO, *Alcamus*, pet. v. de Sicile, intendance et à 8 l. E. de Trapani, dans une contrée riche et bien cultivée, non loin du golfe de Castellamare; eaux thermales; pop. 13,000 hab.

ALCANAR, b. d'Espagne, dans la principauté de Catalogne, à 6 l. S. de Tortosa et près de l'embouchure de la Cénia dans la Méditerranée.

ALCANCHEL, b. d'Espagne, dans le roy. de la Nouvelle-Castille, prov. de Cuenca.

ALCANDETE, gr. b. d'Espagne, dans l'Andalousie, roy. de Jaën, à 3 l. N. d'Alcala-la-Reale, non loin de la rive droite de la Guadajoz et au pied du mont Ayllo. Il est presque tout bâti en marbre noir; on y plante beaucoup d'oliviers; pop. 4000 hab.

ALCANEDE, b. du Portugal, dans la prov. d'Estramadure; avec un château; pop. 2000 hab.

ALCANGAR, v. de l'emp. et à 70 l. de Maroc.

ALCANIZ, *Alcanitium*, pet. v. d'Espagne, dans le roy. d'Aragon, sur le Guadalope, à 20 l. S.-E. de Saragosse; beau pont de pierres; fabrique d'alun; pays de mûriers et d'oliviers. Il y a un canal de communication entre l'Ebre et cette ville, dont la construction remonte au temps des Maures; pop. 5000 hab.

ALCANIZAS, *Alcanitium*, b. d'Espagne, dans le roy. de Léon, prov. et à 12 l. O.-N.-O. de Zamora, sur la frontière portugaise.

ALCANTARA, *Norba Cæsarea*, pet. mais très-forte v. d'Espagne, dans la prov. d'Estramadure, près des frontières du Portugal, sur le Tage, que l'on passe sur un pont superbe de 670 pieds de longueur, construit par l'empereur Trajan; une partie des fortifications date du temps des Maures; ancien chef-lieu de l'ordre militaire des chevaliers d'Alcantara ou de Calatrava; commerce en draps et laine. C'est ici que les rebelles portugais, commandés par Antoine, supérieur du couvent de Crato, furent défaits par le duc d'Albe, en 1580; à 25 l. N. de Badajoz et à 60 l. S.-O. de Madrid; pop. 4000 hab.

ALCANTARA. *Voyez* LISBONNE.

ALCANTARA, pet. v. de l'emp. du Brésil, dans la prov. de Maranhao, sur la baie de St.-Marc, dans une contrée particulièrement renommée pour le riz et le coton. Au N. de la ville il y a des salines considérables mais mal exploitées.

ALCANTARA, b. du Chili, à 65 l. de Santiago.

ALCANTARA (l'), *Onobalas, Acesines, Asines*, riv. sur la côte orientale de Sicile; elle se jette dans la Méditerranée entre Taormina et Mascali.

ALCANTARILLA, *Alcantara*, b. d'Espagne, dans l'Andalousie, roy. et à 6 l. de Séville, sur le Guadalquivir.

ALCANTARILLA, b. d'Espagne, dans le roy. et à 1 l. S.-S.-O. de Murcie.

ALCANTARILLA, b. du Portugal, dans le roy. d'Algarve, à 6 l. E. de Villanova-de-Portimao.

ALCANTUA, b. d'Espagne, dans le roy. de la Nouvelle-Castille, prov. et à 10 l. N. de Cuença, sur la rive droite de la Guadiela; eaux thermales.

ALCARA-DELLI-FREDDI, b. de Sicile, intendance et à 12 l. S. de Palerme.

ALCARAZ, *Alcaratium, Alce*, pet. v. d'Espagne, dans le roy. de la Nouvelle-Castille, prov. de la Manche, sur la Guadamena, à 27 l. E.-S.-E. de Ciudad-Réal et à 48 l. S.-S.-E. de Madrid; aqueduc construit par les Maures; fabriques de draps; pop. 5500 hab.

ALCARAZ, b. d'Espagne, dans la principauté de Catalogne, à 2 l. de Lérida.

ALCARÈS (los), b. d'Espagne, dans le roy. de la Nouvelle-Castille, prov. et à 18 l. S.-O. de Tolède.

ALCARIA. *Voyez* ALGARIA.

ALCATRACES, île située au N. d'Haïti, dans les Indes occidentales.

ALCAWI, riv. d'Abyssinie, en Afrique.

ALÇAY, vg. de Fr., dép. des Basses-Pyrénées; arr., à 4 1/2 l. S. de Mauléon, cant. et poste de Tardets; pop. 300 hab.

ALCAYLA, ham. de Fr., dép. du Lot, arr. et poste de Cahors, cant. de St.-Géry, com. de Vers; pop. 40 hab.

ALCAYLE, ham. de Fr., dép. du Lot, arr., cant. et poste de Cahors, com. d'Arcambal; pop. 40 hab.

ALCAZAREN, b. d'Espagne, dans le roy. de Léon, prov. de Valladolid.

ALCESTER, ancienne v. d'Angleterre, comté de Warwick, au confluent de l'Alne et de l'Arrowe, à 3 l. O. de Stratford; fabriques d'aiguilles; pop. 2600 hab.

ALCHASIR. *Voyez* KOSSEÏR.

ALCIAT ou ILES DE CLARKE, groupe d'îles à l'entrée du détroit de Béring, qui sépare la Sibérie de l'Amérique septentrionale, vers le 64° lat. N.

ALCIDON, g. a., riv. de la Triphylie, dans le Péloponèse; elle a sa source sur les confins de l'Arcadie et se jette dans le Jardanus.

ALCIETTE-SUR-BASCASSAN, vg. de Fr., dép. des Basses-Pyrénées, arr., à 7 l. O. de Mauléon, cant. et poste de St.-Jean-Pied-de-Port; pop. 400 hab.

ALCINIPO, g. a. *Voyez* ACINIPO.

ALCINOI INSULA, g. a. *Voyez* CORCYRA.

ALCIRA ou ALZHIRA, *Alcira, Setabicula*, pet. v. fortifiée d'Espagne, dans le roy. et à 8 l. S. de Valence, sur une petite île formée par le Xucar, dans une très-belle contrée. On y plante beaucoup de mûriers; pop. 9000 hab.

ALCKEN, vg. du roy. de Belgique, prov. de Limbourg; pop. 2300 hab.

ALCOBAÇA ou ALCOBAZA, *Alcobatia Eburobritium*, pet. v. du Portugal, dans la prov. d'Estramadure, au confluent de la Thaquenda et de la Baca (l'Alcoa), à 7 l. S.-S.-E de Leiria, avec un célèbre couvent de bénédictins, fondé, en 1148, par le roi Alphonse Ier. Ce superbe monastère, qui passait pour le plus riche du pays, en fut également le plus vaste et servit longtemps de lieu de sépulture aux anciens rois; on y trouve entre autres richesses et curiosités une excellente bibliothèque très-riche en documents importants et en manuscrits, qu'on eut encore le bonheur de sauver lors du terrible incendie de 1811, où il fut pillé par les Français. Cet incendie dura 22 jours. On y trouve des fabriques d'étoffes de coton, de toiles, de mousselines et de futaines; pop. 1500 hab.

ALCOBAÇA ou ALCOBAZA, pet. v. de l'emp. du Brésil, dans la prov. de Bahia, sur la riv. de même nom, dans une contrée fertile.

ALCOBAÇA, b. de l'emp. du Brésil, dans la prov. d'Espiritu-Santo, sur la mer Atlantique.

ALCOCHETE ou ALCOHETE, b. du Portugal, dans la prov. d'Estramadure, sur la rive gauche du Tage, à l'opposite de Lisbonne; avec un château.

ALCOENTRE, b. du Portugal, dans la

prov. d'Estramadure, à 7 l. S.-O. de Santarem.

ALCOLE ou **ALCOLEA**, *Alcola*, *Arva*, *Flavium Arvense*, b. d'Espagne, dans l'Andalousie, roy. et à 3 l. S.-O. de Séville, sur le Guadalquivir.

ALCOLEA, b. d'Espagne, dans le roy. d'Aragon, à 6 l. S. de Barbastro.

ALCOLEA, b. d'Espagne, dans le roy. de la Nouvelle-Castille, prov. de Guadalaxara, à 10 l. N.-O. de Madrid.

ALCOLEA, b. d'Espagne, dans le roy. de la Nouvelle-Castille, prov. de la Manche, à 3 l. S.-O. de Ciudad-Réal.

ALCOLEA, b. d'Espagne, dans le roy. de Grenade, à 6 l. N.-O. d'Almeria; eaux minérales.

ALCOLY, ham. de Fr., dép. du Lot, arr., cant. et poste de Cahors, com. de Larroque-des-Arcs; pop. 20 hab.

ALCONADRE, b. d'Espagne, dans le roy. de la Vieille-Castille, prov. de Soria, sur une montagne baignée par l'Ebre.

ALCORA, b. d'Espagne, dans le roy. de Valence, à 3 1/2 l. N.-O. de Castellon-de-la-Plana; fabriques de fayence et de toiles; pop. 2500 hab.

ALCORÇON, vg. d'Espagne, dans le roy. de la Nouvelle-Castille, prov. et à 2 l. de Madrid.

ALCORIZA, b. d'Espagne, dans le roy. d'Aragon, à 20 l. S.-E. de Saragosse.

ALCORN, ham. de Fr., dép. de l'Aveyron, arr. d'Espalion, cant., com. et poste de Laguiole; pop. 80 hab.

ALCOROCHES, b. d'Espagne, dans le roy. de la Nouvelle-Castille, prov. et à 20 l. N.-N.-E. de Cuença, près des frontières du roy. d'Aragon.

ALCORRUCEN, *Sacili*, *Sacili Martialum*, b. d'Espagne, dans l'Andalousie, roy. de Cordoue.

ALCOUTIM, pet. v. du Portugal, dans le roy. des Algarves, sur la Guadiana et à l'opposite de la ville espagnole de St.-Lucar-de-Guadiana, à 9 l. N.-N.-E. de Tavira; pop. 2000 hab.

ALCOVENDAS, jolie pet. v. d'Espagne, dans le roy. de la Nouvelle-Castille, prov. et à 4 l. N.-N.-E. de Madrid; belles maisons de campagne.

ALCOVER, b. d'Espagne, dans la principauté de Catalogne, à 2 l. N. de Reus.

ALCOY, *Sætabis Augustanorum*, jolie v. d'Espagne, dans le roy. et à 20 l. S. de Valence, près de la source de la riv. de même nom, dans une contrée très-fertile; fabriques considérables de draps, de papiers, de savon, etc. On trouve dans les environs des mines de fer; pop. 18,000 hab.

ALCUDIA ou **ALICAD**, *Pallentia*, v. ancienne et fortifiée sur la côte N.-N.-E. de l'île de Majorque, Espagne, sur la baie de même nom, à 12 l. N.-N.-E. de Palma; pêche de corail; les moutons de ce pays sont renommés pour la beauté de leur laine; pop. 1000 hab.

ALCUDIA, b. d'Espagne, dans le roy. et à 5 l. S. de Valence; pop. 2000 hab.

ALCUDIA, belle et riche vallée d'Espagne, dans la Sierra-Moréna, prov. de la Manche, roy. de la Nouvelle-Castille, au N. d'Almaden; elle est arrosée par l'Alcudia.

ALCUESCAR, b. d'Espagne, dans la prov. d'Estramadure, à 5 l. de Mérida.

ALCUEZAR, b. d'Espagne, dans le roy. d'Aragon, à 5 l. N. de Barbastro.

ALCYONIUM MARE, g. a., partie orient. du golfe de Corinthe, sur les côtes de la Béotie et de la Mégaride.

ALCYONIUS LACUS, g. a., lac très-profond de l'Argolide, au S.-O. d'Argos, près du vg. de Lerna, eptarchie d'Argos, roy. de Grèce. C'est par ce lac que, selon la fable, Bacchus est descendu aux enfers pour chercher sa mère Sémélé; il n'en reste aujourd'hui qu'un marais.

ALDABRA, île d'Afrique, entre la côte de Zanguebar et l'île de Madagascar, au N.-E. des îles Comores.

ALDAN, riv. considérable de la Russie d'Asie, en Sibérie; elle prend sa source dans les monts Stannowoi, et se jette dans la Léna près de Yakoutsk, après un cours de 120 l.

ALDAYA, b. d'Espagne, dans le roy. et à 1 l. O. de Valence.

ALDBOROUGH, *Isurium*, pet. v. maritime d'Angleterre, dans le comté de Suffolk, près de l'embouchure de l'Ald dans la mer d'Allemagne, à 7 l. N.-E. d'Ipswick, à 25 l. N.-E. de Londres; envoie deux députés au parlement; 1500 hab., presque tous pêcheurs.

ALDBOROUGH, pet. v. d'Angleterre, comté et à 5 l. N.-O. d'York, sur l'Ouse; envoie deux députés au parlement; antiquités; pop. 600 hab.

ALDBOROUGH, nouvel établissement dans le Haut-Canada, comté de Middlesex, entre la Tamise et le lac Erié.

ALDBOURN ou **AUBURN**, b. d'Angleterre, dans le comté de Witt, à 2 l. N.-E. de Marlborough.

ALDEA DE CANNO, b. d'Espagne, dans la prov. d'Estramadure, à 15 l. N.-N.-E. de Badajoz.

ALDEA-DEL-CURVA-VASE, pet. v. de l'emp. du Brésil, dans la prov. de Goyaz, à 20 l. des bords du Tocantinès.

ALDEA-DEL-FRESNO, b. d'Espagne, dans le roy. de la Vieille-Castille, prov. et à 10 l. S.-E. d'Avila, sur l'Alberche.

ALDEA-DEL-RIO-TÉJO ou **ALDEA-GALLEYA**, b. du Portugal, dans la prov. d'Estramadure, sur la rive gauche du Tage, vis-à-vis et à 4 l. E. de Lisbonne; 4000 hab., presque tous mariniers ou pêcheurs.

ALDEA-DEL-RIO ou **RIVO**, *Aldea Rivi*, pet. v. d'Espagne, dans l'Andalousie, roy. et à 10 l. E.-N.-E. de Cordoue, sur la rive gauche du Guadalquivir.

ALDEA-DE-PANICO, pet. v. de l'emp. du

Brésil, dans la prov. de Minas Geraës, à 85 l. de St.-George.

ALDEA-DOS-ARAGURIAS, b. de l'emp. du Brésil, dans la prov. de Goyaz.

ALDEA-EL-AGUA, *Aldea ad Aquas*, b. d'Espagne, dans le roy. de la Vieille-Castille, prov. de Ségovie.

ALDEAGUELA, b. d'Espagne, dans le roy. de Léon, prov. et à 5 l. N.-N.-O. de Salamanque.

ALDEA MURA ou **ALDEA-NUEVA**, *Aldea Muri, Aldea Nova*, b. d'Espagne, dans le roy. de la Vieille-Castille, prov. de Soria, sur la rive droite de l'Ebre, à 2 l. E. de Calahorra.

ALDEA-NUEVA, *Aldea Nova*, b. d'Espagne, dans le roy. de Léon, prov. de Salamanque.

ALDEA-NUEVA, b. d'Espagne, dans la prov. d'Estramadure, à 12 l. E. de Plasencia.

ALDEARUBIA, b. d'Espagne, dans le roy. de Léon, prov. de Salamanque.

ALDEAS-ALTAS, b. de l'emp. du Brésil, dans la prov. de Maranhao, sur la rive droite de l'Itapicouroú, dans une contrée riche en riz et en coton.

ALDEA-VELHA, pet. v. de l'emp. du Brésil, dans la prov. d'Espiritu-Santo, avec un port sûr et commode ; les habitants s'occupent principalement de la pêche.

ALDEA-VIEJA, b. d'Espagne, dans le roy. de la Vieille-Castille, prov. de Ségovie ; pop. 1500 hab.

ALDEAVILA, b. d'Espagne, dans le roy. de Léon, prov. et à 16 l. O. de Salamanque, sur la rive gauche du Duéro et sur les frontières du Portugal.

ALDEHUELA, b. d'Espagne, dans le roy. de la Vieille-Castille, prov. de Ségovie.

ALDEHUELA, b. d'Espagne, dans le roy. de la Vieille-Castille, prov. de Soria.

ALDEIRE, b. d'Espagne, dans le roy. de Grenade, à 3 1/2 l. S. de Guadix ; eaux minérales.

ALDENHOFEN ou **ALDENHOVEN**, b. de la Prusse-Rhénane, rég. d'Aix-la-Chapelle, cer. et à 1 l. O.-N.-O. de Juliers, sur la Merz, dans une contrée très-fertile. Les Français commandés par Dumouriez y furent défaits par les Autrichiens commandés par le prince de Cobourg, le 1er mars 1793 ; pop. 1050 h.

ALDENHAM, vg. d'Angleterre, dans le comté de Hertford, près de Walford ; pop. 1500 hab.

ALDERBURY, pet. v. d'Angleterre, dans le comté de Wilt, à 2 l. S.-E de Salisbury ; manufactures d'étoffes de coton et de futaines ; pop. 600 hab.

ALDERNEY ou **OURIGNY**, **AURIGNY**, *Ricina, Riena, Riduna*, pet. île anglaise des côtes du dép. de la Manche, à 5 l. O.-N.-O. de Cherbourg et à 2 l. O. du cap de la Hogue, dont elle est séparée par un bras de mer appelé Course ou Ras d'Alderney, dangereux dans les gros temps ; elle a 1500 hab., que gouvernent encore les lois normandes.

Son sol, quoique pierreux, est supérieurement bien cultivé, et fournit des grains à l'Angleterre. Elle n'a qu'un petit port à l'E. de l'île. Les Français y firent leur retraite après le combat naval de la Hogue en 1692.

ALDGEO, pet. riv. du roy. Lombard-Vénitien ; elle prend sa source près de Montebello, dans la prov. de Vicence, et se jette dans l'Adige.

ALDINGEN, vg. parois. du Wurtemberg, dans le cer. du Necker, gr.-bge de Ludwigsbourg, sur le Necker. Ce village est la patrie de Berchthold Haller (1492), zélé réformateur et condisciple de Melanchton ; pop. 1220 hab.

ALDINGEN, vg. parois. du Wurtemberg, dans le cer. de la Forêt-Noire, gr.-bge de Spaichingen, dans la Baar ; poste. Commerce de moutons ; pop. 1350 hab.

ALDOMA, riv. de la Russie d'Asie, dans la Sibérie ; elle se jette dans la mer d'Ochotsk.

AL-DSCHÉDUR ou **DSCHADAR**. *Voyez* GADARIS.

AL-DSCHÉSIRAH. *Voyez* MÉSOPOTAMIE.

AL-DSHAR, v. de l'Arabie, dans la prov. de Hedschas, sur la mer Rouge ; elle est le port de Médine.

ALDSTON-MOOR, pet. v. d'Angleterre, dans le comté de Cumberland, sur la Tyne, qu'on y passe sur un beau pont, à 7 1/2 l. S.-E. de Carlisle ; mines de plomb ; forges ; pop. 5000 hab.

ALDUDES (les), vg. de Fr., dép. des Basses-Pyrénées, arr. et à 5 l. S. de Mauléon, cant. de St.-Étienne-de-Baigorry ; poste de St.-Jean-Pied-de-Port ; pop. 2400 hab.

ALDUIDES, mont. d'Espagne, dans le roy. de Navarre, à 9 l. N.-N.-E. de Pampelune. Passage forcé par les Français en 1794.

ALE, g. a., v. de la Cilicie, dans l'Asie Mineure.

ALEA, g. a., v. de l'Arcadie, dans le Péloponèse, non loin de Mégalopolis, au S.-E. de Stymphalos, avec des temples de Diane, de Minerve et de Bacchus.

ALECE, *Halex*, pet. riv. du roy. de Naples, dans la Calabre ultérieure.

ALECTOROS ou **ALECTORUS**, g. a., v. à l'embouchure du Borystène, dans la Sarmatie européenne.

ALEDO, b. d'Espagne, dans le roy. et à 8 l. S.-O. de Murcie.

ALEFELD. *Voyez* ALFELD.

ALEFROIDE. *Voyez* LA PISSE.

ALÈGRE ou **ALLÈGRE**, pet. v. de Fr., dép. de la Haute-Loire, au pied d'une montagne, arr. et à 4 l. N.-O. du Puy, chef-lieu de cant., poste de St.-Paulien ; pop. 2100 hab.

ALEGRETE, pet. v. fortifiée du Portugal, dans la prov. d'Alentéjo, à 3 l. S.-E. de Portalègre, dans une contrée riche en forêts de châtaigniers ; pop. 1200 hab.

ALEGRIA, b. d'Espagne, dans la prov. basque d'Avila, à 3 l. E. de Vittoria.

ALEGRIA-DE-DULANEI, b. d'Espagne,

dans la prov. basque de Guipuzcoa, à 6 l. 1/2 S. de St.-Sébastien, sur l'Oria, au pied du mont St.-Adrien; manufactures d'armes et de lames.

ALEI, riv. de la Russie d'Asie, dans la Sibérie; elle prend sa source dans le gouv. de Tomsk, et se jette dans l'Oby après un cours de 70 l.

ALEIN ou **ALLEINS**, vg. de Fr., dép. des Bouches-du-Rhône, arr., à 10 l. E. d'Arles, cant. d'Eyguières, poste de Lambesc. La contrée est très-riche en oliviers; pop. 1400 hab.

ALÉISCA, v. de la Russie d'Asie, dans la Sibérie, gouv. de Tomsk.

ALÉISKOI-LOKTEVSKOI, b. de la Russie d'Asie, dans la Sibérie, gouv. de Tomsk; mine de cuivre considérable et d'un grand rapport.

ALÉIUS-CAMPUS, g. a., plaine dans la Cilicie, à l'E. du Sarus, au N. de Mallus; Bellérophon y tomba du Pégase.

ALÉIXO (Santo-), pet. île sur la côte de de la prov. de Fernambouc, dans l'empire du Brésil, Amérique méridionale.

ALELE, g. a., endroit d'Afrique, au pied de l'Atlas, dans la Mauritanie tingitane.

ALEMANNI ou **ALAMANNI**, **ALLEMAENI**, peuple suève de la Germanie; il a fait donner à ce pays le nom d'Allemagne; il occupa le pays entre le Rhin, le Mein, le Danube, le Lech et le lac de Constance, et fut dispersé à la fin du cinquième siècle, après avoir été longtemps en guerre avec les Romains et les Francs.

ALEMANNIA, g. a., partie de l'Allemagne, située entre le Rhin, le Mein et le Danube.

ALEMBADY, v. de l'Indoustan, dans la présidence de Madras, prov. de Mysore, à 26 l. E. de Seringapatnam.

ALEMBON, vg. de Fr., dép. du Pas-de-Calais, arr., à 6 l. E. de Boulogne-sur-Mer, cant. et poste de Guines; pop. 550 hab.

ALEMETH ou **ALMON**, g. a., v. de la Judée, dans la tribu de Benjamin, au N.-E. d'Anathoth.

ALÉMONT, ham. de Fr., dép. de la Moselle, arr. de Metz, cant. de Verny, com. de St.-Jure, poste de Solgne; pop. 150 hab.

ALEMPARVA, v. fortifiée de l'Indoustan, dans la présidence de Madras, prov. de Carnatic, à 8 l. N. de Pondichéry. Elle fut prise par l'amiral Dupleix en 1750 et reprise par les Anglais en 1760.

ALEMPIGON, lac du Haut-Canada, au N. du lac Supérieur, avec lequel il communique.

ALEMPOUR, v. de l'Indoustan, dans la présidence du Bengale, prov. d'Allahabad, dist. de Bundelkund.

ALEMPS. *Voyez* ST.-FRONT-D'ALEMPS.

ALEM-TEJO ou **ALENTEJO**, prov. du Portugal, bornée au N. par l'Estramadure et la Beira, à l'E. par l'Estramadure espagnole, au S. par l'Algarve et à l'O. par l'Océan Atlantique. Elle est traversée par la Sierra de Monchique, chaîne qui s'étend depuis l'Algarve jusqu'à la Sierra d'Ossa en Espagne, et arrosée par le Tage, la Guadiana, le Zadao et un grand nombre de petites rivières. Son territoire de 90 l. c. de surface est fertile dans la plupart de ses parties, mais il est partout mal cultivé, et les habitants sont si indolents et savent si peu tirer avantage de la fécondité du sol que souvent on a recours à ceux des provinces voisines pour faire la récolte des grains et des fruits, et qu'une grande partie des terres reste inculte. Le blé, le vin, l'huile et des oranges sont les productions les plus abondantes. Les pâturages y sont excellents et couverts de nombreux et beaux troupeaux de moutons. On trouve aussi dans l'Alentejo des carrières de marbre et une belle espèce de terre dont on fait des vases qu'on exporte en Espagne. Il y a aussi des mines d'or et d'argent; mais on manque de bois pour les exploiter, quoique les forêts soient peuplées d'arbres de toutes sortes. Le commerce de cette partie du Portugal est très-restreint, mais on y fait beaucoup la contrebande. On fabrique aussi dans le pays des draps de très-médiocre qualité. Cette province est divisée en huit districts ou camarcas, qui sont ceux d'Evora, capitale de la province, Beja, Elvas, Portalègre, Ourique, Villa-Viciosa, Crato et Aviz; pop. 380,000 hab.

ALENBY, pet. v. de Norwège, diocèse et à 20 l. S. de Drontheim.

ALENÇON, vg. de Fr., dép. de Maine-et-Loire, arr. d'Angers, cant. de Thouarcé, poste de Brissac; pop. 530 hab.

ALENÇON (le petit), ham. de Fr., dép. de la Sarthe, arr., cant. et poste de Mamers, com. de Louvigny; pop. 60 hab.

ALENÇON, *Aleroum*, *Alertium*, v. de Fr., au confluent de la Sarthe et de la Briante, chef-lieu du dép. de l'Orne, à 48 l. O. de Paris. C'est une grande ville bien bâtie. Elle a plusieurs faubourgs importants. Les rues y sont larges et bien entretenues. Elle était entourée autrefois de murailles qui ont été démolies, ainsi que le vieux château dont il ne reste plus que deux tours d'une construction massive, entre lesquelles on a construit l'hôtel de ville. Elle a trois églises, parmi lesquelles on distingue la cathédrale, d'architecture gothique, commencée en 1553 et dont la flèche de 145 pieds d'élévation fut renversée par la foudre en 1744. Cette église renfermait les tombeaux des anciens ducs d'Alençon; ils ont été détruits pendant la révolution. Les autres édifices remarquables sont : le palais de justice, l'hôtel de la préfecture, le collège, l'hôpital des fous, la salle de spectacle et la halle aux blés. Alençon est le siège d'une cour d'assises, de tribunaux de première instance et de commerce, d'une chambre consultative des manufactures, le chef-lieu d'une direction des domaines et d'une conservation des hypothèques. Elle possède une bibliothèque publique, plusieurs sociétés savantes, entre autres une société d'émulation, un cabinet d'histoire naturelle et un observatoire.

Cette ville est une des plus industrielles de France ; elle est le centre d'une grande fabrication de toiles ; ses dentelles, dites *points d'Alençon*, sont surtout très-recherchées et occupent un grand nombre de personnes. On y fabrique aussi des mousselines, du bazin et des chapeaux de paille. Les environs d'Alençon possèdent des mines de fer, des forges, des faïenceries, des verreries et des ateliers de tout genre. Les pierres dont on fait des bijoux, connus sous le nom de diamants d'Alençon, se trouvent dans les montagnes du département de l'Orne. Elle a cinq foires par année ; pop. 72,443 hab. pour l'arrondissement et 13,934 hab. pour la ville.

Alençon dont on ignore l'époque de la fondation, était habitée par les Aulerques, peuple de l'Armorique, qui en avait fait leur capitale. Après la conquête des Gaules par les Romains, cette ville fut comprise dans la deuxième Lyonnaise. Lorsque la puissance romaine fut trop affaiblie pour défendre cette contrée, envahie par les Huns et les Alains, les villes de l'Armorique formèrent une confédération indépendante dont Alençon fit partie. En 497 Clovis fit avec cette confédération, qu'il n'avait pu vaincre, un traité par lequel Alençon passa sous la domination des Francs, et fit partie du royaume de Neustrie, l'un des quatre royaumes formés à la mort de Clovis, jusqu'à l'invasion des Normands, auxquels Charles-le-Simple céda cette ville en 923. A la fin du dixième siècle elle appartenait à Yves de Bellesme qui y fit bâtir le château. Son successeur en fut dépossédé par Geoffroy Martel, comte d'Anjou en 1028. Guillaume-le-Conquérant la reprit en 1048 et la rendit au comte de Bellesme. Cette ville passa ensuite successivement aux Montgommery, au comte de Blois, au comte de Mortain, et enfin à Henri II d'Angleterre qui s'en empara en 1135. Après la mort de Henri II, Alençon eut des comtes particuliers. Alix, sœur de Robert IV, comte d'Alençon, la céda à Philippe-Auguste. Cette ville devint l'apanage de différents princes du sang royal. En 1417 Henri V d'Angleterre qui s'en était emparé, la donna à son frère, le duc de Bedfort. Puis, tour à tour prise et reprise par les Français et les Anglais, ceux-ci en furent définitivement chassés en 1428, et en 1525 le duché d'Alençon fut réuni à la couronne.

Donnée en douaire à Catherine de Médicis, Alençon eut beaucoup à souffrir au temps des guerres de religion. Cependant le sang n'y coula point à la St.-Barthélemy ; le brave Matignon refusa d'exécuter contre les protestants les ordres terribles qu'il avait reçus. Les ligueurs s'en rendirent maîtres en 1589 ; mais elle fut reprise en 1590 par Henri IV lui-même, qui fit démolir une partie du château. Les guerres religieuses désolèrent souvent encore cette ville dans le cours du dix-septième siècle, et d'horribles cruautés y signalèrent la révocation de l'édit de Nantes. Depuis cette époque jusqu'à la révolution cette ville ne fut le théâtre d'aucun événement important. Mais en 1793 les Vendéens firent, pour s'en emparer, quelques tentatives que la victoire, remportée sous les murs du Mans par le général Marceau, fit entièrement échouer. Alençon est la patrie de Thomas Cormier, jurisconsulte et historien de Henri II, de Valazé, girondin, qui échappa à l'échafaud par le suicide, et du fameux procureur de la commune de Paris, Hebert, né en 1755, rédacteur du journal intitulé : *Le père Duchesne*. Mêlé dans une conjuration contre la convention, il périt sur l'échafaud avec plusieurs de ses amis, le 24 mars 1794.

ALENI ou **ALENO**, pet. île de la Turquie d'Asie, dans l'Anatolie, paschalik d'Anadoly, dans la mer de Marmora.

ALENQUER, pet. v. fortifiée du Portugal, dans la prov. d'Estramadure, à 9 l. N.-N.-E. de Lisbonne, dans une contrée très-fertile, sur la rivière d'Alenquer. Elle fut fondée par les Alains.

ALENQUER, b. de l'emp. du Brésil, dans l'Amérique méridionale, prov. de Para, dans une des plus belles contrées du Maragnon, où le riz, le cacao, le maïs, le tabac et le manioc viennent en abondance ; les bestiaux y sont également renommés.

ALENS ou **ALLENS**, ham. de Fr., dép. de l'Arriège, arr. de Foix, cant. et poste de Tarascon-sur-Arriège, com. de Serres ; pop. 100 hab.

ALENYA, vg. de Fr., dép. des Pyrénées-Orientales, arr. et cant., à 2 l. 1/2 S.-E. de Perpignan, poste d'Elne ; pop. 350 hab.

ALEON, g. a., riv. de l'Ionie, dans l'Asie Mineure, près d'Erythrée.

ALEP, eyalet de la Turquie d'Asie, comprend toute la partie septentrionale de la Syrie ; il est situé entre les eyalets de Marach, de Rakka, de Tripoli et la mer Méditerranée. Il est arrosé à l'E. par l'Euphrate, qui le sépare de l'eyalet de Rakka, par l'Oronte et par plusieurs lacs. Le N. de la contrée est traversé par des montagnes qui se rattachent à la chaîne du Taurus. Le sol est très-fertile en grains, lin, safran, tabac et coton ; dans les montagnes on cultive le mûrier, l'olivier et le figuier, mais l'agriculture y est fort négligée. A cette circonstance déjà si peu favorable viennent se joindre trop souvent les terribles fléaux de la peste et des tremblements de terre ; et pourtant cette partie de la Turquie d'Asie est une des plus importantes sous le rapport du commerce et de l'industrie. L'eyalet, qui a une superficie de 524 l. c., est subdivisé en 5 sandjaks ou livas (départements), et a une population de 500,000 habitants.

Cette contrée a été sous la domination de tous les anciens peuples conquérants. Les

Assyriens, les Grecs, les Parthes, les Romains, les Sarrasins y ont régné successivement; et depuis le onzième siècle elle est au pouvoir des Turcs.

ALEP (HALEB-EL-CHAHBA), *Berœa*, v. de la Turquie d'Asie, capitale de la Syrie et chef-lieu de l'eyalet du même nom. C'était une des villes les plus considérables, les plus riches et les plus commerçantes de la Turquie d'Asie; mais deux tremblements de terre en 1822 ont détruit plus de la moitié de cette belle cité qui, avant cette catastrophe, n'avait dans l'empire ottoman d'autres rivales que Constantinople et le Caire. Elle est pourtant encore très-importante, et malgré les terribles calamités qui l'ont affligée, cette ville n'est point tout-à-fait déchue du rang qu'elle occupait. Son industrie et son commerce se sont relevés; ses fabriques de soieries et d'étoffes de coton, ses teintureries, ses savonneries, etc., ont repris une grande activité. Alep est encore un vaste entrepôt pour toutes les nations commerçantes, et presque toutes celles de l'Europe y ont des consuls.

On exporte d'Alep des étoffes de soie, des toiles de coton, du tabac, du café, des fruits secs, du papier, de la cochenille, etc. On y importe des draps de France, des tapis de Perse, des broderies, des satins, etc.

La population, composée d'Arabes, de Turcs, d'Européens et de Juifs, était de 200,000 âmes avant 1822, mais elle a beaucoup diminué depuis.

ALEP (le vieux), *Chalcis*, *Kinasrin* chez les Arabes, v. ruinée de la Syrie, à 6 l. S.-E. d'Alep.

ALEPE ou **ALIPI**, v. fortifiée de l'Indoustan, sur la côte de Malabar; elle fait un commerce très-étendu de grains, de poivre et de bois de charpente avec Bombay.

ALEPOEWSK, pet. v. de la Russie d'Asie, dans le gouv. de Perm, sur l'Alepöwa; pop. 1100 hab.

ALERIA, *Alalia*, pet. v. de Fr., dép. de la Corse, sur la côte orientale et près l'embouchure du Tavignano; arr., à 12 l. S.-E. et poste de Corté, cant. de Moita. Elle est en ruines; pop. 100 hab.

ALES, *Alesia*, *Alesium*, *Usellis*, pet. v. de l'île de Sardaigne, dans l'intendance générale du cap de Cagliari, à 5 l. E.-N.-E. d'Oristano, dans une contrée fertile; pop. 1300 hab.

ALES ou **ALLES**, vg. de Fr., dép. de la Dordogne, arr., à 12 l. S.-E. de Bergerac, cant. de Cadouin, poste de Lalinde; pop. 550 hab.

ALESANI, b. de Fr., dép. de la Corse, près d'Aleria; pop. 2600 hab.

ALESBURY. *Voyez* AYLSBURY.

ALESCHKY, pet. v. de la Russie d'Europe, dans le gouv. de la Tauride, à 1 l. de Cherson.

ALESCHKINO, b. de la Russie d'Asie, dans le gouv. de Simbirsk, sur la Sysranka; meulières.

ALESIÆ, g. a., b. de la Laconie, sur le mont Taygète, à l'O. de Theramne. Mylès, fils de Lelex, doit y avoir inventé le moulin.

ALESHAM ou **AYLSHAM**, b. d'Angleterre, dans le comté de Norfolk, à 4 l. N. de Norwich; on y fabrique beaucoup de bas; eaux minérales aux environs; pop. 2000 hab.

ALESSANDRIA, b. du roy. de Naples, dans la prov. de la Calabre citérieure, à 5 l. N.-E. de Castrovillari, dans une contrée riche en avoine et en bons pâturages; pop. 1600 hab.

ALESSANO, *Alexani Civitas*, *Alexanum*, pet. v. épiscopale du roy. de Naples, dans la terre d'Otrante, à 8 l. E.-S.-E. de Gallipoli; manufactures d'étoffes de coton, de mousseline et de tabac; pop. 7000 hab.

ALESSIO ou **ESKENDERASSI**, *Lesch*, *Acrolissus*, *Lissus*, pet. v. fortifiée de la Turquie d'Europe, dans la prov. d'Albanie, à l'embouchure du Drin à 9 l. S.-S.-E. de Scutari; on y voit le tombeau de George Castriola, plus connu sous le nom de *Scanderbeg*; pop. 4000 hab.

ALESSONE. *Voyez* ALASSONA.

ALESTEROFORI, *Gasorus*, *Gazorus*, b. de la Turquie d'Europe, dans la prov. de Macédoine, au N.-E. d'Emboli et à l'O. de Drama.

ALET ou **ALETH**, *Alecta*, *Electa*, pet. v. de Fr., dép. de l'Aude, arr., cant., à 1 l. S.-S.-E., et poste de Limoux, sur l'Aude, qui y charrie des paillettes d'or et d'argent, au pied des Pyrénées. Elle est renommée pour ses eaux minérales ferrugineuses et possède dans ses environs des mines de cuivre, de fer, ainsi que beaucoup de forges; pop. 1200 hab.

ALET, v. de l'île de Ceylan, à 5 l. de Candi.

ALETSCHKLETSCHER (le glacier d'Aletsch), un des plus grands glaciers de la Suisse. Il s'étend depuis la partie méridionale de la Jungfrau jusque dans le Haut-Valais, dans la direction du N. au S.-E. et S.-O. Il fait partie des énormes montagnes de glaces, qui remplissent toute l'espace comprise entre le Grimsel et le Gemmi, dans une longueur de plus de 20 lieues. Ce glacier donne naissance à la Massa qui, par ses débordements, cause souvent de grands dégâts; sur sa pente orientale se trouvent, à 1516 mètres au-dessus de la mer, les châlets d'Aletsch et le lac du même nom, dont une partie se jette dans la Viesch et une autre se perd dans des gouffres souterrains.

ALETTE ou **ALLETTE**, vg. de Fr., dép. du Pas-de-Calais, arr., à 2 l. N.-E. et poste de Montreuil-sur-Mer, cant. d'Hucqueliers; pop. 460 hab.

ALETUM, g. a., forteresse de la Gaule celtique ou lyonnaise, chez les Aedones, dans le dép. d'Ille-et-Vilaine; on en voit encore aujourd'hui les ruines, à 1 l. de St.-Malo.

ALEU, vg. de Fr., dép. de l'Arriège, arr.,

à 3 1/2 l. S.-E. de St.-Girons, cant. et poste de Massat; pop. 200 hab.

ALEU (l'), ham. de Fr., dép. de Seine-et-Oise, arr. de Rambouillet, cant. de Dourdan, com. et poste de St.-Arnoult; pop. 15 hab.

ALEUTIENNES ou **ALEOUTIENNES** et **ALEOUTES**, archipel divisé en trois groupes d'îles dans le grand Océan Boréal. Ils s'étendent en forme d'arc, depuis le Kamtschatka jusqu'au cap Alaska. Quelques géographes en portent le nombre à plus de 300; mais aucun ne l'a encore positivement déterminé. Les Russes en firent la découverte au dix-huitième siècle. Les principales sont Unalaschka, Alton et Kodjak, sur laquelle les Russes ont établi le siége du gouverneur et leur principal entrepôt. Parmi les Aleoutes est l'île de Behring, qui s'éleva, en 1792, à l'O. du Kamtschatka et lança de la fumée jusqu'en 1802. Ces îles, dont le sol aride est hérissé de hautes montagnes, paraissent n'être sorties de la mer que par des éruptions volcaniques ou des tremblements de terre.

Les naturels sont bruns, de taille moyenne, d'un tempérament robuste, d'un caractère doux et paisible, mais portés à la paresse; leurs traits font présumer qu'ils sont d'une race tartare mêlée à celle des Américains du Nord. Ils ont plusieurs femmes et en changent à leur gré. Quoiqu'ils aient connaissance du christianisme, leurs idées sur la religion sont très-imparfaites. Les rennes et les renards sont en très-grand nombre sur ces îles, dont les côtes sont peuplées de phoques et de loutres. Aussi la chasse et la pêche sont l'unique occupation des habitants.

La population est de 6000 habitants. Elle était beaucoup plus forte lorsque les Russes y arrivèrent; mais la petite vérole et le mal vénérien l'ont réduite depuis à ce nombre; et les traitements barbares que les employés du commerce russe exercent envers les Aleoutiens, l'auront diminuée probablement davantage encore, si le gouvernement russe n'a pris des mesures pour y mettre un terme.

ALÉVY, ham. de Fr., dép. des Deux-Sèvres, arr. de Niort, cant. de Frontenay, com. de Vallans, poste de Mauzé; pop. 130 h.

ALEX (les), ham. de Fr., dép. de l'Isère, arr. de la Tour-du-Pin, cant. et poste de Viriéu, com. du Pin; pop. 160 hab.

ALEX, vg. des états sardes, dans le duché de Savoie, à 2 l. E. d'Annecy.

ALEXAIN, vg. de Fr., dép. de la Mayenne, arr., cant. et poste, à 4 l. S.-O. de Mayenne; pop. 1100 hab.

ALEXANDERSBAD (*bains d'Alexandre*), ham. du roy. de Bavière, cer. du Haut-Mein, près du vg. de Sichersreuth, à 1/2 l. de Wunsiedel. Ses eaux minérales, particulièrement efficaces contre les rhumatismes et la gravelle, ont été découvertes en 1734.

ALEXANDERSBAD (*bains d'Alexandre*), vg. de la Russie d'Asie, dans la Circassie, à l'E. de Constantinogorosk; eaux thermales.

ALEXANDERSDORF (*village d'Alexandre*), colonie wurtembergeoise aux environs de Tiflis, prov. de Géorgie, dans la Russie d'Asie.

ALEXANDERSFLUSS (*rivière d'Alexandre*), riv. de l'Afrique méridionale, dans le pays des Caffres, qui mêle ses eaux à celles du fleuve d'Orange, dans le pays des Namaquas.

ALEXANDERSKANAL (*canal d'Alexandre*), canal de jonction du lac Péipus à la mer Baltique; il n'est pas encore achevé. Ce canal passera par le lac de Wirzjerw et ira jusqu'à Pernau, dans le gouv. de Riga.

ALEXANDERSKUSTE (*côte d'Alexandre*), côte de l'Océanie, près du pôle antarctique, découverte, en 1820, par le capitaine de vaisseau russe Bellinghausen; lat. S. 69° 30'.

ALEXANDRE, nom de deux districts et d'un comté des États-Unis d'Amérique.

ALEXANDRE, cap au N.-O. de l'île de Choiseul, une des îles Salomon ou de la Nouvelle-Géorgie, dans l'Océanie.

ALEXANDRE (Saint-), vg. de Fr., dép. du Gard, arr., à 10 l. N. d'Uzès, cant. et poste du Pont-Saint-Esprit; pop. 850 hab.

ALEXANDRE (Saint-), ham. de Fr., dép. d'Ille-et-Vilaine, arr. et poste de St.-Malo, cant. de Pleurtuit, com. de St.-Enogat; pop. 200 hab.

ALEXANDREA, g. a., mont. de la Petite-Mysie, dans l'Asie Mineure, voisinage de l'Ida. C'est là que Pâris, fils de Priam, roi de Troie, rendit son jugement entre Junon, Minerve et Vénus, en faveur de la dernière.

ALEXANDRE-NEWSKI, vg. et riche couvent aux environs de St.-Pétersbourg, avec le sépulcre de ce saint construit en argent massif.

ALEXANDRETTE ou **SCANDEROUN**, *Alexandria ad Issum*, *Alexandria minor*, pet. v. de la Turquie d'Asie, en Syrie, paschalik et à 28 l. N.-O. d'Alep, sur le golfe d'Ajazzo, dans une contrée très-malsaine à cause des marais, ce qui force les habitants à se retirer en été dans les montagnes voisines. Avant le passage par le cap de Bonne-Espérance, elle était l'entrepôt des marchandises des Indes; ancienne poste aux pigeons pour Alep, où ils parvenaient en 6 heures; commerce de riz et de sel.

ALEXANDREWNA, colonie russe fondée en 1826 aux environs de Potsdam, dans la rég. de même nom, prov. de Brandebourg, à 5 l. S.-O. de Berlin; eaux minérales; bains.

ALEXANDRIA, g. a., v. de Perse, dans l'Aria, près de l'embouchure de l'Arius; elle a été bâtie par Alexandre.

ALEXANDRIA, g. a., v. de Perse, dans la Susiana, fondée par Alexandre, à 10 stades du Pont-Euxin; détruite d'abord par des tremblements de terre, elle fut rebâtie, mais plus au nord, par Antiochus Epiphanes; elle servit pendant quelque temps de résidence aux gouverneurs de ces provinces.

ALEXANDRIA (*Decima quarta*), g. a., v. des Sogdes dans l'Inde, au confluent de l'Hyphasis et de l'Indus.

ALEXANDRIA (*Decima quinta*) ou ALEXANDRIA APUD ARACHOTOS, ALEXANDROPOLIS, g. a., v. capitale de l'Arachosie, en Asie, v. la frontière de l'Inde.

ALEXANDRIA, g. a., v. chez les Musicani, dans l'Inde en-deçà du Gange, sur l'Indus.

ALEXANDRIA AD CAUCASUM ou ALEXANDRIA APUD PAROPAMISADAS, v. de Perse, contrée de Paropamise, à l'E. du Coas et au pied du mont Paropamise. Elle fut bâtie par Alexandre le Grand, lors de son expédition dans la Bactriane.

ALEXANDRIANA, v. des États-Unis d'Amérique, état de la Caroline septentrionale, à 55 l. de Raleigh.

ALEXANDRIE, *Alexandria* (en langue turque *Scanderoum*), gr. v. de la Basse-Égypte, dans le Baheiréh, sur les bords de la Méditerranée. Quoique depuis vingt ans les efforts du vice-roi Mehemet-Ali aient beaucoup contribué à relever le commerce de cette ville et à lui rendre un peu de son ancienne importance, elle est bien loin encore d'avoir quelque ressemblance avec la ville d'Alexandre ; elle n'a hérité que le nom, les ruines et les souvenirs d'une grandeur effacée, dont les débris encore superbes contrastent d'une manière affligeante avec la ville neuve, chétive et mesquine, malgré le beau palais du pacha et ses vastes chantiers. Elle a deux citadelles et deux ports; celui qui est à l'O. est le meilleur; ils sont situés vis-à-vis de l'île de Pharos. Elle est le siége d'un patriarche. Le canal de Romanich, que Mehemet-Ali a rétabli depuis 1826, et qui conduit d'Alexandrie au Caire, a ramené dans cette première ville tout le commerce que les Européens font avec l'Égypte.

Les environs sont arides et stériles, et toutes les denrées sont tirées de la Syrie, de l'Archipel et du Delta. L'ancienne Alexandrie, capitale de l'Égypte sous les Ptolémées, fut fondée (335 ans avant J.-C.) par Alexandre-le-Grand, qui avait résolu d'en faire sa résidence et le centre du commerce du monde entier. Elle était forte par sa position et avait cinq ports. Les Ptolémées l'embellirent successivement et y attirèrent les hommes les plus distingués dans les sciences et les arts, et qui constituèrent la fameuse école d'Alexandrie. Parmi ces savants on distinguait les grammairiens Zénodote d'Ephèse, Aristophane de Bysance, Aristarque de Samothrace, Cratès de Malles, Denis de Thrace, Apollonius le sophiste et Zoïle, les poètes Apollonius de Rhodes, Théocrite, Callimaque, Timon le Phliasien, Aratus, Euphorion et un grand nombre de philosophes, parmi lesquels on remarque le juif Philon et Ammonius qui eut pour disciples Plotin et Origène. Le plus beau quartier de la ville se nommait *Brachiou*. C'est là que se trouvaient, près du grand port, les plus magnifiques palais, l'académie et le musée qui renfermait la riche bibliothèque royale composée de 400,000 volumes, fondée par Ptolémée-Philadelphe. Cette bibliothèque, devenue la proie des flammes pendant le siége d'Alexandrie par Jules César, fut remplacée par celle de Pergame dont Antoine fit présent à Cléopâtre. Le musée qui avait été épargné, fut détruit, pendant les troubles d'Alexandrie, sous Aurélien. Une autre bibliothèque, placée dans le temple de Jupiter Sérapis, fut conservée jusque sous Théodose-le-Grand. Celui-ci ayant ordonné la destruction de tous les temples payens dans l'empire, une troupe de chrétiens fanatiques, conduits par l'archevêque Théodose, saccagèrent le Sérapion et la bibliothèque fut brûlée. C'est donc à tort que l'on accuse Omar et ses Arabes de cet acte de barbarie qui affligea les sciences et les lettres d'une perte irréparable. Lorsque l'empire romain fut partagé, Alexandrie fit, comme toute l'Égypte, partie de l'empire d'Orient. En 640 elle passa sous la domination des Arabes, et en 845 le calife Motawakel y rétablit la bibliothèque et l'académie; mais les Turcs la conquirent en 868. Dès lors la ville déchut de plus en plus. Cependant son commerce fut florissant jusqu'au commencement du seizième siècle; après l'époque où les Portugais trouvèrent le chemin des Indes orientales, en doublant le cap de Bonne-Espérance, et anéantirent le commerce d'Alexandrie. Cette ville fut prise par les Français sous le commandement de Bonaparte, en 1798, et reconquise par les Turcs en 1801, après un combat long et terrible ; pop. 18,000 hab.

ALEXANDRIE (canal d'), il commence à 1200 mètres au-dessous de Rahmangeh et fait communiquer un bras occidental du Nil avec le port d'Alexandrie. Ce canal, qui portait autrefois le nom de Cléopâtre, était ruiné; il n'a été rétabli que depuis peu d'années par le pacha actuel Mehemet-Ali, et se nomme aujourd'hui Mamoudhié. Il commence maintenant à Foua sur le Nil, et sa longueur est de 40,000 mètres. Malgré les grands travaux que Mehemet y a fait exécuter, il n'est navigable que lorsque les eaux du Nil sont élevées. Toutes les citernes d'Alexandrie sont aussi alimentées par les eaux de ce canal.

En 1801, les Anglais qui assiégeaient Alexandrie, percèrent une digue élevée entre le canal et le lac d'Aboukir, formé lui-même en 1778, par une irruption de la mer à travers une digue rompue; plus de 150 villages et hameaux furent submergés.

ALEXANDRIE (Alessandria della paglia, Alexandrie de la paille), *Alexandria statiellorum*, v. et forteresse des états sardes, chef-lieu de la prov. de ce nom, au confluent de la Bormida et du Tanaro. Cette ville, siége d'un évêché, a de beaux édifices, un grand nombre d'établissements utiles, des fabriques de draps, de toiles, de soieries et deux foires considérables par an. Elle est le centre du commerce entre Gênes, Turin et Milan; cependant les affaires commerciales y sont beaucoup plus bornées que ces circonstances ne le font supposer, et sous ce rapport, Alexandrie a beaucoup perdu de son importance.

La ville d'Alexandrie, fondée par les Crémonais et les Milanais, portait d'abord le nom de Césarée ; mais en l'honneur du pape Alexandre III qui, vers la fin du douzième siècle, y transporta le siége d'un évêché, elle reçut le nom d'Alexandrie. Devenue riche et importante par sa position, elle fut souvent la cause de longs combats. En 1522 elle fut prise par Sforce, duc de Milan. Les Français, sous le commandement du prince de Conti, l'assiégèrent, mais en vain, en 1657. Le prince Eugène de Savoie, commandant l'armée autrichienne, s'en empara en 1707. Après la bataille de Marengo, le 16 juin 1800, le général autrichien Mélas conclut dans cette ville un traité par lequel elle fut livrée avec toute l'Italie supérieure aux Français qui la conservèrent jusqu'en 1814; pop. 30,600 hab.

ALEXANDRIE, b. de la Russie d'Europe, dans le gouv. de Cherson, sur l'Angouletz; on y plante beaucoup de maïs; pop. 1000 h.

ALEXANDRIE, b. de la Russie d'Europe, dans le gouv. de Volhynie.

ALEXANDRIE, v. et port des États-Unis d'Amérique, dans le dist. de Columbia, à 2 l. S. de Washington, sur le Potowmak. Cette ville, belle, propre et bien éclairée, a une académie, une bibliothèque, une cour de justice, une banque, plusieurs établissements de bienfaisance et un port. Son commerce consiste principalement en blé et en tabac; en 1815 une partie de la ville fut ruinée par les Anglais; pop. 11,000 hab.

ALEXANDRIE, b. des États-Unis d'Amérique, dans l'état de Louisiane, sur la riv. Rouge; commerce assez étendu; 1200 hab.

ALEXANDRIE ou BEL-AVEN, b. des États-Unis d'Amérique, dans l'état de Pensylvanie, comté et à 4 l. de Huntingdon, sur le Juniatta, à 7 l. N.-O. de Philadelphie. On voit aux environs une grotte remarquable; pop. 500 hab.

ALEXANDRIE, b. des États-Unis d'Amérique, dans l'état de New-Jersey, comté de Hunterdon, sur le Délaware; pop. 3500 h.

ALEXANDRIE, b. des États-Unis d'Amérique, dans l'état de New-Hampshire, à 23 l. de Portshmouth.

ALEXANDRIE, b. des États-Unis d'Amérique, dans l'état d'Ohio, à 16 l. de Chillicothé.

ALEXANDRIE, fort britannique sur la côte N.-O. de l'Amérique septentrionale, dans le Nouveau-Hanovre.

ALEXANDRIE, deux dist. des Etats-Unis d'Amérique.

ALEXANDRIE ou SAINT-PAUL, chef-lieu de l'île de Kodiak, la plus grande des îles Aléoutiennes, sur la côte N.-O. de l'Amérique septentrionale russe, avec un excellent port; entrepôt principal des marchandises de la compagnie russe d'Amérique; grand commerce de fourrures et de peaux.

ALEXANDRIN (l'), pet. dist. sablonneux du duché de Milan, dans le roy. Lombard-Vénitien, territoire d'Alexandrie ; on y trouve cependant des pâturages, des mûriers et des vignes.

ALEXANDRINORUM REGIONIS NOMOS, g. a., contrée de la Basse-Égypte, dont Hermopolis Parva fut la capitale.

ALEXANDRION, g. a., château fort de la tribu de Benjamin, au S.-E. de Neapolis.

ALEXANDROWE, *Alexandrovium*, b. de la Russie d'Europe, dans le roy. de Pologne, woiwodie de Masovie, entre les riv. de Bsoura et de Mierza, dans une contrée riche en bois; pop. 3500 hab.

ALEXANDROWKA, b. de la Russie d'Europe, dans le gouv. de Kiéw, sur le Tiasmin.

ALEXANDROWSK, *Alexandrovium*, b. de la Russie d'Europe, dans le gouv. de St.-Pétersbourg, sur la Néwa; manufacture impériale de glaces, de porcelaine, de sucre, de cuirs, de coton, etc.

ALEXANDROWSK, *Alexandrovium*, pet. v. de la Russie d'Europe, dans le gouv. et à 18 l. O.-S.-O. de Wladimir, sur la Séra. C'est dans cette ville que fut établie la première imprimerie en Russie, et que se trouve l'un des plus beaux haras de la couronne ; pop. 1000 hab.

ALEXANDROWSK, *Alexandrovium*, pet. v. et ancienne forteresse de la Russie d'Europe, dans le gouv. d'Ekaterinoslaw, sur le Dniéper; entrepôt principal des marchandises qui vont à Odessa ou qui en viennent; pop. 4000 hab.

ALEXANDROWSK, *Alexandrovium*, b. de la Russie d'Europe, dans le gouv. de Cherson, sur la rive gauche du Bug.

ALEXANDROWSK, *Alexandrovium*, pet. v. nouvellement bâtie de la Russie d'Europe, dans le roy. de Pologne, gouv. de Volhynie, sur l'Horyn, à 20 l. S.-E. de Luzk.

ALEXANDROWSK, b. de la Russie d'Europe, dans le roy. de Pologne, gouv. de Podolie, à 6 l. de Braclaw.

ALEXANDROWSK, *Alexandrovium*, b. de la Russie d'Asie, dans le gouv. d'Orembourg.

ALEXANDROWSK, *Alexandrovium*, pet. v. fortifiée de la Russie d'Asie, dans le gouv. d'Astrakan, non loin du Gonkouli et de la Kouma; pop. 3000 hab.

ALEXANDROWSK, *Alexandrovium*, vg. de la Russie d'Asie, dans le pays du Caucase, sur la Podkuma, à l'E.-S.-E. de Stawropol; eaux minérales. Elle est habitée en grande partie par des Cosaques; c'est l'un des premiers établissements construits sur cette ligne du Caucase par l'impératrice Cathérine II.

ALEXEJEWSK, forteresse de la Russie d'Europe, dans le gouv. de l'Ukraine, bâtie par l'impératrice Anne.

ALEXEJEWSK, forteresse de la Russie d'Asie, dans le gouv. et à 24 l. S. de Simbirsk, au confluent de la Kinel et de la Samara.

ALEXEJEWSKOI, pet. v. de la Russie d'Asie, dans le gouv. et à 30 l. S. de Simbirsk, sur la rive droite du Wolga.

ALEXIN, pet. v. de la Russie d'Europe, dans le gouv. et à 15 l. N.-O. de Tula, sur la rive droite de l'Occa. Elle a été décimée plusieurs fois par la peste et ruinée par les Polonais. Elle a des brasseries, quelques fabriques de chapeaux et de savonneries ; son commerce consiste en chanvre, cuirs, bœuf salé, miel et suif; pop. 2600 hab.

ALEXINZA, v. de la Turquie d'Europe, dans la prov. de Servie, sur la rive droite de la Nissawa, à 8 l. O. de Nissa.

ALEXISBAD (*bains d'Alexis*), eaux minérales ferrugineuses du duché d'Anhalt-Bernbourg, dans une belle vallée arrosée par la Selke, à peu de distance de la petite ville de Harzgerode; belles promenades.

ALEXOPOLSK, v. de la Russie d'Europe, dans le gouv. de Poltawa, à 7 l. de Kobiljæki; marché; pop. 800 hab.

ALEXOWA, pet. v. de la Russie d'Europe, dans le gouv. et au N.-O. d'Ekatérinoslaw, sur la rive droite du Dniéper.

ALEYKATS (les), tribu d'Arabes nomades, en Nubie, occupant en partie les montagnes de l'E., en partie les bords du Nil, dans les contrées de Seboua et de Wady-el-Arab.

ALFAÇAR, b. d'Espagne, dans le roy. et à 2 l. N.-E. de Grenade.

ALFAITÈS ou **ALFAYATÈS**, b. autrefois fortifié du Portugal, dans la prov. de Beira, à 12 l. S. d'Almeida, sur la frontière d'Espagne.

ALFAJARIN, b. d'Espagne, dans le roy. d'Aragon, à 4 l. S.-E. de Saragosse.

ALFANDÉGA-DE-FÉ, b. du Portugal, dans la prov. de Tras-os-Montès, à 12 l. S. de Bragance; avec un château en ruines; pop. 1000 hab.

ALFAQUES, *Tenebria*, pet. port de mer commerçant d'Espagne, dans la principauté de Catalogne, à l'embouchure d'un canal de l'Ebre dans la baie de même nom et à 6 l. S.-E. de Tortose; pays de salines.

ALFAQUES ou **ESFAQUES**, *Alfachusa*, *Ruspæ*, *Ruspe*, pet. v. d'Afrique, dans la rég. de Tunis, au S.-E. d'Elalia.

ALFARO, pet. v. d'Espagne, de la Vieille-Castille, dans la prov. de Soria, au confluent de l'Aragon, de l'Alhama et de l'Ebre, dans une contrée belle et fertile, à 4 l. N.-O. de Tudéla; fabriques de cuirs et de savon; pop. 5000 hab.

ALFAYA, v. de l'Afrique occidentale, au pays des Foulhas, à 34 l. S.-O. de Timbou.

ALFDORF, vg. parois. du roy. de Wurtemberg, dans le cer. de l'Yaxt, gr.-bge de Welzheim. Ce village possède deux châteaux et une belle église; grande culture de chanvre; pop. 1500 hab.

ALFEIZIRAO, b. maritime du Portugal, dans la prov. d'Estramadure, à 1 1/2 l. O. d'Alcobaça.

ALFELD ou **ALFELDEN**, **ALEFELD**, *Alfelda*, pet. v. du roy. de Hanovre, en Allemagne, principauté et à 6 l. S. de Hildesheim, dans une contrée très-fertile, au confluent de la Leine et de la Warne. On y plante beaucoup de lin et de houblon; commerce de fil et de toiles; pop. 2600 hab.

ALFELLA ou **ALFELLÆ**, g. a., v. de la Basse-Italie, dans le pays des Hirpins.

ALFEO, riv. de l'île de Sicile; elle a son embouchure à Syracuse.

AL-FERAA, v. d'Arabie, en Asie, prov. de Hedschas, à 30 l. S. de Médine.

ALFIDENA, *Aufidena*, pet. v. du roy. de Naples, dans l'Abruzze ultérieure IIe, à 6 l. S. de Sulmano. Elle acquit quelque célébrité dans la guerre des Samnites. La contrée est riche en beaux pâturages pour le gros bétail; pop. 1500 hab.

ALFKARLÉBA, vg. de Suède, dans la prov. d'Upland, à l'embouchure de la Dal-Elf, dans le golfe de Bothnie, au S.-E. de Gefié.

ALFONTÈS, b. du Portugal, dans le roy. d'Algarve, à 4 l. O. de Loulé.

ALFORD, *Alfordia*, pet. v. d'Angleterre, dans le comté et à 12 l. E. de Lincoln; pop. 2000 hab.

ALFORD, vg. d'Écosse, dans le comté d'Aberdeen. Les royalistes, commandés par Montrose, y défirent Baillie, chef des presbytériens, en 1668; pop. 900 hab.

ALFORDSTOWN, pet. v. des États-Unis d'Amérique, dans l'état de la Caroline méridionale.

ALFORT, vg. de Fr., dép. de la Seine, à 2 l. S.-E. de Paris, arr. de Sceaux, cant. et poste de Charenton-le-Pont, com. de Maisons-Alfort.

C'est dans le château d'Alfort qu'est établie l'école vétérinaire, fondée en 1767. Cette école possède un beau jardin botanique, un cabinet d'histoire naturelle, un cabinet d'anatomie et de pathologie comparées, un laboratoire de chimie et tout ce qui est nécessaire à l'étude de l'art vétérinaire et de l'agriculture. Les visiteurs admirent surtout l'organisation, l'ordre et la propreté des étables où sont placés les animaux malades. Un vaste amphithéâtre où se tiennent les cours et une machine hydraulique, y attirent aussi l'admiration des curieux ; pop. 750 hab.

ALFOURIS, peuple malais dans les îles de Célébès et de la Nouvelle-Guinée, en Asie et Océanie.

ALFRED, nouvel établissement du Haut-Canada, dist. de l'E., sur la rive mérid. du fleuve Outawas.

ALFRED, nom de quatre dist. des États-Unis d'Amérique.

ALFRED, b. des États-Unis d'Amérique, dans l'état de New-York, comté d'Alleghany; pop. 500 hab.

ALFRETON, *Alfradonium*, b. d'Angleterre, comté et à 5 l. N.-E. de Derby; fabriques de bas; poteries, brasseries; mines de houille aux environs; pop. 5000 hab.

ALFVESTA, vg. de Suède, dans la Gothie orientale, préfecture de Linköping; grande mine de cuivre.

ALGAJOLA, *Balagnia*, b. maritime de Fr., dép. de la Corse, arr., à 2 l. N.-E. de Calvi, chef-lieu de cant., poste de l'Isle-Reusse, à l'embouchure de l'Aregno; pop. 250 hab.

ALGAMITAS, b. d'Espagne, dans l'Andalousie, roy. et à 4 l. S.-E. de Séville.

ALGANS, vg. de Fr., dép. du Tarn, arr. de Lavaur, cant. de Cuq-Toulza, poste de Puylaurens; pop. 600 hab.

ALGAR, b. d'Espagne, dans l'Andalousie, roy. de Séville, à 13 l. E. de Cadix.

ALGARIA (l'), *Algarica*, prov. fertile d'Espagne, dans le roy. de la Nouvelle-Castille, entre Madrid et le Tage; capitale Guadalaxara.

ALGARINÉJO, b. d'Espagne, dans le roy. et à 11 l. O. de Grenade.

ALGARROBO, b. d'Espagne, dans le roy. de Grenade.

ALGARVE, prov. la plus méridionale du Portugal, bornée au S. et à l'O. par l'Océan Atlantique, au N. par l'Alentéjo et à l'E. par la Guadiana, qui la sépare de l'Andalousie. Elle a 32 l. de long et 8 de large, est traversée par la Sierra de Monchique, qui s'étend du S. au N.-E. jusqu'en Espagne en passant par l'Alentéjo, et arrosée par la Guadiana et la Sadoa. Le sol de cette province est d'une très-grande fertilité; mais l'agriculture y est peu perfectionnée, et quoique, sous ce rapport, l'Algarve soit la province la plus avancée du Portugal, il faudra encore beaucoup d'améliorations pour que la terre y produise tout ce qu'une bonne culture, jointe à la fertilité naturelle, pourront en retirer. Le commerce de ce pays consiste dans l'exportation des fruits secs, des olives et de vins excellents. Quant à l'industrie elle y est tout à fait nulle. La fabrication de la toile est la seule dont on s'occupe. Cette province qui formait autrefois le petit royaume des Algarves, est divisée en 3 districts ou comarcas, et sa population est de 128,000 habitants, répartis dans 16 villes et 60 villages.

ALGAS, riv. d'Espagne, dans la principauté de Catalogne; elle se jette dans la Nonaspe, près de Nonaspe, à 10 l. N.-N.-O. de Tortosa.

ALGAU ou **ALGOW**, **ALBIGAU**, **ALPAU**, *Alemannia Propria*, *Algea*, *Algovia*, *Almangovia*, contrée du S.-O. de l'Allemagne, bornée au S. par le Tyrol, à l'E. par le Lech et à l'O. par le lac de Constance. Elle est divisée aujourd'hui entre le royaume de Bavière, cercle du Haut-Danube, et celui de Wurtemberg, cercle du Danube. Pays montagneux, avec les sommets de l'Arlberg (10,000 pieds) et du Hochvogel (9320 pieds). Les villes principales sont Kauffbeuern, Kempten et Memmingen.

ALGAYDA, b. d'Espagne, dans l'île de Majorque, à 5 l. E.-S.-E. de Palma; pop. 1200 hab.

ALGÉCILLA, b. d'Espagne, dans le roy. de la Nouvelle-Castille, prov. de Guadalaxara.

ALGEMESI, b. industrieux d'Espagne, dans le roy. et à 7 l. S.-S.-O. de Valence, près du confluent du Xucar et du Lambay.

ALGENROTH, vg. du grand-duché d'Oldenbourg, dans la principauté de Birkenfeld.

ALGER (régence d'), *Algerianum regnum*, état barbaresque, contrée de l'Afrique septentrionale, comprend le pays situé entre le 6° 30' de long. orient. et le 4° de long. occ., et s'étend vers le S. depuis le 37° jusqu'au 32° de lat. sept.; elle est bornée au N. par la Méditerranée, à l'O. par l'empire de Maroc, à l'E. par l'état de Tunis et au S. par l'immense désert de Sahara; sa superficie est de 14,000 l. car. et sa population de 1,800,000 habitants. Le pays est traversé de l'E. à l'O. par deux chaînes de montagnes très-élevées, le grand et le petit Atlas. La première borde le désert de Sahara; la seconde, ramification de l'autre, s'étend parallèlement à la côte dont elle n'est éloignée que de huit lieues, et se prolonge depuis le cap Noun jusque dans l'état de Tripoli; quelques rameaux s'avancent même dans une direction presque perpendiculaire jusque sur la côte. Les points culminants sur le territoire d'Alger sont le Ouanascherysch qui a 8400 pieds, le Jurjura et le Felizia de 7200 pieds et le col de Teniah de 2960 pieds. Des vallées et des plaines d'une grande fertilité séparent les nombreux groupes de l'Atlas. Parmi les plaines de l'Algérie on remarque celle de Constantine, celle de la Métidja entre la côte d'Alger et le Petit-Atlas, et la plaine d'Oran qui s'étend jusqu'à Tremecen. Les fleuves de cette contrée ont tous leurs sources dans l'Atlas, et sont presque tous d'un cours très-borné, en comparaison des autres fleuves de l'Afrique; ceux du versant septentrional vont à la Méditerranée; ceux du versant méridional se perdent dans les sables du désert. Les principaux sont: le Chelif, le plus considérable de l'Algérie, dont il arrose la partie occidentale; il traverse le lac de Tittery et se jette dans la Méditerranée près de Mostaganem; le Ouedjer qui arrose la partie occidentale de la plaine de Metidja; l'Isser à l'E. de la Métidja; l'Adouse et l'Adjebby qui se réunissent près de Bougie et la Seibouse qui se jette dans la Méditerranée près de Bone. Plusieurs autres petites rivières et ruisseaux arrosent cette partie de l'Afrique; mais la plupart sont à sec en été et ne contribuent que fort peu à la végétation.

Le climat de ce pays est assez tempéré mais quand le vent souffle du désert, la chaleur devient insupportable, et les exhalaisons que produit alors l'évaporation des ruisseaux, des lacs et des étangs qui se dessèchent, ajoutent encore à l'insalubrité de l'air. L'hiver y est rarement rigoureux; cependant les montagnes de l'Atlas sont assez souvent couvertes de neige. Le sol est très-fertile, surtout dans la partie septentrionale; il produit en abondance les mêmes plantes et les mêmes fruits que les contrées méridionales de l'Europe. Sur le versant septentrional du petit Atlas, les montagnes sont couvertes de pins d'Alep, de chênes de différentes espèces, de lentisques, de térébinthes, de cyprès, de thuya, de myrtes, d'arbousiers, de sumacs, d'oliviers sauvages, etc.; sur l'autre versant le palmier et le dattier fournissent leurs fruits délicieux. La vigne croît partout et donne d'excellents raisins, dont les Arabes font une espèce de confiture. Dans les vallées du petit Atlas, les pentes des collines et des montagnes sont couvertes d'orangers magnifiques qui embaument l'air de leur parfum et offrent aux regards le mélange gracieux de leurs fruits dorés, de leurs fleurs et de leur feuillage.

Le règne animal y est aussi d'une riche variété. On trouve dans le pays d'Alger tous nos animaux domestiques d'Europe: le cheval, plus vif et plus léger, l'âne, le mulet, le bœuf, la chèvre, le mouton, etc.; mais aucun de ces animaux ne saurait remplacer pour les habitants de cette contrée l'infatigable et fidèle chameau, compagnon inséparable de l'Arabe. Les animaux sauvages sont fort nombreux; cependant ce n'est que dans l'Atlas qu'on fait quelquefois la rencontre dangereuse du lion, de la panthère, du léopard, etc.; il est rare qu'on en rencontre dans la plaine et plus rare encore qu'ils se hasardent dans le voisinage des villes. Le gibier est très-commun; surtout le lièvre et la perdrix; mais par compensation on est très-incommodé par les insectes; les sauterelles causent souvent de grands ravages dans les champs, et leur fréquente apparition est un terrible fléau pour la contrée.

Quant aux richesses minérales du pays, elles consistent en fer, en plomb et en sel, que les Algériens, trop ignorants encore, ne savent point exploiter. Il y a aussi sur le territoire d'Alger plusieurs sources minérales chaudes et froides; près d'Oran on voit une source d'eau presque bouillante.

L'industrie est fort peu développée dans l'Algérie et le commerce y est presque nul; on fabrique pourtant dans le pays des étoffes de laine, des maroquins, des turbans, des tapis, des toiles grossières et du savon. Le commerce d'exportation consiste en laine, cire, huile, riz, miel, fruits, poils de chèvre, plumes d'autruche, etc.; les marchandises manufacturées de toutes sortes et les denrées coloniales sont les objets d'importation.

Avant la conquête d'Alger par les Français, le gouvernement était entre les mains d'un dey tributaire de la Porte; ou plutôt il appartenait aux soldats de la milice turque qui avaient le titre de janissaires et dont le dey était le chef suprême, quoique électif. Il gouvernait despotiquement, rendait lui-même la justice et n'avait de compte à rendre à personne. La régence était divisée en quatre provinces ou Beyliks: celle d'Alger, celle de Titteri au S., celle de Constantine à l'E., et celle de Tremecen à l'O. A la tête de chaque province se trouvait un gouverneur général ou bey, qui avait sous ses ordres des kaïds ou chefs de district et des cheïks ou chefs de tribus. Tous ces fonctionnaires étaient à la nommination du dey. Les beys étaient revêtus d'une autorité absolue dont ils usaient sans contrôle et qu'ils conservaient aussi longtemps qu'ils payaient régulièrement au dey le tribut qu'il leur imposait.

Depuis 1830 la contrée occupée par les Français est divisée en trois gouvernements militaires sous les ordres d'un gouverneur général. Celui d'Alger, centre gouvernemental du pays, ne s'étend qu'à un rayon de trois lieues autour de cette ville, le gouvernement d'Oran comprend une étendue de territoire d'environ 18 lieues dans l'intérieur et enfin le gouvernement de Bone dans lequel est aussi comprise la place de Bougie.

Le conseil d'administration, sous les ordres du ministre de la guerre, se compose du gouverneur général, du général commandant en second, du commandant de la place d'Alger, de l'officier commandant la marine, de l'intendant civil, de l'intendant militaire, du magistrat le plus élevé dans l'ordre judiciaire, et de l'inspecteur général des finances. La justice est administrée par trois tribunaux de première instance, dont les siéges sont à Alger, à Oran et à Bone. Il y a en outre à Alger un tribunal de commerce et un tribunal supérieur. La cour royale d'Aix (Bouches du Rhône) est cour d'appel pour les causes civiles ou commerciales qui dépassent 12,000 fr.

La population est composée de Maures, d'Arabes, de Turcs, de Juifs, de Kabyles ou Berbères et de Nègres.

Les Turcs et les Juifs habitent les villes; les Maures, véritables enfants du pays, forment la majorité de la population; ils habitent les villes et les villages ou *Adouars*; ils se livrent au commerce et exercent des métiers; les Arabes, originaires d'Asie et partagés en nombreuses tribus, se livrent à la culture de terre et habitent la plaine; les Arabes-Bédouins seuls sont nomades et ennemis de toute espèce de travail, les Kabyles ou Berbères, descendants des Gétules et des Lybiens, sont également divisés en un grand nombre de tribus qui vivent dans les montagnes. Ils ne parlent pas l'arabe; leur langue est l'idiôme berbère, répandu depuis l'Atlas jusqu'à l'oasis de Sywah. C'est un peuple belliqueux, fier de son origine et de son indépendance; les Nègres séjournent sur la limite du désert. L'islamisme est la religion du pays. Quoique la polygamie soit permise aux Mahométans, il est rare que les Algériens usent de cette permission; il en est très-peu qui aient plus d'une femme. Le sort des femmes algériennes est le même que chez les Turcs; elles vivent retirées dans l'intérieur des maisons, ne sortant que rarement et jamais sans avoir le visage couvert d'un voile de toile blanche qui ne laisse apercevoir que les yeux.

Il y a, en général, peu ou point de différence entre les habitudes et les usages des Algériens et ceux des Turcs, dont la domination a pesé pendant plus de trois siècles sur cette contrée.

L'Algérie formait du temps des Romains la Numidie et une grande partie de la Mauritanie Césarienne.

Lorsque les Barbares se jetèrent sur les débris de l'empire romain, les Vandales s'établirent dans ce pays, qui devint successivement la conquête des Grecs et des Arabes, des Espagnols, qui n'en furent maîtres que fort peu de temps (au commencement du seizième siecle), des peuples de l'intérieur de l'Afrique, et enfin des Turcs.

Ce fut en l'an 1517, que le célèbre pirate Chair-Eddin, connu sous le nom de Hariaden-Barberousse, et son frère Arouds, fondèrent cette puissance qui désola depuis ce temps le commerce de l'Europe dans la Méditerranée, et devint assez forte pour lutter avec avantage contre les premières puissances de l'Europe.

En 1536, le pape Paul III, humilié et effrayé des fréquentes attaques des Algériens, engagea l'empereur Charles-Quint, à venger la chrétienté, insultée par les agressions des pirates. Une flotte espagnole nombreuse, sous les ordres de l'amiral Doria, arriva, après une traversée malheureuse, dans la baie de Matifou. On opéra le débarquement; mais, deux jours après, une tempête furieuse anéantit la flotte, et l'armée sans vivres, sans munitions, périt par le fer des Arabes ou dans les eaux des torrents grossis par la pluie.

En 1663, Louis XIV, honteux de sa condescendance pour les Barbaresques, arma contre eux et fit débarquer 6,000 hommes sur la côte d'Afrique. L'expédition était commandée par le duc de Beaufort. Cette guerre se termina au bout de deux années par un traité qui fut mal exécuté. Un nouveau traité fut fait en 1676; les corsaires profitèrent de toutes les occasions pour le violer, souvent ils l'éludaient en attaquant les navires français sous un autre pavillon.

La patience de Louis XIV était à bout : Duquesne fut chargé de châtier les Algériens et, en 1683, leur capitale fut presque détruite par un terrible bombardement. Les corsaires humiliés demandèrent la paix qui fut signée pour cent ans (25 avril 1684), trois ans après, les pirates rompirent le traité; une flotte française, sous les ordres du maréchal d'Estrées, vint bombarder Alger, et une paix plus durable fut signée le 27 septembre 1689.

En 1770, les Danois envoyèrent une flotte contre les Barbaresques; les Algériens ne s'en émurent même pas; cette expédition n'eut point de suite. Une armée espagnole de plus de 20,000 hommes attaqua les Algériens en 1775, mais le débarquement mal effectué, fit échouer cette expédition commandée par le général Oreilhey. Les Espagnols, en 1783 et 1784, sous le commandement de lord Exmouth, en 1816, bombardèrent Alger, mais ne la soumirent point. C'est aux Français qu'était réservée la gloire de détruire en 1830 cette puissance orgueilleuse et de répandre les premiers germes de la civilisation sur cette terre encore barbare.

ALGER, *Julia Cæsarea* (Aldjezaïr), capitale de la régence de même nom, sur la côte sept. de l'Afrique. Elle est située sous le 36° 47' de lat. sept. et le 0° 42' de long. E., et bâtie en amphithéâtre sur le penchant d'une colline dont le pied est baigné par la Méditerranée. Elle a la forme d'un triangle équilatéral, au sommet duquel se trouve la Kassabah, citadelle et résidence du dernier dey. Les maisons, comme toutes celles de l'orient, sont couvertes en terrasses et n'ont aucune apparence extérieure, mais intérieurement quelques-unes sont ornées avec beaucoup d'élégance. Les rues sont laides et étroites. La ville est entourée d'un fossé sec et d'un mur crenelé. Le côté de la mer est garni de forts et de batteries. Les édifices les plus remarquables sont le fort de la marine, les mosquées, la Kassabah et quelques casernes. Le fort de la marine a la forme d'un fer à cheval; sur la droite se trouve le port d'Alger, qui n'est pas très-sûr et dans lequel les gros bâtiments de guerre ne peuvent point entrer.

Les mosquées sont très-nombreuses à Alger; les Français en ont démoli une, et le terrain qu'elle occupait est aujourd'hui la place du gouvernement. On a aussi établi des moulins, des casernes, des hôpitaux, un lazaret, un abattoir public et des bains dans le genre français. Il y a à Alger une imprimerie arabe, une lithographie, deux cabinets de lecture français. Un journal, le *Moniteur Algérien*, imprimé en Arabe et en français, y parait une fois par semaine. Depuis 1831 on y a établi une garde nationale composée d'Européens, domiciliés dans cette ville et forte de 500 hommes.

Alger possède aujourd'hui plusieurs écoles

françaises, et des sociétés se sont organisées pour y introduire le goût des arts et des sciences. Le commerce d'Alger est très-restreint jusqu'à présent. Les principaux objets d'exportation sont le cuir, la laine, la cire, le miel, des fruits secs, surtout des dattes, de l'huile et de l'alquifoux. On y importe les denrées coloniales, toute espèce d'objets fabriqués et du bois de construction. C'est à Alger que se trouve l'administration centrale du pays. Il y a, outre le conseil d'administration dont nous avons parlé à l'article de la régence, un intendant civil, un commissaire de police général, un inspecteur général des finances, un directeur des domaines et des droits réunis, un inspecteur des douanes et un ingénieur des ponts-et-chaussées. Depuis 1838 cette ville est aussi le siège d'un évêque. La population d'Alger est de 23,750 habitants, ainsi divisée : 11,850 Turcs, Maures et Arabes; 1875 Nègres; 5985 Juifs, 2185 Français et 1895 de nations diverses.

Cette ville fut conquise par les Français sous les ordres du maréchal Bourmont, le 5 juillet 1830. Depuis 1824 le commerce français avait été plusieurs fois en butte aux insultes et aux vexations du gouvernement algérien; les traités entre la France et la régence avaient été violés; enfin le 30 avril 1827 le consul français fut grossièrement insulté par le dey lui-même. Alger fut bloqué; mais ce blocus n'ayant point de résultat et le dey refusant de faire droit aux justes réclamations de la France, une flotte, commandée par l'amiral Duperré, débarqua sur les côtes d'Alger une armée de 37,000 Français. C'était le 13 juin 1830; vingt-et-un jours après, Alger était possession française.

Depuis cette époque la France s'est emparée des villes les plus importantes de la régence, et un grand nombre de tribus se sont soumises à la domination puissante et protectrice du vainqueur; cependant la conquête est bien loin d'être parfaite, et l'autorité de la France n'est point établie partout aussi solidement qu'à Alger même et dans les environs.

ALGES, ham. de Fr., dép. de la Seine-Inférieure, arr. de Neufchâtel-en-Bray, cant., com. et poste de Gournay; pop. 60 h.

ALGÉSIRAS ou ALGÉZIRAS, *Careja, Carteja, Cartegia*, pet. mais forte v. d'Espagne, dans l'Andalousie, roy. de Séville, sur la baie et à 3 l. O. de Gibraltar; on l'appelle aussi *Vieux-Gibraltar*. On y fait le commerce de la houille; pop. 5000 hab.

ALGÉSUR ou ALGÉZUR, b. maritime du Portugal, dans le roy. d'Algarve, au fond d'une baie, à 7 l. N.-O. de Lagos; pop. 3000 hab.; dont la plupart sont pêcheurs.

AL-GÉZIRA. *Voyez* DIARBÉKIR.

ALGHERI ou ALGHIERI, *Algeria, Corax, Portus Caracodes*, port de mer fortifié de l'île de Sardaigne, prov. ou cap de Sassari, à 9 l. S.-O. de la ville du même nom, dans une contrée favorable à la culture de l'indigo, avec un bon port. Ses côtes fournissent un corail très-estimé. On y fait aussi un grand commerce de blé; pop. 8000 hab.

ALGINSKOI-CHEBET ou ULUB-TAG, DALAI-KAMTSCHAT, branche de la chaîne de l'Altaï, dans l'Asie centrale, qui s'étend des bords de la mer Caspienne jusqu'à l'Irtisch, et divise le pays des Kirgises en steppe septentrionale (steppe d'Ischim) et steppe méridionale (steppe des Kirgises, proprement dite.)

ALGIRO, *Estiœ*, b. de la Turquie d'Asie, dans l'Anatolie, paschalik d'Anadoly, sur la mer de Marmora.

ALGIS (Saint-), vg. de Fr., dép. de l'Aisne, arr., cant., à 2 l. 1/2 N.-O. et poste de Vervins; pop. 550 hab.

ALGNIEL, b. d'Espagne, dans l'Andalousie, roy. de Séville. On y plante beaucoup de riz; pop. 2000 hab.

ALGODRES, b. du Portugal, dans la prov. de Beira.

ALGOLSHEIM, vg. de Fr., dép. du Haut-Rhin, arr. de Colmar, cant., à 3/4 de l. E.-S.-E. et poste de Neuf-Brisac; pop. 400 hab.

ALGONCILLO, b. d'Espagne, dans le roy. de la Vieille-Castille, prov. de Soria, au confluent de la Léza et de l'Ebre, à 5 l. N.-O. de Calahorra.

ALGONKINS ou ALGONQUINS, *Algonguü, Algonquü*, peuple indien du Canada, sur un isthme entre le lac Supérieur et le lac Winipeg. Leur langue est fort ancienne et la plus estimée de toutes celles de l'Amérique septentrionale.

ALGOZO, b. du Portugal, dans la prov. de Tras-os-Montes, sur l'Angoira, à 6 l. O.-S.-O. de Miranda-de-Duéro; château bâti par les Maures. Commerce de bestiaux; pop. 1300 hab.

ALGRANGE ou OLGRINGEN, vg. de Fr., dép. de la Moselle, arr., à 2 l. O. et poste de Thionville, cant. de Cattenom; pop. 450 hab.

ALGUEL, v. forte d'Afrique, dans le roy. de Maroc, sur une mont. au S. de Salée.

ALGUÉRY, b. d'Espagne, dans la principauté de Catalogne, dist. de Balagues.

ALGYOGY (Gergersdorf), b. des états autrichiens, gouv. de Transylvanie, sur le Marosch; eaux thermales.

ALHADAS, b. du Portugal, dans la prov. de Beira.

AL-HADSCHÉR ou AL-HIDSCHR, AL-HÖDSCHÉR, v. fortifiée de l'Arabie, dans la prov. d'Hedschas, dont les maisons sont taillées dans des rocs.

ALHAMA, *Artigi, Artigis*, v. d'Espagne, dans le roy. et à 8 l. S.-O. de Grenade, sur la riv. d'Alhama et au pied de la Sierra de Alhama, dans une vallée très-fertile; jadis lieu de délices des Maures. Eaux minérales aux environs, ce qu'exprime d'ailleurs le nom arabe *Alhama*; pop. 5000 hab.

ALHAMA, *Aquœ Bilbitanorum* ou *Bilbili-*

tanorum, *Aquæ Bilbilitanæ*, b. d'Espagne, dans le roy. d'Aragon, sur le Xalon, à 3 l. N.-E. de Calatayud. Les Maures y eurent jadis une place forte.

ALHAMA, b. d'Espagne, dans le roy. et à 5 l. S.-O. de Murcie. Eaux minérales; pop. 4000 hab.

ALHAMA-LA-SÉCA, b. d'Espagne, dans le roy. de Grenade, sur l'Alméria, à 4 l. N.-O. d'Alméria. Ses eaux minérales sont la boisson ordinaire des habitants.

ALHAMBRA, b. d'Espagne, dans le roy. d'Aragon, à 8 l. N.-E. d'Albarracin, sur la riv. d'Alhambra.

ALHAMBRA, b. d'Espagne, dans le roy. de la Nouvelle-Castille, prov. de la Manche, sur une montagne; pop. 4000 hab.

ALHAMBRA. *Voyez* GRENADE.

ALHAMRUD, v. de Perse, en Asie, dans la prov. de Masendéran.

ALHANDRA, b. du Portugal, dans la prov. d'Estramadure, sur la rive droite du Tage, à 4 l. N.-N.-E. de Lisbonne. Fabriques considérables de toiles; tuileries; eaux sulfureuses froides; pop. 2000 hab.

ALHANDRA ou URATAUHI, pet. v. de l'emp. du Brésil, dans l'Amérique méridionale, prov. de Parahyba, sur le Capibari, à 3 l. de Goyanna.

ALHARA, pet. v. de la Russie d'Asie, dans le gouv. d'Astrakan, sur le Wolga.

ALHAURIN-EL-GRANDE, b. d'Espagne, dans le roy. de Grenade; à 6 l. O.-S.-O. de Malaga. On y fabrique beaucoup de savon qu'on exporte en Amérique. La contrée est riche en figuiers et en oliviers, et le territoire, en général, mieux cultivé que ne le sont ordinairement ceux de l'Espagne; sa fertilité naturelle est encore favorisée par plusieurs canaux; pop. 1,100 hab.

ALHOS-VEDRAS, b. du Portugal, dans la prov. d'Estramadure, à 2 l. S.-E. de Lisbonne.

ALHUCEMAS ou HATSCHAR-UN-NOROR, pet. v. forte d'Afrique, dans le roy. de Fez, à l'embouchure du Noror dans la baie d'Alhucémas, à 10 l. E.-N.-E. de Pennon-de-Vélèz. Elle appartient aux Espagnols qui y envoient une partie des condamnés aux fers. Sur une montagne des environs on voit les ruines de la ville de Mézemma, ancienne capitale de la province.

ALI, pet. v. de l'île de Sicile, intendance et à 5 l. S. de Messine, à l'embouchure de l'Ali et du Saro dans le phare de Messine. Eaux thermales.

ALIA, vg. de l'île de Sicile, intendance et à 11 l. de Palerme.

ALIABAD, pet. v. de Perse, en Asie, dans la prov. de Masendéran, à 7 l. E. de Balfrousch. Elle possède un superbe caravansérai.

ALIABAD, b. de Perse, en Asie, dans la prov. de Farsistan.

ALIAGA, *Leonica*, b. d'Espagne, dans le roy. d'Aragon, sur la rive gauche de la Guadalupe, à 10 l. N.-O. de Téruel.

ALIAGORA, b. de la Turquie d'Asie, dans l'île de Chypre.

ALIANO, b. du roy. de Naples, dans la prov. de Basilicate, dist. de Matéra; pop. 1,500 hab.

ALIANSKOI, forteresse de la Russie d'Asie, en Sibérie, dans le gouv. de Tomsk, à 50 l. S.-O. de Kolywan.

ALIASCHKA ou ALIASKA. *Voyez* ALASCHKA.

ALIAT ou ALLIAT, vg. de Fr., dép. de l'Arriège, arr. de Foix, cant. et poste de Tarascon-sur-Arriège; pop. 130 hab.

ALIATIS, île située à l'embouchure du fleuve des Amazones, sur la côte du Brésil, Amérique méridionale.

ALIBALUCH, pet. île de la mer Caspienne, sur la côte de Perse.

ALIBAMA, v. des Etats-Unis d'Amérique, dans l'état de Géorgie, à 100 l. N.-E. de la Nouvelle-Orléans.

ALIBANI, v. d'Arabie, dans la prov. d'Oman, à 60 l. S.-E. d'Amanziriffedin.

ALIBEKR, b. de la Turquie d'Asie, dans l'Anatolie, paschalik d'Anadoly, à 7 l. d'Isnik.

ALI-BETTIS ou KHABOUR, riv. de la Turquie d'Asie, dans l'Arménie; sa réunion à plusieurs autres forme le Tigre.

ALIBUNAR, b. des états autrichiens, sur la frontière militaire du Bannat, dans la Haute-Hongrie et la Viéloborda. Mines de tourbe et salpétrières; pop. 7;000 hab.

ALICA, b. du grand-duché de Toscane, dans l'Italie, compartiment à 5 l. O. de Siène.

ALICANT, pet. v. de l'île de Ceylan, non loin de la côte occ., à 15 l. S. de Colombo.

ALICANTE ou *Lucentum*, v. maritime d'Espagne, chef-lieu de la prov. de ce nom dans le roy. de Valence, sur une baie de la Méditerranée, à 90 l. de Madrid. C'est le siège d'un évêque et une des villes les plus commerçantes et les plus riches de l'Espagne. Elle possède de beaux établissements d'instruction, de bienfaisance et d'industrie. Son port est très-fréquenté, et toutes les nations commerçantes de l'Europe ont des consuls dans cette ville, centre du commerce de l'Espagne avec l'Italie.

Le vin d'Alicante est très-renommé, et l'on en exporte une grande quantité, ainsi que des fruits secs, de l'huile d'olive, des étoffes de coton et du savon; pop. 17,500 hab.

ALICATA ou LICATA, *Phintias*, *Phthinthia*, pet. v. bien bâtie de l'île de Sicile, dans l'intendance et à 10 l. S.-S.-O. de Caltanisetta, dans une contrée charmante, à l'embouchure du Falso dans la Méditerranée. Commerce considérable de blé; pop. 11,500 hab.

ALICHÈS, peuple indien de l'Amérique septentrionale, sur les bords du fleuve Rouge.

ALICUDA ou ALICADI, *Æricusa*, *Ericusa*, *Ericodes*, une des îles Lipari, au N. de l'île de Sicile. On y plante beaucoup de palmiers et d'oliviers. Le blé est aussi renommé pour la beauté de sa farine.

ALICUN-DE-ORTÉGA, b. d'Espagne, dans le roy. et à 5 l. de Grenade ; eaux minérales renommées

ALIDINELLA ou **ALIDINIA**, **MENTECH-SÉLI**, contrée au S.-O. de l'Asie Mineure, dans le paschalik d'Anadoly ; l'ancienne Carie.

ALIDSÉLÉBI, vg. du roy. de Grèce, dans le nomos d'Achaïe et d'Elide, eparchie de Patras.

ALIERMONT. *Voyez* NOTRE-DAME D'ALIERMONT.

ALIÈZE, vg. de Fr., dép. du Jura, arr. et à 3 l. S. de Lons-le-Saulnier, cant. et poste d'Orgelet ; pop. 400 hab.

ALIFA ou **ALIFE**, **ALIFI**, *Alifa*, *Allife*, *Allipha*, *Allifæ*, *Alliphæ*, pet. v. épiscopale du roy. de Naples, dans la terre de Labour, dans une contrée marécageuse et malsaine, non loin de la rive gauche du Volturno, à 6 l. N.-N.-E. de Capoue ; pop. 2,600 hab.

ALIGHUR ou **ALLIGHUR**, capitale d'un district de même nom dans l'Indoustan anglais, présidence de Bengale, prov. et à 20 l. d'Agra, dans une vaste plaine entre le Gange et la Dschumna, avec une des meilleures citadelles de tout l'Indoustan.

ALIGNA. *Voyez* TSCHÉTIN.

ALIGNAN-DU-VENT, vg. de Fr., dép. de l'Hérault ; arr. et à 4 l. N.-E. de Béziers, cant. de Servian, poste de Pezénas ; pop. 1,200 hab.

ALIGNÉ. *Voyez* LA-CHAPELLE-D'ALIGNÉ.

ALIGNY, ham. de Fr., dép. de la Nièvre ; arr. de Nevers, cant. et poste de St.-Pierre-le-Moutier, com. de Lirry ; pop. 20 hab.

ALIGNY, une des îles Philippines.

ALIGRE. *Voyez* MONTIREAU.

ALIGUAY, une des îles Philippines, dans la Malaisie, entre Magindanao et l'île des Nègres.

ALIGUIÈRES, ham. de Fr., dép. de Tarn-et-Garonne, arr. de Montauban, cant., com. et poste de St.-Antonin ; pop. 60 hab.

ALIJO, b. du Portugal, dans la prov. d'Entre-Duéro-e-Minho.

ALIMÉNA, b. de l'île de Sicile, dans l'intendance de Palerme, à 13 l. de Céfalu ; pop. 2,100 hab.

ALIMIPIC ou **ALIMPIC**, lac du Canada, dans l'Amérique septentrionale.

ALIMPAPON, v. sur la côte occ. de l'île de Magindanao, au S. des Philippines, dans la Malaisie.

ALINAGORE, v. de l'Indoustan, dans la présidence de Madras, prov. de Carnate, à 4 l. O. de Tricalore.

ALINCE ou **ALINGES**, pet. forteresse des états sardes, dans le duché de Savoie, à 1 1/2 l. S. de Thonon.

ALINCOURT, vg. de Fr., dép. des Ardennes, arr., à 3 l. S. de Réthel, cant. de Juniville, poste de Tagnon ; pop. 350 hab.

ALINCTHUM ou **ALINCTHUN**, **ALINCTUN**, vg. de Fr., dép. du Pas-de-Calais, arr., à 3 1/2 l. E., et poste de Boulogne-sur-Mer, cant. de Desvres ; pop. 400 hab.

ALINDSCHIR ou **ALINGUER**, un des affluents du Sind dans la plaine de Pischaur, Afghanistan, en Asie.

ALINGSAS, pet. v. commerciale de Suède, dans la Gothie occidentale, préfecture d'Elfsborg, à 10 l. N.-E. de Gothenbourg, sur le lac Mjörn et la Séwélanga ou Säfve ; manufactures d'étoffes de soie et de laine ; fabriques de tabac et de pipes ; pop. 2000 h.

ALIPI, v. de l'emp. d'Anam, dans la presqu'île au-delà du Gange des Indes orientales, sur une rivière qui se jette dans le Grulon. On en exporte des grains, du poivre et du bois de construction.

ALISA ou **ALIOLA**, *Aliadora*, pet. île de l'Afrique orientale, entre la côte de Zanguebar et l'île de Madagascar.

ALISAN ou **ALISSAN**. *Voyez* ALIXAN.

ALISE-SAINTE-REINE, *Alesia*, vg. de Fr., dép. de la Côte-d'Or, arr. de Sémur, cant. et poste de Flavigny, possède des mines de fer et des eaux minérales. Ce village, bâti sur l'emplacement de l'antique *Alesia*, rappelle de grands souvenirs. Alesia était la capitale des Mandubiens, peuplade gauloise qui habitait la Bourgogne, et l'une des places les plus importantes et les plus fortes de la Gaule. César avait profité de la jalousie qui régnait entre les différents peuples de la Gaule pour soumettre tout le pays. L'ambition de Pompée rappela César vers Rome. Vercingetorix appelle alors les Gaulois aux armes et les exhorte à s'unir pour secouer le joug. César revient à marches forcées, traverse les Cévennes, remporte une victoire qui force Vercingetorix à se retirer à Alesia avec une armée de 80,000 hommes. César l'assiégea, et, après deux mois d'une courageuse défense, Vercingetorix ne conservant plus l'espoir de voir arriver une armée gauloise à son secours, se dévoua pour sauver ses concitoyens et se livra aux Romains, qui le firent périr et noyèrent dans son sang le dernier germe de la liberté gauloise. Lors de la chute de l'empire d'Occident, Alesia était le chef-lieu d'un pays qui portait le nom de *Pagus Alesiensis*, dont il est encore fait mention sous les rois de la seconde race.

Cette ville, qui devait être très-grande, puisque, selon César, la garnison était de 80,000 hommes, n'offre plus aucunes ruines apparentes, et il serait très-difficile, pour ne pas dire impossible, de préciser l'époque de sa destruction.

On ne peut que faire des conjectures à cet égard, et la plus probable c'est qu'elle a été ruinée lors de l'invasion des barbares qui détruisirent le premier royaume de Bourgogne vers le milieu du sixième siècle ; pop. 600 hab.

ALISSAS, vg. de Fr., dép. de l'Ardèche,

arr., cant., à 1 l. S.-E., et poste de Privas; pop. 860 hab.

ALISTAR, v. des Indes orientales, presqu'île au-delà du Gange, dans le roy. de Quéda, presqu'île de Malacca, habitée par des Malais, des Chuliars et des Chinois. La contrée est fertile et bien cultivée.

ALIVEIRINHA, b. du Portugal, dans la prov. de Beira.

ALIX, vg. de Fr., dép. du Rhône, arr., à 2 1/2 l. S. de Villefranche-sur-Saône, cant. et poste d'Anse. On y fait de la poterie; pop. 300 hab.

ALIX (les), ham. de Fr., dép. du Lot, arr. de Gourdon, cant. et poste de Gramat, com. de Rocamadour; pop. 40 hab.

ALIXAN ou **ALISSAN**, **ALISAN**, *Alexianam*, vg. de Fr., dép. de la Drôme, arr. de Valence, cant. de Bourg-du-Péage, poste et à 1 1/2 l. de Romans, sur une montagne; pop. 2450 hab.

ALIXAY ou **ALIZAY**, vg. de Fr., dép. de l'Eure, arr., à 3 l. N. de Louviers, cant. et poste de Pont-de-l'Arche; pop. 550 hab.

ALJACEN, b. d'Espagne, dans la prov. d'Estramadure, à 3 l. N. de Mérida.

AL-JEMAMA ou **AL-JMAMA**, chef-lieu d'un district d'Arabie, dans le pays des Wéchabites. On y plante beaucoup de dattiers.

ALJUBAROTTA, b. du Portugal, dans la prov. d'Estramadure, à 5 l. de Leiria; célèbre par la victoire que Jean Ier, roi de Portugal, y remporta sur les Espagnols, sous Jean Ier, roi de Castille, le 14 août 1385; pop. 350 hab.

ALJUSTREL, b. du Portugal, dans la prov. d'Alentéjo; eaux thermales.

ALKALI, pet. v. d'Afrique, dans le désert de Soudan, pays de Gober, habité par les Tellatahs.

ALKAN, v. d'Égypte, sur la rive gauche du bras occidental du Nil, à 12 l. S. du Caire.

AL-KATIF ou **EL-KATIF**. *Voyez* KATIF.

ALKEN, vg. des états prussiens, dans la prov. du Rhin, rég. de Coblence, sur la Moselle; culture de la vigne. Dans les environs se trouvent les ruines du château de Turant; pop. 500 hab.

AL-KHABUR ou **CHABUR**, *Aboras, Aborras, Chaboras, Chebar, Alchabur, Abboras, Aburas, Araxes*, riv. de la Turquie d'Asie, en Mésopotamie, prend sa source aux monts Karadjeh-Dag ou Dschudi, près de Ras-el-Aïn, et se jette dans l'Euphrate près de Kirkésia.

ALKMAAR ou **ALKMÆR**, *Alcmaria, Alcmarium*, v. forte et bien bâtie du roy. des Pays-Bas, sur le canal de la Hollande septentrionale, à 7 l. N.-O. d'Amsterdam. Elle a plusieurs fabriques de toiles à voiles et fait un commerce considérable de grains, de chanvre, de sel et de fleurs en tout genre; il s'y tient aussi des marchés très-fréquentés de bêtes à cornes, de chevaux et de moutons. Les fromages et le beurre sont des plus estimés du pays. Après la bataille de Bergen (à 1 l. N. d'Alkmaar), gagnée par le général français Brune, le 19 septembre 1799, l'armée anglo-russe, commandée par le duc d'York, fut forcée de se rendre le 10 octobre suivant et de conclure le traité d'Alkmaar, d'après lequel elle évacua la Hollande. Patrie de Métius, inventeur des lunettes d'approche et du peintre Van Ewerdingen; pop. 9000 hab.

ALKMAAR ou **ALKMÆR**, pet. île sur la côte de l'île de Java, en Asie, dans la baie de Batavia.

ALKOSCH, v. de la Turquie d'Asie, dans la Mésopotamie, paschalik de Mosul; siége d'un patriarche nestorien.

ALL (en allemand *Hall*), vg. parois. de Suisse, dans le bge de Porrentruy, cant. de Berne. Ce village, arrosé par l'Allein, est généralement bien bâti et les habitants vivent de l'agriculture et de l'éducation du bétail; pop. 820 hab.

ALLA. *Voyez* ALA.

ALLAGNA, b. des états sardes, dans la principauté de Piémont, dans la vallée de la Sésia; mines de cuivre considérables; pop. 1700 hab.

ALLAGNAT, vg. de Fr., dép. du Puy-de-Dôme, arr., à 3 1/4 l. O. de Clermont-Ferrand, cant. et poste de Rochefort; pop. 900 hab.

ALLAHABAD (maison de Dieu), grande prov. de l'Indoustan, dans la présidence de Bengale, entre les provinces d'Agra, d'Oude, de Bahar, de Gandwana et de Malwah. Une petite partie en est gouvernée par des princes tributaires des Anglais, auxquels appartient le reste du pays; superficie 2790 l. c. g.; elle produit des grains, du coton, de l'indigo, de l'opium, du salpêtre, des diamants; pop. 7 millions.

ALLAHABAD, v. ancienne et considérable, capitale de la prov. de même nom dans l'Indoustan, au confluent de la Dschumna et du Gange, à 24 l. O.-S.-O. de Bénarès; sa forteresse, une des plus importantes du pays, domine les deux fleuves et sert d'entrepôt militaire aux possessions plus septentrionales des Anglais. Cette ville, placée ainsi sur le fleuve sacré, est une des plus saintes aux yeux des Hindous. Aussi le nombre des dévots, qui viennent se baigner dans le Gange et visiter un temple souterrain qui s'y trouve, est-il toujours immense; en 1813 il se monta à 218,000, et la taxe qu'ils payèrent s'éleva à la somme de 224,500 roupies. Cette ville appartient aux Anglais depuis 1765; pop. 20,000 hab.

ALLAHPOOR ou **ALLAHPOUR**, pet. v. de l'Indoustan, dans la présidence du Bengale. Elle faisait autrefois partie de la province d'Agra et appartient aux Anglais.

ALLAIN-AUX-BŒUFS, vg. de Fr., dép. de la Meurthe, arr., à 4 1/4 l. S. de Toul, cant. et poste de Colombey; pop. 400 hab.

ALLAINES, vg. de Fr., dép. d'Eure-et-Loir, arr., à 9 l. S.-E. de Chartres, cant.

et poste de Janville-au-Sel; pop 600 hab.

ALLAINES, vg. de Fr., dép. de la Somme, arr., cant. et poste de Péronne; pop. 950 hab.

ALLAINVILLE, vg. de Fr., dép. du Loiret, arr., à 4 l. N.-O. de Pithiviers, cant. d'Outarville, poste d'Angerville (Seine-et-Oise); pop. 300 hab.

ALLAINVILLE-AUX-BOIS, vg. de Fr., dép. de Seine-et-Oise, arr., à 6 l. S. de Rambouillet, cant. de Dourdan, poste d'Ablis; grains et bois; pop. 380 hab.

ALLAINVILLE-EN-DROUAIS, vg. de Fr., dép. d'Eure-et-Loir, arr., cant., à 1/4 l. S.-O. et poste de Dreux; pop. 1000 hab.

ALLAIRE, vg. de Fr., dép. du Morbihan, arr., à 12 l. E. de Vannes, chef-lieu de cant., poste de Rédon (Ille-et-Vilaine); pop. 2300 h.

ALLAK, branche de mont. appartenant à la chaîne de l'Altaï, dans l'Asie centrale; elles séparent la Petite-Buckharie de la Mongolie.

ALLAKOO, pays de la Haute-Guinée, appelé par les Anglais, *Pays-de-Cuivre* ; il est situé sur la côte de Bénin, près du cap Formosa.

ALLAMAN, *Ad Lemanum*, vieux vg. de Suisse, à 4 l. S.-O. de Lausanne, cant. de Vaud, dist. de Rolle; belles promenades. Ce village possède un château où l'on prétend que Maubert rédigea le testament politique du cardinal de Richelieu. Des fouilles faites près de cet endroit, ont amené la découverte d'un grand nombre de vases et d'instruments antiques, d'après lesquels on suppose que, du temps des Romains, il a servi de port à l'antique Alpona, aujourd'hui Aubonne; pop. 250 hab.

ALLAMONT, vg. de Fr., dép. de la Moselle, arr., à 3 l. S. de Briey, cant. de Conflans, poste de Mars-la-Tour; pop. 320 hab.

ALLAMPS, vg. de Fr., dép. de la Meurthe, arr., à 4 l. S. de Toul, cant. et poste de Colombey-aux-Belles-Femmes ; on y trouve une verrerie importante; pop. 500 hab.

ALLAN, vg. de Fr., dép. de la Drôme, arr., cant., à 1 1/2 l., et poste de Montélimart; fabriques d'étoffes; commerce de vin; chaque année deux foires; pop. 1150 hab.

ALLAN, riv. d'Écosse, qui se jette dans le Forth.

ALLANCHE, *Alantia*, pet. v. de Fr., dép. du Cantal, arr., à 3 1/12 l. N.-E. de Murat, chef-lieu de cant. et poste; commerce de bestiaux, de chevaux et de cuirs; pop. 2550 hab.

ALLAND'HUY, vg. de Fr., dép. des Ardennes, arr., à 4 1/2 l. N.-O. de Vouziers, cant. et poste d'Attigny; patrie de Charles Batteux; pop. 620 hab.

ALLARDS (les), ham. de Fr., dép. des Basses-Alpes, arr. de Digne, cant. et poste de Seyne, com. de Montclar; pop. 150 hab.

ALLARIZ, b. d'Espagne, dans le roy. de Galice, sur l'Armoya, à 3 l. S.-S.-E. d'Orensé.

ALLARMONT, vg. de Fr., dép. des Vosges, arr., à 6 l. N. de St.-Dié, cant. et poste de Raon-l'Etape; pop. 800 hab.

ALLAS-BOCAGE, vg. de Fr., dép. de la Charente-Inférieure, arr., à 1 1/4 l. S. de Jonzac, cant. et poste de Mirambeau; pop. 420 hab.

ALLAS-CHAMPAGNE, vg. de Fr., dép. de la Charente-Inférieure, arr., à 2 1/2 l. E., et poste de Jonzac, cant. d'Archiac ; pop. 520 hab.

ALLAS-DE-BERBIGUIÈRES, vg. de Fr., dép. de la Dordogne, arr., à 3 l. O., et poste de Sarlat, cant. de St.-Cyprien; pop. 500 h.

ALLAS-L'ÉVÊQUE, ham. de Fr., dép. de la Dordogne, arr., cant., à 3 l. E., et poste de Sarlat, com. de St.-André; pop. 300 hab.

ALLAUCH, b. de Fr., dép. des Bouches-du-Rhône, arr., cant., à 3 l. N.-E., et poste de Marseille. C'est dans cette contrée que les Grecs doivent avoir fondé la première colonie dans la Gaule; pop. 3800 hab.

ALLÉ, ham. de Fr., dép. de l'Indre, arr. de La Châtre, cant. et poste d'Aigurande, com. d'Orsennes; pop. 300 hab.

ALLEAUME, vg. de Fr., dép. de la Manche, arr., cant., à 1/4 l. N.-E., et poste de Valognes; carrières de pierres à bâtir; pop. 650 hab.

ALLÉES (les), ham. de Fr., dép. de Loir-et-Cher, arr. de Vendôme, cant. de Morée, com. de Danzé, poste de la Ville-aux-Clercs; pop. 90 hab.

ALLEGHANY ou **APALACHES**, grande chaîne de montagnes dans l'Amérique septentrionale; elle s'étend du S. au N.-E. dans une longueur de 400 l., depuis l'état de Géorgie des États-Unis, jusqu'aux bords du St.-Laurent. Ses différentes branches prennent chacune un nom particulier : Alleghany, Endless - Mountains , Blue - Ridge , Green-Mountains , White-Mountains, Cumberland-Mountains , Catskill - Mountains , Monts Apalaches, etc. La plus élevée de toutes ces nombreuses crêtes est celle du mont Washington, dans l'état de Newhampshire, qui a 6630 pieds au-dessus du niveau de la mer. Un grand nombre de fleuves et de rivières y prennent leurs sources, tels que le Potowmak, le Susquehannah, le Délaware, le James-River, la Savannah, etc.

ALLEGHANY, comté des États-Unis d'Amérique, dans l'état de New-York, des deux côtés du Genessée; pays plat et fertile; pop. 40,000 hab.

ALLEGHANY, comté des Etat-Unis d'Amérique, dans l'état de Pensylvanie, au S.-E. du lac Erié. Pays fertile et riche en mines de fer, de cuivre et de houille; pop. 40,000 h.

ALLEGHANY, comté des États-Unis d'Amérique, dans l'état de Maryland; pays montagneux; pop. 24,000 hab.

ALLEGHANY, comté des États-Unis d'Amérique, dans l'état de Virginie.

ALLEGHANY, riv. des États-Unis d'Amérique; elle prend sa source dans le N. de la Pensylvanie, traverse l'état de New-York, parcourt de nouveau la Pensylvanie et se joint au Monongahéla à Pittsbourg pour former l'Ohio.

ALLÉGRANZA ou JOYEUSE, une des îles Canaries, au N. de Lancerota; hérissée de forêts.

ALLÈGRE. *Voyez* ALÈGRE.

ALLÈGRE, vg. de Fr., dép. du Gard, arr., à 3 l. 1/2 N.-E. d'Alais, cant. et poste de St.-Ambroix; pop. 1050 hab.

ALLÉGRERIE (l'), ham. de Fr., dép. de l'Isère, arr. de St.-Marcellin, cant., com. et poste de Vinay; pop. 420 hab.

ALLÈGRES (les), ham. de Fr., dép. de la Drôme, arr., de Nyons, cant. et poste du Buis, com. de Plaisians; pop. 100 hab.

ALLEINE (l'), pet. riv. de Suisse qui, après avoir traversé le cant. de Berne et quitté la Suisse près de Boncour, décharge une partie de ses eaux dans le canal du Rhône-au-Rhin et se jette ensuite dans le Doubs.

ALLEINS. *Voyez* ALEIN.

ALLEMAGNE (l'), *Germania*, DEUTSCHLAND ou TEUTSCHLAND, est cette étendue de pays, située au centre de l'Europe et comprise entre le 2° 31' et le 17° 30' de long. orient. et entre le 44° et le 55° de lat. sept. L'Allemagne est bornée au N. par la mer Baltique, le Danemark et la mer du Nord; à l'E. par les provinces prussiennes de Prusse et de Posen, la Pologne, l'état de Cracovie, la Galicie et la Hongrie; au S. par la Dalmatie, la mer Adriatique, l'Italie et la Suisse; à l'O. par la France, la Belgique et la Hollande. Sa superficie est de 46,228 3/10 l. c. Son point extrême, au S., est près de Pola sur la mer Adriatique, son point le plus avancé, vers le N., est Arcone, sur l'île de Rügen. Son point central est à trois lieues d'Eger et dans la direction S.-O. de cette ville. Les côtes qu'elle possède sur la mer Baltique ont, en longueur, 166 lieues, celles sur la mer du Nord 72, et celles sur la mer Adriatique 80 lieues. Ainsi la longueur totale des côtes de l'Allemagne est de 318 lieues.

Constitution orographique. La constitution orographique de l'Allemagne présente trois régions différentes : la région méridionale, la région centrale et la région septentrionale.

1° La *région méridionale* embrasse le groupe oriental du système alpique; les chaînes de montagnes, comprises dans ce groupe, moins escarpées et moins élevées que celles du groupe occidental, sont généralement plus larges et plus entrecoupées que ces dernières. Les *Alpes orientales* commencent à l'O. avec le Gross-Glockner, dont la hauteur est de 11,988 pieds et se terminent à l'E. de Vienne à la partie supérieure des plaines de la Hongrie; au S. elles se prolongent jusqu'au golfe de Fiume. On les range, à leur tour, sous trois grandes divisions : 1° les *Alpes noriques* qui s'étendent à travers les vallées du Danube et de la Drave sous les noms différents qu'elles tirent des provinces qu'elles parcourent : *Alpes salzbourgeoises, autrichiennes, styriennes*, etc. ; leur tronc ou leur noyau est le Thauern; leurs confins au N.-E. sont le Wienerwald et le Kahlenberg. Nous citerons parmi les points culminants de ces montagnes : le Vischbachhorn, haut de 10,800 pieds, le Watzmann de 9150 pieds, le Dachstein de 8937 pieds, et enfin la Stang-Alp dont l'élévation est de 7100 pieds. 2° Les *Alpes carniques*, qui prennent naissance au S. du Dreiherrnspitz avec le mont Pelegrino, étalant dans toute leur étendue une succession d'aspérités rocheuses et de crêtes déchirées entre la Drave et la Save, qui les limitent, la première au N., la seconde au S. Nous citerons, parmi leurs sommités les plus élevées, la Steiner-Alp, dont la hauteur est de 10,000 pieds, et le Dobratsch, qui a 7600 pieds d'élévation. 3° Les *Alpes juliennes*, que le mont Terglou dont l'élévation est de 10,000 pieds, sépare des Alpes carniques. Les Alpes juliennes courent, entre les vallées de l'Isonzo et de la Save, dans une direction S.-E. jusque vers les sources de la Kulpa et vers la mer Adriatique. Les flancs et les sommets de ces montagnes sont incultes et inabordables; de toute part on ne rencontre que de profonds ravins, des cavernes, des escarpements hérissés de ronces, des grottes sauvages et d'énormes rochers en efflorescence. Le sapin seul, qui croît sur les épaulements de cette forteresse naturelle, vient répandre quelque charme au milieu de ce tableau lugubre et sévère. La cime la plus élevée des Alpes juliennes, le Schneeberg, a 8000 pieds.

A l'O. des Alpes orientales on voit encore s'abaisser sur le territoire de l'Allemagne, à proximité de ses frontières, une ramification du groupe central du système alpique : ce sont les montagnes du Tyrol, issues de la souche des Alpes rhétiques et dont la cime la plus élevée, l'Oerteler, à 12,000 pieds de hauteur.

Dans la région méridionale de l'Allemagne, qui embrasse, comme nous venons de le voir, les montagnes des Alpes, on ne rencontre nulle part de grandes plaines; les nombreux points de bifurcations des chaînes différentes qui la parcourent, les inclinaisons brusques de ces masses saillantes de terrains, produisent de toute part une suite non interrompue de vallées, de défilés étroits et de profonds précipices.

2° La *région moyenne* présente, par contre, la configuration la plus variée. Elle comprend cette vaste contrée que confine d'une part la région méridionale, dont nous venons de parler, et que limitent de l'autre les pays plats de l'Allemagne septentrionale. Nous parlerons d'abord des montagnes du Schwarzwald qui tirent sans doute leur nom des nombreux arbres à feuilles acidulaires dont elles sont couvertes; elles s'étendent du S.-S.-O. vers le N.-N.-E., sur la rive droite du Rhin, jusqu'aux alentours de Pforzheim.

Les montagnes du Schwarzwald s'abaissent précipitamment vers l'O. et le S.; les sites qu'elles offrent sur ces points, sont sombres et sauvages, mais vers l'E. où elles séparent les plaines du Haut-Rhin (Oberland badois) des plateaux de la Souabe, elles s'abaissent graduellement et présentent de toute part les tableaux les plus riants et les plus animés. La plus grande élévation du Schwarzwald est dans sa partie méridionale où sa hauteur moyenne est de 3000 à 3500 pieds; son élévation n'atteint pas à plus de 200 à 250 pieds dans sa partie septentrionale. La souche principale du Schwarzwald, d'où se détachent ces montagnes, pour prendre leurs diverses directions, se trouve au S. de Triberg et à l'E. de Waldkirch. Leurs sommités les plus élevées, dans la forme desquelles la ligne courbe domine, sont: le Belchen ou Ballon badois 4300 pieds; le Feldberg, 4386 pieds; le Candelberg, 3903 pieds; le Blauberg, 3586 pieds et le Kniebis, dont l'élévation est de 2560 pieds. Les vallées que forment ces montagnes sont, en majeure partie, longitudinales et les pentes occidentales, généralement plus escarpées que les pentes orientales. Les vallées principales servent de berceaux aux cours d'eau dont les noms suivent : l'Alb, le Wehr, le Wiesen, le Gutach, la Kinzig, la Murg, l'Enz, le Nagold et l'Elsenz. Le noyau du Schwarzwald présente des formations de granit et de gneiss; cette nature de roches prédomine même dans les parties S.-O. et O. de ces montagnes, et de cette circonstance proviennent les crêtes abruptes et déchirées, les vallées incisées en lignes presque horizontales et les gorges profondes que l'on y rencontre. La partie E. se compose plus particulièrement de grès colorié, ce qui donne aux montagnes et aux vallées, une teinte beaucoup plus adoucie.

Vers les collines, qui se détachent des montagnes du Schwarzwald, s'étend, dans la direction N. et N.-E., l'*Odenwald* qui, à proprement parler, n'est séparé d'elles que par le Necker, et dont les formations minéralogiques sont, pour ainsi dire, analogues. Le versant S. et O. de l'Odenwald est fortement escarpé ; le versant N.-E., au contraire, s'incline doucement vers la Tauber. Les vallées longitudinales de l'Odenwald sont richement arrosées et fort bien cultivées, le flanc des montagnes est couvert de belles forêts de chênes et de hêtres. Les sommités les plus élevées sont: le Katzenbuckel de 1880 pieds, le Malchen ou Melibokus de 1630 et l'Oelberg dont l'élévation est de 1600 pieds. Les versants présentent à l'O. des formations de granit et de gneiss; au S.-E. de la pierre calcaire des Alpes; le grès colorié domine néanmoins de toute part. Le *Spessart*, qu'arrose au S. et à l'O. le Mein, à l'E. le Mein et la Sinn, au N.-O. la Kinzig est une ramification de l'Odenwald. La chaîne principale du Spessart, dont la partie méridionale se nomme l'Eselshœhe, court d'abord vers le N., puis vers le N.-E. pour s'abaisser aux environs de Schlüchtern. Sa hauteur alterne entre 1400 et 1800 pieds. L'inclinaison du versant O. du Spessart est à peine sensible; il décroît lentement pour former un plateau d'où surgissent des collines agréablement groupées, dont les sommets sont ombragés de forêts; il n'en est pas ainsi du versant E.; ce dernier s'abaisse rapidement et ce revers de la montagne est tout couvert de rochers. Les formations de granit et de gneiss prédominent parmi les parties constituantes des montagnes du Spessart; les éléments subordonnés sont le grès colorié et le schiste micacé. Les points culminants sont : le Geiersberg, 1900 pieds; le Lerchengarten, 1800 pieds; la Gockilhœhe, 1800 pieds; enfin la Hirschberghœhe, dont l'élévation est de 1732 pieds.

Viennent ensuite les *Alpes souabes*, en allemand *die rauhe Alp*, ou les Alpes sauvages. Cette chaîne de montagnes prend naissance aux environs de Lichtenfels, sur les bords du Mein, à proximité de la Regnitz inférieure. Elle n'a d'abord que 100 pieds d'élévation au-dessus du niveau du sol de la contrée, mais elle a 8 lieues de largeur et s'étend du N. au S. jusqu'à l'embouchure de l'Altmühl. A partir de ce point, elle augmente progressivement en largeur et en élévation, et se prolonge dans une direction S.-O. jusqu'aux sources du Danube. Les pentes de ces montagnes sont très-escarpées au N.-O., ou vers les vallées du Necker; elles sont, au contraire, au S.-E., ou vers le cours du Danube très-douces et disposées en terrasses décroissantes. La partie de ces montagnes, située à proximité des sources de l'Yaxt et du Köcher, porte le nom d'*Albuch*, tandis que celles comprises entre les eaux du Necker et celles du Danube, reçoivent, dans un sens fort restreint, la dénomination d'Alpes sauvages (*rauhe Alp*). Le flanc de ces montagnes est percé de cavernes et de cavités profondes; les vallées généralement transversales sont étroites et privées de cours d'eau, et déploient néanmoins de temps à autre les sites les plus romantiques. L'élément dominant est la pierre calcaire; les forêts y ont fort peu d'étendue, elles sont quelquefois entrecoupées de pâturages; mais, en général, ces montagnes sont privées d'eau, arides et dépouillées, et ne présentent le plus souvent qu'un tableau sombre et sauvage et la solitude la plus absolue. On compte parmi leurs sommités les plus élevées, le Hohenberg qui a 3160 pieds, le Schafberg dont la hauteur est de 3121 pieds, et le Plættenberg qui a 3100 pieds d'élévation. Les *Alpes de la Franconie* (die Frænkische Alp) se lient, à l'E., aux Alpes souabes et séparent les confluents du Mein de ceux du Danube. Leur élévation moyenne est de 900 à 1200 pieds. Les vallées fluviales sont escarpées et profondément incisées ; la terre calcaire est l'élément dominant de ces montagnes.

Avant de poursuivre la description de la région moyenne de l'Allemagne, dans sa direction N.-E., nous devons jeter un coup-d'œil sur les Vosges, situées au-delà du Rhin et dont les ramifications sept. franchissent les frontières de l'Allemagne. Vers les bords méridionaux du Speierbach, on voit un prolongement des Vosges s'abaisser brusquement sous la dénomination de montagnes de la Hardt, vers la vallée du Rhin et s'incliner doucement vers celle de la Sarre. Aux montagnes de la Hardt viennent se lier une suite de montagnes de forme conique, qui, prenant naissance aux bords de la Moselle, vont courir jusqu'à Kreuznach, et dont la sommité la plus élevée est le Kœnigsstuhl, le point culminant du mont Tonnerre. Sa hauteur est de 2076 pieds. Au nord des Vosges, sur les deux rives du Rhin, se présentent plusieurs chaines de montagnes. A l'E. de ce fleuve s'élève le Taurus dont la chaine principale s'étend de l'O.-S.-O. vers l'E.-N.-E., et dont la pente, doucement inclinée vers le N., est très rapide vers le S. Les montagnes du Taurus sont couvertes de forêts ; elles ont les cimes arrondies, et les vallées qui se trouvent à leur base, sont profondément incisées. On trouve dans le sein de ces montagnes de l'argile schisteuse, du quarz, du porphyre, de la pierre calcaire et du grès. Leurs sommités les plus élevées sont : le Grand-Feldberg qui a 2600 pieds, et le Petit-Feldberg dont l'élévation est de 2458 pieds.

On donne, dans un sens étendu, le nom de Westerwald à toutes les masses saillantes du terrain qui se trouvent entre le Sieg, la Lahn et le Rhin. On désigne du nom particulier de Kalte-Eiche un plateau aride et stérile, d'où surgissent, de distance en distance, des montagnes isolées et de forme conique. Aux confins N.-O. du Westerwald, s'élève le Siebengebirge dont les nombreuses sommités affectent une forme analogue. En face du Westerwald, sur la rive gauche du Rhin, au N. de la Moselle, se présente l'Eifel avec ses bancs de schiste en efflorescence et ses cônes de basalte. Entre ces deux cours d'eau que nous venons de nommer, on voit encore le Hundsrück dont les sommités, couvertes de belles forêts, n'ont que peu d'élévation : un bas-fond les sépare des Ardennes francaises. Sa partie N.-E., entre la Rœr et l'Ourthe, porte le nom particulier de Haut-Veen.

Une succession de collines sans nom lient le Westerwald au Vogelsgebirge. Ces dernières montagnes prennent naissance à l'E. de Schlüchtern, et se terminent entre Hombourg et Alsfeld. Elles présentent un grand nombre de sommets arrondis en forme de mamelons que recouvrent de superbes forêts. La vallée de la Lüder les divise en deux parties : celle située au N.-O. est la plus élevée, celle au S.-E. est la plus basse. Elles sont formées de basalte et de grès : la première substance prédomine. Le Rhœngebirge offre une grande analogie de composition avec le Vogelsgebirge ; il se lie à l'O. à ces dernières montagnes et se perd, par des escarpements successifs, en une série de collines, entre la Werra et la Fulda. La partie méridionale de ces montagnes, où se trouvent à la fois le point culminant et l'abaissement le plus rapide de la chaine, porte le nom de Hohe-Rhœn. Le basalte domine à l'E., le grès colorié au N. et à l'O. Les versants N.-E. et S.-E. sont couverts d'arbres à feuilles larges et à feuilles acidullaires. Parmi les sommets généralement arrondis de ces montagnes, on distingue le Kreuzberg (montagne de la Croix), près de Bischofsheim. C'est le point culminant de la chaîne : sa hauteur est de 2835 pieds.

Des limites méridionales du bassin de la Werra, on voit courir vers l'E. une série de montagnes, sans noms, qui réunissent le Rhœngebirge au Thuringerwald. La partie S.-E. du Thuringerwald présente un plateau d'une hauteur moyenne de 2000 à 2200 pieds ; la partie N.-O., disposée en chainons, a jusqu'à 2300 à 2500 pieds d'élévation. On distingue parmi les points culminants de la partie S.-E., le Grand-Beerberg (3100 pieds), le Schneekop (2800 pieds), de la partie N.-O., l'Inselberg (2940 pieds). Ces montagnes s'abaissent brusquement au N.-E. ; les vallées y sont profondes, peu étendues et généralement transversales ; au S.-O. l'abaissement a lieu par gradations et les vallées sont plus longues et plus espacées. Les forêts se composent, en majeure partie, de sapins et de pins ; ce n'est qu'au N.-O. de l'Inselberg que l'on rencontre des arbres à feuilles larges. On retire du flanc de ces montagnes du porphyre, du granit, du grès, de l'ardoise. Au Thuringerwald vient se joindre le Frankenwald ou le rameau principal, qui court du N.-O. vers le S.-E., se dirige vers le Fichtelgebirge. C'est un vaste plateau dont la surface est ondulée, et d'où l'on voit surgir de distance en distance quelques pointes de montagnes. Il est tout convert de forêts et contient de l'argile schisteuse.

A l'O. du Thuringerwald on voit se déployer une grande contrée plane, légèrement ondulée, présentant différents niveaux et qu'entrecoupent quelques collines peu élevées. C'est la plaine de Thuringue (Thüringer-Ebene). Ces collines touchent à l'Eichsfeld, grand plateau qui n'offre pas de points saillants bien sensibles, mais dont les vallées sont très-profondes et presque horizontalement découpées. La pente de l'Eichsfeld est très-brusque vers le N.-E., très-douce vers le S.-O. où elle s'incline, comme par degrés, vers les montagnes du Harz. Les montagnes du Harz sont les plus élevées du N.-O. de l'Allemagne ; elles présentent un agrégat de masses arrondies, disposées en forme de plateaux que des vallées fluviales très-étroites partagent en diverses directions, mais qui cependant ne forment qu'un seul et même tronc. Les montagnes du Harz, vues de la plaine, paraissent bien plus élevées qu'elles ne le sont en effet. La partie N.-O., dont la superficie est bien moindre que celle de la partie S.-E., reçoit, eu égard à la position qu'elle occupe, le nom de Harz supérieur; la partie S.-E. porte celui de Harz inférieur. Le Harz supérieur a une élévation moyenne de 2000 pieds; il est tout couvert d'arbres à feuilles acidullaires qui lui donnent une teinte sombre et sévère, tandis que le Harz inférieur, qui ne s'élève pas à plus de 500 pieds, est ombragé d'arbres à feuilles larges.

Le Harz décroit lentement au N.-O. et au S.-E., et bientôt s'offre une contrée parsemée de verdoyantes collines; au N.-E. et au S.-O., au contraire, il s'abaisse brusquement, et l'on voit alors se déployer de vastes pays plats qui ne sont plus entrecoupés que par quelques chaînons peu élevés. Le point culminant du Harz supérieur est le Brocken, haut de 3500 pieds; celui du Harz inférieur, la Victorshöhe, qui a 2184 pieds. La base de sa formation est composée de roches granitoïdes, intercalées de roches schisteuses, micacées, etc., auxquelles se sont superposées des couches régulières de terrains stratifiés, fossilifères et sans fossiles.

Au N.-O. du Harz on voit courir, du S.-E. au N.-O., un grand nombre de plateaux et de chaînons peu élevés qui n'ont pas jusqu'à présent reçu de dénomination générale. On range dans leur nombre le Sollingerwald, situé entre la Leine et le Wéser, et dont la cime la plus élevée a 1580 pieds. De superbes forêts composées d'arbres à feuilles larges, couvrent le Sollingerwald, dont on retire du grès en abondance. Au S.-O. de ce dernier se déploie le Rheinhardswald, dont la constitution minéralogique est entièrement analogue, et dont la sommité la plus élevée, le Staufenberg, a 1435 pieds.

Au N. du Sollingerwald on voit s'élever, sur la rive droite de la Hamel, le Süntelgebirge que quelques chaînons peu élevés lient au Sollingerwald, et qui court parallèlement aux montagnes de la Deister. Le Süntelgebirge se prolonge ensuite vers l'O.-N. sous la dénomination de Wéserkette. Les pentes de ces dernières montagnes, ainsi que celles du Süntelgebirge proprement dit et de la Deister, sont très-rapides vers le S.-O. Le Süntelgebirge diminue vers l'O. en largeur et en élévation, et forme le rebord escarpé de la vallée du Wéser, jusqu'au point où cette dernière rivière, venant à se frayer un passage à travers la fente d'un rocher qui se trouve entre le Jacobsberg et le Wittekindsberg, produit ce qu'on appelle la Porte de Westphalie. A partir de ce point, le Süntelgebirge se perd en série de collines.

En face du Sollingerwald se trouve le plateau de Paderborn, borné à l'O. par les montagnes onduleuses de l'*Egge* que l'on appelle plus communément le Teutoburgerwald. Les montagnes de l'*Egge* prennent naissance aux alentours de Stadtberg et se dirigent d'abord vers le N., puis vers le N.-O. jusqu'aux environs d'Ems. Elles forment comme la lisière des bassins de l'Ems, de la Lippe et du Wéser, et sont également couvertes d'arbres à larges feuilles. Entre la Rœr et la Lippe on voit s'étendre la Haar ou Haarstrang qui touche à l'Eggegebirge. C'est une série de montagnes privées de végétation dont la hauteur est d'environ 1000 pieds et qui se transforme à l'O. en un groupe de collines. Entre la Ruhr et le Sieg on voit une éminence isolée en forme de plateau, entrecoupée d'un grand nombre de vallées étroites et profondes se diriger jusqu'au Rhin, sans présenter aucune élévation bien saillante. Nous y distinguerons cependant le Rothhaar ou Rothlagergebirge, situé entre la Rör, l'Eder et le Sieg, et dont la cime la plus élevée, l'*Ederkopf*, a 2000 pieds de hauteur. L'étendue de pays que resserre la Mœne et la Rœr supérieure, porte la dénomination d'Ansbergerwald ; enfin, entre la Lenne et la Rœr, on voit le *Lennegebirge*, dont les pentes sont fortement inclinées vers cette dernière rivière et très-douces vers la première.

Au centre de l'Allemagne se trouve le Fichtelgebirge qui tire son nom des belles et vastes forêts de pins dont il est couvert et qui réunit, pour ainsi dire, en un même groupe de montagnes le *Thüringerwald*, l'*Erzgebirge* et le *Böhmerwald*. Le Fichtelgebirge s'abaisse brusquement, à l'O. et au S., vers les masses saillantes de terrain qui l'entourent; son inclinaison est moins prononcée vers les plateaux que présente le bassin de l'Eger ; sa superficie est de 160 lieues carrées. On compte au nombre de ses sommités les plus élevées le *Schneeberg*, haut de 3252 pieds, et l'*Ochsenkopf* qui a 3196 pieds d'élévation. Le noyau de ces montagnes est formé de granit qu'entourent du gneiss et du schiste micacé ; au N. et au N.-O. on rencontre de l'ardoise; au S. et au S.-O. des terrains nouvellement stratifiés.

A l'E. du Fichtelgebirge on voit se projeter l'Erzgebirge, dans la direction N.-O. jusqu'à l'échancrure par où les eaux de l'Elbe se sont frayé un passage, et où les montagnes se réunissent à celles de Lausitz et aux Sudètes. Ses pentes sont rapides au S. et au S.-E., tandis que vers le N. elles s'abaissent graduellement vers le territoire de la Saxe. Les vallées situées au S. sont plus courtes et plus évasées que celles qui se trouvent au N.

Les cimes de l'Erzgebirge sont généralement applaties et couvertes de forêts. On compte parmi les sommités les plus élevées : l'Auersberg, dont la hauteur est de 3990 pieds, le Schwarzwaldberg, de 3870 pieds, et le Fichtelberg, dont l'élévation est de 3621 pieds. La base de l'Erzgebirge se compose de formations de granit et de gneiss, cependant on rencontre au N.-O. et au N. de ces montagnes de l'argile schisteuse et du grès, surtout dans le bassin de l'Elbe. Au S.-E. du Fichtelgebirge on voit le Bœmisch-Baierische-Wald, auquel les Bohèmes donnent le nom Szumava. Le Bœmisch-Baierische-Wald s'incline d'une manière bien plus prononcée vers le rivage du Danube que vers celui de l'Elbe; il parcourt une étendue de plus de 60 lieues et se lie, au-delà des sources de la Moldau, aux montagnes de la Haute-Autriche, et au N.-E. à celles de la Bohème et de la Moravie. De profondes vallées, d'effroyables précipices, d'épaisses forêts et des sommités complètement dépouillées de verdure, donnent à ces montagnes un aspect rude et sauvage. Leurs cimes les plus élevées sont : l'Arber, dont la hauteur est de 4500 pieds, le Heidelberg, haut de 4203 pieds, le Rachel, haut de 3792 pieds, et le Dreisesselberg, qui a 2793 pieds d'élévation. Le gneiss et le granit dominent dans ces montagnes; on y rencontre aussi de l'argile et du grès. Les montagnes bohémo-moraves s'étendent, comme prolongement du Bœhmerwald, à partir de Passau, en partie dans une direction S.-E., le long du Danube jusqu'aux alentours de Vienne, et en partie dans une direction N.-E., jusqu'aux Sudètes. On voit, dans la partie occ. de ces montagnes, des crêtes s'élever jusqu'à la hauteur de 2500 pieds, tandis que dans la partie orient. elles se transforment lentement en collines. Ces dernières vont se diriger vers les Carpathes qui séparent la Moravie de la Hongrie. Les formations de granit et de gneiss dominent dans les montagnes précitées; on y rencontre aussi du mica, de l'ardoise et du grès.

A l'E. de l'Erzgebirge, au point où les eaux de l'Elbe en tracent la séparation, on voit s'élever la chaîne des Sudètes. Cette chaîne prend naissance avec les montagnes de la Lusace et se dirige au S.-E. à travers le Riesengebirge, puis, plus au N., vers les montagnes de Schweidnitz, d'où elles partent de nouveau sous la dénomination proprement dite de Sudètes, pour aller se lier aux Carpathes près des sources de l'Oder.

Les montagnes de la Lusace, qui se dirigent jusque vers la Neisse de *Lausitz* ou la *Tafelfichte*, se subdivisent, eu égard à leur situation, en deux parties : celle de l'E. et celle de l'O. La première est la plus grande; elle est couverte de forêts et s'incline lentement vers les plaines limitrophes du N.-E. de l'Allemagne. Elle atteint, à sa partie la plus élevée, la pointe de la Lausche, une hauteur de 2309 pieds. Elle est presque toute composée de granit. La seconde partie qui se compose de grès, se distingue par ses formes sévères, par ses gorges escarpées, par les anfractuosités de ses rochers et par les sommités larges et arrondies en forme de coupoles, qui la terminent; elle est connue sous la dénomination de *Suisse saxonne*. A partir de la Tafelfichte jusqu'à la rive gauche de la Glazer-Neisse, s'étend le Riesengebirge qui parcourt, du N.-O. au S.-E., une longueur de 40 milles. Avec la chaîne principale de ce système de montagnes on voit courir, parallèlement à celle-ci, plusieurs chaînes secondaires ou subordonnées, dont les cimes sont tantôt aplaties, tantôt arrondies en forme de mamelons. La plus haute région de ces montagnes, dont l'élévation est de 3060 à 4600 pieds, est privée de forêts; à peine y rencontre-t-on des surfaces couvertes de verdure. Ce n'est que sur leur flanc, c'est-à-dire lorsqu'on ne se trouve plus qu'à une hauteur de 2000 à 3600 pieds, que les forêts prennent naissance; la culture du blé commence à 2000 pieds. Les sommités les plus élevées de cette chaîne sont : le Riesenkopf ou le *Schneekopf*, haut de 5056 pieds, le Grosse-Rad, haut de 4707 pieds, la Grosse-Sturmhaube, haute de 4540 pieds, et le Reiftræger, dont l'élévation est de 4280 pieds. Le noyau de ces montagnes est formé de granit et de gneiss que recouvrent des couches de schiste micacé et de pierres calcaires. A partir de la rive droite de la Glazer-Neisse jusqu'au Pas-de-Jablunka, on voit s'étendre, du N.-O. au S.-E., les Sudètes dans un sens plus restreint. La partie la plus élevée, située au N.-O., présente une chaîne à surface large et à cimes assez élevées; la partie située au S.-E., est moins élevée, sillonnée d'ondulations et couvertes de belles forêts. Elle présente des vallées étroites et rocheuses, en majeure partie transversales, découpées de biais vers le N.-E. Les points culminants sont : le Spieglitzer-Schneeberg, haut de 4380 pieds, la Hohe-Eule, haute de 3036 pieds, et la Heuscheuer, dont l'élévation est de 2893 pieds. Les formations de granit et de gneiss y sont dominants, comme dans le Riesengebirge.

3° La *région septentrionale* ou les pays plats de l'Allemagne du N. La plaine uniforme que limitent, d'une part, la mer du Nord et la mer Baltique, de l'autre les montagnes formées par le terrain schisteux qui s'étend le long du Rhin, le Harz et les montagnes de la Silésie saxonne, forme une transition brusque, un grand contraste avec les sites pittoresques et variés que présente la région moyenne. Cette région, dont la longueur est de 300 lieues, sur 60 à 120 lieues de largeur, embrasse une partie de l'immense surface plane qui s'étend à l'O. dans les Pays-Bas, à l'E. dans l'intérieur de la Pologne et de la Russie. Le caractère des quantités immenses de sable qui se trouvent dans cette plaine, les dépressions remarquables du sol que l'on y rencontre, sont des indices certains que cette étendue du pays a naguère été submergée par les eaux marines. L'élévation de la plaine de l'Allemagne du Nord, sur ses frontières mér. est de 170 pieds au-dessus du niveau de la mer; les collines qui l'entrecoupent s'élèvent rarement à plus de 100 pieds au-dessus de ce niveau. Un seul plateau de quelque importance se trouve dans les contrées basses de l'Allemagne; il prend naissance au N. de la presqu'île de Jütland qu'il traverse pour se diriger ensuite vers l'E. et s'étendre le long des côtes, à une distance toujours égale de la mer Baltique. L'élévation moyenne de ce plateau est d'environ 500 pieds, son inclinaison est beaucoup plus prononcée vers le N. que vers le Midi. Dans la partie orient. du pays plat de l'Allemagne sept., on trouve des lacs plus ou moins étendus; près des côtes de la mer Baltique, ces lacs sont remplacés par d'immenses marais et des tourbières. Parmi les landes, celle de Lunébourg, qui sépare les eaux de l'Elbe de celles du Wéser, est la plus importante. On range au nombre des contrées les plus fertiles les marches de l'Elbe, du Wéser, de l'Oder et des côtes du N. Dans toutes ces contrées basses on trouve des couches très-étendues de quarz, de gneiss, de schiste micacé, de cailloux roulés, de grès, de pierres calcaires, de craie et de charbon de terre, etc.

Constitution hydrographique. Le territoire de l'Allemagne est arrosé par trois mers: par la mer du Nord, la mer Baltique et la mer Adriatique. La mer du Nord ou la mer d'Allemagne, une des parties de l'Océan Atlantique, arrose ce pays à partir des bouches de l'Ems jusqu'à celles de l'Eider, et baigne ainsi ses frontières dans une étendue de 68 lieues. Les côtes sont extrêmement planes sur cette partie du territoire et ont besoin d'être protégées par des digues contre les irruptions des eaux partout où des dunes ne s'opposent pas à leurs efforts. Le flux et le reflux y sont très-considérables. Le Dollart, dont la longueur est de 6 lieues sur 2 lieues de largeur, est le plus grand golfe de cette contrée. La mer Baltique baigne les côtes du nord de l'Allemagne à partir de la rive gauche jusqu'à l'embouchure du lac de Tscharnowitz, c'est-à-dire, dans une étendue de 190 lieues. La plage est également très-peu élevée, mais les vagues viennent frapper avec bien moins d'impétuosité ce rivage que celui de la mer du Nord, et les dunes, qui s'y trouvent, y rendent les digues absolument inutiles. Le lac que forme l'Oder, ou le lac de Stettin débouche dans la mer Baltique sur trois points différents: à Divenow, à Swine et à Peene. Le Bodden, golfe considérable, situé entre Usedom et Rügen, mérite également d'être cité. La mer Adriatique, dont les côtes sont planes à l'O., élevées et hérissées de rochers au S., court le long des côtes de l'Allemagne dans une étendue d'environ 22 lieues.

Le flux et le reflux s'y font à peine sentir, mais les tempêtes y sont fort violentes et souvent désastreuses.

Le nombre des fleuves et des rivières qui traversent l'Allemagne, est innombrable; nous ne parlerons ici que des principaux. A l'exception du Danube, qui coule vers l'E., presque tous les fleuves et les principales rivières se dirigent vers le N. Le Rhin qu'on voit sourdre de deux petits lacs, qui se trouvent sur le versant oriental du mont St.-Gothard, coule dans une direction E.-N.-E. jusqu'à Coire; ses eaux considérablement accrues par plusieurs ruisseaux qui s'y sont perdus, et devenues navigables pour de petites barques, se dirigent alors vers le N. et forment avec plusieurs autres rivières le lac de Constance ou Bodensee. Le Rhin sort de ce lac auprès de cette dernière ville, pour former immédiatement le Lac Inférieur ou l'Untersee, et roule ses eaux dans une direction occidentale jusqu'à Schafhausen, où il tombe avec un mugissement épouvantable d'un rocher, dont l'élévation est de 60 à 65 pieds et forme la plus belle cataracte de l'Europe. Après avoir ensuite coulé pendant quelque temps vers le S., ses eaux prennent une direction occidentale pour se rendre à Bâle. A partir de ce point il trace les limites entre la France et l'Allemagne, et poursuit ensuite son cours vers le N. jusqu'à Mayence, d'où se dirigeant vers l'O. pour passer l'échancrure de Bingen, il continue son cours dans une direction N.-N.-O. jusque dans les Pays-Bas. Les plus importants affluents de ce fleuve sur le territoire de l'Allemagne sont: le Wutach, le Wiesen, le Kander, le Treisam, la Kinzig, la Rench, la Murg, la Pfinz, le Salzbach, la Queich, le Necker, le Mein, la Nahe, la Moselle, le Wied, l'Ahr, le Sieg, le Wipper, l'Erft, le Düssel, l'Anger, la Lahn, la Ruhr et la Lippe. Aux termes de l'acte fédéral, la navigation du Rhin et de ses affluents est libre pour tout genre de commerce.

Le Wéser est formé de deux rivières navigables: la Werra et la Fulda, qui ont leur confluent à Münden, et qui, réunis sous le nom de Wéser, se frayent ensuite un passage, à travers la porte de Westphalie, dans les belles plaines qui l'avoisinent. A partir de Münden jusqu'à Bodenwerder, le Wéser coule dans une direction septentrionale, puis il se dirige vers le N.-N.-O. jusqu'à Oldendorf et enfin vers l'O. jusqu'à Vlothow. De cette dernière ville jusqu'à l'embouchure de l'Aller, le Wéser se dirige, après de nombreuses sinuosités vers le N.-N.-O., puis enfin dans une direction N.-O. jusqu'à Elsfleth. Enfin, de ce dernier point jusqu'à son embouchure dans la mer Baltique, dont la largeur est de près de trois lieues et demie, il parcourt une direction septentrionale. Les principaux affluents du Wéser sont: la Diemel, l'Emmer, la Werra, l'Aller, la Delme, la Wümme, la Hunte et la Geest. Aux termes de l'acte sur la navigation du Wéser, la navigation de ce fleuve est libre à partir de sa source jusqu'à son embouchure et réciproquement.

L'Elbe a ses sources principales sur le Riesengebirge, non loin du Schneekopf, dans la plaine dite de *Navor* ou de l'Elbe. Elle se jette dans les vallées étroites, formées par les collines qui traversent la Bohême, se tourne vers le N. auprès de Lobositz et entre dans une vallée étroite dont l'encaissement s'élargit près de Libochowan, et coule ensuite, vers l'E. d'Aussig, à Petit-Priesen. Au-dessous de Herrnskretschen ce fleuve se tourne de nouveau vers le N. pour entrer sur le territoire de la Saxe qu'il parcourt dans une direction N.-O. Son cours change de nouveau de direction, auprès de Magdebourg où l'Elbe coule vers le N. jusqu'à l'embouchure de la Havel, et enfin, à partir de ce point, vers le N.-O. pour se perdre dans la mer du Nord. Les principaux affluents de l'Elbe sont : l'Aupe, l'Adlers, la Dobrawa, l'Iser, la Moldau et la Woltawa, le Beraun, l'Eger, le Müglitz, le Wesenitz, le Weisseritz, l'Elster noir, la Mulde, la Saale, l'Ohre, le Tanger, la Havel et la Spree; l'Aland, le Stœr, la Jetze, la Stegnitz, l'Ilmenau, l'Este, la Lühe, la Schwinge, l'Aue, le Rhina et l'Oste. La navigation de l'Elbe est libre à partir du point où elle commence à porter des bateaux jusqu'à son embouchure, aux termes de l'acte sur la navigation de ce fleuve. La régale des eaux est entièrement abolie, mais on prélève encore des droits de péages modérés, il est vrai, à Aussig, Niedergrund, Schandau, Strehla, Mühlberg, Coswig, Roslau, Dessau, Wittenberg, Schnackenbourg, Dœmitz, Blekede, Boitzenbourg et Lauenbourg.

L'Oder prend sa source à proximité du village de Kosel, situé à l'E. d'Ollmütz, en Moravie, dans la plaine ondulée que resserrent les Sudètes et les Carpathes. L'Oder se dirige d'abord vers le N. jusqu'au delà de Kriegsdorf, puis elle coule vers le S.-E. pour reprendre bientôt une direction septentrionale jusqu'à la ville de Kosel. L'Oder se partage, sur différents points, en plusieurs bras qui viennent plus tard se réunir et forment ainsi un nombre assez considérable d'îlots. Le premier point de partage de ce fleuve, près du village de Gustebiese, a lieu artificiellement; le bras gauche du fleuve reçoit la dénomination de *Vieille Oder*, et le bras droit porte le nom de *Nouvelle Oder;* leur point de réunion se trouve près de Hohensaaten. Le fleuve se divise pour la seconde fois près de Garz. Le bras oriental qui forme le lac de Damm, est connu sous le nom de grande Reglitz; le bras occidental conserve le nom d'Oder et se lie, par de petits cours d'eaux, au lac de Damm. Les deux bras réunis coulent ensuite à travers le Papen ou Pfaffenwasser dans le grand Frische-Haff et le petit Frische-Haff ou le lac de Stettin pour se perdre enfin, par les trois issues de Divenow, de Swine et de Peene, dans la mer Baltique. On compte parmi les principaux affluents de l'Oder : l'Oppa, l'Oelsa, le Klodnitz, la Malavane, la Weida, la Weistritz, la Neisse, l'Ohlau, le Katzbach, le Bober, la Neisse de Gœrlitz, le Bartsch, la Wartha et l'Ihna.

Les principaux affluents du Danube, à proximité de ses sources, sont le Brege et la Brigach, qui descendent des montagnes de la Forêt-Noire et viennent se lier près de Donaueschingen à un modeste ruisseau, qui déjà porte le nom de ce grand fleuve et qu'on voit sourdre dans la cour du château du prince de Fürstenberg. Le Danube, ne formant qu'un seul lit, tantôt se divisant en plusieurs bras pour produire un grand nombre d'îlots, coule toujours vers l'E., jusqu'à ce que, quittant le territoire de l'Allemagne, il traverse les belles plaines de la Hongrie. Ses affluents en Allemagne sont : l'Iller, le Roth, le Biber, la Günz, la Brenz, le Mindel, le Schmutter, la Paar, l'Ilm, l'Usel, la Schuttach, la Wernitz, la Laber, la Lech et la Wertach, l'Altmühl, l'Iser, le Vils, l'Inn, etc.

La Vistule a sa source dans la Silésie autrichienne; mais elle n'est point encore navigable quand elle quitte le territoire de l'Allemagne.

L'Etsch naît dans le Tyrol, à peu de distance de Reschen; ses eaux forment les lacs de Rescher et de Mitter, passent ensuite à travers le lac de Heider et coulent dans une direction méridionale jusqu'à Glurns; puis dans une direction E.-S.-E. pour se perdre dans la mer.

Nous citerons comme les points d'intersection principaux du territoire hydrographique de l'Allemagne : 1° Les montagnes de l'Egge, auxquelles viennent aboutir au N. de Paderborn, les bassins de l'Ems, du Rhin et du Weser; 2° le Thuringer-Wald, qui limite, à l'E. de Hildburghausen, les bassins du Weser, du Rhin et de l'Elbe; 3° le Fichtelgebirge qui, au N.-O. de Baireuth, sépare entre eux les bassins de l'Elbe, du Rhin et du Danube; 4° les Sudètes auxquelles, au S.-O. de Teschen, viennent se terminer à la fois les bassins du Danube, de l'Elbe et de l'Oder. Parmi les fleuves qui ne font que longer les côtes, nous nommerons : l'Eider et l'Ems qui se perdent dans la mer du Nord, la Stolpe, la Persante, la Rega, la Rechnitz, la Warnow et la Trave, qui se jettent dans la mer Baltique. Enfin, parmi les lacs de l'Allemagne, nous indiquerons comme les plus importants : le Bodensee ou lac de Constance, les lacs d'Ammer, de Wurm, de Chiem, d'Atter, de Traun, de Schwerin, de Ploën, de Muritz, de Plault, de Malcow et la mer de Steinhud. Les canaux les plus importants sont : le *canal de l'Eider*, qui aboutit au canal de Schleswig-Holstein (*voyez* DANEMARC); le *canal de la Stegnitz* qui, à partir de Lauenbourg, opère la jonction de la Stegnitz et de la Trave, à proximité de Lubeck; le *canal de l'Ems;* le *canal de Frédéric-Guillaume* ou le *canal de Müllross,* qui lie la Spree à l'Oder; le *canal de Plauen,* qui opère la jonction de l'Elbe et de la Havel et sert ainsi à abréger la navigation entre Berlin et Magdebourg; le *canal de Vienne,* qui s'étend de cette ville à Neustadt et qui doit être continué jusqu'à Trieste; aucun de ces canaux n'a plus de 16 lieues de longueur. On voit que les canaux que possède l'Allemagne, sont de bien peu d'importance, mais il est à observer que plusieurs états, dont une partie des possessions se trouve sur le territoire de l'Allemagne, ont d'importants canaux et qu'il est de leur intérêt de faciliter, au moyen de ces voies de transport, le débouché des productions du sol et de l'industrie germanique. Il est, en outre, question de réaliser le projet conçu par Charlemagne, c'est-à-dire d'opérer la jonction de la Rednitz et de l'Altmühl et par ce moyen celle du Rhin et du Danube. Cette importante entreprise est en partie commencée, et l'activité qui règne en ce moment dans les travaux aux environs de Bamberg, donne de grandes espérances pour sa prochaine exécution. On parle également d'ouvrir un autre canal qui lierait le Necker au Danube, en établissant une communication facile entre Cannstadt et Ulm.

Climat. Le climat de l'Allemagne diffère selon la situation des lieux ; rude dans les régions alpines, sur les sommets et les flancs des montagnes, il est souvent d'une chaleur extrême à leur base et surtout dans les vallées lorsqu'elles sont étroites et profondes. Dans les plaines de l'Allemagne septentrionale, le climat est presque toujours d'une âpreté et d'une humidité extrêmes, rien ne s'opposant dans ces contrées aux vents de la mer qui les balayent d'un bout à l'autre, aussi sont-elles souvent plus froides que d'autres pays, situés sous des latitudes égales. En général le climat de l'Allemagne est tempéré et sain. Il est rare que les étés soient assez froids et humides pour contrarier la végétation des céréales au point de les faire manquer. La neige commence ordinairement à tomber dans les plaines au mois de novembre; elle dure le plus souvent jusqu'au mois d'avril; la glace n'est généralement de durée que dans les mois de janvier et de février. Le dégel succède presque toujours dans d'autres mois en moins de huit jours à une forte gelée.

Productions du sol. Les productions les plus importantes de l'Allemagne sont: de l'or, 127 marcs, fournis en majeure partie par l'Autriche et le pays de Bade; de l'argent, 135,300 marcs, tirés principalement du Hanovre et de la Saxe; du cuivre, 30,370 quintaux, fournis particulièrement par la Prusse et l'Autriche; du plomb, 170,800 quintaux, principalement par le Hanovre et l'Autriche; de l'oxide de plomb, 67,380 quintaux, en grande partie par le Hanovre et l'Autriche; du fer de toutes sortes, 4,286,500 quintaux, en majeure partie par l'Autriche et la Prusse; de l'étain, 4800 quintaux, particulièrement par le royaume de Saxe; du zinc, 103,589 quintaux, principalement par la Prusse et l'Autriche; de l'oxide de manganèse, 2620 quintaux, en grande partie par la Saxe et l'Autriche ; du cobalt, 31,380 quintaux, particulièrement par la Saxe et la Prusse; de l'antimoine, 3100 quintaux, en majeure partie par l'Autriche ; du bismuth, 771 quintaux, dont l'Autriche seule en fournit 700; de l'arsenic, 6317 quintaux, qu'on trouve principalement en Prusse et dans le royaume de Saxe; du mercure, 1800 quintaux, fournis par l'Autriche et la Bavière; du sel de cuisine, 5,445,300 quintaux, tirés particulièrement de l'Autriche et de la Prusse; des vitriols de toute sorte, 64,150 quintaux, particulièrement dans le royaume de Saxe et en Prusse ; de l'alun, 41,280 quintaux, fournis en majeure partie par la Prusse et l'Autriche; du soufre, 25,930 quintaux, tirés en majeure quantité du royaume de Saxe et de l'Autriche; de la houille, 31,767,000 quintaux, principalement de la Prusse et de l'Autriche ; du charbon de terre, 1,990,000 quintaux, en majeure partie de la Prusse et du grand-duché de Hesse; de la tourbe, 75,000,000 tourteaux, qu'on trouve principalement en Prusse.

L'Allemagne fournit en outre, en quantité considérable, du marbre, de l'albâtre, de la terre de porcelaine, du zinc carbonaté, de la plombagine, du vermillon, de la chaux, de l'asbeste, de l'ardoise, des pierres à repasser, pour meules et à constructions, du strasse, du jaspe, de la calcédoine, qu'on trouve principalement en Saxe et en Silésie; du basalte, de l'agate, du cristal, de l'améthyse, du granit, du porphyre, des pierres précieuses, de l'argile, de la terre à foulon, du tripoli, de l'émeril, du goudron minéral, du froment, de l'épeautre, du sarrasin, des légumes farineux et autres, des pommes de terre, du chanvre, du lin, qu'on tire particulièrement de la Silésie et de la Bohême; elle produit du tabac dans le Brandebourg, la Bavière, les pays d'Anhalt et de Saxe; du houblon en Bohême, aux environ de Nüremberg, de Brunswick et d'Alberstadt; de la navette, de la garance, en Silésie; du pastel, dans la Thuringue; du saflor, du safran, de l'anis, du bois de réglisse, de la coriandre, de la moutarde, beaucoup de fruits principalement dans l'Allemagne méridionale, et parmi ces derniers nous signalerons d'excellentes châtaignes, des amandes, des pêches, des abricots et surtout le raisin, dont on tire dans différents terroirs un vin délicieux. La vigne croit en Allemagne jusqu'au 51° latitude septentrionale; on la rencontre sur les bords du Rhin, de la Moselle, du Mein, aux alentours de Meissen et de Naumbourg, en Autriche et en Bohême; le point le plus septentrional où on la cultive est Witzenhausen, dans la Hesse électorale. L'Allemagne possède, en outre, un grand nombre de plantes aromatiques utiles à l'industrie et à la médecine; de superbes forêts dans lesquelles on rencontre le chêne, ce bel arbre honoré des anciens Germains et des Allemands de notre époque, le hêtre, le sapin, le pin, le pinastre, l'aulne, le bouleau, etc. On trouve dans un grand nombre de localités des bestiaux d'une rare beauté; on évalue ceux appartenant à la race bovine à plus de 14 millions d'exemplaires. Les bêtes à laine, améliorées par les races importées d'Espagne, sont également fort nombreuses : on en compte 26 millions. Les habitants de la la Saxe, du Brandebourg, des environs de Lunébourg, se livrent surtout avec ardeur à l'éducation des brebis et en retirent d'importants bénéfices. Le Mecklembourg, le Holstein, le duché d'Oldenbourg et la Frise orientale se distinguent par leurs excellentes races de chevaux. La Westphalie et la Bavière sont célèbres par leur commerce de porcs. Les chèvres, les ânes, les mulets, sont également assez nombreux dans les pays montagneux de l'Allemagne; le gibier qui ravage trop souvent le champ du pauvre, se rencontre surtout en grand nombre autour des palais des princes; les oies de la Poméranie, les perdrix de la Frise orientale, les coqs de bruyère du Mecklembourg jouissent d'une grande réputation parmi les gastronomes ainsi que les anguilles, les carpes, les brochets, les tanches, les saumons, les perches, les truites que l'on pêche dans les nombreuses rivières qui traversent l'Allemagne ou dans les torrents qui descendent de ses montagnes. C'est dans ces dernières que l'on voit souvent aussi des ours, des loups, des chamois, etc. établir leur demeure. L'éducation des abeilles et des vers à soie fait également de grands progrès en Allemagne, et c'est avec plaisir que l'on y voit, en ce moment même, la Bavière, établir une pépinière modèle, et planter de mûriers l'une des belles promenades de sa capitale.

Habitants. Les habitants de l'Allemagne, au nombre de 35,240,483, sont ou de souche germaine, ou de souche slave. Les premiers composent environ les quatre cinquièmes de la population et peuvent être classés, eu égard à leurs traits distinctifs, en deux grandes divisions : les habitants de l'Allemagne septentrionale et ceux de l'Allemagne méridionale. Les premiers sont grands et bien faits, ils ont les cheveux blonds, les yeux bleus; les seconds, de plus petite taille, ont ordinairement les yeux bruns, souvent noirs, et les cheveux foncés. A l'égard de leur langue, on peut ranger les Allemands sous trois grandes divisions fondées pour ainsi dire sur l'orographie du pays, le Haut-Allemand, *Hochdeutsch,* que parlent les habitants des Alpes, le Moyen-Allemand, *Mitteldeutsch,* que l'on entend parler dans les provinces méridionales, et enfin le Bas-Allemand, *Nieder-* ou *Plattdeutsch*, que l'on entend dans les pays plats de l'Allemagne sous divers dialectes différents.

L'allemand a la réputation d'avoir un bon caractère. Il est probe, propre et économe. Connu pour le moins novateur de tous les habitants du globe, il se soumet assez volontairement à tout état de choses, pourvu que cet ordre de choses soit établi. Il lui manque la vivacité, la gaîté, la facilité de conception du Français; mais il est plus grave, plus résolu, plus profond, plus persévérant, peut-être aussi plus opiniâtre dans ses entreprises. Il cultive les arts avec succès, mais ses productions se distinguent moins par la richesse de la conception que par le fini du travail. On le voit plus souvent brûler son encens pour des idées abstraites que pour de grandes choses. L'Allemand n'a point d'esprit national, car il n'a point de patrie. Il ne saurait appeler ainsi cette aglomération d'états, plus ou moins considérables, dont la législation est si diverse et si variée, et dont le but, plus ou moins avoué, est d'opposer des barrières à ses relations civiles et commerciales et à l'échange de ses conquêtes intellectuelles. Si l'Allemand, a dit un écrivain célèbre, voulait un peu moins contempler les étoiles qu'on ne peut lui donner, il se créerait la plus belle des patries, la France exceptée. L'Allemand est religieux sans superstition et sans fanatisme, et se distingue par la pureté de ses mœurs.

On compte parmi la souche slave les Wendes et les Sorbes qui habitent la Poméranie, le Brandebourg, la Styrie, l'Illyrie et la Saxe, les Slawackes en Moravie et en Silésie, les Cassubes en Poméranie, les Czeches en Bohême et en Moravie, et les Croates en Dalmatie. On rencontre encore en Allemagne des Juifs, des Italiens, des Grecs, des descendants des émigrés français et un petit nombre de Bohémiens. On divise les Allemands, d'après les cultes qu'ils professent, en catholiques, environ 19 1/2 millions, en protestants, 15 1/2 millions, parmi lesquels sont compris les Herrenhuters, les Mennonites et d'autres sectes différentes. Les Juifs, habitant l'Allemagne, s'élèvent à 300,000.

Instruction publique. Il n'est point de pays où l'on rencontre des moyens aussi nombreux d'instruction qu'en Allemagne. A la tête des corps enseignants se trouvent les vingt-trois universités, répandues dans les différents états; les objets d'enseignement y sont aussi nombreux que variés, et 20,000 étudiants y viennent puiser une instruction étendue et solide. On y enseigne les littératures grecque, latine, française, italienne et anglaise; la philosophie, l'histoire de la philosophie ancienne et celle de la philosophie moderne; l'histoire ancienne, l'histoire du moyen-âge et l'hisoire moderne; la géographie astronomique et physique; le calcul différentiel et intégral, l'astronomie, la chimie organique et inorganique, la géologie, la minéralogie, la botanique et la physique végétale, la mécanique, l'algèbre supérieure, la zoologie, la physique des corps pondérables et impondérables, la géométrie descriptive, la science du dessin; le droit romain, les pandectes, le droit civil français, le droit fédéral, le droit criminel et le droit particulier aux différents états de la confédération sous le rapport civil, administratif et commercial; la médecine, la chirurgie et la pharmacie, sous leurs points de vue théoriques et pratiques, etc. Plusieurs universités possèdent, en outre, des facultés de théologie catholiques ou protestantes, où l'on enseigne les différentes parties de cette science. Les villes universitaires de l'Allemagne sont : Berlin, Gœttingue, Halle, Leipsic, Breslau, Jena, Heidelberg, Munich, Erlangen, Tubingue, Inspruck, Munster, Bonn, Vienne, Prague, Grætz, Fribourg, Würzbourg, Giessen, Marbourg, Rostock, Greifswalde et Kiehl. Des savants du premier ordre, des hommes dont les travaux sont honorablement appréciés par l'Europe entière, occupent des chaires dans ces établissements d'instruction publique.

Viennent ensuite les gymnases et les écoles dites *Real-Schulen*, espèces d'écoles secondaires, dans lesquelles on prépare les élèves, d'après d'excellentes méthodes, à suivre les cours universitaires ou à parcourir une carrière professionnelle. Les instituts polytechniques de Vienne et de Carlsrouhe, établis sur le plan de l'école polytechnique de Paris; les écoles industrielles et manufacturières, surtout celles de Berlin, de Vienne, de Leipsic; les instituts agricoles, surtout celui de Hohenheim, près de Stuttgart, les écoles commerciales de Leipsic, de Darmstadt, de Berlin, de Carlsrouhe, etc., jouissent d'une renommée justement acquise et offrent aux jeunes gens qui veulent se livrer à des entreprises industrielles, à de grands travaux agricoles, à des combinaisons commerciales des sources fécondes d'instruction théorique et pratique de ces arts. Les personnes même depuis longtemps livrées à ces travaux et auxquelles échappent les notions théoriques, peuvent puiser dans les réunions des nombreuses associations industrielles et agricoles organisées dans les états de l'Allemagne, dans les recueils que publient ces sociétés des notions qui éclairent leurs pas, qui leur ouvrent une route nouvelle et les familiarisent avec des moyens d'exécution tout différents de ceux qu'ils ont jusqu'alors employés. Les bibliothèques princières, dont le bon sens de notre époque commence à balayer la poussière pour les ouvrir au public, doivent encourager encore les dispositions qu'a le peuple allemand à s'instruire. Le commerce de la librairie, dont l'activité est extraordinaire et qui inonde de productions, bonnes ou mauvaises, tous les états de l'Allemagne est encore un puissant moyen d'instruction. On compte près de 500 établissements de librairie dans les états de la confédération. Leipsic seul en a 84. Les journaux politiques qui paraissent en Allemagne au nombre de 126, sont soumis à la censure et ne sont conséquemment ni les manifestations d'hommes de cœur, ni l'expression de l'opinion publique. Les lumières du peuple font heureusement justice de l'opinion que les gouvernants prétendent lui imposer.

Les cabinets d'antiquités, les galeries de tableaux et les musées d'histoire naturelle de Dresde, de Berlin, de Vienne et de Munich, les observatoires de Berlin, de Munich, de Gœttingue, de Vienne, de Gotha et d'Augsbourg ont une réputation européenne parmi les établissements élevés aux sciences et aux beaux arts. Le nombre des villes, qui possèdent des troupes théatrales permanentes, sont au nombre de 52, parmi lesquelles celles de Berlin, de Vienne, de Weimar, de Munich, de Brunswick, de Dresde, de Frankfort-sur-Mein et de Leipsic, occupent le premier rang.

Constitution politique. Aux termes de l'acte fédéral de Vienne, du 8 juin 1815, les souverains et les villes libres de l'Allemagne forment la confédération germanique, union dont le but est la sûreté intérieure et extérieure de l'Allemagne, et l'indépendance et l'inviolabilité des états qui en font partie. Tous les membres de la confédération jouissent des mêmes droits; tous s'obligent à maintenir intégralement l'acte qui constitue leur union. La gestion des affaires ordinaires ou courantes de la confédération est confiée à une diète qui prend la dénomination de *diète germanique*, et dans laquelle tous les membres votent par leurs plénipotentiaires, soit individuellement, soit collectivement. L'Autriche préside à la diète germanique. Chaque membre de la diète a le droit de faire des propositions et de les soumettre à l'assemblée. Lorsqu'il s'agit de proposer de nouvelles lois fondamentales ou de faire des changements aux lois fondamentales existantes, aux institutions organiques, ou de prendre des mesures qui intéressent toute la confédération, par exemple de déclarations de guerre, de ratifications de traités de paix, de l'admission d'un nouveau membre dans la confédération, etc., etc., la diète se constitue en *assemblée plénière ou générale*, et les voix sont partagées selon l'importance des états individuels. Quand il s'agit de savoir si une question doit être discutée en assemblée plénière, cette question est soumise à l'assemblée ordinaire et la pluralité des voix l'emporte. Les questions sont décidées à la pluralité des voix tant en assemblée ordinaire qu'en assemblée plénière ; mais dans la première il suffit de la majorité absolue, tandis que dans la seconde les deux tiers de voix sont indispensables pour former la majorité. Lorsqu'en assemblée ordinaire le nombre des voix est égal des deux parts, celle du président l'emporte. La diète ne peut prendre aucune décision en affaires religieuses. La diète est permanente, mais elle jouit du droit de proroger ses séances, lorsque les objets soumis à sa délibération, sont épuisés. Elle siège à Francfort-sur-Mein. Tous les membres de la diète prennent l'engagement de protéger l'Allemagne en général et chaque état en particulier contre toute atteinte. Ils conservent le droit de conclure des traités de toute nature, pourvu que ces traités ne soient préjudiciels, ni à la confédération, ni à aucun des membres qui en font partie. Lorsque la guerre est déclarée par la confédération, aucun état individuel ne peut entrer en négociations avec l'ennemi, ni conclure de paix ou de trêve. Les différends qui pourraient survenir entre les membres de la confédération, sont aplanis par la diète. Les membres de la confédération, dont les possessions n'offrent pas une population de 300,000 habitants, ont à s'entendre avec les maisons qui leur sont alliées ou avec d'autres membres de la diète pour établir en commun des tribunaux supérieurs et d'appel pour leurs sujets. Une constitution et des chambres représentatives doivent exister dans tous les états de la confédération. Les anciens princes et comtes de l'empire, devenus princes médiats, sont toujours comptés parmi la haute noblesse de l'Allemagne ; les chefs de ces maisons sont les premiers seigneurs des états auxquels ils appartiennent, et jouissent, à l'égard de leurs personnes, de leur famille et de leurs possessions, de tous les droits et privilèges qui découlent de leurs fiefs ou de leurs apanages.

La diversité des cultes chrétiens que professent les habitants des divers pays et possessions de la diète, n'établit aucune différence dans les droits civils ou politiques qui leur sont concédés. La jouissance des droits civils doit être accordée et garantie, dans toute l'étendue de la confédération, à tous les sujets qui professent la religion mosaïque contre l'engagement, pris par ces derniers, de remplir les devoirs qui découlent de cette concession. Les droits, dont on garantit la jouissance aux sujets de la confédération germanique, sont les suivants :

1° Celui d'acquérir et de posséder des immeubles dans un état autre que celui qu'ils habitent, sans être soumis à d'autres impositions que celles que sont tenus de payer les sujets de cet état.

2° Celui de quitter librement un état de la confédération pour en aller habiter un autre, d'y acquérir le droit de bourgeoisie, d'y prendre du service civil et militaire, en tant cependant que le service militaire n'implique aucun engagement contre l'ancienne patrie.

3° De l'affranchissement de tout impôt supplémentaire, lorsque la fortune passe d'un état à l'autre, si des circonstances particulières ne portent atteinte à l'exemption des droits de détraction.

4° La diète s'occupera de la rédaction de dispositions uniformes pour assurer dans les états de la confédération la liberté de la presse et les droits des auteurs et des éditeurs contre toute contrefaçon.

Nous puiserons encore dans les dispositions de l'acte final des conférences ministérielles tenues à Vienne en 1820, dont la force et l'autorité sont égales à celles de l'acte fédéral, et dans les six articles du 28 juin 1832 qui complètent l'acte final, les dispositions suivantes :

Le maintien de l'ordre et de la tranquillité d'un état appartient au gouvernement qui le régit. Néanmoins, lorsque des sujets de la confédération se trouvent en état de soulèvement ou de révolte armée envers leur gouvernement, de manière à compromettre la sûreté de toute la confédération, ou que cette dernière se trouve menacée par la propagation de mouvements insurrectionnels, le gouvernement d'un état, après avoir épuisé toutes les ressources que la constitution et les lois du pays mettent à sa disposition, fait un appel à la diète qui doit lui prêter de prompts secours pour le rétablissement de l'ordre. Si, par suite de circonstances analogues, ce gouvernement se trouvait dans l'impossibilité d'appeler ces secours de la diète, celle-ci ne s'en trouve pas moins obligée d'intervenir de plein gré pour rétablir l'ordre et la sûreté dans l'état menacé. Dans tous les cas, de semblables mesures ne sauraient être de plus longue durée que le gouvernement, auquel elle prête un pareil secours, ne le juge nécessaire.

En cas de déni de justice d'un des états de la confédération, et lorsque toutes les voies légales ont été infructueuses pour terminer un différend semblable, la diète reçoit les plaintes et amène le gouvernement à y faire droit par des voies judiciaires aux termes de la constitution et des lois existantes.

La diète est investie du droit et de l'obligation, après avoir épuisé tous les moyens préparatoires pour provoquer l'exécution de l'acte fédéral, d'avoir recours à des voies d'exécution, qui toutefois ne peuvent être dirigées que contre le gouvernement opposant. Les mesures d'exécution sont prises au nom de la confédération et exécutées par elle. Le déploiement de ces mesures est fait avec les égards que réclament les circonstances locales dans les états étrangers à ces différends.

Lorsque par suite d'une mésintelligence survenue entre un état étranger et un état de la confédération germanique, ce dernier réclame l'intervention de la diète, celle-ci examine les causes de cette mésintelligence et le véritable état de la question. S'il résulte de cette enquête que le droit n'est pas du côté de l'état confédéré, la diète l'exhorte sévèrement à terminer le différend, refuse son intervention et prend au besoin des mesures pour le maintien de la paix. Dans le cas opposé, la diète soutient l'état menacé, intervient en sa faveur dans le différend et donne assez d'extension à cette intervention, pour lui faire obtenir satisfaction et sécurité.

Lorsqu'un des états de la confédération donne avis à la diète que cet état ou la confédération se trouvent menacés par une attaque étrangère, la diète délibère sur la question de savoir si ce danger existe réellement et se prononce à cet égard dans le plus bref délai. Si le danger est reconnu, la diète délibère en assemblée ordinaire sur les mesures de défense à prendre dans la circonstance et les met immédiatement à exécution. Lorsque le territoire de la confédération est envahi par une puissance étrangère, l'état de guerre existe par le fait même de cette invasion. La déclaration de guerre ne peut néanmoins être résolue qu'en assemblée plénière et à la majorité des deux tiers de voix qui la composent.

Lorsqu'un des états de la confédération qui ont des possessions situées hors de ses limites, entreprend une guerre en sa qualité de puissance européenne, cette guerre est entièrement étrangère à la diète, à moins cependant qu'elle ne porte du préjudice aux états de la confédération, auquel cas elle pourvoit à des mesures de sûreté et de défense.

Lorsque la diète ouvre des négociations pour la conclusion d'un traité de paix ou d'un armistice, la diète nomme elle-même dans ce but un comité et des plénipotentiaires. Un traité de paix ne peut être reçu et sanctionné par la diète que lorsqu'elle siège en assemblée plénière.

Eu égard à ses relations extérieures, la diète, comme organe de la confédération, veille au maintien de la paix et des relations d'amitié avec les puissances étrangères. Elle reçoit les ambassadeurs que ces puissances accréditent auprès d'elle, entame des négociations, conclut des traités, et emploie ses bons offices tant auprès des puissances étrangères au vœu d'un des membres de la diète, qu'auprès de ces derniers à la demande d'une puissance étrangère.

Les différents états qui font partie de la confédération, concourent par une contribution calculée sur l'importance et l'étendue de leurs possessions, aux frais qu'occasionnent le but de l'organisation de la diète et le règlement des affaires ; la diète fixe les dépenses ordinaires, détermine, dans des cas extraordinaires, le contingent supplémentaire de chacun des membres, et surveille les recettes et leur emploi.

La diète, se composant, à l'exception des villes libres, de princes souverains, le pouvoir suprême doit essentiellement résider dans la personne du chef de l'état, et ce dernier ne peut être tenu, par une constitution, d'admettre la coopération des états que dans l'exercice de droits spécialement déterminés. Aux termes de la notification que l'Autriche a faite à la diète dans sa séance du 16 août 1824, tous les états de la confédération, qui possèdent des chambres représentatives, ont à exercer une surveillance active, afin que dans l'exercice des droits concédés à ces chambres, le pouvoir monarchique reste intact et inviolable.

La loi provisoire de la diète sur les universités allemandes est maintenue ; il en sera de même de la loi provisoire sur la presse jusqu'à ce que tous les états de la confédération aient voté et publié une loi définitive sur cette matière.

Les articles complémentaires, publiés par la diète le 28 juin 1832, sont ainsi conçus :

Le pouvoir suprême, résidant, aux termes de l'acte final signé à Vienne, dans la personne du chef de l'état, le souverain ne peut s'engager par la constitution, à coopérer avec les états, que dans l'exercice de droits spécialement déterminés ; par suite de ces dispositions, tout souverain allemand est autorisé et tenu de rejeter toute pétition des états qui serait en contradiction avec elles.

Aucune assemblée représentative n'a le droit de refuser à son prince les impôts nécessaires à l'administration de ses états, ni de les accorder sous la condition de voir agréer les propositions qu'elle a faites, ou d'obtenir les concessions qu'elle a réclamées. Un cas semblable nécessiterait l'intervention de la diète.

La législation intérieure d'aucun des états de la confédération ne saurait susciter des entraves au but de l'union fédérale, aux devoirs fédéraux qui en découlent, et surtout à la remise des contingents en argent que les divers états sont tenus de fournir. Une commission spéciale est nommée par la diète pour surveiller les délibérations des assemblées représentatives dans toute l'étendue de la confédération.

Tous les gouvernements fédéraux s'engagent à pourvoir, proportionnellement aux principes que consacrent leurs constitutions, à ce que dans les discussions de leurs assemblées représentatives et dans les publications de la presse, aucune attaque ne soit dirigée contre l'autorité de la diète germanique. La confédération possède seule le droit d'interpréter les dispositions contenues dans l'acte fédéral et dans l'acte final des conférences ministérielles, et d'appliquer ces dispositions par la diète, son organe constitutionnel.

Les requêtes à la diète portent pour suscription : *A la sérénissime diète germanique.*

Armée fédérale. Aux termes des règlements de guerre, adoptés par la diète en 1822, l'armée fédérale est fournie par les états de la confédération, dans la proportion d'un soldat par 100 habitants pour l'armée active et d'un soldat par 200 habitants pour l'armée de réserve. La cavalerie forme la septième partie du contingent général; sur ce septième un tiers est formé en grosse cavalerie, les deux autres tiers en cavalerie légère. On compte deux canons par 1000 hommes, de plus un canon de réserve. Les pionniers et les pontonniers forment le centième de l'armée; les chasseurs et les tirailleurs le vingtième du total de l'infanterie; la landwehr est admise comme contingent lorsqu'elle est bien équipée et habile aux manœuvres. L'armée fédérale se compose de sept corps d'armées mixtes et de trois corps d'armées uniformes, savoir:

Ier, IIe et IIIe corps fournis par l'Autriche . . . . 94,822 h.
IVe, V^e et VIe corps fournis par la Prusse . . . . 79,234 »
VIIe corps fourni par la Bavière. 35,600 »
VIIIe corps fourni par le Wurtemberg, 13,955; le grand-duché de Bade, 10,000; le grand-duché de Hesse, 6195; le landgraviat de Hesse-Hombourg, 200; la ville libre de Francfort, 479; la principauté de Hohenzollern, 501, et la principauté de Liechtenstein, 55 . . . . 31,385 »
IXe corps fourni par le royaume de Saxe, 12,000; les duchés de Saxe, 3498; les duchés d'Anhalt, 1224; l'électorat de Hesse, 5679; le Luxembourg, 2556; le duché de Nassau, 3028; le grand-duché de Saxe-Weimar, 2010; la principauté de Schwarzbourg, 990; la principauté de Reuss, 745 . . . . 31,730 »
X^e corps fourni par le royaume de Hanovre, 13,054; le grand-duché de Holstein-Lauenbourg, 3600; le duché de Brunswick, 2096; le grand-duché de Mecklembourg-Schwerin, 3580; le grand-duché de Mecklembourg-Strelitz, 718; le grand-duché d'Oldenbourg, 2178; la principauté de Waldeck, 519; la principauté de Schaumbourg-Lippe, 240; la principauté de Lippe-Detmold, 691; la ville de Lubeck, 407; la ville de Brême, 485; la ville de Hambourg, 1298 . . . . 28,866 »

Total 301,637 h.

Un décret du 15 novembre 1831 établit quelques changements dans l'organisation de l'armée fédérale par la création d'un onzième corps d'armée, sans néanmoins augmenter considérablement le chiffre total des troupes. Nous donnons ci-après ce nouveau mode d'organisation; il ne diffère du premier qu'en désignant comme garnisons des forteresses fédérales, les troupes des états princiers de petite étendue et celles des villes libres.

Ier, IIe et IIIe corps formés par l'Autriche . . . . 94,822 h.
IVe, V^e et VIe corps formés par la Prusse . . . . 79,234 »
VIIe corps formé par la Bavière. 35,600 »
VIIIe corps formé par le Wurtemberg, Bade, et la Hesse grand-ducale . . . . . . 30,150 »
IXe corps formé par la Saxe, la Hesse-Électorale, le Nassau et le Luxembourg . . . . . . 24,274 »
X^e corps formé par le roy. de Hanovre, Holstein-Lauenbourg, le Mecklembourg, Oldenbourg, Brunswick et les villes anséatiques de Hambourg, Brême et Lubeck . . . . 28,038 »
XIe corps formé par la division d'infanterie de réserve, pour compléter les garnisons des forteresses fédérales, fourni par les trois duchés et le grand-duché de Saxe, les duchés d'Anhalt, les principautés de Hohenzollern, Schwarzbourg, Liechtenstein, Waldeck, Reuss, Lippe, le landgraviat de Hesse et la ville libre de Francfort . 11,366 »

Total de l'armée fédérale 303,484 h.

Nous ferons observer, relativement à l'organisation de l'armée fédérale, que le contingent de chaque état doit être fourni prêt à marcher au combat et se trouver, dans l'intervalle du mois qui suivra la convocation de la diète, sur les lieux de rassemblement indiqués. Le total des hommes, composant l'armée fédérale, n'est pas toujours sous les armes; pour épargner les frais, on en envoie chaque année un grand nombre en congé dans leurs foyers, cependant, la sixième partie des troupes formant le contingent d'un état et les deux tiers des sous-officiers habiles aux manœuvres, restent toujours au service actif; il en est de même des deux tiers de la cavalerie, des deux tiers de l'artillerie à cheval et du tiers de l'artillerie à pied.

L'armée de la confédération porte en temps de guerre un signe distinctif.

La diète nomme, en temps de guerre, un général en chef pour toute l'armée fédérale. Ce généralissime, nommé en assemblée ordinaire, reçoit ses ordres, et au besoin ses instructions spéciales. Le généralissime est muni de pouvoirs étendus, afin de pouvoir poursuivre avec vigueur et énergie les mesures qu'il juge à propos de prendre, mais il est responsable envers la diète des erreurs qu'il commet et des combinaisons qu'il réalise, et peut être traduit devant un conseil de guerre. Un lieutenant-général nommé par la diète est adjoint au généralissime pour le remplacer, lui succéder au besoin.

9

Les généraux commandant les corps d'armées, sont nommés par les états auxquels ces troupes appartiennent.

La confédération possède trois forteresses fédérales, savoir : *Luxembourg*, située dans le grand-duché de ce nom, dont la garnison est en grande partie fournie par les Prussiens; *Landau*, située dans la Bavière rhénane, dont la garnison est toute composée de troupes bavaroises, et enfin *Mayence*, dans le grand-duché de Hesse, où les Autrichiens, les Prussiens et les Hessois tiennent simultanément garnison.

Il est à observer que la diète ne possède point de flotte fédérale, quoique des ports de mer se trouvent dans plusieurs des états qui en font partie.

Les revenus publics de tous les états de la confédération germanique s'élèvent à la somme de 201,329,084 florins. En évaluant le produit des domaines de l'état et des régales au quart de ces revenus, il en résulte que la contribution de chaque citoyen de l'Allemagne est par année de 5 florins. La dette publique des états confédérés s'élève à plus de 500 millions. L'ignoble loterie existe encore légalement en Autriche, en Bavière, dans le duché de Saxe-Cobourg et dans la ville libre de Francfort.

Voici, pour l'intelligence du tableau qui va suivre, le nom des états qui n'entrent que pour une partie de leurs possessions dans la confédération germanique. Les possessions autrichiennes qui font partie de la confédération germanique, sont : l'archiduché d'Autriche, le duché de Styrie, le comté de Tyrol avec le Vorarlberg, à l'exclusion de Waller, le royaume de Bohême, le margraviat de Moravie, les possessions autrichiennes en Silésie, une partie du royaume d'Illyrie, comme la Carinthie, le Carniole, le littoral de Trieste, Frioul.

Celles de la Prusse : les provinces de Brandebourg, de Poméranie, de Silésie, de Saxe, de Westphalie et du Rhin.

La Hollande fait partie de la confédération pour le grand-duché de Luxembourg, mais cette province, depuis 1830 au pouvoir des Belges (à l'exception cependant de la forteresse fédérale et du rayon stratégique qui l'environne et qu'occupent les Prussiens), est devenue un sujet de contestation qui menace d'allumer la guerre entre la Belgique et la Hollande, soutenue par la confédération germanique.

Le Danemark enfin, pour les duchés de Holstein et de Lauenbourg.

En assemblée générale ou plénière, chaque membre doit avoir au moins une voix et les grands états en ont plusieurs, l'Autriche, la Prusse, la Bavière, le royaume de Saxe, le Hanovre, le Wurtemberg, chacun 4 voix; Bade, la Hesse-Électorale, la Hesse grand-ducale, le Holstein et le Luxembourg, chacun 3 voix; le Brunswick, Mecklembourg-Schwerin et le Nassau, chacun 2 voix, de manière qu'avec les 26 autres voix, le plein conseil est composé de 70 voix.

TABLEAU STATISTIQUE DES DIFFÉRENTS ÉTATS DE LA CONFÉDÉRATION GERMANIQUE.

ÉTATS.	SUPERFICIE EN MILLES CARRÉS.	POPULATION ABSOLUE.	POPULATION RELATIVE OU PAR MILLE CARRÉ.	CONSTITUTION POLITIQUE.
AUTRICHE	3580	10,250,000	2863	monarchie absolue, états nationaux.
PRUSSE	3344	9,962,700	2878	mon. abs., états provinc.
BAVIÈRE	1389	4,120,000	2922	monarchie limitée, états réels, 2 chambres.
SAXE, royaume	271 1/2	1,450,000	5340	mon. lim., états réels, 2 ch.
HANOVRE	695	1,550,000	2230	mon. lim., états réels, 2 ch.
WURTEMBERG	359	1,570,000	4373	mon. lim., états réels, 2 ch.
BADE	279	1,280,000	4571	mon. lim., états réels, 2 ch.
HESSE-ÉLECTORALE (Hesse-Cassel)	208	620,000	2980	mon. abs., états, 1 ch.
HESSE GRAND-DUCALE (Hesse-Darmstadt)	185	750,000	4054	mon. lim., états réels, 2 ch.
HOLSTEIN et LAUENBOURG	172 1/2	454,000	2639	au roy. de Danemark, états provinciaux.
LUXEMBOURG	126	305,000	2420	en litige depuis 1830, mon.
SAXE-WEIMAR	67	233,000	3477	mon., états, 1 ch.
SAXE-COBOURG et SAXE-GOTHA	48	155,000	3290	
SAXE-ALTENBOURG	24 3/4	112,000	4520	mon. tempérée par des états.
SAXE-MEININGEN et SAXE-HILDBURGHAUSEN	42	136,000	3238	
BRUNSWICK	73	245,783	3521	mon., états, 1 ch.
NASSAU	83	356,000	4290	mon. temp. par des états.
MECKLEMBOURG-SCHWERIN	228	453,000	1985	mon., états nationaux.
MECKLEMBOURG-STRELITZ	47	84,000	1787	mon., états nationaux.
OLDENBOURG	117 1/2	255,000	2179	monarchie absolue.
ANHALT-DESSAU	17	60,000	3529	mon., états provinciaux en communauté.
ANHALT-BERNBOURG	16	42,000	2500	
ANHALT-KOETHEN	15	37,000	2400	
SCHWARZBOURG-SONDERSHAUSEN	16 1/2	52,000	3150	monarchie absolue.
SCHWARZBOURG-ROUDOLSTADT	19	60,000	3158	mon., états nationaux.
HOHENZOLLERN-HECHINGEN	5	16,000	3200	monarchie absolue.
HOHENZOLLERN-SIGMARINGEN	20	45,000	2250	
LIECHTENSTEIN	2 1/2	6,000	2400	mon., états nationaux.
REUSS, ligne aînée	6 4/5	26,000	3714	mon., états en commun.
REUSS, ligne cadette	21	60,000	2857	
LIPPE-DETMOLD	21	74,000	3524	mon., états nationaux.
SCHAUMBOURG-LIPPE	7 1/2	25,000	3333	
WALDECK	21 1/2	56,000	2666	monarchie avec états.
HESSE-HOMBOURG	7 3/4	23,000	2880	monarchie absolue.
HAMBOURG, ville libre	7	145,000	...	démocraties.
LUBECK » »	5 1/2	48,000	...	
BRÊME » »	5	59,000	...	
FRANCFORT » »	4	65,000	...	

Industrie agricole et manufacturière. Toutes les branches d'industrie sont exploitées en Allemagne. On se livre en grand à la pêche sur les côtes et dans les pays plats de l'Allemagne septentrionale, où se trouvent des fleuves et des lacs nombreux, qui fourmillent de poissons. L'agriculture possède dans cette même partie du territoire, où la terre réclame de fréquents amendements et par suite des capitaux considérables, de grandes exploitations rurales, où les méthodes de culture les plus renommées reçoivent de nombreuses applications, où la patience, l'ordre, l'intelligence retirent les résultats les plus puissants d'un sol souvent ingrat et stérile. Dans les contrées méridionales, où la terre demande un travail moins pénible, où l'heureuse disposition des lieux se prête à tous les genres de culture, l'Allemagne ressemble à un véritable jardin et paie avec usure les peines du laboureur. Que de richesses, que de magnificence n'étale pas la partie de l'Allemagne, comprise entre le Rhin et les Alpes souabes. Ce sont de toute part des champs féconds et variés, de verts pâturages, de riantes vallées, des collines chargées de vignes ou d'arbres utiles, des montagnes couvertes de belles forêts, des jardins émaillés de fruits et de fleurs. Et cependant, ces lieux, au dire des anciens historiens, n'étaient autrefois couverts que de marais infects, de forêts décrépites, d'animaux immondes, d'herbes dures et épineuses.

L'industrie manufacturière, quoique bien moins importante en Allemagne que l'industrie agricole, produit néanmoins des objets extrêmement variés et contient bon nombre d'établissements, qui mériteraient d'être mentionnés. A la tête des branches industrielles de l'Allemagne se trouve la fabrication des toiles de lin et de chanvre. Les meilleures toiles sont confectionnées en Silésie, en Bohême et en Westphalie. Parmi les établissements où les lins et les chanvres sont filés à la mécanique, nous distinguerons celui de Hirtenberg, aux environs de Vienne, celui de Marienthal et celui que M. Hoffer possède dans le Tyrol et qu'a établi M. Erth, mécanicien à Munich. Les meilleurs draps de l'Allemagne sont fabriqués en Prusse, en Saxe et en Bohême. Des filatures et des ateliers pour le tissage des cotons, se trouvent en Autriche, dans les provinces rhénanes de la Prusse, en Silésie et dans le royaume de Saxe. Le cuir est apprêté avec art en Saxe et en Prusse, où l'on se livre également avec succès à la fabrication de toiles de coton, des percales et des dentelles. Des papeteries sont établies dans toutes les contrées de l'Allemagne, mais pour les papiers fins ce pays restera peut-être longtemps encore tributaire de la France et de l'Angleterre. On fabrique de la porcelaine de choix à Meissen, à Berlin et à Vienne, de la bijouterie en or et en argent à Augsbourg et Berlin, de la grosse quincaillerie et de la quincaillerie fine dans les provinces rhénanes, des armes blanches et à feu à Spandau, à Solingen, à Potsdam, à Vienne, à Teschen, etc., Berlin, Breslau, Vienne, Cassel, Dresde et Carlsruhe, possèdent des fonderies pour les pièces d'artillerie. Des fabriques de sucre de betteraves et des raffineries de sucre colonial sont établies dans le Wurtemberg, le pays de Bade, à Berlin, Breslau, Danzig, Hambourg, etc. La Bohême possède des verreries dont les produits ont une réputation européenne. Des brasseries, des distilleries existent dans toutes les contrées de l'Allemagne : la bière de Bavière est la meilleure du pays, les liqueurs de Mannheim, de Trieste, de Danzig et de Vienne sont recherchées. Vienne, Berlin, Munich et Dresde sont renommées pour les excellents instruments de physique, de mathématiques, d'optique, de chirurgie et surtout pour la lutherie que l'on y fabrique. Le commerce des productions du sol et de l'industrie est de grande importance; il est même devenu plus considérable depuis que plusieurs états de la confédération ont accédé au système des douanes prussiennes. On cherche du reste à le favoriser par les banques et les sociétés d'assurances qui s'établissent de toute part, par des foires importantes, des canaux, des routes ordinaires et des chemins de fer. Les principales villes maritimes de l'Allemagne sont : Hambourg, Altona, Brême, Lubeck, Emden, Stettin, Rostock, Trieste, etc.; les principales villes commerciales : Leipzic, Vienne, Augsbourg, Magdebourg, Breslau, Berlin, Francfort-sur-Mein, Francfort-sur-l'Oder, Brunswick, Naumbourg, Aix-la-Chapelle, Cologne, Mayence, Nuremberg, Mannheim, etc. Les productions de l'Allemagne susceptibles d'exportation, sont : les céréales, le bois de chauffage et de construction, les toiles, le vin, la quincaillerie en fer et en acier, la porcelaine, les jouets d'enfants de Nuremberg, les fruits, le bétail, la verrerie, le sel, la laine écrue, le cuir, le plomb, les étoffes de laine et de coton, la laine et les cotons filés, les peaux, le vitriol, etc. On importe au contraire, en Allemagne du vin, du tabac, des fruits du midi, du sucre, du café, du thé, de la soie, du coton, des objets de mode et de la mercerie. La grande diversité des poids et mesures pose de nombreuses entraves aux relations commerciales.

Les nombreux chemins de fer qui doivent parcourir l'Allemagne et qui sont en ce moment en construction, sont : le chemin de fer de Ferdinand-Nord ou de Vienne à Milan, le chemin de fer du Taunus, celui de Nuremberg à Fürth, celui de Potsdam à Berlin, celui de Leipzic à Dresde, le chemin de fer badois, dit Bergstrassen-Eisenbahn, le chemin de fer de la Rheinschantz-Bexbach, celui de Hambourg à Bergedorf, celui de Munich à Augsbourg et enfin celui de

ALLE

Cologne à Aix-la-Chapelle. Nous renvoyons aux différents pays dans lesquels se trouvent ces chemins pour de plus amples détails.

Historique. Lorsque le Germain Odoacre eut détruit l'empire d'Occident et que les Francs eurent conquis la Gaule, les autres peuples barbares, les Saxons, les Thuringiens, les Frisons et les Allemands ou Alemans, qui n'avaient point quitté la Germanie, leur firent une guerre opiniâtre, que la victoire de Tolbiac ne termina point. Cette lutte entre les Allemands idolâtres et les Francs devenus chrétiens, fut plus violente encore au commencement de la race carlovingienne, et les Saxons, sous leur chef Wittekind, se rendirent redoutables aux Francs, lorsque Charlemagne, après une guerre longue et cruelle, parvint à leur imposer sa croyance et sa domination : Wittekind se soumit, se fit baptiser avec son armée et Charlemagne devint le maître de la Gaule, de l'Italie et de l'Allemagne. Ces pays composèrent alors la grande monarchie des Francs. Après la mort de Charlemagne, l'Allemagne forma un empire indépendant qui échut en partage à Louis-le-Germanique (843). Charles-le-Gros, fils de Louis, succéda à l'empire en 876, et jusqu'en 887 l'Allemagne eut le même souverain que la France. Mais à cette époque, Charles-le-Gros s'était attiré le mépris des Allemands; ils le déclarèrent déchu de la couronne et mirent sur le trône son neveu Arnulf de Carinthie, fils de son frère Carloman. Arnulf mourut en 899, et son fils Louis-l'Enfant lui succéda. Ce prince, qui n'avait que six ans, ne survécut que quelques années à son père. Il mourut en 911 et la race des Carlovingiens, en Allemagne, s'éteignit avec lui.

Othon-l'Illustre, duc de Saxe, ayant refusé la couronne, les Allemands élirent Conrad Ier, duc de Franconie, et, depuis cette époque jusqu'à la formation de la confédération du Rhin par Napoléon, l'Allemagne fut un empire électif, dont l'histoire peut être divisée en six périodes principales, savoir : 1° Depuis son origine jusqu'à Rodolphe de Habsbourg ; 2° depuis Rodolphe jusqu'à Maximilien Ier ; 3° jusqu'à la paix de Westphalie ; 4° jusqu'à la guerre contre la république française ; 5° jusqu'à la création de la confédération du Rhin, et 6° jusqu'à l'établissement de la confédération germanique.

L'Allemagne, longtemps plongée dans l'anarchie, était le théâtre de luttes sanglantes et continuelles entre les princes de l'empire et leurs puissants vassaux ; le peuple était écrasé sous le joug de la féodalité, lorsque Conrad II (1024) vint mettre quelques entraves à ce système d'une organisation encore barbare, en établissant la *trêve de Dieu*, qui restreignit ce terrible droit du plus fort ou *du poing* (Faustrecht), sous lequel les faibles avaient trop souffert jusqu'alors.

Son successeur, Henri III (1039), prouva sa courageuse fermeté par les dépositions successives de trois papes, mais Henri IV, qui lui succéda (1056), fut trop faible pour s'opposer à l'envahissement du pouvoir ecclésiastique, et l'influence des papes devint immense en Allemagne. L'ardeur avec laquelle les seigneurs allemands entreprirent la guerre des croisades, ne tarda pas à prouver toute la puissance des prêtres dans l'empire. Cette guerre, inspirée par le fanatisme, n'en eut pas moins des résultats salutaires pour l'Allemagne, dont elle étendit les relations au dehors, y fit naître le commerce et introduisit ainsi dans le pays les premiers germes de la civilisation. On vit alors se former des associations d'hommes et de villes dans le but de se prêter une assistance mutuelle; c'est ainsi que s'établit, en 1152, la *hanse* qui réunit plus tard, dans un plan commercial plus vaste, avec une constitution plus éclairée, les *villes hanséatiques*. Sous Frédéric II (1218), les états de l'Allemagne constituèrent des diètes ou assemblées locales, à l'instar des grandes diètes de l'empire. C'était une amélioration que Frédéric aurait fait suivre de beaucoup d'autres, s'il n'avait eu à combattre les ennemis nombreux suscités contre lui et sa famille (les Hohenstaufen) par le pape et le clergé. Conrad IV (1250), fils et successeur de Frédéric II, eut à soutenir une guerre contre plusieurs anti-rois élus par l'influence du saint-siége. L'Allemagne fut alors en proie à la plus horrible confusion et retomba dans l'état de barbarie dont elle était à peine sortie. En 1268, Conradin de Souabe, le dernier rejeton des Hohenstaufen, périt sur l'échafaud, à Naples, par les ordres de Charles d'Anjou.

Rodolphe de Habsbourg, élu empereur en 1272, rétablit l'ordre dans l'empire. Les châteaux qui servaient de repaires à des brigands titrés, furent démolis, et le droit du plus fort fut presque entièrement aboli. Sous son successeur, Albert d'Autriche (1298), les Suisses s'insurgèrent. Sous Henri VII (1308), les factions des Guelfes et des Gibelins désolèrent l'Italie. Henri VII étant mort dans ce pays où il était allé porter sa médiation, deux compétiteurs, Louis de Bavière et Frédéric d'Autriche se disputèrent la couronne et inondèrent de sang l'Allemagne désolée. Louis de Bavière resta maître du trône avec l'assentiment, indispensable alors, du pape (1330). Cependant, de nouveaux différends s'étant élevés entre le nouvel empereur et le saint-père, celui-ci lança ses foudres spirituelles contre l'Allemagne qu'il frappa d'interdit.

En 1338, six des princes électeurs formèrent un pacte par lequel ils décidèrent qu'à l'avenir les papes ne pourraient plus intervenir dans l'élection des empereurs, et que la majorité des voix serait un droit incontestable au trône.

Charles IV, roi de Bohême, élu en 1346, donna à l'empire une loi fondamentale dans la célèbre *bulle d'or*. Par cette loi, qui réglait le droit héréditaire dans les provinces électives et plusieurs autres objets moins importants ; le droit exclusif d'élection appartenait aux sept princes électeurs de Mayence, de Trèves, de Cologne, de Bohême, du Palatinat, de Saxe et de Brandebourg. A cette époque, l'Allemagne semblait renaître pour la civilisation ; cependant il restait encore aux Allemands, malgré quelques progrès, beaucoup de leurs mœurs et de leurs usages des temps barbares, et le *Faustrecht* (droit du poing) avait surtout de profondes racines dans leur caractère, puisque les lois contre cet usage de se rendre justice soi-même, ne les empêchaient pas d'avoir toujours le glaive à la main pour venger une injure ou se payer par du sang un dommage fait à leurs personnes ou à leurs intérêts. Aussi, sous Wenceslas, successeur de Charles VI (1378), l'Allemagne est-elle encore déchirée par des guerres intestines auxquelles vont se joindre bientôt les persécutions religieuses. En 1411, Sigismond succède à Wenceslas. C'est sous ce règne que le noble et vertueux Jean Huss fut livré au bourreau, pour avoir défendu consciencieusement et avec courage les doctrines de Wiclef. Albert II (1437) ne régna que deux ans.

Frédéric III (1439) fut un prince faible et sans grande capacité ; mais son règne, qui dura jusqu'en 1493, est une époque signalée dans l'histoire, par la découverte de l'Amérique et par le grand développement que prennent alors les sciences en Allemagne. Cependant de grands abus existaient encore : le peuple était accablé sous la tyrannie des nobles, lorsque Maximilien Ier, fils de Frédéric III, monta sur le trône et changea la face de l'Allemagne par des lois sages qu'il fit exécuter avec fermeté. Ici commence pour l'Allemagne une de ces grandes époques, dont l'influence s'étendit sur l'Europe entière : La réformation fit entendre (1517) ses premières protestations contre les envahissements du pape, l'intolérance du clergé, les débordements et l'immoralité du système monacal. Bientôt toute l'Allemagne fut en insurrection ; les états, unis jusqu'alors, s'armèrent les uns contre les autres pour défendre ou attaquer les doctrines de Luther, qui firent des progrès rapides sous Charles-Quint. Les paysans s'insurgèrent, les princes, qui avaient embrassé le protestantisme, formèrent la ligue de Schmalkade, qui donna lieu à la guerrre du même nom en 1546. Elle dura jusqu'à la paix d'Augsbourg en 1555.

Charles-Quint abdiqua une année après, et son frère, Ferdinand Ier, lui succéda. Sous ce règne, les papes firent de grands efforts pour conserver une part d'influence dans les affaires de l'Allemagne. La fondation de l'ordre des Jésuites, en 1540, leur fut alors d'un grand secours. Le règne de Maximilien II (1564) fut marqué par les discordes religieuses entre les protestants eux-mêmes, divisés entre les doctrines de Melanchton et de Calvin.

De nouveaux troubles éclatèrent sous Rodolphe II, et enfin en 1619, sous le règne de Ferdinand II, commença la terrible guerre de trente ans qui couvrit toute l'Allemagne de sang et de deuil, et qui ne finit qu'en 1648, par le traité de Westphalie : Ferdinand III, vaincu par la France et la Suède, fut forcé de se soumettre à ce traité qui établissait la liberté de conscience, l'indépendance de la Suisse et des Pays-Bas. Léopold Ier (1657) eut à soutenir plusieurs guerres contre les Turcs et celle de la succession d'Espagne dont il ne vit point la fin. La Prusse avait profité de tous ces désastres de l'Allemagne pour s'élever au rang de royaume. L'empereur Joseph Ier (1705) continua la guerre de la succession d'Espagne. Charles VI qui lui succéda, conclut la paix d'Utrecht et celle de Rastadt et de Bade, par laquelle il renonça à ses prétentions sur l'Espagne. Marie-Thérèse lui succéda (1740), mais les prétentions de l'électeur de Bavière, Charles-Albert, qui prit le titre d'empereur sous le nom de Charles VII (1742), suscita la guerre de la succession d'Autriche qui dura jusqu'à la paix d'Aix-la-Chapelle (1748). Elle se termina en faveur de Marie-Thérèse, une des femmes les plus extraordinaires des derniers siècles. François Ier, époux de Marie-Thérèse, élu empereur (1745), finit la guerre de sept ans, en 1763. Son fils, Joseph II, qui lui succéda (1765), fut un des souverains les plus sages et les plus aimés de l'Allemagne. Il abolit les couvents et rendit un édit de tolérance qui lui mérita la reconnaissance de la postérité. Sous son successeur, Léopold II (1790), la révolution venait d'éclater en France. François II, fils de Léopold, voulut (1792) étouffer le cri de liberté qui effrayait tous les souverains de l'Europe. Il déclara la guerre à la France ; mais vaincu plusieurs fois par les armées de la république nouvelle, il fut contraint de se démettre de son titre d'empereur d'Allemagne, remplacé par celui d'empereur d'Autriche, et en 1806 Napoléon forma la confédération du Rhin, devenue confédération germanique après la chute de l'empire français.

ALLEMAGNE, vg. de Fr., dép. des Basses-Alpes, arr. de Digne, cant. et poste de Riez ; pop. 750 hab.

ALLEMAGNE, vg. de Fr., dép. du Calvados, arr., cant., à 7 l. S. et poste de Caen ; pop. 900 hab.

ALLEMAN (Saint-), ham. de Fr., dép. de Maine-et-Loire, arr. d'Angers, cant. des Ponts-de-Cé, com. de St.-Jean-des-Mauvrets, poste de Brissac ; pop. 100 hab.

ALLEMANCE, riv. de Fr., dép. de Lot-et-Garonne, affluent du Lot.

ALLEMANCHE, vg. de Fr., dép. de la

ALLE

Marne, arr. d'Epernay, cant. et poste d'Anglure; pop. 200 hab.

ALLEMAND-ROMBACH (l'), vg. de Fr., dép. du Haut-Rhin, arr. de Colmar, cant., à 1 l. 1/2 N.-E. et poste de Ste.-Marie-aux-Mines; pop. 1800 hab.

ALLEMANDS (les), vg. de Fr., dép. du Doubs, arr., à 2 l. N.-E. et poste de Pontarlier, cant. de Mont-Benoit; pop. 280 hab.

ALLEMANS (les), vg. de Fr., dép. de l'Arriège, arr., cant., à 1 l. E. et poste de Pamiers; pop. 800 hab.

ALLEMANS, vg. de Fr., dép. de la Dordogne, arr., cant., à 1 l. E. et poste de Ribérac; pop. 1450 hab.

ALLEMANS, ham. de Fr., dép. de Lot-et-Garonne, arr. et poste de Villeneuve-sur-Lot, cant. et com. de Penne; pop. 50 hab.

ALLEMANS-DU-DROT, b. de Fr., dép. de Lot-et-Garonne, arr. de Marmande, cant. de Lauzun, poste de Miramont, sur le Drot; pop. 750 hab.

ALLEMANT, vg. de Fr., dép. de l'Aisne, arr., à 2 l. 1/2 N.-E. de Soissons, cant. de Vailly, poste de Chavignon; pop. 320 hab.

ALLEMANT, ham. de Fr., dép. d'Eure-et-Loir, arr. de Dreux, cant. de Nogent-le-Roi, com. de Boutigny, poste de Boudan; pop. 60 hab.

ALLEMANT, vg. de Fr., dép. de la Marne, arr. d'Epernay, cant. et poste de Sézanne; pop. 600 hab.

ALLEMENT, ham. de Fr., dép. de l'Ain, arr. de Nantua, cant. et com. de Poncin, poste de Cerdon; pop. 100 hab.

ALLEMOGNE, ham. de Fr., dép. de l'Ain, arr. de Gex, cant. de Fernex, com. de Thoiry, poste de St.-Genis-Pouilly; pop. 350 hab.

ALLEMONT, b. de Fr., dép. de l'Isère, arr., à 7 l. E. de Grenoble, cant. et poste de Bourg-d'Oysans, sur la Romanche; on y trouve une mine d'argent et une de plomb, ainsi qu'une fonderie; pop. 1300 hab.

ALLEN (marais d'), appelé aussi marais de *Kildare*, le plus grand des marais d'Irlande, dans la prov. de Leinster, à l'O. de Dublin.

ALLEN (lac d'), en Irlande, dans la partie occ. de la prov. d'Ulster, formé par le Shannon.

ALLEN, riv. d'Angleterre, qui prend sa source dans le comté de Dorset, et se jette dans la Stour, près de Blandford.

ALLEN, riv. d'Angleterre, dans la principauté de Galles.

ALLEN, comté des États-Unis d'Amérique, dans l'état d'Ohio.

ALLEN, comté des États-Unis d'Amérique, dans l'état de Kentucky.

ALLEN, île située sur la côte sept. de la Nouvelle-Hollande, dans le golfe Carpentarie.

ALLENAY, vg. de Fr., dép. de la Somme, arr., à 8 l. O. d'Abbeville, cant. d'Ault, poste d'Eu; pop. 280 hab.

ALLE

ALLENBACH, vg. des états prussiens, dans la prov. du Rhin, rég. de Trèves; forges de cuivre et de fer; pop. 600 hab.

ALLENBOURG, pet. v. des états prussiens, dans la prov. de Prusse, rég. de Königsberg; brasseries et distilleries d'eau-de-vie, commerce de filets; pop. 1700 hab.

ALLENC, vg. de Fr., dép. de la Lozère, arr., à 4 l. E. de Mende, cant. et poste de Blaymard; mine de plomb; pop. 1600 hab.

ALLEND, b. des États-Unis d'Amérique, dans l'état de Pensylvanie, comté de Cumberland, sur le Yeltow-Breeches; pop. 2000 h.

ALLEND'HUI. *Voyez* ALLAND'HUI.

ALLENDORF, pet. v. de la Hesse-Électorale, dans la prov. de la Basse-Hesse, sur la Werra et au pied du Meissner, à 7 l. S.-E. de Cassel; il y a une saline, qui fournit annuellement 90,000 quintaux de sel; pop. 4000 hab.

ALLENDORF, v. très-ancienne du grand-duché de Hesse-Darmstadt, dans la prov. de la Hesse supérieure, dist. de Giessen, sur la Lumda; fabriques de toiles, de gros draps et de tapis; les habitants se livrent, en outre, à l'agriculture et à l'éducation du bétail; pop. 1350 hab.

ALLENDORF, b. de la Russie d'Europe, dans le gouv. de Livonie, cercle de Riga.

ALLENJOIE, *Alanum, Allanum Jovis*, vg. de Fr., dép. du Doubs, sur l'Alaine, arr., à 2 l. N.-E. et poste de Montbéliard, cant. d'Audincourt, avec un château; pop. 450 hab.

ALLENNES-LES-MARAIS, vg. de Fr., dép. du Nord, arr., à 3 l. 1/2 S. de Lille, cant. de Seclin; pop. 800 hab.

ALLENSPACH, vg. du grand-duché de Bade, situé dans le cer. du lac, sur l'Untersee, non loin de Constance. Ce village a quelque célébrité historique : il fit partie d'une dotation, faite en 724 par Charles Martel à l'évêque Pirmin, fondateur du couvent de Reichenau. En 1525, le 13 mai, lors de la fameuse guerre des paysans, il fut pris par les insurgés. On y remarque encore des restes d'anciennes portes; on prétend même qu'il fut naguère une ville de quelque importance. Les habitants d'Allenspach, au nombre de 804, se livrent à la culture de la vigne et des arbres fruitiers, à la pêche et au batelage sur le lac de Constance. La route, qui conduit à Constance, traverse ce village.

ALLENSTEIG, pet. v. des états autrichiens, dans l'archiduché d'Autriche, gouv. de la Basse-Autriche, cer. au-dessus du Mannhartsberg; fabriques de toiles ; pop. 3000 hab.

ALLENSTEIN (en polonais *Olsztyn*), v. de Prusse, dans la prov. de Prusse, rég. de Königsberg, chef-lieu de cer.; poteries, tanneries, fabriques de draps, verreries; pop. 3000 hab.

ALLENSTOWN, v. des États-Unis d'Amérique, dans l'état de New-Jersey, comté de Monmouth.

ALLENSTOWN, v. des Etats-Unis d'Amérique, dans l'état de Pensylvanie, comté de Northampton, à 5 l. de Philippsburgh.

ALLENSTOWN, v. des Etats-Unis d'Amérique, dans l'état de Pensylvanie, comté de Lehigh, sur le Lehigh; pop. 2000 hab.

ALLENSTOWN, v. des États-Unis d'Amérique, dans l'état de New-Hampshire, comté de Buckingham, à 11 l. de Portsmouth; chef-lieu d'un dist. de même nom.

ALLENSTOWN, dist. des États-Unis d'Amérique, dans l'état de New-Hampshire, comté de Rockingham; pop. 3000 hab.

ALLENWILLER, vg. de Fr., dép. du Bas-Rhin, arr., à 2 l. 1/2 S. et poste de Saverne, cant. de Marmoutier; pop. 500 hab.

ALLER, *Alara*, *Alera*, *Allera*, riv. considérable de l'Allemagne septentrionale, qui prend sa source dans le duché prussien de Saxe, dans la rég. de Magdebourg, parcourt le royaume de Hanovre, où elle devient navigable à Celle, et se jette dans le Wéser, non loin de Verden, après un cours de 25 l. d'Allemagne. Ses principaux affluents sont l'Ocker, la Tonsé, la Leine, la Ruhme et l'Innerste.

ALLERAND. *Voyez* VILLERS-ALLERAND.

ALLERAY ou **ALLEREY**, vg. de Fr., dép. de Saône-et-Loire, arr., à 6 l. 1/2 N.-E. de Châlons-sur-Saône, cant. et poste de Verdun-sur-le-Doubs; pop. 1060 hab.

ALLERAY ou **ALLEREY**, vg. de Fr., dép. de la Côte-d'Or, arr., à 8 l. O. de Beaune, cant. et poste d'Arnay-le-Duc; pop. 850 h.

ALLERDALE, nom de deux portions du comté de Cumberland, en Angleterre, situées sur les deux rives du Derwent; elles comprennent 48 paroisses.

ALLERÉ. *Voyez* LE-GUÉ-D'ALLERÉ.

ALLERET, ham. de Fr., dép. du Cantal, arr. de St.-Flour, cant. et poste de Massiac, com. de St.-Poncy; pop. 300 hab.

ALLERHEILIGEN, vg. des états autrichiens, dans le duché de Styrie, cer. de Judenbourg; forges.

ALLERHEIM, gr. vg. de Bavière, dans le cer. de la Rezat, dist. de Harbourg, à 1 l. 1/2 de Nœrdlingen. Près de cet endroit, il y eut (3 août 1645) un combat des plus meurtriers entre les Français et les Bavarois; le général bavarois Mercy y fut tué et le château d'Allerheim détruit. On en voit encore les ruines; pop. 800 hab.

ALLÉRIOT, vg. de Fr., dép. de Saône-et-Loire, arr., à 2 l. 1/4 N.-E. et poste de Châlons-sur-Saône, cant. de St.-Martin-en-Bresse; pop. 500 hab.

ALLERSBERG, b. de Bavière, dans le cercle de la Rezat, dist. de Hilpelstein, à 3 l. de Roth; fabriques de fils d'or et d'argent; pop. 1700 hab.

ALLERSHEIM, b. de Bavière, dans le cercle du Main-Inférieur, dist. de Rœttingen, à 3 l. d'Ochsenfurt; pop. 500 hab.

ALLERTON, b. d'Angleterre, dans le comté et à 10 l. N.-O. d'Yorck. David Bruce, roi d'Écosse, y fut défait à la bataille de l'Étendard, au quatorzième siècle. Deux députés au parlement.

ALLERY, vg. de Fr., dép. de la Somme, arr., à 5 l. S. d'Abbeville, cant. d'Hallencourt, poste d'Airaines; pop. 1020 hab.

ALLÈS. *Voyez* ALÈS.

ALLÈS-ET-CASENEUVE, vg. de Fr., dép. de Lot-et-Garonne, arr., à 2 l. E. de Villeneuve-sur-Lot, cant. et poste de Ste.-Livrade; pop. 650 hab.

ALLESHAUSEN, vg. du Wurtemberg, dans le cer. du Danube, gr.-bge de Niedlingen; environs très-marécageux; pop. 500 hab.

ALLETTE. *Voyez* ALETTE.

ALLEUDS (les), vg. de Fr., dép. de Maine-et-Loire, arr., à 8 l. O. de Saumur, cant. de Thouarcé, poste de Brissac; pop. 560 h.

ALLEUDS (les), vg. de Fr., dép. des Deux-Sèvres, arr., à 3 l. S.-E. de Melle, cant. et poste de Sauzé; pop. 600 hab.

ALLEURS (les), ham. de Fr., dép. de la Seine-Inférieure, arr. de Rouen, cant. de Clères, com. d'Eslettes, poste de Malaunay; pop. 60 hab.

ALLEUX (les), vg. de Fr., dép. des Ardennes, arr., à 2 l. 1/2 N. et poste de Vouzières, cant. du Chaine; pop. 430 hab.

ALLEUX (les). *Voyez* ST.-OUEN-DES-ALLEUX.

ALLEUX (les). *Voyez* LA-BAZOUCHE-DES-ALLEUX.

ALLEUX (les), ham. de Fr., dép. des Deux-Sèvres, arr. de Niort, cant. et poste de Champdeniers, com. de Surin; pop. 150 h.

ALLEUX (les), ham. de Fr., dép. de la Somme, arr. et poste d'Abbeville, cant. de Moyenneville, com. de Béhen; pop. 50 hab.

ALLEUZE, vg. de Fr., dép. du Cantal, arr., cant., à 2 l/2 l. S. et poste de St.-Flour; pop. 700 hab.

ALLEVAL (l'), ham. de Fr., dép. de la Marne, arr., cant., com. et poste de Ste.-Menehould; pop. 15 hab.

ALLEVARD, *Alavardum*, b. de Fr., dép. de l'Isère, arr. et à 9 l. N.-E. de Grenoble, chef-lieu de canton, poste de Goncelin. On y trouve des usines importantes pour la fabrication de l'acier et des canons de la marine, une mine où l'or est allié à d'autres métaux, plusieurs de mercure, de cuivre et de fer; ces mines, et celles de houille, sont une source de prospérité pour le département; pop. 2700 hab.

ALLEX, vg. de Fr., dép. de la Drôme, arr. et à 9 1/2 l. O. de Die, cant. et poste de Crest; pop. 1450 hab.

ALLEYRAC, ham. de Fr., dép. du Gard, arr. d'Uzès, cant. et poste de Pont-Saint-Esprit, com. d'Issirac; pop. 70 hab.

ALLEYRAS, vg. de Fr., dép. de la Haute-Loire, arr. et à 5 1/2 l. S.-O. du Puy, cant. et poste de Cayres. Fabrique de papeterie commune, tuileries, briqueteries; pop. 900 h.

ALLEYRAT, vg. de Fr., dép. de la Corrèze, arr., à 21. N.-O. et poste d'Ussel, cant. de Meymac; pop. 420 hab.

ALLEYRAT, vg. de Fr., dép. de la Creuse, arr., cant., à 1. l. N. et poste d'Aubusson; pop. 450 hab.

ALLI, riv. du roy. de Naples, dans la Calabre ultérieure IIe; elle se jette dans le golfe de Squillace.

ALLIANCELLES, vg. de Fr., dép. de la Marne, arr. et à 5 l. E. de Vitry-le-Français, cant. et poste de Heiltz-le-Maurupt; pop. 500 hab.

ALLIANVILLE, vg. de Fr., dép. de la Haute-Marne, arr. et à 6 l. N.-E. de Chaumont, cant. de St.-Blain, poste d'Andelot; pop. 400 hab.

ALLIAT. *Voyez* ALIAT.

ALLIBAUDIÈRES, vg. de Fr., dép. de l'Aube, arr., cant., à 1 1/2 l. N. et poste d'Arcis-sur-Aube; pop. 450 hab.

ALLICHAMP, vg. de Fr., dép. du Cher, arr. et à 21. N.-O. de St.-Amand-Mont-Rond, cant. et poste de Châteauneuf-sur-Cher; pop. 320 hab.

ALLICHAMPS, vg. de Fr., dép. de la Haute-Marne, arr., cant., à 2 l. N.-O. et poste de Vassy. Forges; pop. 320 hab.

ALLIER (dép. de l'), dans la région du centre de la Fr., est formé de l'ancien Bourbonnais. Il est borné au N. par le dép. de la Nièvre et du Cher, à l'O. par le dép. de la Creuse, au N.-O. par le Cher, au S. par le Puy-de-Dôme, à l'E. par ceux de la Loire et de Saône-et-Loire. Sa superficie est de 580,997 hectares, et sa population de 309,270 hab. Ce département offre un aspect assez varié; la plus grande partie est traversée par des chaînes de collines assez élevées, entre lesquelles s'étendent des vallées, les unes agréables, les autres tristes et monotones. Les plaines et les côteaux sont fertiles; les vallées ont une belle végétation naturelle; mais on rencontre aussi des gorges arides et stériles. La terre, dans les endroits fertiles, est argileuse et repose sur une base de même nature, ailleurs elle est sablonneuse et mêlée de gravier. Deux chaînes de montagnes s'étendent parallèlement du S. au N. et forment le bassin de l'Allier; les points culminants ont de 500 à 600 mètres d'élévation au-dessus du niveau de la mer; ces chaînes sont des ramifications des monts d'Auvergne et du Forez. Le département entier est dans un haut pays et situé à plus de 340 mètres au-dessus du niveau de la mer. Il est arrosé par une grande quantité de rivières; la Loire le borne à l'E., le Cher à l'O., et l'Allier le traverse du S. au N., parallèlement aux deux autres. Ces cours d'eau sont navigables. Les autres moins importants sont : la Bèbre, le Sichon, la Sioule, l'Audelot, l'Ousenau, l'Aumance, la Marmande, la Sologne, etc. Le département possède aussi un grand nombre d'étangs très-poissonneux et des retenues d'eau fort favorables aux usines et fabriques, mais souvent nuisibles à la santé par leur influence sur la température. Le canal du Cher établit une communication entre Montluçon et Saint-Amand (Cher).

Ce département a de beaux pâturages. On y cultive aussi la vigne. Les grains, les fruits et les légumes y sont assez abondants. Il a aussi de belles forêts, des mines de fer, d'antimoine, de houille, des carrières de granit, de porphyre, de marbre de diverses couleurs, des sources d'eaux minérales et des établissements thermaux.

Le règne animal y est très-varié. Outre les animaux domestiques ordinaires, on élève dans le département des chèvres du Thibet et des cochons de Siam. Les loups, les renards, les martres, les blaireaux y sont très-communs et, en général, on y trouve toute sorte de gibier. Parmi les reptiles on remarque la vipère et la couleuvre à collier.

L'industrie du département est très-développée. Il possède des forges, des verreries, des manufactures de glaces, des papeteries, des fabriques de porcelaine blanche et de poterie, des tanneries, des filatures, des fabriques de draps, des coutelleries. On y fait un grand commerce de bois ; on exporte des grains, du vin, du chanvre, du bétail, du gibier, des plumes à écrire, etc.

Le département est divisé en 4 arrondissements, 26 cantons et 329 communes.

Les chefs-lieux d'arrondissement sont :

Moulins	9 cant.,	87 com.,	90,582 h.
Gannat	5	70	66,024
La Palisse	6	77	73,614
Montluçon	6	95	79,050

26 cant. 329 com. 309,270 h.

Il nomme 4 députés, fait partie de la 15e division militaire dont le quartier-général est à Bourges, est du ressort de la cour royale de Riom et de l'académie de Clermont, de la 23e conservation des forêts dont le chef-lieu est Moulins, de la 5e inspection des ponts-et-chaussées dont le chef-lieu est Lyon, et de la 3e division des mines dont le chef-lieu est Dijon. Il a 3 collèges, une école normale primaire et 190 écoles primaires. Voyez pour l'historique l'article BOURBONNAIS.

ALLIER, vg. de Fr., dép. des Hautes-Pyrénées, arr., cant. et poste de Tarbes; pop. 250 hab.

ALLIÈRES, vg. de Fr., dép. de l'Arriège, arr. et à 6 l. O. de Foix, cant. et poste de La-Bastide-de-Serou; pop. 300 hab.

ALLIÈRES, vg. de Fr., dép. de l'Isère, arr. et à 2 1/2 l. de Grenoble, cant. et poste de Vist; pop. 750 hab.

ALLIÈRES, ham. de Fr., dép. du Rhône, arr. et poste de Villefranche-sur-Saône, cant. de St.-Nizier-d'Azerques, com. de Chambost-sur-Chamelet; pop. 300 hab.

ALLIÈRES. *Voyez* AILLIÈRES.

ALLIEUX, vg. de Fr., dép. de la Loire, arr. de Montbrison, cant. de Boën, poste de St.-Germain-Laval; pop. 350 hab.

ALLIGATOR, riv. des États-Unis d'Amérique, dans l'état de la Caroline septentrionale, qui se jette dans la mer Atlantique.

ALLIGATOR, nom de trois riv. dans la partie sept. de la Nouvelle-Hollande, dans l'Océanie; elles se jettent dans la baie de Van-Diemen, à peu de distance l'une de l'autre; elles furent découvertes par le capitaine anglais King, et sont regardées comme des branches d'un seul et même fleuve.

ALLIGATOR-SWAMP ou **DISMAL-SWAMP**, contrée marécageuse et riche en bois des États-Unis d'Amérique, entre la Virginie et la Caroline septentrionale.

ALLIGNY, b. de Fr., dép. de la Nièvre, arr. et à 6 1/2 l. N.-E. de Château-Chinon, canton de Montsauche, poste de Saulieu (Côte-d'Or). Mines de plomb; pop. 2400 h.

ALLIGNY, vg. de Fr., dép. de la Nièvre, arr., cant., à 2 l. N.-E. et poste de Cosne; pop. 1750 hab.

ALLINEUC, b. de Fr., dép. des Côtes-du-Nord, arr. et à 4 1/2 l. N. de Londéac, cant. et poste d'Uzel; pop. 2600 hab.

ALLIQUERVILLE, ham. de Fr., dép. de la Seine-Inférieure, arr. du Hâvre, cant. et poste de Bolbec, com. de Trouville; pop. 350 hab.

ALLIRE. *Voyez* STE.-ALYRE.

ALLITORY, v. de l'Indoustan, dans la présidence de Madras, prov. de Carnate, à 2 l. S.-O. de Trichinopoly.

ALLIVET, ham. de Fr., dép. de l'Isère, arr. de St.-Marcellin, cant. et poste de Rives, com. de Renage; pop. 50 hab.

ALLMANNS-GEBIRG (montagnes des Allmans), nom que l'on donne à la grande chaîne de montagnes du canton de Zurich, qui, en prenant naissance entre Rapperswyl et le Toggenburg, s'étend vers le N.-E., dans une longueur de plus de 13 lieues, jusqu'au Rhin. Ses points culminants sont: le Schnabelhorn, de 1226 mètres, et le Hœrnli, de 1196 mètres au-dessus du niveau de la mer. Cette montagne est couverte de forêts et de belles prairies.

ALLMANNSWEILER, vg. de Wurtemberg, dans le cer. du Danube, gr.-bge de Saulgau; pop. 200 hab.

ALLMANSWEYER, vg. du grand-duché de Bade, situé dans le cer. du Rhin-Moyen, à peu de distance de Lahr, et à une 1/2 l. du Rhin. L'origine de ce village remonte, dit-on, jusqu'aux Alemans. Au moyen-âge il appartenait en partie à la ville de Strasbourg qui le vendit en 1663. Ses habitants, au nombre de 500, se livrent à la culture en grand du tabac, de la chicorée et de la carotte.

ALLMENDINGEN, (Grand et Petit), vges du Wurtemberg, dans le cer. du Danube, gr.-bge d'Ehingen. Les deux villages ne sont séparés que par une petite vallée; pop. 800 h.

ALLMERSBACH, vg. parois. du Wurtemberg, dans le cer. du Necker, gr.-bge de Bœknang; pop. 770 hab.

ALLMERSBACH, vg. du Wurtemberg, dans le cer. du Necker, gr.-bge de Marbach; pop. 700 hab.

ALLMON-DIBLATHAIM, g. a., v. des Moabites, à l'E. de la mer Morte, et sur la frontière de l'Arabie Pétrée.

ALLOA ou **ALLOWAH**, **ALLOWAY**, v. maritime d'Écosse, dans le comté de Clackmannan, près de l'embouchure du Forth dans le Frith of Forth, à 10 l. O.-N.-O. d'Edimbourg; bon port, chantiers; commerce de sel, de houille et de bois. Dans les environs on distille beaucoup d'eau-de-vie; pop. 5600 hab.

ALLOBROGES, g. a., peuple de la Gaule narbonnaise, occupaient le N. du Dauphiné et une partie de la Savoie; capitale Vienne.

ALLODAYRES, ham. de Fr., dép. de l'Isère, arr. de Grenoble, cant. et poste de Mens, com. de St.-Genis; pop. 12 hab.

ALLOGNY ou **ALLOIGNY**, vg. de Fr., dép. du Cher, près de la forêt du même nom; arr. et à 4 1/2 l. N. de Bourges, cant. de St.-Martin-d'Auxigny, poste de Méhun-sur-Yèvre. Sable à creusets; pop. 750 hab.

ALLOIRES (les), vg. de châlets de Suisse, au fond de la vallée de Chambéry, cant. de Valais, décurie de Monthey, à 1886 mètres au-dessus de la mer.

ALLOIS (les), ham. de Fr., dép. de la Haute-Vienne, arr. de Limoges, cant. et poste de St.-Léonard, com. de la Geneitouse; pop. 50 hab.

ALLON ou **ALLONS**, vg. de Fr., dép. de Lot-et-Garonne, arr., à 10 l. O. et poste de Nérac, cant. de Houeilles, poste de Castel-Jaloup; pop. 950 hab.

ALLONAL, ham. de Fr., dép. du Jura, arr. de Lons-le-Saulnier, cant., com. et poste de St.-Amour; pop. 160 hab.

ALLONDANS, vg. de Fr., dép. du Doubs, arr., cant., à 3/4 de l. et poste de Montbéliard; pop. 240 hab.

ALLONDRELLE, vg. de Fr., dép. de la Moselle, arr. et à 8 1/2 l. N.-O. de Briey, cant. et poste de Longuyon; pop. 950 hab.

ALLONNE. *Voyez* LES MOITTIERS-D'ALLONNE.

ALLONNE, vg. de Fr., dép. de l'Oise, arr., cant., à 1 l. S.-E. et poste de Beauvais. Terres en labour, vignes, bois et prairies, beau lavoir de laine sur le Thérain, et magasins de laines de toutes espèces; moulins à foulon et à tan; pop. 1450 hab.

ALLONNE, vg. de Fr., dép. des Deux-Sèvres, arr., à 5 l. S.-O. et poste de Parthenay, cant. de Secondigny; pop. 1550 hab.

ALLONNES, vg. de Fr., dép. d'Eure-et-Loir, arr. et à 4 l. S.-E. de Chartres, cant. et poste de Voves. Fabriques de bonneteries et de gants; pop. 430 hab.

ALLONNES, vg. de Fr., dép. de Maine-et-Loire, arr., cant., à 2 1/2 l. et poste de Saumur; pop. 2100 hab.

ALLONNES, vg. de Fr., dép. de la Sarthe, arr., cant., à 1 1/2 l. S. et poste de Mans; pop. 750 hab.

ALLONS, vg. de Fr., dép. des Basses-Alpes, arr. et à 4 l. N. de Castellane, cant. de St.-André, poste d'Annot. Mine de plomb; pop. 500 hab.

ALLONS. *Voyez* ALLON.

ALLONVILLE, vg. de Fr., dép. de la Somme, arr., cant., à 1 1/2 l. N.-E. et poste d'Amiens; pop. 800 hab.

ALLOS ou ALLOZ, vg. de Fr., dép. des Basses-Alpes, sur le Verdon, arr. et à 4 1/4 l. de Barcelonnette, chef-lieu de canton, poste de Colmars; près d'un beau lac qui abonde en truites; pop. 1530 hab.

ALLOTS (les), ham. de Fr., dép. de Seine-et-Oise, arr. de Mantes, cant. de Bonnières, com. de Ménerville, poste de Rosny-sur-Seine; pop. 9 hab.

ALLOUAGNE, vg. de Fr., dép. du Pas-de-Calais, arr., cant. et à 2 1/2 l. O. de Béthune, poste de Lillers; pop. 1120 hab.

ALLOUARM (Saint-), îlots sur la côte N.-O. de la Nouvelle-Hollande.

ALLOUÉ, vg. de Fr., dép. de la Charente, arr., à 4 l. O. et poste de Confolens, cant. de Champagne-Mouton. Il s'y tient douze foires par an; pop. 1700 hab.

ALLOUESTRE (Saint-), vg. de Fr., dép. du Morbihan, arr. et à 6 1/4 l. de Ploërmel, canton de St.-Jean-de-Brévelay, poste de Josselin; 850 hab.

ALLOUETTES (la poste aux). *Voyez* LISSARD-LE-PETIT.

ALLOUIS ou ALLOUY, vg. de Fr., dép. du Cher, arr. et à 4 1/2 l. N.-O. de Bourges, cant. et poste de Méhun-sur-Yèvre; pop. 750 hab.

ALLOUR, v. de l'Indoustan anglais, dans la présidence de Madras, prov. de Carnate, à 6 l. N. de Vellour.

ALLOUVILLE-BELLEFOSSE, vg. de Fr., dép. de la Seine-Inférieure, arr., cant., à 1 1/2 l. S.-O. et poste d'Yvetot; pop. 1250 h.

ALLOZ. *Voyez* ALLOS.

ALLSCHWEILER, joli vg. parois. de Suisse, dans le cant. de Bâle-Campagne, dist. d'Arlesheim. Des urnes funéraires, des médailles, des vases antiques qui y ont été trouvés, attestent son antiquité; pop. 100 hab.

ALLSTAEDT ou ALLSTEDT, *Alstadium*, pet. v. du grand-duché de Saxe-Weimar, dans une contrée très-fertile; avec un château sur une montagne, où résidaient les anciens comtes-palatins de Saxe, avec un haras; on y fabrique des toiles, du salpêtre et de la potasse; il s'y tient quatre foires par an; pop. 2100 hab.

ALLUES (les), vg. des états sardes, dans le duché de Savoie, sur le Doron. Eaux minérales; pop. 1300 hab.

ALLUETS-LE-ROI (les), vg. de Fr., dép. de Seine-et-Oise, arr., à 5 l. N.-O. de Versailles, cant. et poste de Poissy; pop. 520 h.

ALLUY, vg. de Fr., dép. de la Nièvre, arr. et à 7 l. O. de Château-Chinon, cant. et poste de Châtillon-en-Bazois; pop. 1280 h.

ALLUYES, *Alloya*, vg. de Fr., dép. d'Eure-et-Loir, arr. et à 5 1/2 l. N. de Châteaudun, cant. et poste de Bonneval; pop. 800 hab.

ALLY, vg. de Fr., dép. de Cantal, arr., et à 2 l. S. et poste de Mauriac, cant. de Pléaux; pop. 1200 hab.

ALLY, vg. de Fr., dép. de la Haute-Loire, arr. et à 5 l. S. de Brioude, cant. de Lavoute-Chilhac, poste de Langeac. Fonderies et mines de plomb; pop. 880 hab.

ALLY, pet. v. de l'Indoustan, dans l'état de Holkar, au S.-O. de l'état de Malvah, à 6 l. de Nerbuddah.

ALM, vg. de l'archiduché d'Autriche, dans le gouv. de la Haute-Autriche, cer. et à 11 l. de Salzbourg; il a une fabrique importante de tôle.

ALMA, riv. de la Russie d'Europe, qui a son embouchure dans la mer Noire.

ALMA, riv. de la Russie d'Asie, dans la Sibérie, presqu'île de Kamtschatka.

ALMACABANA ou ALMACHARANA, v. de l'Arabie, dans la prov. du Yémen, sur une montagne, à 40 l. d'Aden.

ALMAÇARRON ou ALMAZARRON, pet. v. maritime d'Espagne, dans le roy. et à 12 l. S.-S.-O. de Murcie; fabriques de sparterie; mines d'alun; pop. 5000 hab.

ALMACHAR, b. d'Espagne, dans le roy. de Grenade, à 4 l. N.-E. de Malaga.

ALMADA ou ALSENA, pet. v. du Portugal, dans la prov. d'Estramadure, à l'opposite et à 1 1/2 l. S. de Lisbonne. Il y a un château et de fort beaux entrepôts de vin. A l'O. est la tour de St.-Sébastien, qui défend l'entrée du Tage; mine d'or aux environs; pop. 4000 hab.

ALMADA, b. de l'emp. du Brésil, dans la prov. de Bahia, non loin du lac Itahype.

ALMA-DAG ou LUKAN, *Amanus Mons*, branche du mont Taurus, dans la Turquie d'Asie, qui sépare l'Anatolie de la Syrie et de la Mésopotamie.

ALMADEN, *Sisapon, Sisapone, Sisalone, Sisipo*, b. d'Espagne, dans le roy. de la Nouvelle-Castille, prov. de la Manche, à 20 l. S.-O. de Ciudad-Réal. On y trouve la mine de vif-argent la plus riche de toute l'Europe; elle rapporte annuellement jusqu'à 20,000 quintaux de mercure et 60 quintaux de cinabre; pop. 5000 hab.

ALMADEN-DE-LA-PLATA, b. d'Espagne, dans l'Andalousie, roy. et à 10 l. N. de Séville.

ALMADRA, b. du Portugal, dans le roy. des Algarves, à 1 l. O. de Lagos.

ALMADRONES, b. d'Espagne, dans le roy. de la Nouvelle-Castille, prov. et à 10 l. N.-N.-E. de Guadalaxara.

ALMAGIA, b. d'Espagne, dans le roy. de Grenade, à 3 l. O.-N.-O. de Malaga.

ALMAGRO, *Almagrum*, v. d'Espagne, dans le roy. de la Nouvelle-Castille, prov. de la Manche, à 5 l. E.-S.-E. de Ciudad-Réal; fabrique de blondes qui occupe plus de 200 personnes; vins renommés et eaux minérales; chaque année il s'y tient une grande foire de mulets; pop. 3000 hab.

ALMAGUER, *Almagra*, v. de l'Amérique méridionale, dans la Colombie, rép. de la Nouvelle-Grenade, dép. de Couca, à 7 l. de Popayan, sur un plateau très-élevé; mines d'or dans les environs.

ALMAJORA ou **ALMAZORA**, b. d'Espagne, dans le roy. de Valence, sur la Méditerranée, tout près de Castellon de la Plana. Il est renommé pour ses saucissons assaisonnés de piment; pop. 3000 hab.

ALMALI, pet. v. de la Turquie d'Asie, dans l'Anatolie, paschalik d'Anadoly, entre Macri et Satalieh.

ALMALVEZ, b. d'Espagne, dans le roy. de la Vieille-Castille, prov. et à 12 l. S.-S.-E. de Soria, sur l'Arroyo.

ALMANCE (l'), riv. de Fr., qui prend sa source dans le dép. de la Dordogne, passe à Sauveterre et à Libos, dép. de Lot-et-Garonne, et se jette dans le Lot après un cours de 6 l. (*Voyez* ALLEMANCE.)

ALMANDRA, b. du Portugal, dans la prov. de Beira.

ALMANDRONES, pet. v. sur la côte occ. de l'emp. de Maroc, dans le roy. de Fez, au S. du cap Spartel.

ALMANDRALÉJO ou **ALMENDRALÉJO**, *Almandralegium*, b. d'Espagne, dans la prov. d'Estramadure, à 7 l. S.-S.-O. de Mérida.

ALMANZA ou **ALMANSA**, *Almantica*, v. d'Espagne, dans le roy. et à 25 l. N. de Murcie, sur les confins du roy. de Valence. On y fabrique des toiles et tous les ans il s'y tient une foire de quinze jours. L'armée alliée des Portugais, des Anglais et des Hollandais (sous les ordres de Mylord Galonai, Français de naissance), y fut défaite par les Français et les Espagnols, commandés par le duc de Berwick, le 25 avril 1707. Cette victoire affermit Philippe V sur le trône d'Espagne. Aux environs on plante beaucoup de vin et de safran; pop. 4000 hab.

ALMANZA, b. d'Espagne, dans le roy. de la Vieille-Castille, prov. et à 5 l. N. de Soria, sur la Téra.

ALMANZA, b. d'Espagne, dans le roy. et la prov., à 14 l. N.-N.-E., de Léon, sur la Céa.

ALMANZOR, pet. v. de l'emp. de Maroc, dans le roy. de Fez, à 24 l. O.-N.-O. de Méquinèz.

ALMANZORA, riv. d'Espagne, dans le roy. de Grenade; elle se jette dans la Méditerranée à Véra.

ALMARAZ, b. d'Espagne, dans la prov. d'Estramadure, sur la rive droite du Tage, à 12 l. S.-E. de Plasencia. Un combat y eut lieu en 1810 entre les Français et les Anglo-Espagnols; pop. 1000 hab.

ALMARAZ, b. d'Espagne, dans le roy. de Léon, prov. de Toro, près de Rio-Séco, à 5 l. E.-N.-E. de Toro.

ALMARCHA, b. d'Espagne, dans le roy. de la Nouvelle-Castille, prov. et à 12 l. S.-S.-O. de Cuença, non loin du Xucar.

ALMAS, *Alisca*, vg. de la Basse-Hongrie, cer. au-delà du Danube, comitat de Comorn, sur la rive droite du Danube et vis-à-vis de Colocza; bains d'eaux sulfureuses; territoire fertile en vins et riche en carrières de marbre; antiquités romaines.

ALMAS, vg. du roy. d'Esclavonie, en Autriche, au confluent de la Drave et du Danube.

ALMAS (Rio de las), riv. de l'emp. du Brésil, qui se jette dans l'Arayuaya.

ALMAS-HOMOROD ou **APFELDORF**, vg. de la frontière militaire du grand-duché de Transylvanie, en Autriche, dist. de Kezdi-Vasarhély; saline; stalactites.

ALMAYRAC, vg. de Fr., dép. du Tarn, arr., à 5 l. N. d'Alby, cant. et poste de Pampelonne; pop. 450 hab.

ALMAZAN, *Almazanum*, pet. v. d'Espagne, dans le roy. de la Vieille-Castille, prov. et à 5 l. S. de Soria, avec un beau pont sur le Duéro; pop. 2000 hab.

ALMAZY (Saint-), ham. de Fr., dép. de l'Aveyron, arr. de Ste.-Affrique, cant. et poste de St.-Sernin, com. de Coupiac; pop. 80 hab.

ALME (l'), riv. des états prussiens, dans la prov. de Westphalie; elle se jette dans la Lippe près de Neuhaus, rég. de Minden, cer. de Paderborn.

AL-MÉDINA, v. commerciale de l'emp. de Maroc, en Afrique, roy. de Fez, dans une plaine fertile entre Azamor et Azaffi.

ALMEIDA, *Almedia*, v. du Portugal, dans la prov. de Beira, à 8 l. O.-N.-O. de Ciudad-Rodrigo. C'est une des plus importantes places de guerre du pays, sur la frontière d'Espagne. Elle fut prise par les Espagnols, en 1762, et restituée peu de temps après aux Portugais. En 1810 (28 août), cette place fut prise par les Français; mais l'année suivante, après la perte de la bataille de Fuentès-de-Honor, l'armée anglo-espagnole la reprit. Le général Masséna l'assiégea en 1813, et força le général anglais Coco, qui la défendait, à capituler le 27 août, après un siège de plus de deux mois. Lorsque les événements désastreux pour la France forcèrent Masséna à quitter le Portugal, le général Brenier fit sauter les fortifications d'Almeida; elles ont été rétablies depuis; eaux sulfureuses; pop. 6000 hab.

ALMEIDA, vg. d'Espagne, dans le roy. de Léon, prov. et à 7 l. de Zamora.

ALMEIDA, vg. du Brésil, dans la prov. et à 14 l. d'Espiritu-Santo, à l'embouchure du Reys-Magos. Les bois de charpente et la poterie sont des objets d'exportation pour cet endroit, fondé par des jésuites.

ALMELO ou **ALMELOO**, *Almeloa*, v. du roy. des Pays-Bas, prov. d'Over-Yssel, sur la Vechté, à 7 l. E. de Deventer; fabriques considérables de toiles extrêmement fines, qui sont un des principaux objets commerciaux de ce pays; pop. 2600 hab.

ALMÉ — ALMO

ALMEIRIM ou **ALMEYRIM**, *Almerinum*, *Moron*, b. du Portugal, dans la prov. d'Estramadure, sur la rive gauche du Tage, à 2 l. S.-S.-E. de Santarem.

ALMEIRIM ou **ALMEYRIM**, b. de l'emp. du Brésil, dans la prov. de Para, à l'embouchure du Para et à 25 l. de Curupa ; riz, maïs, coton.

ALMEIXIAL, b. du Portugal, dans la prov. d'Alentéjo.

ALMEN, vg. du roy. des Pays-Bas, dans la prov. de Gueldre, à 1 1/2 l. de Zütphen ; pop. 900 hab.

ALMÉNARA, b. d'Espagne, dans la principauté de Catalogne, à 4 l. N. de Lérida. L'archiduc Charles y remporta une victoire célèbre sur Philippe V, roi d'Espagne, en 1710.

ALMÉNARA, b. d'Espagne, dans le roy. de Valence, sur la Méditerranée, à 3 l. N.-N.-E. de Murviédro.

ALMENDRA, b. du Portugal, dans la prov. de Beira, à 2 l. N.-O. de Castel-Rodrigo.

ALMENDRA, b. d'Espagne, dans le roy. de Léon, prov. et à 3 l. N.-O. de Zamora, sur la rive gauche de l'Esla.

ALMENDRAL, b. d'Espagne, dans la prov. d'Estramadure, à 8 l. S.-S.-E. de Badajoz.

ALMENDRALÉJO. *Voyez* **ALMANDRALÉJO.**

ALMENDRO, b. d'Espagne, dans le roy. de Léon, prov. de Salamanque.

ALMENDRO, b. d'Espagne, dans l'Andalousie, roy. de Séville, à 6 l. N.-E. d'Ayamonté.

ALMENDROS, b. d'Espagne, dans le roy. de la Nouvelle-Castille, prov. et à 20 l. E. de Tolède.

ALMENÈCHES, vg. de Fr., dép. de l'Orne, arr. d'Argenton, cant. de Mortrée, poste de Nonant ; ancienne abbaye de bénédictins ; pop. 1100 hab.

ALMÉNO-SANTO-BARTOLOMEO, vg. des états autrichiens, dans le roy. Lombard-Vénitien, gouv. de Milan, prov. de Sondrio, sur le Brembo.

ALMÉNO-SANTO-SALVATORE, b. des états autrichiens, dans le roy. Lombard-Vénitien, gouv. de Milan, prov. et à 2 l. de Bergame, sur le Brembo ; pop. 1060 hab.

ALMENS, vg. parois. de Suisse, dans le cant. des Grisons, ligue *Cadée*, juridiction de Domlesehg. La plupart des habitants ont des goitres et on y trouve beaucoup de crétins. Non loin de là, sont les restes de Schall dont les habitants sont en partie émigrés et en partie morts pendant la grande peste de 1629 ; pop. 220 hab.

ALMÉRIA, riv. d'Espagne, dans le roy. de Grenade ; elle prend sa source dans la Sierra-de-Baza et se jette dans la Méditerranée, près de la ville de même nom.

ALMÉRIA, *Almeria*, *Murgis*, *Portus Magnus*, v. maritime d'Espagne, dans le roy. et à 28 l. E -S.-E. de Grenade, au fond d'une baie de la Méditerranée et près de l'embouchure de l'Alméria ; évêché. Son port est sûr et bien abrité et sa position lui donne de grands avantages. Aussi cette ville est-elle le centre de tout le commerce de la province. Elle a des fabriques de salpêtre, soude, térébenthine et goudron. On trouve dans ses environs la cornaline, le saphir, le jaspe, l'agate, le grenat, etc., ainsi que des sources salées. Elle fut enlevée aux Maures par les rois de Castille et de Navarre, en 1147 ; pop. 7500 hab.

ALMERODE, b. d'Allemagne, électorat de Hesse, dans la prov. de la Basse-Hesse, à 4 l. de Cassel. On y fabrique de la poterie et de la fayence, de l'alun et du vitriol ; pop. 1600 hab.

ALMEROTTE, vg. du roy. de Belgique, dans la prov. de Luxembourg, à 4 l. N.-O. d'Arlon ; forges ; pop. 100 hab.

ALMERSWIND, vg. dans l'Oberland du duché de Saxe-Meiningen-Hildburghausen. Outre une forge il y a un moulin où l'on façonne chaque année une quantité immense de billes qui sont expédiées jusqu'aux Indes.

ALMIRANTE, riv. des États-Unis d'Amérique, dans la Floride occ., qui se jette dans la baie de Pensacola.

ALMIRANTE ou **AMIRANTE**, baie de la côte de Véragua, dans la Nouvelle-Grenade (Amérique méridionale) ; Christophe Colomb, qui en fit la découverte lors de son quatrième voyage, faillit périr contre les rochers et les écueils qui sont à son entrée.

ALMISSA ou **OMISCH**, *Alminium*, *Peguntium*, *Piguntiæ*, pet. v. maritime du roy. de Dalmatie, en Autriche, à l'embouchure de la Cettina dans le canal de Brazza, dans la mer Adriatique, et à 5 l. S.-E. de Spalatro ; on y récolte d'excellents vins ; pop. 800 hab.

ALMKERK, vg. du roy. des Pays-Bas, dans la prov. du Brabant septentrional ; pop. 800 hab.

ALMOAJA, vg. d'Espagne, dans le roy. d'Aragon, à 5 l. d'Albarracin ; mines de fer.

ALMODÉVAL, b. d'Espagne, dans le roy. de la Nouvelle-Castille, prov. de la Manche, à 8 l. S.-S.-O. de Ciudad-Réal.

ALMODOVAR, b. du Portugal, dans la prov. d'Alentéjo, à 15 l. S.-S.-O. de Béja.

ALMODOVAR-DEL-CAMPO, *Almodavaria Campestris*, pet. v. d'Espagne, dans le roy. de la Nouvelle-Castille, prov. de la Manche, à 7 l. S.-S.-O. de Ciudad-Réal ; vin, huile, safran, mines d'argent ; pop. 3000 hab.

ALMODOVAR-DEL-PINAR, b. d'Espagne, dans le roy. de la Nouvelle-Castille, prov. et à 10 l. S.-S.-E. de Cuença.

ALMODOVAR-DEL-RIO, b. d'Espagne, dans l'Andalousie, roy. et à 5 l. S.-O. de Cordoue, sur la rive droite du Guadalquivir.

ALMOFALO, vg. du Portugal, dans la prov. de Beira, à 3 l. 1/2 de Castel-Rodrigo. Eaux minérales froides.

ALMOLDA ou **AMOLDA**, b. d'Espagne,

dans le roy. d'Aragon, à 12 l. E.-S.-E. de Saragosse.

ALMON, ham. de Fr., dép. de l'Aveyron, arr., à 11 l. N.-E. de Villefranche-de-Rouergue, cant. et poste d'Aubin, com. de Flagnac; pop. 60 hab.

ALMONACID-DE-ZORITA, b. d'Espagne, dans le roy. de la Nouvelle-Castille, prov. et à 16 l. E. de Madrid, non loin du confluent de la Guadiéla et du Tage; fabriques de toiles; vin, huile, safran. En 1809 les Espagnols y furent défaits par les Français; pop. 3000 hab.

ALMONASTER-LA-RÉAL, b. d'Espagne, dans l'Andalousie, roy. et à 20 l. O.-N.-O. de Séville.

ALMONDBURY, *Almondburium*, b. d'Angleterre, dans le comté de York, sur la Calder, à 1 l. de Huddersfield; pop. 6000 hab.

ALMONS, *Camana Pontica*, b. de la Turquie d'Asie, dans l'Anatolie, paschalik de Siwas.

ALMONTE, b. d'Espagne, dans l'Andalousie, roy. et à 15 l. S.-O. de Séville, sur une montagne.

ALMORA, v. de l'Indoustan, dans la présidence de Bengale, prov. de Gourwal, pays de Kémaun, dont elle est la capitale. Elle est située sur une montagne baignée par le Syrmour et élevée de 5400 pieds au-dessus du niveau de la mer. Elle appartient aux Anglais depuis 1815; pop. 3500 hab.

ALMSTADT, v. de Suède, dans la Gothie, préfecture de Scanie, à 2 l. E. de Christianstadt près de la mer Baltique.

ALMSTEDT, vg. du roy. de Hanovre, dans la principauté de Hildesheim.

ALMUDÉVAR, *Bortina*, *Burtina*, *Almudevaria*, b. d'Espagne, dans le roy. d'Aragon, à 4 l. S.-O. de Huesca.

ALMUNECAR ou **ALMUNIZAR**, *Almunecara*, pet. v. fortifiée d'Espagne, dans le roy. et à 12 l. S. de Grenade, sur la Méditerranée, avec un bon port. La contrée est fertile en sucre et en coton; raffineries de sucre; pop. 2500 hab.

ALMUNIA, *Nertobriga*, *Nergobriga*, b. d'Espagne, dans le roy. d'Aragon, à 12 l. O.-S.-O. de Saragosse, au confluent du Grio et du Xalon.

ALMURRADIEL, b. d'Espagne, dans le roy. de la Nouvelle-Castille, prov. de la Manche, à 8 l. de Manzanarés.

ALNE, *Alaunus*, *Alœnus*, riv. d'Angleterre, dans le comté de Northumberland, se jette dans la mer d'Allemagne à Alnmouth.

ALNES, vg. de Fr., dép. du Nord, arr., à 4 l. de Douay, cant. et poste de Marchiennes; pop. 300 hab.

ALNEY, pet. île de l'Angleterre, formée par la Severn, non loin de Glocester. Edmond-Côte-de-Fer, roi d'Angleterre, et Canut-le-Grand, roi de Danemark, s'y battirent en champ clos l'an 1015.

ALNMOUTH, b. maritime d'Angleterre, dans le comté de Northumberland, à l'embouchure de l'Alne dans la mer du Nord et à 10 l. N. de Newcastle.

ALNO, île du golfe de Bothnie, sur la côte de Suède.

ALNWICK, pet. v. d'Angleterre, dans le comté de Northumberland, sur l'Alne, avec un port. Le château, Alnwick-Castle, renferme une belle bibliothèque et une superbe collection de tableaux, avec un beau parc; pop. 6000 hab.

ALNWICK, établissement anglais du Haut-Canada, dist. de Newcastle.

ALOMATON, pet. forteresse de la Turquie d'Europe, dans la prov. de Romélie, à l'entrée de la mer Noire.

ALOMBO, prov. du Congo, dans la Basse-Guinée, en Afrique.

ALON, ham. de Fr., dép. du Var, arr. de Toulon-sur-Mer, cant. et poste de Beausset; pop. 150 hab.

ALONA, pet. v. du dist. de Santa-Fé, dans le Nouveau-Mexique, Amérique septentrionale, à 4 l. de Santa-Fé.

ALONDI, île de l'Océan Indien, sur la côte d'Adel.

ALONG, v. des Indes orientales, sur la presqu'île de Malacca, prov. et à 10 l. N.-O. de Ligore.

ALONIA ou **HALONE**, *Alone*, pet. île de la Turquie d'Asie, dans la mer de Marmora, paschalik d'Anadoly. Elle est située au S. de l'île de Marmora, et produit du vin, du blé, des fruits et du coton. On y trouve un bourg du même nom, où siège un évêque grec. Ses habitants ont, dit-on, inventé l'art de préparer le sel.

ALOPECE, g. a., b. de l'Attique, à 12 stades d'Athènes; patrie de Socrate, le plus grand philosophe de l'antiquité.

ALOR, île du golfe de Bothnie, sur la côte de Finlande.

ALORA, b. d'Espagne, dans le roy. de Grenade, à 7 l. O.-N.-O. de Malaga, sur le Guadalforze; pop. 1700 hab.

ALORIE, v. de la Haute-Guinée, sur la côte des Esclaves, pays de Yarriba ou d'Eyer, à 4 l. S. de Rakha. Elle est habitée par des Fellahtas.

ALOS, vg. de Fr., dép. de l'Arriège, arr., cant., à 2 l. 1/2 S. et poste de St.-Girons; forges; pop. 1010 hab.

ALOS, vg. de Fr., dép. des Basses-Pyrénées, arr., à 3 l. 1/2 S. de Mauléon, cant. et poste de Tardets; mine de plomb; pop. 240 hab.

ALOS, vg. de Fr., dép. du Tarn, arr., à 3 l. N. de Gaillac, cant. de Castelnau-de-Montmirail, poste de Cordes; pop. 280 hab.

ALOST, *Alostum*, v. du roy. de Belgique, dans la prov. de la Flandre orientale, sur la Dender, entre Gand et Bruxelles, à 6 l. de chacune. Son hôtel de ville est remarquable par son ancienneté. On y trouve des manufactures de toiles, imprimeries de toiles, tanneries, savonneries, fabriques de chapeaux, de bonneterie, de fil, de dentelles, etc. Foire de sept jours le 7 juillet de chaque année. Les principaux objets de commerce sont le houblon, le tabac, l'huile de colza et les toiles de lin; pop. 15,000 hab.

ALOXE, vg. de Fr., dép. de la Côte-d'Or, arr., cant., à 1 l. E. et poste de Beaune, dans un dist. renommé pour ses vins rouges (Croton); pop. 300 hab.

ALOYSTHAL, vg. du margraviat de Moravie, dans le cer. d'Olmütz; fabriques de cotonnades et mines de fer.

ALPALHAO ou **ALPHAO**, b. du Portugal, dans la prov. d'Alentéjo, à 5 l. N.-O. de Portalègre.

ALPARRACHE, b. d'Espagne, dans le roy. de la Vieille-Castille, prov. de Soria.

ALPBACH (riv. d'Alp), pet. riv. de Suisse, prend sa source dans la vallée de Hasli du canton de Berne, et, grossie des eaux de plusieurs glaciers, elle forme une belle cataracte près de Meyringen. En 1733, 1762 et 1811 cette rivière, en sortant de son lit, causa dans ce dernier village pour plus de 300,000 francs de dégâts.

ALPECH, ham. de Fr., dép. du Lot, arr., cant. et poste de Cahors, com. de Rassiels; pop. 30 hab.

ALPEDRETE, b. d'Espagne, dans le roy. de la Nouvelle-Castille, dans la prov. de Tolède, à 9 l. N.-O. de Guadalaxara, sur la Xarama.

ALPEDRINAH, b. du Portugal, dans la prov. de Beira, à 4 l. N.-E. de Castello-Branco, dans un district montagneux et stérile.

ALPEDRIZ, b. du Portugal, dans la prov. d'Estramadure.

ALPEDROCHES, b. d'Espagne, dans le roy. de la Nouvelle-Castille, prov. de Guadalaxara.

ALPERCATAS, riv. de l'empire du Brésil, dans la prov. de Maranhao; elle se jette dans le Tagypuru.

ALPES (dép. des Basses-), frontière S.-E. de la France, formé d'une partie de l'ancienne Provence, est borné au N. par le dép. des Hautes-Alpes, à l'O. par celui de Vaucluse, au S. par le dép. du Var et à l'E. par le Piémont. Il tire son nom de la chaîne des Alpes, qui avance sur son territoire ses ramifications les plus méridionales. Sa superficie est de 729,598 hectares et sa population de 159,045 habitants.

Ce département, comme tous les pays de montagnes, offre les tableaux les plus variés. Des contrées sauvages et arides à côté des paysages riants et des vallées fertiles, de sombres forêts, de vertes prairies, des plaines couvertes d'une riche végétation au pied d'une montagne blanchie par la neige; partout la vue est frappée par quelque contraste, et arrêtée par l'admiration qu'inspire toujours une nature féconde en beautés et capricieuse dans l'arrangement de ses merveilles.

Les Alpes, qui couvrent toute la partie septentrionale de ce département, se divisent en deux branches, les monts de Lure et d'Aiguines, et font partie d'un système dont le mont Viso, dans les Hautes-Alpes, est le point culminant.

Un grand nombre de rivières et de ruisseaux, qui descendent presque tous des Alpes, arrosent le département. Les principales rivières sont : la Durance, le Var, le Verdon, le Calavon, le Buech, l'Ubaye, le Bachelard, le Chatoulin, la Voire, le Vançon, la Sasse, etc. La Durance est la seule navigable; les autres cours d'eaux sont très-faibles pendant l'été, quelquefois même à sec, mais pendant la fonte des neiges ce sont ordinairement des torrents rapides et impétueux. Les lacs nombreux de ce département sont très-poissonneux. Celui d'Allos, le plus remarquable, a 1 l. 1/2 de circonférence; il est situé à 2000 mètres audessus du niveau de la mer. Quant à la température, elle y est naturellement très-variée, et l'on peut dire que le département réunit tous les climats, cependant l'air y est partout pur et salubre.

Dans la partie méridionale le sol est très-fertile. On y récolte du froment, du seigle, de l'orge, de l'avoine, des pommes de terre et des vins, parmi lesquels on distingue le vin de Mées, assez estimé; des amandes, des oranges, des citrons, d'autres fruits excellents, et dans certains cantons des truffes blanches et noires. Les forêts se composent de chênes blancs et verts, de hêtres, de sapins, de pins et de mélèzes; les montagnes sont tapissées de plantes rares et aromatiques.

Les richesses minérales du département sont aussi nombreuses : le plomb, le cuivre, la houille, le bismuth, y sont assez abondants; on trouve dans certaines localités de l'ambre jaune, du soufre, du vitriol, du marbre, du granit, et plusieurs sources d'eaux thermales et minérales; en général, il est en France peu de départements, qui puissent fournir autant d'objets d'étude aux géologues et aux naturalistes.

Le lièvre blanc, le chamois, les perdrix blanches sont le gibier le plus commun. Les marmottes y sont privilégiées et jouissent de l'avantage de devenir les compagnons d'émigration de ces jeunes et pauvres montagnards, qui quittent leurs hameaux pour chercher du travail et du pain dans l'intérieur du royaume. Parmi les animaux domestiques, les bêtes à cornes et à laine tiennent le premier rang; les chevaux, les mulets et les ânes sont de taille médiocre, mais forts et vigoureux.

Le département possède des manufactures de draps, des chapelleries, des tanneries, des distilleries, des coutelleries, des faïenceries; on y élève aussi beaucoup de vers à soie, et il y a, depuis quelque temps, mouvement de progrès industriel; cependant c'est encore une des contrées de France les moins

importantes sous le rapport du commerce et de l'industrie, et la moins heureuse, puisqu'elle ne peut suffire à tous ses enfants. Ce département est divisé en 5 arrondissements, 30 cantons et 260 communes.
Les chefs-lieux d'arrondissement sont :

Digne	. . . .	9	cant.	88	com.	55,032 hab.
Barcelonnette	4	«	20	«	18,709	«
Castellane	. .	6	«	48	«	22,953 «
Forcalquier	.	6	«	52	«	35,708 «
Sisteron	. . .	5	«	52	«	26,643 «

30 cant. 260 com. 159,045 hab.

Ce département nomme deux députés. Il fait partie de la huitième division militaire, dont le quartier général est à Marseille; il est du ressort de la cour royale et de l'académie d'Aix, du diocèse de Digne, suffragant de l'archevêché d'Aix, de la vingt-huitième conservation forestière, de la sixième inspection des ponts-et-chaussées, dont le chef-lieu est Avignon, et de la quatrième division des mines dont le chef-lieu est St.-Etienne. Il possède 6 collèges, une école normale primaire et 323 écoles primaires.

On trouve dans le département de nombreux restes d'antiquités, et les soldats de la république française y ont bivouaqué sur l'emplacement d'un camp romain, près du village de Tournoux. On voit près de Riez plusieurs colonnes d'ordre corinthien, restes d'un temple antique. Dans d'autres villes on a trouvé, en fouillant la terre, des médailles, des bijoux, des armes, des vases et d'autres objets, dignes de fixer l'attention des antiquaires et des historiens. L'histoire de ce département ne pouvant être isolée de celle de la Provence, nous renvoyons nos lecteurs à l'article PROVENCE.

ALPES (dép. des Hautes-), frontière S.-E. de la France, formé d'une partie du Haut-Dauphiné et de la Provence, est borné au N. par le dép. de l'Isère et le Piémont, à l'O. par ceux de l'Isère et de la Drôme, au S. par celui des Basses-Alpes et à l'E. par le Piémont. Sa superficie est de 545,293 hectares et sa pop. de 131,162 hab.

La chaîne des Alpes, dont les groupes s'étendent sur tout ce département, y atteint une hauteur prodigieuse qui va en décroissant vers le S. Le groupe le plus formidable est entre Briançon et Grenoble, c'est le majestueux Pelvoux, qui sépare le bassin de l'Isère de celui de la Durance, et dont le point culminant est à 4350 mètres au-dessus du niveau de la mer. Au S. du Pelvoux s'élève, à 4200 mètres, l'Olan, et de la crête de ces deux groupes partent, dans toutes les directions, des ramifications dont la plus élevée, se prolongeant vers le N., se rattache aux Alpes du Piémont et de la Savoie. Des vallées sinueuses, formant les bassins profonds des rivières et des torrents qui descendent des Alpes en mugissant, séparent ces hautes montagnes, couvertes de glaciers à leurs sommets. Leurs flancs, arides dans les régions élevées, présentent sur les pentes inférieures une végétation riche et variée. La Durance, le Drac, le Buech, l'Aigues, le Guil, la Romanche, la Chagne, la Vence, le Rissours sont les principaux cours d'eaux du département. Parmi ses 36 lacs on cite le lac du Monde, qui ne gèle jamais, mais qui, du reste, n'est pas plus important que les autres.

La température est très-variable. Les hivers sont longs et rigoureux, et plusieurs villages sont privés pendant cent jours de la vue du soleil. Les chaleurs de l'été sont excessives et accompagnées de fréquents orages. En 1806 et en 1828 on a ressenti dans les environs de Gap quelques secousses de tremblements de terre.

Ce département, un des plus riches en pâturages, renferme aussi de belles forêts dont les essences diffèrent suivant les zônes dans lesquelles elles sont situées, car toute la végétation de cette contrée est divisée en trois zônes, et les montagnes portent en même temps les plantes de la Laponie, celles de l'Europe centrale et celles de l'Italie.

Les productions minérales du département sont les mêmes que dans celui des Basses-Alpes, et le règne animal comprend, outre les espèces que l'on rencontre dans ce dernier département, l'ours, le loup-cervier, l'aigle et les vipères beaucoup moins communs dans les Basses-Alpes, quoiqu'on les y trouve quelquefois. L'industrie n'y est pas très-étendue, mais elle est en progrès. L'on voit dans le département des usines, des forges, des fabriques de draps, de toile, de coton, des filatures, des tanneries, des mégisseries. L'ébénisterie, la chapellerie et la ganterie occupent un bon nombre d'ouvriers. Cependant plus de 4000 individus émigrent chaque année pour chercher leur existence dans d'autres contrées de la France. L'absence de ces émigrants dure ordinairement environ sept mois. Les mulets, les bêtes à laine et à cornes, la pelleterie, les laines, les cuirs, la houille, la tourbe, l'ardoise et les vins, d'assez médiocre qualité, y sont les principaux objets de commerce.

Ce département, qui nomme deux députés, est divisé en 3 arrondissements, 24 cantons et 191 communes.

Les chefs-lieux d'arrondissement sont :

Gap	. . . .	14	cant.	126	com.	69,034 hab.
Briançon	.	5	«	29	«	30,839 «
Embrun	.	5	«	36	«	31,289 «

24 cant. 191 com. 131,162 hab.

Le département est compris dans la septième division militaire, dont le quartier général est à Lyon; il est du ressort de la cour royale de Grenoble et de l'académie de Nîmes, du diocèse de Gap, évêché, érigé dans le sixième siècle et suffragant de l'archevêché d'Aix; il fait partie de la quatorzième conservation forestière, de la sixième inspection des ponts-et-chaussées, dont le

ALPE

chef-lieu est Avignon, et de la quatrième division des mines, dont le chef-lieu est St.-Etienne. Il a trois collèges et 216 écoles primaires.

Ce département renferme aussi un grand nombre d'antiquités romaines, quelques restes douteux d'antiquités celtiques, et beaucoup de monuments et de ruines du moyen-âge. L'histoire de cette contrée se confond avec celle du Dauphiné et de la Provence. *Voyez* ces mots.

ALPES (les). Le nom d'*Alpes* (Ailp, Alb), mot celtique qui signifie *hautes montagnes, masses élevées*, est le nom propre de la plus longue chaîne de montagnes de l'Europe. La région des Alpes s'élève entre le golfe de Lyon et le golfe de Gênes, s'étend d'abord au N. jusqu'au Mont-Blanc, puis se dirige à l'E.-N.-E. pour revenir vers le S. jusqu'au golfe de Carnero dans l'Adriatique, et va aboutir au N. à la partie moyenne du Danube. Cette région est à une distance égale de l'équateur et du pôle N. se trouvant à ses deux extrémités sous le 45° lat. N.; elle occupe une superficie de 6000 milles carrés, et s'étend depuis son point extrême de S.-O. jusqu'à l'extrémité N.-E. dans une longueur de près de deux cents lieues et dans une largeur qui, de l'O. à l'E., va en augmentant de 30 jusqu'à 60 lieues. C'est cette même direction d'O. à l'E. que la chaîne des Alpes s'abaisse, de manière que les plus hautes masses se trouvent à l'angle (Mont-Blanc) que forment les deux directions en se réunissant du S. au N. et de l'O. à l'E.

La région des Alpes est bornée à l'O. par la vallée du Rhône, au N. par une série de lacs (les lacs de Genève, de Thun, des Quatre-Cantons, de Zurich, de Constance, de Wurm et de Chiem) et par le cours du Danube depuis l'embouchure de l'Inn jusqu'à la Basse-Autriche; à l'E., les Alpes viennent se perdre vers la plaine de Hongrie, et au S. elles touchent à la plaine du Pô, à la mer Adriatique et à la péninsule grecque. Le versant méridional des Alpes est rapide et escarpé, au N. leur pente est plus douce et plus étendue. La plaine du Pô est plus basse que celle qui borne les Alpes au N., et le climat de la première est plus doux, aussi les Alpes forment-elles comme un mur de séparation entre le climat et la végétation des pays qu'elles bornent, entre les peuples du Midi et ceux du Nord.

Les Alpes forment un grand nombre de chaînes de montagnes qui, en suivant la direction normale de l'O. vers l'E., s'étendent presque parallèlement. Parmi ces chaînes il faut surtout en distinguer deux : 1° Les *Alpes primitives* qui se trouvent au milieu, et 2° deux chaînes d'*Alpes calcaires* qui longent les premières au N. et au S. Relativement à leur élévation, on divise les Alpes en trois régions : 1° la région inférieure; leur élévation est de 2000 jusqu'à 5000 pieds, avec elles finit la partie boisée des Alpes; 2° la région moyenne qui s'élève de 5000 à 8000 pieds, jusqu'au point où commencent les neiges éternelles; 3° la région supérieure qui atteint jusqu'à 14,000 pieds. Sous le rapport de leur direction, les Alpes peuvent également être divisées en trois parties : 1° les *Alpes intérieures*, depuis le sommet du Mont-Blanc jusqu'à celui du Dreiherrnspitz, où la Salza et la Drave prennent leurs sources; 2° les *Alpes occidentales*, depuis le Mont-Blanc jusqu'à la mer Adriatique; 3° les *Alpes orientales* qui commencent avec le Gross-Glockner et aboutissent, vers l'E., à la Haute-Hongrie, jusque près de Vienne, et au S. au golfe de Fiume.

I. Les *Alpes intérieures* se divisent en trois chaînes principales : 1° la *chaîne centrale;* cette chaîne, qui forme le milieu et la partie la plus élevée des Alpes intérieures, se compose *a*) des *Alpes Pennines*, depuis le Mont-Blanc jusqu'au Simplon; couvertes de neiges et de glaces éternelles, c'est la partie la plus haute et la plus sauvage de toute la région des Alpes; *b*) des *Alpes Lépontiennes* qui s'étendent depuis le Simplon en traversant le Vogelsberg et le mont Bernardin jusqu'au passage du Splügen; elles forment les Alpes Helvétiques proprement dites et se divisent en une multitude de branches entre l'Aar, la Reuss et le Rhin; *c*) des *Alpes Rhétiques* depuis le passage du Splügen jusqu'au Dreiherrnspitz; 2° la *chaîne septentrionale* qui se compose *a*) des *Alpes Bernoises* qui se rattachent à l'E. au St.-Gothard et se dirigent de l'E. à l'O., parallèlement à la direction normale de la chaîne centrale; il s'y trouve plusieurs pics sauvages : la Jungfrau, le Schreckhorn, le Finster-Aarhorn, tous élevés de 12 à 13,000 pieds; les points extérieurs de cette chaîne sont la Dent-de-Morclès près du Rhône, et le Stockhorn près de l'Aar, qui se rattachent aux montagnes des cantons de Fribourg et de Berne; *b*) des *Alpes des Quatre-Cantons* qui se rattachent au versant septentrional du St.-Gothard et occupent tout le pays compris entre les lacs de Brienz et de Thun, la Reuss et le lac des Quatre-Cantons; leurs sommets sont élevés et sauvages; *c*) des *Alpes de Schwitz et de Glaris*; ces montagnes, qui s'étendent entre la Reuss et le lac de Lucerne à l'O., le cours supérieur du Rhin au S. et à l'E., et le lac de Wallenstadt et la Linth au N., sont généralement plus abordables et plus habitées. Leurs points culminants sont le Crispalt, le Dœdi, le Kistenberg; les chaînes qui traversent les contrées situées entre les lacs sont peu élevées : le Righi, le Mythenberg, l'Albis en sont les plus hauts sommets; *d*) des *Alpes de la Thur*, entre les précédentes au S., le Rhin et le lac de Constance au N. et le Rhin à l'E.; ce sont des montagnes peu élevées, une seule d'elles, le Saintis, atteint la hauteur des neiges perpétuelles; *e*) du chaînon de l'Algau, prolongation septentrionale des

Alpes Rhétiques, entre le Rhin à l'O., l'Inn et l'Isar à l'E., dont quelques pics (le Hochvogel, l'Arlberg) dépassent la ligne des neiges éternelles. C'est au N. de l'Algau que commence le large plateau du Haut-Danube; 3° la *chaîne orientale*; l'on a déjà remarqué que le versant oriental des Alpes est rapide et précipité, aussi les montagnes qui se trouvent au pied de la chaîne centrale sont-elles plutôt des branches des Alpes Pennines, Lépontiennes et Rhétiques, que des chaînes proprement dites; ce n'est qu'à l'E. de celles-ci que se détachent *a*) le groupe de l'*Oerteler*, entre les sources et les vallées de l'Adige, de l'Adda et de l'Oglio; l'Ortler-Spitz, point culminant de ce chaînon, est haut de 12,000 pieds; *b*) les *Alpes Trientines*, entre l'Adige à l'O., le Rienz au N. et les sources de la Brenta au S.-E.

II. Les *Alpes occidentales*, dont le versant occidental, divisé en plusieurs rameaux, est large et d'une pente douce, tandis qu'au S., vers le Pô et la mer, elles tombent rapidement, se composent *a*) des *Alpes Graiennes* ou *grecques*, depuis le Mont-Blanc jusqu'au Mont-Ænis, en passant par le Petit-St.-Bernard et l'Iseran; *b*) des *Alpes Cottiennes*, depuis les précédentes jusqu'au Mont-Viso par les monts Genèvre et Pelroux ; les branches occidentales de cette chaîne s'étendent jusqu'à la vallée du Rhône; *c*) des *Alpes Maritimes* qui s'étendent au S. depuis le Mont-Viso jusqu'à la mer, et communiquent avec les Apennins par le col de Tende.

III. Les *Alpes orientales* qui, dans leur direction déjà indiquée, sont plus larges et se subdivisent en un bien plus grand nombre de chaînons que les Alpes occidentales, se composent : *a*) des *Alpes Noriques*, entre le Danube et la Drave. Le point culminant de cette chaîne, moins élevée que les autres, s'appelle le Tauren et se divise en trois branches qui prennent le nom d'Alpes salzbourgeoises, autrichiennes et styriennes. Le Wienerwald et le Khalenberg en forment la branche N.-E.; les hauts sommets de cette chaîne sont le Wiesbachhorn, le Watzmann, au S. du Salzbourg, le Dachstein, à l'extrémité S. du lac de Hallstadt, le Stangalp, au S.-O. de Bruck; *b*) des *Alpes Carniques*, qui se détachent au S. du Dreiherrnspitz et du mont Pellegrino, s'étendent en pointes nues et escarpées depuis la source de la Drave jusqu'à celles de la Piave, du Tagliamento, du Lisonzo et de la Save, et s'aplatissent, sous différents noms, vers l'embouchure de la Save et de la Drave. Les points culminants de cette chaîne sont la Marmolata et le Grand-Nabois; *c*) des *Alpes Juliennes*, montagnes dénudées, riches en grottes, qui partent du mont Terglou, non loin des sources du Lisonzo et de la Save, s'étendent entre les vallées supérieures de ces fleuves, vers le S.-E., jusqu'au golfe de Fiume, où elles viennent se confondre avec les premières hauteurs des chaînes du plateau de la Grèce.

Les hauts sommets des Alpes sont tous couverts de neige qui, sur plusieurs, ne disparait jamais. Quelquefois aussi ce qu'on prend de loin pour de la neige, est une glace dont les rochers sont couverts, et qui est formée par des neiges à demi-fondues et ensuite gelées. C'est ce qu'on nomme des glaciers, et cette glace a souvent plusieurs centaines de pieds d'épaisseur et fait paraître les sommets plus élevés qu'ils ne le sont réellement. Souvent ces glaces se détachent, se précipitent en grondant dans les vallées et les comblent; ce sont les glaciers proprement dits d'où sortent des ruisseaux qui grossissent en été et forment les sources des plus grands fleuves, comme l'Arve, l'Aar, le Rhin, le Rhône, etc. Les vallées les plus remarquables des Alpes sont : 1° Parmi les vallées occidentales et septentrionales qui se dirigent du S. au N. et de l'O. à l'E. : *a*) la vallée de la Durance, qui naît au mont Genèvre, les vallées d'Embrun et de Sisteron; *b*) la vallée de l'Isère, qui part du mont Iseran; *c*) la vallée de l'Arve, dont la partie supérieure, la vallée de Chamouny, haute de 3000 à 4000 pieds, naît au versant septentrional du Mont-Blanc; *d*) la vallée du Rhône, depuis le mont Furca jusqu'au lac de Genève, à laquelle viennent aboutir, à droite, de l'E. à l'O., la vallée de Lœtsch, et à gauche, de l'E. à l'O., le val d'Entremont, le val de Bagne, le val d'Armenci, l'Eringerthal, l'Einfischthal, le Turtmannthal, le Vilperthal. Les vallées au N. des Alpes Bernoises, dont les eaux se jettent dans l'Aar et avec elle dans le Rhin, sont : la Saanenthal, les Haut et Bas-Simmerthal, les vals d'Adelboden, de Kander et de Kien, qui, toutes, aboutissent à la vallée de l'Aar, le val de Lauterbrunn, de Lutschinen et le Harlithal; *d*) dans les Alpes des Quatre-Cantons, la vallée de la Reuss; *e*) plus à l'E., la haute vallée du Rhin ; *f*) les vallées du Danube, où naissent l'Iller, le Lech et l'Isar, ne sont que de courtes vallées de traverse, dans l'intérieur de l'Algau, et viennent bientôt se réunir au plateau du Danube. Par contre, l'Inn qui descend directement des grandes hauteurs des Alpes, forme la plus longue vallée de cette région. Depuis ses sources qui forment plusieurs petits lacs entre les monts Septimes et Bernina, l'Inn traverse la vallée élevée et presque dépourvue d'arbres de la Haute et de la Basse-Engadine jusqu'au dessous de Finstermünz. Depuis Landeck jusqu'à Kuffstein, la vallée de l'Inn est plus basse, plus large et plus fertile; mais à partir de Kuffstein, elle se resserre, de plus en plus, jusqu'à Rosenheim, où l'Inn entre dans la plaine du Danube. A la vallée de l'Inn se réunit, à droite, près de Braunau, la vallée de la Salza qui, depuis sa source qu'elle prend sur le Dreiherrnspitz, jusqu'à St.-Jean, et depuis St.-Jean jusqu'à Saltzbourg, forme deux parties nommées Pinzgau et Pongau ; la vallée de l'Ems, celles de la Leitha et du Raab ; ces deux dernières qui se trouvent dans les Alpes orientales, sont peu importantes. 2° Parmi les vallées orientales et méridionales : *a*) la vallée de la Muhr, qui naît au Tauren de Rastadt, se dirige vers Bruck, Ehrenhausen jusqu'à Legrad, où la Muhr se jette dans la Drave ; *b*) la vallée de la Drave. Ce fleuve qui prend sa source au Dreiherrnspitz et au mont Pelegrino, forme, jusqu'à Spital, une vallée aride et sauvage, de là, jusqu'à Marbourg, la rive gauche est belle et romantique, tandis que la rive droite s'élève en rochers calcaires escarpés ; enfin, au sortir de Marbourg ; la Drave parcourt, dans son cours inférieur, des côteaux peu élevées ; *c*) les vallées de la Save et de la Kulpa, qui s'étendent parallèlement à la vallée de la Drave, dans l'intérieur des monts calcaires des Alpes Carniques et Juliennes ; *d*) les petites vallées formées par les fleuves de la côte de la mer Adriatique, dans l'intérieur de la première chaîne méridionale ; *e*) la vallée de l'Adige, qui, depuis la source de ce fleuve, dans les hautes Alpes du Tyrol, jusqu'à Botzen, prend le nom de Vintschgau ; au sortir de Botzen, l'Adige se dirige au S. et forme, en traversant la chaîne des Alpes méridionales, dans une étendue de 19 milles, une vallée âpre et étroite, jusqu'à ce qu'il entre, près de Vérone, dans la basse plaine de la Lombardie ; *f*) les vallées voisines du Pô, savoir, les longues vallées du Mincio, de l'Oglio, de l'Adda, du Tessin, de la Sesia, qui pénètrent dans les hautes régions des Alpes, à mesure qu'elles s'avancent vers l'O. La Dora-Balta, dont les sources se trouvent au pied du Mont-Blanc et du Grand-St.-Bernard, forme les célèbres vallées de l'Allée-Blanche et d'Entrèves, au S.-E. du Mont-Blanc ; *g*) les petites vallées formées, à l'E. des Alpes occidentales, par le Tanaro ; la Stura, le cours supérieur du Pô et la petite Dora.

En donnant, comme nous venons de le faire, la description des principales vallées des Alpes ; nous avons, en même temps, cité les fleuves et rivières les plus importantes, qui prennent leurs sources dans cette chaîne de montagnes ; il nous reste à parler des gorges ou passages qui, dans cette contrée entrecoupée de hauteurs et de précipices immenses forment les seules communications qui lient entre elles les différentes parties des Alpes. Les principaux passages dans les grandes chaînes sont : 1° par les Alpes Maritimes, le Col de Tende, élevé de 5600 pieds, praticable pour les voitures ; 2° par les Alpes Cottiennes, le passage du mont Genèvre, élevé de 5800 pieds, entre les vallées de la Durance et de la petite Dora ; c'est une route construite par la main des hommes ; 3° par les Alpes Grises, le passage du mont Cénis, haut de 6300 pieds, entre les vallées de l'Isère et de la petite Dora, route construite ; le passage du Petit-St.-Bernard, haut de 6700 pieds, entre les vallées de la Dora-Balta et de l'Isère ; le passage proprement dit, n'est pas praticable pour les voitures ; 4° par les Alpes Pennines, le passage du Grand-St.-Bernard, haut de 7500 pieds, entre les vallées de la Dora-Balta et du Rhône ; ce passage est impraticable pour les voitures ; le passage du Simplon, haut de 6114 pieds, entre les vallées de la Tosa et du Rhône, c'est une magnifique route construite sous Napoléon ; 5) par les Alpes Lépontiennes, le passage du St.-Gothard, haut de 6390 pieds, entre les vallées de la Reuss et du Tessin ; route construite ; le passage du Mont-Bernardin, haut de 5740 pieds, entre les vallées du Rhin-Postérieur et une vallée avoisinante du Tessin, praticable pour les voitures ; le passage du Splügen, haut de 6170 pieds, entre la vallée du Rhin-Postérieur et une vallée avoisinante de l'Adda ; route construite ; 6° par les Alpes Rhétiques, le passage de la Maloya, haut de 5850 pieds, entre la Haute-Engadine et une vallée de l'Adda, praticable pour les voitures ; le Stilfser-Joch, haut de 8400 pieds, entre la Haute-Valteline et la vallée supérieure de l'Adige ; route construite ; la route construite sous le nom de Beschen-Scheideck, élevé de 4300 pieds, entre la vallée supérieure de l'Adige et la Basse-Engadine ; le Brenner-Pass, haut de 4353 pieds, entre la haute vallée de l'Isar et la vallée inférieure de l'Inn, passage praticable pour les voitures ; 7° par les Alpes orientales, les passages de Saïsnitz, de 2400 pieds d'élévation, de Hochfeld, du Tauren de Rastadt, haut de 4900 pieds, de Predil, d'Adelsberg, haut de 2610 pieds, de Doïbel, du Sämmering, les routes Louise et Joséphine, entre Fuime et Karlstadt, et Zeng et Karlstadt. Les passages qui conduisent dans les Alpes, sont en grand nombre ; on distingue, parmi les principaux, ceux de Chambéry, d'Annecy, de Salanche à Genève, le Gemmi-Pass, le Grimsel-Pass, le passage de Furka, le Listen-Pass, l'Oberalp-Pass, le passage du Vorarlberg, le Straub-Pass, etc.

Les Alpes se composent généralement de rochers granitoïdes, schistiques, micarées, etc. ; quelques-unes d'entre elles sont calcaires ; elles sont généralement riches en métaux ; l'on y trouve l'or, l'argent, le cuivre, le plomb, le fer et l'antimoine ; elles renferment aussi beaucoup de fer sulfuré, de l'asphalte, du soufre et des cristaux. La partie inférieure des Alpes, jusqu'à une hauteur de mille toises, est assez généralement boisée ; il y croît des sapins, des mélèzes, des ifs, des hêtres et des chênes ; au-dessous de 3000 pieds, on trouve les châtaigniers, les cerisiers, les noyers, et, sur le versant méridional, la vigne. Sous le rapport de ses autres productions, le règne végétal offre, dans les Alpes, de grandes richesses. On trouve sur leurs sommets les plantes de la Laponie et du Groënland, et dans quelques-unes de leurs vallées celles de l'Italie et de l'Espagne. Ces plantes ont d'ailleurs des qualités qui les distinguent, et l'excellent lait qu'elles fournissent, et dont se font les fromages renommés de la Suisse, en est la preuve. Le règne animal dans les Alpes n'offre pas moins d'intérêt au naturaliste. L'on y trouve surtout le chamois, le bouc sauvage, la marmotte, le loup-cervier, l'ours noir et l'ours blanc, le lapin blanc des Alpes, le grand vautour qui fait la chasse aux chamois, aux jeunes veaux, etc.; la plupart des lacs et des courants dans les Alpes, sont abondants en excellents poissons, surtout en saumons et en truites d'espèces variées. Enfin les bestiaux, dont l'éducation forme une branche importante de l'occupation des habitants de cette région, y sont presque généralement d'une beauté et d'une grosseur peu ordinaires.

ALPHÉE, *Alpheus*, g. a., un des plus grands fleuves de la Grèce ancienne. Il a sa source près de celle de l'Eurotas dans l'Arcadie, il passe près d'Olympie et se jette dans la mer Ionienne. Ce fleuve joue un grand rôle dans la mythologie, et, à ce sujet, nous renvoyons nos lecteurs au dictionnaire de la Fable. *Voyez* RUFIA.

ALPHEN, *Albiniana Castra, Albina, Albinia, Alghenum, Albamana* ou *Albaniana*, pet. v. du roy. des Pays-Bas, dans la prov. de Hollande, partie mér., non loin du Rhin, entre Leyde et Wörden. Manufactures de poterie et de pipes; pop. 2000 hab.

ALPHEN, vg. du roy. des Pays-Bas, dans la prov. du Brabant septentrional, à 4 l. de Bréda; pop. 1000 hab.

ALPINES, branche des Alpes Maritimes, dans le dép. des Bouches-du-Rhône; elle atteint une hauteur de 2500 pieds. Elle donne son nom à un canal, qui, alimenté par la Durance, passe, près d'Orgon, parcourt sous les montagnes une distance de 3000 pas, et se jette dans le Rhône à Tarascon.

ALPINIEN (Saint-), vg. de Fr., dép. de la Creuse, arr., cant., à 1 l. 1/2 N.-E. et poste d'Aubusson; pop. 880 hab.

ALPIRSBACH (sur la Kinzig), vg. parois. de Wurtemberg, dans le cer. de la Forêt-Noire, gr.-bge d'Oberndorf; mines, filatures de laine. Le portail de l'église est orné d'ossements fossiles; pop. 1680 hab.

ALPNACH ou ALTNACH, vg. parois. de Suisse, dans le cant. d'Unterwalden, à 2 l. 1/2 de Lucerne, sur un bras du lac des Quatre-Cantons. Les mines de sel qu'on a découvertes près de cet endroit, au dix-septième siècle, ont si peu rapporté qu'il a fallu les abandonner; pop. 1340 hab.

ALPROVOARA, *Leuci Montes*, chaîne de mont., dans la partie occidentale de l'île de Candie, Turquie d'Europe.

ALPS. *Voyez* ALBE.

ALPSPITZE (l'), un des sommets les plus élevés des Alpes Noriques, dans le cer. de l'Isar, roy. de Bavière. Elle a une hauteur de 8958 pieds.

ALPSTEIN (l'), mont. de Suisse, dans les cant. d'Appenzell et de St.-Gall; elle se divise en trois chaînes, qui s'étendent du N.-E. vers le S.-O., et séparent au S.-E., au S. et au S.-O. le canton d'Appenzell de celui de St.-Gall. Ses points culminants n'ont pas encore été mesurés avec exactitude, mais les neiges perpétuelles, dont cette montagne est couverte en quelques endroits, font supposer à plusieurs de ses sommités plus de 2500 mètres.

ALPUECH, ham. de Fr., dép. de l'Aveyron, arr., cant. de Ste.-Geneviève, com. de la Terisse, poste de Lagniole; pop. 140 hab.

ALPUENTE, b. d'Espagne, dans le roy. et à 18 l. N.-O. de Valence; pop. 2000 hab.

ALPUJARRAS ou **ALPUXARRAS**, *Alpuxari Montes, Alpuxarræ*, hautes mont. d'Espagne, au milieu du roy. de Grenade. Elles sont un rameau de la Sierra-Nevada, et s'étendent jusqu'aux bords de la Méditerranée. La cime la plus élevée, le Cumbre-de-Mulhacen, a une hauteur de 10,940 pieds. Ces montagnes sont habitées par 40,000 Maures, dont les ancêtres ont peuplé et cultivé jadis cette partie de l'Espagne. Vins excellents, fruits exquis.

ALQUINES, vg. de Fr., dép. du Pas-de-Calais, arr., à 5 l. O. et poste de St.-Omer, cant. de Lumbres; pop. 850 hab.

ALRANCE, ham. de Fr., dép. de l'Aveyron, arr. de Milhaud, cant. de Salles-Curan, com. de Villefranche-de-Panat, poste de Cassagnes-Béghonès; pop. 140 hab.

ALRESFORD, pet. v. d'Angleterre, dans le Hampshire, sur l'Alre, à 2 l. de Winchester; pop. 1700 hab.

ALRICK ou ELRICK, *Alrica, Elrica*, riv. de l'Écosse méridionale, dans le comté de Selkirk; elle se jette dans le Tweed à Selkirk.

ALSACE (l'), *Alsatia*, ancienne prov. de Fr., dont le territoire forme aujourd'hui les deux départements du Haut et du Bas-Rhin, comprenait la rive gauche de la vallée du Rhin, qui s'étend depuis Bâle et le Jura au S. jusqu'à la Queich dont le cours la bornait au N. du côté du Palatinat et de l'évêché de Spire. A l'E. et à l'O., des limites naturelles et immuables, le Rhin et les Vosges, l'ont de tout temps séparée, l'un du Brisgau, de l'Ortenau et des terres de Bade, les autres de la Lorraine, du pays Messin et de la Bourgogne, tandis que sous les rois francs, elle s'étendait au Midi jusqu'à la Birse, dans le pays de Bâle, et s'arrêtait au N. à la Lauter.

Cette belle et riche vallée, située entre le 4° 29' et 5° 50' long. E., et entre le 47° 29' et 49° 9' lat. N., se développe sur une longueur de 46 lieues du S. au N., et sur une largeur de 4, 8 et 12 l. de l'E. à l'O. Sa superficie est évaluée à 417 l. c. On la divisait anciennement en Haute-Alsace, en Basse-

Alsace et en Sundgau. L'Erkenbach, entre Sélestadt et Guémar, séparait la Basse-Alsace de la Haute qui, à son tour, était séparée du Sundgau par la Thur. Les principales villes encore existantes, sont : Strasbourg, Colmar, Mulhouse, Belfort, Altkirch, Sélestadt, Wissembourg, Saverne, Haguenau. *Voyez* ces mots.

Un embranchement du Jura, appelé Blaumont ou Laumont (en allemand *der Blaue*, à cause de sa couleur bleue), ferme l'Alsace au Midi et vient s'unir aux Vosges, dont la chaîne s'étend de là vers le Nord et va, toujours en diminuant, mourir près de Mayence. *Voyez* VOSGES. Ces montagnes, couvertes de magnifiques forêts de sapins, de chênes, de hêtres, etc., entrecoupées de prairies sillonnées de ruisseaux, renferment un grand nombre de vallées dont l'aspect, tantôt doux et tranquille, tantôt sauvage et grandiose, toujours pittoresque, a un charme tout particulier que rehausse encore l'activité des habitants. Les vallées de Ste.-Marie-aux-Mines, de Ribeauvillé, de Münster, de St.-Amarin, de Villé, d'Andlau, de Barr, du Ban-de-la-Roche et du Jægerthal, sont les plus remarquables.

Les passages principaux pour traverser les Vosges, sont : celui de Saverne, le plus fréquenté et le plus commode de tous, surtout depuis la construction de la nouvelle route, ceux de St.-Amarin, de Münster, du Donon et du Jægerthal.

Malgré le grand nombre de cours d'eau que les Vosges versent dans la plaine et qui fertilisent la campagne, l'Alsace n'a qu'une grande rivière, l'Ill, à qui elle a emprunté son nom. Alsace (*Elsass*) vient de *Ill* ou *Ell*, et de *Sass* (habitant riverain), ce qui signifie habitant des bords de l'Ill, nom qu'on étendit plus tard à tout le pays. C'est le continuateur de Grégoire de Tours, Frédégaire, qui emploie le premier les mots d'*Alsaciones*, *Alsacii*, *Alesatia*.

L'Ill prend sa source près de Ferrette, traverse le Haut-Rhin, devient navigable entre Colmar et Guémar et se jette dans le Rhin près de la Wantzenau, à trois lieues au-dessous de Strasbourg. Parmi les ruisseaux, nous citerons la Thur, qui sort du val de St.-Amarin et se jette dans l'Ill près d'Ensisheim ; la Lauter, qui a servi pendant longtemps de limite septentrionale à l'Alsace, descend des Vosges et se jette dans le Rhin près de Lauterbourg ; la Queich, qui forma plus tard cette limite, traverse Landau et se jette aussi dans le Rhin. Le canal du Rhône-au-Rhin traverse l'Alsace dans toute sa longueur. Dans les montagnes, les lacs Blanc et Noir, le lac du Ballon de Guebwiller et la cascade de Niedeck, méritent d'être cités.

Le climat de l'Alsace est doux et tempéré, mais on y est exposé, surtout depuis les déboisements opérés dans le pays, à des changements de température brusques et fréquents, à cause du voisinage des montagnes de la Suisse, de la Forêt-Noire et des Vosges, dont les neiges ne fondent ordinairement qu'au mois de mai. Le sol de cette province, composé des alluvions du Rhin, terres sablonneuses et argileuses, est généralement d'une grande fertilité. Des parties, jusqu'ici presque stériles, comme l'*Ochsenfeld*, près de Cernay, et la plaine près de Haguenau, ont été acquises à la culture.

Les Vosges renferment en quelques endroits du granit, du porphyre, du fer, du cuivre, du plomb et de l'argent (dans la vallée de Ste.-Marie-aux-Mines), et partout ailleurs un terrain de grès rougeâtre, caractéristique pour la localité. Les collines qui avoisinent la plaine, sont presque toutes composées d'un terrain calcaire et plantées de vigne. La source minérale la plus remarquable est celle de Niederbronn ; celle de Ribeauvillé, célèbre au moyen-âge, est perdue.

Les principales productions du pays sont : le froment, l'orge, les pommes de terre, toutes sortes de fruits, la garance, le tabac, le chanvre et le lin, des vins rouges et blancs, des bois de chauffage et de construction.

La population actuelle des deux départements du Rhin se monte, d'après les derniers recensements, à plus d'un million ; en 1697, peu après sa réunion avec la France, elle n'était que de 257,000 habitants, en 1750, elle était évaluée à 445,000. La langue allemande est généralement parlée dans les campagnes, excepté dans les vallées des Vosges. Le français commence à prédominer dans les villes. Un tiers des habitants professe la religion protestante, et environ 30,000 la religion juive.

Avant la révolution, l'Alsace ne possédait que peu de grands ateliers de fabrication, tels que la manufacture d'armes de Klingenthal, les hauts fourneaux et forges des vallées des Vosges. Les filatures de coton et les fabriques d'indiennes étaient à leur origine. C'est en 1745 que J.-J. Schmalzer, Samuel Kœchlin et J.-Henri Dolfuss, peintre, en tentèrent les premiers essais à Mulhouse. La principale industrie de l'Alsace était alors la fabrication du tabac. Lors de l'établissement du monopole, il existait dans le seul Bas-Rhin 86 manufactures de tabac dont 37 dans Strasbourg qui occupaient plus de 1000 ouvriers.

Le commerce proprement dit de l'Alsace consistait, en majeure partie, dans l'échange de ses produits, surtout de son tabac et de ses vins, mais en outre, il y existait un commerce considérable d'entrepôt et d'expédition. Les marchandises de la Suisse, de l'Italie et du Levant, passaient presque toutes par cette province. Strasbourg, par sa position heureuse sur l'Ill, par sa proximité du Rhin et par les routes qui y convergent de toutes parts, était le centre de ce commerce de transit.

Les beaux-arts, les lettres et les sciences ont, de tout temps, été cultivés en Alsace. L'architecture chrétienne y a été florissante; on ne peut faire de pas dans ce pays sans voir quelque tour byzantine ou gothique, surgir à l'horizon, sans qu'une flèche dentelée ne rappelle la foi ardente des vieux Alsaciens, sans songer à la majestueuse cathédrale de Strasbourg, aux églises de Rosheim, de Thann, de Marmoutiers, etc., qui intéressent si vivement l'artiste et l'archéologue. Le peintre Martin Schœn, qu'Albert Dürer avait choisi pour maître, est né à Colmar. En 870, le moine Ottfried, de Wissembourg, traduisit, le premier, l'Évangile en vers allemands. Maître Godfrid, de Strasbourg, a été un des Minnesinger les plus aimés du 13e siècle. Vers la fin du 15e, les moralistes critiques Sébastien Brand et Thomas Murner, les auteurs satiriques Moscherosch et Fischat, surtout le dominicain J. Tauler, et le prêtre J. Geiler de Kaysersberg, tous deux prédicateurs, acquirent une réputation européenne. Conrad Pfeffel, né à Colmar en 1736, poète, fabuliste et romancier, tient encore un rang distingué dans la littérature allemande.

L'université de Strasbourg, sortie du Gymnase, érigée en académie, en 1566, par l'empereur Maximilien II, et constituée définitivement, en 1621, par l'empereur Ferdinand, jeta le plus vif éclat dans les années qui précédèrent la révolution. Le fameux historien Schœpflin avait fondé une école d'où sortirent Koch, Oberlin, Grandidier, etc.; en même temps brillèrent les hellénistes Schweighæuser et Brunck, le philologue et jurisconsulte Scherz, etc. Mais la plus grande gloire de l'Alsace littéraire est d'avoir servi de berceau à la presse, ce levier de la civilisation moderne. C'est en 1436 qu'eut lieu à Strasbourg l'invention de l'imprimerie en caractères mobiles, par J.-Gänsfleisch de Sorgeloch, dit Gutenberg, de Mayence.

Placée au centre de l'Europe, limite de la France du côté de l'Allemagne; touchant l'Italie par la Suisse, la mer du Nord par le Rhin, l'Alsace a été un champ de bataille continuel, où se sont donné rendez-vous les intérêts divers des puissances modernes. Depuis bientôt deux mille ans, l'on peut dire que les vicissitudes de la civilisation sont les siennes propres : succès, revers, elle a eu sa part de toutes; le drame est immense, mais une légère esquisse est tout ce qu'il est permis d'en donner.

Gaulois-Belges d'origine, les Alsaciens participèrent à l'état social, à la religion, aux mœurs des Celtes qui peuplaient la France. Quand César arriva dans ces contrées, il y trouva trois tribus celtiques: les Rauraques, établis près du Jura, les Séquaniens, dans le reste de la Haute-Alsace, et les Médiomatriciens, qui occupaient jadis la Basse-Alsace, mais que la tribu germanique des Triboques avait en partie remplacés. L'Alsace n'était dans ces temps qu'une vaste et sombre forêt, remplie de bas-fonds et de marais, peuplée de cerfs, de sangliers, d'urus, de loups et d'ours; à peine quelques terres labourées interrompaient-elles çà et là la sauvage uniformité de cette nature inculte. Un hiver rigoureux jetait presque tous les ans un pont de glace sur le Rhin pour livrer passage aux belliqueux riverains. Quelques restes de la langue des Celtes, mêlés avec le roman, vivent encore dans les vallées des Vosges, et les débris de leurs monuments religieux et nationaux se voient sur les crêtes des montagnes, sur le Donon, le Mænnelstein, etc. La muraille, appelée Muraille des Payens, était-elle une enceinte pour servir de refuge en temps de guerre? était-elle la limite sacrée des Gaules? le temps l'éclaircira peut-être.

Un différend survenu entre les Eduens et les Séquaniens, fruit de leur rivalité et de leurs intérêts de navigation, fut cause que ces derniers, trop faibles, appelèrent les Germains dans le pays. Les Eduens furent défaits par Arioviste, mais les alliés du vainqueur ne tardèrent pas à reconnaître la faute qu'ils avaient commise. On leur demanda pour prix de la victoire un nouveau tiers de leur territoire, lorsque déjà ils avaient cédé tout le Sundgau. César fut invoqué; il arriva avec ses légions, et l'armée d'Arioviste, taillée en pièces, périt presque entièrement près de St.-Apollinar. L'Alsace, dès lors, fut romaine. La Haute-Alsace fit partie de la Gaule lyonnaise, la Basse-Alsace, de la Germanie supérieure. La huitième légion campait à Argentoratum (Strasbourg), importante par sa grande manufacture d'armes, la seule de la Gaule, où l'on en confectionnait de toutes les espèces; cette ville possédait une administration municipale. D'autres villes encore florissaient vers ce temps : c'étaient Olino, Mons Brisiacus (Vieux-Brisach), Argentouaria, Brocomagus, Tres Tabernæ (Saverne), etc.

La civilisation romaine adoucissait les mœurs et préparait la voie au christianisme qui s'introduisit au deuxième siècle en Alsace. St.-Materne fut, dit-on, le premier apôtre de cette contrée. On parle d'un Amandus, évêque de Strasbourg au quatrième siècle, mais le fait est incertain. C'est au sixième siècle qu'il faut reporter l'établissement de l'évêché de Strasbourg, que décora au septième St.-Arbogaste.

Constantin changea les institutions de l'empire; la Haute-Alsace fut incorporée à la province *Maxima Sequanorum*, dont le chef-lieu était *Vesoutio* (Besançon), la Basse-Alsace à la *Germania prima*. Le duc de la province séquanaise qui résidait à Olino, commandait la première; la seconde obéissait au comte d'Argentoratum. Les empereurs vinrent fréquemment en Alsace pour y défendre l'intégrité de l'empire; Julien se couvrit de gloire en battant les Alemans près de

Strasbourg; mais bientôt les bandes toujours plus nombreuses de Barbares, rendirent les victoires inutiles et la résistance vaine.

Au cinquième siècle tout est obscur, car tout fut bouleversé, pillé, détruit. La grande invasion des Barbares passa sur l'Alsace. Les Vandales, les Alains la ravagèrent d'abord; les Huns renversèrent tout ce qui était encore debout; les Alemans les suivirent, mais par la bataille de Tolbiac, Clovis, vainqueur de cette peuplade, réunit l'Alsace à la monarchie française. Cette province fit partie de l'Austrasie sous les Mérovingiens qui l'aimaient beaucoup et venaient souvent pour y goûter les plaisirs de la chasse, recevoir les revenus de leurs grandes métairies et se reposer dans leurs palais de Rouffach, de Marlenheim, de Kirchheim, de Kœnigshoven. Ils érigèrent l'Alsace en duché, on ne connaît pas précisément la date de cette érection : cet acte se fit dans le septième siècle. Un des premiers ducs est Athalric ou Attich, Eticho en 670; par ses fondations pieuses qu'imitèrent ses enfants, il contribua beaucoup à adoucir les mœurs encore barbares des Alsaciens d'alors. Le duché ne subsista que de nom. Charles-Martel, inquiet de la puissance de ces ducs, en supprima la dignité, et l'Alsace fut gouvernée par deux landgraves qui commandaient, l'un au Sundgau, comprenant alors toute la Haute-Alsace jusqu'à l'Erkenbach, entre Sélestadt et Guémar, où l'on trouve encore un fossé dit *Landgraben;* l'autre à la Basse-Alsace appelée Nordgau.

Les troubles qui désolèrent l'empire de Charlemagne sous le règne de son fils, Louis le pieux, se firent aussi sentir en Alsace. C'est dans le Haut-Rhin qu'eut lieu la trahison qui livra cet empereur débonnaire, abandonné par son armée, à la merci de ses fils. La plaine où cela se passa, garda le nom de *Champ du mensonge*. Après la bataille de Fontenay, en 841, Charles-le-Chauve et Louis-le-Germanique vinrent à Strasbourg pour contracter une nouvelle alliance, et le serment qu'ils se prêtèrent, est conservé religieusement comme le plus ancien monument des langues romane et allemande. Par le traité de Verdun, l'Alsace échut à Lothaire; mais à la mort de son fils, Charles-le-Chauve et Louis-le-Germanique, s'emparèrent de son héritage et se le partagèrent. Le dernier obtint l'Alsace qui fut détachée ainsi de l'empire français. Les successeurs de ces deux princes se disputèrent souvent la possession de cette province et celle de la Lorraine, jusqu'à ce que Henri Ier, l'Oiseleur, réunit définitivement, en 925, ces deux pays à l'empire germanique. L'Alsace fut administrée par les ducs de Souabe qui ajoutèrent à leur titre celui de ducs d'Alsace. Cette dignité devint héréditaire dans la famille impériale et subsista jusqu'en 1268 où Conradin de Souabe, le dernier des Hohenstaufen, fut décapité à Naples. Les landgraves furent conservés; cette charge appartint à des seigneurs de familles diverses jusqu'à la fin du onzième siècle, où celle du Sundgau devint héréditaire dans la famille de Habsbourg dans laquelle elle resta jusqu'à la réunion de l'Alsace à la France. Celle du Nordgau resta jusqu'au quatorzième siècle dans la famille des comtes de Wœrdt; à cette époque, Jean de Lichtenberg, évêque de Strasbourg, l'acheta et la joignit à la qualité d'évêque de Strasbourg.

Une troisième dignité établie en Alsace, est celle des landvogts. De simples administrateurs des biens ducaux, ils devinrent, sous Frédéric Ier, les protecteurs des villes de l'empire et les représentants de l'unité germanique; leur résidence était à Haguenau. Après la paix de Westphalie, cette charge fut conférée par Louis XIV aux premiers gouverneurs qu'il envoya en Alsace.

La réunion de cette province à l'Allemagne ouvre pour elle une période nouvelle qu'on peut appeler germanique et qui embrasse une durée de près de sept siècles jusqu'à sa restitution définitive à la France par la paix de Westphalie. Durant toute cette période, l'Alsace resta terre immédiate de l'empire; aucun prince particulier n'avait de droit sur elle, bien que des seigneuries fort étendues se trouvassent sous la dépendance de diverses familles nobles. Les villes seules jouissaient en réalité du bienfait de l'immédiateté qui leur valait de n'obéir qu'aux officiers nommés par l'empereur et à leurs propres magistrats. Les villages dépendaient soit des seigneuries, soit des villes qui ne les traitaient guère mieux que ne le faisaient les nobles. Les villes libres et immédiates de l'empire étaient Strasbourg, Haguenau, Colmar, Sélestadt, Wissembourg, Landau, Obernai, Münster, Rosheim, Kaisersberg, Turkheim, Mulhouse. *Voyez* ces mots. Cette époque n'est qu'une suite continuelle de guerres civiles, de luttes municipales, de prétentions diverses dont on trouvera les détails dans l'histoire des différentes localités auxquelles ils se rapportent. Quelques-uns d'entre eux, cependant, ont trop vivement bouleversé l'Alsace entière pour qu'on puisse les passer sous silence. Ainsi en fut de la guerre que Philippe de Souabe vint porter en Alsace en 1205 pour punir les principaux seigneurs et la ville de Strasbourg qui avaient pris parti pour son compétiteur, Othon IV. Molsheim fut brûlé, Strasbourg assiégé, ses faubourgs incendiés.

En 1253, presque toutes les villes libres de l'Alsace et d'autres seigneurs accédèrent à la ligue rhénane, formée dans le but d'assurer le commerce et de maintenir l'ordre pendant les troubles civils qui déchiraient alors l'Allemagne. Ces ligues se renouvelèrent souvent entre les villes impériales qui, prises séparément, n'étaient ni assez puissantes ni assez riches pour résister aux seigneurs. Vers le milieu du quatorzième siècle, des bandes armées parcoururent l'Alsace et massacrèrent les juifs. Il fallut tous les soins des magistrats des villes, de l'empereur et de l'évêque de Strasbourg pour arrêter ce carnage; encore ne fut-ce que pour un instant. Une peste terrible ayant ravagé la contrée en 1347 et 1348, on recommença à persécuter les juifs, sous le prétexte absurde qu'ils étaient la cause de ce désastre; à Strasbourg on en brûla neuf cents dans un jour.

Les guerres se succédèrent rapidement : en 1363, les villes et les seigneurs, depuis Bâle et Belfort jusqu'à Wissembourg, s'unirent pour résister aux bandes d'Anglais qui ravageaient la France après la bataille de Poitiers; 40,000 de ces malandrins pillèrent l'Alsace en 1365. Dix ans après, Enguerrand de Coucy y apparut avec une armée pour faire valoir ses droits héréditaires au landgraviat de la Haute-Alsace; en 1385, guerre de Strasbourg, de Mayence, de Worms, de Spire contre la noblesse du Rhin; en 1392, guerre de Strasbourg contre une foule de seigneurs pour défendre un de ses bourgeois, Bruno de Rappoltstein; en 1444, invasion en Alsace des Armagnacs, commandés par le dauphin (Louis XI); ils venaient pour secourir Frédéric III contre les confédérés suisses. Mais la mort héroïque de 1500 Eidgenossen à St.-Jacques, près de Bâle, les intimida : ils se retirèrent. L'Alsace eut une grande part dans les guerres des Suisses contre leurs oppresseurs. Si la noblesse alsacienne avait combattu avec les Autrichiens, plus tard, les villes vinrent au secours des cantons, et dans les batailles d'Héricourt, de Morat, de Grançon, de Nancy, les bourgeois alsaciens combattirent pour la liberté. Deux fois, en 1493 et en 1525, les paysans de l'Alsace voulurent introduire dans les institutions sociales l'égalité qu'on leur prêchait dans les églises, et s'insurgèrent contre la tyrannie de leurs oppresseurs; deux fois ils furent massacrés par le glaive de la noblesse. La réforme survint; elle trouva de nombreux adhérents en Alsace : la guerre de trente ans qu'elle alluma, devint fatale à cette province qui fut dévastée également par les amis et les ennemis. Les armées de Spinola, de Mansfeld, et les Suédois sous Gustave Horn et Bernard de Weimar l'occupèrent tour à tour. Ce dernier, l'allié de la France, chercha à s'y créer un état; mais après sa mort prématurée, le cardinal de Richelieu s'empara de son héritage et, par les articles 73 et 74 du traité de paix de Westphalie, l'Alsace revint sous la domination du roi de France, excepté quelques nobles, quelques abbés et la ville de Strasbourg, qui conservèrent leur immédiateté jusqu'à ce que la guerre s'étant rallumée de nouveau entre la France et l'empire, Louis XIV se mit en possession des dix villes impériales et fit déclarer par les arrêts de réunion que toute l'Alsace était soumise à sa souveraineté. Les nobles et évêques prêtèrent le serment, et la ville de Strasbourg, abandonnée à ses propres forces, ne put résister davantage; elle se soumit, le 30 septembre 1681, en vertu d'une capitulation particulière, et l'Alsace entière fit désormais partie de la France. La paix de Ryswick le déclara officiellement.

L'administration de l'Alsace subit quelques changements : un gouverneur eut le commandement militaire, un intendant fut chargé de la direction de la justice, de la police et des finances. Des prêteurs établis dans les anciennes villes impériales durent veiller aux intérêts du roi; enfin, la juridiction suprême fut confiée au conseil souverain d'Alsace qui siégea à Colmar.

Depuis cette réunion, l'Alsace n'a plus une histoire à elle. Partie de la France, elle en a partagé le sort; ses victoires, auxquelles elle a contribué, font sa gloire; elle a souffert avec elle les jours de malheur. Jusqu'à la révolution, son administration particulière, l'antique constitution qui subsistait encore à Strasbourg, des relations multipliées avec l'empire germanique, ont pu la faire considérer par quelques-uns, comme un état intermédiaire entre la France et l'Allemagne; mais depuis 1789, depuis cette ère nouvelle de liberté et d'égalité, elle s'est rattachée par les liens les plus intimes à la mère-patrie. Tout ce qui émeut la France, l'impressionne profondément; la révolution et l'empire y trouvèrent des bataillons intrépides et d'habiles généraux; plus tard, et sous la restauration, ses citoyens prirent une part active à la lutte du droit commun contre le privilége, et aujourd'hui encore, lorsqu'on veut citer une contrée distinguée par son patriotisme et son amour du bien, l'on nomme l'Alsace.

ALSACE, dist. des États-Unis d'Amérique, dans l'état de Pensylvanie, comté de Berks, sur le Schuylkill; forges; pop. 3000 hab.

ALSEN ou **ALSA**, île du roy. de Danemark, dans le duché de Schleswig, Petit-Belt, au S.-O. de l'île de Fionie. Elle a 5 l. de long sur 2 de large. Ses forêts, ses lacs et sa culture en font l'une des îles les plus riantes et les plus fertiles de la mer Baltique. Sonderbourg en est la capitale; pop. 16,000 hab.

ALSENSUND, *Alsac Fretum*, détroit de la mer Baltique qui sépare l'île d'Alsen du duché de Schleswig (Danemark).

ALSETTE ou **ELSE**, pet. riv. du roy. de Belgique, dans la prov. de Luxembourg; elle se jette dans la Sure après un cours de 15 lieues.

ALSFELD, pet. v. du grand-duché de Hesse-Darmstadt, dans la prov. de la Haute-Hesse, sur la Schwalm, à 11 l. N.-E. de Giessen; fabriques de tabac, de ratines, de molletons, etc.; blanchisseries de toiles; pop. 4000 hab.

ALSHEIM, b. de la Hesse grand-ducale,

dans la prov. de la Hesse-Rhénane. On remarque les trois églises et les trois écoles que possède ce village. Ses habitants, au nombre de 1796, sont en majeure partie vignerons. Le vin des environs est assez renommé.

ALSIUM, g. a., v. de l'Etrurie.

ALSLEBEN, nom de deux villages voisins, dans le duché d'Anhalt-Dessau, à 3/4 l. N. de Grœningen, sur la Bode.

ALSLEBEN, pet. v. de Prusse, dans la prov. de Saxe, rég. de Mersebourg, sur la Saale; les habitants au nombre de 1500, se livrent à l'agriculture et à l'éducation du bétail.

ALSO-CSERNATONER, dist. du grand-duché de Transylvanie, en Autriche, dans le pays des Szeklers.

ALSO-DICES. *Voyez* NUSSDORF (Unter-).

ALSOE, pet. v. du Danemark, dans le Jütland septentrional, sur le Cattégat.

ALSŒS-TUBNYO ou STUBEN-LE-HAUT, b. de la Basse-Hongrie, dans le cer. en-deçà du Danube; eaux thermales renommées.

ALSO-KUBIN, b. et chef-lieu du comitat d'Arva, dans la Basse-Hongrie, cer. en deçà du Danube, sur l'Arva; pop. 1100 hab.

ALSO-LENDVA ou LIMBACH-LE-BAS, b. de la Basse-Hongrie, dans le cer. au-delà du Danube, comitat de Szala; avec un château; bains sulfureux.

ALSON, riv. de Fr., qui se jette dans la Durance.

ALSO-RAMOCZ. *Voyez* DRASSENMARKT.

ALSO-SAJO ou NIZNE-SLANA, b. de la Haute-Hongrie, dans le cer. en-deçà de la Theiss, comitat de Gömö); forges.

ALSO-VERECSKE, b. de la Haute-Hongrie, dans le cer. en-deçà de la Theiss, comitat de Beregh. On y trouve des diamants de Hongrie.

ALSPACH, ham. de Fr., dép. du Haut-Rhin, arr. et poste de Colmar, cant. et com. de Kaisersberg; fabriques de siamoises et de mouchoirs; pop. 60 hab.

ALSTADT. *Voyez* ALTENSTADT.

ALSTAHOUG, v. du roy. de Norwège, dans le diocèse de Nordland, prévôté de Helgeland, dans l'île d'Alsten; siége de l'évêché le plus septentrional de l'Europe.

ALSTEAD, dist. des États-Unis d'Amérique, dans l'état de New-Hampshire, comté de Cheshire; pop. 2500 hab.

ALSTED, cant. du bge et de la prévôté de Soröe, au centre de l'île danoise de Seeland; pop. 6000 hab.

ALSTEN, île du roy. de Norwège, dans le diocèce de Nordland, prévôté de Helgeland; remarquable par ses hautes montagnes (4000 pieds) appelées les Sept-Sœurs.

ALSTER, riv. du duché de Holstein; elle se jette dans l'Elbe à Hambourg.

ALSTING-ZINZING, vg. de Fr., dép. de la Moselle, arr. de Sarreguemines, cant. et poste de Forbach; pop. 850 hab.

ALSTON, v. des États-Unis d'Amérique, dans l'état de la Caroline méridionale, à 13 1/2 l. de Brunswick.

ALSWANGEN, pet. v. de la Russie d'Europe, dans le gouv. de Courlande, sur la mer Baltique; avec un château; à 3 l. O. de Goldingen.

ALT ou ALUTA, OLT, OLTAU, *Aluta*, *Alvata*, *Alvatus*, riv. du grand-duché de Transylvanie; elle prend sa source au mont Locawas, dans la chaine des Krapacks, entre dans la Valachie près de Kornet, et se jette dans le Danube vis-à-vis de Nicopoli, après un cours de 80 lieues. Ses principaux affluents sont : le Cibin, le Bourzen, la Dopolésia, le Tessini et l'Amara.

ALTA-DE-ESCUDO, un des pics les plus élevés de la chaîne de montagnes qui traverse la partie septentrionale de la prov. de Burgos, dans la Vieille-Castille, non loin de Santander.

ALTAGÈNE, vg. de Fr., dép. de la Corse, arr. et poste de Sartène, cant. de Ste.-Lucie; pop. 250 hab.

ALTA-GRACIA, b. dans la rép. de Haïti, dans les Indes occidentales, sur le Higoury.

ALTA-GRACIA, v. de la rép. colombienne de la Nouvelle-Grenade, dans l'Amérique méridionale, à 16 l. de Santa-Fé-de-Bogota.

ALTA-GRACIA, b. de la rép. colombienne de Vénézuéla, dans l'Amérique méridionale, dép. de Cumana.

ALTA-GRACIA, b. des états-unis du Rio-de-la-Plata, dans l'Amérique méridionale, état de Tucuman.

ALTAI, chaîne de montagnes de l'Asie, entre la Sibérie et la Chine; elle se rattache aux monts Ourals et a une étendue de 250 l. de l'O. à l'E. Ses ramifications s'avancent vers le N. et forment des groupes dont les sommets les plus élevés sont toujours couverts de glace et de neige. Cette chaîne se divise en Grand et en Petit-Altaï. Le Grand sépare la Tartarie mongole de la Zungarie et d'une partie de la Petite-Bucharie, et le Petit-Altaï, au N. du premier, traverse du S. au N.-O. le gouvernement russe de Tobolsk qu'il sépare également de la Zungarie. Ces montagnes et particulièrement celles qui appartiennent au territoire russe, renferment de l'or, de l'argent, du cuivre et du plomb. Les monts Kolivans, groupe du Petit-Altaï, sont les plus riches. Les Russes commencèrent à exploiter ces précieuses mines en 1747. Le comte Demidoff fut le premier qui eut dans l'Altaï un établissement régulier pour l'exploitation des mines. Ses usines, qui n'existent plus, étaient dans le village de Kolivan sur la Belaïa. D'autres usines, qui portent toutes le même nom de Kolivan, ont été établies depuis. Le gouvernement russe exploite aussi dans le Petit-Altaï des carrières de jaspe, de porphyre et d'agate qu'il fait extraire et manufacturer par des serfs et par des recrues que l'on envoie dans les mines, et dont le service pénible dure 40 ans.

ALTAMAHA ou **ALATAMAHA**, riv. navigable des États-Unis d'Amérique, dans l'état de Géorgie; elle se jette dans l'Océan Atlantique, à 2 1/2 l. S.-E. de la ville de Darien.

ALTAMAHA ou **ALATAMAHA**, pet. v. des États-Unis d'Amérique, dans l'état de Géorgie, au confluent de l'Oconoce et de l'Oakmulgée.

ALTAMURA, *Lupatiæ*, *Altus Murus*, pet. v. du roy. de Naples, dans la Terre de Bari, à 12 l. S.-O. de Bari. On y voit une superbe et riche cathédrale fondée par Frédéric II. Ses marchés, qui sont très-fréquentés, fournissent le meilleur froment. Le territoire est aussi riche en vins, huile et sel; antiquités; pop. 16,000 hab.

ALTANDORRA. *Voyez* ANDORRE.

ALTAN-NOR (lac doré), lac salin de la Russie d'Asie, dans le pays des Calmoucks, à 25 l. E.-N.-E. de Zarizyn, gouv. de Saratow.

ALTAR, pet. v. et fort des états-unis du Mexique, dans l'état de Sonora.

ALTAR, haute montagne de la rép. colombienne d'Ecuador, dans l'Amérique méridionale.

ALTARA, b. des états sardes, dans le duché de Gênes, à 2 l. N. de Savone.

ALTARA, b. du roy. Lombard-Vénitien, dans l'Italie autrichienne, gouv. de Venise, prov. et à 10 l. S.-O. de Padoue.

ALTARAZANAS. *Voyez* BARCELONE.

ALTARÉJOS, b. d'Espagne, dans le roy. de la Nouvelle-Castille, prov. de Cuenca.

ALTASCHA, riv. de la Russie d'Asie, dans la Sibérie.

ALTA-VELA, pet. île dans l'archipel des Antilles, à 3 1/2 l. de Haïti; elle fut découverte par Christophe Colomb.

ALTAVESSÉE, dist. de l'Indoustan, dans la présidence de Bombay, prov. de Guzérate, à l'E de Surate.

ALTAVILLA, b. du roy. de Naples, dans la principauté citérieure, sur le Sélo, à 8 l. S.-E. de Solerne; pop. 2400 hab.

ALTAVILLA, b. du roy. de Naples, dans la principauté ultérieure, à 2 l. S. de Bénévent, non loin du Calore; eaux minérales; pop. 2400 hab.

ALTAVILLA, b. maritime dans l'île de Sicile, dans l'intendance et à 3 l. E.-S.-E. de Palerme.

ALTBACH, vg. du Wurtemberg, dans le cer. du Necker, gr.-bge d'Esslingen; pop. 700 hab.

ALTBOURG, vg. parois. de Suisse, dans le cer. de la Forêt-Noire, gr.-bge de Calw; pop. 470 hab.

ALT-BULACH, vg. du Wurtemberg, dans le cer. de la Forêt-Noire, gr.-bge de Calw; mines; pop. 470 hab.

ALTBUREN, vg. de Suisse, dans le cant. de Lucerne, bge de Willisau; on remarque dans ses environs des habitations taillées dans le roc; pop. 700 hab.

ALTDORF, v. de Bavière, dans le cer. de la Rezat, chef-lieu de cercle, sur la rive droite de la Schwarzach, à 2 l. de Feucht; siège des autorités du cercle; école normale pour former des instituteurs. Fabriques d'ouvrages en bois, brasseries; la culture du houblon y est surtout considérable. Dans les environs, mines de houille et de calamine. L'ancienne université de cette ville n'existe plus depuis 1809. Le cercle a une superficie de 26 l. c. et une population de 12,000 hab. et la ville en a 2300.

ALTDORF, vg. du grand-duché de Bade, situé dans le cer. du Haut-Rhin sur la route de Bâle. Ce village, arrosé par le Schmiedbach, possède un beau château, un jardin botanique assez riche en plantes exotiques et une fort belle église, bâtie en 1783 sur le sommet d'une montagne d'où l'on jouit d'une des plus belles vues que l'œil puisse embrasser; pop. 1150 hab.

ALTDORF, vg. parois. du roy. de Wurtemberg, dans le cer. du Necker, gr.-bge de Bœblingen; pop. 1120 hab.

ALTDORF, sur la Schussen, vg. parois. du roy. de Wurtemberg, dans le cer. du Danube, gr.-bge de Ravensbourg. Cet endroit est situé dans une contrée riante et fertile; pop. 2500 hab.

ALTE, b. du Portugal, dans le roy. des Algarves; mines de cuivre.

ALTEA, pet. v. maritime d'Espagne, dans le roy. et à 25 l. S.-S.-E. de Valence, dans une contrée fertile en vin, coton, lin, miel et soie; verreries; pop. 5000 hab.

ALTEICH, vg. de Bavière, dans le cer. du Danube-Inférieur, dist. de Mitterfels, sur le Danube et à 9 l. de Passau et à 2 l. d'Osterhofen; pop. 900 hab.

ALTEIRAC, ham. de Fr., dép. du Gard, arr. d'Alais, cant. et poste de Genolhac, com. de Chamborigaud; pop. 120 hab.

ALTE-LAND (*vieux pays*), dist. très-fertile du duché de Brême, dans la prov. de Stade du roy. de Hanovre. Il s'étend le long de l'Elbe à une longueur de 7 l. et une largeur de 1 1/2 l., et fournit beaucoup de fruits; pop. 15,000 hab.

ALTELIA, pet. v. du roy. de Naples, dans la prov. de la Calabre citérieure, sur le Sanuto.

ALTEMANN ou **ALTMANN** (l'), mont. de Suisse, sur la frontière du cant. d'Appenzell, Rhoden inférieurs; son sommet est à 2550 mètres au-dessus de la mer. Le nom de cette montagne (Altemann, *homme vieux*) vient de ce que les rochers qui la composent sont tout à fait dénués de végétation.

ALTÉMONTÉ ou **ALTOMONTÉ**, pet. v. du roy. de Naples, dans la prov. de la Calabre citérieure, à 3 l. S.-S.-O. de Castrovillari; mines d'or, d'argent, de fer et salines; pop. 2500 hab.

ALTEN ou **ALTENELF**, riv. dans le Finmarck occidental du roy. de Norwège; elle se jette dans la mer Glaciale après un cours de 30 lieues. Elle forme plusieurs cataractes.

ALTEN ou **ALTENGAARD**, b. du Finmarck occidental du roy. de Norwège, à l'embouchure de l'Alten dans l'Altenfiord. Les Finois y ont introduit la culture de l'orge; pop. 2000 hab.

ALTENA, v. de Prusse, dans la prov. de Westphalie, rég. d'Arnsberg, sur la Lenne; ses fabriques de fil de fer, d'aiguilles à coudre et à tricoter et ses affinages de fer et de ferblanc, ont une réputation basée sur plus de deux siècles et sont pour ses habitants une source de prospérité; château des anciens comtes de la Marche, dont est issue, du côté maternel, la famille royale de Prusse; pop. 4000 hab.

ALTENACH, vg. de Fr., dép. du Haut-Rhin, arr., à 5 l. E. de Belfort, cant. et poste de Dannemarie; pop. 450 hab.

ALTENAU, *Altenavium*, pet. v. du roy. de Hanovre, dans l'intendance des mines de Clausthal, à 2 l. S. de Goslar sur l'Ocker, dans une contrée riche en mines d'argent, de cuivre et de fer. L'affinerie d'argent qui s'y trouve fournit annuellement 9000 marcs d'argent et jusqu'à 20,000 quintaux de plomb; forges; pop. 1500 hab.

ALTENBACH, vg. de Fr., dép. du Haut-Rhin, arr. de Belfort, cant. de St.-Amarin, poste de Wesserling; pop. 200 hab.

ALTENBERG, pet. v. du roy. de Saxe, dans le cer. de Misnie, à 7 l. S. de Dresde, au pied du mont Geising, sur le Tiefenbach, dans une contrée montagneuse et riche en mines d'étain; on y fabrique beaucoup de dentelles; pop. 1900 hab.

ALTENBERGA, vg. du duché de Saxe-Gotha, à 1 1/2 l. O. d'Ohrdruff, dans une vallée riante. Sur une hauteur des environs St.-Boniface bâtit, en 724, la première église chrétienne qu'il dédia à St.-Jean, et dont la place est occupée, depuis 1811, par un candelabre de grès, haut de 30 pieds; pop. 250 hab.

ALTENBOURG, v. du duché de Saxe-Gotha, capitale de la principauté du même nom et chef-lieu de bailliage. Cette ville possède plusieurs établissements philantropiques, un gymnase ou collège fondé au commencement du dix-huitième siècle, de belles promenades, des manufactures de laine, des tanneries, des ganteries, etc. Elle fait un grand commerce de grains, de banque, d'expédition et de transit; pop. 10,600 hab.

Le duché d'Altenbourg est une des plus belles contrées de l'Allemagne. Il faisait partie des domaines de l'électeur de Saxe, forma plus tard une principauté indépendante de la branche de Gotha, à laquelle il revint en 1672 par droit de succession. Les états du duché se composent du comité de la noblesse et des députés des villes. Sa superficie est de 24 milles carrés et sa population de 115,000 habitants. Sa capitale fit, jusqu'en 1308, partie des villes impériales.

Le vieux château d'Altenbourg, situé sur un rocher, est remarquable par l'enlèvement des princes (Prinzenraub), les deux jeunes fils de l'électeur de Saxe, Frédéric-le-Débonnaire. Ils furent enlevés la nuit du 7 au 8 juillet 1455, par un chevalier nommé Kunz de Kaufungen, qui voulait, en gardant ces princes pour ôtage, se faire dédommager des pertes qu'il avait éprouvées en combattant pour l'électeur dans la guerre que celui-ci soutenait contre son frère. Des charbonniers arrêtèrent Kunz dans sa fuite; il fut décapité à Freiberg six jours après.

ALTENBOURG, vg. du roy. de Wurtemberg, dans le cer. de la Forêt-Noire, bge de Tubingen. Près de là, sur une montagne, se trouvent les ruines d'un vieux château. Ce village fut vendu au Wurtemberg par Jean de Reutlingen (Hanns der Teufel, Jean le Diable) en 1444; pop. 350 hab.

ALTENBOURG, vg. de l'archiduché d'Autriche, dans le gouv. de la Basse-Autriche, cer. au-dessous du Wienerwald, sur le Danube; eaux sulfureuses; pop. 700 hab.

ALTENBOURG, abbaye de bénédictins dans l'archiduché d'Autriche, dans le gouv. de la Basse-Autriche, cer. au-dessus du Mannhartsberg, tout près de la ville de Horn.

ALTENBOURG ou **OVAR**, **STARE HRADY**, *Ad Flexum* (sc. Danubii), *Flexum*, *Antiquumburgum*, *Altenburgum*, *Ovaria*, *Ovarium*, chef-lieu du comitat de Wieselbourg, dans la Basse-Hongrie, cer. au-delà du Danube, au confluent du Petit-Danube et de la Leitha, à 7 l. S.-S.-O. de Presbourg. Le bourg est bien bâti, possède un beau château, et entretient un commerce assez considérable de grains et de bestiaux; pop. 2500 hab.

ALTENBOURG ou **KÖRÖS BANYA**, *Chrysii Auraria, Altenburgum*, pet. v. du grand-duché de Transylvanie, dans le pays des Hongrois et près de la source de la Körös blanche, à 14 l. O.-N.-O. de Carlsbourg; avec un château; mines d'or.

ALTENBRAAK, vg. du duché de Brunswick, dist. et à 1 1/2 l. S. de Blanckenbourg, sur la Bode; forges.

ALTENBRUCH, b. considérable du roy. de Hanovre, dans le duché de Brême, pays de Hadeln, sur la Werné, avec un petit port sur la mer d'Allemagne et 2500 hab., qui font un commerce assez étendu en blé, fruits, bestiaux et poissons.

ALTEN-CELLE ou **ALTENZELLA**, *Cella Vetus*, ancienne abbaye de l'ordre des cîteaux et seigneurie du marquis de Misnie, à 1/2 l. du bourg de Nossen, dans le cer. de l'Erzgebirge du roy. de Saxe, sur la Mulde de Freiberg. De nos jours elle fait partie des domaines royaux, avec un haras et de beaux jardins. On y voit encore les mausolées des anciens margraves.

ALTENDORF, vg. de Bavière, dans le cer. du Mein-Supérieur, dist. de Bamberg. En

1796, les Français, sous le commandement de Kléber, battirent les Autrichiens près de ce village qui a aussi beaucoup souffert par une inondation survenue le 15 juin 1816; pop. 300 hab.

ALTENDORF, vg. parois. de Suisse, cant. de Schwitz, arr. de la March. En 1704 l'éboulement d'une montagne y détruisit plusieurs maisons et de belles prairies, et encore aujourd'hui ce village est sans cesse menacé de nouveaux éboulements ; pop. 800 hab.

ALTENDORF, b. du duché de Brunswick; forges et verreries.

ALTENDORF ou **O-FALU**, b. de la Haute-Hongrie, dans le cer. en-deçà de la Theiss, non loin de la Dunajec ; il appartient au chapitre grec d'Epcriés.

ALTENELF. *Voyez* **ALTEN.**

ALTENFELD, vg. de la principauté de Schwarzbourg-Sondershausen, sur l'Oelzé, à 2 l. 1/2 S.-S.-O. de Gehren. Verrerie; pop. 800 hab.

ALTENFIORD, baie de la mer Glaciale, sur la côte sept. du roy. de Norwège, remarquable par ses hautes montagnes.

ALTENGAARD. *Voyez* **ALTEN.**

ALTENGAMM, un des quatre dist. dont se composent les Vierlande (quatre pays), dans le bge de Bergedorf, près de Hambourg.

ALTENHEIM, vg. de Fr., dép. du Bas-Rhin, arr., cant. et poste de Saverne; pop. 370 hab.

ALTENHEIM, vg. assez considérable du grand-duché de Bade, situé dans le cer. du Rhin-Moyen, sur la route qui conduit de Kehl à Dinglingen. L'église, avec de belles orgues, et la maison d'école de ce village appellent l'attention. Les habitants sont au nombre de 1238 et se livrent à l'agriculture et à l'éducation des bestiaux.

ALTENHOFEN, b. du roy. d'Illyrie, dans le gouv. de Laybach, cer. de Klagenfurt, à 1 l. N.-E. de St.-Veit. Château et martinets.

ALTENHUNDTORF, vg. du grand-duché d'Oldenbourg, dans le cer. d'Oldenbourg ; célèbre par la bataille qui y eut lieu en 1475, entre le comte Gerhard et les Brémois, qui furent presque tous massacrés ; pop. 450 h.

ALTENKIRCHEN ou **AHLEKIRCHEN**, v. de Prusse, dans la prov. Rhénane, rég. de Coblence, sur le Wiedbuche, autrefois chef-lieu du comté de Sayn-Altenkirchen. Forges et fabriques de toiles ; les habitants se livrent aussi à l'agriculture et à l'éducation du bétail. En 1796, plusieurs combats eurent lieu près de cette ville entre les Français et les Autrichiens. Le brave général Marceau y fut mortellement blessé par un chasseur tyrolien, caché derrière une haie, et transporté au château d'Altenkirchen, où il mourut trois jours après, des suites de sa blessure, à l'âge de 27 ans.

ALTENLAAK, *Stara Loka*, b. du roy. d'Illyrie, dans le gouv. et cer. de Laybach; non loin de Bischoflaak ; avec un château; tisseranderie.

ALTENMARKT, pet. b. de Bavière, dans le cer. de l'Isar, dist. de Trostberg, à 1/2 l. de Stein ; ses manufactures d'armes sont importantes ; clouteries; pop. 320 hab.

ALTENMARKT, b. de l'archiduché d'Autriche, dans le gouv. de la Basse-Autriche, cer. au-dessous du Wienerwald, dans une vallée, arrosée par la Tristing, à 4 l. O. de Baden.

ALTENMARKT, b. de l'archiduché d'Autriche, dans le gouv. de la Basse-Autriche, cer. au-dessus du Mannhartsberg, sur l'Isper.

ALTENMARKT, b. de l'archiduché d'Autriche, dans le gouv. de la Haute-Autriche, cer. de Salzbourg, à 1 l. de Radstadt.

ALTENMARKT, vg. du duché de Styrie, dans le cer. de Bruck, sur l'Ens. Forges nombreuses et considérables; pop. 250 hab.

ALTENRIETH, vg. du Wurtemberg, dans le cer. de la Forêt-Noire, gr.-bge de Tubingue ; pop. 500 hab.

ALTENSALZE, vg. des états prussiens, dans la prov. de Saxe, rég. de Magdebourg ; pop. 600 hab.

ALTENSTADT ou **ALTSTADT**, *Concordia*, vg. de Fr., dép. du Bas-Rhin, arr., cant. et poste de Wissembourg, sur la Lauter; tourbières; pop. 1353 hab.

ALTENSTADT, vg. du Tyrol, dans l'Autriche, près de Feldkirch, cer. de Brégenz, avec un couvent de bénédictins et une grande maison d'éducation pour des demoiselles ; pop. 900 hab.

ALTENSTADT, vg. parois. du Wurtemberg, dans le cer. du Danube, gr.-bge de Geislingen, au confluent de l'Eibach et de la Fils; pop. 800 hab.

ALTENSTEIG, b. de la Basse-Autriche, dans le cer. au-dessus du Mannhartsberg, à 20 l. N.-O. de Vienne ; avec un château; verrerie.

ALTENSTEIG, pet. v. du Wurtemberg, dans le cer. de la Forêt-Noire, gr.-bge de Nagold. La ville, autrefois chef-lieu d'un gr.-bge, est situé sur la pente d'une montagne, au pied de laquelle coule la Nagold ; culture de chanvre, bonnes tanneries, fabriques d'étoffes de laine. Patrie de J.-Fr. Schlotterbeck (1765), chancelier du Wurtemberg, écrivain spirituel et distingué; pop. 2000 hab.

ALTENSTEIN, château du duché de Saxe-Meiningen-Hildburghausen, près du village de Liebenstein, sur le versant S.-O. de la forêt de Thuringe. Le prince et sa cour l'habitent pendant la belle saison. C'est le lieu où St.-Boniface, l'apôtre des Allemands, prêcha de 725 à 727. C'est aussi tout près de ce château, que l'électeur Maurice de Saxe fit enlever Luther le 4 mai 1525 pour le mettre à l'abri des poursuites de ses ennemis.

ALTENWIED, b. des états prussiens, dans la prov. du Rhin, rég. et à 3 l. de Coblence, sur le Wiedbach; pop. 300 hab.

ALTER-DO-CHAO, b. du Portugal, dans la prov. d'Alentéjo, sur l'Ervédal, à 4 l. O. de Portalègre.

ALTERE, b. du roy. de Belgique, dans la prov. de la Flandre orientale, à 4 l. O. de Gand.

ALTERKULZ, vg. des états prussiens, dans la prov. du Rhin, rég. de Coblence; forges; pop. 360 hab.

ALTER-PEDROSO, b. du Portugal, dans la prov. d'Alentéjo, sur une montagne.

ALTERSWEILEN, vg. parois. de Suisse, dans le cant. de Thurgovie, bge de Gottlieben, chef-lieu du cer. de même nom. La terre est fertile et produit des vins, des fruits et du froment; pop. de la paroisse 2000 hab.

ALTES, ham. de Fr., dép. de l'Aveyron, arr. de Milhaud, cant., com. et poste de Severac-le-Château; pop. 130 hab.

ALTESSAN, b. des états sardes, dans la principauté de Piémont, à 1 l. N. de Turin.

ALTEVILLE, ham. de Fr., dép. de la Meurthe, arr. de Château-Salins, cant. et poste de Dieuze, com. de Tarquinpol; pop. 15 hab.

ALTEVISSE, ham. de Fr., dép. de la Moselle, arr. de Thionville, cant. de Cattenom, com. de Mondorff, poste de Sierck; pop. 50 hab.

ALTEYRAC, ham. de Fr., dép. de la Lozère, arr., cant. et poste de Mende, com. de Chastel-Nouvel; pop. 150 hab.

ALTGEBIRGE, vg. de la Basse-Hongrie, dans le cer. en-deca du Danube, comitat de Sohl, non loin de Herrengrund; mines d'argent et de cuivre, fonderie de cuivre; pop. 800 hab.

ALTHA, g. a., v. de la Babylonie, sur le Tigre, à l'endroit où ce fleuve se divise en deux bras et forme l'île de Mésène.

ALTHAMMER, vg. du roy. d'Illyrie, dans les gouv. et cer. de Laybach, riches forges, tréfilerie et clouterie.

ALTHART, b. du margraviat de Moravie, dans le cer. de Znaïm. Fabriques de coton et de mousseline.

ALTHAUSEN, vg. du Wurtemberg, dans le cer. de l'Yaxt, gr.-bge de Mergentheim; pop. 550 hab.

ALTHEIM, vg. parois. du Wurtemberg, dans le cer. du Danube, gr.-bge de Biberach; pop. 460 hab.

ALTHEIM, vg. parois. du Wurtemberg, dans le cer. du Danube, gr.-bge d'Ehingen; pop. 479 hab.

ALTHEIM, vg. parois. du Wurtemberg, dans le cercle du Danube, sur la Biber, gr.-bge de Riedlingen; pop. 900 hab.

ALTHEIM, vg. parois. du Wurtemberg, dant le cer. du Danube, gr.-bge d'Ulm. C'est près de cet endroit que le comte Eberhard de Wurtemberg remporta une grande victoire sur les troupes des villes impériales, en 1372; pop. 1000 hab.

ALTHEIM, vg. de Bavière, dans le cer. de la Rezat, dist. de Pappenheim; fabriques d'aiguilles et de paniers; pop. 1000 hab.

ALT-HENGSTETT, vg. parois. du Wurtemberg, dans le cer. de la Forêt-Noire, gr.-bge de Calw. Patrie de J.-G. (1759) et de Chr.-Jacq. (1764) Zahn; le premier, habile médecin, et l'autre, savant jurisconsulte; pop. 920 hab.

ALTHOFEN, b. du roy. d'Illyrie, dans le gouv. de Laybach, cer. et à 6 l. 1/2 N. de Klagenfurt, au S. de Friesach, sur une montagne. Forges; mines de fer et de plomb; pop. 650 hab.

ALTHORN, ham. de Fr., dép. de la Moselle, arr. de Sarreguemines, cant. et poste de Bitche, com. de Mutterhausen; mine de fer; pop. 400 hab.

ALTHORP, superbe maison de campagne du comte Spencer, dans le Northamptonshire d'Angleterre.

ALTHUTTE, vg. du Wurtemberg, dans le cer. du Neckar, gr.-bge de Backnang; pop. 600 hab.

ALTHUTTEN, vg. de Bohême, dans le cer. de Rakonitz, à 6 l. S.-O. de Prague. Mines de fer.

ALTIANI, vg. de Fr., dép. de la Corse, arr. et poste de Corté, cant. de Piedi-Corté-de-Gaggio; pop. 450 hab.

ALTIER, vg. de Fr., dép. de la Lozère, arr. de Mende, cant. et poste de Villefort; mine de pyrite blanche arsénicale et sulfureuse; pop. 1300 hab.

ALTI-KHAN, v. de la Turquie d'Asie, dans l'Anatolie, paschalik de Caramanie, dans un territoire montagneux et riche en bons pâturages.

ALTILLAC, vg. de Fr., dép. de la Corrèze, arr. de Tulle, cant. de Mercœur, poste d'Argentat; pop. 1800 hab.

ALTINGEN, vg. parois. du Wurtemberg, dans le cer. de la Forêt-Noire, gr.-bge de Henenberg. Ce village est renommé pour son kirschwasser; pop. 1000 hab.

ALTINO, *Altinum*, b. du roy. Lombard-Vénitien, dans l'Italie autrichienne, gouv. de Venise, prov. et à 5 l. S.-E. de Trévise, à l'embouchure de la Sile dans le golfe de Venise.

ALTISIA, vg. du roy. de Naples, dans la prov. de la Calabre ultérieure IIe, dist. de Cotrone, à 1 l. de Santa-Séverina; salines royales; pop. 150 hab.

ALTISSIMA (Serra-) ou **ALTOS-DE-INTINUYO**, rameau principal de la chaîne des monts Chiquitos, dans la rép. de Bolivie, Amérique méridionale.

ALTKIRCH, v. de Fr., dép. du Haut-Rhin, chef-lieu d'arr., à 12 l. S. de Colmar, siège d'un tribunal de première instance. Cette petite ville, située sur un côteau, baignée par l'Ill, est divisée en ville haute et ville basse; elle a des foires très-fréquentées et fait un grand commerce de chanvre; pop. 3028 hab. pour la ville et 125,465 pour l'arrondissement.

Altkirch fut fondé au commencement du

treizième siècle par Frédéric II, comte de Ferrette. Le château, qui n'est séparé de la ville que par un fossé, fut habitée par les ducs d'Autriche pendant leur séjour en Alsace. Sa tour passait pour une des plus hautes de l'Alsace. Les Suédois le détruisirent en partie pendant la guerre de trente ans; le temps a achevé cette destruction et aujourd'hui ce château ne présente plus que des ruines. Près de la ville on voit le ci-devant couvent de St.-Morand (Morsmünster), également fondé par un comte de Ferrette au douzième siècle.

ALTISHOFEN, gr. vg. parois. de Suisse, dans le cant. de Lucerne, bge de Willisau. Patrie de Hunkeler qui, après avoir servi dans les gardes du pape, devint un peintre très-estimé; la pop. de la paroisse est de 3600 hab.

ALT-KLEEBRONN. *Voyez* KLEEBRONN.

ALTKŒNIG, un des sommets les plus élevés des montagnes du Taunus, dans le duché de Nassau. Il a une hauteur de 2400 pieds.

ALTMUHL, *Alimona*, riv. de Bavière, prend sa source près de Hornau, arrose les cercles de la Rezat et de Regen, et se jette, près de Kelheim, après un cours extrêmement tortueux de 56 l., dans le Danube. Il fait mouvoir beaucoup de moulins, est très-poissonneux et l'on estime surtout les écrevisses que l'on y trouve en grand nombre. Charlemagne voulut joindre le Rhin au Danube, en établissant un canal de jonction entre la Rezat et l'Altmühl.

ALTNAU, gr. vg. parois. de Suisse, chef lieu du cercle de même nom, dans le cant. de Thurgovie, bge de Gottlieben. Il est situé agréablement sur une colline, près du lac de Constance. Fabriques d'étoffes de coton et de toiles, bonnes teintureries; pop. du cercle 2100 hab.

ALTO, b. de la Turquie d'Europe, dans la prov. d'Albanie, sandschak de Janina.

ALTO-BOSCO, *Colophon*, *Colofon*, *Colophon Vetus*, b. de la Turquie d'Asie, dans l'Anatolie, paschalik d'Anadoly, sur la côte de l'Archipel et à 5 l. S. de Smyrne.

ALTOMONTÉ. *Voyez* ALTÉMONTÉ.

ALTON, b. d'Angleterre, dans le comté de Hamp, sur la Wye, à 6 l. N.-E. de Winchester. Fabriques de calicots, de toiles, etc.; filatures de laine et manufactures de soie; pop. 2600 hab.

ALTON, v. et chef-lieu d'un dist. de même nom des États-Unis d'Amérique, dans l'état de New-Hampshire, comté de Strafford, à 8 l. N. de Concord; pop. 2500 hab.

ALTONA, v. du Danemark, dans le duché de Holstein, sur l'Elbe, à 1/4 l. au-dessous de Hambourg, dont elle n'est séparée que par le faubourg de cette dernière ville, appelé Hambourger Berg et par un petit ruisseau. C'est après Copenhague la plus grande et la plus importante ville du royaume. Parmi ses édifices publics on remarque le temple luthérien, l'hôtel de ville et l'hospice des orphelins. Le plus beau quartier de la ville s'appelle *la Pailmaille*, c'est une belle et large rue, formée par deux rangées de maisons élégantes, au milieu de laquelle est une jolie promenade.

Altona possède des établissements scientifiques et de bienfaisance, et tout ce que l'on recherche d'utilité et d'agréments dans les grandes villes. Ses manufactures ont peu d'importance, pourtant son commerce est très-florissant, quoiqu'elle n'ait ni bon port, ni canaux; mais la proximité de Hambourg, qui est en relation avec les pays les plus éloignés, est pour les négociants d'Altona une source de prospérité. Ils ont l'avantage d'affréter de compte à demi, lorsque leurs propres ressources sont insuffisantes. La pêche du hareng et de la baleine est aussi une des branches les plus productives du commerce de cette ville, que le gouvernement danois favorise par de nombreux priviléges.

Altona se distingue par une rare tolérance religieuse. Toutes les sectes y trouvent une protection impartiale pour l'exercice de leurs cultes; pop. 24,500 hab.

En 1500, cette ville n'était qu'un petit hameau, habité par des pêcheurs. Selon quelques étymologistes, elle tire de sa proximité de Hambourg le nom Al-to-na (all zu nahe, beaucoup trop près). En 1604, elle obtint le titre et les priviléges de bourg, et en 1664, sous Frédéric III, roi de Danemark, elle fut élevée au rang des villes. Le général suédois Stenbock l'incendia en 1713; trois églises et trente maisons échappèrent seules à cette destruction. Altona ne tarda pas à se relever, et sa prospérité s'accrut rapidement, surtout depuis la guerre de l'indépendance d'Amérique et la révolution française, qui imprimèrent une très-grande activité à ses expéditions commerciales. En 1813 et 1814, Altona faillit encore une fois être brûlée par l'armée française, qui défendait Hambourg sous les ordres du maréchal Davoust. Heureusement pour elle, son gouverneur sut s'interposer habilement entre le général russe et Davoust, qui épargna généreusement cette ville, quoiqu'elle nuisit considérablement à la défense de Hambourg.

ALTO-PESCIO, b. du grand-duché de Toscane, compartiment et à 9 l. O.-N.-O. de Florence, sur un petit lac. Fabriques d'huile.

ALTORF, pet. v. de Suisse, chef-lieu du cant. d'Uri; depuis le dernier incendie de 1799, dont les dommages ont été évalués à environ 4 1/2 millions de notre monnaie, elle a été rebâtie presque à neuf. Elle est agréablement située à l'endroit où la Reuss se jette dans le lac de Lucerne. On y remarque l'hôtel de ville, petit, mais d'une architecture pleine de goût; un couvent de capucins, fondé en 1781, avec la bibliothèque; une tour que la tradition regarde comme désignant l'endroit où fut le tilleul, sous lequel était placé l'enfant de Guillaume Tell, quand ce héros abattit la pomme, placée sur la tête de son fils ; mais des recherches, faites dans les archives de la ville, ont appris que cette tour existait déjà trois cents ans avant Tell, et que le tilleul était encore debout en 1567, époque où on l'abattit pour construire à sa place une belle fontaine qui existe encore. Altorf est l'entrepôt des marchandises qui, par le St.-Gothard, vont de la Suisse en Italie et vice-versa. C'est la patrie du libérateur de l'Helvétie, Guillaume Tell ; des deux Aschwanden, dont l'un fut un habile arquebusier, et l'autre un excellent mécanicien ; pop. 1650 hab.

ALTORF. *Voyez* BASSECOURT.

ALTORF, vg. de Fr., dép. du Bas-Rhin, arr. de Strasbourg, cant. et poste de Molsheim ; pop. 913 hab.

ALTREU, *Alta Ripa*, jadis v. aujourd'hui vg. de Suisse, dans le cant. de Soleure, bge de Lœbern, à 441 mètres au-dessus de la mer. Ce village a beaucoup à souffrir des débordements de l'Aar ; pop. 170 hab.

ALTRINGHAM, b. d'Angleterre, dans le comté de Chester, sur un canal de la Mersey, à 9 l. E.-N.-E. de Chester. Fabriques d'étoffes de laine et de coton ; une foire chaque année ; pop. 2500 hab.

ALTRIPPE, vg. de Fr., dép. de la Moselle, arr. de Sarreguemines, cant. de Gros-Tenquin, poste de Puttelange ; pop. 380 hab.

ALTROFF, vg. de Fr., dép. de la Meurthe, arr. de Château-Salins, cant. d'Albestroff, poste de Dieuze ; tanneries et tuileries ; pop. 1200 hab.

ALTROFF-LE-HAUT, vg. de Fr., dép. de la Moselle, arr. et poste de Thionville, cant. de Metzervisse, com. de Bettlainville ; pop. 300 hab.

ALT-SCHÆFFEREI. *Voyez* LA BERGERIE.

ALTSHAUSEN, vg. paroissial du Wurtemberg, dans le cer. du Danube, gr.-bge de Saulgau. Dans ses environs on remarque le *Vieil-Etang* dont on retire quelquefois des poissons de plus de 100 livres ; pop. 900 hab.

ALTSCHWEYER, vg. du grand-duché de Bade, dans le cer. du Rhin-Moyen et à 1/4 l. de Bühl. La culture de la vigne est la principale occupation des habitants qui sont au nombre de 774. Son vin rouge est très-renommé.

ALTSTADT ou STARE-MIASTO, b. du margraviat de Moravie, dans l'Autriche, cer. et à 15 l. N.-N.-O. d'Olmütz, au pied du Schneeberg de Spieglitz et près de la source de la March ; eaux minérales ; mines de plomb et d'antimoine ; pop. 1200 hab.

ALTSTADT, vg. du roy. de Saxe, cer. de l'Erzgebirge, tout près de la petite ville de Waldenbourg dont elle forme un des faubourgs, à 1 l. N.-N.-E. de Glauckau. Poteries, pipes, creusets, bêtes à laine, beaux troupeaux de mérinos.

ALTSTADT, pet. île sur le lac des Quatre-Cantons, où l'abbé Raynal fit construire un petit obélisque de marbre, de 40 pieds de hauteur, à la mémoire des trois premiers libérateurs de la Suisse. Détruit par la foudre en 1796, les débris en furent transportés à Lucerne.

ALTSTÆTTEN, vg. parois. de Suisse, dans les cant. et bge de Zurich. L'agriculture fait des progrès constants dans cet endroit ; pop. 650 hab.

ALTSTÆTTEN, pet. v. bien bâtie de la Suisse, dans l'arr. de Rheinthal, cant. de St.-Gall, chef-lieu du cer. de même nom. Elle est située agréablement sur la pente d'une montagne, à 488 mètres au-dessus de la mer. Le commerce et l'industrie y sont en bon état ; ses trois foires annuelles sont bien fréquentées. Le célèbre Karlstadt prêcha dans cette ville pendant la réformation.

Depuis quelques années, il y a un établissement de bains qu'on dit efficaces contre les maladies cutanées ; pop. du cercle, 5450 hab., de la ville. 2000 hab.

ALTURA, b. d'Espagne, dans le roy. et à 12 l. N.-N.-O. de Valence, sur la rive droite de la Palancia et tout près de Segorbe, dans une contrée riche en excellents vins ; faïencerie, papeterie, distilleries d'eau-de-vie ; pop. 3000 hab.

ALVA, b. du Portugal, dans la prov. de Beira, à 15 l. E.-S.-É. d'Oporto, sur la Paiva.

ALVA, vg. d'Ecosse, dans le comté de Banff ; manufacture d'étoffes de laine ; pop. 1100 hab.

ALVA. *Voyez* ALLOA.

ALVA-DE-TORMÈS, *Alba*, pet. v. d'Espagne, dans le roy. de Léon, prov. et à 5 l. S.-E. de Salamanque, sur le Tormès, avec un beau château. Duché érigé par Henri IV, roi de Castille, en 1449. Ste.-Thérèse y mourut en 1582. Les Français et les Espagnols s'y livrèrent un combat en 1809 ; pop. 1500 h.

ALVAIRE ou ST.-ALVÈRE, vg. de Fr., dép. de la Dordogne, arr. de Bergerac, chef-lieu de canton, poste du Bugue ; pop. 1850 hab.

ALVANCHÉE, ham. de Fr., dép. du Jura, arr., cant. et poste de Lons-le-Saulnier, com. de Courlaoux ; pop. 180 hab.

ALVANEU ou ALVANOW, vg. parois. de Suisse, dans la ligue des 10 juridictions, chef-lieu de la juridiction de Belfort intérieur ; bains sulfureux ; pop. 370 hab.

ALVAR, v. fortifiée de l'Indoustan, dans la présidence de Bengale, prov. d'Agra, à 27 l. S.-S.-O. de Delhy. Elle est située sur une hauteur et fait un commerce assez considérable.

ALVARADO, pet. v. des états-unis du Mexique, dans l'état et à 10 l. S.-E. de Vera-Cruz, à l'embouchure de la riv. du même nom dans le golfe de Mexique. Son port est très-fréquenté. Commerce d'indigo, de coton, de cochenille, de sucre, etc. ; pop. 3000 hab.

ALTVATER, sommet le plus élevé du rameau des Sudètes qui sépare la Silésie de la Moravie. Il a une hauteur de 4500 pieds.

ALTWASSER, vg. des états prussiens, dans la prov. de Silésie, rég. de Breslau, avec un beau château ; houillères, trois sources d'eaux minérales bien fréquentées ; marbre, pierres de touche, jaspe et fer ; pop. 1600 hab.

ALTWEYER. *Voyez* AUBURE.

ALTWILLER, vg. de Fr., dép. du Bas-Rhin, arr. de Saverne, cant. et poste de Saar-Union ; pop. 821 hab.

ALTWILLER, vg. de Fr., dép. de la Moselle, arr. de Sarreguemines, cant. et poste de St.-Avold ; pop. 430 hab.

ALTYN, *Altinium*, v. et riv. de la Russie d'Asie, dans la Sibérie, gouv. et à 100 l. S. de Tomsk, près l'Obi.

ALTYN ou **TELESKOI-OSERO**, lac de la Russie d'Asie, dans la Sibérie, gouv. de Tomsk, sur un plateau de l'Altaï. Il a 30 l. de long et 18 de large et forme la principale source de l'Obi.

ALTYN-OBO, colline dans le gouv. de la Tauride, Russie d'Europe, près de Kertsch, où plusieurs antiquaires prétendent avoir trouvé le tombeau de Mithridate ; on y jouit d'une vue superbe.

ALUIS, lac de la Russie d'Europe, dans le gouv. de la Tauride.

ALUPKA ou **ALUSCHTA**, deux vges tartares de la Russie d'Europe, dans le gouv. de la Tauride, dans une contrée charmante où la culture de la vigne a fait de nos jours des progrès presque incroyables. On y plante aussi beaucoup de grenadiers et de figuiers.

ALUSC ou **ALUZE**, vg. de Fr., dép. de Saône-et-Loire, arr. de Châlons-sur-Saône, cant. de Chagny, poste du Bourgneuf ; pop. 450 hab.

ALUSCHTA. *Voyez* ALUPKA.

ALUTA. *Voyez* ALT.

ALVARCOIL, v. de l'Indoustan, dans la présidence de Madras, prov. de Carnate, au confluent du Chitt-Aroo et du Potschi-Aroo.

ALVARD (Saint-), vg. de Fr., dép. de la Creuse, arr. d'Aubusson, cant. de Crocq, poste de la Villeneuve ; pop. 200 hab.

ALVARÈS, b. du Portugal, dans la prov. d'Estramadure, à 6 l. N.-N.-E. de Thomar.

ALVARES. *Voyez* OELAND.

ALVARO, b. d'Espagne, dans la prov. basque d'Avila.

ALVARO, b. du Portugal, dans la prov. d'Estramadure.

ALVAYAZÉRÉ, b. dans une vallée fertile de la prov. portugaise de Béira.

ALVELADÉ ou **ALVALADO**, b. du Portugal, dans la prov. d'Alentéjo, au confluent du Campillos et du Romao, qui y forment le Sado, à 8 l. O.-S.-O. de Béja.

ALVEND, *Parachoathras*, rameau mér. du Taurus, dans l'Asie Mineure ; il s'étend vers l'Arménie.

ALVENSLEBEN, vg. des états prussiens, dans la prov. de Saxe, rég. de Magdebourg ; pop. 800 hab.

ALVEO, vg. d'Ecosse, dans le comté d'Elgin ou de Murray ; exploitation de pierres de taille ; pop. 1000 hab.

ALVERCA, b. du Portugal, dans la prov. d'Estramadure, sur la rive droite du Tage et à 4 l. N.-N.-E. de Lisbonne ; petit port pour la pêche ; foire très-fréquentée ; pop. 3000 hab.

ALVERDISSEN, b. de la principauté de Lippe-Detmold, en Allemagne, sur l'Exter, avec un château ; il appartenait jusqu'en 1812 au prince de Schaumbourg-Lippe ; pop. 600 hab.

ALVERTON, *Albertonia*, pet. v. d'Angleterre, dans le comté d'York.

ALVETON, b. d'Angleterre, dans le comté et à 5 1/2 l. N.-E. de Stafford ; pop. 2100 h.

ALVIDO ou **ALVITO**, b. du roy. de Naples, dans la Terre de Labour, dist. de Sora ; pop. 2350 hab.

ALVIDONA, *Levidona*, b. du roy. de Naples, dans la Calabre ultérieure.

ALVIGNAC, vg. de Fr., dép. du Lot, arr. de Gourdon, cant. et poste de Gramat ; pop. 750 hab.

ALVIGNANA, b. du roy. de Naples, dans la Terre de Labour ; pop. 2150 hab.

ALVIGNANO, b. du roy. de Naples, dans la Principauté citérieure ; pop. 2400 hab.

ALVIMARE, vg. de Fr., dép. de la Seine-Inférieure, arr. d'Yvetot, cant. et poste de Fauville ; pop. 850 hab.

ALVIMONT, ham. de Fr., dép. de la Seine-Inférieure, arr. du Hâvre, com. d'Auberville-la-Renault, cant. et poste de Goderville ; pop. 100 hab.

ALVINA. *Voyez* AOVIN.

ALVINCZ ou **WINZA**, **WINZENDORF**, b. du grand-duché de Transylvanie, dans le pays des Hongrois, sur la Marosch ; faïencerie ; pop. 6090 hab.

ALVITO, b. du Portugal, dans la prov. d'Alentéjo, sur l'Alvito, à 8 l. S.-E. d'Evora.

ALVOR, b. du Portugal, dans le roy. des Algarves, à 2 l. N.-E. de Lagos et à l'embouchure de l'Alvor dans l'Océan Atlantique. Commerce de sel ; eaux minérales ; pop. 1350 hab.

ALWACH, petite v. de Hongrie, sur le Danube, avec un aqueduc remarquable.

ALYATTA, g. a., v. de Bithynie, sur les frontières de la Galatie.

ALYRE(Saint-), ham. de Fr., dép. du Puy-de-Dôme, arr., cant., com. et poste de Clermont-Ferrand.

ALYRE-DE-VALENCE (Saint-), ham. de Fr., dép. de l'Allier, arr. de La-Palisse, cant. de Varennes-sur-Allier, communes de Sansat et de St.-Gérand-le-Puy, poste de St.-Gérand-le-Puy ; pop. 150 hab.

ALYRE-ÈS-MONTAGNES (Saint-), vg. de Fr., dép. du Puy-de-Dôme, arr. d'Issoire, cant. et poste d'Ardes ; pop. 730 hab.

ALYRE-LA-CHAISE-DIEU (Saint-), vg. de

Fr., dép. du Puy-de-Dôme, arr. d'Ambert, cant. et poste d'Arlanc ; pop. 1100 hab.

ALYTH, b. d'Ecosse, dans le comté et à 6 l. N.-N.-E. de Perth ; filatures de laine, manufactures de toiles grises ; neuf foires par an ; pop. 2560 hab.

ALZANO-MAGGIORE, b. du roy. Lombard-Vénitien, dans le gouv. de Milan, prov. et à 1 l. N.-E. de Bergame, au pied du mont Zunarello ; fabriques de soie et papeteries ; pop. 1800 hab.

ALZAU, ham. de Fr., dép. de l'Aude, arr. de Carcassonne, cant., com. et poste d'Alzonne ; pop. 15 hab.

ALZEI, *Alteja*, v. du grand-duché de Hesse-Darmstadt, dans la prov. du Rhin, à 7 l. de Mayence ; l'agriculture, l'éducation du bétail sont les principales ressources des habitants ; on y cultive surtout le vin et la navette. L'ancien château fut brûlé par les Français en 1689. Un singulier privilége se rattachait à ce château qui servait à la détention des malfaiteurs : tous les sept ans, il y avait une réunion de forgerons qui avaient le droit de mettre en liberté les criminels qui y étaient renfermés ; trois foires par an ; pop. 4300 hab.

ALZEN, vg. de Fr., dép. de l'Arriège, arr. de Foix, cant. et poste de La-Bastide-de-Serou ; pop. 950 hab.

ALZER, b. du duché de Modène, en Italie, sur le Rialtéro.

ALZERODE, vg. de l'électorat de Hesse, dans la prov. de Fulde, près de Schmalkalden, au pied du Stahlberg. Mines de fer ; forges.

ALZI, vg. de Fr., dép. de la Corse, arr. et poste de Corté, cant. de Sermano ; pop. 150 hab.

ALZI, ham. de Fr., dép. de la Corse, arr. de Bastia, cant. et poste de La-Porta, com. de San-Damiano ; pop. 120 hab.

ALZING, vg. de Fr., dép. de la Moselle, arr. de Thionville, cant. et poste de Bouzonville ; pop. 480 hab.

ALZON, vg. de Fr., dép. du Gard, arr. et poste du Vigan, chef-lieu de canton ; pop. 1100 hab.

ALZON, riv. de Fr., qui prend sa source près d'Uzès (Gard), et se jette dans le Rhône.

ALZON, affluent de la Dordogne, dép. du Lot.

ALZONNE, b. de Fr., dép. de l'Aude, arr. de Carcassonne, chef-lieu de canton et poste, au confluent du Fresquel et du Lampy près du canal du Midi. Fabriques de draps, bonneterie, faïenceries, forges ; pop. 700 hab.

ALZONNE, ham. de Fr., dép. de Tarn-et-Garonne, arr. de Montauban, cant. et poste de St.-Antonin, com. de Verfeils ; pop. 100 hab.

AMABE, prov. et v. de l'emp. du Japon, dans l'île de Niphon, principauté d'Owari, à 35 l. E.-N.-E. de Miako.

AMACORE, riv. dans la rép. colombienne de Vénézuela, dép. de l'Orénoque ; elle prend sa source dans la Sierra-Moréna-d'Imatuca et se jette dans l'Océan Atlantique.

AMAD, g. a., v. de la Galilée supérieure, de la tribu d'Ascher.

AMADA, prov. et v. de l'emp. du Japon, dans l'île de Niphon, principauté de Tango, à 11 l. de Miako.

AMADAN. *Voyez* HAMADAN.

AMADES, vg. de Fr., dép. du Gers, arr. et poste de Lombez, cant. de St.-Loube-Amadez ; pop. 140 hab.

AMADIA, v. et chef-lieu de sandschak dans la Turquie d'Asie, eyalet de Chehrezour, bien fortifiée et défendue par un château. Elle renferme une grande mosquée, plusieurs medresses ou colléges, des bains et une promenade fameuse dans tout l'Orient, près de laquelle se trouve le tombeau de l'iman Mohamed Bakir, pèlerinage très-fréquenté. Le sandschak est proprement une principauté kurde, presque indépendante, dont le chef, descendant des Abassides, a la dignité d'un pacha à deux queues et peut mettre en campagne 40,000 hommes. Ses sujets, tous de race kurde, se nomment Badinans.

AMADOU (Saint-), vg. de Fr., dép. de l'Arriège, arr., cant. et poste de Pamiers ; pop. 400 hab.

AMAEK ou **AMAZER**, pet. île du Danemark, voisine de Copenhague. Elle a 2 l. c. d'étendue ; elle est sablonneuse et peu fertile par la nature de son sol ; mais les 4000 habitants, répartis en deux paroisses, descendants d'anciens colons hollandais dont ils conservent encore le costume et les usages, ont su en faire un jardin qui fournit en partie les marchés de Copenhague.

AMAFA, v. de l'emp. du Japon, dans l'île de Niphon, à 22 l. de Jeddo.

AMAFOU, v. d'Afrique, dans la Guinée septentrionale et dans l'emp. d'Achanti, sur la côte d'Or ; chef-lieu d'un district du même nom.

AMAGASAKI, v. forte et maritime de l'emp. du Japon, dans l'île de Niphon, principauté de Fareina, à 14 l. de Miako.

AMAGE, vg. de Fr., dép. de la Haute-Saône, arr. de Lure, cant. de Faucogney, poste de Luxeuil ; pop. 500 hab.

AMAGHI, lieu de station dans une des oasis occ. du Sahara, sur la route d'Agably à Ain-el-Salah.

AMAGNE, vg. de Fr., dép. des Ardennes, arr., cant. et poste de Réthel ; pop. 700 h.

AMAGNEY, vg. de Fr., dép. du Doubs, arr. et poste de Besançon, cant. de Marchaux, pop. 690 hab.

AMAHOY, v. dans l'île de Céram, une des Moluques.

AMAILLOUX, vg. de Fr., dép. des Deux-Sèvres, arr., cant. et poste de Parthenay ; pop. 750 hab.

AMAIN, v. de l'Indoustan, dans la présidence du Bengale, prov. et à 25 l. S.-E. d'Agra.

AMAJURA, riv. des États-Unis d'Amérique,

dans l'état de la Floride; elle se jette dans le golfe de Mexique après un cours de 40 lieues.

AMAKU, v. d'Afrique, dans la Guinée septentrionale, roy. de Fantie, sur la côte d'Or.

AMAKUA, cant. de l'île Owaihi ou Owhyhée, une des Sandwich, dans la Polynésie. C'est la partie N. de l'île. Le sol y est très-élevé, bien cultivé, et de nombreux villages animent cette contrée qui possède aussi des sources minérales chaudes.

AMAKUKI ou **AMAXICHI**, capitale de l'île Ste.-Maure, dans la mer Ionienne, à l'E. de l'île, sur un terrain très-fertile, quoique sablonneux. Elle est petite et mal bâtie; la plupart des maisons sont en bois et, à cause des fréquents tremblements de terre, auxquels l'île est exposée, elles n'ont qu'un étage. Cependant la rue principale est assez jolie et garnie d'arcades. La place St.-Marc, qui se trouve à l'extrémité de cette rue, est ornée d'une colonne antique de marbre. Siége du gouvernement de l'île et d'un évêque grec; elle possède plusieurs églises grecques et un couvent. L'agriculture et la pêche sont les principaux moyens d'existence des habitants; la ville possède aussi des tanneries et des filatures de coton. Au S.-E. et près de la ville, il y a des lagunes salées qui fournissent une assez grande quantité de sel. La population, réunie à celle de Ste.-Maure, est de 6200 hab.

AMAKUSA, île du Japon, grande et fertile. Ses principaux ports sont Amakusa, Seki et Foudo.

AMAL, *Amalia*, v. de Suède, dans la préfecture d'Elfsborg; grand commerce de bois de construction et de planches; pop. 847 hab.

AMALAPOUR, v. de l'Indoustan, dans la présidence de Madras, dans le pays des Circars, à 19 l. N.-E. de Masulipatam. Fabriques considérables de très-beaux draps.

AMALECITAE, g. a., peuple de l'Arabie Pétrée, descendant d'Amalek, petit-fils d'Esaü; ses rois furent continuellement en guerre avec les Hébreux, jusqu'à ce que David les défit complétement. Leur pays fut compris entre l'Idumée, la Judée, l'Egypte et la côte N. du golfe d'Arabie.

AMALFI, v. du roy. des Deux-Siciles, dans la prov. de Principato Citeriore, elle est située au bord de la mer dans une vallée étroite au pied du mont Collo; patrie de Gioja, l'inventeur de la boussole, et de Massaniello; pop. 2776 hab.

AMALIENHOF, vg. des états prussiens; dans la prov. de Brandebourg, rég. de Potsdam; manufactures de futaine et d'étoffes de coton; pop. 280 hab.

AMALLOBRIGA, g. a., v. de la Tarragonie, sur le Duéro.

AMAM, g. a., v. de Palestine, dans la tribu de Juda.

AMANA, g. a., v. de la Grande-Médie, non loin de l'embouchure de l'Amardus.

AMANABEA, v. capitale d'un pet. état, dans l'emp. d'Achanti, sur la côte d'Or d'Afrique. Les Anglais ont un petit fort non loin de cette ville.

AMANBAHY ou **AMANBAY**, riv. du Paraguay qui se forme du confluent du Rapazès et du Raparigas qui descendent des montagnes d'Amanbahy, et se jettent dans le Parana après un cours de 40 lieues.

AMANCE, vg. de Fr., dép. de l'Aude, arr. de Bar-sur-Aube, cant. et poste de Vendeuvre; pop. 500 hab.

AMANCE, vg. de Fr., dép. de la Meurthe, arr., cant. et poste de Nancy; pop. 585 hab.

AMANCE, *Emaus*, b. de Fr., dép. de la Haute-Saône; arr. de Vesoul, poste de Faverney, chef-lieu de canton; pop. 1000 h.

AMANCET-MONTMOURRE (Saint-), vg. de Fr., dép. du Tarn, arr. de Castres, cant. de Dourgne, poste de Sorèze; pop. 445 hab.

AMANCEY, vg. de Fr., dép. du Doubs; arr. de Besançon, poste d'Ornans, chef-lieu de canton; pop. 600 hab.

AMAND (Saint-) ou **SAINT-AMAND-MONT-ROND**, v. de Fr., dép. du Cher, chef-lieu d'arr., au confluent de la Marmande et du Cher, à 68 l. S. de Paris, siége d'un tribunal civil. C'est une petite ville fort jolie, ornée de constructions assez élégantes; elle possède une société d'agriculture, un collége, une salle de spectacle, des forges, des manufactures de porcelaine, une fonderie de canons; son commerce consiste en fer, vin, chanvre, bétail, laine et châtaignes. On y tient une foire de 8 jours, lundi après St.-Luc; pop. 7000 hab.

St.-Amand fut bâtie au commencement du quinzième siècle sur les ruines du bourg d'Orval que les Anglais avaient brûlé ainsi que le château de Mont-Rond dont on voit encore les restes.

AMAND (Saint-), vg. de Fr., dép. de la Creuse, arr., cant. et poste d'Aubusson; pop. 370 hab.

AMAND (Saint-), vg. de Fr., dép. de Loir-et-Cher, arr. et poste de Vendôme, chef-lieu de cant.; pop. 500 hab.

AMAND (Saint-), vg. de Fr., dép. du Gers, arr. de Condom, cant. et poste d'Eauze; pop. 350 hab.

AMAND (Saint-), vg. de Fr., dép. de la Manche, arr. de St.-Lô, cant. et poste de Torigni; pop. 1400 hab.

AMAND (Saint-), vg. de Fr., dép. de la Marne, arr. et cant. de Vitry-le-Français, poste de la Chaussée; pop. 1200 hab.

AMAND (Saint-), ham. de Fr., dép. de la Meurthe, arr. de Toul, cant. de Domèvre, com. de Saizerais, poste de Nancy.

AMAND (Saint-), vg. de Fr., dép. de la Meuse, arr. de Bar-le-Duc, cant. et poste de Ligny; pop. 1300 hab.

AMAND (Saint-), vg. de Fr., dép. du Pas-de-Calais, arr. d'Arras, cant. de Pas, poste de l'Arbret; pop. 380 hab.

AMANDA, dist. et fort des États-Unis d'Amérique, dans l'état de l'Ohio, comté de Fairfield; pop. 2000 hab.

AMAND-DE-BELVÈOS (Saint-), vg. de Fr., dép. de la Dordogne, arr. de Sarlet, cant. et poste de Belvès; pop. 340 hab.

AMAND-DE-BOUEX (Saint-). *Voyez* BOUEX.

AMAND-DE-COLY (Saint-), vg. de Fr., dép. de la Dordogne, arr. de Sarlat, cant. et poste de Montignac; pop. 1000 hab.

AMAND-DE-LAGUEPIE (Saint-). *Voyez* LAGUÉPIE.

AMAND-DE-MONTPÉZAT (Saint-), vg. de Fr., dép. de Lot-et-Garonne, arr. d'Agen, cant. de Prayssas, poste de Clairac; pop. 1200 hab.

AMAND-DES-HAUTES-TERRES (Saint-), vg. de Fr., dép. de l'Eure, arr. de Louviers, cant. d'Amfreville-la-Campagne, poste d'Elbeuf; pop. 400 hab.

AMAND-DE-VERGT (Saint-), vg. de Fr., dép. de la Dordogne, arr. et poste de Périgueux, cant. de Vergt; pop. 770 hab.

AMAND-EN-PUISAI (Saint-), b. de Fr., dép. de la Nièvre, arr. de Cosne, chef-lieu de cant. et poste de Neuvi-sur-Loire; forges, laminoires de fer, mines d'ocre, carrière de grès et poterie; pop. 1600 hab.

AMANDIN (Saint-), vg. de Fr., dép. du Cantal, arr. de Murat, cant. de Marcenat, poste d'Allanche; pop. 1200 hab.

AMAND-JARTOUDEIX (Saint-), vg. de Fr., dép. de la Creuse, arr., cant. et poste de Bourganeuf; pop. 700 hab.

AMAND-LE-PETIT (Saint-), vg. de Fr., dép. de la Haute-Vienne, arr. et poste de Limoges, cant. d'Eymoutiers; pop. 650 hab.

AMAND-LES-EAUX (Saint-), v. de Fr., dép. du Nord, arr., à 6 l. E.-N.-E. de Douai, chef-lieu de cant., sur la rive gauche de la Scarpe; elle est célèbre par ses eaux minérales et ses boues que l'on emploie dans le traitement des paralysies et des rhumatismes. On y fabrique des dentelles, de la faïence, des couvertures de coton; elle a aussi des forges, des tanneries et des moulins à huile; foire le lundi après Pentecôte. On admire à St.-Amand les ruines d'une belle église, qui faisait partie d'une abbaye fondée par Dagobert; pop. 8800 hab.

AMAND-MAGNAGEIX (Saint-), vg. de Fr., dép. de la Haute-Vienne, arr. de Bellac, cant. de Châteauponsat, poste de Morterolles; pop. 1100 hab.

AMAND-ROCHE-SAVINE (Saint-), vg. de Fr., dép. du Puy-de-Dôme, arr. d'Ambert, chef-lieu de cant. et poste; pop. 2000 hab.

AMAND-SUR-SÈVRE (Saint-), vg. de Fr., dép. des Deux-Sèvres, arr. de Bressuire, cant. et poste de Châtillon-sur-Sèvres; pop. 1400 hab.

AMAND-TALLENDE (Saint-), pet. v. de Fr., dép. du Puy-de-Dôme, arr. de Clermont-Ferrand, chef-lieu de cant., poste de Veyre; pop. 1600 hab.

AMANFIE, b. d'Afrique, dans la Guinée septentrionale, sur la côte-d'Or, état d'Amina, à l'E. d'Achanti dont il faisait partie autrefois.

AMANGE, vg. de Fr., dép. du Jura, arr. de Dôle, cant. de Rochefort, poste d'Orchamps; pop. 455 hab.

AMANGUCHY, v. considérable de l'emp. du Japon, dans l'île de Niphon, principauté de Nangato, à 94 l. O.-S.-O. de Miako.

AMANICÆ PYLÆ, g. a., défilé du mont Amanus, entre la Cilicie et la Syrie; Darius, marchant contre Alexandre, y passa avec son armée.

AMANIQUE (chaîne), l'*Amanus* des anciens, l'*Almu-Dagh* des modernes, est un rameau du Taurus, qui sépare l'ancienne Cilicie de la Syrie et auquel vient se rattacher par la vallée d'Oroute et les hauteurs qui couronnent sa partie inférieure, le groupe du Liban. Deux passages seulement, étroits tous les deux, permettent l'accès de ces montagnes couvertes d'épaisses forêts et entrecoupées de profonds abîmes; le premier vers l'Euphrate, le second vers la mer. Les anciens leur avaient donné le nom de Portes Amaniques et Portes de Syrie; les modernes les appellent Beilan et Sakaltutan.

AMANLIS, vg. de Fr., dép. d'Ille-et-Vilaine, arr. de Rennes, cant. et poste de Tanzé; pop. 2000 hab.

AMANS (Saint-), vg. de Fr., dép. de l'Ariège, arr., cant. et post de Pamiers; pop. 150 hab.

AMANS (Saint-), vg. de Fr., dép. de l'Aude, arr. de Castelnaudary, cant. de Belpech, poste de Salles-sur-l'Hers; pop. 400 hab.

AMANS (Saint-), vg. de Fr., dép. de l'Aveyron, arr. d'Espalion, poste d'Entraygues, chef-lieu de cant.; pop. 1150 hab.

AMANS (Saint-), vg. de Fr., dép. de la Lozère, arr. de Mende, poste de Villeréal, chef-lieu de cant.; fabriques de serges estimées; pop. 330 hab.

AMANS (Saint-), vg. de Fr., dép. de Tarn-et-Garonne, arr. de Montauban, cant. et poste de Caylux; pop. 280 hab.

AMANS-DE-LURSINADE (Saint-), vg. de Fr., dép. de Tarn-et-Garonne, arr., cant., com. et poste de Moissac; pop. 410 hab.

AMANS-DE-MONTAIGUT (Saint-), vg. de Fr., dép. de Tarn-et-Garonne, arr. de Moissac, cant. et poste de Montaigut; pop. 455 hab.

AMANS-DE-PELAGAL (Saint-), vg. de Fr., dép. de Tarn-et-Garonne, arr. de Moissac, cant. et poste de Lauzerte; pop. 800 hab.

AMANS-DES-VARES (Saint-), ham. de Fr., dép. de l'Aveyron, arr. de Villefranche-de-Rouergue, cant. de Rieupeyroux, com. de Prévinquières, poste de Séverac; pop. 140 hab.

AMANS-DE-VALTORET (Saint-), vg. de Fr., dép. du Tarn, arr. de Castres, cant. et poste de St.-Amans-la-Bastide; pop. 1885 h.

AMANS-LA-BASTIDE (Saint-), b. de Fr.,

dép. du Tarn, arr. de Castres, chef-lieu de cant. et poste; filatures, fabriques d'étoffes de laine; pop. 2315 hab.

AMANT (Saint-) ou SAINT-AMAND-DE-MONTMOREAU, vg. de Fr., dép. de la Charente, arr. de Barbezieux, cant. et poste de Montmoreau; pop. 1200 hab.

AMANT-DE-BOIXE (Saint-), vg. de Fr., dép. de la Charente, arr. d'Angoulême, chef-lieu de cant., poste de Mansle; pop. 1500 hab.

AMANT-DE-BONNIEURE (Saint-), vg. de Fr., dép. de la Charente, arr. de Ruffec, cant. et poste de Mansle; pop. 876 hab.

AMANT-DE-GRAVES (Saint-), vg. de Fr., dép. de la Charente, arr. de Cognac, cant. et poste de Châteauneuf-sur-Charente; pop. 367 hab.

AMANT-DE-NOUÈRES (Saint-), vg. de Fr., dép. de la Charente, arr. d'Angoulême, cant. d'Hiersac, poste de Rouillac; pop. 756 hab.

AMANTEA, *Adamantia*, v. du roy. des Deux-Siciles, dans la prov. de la Calabre citérieure, siège d'un évêque; elle est située au pied d'une colline dominée par un château; pop. 2699 hab.

AMANTIA, g. a., v. d'Épire.

AMANTING, v. d'Afrique, dans la Guinée septentrionale, état de Bouroum au N.-E. de l'Achanti.

AMANTY, vg. de Fr., dép. de la Meuse, arr. de Commercy, cant. et poste de Gondrecourt; pop. 381 hab.

AMANVILLERS, vg. de Fr., dép. de la Moselle, arr. cant. et poste de Metz; pop. 255 hab.

AMANZE, vg. de Fr., dép. de Saône-et-Loire, arr. de Charolles, cant. et poste de La Clayette; pop. 600 hab.

AMAONAS, v. de la rép. colombienne d'Ecuador, dans l'Amérique méridionale, dist. de Mainas, dép. d'Assuay, près du Maragnon, à 10 l. N.-E. de St.-Joachim-d'Omaguas.

AMAPALLA, v., baie et île des états-unis de l'Amérique centrale, dans l'état de Nicaragua, sur l'Océan Pacifique, à 7 l. S. de St.-Michel.

AMAPOUR, v. de l'Indoustan, dans la présidence du Bengale, prov. et à 20 l. N.-E. d'Agra.

AMARANTE, *Araducta*, jolie pet. v. du Portugal, dans la prov. d'Entre-Douro-e-Minho, agréablement située sur la Tamega, à 9 l. S.-E. de Braga; dans les environs il y a une source d'eau minérale; pop. 5000 h.

AMARAPOURA ou UMMERAPOURA, v. de l'emp. Birman, dans l'Inde transgangétique, située sur la rive gauche de l'Iraouady et sur les bords d'un lac, qui, pendant la saison des pluies l'entoure presque de tous côtés. Bâtie en 1783, elle a été la capitale de tout l'empire sous les derniers empereurs jusqu'en 1824. Elle est défendue par un bon rempart et une citadelle dans laquelle se trouvent le palais du prince et les principaux édifices publics. Les rues sont régulières et pavées, mais les maisons bâties en bois de bambou; en 1810 presque toutes, environ 20,000, furent détruites par un incendie. Les couvents et les temples sont les bâtiments les plus riches et les mieux construits. On y remarque le couvent impérial, et dans la plaine qui l'environne, plaine peu fertile mais couverte d'établissements religieux, le temple de l'Immortalité où sont exposés les corps embaumés des chefs des prêtres, et surtout le temple dit d'*Arakau*, orné de sculptures et de 250 colonnes en bois, chacune d'un seul tronc et dorée. On y révère la statue colossale de Gautama, la dernière des incarnations de Boudha. Dans une longue galerie se trouvent 250 inscriptions taillées dans le marbre ou dans le grès et rapportées de toutes les parties de l'empire. Cette ville contenait, en 1800, selon Cox, 175,000 hab.; en 1827, Canning ne lui en accordait que 30,000.

AMARASSY, b. dans l'île de Timor, appartenant à l'archipel de la Sonde dans l'Océan Indien, sur une côte riche en or, cuivre et sandal blanc; les Hollandais en tirent aussi beaucoup de bois de construction. Le chef de ce bourg porte le titre d'empereur.

AMARAOUATTY ou CAROUR, riv. de l'Indoustan, dans la présidence de Madras, prov. de Coimbatoor; elle arrose la ville de Carour et se jette dans le Cavéry.

AMARDUS, g. a., fleuve de Médie, se jette près de Cyropolis dans le mare Hyrcanum.

AMAREINS, vg. de Fr., dép. de l'Ain, arr. de Trévoux, cant. de St.-Trivier-sur-Moignans, poste de Montmerle; pop 260 h.

AMARENS, vg. de Fr., dép. du Tarn, arr. de Gaillac, cant. et poste de Cordes; pop. 180 hab.

AMARGO, b. d'Espagne, dans la Nouvelle-Castille, prov. de Cuenca.

AMARGOS, île dans l'Océan Pacifique, sur la côte du Chili, Amérique méridionale, à 6 l. O. de Valdivia; avec un château.

AMARGOSO, riv. de l'emp. du Brésil, dans la prov. de Rio-Grande-do-Norte; elle se jette dans l'Océan Atlantique, après un cours de 36 lieues.

AMARGURA, île de l'archipel de Tonga ou des Amis, dans la Polynésie. C'est la plus isolée et la plus septentrionale du groupe. Elle est bien peuplée.

AMARI, b. et chef-lieu de dist., dans l'eyalet de Candia. Ce district est un pays de montagnes, sur lesquelles on trouve un petit plateau, habité par les Olbadistes, tribu agricole, mais amie du pillage et terrible aux bâtiments qui s'approchent des côtes; cependant ils ne possèdent que de petites barques.

AMARIBO, riv. dans la Guyanne hollandaise, Amérique méridionale, qui se jette dans la mer Atlantique, après un cours de 45 lieues.

AMARI LACUS, g. a., lac de la Basse-Égypte, non loin d'Heroopolis.

AMARIN (Saint-), v. de Fr., dép. du Haut-Rhin, arr. de Belfort, chef-lieu de cant., poste de Cernay; sur la rive gauche de la Thur, dans la vallée de Thuren. Cette petite ville, centre de l'industrie de toute la contrée, a des forges, des fabriques d'acier, de faux, de faucilles et de toiles de coton; commerce d'étoffes, de quincaillerie et de bétail. Deux foires par an. On voit près de St.-Amarin les restes du château de Friedbourg, détruit par les Suédois en 1637, pendant la guerre de trente ans.

AMARO (Santo-), v. de l'emp. du Brésil, dans la prov. de Sergipe, près du confluent du Sergibe et du Cotindiba, à 15 l. N.-E. de Bahia. Elle fait un commerce considérable de sucre, de tabac, de rhum et de coton.

AMARO (Santo-), b. de l'emp. du Brésil, dans la prov. de San-Pedro-do-Rio-Grande-do-Sul, sur la rive droite du Yacuy.

AMASA, b. d'Espagne, dans la prov. basque de Guypuscoa, à 3 l. S. de St.-Sébastien.

AMASA, v. de l'emp. du Japon, île de Niphon, près de Jeddo.

AMASIE, v. de la Turquie d'Asie, dans l'eyalet de Sivas, siége d'un archevêque arménien, importante par son commerce. Elle est grande, bien bâtie et située sur l'Iechil-Irmak, qui est quelquefois appelé fleuve d'Amasie, dans une vallée étroite, encaissée entre de hautes montagnes. Elle est entourée de murs, défendue par un château et renferme des édifices remarquables, entre autres la mosquée du sultan Bayazed, des colléges, des caravansérails, des bains et une population de 35,000 habitants. Elle est la patrie du géographe Strabon. Il parait qu'on y trouve beaucoup d'antiquités encore peu explorées, comme les restes de ses anciens murs, d'un temple et dans ses environs des cavernes taillées dans le roc, dont la plus remarquable est connue sous le nom de la *Pierre du Miroir*.

AMASOO, v. d'Afrique, dans la Guinée septentrionale, sur la côte d'Or, dans le roy. de Dankara.

AMASSERAH ou **AMASSERO**, **AMASTRAH**, **AMASTRO**, **AMESTRO**, *Amastris*, *Amastrianorum Civitas*, *Amastriana Urbs*, *Sesamus*, v. de la Turquie d'Asie, dans l'Anatolie, paschalik d'Anadoly, sur le penchant d'une montagne qui domine la mer Noire, à 55 l. O. de Sinop; deux ports, dont l'un est comblé par le sable; citadelle; belles ruines aux environs. Jusqu'en 1461 les Génois y avaient leur principal établissement sur la mer Noire. On y fabrique beaucoup d'ustentsiles et de la bimbeloterie pour Constantinople: on en exporte aussi beaucoup de bois de construction; pop. 2000 hab.

AMAT, riv. de la Russie d'Europe, dans le gouv. de Livonie; elle se jette dans l'Aa, à 2 l. au dessous de Wenden. On y trouve, mais rarement, des perles.

AMATH, g. a., v. de Palestine, dans la tribu de Nephthali.

AMATHACI, g. a., peuple de la Galilée supérieure, au pied de l'Antiliban.

AMATHAY-VESINGNEUX, vg. de Fr., dép. du Doubs, arr. de Besançon, cant. et poste d'Ornans; pop. 350 hab.

AMATHIS, g. a., pays de la Syrie.

AMATHUS, g. a., v. de l'île de Chypre, non loin de Citium; avec un temple de Vénus et d'Adonis.

AMATOFOA ou **TOFOA**, île dans l'archipel des Amis, Océanie, avec un volcan qui est adoré par les insulaires.

AMATOR (Saint-), ham. de Fr., dép. du Calvados, arr., cant. et poste de Bayeux, com. d'Arganchy; pop. 55 hab.

AMATOS-DEL-RIO, b. d'Espagne, dans le roy. de Léon, prov. de Salamanque.

AMATRICE, *Amatrica*, *Amatrices*, *Amatricum*, b. du roy. de Naples, dans la prov. de l'Abruzze ultérieure IIe, à 8 l. N. d'Aquila, sur le Tronto. Fabriques de couvertures de laine. Patrie de Masséis, célèbre médecin; pop. 3700 hab.

AMAXICHI ou **AMAKUKI**, *Leucas*, v. principale et forte de l'île Ste.-Maure, l'une des îles Ioniennes, sur un canal étroit qui la sépare de la côte albanaise. Elle a deux ports, un évêque grec, et 6000 hab.
En 1825, elle fut presque entièrement ruinée par un tremblement de terre. On y trouve des tanneries et des filatures de coton. La contrée est riche en oliviers.

AMAY, vg. de la Belgique, dans la prov. de Liège, cant. de Huy, à peu de distance et sur la rive gauche de la Meuse; pop. 2050 hab.

AMAYA, *Aregia*, b. d'Espagne, dans la Vieille-Castille, prov. de Burgos; pop. 1800 hab.

AMAYE-SUR-ORNE, vg. de Fr., dép. du Calvados, arr. de Caen, cant. et poste d'Evrecy; pop. 425 hab.

AMAYÉ-SUR-SEULE, vg. de Fr., dép. du Calvados, arr. de Caen, cant. et poste de Villers-Bocage; pop. 450 hab.

AMAYELAS-DE-ARIBA, b. d'Espagne, dans le roy. de Léon, prov. de Toro, à 6 l. N.-O. de Palencia.

AMAZONES, g. a., nation de femmes guerrières, originaire du Pont, capitale Themiscyra. Il s'en faut pourtant de beaucoup que tous les auteurs soient d'accord sur le pays qu'elles occupaient, et la grande diversité des opinions à ce sujet fait présumer qu'il faut ranger dans la catégorie des fictions mythologiques l'existence de ces combattants en jupe.

AMAZONES (fleuve des), dans l'Amérique méridionale. C'est le plus grand cours d'eau du monde. Sa dénomination lui vient de ce qu'Orelhan, qui le premier découvrit ce fleuve en 1539, rencontra, en le remontant une troupe de femmes armées, qui faisaient la guerre à des peuplades voisines. On le nomme plus généralement le Maragnon. Il est formé par la réunion de l'Ucayle et du Tanguragua, dont les sources sont dans le lac de Lauricocha, au pied du Chimboraço, montagne des Cordillères. Son cours est de plus de 1000 lieues. Ses principaux affluents de droite sont : le Javary, le Jutay, le Jurua, le Madeira, le Topayos et le Xinga ou Chingu. Ses affluents de gauche : le Napo, l'Iça ou Putumayo, le Caqueta ou Jupura et le Rio-Negro. Grossi de toutes ces eaux et d'un grand nombre d'autres rivières moins considérables, le fleuve des Amazones se jette dans l'Océan Atlantique, après avoir traversé de l'O. à l'E. le Brésil et les provinces de Para. A son embouchure, située sous l'équateur, le fleuve a plus de 25 lieues de large, et la masse d'eau qu'il décharge dans l'Océan est si considérable, qu'elle conserve encore sa douceur à plusieurs lieues de distance dans la mer.

AMAZY, vg. de Fr., dép. de la Nièvre, arr. de Clamecy, cant. et poste de Tannay; pop. 655 hab.

AMBACKO, v. de l'île de Célébès, sur la côte orientale et dans la baie de Tello.

AMBACOURT, vg. de Fr., dép. des Vosges, arr. et poste de Mirecourt, cant. de Charmes; pop. 354 hab.

AMBA-DORHO, b. d'Abyssinie, dans l'Amhara, à 23 l. S.-E. de Gondar.

AMBÆNA, b. d'Afrique, dans le pays de Somaulis.

AMBA-GESHEN, vg. d'Abyssinie; dans le Tigré. Il est bâti sur une haute masse de rochers très-escarpés, que les Abyssiniens nomment Ambas. On ne parvient au sommet que par des degrés taillés dans le roc. Il en existe beaucoup de semblables dans le pays, entre autres l'Amba-Dorho, l'Amba-Daret et l'Amba-Gidéon, lieu de résidence du gouverneur du Samen. La plupart de ces Ambas sont couronnés de fortifications.

AMBALAH, v. de l'Indoustan, dans les états des Séïks, à 35 l. N. de Delhy, avec une citadelle.

AMBALYA, v. d'Afrique, dans le Soudan ou Nigritie, et dans l'état de Mobba.

AMBANIVOULES (pays des), dans la partie occidentale de l'île de Madagascar. *Ambanivoules* signifie peuples au pied des montagnes couvertes de bambous. Cette contrée produit du riz en abondance. Les habitants, divisés en plusieurs tribus, sont moins civilisés que les autres peuplades de l'île. Ils se livrent à l'agriculture et à l'éducation du bétail et font commerce de riz, de volaille, de miel et de cire.

AMBAR, baie et Cayes, dans les états-unis du Mexique, état d'Yucatan, sur le golfe de Honduras.

AMBAR, v. de l'Indoustan, dans la prov. et à 42 l. S. d'Adshmir; autrefois célèbre par ses établissements scientifiques.

AMBARA, v. de l'Indoustan, dans l'état du Nizam d'Hyderabad, à 10 l. d'Ellichpour.

AMBARÈS, vg. de Fr., dép. de la Gironde, arr. de Bordeaux, cant. et poste de Carbon-Blanc; pop. 2315 hab.

AMBARRI, g. a., peuple gaulois, du temps de César, sous la protection des Eduens, occupa le territoire qui forme aujourd'hui le département de l'Ain.

AMBAS-AS-AGOAS. *Voyez* PORTO-SEGURO.

AMBATO, pet. v. de la prov. du Chimboraço, dans le dép. et la rép. de l'Ecuador, dans la Colombie. Cette ville, située au pied du Carguairazo, non loin du Chimboraço, dans une contrée très-fertile en blé, maïs, fruits et légumes, a été entièrement détruite par un tremblement de terre, en 1698. Relevée de ses ruines, elle a été renversée de nouveau en 1797, et depuis rebâtie plus belle que jamais.

AMBATO (Asiento d'), v. de la rép. colombienne d'Ecuador, dans la prov. de l'Ecuador, à 18 l. S. de Quito, sur la rivière d'Ambato et à peu de distance du volcan Cotopaxi, dont une éruption la détruisit en 1698. Les environs sont fertiles en cannes à sucre, grains et cochenille, dont on fait un grand commerce.

AMBAUDRIE, b. de l'île de Madagascar, dans le pays des Antancayes.

AMBAX, vg. de Fr., dép. de la Haute-Garonne, arr., à 8 l. 1/2 N. de St.-Gaudens, cant. et poste de l'Isle-en-Dodon; pop. 308 hab.

AMBAYRAC, vg. de Fr., dép. de l'Aveyron, arr. et poste de Villefranche-de-Rouergue, cant. de Villeneuve; pop. 320 hab.

AMBAZAC, vg. de Fr., dép. de la Haute-Vienne, arr. et poste de Limoges, chef-lieu de cant.; forges et tréfileries; foires le dernier lundi de chaque mois; pop. 2830 hab.

AMBEL, vg. de Fr., dép. de l'Isère, arr. de Grenoble, cant. et poste de Corps; pop. 182 hab.

AMBEL, b. d'Espagne, dans le roy. d'Aragon, à 2 l. S.-O. de Borja.

AMBELAKIA, v. de la Turquie d'Europe, eyalet de Rumili, dans la vallée de Tempé. Ses vingt-quatre fabriques de fil de coton rouge occupent plus de 2000 ouvriers, et ses teintureries sont regardées comme les meilleures de l'empire ottoman; pop. 6000 hab.

AMBENAY, vg. de Fr., dép. de l'Eure, arr. d'Evreux, cant. et poste de Rugles, sur la rive droite de la Rille. Fabriques d'épingles et commerce de toiles; pop. 910 hab.

AMBÉRAC, vg. de Fr., dép. de la Charente; arr. d'Angoulême, cant. de St.-Amand-de-Bouex, poste d'Aigre; pop. 809 h.

AMBERG, v. de Bavière, dans le cer. de Regen, sur la Vils, dans une vallée agréable, à 15 l. de Ratisbonne; c'est la seconde ville du cercle dont elle fait partie. Parmi ses monuments on remarque le château royal, les églises St.-Georges et St.-Martin dont la dernière a une tour de 310 pieds de haut; la manufacture d'armes et l'arsenal; lycée, gymnase et séminaire; forges, fabriques de tabatières et de cartes à jouer; maroquinerie et chapellerie. On trouve dans ses environs de la terre de porcelaine. Amberg fut la capitale du Haut-Palatinat. C'est près de cette ville que l'armée française, commandée par le général Jourdan, fut forcée de se retirer sur le Rhin, en 1796; pop. 6200 hab.

AMBÉRIEUX, pet. v. de Fr., dép. de l'Ain, arr. de Belley, chef-lieu de cant.; fabriques de gros draps, de toiles et tanneries. Il y a près de la ville des ruines remarquables; pop. 2700 hab.

AMBÉRIEUX, vg. de Fr., dép. du Rhône, arr. de Villefranche-sur-Saône, cant. et poste d'Anse; pop. 200 hab.

AMBÉRIEUX-EN-DOMBES, vg. de Fr., dép. de l'Ain, arr. et poste de Trévoux, cant. de St.-Trivier-en-Dombes; filatures de coton, fabriques de toiles, tanneries et papeteries; pop. 660 hab.

AMBERNAC, vg. de Fr., dép. de la Charente, arr., cant. et poste de Confolens; pop. 1025 hab.

AMBERRE, vg. de Fr., dép. de la Vienne, arr. de Poitiers, cant. et poste de Mirebeau; pop. 415 hab.

AMBERT, v. de Fr., dép. du Puy-de-Dôme, chef-lieu d'arr., dans une vallée sur la rive droite de la Dore, à 120 l. S. de Paris; siège d'un tribunal de première instance et d'un tribunal de commerce; conservation des hypothèques et chambre consultative des manufactures. La ville est bien bâtie, mais les rues sont étroites, et la couleur noirâtre du granit dont la plupart des maisons sont construites, leur donne un air sombre et triste. Fabriques de camelot, de toiles, d'étamines, de dentelles et d'épingles; commerce important de papier et de merceries; pop. 90,675 hab. pour l'arrondissement et 8016 pour la ville.

Ambert était autrefois plus considérable; mais elle eut beaucoup à souffrir des guerres de religion : tombée au pouvoir des protestants après la St.-Barthélemy, elle fut assiégée par les catholiques qui ne parvinrent point à s'en emparer; mais la ville n'en fut pas moins ruinée et ne put, de longtemps, réparer les pertes que cette guerre lui avait fait éprouver.

AMBES, vg. de Fr., dép. de la Gironde, arr. de Bordeaux, cant. et poste de Carbon-Blanc; il est situé sur la Dordogne; pop. 829 hab.

AMBIALET, vg. de Fr., dép. du Tarn, arr. et poste d'Alby, cant. de Villefranche; les mines d'Ambialet ne sont plus exploitées; pop. 3600 hab.

AMBIANI, g. a., peuple de la Gaule belgique, capitale Amiens.

AMBIEGNA, vg. de Fr., dép. de la Corse, arr. et poste d'Ajaccio, cant de Sari; pop. 120 hab.

AMBIERLE, *Amberta*, b. de Fr., dép. de la Loire, arr. de Roanne, cant. de St.-Haon-le-Châtel, poste de la Pacaudière; récolte et commerce de vins. On voit dans l'église de ce bourg les tombeaux des seigneurs de Pierrefite; pop. 1800 hab.

AMBIEVILLERS, vg. de Fr., dép. de la Haute-Saône, arr. de Lure, cant. et poste de Vauvillers; pop. 496 hab.

AMBIL, une des îles Philippines, sur la côte S.-O. de celle de Manille; elle a 5 l. de circuit et est dominée par un volcan très-élevé. On y récolte de la cire et une plante analogue au chanvre.

AMBILLOU, vg. de Fr., dép. d'Indre-et-Loire, arr. de Tours, cant. et poste de Château-la-Vallière; pop. 856 hab.

AMBILLOU-DE-LA-GREZIL, vg. de Fr., dép. de Maine-et-Loire, arr. de Saumon, cant. de Gennes, poste de Doué; pop. 1220 h.

AMBITAH, v. de l'Indoustan, dans la présidence du Bengale, prov. et à 28 l. N. de Delhy.

AMBITÉ, b. d'Espagne, dans le roy. de la Nouvelle-Castille, prov. de Tolède, à 9 l. E. de Madrid.

AMBIVARETI, g. a., peuple gaulois, sous la protection des Éduens; capitale Nevers.

AMBLADA, g. a., v. de Pisidie, sur la frontière de Carie.

AMBLAGNIEU, vg. de Fr., dép. de l'Isère, arr. de la Tour-du-Pin, cant. et poste de Crémieux; pop. 700 hab.

AMBLAINCOURT, vg. de Fr., dép. de la Meuse, arr. de Bar-le-Duc, cant. de Triaucourt, poste de Beauzé; pop. 196 hab.

AMBLAINVILLE, vg. de Fr., dép. de l'Oise, arr. de Beauvais, cant. et poste de Méru; pop. 810 hab.

AMBLANS, vg. de Fr., dép. de la Haute-Saône, arr., cant. et poste de Lure; pop. 600 hab.

AMBLEMONT, ham. de Fr., dép. de la Moselle, arr. et poste de Briey, cant. de Conflans, com. de Béchamp; pop. 25 hab.

AMBLEMY, vg. de Fr., dép. de l'Aisne, arr. de Soissons, cant. et poste de Vic-sur-Aisne; pop. 1150 hab.

AMBLÉON, vg. de Fr., dép. de l'Ain, arr., cant. et poste de Belley; pop. 386 hab.

AMBLESIDE, *Dictus*, v. d'Angleterre, dans le comté de Westmoreland, possède des fabriques de draps; pop. 800 hab.

AMBLETEUSE, *Ambletosa*, v. et pet. port de Fr., dép. du Pas-de-Calais, arr. de Boulogne, cant. et poste de Marquise, sur la Manche, à l'embouchure de la Sélaque. Son port est toujours encombré de sable et de galet : C'est en vain que des travaux y ont été exécutés sous Louis XIV et sous Napoléon, pour rendre à Ambleteuse l'importance qu'elle avait au 12e siècle; la mer avait eu trop de temps de faire ses ravages, et tous les efforts sont devenus inutiles. Le port est dévasté, et la ville qui, déjà en 1544, avait été saccagée par Henri VIII d'Angleterre, a toujours déchu jusqu'aujourd'hui. C'est à Ambleteuse que débarqua, en

1689, Jacques II, fuyant l'Angleterre dont une révolution venait de donner le trône à la maison d'Orange; pop. 600 hab.

AMBLÈVE, *Amblavia*, riv. de la Belgique; elle vient de la prov. prussienne du Bas-Rhin et se jette dans l'Ourthe, entre Liège et Durbui.

AMBLEVILLE, vg. de Fr., dép. de la Charente, arr. de Cognac, cant. de Segonzac; poste de Barbezieux; on y fait un vin estimé; pop. 433 hab.

AMBLEVILLE, vg. de Fr., dép. de Seine-et-Oise, arr. de Mantes, cant. et poste de Magny; pop. 515 hab.

AMBLIE, vg. de Fr., dép. du Calvados, arr. de Caen, cant. et poste de Creully; pop. 631 hab.

AMBLIMONT, vg. de Fr., dép. des Ardennes, arr. de Sédan, cant. et poste de Mauzan; pop. 350 hab.

AMBLOU, une des îles Moluques, habitée par environ 2000 Malais. Elle est sous la domination des Hollandais qui y entretiennent une garnison.

AMBLOY, vg. de Fr., dép. de Loir-et-Cher, arr. et poste de Vendôme, cant. de St.-Amand; pop. 280 hab.

AMBLY, vg. de Fr., dép. de la Meuse, arr., cant. et poste de Verdun; pop. 415 hab.

AMBLY-SUR-AISNE, vg. de Fr., dép. des Ardennes, arr. et cant. de Réthel, poste d'Attigny; pop. 500 hab.

AMBOINE (îles d'), principal groupe de l'archipel des Moluques, situées entre le 123° et le 129° de long. orient., et entre le 2° et le 4° de lat. S. Elles se composent de trois grandes îles, *Amboine, Céram* et *Bourou*, et de huit plus petites, *Harouka, Manipa, Saparoua, Nussa-Lant, Ceram-Lant, Bonao, Kelang, Amblou* et de quelques îlots, et forme un gouvernement hollandais dont le chef, ainsi que le conseil, réside au fort Vittoria, dans l'île d'Amboine. Ces îles sont très-importantes, sous le rapport politique et commercial, par la culture du giroflier qui croîtrait dans toutes ces îles, mais que le gouvernement hollandais, qui s'en réserve le monopole, a détruit partout, sauf dans les districts d'Amboine, de Harouko, de Larique, de Saparoua et de Hila. La culture de ce précieux végétal est soumise à une administration particulière. Le terrain est divisé en cantons placés sous la surveillance de chefs natifs appelés radjaks et plus communément orangkaija; des subalternes, appelés orang-touah, dirigent chacun un parc ou jardin contenant un certain nombre de girofliers, prennent soin des plantations, de l'entretien des arbres et de la récolte des fruits. Cette récolte s'élève, année moyenne, à 300,000 livres de clous de girofle, l'arbre donnant de 5 à 6 livres, quelques-uns jusqu'à 25. Les cultivateurs sont obligés d'apporter leurs fruits dans les magasins du gouvernement qui leur paye environ 16 florins par livre, mais qui les revend sur place 128 florins et les fait payer en Europe 356 florins la livre. Tous les ans, le gouverneur général est obligé de faire l'expédition du Kougy; c'est-à-dire, d'aller visiter avec une petite flottille toutes les îles du groupe d'Amboine, pour voir, par lui-même, si les ordres du gouvernement, relatifs à la destruction du giroflier dans les autres îles, sont observés.

AMBOINE (île d'), *Amboyna, Amboun*, la plus importante, sinon la plus grande de tout le groupe qui porte son nom, est divisée par un bras de mer en deux parties, Hibou et Leytimos, unies par l'isthme de Baguala. L'intérieur est couvert de collines boisées d'où descendent une foule de torrents. Le climat est sain, le sol très-fertile et produit, outre le giroflier, du maïs, de l'indigo, des patates, du sucre, du café, etc. Le kuskus, le zibetti, le mongo, le barbirussa, l'écureuil ailé peuplent ses forêts, composées des plus beaux arbres du tropique. On y trouve aussi le *laceria ambornensis*, un des plus grands lézards et beaucoup de reptiles. Le nombre des habitants est d'environ 50,000 dont la plupart sont de race malaise professant les religions chrétienne et mahométane. Quelques Européens, quelques Chinois et, dans l'intérieur, les Alfous, débris des anciens indigènes, forment le reste de la population. Le portugais Aubonio de Abreu découvrit Amboine en 1511; en 1564, les Portugais s'en emparèrent, mais furent bientôt chassés par les Hollandais qui en sont toujours les maîtres, bien que les Anglais l'aient momentanément occupée.

AMBOINE, cap. de l'île de ce nom, au fond de la baie profonde qui divise ces deux parties. Elle est régulièrement bâtie et très-propre; les bazars, les marchés, le campoug chinois, l'hôtel de ville, etc., sont les édifices les plus remarquables. Le gouverneur général réside alternativement dans le fort Vittoria, bâti par les Portugais, et à Baton-Gadja, maison de campagne dans les environs. La ville est commerçante, mais le port dangereux à cause des nombreux récifs; pop. 7000 hab.

AMBOISE, *Ambacia*, v. de Fr., dép. d'Indre-et-Loire, arr. de Tours, chef-lieu de cant., sur la rive gauche de la Loire, au pied d'un rocher sur lequel est bâti le vieux château d'Amboise, commencé sous Hugues-Capet et terminé sous Charles VII qui, ainsi que Louis XI, l'habita souvent. Ce bâtiment a été en partie démoli pendant la révolution française, et sert aujourd'hui d'entrepôt pour les pierres à fusil que l'on tire des carrières de Meusne. La ville n'offre rien de curieux; elle a une belle manufacture de limes, de râpes et d'autres instruments et outils en fer et en acier très-recherchés; on y fabrique aussi des armes. Il y a, en outre, à Amboise, des laminoirs, des tanneries et des corroieries; pop. 5000 hab.

Cette ville est la patrie de Charles VIII,

né le 30 juin 1470 et mort dans cette même ville le 8 avril 1498.

Amboise, dont on attribue la fondation aux Romains, était autrefois la capitale de la Basse-Touraine et appartint longtemps aux comtes d'Anjou; elle eut ensuite des seigneurs particuliers. Le dernier seigneur d'Amboise fut Louis, vicomte de Thouars, qui conspira contre le souverain, et dont les domaines furent confisqués et réunis à la couronne en 1431.

Cette ville fut, en 1560, le théâtre d'un événement connu sous le nom de conjuration d'Amboise : il s'agissait d'enlever le jeune roi François II à la domination des Guises et de s'emparer des deux frères dont la puissante influence, et plus encore l'ambition effrénée, étaient funestes à la paix et au bonheur du pays. Une grande partie de la noblesse, protestants et catholiques, étaient entrés dans cette conjuration à la tête de laquelle se trouvait Barri de La Renaudi, homme de génie et de courage; mais le complot ayant été révélé aux Guises, ceux-ci quittèrent Blois et emmenèrent le roi avec eux à Amboise; lorsque les conjurés s'avancèrent pour exécuter leur projet, ils tombèrent, avant d'avoir pu réunir leurs forces, entre les mains des Guises qui les avaient fait attaquer isolément. Ceux qui ne périrent point dans la rencontre avec les soldats des Guises, furent décapités. Si la conjuration avait réussi, la France n'aurait peut-être point été affligée par les massacres d'Amboise ni par les horreurs sanglantes de la St.-Barthélemi.

AMBOLISTMENES, partie mér. de la chaîne qui traverse l'île de Madagascar. Les points les plus culminants ont au-delà des 3000 mètres.

AMBOLON, une des îles Philippines, au S. de Magindanao.

AMBON, vg. de Fr., dép. du Morbihan, arr. de Vannes, cant. et poste de Muzillac; pop. 2500 hab.

AMBONIL, vg. de Fr., dép. de la Drôme, arr. de Valence, cant. et poste de Loriol; pop. 97 hab.

AMBONNAY, vg. de Fr., dép. de la Marne, arr. de Rheims, cant. d'Ay et poste d'Epernay. On y récolte de bons vins rouges. Il a une source d'eau ferrugineuse; pop. 550 hab.

AMBONVILLE, vg. de Fr., dép. de la Haute-Marne, arr. de Vassy, cant. et poste de Doulevant; pop. 400 hab.

AMBOOCOTE, v. de la Nubie, dans l'état de Dongolah, à une petite distance du Nil. Les environs sont bien cultivés et riches en bétail. Le côté E. de la ville est fortifié, et tout près des fortifications, on voit le tombeau d'un saint du pays.

AMBOUA, v. de l'Indoustan, dans la présidence du Bengale, sur le Hougly ou Bhagarutty.

AMBOUL ou **EMBOUL**, b. de la Sénégambie, dans l'état de Cayor, à 15 l. N.-E. de Gorée.

AMBOULE, lac sur l'île de Madagascar.

AMBOULOUEBE, gr. v. de l'île de Madagascar, dans la vallée d'Amboule. Les environs sont fertiles et possèdent de bons pâturages et des mines de fer abondantes. Il y a près de la ville des sources d'eau chaude.

AMBOUR, v. de l'Indoustan, dans la présidence et à 40 l. O. de Madras, dans une contrée montagneuse et bien arrosée, embellie par de nombreux dattiers et palmiers; on y recueille des cocos et des mangues, du riz et du tabac.

AMBOUROU, v. d'Afrique, sur la côte de la Sénégambie, dans le roy. de Baol.

AMBOURVILLE, vg. de Fr., dép. de la Seine-Inférieure, arr. de Rouen, cant. et poste de Duclair; pop. 214 hab.

AMBOY, pet. v. des Etats-Unis, dans le New-Jersey, comté de Middlesex, remarquable par son port, un des meilleurs de l'Union.

AMBRAULT, vg. de Fr., dép. de l'Indre, arr., cant. et poste d'Issoudun; pop. 626 h.

AMBRE, cap le plus sept. de l'île de Madagascar.

AMBRE (îles d'), petit archipel dans l'Océan Indien, au N.-E. de l'Isle-de-France.

AMBRES, vg. de Fr., dép. du Tarn, arr., cant. et poste de Lavaur; pop. 1400 hab.

AMBREUIL (Saint-), vg. de Fr., dép. de Saône-et-Loire, arr. de Châlons-sur-Saône, cant. et poste de Sennecey; pop. 546 hab.

AMRRICOURT, vg. de Fr., dép. du Pas-de-Calais, arr. de Montreuil-sur-Mer, cant. et poste de Fruges; pop. 230 hab.

AMBRIEF, vg. de Fr., dép. de l'Aisne, arr. et poste de Soissons, cant. d'Oulchy; pop. 125 hab.

AMBRIÈRES, vg. de Fr., dép. de la Marne, arr. de Vitry-le-Français, cant. et poste de St.-Remy-en-Bouzemont; pop. 457 hab.

AMBRIÈRES, b. de Fr., dép. de la Mayenne, arr. et poste de Mayenne, chef-lieu de cant.; pop. 2500 hab.

AMBRINES, vg. de Fr., dép. du Pas-de-Calais, arr. de St.-Pol-sur-Ternoise, cant. et poste d'Aubigny; pop. 295 hab.

AMBRIZ, riv. de la Basse-Guinée, sur la côte de Congo; elle se jette dans l'Océan Atlantique par une embouchure propre au mouillage des vaisseaux.

AMBROGIO (Santo-), vg. des états sardes, dans la principauté du Piémont, à 6 l. O. de Turin, au pied du mont Pischirjano, sur lequel est située l'abbaye de St.-Michel, superbe église; pop. 1200 hab.

AMBROISE (Saint-), île de l'Océan Pacifique, à 80 l. O. des côtes du Chili et à 4 l. de l'île de St.-Félix. Ses côtes sont couvertes de phoques et de crabes.

AMBROIX (Saint-), v. de Fr., sur la rive droite de la Cèze, dép. du Gard, arr. d'Alais, chef-lieu de cant.; bonneteries, clouteries et tanneries; pop. 3000 hab.

AMBROIX (Saint-), vg. de Fr., dép. du Cher, arr. de Bourges, cant. et poste de Charost; pop. 900 hab.

AMBRONAY, *Ambroniacum*, v. de Fr., dép. de l'Ain, arr. de Belley, cant. et poste d'Ambérieux; elle a des tanneries et des mégisseries; 5 foires par an : le samedi après la Purification, l'Annonciation, l'Assomption, la Nativité et la Conception; pop. 1800 hab.

AMBRONES, g. a., nom commun à plusieurs peuples celtiques qui, de concert avec les Cimbres et les Teutons, envahirent l'Italie et furent battus par Marius près d'Aix, dans le dép. du Rhône.

AMBRUGEAT, vg. de Fr., dép. de la Corrèze, arr. d'Ussel, cant. et poste de Meimac; pop. 765 hab.

AMBRUMÉNIL, vg. de Fr., dép. de la Seine-Inférieure, arr. et poste de Dieppe, cant. d'Offranville; pop. 560 hab.

AMBRUS, vg. de Fr., dép. de Lot-et-Garonne, arr. de Nérac, cant. et poste de Damazan; pop. 315 hab.

AMBRYM, île des Nouvelles-Hébrides, à l'E. de l'île Mallicolo, dans l'Australie. Elle est étroite et montagneuse; elle a un volcan; cependant la côte est habitée et cultivée.

AMBUELLA ou **AMBRILA**, contrée ou prov. peu connue dans l'emp. du Congo, en Afrique.

AMBUTRIX, vg. de Fr., dép. de l'Ain, arr. de Belley, cant. de Lagnieu, poste d'Ambérieux; pop. 400 hab.

AMDE, contrée de la Guinée septentrionale, au N. du roy. de Dahomey.

AMDJÉRAH, v. de l'Indoustan, dans l'état du prince Holkar, prov. de Malwah, à 20 l. S.-O. d'Oudjéin.

AMDOA, dist. de la pvov. de K'ham, dans le Tibet.

AMÉ (Saint-), vg. de Fr., dép. des Vosges, arr., cant. et poste de Remiremont; pop. 625 hab.

AMÉAPAH, v. de l'Indoustan, dans la présidence de Madras, à 7 l. E. de Tanjore. Elle appartient aux Anglais.

AMEATIE, v. de l'Indoustan, dans la présidence du Bengale, prov. d'Oude, à 13 l. N.-E. de Manekpour.

AMÉCOURT, vg. de Fr., dép. de l'Eure, arr. des Andelys, cant. et poste de Gisors; pop. 267 hab.

AMÉHA ou **PAPAA**, v. d'Afrique, sur la côte des Esclaves, dans la Guinée septentrionale.

AM-EIS, b. du roy. d'Illyrie, dans le gouv. de Laybach, cer. de Klagenfurt, sur la rive gauche de la Drave, à 4 l. E. de Völkermarkt; forges.

AMEL, vg. de Fr., dép. de la Meuse, arr. de Montmédy, cant. et poste de Spincourt; pop. 500 hab.

AMELAND, île de la Hollande, dans la mer du Nord et la prov. de Frise. Elle a trois villages et 3000 hab., qui vivent de la pêche et de la vente d'une espèce de chaux qu'ils fabriquent avec des coquillages. Cette île produit aussi un peu de blé et de bons pâturages.

AMELANGE, ham. de Fr., dép. de la Moselle, arr., cant. et poste de Metz, com. de Hauconcourt; pop. 11 hab.

AMÉLÉCOURT, vg. de Fr., dép. de la Meurthe, arr., cant. et poste de Château-Salins; pop. 194 hab.

AMELIA, *Ammeria*, v. des états de l'Église, dans la légation de Spolète; siége d'un évêque, elle renferme une cathédrale, 7 églises paroissiales et 13 couvents. Dans ses environs croissent, sous le nom de Pizotello, les meilleurs raisins, dits de Corinthe, de toute l'Italie; pop. 1700 hab.

AMÉLIA, cap sur la côte N.-O. de l'Amérique septentrionale, près de l'archipel du roi Georges, entre le Cross-Sund et le Norfolk-Sound, au S. de la baie des Isles.

AMELIA, comté de la Virginie, avec 12,000 hab.

AMELIA, île de l'Océan Atlantique, sur la côte des États-Unis, au N.-E. de la Floride.

AMELIAS-BORGH, dist. du Haut-Canada, dans le comté du Prince-Edouard, sur le lac Ontario.

AMELIETH, vg. situé dans le roy. de Hanovre, gouv. de Gœttingue. Ce village est renommé pour les belles glaces que l'on y fabrique et que l'on expédie à tous les pays du monde. Les glaces d'Amelieth ont de 12 à 58 pouces de hauteur sur 12 à 22 pouces de largeur. L'habileté des habitants à les polir, est devenue proverbiale; pop. 500 hab.

AMENAR, b. d'Espagne, dans la Vieille-Castille, prov. de Soria; pop. 1500 hab.

AMENDOLARA, vg. du roy. de Naples, dans la Calabre citérieure, à 5 l. N.-E. de Cassano, dans une contrée riche en oliviers et en amandiers. Il s'y tient une foire de cinq jours, le dernier dimanche d'avril de chaque année; pop. 1600 hab.

AMENIA, pet. v. des États-Unis, dans l'état de New-York, comté de Dutchess, possède une belle et grande carrière de marbre.

AMENDEUIA, vg. de Fr., dép. des Basses-Pyrénées, arr. de Mauléon, cant. et poste de St-Palais; pop. 300 hab.

AMENDRAL, b. d'Espagne, dans la Vieille-Castille, prov. d'Avila.

AMENI, le plus grand îlot des Laquedives, groupe d'innombrables écueils sur la côte occidentale de l'Inde, habités par des Moplays et régis par un prince vassal des Anglais.

AMENONCOURT, vg. de Fr., dép. de la Meurthe, arr. de Lunéville, cant. et poste de Blamont; pop. 280 hab.

AMENUCOURT, vg. de Fr., dép. de Seine-et-Oise, arr. de Mantes, cant. de Magny, poste de Bannière; pop. 257 hab.

AMEN'S-CAVE ou **WEYER'S-CAVE**, caverne spacieuse dans les États-Unis d'Amérique, état de Virginie, à 6 l. de Staunton. Elle est remplie de stalactites brillantes et de belles cristalisations.

AMÉRAN, vg. de la Turcomanie, dans la Turquie d'Asie, eyalet d'Erzeroum, près de la ville de Gumisch-Khanéh. Il est habité par des Kurdes et renommé pour ses bons chevaux.

AMEREY, vg. de Fr., dép. des Vosges, arr. d'Epinal, cant., poste et com. de Xertigny; pop. 400 hab.

AMERGHOER, fort anglais dans l'Indoustan, dans la présidence du Bengale, prov. et à 20 l. E. de Delhy.

AMÉRIQUE (l'), quatrième partie du monde, forme un continent séparé du grand continent connu des anciens (l'Europe, l'Asie et l'Afrique), et que par opposition à celui-ci, on nomme aussi le Nouveau-Monde. L'Amérique est située entre 36° et 170° longitude occidentale, 71° latitude boréale, 54° australe et comprend une étendue de près de 4000 lieues. A l'E. elle est séparée de l'ancien continent par l'Océan Atlantique, à l'O. par l'Océan Pacifique, et au N.-O. par la mer (détroit) de Béring; ses autres confins sont: au N. l'Océan Arctique ou Glacial-Boréal, au S. l'Océan Austral. La plus courte distance entre les deux continents est, par l'Atlantique, de 314 myriamètres, depuis le cap St.-Roque en Amérique, jusqu'au Cap-Vert en Afrique, tandis que cette distance n'est que de 6 myriamètres, par l'Océan Pacifique, depuis le Cap oriental de l'Asie jusqu'au cap du Prince de Galles en Amérique. Toutefois la côte orientale du continent américain est, en général, plus rapprochée de l'Ancien-Monde que la côte occidentale, parce que cette dernière, à mesure qu'elle court du N. au S., s'éloigne des côtes de l'Asie par une direction orientale. Différente de l'Afrique qui ne forme qu'une seule grande masse, l'Amérique se divise en deux masses principales ou péninsules que réunit l'isthme de Panama, longue crête de rochers, qui dans sa moindre largeur compte au plus 12 lieues, et s'élève comme une digue immense qui empêche les flots de l'Océan Atlantique de faire irruption dans les eaux de la mer Pacifique, moins élevées d'environ six mètres. Les deux péninsules prennent, suivant leur position, les noms d'*Amérique septentrionale* et d'*Amérique méridionale*. A l'extrémité où se touchent ces deux péninsules, entre la côte S. de l'Amérique septentrionale et la côte N. de l'Amérique méridionale, l'Océan Atlantique forme un immense enfoncement dont la partie septentrionale prend le nom de *Golfe du Mexique*, et dont l'autre, appelée *mer des Antilles*, est peuplée d'une multitude d'îles qui forment l'archipel des Antilles, improprement nommé *Indes occidentales*. *Voyez* ANTILLES.

L'Amérique septentrionale occupe une superficie de 684,000 lieues carrées (non compris le Groenland, la terre de Baffin et les îles), avec un développement de côtes de 12,000 lieues; la superficie de l'Amérique méridionale est de 642,000 lieues carrées, et ses côtes s'étendent dans une longueur de 6800 lieues; le continent de l'Amérique a donc sur une superficie totale de 1,326,000 lieues carrées, 18,800 lieues de côtes.

L'Amérique du Nord se compose, 1° de l'*Amérique russe*, entre 60° et 75° lat. bor.; elle comprend toute la côte septentrionale depuis la *Pointe de Barrow*, dans la presqu'île du Sommerset septentrionale, point connu le plus boréal du Nouveau-Continent; la côte de la *presqu'île des Tchougatschis*, qui touche au détroit de Béring où elle forme, par le cap du prince de Galles, le point le plus occidental de l'Amérique; la *presqu'île d'Alaschka* jusqu'à la côte de *New-Cornwallis*; 2° de la *Nouvelle-Bretagne* (Amérique anglaise), qui ne forme point une masse de pays continus, mais seulement un ensemble de plusieurs contrées, séparées les unes des autres par d'immenses intervalles. Elle s'étend, sauf les interruptions que forment les vastes solitudes de cette partie du monde ou les établissements des peuplades indigènes, depuis la côte occidentale, composée du *New-Cornwallis*, de la *Nouvelle-Hanovre*, de la *Nouvelle-Géorgie*, situées entre 50° et 60° lat. bor. jusqu'à la côte orientale, entre 145° long. occ. et 62° long. orient., et comprend les terres intérieures situées entre 45° et 65° lat. bor. ainsi que les pays de l'E. sous la même latitude; ceux-ci sont: 1° au N., le *Maine occidental* (Nouvelle Galles), le *Maine oriental*, formant ensemble les côtes O. et E. de la baie de Hudson et la presqu'île de Labrador, située à l'E. de ce dernier, et qui forme le point le plus oriental de l'Amérique du Nord; 2° au S., le Haut et le Bas-Canada, qui, avec le Labrador et le Maine oriental, forment la côte orientale de la Nouvelle-Bretagne, entre 45° et 63° lat. bor.; 3° la Nouvelle-Bretagne est bornée entièrement au S. par les *États-Unis*, qui touchent également, par le district de Columbia, entre la Nouvelle-Géorgie au N. et la Nouvelle-Californie au S., à la côte occidentale et à la côte orientale par une multitude de districts, tels que ceux de Boston, New-York, Philadelphie, Washington, etc., qui appartiennent à dix-sept états différents. Au S. les États-Unis viennent toucher, par la Louisiane, la Géorgie et la Floride, au golfe du Mexique, dans lequel ce dernier état vient former une péninsule très-avancée; à l'O. ils sont bornés depuis la côte de Columbia jusqu'à la côte du golfe de Mexique, par le Mexique; 4° le *Mexique* ou la *Confédération mexicaine*, s'étend du N. au S.-E., depuis le district de Columbia (42° lat. bor.), entre les États-Unis à l'E. et la mer Pacifique à l'O.; deux de ses provinces, la Nouvelle-Californie et la Californie, longue langue de terre qu'un golfe étroit, nommé *mer Vermeille*, sépare du Mexique continental, forment la partie N. de la côte occidentale de ce pays. Vers le S.-O. le Mexique, dont la largeur commune est de plus de 400 lieues, se détache du continent de l'Amérique septentrionale, forme à l'E. la côte occidentale du golfe auquel il donne son nom, s'avance ensuite en se rétrécissant toujours de plus en plus, jusqu'à 17° lat. bor., où sa largeur n'est plus que de 50 lieues environ et va toucher à la république de Guatemala ; sa province la plus méridionale, l'*Yucatan*, forme une grande péninsule qui se dirige vers le N.-E. et sépare en quelque sorte, le golfe du Mexique de la mer des Antilles ; 5° la *République de Guatemala* ou *Confédération de l'Amérique centrale*, est le prolongement S.-O. de la pointe méridionale du Mexique ; elle touche à l'isthme de Panama et forme, par conséquent, l'extrémité S. de l'Amérique septentrionale. Sur plusieurs points sa largeur est encore moindre que la plus petite largeur du Mexique. La mer des Antilles la borne à l'E. et au N.; au S.-O. elle est baignée par les flots de la mer Pacifique. La partie septentrionale de l'Amérique du Nord est encore peu connue. L'on a longtemps douté si le Grœnland et la terre de Baffin formaient, au N.-E. de cette région, des presqu'îles faisant partie du nouveau continent, ou si c'était des îles. Les voyages d'exploration qui ont été faits, tant par terre que par mer, dans les dernières années, pour tenter le passage de l'Atlantique dans la mer Polaire sans atteindre complétement leur but, nous ont fait connaître que la terre de Baffin n'est qu'une immense île qui, avec plusieurs autres, forme un archipel entre l'Amérique et le Grœnland, et qu'entre ce dernier et le continent américain il existe plusieurs détroits : ceux de Lancastre et de Barrow, qui séparent la terre de Baffin et le Devon septentrional du continent, et le détroit de Jones au N. des premiers, qui sépare le Grœnland du Devon. La découverte de ces détroits ne laisse donc plus aucun doute sur la séparation de l'Amérique avec les terres polaires.

L'Amérique méridionale comprend : 1° la *Colombie*, située entre 12° lat. bor. et 5° lat. aust.; cet état le plus septentrional de l'Amérique du Sud, est borné au N. par la mer des Antilles, à l'E. par l'Océan Atlantique, la Guyane et le Brésil, au S. par le Brésil, et à l'O. et au S.-O. par le Pérou ; 2° la *Guyane*, partagée entre la France, l'Angleterre et la Hollande, et bornée à l'O. par la Colombie, au N. et au N.-E. par l'Océan Atlantique, à l'E. et au S. par le Brésil ; 3° le *Brésil*, qui forme une espèce de triangle dont la base est au N. dans les régions de l'équateur, et s'étend entre 38° et 73° long. occ. et dont la pointe (Rio-Grande) s'avance jusqu'à 33° lat. aust.; son côté oriental, baigné tout entier par l'Océan Atlantique, forme la plus grande partie de la côte E. de l'Amérique méridionale, tandis que son côté occidental est borné du N. au S. par la Colombie, les républiques du Pérou, de Bolivia, de Rio de la Plata, le Paraguay; au S. la pointe du Brésil touche à la république de l'Uruguay ; 4° le *Pérou* qui forme la côte occidentale de l'Amérique du S., entre 3° et 18° lat. aust., est bornée au N. par la Colombie et le Brésil, à l'E. par le Brésil et Bolivia, au S. par Bolivia ; 5° la république de *Bolivia*, située au S. du Pérou, au S. et à l'O. du Brésil ; sa limite occidentale est la mer Pacifique dont elle forme la côte, entre 18° et 25° lat. aust.; au S. elle a pour limite le Paraguay, la Plata et le Chili ; 6° le *Paraguay*, situé entre 20° et 28° lat. aust., 60° et 63° long. occ.; il est borné au N. par le Brésil et Bolivia, à l'E. par le Brésil, à l'O. et au S. par la Plata; 7° la *confédération de Rio de la Plata* (ancienne *république Argentine* ou *Buénos-Ayres*), qui s'étend entre Bolivia et le Chili à l'O., et le Paraguay, l'Uruguay et l'Atlantique à l'E., depuis 19° lat. aust., jusqu'à 40° où elle touche, au S. à la Patagonie et au S.-E. à l'Océan Atlantique, dont elle forme la côte entre 34° et 41° lat. aust.; au N. elle est bornée par la république de Bolivia ; 8° la *république orientale de l'Uruguay* (*Monte-Video, Banda orientale* ou *république Cisplatine*), bornée au N. par le Brésil, à l'E. par l'Océan Atlantique (entre 33° et 35° lat. aust.) et le Brésil, au S. et à l'O. par la Plata ; 9° la *république du Chili*, qui s'étend dans un espace resserré entre la mer Pacifique à l'O. et à l'E. la chaîne des Cordillères (Andes) qui la sépare de la Plata et en partie de la Patagonie, depuis la république de Bolivia au Nord, jusqu'à la Patagonie au Sud, entre 25° et 44° lat. aust.; sa plus grande largeur ne dépasse guère 50 lieues, tandis que sa longueur est d'environ 600 lieues ; enfin, 10° la *Patagonie*, occupée par des indigènes indépendants. Elle forme la pointe méridionale de l'Amérique du S., et s'étend depuis la Plata au N., 36° lat. aust., entre la mer Pacifique et l'Océan Atlantique jusqu'au cap Horn (56°) dans la *Terre-de-Feu*, dont le continent américain n'est séparé que par le détroit de Magellan et qui est le point le plus austral du Nouveau-Monde.

L'on a vu plus haut que les côtes de l'Amérique septentrionale se développent dans une étendue presque double de celle des côtes de l'Amérique du Sud, tandis que le rapport de la superficie des deux parties du nouveau continent est loin d'offrir une aussi forte différence. Cette disproportion doit être attribuée à la grande quantité de presqu'îles et d'enfoncements que présentent les côtes de l'Amérique du Nord et qui y forment plusieurs golfes considérables et une foule presque innombrable de baies. Les côtes de la partie méridionale, au contraire, sont plus régulières et moins morcelées. Il est à remarquer encore que la côte orientale de l'Amérique du Nord est plus étendue (5940 lieues) que la côte occidentale (4560 lieues) et, par conséquent, plus accessible que cette dernière. Cette côte orientale présente les presqu'îles suivantes : 1° Le *Labrador*, qui s'étend au N.-E. du continent, est borné à l'O. par la baie de James et la mer d'Hudson, à l'E. par l'Atlantique, au S. par le golfe de St.-Laurent, au N. elle est séparée, par le détroit d'Hudson, de la terre de Baffin. La côte du Labrador, haute et escarpée, est entourée d'une ceinture d'écueils et de petites îles en quantité innombrable, tandis que dans le golfe de St.-Laurent s'élèvent plusieurs grandes îles dont *Terre-Neuve* est la plus considérable. La superficie de cette immense presqu'île est de 48,000 lieues carrées; l'étendue de ses côtes de 1380 lieues. 2° La *Nouvelle-Écosse* ou Acadie, au S. du Labrador. Cette presqu'île est bornée au N.-E. par une étroite langue de terre qui la réunit au Nouveau-Brunswick, dans la Nouvelle-Bretagne, au N. par le golfe de St.-Laurent, à l'O. par la baie Fundy, au S. et à l'E. par l'Océan Atlantique. La Nouvelle-Écosse dont les côtes escarpées et morcelées ont 300 lieues d'étendue, occupe une superficie de 1300 lieues carrées. 3° La presqu'île de *Maryland-Delaware* s'étend du N. au S. parallèlement à la côte des États-Unis, et est formée par les enfoncements de la baie de Delaware à l'E., et de celle de Chesapeake à l'O. Ses côtes, dont l'étendue est de 180 lieues, sont plates et basses; sa superficie est de 580 lieues carrées. 4° La presqu'île de *Floride*, au S. des précédentes, se détache du continent environ sous le 30° lat. boréale, et s'avance vers le S.-S.-E. dans le golfe du Mexique jusque près du tropique du cancer, dans une longueur de 160 lieues. Sa côte, que de nombreux bancs de sable rendent peu accessible à l'E., est basse et d'une étendue de 360 lieues; la presqu'île occupe une superficie de 2200 lieues carrées. 5° le *Yucatan* se détache de la partie rétrécie de l'Amérique septentrionale qui aboutit à l'isthme de Panama, et du point où se touchent le Mexique et le Guatemala, se dirige vers le N. dans le golfe du Mexique, de 18° à 22° de lat. sept.; à l'E. elle est bornée par la mer des Antilles et au S.-E. par le golfe de Honnuras; ses côtes sont basses et entourées de bancs de sable; la superficie de la presqu'île est de 4400 lieues carrées; l'étendue des côtes de 420 lieues.

La côte occidentale de l'Amérique du Nord, plus régulière que la côte orientale, présente moins d'enfoncements : nous y trouvons donc moins de golfes et de presqu'îles; l'on remarque parmi ces dernières 1° la presqu'île des *Tchougatschis*, formée par le golfe de Norton, le détroit de Béring et l'entrée de Kotzebue. Ses côtes hautes et escarpées ont une étendue de 140 lieues. 2° la presqu'île d'*Alaschka* qui se détache, au S.-O. de la précédente, et sépare la mer de Béring du grand Océan Pacifique; elle est étroite et longue de 160 lieues ; ses côtes sont escarpées et entourées d'un grand nombre d'îles et d'écueils. 3° La presqu'île de *Tchougatskaia*, à l'E. de la précédente, comprise entre le golfe de ce nom et celui de Cook. Ces trois péninsules peuvent être regardées comme les parties saillantes de la grande presqu'île ouverte qui se détache, au N.-O., du continent vers le cap oriental de l'Asie, duquel elle est séparée par le détroit de Béring et se trouve comprise entre l'Océan Arctique et le grand Océan Pacifique. 4° La *Californie*, qui s'étend du N. au S. parallèlement à la côte, entre le golfe de ce nom (mer Vermeille) et l'Océan Pacifique, dans une longueur de de 260 lieues. La largeur de cette presqu'île n'est que de 30 à 40 lieues ; ses côtes, entourées de petites îles et de recifs, sont longues de 780 lieues. La Californie occupe une superficie de 5200 lieues carrées. Sur la côte septentrionale encore peu connue, les explorations faites vers la fin du siècle dernier et au siècle actuel, nous permettent de citer 1° la presqu'île de Melville qui se détache, au N.-E., du continent et se projette, dans la direction de N.-E., entre les grandes îles de l'archipel de Baffin-Parry et le golfe de Bouthia, à l'O. du canal de Fox. 2° La presqu'île de Bouthia-Félix au N.-O. de la précédente, entre le golfe de Bouthia à l'E. et la mer du roi Guillaume à l'O. 3° Le Sommerset septentrional qui se détache de la précédente, à laquelle il ne tient que par l'isthme étroit de Bouthia; cette presqu'île s'étend au N. entre le golfe de Bouthia, à l'E. l'Océan Arctique et la mer Polaire à l'O. jusqu'au détroit de Barrow (74° lat. boréale) qui la sépare du Devon septentrional, ne tenant pas directement au continent américain; mais la presqu'île de Bouthia ne doit, à la rigueur, être considérée que comme formant avec cette dernière une seule et même péninsule dont il est la partie septentrionale.

L'Amérique méridionale ne manque pas de péninsules, mais elles sont toutes très-petites en comparaison de celles de l'Amérique du Nord; la plus considérable est la presqu'île de *Paranagua* d'une longueur d'environ 80 lieues; elle s'avance dans la mer des Antilles, à l'O. du golfe de Maracaïbo; on peut encore citer la presqu'île de *Tres-Montes* sur la côte occidentale de la Patagonie. Les golfes de cette partie du Nouveau-Monde sont aussi beaucoup moins vastes que ceux de la partie septentrionale, les côtes de la première n'offrant aucun de ces grands enfoncements que la mer forme dans la seconde, mais de simples sinuosités. On peut comparer la forme de l'Amérique du Sud à un triangle rectangle dont la base est au N. et la pointe au S. La ligne qui sert de base part de l'isthme de Panama et se dirige vers le S.-E. jusqu'au cap St.-Roque qui forme l'angle droit, dans une étendue de 1380 lieues. L'hypothénuse de ce triangle, depuis l'isthme de Panama juqu'au cap Horn, a une longueur d'environ 2000 lieues, et le troisième côté, entre ce dernier cap et celui de Saint-Roque, est long d'environ 1700 lieues.

L'Amérique est entourée d'une quantité innombrable d'îles, grandes et petites, dont la plupart sont très-rapprochées de la côte. Elles forment sur un grand nombre de points des groupes ou archipels très-considérables. En partant de l'extrémité N. de la côte orientale, on trouve dans l'Océan Atlantique les principaux groupes et îles suivants: 1° *L'archipel* de *Terre-Neuve*, entre la côte méridionale du Labrador et la côte septentrionale du Nouveau-Brunswick. Les îles dont il se compose, sont situées dans le golfe de St.-Laurent ou à l'E. de ce golfe. Les principales sont *Terre-Neuve*, qui est la plus considérable, *Cap-Breton*, *St.-Jean* et *Anticosti*. 2° Les deux îles de *Rhode-Island* et de *Longue-Island*, en vue de la côte des États-Unis. 3° Le petit groupe des *îles Bermudes*, à 250 lieues de la même côte, sous 33° lat. boréale et 67° long. occ. 4° *L'archipel de Bahama* ou *îles Lucayes*, au S.-E. de la peninsule de Floride, qui en est séparée par le canal de Bahama; elles sont au nombre de plus de 700; on compte parmi les principales: *Inaque*, *Grande-San-Salvador*, *Grande-Bahama*, *Providence*, capitale de l'archipel, *Hetera*,. etc. 5° *L'archipel des Antilles*, dans la mer de ce nom, et à l'entrée du golfe du Mexique. Ce grand groupe se divise en *Grandes Antilles* et *Petites Antilles* ou *îles Caraïbes*. Les premières comprennent l'île de *Cuba* et *Haïti* (St.-Domingue), ce sont les plus grandes; et *la Jamaïque* et *Porto-Rico*. Les plus grandes des Petites-Antilles sont: la *Trinité*, la *Martinique*, la *Guadeloupe* et la *Dominique*, *St.-Vincent*, *Ste.-Lucie*, etc.; les îles Virginie, qui appartiennent à ce groupe, sont au nombre de 60 environ. 6° *Marajo* ou *Joanes*, grande île située entre les embouchures de l'Amazone et du Sara, près de la côte du Brésil. 7° Les *îles Malouines* ou *archipel de Falkland*, composé de deux îles principales, les îles Falkland et Conti, et de 90 autres beaucoup plus petites. Cet archipel, qui est à 100 lieues, à l'E. du détroit de Magellan, entre 51° et 53° lat. australe, est occupé en ce moment par les Anglais. 8° A l'extrémité S. de l'Amérique méridionale, où l'Océan Atlantique vient se confondre avec le grand Océan Pacifique, on trouve *l'archipel de Magellan*, plus connue sous le nom de *Terre-de-Feu*, que le détroit de Magellan sépare de la pointe de la Patagonie; il se compose de 11 grandes îles et de plus de 20 petites, qui ne sont bien connues que depuis les récentes explorations du capitaine King. La plus grande est la *Terre-de-Feu*, à l'E. du détroit de Magellan; à l'O. de ce passage se trouve l'*île de la Désolation*, beaucoup moins grande que la précédente. Viennent ensuite les îles plus petites, de *Clarence*, *Hoste* et *Navarin*; à l'E. l'*île Hanover*, l'*archipel de la reine Adélaïde*, qui forme l'entrée occidentale et septentrionale du détroit de Magellan. A l'E. de la Terre-de-Feu, on trouve l'*île des États*, qui en est séparée par le détroit de Lemaire; au S. le groupe des *îles Hermite* et l'*île Horn*, sur laquelle s'élève le célèbre promontoire de ce nom, aussi remarquable par sa configuration extraordinaire que par sa hauteur, enfin, plus au S., encore le petit groupe des *îles Diego-Amirez*, extrémité la plus méridionale des terres que l'usage attribue à l'Amérique.

L'archipel de Magellan est la terre habitée la plus australe de tout le globe: ses habitants sont des indigènes, nommés Pésche-rahs, peuplade qui s'élève à peine à 2000 âmes. 9° Au S. de cet archipel, au-delà de 54° lat. australe, se trouvent encore plusieurs îles ou groupes, qui, malgré les distances assez grandes qui les séparent, peuvent recevoir la dénomination d'*archipel Antarctique*; la découverte de la plupart de ces îles, qui sont toutes inhabitées et presque entièrement couvertes de glaces, ne date que de quelques années. Les îles et groupes les plus remarquables de cet archipel sont: L'*île St.-Pierre*, nommée aussi *Georgie-Australe*; elle touche à 55° de lat. australe, et paraît être la terre antarctique la plus grande; le petit *archipel de Sandwich*, au S.-E. de St.-Pierre; les *Orcades-Australes*, situées à l'O.-S.-O. des îles Sandwich; les *îles du Shetland austral* au S.-O. des précédentes, entre 62° et 65° lat. australe, les petites *îles d'Alexandre Ier* et de *Pierre Ier*, la première au S.-O. des précédentes et la seconde à l'O. de celle-ci, toutes deux sous 70° lat. aust.; ce sont les terres du globe les plus méridionales que l'on connaisse. Il faut ajouter encore ici les terres de la *Trinité*, de *Graham* et d'*Enderby*, que l'on suppose faire partie d'un continent austral encore inconnu et dont les côtes ont été en partie aperçues par des voyageurs contemporains.

En remontant la côte occidentale des deux Amériques, à partir du détroit de Magellan, on trouve dans l'Océan Pacifique les îles et groupes suivants: 1° *L'archipel Patagonien* ou *de la Mère-de-Dieu*, groupe d'îles rapprochées de la côte, entre le détroit de Magellan et le golfe de Penas. Les plus grandes sont les *îles de la Campana* (Wellington), *de la Matre de Dios*, *St.-Martin*, etc.; on y remarque encore le groupe de *Guayaneco*, dont les îles sont peu étendues. 2° *L'archipel de los Chonos*, à peu de distance au N. du précédent, entre la péninsule de Tres-Montes et l'île de Chiloë; il prend son nom de la principale île; la plupart des autres ne sont que des rochers. 3° L'*archipel de Chiloë*, comprenant la grande ile de ce nom et un grand nombre de petites: Ces deux archipels sont également voisins de la côte. 4° Les deux îles de *Juan-Fernandez*, nommées *Mas-a-Fuero* et *Mar-a-Tierra*, à 150 et 180 lieues de la côte du *Chili*. Cette dernière île, la plus grande des deux, est celle où séjourna seul, de 1705 à 1709, le matelot Alexandre Selkirk, connu sous le nom de Robinson Crusoë. Les voyageurs prétendent qu'elle a disparu au commencement de 1837. 5° Le petit groupe de *St.-Ambroise*, à 200 lieues de la même côte; il se compose des deux îles de San-Ambrosio et San-Félix et de plusieurs îlots déserts. 6° L'*archipel de Gallapagos*, situé sous l'équateur, à environ 220 lieues de la côte de la Colombie. Ces îles, quoique fertiles, ne sont habitées que depuis peu. 7° Les *Iles-aux-Perles*, dans le golfe de Panama. 8° Les trois îles désertes de *Revilla-Gigedo*, à 100 lieues environ de la côte du Mexique, sous les 18° et 19° lat. boréale. 9° Le groupe d'îles situées gans le golfe de Californie, et dont Tiburon est la plus grande. 10° Le groupe d'îles qui bordent la côte occidentale de la Californie, et parmi lesquelles nous citerons comme les plus étendues, *Santa-Margarita, Cedros, Santa-Catalina* et *Santa-Cruz*. Plus au N., près de la côte de la Nouvelle-Bretagne, nous trouvons : 11° La grande île de *Quadra et Vancouver*, avec les nombreuses petites îles qui l'entourent; elle est située entre le détroit de Fuca et le golfe de la reine Charlotte, de 48° 30' à 51° lat. boréale; 12° L'*archipel de St.-Lazare*, composé des trois grandes îles de la *Reine Charlotte*, du *Prince de Galles* et de *Sitka*, et d'une multitude de petites. 13° Le groupe de *Kodiak*, au S.-E. de la péninsule d'Alaschka. 14° L'*archipel des Aléoutes*, dans le prolongement de cette même péninsule; il est remarquable par ses volcans.

Dans la mer de Béring on remarque 1° le groupe de *Pribylov*, composé des îles *St.-Paul* et *St.-Georges*, outre plusieurs îlots, et les deux grandes îles de *Nounivok* et de *St.-Laurent;* la première rapprochée de la côte de la presqu'île des Tchougatschis, la seconde plus près de la côte orientale de l'Asie et appartenant, par conséquent, plutôt à l'ancien continent. A l'exemple de M. Balby, nous nommerons *archipel Arctique*, la réunion des îles situées au N. de l'Amérique septentrionale, dans l'Océan Arctique, et dont la plupart, avant les dernières explorations, étaient considérées comme faisant partie du continent américain. De ce nombre sont l'immense terre de *Grœnland* qui s'étend au N.-E. du nouveau continent, depuis 55° lat. boréale, et entre 20° et 100° long. occ. dans sa plus grande largeur septentrionale connue, et se perd sous les glaces vers le 80° lat. N. Si les récentes découvertes ont appris que le Grœnland est entièrement détaché du continent américain par le détroit de Jones, elles nous laissent cependant ignorer encore si cette vaste terre est un continent tout entouré d'eau, ou si elle fait partie des terres polaires; 2° l'*Islande*, à l'E. du Grœnland, entre le 63° lat. boréale et le cercle polaire, les 13° et 22° long. occ.; 3° l'*île de Jean Mayen*, au N.-N.-E. de la précédente, sans habitants permanents; 4° l'*archipel de Spitzberg*, que sa position plus rapprochée de l'Europe doit faire ranger parmi les dépendances géographiques de cette partie du monde; 5° on trouve à l'O. du Grœnland et séparée de lui par la baie de Baffin, la *Terre de Baffin* ou *Île Cumberland*, entre 65° et 74° lat. bor., qui, avec les grandes îles *Cockburn, Melville* à l'O., *James* et *Southampton* au S.-O., les îles au S. qui forment les trois détroits célèbres de Cumberland, de Fornisher et d'Hudson, et un grand nombre d'autres îles plus petites, forme l'*archipel de Baffin-Parry*, 6° le *Devon septentrional*, situé au N.-O. de la baie de Baffin, au N. du Nord-Sommerset, de l'île Cockburn et de la Terre de Baffin, desquels il est séparé par les détroits de Barron et du Lancaster et au S. du détroit de Jones; 7° la *Géorgie septentrionale*, à l'O. du Devon, composée des îles *Cornwallis, Bathurst, Melville*, etc.; et 8° la *Terre de Banks*, au S.-O. des précédentes.

Aucune partie du monde n'offre un plus grand nombre de lacs que l'Amérique; les Etats-Unis et la Nouvelle-Bretagne comptent à eux seuls près de 200 de ces masses d'eau douce, parmi lesquelles se trouvent les plus considérables que l'on connaisse. Dans le Haut-Canada on trouve les immenses bassins du lac *Supérieur*, du *Michigan*, des lacs *Huron, Érié* et *Ontario*, le lac *St.-Clair* beaucoup plus petit, série de masses d'eau qui communiquent directement entre elles et forment ensemble ce qu'on appelle la *mer du Canada* ou *mer d'eau douce*, occupant une superficie de 4300 lieues carrées. Le plus grand de tous, le lac *Supérieur*, qui dépasse, par son étendue (1800 lieues carrées), tous les autres lacs d'eau douce connus du globe, verse ses eaux, au S.-E., par le saut Ste.-Marie d'environ 20 pieds de haut, dans le lac Huron, qui reçoit également près de là les eaux du lac Michigan dont il est séparé, à l'O., par le territoire de Michigan. Le lac Huron débouche, au S., par la rivière St.-Clair, dans le lac St.-Clair; ce dernier, par la rivière Détroit, se décharge aussi, au S., dans le lac Érié, et celui-ci, franchissant la fameuse cascade de Niagara, au N.-E., entre dans le lac Ontario, situé au N.-E. de l'état de New-York, et qui forme la source du fleuve St.-Laurent. Le *Winnipeg*, les lacs *des Esclaves, des Bois, du Grand-Ours, des Montagnes*, le lac *Wollaston* dans la Nouvelle-Bretagne, le *Nicaragua* dans le Guatemala, comptent également parmi les plus étendus de l'Amérique du Nord. Les lacs de l'Amérique méridionale sont généralement beaucoup moins considérables que ceux de la partie septentrionale. Le plus grand de tous est le lac de *Titicaca*, situé sur les territoires de Bolivia et du Pérou. Il n'est pas seulement remarquable par sa vaste étendue, mais encore par l'élévation du niveau de ses eaux, plus haut que le sommet du pic de Ténériffe (3700 mètres).

La nature qui, dans le Nouveau-Monde, revêt des formes si majestueuses et si colossales, y a placé aussi les grands fleuves du monde, ces courants, tels que la rivière des Amazones, le Mississipi, le Rio de la Plata, etc., qui parcourent une étendue de mille lieues, et dont la largeur et la profondeur les rend navigables comme des bras de mer. Nous citerons ici les principaux fleuves de l'Amérique, en les classant d'après les mers dans lesquels ils se jettent. C'est sur les côtes de l'Océan Atlantique ou de ses golfes que l'on trouve les embouchures des plus grands courants de cette partie du monde; cette mer reçoit : 1° Le fleuve *St.-Laurent* qui, comme nous l'avons vu, prend sa source dans le lac Ontario, dans le Haut-Canada ; de là il sépare dans une direction N.-N.-E. ce territoire de l'état de New-York, traverse le Bas-Canada jusqu'à son embouchure dans le golfe auquel il donne son nom. Ce fleuve dont la largeur, variant depuis un demi-quart de lieu jusqu'à une lieue, la profondeur (240 pieds), et la vaste embouchure sont égales à celles des plus grands courants de l'Amérique, ne figure sous le rapport de la longueur qui est d'environ 250 lieues, que parmi ceux du troisième ordre. Ses plus grands affluents sont l'*Ottowa* et le *Seguenai*, à la gauche. Le dernier offre, par sa profondeur, qui est de 840 pieds, un phénomène inouï dans la géographie. 2° L'*Orénoque*, un des trois grands fleuves de l'Amérique du Sud, qui parcourt la partie méridionale de la Colombie, et se jette par 49 bouches dans l'Atlantique, entre 8° et 10° lat. bor. Plusieurs de ses affluents sont égaux aux grands fleuves de l'Europe. 3° Le *Maragnon* ou *Rivière des Amazones*, le plus grand fleuve du monde. Il est formé de l'Ucayle et du Tanguragua, et c'est selon que l'on considère le premier ou le second comme sa branche principale, que l'on place sa source dans les montagnes de Bolivia ou dans les Andes du Pérou. Dans son cours de plus de 1000 lieues, étendue à travers la Colombie et le Brésil, le Maragnon reçoit les eaux de plus de 50 fleuves ou rivières, dont le grand fleuve *Rio-Negro* est le plus considérable et va se jeter par une embouchure de près de 25 lieues de largeur dans l'Océan Atlantique, sous l'équateur. 4° Le *Tocantin* ou *Para*, et 5° le *San-Francisco*, deux grands fleuves du Brésil. 6° Le *Rio de la Plata*, formé des trois grandes rivières, le *Parano*, l'*Uruguay* et le *Paraguay*, est le troisième grand fleuve de l'Amérique méridionale, par sa largeur; mais qui, à son embouchure près de Monte-Video, n'est pas moindre de 35 lieues, et ressemble plutôt à un bras de mer qu'à un fleuve; l'une de ses branches, le Panama, avant de se joindre à ses deux grands confluents et de recevoir ses autres nombreux affluents, a, elle seule, près d'une lieue de largeur. 7° Le grand fleuve de *la Magdalena*, qui arrose les contrées voisines de l'isthme de Panama, se jette dans la mer des Antilles. Le golfe du Mexique reçoit outre 8° le *Rio-del-Norte*, le principal fleuve de la Confédération mexicaine, 9° le *Mississipi*, le plus grand fleuve de l'Amérique du Nord et l'un des plus grands du monde; il a plus de 40 affluents. Le *Missouri*, quoique ce fleuve, plus long et plus large que le premier, doit être considéré plutôt comme sa branche principale; avant de se joindre au Mississipi, le Missouri est navigable pour les bâtiments de mer, sur une étendue de 569 lieues. L'*Arkansas* et la *Rivière-Rouge* sont, après le Missouri, les principaux affluents du Mississipi à la droite. Son plus grand affluent à la gauche est l'*Ohio*, navigable dans une étendue de 200 lieues. Les géographes ne s'accordent pas encore sur les sources de cet immense fleuve dont les eaux, appartenant tout entières aux États-Unis, parcourent une étendue de 1200 lieues. 10° Le *Churchill* ou *Missinipi*, dont les sources sont inconnues, se jette dans la mer de Hudson, ainsi que 11° le *Nelson* (autrefois *Fleuve Bourbon*), qui se forme par la jonction des deux *Saskatchavan Nord* et *Sud*, descendant des Montagnes Blanches, et traverse le lac Winnipeg. Le Nelson et le Churchill appartiennent tous deux à la Nouvelle-Bretagne. 12° Le *Mackenzie* est le seul grand fleuve, qui se jette dans l'Océan Arctique; son cours supérieur reçoit les noms de *Rivière de la Paix*, *Oungigah* et *Rivière du lac des Esclaves*. Le Mackenzie appartient également à l'Amérique anglaise. 13° Le Grand Océan, malgré l'immense développement de la côte occidentale de l'Amérique, ne reçoit qu'un seul fleuve l'*Orégon* ou *Columbia*, dont le bassin appartient presque entièrement aux États-Unis.

Les rapports orographique et hydrographique de l'Amérique, sont principalement déterminés par cette immense chaîne de montagnes qui, sous différentes dénominations, mais principalement sous le nom de *Cordillères* ou d'*Andes*, et avec de très-fortes interruptions, parcourt, d'un bout à l'autre, tout le Nouveau-Monde, depuis l'embouchure de la rivière de Mackenzie, à l'extrémité septentrionale, jusqu'au détroit de Magellan à l'extrémité du Sud, en longeant la côte occidentale, dans une étendue de près de 4000 lieues, et en s'élevant quelquefois à une hauteur qui approche, à quelques mètres près, de celle des hauts colosses de l'Himalaya, points les plus culminants de tout le globe. De même que l'on divise le continent américain en deux moitiés unies par l'isthme de Panama, de même aussi il faut scinder les Cordillères en deux parties principales : les Cordillères de l'Amérique septentrionale et celles de l'Amérique du Sud Ces deux parties présentent d'ailleurs une différence de caractère telle, qu'elle nous oblige à les considérer séparément.

I. *Amérique septentrionale.* 1° Depuis la côte la plus septentrionale de l'Amérique, du point où la rivière de Mackenzie se jette dans l'Océan Glacial Arctique, se détache vers le S. et à l'O. de ce courant, une chaîne de montagnes peu connue dans cette région, et qui s'élève à mesure qu'elle s'étend davantage au S. Elle s'avance ensuite, sous diverses dénominations, entre les sources du Mississipi, du Missouri et la région du fleuve de Columbia jusqu'au cours supérieur du Rio-del-Norte et au plateau du Nouveau-Mexique, et plus au S. jusqu'au plateau de Guanaxuato, dans le Vieux-Mexique (21° lat. bor.). A l'O. et à l'E. de cette chaîne principale des Cordillères septentrionales, s'étendent encore deux autres chaînes, également jusqu'au plateau de Guanaxuato où elles trouvent leur point de jonction ; 2° la chaîne occidentale se dirige au N.-O. de ce plateau, dans une largeur assez considérable, jusqu'à l'extrémité septentrionale du golfe de Californie, où elle se réunit, au moyen d'une branche transversale, avec une autre chaîne qui part de l'extrémité méridionale de la péninsule de Californie, s'étend, en longeant toujours la côte dont elle suit toutes les sinuosités, jusqu'à la presqu'île d'Alaschka, traverse cette dernière et va en se prolongeant même comme chaîne insulaire, dans les îles Aléoutes jusque vers l'Asie ; 3° la troisième chaîne des Cordillères se détache également du plateau de Guanaxuato, se dirige de là vers le N. en s'abaissant par pentes successives jusqu'au Rio-del-Norte, au-delà duquel elle se dirige vers le N. à travers la rivière de l'Arkansas, jusqu'au confluent du Mississipi et du Missouri, et paraît se prolonger sur la rive orientale du Mississipi, par une chaîne moins élevée, jusqu'au lac Supérieur. Il résulte de la position occidentale des hautes chaînes de l'Amérique du Nord, que les plateaux et les plaines basses se trouvent généralement à l'E. ; c'est ainsi qu'à l'E. de la chaîne principale des Cordillères, s'élèvent par terrasses, dans la partie septentrionale, la région du St.-Laurent, et dans la partie méridionale, celles du Mississipi et du Missouri ; cette dernière est bornée au S.-E., au point où le Missouri se tourne vers le S., par la chaîne des Cordillères orientales. Dans les deux parties, les terres s'abaissent vers l'E., dans la première, par pentes successives, et dans la seconde, en formant une plaine doucement inclinée ou probablement un plateau peu élevé. Au N. de la région du St.-Laurent se trouve celle du Mackenzie, bornée à l'O. par la chaîne principale des Cordillères et presque totalement inconnue. Les régions du St.-Laurent et du Mississipi sont bornées à l'E. par les chaînes de montagnes appartenant au *système Alleghanien*, et qui se détachent de la chaîne principale ; elles forment une espèce de grand plateau peu élevé qui part de la rive gauche du Mississipi, sous 34° environ lat. sept., et s'étend, dans une direction normale de S.-O. vers N.-E. parallèlement à la côte jusque près de l'embouchure du St.-Laurent, sous 41° même lat., dans une longueur de 700 lieues. Le système Alleghanien se compose de plusieurs chaînes parallèles, dont les deux principales sont connues, celle de l'E., sous le nom de *Montagnes-Bleues*, tant qu'elle parcourt le territoire des États-Unis, et de *Montagnes-Vertes* dans son prolongement septentrional jusqu'au golfe St.-Laurent (on rattache à cette chaîne les *Montagnes-Blanches*, remarquables par leur élévation); la chaîne occidentale prend, au S., le nom de *Montagnes du Cumberland* et, au N., celui de *Montagnes Alleghanys*. Toutes ces chaînes laissent entre elles des vallées longitudinales plus ou moins larges et profondes, et leur pente orientale s'incline doucement et par échelons successifs, vers la terrasse des côtes de l'Océan Atlantique, laquelle est beaucoup plus large dans sa partie S.-O. qu'au N.-E. Le fleuve de l'Hudson coupe tout le système Alleghanien en deux parties inégales, celle de N.-E. et celle de S.-O. plus grande, par une profonde vallée transversale. Son élévation moyenne peut être évaluée à 3000 pieds ; le mont Washington dans les Montagnes-Blanches, sous 44° lat. N., atteint 6240 pieds. La terrasse des côtes forme, entre ces montagnes et l'Atlantique, une basse plaine, ondoyante et fertile, baignée par des rivières nombreuses, abondantes en eau, mais d'un cours peu étendu ; elles prennent toutes leurs sources sur les montagnes du système Alleghanien des hauteurs desquelles elles tombent par torrents et cataractes ; elles sont toutes plus ou moins navigables et sont très-propres par leur position et la disposition de leurs vallées, à être mises en communication les unes avec les autres par un système de canalisation.

II. *Amérique méridionale.* Les Cordillères de cette partie du Nouveau-Monde, qui sont les *Cordillères* proprement dites, et qu'on nomme encore *Andes*, se distinguent des autres chaînes de montagnes, en ce que, avec une longueur immense de 1800 lieues, elles n'ont qu'une largeur de 25 à 40 lieues ; elles longent de si près la côte occidentale, du S. au N., qu'elles ne laissent entre elles et la mer, qu'une étroite plaine qui, dans sa plus grande largeur, n'a que 20 à 30 lieues. En partant du plateau de Guanaxuato où finissent les Cordillères septentrionales, les Andes forment une puissante et large chaîne de montagnes couronnées de hauts plateaux, descendant par terrasses vers les deux côtes occidentale et orientale, et qui perd de sa hauteur à mesure qu'elle s'approche de l'isthme de Panama, où elle n'atteint que 600 pieds. Au S. de l'isthme, la chaîne éprouve une interruption qui paraît séparer les Cordillères de l'Amérique du Sud, de celles de l'Amérique septentrionale; cette interruption est formée par une vaste plaine qui s'étend jusque bien avant dans les vallées de la Madeleine et de la rivière de Cauca. Mais on ne tarde pas à retrouver les hauteurs des Andes qui se dirigent vers le S. par trois chaînes séparées; la chaîne occidentale qui rattache les Cordilleries du S. à celles du N., s'étend près de la côte jusqu'au groupe de Pasto; quoique d'une élévation médiocre, elle présente quelques plateaux d'une hauteur de 7000 pieds. C'est au même groupe que vient aboutir la chaîne centrale qui part du confluent de la Madeleine et de la rivière de Cauca, qu'elle sépare l'une de l'autre et qui s'élève toujours davantage vers le S. La troisième chaîne, celle de l'E. se détache de la côte septentrionale, à l'E. du lac de Maracaïbo, se dirige à la droite de la Madeleine vers S.-O., également jusqu'au groupe de Pasto qui forme un plateau élevé. Au S. de ce nœud, les Andes se bifurquent pour se réunir de nouveau; près de Loxa ces séparations et réunions successives des deux chaînes, se répètent neuf fois jusqu'au 20° lat. S.; il en résulte une succession alternative de nœuds et de longues et hautes vallées, se dirigeant du N. au S. et enfermées de chaînes étroites. C'est là que se trouvent les immenses et riantes vallées du Pérou et de Quito. A partir du 20° lat. austral, les Andes ne forment plus qu'une seule chaîne qui se prolonge sous diverses dénominations jusqu'au cap Horn où elle atteint une hauteur de 3000 pieds. De cette chaîne principale se détachent, sous 33° lat. S., trois branches qui s'avancent comme chaînes perpendiculaires, vers l'E., dans la plaine de la Plata. *Voyez* **CORDILLÈRES**. C'est sur les hauteurs des Cordillères que les plus grands fleuves de l'Amérique prennent leurs sources; leur cours se dirige, en suivant la pente du sol, vers l'E. et le S.-E. jusqu'à ce qu'ils se jettent dans l'Océan Atlantique, tandis que la mer Pacifique ne reçoit que des rivières d'un cours borné à la largeur des côtes. Le long de ces fleuves le sol forme, en s'abaissant graduellement jusqu'à la côte orientale, les terrasses et les plaines de l'Amérique du Sud, qui se succèdent dans l'ordre suivant, dans la direction de N. au S. : 1° Les terrasses de l'Orénoque, vastes solitudes auxquelles on a donné le nom de *Llandos*, sans forêts ni collines et où croissent dans la saison des pluies seulement, des herbes de hauteur d'homme; 2° la plaine des Amazones; 3° les plaines du Paranahyba; 4° celle du Rio-de-la-Plata, vastes prairies nommées *Pampas*; 5° les plaines patagoniennes des rivières de Cusu, Leuvu et du Colorado; elles sont peu connues et se distinguent, autant que l'on sait, des autres plaines de l'Amérique, en ce qu'elles ne présentent presque généralement qu'une steppe salante ou pierreuse, pourvue d'une maigre végétation, et ce n'est que vers le cours supérieur de ces rivières, que la plaine se peuple de forêts.

Ces vastes plaines sont interrompues par les grands groupes de montagnes séparés des Andes, et qui se détachent des côtes de l'Atlantique. Ces groupes se divisent en deux systèmes : le *système Brésilien* et le *système de la Parime* ou *de la Guyane*. 1° Le système Brésilien a son point de départ à l'embouchure du Rio de la Plata et s'étend jusqu'à celles du Tocantin (Para) et du Parnahyba; il forme un plateau d'une élévation de 1000 à 1200 pieds, traversé par plusieurs chaînes qui s'étendent, en grande partie, parallèlement à la côte et qui communiquent ensemble, sur plusieurs points, par des branches transversales. Ce système offre trois grandes chaînes parallèles qui courent de S.-S.-O. vers N.-N.-E.: *a*) la chaîne orientale qui longe la côte depuis 16° jusqu'à 30° lat. S., s'appelle *Serra do Mar* ou chaîne maritime; *b*) la chaîne centrale, nommée *Serra do Espinhaço*, s'étend depuis 10° jusqu'à 22° lat. S., où elle se réunit avec la précédente; cette chaîne qui offre les plus hauts sommets, est célèbre par les mines d'or et de diamants qu'elle renferme; *c*) c'est à l'O. de la chaîne centrale que se trouve la troisième chaîne, appelée *Serra dos Vertentes*. A l'O. de cette dernière s'étendent les vastes plaines de la province de Matto-Grosso, qui vont toucher au pied des Cordillères; l'on y trouve les affluents de la Rivière des Amazones et du Rio de la Plata, qui ne sont séparés que par des terrains plats et étroits. 2° C'est entre le cours inférieur de la Rivière des Amazones et l'Orénoque, que se trouvent les hauteurs de la Guyane, formant plusieurs chaînes dont la direction principale est de E.-S.-E. vers O.-N.-O., et que séparent des vallées qui s'élèvent en même temps que les chaînes, à mesure qu'elles s'avancent dans l'intérieur du pays. Le point culminant de ce système est le *Pic de Duida*, haut de 7800 pieds et situé à l'O. Cette région est peu connue; du côté de l'Océan Atlantique, elle est terminée par une plaine basse et étroite qui forme la terrasse des côtes de la Guyane, arrosée par des rivières d'un cours peu étendu. 3° On peut considérer encore comme appartenant aux groupes séparés des Andes, la chaîne insulaire des grandes Antilles, parallèle à la côte de Vénézuela; elle atteint sa plus grande hauteur dans les Montagnes-Bleues de la Jamaïque (6830 pieds). Quant aux îles de Bahama, aux îles Vierges et aux petites Antilles, ce ne sont que des rochers plats et peu élevés.

Avec son immense étendue du N. au S., l'Amérique parcourt toutes les zônes, à l'exception de la zône glaciale antarctique; il en résulte une grande diversité dans le climat de cette partie du monde. Le climat de l'Amérique est cependant plus froid, en général, que celui des zônes de même latitude dans l'ancien monde. La plupart de ses hautes montagnes sont couvertes de neiges éternelles, même sous l'équateur; et l'on y rencontre déjà sous le 53e degré, certains animaux, comme l'ours blanc, par exemple, qui, chez nous, n'habite que la zône glaciale. M. de Humboldt nous explique le fait, auquel on n'avait jusqu'à présent assigné que des causes incomplètes, en l'attribuant à l'élévation des régions montagneuses et à l'humidité qu'y entretiennent sans cesse la grande quantité, ainsi que l'étendue des fleuves et les immenses forêts de l'Amérique. « Le peu de largeur du continent, dit-le savant voyageur, son prolongement vers les pôles glaciales; l'Océan dont la surface, non interrompue, est balayée par les vents alisés; des courants d'eau très-froids qui se portent depuis le détroit de Magellan jusqu'au Pérou; de nombreuses chaînes de montagnes, remplies de sources et dont les sommets couverts de neige, s'élèvent bien au-dessus de la région des nuages; l'abondance des fleuves immenses qui, après des détours multipliés, vont toujours chercher les côtes les plus lointaines; des déserts, en général non sablonneux et, par conséquent, moins susceptibles de s'imprégner de chaleur; les forêts impénétrables qui couvrent les plaines de l'équateur, remplies de rivières, et qui, dans les parties du pays les plus éloignées de l'Océan et des montagnes, donnent naissance à des masses énormes d'eau qu'elles ont aspirées, ou qui se forment par l'acte de la végétation; toutes ces causes produisent, dans les parties basses de l'Amérique, un climat qui contraste singulièrement, par sa fraîcheur et son humidité, avec celui de l'Afrique. C'est à elles seules qu'il faut attribuer cette végétation si forte, si abondante, si riche en sucs, et ce feuillage si épais, qui comprend le caractère particulier du nouveau continent. » La durée des jours et des nuits est la même dans les deux Amériques, mais il n'en est pas de même des saisons. Les régions tropicales ne connaissent que deux saisons, l'une sèche et l'autre pluvieuse; durant la dernière, il pleut continuellement dans les contrées de l'équateur, tandis que pendant la première, il ne tombe pas une goutte d'eau. Ces saisons ne coïncident pas partout régulièrement : sur la côte du Brésil et sur celle du Pérou, sous la même latitude, elles sont même entièrement opposées; elles ne sont pas non plus partout de la même durée : au Pérou et dans la Nouvelle-Grenade; il pleut presque toute l'année sur les Cordillères; les bassins du Maragnon et de l'Orénoque sont également arrosés par des pluies qui durent dix mois de l'année, tandis que sur le littoral de la mer, on connaît à peine les orages et les pluies. Pendant la saison sèche, au contraire, dans les plaines voisines de l'embouchure de l'Orénoque, l'herbe desséchée se réduit en poussière; la terre, exposée aux chaleurs brûlantes du soleil, se fend, et au moindre souffle du vent, des nuages de poussière s'élèvent en tourbillons et obscurcissent l'horizon. Ces alternatives de grande humidité et de chaleur extrême rendent les côtes des contrées équatoriales très-malsaines. Cette insalubrité s'étend même aux côtes des pays situés à des latitudes plus élevées; c'est ainsi que toute la côte orientale, depuis la Guyane jusqu'aux États-Unis, même au-delà du 40e degré, est sujette à la fièvre jaune qui y fait d'horribles ravages. En s'avançant vers les régions septentrionales, on trouve un climat rude et froid, auquel on ne saurait comparer celui des pays européens de même latitude. Dès le 60e degré toute végétation disparaît et même en deçà; déjà dans les horribles solitudes du Labrador règne le froid glacial des régions polaires. A l'extrémité australe de l'Amérique, dans la Patagonie et les terres Magellaniques, le climat est également très-froid; sur les côtes surtout, où le ciel est presque toujours surchargé de nuages ou de brumes épaisses qui obscurcissent l'air, et où les tempêtes exercent leurs terribles ravages.

Les productions de l'Amérique sont extrêmement variées. L'on y trouve presque tous les minéraux; l'or, le platine, l'argent surtout, abondent dans les régions équatoriales; aucune contrée du globe ne possède autant de riches mines de ce dernier métal. Quant à la végétation, nulle part elle n'est aussi vigoureuse, nulle part elle n'offre autant de richesses, des formes aussi colossales, une plus grande diversité que dans cette partie du monde. C'est là que l'on trouve ces immenses forêts vierges, aux arbres gigantesques, masses impénétrables à l'homme et qui occupent quelquefois une étendue de plus de cinquante lieues, les espèces les plus nombreuses, les plus variées de bois de teinture et d'ébénisterie, une foule innombrable de plantes médicinales, parmi lesquelles nous citerons surtout le quinquina qui fournit annuellement douze à quinze mille quintaux de son écorce pour les besoins de l'Europe; la pomme de terre qui y vient sans culture, le tabac, le cacao, la vanille, le maïs, le thé du Paraguay, le palmier et les orchides aux nombreuses variétés, et une foule d'autres richesses végétales dont une énumération, même superficielle, dépasserait les bornes de cette notice, et qui toutes sont empreintes de ce caractère grandiose qui distingue les productions de l'Amérique. Le règne animal n'y est pas moins riche. Les animaux qui appartiennent exclusivement au Nouveau-Monde, sont, parmi les quadrupèdes : le sapajou, le sagoin; l'aï paresseux, le fourmillier, le tatou, le vampire, l'opossum, la mouffette puante, le raton, le jaguar, le couguar; le lama et la vegogne qui remplacent nos troupeaux; le bison et le bœuf musqué; le tapir et le tajassu qui tiennent lieu du porc. Parmi les oiseaux : le condor, le toucan, le colibri, l'ani, le couroucou doré, le bucco, le cardinal, le pigeon voyageur, le dindon, le nandu ou autruche d'Amérique, le rhyncops, le pingoin, etc. Parmi les amphibies : diverses espèces de tortues, l'alligator, le serpent à sonnettes. Parmi les poissons : l'anguille électrique, etc.

La population de l'Amérique, quoique faible, est extrêmement mélangée : elle se compose d'Européens ou descendants d'Européens (blancs), d'indigènes (Indiens), de nègres africains, esclaves ou libres, et de races mélangées de noir, blanc et indien (mulâtres, mestizos, zambos et mélange des mélanges). Sur 43,110,000 habitants, l'Amérique du Nord en compte 24,000,000; l'Amérique du Sud 17,500,000 et les Antilles 1,610,000 ; ils se répartissent ainsi qu'il suit : l'Amérique septentrionale compte 13,600,000 blancs, 5,400,000 indigènes, 2,030,000 nègres et 3,460,000 individus mélangés; l'Amérique méridionale 4,006,000 blancs, 8,404,000 indigènes, 2,000,000 nègres; 3,100,000 individus mélangés; enfin, dans les Antilles il se trouve 100,000 blancs, 10,000 indigènes, 1,000,000 de nègres et 1000 individus mélangés ; ainsi, aux Antilles c'est la race noire qui domine par le nombre, dans l'Amérique du Sud la population indigène, et dans l'Amérique du Nord la race européenne. Aucune autre partie du monde n'offre une aussi grande diversité de langues : on en a compté jusqu'à 1500 ; il en résulte que des peuplades qui se touchent, ne peuvent se comprendre. Les idiomes les plus répandus, sont les langues aztique ou mexicaine, péruvienne, caraïbe et la langue des Esquimaux dans le Nord. Quant aux langues européennes, c'est l'anglais qui domine dans le N. de l'Amérique, le portugais et surtout l'espagnol dans le S. Plus d'un million d'habitants, répandus dans les deux continents du Nouveau-Monde, parlent la langue française. En Amérique on donne le nom de *créole* à l'Européen qui y est né ; celui de *mulâtre* à l'enfant d'un Européen et d'une négresse, de *mestizos* à l'enfant d'un Européen et d'une Américaine, et le nom de *zambos* à l'enfant d'un nègre et d'une Américaine. Le nombre des sauvages aborigènes décroît toujours de plus en plus, et l'abolition de la traite des noirs contribuera aussi considérablement à la diminution de la population noire.

L'espèce humaine est aussi variée en Amérique que les idiomes que l'on y parle : La couleur des indigènes diffère, suivant la latitude qu'ils habitent, du jaune de rouille au rouge de brique, et du brun cannelle au gris de cuivre : ces différentes nuances ne sont cependant que des variations du rouge-cuivre qui est la couleur foncière de l'Américain. L'habitant primitif du Nouveau-Monde a généralement les cheveux noirs, longs et rudes, le visage plat, la barbe peu touffue, la tête anguleuse, l'os frontal très-déprimé, les lèvres épaisses, les traits saillants, les yeux longs et obliques; sa constitution est robuste et sa taille plutôt grande que petite; les Patagons, les Caraïbes et les Esquimaux surtout sont doués d'une force remarquable; les Péscherahs, au contraire, qui habitent la Terre-de-Feu, sont petits et d'une constitution frêle et chétive. Toutes ces peuplades américaines, malgré la grande diversité de langage, de couleurs, de caractères et de mœurs qu'elles présentent, ne paraissent cependant descendre que de deux races principales dont la première comprend les peuples qui habitent les régions les plus septentrionales, et que l'on désigne ordinairement sous la dénomination commune d'*Esquimaux* (Eskimo). La seconde race est la race *indienne;* ce sont les véritables habitants primitifs de l'Amérique, à l'exception toutefois des Indiens des provinces occidentales, qu'à raison de la conformité de leurs langues, de leurs mœurs et usages avec ceux des peuples de l'Asie septentrionale, l'on croit originaires de cette partie du monde.

L'histoire de l'Amérique ne remonte pas au-delà de l'époque de sa découverte. L'on n'a sur les temps antérieurs que des notions vagues dues aux traditions conservées parmi les peuplades indigènes. Les Européens n'ont trouvé, à leur arrivée dans le Nouveau-Monde, que trois états régulièrement organisés : ce sont les états d'Anahuac, dans le Mexique, de Cusko au Pérou et de Cundinamarca dans la Colombie; de nombreuses ruines de temples et de palais, la chaussée creusée à travers les Andes et qui franchit le sommet du Paramo à une hauteur de près de 13,000 pieds, et d'autres monuments encore y viennent attester le degré assez avancé d'une civilisation antérieure sur laquelle il n'existe plus cependant aucune tradition ; à en juger par les langues, les religions, les mœurs et les usages des indigènes, leur origine serait asiatique. A l'exception des trois états que nous venons de citer, toutes les autres peuplades primitives vivaient, à l'époque de la découverte, de la chasse et de la pêche, et c'est le genre de vie qu'elles mènent encore généralement de nos jours.

C'est au Génois Christophe Colomb que l'on attribue la gloire de la première découverte de l'Amérique, après son premier voyage en 1492. Cependant, dès le dixième et le onzième siècle, des Normands et des Islandais touchèrent au Grœnland, au Winland et même au continent septentrional ; mais ces découvertes, restées à peu près ignorées en Europe, furent bientôt oubliées. Le premier voyage de Colomb eut pour résultat la découverte de San-Salvador, l'une des îles Bahama, puis celle des îles Cuba et St.-Domingue. Dans son second voyage, auquel nous devons la découverte des îles Caraïbes, de Porto-Rico et de la Jamaïque, le hardi voyageur ne parvint pas encore à toucher le sol continental du Nouveau-Monde ; ce ne fut qu'après une troisième traversée de l'Océan que Colomb découvrit l'embouchure de l'Orénoque et le continent de l'Amérique méridionale. Les doutes sur l'existence d'un monde transatlantique étant une fois levés par les heureux résultats du premier voyage de Colomb, les découvertes se succédèrent ensuite rapidement dans une courte période. Pendant que Colomb traversait une seconde fois l'Atlantique en 1495, le Vénitien Caboto découvrait les côtes du Labrador. En 1500, le Portugais Cabral découvrit les côtes du Brésil qui fut visité l'année suivante par Amérigo Vespucci dont, par une usurpation flagrante de cet ambitieux Florentin, le Nouveau-Monde dut recevoir son nom ; puis arrivèrent successivement les découvertes de la presqu'île de Yucatan, par James Pinzon en 1506 ; de l'île de Terre-Neuve, par les Français Jean Denis et Comart dans la même année ; du Canada, par Thomas Aubert, en 1508 ; des Florides, par Ponce de Léon, en 1512 ; de l'isthme de Panama et de la mer du Sud par Balboa, en 1513. En 1519 Fernand Cortès fit la conquête du Mexique, et en 1520 le Portugais Magelhaëns traversa le détroit auquel il a donné son nom. En 1526 Pizarro et Caboto prirent possession, le premier du Pérou et de Quito, le second du Paraguay. L'embouchure du St.-Laurent fut découverte en 1534 ; en 1535 Diégo Almeyro conquit le Chili ; François Drake parcourut, en 1578, toute la côte occidentale de l'Amérique et en 1592 eut lieu la découverte des îles Falkland. Jean Dawis visita, en 1585, la côte occidentale du Grœnland dont la côte orientale a été explorée vingt ans plus tard par Henri Hudson ; la baie de Baffin a été connue en 1611, et en 1728, Bering, en traversant le détroit qui a reçu son nom, fournit à la science géographique la preuve de la séparation de l'Amérique d'avec l'Asie. Enfin, dans l'année 1789, l'intrépide voyageur Alexandre Mackenzie arriva par terre jusqu'au fleuve qui a gardé son nom, et suivit son cours jusqu'à la mer Glaciale Arctique. Il ne restait plus, vers la fin du siècle dernier, qu'à se convaincre par des explorations d'une difficulté presque insurmontable, que le Grœnland, qu'on croyait faire partie du continent américain, est une terre séparée de ce continent par la mer Polaire. Cette lacune n'a été remplie que depuis quelques années, grâce aux découvertes des courageux navigateurs Ross, Parry, Franklin, etc.

Les découvertes faites en Amérique ont été presque toutes suivies de la prise de possession des pays découverts, et c'est ainsi que le Nouveau-Monde, à l'exception de la Patagonie, de plusieurs contrées intérieures de l'Amérique méridionale et des tribus sauvages qui habitent la partie septentrionale intérieure de l'Amérique du Nord, est devenu une grande colonie soumise à la domination des puissances maritimes de l'Europe. Les Espagnols et les Portugais dont les voyages d'exploration en Amérique précédèrent de plus d'un demi siècle ceux que tentèrent les autres nations de l'Europe, reçurent aussi en partage les contrées les plus riches et les plus belles du Nouveau-Monde. Les possessions de l'Espagne étaient immenses : elles comprenaient une superficie territoriale de 392,786 lieues carrées, répartie dans les deux parties du nouveau continent et dont le revenu fiscal s'élevait à 188 millions ; les possessions se composaient de neuf gouvernements généraux indépendants les uns des autres, savoir : 1° la Nouvelle-Espagne, comprenant le Mexique et la Californie ; 2° Guatemala ; 3° la Havane, comprenant Cuba, les Petites-Antilles espagnoles et les Florides ; 4° Porto-Rico, formé par l'île de ce nom, l'île des Vierges et la partie espagnole de St.-Domingue ; 5° la Nouvelle-Grenade ; 6° Caracas. Ces deux gouvernements se composaient des républiques actuelles de Colombie, Vénézuela et de l'Ecuador ; 7° Pérou ; 8° Chili ; 9° Rio de la Plata, qui comprenait les provinces de Buénos-Ayres, du Paraguay et de la Plata. Les possessions du Portugal, plus agglomérées que celles de l'Espagne, consistaient dans la vaste contrée du Brésil, occupant une superficie de 483,000 lieues carrées. Les Anglais, dont les explorations se sont principalement dirigées vers l'Amérique du Nord, n'ont fait que peu de conquêtes dans le sud où ils ne possèdent que la Guyane anglaise et l'île de la Trinité, auxquelles il faut encore ajouter une partie de la presqu'île de Yucatan, dans l'Amérique centrale, la Jamaïque, dans les Antilles, et les îles Bahama. Dans l'Amérique septentrionale, les possessions de l'Angleterre étaient très-vastes et comprenaient la grande colonie anglo-américaine, devenue depuis la république des États-Unis, le Haut-Canada, la vaste île de Terre-Neuve, toute cette immense contrée située au N. des États-Unis, et qui, comprise entre les 60° et 145° long. occ. s'étend jusqu'à la mer Glaciale, sous le nom de Nouvelle-Bretagne. Les possessions françaises se composaient de la Guyane française, dans l'Amérique du Sud ; de la moitié de St.-Domingue ; de la Guadeloupe, de la Martinique, etc., dans les Antilles ; de la Louisiane et du Bas-Canada, dans l'Amérique septentrionale. Les conquêtes de la Russie et de la Hollande se sont bornées, pour la première, à cette espèce de presqu'île qui s'avance au N.-O. de l'Amérique du Nord vers le détroit de Bering, et pour la seconde, à la Guyane hollandaise. Une grande partie du Brésil avait originairement été occupée par les Hollandais, qui en furent expulsés en 1654.

La domination européenne en Amérique, au lieu de devenir pour cette contrée un moyen de civilisation, ne fut qu'une intolérable oppression. Le despotisme arbitraire qu'exerçaient les gouverneurs envoyés par les métropoles, ne tardèrent pas à provoquer, de la part des colonies opprimées, une résistance qui devait se terminer par l'indépendance de la plus grande partie du Nouveau-Monde. Dès le siècle dernier, les Anglo-Américains du nord, se levant à la voix de Franklin et de Washington, ont secoué le joug de l'Angleterre et fondé cette république des États-Unis qui rivalise aujourd'hui de puissance et de prospérité avec son ancienne métropole. Vers la fin de ce même siècle, St.-Domingue avait déjà répété le cri de liberté parti de l'Amérique et s'était affranchie de la domination française et espagnole. Son exemple ne devait pas tarder à être imité, et le premier quart du dix-neuvième siècle vit s'accomplir l'émancipation de toutes les colonies continentales de l'Espagne et du Portugal. De toutes les immenses possessions de l'Espagne, l'île de Cuba est le seul débris qui lui reste de nos jours. La vice-royauté de la Nouvelle-Espagne a fait place à une république fédérative qui a pris le nom de Confédération Mexicaine. Il en est de même de la capitainerie de Guatemala, constituée aujourd'hui en États-Unis de l'Amérique centrale. Caracas et le royaume de la Nouvelle-Grenade ont vu naître dans leur sein les républiques de Colombie, de Vénézuela, de l'Ecuador; les capitaineries du Pérou et du Chili, les provinces de Rio-de-la-Plata sont devenues également des républiques, à l'exception du Paraguay qui, en se détachant de la métropole pour se ranger sous la domination du dictateur Francia, n'a fait que changer de maître. Le Brésil, de son côté, s'est aussi constitué en empire indépendant, et le Portugal, son ancienne métropole, ne possède plus maintenant une seule colonie dans le Nouveau-Monde. Dans ce mouvement général, la France n'a vu se détacher d'elle que sa colonie de St.-Domingue, aujourd'hui la république de Haïti; mais si l'on ajoute à cette insurrection de St.-Domingue l'abandon forcé du Bas-Canada à l'Angleterre, en vertu du traité de 1763, et la cession volontaire de la Louisiane aux États-Unis, en 1803, il en résulte pour la France la perte de ses trois établissements les plus considérables de l'Amérique; il ne lui reste plus aujourd'hui que la Guyane française, la Guadeloupe, la Martinique, à l'entrée du golfe St.-Laurent, les îles St.-Pierre et Miquelon pour la pêche de la baleine. Quant aux Anglais, dépossédés au siècle dernier de l'immense territoire des États-Unis, une nouvelle colonie est déjà à la veille d'échapper à leurs mains : l'affranchissement prochain des Canadiens viendra sans doute clore cette lutte de l'Amérique contre l'injuste domination européenne.

Pour éviter de donner à cet article une longueur hors de proportion avec le cadre de ce dictionnaire, nous avons dû élaguer un grand nombre de détails que nos lecteurs retrouveront dans les articles spéciaux qui traitent des différentes contrées, villes, fleuves, etc., de cette partie du monde.

AMER KABIAA, désert de l'Arabie, entièrement dépourvu d'eau.

AMERKOTE, v. et forteresse de l'Inde, dans l'Ajmeer, située aux frontières du Sindhy, sur une colline et dans une oasis du désert, pourvue d'excellente eau. Depuis 1813, elle appartient aux uncirs du Sindhy. Ghoulam-Ali, le premier uncir de cette principauté, a fait construire un fort dans les environs où il avait coutume de déposer ses trésors.

AMERPOUR, v. de l'Indoustan, dans l'état de Népaul, dans une contrée montagneuse, arrosée par le Bagmutty, à 45 l. N.-E. de Patna, au Bengale.

AMERONGEN, b. de la Hollande, dans la prov. d'Utrecht, cer. d'Amersfoort; pop. 1100 hab.

AMERSFOORT, v. forte de la Hollande, dans la prov. d'Utrecht, chef-lieu du cercle de ce nom. Elle est située au pied d'une montagne sur l'Eem, qui devient navigable près de cette ville. Elle a un faubourg, deux églises et 1964 maisons de construction ancienne. On y remarque un clocher très-élevé dont le carillon se compose de 300 cloches, le bel orgue de l'église St.-Georges, et dans cette même église le tombeau de Jacques van Kampeen, architecte célèbre, qui bâtit l'hôtel de ville d'Amsterdam. Fabriques d'étoffes de coton et de laine, de basins, de futaine, de tabac et de verrerie; commerce de grains. Cette ville avait autrefois plus de 300 brasseries; elle n'en a plus que deux ou trois. Les environs sont fertiles; pop. 9000 hab.

AMERSHAM, *Agmundeshamum*, b. d'Angleterre, dans le comté de Buckingham, près de la rivière de Colne; nomme deux députés au parlement. Ce bourg possède un bel hôtel de ville et deux maisons de secours pour les pauvres; des filatures de coton et des fabriques de mouchoirs et de dentelles; pop. 2800 hab.

AMERVAL, vg. de Fr., dép. du Nord, arr. de Cambrai, cant. et com. de Solesmes, poste du Château; pop. 150 hab.

AMES, vg. de Fr., dép. du Pas-de-Calais, arr. de Béthune, cant. de Norrent-Fontes, poste de Lillers; pop. 417 hab.

AMESBURY ou **AMBRESBURY**, v. d'Angleterre, dans le comté de Wilts, sur l'Avon. Elle est la patrie du célèbre poète Adisson, né en 1672 et mort en 1719, à Hollandhouse; pop. 800 hab.

On voit, à une demi-lieue du parc assez remarquable d'Amesbury, une ruine qui consiste en plusieurs blocs de granits de 16 pieds de haut et d'une circonférence de 13 pieds. Ces blocs, rangés avec symétrie dans une vaste plaine, paraissent être les restes d'un temple druidique.

AMETTES, vg. de Fr., dép. du Pas-de-Calais, arr. de Béthune, cant. de Norrent-Fontes, poste de Lillers; pop. 400 hab.

AMEUGNY, vg. de Fr., dép. de Saône-et-Loire, arr. de Mâcon, cant. et poste de St.-Gengoux-le-Royal; pop. 440 hab.

AMEUVELLE, vg. de Fr., dép. des Vosges, arr. de Mirecourt, cant. de Monthureux-sur-Saône, poste de Jussey; pop. 230 hab.

AMEVILLE, vg. de Fr., dép. du Calvados, arr. de Lisieux, cant. de St.-Pierre-sur-Dives, poste de Croissanville; pop. 270 hab.

AMEYZIEU, vg. de Fr., dép. de l'Ain, arr. de Belley, cant. de Campagne, poste de Culoz; pop. 408 hab.

AMFREVILLE, vg. de Fr., dép. du Calvados, arr. de Caen, cant. de Troarn, poste de Bavent; pop. 850 hab.

AMFREVILLE, vg. de Fr., dép. de la Manche, arr. de Valognes, cant. et poste de Ste.-Mère-Église; pop. 830 hab.

AMFREVILLE-LA-CAMPAGNE, vg. de Fr., dép. de l'Eure, arr. de Louviers, poste de Neubourg, chef-lieu de cant.; fabriques de toiles et d'étoffes de coton; pop. 800 hab.

AMFREVILLE-LA-MI-VOIE, vg. de Fr., dép. de la Seine-Inférieure, arr. et poste de Rouen, cant. de Boos; pop. 915 hab.

AMFREVILLE-LES-CHAMPS, vg. de Fr., dép. de l'Eure, arr. des Andelys, cant. d'Ecouis, poste de Pont-St.-Pierre; pop. 382 h.

AMFREVILLE-LES-CHAMPS, vg. de Fr., dép. de la Seine-Inférieure, arr. d'Yvetot, cant. et poste de Doudeville; pop. 435 hab.

AMFREVILLE-SOUS-LES-MONTS, vg. de Fr., dép. de l'Eure, arr. des Andelys, cant. d'Ecouis, poste de Pont-St.-Pierre; pop. 393 h.

AMFREVILLE-SUR-ITON, vg. de Fr., dép. de l'Eure, arr., cant. et poste de Louviers; pop. 670 hab.

AMFROIPRET, vg. de Fr., dép. du Nord, arr. d'Avesnes, cant. et poste de Bavay; pop. 250 hab.

AMGA, riv. de la Russie d'Asie, dans la Sibérie; elle prend sa source dans les monts Stannowoï-Jablonnoï, et se jette dans l'Aldan après un cours de 200 lieues.

AMGIRSK ou **AMGIRSKAIA**, b. fortifié de la Russie d'Asie, dans la Sibérie, gouv. de Jakutsk, sur l'Amga.

AMGONION, riv. de la Russie d'Asie, arrose la presqu'île orientale de l'Asie russe ou le pays de Tschukatie, et se jette près du cap N.-E. dans l'Océan Polaire.

AMHARA ou **AMAARA**, contrée de l'Abyssinie, dans l'Afrique orientale, au S. de la prov. de Lasta, entre le Samen à l'E. et le Tigré à l'O. Elle est depuis longtemps au pouvoir des Gallas. Le roi d'Amhara, dont l'autorité est tout à fait nulle, résidait à Gondar, capitale de Dambea, lorsque Salt visita cette partie de l'Afrique. Le pays est montagneux. La partie la plus élevée se trouve près des sources du Nil et à l'E. de ce fleuve. La contrée est subdivisée dans les districts suivants: Begemder, Menna, Belessen, Foggora, Dembea, Dscherkin, Kwara, Tchelga, Maitscha, Gojam et Damot. Salt compte encore les districts d'Anbasit, d'Atronsa, de Mariam, de Barara, de Beda, de Demah et plusieurs autres aussi peu connus. Une anarchie presque continuelle déchire cet état, et nous ignorons qu'elle en est aujourd'hui la situation politique.

AMHERST, île dans la mer Jaune, au S.-O. de la presqu'île de Corée, dans l'Asie.

AMHERST, b. des États-Unis de l'Amérique, dans l'état de Massachussetts, comté de Hamp, à 30 l. O. de Boston. Il s'y trouve une université fondée en 1821; pop. 1500 h.

AMHERST, v. du comté de Cumberland, dans la Nouvelle-Écosse.

AMHERST, comté de la Virginie, avec 11,000 habitants; produit du tabac, du maïs, du lin et du coton, nourrit beaucoup de bestiaux; chef-lieu: Warminster.

AMHERSTBURGH, fort dans le Haut-Canada, avec un beau port à l'entrée du Détroit qui réunit les lacs Erié et St.-Clair.

AMIDONIERS, vg. de Fr., dép. de la Haute-Garonne, arr., cant., poste et com. de Toulouse; pop. 718 hab.

AMIEIRA, b. du Portugal, dans la prov. d'Alentéjo; il a un château, 250 maisons et 1100 hab. Les environs sont couverts d'oliviers.

AMIENS, *Samarobriva*, *Ambianum*, v. de Fr., chef-lieu du dép. de la Somme, à 30 l. N. de Paris, siége d'une cour royale, de tribunaux de première instance et de commerce, d'une cour d'assises, d'une académie et d'une direction des domaines, est agréablement et favorablement située sur la Somme et dans une contrée très-fertile. Elle a un grand nombre d'édifices remarquables et de belles promenades. Sa cathédrale, construite au douzième siècle, est une de nos plus magnifiques églises gothiques. L'hôtel de ville, bâtie par Henri IV, le château d'eau, le collége royal, la salle de spectacle, le palais de justice, la bibliothèque riche de 42,000 volumes et d'un grand nombre de manuscrits, la halle au blé et plusieurs autres établissements et monuments publics sont dignes de fixer l'attention.

Amiens est une ville importante sous le rapport de l'industrie et du commerce. On y fabrique des draps, du casimir, du velours, des moquettes, des toiles, des indiennes, des tapis et des toiles peintes, des huiles, du savon, du vitriol. Ses teintureries sont renommées, et ses pâtés de canard fort recherchés. Foires le 25 juin et le 11 novembre; elles durent 25 jours; pop. 46,129 hab. pour la ville et 181,989 pour l'arrondissement.

Cette ville est la patrie du maréchal d'Estrées, frère de la belle Gabrielle, maîtresse de Henri IV; de Voiture, écrivain élégant du temps de Louis XIII; du savant et modeste Du Cange, né en 1610; de Gresset, poète gracieux et spirituel, né en 1709; du célèbre astronome Delambre, né en 1749. Pierre l'Ermite, dont la voix puissante appela les chrétiens à la conquête de la terre sainte, était né dans les environs d'Amiens, vers le milieu du onzième siècle. Nous pourrions citer encore un grand nombre d'autres hommes célèbres, dont Amiens fut le berceau, si nous ne craignions de dépasser les bornes que nous nous sommes posées.

Amiens, ancienne capitale de la Picardie, remonte à des temps antérieurs à l'invasion des Romains; ce sont eux qui lui ont donné le nom de Samarobriva. Plus tard, elle fut appelée Ambianum, parce qu'elle était habitée par les Ambiani. Elle fut florissante sous les Romains et comprise dans la II° Belgique. Lorsque les Francs envahirent les Gaules, Clodion s'en empara, et elle devint le siége du naissant royaume des Francs. Sous la seconde race, cette ville passa successivement sous la domination des comtes, des vidams, des châtelains. C'est à cette époque, qu'elle fut fortifiée; ce qui n'empêcha pas qu'elle ne fut trois fois brûlée et saccagée par les Normands. Amiens appartint ensuite à des évêques; ceux-ci la cédèrent aux seigneurs de Bove, auxquels les seigneurs de Vermandois l'enlevèrent. C'est ainsi qu'elle changea encore plusieurs fois de maître, jusqu'à ce que Louis XI la réunit à la couronne. Les Espagnols s'en emparèrent en 1597 par un stratagème, qu'on rappela longtemps aux habitants d'Amiens, en leur demandant: Combien vend-on les noix. Car l'ennemi y entra pendant que les soldats de la garnison s'amusaient à ramasser des noix que le général espagnol avait fait répandre sous une des portes de la ville, au moment où un chariot de paille, arrivé là tout exprès, empêchait de fermer la porte. Henri IV la reprit quelques mois après.

Un traité de paix fut signé à Amiens le 27 mars 1803, entre l'Angleterre, la France, l'Espagne et la république batave. Par la paix d'Amiens, la France rentrait dans la possession de ses colonies, les mêmes avantages avaient été stipulés pour l'Espagne et la Hollande; l'Angleterre ne devait conserver de ses conquêtes que les îles de Ceylan, de la Trinité et les ports du cap de Bonne-Espérance. Cette paix que l'Angleterre, abandonnée alors de tous ses alliés, avait demandée pour gagner du temps, fut rompue le 18 mai 1803 par une nouvelle déclaration de guerre adressée par la Grande-Bretagne à la France.

AMIFONTAINE, vg. de Fr., dép. de l'Aisne, arr. de Laon, cant. de Neufchâtel, poste de Berry-au-Bac; pop. 400 hab.

AMIGNON (l'), pet. riv. de Fr., affluent peu considérable de la Somme; son cours n'est que de 5 lieues.

AMIGNY, vg. de Fr., dép. de la Manche, arr. de St.-Lô, cant. de St.-Jean-de-Daye, poste de la Périne; pop. 262 hab.

AMIGNY-ROUY, vg. de Fr., dép. de l'Aisne, arr. de Laon, cant. et poste de Chauny; pop. 1300 hab.

AMILIS, vg. de Fr., dép. de Seine-et-Marne, arr. et poste de Coulommiers, cant. de la Ferté-Gaucher; pop. 850 hab.

AMILLY, vg. de Fr., dép. d'Eure-et-Loir, arr., cant. et poste de Chartres; pop. 410 hab.

AMILLY, vg. de Fr., dép. du Loiret, arr., cant. et poste de Montargis; pop. 700 hab.

AMILPAS, volcan de la prov. de Chiapa, dans l'état de Guatemala.

AMINA, prov. à l'E. de l'emp. d'Achanti, dans la Guinée septentrionale; Diabbie en est la capitale.

AMIONS, vg. de Fr., dép. de la Loire, arr. de Roanne, cant. et poste de St.-Germain-Laval; pop. 500 hab.

AMIRANTES, groupe d'îles de l'Océan Indien, au S.-O. des Seychelles. Les plus considérabes sont: l'île St.-Joseph, l'île des Rochers, l'île Louise, l'île Poivre, l'île de l'Étoile et l'île Boudeuse; elles ne sont pas fort peuplées. On y cultive le maïs et le riz; les noix de coco y sont l'objet d'une récolte abondante. On trouve sur ces îles une grande quantité de volaille et la pêche y est très-productive; mais il y a très-peu de bétail. Les rats que l'on y rencontre sont d'une grosseur extraordinaire et causent beaucoup de dommage. Ces îles appartiennent aux Anglais.

AMIRAT, vg. de Fr., dép. du Var, arr. de Grasse, cant. de St.-Auban, poste d'Escragnolles; pop. 125 hab.

AMIRAUTÉ (îles de l'), archipel au N.-E. de la Papouasie ou Nouvelle-Guinée, dans l'Australie. Le Hollandais Schoutten qui les découvrit le premier, leur avait donné le nom de *Vingt-cinq-îles*. Carteret vit la plus grande de ces îles, en 1767, et lui donna le nom d'*Amirauté*. L'Espagnol Maurelle y vint en 1781 et l'Anglais Hunter en 1791; mais c'est à d'Entrecasteaux que l'on doit les renseignements sur la partie septentrionale, et à Bougainville ceux qui concernent la partie occidentale de ce groupe, situé entre le 141° et le 145° 49′ de long. E. du méridien de Paris, et qui s'étend depuis le 1° jusqu'au 3° de lat. S. Toutes ces îles sont petites à l'exception d'une seule, dont le groupe a pris le nom, et qui a une superficie d'environ 100 milles carrés. Elles sont toutes couvertes de forêts. Le cocotier et l'arbre à pain fournissent la nourriture ordinaire aux habitants, qui sont de race papouaise. La pêche est aussi un des moyens d'existence de ces sauvages. Les Anachorètes, les Hermites, les îles basses de Bougainville et plusieurs petites îles situées à l'O. de celles-ci, font partie de ce groupe.

AMIRAUTÉ (île de l'), la plus grande du groupe de ce nom. Sa côte septentrionale forme plusieurs baies profondes. Elle est bordée au N. et au S. de petites îles et de bancs de corail. L'intérieur est couvert de montagnes qui s'élèvent assez haut au-dessus du niveau de la mer; elles sont couvertes d'arbres et présentent un aspect fort agréable. Les habitants marchent tout à fait nus; ils sont noirs, ont les cheveux crépus et se tatouent horriblement la figure et le corps. Lorsqu'ils aperçurent les Français, ils ne firent paraître ni crainte ni défiance, et cherchèrent, au contraire, à se rapprocher d'eux; ils montraient surtout un grand désir à échanger ce qu'ils possédaient contre du fer dont ils semblaient apprécier l'utilité. Les ornements que quelques-uns seulement portaient aux bras et aux jambes, font supposer qu'il y a parmi eux des chefs ou une caste privilégiée.

AMIRAUTÉ (baie de l'), dans la Nouvelle-Zéelande, sur le détroit de Cook.

AMIRAUTÉ (entrée de l'), golfe de la côte N.-O. de l'Amérique septentrionale, dans la Nouvelle-Géorgie.

AMIS (îles des), groupe de 150 îles de la Polynésie, dans l'Océan Pacifique méridional, près du tropique du capricorne, entre les nouvelles Hébrides et les îles Taïti. Elles furent découvertes en 1643, par le capitaine hollandais Tasmann. Le capitaine Cook, qui les visita lors de son deuxième voyage, en 1773, et une seconde fois en 1777, leur donna le nom d'*Iles des Amis*, par reconnaissance de l'hospitalité qu'il y avait reçue. Les habitants appellent ce groupe *Tonga*. La plupart de ces îles sons basses; les plus élevées sont à 26 mètres au-dessus du niveau de la mer. Les unes semblent le résultat d'irruptions volcaniques, les autres paraissent avoir pour bases des bancs de corail dont les nombreux rescifs rendent la navigation fort périlleuse dans ces parages. Le climat est agréable, mais on y est exposé à de fréquents tremblements de terre. La végétation y est assez belle et variée. Les principaux produits du sol sont : l'arbre à soie, l'igname, le cocotier, le bananier, le mûrier à papier, le cotonnier, la canne à sucre, une espèce de poivre dont les indigènes fabriquent une boisson fermentée qu'ils nomment kava. Des missionnaires y ont aussi transplanté avec succès plusieurs de nos légumes d'Europe. Le porc et le chien sont les seuls quadrupèdes que l'on y rencontre; mais il y a un grand nombre d'espèces d'oiseaux et la pêche y est très-abondante. On y prend aussi beaucoup de tortues.

Les habitants, dont le nombre est évalué par quelques géographes à 90,000, par d'autres à 180,000, sont de taille moyenne et bien proportionnée; ils ont le teint cuivré et se graissent la peau avec de l'huile de coco. Ces insulaires sont plus hospitaliers que les autres de la mer du Sud; cependant ils sont soumis à une foule de pratiques superstitieuses qui les maintiennent dans l'abrutissement. Leur costume consiste en une pièce d'étoffe fabriquée grossièrement avec le papier de mûrier et qui leur sert aussi de couverture de lit. Leur vaisselle se compose de quelques coquilles de coco et de quelques calebasses. Les femmes s'occupent de la confection des nattes; les hommes sont laboureurs et pêcheurs, bâtissent les cabanes et construisent les canots. Ces îles, dont les plus considérables sont Tongatabou, Ecoa, Namouka, Vavoa, et dont une trentaine seulement sont habitées, ont une espèce de constitution féodale. La plupart sont soumises au roi de l'île Tongatabou, auquel les autres princes et les propriétaires doivent tribut et obéissance.

AMISSA, fl. d'Afrique, dans le roy. de Fantin, sur la côte d'Or; il se jette dans l'Océan, à l'E. d'Annamabou.

AMITE (l'), riv. des États-Unis d'Amérique, dans l'état de Louisiane. Elle sort du Mississipi, se jette dans le lac de Maurepas et n'est navigable que pour les bâtiments qui ne portent pas plus de deux mètres d'eau.

AMITÉ, comté du Mississipi ou Géorgie, chef-lieu Liberty; pop. 7000 hab.

AMITY, b. des États-Unis d'Amérique, dans l'état de Pensylvanie, comté de Berks; forges; pop. 1400 hab.

AMLAC OHHA, v. d'Abyssinie, dans le roy. d'Amhara, prov. de Maitscha.

AMLAH, v. de l'Indoustan, dans la présidence de Bombay, à 10 l. S.-O. d'Ahmednagor.

AMLWEH, v. et port d'Angleterre, au N. de l'île d'Anglesey. Elle n'a que de misérables cabanes et n'est habitée que par des mariniers. C'est là que sont les forges où l'on coule le cuivre provenant des mines de Parrys. Le port peut contenir 30 bâtiments de 200 tonneaux; la plupart sont employés au transport du cuivre que l'on expédie pour Liverpool. Les habitants s'occupent aussi de la pêche; pop. 5000 hab.

AMMACA, g. a., v. de l'Arabie Déserte, au N.-O. du golfe Persique.

AMMAN, vg. de la Turquie d'Asie, dans la Palestine, paschalik de Damas, à 20 l. N.-E. de Jérusalem, près de la ville d'Assalt; ruines de l'ancienne capitale des Ammonites. La contrée est très-fertile et produit beaucoup de térébinthes.

AMMARESA, v. d'Abyssinie, dans le roy. de Hurrur ou Harrar

AMMENSLEBEN, vg. des états prussiens, dans la prov. de Saxe, rég. de Saxe; blanchisseries renommées; pop. 1000 hab.

AMMER, mont. d'Afrique, ramification de l'Atlas au S. de la prov. de Tremecen.

AMMER ou **AMPER**, riv. de Bavière, dans le cer. de l'Isar, prend sa source dans les montagnes du Tyrol et se joint à l'Isar, près de Wang, après un cours de près de 40 l. Elle sert principalement au flottage du bois.

AMMERSCHWIHR, vg. de Fr., dép. du Haut-Rhin, arr. et poste de Colmar, cant. de Kaysersberg; le vin qu'on y récolte est un des meilleurs du département; pop. 2000 hab.

AMMERSEE (lac d'Ammer), dans la Bavière, cer. de l'Isar, dist. de Landsberg; il a 4 1/4 l. de long sur 1 3/4 l. de large, il est très-poissonneux et surtout riche en carpes et en brochets.

AMMERTZWILLER ou **MARINILLE**, vg. de Fr., dép. du Haut-Rhin, arr. de Belfort, cant. et poste de Dannemarie; pop. 300 hab.

AMMEVILLE, vg. de Fr., dép. du Calvados, arr. de Lisieux, cant. de St.-Pierre-sur-Dives, poste de Livarot; pop. 250 hab.

AMMOCHOSTOS, g. a., cap sur la côte orientale de l'île de Chypre.

AMMON, g. a., v. du pays des Ammonites, selon Pline, à 12 journées de Memphis.

AMMON ou **AMBDEN**, com. parois. de Suisse, cant. de St.-Gall, dist. d'Uznach; elle est située au N. du Wallensee, sur une crête des Alpes, à 870 mètres au-dessus de la mer; les habitants s'adonnent principalement à l'agriculture et à l'éducation du bétail; pop. 1600 hab.

AMMONITES, g. a., peuple de la Palestine méridionale, descendant de Ben Ammi, fils de Lot. Tout puissant encore du temps des Macchabéens qui le vainquirent et le rendirent tributaire, il disparaît de l'histoire, deux siècles après J.-C.; capitale Rabbath-Ammo.

AMMONOOSUCK, riv. des États-Unis d'Amérique, dans l'état de New-Hampshire, comté de Grafton; elle est divisée en deux parties, le White et le Lower-Ammonoosuck.

AMNÉ, vg. de Fr., dép. de la Sarthe, arr. du Mans, cant. de Loué, poste de Coulans; pop. 836 hab.

AMNEVILLE, ham. de Fr., dép. de la Moselle, arr., cant. et poste de Thionville, com. de Gandrange; pop. 50 hab.

AMNISUS, g. a., v. et port de l'île de Crète, au N. de Cnossus, résidence du roi Minos.

AMNYR, v. de l'Indoustan, dans la présidence du Bengale, à 17 l. N.-O. de Nagpour.

AMOAS, b. de la Turquie d'Asie, dans la Palestine, paschalik de Damas, sur un plateau très-élevé, à 4 l. N.-O. de Jérusalem.

AMODAI, v. d'Afrique, dans l'emp. d'Achanti, prov. de Waschach, Guinée septentrionale.

AMŒNEBOURG, pet. v. sur l'Ohm, située dans la Hesse-Électorale, à 3 l. de Marbourg. Elle est bâtie sur une colline, ceinte d'un mur muni de deux portes. Elle possède 174 maisons et deux églises, parmi lesquelles on distingue la collégiale de St.-Jean. Ses habitants, au nombre de 1089, se livrent à l'agriculture, à l'éducation des bestiaux et à l'industrie agricole. Amœnebourg est le chef-lieu d'un bailliage qui comprend la ville, 12 villages et deux censes qui présentent ensemble une population de 5522 habitants. On tient annuellement cinq foires assez considérables à Amœnebourg. Non loin de cet endroit, on voit un monument élevé par le prince de Soubise et le prince Ferdinand, en mémoire de la paix de 1760.

AMŒRANG, v. dans l'île de Célébès, sur une baie de la côte N.-O. qui porte le même nom.

AMOL ou **AMOUL**, v. de Perse, dans la prov. de Khorassan, sur le Gihon, à 10 l. O. de Samarcande. Elle fut prise par Tamerlan en 1392. Ses habitants font un commerce considérable.

AMOL ou **AMOUL**, v. jadis très-florissante de Perse, dans la prov. de Masendéran, sur la rive gauche du Héraz et à 30 l. N.-E. de Casbin; forge et fonderie de canons. Les environs produisent beaucoup de coton et de riz.

AMONTCOURT, vg. de Fr., dép. de la Haute-Saône, arr. de Vesoul, cant. et poste de Port-sur-Saône; pop. 580 hab.

AMONDANS, vg. de Fr., dép. du Doubs, arr. de Besançon, cant. d'Amancey, poste d'Ornans; pop. 240 hab.

AMONT, vg. de Fr., dép. de la Haute-Saône, arr. de Lure, cant. de Faucogney, poste de Luxeuil; pop. 1100 hab.

AMORBACH, v. de Bavière, dans le cer. du Mein-Inférieur, sur la route de Miltenberg à Waldthürn, entre les rivières de Bill et de Mudt; fabrique de papiers; ancienne et riche abbaye appartenant maintenant à la maison de Leiningen. Cette ville qui faisait partie du grand-duché de Hesse, a été cédée à la Bavière d'après le traité du 14 avril 1816; pop. 2900 hab.

AMORGO, b. de la Turquie d'Europe, dans l'île de même nom; son port, appelé Ste.-Anne, est vaste et défendu par un château fort; pop. 2600 hab.

AMORGO, île de l'Archipel grec, au S. de Naxos; fertile, bien arrosée; produit de l'huile, du vin, du froment, de l'orge, etc. Elle a 4 l. c. et 2600 habitants. Le chef-lieu, Amorgo, est bâti en amphithéâtre au pied d'un rocher surmonté d'un château fort.

AMORGO-POULO, îlot de l'Archipel, au S. d'Amorgo.

AMORIUM, g. a., v. de la Grande-Phrygie, sur le Sangarius; quelques auteurs regardent cette ville comme la patrie d'Esope.

AMOROBIETA, vg. d'Espagne, dans la prov. basque de Biscaye, à 3 l. N.-O. de Durango, dans une contrée riche en excellents pâturages; eaux minérales; forges. Il s'y tient chaque année une grande foire pour les bestiaux; pop. 1500 hab.

AMOROTS, vg. de Fr., dép. des Basses-Pyrénées, arr. de Mauléon, cant. et poste de St.-Palais; pop. 375 hab.

AMORRÆI, g. a., peuple montagnard, au S. de la Judée, fut fait tributaire par Salomon.

AMOTAPE, b. du Pérou, dép. de Truxillo ou Libertad, sur l'Océan Pacifique, à 14 l. N. de Piura. On y exploite du bitume.

AMOSKAI-KEND, b. fortifié de la Russie d'Asie, dans le Daghestan, à 32 l. O.-N.-O. de Derbend.

AMOU, b. de Fr., dép. des Landes, arr. de St.-Sever, cant. d'Amou, poste d'Orthez; pop. 2000 hab.

AMOU (l'), *Amoudaria, Djihona*, l'Oxus des anciens, est un grand fleuve de l'Asie, formé, selon M. de Meyendorf, par la jonction du Zour-Ab avec la rivière Badakhschan qui descendent des hautes Alpes du Belour. Ses affluents sont peu considérables. Il traverse l'Afghanistan, coule vers le N.-E., arrose le Khanat de Khiwa et se jette dans la mer Aral; un bras de l'Amou allait anciennement se jeter dans la mer Caspienne, mais il se perd aujourd'hui dans les sables. Le cours de l'Amou a une longueur de 370 lieues. Dans le Khiwa, ses eaux, reparties entre mille canaux, donnent une grande fertilité aux terres qu'elles parcourent.

AMOUR ou SAKHALIAN (fleuve noir), gr. fleuve de l'Asie, qui ne reçoit son nom qu'après la réunion du Kéroulan ou Asgoun avec la Chilka. C'est le fleuve principal de la Mandchourie; ses sources doivent être cherchées dans le Kinhar, chaine de montagnes qui sépare la Mandchourie de la Sibérie. Il coule d'abord vers l'E., traverse le lac Kutou ou Jalak, arrose une grande partie de l'empire chinois et de la Russie asiatique, et se jette dans un bassin sur la côte du pays des Mandchoux, vis-à-vis la grande île de Tarrakai. La longueur de son cours est de plus de 700 lieues. Le Sougari ou Kirim-Ula, et l'Usuri sont ses principaux affluents après l'Asgoun et la Chilka.

AMOUR (Saint-), pet. v. de Fr., dép. du Jura, arr. de Lons-le-Saulnier, chef-lieu de canton; forges, coutellerie, marbrerie, commerce de vins et de bétail; pop. 2600 h.

AMOUR (Saint-), vg. de Fr., dép. de Saône-et-Loire, arr. de Mâcon, cant. de La Chapelle-de-Guinchay, poste de Romanèche; pop. 800 hab.

AMOURA, vg. d'Afrique, dans la rég. d'Alger, prov. de Titteri.

AMOUSCHTA, île du grand Océan Boréal, dans l'archipel des Aleutiennes. Elle a un volcan.

AMPARO-DO-SALGATO (Notre-Dame d'), b. du Brésil, dans la prov. de Minas-Graës, à 60 l. N.-E. de Paracatu.

AMPEILS, vg. de Fr., dép. du Gers, arr. et poste de Condom, cant. de Valence; pop. 255 hab.

AMPELETTE, fort de l'Indoustan, sur la côte de Malabar, dans la présidence de Madras, à 15 l. S. de Cochin. On y voit un temple du dieu Schiwa.

AMPEZO, b. et chef-lieu de district du roy. Lombard-Vénitien, dans le gouv. de Venise; pop. 2000 hab.

AMPFING, vg. de Bavière, dans le cer. de l'Isar, dist. de Mühldorf, sur la route de Munich à Mühldorf et à 2 l. de cette dernière; cet endroit est célèbre par la victoire de l'empereur Louis-le-Bavarois sur Frédéric-le-Beau d'Autriche, qui y fut fait prisonnier (28 septembre 1322). On y remarque encore une petite église qui a été bâtie en mémoire de cette bataille; pop. 500 hab.

AMPHICLEA, g. a., v. de Phocide, non loin de Cephissus et de Tethronium.

AMPHILA, baie de la mer Rouge, sur la côte de l'Abyssinie, près d'un cap de même nom.

AMPHILOCHIA, g. a., contrée de l'Acarnanie, à l'E. du Sinus Ambracius; capitale *Argos, Amphilochicum*.

AMPHIMALLA, g. a., v. sur la côte N. de l'île de Crète.

AMPHION, vg. des états sardes, dans le duché de Savoie, à 1 1/2 l. E. de Thonon; eaux ferrugineuses froides assez renommées.

AMPHRYSUS, g. a., fl. de Thessalie, sur les rives duquel Apollon garda, pendant neuf ans, les troupeaux d'Admète.

AMPIAC, vg. de Fr., dép. de l'Aveyron, arr., cant. et poste de Rhodez; pop. 310 hab.

AMPILLY-LES-BORDES, vg. de Fr., dép. de la Côte-d'Or, arr. de Châtillon-sur-Seine, cant. d'Aignay, poste de Baigneux; pop. 247 hab.

AMPILLY-LE-SEC, vg. de Fr., dép. de la Côte-d'Or, arr., cant. et poste de Châtillon; forges, haut-fourneaux et manufactures de tôle; pop. 550 hab.

AMPLAING, vg. de Fr., dép. de l'Arriège, arr. de Foix, cant. et poste de Tarascon-sur-Arriège; pop. 247 hab.

AMPLEPUIS, *Ampliputeum*, b. de Fr., dép. du Rhône, arr. de Villefranche, cant. de Thizy, poste de Tarare. On y fabrique des toiles de lin et des étoffes de coton; pop. 4900 hab.

AMPLIERS, vg. de Fr., dép. du Pas-de-Calais, arr. d'Arras, cant. de Pas, poste de Doullens; pop. 560 hab.

AMPOIGNE, vg. de Fr., dép. de la Mayenne, arr., cant. et poste de Château-Gontiers; pop. 800 hab.

AMPONVILLE, vg. de Fr., dép. de Seine-et-Marne, arr. de Fontainebleau, cant. et poste de La Chapelle-la-Reine; pop. 275 h.

AMPOSTA, b. d'Espagne, dans la Catalogne. Il est situé sur une colline près des bouches de l'Ebre, encombrées de sable; mais un canal, construit près d'Amposta, conduit à la mer.

AMPRIANI, vg. de Fr., dép. de la Corse, arr. et poste de Corte, cant. de Moita; pop. 150 hab.

AMPTHILL, *Ametulla*, v. d'Angleterre, dans le comté de Bedford; pop. 1600 hab.

AMPUDIA, b. d'Espagne, dans le roy. de Léon, prov. de Valencia.

AMPUEJO, b. d'Espagne, dans la Vieille-Castille, prov. de Burgos. On y forge des ancres pour la marine.

AMPUIS, *Antea*, b. de Fr., dép. du Rhône, arr. de Lyon, cant. de Ste.-Colombe, poste de Condrieu; on y récolte le vin connu sous le nom de Côte-Rôtie; pop. 2060 hab.

AMPURIAS, *Emporiæ*, b. et pet. port d'Espagne, sur le golfe de Roses, en Catalogne, à l'embouchure de la Fluvia. Il a un château situé un peu plus au N. du côté de Roses; pop. 2200 hab.

AMPUS, vg. de Fr., dép. du Var, arr., cant. et poste de Draguignan; pop. 1500 h.

AMRAH, v. de l'Arabie, dans la prov. d'Hedschas, à 26. l. N.-E. de la Mecque.

AMRAN, v. de l'Indoustan, dans la présidence de Bombay, prov. de Guzurate, à 8 l. S.-O. de Mallia. Elle est protégée par un fort.

AMRAPOUR, forteresse de l'Indoustan, dans l'état de Mysore, à 14 l. E. de Tschitteldrug.

AMRAVUTTY, v. de l'Inde anglaise, dans la prov. de Bérar; elle est grande, entourée de murailles, bien peuplée et fait un commerce considérable, consistant principalement en coton qu'elle expédie au Bengale.

AMRETSIR, capitale de la confédération des Seïkhs, à 15 l. E. de Lahore, nommée anciennement Ischack et plus tard Ramdaspour, la ville sacrée de la religion de Nanek, résidence de l'ordre des Akalis ou prêtres de cette religion, et siége du Guru-Mata ou conseil national, devant lequel les Seïkhs, nouveaux reçus, doivent se vouer à l'état. La ville est grande, ouverte, bien bâtie, ses rues sont étroites; sa population dépasse 40,000 habitants; elle est l'entrepôt du commerce des schawls, du safran, des marchandises de l'Indoustan et du sel gomme qu'on tire de la mine de Miani. Près de la ville se trouve un étang, construit en briques et richement décoré, qu'on appelle l'Amretsir (l'eau de l'immortalité), auquel la ville a emprunté son nom. Au milieu de ce bassin s'élève le temple dédié à Gourou-Govind-Singh, dans lequel on conserve, sous un dais de soie, le livre des lois écrit par ce réformateur de la religion de Nanek. Le temple est desservi par 50 à 600 Akalis qui demeurent dans un bunga au bord du bassin.

AMROUAH, v. de l'Indoustan, dans la présidence du Bengale, prov. de Delhy, sur la rive gauche du Gange, à 11 l. O. de Rampons

AMROUS, vg. de la Basse-Egypte, sur la rive droite du Nil, à 5 l. N. de Ménouf.

AMRUM, île du Danemark, située dans la mer du Nord; sol maigre et stérile; pop.

1500 habitants, presque tous pêcheurs et matelots.

AMSOLDINGEN, vg. de Suisse, dans le cant. de Berne, bge de Thun, au pied du Stockhorn, agréablement situé sur un petit lac; ruines de constructions romaines; pop. 400 hab. pour le village et 1550 pour la paroisse.

AMSTEL, riv. de la Hollande. Elle traverse du S.-E. au N.-O. la prov. d'Utrecht, passe par Amsterdam et se perd dans l'Y.

AMSTELVEEN, gr. vg. de la Hollande, près de l'Amstel, dans la prov. de Northolland (Hollande septentrionale), à 2 l. S.-O. d'Amsterdam. Il a une église dans laquelle on voit le tombeau du poète Jean de Brœckhuisen.

AMSTERDAM ou **AMSTELDAM**, v. la plus considérable de la Hollande et l'une des plus commerçantes de l'Europe. Elle est bâtie en demi-cercle au fond du golfe de l'Y, bras du Zuidersee, à 122 l. N. de Paris. Elle est traversée par l'Amstel, et par un grand nombre de canaux bordés de quais qui communiquent entre eux par 280 ponts. Ses 26,380 maisons, bâties sur pilotis, sont belles alignées; les rues sont belles et garnies de trottoirs. Parmi les édifices publics on remarque le magnifique hôtel de ville, construit sur 13,659 pilotis et orné de fort belles sculptures. Ce superbe bâtiment, commencé en 1648 par Jacques van Kampen et achevé en 1655, était la résidence du roi Louis Bonaparte; la bourse, le palais de l'amirauté, les hôpitaux, les arsenaux, les chantiers, etc. La ville compte 45 églises de différentes confessions et 5 synagogues. Elle possède une académie, plusieurs sociétés savantes, entre autres celle de *Felix meritis* dont le but est d'encourager les sciences et les arts; plusieurs bibliothèques, trois théâtres, français, hollandais et allemand, un jardin botanique, une école de navigation et plusieurs sociétés de bienfaisance.

Un des plus grands desagréments qu'offre aux étrangers le séjour d'Amsterdam, c'est l'humidité de l'air et l'impossibilité de se procurer de l'eau potable.

Cette ville, quoique fort déchue de ce qu'elle était autrefois, fait encore un commerce immense, qui comprend toutes les espèces de produits et s'étend sur tous les pays. Elle est surtout un vaste entrepôt pour les marchandises du nord. On fabrique à Amsterdam des toiles, des étoffes de soie, du velours, de la porcelaine; elle a des fonderies, des raffineries de sucre, de sel, de salpêtre, de soufre, de camphre, de borax; des orfèvreries, des quincailleries, etc. Les ouvriers pour la taille des pierres fines y sont très-habiles.

Amsterdam n'était au commencement du douzième siècle qu'un village de pêcheurs, faisant partie des domaines des seigneurs d'Amstel. Un comte de Hollande ayant été assassiné par Gysbrecht van Amstel en 1296, les *Kennemur*, habitants des environs, s'emparèrent d'Amsterdam, qui avait déjà le rang de ville, en bannirent les seigneurs van Amstel et la réunirent au comté de Hollande. Depuis cette époque, elle s'accrut de jour en jour, et lorsqu'elle eut secoué le joug de l'Espagne, sa prospérité prit un développement rapide. Au seizième siècle, le despotisme fanatique des Espagnols chassa d'Anvers un grand nombre de négociants qui transportèrent leurs capitaux et leurs établissements à Amsterdam; par la paix de Westphalie, l'Escaut fut fermé au commerce des Pays-Bas espagnols; toutes ces circonstances furent favorables à celui d'Amsterdam, dont les relations s'étendirent bientôt dans toutes les parties du monde, et pendant le dix-septième et au commencement du dix-huitième siècle elle pouvait être considérée comme la première ville commerciale des deux continents. Mais alors une rivale puissante vint lui disputer et lui enlever son rang : L'Angleterre affermit son empire sur la mer, et Londres s'éleva au-dessus d'Amsterdam. Le commerce des Indes se fixa dans les îles Britanniques; et les guerres que la Hollande eut à soutenir contre les Anglais, compromirent tellement le commerce d'Amsterdam, que son crédit en souffrit beaucoup et que sa bourse, fondée en 1699, fut presque entièrement déserte pendant quelque temps. Cependant tous ces revers n'étaient que des crises, qui produisaient des intervalles de stagnation, et dont cette ville ne tardait pas à se relever. Mais ce qui porta le coup le plus terrible à son activité commerciale, ce fut l'avènement de Louis Bonaparte au trône de Hollande. Toutes les puissances ennemies de la France devinrent les ennemis du nouveau royaume, fondé par l'empereur, qui bientôt, mécontent du peu de sévérité que son frère Louis apportait dans l'exécution des décrets défavorables aux Hollandais, réunit ce pays à la France.

Dès lors, les sources de la prospérité d'Amsterdam furent taries et jusqu'en 1813 son commerce resta anéanti. Cette ville a pris un nouvel essor depuis la chute de l'empire français; mais elle n'a pu retrouver et ne retrouvera probablement jamais toute l'importance qu'elle avait au commencement du siècle dernier; pop. 200,000 hab.

Amsterdam est la patrie de plusieurs hommes célèbres, parmi lesquels nous citerons: Jan-van-Brœckhuysen, né en 1649, poète d'autant plus remarquable, qu'il servit comme soldat de marine sous le célèbre amiral de Ruyter, et que ce fut au milieu des tempêtes qu'il composa la plupart de ses poésies; Baruch Spinoza, célèbre philosophe, né en 1632 d'une famille juive portugaise; Jean Swammerdam, naturaliste, né en 1637; Jerôme van Bosch, né en 1740, auteur de plusieurs poésies latines; Bilderdyk, Guillaume, grand jurisconsulte, né en 1750. Il vivait encore, il y a quelques années, à Leyde. Il est aussi l'auteur de plusieurs chants patriotiques, qui passent pour ce qu'il y a de mieux dans la littérature de ce genre en Hollande.

AMSTERDAM, fort fondé par les Hollandais en 1734, sur une langue de terre, entre le Surinam et la Commewyne, dans la Guyane hollandaise.

AMSTERDAM, fort qui défend la ville de Willemstadt, dans l'île de Curaçao.

AMSTERDAM, fort que les Hollandais avaient construit sur la côte d'Or en Afrique, et que les Achantis détruisirent en 1807.

AMSTERDAM, îlot de l'Océan Indien, situé entre 74° 25' long. or. et 38° 42' lat. S., selon Barrow, qui le visita en 1792. C'est une île toute volcanique; ses côtes sont coupées à pic et son sol est couvert de lave; partout l'on trouve des marais remplis d'eau chaude, mêlées de sel et d'acier. Un volcan toujours actif se trouve sur sa côte orientale. La végétation se réduit presque aux mousses; mais elle est couverte d'animaux marins, de phoques, de lions marins, d'oiseaux aquatiques, de baleines, de requins. Les bâtiments, qui se rendent aux Indes orientales, y abordent fréquemment.

AMSTERDAM, île de la mer des Indes, sur la côte N.-O. de celle de Ceylan.

AMSTERDAM, île de l'Océan Pacifique, à l'E. des côtes de la Chine, dans l'archipel de Lieou-Khiéoa.

AMSTERDAM, île de l'Océan Glacial Arctique, à peu de distance de la côte O. du Spitzberg. Elle n'est fréquentée que par les pêcheurs de baleines.

AMSTERDAM, fort de la Haute-Guinée, côte d'Or, état du Fantin, sur un rocher très-élevé; il est occupé par les Hollandais.

AMSTERDAM (Nouvelle-), nom primitif de la ville de New-York, dans les États-Unis d'Amérique.

AMUOUD, b. de la Haute-Égypte ou Saïd, sur la rive droite du Nil.

AMURCHENTA, pet. v. de l'Indoustan, dans l'état du nizam d'Hyderabad, à 33 l. S.-O. d'Hyderabad.

AMURÉ, vg. de Fr., dép. des Deux-Sèvres, arr. de Niort, cant. de Frontenay, poste de Mauzé; pop. 350 hab.

AMURRIO, villa d'Espagne, dans la prov. basque d'Alava, à 10 l. N.-O. de Vittoria.

AMUSCO, v. d'Espagne, dans le roy. de Léon, prov. et à 6 l. N. de Palencia.

AMUSPALLO, b. d'Espagne, dans le roy. de Léon, prov. de Valladolid.

AMVELL, v. des États-Unis, dans le New-Jersey, comté de Hunterdon, au confluent de l'Aleabokhing et du Delaware; pop. 6000 hab.

AMWA, v. de l'Indoustan, dans la présidence du Bengale, prov. d'Allahabad, à 11 l. S. de Callingès.

AMWELL, b. d'Angleterre, dans le comté d'Hertford, à 7 l. N. de Londres; pop. 1900 hab.

AMWELL, dist. des États-Unis d'Amérique, dans l'état de Pensylvanie, comté de Washington.

AMY, vg. de Fr., dép. de l'Oise, arr. de Compiègne, cant. de Lassigny, poste de Noyon; pop. 500 hab.

AMYCLÉE, g. a., v de Laconie, sur les bords de l'Eurotas, où naquirent, selon la fable, Castor et Pollux.

AMYMONE, g. a., pet. riv. d'Argolide, non loin du lac de Lerne.

AMYNTHÆ REGNUM, g. a., roy. fondé l'an de Rome 717 et détruit après onze années d'existence. Il comprenait la Gallogrèce, la Pisidie, la Lycaonie, la Pamphylie, la Thauria et la Cilicie tracéenne.

ANA ou **ANAH**, *Hena*, v. de la Turquie d'Asie, dans l'Irak-Arabi, sur l'Euphrate, à 60 l. N.-O. de Bagdad. Les caravanes du désert de la Mésopotamie s'y arrêtent. La contrée abonde en riz, coton, blé et vin; pop. 5000 hab.

ANA (Sainte-), île du groupe des îles Salomon, au N. de l'île Christoval, dans l'Australie.

ANAB, g. a., v. de Judée, près d'Hebron.

ANABARA (l'), fl. de l'Asie russe, qui sépare, pendant une grande partie de son cours, les gouvernements de Jenisseisk et de Jakutsk et se jette dans l'Océan Glacial Arctique. Le Solema est son principal affluent.

ANABOLI. *Voyez* NAPOLI DI ROMANIA.

ANABON, g. a., contrée de la province perse d'Aria.

ANACAPRI. *Voyez* CAPRI.

ANACHARATH, g. a., v. de la Galilée inférieure, entre Tabor et Sion.

ANACHORÈTES (îles des), dans la Mélanésie, au N.-O. du groupe de l'Amirauté; elles furent découvertes, en 1767, par Bougainville et visitées par d'Entrecasteaux en 1793. La côte était couverte de huttes élevées; les habitants, vivant de la pêche, ne témoignèrent ni surprise, ni frayeur, ni même de curiosité à la vue des vaisseaux européens. Toutes ces îles portent des cocotiers.

ANACTORIUM, g. a., v. d'Acarnanie, près d'Actium.

ANADIA, b. du Portugal, dans la prov. de Beira, au pied du mont Crasto; pop. 1065 hab.

ANADIA, pet. v. du Brésil, dans la prov. de Fernambouc, à 14 l. d'Alagoas. On y cultive beaucoup de coton.

ANADSCHÉ, v. de l'Indoustan, dans l'état de Mysore, à 7 l. N. de Tschitteldrug.

ANADYR (l'), riv. d'Asie, découle du Stannowoï, traverse le pays des Tschukatie, reçoit les eaux de l'Orlowka, de la Belaya, de la Krasnayo, etc., et se jette dans un golfe de la mer de Bering qui porte le nom d'Anadyr.

ANADYR (mer d'), gr. golfe de la mer de Bering, au N.-F. de la Sibérie.

ANAFETH, v. de l'Arabie, dans la prov. du Yémen, à 20 l. N.-O. de Sana; vignes.

ANAFFO, vg. d'Afrique, dans l'emp. de Maroc. Les murailles qui le ceignent attestent que ce lieu fut autrefois une ville importante.

ANAGNI, *Anagnia*, b. des états de l'Église, dans la délégation et à 5 l. N.-O. de de Frosinone, dans une contrée très-pauvre. Patrie de plusieurs papes, entre autres de Boniface VIII qui, s'étant brouillé avec Philippe-le-Bel, y fut fait prisonnier par Guillaume de Nogaret.

ANAGO ou **NAGOU**, roy. d'Afrique, au N.-O. de Dahomay et à l'E. de l'emp. d'Achanti, dans la Guinée septentrionale.

ANAHUAC, nom de la partie des Andes qui traverse du S. au N. les provinces de Puebla et de Mexico, entre le 18° 30' et le 21° lat. N., et qui présente un grand nombre de volcans dont les principaux sont le Popoca-Tepetl, de 5400 mètres; l'Iztaccihuatl, de 4912 mètres; le Citlal-Tepetl, de 5434 mètres; le Naucampa-Tepetl, de 4178 mètres.

ANAIS, vg. de Fr., dép. de la Charente, arr. d'Angoulème, cant. de St.-Amant-de-Boixe, poste de Mansle; pop. 600 hab.

ANAIS, vg. de Fr., dép. de la Charente-Inférieure, arr. de La Rochelle, cant. de La Jarrie, poste de Nuaille; pop. 296 hab.

ANAITICA, g. a., contrée de la Grande-Arménie, sur l'Euphrate, où la déesse Anaitis eut un temple.

ANAJAZ, riv. du Brésil, dans l'île de Joanès et la prov. de Para. On y trouve un grand nombre de crocodiles.

ANAKOSTIA, riv. des Etats-Unis, dans l'état de Maryland; elle se jette dans le Potowmak.

ANAKRIA, *Anaklia* ou *Anarghia*, forteresse russe, dans l'Abasie, prov. d'Imerethi, à l'embouchure du Mecu Euguri, entourée d'une centaine de maisons habitées par des Arméniens, des Grecs et des Juifs.

ANAK-SUNDSCHEI, état indépendant sur la côte occidentale de l'île de Sumatra, jadis soumis à l'empire d'Indrapéra. Le chef porte le titre de sultan. Le pays, bien arrosé et fertile, produit du poivre, du bois de construction et de l'or. Les habitants sont mahométans. Moko-Moko, simple village, en est le chef-lieu.

ANAM, v. de l'Indoustan, roy. d'Oude, à 12 l. S.-O. de Lucknow.

ANAMAZA, riv. d'Espagne, affluent de droite de l'Ebre, dans la prov. de Soria.

ANAMIS, g. a., fl. de Perse, dans la Carmania Vera, se jette dans le golfe Persique, près du cap Armozum. Néarque y débarqua avec la flotte macédonienne.

ANAN, vg. de Fr., dép. de la Haute-Garonne, arr. de St.-Audens, cant. et poste de l'Isle-en-Dodon; pop. 574 hab.

ANANA, b. d'Espagne, dans la prov. basque d'Alava. Mine de sel très-abondante.

ANANS, vg. de Fr., dép. du Jura, arr. de Dôle, cant. et poste du Chaussin ; pop. 336 hab.

ANANTPOUR, v. de l'Indoustan, dans l'état de Mysore, à 46 l. N. de Seringapatam. Elle appartient aux Anglais.

ANANURI, v. et forteresse de Russie, dans la prov. de Géorgie, sur l'Aragwi. Un de ses faubourgs, entouré d'une muraille, est singulièrement bâti ; Klaproth rapporte que toutes les maisons sont bâties sous terre, et qu'à peine l'on peut apercevoir les toits d'où sort la fumée.

ANAOUL, v. de l'Indoustan, dans la présidence de Bombay, près de la baie de Cambaye, à 12 l. S.-E. de Surate.

ANAPA, forteresse russe dans la Grande-Abasie ; bâtie sur un contrefort du Kysilkaya ; et si près de la mer qu'on pourrait en faire une place importante de commerce. Ses murs sont élevés et épais, et depuis l'insurrection des peuplades caucasiennes, elle est occupée par une nombreuse garnison.

ANARGIUM, g. a., v. de la Gaule narbonnaise, non loin d'Arles.

ANASCO, gr. vg. dans l'île de Porto-Rico, à 1 l. de la mer, avec 3700 habitants, la plupart des mulâtres, qui cultivent du café, du riz, du tabac et des légumes, et nourissent de nombreux troupeaux. Anasco possède un port.

ANASTAIZE (Saint-), vg. de Fr., dép. du Puy-de-Dôme, arr. d'Issoire, cant. et poste de Besse ; pop. 485 hab.

ANASTASIA, g. a., v. de Mésopotamie, à l'O. de Bezabde.

ANASTASIE (Sainte-), vg. de Fr., dép. du Cantal, arr. de Murat, cant. et poste d'Allanche ; pop. 950 hab.

ANASTASIE (Sainte-), vg. de Fr., dép. du Gard, arr. et poste d'Uzès, cant. de St.-Chaptes ; pop. 106 hab.

ANASTASIE (Sainte-), vg. de Fr., dép. du Var, arr. et poste de Brignoles, cant. de Roquebrussane ; pop. 500 hab.

ANATAXAN ou ST.-JOAQUIM, île des Mariannes ou de l'archipel des Larrons, dans la Polynésie, sous le 16° 30′ lat. N. et le 144° long. E. du méridien de Paris. Elle a 6 lieues de circonférence. Le sol est montagneux et couvert d'une riche végétation ; mais elle manque d'eau douce et l'ancrage y est mauvais.

ANATHOTH, g. a., v. de la Judée, dans la tribu de Benjamin ; elle est, selon Joseph, la patrie du prophète Jérémie.

ANATOLIA (Santa-), b. du roy. de Naples, dans l'Abruzze ultérieure II°, à 5 l. S.-O. d'Aquila.

ANATOLIE ou ANADOLIE, NATOLIE, eyalet de la Turquie d'Asie. Cette grande province est située entre 24° 13′ et 43° 4′ de long. orientale et s'étend du 36° 2′ au 42° 28′ lat. N. ; elle est bornée au N. par la mer Noire, au N.-O. par le Bosphore, la mer de Marmara et le détroit des Dardanelles, à l'O. par la mer Égée, au S. par la Méditerranée et à l'E. par les eyalets de Caramanie et de Sivas. Sa superficie comprend une étendue de près de 52,000 l. c. L'Anatolie est la partie occidentale de l'Asie Mineure ; entouré de trois côtés par la mer, ce pays bien que généralement plat sur ses bords, est couvert de montagnes dans l'intérieur, et offre une multitude de golfes, de baies et de rades sur ses côtes dentelées, surtout vers la mer Égée. Un rameau du Taurus vient de la Caramanie se diviser en deux branches à l'O. d'Akscheher, dont la plus méridionale se dirige sous le nom de Ramidou Oglu Balaklar, vers le golfe d'Autalia ; le Tacht-Ali, haut de 7000 pieds, en est le point culminant ; le chaînon du Balia-Tagh, court vers la mer Égée ; les montagnes les plus élevées sont : le Musa-Tagh (Messagis des anciens), le Bergi (Tmolus), le Bostagh (Sipilus) et le Makami-Erbain. La branche septentrionale du Taurus, le Mourad-Tagh, se dirige vers le N. et détache deux chaînons, dont l'un va se perdre au cap Karaburum, et l'autre, d'abord parallèle au premier, sous le nom de Kutges, se ramifie et va toucher à l'O. la mer Égée près de Manissa, et au N. la mer de Marmara. L'Ida et le Gangara appartiennent à cette dernière ramification. Au N. se trouve le Ketschich-Tagh (l'Olympe), au pied duquel est situé Brussa ou Brousse. Le groupe de montagnes de l'E. paraît appartenir à l'Anti-Taurus ; les principales parties sont le Kus ou Alkas (Olgassys), l'Elmatagh, l'Alutagh, etc. Ces montagnes sont généralement de formation calcaire ; les unes sont boisées, d'autres sont nues et leurs sommets couverts de neiges la plus grande partie de l'année. Une foule de rivières, plus célèbres que réellement importantes, en découlent ; la plus considérable est l'Halys ou Kibil-Ismak, qui prend sa source dans la chaîne du Taurus en Cappadoce, et se jette dans la mer Noire ; l'Ischil-Ismak, sorti des montagnes du Taurus au-dessous de Tokat ; le Bartan (Parthenius) né du confluent du Derbead, de l'Owa et de l'Ulus ; le Sakaria ou Sangarias des anciens, la plus grande après l'Halys, se jettent toutes dans la mer Noire. Le Nilufar qui passe près de Brousse, le Nikabitza, débouchent dans la mer de Marmara. Celle d'Égée reçoit les eaux du Kodos (Hermas) qui prend sa source dans le Mourad-Tagh, du Mendres ou Méandre des anciens et du Grimakli ou Kaiki ; enfin la Méditerranée reçoit les eaux de l'Essépide (l'ancien Xanthus) et de l'Arakli (Limyrus). L'Anatolie renferme en outre un grand nombre de lacs intérieurs dont plusieurs ont de l'eau salée, et des sources minérales et thermales. Le sol qui offre en quelques endroits des traces évidentes de commotions volcaniques, est généralement fertile et surtout favorable à la culture de la vigne et de l'olivier ; mais l'agriculture est très-négligée par les Ottomans insouciants. Les principaux produits de ce pays sont : le tabac, le coton, de qualité inférieure, le chanvre, le lin, la soie, l'olive, etc. Les fruits de l'Anatolie sont des meilleurs, et beaucoup de nos arbres fruitiers de l'Europe nous viennent de là. Les forêts sont inépuisables pour alimenter la marine turque; l'éducation du bétail y est assez avancée.

L'activité des habitants s'est tournée principalement à l'industrie; non seulement les villes, mais les villages et les vallées sont remplies de fabriques de toutes sortes, où l'on confectionne des étoffes en soie, en coton, des broderies en or et en argent, des tapis, des maroquins, et si n'était l'exaction des pachas turcs qui pillent régulièrement cette province, elle serait une des contrées les plus riches du monde civilisé ; néanmoins l'aisance y est assez grande. Son commerce est considérable et il faut y ajouter encore un transit important, et le passage de toutes les caravanes de l'empire ottoman.

La population est très-forte ; mais toute évaluation du nombre réel des habitants est jusqu'ici impossible. Elle se compose de Turcs, de Grecs, d'Arméniens qui vivent dans l'intérieur, et de quelques juifs Turcomans. Le gouverneur de l'Anatolie qui porte le titre de Beglesbeg, réside à Koutaieh et a de grands priviléges sur tous les autres pachas. Le Grand-Mollah de cette province nomme à toutes les charges de cadis dans l'Asie ottomane. Les Grecs ont leurs proësti et les juifs leurs rabbins; mais ils sont obligés de reconnaître l'autorité des cadis. Les Turcomans ont leur chef particulier qui prend le titre de prince de la vallée. C'est un descendant de Kara Osman Oglu.

L'eyalet d'Anatolie est divisé en 17 sandschaks. Ses principales villes sont : Koutaieh, Izaid-Mid, Brousse, Moudania, Kidonie ou Naïvali, Pergame, Sart, Smyrne, Gazel-Nissar, Autalia, Kara-Nissar, Augosa, Kostamouni, Sinope, Boli, Bartan.

ANATOLIKO, v. sur l'Aspre, dans la Turquie d'Europe, eyalet de Rumili. Dans la baie de Baliebadra ont lieu de grandes pêches; pop. 5000 hab.

ANAZA, *Santa-Cruz*, *Sainte-Croix*, v. et port de l'île Ténériffe, l'une des Canaries; siége du général-gouverneur et des autorités civiles et militaires des Canaries, et résidence des consuls. C'est le port le plus fréquenté de ces îles, et la ville, assez bien bâtie, est défendue par trois forts; pop. 9000 hab.

ANAZO, fl. d'Afrique, dans l'Abyssinie, au pays des Gallas. Son cours est considérable, mais trop peu connu pour être décrit. Ce fleuve paraît se perdre dans les sables.

ANBERY, v. du Turkestan, khanat de Khiwa, entourée d'un rempart; pop. 1000 h.

ANCA, b. du Portugal, dans la prov. de Beira. On exploite dans les environs de belles carrières de pierre; près de là se trouvent des sources d'eaux minérales ; pop. 1090 hab.

ANCASTER, *Crococalana*, vg. d'Angleterre, dans le comté de Lincoln. Il est bâti sur l'emplacement d'une station romaine; pop. 500 hab.

ANCASTER, b. du dist. de Gore, dans le Haut-Canada, à l'extrémité occidentale du lac Ontario, possède une source thermale; pop. 1050 hab.

ANCAYE (pays des Antacayes), contrée élevée dans l'île de Madagascar. Elle est bornée au N. par le fleuve Manangouri, à l'O. par le Mangouron; à l'E. et au S. par les montagnes de Befour. Le climat n'y est point malsain, mais le pays est exposé à des tremblements de terre. Les habitants sont petits et laids et ne parlent point la langue des autres peuples de l'île.

ANCE, vg. de Fr., dép. des Basses-Pyrénées, arr. et poste d'Oloron, cant. d'Aramitz; pop. 427 hab.

ANCEAUMEVILLE, vg. de Fr., dép. de la Seine-Inférieure, arr. de Rouen, cant. de Clerès, poste de Valmartin; pop. 450 hab.

ANCEINS, vg. de Fr., dép. de l'Orne, arr. d'Argentan, cant. de la Ferté-Fresnel, poste de l'Aigle; pop. 590 hab.

ARCELLE, vg. de Fr., dép. des Hautes-Alpes, arr. de Gap, cant. et poste de St.-Bonnet; pop. 1153 hab.

ANCEMONT, vg. de Fr., dép. de la Meuse, arr. et poste de Verdun, cant. de Souilly; pop. 500 hab.

ANCENIS, *Ancenesium*, v. de Fr., dép. de la Loire-Inférieure, chef-lieu d'arr., siége d'un tribunal de première instance. Elle est située sur la rive droite de la Loire à 9 l. N.-E. de Nantes; les collines qui l'entourent sont couvertes de vignobles et sont d'un aspect fort agréable. Un château gothique domine cette petite ville très-importante par son port, qui sert d'entrepôt et de station aux bateaux qui naviguent sur la Loire. Elle a de jolies promenades, un collége et une société d'agriculture. On y fait commerce de bois de construction, de vin, vinaigre et eaux-de-vie; pop. 3750 hab.

L'histoire d'Ancenis ne commence que vers la fin du dixième siècle. Elle fut assiégée, en 987, par le comte d'Anjou, qui voulait enlever cette ville à la comtesse de Nantes. Lors de la grande invasion des Anglais, ceux-ci s'en emparèrent et la conservèrent jusqu'au règne de Charles VII. En 1488 le duc de Bretagne François II, qui avait pris parti pour le duc d'Orléans contre Charles VIII, fut vaincu par La Tremouille, et Ancenis devint victime de cette lutte; ses murs et ses fortifications furent rasés, ses maisons incendiées et ses habitants forcés de se réfugier à Nantes. Elle fut encore assiégée pendant les guerres de Henri IV et fut ensuite le lieu de conférence entre les députés du roi et Mercœur. Après la paix, ses fortifications furent de nouveau démolies et n'ont plus été relevées. Le château a été rétabli, en 1700, mais sans fortifications.

ANCERVILLE, b. de Fr., dép. de la Meuse, arr. de Bar-le-Duc, poste de St.-Dizier, chef-lieu de cant.; pop. 2250 hab.

ANCERVILLE-SUR-NIED, vg. de Fr., dép. de la Moselle, arr. de Metz, cant. de Pange, poste de Courcelles-Chaussy; pop. 400 hab.

ANCERVILLIERS, vg. de Fr., dép. de la Meurthe, arr. de Lunéville, cant. et poste de Blamont; pop. 200 hab.

ANCEY, vg. de Fr., dép. de la Côte-d'Or, arr. de Dijon, cant. et poste de Sombernon; pop. 475 hab.

ANCHAMPS, vg. de Fr., dép. des Ardennes, arr. de Rocroi, cant. et poste de Fumay; pop. 166 hab.

ANCHAY, vg. de Fr., dép. du Jura, arr. de Lons-le-Saulnier, cant. et poste d'Arinthod; pop. 135 hab.

ANCHÉ, vg. de Fr., dép. d'Indre-et-Loire, arr. et poste de Chinon, cant. d'Isle-Bouchard; pop. 536 hab.

ANCHÉ, vg. de Fr., dép. de la Vienne, arr. de Civray, cant. et poste de Couhé; pop. 740 hab.

ANCHENONCOURT, vg. de Fr., dép. de la Haute-Saône, arr. de Vesoul, cant. d'Amance, poste de Vauvillers; pop. 780 hab.

ANCIAO, b. du Portugal, dans la prov. de Beira, près d'une rivière du même nom; pop. 1600 hab.

ANCIENVILLE, vg. de Fr., dép. de l'Aisne, arr. de Soissons, cant. et poste de Villers-Cotterets; pop. 200 hab.

ANCIER, vg. de Fr., dép. de la Haute-Saône, arr., cant. et poste de Gray; pop. 300 hab.

ANCINES, vg. de Fr., dép. de la Sarthe, arr. de Mamers, cant. de St.-Pater, poste d'Alençon; pop. 1100 hab.

ANCIZAN, vg. de Fr., dép. des Hautes-Pyrénées, arr. de Bagnères-en-Bigorre, cant. et poste d'Arreau; pop. 900 hab.

ANCLAM, v. de Prusse, dans la prov. de Poméranie, rég. de Stettin, chef-lieu de cer.; elle est arrosée par la Peene et entourée de vieilles fortifications; manufactures de draps et de toiles; commerce assez important; pop. 6800 hab.

ANCOBRA ou **ANCOBAR**, **RIO-COBRE**, **FLEUVE DES SERPENTS**, fl. d'Afrique, dans la Guinée septentrionale; il traverse du N. au S. le royaume ou province d'Assin et se jette dans l'Océan Atlantique, non loin du cap des Trois-Pointes. Ce fleuve est navigable pour les chaloupes jusqu'à 20 milles de son embouchure. Les Hollandais avaient sur la rive de l'Ancobra un fort dont on voit encore les ruines.

ANCOLA, v. maritime de l'Indoustan, dans la présidence de Madras, prov. de Canara; on y fait un commerce considérable.

ANCOMASSA, v. d'Afrique, dans le roy. d'Assin, sur la côte d'Or, dans la Guinée septentrionale.

ANCONE, délégation des états de l'Église, dans la partie de l'ancienne marche d'Ancône. Elle est bornée au N. et à l'O. par celle d'Urbino, à l'E. par l'Adriatique, au S. par la légation de Maurata. Elle a une superficie de 42 l. c. et 147,355 habitants d'après le recensement de 1816. C'est un pays montagneux entrecoupé de contreforts de l'Apennin, offrant peu de plaines mais de larges vallées arrosées par le Musone, l'Edino, l'Aspino, la Misa et d'autres torrents qui tous descendent de l'Apennin. La végétation y est riche; on y cultive surtout le blé, le maïs, les légumineuses qu'on y appelle bresimi, des fruits, des amandes, du vin, du tabac et de la soie. Le bétail, et surtout les moutons et les porcs y sont nombreux, l'industrie des villes est assez considérable.

ANCONE, *Acusio*, v. chef-lieu de la légation de ce nom, dans les états de l'Église, siége du légat, d'un évêque, d'un tribunal civil, d'un tribunal de commerce et depuis peu d'un tribunal d'appel pour les délégations d'Urbin-et-Pezaro, de Maurata, de Camerino, de Fermo, d'Ascoli et de celle qui porte son nom. Elle est bâtie en amphithéâtre sur le penchant d'une colline, au bord de l'Adriatique. Ses fortifications ont été rasées en 1815, mais elle est défendue par une citadelle très-forte, occupée par les Français depuis 1831 jusqu'à la fin de 1838. La cathédrale élevée sur la pointe du cap, sur la place où était anciennement un temple de Vénus, la bourse et l'ancien arc de triomphe qui orne l'entrée de la rue Neuve, sont ses principaux édifices. La ville est mal bâtie et les rues sont étroites, son port profond mais exposé aux engorgements, a été déclaré port franc depuis 1732; il est formé par une jetée de près de 700 mètres de longueur et reçoit tous les ans de 1000 à 1100 bâtiments. L'exportation consiste surtout en laine, en blé, en chanvre et en soie. La ville est industrieuse et renferme de nombreuses fabriques; pop. 30,000 hab.

ANCONNE, vg. de Fr., dép. de la Drôme, arr., cant. et poste de Montélimart; pop. 515 hab.

ANCOUALA, port sur la côte N.-O. de l'île de Madagascar. On y fait un commerce assez étendu de cire et d'écailles de tortues.

ANCOURT, vg. de Fr., dép. de la Seine-Inférieure, arr. et poste de Dieppe, cant. d'Offranville; pop. 536 hab.

ANCOURTEVILLE-SUR-HÉRICOURT, vg. de Fr., dép. de la Seine-Inférieure, arr. d'Yvetot, cant. d'Ourville, poste de Fauville; pop. 608 hab.

ANCOVE, pays situé au centre de l'île de Madagascar. L'air y est sain et pur. Il est divisé en contrées septentrionale et méridionale. Chacune de ces parties avait autrefois son chef particulier; tout le pays est maintenant sous la même domination. Les habitants se nomment Hovas; ils sont grands, bien faits et adroits; ils fabriquent des tissus de soie et de coton, des objets en métal et font le commerce d'esclaves.

ANCRETIÉVILLE-SAINT-VICTOR, vg. de Fr., dép. de la Seine-Inférieure, arr. et poste d'Yvetot, cant. d'Yerville; pop. 500 h.

ANCRETTEVILLE-SUR-MER, vg. de Fr., dép. de la Seine-Inférieure, arr. d'Yvetot, cant. et poste de Valmont; pop. 500 hab.

ANCRUM, gr. vg. d'Ecosse, dans le comté de Roxburgh. Bataille, en 1544, entre les Anglais et les Ecossais; pop. 1500 hab.

ANCRUM, b. des États-Unis d'Amérique, dans l'état de New-York, à 1 l. S.-E. d'Hudson. Forges pour le fer; mine de plomb.

ANCTEVILLE, vg. de Fr., dép. de la Manche, arr. et poste de Coutances, cant. de St.-Malo-de-la-Lande; pop. 620 hab.

ANCTOVILLE, vg. de Fr., dép. du Calvados, arr. de Bayeux, cant. de Caumont, poste de Villers-Bocage; pop. 1200 hab.

ANCTOVILLE, vg. de Fr., dép. de la Manche, arr. de Coutances, cant. de Bréhal, poste de Granville; pop. 250 hab.

ANCUD, golfe entre l'île de Chiloë et la côte du Chili, d'une longueur, du S. au N., de 70 l. et large de 18 l., renferme un nombre considérable de petites îles.

ANCY, vg. de Fr., dép. du Rhône, arr. de Villefranche-sur-Saône, cant. et poste de Tarare; pop. 900 hab.

ANCY-LE-FRANC, *Anciacum*, vg. de Fr., dép. de l'Yonne, arr. de Tonnerre, chef-lieu de canton et poste; pop. 1355 hab.

ANCY-LE-SERVEUX, vg. de Fr., dép. de l'Yonne, arr. de Tonnerre, cant. et poste d'Ancy-le-Franc; pop. 400 hab.

ANCY-LES-SOLGNE, ham. de Fr, dép. de la Moselle, arr. de Metz, cant. de Verny, poste et com. de Solgne; pop. 150 hab.

ANCY-SUR-MOSELLE, vg. de Fr., dép. de la Moselle, arr. et poste de Metz, cant. de Gorze; pop. 1000 hab.

ANDACOLLO, v. du Chili, dans la prov. de Coquimbo, à 13 l. de la Séréna; mines d'or.

ANDACULOUC, b. de l'île de Madagascar, dans une très-belle contrée, à l'E. des monts Ambotismènes, au S. de Foulpoint, dans la partie N.-E. de l'île.

ANDADKHAN, v. du Turkestan, dans le khanat de Khokand, à 15 l. de Kodschend.

ANDAHUAILAS, prov. du dép. d'Ayacucho, dans le Pérou, s'étend de la Cordillère de Huambo à 40 lieues vers le N., arrosée par le Rio Chinchero et le Rio-Andahuailas, et séparée par le Calcamayu des provinces de Cangallo et d'Ango; produit du sucre et du blé et est couverte, en partie, de forêts épaisses. Sa superficie est d'environ 540 l. c. Chef-lieu Andahuailas, près du fleuve du même nom, sur la route entre Lima et Cusco.

ANDAINVILLE, vg. de Fr., dép. de la Somme, arr. d'Amiens, cant. et poste d'Oisemont; pop. 700 hab.

ANDALIEN, fl. navigable du Chili, se jette dans le golfe de Concepcion, après avoir traversé la province de ce nom.

ANDALOUSE, v. et port de l'Algérie, dans la prov. et à l'O. d'Oran.

ANDALOUSIE, *Vandalitia*, contrée la plus mér. de l'Espagne, formant aujourd'hui une des 12 capitaineries générales dont se compose le royaume. Elle est bornée au N. par celle d'Estramadure, à l'O. par la Guadiana qui la sépare du Portugal, et par l'Océan, au S. par le détroit de Gibraltar et la Méditerranée, à l'E. par la capitainerie générale de Grenade. Elle comprend les provinces de Séville, de Huelva, de Cadix, de Cordoue et de Jaën. Son étendue, en y comprenant le royaume et la côte de Grenade, partie de l'Andalousie (ancienne division), est de 100 lieues de long sur 65 de large. Elle est traversée, du N.-E. au S.-O., par le Guadalquivir, et sillonnée par de hautes montagnes, ramifications de la Sierra-Morena au N., et de la Sierra-Nevada à l'E. C'est la plus fertile contrée de l'Espagne; on y récolte du blé, de l'orge, du coton, de la soie, des huiles, du vin excellent, des fruits délicieux et toutes sortes de bons légumes. Le bétail y est magnifique, et les chevaux d'une beauté et d'une vigueur égales à celles des chevaux arabes dont ils sont originaires.

Les montagnes renferment du fer, de l'argent, de l'aimant, du plomb, du cuivre, etc.; cependant le pays est pauvre, l'industrie presque nulle, et le peu de commerce qui s'y fait, est entre les mains des Anglais. Le climat est très-chaud, mais il est tempéré par les hautes montagnes de cette belle contrée.

L'Andalousie, autrefois une des provinces les plus florissantes de l'Espagne, fut habitée par des Tyriens qui établirent plus tard des relations avec Carthage. Elle passa, comme la plus grande partie du monde, alors connu, sous la domination romaine. Après la chute de l'empire, cette contrée fut successivement au pouvoir des Suèves, des Alains, des Vandales et des Goths. Ces derniers la possédèrent pendant deux siècles et demi, sans pouvoir complètement effacer chez les habitants ce qu'il y avait en eux du caractère africain. Aussi les Maures trouvèrent de la sympathie chez un grand nombre et renversèrent assez facilement, au commencement du 8e siècle, la domination des Goths dans l'Andalousie qui dépendit alors des califes de Damas. Mais les rivalités que la conquête fit naître entre les diverses tribus africaines en Espagne, y entretenaient une guerre, presque continuelle, entre les conquérants eux-mêmes. Des ambitions surgirent et les califes Ommyades, établis à Cordoue, eurent souvent à lutter contre des révoltes, sous lesquelles ils finirent par succomber. Les Géonharytes leur succédèrent à Cordoue; mais d'autres dynasties s'établirent dans les différentes provinces qui formèrent autant de petits états, indépendants les uns des autres. Cependant l'Andalousie florissait; les Arabes y avaient introduit les arts et les sciences; les villes s'étaient enrichies et embellies sous les règnes glorieux d'Abdheram I, d'Abdheram III et d'Almansour, lorsque les chrétiens, profitant des dissensions qui affaiblissaient les Arabes, les attaquèrent vigoureusement et leur enlevèrent, l'une après l'autre, les belles provinces de l'Andalousie, où les Maures ne possédèrent bientôt plus que Grenade qui passa également au pouvoir des chrétiens. Les Maures avaient été maîtres du pays depuis 711 jusqu'à 1494. Sous la domination de Ferdinand d'Aragon et d'Isabelle de Castille, l'Andalousie subit la terrible influence du système qu'un fanatisme aveugle et cruel imposa dès-lors à l'Espagne, et resta depuis une province malheureuse de ce pays trop longtemps malheureux. *Voyez* ESPAGNE.

ANDAM, contrée d'Afrique, dans le Soudan. Il y a des chrétiens parmi les habitants de ce pays.

ANDAMAN (archipel d'). Cet archipel forme, avec celui de Nikobar, une longue chaine d'îles qui s'étend dans le golfe du Bengale, depuis le cap Négrais, dans l'empire Birman, jusqu'à l'extrémité N.-O. de l'île de Sumatra. Il est situé entre 90° 8' et 92° 20' long. orient., et entre 10° 35' et 14° 55' lat. N. En 1765, le Français Chevalier attira inutilement l'attention de son gouvernement sur ces îles; les Anglais s'en emparèrent, en 1791, et y fondèrent une colonie qu'ils abandonnèrent deux ans après, à cause du climat qui faisait mourir presque tous les colons. Ces îles sont aujourd'hui indépendantes et habitées seulement par des nègres très-laids, aussi féroces qu'abrutis, ichthiophages, idolâtres, évitant le contact des Européens.

L'archipel d'Andaman est composé de plusieurs îles et d'un grand nombre d'îlots et de rochers. La plus grande de ces îles, nommée *Grand-Andaman*, est couverte de montagnes et très-boisée. Les cartes la représentent comme séparée en deux parties par le détroit d'Andaman. Au S.-E. on trouve le port Chathane, et au N. le port Cornwallis, lieux où les Anglais fondèrent leurs établissements. Les autres îlots sont: *Petite-Andaman*, plus élevée encore et aussi boisée que la grande; *Barren*, dans lequel se trouve un volcan haut de 1800 pieds; *Narcoudam*, *Cocos* et *Preparis*, la plus septentrionale de toutes ces îles.

ANDANCE, vg. de Fr., dép. de l'Ardèche, arr. de Tournon, cant. de Serrières; pop. 1200 hab.

ANDANCETTE, vg. de Fr., dép. de la Drôme, arr. de Valence, cant. et poste de St.-Vallier, com. d'Albon; pop. 600 hab.

ANDARD, vg. de Fr., dép. de Maine-et-Loire, arr., cant. et poste d'Angers; pop. 1100 hab.

ANDAYA, riv. du Brésil, qui sort de la Sierra-Quatys et se jette dans le San-Francisco. On y trouve des diamants et d'autres pierres précieuses.

ANDÉ, vg. de Fr., dép. de l'Eure, arr. et cant. de Louviers, poste de Notre-Dame-du-Vaudreuil; pop. 450 hab.

ANDECAVI, g. a., peuple de la Gaule, à l'E. des Nemètes, sur la rive sept. de la Loire; Angers fut leur capitale.

ANDÉCHY, vg. de Fr., dép. de la Somme, arr. et cant. de Montdidier, poste de Roye; pop. 530 hab.

ANDEL, vg. de Fr., dép. des Côtes-du-Nord, arr. de St.-Brieux, cant. et poste de Lamballe; pop. 517 hab.

ANDELAIN, vg. de Fr., dép. de l'Aisne, arr. de Laon, cant. et poste de La Fère; fabrication de produits chimiques; pop. 200 h.

ANDELAIN (Saint-), vg. de Fr., dép. de la Nièvre, arr. de Cosne, cant. et poste de Pouilly-sur-Loire; pop. 700 hab.

ANDÉ-LAROCHE, vg. de Fr., dép. de l'Allier, arr., cant. et poste de Palisse; pop. 600 hab.

ANDELARRE, vg. de Fr., dép. de la Haute-Saône, arr., cant. et poste de Vesoul; pop. 182 hab.

ANDELARROT, vg. de Fr., dép. de la Haute-Saône, arr., cant. et poste de Vesoul; pop. 270 hab.

ANDELAT, vg. de Fr., dép. du Cantal, arr., cant. et poste de St.-Flour; pop. 700 hab.

ANDELEH, v. d'Afrique, dans le roy. de Hurrur.

ANDELFINGEN, vg. de Suisse, dans le cant. de Zurich, chef-lieu de dist.; son église est vieille et compte 2400 paroissiens; mais l'ancien château est un monument plein de goût et fait l'ornement de cet endroit. Ce château servit de retraite à Landolt, qui, le premier, organisa le corps des carabiniers suisses; il mourut en 1818; pop. du district 12,800 hab. En 1799 les environs furent le théâtre de plusieurs combats, livrés par les Français contre les Russes et les Autrichiens.

ANDELFINGEN, vg. parois. du Wurtemberg, dans le cer. du Danube, bge de Riedlingen; la commune possède une maison de refuge pour les pauvres; pop. 800 hab.

ANDELNANS, vg. de Fr., dép. du Haut-Rhin, arr., cant. et poste de Belfort; pop. 300 hab.

ANDELOT, vg. de Fr., dép. de la Haute-Marne, arr. de Chaumont-en-Bassigny, chef-lieu de cant. et poste; pop. 100 hab.

ANDELOT-EN-MONTAGNE, vg. de Fr., dép. du Jura, arr. de Poligny, cant. et poste de Champagnole; pop. 600 hab.

ANDELOT-LES-SAINT-AMOUR, vg. de Fr., dép. du Jura, arr. de Lons-le-Saulnier, cant. de St.-Julien, poste de St.-Amour; pop. 300 hab.

ANDELU, vg. de Fr., dép. de Seine-et-

Oise, arr. et cant. de Mantes, poste de Thoiry; pop. 170 hab.

ANDELYS (le grand), *Andelagus, Andilegum*, pet. v. de Fr., dép. de l'Eure, chef-lieu d'arr., près de la rive droite de la Seine, à 20 l. N.-O. de Paris; siége d'un tribunal de première instance; conservation des hypothèques. Cette ville est fort ancienne, les maisons sont vieilles, d'un triste aspect et les rues étroites et tortueuses. La célèbre fontaine de Clotilde n'y opère plus de miracles et a tout à fait perdu la réputation dont elle jouissait encore il y a moins d'un siècle. L'industrie est très-active aux Andelys : on y fabrique des étoffes de laine, de coton et de la bonneterie; elle a des filatures, des tanneries et des mégisseries. Les objets de commerce sont, outre les productions manufacturées, les grains, la laine et le bétail. Foire le 1er avril, le 4 juin et le 2 septembre. Patrie du célèbre peintre Nicolas Poussin, né en 1594 et mort en 1665; pop. 64,385 hab. pour l'arrondissement et 5085 pour la ville.

Cette ville, dont l'origine remonte au sixième siècle, eut beaucoup à souffrir des guerres continuelles entre la France et l'Angleterre. Elle fut saccagée et presque anéantie par les Anglais en 1170. En 1204, elle fut assiégée par Philippe-Auguste, qui s'en empara, mais elle retomba au pouvoir des Anglais et ce ne fut que sous Charles VII, qu'elle cessa d'être victime d'une lutte désastreuse et resta définitivement aux Français. C'est à Andelys que mourut, en 1562, Antoine de Navarre, blessé au siège de Rouen.

ANDELYS (le petit), b. de Fr., dép. de l'Eure, arr., cant., poste et à 1/4 l. d'Andelys (le grand), sur la rive droite de la Seine. On y voit les ruines du Château-Gaillard où Marguerite de Bourgogne, princesse adultère, fut enfermée en 1315 et étranglée par les ordres de son mari Louis-le-Hutin.

ANDENAC, ham. de Fr., dép. du Gers, arr. de Mirande, cant. et poste de Marciac, com. de Tuillac; pop. 50 hab.

ANDENNE, *Andana*, b. de la Belgique, dans la prov. et à 4 l. E. de Namur; il a de très-belles faïenceries, et l'on en exporte chaque année plus de 40,000 quintaux de terre de pipe. En 1467, ce bourg fut brûlé par le duc de Bourgogne; pop. 2700 hab.

ANDÉOL (Saint-), vg. de Fr., dép. de la Drôme, arr., cant. et poste de Die; pop. 275 hab.

ANDÉOL (Saint-), vg. de Fr., dép. de l'Isère, arr. de Grenoble, cant. et poste de Monestier-de-Clermont; pop. 215 hab.

ANDÉOL (Saint-), vg. de Fr., dép. du Rhône, arr. de Lyon, cant. et poste de Givors; pop. 673 hab.

ANDÉOL-DE-BERG (Saint-), vg. de Fr., dép. de l'Ardèche, arr. de Privas, cant. et poste de Villeneuve-de-Berg; pop. 310 hab.

ANDÉOL-DE-BOURLENC (Saint-), vg. de Fr., dép. de l'Ardèche, arr. de Privas, cant. d'Antraigues, poste d'Aubenas; pop. 1500 hab.

ANDÉOL-DE-FOURCHADES (Saint-), vg. de Fr., dép. de l'Ardèche, arr. de Tournon, cant. et poste du Chaylard; pop. 100 hab.

ANDÉOL-DE-CLERGUEMORT (Saint-), vg. de Fr., dép. de la Lozère, arr. de Florac, cant de Pont-de-Montvert, poste de Pompidou; pop. 380 hab.

ANDÉOL-DE-TROUILLAS (Saint-), vg. de Fr., dép. du Gard, arr. d'Alais, cant. de St.-Martin-de-Valgalgues, poste d'Alais; pop. 100 hab.

ANDERAB, v. du Turkestan, dans l'Usbekistan, Grande-Bucharie, au pied des monts Himalaya et sur un affluent du Gihon, à 75 l. E. de Balk. On y trouve des carrières de lapis-lazuli. Elle entretient un grand commerce avec l'Indoustan.

ANDERLECHT, b. de la Belgique, dans la prov. du Brabant méridional, à 1/2 l. S.-O. de Bruxelles. Fabriques d'étoffes de coton, toiles imprimées, forges et moulins à huile; pop. 2050 hab.

ANDERMATT, vg. de Suisse, dans le cant. d'Uri, vallée d'Urseren, à 1489 mètres au-dessus de la mer, à 8 l. d'Altorf; on y voit deux belles collections de fossiles du St.-Gothard, appartenant à des particuliers. Plusieurs combats ont eu lieu près d'Andermatt de 1798 à 1799; pop. 640 hab.

ANDERNACH, *Antenacum*, v. de Prusse, dans la prov. rhénane, rég. de Coblenz; on y cultive la vigne et des fruits; fabriques de pipes, tanneries, commerce de blé, vins, potasse, charbons, meulières, terre de pipes, cidre et bétail; pop. 2900 hab.

ANDERNAY, vg. de Fr., dép. de la Meuse, arr. de Bar-le-Duc, cant. et poste de Revigny; pop. 330 hab.

ANDERNOS, vg. de Fr., dép. de la Gironde, arr. de Bordeaux, cant. d'Audenge, poste de La-Teste-de-Buch; pop. 1100 hab.

ANDERNY, vg. de Fr., dép. de la Moselle, arr. et poste de Briey, cant. d'Audun-le-Roman; pop. 700 hab.

ANDERSON, comté de l'état de Tennessee, dans les États-Unis, traversé par les montagnes de Cumberland et arrosé par le Clinch; chef-lieu Clinton; pop. 4700 hab.

ANDERT, vg. de Fr., dép. de l'Ain, arr., cant. et poste de Belley; pop. 315 hab.

ANDES. *Voyez* dans l'article AMÉRIQUE.

ANDEUX (Saint-), vg. de Fr., dép. de la Côte-d'Or, arr. de Sémur, cant. de Saulieu, poste de Rouvray; pop. 490 hab.

ANDEVANNE, vg. de Fr., dép. des Ardennes, arr. de Vouziers, cant. et poste de Buzaney; pop. 136 hab.

ANDEVILLE, vg. de Fr., dép. d'Eure-et-Loir, arr. de Châteaudun, cant. de Bonneval, com. de Meslay-le-Vidame, poste de St.-Loup; pop. 120 hab.

ANDEVILLE, vg. de Fr., dép. de l'Oise, arr. de Beauvais, cant. et poste de Méru; bijouterie et tabletterie; pop. 1150 hab.

ANDEVOURANTE, gr. riv. de l'île de Madagascar qui a sa source aux monts Ambotismènes et se jette dans l'Océan Indien, près de la ville du même nom, dans la prov. de Betanimène, dont cette ville est la capitale.

ANDIA, v. de l'Indoustan, dans l'état du Maha-Raja-Sindia, à 15 l. N. de Bopaul.

ANDIGNÉ, vg. de Fr., dép. de Maine-et-Loire, arr. de Segré, cant. et poste du Lion-d'Angers; pop. 500 hab.

ANDILLAC, vg. de Fr., dép. du Tarn, arr. et poste de Gaillac, cant. de Castelnau-de-Montmiral; pop. 284 hab.

ANDILLÉ, vg. de Fr., dép. de la Vienne, arr. de Poitiers, cant. de La Ville-Dieu, poste de Vivonne; pop. 590 hab.

ANDILLY, vg. de Fr., dép. de la Haute-Marne, arr. de Langres, cant. de Varennes, poste de Montigny-le-Roi; pop. 413 hab.

ANDILLY, vg. de Fr., dép. de la Meurthe, arr. et poste de Toul, cant. de Domèvre; pop. 340 hab.

ANDILLY, vg. de Fr., dép. de Seine-et-Oise, arr. de Pontoise, cant. et poste de Montmorency; pop. 368 hab.

ANDILLY-LE-MARAIS, vg. de Fr., dép. de la Charente-Inférieure, arr. de La Rochelle, cant. et poste de Marans; pop. 1300 hab.

ANDIOL (Saint-), vg. de Fr., dép. des Bouches-du-Rhône, arr. d'Arles-sur-Rhône, cant. et poste d'Orgon; pop. 1000 hab.

ANDIRAN, vg. de Fr., dép. de Lot-et-Garonne, arr. d'Agen, cant. et poste d'Astaffort; pop. 110 hab.

ANDIRAN, vg. de Fr., dép. de Lot-et-Garonne, arr., cant. et poste de Nérac; pop. 600 hab.

ANDIZETES, g. a., peuple de la Basse-Pannonie, sur la Drave.

ANDJAR, v. de l'Indoustan, dans la présidence de Bombay, dans une contrée sèche et sablonneuse.

ANDJENGO, v. et port de l'Indoustan, sur la côte de Malabar, à 17 l. N.-O. de Travancor. On y fabrique des cordes de cocos; commerce de toile de coton et de poivre.

ANDJENOUELLE, v. de l'Indoustan, dans la présidence de Bombay; elle est protégée par un fort, et a des salines dans ses environs.

ANDLAU, jadis *Andelahe*, pet. v. de Fr., sur une riv. du même nom, dans le dép. du Bas-Rhin, arr. de Schlestadt, cant. et poste de Barr; cette ville est située dans un site fort pittoresque; elle a des fabriques de potasse et de noir de fumée, des scieries, des martinets et deux moulins à tan. Les environs ont de beaux vignobles.

Andlau était autrefois un domaine seigneurial dont le château qui existe encore au-dessus de la vallée de Barr, a été restauré il y a une vingtaine d'années. A côté de l'église paroissiale d'Andlau se trouvait, avant la révolution, un couvent de dames que l'épouse de Charles-le-Gros fonda en 880, après avoir soutenu l'épreuve du feu pour se disculper du crime d'adultère dont son mari l'avait accusée. Il y avait aussi à Andlau une commanderie de l'ordre teutonique; pop. 2257 hab.

ANDOAIN, b. d'Espagne, dans la prov. basque de Guipuscoa, sur l'Oria. On y fabrique de la vaisselle de cuivre.

ANDOCHÉ (Saint-), vg. de Fr., dép. de la Haute-Saône, arr. de Gray, cant. et poste de Champlitte; pop. 200 hab.

ANDOINS, vg. de Fr., dép. des Basses-Pyrénées, arr. et poste de Pau, cant. de Morlaas; pop. 560 hab.

ANDOLSHEIM, vg. de Fr., dép. du Haut-Rhin, arr. et poste de Colmar, chef-lieu de canton; pop. 1100 hab.

ANDON, vg. de Fr., dép. du Var, arr. de Grass, cant. de St.-Auban, poste d'Escragnolles; pop. 300 hab.

ANDONVILLE, vg. de Fr., dép. du Loiret, arr. de Pithiviers, cant. d'Outarville, poste d'Angerville; pop. 350 hab.

ANDORNAY, vg. de Fr., dép. de la Haute-Saône, arr. et cant. de Lure, poste de Luxeuil; pop. 210 hab.

ANDORNO-CACCIORNA, b. des états sardes, dans la principauté du Piémont, chef-lieu d'un marquisat, à 1 l. N. de Biella. Mines de cuivre, de fer et de plomb. Patrie du peintre Cagliari.

ANDOROSSA, jolie v. du roy. de Grèce, dans le nomos de Messénie.

ANDORRA, capitale de la rép. du même nom, sur l'Embellire, siège du conseil et des tribunaux du pays.

ANDORRE, pet. rép. située entre la Catalogne et le dép. de l'Arriège dont ce petit état est séparé par les Pyrénées. La république d'Andorre a une superficie d'environ 36 l. c. Depuis douze siècles, elle est considérée comme pays neutre; l'évêque d'Urgel en est le chef spirituel; mais elle est intimement liée à la France qui la protège et à laquelle elle prête serment de fidélité et paye chaque année une redevance de 960 livres.

Le gouvernement d'Andorre se compose d'un grand conseil formé de 12 membres élus au nombre de deux par chaque paroisse, et de deux syndics chargés du pouvoir exécutif. Les habitants ne payent aucun impôt; l'affermage des pâturages suffit aux dépenses publiques. Le pays est entouré de hautes montagnes couvertes de forêts, et possède des mines de fer et des forges. Il est divisé en 6 paroisses. Durant la guerre de la Péninsule, la petite république fournit des guides et des secours aux Français, et Napoléon lui rendit, par un decret du 27 mars 1806, l'indépendance et les droits qu'elle avait perdus pendant la révolution; pop. 15,000 h.

ANDOSILLA, b. d'Espagne, sur l'Ega, dans le roy. de Navarre.

ANDOTHEBAR, v. d'Afrique, dans l'Abyssinie, prov. d'Efat.

ANDOUILLÉ, vg. de Fr., dép. de la Mayenne, arr. et poste de Laval, cant. de Chailland; pop. 2800 hab.

ANDOUILLÉ-NEUVILLE, vg. de Fr., dép. d'Ille-et-Vilaine, arr. de Rennes, cant. de St.-Aubin-d'Aubigné, poste de Liffré; pop. 750 hab.

ANDOUQUE, vg. de Fr., dép. du Tarn, arr. d'Albi, cant. de Valderiès, poste de Cramaux; pop. 1500 hab.

ANDOVER (*Anedafaran* des anciens Saxons), pet. v. d'Angleterre, dans le comté de Southampton, sur l'Ande, nomme deux députés au parlement. Elle possède quelques établissements de bienfaisance, des fabriques d'étoffes de laine et fait un commerce important de drèche; pop. 4000 hab.

ANDOVER, v. de 3200 hab. dans le comté d'Essex, état de Massachussetts, États-Unis. Cette ville, située sur le bord du Merrimack, est remarquable par son académie dite de *Philippe*, l'une des plus considérables de l'état, et qui possède une bibliothèque de 5000 volumes; en 1808 il y a été joint un séminaire théologique.

ANDOVER, b. de 1300 hab., dans le comté de Hillsborough, état de New-Hampshire, États-Unis.

ANDOWA, v. de la Russie d'Europe, dans le gouv. d'Olonez, aux bords de la riv. de ce nom. Dans les environs se trouve la montagne d'Andowa, la plus considérable de celles qui avoisinent le lac Onéga.

ANDRAGIRI, v. capitale d'un roy. de même nom, dans l'île de Sumatra, au fond d'une petite baie, avec une bonne rade. Les Hollandais y ont un comptoir. Commerce d'or et de poivre.

ANDRAIX ou **ANDRACHE**, b. et pet. port d'Espagne, sur la côte S.-O. de l'île Majorque; pop. 3600 hab.

ANDRAPA, g. a., v. de Paphlagonie, au N.-O. d'Halys et au S.-E. de Pompéiopolis.

ANDRARUM, gr. b. de Suède, dans la prov. de Gothie, préfecture de Christianstadt. Mine d'alun.

ANDRAS, île du roy. de Grèce, la plus sept. des Cyclades, d'une étendue de 8 l. c. Elle est traversée par une crête de montagnes, bien arrosée, fertile. Les habitants, au nombre de 12,000, se nourrissent de la fabrication de soieries, de tapis, de la navigation, etc. Arna en est le chef-lieu. C'est cette île qui fournit presque tous les domestiques des deux sexes qui servent les Européens établis à Constantinople, à Smyrne et dans les autres villes du Levant.

ANDRÉ (Saint-), vg, de Fr., dép. des Basses - Alpes, arr. et poste de Castellane, chef-lieu de canton; pop. 790 hab.

ANDRÉ (Saint-), vg. de Fr., dép. des Hautes-Alpes, arr., cant. et poste d'Embrun; pop. 1060 hab.

ANDRÉ (Saint-), vg. de Fr., dép. de l'Aube, arr., cant. et poste de Troyes; pop. 800 hab.

ANDRÉ (Saint-), vg. de Fr., dép. de l'Aveyron, arr. et poste de Villefranche-de-Rouergue, cant. de Najac; pop. 2000 hab.

ANDRÉ (Saint-), vg. de Fr., dép. de la Charente, arr., cant. et poste de Cognac; pop. 300 hab.

ANDRÉ (Saint-), vg. de Fr., dép. de la Charente, arr. d'Angoulême, cant., com. et poste de Blanzac; pop. 610 hab.

ANDRÉ (Saint-), vg. de Fr., dép. de la Dordogne, arr., cant. et poste de Sarlat; pop. 840 hab.

ANDRÉ (Saint-), vg. de Fr., dép. de l'Eure, arr. d'Evreux, chef-lieu de canton et poste; pop. 1200 hab.

ANDRÉ (Saint-), vg. de Fr., dép. du Gers, arr. de Lombez, cant. de Samatan, poste de Gimont; pop. 250 hab.

ANDRÉ (Saint-), vg. de Fr., dép. de la Gironde, arr. de Libourne, cant. et poste de St.-Foix; pop. 800 hab.

ANDRÉ (Saint-), vg. de Fr., dép. des Landes, arr. de Dax, cant. de St.-Esprit, poste de Biaudos; pop. 800 hab.

ANDRÉ (Saint-), vg. de Fr., dép. de la Meuse, arr. et poste de Verdun, cant. de Souilly; pop. 300 hab.

ANDRÉ (Saint-), vg. de Fr., dép. du Nord, arr., cant. et poste de Lille; pop. 300 hab.

ANDRÉ (Saint-), vg. de Fr., dép. du Puy-de-Dôme, arr. de Riom, cant. et poste de Randans; pop. 1100 hab.

ANDRÉ (Saint-), ham. de Fr., dép. du Haut-Rhin, arr. de Belfort, cant. et poste de Delle; pop. 12 hab.

ANDRÉ (Saint-), b. de Hongrie, dans le comitat de Borsod, cer. en-deça de la Theiss; avec une église catholique, une église réformée et un couvent de franciscains; bains sulfureux.

ANDRÉ (Saint-), (*Szent-Endre*), b. de Hongrie, dans le comitat de Presbourg, cer. de Pilish, sur le Danube, avec une église catholique, sept églises grecques et une pop. de 8200 hab.

ANDRÉ (Saint-), pet. v. du Nouveau-Brunswick, sur une île dans la baie de Pasquamoddi, dans le voisinage des frontières N.-E. des États-Unis; ses habitants font un commerce considérable de bois de construction et se livrent à la pêche.

ANDRÉ (Saint-), île de la mer des Antilles, à l'E. de l'embouchure du San-Juan, dans les états-unis de l'Amérique centrale. Elle est sous la domination des Anglais et fournit beaucoup de bois de construction.

ANDREANOU ou **NÉGO** (îles), îles de l'Océan Austral, faisant partie de l'archipel des Aléoutes, situées entre les Aléoutes proprement dites et les îles des Renards. Elles sont très-nombreuses, mais la plupart d'entre elles ne sont que des rochers. En 1791 elles avaient une population de 756 habitants mêlés; ce nombre est descendu aujourd'hui à celui de 300, depuis que la compagnie américaine russe envoie les meilleurs chasseurs dans des îles éloignées dont ils ne reviennent plus. Les principales de ces îles, remarquables par leurs nombreux volcans, sont *Tanaga, Kanaga, Adach* et *Oltcka*.

ANDRÉAS ou ANDRIES (Saint-), fort de la Hollande, dans la prov. de Gueldre, cer. de Nimègue, est situé à 4 l. N. de Bois-le-Duc, sur une île entre la Meuse et le Waal, et a la forme d'un pentagone régulier.

ANDREASBERG, v. située dans le roy. de Hanovre, dans la capitainerie montueuse de Clausthal. Cette ville dont la population est de 3250 habitants, se trouve sur le sommet de la montagne dont elle porte le nom, à 1817 pieds au-dessus du niveau de la mer Baltique. Ses habitants qui se livrent d'une manière toute spéciale à l'industrie, trouvent dans les riches mines et dans les nombreuses usines qui l'avoisinent, des travaux intéressants et lucratifs. On rencontre dans ses alentours 11 fourneaux d'amalgamation qui produisent annuellement 5273 1/2 marcs d'argent pur, 1690 quintaux de plomb et 61 quintaux de cuivre, de nombreuses scieries, un haut-fourneau qui livre 7569 quintaux de fonte et 362 quintaux de fer granulé. La fabrication des dentelles est devenue, depuis peu d'années, une industrie très-productive pour les femmes dans cette ville. Les habitants se livrent également avec avantage à l'éducation des bestiaux.

ANDRÉAU (Saint-), vg. de Fr., dép. de la Haute-Garonne, arr. de St.-Gaudens, cant. d'Aurignac, poste de Martres; pop. 700 hab.

ANDRÉ-AUX-BOIS, vg. de Fr., dép. du Pas-de-Calais, arr. de Montreuil-sur-Mer, cant. de Campagne-les-Hesdin, com. de Maresquel, poste d'Hesdin; pop. 110 hab.

ANDRÉ-CAPCÈZE (Saint-), vg. de Fr., dép. de la Lozère, arr. de Mende, cant. et poste de Villefort; pop. 450 hab.

ANDRÉ-D'ALBAN (Saint-), vg. de Fr., dép. du Tarn, arr. d'Albi, cant. et poste d'Alban; pop. 400 hab.

ANDRÉ-D'APCHON (Saint-), vg. de Fr., dép. de la Loire, arr. de Roanne, cant. de St.-Haon-le-Châtel, poste de St.-Germain-Lespinasse; pop. 1750 hab.

ANDRÉ-DE-BAGÉ (Saint-), vg. de Fr., dép. de l'Ain, arr. de Bourg-en-Bresse, cant. de Bagé-le-Châtel, poste de Mâcon; pop. 187 h.

ANDRÉ-DE-BOHON (Saint-), vg. de Fr., dép. de la Manche, arr. de St.-Lô, cant. et poste de Carentan; pop. 670 hab.

ANDRÉ - DE - BOIS - RENAULT (Saint-). *Voyez* SAINT-ANDRÉ-FARIVILLERS.

ANDRÉ-DE-BRIOUZE (Saint-), vg. de Fr., dép. de l'Orne, arr. d'Argentan, cant. et poste de Briouze; pop. 620 hab.

ANDRÉ-DE-BUÈGUES (Saint-), vg. de Fr., dép. de l'Hérault, arr. de Montpellier, cant. de St.-Martin-de-Londres, poste de Ganges; pop. 165 hab.

ANDRÉ-DE-CHALANÇON (Saint-), vg. de Fr., dép. de la Haute-Loire, arr. d'Yssengeaux, cant. de Bas-en-Basset, poste de Monistrol; pop. 1200 hab.

ANDRÉ-DE-CORCY (Saint-), vg. de Fr., dép. de l'Ain, arr., cant. et poste de Trévoux; pop. 387 hab.

ANDRÉ-DE-COTONE (Saint-), vg. de Fr., dép. de la Corse, arr. de Bastia, cant. et poste de Cervione; pop. 700 hab.

ANDRÉ-DE-CRUZIÈRES (Saint-), vg. de Fr., dép. de l'Ardèche, arr. de l'Argentière, cant. des Vans, poste de St.-Ambroix; pop. 1000 hab.

ANDRÉ-DE-DOUBLE (Saint-), vg. de Fr., dép. de la Dordogne, arr. de Ribérac, cant. et poste de Neuvic; pop. 650 hab.

ANDRÉ-DE-FONTENAY (Saint-), vg. de Fr., dép. du Calvados, arr. de Caen, cant. de Bourguébus, poste de May-sur-Orne; pop. 450 hab.

ANDRÉ-DE-LA-FURÈDE (Saint-), vg. de Fr., dép. des Pyrénées-Orientales, arr. de Céret, cant. d'Argelès, poste de Collioure; pop. 500 hab.

ANDRÉ-DE-LA-MARCHE (Saint-), vg. de Fr., dép. de Maine-et-Loire, arr. de Beaupréau, cant. et poste de Montfaucon; pop. 1000 hab.

ANDRÉ-DE-LANCIZE (Saint-), vg. de Fr., dép. de la Lozère, arr. de Florac, cant. de St.-Germain-de-Calberte, poste de Pompidon; pop. 700 hab.

ANDRÉ-DE-L'ÉPINE (Saint-), vg. de Fr., dép. de la Manche, arr. et poste de St.-Lô, cant. de St.-Clair; pop. 400 hab.

ANDRÉ-DE-LIDON (Saint-), vg. de Fr., dép. de la Charente-Inférieure, arr. de Saintes, cant. de Gemozac, poste de Cozes; pop. 1400 hab.

ANDRÉ-DE-MAJENCOULES (Saint-), vg. de Fr., dép. du Gard, arr. et poste du Vigan, cant. de Valleraugue.

ANDRÉ-DE-MESSEY (Saint-), vg. de Fr., dép. de l'Orne, arr. de Domfront, cant. de St.-Gervais de Messey, poste de Flers; pop. 600 hab.

ANDRÉ-DE-ROQUELONGUE (Saint-), vg. de Fr., dép. de l'Aude, arr. de Narbonne, cant. et poste de Lezignan; pop. 350 hab.

ANDRÉ-DE-ROQUEPERTIUS (Saint-), vg. de Fr., dép. du Gard, arr. d'Uzès, cant. et poste de Pont-St.-Esprit; pop. 800 hab.

ANDRÉ-DE-ROSANS (Saint-), vg. de Fr., dép. des Hautes-Alpes, arr. de Gap, cant. de Rosans, poste de Serres; pop. 700 hab.

ANDRÉ-DE-SANGONIS (Saint-), vg. de Fr., dép. de l'Hérault, arr. de Lodève, cant. et poste de Gignac; pop. 2100 hab.

ANDRÉ-DES-EAUX (Saint-), vg. de Fr., dép. des Côtes-du-Nord, arr. de Dinan, cant. et poste d'Evran; pop. 510 hab.

ANDRÉ-DES-EAUX (Saint-), vg. de Fr., dép. de la Loire-Inférieure, arr. de Savenay, cant. et poste de Guérande; pop. 1409 hab.

ANDRÉ-DES-EFFANGEAS (Saint-), vg. de Fr., dép. de l'Ardèche, arr. de Tournon, cant. et poste de St.-Agrève; pop. 800 hab.

ANDRÉ-DE-VALBORGNE (Saint-), b. de Fr., dép. du Gard, arr. du Vigan, chef-lieu de cant., poste de Pompidou; pop. 1900 hab.

ANDRÉ-DE-VESINES (Saint-), vg. de Fr., dép. de l'Aveyron, arr. et poste de Milhau, cant. de Peyreleau; pop. 2000 hab.

ANDRÉ-D'HUIRIAT (Saint-), vg. de Fr., dép. de l'Ain, arr. de Bourg, cant. de Pont-de-Veyle, poste de Mâcon; pop. 450 hab.

ANDRÉ-DI-TALLANO (Saint-), vg. de Fr., dép. de la Corse, arr. et poste de Sartène, cant. de Ste.-Lucie-di-Tallano; pop. 215 hab.

ANDRÉ-D'OLÉRARGUES (Saint-), vg. de Fr., dép. du Gard, arr. d'Uzès, cant. et poste de Lussan; pop 420 hab.

ANDRÉ-D'ORCINO (Saint-), vg. de Fr., dép. de la Corse, arr. et poste d'Ajaccio, cant. de Sari-d'Orcino; pop. 180 hab.

ANDRE-D'ORNAIS (Saint-), vg. de Fr., dép. de la Vendée, arr., cant. et poste de Bourbon-Vendée; pop. 800 hab.

ANDRÉ-DU-BOIS (Saint-), vg. de Fr., dép. de la Gironde, arr. de La Réole, cant. et poste de St.-Macaire; pop. 800 hab.

ANDRÉ-DU-GARN (Saint-), vg. de Fr., dép. de la Gironde, arr., cant. et poste de La Réole; pop. 250 hab.

ANDRÉE (Sainte-), pet. v. du roy. d'Illyrie, dans le gouv. de Laibach, cer. de Klagenfurt, avec une belle cathédrale; siège d'un évêque; non loin se trouve le château de Lavant; pop. 1000 hab.

ANDRÉ-EN-BRESSE (Saint-), vg. de Fr., dép. de Saône-et-Loire, arr. et poste de Louhans, cant. de Montret; pop. 200 hab.

ANDRÉ-EN-MORVANS (Saint-), vg. de Fr., dép. de la Nièvre, arr. de Clamecy, cant. et poste de Lormes; pop. 1320 hab.

ANDRÉ-EN-ROYANS (Saint-), vg. de Fr., dép. de l'Isère, arr. de St.-Marcelin, cant. et poste de Pont-en-Royans; pop. 720 hab.

ANDRÉ-EN-TERRE-PLEINE (Saint-), vg. de Fr., dép. de l'Yonne, arr. et poste d'Avallon, cant. de Guillon; pop. 450 hab.

ANDRÉ-FARIVILLERS (Saint-), vg. de Fr., dép. de l'Oise, arr. de Clermont, cant. de Froissy, poste de Breteuil; pop. 780 hab.

ANDRÉ-GOULDOIE (Saint-), vg. de Fr., dép. de la Vendée, arr. de Bourbon-Vendée, cant. et poste de St.-Fulgent; pop. 1100 hab.

ANDREIN, vg. de Fr., dép. des Basses-Pyrénées, arr. d'Orthez, cant. et poste de Sauveterre; pop. 300 hab.

ANDREJAPOL, vg. de la Russie d'Europe, dans le gouv. de Twer, remarquable par ses eaux minérales, connues sous le nom de bains d'Olsuwiew.

ANDRÉ-LA-CHAMP (Saint-), vg. de Fr., dép. de l'Ardèche, arr. de l'Argentière, cant. et poste de Joyeuse; pop. 700 hab.

ANDRÉ-LA-COTE (Saint-), vg. de Fr., dép. du Rhône, arr. de Lyon, cant. et poste de Mornant; pop. 266 hab.

ANDRÉ-LA-PALUD (Saint-), vg. de Fr., dép. de l'Isère, arr. et poste de La-Tour-du-Pin, cant. du Pont-de-Beauvoisin; pop. 1200 hab.

ANDRÉ-LE-BOUCHOUX (Saint-), vg. de Fr., dép. de l'Ain, arr. de Trévoux, cant. et poste de Châtillon-les-Dombes; pop. 180 h.

ANDRÉ-LE-DÉSERT (Saint-), vg. de Fr., dép. de Saône-et-Loire, arr. de Mâcon, cant. et poste de Cluny; pop. 1150 hab.

ANDRÉ-LE-PANOUX (Saint-), vg. de Fr., dép. de l'Ain, arr., cant. et poste de Bourg; pop. 850 hab.

ANDRÉ-LE-PUY (Saint-), vg. de Fr., dép. de la Loire, arr. de Montbrison, cant. de St.-Galmier, poste de Chazelles; pop. 300 hab.

ANDRES, vg. de Fr., dép. du Pas-de-Calais, arr. de Boulogne, cant. et poste de Guines; pop. 900 hab.

ANDREST, vg. de Fr., dép. des Hautes-Pyrénées, arr. de Tarbes, cant. et poste de Vic-en-Bigorre; pop. 900 hab.

ANDRÉ-SUR-CAILLY (Saint-), vg. de Fr., dép. de la Seine-Inférieure, arr. de Rouen, cant. de Clères, poste de Fréneau; pop. 600 hab.

ANDRÉ-SUR-SÈVRE (Saint-), vg. de Fr., dép. des Deux-Sèvres, arr. de Bressuire, cant. de Cerisay, poste de Montcoutant; pop. 800 hab.

ANDRESY, vg. de Fr., dép. de Seine-et-Oise, arr. de Versailles, cant. de Poissy, poste de Triel; pop. 1000 hab.

ANDRÉ-TREIZE-VOIES (Saint-), vg. de Fr., dép. de la Vendée, arr. de Bourbon-Vendée, cant. et poste de Rocheservière; pop. 1050 hab.

ANDRETTA, b. du roy. de Naples, dans la principauté ultérieure, à 3 l. E. de St.-Angelo; pop. 4200 hab.

ANDREWS (Saint-), v. d'Écosse, sur une baie du même nom, chef-lieu du dist., dans le comté de Fife. Elle a un port assez commode, une université, fondée en 1412, une bibliothèque, composée de 36,000 volumes, et une grande église dans laquelle on admire le monument de l'archevêque Sharp. On y fabrique une grande quantité de toiles à voiles et de toiles de lin ordinaires. Cette ville, autrefois capitale de la province, possède des ruines remarquables; pop. 3500 h.

ANDREWS (Saint-), paroisse d'Écosse, sur l'île de Mainland, la plus grande des Orcades; pop. 900 hab.

ANDREZÉ, vg. de Fr., dép. de Maine-et-Loire, arr., cant. et poste de Beaupréau; pop. 1200 hab.

ANDREZEL, vg. de Fr., dép. de Seine-et-Marne, arr. de Melun, cant. de Marmont, poste de Guignes; pop. 300 hab.

ANDREZIEUX, vg. de Fr., dép. de la Loire, arr. de Montbrison, cant. de St.-Galmier, poste de Lury-le-Comtal; pop. 700 h.

ANDRIA, *Netium*, v. épiscopale du roy.

de Naples, dans la Terre de Bari, à 3 l. S.-S.-O. de Barletta. On y voit une belle cathédrale; pop. 13,000 hab.

ANDRIES, vg. de Fr., dép. de l'Yonne, arr. d'Auxerre, cant. et poste de Coulange; pop. 1000 hab.

ANDRIEUX (les), ham. de Fr., dép. des Hautes-Alpes, arr. de Gap, cant. de St.-Firmin-en-Valgodemard, com. de Guillaume-Peyrouse, poste de Corps. Ce hameau est tellement enfoncé dans les montagnes que les habitants sont privés du soleil pendant cent jours de l'année. Le retour de cet astre a lieu ordinairement vers le 10 février, et c'est un jour de fête pour ces villageois qui pratiquent dans cette circonstance des cérémonios assez analogues à celles des guèbres ou adorateurs du feu. Ils se rendent avant le lever du soleil vers un pont près du village, là ils attendent que les premiers rayons du jour paraissent; aussitôt que cette lumière bienfaisante vient éclairer leur profonde vallée, ils élèvent au-dessus de leurs têtes des omelettes qu'ils présentent comme offrandes à l'astre du jour; ensuite ils organisent les jeux, et la journée se passe à la danse et à table, où l'omelette consacrée tient le premier rang parmi les comestibles.

ANDRINOPLE, *Adrianopel*, *Ederneh* des Turcs, seconde capitale de l'empire ottoman, située dans la Roumili, sur les bords de la Maritza, près de son confluent avec la Tundja et l'Arda; elle est, après Constantinople, la ville la plus grande et la plus peuplée de la Turquie d'Europe. Comme dans la plupart des villes d'Orient, ses rues sont sales et irrégulières et ses places petites; mais la situation est ravissante et ses environs couverts de jardins et de champs de roses. Andrinople renferme une foule d'édifices et de monuments remarquables. Parmi ses quarante mosquées on admire surtout celle de Sélim II, regardée comme le plus beau temple de l'islamisme. Son dôme immense, soutenu par des colonnes de porphyre, égale en hauteur celui de Ste.-Sophie de Constantinople. Il est flanqué de quatre minarets, à la galerie supérieure desquels on arrive par 380 marches; l'on y jouit d'une vue magnifique. Nous citerons encore la mosquée de Bajazet II, surmontée d'une belle coupole et de deux minarets; celle du sultan Mourad II, dite aussi Outch-Serfeli, située au milieu de la ville et ornée de neuf coupoles et de quatre minarets; le bazar d'Ali-Pacha, l'un des plus beaux du monde; les deux sérails, l'ancien et le nouveau. Le premier, situé hors de la ville sur les rives de la Tundja, jadis la résidence des padichats, a beaucoup souffert de son abandon; cependant l'on y trouve encore de nombreuses traces de son ancienne magnificence, la tour octogone, entourée de beaux kiosks, qui s'élèvent dans sa vaste cour intérieure; la porte richement ornée, par laquelle on y entre, etc. Andrinople possède de beaux ponts, des murailles et des portes de construction romaine et d'autres restes, qui témoignent de son antiquité. Le tronc d'une statue colossale, d'environ douze pieds de haut, est attribué par la tradition populaire à une statue d'Adrien. L'aqueduc de Soliman fournit l'eau à la ville et alimente en outre 52 fontaines, 16 puits et 22 bains.

Andrinople est le siége d'un grand-mollah et d'un archevêque grec. Plusieurs colléges et écoles supérieures turcs sont attachés aux mosquées. Son industrie est considérable; elle consiste dans la fabrication d'étoffes de soie, de laine et de coton, de tapis, de maroquins et d'opium; en teintureries, tanneries, distilleries d'essences et d'eaux odoriférentes, productions qui forment, avec celles de son fertile territoire, la base d'un commerce florissant dont le principal débouché est le port d'Enos, auquel elles arrivent par la Maritza. Les principaux articles d'importation consistent en draps, étoffes et galons de Lyon, en sucre, café, cochenille, indigo et petites calottes rouges, vulgairement appelées fez; ceux d'exportation, en laines, cuirs, cires, soies de Zagora et autres marchandises propres aux fabriques européennes. La population s'élève à 130,000 habitants. Andrinople s'appelait anciennement Uskadama et était la résidence d'un prince de la Thrace. L'empereur Adrien lui donna son nom, qu'elle conserva jusqu'à 1360 où elle fut prise par les Turcs qui changèrent Andrinople en Ederneh. De 1366 à 1452, c'est-à-dire jusqu'à la conquête de Constantinople, elle resta la résidence des sultans. Les Russes l'occupèrent pendant quelque temps en 1820, et elle donne son nom à la paix conclue entre le Czar et Mahmud.

ANDRO, g. a., v. de la Basse-Égypte, près d'Hermopolis-la-Petite.

ANDRONY (Saint-), vg. de Fr., dép. de la Gironde, arr., cant. et poste de Blaye; pop. 700 hab.

ANDROPOLITES NOMOS, g. a., dist. de la Basse-Égypte, chef-lieu: Andropolis.

ANDROS ou ESPIRITO-SANTO, rangée d'îles qui, à l'O. de New-Providence (une des îles de Bahama), dans une étendue de 35 à 40 lieues, décrit une courbe. Le mahogon y croît en abondance et atteint une hauteur considérable.

ANDROUBA, v. de l'île de Madagascar, dans la contrée des Antsianactes, au centre de l'île; elle est bien bâtie et fait commerce de riz, de coton et de soie. Les environs sont fertiles.

ANDRYCHOW, v. de Gallicie, dans le cer. de Myslenicze, avec un château; grande fabrication de toiles dont on y confectionne chaque année plus de 30,000 pièces, pop. 3100 hab.

ANDST, v. et dist. du Danemark, dans le bge de Ribe.

ANDUEZA, b. d'Espagne, dans le roy. de Navarre.

ANDUJAR, *Forum Julium*, v. d'Espagne, dans la prov. de Jaën, près du Guadalquivir que l'on y passe sur un beau pont de dix-sept arches. Elle est assez bien bâtie; les rues sont larges et bien pavées. Elle a une vieille citadelle, 6 églises, 9 couvents, 5 hôpitaux et une salle de spectacle. On y fait commerce de soie, de grains, de vins et d'huile, et l'on y fabrique des vases de terre (cruches d'alcarraza) qui ont la réputation de conserver la fraîcheur de l'eau. C'est dans cette ville qu'en 1823 le duc d'Angoulême rendit une ordonnance pour la pacification de l'Espagne; pop. 14,000 hab.

ANDUZE, *Andusia*, pet. v. de Fr., dép. du Gard, arr. d'Alais, chef-lieu de cant., sur le Gardon, siége d'un tribunal de commerce. Elle a des fabriques de draps et des filatures de soie; mais sa principale industrie est la chapellerie; pop. 5600 hab.

ANEGADA, île faisant partie du groupe des Petites-Antilles, appartient aux Anglais.

ANEGADA, une des Lewards-Islands ou Iles-sous-le-Vent, appartenant aux Anglais, est si peu élevée que du temps de la marée elle est presque en entier couverte d'eau; elle est longue de 8 lieues, abonde en crabes, du reste infertile et inhabitée.

ANEMOUR, château dans l'Asie ottomane, eyalet d'Adana, près du cap qui porte son nom, sur l'emplacement de l'ancienne Anemurium, conserve encore des restes intéressants de cette ville, principalement une nécropole dont les tombeaux offrent les différents genres d'architecture usités dans ces monuments.

ANÉRAN, vg. de Fr., dép. des Hautes-Pyrénées, arr. de Bagnères, cant. de Bordères, poste d'Arreau; pop. 150 hab.

ANÈRES, vg. de Fr., dép. des Hautes-Pyrénées, arr. de Bagnères-en-Bigorre, cant. de Nestier, poste de St.-Laurent-de-Neste; pop. 345 hab.

ANESCH ou **ANEYCH**, **ANEYZY**, v. d'Arabie, dans la prov. de Nédjed, chef-lieu du dist. de Kasym, à 52 l. O.-N.-O. de Déraïéh. La contrée produit une grande quantité de dattes, de pêches et de raisins. Patrie d'Abdul-Waheb, prophète des Wahabites.

ANET, b. de Fr., dép. d'Eure-et-Loir, arr. et à 4 l. N. de Dreux, chef-lieu de canton. Il a des forges et des papeteries; on y fait commerce de grains, de fourrage et de bois. Ce bourg, situé dans une riante vallée, avait autrefois un château magnifique que Henri II y fit bâtir à grands frais pour la célèbre Diane de Poitiers, sa maîtresse, qui fut enterrée dans la chapelle de ce même château. La révolution a détruit cet élégant édifice dont les débris rappellent encore ces siècles d'immoralité où des rois de France élevaient des palais à la prostitution et à l'adultère; pop. 1500 hab.

ANETZ, v. de Fr., dép. de la Loire-Inférieure, arr., cant. et poste d'Ancenis; pop. 1200 hab.

ANEZAY, vg. de Fr., dép. de la Charente-Inférieure, arr. de St.-Jean d'Angely, cant. et poste de Tonnay-Boutonne; pop. 400 hab.

ANFA ou **ANAFA**, **DARLBEDA**, **DARBEYDA**, v. et port de l'emp. de Maroc, roy. et à 28 l. O. de Fez.

ANGAD, désert qui occupe la partie occidentale de l'Algérie.

ANGAIS, vg. de Fr., dép. des Basses-Pyrénées, arr. de Pau, cant. de Clarac, poste de Nay; pop. 720 hab.

ANGAMALE, v. et forteresse dans l'Inde anglaise, présidence de Madras, prov. de Malabar.

ANGARA, fl. d'Asie, est regardé par quelques géographes comme la continuation du Selenga qui se jette dans le lac Baikal. L'Angara sort de ce lac et est navigable malgré son lit rocailleux et les chutes qui pourraient entraver la marche des bâtiments. Il reçoit les eaux de l'Irkut, du Kuba, du Kitoi, de la Belaya et de l'Ilim. Après sa réunion avec cette rivière, l'Angara prend le nom de Werchnaja-Toungounska ou Toungouska supérieure, et va se jeter dans le Jenissey dont il forme le principal affluent.

ANGARAES, dist. du Pérou, dans le dép. d'Ayacucho; capitale : Guanca-Velica. Le pays, quoique froid, abonde toutefois en blé, maïs, fruits et même en cannes à sucre; on y élève beaucoup de lamas ou brebis; mines de mercure et d'ocre.

ANGARII, g. a., peuple de la Germanie, occupant le pays compris dans la principauté de Kalenberg.

ANGAZICHA ou **GRANDE-COMORRE**, la plus grande des îles Comorres, dans l'Océan Indien, avec un volcan. Elle est peuplée d'Arabes mahométans qui font le commerce avec Mozambique.

ANGE, vg. de Fr., dép. de Loir-et-Cher, arr. de Blois, cant. et poste de Montrichard; pop. 680 hab.

ANGE (Saint-), vg. de Fr., dép. d'Eure-et-Loir, arr. de Dreux, cant. et poste de Châteauneuf-en-Thimerais; pop. 443 hab.

ANGE (Saint-) ou **AGUIGAN**, île des Mariannes ou de l'archipel des Larrons, dans la Polynésie, au S.-O. de l'île Tinaan.

ANGEAC-CHAMPAGNE, vg. de Fr., dép. de la Charente, arr. et poste de Cognac, cant. de Segonzac; pop. 310 hab.

ANGEAC-SUR-CHARENTE, vg. de Fr., dép. de la Charente, arr. de Cognac, cant. et poste de Châteauneuf-sur-Charente; pop. 610 hab.

ANGEAU (Saint-), vg. de Fr., dép. de la Charente, arr. de Ruffec, cant. et poste de Mansle; pop. 750 hab.

ANGECOURT, vg. de Fr., dép. des Ardennes, arr. et poste de Sedan, cant. de Raucourt; fabriques de draps; pop. 500 h.

ANGEDUC, vg. de Fr., dép. de la Charente, arr., cant. et poste de Barbezieux; pop. 250 hab.

ANGÉJA, b. du Portugal, prov. de Beira,

sur le Caima, à 5 l. N.-E. d'Aveiro. Il y a chaque mois un marché de grains et de bétail.

ANGEL (Saint-), vg. de Fr., dép. de l'Allier, arr., cant. et poste de Montluçon; pop. 600 hab.

ANGEL (Saint-), vg. de Fr., dép. de la Corrèze, arr., cant. et poste d'Ussel; pop. 1500 hab.

ANGEL (Saint-), vg. de Fr., dép. de la Dordogne, arr. et poste de Nontron, cant. de Champagne; pop. 500 hab.

ANGEL (Saint-), vg. de Fr., dép. du Puy-de-Dôme, arr. de Riom, cant. de Manzat, poste de St.-Gervais; pop. 884 hab.

ANGEL (Saint-), ham. de Fr., dép. du Tarn, arr. de Gaillac, cant. et com. de Salvagnac, poste de Rabastens; pop. 128 hab.

ANGE-LE-VIEIL (Saint-), vg. de Fr., dép. de Seine-et-Marne, arr. de Fontainebleau, cant. de Lorrez-le-Bocage, poste d'Égreville; pop. 150 hab.

ANGELINA, b. dans l'île de Haïti, à 7 l. E. de La-Concepcion-de-la-Véga-Réal.

ANGELO (San-), b. du roy. Lombard-Vénitien, dans le gouv. de Milan, prov. et à 2 1/2 l. de Lodi; pop. 3000 hab.

ANGELO (San-), b. du roy. Lombard-Vénitien, dans le gouv. de Venise, prov. et à 3 1/2 l. de Padoue; pop. 1800 hab.

ANGELO-A-FASANELLA (San-), b. du roy. de Naples, dans la principauté citérieure, à 7 l. de Campagna.

ANGELO-DELLE-FRATTI (San-), b. du roy. de Naples, dans la principauté citérieure, à 9 l. de Campagna; pop. 1700 hab.

ANGELO-IN-VADO (San-), b. des états de l'Église, délégation d'Urbin-et-Pezaro, à 4 l. S.-O. d'Urbin; pop. 2000 hab.

ANGELOS (los), pet. port sur la côte N.-O. de l'Amérique septentrionale, dans la Nouvelle-Géorgie, sur le détroit de Jean de Fuca.

ANGELY, vg. de Fr., dép. de l'Yonne, arr. et poste d'Avallon, cant. de l'Isle-sur-le-Serein; pop. 310 hab.

ANGEOT ou **INGELSOD**, vg. de Fr., dép. du Haut-Rhin, arr. de Belfort, cant. de Fontaine, poste de Rougemont; pop. 450 h.

ANGERANO, gr. vg. du roy. Lombard-Vénitien, dans le gouv. de Venise, délégation de Vicence; fabrique de chapeaux de paille; pop. 3000 hab.

ANGERBOURG, v. de Prusse, dans la prov. de Prusse, rég. de Gumbinnen, chef-lieu de cer.; filatures de laine et commerce de bois et de toiles; pop. 2000 hab.

ANGERMANELF, fl. de la Suède, qui a sa source dans les montagnes du Nordland, se jette dans le golfe de Botnie, après avoir reçu les eaux de plusieurs rivières et baigne la petite île sur laquelle se trouve Hernosaüd.

ANGERMANLAND, ancienne province de Suède, fait partie aujourd'hui du gouvernement ou län de Wester-Noveland.

ANGERMUNDE, v. des états prussiens, dans la prov. de Brandebourg, rég. de Potsdam, chef-lieu de cer.; fabriques de draps et de toiles; grande culture de tabac; pop. 3500 hab.

ANGERS, *Andegavi*, *Juliomagus*, v. de Fr., sur la Mayenne, chef-lieu du dép. de Maine-et-Loire, à 75 l. S.-O. de Paris. Siége d'une cour royale, d'une cour d'assises, de tribunaux de première instance et de commerce, d'un évêché, d'une direction des contributions, d'une conservation des hypothèques, d'une conservation des forêts, etc. La Mayenne, qui traverse la ville, la divise en trois parties : l'une est la ville proprement dite, c'est la plus belle partie d'Angers; la seconde est une petite île et la troisième comprend le quartier de la Doutre, le plus vieux et le plus laid de la ville. Les rues sont en général étroites et tortueuses, et les places, à l'exception du champ de Mars, sont petites et irrégulières. Au bas de la ville s'élève l'ancien château, bâti par St.-Louis; il sert aujourd'hui de magasin à poudre. Les faubourgs d'Angers sont très-étendus. De beaux boulevards ceignent la ville ainsi que le quartier de la Doutre. Les édifices remarquables sont la cathédrale, les hôtels de la mairie et de la préfecture, la salle de spectacle, la nouvelle poissonnerie. Angers est une des villes de l'O. où l'on cultive le plus les lettres, les sciences et les arts. Elle possède une académie, une école secondaire de médecine, un collége, une institution de sourds-muets, une école d'arts et métiers, une école normale primaire; plusieurs sociétés savantes, une bibliothèque, un musée, un jardin des plantes et un cabinet d'histoire naturelle. On y fait commerce d'ardoises, de bois de construction, de houille, de vin, d'eau-de-vie, de lin, de chanvre, et l'on y fabrique des toiles à voiles, des indiennes, des étoffes de fil et de coton, des bougies, de l'amidon, etc.; ses imprimeries et sa librairie ont aussi de l'importance. Elle a douze foires par an, dont les plus importantes sont celles du lendemain de la Fête-Dieu, du lendemain de la St.-Martin et du deuxième lundi de décembre. Ces trois foires durent chacune huit jours; les autres un jour; pop. 35,901 pour la ville et 138,459 pour l'arrondissement.

Angers est la patrie de Guillaume du Bellay, grand capitaine et diplomate (sous François Ier), de Martin du Bellay, écrivain et diplomate du même siècle (1559), de Jean du Bellay, évêque de Paris (1560), de Bodin, Jean, publiciste (1530), de Ménage, littérateur (1613), de Bernier, célèbre voyageur (1654) et de Béclard, médecin distingué (né en 1785, mort 1825).

Angers est une des plus anciennes villes de France. Lors de l'invasion des Romains elle était habitée par les Andegaves. César en fit une place forte qui porta le nom de Juliomagus. Vers le milieu du cinquième siècle les Saxons s'en emparèrent et en furent chassés bientôt après par les Francs, sous la conduite de Childéric Ier. En 845 et 857 cette ville fut prise et saccagée par les Normands. Robert-le-Fort, comte d'Outre-Maine, était parvenu à les chasser; mais Robert ayant péri dans un combat contre ces barbares, ils revinrent une troisième fois à Angers, et Hasting, leur chef, s'y maintint jusqu'à ce que Charles-le-Chauve achetât lâchement la paix à prix d'argent. Ce traité honteux ne préserva point cette ville d'autres incursions de la part des Normands et des Bretons, qui dévastèrent tour à tour la province dont Angers était la capitale. Elle passa ensuite sous la domination des différentes maisons d'Anjou et fut souvent prise et reprise par les Bretons, les Anglais et les Français. En 1480, Louis XI réunit cette province à la couronne, et la ville n'eut plus d'autre maître que la France. Angers eut à souffrir des guerres de la ligue et de la révocation de l'édit de Nantes; ce dernier événement surtout porta un coup très-rude à sa prospérité et fit diminuer de plus d'un tiers sa population; mais depuis la révolution française de 1789, elle s'est beaucoup relevée. En 1793 une armée nombreuse de Vendéens l'attaqua et fut vivement repoussée.

ANGERVILLE, vg. de Fr., dép. de Tarn-et-Garonne, arr. de Castelsarrasin, cant. et poste de St.-Nicolas-de-la-Grave; pop. 400 h.

ANGERVILLE-BAILLEUL, vg. de Fr., dép. de la Seine-Inférieure, arr. du Hâvre, cant. et poste de Goderville; pop. 335 hab.

ANGERVILLE-EN-AUGE, vg. de Fr., dép. du Calvados, arr. de Pont-l'Évêque, cant. de Dives, poste de Dozullé; pop. 270 hab.

ANGERVILLE-LA-CAMPAGNE, vg. de Fr., dép. de l'Eure, arr., cant. et poste d'Évreux; pop. 185 hab.

ANGERVILLE-LA-GATE, vg. de Fr., dép. de Seine-et-Oise, arr. d'Etampes, cant. de Méréville; poste; fabriques de bas; pop. 1580 hab.

ANGERVILLE-LA-RIVIÈRE, vg. de Fr., dép. du Loiret, arr. de Pithiviers, cant. et poste de Puiseaux; pop. 315 hab.

ANGERVILLE-LE-MARTEL, vg. de Fr., dép. de la Seine-Inférieure, arr. d'Yvetot, cant. et poste de Valmont; pop. 1400 hab.

ANGERVILLE-L'ORCHER, vg. de Fr., dép. de la Seine-Inférieure, arr. du Hâvre, cant. de Criquetot-Lesneval, poste de Montivilliers; pop. 1080 hab.

ANGERVILLERS ou **ANSWEILLER**, vg. de Fr., dép. de la Moselle, arr. et poste de Thionville, cant. de Cattenom; pop. 700 h.

ANGERVILLIERS, vg. de Fr., dép. de Seine-et-Oise, arr. de Rambouillet, cant. de Dourdan, poste de St.-Chéron; pop. 393 hab.

ANGEY, vg. de Fr., dép. de la Manche, arr. et poste d'Avranches; cant. de Sartilly; pop. 315 hab.

ANGHIARI, b. du grand-duché de Toscane, dans la prov. de Florence. On y célèbre tous les ans, par une course de chevaux, la victoire remportée par les Florentins en 1440.

ANGICOURT, vg. de Fr., dép. de l'Oise, arr. et cant. de Clermont, poste de Liancourt; pop. 263 hab.

ANGIENS, vg. de Fr., dép. de la Seine-Inférieure, arr. d'Yvetot, cant. de Fontaine-le-Dun, poste de St.-Valéry-en-Caux; pop. 1000 hab.

ANGIREY, vg. de Fr., dép. de la Haute-Saône, arr. et cant. de Gray, poste de Gy; pop. 352 hab.

ANGIVILLERS, vg. de Fr., dép. de l'Oise, arr. de Clermont, cant. et poste de St.-Just-en-Chaussée; pop. 300 hab.

ANGLADE, vg. de Fr., dép. de la Gironde, arr. et poste de Blaye, cant. de St.-Ciers-la-Lande; pop. 1150 hab.

ANGLARDS, vg. de Fr., dép. de l'Aveyron, arr. de Rhodez, cant. et poste de Rignac; pop. 1250 hab.

ANGLARDS, vg. de Fr., dép. du Cantal, arr. et poste de Mauriac, cant. de Salers; pop. 2400 hab.

ANGLARDS, vg. de Fr., dép. du Cantal, arr., cant. et poste de St.-Flour; pop. 500 hab.

ANGLARS, ham. de Fr., dép. de l'Aveyron, arr. et poste d'Espalion, cant. d'Estaing, com. de Coubisou; pop. 115 hab.

ANGLARS, vg. de Fr., dép. du Lot, arr. de Figeac, cant. et poste de La Capelle-Marival; pop. 800 hab.

ANGLE, b. de Fr., dép. de la Vienne, arr. de Montmorillon, cant. de St.-Savin, poste; pop. 1580 hab.

ANGLEFORT, vg. de Fr., dép. de l'Ain, arr. de Belley, cant. et poste de Seyssel; pop. 1150 hab.

ANGLEMONT, vg. de Fr., dép. des Vosges, arr. d'Epinal, cant. et poste de Rambervillers; pop. 200 hab.

ANGLES, vg. de Fr., dép. des Basses-Alpes, arr. et poste de Castellane, cant. de St.-André; pop. 350 hab.

ANGLES, vg. de Fr., dép. de la Charente, arr. et poste de Cognac, cant. de Segonzac; pop. 200 hab.

ANGLES, vg. de Fr., dép. de la Corrèze, arr., cant. et poste de Tulle; pop. 196 hab.

ANGLES, vg. de Fr., dép. du Gard, arr. d'Uzès, cant. et poste de Villeneuve-lès-Avignon; pop. 378 hab.

ANGLES, vg. de Fr., dép. des Hautes-Pyrénées, arr. d'Argelès, cant. et poste de Lourdes; pop. 348 hab.

ANGLES, vg. de Fr., dép. des Pyrénées-Orientales, arr. de Prades, cant. et poste de Mont-Louis; pop. 700 hab.

ANGLES, vg. de Fr., dép. du Tarn, arr. de Castres, poste de Brassac, chef-lieu de canton. Filatures; fabriques d'étoffes de coton, pop. 2837 hab.

ANGLES, vg. de Fr., dép. de la Vendée, arr. des Sables, cant. de Moutiers, poste d'Avrillé; pop. 1050 hab.

ANGLESEY, *Mona*, île et comté de ce nom dans la mer d'Irlande; elle est comprise dans la principauté de Galles et séparée du comté écossais de Carnarvon par le détroit de Menai, navigable dans toute sa longueur pour les bâtiments de 150 tonneaux. Elle est bornée par des rochers et des écueils dont les intervalles forment des baies et quelques ports très-commodes. Cette île n'a point de hautes montagnes. Une chaine de collines s'étend de l'O. à l'E. depuis la baie de Kemlin à une distance d'un mille environ. Au milieu de cette chaîne s'élève le Parrys, célèbre par ses mines de cuivre. Le sol y est fertile; la partie occidentale est bien boisée. Plusieurs petites rivières, d'un cours très-borné, la Braint, le Cefni, la Traw et le Dulâs arrosent cette île et contribuent à sa fertilité. Le climat y est doux et l'air sain. Les productions les plus abondantes sont le froment, les légumes de toute espèce, du lin et du bois. Le bétail y est fort beau et un objet de commerce lucratif; on exporte une très-grande quantité de bêtes à cornes. Il s'y fait aussi une forte exportation de blé, et l'île d'Anglesey peut être considérée comme le grenier de la principauté de Galles. La pêche aux harengs et aux homards y est très-productive; mais la principale richesse d'Anglesey est la mine de cuivre de Parrys exploitée depuis 1768. On y trouve aussi du plomb argentifère, de la houille, des carrières de marbre vert et d'ardoise; pop. 44,000 hab.

Anglesey fut habitée par les Druides; soumise plus tard aux Gallois, et vers la fin du treizième siècle réunie à la couronne d'Angleterre par le roi Edouard Ier qui avait fait construire un pont sur le détroit de Menai.

ANGLESQUEVILLE, ham. de Fr., dép. du Calvados, arr. de Pont-l'Evêque, cant., poste et com. de Cambremer; pop. 115 hab.

ANGLESQUEVILLE-LE-BRAS-LONG, vg. de Fr., dép. de la Seine-Inférieure, arr. d'Yvetot, cant. de Fontaine-le-Dun, poste de Doudeville. La longueur de ce village lui a fait donner le surnom de Le Bras-Long; pop. 400 hab.

ANGLESQUEVILLE-L'ESNEVAL, vg. de Fr., dép. de la Seine-Inférieure, arr. du Havre, cant. de Criquetot-l'Esneval, poste de Montivilliers; pop. 556 hab.

ANGLESQUEVILLE-SUR-SAANE, vg. de Fr., dép. de la Seine-Inférieure, arr. de Dieppe, cant. et poste de Tôtes; pop. 500 h.

ANGLET, vg. de Fr., dép. des Basses-Pyrénées, arr., cant. et poste de Bayonne; pop. 2500 hab.

ANGLETERRE. *Voyez* BRITANNIQUES (Iles).

ANGLETERRE, vg. de Fr., dép. de l'Oise, arr. de Beauvais, cant., poste et com. de Méru; pop. 100 hab.

ANGLI, g. a., peuple, selon Tacite, à l'E., et, selon d'autres, à l'O. de l'Elbe; il se joignit aux Saxons pour faire la conquête de la Bretagne (450), et donna son nom à ce pays.

ANGLIERS, vg. de Fr., dép. de la Charente-Inférieure, arr. de La Rochelle, cant. de Courçon, poste de Nuaillé; pop. 400 hab.

ANGLIERS, vg. de Fr., dép. de la Vienne, arr. et poste de Loudun, cant. de Montcontour; pop. 615 hab.

ANGLOISCHEVILLE, vg. de Fr., dép. du Calvados, arr., cant. et poste de Falaise, com. de Fresné-la-Mère; pop. 145 hab.

ANGLURE, vg. de Fr., dép. de la Marne, arr. d'Epernay, chef-lieu de cant. et poste; pop. 736 hab.

ANGLUS, vg. de Fr., dép. de la Haute-Marne, arr. de Vassy, cant. et poste de Montiérender; pop. 200 hab.

ANGLUZELLE, vg. de Fr., dép. de la Marne, arr. d'Epernay, cant. et poste de la Fère-Champenoise; pop. 345 hab.

ANGO, prov. du dép. d'Ayacucho, dans le Pérou, s'étend du point où le Calcamayu se jette dans l'Apurimac le long de la rive gauche de ce dernier, à 20 l. vers le N.; sa plus grande largeur est de 14 l. et sa superficie de 160 l. c. Le sol produit du sucre, du café et d'excellents fruits. Les habitants ont beaucoup à souffrir des tigres, des serpents et des scorpions. Chef-lieu : Ango.

ANGOISSE, vg. de Fr., dép. de la Dordogne, arr. de Nontron, cant. de la Nouaille, poste d'Excideuil; pop. 1300 hab.

ANGOLA, roy. d'Afrique, dans la Guinée méridionale; il s'étend du N. au S., entre 11° et 16° long. orient., depuis le Dandé qui le sépare du Congo, jusqu'au Coanza qui le borne du côté du Benguela; il est borné à l'O. par l'Océan et à l'E. par les pays de Matamba et de Malemba. Ce royaume s'appelait autrefois Dongo, s'étendait alors beaucoup plus vers l'E. et comprenait aussi le pays des Mandogoes, à l'E. de Matamba. En 1578, les rois du Congo concédèrent aux Portugais le territoire entre le Coanza et le Dandé, depuis la mer jusqu'au lac d'Aquilonda. Les Portugais occupent à l'O. les parties les plus fertiles et la côte du pays d'Angola; les terres de la partie orientale sont plus indépendantes.

Cette contrée est arrosée par plusieurs fleuves; elle est montagneuse et mal cultivée; l'eau fraiche y est très-rare. Le sel est un des principaux produits du pays; on y récolte aussi du maïs, du riz et du millet.

Les indigènes de certaines provinces sont moins noirs que dans les contrées plus septentrionales de la Guinée, et leurs traits ne présentent point tout ce qui caractérise ordinairement la physionomie des Nègres; cette circonstance est attribuée aux relations des Négresses avec les Portugais; cependant on trouve peu de mulâtres dans le pays.

Le royaume d'Angola est composé des provinces occidentales ou maritimes de Danda, Bengo, Loanda, Moseche, Kissama et des provinces intérieures ou orientales d'Embaca, Ilamba et Oarji.

ANGOMONT, vg. de Fr., dép. de la Meurthe, arr. de Lunéville, cant. de Baccarat, poste de Blamont; pop. 350 hab.

ANGORA, *Angura*, l'ancienne *Ancyra*, chef-lieu de sandschak, dans l'eyalet d'Anatolie, Turquie d'Asie, siége d'un évêque arménien, déchue de son ancienne grandeur, mais encore importante soit par son étendue, soit par ses fabriques de camelots faits avec le poil long et soyeux des chèvres de cette contrée, caractère particulier que partagent avec elles les lapins et les chats; soit par la population qui s'élève à environ 40,000 habitants, d'après Balbi, et à 80,000, selon Malte-Brun. La triple enceinte de ses murailles est en très-mauvais état. Les antiquités romaines y sont nombreuses et l'on en retrouve des débris dans les portes, dans les murailles et presque dans tous les édifices, construits avec les débris d'anciens monuments. Les deux lions de grandeur naturelle, qui se trouvent près de la porte de Smyrne, et les inscriptions gravées sur six colonnes, restes du temple d'Auguste, connu sous le nom de monument d'Ancyre, en sont les plus remarquables. Angora est encore célèbre par la grande victoire qu'y remporta Tamerlan sur Bajazet Ier (1420).

ANGOS, vg. de Fr., dép. des Basses-Pyrénées, arr. de Pau, cant. de Thèze, poste d'Auriac; pop. 125 hab.

ANGOS, vg. de Fr., dép. des Hautes-Pyrénées, arr., cant. et poste de Tarbes; pop. 200 hab.

ANGOSTURA ou SAN-THOMAS-D'ANGOSTURA, ou bien encore NUEVA-GUYANA, chef-lieu de la prov. de Guyane, dans le dép. de l'Orénoque, rép. de Vénézuela, ville de 3000 habitants sur l'Orénoque; possède un collége, un couvent (de San-Juan-de-Dios), et un port en assez mauvais état, d'où l'on exporte du bétail, des peaux et du tabac.

ANGOTE, v. d'Afrique, dans l'Abyssinie. Elle est sous la domination des Gallas.

ANGOULÊME, *Inculisma*, v. de Fr., chef-lieu du dép. de la Charente, à 110 l. S.-O. de Paris; siége d'un évêché, d'une cour d'assises, de tribunaux de première instance et de commerce, de directions des contributions et des domaines, d'une conservation des hypothèques, d'une sous-inspection des forêts, etc. Angoulême est bâtie sur un plateau rocheux, baignée par la Charente et entourée presque de tous côtés de rochers escarpés. Les abords de la ville sont difficiles; on y monte par quatre rampes assez raides, et l'on y entre par quatre portes. Un chemin d'une pente fort douce, orné de deux rangées d'arbres, a été construit en 1808. On distingue à Angoulême la nouvelle et l'ancienne ville : celle-ci a des rues étroites et des constructions très-irrégulières. La nouvelle ville a des rues larges et bien alignées, de belles constructions et de beaux magasins. Les édifices publics n'y sont pas très-remarquables. L'ancien château, qui domine la ville, est presque entièrement démoli, ainsi que les anciennes fortifications, dont il ne reste plus que quelques vieilles tours. Les promenades les plus fréquentées et les plus agréables de la ville sont : la place de Beaulieu et la place d'Artois; le champ de Mars est la plus vaste, c'est celle où se tiennent les foires. Parmi les établissements on remarque l'école de marine, grand et bel édifice, situé au bas de la ville dans le faubourg l'Houmeau, le plus considérable d'Angoulême; le cabinet d'histoire naturelle et la salle de spectacle. Les bains du château sont aussi très-remarquables.

Les environs de la ville sont agréables et animés par un grand nombre de jolies maisons de campagnes d'un aspect riant et pittoresque.

Angoulême est importante par son industrie et son commerce. On en exporte des grains, des vins, des eaux-de-vie, du chanvre, du lin, du papier renommé pour sa blancheur, des truffes, des pâtés de perdrix, de la faïence, et les produits de ses nombreuses manufactures de toile et de siamoise, de ses tanneries, etc. Le port est petit, mais commode, et il sert d'entrepôt au commerce de Bordeaux et de plusieurs autres départements du midi; pop. 16,910 pour la ville et 130,455 pour l'arrondissement.

Angoulême est la patrie de la belle et savante Marguerite de Valois, reine de Navarre, sœur de François Ier; du poète St.-Gelais; du littérateur Balzac; de l'ingénieur Montalembert et de Ravaillac, assassin de Henri IV.

Cette ville, autrefois capitale de l'Angoumois, est d'une origine fort ancienne. On ignore l'époque de sa fondation. Clovis s'en rendit maître après sa victoire sur Alaric, roi des Visigoths. Les Normands la ruinèrent au neuvième siècle. Dans le dixième elle fut rebâtie. Angoulême eut beaucoup à souffrir pendant les guerres de religion du seizième siècle et fut plusieurs fois prise par les protestants. François Ier l'érigea en duché en 1515. Louis XIV en fit l'apanage du duc de Berri, qui mourut en 1714. Elle fut alors réunie à la couronne, et depuis, les princes du sang royal l'ont toujours conservée. Il existe encore de nos jours un duc d'Angoulême, que la révolution de 1830 a banni avec la branche aînée des Bourbons.

ANGOULINS, vg. de Fr., dép. de la Charente-Inférieure, arr., cant. et poste de La Rochelle; pop. 800 hab.

ANGOUMÉ, vg. de Fr., dép. des Landes, arr., cant. et poste de Dax; pop. 137 hab.

ANGOUMER, vg. de Fr., dép. de l'Arriège, arr. de St.-Girons, cant. et poste de Castillon; pop. 900 hab.

ANGOUMOIS, ancienne prov. de l'O. de la Fr., bornée au N. par le Poitou, à l'O. et au S. par la Saintonge, et à l'E. par le Périgord et la Marche. Elle est comprise aujourd'hui dans le département de la Charente, et nous renvoyons nos lecteurs à l'article de ce département, pour ce qui concerne les productions, le commerce et l'industrie de cette province. A l'invasion des Romains, l'Angoumois était habité par les Agesinates. Sous Honorius, il faisait partie de la deuxième Aquitaine. Il passa ensuite successivement sous la domination des Visigoths et des Francs, et devint plus tard le domaine de seigneurs particuliers, qui portèrent le titre de comtes et en recevaient l'investiture des rois de France.

Parmi ces comtes Guillaume Ier (916) se distingua dans une bataille contre les Normands, après laquelle il fut surnommé Taillefer, parceque d'un seul coup il avait pourfendu jusqu'à la ceinture le chef de ces barbares. Ses successeurs conservèrent ce nom de Taillefer ainsi que le comté d'Angoulême jusqu'en 1181.

Il passa alors dans la maison de Lusignan, qui en hérita en 1201. Le dernier de cette seconde race des comtes d'Angoulême fut Guy de Lusignan que Philippe-le-Bel dépouilla de ses domaines en 1306 pour le punir d'avoir favorisé les Anglais. Par le traité de Bretigny, en 1359, l'Angoumois fut cédé à Edouard III, roi d'Angleterre, par Jean, roi de France. Mais sous Charles V les habitants de la province se soulevèrent et chassèrent les Anglais. Elle devint dans la suite l'apanage des princes de la seconde branche des Valois; et François Ier, qui était de cette branche, érigea l'Angoumois en duché. En 1696, il fut définitivement réuni à la couronne.

ANGOUS, vg. de Fr., dép. des Basses-Pyrénées, arr. d'Orthez, cant. et poste de Navarrenx; pop. 400 hab.

ANGOVILLE, vg. de Fr., dép. du Calvados, arr. de Falaise, cant. et poste d'Harcourt-Thury; pop. 169 hab.

ANGOVILLE, vg. de Fr., dép. du Calvados, arr. de Bayeux, cant. d'Isigny, poste de Dozullé, com. de Cricqueville, pop. 142 hab.

ANGOVILLE, vg. de Fr., dép. de l'Eure, arr. de Pont-Audemer, cant. et poste de Bourgthéroulde; pop. 200 hab.

ANGOVILLE, vg. de Fr., dép. de la Manche, arr. de Cherbourg, cant. et poste de St.-Pierre-Église; pop. 110 hab.

ANGOVILLE-AU-PLEIN, vg. de Fr., dép. de la Manche, arr. de Valognes, cant. de Ste.-Mère-Église, poste de Blosville; pop. 140 hab.

ANGOVILLE-SUR-AY, vg. de Fr., dép. de la Manche, arr. de Coutances, cant. de Lessay, poste de La Haye-du-Puits; pop. 800 hab.

ANGOXA ou **ANGOZHA**, contrée de l'Afrique orientale, sur la côte de Mozambique; elle est traversée par une rivière du même nom. Les Nègres de ce pays font avec les Portugais, qui ont des comptoirs sur cette côte, le commerce de riz, d'or, d'ivoire, de millet et d'esclaves.

ANGOY ou **GOY**, roy. d'Afrique, dans la Guinée méridionale; il s'étend depuis la limite du roy. de Calhongos jusqu'au Zaïre. Le pays est couvert de forêts. Zaïre, à 4 l. du fleuve de ce nom, en est la capitale.

ANGOZHA ou **ANGOXA**, riv. et cap dans le dist. de même nom, sur la côte et à 40 l. S.-S.-O. de Mozambique.

ANGOZHA ou **ANGOXA**, pet. îles dans le canal de Mozambique, au S. de l'embouchure de la riv. d'Angozha; on y fait le commerce de riz, d'ambre gris et de perles.

ANGRA, v. capitale des Açores, au S. de l'île Terceire, a un bon port, des rues larges et six églises; elle est le siège de l'évêque des îles Açores; commerce de vins, de grains, de lin et de toiles; pop. 10,000 hab.

ANGRA, v. d'Afrique, sur la côte de la Guinée méridionale, près de la baie Angrados-Negros.

ANGRA, golfe du Brésil, dans la prov. de Rio-Janeiro, avec pêches abondantes. A l'entrée du golfe se trouve l'île Grande.

ANGRA DOS REYS, v. et port, dans le golfe d'Angra, en Mexique, défendu par deux forts; les environs produisent des figues et du vin.

ANGRE-LIEVEN, vg. de Fr., dép. du Pas-de-Calais, arr. de Bethune, cant. et poste de Lens; pop. 515 hab.

ANGRESSE, vg. de Fr., dép. des Landes, arr. de Dax, cant. de Soustons, poste de St.-Vincent-de-Tyrosse; pop. 325 hab.

ANGREVILLE, ham. de Fr., dép. de la Seine-Inférieure, arr. de Dieppe, cant. et poste d'Envermeu, com. de Douvrend; pop. 108 hab.

ANGRI, b. du roy. de Naples, dans la principauté citérieure, à 4 l. N.-O. de Salerne; pop. 4500 hab.

ANGRIE, vg. de Fr., dép. de Maine-et-Loire, arr. de Segré, cant. et poste de Candé; pop. 1224 hab.

ANGRIERES, vg. de Fr., dép. de l'Ain, arr. de Belley, cant. poste et com. de St.-Rambert; pop. 130 hab.

ANGUAISSE, vg. de Fr., dép. de l'Orne, arr. de Mortagne-sur-Huis, cant. et poste de Moulins-la-Marche; pop. 446 hab.

ANGUERNY, vg. de Fr., dép. du Calvados, arr. et poste de Caen, cant. de Creully; pop. 438 hab.

ANGUIANO, b. d'Espagne, dans la Vieille-Castille, prov. de Logrono.

ANGUIGUI, v. d'Afrique, dans l'Abyssinie, au roy. de Tigré.

ANGUILCOURT, vg. de Fr., dép. de

l'Aisne, arr. de Laon, cant. et poste de La Fère; pop. 745 hab.

ANGUILLA ou **SNAKE-ISLAND**, une des Iles-sous-le-Vent, dans la mer des Antilles, tient son nom de sa forme, a 10 l. de long et 3 l. dans sa plus grande largeur. Elle renferme un lac qui fournit du sel; son sol est fertile et produit du sucre, du coton, du tabac d'une qualité supérieure, du maïs, du millet et des patates; on y élève des moutons et des chèvres. Les Anglais, qui furent ses premiers habitants, s'y établirent en 1650; pop. 1750 hab.

ANGUILLARA, b. du roy. Lombard-Vénitien, dans le gouv. de Venise, délégation de Padoue, sur l'Adige; pop. 3200 hab. dont la plupart se livrent à la navigation.

ANGUS ou **FORFAR**, comté de l'Ecosse centrale, borné au N. par ceux d'Aberdeen et de Mearns, à l'O. par celui de Perth, au S. par le comté de Fife dont le golfe de Tay le sépare, et à l'E. par la mer du Nord. Sa superficie est de 821 milles c. (anglais). La partie septentrionale et celle du centre sont stériles et couvertes de montagnes qui sont une ramification des Grampians. Les côtes sont sablonneuses et hérissées d'écueils et de rochers, entre lesquels s'avance le cap Red-Head. Un grand nombre de vallées s'étendent, en serpentant, entre les montagnes. Celle de Strathmore est remarquable par sa fertilité et ses sites pittoresques. Les cours d'eau les plus considérables de cette province, sont : le Northesk, le Southesk et l'Isla. Parmi les lacs qui sont tous de peu d'étendue, on remarque ceux de Forfar, de Rescobie, de Balgavies et de Lundy. Quoique l'air soit humide dans cette contrée, le climat n'y est pourtant pas malsain. La nature du sol y est très-variée : dans certains endroits la terre est noire et argileuse; dans d'autres sablonneuse et légère, et plus loin elle ressemble à un épais marais. On y cultive avec succès le froment, l'orge, l'avoine, le sarrasin, la pomme de terre et le chanvre. On exploite dans ce comté des carrières de pierres, d'ardoise, de granit, de porphyre. On y trouve aussi du jaspe et une espèce de cristal de couleur. La race chevaline y est fort belle et les troupeaux de menu bétail très-nombreux, mais les bêtes à cornes y sont en petite quantité. Le pays a beaucoup de gibier; la pêche est abondante, surtout celle du saumon que l'on expédie en grande quantité à Londres.

La principale industrie de la province consiste dans la fabrication de la toile et dans les blanchisseries. Elle possède aussi des tanneries, des brasseries, des chantiers de construction et des fabriques de cordes et de cables; pop. 139,800 hab.

ANGUSTRINE, vg. de Fr., dép. des Pyrénées-Orientales, arr. de Prades, cant. de Saillagouse, poste de Mont-Louis; pop. 490 hab.

ANGVILLER, vg. de Fr., dép. de la Meurthe, arr. de Sarrebourg, cant. et poste de Fénétrange; pop. 280 hab.

ANGY, vg. de Fr., dép. de l'Oise, arr. de Clermont, cant. et poste de Mouy; fabriques de draps et étoffes de laine; pop. 693 hab.

ANHAC, vg. de Fr., dép. de l'Aveyron, arr. de Villefranche-de-Rouergue, cant. et poste d'Aubin, com. de Flagnac; pop. 128 h.

ANHALT (duchés d'). Le territoire, soumis à la maison d'Anhalt, occupe une superficie de 188 l. c. et se trouve partagé entre trois lignes, dont chacune est indépendante de l'autre et dont le chef porte le titre de duc d'Anhalt, de l'ancien château de ce nom, auquel il adjoint celui de la capitale de ses possessions. Les duchés d'Anhalt sont presque complètement enclavés dans la province prussienne de Saxe, à l'exception cependant de la province de Brandebourg et du duché de Brunswick, qui les limitent la première au N.-E., le second à l'O. Ils ne forment pas un tout contigu ; ils se composent de deux parties principales et de six de moindre étendue. Depuis 1793, époque où la ligne d'Anhalt-Zerbst s'est éteinte, les possessions de la maison d'Anhalt forment les trois duchés d'Anhalt-Dessau, d'Anhalt-Bernbourg et d'Anhalt-Kœthen. Chacun des ducs exerce dans ses états la puissance souveraine. Néanmoins le tout forme, sous le rapport politique, un état indivis, en ce sens du moins, que les trois duchés jouissent d'une même constitution, qu'ils sont solidairement garants de la dette publique, que la ligne survivante hérite des possessions de celle qui s'est éteinte, et que le chef aîné de cette maison se trouve, avec d'autres priviléges particuliers, à la tête des affaires législatives et de grande administration. Aux termes d'une décision de l'empereur d'Allemagne, datée de 1652, aucun impôt ne peut être établi dans les possessions d'Anhalt sans le consentement des états. Cependant il n'y a plus eu dans les duchés d'Anhalt de véritable assemblée des états depuis 1698, et l'on s'est borné lorsque les besoins l'exigeaient, à convoquer des assemblées provinciales pour y régler les affaires d'administration publique. Ces assemblées se composent des prélats, des chevaliers nobles et des représentants, pris parmi les bourguemestres des villes de Dessau, de Zerbst, de Bernbourg et de Kœthen. Le prince aîné convoque ces assemblées, les autres membres de la famille y envoient leurs députés.

ANHALT-DESSAU (duché d'). Ce duché est formé de plusieurs fractions de territoires qui s'étendent le long du cours de l'Elbe et de la Mulde; il est situé entre le 9° 10' et le 10° 14' de long. orient. et entre le 50° 39' et le 52° 7' de lat. sept.; sa superficie est de 65 l. c., sa population de 56,200 habitants. Le sol est généralement plat et d'une fertilité très-variée. L'Elbe et la Mulde, quelques fortes rivières, qui le traversent, comme la Nuthe, la Fuhne, le Tauber, le Wipper, quelques lacs de peu d'importance, parmi lesquels nous distinguerons cependant ceux de Wœrlitz, de Gœdnitz, de Lein, de Pœdnitz, de Kühnau et de Schœnitz, activent ses relations commerciales, favorisent son agriculture ou contribuent à l'embellissement du territoire. Les productions principales du duché sont : les céréales, les pommes de terre, le lin, la graine de navette, dont on retire annuellement près de 4400 quintaux d'huile, le houblon, la garance, la chicorée, les pommes dites de Bostorf dont on fait de nombreuses expéditions jusque dans l'intérieur de la Russie, le tabac, le bois de chauffage et de construction; etc. L'éducation des bestiaux est très-avancée dans toute l'étendue du duché : la race bovine y est très-belle; les brebis se font remarquer par la finesse de leur laine; leur accroissement y est favorisé par une société d'assurance contre l'épizootie. Les chevaux, les porcs sont également répandus dans le pays, et les poissons fourmillent dans les cours d'eaux qui le traversent. Le gibier y est trop considérable et occasionne de notables dommages à l'agriculture. L'industrie est peu importante dans le duché, et ce n'est que dans quelques grandes villes que l'on rencontre des établissements, dignes d'être cités. Les importations s'élèvent à 1,000,000 rixdals, tandis que les exportations, qui consistent principalement en productions du sol, ne s'élèvent qu'à 500,000 rixdals. Le nouveau système des douanes allemandes et les nouvelles voies de communications contribueront au reste à donner une grande importance commerciale à ce pays, dont la position topographique est des plus favorables. Le chemin de fer berlinois-saxon, qui traversera le duché d'Anhalt-Dessau, se trouve en ce moment en pleine construction et doit contribuer à hâter la prospérité du pays. Le duc paraît avoir pressenti tous les avantages de cette grande construction; il la favorisée par tous les moyens en son pouvoir. Par un décret, publié au mois de décembre 1838, il met gratuitement à la disposition des entrepreneurs de ce chemin le pont de l'Elbe, et leur permet de l'utiliser à cette construction; il leur accorde à titre gratuit tous les terrains nécessaires, situés dans l'étendue du duché; de plus il leur permet de tirer également à titre gratuit, de ses forêts tous les bois de construction dont ils auront besoin pour l'établissement des viaducs et des traverses. Ces concessions sont d'autant plus importantes que le terrain situé dans le duché et nécessaire à la construction de cette voie, occupe une superficie de 190 morgen (jours de terre) et que le viaduc à construire sur la Mulde et les digues à élever dans les vallées de la Mulde et de l'Elbe auront près de 4000 pieds de longueur.

ANHALT-BERNBOURG (duché d'), se trouve situé entre le 8° 29′ et le 10° 16′ de long. orient. et entre le 51° 40′ et le 51° 59′ de lat. sept. Sa superficie occupe 63 l. c.; sa population est de 38,500 habitants. La partie inférieure du duché forme une surface plane et fertile; sa partie supérieure est couverte de montagnes et hérissée de forêts. L'Elbe, la Saale, le Bode, la Fuhne, le Wipper et la Selke arrosent le pays et le fertilisent. On distingue parmi les lacs ceux de Blæsser, de Stoe et de la Strènge. Le climat est tempéré à l'exception cependant des parties du pays situées à proximité des montagnes du Harz, dans lesquelles il est plus ou moins rude. Les productions du sol, sous le rapport végétal, sont à peu près mêmes que celles du duché d'Anhalt-Dessau; mais la richesse minérale des montagnes, qui le traversent, est d'une certaine importance, et l'industrie métallurgique y a pris un accroissement notable depuis quelques années. On retire des montagnes (aux environs d'Oppenrode) près de 16,000 quintaux de houille, dans le Seckenthal, de la tourbe, du marbre, des pierres à construction, du plâtre, etc. On rencontre également dans les parties des montagnes du Harz, situées dans le duché, des minérais de fer (1400 marcs), du plomb (3000 quintaux), du cuivre et du fer en assez grande quantité. Deux hauts-fourneaux, neuf martinets, une grande fabrique de faulx, une fabrique de fil de fer et plusieurs usines de cémentation servent à la transformation de ces matières premières et contribuent à répandre le bien-être parmi la population. Les exportations et les importations se balancent à peu près entre elles.

Les revenus publics s'élèvent à environ un million de francs. Les forêts rapportent à elles seules 98,000 francs et le régal des mines 100,000 francs.

ANHALT-KŒTHEN (duché d'), dispersé par fractions de territoire, au milieu des deux autres duchés, est situé entre le 9° 11′ et le 10° 8′ de long. orient. et entre le 51° 41′ et le 52° 5′ de lat. sept. dans un pays plane et fertile. Sa population se compose de 33,500 hab.

Les principaux cours d'eaux, qui traversent ce pays, sont : l'Elbe, la Saale, le Bode, le Wipper, la Liste, la Ziethe, la Mulde, la Fuhne. Les productions végétales sont les mêmes que celles du duché d'Anhalt-Dessau; le gibier et le poisson y sont également abondants; mais le pays, privé de montagnes, n'offre pas les ressources minérales que présente le duché d'Anhalt-Bernbourg. L'industrie y est nulle. Les revenus publics s'élèvent à 750,000 francs; la dette publique s'élève à 2,500,000 francs. Le duc n'a qu'une simple garde d'honneur.

ANHAUX, vg. de Fr., dép. des Basses-Pyrénées, arr. de Mauléon, cant. de St.-Étienne-de-Baigorry, poste de St.-Jean-Pied-de-Port. Dans ses environs on trouve un argile contenant du mica ferrugineux; pop. 620 hab.

ANHÉE, vg. de la Belgique, dans la prov. de Namur, arr. de Dinant. Fonderie de laiton; pop. 350 hab.

ANHIERS, vg. de Fr., dép. du Nord, arr., cant. et poste de Douai; pop. 350 hab.

ANHOLT, jolie v. de Prusse, dans la prov. de Westphalie, rég. de Munster, cer. de Borken; pop. 1250 hab. qui s'occupent principalement de l'agriculture.

ANHOLT, pet. île du Danemark, dans le Cattégat, à l'E. de la côte du diocèse d'Aarhuus (Jutland) dont elle fait partie; elle est entourée de bancs de sable, a un phare et environ 100 habitants qui se nourrissent de la pêche de phoques.

ANI ou **ANISI**, v. forte de la Turquie d'Asie, dans la Turcomanie, eyalet et à 15 l. E. de Kars. Elle fut autrefois la capitale de l'Arménie et la résidence des rois de ce pays. On y voit encore beaucoup de ruines, restes de son ancienne splendeur.

ANIANE, b. de Fr., dép. de l'Hérault, arr. de Montpellier, poste de Gignac, chef-lieu de cant. Tanneries et mégisseries; on y prépare surtout bien les peaux de chèvre; pop. 2480 hab.

ANICHE, vg. de Fr., dép. du Nord, arr., cant. et poste de Douai; pop. 1900 hab.

ANIÈRES, vg. de Fr., dép. du Cher, arr., cant. et poste de Sancerre, com. de Gardefort; pop. 300 hab.

ANIÈRES, ham. de Fr., dép. du Jura, arr. de Lons-le-Saulnier, cant. et poste d'Orgelet, com. de Rothonay; pop. 40 hab.

ANIÈRES, vg. de Fr., dép. des Deux-Sèvres, arr. de Melle, cant. et poste de Brioux; pop. 650 hab.

ANIÈRES, vg. de Fr., dép. de la Sarthe, arr. de la Flèche, cant. et poste de Sablé.

ANIÈRES, vg. de Fr., dép. de la Vienne, arr. et poste de Châtellerault, cant. de Vouneuil-sur-Vienne, com. de Monthoiron; pop. 215 hab.

ANIGUA, île des Mariannes ou de l'archipel des Larrons; elle a 44 maisons et 250 h.

ANILLE, pet. riv. de Fr., dép. de la Sarthe; elle a sa source dans la forêt de Vibraye, coule du N. au S.-E., passe par St.-Calais et se jette dans la Braye après un cours de 5 l.

ANIM, g. a., v. de Judée, au S.-O. d'Hebron.

ANIMALAYA, v. et fort de l'Inde anglaise, dans la présidence de Madras, prov. de Koïmbatour, au bord de l'Alima qui, sous le nom de Panany, se jette dans le golfe d'Arabie. Dans son voisinage, douze chefs palygares vivent indépendants sur un territoire peu considérable, mais bien boisé et peuplé d'éléphants.

ANISY, vg. de Fr., dép. du Calvados, arr. de Caen, cant. de Creully, poste de La Déliorande; pop. 525 hab.

ANISY-LE-CHATEAU, b. de Fr., dép. de l'Aisne, arr. de Laon, chef-lieu de canton et poste; pop. 1053 hab.

ANITHIRA, v. d'Afrique, sur la côte d'Or, entre le cap Lahoö et le cap Apollonia, dans la Guinée septentrionale, siége d'un gouverneur du roi d'Achanti auquel plusieurs petits états envoient payer leur tribut dans cette ville.

ANJEUX, vg. de Fr., dép. de la Haute-Saône, arr. de Lure, cant. de Vauvillers, poste de St.-Loup; pop. 490 hab.

ANJOU; *Pagus Andegavensis* ou *Adicavensis Ager*, ancienne prov. de l'O. de la Fr., formant aujourd'hui la plus grande partie des départements de Maine-et-Loire et de la Sarthe, est bornée au N. par le Maine, à l'O. par la Bretagne, au S. par le Poitou et à l'E. par la Touraine. Le pays est arrosé par un grand nombre de rivières et couvert de vastes forêts. On rencontre dans cette province de nombreux débris de monuments celtiques, des restes d'antiquités romaines et des ruines du moyen âge, irrécusables preuves de l'importance historique de cette contrée.

Du temps des Romains, l'Anjou était habité par les Andes ou Andegavi, peuple qui supporta impatiemment le joug que César lui imposait et tenta, mais sans succès, de s'en affranchir. Défaits devant Poitiers par Fabius, lieutenant de César, les Andegaves se soumirent parce que leurs forces étaient épuisées. Leur pays fut compris dans la IIIe Lyonnaise. Lorsque les barbares firent irruption dans les provinces de l'empire, les Visigoths, et plus tard les Francs, envahirent l'Anjou. Les Romains tentèrent vainement d'arrêter cette multitude de tribus avides de conquêtes et de butin. Childeric, roi des Francs, s'empara d'Angers et refoula les Romains au-delà de la Loire. Depuis cette époque (458) l'Anjou fut incorporé à l'empire des Francs. Du temps de Charlemagne, le comté d'Angers appartenait à Milon, beau-frère de cet illustre empereur et père du fameux chevalier Roland, auquel l'Arioste a donné une grande célébrité.

Sous la seconde race, cette province fut divisée en deux comtés : le comté d'Outre-Maine, qui comprenait tout le territoire situé sur la rive gauche de la Mayenne et dont Châteauneuf était la capitale, et le comté d'Anjou proprement dit qui avait Angers pour capitale. Charles-le-Chauve, harcelé par les Bretons et les Normands, donna le comté d'Outre-Maine à Robert-le-Fort, duc de France, pour l'engager à le défendre contre ces barbares. Robert ayant péri dans la lutte contre les Normands, son fils Eudes, qui fut plus tard roi de France, lui succéda en 866.

Le comté d'Anjou d'en-deçà de la Mayenne avait été donné à Ingelger pour prix de grands services rendus par lui et son père dans la guerre contre les barbares; il était petit-fils d'un paysan et devint le fondateur de la puissante maison d'Anjou. Son fils, Foulques Ier, réunit, à la fin du neuvième siècle, les deux comtés en un seul, et ses successeurs se rendirent redoutables même aux rois de France. Le dernier de cette race, Geoffroi II, mourut à Angers en 1060. Une seconde race, issue de la fille de Foulques III, hérita le comté, qui devint une source de discordes et de guerre entre les membres de cette famille. Henri II, roi d'Angleterre, héritier de Geoffroi V dit Plantagenet, eut le comté d'Anjou en 1154. Une troisième race, dont Charles de France, fils de Louis VIII fut le fondateur, posséda ensuite ce pays. C'est ce même Charles d'Anjou, frère de St.-Louis, que le pape Urbain IV proclama roi de Sicile en 1265, et le même aussi qui, par sa tyrannie, causa l'horrible massacre des vêpres siciliennes. En 1474, Louis XI s'empara de cette province qui avait été érigée en duché (1360). En 1480, elle fut définitivement réunie à la couronne et n'a plus été qu'un apanage pour les fils puinés des rois de France. Le second fils de Louis XV, mort en 1733, est le dernier prince qui ait porté ce titre.

ANJOU, vg. de Fr., dép. de l'Isère, arr. de Vienne, cant. de Roussillon, poste du Péage; pop. 100 hab.

ANJOUAN, une des îles Comorres, dans l'Océan Indien. Elle est située sous le 12° 4' de lat. S. et le 42° 14' de long. E. et a la forme d'un triangle. A l'extrémité N. se trouve une baie avec un bon ancrage. Les montagnes dont les plus hautes ont 1200 mètres d'élévation, sont couvertes de vertes forêts et offrent un aspect très-agréable. Des cocotiers, des bananiers, des citroniers, la canne à sucre, du café, du poivre, du girofle et de l'indigo sont les productions végétales du pays. Des chèvres, des bisons, des singes, diverses espèces de perroquets, des pigeons, des pintades, des cailles et des moineaux sont les animaux que l'on trouve sur cette île. Les habitants paraissent être d'une race mêlée de Nègres et d'Arabes; ils sont doux, hospitaliers, mais paresseux. Ce défaut doit être attribué à la douceur du climat et à la fertilité du sol dont ils retirent presque sans travail tout ce qui est nécessaire à leur existence. Ils parlent une langue qui semble une corruption de celle des Arabes; quelques-uns parlent passablement le français. Anjouan est gouvernée despotiquement par un roi ou sultan qui ne sort qu'escorté de ses nobles. Ceux-ci font le commerce et entretiennent quelques relations avec Surate et Bombay; pop. 10,000 hab.

ANJOUILLIÈRE (l'), vg. de Fr., dép. de la Vendée, arr. des Sables, cant. et poste de Palluau, com. de la Chapelle-Palluau; pop. 215 hab.

ANJOUIN, vg. de Fr., dép. de l'Indre, arr. d'Issoudun, cant. de St.-Christophe, poste de Vatan; pop. 600 hab.

ANJOUTEY, vg. de Fr., dép. du Haut-Rhin, arr. et poste de Belfort, cant. de Giromagny; pop. 750 hab.

ANKALA ou DAR-ANKALA, état tributaire de celui de Burnou, dans le Soudan en Afrique.

ANKHEYRE, v. d'Afrique, sur la rive droite du Nil, dans la Nubie, au pays de Barbar.

ANKOBAR, v. d'Afrique, au S. de l'Abyssinie, capitale du roy. du même nom.

ANKOLA, v. et port de l'Inde anglaise, dans la présidence de Madras, prov. de Kanara; on y fait un commerce considérable.

ANKUM, b. du roy. de Hanovre, dans le gouv. d'Osnabrück, a 1058 habitants qui s'occupent de la fabrication et du commerce des toiles; on y remarque une belle papeterie.

ANLA, vg. de Fr., dép. des Hautes-Pyrénées, arr. de Bagnères-en-Bigorre, cant. de Mauléon-Barousse, poste de Montrejean; pop. 300 hab.

ANLEZY, vg. de Fr., dép. de la Nièvre, arr. de Nevers, cant. et poste de St.-Benin-d'Azy; pop. 536 hab.

ANLHIAC, vg. de Fr., dép. de la Dordogne, arr. de Périgueux, cant. et poste d'Excideuil; pop. 815 hab.

ANN, cap sur une presqu'île dans l'état de Massachussetts, États-Unis, dépendant des Montagnes-Bleues.

ANNA (Sainte-), b. d'Espagne, dans l'Estramadure, aux environs de Truxillo.

ANNABERG, b. des états autrichiens, archiduché d'Autriche, dans le cer. au-dessus du Wienerwald; mines de cuivre, d'argent, de plomb et de calamine; elle ne sont plus bien exploitées; fabriques de cinabre; pop. 900 hab.

ANNABERG, v. de Saxe, dans le cer. de l'Erzgebirge (monts métalliques) et dans le bge de Wolkenstein. Elle doit son origine au grand nombre d'ouvriers que l'exploitation des mines attira dans cette contrée. Le duc Albert en posa la première pierre en 1496. Ses habitants ne vécurent pendant longtemps que du produit des mines; mais plus tard la fabrication des dentelles remplaça l'industrie des mineurs devenue moins productive, et Annaberg devint une petite ville manufacturière. Un grand nombre de protestants belges, expulsés par la tyrannie du duc d'Albe, y introduisirent la passementerie qui est aujourd'hui un des principaux articles du commerce de cette ville. En 1820 il y avait à Annaberg 400 maîtres passementiers; pop. 5000 hab.

ANNABOURG, b. de Prusse, dans la prov. de Saxe, rég. de Mersebourg, cer. de Torgau; le château royal qui s'y trouvait a été converti en maison d'éducation pour les enfants de troupes; 500 élèves y reçoivent l'instruction; pop. 1800 hab.

ANNAGOUNDY ou BISNAGAR, dans l'Inde anglaise, présidence de Bombay, prov. de Redjapoor, chef-lieu du district qui porte son nom. C'est la partie encore habitée de l'ancienne et magnifique Bisnagar, la résidence d'un radjah, descendant des puissants monarques de Narsinga, qui est plutôt un grand propriétaire qu'un souverain tributaire et vassal des Anglais; elle est entourée de murs et fait quelque commerce. La Toumbaddrah sépare Annagoundhy des ruines de Bisnagar ou Bijanagur, qui s'étend au S. sur un espace auquel un voyageur donne 24 milles anglais de circonférence. La ville fut bâtie de 1336 à 1343 et porta d'abord le nom de Bidyanagora, la ville de la victoire. Sa décadence date de 1506, époque où les musulmans la saccagèrent, après la défaite du radjah de Bisnagar; mais pendant le quatorzième et le quinzième siècle elle était la capitale du puissant empire qui portait son nom et dont dépendaient les royaumes de Tandjore et de Madoura, la résidence de la dynastie régnante des Narsinga et le siége des lettres Hindoues. Rien n'est imposant comme la vue des ruines immenses, les plus grandioses de toutes celles que l'on trouve dans l'Inde. La dimension colossale des pierres et des autres matériaux remplit d'étonnement; ses murailles gigantesques sont encore debout; les rochers qui bordent le fleuve sont recouverts d'innombrables sculptures, images symboliques de la mythologie hindoue; d'énormes blocs de granit pavent ses rues désertes; on en voit une de près d'une demi-lieue de long sur 100 pieds de large toute bordée de colonnades. Parmi les monuments religieux l'on cite le grand temple de Mahadeva dont la façade a dix étages et 160 pieds de haut; celui de Krisehna et celui de Ganesa, plus petit et orné de la statue colossale du Dieu; le temple de Rama remarquable par les belles sculptures qui représentent les hauts faits de cette divinité; enfin le temple de Wittoba, le plus grand, le plus beau et le mieux conservé de tous: il se compose d'un temple principal, de quatre grands tchoultris ou auberges pour les pèlerins et de plusieurs pagodes. Tous ces bâtiments sont couverts de sculptures mythologiques d'une exécution parfaite et ceints d'un mur qui a 400 pieds de long sur 200 de large.

ANNAM ou VIET-NAM, emp. d'Asie, situé dans l'Inde transgangétique, entre le 8° et le 23° de lat. N. et entre le 98° 25′ et le 106° 58′ de long. E. Il est borné au N. par la Chine, à l'O. par le roy. de Siam, au S. et à l'E. par la mer de la Chine; sa surface est de 39,380 l. c. Deux longues chaînes de montagnes traversent ce pays dans presque toute sa longueur. L'une à l'O. forme une limite naturelle entre cet empire et le royaume de Siam, Balbi la nomme Laos-Siamoise; elle sépare le bassin du Meinam de celui du Maykaoung; l'autre, que Balbi nomme chaîne annamitique, s'étend à l'E. et sépare le bassin de Maykaoung des fleuves qui, descendant du versant oriental, arrosent le Tonquin et la Cochinchine et se déchargent dans le golfe du Tonquin et la mer de la Chine. Ces deux chaînes qui se rejoignent en arc au S., se rattachent vers le N. à la longue chaîne Birmano-Siamoise et aux monts Himalaya. Ce pays est arrosé par un grand nombre de fleuves, dont les principaux sont: le Maykaoung, qui a sa source dans le Thibet, coule du N. au S. et se jette dans la mer de la Chine; le Sangkoï, qui descend également des montagnes du Thibet, traverse du N.-E. au S.-E. le royaume du Tonquin, où il reçoit le Lisingkiang et se jette ensuite dans le golfe du Tonquin.

Le sol de ce pays, comme dans presque tous ceux de l'Inde, est d'une grande fertilité. La végétation y est d'une richesse, d'une magnificence extraordinaire, et l'on peut regarder cette contrée comme une des plus délicieuses du monde. La terre y produit toutes les espèces de grains, les fruits les plus suaves et toutes sortes de plantes aromatiques, du coton, du sucre et des épices. Elle renferme aussi de l'or, de l'argent, du fer, du cuivre, de l'étain, du sel, du salpêtre et du marbre.

Les forêts sont peuplées de tigres, de panthères, d'éléphants, de buffles, de sangliers, de cerfs, de chats sauvages, de gazelles, d'écureuils et d'une variété nombreuse de singes. Les chevaux de l'Annam sont fort beaux et très-agiles. Ce pays renferme des milliers d'espèces d'oiseaux au riche plumage, des crocodiles, des tortues franches et les plus grands reptiles du monde.

L'Annam fait un commerce considérable, surtout avec la Chine. On exporte de cet empire du vernis, de l'ivoire, et de l'ébène, des tapis, des tissus d'écorce d'arbre, de la soie, du coton, du bambou, du sucre brut, des écailles de tortue, de la nacre de perle, des drogueries, du musc, de l'albâtre, etc. Le commerce d'importation consiste en thé, sucre raffiné, draps, chanvre, lin, verrerie, quincaillerie, mercure, etc.

Cet empire fondé depuis moins d'un demi-siècle par Ngaï-en-Choung, descendant des derniers rois de la Cochinchine, a une population de 23,000,000 d'âmes.

Il est composé de plusieurs grands états, dont quelques-uns sont eux-mêmes subdivisés en un assez grand nombre de royaumes. Les grandes divisions sont: 1° Le royaume de Cochinchine qui a pour capitale Hué (Huefo); 2° le royaume de Tonquin, capitale Ketcho; 3° le pays de Tsiampa (Binh-Tuam), occupé en grande partie par des peuplades indépendantes, ne renferme que des villages; 4° le royaume de Cambodge, capitale Saïgong; 5° le pays de Laos, capitale Sandapoura; 6° le royaume de Bao, capitale Bao, et 7° les territoires indépendants qui comprennent les hautes vallées au N. du Tonquin et celles des montagnes qui bornent à l'O. le Tonquin et la Cochinchine.

Les Annamitains sont de race monghole et ressemblent beaucoup aux Chinois dont ils tirent probablement leur origine; cependant ils n'ont pas le visage aussi applati que ceux-ci. Ils parlent une langue composée de mots chinois et de mots d'une autre langue qui n'a aucune analogie avec celle de la Chine. Le culte du Boudhisme est le plus répandu dans le pays; mais un grand nombre d'Annamitains suivent la doctrine de Confucius. La polygamie est en usage dans l'empire d'Annam, cependant les femmes y jouissent de plus de liberté que dans les états mahométans. Les Annamitains sont bien moins avancés dans les sciences que les Chinois et les Japonais; cependant ils ont des écoles publiques où l'on enseigne la morale, l'éloquence et la poésie. L'art militaire y est assez perfectionné, et l'armée d'Annam est exercée à l'européenne.

AN-NAM. *Voyez* ANAM.

ANNAMABOU ou ANIMABOE, v. d'Afrique, sur la côte d'Or, dans la Guinée septentrionale, à 6 milles E. du fort hollandais Nassau. Les Anglais y ont établi un fort qui est le meilleur de cette côte. La rade n'y est point sûre et les abords sont difficiles. La ville a environ 4000 habitants et depuis 1822 une école, dans laquelle on enseigne aux enfants nègres la lecture, l'écriture, la langue anglaise et les principes du christianisme.

ANNAMOKA. *Voyez* NAMOUKA.

ANNA-MORANA (Santa-), gr. vg. du roy. Lombard-Vénitien, dans le gouv. de Venise, délégation de Padoue; moulins à huile; pop. 3200 hab.

ANNAN, v. d'Ecosse, dans le comté de Dumfries, à l'embouchure de l'Annan, sur le golfe de Solway. La ville a un petit port et un beau pont de cinq arches sur l'Annan. Filatures de coton et pêche du saumon. Commerce de cabotage en bois et en grains; pop. 2800 hab.

ANNAN, riv. d'Ecosse, à l'O. de Moffat, coule vers le S.-O. dans le comté de Dumfries et se jette dans le golfe de Solway.

ANNA-PARIMA ou NAPARIMA, v. nouvellement fondée sur la côte occ. de l'île de la Trinité, Petites-Antilles.

ANNAPÉE, riv. du Brésil, dans la prov. de Para, dist. de Xingutania, se jette dans le Tagypurée.

ANNAPOLIS, à l'embouchure de la Sévern, chef-lieu du comté d'Ann-Arundel, dans l'état de Maryland, aux Etats-Unis; siége de l'assemblée générale de l'état, du gouverneur et des autorités centrales; cette ville, peu considérable du reste, n'a que 2000 habitants; elle possède cependant un port, une banque, un collège et un petit théâtre.

ANNAPOLIS, comté de la Nouvelle-Ecosse, pays montagneux, couvert de belles forêts et extrêmement fertile; chef-lieu Annapolis.

ANNAPOLIS, chef-lieu du comté du même nom, dans la Nouvelle-Ecosse, forteresse, 1500 habitants qui vivent du commerce et de la pêche aux harengs. Son port, dans la baie de Fundy, est un des meilleurs de l'Amérique. Annapolis a été bâtie par les Français qui lui donnèrent le nom de *Port-Royal*; quand les Anglais se furent mis en possession de la presqu'île, ils changèrent ce nom en *Annapolis-Royal*. Avant la fondation de Halifax, c'était la capitale de la Nouvelle-Ecosse.

ANNAPPES, vg. de Fr., dép. du Nord, arr. et poste de Lille, cant. de Lannoy; pop. 1600 hab.

ANN-ARUNDEL, comté de l'état de Maryland, États-Unis; riche en pins sauvages et en fer; la culture du tabac y est très-considérable; la population dépasse 27,000 âmes; chef-lieu Annapolis.

ANNAT-DE-BELDOIRE, vg. de Fr., dép. de l'Aveyron, arr. et poste d'Espalion, cant. d'Estaing; pop. 165 hab.

ANNATOM ou ENATON, l'île la plus méridionale des Nouvelles-Hébrides, dans l'Australie. Elle est petite, étroite et montagneuse, cependant fertile et cultivée. On y trouve une espèce de basalte dont les indigènes façonnent des haches.

ANNAY, vg. de Fr., dép. du Pas-de-Calais, arr. de Béthune, cant. et poste de Lens; pop. 1100 hab.

ANNAY-LA-COTE, vg. de Fr., dép. de l'Yonne, arr., cant. et poste d'Avallon; pop. 500 hab.

ANNAY-LA-RIVIÈRE, vg. de Fr., dép. de l'Yonne, arr. de Tonnerre, cant. et poste de Noyers; pop. 738 hab.

ANNAY-SUR-LOIRE, vg. de Fr., dép. de la Nièvre, arr. et cant. de Cosnes; poste de Neuvy-sur-Loire; pop. 742 hab.

ANNE (Sainte-). *Voyez* STE.-AGNÈS.

ANNE (Sainte-), vg. de Fr., dép. de la Haute-Garonne, arr., cant., poste et com. de St.-Gaudens; pop. 280 hab.

ANNE (Sainte-), vg. de Fr., dép. du Gers, arr. de Lombez, cant. de Cologne, poste de l'Isle-en-Jourdain; pop. 259 hab.

ANNE (Sainte-), vg. de Fr., dép. de Loir-et-Cher, arr., cant. et poste de Vendôme; pop. 133 hab.

ANNE (Sainte-), fort de Fr., dép. de la Manche, arr. et poste de Cherbourg, cant. d'Octeville, com. d'Équeurdreville.

ANNE (Sainte-). *Voyez* CRISTALLERIE-DE-BACCARAT.

ANNE (Sainte-), ham. de Fr., dép. de la Meurthe, arr. de Lunéville, cant. et poste de Blamont, com. de Gogney; pop. 42 hab.

ANNE (Sainte-), ham. de Fr., dép. de la Moselle, arr., cant., poste et com. de Thionville; pop. 8 hab.

ANNE (Sainte-), vg. de Fr., dép. du Var, arr., cant., poste et com. de Toulon.

ANNE (Sainte-), vg. de Fr., dép. du Var, arr. de Toulon, cant. et poste du Beausset, com. du Castelet; pop. 781 hab.

ANNE (Sainte-), vg. de Fr., dép. de la Haute-Vienne, arr. de Limoges, cant. et poste d'Eymoutiers; pop. 200 hab.

ANNE (Sainte-), gr. et populeux vg. sur la riv. du même nom, dans le comté de Hampshire, dist. des Trois-Rivières, Bas-Canada.

ANNE (Sainte-), lac de l'île de la Jamaïque, remarquable en ce qu'il élargit insensiblement son lit.

ANNE (Sainte-), dist. de l'état de San-Salvador, confédération de l'Amérique centrale, d'un climat chaud et malsain près des côtes, produit des baumiers, des gommiers, de l'indigo, du sucre, et nourrit beaucoup de bétail.

ANNEBAULT, vg. de Fr., dép. du Calvados, arr. de Pont-l'Evêque, cant. de Dives, poste de Dozullé; pop. 470 hab.

ANNEBAULT ou **APPEVILLE**, b. de Fr., dép. de l'Eure, arr. de Pont-Audemer, cant. et poste de Montfort-sur-Rille; pop. 1200 h.

ANNEBECQ, vg. de Fr., dép. du Calvados, arr. de Vire, cant. et poste de St.-Sever; pop. 453 hab.

ANNEBECQ. *Voyez* ST.-GEORGES-D'ANNEBECQ.

ANNECY, *Anecium*, pet. v. épiscopale du roy. de Sardaigne, dans la prov. de Genevois, bâtie à peu de distance de la mer, au pied du mont Semina et au bord du lac qui en porte le nom. C'est la ville la plus manufacturière de la Savoie; elle possède un grand nombre de fabriques, une filature de coton, une grande verrerie, etc.; on exploite des mines de fer dans son voisinage; pop. 6000 hab.

ANNE-D'ENTREMONT (Sainte-), vg. de Fr., dép. du Calvados, arr. et poste de Falaise, cant. de Coulibœuf, com. d'Ailly; pop. 60 h.

ANNE-D'ESTRABLIN (Sainte-), vg. de Fr., dép. de l'Isère, arr. de Vienne, cant. et poste de St.-Jean-de-Bournay, com. de Chatenay; pop. 600 hab.

ANNE-GRANDE (Sainte-), v. et chef-lieu du dist. de Ste.-Anne, confédération de l'Amérique centrale; pop. 6000 hab.

ANNEL, vg. de Fr., dép. de l'Oise, arr. de Compiègne, cant. et poste de Ribecourt, com. de Longueil-sous-Thourotte; pop. 100 hab.

ANNELLES-LES-MENIL, vg. de Fr., dép. des Ardennes, arr. et poste de Réthel, cant. de Juniville; pop. 300 hab.

ANNÉOT, vg. de Fr.; dép. de l'Yonne, arr., cant. et poste d'Avallon; pop. 100 hab.

ANNEPONT, vg. de Fr., dép. de la Charente-Inférieure, arr. de St.-Jean-d'Angely, cant. et poste de St.-Savinien; pop. 408 h.

ANNEQUIN, vg. de Fr., dép. du Pas-de-Calais, arr. et poste de Béthune, cant. de Cambrin; pop. 600 hab.

ANNESSE, vg. de Fr., dép. de la Dordogne, arr. de Périgueux, cant. et poste de St.-Astier; pop. 700 hab.

ANNET, vg. de Fr., dép. de Seine-et-Marne, arr. de Meaux, cant. et poste de Claye; pop. 922 hab.

ANNEUX, vg. de Fr., dép. du Nord, arr. et poste de Cambray, cant. de Marcoing; pop. 500 hab.

ANNEVILLE, vg. de Fr., dép. de la Haute-Marne, arr. de Chaumont-en-Bassigny, cant. et poste de Vignory; pop. 140 hab.

ANNEVILLE-EN-CÈRE, vg. de Fr., dép. de la Manche, arr. de Valognes, cant. de Quettehou, poste de Barfleur; pop. 800 hab.

ANNEVILLE-SUR-LA-SEYE, vg. de Fr., dép. de la Seine-Inférieure, arr. de Dieppe, cant. et poste de Longueville; pop. 410 hab.

ANNEVILLE-SUR-MER, vg. de Fr., dép., dép. de la Manche, arr. et poste de Coutances, cant. de Lessay; pop. 450 hab.

ANNEVILLE-SUR-SEINE, vg. de Fr., dép. de la Seine-Inférieure, arr. de Rouen, cant. et poste de Duclair; pop. 564 hab.

ANNEYRON, vg. de Fr., dép. de la Drôme, arr. de Valence, cant. et poste de St.-Vallier; pop. 2500 hab.

ANNEZAY, vg. de Fr., dép. de la Charente-Inférieure, arr. et poste de St.-Jean-d'Angely, cant. de Sonnay-Boutonne; pop. 300 hab.

ANNEZIN, vg. de Fr., dép. du Pas-de-Calais, arr., cant. et poste de Béthune; pop. 600 hab.

ANNIVIERS (vallée d'), en Suisse, dans le cant. du Valais, décurie de Sierre; elle est à 563 mètres au-dessus de la mer, et embellie par un grand nombre de châlets épars, renfermant une population de 1700 âmes. On y exploite des mines de cobalt et de cuivre, et l'on croit même être sur les traces de mines d'argent, de fer et de plomb. Patrie du jésuite Roux, célèbre missionnaire des Indes, qui subit le martyr.

ANNO-BON, île du golfe de Guinée, dans l'Afrique. Elle se compose de hautes montagnes, entre lesquelles s'étendent des vallées profondes, arrosées par un grand nombre de ruisseaux. Elle est couverte de palmiers, de tamarins, de figuiers, de citronniers et de plusieurs autres espèces d'arbres. Des navigateurs y ont importé des chèvres et des porcs qui se sont rapidement multipliés. Cette île fut cédée par les Portugais, en 1778, aux Espagnols qui n'en prirent point possession. Elle est habitée par quelques milliers de Nègres qui vivent dans un état presque sauvage. La ville d'Anno-Bon a environ cent maisons construites en roseaux et une église catholique.

ANNŒULIN, vg. de Fr., dép. du Nord, arr. de Lille, cant. et poste de Seclin; pop. 3100 hab.

ANNOIRE, vg. de Fr., dép. du Jura, arr. de Dole, cant. et poste de Chemin; pop. 1000 hab.

ANNOIS, vg. de Fr., dép. de l'Aisne, arr. de St.-Quentin, cant. de St.-Simon, poste de Ham; pop. 500 hab.

ANNOISIN, vg. de Fr., dép. de l'Isère, arr. de La Tour-du-Pin, cant. et poste de Crémieu; pop. 310 hab.

ANNOIX, vg. de Fr., dép. du Cher, arr.

de Bourges, cant. de Levet, poste de Dun-le-Roi; pop. 213 hab.

ANNONAY, *Annoneum*, *Annoniacum*, v. de Fr., dép. de l'Ardèche, arr. de Tournon, chef-lieu de canton, au confluent de la Cance et de la Deaume, siége d'un tribunal de commerce. Quoique ses rues soient tortueuses, la ville offre un aspect fort agréable par sa position pittoresque; l'industrie la plus active l'anime et ajoute chaque jour à sa prospérité. Annonay possède des fabriques de soieries, de draps, de bougies, des papeteries considérables et des filatures de coton. On voit sur une des places de cette ville un monument élevé en l'honneur du célèbre inventeur des aérostats, Etienne Montgolfier, né à Annonay en 1740 et mort en 1799; pop. 8350 hab.

ANNONVILLE, vg. de Fr., dép. de la Haute-Marne, arr. de Vassy, cant. de Poissons, poste de Sailly; pop. 135 hab.

ANNONCIATION, cap de l'Afrique, sur la côte S.-O. de Guinée.

ANNOT, vg. de Fr., dép. des Basses-Alpes, arr. de Castellane, chef-lieu de canton et poste; pop. 1320 hab.

ANNOT, vg. de Fr., dép. de l'Aveyron, arr. et poste d'Espalion, cant. et com. d'Estaing; pop. 100 hab.

ANNOT ou **ANNEAUX**, vg. de Fr., dép. de l'Yonne, arr., cant. et poste d'Avallon; pop. 200 hab.

ANNOUVILLE-VILMESNIL, vg. de Fr., dép. de la Seine-Inférieure, arr. du Hâvre, cant. et poste de Goderville; pop. 497 hab.

ANNOUX, vg. de Fr., dép. de l'Yonne, arr. d'Avallon, cant. de l'Ile-sur-le-Serein, poste de Lucy-le-Bois; pop. 350 hab.

ANNOVILLE, vg. de Fr., dép. de la Manche, arr. de Coutances, cant. de Montmartin-sur-Mer, poste de Bréhal; pop. 100 hab.

ANNOZA, b. d'Espagne, dans le roy. de Léon, prov. de Toro.

ANNWEILER, v. de la Bavière rhénane, cant. de Bergzabern, à 3 l. de Landau; tanneries, manufactures de draps, fabriques de brosses, teintureries; la culture de la vigne y est très-productive. Annweiler eut beaucoup à souffrir dans presque toutes les guerres de la France avec l'Allemagne, par son voisinage de la forteresse de Landau et des lignes de Wissembourg; pop. 2600 hab.

ANŒTA, b. d'Espagne, dans la prov. basque de Guipuscoa, sur l'Oria.

ANON ou **ONON**, riv. d'Asie, descend des monts Dasurie, en Chine, reçoit les eaux du Kirkan, de l'Aguza, du Kira, de l'Onouboisa, du Turga, du Dschida, de l'Aga, plus loin celles de Tschalbucha, de l'Ichigan, de l'Urulga et du Corbiza, se réunit avec la rivière Ingoda et prend ensuite le nom de Chilka, une des deux branches qui forment l'Amour.

ANOPÆA, g. a., mont. de Locride, à travers laquelle passèrent les Perses, pour se rendre au défilé des Thermopyles.

ANOPOL, v. de la Russie d'Europe, gouv. de Volhynie, à 7. l. N.-E. d'Ostrog; pop. 1300 hab.

ANOPSCHEHER, v. sur le Gange, dans l'Inde anglaise, présidence de Calcutta, prov. d'Agra. Elle est entourée d'une forte muraille et bien peuplée. On y fait un commerce considérable de coton, de sel, d'indigo, etc.

ANOR, vg. de Fr., dép. du Nord, arr. d'Avesne, cant. et poste de Tréton; forges et verreries; pop. 2500 hab.

ANOS, vg. de Fr., dép. des Basses-Pyrénées, arr. et poste de Pau, canton de Morlaas; pop. 110 hab.

ANOSSI, dist. de la prov. d'Antaximène, sur l'île et au S.-E. de Madagascar.

ANOST, vg. de Fr., dép. de Saône-et-Loire, arr. d'Autun, cant. et poste de Lucenay-l'Evêque; pop. 3056 hab.

ANOUDA, pet. île de l'archipel de La Peyrouse, dans l'Australie.

ANOUFMOUBÉ, v. de l'île de Madagascar, près du lac Amboule.

ANOULD, vg. de Fr., dép. des Vosges, arr. de St.-Dié, cant. de Fraize, poste de Corcieux; pop. 2300 hab.

ANOUPECTOUNCJOU, groupe de mont. très-élevées, dans la prov. d'Aracan de l'emp. Birman, dans l'Inde transgangétique. Ces montagnes séparent l'Aracan du reste du continent; un seul passage, celui de Sembewgheen, conduit dans le Birman; quelques autres, aussi difficiles, la mettent en communication avec le Pégou.

ANOURADGBOURRO ou **NOURADJAPOURA**, probablement l'*Ancerogrammoum* que Ptolomée place dans la Taprobaxe, l'ancienne capitale de l'île de Ceylan, jadis la résidence des rois de Coudy, et centre religieux des habitants de l'île, mais ruinée et déserte depuis sa destruction par les Portugais et visitée seulement comme pélerinage. De nombreuses colonnes, des fragments de sculpture, quelques pyramides érigées en l'honneur de plusieurs rois distingués par leur piété, et que les Boudhistes invoquent comme des saints, sont les seuls restes de son ancienne splendeur. On y remarque encore le Serimohabod (figuier sacré) que les adorateurs de Boudha viennent visiter en pélerins, croyant que leur Dieu a souvent goûté sous son ombrage, le frais et le repos.

ANOUX, vg. de Fr., dép. de la Moselle, arr., cant. et poste de Briey; pop. 600 hab.

ANOVER, b. d'Espagne, dans la Nouvelle-Castille, prov. de Tolède; pop. 2000 hab.

ANOYE, vg. de Fr., dép. des Basses-Pyrénées, arr. de Pau, cant. et poste de Lembeye; pop. 600 hab.

ANOZEL, vg. de Fr., dép. des Vosges, arr. de St.-Dié, cant. et poste de Senones, com. de Saulcy; pop. 250 hab.

ANQUETIERVILLE, vg. de Fr., dép. de

la Seine-Inférieure, arr. d'Yvetot, cant. et poste de Caudebec; pop. 300 hab.

ANRATH, vg. des états prussiens, prov. rhénane, rég. de Düsseldorf; pop. 1000 hab.

ANROSEY, vg. de Fr., dép. de la Haute-Marne, arr. de Langres, cant. de la Ferté-sur-Amance, poste du Fal-Billot; pop, 650 hab.

ANS, gr. vg. de la Belgique, prov. et arr. de Liège; pop. 2600 hab.

ANSA, gr. vg. d'Afrique, dans le roy. d'Assin, sur la côte d'Or; pop. 1500 hab.

ANSAC, vg. de Fr., dép. de la Charente, arr., cant. et poste de Confolens; pop. 928 hab.

ANSACQ, vg. de Fr., dép. de l'Oise, arr. de Clermont, cant. et poste de Mouy; pop. 350 hab.

ANSAGE, vg. de Fr., dép. de la Drôme, arr. de Die, cant. et poste de Crest, com. d'Omblèze; pop. 150 hab.

ANSAN, vg. de Fr., dép. du Gers, arr. d'Auch, cant. et poste de Gimont; pop. 374 hab.

ANSAUVILLE, vg. de Fr., dép. de la Meurthe, arr. de Toul, cant. de Domèvre, poste de Noviant-aux-Prés; pop. 380 hab.

ANSAUVILLERS, vg. de Fr., dép. de l'Oise, arr. de Clermont, cant. et poste de Breteuil; pop. 1200 hab.

ANSBACH, autrefois ONOLZBACH, v. de Bavière, chef-lieu du cercle de la Rezat, à 20 l. de Nuremberg et à autant de Würzbourg; siége des autorités et tribunaux du cercle. Elle a de belles constructions, l'église St.-Jean où se trouvent les tombeaux des anciens margraves d'Ansbach, un château, un gymnase, un hôpital, une bibliothèque et un fort joli parc, dans lequel on voit un monument élevé en l'honneur du poète Jean-Pierre Uz, né à Ansbach, le 3 octobre 1720, mort dans cette même ville, en 1796. Elle possède des fabriques de draps, de toiles de coton, de faïence, de blanc de céruse, de tabacs et de cuirs. Il y a annuellement deux foires aux chevaux et deux principalement pour le commerce de la laine; pop. 12,000 hab. dont 500 juifs.

Ansbach était autrefois la résidence des margraves d'Ansbach-Baireuth. Le dernier margrave, Charles-Alexandre, céda le 2 décembre 1791 cette principauté, ainsi que celle de Baireuth que sa famille avait eue par héritage en 1709, à son héritier feudataire le roi Frédéric-Guillaume II, de Prusse. Guillaume III l'abandonna, en 1806, à la France, qui la donna à la Bavière, en échange de Juliers et de Berg.

Par la paix de Tilsitt, la Prusse céda également le Baireuth à la France. Celle-ci le donna en 1809 à la Bavière, qui en forma la plus grande portion du cercle de la Rezat.

ANSE, *Assa Paulini*, b. de Fr., dép. du Rhône, arr. à 1 1/2 l. S. de Villefranche-sur-Saône, chef-lieu de canton et poste; pop. 1700 hab.

ANSE (la grande), b. de l'île de Martinique, sur la côte sep., à 3 1/2 l. N.-O. du fort de la Trinité sur une baie peu sûre; commerce considérable de sucre; pop. 4300 hab.

ANSE (la petite), b. de l'île d'Haïti, sur la côte sep., à 2 l. S.-E. du cap Haïtien.

ANSE A PITRE (l'), riv. de l'île d'Haïti, dont l'embouchure sert au mouillage des bâtiments.

ANSE-A-VEAU (l'), pet. v. de l'île d'Haïti, sur la côte sep., à 8 l. N. de St.-Louis.

ANSE-D'ARLET (l'), b. de l'île de Martinique, à 2 l. S. du Fort-Royal.

ANSEGHEM, gr. vg. de Belgique dans la prov. de la Flandre occidentale, arr. de Courtrai; pop. 3800 hab.

ANSEMBOURG, vg. de la Belgique, dans la prov. du Luxembourg, sur l'Eischen. Hauts-fourneaux et martinets.

ANSERVILLE, vg, de Fr., dép. de l'Oise, arr. de Beauvais, cant. et poste de Méru; pop. 385 hab.

ANSIBARII, g. a., peuple germain, occupant la rive occ. du Wéser.

ANSICO, roy. d'Afrique, dans la Guinée mér., sur les rives du Zaïre. Les habitants qui se nomment Anzigues ou Anziguis, sont féroces et renommés pour leur adresse à manier l'arc et leur agilité à gravir les montagnes; ils sont courageux et fidèles. Ils confectionnent une étoffe assez belle avec les filaments du palmier et la transportent sur la côte, ainsi que de l'ivoire qu'ils vendent aux Européens en échange de sel, de coquilles et de marchandises d'Europe. Ils vendent aussi des esclaves, mais l'abolition de la traite des nègres leur a enlevé cette branche d'un commerce infâme et barbare.

ANSIGNAN, vg. de Fr., dép. des Pyrénées-Orientales, arr. de Perpignan, cant. et poste de St.-Paul-de-Fenouillet; pop. 328 h.

ANSON, comté de la Caroline septentrionale, dans les Etats-Unis, arrosé par l'Yadhin, le Rocky, le Brown, le Jones et le Mill; chef-lieu Wadesborough; pop. 13,000 hab.

ANSON (baie d'). *Voyez* NORFOLK.

ANSON. *Voyez* BOUKA.

ANSOST, vg. de Fr., dép. des Hautes-Pyrénées, arr. de Tarbes, cant. et poste de Rabastens; pop. 1000 hab.

ANSOUIS, vg. de Fr., dép. de Vaucluse, arr. d'Apt, cant. et poste de Pertuis; pop. 1000 hab.

ANSPACH. *Voyez* ANSBACH.

ANSPACH, pet. b. situé sur la Hoehe, dans le duché de Nassau, bge d'Usingen; sa pop. est de 1175 hab.

ANSTAING, vg. de Fr., dép. du Nord, arr. et poste de Lille, cant. de Lannoy; pop. 460 hab.

ANSTRUDE, vg. de Fr., dép. de l'Yonne, arr. et poste d'Avallon, cant. de Guillon; pop. 800 hab.

ANSTRUTHER-EAST, b. d'Ecosse, au N. du golfe de Forth, dans le comté de Fife.

Il a un petit port et fait commerce de poissons; pop. 1150 hab.

ANSTRUTHER-WEST, b. d'Ecosse, dans le comté de Fife. Il n'est séparé d'Anstruther-East que par une petite rivière; moulins à tordre le fil; pop. 400 hab.

ANSUANS, vg. de Fr., dép. du Doubs, arr. de Beaume-les-Dames, cant. et poste de Clerval, com. de Chaux-lès-Clerval; pop. 140 hab.

ANSWEILER. *Voyez* ANGEVILLERS.

ANTA-DE-TERA, b. d'Espagne, dans la Vieille-Castille, prov. de Zamora, dans les environs de Montbuey.

ANTÆI, g. a., v. et capitale du dist. d'Antæopolis, dans la Thébaïde, à l'E. du Nil.

ANTAGNAC, vg. de Fr., dép. de Lot-et-Garonne, arr. de Marmande, cant. de Bouglon, poste de Castel-Jaloux; pop. 425 h.

ANTAKIAH, l'ancienne et célèbre Antioche, *Antiochia magna*, jadis si magnifique, si florissante et si peuplée, est aujourd'hui descendue au rang d'une petite ville. Elle est située sur les bords de l'Aati, dans une vallée fertile, et conserve des débris de son antique splendeur, parmi lesquels on remarque les ruines de ses murailles formées d'énormes blocs de pierre, de ses aqueducs, de ses tours larges et carrées et d'un château bâti sur la hauteur pendant les croisades, etc. La ville est jolie et bien bâtie, mais ne remplit qu'un petit coin de l'espace qu'elle couvrait autrefois. Le reste ressemble à un jardin planté de mûriers, d'oliviers, de grenadiers. Le commerce est peu considérable, la culture de la soie est l'industrie principale des habitants dont le nombre dépassait jadis 6 à 700,000, et qui n'est aujourd'hui que de 10,000 selon Kinneir, de 18,000 selon Ali-Bey. Antioche conserve ses sources thermales. Elle est aussi le siège titulaire de plusieurs patriarches qui résident dans d'autres villes : celui des Grecs réside à Damas; celui des Grecs-Unis, dans un couvent du mont Liban; celui des catholiques, à Rome, et celui des Nestoriens, à Merdin.

Antioche a été fondée par Seleucus Nicator; la tradition populaire en attribue le projet à Alexandre. Elle s'agrandit considérablement sous les Séleucides dont elle fut la résidence, et devint presque l'égale d'Alexandrie. La vie y était légère, voluptueuse, efféminée. Malgré cela St.-Pierre, avant de passer à Rome, y fit de nombreux prosélytes, et c'est dans ses murs que les disciples du Christ furent appelés chrétiens pour la première fois. St.-Pierre fonda lui-même le siège épiscopal d'Antioche. Cette ville conserva son importance jusqu'au milieu du 6e siècle, où elle fut prise et saccagée par Chosroës. Justinien la rebâtit; elle fleurit de nouveau, mais tomba successivement sous la domination des Arabes, des princes latins de la croisade et finalement des Turcs. Les différents siéges qu'elle eut à soutenir, surtout les ravages que le sultan Bibars y commit, en la reprenant aux chrétiens, ainsi que les nombreux tremblements de terre qu'elle a éprouvés, la firent complètement déchoir. Antioche est la patrie du sophiste Libanius dont l'école de rhétorique brilla au quatrième siècle; du poète Archias; de St.-Jean-de-Chrisostôme et peut-être de St.-Luc.

ANTALIA ou **ADALIA**, **ATTALIA**, v. de la Turquie d'Asie, dans l'eyalet d'Anatolie. Elle est bâtie en amphithéâtre au bord de la mer; elle a des fortifications et un bon port; pop. 8000 hab.

ANTALOW, v. d'Afrique, dans le roy. de Tigré, capitale de la prov. d'Enderta et la plus importante du royaume. Elle est bâtie sur la pente d'une montagne et dans une position favorable pour sa défense contre les Gallas. Elle a environ 1000 maisons, parmi lesquelles celle du ras est remarquable par son étendue, la forme particulière de sa toiture et une vaste et haute muraille dont elle est ceinte; plusieurs sont situées au pied de la montagne. Les environs sont arides et n'ont que de maigres pâturages.

ANTAMAHOURIS, peuplade de Madagascar. Elle est d'origine arabe et ne s'allie à aucune autre peuplade de l'île. Les Antamahouris habitent les vallées septentrionales et professent certains dogmes de l'islamisme. Ils ont, comme les juifs et les mahométans, horreur de la chair de porc.

ANTAMBASSES, peuple de l'île de Madagascar. Il habite au S. de la prov. d'Antaximène.

ANTANDRUS, g. a., v. de la Grande-Mysie, au pied d'une chaîne de l'Ida, où l'on prétend qu'Énée s'embarqua, après la destruction de Troie.

ANTAVARTS (prov. des), sur l'île de Madagascar. Elle s'étend au S.-E., depuis la baie de Bohemar, près du cap d'Ambre, pointe sept. de l'île, jusqu'à 7 ou 8 l. N. de Foulepoint. L'île Ste.-Marie, située près de la côte, fait partie de cette province qui est bien cultivée et produit beaucoup de riz. La température y est malsaine.

ANTAXIMÈNE, prov. au S.-E. de Madagascar. La température y est saine, mais le sol peu fertile. Les habitants sont très-noirs, pauvres et portés au brigandage. Les deux plus beaux fleuves de l'île : le Mangouron et le Mananzari arrosent cette province.

ANTE, vg. de Fr., dép. des Deux-Sèvres, arr., cant., poste et com. de Niort; pop. 100 hab.

ANTECHAUX, vg. de Fr., dép. du Doubs, arr. de Montbéliard, cant. de St.-Hyppolite.

ANTEGUERA, *Antecaria*, v. d'Espagne, dans le roy. de Grenade, prov. de Malaga. Elle est située dans une vallée fermée par la Sierra-de-Antequera, et près de la Rio de la Villa. Elle est ceinte d'une muraille et divisée en ville haute et basse. Ses rues sont larges, bien alignées et les maisons fort jolies. Un vieux palais mauresque sert d'hôtel de ville. La ville a plusieurs églises et 22 couvents; des filatures de coton, des fabriques de soieries, de tapis et des tanneries. On y fait commerce d'huile et une vente considérable de laine. Il y a près de là un lac d'eaux salées et des carrières de marbre que l'on exploite. Patrie des deux peintres Mehedano et Bobadillo.

ANTERRIEUX, vg. de Fr., dép. du Cantal, arr. de St.-Flour, cant. et poste de Chaudes-aigues; pop. 348 hab.

ANTERRIOUX, vg. de Fr., dép. du Puy-de-Dôme, arr. de Clermont-Ferrand, cant. et poste de Rochefort, com. de Nébouzat; pop. 150 hab.

ANTES, vg. de Fr., dép. de la Marne, arr. et poste de Ste.-Menehould, cant. de Dommartin-sur-Yèvre; pop. 171 hab.

ANTEUIL, vg. de Fr., dép. du Doubs, arr. et cant. de Beaume-les-Dames, poste de Clerval; pop. 500 hab.

ANTEZANT, vg. de Fr., dép. de la Charente-Inférieure, arr., cant. et poste de St.-Jean-d'Angely; pop. 382 hab.

ANTHELOPT, vg. de Fr., dép. de la Meurthe, arr., cant. et poste de Lunéville; pop. 500 hab.

ANTHÈME (Saint-), vg. de Fr., dép. du Puy-de-Dôme, arr. et poste d'Ambert, chef-lieu de canton; pop. 3300 hab.

ANTHENAR, vg. de Fr., dép. de l'Ain, arr. de Trévoux, cant. de St.-Trivier-sur-Moignans, poste de Châtillon-les-Dombes, com. de Baneins; pop. 400 hab.

ANTHENAY, vg. de Fr., dép. de la Marne, arr. de Reims, cant. de Châtillon-sur-Marne, poste de Port-à-Binson; pop. 147 hab.

ANTHENY, vg. de Fr., dép. des Ardennes, arr. de Rocroi, cant. de Rumigny, poste de Maubert-Fontaine; pop. 300 hab.

ANTHEUIL, vg. de Fr., dép. de la Côte-d'Or, arr. de Beaune, cant. et poste de Bligny-sur-Ouche; pop. 250 hab.

ANTHEUIL, vg. de Fr., dép. de l'Oise, arr. de Compiègne, cant. et poste de Ressons; pop. 300 hab.

ANTHIEN, vg. de Fr., dép. de la Nièvre, arr. de Clamecy, cant. et poste de Corbigny; pop. 1000 hab.

ANTHILLY, vg. de Fr., dép. de l'Oise, arr. de Senlis, cant. et poste de Betz; pop. 154 hab.

ANTHON, vg. de Fr., dép. de l'Isère, arr. de Vienne, cant. de Meyzieux, poste de Crémieu; pop. 356 hab.

ANTHON, vg. de Fr., dép. de la Haute-Saône, arr. de Vesoul, cant., poste et com. de Rioz; pop. 156 hab.

ANTHOST (Saint-), vg. de Fr., dép. de la Côte-d'Or, arr. de Dijon, cant. et poste de Sombernon; pop. 178 hab.

ANTIBES, *Antipolis*, v. forte et port de Fr., sur le golfe de Juan, dép. du Var, arr. de Grasse, chef-lieu de canton, à 205 l. S.-E. de Paris; siège d'un tribunal de commerce. L'entrée du port, assez étroit, est défendue par le fort carré, composé de quatre bastions. Commerce de marée, de fruits du midi et de vin; foires le 20 janvier, le 12 août et le 13 novembre.

Antibes eut les mêmes fondateurs que Marseille; c'est aux Phocéens qu'elle doit son origine; les Romains l'embellirent, mais il ne reste plus de cette époque que les ruines d'un théâtre romain. Les Sarrazins détruisirent la ville au neuvième siècle. Relevée un siècle après, elle eut à souffrir des fréquentes invasions des Maures qui infestaient la Méditerranée. Elle fut fortifiée par François Ier et Henri IV, et mise ainsi à l'abri des insultes des pirates; pop. 5570 h.

ANTICHAN, vg. de Fr., dép. de la Haute-Garonne, arr. de St.-Gaudens, cant. de St.-Bertrand, poste de St.-Béat; pop. 350 h.

ANTICHAN-DE-BAROUSSE, vg. de Fr., dép. des Hautes-Pyrénées, arr. de Bagnères-en-Bigorre, cant. de Mauléon-Barousse, poste de Montrejeau; pop. 200 hab.

ANTICOSTI, île de 496 l. c., stérile et inhabitable, dans le golfe de St.-Laurent, fait partie du gouv. de Terre-Neuve dans les possessions anglaises de l'Amérique septentrionale; sur ses côtes on pêche de la morue.

ANTIGNAC, vg. de Fr., dép. du Cantal, arr. de Mauriac, cant. de Saignes, poste de Bort; pop. 2000 hab.

ANTIGNAC, vg. de Fr., dép. de la Charente-Inférieure, arr. et poste de Jonzac, cant. de St.-Genis; pop. 180 hab.

ANTIGNAC, vg. de Fr., dép. de la Haute-Garonne, arr. de St.-Gaudens, cant. et poste de Bagnères-de-Luchon; pop. 150 h.

ANTIGNAC, vg. de Fr., dép. de l'Hérault, arr. et poste de Beziers, cant. de Murviel; pop. 620 hab.

ANTIGNANA, v. d'Illyrie, dans le gouv. de Trieste, cer. d'Istrie; cet endroit manque souvent d'eau; mais le vin et les fruits y sont en grande abondance; pop. 1800 hab.

ANTIGNY, vg. de Fr., dép. de la Vendée, arr. de Fontenay-le-Comte, cant. et poste de la Châtaigneraie; pop. 1200 hab.

ANTIGNY, vg. de Fr., dép. de la Vienne, arr. de Montmorillon, cant. et poste de St.-Savin; pop. 1150 hab.

ANTIGNY-LA-VILLE, vg. de Fr., dép. de la Côte-d'Or, arr. de Beaune, cant. et poste d'Arnay-le-Duc; pop. 300 hab.

ANTIGNY-LE-CHATEAU, vg. de Fr., dép. de la Côte-d'Or, arr. de Beaune, cant. et com. de Foissy, poste d'Arnay-le-Duc; pop. 130 hab.

ANTIGOA, une des Lewards-Islands ou Iles-sous-le-Vent, appartenant aux Anglais, découverte par Christophe Colomb, a une circonférence de 24 l. A 2 l. de St.-Johns-Town, capitale de l'île, s'élève la chaîne des Shecherleys-Mountains qui sont en partie couvertes jusqu'aux sommets de plantations de cannes à sucre. Malgré le grand nombre de ports et de baies que forme la mer le long des côtes, l'approche de l'île offre beaucoup de difficultés à cause des nombreux rochers et bancs de sable qui la bordent. Parmi ces baies et ports on remarque la baie de Willoughby, Nonsuch-Harbour, Merars-Creek, Parham-Harbour, St.-Johns-Harbour, Five-Islands-Harbour, etc. L'intérieur de l'île manque presque totalement d'eau douce, tellement que dans la saison des chaleurs on est obligé d'avoir recours aux îles voisines ; les citernes dans lesquelles on recueille les eaux de pluie, suppléent aux sources. Les productions du règne animal sont : chevaux, bêtes à cornes, moutons, porcs, chèvres, dindes, pintades, poules, canards, bécasses, colibris, tortues, poissons ; celles du règne végétal sont : canne à sucre, coton, café, ananas, melons, grenades, citrons, oranges, limons, cocos, patates, choux-palmistes, tamarins, maïs, etc. Les principaux articles d'exportation sont le sucre, le coton et le rhum.

ANTIGONEA, g. a., v. d'Arcadie, au S. d'Orchomène.

ANTIGONEA, g. a., v. d'Épire, sur l'Aoüs.

ANTI-LIBAN (l'), une des chaînes principales du Liban. L'Anti-Liban se lie, du côté des plaines de Damas, par des collines détachées, aux monts Taurus et se dirige au midi le long des côtes de la Méditerranée jusqu'à l'isthme de Suez.

ANTILLES ou INDES OCCIDENTALES, groupes nombreux d'îles qui forment le grand archipel Mexicain, dans l'Océan Atlantique, entre les deux Amériques. Ces îles forment une chaîne qui s'étend de l'O. de la Floride jusque près des côtes N.-E. de la Colombie, entre le 10° et le 27° de lat. N., et entre le 62° et le 87° de long. occ. Elles furent découvertes par Christophe Colomb en 1492. On les divise en Grandes et en Petites-Antilles ; les premières, au nombre de quatre, sont : Cuba, la Jamaïque, Haïti (autrefois St.-Domingue et Hispaniola) et Porto-Rico. Les Petites, qui portent aussi le nom de Caraïbes, de leurs premiers habitants, se divisent en Iles-du-Vent et Iles-sous-le-Vent, selon qu'elles sont plus ou moins exposées aux vents alisés qui dominent sous les tropiques et causent souvent de grands désastres dans les Antilles. Parmi les Iles-du-Vent se trouvent la Martinique, la Guadeloupe, la Dominique, la Barbade, la Trinité et beaucoup d'autres moins importantes. Les Iles-sous-le-Vent comprennent les Lucayes ou Bahama, la Trinidad, Curaçao et toutes celles situées à l'O. des premières. Un grand nombre de ces îles sont traversées par des montagnes ; quelques-unes ne sont que des roches nues et stériles ; d'autres sont d'origine volcanique, et il n'est pas invraisemblable que dans les temps les plus reculés ces îles aient fait partie du continent américain. Leur position sous la zône torride en rendrait le climat insupportable, surtout aux Européens, si de fréquents orages n'y rafraîchissaient la température. L'air, continuellement humide dans la partie basse de ces îles, y engendre des maladies souvent épidémiques. Les tremblements de terre sont aussi un des terribles fléaux de ce climat. Les principales productions des Antilles sont la canne à sucre, le café, le coton, l'indigo, le rhum et une grande quantité d'autres plantes et de fruits délicieux. La population, de 2,400,000 habitants, est composée d'Européens, de créoles et de Nègres. Ces derniers, que la traite y a importés, forment plus de la moitié de la population. Il reste peu de Caraïbes, et cette race indigène que les Espagnols y trouvèrent quand ils découvrirent ces îles, semble devoir bientôt disparaître tout à fait. Le commerce des Européens dans ces colonies est de la plus grande importance.

Diverses puissances de l'Europe ont des possessions aux Antilles : la France possède la Martinique, la Guadeloupe, Marie-Galante, les Saintes, la Désirade et la partie septentrionale de St.-Martin ; l'Espagne : Cuba, Porto-Rico, Testigos, la Marguerite, Tortuga, Blanquilla, Orchilla, Roques et Aves ; l'Angleterre : la Jamaïque, les Lucayes, Tortala, Anegada, la Barbade, Ste.-Lucie, la Grenade, la Dominique, St.-Vincent, Antigoa, Tabago et la Trinité ; la Hollande : la partie méridionale de St.-Martin, Saba, St.-Eustache, Bon-Air, Curaçao et Oraba ; le Danemark : St.-Thomas, St.-Jean, Ste.-Croix ; et la Suède : Ste-Barthélemy. Haïti, qui sous le nom de St.-Domingue, avait appartenu aux Français, forme aujourd'hui une république.

ANTILLES (mer des), est la partie du grand Océan Atlantique, resserrée entre les Grandes et les Petites-Antilles, la côte septentrionale de l'Amérique du Sud, l'isthme de Panama, l'état de Guatemala et le Yucatan. Elle forme le golfe de Honduras, entre le Guatemala et le Yucatan ; la baie des Mosquitos, au N. de l'isthme de Panama, qui forme à son tour le golfe Darien, et les baies de St.-Gil, de Cartago et de Blackwell, la lagune de Maracaïbo et le golfe de Paria. Les principaux groupes d'îles de cette mer sont les Grandes-Antilles, les Petites-Antilles et les Lewards-Islands, autrement nommées Iles-sous-le-Vent.

ANTILLY, vg. de Fr., dép. de la Moselle, arr. et poste de Metz, cant. de Vichy ; pop. 150 hab.

ANTIN, vg. de Fr., dép. des Hautes-Pyrénées, arr. de Tarbes, cant. et poste de Trie ; pop. 500 hab.

ANTIOCHIA, g. a., plusieurs villes de l'antiquité ont porté ce nom ; les principales sont : en Assyrie, entre le Tigre et l'Odorneh ; en Carie, au S. du Méandre ; dans la Grande-Phrygie, sur les frontières de Pisidie ; en Syrie, au pied du Taurus, au S.-O. de Zeugma ; mais la plus célèbre de toutes, celle qui a été si longtemps la capitale de la Syrie, porte aujourd'hui le nom d'*Antakiah*. (*Voyez* ce mot.)

ANTIOCO (San-), îlot sur la côte S.-O. de l'île de Sardaigne, uni à celle-ci par un grand pont en pierre, bâti par les Romains. Il est habité par 2100 âmes. Dans la forêt, qui s'y trouve, vivent des chevaux sauvages.

ANTIOQUIA, prov. du dép. de Cundinamarca, dans la rép. de la Nouvelle-Grenade; sa longueur du S. au N. est de 71 l. et sa largeur de l'E. à l'O. de 43 l., sa superficie est de 2200 l. c. Elle est presque entièrement couverte de forêts et produit de l'or. Chef-lieu, Medellin. Le capitaine François César fut le premier qui pénétra dans cette contrée, en 1536. Parti de St.-Sébastien, sur la côte, il traversa la chaîne des Abides, entra dans la vallée de Guaca et mit en fuite 20,000 indigènes. Les combats avaient affaibli sa troupe et il se retira. J. Badillo tenta une seconde expédition qui n'eut point de succès. Mais en 1541 Georges Robledo partit d'Anserma avec 130 hommes, conquit le pays et fonda la ville d'Antioquia, qui est restée la capitale de la province jusqu'en 1825. Depuis cette époque c'est Medellin qui en est le chef-lieu.

ANTIOQUIA, v. de la prov. de ce nom, sur le fleuve de Tonusco, entourée de plantations de bananiers, de maïs et de cannes à sucre; pop. 18,700 hab. (*Voyez* l'article précédent).

ANTIPAROS, anciennement *Oliaros*, pet. île grecque du groupe des Cyclades, assez pauvre; c'est la patrie de Phidias et de Praxitèle; pop. 500 hab.

ANTIPODES (les), ham. de Fr., dép. de la Seine-Inférieure, arr. de Dieppe, cant. de Bellencombre, com. et poste des Grandes-Ventes; pop. 20 hab.

ANTI-RHODUS, g. a., pet. île, non loin d'Antioche, dans la Basse-Égypte, au S.-O. du cap Lochias. Elle servit de retraite à Antoine, après la bataille d'Actium, lorsque les charmes de Cléopâtre vinrent l'arracher à la solitude. L'île ainsi que le cap ont disparu.

ANTIS, vg. de Fr., dép. des Basses-Pyrénées, arr. et poste d'Orthez, cant. de Salies; pop. 180 hab.

ANTISANA, volcan dans la rép. colombienne d'Ecuador, Amérique méridionale, prov. et à 13 l. S.-E. de Quito. Son sommet, à une hauteur de 18,102 pieds, est couvert de neiges perpétuelles. La métairie d'Antisana, à 13,435 pieds au-dessus du niveau de l'Océan, est l'habitation la plus élevée que l'on connaisse.

ANTISANTI, vg. de Fr., dép. de la Corse, arr. de Corte, cant. et poste de Vezzani; pop. 600 hab.

ANTIST, vg. de Fr., dép. des Hautes-Pyrénées, arr., cant. et poste de Bagnères-en-Bigorre; pop. 200 hab.

ANTI-TAURUS ou **HASSAUTAGH** est un groupe de montagnes très-élevées, qui part du plateau Arménique, se dirige vers le N.-O. et enceint le paschalik de Trébizonde; aux montagnes de Trébizonde (les *Montes Mochici* des anciens) s'attache le Dschanik (le *Paryadres* des anciens); mais la chaîne principale s'étend, sous le nom de *Jildistagh*, de Sivas à Kaisarieh, où elle remonte le Taurus; une de ses branches va vers le N.-O. se perdre sous la mer près d'Irmack; une ramification de celle-ci, sous le nom d'Alatagh, traverse les sandschaks de Kastemund et de Boli. Elle est très-haute et riche en minérais; dans le Kirktagh se trouve la célèbre caverne Gungörmes, peut-être l'*Acherusia* des anciens, qui n'a encore été visitée par aucun Européen. Les montagnes les plus hautes de l'Anti-Taurus sont l'Ardjs (Argocus), près de Kaisarieh, dont le point culminant a environ 2500 toises d'élévation, et le mont Karadja, au S. de Konieh, 2200.

ANTOGNY-LE-TILLAC, vg. de Fr., dép. d'Indre-et-Loire, arr. de Chinon, cant. de St.-Maure, poste des Ormes; pop. 600 hab.

ANTOIGNE, vg. de Fr., dép. de Maine-et-Loire, arr. de Saumur, cant. et poste de Montreuil-Bellay; pop. 550 hab.

ANTOIGNÉ, vg. de Fr., dép. de la Sarthe, arr. du Mans, cant. de Ballon, poste de Beaumont-sur-Sarthe, com. de Ste.-James-sur-Sarthe; pop. 300 hab.

ANTOIGNI, vg. de Fr., dép. de l'Orne, arr. de Domfront, cant. de la Ferté-Macé, poste de Couterne; pop. 637 hab.

ANTOINE (Saint-). *Voyez* SAINT-AULAYE-LE-BREUIL.

ANTOINE (Saint-), vg. de Fr., dép. du Doubs, arr. de Pontarlier, cant. de Mouthe, poste de Jougne; pop. 260 hab.

ANTOINE (Saint-), vg. de Fr., dép. du Gers, arr. et poste de Lectoure, cant. de Miradoux; pop. 500 hab.

ANTOINE (Saint-), b. de Fr., dép. de l'Isère, arr., cant. et poste de St.-Marcellin; commerce de peaux; pop. 2000 hab.

ANTOINE (Saint-), vg. de Fr., dép. de Lot-et-Garonne, arr., cant. et poste de Villeneuve-sur-Lot; pop. 600 hab.

ANTOINE-D'ARTIGUE-LONGUE (Saint-), vg. de Fr., dép. de la Gironde, arr. de Bordeaux, cant. et poste de St.-André-de-Cubzac; pop. 221 hab.

ANTOINE-D'AUBEROCHE (Saint-), vg. de Fr., dép. de la Dordogne, arr. de Bergerac, cant. de Vélines, poste de Périgueux; pop. 1500 hab.

ANTOINE-DE-ROCHEFORT (Saint-), vg. de Fr., dép. de la Sarthe, arr. de Mamers, cant. et poste de La-Ferté-Bernard; pop. 900 hab.

ANTOINE-DU-PIZOT (Saint-), vg. de Fr., dép. de la Gironde, arr. de Libourne, cant. de Coutras, poste de St.-Médard; pop. 450 h.

ANTOINE-DU-QUEYRET (Saint-), vg. de Fr., dép. de la Gironde, arr. de la Réole, cant. de Pellegrue, poste de Monségur; pop. 236 hab.

ANTOINE-DU-ROCHER (Saint-), vg. de Fr., dép. d'Indre-et-Loire, arr. de Tours, cant. et poste de Neuilly-Pont-Pierre; pop. 686 hab.

ANTOINE-LA-FORÊT (Saint-), vg. de Fr., dép. de la Seine-Inférieure, arr. du Hâvre, cant. et poste de Lillebonne; pop. 700 hab.

ANTOING, b. de la Belgique, dans la prov. du Hainaut, arr. de Tournay, sur l'Escaut; pop. 1900 hab.

ANTOINGT, vg. de Fr., dép. du Puy-de-Dôme, arr. d'Issoire, cant. et poste de St.-Germain-Lembron; pop. 800 hab.

ANTONAVES, vg. de Fr., dép. des Hautes-Alpes, arr. de Gap, cant. de Ribiers, poste de Sisteron; pop. 300 hab.

ANTONIA (tour d'), g. a., à Jérusalem, près du temple d'Hyrcan, bâtie sur un rocher. Hérode y ajouta encore des fortifications et lui donna le nom d'Antonia en l'honneur de Marc-Antoine.

ANTONIN (Saint-), vg. de Fr., dép. des Bouches-du-Rhône, arr. et poste d'Aix, cant. de Trets; pop. 200 hab.

ANTONIN (Saint-), vg. de Fr., dép. du Gers, arr. de Lectoure, cant. et poste de Mauvezin; pop. 536 hab.

ANTONIN (Saint-), vg. de Fr., dép. de Tarn-et-Garonne, arr. de Montauban, chef-lieu de cant. et poste; fabriques de serges et de papiers; commerce de cuirs; pop. 5500 hab.

ANTONIN-DE-LA-CALM (Saint-), vg. de Fr., dép. du Tarn, arr. d'Albi, cant. et poste de Réalmont; pop. 1000 hab.

ANTONIN-DE-SOMMAIRE (Saint-), vg. de Fr., dép. de l'Eure, arr. d'Evreux, cant. et poste de Rugles; pop. 902 hab.

ANTONIO (San-), vg. de Fr., dép. de la Corse, arr. de Calvi, cant. et poste de l'Isle-Rousse; pop. 400 hab.

ANTONIO (San-), b. du Portugal, avec un fort qui protège le port de Lisbonne.

ANTONIO (San-), b. d'Espagne, sur la côte N.-O. et dans une baie de l'île d'Iviça.

ANTONIO ou **PORT-ANTONIO**, vaste port dans l'île de la Jamaïque.

ANTONIO DE BEJAR (San-), chef-lieu de la prov. de Texas, dans l'état de Chohahuila-et-Texas, en Mexique, mal bâti, défendu par un fort; pop. 2000 hab.

ANTON-LISARDO, cap du Mexique, sur la côte de Vera-Cruz.

ANTONNE, vg. de Fr., dép. de la Dordogne, arr. et poste de Périgueux, cant. de Savagnac; pop. 1000 hab.

ANTONY, vg. de Fr., dép. de la Seine, arr. et cant. de Sceaux, poste; blanchisseries de cire et fabriques de bougies; pop. 1200 hab.

ANTORPE, vg. de Fr., dép. du Jura, arr. de Dôle, cant. de Dampierre, poste de St.-Wit; pop. 170 hab.

ANTRAIN, vg. de Fr., dép. d'Ille-et-Vilaine, arr. de Fougères, chef-lieu de cant. et poste; pop. 1800 hab.

ANTRANT, vg. de Fr., dép. de la Vienne, arr. et poste de Châtellerault, cant. de Leigné-sur-Usseau; pop. 500 hab.

ANTRAS, vg. de Fr., dép. de l'Arriège, arr. de St.-Girons, cant. et poste de Castillon; pop. 398 hab.

ANTRAS, vg. de Fr., dép. de l'Arriège, arr., cant. et poste de Foix, com. de St.-Paul-de-Jarrat; pop. 250 hab.

ANTRAS, vg. de Fr., dép. du Gers, arr. et poste d'Auch, cant. de Jegun; pop. 300 hab.

ANTREMONT. *Voyez* ENTREMONT.

ANTRENAS, vg. de Fr., dép. de la Lozère, arr., cant. et poste de Marvejols; pop. 400 hab.

ANTRAIGUES, vg. de Fr., dép. de l'Ardèche, arr. de Privas, chef-lieu du canton, poste d'Aubenas; pop. 2000 hab.

ANTRIM, comté le plus septentrional de l'Irlande, est borné au N. et à l'E. par l'Océan, au S. par le comté de Down et à l'O. par celui de Londonderry. Sa superficie est de 972 milles carrés (anglais).

Cette province est, sous le rapport de sa constitution physique, une des plus remarquables de l'Irlande. Exposée de deux côtés aux attaques incessantes d'une mer souvent furieuse, elle lui présente une muraille gigantesque (*giants-causeway*) de basalte impénétrable. Des promontoires, parmi lesquels on remarque d'énormes rochers basaltiques de plus de 200 mètres de haut, s'avancent dans l'Océan en laissant entre eux des espaces qui forment des baies très-commodes, comme la baie de Carrickfergus, celles de Cashendon et de Port-Rush. L'intérieur du pays est couvert de montagnes, dont les plus hautes, le Divis et l'Agrews-Hill, ont une élévation de 1585 et de 1505 pieds au-dessus du niveau de la mer. La partie N.-E. est entrecoupée d'innombrables marais. Au S.-O. se trouve le lac Neagh, le plus grand de l'Irlande. Il est peuplé d'une riche variété de poissons. Les rivières du comté sont : le Bann, par lequel le lac Neagh décharge ses eaux dans l'Océan, la Rush, le Cary, le Casshendon, le Glenely, le Glenshesk, le Moyne, etc. Il y a aussi dans les environs de Ballycastle, près de Carrickfergus et sur la montagne de Knocklade, plusieurs sources d'eaux médicinales. Le climat est tempéré mais plus rude pourtant que dans le reste de l'Irlande. Le sol n'y est point stérile; on y récolte de l'avoine, des pommes de terre et du lin, et les productions seraient plus variées et plus nombreuses si les marais et les fondrières qui couvrent une grande partie du territoire, n'étaient point des obstacles et une cause de découragement pour les agriculteurs. Dans les environs du lac Neagh il y a des forêts. On y trouve aussi de la tourbe et une espèce de terre propre à la fabrication de la faïence. L'éducation du bétail et la pêche occupent un grand nombre d'habitants. Le comté possède des filatures de coton, des fabriques de toiles de lin, des papeteries et des forges. Le commerce principal consiste dans l'exportation du bétail, du beurre, du poisson, de l'avoine, du fil, de la laine et de la toile. Ce comté qui a une population de 254,000 habitants, est subdivisé en neuf baronies.

ANTRIM, *Antrinum*, v. et pet. port d'Irlande, dans le comté de ce nom, chef-lieu de baronie, à l'extrémité N. du lac Neagh; filatures de lin; fabriques de toiles et forges; pop. 2400 hab.

ANTRIM, v. bâtie sur le bord du Conecocheaque oriental, dans le comté de Franklin, état de Pensylvanie, dans les États-Unis; pop. 3000 hab.

ANTRODOCCO, b. du roy. de Naples, dans l'Abruzze ultérieure IIe, sur le Vélino, à 6 l. N.-O. d'Aquila; fameux défilé; pop. 2200 hab.

ANTSIANAXES, peuplade de l'île de Madagascar; elle habite les montagnes à l'O. des Ambanivoules desquels ils ne sont séparés que par une épaisse forêt. Ils cultivent le riz qui croit en abondance dans le pays, et possèdent de nombreux troupeaux. Leur gouvernement est patriarchal; l'autorité est entre les mains des plus anciens chefs de famille. Androuba est la capitale des Antsianaxes.

ANTUGNAC, vg. de Fr., dép. de l'Aude, arr. de Limoux, cant. et poste de Coniza; pop. 300 hab.

ANTULLY, vg. de Fr., dép. de Saône-et-Loire, arr., cant. et poste d'Autun; pop. 1453 hab.

ANTZOUG, pet. rép. d'Asie, dans le Daghestan, pays compris dans la région Caucasienne. L'Antzoug est une vallée sauvage, arrosée par le Samoura, bornée par les terres des tribus de Kabutsch au N., de Thebel et de Tumurgi à l'E., et par la Géorgie au S. et à l'O. Les habitants, au nombre de 1500 familles, se livrent peu à l'agriculture, ingrate dans ces contrées élevées; mais l'éducation du bétail est florissante, et les Antzoug possèdent une multitude de moutons, de chèvres, de bœufs, d'ânes et de petits chevaux. Ils professent la religion mahométane, parlent le dialecte aware et sont gouvernés par les anciens qui sont les juges et les administrateurs. Les Géorgiens ont compris sous le nom commun de Kalmuchi les Antzoug et les tribus avoisinantes.

ANUA, g. a., v. de la Galilée-Inférieure, dans la tribu de Sebulon.

ANUI, pet. forteresse russe, dans la Russie d'Asie, gouv. d'Irkutsk, au bord du fleuve de ce nom, gardée par quelques cosaques placés là pour observer les Tschukatie.

ANUROGRAMMUM, g. a., v. de l'île Ceylan, à 16 l. de la côte, fut longtemps la résidence des rois de cette île, reçut plus tard le nom d'Anarodgurro et est maintenant en ruines.

ANVERS (*Antwerpen*), belle et grande v. forte de la Belgique, sur la rive droite de l'Escaut, chef-lieu de la prov. du même nom, siège d'un évêché, des tribunaux de première instance et de commerce. Son vaste port peut contenir mille vaisseaux, et les nombreux canaux qui viennent y aboutir facilitent le transport des marchandises que les bâtiments peuvent déposer devant les magasins qui garnissent les quais. Ses rues sont larges, les maisons sont bien bâties; on en voit cependant encore beaucoup dont la structure et les fenêtres à petits carreaux rappellent l'époque où la ville était espagnole. Elle possède des édifices très-remarquables, de grands faubourgs, de belles promenades, une académie de beaux arts, une école de médecine, un athénée, un musée, une bibliothèque, un jardin botanique, plusieurs hôpitaux, un arsenal considérable et un chantier de construction. La bourse, la maison anséatique, le théâtre, le palais bâti par Napoléon, la cathédrale gothique où sont déposés les restes de Rubens, attirent surtout l'admiration des étrangers. On y visite aussi la citadelle qui depuis deux siècles eut plusieurs sièges à soutenir.

Cette ville est la plus commerçante de la Belgique; elle a des manufactures de dentelles, de soierie, de mousseline, de toile cirée, de draps, de velours, des raffineries de sucre, des chapelleries, des filatures de coton, des fabriques de crayons, des tanneries, etc.; pop. 62,000 hab.

Avant la guerre que les Pays-Bas soutinrent contre l'Espagne, Anvers était plus importante qu'Amsterdam, dont la prospérité ne s'établit qu'au seizième siècle par la ruine du commerce d'Anvers.

L'Escaut était alors toujours couverte d'innombrables vaisseaux de toute nation, son port était encombré de bâtiments et servait d'entrepôt aux villes anséatiques. Le siége mémorable de 1584 et 1585 par les Espagnols, sous les ordres du duc de Parme, porta le premier coup au commerce de cette ville. Après quatorze mois de siége la place se rendit, le 16 août 1585, aux Espagnols. Le traité de Westphalie, qui ferma l'Escaut, acheva de ruiner Anvers. L'empereur Joseph II tenta, mais sans succès, de rendre à cette cité le rang qu'elle avait tenu; Anvers recouvra son importance que sous la domination française, et en 1807 son port avait repris une immense activité, qui n'aurait pas manqué d'accroître encore sans les revers que la France essuya quelques années après. En 1809, les Anglais tentèrent de l'incendier et firent beaucoup de mal à la ville. En 1814, elle fut assiégée par les Anglais et défendue courageusement par Carnot qui la rendit par capitulation au général Graham. Elle fit, depuis cette époque, partie du royaume des Pays-Bas jusqu'en 1830. Une révolution qui éclata alors, presque simultanément avec celle qui renversa Charles X en France, sépara la Belgique de la Hollande, et Anvers est devenu le chef-lieu d'une province du nouveau royaume des Belges. Cependant cette séparation violente fit naître entre la Belgique et la Hollande des difficultés qui rendirent nécessaire l'intervention de la France, et, en 1832, une armée française, sous les ordres du maréchal Gérard, vint assiéger la citadelle d'Anvers, occupée encore par les Hollandais. Le général Chassé, qui commandait la place, fit une vigoureuse mais vaine résistance; 24 jours après l'ouverture de la tranchée la citadelle fut livrée par capitulation aux Français qui, ayant débarrassé Anvers du dangereux voisinage des Hollandais, retournèrent en France un mois après leur entrée en campagne.

Anvers est la patrie de Teniers (David), peintre célèbre, né en 1610; de Van-Dyck (Antoine), peintre plus célèbre que le précédent, né en 1599, élève de l'illustre Rubens; de Edelink (Gérard), habile graveur et peintre, né en 1641, et de Jordaens (Jacques), peintre, né en 1594, élève de Rubens.

ANVEVILLE, vg. de Fr., dép. de la Seine-Inférieure, arr. d'Yvetot, cant. d'Ourville, poste de Doudeville; pop. 890 hab.

ANVIGNÉ (l'), vg. de Fr., dép. de la Vienne, arr. et poste de Châtellerault, cant. de Lencloître, com. de Scorbé-Clairvaux; pop. 100 hab.

ANVILLE, vg. de Fr., dép. de la Charente, arr. d'Angoulême, cant. et poste de Rouillac; pop. 500 hab.

ANVILLE (cap d'), au N. de la Terre de Diemen, dans l'Australie.

ANVIN, vg. de Fr., dép. du Pas-de-Calais, arr. et poste de St.-Pol, cant. d'Heuchin, pop. 450 hab.

ANXAUMONT, ham. de Fr., dép. de la Vienne, arr. et poste de Poitiers, cant. de St.-Julien-l'Ars, com. de Sèvres; pop. 150 h.

ANXTOT, vg. de Fr., dép. de la Seine-Inférieure, arr. du Hâvre, cant. et poste de Bolbec, com. de Parc-d'Anxtot; pop. 100 h.

ANXURE. *Voyez* ST.-GERMAIN-D'ANXURE.

ANYDROS, g. a., île de la mer d'Egée, sur la côte Ionienne, entre Drymasa et Sycursa.

ANYER, pet. v. dans l'île de Java, au fond de la baie qui porte son nom, possède une excellente rade, rendez-vous des bâtiments qui font voile pour la Chine. Les Hollandais y ont élevé un blockhaus en pierre pour la défendre.

ANY-MARTIN-DIEUX, vg. de Fr., dép. de l'Aisne, arr. de Varvins, cant. et poste d'Aubenton; pop. 1000 hab.

ANZAFFE, dist. ou prov. au N.-O. des Antacayes, sur l'île de Madagascar. Il renferme près de 30 villages habités par des Hovas indépendants. Ils font commerce d'esclaves; mais depuis vingt ans ce genre d'affaires a perdu beaucoup de son activité dans cette contrée.

ANZAT-LE-LUGUET, vg. de Fr., dép. du Puy-de-Dôme, arr. d'Issoire, cant. et poste d'Ardes; pop. 1800 hab.

ANZEINDE ou **ANZEINDAZ**, mont. de Suisse, dans le cant. de Vaud, dans la partie la plus haute de la vallée de Grion, entre les Diablerets et le Grand-Mœvern. Elle est couverte d'excellents pâturages et on y célèbre chaque année une fête pastorale, appelée la *Michantin* et qui attire un grand concours de peuple. Sur cette montagne, non loin des sources de l'Avençon, à 2766 mètres au-dessus de la mer, on trouve de nombreuses couches de coquillages, et un peu plus haut on rencontre de curieuses pétrifications.

ANZELING, vg. de Fr., dép. de la Moselle, arr. de Thionville, cant. et poste de Bouzonville; pop. 350 hab.

ANZÊME, vg. de Fr., dép. de la Creuse, arr. de Guéret, cant. et poste de St.-Vaury; pop. 1550 hab.

ANZETA, g. a., v. au S. de la Grande-Arménie, à l'O. du Tigre, à l'E. de l'Euphrate.

ANZEX, vg. de Fr., dép. de Lot-et-Garonne, arr. de Nérac, cant. et poste de Castel-Jaloux; pop. 650 hab.

ANZIN, vg. de Fr., dép. du Pas-de-Calais, arr., cant. et poste d'Arras, com. de St.-Aubin Anzin; pop. 155 hab.

ANZIN, vg. de Fr., dép. du Nord, arr., cant., poste et à 1/2 l. de Valenciennes. Il est devenu important depuis un siècle par la grande exploitation de ses mines de houille, qui sont au nombre des plus considérables de France. Les colonnes de vapeur que l'on aperçoit de loin s'élèvent des puits d'une profondeur de 1500 pieds, où l'on emploie des pompes à feu. On descend dans ces abîmes au moyen d'échelles, appliquées contre les parois des puits, ou à l'aide de paniers destinés à monter la houille. Des galeries souterraines se croisent au fond des mines. C'est là que les mineurs ont leurs vastes et noirs laboratoires, où, malgré leur travail pénible et souvent périlleux, ces braves ouvriers ont importé la joie et la gaîté, puisque ces sombres voûtes retentissent quelquefois des gais refreins de nos chansons populaires. Cependant les mineurs ne vivent pas toujours en bonne intelligence avec ceux qui les emploient; ils se plaignent, et leurs plaintes dédaignées se changent quelquefois en réclamations bruyantes, puis en soulèvement. Il y a peu de temps qu'Anzin fut le théâtre d'un pareil soulèvement, dont la gravité nécessita malheureusement l'intervention de la force armée.

La population d'Anzin s'est beaucoup accrue par le grand développement qu'on y a donné au travail des mines; elle est aujourd'hui de 4280 hab.

ANZIO, b. maritime des états de l'Église, dans la comarca di Roma, sur le cap de même nom, à 10 l. S. de Rome. Dans les environs on voit les ruines de l'ancien Antium, où Esculape et Fortune avaient des temples et où naquit Néron.

ANZY-LE-DUC, vg. de Fr., dép. de Saône-et-Loire, arr. de Charolles, cant. et poste de Marcigny; pop. 950 hab.

AOICA, b. d'Espagne, dans le roy. de Navarre, prov. et arr. ou merindad de Pampelune.

AOIN ou **AOWIN**, prov. du roy. d'Achanti, dans la Guinée septentrionale, sur la côte d'Or d'Afrique. Elle est sous la domination de plusieurs petits princes indépendants les uns des autres et qui payent un tribut au roi d'Achanti. La contrée est riche en palmiers.

AOIZ, v. d'Espagne, dans le roy. de Navarre, sur l'Aragon, prov. de Pampelune, arr. ou merindad de Sanguessa; papeteries et fabriques de gros draps; pop. 1000 hab.

AONIA. *Voyez* BÉOTIE.

AORNA, g. a., v. de l'Inde en-deça du Gange; elle fut assiégée par Henub et plus tard par Alexandre-le-Grand.

AORNOS, g. a., rocher dans l'Inde en-deça du Gange, avec un château fort; les habitants de Bagira, assiégés par Alexandre-le-Grand, s'y réfugièrent.

AOST (val d'), prov. du roy. de Sardaigne; grande vallée formée par les Alpes Grises et les Alpes Pennines et qui se ramifie dans une multitude de vallées latérales dont les plus considérables sont: les vals Vallise, de Chalant, Thournout, St.-Barthélemy, Ferrière de Gresauche et de Cogne. C'est la partie la plus grandiose et la plus pittoresque du Piémont; de tous côtés on aperçoit les cimes des Alpes; ici le Mont-Blanc, le Petit-St.-Bernard, le mont Cervin, le mont Rosa; là, le Soana et le col de Cogne; la Dora Baltea qui descend du Petit-St.-Bernard, traverse toute la vallée et reçoit les torrents qui découlent des glaciers. Le sol est pauvre et l'agriculture peu florissante, malgré les soins des habitants, souvent obligés de chercher dans des pays étrangers à ramasser quelque argent pour finir paisiblement leurs jours dans leur vallée natale. Néanmoins l'exploitation des forêts et des mines, et l'éducation des bestiaux occupent beaucoup de bras. La province porte le titre de duché; pop. 66,000 hab.

AOSTE (l'ancienne *Prætoria Augusta*, plus tard *Turionana*), chef-lieu de la prov. de ce nom dans le roy. de Sardaigne, bâti dans une vallée sauvage sur les bords de la Dora Baltea. Cette ville est le siège d'un évêque. Elle est remarquable par les antiquités imposantes qu'on y rencontre, entre autres un arc de triomphe et les restes d'un amphithéâtre. A deux lieues de distance se trouve le ponte d'E (pont hardi), d'une seule arche, jeté sur un torrent, d'une montagne à l'autre; pop. 5550 hab.

AOSTE, vg. de Fr., dép. de l'Isère, arr. de La Tour-du-Pin, cant. de Pont-de-Beauvoisin, poste des Abrets; pop. 1200 hab.

AOUAMYEH, pet. île formée par deux bras du Nil, à peu de distance du lieu où fut Thèbes, dans la Haute-Égypte. Un petit village se trouve sur cette île.

AOUGNY, vg. de Fr., dép. de la Marne, arr. de Reims, cant. de Ville-en-Tardenois, poste de Jonchery-sur-Vesle; pop. 200 hab.

AOURY, vg. de Fr., dép. de la Moselle, arr. de Metz, cant. de Pange, poste de Courcelles-Chaussy, com. de Villers-Stoncourt; pop. 150 hab.

AOUSAE, v. d'Afrique, sur la côte d'Or, dans un des petits états et au N. de l'emp. d'Achanti.

AOUSTE, vg. de Fr., dép. des Ardennes, arr. de Rocroi, cant. de Rumigny, poste d'Aubenton; pop. 700 hab.

AOUSTE, b. de Fr., dép. de la Drôme, arr. de Die, cant. et poste de Crest; moulins à huile, papeteries, sources minérales; pop. 1200 hab.

AOUT (Saint-), vg. de Fr., dép. de l'Indre, arr. et cant. de la Châtre, poste de Châteauroux; pop. 1400 hab.

AOUTRILLE (Saint-), vg. de Fr., dép. de l'Indre, arr., cant. et poste d'Issoudun; pop. 300 hab.

AOUVEA. *Voyez* BEAUPRÉ.

AOUZE, vg. de Fr., dép. des Vosges, arr. et poste de Neufchâteau, cant. de Châtenois; pop. 720 hab.

APACH, vg. de Fr., dép. de la Moselle, arr. de Thionville, cant. et poste de Sierck; pop. 400 hab.

APACHAMPO, v. d'Afrique, sur la côte d'Or, dans le roy. de Warsaw (Ouarsa), tributaire de l'emp. d'Achanti.

APACHES, tribu d'Indiens sauvages et guerriers, au nombre d'environ 20,000, dans le N. du Mexique, se nourrissent des produits de la chasse et de la pêche; ils vivent presqu'en guerre continuelle avec les colons et appartiennent à la grande famille des *Indios bravos* qui ne reconnaissent ni l'autorité, ni la religion des hommes blancs, tandis que les *Indios fideles* se sont soumis à la domination des blancs et ont reçu le baptême.

APALACHES. *Voyez* ALLEGHANYS et AMÉRIQUE.

APALACHE, baie formée par le golfe de Mexique, sur la côte de la Floride, dans les États-Unis, entre le cap Pinos à l'E. et celui de St.-Blaise à l'O.; l'Apalachicola y a son embouchure.

APALACHICOLA, fl. formé par la jonction du Catahouche et du Flint qui ont leurs sources dans la Géorgie. Il se jette dans la baie d'Apalache et traverse, depuis la source du Catahouche, une étendue de terres de 200 lieues de longueur. Des bâtiments qui ne tirent pas au-delà de deux mètres d'eau, peuvent la remonter jusqu'au point de jonction des deux rivières qui la forment.

APALHAC, b. du Portugal, dans la prov. d'Alentéjo, comarca de Portalègre; il a une enceinte de murailles; pop. 2200 hab.

APAM, fort hollandais, dans l'état de Fantie, sur la côte d'Or d'Afrique. Les Hollandais le nomment Leydsaamheyde.

APAMARIS, g. a., v. de Mésopotamie, sur l'Euphrate, à l'O. de Nicephorium.

APAMEA, g. a., v. de Bythinie, sur le Pont-Euxin.

APAMEA, g. a., v. de Mésopotamie, sur la rive occ. de l'Euphrate, vis-à-vis de Zeugma.

APAMENE, g. a., contrée de la Séleucie, avec la ville d'Apamea Syriæ.

APAMMARIS, g. a., v. de Syrie, à l'O. de l'Euphrate.

APANHAPEIXE, lac alimenté par les eaux du Rio Appody, dans la prov. de Rio Grande do Norte, au Brésil; il a une lieue de circonférence et se dessèche en temps de grandes chaleurs.

APARU, affluent du Parana, arrose la partie S.-O. de la prov. de Goyaz, au Brésil.

APATHIN, b. de Hongrie, dans le cer. en-deça du Danube, comitat de Bacs, sur le Danube; il est bien bâti et renferme des filatures de laine, des fabriques d'étoffes de laine, des teintureries; culture de blé et garance; vers à soie; pop. 3800 hab.

APAVORTENE, g. a., contrée du pays des Parthes, sur les frontières de Médie.

APCHAT, vg. de Fr., dép. du Puy-de-Dôme, arr. d'Issoire, cant. et poste d'Ardes; pop. 1200 hab.

APCHER, ham. de Fr., dép. du Puy-de-Dôme, arr. d'Issoire, cant. et poste d'Ardes, com. d'Anzat-le-Luguet; pop. 168 hab.

APCHON, vg. de Fr., dép. du Cantal, arr. et poste de Mauriac, cant. de Riom-ès-Montagne; pop. 918 hab.

APÉE, pet. île de l'archipel de Quiros ou d'Espirito-Santo, dans l'Australie ou Océanie centrale, elle est située sous le 16° 42′ de lat. S. et le 166° 5′ de long. E. du méridien de Paris; elle est élevée et bien boisée, et a environ 24 l. de tour. Elle est habitée par des nègres océaniens. *Voyez* QUIROS.

APEN, pet. v. située dans le duché de Holstein-Oldenbourg, bge de Westerstede; pop. 1904 hab.

APENNINS, *Apenninus*, chaîne de montagnes qui commence dans les environs de Nice, où elle se détache des Alpes, s'étend de l'O. à l'E., autour du golfe de Gênes et jusqu'aux sources du Tibre; tournant alors du N. au S., elle décrit plusieurs arcs, traverse l'Italie dans toute sa longueur et sépare les bassins dont les eaux se rendent, du versant oriental, dans l'Adriatique, de ceux qui déchargent leurs eaux dans la Méditerranée. Près des sources de l'Ofanto, les Apennins se divisent en deux branches: l'une se dirige vers le S.-O. jusqu'au détroit de Messine, où elle disparaît pour se relever dans l'île de Sicile, l'autre vers le S.-E. jusqu'au cap Ste.-Marie de Leuca. Ces deux ramifications, en s'éloignant l'une de l'autre, bornent, au S. de l'Italie, les bassins dont les eaux affluent dans le golfe de Tarente. On divise toute cette chaîne en quatre parties: la première, Apennin septentrional: court de l'O. à l'E., depuis la vallée de Savonne, jusqu'à celle qui se trouve entre Arezzo et St.-Angelo; la seconde, Apennin central, depuis l'extrémité méridionale de la précédente jusqu'à la vallée de la Pescara, s'avance, du N.-O. au S.-E., entre l'Abruzze ultérieure Ire et l'Abruzze IIe; la troisième, Apennin méridional, qui se prolonge depuis la vallée de Pescara jusqu'à l'extrémité S. de l'Italie, le Vésuve dépend de cette partie; la quatrième enfin, Apennin insulaire, comprend toute la partie qui traverse, de l'E. à l'O., tout le N. de la Sicile.

Les Apennins sont beaucoup moins élevés que les Alpes. Les points culminants sont: Dans l'Apennin septentrional, le monte Cimone, de 2150 mètres, et le monte Amiata, de 1800 mètres; dans l'Apennin central, le monte Corno, dans le Gran-Sasso d'Italia, de 2897 mètres, et le monte Vetora, de 2480 mètres; dans l'Apennin méridional, le monte Amaro, de 2796 mètres, le monte Cuenzo, de 1585 mètres; dans l'Apennin insulaire, le mont Etna, de 3280 mètres, et le Pizo-di-Case, de 1920 mètres.

Ces montagnes qui renferment de fort beau marbre, du gypse, du soufre, sont couvertes jusqu'à leurs sommets de pins, de hêtres, de chênes et de châtaigniers dont les fruits remplacent, en quelque sorte, le pain pour les habitants pauvres de cette partie de l'Italie.

APENRADE, v. du Danemark, dans le duché de Schleswig, avec un port sur la mer Baltique. La baie, dans laquelle elle est située, en porte le nom; pop. 2834 hab.

APERANTIA, g. a., contrée de l'Epire, sur les frontières de Thessalie.

APHARITES, g. a., peuple au S.-O. de l'Arabie Heureuse, ayant pour capitale Aphar.

APHARSACENES, g. a., peuple de l'Arabie Heureuse.

APHEC, g. a., v. de Judée, dans la tribu de Juda.

APHEC, g. a., v. de Samarie, non loin de Jesreel.

APHEC JOSNA, g. a., v. de la Galilée supérieure, dans la tribu d'Ascher.

APHES DOMIN, g. a., v. de Judée, au S.-O. de Socho.

APHNI, g. a., v. de Judée, dans la tribu de Benjamin.

APHRA, g. a., v. de Judée, sur les frontières de Samarie.

APHRODISIAS, g. a., v. de la Chersonèse de Thrace, entre Cardie et Héraclée.

APHRODISIAS, g. a., v. capitale de la Carie, au S. du Méandre.

APHRODISIAS, g. a., v. sur la côte septentrionale de l'île de Chypre.

APHRODITOPOLIS, g. a., v. de la Thébaïde, au S. d'Antæopolis.

15

APIAN, île assez considérable qui fait partie du groupe des îles Chiloë, non loin de la pointe méridionale de la république de Chili.

APICE, b. du roy. de Naples, dans la Principauté ultérieure; pop. 2000 hab.

APINAC, vg. de Fr., dép. de la Loire, arr. de Montbrison, cant. et poste de St.-Bonnet-le-Château; pop. 1100 hab.

APOBATHRA, g. a., endroit de la Chersonèse de Thrace, d'où la flotte de Xerxès fit voile pour envahir la Grèce.

APOKORONA, b. près du golfe de Suda, dans l'île de Candia.

APOLDA, v. située dans le grand-duché de Saxe-Weimar, à 4 l. de Weimar. Cette ville, bâtie sur l'Ilm, possède un beau château, appartenant à l'université de Iéna, une assez belle église et un excellent collège. Ses habitants, au nombre de 3048, s'occupaient en majeure partie du tissage de bas. En 1782, il se trouvait à Apolda 655 métiers de tissage, occupant 2447 ouvriers et fournissant annuellement 40,420 douzaines de paires. Cette industrie est aujourd'hui bien moins importante. En 1812, on ne rencontrait déjà plus, dans cette ville, que 489 métiers à tisser et leur nombre a, depuis cette époque, diminué d'une manière progressive. On y trouve en revanche aujourd'hui de belles fabriques de draps et de toiles, une fonderie de cloches et plusieurs distilleries importantes. On y tient quatre foires dans l'année.

APOLINAIRE (Sainte-), vg. de Fr., dép. de la Côte-d'Or, arr., cant. et poste de Dijon; pop. 250 hab.

APOLINARD (Saint-), vg. de Fr., dép. de l'Isère, arr., cant. et poste de St.-Marcellin; pop. 620 hab.

APOLINARD (Saint-), vg. de Fr., dép. de la Loire, arr. de St.-Etienne, cant. de Pelussin, poste de Bourg-Argental; pop. 800 h.

APOLLINIS, g. a., cap de la Mauritanie césarienne, à l'O. de Césarée.

APOLLINIS PARVA, g. a., v. de la Thébaïde, à l'E. du Nil.

APOLLONIA ou **AMANHEA**, **BEIN**, pet. état d'Afrique sur la côte d'Or, entre l'Assin et l'Ancobra. Il a environ 20 milles anglais de l'E. à l'O. et 4 du S. au N. Le sol est fertile. Depuis Apollonia jusqu'à Accra le terrain est ondulé et couvert de broussailles et d'arbrisseaux; mais il est défriché aux environs des villes, et produit du riz, du maïs, divers légumes, l'igname et la canne à sucre, les palmiers et les cocotiers y fournissent en abondance des fruits, de l'huile et une liqueur connue sous le nom de vin de palmier. Les forêts sont peuplées d'éléphants, de buffles, de gazelles, de singes et d'une belle variété d'oiseaux.

On exporte de ce pays du riz, du poivre, de l'huile de palmier, de l'ivoire et de l'or. La poudre, les armes à feu, le plomb, le fer, le tabac et les marchandises des manufactures de l'Inde et de l'Angleterre, sont les objets d'importation. Le fétichisme est la religion du pays. Le gouvernement est entre les mains d'un roi despotique tributaire de l'empire d'Achanti.

APOLLONIA, fort anglais dans le royaume de ce nom. C'est le fort le plus occidental de la côte d'Or; il est situé près d'une forêt à 1 l. E. du cap d'Apollonia.

APOLLONIA, g. a., v. de Macédoine, au S.-E. de Thessalonique.

APOLLONIA, g. a., v. sur la côte mér. de l'île de Sicile.

APOLLONIAS, g. a., v. de la Grande-Phrygie, à l'O. de Laodicée.

APOLLONOS, g. a., v. de la Haute-Égypte, sur la côte du golfe Arabique.

APOLOBAMBA, prov. du dép. d'Apolobamba, dans la rép. de Bolivia. C'est la province la plus septentrionale de cette république; elle a pour limites la république du Pérou, la prov. de Larécaja et les plaines des Majos dans le département de Vera-Cruz. C'est un beau pays, très-bien arrosé, entrecoupé de montagnes boisées et de vallées fertiles. Ses forêts sont peuplées de singes, d'insectes et de serpents venimeux. L'éducation du bétail paraît y être négligée. La population de cette province se monte à 40,000 âmes dont 32,000 Indiens. Apolobamba ou Concepcion de Apolobamba, sur le Rio-Tuiché, est le chef-lieu de cette province.

APOLOSA, b. du roy. de Naples, dans la Principauté ultérieure; pop. 2000 hab.

APONIANA INSULA, g. a., île sur la côte occ. de la Sicile.

APONI FONS, g. a., source d'eaux minérales non loin de Padoue, chantée par le poète Claudianus.

APOPARU, ancien nom de l'Ucayali.

APOQUINIMINK, cant. ou hundred du comté de Newcastle, dans les Etats-Unis, entre l'Apoquinimy et le Duck-Krik; chef-lieu : Apoquinimink, petit village; pop. 3600 hab.

APOSTOLOS (de los), fl. de la Patagonie, se jette dans l'Océan Pacifique.

APOTIAGA, v. d'Afrique, sur la côte d'Or, dans l'emp. d'Achanti, au S. de Coumassie.

APOTOPOTO (baie d'), sur la côte S.-E. de l'île Otaha ou Thaa, dans l'archipel de Tahiti ou de la Société, Polynésie ou Océanie orientale.

APOTRES (les douze), îles du lac Supérieur, dans les États-Unis.

APPAINTS (les), vg. de Fr., dép. du Gard, arr. et poste d'Alais, cant. de St.-Martin-de-Valgalgues, com. de Lamelouse; pop. 108 h.

APPAMATTOZ, riv. de la Virginie, dans les États-Unis, remarquable par plusieurs belles cataractes, affluent du James.

APPASO, v. d'Afrique, sur la côte d'Or, dans la prov. d'Amina, à l'E. de l'emp. d'Achanti.

APPELDOORN, gr. vg. de Hollande, dans la prov. de Gueldre, arr. d'Arnheim; pop. 2600 hab.

APPELLE, vg. de Fr., dép. du Tarn, arr. de Lavaur, cant. et poste de Puylaurens; pop. 280 hab.

APPELLES, vg. de Fr., dép. de la Gironde, arr. de Libourne, cant. et poste de Ste.-Foy, com. de St.-André; pop. 380 hab.

APPENAI-SOUS-BELLÊME, vg. de Fr., dép. de l'Orne, arr. de Mortagne, cant. et poste de Bellême; pop. 750 hab.

APPENANS, vg. de Fr., dép. du Doubs, arr. de Beaume-les-Dames, cant. et poste de l'Isle-sur-le-Doubs; pop. 230 hab.

APPENRODE, v. du roy. de Hanovre, dans le gouv. de Hanovre. C'est dans ses alentours que se trouve la fameuse grotte du Harz dite la Kelle; pop. 300 hab.

APPENRODE, vg. de Prusse, dans la prov. de Saxe, rég. de Magdebourg; il a près d'une demi-lieue de long et possède une fabrique de porcelaine et une papeterie; pop. 2500 hab.

APPENWIHR, vg. de Fr., dép. du Haut-Rhin, arr. de Colmar, cant. et poste de Neuf-Brisach; pop. 280 hab.

APPENZELL (le cant. d'), est situé dans la partie orient. de la Suisse et entouré de tous côtés par le cant. de St.-Gall. Il n'a pas encore été exactement mesuré et peut avoir de 12 à 14 l. c. de superficie. Sa position élevée, le grand nombre de montagnes qui couvrent son sol et dont les plus hautes sont le Sæntis et le Kamor, l'embranchement des Alpes qui le ferme au midi, rendent son climat très-variable. Il est arrosé par la Sitter, qui descend de hauteurs sauvages et précipite ses eaux dans un lit de rochers. Les Rhodes extérieures, situés à droite et à gauche de cette rivière, sont assez bien partagées et renferment une vingtaine de villages. Les Rhodes intérieures sont plus maltraitées; peu de villages, à peine quelques arbres fruitiers, quelques champs de pommes de terre peuvent prospérer au milieu de cette nature rude, au sein de ces montagnes dont les flancs sont presque toujours couverts de neige. La principale richesse du canton consiste dans ses excellents pâturages qui nourissent plus de 23,000 vaches, des moutons, des chèvres et des chevaux, et dont le produit, joint à celui de ses toiles, de ses mousselines et autres étoffes en coton, de ses teintureries et tanneries, sert aux habitants à se procurer du blé, du vin et les autres marchandises nécessaires à la vie.

Le canton d'Appenzell est le treizième de la confédération, dans laquelle il fut admis en 1513. Il est divisé, depuis 1597, en deux parties, Rhodes extérieures et Rhodes intérieures, division causée par la réformation et les troubles religieux qui en furent la suite. Les protestants s'établirent dans les Rhodes extérieures et les catholiques dans les Rhodes intérieures. Les premières se composent de 20 villages et renferment environ 6000 maisons et 39,400 habitants; les autres 9 communes, 1284 maisons et 13,500 habitants, en tout 52,900. Les deux ne forment qu'un canton et n'ont qu'une voix à la diète; les représentants sont nommés alternativement par chacune des deux divisions et les instructions rédigées en commun. Dans les deux Rhodes, la constitution est démocratique; l'assemblée du peuple (Landesgemeinde) exerce la souveraineté, ratifie les affaires importantes et élit les fonctionnaires publics. Les grand et petit conseils président à l'administration et à la justice qui malheureusement se trouvent dans les mêmes mains. Les communes ont chacune deux chefs (Hauptleute) qui sont alternativement en fonction et un conseil municipal. En 1830 et 1834, les constitutions ont été révisées et améliorées. Tout citoyen fait partie de la milice à l'âge de seize ans, dans les Rhodes extérieures, et à dix-huit ans, dans les Rhodes intérieures. Le contingent fédéral est de 772 hommes et de 7720 francs de Suisse pour les Rhodes extérieures et de 200 hommes et de 1500 francs pour les Rhodes intérieures. Les endroits principaux sont Trogen, Herisau, Urnaesch; Tauffen, Stein, Geis, dans les Rhodes extérieures, Appenzell et Gonten dans les Rhodes intérieures.

APPENZELL, b. et chef-lieu des Rhodes intérieures du canton d'Appenzell. Il est situé dans une vallée ouverte, au bord de la Sitter et est le siège des autorités cantonales. L'assemblée du peuple des Rhodes intérieures s'y réunit tous les ans près d'un grand tilleul sur les bords de la rivière. Son ancienne église, dans laquelle on voyait les drapeaux pris sur l'ennemi, a été rebâtie il y a peu de temps; mais on y voit encore dans une chapelle une quantité de têtes de morts sur lesquelles sont inscrits les noms de ceux à qui elles appartenaient. Appenzell fait quelque commerce de toiles, d'étoffes de coton et de salpêtre; il a 1400 habitants auxquels il faut en ajouter 5000 autres répartis dans les maisons et hameaux environnants.

APPETIT (l'), ham. de Fr., dép. du Nord, arr. d'Hazebrouck, cant., poste et com. de Bailleul; pop. 98 hab.

APPETOT, vg. de Fr., dép. de l'Eure, arr. de Pont-Audemer, cant. et poste de Monfort-sur-Rille; pop. 150 hab.

APPEVILLE. *Voyez* ANNEBAULT.

APPEVILLE-EN-BEAUPTOIS, vg. de Fr., dép. de la Manche, arr. de Coutances, cant. de la Haye-du-Puits, poste de Prétot; pop. 680 hab.

APPEVILLE-LE-PETIT, vg. de Fr., dép. de la Seine-Inférieure, arr. et poste de Dieppe, cant. d'Offranville, com. de Hautot; pop. 240 hab.

APPHAR, g. a., v. de la Mauritanie césarienne, à l'E. de Victoria.

APPI, vg. de Fr., dép. de l'Arriège, arr.

de Foix, cant. et poste des Cabannes; pop. 260 hab.

APPIACAS, tribu d'Indiens indépendants et courageux qui habitent le centre du district d'Arinos, dans la prov. de Matto-Grosso, au Brésil; ils se nourrissent du produit de la pêche et de la chasse et possèdent sur la rive droite de l'Arinos un village composé de hautes maisons.

APPIETTO, vg. de Fr., dép. de la Corse, arr. et poste d'Ajaccio, cant. de Sari; pop. 520 hab.

APPILLY, vg. de Fr., dép. de l'Oise, arr. de Compiègne, cant. et poste de Noyon; pop. 350 hab.

APPIN, v. d'Écosse, dans le comté d'Argyle, vallée de Glenco, terre classique de l'Ecosse où la légende du pays place le berceau d'Ossian; pop. 2400 hab.

APPINGADAM, v. de Hollande, dans la prov. de Grœningue, chef-lieu du cer. du même nom, sur la Fivel; siége d'un tribunal de première instance. La population est de 2700 habitants, presque tous pêcheurs. Le cercle d'Appingadam est divisé en quatre cantons et a une population de 41,000 hab.

APPIOLÆ, g. a., v. du Latium, près de Rome, détruite par Tarquinius Priscus.

APPLEBY, v. d'Angleterre, chef-lieu du comté de Westmoreland, sur l'Eden, à 105 l. N.-O. de Londres; elle envoie deux députés au parlement. On y fait un commerce considérable en grains. Cette ville souffrit beaucoup au douzième siècle des guerres entre l'Angleterre et l'Écosse. En 1678 elle fut ravagée par la peste; pop. 1300 hab.

APPLECROSS, paroisse d'Ecosse, chef-lieu du dist. de ce nom, dans le comté de Ross, à 4 l. O. de Loch-Carron. On exploite près de cette ville la mine de cuivre de Kinross; pop. 2500 hab.

APPLEDORE, v. d'Angleterre dans le comté de Kent, à 18 l. S.-E. de Londres; pop. 550 hab.

APPLESHAW, b. d'Angleterre dans le comté de Southampton; il s'y tient des marchés de bétail très-fréquentés; pop. 300 hab.

APPLING, comté de la Géorgie, dans les États-Unis, remarquable par l'Ohefinocau, marais boisé d'une circonférence de 72 l., qui renferme deux petits lacs et fournit d'excellents bois; pop. 1300 hab.

APPLINGTON, chef-lieu du comté de Columbia, dans la Géorgie, aux Etats-Unis:

APPODY, fl., nommé autrefois *Upanéma*, de 30 l. de longueur, arrose du S. au N. les deux provinces brésiliennes, Rio Grande do Norte et Ciara, et se jette dans l'Océan Atlantique. Ses eaux, lorsqu'elles sont grandes, forment le lac Apanhapeixe ainsi que deux autres plus petits.

APPOIGNY, vg. de Fr., dép. de l'Yonne, arr. et cant. d'Auxerre, poste de Bassou; pop. 1600 hab.

APPOLINAIRE(Saint-),vg. de France, dép. du Rhône, arr. de Villefranche-sur-Saône,

cant. et poste de Tarare; pop. 390 hab.

APPOLINAIRE-DE-RIAS (Saint-), vg. de Fr., dép. de l'Ardèche, arr. de Tournon, cant. et poste de Vernoux; pop. 600 hab.

APPOLLINAIRE (Saint-), vg. de Fr., dép. des Hautes-Alpes, arr. d'Embrun, cant. et poste de Savines; pop. 200 hab.

APPOLLONIA, b. du roy. Lombard-Vénitien, gouv. de Milan, délégation de Brescia, est connu principalement par ses fabriques d'armes blanches; pop. 1500 hab.

APPOLLONIE (Sainte-), ham. de Fr., dép. de la Mayenne, arr., cant. et poste de Laval, com. d'Avenières; pop. 50 hab.

APPOY, v. d'Afrique, sur la côte des Esclaves, dans le roy. d'Ardrah, à 3 l. de Whydah ou Whybow, au S. d'une vaste forêt du même nom d'Appoy.

APPREMONT, vg. de Fr., dép. de l'Aisne, arr. de Laon, cant., poste et com. de Rozoy-sur-Serre; pop. 130 hab.

APPRICCIANI, vg. de Fr., dép. de la Corse, arr. d'Ajaccio, cant. et poste de Vico; pop. 215 hab.

APPRIEU, vg. de Fr., dép. de l'Isère, arr. de La Tour-du-Pin, cant. et poste du Grand-Lemps; pop. 1500 hab.

APPROVAGUE, canton de la Guyane française, avec un poste militaire et un fort.

APPULDURCOMBE, beau château sur l'île de Whigt; il est remarquable par sa belle galerie de tableaux et d'antiquités, et par un parc magnifique peuplé de plus de 600 daims.

APPY. *Voyez* **APPI**.

APRE (Saint-), vg. de Fr., dép. de la Dordogne, arr. et poste de Ribérac, cant. de Montagrier; pop. 800 hab.

APREMADOU, v. d'Afrique, sur la côte d'Or, dans le roy. d'Ahanta. C'est dans cet endroit que se trouve le temple du grand-fétiche; il est desservi par 50 prêtres qui jouissent d'une très-grande autorité dans le pays.

APREMONT, vg. de Fr., dép. de l'Ain, arr., cant. et poste de Nantua; pop. 440 hab.

APREMONT, vg. de Fr., dép. des Ardennes, arr. de Vouziers, cant. et poste de Grand-Pré; pop. 550 hab.

APREMONT, vg. de Fr., dép. de la Meuse, arr. de Commercy, cant. et poste de St.-Mihiel; pop. 650 hab.

APREMONT, vg. de Fr., dép. de l'Oise, arr. de Senlis, cant. et poste de Creil; fabriques considérables de boutons; pop. 600 h.

APREMONT, vg. de Fr., dép. de la Haute-Saône, arr., cant. et poste de Gray; pop. 850 hab.

APREMONT, ham. de Fr., dép. de Seine-et-Oise, arr. de Mantes, cant. de Bonnières, com. de Perdreauville, poste de Rosny-sur-Seine; pop. 75 hab.

APREMONT, vg. de Fr., dép. de la Vendée, arr. des Sables, cant. et poste de Palluau; pop 1400 hab.

APREMONT-MÉZY, ham. de Fr., dép. de

Seine-et-Oise, arr. de Versailles, cant. et poste de Meulan, com. de Mézy; pop. 30 h.

APREMONT-SUR-ALLIER, vg. de Fr., dép. du Cher, arr. de St.-Amand-Mont-Rond, cant. et poste de la Guerche-sur-l'Aubois; pop. 450 hab.

APREY, vg. de Fr., dép. de la Haute-Marne, arr. et poste de Langres, cant. de Longeau; pop. 550 hab.

APRI, g. a., v. de la Thrace méridionale.

APRIGLIANO, b. du roy. de Naples, dans la Calabre citérieure; patrie du poète Pirro Schettino; pop. 4500 hab.

APROS, g. a., riv. du pays des Oxybii, dans la Gaule narbonnaise.

APS, vg. de Fr., dép. de l'Ardèche, arr. de Privas, cant. de Viviers, poste de Villeneuve-de-Berg; pop. 1200 hab.

APSARUS, g. a., fl. de la Colchide, se jette dans le Pont-Euxin, à l'E. de Trapegus.

APSLEY (détroit d'), entre les îles Bathurst et de Melville, sur la côte sept. de la Nouvelle-Hollande.

APSYNTHUS, g. a., pet. riv. de Thrace, chez les Absynthi.

APT, *Julia Apta*, v. de Fr., sur la rive gauche du Cavalon, dép. de Vaucluse, chef-lieu d'arrondissement à 185 l. S.-S.-E. de Paris; siége d'un tribunal de première instance; direction des contributions indirectes et conservation des hypothèques. Cette ville d'une forme fort irrégulière, est située dans une belle vallée entourée de fertiles côteaux; quelques rues étroites et tortueuses, un grand nombre de maisons de vieille construction, attestent l'époque reculée de sa fondation. Mais à côté de ces bâtiments des siècles passées s'élèvent des maisons élégantes, des édifices d'architecture moderne, de belles fontaines, et, depuis quelque temps, elle a reçu de nombreux embellissements. Sa vieille cathédrale, le pont sur le Cavalon et des restes de monuments romains, sont ce que l'on y trouve de plus remarquable. Son industrie consiste dans la fabrication du drap, la bonneterie, la chapellerie et la tannerie; sa faïence et ses confitures sont renommées dans le midi. Commerce de vins, grains, huiles, draps, cuirs, soieries et merceries. Foire à la St.-Luce, à la Ste.-Claire, à la Quasimodo et à la Ste.-Anne. Dans les environs on cultive beaucoup la vigne et les oliviers; pop. 56,109 hab. pour l'arr. et 5958 pour la ville.

Apt qui, avant l'invasion romaine, était la capitale des Vulgientes, fut compriseous César dans la deuxième Narbonnaise. Cette ville fut visitée par Adrien qui y séjourna quelque temps. Un monument retrouvé en 1604, remonte, dit-on, au temps de cet empereur. Elle fut une des premières villes gauloises qui embrassèrent le christianisme. Les Sarrasins et les Lombards la saccagèrent plusieurs fois et la brûlèrent. Relevée en partie de sa ruine, elle passa plus tard sous la domination des comtes de Provence et suivit le sort de cette province dont une partie appartint ensuite aux papes jusqu'à ce que le comtat, sur lequel les rois de France avaient déjà antérieuremeut fait valoir leurs droits comme héritiers des comtes de Provence, fût réuni définitivemeut à la France, en 1791; alors Apt, qui depuis longtemps était compris dans le Dauphiné, fut distrait du département de la Drôme et joint à celui de Vaucluse.

APTERA, g. a., v. à l'O. de l'île de Crète, à 60 stades N.-O. de Cydonia.

APULI, g. a., peuple originaire de l'Illyrie, vint en Italie et donna le nom à l'Apulie.

APULIE. *Voyez* POUILLE.

APURE, fl. très-important pour la navigation intérieure de la Colombie, prend sa source non loin de St.-Christoval, dans le dép. de Zulia, rép. de Vénézuela, dans la Colombie, passe par San-Fernando d'Apure, donne son nom à une des provinces du département de l'Orénoque, rép. de Vénézuela, et se jette à gauche dans l'Orénoque. Il reçoit dans son cours une foule d'affluents, parmi lesquels nous citerons la Portugueza, qui s'y jette à gauche en face de San-Fernando d'Apure. L'Apure est peuplée d'un grand nombre de crocodiles.

APURE, prov. du dép. de l'Orénoque, arrosée par le fleuve dont elle tient le nom; riche en tabac, cacao, café, indigo, coton, maïs, ananas, bois, etc.; bétail, gibier et poissons. Chef-lieu Achagua.

APURIMAC ou RIO-TAMBO, RIO-PARI, fl. de l'Amérique méridionale, qui prend naissance sur les confins de la rép. de Bolivia et de celle du Pérou. Il traverse une grande partie du Pérou dans une direction S.-E., reçoit beaucoup d'affluents, tels que le Péréné, la Pangoa, le Béni, l'Inambari, etc., et se jette dans l'Ucayali. Les géographes ne sont pas encore d'accord sur le cours de ce fleuve et de ses affluents.

APURITO, dist. de la rép. de Vénézuela, dép. de Vénézuela, prov. de Caracas. Les fleuves d'Avuri et de Guarico, qui entourent ce district, en forment une île très-basse, longue de 22 l. sur 3 l. de large et divisée par trois canaux en trois petites îles.

APURITO, fl. de la rép. de Vénézuela. C'est un bras de l'Apure dont il se détache à droite; après avoir reçu l'Arauca, il se divise lui-même en beaucoup de branches, qui se jettent dans l'Océan Atlantique.

AQUÆ CALIDÆ, g. a., v. de la Mauritanie césarienne, à l'O. de Lamida.

AQUÆ CUTILIÆ, g. a., lac du pays des Sabins, en Italie, à 70 stades de Rieti, sur lequel, selon Sénéque, se trouvait une île flottante.

AQUÆ MEROM, g. a., lac au N. de la Palestine, à 3 l. S. des sources du Jourdain.

AQUALTEH, b. de la Haute-Egypte, dans les environs d'Edfou, sur la rive gauche du Nil.

AQUAPIM, état tributaire de l'emp. d'Achanti, sur la côte d'Or d'Afrique, à l'O. de l'état de Fantie et au S.-O. d'Amina. Le pays est beau et montagneux, le sol fertile et le climat sain. Il y a dans cette contrée d'excellents pâturages et des plantations.

AQUATELLA-E-PENTA. *Voyez* PENTA-AQUATELLA.

AQUA TURGII (eau de contradiction), rocher de granit, dans le désert de l'Arabie Pétrée, dont Moïse tira de l'eau, en le frappant avec sa verge. Ce rocher, qui existe encore de nos jours, a quatre fentes horizontales, dans lesquelles les Arabes mettent des broussailles qu'ils donnent ensuite comme médicament à leurs chameaux malades.

AQUILA, v. et chef-lieu de la prov. de l'Abruzze ultérieure IIe, dans le roy. des Deux-Siciles, siége d'un évêché, d'un tribunal d'appel, d'un tribunal civil et criminel. Elle est bâtie sur une colline près de l'Aterno, fortifiée et possède un établissement littéraire nommé *lycée*. Le commerce y est florissant; pop. 8000 hab.

AQUILAR, b. d'Espagne, dans le roy. de la Vieille-Castille, prov. et à 10 l. N.-E. de Soria, sur l'Alhama.

AQUILAR-DE-CAMPOS, b. d'Espagne, dans le roy. de Léon, prov. et à 12 l. N.-O. de Valladolid, dans une contrée très-fertile; pop. 1900 hab.

AQUILAR-DEL-CAMPO, v. d'Espagne, dans la Vieille Castille, prov. de Palencia, sur la Pisuerga. Les habitants s'occupent de l'éducation du bétail; pop. 1700 hab.

AQUILEJA ou **AQUILÉE**, **AGLAR**, *Aquileja*, v. du roy. d'Illyrie, dans le gouv. de Trieste, sur la riv. d'Anfora. Fondée par une colonie macédonienne, elle fut autrefois grande et célèbre, mais détruite, en 452, par les Huns, elle n'a plus pu se relever, et son air malsain fait que ses habitants l'abandonnent peu à peu; pop. 1500 hab.

AQUILIN (Saint-), vg. de Fr., dép. de la Dordogne, arr. de Ribérac, cant. et poste de Neuvic; pop. 1100 hab.

AQUILIN-D'AUGERON (Saint-). *Voyez* AC-QUILIN-D'ANGERON (Saint-).

AQUILIN-DE-CORBION (Saint-), vg. de Fr., dép. de l'Orne, arr. de Mortagne-sur-Huine, cant. et poste de Moulins-la-Marche; pop. 380 hab.

AQUILIN-DE-PACY (Saint-). *Voyez* AC-QUILIN-DE-PACY (Saint-).

AQUINO, pet. v. épiscopale, sur le Melfa, du roy. des Deux-Siciles, dans la prov. de Terra di Lavoro. Patrie du poète Juvénal et de St.-Thomas d'Aquin; pop. 900 hab.

AQUIRAZ, lac dans l'empire du Brésil, prov. de Ciara, près de la ville du même nom; il est profond et très-poissonneux.

AQUITAINE, g. a., une des grandes prov. de la Gaule, comprit la contrée dont sont formés aujourd'hui les départements de la Haute-Garonne, des Hautes et Basses-Pyrénées, du Gers, de Lot-et-Garonne, des Landes, de la Gironde, de la Dordogne, du Lot et de l'Aveyron; elle était bornée, sous Auguste, à l'E., par les Gaules lyonnaise et narbonnaise, au N., par la Loire, à l'O., par l'Océan Atlantique, et au S., par les Pyrénées. Elle fut ensuite divisée en Première Aquitaine, capitale Avaricum, puis Bituriges (Bourges); en Seconde Aquitaine, capitale Burdigala (Bordeaux), et en Novempopulania, appelée ainsi, parce qu'elle était habitée par neuf peuples, capitale Aquæ Tarbellicæ (Dax).

AR, g. a., v. capitale du pays des Moabites, dans l'Arabie Pétrée, au N. de Characmoba.

ARA, g. a., v. dans l'intérieur de la Mauritanie césarienne, entre Césarée et Sitifi.

ARABA, vallée de l'Égypte-Moyenne, à l'E. du Nil. Elle est célèbre par les grottes et les couvents de St.-Antoine et de St.-Paul.

ARABA MADFOUNEH ou **HARABAH**, vg. de la Haute-Égypte, sur la rive gauche du Nil, à 4 l. S.-O. de Djirdjeh. Près de ce village on voit les ruines de l'antique Abydus ou Abydos.

ARABAT, *Heracleum*, pet. forteresse de la Russie d'Europe, dans le gouv. de la Tauride, près de la langue de terre de ce nom, véritable digue de sable qui sépare la mer d'Azow du Siwasch ou mer Putride.

ARABAUX, vg. de Fr., dép. de l'Arriège, arr., cant. et poste de Foix; pop. 160 hab.

ARABIA, fl. d'Afrique, sur la côte de Zanguebar.

ARABIA SCENITARUM, g. a., partie S.-O. de la Mésopotamie.

ARABIE, *Arabia*, grande presqu'île de l'Asie occidentale, entre le 30° et le 57° de long. E. et entre le 12° et le 34° de lat. N.; elle est bornée au N. par la Turquie d'Asie, à l'O. par l'isthme de Suez et la mer Rouge, au S. par la mer des Indes et à l'E. par le golfe Persique et le golfe d'Oman. Sa superficie est d'environ 80,000 l. c. Elle est traversée par de hautes chaînes de montagnes. L'une qui commence au détroit d'Hormouz, est une ramification des montagnes primitives de l'Asie orientale; elle longe la côte occidentale du golfe d'Oman jusqu'auprès du cap Rasalgat. Du milieu de cette chaîne qui est la plus petite, un second rameau s'étend du S.-E. au N.-E. et va rejoindre une troisième chaîne qui court d'abord dans une direction N.-O. depuis le cap Fartak jusqu'à l'E. de Sana, puis s'avançant du S. au N. parallèlement à la mer Rouge, se rattache à celle de la Syrie. Les monts historiques de Sinaï et de Horeb font partie de cette chaîne. L'Arabie n'a aucun cours d'eau considérable. Le Meïdam et le Chabb sont les seuls qui méritent le nom de fleuves; les autres ne sont que des torrents qui se dessèchent en été et dont aucun ne porte ses eaux jusqu'à la mer. Ce pays réunit les climats les plus opposés. Dans certaines contrées il pleut pendant la moitié de l'année, tandis que dans d'autres la rosée tient lieu de pluie pendant des années entières; sur les hauteurs le froid est excessif, dans les plaines la chaleur est insupportable; là des vents humides, ici le terrible samum qui brûle, dessèche et tue quelquefois, comme l'harmattan et le chamsin en Afrique. Le sol présente le même contraste : des landes, des déserts sablonneux et les campagnes les plus fertiles. Les productions principales du pays sont : le café, le sucre, le froment, le millet, le riz, la manne, le séné, le coton, la gomme, l'aloès, l'indigo, le pavot dont on fait l'opium, des dattes, des grenades et d'autres fruits méridionaux. On y trouve aussi des mines de fer, de plomb, de cuivre, et des pierres précieuses. Les animaux du pays sont ; le cheval, de race fort estimée, le chameau, le mulet, l'âne, le buffle, le bœuf, le mouton, la chèvre, le lion, l'hyène, le chacal, le loup, la panthère, le renard, le sanglier, la gazelle, le singe, le pélican, l'autruche; une grande variété d'autres oiseaux et beaucoup de reptiles.

L'industrie y est presque nulle et se borne à la filature de coton, introduite depuis peu par les Indiens établis dans le pays. Mais le commerce y est considérable; les ports de Yambo, de Djiddah, de Kamfidia, de Mocka, d'Aden, de Mascate, d'El-Katif et de Gran, sont les places les plus commerçantes de l'Arabie.

Les principaux objets d'exportation sont les produits du sol, parmi lesquels le café tient le premier rang, les chevaux, les perles et plusieurs espèces d'encens que les Arabes tirent de l'Afrique. On importe un grand nombre d'objets de luxe des fabriques de l'Europe, des étoffes et d'autres productions de l'Inde, et des armes des manufactures de la Turquie et de la Perse.

L'Arabie, dont la population est évaluée à 12,000,000 habitants, est divisée en un grand nombre de petits états indépendants les uns des autres. L'ancienne division en Arabie Pétrée, Arabie Heureuse et Arabie Déserte, est rejetée par tous les géographes modernes qui cependant diffèrent entre eux dans la division qu'ils ont donnée de ce pays. Nous ne citerons ici que les grandes divisions données par Balbi : l'Hedjaz, qui comprend l'Arabie Pétrée et toutes les côtes orientales de la mer Rouge jusqu'aux frontières du Yemen. Dans cette partie est compris le Grand-Chérifat de la Mecque, appelé par les Arabes Beled-el-Haram ou pays sacré; le Yemen, au S.-O. de la presqu'île, comprend l'Imamat de Sanaa, l'état d'Abou-Arich, le pays de Kobaïl ou Hachid-el-Bekil, celui d'Aden et d'Hadramant; l'Oman, à l'extrémité E. de l'Arabie, comprend l'Imamat de Mascate et l'état de Belad-Ser; le Lahsa ou Hesse et le Barria ou Barr-Abad, déserts de l'intérieur.

La majorité des Arabes, quoique divisée en plusieurs sectes, professe l'islamisme. Un grand nombre de Juifs sont établis dans ce pays où ils se sont réfugiés depuis la destruction de Jérusalem. Les états de l'Arabie sont sous un gouvernement modéré, et plusieurs tribus nomades ont conservé les mœurs patriarcales des temps les plus reculés. La côte orientale de la mer Rouge est dépendante aujourd'hui du Pacha d'Égypte, et les Turcs exercent en général une grande puissance sur presque tout le pays. L'imamat de Mascate est le seul des grands états qui soit tout à fait indépendant. Les Arabes sont belliqueux et très-habiles dans tous les exercices du corps. Ils sont robustes, d'une grande propreté et très-tempérants. Aussi les maladies sont elles assez rares chez eux. Ils se nomment aussi Bédouins (Bedevi, fils du désert) et se distinguent par leurs habitudes et leur vie errante, des Maures qui habitent dans des maisons et se livrent plus volontiers à l'agriculture, aux arts et aux métiers, pour lesquels les Arabes semblent avoir de la répugnance.

Les Maures ont des universités dans lesquelles on enseigne la philosophie, l'astronomie ou plutôt l'astrologie et la médecine. Les objets de l'enseignement primaire sont la lecture, l'écriture, l'arithmétique et le coran.

L'histoire des Arabes avant Mahomet est très-obscure, et comme elle ne se rattache point à celle des autres peuples, elle n'offre pas beaucoup d'intérêt. Les habitants primitifs de l'Arabie sont appelés, par ceux d'aujourd'hui, Bajadites (les perdus). Les habitants actuels se disent issus soit de Joktan, soit d'Ismaël. Le mot *arabe* signifie *couchant* et c'est parce qu'elles habitent l'occident de l'Asie que ces tribus ont pris le nom d'Arabes. En Europe et en Afrique on les nomma Sarrasins, Orientaux, habitants de l'Orient. La division en Arabie Heureuse, Pétrée et Déserte est attribuée aux Grecs; les plus anciens historiens arabes ne comprennent dans l'Arabie que le pays du Yemen; l'Hedjaz, selon eux, appartient en partie à l'Égypte et en partie à la Syrie, et ils appellent le reste Désert de Syrie. Les princes de cette contrée étaient tous de la tribu de Joktan, qui fut le père de la race des Homayrites qui régna pendant 2000 ans dans le Yemen. Les habitants du Yemen et d'une partie du désert vivaient dans des villes, s'occupaient d'agriculture et entretenaient des relations de commerce avec la Syrie, la Perse, les Indes et l'Abyssinie. Ils envoyèrent beaucoup de colonies dans ce dernier pays, qui doit probablement toute sa population à l'Arabie. Les autres Arabes menaient, comme aujourd'hui, une vie nomade.

Dans les temps d'ignorance, c'est ainsi que les mahométans désignent l'époque antérieure à leur prophète, les Arabes adoraient les astres, et chaque tribu adressait ses adorations à une constellation qu'elle reconnaissait pour sa divinité particulière.

Protégée par ses déserts et les mers qui l'environnent, cette nation courageuse défendit pendant des milliers d'années, contre les conquérants de l'Orient, la liberté, les croyances et les mœurs que lui avaient transmises ses ancêtres. Ni les rois puissants de Babylone et d'Assyrie, ni les Egyptiens, ni les Perses ne purent soumettre l'Arabie à leur domination. Subjugués par Alexandre-le-Grand, les Arabes profitèrent de la désunion qui éclata après sa mort entre ses successeurs, pour reconquérir leur indépendance. Les princes des provinces septentrionales étendirent même à cette époque, au-delà de l'Euphrate, les limites de l'Arabie, et c'est probablement à cette circonstance que l'ancienne Chaldée doit le nom d'Irak-Arabie qu'elle porte aujourd'hui. Trois siècles après Alexandre, les Romains envahirent les frontières septentrionales de l'Arabie; ils ne réduisirent point tout ce pays en province romaine; cependant plusieurs chefs arabes dans les contrées du N. furent dépendants des empereurs romains dont ils n'étaient plus que des intendants. Les anciens Homayrites du Yemen maintinrent mieux leur indépendance et une expédition faite contre eux du temps d'Auguste, échoua complétement. Lorsque l'empire romain s'affaiblit, les Arabes conçurent l'espérance de secouer entièrement le joug de la domination étrangère, et l'Arabie devint le théâtre d'une lutte opiniâtre qui dura jusqu'à ce qu'un homme enthousiaste et hardi vint réunir en un seul faisceau les Arabes jusqu'alors divisés. Le christianisme trouva de bonne heure des prosélytes en Arabie, et la résistance aux Romains y attira bientôt la foule des hérétiques persécutés par les orthodoxes de l'empire d'Orient. C'est à cette grande diversité de sectes qu'il faut attribuer les succès rapides de Mahomet.

Avec lui commence une ère nouvelle pour les Arabes, qui bientôt s'avancent en conquérants vers l'occident; et, en 711, moins d'un siècle après Mahomet, ils avaient établi leur domination en Espagne et dans une grande partie de l'Europe méridionale. En 732 ils envahirent la France, mais une grande défaite que Charles-Martel leur fit éprouver, porta un coup terrible à leur puissance dans l'Occident. Un grand nombre de califs de différentes dynasties se succédèrent d'autant plus rapidement dans tous les pays soumis, qu'ils s'arrachaient le pouvoir les uns aux autres, et que leurs nombreuses conquêtes les avaient affaiblis et désunis.

Ces divisions facilitèrent plus tard l'expulsion des Arabes de l'Europe et les soumit à la domination des Turcs.

ARABIE (mer d') ou **GOLFE D'OMAN**, grand enfoncement de la mer des Indes, entre l'Arabie, la Perse et l'Inde, qui, en pénétrant au N.-O. dans l'Inde, forme, au S. du Sindh, les deux petits golfes de Cubek et de Cambaye, s'enfonce à l'O. entre l'Arabie et la Perse sous le nom de golfe Persique, et forme entre l'Arabie et la côte d'Afrique le golfe considérable appelé mer Rouge. L'île de Socotora et le groupe des Laquedives sont situés dans le golfe d'Arabie; Hassel leur adjoint aussi le groupe des Maldives, bien que celui-ci soit situé au S. du cap Comorin, qu'il faut regarder comme la limite méridionale de ce golfe.

Les principaux fleuves qu'il reçoit de l'Inde, sont le Sindhou, l'Indus, le Bannas qui se jette dans le golfe de Cubek; le Sauhermuttée, le Mhye et le Narbudda qui se jettent dans le golfe de Cambaye; le Tapty ou Tauppée, l'Euphrate et le Tigre versent leurs eaux dans le golfe Persique.

ARABIES, g. a., peuple de Gédrosie, à l'O. de l'embouchure de l'Indus.

ARARIQUE (golfe). *Voyez* MER ROUGE.

ARABO ou ARBON, gr. vg. de Nègres, sur la côte et dans le roy. de Benin, dans la Guinée septentrionale.

ARACAN, prov. de l'emp. Birman, borné par le Birma, le Pégou, la prov. et le golfe du Bengale et séparée du continent par la chaîne de montagnes Anoupectouncjou, terre fertile et bien arrosée. Sa principale rivière est l'Aracan. Les habitants qui s'appellent Yekein sont de différentes races et professent, ceux de la plaine, le culte de Boudha, ceux des montagnes, le culte de Gaudma, dont l'idole a été enlevée par les vainqueurs Birmans. La population s'élevait encore en 1795 à 2,600,000 habitants; mais la conquête des Birmans, qui mirent fin, en 1783, à l'indépendance de l'Aracan, les massacres, les enlèvements et l'émigration au Bengale ont dépeuplé ce pays qui dans une insurrection, faite en 1811, est presque parvenu à secouer le joug de ses oppresseurs. L'Aracan est administré par un vice-roi.

ARACAN, *Cacosana*, capitale de la prov. de ce nom dans l'emp. Birman, située sur la riv. d'Aracan et défendue par un fort. Le nombre de ses temples et de ses couvents Boudhistes est considérable. Mais l'idole Gaudma qui y attirait jadis de nombreux adorateurs, a été transporté à Ummerapoura. Le port est bon, mais le vice-roi en défend l'accès à tous les bâtiments européens.

ARAÇARY. *Voyez* FRANCISCO.

ARACATY, v. de l'emp. du Brésil, dans la prov. de Ciara, sur la rive droite et à 5 l. de l'embouchure du Jaguaribe; elle fut fondée en 1723. C'est la ville la plus peuplée, la plus grande et la plus commerçante de la province; elle a une école latine. Sa situation l'expose souvent aux inondations du Jaguaribe; pop. 10,000 hab.

ARACENA, *Lælia*, v. d'Espagne, dans l'Andalousie, prov. de Séville, cer. d'Ayamonte; elle est située au pied de la Sierra-

Morena; ses carrières de jaspe sont renommées; pop. 2000 hab.

ARACHTUS, g. a., fl. du pays des Molosses, dans l'Épire, se jette dans le golfe d'Ambracie.

ARACUAHY, fl. considérable dans l'emp. du Brésil, prov. de Minas-Géraès, descend de la Serra - Trio et s'embouche dans la Jéquétinhonha qu'il surpasse quant au volume de ses eaux. Il reçoit lui-même plusieurs affluents tels que le San-Antonio, l'Itamarandibu, le Sétuval et d'autres qui tous ont leurs sources dans la Sierra-das-Esmeraldas.

ARAD ou **VARMEGYE**, comitat de Hongrie, dans le cer. au-delà de la Theiss, est borné au N. par le comitat de Bihar, à l'E. par la Transylvanie, au S. par le comitat de Temesvar et à l'O. par ceux de Csongrad et de Bekes; il a une superficie de 432 l. c. et comprend une forteresse, 17 bourgs et 174 villages. Les monts Kladova sillonnent le pays à l'E. et au N.; il est couvert d'immenses forêts, les plaines se trouvent dans la partie occidentale. Le climat est doux et les principales productions du pays sont le vin, celui de Menes prend rang, parmi les vins de Hongrie, après celui de Tokay; il est très-fort et son goût est des plus aromatiques; le blé, le maïs, le chanvre, le lin, le safran et le tabac; éducation du bétail et d'abeilles; carrières de pierres à bâtir; l'industrie y est nulle; pop. 200,000 hab.

ARAD (O-ARAD), b. de Hongrie, chef-lieu du comitat de même nom; deux églises, l'une grecque, l'autre catholique; séminaire valaque; manufacture de tabac et commerce de bétail; pop. 3900 hab.

ARAD (UJ-ARAD-VARA), forteresse de Hongrie, dans le cer. au-delà de la Theiss, comitat d'O-Arad; elle fut bâtie en 1733.

ARAD, une des îles du groupe de Bahra, divisée en deux parties par un isthme assez étroit; Maharag en est le chef-lieu, on s'y occupe, comme à Nenaina, de la pêche des perles.

ARAD, g. a., v. au S. de la Palestine, dans la tribu de Juda.

ARADII, g. a., peuple originaire de la Palestine; après la conquête de ce pays par les Hébreux, il alla s'établir en Phénicie.

ARADSCHUR, *Argia*, groupe de mont. au centre du Turkestan, en Asie, se lie vers l'E. aux Alpes du plateau central de l'Asie, et se perd à l'O. par une suite de collines bornées par d'immenses plaines de sable. Ces montagnes qui forment les vallées du Turkestan et de Taschkent, sont encore peu connues. Tout ce que l'on en sait, c'est qu'elles renferment de belles mines d'or, d'argent et de pierres précieuses.

ARADUS, g. a., île non loin de Crète.

ARADUS, g. a., île sur la côte O. du golfe Persique.

ARAGON, riv. d'Espagne; elle a sa source dans les Pyrénées, non loin du Pic-du-Midi, traverse, du N. au S.-O., une partie de l'Aragon, entre dans la Navarre près de San-Salvador de Leyre, y reçoit le Salazao, l'Ezca, l'Agra, et se jette dans l'Ebre près de Milagro.

ARAGON, prov. d'Espagne qui a conservé le titre de royaume. Elle est bornée au N. par les Pyrénées; à l'O. par la Navarre et les deux Castilles; au S. par le royaume de Valence, et à l'E. par la Catalogne. Sa superficie est de 1024 l. c. Elle est sillonnée au N. par plusieurs chaînes de montagnes qui se rattachent aux Pyrénées. La partie méridionale a aussi quelques groupes de montagnes, mais moins élevées que les premières, elles ont moins d'influence sur la température. L'Ebre, un des principaux fleuves de l'Espagne, traverse cette province du N.-O. au S.-E.-E. et la partage en contrées méridionale et septentrionale. Un grand nombre de rivières arrosent et fertilisent ce pays. Ce sont presque toutes des affluents de l'Ebre. Le climat est très-doux dans les vallées et dans les plaines. Le sol est très-fertile dans la partie du S. Il produit des grains, des vins d'une excellente qualité, une grande quantité de fruits de toute espèce, des olives, du lin, du chanvre, du safran; les forêts fournissent de bon bois de construction. Les pâturages de cette province sont beaux et couverts de grands troupeaux de moutons dont l'éducation occupe la majeure partie des habitants de la campagne. Les autres espèces de bétail et le gibier y sont aussi très-nombreux. On exploite dans l'Aragon des mines de cuivre, de fer, de plomb, de cobalt, d'alun et des carrières de jaspe et de marbre. Elle possède des fabriques de draps et de toiles, des savonneries et des distilleries. C'est une des provinces d'Espagne les plus importantes par le commerce et l'activité industrielle. Le canal Impérial ou d'Aragon, le plus considérable de l'Espagne, passe près de Saragosse, capitale de cette province, et favorise son commerce. On exporte de cette contrée du vin, de l'huile, des fruits, de la soie, de la laine et du bétail. Elle reçoit en échange les objets manufacturés de la France et de l'Angleterre.

Cependant ce pays est bien loin de jouir de la prospérité que la nature de son territoire et l'industrie de ses habitants pourraient lui assurer. La hideuse et terrible guerre civile qui ensanglante la péninsule depuis tant d'années, déchire aussi cette belle province, et au moment où nous écrivons (1839), l'Aragon est insurgé contre le gouvernement central dont la faiblesse et l'horrible mesure des représailles font chaque jour gémir l'humanité.

L'Aragon a une population de 680,000 habitants et comprend les provinces de Saragosse, de Huesca, de Teruel et de Calatayud. Cette contrée était habitée par les Celtibériens, lorsque les Romains firent la conquête de l'Espagne quatre siècles avant l'ère chrétienne. Huit siècles après, les barbares s'arrachèrent entre eux les dépouilles de Rome, et les Goths dominèrent dans ce pays. Ceux-ci ayant été chassés ou soumis à leur tour par les Maures en 711, l'Aragon subit le joug des Arabes. En 836, les Aragonais recouvrèrent leur indépendance, et bientôt après tout le N. de l'Espagne, profitant des dissensions des Maures divisés en petits états, secoua le joug des musulmans. L'Aragon forma alors une des deux grandes divisions de l'Espagne jusqu'à Ferdinand-le-Catholique qui expulsa presque tous les Maures du pays. Le royaume d'Aragon comprenait alors la Catalogne, les royaumes de Murcie et de Valence. Par le mariage de Ferdinand V, le Catholique, avec Isabelle de Castille, en 1474, ce royaume fut réuni à celui de Castille. En 1807 les Français occupaient cette partie de l'Espagne, mais ils ne parvinrent point à la soumettre entièrement et les habitants ne supportaient qu'avec impatience le gouvernement que Napoléon leur imposait. Les désastres de la France en 1813, leur rendirent la liberté ; mais ils sont loin d'être plus heureux, car le pays se débat presque continuellement, depuis cette époque, entre l'anarchie et la tyrannie.

ARAGON, vg. de Fr., dép. de l'Aude, arr. et poste de Carcassonne, cant. d'Alzonne; pop. 700 hab.

ARAGOUA, v. du roy. des Deux-Siciles, en Sicile, située au milieu d'un parc d'amandiers. Son château renferme une galerie de tableaux et une collection d'antiquités; pop. 6550 hab.

ARAGUA, riv. de la rép. de Vénézuela, dans le dép. de Maturin, prov. de Barcelona, se jette dans l'Unare.

ARAGUAYA ou **TOCANTIN**, **PARA**, gr. fl. de l'emp. du Brésil, est formé par la réunion de deux grandes branches, le Tocantin proprement dit et le Rio Grande ou Araguaya, nommé aussi Araguay et non Uruguay, comme on le trouve sur plusieurs cartes ; celle-ci doit être regardée comme la branche principale. L'Araguaya elle-même, formée par la réunion de plusieurs courants qui descendent des premiers échelons de la Serra-dos-Vertentes dans la province de Goyaz, sépare cette province de celle de Matto-Grosso et du Para; ce grand courant forme, dans la province de Goyaz, la grande île de Santa-Anna, passe par Almeida et par l'emplacement où l'on avait projeté la fondation de San-Joao-de-Duas-Barras, traverse ensuite la partie orientale de la province de Para, et après y avoir baigné Villa-Viçosa ou Camita et Para ou Bélem, il entre par une large embouchure dans l'Océan ; le Tajipuru, canal naturel très-étroit du côté du fleuve des Amazones, fait communiquer ce dernier avec le Tocantin ; le principal affluent de l'Araguaya est le Rio-das-Martes qui parcourt la partie orientale de la province de Matto-Grosso. Le Tocantin, proprement dit paraît être formé par la réunion des deux courants principaux de la province de Goyaz, nommés Rio-das-Almas et Maranhao ; il traverse ensuite la partie orientale de cette province, où il reçoit un grand nombre d'affluents, parmi lesquels le Paranan à la droite est le plus considérable.

ARAGUES, ham. de Fr., dép. du Gers, arr. de Lombez, cant., poste et com. de l'Isle-en-Jourdain; pop. 80 hab.

ARAGUES, b. d'Espagne, dans le roy. d'Aragon, prov. de Saragosse, dans une vallée du même nom au pied des Pyrénées; pop. 1200 hab.

ARAILLE (Saint-), vg. de Fr., dép. de l'Arriège, arr. et poste de St.-Girons, cant. de St.-Lizier ; pop. 650 hab.

ARAILLE (Saint-), vg. de Fr., dép. de la Haute-Garonne, arr. de Muret, cant. de Fousseret, poste de Martres ; pop. 270 hab.

ARAILLES (Saint-), vg. de Fr., dép. du Gers, arr. d'Auch, cant. et poste de Vic-Fezensac; pop. 450 hab.

ARAILLES (Saint-), ham. de Fr., dép. du Gers, arr. de Mirande, cant. et poste de Miélan, com. de Barcugnan; pop. 50 hab.

ARAIR, v. d'Afrique, dans le Soudan et dans le roy. de Mobba.

ARAKLI, *Lympirus*, fl. de l'Asie Mineure, qui se jette dans la Méditerranée. Près de son embouchure est situé un grand lac communiquant par un canal avec la mer.

ARAKTSCHEJEF ou **KAWEN**, groupe d'îles qui fait partie de l'archipel Central ou de Mulgrave, dans la Polynésie, sous le 8° 4' de lat. N. et le 168° de long. E. du méridien de Paris. Otton de Kotzebue qui les visita en 1817, en donne une description fort pittoresque. Ces îles qui offrent partout l'aspect de parcs ou de jardins anglais, sont les plus peuplées de l'archipel. Des huttes nombreuses sont construites à l'ombre des arbres à pain, et les habitants, généralement tatoués, montrent plus de recherches que les autres insulaires de l'archipel dans leur bizarre toilette. Chacune de ces îles dont Kawen est la plus grande, est gouvernée par un chef particulier.

ARAKYA ou **AREKI**, v. d'Afrique, sur la côte de la Nubie.

ARAL (mer d'), improprement décorée de ce nom, car ce n'est qu'un grand lac situé dans la moitié occ. du Turkestan indépendant, sur la limite de la steppe des Kuighis. Il a environ 1550 l. c. de superficie; ses eaux contiennent peu de sel, les bords sont marécageux, couverts de roseaux. Ses principales baies sont celle de Tschigunsk au N.-E., celle de Burgusinsk au N.-O., et celle de Malnicshka au S.-O. Il reçoit les deux plus grands fleuves du Turkestan, l'Amou-Daria ou Djihoun et le Syr-Daria ou Sihoun, et communique, selon toutes les probabilités avec la mer Caspienne au moyen d'un canal souterrain. Le grand nombre d'îlots, et qui sont habités par des veaux marins, lui a fait donner par les Tartares le nom d'Aral-Tengis, le lac des Iles.

ARAMBALA, vg. des états unis de l'Amérique centrale, dans la prov. de San-Salvador, dist. de San-Miguel, sur une baie de l'Océan qui sert de port aux villes de San-Salvador, de San-Miguel et de San-Vinate.

ARAMBECOURT, vg. de Fr., dép. de l'Aube, arr. d'Arcis-sur-Aube, cant. de Chavanges, poste de Brienne; pop. 250 hab.

ARAMBO, mont. de la Nubie, à une demi-lieue du Nil.

ARAMDA, v. d'Afrique, dans le Soudan et dans le roy. de Bornou.

ARAMDAMESECK, g. a., roy. au N.-E. de la Palestine, fondé du temps de Salomon et détruit par les Assyriens 738 ans avant J.-C.

ARAM-GESCHUR, g. a., roy. de la Coelé-Syrie, sur la frontière sept. de la Palestine.

ARAMICHOS, peuplade indienne, dans la tribu des Caraïbes qui occupe la partie de la Guyane française entre l'Oyapoc supérieur et le Maroni.

ARAMITZ, vg. de Fr., dép. des Basses-Pyrénées, arr., à 3 l. O. et poste d'Oloron, chef-lieu de canton; pop. 1300 hab.

ARAMKUL, v. d'Afrique, dans le Soudan et dans le roy. de Bornou.

ARAMON, b. de Fr., dép. du Gard, arr. et à 6 l. E. de Nimes, chef-lieu de canton, sur le Rhône, poste de Remoulins; on y fait commerce d'huile d'olive; pop. 2450 hab.

ARAN, pet. riv. de Fr., dans le dép. des Basses-Pyrénées, affluent de gauche de l'Adour, se jette dans ce fleuve après un cours de 6 l. du S. au N.

ARANC, vg. de Fr., dép. de l'Ain, arr. de Bellay, cant. d'Hauteville, poste de St.-Rambert; pop. 1200 hab.

ARANCE, vg. de Fr., dép. des Basses-Pyrénées, arr. d'Orthez, cant. de Lagor, poste de Lacq; pop. 550 hab.

ARANCOU, vg. de Fr., dép. des Basses-Pyrénées, arr. de Bayonne, cant. de Bidache, poste de Peyrehorade; pop. 380 hab.

ARANGUENA ou **AYOUGENA**, pet. île encore inexplorée, près de la côte de Sénégambie, dans l'Afrique occidentale.

ARANHA, lac dans l'emp. du Brésil, dans la prov. de Goyaz.

ARANHAHY ou **ARANIANHY**, fl. de l'emp. du Brésil, dans la prov. de Matto-Grosso, est la principale branche du Mondégo ou Imbotétei. (*Voyez* Mondégo.) Le volume de ses eaux est si considérable que les canots peuvent remonter presque jusqu'à sa source.

ARANHAS (Ilha das), pet. île, à l'O. de la grande île de Santa-Catharina, qui fait partie de la prov. du même nom, au S.-E. de l'empire du Brésil.

ARANDA DE DUERO, v. d'Espagne, dans la Vieille-Castille, prov. de Burgos, sur le Duero. On y cultive beaucoup la vigne; pop. 3800 hab.

ARANDAS, vg. de Fr., dép. de l'Ain, arr. de Belley, cant. et poste de St.-Rambert; pop. 1200 hab.

ARANDON, vg. de Fr., dép. de l'Isère, arr. de La Tour-du-Pin, cant. et poste de Morestel; pop. 530 hab.

ARANIOS MAROTH, b. de Hongrie, dans le cer. en-deça de la Theiss, comitat de Bars, avec un hôtel de ville où ont lieu les assemblées du conseil du comitat; pop. 1800 hab.

ARANJUEZ, jolie pet. v. d'Espagne, dans la Nouvelle-Castille, prov. de Tolède, à 10 l. S. de Madrid, sur le Tage et à l'embouchure du Xarama. C'est la résidence d'été de la famille royale. Elle possède un château et des jardins magnifiques, de belles promenades, un théâtre et un superbe haras. La population de 4000 habitants est ordinairement plus que doublée pendant le séjour de la cour. Cette ville a été dans ces dernières années le théâtre d'un mouvement insurrectionnel, résultat de la position malheureuse de l'Espagne, déchirée par la guerre civile.

ARANOU, ham. de Fr., dép. des Hautes-Pyrénées, arr. d'Argelès, cant. et poste de Lourdes, com. de Gazost; pop. 48 hab.

ARANTIA, g. a., contrée du Péloponèse, avec la capitale du même nom.

ARAPARÈS (Serra de) ou **CORDILHEIRA DE S. JOZÉ**, chaîne de mont. dans l'emp. du Brésil. C'est la branche S.-E. de cette chaîne étendue de montagnes, qui dans d'innombrables ramifications traverse la vaste province de Matto-Grosso. La Serra de Araparès sépare la vallée de Cujaba de celle du Paraguay, et se termine vers les marais des Xarayes, près de la ville de Mana, dans la comarque de Cujaba.

ARAPEI ou **YGARUPEI**, fl. de la rép. d'Uruguay, se jette dans l'Uruguay.

ARAQUARU (Serra de), chaîne de montagnes dans l'emp. du Brésil, prov. de San-Paolo, s'étend le long de la rive droite du Rio-Tiété. C'est une ramification O. de la Serra Espinhaco.

ARARANGUA, fl. de l'emp. du Brésil, fait la frontière entre la prov. de Santa-Catharina et celle de Rio-Grande.

ARARAS, peuplade indienne, sauvage et indépendante, qui erre le long des rives du Rio-Tapajoz, dans l'emp. du Brésil, prov. de Para, comarque de Mundruca.

ARARAS (Serra de), chaîne de mont. dans l'emp. du Brésil, ramification N.-N.-E. de la Serra-dos-Cristaès. Elle fait sur une longueur de 145 l. la frontière E. de la prov. de Goyaz. Sa partie sept. porte les noms de Serra-de-Tabatinga et de Serra-do-Duro.

ARARAT ou **ARGHITAGH**, mont. de l'Arménie, fameuse dans l'histoire sacrée; c'est sur l'Ararat que s'arrêta l'arche de Noé. Elle a 5400 mètres de hauteur et fait partie du Taurus. On peut regarder le mont Ararat comme la souche de la grande chaîne qui s'en détache et qui se dirige au S.-E. par les provinces d'Aserbaidschan et de Ghilan, tourne à l'E. dans cette dernière et continue sous différents noms sa marche vers l'orient, en traversant le S. de Mazanderan et le Khorassan dans lequel elle se perd dans les aspérités d'un sol élevé. Rien n'est beau, disent les voyageurs, comme la vue de l'Ararat; ses deux cimes couvertes de glaces éternelles percent les nues, se dressant presque perpendiculairement depuis la région des neiges, tandis que jusque là la montagne est facilement accessible, s'élevant majestueusement sur sa large base et dépassant bientôt toutes les montagnes qui l'entourent. L'une de celles-ci s'appelle Kutschuk arghitagh ou Ararat sadach, c'est-à-dire fils d'Ararat, puisqu'elle lui ressemble parfaitement.

ARARAT, mont., branche des Alleghany ou Apalaches, entre cette chaîne de montagnes et les Montagnes-Bleues. L'Ararat s'étend sur une partie des états de la Caroline du nord et de Virginie dans les États-Unis de l'Amérique du Nord.

ARARAT, fl. des États-Unis de l'Amérique du Nord, qui descend du penchant oriental des Montagnes-Bleues et se jette dans le Yadkin près de Rockford, dans la Caroline du nord.

ARARENE, g. a., contrée de l'Arabie Heureuse.

ARARI ou **RIO-DE-SAN-JUAN**, fl. du Pérou, se jette dans la mer Pacifique.

ARARIPE (Serra de), chaîne de mont. très-élevée, dans l'emp. du Brésil, prov. de Fernambuco, au N. du Rio-San-Francisco et entre la Serra Cayriris et la Serra Borborému, dont elle paraît être une ramification.

ARARUAMA, lac dans l'emp. du Brésil, prov. de Rio-de-Janeiro, sur le Cabo Frio, tout près de la mer et à 16 l. E. de Rio-de-Janeiro. Ce lac de 9 l. de longueur a un écoulement à son extrémité orientale. Ses eaux très-poissonneuses sont salées, ce qui provient probablement de ce que la mer y entre lors de la marée. Sa profondeur est très-inégale. Des langues de terre bien saillantes y forment plusieurs petites baies qui fournissent du sel en grande quantité.

ARARYS, peuplade indienne indépendante, qui erre dans la prov. de Rio-de-Janeiro, emp. du Brésil.

ARAS, *Araxes*, gr. rivière d'Asie, qui prend sa source dans les montagnes de Bingöl, dans l'Arménie ottomane, traverse l'Arménie russe, arrose le Karabagh, reçoit les eaux de ses affluents, le Hugi, le Karassou, l'Arpatchai et l'Aktschai et entre dans le Kour, qu'elle surpasse pour le volume de ses eaux et pour la longueur de son cours. Ce dernier se jette dans la mer Caspienne au S. de Bakou. Pendant un espace assez long, l'Aras sépare le territoire russe du roy. de Perse. Il est en général large, mais peu profond.

ARAS, b. de la Basse-Égypte, près de l'isthme de Suez.

ARASACI, g. a., peuple de l'Inde transgangétique; il fut vaincu par Alexandre.

ARAS-MONTANA, ramification des monts Cantabres en Espagne, à l'E. des prov. basques de Biscaye et de Quipuscoa.

ARATICU, fl. très-considérable dans l'emp. du Brésil, prov. de Para, se jette dans le fleuve des Amazones.

ARAUAXIA, fl. dans l'emp. du Brésil, prov. de Para, se jette, après un cours de 40 l., dans le Madeira, près de la ville de Jona.

ARAUCA, fl. considérable de la rép. de Vénézuela, dans l'Amérique du Sud, descend des Andes et s'embouche dans l'Apure.

ARAUCA, établissement avec une mission, sur le fleuve du même nom, dans la rép. de Vénézuela, dép. de l'Orénoque, prov. de Varinas.

ARAUCANIE, territoire indépendant dans la rép. de Chili, qui comprend la majeure partie des provinces de Valdivia et de Chiloë. Il tire son nom des Araucans, Molouches ou Aucas, nation belliqueuse que les Espagnols n'ont jamais pu soumettre, et qui conserve encore aujourd'hui son indépendance, en formant la puissante *confédération des Araucans*, divisée en quatre gouvernements ou tétrarchies (rhetal-mapus), subdivisés chacun en neuf provinces, qui elles-mêmes sont partagées en neuf régences ou districts. Les gouverneurs des tétrarchies, ainsi que les chefs des provinces et des districts, sont indépendants les uns des autres, mais confédérés pour le bien général de leur contrée. Leurs dignités respectives sont héréditaires dans la ligne masculine. Le gouvernement de ce pays offre la plus frappante ressemblance avec l'aristocratie militaire des ducs, des comtes et des marquis du nord de l'ancien continent, quoique son existence soit de beaucoup antérieure à l'arrivée des Espagnols dans cette partie reculée du Nouveau-Monde. Les Araucans passent justement pour être la nation indigène indépendante la plus policée de l'Amérique et paraissent être le premier peuple de ce continent, qui, en se procurant par un heureux hasard de nombreuses et de bonnes races de chevaux, s'accoutuma de bonne heure à l'équitation et forma des corps de cavaliers. Comme plusieurs autres nations de l'Amérique, il conserve le souvenir d'un grand déluge, auquel il n'échappa que peu de monde. Les Araucans cultivent avec succès l'astronomie, la géométrie, la rhétorique, la poésie et la médecine. Leur langue la langue primitive du Chili (le chilidigu) est riche, molle, souple et harmonieuse. Mais ce tableau de la civilisation de ce peuple, d'après Molina, Aludo et les auteurs célèbres (Ukert, Hassel, etc.), qui récemment l'ont reproduit, est malheureusement une pure fiction, d'après M. Puppig, qui vient de publier son intéressant voyage dans l'Amérique méridionale, et qui a eu l'occasion de voir de près ce peuple; il est prouvé que les Araucans sont moins sauvages que leurs voisins, qu'ils exercent une agriculture imparfaite, qu'ils demeurent dans des maisons mieux bâtiés et qu'ils ont fait des essais de se donner un gouvernement régulier, mais qu'ils sont malgré cela cruels, voleurs et méchants. On doit ajouter que cette nation est une des plus nombreuses parmi celles qui conservent encore leur indépendance, quoiqu'elle soit bien loin de compter le cinquième du nombre d'individus (450,000 têtes) que lui assignent les statisticiens allemands les plus célèbres.

Le territoire des Araucans, que les géographes appellent Araucanie, s'étend à l'O. des Andes entre le Biobis, le Valdivia et le Grand-Océan, et comprend une surface d'environ 1680 l. c. géographiques. Les Andes, avec leurs branches collatérales, qui contiennent une série de volcans, s'étendent jusque vers le milieu du territoire, où elles s'ouvrent en charmantes vallées, sillonnées de nombreuses rivières dont les principales sont : le Biobis, le Cauten, le Tolten, le Valdivia, le Buéno et le Mollin, qui se déchargent toutes dans l'Océan Pacifique. Le climat est des plus beaux et le sol très-fertile. Les habitants s'adonnent avec succès à l'éducation du bétail, les prairies grasses s'y trouvant en abondance.

ARAUCO, dist. dans le territoire des Araucans (*voyez* cet article), le long de la mer entre le Biobis et le Cauten.

ARAUCO ou ARUCO, fort dans la rép. de Chili, prov. de Concepcion, dist. de Huilquilému, non loin de la côte. Il forme un carré régulier avec deux petits bastions dans les angles. Il s'y tient un marché où les Indiens viennent échanger les produits de leurs champs et de leurs troupeaux contre du sel qu'on tire du Pérou et de Valparaiso. L'endroit compte 600 hab.

ARAUJUZON, vg. de Fr., dép. des Basses-Pyrénées, arr. d'Orthez, cant. et poste de Navarreins; pop. 520 hab.

ARAULES, vg. de Fr., dép. de la Haute-Loire, arr., cant. et poste d'Yssingeaux; pop. 1900 hab.

ARAURI, v. de la rép. de Vénézuela, dép. de l'Orénoque, prov. de Varinas, sur l'Acarigua et dans une contrée très-fertile mais peu cultivée. Cette ville, fondée par des capucins andalousiens, est bien bâtie et a un pèlerinage; pop. 5000 hab.

ARAUX, vg. de Fr. dép. des Basses-Pyrénées, arr. d'Orthez, cant. et poste de Navarreins; pop. 300 hab.

ARAVISCI, g. a., peuple de la Basse-Pannonie.

ARAXA ou SAN-DOMINGO-DE-ARANA, b. très-florissant de l'emp. du Brésil, dans la prov. de Goyaz, comarca de Villa-Boa, dist. de Rio-das-Velhas. Il est situé au pied de la Serra-Marcella, dans une belle plaine, traversée par le Rio-Guébra-Anzoès et riche en salines; pop. 3000 hab.

ARAXA, g. a., v. de Lycie, sur les frontières de Carie.

ARAYA, chaîne de montagnes, branche de la Sierra-Parimé, traverse la partie orientale de la république de Vénézuela et se joint à la chaîne de Collocar au S.-E. de la baie de Cariaco. La jonction de ces deux chaines de montagnes empêche la mer de réunir les deux baies de Cariaco et de Paria.

ARAYA, langue de terre qui forme en partie la magnifique baie de Cariaco, à l'E. de la république de Vénézela. L'extrémité de cette langue est appelée Punta-de-Araya où se trouvait le fort du même nom.

ARAYSCH. *Voyez* LARACHE.

ARBANATS, vg. de Fr., dép. de la Gironde, arr. de Bordeaux, cant. et poste de Podensac; pop. 500 hab.

ARBAS, vg. de Fr., dép. de la Haute-Garonne, arr. de St.-Gaudens, cant. et poste d'Aspet; verreries; pop. 1200 hab.

ARBATOW, v. de la Russie d'Europe, dans le gouv. de Nishegorod, chef-lieu de cercle, sur le Lemela; pop. 900 hab.

ARBAUT, vg. de Fr., dép. de l'Ain, arr. et poste de Nantua, cant. d'Oyonnax; pop. 785 hab.

ARBE, *Scardona*, île de Dalmatie, dans le dist. de Zara, séparée de la terre ferme par le canal di Morlacca; elle a une superficie de 5 l. et est généralement montagneuse; les vallées en sont très-fertiles et produisent du vin, des figues, des olives, du froment et surtout du maïs et du millet; le vent du nord est quelquefois assez rude pour nuire à l'éducation des brebis qui, sans cela, serait des plus florissantes; pêche abondante. Elle a une population d'environ 3200 habitants catholiques répartis dans une ville, un bourg et beaucoup de maisons isolées. Le chef-lieu est Arbe, petite ville sur le golfe de Campora, avec un port; siège d'un évêque; pop. 850 hab.

ARBECEY, vg. de Fr., dép. de la Haute-Saône, arr. de Vesoul, cant. et poste de Combeaufontaine; pop. 1000 hab.

ARBECHAN, ham. de Fr., dép. du Gers, arr., cant. et poste d'Auch, com. de St.-Jean-le-Comtal; pop. 110 hab.

ARBEDO, vg. de Suisse, cant. du Tessin, cer. et dist. de Bellinzone. C'est près de cet endroit qu'en 1422, 3000 confédérés résistèrent à une armée italienne de 24,000 hommes.

ARBELATS (les), ham. de Fr., dép. de la Nièvre, arr. de Nevers, cant. et poste de Fours, com. de Charrin; pop. 180 hab.

ARBELITIS, g. a., contrée en Assyrie.

ARBELLARA, vg. de Fr., dép. de la Corse, arr. de Sartène, cant. et poste d'Olmeto, pop. 300 hab.

ARBENT, vg. de Fr., dép. de l'Ain, arr. de Nantua, cant. d'Oyonnax, poste de Dortan; pop. 1100 hab.

ARBÉOST, vg. de Fr., dép. des Hautes-Pyrénées, arr. et poste d'Argelès, cant. d'Aucun; pop. 1090 hab.

ARBERATS, vg. de Fr., dép. des Basses-

Pyrénées, arr. de Mauléon, cant. et poste de St.-Palais; pop. 230 hab.

ARBÈRE, vg. de Fr., dép. de l'Ain, arr., cant. et poste de Gex, com. de Divonne; pop. 280 hab.

ARBERG. *Voyez* AARBERG.

ARBET, vg. de Fr., dép. du Puy-de-Dôme, arr., cant., poste et com. de Clermont-Ferrand; pop. 210 hab.

ARBIEU. *Voyez* CASTELNAU-D'ARBIEU.

ARBIGNIEU, vg. de Fr., dép. de l'Ain, arr., cant. et poste de Belley; pop. 850 hab.

ARBIGNY, vg. de Fr., dép. de l'Ain, arr. de Bourg-en-Bresse, cant. et poste de Pont-de-Vaux; pop. 1000 hab.

ARBIGNY-SOUS-VARENNES, vg. de Fr., dép. de la Haute-Marne, arr. de Langres, cant. de Varennes, poste du Fayl-Billot; pop. 700 hab.

ARBIRLOT, b. d'Écosse, dans le comté d'Angus ou Forfar, sur l'Elliot, a une source d'eaux minérales; pop. 1100 hab.

ARBIS, vg. de Fr., dép. de la Gironde, arr. de la Réole, cant. de Targon, poste de Cadillac; pop. 360 hab.

ARBITRO, vg. de Fr., dép. de la Corse, arr. et poste de Corte, cant. de Sermano; pop. 150 hab.

ARBLADE-LE-BAS, vg. de Fr., dép. du Gers, arr. de Mirande, cant. et poste de Riscle; pop. 250 hab.

ARBLADE-LE-HAUT, vg. de Fr., dép. du Gers, arr. de Condom, cant. et poste de Nogaro; pop. 650 hab.

ARBOGA (canal d'), le plus ancien de la Suède, met en communication le lac Hielmarn avec le lac Melarn, en conduisant de l'un à l'autre les eaux de la rivière d'Arboga.

ARBOIS, *Arborosa*, v. de Fr., dép. du Jura, arr. de Poligny, chef-lieu de canton, sur la Cuisance, dans une vallée très-resserrée, formée par les collines qui s'élèvent autour de la ville. La contrée est très-pittoresque et l'on y voit les restes du vieux château-fort, la Madelaine, qui fut longtemps habitée par Mahaut d'Arbois, veuve d'Othon V. La ville est belle et bien bâtie; mais elle n'offre rien de remarquable; les vins de ce canton sont renommés; pop. 6750 hab.

C'est à Arbois que naquit, en 1761, Pichegru qui, en 1804, fut trouvé mort dans sa prison à Paris, au moment où il devait rendre compte de ses trahisons envers la France. On ne sait point encore si cette mort fut un suicide ou l'effet d'une cruelle précaution de la part de quelques complices.

Arbois fut, en 1595, assiégée et enlevée aux Espagnols par les Français sous les ordres du duc de Biron qui fit pendre le commandant de cette place dont la courageuse résistance l'avait irrité.

ARBOLÉDA, b. de la confédération mexicaine, dans l'état de Sonora et Cinalva et petit port sur le golfe de Californie; pop. 1300 hab.

ARBON, pet. v. de Suisse, cant. de Thurgovie, chef-lieu de cercle, sur le lac de Constance. Elle a quelques fabriques de toiles de coton et de rubans. Les Romains y eurent une forteresse nommée *Arbor Félix*, que l'on prétend avoir été détruite par Attila; pop. 900 hab.

ARBON, vg. de Fr., dép. de la Haute-Garonne, arr. de St.-Gaudens, cant. et poste d'Aspet; pop. 300 hab.

ARBONNE, vg. de Fr., dép. des Basses-Pyrénées, arr. et poste de Bayonne, cant. d'Ustaritz; pop. 700 hab.

ARBONNE, vg. de Fr., dép. de Seine-et-Marne, arr. et cant. de Melun, poste de Chailly; pop. 180 hab.

ARBORAS, vg. de Fr., dép. de l'Hérault, arr. de Lodève, cant. et poste de Gignac; pop. 200 hab.

ARBORI, vg. de Fr., dép. de la Corse, arr. d'Ajaccio, cant. et poste de Vico; pop. 400 hab.

ARBOSCELLO, vg. de Fr., dép. de la Corse, arr., cant. et poste de Sartène, com. de Bilia; pop. 180 hab.

ARBOT, vg. de Fr., dép. de la Haute-Marne, arr. de Langres, cant. et poste d'Auberive; pop. 300 hab.

ARBOUANS, vg. de Fr., dép. du Doubs, arr. et poste de Montbéliard, cant. d'Audincourt; pop. 140 hab.

ARBOUCAVE, vg. de Fr., dép. des Landes, arr. de St.-Sever, cant. de Geaune, poste d'Arzacq; pop. 440 hab.

ARBOUET, vg. de Fr., dép. des Basses-Pyrénées, arr. de Mauléon, cant. et poste de St.-Palais; pop. 300 hab.

ARBOUIX, vg. de Fr., dép. des Hautes-Pyrénées, arr., cant. et poste d'Argelès; pop. 120 hab.

ARBOURG. *Voyez* AARBOURG.

ARBOURSE, vg. de Fr., dép. de la Nièvre, arr. de Cosne, cant. de Prémery, poste de Châteauneuf-Val-de-Bargis; pop. 600 hab.

ARBOUSSES, vg. de Fr., dép. du Gard, arr. et poste d'Alais, cant. de St.-Martin-de-Valgalgues, com. de St.-Julien-de-Valgalgues, pop. 50 hab.

ARBOUSSOLS, vg. de Fr., dép. des Pyrénées-Orientales, arr. et poste de Prades, cant. de Sournia; pop. 200 hab.

ARBOUVILLE, vg. de Fr., dép. d'Eure-et-Loir, arr. de Chartres, cant. de Janville, poste d'Angerville, com. de Rouvray-Saint-Denis; pop. 230 hab.

ARBOUVILLERS, ham. de Fr., dép. de Seine-et-Oise, arr. de Rambouillet, cant. et poste de Chevreuse, com. de Choisel; pop. 90 hab.

ARBOUX (l'), vg. de Fr., dép. du Gard, arr., cant. et poste du Vigan, com. de Mandagout; pop. 150 hab.

ARBRE-DE-GUISE (l'), ham. de Fr., dép. du Nord, arr. de Cambrai, cant. et poste du Cateau, com. de Mazinghien; pop. 100 hab.

ARBRES (les), vg. de Fr., dép du Cantal,

arr. de Mauriac, cant. et com. de Riom-ès-Montagne, poste de Bort; pop. 300 hab.

ARBRES (les), vg. de Fr., dép. du Puy-de-Dôme, arr. de Riom, cant. et poste de Pontgibaud, com. de Chapdes-Beaufort; pop. 100 hab.

ARBRESEC, vg. de Fr., dép. d'Ille-et-Vilaine, arr. de Vitré, cant. de Rhétiers, poste de La Guerche; pop. 400 hab.

ARBRESLE (l'), pet. v. de Fr., dép. du Rhône, arr. et à 4 l. O. de Lyon, chef-lieu de canton au confluent de la Brevane et de la Turdine, dans une contrée fertile où l'on cultive beaucoup de chanvre. Arbresle souffrit d'une inondation en 1715; un grand nombre de maisons furent détruites et plusieurs personnes périrent dans ce désastre, causé par le débordement des deux rivières sur lesquelles cette petite ville est située; pop. 1300 hab.

ARBRET (l'), vg. de Fr., dép. du Pas-de-Calais, arr. de St.-Pol-sur-Ternoise, cant. d'Avesnes-le-Comte, com. de Bavincourt, poste de l'Arbret; pop. 150 hab.

ARBROATH. *Voyez* ABERBROTHIK.

ARBUISSONNAS, vg. de Fr., dép. du Rhône, arr., cant. et poste de Villefranche-sur-Saône; pop. 250 hab.

ARBUS, vg. de Fr., dép. des Basses-Pyrénées, arr. et poste de Pau, cant. de Lescar; pop. 900 hab.

ARBUSSOLS. *Voyez* ARBOUSSOLS.

ARBUTHNOT, vg. d'Ecosse, dans le comté de Mearn ou Kincardine, à 1 l. N.-O. de Bervie; on y exploite des carrières de pierres; pop. 1000 hab.

ARC, *Cœnus*, riv. de Fr., a sa source dans le dép. du Var, dans les environs de St.-Maximin et son embouchure dans l'étang de Berre, dép. du Rhône.

ARC, ham. de Fr., dép. de l'Ardèche, arr. de l'Argentière, cant., poste et com. de Vallon; pop. 15 hab.

ARC, vg. de Fr., dép. de la Haute-Saône, arr., cant. et poste de Gray; fabriques d'aiguilles; pop. 1500 hab.

ARCA, vg. de Fr., dép. de la Corse, arr. et poste de Corte, cant. de Serraggio, com. de Muracciole; pop. 120 hab.

ARCA, g. a., v. de Phénicie, au pied du Liban.

ARCADIA, l'ancienne *Cyparissa*, b. du roy. de Grèce, à l'embouchure de la riv. du même nom, bâtie en partie sur le penchant d'une montagne; on exporte de son port les denrées du pays; sa population, avant la guerre d'affranchissement, montait à 4000 habitants, elle est plus faible aujourd'hui. Sa citadelle offre encore les débris de l'Acropolis de Cyparissa, surmontés d'une triple enceinte de construction vénitienne. Arcadia est le siège d'un métropolitain grec.

ARCADIE, *Arcadia*, g. a., prov. de l'ancienne Grèce, bornée au N. par le mont Erimanthe et le Styx qui la séparent de l'Achaïe et de Sycione, à l'E. par l'Argolide, au S. par la Laconie et la Messénie, et à l'O. par l'Elide. Cette contrée portait autrefois le nom de Pélasgie que ses premiers habitants lui donnèrent. Elle fut ensuite partagée entre les cinquante fils de Lycaon dont un petit-fils, nommé Arcas, donna au pays le nom d'Arcadie. Ces petits états s'affranchirent dans la suite et formèrent une ligue entre eux. Les principaux étaient ceux de Mantinée, de Tégée, d'Orchomène, de Phénée et de Psophis. Les habitants de ce pays montagneux restèrent longtemps dans la barbarie. Cependant leurs mœurs s'étant insensiblement adoucies, ils s'adonnèrent à la culture de la terre et plus tard ils prirent goût à la musique et à la danse, sans perdre pourtant leur caractère tellement belliqueux qu'ils combattaient à la solde des autres peuples, lorsqu'ils n'avaient point de guerre à soutenir pour leur propre compte. Leur principale divinité était Pan, et l'agriculture et l'éducation du bétail l'occupation qu'ils préféraient. Cette circonstance fit de l'Arcadie le théâtre de toutes les poésies pastorales, et les poètes l'embellirent de tous les charmes que leur imagination put créer, mais que la nature n'a point accordés réellement à ce pays.

ARCADINS (les), groupe de très-petites îles, dans la baie de Leogane (*voyez* Arcahaye), entre l'île de Gonave et la Caye-d'Icarnier, petite île près de la côte, entre la Pointe-de-Pâture et la baie de Gosso.

ARCAGNAC, ham. de Fr., dép. du Gers, arr., cant. et poste d'Auch, com. de Haulies; pop. 65 hab.

ARCAHAYE, une des petites baies comprises dans la grande baie de Leogane, sur la côte occ. de l'île de San-Domingo ou Haïti, connue aussi sous le nom d'état libre des Indes occidentales. *Voyez* HAITI.

ARCAHAYE, vg. et paroisse sur la baie du même nom, dans l'état libre d'Haïti (*Voyez* l'article précédent) et dans une contrée très-fertile.

ARCAIS, vg. de Fr., dép. des Deux-Sèvres, arr. de Niort, cant. de Frontenay, poste de Mauzé; pop. 915 hab.

ARCAMBAL, vg. de Fr., dép. du Lot, arr., cant. et poste de Cahors; pop. 1200 hab.

ARCAMONT, vg. de Fr., dép. du Gers, arr. et poste d'Auch, cant. de Jegun; pop. 200 hab.

ARCANGUES, vg. de Fr., dép. des Basses-Pyrénées, arr., cant. et poste de Bayonne; pop. 900 hab.

ARCANHAC, ham. de Fr., dép. de l'Aveyron, arr. et poste de Villefranche, cant. de Najac, poste de la Fouillade; pop. 20 hab.

ARCANTANE, grand marais situé dans la prov. de Gonjerat, dans l'Inde, traversé par le Bhandur.

ARÇAY, vg. de Fr., dép. du Cher, arr. de Bourges, cant. de Levet, poste de Châteauneuf-sur-Cher; pop. 580 hab.

ARÇAY, vg. de Fr., dép. de la Vienne,

arr., cant. et poste de Loudun ; bon vin blanc; pop. 500 hab.

ARCE, g. a., v. de Phénicie, au S. de Sidon, appartenant à la tribu d'Ascher.

ARCÉ. *Voyez* St.-Martin-d'Arcé.

ARCEAU, vg. de Fr., dép. de la Côte-d'Or, arr. de Dijon, cant. et poste de Mirebeau-sur-Bèze ; pop. 700 hab.

ARCELOT, vg. de Fr., dép. de la Côte-d'Or, arr. de Dijon, cant. et poste de Mirebeau-sur-Bèze, com. d'Arceau; pop. 334 h.

ARCENANT, vg. de Fr., dép. de la Côte-d'Or, arr. de Beaune, cant. et poste de Nuits; pop. 420 hab.

ARCENAY, vg. de Fr., dép. de la Côte-d'Or, arr. de Semur, cant. de Précy-sous-Thil, poste de la Maison-Neuve; pop. 130 h.

ARC-EN-BARROIS, b. de Fr., dép. de la Haute-Marne, arr. et à 4 1/2 l. de Chaumont, chef-lieu de cant. et poste; pop. 1500 hab.

ARCENS, vg. de Fr., dép. de l'Ardèche, arr. de Tournon, canton de St.-Martin-de-Valamas, poste du Chaylard; pop. 1300 h.

ARCES, vg. de Fr., dép. de la Charente-Inférieure, arr. de Saintes, cant. et poste de Cozes; pop. 1200 hab.

ARCES, vg. de Fr., dép. du Doubs, arr. et poste de Pontarlier, cant. de Montbenoît, com. de Longeville; pop. 140 hab.

ARCES, ham. de Fr., dép. du Doubs, arr. de Pontarlier, cant., poste et com. de Morteau; pop. 80 hab.

ARCES, vg. de Fr., dép. de l'Yonne, arr. de Joigny, cant. et poste de Cerisiers; pop. 900 hab.

ARCET, vg. de Fr., dép. des Landes, arr. cant. et poste de St.-Sever, com. de Montaut; pop. 130 hab.

ARCEY, vg. de Fr., dép. de la Côte-d'Or, arr. de Dijon, cant. et poste de Sombernon; pop. 114 hab.

ARCEY, vg. de Fr., dép. du Doubs, arr. de Beaume-les-Dames, cant. et poste de l'Isle-sur-le-Doubs; pop. 980 hab.

ARCEY. *Voyez* Clair-d'Arcey (Saint-).

ARCHÆOPOLIS, g. a., v. capitale du pays des Lazi, dans la Colchide, sur la rive mér. du Phasis.

ARCHAIL, vg. de Fr., dép. des Basses-Alpes, arr. et poste de Digne, cant. de la Javie; pop. 100 hab.

ARCHANDROPOLIS, g. a., v. de la Basse-Égypte, sur le Nil, entre Canopus et Cercasorus.

ARCHE (l'). *Voyez* Larche.

ARCHELAIS, g. a., b. de la Judée, au N. de Jéricho.

ARCHELANGE, vg. de Fr., dép. du Jura, arr. de Dôle, cant. de Rochefort, poste de Moissey; pop. 290 hab.

ARCHELLES, vg. de Fr., dép. de la Seine-Inférieure, arr. et poste de Dieppe, cant. d'Offranville, com. d'Arques; pop. 100 hab.

ARCHENA, b. d'Espagne, dans la prov. de Murcie, sur la Segura, à l'extrémité E. de la vallée de Ricote; il est célèbre par ses eaux thermales, connues des Romains et par ses antiquités. Les établissements de bains y sont aujourd'hui en très-mauvais état.

ARCHERS (les), vg. de Fr., dép. du Cher, arr. de Saint-Amand-Mont-Rond, cant., poste et com. du Châtelet; pop. 150 hab.

ARCHES, vg. de Fr., dép. du Cantal, arr., cant. et poste de Mauriac, pop. 350 hab.

ARCHES, vg. de Fr., dép. des Vosges, arr., cant. et poste d'Epinal, sur la Moselle; papeteries; pop. 1400 hab.

ARCHETTES, vg. de Fr., dép. des Vosges, arr., cant. et poste d'Epinal, sur la Moselle; papeteries; pop. 700 hab.

ARCHIAC, b. de Fr., dép. de la Charente-Inférieure, arr., à 3 l. N.-E. de Jonzac, chef-lieu de cant. et poste; pop. 1750 hab.

ARCHICUS, g. a., b. de l'Attique, patrie de Xénophon.

ARCHIDONA, v. d'Espagne, dans le roy. de Grenade, prov. de Malaga; elle est bâtie en amphithéâtre au bord d'un joli ruisseau et renferme un château, une belle église, et cinq couvents; pop. 5000 hab.

ARCHIGNAC, vg. de Fr., dép. de la Dordogne, arr. et poste de Sarlat, cant. de Salignac; pop. 1000 hab.

ARCHIGNAT, vg. de Fr., dép. de l'Allier, arr. et poste de Montluçon, cant. d'Huriel; pop. 480 hab.

ARCHIGNY, vg. de Fr., dép. de la Vienne, arr. et poste de Châtellerault, cant. de Vouneuil-sur-Vienne; pop. 2150 hab.

ARCHINGEAY, vg. de Fr., dép. de la Charente-Inférieure, arr. de St.-Jean-d'Angely, cant. et poste de St.-Savinien; eaux minérales; pop. 1100 hab.

ARCHIPEL (l'), *Mer Égée*, *Ak Deughiz*, forme un grand golfe entre les côtes d'Europe et d'Asie, et paraît avoir fait partie du continent jusqu'au moment où une révolution du globe abaissa ces terres et les changea en mer. L'Archipel est comme parsemé d'îles, de rochers, de bas-fonds qui probablement étaient jadis les points culminants de ces contrées, et où l'on retrouve des traces nombreuses et irrécusables de la révolution qu'elles ont subie. Cette mer communique par le détroit des Dardanelles avec celle de Marmara; ses golfes les plus importants sont : au N., entre les langues de terre de Galipoli et d'Ajosores, ceux de Paros, d'Enos, de Koutessa et d'Istillar ; à l'E., ceux d'Indschir Korfusi et de Kassandra; le grand golfe de Salonique et celui de Golo; ceux d'Isdin, de Talanda et d'Egridos, entre cette île et la terre ferme; enfin, entre la terre ferme et la Morée, celui d'Egène et le golfe de Napoli-di-Romania, sur la côte orientale de la Morée.

ARCHON, vg. de Fr., dép. de l'Aisne, arr. de Laon, cant. et poste de Rozoy-sur-Serre; pop. 400 hab.

ARCHSHOFEN, vg. du Wurtemberg,

dans le cer. de l'Yaxt, gr.-bge de Mergentheim; pop. 580 hab., dont 120 juifs.

ARCH-SPRING, riv. de l'état de Pensylvanie, dans les États-Unis de l'Amérique du Nord, qui tout près d'Alexandria se perd dans les cavernes d'un terrain calcaire appelées Swallows.

ARCIER, vg. de Fr., dép. du Doubs, arr., cant. et poste de Besançon; pop. 200 hab.

ARCINGE, vg. de Fr., dép. de la Loire, arr. de Roanne, cant. de Belmont, poste de Charlieu; pop. 530 hab.

ARCINS, vg. de Fr., dép. de la Gironde, arr. de Bordeaux, cant. de Castelnau-de-Médoc, poste de Margaux; pop. 315 hab.

ARCIS-LE-PONSART, vg. de Fr., dép. de la Marne, arr. de Reims, cant. et poste de Fismes; pop. 600 hab.

ARCISSE, vg. de Fr., dép. de l'Isère, arr. de La Tour-du-Pin, cant. et poste de Bourgoin, com. de St.-Chef; pop. 290 hab.

ARCIS-SUR-AUBE, pet. v. de Fr., sur la rive gauche de l'Aube, dép. de l'Aube, chef-lieu d'arr., à 38 l. E.-S.-E. de Paris; siége d'un tribunal de première instance. Elle a des filatures de coton, des chapelleries, des tanneries, des bonneteries, des brasseries; commerce de vins, de grains, de bois et de fer; pop. 35,744 pour l'arrondissement et 2752 pour la ville. Cette ville souffrit beaucoup pendant la campagne de 1814; c'est dans ses faubourgs même qu'un petit nombre de Français combattirent avec avantage 80,000 hommes de l'armée de la coalition, et Arcis fut presque détruite par les boulets ennemis; elle s'est relevée et embellie depuis, grâce à son industrie et à l'activité de ses habitants. Un souvenir de gloire et de dévouement restera toujours attaché au nom d'Arcis-sur-Aube. Cette ville est la patrie de Danton (Georges-Jacques), né le 28 octobre 1759 et mort sur l'échafaud le 5 avril 1794. Accusé par St.-Just et Couthon, il fut condamné par la Convention dans la lutte que le comité de salut public livra alors à la commune.

ARCIZAC-ADOUR, vg. de Fr., dép. des Hautes-Pyrénées, arr., cant. et poste de Tarbes; pop. 600 hab.

ARCIZAC-EZ-ANGLES, vg. de Fr., dép. des Hautes-Pyrénées, arr. d'Argelès, cant. et poste de Lourdes; pop. 300 hab.

ARCIZANS-AVANT, vg. de Fr., dép. des Hautes-Pyrénées, arr., cant. et poste d'Argelès; mines de cuivre et de plomb; pop. 425 hab.

ARCIZANS-DESSUS, vg. de Fr., dép. des Hautes-Pyrénées, arr. et poste d'Argelès, cant. d'Aucun; pop. 300 hab.

ARCLAIS, vg. de Fr., dép. du Calvados, arr. de Vire, cant. de Bény-Bocage, poste de Mesnil-Auzouf; pop. 150 hab.

ARCO ou **ARCH**, pet. v. du Tyrol, dans le cer. de Roveredo, sur la Sarca, avec un château; collége; filatures de soie; pop. 2000 hab.

ARCO, fl. considérable de la rép. de Vénézuela. Son cours supérieur porte le nom de Rio San-Bonifacio. Il se jette dans le Guarapiche à 5 l. de la mer. Ses rivages abondent en cacao et nourrissent de nombreux troupeaux.

ARCOLE, vg. du roy. Lombard-Vénitien, dans le gouv. de Venise, délégation et à 5 l. E.-S.-E. de Vérone, sur l'Adige. Ce lieu est célèbre par une victoire que l'armée française y remporta le 17 novembre 1796. Le passage du pont d'Arcole, effectué par le général Bonaparte à la tête de ses grenadiers, à travers la mitraille des Autrichiens, est un des plus glorieux faits d'armes de ce grand capitaine.

ARCOLE, groupe d'îles faisant partie de l'archipel Bonaparte, au N. de la Nouvelle-Hollande. Ces îles sont désertes et de l'aspect le plus bizarre et le plus effrayant; les côtes sont environnées d'écueils qui en rendent les abords impraticables; rien n'y réjouit la vue et les hommes ne s'approchent que rarement de cette terre privée de toute végétation.

ARCOMIE, vg. de Fr., dép. de la Lozère, arr. de Marvejols, cant. et poste de St.-Chely; pop. 250 hab.

ARCOMPS, vg. de Fr., dép. du Cher, arr. et poste de St.-Amand-Mont-Rond, cant. de Saulzais-le-Potier; pop. 600 hab.

ARÇON, vg. de Fr., dép. de la Côte-d'Or, arr. de Dijon, cant. et poste de Mirebeau-sur-Bèze; pop. 100 hab.

ARÇON, vg. de Fr., dép. du Doubs, arr. et poste de Pontarlier, cant. de Montbenoit; pop. 710 hab.

ARÇON, vg. de Fr., dép. de la Loire, arr. de Roanne, cant. de St.-Haon-le-Châtel, poste de St.-Germain-Lespinasse; pop. 600 hab.

ARCONAC, vg. de Fr., dép. de l'Arriège, arr. de Foix, cant. et com. de Vic-Dessos, poste de Tarascon-sur-Arriège; pop. 200 h.

ARCONCEY, vg. de Fr., dép. de la Côte-d'Or, arr. de Beaune, cant. et poste de Pouilly-en-Montagne; pop. 660 hab.

ARCONNAY, vg. de Fr., dép. de la Sarthe, arr. de Mamers, cant. de St.-Pater, poste d'Alençon; pop. 550 hab.

ARCONSAT, vg. de Fr., dép. du Puy-de-Dôme, arr. et poste de Thiers, cant. de St.-Remy; pop. 2000 hab.

ARÇONS D'ALLIER (Saint-), vg. de Fr., dép. de la Haute-Loire, arr. de Brioude, cant. et poste de Langeac; pop. 600 hab.

ARÇONS-DE-BARGES (Saint-), vg. de Fr., dép. de la Haute-Loire, arr. du Puy, cant. de Pradelles, poste de Cayres; pop. 700 hab.

ARCONVILLE, vg. de Fr., dép. de l'Aube, arr., cant. et poste de Bar-sur-Aube; pop. 360 hab.

ARCOS DE LA FRONTERA, *Arci*, v. d'Espagne, dans l'Andalousie, prov. de Cadix; elle est située sur une éminence au bord du Guadalet; ses murs sont en ruines. Sur la place principale on voit le château des ducs d'Arcos. Cette ville renferme 2 églises, 5 couvents, un hôpital et 2500 maisons. Les habitants s'occupent de l'agriculture, mais plus particulièrement de la culture de l'olivier et de l'éducation des chevaux qui sont d'une fort belle race dans cette contrée; pop. 12,000 hab.

ARCOS-DE-VALDE-VEZ, b. du Portugal, dans la prov. de Minho ou Entre-Douro-e-Minho, comarca de Viana, sur la Vez, qui se joint en cet endroit à la Lima. Ce bourg a deux foires considérables par an, aux mois de mars et de juillet; pop. 600 hab.

ARCOT, v. de l'Inde anglaise, dans la prov. de Karnatie, présidence de Madras, bâtie sur la rive droite du Palar, bien fortifiée et bien peuplée. Le plus grand nombre des habitants sont musulmans; la grande mosquée est son principal édifice. Autrefois elle était la résidence du nabab du Bas-Karnatie, dont la citadelle a été rasée il y a une vingtaine d'années. Elle est aujourd'hui la résidence des autorités provinciales.

ARCOUES, vg. de Fr., dép. du Gers, arr., cant. et poste de Mirande; pop. 250 hab.

ARCOULE, vg. de Fr., dép. de l'Ardèche, arr. de Tournon, cant. de Serrières, poste du Péage, com. de Limony; pop. 120 hab.

ARCOUVILLE, vg. de Fr., dép. du Loiret, arr. de Pithiviers, cant. de Beaune-la-Rolande, com. de Batilly, poste de Boiscommun; pop. 200 hab.

ARCS (les), vg. de Fr., dép. du Var, arr. à 2 l. S. de Draguignan, cant. de Lorgues et poste; mines de fer; pop. 2500 hab.

ARC-SENANT, vg. de Fr., dép. du Doubs, arr. de Besançon, cant. et poste de Quingey; il est important par sa saline; pop. 1600 h.

ARC-SOUS-CICON, vg. de Fr., dép. du Doubs, arr. et poste de Pontarlier, cant. de Montbenoît; pop. 1100 hab.

ARC-SOUS-MONTENOT, vg. de Fr., dép. du Doubs, arr. de Pontarlier, cant. et poste de Levier; pop. 330 hab.

ARC-SUR-TILLE, vg. de Fr., dép. de la Côte-d'Or, arr., cant. et poste de Dijon; carrières de marbres; pop. 1100 hab.

ARCTICENE, g. a., contrée de la Parthie, sur les frontières d'Arie.

ARCTIQUES (plaines), dans la Russie d'Asie, situées entre la Kara, l'Obi, le Ienisseï et l'Indigirka, entre le 67° de lat. N. et les côtes de l'Océan Glacial Arctique. Ces immenses plaines offrent l'aspect d'une uniformité désolente : un pays couvert de mousses, de marais glacés; des rochers, quelques broussailles rabougries, une mer cachée sous les glaçons, les plus grands fleuves de l'ancien continent libres pendant quelques mois seulement; voilà le triste spectacle qu'offre une nature plus pauvre encore que dans la Russie d'Europe. Cette espace immense se refuse à toute culture; un petit nombre de Samoyèdes, de Koryèkes et de Tschoudes y errent, vivant le plus souvent de poissons et suffisant avec peine à leur misérable vie.

ARCUEIL, *Arcus Julianus*, joli vg. de Fr., dép. de la Seine, arr. de Sceaux, cant. de Villejuif, poste de Montrouge; il est situé dans une riante vallée à 1 1/2 l. S. de Paris. On y admire un bel aquéduc de 24 arches qui conduit les eaux de Rungis à Paris. Cet édifice que Marie de Médicis fit construire en 1618, remplace un aquéduc élevé par les Romains au commencement du quatrième siècle, pour conduire les mêmes eaux au palais des Thermes; pop. 1820 hab.

ARCUTA, vg. de la rép. du Pérou, dans le dép. d'Aréquipa, prov. de Condésuyos, a de riches mines d'argent.

ARCY, vg. de Fr., dép. de Saône-et-Loire, arr. de Charolles, cant., com. et poste de Marcigny; pop. 136 hab.

ARCY ou **ARCY-SUR-CURE**, vg. de Fr., dép. de l'Yonne, arr. à 5 1/2 l. S.-E. d'Auxerre, cant. de Vermenton et poste; grottes avec de belles stalactites; pop. 1500 hab.

ARCY-SAINTE-RESTITUE, vg. de Fr., dép. de l'Aisne, arr. de Soissons, cant. d'Oulchy-le-Château, poste de Fère-en-Tardenois; pop. 500 hab.

ARDAGH, v. d'Irlande, dans le comté et à 3 l. S.-E. de Longford; siège d'un évêché catholique.

ARDAICH, v. d'Afrique, dans le Soudan et dans le roy. de Mobba.

ARDAILLES, vg. de Fr., dép. du Gard, arr. du Vigan, cant., com. et poste de Valleraugue; pop. 100 hab.

ARDALES, b. d'Espagne, dans le roy. de Grenade, prov. de Malaga, a des sources d'eaux minérales.

ARDANABIA, pet. riv. de Fr., affluent de gauche de l'Adour, dans le dép. des Basses-Pyrénées. Elle a sa source dans les environs et au S. d'Hasparren et coule du S. au N. Son cours n'est que de 5 l.

ARDAS, peuplade indigène qui habite les forêts au S. de l'embouchure du Curaray, dans la rép. de l'Ecuador.

ARDBRACCAN, v. d'Irlande, dans le comté d'East-Meath, siége d'un évêque protestant; elle a deux écoles publiques; l'une, pour les protestants, compte 80 élèves; l'autre, pour les catholiques, en a 160; pop. 3800 hab.

ARDCHATTAN, paroisse d'Ecosse, près du lac ou loch Etive, dans le comté d'Argyle. On y voit les ruines d'un grand prieuré; pop. 2200 hab.

ARDEBIL, v. du roy. de Perse, dans la prov. d'Azerbaidschan, bien fortifiée et défendue par une citadelle. Elle renferme le tombeau du scheik Sesi, le fondateur de la dynastie des Sésides, et d'autres tombeaux de rois persans. Elle possède en outre un collége et une bibliothèque considérable qui a de grands revenus; pop. 4000 hab.

ARDÈCHE, riv. de Fr., qui prend sa source dans les Cévennes, à quelques l. S.-E.

de Langogne, dans le dép. de la Lozère, coule du N.-O. au S.-E. et se jette dans le Rhône au-dessus de Pont-St.-Esprit. Son cours est de 24 lieues. Elle est flottable depuis Aubenas et navigable depuis St.-Martin. Elle a plusieurs affluents : le plus considérable est le Chassezac.

ARDÈCHE (dép. de l'), en France. Il est borné au N.-O. par le dép. de la Loire, à l'O. par ceux de la Haute-Loire et de la Lozère, au S. par le dép. du Gard, à l'E. et au N.-E. par ceux de Vaucluse, de la Drôme et de l'Isère, desquels il est séparé par le Rhône. Sa superficie est de 550,004 hectares. Plusieurs groupes de montagnes granitiques et calcaires, qui se rattachent aux Cévennes, sillonnent ce département de l'O. à l'E. et s'abaissent en gradins vers le Rhône. Le groupe le plus septentrional, connu sous le nom de montagnes des Boutières, est une ramification qui s'échappe du département de la Haute-Loire. Le groupe central, ou montagnes du Coiron, sépare le bassin de l'Ardèche de celui de l'Erieux, et les montagnes de Tanargue forment au S.-E. un troisième groupe qui se rattache à la chaîne principale dans le dép. de la Lozère. Ces montagnes dont le point culminant, le Mézin, a 1774 mètres d'élévation, renferment les sources d'un grand nombre de rivières; celle de la Loire est aussi dans ce département, au Gerbier-des-Joncs, à 1420 mètres au-dessus du niveau de la mer.

Les rivières qui arrosent ce département, sont: l'Ardèche dont il prend son nom, le Chassezac, l'Erieux, le Doux, la Cance, la Sumène, la Dorne, l'Auzon, etc. Le département n'a point de lacs ni d'étangs qui méritent d'être cités.

La température est très-rude dans la partie montagneuse de l'O., elle l'est moins vers le N. et très-douce à l'E.

Le sol en général assez fertile de ce département, l'est beaucoup plus sur la rive du Rhône que dans la partie occidentale. La récolte consiste principalement en figues, olives, châtaignes, marrons excellents, dits marrons de Lyon, etc. Le vin est une des richesses du département, surtout celui que l'on récolte sur la limite orientale.

Les productions minérales y sont très-variées : On trouve dans le département des mines de fer, de plomb, de houille, d'antimoine; des carrières de granit, de gypse, de marbre, de pierres calcaires, du grès, des basaltes, des laves, etc. L'Ardèche et l'Erieux charrient des paillettes d'or; et près de l'Argentière, il existait des mines d'argent qu'on a cessé d'exploiter depuis la découverte de l'Amérique. Le département possède aussi des eaux minérales chaudes et froides. Les eaux chaudes de St.-Laurent, qui sortent de la montagne volcanique de Prasoncoupe, sont très-renommées.

Les espèces d'animaux domestiques sont les mêmes que dans les départements voisins et dans la plus grande partie de la France, le nombre des animaux sauvages a beaucoup diminué, quelques espèces ont même disparu entièrement, depuis que l'on a abattu une grande partie des forêts qui couvraient tout le côté occidental du département. On y trouve pourtant encore des loups, des renards, des blaireaux. Le lièvre et le lapin sont le seul gibier à poils; mais le gibier à plumes est très-abondant, et l'on y chasse une espèce de perdrix rouges fort estimée. Les espèces de reptiles et d'insectes y sont très-multipliées.

L'industrie du département consiste principalement dans la préparation de la soie et dans la fabrication du papier. On y récolte annuellement plus de 300,000 kilogrammes de soie, et les papeteries fournissent environ la même quantité de rames de papier par an. Le département possède aussi des fabriques de chapeaux de paille, des mégisseries, des tanneries et des forges. On y fait commerce de vins, d'huile d'olive, de papier, de miel, de cire, de fer et de bois de charpente.

Ce département qui nomme quatre députés, est divisé en trois arrondissements dont les chefs-lieux sont:

Privas...	10 cant.	102 com.	112,443 hab.
L'Argentière	10 «	102 «	134,569 «
Tournon..	11 «	124 «	106,740 «
	31 cant.	328 com.	353,752 hab.

Il fait partie de la 9e division militaire dont le quartier général est à Montpellier; il est du ressort de la cour royale et de l'académie de Nîmes, du diocèse de Viviers, suffragant de l'archevêché d'Avignon, de la 29e conservation forestière dont le chef-lieu est Nîmes, de la 6e inspection des ponts-et-chaussées dont le chef-lieu est Avignon, et de la 5e division des mines dont le chef-lieu est Montpellier.

Le département a un collège royal de 3e classe à Tournon, une école normale primaire à Privas et 320 écoles primaires.

Ce département faisait partie du Vivarais qui fut réuni au Languedoc vers le commencement du 15e siècle. (*Voyez* Vivarais et Languedoc.) Les curiosités naturelles de ce département sont très-remarquables : Des cratères d'anciens volcans, des grottes, des cascades excitent tour à tour l'étonnement et l'admiration des voyageurs qui visitent cette contrée.

Parmi ces curiosités, les plus dignes de fixer l'attention, sont : la grotte de Vallon, ornée de stalactites des formes les plus variées et les plus fantastiques; le Pont-d'Arc, formé d'un banc de marbre grisâtre que la nature a percé; l'arche qui donne passage à l'Ardèche, a 90 pieds de hauteur; la grotte de l'Argentière, composée de plusieurs salles, renferme un gouffre rempli d'eau; la Chaussée des Géants, colonnade basaltique sur le mont Chenevari, et la chute de l'Ardèche qui se précipite d'une élévation d'environ 40 mètres dans un profond bassin.

ARDÉE, b. d'Irlande, dans le comté de Louth. Il y a près de la ville des ruines remarquables du moyen âge.

ARDELACH, paroisse d'Ecosse, dans le comté de Nairn; fabriques d'étoffes de laine et filatures; pop. 1300 hab.

ARDELLAY, vg. de Fr., dép. de la Vendée, arr. de Bourbon-Vendée, cant. et poste des Herbiers; pop. 1500 hab.

ARDELLES, vg. de Fr., dép. d'Eure-et-Loir, arr. de Dreux, cant. et poste de Châteauneuf-en-Thymerais; pop. 280 hab.

ARDELU, vg. de Fr., dép. d'Eure-et-Loir, arr. de Chartres, cant. d'Auneau, poste d'Angerville; pop. 110 hab.

ARDENAY, vg. de Fr., dép. de la Sarthe, arr. du Mans, cant. de Monfort, poste de Connerré; pop. 400 hab.

ARDENAY, vg. de Fr., dép. de Seine-et-Oise, arr. de Rambouillet, cant. et poste de Dourdan, com. de St.-Martin-Brétencourt; pop. 100 hab.

ARDENBOURG, v. de Hollande, dans la prov. de Zeeland, arr. de Middelbourg, sur un canal qui aboutit à la baie de Zwin; pop. 2000 hab.

ARDENGOST, vg. de Fr., dép. des Hautes-Pyrénées, arr. de Bagnères-en-Bigorre, cant. et poste d'Arreau; pop. 180 hab.

ARDENNAIS, vg. de Fr., dép. du Cher, arr. de St.-Amand-Mont-Rond, cant. et poste du Châtelet; pop. 450 hab.

ARDENNE, vg. de Fr., dép. du Gers, arr. et poste d'Auch, cant. de Jégun, com. d'Ordan-Laroque; pop. 100 hab.

ARDENNES (les), *Arduenna Sylva*, contrée montagneuse couverte de forêts qui s'étendent sur la rive gauche de la Meuse, traversent le département auquel elles donnent leur nom, se prolongent du S. au N. dans le Luxembourg et s'avancent jusque vers Aix-la-Chapelle. Ces forêts qui n'ont plus qu'une longueur d'environ 80 l., en avaient plus de 160 du temps de César. C'était une des principales retraites des Druides, et l'on y trouve encore, mais en petit nombre, des restes de monuments celtiques.

ARDENNES (dép. des), de la région N.-E. de la France, borné au N. par la Belgique, à l'O. par le dép. de l'Aisne, au S. par le dép. de la Marne, et à l'E. par celui de la Meuse. Sa superficie est de 506,890 hectares. Il est traversé par une chaine de montagnes, qui se rattache aux Vosges et sépare le bassin de la Meuse de celui de l'Aisne. Les points les plus culminants sont à près de 500 mètres au-dessus du niveau de la mer. De vastes forêts couvrent une grande partie du territoire.

Les rivières qui arrosent ce département sont : la Meuse, l'Aisne, le Chier, la Bar, la Vence, la Sormonne, le Semoy, le Viroin, l'Aire et la Retourne. L'Oise a sa source dans le département. Les deux premières sont seules navigables. Le canal des Ardennes joint l'Aisne à la Meuse. La température y est froide.

Le sol produit peu de blé, mais beaucoup d'avoine, des pommes de terre, des fruits, du chanvre et de bons pâturages.

Le département possède des mines de fer, de houille et de plomb, des carrières d'ardoises très-renommées, du marbre, de l'argile à creuset et du sable pour les verreries.

Les moutons des Ardennes sont renommés; les chevaux y sont vigoureux et les forêts sont peuplées de plusieurs espèces de gibier.

L'industrie du département est très-active : Il y a des manufactures de draps, de châles, des filatures, des fabriques de toiles, des forges, des fabriques de tôle, de fer blanc, de fil de fer, de faulx, des clouteries, des tanneries, des pelleteries, des faïenceries, des verreries, et le commerce y est en général très-étendu.

Le département nomme quatre députés. Il est divisé en cinq arrondissements dont les chefs-lieux sont :

Mézières.	7	cant.	99	com.	69,294	hab.
Rethel	6	«	108	«	67,341	«
Rocroy.	5	«	68	«	46,156	«
Sedan	5	«	83	«	63,233	«
Vouziers.	8	«	121	«	60,837	«
	31	cant.	479	com.	306,861	hab.

Il fait partie de la deuxième division militaire dont le quartier général est à Châlons; il est du ressort de la cour royale et de l'académie de Metz et du diocèse de Reims; il forme la dixième conservation forestière dont le chef-lieu est Mézières, et la deuxième inspection des ponts-et-chaussées, dont le chef-lieu est Amiens, et la deuxième division des mines, dont le chef-lieu est Abbeville. Le département a trois collèges, une école normale primaire à Charleville et six cent seize écoles primaires.

Lors de l'invasion romaine, cette contrée était habitée par les Nerviens; elle fut comprise dans la deuxième Belgique. Envahie plus tard par les Germains, les Vandales, les Suèves, les Alains, les Bourguignons, et enfin par les Francs, elle resta au pouvoir de ces derniers après la défaite de Syagrius, dernier général romain. Sous la monarchie de Clovis elle fit partie du royaume d'Austrasie, et passa, vers le neuvième siècle, aux comtes de Champagne. *Voyez* CHAMPAGNE.

ARDENNES (canal des) ou DE CHAMPAGNE, canal de France, de grande jonction.

Plusieurs projets pour réunir la Meuse à l'Aisne furent conçus dès 1684, mais restèrent sans exécution. Le canal a enfin été commencé en vertu d'une loi du 5 août 1821. Il part de la Meuse à Donchery, traverse un souterrain de 260 mètres de longueur, entre St.-Aignan et Omicourt, atteint son faite à Armengeat et se verse vers l'Aisne, dans laquelle il embouche à Semin.

Sa longueur totale est de 6 1/2 lieues ; il a 49 écluses.

Il s'exécute sur l'Aisne de grands travaux pour assurer la navigation entre Vouziers et Neufchâtel sur 1 1/4 de lieue.

ARDENNES, vg. de Fr., dép. de l'Aveyron, arr. de Rhodez, cant. de Réquista, poste de Cassagnes-Bégonhès; pop. 100 hab.

ARDENTES-SAINT-MARTIN, vg. de Fr., dép. de l'Indre, arr. et poste de Châteauroux, cant. d'Ardentes-Saint-Vincent; pop. 1100 hab.

ARDENTES-SAINT-VINCENT, vg. de Fr., dép. de l'Indre, arr. à 3 l. S.-E. et poste de Châteauroux, chef-lieu de canton; pop. 1200 hab.

ARDES, pet. v. de Fr., dép. du Puy-de-Dôme, arr. et poste d'Issoire, chef-lieu de canton. Les environs sont riches en produits volcaniques; pop. 1820 hab.

ARDET. *Voyez* SAINT-PÉ-D'ARDET.

ARDEUIL, vg. de Fr., dép. des Ardennes, arr. et poste de Vouziers, cant. de Monthois ; pop. 200 hab.

ARDEVON, vg. de Fr., dép. de la Manche, arr. d'Avranches, cant. et poste de Pontorson; pop. 500 hab.

ARDFERT, v. d'Irlande, dans le comté de Kerry. C'était autrefois le siége d'un évêché; elle est tout à fait déchue aujourd'hui et n'a plus rien de remarquable que ses ruines.

ARDFISCH, *Ardjs*, l'Argocus des anciens, montagne très-élevée (5000 mètres environ), au S. de Kaisarieh; on la range ordinairement au nombre de celles qui forment l'Anti-Taurus. Quelques géographes cependant désignent sous cette dénomination la chaîne qui, partant de l'Ardfisch, tourne autour d'Itchil', sous le nom de Ramidan-Oglu-Balaklat, pousse une branche vers la mer Noire, le Mouradtagh, en dirige quelques autres vers la mer Égée sous le nom de Bergi (Tmolus), Bostegh (Sipylus) et le Misogis des anciens.

ARDGLASS, pet. v. d'Irlande, avec un petit port, sur la mer d'Irlande, dans le comté de Down. Cette ville, considérable autrefois, est aujourd'hui sans aucune importance.

ARDGRUME, v. d'Irlande, avec un bon port, sur le Kenmare, dans le comté de Kerry.

ARDIALLE, vg. de Fr., dép. du Tarn, arr. de Lavaur, cant. et poste de Puylaurens; pop. 900 hab.

ARDICHEN, vg. de Fr., dép. de l'Arriège, arr. de St.-Girons, cant. et poste de Massat, com. de Soulan; pop. 380 hab.

ARDIÈGE, vg. de Fr., dép. de la Haute-Garonne, arr. de St.-Gaudens, cant. de St.-Bertrand-de-Comminges, poste de Montrejeau; pop. 650 hab.

ARDIÈRE (l'), riv. de Fr., affluent de droite du Rhône, a sa source dans les montagnes du dép. du Rhône, entre Monsole et Beaujeu. Son cours est de 7 l. environ du N.-O. au S.-E.

ARDILA, riv. d'Espagne; elle à sa source dans l'Estramadure, prov. de Badajoz, coule de l'E. à l'O., passe en Portugal dans la prov. d'Alentéjo, où elle se jette dans la Guadiana.

ARDILLATS (les), vg. de Fr., dép. du Rhône, arr. de Villefranche-sur-Saône, cant. et poste de Beaujeu; pop. 1300 hab.

ARDILLEUX, vg. de Fr., dép. des Deux-Sèvres, arr. de Melle, cant. et poste de Chef-Boutonne; pop. 280 hab.

ARDILLIÈRES, vg. de Fr., dép. de la Charente-Inférieure, arr. de Rochefort, cant. d'Aigrefeuille, poste de Croix-Chapeau; pop. 720 hab.

ARDIN, b. de Fr., dép. des Deux-Sèvres, arr. et poste de Niort, cant. de Coulonges; carrières de marbre; pop. 1800 hab.

ARDISAS, vg. de Fr., dép. du Gers, arr. de Lombez, cant. de Cologne, poste de l'Isle-en-Jourdain; pop. 400 hab.

ARDISCUS, g. a., riv. de la Sarmatie européenne, se jette dans le Danube.

ARDJUNA, volcan dans l'intérieur de l'île de Java. Il fait partie d'un groupe de montagnes, appelé Tenger, et a 10,614 pieds de hauteur.

ARDNAMURCHAN, un des caps les plus remarquables au N.-O. de l'Écosse.

ABDOISE (l'), ham. de Fr., dép. de Loir-et-Cher, arr. de Romorantin, cant. et poste de Salbris, com. de Pierrefitte; pop. 100 h.

ARDOIX, vg. de Fr., dép. de l'Ardèche, arr. de Tournon, cant. de Satillieu, poste d'Annonay; pop. 798 hab.

ARDON, vg. de Fr., dép. de l'Ain, arr. de Nantua, cant. et poste de Châtillon-de-Michaille; pop. 200 hab.

ARDON, vg. de Fr., dép. de l'Aisne, arr., cant., poste et com. de Laon; pop. 600 hab.

ARDON, vg. de Fr., dép. du Jura, arr. de Poligny, cant. et poste de Champagnole; papeteries; pop. 180 hab.

ARDON, vg. de Fr., dép. du Loiret, arr. d'Orléans, cant. de la Ferté-St.-Aubin, poste d'Olivet; pop. 550 hab.

ARDOSSET, vg. de Fr., dép. de l'Ain, arr. de Belley, cant. de Virieu-le-Grand, com. de Ceyzérieu, poste de Culoz; pop. 250 hab.

ARDOTIUM, g. a., v. de Liburnie, sur le Jedanius (Zermania).

ARDOUR (l'), pet. riv. de Fr., a sa source à l'E. de Bénévent, dép. de la Creuse, et son embouchure dans la Gartempe, au-dessus de Bessines, dép. de la Haute-Vienne. Son cours est de 6 l. de l'E. à l'O.

ARDOUVAL, vg. de Fr., dép. de la Seine-Inférieure, arr. de Dieppe, cant. de Bellencombre, poste des Grandes-Ventes; pop. 400 hab.

ARDOYE, b. de la Belgique, dans la Flandre occidentale, prov. de Bruges, sur le Drybek; fabrique de toiles et culture considérable de lin; pop. 6200 hab.

ARDRA ou **ALLADA**, que les Nègres nomment *Aratakassie*, capitale du pays de ce nom, sur la côte des Esclaves, dans la Guinée septentrionale. Cette ville est grande et bien peuplée; mais les rues sont étroites, tortueuses et tristes. Les habitants, dont un grand nombre professent l'islamisme, sont robustes et bien faits. Ils font le commerce et exercent des métiers. On fabrique à Ardrah des étoffes de coton, des couteaux, des clous, des mors et d'autres objets en fer, des pots de terre, des corbeilles, des sandales et une espèce de savon, composé de cendres et d'huile de palmier. Il s'y tient tous les six jours un grand marché où l'on trouve à acheter, outre les productions du pays, une grande variété de marchandises de l'Europe et de l'Inde. La population est diversement évaluée par les voyageurs: quelques-uns l'estiment à 12,000, d'autres à 20,000 habitants.

ARDRAH, contrée de l'Afrique, sur la côte des Esclaves. Les Indigènes la nomment Essaam; elle était autrefois tributaire du Dahomey; elle l'est aujourd'hui de l'état d'Hio ou de Yariba.

ARDRE, riv. de Fr., dép. de la Marne, a sa source à Nampteuil et se jette dans la Vesle au-dessous de Fisones. Son cours est de 8 l. du S.-E. au N.-O.

ARDRES (canal d'), embranchement du canal de Calais à St.-Omer. Ce canal, construit en 1714, se termine à Ardres; il est d'une grande importance, surtout pour le transport du bois, des pierres et de la tourbe dont on fait grande consommation dans l'Artois.

ARDRES, *Ardea*, v. forte de Fr., dép. du Pas-de-Calais, arr. et à 6 l. N.-O. de St.-Omer, chef-lieu de canton, sur la route de Calais et à l'extrémité du canal d'Ardres. Le sol d'Ardres est marécageux et fournit de la tourbe en abondance. C'est près d'Ardres qu'eut lieu en 1520 l'entrevue entre Henri VIII d'Angleterre et François Ier de France, qui déployèrent tant de magnificence dans cette occasion, qu'on donna au lieu de cette réunion le nom de Champ du Drap d'or. En 1596, les Espagnols se rendirent maîtres de cette ville, qui fut restituée deux ans après à la France par le traité de Vervins. Cette ville est la patrie de Parent-Réal, avocat distingué et magistrat intègre, né le 30 avril 1768 et mort le 28 avril 1834; pop. 2050 hab.

ARDRETS (les), vg. de Fr., dép. du Var, arr. de Draguignan, cant. et poste de Fayence; pop. 240 hab.

ARDROSSAN, b. d'Écosse, dans le comté d'Ayr. Son port, auquel vient aboutir le canal de Glasgow, contribue beaucoup à son agrandissement et à sa prospérité. On exploite près de ce bourg des mines de houille et des carrières calcaires; pop. 3200 hab.

ARDSCHAK, v. du roy. de Perse, dans la prov. de Fars, située sur la frontière du Kousistan, au bord du Tad que traverse un pont magnifique, formé par une seule arche, haute de 100 pieds et longue de 320. La ville est assez commerçante et renferme de nombreuses fabriques de savon. Mehrujan sur le golfe Persique lui sert de port.

ARDSISCH, v. de la Valachie, bâtie au bord de la rivière du même nom, possède les restes du château où les anciens princes valaques tenaient leur cour; endroit déchu.

ARDUS, vg. de Fr., dép. de Tarn-et-Garonne, arr., cant. et poste de Montauban, com. de Mothe-Capdeville; pop. 550 hab.

AREA, ham. de Fr., dép. des Pyrénées-Orientales, arr. et poste de Prades, cant. de Sournia, com. de Rabouillet; pop. 100 h.

ARÉCIFE, b. de la confédération mexicaine, dans l'état de Sonora et Cinaloa, non loin de l'embouchure du Rio-Santa-Maria-Aome, dans le golfe de Californie; pop. 1800 hab.

ARÉCIFE, b. dans la République-Argentine, confédération du Rio-de-la-Plata, prov. de Buénos-Ayres, sur la route de Cordova; pop. 1800 hab.

ARÉCO, b. sur la riv. du même nom, dans la République-Argentine, prov. de Buénos-Ayres, et au N.-O. de la ville de ce nom, pop. 2000 hab.

AREGA, v. de la Nubie, dans le Oadi-Nuba.

AREGNO, vg. de Fr., dép. de la Corse, arr. de Calvi, cant. d'Algajola, poste de l'Isle-Rousse; pop. 700 hab.

AREINES, vg. de Fr., dép. de Loir-et-Cher, arr., cant. et poste de Vendôme; pop. 150 hab.

ARELLES, vg. de Fr., dép. de l'Aube, arr. de Bar-sur-Seine, cant. et poste de Riceys; pop. 500 hab.

AREN, vg. de Fr., dép. des Bouches-du-Rhône, arr., cant., poste et com. de Marseille; fabrique de produits chimiques; pop. 400 hab.

AREN, vg. de Fr., dép. des Basses-Pyrénées, arr. et poste d'Oléron, cant. de Ste.-Marie-d'Oléron; pop. 345 hab.

ARENA, promontoire au N.-E. de la rép. de la Nouvelle-Grenade, dans le dép. de Cauca.

ARENABERG, château de Suisse, cant. de Thurgovie, cer. de Berlingen, bge de Steckborn. Il est connu de nos jours pour avoir servi de retraite à la comtesse de St.-Leu, ex-reine de Hollande, qui y mourut en 1838. Les embellissements qu'y fit faire récemment Louis-Napoléon, en firent une résidence vraiment royale.

ARENACUM, g. a., v. des Bataves, dans la Gaule belgique.

ARENAS, joli b. d'Espagne, dans la Nouvelle-Castille, prov. de Tolède, partido de Talavera; pop. 1500 hab.

ARENAS, promontoire au S.-E. de la presqu'île de Californie, dans les états mexicains.

ARENDONCK, b. de la Belgique, dans la

prov. d'Anvers, arr. de Turnhout, sur la Wympe; fabriques de bas et distilleries d'eau-de-vie; pop. 2500 hab.

ARENDSEE, pet. v. de Prusse, dans la prov. de Saxe, rég. de Magdebourg; les habitants s'occupent de l'agriculture, de l'éducation du bétail et de la pêche; pop. 1600 hab.

ARENGOSS, vg. de Fr., dép. des Landes, arr. de Mont-de-Marsan, cant. d'Arjuzanx, poste de Tartas; pop. 900 hab.

ARENNES (les), vg. de Fr., dép. de Tarn-et-Garonne, arr. de Castelsarrasin, cant., poste et com. de St.-Nicolas-de-la-Grave; pop. 200 hab.

ARÉNOSA, pet. île inhabitée qui fait partie des états libres d'Haïti. Elle est située à peu de distance de la côte septentrionale de l'île d'Haïti, au N. du fort Dauphin et à l'O. de la baie de Monte-Christi.

ARENSBERG. *Voyez* ARNSBERG.

ARENSBOURG, v. de la Russie d'Europe, gouvernement de Livonie, dans l'île d'Oesel dont elle est le chef-lieu. Elle est située sur la côte S.-E. au bord d'une baie. Son port n'est fréquenté que par une quarantaine de bâtiments. Elle est mal construite; siége d'un consistoire; pop. 2000 hab.

ARENS-DE-MAR ou SANTA-MARIA-DE-ARENS, b. d'Espagne, dans la Catalogne, prov. de Barcelone; il est situé près de la mer, possède une école de navigation, un chantier de construction, une forge où l'on fabrique des ancres; des manufactures d'étoffes de coton et de bas de soie; les femmes confectionnent des dentelles, et les hommes qui ne sont pas employés dans les ateliers, s'occupent de la pêche; pop. 3500 hab.

AREQUA, riv. d'Abyssinie, coule du S. au N.-O., traverse le roy. de Tigré et se jette dans le Bahr-el-Azrek.

ARÉQUIPA, dép. qui forme la pointe méridionale de la république du Pérou. Ce département, à l'exception de la partie plus septentrionale qui longe la côte, occupe la pente occidentale des Andes et s'étend sur quelques points au-delà des sommités les plus élevées de cette chaîne de montagnes. Les côtes ont un développement d'environ 140 lieues géographiques et sa plus grande largeur du N.-O. au S.-E. est de 35 l. géographiques. Tout le département a une étendue d'environ 1270 lieues géographiques avec une population de 160,000 âmes. Les rivières qui arrosent ce département n'ont pour la plupart qu'un très-petit cours et se jettent toutes dans l'Océan Pacifique. Le département est divisé en sept provinces : Canama, Condésuyos, Cailloma, Cercado de Aréquipa, Moquéhua, Arica et Tarapaca.

ARÉQUIPA, chef-lieu du département du même nom, sur le Chile (*voyez* l'article précédent). Cette ville, située au milieu d'une vallée charmante et dans une des contrées les plus pittoresques de l'Amérique méridionale, est grande, très-bien bâtie et passe pour une des plus belles de cette partie du Nouveau-Monde. Elle est le siége d'un évêque et fleurit par ses manufactures de laine et de coton et par le commerce qu'elle fait avec les excellents produits de ces campagnes fertiles qui, malgré leur grande élévation au-dessus du niveau de la mer, offrent un des cantons les mieux cultivés de l'Amérique du Sud; la ville est à 2377 mètres au-dessus du niveau de la mer. Le pont jeté sur le Chile qui arrose cette ville, la fontaine en bronze sur la grande place et la cathédrale sont les monuments qui méritent une mention. Aréquipa possède quatre colléges pour les garçons et trois pour les filles; en 1826, on y publiait deux journaux et l'on portait au-dessus de 30,000 le chiffre de sa population. Elle a été fondée par Francisco Pizarro en 1536 et a été depuis cette époque très-souvent exposée aux tremblements de terre dont les plus forts furent ceux de 1582, 1604, 1687, 1715, 1784 et 1819. La ville est éloignée de 140 l. S. de Lima. Le terrible volcan qui s'élève dans le voisinage de la ville, à 6000 mètres au-dessus de l'Océan, et qui est connu dans le pays sous le nom de Gicagua-Putina, est regardé comme le cône volcanique le plus parfait et le plus pittoresque de toute la chaîne des Andes. Il en sort constamment des vapeurs et de petites quantités de cendres, mais il n'a pas fait d'éruption depuis l'arrivée des Espagnols en Amérique. C'est de l'immense cratère actuellement éteint du volcan d'Uvinas, situé à quelques milles à l'E.-S.-E. du précédent, que dans le seizième siècle s'élevèrent les immenses quantités de cendres qui ensevelirent presque totalement la ville d'Aréquipa et produisirent tant de désastres dans les environs. Mollendo, village de 250 habitants, situé à 12 ou 13 lieues d'Aréquipa, est le port de cette ville. La rade en est peu commode à cause des brisants qui empêchent les barques de s'approcher du rivage.

ARÉQUIPA, prov. dans le dép. du même nom. *Voyez* CERTUDO-DE-ARÉQUIPA.

ARES, vg. d'Espagne, sur la Ria de Betanzos, dans la Galice, prov. de Batanzos; grande pêche de sardines.

ARES, b. du Portugal, dans la prov. d'Alentéjo, dans la comarca de Portalègre; il est remarquable par ses eaux sulfureuses froides.

ARÈS, vg. de Fr., dép. de la Gironde, arr. de Bordeaux, cant. d'Audenge, poste de la Teste-de-Buch; pop. 296 hab.

ARESCHES, vg. de Fr., dép. du Jura, arr. de Poligny, cant. et poste de Salins; pop. 300 hab.

ARÉSIVE, riv. de l'île de Porto-Rico; elle prend sa source dans les montagnes de l'intérieur, près du village de Kutuado, fait beaucoup de détours du S. au N. et se jette dans l'Océan Atlantique. A son embouchure se trouvent des bancs de sable qui en rendent la navigation souvent dangereuse.

ARÉSIVE, b. de l'île de Porto-Rico, dans la juridiction de San-Juan, à l'embouchure de la rivière du même nom ; pop. 5000 hab., qui cultivent du riz, du maïs et du tabac et entretiennent de nombreux troupeaux.

ARESKATAN, mont. de Suède, dans l'ancienne province de Herjebalen, haute de près de 1800 mètres.

ARESSY, vg. de Fr., dép. des Basses-Pyrénées, arr., cant. et poste de Pau ; pop. 300 hab.

ARET, vg. de Fr., dép. des Hautes-Pyrénées, arr. de Bagnères-en-Bigorre, cant. de Vieille-Aure, poste d'Arreau ; pop. 500 hab.

ARETHUSA, g. a., v. de Syrie, sur la rive occ. de l'Oronte.

ARETHUSE, la source de ce nom, si fameuse dans l'antiquité, située sous les murs du château de Syracuse, est abandonnée aujourd'hui aux laveuses de cette ville.

ARETREBÆ, g. a., peuple celtique de l'Espagne tarragonaise, non loin du cap Finistère.

ARETTES, vg. de Fr., dép. des Basses-Pyrénées, arr. et poste d'Oléron, cant. d'Aramitz ; exploitation de carrières de marbre ; pop. 2200 hab.

AREVACI, g. a , tribu des Celtibères, dans l'Espagne tarragonaise.

AREVALO, v. d'Espagne, dans la Vieille-Castille, prov. d'Avila, au confluent de l'Arevatillo et de l'Adaja ; elle a 8 églises, 8 couvents, 2 hôpitaux, 2 halles au blé, des filatures de laine et des faïenceries ; pop. 4500 hab.

AREY, vg. de Fr., dép. de Seine-et-Marne, arr. de Melun, cant. de Tournon, com. et poste de Chaumes ; pop. 200 hab.

AREY (Saint-), vg. de Fr., dép. de l'Isère, arr. de Grenoble, cant. et poste de la Mure ; pop. 200 hab.

AREZZO, *Aretium*, v. du grand-duché de Toscane, dans le compartiment d'Arezzo ; siége d'un évêque ; elle est bâtie au pied d'une colline et remarquable par son industrie. On y voit encore les maisons de Guido d'Arezzo, de Bedi, du peintre Vasari, du satyrique Pierre l'Arétin, et surtout celle de l'illustre Pétrarque qui naquit, le 20 juillet 1304, à Arezzo où sa famille était exilée par la faction des Gibelins noirs.

AREZ, pet. v. dans l'empire du Brésil, prov. de Rio-Grande, à 5 l. de la mer et à 8 l. de Natal, avec 1700 hab. Tout près se trouve le lac de Grouhyras que les Hollandais voulaient autrefois joindre par un canal à la mer.

ARFEUILLE-CHATAIN, vg. de Fr., dép. de la Creuse, arr. d'Aubusson, cant. d'Evaux, poste d'Auzances ; pop. 1000 hab.

ABFEUILLES, vg. de Fr., dép. de l'Allier, arr. cant. et poste de la Palisse, com. de St.-Martin-d'Estréaux ; pop. 3500 hab.

ARFONS, vg. de Fr., dép. du Tarn, arr. de Castres, cant. de Dourgne, poste de Sorèze ; pop. 1400 hab.

ARFY, vg. de Fr., dép. de Saône-et-Loire, arr. de Charolles, cant. et poste de Marcigny, com. de Beaugy ; pop. 125 hab.

ARGAGNON, vg. de Fr., dép. des Basses-Pyrénées, arr. et poste d'Orthez, cant. de Lagor ; pop. 215 hab.

ARGAIN, vg. de Fr., dép. de la Haute-Garonne, arr. de Muret, cant. et com. de Montesquieu-Volvestre, poste de Rieux ; pop. 700 hab.

ARGAL (baie d') ou de FUNDY, entre la Nouvelle-Écosse (*voyez* cet article) et le continent. Elle renferme plusieurs autres baies de moindre étendue, entre lesquelles celle de Bason-of-Minas est la plus considérable.

ARGANCHY, vg. de Fr., dép. du Calvados, arr., cant. et poste de Bayeux ; pop. 320 h.

ARGANÇON, vg. de Fr., dép. de l'Aube, arr. et poste de Bar-sur-Aube, cant. de Vendenore ; pop. 340 hab.

ARGANCY, vg. de Fr., dép. de la Moselle, arr. et poste de Metz, cant. de Vigy ; pop. 820 hab.

ARGANIL, v. du Portugal, chef-lieu de la comarca du même nom, dans la prov. de Beira. Cette ville n'offre rien de remarquable ; pop. 1100 hab.

ARGEE, g. a., contrée à l'E. du Péloponèse, entre la Corynthie et l'Arcadie.

ARGEIN, vg. de Fr., dép. de l'Arriège, arr. de St.-Girons, cant. et poste de Castillon ; pop. 700 hab.

ARGELÈS, pet. v. de Fr., près du gave d'Azun, dans la magnifique vallée de ce nom, dép. des Hautes-Pyrénées, chef-lieu d'arrondissement à 8 l. S.-S.-O. de Tarbes, 215 l. de Paris. La ville n'a de remarquable que la manière pittoresque dont les maisons, assez jolies, sont disposées. Elles forment des groupes séparés par des massifs d'arbres qui donnent à cet endroit l'aspect du plus beau village que l'on puisse imaginer ; quant aux environs, il existe en France peu de paysages plus admirables que celui de la vallée d'Argelès ; population 40,582 habitants pour l'arrondissement et 1,420 pour la ville.

ARGELÈS, b. de Fr., dép. des Pyrénées-Orientales, arr. à 5 l. E.-S.-E. de Céret, chef-lieu de canton, poste de Collioure ; pop. 1500 hab.

ARGELÈS ou **ARGELLÈS**, vg. de Fr., dép. des Hautes-Pyrénées, arr., cant. et poste de Bagnères-en-Bigorre ; pop. 290 hab.

ARGELIERS, vg. de Fr., dép. de l'Aude, arr. et poste de Narbonne, cant. de Ginestas ; pop. 800 hab.

ARGELLIERS, vg. de Fr., dép. de l'Hérault, arr. de Montpellier, cant. d'Aniane, poste de Gignac ; pop. 400 hab.

ARGELOS, vg. de Fr., dép. des Landes, arr. de St.-Sever, cant. d'Amou, poste d'Orthez ; pop. 600 hab.

ARGELOS, vg. de Fr., dép. des Basses-

ARGE — ARGE

Pyrénées, arr. de Pau, cant. de Thèze, poste d'Auriac ; pop. 350 hab.

ARGELOUSE, vg. de Fr., dép. des Landes, arr. de Mont-de-Marsan, cant. et poste de Roquefort, com. d'Arouille; pop. 200 hab.

ARGELOUSE, vg. de Fr., dép. des Landes, arr. de Mont-de-Marsan, cant. de Sore, poste de Sabres; pop. 400 hab.

ARGENCE, vg. de Fr., dép. de la Charente, arr., cant. et poste d'Angoulême, com. de Champniers; pop. 340 hab.

ARGENCES, b. de Fr., dép. du Calvados, arr. de Caen, cant. de Troarn, poste de Vimons; pop. 1600 hab.

ARGENÇON. *Voyez* SAINT-PIERRE-D'ARGENÇON.

ARGENEUIL, vg. sur l'Uttawas, dans le Bas-Canada, dist. de Montréal, Amérique anglaise, a une papeterie et plusieurs moulins.

ARGENLIEU, vg. de Fr., dép. de l'Oise, arr., cant. et poste de Clermont, com. d'Avrechy; pop. 150 hab.

ARGENNUM, g. a., promontoire sur la côte orientale de l'île de Sicile.

ARGENS (l'), *Argenteus*, riv. de Fr., dép. du Var, a sa source dans la montagne de Seillon, au N.-O. de Tavernes et son embouchure dans le golfe de Fréjus. Son cours est de 20 l. de l'O. à l'E. Ses débordements forment des marais dont les exhalaisons sont très-nuisibles pendant les grandes chaleurs.

ARGENS, vg. de Fr., dép. des Basses-Alpes, arr. et poste de Castellane, cant. de St.-André; pop. 250 hab.

ARGENS, vg. de Fr., dép. de l'Aude, arr. de Narbonne, cant. de Ginestas, poste d'Azille; pop. 190 hab.

ARGENSOLLES, ham. de Fr., dép. de la Marne, arr. d'Epernay, cant. et poste d'Avize, com. de Moslins; pop. 56 hab.

ARGENT, vg. de Fr., dép. du Cher, arr. à 6 l. N.-N.-E. de Sancerre, chef-lieu de canton et poste; pop. 1300 hab.

ARGENTAL, vg. de Fr., dép. de la Loire, arr. de St.-Étienne, cant. et poste de Bourg-Argental; pop. 200 hab.

ARGENTAN, *Argentonium Castrum*, v. de Fr., dép. de l'Orne, chef-lieu d'arrondissement à 45 l. O. de Paris. Cette petite ville fort ancienne, située sur l'Orne, dans une plaine vaste et fertile, était autrefois fortifiée; mais il ne lui reste plus rien de son époque militaire que les débris d'un vieux château fort dont l'histoire se rattache à celle de la Normandie.

On fabrique à Argentan des dentelles, dites points d'Alençon, et des toiles de lin et de chanvre. Ses foires de chevaux et de bétail sont bien fréquentées; population 113,233 habitants pour l'arrondissement et 5780 pour la ville.

ARGENTAT, vg. de Fr., dép. de la Corrèze, arr. à 5 1/2 l. S.-S.-E. de Tulle, chef-lieu de canton et poste; exploitation de mines de plomb et de houille; pop. 3000 hab.

ARGENTAY, vg. de Fr., dép. de Maine-et-Loire, arr. de Saumur, cant. et poste de Doué, com. de Verchers; pop. 250 hab.

ARGENTEAU, vg. de la Belgique, prov. et arr. de Liège, sur la rive droite de la Meuse. On y fabrique de l'alun; pop. 550 hab.

ARGENTELLES, ham. de Fr., dép. du Calvados, arr. de Pont-l'Evêque, cant. de Blangy, poste de Lisieux, com. de Manerbe; pop. 80 hab.

ARGENTELLES, vg. de Fr., dép. de l'Orne, arr. d'Argentan, cant. et poste d'Exmes, com. de Villebadin; pop. 200 hab.

ARGENTENAY, vg. de Fr., dép. de l'Yonne, arr. de Tonnerre, cant. et poste d'Ancy-le-Franc; pop. 230 hab.

ARGENTENS, ham. de Fr., dép. de Lot-et-Garonne, arr., cant., com. et poste de Nérac; pop. 10 hab.

ARGENTEUIL, *Argentolium ad Sequanam*, b. de Fr., dép. de Seine-et-Oise, arr. de Versailles, chef-lieu de canton, sur la rive droite de la Seine, à 3 l. N.-N.-O. de Paris. En 1120 Héloïse se retira au monastère d'Argenteuil, d'où elle ne sortit plus que lorsqu'elle fut nommée abbesse de Paraclet, maison qu'Abailard fonda vers 1129 en Champagne. Argenteuil a de beaux vignobles et des carrières de plâtre; pop. 4550 hab.

ARGENTEUIL, vg. de Fr., dép. de l'Yonne, arr. de Tonnerre, cant. et poste d'Ancy-le-Franc; pop. 800 hab.

ARGENTEYRES, vg. de Fr., dép. de la Gironde, arr. de Bordeaux, cant. d'Audenge, com. de Biganos, poste de la Teste-de-Buch; pop. 110 hab.

ARGENTIÈRE (l'), *Argentaria*, v. de Fr., dép. de l'Ardèche, chef-lieu d'arrondissement sur la rive gauche de la Ligne, à 160 l. S.-S.-E. de Paris. Cette ville, située dans une profonde vallée, sur un rocher baigné par la Ligne, doit son nom à des mines de plomb argentifère que l'on y exploitait il y a six siècles. On voit sur un des rochers qui environnent la ville les ruines d'un vieux château du moyen âge. L'Argentière est divisée en ville haute et ville basse; ses rues sont sales et étroites, et ses édifices n'ont rien de remarquable. Filatures, fabriques de soieries et mines de plomb; population 106,740 habitants pour l'arrondissement et 2880 pour la ville.

ARGENTIÈRE (l'), mont. de Suisse, dans le cant. de Vaud, entre les Diablerets et le Grand-Mœveran, à 2890 mètres au-dessus de la mer. Ses sommets sont couverts de neiges éternelles.

ARGENTIÈRE (l'), vg. de Fr., dép. de l'Allier, arr., cant. et poste de Montluçon, com. de Vaux; pop. 100 hab.

ARGENTIÈRE (l'), vg. de Fr., dép. des Hautes-Alpes, arr. et à 1 1/2 l. S. de Briançon, chef-lieu de canton, poste de la Bessée;

carrières d'ardoises et mines de plomb argentifère; pop. 1250 hab.

ARGENTIÈRE (l'), vg. de Fr., dép. du Rhône, arr. de Lyon, cant. de St.-Symphorien-sur-Coise, poste de Duerne; pop. 600 h.

ARGENTIÈRE (l'), vg. de Fr., dép. des Deux-Sèvres, arr. et poste de Melle, cant. de Celles, com. de Prailles; pop. 160 hab.

ARGENTIÈRES, vg. de Fr., dép. de Seine-et-Marne, arr. de Melun, cant. de Mormant, poste de Chaumes; pop. 200 hab.

ARGENTIERO ou KIMOLI, île de l'archipel Grec, située près de Milo, terrain volcanique, sauvage et stérile; l'air y est malsain; elle nourrit à peine 200 habitants. Les mines d'argent qui s'y trouvaient jadis, et auxquelles elle doit son nom, sont perdues.

ARGENTINE, ham. de Fr., dép. de la Dordogne, arr. de Montron, cant. et poste de Mareuil, com. de la Roche-Beaucourt; pop. 50 hab.

ARGENTOLLES, vg. de Fr., dép. de la Haute-Marne, arr. de Chaumont, cant. de Juzennecourt, poste de Colombey-les-Deux-Eglises; pop. 125 hab.

ARGENTON (l'), pet. riv. de Fr., dép. des Deux-Sèvres, a sa source au pied d'une montagne, au S. de Bressuire et son embouchure dans le Thoué, autre rivière du même département. Son cours est de 6 lieues du S. au N.

ARGENTON, vg. de Fr., dép. du Finistère, arr. de Brest, cant. de Ploudalmezeau, com. de Landunvez, poste de St.-Renan; pop. 240 hab.

ARGENTON, vg. de Fr., dép. de Lot-et-Garonne, arr. et poste de Marmande, cant. de Bouglon; pop. 650 hab.

ARGENTON ou ARGENTON-NOTRE-DAME, vg. de Fr., dép. de la Mayenne, arr. et poste de Château-Gontier, cant. de Bierne; pop. 300 hab.

ARGENTON-LE-CHATEAU, b. de Fr., dép. des Deux-Sèvres, arr. de Bressuire, chef-lieu de canton, sur une colline assez escarpée et baignée par l'Argenton. Son château fort, bâti, dit-on, par Philippe de Comines, fut détruit pendant la guerre de la Vendée. Le bourg lui-même souffrit beaucoup durant cette guerre intestine et fut longtemps à se rétablir. Argenton a des fabriques de flanelles et de serges. Les environs ont quelques vignobles; pop. 580 hab.

ARGENTON-L'ÉGLISE, vg. de Fr., dép. des Deux-Sèvres, arr. de Bressuire, cant. d'Argenton-Château, poste de Thouars; vins rouges et blancs renommés; pop. 900 hab.

ARGENTON-SUR-CREUSE, *Argentomagus*, pet. v. de Fr., dép. de l'Indre, arr. et a 6 l. S. de Châteauroux, chef-lieu de canton. Cette ville, de l'aspect le plus pittoresque, est située sur la Creuse, qui la divise en deux parties liées par un vieux pont de pierre. La ville basse est placée à l'extrémité d'un vaste bassin; l'autre est bâtie en amphithéâtre sur les flancs d'un rocher d'un accès difficile, et que couronnent les ruines d'un ancien château. Elle a des fabriques de toiles, des verreries, des poteries et des blanchisseries très-renommées; pop. 3970 h.

Du temps des Romains, Argenton n'était qu'un camp retranché, sur l'emplacement duquel on éleva un château fort que Pépin-le-Bref fit agrandir. C'est sous la protection de ce fort que fut bâtie plus tard la ville qui, au dix-septième siècle, appartenait à mademoiselle de Montpensier. Louis XIV fit démolir les fortifications du château et une partie des murailles de la haute ville.

ARGENTRÉ, vg. de Fr., dép. d'Ille-et-Vilaine, arr., poste et à 3 l. S.-E. de Vitrée, chef-lieu de canton; pop. 2000 hab.

ARGENTRÉ-SOUS-LAVAL, b. de Fr., sur la rive droite de la Jouanne, dép. de la Mayenne, arr. et poste de Laval, chef-lieu de canton; il a de belles carrières de marbre d'un rapport très-productif, et dont l'exploitation occupe un assez grand nombre d'ouvriers; pop. 1600 hab.

ARGENTY, vg. de Fr., dép. de l'Allier, arr., cant. et poste de Montluçon, com. de Teillet; pop. 200 hab.

ARGENUSSES, g. a., nom de trois petites îles, dans la mer Égée, entre Lesbos et Aolis, à 120 stades S.-E. de Mytilène; elles sont célèbres par un combat naval, dans lequel les Athéniens vainquirent les Lacédémoniens (an 26 de la guerre du Péloponèse).

ARGENVIÈRES, vg. de Fr., dép. du Cher, arr. de Sancerre, cant. de Sancergues, poste de la Charité; pop. 320 hab.

ARGENVILLIERS, vg. de Fr., dép. d'Eure-et-Loir, arr. et cant. de Nogent-le-Rotrou, poste de Beaumont-les-Autels; pop. 780 hab.

ARGERS, vg. de Fr., dép. de la Marne, arr., cant. et poste de Ste.-Ménéhould; pop. 200 hab.

ARGESIEN. *Voyez* ARRIANCE.

ARGET, vg. de Fr., dép. des Basses-Pyrénées, arr. d'Orthez, cant. et poste d'Arzacq; pop. 300 hab.

ARGEZILLA, b. d'Espagne, dans la Nouvelle-Castille, prov. de Guadalajara; pop. 1500 hab.

ARGHA, chef-lieu de district, dans le roy. de Nepaul, dans l'Inde. Il est fortifié et se compose d'environ 500 maisons.

ARGIÆ INSULÆ, g. a., nom de 20 petites îles vis-à-vis la côte de Carie.

ARGIESANS, vg. de Fr., dép. du Haut-Rhin, arr., cant. et poste de Belfort; pop. 200 hab.

ARGILLIÈRES, vg. de Fr., dép. de la Haute-Saône, arr. de Gray, cant. et poste de Champlitte; pop. 400 hab.

ARGILLIERS, vg. de Fr., dép. du Gard, arr. d'Uzès, cant. et poste de Remoulins; pop. 130 hab.

ARGILLOIS (l'), vg. de Fr., dép. du Jura, arr. de Lons-le-Saulnier, cant. et poste de Bletterans, com. de Chapelle-Voland; pop. 150 hab.

ARGO

ARGILLY, vg. de Fr., dép. de la Côte-d'Or, arr. de Beaune, cant. et poste de Nuits; pop. 850 hab.

ARGIPPÆI, g. a., tribu des Scythes, dans la Sarmatie asiatique, à l'E. du Pont-Euxin.

ARGIREY, ham. de Fr., dép. de la Haute-Saône, arr. de Vesoul, cant. et poste de Rioz, com. de Villers-Bouton; pop. 80 hab.

ARGIS, vg. de Fr., dép. de l'Ain, arr. de Belley, cant. et poste de Saint-Rambert; pop. 600 hab.

ARGITHÉE, g. a., v. capitale des Arthamanes, en Épire, au N.-O. d'Héraclée.

ARGIUSTA, vg. de Fr., dép. de la Corse, arr. de Sartene, cant. de Petreto-et-Bicchisano, poste d'Olmeto; pop. 300 hab.

ARGIVI, g. a., peuple de l'Argolide, fut civilisé par une colonie égyptienne conduite par Inachus, environ l'an 1782 avant J.-C., forma plus tard un royaume et subit ensuite avec tant d'autres le joug des Romains.

ARGO, *Gaugad, Gora*, île formée par le Nil dans la Nubie, près de Dongolah. Le sol y est très-fertile; des sycomores, des acacias et des palmiers y croissent en grande quantité et de nombreux troupeaux de bœufs et de chèvres y trouvent un excellent pâturage. On y trouve aussi beaucoup de lièvres, de perdrix, de pigeons et de cailles. Malgré sa fertilité, cette île n'est pas fort peuplée; elle n'a que quelques villages, habités par un petit nombre d'Ababdes et de Nubiens. L'île possède plusieurs ruines d'anciens édifices et deux statues colossales qui n'ont pas encore été suffisamment visitées.

ARGOB, g. a., contrée au-delà du Jourdain, dans le roy. de Basan; Jaïr, fils de Manassé, en fit la conquête.

ARGŒUVES, vg. de Fr., dép. de la Somme, arr., cant. et poste d'Amiens; pop. 580 hab.

ARGOL, vg. de Fr., dép. du Finistère, arr. de Châteaulin, cant. de Crozon, poste; pop. 1200 hab.

ARGOLIDE, *Argolis*, g. a., contrée orientale du Péloponèse, bornée au N. par l'Achaïe, au N.-E. par le Sinus Saronicus (golfe d'Égine), à l'O. par l'Arcadie, au S. par la Laconie et au S.-E. par le Sinus Argolicus (golfe de Naupli). C'est un pays délicieux; des plaines et des vallées fertiles s'étendent entre des collines et des montagnes couvertes de forêts. La civilisation pénétra de bonne heure dans l'Argolide. Inachus et Danaüs quittèrent l'Égypte, le premier dix-huit siècles, l'autre quinze siècles avant J.-C. et vinrent s'établir avec une colonie d'Égyptiens dans cette partie de la Grèce. Adraste, Eurysthée, Diomèdes, Agamemnon y eurent leurs royaumes. C'était la patrie d'Hercule. Dans les temps les plus reculés ce pays était divisé en plusieurs petits états; savoir: Argos, Mycène, Tirynthe, Trézène, Hermione, Epidaure, qui formèrent plus tard des républiques.

ARGOS, g. a., nom de deux contrées dans l'Arcadie, l'une entre Mantinée et la plaine d'Alcimadon, l'autre entre Mantinée et Methydrion.

ARGOS AMPHILOCHIQUE, g. a., v. capitale de l'Acarnanie, à 180 stades du golfe d'Ambracie.

ARGOUGES, vg. de Fr., dép. de la Manche, arr. d'Avranches, cant. et poste de St.-James; pop. 1550 hab.

ARGOUGES-SOUS-MOSLES, ham. de Fr., dép. du Calvados, arr. et poste de Bayeux, cant. de Trévières, com. de Mosles; pop. 42 hab.

ARGOUGES-SUR-AURE, ham. de Fr., dép. du Calvados, arr. et poste de Bayeux, cant. de Ryes, com. de Vaux-sur-Aure; pop. 28 hab.

ARGOULES, vg. de Fr., dép. de la Somme, arr. d'Abbeville, cant. de Rue, poste de Berney; pop. 850 hab.

ARGOULOIS, vg. de Fr., dép. de la Nièvre, arr. de Château-Chinon, cant., poste et com. de Montsauche; pop. 130 hab.

ARGOUN, fl. de l'Asie, qui prend sa source dans les monts Barka-Darahu, traverse, sous le nom de Kheroulun, le pays de Khalkha et le lac Kulun ou Dalaï; et reçoit, en sortant de ce lac, par les Mogols et les Russes, le nom d'Ergoune ou Argoun. Il sépare ensuite la Daurie chinoise de la Daurie russe et coule ainsi jusqu'à Baklanova, où il rencontre la Chilka et où les deux fleuves réunis prennent le nom d'Amour, dont l'Argoun peut cependant être regardé comme la branche principale. Les affluents de l'Argoun sont en Sibérie, l'Urulengu, le Karkira, les trois Borsa, l'Arou et le Gasimur.

ARGOVIE, cant. de la Suisse, situé entre 5° 22' et 6° 7' long. orient. et 47° 8' et 47° 37' lat. N., est borné à l'E. par le cant. de Zurich, au S. par ceux de Zug et de Lucerne, à l'O. par ceux de Berne, de Soleure et de Bâle, et au N. par le Rhin qui le sépare du grand-duché de Bade. Il a environ 52 l. c. de superficie et une population de 150,000 habitants, qui professent la religion réformée, la religion catholique et la religion juive. Le pays est très-fertile et généralement montueux, bien que les montagnes ne soient ni très-hautes ni très-escarpées; il est traversé par l'Aar, dont il tire son nom, par la Limmat et la Reuss qui se jettent dans le Rhin. Il produit des fruits, du vin, du blé, du chanvre et du lin; ses excellents pâturages, parfaitement arrosés, nourrissent une grande quantité de bétail. Les forêts sont nombreuses; on y trouve du fer, du marbre, de l'albâtre et du grès. L'industrie y est florissante; on y fabrique de la toile, des étoffes de laine, de coton, des indiennes, des cuirs, du fer, de l'acier, des produits chimiques, etc. Le commerce est considérable et activé encore par le transit des marchandises coloniales et autres qui entrent du côté de l'Allemagne dans ce canton. Les foires de Zarzach autrefois très-fréquentées, semblent déchoir tous les ans.

Le canton d'Argovie a accédé à la confédération Suisse en 1803. Il est le seizième par rang d'ordre et se compose de l'Argovie inférieure, des offices libres, du comté de Bade, des deux villes ci-devant forestières de Lauffenbourg et de Rheinfelden, de l'abbaye de Muri, du Frickthal, etc., et est divisé en 11 districts, 289 communes et 118 paroisses. La constitution est démocratique et représentative. Elle a été modifiée en 1831 et doit être revisée en 1841. La souveraineté du peuple en est le principe; les citoyens, tous électeurs sans aucune condition, sont répartis en 48 cercles électoraux dont chacun élit 4 membres du grand conseil; 8 autres membres sont élus par le grand conseil lui-même qui se compose en totalité de 200 représentants. Ce conseil a le pouvoir suprême, fait les lois, nomme aux emplois publics, etc. Le petit conseil, nommé par le premier, est dépositaire du pouvoir exécutif et se compose de neuf membres, y compris le Landamman et le Landstatthalter qui en sont les présidents.

Le contingent fédéral du canton d'Argovie est de 2410 hommes et de 52,214 francs de Suisse. Les revenus s'élèvent à environ 500,000 francs. Les principales villes et endroits remarquables du canton sont Aarau, chef-lieu du canton, les bains de Bade et de Schinznach, les plus fréquentés de la Suisse, Lenzbourg, Lauffenbourg, Frick, Aarbourg, Zoffingen et Muri.

ARGUEIL, b. de Fr., dép. de la Seine-Inférieure, arr., à 5 l. S. de Neufchâtel, chef-lieu de cant. et poste; pop. 500 hab.

ARGUEL, vg. de Fr., dép. de la Somme, arr. d'Amiens, cant. d'Hornay, poste de Poix; pop. 100 hab.

ARGUEL. *Voyez* ARQUEL.

ARGUELLO, promontoire sur la côte de la Nouvelle-Californie, dans les états mexicains.

ARGUENON (l'), *Argenus*, riv. de Fr., dép. des Côtes-du-Nord, a sa source dans les Montagnes-Noires, dans les environs de Colinée, passe par Jugon, par Plancoet, et se jette dans la Manche à 4 l. O. de St.-Malo, après un cours de 14 l. du S. au N.

ARGUENOS, vg. de Fr., dép. de la Haute-Garonne, arr. de St.-Gaudens, cant. et poste d'Aspet; pop. 580 hab.

ARGUIN, île et b. d'Afrique, sur la côte de Sahara, entre le cap Mirik et le cap Blanc, au fond de la baie du même nom, sous le 18° 57' de long. O. et le 20° 37' de lat. N.; elle a environ 1 1/2 l. du N. au S. et moins d'une lieue de large. Les Français y avaient un fort qu'ils ont abandonné.

ARGUT-DESSOUS, vg. de Fr., dép. de la Haute-Garonne, arr. de St.-Gaudens, cant. et poste de St.-Béat; pop. 500 hab.

ARGUT-DESSUS, vg. de Fr., dép. de la Haute-Garonne, arr. de St.-Gaudens, cant. et poste de St.-Béat; pop. 500 hab.

ARGY, vg. de Fr., dép. de l'Indre, arr. de Châteauroux, cant. et poste de Buzançais; pop. 1600 hab.

ARGYLE, *Argathelia*, comté et prov. maritime de l'Ecosse, région du milieu; ses bornes sont : au N. le comté d'Inverness, à l'E. les comtés de Dumbarton et de Perth; au S. et à l'O. l'Océan. Le groupe des Hébrides, ainsi que toutes les îles qui bordent la côte d'Argyle, font partie de ce comté. Sa superficie, en y comprenant ces îles, est de 2920 milles carrés anglais. La partie occidentale est un terrain de la forme la plus bizarre, haché et découpé par la mer dont les bras s'avancent dans tous les sens et embrassent, comme pour les entraîner une à une, ces masses informes et gigantesques, qui composent ce côté de la province d'Argyle. Les côtes nues et arides sont environnées de rochers; le sol de l'intérieur du comté est maigre et peu favorable à l'agriculture. Cependant le terrain est un peu meilleur aux environs des rivières, et l'on y récolte de l'orge, de l'avoine, des pommes de terre et du lin. La chaîne des Grampians commence dans ce comté, sur la presqu'île de Cantyre, et s'étend de là dans une direction N.-E. sur tout le pays. Le Loch-Ave de 10 lieues de long et d'une demi-lieue de large est le lac le plus remarquable de cette contrée de l'Ecosse. Le canal de Crinan, long d'environ 4 l., divise la presqu'île de Cantyre, et établit une communication plus prompte entre l'Océan et le golfe de Clyde.

Le climat est rude, mais favorable à la santé. Les hivers sont rigoureux. Les produits minéraux de cette province sont : du fer, du cuivre, du plomb, diverses sortes de marbres, des ardoises, de la chaux, des pierres à construction et de la houille.

Le gibier à poils y est assez rare, mais une chasse productive dans ce comté c'est celle des oiseaux aquatiques, qui fourmillent sur la côte. L'éducation du bétail est une des principales occupations et une source de bien-être pour un grand nombre d'habitants. La pêche y est aussi, pour beaucoup, le moyen d'une honnête existence. Le hareng est surtout très-abondant de ce côté, et il y a des années où les pêcheurs de ce pays en expédient plus de 130,000 tonnes. On exporte en outre de la laine, du bétail, des peaux, des plumes, du plomb et du fer.

Les ducs d'Argyle eurent jusqu'en 1748 la juridiction du comté dont ils étaient jusqu'alors les seigneurs absolus; mais les droits féodaux dont ils jouissaient, ont été très-modifiés depuis à l'avantage des fermiers et des métayers qui, dans la Grande-Bretagne, sont cependant encore plus ou moins à la discrétion des grands propriétaires.

ARGYLE, comté et possession anglaise de la Nouvelle-Galles du sud, dans l'Australie ou Océanie centrale. La végétation y est fort belle, on y récolte surtout une grande quantité d'indigo.

ARGYLE, v. des États-Unis de l'Amérique du Nord, dans l'état de New-York, comté de Washington, sur l'Hudson, a assez de commerce par la proximité du canal de Champlain (*voyez* cet article), et renferme 4000 habitants. Dans les environs on voit les ruines des forts d'Edwards, de Nicholson et de Lydius. Le Glenspring (chûte du Glen), près du village de Glenville.

ARGYLE, capitale du comté de Thelbourne, dans la Nouvelle-Écosse, Amérique anglaise, siège du shérif et du country-court, située sur la baie d'Argyle. C'est une ville naissante.

ARGYRUNTUM, g. a., v. de Liburnie, entre Vegium et Corinium.

ARHAN, vg. de Fr., dép. des Basses-Pyrénées, arr. de Mauléon, cant. et poste de Tardets, com. de Lacarry; pop. 100 hab.

ARHANSUS, vg. de Fr., dép. des Basses-Pyrénées, arr. de Mauléon, cant. d'Iholdy, poste de St.-Palais; pop. 200 hab.

ARHOS, l'ancienne *Argos*, jolie v. de la Grèce, nomos de l'Argolide, florissante avant la guerre de l'émancipation; elle répare aujourd'hui ses pertes; siège d'un évêque; bazar fréquenté; pop. 6000 hab. La plupart des anciennes et magnifiques constructions d'Argos ont disparu; cependant on y trouve encore des débris du plus haut intérêt. On doit citer d'abord l'enceinte de Larissa, citadelle dont les assises inférieures sont de construction pélagique ou cyclopéenne, le reste est de construction romaine ou vénitienne; puis le théâtre, taillé dans le roc, est un des plus anciens de la Grèce; on l'a déblayé un peu pour le faire servir à la réunion des députés du congrès grec en 1829; un passage souterrain, aussi taillé dans le roc, pénètre jusqu'au-dessous de la citadelle. A quelque distance, au S. de la ville, se trouve le marais de Lerne, si fameux par les exploits d'Hercule.

ARIACE, g. a., contrée de l'Inde, en-deçà du Gange, sur la côte occ., avec les villes d'Hippocura et de Balipatna.

ARIANA, g. a., prov. de Perse, comprit la Parthie, l'Arie, la Drangiane, l'Arachosie, la Gédrosie et la Carmanie; elle était bornée à l'E. par l'Indus et le Paropamisus, au N. par le Margus et les montagnes jusqu'aux Portes caspiennes, à l'O. par l'Araxes et la Médie, et au S. par la mer Erythrée.

ARIANO, b. du roy. Lombard-Vénitien, gouv. et délégation de Venise, chef-lieu de district, sur une presqu'île formée par un bras du Pô; à 7 l. E.-S.-E. de Rovigo; l'on y expédie des bougies et de la chaux pour Venise; pop. 2200 hab.

ARIANO, *Equus Tuticus*, v. du roy. de Naples, dans la Principauté ultérieure, siège d'un évêque; mal bâtie, remarquable par son grand nombre de couvents et d'établissements religieux; cette ville a souvent à souffrir de tremblements de terre; pop. 10,356 hab.

ARIARATHIA, g. a., v. de la Grande-Cappadoce, sur les confins de la Phrygie.

ARIC, ham. de Fr., dép. de l'Ardèche, arr. de Tournon, cant. et poste du Chaylard; pop. 96 hab.

ARICA, prov. dans le dép. d'Aréquipa, rép. du Pérou. Elle est bornée au N. par la province de Moquéhua, au S. par celle de Tanapara, à l'E. par la république de Bolivia, et à l'O. par l'Océan Pacifique. Son étendue du N.-O. au S.-E. est d'environ 40 l. géographiques; dans la direction du N.-E. au S.-O. elle est de 10 à 15 l. Cette province manque d'eau, car la plupart des rivières qui la traversent, s'épuisent dans les rigoles des champs adjacents. Les fruits qu'on y recueille, sont fort estimés, surtout ceux qui viennent sur le penchant des Andes et dans la belle vallée de Tacna. Ce sont surtout des olives, des melons, du vin et du poivre rouge (capsicum). Il s'en fait un grand commerce par les ports d'Arica et d'Ilo. L'étendue de toute la province est de 435 l. c. géographiques, avec une population de 36,000 âmes.

ARICA ou San-Marcos-de-Arica, chef-lieu de la prov. du même nom (*voyez* cet article). La ville est située, d'après Lartigue, sous le 18° 27′ 55″ de lat. S. et le 74° 45′ 19″ de long. O. sur l'Océan Pacifique, à 190 l. S. de Lima et à 50 l. S. d'Aréquipa. Les environs de la ville présentent un sol aride et sablonneux, et le climat y est des plus malsains de toute la côte du Pérou. Cette ville a beaucoup perdu de son importance par de fréquents tremblements de terre, des incendies et des invasions de pirates et ne compte plus que 1200 habitants. Le port, quoiqu'un des plus importants du pays, présente les mêmes difficultés et les mêmes dangers que celui de Mollendo (*voyez* l'article Aréquipa). Dans les environs d'Arica il y a des salines considérables.

ARICAGUA, vallée dans l'île de Trinidad, une des Petites-Antilles appartenant aux Anglais.

ARICATY, riv. de l'emp. du Brésil, dans la prov. de Ciara, se jette par deux embouchures dans l'Océan Atlantique.

ARICH ou El-Arich, *Rhinocorura*, b. et château fort de la Basse-Egypte, sur un rocher calcaire, aux bords de la Méditerranée, dans la prov. de Damiette. Les environs sont couverts de belles forêts de palmiers.

ARICHAT, v. naissante dans l'île du Cap-Breton, Amérique anglaise, la seconde après Sidney, a un bon port fréquenté surtout par des vaisseaux de Jersey et de Guernesey. Autrefois son commerce était plus florissant qu'il ne l'est aujourd'hui.

ARIÈGE. *Voyez* Arriège.

ARIENZO, v. du roy. des Deux-Siciles, dans la prov. de Terra di Lavoro; pop. 10,777 hab.

ARIES, vg. de Fr., dép. des Hautes-Pyrénées, arr. de Bagnères-en-Bigorre, cant. et poste de Castelnau-de-Magnoac; pop. 120 h.

ARIFAT, vg. de Fr., dép. du Tarn, arr. de Castres, cant. de Montredon, poste de Vabre; pop. 800 hab.

ARIFATES, vg. de Fr., dép. de la Lozère, arr. de Mende, cant. de St.-Amans, com. de Laubies, poste de Serverette; pop. 130 h.

ARIGAS, vg. de Fr., dép. du Gard, arr. et poste du Vigan, cant. d'Alzon; pop. 740 h.

ARIGNAC, vg. de Fr., dép. de l'Arriège, arr. de Foix, cant. et poste de Tarascon-sur-Arriège; pop. 800 hab.

ARIHINYS, peuplade soumise d'Indiens, dans l'emp. du Brésil, prov. de Para, comarque de Rio-Négro. Elle habite les environs du fort San-Jozé-de-Marapitannas.

ARILS (les), ham. de Fr., dép. de l'Arriège, arr. de St.-Girons, cant. et poste de Massat, com. de Boussac; pop. 80 hab.

ARIMATHIA ou ARIABACUS, appelée aujourd'hui Racula ou Rama, v. de Syrie, dans l'eyalet de Damas, jolie petite ville bâtie dans une plaine fertile, arrosée par le Rohr-el-Rabia, entourée de vergers et de vignobles. Le couvent des latins sert d'hôtel à tous les voyageurs qui vont à Jérusalem ou qui en reviennent.

ARIMOA, île de l'Océanie centrale ou Australie, au N. de la Nouvelle-Guinée, sous le 1° 38′ de lat. S. et le 136° 17′ de long. E.

ARINACOTOS, peuplade de la rép. de la Nouvelle-Grenade, dans la ci-devant rép. de Colombie, habite les environs du Caura supérieur.

ARINAS, promontoire de la Patagonie, au N.-E. du détroit de St.-Sébastien.

ARINOS, fl. de l'emp. du Brésil, dans la prov. de Matto-Grosso. Il naît sur le penchant méridional de la Serra-do-Pary, non loin des sources du Paraguay et se jette dans le Topayos ou Juruéna dont il est le principal affluent à la droite.

ARINOS, comarque de la prov. de Matto-Grosso, dans l'empire du Brésil, à l'E. de la comarque de Juruéna dont elle est séparée par le fleuve du même nom. C'est un pays vaste, très-montueux, traversé par une multitude de fleuves et de rivières, comme la Juruéna avec son affluent, le Rio-dos-Arinos, le Xingu, avec les affluents Trahiras, Alvar, Cariay et Guiriri et beaucoup d'autres. On manque de renseignements exacts et précis sur ce pays.

ARINTHOD, b. de Fr., dép. du Jura, arr. et à 9 l. S. de Lons-le-Saulnier, chef-lieu de canton et poste; pop. 1800 hab.

ARIO, vg. de la confédération mexicaine, dans l'état de Michoacan, à 20 l. S. de Valladolid-de-Michoacan. Ce village est traversé par une route qui du plateau des Cordillères d'Anahuac conduit dans le pays des Côtes. Au S. du village s'élève le mont Aguasarca, haut de 1985 mètres, à l'O. duquel se forma,

en 1759, le volcan de Jorullo; pop. 190 hab.

ARIPA, g. a., v. de la Mauritanie césarienne, à l'O. de Bunobora.

ARIQUINAS, tribu d'Indiens habitant entre les fleuves de Putumajo et d'Yupura, dans la rép. de l'Ecuador.

ARISBA, g. a., v. de la Troade, non loin d'Abydos, où Alexandre rassembla son armée quand il visita les ruines de Troie et passa ensuite l'Hellespont.

ARISPE, v. de la confédération mexicaine, dans l'état de Sonora et Cinaloa, sur la riv. de los Ures et sur le penchant de la Sierra de Madre, dans une belle vallée. Avant la révolution qui, en 1810, détacha la vice-royauté du Mexique de la couronne d'Espagne, cette ville était le siége de l'intendant de la prov. de Sonora. Aujourd'hui elle est le chef-lieu d'un alcadia-mayor; pop. 9000 h.

ARISTOBULIOS, g. a., pet. v. de la Galilée supérieure, à l'E. d'Hébron.

ARITAHUA, une des sommités les plus élevées des Andes, dans la rép. de l'Ecuador.

ARIUSIA, g. a., v. de l'île de Chios; vins excellents.

ARIZA, b. d'Espagne, dans l'Aragon, prov. de Saragosse, dans le corregimiento de Calatayud; commerce de vin.

ARJAC, ham. de Fr., dép. de l'Aveyron, arr. et poste de Rhodez, cant. de Conques, com. de St.-Cyprien; pop. 80 hab.

ARJONA, *Urcoa*, v. d'Espagne, dans l'Andalousie, prov. de Jaën, sur le Salado de Arjona; faïenceries peu considérables; pop. 2800 hab.

ARJONILLA, pet. b. d'Espagne, dans la prov. de Jaën, près d'Arjona.

ARJUZANX, vg. de Fr., dép. des Landes, à 8 1/2 l. O.-N.-O. de Mont-de-Marsan, chef-lieu de canton, poste de Tartas; pop. 650 hab.

ARKADILLO, vg. dans la confédération mexicaine, état de San-Luis-Potosi, a des riches mines d'argent.

ARKANSAS, territoire des États-Unis de l'Amérique du Nord, qui formait autrefois une partie de la Louisiane, vendue par les Français à l'Union en 1803. En 1819, le territoire d'Arkansas fut séparé de l'état du Missouri dons il avait formé, jusque là, la partie méridionale, et forme aujourd'hui un territoire auquel l'Arkansas a donné son nom. Il est borné au N. par l'état de Missouri et le district des Osages, partie du grand territoire de Missouri, à l'O. par les états mexicains, au S. par les mêmes états et par l'état de Louisiane, et à l'E. par les états de Mississipi et de Pennessée. Son étendue est de 5698 l. géographiques et sa population de 40,000 âmes, composée en partie d'Européens, en partie de tribus indigènes d'Indiens. Ce territoire est traversé par diverses ramifications des monts Ozark très-riches en métaux, en terres et en pierres de toute espèce. Il est bien arrosé et très-fertile surtout sur les bords de l'Arkansas. Le climat est généralement sain. Les eaux thermales et les salines y abondent.

ARKANSAS, fl. considérable de l'Amérique septentrionale. Il a sa source sur le penchant oriental des Montagnes-Rocheuses (Rocky-Mountains), dans les États-Unis de l'Amérique du Nord, territoire du Missouri, district des Osages, sous le 40° 51′ lat. Il prend une direction S.-E. et forme déjà dans le territoire du Missouri, où il reçoit le Muns, le petit Arkansas (Little Arkansas) et le petit Verdigris (Little Verdigris de l'E., la Negraka ou la Grande-Rivière, le Strong-Saline, la Saline et la Nesuketonka de l'O., un fleuve assez considérable; il sépare la confédération anglo-américaine de la confédération mexicaine et entre dans le territoire auquel il donne son nom, sous le 36° 50′ de lat. et le 100° 40′ de long. Là, il reçoit le Verdigris, le Niosbo el l'Illinois, puis le Canadien, formé par la réunion de trois grandes branches et descendant également des Rocky-Mountains, traverse la belle et fertile vallée d'Arkansas entre les montagnes Ozark et les monts Cerne, et se jette dans le Mississipi sous le 34° de lat. N. Le cours de l'Arkansas est de 220 milles géographiques en ligne droite et de 400 milles avec ses détours. Le volume de ses eaux est très-grand, et il est navigable pour les grands vaisseaux jusqu'à sa jonction avec le Canadien. Plus loin la navigation se trouve interrompue fréquemment par des courants et des cataractes. Les bords de l'Arkansas consistent presque dans toute la longueur du fleuve en terrains bas très-fertiles, qu'il inonde annuellement.

ARKANSAS, comté dans le territoire du même nom, dans les États-Unis de l'Amérique du Nord, sur les deux rives de l'Arkansas jusqu'à son embouchure. Il est borné au N. par les comtés de Pulasky et de Philippe, à l'E. par le Mississipi, au S. par le pays de Guawpas et le comté de Clarke, à l'O. par le district de Choktaws, et compte environ 2000 habitants.

ARKANSAS ou **ARKANSAS-POST**, pet. v. dans le comté du même nom. (*Voyez* l'article précédent.) C'est le plus ancien établissement des Européens dans le territoire d'Arkansas et en même temps le plus peuplé, quoique le nombre de ses habitants n'arrive pas à un millier. Il fut fondé par des Français à la fin du dix-huitième siècle. Il est situé sur la rive gauche de l'Arkansas, à treize milles de son embouchure, a une poste et quelque commerce.

ARKAS, pet. île près des côtes de la Sénégambie, entre les îles Bissao et Bulama.

ARKHANGELSK, gouv. de la Russie d'Europe, la plus grande des provinces de l'empire des czars, est situé entre 25° et 67° long. orient. et entre 61° et 78° lat. N. Il est borné à l'E. par Tobolsk, au S.-E. par Wologda, au S.-O. par Olonez, à l'O. par la Finlande et la Norwège, au N. par la mer Blanche et l'Océan Arctique dans lequel est située la Nouvelle-Zemble qui fait partie de ce gouvernement. Son étendue est de 16,225 l. c. géographiques; sa population seulement de 263,000 habitants, selon Balbi, est encore moindre, selon Hassel. Elle est composée de Russes, de Samoyèdes, de Lapons et de Syrjaïnes ou Permjækes qu'on regarde comme les indigènes mais qui sont réduits au nombre de quelques familles qui vivent avec les Russes.

La province d'Arkhangelsk est divisée en deux parties par le grand golfe appelé la mer Blanche. Les deux ont le même aspect : celui d'une plaine immense comprise entre les dernières collines des montagnes Scandinaves à l'O. et le commencement de l'Oural à l'E., arrosée par la Dwina, le Petchora, le Meben, l'Onega et quelques autres rivières. On ne trouve de montagnes que dans la presqu'île de Tcheskaja, groupe divisé en deux chaînes, dont l'occidentale va se terminer au cap Kunin. Un grand nombre de lacs couvrent le sol de cette province. Le climat est exclusivement rude et froid; des étés courts, mais souvent nébuleux, des automnes humides et de longs hivers entravent le développement des plantes et des animaux. Au-delà du 67° le sol, composé d'un terrain humide recouvert en été d'une couche de mousse, glacé en hiver, ne porte que quelques arbustes rabougris et se refuse à toute culture. En-deçà du 67° la végétation devient plus forte, les forêts commencent et sont plus belles à mesure qu'elles se rapprochent du midi. L'agriculture est partout peu importante, de même que l'éducation du bétail qui reste petit dans toute la province; la fabrication de toiles est la seule industrie quelque peu florissante. C'est à la pêche et à la chasse que les habitants viennent demander leur nourriture et leur entretien. Ces deux branches d'industrie sont très-lucratives.

Le gouvernement d'Arkhangelsk a été réuni à la Russie en 1506, la Nouvelle-Zemble en 1579. Depuis 1784 il est réuni avec Olonez sous un même gouvernement militaire qui réside dans la ville d'Arkhangelsk. En 1808 les revenus de la province se sont élevés à 1,136,000 roubles.

ARKHANGELSK, v. et port de la Russie d'Europe, chef-lieu du gouvernement qui en porte le nom, située à l'embouchure de la Dwina dans la mer Blanche. Elle est la résidence des autorités civiles et militaires, le siège d'un archevêché et d'un département de la marine russe. Son port est sûr et profond, mais accessible seulement, à cause des glaces, pendant trois mois de l'année, de juillet à la fin de septembre. On construit des vaisseaux de ligne et d'autres bâtiments de guerre sur les chantiers de la marine militaire, situés près du port, dans l'île de Sólombola. Cette ville est entourée d'une muraille en pierres de taille, mais du reste bâtie en bois, comme la plupart des villes russes.

Le marché en pierre, la cour des négociants, entourée de six fortes tours, et les chantiers sont ses édifices les plus remarquables. Parmi les institutions publiques, nous citerons le séminaire ecclésiastique dirigé par neuf professeurs, le gymnase, l'école de navigation et le pensionnat particulier.

Arkhangelsk a été pendant longtemps et jusqu'à la fondation de St.-Pétersbourg, le centre principal de tout le commerce extérieur de la Russie. Les Anglais, jaloux des profits que faisaient les Portugais et les Espagnols par la découverte de terres inconnues, avaient formé, au milieu du seizième siècle, une compagnie dans le but d'exploiter la mer du Nord et d'y chercher un passage pour la Chine et les Indes. Un de leurs vaisseaux aborda près d'Arkhangelsk, alors simple château; le capitaine se rendit à Moscou, y obtint des encouragements et plus tard la compagnie anglaise obtint le privilége de s'établir et de commercer dans toutes les parties de l'empire russe avec exemption de tous droits, taxes et impôts. Arkhangelsk devint le centre de ce commerce et s'accrut rapidement; et lorsque le privilége anglais fut étendu aux autres nations, des vaisseaux de toute l'Europe y vinrent tous les ans apporter les produits du midi et chercher ceux de la Russie, ainsi que la soie et le coton de la Perse. Pierre-le-Grand porta un rude coup à cette ville, en lui ôtant toutes ses franchises et en les accordant à St.-Pétersbourg, mais depuis qu'Elisabeth les lui a rendues, elle se relève tous les ans, et l'on peut la considérer, d'après les bâtiments qui entrent dans son port, comme la quatrième ville commerçante de l'empire russe. Elle ne cède le pas qu'à St.-Pétersbourg, Riga et Odessa.

On exporte de la poix, du suif, du goudron, du savon, de l'huile, de la cire, des nattes, des toiles, du fer, du cuivre, des fourrures de Sibérie, des poissons et de la viande salée. Les importations consistent en vins, produits coloniaux, objets manufacturés, etc. Les négociants, parmi lesquels se trouvent plusieurs maisons étrangères, fréquentent les principales foires de l'empire, étendent leurs relations jusqu'aux frontières de la Chine et prennent une part active aux grandes pêches que l'on fait dans les parages du Spitzberg et de la Nouvelle-Zemble. La compagnie de la mer Blanche, fondée depuis 1805 et résidant à Arkhangelsk fait presque exclusivement la pêche des harengs. D'autres expéditions ont pour but de chasser le veau-marin, de chercher de l'édredon et des dents de Narwal. N'oublions pas de dire que c'est dans cette ville qu'en 1670 le cours du change fut introduit en Russie, où il était totalement ignoré; pop. 19,000 hab.

ARKHAUGUELSKOIE, château du prince Yousoupow, dans les environs de Moscou, en Russie, contient une superbe galerie de tableaux.

ARKIKO, pet. v. d'Abyssinie, dans le Samara, sur la côte de la mer Rouge. Elle est le siége d'un naïb, tributaire du roy. de Tigré.

ARKLOW, *Arcloa*, v. d'Irlande, dans le comté de Wicklow, près de l'Ovoca que l'on passe en cet endroit sur un pont de dix-neuf arches. Elle a un petit port, 45 bâteaux pour la pêche aux harengs, une fonderie de cuivre, et quoique la population soit à peine de 1000 habitants, elle possède une société d'agriculture.

ARKOPOLIS, pet. v. des États-Unis de l'Amérique du Nord, territoire et comté d'Arkansas, sur la rive méridionale du Mississipi. C'est la capitale du territoire, quoiqu'elle n'ait encore que peu de maisons.

ARLANC, pet. v. de Fr., dép. du Puy-de-Dôme, arr., à 3 1/2 l. S., et poste d'Ambert, chef-lieu de canton, sur la Dore; fabriques de rubans de fil et merceries; sources d'eaux minérales; pop. 3600 hab.

ARLANZON, riv. d'Espagne, traverse la prov. de Burgos, reçoit l'Arlanza, le Carrion, la Cieza, et se jette dans le Duero, près de Valladolid.

ARLAY, b. de Fr., dép. du Jura, arr. de Lons-le-Saulnier, cant. et poste de Bletterans; pop. 1750 hab.

ARLBERG ou **VORARLBERG**, *Arula*, partie occidentale des Alpes du Tyrol, entre le Rhin, le lac de Constance, les royaumes de Bavière et de Wurtemberg et le duché de Tyrol; ses deux passages les plus remarquables sont le défilé de Bregenz, route du Wurtemberg, dans le Tyrol et la vallée du Rhin en Suisse, et celui de l'Arlberg, haut de 10,000 pieds, appelé aussi passage de Feldkirch, qui conduit de la vallée du Rhin dans celle de l'Inn. En 1799, ce passage fut courageusement mais vainement défendu par les Autrichiens contre les Français.

ARLEBOSC, vg. de Fr., dép. de l'Ardèche, arr. et poste de Tournon, cant. de St.-Félicien; pop. 1000 hab.

ARLEMPDES, vg. de Fr., dép. de la Haute-Loire, arr. du Puy, cant. de Pradelles, poste de Cayres; pop. 600 hab.

ARLENDES, vg. de Fr., dép. du Gard, arr. d'Alais, cant. et poste de St.-Ambroix, com. d'Allègre; pop. 100 hab.

ARLES, *Arelate*, *Arelas*, *Colonia Julia Paterna*, v. de Fr., dép. des Bouches-du-Rhône, chef-lieu d'arr., sur la rive gauche du Rhône, à 190 l. S.-S.-E. de Paris; siége de tribunaux de première instance et de commerce, conservation des hypothèques, direction des contributions indirectes, haras royal et bergerie royale. Cette ville, une des plus anciennes des Gaules, est remarquable par ses antiquités; l'obélisque qui orne la place de l'hôtel de ville, un amphithéâtre assez bien conservé, des colonnes, des débris d'arcs de triomphe et un grand nombre de restes d'édifices antiques attestent la splendeur passée d'Arles. Parmi ses établissements modernes on remarque la bibliothèque, le musée, l'école de navigation, l'hôtel de ville et une salle de spectacle; elle possède aussi un collége et une société d'agriculture. On fait à Arles commerce de vins, de blé, d'huile, de bêtes à laine, de chevaux, de mules, etc. On récolte une grande quantité de soude dans les environs. Quatre foires pour les chevaux et les bêtes à laine; population 77,688 habitants pour l'arrondissement et 20,048 pour la ville.

On n'est point d'accord sur l'époque de la fondation d'Arles ni sur le peuple qui en fut le fondateur. Les uns croient qu'elle dut son origine à une colonie de Phocéens, d'autres prétendent qu'elle fut fondée par les Gaulois Salii longtemps avant l'invasion des Romains, et font dériver le nom Arles d'Ara-lata, vaste autel, sur lequel les Druides sacrifiaient des victimes humaines. Les débris d'une pyramide que l'on voit encore près de la ville sont, dit-on, des restes de ce monument druidique. Conquise par les Romains environ un demi siècle avant J.-C., Jules César y établit une colonie romaine, et c'est alors que commença la splendeur d'Arles. Enrichie et embellie par Constantin, qui y séjourna longtemps, elle devint la métropole des Gaules. Lorsque les barbares envahirent à leur tour ce pays, Théodoric, roi des Visigoths, conquit cette contrée et Arles passa sous la domination de ce peuple sans rien perdre de son importance. Sa décadence commença lorsque les Francs chassèrent les Visigoths; les Sarrasins et les Normands l'achevèrent au huitième et au neuvième siècle. Arles était depuis 859 incorporée au royaume de Provence dont Charles, fils de l'empereur Lothaire, fut le premier roi. Hugues, fils de Thiebaut, comte d'Arles, étant devenu roi de Lombardie, céda la Provence, dont il avait usurpé la possession, à Rodolphe, roi de la Bourgogne transjurane. Celui-ci réunit, en 934, tous les petits états de la Provence, sous le nom de royaume d'Arles. Cette monarchie eut à soutenir de nombreuses luttes contre la plupart des seigneurs qui ne voulaient pas renoncer à leurs petites souverainetés, et Arles fut plusieurs fois victime de l'ambition des princes qui prétendaient à sa possession. En 1146 cette ville fut prise par le comte de Barcelone qui fit démolir une partie de ses fortifications, Alphonse d'Aragon la prit en 1167 sur les sires de Baux ligués avec les comtes de Toulouse. En 1240 elle fut assiégée par Raymond VII, comte de Toulouse, auquel l'empereur Frédéric II en avait donné l'investiture. Lassée de toutes ces vicissitudes elle se constitue alors en république; mais trop faible pour défendre longtemps son indépendance, elle est forcée de reconnaître en 1251 l'autorité de Charles Ier, comte d'Anjou et de Provence. Depuis cette époque sa destinée ne fut plus séparée de celle des autres parties de la Provence.

Plusieurs conciles se tinrent à Arles; celui qui s'y assembla en 314 par ordre de Constantin, fut le plus célèbre; 600 évêques y furent réunis.

Arles est la patrie du marquis d'Antonelle, né en 1747 et mort en 1817.

ARLES-A-BOUC (canal d'), canal de France de grande jonction. Les ensablements qui se trouvent sur le Rhône entre la mer et Arles et les obstacles qu'éprouvent, par les vents du N., les bâtiments remontant le fleuve, ont donné naissance depuis 1664 à des projets d'établissement d'un canal entre Arles et un port sûr de la Méditerranée. Enfin des travaux furent commencés en 1802, mais suspendus en 1814. Une loi du 14 août 1822 a autorisé l'achèvement du canal. Il part du Rhône au-dessous d'Arles, traverse l'étang de Galejan et embouche dans le port de Bouc, à 1200 milles de la rade. Sa longueur est de 11 1/2 lieues; il a quatre écluses.

Ce canal sert en même temps au desséchement de plus de 70,000 hectares de marais qui se trouvent entre la mer et Arles.

ARLESHEIM, b. de Suisse, cant. de Bâle-Campagne, chef-lieu de district, sur la rive droite de la Birse, dans une contrée fertile en blé, vin, fruit, etc.; belle cathédrale bâtie en 1681. Son parc surtout mérite d'être cité, c'est un des plus beaux de la Suisse; filature de filoselle; pop. 750 hab.

ARLES-SUR-TECH, *Arulæ*, b. de Fr., dép. des Pyrénées-Orientales, arr. à 3 l. S.-O. de Céret, chef-lieu de canton et poste; mines de plomb; fonderies de fer; eaux thermales; pop. 2200 hab.

ARLET, vg. de Fr., dép. de la Haute-Loire, arr. de Brioude, cant. de la Voûte-Chilhac, poste de Langeac; pop. 200 hab.

ARLEUF, vg. de Fr., dép. de la Nièvre, arr., cant. et poste de Château-Chinon; pop. 2500 hab.

ARLEUX, *Arensium*, b. de Fr., dép. du Nord, arr. et poste à 2 l. S. de Douai, chef-lieu de canton. Patrie du conventionnel Merlin, de Douai; pop. 1750 hab.

ARLEUX-EN-GOCHELLE, vg. de Fr., dép. du Pas-de-Calais, arr. et poste d'Arras, cant. de Vimy; pop. 700 hab.

ARLINGTON, pet. v. des États-Unis de l'Amérique du Nord, état de Vermont, comté de Bennington, sur le Battenkell; pop. 1600 hab.

ARLOD, vg. de Fr., dép. de l'Ain, arr. de Nantua, cant. et poste de Châtillon-de-Michaille; pop. 300 hab.

ARLON, *Arolaunum*, v. de la Belgique, dans la prov. et l'arr. et à 4 l. N.-O. de Luxembourg. C'est après Luxembourg la ville la plus considérable de cette province; elle a des forges, des mégisseries, des faïenceries et des fabriques de draps. La forge de Clairfontaine, près de la ville, est renommée.

On exploite aussi dans les environs un grand nombre de tourbières; pop. 3000 hab.

L'armée de la république française remporta près d'Arlon, en 1793 et 1794, deux victoires sur les Autrichiens.

ARLOS, vg. de Fr., dép. de la Haute-Garonne, arr. de St.-Gaudens, cant. et poste de St.-Béat; pop. 400 hab.

ARLOZ, ham. de Fr.. dép. du Jura, arr. de Poligny, cant. et poste de Salins; pop. 20 hab.

ARMA, g. a., v. de Judée, tribu de Siméon.

ARMABUTOS, peuplade indienne indépendante dans la Guyane brésilienne; elle habite dans la Serra de Tumucuraque, aux sources de l'Anauirapacée.

ARMACALES, g. a., canal de la Babylonie, qui joignit l'Euphrate au Tigre.

ARMACTICA, g. a., v. de l'Ibérie, au confluent de l'Aragos et du Cyrus, à l'O. de Tiflis.

ARMAGH, comté d'Irlande, borné au N. par le lac ou lough Neagh, à l'E. par le comté de Down, au S.-E. par celui de Louth, au S.-O. par le comté de Menaghan, et au N.-O. par celui de Tyrone. Sa superficie est de 460 milles c. anglais. Le terrain est ondulé et traversé par une chaîne de collines appelée Fews. Le point culminant, que les Irlandais nomment Slieve Gullian, s'élève au milieu d'un paysage romantique embelli de tous les accidents d'une nature sauvage. Des grottes, des cavernes, des rochers élevés, de profonds précipices, des ruisseaux, des torrents; tout y offre enfin le plus agréable contraste.

Le comté est arrosé par un grand nombre de rivières, entre autres par le Blackwater et et le Bann qui se déchargent dans le lac Neagh et par plusieurs lacs. Celui de Camlough est remarquable par les blanchisseries nombreuses établies sur ses bords. A l'E. du comté se trouve le canal de Nevry qui établit une communication entre le lac Neagh et la baie de Carlingford. Cette province renferme aussi cinq sources d'eaux minérales.

Le climat est sain et très-agréable. L'agriculture a fait de grands progrès dans cette contrée, favorisée d'ailleurs par un sol fertile. Le lin est la production principale du pays, et la matière sur laquelle l'industrie s'exerce le plus spécialement. Le marché de Dublin reçoit par an pour 200,000 livres sterlings de toile du comté d'Armagh. On exporte aussi des grains, du bétail, de la laine et des cuirs. Les productions minérales consistent en plomb, terre de potier et pierres de taille. On y trouve aussi de la tourbe, mais moins qu'il n'en faut pour la consommation; aussi le bois y est-il fort cher. La population y est très-nombreuse relativement aux pays les plus peuplés de l'Europe; elle est évaluée à plus de 160,000 habitants, qui sont en général plus civilisés que dans les autres parties de l'Irlande. Le comté est divisé en cinq baronies.

ARMAGH, *Ardimacha*, v. d'Irlande, chef-lieu du comté de ce nom. C'est une ville fort vieille, bâtie sur une colline baignée par le Callen. Elle était plus considérable; cependant elle a repris depuis quelque temps un peu de son ancienne importance; elle est la résidence d'un archevêque catholique et de l'archevêque anglican, primat de l'Irlande. Ce prélat y occupe un palais remarquable, enrichi d'une belle bibliothèque et d'un observatoire; elle possède un élégant hôtel de ville où se tiennent les assises du comté, une belle cathédrale, plusieurs églises, un hôpital, un gymnase, une société littéraire et plusieurs établissements d'industrie. On y fabrique une grande quantité de toile, et la ville est l'entrepôt principal de cette sorte de marchandise pour tout le comté. Chaque samedi il s'y tient un marché de grains. Armagh nomme un député au parlement. Patrie de St.-Malachie, qui fut archevêque de cette ville, né 1094; il mourut à Clairvaux dans les bras de St.-Bernard, en 1148.

ARMAILLÉ, vg. de Fr., dép. de Maine-et-Loire, arr. de Segré, cant. et poste de Pouancé; pop. 800 hab.

ARMANCE, riv. de Fr., a sa source dans le département de l'Aube, à peu de distance de Cassangy, traverse le département de l'Yonne, où elle se jette dans l'Armançon. Son cours a 10 l.; elle est flottable sur une longueur de 8 l. C'est sur cette rivière que le bois de la forêt de Chaource, département de l'Aube, arrive à Paris.

ARMANÇON, *Armentio*, riv. de Fr., a sa source dans le département de la Côte-d'Or, au S. de Pouilly, traverse du S.-E. au N.-O. le département de l'Yonne; passe à Ravières, Ancy-le-Franc, Tonnerre, Flagny, St.-Florentin, Brienon et se jette dans l'Yonne, à 1 l. au-dessus de Joigny. Son cours est de 56 l.; elle est flottable sur 32 l.

ARMANCOURT, vg. de Fr., dép. de l'Oise, arr. et poste de Compiègne, cant. d'Estrées-Saint-Denis; pop. 350 hab.

ARMANCOURT, ham. de Fr., dép. de la Somme, arr. de Montdidier, cant. et poste de Roye; pop. 80 hab.

ARMAU, ham. de Fr., dép. des Basses-Pyrénées, arr. de Pau, cant. et poste de Lembeye, com. de Luc; pop. 12 hab.

ARMAUCOURT, vg. de Fr., dép. de la Meurthe, arr. et poste de Nancy, cant. de Nomény; pop. 385 hab.

ARMBOUTS-CAPPEL, vg. de Fr., dép. du Nord, arr. de Dunkerque, cant. et poste de Bergues; pop. 600 hab.

ARMBOUTS-CAPPEL-CAPPEL, vg. de Fr., dép. du Nord, arr., cant. et poste de Dunkerque; pop. 300 hab.

ARMEAU, vg. de Fr., dép. de l'Yonne, arr. de Joigny, cant. de Villeneuve-le-Roi, poste de Villevallier; pop. 850 hab.

ARMÉE (l'), vg. de Fr., dép. du Nord,

arr. de Lille, cant. et poste d'Armentières, com. de la Chapelle-d'Armentières; pop. 280 hab.

ARMEGON, pet. v. de l'Inde anglaise, présidence de Madras, où les Anglais établirent en 1625 leur première factorerie, avant l'acquisition de la ville de Madras, non loin de laquelle elle est située.

ARMEL (Saint-), vg. de Fr., dép. d'Ille-et-Vilaine, arr. et poste de Rennes, cant. de Châteaugiron; pop. 650 hab.

ARMENDARITS, vg. de Fr., dép. des Basses-Pyrénées, arr. de Mauléon, cant. d'Iholdy, poste de St.-Palais; pop. 850 hab.

ARMENDON, g. a., île sur la côte orientale de Crète, au N.-E. du cap Siders.

ARMÉNIE, grande contrée de l'Asie, partagée de nos jours entre la Turquie, la Perse, la Russie et quelques princes kurdes indépendants, a une superficie d'environ 6000 l. c. et s'étend depuis les bords de l'Euphrate, jusqu'à l'embouchure du Kour dans la mer Caspienne, entre l'Asie Mineure, la Perse, le Caucase et la Géorgie, sa surface âpre et montueuse est limitée au N., par le Caucase et traversée par divers embranchements du Taurus dont dépend l'Ararat. L'Euphrate, le Tigre qui y prennent leurs sources, le Kour, l'Aras ou Araxes, et une multitude de rivières arrosent le sol de ce pays, généralement fertile, mais qui convient plutôt à l'éducation de bestiaux qu'à l'agriculture; parmi le grand nombre de lacs qui s'y trouvent, nous citerons ceux de Van et d'Ocermieh. Le climat est plutôt froid que chaud, cependant les plus beaux fruits méridionaux y réussissent. Les montagnes sont riches en mines de fer et de cuivre. Les habitants se composent en majeure partie d'Arméniens, proprement dits, de Turcomans qui parcourent en nomades les plaines avec leurs troupeaux, et d'un petit nombre de Turcs, de Grecs et de Juifs.

L'Arménie était divisée autrefois en Petite et Grande-Arménie, séparées l'une de l'autre par l'Euphrate. La première appartient toute entière aux Osmanlis et fait partie des paschaliks de Merache et de Sivas; l'autre, située au S. du Caucase, comprend les eyalets d'Erzeroum, de Kars et de Van, et la province persane d'Erivan, cédée à la Russie par la paix de 1828, et qui forme aujourd'hui l'Arménie russe. L'arménie turque avait aussi été conquise par les Russes en 1828, mais la paix d'Andrinople la restitua à la Porte, à l'exception du territoire qui s'étend jusqu'à la rivière Tschoroki.

L'histoire ancienne de ce pays est peu connue; changeant tour à tour de maitre, il paraît qu'il fit successivement partie des empires assyrien, médo-persan et macédonien. Après la mort d'Alexandre-le-Grand, il fut incorporé au royaume de Syrie, mais la défaite d'Antiochus le livra à des gouverneurs particuliers et il fut partagé en Grande et en Petite-Arménie. Les Parthes et les Romains se disputèrent longtemps à qui nommerait au trône de la Grande-Arménie. Trajan la réduisit en province romaine. Délivrée de nouveau, malgré les attaques de Sapor, elle conserva son indépendance et ses rois particuliers jusqu'en 650 où elle fut conquise par les Arabes. Plus tard, elle fut la proie de Dschingis-Kan, de Tamerlan, des Perses, jusqu'à ce que Selim II la réunit définitivement à l'empire ottoman, en 1552. La Petite-Arménie eut de même différents maitres. Mithridate la posséda d'abord; mais Pompée la lui arracha et la donna à Déjotarus. Lors de la décadence de l'empire romain en Orient, les Perses la conquirent, plus tard les Arabes, enfin Selim I la réunit à l'empire turc en 1514.

ARMÉNIENS (les), peuplade originaire des pays où l'Euphrate et le Tigre ont leurs sources, et habitant, en plus grand nombre, dans l'Arménie proprement dite, sont répandus aujourd'hui dans toute l'Asie ottomane, dans la Turquie d'Europe et dans quelques parties de l'Autriche et de la Russie. Ils ne vivent pas dans ces pays comme agriculteurs, répartis dans des villes et des villages; mais habitent dispersés, comme les Juifs et les Bohémiens, en qualité de négociants, de marchauds, de fournisseurs, etc. Ils ont une langue particulière, dans laquelle ils s'appellent Hav; de plus une langue sacrée, connue des prêtres seuls, mais dans leurs relations ils se servent des idiomes vulgaires. Leur taille est svelte, gracieuse et mignonne chez les femmes; leur teint olivâtre, des yeux brillants et le nez aquilin les font reconnaître facilement. Leur religion est une secte particulière de la religion grecque, gouvernée par quatre patriarches. Ceux qui sont catholiques, en ont deux dont l'un réside dans l'île St.-Lazare, dans les lagunes de Venise. On trouve le plus grand nombre d'Arméniens à Constantinople, dans les grandes villes de la Valachie et de la Moldavie. Ils sont sobres, réservés, peu adonnés aux excès, mais enclins à l'avarice. Ils se marient toujours entre eux.

ARMENIERSTADT (Szamos-Ujwar), *Armenopolis*, v. libre royale de Transylvanie, dans le comitat de Szolnok-Intérieur, sur le Szamos, avec une forteresse qui sert de prison aux grands criminels. Ses rues tirées au cordeau, sont bien bâties; elle a trois églises, parmi lesquelles celle des Arméniens se distingue principalement. Ce sont aussi ceux-ci qui occupent les premières places et ont entre leurs mains presque tout le commerce du pays; tanneries. Cette ville, fondée en 1726, a plusieurs foires très-fréquentées.

ARMENONVILLE-LES-GATINEAUX, vg. de Fr., dép. d'Eure-et-Loir, arr. de Chartres, cant. de Maintenon, poste de Gallardon; pop. 300 hab.

ARMENRUTH, vg. de Prusse, prov. de Silésie, rég. de Liegnitz; pop. 900 hab.

ARMENS ou **ST.-PEY-D'ARMENS**, vg. de Fr., dép. de la Gironde, arr. de Libourne, cant. et poste de Castillon; pop. 350 hab.

ARMENT. *Voyez* ERMENT.

ARMENTEROS, gr. vg. d'Espagne, dans la Vieille-Castille, prov. d'Avila. On y cultive beaucoup le poivre long ou poivre d'Espagne.

ARMENTEULE, vg. de Fr., dép. des Hautes-Pyrénées, arr. de Bagnères-en-Bigorre, cant. de Bordères, poste d'Arreau; pop. 100 hab.

ARMENTIÈRES, *Armentaria*, v. de Fr., dép. du Nord, arr. de Lille, chef-lieu de canton, sur la rive droite de la Lys. Cette petite ville, entourée de belles prairies, est assez jolie, ses rues sont propres et bien alignées; elle a des fabriques considérables de toiles, de lin et de calicots, des poteries, des raffineries de sel, des tanneries et un petit chantier de construction pour bateaux. Son marché aux grains est renommé pour les blés de semence; pop. 6350 hab.

ARMENTIÈRES, vg. de Fr., dép. de l'Ariège, arr., cant. et poste de Foix, com. de St.-Paul-de-Jarrat; pop. 145 hab.

ARMENTIÈRES, vg. de Fr., dép. de Seine-et-Marne, arr. et poste de Meaux, cant. de Lizy; pop. 600 hab.

ARMENTIÈRES, vg. de Fr., dép. de l'Aisne, arr. de Château-Thierry, cant. de Neuilly-St.-Front, poste de Coincy; pop. 200 hab.

ARMENTIÈRES, vg. de Fr., dép. de l'Eure, arr. d'Évreux, cant. de Verneuil, poste de St.-Maurice; pop. 420 hab.

ARMENTIÈRES, vg. de Fr., dép. de l'Oise, arr. de Beauvais, cant. de Coudray-St.-Germer, poste de Songeons, com. de la Chapelle-aux-Pots; pop. 250 hab.

ARMENTIÈRES, vg. de Fr., dép. de Seine-et-Marne, arr. de Meaux, cant. et poste de Lizy; pop. 500 hab.

ARMENTIEUX, vg. de Fr., dép. du Gers, arr. de Mirande, cant. et poste de Marciac; pop. 280 hab.

ARMENTO, pet. v. du roy. des Deux-Siciles, dans la prov. de Basilicate; pop. 2570 hab.

ARMES, vg. de Fr., dép. de la Nièvre, arr., cant. et poste de Clamecy; pop. 500 hab..

ARMEVILLE, vg. de Fr., dép. du Loiret, arr. de Pithiviers, cant. d'Outerville, poste d'Angerville, com. de Charmont; pop. 230 hab.

ARMILLAC, vg. de Fr., dép. de Lot-et-Garonne, arr. de Marmande, cant. de Lauzun, poste de Miramont; pop. 500 hab.

ARMINA, pet. v. de la Guyane hollandaise, sur la rive gauche du Marowyne et tout près de l'embouchure du Greck-Armina dans le Marowyne. C'est un poste militaire contre les Nègres marrons; pop. 1300 hab.

ARMINNÉ ou **ERMYNE**, **ERMENNE**, joli vg. sur la limite N. de la Nubie, près du Nil dont les bords sont couverts en cet endroit d'acacias, de palmiers et de tamarins. Un peu vers le S. se trouve l'île Kogos avec les ruines d'un ancien fort.

ARMISSAN, vg. de Fr., dép. de l'Aude, arr. et poste de Narbonne, cant. de Courson; pop. 450 hab.

ARMIX, vg. de Fr., dép. de l'Ain, arr. et poste de Belley, cant. de Virieux-le-Grand; pop. 220 hab.

ARMOISES (Grandes et Petites), deux villages de Fr., dép. des Ardennes, arr. de Vouziers, cant. et poste du Chêne; pop. 650 hab.

ARMON (Saint-), vg. de Fr., dép. des Basses-Pyrénées, arr. et poste de Pau, cant. de Morlaas; pop. 750 hab.

ARMOUS (Saint-), vg. de Fr., dép. du Gers, arr. de Mirande, cant. de Montesquiou, poste de Marsiac; pop. 450 hab.

ARMONTS (les), vg. de Fr., dép. de la Haute-Saône, arr. de Lure, cant. et poste de Luxeuil, com. de la Lanterne; pop. 200 hab.

ARMONVILLE-LE-GUENARD, ham. de Fr., dép. du Loiret, arr. de Pithiviers, cant. d'Outerville, com. de Boisseaux-la-Marche, poste d'Angerville; pop. 50 hab.

ARMONVILLE-SABLON, vg. de Fr., dép. d'Eure-et-Loir, arr. de Chartres, cant. de Janville, com. de Barmainville, poste d'Angerville; pop. 150 hab.

ARMOR, vg. de Fr., dép. du Morbihan, arr., cant. et poste de Lorient, com. de Plœmeur; pop. 800 hab.

ARMORIQUE, g. a., ancienne prov. des Gaules; elle comprenait tout le pays qui s'étendait le long des côtes depuis l'embouchure du Liges jusqu'à celle de la Séquana, c'est-à-dire dans la Bretagne: les départements de la Loire-Inférieure, du Morbihan, du Finistère, des Côtes-du-Nord et d'Ille-et-Vilaine; et dans la Normandie: ceux du Cantal, du Calvados, de l'Eure et de la Seine-Inférieure. Du temps de César, les Armoricains formaient une espèce de république fédérative.

ARMSEUL, vg. du roy. de Hanovre, dans le gouv. de Hildesheim; célèbre par l'attaque que les anciens Saxons tentèrent sur Charlemagne, lorsque ce dernier conduisit à Hildesheim la colonne d'Irminsul (Irmensæule); pop. 200 hab.

ARMSTRONG, comté dans l'état de Pensylvanie, États-Unis de l'Amérique du Nord. Il est borné au N. par le comté de Vénargo, au N.-E. par le comté de Jefferson, à l'E. par le comté d'Indiana, au S. par le comté de Westmoreland, au S.-O. par le comté d'Alleghany et à l'O. par celui de Butler. Le fleuve Alleghany qui y reçoit plusieurs petites rivières, traverse dans toute sa longueur ce pays montueux, rempli de grandes forêts et assez pauvre. On évalue le nombre de ses habitants à 11,000.

ARMUYDEN, *Arnemuda*, v. de la Hollande, dans la province de Zeeland, arr. de Middelbourg, à l'extrémité orientale de l'île de Walcheren. Son port est encombré de sable et son commerce presque nul. Toute son industrie consiste dans le raffinage du sel; pop. 900 hab.

ARNA, *Andros*, vg. des Tibbous, dans la partie orientale du Sahara, sur la limite occ. du désert de la Lybie, à six jours de marche E. de Borgou, chef-lieu d'une tribu de Tibbous. Bacchus y eut un temple célèbre.

ARNA, g. a., v. à l'E. de l'Ombrie, au pied des Apennins.

ARNAC, vg. de Fr., dép. de l'Aveyron, arr. de St.-Affrique, cant. et poste de Camarès, com. de Melagues; pop. 300 hab.

ARNAC, ham. de Fr., dép. de l'Aveyron, arr. de Milhau, cant. de Salles-Curan, poste de Cassagne-Bégonhès, com. de Villefranche-de-Panat; pop. 30 hab.

ARNAC, vg. de Fr., dép. du Cantal, arr. d'Aurillac, cant. de la Roquebrou, poste de Montvert; pop. 400 hab.

ARNAC, vg. de Fr., dép. de Tarn-et-Garonne, arr. de Montauban, cant. et poste de St.-Antonin, com. de Varen; pop. 280 h.

ARNAC (Saint-), vg. de Fr., dép. des Pyrénées-Orientales, arr. de Perpignan, cant. et poste de St.-Paul-de-Fenouillet; pop. 120 hab.

ARNAC-LA-POSTE, vg. de Fr., dép. de la Haute-Vienne, arr. de Bellac, cant. de St.-Sulpice-les-Feuilles et poste; pop. 1800 h.

ARNAC-POMPADOUR, vg. de Fr., dép. de la Corrèze, arr. de Brives, cant. et poste de Lubersac; pop. 1200 hab.

ARNAGE, vg. de Fr., dép. de la Sarthe, arr., cant. et poste du Mans, com. de Pontlieue; pop. 263 hab.

ARNAJON, vg. de Fr., dép. de la Drôme, arr. de Die, cant. et poste de la Motte-Chalançon; pop. 300 hab.

ARNANCOURT, vg. de Fr., dép. de la Haute-Marne, arr. de Vassy, cant. et poste de Doulevant; pop. 460 hab.

ARNANS, vg. de Fr., dép. de l'Ain, arr. et poste de Bourg-en-Bresse, cant. de Treffort; pop. 400 hab.

ARNAS, vg. de Fr., dép. du Rhône, arr., cant. et poste de Villefranche-sur-Saône; pop. 700 hab.

ARNAU, v. de Bohême, dans le cer. de Bidschow, sur l'Elbe; avec un château; manufactures de toiles, tanneries et blanchisseries; pop. 1400 hab.

ARNAUD-GUILHEM, vg. de Fr., dép. de la Haute-Garonne, arr. de St.-Gaudens, cant. et poste de St.-Martory; pop. 730 hab.

ARNAUDS (les), vg. de Fr., dép. de la Drôme, arr. de Noyons, cant. et poste du Buis, com. de Plaisians; pop. 128 hab.

ARNAUTES. *Voyez* ALBANIE.

ARNAVE, vg. de Fr., dép. de l'Arriège, arr. de Foix, cant. et poste de Tarascon-sur-Arriège; pop. 400 hab.

ARNAVILLE, vg. de Fr., dép. de la Meurthe, arr. de Toul, cant. et poste de Thiaucourt; pop. 900 hab.

ARNAY-SOUS-VITTEAUX, vg. de Fr., dép. de la Côte-d'Or, arr. de Semur, cant. et poste de Vitteaux; pop. 430 hab.

ARNAY-SUR-ARROUX ou **ARNAY-LE-DUC**, *Arnetium*, vg. de Fr., dép. de la Côte-d'Or, arr. de Beaune, chef-lieu de canton; fabriques de draps, de serges, de toiles et tanneries; commerce de grains, de chanvre, de laine et de bétail; pop. 2600 hab.

ARNÉ, vg. de Fr., dép. du Gers, arr. d'Auch, cant. et poste de Gimont, com. de l'Isle-Arné; pop. 120 hab.

ARNÉ, vg. de Fr., dép. des Hautes-Pyrénées, arr. de Bagnères-en-Bigorre, cant. et poste de Castelnau-Magnoac; pop. 500 hab.

ARNEBOURG, pet. v. de Prusse, dans la prov. de Saxe, rég. de Magdebourg, avec les ruines de l'ancien château d'Arnebourg; les habitants, au nombre de 1500, s'occupent de l'agriculture, du commerce de blé et de la navigation.

ARNEDILLO, villa d'Espagne, dans la Vieille-Castille, prov. de Soria, sur la Cidacos, dans la Sierra de Arnedo, a des eaux thermales très-fréquentées.

ARNEDO, v. d'Espagne, chef-lieu de la sierra de ce nom, dans la Vieille-Castille, prov. de Soria, sur le Cidacos; elle est ceinte de murailles, renferme trois églises, deux couvents, un hôpital et possède d'excellents vignobles; pop. 1700 hab.

ARNEGUY, vg. de Fr., dép. des Basses-Pyrénées, arr. de Mauléon, cant. et poste de St.-Jean-Pied-de-Port; pop. 700 hab.

ARNEKE, vg. de Fr., dép. du Nord, arr. d'Hazebrouck; cant. et poste de Carsel; pop. 1500 hab.

ARNELLAS, vg. du Portugal, dans la prov. de Beira, comarca de Lamego, à 3 l. de Porto; avec un port sur le Douro; commerce considérable de vins et de sel.

ARNFELS, vg. des états autrichiens, dans le duché de Styrie, cer. et à 6 1/2 l. N.-O. de Marbourg; avec un château; pop. 500 h.

ARNHEIM, *Areccanum*, v. forte de Hollande, chef-lieu de la prov. de Gueldre, au pied du mont Veluw et sur les bords du Rhin que l'on passe en cet endroit sur un pont de bâteaux. Cette ville, siége d'un tribunal de commerce, est bien bâtie et entourée de remparts qui servent de promenades; elle a quatre portes, un château, quatre églises, parmi lesquelles on remarque celle de St.-Eusèbe qui renferme les tombeaux de plusieurs ducs de Gueldre; une maison de correction, un gymnase, une école de dessin et d'architecture, une école des arts et plusieurs sociétés savantes. On y fait particulièrement le commerce d'expédition, très-favorisé par sa position sur le Rhin entre l'Allemagne et la Hollande. Elle a aussi des fabriques, des moulins et des fonderies de cuivre. Les marchés de grains y sont considérables; on cultive beaucoup de tabac dans les environs; pop. 10,000 hab. L'arrondissement d'Arnheim est divisé en 14 cantons qui ont ensemble une pop. de 78,500 hab.

ARNHEIM (terre d'), contrée sur la côte sept. de la Nouvelle-Hollande; elle touche à l'E. la terre de Carpentarie et s'étend entre les 130° et 135° de long. E. Les Hollandais prétendent avoir les premiers visité cette côte en 1618; mais aucune relation de ce voyage ne confirme cette assertion. Thomas Pool y passa en 1636 et Tasman en 1644. Parmi les navigateurs plus modernes, Flinders est le seul qui ait vu cette contrée.

Arnheim est la plus inconnue des terres australes; les voyageurs qui ont côtoyé cette partie de la Nouvelle-Hollande, n'y ont point aperçu d'habitants; mais la fumée qui s'élevait à quelque distance sur la côte, leur fit présumer qu'elle est habitée.

ARNHEIM (cap d'), au N.-O. du golfe de Carpentarie, dans l'Océanie centrale, au N. de la Nouvelle-Hollande. La baie du même nom sur la même côte, est une des plus considérables et des plus commodes du continent austral. Les environs ne paraissent pas être fort peuplés; cependant Flinders y a remarqué des traces qui lui font croire qu'ils sont habités. Les forêts y sont peuplées d'une multitude d'oiseaux de toute espèce et principalement de perroquets.

ARNICOURT, vg. de Fr., dép. des Ardennes, arr., cant. et poste de Réthel; pop. 400 hab.

ARNIÈRES, vg. de Fr., dép. de l'Eure, arr., cant. et poste d'Évreux; pop. 500 hab.

ARNO, riv. d'Italie, ses sources sont dans l'Apennin au pied du mont Faltarone. C'est la principale rivière de la Toscane; dans son cours elle arrose une des plus belles parties de l'Italie, passe par Florence, Empoli et Pise et se jette dans la Méditerranée non loin de cette dernière ville. Ses affluents sont peu considérables; les principaux d'entre eux sont, à la droite, la Sièvre, qui passe par Dicomano, et l'Ombrone, qui passe par Bistoye et Boggio à Cajano; ceux de gauche sont l'Alsa et l'Era. Autrefois cette rivière causait de grands dégâts par ses inondations; aujourd'hui elle est soumise, ainsi que ses affluents, à un système complet de murs et de digues qui servent à diriger son cours et à distribuer le superflu de ses eaux aux campagnes voisines. Elle est navigable et communique avec le Tibre par un canal en partie naturel, en partie artificiel, dont la base est la Chiana qui sort du lac de Monte Pulciato d'un côté pour se rendre de la partie du même lac appelé lac de Chiusi dans l'Arno, et de l'autre pour se rendre dans la Paglia, affluent du Tibre.

ARNO, groupe d'îles faisant partie de l'archipel Central ou de Mulgrave; il est situé sous le 7° 30' de lat. N. et le 169° 30' de long. E. Les productions de ces îles ne suffisent point à l'existence des habitants qui sont très-pauvres; la pêche est leur unique ressource contre la misère.

ARNOLD, b. d'Angleterre, dans le comté de Nottingham. On y fabrique des bas; pop. 3200 hab.

ARNON (l'), riv. de Fr., a sa source près de Châteaumeillant, dép. du Cher, et son embouchure dans le Cher, à 1 l. O. de Vierzon, dans le même département. Son cours est de 26 l. du S. au N.; elle est flottable sur une longueur de 16 l.

ARNONCOURT, vg. de Fr., dép. de la Haute-Marne, arr. de Langres, cant. et poste de Bourbonne; pop. 300 hab.

ARNOS, vg. de Fr., dép. des Basses-Pyrénées, arr. d'Orthez, cant. d'Arthez, poste de Lacq; pop. 300 hab.

ARNOUL, riv. de Fr., dép. de la Charente-Inférieure, se jette dans le canal de Brouage.

ARNOULT ou **ST.-SULPICE-D'ARNOULT**, vg. de Fr., dép. de la Charente-Inférieure, arr. de Saintes, cant. et poste de St.-Porchaire; pop. 500 hab.

ARNOULT (Saint-), vg. de Fr., dép. du Calvados, arr. et cant. de Pont-l'Évêque, poste de Touques; pop. 143 hab.

ARNOULT (Saint-), vg. de Fr., dép. de Loir-et-Cher, arr. de Vendôme, cant. et poste de Montoire; pop. 480 hab.

ARNOULT (Saint-), vg. de Fr., dép. de l'Oise, arr. de Beauvais, cant. et poste de Formerie; pop. 800 hab.

ARNOULT (Saint-), vg. de Fr., dép. de l'Orne, arr. d'Argentan, cant., poste et com. d'Eymes; pop. 100 hab.

ARNOULT (Saint-), vg. de Fr., dép. de la Seine-Inférieure, arr. d'Yvetot, cant. et poste de Caudebec; pop. 950 hab.

ARNOULT-DES-BOIS (Saint-), vg. de Fr., dép. d'Eure-et-Loire, arr. de Chartres, cant. et poste de Courville; pop. 780 hab.

ARNOULT-EN-YVELINES, (Saint-), vg. de Fr., dép. de Seine-et-Oise, arr. de Rambouillet, cant. et poste de Dourdan; il a des filatures, des fabriques d'étoffes de coton, de basins, de piqués, de mousselines et des blanchisseries de lin et de chanvre; pop. 1450 h.

ARNOULT-SUR-RY (Saint-), vg. de Fr., dép. de la Seine-Inférieure, arr. de Rouen, cant. et poste de Buchy; pop. 860 hab.

ARNOUVILLE, vg. de Fr., dép. d'Eure-et-Loir, arr. de Chartres, cant. de Janville, com. de Gommerville, poste d'Angerville; pop. 100 hab.

ARNOUVILLE, vg. de Fr., dép. de Seine-et-Oise, arr. et cant. de Mantes, poste de Septeuil; pop. 650 hab.

ARNOUVILLE, vg. de Fr., dép. de Seine-et-Oise, arr. de Pontoise, cant. et poste de Gonesse; pop. 300 hab.

ARNOUVILLE ou **ERMENOUVILLE**, vg. de Fr., dép. de la Seine-Inférieure, arr. d'Yvetot, cant. de Fontaine-le-Dun, poste de St.-Valéry-en-Caux; pop. 450 hab.

ARNOUX (les), vg. de Fr., dép. de la Nièvre, arr. de Nevers, cant. et poste de Dornas, com. de Lucenay-les-Aix; pop. 125 h.

ARNSBERG, v. de Prusse, dans la prov. de Westphalie, chef-lieu de régence, située sur une colline baignée par la Ruhr; elle est le siége d'une cour de justice supérieure et divisée en deux quartiers : le vieux et le nouveau. Ce dernier est bâti dans le goût moderne et possède une belle église nouvellement construite. La vieille ville a un château, deux églises, un séminaire pour les candidats-instituteurs et une école d'agriculture; fabriques de draps et de toiles. Non loin de la ville on voit les ruines de l'ancien château seigneurial d'où l'on domine la belle vallée de la Ruhr; pop. 4000 hab.

La régence d'Arnsberg se compose du duché de Westphalie, du comté de la Mark avec Dortmund, de la ville de Lippstadt, de la principauté de Siegen, des baronnies de Witgenstein-Berlebourg, Witgenstein-Witgenstein et Hohenlimbourg. Elle est bornée au N.-O. par la régence de Munster, au N.-E. par celle de Minden, à l'E. par la principauté de Waldeck, la Hesse-Electorale et le grand-duché de Hesse, au S. par le duché de Nassau, au S.-O. par la régence de Coblence et à l'O. par celles de Cologne et de Dusseldorf; elle a une superficie de 572 l. c. et une population de 390,000 habitants et comprend 54 villes, 20 bourgs et 1119 villages.

ARNSTADT, *Aristadium*, v. de la principauté de Schwarzbourg-Sondershausen, sur la Géra qui la divise en deux parties; elle possède trois églises, dont l'une, Notre-Dame, est remarquable par son architecture, et un château dans lequel on trouve une belle collection de porcelaines de prix et une petite galerie de tableaux. On y distingue encore la maison des orphelins avec sa collection d'objets d'art et d'histoire naturelle; le gymnase, l'hôtel du consistoire protestant, l'hospice des aliénés, à la tête duquel se trouvent plusieurs médecins distingués, et l'école normale. Arnstadt est le chef-lieu du comté supérieur de la principauté de Schwarzbourg-Sondershausen, le siége de l'administration centrale du comté et la plus grande ville de toute la principauté. Ses industrieux habitants se livrent principalement à des travaux métallurgiques; fabriques de toiles, brasseries, tanneries, commerce de céréales, de graines; pelleterie; ses marchés de grains et de bois de chauffage sont les plus importants de toute la Thuringe; pop. 4375 hab.

ARNSWALDE, v. de Prusse, dans la prov. de Brandebourg, rég. de Francfort-sur-l'Oder, chef-lieu de cercle; elle est entourée de trois lacs abondants en poissons et a deux hôpitaux; commerce de draps et d'eau-de-vie; les productions du sol se réduisent presque au froment et au chanvre; en revanche, le commerce du bois est pour les habitants une source de richesses; pop. 3600 h.

AROAN, v. d'Afrique, dans le pays de Tombouctou (Soudan), à six journées de marche et au N. de la ville de Tombouctou.

AROANGA ou **ROANGA**, riv. d'Afrique, affluent du Zambèze ou Couama, dans l'intérieur de Mozambique.

AROANIUS, g. a., fl. d'Arcadie, arrose Psophis, reçoit le Clitor et le Porinas et se jette dans l'Érymanthe.

AROASSOIAVA, chaîne de montagnes de 5 l. de longueur, dans l'emp. du Brésil, prov. de San-Paolo, entre les rivières de Tiéti et de Paranapanéma; toute la montagne se compose de minerai de fer.

ARNSTEIN, pet. v. de Bavière, dans le cer. du Mein inférieur, dist. de Karlstadt; en 1796, pendant la retraite du général Jourdan sur le Rhin, elle eut beaucoup à souffrir; patrie de l'historien Michel Schmitt (1736—1794); pop. 1500 hab.

AROER, g. a., v. de la tribu de Gad, sur l'Arnone, à l'O. de Bezer.

AROFFE, vg. de Fr., dép. des Vosges, arr. de Neufchâteau, cant. et poste de Châtenois; pop. 350 hab.

AROGNO, pet. vg. de Suisse, cant. du Tésin, dist. de Lugano; patrie de Baptiste, Antoine et Innocent Colomba, peintres estimés du dix-septième et du dix-huitième siècle.

AROI, fl. de la rép. de Vénézuela; c'est un affluent de droite de l'Orénoque ou Orinoco.

AROKSZALLAS, b. de Hongrie, dans le cer. en-deça de la Theiss; belle église catholique et commerce considérable de blé.

AROLSEN, *Arothia*, v. capitale de la principauté de Waldeck, située sur l'Aar, est le siége du gouvernement et la résidence du souverain du pays. Cette ville est toute ouverte, mais régulièrement et bien bâtie; son château mérite d'être vu; ses trois églises sont bien construites. Parmi ses établissements publics nous distinguerons : l'école latine, l'hôpital, la maison de refuge pour les pauvres des deux sexes. A l'exception de quelques fabriques, qui se trouvent dans l'intérieur de la ville, les habitants d'Arolsen, comme ceux de toutes les petites résidences princières, montrent peu d'empressement à se livrer à des travaux industriels; ils vivent d'emplois publics, ou sont attachés à la maison du prince; cependant les foires de cette ville sont assez importantes. Arolsen a de fort belles promenades : l'allée dite des vieux chênes est vraiment admirable. Patrie de Christian Rauch, professeur de sculpture à l'académie des beaux-arts de Berlin, né en 1777; pop. 1751 hab.

AROMAS, vg. de Fr., dép. du Jura, arr. de Lons-le-Saulnier, cant. et poste d'Arinthod; pop. 800 hab.

ARON, riv. de Fr., dép. de la Nièvre, a sa source dans l'étang d'Aron, à 2 l. N. de St.-Saulge, coule d'abord du N. au S. jusqu'à Cercy-la-Tour, puis de l'E. à l'O. jusqu'à son embouchure dans la Loire au-dessous de Decize. Son cours est de 17 l. dont six sont navigables.

ARON, vg. de Fr., dép. de la Mayenne, arr., cant. et poste de Mayenne; pop. 1560 hab.

ARONA, v. du roy. de Sardaigne, dans la division de Novara, a un port et des chantiers sur le lac Majeur, et est défendue par un fort presque inaccessible, bâti sur un rocher au bord du lac. Cette ville fait un grand commerce avec l'Allemagne et la Suisse; elle est l'entrepôt de la soie et du riz qu'on exporte de la province. Patrie de St.-Charles Borromée dont la statue colossale en bronze, une des plus grandes qui existe (112 pieds), a été élevée sur une colline près du lac. A quelques milles de cette ville commence aussi la magnifique route du Simplon dont la construction a coûté neuf millions de francs; pop. 4000 hab.

ARONS (les), vg. de Fr., dép. de l'Isère, arr. de St.-Marcellin, cant., poste et com. de Tullins; pop. 115 hab.

AROUARI, fl. dans l'emp. du Brésil, dans la prov. de Para, parcourt une étendue de 70 l. et s'embouche par plusieurs bras dans l'Océan Atlantique. En 1688, les Français élevèrent un fort sur les rives de ce fleuve; mais déjà trois années après il fut détruit par les eaux. Les Aracallinous, peuplade indienne indépendante, errent sur les bords de ce fleuve.

AROUE, vg. de Fr., dép. des Basses-Pyrénées, arr. de Mauléon, cant. et poste de St.-Palais; pop. 520 hab.

AROUILLE, vg. de Fr., dép. des Landes, arr. de Mont-de-Marsan, cant. et poste de Roquefort; pop. 500 hab.

AROUX, ham. de Fr., dép. du Gers, arr. de Mirande, cant. et poste de Miélan, com. de Manas; pop. 46 hab.

AROYA, riv. de la rép. du Pérou, affluent de gauche de l'Ucayali.

AROZ, vg. de Fr., dép. de la Haute-Saône, arr. de Vesoul, cant. de Scey-sur-Saône, poste de Traves; pop. 420 hab.

AROZA, baie sur la côte occid. du roy. de Galice, en Espagne; elle reçoit les eaux de l'Ulla et de plusieurs autres rivières, et communique à l'Océan Atlantique, près des îles Carréira et Salvora.

ARPAD, g. a., v. de Syrie, au S.-O. d'Epiphanie, et eut, comme celle-ci, ses propres rois.

ARPAILLARGUES ou **ARPAILLARGUES-ET-AURCILLAC**, vg. de Fr., dép. du Gard, arr., cant. et poste d'Uzès; pop. 460 hab.

ARPAJON, *Castra*, v. de Fr., dép. de Seine-et-Oise, arr. de Corbeil, chef-lieu de cant., au confluent de l'Orge et de la Remarde, dans une belle et fertile vallée. C'est une jolie petite ville, environnée de belles promenades; elle a une belle église, un marché couvert, des tanneries, des mégisseries et l'on y fait commerce de grains, de bétail, de volaille, de beurre et de toutes les denrées, auxquelles la grande consommation de Paris donne un débouché prompt et facile dans les départements voisins de la capitale; pop. 2200 hab.

ARPAJON, vg. de Fr., dép. des Hautes-Pyrénées, arr. de Bagnères-en-Bigorre, cant. et poste de Castelnau-Magnoac, com. de Monléon-Magnoac; pop. 130 hab.

ARPAJON ou **LE PAJOU**, vg. de Fr., dép. du Cantal, arr., cant. et poste d'Aurillac; pop. 2200 hab.

ARPARENS, vg. de Fr., dép. du Gers, arr. de Mirande, cant. d'Aignan, poste de Riscle, com. de Fusterouau; pop. 180 hab.

ARPAVON, vg. de Fr., dép. de la Drôme, arr., cant. et poste de Noyons; pop. 340 h.

ARPENANS, vg. de Fr., dép. de la Haute-Saône, arr., cant. et poste de Lure; pop. 680 hab.

ARPHEUILLE, vg. de Fr., dép. de l'Allier, arr. de Montluçon, cant. de Marcillat, poste de Néris; pop. 500 hab.

ARPHEUILLES, vg. de Fr., dép. du Cher, arr. et poste de St.-Amand-Mont-Rond, cant. de Charenton; pop. 550 hab.

ARPHEUILLES, vg. de Fr., dép. de l'Indre, arr. de Châteauroux, cant. de Châtillon-sur-Indre, poste de Buzançais; pop. 600 hab.

ARPHI, vg. de Fr., dép. du Gard, arr., cant. et poste du Vigan; pop. 560 hab.

ARPINO, pet. v. du roy. des Deux-Siciles, dans la prov. de la Terre de Labour, importante par ses nombreuses fabriques de toiles, de drap, de papier, qui la rendent une des plus industrieuses du royaume. C'est la patrie de Marius, de Cicéron et du peintre J.-César Arpino; pop. 8000 hab.

ARPIS, g. a., v. capitale des Arpiens, dans la Basse-Moésie, sur le Pont-Euxin.

ARQUA, *Arquatum*, b. du roy. Lombard-Vénitien, dans le gouv. de Venise, délégation et à 4 l. S.-O. de Padoue, avec un château fortifié où est mort Pétrarque, le 18 juillet 1374; l'on y voit encore son tombeau.

ARQUA, gr. vg. du roy. Lombard-Vénitien, dans le gouv. de Venise, délégation et à 2 l. S.-S.-O. de Rovigo, non loin du canal de Bianco; culture considérable de blé; pop. 3000 hab.

ARQUEL, vg. de Fr., dép. du Doubs, arr., cant. et poste de Besançon; pop. 200 hab.

ARQUENAS, vg. de la Belgique, dans la prov. du Hainaut, arr. de Charleroi. On y exploite des carrières à plâtre et du marbre bleu; pop. 1200 hab.

ARQUENAY ou **ST.-AUBIN-D'ARQUENAY**, vg. de Fr., dép. du Calvados, arr. de Caen, cant. de Douvres, poste de la Délivrande; pop. 400 hab.

ARQUENAY, vg. de Fr., dép. de la Mayenne, arr. de Laval, cant. et poste de Meslay; pop. 900 hab.

ARQUENCY ou **HARQUENCY**, vg. de Fr., dép. de l'Eure, arr., cant. et poste des Andelys; pop. 300 hab.

ARQUES (l'), riv. de Fr., dép. de la Seine-Inférieure, a sa source au S. de St.-Saens, et se jette dans l'Océan après un cours de 12 l. du S. au N.

ARQUES, *Arca*, b. de Fr., dép. de la Seine-Inférieure, arr. et poste de Dieppe, cant. d'Offranville. Il est célèbre par la victoire que Henri IV y remporta sur les ligueurs, en 1589. C'est dans le château d'Arques, dont les ruines existent encore, que le Béarnais s'était retranché et c'est sous ses murs qu'il défit avec 7000 hommes une armée de 30,000 hommes, commandée par Mayenne; pop. 950 hab.

ARQUES, vg. de Fr., dép. de l'Aude, arr. de Limoux, cant. et poste de Couiza; pop. 580 hab.

ARQUES, vg. de Fr., dép. de l'Aveyron, arr. de Rhodez, cant. et poste de Pont-de-Salars; pop. 300 hab.

ARQUES (les), vg. de Fr., dép. du Lot, arr. de Cahors, cant. de Cazals, poste de Castelfranc; forges; pop. 750 hab.

ARQUES, vg. de Fr., dép. du Pas-de-Calais, arr., cant. et poste de St.-Omer; pop. 200 hab.

ARQUETTES, vg. de Fr., dép. de l'Aude, arr. de Carcassonne, cant. et poste de la Grasse; pop. 200 hab.

ARQUEVES, vg. de Fr., dép. de la Somme, arr. de Doullens, cant. et poste d'Acheux; pop. 540 hab.

ARQUIA, fl. dans la rép. de la Nouvelle-Grenade, se jette dans l'Atrato.

ARQUIAN, vg. de Fr., dép. de la Nièvre, arr. de Cosne, cant. de St.-Amand-sur-Puisaye, poste de Neuvy-sur-Loire; pop. 1700 hab.

ARQUIZAN, vg. de Fr., dép. du Gers, arr. et poste de Condom, cant. et com. de Montréal; pop. 100 hab.

ARRABLOY, vg. de Fr., dép. du Loiret, arr. et cant. de Gien, poste de Briare; pop. 120 hab.

ARRAC, vg. de Fr., dép. des Basses-Pyrénées, arr. d'Orthez, cant. d'Arthez, poste de Lacq; pop. 130 hab.

ARRACOURT, vg. de Fr., dép. de la Meurthe, arr. de Château-Salins, cant. de Vic, poste de Moyenvic; pop. 1000 hab.

ARRADON, vg. de Fr., dép. du Morbihan, arr., cant. et poste de Vannes; pop. 1400 h.

ARRAGNOUET, vg. de Fr., dép. des Hautes-Pyrénées, arr. de Bagnères-en-Bigorre, cant. de Vieille-Aure, poste d'Arreau; pop. 400 hab.

ARRAH, v. industrieuse et peuplée de l'Inde anglaise, dans la présidence de Calcutta, prov. de Bahar, située aux bords d'un affluent du Gange; siège d'un tribunal.

ARRAINCOURT, vg. de Fr., dép. de la Moselle, arr. de Metz, cant. et poste de Faulquemont; pop. 360 hab.

ARRAMS, vg. de Fr., dép. des Basses-Pyrénées, arr. de Bayonne, cant., poste et com. d'Ustarits; pop. 600 hab.

ARRAN, *Glota*, île d'Écosse, dans le comté de Bute, à l'extrémité du golfe de Clyde, près de l'Océan. Un canal le sépare à l'E. de Bute, et à l'O. un canal plus étroit, du comté d'Argyle. Sa superficie est de 165 milles c. anglais. Son territoire est sillonné de vallées et de montagnes entre lesquelles s'élève le Goathfell à 950 mètres au-dessus du niveau de la mer. Le sol est plus fertile sur la côte que dans l'intérieur, il est arrosé par plusieurs petites rivières, parmi lesquelles nous citerons le Moina-Mohr, l'Abhan-Mohr et la Torsa; on y trouve aussi quelques lacs de peu d'étendue, entre autres le loch Yirsa, le loch Tana, le loch Knoc, etc. La température y est rude et les hivers longs et rigoureux. Les montagnes renferment du marbre, du jaspe, de l'agate, de l'ardoise, de la chaux et une espèce de cristal que l'on nomme diamant d'Arran. Les vallées sont cultivées. On y récolte de l'avoine, des haricots, des pois, du lin et une très-petite quantité de froment. Le bois manque entièrement et l'on n'y brûle que de la tourbe. La pêche aux harengs y est très-lucrative et l'on en prend sur ces côtes une quantité extraordinaire. On y pêche aussi la morue et le saumon. Les habitants s'occupent également de l'éducation du bétail et possèdent de beaux et nombreux troupeaux. Le gibier que l'on trouve sur cette île, consiste en cerfs, chats sauvages, écureuils et quelques espèces d'oiseaux. On y rencontre aussi trois espèces de serpents. Les objets d'exportation sont : de la toile, du fil, du beurre et des fromages de chèvre. La population se compose de 7000 habitants qui ont conservé les mœurs des anciens Écossais; cependant la langue anglaise est devenue plus usitée depuis quelques années. L'île, divisée en deux paroisses, est la propriété des ducs d'Hamilton. Elle a quelques grottes remarquables, entre autres celle de Kingscave, qui mérite d'être vue.

ARRAN, groupe d'îles de l'Océan, à l'O. de la baie de Galvay, dans le comté de Clare en Irlande. Il se compose des trois îles Killène, Killronan et Shère. La première est la plus grande; elles ont de beaux pâturages et sont toutes trois habitées par des pêcheurs. Un autre groupe qui porte le même nom et dont Arranmore est l'île principale, est situé au N.-O. du comté de Donegal.

ARRANCOURT, vg. de Fr., dép. de Seine-et-Oise, arr. et poste d'Etampes, cant. de Méréville; pop. 130 hab.

ARRANCY, vg. de Fr., dép. de l'Aisne, arr., cant. et poste de Laon; pop. 300 hab.

ARRANCY, vg. de Fr., dép. de la Meuse, arr. de Montmédy, cant. et poste de Spincourt; pop. 900 hab.

ARRANS, vg. de Fr., dép. de la Côte-d'Or, arr. de Châtillon-sur-Seine, cant. et poste de Laignes; pop. 200 hab.

ARRAPACHITIS, g. a., contrée de l'Assyrie, sur les frontières de l'Arménie, reçut, sans doute, son nom d'Arpachsad, petit-fils de Noë.

ARRAPAHAYS (district des), pays dans le grand territoire du Missouri, États-Unis de l'Amérique du Nord. Les Arrapahays, peuplade très-forte qui habite les deux rives du fleuve la Platte, comptent près de 12,000 têtes. Ils sont entourés des Pawnehs et des Kanénavish, entretiennent beaucoup de chevaux et se nourrissent de la chasse. Ils n'ont pas de villages.

ARRAR. Voyez HOURROUR.

ARRAS, *Atrebatum*, *Atrebates*, *Nemetacum*, v. forte de Fr., chef-lieu du dép. du Pas-de-Calais, à 48 l. N. de Paris, sur la Scarpe et le Crinchon, siége de tribunaux de première instance et de commerce et d'un évêché; subdivision militaire, directions de contributions directes et indirectes, etc.; elle est belle et bien bâtie; ses fortifications et sa citadelle, ouvrage de Vauban, peuvent être comparées aux meilleures de l'Europe. Elle est divisée en deux parties bien distinctes : la plus rapprochée de la citadelle se nomme la cité; elle est plus ancienne et plus petite que l'autre quartier qui porte le nom de ville. Au centre de la ville se trouvait la célèbre abbaye de St.-Wast dont il ne reste plus que l'église. Parmi les édifices publiques que l'on remarque à Arras, il faut citer l'hôtel de la préfecture, la salle de spectacle, la tour du beffroi, les casernes, l'arsenal, le manége, et parmi le grand nombre d'établissements utiles, le cabinet d'histoire naturelle, le musée de peinture, la bibliothèque et le jardin botanique. Arras possède aussi une école du génie, une école des sourds-muets, un collége, une académie des belles-lettres et une société d'agriculture.

L'industrie et le commerce d'Arras s'exercent sur une grande quantité d'articles très-variés. La fabrication du sucre de betteraves tient le premier rang. On y fabrique en outre des dentelles, des toiles, des étoffes de coton, de la bonneterie; les filatures, les raffineries de sucre et de sel y ont une grande activité. Le commerce d'huiles de colza, de bière, de savon, de bas de fil, de laines, de cuirs, de verreries, de chevaux et de menu bétail y est très-important. Foires le 10 avril, 28 juillet, 28 septembre et 10 octobre; population 163,032 habitants pour l'arrondissement et 23,485 pour la ville.

Peu de villes ont éprouvé autant de vicissitudes que cette ancienne capitale de l'Artois; fondée par les Atrebates, elle devint (50 ans avant J.-C.) la conquête de César et fut comprise dans la deuxième Belgique.

Au commencement du cinquième siècle elle fut dévastée par les Vandales et, en 880, par les Normands qui y exercèrent tant d'excès et la ruinèrent tellement, que les habitants l'abandonnèrent et Arras resta inhabitée pendant trente ans. En 901 Charles-le-Simple s'en empara. En 1355 cette ville fut en proie à la guerre civile. Le peuple d'Arras s'insurgea contre les nobles qui ne voulaient point supporter leur part dans les impôts et en massacra un grand nombre. L'année suivante une réaction terrible eut lieu et les insurgés battus par une armée royale, furent forcés de se soumettre. Leurs chefs furent mis à mort. Arras tomba ensuite au pouvoirs des ducs de Bourgogne, pendant que la plus grande partie de la France subissait le joug des Anglais. Dans ces circonstances Arthur de Richemond, le sage conseiller de Charles VII et le diplomate de l'époque, négocia prudemment un traité avec Philippe-le-Bon, duc de Bourgogne, jusqu'alors l'allié de l'Angleterre. Par ce traité, connu sous le nom de paix d'Arras et qui fut signé le 21 septembre 1435 dans l'église de St.-Wast, les Anglais reçurent un coup terrible et furent bientôt forcés d'évacuer la France. Après la mort de Charles-le-Téméraire, fils et successeur de Philippe-le-Bon, Louis XI s'empara d'Arras en 1477, les habitants attachés à la maison de Bourgogne se révoltèrent; mais le roi de France reprit la ville d'assaut et en châtia cruellement les habitants. En 1492 elle fut prise par l'archiduc Maximilien; le prince d'Orange y entra en 1578. Henri IV tenta vainement de la reprendre aux Espagnols; ce ne fut que sous Louis XIII, en 1640, que cette ville rentra sous la domination française, après un siége long et cruel conduit par Richelieu même. En 1654 Condé, qui s'était révolté et réuni aux Espagnols vint mettre le siége devant Arras; mais Turenne les battit et les força de se retirer. La révocation de l'édit de Nantes eut aussi des résultats funestes pour la prospérité d'Arras; elle anéantit son commerce et son industrie. L'époque de la révolution fut également une terrible crise pour cette ville; mais depuis elle jouit avec la France entière des droits achetés par de grandes douleurs et de grands sacrifices.

Arras est la patrie d'un grand nombre d'hommes célèbres; cette ville a vu naître J. de Coucy, le jurisconsulte Baudouin, le célèbre Charles Lecluse médecin, le mathématicien Regnault, l'abbé Proyart, Damiens, Joseph Lebon, et les deux frères Robespierre que l'histoire n'a pas encore définitivement jugés.

ARRAS, vg. de Fr., dép. de l'Ardèche, arr. et cant. de Tournon, poste de St.-Vallier; pop. 500 hab.

ARRAS, vg. de Fr., dép. des Hautes-Pyrénées, arr. et poste d'Argelès, cant. d'Aucun; mines de cuivre et de plomb; pop. 830 h.

ARRASIGUET, vg. de Fr., dép. des Basses-Pyrénées, arr. d'Orthez, cant. et poste d'Arzacq; pop. 300 hab.

ARRAST, vg. de Fr., dép. des Basses-Pyrénées, arr., cant. et poste de Mauléon; pop. 200 hab.

ARRAUTE, vg. de Fr., dép. des Basses-

Pyrénées, arr. de Mauléon, cant. et poste de St.-Palais; pop. 560 hab.

ARRAYAL, pet. v. de l'emp. du Brésil, dans la prov. de Minas-Géraès, comarque de Serro-Trio et dans le célèbre district des diamants. C'est un des postes militaires établis danc ce district pour empêcher les vols, les fraudes et la contrebande.

ARRAYAS, dist. dans l'emp. du Brésil, prov. de Goyaz, comarque de Villa-Boa. On s'y adonne à l'éducation du bétail et au lavage de l'or que les rivières y charrient en grande quantité.

ARRAYAS, chef-lieu du district du même nom (*voyez* cet article) sur l'Arrayas. Cet endroit, fondé en 1740, est à 23 l. N.-E. de Cavalcante; pop. 3500 hab.

ARRAYE-EN-HAN, vg. de Fr., dép. de la Meurthe, arr. et poste de Nancy, cant. de Nomény; pop. 500 hab.

ARRAYOLLAS, pet. v. de l'emp. du Brésil, prov. de Gara, dist. de la Guyane brésilienne, a une très-belle position sur une colline au bas de laquelle coule le Rio-Aramané; agriculture et pêche très-productive; pop. 3000 hab.

ARRAYON, vg. de Fr., dép. des Hautes-Pyrénées, arr. d'Argelès, cant. et poste de Lourdes; pop. 120 hab.

ARRE, vg. de Fr., dép. du Gard, arr., cant. et poste du Vigan; pop. 500 hab.

ARREAU, b. de Fr., dép. des Hautes-Pyrénées, arr. à 6 l. S.-E. de Bagnères-en-Bigorre, chef-lieu de canton et poste; fabriques de fleurets, de draps et de bonneterie de laine; pop. 1500 hab.

AR-RE-BAT, v. d'Afrique, sur la côte de Sierra-Leone, dans la Sénégambie, à cinq jours de marche et à l'E. de Treetown.

ARREMBECOURT, vg. de Fr., dép. de l'Aube, arr. d'Arcis-sur-Aube, cant. et poste de Chavanges; pop. 180 hab.

ARRÈNES, vg. de Fr., dép. de la Creuse, arr. de Bourganeuf, cant. et poste de Bénévent; pop. 840 hab.

ARRENS, vg. de Fr., dép. des Hautes-Pyrénées, arr. et poste d'Argelès, cant. d'Aucun; pop. 1100 hab.

ARRENTES-DE-CORCIEUX, vg. de Fr., dép. des Vosges, arr. de St.-Dié, cant. et poste de Corcieux; pop. 700 hab.

ARRENTIÈRES, vg. de Fr., dép. de l'Aube, arr., cant. et poste de Bar-sur-Aube; pop. 650 hab.

ARRESEX, lac au N.-E. de l'île danoise de Seeland.

ARRESKOV, lac dans l'île danoise de Fionie.

ARRÊT, vg. de Fr., dép. de la Somme, arr. d'Abbeville, cant. et poste de St.-Valéry-sur-Somme; pop. 1050 hab.

ARREUX, vg. de Fr., dép. des Ardennes, arr. de Mézières, cant. et poste de Renwez; pop. 300 hab.

ARRHENE, g. a., contrée de la Grande-Arménie, arrosée par le Tigre et l'Arsanius.

ARRIAGOSSE, ham. de Fr., dép. des Hautes-Pyrénées, arr. de Tarbes, cant. et poste de Maubourguet, com. de Vidouze; pop. 80 hab.

ARRIAIL, ham. de Fr., dép. de la Gironde, arr. et poste de Libourne, cant. de Lussac, com. de Montagne-de-St.-Georges; pop. 93 hab.

ARRIANCE, vg. ge Fr., dép. de la Moselle, arr. de Metz, cant. et poste de Faulquemont; pop. 500 hab.

ARRIATE, b. d'Espagne, dans le roy. de Grenade, prov. de Malaga; pop. 1200 hab.

ARRIAUP ou **RÉAUP**, vg. de Fr., dép. des Landes, arr. et poste de Mont-de-Marsan, cant. de Labrit, com. de Canenx; pop. 150 h.

ARRIBANS, ham. de Fr., dép. des Landes, arr. de St.-Sever, cant. et poste d'Hagetmau, com. de Serres-Lous; pop. 80 hab.

ARRICAU, vg. de Fr., dép. des Basses-Pyrénées, arr. de Pau, cant. et poste de Lembeye; pop. 220 hab.

ARRIÈGE ou **ARIÈGE** (l'), *Aurigera*, riv. de Fr., dép. du même nom, a trois sources, situées dans les vallées des Pyrénées, au N. et à l'E. du pays d'Andorre; elle traverse le département du S. au N., passe par Ax, Tarascon, Foix, Pamiers et se jette dans la Garonne, à la pointe de Pinsaguet et à 2 l. S. de Toulouse. Cette rivière est flottable depuis Foix et navigable à 8 l. au-dessous de cette ville. Son cours est de 30 l. Ses principaux affluents sont l'Aston, la Vic-Dessos, la Nabre, la Lèze, le Creen et le Lers.

ARRIÈGE ou **ARIÈGE** (dép. de l'), en France, région du S., est borné au N. et à l'O. par le dép. de la Haute-Garonne, à l'E. par celui de l'Aude, au S.-E. par celui des Pyrénées-Orientales et au S. par l'Espagne. Sa superficie est de 568,964 hectares. Les montagnes qui la bornent au S. et dont les ramifications s'étendent, vers le N., sur une grande partie du département, sont moins élevées et ont une végétation plus abondante que les autres parties des Pyrénées. Le rameau le plus considérable est celui qui, se prolongeant depuis le Pla-de-la-Serra jusqu'au centre du département, sépare le bassin de l'Arriège de celui du Salat. Les intervalles de ces montagnes, dans lesquelles on remarque plusieurs cavernes, forment de belles vallées où de nombreux troupeaux trouvent d'excellents pâturages. La partie la plus septentrionale a de vastes plaines, riches en toutes sortes de céréales. La grotte de Berdaillot, la Roche-du-Mas, la fontaine des Fontestorbes sont les curiosités naturelles les plus remarquables. Les principales rivières du département sont l'Arriège, le Salat, l'Arise, l'Arget et le Lers; les deux premières sont les seules navigables. La température est, comme dans tous les pays de montagnes, sujette à varier, selon que les localités sont plus ou moins élevées; l'air y est pur et presque toujours sec. Le département a de belles forêts dont le pin, le chêne et le hêtre sont les essences ordinaires, le liège s'y trouve aussi en assez grande quantité. Les richesses minérales du département sont du fer, du cuivre, du plomb, du jayet, du granit, du marbre, du charbon de terre, etc. Près de Saleix il existe, à ce que l'on prétend, une mine d'amiante. L'exploitation du fer est la plus productive. Le département renferme plusieurs sources d'eaux thermales et minérales renommées. Dans le village de Camarade il y a une source d'eau salée dont les paysans extraient du sel. Les animaux domestiques les plus communs de cette contrée sont les moutons, les chèvres et les mulets; dans les montagnes on rencontre des chamois, des renards, des loups, des sangliers et des ours.

L'industrie du département est très-développée et s'exerce sur une grande variété d'objets. L'exploitation des mines y tient le premier rang avec tout ce qui a rapport aux produits métallurgiques; telles sont les forges et les fonderies, les fabriques d'acides minéraux, d'instruments en fer et en acier, etc. Les autres branches d'industrie sont les faïenceries, les verreries, les filatures de coton, les tanneries, les blanchisseries, etc. Le commerce consiste dans l'exportation du fer, du bétail, du miel, de la cire, du marbre et de quelques articles de manufacture.

Ce département, qui nomme trois députés, est divisé en trois arrondissements dont les chefs-lieux sont:

Foix . . . . . 8 cant. 140 com. 91,684 hab.
Pamiers . . . 6 » 114 » 77,758 »
St-Girons . . 6 » 82 » 91,094 »

20 cant. 336 com. 260,536 hab.

Il fait partie de la dixième division militaire dont le quartier général est à Toulouse; il est du ressort de l'académie de cette même ville, du diocèse de Pamiers, évêché suffragant de l'archevêché de Toulouse. Les protestants ont au Mas-d'Azil une église consistoriale divisée en six sections; le département fait partie du quatorzième arrondissement forestier et de la septième inspection des ponts-et-chaussées dont Toulouse est le chef-lieu, enfin du dix-septième arrondissement et de la cinquième division des mines dont le chef-lieu est Montpellier. Il y a dans le département trois collèges, un dans chaque chef-lieu d'arrondissement; deux écoles modèles, l'une à Foix, l'autre à Pamiers, et 120 écoles primaires.

Le territoire compris aujourd'hui dans le département de l'Ariège formait autrefois avec la vallée d'Andorre le pays du comté de Foix. Cette contrée fit, du temps des Romains, partie de la Ire Lyonnaise et ensuite de la Ire Narbonnaise. En 379, les Goths l'envahirent, chassèrent les Romains et s'y établirent; ils s'y maintinrent jusqu'à l'invasion des Sarrasins. Ceux-ci ayant été repoussés par Charlemagne, le pays fut réuni à la couronne de France. Il passa ensuite aux comtes de Toulouse; à ceux de Barcelone et enfin aux comtes de Carcassonne. Ce ne fut que vers l'an 1012 qu'il eut ses comtes particuliers; Bernard, fils de Roger, le pieux comte de Carcassonne, en fut le premier comte. Les premiers comtes de Foix prirent souvent part à la guerre contre les Maures d'Espagne. Les alliances que l'un des successeurs de Gaston IV contracta avec Charles VII dont il épousa la fille, et un autre qui épousa Marguerite de Béarn, firent passer le comté de Foix par droit de succession à Henri IV qui le réunit définitivement à la France. Le comté forma alors un gouvernement, dépendant du Roussillon pour l'administration, et du parlement de Toulouse, pour la juridiction. Les états du comté étaient présidés par l'évêque de Pamiers. Cet ordre de choses dura jusqu'à l'époque où la France fut divisée en départements.

ARRIEN, vg. de Fr., dép. de l'Ariège, arr. de St.-Girons, cant. et poste de Castillon, com. de Bethmale; pop. 250 hab.

ARRIEN, vg. de Fr., dép. des Basses-Pyrénées, arr. et poste de Pau, cant. de Morlaas; pop. 260 hab.

ARRIGAS, vg. de Fr., dép. du Gard, arr. et poste du Vigan, cant. d'Alzon; pop. 580 hab.

ARRIGNY, vg. de Fr., dép. de la Marne, arr. de Vitry-le-Français, cant. et poste de St.-Remy-en-Bouzemont; pop. 140 hab.

ARRINGE, ham. de Fr., dép. de la Nièvre, arr., cant. et poste de Château-Chinon, com. de Montigny-en-Morvand; pop. 60 hab.

ARRINGETTE, ham. de Fr., dép. de la Nièvre, arr. et poste de Château-Chinon, cant. de Montsauche, com. de Chaumard, pop. 56 hab.

ARRIOT, vg. de Fr., dép. de la Nièvre, arr. de Nevers, cant. de St.-Pierre-le-Moutier, com. de Balleray, poste de Guérigny; pop. 162 hab.

ARRIVA, villa d'Espagne, dans la Vieille-Castille, prov. d'Avilla, dans une belle plaine, où l'on cultive la vigne et l'olivier.

ARRIVE ou **ARRIVE-USQUEIN**; vg. de Fr., dép. des Basses-Pyrénées, arr. d'Orthez, cant. et poste de Sauveterre; pop. 150 hab.

ARRO, vg. de Fr., dép. de la Corse, arr. et poste d'Ajaccio, cant. de Sari; pop. 180 h.

ARRODET, vg. de Fr., dép. des Hautes-Pyrénées, arr. d'Argelès, cant. et poste de Lourdes; pop. 300 hab.

ARRODETS, vg. de Fr., dép. des Hautes-Pyrénées, arr. de Bagnères-en-Bigorre, cant. de la Barthe-de-Neste; pop. 150 hab.

ARROE, *Arria*, île de l'archipel Danois, dans la mer Baltique. Elle est plate, arrosée par un seul ruisseau, le Wiltsce, et dépourvue de bois; mais son sol gras et fertile nourrit beaucoup de bétail. Les habitants, au nombre de 5118, s'adonnent à l'agriculture, ou à la navigation. En 1797 ils possédaient une galiote et 112 yachts, morités par 348 matelots. Un landvogt préside à l'administration et à la police. La justice est exercée par les tribunaux réunis de la ville et de la campagne. La ville d'Arröskiöbing est le chef-lieu de l'île.

ARROE ou **MANISSA**, fl. d'Afrique; il descend des montagnes au N. de la Cafrerie, traverse, dans la direction du N. au S.-E., le pays des Cafres-Macquini et se jette dans l'Océan Indien près de la baie de Lagoa.

ARROESKIŒBING, chef-lieu de l'île d'Arroë, bâtie sur la côte sept., possède un port formé en partie par l'îlot de Deyerdes, situé vis-à-vis de la ville et réuni à elle par un pont; pop. 1291 hab.

ARROIO ou **NOSSA-SENHORA-DA-CENCEICAO-DE-ARROIO**, b. de l'emp. du Brésil, dans la prov. de Rio-Grande; pop. 3800 hab.

ARROMANCHES, vg. et port de Fr., dép. du Calvados, arr. et poste de Bayeux, cant. de Ryes; pop. 550 hab.

ARRON, vg. de Fr., dép. d'Eure-et-Loir, arr. de Châteaudun, cant. de Cloyes, poste de Courtalin; fabriques de couvertures de laine; pop. 3000 hab.

ARRONCHES, v. forte du Portugal, dans la prov. d'Alentéjo, comarca de Portalègre, au confluent de l'Allegrete et de la Caya; ses fortifictions sont mauvaises et sans importance; pop. 2000 hab.

ARRONCHEZ, pet. v. de l'emp. du Brésil, dans la prov. de Ciara, dans une position très-avantageuse et à 5 l. d'Aracaty; agriculture, commerce; pop. 2600 hab.

ARRONNES, vg. de Fr., dép. de l'Allier, arr. de la Palisse, cant. et poste de Mayet-de-Montagne; pop. 1100 hab.

ARRONS, vg. de Fr., dép. des Basses-Pyrénées, arr. de Bayonne, cant., poste et com. d'Ustaritz; pop. 308 hab.

ARRONVILLE, vg. de Fr., dép. de Seine-et-Oise, arr. de Pontoise, cant. et poste de Marines; pop. 630 hab.

ARROS, pet. riv. de Fr., prend sa source dans les Hautes-Pyrénées, entre Bagnères et la Barthe, passe dans le département du Gers, et se jette dans l'Adour, à 2 l. de Plaisance, après un cours de 17 l. du S. au N.-O.

ARROS, vg. de Fr., dép. des Basses-Pyrénées, arr. de Mauléon, cant. d'Iholdy, poste de St.-Palais; pop. 130 hab.

ARROS, vg. de Fr., dép. des Basses-Pyrénées, arr. et poste d'Oléron, cant. de Ste.-Marie-d'Oléron; pop. 215 hab.

ARROS, vg. de Fr., dép. des Basses-Pyrénées, arr. de Pau, cant. et poste de Nay; pop. 1100 hab.

ARROSA ou **ST.-MARTIN-D'ARROSA**, vg. de Fr., dép. des Basses-Pyrénées, arr. de Mauléon, cant. de St.-Etienne-de-Baigorry, com. d'Ossès, poste de St.-Jean-Pied-de-Port; pop. 900 hab.

ARROU (groupe d'), formé par quatre îles principales et dépendant du grand groupe de la Papouasie ou Nouvelle-Guinée. Elles sont situées entre le 5° et 7° lat. S., et entre le 132° et 133° long. orient., boisées et très-fertiles. Leur position est élevée, mais elles sont inondées d'eau de source. La végétation et les productions sont en général celles de la Nouvelle-Guinée. Les îles sont très-peuplées et couvertes de villages. Les habitants de race malaisienne, mêlée avec celle des Papoues, sont idolâtres et vivent sous des chefs indépendants, presque toujours en guerre les uns avec les autres. Le christianisme n'a pas pu s'y établir. Les Hollandais seuls et les Chinois y ont des relations commerciales, que les premiers ont renouvelées en 1824. Les quatre principales de ces îles, sont : Waham (Wammer); Kobesoat (Kabosoat); Manker (Maykor), et Tramai (Traman, Terauge), toutes très-rapprochées les unes des autres et séparées seulement par des canaux. Il y a quelques bancs de perles sur leurs côtes.

ARROUÈDE, vg. de Fr., dép. du Gers, arr. de Mirande, cant. et poste de Masseube; pop. 380 hab.

ARROUGÉ, vg. de Fr., dép. de la Gironde, arr. de Bordeaux, cant. et poste de Podensac, com. de Landiras; pop. 100 hab.

ARROUT, vg. de Fr., dép. de l'Arriège, arr. de St.-Girons, cant. et poste de Castillon; pop. 250 hab.

ARROUX (l'), *Arrosius*, riv. de Fr., a sa source à 1 l. d'Arnay-le-Duc, dép. de la Côte-d'Or, traverse à l'O. le département de Saône-et-Loire, jusqu'à Digoin où il se jette dans la Loire après un cours de 25 l. du N.-E. au S.-O. Elle est navigable sur une longueur de 6 l.

ARROWEICK, pet. île dans la baie de Sheepscot, sur les côtes de l'état du Maine, États-Unis de l'Amérique du Nord.

ARROYAS, paroisse dans la dictatorat du Paraguay, fondée en 1781; pop. 2300 hab.

ARROYO DE ARÉNAS, b. de l'île de Cuba, juridiction de la Havanne, dans les environs de la ville de Havanne; pop. 2000 hab.

ARROYO DEL PUERTO, b. d'Espagne, dans l'Estramadure, prov. de Badajoz, partido de Carcères, sur l'Ayuda; faïencerie considérable; pop. 5000 hab.

ARROYO DE SILAN, riv. de la confédération mexicaine, dans l'état de Yucatan. Elle coule du S. au N. et se décharge dans le golfe du Mexique, près du bourg de Silan.

ARROYOLOS, v. du Portugal, dans la prov. d'Alentéjo, comarca de Villaviciosa; elle est située sur une montagne de granit; possède un château, plusieurs couvents et un hôpital, des fabriques de tapis et de tapisseries; pop. 2000 hab.

ARROZÈS, vg. de Fr., dép. des Basses-Pyrénées, arr. de Pau, cant. et poste de Lembeye; pop. 520 hab.

ARRUSZIR, v. d'Afrique, dans le pays des Somaulis, au S. du golfe d'Aden.

ARRY, vg. de Fr., dép. du Calvados, arr. de Caen, cant. et poste de Villers-Bocage, com. de Locheur; pop. 115 hab.

ARRY, vg. de Fr., dép. de la Moselle, arr. et poste de Metz, cant. de Gorze; pop. 500 hab.

ARRY, vg. de Fr., dép. de la Somme, arr. d'Abbeville, cant. de Rue, poste de Bernay; pop. 250 hab.

ARS, vg. de Fr., dép. de l'Ain, arr., cant. et poste de Trévoux; pop. 310 hab.

ARS, vg. de Fr., dép. de la Charente, arr., cant. et poste de Cognac; pop. 750 h.

ARS, vg. de Fr., dép. de la Creuse, arr. et poste d'Aubusson, cant. de St.-Sulpice-des-Champs; pop. 1300 hab.

ARS, ham. de Fr., dép. de l'Indre, arr., cant. et poste de la Châtre, com. de Lourouer; pop. 56 hab.

ARS, vg. de Fr., dép. de l'Oise, arr. de Clermont, cant. et poste de Mouy, com. de Cambronne-le-Clermont; pop. 180 hab.

ARS, vg. de Fr., dép. du Puy-de-Dôme; arr. de Riom, cant. et poste de Montaigut; pop. 520 hab.

ARSAC, vg. de Fr., dép. de la Gironde, arr. de Bordeaux, cant. de Castelnau-de-Médoc, poste de Margaux; pop. 650 hab.

ARSACIDES (îles des), groupe de l'archipel de Salomon, dans l'Océanie centrale. Sur la plus grande de ces îles s'élève, à la pointe méridionale, le cap Priégo, sous le 9° 8' de lat. S. et le 157° 51' de long. E. On croit que ce fut dans l'une de ces îles que les indigènes massacrèrent plusieurs hommes de l'équipage du capitaine Maurelle qui donna à ce groupe le nom d'îles du Massacre ou des Assassins.

ARSAGUE, vg. de Fr., dép. des Landes, arr. de St.-Sever, cant. d'Amou, poste d'Orthez; pop. 500 hab.

ARSANO, pet. v. du roy. des Deux-Siciles, dans la prov. de Naples; pop. 4316 hab.

ARSANS, vg. de Fr., dép. de la Haute-Saône, arr. et poste de Gray, cant. de Pesmes; pop. 100 hab.

ARSCHEWILLER, vg. de Fr., dép. de la Meurthe, arr. de Sarrebourg, cant. et poste de Phalsbourg; pop. 580 hab.

ARSCHOT. *Voyez* AERSCHOT.

ARSE, vg. de Fr., dép. de l'Aude, arr., cant. et poste de Limoux, com. de Vendemies; pop. 100 hab.

ARSEMENEL, vg. de Fr., dép. de l'Aveyron, arr. et poste de Villefranche-de-Rouergue, cant. de Villeneuve, com. de Ste.-Croix; pop. 110 hab.

ARS-EN-RÉ, b. de Fr., dép. de la Charente-Inférieure, arr. et à 9 l. O. de La Rochelle, chef-lieu de canton et poste (Ile de Ré); salines; pop. 4000 hab.

ARSERINA, pet. île sur la côte du Sahara, près de l'embouchure du fleuve St.-Jean ou John dans la baie d'Arguin. La pêche y est très-abondante; on y prend surtout beaucoup de tortues vertes.

ARSEW ou ARZEOU, *Arsenaria*, *Portus-Magnus*, v. et port de l'Algérie, au S.-O. du cap Ferrat, au N.-E. et dans le gouv. d'Oran. Les marins regardent le port d'Arzeou comme le meilleur de cette côte. Le territoire est fertile et bien cultivé; il produit du grain que l'on exporte, ainsi qu'une grande quantité de sel provenant de plusieurs petits lacs salés, situés à 2 l. S. de la ville; pop. 500 hab.

Arzeou eut une plus grande importance sous les Maures qui furent très-puissants dans cette contrée, et des restes de constructions romaines attestent son ancienne splendeur.

ARSIERO, b. du roy. Lombard-Vénitien; dans les environs il y a des carrières de marbre; pop. 2000 hab.

ARSINOE ou CROCODILOPOLIS, g. a., v. de la Moyenne-Egypte, non loin du lac Mœris, où était situé le Labyrinthe; temple du crocodile.

ARSINOE, g. a., v. sur la côte sept. de l'île de Chypre, à l'O. de Soloë.

ARSINOE, g. a., v. de l'intérieur de l'île de Chypre, au N.-E. d'Amathus.

ARS-LAQUENEXY, vg. de Fr., dép. de la Moselle, arr. et poste de Metz, cant. de Pange; pop. 200 hab.

ARSONVAL, vg. de Fr., dép. de l'Aube, arr., cant. et poste de Bar-sur-Aube; pop. 400 hab.

ARS-SUR-MOSELLE, vg. de Fr., dép. de la Moselle, arr. et poste de Metz, cant. de Gorze; pop. 1400 hab.

ARST, mont. qui traverse le comté de Huntington, dans l'état de Pensylvanie, États-Unis de l'Amérique du Nord; c'est une branche des Alleghany.

ARSURE, vg. de Fr., dép. du Jura, arr. de Poligny, cant. de Nozeroy, poste de Champagnole; mines de houille; pop. 500 h.

ARSURES (les), vg. de Fr., dép du Jura, arr. de Poligny, cant. et poste d'Arbois, com. de Montigny; pop. 280 hab.

ARSY, vg. de Fr., dép. de l'Oise, arr. de Compiègne, cant. d'Estrées-St.-Denis; pop. 800 hab.

ART ou ART-SUR-MEURTHE, vg. de Fr., dép. de la Meurthe, arr. de Nancy, cant. et poste de St.-Nicolas-du-Port; pop. 550 h.

ARTA, *Ambracia*, b. d'Espagne, sur l'île de Majorque, presqu'à l'extrémité N. de l'île, à peu de distance de la baie du même nom. La baie d'Arta a une bonne rade protégée par le château de Porvei.

ARTA, riv. de la Turquie d'Europe, descend du Pinde, traverse l'Epire orientale et se jette près d'Arta dans le golfe de ce nom.

ARTA ou NARDA, v. dans la Basse-Albanie, Turquie d'Europe, baignée par l'Arta et située non loin du golfe qui porte son nom. Son commerce était jadis florissant, bien que son port, appelée Salagora, situé à quelque distance, près de l'embouchure de la rivière ne soit accessible qu'à de petits bâtiments. Un pont jeté sur l'Arta a un arc de 80 pieds de hauts. Cette ville est le siège d'un évêque grec et possède des fabriques d'étoffes de laine. Sa population ne dépasse pas aujourd'hui 7000 habitants.

ARTACENE, g. a., contrée de l'Assyrie, au N.-O. d'Arbèles, où Alexandre vainquit Darius.

ARTAGNAN, vg. de Fr., dép. des Hautes-Pyrénées, arr. de Tarbes, cant. et poste de Vic-en-Bigorre; pop. 800 hab.

ARTAISE-LE-VIVIER, vg. de Fr., dép. des Ardennes, arr. et poste de Sedan, cant. de Raucourt; pop. 400 hab.

ARTAIX, vg. de Fr., dép. de Saône-et-Loire, arr. de Charolles, cant. et poste de Marcigny; pop. 900 hab.

ARTALENS, vg. de Fr., dép. des Hautes-Pyrénées, arr., cant. et poste d'Argelès; pop. 280 hab.

ARTANA, v. d'Espagne, dans le roy. de Valence, prov. de Castellon de la Plana. A peu de distance de cette ville se trouve une mine de mercure qui n'est plus exploitée; pop. 3200 hab.

ARTANE, g. a., v. et port de Bithynie, au N. de Nicomédie.

ARTANNES, vg. de Fr., dép. d'Indre-et-Loire, arr. de Tours, cant. et poste de Montbazon; pop. 1100 hab.

ARTANNES, vg. de Fr., dép. de Maine-et-Loire, arr., cant. et poste de Saumur; pop. 250 hab.

ARTAS, vg. de Fr, dép. de l'Isère, arr. de Vienne, cant. de St.-Jean-de-Bournay; pop. 1300 hab.

ARTASSENX, vg. de Fr., dép. des Landes, arr. et poste de Mont-de-Marsan, cant. de Grenade-sur-l'Adour; pop. 250 hab.

ARTAXATA, g. a., v. capitale de la Grande-Arménie, bâtie par le roi Artaxas, pendant le séjour d'Annibal et d'après ses conseils, sur la rive septentrionale de l'Araxas; détruite par les Romains du temps de Néron, elle fut rebâtie et reçut le nom de Néronia. Au S. d'Erivan on croit encore en remarquer les ruines.

ARTEGLISE ou SAINT - PIERRE-D'ARTEGLISE, vg. de Fr., dép. de la Manche, arr. de Valognes, cant. de Barneville, poste de Bricquebec; pop. 400 hab.

ARTEMARE, vg. de Fr., dép. de l'Ain, arr. de Belley, cant. de Campagne, com. d'Ameyzieu, poste de Culoz; pop. 300 hab.

ARTEMISIUM, g. a., promontoire sur la côte sept. de l'île d'Eubée; près de là les Grecs, commandés par Thémistocle, livrèrent aux Perses le premier combat naval, lors de l'expédition de Xerxès.

ARTEMISIUS, mont. du Péloponèse, une des limites de la plaine de Tripolitza ou de l'ancienne Arcadie.

ARTEMITA, g. a., île de la mer Ionienne, vis-à-vis l'embouchure de l'Acheloüs.

ARTEMPS, vg. de Fr., dép. de l'Aisne, arr. et poste de St.-Quentin, cant. de St.-Simon; pop. 480 hab.

ARTENAY, b. de Fr., dép. du Loiret, arr. à 5 l. N. d'Orléans, chef-lieu de canton et poste; pop. 1200 hab.

ARTENAY, vg. de Fr., dép. des Deux-Sèvres, arr. et poste de Niort, cant. de Prahecq, com. de Vouillé; pop. 280 hab.

ARTENAZA, vg. sur l'île Canaria, l'une des Canaries; il a environ 1000 habitants, qui demeurent presque tous dans des cavernes.

ARTENSET ou ST.-MARTIAL-D'ARTENSET, vg. de Fr., dép. de la Dordogne, arr. de Ribérac, cant. et poste de Montpont; pop. 1200 hab.

ARTERN, v. de Prusse, dans la prov. de Saxe, rég. de Mersebourg, sur l'Unstrut, qui y devient navigable. Elle a une saline d'un produit annuel d'environ 40,000 quintaux, et une salpêtrière; deux foires par an. Les habitants, au nombre de 2800, s'occupent en outre de l'agriculture et de l'éducation du bétail.

ARTH ou AART, b. de Suisse, dans les cant. et dist. de Schwyz, sur le lac de Zug. Belle église, dans laquelle on conserva, jusqu'au 16 octobre 1798, des trophées conquis dans différentes batailles; à cette époque les Français s'en emparèrent et en brûlèrent la plus grande partie; mais l'on y voit encore aujourd'hui un grand vase en argent, orné des armes de Charles-le-Hardi, provenant du butin, fait lors de la victoire de Grandson. En 1799, les Français et les Autrichiens s'y livrèrent des combats presque journaliers. La paroisse d'Arth compte 1400 hab.

ARTHÉ, ham. de Fr., dép. de l'Yonne, arr. de Joigny, cant. et poste d'Aillant-sur-Tholon, com. de Merry-la-Vallée; pop. 46 hab.

ARTHEL, vg. de Fr., dép. de la Nièvre, arr. de Cosnes, cant. et poste de Prémery; pop. 500 hab.

ARTHEMONAY, vg. de Fr., dép. de la Drôme, arr. de Valence, cant. de St.-Donat, poste de Romans; pop. 390 hab.

ARTHENAC, vg. de Fr., dép. de la Charente-Inférieurure, arr. de Jonzac, cant. et poste d'Archiac; pop. 800 hab.

ARTHENAS, vg. de Fr., dép. du Jura, arr. de Lons-le-Saulnier, cant. de Beaufort, poste d'Orgelet; pop. 440 hab.

ARTHENAY ou LE HOMMET-D'ARTHENAY, ham. de Fr., dép. de la Manche, arr. de St.-Lô, cant. de St.-Jean-de-Daye, poste de la Périne; pop. 36 hab.

ARTHÈS ou ARTHEG-SUR-TARN, vg. de Fr., dép. du Tarn, arr., cant. et poste d'Albi; pop. 800 hab.

ARTHEZ, vg. de Fr., dép. des Landes, arr. et poste de Mont-de-Marsan, cant. de Villeneuve; pop. 500 hab.

ARTHEZ, b. de Fr., dép. des Basses-Pyrénées, arr. à 3 l. E. d'Orthez, chef-lieu de canton, poste de Lacq; pop. 1600 hab.

ARTHEZ-D'ASSON, vg. de Fr., dép. des Basses-Pyrénées, arr. de Pau, cant. et poste de Nay; mines de fer; pop. 1400 hab.

ARTHEZÉ, vg. de Fr., dép. de la Sarthe, arr. et poste de La Flèche, cant. de Malicorne; pop. 500 hab.

ARTHIE, vg. de Fr., dép. de la Marne, cant. et poste d'Epernay, com. de Venteuil; pop. 100 hab.

ARTHIES, vg. de Fr., dép. de Seine-et-Oise, arr. de Mantes, cant. et poste de Magny; pop. 300 hab.

ARTHIEUL, vg. de Fr., dép. de Seine-et-Oise, arr. de Mantes, cant. et poste de Magny; pop. 220 hab.

ARTHON, vg. de Fr., dép. de l'Indre, arr. et poste de Châteauroux, cant. d'Ardentes-St.-Vincent; pop. 850 hab.

ARTHON, vg. de Fr., dép. de la Loire-Inférieure, arr. de Paimbœuf, cant. de Pornic, poste de Bourgneuf-en-Retz; pop. 1800 h.

ARTHONNAY, vg. de Fr., dép. de l'Yonne, arr. de Tonnerre, cant. et poste de Cruzy, pop. 785 hab.

ARTHUN, vg. de Fr., dép. de la Loire, arr. de Montbrison, cant. et poste de Boën, pop. 530 hab.

ARTHUR, île ou groupes d'îles qu'on ne peut rattacher à aucun archipel; il est situé sous le 3° 30' de lat. S., et le 178° 31' long. occ. Les habitants sont de race malaisienne; cependant ils ne sont point tatoués.

ARTIBONITO, une des rivières les plus importantes de l'île d'Haïti ou de San-Domingo. Elle prend sa source aux monts Cibao, près de St.-Thomas, reçoit plusieurs autres petites rivières, coule de l'E. à l'O., en traversant la belle vallée à laquelle elle a donné son nom, et se jette dans la baie de Siagane à l'O. de l'île.

ARTIGAT, vg. de Fr., dép. de l'Arriège, arr. de Pamiers, cant. du Fossat, poste du Mas-d'Azil; pop. 1200 hab.

ARTIGNI, vg. de Fr., dép. d'Indre-et-Loire, arr. de Tours, cant. et poste d'Amboise, com. de Chargé; pop. 150 hab.

ARTIGNOSC, vg. de Fr., dép. du Var, arr. de Brignoles, cant. de Taverne, poste d'Aups; pop. 480 hab.

ARTIGUE, vg. de Fr., dép. de la Haute-Garonne, arr. de St.-Gaudens, cant. et poste de Bagnères-de-Luchon; pop. 200 hab.

ARTIGUE-DIEU ou ARTIGUE-DIEU-GARRANÉ, vg. de Fr. dép. du Gers, arr. et cant. de Mirande, poste de Masseube; pop. 300 hab.

ARTIGUE-LOUTAN, vg. de Fr., dép. des Basses-Pyrénées, arr., cant. et poste de Pau; pop. 590 hab.

ARTIGUE-LOUVE, vg. de Fr., dép. des Basses-Pyrénées, arr. et poste de Pau, cant. de Lescar; pop. 700 hab.

ARTIGUEMY, vg. de Fr., dép. des Hautes-Pyrénées, arr. et poste de Bagnères-en-Bigorre, cant. de Launemezan; pop. 200 hab.

ARTIGUES, vg. de Fr., dép. de l'Aude. arr. de Limoux, cant. de Roquefort-de-Sault, poste de Quillan; pop. 200 hab.

ARTIGUES, ham. de Fr., dép. de l'Aveyron, arr. et poste d'Espalion, cant. et com. de St.-Chély-d'Aubrac; pop. 50 hab.

ARTIGUES, vg. de Fr., dép. de la Haute-Garonne, arr. de St.-Gaudens, cant. de Salies, poste de St.-Martory, com. de Montespan; pop. 180 hab.

ARTIGUES, vg. de Fr., dép. de la Gironde, arr. de Bordeaux, cant. et poste de Carbon-Blanc; pop. 400 hab.

ARTIGUES, vg. de Fr., dép. de la Gironde, arr. de Bordeaux, cant. et poste de Podensac, com. de Landiras; pop. 320 hab.

ARTIGUES, vg. de Fr., dép. de la Gironde, arr. et poste de Libourne, cant. et com. de Lussac; pop. 120 hab.

ARTIGUES, vg. de Fr., dép. de Lot-et-Garonne, arr., cant. et poste d'Agen; com. de Foulayronnes; pop. 115 hab.

ARTIGUES, ham. de Fr., dép. de Lot-et-Garonne, arr. et poste de Nérac, cant. de Francescas, com. de Moncrabeau; pop. 28 hab.

ARTIGUES, ham. de Fr., dép. des Hautes-Pyrénées, arr. d'Argelès, cant. et poste de Lourdes; pop. 65 hab.

ARTIGUES, vg. de Fr., dép. du Var, arr. de Brignoles, cant. de Rians, poste de Barjols; pop. 320 hab.

ARTIGUES-EN-DOUESSAN, vg. de Fr., dép. de l'Arriège, arr. de Foix, cant. de Quérigut, poste d'Ax; pop. 300 hab.

ARTIGUES-PERCHE, vg. de Fr., dép. du Gers, arr., cant. et poste de Mirande; pop. 220 hab.

ARTIMONT, ham. de Fr., dép. de Seine-et-Oise, arr. de Pontoise, cant. et poste de Marines, com. de Frémécourt; pop. 68 hab.

ARTINS, vg. de Fr., dép. de Loir-et-Cher, arr. de Vendôme, cant. de Montoire, poste de Poncé; pop. 550 hab.

ARTIS, vg. de Fr., dép. de l'Aveyron, arr. d'Espalion, cant. et poste de Lagniole, com. de Montpeyroux; pop. 200 hab.

ARTIX, vg. de Fr., dép. de l'Arriège, arr. de Pamiers, cant. et poste de Varilles, pop. 240 hab.

ARTIX, vg. de Fr., dép. du Lot, arr. de Cahors, cant. de Lauzès, com. de Senaillac, poste de Pélacoy; pop. 120 hab.

ARTIX, vg. de Fr., dép. des Basses-Pyrénées, arr. et cant. d'Orthez, poste de Lacq; pop. 700 hab.

ARTOIS, *Artesia, Atrebatensis Comitatus*, ancienne prov. de Fr., entre la Flandre, la Picardie, le Vermandois, le Boulonnais et le Calaisis, est une des contrées basses du pays. Elle forme aujourd'hui, avec une partie de la Basse-Picardie, le département du Pas-de-Calais. (*Voyez* cet article.)

A l'époque de l'invasion romaine, les Atrébates habitaient cette partie des Gaules, qui plus tard fut comprise dans la deuxième Belgique. Elle passa ensuite sous la domination des Francs, qui la conservèrent jusque vers le milieu du neuvième siècle. En 863, Baudouin-Bras-de-Fer, comte de Flandre, en devint possesseur par son mariage avec Judith, fille de Charles-le-Chauve, qui lui donna cette province pour dot. L'Artois retourna à la couronne en 1180 par le mariage d'Isabelle de Hainaut avec Philippe-Auguste. Environ soixante ans après, St.-Louis en fit l'apanage de son frère Robert, auquel il conféra le titre de comte d'Artois. Celui-ci périt dans la première croisade de St.-Louis. Son fils Robert II, qui lui succéda, perdit la vie à la bataille de Courtrai, en 1302. Le comté passa ensuite par succession dans la maison de Bourgogne, puis au comte de Flandre, et enfin de nouveau aux ducs de Bourgogne, qui le conservèrent jusqu'à la mort de Charles-le-Téméraire. L'Artois devint alors une des provinces de la maison d'Autriche par le mariage de Marie de Bourgogne avec l'archiduc Maximilien. Reconquise en 1649 par les Français, cette province leur fut définitivement cédée par le traité des Pyrénées en 1659 et celui de Nimègue en 1678. Depuis cette époque, elle n'a plus cessé d'appartenir à la France. Le dernier roi de la branche aînée des Bourbons portait avant son avènement au trône le titre de comte d'Artois.

ARTOLSHEIM, vg. de Fr., dép. du Bas-Rhin, arr. de Sélestadt, cant. et poste de Markolsheim; pop. 925 hab.

ARTON, vg. de Fr., dép. de l'Yonne, arr. de Tonnerre, cant. et poste de Noyers, com. de Molay; pop. 140 hab.

ARTONGES, vg. de Fr., dép. de l'Aisne, arr. et poste de Château-Thierry, cant. de Condé-en-Brie; pop. 273 hab.

ARTONNES, b. de Fr., dép. du Puy-de-Dôme, arr. de Riom; cant. et poste d'Aigueperse; pop. 1940 hab.

ARTRES, vg. de Fr., dép. du Nord, arr., cant. et poste de Valenciennes; pop. 560 h.

ARTUAN, vg. de Fr., dép. de la Charente-Inférieure, arr. de Tournon, cant. de Serrières, com. de Peaugres, poste du Péage; pop. 100 hab.

ARTYNIA, g. a., lac de la Petite-Mysie, au N.-E. de Miletopolis.

ARTZ (l'), riv. de Fr., a sa source dans le dép. du Morbihan, entre Grand-Champ et Elven, et se jette dans l'Oust, affluent de la Villaine, après un cours de 23 lieues de l'O. à l'E.

ARTZHEIM, vg. de Fr., dép. du Haut-Rhin, arr. et poste de Colmar, cant. d'Andolsheim; pop. 640 hab.

ARUACAS ou **AROUAQUES**, **ARUWAQUES**, **ARROWOUKS**, peuplade d'Indiens, belle, douce, forte et nombreuse, établie dans le dép. du Maturin, rép. de Vénézuela, et sur les rives du Berbin et du Surinam, dans les Guyanes anglaise et hollandaise.

ARUBA ou **ORUA**, **ORUBA**, île à 8 milles O. de Curassao, sous le 12° 30′ lat. N. et le 72° long. O., vis-à-vis le golfe de Vénézuela. Elle est inhabitée et ne produit que du bois et des herbes pour nourrir des moutons et des chèvres. A l'O. d'Aruba est située l'île, plus petite encore, d'Arubilla.

ARUCA, v. du Portugal, dans la prov. de Beira, comarca de Lamego; elle n'a de remarquable que son riche couvent de bénédictines; pop. 1800 hab.

ARUCAS, gr. vg. de l'île Canaria, l'une des Canaries; pop. 2500 hab.

ARUDY, pet. v. de Fr., dép. des Basses-Pyrénées, arr. et à 3 l. S. d'Oloron, chef-lieu de canton et poste; pop. 1900 hab.

ARUE, vg. de Fr., dép. des Landes, arr. de Mont-de-Marsan, cant. et poste de Roquefort; pop. 800 hab.

ARUMA, g. a., v. de Samarie, au S. de Sichem, appartenait à la tribu de Benjamin et forma plus tard la frontière du pays de Juda.

ARUN, riv. d'Angleterre, a sa source dans le comté de Surrey; il arrose la partie occidentale du comté de Sussex et se jette dans la Manche. Un canal joint l'Arun à la Tamise.

ARUNDEL, *Aruntina*, b. d'Angleterre, sur l'Arun, dans le comté de Sussex, nomme deux députés au parlement. Il a un château qui appartient aux ducs de Norfolk et à la possession duquel est attaché le titre de premier comte d'Angleterre, commerce considérable en bois, tan et grains; pop. 2800 h.

ARUNDEL, pet. v. des Etats-Unis de l'Amérique du Nord, dans l'état de Maine, comté d'York, sur le Mousum, a une banque, fait un commerce très-actif et compte 2800 habitants.

ARUPORÉCA, peuplade d'Indiens, dans la tribu des Chiquitos, habite à l'O. de la rép. de Bolivia.

ARUY (Sierra del Rio-), chaîne de montagnes dans la rép. de Vénézuela, s'étend dans une direction N.-E., depuis les sources de l'Orénoque jusqu'à celles de l'Aruy et du Parana, où elle se divise en trois principales branches dont la plus occidentale s'étend jusqu'à la Camiseta, la branche orientale se dirige vers la ville de San-Thomas-de-Angostura où elle se divise elle-même en deux ramifications : *a*) la Serrania de Ymataca, qui s'étend jusque dans la Guyane; *b*) la Serrania de Usupama, montagne très-sauvage, qui s'étend à l'E. du lac de Parima jusque dans la Guyane brésilienne, sous le nom de Sierra de Tumucuraque, et se termine sur les bords du fleuve des Amazones; la troisième branche principale longe, dans une direction S.-E., la rive gauche de l'Orénoque et rejoint, à ce qu'il paraît, la ramification de la Serrania de Usupama.

ARVA, *Arvensis comitatus*, comitat de Hongrie, dans le cer. en-deça de la Theiss, tire son nom de la petite rivière d'Arva qui l'arrose; il est borné au N.-O., au N. et à l'E. par la Gallicie et au S.-O. par les comitats de Liptau et de Trentsin; il a une superficie de 108 l. c. et une population de 85,000 habitants dont environ 8000 protestants; il comprend 5 bourgs et 96 villages. Le pays est montagneux et le climat en est rude; le terrain ne produit pour ainsi dire que du lin; l'éducation du bétail y est pourtant en bon état.

ARVA, district de Hongrie, dans le comitat de même nom, comprend un bourg et deux villages dont l'un se nomme aussi Arva et a une population de 300 hab.

ARVERNI, g. a., peuple de l'Aquitaine (Auvergne).

ARVERT, b. de Fr., dép. de la Charente-Inférieure, arr. de Marennes, cant. et poste de la Tremblate; commerce de vins, poissons et sardines; pop. 2500 hab.

ARVEYRES. *Voyez* ST.-PIERRE-DE-VAUX.

ARVIEU, vg. de Fr., dép. de l'Aveyron, arr. de Rhodez, cant. et poste de Cassagnes-Bégonhès; pop. 1500 hab.

ARVIEUX, vg. de Fr., dép. des Hautes-Alpes, arr. de Briançon, cant. d'Aiguilles, poste de Queyras; fabriques de bas; pop. 1000 hab.

ARVIGNA, vg. de Fr., dép. de l'Arriège, arr., cant. et poste de Pamiers; pop. 400 h.

ARVILLE, vg. de Fr., dép. de Loir-et-Cher, arr. de Vendôme, cant. et poste de Mondoubleau; pop. 400 hab.

ARVILLE, vg. de Fr., dép. de Seine-et-Marne, arr. de Fontainebleau, cant. et poste de Château-Landon; pop. 300 hab.

ARVILLERS, vg. de Fr., dép. de la Somme, arr. et poste de Montdidier, cant. de Moreuil; pop. 1150 hab.

ARVORÉDO, pet. île d'une l. c., à 8 l. N. de l'île de Santa-Catharina, sur les côtes de la prov. du même nom, dans l'emp. du Brésil.

ARX, vg. de Fr., dép. des Landes, arr. de Mont-de-Marsan, cant. et poste de Gabarret; pop. 400 hab.

ARXATA, g. a., v. de la Grande-Arménie, sur l'Araxes, au S.-E. d'Artaxata.

ARY ou **ST.-MARTIN-D'ARY**, vg. de Fr., dép. de la Charente-Inférieure, arr. de Jonzac, cant. de Montguyon, poste de Montlieu; pop. 300 hab.

ARYS, pet. v. de Prusse, dans la prov. de la Prusse-Orientale, rég. de Gumbinnen, sur le lac du même nom; pop. 1200 hab.

ARZ, île de Fr. dans le golfe du Morbihan et le dép. de ce nom, à 2 l. S. de Vannes.

ARZAC, vg. de Fr., dép. du Tarn, arr. et poste de Gaillac, cant. de Castelnau-de-Montmirail, com. de Cahuzac-sur-Vère; pop. 500 hab.

ARZACQ, b. de Fr., dép. des Basses-Pyrénées, arr. et à 7 l. N.-E. d'Orthez, chef-lieu de canton et poste; pop. 100 hab.

ARZAL, vg. de Fr., dép. du Morbihan, arr. de Vannes, cant. et poste de Muzillac; pop. 1300 hab.

ARZAMAS, v. de Russie, dans le gouv. de Nijni-Novgorod, au confluent du Scholka et du Tesha, est une ville assez importante par ses fabriques de soieries, de cuirs, de savon, ses teintureries, etc. Ses négociants envoient beaucoup de toile et de toile à voile à St.-Pétersbourg; pop. 8000 hab.

ARZANENE, g. a., contrée de la Grande-Arménie, à l'E. du Tigre.

ARZANO ou **ARZANNO**, vg. de Fr., dép. du Finistère, arr. à 2 l. N.-E. et poste de Quimperlé, chef-lieu de canton; pop. 2000 h.

ARZAY, vg. de Fr., dép. de l'Isère, arr. de Vienne, cant. et poste de la Côte-St.-André; pop. 300 hab.

ARZBERG, b. de Bavière, dans le cer. du Mein-Supérieur, dist. de Wunsiedel; mines de fer, de cobalt, de houille et d'alun; fabriques de cuirs; poterie; pop. 1400 hab.

ARZELIERS, vg. de Fr., dép. des Hautes-Alpes, arr. de Gap, cant. et com. de Laragne; poste de Ventavon; pop. 150 hab.

ARZEMBOUHY, vg. de Fr., dép. de la Nièvre, arr. de Cosne, cant. et poste de Prémery; pop. 375 hab.

ARZENC, vg. de Fr., dép. de la Lozère, arr. de Mende, cant. et poste de Châteauneuf-de-Randon; pop. 820 hab.

ARZENC ou **ARZENC-D'APCHER**, vg. de Fr., dép. de la Lozère, arr. de Marvejols, cant. de Fournels, poste de St.-Chely; pop. 280 hab.

ARZENS ou **ARZENS-CORNEILLE**, vg. de Fr., dép. de l'Aude, arr. de Carcassonne, cant. de Montréal, poste d'Alzonne; pop. 930 hab.

ARZIGNANO, *Arsignanum*, b. du roy. Lombard-Vénitien, dans le gouv. de Venise, délégation et à 4 l. O.-S.-O. de Vicence, chef-lieu de district; les environs sont fertiles en vins d'une qualité recherchée; filatures de soie; manufactures de draps; pop. 3300 hab.

ARZILLA ou **AZILA**, v. et port dans le roy. de Maroc. Le commerce y est de peu d'importance. On cultive beaucoup de tabac dans les environs. La population, de 1000 habitants, se compose de Maures et de Juifs.

ARZILLIÈRES, vg. de Fr., dép. de la Marne, arr. de Vitry-le-Français, cant. et poste de St.-Remy-en-Bouzémont; pop. 420 hab.

ARZON, vg. de Fr., dép. du Morbihan, arr. de Vannes, cant. et poste de Sarzeau; pop. 2200 hab.

ARZY, ham. de Fr., dép. des Deux-Sèvres, arr. de Niort, cant. et poste de Champ-de-Niers, com. de la Chapelle-Bâton; pop. 86 h.

ASAB, b. d'Abyssinie, sur une baie du même nom; il est remarquable par ses ruines fort anciennes.

ASÆA, g. a., v. d'Arcadie, sur l'Alphée.

ASAFY ou **SAFFY**, v. du roy. de Maroc, sur la côte de l'Océan, au S. du cap Cantin; elle est bâtie entre deux montagnes. La chaleur y est étouffante en été, et en hiver l'on y est sans cesse menacé des torrents que forme la pluie en descendant des montagnes voisines et qui fondent quelquefois si rapidement sur la ville qu'il est impossible de rien sauver.

Les Portugais abandonnèrent cette ville en 1641. Les environs d'Asafy, ainsi que la ville même, possède des lieux saints ou consacrés; aussi les Juifs ne peuvent-ils y pénétrer que pieds-nus, et ils sont obligés de descendre s'ils sont à cheval. Les habitants sont fanatiques et portent une haine atroce aux chrétiens. Les céréales sont beaucoup cultivées dans la campagne d'Asafy, et cette ville fait un commerce important en grains.

ASAMON, g. a., mont. de la Galilée Inférieure, non loin de Sephoris.

ASAN, vg. de 28 maisons, sur l'île Guahan où San-Juan, l'une des Mariannes, dans la Polynésie ou Océanie orientale. Une villa du nom de Piti fait partie de ce village. La population, y compris celle de Piti, est de 200 hab.

ASAN, g. a., v. de la tribu de Siméon, au S.-O. de Jérusalem.

ASANGORO, prov. de la rép. du Pérou, dép. de Puno, bornée par les provinces de Carabaya, de Lampa et de Puno, sur le penchant occidental des Cordillères. Le sol de cette province, entrecoupé de lacs, parmi lesquels le Titicaca, et arrosé par de nombreuses rivières, présente des prairies très-grasses qui nourrissent de nombreux et de beaux troupeaux; on y exploite quelques mines. L'étendue de la province est estimée à 160 l. c. géographiques avec une population de 45,000 âmes. Asangoro, très-petite ville sur la rivière du même nom, entre le Titicaca et les Cordillères, est le chef-lieu de cette province.

ASANKARIE, v. d'Afrique, dans l'emp. d'Achanti et la prov. ou contrée de Warsaw ou Ouarsa, sur la côte d'Or, Guinée septentrionale. On y fait le commerce d'or.

ASASP, vg. de Fr., dép. des Basses-Pyrénées, arr. et poste d'Oloron, cant. de Ste.-Marie; pop. 1100 hab.

ASBACH, vg. de Fr., dép. du Bas-Rhin, arr. de Wissembourg, cant. de Seltz, poste de Soultz-sous-Forêts; pop. 820 hab.

ASBACH, pet. vg. de Prusse, dans la prov. du Bas-Rhin, rég. de Trèves, avec le hameau d'Asbacherhütte qui en fait partie et qui contient une forge considérable où l'on fabrique toutes sortes d'ouvrages en fer et en fonte; poteries; pop. 240 hab.

ASBEN, *Agisimba*, contrée du Sahara, au S. du Fezzan; elle est habitée par les Touariks et fait partie du pays d'Aghaden dont Aghades est la capitale; elle est très-fertile mais du reste fort peu connue. Les Touariks sont une des plus anciennes tribus du Sahara, et du temps des Carthaginois ils étaient, comme aujourd'hui, conducteurs et guides des caravanes qui traversent le désert.

ASBERG ou ASPERG (Haut-), forteresse du Wurtemberg, la seule que possède actuellement ce royaume; elle sert de prison aux prisonniers d'état et aux déserteurs. Le siége qu'elle soutint contre les Impériaux de 1634 à 1635, mérite d'être cité.

ASCA, g. a., v. de l'Arabie Heureuse, au S.-E. de Nagrana et au N.-E. d'Atholla; elle fut prise par le général romain Ælius Gallus.

ASCAIN, vg. de Fr., dép. des Basses-Pyrénées, arr. de Bayonne, cant. et poste de St.-Jean-de-Luze; pop. 1014 hab.

ASCANIÆ INSULÆ, g. a., pet. îles de la mer Égée, sur la côte de la Troade.

ASCARAT, vg. de Fr., dép. des Basses-Pyrénées, arr. de Mauléon, cant. de St.-Étienne-de-Baigorry, poste de St.-Jean-Pied-de-Port; pop. 400 hab.

ASCENSION, île d'Afrique, dans l'Océan Atlantique, sous le 7° 56' de lat. S. et le 16° 52' de long. occ., à 320 l. N.-O. de l'île Ste.-Hélène; elle a 6 l. de long et 2 de large et présente dans toute son étendue l'aspect de la plus affligeante désolation. La plage est couverte d'un sable blanc qui éblouit; à une petite distance de la côte, et après avoir gravi une pente d'environ 20 mètres, on se trouve dans une grande plaine qui comprend à peu près toute la superficie de l'île. Elle est chargée d'énormes masses de lave, entre lesquelles on aperçoit un sol nu et noirâtre; là où le terrain n'est point couvert de lave, on aperçoit de petites collines de sable rouge sec et léger que le vent chasse devant lui en épais tourbillons. Au centre de l'île s'élève la montagne Verte (green mountain), de 830 mètres de haut; c'est une masse de pierres calcaires sablonneuses et poreuses; sa base est couverte de quelques pourpiers et fougères que les chèvres sauvages viennent brouter avec avidité. Pas un seul arbre ne croit sur cette île; cependant la petite garnison anglaise que le gouvernement britannique y entretint pendant la captivité de Napoléon à Ste.-Hélène, était parvenue à défricher assez de terre pour en former un jardin. On évalue à 20 jours de terre la partie de l'île susceptible d'être cultivée. On y trouve aussi deux sources, où les vaisseaux qui passent dans ces parages envoient faire de l'eau fraîche.

ASCENSION, paroisse de l'état de Louisiane, dans les États-Unis de l'Amérique du Nord, entre les paroisses d'Iberville, de Ste.-Hélène, de l'Assomption et d'Attacapas, renferme 4000 habitants. Le Mississipi qui traverse cette paroisse s'y divise en deux branches dont celle de l'O., qui reçoit le nom de la Fourche, se jette dans la baie de Timballier. Le chef-lieu de la paroisse est Donaldsonville, sur la rive droite du Mississipi, à l'endroit où s'en détache le bras dit la Fourche. C'est une très-petite ville qui, depuis 1829 jusqu'en 1831, a été la capitale de l'état; pop. 900 hab.

ASCENSION, 1° fleuve des états mexicains qui se jette dans le golfe de Californie; 2° autre fleuve des états mexicains qui se décharge dans la baie du même nom.

ASCENSION, baie sur la côte orientale de l'état de Yucatan, dans les états mexicains.

ASCERGHUR, v. du roy. de Sindhia, dans

l'Inde antérieure, située sur le versant méridional du Satpovia et dominé par un fort assis sur un rocher qui a 750 pieds de hauteur. La nature du terrain, coupé par des torrents et des abimes, forme de cette ville une des meilleures forteresses de l'Inde.

ASCH, b. de Bohême, dans le cer. d'Ellnbogen, à 3 1/2 l. N.-O. d'Eger, chef-lieu de la seigneurie d'Asch; avec un château; fabriques de bas et de cotonnades; bonneterie; pop. 2500 hab.

ASCHACH, b. de la Haute-Autriche, archiduché d'Autriche, cer. de Hausruck, à 1 l. N. d'Efferding; commerce de bois et de vin.

ASCHAFF, riv. de Bavière, dans les dist. de Rothenbuch et Aschaffenbourg, prend sa source au mont Spessart et se jette dans le Mein, non loin d'Aschaffenbourg; elle sert principalement au flottage du bois.

ASCHAFFENBOURG, *Asciburgum*, v. de Bavière, dans le cer. du Mein-Inférieur, chef-lieu de district, sur le Mein, dans une contrée fertile, à 7 l. de Hanau et à 20 l. de Würzbourg; siége des autorités du district. On y distingue l'église Ste.-Marie, avec les tombeaux de plusieurs grands personnages; le château royal avec une belle collection de gravures, et la bibliothèque royale. Les habitants s'adonnent à l'agriculture, et le vin qu'on y récolte est d'une bonne qualité; commerce de bois; fabrique de papier peint, de savon, de colle-forte, de cuirs et d'ouvrages en paille; tanneries et mégisseries; manufactures de draps. Aschaffenbourg, qui formait autrefois une principauté ayant ses seigneurs particuliers, fut cédé à la Bavière d'après un traité du 19 juin 1814; pop. 7000 hab.

ASCHANTIE. *Voyez* ACHANTI.

ASCHAU (Haut-), vg. de Bavière, dans le cer. de l'Isar, dist. de Rosenheim; il est principalement connu par ses grandes forges où l'on fabrique des armes, des instruments aratoires, du fil de fer, etc.; pop. 200 hab.

ASCHENDORF, vg. du roy. de Hanovre, dans le gouv. d'Osnabrück. Ce village situé non loin de l'Ems possède un beau couvent; ses habitants au nombre de 1170 se livrent en majeure partie à la pêche.

ASCHER (tribu d'), g. a., était bornée à l'E. par la tribu de Naphthali, au N., par le pays de Sidon, à l'O., par la Méditerranée, au S., par la tribu de Sebulon et le mont Carmel.

ASCHER, g. a., v. de Samarie, dans la tribu de Manassé, sur la route de Neapolis (Sichem) à Scythopolis.

ASCHERES, vg. de Fr., dép. du Loiret, arr. de Pithiviers, cant. d'Outarville, poste de Neuville-aux-Bois; pop. 1450 hab.

ASCHERSLEBEN, *Ascania*, v. de Prusse, dans la prov. de Saxe, rég. de Magdebourg, chef-lieu de cercle; elle est arrosée par l'Eine et entourée d'une forte muraille. Elle a cinq portes, une église catholique, une église protestante, une synagogue, un gymnase, deux hôpitaux, une maison de refuge et un hospice pour les enfants trouvés; fabriques de toiles, de flanelles, de cuirs, de bas; poteries et distilleries d'eaux-de-vie; l'agriculture et le commerce y sont également florissants. Carrières de pierres à chaux. Parmi les ruines remarquables qu'on trouve aux environs de cette ville, on distingue le château d'Asconie, berceau de la maison d'Anhalt et des premiers margraves de Brandenbourg; pop. 10,000 hab.

ASCHIRA, état d'Afrique, dans la Nigritie, au N. du roy. de Benin et à l'E. du pays des Calbongos et de la côte de Gabon. Cette contrée, très-peu connue, est habitée par une tribu indépendante et barbare.

ASCHSCHE, b. du roy. de Belgique, dans la prov. du Brabant méridional, à 3 l. N.-O. de Bruxelles; pop. 4400 hab.

ASCO, vg. de Fr., dép. de la Corse, arr. et poste de Corte, cant. de Castifao; pop. 705 hab.

ASCO, b. d'Espagne, dans la principauté de Catalogne, sur la rive droite de l'Èbre, à 10 l. N.-N.-O. de Tortose.

ASCOLI, délégation des états de l'Église, bornée au N. et au N.-O. par celle de Fermo, à l'E. par l'Adriatique, à l'O. par Spolète, au S. par le royaume de Naples. Elle renferme environ 70,000 hab.

ASCOLI, *Asculum*, *Picenum*, chef-lieu de la délégation de ce nom, siége d'un évêque et d'un tribunal civil, possède un petit port à l'embouchure du Trouto, visité par des caboteurs; pop. 7550 hab.

ASCOLI DE SATRIANO, v. du roy. de Naples, dans la prov. de Capitanate, à 15 l. E. de Bénévent, chef-lieu de canton; pop. 5000 hab.

ASCOMBÉGUY, vg. de Fr., dép. des Basses-Pyrénées, arr. de Mauléon, cant. d'Iholdy, com. de Lantabat, poste de St.-Palais; pop. 150 hab.

ASCONA, b. de Suisse, dans le cant. du Tésin, dist. de Locarno, chef-lieu de cercle; il possède un séminaire avec une assez bonne bibliothèque.

ASCOU, vg. de Fr., dép. de l'Arriège, arr. de Foix, cant. et poste d'Ax; pop. 928 hab.

ASCOUX, vg. de Fr., dép. du Loiret, arr., cant. et poste de Pithiviers; pop. 670 hab.

ASCQ, vg. de Fr., dép. du Nord, arr. et poste de Lille, cant. de Lannoy; pop. 1540 hab.

ASCRA, g. a., b. de Béotie, au pied de l'Hélicon; c'est la patrie d'Hésiode.

ASCURA, g. a., v. de la Grande-Arménie, entre le Cyrus et l'Araxes.

ASDOD, g. a., v. de la tribu de Ruben, dans la Pérée, au pied du Mont Nébo.

ASEA, g. a., v. d'Arcadie, à l'E. de Megalopolis.

ASECA, g. a., v. de la Judée, entre Eleuthéropolis et Jérusalem; saccagée par Nebucadnezar, elle fut de nouveau habitée par les Juifs à leur retour dans la Terre-Sainte.

ASELE, chef-lieu du district d'Asele ou Angermanlandslappmark, dans la Suède septentrionale, län de Westerbotten, qui est habité par environ 1200 Lapons et colons suédois. C'est aussi dans ce district que sont les sources du Angerman-A.

ASEMONA, g. a., v. de la tribu de Juda, sur la frontière méridionale de la Judée.

ASENSIO (Saint-), b. d'Espagne, dans le roy. de la Vieille-Castille, prov. de Burgos, sur l'Ebre.

ASERBEIDSCHAN. *Voyez* ADERBAIJAN.

ASEVILLE, ham. de Fr., dép. de Seine-et-Oise, arr. de Mantes, cant. et poste de Magny, com. de Wy-Joli-Village; pop. 60 h.

ASFAX ou SFAX, EL EFAKUS, v. de l'état de Tunis, sur la côte orient.; elle est entourée de murailles et a un bon mouillage. On fabrique à Sfax du savon, des couvertures de laine, des bournous et d'autres étoffes de laine. Les environs sont fertiles en huile et en dattes. Cette ville fait un commerce assez important avec Kaïrvan et Malte; pop. 6000 hab.

ASFELD ou ASFELD-LA-VILLE, vg. de Fr., dép. des Ardennes, arr., à 5 l. O.-S.-O. de Réthel, chef-lieu de canton, poste de Tagnon; pop. 1250 hab.

ASGILIA, g. a., île de la mer Égée, non loin de la côte d'Eolie.

ASGKUR, *Usker*, fort de la Turquie d'Asie, eyalet de Tschaldis, bâti sur un rocher élevé, au pied duquel coule le Kour qui s'ouvre au milieu des rochers un passage dans la Géorgie. La vallée où est située Asgkur, est une des plus sauvages et des plus pittoresques de cette partie de l'Asie.

ASHANTI. *Voyez* ACHANTI.

ASHBOURNE, pet. v. d'Angleterre, dans le comté de Derby, sur le Dore; elle possède une société économique et des marchés de bétail très-fréquentés. Commerce de fromage; pop. 2112 hab.

ASHBURTON, b. d'Angleterre, dans le comté de Devon, nomme deux députés au parlement. Ses mines d'étain et de cuivre ne sont plus exploitées. Il y a une belle église. Les habitants se livrent à la filature et au tissage de laine; pop. 3053 hab.

ASHBY DE LA ZOUCH, b. d'Angleterre, dans le comté de Leicester, a l'endroit où commence le canal de ce nom, qui le met en communication avec Coventry. Il possède des manufactures de coton et on y fait un grand commerce de chevaux; quatre foires; eaux minérales; pop. 3141 hab.

ASHBY DE LA ZOUCH, canal d'Angleterre, long de 22 l., traverse les comtés de Leicester et de Derby.

ASHE, comté de l'état de la Caroline du Nord, dans les États-Unis de l'Amérique du Nord, est borné par les états de Virginie et de Tennessée, les comtés de Surry, de Wilkes et de Buncombe. Ce comté très-montueux forme une des terrasses occidentales des Alleghany, et renferme 5000 habitants. Le chef-lieu du comté est Jeffersonstown, très-petite ville qui compte à peine 800 hab.

ASHFIELD, pet. v. du comté de Franklin, dans l'état de Massachusets, États-Unis de l'Amérique du Nord, a une poste et 2600 hab.

ASHFORD, pet. v. des États-Unis de l'Amérique du Nord, dans l'état de Connecticut, comté de Windham, au pied de la montagne de Mount-Kope et sur la rivière du même nom, a des usines dans son voisinage et compte 3000 hab.

ASHLEY, riv. des États-Unis de l'Amérique du Nord, dans l'état de la Caroline du Sud, se jette dans la baie de Charleston.

ASHTABULA, riv. des États-Unis de l'Amérique du Nord, dans l'état d'Ohio, se jette dans le lac Erié.

ASHTABULA, comté de l'état d'Ohio, dans les États-Unis de l'Amérique du Nord, est borné par le lac Erié, la Pensylvanie et par les comtés de Trumbull et de Géauga. C'est un pays plat, très-fertile, arrosé par l'Ashtabula, le Grand-River et le Coneaut. Il renferme 8000 habitants. Le chef-lieu du comté est Jefferson, établissement naissant sur un affluent du Grand-River. L'endroit le plus important du comté est Harpenfield, mais dont la population ne s'élève pas encore à 1000 âmes.

AHSTON-AN-DER-LIN, sur la Tame, v. d'Angleterre, dans le comté de Lancaster, a un tissage de twiss très-considérable; pop. 19,052 hab.

ASHTON-EN-WAKEFIELD, pet. v. d'Angleterre, dans le comté de Leicester; clouterie et quincaillerie; elle possède aussi quelques manufactures de coton; pop. 4747 hab.

ASHUTNEY, chaîne de montagnes qui s'étend sur une partie de l'état de Vermont, dans les États-Unis de l'Amérique du Nord. C'est une branche des montagnes Vertes (green-mountains).

ASIA, g. a., contrée de la Lydie, entre le Caystrus (Cara-Sou) et le mont Imolus.

ASIA, g. a., v. de la Lydie, au pied de l'Imolus; c'est là que, selon quelques auteurs, a été inventée la lyre à trois cordes.

ASIAGO, b. du roy. Lombard-Vénitien, dans le gouv. de Venise, délégation de Vicence; il est situé sur la pente d'une montagne et a une population de 4900 habitants. Fabriques de chapeaux et de rubans de paille; teintureries. Asiago est le chef-lieu de sept communes qui comprennent une population d'environ 92,000 âmes, d'origine allemande; ils parlent un allemand corrompu et prétendent descendre des Cimbres qui furent vaincus par Marius. Mais il est plus vraisemblable que le Tyrol fut leur patrie primitive. Leur petit pays a une superficie d'environ 17 l. c. et est resserré entre les rivières de Brunta et d'Astico, jusqu'aux montagnes volcaniques de Marostica et de St.-Michel. Il y a de belles forêts et du beau bétail; l'éducation des brebis surtout y est perfectionnée, et ils confectionnent en outre toutes sortes d'ouvrages en bois et en paille. Les sept communes, comprenant dix endroits, sont : Pede Scala, Roccid, Roana, Asiago, Galio, Faza et Enico.

ASIE (l'), *Asia*, «la plus grande des parties de l'ancien continent, est située à l'Orient et sert de lien et d'intermédiaire à deux autres parties de la terre. L'histoire de la nature et l'histoire de l'homme, toute recherche sur ces deux objets, y ramènent comme à une souche commune, dont l'existence remonte à une époque inexplorée et dont la racine se cache dans des profondeurs inconnues.» C'est par ces mots que le célèbre géographe Charles Ritter, commence son grand ouvrage sur l'Asie; ils caractérisent avec netteté ce qu'a d'important la connaissance de ces vastes contrées, où se sont épanouies et développées les premières sociétés humaines.

L'Asie est comprise entre le 24° de long. orient. et le 172° de long. occ., et entre le 1° et le 78° de lat. N., en ne tenant pas compte des îlots qui forment l'extrémité australe de l'archipel des Maldives. Elle est bornée au N. par l'Océan Glacial Arctique; à l'O. par la mer de Marmara et la mer Noire, la Russie européenne, la mer Caspienne, et la mer Rouge qui la sépare de l'Afrique, à laquelle elle ne tient que par l'isthme de Suez; à l'E. par le détroit et la mer de Béring, le Grand-Océan et la mer de la Chine; au S. par la mer de la Chine et l'Océan Indien. La division entre cette partie du monde et l'Afrique est franche; il n'en est pas de même de la distinction qu'on a faite entre l'Europe et l'Asie; si, d'un côté, la mer Méditerranée, l'Archipel, les détroits des Dardanelles et de Constantinople, la mer de Marmara, la mer Noire et le détroit de Jénikale sont des limites naturelles, d'un autre côté, l'Europe tient à l'Asie sur un espace très-considérable, et semble n'en être qu'un appendice. D'où vient donc cette séparation? L'étymologie des noms n'est d'aucun secours pour résoudre cette question, car elle est incertaine et controversée. Déjà les anciens cherchaient en vain l'origine du mot Asie qui se rencontre le plus fréquemment dans la région caucasienne; il est probable que ce mot fut appliqué d'abord à une partie de la côte occidentale de l'Anatolie, où exista plus tard le royaume de Lydie, où s'établit la race des Asiens et où fut bâtie la ville d'Asia; les Grecs donnèrent ce nom aux pays voisins, et à mesure qu'ils avancèrent à l'Orient, ils le donnèrent à leurs nouvelles découvertes, et enfin il leur servit à désigner une des trois grandes divisions du monde alors connu. Mais cette étymologie n'explique pas la division qu'on a faite. Ritter l'explique d'une manière plausible; se basant sur la nature du sol, il prétend que ces deux continents avaient anciennement des points de contact moins nombreux et que surtout la partie méridionale des limites entre la Russie d'Europe et la Russie d'Asie était couverte d'eau. En effet, l'on sait qu'à une époque peu reculée, la mer Caspienne et la mer Aral ne formaient qu'un seul lac, que le plateau de l'Europe est sensiblement plus élevé que la partie asiatique qui le confine; que celle-ci est couverte de steppes très-basses, entrecoupées de nombreux lacs; que les terres situées dans l'intérieur de ce bassin, et dont M. de Humboldt évalue la superficie à 1000 milles c. allemands, ont un niveau inférieur à celui de la Méditerranée, qui dépasse, d'après les observations du même savant, de 50 toises la hauteur moyenne des eaux de la mer Caspienne.

L'Asie est la plus grande des divisions de la terre; sa superficie, même en retranchant l'archipel Indien, compté par les géographes anglais et allemands parmi ses dépendances, s'élève à près de 1,200,000 l. c. Gräberg l'estime à 722,760 l. c. géographiques; Ritter à 810,000 l. c. géographiques; Malte-Brun à environ 4,000,000 myriamètres c.; enfin Hassel, en y comprenant toutes les îles, l'évalue à 1,271,336 l. c. Son étendue est cinq fois plus grande que celle de toute l'Europe, et elle dépasse d'un dixième celle de l'Amérique. Mais ce n'est pas la superficie seule qui caractérise l'Asie et la distingue des autres continents, c'est surtout sa configuration. L'on peut dire avec raison, avec un géographe, que chaque partie du monde a une individualité particulière. L'Afrique semble un énorme corps sans membres; ses immenses côtes offrent peu d'enfoncements; l'Europe, au contraire, a un petit corps avec des membres d'une grande étendue; l'Asie présente à elle seule ces deux caractères, un corps énorme et compacte d'où s'élancent de tous côtés des membres longs et puissants. Ce corps a la figure d'un trapèze dont les quatre angles inégaux sont placés à l'isthme de Suez, au golfe de Tonquin; au cap Chelakhskoi, dans le pays des Tschoutches, et à la péninsule de Kara, à l'E. de la Nouvelle-Zemble. Le côté nord de ce quadrilatère, qui s'étend parallèlement au cercle polaire, est le plus petit et n'a que 1100 l. de longueur, tandis que celui qui longe le tropique n'en a pas moins de 2000. La plus grande longueur de toute l'Asie, depuis le cap oriental sur le détroit de Béring jusqu'au cap Bad ou Ras-Bad, près de Djidah en Arabie, est de 2695 l.; et si l'on négligeait la petite largeur du golfe Persique, on aurait 2725 l. depuis le cap oriental jusqu'aux environs de Moka, au S.-O. de l'Arabie. Sa plus grande largeur depuis l'Oural à la latitude de 64°, jusqu'à l'embouchure du Maykaoung, est de 1580 l.; sa largeur absolue serait de 1900 l. en ne tenant compte ni de la ligne, ni des bras de mer qu'elle devrait traverser, depuis le cap

Sévérovostotchnoï ou Sacré, extrémité septentrionale de l'Asie, et le cap Tamdjoug-Bourou, extrémité méridionale de cette partie du monde.

Ce vaste continent est entouré de trois Océans : l'Océan Glacial Arctique, le Grand-Océan et l'Océan Indien qui forment de nombreux et importants enfoncements, compris entre les membres que projette l'énorme corps de l'Asie.

Dans l'Océan Glacial Arctique, qui baigne toute la côte boréale de l'Asie, nous remarquerons d'abord un grand enfoncement entre la côte orientale de la Nouvelle-Zemble et la côte opposée de l'extrémité septentrionale des gouvernements de Tobolsk et de Jénisseisk. Cette mer, appelée quelquefois mer de Kara, et que Balbi propose d'appeler mer Asiatico-Boréale, offre deux golfes principaux, celui de Kara et celui de l'Ob ou Obi, nommée aussi baie d'Ob. La baie de Taïmourskaïa est un autre enfoncement de l'Océan Glacial Arctique, remarquable non par sa grandeur, mais par l'embouchure de la Taïmoura, le fleuve le plus boréal de tout l'ancien continent. Nous ne nous arrêterons pas aux autres enfoncements de cet Océan, dont les côtes sont très-découpées, et qui offre encore de nombreux golfes à l'embouchure des principaux fleuves, qui s'y jettent, de la Khatanga, du Léna, du Yana, de l'Indigirka et du Kolyma.

A l'E. de l'Asie, entre sa côte orientale et les grandes îles, qui du N. au S. lui forment comme une ceinture, se trouve une série de méditerranées à plusieurs issues, qui reçoivent les eaux du Grand-Océan. La première, en commençant par le N., est la mer de Béring ou la mer de Kamtchatka ou le Bassin du Nord, entre le Kamtchatka et l'extrémité N.-O. de l'Amérique et l'archipel des Aléoutes; le détroit de Béring, qui sépare l'Asie de l'Amérique, établit la communication entre cette mer et l'Océan Glacial Arctique. Plus bas se trouve la mer d'Okhotsk ou de Tarrakaï, entre le Kamtchatka, la côte d'Okhotsk et la grande île de Tarrakaï ou Tchoka, celle de Jeso et les Kouriles; elle communique avec la mer du Japon, d'un côté par la manche de Tartarie, dont on a voulu révoquer en doute l'existence, entre la grande île de Tarrakaï et le pays des Mandchoux; d'un autre côté par le détroit de La Pérouse, entre l'île de Tarrakaï et celle de Jeso. La mer du Japon est comprise entre le pays des Mandchoux, la Corée, l'archipel du Japon et les îles de Jeso et de Tarrakaï; le détroit de Tsougar ou Sangar, improprement appelé de Matsmaï, entre l'île Niphon et celle de Jeso, dont Matsmaï n'est que la capitale, établit la communication de cette mer avec le Grand-Océan. Un autre détroit, celui de Corée, entre la péninsule de ce nom et l'archipel du Japon, la fait correspondre avec la mer Orientale ou Toung-haï, entre la Corée, le pays des Mandchoux, la Chine, l'île Formose, l'archipel de Lieou-khieou et l'extrémité S.-O. de celui du Japon. L'enfoncement septentrional de cette mer, connu sous le nom de Houang-haï ou mer Jaune, se termine au N. par le golfe de Phou-haï ou de Liao-toung. La mer de la Chine, entre la Chine, l'Inde transgangétique et la partie N.-O. de l'archipel Indien, c'est-à-dire les côtes de Sumatra, Bornéo, Paragua, Luçon, les îles Bachi et celle de Formose, forme deux vastes enfoncements, connus sous le nom de golfe de Tonquin et golfe de Siam. Elle correspond par le canal de Formose, détroit compris entre l'île de ce nom et la Chine, avec la mer Orientale. Les quatre dernières mers que nous venons de nommer, communiquant entre elles par des détroits, pourraient être comprises sous une seule dénomination. Balbi propose de les réunir sous le nom général de Méditerranée Asiatico-Orientale.

La partie du Grand-Océan, qui baigne le S. de l'Asie, a reçu le nom d'Océan Indien. C'est une vaste mer, qui offre deux grands enfoncements; le premier, appelé golfe du Bengale, se trouve entre l'Indoustan et l'Inde transgangétique; il communique avec la mer de la Chine, par le détroit de Malacca, entre la péninsule de ce nom et l'île de Sumatra; un détroit secondaire, celui de Singapoura, se trouve entre l'îlot de ce nom et l'extrémité de la péninsule de Malacca. L'autre grand enfoncement de l'Océan Indien est le golfe d'Oman ou la mer d'Arabie, entre l'Arabie, la Perse et l'Inde. Ce golfe, en pénétrant à l'E. dans l'intérieur de l'Inde, en forme deux secondaires, les golfes de Cutch et de Cambaye; à l'O., il en forme deux bien plus considérables : le golfe Persique, entre la Perse et l'Arabie, qui communique par le détroit d'Hormuz avec le golfe d'Oman et le golfe Arabique, vulgairement appelé mer Rouge, entre l'Arabie et la côte d'Afrique, séparé du golfe d'Oman par le détroit de Bab-el-Mandeb.

La partie de la Méditerranée, qui baigne les côtes de l'Asie, offre des enfoncements moins considérables que la plupart de ceux que nous venons de nommer. Quelques-uns d'eux néanmoins méritent d'être cités : ce sont le golfe de Scanderoun ou d'Alexandrette, entre la Syrie et l'Asie Mineure; celui d'Antalia ou de Satalie au S. de cette dernière; ceux de Makry, Stanchio, Scala-Nova et Adramiti à l'occident. La mer de Marmara et la mer Noire n'offrent pas de golfe assez important pour être mentionné ici. La première de ces mers est en communication avec la Méditerranée par le détroit des Dardanelles et avec la mer Noire par celui de Constantinople.

Sur une étendue de côtes accidentées, aussi considérable que celle de l'Asie, sur un continent aussi riche en péninsules, les caps sont nombreux, et nous devons nous borner à en nommer les plus remarquables.

Sur l'Océan Glacial Arctique on trouve le cap Olenii, le cap Taïmourski, le cap Séverovostotchnoi ou Sacré (du N.-E.), dans le gouvernement de Jénisseisk, qu'il serait plus convenable d'appeler le cap Nord, étant l'extrémité boréale de l'Asie continentale et de tout l'ancien continent; le cap Sviatoi-Noss ou cap Saint dans le gouvernement d'Iakoutsk; enfin le cap Chelakhskoi dans le pays des Tchoutches, reconnu, il y a quelques années, par M. Wrangel. Sur le Grand-Océan et les mers intérieures que celui-ci forme sur les côtes de l'Asie, il faut nommer d'abord le cap Oriental dans la presqu'île des Tchoutches, et sur le détroit de Béring; c'est la pointe la plus orientale de toute l'Asie. L'extrémité australe du Kamtchatka forme le cap Lopatka; le cap Elisabeth au N. de l'île de Tarrakai, le cap Sud-Ouest dans la Corée, le cap de Kambodje, etc. sont moins importants. La presqu'île de Malacca se termine par le cap Tamdjong-Bourou le plus méridional de l'Asie; on a présenté à tort comme tel le cap Romania, qui se trouve à l'O. du précédent. Sur la mer des Indes on trouve le cap Négrais, dans l'empire Birman et sur le golfe de Bengale, le cap Comorin, la pointe australe de l'Inde en-deçà du Gange; le cap Mouz à l'extrémité de la côte occidentale de l'Inde. Le cap Moçudon, en Arabie, est à l'entrée du golfe Persique; le cap Raz-el-Gat forme l'extrémité orientale de l'Arabie, sur la côte méridionale de laquelle se trouve le cap Fartak. Le Ras-Bail, au S. de Djidah, plonge dans la mer Rouge. La Méditerranée baigne le cap Chelidonia sur la côte méridionale de l'Asie Mineure; le cap Baba sur l'Archipel est le point le plus occidental de tout le continent asiatique; enfin les caps Kerempeh et Indje, au N. de l'Asie Mineure, font saillie sur la mer Noire.

Nous venons de nommer les mers qui baignent le continent de l'Asie, et les principaux caps qui se projettent dans ces mers; il nous reste à parler, avant d'arriver au corps central, des grandes presqu'îles qui s'en détachent et s'élancent surtout à l'E., au N. et à l'O. Elles sont au nombre de sept principales; au N.-E. la presqu'île des Tchoutches, comprise entre le golfe d'Anadyr, le cap Oriental et le cap Nord; elle a environ 25,000 l. c.; la presqu'île de Kamtchatka, entre la mer de Béring, celle d'Okhotsk et le Grand-Océan; elle est moins grande que la précédente; la presqu'île de Corée dans la Chine, d'une étendue d'environ 22,000 l. c. Au S., les deux grandes presqu'îles de l'Inde, celle au-delà du Gange et celle en-deçà du Gange, dont les extrémités portent plus particulièrement les noms de presqu'île de Malacca, et de presqu'île du Dekkan, jointe à l'Arabie au S.-O., une des plus grande péninsules du monde, offrent à elles seule une superficie aussi considérable que celle de l'Europe. La septième grande presqu'île est l'Asie Mineure, qui s'incline à l'O. vers l'Europe et semble un pont jeté entre les deux continents pour livrer passage aux peuples et à la civilisation. Quelques autres péninsules, telles que celle qui se trouve dans le gouvernement de Jénisseisk et dont le dernier prolongement sur l'Océan Glacial Arctique forme le cap Séverovostochnoi; la presqu'île située entre les embouchures de la Kara et de l'Ob, dans le gouvernement de Tobolsk, et la petite péninsule de Loui-tcheou qui forme l'extrémité méridionale de la Chine, sont moins importantes.

Si, au point de vue de la configuration d'un continent, les presqu'îles sont regardées comme des prolongements favorables, par l'extension qu'elles donnent aux côtes, par la facilité qu'elles offrent à la communication et par mille autres avantages, les îles sont de même considérées comme des appendices très-importants; sous ce rapport encore, l'Asie est richement dotée; presque toutes les mers qui baignent ses côtes, principalement celles de l'E. et du S. sont parsemées de ces membres isolés du continent. Nous allons indiquer rapidement les principaux archipels et les îles remarquables par leur étendue, qu'on considère comme faisant partie du continent asiatique.

Dans l'Océan Glacial Arctique nous citerons l'île Biéloi, à l'extrémité septentrionale de la péninsule Kara-Ob; l'archipel situé à l'embouchure de la Léna, dont l'île de Khaugalaounoï est la plus importante; l'archipel de la Nouvelle-Sibérie et particulièrement les îles de Kotelnoï, de Faderskoö, de la Nouvelle-Sibérie et d'Atrikauskoi; au S. de ce même archipel l'île de Liakhovsky, et l'archipel des îles des Ours vis-à-vis l'embouchure de la Kolyma.

La partie de la Méditerranée que l'on pourrait appeler asiatique, renferme l'île de Chypre, la plus considérable de toutes, et plus à l'O., près des côtes de l'Asie Mineure, les îles de Rhodes, de Samos, de Chio, de Metelin. Les îlots qui se trouvent dans la mer de Marmara, ne méritent pas d'être mentionnés ici.

L'Océan Indien offre un grand nombre d'îles remarquables. A l'entrée de la mer Rouge nous trouvons l'île Périm, qui partage en deux parties très-inégales le détroit de Bab-el-Mandeb; dans cette même mer nous citerons l'île Djebel (Sebahn, Tarr, Tor, Teer), l'île Caraman, la plus grande de celles qui appartiennent à l'Asie, l'archipel Corallien, composé d'un nombre prodigieux d'îlots et de bancs de corail, qui s'étendent le long de la côte arabique, depuis Loheïa jusqu'à Djiddah; on y distingue les îles Fuscht, Baktan, Gusr-Farsan et Firan. Dans le golfe Persique se trouvent deux groupes d'îles assez remarquables, celui de Kichm à droite, auquel l'île de Kichm a donné son nom; l'îlot d'Hormouz en fait partie; et celui de Bahraïn sur la côte de l'Arabie, renommé par la pêche des perles. La presqu'île du Dekkan est flanqué de deux archipels. Sur sa côte occidentale s'étend du N. au S. l'archipel des Lakedives et celui des Maldives qui se prolonge bien au-delà du cap Comorin; sur la côte orientale se trouve l'île de Ceylan, très-étendue et très-importante par ses riches productions et la pêche des perles. Sur la côte occidentale de la presqu'île de Malacca l'on rencontre un très-grand nombre d'îles et d'îlots que l'on a classés en différents groupes; l'un d'eux a reçu le nom d'archipel de Merghi, un autre celui de Junkselon-Pinaug; c'est ainsi qu'on appelle ses deux îles principales. Mais plus à l'O. se trouvent des archipels plus connus et plus importants. Au N. celui d'Arracan, plus au S. celui d'Andaman, et plus bas encore celui de Nicobar; ces deux derniers semblent relier le cap Negrais à la pointe septentrionale de l'île de Sumatra. Enfin, à l'extrémité de la presqu'île de Malacca, entre les caps Tamdjong-Bourou et Romania; nous devons citer la petite île de Singapoure, devenue de nos jours un des grands entrepôts du commerce de l'Asie. C'est au S. et à l'O. de cette presqu'île que s'étend l'archipel des grandes îles de la Sonde, le plus considérable de tous ceux de l'Asie, soit par l'étendue des îles qui le composent, soit par leur importance commerciale et politique. Les quatre grandes îles classées sous ce nom, sont: Sumatra, Bornéo, Célèbès et Java; nous renvoyons aux articles spéciaux pour l'indication des quelques îlots qui en dépendent. Les petites îles de la Sonde, telles que Bali, Lombok, Sumdawa, Flores, Tchiendana, le groupe de Timor, etc., peuvent être considérées comme un appendice de cet archipel. A l'E. se trouvent les Moluques, l'archipel le plus oriental de l'Asie; il se compose de trois groupes principaux; celui des îles de Banda et le groupe d'Arrou, les Amboines et les Moluques proprement dites, ou Ternates. Entre la mer de la Chine et le Grand-Océan se trouvent deux autres archipels, celui de Suluh ou Soulou, très-petit, situé entre la pointe N.-E. de Bornéo et la grande île de Magindanao ou Mindanao, et l'archipel des Philippines dont les principales îles sont Manilla ou Luçon, Mindanao, Samar, Panay, Mindoro, etc., et qui se rapproche au N. de la Chine et de l'île Formose. Cette île et celle de Haï-nau sont situées sur les côtes de l'empire de Chine, tout près desquelles se trouvent quelques groupes d'îles assez petites, telles que l'archipel de Jean-Potocki, dans un des enfoncements de la mer Jaune, celui de Chasam ou Tcheou, l'île de Thsongming, l'archipel de Phenghu (pescadores) sur la côte occidentale de Formose; n'oublions pas l'archipel de Hasting ou de Kambodje, dont l'île principale est Koh-dond, et qui est situé à l'O. de Kambodje à l'entrée du golfe de Siam.

L'archipel de Lieou-khieou sépare la mer Orientale du Grand-Océan par une ligne qui joint l'île Formose aux îles du Japon; mais avant de parler de celles-ci, il faut nommer l'archipel de Corée, groupe d'un millier d'îles et de rochers, sur la côte occidentale de la Corée. Les îles principales de l'archipel Japonais, qui ferme la mer du même nom, sont Niphon, la plus grande de toutes, située entre Saïkokf ou Kiousiou et Sikokf au S. et Jeso au N. L'île de Tarrakai sur la côte des Mandchoux, et l'archipel des Kouriles qui ferme la mer d'Okhotsk en rejoignant le Kamtchatka, épuisent la liste des îles situées dans le Grand-Océan à l'E. de l'Asie; il ne nous reste plus à nommer que l'île de St.-Laurent dans la mer de Béring; car l'archipel des Aléoutes qui sépare cette mer du Grand-Océan appartient à l'Amérique.

Telle est, sous le rapport des mers, des caps, des presqu'îles, des îles, la configuration extérieure de l'Asie. Nous arrivons au corps proprement dit de cette partie du monde, à la description de sa configuration intérieure. Ritter en donne une idée générale en la qualifiant de système le plus élevé de masse continentale. Depuis les côtes du Japon et de la Chine jusqu'à celles de la Méditerranée, de l'Archipel à la mer Noire, sur une longueur d'environ 1900 lieues de l'E. à l'O. s'étend un immense plateau dont la limite orientale a 1700 lieues de largeur, et qui va toujours en se rétrécissant vers l'occident où sa limite n'a plus que le dixième de sa largeur primitive. On peut placer ses bornes au N. et au N.-O. au Caucase et au Taurus, au N.-E. aux montagnes Dauriques, à l'E. aux hautes montagnes de la Chine, au S. à l'Himalaya et ses embranchements, enfin à l'O. à l'Hindou-koh. Cette immense contrée, qui a reçu le nom de Haute-Asie, forme deux massifs aussi différents en hauteur qu'en étendue, le plateau de l'Asie occidentale et le plateau de l'Asie orientale, et qui sont pour ainsi dire deux terrasses, dont l'une est plus basse et plus étroite que l'autre. La première, qu'on nomme aussi le plateau de l'Iran ou de la Perse, n'atteint pas généralement la hauteur de 3700 pieds, tandis que la seconde, qui comprend le Thibet, la Mongolie, Schama ou Gobi, etc., a une élévation qui varie, selon les lieux où on la mesure, de 3700 à 10,000 pieds au-dessus du niveau de la mer. Le point de séparation de ces deux plateaux peut être fixé entre le 68° et 70° de long. orient., à l'endroit où les deux grands massifs rattachés à l'Hindoukoh par leurs angles, semblent se développer en sens opposé. Il est marqué par la séparation des eaux de l'Indus et du Gihon, et le rétrécissement des hautes terres qui n'y ont que 85 lieues de largeur. Du plateau de la Haute-Asie, noyau de tout le continent, découlent de tous côtés les grands cours d'eau de cette partie du monde ; leurs bassins forment les terrains intermédiaires et conduisent aux terres basses et aux plaines qui entourent ce plateau et y pénètrent en certains endroits, comme nous venons de le voir. Au N., au-devant des terres élevées, s'étendent de l'O. à l'E. les immenses plaines de la Sibérie, bornées à l'O. par la chaîne de l'Oural. A l'E., l'Asie offre une grande étendue de terres basses, mais qui ne forment pas comme celles de la Sibérie une seule plaine. Ce sont les plaines chinoises, traversées par le Pe-ling, et partagées par lui en deux parties, la plaine septentrionale et la plaine méridionale. Au S., les plaines de l'Inde transgangétique s'étendent sur les bords de l'Iraouaddy, du Thalayn, du Menam, du May-kaoung, le long des golfes de Tonquin, entre les montagnes, détachées du plateau central, qui traversent la presqu'île. La plaine de l'Indoustan ou Sind, comprend la partie N. de l'Inde et s'étend en forme de triangle entre le golfe du Bengale et celui de Guzurat. Elle est bornée par le Gange et l'Indus. Les plaines de la Boukharie, qui commencent à l'angle formé par la pointe orientale du Thibet et la pointe N. de l'Iran et s'étendent au N.-O. jusqu'aux deux rives du Volga et du Don et aux frontières de l'Europe, peuvent être considérées comme un intermédiaire entre l'Asie centrale et l'Europe. Enfin les plaines de la Syrie et de l'Arabie à l'O., s'étendent entre le golfe Persique, les montagnes de Syrie, les plateaux de Nejed et d'Iran.

Tel est le caractère général de la configuration intérieure de l'Asie. Nous allons passer à la description de ses montagnes et de ses cours d'eau, qui forment ses grandes divisions naturelles.

Orographie de l'Asie. La direction des principales chaînes de montagnes de l'Asie a été suffisamment reconnue pour qu'on puisse en tracer le tableau et en déterminer les massifs ou les systèmes. Quant aux embranchements et aux montagnes de l'intérieur du plateau oriental, on les a trop peu explorés pour en fixer avec quelque exactitude soit la hauteur, soit la direction, soit la position. On a classé les montagnes de l'Asie en deux systèmes principaux, celui du plateau oriental ou Altaï-Himalaya, du nom de ses deux groupes extrêmes, et en plateau occidental ou Tauro-Caucasien, et en trois systèmes secondaires, celui de l'Arabie, celui de l'Inde ou des Gates et celui de l'Oural.

Le système oriental comprend cinq groupes de montagnes, savoir : l'Altaï, qui est le plus septentrional, le Thian-chan ou Mont-Céleste, qui est le plus central ; le Kuen-lun, auquel appartiennent les montagnes de la Chine ; l'Himalaya, le groupe le plus méridional et celui dont les sommets offrent les plus hauts pics connus de tout le globe, enfin le groupe japonais ou maritime. Ce vaste système embrasse toutes les montagnes de la Chine et du Japon, celles de l'Inde transgangétique, de l'Inde septentrionale, des royaumes de Kaboul et de Hérat, du Béloutchistan et presque toutes celles du Turkestan indépendant et de la Sibérie.

La plus grande partie de la chaîne principale du groupe de l'Altaï forme la frontière entre les empires russe et chinois. C'est dans la partie appelée Petit-Altaï, qui entoure les sources de l'Irtyche et du Jénissei, que se trouvent quelques-uns de ses sommets les plus élevés. En suivant sa direction à l'E., il prend successivement les noms de Tangnou, de monts Sayaniens, entre les lacs Kousou-Koul et Baïkal, de Haut-Kenteï et des monts de Daourie ou monts Dauriques ; au N.-E. le groupe se prolonge sous le nom de Iablonnoi-Khrebet (chaîne des pommes), de Khingkhan, de monts Aldan, et parcourt sous le nom de Stavanoi les côtes de la mer d'Okhotsk et tout le N.-E. de l'Asie pour aboutir au cap Oriental sur le détroit de Béring. Du côté de l'O., l'Altaï s'avance sous les noms d'Olough-tag, d'Algbinkoe-khrebet ou d'Alghidin-tsano, qui ne sont plus que des collines isolées, qui s'élèvent au-dessus des steppes parcourues par les Khirgis. Les chaînes secondaires de l'Altaï sont : les monts de Kolyvan, entre l'Irtyche et la Biga, riches en mines d'or et d'argent ; la chaîne Baïkalienne, qui tourne autour du lac Baïkal ; les monts de Nertchinsk, importants par leurs grandes richesses minérales ; la chaîne du Kamtchatka, remarquable par ses terribles volcans ; le Grand-Altaï, qui va du N.-O. au S.-E. et paraît se joindre au Tchian-chan ; enfin la chaîne de Tarbagataï, qui s'étend à l'O. des lacs Dzaisang et Alak-tougoul, nommée Ala-tau, entre ce dernier et le Balkhaeh.

Le point culminant du Tchian-chan ou Mont-Céleste paraît être la masse de montagnes, qui s'élève presque au centre de l'Asie, dans l'empire chinois, sur les confins du Kan-lu, et dont les trois principales cimes sont connues sous le nom de Bokhdaoola (montagne sainte), Bogdo, de Sinechan (mont neigeux) et de Pé-chan (mont blanc). De ce point le Tchian-chan se dirige à l'E. vers Barkoul, où il s'abaisse au niveau du désert élevé de Gobi, et se relève après une grande interruption au N. de la grande courbure du Houang-ho, sous le nom de Gadjar ou Inchan. Le Gadjar se réunit à l'E. avec la haute chaîne de Ta-hang, qui sépare le Chan-ti du Tchy-li, et avec le Khinghanoola, qui, procédant du N. au S., réunit l'Altaï au Tchian-chan. Il se prolonge encore à l'E. jusqu'aux montagnes de Corée. Du côté de l'occident, le Mont-Céleste s'avance sous le nom de Mouztagh, à l'E. de la chaîne transversale de Bolor, et sous celui d'Asferah, à l'O. de cette même chaîne ; au S.-O.

il expire, sous le nom d'Ak-tagh, dans les plaines ondulées où commence le grand abaissement de terrain, qui aboutit aux bords de la mer Caspienne et du lac d'Aral. Parmi les autres chaînes secondaires, il faut citer les monts Alachan, qui unissent les monts Gadjar au Kuen-lun et le Mingboulak, presque parallèle à l'Asferah.

Le groupe du Kuen-lun ou Koulkoun ou Tardach-davan est très-peu connu, et il règne beaucoup d'obscurité aussi bien sur son massif que sur ses ramifications. M. Humboldt le fait commencer à l'O. de Thsoungling. M. Balbi, en résumant les opinions des voyageurs, nous en trace le tableau suivant, que nous croyons devoir citer textuellement : « Après avoir traversé (la branche orientale du Kuen-lun) le Thibet de l'O. à l'E. sous le nom de monts Thsoung-ling au N. et de monts de Ngari, de Zzang et de Ui au S., ces branches se réunissent de nouveau dans le K'ham ou Thibet oriental pour y former le Kuen-lun des Chinois, noyau d'une hauteur prodigieuse, dont ils ont fait dans leur géographie mythologique le roi des montagnes, le point culminant de la terre.

C'est de ce plateau que partent les hautes chaînes, qui font du Tangout, du K'ham, du Szutchhouan occidental et du Yun-nan, un des pays les plus élevés du globe, et dont le niveau du sol est peut-être plus élevé que celui qui sert de base aux plus hauts colosses de l'Himalaya. » Le Kuen-lun se rattache à ce groupe dans le Thibet. Parmi les chaînes secondaires du Kuen-lun, nous citerons la longue chaîne qui traverse, du N. au S., l'Inde transgangétique. Un de ses rameaux s'en détache au N.-E., traverse le Boug, le Kathi-tchaoun et se lie aux monts Kamti sur la frontière méridionale de l'Assam. Une autre chaîne secondaire est celle qui sépare le bassin du Mai-nam du bassin de May-kaoung, entre le Laos et Siam. La chaîne Annamitique traverse le Yun-nan et sépare le bassin de May-kaoung des fleuves qui ont leurs embouchures sur la côte du Tonquin et de la Cochinchine. Enfin la chaîne de Yun-ling court du N. au S. et sépare la Chine du Thibet. Elle se réunit aux Pé-ling, qui bornent le Chen-si au S. et marquent la limite entre les deux plaines de la Chine. Cotoyés au N. par le Houang-ho, ils s'abaissent insensiblement jusqu'aux rivages de la mer, où viennent se perdre entre les embouchures du Huang-ho et du Kiang. Une ramification des Pe-ling, la chaîne Loung, s'en détache au N.-O. et se réunit par l'Alachen à la chaîne Gadjar. Le Yun-ling parait en outre se rattacher au Tohang dans la province de Chan-si, aux monts de Yan au N.-O. de Péking, etc. La chaîne de Nanking en est un autre embranchement.

A l'O. des groupes, que nous venons de nommer, s'étend du N. au S., sous le nom de Bolor, une chaîne transversale, qui forme trois nœuds remarquables en joignant entre eux le Thian-chan, le Kuen-lun, la chaîne secondaire de l'Alatan et l'Himalaya.

Ce dernier groupe est le plus important de tous, quant à son élévation, et offre les montagnes les plus hautes, qui aient été mesurées sur notre globe. Son nom de Himalaya signifie *demeure de la neige*. Quoiqu'on en ait exploré quelques parties, notamment celles qui avoisinent les sources du Gange, d'autres inconnues, comme ses limites du côté de l'E. On suppose que le bassin du Brahmapoutra forme son extrémité orientale. Sa direction générale est du N.-O. au S.-E., et sa chaîne principale sépare les vallées de Sirnagour ou Gherwal, du Nepal et du Boutan, de celles du Thibet. A l'E. il se rapproche du Kuen-lun, et comme nous l'avons dit plus haut, l'Hindoukoh semble être le point de contact de plusieurs groupes du système oriental avec le système de l'Iran; cette chaîne, appelée aussi Hindou-Kouch, présente des cimes très-élevées, traverse de l'E. à l'O. le roy. de Kaboul, et va se perdre dans les hauteurs de Khorassan. Les principales chaînes secondaires de l'Himalaya sont au nombre de trois : la chaîne méridionale, parallèle à la chaîne principale, forme avec celle-ci les grandes vallées du Boutan, du Népal et du Gherwal; la chaîne orientale s'étend sous les noms de monts Yomadoung et Anapektomiou, depuis le Brahmapoutra, jusqu'au cap Negrais, dans l'empire Birman; la chaîne occidentale se détache de l'Hindou-koh au S. de Kaboul, et va presque droit au S. à travers l'Afghanistan et le Beloutchistan.

Tels sont les groupes principaux du système oriental; quelques géographes y rattachent des montagnes élevées, qui se trouvent dans l'archipel Japonais, principalement dans Niphon, Kiousiou, Jesso, dans l'île de Tarrakai et dans celle de Formose. Nous renvoyons aux articles spéciaux, consacrés à ces îles, pour la description des chaînes qui les traversent.

Le plateau de l'Iran comprend toute l'Asie occidentale (le nord excepté), et est circonscrit par les steppes qui bordent l'isthme Caucasien, le grand enfoncement dans le bassin duquel sont situées les mers Caspienne et d'Aral; les déserts de la Perse et de l'Arabie, le golfe Persique, la Méditerranée, l'Archipel et la mer Noire.

Le Caucase couvre les terres, situées au N. du Kour entre la mer Caspienne et la mer Noire, et forme entre 39° et 44° lat. N. les limites du plateau arménique, la partie la plus élevée de l'Asie occidentale. Il est divisé en deux chaînes parallèles, dont la septentrionale comprend des montagnes très-hautes et couvertes de neiges éternelles; la méridionale a reçu le nom de montagnes Noires. Les autres grandes chaînes du plateau de l'Iran sont celles du Taurus et de l'Elbrouz.

Le Taurus, dont l'Ararat peut être considéré comme le noyau, forme un plateau élevé d'où se détachent plusieurs chaînes à l'O. et au S. Le Taurus proprement dit, appelé Djebel-Kourin par les habitants du pays, tourne à l'O. et se lie à la chaîne Ramidan-Oglu-Balakia. Il se rapproche des côtes de la Méditerranée et finit d'un côté près du golfe de Satalia, de l'autre aux bords de la mer Égée et de la mer de Marmara. Par l'Argis-Dagh, il se lie aux chaînes septentrionales, qui longent les bords de la mer Noire. L'Anti-Taurus se détache au N. de la chaîne précédente, mais plus à l'O., et parcourt sous différentes dénominations l'intérieur de la partie orientale de l'Asie Mineure.

Une autre chaîne est celle appelée Liban, qui avec l'Anti-Liban s'étend du N. au S. le long des côtes de l'Asie Mineure jusqu'à l'isthme de Suez. Elle n'est séparée du Djebel-Kourin que par des collines. Balbi la regarde comme un prolongement de l'Alma-Dagh, l'Amanus des anciens, qui séparait la Cilicie de la Syrie. Dans l'eyalet de Diarbékir se détache un chaînon, qui se prolonge dans la Mésopotamie.

Les montagnes du Kurdistan se détachent du Taurus entre 39° lat. N., se dirigent vers le S.-E. et traversent la Perse. Elles y reçoivent différents noms, tels que Aglin-Dagh, Elvend, monts Louristan, Baktiari, et se perdent dans les déserts du Kerman. La partie septentrionale, qui est aussi la plus élevée, correspond aux monts Niphales des anciens.

La chaîne de l'Elbrouz se détache du Caucase sous 40° lat., se dirige au S.-E., tourne autour de la mer Caspienne et se dirige de là vers l'E., où elle pénètre sous différents noms dans l'Afghanistan et se lie aux montagnes du plateau oriental. Le Parapamisus paraît être l'intermédiaire des deux systèmes. Les chaînes secondaires de l'Elbrouz ne sont pas très-hautes et ne dépassent pas la limite où commencent les régions de la neige éternelle. Elles forment comme les avant-postes du plateau de l'Iran et détachent de nombreux rameaux dans les provinces adjacentes.

Telles sont les principales chaînes des deux grands systèmes orographiques de l'Asie, du plateau oriental et du plateau occidental. Il nous reste à parler de quelques chaînes isolées que la science, plus avancée, rattachera probablement un jour aux systèmes principaux. Elles sont au nombre de trois : la chaîne Arabique, celle des Gates et l'Oural. Les montagnes de l'Arabie ont été peu explorées ; elles se divisent en trois chaînes dont la principale longe les bords de la mer Rouge ; une chaîne centrale lie celle-ci au golfe Persique. Au N. se trouve celle d'El-Chammar. En général, l'intérieur de l'Arabie paraît être, comme la Perse, un plateau sillonné en tous sens par des montagnes, tantôt s'élevant à de grandes hauteurs, tantôt s'abaissant et se perdant dans des plaines d'une grande étendue.

Le massif des Gates qui parcourent la plus grande partie de la presqu'île de l'Inde, s'étend du N. au S. depuis la vallée de l'Indus à l'O. et celle du Gange au N. jusqu'au cap Comorin et suit, à peu de distance, la côte de l'O., sous le nom de Gates occidentales. La chaîne d'Abou, dans l'Adjmeer, les monts Nilgherry, dans le N. du Coïmbetoze, les Gates orientales, qui traversent les provinces de Salem, le Karnatic et le Balaghât, les monts de Bérar, les monts Vindia entre le Godavery, le Tapty, la Djemna et le Gange, peuvent être considérés comme des chaînes secondaires, si l'on regarde les Gates occidentales comme la chaîne principale.

L'Oural est séparé du système oriental par de grands enfoncements, des lacs salés et des déserts dont le niveau est très-bas. Il s'étend du N. au S. depuis le golfe de Kara jusqu'aux steppes des Kirghis et forme la limite de l'Asie et de l'Europe ; son élévation est peu considérable. La partie septentrionale entre la mer Polaire et la Tawda, porte le nom de monts Poyas ; sa partie moyenne depuis la Tawda jusqu'à Mias, porte celui d'Oural Verkhotourien, Oural d'Iekaterinbourg ; enfin, sa partie méridionale, celui d'Oural Bachkirien. Ses ramifications sont peu importantes. Nous renvoyons, pour les détails de l'orographie de l'Asie, aux articles spéciaux, où nous donnerons aussi la mesure des plus hautes montagnes de cette partie du monde.

Hydrographie de l'Asie. Les fleuves de l'Asie sont nombreux et considérables, mais n'égalent pas en grandeur ceux de l'Amérique ; ils prennent, pour la plupart, leurs sources dans les plateaux élevés du centre et coulent au N., à l'E. et au S. Un grand nombre d'entre eux coulent deux à deux dans la même direction, comme l'Euphrate et le Tigre, le Gange et le Brahmapoutra, le Gihon et le Sidon, le fleuve Bleu et le fleuve Jaune. Nous n'en citerons que les plus remarquables.

L'Océan Glacial Arctique reçoit trois grands fleuves : l'Ob ou Obi, né du confluent de la Katunga ou Katounea et de la Bija ; son principal affluent est l'Irtyche ; le Jénissei, le plus grand fleuve de l'ancien continent, formé par la réunion de l'Ouloukem et du Bei-kem, et grossi par l'Augara ; il se jette dans la baie des soixante-douze îles ; la Léna qui parcourt les vastes solitudes orientales de la Sibérie ; la Piasina, la Katanga, l'Anadara, l'Olenka, la Jana, l'Indigirka et le Kolyma, fleuves de moindre étendue, se jettent tous dans cette mer.

Les principaux fleuves qui ont leur embouchure dans le Grand-Océan, l'Océan Indien et leurs branches sont : l'Anadyr, qui traverse le pays du Tchouthes et se jette dans le golfe qui porte son nom ; l'Amour ou Sakhalian (le Noir), formé par la réunion de l'Argoun et de la Chilka; il appartient principalement à la Mantchourie et se jette dans une baie vis-à-vis l'île de Tarrakaï ; le Houang-ho ou fleuve Jaune, le second fleuve de la Chine découle de la terrasse du Sifan et entre dans la mer Jaune après avoir traversé toute la Chine septentrionale; le Kiang où Jan-tse-kiang, fleuve Bleu, fleuve par excellence, le plus grand de la Chine, traverse le K'ham ou Thibet oriental et entre par une large embouchure dans la mer Orientale; le Hong-kiang, autre fleuve de la Chine; le Maykaoung vient du Tibet, et après avoir porté successivement les noms de Kiu-long-kiang et Lan-tsan-kiang, traverse le Laos indépendant et se décharge dans la mer de la Chine; le Maïnam ou Maygne, principal fleuve du Siam, vient du Yun-nan et se jette dans le golfe de Siam; le Salouen et l'Iraouaddi prennent leurs sources dans le Thibet et entrent dans le golfe de Bengale; le Gange, fleuve sacré de l'Inde, découle de l'Himalaya et forme, en se réunissant à quelques lieues de son embouchure, avec le Brahmapoutra un grand delta; il parcourt les plaines de l'Indoustan et du Bengale et se jette dans le golfe de ce nom; le Godavery prend sa source dans le Balaghât et se décharge dans le même golfe qui reçoit aussi le Kistnah, fleuve principale de la presqu'île de l'Inde. L'Indus ou Sindh, ou Mita Moran (le fleuve doux) descend du Petit-Thibet et du versant septentrional de l'Himalaya où sont ses deux sources principales, et après avoir franchi la chaîne de l'Himalaya, prend la direction du S.-O., traverse toute l'Inde occidentale et se jette par onze bouches dans le golfe d'Oman, après avoir reçu les eaux du Kaboul et des cinq fleuves du Pendjâb, et après s'être divisé en deux bras qui forment ce que l'on appelle le delta de l'Indus.

L'Euphrate vient des montagnes de l'Arménie, coule vers le S. et se réunit près de Kebban au Tigre, fleuve presque aussi considérable. Il prend alors le nom de Chat-el-Arab (rive des Arabes) et se jette dans le golfe Persique, au-dessous de Bassora. C'est le plus grand fleuve de l'Asie occidentale.

La Méditerranée et la mer Noire ne reçoivent aucun fleuve remarquable; les cours d'eau qui s'y déchargent ne sont pour la plupart que des rivières. Nous citerons l'Aasi, l'ancien Orontes ou Axius et le Meindre, l'ancien Méandre, qui se jettent dans la première; l'Ajala, le Kisil-Irmak, l'ancien Halys, le Rion ou Pehas, le Phasis des anciens et le Kouban, qui se jettent dans la seconde.

Le Volga et l'Oural, qui versent leurs eaux dans la mer Caspienne, appartiennent plus à l'Europe qu'à l'Asie. Le Térek et le Kour sont les principaux cours d'eau asiatiques qui se jettent dans cette mer. La mer d'Aral reçoit le Sir ou Sihoun, l'Amou ou Djihoun, l'Oxus des anciens, qui vient de l'Afghanistan et dont un bras allait autrefois se jeter dans la mer Caspienne. Enfin la Turga, la Sélenga et l'Augara inférieure se déchargent dans le lac Baïkal.

Tels sont les principaux cours d'eau naturels de l'Asie; les cours d'eau artificiels ou canaux existent depuis longtemps dans cette partie du monde. Les canaux d'irrigation abondaient anciennement dans la Perse et dans la Turquie asiatique du temps où florissaient ces pays. En Chine, au Japon et dans quelques parties de l'Inde, le système d'irrigation est parfait. Quant aux canaux de navigation, il n'en existe qu'en Chine, dans l'empire d'Annam et dans quelques parties du Bengale. Le Ya-ho ou canal Impérial de la Chine a 250 lieues de longueur : c'est l'ouvrage hydraulique de ce genre le plus considérable qui existe. Les canaux de l'Annam ont été creusés tout récemment. Les Anglais, de leur côté, se proposent d'établir plusieurs canaux soit de navigation, soit d'irrigation pour enrichir et fertiliser quelques-unes de leurs provinces.

Les lacs de l'Asie sont nombreux, et quelques-uns d'entre eux sont d'une assez grande étendue pour avoir été décorés du titre de mers, tels que la mer Caspienne, entre le royaume d'Astrakan, le Caucase, la Perse et le Turkestan; et la mer d'Aral, aux confins de la steppe des Kirghis, dans le Turkestan. Les autres lacs importants de l'Asie sont le Baïkal, situé dans le gouvernement russe d'Irkutzk, le Taïmour, dans la péninsule des Samoyèdes, le lac le plus septentrional de tout l'ancien continent; le Piasinskoe, dans le gouvernement de Tomsk; le Tchany, dans le même gouvernement. Ce dernier est proprement un immense marais d'eau douce rempli de poissons; le Tele-Koul, dans le Turkestan indépendant; le Karan-Koulak, dans le pays des Kirghis; le Lop et le Bosteng, dans l'empire chinois; le Balkachi-noor, dans la Mongolie; le Khoukhou-noor ou Thling-haï (mer Bleue) des Chinois, sur les confins du Thibet et des Mongols du Tangout; le Dzaïtang, traversé par l'Irtyche, dans l'empire Chinois; le Thoung-thing-kou, presque au centre de la Chine, le plus grand lac de ce pays; le lac de Baldhi ou Yarbrogh-Youmtso, dans le Thibet; le Namtso, le plus grand lac du même pays; le Zerrah, dans le royaume de Kaboul; le Bakhtegian et le Maragha ou Ourmiah, dans le royaume de Perse; le Goktcha ou lac d'Erivan, dans l'Arménie russe; le lac de Van ou Vachpouragan, l'Ardich des Turcs, dans l'Arménie turque; le Bahr-el-Louth ou mer Morte, dans la Syrie, etc. Il faut se borner à ne nommer que les principaux des lacs de l'Asie, car leur quantité est prodigieuse, surtout dans la Sibérie, l'Asie Mineure, l'Asie centrale, le Thibet et la Perse; on n'a qu'à jeter les yeux sur une carte pour s'en convaincre.

Nous avons cité plus haut, en donnant une idée générale de la configuration de l'Asie, les principales plaines : nous nommerons simplement les hautes vallées du Gherwal, du Népal, du Boutan, du Thibet, du Sza-Hihouan, du Yun-nan, de l'Arménie, du Caucase et de l'Aderbaïjan. Les déserts et les steppes de l'Asie sont nombreux et d'une grande étendue ; nous en indiquerons, comme les plus importants, les steppes des Kirghis, dans le Turkestan indépendant ; les immenses steppes de la Sibérie, entrecoupées de marais ; le désert de Gobi ou Schamo (mer de sable), dont le terrain est mêlé de sel et qui a été évidemment couvert par la mer, dans la Mongolie ; le désert qui s'étend au S. de Tarim, vers le centre de l'Asie ; le désert d'Adjimer, entre l'Indus et le Ban, dans l'Inde ; ceux d'Adjemi, de Kirman et de Mekran, dans la Perse ; le désert de Syrie et ceux de l'Arabie. Nous avons énuméré l'un après l'autre les différents traits extérieurs que nous présente l'Asie ; en nous résumant, nous dirons que six belles plaines, différentes de caractère et indépendantes l'une de l'autre, s'étendent autour de deux plateaux élevés occupant un espace immense ; ces plaines elles-mêmes sont entourées par plusieurs régions de montagnes et tiennent aux plateaux par des terrasses intermédiaires, de sorte que la surface de l'Asie présente un certain nombre de divisions naturelles qui diffèrent toutes d'aspect et de caractère.

Le climat de l'Asie est naturellement très-varié, suivant les différentes zônes de ce continent qui s'étend depuis l'équateur jusqu'au pôle nord. Cependant les trois quarts de ses terres sont situés sous la zône tempérée ; un huitième environ sous la zône torride, un autre huitième sous la zône glaciale ; mais il faut observer qu'en général, et en exceptant l'Asie méridionale, la température est plus rude sous les mêmes latitudes qu'en Europe. La cause de ce phénomène réside dans la configuration de l'Asie, dont tout un côté touche la mer Glaciale Arctique, tandis que les pays des tropiques sont voisins de la mer des Indes qui adoucit un climat ordinairement brûlant sous cette latitude. Ajoutez-y que la plupart des basses terres sont situées sous la zône tempérée, tandis que les plateaux de l'Asie centrale sont soumis par leur constitution à une température assez froide qu'ils communiquent aux pays qui les entourent. Les pays à l'O. de l'Indus, surtout la Syrie et l'Arabie, ont, en général, un climat sec, relativement très-chaud, on pourrait dire africain. Le climat devient plus doux à mesure qu'on s'approche des montagnes. Le même phénomène a lieu dans les pays du plateau oriental, modifié toutefois par l'étendue et l'élévation des terrains. Dans les pays méridionaux, dans l'Inde, le climat varie suivant la constitution du sol ; la température y est en général élevée ; elle est sèche dans les plaines de l'Indus, humide dans celles du Gange, tandis que les plateaux du Dekkan et des îles environnantes offrent un climat admirable, tempéré, celui d'un printemps continuel. Les vents périodiques, appelés moussons, ont une grande influence sur les changements de température de l'Inde. Ceux du N.-E. soufflent depuis le mois d'octobre jusqu'à celui de mars, ceux du S.-O. pendant les six autres mois de l'année. Ces derniers apportent de la pluie, des brouillards et de grandes chaleurs. Le climat de la Sibérie est tout l'opposé de celui de l'Inde. Cette terre, arrosée à l'excès, ouverte aux vents impétueux du N., fermée par les plateaux aux vents plus doux du S., est presque continuellement gelée. Les hivers y sont très-longs et excessivement rudes, les jours de courte durée, et les quelques semaines d'été ne permettent pas aux rayons obliques du soleil de pénétrer cette terre au-delà de quelques pieds.

Le sol de l'Asie est riche en minéraux et en pierres précieuses. Le cristal de roche et l'améthyste se trouvent dans l'Altaï, l'Himalaya et les monts Ourals ; la cornaline, l'agate dans l'Inde occidentale et dans le désert de Gobi ; l'onyx dans la Mongolie ; le topaze dans l'Oural ; le saphir et le rubis dans l'île de Ceylan, ce dernier aussi dans le Badakhchan ; la turquoise dans le Khorassan ; le diamant dont le principal marché est à Golconde, où on le taille, dans le Dekkan, à Bornéo et dans les monts Ourals. Pour les métaux, on trouve de l'or dans le Japon, la Chine, le Thibet, les royaumes d'Annam et de Siam, la presqu'île de Malacca, l'île de Bornéo, les royaumes d'Assam et d'Ava, et dans les monts Ourals ; plusieurs rivières roulent de l'or dans leurs sables ; on trouve de l'argent en Chine, dans la Russie asiatique (Dacuria, Oural), en Japon, en Arménie, en Anatolie ; de l'étain dans la presqu'île de Malacca, le royaume d'Annam, l'empire Birman et dans les îles de la Sonde ; du platine dans les monts Ourals ; du cuivre dans les mêmes lieux, dans l'Altaï, le Taurus, au Japon, à la Chine, dans le Népaul, l'Aderbaïjan et l'Arménie ; du mercure en Chine, au Japon et au Thibet ; du fer dans les monts Ourals, dans l'Inde, l'Asie centrale, l'Inde transgangétique, en Perse, au Japon, etc. Les produits volcaniques abondent dans plusieurs parties de l'Asie, principalement au Kamtchatka, en certains points de l'Arménie, au Japon, où existent encore aujourd'hui des volcans très-actifs, dans le voisinage du Taurus, dans l'Anatolie, etc. On trouve beaucoup de sources minérales et thermales en Asie, surtout sur le versant de l'Himalaya et au N.-O. de l'Anatolie ; mais on en profite fort peu. De grandes couches de coquilles fossiles couvrent quelques plateaux élevés du Thibet, près de 5000 mètres au-dessus du niveau de

ASIE

la mer, et tout le monde a entendu parler des nombreux ossements d'animaux antédiluviens que l'on rencontre en Sibérie dans les terrains de troisième formation.

La végétation de l'Asie est très-riche, surtout dans certaines parties du continent, mais, comme on le pense bien, les variations du climat se reflètent dans la flore de ce pays. Aussi les géographes ont généralement divisé l'Asie en plusieurs régions botaniques, non d'une manière absolue, mais comme représentant assez bien les traits caractéristiques de la végétation asiatique. La région sibérienne comprend l'Asie septentrionale, formant une vaste zône située entre la mer Arctique et le 50° lat. N. La flore de l'O. ressemble à celle de l'Europe, celle de l'E. à la flore américaine ; mais tout le N. ne présente qu'une végétation excessivement pauvre, de vastes marais couverts de roseaux et de bouleaux nains, d'arbousiers, de petits saules et de ronces. Dans les parties plus méridionales s'élèvent de magnifiques forêts de bouleaux, de mélèzes et de sapins. Le blé ne réussit que dans le S.-O. et dans le S. Le froid et la sécheresse de la région tartare permet à peine aux plantes sibériennes d'y vivre, dans les contrées élevées on rencontre dans quelques parties de belles forêts, et quelques endroits de basses terres produisent des fruits délicieux et leur flore ressemble à celle de la région cachemirienne. La végétation de cette région comprend le N. de la Perse et les pays qui se trouvent entre l'Inde et ce royaume. L'élévation du plateau de l'Irac donne à la flore de cette région une grande ressemblance avec celle de l'Europe. Ce sont surtout les plantes qui demandent du soleil et de l'humidité qui y viennent dans toute leur beauté. Le riz, l'oranger, le grenadier, l'amandier, le figuier, la vigne, le mûrier, les autres arbres fruitiers de l'Europe, le tabac, l'opium et la manne viennent parfaitement dans la région cachemirienne. Dans d'autres endroits on rencontre des plantes tropicales. Le nom de cette région lui vient du royaume de Cachemire, où sa végétation déploie la plus grande richesse.

La région syrienne qui comprend la Syrie, la Turquie d'Asie, le N. de l'Arabie et l'Inde septentrionale, est caractérisée par la chaleur et la sécheresse ; une grande partie de cette région est privée d'eau et brûlée par un soleil dévorant, sous lequel ne peuvent croître que quelques arbrisseaux et de maigres herbes. Ces déserts sont entrecoupés par ci, par là, de frais ombrages de palmiers et de montagnes couvertes d'une riche verdure. A l'O. la végétation syrienne ressemble assez à celle du N. de l'Afrique et du S. de l'Europe ; à l'E. elle ressemble davantage à celle de l'Inde.

La région de l'Himalaya qui peut comprendre, outre les pays que couvre la chaîne de ce nom, tout le N. de la Chine et du Japon, présente trois sortes de végétation. On trouve les plantes tropicales dans les plaines riches et humides qui s'étendent à ses pieds, les plantes des climats tempérés sur les terrasses intermédiaires et la végétation alpestre sur les hauteurs neigeuses des montagnes. Dans l'intérieur de l'Himalaya, on trouve à 2000 pieds au-dessus du niveau de la mer des vallées où, sous l'influence des pluies tropicales, se développe une variété de végétation qu'on ne rencontre nulle autre part. On cultive souvent du blé au sommet d'une montagne, au bas de laquelle croit le riz ; des épices y viennent jusqu'à 4000 pieds de hauteur ; le blé jusqu'à 9000 et plus.

La magnificence et la variété caractérisent la région indienne qui comprend, outre l'Indoustan, l'Arabie Heureuse, l'empire Birman, le royaume de Siam, la Cochinchine, c'est-à-dire tous les pays qui sont susceptibles de produire le café, l'indigo, la canne à sucre, le palmier et les autres productions des terres tropicales. Les débordements et les inondations, joints à l'ardeur du soleil, sont très-favorables à la végétation de ces contrées et produisent des plantes et des arbres magnifiques. L'île de Ceylan peut se rattacher à cette contrée.

La dernière région est celle qu'on a appelée malaie ou équinoxiale. C'est celle des îles de la Malaisie et autres, caractérisée au plus haut point par l'humidité ; de grandes parties de ces îles ne sont que des marais couverts de végétation, où le soleil ne peut pénétrer ; cette région peut se rattacher, à certains titres, à la précédente,

L'Asie n'est pas moins importante sous le rapport de la zoologie que sous celui de la végétation. Non seulement elle offre un plus grand nombre et une plus grande variété d'animaux que les autres parties du globe, résultat de son étendue, de son sol et de son climat, de ses montagnes et de ses basses terres, de ses forêts, de ses plaines et de ses déserts ; mais la connaissance de ses animaux est du plus haut intérêt, puisqu'il est à peu près certain que la plupart de ceux dont nous nous servons sous le nom d'animaux domestiques, et dont profite notre agriculture et notre industrie, nous viennent de l'Asie. Nous devons nous borner à en citer quelques-uns.

D'immenses troupeaux d'éléphants sauvages vivent dans les parties septentrionales de l'Inde, dans la péninsule malaie et dans l'île de Ceylan. On s'en sert encore aujourd'hui, comme on s'en servait du temps d'Alexandre. Le cheval et l'âne atteignent en Asie une plus haute perfection que partout ailleurs. Tout le monde connaît l'excellence du cheval arabe, l'ami et le compagnon de son maître, qui partage avec lui et sa nourriture et son habitation. Le chameau et le dromadaire semblent également d'origine asiatique, et n'avoir été introduits qu'au moyen âge dans l'Afrique centrale et septentrionale, où ils se sont depuis acclimatés. On trouve en Asie quatre différentes espèces de bœufs, le bœuf indien, le yak, le buffle et le gayal, dont quelques-unes sont redoutables même aux tigres; plusieurs espèces de chèvres et de moutons, entre autres le mouton à grosse queue et la chèvre qui fournit le cachemire; le cochon sauvage presque partout, le cochon domestique chez les Chinois seulement; on sait que la plupart des peuples orientaux abhorrent cet animal; un grand nombre de variétés du chat et du chien, beaucoup de singes, des chiroptères, plusieurs espèces d'ours, le bali-saur ou blaireau de l'Inde; des animaux à fourrure tels que la martre-zibeline, l'hermine et autres, le tigre, l'hyène, le lion, ce dernier moins redoutable qu'en Afrique; des rhinocéros de trois espèces, etc. Des phoques habitent la mer Caspienne et le lac Baïkal, et avec les grands cétacés la mer Arctique. Parmi les oiseaux, on remarque la grande variété et le riche plumage des gallinacées; la poule et le coq d'Europe sont sans doute originaires de l'Asie; l'autruche qu'on trouvait anciennement dans les déserts de la Mésopotamie a disparu; le casoar habite les îles de l'archipel indien. Du reste l'ornithologie de l'Asie, où l'on trouve presque toutes les espèces de l'Europe, n'égale pas en richesse celle de l'Afrique et de l'Amérique. Les reptiles de l'Asie sont de la plus grande taille; les poissons excessivement nombreux; le poisson d'eau douce le plus renommé est le gouramy, dont la chair est excellente.

La population de l'Asie a été diversement évaluée. Bien que sa population soit, relativement à son étendue, de beaucoup inférieure à celle de l'Europe, sa population absolue s'élève au double de celle de notre continent. La fixation du chiffre exact des habitants est impossible, car les faits sur lesquels on pourrait baser un pareil calcul manquent en grande partie. Les géographes anglais, et avec eux Balbi, l'estiment à 400 millions, Templeman à 500 millions, Hassel à 480 millions environs.

Les éléments dont cette population est composée sont très-divers. Un grand nombre de races ou variétés d'hommes vivent sur le continent asiatique. Comme des articles spéciaux sont consacrés aux principales d'entre elles ou aux pays qu'elles habitent, et qui portent généralement leur nom, il suffira ici de les nommer en les classant d'après leurs langues, méthode généralement usitée dans ce cas.

Les principales familles de peuples habitant l'Asie sont : la Sémitique qui comprend les Juifs répandus dans presque toute l'Asie, les Syriens, les Chaldéens, les Phéniciens et les Arabes, la branche la plus nombreuse de cette famille et qui s'est le moins mêlée avec les autres nations; la Géorgienne, comprenant les Géorgiens, les Mingréliens, les Souanes et les Lazes; l'Arménienne; les Abasses ou Absne; la famille Persane, dont les Guèbres et les Tadjiks, les Kourdes, les Beloutchi, les Bohémiens, les Afghans, les Boukhares forment les principales branches. La famille Hindoue est une des plus nombreuses du globe; elle comprend le mélange de Turcks, de Boukhares et de Persans qui parlent l'hindoustani, les Sheiks, les Bengalais, les Mahrattes, les Maldiviens, etc. Les Chinois forment une famille à part, les Thibétains une autre. La famille Toungouse est maîtresse de la Chine par la branche des Mandchoux qui l'ont conquise en 1644 et qui y règnent encore; les Toungouses proprement dits sont encore nomades et habitent une grande partie de la Sibérie.

La famille Mongole se subdivise en diverses branches et occupent la Mongolie et une partie du Thibet. Les Kalmuks habitent la Dzoungarie. Les nations Turckes forment une des familles les plus considérables; elles se divisent en Osmanlis qui habitent l'Asie Mineure et la Turquie d'Europe; en Turkomans établis dans les plaines qui entourent la mer d'Aral; en Kirghis, en Bachkires, en Tartares sibériens, etc. Nous passons sous silence une foule de familles secondaires qui offrent peu d'intérêt et nous nous bornerons à citer encore les nations qui habitent le nord de l'Asie et qui se divisent en diverses familles, comme les Samoyèdes, les Jénisseiks, les Koryèkes, les Kamtchadales, les Kouriles, les Tchoudsches, etc.

Cette immense population diffère autant de religion, de caractère et de gouvernement, qu'elle diffère par la langue.

Voici la classification des peuples de l'Asie d'après la religion qu'ils professent, que nous empruntons à Hassel, qui, ainsi que nous l'avons dit plus haut, accorde au continent asiatique 480 millions d'habitants.

Sectateurs de Boudha ou Fo	295,000,000	ind.
Sectateurs de Brahma . .	80,000,000	«
Mahométans	70,000,000	«
Chrétiens de toutes les confessions	17,000,000	«
Schamanes ou idolâtres .	8,550,000	«
Seikhs, religion de Nanek	4,500,000	«
Secte de Lao	2,000,000	«
Secte de Con-fu-ste, ou Confucius.	1,000,000	«
Religion de Sinto, ou Japon.	1,000,000	«
Juifs.	650,000	«
Guèbres.	300,000	«
	480,000,000	ind.

Du reste, nous renvoyons aux articles spéciaux, pour parler des différentes religions que professent les peuples de l'Asie, de leurs mœurs, de leurs coutumes et de leurs institutions gouvernementales et autres. Il en est de même pour ce qui regarde l'agriculture, l'industrie, le commerce, les sciences et les arts; car ces diverses manifestations de l'activité humaine se retrouvent partout, tantôt à l'état rudimentaire, tantôt à un haut degré de perfection, mais toujours modifiées par le génie particulier des nations. Les généralités, dans ces matières, sont toujours vagues, quelquefois impossibles, quoiqu'on puisse dire, par exemple, que l'industrie asiatique diffère totalement de celle de l'Europe. Les machines et les outils y sont peu perfectionnés, et cependant l'Hindou, le Chinois et le Japonais, savent créer des tissus que la machine européenne la plus parfaite saurait à peine produire. Le compas et la poudre nous viennent probablement de l'Asie; les Chinois ont connu ces inventions mille années avant nous, et cependant ils ne savent les employer ni sur leurs vaisseaux, ni dans leurs guerres. Sous le rapport commercial, l'Européen va chercher dans le monde entier les diverses productions du globe; ses bâtiments sillonnent toutes les mers; ses colonies et ses établissements se retrouvent sur tous les rivages; l'habitant de l'Asie reste attaché davantage à son sol; son commerce se borne aux caravanes qui échangent les produits intérieurs de ses pays. C'est aux étrangers qu'il laisse le soin de chercher ses denrées et de lui apporter les leurs. A peine quelques contrées, comme la Chine et le Japon, ont-elles un système régulier d'échange intérieur, de canalisation et de cabotage. Les Malais qui ont de nombreux vaisseaux sont plus pirates que commerçants. Quant aux sciences et aux beaux-arts, ils ont fleuri à différentes époques en Asie et chez différents peuples, arrivant au but qu'il leur était permis d'atteindre, et épuisant le principe de civilisation qu'ils devaient servir, mais ne pouvant le dépasser; aussi se sont-ils arrêtés à un point déterminé d'où ils ne pouvaient plus que rétrograder ou se perdre. Nous terminerons ce long article, en indiquant les divisions politiques actuelles de l'Asie.

Les pays asiatiques situés au N. et au N.-O. de ce continent forment: l'Asie russe qui comprend le royaume de Kasan, celui d'Astrakhan, le royaume de Sibérie, les îles de l'Océan Glacial Arctique et quelques-unes de celles situées dans le Grand-Océan, les pays du Caucase et la steppe des Kirghis; l'Asie ottomane; l'Arabie, divisée en plusieurs états dont ceux du Yemen et de Maskate sont maintenant les plus importants; la Perse, comprenant la Perse proprement dite, le royaume de Kaboul ou l'Afghanistan, celui de Hérat et la confédération des Béloutchis; le Turkestan indépendant ou les Khanats de Boukhara, de Khokand, de Khiva, etc., le territoire des Kirghis indépendants, sont les états occidentaux de l'Asie.

Parmi les états du sud, il faut nommer d'abord l'Inde anglaise qui se partage en possessions immédiates, divisées en trois présidences ou gouvernements, qui sont les présidences de Calcutta, de Bombay et de Madras, et en possessions médiates qui se composent d'une multitude d'états payant tribut pour la plupart et recevant garnison anglaise; les états indépendants de l'Inde sont le royaume de Sindhia, la confédération des Seikhs, le royaume de Nepal ou Nepaul, la principauté du Sindhy (Sind) et le royaume des Maldives. Plusieurs puissances européennes, autres que l'Angleterre, possèdent des établissements dans l'Inde; ceux de la France forment le gouvernement de Pondichéry, divisé dans les cinq districts suivants, séparés entre eux par de vastes provinces anglaises : Pondichéry, Karikal, Yanaon, Chandernagor et Mahé. Les possessions du Danemark se réduisent aux petits établissements de Tranquebar et de Sérampour; car l'archipel de Nicobar ne lui appartient que de nom. Les Portugais possèdent sous le nom de vice-royauté de l'Inde, dont le siège est à Villa-Nova de Goa, plusieurs territoires situés dans le Bedjapour et dans Guzcrate; leur établissement de Macao en Chine et ceux de la Malaisie dépendent de leur établissement principal dans l'Inde. Les autres états du sud sont: l'Inde transgangétique, divisé en empire Birman, empire d'Annam, royaume de Siam, en états indépendants de la presqu'île de Malacca, en royaume d'Assam que les Anglais viennent d'acquérir avec d'autres vastes territoires; les îles de la Sonde, les Moluques, les Philippines, etc., en font également partie. Enfin l'Asie orientale comprend la Chine, le Thibet, le Boutan, la Corée, la Mongolie et le pays des Mandchoux, qui forment ensemble le grand empire chinois; le Japon et les îles situées à l'E. de l'Asie.

L'histoire primitive de l'Asie est l'histoire primitive du genre humain. La bible et toutes les traditions placent le berceau de l'humanité en Asie, et c'est de ses plateaux que sont descendues les premières familles pour porter dans le monde entier les germes de la civilisation. La morale y fut enseignée pour la première fois; les arts, les sciences et l'industrie y prirent naissance; les expéditions lointaines, le commerce, les colonies et la guerre se chargèrent de répandre en Afrique et en Europe les richesses créées par les sociétés autochtones. Mais l'histoire de ces temps primitifs est inconnue. La fondation des empires de la Chine, de la Corée et du Japon, des royaumes de l'Inde et du Caucase, remontent aux temps les plus reculés. Il en est de même de ceux de Ninive, de Babylone, etc., et cependant les grandes révolutions opérées en Asie, soit par des conquérants étrangers, soit par des luttes intestines ont réagi puissamment sur le monde entier. On sait le sort des empires de Cyrus et d'Alexandre. La domination romaine s'étendit jusqu'au Tigre dans l'Asie occidentale ; mais plusieurs nations résistèrent avec succès aux entreprises des vainqueurs, et les Parthes, les Bactriens, la Chine et le Japon conservèrent leur indépendance. Les Chinois même se firent conquérants et furent la première cause de l'ébranlement des Huns qui se jetèrent sur l'Occident. Les Arabes aussi avaient conservé leur indépendance, mais ne furent réunis en corps de nation que par Mahomet leur prophète. Les califes, ses successeurs, résidèrent à Bagdad ; ils durent céder l'empire aux Turcs seldjoukes.

A la fin du onzième siècle les croisés se précipitèrent sur l'Orient; pendant près de cent ans la croix brilla sur les murs de Jérusalem ; elle fut remplacée de nouveau par le croissant. Toute l'Asie fut bouleversée au treizième siècle par le Mongol Djingis-Khan ; le N. de la Chine, les états arabes et turcs de la Perse et de l'Inde sont forcés de se soumettre à son empire qui devient le plus vaste qu'ait encore vu l'Asie. Mais la Chine, la Perse et d'autres états, recouvrent leur indépendance; Tamerlan les réduit de nouveau, excepté la Chine, sous la domination des Mongols. L'empire turc a continué son développement. La Perse cependant lui résiste avec gloire ; un ancien chef de brigands devint au milieu du dix-huitième siècle le roi de ce pays; il changea son nom en celui de Nadir Schah et donna l'Indus comme limite à son empire qui se divisa après sa mort. L'empire du Grand-Mogol dans l'Indoustan avait été ébranlé par Nadir Schah ; les Mahrattes et les Seikhs achevèrent de le démembrer. En Chine la dynastie des Mandchoux régna en souveraine.

Cependant, la domination des Russes s'étend sans cesse; et depuis le règne d'Iwan Wasiljewitch jusqu'à nos jours, les états tartares, la Sibérie, le Kamtchatka, la Géorgie ont été successivement occupés. Les frontières de l'empire sont aux bornes de la Chine et du Thibet. D'autres puissances européennes attaquent l'Asie par le S. Les Portugais sont sur la côte de Malabar; les Espagnols aux Philippines, les Hollandais à Java, les Français à Pondichéry sur la côte de Coromandel; les Anglais s'emparent de tout l'Indoustan, dont ils sont encore les maîtres. Aujourd'hui l'Asie est dans les mains des Européens. La Chine se tient enfermée dans ses limites; l'empire ottoman meurt de langueur; mais la Russie et l'Angleterre convoitent de nouvelles possessions, de nouveaux sujets et bientôt peut-être un combat à mort entre ces deux puissances décidera du sort de l'une d'elles. L'Asie sera le champ de bataille.

ASIE MINEURE, *Asia Minor*. On désigne vulgairement par ce nom la presqu'île asiatique, située entre 36° et 42° lat. N. et entre 24° et 40° de long. E. Elle est bornée au N. par la mer Noire; à l'O. par la mer Égée ou l'Archipel; au S. par la Méditerranée; à l'E. elle s'étend jusqu'à l'Euphrate et l'Arménie.

On ignore quand le terme d'Asie Mineure a été employé pour la première fois; on le croit d'une date assez récente et il ne remonte pas au-delà du temps des premiers empereurs romains. L'Asie Mineure, appelée aussi quelquefois Natolia, Anatolie, c'est-à-dire pays de l'Est, où se lève le soleil et qui répond à notre mot de Levant, comprenait les pays connus des anciens sous le nom de Troade, Mysie, Lydie, Carie, Eolie, Ionie, Doride, Lycie, Pamphilie, Pisidie, Cilicie, Phrygie, Lycaonie, Cappadoce, Galatie, Pont, Paphlagonie, Bithynie. Les Romains employaient quelquefois pour la désigner l'expression d'*Asia cis Taurum*. Les noms d'Anatolie, de Levant et d'Asie Mineure sont encore fréquemment employés de nos jours. Tout ce territoire fait maintenant partie de l'Asie ottomane et est divisé en six eyalets, qui sont Anadoli, Adana, Caramanie, Marach, Sivas, Trébizonde. Nous renvoyons la description géographique de l'Asie Mineure aux articles consacrés à ces pachaliks.

ASIE PROCONSULAIRE ou **ROMAINE**, g. a., comprenait la Mysie, la Petite-Phrygie, l'Eolide, l'Ionie, la Carie, la Doride, la Lydie, la Lycaonie et la Pisidie.

ASIERAW. *Voyez* **VOLTA**.

ASILLO, vg. de la rép. du Pérou, dans le dép. de Puno, prov. d'Asangoro, sur le lac Titicaca, a de riches mines de plomb.

ASIMAGOMY, lac dans le Haut-Canada, Amérique septentrionale, au N.-E. du lac Supérieur.

ASINARA, île de la Méditerranée, près la côte N.-O., division et à 7 l. N. de Sassari.

ASKA, b. de la Nubie, dans la contrée de Dongolah, sur la rive droite du Nil. De belles forêts d'acacias couvrent au loin toute la partie orientale de la campagne d'Aska. On y cultive beaucoup de coton.

ASKEA, v. de l'Afrique, dans le Soudan, sur la rive gauche du Kouara ou Niger, entre Tombouctou et Gabi.

ASKELAND, île de la mer du Nord, faisant partie du bge de Bergen, en Norwège, pop. 1253 hab.

ASKERSUND, prov. du roy. de Suède, dans le län d'Orrebro, sur le lac de Wettern ; pop. 700 hab.

ASKODNISH ou **ARGYLE PROPRE**, dist. très-fertile du comté d'Argyle, en Ecosse, quoique couvert de montagnes, parmi lesquelles on distingue le Ben-Cruachan, haut de 3390 pieds.

ASKOE, pet. île sur la côte de Norwège, Il s'y trouve une source, dite de Ste.-Agathe, qui présente un phénomène singulier: cette source est excessivement froide en été et ne gèle jamais en hiver.

ASLAR, vg. de Prusse, dans la prov. du Bas-Rhin, rég. de Coblence ; forges et tuileries ; pop. 1000 hab.

ASLING, b. du roy. d'Illyrie, dans le gouv. et le cer. de Laibach, sur la Save, à 6 l. S.-O. de Klagenfurth ; fabriques de cuirs et filatures de laine ; forges et carrières de marbre.

ASLONNES, vg. de Fr., dép. de la Vienne, arr. de Poitiers, cant. de la Ville-Dieu, poste de Vivonne ; pop. 780 hab.

ASMA, riv. d'Espagne, dans le roy. de Galice ; affluent du Minho.

ASMANSHAUSEN, vg. situé sur les bords du Rhin, dans le duché de Nassau, bge de Rüdesheim. Le vin de ce terroir qui porte le nom du village, est renommé ; pop. 500 hab.

ASME, vg. de Fr., dép. des Basses-Pyrénées, arr. de Mauléon, cant. d'Iholdy, poste de St.-Palais ; pop. 210 hab.

ASMENAL, b. d'Espagne, dans le roy. de Léon, prov. et à 5 l. S. de Zamora.

ASMES, ham. de Fr., dép. des Hautes-Pyrénées, arr., cant. et poste d'Argelès, com. de Boo-Silhens ; pop. 50 hab.

ASNÆS, cap au N.-E. de l'île de Seelande.

ASNAN, vg. de Fr., dép. de la Nièvre, arr. de Clamecy, cant. de Brinon-les-Allemands, poste de Tannay ; pop. 670 hab.

ASNANS, vg. de Fr., dép. du Jura, arr. de Dôle, cant. de Chaussin, poste du Deschaux ; pop. 710 hab.

ASNELLES-SUR-MER, vg. de Fr., dép. du Calvados, arr. de Bayeux, cant. de Ryes, poste de Creully ; pop. 430 hab.

ASNIÈRE, vg. de Fr., dép. de l'Ain, arr. de Bourg-en-Bresse, cant. de Bagé, poste de Pont-de-Vaux ; pop. 240 hab.

ASNIÈRES, vg. de Fr., dép. du Calvados, arr. et poste de Bayeux, cant. d'Isigny ; pop. 250 hab.

ASNIÈRES, vg. de Fr., dép. de la Charente, arr. et poste d'Angoulême, cant. d'Hiersac ; pop. 1300 hab.

ASNIÈRES, vg. de Fr., dép. de la Charente-Inférieure, arr., cant. et poste de St.-Jean-d'Angely ; pop. 1300 hab.

ASNIÈRES, vg. de Fr., dép. du Cher, arr., cant., com. et poste de Bourges ; pop. 1600 hab.

ASNIÈRES, vg. de Fr., dép. de la Côte-d'Or, arr., cant. et poste de Dijon ; pop 160 hab.

ASNIÈRES, ham. de Fr., dép. de l'Eure, arr. de Pont-Audemer, cant. et poste de Cormeilles, com. de St.-Jean-d'Asnières ; pop. 60 hab.

ASNIÈRES, vg. de Fr., dép. de l'Isère, arr. de Vienne, cant. de Meyzieu, com. de Chavanoz, poste de Crémieu ; pop. 310 hab.

ASNIÈRES, vg. de Fr., dép. de Loir-et-Cher, arr. de Vendôme, cant. de Savigny, com. de Lunay, poste de Montoire ; pop. 190 hab.

ASNIÈRES, vg. de Fr., dép. de Loir-et-Cher, arr. de Blois, cant. d'Herbault, com. d'Onzain, poste d'Écure ; pop. 335 hab.

ASNIÈRES, vg. de Fr., dép. de la Sarthe, arr. de la Flèche, cant. et poste de Sablé ; pop. 650 hab.

ASNIÈRES, vg. de Fr., dép. de la Seine, arr. de St.-Denis, cant. de Nanterre et poste ; pop. 520 hab.

ASNIÈRES, vg. de Fr., dép. de la Vienne, arr. de Montmorillon, cant. et poste de l'Isle-Jourdain ; pop. 890 hab.

ASNIÈRES, vg. de Fr., dép. de l'Yonne, arr. d'Avallon, cant. et poste de Vezelay, pop. 650 hab.

ASNIÈRES-EN-MONTAGNE, vg. de Fr., dép. de la Côte-d'Or, arr. de Châtillon-sur-Seine, cant. et poste de Laignes ; pop. 460 hab.

ASNIÈRES-SUR-OISE, vg. de Fr., dép. de Seine-et-Oise, arr. de Pontoise, cant. et poste de Luzarches ; pop. 1115 hab.

ASNOIS, vg. de Fr., dép. de la Nièvre, arr. de Clamecy, cant. et poste de Tannay ; pop. 450 hab.

ASNOIS, vg. de Fr., dép. de la Vienne, arr. et poste de Civray, cant. de Charroux ; pop. 540 hab.

ASNOTH-THABOR, g. a., v. de la Galilée-Inférieure, dans la tribu de Naphthali.

ASOLA, *Acelum*, b. fortifié du roy. Lombard-Vénitien, dans le gouv. de Mila, délégation et à 8 l. O.-N.-O. de Mantoue ; filatures de soie ; academia de Rinnovati ; pop. 3200 hab.

ASOLO, pet. v. du roy. Lombard-Vénitien, délégation et 6 1/2 l. O.-N.-O. de Trévise, chef-lieu de district ; remarquable par sa délicieuse position, sur de charmantes collines, par les restes d'un aquéduc romain ; éducation de vers à soie. Dans ses environs est le petit village de Barco, auquel le séjour de la célèbre Catherine Corner, reine de Chypre, a donné une grande célébrité. De son château, converti en une ferme, il n'existe plus que les quatre colonnes de la façade et la chapelle. Le plafond de la grange est orné d'élégants arabesques et dans le grenier, placé au-dessus, on remarque encore de somptueuses décorations ; pop. 3400 hab.

ASOR, g. a., v. de la Galilée-Supérieure, appartint d'abord à la tribu de Naphthali, fut détruite par Josué et rebâtie et fortifiée par Salomon.

ASOUDA ou **AÇOUDI**, capitale du pays d'Ahir, dans le Sahara, à six journées de marche N.-E. d'Aghades. C'est dans cette ville que se réunissent les caravanes qui viennent de Mourzouk. Elle est habitée par des Touariks ; ils se nourrissent d'une espèce de grains, broyés et pétris avec du lait. Ils possèdent de grands troupeaux de chèvres. On rencontre beaucoup de lions dans cette contrée. Les voyageurs évaluent la population d'Asouda à 12,000 habitants.

ASOWAE ou **AZOUAY**, pet. v. d'Afrique, sur la côte des Esclaves, dans le roy. d'Ardrah, et à 2 l. S. de la capitale Ardrah ou Aratakassie, près d'une petite rivière. La contrée est couverte de forêts.

ASPACH, vg. de Fr., dép. de la Meurthe, arr. et poste de Sarrebourg, cant. de Lorquin ; pop. 240 hab.

ASPACH, vg. de Fr., dép. du Haut-Rhin, arr., cant. et poste d'Altkirch ; fabriques de siamoises ; eaux minérales froides ; pop. 560 hab.

ASPACHER-BRUCK. *Voyez* LE-PONT-D'ASPACH.

ASPACH-LE-BAS, vg. de Fr., dép. du Haut-Rhin, arr. de Belfort, cant. et poste de Cernay ; pop. 630 hab.

ASPACH-LE-HAUT, vg. de Fr., dép. du Haut-Rhin, arr. de Belfort, cant. et poste de Thann ; pop. 530 hab.

ASPANG, vg. de l'archiduché d'Autriche, dans le gouv. de la Basse-Autriche, cer. inférieur du Wienerwald, à 6 1/2 l. de Neustadt ; tréfilerie ; pop. 800 hab.

ASPAROS, vg. de Fr., dép. du Lot, arr., cant. et poste de Cahors, com. d'Arcambal ; pop. 60 hab.

ASPE, *Aspaluca*, vallée de Fr., dép. des Basses-Pyrénées, de 9 l. d'étendue, depuis la montagne de même nom jusqu'à Oloron ; riche en bois de construction.

ASPE, *Aspis*, b. d'Espagne, dans le roy. de Valence, à 7 l. O. d'Alicante ; belles marbrières ; pop. 5000 hab.

ASPE-HARBOUR, baie avec trois petites îles, au S. du cap Nord, dans l'île du Cap-Breton. (*Voyez* cet article.)

ASPELAER, b. du roy. de Belgique, dans la prov. de la Flandre orientale, à 1 l. S.-O. de Ninove.

ASPEREN, *Caspingium*, pet. v. du roy. des Pays-Bas, dans la prov. de Hollande, gouvernement de la Hollande méridionale, sur la rive gauche de la Linge, à 3 l. E.-N.-E. de Gorcum.

ASPÈRES, vg. de Fr., dép. du Gard, arr. de Nismes, cant. et poste de Sommières ; pop. 325 hab.

ASPERJOC, vg. de Fr., dép. de l'Ardèche, arr. de Privas, cant. d'Antraigues, poste d'Aubenas ; pop. 680 hab.

ASPET, vg. de Fr., dép. de la Haute-Garonne, arr., à 3 l. S.-E. de St.-Gaudens, chef-lieu de canton et poste ; fabriques de clouterie, de peignes et d'ouvages en buis ; pop. 3700 hab.

ASPIN, vg. de Fr., dép. des Hautes-Pyrénées, arr. de Bagnères-en-Bigorre, cant. et poste d'Arreau ; pop. 200 hab.

ASPIN-ÈS-ANGLES, vg. de Fr., dép. des Hautes-Pyrénées, arr. d'Argelès, cant. et poste de Lourdes ; pop. 165 hab.

ASPIRAN, vg. de Fr., dép. de l'Hérault, arr. de Lodève, cant. et poste de Clermont (Hérault) ; pop. 1720 hab.

ASPIS, vg. de Fr., dép. des Basses-Pyrénées ; arr. d'Orthez, cant. et poste de Sauveterre ; pop. 150 hab.

ASPIS, g. a., v. de la Zeugitane, près du promontoire Hermæum (aujourd'hui Ponta-di-Tripiti) ; célèbre par la victoire navale du consul M. Valerius sur les Carthaginois.

ASPRE, l'Achéloüs des anciens ou Aspro Potamo, riv. de la Turquie d'Europe, descend du Mezzoro ou Pinde, traverse du N. au S. l'extrémité occidentale de la Thessalie, arrose l'Etolie à la gauche et l'Acarnanie à la droite, et après avoir reçu une partie des eaux du lac de Soudi ou de Vrachari, entre dans le golfe de Baliabadra, formé par la mer Ionienne.

ASPREMONT, vg. de Fr., dép. des Hautes-Alpes, arr. de Gap, cant. d'Aspres-les-Veynes, poste de Veynes ; pop. 620 hab.

ASPRES-LES-CORPS, vg. de Fr., dép. des Hautes-Alpes, arr. de Gap, cant de St.-Firmin-en-Valgodemard, poste de Corps ; mines de houille ; fabrication de faïence et de poterie ; pop. 656 hab.

ASPRES-LES-VEYNES, vg. de Fr., dép. des Hautes-Alpes, arr. à 8 1/2 l. O.-S.-O. de Gap, chef-lieu de canton, poste de Veynes ; eaux minérales ; pop. 750 hab.

ASPRET, vg. de Fr., dép. de la Haute-Garonne, arr., cant. et poste de St.-Gaudens ; pop. 180 hab.

ASPRIÈRES, b. de Fr., dép. de l'Aveyron, arr. à 5 l. N. de Villefranche-de-Rouergue, chef-lieu de canton, poste de Villefranche-de-Rouergue ; mines de zinc sulfuré et de plomb sulfuré argentifère ; pop. 1450 hab.

ASPRO POTAMO. *Voyez* ASPRE.

ASQUE, vg. de Fr., dép. des Hautes-Pyrénées, arr. de Bagnères-en-Bigorre, cant. et poste de la Barthe-de-Neste ; pop. 660 h.

ASQUES, ham. de Fr., dép. du Gers, arr. et poste de Condom, cant. et com. de Valence ; pop. 30 hab.

ASQUES, vg. de Fr., dép. de la Gironde, arr. de Libourne, cant. de Fronsac, poste de St.-André-de-Cubzac ; pop. 708 hab.

ASQUES, vg. de Fr., dép. de Tarn-et-Garonne, arr. de Castelsarrasin, cant. et poste de Lavit ; pop. 380 hab.

ASQUETS, ham. de Fr., dép. de Lot-et-Garonne, arr., cant., poste et com. de Nérac ; pop. 48 hab.

ASQUINS, vg. de Fr., dép. de l'Yonne, arr. d'Avalon, cant. et poste de Vezelay ; pop. 1000 hab.

ASRIGALS, ham. de Fr., dép. du Tarn, arr. de Gaillac, cant. de Salvagnac, com. de Montgaillard, poste de Rabastens ; pop. 60 hab.

ASSAC, vg. de Fr., dép. du Tarn, arr. d'Albi, cant. et poste de Valence-en-Albigeois ; pop. 650 hab.

ASSACENA REGIO, g. a., contrée de l'Inde en-deça du Gange, à l'O. de l'Indus ; capitale Massaga.

ASSAILLY, vg. de Fr., dép. de la Loire,

arr. de St.-Etienne, cant. et poste de St.-Chamond ; pop. 120 hab.

ASSAINVILLERS, vg. de Fr., dép. de la Somme, arr., cant. et poste de Montdidier; pop. 240 hab.

ASSAIS, vg. de Fr., dép. des Deux-Sèvres, arr. de Parthenay, cant. de St.-Loup, poste d'Airvault ; pop. 730 hab.

ASSAM (le royaume d'), état de l'Inde anglaise, situé entre 88° 24′ et 93° 30′ long. orient. et entre 24° 57′ et 28° 30′ lat. N., est borné au N. par le Bhotan, au N.-E. et à l'E. par le Thibet, au S.-E., au S. et à l'O. par l'empire Birman. Sa superficie n'est pas exactement connue. Hamilton l'estime à 2700 l. géographiques c. Sa population est d'environ un million.

L'Assam est une grande vallée encaissée entre de hautes montagnes, le Naga au N.-E., les monts Garrow au S. et au S.-O. et les monts Doolen et Laudah au N. sur la frontière du Bhotan. Elle est traversée du N.-E. au S.-O. par le Brahmapoutra, fleuve considérable, qui forme près de Sodyah l'île de Majouli et se rend dans le Bengale après avoir reçu un grand nombre d'affluents. Le sol est fertile, surtout aux bords des fleuves et des rivières ; le climat très-chaud et très-humide. Dans la saison des pluies, ce pays offre l'aspect d'une immense nappe d'eau, au milieu de laquelle semblent flotter les villes et les villages ; cette inondation est nécessaire à la culture du sol comme dans les deltas du Nil et du Gange, et des digues de construction ancienne et colossale réglaient autrefois la distribution des eaux ; mais elles sont aujourd'hui en ruines.

L'agriculture, assez semblable à celle pratiquée par les Hindous, n'est pas aussi florissante qu'au Bengale, et paraît très-déchue de l'état, dans lequel elle se trouvait au temps de Mohamed Kassin, contemporain d'Aurengzeb, qui dépeint l'Assam comme un pays admirable, riant jardin, couvert de bosquets, de champs bien cultivés, d'arbres fruitiers, de fleurs exhalant des parfums délicieux et traversé d'innombrables routes ombragées de bambous. Les fleuves de ce pays charrient beaucoup d'or, gagné par le lavage. La principale mine occupe plus de mille travailleurs. Le fer s'y trouve en abondance, mais le sel est importé du Bengale. Le riz, principale nourriture des habitants, la graine de Vihar, le poivre, le tabac, le betel, l'opium, le coton, la canne à sucre sont les principales productions de ce pays. Le bois d'aloès et la gomme-laque sont fournies par les forêts. Le buffle et le bœuf tirent la charrue ; les chevaux et les chameaux s'y trouvent en petite quantité ; mais les forêts sont peuplées de troupes nombreuses de bisons et d'éléphants sauvages. Le ver à soie est élevé avec beaucoup de soin et fournit la matière première à la confection des étoffes en soie, principale industrie du pays, qui échange ses produits avec le Thibet, l'empire Birman et le Bengale, surtout avec le dernier.

Les Assamois sont probablement de race hindoue et parlent généralement le bengale. Ils sont, dit-on, braves et entreprenants, mais féroces, vindicatifs, rusés et traîtres. Ils se divisent en Assamois proprement dits et en Kultamiens ou Kolitas ; ces derniers forment la classe industrielle ; les premiers sont les guerriers, descendants des Khountais, les conquérants du pays. Leurs chefs forment la haute noblesse de l'Assam, composée de vingt-six familles ; les autres composent l'aristocratie inférieure. La religion dominante est la brahmanique, introduite dans ces contrées au dix-septième siècle. Les Brahmanes y sont très-intolérants et passent pour être les instigateurs ordinaires des troubles civils. En s'assurant le monopole du commerce avec le Bengale, ils ont su amasser d'immenses richesses. L'idole de la race des Khountais, le dieu Choung (peut-être Boudha), est encore adoré dans la famille royale. Un quart de la population est idolâtre. L'Assam était gouverné par un Maja Raja, dignité héréditaire dans sa famille, mais à laquelle pouvaient prétendre tous les membres de la dynastie régnante, pourvu que leur corps n'eût pas la moindre tâche, la moindre cicatrice. Aussi arriva-t-il souvent que les prétendants se défaisaient de leurs adversaires en les faisant mutiler. La noblesse et les petits chefs ont un grand pouvoir, et sur leur territoire ils sont maîtres de la vie et de la mort de leurs sujets. En général, l'organisation de ce pays a quelque chose de notre système féodal ; presque toutes les propriétés territoriales sont entre les mains des Pykes, qui en possèdent plus ou moins, suivant qu'ils commandent 1000, 100, 20 ou 10 hommes, et que cette concession oblige au service militaire. Ces officiers exercent en même temps la police dans leurs districts respectifs et lèvent les impôts. Trois grands officiers, choisis dans la famille royale et dont la dignité était héréditaire, gouvernaient les trois provinces de l'Assam ; on les appelait Gohains. Un quatrième, le Bara-Phoukon, assisté de six Phoukons ou grands fonctionnaires, commandait en vice-roi dans le Kamaroupa. La justice se pratique suivant la législation hindoue et les Védas, et est excessivement dure. Un crime capital entraîne non seulement l'exécution du délinquant, mais encore celle de toute sa famille.

Nous avons déjà parlé de quelques-unes des classes dont se compose la population de l'Assam, divisée en classes distinctes et rangés en purs et impurs : Les Doues sont la race primitive, les Kolitas forment la race industrielle, les Heluyas celle des cultivateurs. Les esclaves sont nombreux ; un grand nombre d'enfants, nés des bayadères, est vendu actuellement au Bengale. Ceux de race impure ne sont achetés que par les sauvages habitants des monts Garrow qui ainsi que les autres montaguards, les Nora, les Khamti, les Dopla, les Mahamati vivent ou indépendants ou payant un petit tribut. On n'a presque pas de notions sur leur compte.

Le royaume d'Assam est partagé en trois provinces : 1° l'Assam proprement dit, au centre, dont fait partie l'île de Majulé, comparé par les Anglais au paradis terrestre et appartenant presque en entier au roi, aux Brahmanes et aux Cénobites qui vivent dans les forêts ; Djorbat, la capitale actuelle, et Rangpoor, l'ancienne capitale, sont situées dans cette province ; 2° le Kamaroupa, la partie inférieure et occidentale de l'Assam ; Gohati en est le chef-lieu ; 3° Sodyah, ou le Haut-Assam, qui s'étend jusqu'à la frontière de l'Ava : Sodyah en est le chef-lieu.

L'histoire ancienne de l'Assam n'est qu'une suite de traditions fabuleuses dont nous n'avons pas à nous occuper. Le Kamaroupa, dont le nom signifie désir rempli, semble avoir été ruiné vers la fin du quinzième siècle de notre ère. Douze princes y régnèrent ; l'un d'entre eux, Asama, parvint à soumettre tout le pays et lui donna son nom. Les Mongols tentèrent deux fois de conquérir l'Assam, mais en vain. Aurengzeb le soumit, mais son armée périt par les inondations. Il paraît que ces guerres n'étaient pas étrangères à la lutte indigène du brahmanisme contre l'idolâtrie barbare. Des troubles presque continuels désolèrent ce pays. En 1793, les Anglais y intervinrent, assiégèrent Djorbat, et remirent sur le trône un prince qu'on avait chassé. Boudha-Gohang, premier ministre, rétablit l'ordre et devint l'ami des Anglais. Les rois qui se succédèrent n'avaient du pouvoir que le nom. L'un d'eux s'insurgea contre le ministre et fut appuyé par les Birmans qui voulurent dominer l'Assam. Les Anglais ne purent le souffrir ; la fameuse guerre de 1824 éclata, et depuis les Anglais se sont maintenus dans la possession de l'Assam.

ASSARTS, vg. de Fr., dép. de la Nièvre, arr. de Clamecy, cant. de Brinon-les-Allemands, com. de Laché-Assarts, poste de St.-Révérien ; pop. 100 hab.

ASSAS, vg. de Fr., dép. de l'Hérault, arr. et poste de Montpellier, cant. d'Aniane ; pop. 260 hab.

ASSAS, vg. de Fr., dép. du Loiret, arr. d'Orléans, cant. et poste d'Artenay, com. de Ruan ; pop. 100 hab.

ASSAT, vg. de Fr., dép. des Basses-Pyrénées, arr., cant. et poste de Pau ; pop. 730 hab.

ASSAULI, partie sept. de la chaîne de montagnes qui traverse l'Abyssinie du N.-O. au S.-E. Elle est habitée par les Shihos, tribus de bergers nomades. Ils se chargent de transporter les marchandises au-delà de leurs montagnes ; aussi rencontre-t-on souvent des Shihos dans la plaine et sur les côtes de la mer Rouge. Ils ont les mœurs beaucoup plus douces que les Hazortas, auxquels ils ressemblent d'ailleurs sous tous les autres rapports.

ASSAWAMPSET, lac dans l'état des Massachussets, États-Unis de l'Amérique du Nord.

ASSAY, vg. de Fr., dép. d'Indre-et-Loire, arr. de Chinon, cant. de Richelieu, poste de Champigny ; pop. 360 hab.

ASSAZEE ou **ASSAZIE**, fl. de l'Afrique, a sa source dans un lac de l'intérieur de la Guinée septentrionale. Ce fleuve porte aussi le nom d'Olibatta, et n'est, selon plusieurs géographes, qu'un bras de l'Ogouawaï ; il se jette dans l'Océan, près du cap Lopez.

ASSE, riv. de Fr., dép. des Basses-Alpes, a sa source près de Castellane, se jette dans la Durance, après un cours de 20 l. dont 15 sont flottables.

ASSÉ-LE-BERANGER, vg. de Fr., dép. de la Mayenne, arr. de Laval, cant. et poste d'Évron ; pop. 655 hab.

ASSÉ-LE-BOISNE, vg. de Fr., dép. de la Sarthe, arr. de Mamers, cant. et poste de Fresnay-sur-Sarthe ; pop. 1880 hab.

ASSÉ-LE-RIBOUL, vg. de Fr., dép. de la Sarthe, arr. de Mamers, cant. et poste de Beaumont-sur-Sarthe ; pop. 1470 hab.

ASSEMA ou **CHAMAT**, v. d'Afrique, dans le roy. d'Ahanta sur la côte d'Or, à l'embouchure de la Chama, sous le 5° de lat. S., et le 4° 8' de long. occ. Les Hollandais ont près de cet endroit le fort St.-Sébastien. Les nègres de cette contrée ont eu pendant longtemps des relations avec les Français qui firent le commerce sur cette côte ; aussi parlent-ils un peu le français ; pop. 1200 h.

ASSEN, pet. v. du roy. des Pays-Bas, et chef-lieu de la prov. de Drenthe, sur le canal de Smilde et sur la route de Gröningue à Zwoll, à 5 1/2 l. S. de la première ville ; commerce de blé ; pop. 2200 hab.

ASSENAY, vg. de Fr., dép. de l'Aube, arr. de Troyes, cant. et poste de Bouilly ; pop. 155 hab.

ASSENCIERS, vg. de Fr., dép. de l'Aube, arr. de Troyes, cant. et poste de Piney ; pop. 140 hab.

ASSENEDE, b. du roy. de Belgique, dans la prov. de la Flandre orientale, à 1/2 l. O.-S.-O. du Sas-de-Gand ; pop. 3350 hap.

ASSENHEIM, v. de la Hesse grand-ducale, prov. de la Haute-Hesse, au confluent de la Nidda et du Wetter. Elle possède un fort joli château, une église assez remarquable, et des maisons régulièrement bâties ; ses habitants au nombre de 625 sont généralement vignerons. On a découvert aux environs de cette ville une houillère de peu d'importance.

ASSENONCOURT, vg. de Fr., dép. de la Meurthe, arr. de Sarrebourg, cant. de Réchicourt-le-Château, poste de Bourdonnay ; pop. 500 hab.

ASSENS, v. du Danemark, île et diocèse de Fionie, avec un port sur le Petit-Belt ; sol fertile ; distilleries d'eau de vie ; pop. 2000 hab.

ASSÉRAC, vg. de Fr., dép. de la Loire-Inférieure, arr. de Savenay, cant. d'Herbignac, poste de la Roche-Bernard; pop. 1745 hab.

ASSEVENT, vg. de Fr., dép. du Nord, arr. d'Avesnes, cant. et poste de Maubeuge; pop. 135 hab.

ASSEVILLIERS, vg. de Fr., dép. de la Somme, arr. de Péronne, cant. de Chaulnes, poste d'Estrées-Déniécourt; pop. 500 hab.

ASSIER, vg. de Fr., dép. du Lot, arr. et poste de Figeac, cant. de Livernon; pop. 770 hab.

ASSIEU, vg. de Fr., dép. de l'Isère, arr. de Vienne, cant. de Roussillon, poste du Péage; pop. 560 hab.

ASSIEUX, vg. de Fr., dép. de le Loire, arr., cant., com. et poste de Montbrison; pop. 100 hab.

ASSIGNAN, vg. de Fr., dép. de l'Hérault, arr. de St.-Pons, cant. et poste de St.-Chinian; pop. 185 hab.

ASSIGNY, vg. de Fr., dép. du Cher, arr. de Sancerre, cant. et poste de Vailly; pop. 545 hab.

ASSIGNY, vg. de Fr., dép. de la Seine-Inférieure, arr. de Dieppe, cant. et poste d'Envermeu; pop. 440 hab.

ASSIN, roy. d'Afrique, dans la Guinée septentrionale, sur la côte d'Or, au N. de celui de Fantie, et au S. de l'empire d'Achanti, dont il est le tributaire. Les habitants sont plus civilisés que les Achantis.

ASSINCEIRA, b. du Portugal, prov. d'Estramadure, non loin du Nahao.

ASSINIE, v. d'Afrique, dans l'empire d'Achanti, dans le roy. de Bein, sur la côte d'Or, près de l'Issini. Cette ville s'est relevée de ses ruines. Il y a moins d'un demi-siècle qu'elle avait été entièrement détruite par la guerre; son commerce est de peu d'importance. Les Français y avaient autrefois un établissement.

ASSINIE ou **ISSINI**, fl. de l'Afrique, dans la Guinée septentrionale, sur la côte d'Or. C'est la partie méridionale du fleuve Da Costa; celle qui traverse du N. au S. la contrée de cap Lahou ou roy. d'Adow, et se jette dans l'Océan, à l'O. du cap des Trois-Pointes.

ASSINIBOINS, peuplade de l'Amérique du Nord, tribu des Siways; elle s'est séparée de la tribu-mère dont elle est aujourd'hui l'ennemi le plus acharné. Elle habite la partie septentrionale du territoire, au N. du Missouri, depuis la rivière Rouge jusqu'au territoire breton dont elle occupe une partie. La chasse fait sa principale occupation. Elle compte jusqu'à 8000 individus.

ASSIONS (les) ou **ASSIONS-LA-TOUR**, vg. de Fr., dép. de l'Ardèche, arr. de l'Argentière, cant. et poste des Vans; pop. 1180 h.

ASSISI, pet. v. des états de l'Église, délégation de Pérouse, remarquable par le tombeau de St.-François d'Assise, enterré dans la cathédrale que visitent tous les ans un grand nombre de pèlerins. C'est à Assisi que fut fondé en 1209 l'ordre des Franciscains. Patrie de Métastase; pop. 4000 hab.

ASSIS-SUR-SERRE, vg. de Fr., dép. de l'Aisne, arr. et poste de Laon, cant. de Crécy-sur-Serre; pop 540 hab.

ASSIVERE, vg. de Fr., dép. de la Haute-Garonne, arr. de St.-Gaudens, cant. et poste de St.-Martory, com. de Castillon-de-St.-Martory; pop. 100 hab.

ASSIZ-RAS, cap de la Nubie, sur la côte occ. de la mer Rouge, au N.-E. d'El-Kebir.

ASSO, l'un des quatres cantons de l'île de Céphalonie.

ASSO, ancienne forteresse de l'île de Céphalonie, siège d'un archevêque grec. Tout près il y a un bourg de 530 habitants, un couvent de moines grecs et un port.

ASSOKO, v. cap. du pays d'Issini, sur la côte d'Or, dans la Guinée septentrionale; elle est située sur une île à l'O. du cap des Trois-Pointes; pop. 1000 hab.

ASSOMPTION ou **SONGSONG**, île de l'archipel des Mariannes, dans la Polynésie ou Océanie orientale, située, selon La Pérouse, sous le 19° 45' de lat. N. et le 143° 45' de de long. orient. du méridien de Paris; elle est à 7 l. S. de l'île Mangs ou Tunas; sa circonférence est de 4 l. C'est une terre très-haute, au milieu de laquelle s'élève un volcan d'environ 700 mètres au-dessus du niveau de la mer; cette île est déserte.

ASSOMPTION, île de l'Océan Indien, au S. de l'île Aldabra, au N. des îles Comorres, et au S.-O. des Amirantes, sous le 9° 40' de lat. S. et le 44° de long. orient.

ASSOMPTION (l'), gros bourg dans le comté d'Effingham, gouv. du Bas-Canada, Amérique anglaise, à l'embouchure de la rivière de l'Assomption, dans le St.-Laurent.

ASSOMPTION, paroisse de l'état de Louisiane, dans les États-Unis de l'Amérique du Nord, entourée des paroisses de l'Ascension, de St.-James, de St.-Jean-Baptiste et de la Fourche; elle est très-fertile, traversée à l'O. par la rivière d'Atchufalaya et à l'intérieur par la rivière de la Fourche qui communique par un canal avec le lac Véret; pop. 4500 hab.

ASSON, vg. de Fr., dép. des Basses-Pyrénées, arr. de Pau, cant. et poste de Nay; forges importantes et belles carrières de pierre calcaire; pop. 2500 hab.

ASSONVAL, vg. de Fr., dép. du Pas-de-Calais, arr. de St.-Omer, cant. et poste de Fauquembergue, com. de Renty-Assonval; pop. 120 hab.

ASSOUAN ou **ASVAN**, *Syène*, v. de la Haute-Égypte, dans la prov. d'Esné, à 200 l. S. d'Alexandrie, sous le 24°. 5' 23" de lat. N. et le 30° 34' 49" de long. E. Les maisons sont de terre et couvertes d'une espèce de voûte en briques. Le port est assez grand; il est couvert de nombreux bateaux qui viennent pour la plupart du Caire. Assouan est une ville importante par son commerce et l'une des plus remarquables par ses antiquités; elle est bâtie près des ruines de l'antique Syène et des restes moins anciens d'une ville arabe dont on voit encore des débris de murailles flanquées de tours carrées. Les rochers de granit qui s'élèvent aux environs de la ville, présentent, en certains endroits, des sculptures hiéroglyphiques et sur des fragments de colonnes on lit des inscriptions françaises qui attestent que ces ruines ont été explorées par nos savants modernes. Assouan fut fondée, dit-on, au commencement du seizième siècle.

ASSOUFOU, v. de l'Afrique, dans le Soudan, au roy. de Masina, sur la rive occidentale du lac Debo; on y passe pour aller de Sego à Tombouctou.

ASSOUR, pet. vg. de la Nubie, dans le pays de Chendy, sur la rive droite du Nil. Près de là se trouvent les restes d'un vaste temple dans lequel on pénètre à travers un double rang de sphynx, de lions et de béliers grossièrement sculptés en granit. Non loin de ce temple on voit plus de vingt pyramides dont quelques-unes sont inachevées, d'autres affaissées ou écroulées et ne formant plus qu'un immense amas de pierres.

ASSOUSTE, vg. de Fr., dép. des Basses-Pyrénées, arr. d'Oloron, cant. et poste de Laruns; pop. 80 hab.

ASSU. *Voyez* VILLA-NOVA-DA-PRINCEZA.

ASSUAY, dép. de la rép. de l'Ecuador, borné au N. par le dép. de l'Ecuador, à l'O. par celui de Guayaquil et la rép. du Pérou, au S. par le Pérou et à l'E. par l'emp. du Brésil. Le département occupe le penchant oriental du plateau des Cordillères, où l'Amazone et une foule de ses affluents prennent leur source. C'est un pays riche en bois, en mines, en eaux minérales, en prairies fertiles et offrant tous les avantages au commerce et à l'agriculture. De nombreuses hordes d'Indiens errent dans ses bois et sur les bords de ses fleuves où s'élèvent aussi des villes riches et importantes pour leur commerce. On évalue l'étendue de ce département à 150 l. géogr. de longueur sur 45 de largeur; avec une population de 115,000 âmes. Il est divisé en deux provinces : Cuenca et Loxa.

ASSUAY (Parama del), chaîne de montagnes sauvages et âpres, dans la rép. de l'Ecuador, dép. d'Assuay; elle termine le haut plateau de Quito et s'élève à une hauteur de 4800 mètres. Dans ses environs on trouve plusieurs ruines de monuments péruviens, tels que les magnifiques restes de la grande chaussée des Incas qui se trouvent à une hauteur qui surpasse de beaucoup celle de la cime du pic de Ténériffe. Les frimas et les tempêtes y font périr tous les ans des voyageurs. Cette chaussée, construite en grandes pierres de taille, est tirée en ligne droite et s'étend sur une longueur de 8000 mètres. Vient ensuite l'Ingapilca (la forteresse du Cannar), remarquable surtout par sa parfaite conservation; ce monument militaire servait de logement aux Incas lorsque ces princes passaient de temps en temps du Pérou au royaume de Quito. Les fondations d'un grand nombre d'édifices que l'on trouve autour de l'enceinte, annoncent qu'il y avait jadis au Cannar assez de place pour loger le petit corps d'armée par lequel les monarques péruviens se faisaient suivre dans leurs voyages. Enfin l'Ynga-Chungana, dit aussi le jeu de l'Inca : c'est un siège entouré d'une enceinte, le tout creusé dans le roc. On y jouit de la vue la plus délicieuse sur le fond de la vallée de Gulan. Une petite rivière serpente dans cette vallée et forme plusieurs cascades dont on aperçoit l'écume a travers des touffes de gunéra et de mélastones. « Ce siège rustique, dit M. de Humboldt, ornerait les jardins d'Ermenonville et de Richmond, et le prince qui avait choisi ce site n'était pas insensible aux beautés de la nature; il appartenait à un peuple que nous n'avons pas le droit de nommer barbare. »

ASSUMAR, b. du Portugal, dans la prov. d'Alentéjo, à 7 l. O. d'Elvas. Son église renferme une image de la Ste.-Vierge qui attire un grand nombre de pèlerins.

ASSUMPÇAO (Serra de), chaîne de montagnes, dans l'emp. du Brésil, prov. de Minas-Geraès, comarque de Rio-das-Mortes, s'étend entre le Rio-Grande et le Rio-Pardo jusque dans la prov. de San-Paulo.

ASSUMPÇAO, prov. de l'emp. du Brésil, dans la prov. de Fernambuco, comarque de Certao, sur une île du San-Francisco; agriculture, pêche, chasse; pop. 1500 hab.

ASSUMPÇAO ou VILLA-DO-FORTE, CIARA, v. de l'emp. du Brésil, dans la prov. de Ciara, dont elle est la capitale, tout près de la mer et non loin de la rivière du même nom. La ville, quoique petite, est très-bien bâtie et renferme plusieurs beaux édifices; elle est défendue par un fort, situé sur une colline de sable. Les environs de la ville n'offrent rien d'attrayant; le sol est sablonneux et aride, et malgré la proximité de la mer, le commerce est de peu d'importance, faute d'un port. A 16 l. N.-O. du dist. d'Arcaty; pop. 2600 hab.

ASSUMSTADT, gr. vg. du grand-duché de Bade, situé dans le cer. du Bas-Rhin, sur les bords de l'Erlenbach. Il possède un assez beau château; ses habitants, au nombre de 925, s'occupent de la culture des champs et surtout des arbres fruitiers.

ASSUNCAO. *Voyez* TRINIDAD.

ASSUNCION (Bahia del), baie considérable au N.-E. de la Patagonie, sur les côtes du district appelé Pays du Diable.

ASSUNCION, cap. du dictatorat du Paraguay, sur la rive gauche du Paraguay, sous le 25° 16' 40" de lat. S. et le 60° 1' 4" de long. O. La ville fut fondée en 1536 et était, jusqu'en 1620, la capitale des possessions espagnoles de toute cette partie de l'Amérique méridionale qui s'étend depuis l'embouchure du Rio de la Plata jusqu'aux frontières du Pérou. C'est une ville irrégulièrement bâtie, avec des rues tortueuses et inégales. Cependant le célèbre docteur Francia, dictateur du Paraguay, contribua beaucoup à l'embellissement de quelques quartiers de cette ville; elle a un séminaire et environ 12,000 hab.

ASSUR. *Voyez* ASSYRIE.

ASSWILLER, vg. de Fr., dép. du Bas-Rhin, arr. de Saverne, cant. de Drulingen, poste de Saarunion; pop. 411 hab.

ASSY-EN-MULTIEN. *Voyez* ACY-EN-MULTIEN.

ASSYNTH, vg. du comté de Northampton, en Écosse, dans l'île de Cronay; carrières de marbre blanc; pop. 2479 hab.

ASSYOUT ou SYOUT, *Lycopolis*, v. principale de la Haute-Égypte, chef-lieu de la prov. de même nom, à un kilomètre de la rive gauche du Nil. Cette ville est bien bâtie et possède un grand bazar construit avec les débris d'anciens édifices. Son commerce consiste principalement en toiles, poterie et opium. Les caravanes de la Nubie se réunissent ordinairement à Syout qui est le centre du commerce entre Sennaar et le Caire; on trouve dans les environs de vastes catacombes; pop. 15,000 hab.

ASSYRIE, g. a., gr. emp. d'Asie, fondé par Assur, comprenait l'Aram en-deça et au-delà de l'Euphrate, la Mésopotamie, la Babylonie, la Chaldée, la Médie, l'Assyrie et la Perse; sous Menahem, roi d'Israël (772-761 avant J.-C.), l'Assyrie fut gouvernée par Phul, à qui succédèrent 1° Thiglat-Pileser, 2° Salmanassar, 3° Sanhérib, 4° Assarhaddon, 5° Saosduchinus et 6° Chyniladan. Sa plus grande splendeur fut sous Salmanassar; Assarhaddon en vit la décadence. Après la destruction de Ninive (625 ans av. J.-C.), cet empire fut incorporé à celui de Babylone, sous Nabopalassar.

ASSYRIE, g. a., prov. d'Assyrie, qu'il ne faut pas confondre avec l'empire à qui elle a donné son nom; elle était bornée à l'E. par la Médie, au N. par les monts Carduchi et par le Zabatus, à l'O. par la Mésopotamie, et au S. par la Babylonie; capitale Ninive, aujourd'hui Kurdistan.

ASTACUM, g. a., v. de Bithynie, près du lac Ascanius (Ascou); Lysimaque la détruisit et en transporta les habitants à Nicomédie.

ASTAFFORT ou ESTAFFORT, pet. v. de Fr., arr. et à 4 l. S. d'Agen, chef-lieu de canton, près de la rive droite du Gers. Elle a une enceinte de murailles flanquées de tours qui tombent en ruines. On remarque derrière l'église paroissiale un champ que l'on appelle le champ des Huguenots, au milieu duquel on a élevé une croix. C'est là qu'un parti de catholiques attaqua et massacra 400 protestants commandés par le prince de Condé qui ne parvint qu'avec peine à se sauver. Le nom de cette ville semble être une corruption de la devise *Sta fortiter* qu'elle avait adoptée; pop. 2790 hab.

ASTAILLAC, vg. de Fr., dép. de la Corrèze, arr. de Brives, cant. et poste de Beaulieu; pop. 725 hab.

ASTARITZ, b. d'Espagne, dans le roy. de Galice, sur le Minho et la Ladra, à 3 l. N.-O. de Lugo.

ASTÉ, vg. de Fr., dép. des Hautes-Pyrénées, arr. et poste de Bagnères-en-Bigorre, cant. de Campan; pop. 840 hab.

ASTÉ, ham. de Fr., dép. des Hautes-Pyrénées, arr. d'Argelès, cant. et com. de Luz, poste de Barrèges; pop. 50 hab.

ASTE-BÉON, vg. de Fr., dép. des Basses-Pyrénées, arr. d'Oloron, cant. et poste de Laruns; carrière de marbre; pop. 525 hab.

ASTEL, île au N. de la baie d'Arnheim, dans l'Australie ou Océanie centrale. Elle fait partie des îles de la compagnie anglaise. Cette île, comme toutes celles de la même baie, est élevée et boisée à l'E., mais s'abaisse insensiblement vers l'O. Les parties les plus hautes sont granitiques; les vallées sont d'une fertilité moyenne. Les noix muscades sauvages et les cocos sont les fruits les plus communs de l'île. La chaleur y est étouffante et les essaims innombrables de moustiques en rendent le séjour fort incommode et souvent intolérable.

ASTEN, b. du roy des Pays-Bas, dans la prov. du Brabant-Septentrional, sur l'Aa; commerce de lin; pop. 2300 hab.

ASTERABAD, v. du roy. de Perse, dans la prov. de Mazanderan, près d'une baie de la mer Caspienne, très-grande, entourée de murs et de fossés; mais dont les rues irrégulières sont entrecoupées d'arbres. Le palais royal est son principal édifice. Elle est aussi le chef-lieu des Kadschares dont le khan y a sa résidence habituelle, et a reçu, à cause du grand nombre de Seïdes qui y demeurent, le nom de porte des croyants. Elle est très-commerçante et doit avoir plus de 40,000 habitants.

ASTERIA, g. a., île de la mer Ionienne, entre Cephalonia et Ithaque.

ASTERIUS, g. a, île de la mer Égée, sur la côte Ionienne, vis-à-vis de l'embouchure du Méandre, au N.-O. de Milet; elle est célèbre par la victoire que les Grecs y remportèrent sur les Perses le même jour où Mardonius fut défait par les Athéniens.

ASTET, vg. de Fr., dép. de l'Ardèche, arr. de l'Argentière, cant. et poste de Thueyts, com. de Mayres; pop. 250 hab.

ASTFELD, vg. du duché de Brunswick, situé dans le district de Wolfenbüttel, et dont la population est de 668 habitants. A proximité de ce village se trouve la mine dite *Juliushütte*, qui fournit annuellement, terme moyen, 1430 marcs d'argent, 2583 quintaux de plomb, 1586 quintaux de litharge et 438 quintaux de zinc.

ASTI, *Asta*, v. épiscopale du roy. de

Sardaigne, dans la division d'Alessandria, célèbre au moyen âge par son industrie et son commerce, et encore aujourd'hui manufacturière et commerçante. Elle est bâtie dans une plaine fertile entre le Tanaro et le Bordo, et possède un séminaire épiscopal et 22,000 habitants. Elle est l'ancienne capitale du duché d'Asti; ses évêques possédaient, au douzième siècle, une grande partie du Piémont méridional. Asti est la patrie du poète Alfieri.

ASTIEN, vg. de Fr., dép. de l'Arriège, arr. de St.-Girons, cant. et poste de Castillon, com. d'Engomer; pop. 315 hab.

ASTIER (Saint-), b. de Fr., dép. de la Dordogne, arr. et à 3 1/2 l. O. de Périgueux, chef-lieu de canton et poste; pop. 2600 hab.

ASTIER (Saint-), vg. de Fr., dép. de Lot-et-Garonne, arr. de Marmande, cant. et poste de Duras; pop. 530 hab.

ASTIGARGA, b. d'Espagne, dans la prov. basque de Guipuscoa, sur l'Uruméa.

ASTILLÉ, vg. de Fr., dép. de la Mayenne, arr. et cant. de Laval, poste de Cossé-le-Vivien; pop. 880 hab.

ASTILLERO, pet. v. de la rép. du Chili, dans la prov. de Chiloë, sur la terre ferme, a un bon port, un collége de missionnaires et 1500 hab.

ASTINARA, *Insula Herculis*, îlot sur la côte N.-O. de l'île de Sardaigne, habitée par environ 600 pêcheurs et pâtres. Elle est montagneuse et renferme dans ses forêts un grand nombre de sangliers, de cerfs, de chèvres sauvages. Une foule considérable de poissons et les meilleures tortues de la Méditerranée se tiennent ordinairement dans les eaux qui l'entourent.

ASTIS, vg. de Fr., dép. des Basses-Pyrénées, arr. de Pau, cant. de Thèze, poste d'Auriac; pop. 220 hab.

ASTOIN, vg. de Fr., dép. des Basses-Alpes, arr. de Sisteron, cant. de Turies, poste de la Motte-du-Caire; pop. 130 hab.

ASTON, vg. de Fr., dép. de l'Arriège, arr. de Foix, cant. et poste des Cabannes; pop. 532 hab.

ASTORGA, *Asturica Augusta*, v. ancienne et forte d'Espagne, dans le roy. et la prov. de Léon, sur le Tuerto, à 12 l. S.-O. de Léon; chef-lieu d'un marquisat et siége d'un évêché; pop. 4000 hab..

ASTORIA, chef-lieu du district de l'Orégon, dans les États-Unis de l'Amérique du Nord. C'est un petit établissement commercial, fondé sur le territoire des Tchinnouko (Chinooko), à l'embouchure de la Columbia qui y forme un port. Dans son voisinage est le fort de St.-George.

ASTRAKHAN (roy. d'), dans la Russie d'Europe. Ce royaume, occupé dans les anciens temps par les Khazares, les Petschenegues et les Koumans, forma au moyen âge un khanat tartare et fut conquis en 1554 par Iwan Wasiljewitch II. Il se composait alors des provinces actuelles d'Astrakhan et du Caucase, d'une partie de Saratov et d'une partie d'Orenbourg qui appartenaient d'abord au khanat de Kaptschak et avaient été réunies en 1506 à celui d'Astrakhan. Pierre-le-Grand en forma les deux gouvernements d'Astrakhan et d'Orenbourg, changement qu'on modifia de nouveau, en en composant les quatre gouvernements d'Astrakhan, de Saratov, d'Orenbourg et du Caucase. Le nom et les armoiries de l'ancien royaume d'Astrakhan furent tout ce qui en resta. Les quatre gouvernements de ce royaume occupent une superficie de plus de 20,000 l. c. et ont une population d'environ 3,500,000 habitants.

ASTRAKHAN (gouv. d'), partie de l'ancien roy. de ce nom, dans la Russie d'Europe, situé entre les 40° et 49° long. orient. et les 44° et 52° lat. sept., est borné au N. par le gouvernement d'Orenbourg, à l'E. par la steppe des Kirghis dont il est séparé par l'Oural, au S.-E. et au S. par la mer Caspienne et le gouvernement du Caucase, au S.-O. et au N.-O. par le pays des Cosaques du Don et par le gouvernement de Saratov. Sa superficie est, d'après Lapie, de 10,883 l. c. Un climat doux et méridional ferait d'Astrakhan une des provinces les plus favorisées de l'empire russe, si la nature de son sol n'y mettait un obstacle insurmontable. Cette grande province n'est qu'une steppe immense, sablonneuse, sans montagnes, sans forêts, couverte de marais et de lacs salés, se refusant à toute culture, habitable seulement pour des nomades et ne présentant de bonnes terres qu'aux bords du Volga qui la divise en deux parties, de l'Oural qui forme la limite orientale, et de la Kouma qui la sépare du gouvernement du Caucase. Les côtes de la mer Caspienne sont couvertes d'îlots inhabités, surgissant à peine, du milieu de l'eau, à travers les joncs et les roseaux qui les entourent. Le delta que forme le Volga à son embouchure est la contrée la plus fertile et la mieux cultivée de ce pays que ravagent quelquefois, malgré son climat heureux, les brusques changements de température et des ouragans nommés Burani.

L'éducation du bétail est l'industrie principale des nomades qui habitent l'Astrakhan. En été ces hordes vont chercher des pâturages et des sources, en hiver ils abandonnent la plus grande partie de leurs troupeaux à eux-mêmes. Ceux-ci se composent de chevaux de race tartare ou calmouque, de chameaux, de moutons Kirghis, de chèvres, de chiens et de bétail proprement dit, ce dernier en petit nombre. L'autre branche d'industrie de ces peuplades est la pêche. On peut à peine se faire une idée de l'immense quantité de poissons que fournissent le Volga et les autres fleuves. Cette pêche approvisionne la population de la Russie de la plus grande partie des poissons salés et fumés qu'elle consomme pendant ses longs carêmes; elle fournit à l'Italie et à la Grèce le kaviar, et à presque toute l'Europe la colle de poisson. Les poissons y sont hors de proportion avec ceux de l'Europe. On y prend des esturgeons qui pèsent plus de 200 livres. On cultive cependant des légumes, des fruits, du tabac et des vignes autour d'Astrakhan. Le commerce et l'industrie manufacturière sont concentrés dans cette ville. La population de ce gouvernement est difficile à évaluer. Les habitants sont des Russes, des Cosaques d'Astrakhan, des Cosaques de l'Oural, des Kalmouks, des Arméniens, des Hindous, des Géorgiens, des Boukhares, des Circassiens, etc., et professent la religion grecque, les Cosaques sont de la secte des Roskolniques, les Kalmouks suivent le culte de Dalaï-Lama, les Tartares l'islamisme, etc. Leur nombre s'élève de 600 à 800,000. Les autorités militaires et civiles résident à Astrakhan, le chef-lieu du gouvernement, dont elle est la seule ville importante.

ASTRAKHAN, v. de la Russie d'Europe, chef-lieu du gouv. de ce nom, une des villes les plus importantes de l'empire par son industrie, son commerce, sa position et la physionomie originale de tant de peuples, différents d'origine, de langage, de religion, de mœurs et de costume, qui se pressent dans ses murs. Elle est bâtie à quinze lieues environ de l'embouchure du Volga dans la mer Caspienne, sur une île nommée Dalaï-Ostrow, et possède un port qu'on peut regarder comme le plus important de cette mer et où stationne la flottille russe. Sa citadelle, élevée sur les bords du Volga et appelée Kremlin, comme celle de plusieurs autres villes russes, ses beaux vergers, les vignobles qui l'entourent, dont les premières plantations remontent à 1613 et dont les belles grappes sont expédiées dans tout l'empire, ses nombreuses églises et ses vastes faubourgs offrent un bel aspect; mais les rues sont boueuses, irrégulières et sans pavé, et à côté de beaux édifices l'on rencontre les baraques en bois des Tartares et les tentes des Calmouks. Dans un immense terrain entouré de murs, sur les bords du Volga, se trouvent le palais de l'amiral, les magasins, les forges, les corderies, l'hôpital et tous les établissements de la marine. Trois bazars ou khans, à la manière asiatique, sont destinés à Astrakhan aux affaires commerciales qui s'y font exclusivement, dans l'un, par les marchands russes, dans l'autre, par les Asiatiques et dans le troisième, par les Indiens qui, bien qu'en petit nombre, font les affaires les plus importantes et vivent en communauté de célibataires dans un grand édifice en bois.

Astrakhan est le siége d'un archevêché russe, d'un archevêché arménien, d'une amirauté dont dépendent les chantiers situés sur le Volga, et d'un comptoir établi pour la pêche que l'on fait sur ce fleuve et dans ses parages, et qui occupe plusieurs milliers d'hommes et rapporte tous les ans quelques millions de francs. Le séminaire ecclésiastique, le gymnase et le jardin botanique sont les établissements publics les plus remarquables. La richesse de cette ville repose principalement sur la pêche, l'industrie et le commerce. Nous avons déjà parlé de la première. L'industrie y est florissante, des fabriques d'étoffes de coton, de soie, de maroquins, de chagrin, de suif, de savon tartare et les teintureries en sont les branches principales. Favorisée par sa position qui la fait communiquer avec les parties les plus riches et les plus fertiles de l'empire et avec les principaux ports de la mer Caspienne, cette ville est devenue l'entrepôt du commerce que fait la Russie avec la Perse, la Boukharie et l'Inde. Il paraît que déjà au moyen âge elle participait au commerce facilité par la mer Caspienne entre l'Orient, la Russie et la Baltique. Après la conquête d'Astrakhan par le czar Iwan Wasiljewitch, la compagnie anglaise de Russie chercha à établir des relations avec la Perse par le Volga et la mer Caspienne, et contribua beaucoup à la prospérité de cette ville qui devint, sous Alexis Michailowitch, au milieu du dix-septième siècle, une grande foire des marchandises européennes et asiatiques. Pierre-le-Grand agrandit ses priviléges, étendit par des traités ses relations avec la Perse et y établit une colonie d'Arméniens, peuple élevé de toute antiquité dans le commerce oriental. Il conçut de plus l'idée de réunir les deux commerces de la mer Noire et de la mer Caspienne en joignant par un canal le Don et le Volga, projet très-favorable à Astrakhan qu'on veut réaliser de nos jours. La population d'Astrakhan, mélange d'hommes de toutes les nations, de Tartares, de Persans, de Hindous, de Kalmouks, d'Arméniens, de Turcomans, de Géorgiens, de Russes, d'Européens, etc., s'élève à environ 50,000 hab.

ASTUGUE, vg. de Fr., dép. des Hautes-Pyrénées, arr., cant. et poste de Bagnères-en-Bigorre; pop. 700 hab.

ASTURA, vg. des états de l'Église, dans la Campagna di Roma, non loin d'Anzio; c'est dans ce village que le dernier des Hohenstaufen fut fait prisonnier par Charles d'Anjou, après la perte de la bataille de Tagliacozzo (1268). *Voyez* la notice historique de l'Allemagne.

ASTURES, g. a., peuple de l'Espagne tarragonaise, habita la partie orientale des Asturies et le N. du roy. de Léon.

ASTURIES (les), principauté et prov. d'Espagne, d'environ 45 l. de long. sur 18 de large, bornée au N. par l'Océan Atlantique, à l'E. par la prov. de Burgos, Vieille-Castille, au S. par la prov. de Léon du roy. de même nom, et à l'O. par le roy. de Galice. Pays couvert de montagnes et de forêts, avec un climat tempéré. Il produit du blé, du lin, du chanvre, du maïs, du vin, des fruits, des légumes; chevaux excellents; mines d'or, de chrysocale, de houille, d'azur et de vermillon. Depuis 1388 le fils ainé du roi d'Espagne porte le titre de prince des Asturies. Superficie 137 l. c. géogr., capitale, Oviédo; pop. 370,000 hab.

ASUNCION, pet. v. de la rép. de Vénézuela, dans le dép. de Maturin, prov. de Marguarita et dans l'île de ce nom, au centre de la partie orientale. Elle en est la capitale ainsi que de toute la province. Ce fut jadis une belle ville, importante par son industrie et son commerce. Mais lorsque les Espagnols furent forcés de la quitter, ils la détruisirent presque entièrement. En 1819 ce n'était encore qu'un amas de ruines. Elle peut compter aujourd'hui de 2000 à 3000 hab.

ASUNCION DE SOLOLA anciennement TECPANATITLAN, chef-lieu du dép. du même nom, dans l'état de Guatemala, rép. fédérale de l'Amérique centrale, était autrefois la résidence d'un cacique des Cachiquèles, aujourd'hui c'est la résidence de l'alcalde du district. Cet endroit, éloigné de 15 milles de la métropole, compte 6000 hab.

ASVAN. *Voyez* ASSOUAN.

ASZOD, b. de Bohême, comitat de Pesth, château avec une belle collection de médailles et un cabinet d'histoire naturelle, deux églises, l'une catholique et l'autre réformée et une synagogue; culture de la vigne; les pelisses d'Aszod sont renommées dans le commerce; pop. 4800 hab.

ATABAPÉE ou ATACAVI, ATACACI, ATABAXO, fl. de la rép. de Vénézuela, prend naissance, au S.-O. d'Esméraldas, se dirige vers le N.-O., et, devenu un fleuve très-considérable, se jette dans l'Orénoque, près de la ville de San-Fernando.

ATACAMES, v. de la rép. colombienne de l'Ecuador, dans l'Amérique méridionale, dép. de l'Ecuador, avec un port sur l'Océan Pacifique.

ATACAZO, mont. de la rép. de l'Ecuador; c'est un des points culminants des Andes de la Colombie. Sa hauteur est évaluée à 5000 mètres.

ATACAMA, prov. de la rép. de Bolivia, dans le dép. de Potoxi. C'est la plus occidentale et la seule province maritime de cet état, bornée au N. par le Pérou, au S. par la rép. du Chili, et à l'E. par les Cordillères qui la séparent des provinces de Lipès et de Chichas. C'est un désert dans le vrai sens du mot. La végétation est presque nulle, car les deux ou trois rivières qui arrosent ce pays, de plus de 140 l. de long, tarissent en été ou se perdent dans les sables. Les montagnes sont riches en or, en argent, en cuivre et en fer, mais le sol inhospitalier ne permet guère de les exploiter. Les salines et les sources minérales, dont plusieurs renferment de l'alun et du vitriol, ne sont pas rares. La pêche et la chasse fournissent aux besoins des habitants dont le nombre peut s'élever à 40,000 parmi lesquels 25,000 Indiens.

ATACINI, g. a., peuple de la Gaule narbonnaise, sur l'Adax (Aude); capitale Narbo (Narbonne).

ATAGARA, contrée très-peu connue, dans le Soudan, au N.-E. de la Guinée septentrionale, et au S. du pays de Nouffi; elle est traversée du N. au S. par le Niger.

ATAKO ou TOTAKO, île située dans le canal entre Ithaque et le continent.

ATALAYA, b. du Portugal, dans la prov. de Beira, au pied d'une montagne, à 7 l. N.-N.-E. de Castello-Branco.

ATALAYA, b. du Portugal, dans la prov. d'Estramadure, au pied d'une montagne.

ATALAYA, pet. v. de l'emp. du Brésil, dans la prov. d'Alagoas, à peu de distance de la rivière du même nom et à 6 l. S.-S.-O. de la ville d'Alagoas. Les environs de la ville sont très-fertiles, l'agriculture et le commerce y fleurissent; pop. 3000 hab.

ATALAYAS ou SAN-JAGO-DE-LAS, pet. v. de la rép. de la Nouvelle-Grenade, dans le dép. de Boyaca, dans la prov. de Casanare, dans une belle et fertile plaine, à 14 l. de Goré. Elle fut fondée en 1541 par Gonz. Xim. de Quisada; détruite plus tard, mais presqu'aussitôt rebâtie; pop. 3400 hab.

ATAPARAN. *Voyez* MAZARONI.

ATAQUINES, b. d'Espagne, dans le roy. de Léon, dans la prov. de Valladolid, près du Zapradiel, à 3 l. S.-S.-O. d'Olmédo; pop. 850 hab.

ATAROTH, v. de Samarie, tribu d'Ephraïm, sur la frontière de Judée, entre Jéricho et Janoah.

ATAROTH, g. a., v. de Pérée, tribu de Gad.

ATAUX ou ST.-JEAN-D'ATAUX, vg. de Fr., dép. de la Dordogne, arr. de Ribérac, cant. et poste de Neuvic; pop. 286 hab.

ATBARAH, *Astaboras*, riv. de la Nubie, a sa source dans les montagnes de l'Abyssinie; c'est un affluent de droite du Nil dans lequel il se jette près de Damer.

ATBARAH, vg. de la Nubie, dans la contrée orientale, sur la rivière du même nom, au S.-E. de Damer. Quoiqu'il ne se compose que de cent familles, c'est l'endroit le plus important de la tribu des Hammadab et la résidence de leur chef. Les Hammadab sont une des plus nombreuses tribus des Bisharycs; ils sont bien faits, robustes et hardis, mais avares, portés au brigandage, à la débauche et surtout à l'ivrognerie.

ATCHAFALAYA, fl. de la Louisiane, dans les États-Unis de l'Amérique du Nord. C'est un bras du Mississipi, dont il se détache à une demi-lieue de l'endroit où ce dernier reçoit le Rad-River (Rivière-Rouge). Il traverse le lac de Chétimaches, et se jette par deux embouchures dans le golfe du Mexique.

ATCHAFALAYA, baie sur la côte mér. de la Louisiane dans les États-Unis de l'Amérique du Nord.

ATCHERA, v. de l'Inde anglaise, présidence de Bombay, dans la prov. de Bedjapoor; grande, fortifiée et commerçante, sur la Massoora.

ATCHIN. *Voyez* ACHEM.

ATECA, b. d'Espagne, dans le roy. d'Aragon, sur le Xalon, à 3 l. O.-S.-O. de Calatayud. On y récolte le vin excellent de Cerinnana et des fruits exquis.

ATELLES, vg. de Fr., dép. de l'Orne, arr. d'Argentan, cant. et poste de Gacé; pop. 210 hab.

ATESCATEMPA, lac dans la confédération mexicaine, état de Guatemala, dép. de Chiquimula, paroisse de Jutiapa. Ce lac reçoit deux fleuves assez considérables, le Contépèque et le Yupitépique sans avoir un écoulement visible de manière que l'on suppose qu'il communique par des canaux souterrains avec la Laguna-Dolu. La rivière de los Esclavos y prend naissance. La célèbre caverne de Pennol doit s'étendre depuis le village de Mataquescuinte jusqu'aux rives de ce fleuve.

ATESSA, v. du roy. des Deux-Siciles, dans la prov. de l'Abruzze citérieure; pop. 4800 hab.

ATESUI, g. a., peuple de la Gaule lyonnaise.

ATFYH ou ETFOU, *Aphroditopolis*, v. de la Moyenne-Égypte, chef-lieu de la prov. du même nom, sur la rive droite du Nil. Près de cette ville se trouvent plusieurs pyramides; pop. 4000 hab.

ATGER, ham. de Fr., dép. de la Lozère, arr. de Mende, cant. de Grandrieu, com. de Laval-Atger; pop. 75 hab.

ATH, *Atha*, *Athum*, v. bien bâtie et bien forte. du roy. de Belgique, dans la prov. du Hainaut, sur la Dendre, à 5 l. N.-O. de Mons. Elle a un arsenal, des forges, fabriques de toiles, genièvreries, savonneries, etc.; commerce de houille et de pierres à bâtir. Foire de neuf jours le 29 août; pop. 8500 hab.

ATHACH, g. a., v. de la tribu de Juda, au N.-O. d'Hebron.

ATHAMANIE, g. a., contrée de l'Epire, au N. des Molosses; capitale Argithea.

ATHANAGIA, g. a., v. capitale des Hergètes, dans l'Espagne tarraconaise.

ATHAPESCOU, fl. considérable de la Nouvelle-Bretagne, descend des Rocky-Mountains, prend une direction N.-E., traverse le lac du même nom et se jette dans l'Unijah, qui prend alors le nom de Rivière des Esclaves.

ATHAPESCOU, lac de la Nouvelle-Bretagne, entre le lac des Esclaves et celui de Wollaston.

ATHAR, g. a., v. de la Judée, dans la tribu de Siméon.

ATHAS, ham. de Fr., dép. des Basses-Pyrénées, arr. d'Oloron, cant. d'Accous, com. de Lées-Athas, poste de Bedous; pop. 900 hab.

ATHEE, vg. de Fr., dép. de la Côte-d'Or, arr. de Dijon, cant. et poste d'Auxonne; pop. 540 hab.

ATHÉE ou ATHÉE-SUR-CHER, vg. de Fr., dép. d'Indre-et-Loire, arr. de Tours, cant. et poste de Bléré; pop. 1310 hab.

ATHÉE, vg. de Fr., dép. de la Mayenne, arr. de Château-Gontier, cant. et poste de Craon; pop. 1170 hab.

ATHÉE, vg. de Fr., dép. de la Nièvre, arr. de Clamecy, cant. et poste de Lormes, com. de St.-André; pop. 315 hab.

ANHÈNES, *Athenæ*, cap. du roy. de Grèce, située à environ quatre lieues de la mer et du golfe qui porte son nom, résidence du nouveau roi, siège d'un archevêque, n'occupe plus qu'une faible partie de l'espace qu'elle embrassait lorsqu'elle dirigeait les destinées de la Grèce, et que longtemps après elle était le foyer des sciences, des lettres et des arts. Avant l'insurrection, elle était encore une ville assez importante et se distinguait avantageusement par son commerce, sa population (12,000 à 15,000 âmes), le goût et la manière de vivre de ses habitants, des autres villes de ces contrées classiques. Elle se relève aujourd'hui de ses ruines; puisse-t-elle retrouver quelque peu de son ancienne splendeur.

Athènes, dans son état le plus florissant, occupait une grande partie de la plaine centrale de l'Attique. A l'E. les eaux de l'Ilissus, qui séparent les montagnes d'Athènes du mont Hymète, à l'O. et au S. celles du Céphise fertilisaient et embellissaient ses environs. Elle avait alors huit lieues de circuit, treizes portes et trois ports: le Phalère, le Munychie et le Pyrée, et était entourée d'un mur, qui passait au pied du mont Anchesmus (mont St.-George), longeait l'Ilissus, jusqu'à la fontaine Callirrhoë, et renfermait dans son enceinte le monument de Philopappus, encore existant. La ville était divisée en plusieurs quartiers dont les principaux étaient le Céramique, le Prytanée, le Lycée, le Théâtre, l'Aréopage, l'Acropolis ou citadelle et l'Académie. De longs murs dont on voit encore les fondements, la joignaient à ses ports. La route qui menait à l'Académie, située hors d'Athènes, était bordée des tombeaux des grands hommes et des monuments de ceux qui étaient morts en combattant pour la patrie. Les rues étaient irrégulières et n'avaient rien de remarquable; les maisons étaient simples, mais les édifices publics, les temples, les portiques, qui ornaient les places, servaient de promenades ou de sièges aux tribunaux, les statues et les inscriptions témoignaient de la puissance et de la splendeur d'Athènes; leurs restes feront à jamais l'admiration de l'artiste et du voyageur. Beaucoup de ces glorieuses ruines ont disparu pendant les deux sièges de 1821 et de 1827. La ville aujourd'hui n'offre que des rues petites et encombrées; les nouvelles constructions manquent de caractère comme notre architecture moderne; mais l'Acropole a été déblayée et l'on peut admirer à l'aise les débris des édifices qui ornaient son enceinte, surtout le Parthénon ou temple de Minerve, l'un des plus beaux restes de l'ancienne architecture, ceint d'une galerie formée par quarante-huit colonnes doriques de quarante-deux pieds de haut, et décoré de ces fameux bas-reliefs, que fit arracher lord Elgin pour les transporter en Angleterre. Là se trouvait la statue de Minerve, le chef-d'œuvre de Phidias, faite d'or et d'ivoire; à côté du temple, l'olivier sacré que la déesse donna à la ville. Les Propylées en marbre blanc en formaient l'entrée. Au N. de l'Acropole était l'Erechthée, dédié à Pallas et à Neptune, sur le devant le théâtre de Bacchus et l'Odéon, dont on a reconnu l'emplacement. Parmi les autres édifices nous citerons le temple de Thésée, vieux trophée de Marathon, admiré pour la beauté de ses proportions; la tour octogone d'Andronicus, appelée aussi le temple des Vents, parceque sur ses faces sont sculptées les figures des Vents, qui emportent dans des draperies les fruits de diverses saisons; elle servait à la fois d'hydromètre et d'horloge solaire; la lanterne de Diogène, orné de bas-reliefs délicats; le temple de Jupiter Olympien, qui ne fut achevé que sous Adrien, 700 ans après que Pisistrate en eut jeté les fondements. Treize colonnes, réunies par des architraves, voilà tout ce qui en reste. C'était cependant, après le temple de Diane à Éphèse, le plus grand monument religieux de la Grèce; 120 colonnes, de 60 pieds de haut, en formaient l'enceinte, décorée des statues que toutes les villes de la Grèce avaient voulu dédier au Jupiter Olympien, dont la statue colossale, d'or et d'ivoire, dépassait d'un tiers celle de Minerve dans le Parthénon. Le théâtre d'Hérode Atticus et la porte d'Adrien sont assez bien conservés; le monument de Trasyllus de Décélin a été détruit pendant la dernière guerre; les ruines du beau temple de la Victoire ont servi de retranchements aux Grecs et aux Turcs. Un voyageur a reconnu dans le Pnyx, où se tenaient les assemblées populaires, la tribune des orateurs et le banc des magistrats, taillés dans le roc. Le Prytanée et l'Aréopage existent encore en partie et tant qu'il restera une pierre du Poécile, de l'Académie et du Lycée, on y rattachera le souvenir de Zénon, de Platon et d'Aristote qui y enseignèrent leur philosophie.

L'origine des Athéniens est fort ancienne; ils passaient pour autochtones et se disaient aussi vieux que le soleil. Les Pélasges dont ils descendaient furent les premiers habitants du pays; quelques restes de leur architecture se voient dans les fondements de de l'Acropole. A trois époques, 2400 ans avant l'ère chrétienne, vinrent les colonies d'Ogygès, de Cécrops et d'Erechthée y apporter une civilisation plus avancée: celle des Phéniciens et des Égyptiens. Cécrops multiplia le nombre des Dieux, enseigna aux Athéniens la culture de l'olivier et celle du blé, et leur donna des lois. Sous son gouvernement, Athènes s'appela Cécropie. Il en fut le premier roi. Son successeur Thésée réunit en une seule les tribus de l'Attique et en fonda l'unité par les Panathénées. Codrus en fut le dernier roi; on connait son dévouement. La royauté fut abolie; un archonte à vie gouverna Athènes; trois siècles après, des archontes nommés pour dix ans seulement succédèrent aux archontes à vie, et soixante-dix ans après, neuf archontes élus pour une seule année eurent le pouvoir suprême. La législation était mauvaise et incomplète; les lois atroces de Dracon ne purent subsister. Enfin Solon donna à sa patrie une législation plus douce et une constitution meilleure (594 avant J.-C.); il divisa les Athéniens, selon leur fortune, en quatre classes; le sénat, composé de 400 membres, et les fonctionnaires de l'état devaient être pris dans les trois premières; mais la quatrième avait le droit de présence et de vote aux assemblées populaires où l'on adoptait les lois. Elle était mécontente et un homme de génie, plein d'audace et d'ambition, Pisistrate, sut, avec son secours, s'emparer du pouvoir qu'il exerça, non sans gloire, pour le bien du grand nombre. Ses fils en abusèrent: ils furent l'un assassiné, l'autre chassé, et la constitution de Solon, modifiée par Clisthènes, fut rétablie. Le peuple se trouva partagé en dix tribus, le sénat composé de cinq cents membres. Nous sommes à l'époque des guerres médiques, qui portèrent si haut la gloire et la suprématie d'Athènes. Miltiade vainquit à Marathon et Thémistocle à Salamine, et la liberté puisa des forces dans une lutte qui devait la faire succomber. Les droits du peuple furent augmentés; tous les citoyens, sans distinction, purent aspirer aux fonctions publiques. Cimon et Périclès conduisirent Athènes à l'apogée de sa gloire; mais sous ce dernier commença aussi la guerre du Péloponèse et la décadence des mœurs qui devaient amener la chute de sa puissance. La prise d'Athènes qui termina une guerre si malheureuse, força les vaincus d'accepter les conditions les plus dures. Trente magistrats nommés par les Lacédémoniens gouvernèrent au profit de ceux-ci et surent, par leurs exactions et leurs cruautés, se flétrir du nom de tyrans. L'héroïsme de Trasybule mit fin à leur règne; il en délivra sa patrie, rétablit la constitution en la modifiant, et bientôt Athènes se releva et combattit avec bonheur contre Sparte. Mais un autre ennemi se tenait tout prêt; c'était Philippe de Macédoine. En vain les Grecs alarmés tirèrent l'épée; la bataille de Chéronée les mit sous la dépendance de la Macédoine; elle fut le tombeau de la liberté grecque. Athènes se débattit sous les successeurs d'Alexandre, adhéra un instant à la ligue achéenne, mais fut soumise par les Romains dès qu'elle voulut s'opposer à leurs projets. Sylla la prit, tout en lui laissant une indépendance apparente. Vespasien la réduisit en province romaine. Elle fit partie plus tard de l'empire d'Orient et fut ravagée et presque détruite par le Goth Alaric. Au moyen âge, à l'occasion des croisades, les Français l'occupèrent jusqu'au temps des Vêpres Siciliennes. Mahomet II en déposséda les Aragonais en 1455, et depuis elle resta sous le joug des Turcs jusqu'en 1831 où elle fut évacuée. En 1834 elle a été déclarée capitale du nouveau royaume de la Grèce.

ATHENS, comté dans l'état d'Ohio, États-Unis de l'Amérique du Nord, borné par les comtés de Morgan, de Washington, de Miegh et de Hocking, et par le fleuve Ohio qui le sépare de l'état de Virginie. C'est un pays de collines, traversé par le Kockhocking, et très-favorable à l'éducation du bétail. Il renferme 7000 habitants.

ATHENS, chef-lieu du comté du même nom (*voyez* l'article précédent), au pied d'une colline. C'est une petite ville de 2000 habitants, mais importante par son collége, connu sous le nom d'université de l'Ohio (Ohio-university).

ATHENS, pet. v. des États-Unis de l'Amérique du Nord, dans l'état de Géorgie, comté de Clarke. Elle est remarquable par l'université de la Géorgie (Francklin-college ou university of Georgia) qu'on y a fondée en 1803.

ATHENS, pet. v. des États-Unis de l'Amérique du Nord, dans l'état d'Alabama, comté de Limestone dont elle est le chef-lieu; pop. 1800 hab.

ATHENS, pet. v. des États-Unis de l'Amérique du Nord, dans l'état du Maine, comté de Sommersets; pop. 1000 hab.

ATHENS, pet. v. des États-Unis de l'Amérique du Nord, dans l'état de New-York, comté de Grune, sur le Hudson; pop. 1700 hab.

ATHENS, pet. v. des États-Unis de l'Amérique du Nord, dans l'état de Pensylvanie, comté de Bradford, au confluent du Susquehannah et de la Tioga, avec 1600 hab.

ATHENS, pet. v. des États-Unis de l'Amérique du Nord, dans l'état de Vermont, comté de Bennington; pop. 1400 hab.

ATHEREY, vg. de Fr., dép. des Basses-Pyrénées, arr. de Mauléon, cant. et poste de Tardets; pop. 250 hab.

ATHERSTON, b. d'Angleterre, dans le comté de Warwick; chapellerie et fabriques de coton; pop. 3450 hab.

ATHESANS, vg. de Fr., dép. de la Haute-Saône, arr. de Lure, cant. et poste de Villersexel; pop. 650 hab.

ATHEUX (les), ham. de Fr., dép. de la Loire, arr. et poste de St.-Etienne, cant. de St.-Genêt-Malifaux, com. de St.-Romain-les-Atheux; pop. 115 hab.

ATHIENVILLE, vg. de Fr., dép. de la Meurthe, arr. de Château-Salins, cant. de Vic, poste de Moyenvic; pop. 352 hab.

ATHIES, vg. de Fr., dép. de l'Aisne, arr., cant. et poste de Laon; pop. 940 hab.

ATHIES, vg. de Fr., dép. du Pas-de-Calais, arr., cant. et poste d'Arras; pop. 440 h.

ATHIES, vg. de Fr., dép. de la Somme, arr. et poste de Péronne, cant. de Ham; pop. 770 hab.

ATHIE-SUR-MOUTIERS-SAINT-JEAN ou ATHIE-SOUS-RÉOME, vg. de Fr., dép. de la Côte-d'Or, arr. et poste de Semur, cant. de Montbard; pop. 255 hab.

ATHIE-SUR-MONTRÉAL, vg. de Fr., dép. de l'Yonne, arr. et poste d'Avallon, cant. d'Isle-sur-le-Serein; pop. 260 hab.

ATHION ou DOIT, riv. de Fr., a sa source dans le dép. d'Indre-et-Loire, dans un étang au N. de Bourgueil; elle coule d'abord du N. au S., puis traverse de l'E. à l'O. une partie du dép. de Maine-et-Loire, et se jette dans la Loire près de St.-Aubin, après un cours de 24 l. dont 6 de navigation.

ATHIS, vg. de Fr., dép. de la Marne, arr. de Châlons-sur-Marne, cant. d'Écury-sur-Coole, poste de Jaalons; pop. 718 hab.

ATHIS, vg. de Fr., dép. de l'Orne, arr. à 6 l. N.-E. de Domfront, chef-lieu de cant. et poste; fabriques d'étoffes de laine; pop. 4300 hab.

ATHIS, b. de Fr., dép. de Seine-et-Marne, arr. de Provins, cant. et poste de Bray-sur-Seine, com. de Jaulnes; pop. 60 hab.

ATHIS-MONS ou ATHIS-SUR-ORGE, vg. de Fr., dép. de Seine-et-Oise, arr. de Corbeil, cant. de Lonjumeau, poste de Fromenteau; pop. 700 hab.

ATHIS-SUR-ORNE, ham. de Fr., dép. du Calvados, arr., cant. et poste de Caen, com. de Louvigny; pop. 20 hab.

ATHLONE, b. d'Irlande, traversé par le Shannon, dans le comté de Roscammon, jadis ville florissante. Il possède une école publique, un château, quelques restes de fortifications et une grande caserne. Il nomme un député au parlement. Ses habitants, au nombre de 1800, fabriquent des chapeaux, des dentelles, se livrent à la pêche de l'anguille et exportent de la tourbe.

ATHOL, l'un des six districts du comté de Perth, au N. de l'Ecosse. Il est couvert de montagnes et arrosé par le Garry, le Tummel et le Tay. Il est traversé par la route militaire de Dunkeld à Fort-Auguste.

ATHOL, pet. v. des États-Unis de l'Amérique du Nord, dans l'état de Massachussets; pop. 2200 hab.

ATHOS (mont) ou AGION-OROS, AJOS-OROS, MONTE SANTO, dans la péninsule chalcidique, eyalet de Rumili, peut être regardé comme la pointe orientale des embranchements de l'Égrisondag ou Arbelus qui se perdent dans cette péninsule. Il a 5900 pieds de hauteur, 710 toises seulement d'après Choiseul-Gouffier, et est très-remarquable comme siége principal de l'église grecque avant la guerre de l'affranchissement de la Grèce. A cette époque le mont Athos portait sur ses flancs vingt-deux couvents, plusieurs bourgades et cinq cents chapelles, cellules et grottes, habitées par plus de 4000 moines, qui, outre les offices religieux, labouraient la terre, cultivaient les vignes et les olives, et élevaient un grand nombre d'abeilles dont le produit leur permettait d'exporter par an 36 ou 40,000 okas de cire. Ils étaient accablés de tributs envers le sultan et ses officiers, mais avaient le droit exceptionnel dans l'empire ottoman de posséder des cloches et des horloges. Ils fabriquaient en outre un grand nombre d'images saintes et d'objets en bois qu'ils expédiaient par le bourg d'Alvara, port fortifié, situé sur la côte orientale de cette montagne et habité par 500 moines. C'est aussi sur l'Athos que se trouvent le principal séminaire ecclésiastique de l'église grecque, son école théologique la plus célèbre, et les débris de ces bibliothèques qui révélèrent, il y a quelques siècles, à l'Europe les trésors de l'ancienne littérature grecque. Déjà dans l'antiquité, il servait de retraite aux philosophes grecs qui voulaient se livrer dans la solitude à l'étude du ciel et de la nature. Xerxès fit couper l'isthme qui l'attache au continent pour éviter le passage de ce promontoire désastreux pour les flottes, et les traces de ce canal ont été reconnues par M. Choiseul et M. Dumont-d'Urville. Enfin qui ne connaît le projet de cet architecte qui proposa à Alexandre-le-Grand de tailler le mont Athos en colosse, tenant une ville dans sa main?

ATHOS, vg. de Fr., dép. des Basses-Pyrénées, arr. d'Orthez, cant. et poste de Sauveterre; pop. 186 hab.

ATHOSE, vg. de Fr., dép. du Doubs, arr. de Beaume-les-Dames, cant. de Vercel, poste du Valachon; pop. 240 hab.

ATI, établissement avec une mission, sur le fleuve de l'Ascension, dans la confédération mexicaine, état de Lonora et Cinaloa. Cet établissement est défendu par le presidio Alter.

ATIBAYA ou **TIBAYA**, pet. v. de l'emp. du Brésil, dans la prov. de San-Paulo, comarque du même nom, sur le Tibaya, à 10 l. N.-E. de San-Paulo et à la même distance de Jundjahy; endroit florissant par l'agriculture et l'éducation du bétail; pop. 4000 hab.

ATIENZA, b. d'Espagne, dans le roy. de la Vieille-Castille, prov. et à 12 l. S.-S.-O. de Soria. Sources d'eau salée aux environs; pop. 2000 hab.

ATINA, b. du roy. des Deux-Siciles, prov. de Terre-de-Labour, sur la Melsa; pop. 3500 hab.

ATINTANIA, g. a., contrée de l'Epire.

ATITAN, dist. dans l'état de Sonora et Cinaloa, confédération mexicaine. Il occupe la partie occidentale de la province et est habité par les descendants des Cachiquèles et des Zutugiles. Tout le sol est jonché de cactus.

ATITAN ou **SANT-JAGO-ATITAN**, gros b. sur le lac du même nom, dans le dist. du même nom (*voyez* l'article précédent), autrefois une ville puissante de plus de 60,000 habitants et la résidence du cacique des Zutugiles, ne compte plus aujourd'hui que 3000 habitants la plupart Indiens, qui se livrent à la culture du coton et à la fabrication de la poterie. Il a un couvent de Franciscains. Dans le voisinage de l'endroit se trouve une source minérale dont l'eau est exportée.

ATITAN, volcan dans le dist. du même nom.

ATKARSK, v. de la Russie d'Asie, dans le gouv. de Saratov, chef-lieu du cer. de ce nom; pop. 1500 hab.

ATKINSON, pet. v. des États-Unis de l'Amérique du Nord, dans l'état de New-Hampshire, comté de Rockingham, a une académie; pop. 1200 hab.

ATLANTIQUE (Océan). *Voyez* OCÉAN.

ATLAS, grande chaîne de mont. au N. de l'Afrique; elle s'étend du S. au N. à travers le nouvel état de Sydy-Hescham et de l'emp. de Maroc; tournant alors vers l'E., elle traverse l'Algérie, la régence de Tunis et l'état de Tripoli jusqu'au-delà de la Grande-Syrte. On divise cette chaîne en Petit et en Grand-Atlas : celui-ci est la partie méridionale qui se prolonge au N. du Biledul-Gerid; l'autre forme la chaîne maritime depuis le détroit de Gibraltar jusqu'à l'E. de la régence de Tunis où elle se rattache en descendant vers le S. à celle du Grand-Atlas, dont elle n'est d'ailleurs qu'une grande ramification. Les plus hauts sommets de l'Atlas sont dans l'empire de Maroc; ils ont près de 12,000 pieds d'élévation. Le Ouanascherysch, dans l'Algérie, a 8400 pieds, le Jurjura et le Felizia, également dans l'Algérie, 7200 pieds, le col de Teniah, au S. d'Alger, 2960 pieds, le Zaouan, dans l'état de Tunis, 4200 pieds, et le Gharian ou Goriano, dans l'état de Tripoli, 3900 pieds. Ces montagnes la plupart granitiques et qui renferment plusieurs espèces de minéraux, sont séparées par des vallées riches et fertiles; les forêts qui couvrent les parties élevées, sont peuplées de lions, de léopards et d'autres animaux sauvages. Au S. et à l'E. les ramifications de l'Atlas s'abaissent insensiblement et se confondent avec les plaines arides et sablonneuses du Sahara et de la Lybie. *Voyez* Sydy-Hescham, Maroc, Alger, Tunis et Tripoli.

ATNAHS, grande peuplade à laquelle appartiennent probablement la plupart des tribus qui habitent la Nouvelle-Géorgie. Les Atnahs occupent la frontière méridionale de ce pays jusqu'à l'Orégon. Ils parlent plusieurs dialectes qui se rapprochent plus ou moins de la langue des Schipaways.

ATOA, g. a., v. à l'O. de la Mauritanie césarienne, à l'E. d'Aripa.

ATOLE, fl. de la rép. de Vénézuela, dans la prov. de Zulia, se jette dans le grand lac de Maracaïbo.

ATOUGUIA, b. du Portugal, dans la prov. d'Estramadure, dist. de Leiria, sur une hauteur, près de l'Océan; château et fort.

ATOUNIS ou **ATAONY**, peuplade arabe qui habite la vallée entre Cosseïr et l'isthme de Suez. Ils sont ennemis des Ababdes et, quoique moins nombreux, ils leur font une guerre continuelle. Les tribus les plus considérables des Atounis sont les Beni-Wassel, les Mahazes et les Howatas.

ATOWAÏ ou **ATOOI**, **ATUAI**, île de l'archipel de Hawaï ou Sandwich, sous le 21° 57′ 30″ de lat. N. et le 163° 13′ de long. occ. du méridien de Paris, à 44 l. N.-O. de l'île Ovahou. Elle est très-montueuse; mais elle a une longue vallée bien arrosée et fertile. Les habitants trouvent dans de petits lacs une grande quantité de sel. Les productions de l'île sont le bananier, le cocotier, l'arbre à pain, des patates, des melons d'eau, certaines espèces de fèves, une espèce de figues, quelques autres fruits et des légumes des régions méridionales. La canne à sucre y est cultivée avec succès. Les Russes y ont bâti un fort dont Tamahamah II, roi de Hawaï, s'empara, parce que le roi d'Atowaï, tributaire de Tamahamah, s'était révolté et mis sous la protection des Russes. Ce dernier mourut en 1824 à Londres, où il était allé implorer l'assistance du gouvernement anglais. Le gouverneur qu'il avait laissé à Atowaï, se déclara depuis indépendant et prit le titre de roi sous le nom de Tamahamah III. Atowaï n'a point de port commode. L'île est très-peuplée, mais on n'est point d'accord sur le nombre de ses habitants. Quelques voyageurs l'ont évalué à 50,000, d'autres à 30,000 âmes.

ATRA, g. a., v. de la Mésopotamie, non loin de Singara; elle soutint avec avantage un siége contre l'empereur Trajan.

ATRATO ou **RIO DEL DARIEN**, fl. considérable de la rép. de Vénézuela. Il sort de la chaîne du Choco, dans la prov. de ce nom, passe par Quibdo, qui en est le chef-lieu, et après un cours de 71 l. géogr. et presque droit du S. au N., il s'embouche dans le golfe de Darien ou d'Uraba par une embouchure de cinq lieues de largeur. Ses eaux charrient beaucoup d'or. Ses affluents sont peu considérables; on ne peut mentionner que le Pendérisco à droite et le Naipe ou ou Napipe à gauche. La prétendue jonction de ce fleuve avec le San-Juan par le canal de Raspadura est une erreur; car d'après Balbi le canal de Raspadura n'a jamais été ouvert.

ATREBATES, g. a., peuple de la Gaule belgique, au N.-E. des Ambiani, occupaient la contrée dont est formée aujourd'hui le département du Pas-de-Calais.

ATREY, vg. de Fr., dép. du Loiret, arr. de Pithiviers, cant. d'Outarville, poste de Neuville-aux-Bois; pop. 400 hab.

ATRI, v. épiscopale du roy. des Deux-Siciles, dans la prov. de l'Abruzze ultérieure Ire; pop. 5500 hab.

ATRIKANSKOI, une des îles de l'archipel de la Nouvelle-Sibérie, dans la mer Glaciale Arctique, dépendant du gouv. d'Iakoustk, dans la Russie d'Asie. Elle a 30 l. de longueur sur 4 à 15 de largeur, renferme des montagnes, un lac, quelques ruisseaux, mais n'a pas d'habitants permanents. Les chasseurs y viennent de Swataï-Ross sur la glace, traînés par des chiens, et y chassent des martres, des ours blancs, des renards, des rennes qui s'y trouvent en quantité prodigieuse. Ce qu'il y a de remarquable, c'est que le sol est jonché d'amas d'os de mammouths, de cornes de buffles et de rhinocéros monstres et d'autres animaux antédiluviens. Quelques chasseurs y ont déjà hiverné avec leurs provisions.

ATRIPALDA, v. du roy. des Deux-Siciles, dans la Principauté ultérieure; commerce assez considérable; pop. 4250 hab.

ATRYB, *Athribis*, vg. de la Basse-Egypte, dans la prov. de Kelyoub. Il n'a de remarquable que les ruines d'une ville antique qui se trouve dans les environs.

ATTA, v. de la Guinée septentrionale, près de la rive gauche du Kouara, sur la côte de Calabar; selon quelques voyageurs elle a une population de 15,000 habitants.

ATTA, g. a., b. de l'Arabie Heureuse, sur la côte O. du golfe Persique.

ATTACAPAS, comté dans l'état de Louisiane, États-Unis de l'Amérique du Nord, est entouré des comtés de Westbaton-Rouge, d'Opélousas, d'Iberville, de l'Ascension, de l'Assomption et de La-Fourche, a 12,000 habitants dont plusieurs tribus d'indigènes, les Vermilions, les Otacapas et les Chitimaches. Ces derniers seulement habitent des villages. Ce pays rempli de landes et de marais, fertile seulement le long de la mer, est traversé par plusieurs rivières qui s'embouchent dans les baies de Vermilion, de la Côte-Blanche et d'Atchafalaya.

ATTAHURU, dist. de l'île Tahiti, dans l'archipel de ce nom (îles de la Société), dans la Polynésie ou Océanie orientale. Il comprend toute la côte occidentale de l'île qui présente de ce côté l'aspect le plus pittoresque. Près de la source d'une rivière que l'on nomme Tarravua-Ursa, à 3/4 l. de la plage, se trouve le plus grand moraï ou marae, espèce de temple d'idolâtres, dans lequel on voit un immense autel de bois, élevé sur 15 piliers également en bois. Ce district a une population de 1700 habitants.

ATTAINVILLE, vg. de Fr., dép. de Seine-et-Oise, arr. de Pontoise, cant. d'Ecouen, poste de Moisselles; pop. 384 hab.

ATTALESA, beau vg. de Suisse, dans le cant. de Fribourg, bgc de Châtel-St.-Denis. Ses environs sont des plus pittoresques; population de la paroisse, 1300 hab.

ATTANCOURT, vg. de Fr., dép. de la Haute-Marne, arr., cant. et poste de Vassy; eaux minérales; pop. 356 hab.

ATTAPULGAS, tribu d'indigènes dans la Floride orientale, États-Unis de l'Amérique du Nord.

ATTAQUES (les), vg. de Fr., dép. du Pas-de-Calais, arr. de Boulogne-sur-Mer, cant. et poste de Calais, com. de Marck; pop. 600 hab.

ATTEMÉNIL, vg. de Fr., dép. de la Seine-Inférieure, arr. d'Yvetot. cant. d'Ourville, com. de Carville-Pot-de-Fer, poste de Doudeville; pop. 185 hab.

ATTENCOURT, ham. de Fr., dép. de l'Aisne, arr. de Laon, cant. et poste de Marle, com. de Toulis; pop. 10 hab.

ATTENDORN, v. de Prusse, dans la prov. de Westphalie, rég. d'Arnsberg, au confluent de la Tenne et de la Bigge. Les habitants se livrent à l'agriculture et à l'éducation du bétail; quatre foires annuelles; carrières de marbre. Plusieurs incendies ont fait descendre le nombre des maisons de cette ville, autrefois de 700, à 240; pop. 1400 hab.

ATTENSCHWILLER, vg. de Fr., dép. du Haut-Rhin, arr. d'Altkirch, cant. et poste d'Huningue; pop. 610 hab.

ATTERSEE, lac en Autriche, dans le gouv. de la Haute-Autriche.

ATTERT, vg. du grand-duché de Luxembourg, dans la partie belge, sur l'Attert, à 1 1/2 .l N. d'Arlon; pop. 1050 hab.

ATTHIS, g. a., contrée de la Grèce propre; était bornée à l'E. par la mer Egée; au N. par la Béotie, à l'O. par la Mégaride, et au S. par le golfe Saronique; elle fut divisée en 13 districts et les habitants se distinguèrent par leur industrie; blé, vins, oliviers et laine en grande abondance.

ATTICHES, vg. de Fr., dép. du Nord, arr. de Lille, cant. de Pont-à-Marcq, poste de Seclin; pop. 940 hab.

ATTICHY, vg. de Fr., dép. de l'Oise, arr. et à 3 1/2 l. E. de Compiègne, chef-lieu de canton, poste de Couloisy; eaux minérales; commerce de grains; pop. 1010 hab.

ATTIGNAT, vg. de Fr., dép. de l'Ain, arr. et poste de Bourg-en-Bresse, cant. de Montrevel; pop. 1270 hab.

ATTIGNÉVILLE, vg. de Fr., dép. des Vosges, arr., cant. et poste de Neufchâteau; pop. 608 hab.

ATTIGNY, vg. de Fr., dép. des Vosges, arr. de Mirecourt, cant. et poste de Darney; pop. 800 hab.

ATTIGNY, *Attiniacum*, pet. v. de Fr., dép. des Ardennes, arr. et à 4 l. N.-O. de Vouziers; chef-lieu de canton; elle est située sur la rive gauche de l'Aisne; elle a un petit port, des vanneries et des fabriques de biscuits, à l'instar de ceux de Reims. Attigny qui n'a plus d'importance que par la communication navigable, établie entre l'Aisne et la Meuse, est très-remarquable sous le rapport historique : cette ville fut la résidence des derniers rois de la race Mérovingienne et de plusieurs rois Carlovingiens. Chilpéric II y mourut en 727. Pépin y convoqua en 765 une assemblée ou concile national. C'est à Attigny qu'en 785 Wittekind, chef des Saxons, et Abo, son frère, reçurent le baptême en présence de Charlemagne, leur vainqueur, qui leur servit de parrain. C'est dans cette ville aussi que Louis-le-Débonnaire se soumit à la pénitence canonique, à laquelle son fils Lothaire l'avait fait condamner par un synode ecclésiastique. Le traité de partage des états de Lothaire entre Charles-le-Chauve et Louis-le-Germanique fut fait à Attigny. Charles-le-Simple y séjourna longtemps et y fonda une église sous l'invocation de Ste.-Valburge. Après la deuxième race, les archevêques de Reims devinrent seigneurs d'Attigny dont le palais fut détruit par les Anglais en 1359. Il reste à peine quelques vestiges de son ancienne magnificence. En 1522, les Français remportèrent près de cette ville une victoire sur les troupes de Charles-Quint. Pillée et saccagée pendant les guerres religieuses du dix-septième siècle, Attigny avait perdu le peu d'importance qui lui restait encore; ses fortifications avaient été rasées, lorsque la guerre de la Fronde lui porta le dernier coup. Son industrie est venue depuis lui faire oublier ses anciens désastres; pop. 1200 h.

ATTILLONCOURT, vg. de Fr., dép. de la Meurthe, arr., cant. et poste de Château-Salins; pop. 212 hab.

ATTILLY, vg. de Fr., dép. de Seine-et-Marne, arr. de Melun, cant. et poste de Brie-Comte-Robert; pop. 60 hab.

ATTIN, vg. de Fr., dép. du Pas-de-Calais, arr. et poste de Montreuil-sur-Mer, cant. d'Etaples; pop. 400 hab.

ATTINCO, v. dans l'alcaldia mayor de Tlascala, état de Puébla, confédération mexicaine, dans une plaine charmante, renommée dans tous les états mexicains pour la beauté de son climat, la grande fertilité de ses champs et sa surabondance en fruits délicieux. Tout près de l'endroit, on voit un énorme cyprès (ahahuète), de 24 mètres de circonférence.

ATTIQUE (l'), une des eptarchies du roy. actuel de la Grèce, est la division politique la plus célèbre de l'ancienne Grèce, connue d'abord sous les noms d'Ionie et de Cécropie qu'elle tenait de deux héros des temps fabuleux de ce pays. L'Attique tient au continent par une chaîne de montagnes qui la sépare de la Béotie et de la Mégaride, et se termine par le cap Sanimm, aujourd'hui cap Colonne, où l'on voit encore les restes d'un temple de Minerve et les traces d'anciennes fortifications. Les côtes sont nues, élevées, sablonneuses, ondulées, mais présentent peu de baies naturelles. Celle d'Eleusis est formée en partie par l'île de Salamine. Le mont Penthelique et le mont Clymète, dans le voisinage d'Athènes, fournissent encore, le premier des marbres qui ont servi à la construction de tant d'édifices à jamais célèbres, le second son miel, le meilleur qu'on connaisse.

L'Attique est un pays sec, aride partout où des irrigations artificielles ne suppléent pas au manque d'eau; ses rivières se dessèchent pendant l'été. Comme autrefois, les rives du Céphise sont encore la partie le mieux cultivée du pays; l'Ilissus, l'Eridon, l'Erasinus méritent à peine d'être mentionnés; ils se perdent dans le sable. L'Attique n'a jamais produit assez de blé pour nourrir ses habitants; on en tirait des ports de la mer Noire et d'autres régions étrangères. La nature de son sol y rend l'agriculture peu importante; mais les fruits, les légumes, les vignes y abondent et l'olivier est toujours sa principale richesse; avant la guerre de l'affranchissement, elle produisait tous les ans 400,000 litres d'huile. Le bois manque presque totalement dans ce pays. Si le cheval et la vache n'y réussissent qu'imparfaitement, il offre en revanche de beaux troupeaux de moutons et de chèvres qui fournissent du lait en abondance.

Comme nous l'avons déjà dit, l'Attique forme aujourd'hui, réunie à la Béotie, une des eptarchies de la Grèce, et renferme Athènes, la capitale du nouveau royaume, et 118 bourgs et villages, parmi lesquels nous nommerons Porto-Leone, l'ancien Pirée; Lepsina, sur l'emplacement d'Eleusis; Osiphto-Castro sur les ruines d'Eleutherac, Marathon, Thérika; non loin de là sont les mines d'argent de Laurium, Nafti, etc. Sa population ne peut pas être évaluée, même approximativement. *Voyez* Athènes.

ATTLEBOROUGH, pet. v. des États-Unis de l'Amérique du Nord, dans l'état de Massachussets, comté de Bristol, a des mines de fer dans son voisinage; pop. 3300 hab.

ATTOK, v. de l'Afghanistan, dans la prov. de Tschotsch, entourée de murs et défendue par un fort. Elle est située sur le Sindh ou l'Indus, vis-à-vis de l'embouchure du Caboul.

ATTOKO, v. de l'Afrique, dans la Guinée septentrionale, sur la côte des Esclaves, à l'O. d'Agou, dans le pays de Kerapay ou Krepe, ou Akutim.

ATTON, vg. de Fr., dép. de la Meurthe, arr. de Nancy, cant. et poste de Pont-à-Mousson; pop. 450 hab.

ATTRAY, vg. de Fr., dép. du Loiret, arr. de Pithiviers, cant. d'Outarville, poste de Neuville-au-Bois; pop. 150 hab.

ATTRICOURT, vg. de Fr., dép. de la Haute-Saône, arr. et poste de Gray, cant. d'Autrey; pop. 140 hab.

ATTRICOURT, vg. de Fr., dép. de la Haute-Saône, arr. et poste de Gray, cant. d'Autrey, com. de Broye-les-Loups; pop. 200 hab.

ATUECH, vg. de Fr., dép. du Gard, arr. du Vigan, cant. de Sauve, com. de Massillargues, poste d'Anduze; pop. 120 hab.

ATUR, vg. de Fr., dép. de la Dordogne, arr. et poste de Périgueux, cant. de Pierre-de-Chignac; pop. 850 hab.

ATURES, nation indienne indépendante, au S. de la rép. de Vénézuela et sur les frontières du Brésil. Ils habitent une île formée par l'Orénoque et le Matacoui.

ATZENDORF, vg. de Prusse, dans la prov. de Saxe, rég. de Magdebourg; pop. 1050 h.

AU, vg. du grand-duché de Bade, dans le cer. du Rhin-Moyen, sur les bords du Rhin. Ses habitants se livrent au batelage; leurs habitations, situées dans un bas-fond, sont sujettes aux inondations; pop. 812 hab.

AU, vg. de l'archiduché d'Autriche, dans le gouv. de la Haute-Autriche, cer. de la Mühl; pop. 800 hab.

AUB, pet. v. de Bavière, dans le cer. du Mein-Inférieur, dist. de Rœttingen; pop. 1100 hab.

AUBAGNAN, vg. de Fr., dép. des Landes, arr. de St.-Sever, cant. et poste de Hagetmau; pop. 230 hab.

AUBAGNE, *Albinia*, v. de Fr., dép. des Bouches-du-Rhône, arr. et à 4 l. E. de Marseille, chef-lieu de canton, sur l'Huveaume ou la Veaune. Ses rues, à l'exception de celles qui avoisinent la grande route, sont laides et mal alignées; elle a des tanneries, des poteries et l'on y fait commerce de vins. Foires le 2 février, lundi avant la quinzaine de Pâques, lundi avant la Fête-Dieu, 23 septembre et 8 décembre; pop. 6360 hab.

AUBAGNE, vg. de Fr., dép. de l'Hérault, arr., cant. et poste de Lodève, com. de St.-Étienne-de-Gourgas; pop. 100 hab.

AUBAINE, vg. de Fr., dép. de la Côte-d'Or, arr. de Beaune, cant. et poste de Bligny-sur-Ouche; pop. 420 hab.

AUBAIS, vg. de Fr., dép. du Gard, arr. de Nismes, cant. et poste de Sommières; pop. 1500 hab.

AUBAN, ham. de Fr., dép. de la Haute-Garonne, arr. de Muret, cant. du Fousseret, com. de Polastron, poste de Martres; pop. 50 hab.

AUBAN, ham. de Fr., dép. du Gers, arr. de Mirande, cant. d'Aignan, com. de Castelnavet, poste de Vic-Fezensac; pop. 45 h.

AUBAN (Saint-), vg. de Fr., dép. de la Drôme, arr. de Nyons, cant. et poste du Buis; pop. 500 hab.

AUBAN (Saint-), vg. de Fr., dép. du Var, arr. et à 8 1/2 l. N.-O. de Grasse, chef-lieu de canton, poste d'Escragnolles; pop. 650 h.

AUBAN-D'OZE (Saint-), vg. de Fr., dép. des Hautes-Alpes, arr. de Gap, cant. et poste de Veynes; pop. 200 hab.

AUBARÈDE (Saint-), vg. de Fr., dép. des Hautes-Pyrénées, arr. et poste de Tarbes, cant. de Ponyastrue; pop. 550 hab.

AUBAS, vg. de Fr., dép. de la Dordogne, arr. de Sarlat, cant. et poste de Montignac; pop. 680 hab.

AUBASSAGNE, ham. de Fr., dép. de la Haute-Vienne, arr. de St.-Yrieix, cant. de St.-Germain-les-Belles, com. de la Porcherie, poste de Pierre-Buffière; pop. 80 hab.

AUBAZAT, vg. de Fr., dép. de la Haute-Loire, arr. de Brioude, cant. de Lavoute-Chilhac, poste de Langeac; pop. 540 hab.

AUBAZINE, vg. de Fr., dép. de la Corrèze, arr. et poste de Brives, cant. de Beynac; pop. 950 hab.

AUBE, *Alba*, riv. de Fr., a sa source dans le bois de Pralay, dép. de la Haute-Marne; elle coule du S.-E. au N.-O., sépare le département de la Haute-Marne de celui de la Côte-d'Or, traverse celui auquel elle donne son nom et passe dans le département de la Marne dont elle arrose l'extrémité S.-O. et se jette dans la Seine au-dessous de Romilly-sur-Seine; elle passe à Rouvre, la Ferté, Clairvaux, Bar, Arcis, Plancy et Anglure. Son cours est de 41 lieues; elle est navigable depuis Arcis. Ses affluents sont l'Aujon, la Voire, le Landion, l'Armance et l'Auzon.

AUBE (dép. de l'), en France, région du N.-E.; il est borné au N. par le dép. de la Marne, au N.-O. par celui de Seine-et-Marne, à l'O. par celui de l'Yonne, au S. par ce dernier et celui de la Côte-d'Or et à l'E. par le dép. de la Haute-Marne. Sa superficie est de 605,025 hectares. Ce département n'a aucune montagne remarquable; quelques collines peu élevées, propres à la culture de la vigne, s'étendent du N.-O. vers le S. et l'E. et interrompent l'uniformité du terrain généralement plat de cette contrée. Le sol est partagé en deux régions de nature bien différente : la partie du N. et de l'O. n'a que des plaines dont le fond de craie, couvert à peine d'une légère couche de terre, est presque entièrement inculte : c'est la pauvre Champagne Pouilleuse; celle du S. et de l'E. se compose de terrains fertiles et possède d'excellents vignobles; les vallées de la Seine et de l'Aube y sont surtout d'une grande fertilité. Le département est arrosé par un grand nombre de rivières; les principales sont la Seine, l'Aube, la Voire, l'Aujon, l'Ourse, la Lagnes, le Landion, l'Armance et la Vannes; les deux premières sont seules navigables. Il a aussi un grand nombre d'étangs, mais tous très-petits. Plusieurs marais, renfermant des tourbières, se trouvent dans les vallées de la Voire. La température du département est douce, mais humide et variable dans la région de l'O.; elle est plus constante dans les autres parties; l'air est vif et sain au N. Les forêts les plus considérables du département, sont celle de Soulaine, à l'E. de Brienne; celle de Clairvaux, au S.-E. du département, entre Bar-sur-Aube et Clairvaux, et celle d'Othes, au S. d'Estissac. Les légumes secs, les plantes potagères, les vignobles, l'avoine, le seigle, le sarrasin, sont les productions végétales du département. Les prairies naturelles et artificielles y fournissent de bons pâturages.

Le règne minéral est fort borné dans le département; il ne possède aucune mine en exploitation et n'offre que des carrières de pierre, de grès, de terre à creusets et de craie dont on fabrique le blanc d'Espagne. A la Chapelle-Godefroy, près de Nogent, il y a une source d'eaux minérales.

Les animaux domestiques les plus communs dans cette contrée sont les bêtes à laine; il y a aussi des chevaux, beaux et vigoureux, quoique de taille médiocre. Le gibier de toute espèce y est abondant; les lièvres et les lapins sont nombreux, et les forêts renferment des sangliers et des chevreuils. Les rivières et les étangs fournissent de bons poissons et de belles écrevisses.

Ce département est très-avancé sous le rapport de l'industrie; il possède des filatures de coton, un grand nombre de fabriques de draps et de bonneterie, des tanneries, des verreries, des faïenceries, des poteries, des papeteries, des distilleries, des corderies, des fabriques de sucre de betteraves, de savon, de blanc d'Espagne, de rubans de fil et de lacets, des amidonneries, des teintureries, des blanchisseries, des forges et des chantiers pour la construction des bateaux.

Le commerce y est très-actif; il s'exerce sur une grande diversité d'articles et particulièrement sur les grains, les vins, le bétail, le fil, le chanvre, la vannerie, la boissellerie, la corderie, la coutellerie et le fer brut.

Le département nomme quatre députés; il est divisé en cinq arrondissements dont les chefs-lieux sont :

Troyes	9	cant.	122	com.	90,923 h.
Arcis-sur-Aube	4	»	90	»	35,224 »
Bar-sur-Aube	4	»	91	»	41,230 »
Bar-sur-Seine	5	»	85	»	52,117 »
Nogent-sur-Seine	4	»	63	»	33,856 »

26 cant. 451 com. 253,350 h.

Le département est compris dans la dix-huitième division militaire dont le quartier général est à Dijon; il est du ressort de la cour royale et de l'académie de Paris, du diocèse de Sens, de la huitième conservation des forêts dont le chef-lieu est Troyes, de la première inspection des ponts-et-chaussées dont le chef-lieu est Paris, et de la troisième division des mines dont le chef-lieu est Dijon. Il a un collège et 509 écoles primaires.

Avant la révolution, le département de l'Aube faisait partie de la Champagne (*voyez* ce mot). En 1814, il fut un des théâtres les plus sanglants de la terrible et glorieuse lutte de l'empire contre la formidable coalition de toutes les puissances de l'Europe. Plusieurs villes du département ont donné

AUBE

leurs noms à des batailles qui n'ont pu reculer que de quelques jours la chute de Napoléon.

AUBE, vg. de Fr., dép. de la Moselle, arr. de Metz, cant. de Pange, poste de Solgne; pop. 320 hab.

AUBE, vg. de Fr., dép. de l'Orne, arr. de Mortagne-sur-Huine, cant. et poste de Laigle; pop. 450 hab.

AUBECOURT, vg. de Fr., dép. de la Moselle, arr. de Metz, cant. de Pange, com. de Remilly, poste de Solgne; pop. 130 hab.

AUBEDAT, ham. de Fr., dép. des Basses-Pyrénées, arr. d'Orthez, cant. et poste de Navarrenx, com. de Castelnau-Camplong; pop. 80 hab.

AUBEGUIMONT, vg. de Fr., dép. de la Seine-Inférieure, arr. de Neufchâtel-en-Braye, cant. et poste d'Aumale; pop. 500 h.

AUBEL, b. du roy. de Belgique, prov. et à 5 l. E.-N.-E. de Liège; pop. 3600 hab.

AUBENAS, *Albenacium*, v. de Fr., dép. de l'Ardèche, arr. et à 6 1/2 l. S.-O. de Privas, chef-lieu de canton, sur la rive droite de l'Ardèche, qui commence en cet endroit à être navigable. Cette ville, siège d'un tribunal de commerce, est agréablement située sur une jolie colline, baignée par l'Ardèche, mais ses rues sont tortueuses et étroites, et ses maisons laides et sombres. La grande rue est la seule qui soit large et bordée de belles maisons. Elle n'a aucune place, aucun édifice remarquable, si ce n'est l'hôtel de ville, ancien et vaste château garni de tourelles. Des restes de murailles, flanquées de tours, indiquent qu'Aubenas fut autrefois une place de guerre. Dans les guerres de religion, qui désolèrent particulièrement le Vivarais, cette ville ne fut pas épargnée et supporta sa part de ces grandes calamités.

Aubenas est le centre du commerce de marrons et de vins de l'Ardèche; ses foires sont importantes pour la vente de la soie; elle possède aussi des fabriques de draps et de mouchoirs, des filatures de soie et des mégisseries. Foires le 2 juillet et le 14 septembre; pop. 4760 hab.

AUBENAS, vg. de Fr., dép. des Basses-Alpes, arr. et poste de Forcalquier, cant. de Reillane; pop. 200 hab.

AUBENASSON, vg. de Fr., dép. de la Drôme, arr. de Die, cant. et poste de Saillans; pop. 120 hab.

AUBENCHEUL-AU-BAC, vg. de Fr., dép. du Nord, arr., cant. et poste de Cambrai; pop. 500 hab.

AUBENCHEUL-AUX-BOIS, vg. de Fr., dép. de l'Aisne, arr. de St.-Quentin, cant. et poste du Catelet; pop. 680 hab.

AUBENTON, b. de Fr., dép. de l'Aisne, arr. à 5 l. E. de Vervins, chef-lieu de canton et poste; filatures de coton; pop. 1650 h.

AUBEPIERRE, vg. de Fr., dép. de la Haute-Marne, arr. de Chaumont-en-Bassigny, cant. et poste d'Arc-en-Barrois; pop. 1500 hab.

AUBEPIERRE, vg. de Fr., dép. de Seine-et-Marne, arr. de Melun, cant. et poste de Mormant; pop. 300 hab.

AUBEPIN, vg. de Fr., dép. du Jura, arr. de Lons-le-Saulnier, cant. et poste de St.-Amour; pop. 200 hab.

AUBEPIN (l'), vg. de Fr., dép. du Rhône, arr. de Lyon, cant. de St.-Symphorien-sur-Coise, com. de Larajasse; poste de Chazelles; pop. 300 hab.

AUBER, vg. de Fr., dép. de l'Arriège, arr., cant. et poste de St.-Girons, com. de Moulis; pop. 280 hab.

AUBERCHICOURT, vg. de Fr., dép. du Nord, arr., cant. et poste de Douai; mines de houille; pop. 1250 hab.

AUBERCOURT, vg. de Fr., dép. de la Somme, arr. de Montdidier, cant. et com. de Moreuil, poste de Villers-Bretonneux; pop. 180 hab.

AUBERCY, ham. de Fr., dép. de la Marne, arr. et poste de Ste.-Ménéhould, cant. de Dommartin-sur-Yèvre, com. d'Esclaires; pop. 55 hab.

AUBERGENVILLE, vg. de Fr., dép. de Seine-et-Oise, arr. de Versailles, cant. de Meulan, poste de Maule; pop. 580 hab.

AUBERGEONS (les), vg. de Fr., dép. de l'Isère, arr. de Vienne, cant. de Roussillon, com. d'Anjou, poste du Péage; pop. 200 h.

AUBERGERIES (les), vg. de Fr., dép. des Hautes-Alpes, arr., cant. et poste d'Embrun, com. de Châteauroux; pop. 240 hab.

AUBERIVE, vg. de Fr., dép. de la Marne, arr., cant. et poste de Reims; pop. 650 hab.

AUBERIVE, vg. de Fr., dép. de la Haute-Marne, arr. à 5 1/2 l. S.-O. de Langres, chef-lieu de canton et poste; forges; pop. 550 hab.

AUBERIVE, vg. de Fr., dép. de l'Isère, arr. de St.-Marcellin, cant. de Roussillon, poste du Péage; pop. 350 hab.

AUBERIVES-EN-ROYANS, vg. de Fr., dép. de l'Isère, arr. de Vienne, cant. et poste de Pont-en-Royans; pop. 700 hab.

AUBERMESNIL, vg. de Fr., dép. de la Seine-Inférieure, arr. et poste de Dieppe, cant. d'Offranville; pop. 300 hab.

AUBERMESNIL, vg. de Fr., dép. de la Seine-Inférieure, arr. de Neufchâtel-en-Bray, cant. de Blangy, poste de Foucarmont; pop. 500 hab.

AUBEROQUES, ham. de Fr., dép. de l'Aveyron, arr. de Milhau, cant., com. et poste de Séverac; pop. 66 hab.

AUBEROSE, vg. de Fr., dép. de la Seine-Inférieure, arr. d'Yvetot, cant. et poste de Fauville, com. d'Auzouville-Auberose; pop. 200 hab.

AUBERS, vg. de Fr., dép. du Nord, arr. de Lille, cant. et poste de la Bassée; pop. 1450 hab.

AUBERT (Saint-), vg. de Fr., dép. du Nord, arr. et poste de Cambrai, cant. de Carnières; pop. 2250 hab.

AUBERT-SUR-ORNE (Saint-), vg. de Fr., dép. de l'Orne, arr. d'Argentan, cant. et poste de Putanges; pop. 600 hab.

AUBERTANS, vg. de Fr., dép. de la Haute-Saône, arr. de Vesoul, cant. de Montbozon, poste de Rioz; pop. 200 hab.

AUBERTIN, vg. de Fr., dép. des Basses-Pyrénées, arr. et poste d'Oloron, cant. de Lasseube; pop. 1050 hab.

AUBERTS (les), ham. de Fr., dép. de l'Hérault, arr. de Montpellier, cant. et poste de Ganges, com. de Gorniès; pop. 60 hab.

AUBERVILLE, vg. de Fr., dép. du Calvados, arr. de Pont-l'Évêque, cant. et poste de Dives; pop. 221 hab.

AUBERVILLE-LA-CAMPAGNE, vg. de Fr., dép. de la Seine-Inférieure, arr. du Hâvre, cant. et poste de Lillebonne; pop. 420 hab.

AUBERVILLE-LA-MANUEL, vg. de Fr., dép. de la Seine-Inférieure, arr. d'Yvetot, cant. et poste de Cany; pop. 450 hab.

AUBERVILLE-LA-RENAULT, vg. de Fr., dép. de la Seine-Inférieure, arr. du Hâvre, cant. et poste de Goderville; pop. 380 hab.

AUBERVILLE-SUR-EAULNE, vg. de Fr., dép. de la Seine-Inférieure, arr. de Dieppe, cant., com. et poste d'Envermeu; pop. 180 hab.

AUBERVILLIERS ou **NOTRE-DAME-DES-VERTUS**, vg. de Fr., dép. de la Seine, arr. et cant. de St.-Denis, poste; raffinerie de sucre; on y cultive beaucoup de légumes qui se vendent aux marchés de Paris, dont ce village est éloigné à 1 1/2 l.; pop. 2300 h.

AUBESSAGNE, vg. de Fr., dép. des Hautes-Alpes, arr. de Gap, cant. de St.-Firmin-en-Valgodemard, poste de Corps; pop. 850 h.

AUBETERRE, ham. de Fr., dép. de l'Allier, arr. et poste de Gannat, cant. d'Escurolles, com. de Brout-Vernet; pop. 90 hab.

AUBETERRE, vg. de Fr., dép. de l'Aube, arr., cant. et poste d'Arcis-sur-Aube; pop. 500 hab.

AUBETERRE, *Alba Terra*, b. de Fr., dép. de la Charente, arr. à 9 l. S.-E. de Barbezieux, chef-lieu de canton, poste de Chalais; hôpital; commerce assez considérable de grains et de toiles; pop. 780 hab.

AUBEVILLE, vg. de Fr., dép. de la Charente, arr. d'Angoulême, cant. et poste de Blanzac; pop. 480 hab.

AUBEVOYE, vg. de Fr., dép. de l'Eure, arr. de Louviers, cant. et poste de Gaillon; pop. 480 hab.

AUBIAC, vg. de Fr., dép. de la Gironde, arr., cant. et poste de Bazas; pop. 276 hab.

AUBIAC, vg. de Fr., dép. de la Gironde, arr. de la Réole, cant. et poste de St.-Macaire; pop. 800 hab.

AUBIAC, vg. de Fr., dép. de Lot-et-Garonne, arr. et poste d'Agen, cant. de la Plume; pop. 750 hab.

AUBIAT, vg. de Fr., dép. du Puy-de-Dôme, arr. de Riom, cant. et poste d'Aigueperse; pop. 1400 hab.

AUBIE, vg. de Fr., dép. de la Gironde, arr. de Bordeaux, cant. et poste de St.-André-de-Cubzac; pop. 630 hab.

AUBIÈRES, b. de Fr., dép. du Puy-de-Dôme, arr., cant. et poste de Clérmont-Ferrand; pop. 350 hab.

AUBIERS (les), b. de Fr., dép. des Deux-Sèvres, arr. de Bressuire, cant. de Châtillon-sur-Sèvre, poste d'Argenton-Château; tuileries et fabriques de toiles; pop. 1880 hab.

AUBIET, b. de Fr., dép. du Gers, arr. d'Auch, cant. et poste de Gimont; pop. 1500 hab.

AUBIGNAN, vg. de Fr., dép. de Vaucluse, arr., cant. et poste de Carpentras; pop. 1750 hab.

AUBIGNAS, vg. de Fr., dép. de l'Ardèche, arr. de Privas, cant. de Viviers, poste de Villeneuve-de-Berg; pop. 500 hab.

AUBIGNÉ, vg. de Fr., dép. d'Ille-et-Vilaine, arr. de Rennes, cant. de St.-Aubin-d'Aubigné, poste de Liffré; pop. 130 hab.

AUBIGNÉ, vg. de Fr., dép. de la Sarthe, arr. de la Flèche, cant. de Mayet, poste du Lude; pop. 1950 hab.

AUBIGNÉ, vg. de Fr., dép. des Deux-Sèvres, arr. de Melle, cant. et poste de Chef-Boutonne; pop. 600 hab.

AUBIGNÉ-BRIAND, vg. de Fr., dép. de Maine-et-Loire, arr. de Saumon, cant. et poste de Vihiers; pop. 400 hab.

AUBIGNEY, vg. de Fr., dép. de la Haute-Saône, arr. de Gray, cant. et poste de Pesmes; pop. 300 hab.

AUBIGNOSC, vg. de Fr., dép. des Basses-Alpes, arr. et poste de Sisteron, cant. de Volonne; pop. 350 hab.

AUBIGNY, vg. de Fr., dép. de l'Aisne, arr. de Laon, cant. de Craonne, poste de Corbeny; pop. 450 hab.

AUBIGNY, vg. de Fr., dép. de l'Allier, arr. de Moulins-sur-Allier, cant. de Lurcy-Lévy, poste du Veurdre; pop. 320 hab.

AUBIGNY, vg. de Fr., dép. des Ardennes, arr. et poste de Rocroi, cant. de Rumigny; pop. 430 hab.

AUBIGNY, vg. de Fr., dép. de l'Aube, arr. d'Arcis-sur-Aube, cant. et poste de Ramerupt; pop. 200 hab.

AUBIGNY, vg. de Fr., dép. du Calvados, arr., cant. et poste de Falaise; carrières de pierres de construction; pop. 400 hab.

AUBIGNY. *Voyez* AUBIGNY-LA-VILLE.

AUBIGNY, vg. de Fr., dép. de l'Eure, arr. des Andelys, cant. d'Écos, com. de Civière, poste des Thilliers-en-Vexin; pop. 140 hab.

AUBIGNY, vg. de Fr., dép. de la Haute-Marne, arr. de Langres, cant. et poste de Prauthoy; pop. 240 hab.

AUBIGNY, ham. de Fr., dép. de la Nièvre, arr. de Cosne, cant. et poste de Prémery, com. de Montenoison; pop. 60 hab.

AUBIGNY, vg. de Fr., dép. du Pas-de-Calais, arr. à 5 l. E. de St.-Pol-sur-Ternoise, chef-lieu de canton et poste; filatures de coton et fabrication de calicots; pop. 700 hab.

AUBIGNY, vg. de Fr., dép. de la Sarthe, arr. de Mamers, cant. et poste de Beaumont-

AUBI

sur-Sarthe, com. d'Assé-le-Riboul; pop. 120 hab.

AUBIGNY, vg. de Fr., dép. de Seine-et-Marne, arr., cant. et poste de Melun; pop. 150 hab.

AUBIGNY, vg. de Fr., dép. des Deux-Sèvres, arr. de Parthenay, cant. de Thénezay, poste d'Airvault; pop. 380 hab.

AUBIGNY, vg. de Fr., dép. de la Somme, arr. d'Amiens, cant. et poste de Corbie; pop. 600 hab.

AUBIGNY, vg. de Fr., dép. de la Vendée, arr., cant. et poste de Bourbon-Vendée; pop. 880 hab.

AUBIGNY, vg. de Fr., dép. de l'Yonne, arr. d'Auxerre, cant. et poste de Courson, com. de Taingy; pop. 120 hab.

AUBIGNY-AU-BAC, vg. de Fr., dép. du Nord, arr. et poste de Douai, cant. d'Arleux; fabriques d'instruments aratoires; pop 1200 hab.

AUBIGNY-AUX-KAINES, vg. de Fr., dép. de l'Aisne, arr. et poste de St.-Quentin, cant. de Vermand, com. d'Auroir; pop. 300 hab.

AUBIGNY-EN-PLAINE ou **AUBIGNY-SUR-LA-VOUGE**, vg. de Fr., dép. de la Côte-d'Or, arr. de Beaune, cant. et poste de St.-Jean-de-Losne; pop. 480 hab.

AUBIGNY-LA-PLANQUE, ham. de Fr., dép. de la Somme, arr. de Péronne, cant. et poste de Ham, com. de Brouchy; pop. 80 hab.

AUBIGNY-LA-RONCE, vg. de Fr., dép. de la Côte-d'Or, arr. de Beaune, cant. et poste de Nolay; pop. 420 hab.

AUBIGNY-LA-VILLE, pet. v. de Fr., dép. du Cher, arr. et à 7 l. N.-O. de Sancerre, chef-lieu de canton et poste. Cette ville, située sur la Nère, n'a rien de remarquable sous le rapport de ses constructions; elle est laide et mal bâtie; elle a des fabriques de draps et d'autres étoffes de laine, mais qui ont, depuis le siècle dernier, beaucoup perdu de leur importance; elle possède aussi des blanchisseries de cire; on y fait commerce de fil, de laine, de chanvre et de toile. Les truites d'Aubigny sont renommées dans le pays; pop. 2170 hab.

Aubigny avait autrefois des seigneurs particuliers; la ville était alors défendue par un château fort et de hautes murailles bordées de fossés. Vers la fin du douzième siècle, le chapitre de St.-Martin-de-Tours, qui possédait alors cette seigneurie, la céda à Philippe-Auguste. Philippe-le-Bel la donna en apanage à Louis de France, chef de la maison d'Évreux. Après l'extinction de cette famille, Aubigny retourna à la couronne. Charles VII en fit don à Jean Stuart, connétable d'Écosse, en 1425. Pendant la guerre des Anglais elle fut brûlée deux fois. Cette ville, après s'être relevée de ses ruines, eut à souffrir des guerres de la ligue. Cependant après tous ses désastres, elle acquit de l'importance par son industrie, qui fut très-flo-

rissante jusqu'à la fin du dernier siècle; mais depuis cinquante ans elle n'a plus fait que déchoir, et ses relations commerciales sont aujourd'hui fort restreintes.

AUBIGNY-LE-CHÉTIF, vg. de Fr., dép. de la Nièvre, arr. de Nevers, cant. et poste de Decize; pop. 180 hab.

AUBIGNY-LES-SOMBERNON, vg. de Fr., dép. de la Côte-d'Or, arr. de Dijon, cant. et poste de Sombernon; pop. 350 hab.

AUBIGNY-LE-VILLAGE, vg. de Fr., dép. du Cher, arr. de Sancerre, cant. et poste d'Aubigny-la-Ville; pop. 550 hab.

AUBIGNY-SUR-TOIRE, vg. de Fr., dép. du Cher, arr. de Sancerre, cant. de Sancergues, com. de Marseille-les-Aubigny, poste de la Charité; pop. 100 hab.

AUBILLY, ham. de Fr., dép. de la Marne, arr. de Reims, cant. de Ville-en-Tardenois, poste de Jonchery-sur-Vesle; pop. 70 hab.

AUBIN, v. de Fr., dép. de l'Aveyron, arr. à 6 l. N.-E. de Villefranche-de-Rouergue, chef-lieu de cant. et poste; mines de houille; pop. 3429 hab.

AUBIN, vg. de Fr., dép. des Basses-Pyrénées, arr. de Pau, cant. de Thèze, poste d'Auriac; pop. 400 hab.

AUBIN (Saint-), vg. de Fr., dép. de l'Aisne, arr. de Laon, cant. de Coucy-le-Château, poste de Blérancourt; pop. 450 hab.

AUBIN (Saint-), vg. de Fr., dép. de l'Allier, arr. de Moulins-sur-Allier, cant. et poste de Bourbon-l'Archambault; pop. 750 hab.

AUBIN (Saint-), vg. de Fr., dép. de l'Aube, arr., cant. et poste de Nogent-sur-Seine; pop. 550 hab.

AUBIN (Saint-), vg. de Fr., dép. de la Côte-d'Or, arr. de Beaune, cant. de Nolay, poste de Chagny; pop. 800 hab.

AUBIN (Saint-), ham. de Fr., dép. des Côtes-du-Nord, arr. de Dinan, cant. et poste de Jugon, com. de Plédéliac; pop. 80 hab.

AUBIN (Saint-), ham. de Fr., dép. du Gers, arr. de Condom, cant. et poste de Nogaro, com. du Houga; pop. 20 hab.

AUBIN (Saint-), vg. de Fr., dép. de la Gironde, arr. de Blaye, cant. de St.-Ciers-la-Lande, poste; pop. 850 hab.

AUBIN (Saint-), vg. de Fr., dép. de l'Indre, arr., cant. et poste d'Issoudun; pop. 350 hab.

AUBIN (Saint-), vg. de Fr., dép. d'Indre-et-Loire, arr. de Tours, cant. de Neuvy-le-Roi, poste de St.-Christophe; pop. 600 hab.

AUBIN (Saint-), v. au sud de l'île de Jersey, sur le golfe du même nom, avec un port. L'air y est pur et sain et beaucoup de familles anglaises viennent y séjourner.

AUBIN (Saint-), vg. de Fr., dép. de la Vienne, arr. de Loudun, cant. de Montcontour, poste de Mirebeau; pop. 180 hab.

AUBIN (Saint-), vg. de Fr., dép. du Jura, arr. de Dôle, cant. et poste de Chemin; pop. 1550 hab.

AUBIN (Saint-) ou ST.-AUBIN-EN-CHA-

LOSSE, vg. de Fr., dép. des Landes; arr. de St.-Sever, cant. et poste de Mugron; pop. 1000 hab.

AUBIN (Saint-). *Voyez* FERTÉ-SAINT-AUBIN (la).

AUBIN (Saint-), vg. de Fr., dép. de Lot-et-Garonne, arr. de Villeneuve-sur-Lot, cant. et poste de Monflanquin; pop. 850 hab.

AUBIN (Saint-), vg. de Fr., dép. de la Meuse, arr. et cant. de Commercy, poste de Ligny; pop. 630 hab.

AUBIN (Saint-), ham. de Fr., dép. du Morbihan, arr. de Ploërmel, cant. de St.-Jean-de-Brévelay, com. de Plumélec, poste de Josselin; pop. 70 hab.

AUBIN (Saint-), vg. de Fr., dép. de la Nièvre, arr. de Clamecy, cant. de Tannay, poste de Monceaux-le-Comte; pop. 300 hab.

AUBIN (Saint-), vg. de Fr., dép. de la Nièvre, arr. de Cosne, cant. et poste de la Charité; pop. 1100 hab.

AUBIN (Saint-), vg. de Fr., dép. du Nord, arr., cant. et poste d'Avesnes; pop. 730 hab.

AUBIN (Saint-), vg. de Fr., dép. du Pas-de-Calais, arr., cant. et poste de Montreuil-sur-Mer; pop. 200 hab.

AUBIN (Saint-), vg. de Fr., dép. de la Sarthe, arr., cant. et poste de Mamers, com. de Marollette; pop. 280 hab.

AUBIN (Saint-), vg. de Fr., dép. de Seine-et-Oise, arr. de Versailles, cant. de Palaiseau, poste d'Orçay; pop. 100 hab.

AUBIN (Saint-), ham. de Fr., dép. de Seine-et-Oise, arr. d'Étampes, cant. et poste de la Ferté-Aleps, com. d'Itteville; pop. 45 h.

AUBIN (Saint-), vg. de Fr., dép. de la Seine-Inférieure, arr. de Neufchâtel-en-Bray, cant., com. et poste de Gournay; pop. 150 hab.

AUBIN-ANZIN (Saint-) ou SAINT-AUBIN-DE-DOULAY, vg. de Fr., dép du Pas-de-Calais, arr., cant. et poste d'Arras; pop. 400 h.

AUBIN-CELLOVILLE (Saint-), vg. de Fr., dép. de la Seine-Inférieure, arr. de Rouen, cant. de Boos, poste de Pont-de-l'Arche; pop. 786 hab.

AUBIN-CHATEAUNEUF (Saint-), vg. de Fr., dép. de l'Yonne, arr. de Joigny, cant. et poste d'Aillant-sur-Tholon; pop. 900 hab.

AUBIN-D'APPENAY (Saint-), vg. de Fr., dép. de l'Orne, arr. d'Alençon, cant. et poste de la Mesle-sur-Sarthe; pop. 800 hab.

AUBIN-D'ARQUENAY (Saint-). *Voyez* ARQUENAY.

AUBIN-D'AUBIGNÉ (Saint-), vg. de Fr., dép. d'Ille-et-Vilaine, arr. à 4 1/2 l. N.-N.-E. de Rennes, chef-lieu de canton, poste de Liffré; pop. 1300 hab.

AUBIN-DE-BARQ (Saint-), vg. de Fr., dép. de l'Eure, arr. de Bernay, cant., com. et poste de Beaumont-le-Roger; pop. 300 hab.

AUBIN-DE-BEAUBIGNÉ (Saint-), vg. de Fr., dép. des Deux-Sèvres, arr. de Bressuire, cant. et poste de Châtillon-sur-Sèvre; pop. 1350 hab.

AUBIN-DE-BLAGNAC, vg. de Fr., dép. de la Gironde, arr. de Libourne, cant. et poste de Branne; pop. 420 hab.

AUBIN-DE-BONNEVAL (Saint-), vg. de Fr., dép. de l'Orne, arr. d'Argentan, cant. de Vimoutier, poste du Sap; pop. 600 hab.

AUBIN-DE-CADELECH (Saint-), vg. de Fr., dép. de la Dordogne, arr. de Bergerac, cant. et poste d'Eymet; pop. 750 hab.

AUBIN-DE-COURTERAIE (Saint-), vg. de Fr., dép. de l'Orne, arr. de Mortagne-sur-Huine, cant. de Bazoches-sur-Huine, poste de Moulins-la-Marche; pop. 550 hab.

AUBIN-DE-CRÉTOT (Saint-), vg. de Fr., dép. de la Seine-Inférieure, arr. d'Yvetot, cant. et poste de Caudebec; pop. 425 hab.

AUBIN-D'ECROSVILLE (Saint-), vg. de Fr., dép. de l'Eure, arr. de Louviers, cant. et poste du Neufbourg; pop. 1000 hab.

AUBIN-DE-FONTENAY (Saint-) ou FONTENAY-LE-PESNEL, vg. de Fr., dép. du Calvados, arr. de Caen, cant. et poste de Tilly-sur-Seulles; pop. 850 hab.

AUBIN-DE-LA-BOTTE (Saint-) ou SAINT-AUBIN-ROUTOT, vg. de Fr., dép. de la Seine-Inférieure, arr. du Hâvre, cant. et poste de St.-Romain; pop. 650 hab.

AUBIN-DE-LANQUAIS (Saint-), vg. de Fr., dép. de la Dordogne, arr. de Bergerac, cant. et poste d'Issigeac; pop. 600 hab.

AUBIN-DE-LOCQUENAY (Saint-), vg. de Fr., dép. de la Sarthe, arr. de Mamers, cant. et poste de Fresnay-sur-Sarthe; pop. 1300 hab.

AUBIN-DE-LOSQUE (Saint-) ou LES CHAMPS-DE-LOSQUE, vg. de Fr., dép. de la Manche, arr. de St.-Lô, cant. de St.-Jean-de-Daye, poste de la Périne; pop. 520 hab.

AUBIN-DE-LUIGNÉ (Saint-), vg. de Fr., dép. de Maine-et-Loire, arr. d'Angers, cant. et poste de Chalonnes; pop. 1500 hab.

AUBIN-DE-MONTENOY (Saint-), vg. de Fr., dép. de la Somme, arr. d'Amiens, cant. de Molliens-Vidame, poste de Quévauvillers; pop. 450 hab.

AUBIN-DE-NABIRAT (Saint-), vg. de Fr., dép. de la Dordogne, arr. de Sarlat, cant. et poste de Domme; pop. 550 hab.

AUBIN-DES-ALLEUDS (Saint-). *Voyez* LES ALLEUDS.

AUBIN-DES-BOIS (Saint-), vg. de Fr., dép. du Calvados, arr. de Vire, cant. et poste de St.-Sever; pop. 600 hab.

AUBIN-DES-BOIS (Saint-), vg. de Fr., dép. d'Eure-et-Loir, arr., cant. et poste de Chartres; pop. 550 hab.

AUBIN-DE-SCELLON (Saint-), vg. de Fr., dép. de l'Eure, arr. de Bernay, cant. et poste de Thiberville; pop. 1450 hab.

AUBIN-DES-CHATEAUX (Saint-), vg. de Fr., dép. de la Loire-Inférieure, arr., cant. et poste de Châteaubriant; pop. 1800 hab.

AUBIN-DES-COURDAIS (Saint-), vg. de Fr., dép. de la Sarthe, arr. de Mamers, cant. et poste de La Ferté-Bernard; pop. 1500 hab.

AUBIN-DES-GROIS (Saint-), vg. de Fr.,

dép. de l'Orne, arr. de Mortagne-sur-Huine, cant. de Nocé, poste de Bellesme; pop. 220 hab.

AUBIN-DES-HAYES (Saint-), vg. de Fr., dép. de l'Eure, arr. et poste de Bernay, cant. de Beaumesnil; pop. 350 hab.

AUBIN-DES-LANDES (Saint-), vg. de Fr., dép. d'Ille-et-Vilaine, arr., cant. et poste de Vitré; pop. 700 hab.

AUBIN-DES-ORMEAUX (Saint-), vg. de Fr., dép. de la Vendée, arr. de Bourbon-Vendée, cant. de Mortagne-sur-Sèvre, poste de Tiffauges; pop. 580 hab.

AUBIN-DES-PRÉAUX (Saint-), vg. de Fr., dép. de la Manche, arr. d'Avranches, cant. et poste de Granville; pop. 600 hab.

AUBIN-DE-TERRE-GATTE (Saint-), vg. de Fr., dép. de la Manche, arr. d'Avranches, cant. et poste de St.-James; pop. 1900 hab.

AUBIN-DU-CORMIER (Saint-), b. de Fr., dép. d'Ille-et-Vilaine, arr. à 5 l. S.-O. de Fougères, chef-lieu de canton et poste; commerce de sel, miel et cire; pop. 1750 hab.

AUBIN-DU-DÉSERT (Saint-), b. de Fr., dép. de la Mayenne, arr. de Mayenne, cant. et poste de Villaine-la-Juhel; pop. 900 h.

AUBIN-DU-PAVAIL (Saint-), vg. de Fr., dép. d'Ille-et-Vilaine, arr. et poste de Rennes, cant. de Châteaugiron; pop. 650 h.

AUBIN-DU-PAVOIL (Saint-), vg. de Fr., dép. de Maine-et-Loire, arr., cant, et poste de Segré; pop. 1000 hab.

AUBIN-DU-PERRON (Saint-), vg. de Fr., dép. de la Manche, arr. de Coutances, cant. de St.-Sauveur-Lendelin, poste de Périers; pop. 680 hab.

AUBIN-DU-PLAIN (Saint-), vg. de Fr., dép. des Deux-Sèvres, arr. de Bressuire, cant. et poste d'Argenton-le-Château; pop. 400 h.

AUBIN-DU-THENNEY (Saint-), vg. de Fr., dép. de l'Eure, arr. de Bernay, cant. et poste de Broglie; fabriques de draps; pop. 1000 h.

AUBIN-DU-VIEIL-ÉVREUX (Saint-), vg. de Fr., dép. de l'Eure, arr., cant. et poste d'Évreux; pop. 200 hab.

AUBIN-EN-BRAY (Saint-), vg. de Fr., dép. de l'Oise, arr. de Beauvais, cant. du Coudray-St.-Germer, poste de Gournay; pop. 500 hab.

AUBIN-EN-CHAROLLAIS (Saint-), vg. de Fr., dép. de Saône-et-Loire, arr. et poste de Charolles, cant. de Palinges; pop. 600 h.

AUBIN-EPINAY ou **LA RIVIERE** (Saint-), vg. de Fr., dép. de la Seine-Inférieure, arr. de Rouen, cant. de Boos, poste de Darnetal; pop. 500 hab.

AUBINETES, vg. de Fr., dép. de Lot-et-Garonne, arr. et poste de Marmande, cant. de Seyches, com. de St.-Sauveur-de-Lévignac; pop. 100 hab.

AUBIN-FOSSE-LOUVAIN (Saint-), vg. de Fr., dép. de la Mayenne, arr. de Mayenne, cant. et poste de Gorron; pop. 1000 hab.

AUBINGES, vg. de Fr., dép. du Cher, arr. de Bourges, cant. et poste des Aix-d'Angillon; pop. 700 hab.

AUBINHAC, vg. de Fr., dép. de l'Aveyron, arr. de Rhodez, cant. et poste de Rignac, com. d'Anglars; pop. 100 hab.

AUBIN-JOUXTE-BOULLENG (Saint-), vg. de Fr., dép. de la Seine-Inférieure, arr. de Rouen, cant. et poste d'Elbeuf; pop. 1500 h.

AUBIN-LA-CAMPAGNE (Saint-). *Voyez* SAINT-AUBIN-CELLOVILLE.

AUBIN-L'AMIÉNOIS (Saint-). *Voyez* SAINT-AUBIN-DE-MONTENOY.

AUBIN-LA-PLAINE (Saint-), vg. de Fr., dép. de la Vendée, arr. de Fontenay-le-Comte, cant. et poste de Ste.-Hermine; pop. 300 hab.

AUBIN-LE-BIZAY (Saint-), vg. de Fr., dép. du Calvados, arr. de Pont-l'Évêque, cant. de Cambremer, poste de Dozullé; pop. 300 hab.

AUBIN-LE-CAUF (Saint-), vg. de Fr., dép. de la Seine-Inférieure, arr. de Dieppe, cant. et poste d'Envermeu; pop. 680 hab.

AUBIN-LE-CLOUX (Saint-), vg. de Fr., dép. des Deux-Sèvres, arr. et poste de Parthenay, cant. de Secondigny; pop. 1250 h.

AUBIN-LE-GUICHARD (Saint-), vg. de Fr., dép. de l'Eure, arr. et poste de Bernay, cant. de Beaumesnil; pop. 715 hab.

AUBIN-LE-VERTUEUX (Saint-), vg. de Fr., dép. de l'Eure, arr., cant. et poste de Bernay; pop. 900 hab.

AUBIN-RIVIÈRE (Saint-), vg. de Fr., dép. de la Somme, arr. d'Amiens, cant. et poste d'Oisemont; pop. 350 hab.

AUBIN-ROUTOT (Saint-). *Voyez* SAINT-AUBIN-DE-LA-BOTTE.

AUBIN-SAINT-WAAST, vg. de Fr., dép. du Pas-de-Calais, arr. de Montreuil-sur-Mer, cant. et poste d'Hesdin; pop. 700 hab.

AUBIN-SOUS-ERQUERY (Saint-), vg. de Fr., dép. de l'Oise, arr., cant. et poste de Clermont; pop. 250 hab.

AUBIN-SUR-ALGOT (Saint-), vg. de Fr., dép. du Calvados, arr. de Lisieux, cant. de Mézidon, poste de Cambremer; pop. 500 h.

AUBIN-SUR-AUQUAINVILLE (Saint-), vg. de Fr., dép. du Calvados, arr. de Lisieux, cant. de Livarot, poste de Fervacques; pop. 100 hab.

AUBIN-SUR-BUCHY (Saint-), ham. de Fr., dép. de la Seine-Inférieure, arr. de Rouen, cant. et poste de Buchy, com. du Vieux-Manoir; pop. 45 hab.

AUBIN-SUR-GAILLON (Saint-), vg. de Fr., dép. de l'Eure, arr. de Louviers, cant. et poste de Gaillon; pop. 1100 hab.

AUBIN-SUR-ITON (Saint-), vg. de Fr., dép. de l'Orne, arr. de Mortagne-sur-Huine, cant. et poste de Laigle; pop. 200 hab.

AUBIN-SUR-LOIRE (Saint-), vg. de Fr., dép. de Saône-et-Loire, arr. de Charolles, cant. et poste de Bourbon-Lancy; pop. 600 hab.

AUBIN-SUR-MER (Saint-), vg. de Fr., dép. de la Seine-Inférieure, arr. d'Yvetot, cant. de Fontaine-le-Dun, poste de Bourg-Dun; pop. 450 hab.

AUBIN-SUR-QUILLEBEUF (Saint-), vg. de Fr., dép. de l'Eure, arr. de Pont-Audemer, cant. et poste de Quillebeuf; pop. 520 hab.

AUBIN-SUR-RILLE (Saint-), vg. de Fr., dép. de l'Eure, arr. et poste de Bernay, cant. de Beaumesnil, com. d'Ajou; pop. 130 hab.

AUBIN-SUR-SCIE (Saint-), vg. de Fr., dép. de la Seine-Inférieure, arr. et poste de Dieppe, cant. d'Offranville; pop. 600 hab.

AUBIN-SUR-YONNE (Saint-), vg. de Fr., dép. de l'Yonne, arr. et cant. de Joigny, poste de Villevallier; pop. 500 hab.

AUBIQUÉ, ham. de Fr., dép. de la Sarthe, arr. de Mamers, cant. et poste de Fresnay-sur-Sarthe, com. d'Assé-le-Boisne; pop. 60 h.

AUBONCOURT-ÈS-RIVIÈRE, vg. de Fr., dép. des Ardennes, arr. de Réthel, cant. de Novion, com. de Chesnois, poste de Launoy; pop. 150 hab.

AUBONCOURT-LES-VAUZELLES, vg. de Fr., dép. des Ardennes, arr. et poste de Réthel, cant. de Novion; pop. 300 hab.

AUBONNE, vg. de Fr., dép. du Doubs, arr. et poste de Pontarlier, cant. de Montbenoit; pop. 630 hab.

AUBONNE, *Aula Bona*, pet. v. de Suisse, cant. de Vaud, chef-lieu de district, à 4 3/4 l. S. de Lausanne et à 1 l. N. du lac de Genève, sur la petite rivière du même nom. Elle fut pendant quelque temps la propriété de Tavernier, connu par ses voyages. Mais son propriétaire le plus renommé est, sans contredit, le célèbre Du Quesne, dont le cœur se trouve dans l'église d'Aubonne, où l'on remarque un beau mausolée qui lui a été érigé par son fils. Dans les environs on récolte un des vins les plus estimés de la Suisse; pop. 1600 hab.

AUBORD, vg. de Fr., dép. du Gard, arr. et poste de Nismes, cant. de Vauvert; pop. 200 hab.

AUBOUÉ, vg. de Fr., dép. de la Moselle, arr., cant. et poste de Briey; pop. 730 hab.

AUBOUS, vg. de Fr., dép. des Basses-Pyrénées, arr. de Pau, cant. et poste de Garlin; pop. 280 hab.

AUBRAC, vg. de Fr., dép. de l'Aveyron, arr. et poste d'Espalion, cant. et com. de St.-Chély-d'Aubrac; mines de fer; pop. 180 hab.

AUBRES, vg. de Fr., dép. de la Drôme, arr., cant. et poste de Nyons; pop. 350 hab.

AUBREVILLE, vg. de Fr., dép. de la Meuse, arr. de Verdun-sur-Meuse, cant. et com. de Clermont-en-Argonne; pop. 1050 h.

AUBRIVES, vg. de Fr., dép. des Ardennes, arr. de Rocroi, cant. et poste de Givet; pop. 250 hab.

AUBROMETZ, vg. de Fr., dép. du Pas-de-Calais, arr. de St.-Pol-sur-Ternoise, cant. d'Auxy-le-Château; poste de Frévent; pop. 250 hab.

AUBRY, vg. de Fr., dép. du Nord, arr., cant. et poste de Valenciennes; pop. 750 h.

AUBRY ou **AUBRY-EN-EXMES**, vg. de Fr., dép. de l'Orne, arr. d'Argentan, cant. et poste de Trun; pop. 450 hab.

AUBRY-LE-PANTHOU ou **OSMONT**, vg. de Fr., dép. de l'Orne, arr. d'Argentan, cant. et poste de Vimoutier; pop. 450 hab.

AUBTERRE (Aube). *Voyez* AUBETERRE.

AUBUES (les), vg. de Fr., dép. de la Nièvre, arr. de Cosne, cant. et poste de la Charité, com. de Chaulgnes; pop. 166 hab.

AUBURE ou **ALTWEYER**, vg. de Fr., dép. du Haut-Rhin, arr. de Colmar, cant. et poste de Ste.-Marie-aux-Mines; pop. 344 h.

AUBURN, pet. v. des États-Unis de l'Amérique du Nord, dans l'état de New-York, comté de Cayuga, à l'endroit où le lac Owasgo s'écoule dans la Sénéca et sur la grande route militaire de l'O. La ville est importante par son célèbre séminaire théologique des presbytériens et par sa belle prison d'état qui peut contenir 1000 prisonniers; pop. 4400 hab.

AUBUSSARGUES, vg. de Fr., dép. du Gard, arr. et poste d'Uzès, cant. de St.-Chaptes; pop. 280 hab.

AUBUSSON, *Albucium*, v. de Fr., dép. de la Creuse, chef-lieu d'arrondissement et siége d'un tribunal de première instance, à 7 l. S.-E. de Guéret, 85 l. S. de Paris, sur la Creuse, dans une gorge entourée de montagnes et de rochers d'un aspect pittoresque. Aubusson n'a de remarquable que sa manufacture de tapis qui tient le premier rang après celles des Gobelins et de Beauvais. Cette ville possède aussi des fabriques de draps, de siamoises, des tanneries et des chapelleries. Le sel est un de ses principaux articles de commerce; pop. 4850 hab.

Aubusson était depuis le neuvième siècle une seigneurie indépendante gouvernée par des vicomtes. Le plus célèbre de ces vicomtes fut Pierre d'Aubusson, né en 1423 et descendant de Ranulfe Ier, créé vicomte d'Aubusson et de la Marche, en 889, par le roi Eudes. Élu grand-maître de l'ordre de St.-Jean-de-Jérusalem, Pierre d'Aubusson soutint victorieusement les terribles attaques de Mahomet II et donna plus tard un asile à Zizime vaincu par son frère Bajazet.

AUBUSSON, vg. de Fr., dép. de l'Orne, arr. de Domfront, cant. et poste de Flers; pop. 550 hab.

AUBUSSON, vg. de Fr., dép. du Puy-de-Dôme, arr. et poste de Thiers, cant. de Courpière; pop. 750 kab.

AUBVILLERS, vg. de Fr., dép. de la Somme, arr. et poste de Montdidier, cant. d'Ailly-sur-Noye; pop. 340 hab.

AUBY, vg. de Fr., dép. du Nord, arr., cant. et poste de Douai; pop. 1000 hab.

AUCA, peuplade indienne libre habitant les bords du Maroni supérieur, dans la Guyane hollandaise.

AUCA-GURIEL, v. et ancienne capitale du roy. de Hourrour, dans l'Afrique orientale, entre le pays des Gallas et celui des Somaulis. *Voyez* HOURROUR.

AUCALEUC, vg. de Fr., dép. des Côtes-du Nord, arr., cant. et poste de Dinan; pop. 400 hab.

AUCAMVILLE ou LE CAMPVILLE, vg. de Fr., dép. de la Haute-Garonne, arr., cant. et poste de Toulouse; pop. 225 hab.

AUCANVILLE, vg. de Fr., dép. de Tarn-et-Garonne, arr. de Castelsarrasin, cant. de Verdun-sur-Garonne, poste de Grisolles; pop. 1100 hab.

AUCAYAMA, gr. vg. dans la rép. du Pérou, dép. de Lima, prov. de Chancay. Son église possède l'image d'une Vierge miraculeuse, don de Charles V; pop. 3000 h.

AUCCAZEIN, vg. de Fr., dép. de l'Ariège, arr. de St.-Girons, cant. et poste de Castillon; pop. 400 hab.

AUCELLOU, vg. de Fr., dép. de la Drôme, arr. de Die, cant. et poste de Luc-en-Diois; pop. 450 hab.

AUCEY, vg. de Fr., dép. de la Manche, arr. d'Avranches, cant. et poste de Pontorson; pop. 750 hab.

AUCH, *Climberris, Augusta Auscorum*, v. de Fr., chef-lieu du département du Gers, à 185 l. S.-S.-O. de Paris, sur le Gers, siège d'une cours d'assises, de tribunaux de commerce, de première instance et d'un archevêché. Elle est située sur le penchant d'une colline et divisée en ville haute et ville basse. Un escalier de 200 marches établit la communication entre les deux parties. Ses rues sont sales et mal pavées; mais ses places publiques sont très-régulières. La ville haute a une belle place et une promenade d'où l'on aperçoit les Pyrénées. Elle a aussi plusieurs édifices remarquables, entre autres la cathédrale dont on attribue la fondation à Clovis, l'hôtel de la préfecture, ci-devant palais primatial, l'hôtel de ville, une jolie salle de spectacle et trois vastes casernes. Parmi ses établissements de bienfaisance et d'utilité publique, nous citerons un collège, une école normale primaire, une bibliothèque et un hôpital très-bien entretenu.

On fabrique à Auch des étoffes de fil et de coton et plusieurs autres tissus employés dans le département; on y fait aussi grand commerce d'eau-de-vie. Foires: le 27 janvier, le troisième lundi de carême, 8 mai, 1er juillet, 12 août, 9 septembre, 1er octobre, 14 novembre et 30 décembre; pop. 61,214 habitants pour l'arrondissement et 10,461 pour la ville.

Auch est la patrie de Roquelaure, de l'amiral Villaret-Joyeuse et du général Dessoles.

Cette ville, une des plus anciennes de France, était, avant l'invasion romaine, habitée par les Ausci, dont elle était la capitale. Une colonie romaine qui s'y établit du temps d'Auguste, lui donna le nom d'*Augusta Auscorum*. Quand les provinces romaines devinrent la conquête des barbares, cette contrée tomba au pouvoir des Goths. Ceux-ci en furent à leur tour dépossédés par les Vascons d'Espagne, qui donnèrent au pays le nom de Vascogne ou Gascogne, dont Auch resta la capitale jusqu'à l'époque où la Gascogne se divisa en plusieurs comtés. Alors cette ville, siège des comtes d'Armagnac, suivit le sort de ce comté qui, devenu plus tard le patrimoine de Henri IV, fut réuni à la France en 1589.

AUCHEL, vg. de Fr., dép. du Pas-de-Calais, arr. de Béthune, cant. de Norrent-Fontes, poste de Lillers; pop. 640 hab.

AUCHES (les), vg. de Fr., dép. des Basses-Alpes, arr. de Digne, cant., com. et poste de Seyne; pop. 120 hab.

AUCHONVILLERS, vg. de Fr., dép. de la Somme, arr. de Péronne, cant. et poste d'Albert; pop. 436 hab.

AUCHTERMUCHTY, b. d'Ecosse, dans le comté de Fife; manufactures de grosses toiles; pop. 2800 hab.

AUCHTERRADER, b. d'Ecosse, dans le comté de Perth; fabrication considérable de toiles; pop. 2900 hab.

AUCHY, vg. de Fr., dép. du Nord, arr. de Douai, cant. et poste d'Orchies; pop. 1400 hab.

AUCHY-AUX-BOIS, vg. de Fr., dép. du Pas-de-Calais, arr. de Béthune, cant. de Norrent-Fontes, poste de Lillers; pop. 250 h.

AUCHY-EN-BRAY, vg. de Fr., dép. de l'Oise, arr. de Beauvais, cant. et poste de Songeons; pop. 140 hab.

AUCHY-LA-BASSÉE, vg. de Fr., dép. du Pas-de-Calais, arr. de Béthune, cant. de Cambrai, poste de la Bassée; pop. 1080 h.

AUCHY-LA-MONTAGNE, vg. de Fr., dép. de l'Oise, arr. de Clermont, cant. et poste de Crevecœur; pop. 720 hab.

AUCHY-LES-MOINES, vg. de Fr., dép. du Pas-de-Calais, arr. de St.-Pol-sur-Ternoise, cant. du Parcq, poste d'Hesdin; pop. 1250 hab.

AUCKLAND (îles d'), au nombre de quatre, dans l'Océan Pacifique, découvertes en 1806 par Bristow; Auckland en est la plus grande. La pointe septentrionale est, d'après Krusenstern, sous le 50° 31' lat. S. et le 166" 4' long. E. du méridien de Greenwich.

AUCONVILLE, ham. de Fr., dép. de la Moselle, arr. et poste de Metz, cant. et com. de Gorze; pop. 8 hab.

AUCOURT-LES-BUZY, vg. de Fr., dép. de la Meuse, arr. de Verdun-sur-Meuse, cant. et poste d'Étain, com. de Buzy; pop. 100 hab.

AUCTOVILLE, vg. de Fr., dép. du Calvados, arr. de Bayeux, cant. de Caumont, poste de Villers-Bocage; pop. 1200 hab.

AUCUN, vg. de Fr., dép. des Hautes-Pyrénées, arr., à 2 l. O.-S.-O. et poste d'Argelès, chef-lieu de canton; pop. 900 hab.

AUDAUX, vg. de Fr., dép. des Basses-Pyrénées, arr. d'Orthez, cant. et poste de Navarrenx; pop. 330 hab.

AUDE, *Adax, Atax*, pet. fl. de Fr., a sa source dans les Pyrénées orientales, sur la limite S.-E. du département de l'Arriège; il coule du S. au N. jusqu'à Carcassonne, puis, parallèlement au canal du Midi, de l'O. à l'E. jusqu'à la Méditerranée, dans laquelle il se jette au N.-E. de Narbonne. Son cours est de 45 l.; il est flottable depuis Quillan. Ses affluents sont l'Orbieu, le Rebenti, l'Argent-Double, l'Orbiel et la Ceysse.

AUDE, (dép. de l'), en France, dans la région du S., est borné au N. par les départements de la Haute-Garonne, du Tarn et de l'Hérault; à l'O. par celui de l'Arriège; au S. par le département des Pyrénées-Orientales, et à l'E. par la Méditerranée. Sa superficie est de 608,962 hectares. Des ramifications de la chaîne des Pyrénées s'étendent sur la partie S.-O. du département. La montagne Noire, prolongement des Cévennes, forme sa limite septentrionale et le sépare du département du Tarn. Les Hautes et les Basses-Corbières, deux ramifications secondaires des Pyrénées, le traversent de l'O. à l'E. Une petite chaîne de collines calcaires bordent la côte à l'E. de Narbonne.

Le Pech de Bugarach, point culminant des Corbières, a 1220 mètres de hauteur; le pic de Nore, dans la montagne Noire, en a 1200; quant aux collines dont nous avons parlé, les plus hautes ne dépassent pas 260 mètres.

La côte offre un grand nombre de coupures qui forment autant de petits détroits, à travers lesquelles la mer communique aux grands étangs de Fleury, de Bages et de Sigean.

Les principales rivières du département sont: l'Aude, le Fresquel, l'Orbieu, l'Orbiel, le Rebenti, l'Argent-Double, le Sals et le Laguet. Aucune n'est navigable; mais le département a l'avantage d'être traversé dans toute sa longueur, de l'O. à l'E., par le canal du Midi, auquel se rattache l'embranchement du canal de Narbonne. Cette voie de navigation, l'une des plus grandes sources de prospérité pour le commerce du département, est aussi sous le rapport de l'art, une des constructions les plus remarquables; l'aqueduc de Fresquel, à une demi-lieue de Carcassonne, est surtout digne d'admiration.

La température est très-variable dans le département, mais le climat est sain. En été les chaleurs y sont quelquefois fort incommodes.

Le sol du département est d'une grande fertilité et ses produits sont très-variés. On y récolte du blé, de l'orge, du seigle, du maïs, du millet, de l'avoine, des olives, des mûres et d'excellents vins; les prairies naturelles sont d'un bon rapport et les forêts riches en chênes, hêtres, frênes, pins et sapins.

Le département renferme des mines de fer, de cuivre, de plomb, de manganèse, de cobalt, d'antimoine, des carrières de marbre très-recherché, de pierres lithographiques, de gypse, de pierres à chaux, d'ardoise, de jayet; plusieurs sources d'eaux minérales et thermales, parmi lesquelles il faut citer celles d'Alet, de Campagne et de Rennes-les-Bains qui attirent beaucoup de baigneurs.

Le règne animal n'y est pas moins varié: l'ours, le sanglier, le loup et le renard habitent les forêts du département, le chamois parcourt les pics les plus élevés; l'aigle et le vautour n'y sont pas rares, et en général le gibier de toute espèce y abonde. Outre le mulet, indispensable dans ces contrées montagneuses, on y trouve les mêmes espèces d'animaux domestiques que dans les autres régions de la France.

L'industrie de ce département est très-étendue: elle comprend la fabrication du drap, des couvertures de laine, des étoffes de toutes sortes, celle des ustensiles en cuivre, en fer, en acier et de tout ce qui a rapport à la mise en œuvre des métaux; la tannerie, la distillerie, etc. On y fabrique aussi des ouvrages en corne et en jayet; de la bonneterie, du papier, du vert-de-gris, de l'alun, du sel, des tuiles, etc. L'éducation des abeilles y est très-productive. Le commerce s'y exerce avec une grande activité des produits du sol et des nombreuses manufactures établies sur presque tous les points du département.

Ce département nomme cinq députés; il est divisé en quatre arrondissements dont les chefs-lieux sont:

Carcassonne	12 cant.	140 com.	94,326 hab.
Limoux..	8 »	151 »	77,891 »
Narbonne.	6 »	70 »	56,965 »
Castelnaudary	5 »	75 »	53,903 »
	31 cant.	436 com.	283,085 hab.

Il est compris dans la dixième division militaire dont le quartier général est à Toulouse; du ressort de la cour royale et de l'académie de Montpellier; du diocèse de Carcassonne, évêché suffragant de l'archevêché de Toulouse; du trente-huitième arrondissement forestier dont le chef-lieu est Carcassonne; de la neuvième inspection des ponts-et-chaussées dont le chef-lieu est Alby, et de la cinquième division des mines dont le chef-lieu est Montpellier. Il a 3 collèges et 372 écoles primaires.

Ce département qui fit autrefois partie de l'ancienne province du Languedoc, fut, au commencement du treizième siècle, un des principaux théâtres de la guerre des Albigeois. *Voyez* LANGUEDOC, CARCASSONNE, NARBONNE, etc.

AUDEBEAU, vg. de Fr., dép. de la Gironde, arr. de Libourne, cant., com. et poste de Coutras; pop. 115 hab.

AUDEJOS, vg. de Fr, dép. des Basses-Pyrénées, arr. et cant. d'Orthez, poste de Lacq; pop. 320 hab.

AUDELANGE, vg. de Fr., dép. du Jura, arr. de Dôle, cant. de Rochefort, poste d'Orchamps; pop. 250 hab.

AUDELAROCHE, vg. de Fr., dép. de l'Allier, arr., cant. et poste de la Palisse; pop. 600 hab.

AUDELONCOURT, vg. de Fr., dép. de la Haute-Marne, arr. de Chaumont-en-Bassigny, cant. et poste de Clefmont; pop. 520 hab.

AUDEMBERT, vg. de Fr., dép. du Pas-de-Calais, arr. de Boulogne-sur-Mer, cant. et poste de Marquise; pop. 350 hab.

AUDENAERDE. *Voyez* OUDENARDE.

AUDENCOURT, vg. de Fr., dép. du Nord, arr. de Cambrai, cant. de Clary, poste du Cateau; pop. 250 hab.

AUDENFORT, vg. de Fr., dép. du Pas-de-Calais, arr. de St.-Omer, cant. et poste d'Ardres, com. de Clerques; pop. 148 hab.

AUDENGE, vg. de Fr., dép. de la Gironde, arr. et à 9 l. S.-O. de Bordeaux, chef-lieu de canton, poste de la Teste-de-Buch; pop. 1150 hab.

AUDENSIERCK ou HAUTE-SIERCK, vg. de Fr., dép. de la Moselle, arr. de Thionville, cant. de Metzerwisse, com. de Kerling-lès-Sierck, poste de Sierck; pop. 250 hab.

AUDERVILLE, vg. de Fr., dép. de la Manche, arr. de Cherbourg, cant. et poste de Beaumont; pop. 530 hab.

AUDES, vg. de Fr., dép. de l'Allier, arr. de Montluçon, cant. et poste d'Hérisson; pop. 750 hab.

AU-DESSUS-DE-LA-FIN, ham. de Fr., dép. du Doubs, arr. de Pontarlier, cant. et poste de Morteau, com. des Gras; pop. 40 h.

AUDEUX, vg. de Fr., dép. du Doubs, arr. à 3 l. O.-N.-O. et poste de Besançon, chef-lieu de canton; source d'eau salée; pop. 350 hab.

AUDEVILLE, vg. de Fr., dép. du Loiret, arr. de Pithiviers, cant. de Malesherbes, poste de Sermaises; pop. 220 hab.

AUDICOURT. *Voyez* HAUDICOURT.

AUDIERNE, vg. de Fr., dép. du Finistère, arr. de Quimper, cant. de Pont-Croix, poste; port et école de navigation; pop. 1350 hab.

AUDIGERS (les), vg. de Fr., dép. de Seine-et-Oise, arr. d'Etampes, cant. et poste de la Ferté-Aleps, com. de Boutigny; pop. 115 h.

AUDIGNICOURT, vg. de Fr., dép. de l'Aisne, arr. de Laon, cant. de Coucy-le-Château, poste de Blérancourt; pop. 300 h.

AUDIGNIES, vg. de Fr., dép. du Nord, arr. d'Avesnes, cant. et poste de St.-Sever; pop. 640 hab.

AUDIGNY ou AUDIGNY-LES-FERMES, vg. de Fr., dép. de l'Aisne, arr. de Vervins, cant. et poste de Guise; pop. 550 hab.

AUDIGNY (le Grand et le Petit), vg. de Fr., dép. de l'Aisne, arr. de Vervins, cant. de Wassigny, poste de Guise; pop. 400 hab.

AUDINAC, pet. b. de Fr., dép. de l'Arriège, arr. et poste de St.-Girons, cant. de St.-Lizier, com. de Montjoie; pop. 350 hab.

AUDINCOURT, vg. de Fr., dép. du Doubs, arr. à 1 l. S.-E. et poste de Montbéliard, chef-lieu de canton; forges, martinets, manufactures de ferblanc et filatures de coton; pop. 1300 hab.

AUDINCTHUN-WANDOMME, vg. de Fr., dép. du Pas-de-Calais, arr. de St.-Omer, poste de Fanquembergue; pop. 850 hab.

AUDINGHEN, vg. de Fr., dép. du Pas-de-Calais, arr. de Boulogne-sur-Mer, cant. et poste de Marquise; pop. 900 hab.

AUDINTHUN, vg. de Fr., dép. du Pas-de-Calais, arr. et poste de St.-Omer, cant. de Lumbes, com. de Zudausques; pop. 100 hab.

AUDIRACQ, vg. de Fr., dép. des Basses-Pyrénées, arr. de Pau, cant. et poste de Lembeye, com. de Monassut; pop. 250 hab.

AUDJELAH ou AUGILA, AOUDCHILA, oasis de la Barbarie, au S. du Benghazi et à l'E. de l'état de Tripoli. Bornée de tous côtés par les sables du désert, elle n'est susceptible de culture que sur une longueur d'environ 12 l. de l'E. à l'O. Là le sol est uni, sablonneux, bien arrosé et fertile; mais les habitants, plus portés au commerce qu'à l'agriculture, préfèrent acheter des vivres aux Arabes de Benghazi que de cultiver la terre. Cette oasis, qui se trouve sur la route de Mourzouk au Caire, est gouvernée par un bey dépendant de Tripoli. Le bey actuel, Abou-Zeith-Abdalla, est un Français, né à Toulon. Il fut fait prisonnier à douze ans en Égypte, où il servait comme tambour; il embrassa l'islamisme et parvint plus tard à la dignité de bey.

AUDJELAH, v. principale de l'oasis de ce nom, a près d'une demi-lieue de circonférence; elle est sale et mal bâtie. Les maisons, bâties en pierres calcaires, n'ont qu'un étage et ne reçoivent d'autre jour que celui qui pénètre par les portes. Les dattes qu'on exporte en grande quantité de cette contrée sont renommées.

AUDON, vg. de Fr., dép. des Landes, arr. de St.-Sever, cant. et poste de Tartas; pop. 500 hab.

AUDOUVILLE ou AUDOUVILLE-LA-HUBERT, vg. de Fr., dép. de la Manche, arr. de Valognes, cant. et poste de Ste.-Mère-Eglise; pop. 280 hab.

AUDREHEM, vg. de Fr., dép. du Pas-de-Calais, arr. de St.-Omer, cant. et poste d'Ardres; pop. 620 hab.

AUDRESSEIN, vg. de Fr., dép. de l'Arriège, arr. de St.-Girons, cant. et poste de Castillon; pop. 450 hab.

AUDRESSELLES, vg. de Fr., dép. du Pas-de-Calais, arr. de Boulogne-sur-Mer, cant. et poste de Marquise; pop. 750 hab.

AUDRIEU, vg. de Fr., dép. du Calvados, arr. de Caen, cant. et poste de Tilly-sur-Seulles; pop. 800 hab.

AUDRIX, vg. de Fr., dép. de la Dordogne, arr. de Sarlat, cant. de St.-Cyprien, poste du Bugue; pop. 440 hab.

AUDRUICQ, b. de Fr., dép. du Pas-de-Calais, arr. à 5 1/2 l. N.-O. de St.-Omer, chef-lieu de canton, poste d'Ardres; pop. 2300 hab.

AUDUN-LE-ROMAN, vg. de Fr., dép. de la Moselle, arr. à 3 l. N.-N.-O. et poste de Briey, chef-lieu de canton; forges, fonderies de canons et manufacture de fusils; pop. 450 hab.

AUDUN-LE-TICHÉ, vg. de Fr., dép. de la Moselle, arr. et poste de Briey, cant. d'Audun-le-Roman; pop. 680 hab.

AUDWILLER, vg. de Fr., dép. de la Moselle, arr. de Sarreguemines, cant. et poste de Sarralbe, com. de Gueblange; pop. 250 h.

AUE, b. de Saxe, dans le cercle de l'Erzgebirge, au confluent du Schwarzwasser et de l'Altmühl. Ses habitants, au nombre d'environ 800, vivent du produit des travaux que réclame l'extraction des richesses minérales qui se trouvent dans son territoire; fourneau d'affinage pour l'étain, fabriques d'acide sulfurique et d'acide nitrique, martinet, laminoir, fabrication mécanique de clous et de cuillers. A proximité de cette ville se trouvent de belles carrières de grès et la minière de St.-André d'où l'on retire cette terre si renommée qui sert à la fabrication de la belle porcelaine de Meissen.

AUENHEIM, vg. de Fr., dép. du Bas-Rhin, arr. de Strasbourg, cant. de Bischwiller, poste de Reschwoog; pop. 506 hab.

AUENSTEIN ou **OWENSTEIN**, vg. du Wurtemberg, dans le cercle du Neckar, gr.-bge de Marbach; pop. 850 hab.

AUERBACH, pet. v. de Bavière, dans le cercle du Mein-Supérieur, dist. d'Eschenbach, dans une contrée montagneuse où l'on rencontre beaucoup de pétrifications et des galeries souterraines; pop. 1650 hab.

AUERSTÆDT, vg. de Prusse, dans le roy. de Saxe, rég. de Mersebourg. Cet endroit est célèbre par la victoire que les Français y remportèrent sur les Prussiens, le 14 octobre 1806; pop. 450 hab.

AUFFARGIS, vg. de Fr., dép. de Seine-et-Oise, arr., cant. et poste de Rambouillet; pop. 530 hab.

AUFFAY, b. de Fr., dép. de la Seine-Inférieure, arr. de Dieppe, cant. et poste de Tôtes; commerce de grains et de cuirs; pop. 1150 hab.

AUFFERVILLE, vg. de Fr., dép. de Seine-et-Marne, arr. de Fontainebleau, cant. de Château-Landon, poste de Nemours; pop. 600 hab.

AUFFREVILLE, vg. de Fr. dép. de Seine-et-Oise, arr., cant. et poste de Mantes; pop. 250 hab.

AUFFRIQUE, vg. de Fr., dép. de l'Aisne, arr. de Laon, cant. et poste de Coucy-le-Château; pop. 400 hab.

AUFHAUSEN, vg. du Wurtemberg, dans le cer. de l'Yaxt, gr.-bge de Neresheim; pop. 800 hab.

AUFLANCE, vg. de Fr., dép. des Ardennes, arr. de Sedan, cant. et poste de Carignan; pop. 300 hab.

AUGA, vg. de Fr., dép. des Basses-Pyrénées, arr. de Pau, cant. de Thèze, poste d'Auriac; pop. 350 hab.

AUGAN, vg. de Fr., dép. du Morbihan, arr. de Ploërmel, cant. et poste de Guer; pop. 1730 hab.

AUGE, vg. de Fr., dép. des Ardennes, arr. de Rocroi, cant. de Signy-le-Petit, poste d'Aubenton; pop. 160 hab.

AUGE (vallée d'), *Algia*, dans le dép. du Calvados, près de Lisieux. Cette belle vallée fournit le plus beau bétail aux marchés de Sceaux et de Poissy; elle est renommée pour sa fertilité et surtout pour ses excellents pâturages.

AUGE, vg. de Fr., dép. de la Charente, arr. d'Angoulême, cant. de Rouillac, poste d'Aigre; pop. 750 hab.

AUGE, vg. de Fr., dép. de la Creuse, arr. de Boussac, cant. et poste de Chambon; pop. 200 hab.

AUGE, vg. de Fr., dép. du Jura, arr. de Lons-le-Saulnier, cant. et poste de Clairvaux, com. de Barésia; pop. 100 hab.

AUGÉ, vg. de Fr., dép. des Deux-Sèvres, arr. de Niort, cant. et poste de St.-Maxent; pop. 1400 hab.

AUGÉA, vg. de Fr., dép. du Jura, arr. de Lons-le-Saulnier, cant. et poste de Beaufort; pop. 550 hab.

AUGERANS, vg. de Fr., dép. du Jura, arr. et poste de Dôle, cant. de Montbarrey; pop. 200 hab.

AUGÈRES, vg. de Fr., dép. de la Creuse, arr. de Bourganeuf, cant. et poste de Bénévent; pop. 530 hab.

AUGEROLLES, vg. de Fr., dép. du Puy-de-Dôme, arr. et poste de Thiers, cant. de Courpière; pop. 3500 hab.

AUGERS, vg. de Fr., dép. de Seine-et-Marne, arr. de Provins, cant. de Villiers-St.-Georges, poste de Champcenest; pop. 400 hab.

AUGER-SAINT-VINCENT, vg. de Fr., dép. de l'Oise, arr. de Senlis, cant. et poste de Crépy; pop. 430 hab.

AUGES, vg. de Fr., dép. des Basses-Alpes, arr. et poste de Forcalquier, cant. de Peyruis; pop. 100 hab.

AUGEVILLE, ham. de Fr., dép. de la Haute-Marne, arr. de Wassy, cant. de Doulaincourt, poste de Sailly; pop. 60 hab.

AUGEVILLE, ham. de Fr., dép. de la Seine-Inférieure, arr. de Dieppe, cant. et poste de Bellencombre, com. de Bosc-le-Hard; pop. 80 hab.

AUGICOURT, vg. de Fr., dép. de la Haute-Saône, arr. de Vesoul, cant. de Combeau-Fontaine, poste de Jussey; pop. 500 hab.

AUGIES, vg. de Fr., dép. du Lot, arr. de Gourdon, cant. de St.-Germain, com. d'Ussel, poste de Frayssinet; pop. 120 hab.

AUGINIAC, vg. de Fr., dép. de la Dordogne, arr., cant. et poste de Nontron; pop. 1150 hab.

AUGIREIN, vg. de Fr., dép. de l'Arriège,

arr. de St.-Girons, cant. et poste de Castillon; mine de plomb argentifère; pop. 650 h.

AUGISEY, vg. de Fr., dép. du Jura, arr. de Lons-le-Saulnier, cant. et poste de Beaufort; pop. 580 hab.

AUGISTROU, vg. de Fr., de l'Arriège, arr. de St.-Girons, cant. et poste de Castillon, com. d'Orgibet; pop. 500 hab.

AUGLARS, vg. de Fr., dép. de l'Aveyron, arr. et poste d'Espalion, cant. et com. d'Estaing; pop. 120 hab.

AUGLECOURT (les), ham. de Fr., dép. de la Meuse, arr. de Bar-le-Duc, cant. de Vaubecourt, com. de Courcelles-sur-Aire, poste de Beauzée; pop. 25 hab.

AUGMONTEL, vg. de Fr., dép. du Tarn, arr. de Castres, cant. et poste de Mazamet; pop. 450 hab.

AUGNAISE, vg. de Fr., dép. de l'Orne, arr. de Mortagne-sur-Huîne, cant. de Moulins-la-Marche, poste de Laigle; pop. 340 h.

AUGNAT, vg. de Fr., dép. du Puy-de-Dôme, arr. d'Issoire, cant. et poste d'Ardes; pop. 420 hab.

AUGNAX, vg. de Fr., dép. du Gers, arr., cant. et poste d'Auch; pop. 200 hab.

AUGNE, vg. de Fr., dép. de la Haute-Vienne, arr. de Limoges, cant. et poste d'Eymoutiers; pop. 620 hab.

AUGNIAC, vg. de Fr., dép. du Lot, arr., cant. et poste de Gourdon, com. de Nozac; pop. 130 hab.

AUGNONNE, vg. de Fr., dép. des Vosges, arr. de Remiremont, cant. et poste de Plombières, com. de Granges-de-Plombières; pop. 154 hab.

AUGNY, vg. de Fr., dép. de la Moselle, arr., cant. et poste de Metz; pop. 680 hab.

AUGRAIN, ham. de Fr., dép. de la Loire-Inférieure, arr. de Châteaubriant, cant. et poste de Nozay, com. de Saffré; pop. 80 hab.

AUGSBOURG, *Augusta Vindelicorum*, v. de Bavière, chef-lieu du cer. du Haut-Danube, une des plus anciennes et des plus célèbres villes de l'Allemagne, située dans une plaine, au confluent de la Wertach et du Lech, sur la route de Munich à Ulm, à 16 l. de la première ville et à 12 l. de Neubourg. Elle a 1 1/2 l. de tour et dix portes dont quatre principales; elle possède de bonnes fortifications et possède de belles places publiques et des rues assez bien bâties. Elle est le siège des autorités du cercle et d'un évêque dépendant de l'archevêché de Munich; gymnase protestant et catholique, école de sourds-muets, fondée par le banquier de Schætzler en 1813, celle des beaux-arts, deux hôpitaux, hôtel des incurables, maison de correction. On remarque surtout le château royal, la cathédrale ornée de plusieurs tableaux des meilleurs maîtres, l'hôtel de ville avec une superbe galerie de peintures, la bourse, la salle de spectacle, les fontaines de Neptune, de Mercure, etc. et l'arsenal. Quoique déchue de son ancienne splendeur, la ville d'Augsbourg peut encore être regardée comme une des plus importantes de l'Allemagne pour son commerce et surtout pour sa banque. Elle possède des fabriques de cotonnades, de toiles; manufactures de draps; filatures de draps; orfèvrerie et bijouterie; vaisselle renommée. Augsbourg, autrefois ville impériale, passa, avec ses différentes dépendances, à la Bavière par le traité de Lunéville (9 février 1801) et la paix de Presbourg (26 décembre 1805). C'est dans cette ville que la confession d'Augsbourg fut présentée à Charles-Quint et que ce même monarque fit publier l'intérim qu'il accorda aux protestants; c'est encore là que fut signé, en 1555, le traité qui mit fin aux discordes religieuses. L'évêché d'Augsbourg eut, depuis sa fondation en 582 jusqu'à sa sécularisation, 66 évêques. Patrie de Brucker (Jean-Jacques), philosophe célèbre (1696—1770); de Rugendas (George-Philippe), peintre de batailles (1666—1742); de Peutinger (Conrad), savant célèbre (1465—1530); pop. 30,000 hab.

AUGUERNY, vg. de Fr., dép. du Calvados, arr. de Caen, cant. de Creully, poste de la Délivrande; pop. 600 hab.

AUGUSTA, *Agosta*, v. de Sicile, dans l'intendance de Catane, située sur un rocher près du cap St.-Croce; bien fortifiée. Son port est un des meilleurs de la Sicile; on lui accorde 10,000 hab.

AUGUSTA, chef-lieu du comté de Kennebec, dans l'état du Maine, États-Unis de l'Amérique du Nord, sur le Kennebec, a assez de commerce. Depuis 1821, cette ville est la capitale de l'état du Maine.

AUGUSTA, chef-lieu du comté de Richmond, dans l'état de Géorgie, États-Unis de l'Amérique du Nord, sur le Savannah qui y forme une belle cascade. Cette ville, importante par son commerce et sa population qui s'élève à 7000 âmes, a une académie et est l'entrepôt de l'immense quantité de coton recueilli dans la Haute-Géorgie et qui est ensuite embarqué à Savannah et à Charleston.

AUGUSTA, chef-lieu du comté de Bracken, dans l'état de Kentucky, États-Unis de l'Amérique du Nord, sur l'Ohio, non loin de l'embouchure du Bracken; pop. 1000 hab.

AUGUSTA, pet. v. dans le comté d'Oswégo, état de New-York, États-Unis de l'Amérique du Nord; pop. 3000 hab.

AUGUSTA, pet. v. dans le comté de Northumberland, état de Pensylvanie, États-Unis de l'Amérique du Nord; pop. 2600 hab.

AUGUSTA, comté de l'état de Virginie, dans les États-Unis de l'Amérique du Nord, borné par les comtés de Rockingham, d'Albemarle, de Nelson, de Rockbridge, de Bath et de Pendleton. Ce comté resserré entre les montagnes Bleues et la chaîne des Alleghany, et arrosé par une foule de rivières, est d'une fertilité médiocre, mais se prête bien à l'éducation du bétail; pop. 20,000 hab.

AUGUSTANICE, g. a., contrée de la Basse-Égypte, sur les frontières de l'Arabie.

AUGUSTENBOURG, vg. de la principauté de Schwarzbourg-Sondershausen, dans le comté supérieur. Il est remarquable par son superbe château et le magnifique jardin qui l'avoisine; pop. 250 hab.

AUGUSTENTHAL, vg. du duché de Saxe-Meiningen, dans l'Oberland. On trouve à proximité de ce village des minerais de fer en quantité très-considérable et des usines; scierie à marbre et divers autres établissements remarquables; pop. 500 hab.

AUGUSTIN, riv. dans l'état de Delaware, États-Unis de l'Amérique du Nord, se jette dans le Delaware.

AUGUSTIN (Saint-), vg. de Fr., dép. de la Corrèze, arr. et poste de Tulle, cant. de Corrèze; pop. 1120 hab.

AUGUSTIN (Saint-), ou SAINT-UTIN, vg. de Fr., dép. de la Marne, arr. de Vitry-le-Français, cant. de Sompuis, poste de St.-Remy-en-Bouzemont; pop. 150 hab.

AUGUSTIN (Saint-), vg. de Fr., dép. de Seine-et-Marne, arr., cant. et poste de Coulommiers; pop. 1450 hab.

AUGUSTIN (Saint-), baie au S.-O. de l'île de Madagascar. L'embouchure de l'Ouglahi ou Darmouth est au fond de cette baie. Toute la contrée comprise entre le Mouroundava jusqu'au cap Ste.-Marie, pointe méridionale de l'île, porte le nom de cette baie.

AUGUSTIN (Saint-), v. des États-Unis de l'Amérique du Nord, dans le territoire de Floride. Elle était autrefois la capitale de la Floride orientale et a un bon port défendu par un beau fort en pierre. Sa population a beaucoup diminué dans ces dernières années; on ne lui accorde aujourd'hui qu'environ 2000 âmes.

AUGUSTIN (San-) ou ACASAGUASTAN, SAN-AUGUSTIN DE LA REAL CORONA, pet. v. dans les états mexicains, état de Guatemala, dép. d'Acasaguastan, dont elle est le chef-lieu. Elle est située sur le Rio-Grande et est importante par son commerce; pop. 4500 hab.

AUGUSTIN (Saint-), fl. considérable du Labrador, dans l'Amérique septentrionale, qui se jette par quatre bras dans la baie du même nom, sur la côte mérid. du pays.

AUGUSTIN (Saint-), baie très-étendue sur la côte mérid. du Labrador, dans l'Amérique septentrionale, est très-poissonneuse et renferme un grand nombre d'îles plus ou moins considérables, fréquentées par des pêcheurs.

AUGUSTIN-DES-ANGERS (Saint-) où DES BOIS, vg. de Fr., dép. de Maine-et-Loire, arr. d'Angers, cant. de Louroux-Becconnais, poste de St.-Georges-sur-Loire; pop. 650 hab.

AUGUSTINO (San-), promontoire de la rép. de la Nouvelle-Grenade, au N.-O. du dép. de Magdaléna.

AUGUSTIN-SUR-MER (Saint-), vg. de Fr., dép. de la Charente-Inférieure, arr. de Marennes, cant. et poste de la Tremblade; pop. 540 hab.

AUGUSTOW (Mosty Wielky), b. de la Gallicie, dans le cer. et à 4 l. N.-N.-O. de Zolkiew; potasse; commerce de transit.

AUGUSTOWO, woiwodie du roy. de Pologne; cette province est située entre 19° 5' et 21° 54' long. orient., et entre 52° 40' et 46° 5' lat. N., et est bornée au N. et à l'E. par la Russie, au S. et au S.-O. par la woiwodie de Plock et à l'O. par la Prusse. Sa superficie est d'environ 465 l. c.; sa population de 335,000 habitants. Elle renferme les plus grands lacs de la Pologne, des forêts étendues et offre en certains endroits de bons terrains pour la culture.

AUGUSTOWO, pet. v. de la Pologne, dans la woiwodie qui porte son nom; elle a été fondée par le roi Sigismond-Auguste, est assez étendue, mais n'a qu'un millier d'habitants; on amène à ses foires principalement des chevaux russes et du bétail.

AUGY, vg. de Fr., dép. de l'Aisne, arr. de Soissons, cant. et poste de Braisne; pop. 200 hab.

AUGY, vg. de Fr., dép. de l'Allier, arr. de Moulins-sur-Allier, cant. de Lurcy-Lévy, poste du Veurdre; pop. 630 hab.

AUGY, vg. de Fr., dép. de l'Yonne, arr., cant. et poste d'Auxerre; pop. 320 hab.

AUGY-SUR-AUBOIS, vg. de Fr., dép. du Cher, arr. de St.-Amand-Mont-Rond, cant. et poste de Sancoins; pop. 850 hab.

AUJAC, vg. de Fr., dép. de la Charente-Inférieure, arr. de St.-Jean-d'Angely, cant. de St.-Hilaire, poste de Matha; pop. 1000 h.

AUJAC, vg. de Fr., dép. du Gard, arr. d'Alais, cant. et poste de Genolhac; pop. 840 hab.

AUJAN ou AUJAN-MOURNEDE, vg. de Fr., dép. du Gers, arr. de Mirande, cant. et poste de Masseube; pop. 300 hab.

AUJARGUES, vg. de Fr., dép. du Gard, arr. de Nismes, cant. et poste de Sommières; pop. 600 hab.

AUJEURES, vg. de Fr., dép. de la Haute-Marne, arr. de Langres, cant. de Longeau, poste de Prauthoy; pop. 380 hab.

AUJOLS, ham. de Fr., dép. de l'Aveyron, arr. de Rhodez, cant. de Bozouls, com. de Montrozier, poste de Laissac; pop. 45 hab.

AUJOLS, vg. de Fr., dép. du Lot, arr. et poste de Cahors, cant. de Lalbenque; pop. 650 hab.

AUJON, riv. de Fr., a sa source à 1 1/2 l. N. d'Auberive, dép. de la Haute-Marne, coule du S. au N., passe par Arc-en-Barrois, par Château-Vilain, puis, tournant vers l'O., entre dans le département de l'Aube, où elle se jette dans l'Aube après 14 l. de cours.

AUL, pet. principauté du Dekkan, dans l'Inde, tributaire des Anglais. Aul, Punnusgund et Gnuje en sont les endroits habités.

AULA DEI, b. et ancien couvent d'Espagne, dans le roy. d'Aragon, sur le Gallégo, à 3 l. N.-N.-E. de Saragosse. On y récolte un excellent vin blanc.

AULAGE, ham. de Fr., dép. de la Seine-Inférieure, arr., cant. et poste de Neufchâtel-en-Bray, com. de St.-Martin-l'Hotier ; pop. 55 hab.

AULAGNIER (l'), vg. de Fr., dép. des Hautes-Alpes, arr. de Gap, cant., com. et poste de St.-Bonnet; pop. 225 hab.

AULAINES, vg. de Fr., dép. de la Sarthe, arr. de Mamers, cant. et poste de Bonnétable; pop. 680 hab.

AULAIRE (Saint-), vg. de Fr., dép. de la Corrèze, arr. de Brives, cant. d'Ayen, poste d'Objat; pop. 1200 hab.

AULAIS (Saint-), vg. de Fr., dép. de la Charente, arr., cant. et poste de Barbezieux ; pop. 200 hab.

AULAN, vg. de Fr., dép. de la Drôme, arr. de Nyons, cant. et poste de Séderon; pop. 158 hab.

AULAS, vg. de Fr., dép. du Gard, arr., cant. et poste du Vigan; pop. 1000 hab.

AULAYE (Saint-), vg. de Fr., dép. de la Dordogne, arr. et à 3 1/2 l. S.-O. de Ribérac, chef-lieu de canton et poste; pop. 1450 hab.

AULAYE-LE-BREUIL (Saint-) ou **SAINT-ANTOINE**, vg. de Fr., dép. de la Dordogne, arr. de Bergerac, cant. de Vélines, poste de Ste.-Foy; pop. 315 hab.

AULDE (Sainte-), vg. de Fr., dép. de Seine-et-Marne, arr. de Meaux, cant. et poste de la Ferté-sous-Jouarre; pop. 500 h.

AULDES, vg. de Fr., dép. de l'Allier, arr. et poste de Montluçon, cant. d'Hérisson ; pop. 500 hab.

AULENDORF anciennement **ALIDORF**, vg. du Wurtemberg, dans le cer. du Danube, gr.-bge de Waldsee ; grande culture de chanvre; pop. 1000 hab.

AULERCI, g. a., tribu de la Gaule lyonnaise, près des Séquaniens.

AULERCI BRANNOVICES, g. a., peuple de la Gaule lyonnaise, sur la Loire, fut sous la protection des Éduens.

AULERCI CENOMANI, g. a., peuple de la IIIe Lyonnaise; capitale Cenomania (Le Mans).

AULERCI DIABLINTES, g. a., peuple de la IIIe Lyonnaise ; capitale Noviodunum (Nevers).

AULERCI EBUROVICES, g. a., peuple de la Gaule lyonnaise ; capitale Eborica (Evreux).

AULERS, ham. de Fr., dép. de l'Aisne, arr. de Laon, cant. d'Anisy-le-Château, com. de Bassoles-Aulers, poste de Coucy-le-Château; pop. 75 hab.

AULÈS, ham. de Fr., dép. des Landes, arr. de St.-Sever, cant. et poste de Mugron, com. de Doazit; pop. 83 hab.

AULHAT, vg. de Fr., dép. du Puy-de-Dôme, arr., cant. et poste d'Issoire; pop. 440 hab.

AULIAC, vg. de Fr., dép. du Lot, arr. de Gourdon, cant. de St.-Germain, com. de Peyrilles, poste de Frayssinet; pop. 100 h.

AULIGNY, vg. de Fr., dép. de la Seine-Inférieure, arr. d'Yvetot, cant. de Fontaine-le-Dun, poste de Doudeville; pop. 350 hab.

AULIN, ham. de Fr., dép. du Gers, arr. et poste d'Auch, com. de Traversères, cant. de Saramon; pop. 50 hab.

AULIS, g. a., v. sur la côte de la Béotie, avec un port où s'embarquèrent les Grecs pour le siège de Troie et où Agamemnon résolut de sacrifier sa fille Iphigénie, afin de se rendre les dieux favorables.

AULLÈNE, vg. de Fr., dép. de la Corse, arr. et poste de Sartene, cant. de Serra; pop. 1000 hab.

AULNATS, vg. de Fr., dép. du Puy-de-Dôme, arr. d'Issoire, cant. de la Tour, com. de Bagnols, poste de Tauves; pop. 300 hab.

AULNAY, vg. de Fr., dép. de l'Aube, arr. d'Arcis-sur-Aube, cant. de Chavanges, poste de Dampierre; pop. 150 hab.

AULNAY, b. de Fr., dép. de la Charente-Inférieure, arr. à 4 l. N.-E. de St.-Jean-d'Angely, chef-lieu de canton et poste; pop. 1550 hab.

AULNAY ou **AULNAY-SUR-ITON**, vg. de Fr., dép. de l'Eure, arr., cant. et poste d'Evreux; pop. 200 hab.

AULNAY, vg. de Fr., dép. de Loir-et-Cher, arr. de Blois, cant., com. et poste de Mer; pop. 480 hab.

AULNAY, vg. de Fr., dép. du Loiret, arr. d'Orléans, cant., com. et poste de Meung-sur-Loire; pop. 100 hab.

AULNAY, ham. de Fr., dép. de la Seine, arr. et cant. de Sceaux, com. de Châtenay, poste d'Antony; pop. 56 hab.

AULNAY, vg. de Fr., dép. de Seine-et-Oise, arr. de Versailles, cant. de Meulan, poste de Maule; pop. 200 hab.

AULNAY, vg. de Fr., dép. de la Vienne, arr. et poste de Loudun, cant. de Moncontour; pop. 220 hab.

AULNAY-A-L'AITRE, vg. de Fr., dép. de la Marne, arr. et cant. de Vitry-le-Français, poste de la Chaussée; pop. 250 hab.

AULNAY-AUX-PLANCHES, vg. de Fr., dép. de la Marne, arr. de Châlons-sur-Marne, cant. et poste de Vertus; pop. 180 hab.

AULNAY-LA-RIVIÈRE, vg. de Fr., dép. du Loiret, arr. de Pithiviers, cant. et poste de Puiseaux; pop. 600 hab.

AULNAY-LES-BONDY, vg. de Fr., dép. de Seine-et-Oise, arr. de Pontoise, cant. de Gonesse, poste du Bourget; pop. 580 hab.

AULNAY-SUR-MARNE, vg. de Fr., dép. de la Haute-Marne, arr. de Châlons-sur-Marne, cant. d'Ecury-sur-Coole, poste de Joalons; pop. 350 hab.

AULNAY-SUR-ODON, vg. de Fr., dép. du Calvados, arr. à 8 1/2 l. N.-E. de Vire, chef-lieu de canton et poste; fabriques de basins, de calicots, etc.; éducation de moutons; pop. 2000 hab.

AULNE, riv. de Fr., a sa source dans les montagnes Noires, traverse le département du Finistère de l'E. à l'O., passe par Châteaulin et se jette dans le bassin de Brest après un cours de 30 lieues. Elle est navigable depuis Châteaulin.

AULNE (l') ou **LAULNE**, vg. de Fr., dép. de la Manche, arr. de Coutances, cant. de Lessay, poste de la Haye-du-Puits; pop. 700 hab.

AULNE, b. du roy. de Belgique, dans la prov. de Liège, dist. de Verviers; pop. 2500 hab.

AULNEAUX (les), vg. de Fr., dép. de la Sarthe, arr. et poste de Mamers, cant. de la Fresnaye; pop. 500 hab.

AULNES (les), vg. de Fr., dép. des Vosges, arr. et poste de St.-Dié, cant. et com. de Fraize; pop. 160 hab.

AULNIZEUX, vg. de Fr., dép. de la Marne, arr. de Châlons-sur-Marne, cant. et poste de Vertus; pop. 150 hab.

AULNOIS, vg. de Fr., dép. de l'Aisne; arr., cant., com. et poste de Laon; pop. 220 hab.

AULNOIS-EN-BARROIS, vg. de Fr., dép. de la Meuse, arr. de Bar-le-Duc, cant. d'Ancerville, poste de St.-Dizier; pop. 500 hab.

AULNOIS-SOUS-BEAUFREMONT, vg. de Fr., dép. des Vosges, arr. de Neufchâteau, cant. et poste de Bulgnéville; pop. 260 hab.

AULNOIS-SOUS-VERTUSEY, vg. de Fr., dép. de la Meuse, arr., cant. et poste de Commercy; pop. 396 hab.

AULNOIS-SUR-SEILLE, vg. de Fr., dép. de la Meurthe, arr. de Château-Salins, cant. et poste de Delme; pop. 380 hab.

AULNOY, vg. de Fr., dép. du Nord, arr., cant. et poste de Valenciennes; blanchisseries de toiles; pop. 1150 hab.

AULNOY, vg. de Fr., dép. de Seine-et-Marne, arr., cant. et poste de Coulommiers; pop. 320 hab.

AULNOY-D'ARBOT, vg. de Fr., dép. de la Haute-Marne, arr. de Langres, cant. et poste d'Auberive; pop. 200 hab.

AULNOYS-LES-BERLAYMONT, vg. de Fr., dép. du Nord, arr. et poste d'Avesnes, cant. de Berlaymont; pop. 150 hab.

AULNOY-SUR-LA-MARNE, vg. de Fr., dép. de l'Aisne, arr., cant. et poste de Château-Thierry, com. d'Essommes; pop. 100 h.

AULON, vg. de Fr., dép. de la Creuse, arr. de Bourganeuf, cant. et poste de Bénévent; pop. 500 hab.

AULON, vg. de Fr., dép. de la Haute-Garonne, arr. de St.-Gaudens, cant. d'Aurignac, poste de Martres; pop. 1250 hab.

AULON, vg. de Fr., dép. des Hautes-Pyrénées, arr. de Bagnères-en-Bigorre, cant. et poste d'Arreau; pop. 260 hab.

AULORY, ham. de Fr., dép. du Lot, arr. de Gourdon, cant. de St.-Germain, com.

d'Ussel, poste de Frayssinet; pop. 75 hab.

AULOS, vg. de Fr., dép. de l'Arriège, arr. de Foix, cant. et poste des Cabannes; pop. 115 hab.

AULT, pet. port de Fr., sur la Manche, dép. de la Somme, arr. et à 7 l. O. d'Abbeville, chef-lieu de canton, poste d'Eu. On y fabrique des armes et de la quincaillerie. La pêche y est très-abondante et l'on expédie de cet endroit une grande quantité de poissons pour la capitale; pop. 1450 hab.

AULUS, vg. de Fr., dép. de l'Arriège, arr. et poste de St.-Girons, cant. d'Oust; mines de plomb argentifère, de cuivre, de fer, de zinc et d'arsenic; pop. 900 hab.

AULX-LÈS-CROMARY, vg. de Fr., dép. de la Haute-Saône, arr. de Vesoul, cant. et poste de Rioz; pop. 150 hab.

AUMAGNE, vg. de Fr., dép. de la Charente-Inférieure, arr. de St.-Jean-d'Angely, cant. de St.-Hilaire, poste de Matha; pop. 1300 hab.

AUMALE, *Alba Mala*, v. de Fr., dép. de la Seine-Inférieure, arr. et à 5 l. E. de Neufchâtel, chef-lieu de canton; elle a des fabriques de draps, de serges, de faïence, etc.; eaux minérales ferrugineuses; pop. 1950 hab.

Cette petite ville est remarquable par le rang qu'elle a tenu à l'époque de la féodalité. Au dixième siècle, elle fut érigée en comté en faveur d'Eudes, beau-frère de Guillaume-le-Bâtard, duc de Normandie, et elle joua un rôle assez important, surtout au douzième siècle, dans les guerres entre la France et l'Angleterre. Elle fut assiégée en 1195 par Philippe-Auguste qui l'enleva à Richard-Cœur-de-Lion, et le comté d'Aumale passa à Simon de Dammartin, puis, par succession, à Jean d'Harcourt, vicomte de Châtelleraud, et en 1476 à la maison de Lorraine. En 1547 Henri II érigea la terre d'Aumale en duché en faveur de Claude Ier, duc de Guise, héritier de son père Réné II, duc de Lorraine. Un des plus célèbres successeurs de Claude de Guise fut Charles de Lorraine, duc d'Aumale, né le 25 janvier 1556. Nommé gouverneur de Paris par les Seize en 1589, il fut un des chefs les plus fougueux de la ligue. Après le triomphe de Henri IV, le duc d'Aumale se réfugia dans les Pays-Bas et mourut à Bruxelles en 1631. Son duché devint un domaine de la maison de Savoie par le mariage d'Anne de Lorraine, sa fille, avec Henri de Savoie. En 1724 Marie-Jeanne de Savoie vendit ce duché à Louis-Auguste de Bourbon, et ce domaine resta dans cette dernière famille jusqu'à l'époque où la France effaça les derniers vestiges du système féodal.

AUMATRE, vg. de Fr., dép. de la Somme, arr. d'Amiens, cant. et poste d'Oisemont; pop. 500 hab.

AUMELAS, vg. de Fr., dép. de l'Hérault, arr. de Lodève, cant. et poste de Gignac; pop. 280 hab.

AUMENANCOURT-LE-GRAND, vg. de Fr., dép. de la Marne, arr. de Reims, cant. de Bourgogne, poste d'Isles-sur-Suippe; pop. 650 hab.

AUMENANCOURT-LE-PETIT, vg. de Fr., dép. de la Marne, arr. de Reims, cant. de Bourgogne, poste d'Isles-sur-Suippe ; pop. 309 hab.

AUMENSAN, vg. de Fr., dép. du Gers, arr. de Condom, cant. de Valence, poste de Vic-Fezensac; pop. 100 hab.

AUMERVAL, vg. de Fr., dép. du Pas-de-Calais, arr. et poste de St.-Pol-sur-Ternoise, cant. de Heuchin; pop. 250 hab.

AUMES, vg. de Fr., dép. de l'Hérault, arr. de Beziers, cant. et poste de Montagnac; pop. 445 hab.

AUMESSAS, vg. de Fr., dép. du Gard, arr. et poste du Vigan, cant. d'Alzon; pop. 950 hab.

AUMETZ, vg. de Fr., dép. de la Moselle, arr. et poste de Briey, cant. d'Audun-le-Roman; pop. 1200 hab.

AUMEVILLE, vg. de Fr., dép. de la Manche, arr. de Valognes, cant. de Quettehou, poste de St.-Waast-de-la-Hougue; pop. 240 hab

AUMONE (l'), vg. de Fr., dép. de la Charente-Inférieure, arr., cant., com. et poste de Marennes; pop. 250 hab.

AUMONE (l'), vg. de Fr., dép. d'Eure-et-Loir, arr. de Dreux, cant. et poste de Nogent-le-Roi, com. de St.-Laurent-la-Gatine; pop. 100 hab.

AUMONE (l'), vg. de Fr., dép. de la Sarthe, arr. de Mamers, cant. de St.-Pater, com. d'Oisseau-le-Petit, poste d'Alençon; pop. 100 hab.

AUMONE (l') ou SAINT-OUEN-L'AUMÔNE, vg. de Fr., dép. de Seine-et-Oise, arr., cant. et poste de Pontoise; pop. 1550 hab.

AUMONT. *Voyez* ISLE-AUMONT.

AUMONT (l'), vg. de Fr., dép. de l'Indre, arr. du Blanc, cant. et poste de St.-Benoist-du-Sault, com. de Mouhet; pop. 200 hab.

AUMONT, vg. de Fr., dép. du Jura, arr., cant. et poste de Poligny; pop. 1000 hab.

AUMONT, vg. de Fr., dép. de la Lozère, arr. à 4 l. N. de Marvejols, chef-lieu de canton et poste; pop. 1025 hab.

AUMONT, ham. de Fr., dép. de la Moselle, arr., cant. et poste de Metz, com. de Norroy-le-Veneur; pop. 28 hab.

AUMONT, vg. de Fr., dép. de l'Oise, arr., cant. et poste de Senlis; pop. 265 hab.

AUMONT, vg. de Fr., dép. de Seine-et-Oise, arr. de Mantes, cant. de Limay, com. de Juziers, poste de Meulan; pop. 100 hab.

AUMONT, vg. de Fr., dép. de la Somme, arr. d'Amiens, cant. d'Hornoy, poste d'Airaines; pop. 400 hab.

AUMONTZEY, vg. de Fr., dép. des Vosges, arr. de St.-Dié, cant. et poste de Corcieux; pop. 200 hab.

AUMUR, vg. de Fr., dép. du Jura, arr. de Dôle, cant. et poste de Chemin; pop. 380 h.

AUNAC, vg. de Fr., dép. de l'Aveyron, arr. et poste d'Espalion, cant. et com. de St.-Chely-d'Aubrac; pop. 180 hab.

AUNAC, vg. de Fr., dép. de la Charente, arr. de Ruffec, cant. et poste de Mansle; pop. 800 hab.

AUNAINVILLE ou **LA CHAPELLE-D'AUNAINVILLE**, vg. de Fr., dép. d'Eure-et-Loir, arr. de Chartres, cant. et poste d'Auneau; pop. 320 hab.

AUNAT, vg. de Fr., dép. de l'Aude, arr. de Limoux, cant. de Belcaire, poste de Quillan; pop. 500 hab.

AUNAY (Loir-et-Cher). *Voyez* AULNAY.

AUNAY, vg. de Fr., dép. de la Nièvre, arr. de Château-Chinon, cant. et poste de Châtillon-en-Bazois; pop. 1150 hab.

AUNAY-LES-BOIS, vg. de Fr., dép. de l'Orne, arr. d'Alençon, cant. et poste du Mesle-sur-Sarthe; pop. 450 hab.

AUNAY-SOUS-AUNEAU, vg. de Fr., dép. d'Eure-et-Loir, arr. de Chartres, cant. et poste d'Auneau; pop. 1030 hab.

AUNAY-SOUS-CRÉCY, vg. de Fr., dép. d'Eure-et-Loir, arr., cant. et poste de Dreux; filatures de coton; pop. 250 hab.

AUNEAU, *Aunus*, b. de Fr., dép. d'Eure-et-Loir, arr. à 5 l. E. de Chartres, chef-lieu de canton ; il a des fabriques de bonneterie; foire de bestiaux le 2 novembre; pop. 1620 hab.

Ce bourg était depuis le onzième siècle une seigneurie dépendante du pays Chartrain. Au quinzième siècle il eut pour seigneur le fameux comte de Joyeuse, dont Voltaire a tracé le portrait dans ces deux vers : «Vicieux, pénitent, courtisan solitaire; il prit, quitta, reprit la cuirasse et la haire.» C'est à Auneau que les troupes de Guise surprirent, en 1587, les Reiters que les protestants avaient appelés à leur secours. Ceux-ci furent tous massacrés ainsi que les malheureux habitants. On voit à Auneau une grosse tour, reste de l'ancien château seigneurial d'Auneau.

AUNES-D'AUROUX (Saint-), vg. de Fr., dép. de l'Hérault, arr. et poste de Montpellier, cant. et com. de Mauguio; pop. 215 hab.

AUNEUIL, vg. de Fr., dép. de l'Oise, arr. à 2 l. S.-O. et poste de Beauvais, chef-lieu de canton ; fabriques de blondes ; pop. 1300 hab.

AUNIS, *Alnisium*, *Alaitensis Tractus*, ci-devant pet. prov. de Fr., bornée au N. par le Poitou, à l'E. et au S. par la Saintonge et à l'O. par l'Océan. Sa superficie était de 52 l. c. Lorsque César en fit la conquête, cette contrée était habitée par une peuplade de Santones; elle fut comprise, sous Honorius, dans la seconde Aquitaine. Les Visigoths l'enlevèrent aux Romains. Au commencement du sixième siècle, la victoire de Vouillé la fit passer sous la domination des Francs. Clovis la réunit à la

Saintonge et elle fit plus tard partie des possessions des ducs d'Aquitaine. En 1145, Eléonore, duchesse de Guyenne, répudiée par Louis VII, épousant Henri II, roi d'Angleterre, lui apporta en dot cette province dont les habitants ne supportèrent qu'avec impatience le joug des Anglais. Ils s'insurgèrent en 1370 et implorèrent l'assistance des Français contre leur oppresseur Edouard, prince de Galles. Charles V y envoya Duguesclin pour prendre possession de l'Aunis. Cependant ce ne fut que sous Charles VII que cette province se vit tout à fait soustraite à la domination anglaise. Les guerres de religion au seizième et au dix-septième siècle y portèrent de nouveau le trouble; et la tranquillité ne se rétablit qu'après la prise de La Rochelle. Depuis cette époque son repos n'a plus été troublé sérieusement, pas même pendant la grande révolution française.

AUNIX-LENGROS (Saint-), vg. de Fr., dép. du Gers, arr. de Mirande, cant. et poste de Plaisance; pop. 350 hab.

AUNOU-LE-FAUCON, vg. de Fr., dép. de l'Orne, arr., cant. et poste d'Argentan; pop. 350 hab.

AUNOU-SUR-ORNE, vg. de Fr., dép. de l'Orne, arr. d'Alençon, cant. et poste de Séez; pop. 550 hab.

AUPONT, vg. de Fr., dép. de Saône-et-Loire, arr. de Charolles, cant. et poste de Bourbon-Lancy, com. de Gilly-sur-Loire; pop. 200 hab.

AUPPEGARD, vg. de Fr., dép. de la Seine-Inférieure, arr. de Dieppe, cant. et poste de Bacqueville; pop. 700 hab.

AUPRE (Saint-), vg. de Fr., dép. de l'Isère, arr. de Grenoble, cant. et poste de Voiron; pop. 1050 hab.

AUPS, vg. de Fr., dép. des Hautes-Alpes, arr. et poste de Gap, cant. de Tallard, com. de Fouillouse; pop. 180 hab.

AUPS ou **AULPS**, *Alpium Urbs*, b. de Fr., dép. du Var, arr. à 6 l. N.-O. de Draguignan, chef-lieu de canton et poste; tannerie et poterie; pop. 3000 hab.

AUPUECH, ham. de Fr., dép. de Tarn-et-Garonne, arr. de Montauban, cant. et poste de Caylux, com. de Mouillac; pop. 75 hab.

AUQUAINVILLE, vg. de Fr., dép. du Calvados, arr. de Lizieux, cant. de Livarot, poste de Fervacques; pop. 450 hab.

AUQUEMESNIL, vg. de Fr., dép. de la Seine-Inférieure, arr. de Dieppe, cant. et poste d'Envermeu; pop. 320 hab.

AURADÉ, vg. de Fr., dép. du Gers, arr. de Lombez, cant. et poste de l'Isle-en-Jourdain; pop. 850 hab.

AURADOU, vg. de Fr., dép. de Lot-et-Garonne, arr. et poste de Villeneuve-sur-Lot, cant. de Penne; pop. 600 hab.

AURAGNE, vg. de Fr., dép. de la Haute-Garonne, arr. et poste de Villefranche-de-Lauragais, cant. de Nailloux; pop. 700 hab.

AURANITIS, g. a., contrée de la Babylonie, sur l'Euphrate, au N.-E. de la Palestine; capitale Bostra.

AURAS, *Aurasium*, pet. v. de Prusse, dans la prov. de Silésie, rég. de Breslau, sur la rive droite de l'Oder; il y a un château, un hôpital et quatre foires annuelles; pop. 900 hab.

AURAY, riv. de Fr., dép. du Morbihan, a sa source à 2 l. N.-E. de Grandchamps; elle coule d'abord de l'E. à l'O., puis du N. au S. et se jette dans un golfe fort étroit de l'Océan au N. d'Auray, après un cours de 13 lieues.

AURAY, *Auracium*, v. de Fr. et port sur l'Océan, dép. du Morbihan, arr. et à 8 l. E.-S.-E. de Lorient, chef-lieu de canton. Elle est bâtie sur une colline qui s'abaisse par une pente assez douce jusqu'au bord de la mer; son hôtel de ville est très-joli; elle a aussi une fort agréable promenade et des quais bien entretenus. Fabriques de dentelles, filatures de coton et chantiers de construction pour les bateaux; commerce de grains, beurre, miel, étoffes de laine et de fil; marchés aux chevaux et au bétail; pop. 3730 hab.

Une bataille livrée à Auray le 29 septembre 1364, y décida la querelle entre Charles de Blois et Jean de Montfort, ligué avec les Anglais. Charles y fut tué et Duguesclin fait prisonnier. La mort du premier mit fin à la guerre entre la France et l'Angleterre. C'est à Auray et à Vannes que furent jugés et fusillés les émigrés qui, armés contre la France, firent, le 28 juin 1795, une descente à Quiberon.

AURE, *Eura*, riv. de Fr., a sa source dans le dép. de l'Orne, près de Tourouvre, passe dans le dép. de l'Eure de l'O. à l'E. par Verneuil, Nonancourt et se jette dans l'Eure après un cours de 12 lieues.

AURE, vg. de Fr., dép. des Ardennes, arr. et poste de Vouziers, cant. de Monthois; pop. 180 hab.

AUREA REGIO, g. a., contrée de l'Inde au-delà du Gange, sur la côte orientale du golfe du Bengale.

AUREC, b. de Fr., dép. de la Haute-Loire, arr. d'Yssingeaux, cant. de St.-Didier-la-Seauve, poste de Monistrol; construction de bateaux; pop. 2500 hab.

AUREFEUILLE, ham. de Fr., dép. de l'Aveyron, arr. de Rhodez, cant. et poste de Cassagnes-Bégonhès, com. d'Arvieu; pop. 48 hab.

AUREGA, riv. de la côte N.-O. de l'île de Cuba, se jette dans la baie de Léogane entre l'Artibonito et le petit Auréga.

AUREIL, vg. de Fr., dép. de la Haute-Vienne, arr., cant. et poste de Limoges; pop. 1150 hab.

AUREILHAN, vg. de Fr., dép. des Landes, arr. de Mont-de-Marsan, cant. de Mimizan, poste de Liposthey; pop. 250 hab.

AUREILHAN, vg. de Fr., dép. des Hautes-

Pyrénées, arr., cant. et poste de Tarbes; pop. 1200 hab.

AUREILHAN, ham. de Fr., dép. du Gard, arr., cant. et poste d'Uzès, com. d'Arpaillargues; pop. 56 hab.

AUREILLE, vg. de Fr., dép. des Bouches-du-Rhône, arr. d'Arles-sur-Rhône, cant. d'Eyguières, poste de St.-Remy; pop. 700 hab.

AURE-INFÉRIEURE, riv. de Fr., dép. du Calvados, a sa source au N.-E. de Caumont, coule du S. au N., passe par Bayeux et se jette à 1 l. N. de cette ville dans les Fosses du Souci, gouffres marécageux situés au pied d'une colline appelée Mont Escure.

AUREL, vg. de Fr., dép. de la Drôme, arr. de Die, cant. et poste de Saillans; pop. 750 hab.

AUREL, vg. de Fr., dép. de Vaucluse, arr. de Carpentras, cant. et poste de Sault; eaux minérales froides; pop. 800 hab.

AURELIANI, g.-a., peuple de la IVᵉ Lyonnaise, sur les deux rives de la Loire, au S.-E. des Carnutes, dans l'Orléanais.

AURÉLIUS, pet. v. des États-Unis de l'Amérique du Nord, dans l'état de New-York, comté de Cayuga, sur le lac de Cayuga; pop. 5000 hab.

AURELLE, ham. de Fr., dép. de l'Aveyron, arr. d'Espalion, cant. et poste de St.-Geniez, com. de Pomayrols; pop. 40 hab.

AURENCE (Saint-) ou **SAINT-AURENCE-CAZAUX**, vg. de Fr., dép. du Gers, arr. de Mirande, cant. et poste de Miélan; pop. 380 hab.

AURENQUE, vg. de Fr., dép. du Gers, arr. de Lectoure, cant. et poste de Fleurance, com. de Castelnau-d'Arbieu; pop. 180 hab.

AURENSAN, vg. de Fr., dép. du Gers, arr. de Mirande, cant. et poste de Riscle; pop. 300 hab.

AURENSAN, vg. de Fr., dép. des Hautes-Pyrénées, arr., cant. et poste de Tarbes; pop. 550 hab.

AURENT, vg. de Fr., dép. des Basses-Alpes, arr. de Castellane, cant. et poste d'Entrevaux; pop. 100 hab.

AURES, ham. de Fr., dép. de l'Aveyron, arr. de Rhodez, cant. et poste de Cassagnes-Bégonhès, com. d'Arvieu; pop. 25 hab.

AUREVILLE, vg. de Fr., dép. de la Haute-Garonne, arr. et poste de Toulouse, cant. de Castanet; pop. 300 hab.

AURIABAT, vg. de Fr., dép. des Hautes-Pyrénées, arr. de Tarbes, cant. et poste de Maubourguet; pop. 1100 hab.

AURIAC, vg. de Fr., dép. de l'Aude, arr. de Carcassonne, cant de Mouthoumet, poste de Davejean; pop. 400 hab.

AURIAC, vg. de Fr., dép. de l'Aveyron, arr. de Rhodez, cant. et poste de Cassagnes-Bégonhès; pop. 500 hab.

AURIAC, vg. de Fr., dép. de l'Aveyron, arr. et poste de St.-Affrique, cant. et com. de St.-Rome-de-Tarn; pop. 150 hab.

AURIAC, vg. de Fr., dép. de la Corrèze, arr. de Tulle, cant. de Servières, poste d'Argentat; pop. 100 hab.

AURIAC, vg. de Fr., dép. de la Dordogne, arr. de Ribérac, cant. et poste de Verteillac; pop. 450 hab.

AURIAC ou **AURIAC-EN-BOURSAC**, vg. de Fr., dép. de la Dordogne, arr. de Sarlat, cant. et poste de Montignac; pop. 1150 hab.

AURIAC, vg. de Fr., dép. de la Haute-Garonne, arr. de Villefranche-de-Lauragais, cant. et poste de Caraman; pop. 1750 hab.

AURIAC, vg. de Fr., dép. du Gers, arr., cant. et poste de Mirande; pop. 180 hab.

AURIAC, ham. de Fr., dép. du Gers, arr., cant. et poste d'Auch, com. de Seissan; pop. 21 hab.

AURIAC, vg. de Fr., dép. de Lot-et-Garonne, arr. de Marmande, cant. et poste de Duras; pop. 340 hab.

AURIAC, vg. de Fr., dép. des Basses-Pyrénées, arr. de Pau, cant. de Thèze, poste; pop. 320 hab.

AURIAC, vg. de Fr., dép. du Var, arr. de Brignolles, cant. et poste de Barjols; pop. 100 hab.

AURIAC-L'ÉGLISE, vg. de Fr., dép. du Cantal, arr. de St.-Flour, cant. et poste de Massiac; pop. 1000 hab.

AURIAT, vg. de Fr., dép. de la Creuse, arr., cant. et poste de Bourganeuf; pop. 850 hab.

AURIBAIL, vg. de Fr., dép. de la Haute-Garonne, arr. de Muret, cant. et poste d'Auterive; pop. 280 hab.

AURIBAT, vg. de Fr., dép. des Landes, arr. de Dax, cant. de Montfort, com. de St.-Geours-d'Auribat, poste de Tartas; pop. 200 hab.

AURIBEAU, vg. de Fr., dép. des Basses-Alpes, arr., cant. et poste de Digne; pop. 180 hab.

AURIBEAU, vg. de Fr., dép. du Var, arr., cant. et poste de Grasse; pop. 650 h.

AURIBEAU, vg. de Fr., dép. de Vaucluse, arr., cant. et poste d'Apt; pop. 150 hab.

AURICE, vg. de Fr., dép. des Landes, arr., cant. et poste de St.-Sever; pop. 920 hab.

AURICH, *Auricum*, v. du roy. de Hanovre, chef-lieu du gouvernement d'Aurich, ancien chef-lieu de la province de la Frise orientale. Cette ville, située sur les bords du canal de Treckschuide, est ceinte d'un mur; elle possède un vaste château, une assez belle église et des faubourgs. Elle est le siège du gouverneur de la province, d'une chancellerie de justice, d'un consistoire réformé, d'une direction des domaines et des contributions, etc. On distingue parmi ses établissements publics le gymnase et la maison de refuge; parmi ses établissements industriels, ses belles distilleries, ses fabriques de pipes, de tabac, et ses papeteries. La navigation de son canal est assez importante; pop. 2700 hab.

AURIECH, vg. de Fr., dép. de l'Aveyron, arr. et poste d'Espalion, cant. et com. de St.-Chély-d'Aubrac; pop. 100 hab.

AURIÈRE, vg. de Fr., dép. du Puy-de-Dôme, arr. de Clermont-Ferrand, cant. et poste de Rochefort, com. de Vernines-Aurières; pop. 550 hab.

AURIGNAC, vg. de Fr., dép. de la Haute-Garonne, arr. à 4 l. N.-E. de St.-Gaudens, chef-lieu de canton, poste de Martres; tanneries, commerce de bestiaux; pop. 1450 hab.

AURIGNAC, vg. de Fr., dép. de Tarn-et-Garonne, arr. de Moissac, cant., com. et poste de Montaigut; pop. 320 hab.

AURIGNY. *Voyez* ALDERNEY.

AURILLAC, *Aureliacum*, v. de Fr., chef-lieu du département du Cantal, à l'extrémité de l'étroite vallée et sur la rive droite de la Jordane, à 126 l. S. de Paris; elle est bien bâtie; ses rues, quoique mal percées, sont larges et arrosées par des ruisseaux qui entretiennent la propreté. Entre la ville et la Jordane se trouve une jolie promenade appelée le Gravier. Sur un côteau au-dessus de la ville s'élève l'ancien château, dominé par une grosse tour carrée, et flanqué de plusieurs tourelles. Parmi les édifices d'Aurillac on remarque le collége, l'hôtel de ville, l'hôtel de la préfecture, l'église de St.-Géraud et une belle fontaine surmontée d'une colonne de 25 pieds de haut. Cette ville possède une jolie petite salle de spectacle, une bibliothèque publique, une société d'agriculture, d'arts et d'industrie; elle a des sources d'eaux minérales froides et ses environs sont riches en curiosités naturelles. Son industrie consiste dans ses papeteries, ses fabriques de dentelles, de tapisseries, d'orfèvrerie, de chaudronnerie et son principal commerce en chevaux, mulets, bétail, laine, toile, fromage, etc. Il y a aussi dans cette ville un dépôt d'étalons. Foires le 25 mai, le 7 août, le 14 octobre et le 13 décembre.

Aurillac dut son origine à un monastère que l'ermite Géraud, de la maison d'Auvergne, fonda en cet endroit, au neuvième siècle. Les successeurs de Géraud prirent le titre de comtes d'Aurillac. La ville ne tarda pas à s'émanciper et se gouverna par des magistrats qu'elle choisit elle-même et qui portèrent le titre de consuls. Elle eut beaucoup à souffrir pendant les guerres religieuses et civiles qui désolèrent plusieurs fois le pays; cependant elle resta la première ville de la Haute-Auvergne, avantage que St.-Flour lui disputa longtemps. Cette ville est la patrie de Gerbert qui fut pape en 999, sous le nom de Sylvestre II, de Piganiol de la Force, savant historiographe, né en 1673 et mort en 1753, du maréchal de Noailles, né en 1678, et du lieutenant-général Manhès, qui, soldat en 1793, et général après la conquête de l'Italie, purgea les Calabres des brigands qui les infestaient; population 98,092 habitants pour l'arrondissement et 10,889 pour la ville.

AURILLAC ou SAINT-PIERRE-D'AURILLAC, vg. de Fr., dép. de la Gironde, arr. de la Réole, cant. et poste de St.-Macaire; pop. 1300 hab.

AURIMOND, vg. de Fr., dép. du Lot, arr. et poste de Gourdon, cant. et com. de Salviac; pop. 100 hab.

AURIMONT, vg. de Fr., dép. du Gers, arr. et poste d'Auch, cant. de Saramon; pop. 346 hab.

AURIN (Saint-), vg. de Fr., dép. de la Somme, arr. de Montdidier, cant. et poste de Roye, com. de l'Échelle; pop. 148 hab.

AURIN, vg. de Fr., dép. de la Haute-Garonne, arr. de Villefranche, cant. de Lanta, poste de Caraman; pop. 380 hab.

AURIOL, b. de Fr., dép. des Bouches-du-Rhône, arr. et à 4 l. N.-E. de Marseille, cant. et poste de Roquevaire; il a de belles rues et de fort jolies maisons. Les ruines d'un ancien château dominent ce bourg. Fabriques de carreaux rouges, manufactures de laine, commerce de grains, de draps, de porcs et des mulets; on y exploite aussi de la houille. Foires le 18 septembre, 3 octobre et 6 décembre; pop. 5300 hab.

AURIOLES, vg. de Fr., dép. de la Gironde, arr. de la Réole, cant. de Pellegrue, poste de Monségur; pop. 200 hab.

AURIOLES-SUR-SAMPZON, vg. de Fr., dép. de l'Ardèche, arr. de l'Argentière, cant. et poste de Joyeuse; pop. 315 hab.

AURIOLS (les), vg. de Fr., dép. de la Haute-Garonne, arr. de Toulouse, cant. com. et poste de Villemur; pop. 200 hab.

AURIONS, vg. de Fr., dép. des Basses-Pyrénées, arr. de Pau, cant. et poste de Garlin; pop. 280 hab.

AURIPLES, vg. de Fr., dép. de la Drôme, arr. de Die, cant. et poste de Crest; pop. 240 h.

AURIS-EN-OISANS, vg. de Fr., dép. de l'Isère, arr. de Grenoble, cant. et poste de Bourg-d'Oisans; pop. 750 hab.

AURIT, ham. de Fr., dép. des Basses-Pyrénées, arr. et cant. d'Orthez, com. de Haget-Aubin, poste de Lacq; pop. 65 hab.

AUROIR, vg. de Fr., dép. de l'Aisne, arr. de St.-Quentin, cant. de Vermand, poste de Ham; pop. 300 hab.

AURON, riv. de Fr., a sa source dans le dép. de l'Allier, à 2 l. S.-E. de Bardais, traverse du S.-E. au N.-O. le dép. du Cher, presque parallèlement au canal du Berry, passe par Bourges et se jette dans le Cher après un cours de 28 l. Cette rivière n'est point navigable; cependant elle l'était du temps de Charles VII, car on trouve dans les archives de Bourges des titres relatifs à la création et à la suppression de commissaires préposés à la navigation de l'Auron.

AURON (Saint-). *Voyez* AARON (Saint-).

AURONS, vg. de Fr., dép. des Bouches-du-Rhône, arr. d'Aix, cant. de Salon, poste de Lambesc; pop. 200 hab.

AUROS, vg. de Fr., dép. de la Gironde, arr. et à 2 1/2 l. N.-N.-E. et poste de Bazas, chef-lieu de canton; pop. 600 hab.

AUROTAPALA. *Voyez* OROTAVA.

AUROUER, vg. de Fr., dép. de l'Allier, arr., cant. et poste de Moulins-sur-Allier; pop. 450 hab.

AUROUSE, ham. de Fr., dép. de la Haute-Loire, arr. de Brioude, cant. et poste de Paulhaguet; pop. 56 hab.

AUROUX, b. de Fr., dép. de la Lozère, arr. de Mende, cant. et poste de Langogne; pop. 1100 hab.

AUROUZAT, vg. de Fr., dép. de l'Allier, arr. et poste de Montluçon, cant. d'Huriel, com. de la Chapelaude; pop. 300 hab.

AURUNGABAD, chef-lieu de la province qui porte son nom, dans l'Inde anglaise, présidence de Bombay. Cette ville est située dans une vaste plaine et occupe un espace assez considérable en partie couverte de ruines; elle est entourée de murs, défendue par des tours et renferme, outre le palais où résidait le nizam avant son changement de résidence, fixée aujourd'hui à Hyderabad, un grand nombre de mosquées, de pagodes, de tombeaux musulmans, parmi lesquels l'on remarque celui de la fille d'Aurengzeb qui se plaisait beaucoup à Aurungabad et lui a donné son nom. On trouve dans cette ville des fabriques d'étoffes de soie et de coton, un bazar bien approvisionné, une certaine activité commerciale et une population encore considérable.

AUSAT, vg. de Fr., dép. de l'Arriège, arr. de Foix, cant. de Vic-Dessos, poste de Tarascon-sur-Arriège; mines de fer; pop. 1000 hab.

AUSCHE, pet. v. de Bohême, dans le cer. de Leitmeritz; culture de houblon; poterie; pop. 1200 hab.

AUSCHWITZ (Oswieczim), pet. v. du roy. de Gallicie, dans le cer. de Wadowice, au confluent de la Sola et de la Vistule, autrefois chef-lieu d'un duché.

AUSCI, g. a., peuple de l'Aquitaine, entre l'Adour et la Garonne. Auch était sa capitale.

AUSONES, g. a., peuple d'Italie, originaire du pays des Brutti et de Lucani, s'établit plus tard entre le Latium et la Campanie et disparaît de l'histoire après avoir été vaincu par les Romains.

AUSONIUM MARE, g. a., partie de la mer Tyrrhénienne, le long des côtes de la Calabre.

AUSPITZ (Hustopetsh), v. des états autrichiens, dans les gouv. de Moravie et de Silésie, cer. et à 7 3/4 l. de Brünn; culture de la vigne; marché de bestiaux; pop. 2500 hab.

AUSSAC, vg. de Fr., dép. de la Charente, arr. d'Angoulême, cant. de St.-Amant-de-Boixe, poste de Mansle; pop. 350 hab.

AUSSAC, vg. de Fr., dép. du Tarn, arr. et poste de Gaillac, cant. de Cadalen; pop. 340 hab.

AUSSAC, vg. de Fr., dép. de Tarn-et-Garonne, arr. et poste de Montauban, cant. de la Française, com. de l'Honor-de-Cos; pop. 200 hab.

AUSSARESSE, ham. de Fr., dép. de l'Aveyron, arr. de Milhau, cant. et com. de Salles-Curan, poste du Pont-de-Salars; pop. 70 hab.

AUSSAT, vg. de Fr., dép. du Gers, arr. de Mirande, cant. et poste de Miélan, com. d'Aux; pop. 120 hab.

AUSSEE, b. des états autrichiens, dans le gouv. de Styrie, cer. de Judenbourg, sur la Traun, à 9 l. O. de Rotemman; sa saline est une des plus considérables qui existent, et il y a plus de mille ans qu'elle est exploitée; l'inspecteur-général qui y est attaché, a son siége à Aussee; tourbe, carrières de marbre, d'albâtre et de gypse; pop. 1200 hab.

AUSSEE (Ausow), b. des états autrichiens, dans les gouv. de Moravie et de Silésie, cer. d'Olmütz; pop. 1400 hab.

AUSSEING, vg. de Fr., dép. de la Haute-Garonne, arr. de St.-Gaudens, cant. de Salies, poste de St.-Martory; pop. 250 hab.

AUSSEN, vg. de Prusse, prov. du Bas-Rhin, rég. de Trèves, au confluent de deux petites rivières (Mühlbach et Primes); fabriques de toutes sortes d'ouvrages en fer; pop. 1000 hab.

AUSSEVIELLE, vg. de Fr., dép. des Basses-Pyrénées, arr. et poste de Pau, cant. de Lescar; pop. 200 hab.

AUSSIG (Austinad Laben), *Austa*, v. royale de Bohême, cer. et à 4 l. N.-N.-O. de Leitmeritz, au confluent de la Biela et de l'Elbe; manufacture d'étoffes de laine et de toiles; papeterie; commerce de blé, fruits, et bois; vin exquis, connu sous le nom de Potskalker; on y pêche beaucoup de lamproies; patrie du peintre Mengs; pop. 1400 hab.

AUSSON, vg. de Fr., dép. de la Haute-Garonne, arr. de St.-Gaudens, cant. et poste de Montrejeau; pop. 480 hab.

AUSSONCE, vg. de Fr., dép. des Ardennes, arr. de Réthel, cant. de Juniville, poste de Tagnon; pop. 500 hab.

AUSSONNE, vg. de Fr., dép. de la Haute-Garonne, arr. de Toulouse, cant. et poste de Grenade-sur-Garonne; pop. 560 hab.

AUSSOS, vg. de Fr., dép. du Gers, arr. de Mirande, cant. et poste de Masseube, com. de Montiers-Aussos; pop. 200 hab.

AUSSURUCQ, vg. de Fr., dép. des Basses-Pyrénées, arr., cant. et poste de Mauléon; pop. 700 hab.

AUSTANITIS, g. a., contrée de la Grande-Arménie, sur l'Euphrate.

AUSTERLITZ (Slawkow), pet. v. des états autrichiens, dans les gouv. de Moravie et de Silésie, cer. et à 8 l. S.-E. de Brünn, remarquable par un château avec de beaux jardins; fabriques d'amidon; pop. 2200 hab. Elle a donné son nom à la bataille livrée le 2 décembre 1805 par l'empereur Napoléon aux empereurs d'Autriche et de Russie. L'armée française était campée à Boulogne, et les Anglais ne voyaient pas sans terreur les flottes et les bataillons qui menaçaient leur patrie. Ils durent donc chercher à détourner l'orage qui grondait sur leur tête, et dès le 11 avril 1805, l'ambassadeur anglais signa un traité de subsides avec l'empereur de Russie; on chercha en même temps à gagner l'Autriche et la Prusse. Celle-ci montra une incertitude qui fatigua les deux partis. Alexandre et François II firent les préparatifs de cette guerre dont ils espéraient tout, mais en employant les fourberies les plus perfides; car en même temps qu'en idée ils se partageaient la France ou en promettaient les lambeaux aux différents dévouements, leurs agents accablèrent Napoléon des protestations les plus pacifiques. Mais le plus clairvoyant des souverains n'était pas homme à se laisser ainsi surprendre. 20,000 chariots, préparés à l'avance, transportèrent nos soldats, comme par enchantement, des côtes de la Manche aux bords du Rhin. C'est à Strasbourg que l'empereur recueillit les divers rapports sur les mouvements et la position des armées ennemies, et le 1er octobre, l'avant-garde de l'armée qui, pour la première fois, reçut le nom de *grande*, franchissait le pont de Kehl. En moins de quinze jours l'armée autrichienne fut anéantie, et Vienne, qui avait résisté à toutes les forces ottomanes, qui, pendant tant de temps, commanda à l'Europe, ouvrit sans résistance ses portes au vainqueur. Cependant l'empereur Alexandre était arrivé près d'Olmütz, en Moravie, et, afin de laisser à Buxhowden et au grand-duc Constantin le temps de le rejoindre avec leurs troupes, il crut pouvoir ralentir la marche des Français en cherchant à entamer des négociations qui produisirent en partie leur effet, et Kutusow, général en chef de l'armée alliée, était parvenu à rassembler toutes ses forces entre Diéditz et Wischau, et dès lors les Russes préludèrent à la journée qui devait les voir anéantir, par la plus aveugle jactance que leur inspirait l'aspect de leurs forces numériques. Mais telle fut cette bataille mémorable à laquelle les soldats avaient donné le nom de *bataille des trois empereurs*, que ceux qui s'étaient annoncés comme les libérateurs de l'Allemagne furent trop heureux de se retirer par les journées d'étape que Napoléon avait réglées lui-même. La paix de Presbourg, le nouveau royaume d'Italie, la possession du Piémont, et de Gênes, le protectorat de l'Helvétie, furent les principaux résultats de cette victoire, la plus mémorable des temps modernes.

AUSTLE (Saint-), pet. v. d'Angleterre, dans le comté de Cornwell, mal bâtie, est le siège du tribunal des mines et remarquable par ses mines d'étain; pop. 4000 hab.

AUSTIN, pet. v. des États-Unis de l'Amérique du Nord, dans l'état d'Ohio, comté de de Trumbull; pop. 900 hab.

AUSTIN, nouvel établissement des États-Unis de l'Amérique du Nord, dans l'état du Maine, comté de Penobscot.

AUSTIN, riv. des États-Unis de l'Amérique du Nord, dans l'état du Maine; elle se jette dans le Kennebec.

AUSTIN, lac dans les États-Unis de l'Amérique du Nord, état de Vermont.

AUSTINS, riv. des États-Unis de l'Amérique du Nord, dans l'état de Géorgie, se jette dans le Savannah.

AUSTINVILLE, vg. des États-Unis de l'Amérique du Nord, dans l'état de Virginie, comté de Wyte, à l'embouchure du Cripple dans le Kenharvah, a de riches mines de plomb dans son voisinage.

AUSTRALIE (l') ou NOUVELLE-HOLLANDE, la plus grande des îles de l'Océanie, est située entre 11° et 39° de lat. S. et 111° et 152° de long. E. Elle a environ mille lieues de longeur sur 450 de largeur moyenne et couvre une surface, qui a été évaluée aux trois quarts de celle de l'Europe, ce qui a déterminé quelques géographes à la ranger au nombre des continents, sous la dénomination de continent Austral.

Au N., le détroit de Torrès sépare l'Australie de la Nouvelle-Guinée ou Papouasie et des îles de la Sonde; à l'E., les terres importantes les plus rapprochées sont la Nouvelle-Calédonie et la Nouvelle-Zeelande, éloignées la première de trois cents lieues, la seconde de plus de quatre cents. Au S., le détroit de Bass la sépare de l'île de Van-Diemen ou Tasmanie qu'on croyait jusqu'en 1797 faire partie de l'Australie; enfin à l'O. cette île est séparée de l'Afrique de toute la largeur de l'Océan Indien. Le golfe de Carpentarie échancre profondémeut la partie septentrionale de l'Australie. Les autres accidents les plus remarquables de ses côtes sont les golfes de Van-Diemen, de Cambridge, d'Exmouth, la baie des Chiens-Marins, les golfes de Spencer et de St.-Vincent et la baie Hervey. Parmi les caps, nous citerons le cap York au N., le cap Wilson vis-à-vis de la Tasmanie, le cap Leuwin au S.-O. Une foule d'îles accompagnent les côtes de cette grande terre; les principales d'entre elles sont : Kangarou, Melville, Groote, Wellesley, King et l'importante Tasmanie. Enfin disons encore qu'il y existe une foule d'excellents mouillages, capables de recevoir les plus nombreuses flottes, tels que Port-Jackson, Botany-Bay, la baie Jervis, le port Western, le port Philep, le port du roi Georges, etc.

L'intérieur de l'Australie est à peu près inconnu, et ce n'est que depuis peu d'années seulement qu'on a relevé toutes ses côtes. Celles du N. présentent des plages fort basses avec quelques monticules le plus souvent isolées; celles du S. offrent, à l'exception de quelques plages de sable, un long ruban de falaises escarpées, sapées par les flots de la mer, tandis que dans la zone intertropicale les côtes sont cernées par deux ceintures de coraux presques continues, dont la largeur augmente sans cesse par le travail des polipiers.

Les montagnes que l'on a reconnues jusqu'à présent en Australie, sont peu élevées. Sur la côte orientale les montagnes Bleues s'étendent du N. au S. à une distance de quinze à vingt lieues de la mer. Leurs parois escarpées, les profonds abymes dont elles sont entrecoupées, ont longtemps empêché de pénétrer de ce côté dans l'intérieur; bien qu'elles n'aient que 800 mètres de hauteur moyenne, leur peu d'élévation suffit néanmoins pour déterminer le partage des eaux qui vont à l'O. et à l'E., ce qui peut donner une idée de l'aspect uniforme et monotone que doit présenter l'intérieur de l'Australie. On a encore reconnu au S. des montagnes Bleues les monts Warregeng, que les Anglais ont nommés Alpes Australiennes ou montagnes Blanches, et entre la rivière des Cygnes et le port du roi Georges la chaîne des monts Darling, qui s'étend sur un espace de soixante lieues environ presque parallèlement à la côte.

Le système hydrographique de l'Australie n'est pas mieux connu que son système orographique; pendant longtemps on a cru que cette île n'avait pas de véritables rivières, puisque la plupart de ses cours d'eaux, faiblement alimentés pendant une partie de l'année, ne prennent l'apparence de fleuves qu'au temps des pluies, qui suivent une marche assez capricieuse dans cette partie du monde et tombent souvent avec une extrême violence après des mois entiers de sécheresse. Tous les ruisseaux deviennent alors d'impétueux torrents, le débordement des eaux est général et les campagnes ne présentent que de vastes nappes d'eau, sur lesquelles on voit surgir seulement les cimes des plus grands arbres. Ainsi l'Hawkesbury s'éleva en 1799 en peu de temps à quarante pieds au-dessus de son niveau et en 1806 à quatre-vingts pieds. La nature du terrain, qui avoisine les montagnes Bleues, est la cause de ce phénomène extraordinaire, qu'on croit du reste particulier à une partie de la Nouvelle-Galles du Sud, dont les terres se refusent à l'absorption des eaux pluviales, bien qu'on ait aussi déjà observé dans l'intérieur de vastes marais, formés par les pluies et les débordements et qui disparaissent par les grandes sécheresses.

L'Hawkesbury, dans le comté de Cumberland, est formé par la jonction du Grose et du Népean; il peut être remonté par de grands navires jusqu'à quinze lieues au-dessus de son embouchure. Le Brisbane, qui traverse la partie moyenne de la Nouvelle-Galles du Sud, est présumé prendre sa source de l'autre côté des montagnes Bleues; ce serait ainsi un grand fleuve, que quelques-uns supposent identique avec le Macquarie qu'on a reconnu sur le revers occidental de ces montagnes; d'autres pensent que ce dernier se perd dans des marais de l'intérieur. Le Paterson, le Hunter et l'Hastings sont d'autres rivières, qui ont leur embouchure sur la côte orientale de l'Australie. La rivière des Cygnes vient des montagnes, qui se trouvent sur la côte occidentale; on a fondé sur ses bords une colonie, qui porte son nom. Enfin l'on a reconnu dans l'intérieur un grand fleuve, formé par le confluent du Laehlan et du Morrumbidji, auquel on a donné le nom de Murray, qui doit se jeter dans la mer sur la côte méridionale. Comme l'on voit, les connaissances hydrographiques de l'Australie, ne sont guère avancées, aussi nous ne nous y arrêterons pas. On n'a reconnu jusqu'ici dans ce pays que trois bassins qui méritent le nom de lacs : le lac Georges au S.-O. de Botany-Bay, à vingt-cinq lieues de la côte orientale; il est très-élevé et assez étendu; le lac Bathurst, à quelques lieues du précédent; et le lac Katarina, découvert récemment par Wilson, au N.-O. du port du roi Georges; ce dernier abonde en cygnes noirs et autres oiseaux aquatiques.

Le climat de l'Australie diffère selon la latitude des lieux; au N. la température est élevée, la chaleur brûlante et continuelle; dans sa latitude moyenne le climat est plus tempéré; enfin au S., depuis le port Jackson jusqu'au détroit de Bass, l'année a des saisons, avec leurs alternatives de chaud et de froid, bien qu'on observe, ce que l'on a déjà remarqué en Afrique et en Amérique, que les hivers y sont moins froids et les étés moins chauds que sous les zones correspondantes de l'hémisphère boréal.

On a trouvé jusqu'ici en Australie du granit, du quarz, du porphyre, du feldspath, des brèches calcaires, des grès, du fer, du plomb, de l'alun, etc., mais ni pierre, ni métal précieux. Des couches abondantes de charbon de terre de bonne qualité sont exploitées à New-Castle sur les bords de la rivière Hunter. La végétation australienne présente des formes très-gracieuses et très-variées, mais comme le remarque Leschenault, son aspect a quelque chose de sombre et de triste, bien différent de la fraîcheur de nos bois. On y a rencontré beaucoup de plantes nouvelles, mais qui offrent peu de ressources à l'homme, aussi y a-t-on introduit presque tous les arbres de l'Europe, qui y réussissent parfaitement. D'autres plantes étrangères y ont également prospéré, seulement il faut renouveler de temps en temps certaines espèces de graines, qui sans cela dégénéreraient assez vite.

La zoologie de l'Australie n'est pas très-riche, mais elle offre des espèces qu'on y a rencontrées pour la première fois. Les quadrupèdes surtout y sont en petit nombre; les carnivores presque inconnus, sauf les desyures, petits animaux de la taille d'un renard. Le chien est la seule espèce commune à l'ancien monde. La plupart des autres quadrupèdes appartiennent à la famille des marsupiaux ou animaux à poche, tels que les kangarous, le koala ou paresseux des colons, le wombat, qui, bien que petit, ressemble à l'ours. On trouve en Australie des opossums ou écureuils volants, les roussettes ou grandes chauves-souris, l'ornithorinque à bec d'oiseau, au corps de phoque; de nombreux phoques habitaient la côte méridionale, mais les chasseurs les ont éloignés; des baleines, des dauphins et des marsouins fréquentent les eaux de l'Australie. Parmi les oiseaux nous citerons l'encu ou casoar de la Nouvelle-Hollande, le pélican, le cygne noir, le magnifique menure, dont la queue imite la forme de la lyre, de nombreux aigles et faucons, des cacatois et perroquets au plumage le plus brillant. Les amphybies y sont représentés par le crocodile, la tortue verte et de nombreux lézards, dont quelques-uns atteignent jusqu'à quatre pieds. Les moustiques, les mouches et les fourmis y sont communes et très-incommodes. On y a déjà trouvé des fourmilières qui avaient jusqu'à trente à quarante pieds de circuit sur dix ou douze de hauteur.

La population de l'Australie ne paraît pas dépasser cent mille habitants, et d'après les explorations de l'intérieur, on pense que la moitié de ce nombre habite les côtes de la mer à dix lieues seulement de profondeur. Cependant s'il existait dans l'intérieur des cours d'eau considérables, ce chiffre pourrait être de beaucoup inférieur à la vérité. On a classé cette population de l'Australie parmi la race malaisienne, bien que certaines tribus semblent se rapprocher de la race nègre. Quoi qu'il en soit, c'est la population la plus misérable qu'on ait encore trouvée aussi maltraitée au physique qu'au moral. Stature petite, membres grêles, nez écrasé, narines larges, yeux petits, enfoncés dans leur orbite, lèvres épaisses, front comprimé de bas en haut, bouche démesurément large, tel est le tableau que nous en tracent les voyageurs. Ils se nourrissent misérablement, ceux du littoral, des poissons qu'ils prennent, de coquillages, de tout ce que la mer leur envoie; ceux de l'intérieur, de racines, de lézards, de chenilles. C'est une grande fête pour eux quand un kangarou se prend dans leurs filets, ou qu'une baleine échoue sur la côte; ils ne quittent cette dernière que lorsque sa chair est tombée dans un état complet de putréfaction. On a acquis la certitude que les naturels de l'intérieur aimaient à se repaître de chair humaine, et quelques Anglais leur ont servi de victime. Quelquefois ils marchent tout nus, d'autres fois ils portent de petits manteaux en peau de kangarou grossièrement cousus; leurs ornements consistent en os, en plumes, en dents d'animaux, en touffes de poils, dont ils couvrent leur tête ou qu'ils pendent à leur nez; un autre ornement est le tatouage en relief, opéré par des entailles profondes et douloureuses; les cicatrices forment diverses sortes de figures. Leurs meilleures habitations consistent en huttes en forme de ruches faites avec des écorces, des herbes marines et de la terre. Quelques naturels habitent aussi des grottes. Le chien est le seul animal domestique de ces malheureux. Leurs ustensiles sont très-grossiers ainsi que leurs armes; ils ont des couteaux, formés de plusieurs morceaux de quarz fichés dans un manche de bois; des haches en pierre; des lances qu'ils jettent avec beaucoup d'habileté; des espèces de sabres courbés en bois qu'ils jettent également, et des casse-têtes; l'usage de l'arc et des flèches leur est inconnu. Ils allument du feu en faisant tourner très-vite un morceau de bois sec dans un trou, pratiqué dans un autre morceau de bois; mais comme cette opération est pénible, ils ont soin de conserver presque toujours du feu, à la garde duquel est attaché l'un des membres de la tribu. Leur religion se réduit à la croyance en un bon et en un mauvais esprit; ce dernier leur inspire beaucoup de crainte; ils ont aussi quelques idées vagues d'une existence future, qu'ils se représentent de la manière la plus grossière, par exemple de pouvoir manger du poisson à satiété, ce qui peut donner une idée de leur extrême misère. Ils croient en outre aux charmes, aux sortilèges, à toutes sortes de monstres, à l'influence des songes. Leurs mœurs répondent à cet état dégradant de civilisation. Leurs unions conjugales se forment de la manière la plus brutale. Un jeune homme épie une fille de la tribu voisine, la surprend, la jette par terre à coups de bâton et l'entraîne baignée dans son sang au milieu des siens. Les morts sont enterrés avec toutes sortes de cérémonies. Dans quelques endroits on les brûle; mais il paraît qu'on les dépouille auparavant de leur peau. Ils vivent en tribus, qui ne se composent que de vingt à trente individus; le plus âgé en est ordinairement le chef; la propriété individuelle est inconnue parmi eux; mais les tribus ont entre elles certaines délimitations pour la chasse et la pêche, qu'on ne doit pas enfreindre. L'infraction donne lieu à des guerres ou à des tournois, dans lesquels l'un se bat après l'autre, et qui ont lieu suivant certaines règles d'honneur militaire, extraordinaires chez des peuples aussi barbares et aussi stupides.

Les dénominations qu'on a données aux différentes parties des côtes de l'Australie n'offrent pas des limites fixes; nous devons les mentionner, bien qu'elles soient menacées de faire bientôt place à celles des nouvelles colonies anglaises. On a divisé la côte septentrionale en terre de Witt à l'O., terre de Van-Diemen au N., terre d'Arnheim, qui forme la partie moyenne, et terre de

Carpentarie, qui forme la partie orientale de cette côte. Sur la côte occidentale se trouvent la terre d'Edels, la terre d'Endracht et la terre de Leuwin ; la côte méridionale est subdivisée en terre de Grant, terre de Baudin, terre de Flinders et terre de Nuyts; enfin la côte orientale, la plus importante par les nombreuses colonies anglaises, qui y sont déja établies, a été appelée Nouvelle-Galles du Sud ; nous renvoyons à ce mot ; il nous suffit ici de remarquer qu'elle est divisée actuellement en provinces de Cumberland, Camden, Argyle, Westmoreland, Northumberland, Roxburgh, Londonderry, Durham, Ayr et Cambridge, en allant du N. au S.

Il est probable que les Malais connaissaient l'Australie longtemps avant les Européens ; les Portugais durent aussi en avoir quelque notion, mais il était réservé au vaisseau hollandais, le Duyfhen, de reconnaître le premier, en 1605, quelques centaines de lieues de la côte septentrionale. L'année suivante l'Espagnol Torrès passa par le détroit qui porte son nom, et de ce moment plusieurs capitaines hollandais vinrent successivement en reconnaître les côtes et eurent la gloire de donner à cette île le nom de Nouvelle-Hollande qu'elle a conservé jusque dans ces derniers temps. L'Anglais Dampier et d'autres navigateurs virent aussi certaines parties de ses côtes. Vers le milieu du dix-huitième siècle, Byron, Carteret et Bougainville continuèrent leurs explorations, mais il était réservé à James Cook de tracer en entier le contour de l'Australie. Dans les temps modernes ce sont La Pérouse, Baudin, Flinders, Krusenstern, Kotzebue, Weddel, Duperrey, King, d'Urville, Legoarant et Blosseville, qui ont le plus contribué à nous faire connaître l'Australie et les autres îles de l'Océanie.

AUSTRASIE, ancien royaume, formé en 511, après le partage des états de Clovis entre ses quatre fils ; il comprit les provinces de Brabant, de Liège, de Luxembourg, de Lorraine, d'Eifel et de Trèves ; capitale Metz. L'Austrasie fut incorporée aux autres portions de la monarchie française en 772.

AUSTREBERTE (Sainte-), vg. de Fr., dép. de la Seine-Inférieure, arr. de Rouen, cant. de Pavilly, poste de Barentin ; pop. 400 h.

AUSTREBERTHE (Sainte-), vg. de Fr., dép. du Pas-de-Calais, arr. de Montreuil-sur-Mer, cant. et poste d'Hesdin ; pop. 300 h.

AUSTREMOINE (Saint-), ham. de Fr., dép. de l'Aveyron, arr. et poste de Rhodez, cant. de Marcillac, com. de Salles-Comtaux ; pop. 80 hab.

AUSTREMOINE (Saint-), vg. de Fr., dép. de la Haute-Loire, arr. de Brioude, cant. de Lavoute-Chillac, poste de Langeac ; pop. 280 hab.

AUTAINVILLE, vg. de Fr., dép. de Loir-et-Cher, arr. de Blois, cant. de Marchenoir, poste d'Oncques ; pop. 750 hab.

AUTANNE, vg. de Fr., dép. de la Drôme, arr. de Nyons, cant. et poste du Buis, com. de Vercoiran ; pop. 500 hab.

AUTECHAUX, vg. de Fr., dép. du Doubs, arr., cant. et poste de Beaume-les-Dames ; pop. 250 hab.

AUTECHAUX-LES-BLAMONT, vg. de Fr., dép. du Doubs, arr. de Montbéliard, cant. et poste de Blamont ; pop. 300 hab.

AUTELS (les), vg. de Fr., dép. de l'Aisne, arr. de Laon, cant. de Rozoy-sur-Serre, poste de Brunhamel ; pop. 520 hab.

AUTELS (fort des). *Voyez* HOMMET (fort du).

AUTELS-EN-AUGE (les), vg. de Fr., dép. du Calvados, arr. de Lisieux, cant. de Livarot, poste de Vimoutier ; pop. 100 hab.

AUTELS-TUBŒUF (les), vg. de Fr., dép. d'Eure-et-Loir, arr. de Nogent-le-Rotrou, cant. d'Authon, com. et poste de Beaumont-les-Autels ; pop. 190 hab.

AUTELS-VILLEVILLON (les), vg. de Fr., dép. d'Eure-et-Loir, arr. de Nogent-le-Rotrou, cant. d'Authon, poste de la Bazoche-Gouet ; pop. 200 hab.

AUTERIVE, pet. v. de Fr., dép. de la Haute-Garonne, arr. et à 4 1/2 l. S.-E. de Muret, chef-lieu de canton et poste ; manufactures de draps ; pop. 3200 hab.

AUTERIVE, vg. de Fr., dép. de la Lozère, arr. de Florac, cant. de Ste.-Énimie, com. de St.-Chely-du-Tarn, poste de la Canourgue ; pop. 100 hab.

AUTERIVE, vg. de Fr., dép. de Tarn-et-Garonne, arr. de Castelsarrasin, cant. et poste de Beaumont-de-Lomagne ; pop. 250 hab.

AUTERRIVE, vg. de Fr., dép. du Gers, arr., cant. et poste d'Auch ; pop. 500 hab.

AUTERRIVE, vg. de Fr., dép. des Basses-Pyrénées, arr. d'Orthez, cant. et poste de Salies ; pop. 300 hab.

AUTET, vg. de Fr., dép. de la Haute-Saône, arr. de Gray, cant. et poste de Dampierre-sur-Salon ; pop. 600 hab.

AUTEUIL, vg. de Fr., dép. de l'Oise, arr. et poste de Beauvais, cant. d'Auneuil ; pop. 400 hab.

AUTEUIL, *Altoulium, Autoulium*, gr. vg. de Fr., dép. de la Seine, arr. de St.-Denis, cant. de Neuilly, à 1 l. O. de Paris, près du bois de Boulogne ; sa proximité de la capitale, ses fabriques, ses filatures et la maison d'éducation commerciale de M. Pitolet donnent de l'importance à ce village qui, au dix-septième siècle, était le rendez-vous des plus illustres savants de l'époque. On y voit encore les maisons de l'inimitable Molière et de Boileau. L'église d'Auteuil renferme les tombeaux d'Helvetius et de d'Aguesseau ; pop. 2764 hab.

AUTEUIL, vg. de Fr., dép. de Seine-et-Oise, arr. de Rambouillet, cant. et poste de Montfort-l'Amaury ; pop. 480 hab.

AUTEUIL-EN-VALOIS, vg. de Fr., dép. de l'Oise, arr. de Senlis, cant. de Betz, poste de la Ferté-Milon; eaux minérales froides; pop. 520 hab.

AUTEVIELLE, vg. de Fr., dép. des Basses-Pyrénées, arr. d'Orthez, cant. et poste de Sauveterre; pop. 150 hab.

AUTEYRAC, vg. de Fr., dép. de la Haute-Loire, arr. de Brioude, cant. et poste de Langeac; pop. 480 hab.

AUTEZANT, vg. de Fr., dép. de la Charente-Inférieure, arr., cant. et poste de St.-Jean-d'Angely; pop. 250 hab.

AUTGHUR, pet. principauté du Dekkan, dans l'Inde, produit du riz, du tabac, du coton, etc., tributaire des Anglais. Autghur en est le chef-lieu.

AUTHE, vg. de Fr., dép. des Ardennes, arr. de Vouziers, cant. du Chêne, poste de Buzancy; pop. 420 hab.

AUTHENAY, vg. de Fr., dép. de l'Eure, arr. d'Evreux, cant. et poste de Damville; pop. 180 hab.

AUTHÈSE, ham. de Fr., dép. de l'Hérault, arr. de St.-Pons, cant. d'Olonzac, com. de Ferrals-les-Montagnes, poste de la Bastide-Rouairoux; pop. 80 hab.

AUTHEUIL, vg. de Fr., dép. de l'Eure, arr. de Louviers, cant. et poste de Gaillon; pop. 400 hab.

AUTHEUIL, vg. de Fr., dép. d'Eure-et-Loir, arr. de Châteaudun, cant. et poste de Cloyes; pop. 200 hab.

AUTHEUIL, vg. de Fr., dép. de l'Orne, arr. et poste de Mortagne-sur-Huîne, cant. de Tourouvre; pop. 450 hab.

AUTHEUIL, ham. de Fr., dép. de Seine-et-Marne, arr. de Melun, cant. et poste de Tournan, com. de Presles; pop. 48 hab.

AUTHEUX, vg. de Fr., dép. de la Somme, arr. et poste de Doullens, cant. de Bernaville; pop. 480 hab.

AUTHEVERNES, vg. de Fr., dép. de l'Eure, arr. des Andelys, cant. de Gisors, poste des Thilliers-en-Vexin; pop. 300 hab.

AUTHEZAT-LA-SAUVETAT, vg. de Fr., dép. du Puy-de-Dôme, arr. de Clermont-Ferrand, cant. et poste de Veyre; pop. 1800 hab.

AUTHIE, *Altilia*, riv. de Fr., a sa source au S. de Pas, dans le dép. du Pas-de-Calais; elle coule dans la direction O.-N.-O. entre ce dép. et celui de la Somme, passe par Doullens et se jette dans la Manche à l'O. de Nampont après un cours de 20 lieues.

AUTHIE, vg. de Fr., dép. du Calvados, arr. et poste de Caen, cant. de Tilly-sur-Seulles; pop. 500 hab.

AUTHIES, vg. de Fr., dép. de la Somme, arr. de Doullens, cant. et poste d'Acheux; pop. 900 hab.

AUTHIEULE, vg. de Fr., dép. de la Somme, arr., cant. et poste de Doullens; pop. 350 hab.

AUTHIEUX (les), vg. de Fr., dép. de l'Eure, arr. d'Evreux, cant. et poste de St.-André; pop. 175 hab.

AUTHIEUX-DU-BOSC-THÉROUDE (les), ham. de Fr., dép. de la Seine-Inférieure, arr. de Rouen, cant. de Clères, com. de Bosc-Guérard-St.-Adrien, poste de Malaunay; pop. 73 hab.

AUTHIEUX-DU-PUITS (les), vg. de Fr., dép. de l'Orne, com. d'Argentan, cant. et poste du Merlerault; pop. 200 hab.

AUTHIEUX-PAPILLON (les), vg. de Fr., dép. du Calvados, arr. de Lizieux, cant. de Mezidon, poste de St.-Pierre-sur-Dives; pop. 180 hab.

AUTHIEUX-RATIÉVILLE (les), vg. de Fr., dép. de la Seine-Inférieure, arr. de Rouen, cant. de Clères, poste de Valmartin; pop. 300 hab.

AUTHIEUX-SAINT-ADRIEN (les). *Voyez* AUTHIEUX-DU-BOSC-THÉROUDE.

AUTHIEUX-SUR-BUCHY (les), vg. de Fr., dép. de la Seine-Inférieure, arr. de Rouen, cant. et poste de Buchy, com. de Ste.-Croix-sur-Buchy; pop. 150 hab.

AUTHIEUX-SUR-CALONNE (les), vg. de Fr., dép. du Calvados, arr. et poste de Pont-l'Evêque, cant. de Blangy; pop. 580 hab.

AUTHIEUX-SUR-CORBON (les), vg. de Fr., dép. du Calvados, arr. de Pont-l'Evêque, cant. et poste de Cambremer; pop. 100 hab.

AUTHIEUX-SUR-LE-PORT-SAINT-OUEN (les), vg. de Fr., dép. de la Seine-Inférieure, arr. de Rouen, cant. de Boos, poste de Pont-de-l'Arche; pop. 550 hab.

AUTHIOU, vg. de Fr., dép. de la Nièvre, arr. de Clamecy, cant. de Brinon-les-Allemands, poste de Varzy; pop. 300 hab.

AUTHOISON, vg. de Fr., dép. de la Haute-Saône, arr. de Vesoul, cant. de Montbozon, poste de Rioz; pop. 650 hab.

AUTHON, vg. de Fr., dép. des Basses-Alpes, arr., cant. et poste de Sisteron; pop. 350 hab.

AUTHON, vg. de Fr., dép. de la Charente-Inférieure, arr. et poste de St.-Jean-d'Angely, cant. de St.-Hilaire; pop. 850 hab.

AUTHON, vg. de Fr., d'Eure-et-Loir, arr., à 3 1/2 l. S.-S.-E., et poste de Nogent-le-Rotrou, chef-lieu de canton; manufacture d'étamine; pop. 1330 hab.

AUTHON, vg. de Fr., dép. de Loir-et-Cher, arr. de Vendôme, cant. de St.-Amand, poste de Château-Renaud; pop. 900 hab.

AUTHON, vg. de Fr., dép. de Seine-et-Oise, arr. de Rambouillet, cant. et poste de Dourdan; pop. 650 hab.

AUTHOU, vg. de Fr., dép. de l'Eure, arr. de Pont-Audemer, cant. et poste de Monfort-sur-Rille; pop. 350 hab.

AUTHOUILLET, vg. de Fr., dép. de l'Eure, arr. de Louviers, cant. et poste de Gaillon; pop. 240 hab.

AUTHUILE, vg. de Fr., dép. de la Somme, arr. de Péronne, cant. et poste d'Albert; pop. 320 hab.

AUTHUME, vg. de Fr., dép. du Jura, arr. et poste de Dôle, cant. de Rochefort; pop. 600 hab.

AUTHUMES, vg. de Fr., dép. de Saône-et-Loire, arr. de Louhans, cant. et poste de Pierre ; pop. 600 hab.

AUTHUN, vg. de Fr., dép. de l'Aveyron, arr. d'Espalion, cant. de St.-Amans, com. de Huparlac, poste d'Entraygues ; pop. 100 hab.

AUTICHAMP, vg. de Fr., dép. de la Drôme, arr. de Die, cant. et poste de Crest ; pop. 350 hab.

AUTIÈGES, vg. de Fr., dép. de Lot-et-Garonne, arr. et poste de Nérac, cant. de Francescas ; pop. 150 hab.

AUTIGNAC, vg. de Fr., dép. de l'Hérault, arr. et poste de Beziers, cant. de Murviel ; pop. 620 hab.

AUTIGNY, vg. de Fr., dép. de la Seine-Inférieure, arr. d'Yvetot, cant. de Fontaine-le-Dun, com. de Brametot, poste de Doudeville ; pop. 380 hab.

AUTIGNY-LA-TOUR, vg. de Fr., dép. des Vosges, arr. et poste de Neufchâteau, cant. de Coussey ; pop. 520 hab.

AUTIGNY-LE-GRAND, vg. de Fr., dép. de la Haute-Marne, arr. de Vassy, cant. et poste de Joinville ; pop. 280 hab.

AUTIGNY-LE-PETIT, vg. de Fr., dép. de la Haute-Marne, arr. de Vassy, cant. et poste de Joinville ; pop. 150 hab.

AUTILS ou **SAINT-PIERRE-D'AUTILS**, vg. de Fr., dép. de l'Eure, arr. d'Evreux, cant. et poste de Vernon ; pop. 850 hab.

AUTINGUES, vg. de Fr., dép. du Pas-de-Calais, arr. de St.-Omer, cant. et poste d'Ardres ; pop. 300 hab.

AUTISE (l'), riv. de Fr., a sa source dans le dép. des Deux-Sèvres, entre Coulonges et Secondigny, passe dans celui de la Vendée et se jette dans la Sèvre-Niortaise, après 16 l. de cours du N.-E. au S.-O.

AUTMONZEY, vg. de Fr., dép. des Vosges, arr. de St.-Dié, cant. de Corcieux, poste de Bruyères ; pop. 160 hab.

AUTOIRE, vg. de Fr., dép. du Lot, arr. de Figeac, cant. et poste de St.-Céré ; pop. 480 hab.

AUTOMELES, g. a., colonie égyptienne qui alla s'établir (700 ans avant J.-C.) non loin de Méroé.

AUTONE, riv. de Fr., a sa source dans le dép. de l'Aisne, près de Villers-Cotterets, passe du S.-E. au N.-O. dans le département de l'Oise où il se jette dans l'Oise, près de Verberie, après un cours de 8 l.

AUTOREILLE, vg. de Fr., dép. de la Haute-Saône, arr. de Gray, cant. et poste de Gy ; pop. 600 hab.

AUTOUILLET, vg. de Fr., dép. de Seine-et-Oise, arr. de Rambouillet, cant. de Montfort-l'Amaury, poste de Thoiry ; pop. 280 hab.

AUTRAC, vg. de Fr., dép. de la Haute-Loire, arr. de Brioude, cant. de Blesle, poste de Massiac ; pop. 250 hab.

AUTRAGE, vg. de Fr., dép. du Haut-Rhin, arr., cant. et poste de Belfort, com. d'Eschène ; pop. 125 hab.

AUTRANS, vg. de Fr., dép. de l'Isère, arr. et poste de Grenoble, cant. de Villard-de-Lans ; pop. 1100 hab.

AUTRÈCHE, vg. de Fr., dép. d'Indre-et-Loir, arr. de Tours, cant. et poste de Château-Renault ; pop. 300 hab.

AUTRÊCHES, vg. de Fr., dép. de l'Oise, arr. de Compiègne, cant. d'Attichy, poste de Vic-sur-Aisne ; pop. 964 hab.

AUTRECOURT, vg. de Fr., dép. des Ardennes, arr. de Sedan, cant. et poste de Mouzon ; pop. 900 hab.

AUTRECOURT, vg. de Fr., dép. de la Meuse, arr. de Bar-le-Duc, cant. de Triancourt, poste de Beauzée ; pop. 560 hab.

AUTREMENCOURT, vg. de Fr., dép. de l'Aisne, arr. de Laon, cant. et poste de Marle ; pop. 400 hab.

AUTREMONT. *Voyez* OUTREMONT.

AUTREPIERRE, vg. de Fr., dép. de la Meurthe, arr. de Lunéville, cant. et poste de Blamont ; pop. 300 hab.

AUTREPPES, vg. de Fr., dép. de l'Aisne, arr., cant. et poste de Vervins ; pop. 720 h.

AUTRETOT, vg. de Fr., dép. de la Seine-Inférieure, arr., cant. et poste d'Yvetot ; pop. 950 hab.

AUTREVILLE, vg. de Fr., dép. de l'Aisne, arr. de Laon, cant. et poste de Chauny, com. de Sinceny-Autreville ; pop. 290 hab.

AUTREVILLE, vg. de Fr., dép. de la Haute-Marne, arr. de Chaumont-en-Bassigny, cant. et poste de Juzennecourt ; pop. 600 hab.

AUTREVILLE, vg. de Fr., dép. de la Meurthe, arr. de Nancy, cant. et poste de Pont-à-Mousson ; pop. 364 hab.

AUTREVILLE, vg. de Fr., dép. de la Meuse, arr. de Montmédy, cant. de Stenay, poste de Mouzon ; pop. 180 hab.

AUTREVILLE, ham. de Fr., dép. de l'Oise, arr., cant. et poste de Clermont, com. de Breuil-le-Sec ; pop. 65 hab.

AUTREVILLE, vg. de Fr., dép. des Vosges, arr. de Neufchâteau, cant. de Coussey, poste de Colombey ; pop. 415 hab.

AUTREY, vg. de Fr., dép. de la Haute-Saône, arr. et à 2 1/2 l. O.-N.-O. de Gray, chef-lieu de canton ; pop. 1100 hab.

AUTREY, vg. de Fr., dép. des Vosges, arr. d'Épinal, cant. et poste de Rambervillers ; pop. 450 hab.

AUTREY-LES-CERRE, vg. de Fr., dép. de la Haute-Saône, arr. et poste de Vesoul, cant. de Noroy-le-Bourg ; pop. 300 hab.

AUTREY-LE-VAY, vg. de Fr., dép. de la Haute-Saône, arr. de Lure, cant. et poste de Villersexel ; pop. 220 hab.

AUTREY-SUR-MADON, vg. de Fr., dép. de la Meurthe, arr. de Nancy, cant. et poste de Vezelise ; pop. 190 hab.

AUTRICHE (l'), (Oestreich, Oesterreich), emp. situé au S.-E. de l'Europe centrale, entre 42° et 51° de lat. N. et 6° et 24° de long. Ses frontières sont : au N., la Saxe, la Prusse, l'état de Cracovie, la Pologne et la Russie ;

à l'E., la Russie et la Turquie; au S., la Turquie, la mer Adriatique et l'état de l'Eglise; et enfin, à l'O., la Sardaigne, la Suisse, le Liechtenstein et la Bavière. Sa longueur de l'E. à l'O. est de 370, sa largeur du S. au N. de 290 et sa circonférence de 2036 l. Sa superficie contient 48,612 l. c. Elle comprend : 1° des états allemands, savoir : le royaume de Bohême, le margraviat de Moravie, avec la Silésie autrichienne, l'archiduché d'Autriche, le duché de Styrie et le comté princier de Tyrol avec le Vorarlberg, qui composent la partie S.-E. de l'Allemagne; 2° les états hongrois, à l'E. des précédents, comprenant le royaume de Hongrie, la grande principauté de Transylvanie et les confins militaires ; 3° le royaume de Gallicie, avec la Londomerie et la Boukowine, au N.-E. du royaume de Hongrie; 4° le royaume de Dalmatie, le long de la côte orientale de la mer Adriatique, et 5° le royaume Lombard-Vénitien, qui forme la partie N.-E. de l'Italie. Une seule mer baigne une petite partie de ces contrées, c'est la mer Adriatique, à l'E. du royaume Lombard-Vénitien, au S. de l'Illyrie et à l'O. de la Dalmatie, et dont la côte occidentale est unie, couverte de lagunes et de marais tandis que la côte orientale est bordée de roches calcaires et d'îles allongées. Ses golfes les plus importants, sur la côte autrichienne, sont ceux de Venise, de Trieste et de Quarnero et celui de Cattaro, tous au S.-E.

Sol. Le sol de l'Autriche offre à sa superficie un aspect extrêmement varié sous tous les rapports; à de hautes montagnes couronnées de glaciers et d'où descendent des avalanches et des torrents qui tombent en de profonds abymes succèdent des montagnes moins élevées, les unes privées de toute végétation, les autres admirablement boisées, ainsi que des plaines traversées de fleuves majestueux. Après les campagnes les plus riches, on rencontre des marais et des steppes; des sites grandioses, des contrées romantiques, alternent avec des lieux nus et déserts. En un mot, le sol de cet état présente la plus grande diversité dans sa forme et sa constitution.

Quant aux montagnes, nous rencontrons d'abord les Alpes, qui, au point du Splügen, aux frontières des Grisons, détachent dans une direction E.-N.-E., un de leurs rameaux gigantesques, sous la dénomination d'Alpes Rhétiques, entre la Valteline et le Tyrol méridional d'un côté, et les Grisons et le Tyrol septentrional de l'autre, jusqu'au Dreiherrnspitz, et sous la dénomination d'Alpes Noriques depuis cette dernière montagne jusqu'aux environs de Vienne, à travers le Salzbourg et le N. de la Styrie. Une seconde chaîne se détache du système Alpique au Monte-Pellegrino, sous le nom d'Alpes Carniques, dans la direction de l'E., à travers la Carinthie, le duché de Carniole et la Styrie méridionale jusqu'aux frontières de la Hongrie. Une troisième chaîne, les Alpes Juliennes et Dinariques, s'étend depuis le mont Terglou, dans la direction S.-E., à travers l'Illyrie, jusque dans la Turquie; plusieurs branches de cette troisième chaîne se prolongent ensuite à travers la Croatie et la Dalmatie. Dans leurs ramifications principales, ces montagnes se composent en grande partie de gneiss; les crevasses nombreuses et les abymes qui s'y trouvent à l'E., donnent à cette partie un aspect sauvage et en rendent les passages très-dangereux; dans les chaînes secondaires l'élément principal est la pierre calcaire, qui, dans un état de décomposition, tantôt forme des excavations et des grottes nombreuses (on en compte près de 1000 jusqu'aux frontières de la Turquie), tantôt s'élève en parois nus et verticaux. Tout le système Alpique de l'Autriche couvre un espace de 9120 l. c. et bien des sommets tels que l'OErtelerspitz (12,000 pieds de hauteur), le Gross-Glockner (11,500), le Wiesbachhorn (10,800) et le Terglou (10,000), dépassent de beaucoup la limite des neiges qui se trouve ici à une hauteur de 8220 à 8520 pieds. Le deuxième système de montagnes comprend les Crapacs ou Karpathes, dont les groupes nombreux et incultes couvrent en demi-cercle le N. et l'E. de la Hongrie et toute la Transylvanie, atteignent dans leurs points les plus élevés une hauteur de 8 à 9000 pieds et séparent les plaines de la Hongrie de celles du N.-E. de l'Europe. Le troisième système de montagnes s'étend à travers les provinces allemandes septentrionales de l'empire, et sépare celles-ci par ses ramifications, le Bœhmerwald, l'Erzgebirge, les montagnes de la Lusace, le Riesengebirge et les Sudètes, du reste de l'Allemagne, de manière que le. S.-E. seul de la Bavière reste ouvert. Dans l'intérieur même ce sont les montagnes de la Moravie qui ferment la Bohême au S.-E., et qui prolongent de nombreux rameaux dans toutes les directions, de manière que toute la partie septentrionale des provinces allemandes de l'Autriche se trouve couverte de collines et de montagnes de moyenne hauteur. Les contrées basses de l'empire forment la cinquième partie seulement de toute la superficie. Les plus grandes plaines sont celles de la Basse-Hongrie et celles de la Hongrie supérieure, les premières au centre, celles-ci au N.-O. du pays, séparées les unes des autres par une chaîne de montagnes dont la hauteur est peu considérable; les plaines du Pô, en Italie, et celles de la partie N.-O. de la Gallicie. Nous citerons en outre les suivantes, quoique moins considérables : la Hanna, à l'E. de la rivière de la March ou Morava, en Moravie; le Marchfeld autrichien formant l'angle entre le Morava et le Danube; la Neustædterhaide (lande de Neustadt), au S.-E., et la Welserhaide, à l'O. de l'archiduché d'Autriche, et enfin la vallée du Poséga, en Esclavonie.

Les eaux des fleuves et rivières de l'empire d'Autriche se déchargent dans quatre mers différentes : dans la mer Noire par le Danube et le Dniester; par le Pô et l'Adige, dans la mer Adriatique, qui reçoit en même temps beaucoup de rivières qui baignent son littoral; par l'Elbe, dans la mer du Nord, et enfin dans la mer Baltique, par l'Oder et la Vistule. Les fleuves les plus considérables de l'empire sont le Danube, le Pô et l'Elbe, formant avec leurs nombreux affluents un réseau très-serré qui enveloppe la plus grande partie du territoire. L'artère principale du corps de l'empire est le Danube qui, dans une longueur de 400 lieues, traverse le centre du pays, l'Autriche et la Hongrie, et reçoit presque toutes les rivières de la Hongrie, de la Transylvanie et des provinces allemandes, à l'exception de celles de la Bohême. Ainsi (nous ne citons point les affluents de peu d'importance) la Theiss lui amène les eaux de la Transylvanie et de la moitié orientale de la Hongrie; la Gran et la Waag, celles du N.-O. de ce même royaume; la Morava, celles de la Moravie; l'Inn, celles du Tyrol et du Salzbourg; et enfin la Drave et la Save, celles de la Styrie, de la Carinthie, de la plus grande partie de l'Illyrie, du S.-O. de la Hongrie, de la Croatie et de l'Esclavonie. Le domaine du Danube comprend les deux tiers de tout l'empire; bien moins considérables sont celui du Pô, qui, avec ses affluents, le Tessin ou Ticino, le Lambro, l'Adda, l'Oglio et le Mincio, n'arrose que la Lombardie, et celui de l'Elbe, laquelle traverse la Bohême seulement et reçoit la majeure partie des eaux de ce royaume par la Moldaw. Le domaine de l'Oder est la Silésie autrichienne, où ce fleuve prend sa source, ainsi que la Vistule, qui, avec ses affluents, arrose la moitié septentrionale de la Gallicie, dont la partie méridionale forme le domaine du Dniester. Les lacs les plus considérables sont le Plattensee ou Balaton et le Neusiedel, dans le S.-O. de la Hongrie, et les lacs Majeur, de Côme, d'Iséo et de Garde, en Italie. Des lacs de moindre étendue et des étangs se trouvent en très-grand nombre dans la Bohême, où il y en a près de 20,000, dans la Gallicie et dans le cercle de Znaïm en Moravie; les marais sont en partie de très-grande étendue, principalement sur les bords des rivières des contrées basses de la Hongrie, où ils couvrent plus de 440 l. c., de l'Esclavonie et de la Croatie, ainsi que dans les plaines de la Lombardie. Dans cette dernière province, ainsi que dans le gouvernement de Venise, se trouvent aussi de nombreux canaux, servant les uns au desséchement des marais, les autres à l'irrigation, d'autres encore à la navigation. Les canaux les plus remarquables de l'empire sont le canal François, entre le Danube et la Theiss inférieure, le canal de la Béga, le long du lit marécageux de la Béga, et le canal de Vienne, qui commence à la frontière de la Hongrie et aboutit à Vienne. La plaine de la Lombardie, grand marais desséché, le royaume de Bohême, un ancien lac avant que l'Elbe se fût frayé un passage à Schandau, et la partie la plus considérable de la Hongrie sont très-bien arrosés, tandis que la Carniole, la Croatie et surtout la Dalmatie sont presque dépourvues d'eaux courantes. Il y a dans l'empire d'Autriche un nombre très-considérable de sources minérales de toutes les espèces, principalement en Hongrie et en Bohême.

Par rapport à la fertilité du sol, il faut citer en premier lieu la plaine de la Lombardie, qui est une des contrées les plus fertiles de la terre et en même temps une des mieux cultivées. Dans les plaines de la Bohême, de la Moravie et dans la Hongrie méridionale, où il n'y a point de marais, les terres sont également d'un excellent rapport; elles sont encore fertiles dans les contrées basses de la Transylvanie, en Esclavonie et dans la Croatie septentrionale; moins fertiles, mais bien cultivées, dans le N. de la Hongrie; productives, dans les vallées seulement, en Autriche, Styrie, Illyrie et Tyrol; pierreuses et ingrates dans les contrées hautes de la Bohême et dans la Croatie méridionale; dans la Dalmatie un vrai désert, qui a pourtant quelques oasis bien arrosées et d'une belle végétation. De toute la superficie de l'empire, près de 17,360 l. c. sont utilisées par l'agriculture, 1720 par le jardinage et la culture des vignes, et 7720 sont mises en prés et pâturages; les forêts en couvrent à peu près 12,520 et environ 9292 sont prises par les hautes montagnes, les eaux et les marais. La Bohême, la Moravie et l'Italie ont comparativement le plus de terroir propre à la culture, et le Tyrol, l'Illyrie et la Dalmatie en ont le moins.

L'Autriche est traversée par quatre chemins de fer à grandes dimensions, dont l'un, celui de Milan à Venise, est encore en construction et portera le nom de Ferdinands-Sudbahn (chemin de fer du Sud de l'empereur Ferdinand), en opposition à celui de Ferdinands-Nordbahn (chemin de fer du Nord de Ferdinand), qui s'étend entre Vienne et Milan. Un embranchement de ce dernier est le chemin de Vienne à Trieste, qui s'en détache à 6 lieues de la capitale. La quatrième route à ornières est celle qui va de Budweis, en Bohême, jusqu'à Gmünd, dans la Haute-Autriche, et qui n'est que la réalisation partielle du projet d'une route en fer, laquelle irait depuis Vienne par Gmünd et Budweis jusqu'à Prague.

Climat. Le climat de l'Autriche varie selon la position et la nature du sol des différents pays. A part les montagnes dont le climat est partout plus ou moins rude, selon la hauteur, et dont les cimes les plus élevées dans les Alpes sont couvertes de neiges perpétuelles, la position géographique détermine, sous le rapport de la chaleur, trois climats différents. Dans les régions méridionales, jusqu'au 46° de latitude, viennent l'olivier, le riz ; et dans les contrées moyennes, jusqu'au 49° de latitude, on trouve des vignes et du maïs, et la partie septentrionale produit du blé, du lin et des fruits. Cependant il se fait que dans une même région ce rapport souffre diverses modifications, selon l'élévation du sol, la direction et la position des chaînes de montagnes. La Moravie, par exemple, a un climat beaucoup plus doux que celui de la Bohême, lequel est encore plus tempéré que celui de la Silésie dont le sol est très-élevé et qui se trouve exposée aux vents du Nord. La Gallicie, exposée également aux vents du Nord et à ceux du Nord-Est, a le climat le plus rude ; celui de la Dalmatie est le plus chaud. Dans la région méridionale, principalement en Hongrie et en Italie, la présence des nombreux marais rend malsaines beaucoup de contrées, et le Sirocco devient très-souvent le fléau de quelques cantons ; du reste, l'air est partout salubre. Sur les côtes de l'Istrie, on ressent quelquefois des tremblements de terre.

Productions. L'Autriche possède abondamment les productions les plus variées. Elle a surtout une grande source de richesses dans ses mines, plus nombreuses et aussi plus productives que dans aucun autre pays de l'Europe. Ainsi on trouve de l'or, principalement en Transylvanie, dont les mines rendent annuellement une moyenne de 2084 marcs, et en Hongrie (1500 marcs) ; de l'argent en Hongrie (94,500 marcs), en Transylvanie, en Bohême, en Styrie, en Carinthie et dans la Gallicie ; du cuivre, annuellement 60 à 70,000 quintaux, principalement en Hongrie ; du fer, 1,250,000 quintaux, partout et particulièrement en Styrie ; du plomb, plus de 100,000 quintaux, en Hongrie, Transylvanie, Gallicie, Bohême et Carinthie ; de l'étain en Bohême, 5000 quintaux ; du zinc en Hongrie, Transylvanie et Bohême ; du mercure en Illyrie (à Idria 3000 quintaux), en Carinthie, en Hongrie et en Transylvanie ; du sel, provenant de couches de grande étendue, ainsi que de sources nombreuses, aux Karpathes (Illyrie) et à Salzbourg, et du sel marin, fournissant ensemble et par an 5,855,000 quintaux ; de la soude en Hongrie ; du salpêtre, partout et principalement en Hongrie (8000 quintaux) ; de l'alun, partout ; de la houille, 3,500,000 quintaux, particulièrement en Bohême ; beaucoup de charbons de terre, de tourbe, de soufre, de pierres précieuses en Bohême, en Hongrie et en Gallicie ; de la terre de porcelaine, du marbre, de la serpentine, de l'albâtre, de l'amiante, etc., etc. Le règne végétal fournit du blé de toute espèce, du maïs, du riz, des fruits en grande abondance, des melons qui pèsent souvent jusqu'à 40 livres ; du vin en Hongrie ; des olives, du tabac en Hongrie, Esclavonie et Croatie, 300,000 quintaux par an ; des plantes tinctoriales, du chanvre et du lin en abondance, du houblon, du sénevé, du cumin, de l'anis, de la chicorée, de la rhubarbe, etc. Parmi les animaux nous trouvons d'excellent bétail, des chevaux, petits et faibles, des moutons, près de 8 millions en Hongrie, beaucoup de cochons, des loups, des ours, des chamois, des bêtes fauves et des lièvres en très-grand nombre, des marmottes, des castors, des serpents et des tortues en Hongrie et en Esclavonie, beaucoup de volaille, du poisson, des écrevisses, des perles, etc.

Habitants. Il n'y a dans aucun pays de l'Europe une aussi grande diversité d'habitants que dans l'empire d'Autriche. Les races principales sont : 1° Les Slaves, plus de 15 millions, divisés en onze tribus différentes, parmi lesquelles la tribu des Czechs, en Bohême, est la plus considérable et répandue dans tous les pays, à l'exception de l'Italie ; c'est un peuple vigoureux, robuste, n'ayant que peu de besoins, très-sensuel, aimant la musique et les liqueurs spiritueuses et d'un caractère quelque peu rampant ; 2° les Allemands, plus de 6 millions, en majeure partie dans l'archiduché d'Autriche, droits et loyaux, mais phlegmatiques et aimant les plaisirs de la table ; 3° les Magyares, environ 4 1/2 millions, dont la plupart habitent les plaines de la Hongrie, vifs, courageux, d'une noble fierté et d'un attachement opiniâtre à leurs antiques mœurs et coutumes ; 4e les Italiens, plus de 4 1/2 millions, tres-passionnés et sensuels. Il existe, en outre, dans l'empire plus d'un million et demi de Wallachs, pour la plupart en Transylvanie ; 600,000 juifs, principalement en Gallicie et en Hongrie ; des Grecs modernes, des Arméniens et des Egyptiens, autrement dits Bohémiens, qui mènent une vie vagabonde et font le métier de musiciens, de forgerons et de voleurs ; on les rencontre particulièrement en Transylvanie. Le chiffre total des habitants de l'empire dépasse 33 millions. L'Autriche ne possède que quatre villes dont la population soit au-dessus de 100,000 âmes ; ce sont Vienne, Prague, Milan et Venise.

Religions. L'église dominante est la catholique romaine, qui compte treize archevêques, 70 évêques, 70,000 ecclésiastiques et 630 couvents ; 27 millions d'habitants professent ce culte. L'église grecque a, dans les pays du S.-E., près de 3 millions d'adhérents, sous un archevêque et 9 évêques. Environ 2,800,000 protestants habitent les provinces allemandes du N. et se trouvent répandus en Hongrie, en Gallicie et en Transylvanie. Plus d'un demi-million d'habitants professent la loi mosaïque. Les mahométans se trouvent en nombre peu considérable. En général, les non-catholiques ne sont que tolérés ; en Hongrie cependant les protestants participent à peu près aux mêmes droits que les catholiques.

Constitution civile. Il y a en Autriche quatre états civils reconnus officiellement : 1° le clergé ; le haut clergé participe aux privilèges de la noblesse ; le bas clergé n'a que sa juridiction particulière. 2° La noblesse, qui dans les provinces allemandes, en Gallicie et en Italie, est divisée en haute et basse noblesse, se trouve en possession de la majeure partie des biens-fonds, ainsi que de privilèges très-importants, tels que juridiction particulière, accès exclusif aux grandes charges, ainsi qu'aux plus riches prébendes, exemption de la conscription militaire. C'est en Hongrie que la noblesse exerce une grande puissance ; les nobles de ce pays ne contribuent point aux charges de l'état et possèdent exclusivement tous les biens-fonds ; c'est en Italie que la noblesse a la moindre importance. La plus riche famille noble est la famille princière des Esterhazy, laquelle possède un revenu de deux millions de florins. 3° La bourgeoisie ; ce n'est que dans les villes un peu considérables qu'elle a sa municipalité, les droits de communauté et de corporation et la jouissance de la liberté individuelle. 4° Les paysans, depuis 1781, ne sont plus serfs nulle part qu'en Hongrie, et même là ils sont en partie libres ; c'est en Italie et en Dalmatie qu'ils ont la plus grande part de liberté et d'aisance.

Industrie et commerce. Près de sept dixièmes des habitants vivent de la culture des terres et de l'éducation du bétail. Mais l'agriculture n'est vraiment florissante que dans la Lombardie, tandis que dans la Hongrie méridionale et dans plusieurs autres contrées elle n'a presque pas d'importance. La vigne est très-bien cultivée dans le N. de la Hongrie, sur les collines avancées des Crapacs. A l'exception de la Lombardie, on exploite partout les mines, dont le produit annuel est évalué à 44 millions de florins. Les fabriques sont généralement très-importantes et se trouvent principalement en Bohême, Moravie, Silésie, Autriche, Styrie, Carinthie et Lombardie. La branche manufacturière la plus active est la fabrication de la toile, qui occupe 1,200,000 ouvriers ; c'est en Bohême qu'elle est le plus florissante ; la fabrication des étoffes de coton, qui est surtout considérable dans la Basse-Autriche, emploie 300,000 ouvriers ; celle des étoffes de laine, principalement en Moravie, 300,000 ouvriers ; celle des étoffes de soie, particulièrement dans la Basse-Autriche, 160,000. Il y a beaucoup de verreries en Bohême ; un grand nombre de bras est occupé à travailler les métaux, surtout le fer (Styrie). Les fabriques de l'Autriche fournissent en outre beaucoup de cuir, du feutre, des chapeaux de paille, du papier, des instruments de musique (fortés-pianos), du sucre, du tabac, du savon, des produits chimiques, des matières de teinture et des montres.

Le commerce de l'Autriche n'est pas en rapport avec la richesse de ses produits et la bonne qualité des objets fabriqués. Il est favorisé, à la vérité, par un littoral de 466 lieues d'étendue, pourvu d'excellents ports, par des fleuves importants, des canaux, de bonnes routes, qui cependant pourraient être plus nombreuses, des banques, des bourses, des compagnies d'assurance et des sociétés commerciales ; mais le système prohibitif que l'Autriche a établi, non seulement à l'égard de l'étranger, mais même pour plusieurs des provinces de l'empire (les pays hongrois, par rapport à la Dalmatie, et surtout les territoires de Venise, de Trieste, de Fiume, de l'Istrie, de Brody et de Podgorce), ainsi que le trop grand éloignement du bassin de la mer Adriatique ; ces deux causes réunies ont jusqu'ici empêché le commerce de prendre un plus grand essor. Dans l'intérieur, les relations commerciales ont lieu principalement par le Danube et le Pô, sur lesquels sont établis des bateaux à vapeur depuis plusieurs années. Les villes marchandes les plus importantes sont Vienne, Prague, Pesth, Brody, Lemberg, Grætz, Oedenbourg, Laybach, Carlstadt, Olmütz, Hermannstadt, Semlin et Agram. Le commerce maritime ne se fait qu'avec les ports de l'Adriatique, de la Méditerranée et de la mer Noire, et est exercé principalement par les commerçants de Venise, Trieste, Fiume, Capo d'Istria, Zara, Spalatro, Raguse et Cattaro. C'est avec la Turquie que le trafic est le plus actif. Les objets d'importation sont le coton, le fil de Turquie, le cuir, la laine, les denrées coloniales, les vins, la cire, la graine de lin, le suif, des fourrures, la baleine, l'ivoire, des bestiaux, des livres, des cartes géographiques et des gravures. Les articles d'exportation sont le sel, la verrerie, objets en fer, les vins et le tabac de Hongrie, les fruits, la soie et l'eau minérale. Jusqu'en 1826, le commerce causait à l'état une perte annuelle d'au moins deux millions de florins, laquelle paraît cependant avoir cessé depuis, du moins dans l'année précitée ; le chiffre de l'exportation avait dépassé soixante millions de florins, tandis que celui de l'importation était au-dessous de soixante millions.

Instruction publique. Le gouvernement autrichien s'intéresse aux progrès des hautes études et de l'éducation du peuple ; mais en ayant toujours égard à ce qui convient à chacun comme citoyen de l'état, il cherche à régler l'instruction par une inspection active des écoles, et à empêcher autant que possible la propagation d'idées contraires à la politique de l'état. Un nombre suffisant d'écoles primaires et secondaires, usuelles et industrielles, favorise l'instruction populaire ; les hautes études se font dans

230 gymnases et dans 8 universités, établies à Vienne, Prague, Padoue, Pavie, Olmütz, Lemberg, Graetz et Inspruck; et il a été pourvu par bon nombre d'institutions à l'enseignement de sciences spéciales. C'est ainsi qu'il y a 54 écoles de philosophie, 55 de théologie, 8 de médecine, une académie orientale à Vienne, des écoles militaires, parmi lesquelles il faut citer l'académie des chevaliers fondée à Vienne par Marie-Thérèse, des écoles forestières, une école des mines à Schemnitz, une école polytechnique à Vienne, un institut des arts et métiers à Prague, d'excellentes institutions pour les beaux-arts, entre autres à Vienne, à Prague, à Milan et à Venise, et différents autres bons établissements. Les études sont favorisées, en outre, par 33 sociétés savantes, de nombreuses bibliothèques, parmi lesquelles la bibliothèque impériale à Vienne, riche de 350,000 volumes, des musées d'art de toutes les espèces, 23 jardins botaniques et 9 observatoires. La direction supérieure de l'enseignement est confiée, pour toutes les provinces autres que celles de la Hongrie, à la commission impériale des études siégant à Vienne; pour la Hongrie, à la commission des études à Bude, et enfin, pour la Transylvanie, à la commission des études et affaires ecclésiastiques établie à Klausenbourg. Les mathématiques, la médecine, la jurisprudence, les sciences naturelles et la littérature orientale sont les plus florissantes.

Constitution de l'état. L'empire d'Autriche est une monarchie dont le souverain actuel, Ferdinand I, né le 19 avril 1793, règne depuis le 2 mars 1835. L'empereur n'est absolu qu'en Dalmatie et dans les confins militaires où il n'y a point d'états; mais en Hongrie et en Transylvanie, régis par des constitutions, les états participent au pouvoir législatif et exécutif, tandis que dans les autres provinces ils ne sont convoqués qu'une fois par an en assemblées délibératives. La couronne passe aux héritiers mâles et femelles. L'empereur et la maison impériale professent la religion catholique romaine; comme roi de Hongrie, l'empereur porte le titre de majesté apostolique, et les princes et les princesses du sang ont le rang d'archiducs et d'archiduchesses, et sont intitulés altesses impériales. La cour impériale est nombreuse et splendide, mais ne coûte pas plus de 700,000 florins.

Administration de l'état. Le centre de toute l'administration générale est le conseil secret d'état et de conférences pour les affaires intérieures; ce conseil, qui se réunit sous la présidence de l'empereur lui-même, est en possession du contrôle supérieur, sans constituer précisément une autorité administrative. Les décisions du conseil d'état passent au public par le cabinet secret. Les premières charges qui s'exercent au nom de l'empereur, et desquelles dépendent les différentes administrations provinciales, portent le nom de charges auliques. Ce sont: 1° la chancellerie secrète de la maison impériale, de la cour et de l'état, divisée en deux sections, l'une pour les affaires étrangères, l'autre pour celles de l'intérieur. 2° Le conseil aulique de la guerre, auquel est confié la direction du département de la guerre et qui constitue en même temps l'administration supérieure des confins militaires, et a, dans les différentes provinces, douze générallats sous ses ordres. 3° Le ministère des finances, chargé de toutes les affaires d'économie politique, et enfin 4° le directoire général des comptes, qui révise les comptes de l'état, dresse l'état définitif des revenus et des dépenses, calcule le chiffre de la population, etc.

L'empire est partagé en gouvernements administratifs, qui sont ceux de la Haute-Autriche, de la Basse-Autriche, de Styrie, de Laybach, de Trieste, du royaume de Bohême, de Moravie et de Silésie, du royaume de Gallicie, de Milan, de Venise, de Transylvanie, des confins militaires, du royaume de Dalmatie avec l'Albanie, et enfin du royaume de Hongrie avec la Sclavonie, la Croatie et plusieurs districts particuliers. Tous ces gouvernements sont administrés très-différemment et subdivisés en cercles, délégations, comitats, etc.

Les revenus de l'état s'élèvent, outre plusieurs recouvrements extraordinaires assez considérables, à 150 millions de florins, et le chiffre de la dette est à 800 millions de florins. En temps de paix, l'armée est d'environ 270,000 hommes, non compris les troupes des confins militaires, à savoir: 210,000 fantassins, selon d'autres 220,000; 39,000 chevaux; 18,000 artilleurs et le corps du génie compte à peu près 1700 hommes. En temps de guerre, l'armée peut être portée à 750,000 hommes, par le complétement des cadres, par des levées et par l'adjonction des milices nationales et des cohortes des provinces hongroises. La marine se compose de huit vaisseaux de ligne, mais qui se trouvent dégréés dans l'arsenal maritime de Venise, de huit frégates, quatre corvettes, six bricks, sept goëlettes ou schooners et d'un grand nombre de bâtiments de moindre dimension. A cela il faut ajouter une petite flottille de canonnières et de bateaux dits schaiks, faisant le service de garde sur le Danube et la Saw. L'empire est défendu par vingt-six forteresses dont les plus importantes sont Linz, Theresienstadt, Kœnigingraetz, Josephsstadt, Olmütz, Bude, Comorn, Szegedin, Temeswar, Peterwardein, Carlsbourg et Mantoue.

Parmi les dix ordres autrichiens, dont trois exclusivement destinés au clergé et un aux dames nobles, nous citerons l'ordre de la Toison d'Or, fondé par Philippe-le-Bon de Bourgogne en 1429; l'ordre de Léopold, fondé en 1808, et celui de la Couronne de

Fer, fondé par Napoléon en 1806. L'écusson de l'empire d'Autriche porte un aigle noir double surmonté d'une couronne.

L'Autriche tient la présidence près la diète germanique et a quatre voix à donner dans les votes de la diète réunie; elle fournit un contingent de 94,822 hommes qui forment les trois premiers corps d'armée, contribue aux frais de chancellerie pour 2000 florins et occupe la forteresse fédérative de Mayence conjointement avec la Prusse.

Historique. Les fondements de l'empire d'Autriche furent posés par Charlemagne, après sa victoire remportée sur les Avares ou Arvares, en 796, par l'érection de la marche d'Avaria, qui dès le dixième siècle reçut le nom d'Autriche (Austria), et comprenant les terres situées entre l'Ens et le Raab; elle appartenait dans l'origine à la Bavière, dont les ducs la perdirent contre les Hongrois, qui, dès le commencement du dixième siècle, infestaient les pays germaniques de l'E. et ravagèrent l'Autriche. L'empereur Othon Ier défit ces conquérants près du Lech, en 955, et rétablit par là le margraviat jusqu'à la Leitha, lequel dès lors resta indépendant et eut, en 982, des princes héréditaires, descendants de Léopold Ier. Lors des différends des Guelfes avec Frédéric Barberousse, l'Autriche est agrandie, sous son prince Henri II, en 1156, aux dépens de la Bavière, de tout le pays qui constitue aujourd'hui la Haute-Autriche, et érigée en duché; ses souverains jouent dès lors un rôle marqué parmi les princes allemands. Après que Léopold V eut gagné la Styrie par héritage, en 1192, et que Léopold VI, le Glorieux, mort en 1230, eut donné aux Autrichiens des lois particulières et développé le commerce du pays, la race de ces princes s'éteignit par la mort de Frédéric-le-Vaillant, en 1246. Ottocar de Bohême se mit en possession des pays autrichiens en employant tour à tour la voie de la douceur et celle des armes, et y ajouta la Carinthie et la Carniole qui lui échurent en héritage; mais après sa mort, en 1278, tous ses états, à l'exception de la Carinthie devinrent le partage de la maison de Habsbourg. Albert Ier, fils de Rodolphe de Habsbourg, commença la nouvelle dynastie qui, par la suite, a su s'élever au-dessus de toutes les autres maisons régnantes de l'Allemagne. Par voie d'achat et par héritage, ces princes acquirent le Tyrol en 1364, le comté de Montfort en 1365, le Brisgau en 1367, en forme de gage les bailliages de la Souabe supérieure et inférieure en 1379, bientôt après le comté de Hohenberg, et, en 1382, Trieste se mit sous leur protection; mais d'un autre côté ils perdirent, en 1388, presque toutes leurs possessions en Suisse. Albert V (l'empereur Albert II) acquit la couronne de l'empire d'Allemagne, laquelle resta dès lors dans la maison de Habsbourg, et en sa qualité de gendre de l'empereur, son prédécesseur, il entra en possession de la Bohême, de la Moravie et de la Hongrie, mais qui furent reperdues sous Frédéric III. Le long règne (1440-1493) de cet empereur flegmatique devint très-important pour la grandeur de l'Autriche, par l'extinction des lignes collatérales et en ce que Maximilien, par suite de son mariage avec Marie de Bourgogne, obtint le riche héritage de Charles-le-Téméraire, en 1477. Mais par là ce prince, empereur de 1493 à 1519, excita en même temps la rivalité de la France, sentiment qui s'accrut encore davantage quand Philippe, fils de l'empereur, eut acquis, avec la main de l'infante Jeanne, l'espoir de posséder un jour le royaume d'Espagne, lequel, en effet, échut, en 1516, au fils aîné de Philippe. Celui-ci, élu empereur après la mort de son grand-père, en 1519, Charles-Quint, le rival puissant du roi de France, François Ier, abandonna, en 1522, les pays allemands, à l'exception des Pays-Bas, à son frère, qui plus tard gouverna l'empire depuis 1556 où Charles-Quint abdiqua, jusqu'en 1564. Ce dernier, en 1626, entra, par voie d'héritage, en possession de la Hongrie, de la Bohême, de la Moravie, de la Silésie et de la Lusace. Mais toute puissante qu'était alors l'Autriche, elle eut de redoutables luttes à soutenir, contre le protestantisme à l'intérieur, et à l'extérieur contre les Turcs. Ce fut surtout l'antipathie pour le protestantisme (1564—76) qui amena une lutte à outrance, par laquelle l'existence de la maison impériale fut mise en question. Cette lutte s'organisa peu à peu sous Rodolphe II (1612) et Matthias (1619), et après avoir éclaté sous Ferdinand II (1619-37), ne se termina que par la paix de Westphalie, en 1648, sous le règne de Ferdinand III (1657), aux termes de laquelle l'Autriche perdit l'Alsace et la Lusace. Après que des guerres menaçantes eurent été terminées heureusement contre les Turcs (siège de Vienne, en 1683) et sans perte de territoire contre les Français, la guerre de la succession d'Espagne (1701-14), à laquelle ne survécurent ni Ferdinand ni Joseph Ier (1705-11), fit entrer l'empereur Charles VI (1740) en possession des Pays-Bas et de plusieurs états de l'Italie; de ces derniers cependant il ne lui resta, en 1738, que Milan, Parme, Plaisance et Guastalla. Avec Charles VI s'éteignit la ligne mâle de la maison de Habsbourg et nonobstant la pragmatique sanction, Marie-Thérèse, se vit obligée d'avoir recours aux armes pour conquérir le trône; cette lutte cependant fit perdre à l'Autriche presque toute la Silésie, ainsi que Parme, Plaisance et Guastalla. Mais, en revanche, Marie-Thérèse agrandit son empire en participant au démembrement de la Pologne, en 1772, et en se faisant céder une portion de la Bavière, en 1779; elle sut par la sagesse de ses vues dont elle fit preuve pendant son gouvernement, donner à l'empire une prospérité et une importance peu communes; son mari, François Ier, devenu empereur après la mort de Charles VII, en 1755, et mort en 1765, et son fils Joseph II (1765-90) n'avaient pris qu'une part nominative à la gestion des affaires. Léopold II (1790-92) vit les commencements de la révolution française, qui enleva à François II, par les traités de Campo-Formio (1797), de Lunéville (1801), de Presbourg (1805) et de Schœnbrunn (1809), successivement les Pays-Bas, toutes les possessions en Italie, le Tyrol, les provinces le long de la mer Adriatique, les confins militaires, etc., formant ensemble plus d'un quart du territoire autrichien. Napoléon ayant dissous l'ancienne confédération germanique et fondé celle dite du Rhin, François II renonça à son titre d'empereur d'Allemagne et prit celui de François Ier, empereur d'Autriche. Le congrès de Vienne, en 1815, fit perdre à l'Autriche la portion du territoire de la Pologne dont elle s'était emparée en 1795, et la rétablit dans ses limites actuelles. François Ier mourut en 1835 et a eu pour successeur Ferdinand Ier, qui lors de son couronnement à Milan, au mois de septembre 1838, a promulgué une amnistie, par laquelle un grand nombre de réfugiés italiens pour affaires politiques, sont rentrés dans leur patrie et remis en possession de leurs biens.

AUTRICHE (archiduché d'), *Austria*, est cette étendue de pays comprise entre le 29° 40' 30" et le 34° 40' 15" de long. orient., et entre 47° 0' 20" et le 49° 0' 30" de lat. sept., et qui forme comme le noyau de ce vaste empire. L'Ens qui traverse l'archiduché d'Autriche le divise en deux parties à peu près égales qui reçoivent, relativement à leur situation, la dénomination de Basse-Autriche ou Land unter der Ens et de Haute-Autriche ou Land ob der Ens. Ils forment également sous le rapport administratif deux gouvernements différents.

La Basse-Autriche ou la partie E. de l'archiduché est située sur les deux rives du Danube, et présente une superficie de 1380 lieues carrées. Elle est bornée au N. par la Moravie, au N.-E. et O. par la Hongrie, au S. par la Styrie, à l'O. par la Haute-Autriche et la Bohême. Tout ce pays est disposé en forme de plateau et traversé par plusieurs chaînes de montagnes qui, se détachant des Alpes et des montagnes bohémomoraves, viennent s'abaisser vers le cours du Danube (*voyez* ALLEMAGNE, page 121) et dont les points culminants sont le Schneeberg et le Mannhartsberg.

La Basse-Autriche est arrosée par le Danube, le Traun, l'Ens, la Tepa et la Leitha; on y rencontre plusieurs sources d'eaux minérales : celle de Bade est la plus renommée. Le climat rude et variable dans les parties montagneuses est tempéré dans les belles vallées qu'arrose et fertilise le Danube. Le sol produit des céréales, des fruits, du raisin, du safran, du lin, et l'on retire des montagnes qui traversent le pays du fer, du plomb, de la houille et du sel gemme en quantité considérable. L'éducation du bétail y prospère. Les habitants au nombre de 1,273,000, agriculteurs et vignerons dans les parties montagneuses du pays, exercent dans la plaine différentes industries productives; nous nous bornerons à citer la fabrication des chapeaux de paille, des toiles, des horloges, du verre, du tabac, de la porcelaine. La Basse-Autriche qui, comme nous l'avons dit, forme un des gouvernements de l'empire, est divisé en quatre cercles qui comprennent 35 villes, 238 bourgs et 4292 villages.

La Haute-Autriche comprend la partie O. de l'archiduché, elle est située sur la rive droite du Danube et présente une superficie de 1390 lieues carrées. Elle est bornée au N. par la Bohême, à l'E. par la Basse-Autriche, au S. par la Styrie et par l'Illyrie, à l'O. par la Bavière et par le Tyrol. La configuration du pays est entièrement analogue à celle de la Basse-Autriche, si ce n'est que les plaines y sont plus rares encore. On y distingue plusieurs petits lacs; ceux de Traun, d'Alter et de Hallstadt sont les plus importants. Les cours d'eau qui traversent le pays, sont : le Danube, l'Inn, le Traun, l'Ens et leurs affluents. Le climat est plus rude que dans la Basse-Autriche; la seule vallée du Danube est encore en possession de la vigne. Les productions du sol et les occupations industrielles des habitants sont les mêmes que celles précitées. La Haute-Autriche forme également un des gouvernements de l'empire; il comprend 17 villes, 114 bourgs, 6820 villages et 845,000 habitants.

AUTRICOURT, ham. de Fr., dép. de la Haute-Saône, arr. et poste de Vesoul, cant. de Noroy-le-Bourg, com. de Vallerois-Lorioz; pop. 58 hab.

AUTRICOURT-SUR-OURCE, vg. de Fr., dép. de la Côte-d'Or, arr. de Châtillon-sur-Seine, cant. de Montigny-sur-Aube, poste de Mussy-sur-Seine; pop. 950 hab.

AUTRUCHE, vg. de Fr., dép. des Ardennes, arr. de Vouziers, cant. du Chêne, poste de Buzancy; pop. 250 hab.

AUTRUY, vg. de Fr., dép. du Loiret, arr. de Pithiviers, cant. d'Outarville, poste d'Angerville; commerce de miel et de cire; pop. 950 hab.

AUTRY, vg. de Fr., dép. des Ardennes, arr. de Vouziers, cant. de Monthois, poste de Grand-Pré; pop. 620 hab.

AUTRY, vg. de Fr., dép. du Loiret, arr. et poste de Gien, cant. de Châtillon-sur-Loire; pop. 1260 hab.

AUTRY-ISSARDS, vg. de Fr., dép. de l'Allier, arr. de Moulins-sur-Allier, cant. et poste de Souvigny; pop. 650 hab.

AUTUN, *Bibracte*, *Augustodunum*, v. de

Fr., dép. de Saône-et-Loire, chef-lieu d'arrondissement, à 27 l. N.-N.-O. de Macon, siége de tribunaux de première instance et de commerce, évêché, inspection forestière, conservation des hypothèques et recette particulière. Cette ville est très-agréablement située sur la pente d'une colline, près de la rive gauche de l'Arroux, vis-à-vis d'une plaine entourée de montagnes. La partie basse de la ville borde le cours de l'Arroux; la partie haute, nommée le quartier du Château, possède des places, des édifices et des monuments remarquables, entre autres la cathédrale, chef-d'œuvre du moyen âge; on y remarque la chapelle où M. de Talleyrand, si célèbre depuis par sa *fidélité* à tous les gouvernements, officia pour la première fois comme évêque; l'église de St.-Martin, bâtie par Brunehaut, et qui renfermait le tombeau de cette reine; la place des Terreaux, décorée d'une élégante fontaine, le champ de Mars, belle promenade au centre de la ville, et plusieurs autres promenades qui font l'ornement d'Autun. Mais ce qui intéresse bien plus encore dans cette ville, ce sont ses nombreuses antiquités romaines: l'arc de triomphe, nommé aujourd'hui porte d'Arroux, des ruines d'amphithéâtre, celles des temples de Janus et de Minerve, celles connues sous le nom de pierre *Couard*, des statues, des bas-reliefs attestent son importance et sa splendeur passées.

A côté de ces restes presqu'effacées de magnificence antique, s'élèvent aujourd'hui un grand nombre d'établissements de sciences, d'arts, d'industrie et de bienfaisance : une bibliothèque, un musée, un collége, un hôpital, des usines pour la fonte des canons, des tanneries, des fabriques de tapis en poils de bœufs, de cristaux, etc. Cette dernière branche d'industrie est tombée depuis qu'en 1834 la cristallerie de Mont-Cenis fut vendue aux propriétaires de deux autres grands établissements de ce genre. Ces industriels suspendirent les travaux à Mont-Cenis, pour anéantir une concurrence qui leur était nuisible.

Le commerce d'Autun consiste en bois, chanvre, laine, bétail et chevaux. Foires, le 1er septembre et le 1er mars; population 87,356 hab. pour l'arr. et 11,954 pour la ville.

Cette ville est la patrie de plusieurs personnages célèbres, parmi lesquels nous citerons Magnence qui, après avoir fait mourir l'empereur Constant, se fit proclamer Auguste à Autun, en 350 et devint maître des Gaules, des îles Britanniques, de l'Espagne, de l'Italie et de l'Afrique; Pierre Jeanin, ministre de Henri IV; madame de Genlis, auteur remarquable, morte il y a quelques années.

Avant l'invasion romaine, Autun, alors Bibracte, était habitée par les Eduens. Elle fut soumise par César qui y séjourna pendant quelque temps après la prise d'Alise. Auguste s'y arrêta aussi et l'embellit de nombreux édifices. C'est de cette époque qu'elle prit le nom d'Augustodunum. Constantin ajouta les bienfaits de sa munificence à ceux d'Auguste. Cependant les Eduens, jaloux de leur liberté, tentèrent plusieurs fois de secouer le joug des Romains, et à la suite d'une insurrection, Autun fut prise d'assaut par Tetricus, empereur des Gaules, qui la saccagea entièrement. Constance-Chlore la fit rebâtir vers la fin du troisième siècle. Au commencement du cinquième, les Bourguignons s'en emparèrent et en firent leur capitale. Elle passa plus tard sous la domination des rois mérovingiens. Au huitième siècle, Autun fut saccagée par les Sarrasins et ensuite par les Normands. Au quatorzième siècle, la guerre contre les Anglais la couvrit encore une fois de ruines; enfin les guerres religieuses, puis la ligue portèrent de terribles coups à cette ville qui ne commença à jouir de quelque tranquillité qu'après l'avènement de Henri IV. En 1814 elle souffrit avec la France entière de l'invasion des alliés.

AUTY, vg. de Fr., dép. de Tarn-et-Garonne, arr. de Montauban, cant. de Molières, poste de Montpezat; pop. 500 hab.

AUVE, vg. de Fr., dép. de la Marne, arr. de Ste.-Ménéhoulde, cant. de Dommartin-sur-Yèvre, poste de Tilloy; pop. 480 hab.

AUVEL, pet. v. des États-Unis de l'Amérique du Nord, dans l'état de Pensylvanie, comté de Dauphin; pop. 3300 hab.

AUVENT (Saint-), vg. de Fr., dép. de la Haute-Vienne, arr. et poste de Rochechouart, cant. de St.-Laurent-sur-Gorre; pop. 2000 hab.

AUVERGNATS (les), vg. de Fr., dép. de la Gironde, arr. de Libourne, cant. de Guitres, com. de Sablons, poste de Coutras; pop. 160 hab.

AUVERGNE, *Avernia*, *Alvernia*, *Arvernia*, ancienne prov. de Fr., bornée au N. par le Bourbonnais, à l'O. par la Marche et le Limousin, au S. par le Languedoc et à l'E. par le Lyonnais. On la divisait en Haute et Basse-Auvergne ou Limagne; elle est arrosée par un grand nombre de rivières dont les principales sont l'Allier, la Dordogne, l'Alaignon, la Scioule, la Morge, le Beda, la Cère, la Jordane, etc. De hautes montagnes qui sont presque toutes des volcans éteints, sillonnent cette contrée, une des plus intéressantes de la France. *Voyez* CANTAL et PUY-DE-DÔME.

Plusieurs siècles avant l'invasion romaine, l'Auvergne était habitée par les Averni (Auvergnats), peuple gaulois très-puissant, dans le midi des Gaules, et qui forma une des grandes ligues contre les Romains. L'Avernien Vercingetorix, le plus redoutable adversaire de César, fut le chef de cette ligue dont les résultats eussent probablement été funestes aux Romains, si les Gaulois avaient été plus unis entre eux. La prise d'Alise, après la défaite de Vercingetorix, livra toute cette province à César. Elle fut comprise dans la Ire Aquitaine. Les Romains accordèrent aux Averniens de grands priviléges et établirent même un sénat à Augusto-Nemetum (Clermont), leur ville principale, à laquelle ils donnèrent le titre et les droits de cité romaine. Vers la fin du cinquième siècle, l'Auvergne passa sous la domination des Visigoths, et, peu de temps après, sous celle des rois Francs qui la comprirent dans le royaume d'Austrasie. Elle devint ensuite l'apanage des ducs d'Aquitaine, et en 864 le domaine de comtes héréditaires dont la postérité s'étant éteinte en 928, le comté d'Auvergne passa à Ebles, comte de Poitiers, et en 932 à Raimond-Pons, comte de Toulouse. En 1155 cette province fut le sujet et le théâtre d'une guerre de succession entre Guillaume VIII et son oncle, Guillaume-le-Vieux, qui l'avait usurpée. Les deux princes se réconcilièrent en 1162 : Guillaume VIII dont les descendants portèrent le titre de dauphins d'Auvergne, eut une partie de la Basse-Auvergne et de Clermont, son oncle conserva le reste. A la fin du douzième siècle, Philippe-Auguste profita des dissensions de l'Auvergne pour y faire des conquêtes et pour se venger de Gui qui avait embrassé le parti de Richard-Cœur-de-Lion. Il ravagea cette province et s'empara d'un grand nombre de villes du domaine de Gui d'Auvergne, en guerre contre son frère Robert, évêque de Clermont. St.-Louis rendit à Guillaume XI les terres qui avaient été enlevées au comte Gui, son père. En 1360 le roi Jean érigea l'Auvergne en duché, en faveur de son fils Jean, duc de Berry. Ce duché fut plus tard réuni à la couronne, puis de nouveau donné en apanage. Il passa par mariage, vers la fin du quatorzième siècle, dans la maison de Tour qui porta depuis le nom de la Tour d'Auvergne. Anne de la Tour, fille de Jean de la Tour d'Auvergne, légua ce domaine à Catherine de Médicis en 1524. Celle-ci en fit don à Charles de Valois, duc d'Angoulême, fils naturel de Charles IX ; mais Marguerite de Valois, sœur de Henri III, réclama contre cette donation. Le parlement l'annulla en 1606 et adjugea le comté à Marguerite. Elle le donna au dauphin, depuis Louis XIII, qui le réunit à la couronne. En 1651 Louis XIV le céda au duc de Bouillon, en échange des principautés de Sédan et de Raucourt. La révolution française vint l'enlever à la maison de Bouillon et en forma les départements du Puy-de-Dôme et du Cantal.

AUVERGNE, vg. de Fr., dép. de l'Yonne, arr. de Joigny, cant. et poste d'Aillant-sur-Tholon, com. de Poilly-près-Aillant; pop. 950 hab.

AUVERGNÉ ou **AUVERNÉ** (le grand), vg. de Fr., dép. de la Loire-Inférieure, arr. de Châteaubriant, cant. de Moisdon-la-Rivière, poste de la Meilleraie; pop. 1500 hab.

AUVERGNÉ ou **AUVERNÉ** (le petit), vg. de Fr., dép. de la Loire-Inférieure, arr. et poste de Châteaubriant, cant. de St.-Julien-de-Vouvantes; pop. 950 hab.

AUVERNEAUX, vg. de Fr., dép. de Seine-et-Oise, arr. et cant. de Corbeil, poste de Ponthierry; pop. 165 hab.

AUVERGNY, vg. de Fr., dép. de l'Eure, arr. d'Evreux, cant. et poste de Rugles; pop. 120 hab.

AUVERS, vg. de Fr., dép. de la Manche, arr. de St.-Lô, cant. et poste de Carentan; pop. 1250 hab.

AUVERS-SAINT-GEORGES, vg. de Fr., dép. de Seine-et-Oise, arr. d'Etampes, cant. de la Ferté-Aleps, poste d'Etréchy; pop. 950 hab.

AUVERS-SUR-OISE, vg. de Fr., dép. de Seine-et-Oise, arr., cant. et poste de Pontoise; pop. 1800 hab.

AUVERS-LE-HAMON, vg. de Fr., dép. de la Sarthe, arr. de la Flèche, cant. et poste de Sablé; pop. 2200 hab.

AUVERS-SOUS-MONTFAUCON, vg. de Fr., dép. de la Sarthe, arr. du Mans, cant. de Loué, poste de Coulans; pop. 400 hab.

AUVERSE, vg. de Fr., dép. de Maine-et-Loire, arr. de Baugé, cant. et poste de Noyant; pop. 950 hab.

AUVERT, vg. de Fr., dép. de la Haute-Loire, arr. de Brioude, cant. de Pinols, com. de Nozeyrolles, poste de Langeac; pop. 125 hab.

AUVERT, vg. de Fr., dép. de Seine-et-Marne, arr. de Fontainebleau, cant. et poste de la Chapelle-la-Reine, com. de Noisy-sur-Ecoles; pop. 200 hab.

AUVESINES, vg. de Fr., dép. du Tarn, arr. de Lavaur, cant. de Cuq-Toulza, com. de Montgey, poste de Puylaurens; pop. 350 hab.

AUVET, vg. de Fr., dép. de la Haute-Saône, arr. et poste de Gray, cant. d'Autrey; pop. 600 hab.

AUVIGNAC, vg. de Fr., dép. de la Charente-Inférieure, arr., cant. et poste de Pons, com. de Montils; pop. 150 hab.

AUVIGNON. *Voyez* MAS-D'AUVIGNON.

AUVILLARD, vg. de Fr., dép. de la Côte-d'Or, arr. de Dijon, cant. et poste de Sombernon, com. de St.-Victor-sur-Ouche; pop. 100 hab.

AUVILLARS, vg. de Fr., dép. du Calvados, arr. de Pont-l'Evêque, cant. et poste de Cambremer; pop. 450 hab.

AUVILLARS, b. de Fr., dép. de Tarn-et-Garonne, arr. à 5 l. O.-S.-O. de Moissac, chef-lieu de canton et poste ; fabriques de bonneteries et de faïence ; pop. 2300 hab.

AUVILLARS-SUR-SAONE, vg. de Fr., dép. de la Côte-d'Or, arr. de Beaune, cant. et poste de Seurre; pop. 550 hab.

AUVILLER, ham. de Fr., dép. de l'Oise, arr. et poste de Clermont, cant. de Mouy, com. de Neuilly-sous-Clermont; pop. 75 h.

AUVILLERS-LES-FORGES, vg. de Fr.,

dép. des Ardennes, arr. de Rocroi, cant. de Signy-le-Petit, poste de Maubert-Fontaine; pop. 660 hab.

AUVILLE-SUR-LE-VEY, vg. de Fr., dép. de la Manche, arr. de St.-Lô, cant. et poste de Carentan; pop. 180 hab.

AUVILLIERS, vg. de Fr., dép. du Loiret, arr. de Montargis, cant. de Bellegarde, poste de Lorris; pop. 450 hab.

AUVILLIERS, vg. de Fr., dép. de la Seine-Inférieure, arr., cant. et poste de Neufchâtel-en-Bray; pop. 250 hab.

AUX, vg. de Fr., dép. du Gers, arr. de Mirande, cant. et poste de Miélan; pop. 680 hab.

AUXAIS, vg. de Fr., dép. de la Manche, arr. de St.-Lô, cant. et poste de Carentan; pop. 480 hab.

AUXANGE, vg. de Fr., dép. du Jura, arr. de Dôle, cant. de Gendrey, poste d'Orchamps; pop. 200 hab.

AUXANT, vg. de Fr., dép. de la Côte-d'Or, arr. de Beaune, cant. et poste de Bligny-sur-Ouche; pop. 250 hab.

AUXELLE-BAS ou NIEDER-ASSEL, vg. de Fr., dép. du Haut-Rhin, arr. et poste de Belfort, cant. de Giromagny; pop. 780 hab.

AUXELLE-HAUT ou OBER-ASSEL, vg. de Fr., dép. du Haut-Rhin, arr. et poste de Belfort, cant. de Giromagny; pop. 930 hab.

AUXERRE, *Altisiodorum, Autesiodorum*, v. de Fr., chef-lieu du dép. de l'Yonne, à 40 l. S.-E. de Paris, siège d'une cour d'assises, de tribunaux de première instance et de commerce; direction des contributions et des domaines, conservation des hypothèques, inspection forestière et recette générale des contributions. Cette ville est agréablement située sur la pente douce d'un côteau au bord de l'Yonne; elle est entourée de beaux vignobles dont les vins sont renommés, son port est animé et garni d'un joli quai; ses édifices les plus remarquables sont: l'église de St.-Pierre et la cathédrale, monuments gothiques, les chapelles souterraines de l'ancienne abbaye de St.-Germain, la tour Gaillarde avec une horloge fort curieuse, le palais épiscopal, la bibliothèque, le musée d'antiquités et d'histoire naturelle. Elle possède un collége, une école normale primaire, un jardin botanique, une société d'agriculture, une salle de spectacle et une belle promenade, qui forme un large boulevard autour de la ville.

On fabrique à Auxerre des calicots, des couvertures, de la faïence, de l'ocre, de la craie, des feuillettes, des cordes, des violons, de la bonneterie et de la chapellerie. Son commerce consiste en vins, bois, charbon, ocre, etc. Foires le 22 juillet, le 11 novembre, les lundis de la passion et les mêmes jours avant la Chandeleur, avant la Pentecôte et avant le 3 septembre. Population 112,109 habitants pour l'arrondissement et 11,575 pour la ville.

L'origine d'Auxerre, ancienne capitale de l'Auxerrois, remonte à des temps fort reculés et l'on ignore le siècle de sa fondation. Des médailles, des monnaies et des monuments, découverts à différentes époques, attestent l'importance dont cette ville jouissait sous l'empire romain. Après la conquête des Gaules par César, elle fut comprise dans la IVe Lyonnaise. Les Francs, s'étant rendus maîtres du pays, Auxerre passa sous la domination de Clovis, qui fit gouverner cette contrée par un comte. Depuis cette époque jusqu'à l'invasion des Sarrasins et des Normands, l'histoire de l'Auxerrois est enveloppée de ténèbres. Les barbares enhardis par la faiblesse des successeurs de Charlemagne dévastèrent le pays et Auxerre fut saccagé par les Sarrasins en 732 et brûlé par les Normands en 887. A l'avénement de la race capétienne, Robert-le-Pieux, qui revendiquait la Bourgogne, vint en 1003 mettre le siège devant Auxerre, défendu alors par Landri, chef de la dynastie des comtes héréditaires de l'Auxerrois, mais saisi tout à coup d'une crainte superstitieuse, Robert se retira avec son armée. Les descendants de Landri et leurs ascendants se succédèrent dans le comté d'Auxerre, affranchi en 1184, jusqu'à la fin du treizième siècle. Il passa alors à Jean de Châlons, qui prit parti pour les Anglais contre la France. L'Auxerrois eut beaucoup à souffrir de cette guerre longue et désastreuse, et Auxerre fut pris d'assaut et ravagé par les Anglais en 1359. En 1435, Charles VII abandonna le comté au duc de Bourgogne, qui le conserva jusqu'en 1477. Le comté, faisant alors partie de la Bourgogne fut réuni à la France. D'autres calamités viennent ensuite fondre sur Auxerre; les guerres religieuses y portent le pillage et le meurtre; elle se déclare pour la ligue; ce n'est qu'en 1602 qu'elle se soumet à Henri IV. L'ordre et la paix rentrent bientôt après dans cette ville trop longtemps et trop souvent désolée.

AUXERROIS. *Voyez* AUXERRE.

AUXEY-LE-GRAND, vg. de Fr., dép. de la Côte-d'Or, arr., cant. et poste de Beaune; pop. 900 hab.

AUXEY-LE-PETIT, ham. de Fr., dép. de la Côte-d'Or, arr., cant. et poste de Beaune, com. d'Auxey-le-Grand; pop. 70 hab.

AUXILLAC, vg. de Fr., dép. de la Lozère, arr. de Marvejols, cant. et poste de la Canourgue, com. de Salmon; pop. 320 hab.

AUXILLON, vg. de Fr., dép. du Tarn, arr. de Castres, cant. et poste de Mazamet; pop. 1130 hab.

AUXOIS, vg. de Fr., dép. de la Nièvre, arr. de Clamecy, cant., com. et poste de Corbigny; pop. 100 hab.

AUXON, vg. de Fr., dép. de l'Aube, arr. de Troyes, cant. d'Ervy, poste; filatures de coton; pop. 2500 hab.

AUXON-DESSOUS, vg. de Fr., dép. du Doubs, arr. et poste de Besançon, cant. d'Audeux; pop. 300 hab.

AUXON-DESSUS, vg. de Fr., dép. du Doubs, arr. et poste de Besançon, cant. d'Audeux; pop. 250 hab.

AUXON-LES-VESOUL, vg. de Fr., dép. de la Haute-Saône, arr. de Vesoul, cant. de Port-sur-Saône; pop. 100 hab.

AUXONNE, v. de Fr., dép. de la Côte-d'Or, arr. et à 8 l. S.-E. de Dijon, chef-lieu de cant., sur la rive gauche de la Saône; siège d'un tribunal de commerce. C'est une jolie petite ville, généralement bien bâtie et importante comme place de guerre. Elle est le chef-lieu d'une direction d'artillerie et possède un arsenal de construction, une fonderie royale, un collège et une petite bibliothèque. Son monument le plus remarquable est un grand et beau pont sur la Saône; il joint une levée de 2000 mètres de longueur pour le passage pendant les inondations. On fait dans cette ville grand commerce de grains, de farines, d'excellents melons, de bois, de vins, de mercerie, de quincaillerie, de bétail, etc.; pop. 5300 h.
Auxonne est une ville fort ancienne; elle existait déjà du temps des Mérovigiens. Elle a soutenu plusieurs siéges célèbres, et fut une des villes de France, qui en 1814 résistèrent avec le plus de courage et de persévérance aux armées de la sainte alliance.

AUXONNETTES, vg. de Fr., dép. de Seine-et-Marne, arr. et cant. de Melun, com. de St.-Fargeau, poste de Ponthierry; pop. 120 hab.

AUX-TÊTES, pet. île dans le fleuve St.-Laurent, dans l'Amérique du Nord.

AUXUME, g. a., v. d'Ethiopie, au N.-E. d'Astaboras.

AUXY, vg. de Fr., dép. du Loiret, arr. de Pithiviers, cant. de Beaune-la-Rolande, poste de Boynes; pop. 1600 hab.

AUXY, vg. de Fr., dép. de Saône-et-Loire, arr., cant. et poste d'Autun; pop. 1550 hab.

AUXY-LE-CHATEAU, b. de Fr., dép. du Pas-de-Calais, arr. à 6 l. S.-O. de St.-Pol-sur-Ternoise, chef-lieu de cant. et poste; filatures de coton; pop. 2750 hab.

AUZAC, ham. de Fr., dép. de la Gironde, arr. et poste de Bazas, cant. et com. de Grignols; pop. 200 hab.

AUZAC, vg. de Fr., dép. du Lot, arr., cant. et poste de Gourdon, com. de St.-Projet; pop. 280 hab.

AUZAINVILLE, vg. de Fr., dép. d'Eure-et-Loir, arr. de Chartres, cant. et poste d'Auneau, com. de Francourville; pop. 200 h.

AUZAINVILLIERS, vg. de Fr., dép. des Vosges, arr. de Neufchâteau, cant. et poste de Bulgnéville; pop. 350 hab.

AUZAIS, vg. de Fr., dép. de la Vendée, arr., cant. et poste de Fontenay-le-Comte; pop. 800 hab.

AUZANCE, vg. de Fr., dép. de la Creuse, arr. à 7 l. E.-N.-E. d'Aubusson, chef-lieu de canton et poste; commerce de laine, chanvre et cuir; pop. 1280 hab.

AUZAS, vg. de Fr., dép. de la Haute-Garonne, arr. de St.-Gaudens, cant. et poste de St.-Martory; pop. 780 hab.

AUZAT, vg. de Fr., dép. de l'Arriège, arr. de Foix, cant. de Vic-Dessos, poste de Tarascon-sur-Arriège; pop. 1896 hab.

AUZAT-SUR-ALLIER ou **AUZAT-LE-LUGUET**, b. de Fr., dép. du Puy-de-Dôme, arr. d'Issoire, cant. de Jumeaux, poste de St.-Germain-Lembron, à 11 l. S. de Clermont; il est remarquable par ses mines d'antimoine exploitées depuis 1821; pop. 1940 hab.

AUZAT-SUR-ALLIER, vg. de Fr., dép. du Puy-de-Dôme, arr. d'Issoire, cant. de Jumeaux, poste de St.-Germain-Lembron; pop. 1800 hab.

AUZEBOSC, vg. de Fr., dép. de la Seine-Inférieure, arr., cant. et poste d'Yvetot; pop. 700 hab.

AUZECOURT, vg. de Fr., dép. de la Meuse, arr. de Bar-le-Duc, cant. de Vaubecourt, poste de Revigny; pop. 350 hab.

AUZELLES, vg. de Fr., dép. du Puy-de-Dôme, arr. d'Ambert, cant. de Cunlhat, poste de St.-Amand-Roche-Savine; pop. 2700 hab.

AUZERS, vg. de Fr., dép. du Cantal, arr., cant. et poste de Mauriac; pop. 1100 hab.

AUZET, vg. de Fr., dép. des Basses-Alpes, arr. de Digne, cant. de Riez, poste de Seyne; pop. 280 hab.

AUZEVILLE, vg. de Fr., dép. de la Haute-Garonne, arr. et poste de Toulouse, cant. de Castanet; pop. 350 hab.

AUZEVILLE, vg. de Fr., dép. de la Meuse, arr. de Verdun-sur-Meuse, cant. et poste de Clermont-en-Argonne; pop. 500 hab.

AUZIELLE, vg. de Fr., dép. de la Haute-Garonne, arr. et poste de Toulouse, cant. de Castanet; pop. 280 hab.

AUZIL, ham. de Fr., dép. de la Haute-Garonne, arr. et poste de Toulouse, cant. de Castanet; pop. 60 hab.

AUZILLAC, vg. de Fr., dép. de la Haute-Vienne, arr. de Bellac, cant. et com. de Châteauponsat, poste de Morterolles; pop. 180 hab.

AUZITS, vg. de Fr., dép. de l'Aveyron, arr. de Rhodez, cant. et poste de Rignac; pop. 1300 hab.

AUZON, riv. de Fr., dép. de Vaucluse, a sa source à l'E. et près de Flassan, au pied du mont Ventoux, coule de l'E. à l'O., passe près de Carpentras et se jette dans la Sorgues, au-dessus de Bedarrides, après un cours de 10 l.

AUZON, vg. de Fr., dép. de l'Aube, arr. de Troyes, cant. et poste de Piney; pop. 300 hab.

AUZON, pet. v. de Fr., dép. de la Haute-Loire, arr. et à 3 l. N. de Brioude, poste de Lempdes, chef-lieu de canton. On y exploite des mines de houille; elle a aussi des sources d'eaux minérales froides; pop. 1250 hab.

AUZOUER, vg. de Fr., dép. d'Indre-et-

Loire, arr. de Tours, cant. et poste de Château-Renault; pop. 680 hab.

AUZOUVILLE-AUBEROSC, vg. de Fr., dép. de la Seine-Inférieure, arr. d'Yvetot, cant. et poste de Fauville; pop. 350 hab.

AUZOUVILLE-L'ESNEVAL, vg. de Fr., dép. de la Seine-Inférieure, arr. et poste d'Yvetot, cant. d'Yerville; pop. 500 hab.

AUZOUVILLE-SUR-RY, vg. de Fr., dép. de la Seine-Inférieure, arr. de Rouen, cant. et poste de Darnetal; pop. 400 hab.

AUZOUVILLE-SUR-SAONE, vg. de Fr., dép. de la Seine-Inférieure, arr. de Dieppe, cant. et poste de Bacqueville; pop. 360 hab.

AVA ou **AUNGWA**, nommée aussi **BATNAPOURA**, la ville des Joyaux, est l'ancienne capitale de l'empire Birman. Elle est située sur la gauche de l'Iraouady, et ne présente pour ainsi dire que des ruines. De loin les longues flèches blanchies ou dorées, de ses temples donnent à Ava un air important qui disparaît lorsqu'on en approche; les deux principaux d'entre eux sont le Logar tharbou, dans lequel on vénère une statue colossale de marbre, représentant Gaudma, et Sckoegunga praw, où les fonctionnaires publics prêtent serment. Le palais du roi est un bel édifice où l'on remarque la salle d'audience, ouverte de toutes parts, magnifiquement ornée et dont le toit est supporté par des colonnes. La population d'Ava, s'élève, selon Balbi, à 50,000 hab.

AVAIL, vg. de Fr., dép. de l'Indre, arr., cant., com. et poste d'Issoudun; pop. 350 hab.

AVAILLES, vg. de Fr., dép. d'Ille-et-Vilaine, arr. de Vitré, cant. et poste de la Guerche; pop. 750 hab.

AVAILLES, vg. de Fr., dép. des Deux-Sèvres, arr. et poste de Niort, cant. de Prahecq, com. de Brulain; pop. 150 hab.

AVAILLES, vg. de Fr., dép. de la Vienne, arr. et poste de Châtellerault, cant. de Vouneuil-sur-Vienne; pop. 800 hab.

AVAILLES ou **AVAILLES-LIMOUZINES**, vg. de Fr., dép. de la Vienne, arr. à 7 l. E. et poste de Civray, chef-lieu de canton; eaux minérales froides; pop. 1950 hab.

AVAILLES-SUR-CHIZE, vg. de Fr., dép. des Deux-Sèvres, arr. de Melle, cant. et poste de Brioux; pop. 300 hab.

AVAILLES-THOUARSAIS, vg. de Fr., dép. des Deux-Sèvres, arr. de Melle, cant. et poste de Brioux; pop. 300 hab.

AVAJAN, vg. de Fr., dép. des Hautes-Pyrénées, arr. de Bagnères-en-Bigorre, cant. de Bordères, poste d'Arreau; pop. 150 hab.

AVALATS (les), vg. de Fr., dép. du Tarn, arr. et poste d'Albi, cant. de Villefranche; papeteries; pop. 150 hab.

AVALLON, *Aballo*, v. de Fr., dép. de l'Yonne, chef-lieu d'arrondissement, sur le le Cousin, à 10 l. S.-S.-E. d'Auxerre, siège de tribunaux de première instance et de commerce, conservation des hypothèques, etc. Située sur un rocher de granit rouge près d'une fertile vallée, arrosée par le Cousin, cette ville jouit des vues les plus délicieuses et les plus pittoresques. Elle a des rues larges et bien percées, de jolies maisons, plusieurs beaux bâtiments, dont les plus remarquables sont la salle de spectacle et l'hôpital. Le portail de l'église est un travail très-curieux. Parmi les promenades, on remarque le Petit-Cours. Elle a un collège et une école modèle d'enseignement primaire. Son commerce est assez important; il consiste en vins, grains, bois, épiceries, dans les productions de ses fabriques de draps, de moutarde et dans celles de ses tanneries, ses brasseries et ses papeteries.

Avallon n'était au commencement du onzième siècle qu'un château fort dont Robert-le-Pieux tenta vainement de s'emparer. Mais ce roi en ayant plus tard obtenu l'abandon, en fit raser les fortifications, et quelques habitations bâties successivement sur l'emplacement de l'ancienne forteresse, donnèrent naissance à cette petite ville si florissante aujourd'hui; pop. 5500 hab.

AVALON, vg. de Fr., dép. de l'Isère, arr. de Grenoble, cant. et poste de Goncelin, com. de St.-Maximin; pop. 150 hab.

AVALON, presqu'île au S.-O. de l'île de Terre-Neuve, *voyez* ce mot. Elle est formée par les baies de Trinity et de Placentia et n'est contigue à l'île proprement dite que par un isthme fort étroit. C'est le lieu le plus important de l'île pour la pêche de la morue. Le sol est bien arrosé, mais sablonneux et peu productif.

AVALOUZE ou **SAINT-BONNET-D'AVALOUZE**, vg. de Fr., dép. de la Corrèze, arr. cant. et poste de Tulle; pop. 349 hab.

AVANÇON, vg. de Fr., dép. des Hautes-Alpes, arr. de Gap, cant. de la Bâtie-Neuve, com. de Chorges; pop. 650 hab.

AVANÇON, vg. de Fr., dép. des Ardennes, arr. de Réthel, cant. de Château-Porcien, poste de Tagnon; pop. 480 hab.

AVANCY, vg. de Fr., dép. de la Moselle, arr. et poste de Metz, cant. de Vigy, com. de Ste.-Barbe; pop. 120 hab.

AVANEINS, vg. de Fr., dép. de l'Ain, arr. de Trévoux, cant. et poste de Thoissey, com. de Mogneneins; pop. 200 hab.

AVANNE, vg. de Fr., dép. du Doubs, arr. et poste de Besançon, cant. de Boussières; pop. 600 hab.

AVANT, vg. de Fr., dép. de l'Aube, arr. de Nogent-sur-Seine, cant. et poste de Ramerupt; pop. 300 hab.

AVANT, vg. de Fr., dép. de l'Aube, arr. de Nogent-sur-Seine, cant. et poste de Marcilly-le-Hayer; pop. 480 hab.

AVANTICI, g. a., peuple de la Gaule narbonnaise, au S. des Caturiges.

AVANTON, vg. de Fr., dép. de la Vienne, arr. et poste de Poitiers, cant. de Neuville; pop. 550 hab.

AVAPESSA, vg. de Fr., dép. de la Corse,

arr. et poste de Calvi, cant. d'Algajola; pop. 250 hab.

AVARAY, vg. de Fr., dép. de Loir-et-Cher, arr. de Blois, cant. et poste de Mer; pop. 860 hab.

AVARES, g. a., peuple de Scythie, fondit, sous Justinien (557), sur la Pannonie pour se jeter de là sur la Thrace, prit Sirmium et menaça même Constantinople. Charlemagne remporta sur eux une grande victoire. On croit que les Hongrois descendent d'eux et des Huns.

AVARIN. *Voyez* NAVARIN.

AVARS (le pays des), dans le Caucase oriental, habité par les Avars, l'une des tribus des Lesghis, borné à l'E. par la Circassie, est un pays montagneux et stérile dont les deux principales vallées sont celles du Koisu et de l'Atala. Les Avars, comme tous les Lesghis, vivent en partie de brigandages et des expéditions qu'ils font dans la Géorgie. Leur khan, le plus puissant de ceux qui commandent à cette peuplade, peut mettre 10,000 hommes en campagne et porte le nom de Nutsahl. Les rois de Géorgie lui payaient 24,000 francs de tribut pour qu'il s'abstînt de faire des incursions sur leur territoire; les Russes lui en paient 40,000 et lui ont accordé le rang de lieutenant-général. Aussi s'est-il montré jusqu'ici soumis à leur puissance. Sa résidence est dans le bourg de Khoun-dzah. Les Avars sont au nombre de 12,000 familles.

AVASE, riv. des États-Unis de l'Amérique du Nord, état d'Ohio, se jette dans le Mississipi.

AVAUGOURD-DES-LANDES (Saint-), vg. de Fr., dép. de la Vendée, arr. des Sables, cant. de Moutiers, poste d'Avrillé; pop. 400 hab.

AVAUX, vg. de Fr., dép. des Ardennes, arr. et poste de Réthel, cant. d'Asfeld; pop. 700 hab.

AVAUX, vg. de Fr., dép. de la Nièvre, arr. de Château-Chinon, cant., com. et poste de Moulins-en-Gilbert; pop. 135 hab.

AVE, riv. du Portugal, dans la prov. d'Entre-Douro-e-Minho; elle se jette dans la mer Atlantique à Villa-do-Condé.

AVE, pet. île dans le golfe de Conchaguas, à l'entrée de la vaste baie de Jiquilisco, sur les côtes de la province de San-Salvador, confédération de l'Amérique centrale.

AVÉ (Saint-), vg. de Fr., dép. du Morbihan, arr., cant. et poste de Vannes; pop. 1300 hab.

AVEILLAN, vg. de Fr., dép. de l'Isère, arr. de Grenoble, cant. et poste de la Mure, com. de Motte-d'Aveillan; pop. 180 hab.

AVEIRO, autrefois NOUVELLE-BRAGANCE, *Averium*, v. du Portugal, dans la prov. de Beira, à l'embouchure de la Vouga, à 12 l. N.-O. de Coïmbre; évêché; port; poterie; salines; beaucoup de poules, de sardines et d'huîtres; pop. 7000 hab.

AVEIZE, vg. de Fr., dép. du Rhône, arr. de Lyon, cant. de St.-Symphorien-sur-Coise, poste de Duerne; pop. 1100 hab.

AVEIZIEUX, vg. de Fr., dép. de la Loire, arr. de Montbrison, cant. de St.-Galmier, poste de Chazelles; pop. 720 hab.

AVEJAN, vg. de Fr., dép. du Gard, arr. d'Alais, cant. et poste de Barjac, com. de St.-Jean-Maruejols; pop. 150 hab.

AVELANGES, vg. de Fr., dép. de la Côte-d'Or, arr. de Dijon, cant. et poste d'Is-sur-Tille; pop. 130 hab.

AVELANNE ou SAINT-JEAN-D'AVELANNE, vg. de Fr., dép. de l'Isère, arr. de la Tour-du-Pin, cant. et poste du Pont-de-Beauvoisin; pop. 850 hab.

AVELESGE, vg. de Fr., dép. de la Somme, arr. d'Amiens, cant. de Molliens-Vidame, poste d'Airaines; pop. 200 hab.

AVELGHEM, b. du roy. de Belgique, dans la prov. de la Flandre occidentale, sur la rive gauche de l'Escaut, à 2 l. S.-E. de Courtray.

AVELIN, vg. de Fr., dép. du Nord, arr. de Lille, cant. de Pont-à-Marcq, poste de Seclin; pop. 1580 hab.

AVELLA, v. du royaume des Deux-Siciles, dans la prov. de Terra-di-Lavoro; vin et olives; pop. 5200 hab.

AVELLINO, v. du roy. des Deux-Siciles, chef-lieu de la province de la Principauté ultérieure; siége d'un évêché, d'un tribunal civil et criminel; importante par son collége royal, son industrie et son commerce; pop. 13,000 hab.

AVELU, vg. de Fr., dép. du Nord, arr. de Cambray, cant. de Clary, com. de Maretz, poste du Cateau; pop. 180 hab.

AVELUY, vg. de Fr., dép. de la Somme, arr. de Péronne, cant. et poste d'Albert; pop. 400 hab.

AVENAS, vg. de Fr., dép. du Rhône, arr. de Villefranche-sur-Saône, cant. et poste de Beaujeu; pop. 335 hab.

AVENAY, vg. de Fr., dép. du Calvados, arr. de Caen, cant. et poste d'Evrecy; pop. 450 hab.

AVENAY, b. de Fr., dép. de la Marne, arr. de Reims, cant. d'Ay, poste d'Epernay; vins excellents; pop. 1150 hab.

AVENCE, riv. de Fr., a sa source dans le dép. des Landes, entre Roquefort et Gabaret, traverse du S. au N. la partie occidentale du dép. de Lot-et-Garonne, passe par Castel-Jaloux et se jette dans la Garonne, au-dessous de Marmande après un cours de 10 lieues.

AVENCHES, *Aventicum*, pet. v. de Suisse, dans le cant. de Vaud, chef-lieu de district, sur une colline et près de l'emplacement de l'antique Aventicum; le sol fertile produit du froment, des blés, des châtaignes et du tabac. Cette ville a subi au plus haut degré les suites terribles du fléau de la guerre en 307, 335, 447 et surtout en 1616, où elle fut entièrement détruite par les Allemands. Aventicum contenait près de

60,000 habitants et Avenches n'en a plus qu'environ 1000.

AVÈNE, b. du roy. de Belgique, dans la prov. et à 7 l. O.-S.-O. de Liége, sur la Méhaigne.

AVENELLES, vg. de Fr., dép. de l'Orne, arr. d'Argentan, cant. et poste d'Exmes, com. d'Ommeel; pop. 250 hab.

AVENEY, vg. de Fr., dép. du Doubs, arr. et poste de Besançon, cant. de Boussières; pop. 250 hab.

AVENHEIM, vg. de Fr., dép. du Bas-Rhin, arr. de Strasbourg, canton de Truchtersheim, poste de Wasselonne. A l'une des extrémités de ce village, situé sur le versant oriental du Kochersberg, se trouve une source que l'on nomme la Fontaine intarissable (unversiegbaren Brunnen). L'eau en est claire et pure; elle est agréable à boire quoiqu'elle ait une certaine odeur qui lui est particulière. Elle jaillit dans un bassin de pierre de 5 à 6 pieds de profondeur. Elle est très-fraiche en été et ne gèle point en hiver. Les villageois des environs y vont en pèlerinage, et l'on attribue à l'usage de cette eau la santé vigoureuse des habitants; pop. 248 hab.

AVENIÈRES (les), b. de Fr., dép. de l'Isère, arr. de la Tour-du-Pin, cant. et poste de Morestel; pop. 3450 hab.

AVENIÈRES, vg. de Fr., dép. de la Mayenne, arr., cant. et poste de Laval; pop. 2500 hab.

AVENNES, vg. de Fr., dép. de la Sarthe, arr. de Mamers, cant. de Marolles-Braux, poste de St.-Cosme; pop. 546 hab.

AVENSAC, vg. de Fr., dép. du Gers, arr. de Lectoure, cant. et poste de Mauvezin; pop. 280 hab.

AVENSAN, vg. de Fr., dép. de la Gironde, arr. de Bordeaux, cant. et poste de Castelnau-de-Médoc; pop. 1000 hab.

AVENT, vg. de Fr., dép. de la Haute-Vienne, arr. de Bellac, cant. et com. de Bessines, poste de Morterolles; pop. 120 h.

AVENTIGNAN, vg. de Fr., dép. des Hautes-Pyrénées, arr. de Bagnères-en-Bigorre, cant. de Nestier, poste de St.-Laurent-de-Neste; mines d'or; pop. 800 hab.

AVENTIN (Saint-), vg. de Fr., dép. de la Haute-Garonne, arr. de St.-Gaudens, cant. et poste de Bagnères-de-Luchon; pop. 380 hab.

AVENTIN-LES-VERRIÈRES (Saint-), vg. de Fr., dép. de l'Aube, arr. et poste de Troyes, cant. de Lusigny, com. de Verrières; pop. 150 hab.

AVENWEDDE, vg. de Prusse, dans la prov. de Westphalie, rég. de Minden, forme une seule commune avec Kattenstroht, Lintel et Spexard; pop. 3400 hab.

AVENY, vg. de Fr., dép. de l'Eure, arr. des Andelys, cant. d'Ecos, com. de Dampsmenil, poste des Thilliers-en-Vexin; pop. 160 hab.

AVERAN, vg. de Fr., dép. des Hautes-Pyrénées, arr. et poste de Tarbes, cant. d'Ossun; pop. 150 hab.

AVERDOINGT, vg. de Fr., dép. du Pas-de-Calais, arr. et poste de St.-Pol-sur-Ternoise, cant. d'Aubigny; pop. 400 hab.

AVERDON, vg. de Fr., dép. de Loir-et-Cher, arr. de Blois, cant. d'Herbault, poste de la Chapelle-Vendômoise; pop. 550 hab.

AVERLIAS, vg. de Fr., dép. de l'Ain, arr. de Belley, cant. et poste de St.-Rambert, com. d'Argis; pop. 110 hab.

AVERMES, vg. de Fr., dép. de l'Allier, arr., cant. et poste de Moulins-sur-Allier; pop. 500 hab.

AVERNE (lac d'), près de Pouzzolle, dans le roy. de Naples. Dans ses environs se trouve la fameuse grotte de la Sybille, dont l'entrée était à Cumes, mais qui est aujourd'hui presqu'entièrement comblée par des éboulements de terre.

AVERNES, vg. de Fr., dép. de Seine-et-Oise, arr. de Pontoise, cant. de Marines, poste de Meulan; pop. 550 hab.

AVERNES-SAINT-GOURGON, vg. de Fr., dép. de l'Orne, arr. d'Argentan, cant. de Vimoutier, poste du Sap; pop. 280 hab.

AVERNES-SOUS-EXMES, vg. de Fr., dép. de l'Orne, arr. d'Argentan, cant. et poste d'Exmes; pop. 320 hab.

AVERON, vg. de Fr., dép. du Gers, arr. de Mirande, cant. d'Aignan, poste de Plaisance; pop. 600 hab.

AVERRI ou **OWYHERE**, roy. d'Afrique, sur la côte et à l'E. du Benin, dans la Guinée septentrionale. Cette contrée est basse, marécageuse et en partie couverte de forêts; elle est riche en productions végétales et possède de nombreuses plantations. Les Jackéris, habitants de ce royaume, sont très-noirs et semblables, quant à l'extérieur, aux Fantis; mais ils ont les mœurs plus douces et sont plus industrieux que leurs voisins du royaume de Benin. On retrouve dans quelques-uns de leurs usages des traces du christianisme introduit par les Portugais au dix-septième siècle.

AVERRI ou **OWYHERE**, **WARI**, capitale du roy. du même nom, dans la Guinée septentrionale, sur une île du Forçados, bras du Benin, à 6 l. E. de l'embouchure de ce fleuve. Elle a environ une lieue de circonférence; ses maisons sont faites d'argile et couvertes de feuilles de palmiers. On y fabrique de la poterie. C'est de cette ville qu'en 1786 Palisot de Beauvais partit pour explorer l'intérieur N.-E. de cette partie de l'Afrique; pop. 5000 hab.

AVERS, vg. de Fr., dép. de l'Isère, arr. de Grenoble, cant. de Clelles, com. de St.-Maurice-Lalley, poste de Mens; pop. 120 h.

AVERSA, *Atella*, v. du roy. des Deux-Siciles, prov. de Terra di Lavoro, bâtie dans une contrée fertile mais marécageuse, siége d'un évêque, remarquable par deux établissements publics, dont l'un est une maison d'enfants trouvés, véritable pépinière d'artistes et d'artisans pour le royaume ; l'autre est une maison d'aliénés, un des plus beaux établissements de ce genre, et qui a servi de modèle à ceux de Reggio, de Modène, de Palerme, etc. Les malades y trouvent toutes sortes de moyens de distraction, des jeux, des instruments de musique, du travail selon leur inclination. Une grande partie du service intérieur est fait par les aliénés mêmes qui cultivent aussi les jardins; pop. 16,000 hab.

AVERTIN (Saint-), vg. de Fr., dép. d'Indre-et-Loire, arr., cant. et poste de Tours; pop. 1250 hab.

AVERTON, vg. de Fr., dép. de la Mayenne, arr. de Mayenne, cant. et poste de Villaines-la-Juhel; pop. 1250 hab.

AVERY, chef-lieu du comté du même nom, dans l'état d'Ohio, États-Unis de l'Amérique du Nord, est situé sur le Huron; c'est une ville naissante.

AVES ou ILE DES OISEAUX, une des Petites-Antilles et possession hollandaise; elle est située au S.-O. de l'île de Buenos-Ayres, à 25 lieues du continent de l'Amérique méridionale, sous le 11° 56' lat. N. Son nom lui vient de la grande diversité d'oiseaux qu'on y trouve. Elle n'est habitée que par quelques pêcheurs hollandais. Tout près de cette île est située une autre d'une moindre étendue et qu'on appelle la petite île des Oiseaux.

AVESNE, vg. de Fr., dép. de l'Hérault, arr. et poste de Lodève, cant. de Lunas; pop. 1400 hab.

AVESNE ou AVESNES, *Avennæ*, v. forte de Fr., dép. du Nord, chef-lieu d'arrondissement à 25 l. S.-E. de Lille, siége d'un tribunal de première instance; elle est mal bâtie et n'offre rien de remarquable; elle a un collége et une société d'agriculture, des fabriques, des tanneries, des raffineries de sel, des carrières de marbres, un commerce considérable en bois, bonneterie, savon, houblon, bétail et fromage. Foires de 9 jours, le 1er août; pop. 132,335 habitants pour l'arrondissement et 3030 pour la ville.

Avesne appartint successivement aux comtes de Hainaut, aux évêques de Liége, aux comtes de Hollande, aux ducs de Bourgogne, à la maison d'Autriche, puis à Louis XI qui, après s'en être emparé, la traita avec la plus grande atrocité : il fit passer les habitants au fil de l'épée. Les Espagnols la prirent en 1559, et ce n'est qu'un siècle après qu'elle fut restituée à la France. Elle fut prise par les Russes en 1814 et par les Prussiens en 1815.

AVESNE, vg. de Fr., dép. du Pas-de-Calais, arr. de Montreuil-sur-Mer, cant. et poste d'Hucqueliers; pop. 120 hab.

AVESNE-CHAUSSOY, vg. de Fr., dép. de la Somme, arr. d'Amiens, cant. d'Oisemont, poste d'Airaines; pop. 250 hab.

AVESNELLES-SAINT-DENIS, vg. de Fr., dép. du Nord, arr., cant. et poste d'Avesnes; pop. 670 hab.

AVESNES, vg. de Fr., dép. de la Seine-Inférieure, arr. de Dieppe, cant. et poste d'Envermeu; pop. 650 hab.

AVESNES, vg. de Fr., dép. de la Seine-Inférieure, arr. de Neufchâtel-en-Bray, cant. et poste de Gournay; pop. 680 hab.

AVESNES-LE-COMTE, b. de Fr., dép. du Pas-de-Calais, arr. à 5 l. S.-E. de St.-Pol-sur-Ternoise, chef-lieu de canton, poste de l'Arbret; pop. 1300 hab.

AVESNES-LES-AUBERT, vg. de Fr., dép. du Nord, arr. et poste de Cambrai, cant. de Carnières; pop. 2500 hab.

AVESNES-LES-BAPAUME, vg. de Fr., dép. du Pas-de-Calais, arr. d'Arras, cant. et poste de Bapaume; pop. 110 hab.

AVESNES-LE-SEC, vg. de Fr., dép. du Nord, arr. de Valenciennes, cant. et poste de Bouchain; pop. 1600 hab.

AVESNES-SAINT-SIMON, vg. de Fr., dép. de l'Aisne, arr. de St.-Quentin, cant. et com. de St.-Simon, poste de Ham; pop. 115 hab.

AVESSAC, vg. de Fr., dép. de la Loire-Inférieure, arr. de Savenay, cant. de St.-Nicolas, poste de Redon; pop. 2400 hab.

AVESSÉ, vg. de Fr., dép. de la Sarthe, arr. de la Flèche, cant. de Brulon, poste de Sablé; pop. 1000 hab.

AVESTA, v. de Suède, län de Stora-Kopparberg, remarquable par une fabrique de draps et des usines dans lesquelles on prépare tout le cuivre extrait des mines à Falun; pop. 600 hab.

AVEUX, vg. de Fr., dép. des Hautes-Pyrénées, arr. de Bagnères-en-Bigorre, cant. de Mauléon-Barousse, poste de Montrejeau; pop. 150 hab.

AVEXY, vg. de Fr., dép. du Cher, arr. de Bourges, cant. et com. de Graçay, poste de Vatan; pop. 100 hab.

AVEYRO, pet. v. de l'emp. du Brésil, dans la prov. de Para, sur le Tapajoz et à 34 l. S. de l'embouchure de ce fleuve dans l'Amazône, dans une contrée, très-belle, très-saine et très-fertile; poissons, cacao et coton en abondance; agriculture négligée à cause de la paresse des Indiens; pop. 3000 hab.

AVEYRON, *Avario*, riv. de Fr., a sa source dans le dép. du même nom, à 250 mètres de Séverac-le-Château; sa première direction est de l'E. à l'O., en passant par Rhodez et Villefranche; ici elle forme un coude, se dirige du N. au S., passe à Najac, puis tournant vers le S.-O., elle entre dans le dép. de Tarn-et-Garonne, arrose St.-Antonin et Bruniquel, coulant ensuite plus directement vers l'O., elle passe à Négrepelisse, à Albiac et se jette dans le Tarn à 3 l. au-dessus de Moissac, après un cours de 56 l. Elle est navigable depuis Négrepelisse. Ses principaux affluents sont la Seye, la Viaur, la Verre et l'Alsou.

AVEYRON (dép. de l'), en France, dans

la région du midi; il est borné au N. par le dép. du Cantal, au N.-O. par celui du Lot, à l'O. par ceux de Tarn-et-Garonne et du Tarn, au S. par le dép. de l'Hérault, au S.-E. par celui du Gard, et à l'E. par celui de la Lozère. Sa superficie est évaluée 882,191 hectares et sa population s'élève à 370,951 habitants.

Des chaînes de hautes montagnes, prolongement de celles du Cantal et des Cévennes, sillonnent ce département. Les montagnes de Lèvezon, qui se trouvent à l'E. du département, entre les sources de l'Aveyron et le Tarn et les groupes du S.-E. dans les arrondissements de Milhau et de St.-Affrique, se rattachent aux Cévennes; celles du N. entre l'Aveyron et le Lot font partie de la chaîne du Cantal. La plupart de ces dernières sont volcanisées et offrent un grand nombre de curiosités naturelles.

Le département est arrosé par le Lot, le Tarn, l'Aveyron, la Sorgues, la Truyère, le Viaur, la Dourbie et plusieurs autres rivières moins importantes. Le Lot est la seule qui y soit navigable.

Le sol composé de terrains calcaires, argileux, schisteux, granitiques et coupé par des précipices ou des torrents, est en général stérile et ne produit que sur des espaces fort bornés une très-petite-quantité de seigle et d'avoine. Les noix et les châtaignes sont les seules productions abondantes dans les parties montueuses du département; mais dans les vallées, généralement remplies de dépôts d'alluvion, la terre est fertile en céréales et surtout en bons pâturages. Dans les cantons d'Agnac et de Marcillac on récolte même du vin, dont la bonne qualité est d'autant plus étonnante que la température froide du département est peu favorable à la culture de la vigne.

Le département possède de belles forêts dont les essences principales sont le chêne, le hêtre et le sapin. Les cantons les plus favorablement situés ont des arbres fruitiers de plusieurs espèces; on recueille aussi dans le département des truffes et une grande quantité de bons champignons.

Il est en France peu de départements aussi riches que celui-ci en productions minérales, et la nature semble avoir voulu le dédommager ainsi de la fertilité qu'elle lui a refusée. Il a des mines de fer, de cuivre, de plomb, de houille, d'alun, de zinc, d'antimoine, des tourbières, des carrières de plâtre, de marbre, des rochers feldspathiques, de la pierre ponce, des pierres meulières, du silex, etc. Avant la découverte de l'Amérique, cette contrée avait six mines d'argent en exploitation; elles n'étaient plus rien à côté des immenses richesses du nouveau monde; on les a abandonnées.

Des nombreuses sources d'eaux thermales et minérales du département, nous ne citerons que les plus fréquentées. Ce sont les eaux thermales de Sylvanès, les eaux minérales de Cransac, celles de Camarès-d'Andabre et de Prugnes.

Le règne animal de ce département n'offre rien de bien remarquable. Les espèces d'animaux domestiques, à l'exception d'une grande quantité de mulets sont les mêmes que dans les autres contrées de la France. Les bêtes à laine y sont nombreuses et de belles races; on y voit aussi de grands troupeaux de chèvres. Les loups et les renards sont communs dans les montagnes; on ne trouve point de sangliers et fort peu de chevreuils, mais beaucoup de lièvres, de lapins, et de gibier à plumes. Les rivières y sont poissonneuses; elles sont peuplées d'anguilles, de truites et de barbeaux. Parmi les reptiles qu'on rencontre dans le département, on distingue la vipère, l'orvet, la couleuvre et plusieurs autres espèces de serpents.

L'industrie du département a atteint un haut degré de développement et tend chaque jour à s'accroître encore. Il possède des hauts-fourneaux, des forges de cuivre, des rafineries d'alun et d'autres établissements pour la fabrication des produits chimiques, des fabriques de toiles et de draps, des filatures de laine, des tanneries, des fonderies, des papeteries, des verreries; la bonneterie, la chapellerie, la chaudronnerie sont aussi des branches productives de son industrie. Le commerce d'exportation consiste en bétail, en produits manufacturés, fruits secs, merrains et fromage de Roquefort et de Guyole. On y importe des grains et des objets de mode et de luxe. La valeur de l'exportation dépasse chaque année de plusieurs millions celle de l'importation.

Le département nomme cinq députés; il est divisé en cinq arrondissements dont les chefs-lieux sont :

Rhodez. . . .	11	cant.	65	com.	99,704 h.
Espalion . . .	9	»	37	»	65,639 »
Milhau. . . .	9	»	38	»	65,800 »
Saint-Affrique.	6	»	28	»	58,678 »
Villefranche. .	7	»	47	»	81,130 »

42 cant. 215 com. 370,951 h.

Il est compris dans la neuvième division militaire, dont le quartier-général est à Montpellier; il est du ressort de la cour royale et de l'académie de cette même ville, du diocèse de Rhodez, suffragant de l'archevêché d'Alby, et pour le culte protestant de la circonscription consistoriale de St.-Affrique, de la vingt-septième conservation forestière, de la douzième inspection des ponts-et-chaussées, dont le chef-lieu est Clermont-Ferrand et de la cinquième division des mines, dont le chef-lieu est Montpellier. Le département à 6 colléges, une école normale primaire et 334 écoles primaires. Ce département fut formé de l'ancien Rouergue. *Voyez* ce mot.

AVEZAC, vg. de Fr., dép. de la Haute-Garonne, arr. de St.-Gaudens, cant. et poste de Boulogne, com. de Charlas; pop. 112 h.

AVEZAC-PRAT, vg. de Fr., dép. des Hautes-Pyrénées, arr. de Bagnères-en-Bigorre, cant. et poste de la Barthe-de-Neste; pop. 900 hab.

AVEZAN, vg. de Fr., dép. du Gers, arr. de Lectoure, cant. et poste de St.-Clar; pop. 250 hab.

AVÈZE, vg. de Fr., dép. du Gard, arr., cant. et poste du Vigan; pop. 1300 hab.

AVÈZE, vg. de Fr., dép. du Puy-de-Dôme, arr. d'Issoire, cant. et poste de Tauves; pop. 780 hab.

AVEZÉ, vg. de Fr., dép. de la Sarthe, arr. de Mamers, cant. et poste de la Ferté-Bernard; pop. 1230 hab.

AVEZZANS, v. du roy. des Deux-Siciles, dans la prov. de l'Abbruze ultérieure IIe; pop. 3000 hab.

AVIA, h. d'Espagne, dans le roy. de la Nouvelle-Castille, prov. de Cuença, sur la Giguéla.

AVIANO, b. du roy. Lombard-Vénitien, dans le gouv. de Venise, délégation d'Udine, chef-lieu de district au pied du Monte Cavallo; pop. 5000 hab.

AVIDI ou **ALTO-DE-VIENTO**, chaîne de montagnes, dans la rép. de la Nouvelle-Grenade, dép. de Cauca. C'est une branche de la Sierra-de-Sindagua et s'étend entre l'Atrato et le Cauca, entre dans la province d'Antioquia et forme au N. des villes d'Urrao et d'Antioquia, où elle s'élève à une hauteur de 5000 mètres, un des points culminants des Andes de la Colombie. Elle se termine dans la province de Carthagène, département de Magdalena.

AVIGNEAU, vg. de Fr., dép. de l'Yonne, arr. d'Auxerre, cant. et poste de Coulange-la-Vineuse, com. d'Escamps; pop. 115 hab.

AVIGNON, vg. de Fr., dép. du Jura, arr., cant. et poste de St.-Claude; pop. 360 hab.

AVIGNON, *Avenio*, v. de Fr., chef-lieu du département du Vaucluse, à 176 l. S.-S.-E. de Paris, sur la rive gauche du Rhône, dans une vaste plaine bien cultivée; siége de tribunaux de première instance et de commerce, d'un archevêché, d'une direction des contributions et des domaines, d'une conservation des hypothèques. La ville est ceinte de hautes murailles crénelées et flanquées de nombreuses tours; de belles promenades et de vastes jardins s'étendent entre ces murs et la ville dont les rues, à l'exception d'un très-petit nombre, sont étroites et tortueuses. Un pont en bois, remarquable par sa longueur, joint la ville à la rive droite du Rhône. On remarque parmi les maisons, généralement grandes et bien bâties, beaucoup de vieux édifices, autrefois consacrés au culte et dont la révolution a changé la destination; le palais, jadis habité par les papes, sur la pente du Rocher-des-Dons; c'est un édifice gothique dont les tours hautes et épaisses, les créneaux, les ogives, l'architecture sans symétrie, sans élégance, étonne par sa masse imposante et son élévation. Cette sombre forteresse dont les maîtres commandaient aux rois, a été transformée en prisons et en casernes. Au-dessus de l'ancien palais papal, on voit l'ancienne métropole, Notre-Dame-des-Dons, qui renferme le tombeau de Jean XXII, ceux de plusieurs cardinaux et celui du brave Crillon, mort à Avignon le 2 décembre 1615. Vis-à-vis le palais des papes, l'ancien hôtel de la monnaie, aujourd'hui hôtel de la gendarmerie; près de là se trouve la maison où fut assassiné en 1815 le maréchal Brune; l'hôtel des invalides, formé par la réunion du ci-devant couvent des Célestins et du noviciat des Jésuites; c'est une succursale de celui de Paris; il a une belle église, de vastes salles et une grande cour carrée, plantée d'arbres; la cathédrale petite, mais élégante. Parmi les édifices modernes, nous citerons la salle de spectacle, construite en 1824; c'est une des plus belles de la France.

Avignon possède un grand nombre d'établissements d'utilité publique: un collége royal, une école normale primaire, un cours de physique, de chimie et de mécanique appliquées aux arts, une école de dessin et de peinture, une société des amis des arts et d'agriculture, un musée d'antiquités et de tableaux, un cabinet d'histoire naturelle, un cabinet de médailles, une bibliothèque et un jardin botanique.

Avignon est aussi une ville très-avancée sous le rapport de l'industrie; elle a des fabriques renommées de taffetas de Florence, de gros de Tours, de serge, d'étoffes en filoselle, des fonderies, des laminoirs, des martinets, des mécaniques de diverses espèces, des filatures de soie, des teintureries, etc. On y fait commerce de laine, de soie, de safran, de vins, d'eaux-de-vie, d'huile, de miel, de garance et d'une grande quantité d'autres articles, pour lesquels cette ville est l'entrepôt du Dauphiné, de la Provence et du Languedoc. Foires, le 24 avril, le 6 mai, le 14 septembre et le 30 novembre.

Depuis le 14e siècle, la population d'Avignon est diminuée de plus des deux tiers. Plusieurs pestes, la translation du siége apostolique, les guerres civiles anéantirent son commerce et chassèrent la plus grande partie des habitants que le fléau avait épargnés, et cette ville qui, au commencement du quinzième siècle, comptait plus de 100,000 âmes, n'a plus aujourd'hui que 31,800 hab.

Elle est la patrie de Laure de Noves (1307), immortalisée par les vers de Pétrarque, du brave Crillon (1541), du chevalier de Folard, célèbre écrivain militaire (1669), de l'abbé Poule, éloquent prédicateur du dix-huitième siècle, de Mad. Favart, actrice renommée, auteur de quelques opéras-comiques, et de Joseph Vernet, le grand peintre de marine.

Avignon fut fondée par les Phocéens, un demi-siècle après Marseille et devint la capitale des Gaulois Cavares. Conquise par César, elle fut comprise sous Auguste dans la Gaule narbonnaise, et sous Adrien dans la IIe Viennoise. Au commencement du sixième siècle, les Visigoths s'en emparèrent; ils en furent chassés vingt ans après par les Ostrogoths d'Italie qui, quelques années plus tard, la cédèrent aux Français. Les Sarrasins qui envahirent les provinces méridionales, s'en rendirent maîtres en 730. Ceux-ci ayant été battus et repoussés par Charles-Martel, le territoire d'Avignon passa sous la domination des rois Carlovingiens qui le possédèrent jusqu'en 880. Vers la fin du neuvième siècle, Avignon fit partie du royaume de Provence, puis de la Bourgogne transjurane et vers le milieu du dixième siècle du royaume d'Arles. En 1108 l'Avignonais devint un objet de discorde et de guerre entre le comte de Barcelone et celui de Toulouse. Après une lutte de plusieurs années, le territoire fut partagé entre les deux prétendants. Le comte de Toulouse eut la moitié de la ville et les terres comprises entre l'Isère et la Durance; cette partie forma le marquisat de Provence; l'autre moitié de la ville et tout le territoire depuis la Durance jusqu'à la Méditerranée forma le comté de Provence qui appartint au comte de Barcelone. Avignon, profitant alors des divisions toujours renaissentes de ses seigneurs, et de la faiblesse d'un pouvoir sans unité, se gouverna par ses magistrats municipaux jusqu'au temps de la guerre des Albigeois dont elle avait embrassé le parti. Louis VIII s'en empara, après un siège de trois mois, en 1226; il fit démolir une partie de ses murailles et un grand nombre de maisons. En 1251 Charles 1er d'Anjou, héritier par sa femme du comté de Provence, et Alphonse, comte de Poitiers, frère de St.-Louis, successeur, également par sa femme, du dernier comte de Toulouse, partagèrent cette province, et Avignon eut encore deux maîtres à la fois jusqu'en 1290. Philippe-le-Bel céda les droits dont il avait hérité, à Charles II, comte de Provence, qui posséda seul alors la ville d'Avignon. C'est vers ce temps (1309) que le pape Clément V vint s'y établir et préparer l'usurpation de ses successeurs. Jeanne Ire, reine de Naples et comtesse de Provence, citée par le pape Clément VI pour se justifier de l'assassinat de son premier mari, André de Hongrie, chercha à disposer favorablement le pape, en lui vendant Avignon pour la somme de 80,000 florins d'or qui ne furent jamais payés. C'est ainsi que les papes devinrent en 1348 les possesseurs de cette ville qui s'embellit beaucoup et jouit d'une grande prospérité sous leur domination. Six papes résidèrent à Avignon, savoir : Clément V, Jean XXII, Benoît XII, Clément VI, Innocent VI, Urbain V et Grégoire XI. Ce dernier transféra de nouveau en 1378 le saint-siège à Rome. Après la mort de Grégoire, les cardinaux français, s'opposant à l'élection faite par les cardinaux romains qui avaient nommé Urbain VI, nommèrent Clément VII qui revint résider à Avignon en 1379. Un second antipape, Benoît XIII, lui succéda en 1394. Ce schisme dura jusqu'en 1423. Les papes de Rome firent ensuite gouverner Avignon par un légat. Louis XI ayant hérité des droits au comté de Provence, ses successeurs ne cessèrent de réclamer contre la vente faite illégalement par Jeanne de Naples, et Louis XIV fit saisir deux fois Avignon. Louis XV la prit également en 1758, mais la restitua seize ans après au pape qui la conserva jusqu'à la révolution française. Les Avignonais, lassés du joug inquisitorial, s'insurgèrent contre les abus qui pesaient sur eux; les classes privilégiées, partisans du pape, voulurent s'opposer au mouvement révolutionnaire, le sang coula dans la ville; cette lutte ne dura pas longtemps, le parti du pape fut vaincu; mais Avignon dont la réunion à la France n'était point encore decreté par l'assemblée constituante, devint le théâtre de la plus sanglante anarchie. Le 14 septembre 1791 la réunion fut prononcée et cette ville forma avec le comté Venaissin un district du département des Bouches-du-Rhône; ce n'est qu'en 1793 qu'on en forma le département de Vaucluse, en y ajoutant les districts d'Apt et d'Orange. Avignon qui depuis n'a point cessé de suivre les destinées de la France, n'a plus été troublée jusqu'en 1815. A cette époque désastreuse de notre histoire, les Avignonais, excités par le fanatisme et par une aveugle et cruelle vengeance, se souillèrent de meurtres et imprimèrent à leur vieille cité une tache de sang que l'histoire a rendue indélébile.

AVIGNONET, *Avenionetum*, b. de Fr., dép. de la Haute-Garonne, arr., cant. et poste de Villefranche-de-Lauragais; pop. 2250 hab.

AVIGNONET, vg. de Fr., dép. de l'Isère, arr. de Grenoble, cant. et poste de Monestier-de-Clermont; pop. 280 hab.

AVIGNONS, vg. de Fr., dép. de l'Ain, arr. de Bourg-en-Bresse, cant. de St.-Trivier-de-Courtes, com. de Cormoz, poste de St.-Amour; pop. 150 hab.

AVILA, prov. d'Espagne, dans le roy. de la Vieille-Castille, bornée au N. par les prov. de Salamanque et de Valadolid, à l'E. par celles de Ségovie, au S. par celles de Madrid et de Tolède, et à l'O. par les prov. d'Estramadure et de Salamanque. Sa superficie est de 120 l. c. g. et sa population de 142,000 habitants. Le pays est élevé et entrecoupé de montagnes, dont les principales sont celles de Quadarrama, situées au S.-E., et la Sierra d'Avila, qui en est une continuation. Le Tage traverse le district d'Oropesa sur la limite méridionale de la province et y reçoit l'Alberche et le Tictor; l'Adaja, l'Eresma, le Zapardiel et le Tormes, qui y prennent aussi leurs sources, vont porter leurs eaux au N. dans le Duero. Le climat est froid dans les montagnes et tempéré dans les plaines, où la chaleur est étouffante en été. Le sol dans les régions montueuses est calcaire et entrecoupé de zônes pierreuses, mais productif où les localités permettent l'irrigation. Les vallées, généralement belles et fertiles, sont mal cultivées; elles produisent cependant du blé, des légumes, de l'huile et du vin pour la consommation du pays. Dans quelques contrées on cultive la soie. Le bois y est rare et la Sierra d'Avila en est presque entièrement dépourvue. L'éducation des bestiaux est peu considérable; la laine, quoique belle, ne fournit que très-peu à l'exportation. On a ouvert dans les montagnes des mines de houille, on y a aussi découvert des traces d'argent, mais on n'exploite ni les unes ni les autres. L'industrie est négligée et se réduit aux besoins intérieurs.

AVILA, *Abula*, *Albicella*, v. d'Espagne, évêché et chef-lieu de la prov. de ce nom, sur l'Adaja. Elle est ceinte de murailles, a des rues droites et larges, 9 églises et 5 hôpitaux; mais elle est déserte, sans industrie et fourmille de mendiants. Patrie de Ste.-Thérèse, de Sanche d'Avila, de Gilles Gonzalès, etc. Son université fut supprimée en 1811; pop. 4500 hab.

AVILLEY, vg. de Fr., dép. du Doubs, arr. et poste de Beaume-les-Dames, cant. de Rougemont; pop. 500 hab.

AVILLY, vg. de Fr., dép. de l'Oise, arr., cant. et poste de Senlis, com. de St.-Léonard; pop. 250 hab.

AVIM, g. a., v. de Judée, dans la tribu de Benjamin.

AVINCEY, vg. de Fr., dép. de la Côte-d'Or, arr. de Beaune, cant. et poste de Pouilly-en-Montagne, com. d'Arconcey; pop. 120 hab.

AVIO, b. des états autrichiens, dans le gouvernement de Tyrol, cer. à 3 l. S.-S.-O. de Roveredo, sur l'Adige; fabriques de velours et d'étoffes de soie. Non loin de là, près du Monte Baldo, sont des carrières de pierres à fusil.

AVION, vg. de Fr., dép. du Pas-de-Calais, arr. d'Arras, cant. de Vimy, poste de Lens; pop. 1150 hab.

AVIONES, g. a., peuple du N. de la Germanie, au S. des Suèves, au N. des Semnones, à l'E. de l'Elbe.

AVIOTH, vg. de Fr., dép. de la Meuse, arr., cant. et poste de Montmédy; pop. 450 hab.

AVIRÉ, vg. de Fr., dép. de Maine-et-Loire, arr., cant. et poste de Segré; pop. 1000 hab.

AVIREY-LINGEY, vg. de Fr., dép. de l'Aube, arr. de Bar-sur-Seine, cant. et poste des Riceys; pop. 900 hab.

AVIRON, vg. de Fr., dép. de l'Eure, arr., cant. et poste d'Evreux; pop. 200 hab.

AVIT (Saint-), vg. de Fr., dép. de la Charente, arr. de Barbezieux, cant. et poste de Chalais; pop. 380 hab.

AVIT (Saint-), vg. de Fr., dép. de la Drôme, arr. de Valence, cant. et poste de St.-Vallier, com. de Rattières; pop. 145 h.

AVIT (Saint-), vg. de Fr., dép. d'Eure-et-Loir, arr. de Châteaudun, cant. de Brou, poste d'Illiers; pop. 580 hab.

AVIT (Saint-), ham. de Fr., dép. d'Eure-et-Loir, arr., cant. et poste de Châteaudun, com. de St.-Denis-les-Ponts; pop. 55 hab.

AVIT (Saint-), vg. de Fr., dép. des Landes, arr., cant. et poste de Mont-de-Marsan; pop. 580 hab.

AVIT (Saint-), vg. de Fr., dép. de Loir-et-Cher, arr. de Vendôme, cant. et poste de Mondoubleau; pop. 450 hab.

AVIT (Saint-), vg. de Fr., dép. de Lot-et-Garonne, arr. et poste de Marmande, cant. de Seyches; pop. 530 hab.

AVIT (Saint-), ham. de Fr., dép. de Lot-et-Garonne, arr. de Villeneuve-sur-Lot, cant. et poste de Montflanquin, com. de la Capelle-Biron; pop. 60 hab.

AVIT (Saint-), vg. de Fr., dép. de Lot-et-Garonne, arr. d'Agen, cant. de Porte-Ste.-Marie, com. de Miramont-d'Aiguillon, poste d'Aiguillon; pop. 115 hab.

AVIT (Saint-), vg. de Fr., dép. du Puy-de-Dôme, arr. de Riom, cant. et poste de Pontaumur; pop. 750 hab.

AVIT (Saint-), vg. de Fr., dép. de Tarn-et-Garonne, arr., cant., com. et poste de Moissac; pop. 280 hab.

AVIT-DE-COMBELONGUE (Saint-), vg. de Fr., dép. de Tarn-et-Garonne, arr. de Moissac, cant. et poste de Lauzerte, com. de St.-Amant-de-Pelagal; pop. 80 hab.

AVIT-DE-FUMANDIÈRE (Saint-), ham. de Fr., dép. de la Dordogne, arr. de Bergerac, cant. de Vélines, poste de Castillon; pop. 75 hab.

AVIT-DE-SOULÈGE (Saint-), vg. de Fr., dép. de la Gironde, arr. de Libourne, cant. et poste de Ste.-Foy; pop. 280 hab.

AVIT-DE-TARDES, vg. de Fr., dép. de la Creuse, arr., cant. et poste d'Aubusson; pop. 900 hab.

AVIT-DE-TIZAC (Saint-), vg. de Fr., dép. de la Dordogne, arr. de Bergerac, cant. de Vélines, poste de Ste.-Foy; pop. 300 hab.

AVIT-DE-VIALARD (Saint-), vg. de Fr., dép. de la Dordogne, arr. de Sarlat, cant. et poste du Bugue; pop. 200 hab.

AVIT-DU-MOIRON (Saint-), vg. de Fr., dép. de la Gironde, arr. de Libourne, cant. et poste de Ste.-Foy; pop. 1000 hab.

AVIT-FRANDAT (Saint-), vg. de Fr., dép. du Gers, arr., cant. et poste de Lectoure; pop. 350 hab.

AVIT-LE-PAUVRE (Saint-), vg. de Fr., dép. de la Creuse, arr. et poste d'Aubusson, cant. de St.-Sulpice-les-Champs; pop. 320 hab.

AVIT-RIVIÈRE (Saint-), vg. de Fr., dép. de la Dordogne, arr. de Bergerac, cant. et poste de Montpazier; pop. 500 hab.

AVIT-SÉNIEUR (Saint-), vg. de Fr., dép.

de la Dordogne, arr. de Bergerac, cant. et poste de Beaumont; pop. 1200 hab.

AVITS (Saint-), vg. de Fr., dép. du Tarn, arr. de Castres, cant. de Dourgne, poste de Sorèze; pop. 350 hab.

AVIZ, *Avisium*, b. du Portugal, dans la prov. d'Alentéjo, sur l'Aviz et à 11 l. N. d'Evora; pop. 1600 hab.

AVIZE, b. de Fr., dép. de la Marne, arr. à 3 l. S.-S.-E. d'Epernay, chef-lieu de canton et poste; commerce de vins; pop. 1050 h.

AVLONE, *Valona*, chef-lieu de sandschak, dans l'eyalet de Roumili, Turquie d'Europe, à 1 l. E. du golfe du même nom; siége d'un évêché grec; important par son beau port; pop. 5000 hab.

AVOCOURT, vg. de Fr., dép. de la Meuse, arr. de Verdun-sur-Meuse, cant. et poste de Varennes-en-Argonne; faïencerie, poterie et papeterie; pop. 950 hab.

AVOINE, vg. de Fr., dép. d'Indre-et-Loire, arr., cant. et poste de Chinon; pop. 1150 hab.

AVOINES, vg. de Fr., dép. de l'Orne, arr. d'Argentan, cant. et poste d'Ecouché; pop. 550 hab.

AVOIZE, vg. de Fr., dép. de Saône-et-Loire, arr. de la Flèche, cant. et poste de Sablé; pop. 1100 hab.

AVOLA, v. du roy. des Deux-Siciles, intendance de Syracuse; assez commerçante et remarquable par une plantation de sucre, qui cependant est peu productive; pop. 6800 hab.

AVOLD (Saint-) ou SANTAFOR, b. de Fr., dép. de la Moselle, arr. de Sarreguemines, chef-lieu de canton, poste à 10 l. E. de Metz; c'est un joli petit endroit à l'embranchement de plusieurs routes; il a des fabriques de draps, des chamoiseries et des sources minérales; pop. 3460 hab.

AVOLSHEIM ou AFELSHEIM, vg. de Fr., dép. du Bas-Rhin, arr. de Strasbourg, cant. et poste de Molsheim, sur la Bruche. Non loin de ce village se trouve une vieille église isolée, autrefois remarquable par un sarcophage, que l'on a transporté à la bibliothèque de Strasbourg; pop. 609 hab.

AVON, vg. de Fr., dép. d'Indre-et-Loire, arr. de Chinon, cant. et poste de l'Isle-Bouchard; pop. 750 hab.

AVON, vg. de Fr., dép. de Seine-et-Marne, arr., cant. et poste de Fontainebleau; pop. 1150 hab.

AVON, vg. de Fr., dép. des Deux-Sèvres, arr. de Melle, cant. et poste de la Mothe-St.-Héraye; pop. 300 hab.

AVON, *Antona*, riv. d'Angleterre. Il y a deux Avon: l'Avon supérieur qui vient du comté de Warwick et se jette dans la Severn à Tewkesbury; l'Avon inférieur qui vient du comté de Wilts, passe par Bath et Bristol, et se jette également dans la Severn.

AVONDANCES, vg. de Fr., dép. du Pas-de-Calais, arr. de Montreuil-sur-Mer, cant. et poste de Fruges; pop. 100 hab.

AVON-LA-PÈZE, vg. de Fr., dép. de l'Aube, arr. de Nogent-sur-Seine, cant. et poste de Marcilly-le-Hayer; pop. 320 hab.

AVORD, vg. de Fr., dép. du Cher, arr. et poste de Bourges, cant. de Baugy; pop. 280 hab.

AVOSNE, vg. de Fr., dép. de la Côte-d'Or, arr. de Sémur, cant. et poste de Vitteaux; pop. 380 hab.

AVOT, vg. de Fr., dép. de la Côte-d'Or, arr. de Dijon, cant. et poste de Grancey; pop. 300 hab.

AVOUDREY, vg. de Fr., dép. du Doubs, arr. de Beaume-les-Dames, cant. de Vercel, poste de Valdahon; pop. 430 hab.

AVOUZON, vg. de Fr., dép. de l'Ain, arr., cant. et poste de Gex, com. de Croset; pop. 240 hab.

AVOYELLES, paroisse dans l'état de Louisiane, États-Unis de l'Amérique du Nord. Elle a pour frontières les paroisses de Rapides, de Concordia, de Pointe-Coupée et d'Opélouses, et compte 4600 habitants. Ce district, traversé par le Red-River, est surtout propre à la culture du coton. Avoyelles en est le chef-lieu.

AVRAINVILLE, vg. de Fr., dép. de la Haute-Marne, arr. et poste de Vassy, cant. de Chevillon; pop. 200 hab.

AVRAINVILLE, vg. de Fr., dép. de la Meurthe, arr. et poste de Toul, cant. de Domèvre; pop. 500 hab.

AVRAINVILLE, vg. de Fr., dép. de Seine-et-Oise, arr. de Corbeil, cant. et poste d'Arpajon; pop. 350 hab.

AVRANCHES, *Ingena*, *Abrincæ*, v. de Fr., dép. de la Manche, chef-lieu d'arrondissement, à 13 l. S.-S.-O. de St.-Lô, sur la rive gauche de la Sée, siége d'un tribunal de première instance, d'une conservation des hypothèques; elle possède un collège, une bibliothèque, une cathédrale fort ancienne, une salle de spectacle, de jolies promenades, plusieurs autres établissements publics et des fabriques de dentelles et de blondes. On y fait commerce de grains, de cidre et de fil. Foires, les 2 mars, 11 mai, 3 août et 21 septembre; pop. 7250 hab.

Cette ville fit, du temps des Romains, partie de la IIe Lyonnaise, elle passa ensuite sous la domination des Francs. Les Bretons s'en emparèrent vers la fin du douzième siècle et en démolirent les murailles. St.-Louis la reprit et y rétablit les fortifications. Les Anglais qui s'en étaient rendus maîtres au quatorzième siècle, en furent chassés en 1450. Pendant les guerres de religion, les catholiques et les protestants l'occupèrent tour à tour et elle coûta beaucoup de sang aux deux partis. Les catholiques la prirent en 1562 et la conservèrent. Elle n'a plus été depuis le théâtre d'aucun évènement important.

AVRANVILLE, vg. de Fr., dép. des Vosges, arr. de Mirecourt, cant. et poste de Charmes; pop. 200 hab.

AVRANVILLE, vg. de Fr., dép. des Vosges, arr. et poste de Neufchâteau, cant. de Coussey; pop. 250 hab.

AVRAY, vg. de Fr., dép. du Rhône, arr. de Villefranche-sur-Saône, cant. du Bois-d'Oingt, com. de St.-Just-d'Avray, poste de Tarare; pop. 150 hab.

AVRE (l'), riv. de Fr., a sa source au N. de Ressons, dans le dép. de l'Oise, entre dans le dép. de la Somme au S.-E. de Roye, coule du S.-E. au N.-O., passe près de Moreuil et se jette dans la Somme à 3/4 l. au-dessus d'Amiens, après un cours de 15 l.

AVRECHY, vg. de Fr., dép. de l'Oise, arr., cant. et poste de Clermont; pop. 450 hab.

AVRECOURT, vg. de Fr., dép. de la Haute-Marne, arr. de Langres, cant. et poste de Montigny-le-Roi; pop. 580 hab.

AVRÉE, vg. de Fr., dép. de la Nièvre, arr. de Château-Chinon, cant. et poste de Luzy; pop. 300 hab.

AVREMESNIL, vg. de Fr., dép. de la Seine-Inférieure, arr. de Dieppe, cant. de Bacqueville, poste du Bourg-Dun; pop. 1350 hab.

AVREUIL, vg. de Fr., dép. de l'Aube, arr. de Bar-sur-Seine, cant. et poste de Chaource; pop. 420 hab.

AVRICOURT, vg. de Fr., dép. de la Meurthe, arr. de Sarrebourg, cant. de Réchicourt-le-Château, poste de Blamont; pop. 550 hab.

AVRICOURT, vg. de Fr., dép. de l'Oise, arr. de Compiègne, cant. de Lassigny, poste de Noyon; pop. 300 hab.

AVRIE (l'), vg. de Fr., dép. de Loir-et-Cher, arr. de Blois, cant., com. et poste de St.-Aignan; pop. 65 hab.

AVRIGNEY, vg. de Fr., dép. de la Haute-Saône, arr. de Gray, cant. et poste de Marnay; pop. 850 hab.

AVRIGNY, vg. de Fr., dép. de l'Oise, arr. et cant. de Clermont, com. d'Estrées-St.-Denis; pop. 560 hab.

AVRIGNY, ham. de Fr., dép. de la Vienne, arr. et poste de Châtellerault, cant. de Leigné-sur-Usseau, com. de St.-Gervais; pop. 55 hab.

AVRIL, vg. de Fr., dép. de la Moselle, arr., cant. et poste de Briey; pop. 600 hab.

AVRIL-SUR-LOIRE, vg. de Fr., dép. de la Nièvre, arr. de Nevers, cant. et poste de Decize; pop. 400 hab.

AVRILLAT, vg. de Fr., dép. de l'Ain, arr. de Nantua, cant. et com. de Poncin, poste de Cerdon; pop. 115 hab.

AVRILLÉ, b. de Fr., dép. d'Indre-et-Loire, arr. de Chinon, cant. et poste de Langeais; pop. 550 hab.

AVRILLÉ, vg. de Fr., dép. de Maine-et-Loire, arr., cant. et poste d'Angers; pop. 1000 hab.

AVRILLÉ, b. de Fr., dép. de la Vendée, arr. des Sables, cant. de Talmonts, poste; pop. 900 hab.

AVRILLI, vg. de Fr., dép. de l'Orne, arr., cant. et poste de Domfront; pop. 600 hab.

AVRILLY, vg. de Fr., dép. de l'Allier, arr. de la Palisse, cant. et poste du Donjon; pop. 450 hab.

AVRILLY, vg. de Fr., dép. de l'Eure, arr. d'Evreux, cant. et poste de Damville, pop. 180 hab.

AVRILMONT, vg. de Fr., dép. de Seine-et-Marne, arr. de Fontainebleau, cant. et poste de la Chapelle-la-Reine, com. de Burcy; pop. 150 hab.

AVROLLES, vg. de Fr., dép. de l'Yonne, arr. d'Auxerre, cant. et poste de St.-Florentin; pop. 750 hab.

AVRONZE, vg. du roy. Lombard-Vénitien, dans le gouv. de Venise, délégation de Bellone, sur l'Anséja; pop. 3500 hab.

AVROULT, vg. de Fr., dép. du Pas-de-Calais, arr. de St.-Omer, cant. et poste de Fauquembergue; pop. 550 hab.

AVY, vg. de Fr., dép. de la Charente-Inférieure, arr. de Saintes, cant. et poste de Pons; pop. 500 hab.

AWASTOPOL. *Voyez* SEWASTOPOL.

AWIRS ou AWOIR, vg. du roy. de Belgique, dans la prov. de Liège; alunières; pop. 900 hab.

AWOINGT, vg. de Fr., dép. du Nord, arr., cant. et poste de Cambrai; pop. 450 hab.

AWONA. *Voyez* AGWOONA.

AX, v. de Fr., dép. de l'Arriège, arr. et à 11 l. S.-E. de Foix, chef-lieu de canton, sur la rive droite de l'Arriège. Cette petite ville, située au confluent de deux torrents, dans un site très-pittoresque, entourée de hautes montagnes, se compose d'une seule rue assez belle. Les maisons sont grandes et bien bâties. Ax est remarquable par ses eaux thermales dont la réputation s'étend de jour en jour. Elle a des fabriques de draps et trois foires par an; pop. 1950 hab.

AXAT, vg. de Fr., dép. de l'Aude, arr. de Limoux, cant. de Roquefort-de-Sault, poste de Quillan; pop. 550 hab.

AXEL, *Axela*, pet. forteresse du roy. des Pays-Bas, dans la prov. de Seelande, sur une île et un canal de l'Escaut, à 2 l. N.-E. du Sas-de-Gand; pop. 2100 hab.

AXHOLM, île du comté de Lincoln, en Angleterre, formée par la Trent, l'Ilde et le Dun. Elle fournit du lin, de l'orge et du beurre en abondance. Le canal de Readly joint la Trent au Dun.

AXIAT, vg. de Fr., dép. de l'Arriège, arr. de Foix, cant. et poste des Cabannes; pop. 330 hab.

AXIAT, vg. de Fr., dép. de l'Arriège, arr. de Foix, cant. et poste de Tarascon-sur-Arriège, com. de Miglos; pop. 100 hab.

AXIM, v. de l'Afrique, dans le roy. d'Ahanta, sur la côte d'Or, à 5 l. E. de l'Ancobra. La contrée est fertile et produit, outre les plantes et les fruits particuliers à cette latitude, une grande quantité de grains et de légumes ordinaires en Europe. Plu-

AYAC

sieurs espèces de fruits y croissent sans culture. Près d'Axim se trouve le fort St.-Antoine, bâti par les Portugais et qui appartient aujourd'hui aux Hollandais; il est le siège d'une vice-présidence.

AXMINSTER, b. d'Angleterre, dans le comté de Devon; fabriques de tapis; pop. 2800 hab.

AXUM ou **AXUMA**, **CHASSUMO**, v. de l'Abyssinie, dans le roy. de Tigré, à 12 milles O. d'Adowa; elle est bâtie à l'extrémité d'une plaine caillouteuse, près d'un défilé. Cette ville, autrefois capitale de l'Abyssinie et centre de la civilisation éthiopienne, n'a que 600 maisons; elle est environnée de ruines qui rappellent sa grandeur passée. Plusieurs obélisques sont renversés sur le sol; deux sont encore debout: l'un, de 60 pieds de haut, est formé d'un seul bloc de granit, c'est un chef-d'œuvre d'élégance; ses ornements sont magnifiques et d'une hardiesse d'exécution qui annonce les grands maîtres. Au N.-E. de la ville se trouve le monastère d'Abba-Pantaléon, et non loin de là, au S.-O., sur le sommet d'une roche nue, le couvent de Tecla-Haïmanut. Plus près d'Axum, on voit un temple remarquable par ses vastes dimensions. A une demi-lieue N.-E. de ce temple, au pied d'une colline environnée de ruines, se trouvent un petit obélisque et une pierre avec une grande inscription grecque qui indique que ce lieu fut jadis le centre du puissant empire d'Abyssinie.

AY ou **Aï**, *Ageium*, b. de Fr., dép. de la Marne, arr. et à 6 l. S. de Reims, chef-lieu de canton, près de la rive droite de la Marne, au pied d'un côteau couvert. Il est renommé pour ses excellents vins blancs mousseux; pop. 2730 hab.

AY, vg. de Fr., dép. de la Moselle, arr. et poste de Metz, cant. de Vigy; pop. 720 h.

AY (Saint-), vg. de Fr., dép. du Loiret, arr. d'Orléans, cant. et poste de Meung-sur-Loire; pop. 1230 hab.

AY ou **Aï**, une des îles du groupe de Banda, à 3 l. N.-O. de Neira, très-importante par la culture du muscadier. Elle fournit tous les ans 60,000 kilogrammes de noix muscades et de macis. Au N. de l'île est situé le fort Revenge, au centre d'un grand village.

AY, riv. des États-Unis de l'Amérique du Nord, dans l'état de Virginie, comté de Spots-Sylvanie, se jette dans la baie de Chesapeak.

AYACABA, vg. de la rép. du Pérou, dans le dép. de Truxillo, prov. de Piura. On a découvert, il y a peu d'années, dans les environs de ce village une veine de plomb phosphaté, inconnue jusqu'alors dans le Pérou.

AYACUCHO, dép. de la rép. du Pérou. Il tire son nom de la plaine d'Ayacucho, à quelques lieues de la ville de Huamanga où fut livrée, en 1824, la mémorable bataille gagnée par le général Sucre sur les royalistes. Cette bataille mit un terme à la domination espagnole dans l'Amérique méridionale. Le département d'Ayacucho comprend les deux ci-devant intendances de Huamanga et de Huancavélica. Situé entre le 12° et 15° 30' de lat. S., ce pays occupe une étendue de 60 l. géogr. de longueur sur 36 l. de largeur, à l'E. des Cordillères, qu'il ne dépasse qu'en un seul point. Il est borné au N. par le département de Junin, à l'O. par les provinces méridionales du département de Lima et par les provinces septentrionales de celui d'Aréquipa, au S.-E. par le département de Cuzco, à l'E. et au N.-E. par le territoire de plusieurs tribus indiennes indépendantes. Le nombre des habitants s'élève à 180,000. Le département est divisé en dix provinces: Tayacaja, Huanta, Huancavélica, Huamanga, Anco, Castrovireyna, Cangallo, Andahuaïlas, Lucanas et Parinacochas.

AYDI

AYAMA, lac dans l'emp. du Brésil, prov. de Rio-Négro, au N. de l'Amazone.

AYAMANTE, réunion de plusieurs établissements sur la côte orientale de l'état de la Floride, États-Unis de l'Amérique du Nord, à 25 l. S. de St.-Augustin. Ces établissements comptent environs 4000 colons.

AYAMONTÉ, *Aymontium*, pet. forteresse d'Espagne, dans l'Andalousie, roy. et à 30 l. O.-S.-O. de Séville, à l'embouchure de la Guadiana dans l'Océan Atlantique; pêche de sardines; commerce de porcs; pop. 6000 h.

AYAN, *Aïania*, *Azania*, nom de toute la côte orient. d'Afrique, depuis le cap Guardafui jusqu'à la rivière de Magadoxo. Contrée plate, sablonneuse et stérile; produit la myrrhe et d'autres aromates; commerce en or, ivoire et ambre; chevaux estimés. Habitants, tribu des Sowaulis.

AYANCOURT, vg. de Fr., dép. de la Somme, arr., cant. et poste de Montdidier; pop. 150 hab.

AYAT, vg. de Fr., dép. du Puy-de-Dôme, arr. de Riom, cant. et poste de St.-Gervais; pop. 630 hab.

AYAUWAS, riv. des États-Unis de l'Amérique du Nord, dans l'état de Missouri, se jette dans le Mississipi.

AYAYE, v. de la Nubie, sur la rive gauche de l'Atbara, dans le pays de Schangallah.

AYBAR, b. d'Espagne, dans le roy. de Navarre, sur l'Aragon, à 10 l. S.-E. de Pampelune. En 1451, Don Carlos, fils du roi Jean de Castille, y fut défait et fait prisonnier par ce dernier.

AYCORES, peuplade indienne de la Colombie, habite les bords du Curaray supérieur.

AYDAT, vg. de Fr., dép. du Puy-de-Dôme, arr. de Clermont-Ferrand, cant. de St.-Amand - Tallende, poste de Veyre; pop. 1650 hab.

AYDIE, vg. de Fr., dép. des Basses-Pyrénées, arr. de Pau, cant. et poste de Garlin; pop. 550 hab.

AYDIUS, vg. de Fr., dép. des Basses-Pyrénées, arr. d'Oloron, cant. d'Accous, poste de Bedous; eaux minérales; pop. 850 hab.

AYDOILES, vg. de Fr., dép. des Vosges, arr. et poste d'Épinal, cant. de Bruyères; pop. 750 hab.

AYEN-LE-BAS, vg. de Fr., dép. de la Corrèze, arr. à 4 1/2 l. N.-O. de Brives, chef-lieu de canton, poste d'Objat; mines de cuivre, de plomb et d'antimoine; pop. 950 h.

AYENT, com. parois. de Suisse, dans le cant. du Valais, décurie de Hérens; on y récolte du vin d'une excellente qualité; pop. 1000 hab.

AYERBE ou **AJEYRVE**, *Ebillinum*, b. d'Espagne, dans le roy. d'Aragon, à 6 l. N.-O. de Huesca.

AYET, vg. de Fr., dép. de l'Arriège, arr. de St.-Girons, cant. et poste de Castillon, com. de Bethmale; pop. 500 hab.

AYET, vg. de Fr., dép. de Lot-et-Garonne, arr. de Marmande, cant., com. et poste de Tonneins; pop. 180 hab.

AYETTE, vg. de Fr., dép. du Pas-de-Calais, arr. et poste d'Arras, cant. de Croisilles; pop. 480 hab.

AYGUE-VIVE, ham. de Fr., dép. de l'Aveyron, arr., cant. et poste de Rhodez, com. de Moyrazès; pop. 80 hab.

AYGUETINTE, vg. de Fr., dép. du Gers, arr. de Condom, cant. de Valence, poste de Castera-Verduzan; pop. 340 hab.

AYHERRE, vg. de Fr., dép. des Basses-Pyrénées, arr. de Bayonne, cant. de la Bastide-Clairance, poste d'Hasparren; pop. 1500 hab.

AYLESBURY, b. d'Angleterre, dans le comté de Buckingham, dans une vallée très-fertile. Fabrication de dentelles et éducation de bétail; deux députés au parlement; pop. 3447 hab.

AYLESFORD, b. d'Angleterre, dans le comté de Kent, non loin se trouve le singulier bâtiment de Kitscotty-House; pop. 1200 h.

AYLLON, b. d'Espagne, dans le roy. de la Vieille-Castille, prov. et à 16 l. N.-E. de Ségovie, sur la Riaza.

AYMERIES, vg. de Fr., dép. du Nord, arr. et poste d'Avesnes, cant. de Berlaimont; pop. 220 hab.

AYMET. *Voyez* AGMÉ.

AYMORES (Serra dos), chaîne de montagnes dans l'empire du Brésil, prov. d'Espirito-Santo, sépare la partie N.-O. de cette province de celle de Minas-Géraès, en s'étendant depuis le Rio-San-Mateo jusqu'au Rio-Grande de Belmonte, entre le 16° et le 18° 50' de lat. S. Cette chaîne de montagnes tire son nom d'une nation indienne qui habite ses forêts.

AYNAC, vg. de Fr., dép. du Lot, arr. de Figeac, cant. de la Capelle-Marival, poste de Gramat; pop. 1450 hab.

AYNANS (les), vg. de Fr., dép. de la Haute-Saône, arr., cant. et poste de Lure; pop. 600 hab.

AYNAS, vg. de Fr., dép. de l'Arriège, arr. de Foix, cant. et poste de Tarascon-sur-Arriège, com. de Bedeillac; pop. 200 hab.

AYNÉ, ham. de Fr., dép. des Hautes-Pyrénées, arr. d'Argelès, cant. et poste de Lourdes; pop. 80 hab.

AYNES-MONTARNAL ou **MONTARNAL**, dép. de l'Aveyron, arr. de Rhodez, cant. de Conques, com. de Senergues, poste d'Entraygues; pop. 200 hab.

AYORA, pet. v. bien bâtie d'Espagne, dans le roy. et à 20 l. S.-O. de Valence; pop. 6000 hab.

AYR. *Voyez* AIR.

AYRAO, pet. v. de l'emp. du Brésil, dans la prov. de Rio-Négro, au confluent d'un bras du Rio-Codoya et du Rio-Négro, et à 50 l. au-dessus de l'embouchure de ce dernier fleuve dans l'Amazône; pop. 2400 hab.

AYRENS, vg. de Fr., dép. du Cantal, arr. d'Aurillac, cant. de la Roquebrou, poste de Montvert; pop. 1200 hab.

AYRENS, vg. de Fr., dép. de Tarn-et-Garonne, arr. de Moissac, cant. et poste de Montaigut, com. de Valeilles; pop. 145 hab.

AYRES, ham. de Fr., dép. de l'Aveyron, arr., cant. et poste de St.-Affrique, com. de Vabres; pop. 65 hab.

AYRIGNAC, vg. de Fr., dép. de l'Aveyron, arr. de Milhau, cant. et poste de Laissac, pop. 150 hab.

AYROLES, ham. de Fr., dép. du Lot, arr. de Figeac, cant. de la Capelle-Marival, com. d'Aynac; pop. 90 hab.

AYROLLES, ham. de Fr., dép. de l'Aveyron, arr., cant. et poste d'Espalion; pop. 100 hab.

AYRON, vg. de Fr., dép. de la Vienne, arr. de Poitiers, cant. de Vouillé, poste de Neuville; pop. 800 hab.

AYROS, vg. de Fr., dép. des Hautes-Pyrénées, arr., cant. et poste d'Argelès; pop. 200 hab.

AYSSÈNE-BROQUIÈS. *Voyez*. AISSÈNE-BROQUIÈS.

AYSSÈNE-LA-BESSE. *Voyez* AISSÈNE-LA-BESSE.

AYTH, v. de l'Abyssinie, dans la contrée de Samara, sur la côte de la mer Rouge; elle est habitée par les petites tribus d'Adoule et de Doumo qui s'occupent généralement de la pêche et de la navigation.

AYTONA, b. d'Espagne, dans la principauté de Catalogne, sur le Noguera-Ribagorzana.

AYTRÉ, vg. de Fr., dép. de la Charente-Inférieure, arr., cant. et poste de la Rochelle; pop. 1350 hab.

AYTUA, vg. de Fr., dép. des Pyrénées-Orientales, arr. de Prades, cant. et poste d'Olette, com. d'Escaro; pop. 160 hab.

AYUTLA, riv. de la confédération de l'Amérique centrale, dans l'état de Guatemala, département de Suchiltépèques, se jette dans l'Océan Pacifique.

AYVAILLE, riv. du roy. de Belgique, dans

la prov. de Liège; elle est formée par la jonction de l'Amblève avec la Wargé, et se jette dans l'Ourthe.

AYVAILLE, vg. du roy. de Belgique, dans la prov. de Liège, sur l'Ayvaille; pop. 1300 hab.

AYVELLES (les), vg. de Fr., dép. des Ardennes, arr. de Mézières, cant. de Charleville; pop. 320 hab.

AYZAC, vg. de Fr., dép. de l'Ardèche, arr. de Privas, cant. et poste d'Antraigues; pop. 150 hab.

AYZAC, vg. de Fr., dép. des Hautes-Pyrénées, arr., cant. et poste d'Argelès; pop. 300 hab.

AYZIEU, vg. de Fr., dép. du Gers, arr. de Condom, cant. et poste de Cazaubon; pop. 480 hab.

AZA, b. d'Espagne, dans le roy. de la Vieille-Castille, prov. et à 15 l. N.-N.-E. de Ségovie, sur une montagne baignée par la Riaza.

AZA, g. a., v. de la Petite-Arménie, entre Nicopolis et Satala.

AZADDARI, riv. de l'Abyssinie; elle se jette dans le lac Dembea. On n'en connaît point la source, elle coule de l'O. à l'E.

AZAGRA, b. d'Espagne, dans le roy. de Navarre, sur l'Ebre; pop. 1300 hab.

AZAKOUS, île de la mer Rouge, non loin des côtes de l'Abyssinie, près de l'île Dhalac. On y pêche des perles.

AZAMA, g. a., v. de la région Cirtésienne, Numidie Massylienne, seconde v. du roy. de Numidie. Elle est célèbre dans les guerres d'Annibal, de Jugurtha et de Juba.

AZAMORE ou AZIMOUR, v. de l'emp. de Maroc, sur la côte de l'Océan à l'embouchure du fl. Omirabi ou Onim-Rabye. Elle a une enceinte de murailles bâties par les Portugais; sa forme est un quadrilatère irrégulier et mal construit, et sa circonférence est d'un mille anglais. Le commerce y a peu d'activité.

AZANIA, g. a., contrée sur la côte sept. de l'Afrique, aujourd'hui royaume d'Adel.

AZANNES, vg. de Fr., dép. de la Meuse, arr. de Montmédy, cant. et poste de Damvillers; pop. 600 hab.

AZANS, vg. de Fr., dép. du Jura, arr., cant. et poste de Dôle; pop. 200 hab.

AZARA, g. a., v. de la Grande-Arménie, sur l'Araxes.

AZAS, vg. de Fr., dép. de la Haute-Garonne, arr. de Toulouse, cant. et poste de Montastruc; pop. 620 hab.

AZAT-CHATENET, vg. de Fr., dép. de la Creuse, arr. de Bourganeuf, cant. et poste de Bénévent; pop. 520 hab.

AZAT-LE-RIZ, vg. de Fr., dép. de la Haute-Vienne, arr. de Bellac, cant. et poste de Dorat; verreries; pop. 680 hab.

AZAY-BRULÉ, vg. de Fr., dép. des Deux-Sèvres, arr. de Niort, cant. et poste de St.-Maixent; pop. 1800 hab.

AZAY-LE-FERRON, vg. de Fr., dép. de l'Indre, arr. et poste du Blanc, cant. de Mézières-en-Brenne; pop. 200 hab.

AZAY-LE-RIDEAU, vg. de Fr., dép. d'Indre-et-Loire, arr. à 5 1/2 l. N.-E. de Chinon, chef-lieu de canton et poste; fabriques de toiles et d'étamines; pop. 1900 hab.

AZAY-SUR-CHER, vg. de Fr., dép. d'Indre-et-Loire, arr. de Tours, cant. et poste de Bléré; pop. 1350 hab.

AZAY-SUR-INDRE, vg. de Fr., dép. d'Indre-et-Loire, arr., cant. et poste de Loches, pop. 450 hab.

AZAY-SUR-THOUÉ, vg. de Fr., dép. des Deux-Sèvres, arr. et poste de Parthenay, cant. de Secondigny; pop. 1150 hab.

AZCOITIA, vg. d'Espagne, dans la prov. basque de Guipuscoa, sur l'Urrola, à 10 l. S.-O. de Fontarabie. Patrie d'Ignace Loyola, fondateur de l'ordre des Jésuites.

AZÉ, vg. de Fr., dép. de Loir-et-Cher, arr. et cant. de Vendôme, poste de la Ville-aux-Clercs; pop. 1700 hab.

AZÉ, vg. de Fr., dép. de la Mayenne, arr., cant. et poste de Château-Gontier; pop. 1230 hab.

AZÉ, vg. de Fr., dép. de Saône-et-Loire, arr. de Mâcon, cant. de Lugny, poste de St.-Oyen; pop. 1300 hab.

AZEESE, riv. de l'Algérie, a sa source au pied de l'Atlas, à l'O. du Jurjura; c'est un affluent de droite de l'Isser.

AZEITAO, b. du Portugal, dans la prov. d'Estramadure, sur un affluent du Tage, à 3 l. O.-N.-O. de Sétuval. Manufactures d'indiennes; teintureries; commerce de bois; pop. 2500 hab.

AZELOT, vg. de Fr., dép. de la Meurthe, arr. de Nancy, cant. et poste de St.-Nicolas-du-Port; pop. 230 hab.

AZEM, g. a., v. de Judée, dans la tribu de Siméon.

AZÉQUIA, canal dans la confédération mexicaine, territoire du Nouveau-Mexique. Il arrose les environs de Passo-del-Norte au S. du territoire.

AZERABLES, vg. de Fr., dép. de la Creuse, arr. de Guéret, cant. et poste de la Souterraine; pop. 2000 hab.

AZERAC, vg. de Fr., dép. de la Dordogne, arr. de Périgueux, cant. de Thenon; poste; pop. 1400 hab.

AZERAILLES, vg. de Fr., dép. de la Meurthe, arr. de Lunéville, cant. et poste de Baccarat; pop. 840 hab.

AZERAT, vg. de Fr., dép. de la Haute-Loire, arr. de Brioude, cant. d'Auzon, poste de Lempdes; pop. 620 hab.

AZEREIX, vg. de Fr., dép. des Hautes-Pyrénées, arr. et poste de Tarbes, cant. d'Ossun; pop. 1000 hab.

AZET, vg. de Fr., dép. des Hautes-Pyrénées, arr. de Bagnères-en-Bigorre, cant. de Vielle-Aure, poste d'Arreau; pop. 450 hab.

AZETENE, g. a., contrée de la Grande-Arménie, entre le Tigre et l'Euphrate.

AZÉVÉDO, fl. de l'emp. du Brésil, dans

la prov. de Matto-Grosso. Il descend de la branche septentrionale de la Serra-dos-Pary, reçoit plusieurs affluents et va rejoindre, dans une direction N.-O., le Tapajoz après un cours de plus de 50 lieues.

AZEVILLE, vg. de Fr., dép. de la Manche, arr. de Valognes, cant. et poste de Montebourg; pop. 200 hab.

AZIEU, vg. de Fr., dép. de l'Isère, arr. de Vienne, cant. de Meyzieux, com. de Genas, poste de Lyon; pop. 200 hab.

AZILLANET, vg. de Fr., dép. de l'Hérault, arr. de St.-Pons, cant. d'Olonzac, poste d'Azille; pop. 535 hab.

AZILLE, vg. de Fr., dép. de l'Aude, arr. de Carcassonne, cant. de Peyriac-Minervois; poste; pop. 1500 hab.

AZIMABAD, v. de l'Inde anglaise, dans la prov. de Delhi.

AZIMET, vg. de Fr., dép. de l'Isère, arr. de la Tour-du-Pin, cant. et poste du Grand-Lemps, com. de Biol; pop. 145 hab.

AZIMGHAR, v. de l'Inde anglaise, dans la présidence de Calcutta, prov. d'Allahabad, sur le Touse, connue par ses manufactures d'indiennes et ses nombreuses fabriques d'opium.

AZINCOURT, vg. de Fr., dép. du Pas-de-Calais, arr. et à 5 l. N.-O. de St.-Pol, cant. de Wail, com. du Parcq, poste d'Hesdin; pop. 458 hab.
Une bataille, désastreuse pour la France, porte le nom de ce village. C'est là que Henri V, roi d'Angleterre, remporta, le 25 octobre 1415, une victoire qui lui facilita la conquête de plus de la moitié de la France, depuis longtemps affaiblie par les dissensions et la rivalité des deux maisons d'Orléans et de Bourgogne. Henri V d'Angleterre profita habilement de ces circonstances pour enlever à Charles VI, ce pauvre roi insensé, un sceptre dont il ignorait la puissance et qu'il ne portait plus que comme un hochet.

AZINHEIRA, b. du Portugal, dans la prov. d'Estramadure, à 3 l. O.-S.-O. de Santarem. Fabriques de pierres à feu.

AZINIÈRES, vg. de Fr., dép. de l'Aveyron, arr. et poste de Milhau, cant. et com. de St.-Beauzely; pop. 113 hab.

AZMERIGANDJ, v. de l'Inde anglaise, dans la prov. du Bengale.

AZOLETTE, vg. de Fr., dép. du Rhône, arr. de Villefranche-sur-Saône, cant. de Monsol, poste de Beaujeu.

AZOQUES ou **AZOGUES**, gr. vg. de la rép. de l'Ecuador, dans le dép. d'Assuay, prov. de Cuenca et à quelques lieues E. de la ville de ce nom, a une position très-avantageuse dans la belle et fertile vallée de Yunquilla. Mines de mercure, rubis dans la rivière d'Azogues; pop. 4000 hab.

AZOUAY. *Voyez* ASOWAE.

AZOUDANGE, vg. de Fr., dép. de la Meurthe, arr. de Sarrebourg, cant. de Réchicourt-le-Château, poste de Bourdonnay; pop. 500 hab.

AZOV (mer d'), improprement appelée de ce nom, puisque ce n'est qu'un grand golfe de la mer Noire, célèbre dans l'antiquité sous le nom de *Palus Mæotis*. La mer d'Azov communique avec la mer Noire par le détroit de Jenikalé et forme sur la côte de la Tauride un golfe appelée mer Putride. Elle a environ 80 lieues de longueur sur 14 à 40 de largeur, et reçoit les eaux du Don, du Kouban, de la Berba et du Salgir, la seule rivière un peu considérable de la péninsule Taurique.

AZOV, l'ancienne *Tanaïs*, pet. v. de Russie, dans le gouv. d'Ekatherinoslav, sur les bords du Don, près de son embouchure dans le golfe d'Azov. Elle était autrefois très-importante par sa position, ses richesses, sa population et ses fortifications. Les Russes et les Ottomans se livrèrent des combats acharnés pour sa possession. Depuis sa conquête par les Russes', en 1774, elle est tout à fait déchue, ses fortifications sont en ruines et son port est embourbé. Balbi ne lui donne que 900 habitants.

AZOWA GALLA, tribu africaine sous la domination du roi d'Amhara, dans l'Abyssinie.

AZPEGTIA, b. d'Espagne, dans la prov. basque de Quipuscoa, sur l'Urrola, à 2 1/2 l. N.-O. de Tolosa.

AZTIQUES, peuplade indienne, qui habite une grande partie de l'état de Guanaxuato, dans la confédération mexicaine.

AZUA, v. de la rép. d'Haïti, à 20 l. O. de St.-Domingue, sur la côte méridionale de l'île, est située dans une contrée très-fertile et a un bon port. Cette ville a été bâtie par Vélasquez en 1504.

AZUER, riv. d'Espagne, qui prend sa source non loin de Villahermosa (la Manche), arrose Carrizoza, Manzanerès, Zacatona, et se jette dans la Guadiana, à 1 1/2 l. O. de ce dernier endroit.

AZUR, vg. de Fr., dép. des Landes, arr. de Dax, cant. de Soustons, poste de St.-Vincent-de-Tyrosse; pop. 230 hab.

AZURARA, b. du Portugal, dans la prov. d'Entre-Douro-e-Minho, à l'embouchure de l'Ave et vis-à-vis de Villa-de-Tonde, à 5 l. E. d'Oporto.

AZY, vg. de Fr., dép. du Cher, arr. de Sancerre, cant. et poste de Sancergues; pop. 1050 hab.

AZY-BOUNCIL, vg. de Fr., dép. de l'Aisne, arr., cant. et poste de Château-Thierry; pop. 250 hab.

AZY-LE-VIF, vg. de Fr., dép. de la Nièvre, arr. de Nevers, cant. et poste de St.-Pierre-le-Moutier; pop. 800 hab.

AZZANA, vg. de Fr., dép. de la Corse, arr. d'Ajaccio, cant. de Salice, poste de Vico; pop. 250 hab.

AZZAYE, vg. de Fr., dép. de la Meurthe, arr. de Nancy, cant. de Noméng, poste de Pont-à-Mousson; pop. 540 hab.

B

BA. *Voyez* DJOLIBA.

BAAJ, vg. d'Autriche, dans le roy. de Hongrie, cer. au-delà de la Theiss. Mines de cinabre.

BAAK, vg. des états prussiens, prov. de Saxe, rég. d'Arnsberg, non loin se trouve la célèbre vallée de Rau avec les ruines du château de ce nom, où l'on a découvert la statue d'une ancienne idole et un magnifique tombeau; 500 hab.

BAAL ou **BALAATH-BEER**, g. a., v. de Judée, tribu de Siméon, au N.-O. de Ziglag.

BAALA, g. a., v. de Judée, tribu de Juda, sur la frontière occidentale du pays de Benjamin.

BAALATH, g. a., v. de Judée, tribu de Dan.

BAALBEK, *Heliopolis*, pet. v. de Syrie, paschalik d'Acre, chef-lieu des Moutoualis, montagnards féroces, qui habitent la belle vallée de Beka entre le Liban et l'Anti-Liban. Elle a été successivement ruinée par les guerres et les tremblements de terre et ne compte qu'un millier d'habitants. Les ruines de l'ancienne Héliopolis sur une partie de l'emplacement de laquelle elle est bâtie, la rendent très-intéressante. On y admire les restes du château et surtout ceux du temple du soleil, qu'on présume dater du temps d'Antonin-le-Pieux; quelques-unes de ces magnifiques colonnes sont encore debout; son portail est orné de belles sculptures, parmi lesquelles on remarque les têtes de plusieurs empereurs romains. Ce qu'il y a de plus étonnant, ce sont les immenses blocs de pierre, qui formaient l'enceinte du temple. Des voyageurs prétendent que ce sont les plus grandes masses de pierre remuées par les hommes. Héliopolis fut ruinée par Obeidah, l'un des généraux du calife Omar; Tamerlan la conquit en 1401, et le terrible tremblement de terre de 1759 renversa ce que n'avait pu détruire la main des hommes.

BAAL-HAZOR, g. a., v. de Samarie, tribu d'Ephraïm.

BAALON, vg. de Fr., dép. de la Meuse,

arr. de Montmédy, cant. et poste de Stenay; 600 hab.

BAALONS, vg. de Fr., dép. des Ardennes, arr. de Mézières, cant. d'Omont, poste de Flize; 920 hab.

BAAL-PERAZIM, g. a., endroit dans la vallée de Raphraïm, en Palestine, où David remporta une grande victoire sur les Philistins.

BAAL-ZEPHON, g. a., v. de la Basse-Egypte, non loin de Magdol.

BAAR, beau vg. de Suisse, cant. et à 1 l. de Zug; il est situé très-agréablement et possède une papeterie; la vigne, qu'on a essayé d'y planter depuis quelques années, produit un vin d'une assez bonne qualité; commerce d'entrepôt; 2200 hab.

BAAR-DUTTINGDORF, vg. des états prussiens, prov. de Westphalie, rég. de Minden; 1300 hab.

BAARE, riv. du roy. des Pays-Bas; elle prend sa source aux confins des prov. de Frise et de Groeningue, devient navigable au-dessous de Beester-Zwag et prend le nom de Kœnigsdéep jusqu'à Oudeboore.

BAASSEN, vg. d'Autriche, gouv. de Transylvanie, pays des Saxons; source salée et trois sources sulfureuses.

BAATERSALP, belle vallée de Suisse, cant. d'Appenzell. On y célèbre à la St.-Jacques de chaque année une fête pastorale, où se rendent un grand nombre de personnes et où les vigoureux enfants des Alpes donnent des preuves étonnantes de force et d'adresse.

BAAVCASE-CULL ou **CULLU**, baie sur la côte de l'Algérie, à l'E. du cap Boujarone.

BABA, *Elatea*, pet. v. de la Turquie d'Asie, eyalet d'Anadoli; fabrique de bonnes lames de sabres et de couteaux; 4000 hab.

BABA ou **BABA HASSAN** d'Europe, eyalet de Roumili; la mosquée d'Osman y attire un grand nombre de pèlerins. On y fabrique beaucoup de coton rouge; 2000 hab.

BABA (cap), *Lectum*, sur l'Archipel, le point le plus occidental de tout le continent asiatique.

BABA-DAGH, *Vallis Domitiani*, v. de la Turquie d'Europe, eyalet de Silistrie, près du lac Russein. Elle est assez importante par son commerce et sa position militaire. Le grand visir y prenait ordinairement ses quartiers d'hiver dans les guerres contre les Russes. Cependant elle manque d'eau; un bel aqueduc lui amène celle d'une source, située à près d'une lieue de la ville. Dans ses environs l'on voit les traces d'un ancien lit du Danube et les restes d'une muraille romaine qui le longeait. Sur une colline, près du lac, se trouvent les ruines du château de Jenisale; 10,000 hab.

BABAGHÉ ou **BABAGUE**, pet. île de la Sénégambie, en Afrique; elle est formée par le Sénégal, appartient aux Français et fait partie de l'arrondissement de St.-Louis.

BABAHOYO, pet. v. de la rép. de l'Ecuador, dép. et prov. de Guayaquil, sur le Baahoyo, sous le 1° 47' de lat. S. Cet endroit est important, parce qu'il est l'entrepôt général des marchandises qui, de Guayaquil, vont à Quito et ses environs; 3000 hab.

BABAUDUS, vg. de Fr., dép. de la Haute-Vienne, arr., cant. et poste de Rochechouart; 100 hab.

BABEAU, vg. de Fr., dép. de l'Hérault, arr., cant. et poste de St.-Chinian; 200 hab.

BABEL, pet. îlots de l'Océanie, à l'E. des îles Furneaux. La plus grande renferme trois collines pyramidales, auxquelles Flinders a donné le nom de Patriarches. On y trouve des chiens-marins et des pingoins.

BABEL (Saint-), vg. de Fr., dép. du Puy-de-Dôme, arr., cant. et poste d'Issoire; 1120 h.

BAB-EL-MANDEB ou **BAB-EL-MANDEL** (Porte de Deuil, Porte des Larmes, Porte de la Mort), détroit entre l'Arabie et l'Abyssinie; il joint la mer des Indes au golfe Arabique et a de 6 à 10 l. de large.

BAB-EL-MANDEB ou **BAB-EL-MANDEL**, *Babelmandelia Insula*, pet. île dans le détroit de même nom. Elle est aussi nommée Perim et divise le détroit en deux canaux.

BAB-EL-MANDEB ou **BAB-EL-MANDEL**, *Palindromos*, promontoire sur la côte S.-O. de l'Arabie et le détroit de Bab-el-Mandeb.

BABEL-THOUNP, la plus grande des îles de l'archipel Palaos ou Pélew, Océanie. Elle a 18 l. de circonférence et est divisée par une langue de mer en deux parties, Artingal et Emillégué.

BABENHAUSEN, v. de la Hesse grand-ducale, principauté de Starkenbourg, chef-lieu du district de ce nom. Elle possède un beau château, un hôpital fort bien organisé et une église qui mérite d'être remarquée. Les habitants, au nombre de 1450, s'occupent de la culture du chanvre et du seigle. Quatre foires s'y tiennent annuellement.

BABENHAUSEN, b. de Bavière, cer. du Danube-Supérieur, sur la Günz, à 3 l. de Memmingen; il possède un château qui est la résidence du prince Fugger de Babenhausen; maison de refuge pour les pauvres; grand marché de blé; 1700 hab.

BABINOWITSCHI, v. de la Russie d'Europe, chef-lieu du cercle de ce nom, gouv. de Mohilew.

BABIR, vg. dans l'Asie ottomane, eyalet de Bagdad, habité par le chef des Yezidis, tribu des Kurdes indépendants.

BABITONGA, bras de mer à l'entrée septentrionale de la baie de San-Francisco, sur la côte de la prov. de Santa-Catharina, dans l'empire du Brésil. Ce canal, qui reçoit un grand nombre de rivières, sépare l'île de San-Francisco du continent.

BABŒUF, b. de Fr., dép. de l'Oise, arr. de Compiègne, cant. et poste de Noyon; 600 h.

BABUTO ou **JAMBO**, **GASIRA-EL-GIMAL**, île inhabitée dans la mer Rouge, sur les côtes de l'Égypte, à l'entrée de la baie de Wadanhaouy.

BABUYANES (groupe des). Ce groupe fait partie de l'archipel des Philippines; il est situé entre 19° 2' et 19° 40' lat. N., au N. de Luçon, au S. du groupe de Bachi, entre la mer de la Chine et le Grand-Océan. Il dépend des Espagnols; ses principales îles sont Babuyan et Calayan.

BABY, vg. de Fr., dép. de Seine-et-Marne, arr. de Provins, cant. et poste de Bray-sur-Seine; 120 hab.

BABYLONE, g. a., v. capitale de la Babylonie, fondée par une colonie arménienne, devint, sous les règnes de Sémiramis, Phul et Nébucadnezar, la première ville du monde alors connu; elle avait cent portes d'airain; ses murailles, de 300 pieds de haut et de 75 de large, selon Hérodote, occupaient une superficie de 13 lieues, d'après les témoignages presque uniformes de Stésias, de Clitarque et de Quinte-Curce; les terrasses des jardins suspendus s'élevaient au niveau des murailles; enfin son temple de Bélus et le lac artificiel complètent la liste des merveilles qui ont fait de Babylone la première ville de l'univers. Prise par Cyrus (539 ans avant J.-C.), après un siége de deux ans, ce monarque en fit son séjour d'hiver. Saccagée (522 ans avant J.-C.) par Darius Hystaspe, elle perdit presque toute son importance lorsque Séleucus Nicator bâtit Séleucie, sur le Tigre (293 ans avant J.-C.). Dévastée (130 ans avant J.-C.) par les rois Parthes, elle ne put plus se relever, et celle qui fut appelée *Soleil*, qui fut une des merveilles du monde, n'est plus connue aujourd'hui que par ses ruines.

BABYLONIE, g. a., pays de l'Asie, était borné primitivement à l'E. par le Tigre, au N. par la Mésopotamie et l'Assyrie, à l'O. par l'Arabie Déserte et au S. par le golfe Persique. L'empire de Babylone, fondé par Nimrod et détruit par Cyrus (536 ans avant J.-C.) comprit la Chaldée, l'Amordacie, une partie de la Mésopotamie et de l'Assyrie. C'est sur les confins de cet empire que furent relégués les Hébreux, après la destruction du premier temple; ils y restèrent de 606 à 536 avant J.-C.

BAC (le), vg. de Fr., dép. de l'Aisne, arr. de Laon, cant. de Bichancourt, poste de Chauny; 250 hab.

BAC (le), ham. de Fr., dép. de l'Aveyron, com. de Mur-de-Barrez; 60 hab.

BAC (le), vg. de Fr., dép. du Nord, arr. de Lille, cant. d'Erquinghem-Lys, poste d'Armentières; 190 hab.

BAC (le), vg. de Fr., dép. de l'Oise, arr. et poste de Compiègne, cant. de la Croix-St.-Ouen; 120 hab.

BACA (lengua de), langue de terre sur les côtes du Chili.

BACALAN, vg. de Fr., dép. de la Gironde, arr., cant. et poste de Bordeaux; 8060 hab.

BACALAR, vaste baie à l'E. de l'état de Yucatan et au S. de l'Ascension, dans la confédération mexicaine.

BAÇATYN ou **TERRABYN**, vg. de l'Égypte centrale, à l'entrée de la vallée de Tiéh (vallée de l'Égarement), entre le Caire et Suez.

BAC-AUBENCHEUL. *Voyez* AUBENCHEUL-AU-BAC.

BACCAHIRYS, nation indienne indépendante, dans l'emp. du Brésil, prov. de Matto-Grosso. Ils errent sur les bords du Rio-das-Mortes, à l'E. de la province et ne vivent que de la chasse.

BACCALAO, île ou plutôt rocher isolé à l'extrémité N.-E. de la baie de la Conception, vaste baie au N. de l'île de Terre-Neuve. Cet îlot est remarquable parce qu'il est habité par une immense quantité de hérons placés sous la protection particulière du gouvernement comme étant d'une grande utilité aux pêcheurs de morue.

BACCARAT, pet. v. de Fr., dép. de la Meurthe, arr. et à 5 l. S.-E. de Lunéville, chef-lieu de canton, près de la rive droite de la Meurthe; on y fait commerce de grains, de bois et de planches; mais ce qui surtout entretient l'aisance dans cette petite ville, c'est sa belle cristallerie, une des plus renommées en France. Depuis une vingtaine d'années des procédés nouveaux, introduits dans cette manufacture, ont beaucoup contribué à développer et à perfectionner ce genre d'industrie; 2850 hab.

BACCARETS, vg. de Fr., dép. de la Haute-Garonne, arr. de Muret, cant. de Cintegabelle, poste d'Auterive; 650 hab.

BACCHIGLIONE, *Medoacus Minor*, riv. navigable d'Autriche, roy. Lombard-Vénitien; elle prend sa source dans les Alpes, traverse Vicence et Padoue et se perd dans les lagunes de Venise.

BACCON, vg. de Fr., dép. du Loiret, arr. d'Orléans, cant. et poste de Meung-sur-Loire; 650 hab.

BACCURYS, nation indienne indépendante dans l'emp. du Brésil, prov. de Matto-Grosso. Ils habitent les bords du Rio-dos-Arinos.

BAC-DU-CROC (le), vg. de Fr., dép. du Nord, arr. de Lille, cant. et poste d'Armentières; 190 hab.

BACH, vg. de Fr., dép. du Lot, arr. de Cahors, cant. de l'Albenque, poste de Limogne; 670 hab.

BACHAMBRE, ham. de Fr., dép. de Seine-et-Oise, com. d'Oinville; 90 hab.

BACHANT, vg. de Fr., dép. du Nord, arr. d'Avesnes, cant. de Berlaimont, poste de Maubeuge; 670 hab.

BACHARACH, *Ara Bacchi*, pet. v. des états prussiens, prov. rhénane, rég. de Coblence; fabriques de maroquins; le vin du Rhin, et surtout le muscat que l'on récolte dans les environs, est connu. C'est près de cette ville que le roi de Prusse Frédéric-Guillaume II passa le Rhin avec une partie de son armée (26 mars 1793); 1200 hab.

BACHAS, vg. de Fr., dép. de la Haute-

Garonne, arr. de St.-Gaudens, cant. d'Aurignac, poste de Martres; 320 hab.

BACHASSIERE (la), vg. de Fr., dép. de l'Isère, com. de Salaise; 200 hab.

BACHÉ (Rio), fl. de la rép. de la Nouvelle-Grenade, dép. de Cundinamarca; c'est un des principaux affluents de gauche du Rio-Magdalena.

BACHELAS, ham de Fr., dép. des Basses-Alpes, com. du Castellet; 90 hab.

BACHELLERIE (la), b. de Fr., dép. de la Dordogne, arr. de Sarlat, cant. de Terrasson, poste d'Azerac; 1450 hab.

BACHEN, vg. de Fr., dép. des Landes, arr. de St.-Sever, cant. et poste d'Aire-sur-Adour; 200 hab.

BACHI ou **BASHEE** (groupe de), situé entre 119° de long. orient. et entre 20° 28' et 20° 39' lat. N., dans l'archipel des Philippines, au S. de Formose, au N. des Babuyanes. Ce groupe se compose de six grandes iles et de quelques ilots; leur sol est élevé et montagneux; les habitants paraissent être de race malaie et obéir à des chefs indépendants. Les principales de ces iles sont: Bayat, nommée Orange par Dampier; Batan (Mommouth); Goat (Bachi); l'ile Septentrionale et Grafton où les Espagnols ont un petit établissement.

BACHIMONT, ham. de Fr., dép. du Pas-de-Calais, com. de Buire-au-Bois; 150 hab.

BACHIVILLERS, vg. de Fr., dép. de l'Oise, arr. de Beauvais, cant. et poste de Chaumont-en-Vexin; 290 hab.

BACHKIRS, peuple d'origine tartare, se nomme lui-même Bachkust et habite les parties méridionales des monts Ourals, dans les gouvernements russes d'Orenbourg et de Perm.

BACHOS, vg. de Fr., dép. de la Haute-Garonne, arr. de St.-Gaudens, cant. et poste de St.-Béat; 150 hab.

BACHY, vg. de Fr., dép. du Nord, arr. de Lille, cant. de Cysoing, poste d'Orchies; 880 hab.

BACILLY, vg. de Fr., dép. de la Manche, arr. et poste d'Avranches, cant. de Sartilly; 1620 hab.

BACKER, pet. île près de celle de Mount-Desart, à l'entrée de la baie de l'Union sur la côte de l'état du Maine, dans les États-Unis de l'Amérique du Nord.

BACK-KHIN. *Voyez* TONKIN.

BACKNANG, v. du Wurtemberg, cercle du Necker, chef-lieu du gr.-bge de ce nom, sur la Murr; siège des autorités du gr.-bge; fabriques de cuirs, de draps, de mousseline et de siamoises; contrée boisée. La ville entière a été incendiée pendant la guerre de trente ans (1635); population de la ville 3700 habitants et du gr.-bge 29,000.

BACKTCHISARAI, *Baccasara*, v. de la Russie d'Europe, gouv. de la Tauride, autrefois capitale de la presqu'île et résidence du khan, située dans une vallée profonde, sur la petite rivière Dschuruk-Su qui se jette dans l'Alma; elle est importante par sa coutellerie, ses maroquins et son commerce; ses rues sont sales et tortueuses, mais elle a plusieurs belles mosquées, de beaux bains et des canaux qui distribuent les eaux dans les fontaines publiques.

BACON, vg. de Fr., dép. de la Lozère, arr. de Marvejols, cant. et poste de St.-Chely; 240 hab.

BACONNES, vg. de Fr., dép. de la Marne, arr. de Reims, cant. de Verzy, poste des Petites-Loges; 210 hab.

BACONNIÈRE (la), vg. de Fr., dép. de la Mayenne, arr. et poste de Laval, cant. du Chailland; 2000 hab.

BACOTTE (la), ham. de Fr., dép. de l'Oise, com. d'Armancourt; 60 hab.

BACOUEL, vg. de Fr., dép. de la Somme, arr. et poste d'Amiens, cant. de Conty; 200 hab.

BACOURT, vg. de Fr., dép. de la Meurthe, arr. de Château-Salins, cant. et poste de Delme; 490 hab.

BACQUANCOURT, vg. de Fr., dép. de la Somme, com. de Hombleux; 400 hab.

BACQUEPUIS, vg. de Fr., dép. de l'Eure, arr. et cant. d'Évreux, poste de la Commanderie; 200 hab.

BACQUEVILLE, vg. de Fr., dép. de l'Eure, arr. des Andelys, cant. et poste d'Ecouis; 580 hab.

BACQUEVILLE, vg. de Fr., dép. de la Seine-Inférieure, arr. à 4 l. S.-S.-O. de Dieppe, chef-lieu de canton et poste; fabriques d'étoffes de laine; 2690 hab.

BACREEK, fl. d'Afrique, affluent de la Gambie, dans la Nigritie occidentale (Sénégambie).

BACS, comitat du cer. en-deçà du Danube, roy. de Hongrie, emp. d'Autriche. Ses bornes sont, au N. les comitats de Pesth et de Csongrad, au S. le district de Tschaikistes et le généralat d'Esclavonie, à l'E. le comitat de Thoronthal. Superficie 172 l. c. géogr. Il est traversé par le canal François qui joint le Danube à la Theiss; il a quatre districts et 300,000 hab.

BACS ou **BATSCH**, b. d'Autriche, comitat de Bacs, cer. en-deçà du Danube, roy. de Hongrie, situé dans une plaine très-fertile sur le marais de Mostonia; grand commerce d'expédition; 7000 hab.

BACTRIANE, *Bactria*, g. a., gr. pays de l'Asie, était borné à l'E. par le Garoas, au N. par la Sogdiane et l'Oxus, à l'O. par la Margiane et l'Arie et au S. par les Sariphi Montes, aujourd'hui la partie méridionale de la Grande-Bucharie.

BACUACHI, fort de la confédération mexicaine, dans l'état de Sonora et Cináloa, au N. de la ville d'Arispe. Il est établi pour protéger la contrée contre les invasions des Indios bravos.

BAD, baie au S.-E. du Labrador, dans le détroit de Belle-Ile.

BADAGRI ou **BADAGHÉ**, pet. roy. de la

Haute-Guinée, en Afrique, qu'on dit être tributaire du roi de Yarriba, et dont la capitale de même nom est le port où abordèrent de nos jours plusieurs Européens pour explorer l'Afrique intérieure. Elle est située à 20 l. O. de Lagos.

BADAHAL ou **EL CHANTOUR**, vg. de l'Égypte centrale, dist. de Bénisuef, près d'un grand canal.

BADAILHAC, vg. de Fr., dép. du Cantal, arr. d'Aurillac, cant. et poste de Vic-sur-Cère ; 640 hab.

BADAJOZ, *Badia, Bathea, Pax Augusta, Badajocium*, v. et forteresse considérable d'Espagne, capitale de la prov. d'Estramadure, dans une plaine marécageuse et sur la rive gauche de la Guadiana, non loin des frontières du Portugal, à 66 l. S.-O. de Madrid ; siège d'un évêché ; fabriques de chapeaux, de cuir et de fayence ; commerce et contrebande assez considérables avec le Portugal. On y voit sur la Guadiana un beau pont de pierres de 28 arches et d'une longueur de 1870 pas ; il fut construit par les Romains. Cette ville est devenue célèbre par la victoire que don Juan d'Autriche y remporta sur les Portugais 1661 ; par la victoire des Français et des Espagnols sous Dubay, sur les alliés commandés par Galloway et Fronteira en 1709, et par la paix qui y fut conclue, en 1801, entre l'Espagne et le Portugal. Prise par les Français sous le maréchal Soult le 10 mars 1811, elle fut reprise par les Anglais et les Espagnols, le 7 avril 1812. Sa population est de 15,000 hab.

BADAJOZ, riv. d'Espagne, roy. de Léon, prov. de Valladolid ; elle reçoit les eaux de la Hornija et se jette dans le Douro.

BADAKHCHAN, riv. du Turkestan, qui prend sa source dans les Alpes du Belour et forme, avec quelques autres, l'Amou-Daria ou Djihoun, qui se jette dans la mer d'Aral.

BADALONA ou **BADELONA**, *Baetulo, Baetullo, Betulo*, b. et fort d'Espagne, principauté de Catalogne, à l'embouchure du Bésos dans la Méditerranée, et à 3 l. N.-E. de Barcelone. L'archiduc Charles y débarqua en 1704 ; 3000 hab.

BADAROUS, vg. de Fr., dép. de la Lozère, arr., cant. et poste de Mende ; fabriques d'étoffes de laine ; 740 hab.

BADASSON, ham. de Fr., dép. de l'Aveyron, com. de Murasson ; 80 hab.

BADAUR, b. de la Nubie, sur une île de la mer Rouge, au N. de Mirza-Shéïk-Baroud. On y élève beaucoup de bestiaux. Les eaux qui l'entourent manquent de poissons.

BADE (le grand-duché de) est cette étendue de pays qui forme comme une lisière sur la rive droite du Rhin, et dont ce fleuve trace la limite à partir de Bâle jusqu'au Kirschgarthauserhof, situé au-delà de Mannheim, à une demi-lieue de Sandhofen. Sa situation géographique est entre le 5° 12′ et le 7° 31′ de long. orient. et entre le 47° 32′ et le 49° 43′ de lat. sept. Il est borné à l'O. par le Rhin, au S. par ce fleuve, le lac de Constance et les cantons suisses de Thurgovie, de Schaffhouse, de Zurich et de Bâle, à l'E. par le royaume de Wurtemberg et la principauté de Hohenzollern, au N. par le royaume de Bavière et le grand-duché de Hesse. Sa plus grande longueur est de 70 lieues, sa plus grande largeur de 32 lieues, mais il est des endroits où il n'a que 4 lieues de largeur. Sa superficie est de 279 milles géog. carrés.

Le grand-duché de Bade forme la moitié d'une grande vallée que partage le Rhin, et qui, resserrée vers l'E. par les montagnes du Schwarzwald, s'étend vers le S. jusqu'au lac de Constance, et vers le N.-O. jusqu'aux bords du Mein.

Le Schwarzwald court du S. au N., à partir des frontières de la Suisse jusqu'aux alentours de Pforzheim, parallèlement avec le cours du Rhin, dont il n'est souvent éloigné que de quelques lieues. Sa longueur est de 36 l., sa largeur dans sa partie S. est de 12 à 16 l., tandis qu'il n'a que 8 l. de largeur dans sa partie N. Vers l'E. ou vers le cours du Rhin on voit ces montagnes s'abaisser assez brusquement et former comme un majestueux amphithéâtre ; il n'en est pas ainsi vers le cours du Danube et du Necker, où ces montagnes décroissent dans une gradation plus lente.

L'Odenwald n'est compris qu'en petite partie dans le grand-duché de Bade. Il se dirige, à partir du cours du Necker, aux environs de Heidelberg, jusqu'à l'Eberdach et jusqu'à Miltenberg, près du cours du Rhin, et limite la Bergstrasse de Heidelberg jusqu'à la ville de Darmstadt, dans le grand-duché de Hesse, d'où il va rejoindre de nouveau le cours du Mein. L'Odenwald n'atteint jamais la hauteur du Schwarzwald. Son étendue en longueur et en largeur est de 12 à 15 lieues.

Il n'y a point dans le pays de Bade de plaines dont l'étendue soit bien considérable, mais on y rencontre de beaux vallons, remarquables par leurs sites, par leur riche végétation, par leurs eaux salubres, et surtout par les magnifiques points de vue, dont on jouit du haut des collines qui les avoisinent. Ces dernières s'inclinent en majeure partie vers le Rhin. Les principales chaînes de montagnes qui parcourent le pays, sont le Schwarzwald et l'Odenwald dont nous avons déjà sommairement indiqué la structure et les points culminants (*voyez* Allemagne, *orographie*, page 118) et qui, appartenant aux divers âges géologiques, renferment dans leur sein les richesses minérales les plus variées.

Les montagnes du Schwarzwald et de l'Odenwald sont ou primitives ou de transition, à roches cornéennes dures ou à couches horizontales, ou formées enfin de limons d'atterrissement que les eaux paraissent avoir naguère déposés dans cette contrée. On y rencontre également des montagnes de formation volcanique, celles qui limitent la Bergstrasse appartiennent à cette espèce.

Un doux climat règne dans les vallons qui s'étendent le long du Rhin et du Necker; le sol y est d'une fertilité extrême et l'on voit la terre s'y parer chaque année d'une végétation des plus splendides; dans la plaine croissent toutes les plantes propres à cette zône végétale et toutes celles qu'une agriculture progressive y acclimate chaque jour; la vigne, de beaux arbres fruitiers, couvrent les collines ou le revers des montagnes; souvent même les sommets de ces dernières, lorsque leur élévation n'est pas très-considérable, sont couronnés de superbes forêts. Un grand nombre de rivières, roulant leurs eaux à travers ces vallées, concourent avec les méthodes de culture raisonnées, les soins, le zèle des cultivateurs, qui suivent en majeure partie le système d'assolement triennal, à produire ce luxe de culture qu'on rencontre de toute part. Le sol est pour ainsi dire fertile dans toute l'étendue du grand-duché; c'est aux alentours de Carlsrouhe qu'un terrain sablonneux, privé pour ainsi dire de toute autre substance terreuse, réclame de fréquentes fumures dont les résultats ne payent pas toujours des travaux nombreux et difficiles; mais dans les alentours de cette ville comme dans les sols pierreux que l'on rencontre dans certaines parties montagneuses du pays, le cultivateur a recours aux plantes forestières qui, tout en lui offrant de nouveaux moyens de bien-être, viennent répandre un nouveau charme sur la contrée.

Une exception a malheureusement lieu dans les régions montagneuses de l'Odenwald et du Schwarzwald: là l'hiver règne pendant près de huit mois de l'année, l'été ne lui succède que par une brusque transition et la neige dont le premier soleil ne peut que percer à la surface, ne fond souvent que dans les derniers jours de juin. Cependant le climat est sain dans ces contrées, les hommes y sont robustes, ils atteignent un âge avancé et les animaux s'y développent dans toute la beauté de leur race.

En donnant la description du Schwarzwald et de l'Odenwald (*voyez* p. 118), nous avons nommé les principaux points culminants de ces montagnes, et les principaux cours d'eaux qui prennent naissance dans les vallées qui les avoisinent; nous nous bornerons donc à ajouter que toutes les rivières qui arrosent le grand-duché de Bade vont aboutir au Rhin (*voyez* Allemagne, p. 122), à l'exception du Danube qui naît dans cet état (*voyez* Allemagne, p. 123), et qui y reçoit le Brege et la Brigach. Le Mein n'arrose ce pays que sur une très-petite étendue de territoire.

Le grand-duché de Bade, autrefois divisé en neuf cercles, puis en six, est depuis 1832 divisé en quatre cercles qui tiennent leurs noms de la position qu'ils occupent relativement au lac de Constance ou au cours du Rhin. Ces cercles sont subdivisés en bailliages supérieurs (Oberæmter) et en bailliages de districts (Bezirksæmter). Voici les noms des quatre cercles : Cercle du lac (Seekreis), chef-lieu Constance; cercle du Haut-Rhin (Ober-Rheinkreis), chef-lieu Fribourg; cercle du Rhin-Moyen (Mittel-Rheinkreis), chef-lieu Carlsrouhe, ville capitale du grand-duché; cercle du Bas-Rhin (Unter-Rheinkreis), chef-lieu Mannheim. La population du grand-duché de Bade est de 1,280,000 habitants.

Le grand-duché de Bade forme une monarchie, dite constitutionnelle, ou limitée par une représentation nommée les états (Stænde) qui se réunissent en deux assemblées sous la dénomination de première et seconde chambre.

Le grand-duché faisant, aux termes de l'acte constitutif du 22 août 1818, partie de la confédération germanique, toutes les décisions organiques de la diète qui concernent l'organisation fédérale de l'Allemagne ou les rapports des citoyens de ce pays en général, font partie du droit public badois et sont obligatoires pour tous, lorsqu'elles ont été publiées par le gouvernement du pays. Le grand-duc réunit toute la puissance souveraine et l'exerce d'après les conditions prescrites par la constitution. Tous les Badois jouissent de tous les droits civils. Les ministres d'état et tous les employés du gouvernement sont responsables du maintien de la constitution. Le grand-duc convoque les chambres et peut les dissoudre. Par l'effet de la dissolution, les députés de la première et de la seconde chambre perdent la qualité que l'élection leur avait conférée. La première chambre se compose des princes de la maison grand-ducale, des chefs des maisons seigneuriales, de l'évêque du pays ou de l'administrateur du diocèse, du prélat protestant, de huit députés de la noblesse, de deux députés de l'université et de huit personnes nommées par le grand-duc sans égard à leurs titres et au rang qu'elles occupent dans l'état. La seconde chambre est composée de 63 députés des villes et bailliages. Tous les citoyens âgés de vingt-cinq ans révolus, possédant une fortune de 10,000 florins ou jouissant d'un revenu annuel de 1500 florins sont de droit électeurs; cependant il faut, dans ces derniers cas, qu'ils payent en outre une certaine contribution foncière.

Aucun impôt ne peut être levé sans le consentement des états; le chapitre *Dépenses secrètes* ne peut figurer au budget, à moins que le grand-duc ne certifie, par un acte contresigné par un des ministres, que ces sommes ont été employées au bien de l'état. L'ignoble censure existe toujours dans le grand-duché.

Aux termes de l'ordonnance du 15 avril

1819, le ministère d'état forme le conseil suprême du pays. Il est composé de membres en service ordinaire et de membres en service extraordinaire, et ses attributions embrassent toutes les questions de haute administration, de justice et d'appel. Les ministères du grand-duché sont au nombre de quatre : le ministère de l'intérieur, celui des finances, celui de la justice et celui de la guerre. Viennent ensuite la cour supérieure, dite *Oberhofgericht*, et les tribunaux de seconde instance, dits *Hofgerichte*, auxquels on peut en appeler des jugements rendus par les juridictions des bailliages. Les revenus du grand-duché s'élèvent à environ dix millions de florins et les dépenses à une somme presque égale. La liste civile et les apanages absorbent près du tiers des revenus de l'état.

Le grand-duché de Bade occupe en assemblée ordinaire le septième rang à la diète germanique; il a trois voix en assemblée plénière et fournit en temps de guerre un contingent de 10,000 hommes, dont 1250 de cavalerie, 8030 d'infanterie, 620 artilleurs et 120 pionniers. Ces troupes forment la seconde division du huitième corps d'armée. Cet état paie 2000 florins à la chancellerie de la diète.

La position du grand-duché de Bade, sous le rapport commercial, est des plus avantageuses. Borné par la France et la Suisse, qui lui achètent l'excédent de ses produits, baigné sur une grande étendue de territoire par le Rhin, dont la navigation acquiert chaque jour une plus grande importance et dont les Badois peuvent tirer d'autant plus d'avantage qu'ils ne se trouvent jamais, par la configuration même des lieux, qu'à de très-petites distances de ce fleuve, leur pays semble destiné, surtout depuis qu'il a accédé au système des douanes prussiennes, à jouer un grand rôle commercial et industriel. Jusqu'à présent le pays badois n'a eu que peu d'importance commerciales; on rôle s'est borné à celui d'état producteur; de nombreux fourgons chargés de marchandises ont bien traversé ce pays pour se rendre en France et en Suisse; mais les barrières de douanes, élevées devant le grand-duché, ne lui ont jamais permis de manufacturer ses produits et d'en tirer ainsi le parti le plus utile. La situation a complètement changé et les nombreuses fabriques, qui s'établissent dans le pays de Bade pour transformer les productions du sol et en faire des expéditions jusque dans le cœur de l'Allemagne, contribueront, tout en naturalisant l'industrie dans ces contrées, à en augmenter la fortune publique et privée.

BADE, *Baden*, *Aquæ*, *Badena*, v. du grand-duché de Bade, située dans le cer. du Rhin-Moyen, à 2 l. du Rhin, chef-lieu d'un bailliage de district. C'est la *Civitas Aurelia Aquensis* des Romains, comme le démontrent les restes d'anciens murs et les diverses autres antiquités qu'on y a découvertes et que l'on conserve religieusement dans ses musées. Cette ville était ceinte d'un mur épais, qu'entourait un large fossé que l'on a comblé sur divers points pour en faire autant de jardins délicieux. Elle a un château, un hôtel communal, une église assez bien bâtie, un couvent de femmes, un hôpital, une maison de refuge pour les pauvres. Sa population se compose d'environ 4000 habitants, qui se livrent à l'agriculture, à l'éducation des bestiaux, à la culture de la vigne, des arbres fruitiers et à diverses industries, parmi lesquelles les tanneries, les corderies, les poteries de grès et de terre, les fabriques de savon et de chandelles occupent le premier rang. Mais la véritable richesse de Bade réside dans ses sources thermales. On en compte treize, qui fournissent des eaux plus ou moins abondantes et à divers degrés de chaleur. La source principale, qui sort de la fente d'un rocher, fournit chaque jour 7,345,440 pouces cubes d'eau à 54 degrés Réaumur. Les eaux que l'on voit sourdre sur l'emplacement du couvent, sont presque aussi abondantes, mais elles n'ont que 51 degrés Réaumur. Les autres sources, bien plus petites, varient entre 53 et 37 degrés de chaleur. Il y a dans cette ville huit bains publics, répartis dans ses divers hôtels. Ces bains sont très-fréquentés durant la belle saison et les fêtes brillantes que l'on y donne, réunissent et retiennent souvent une société nombreuse et choisie. On voit souvent des représentants de toutes les parties de l'Europe se promener dans cette ville et ses environs, vraiment remarquables par leur belle disposition, leurs constructions élégantes et les richesses végétales dont ils resplendissent. Ce sont de toute part de belles promenades qui s'étendent sur un sol élevé, diversifié par mille accidents naturels, présentant des sites pittoresques, sans cesse nouveaux et toujours romantiques, où l'art a souvent cherché à suppléer la nature, et uni, comme elle, la magnificence à la grâce. Parmi les constructions et les sites, disséminés dans les environs de cette ville, et qui captivent l'attention particulière, nous citerons la cascade, rendez-vous habituel des amateurs des déjeuners champêtres, où l'on voit les eaux tomber en nappes de cristal du haut d'un rocher, se briser en éclats sur les anfractuosités qu'il présente pour se perdre bientôt dans un précipice; le vieux château, situé sur une montagne du haut de laquelle la vue embrasse une belle plaine, au milieu des plus riches paysages animés par de jolis villages et des maisons de campagne élégantes. Disons que le seul aspect de Bade et de ses environs est fait pour attirer la foule, que les nombreuses constructions que l'on y élève en ce moment, et les nouveaux agréments que l'on cherche à y répandre, ajoutent chaque jour un nouveau charme à ce séjour vraiment enchanteur. Le nouveau château de Bade, construit en 1579, et qui est surtout remarquable par ses souterrains que l'on prétend être d'origine romaine, furent au moyen âge le lieu de réunion d'un tribunal secret. Parmi les monuments et les curiosités que l'on trouve dans la ville même, nous citerons : la maison de promenade ou de conversation, entourée de belles allées, le pavillon de la princesse Stéphanie de Bade, le musée dit *Museum palæotechnicum*, dans lequel on conserve les antiquités recueillies dans la contrée. On y distingue deux belles pierres tumulaires, deux têtes antiques, trois autels dédiés à Hercule, un Neptune assis, une borne milliaire. Tous ces objets sont d'origine romaine. Le musée a été bâti en 1803 auprès de la source thermale principale. C'est un temple construit dans le goût de l'ancienne architecture dorique. La Favorite, charmant château situé à 2 lieues de Bade, contient également plusieurs objets remarquables et doit être visité par tout étranger, jaloux de connaître tout ce que présente d'intéressant cette contrée vraiment ravissante. Le vieux château de Bade, qui fut jusqu'en 1479 la résidence des margraves, a donné son nom à la ville et au pays.

BADEBORN, vg. du duché d'Anhalt-Bernbourg, principauté supérieure, près des montagnes du Harz; 980 hab., la plupart voituriers.

BADEFOL, vg. de Fr., dép. de la Dordogne, arr. de Bergerac, cant. de Cadouin, poste de Lalinde; 360 hab.

BADEFOL-D'ANS, vg. de Fr., dép. de la Dordogne, arr. de Périgueux, cant. d'Hautefort, poste d'Exideuil; 1160 hab.

BADEJO (Ilha do), pet. île à l'E. de l'île de Santa-Catharina, non loin des côtes de la prov. de ce nom, dans l'emp. du Brésil.

BADEN, vg. de Fr., dép. du Morbihan, arr., cant. et poste de Vannes; 2740 hab.

BADEN, *Thermæ Austricæ*, v. d'Autriche, gouv. de la Basse-Autriche, cer. inférieur du Wienerwald, sur la Schwächat et dans le voisinage de l'Aningerberg et le canal de Neustadt. Jolie petite ville, célèbre par ses bains thermaux (27° à 29° R.), au nombre de douze, fréquentés annuellement par 7 à 8000 étrangers. Dans ses environs est situé Weilbourg, magnifique palais, une des plus belles maisons de plaisance de l'Allemagne, et la délicieuse vallée de Ste.-Hélène, rendez-vous du beau monde de Baden; 3000 h.

BADEN, *Thermæ Helvetiæ*, v. de Suisse, cant. d'Argovie, chef-lieu de district, sur la Limmat qu'on y passe sur un pont suspendu d'une belle construction; on y remarque l'hôtel de ville où fut signée, en 1714, la paix de Baden, entre l'empire germanique et la France. Ses bains thermaux, les plus anciens de la Suisse, sont bien fréquentés; il s'y trouve un établissement fondé en 1775, au moyen de dons de plusieurs hommes charitables, en faveur d'un certain nombre d'indigents. De nouveaux dons ont augmenté depuis l'importance de cette fondation si utile à l'humanité, et le gouvernement d'Argovie fit ériger en 1823 un monument où l'on lit les noms des sept donateurs. La ville de Baden est fort ancienne et s'appelait sous les Romains *Castellum Thermarum*; encore aujourd'hui on trouve des restes de constructions romaines dans la ville même et les environs; population du district 14,000 et de la ville 1700 hab.

BADEN, vg. de Suisse, cant. du Valais, décurie de Louëche, au pied du Gemmi. Ses bains thermaux sont assez bien fréquentés et leur efficacité contre les maladies cutanées est reconnue. Les éboulements de neige viennent seuls quelquefois troubler le calme dont on jouit au milieu de cette belle nature; 350 hab.

BADENS, vg. de Fr., dép. de l'Aude, arr. et poste de Carcassonne, cant. de Capendu; 300 hab.

BADENSTEIN, fort d'Afrique, appartenant aux Hollandais, autrefois propriété de la société commerciale de Brandebourg, sur une hauteur dans le royaume d'Ahanta, côte des Dents, Haute-Guinée, Nigritie maritime.

BADENWEILER, vg. du grand-duché de Bade, cer. du Haut-Rhin; source d'eaux thermales de 20° 1/2 R. et belle maison de bains construite par les Romains, mais malheureusement en partie ruinée; ces bains, découverts seulement en 1784, se sont trouvés sous terre jusqu'à cette époque; 225 hab.

BADEON, vg. de Fr., dép. de l'Indre, com. du Pin; 470 hab.

BADERQUE, vg. de Fr., dép. de la Haute-Garonne, com. de Fougaron; 100 hab.

BADET, chaîne de montagnes d'Afrique, Nigritie occidentale (Sénégambie); le Rio-Grande et la Gambie y ont leurs sources. Ces montagnes sont couvertes de forêts où aucun indigène n'a encore mis le pied, et qu'ils disent être habitées par des spectres.

BADEVEL, vg. de Fr., dép. du Doubs, arr. et poste de Montbéliard, cant. d'Audincourt; fabrique de montres et de pendules; 360 hab.

BADGEWORTH, vg. d'Angleterre, comté de Glocester, a des sources d'eaux minérales.

BADIA, *Abbatia*, b. d'Autriche, roy. Lombard-Vénitien, gouv. de Venise, prov. ou délégation de Rovigo, sur l'Adige. Fabriques de vaisselle de grès. Beau pont sur l'Adige; 3500 hab.

BADIA CALAVENA, vg. d'Autriche, roy. Lombard-Vénitien, gouv. de Venise, délégation ou prov. de Vérone, chef-lieu de district dit des XIII communes, dont les habitants parlent un allemand corrompu et formaient sous la domination vénitienne une espèce de république; 2000 hab.

BADIAH, désert de l'Arabie qui s'étend du plateau de ce pays à l'Euphrate, à l'isthme de Suez et à la Turquie d'Asie. On le divise en trois parties: Badiah al Dtchesira, Badiah al Scham, Badiah al Etak.

BADIBOU, pet. état dans la Sénégambie, Afrique, qui dépendait autrefois du roy. Ghiolof de Saloum. Il est situé sur la Gambie et a pour chef-lieu la petite ville de Badibou, au confluent du Badibou et de la Gambie, à 21 l. E. d'Albréda.

BADIÈRES (les), ham. de Fr., dép. de la Nièvre, com. de St.-Franchy; 100 hab.

BA-DIMA, fl. d'Afrique, nom qu'on donne à la Gambie dans le roy. de Neola, Nigritie occidentale (Sénégambie), et qui veut dire fleuve qui est toujours fleuve.

BADIMAN ou **DIMAN**, fl. d'Afrique, nom que porte la Gambie ou Gambra.

BADLIEU, ham. de Fr., dép. des Vosges, com. de Rambervillers; 60 hab.

BADMENIL, vg. de Fr., dép. de la Meurthe, com. de Baccarat; 260 hab.

BADMENIL-AUX-BOIS, vg. de Fr., dép. des Vosges, arr. d'Epinal, cant. de Châtel-sur-Moselle, poste de Nomexy; 340 hab.

BADONVILLER, b. de Fr., dép. de la Meurthe, arr. de Lunéville, cant. de Baccarat, poste de Blamont; cotonnades, faïencerie et poterie; 2300 hab.

BADONVILLIERS, vg. de Fr., dép. de la Meuse, arr. de Commercy, cant. et poste de Gondrecourt; 390 hab.

BADOU, v. de la Sénégambie, Afrique, dans l'état de Tenda, près de la Gambie.

BADRASEHIK, pet. v. de la Turquie d'Europe, eyalet de Djezayrs; plantations de coton; 1500 hab.

BADRICOURT. *Voyez* BALLERSDORF.

BADUS (cima del) ou SIXMADUN, chaîne de l'Adula, cant. des Grisons, ligue Grise; son sommet est à 3056 mètres au-dessus de la mer; c'est la plus haute montagne granitique de toute cette contrée. Sa partie orientale, que couvrent des neiges perpétuelles, donne naissance au Rhin supérieur.

BADUTZ, b. de la principauté de Liechtenstein, chef-lieu et siège du gr.-bge de la seigneurie dont il porte le nom. Badutz est situé dans une contrée pittoresque non loin du Rhin et possède un fort joli château et une église digne d'être remarquée; 1860 hab.

BADY, v. de la Sénégambie, Afrique, dans l'état de Tenda.

BÆDU, v. d'Afrique, région de la Nigritie centrale, Nigritie intérieure (Soudan), chef-lieu du roy. de Baldao.

BÆHLER. *Voyez* BEHLEDHEIM.

BÆHREN ou BERAUN, v. d'Autriche, gouv. de Moravie et Silésie, cer. d'Olmütz, sur la Fistritz; fabriques de bas de laine; 1500 hab.

BÆLEGHEM, vg. du roy. de Belgique, prov. de la Flandre orient., arr. de Gand; 2500 hab.

BÆLEN, vg. du roy. de Belgique, prov. d'Anvers, arr. de Turnhout; 2550 hab.

BÆLEN, vg. du roy. de Belgique, prov. de Liège, arr. de Verviers. Fabriques de draps; 1900 hab.

BÆN (Banovics), b. d'Autriche, cer. en-deçà du Danube, comitat de Trentsin, sur le Bann, affluent de la Neutra. Commerce considérable de laine, de fer et de bestiaux; 3000 hab.

BÆPENDY (Santa Maria de), pet. v. dans l'emp. du Brésil, prov. de Minas-Géraës, comarque de Rio-das-Mortes. Cette ville fondée en 1814, fleurit par son agriculture, surtout par la culture du tabac; à 21 l. S. de San-Joam-d'el-Rey; 3000 hab.

BÆRDORF, vg. des états prussiens, prov. de Silésie, rég. de Breslau; 1200 hab.

BÆRENDORF, vg. de Fr., dép. du Bas-Rhin, arr. de Saverne, cant. de Druhlingen, poste de Fénétranges; 580 hab.

BÆRENTHAL, vg. de Fr., dép. de la Moselle, arr. de Sarreguemines, cant. et poste de Bitsche; forges. Il est situé dans une vallée sauvage et pittoresque. En 1793, les Prussiens pénétrèrent en Alsace à travers ces gorges étroites et débouchèrent près de la Petite-Pierre (Lützelstein); mais B. Helmstetter, de Pfaffenhoffen, rassembla au son du tocsin 3000 paysans, refoula l'ennemi dans la vallée et en défendit les passages; 1229 hab.

BÆR-LE-HERTOGH (Bar-le-Duc), vg. du roy. de Belgique, prov. d'Anvers, arr. de Turnhout; fabriques de draps et de dentelles; 850 hab.

BÆRNAU, pet. v. de Bavière, cer. du Mein-Supérieur, dist. et à 2 l. de Firschenreuth; fabriques de draps et tanneries; 1250 hab.

BÆRUM, vg. de Norwège, bge d'Aggerhuus, où se trouvent de grandes forges.

BÆRWALDE ou BEERWALDE, BERWOLDE, pet. v. des états prussiens, prov. de Poméranie, rég. de Kœslin, dans une contrée marécageuse; fabriques de draps et d'étoffes de laine; on s'y livre également à l'agriculture; 120 hab.

BÆRWALDE, v. des états prussiens, prov. de Brandebourg, rég. de Francfort; les habitants se livrent à l'agriculture et à la fabrication de la toile; 2500 hab.

BÆSRODE, vg. du roy. de Belgique, prov. de la Flandre orient., arr. de Dendermonde, sur la rive droite de l'Escaut, chantiers; 2300 hab.

BÆSTA (Bæstedt), b. de Suède, dans une baie du Cattégat, bge de Christianstadt; 560 hab., presque tous pêcheurs ou matelots.

BÆTTERKINDEN, vg. de Suisse, cant. de Berne, bge de Frauenbrunn; patrie d'Arctius, savant botaniste, le premier qui ait fait une description des plantes alpestres de Suisse et qui a donné son nom à une famille de plantes des Alpes.

BÆTURIA, g. a., contrée de la Bétique, comprenant la partie mériodionale de l'Estramadure.

BÆZA, *Batia, Biatia*, v. d'Espagne, capitainerie générale d'Andalousie, intendance de Jaën, située dans une belle vallée sur la rive droite du Guadalquivir. Elle est le siége d'un évêché, possède une cathédrale gothique et d'autres édifices remarquables, une collégiale, un séminaire théologique et une société économique; fabrique de cuirs; 11,000 hab.

BÆZA, b. dans la rép. de l'Ecuador, dép. du même nom, prov. de Pichinga, sous le 0° 26′ lat. S. Cet endroit, fondé par Gil-Ramirez Davalos en 1549, était autrefois une ville florissante de 10,000 habitants et la capitale de la ci-devant province d'Archidono qui occupait le penchant oriental des Andes. Elle fut détruite presque entièrement par les invasions réitérées des Indiens et ne forme plus aujourd'hui qu'un misérable bourg de 70 à 80 familles.

BAFFA, *Paphos*, pet. v. et port sur la côte S.-O. de l'île de Chypre. La ville est en ruines et le port comblé de sables, bien qu'elle soit le chef-lieu d'un sandschak; elle est défendue par une citadelle. On y trouve un très-beau cristal connu dans le commerce sous le nom de diamant de Baffa. Elle présente encore des restes remarquables de l'ancienne Paphos et quelques débris du magnifique temple qu'on y avait élevé à Vénus, ainsi que des grottes sépulcrales.

BAFFE (la), vg. de Fr., dép. des Vosges, arr., cant. et poste d'Epinal; 480 hab.

BAFFIE, ham. de Fr., dép. du Puy-de-Dôme, com. de St.-Just-de-Baffie; 52 hab.

BAFFIN (mer de), vaste mer ou golfe qui s'étend entre le 68° et le 78° lat. N. et entre le 48° et le 82° long. O. Elle est entourée du Groenland, de l'île Cumberland, de la Terre de Baffin et du Devon septentrional. C'est la partie la plus connue de l'Océan Polaire septentrional; il est très-probable qu'un détroit la joint au N. à l'Océan qui entoure le pôle, et il est certain qu'elle est contiguë à l'O., par les détroits de Lancaster et de Barrow, à cette mer immense qui entoure toute l'Amérique du Nord; le vaste détroit de Davis qui forme proprement la partie méridionale de la mer de Baffin, la joint à l'Océan Atlantique, et au S.-O. trois détroits, ceux de Cumberland, de Frobisher et d'Hudson, conduisent dans la baie d'Hudson. La mer de Baffin est aussi encombrée d'immenses glaçons, mais ils cèdent à la forte chaleur de l'été et permettent dans cette saison le passage le long des côtes, ce qui rendit possible la connaissance de ses contours jusqu'à son extrémité la plus septentrionale. Elle renferme plusieurs îles; mais la grande île de James, à laquelle les géographies plus anciennes ont assigné une place dans cette mer, n'y existe pas.

BAFFIN (Terre de), pays très-étendu, mais encore peu exploré, qui forme la côte occidentale de la mer du même nom. Cette vaste région est comprise entre le 62° et le 74° lat. N. Sa longueur ne peut pas être établie, parcequ'on n'en connaît guère que les côtes septentrionale, occidentale et méridionale, et celles-ci même d'une manière encore très-imparfaite. Le détroit d'Hudson la sépare au S. du Labrador, et le détroit de Barrow au N. du Devon septentrional. Avant que Parry eût traversé ce détroit, on envisageait la Terre de Baffin comme une partie du continent arctique, et on présumait qu'elle était contiguë au Groenland. La partie S. de ce pays est appelée par les Anglais Terre de Cumberland, du détroit du même nom qu'elle avoisine; les géographes allemands, au contraire, ont adopté pour cette partie le nom de Terre du Prince William, mais sans qu'on puisse indiquer le motif de cette dénomination. Toute cette région porte le nom de Baffin, en l'honneur du navigateur de ce nom qui le premier a donné des notions positives et précises sur la côte orientale de ce pays. Le cap Walsingham est regardé comme la pointe la plus orientale de la Terre de Baffin; le cap Kater, sur le détroit du Prince Régent, paraît être son extrémité occidentale, et le cap Maria, dans la baie d'Hudson, en est la pointe S.-O. Les autres principaux caps sont : ceux d'York, de Crawford, de Franklin, de Liverpool, de Fanchaw, de Byam-Martin, de Bathurst, de Graham-Moore, de Gouts, d'Antrobus, d'Adair, d'Aston, de Bisson, de Meikleham, d'Endreby et de Gods-Mercy.

Les côtes septentrionales de ce vaste pays sont fort élevées et comprennent une foule de baies pour la plupart inabordables, à cause des énormes glaçons qui les couvrent toujours. La côte orientale et la côte méridionale présentent de distance en distance de vastes ouvertures, comme au-dessous du cap Graham, sous le 72° 47′ de lat. N., où l'on ne voyait plus de terre et où l'on suppose avec assez de probabilité l'existence d'une grande île, formée par cette ouverture et par la continuation de Navy-Board-Inlet. Le capitaine Ross, qui a abordé dans la baie de la Possession le 1er septembre 1819, a trouvé ce pays bien plus agréable que tous ceux qu'il venait de visiter. Il découvrit au fond de la baie deux rivières qui s'y jetaient; les vallées qu'elles traversaient étaient couvertes d'herbes et de fleurs sauvages. Les montagnes des deux côtés de ces rivières étaient d'une hauteur très-considérable et couvertes de neiges. Il n'y trouva point de traces d'habitants, mais du gibier en abondance. La côte présentait une série non interrompue de montagnes et les bords de la mer étaient hérissés d'immenses glaciers. Vers le S. (entre le 70° et le 71° de lat.), la côte prend un autre caractère; les montagnes se détachent, leurs sommets s'arrondissent et la neige disparaît de plus en plus; mais l'intérieur présente le même aspect que les régions septentrionales. Ici le pays paraît être habité. Sous le 70° 24' de lat., le Clyde s'embouche dans la vaste Clyde-Inlet, où Parry aborda et où il trouva une habitation d'Esquimaux. Depuis le cap Walsingham le pays s'incline vers le S.-O. et présente une longue chaine de montagnes appelées Monts-Raleigh.

Les géographes plus anciens ont donné à la partie méridionale de la Terre de Baffin le nom d'île de Cumberland, mais cette île n'existe pas; il est certain, au contraire, que le pays entre le cap Walsingham et le cap de Gods-Mercy forme une côte non interrompue.

La côte N.-O. a été explorée par Parry, en 1820, depuis le cap Kater jusqu'au cap York; il la trouva remplie de baies dont celle de Port-Bowen lui parut la plus considérable; la mer était plus ouverte que sur la côte de Sommersets, située en face de celle dont nous venons de parler.

La végétation de ces régions paraît être la même que celle du Grœnland et des autres contrées polaires arctiques. Les oiseaux aquatiques abondent sur les côtes, mais le phoque y est très-rare. Les habitants, de la race des Esquimaux, sont peu nombreux sur les côtes, et l'intérieur, pays ingrat et inhospitalier, ne paraît pas être habité.

BAFFO, pet. v. sur la côte occ. de l'île de Rhodes.

BAFFON, v. de la Guinée, au N.-O. du cap des Palmes. Il s'y fait un grand commerce de poivre.

BA-FING. *Voyez* SÉNÉGAL.

BAFRA, v. de la Turquie d'Asie, eyalet de Siwas, située à l'embouchure du Kisil-Irmack, qui se jette dans la mer Noire; pêche; 2000 hab.

BAFT, v. de Perse, prov. de Fars, où l'on fabrique les meilleurs tapis de l'Iran.

BAFVEN (Bogen-are), grand lac dans la prov. suédoise de Sudmannland; il est couvert d'îlots.

BAG (Baug), v. du roy. de Lindhia, Inde, pays de Malvâ; déchue aujourd'hui, mais toujours remarquable à cause de ses riches mines de fer et des excavations ornées de peintures, que l'on voit dans le voisinage, et qu'Erskin croit être des temples boudhiques.

BAG (Bhag), v. du Beloudschistan, Inde, prov. de Gandvânâ, située près du Naxi; 1000 hab.

BAGAEWKACA, v. de la Russie d'Europe, territoire des Cosaques du Don.

BAGAI, v. de l'Algérie, prov. de Constantine.

BAGARD, vg. de Fr., dép. du Gard, arr. d'Alais, cant. et poste d'Anduze; 411 hab.

BAGARIA (la Baggaria), b. dans les environs de Palerme, en Sicile, orné de beaux palais, appartenant à la noblesse de Palerme; on y distingue surtout celui du prince Palagonia; 4000 hab.

BAGAROU, v. de l'Inde, prov. d'Adjmir ou Radjpoutana, située près de Djeypour.

BAGAS, vg. de Fr., dép. de la Gironde, arr., cant. et poste de la Réole; 257 hab.

BAGASES, v. détruite dans la confédération de l'Amérique centrale, état et district de Costa-Rica.

BAGASUAR, v. de l'Inde, état de Kamdon; au confluent du Sarga et du Gomati; il s'y tient tous les ans une foire où les Tartares viennent acheter leurs provisions.

BAGAT, vg. de Fr., dép. du Lot, arr. de Cahors, cant. et poste de Montcuq; 677 h.

BAGATELLE, vg. de Fr., dép. de la Seine, arr. de St.-Denis, cant., com. et poste de Neuilly-sur-Seine; château situé dans le bois de Boulogne, près de Paris. Bâti par le comte d'Artois en 1779 pour servir à ses plaisirs, il fut transformé en 1794 par la convention en établissement public; donné au duc de Bordeaux sous la restauration, il fut vendu après la révolution de juillet.

BAGBAND ou **BACKBAND**, vg. de la Frise orientale. Les femmes y sont renommées pour leur habileté à filer le lin et le chanvre.

BAGDAD, eyalet de la Turquie d'Asie, situé entre le 30° et 37° lat. N. et le 58° et 65° long. E., borné au N. par le Diarbékir et les montagnes de Sindjar, au midi par le golfe Persique, à l'orient par la Perse, à l'O. par l'Euphrate, et renferme la partie méridionale de l'ancienne Mésopotamie, l'Irak-Arabie et une partie du Kourdistan. On estime son étendue à 5300 l. c. et sa population à environ un million. Il est divisé en 18 sandschaks, possède sept millions de piastres de revenus et une armée de 30,000 hommes. Ses principales villes sont Bagdad, Bassora et Merdin. Le pays n'est montagneux qu'au N.-E. et au N.-O., tout le reste est plat et arrosé par le Tigre et l'Euphrate. Le climat est très-chaud dans le midi. Les habitants sont pour la plupart Arabes, Kurdes ou Turcomans.

BAGDAD, cap. de l'eyalat de ce nom, l'ancienne et fameuse résidence des califes, située sur les bords du Tigre, principalement sur la rive gauche de ce fleuve. Ses rues sont étroites et malpropres, cependant on y rencontre aussi de beaux bazars et des maisons bien bâties. Mais on chercherait en vain les ruines de ces édifices merveilleux qu'élevèrent, dit-on, les califes, les débris de ces mosquées, de ces bazars, de ces bains, enfin de toutes ces merveilles que créèrent deux millions d'hommes, qui se pressaient dans les murs de Badgad. A peine y trouve-t-on aujourd'hui 100,000 habitants, Turcs, Arabes, Persans, Arméniens, Egyptiens, Francs, Juifs, etc. Néanmoins cette ville conserve toujours une grande importance politique et commerciale. Elle est entourée d'une haute et forte muraille et d'un fossé large et profond, qui peut recevoir les eaux du Tigre, et défendue par une citadelle; un pont de bateaux de 620 pieds de long, réunit à la ville le faubourg situé à l'O. du Tigre, habité principalement par le peuple et qui n'offre que des maisons mal bâties, séparées par des jardins de dattiers. Quoique déchue de son ancienne splendeur, elle est toujours une de plus industrieuses de l'Asie ottomane et le centre du commerce de cette région avec la Perse, le Turkestan, l'Arabie et l'Inde, l'entrepôt entre Constantinople et le golfe Persique. On y fabrique particulièrement des étoffes de soie et de coton, du maroquin et de la coutellerie, de la bijouterie et des ouvrages en cuivre. Il y existe une fonderie de canons. Les édifices les plus remarquables sont : le sérail du pacha, l'arsenal, les bazars, la douane et le tombeau de Zobéide, épouse d'Haroun-al-Raschid et celui du cheikh Abdoul-Kadir-Ghilani. Les environs de Bagdad sont jonchés des ruines des villes les plus célèbres à différentes époques, de Babylone, de Séleucie, de Ctésiphon, etc., et d'une foule de tombeaux de saints personnages, parmi lesquels on compte celui du prophète Ezechiel.

Bagdad (présent fait à Bag, ancienne idole, ou bien paradis, ou encore jardin de Dad, ermite chrétien) fut fondée en l'an 763 de notre ère (145 de l'hégire) par Abon-Djafar-Almansour, le deuxième calife de la dynastie des Abbassides, qui l'appela Darus Selam (maison de la paix). En peu d'années, les soins et les trésors des califes en firent une des villes les plus grandes, les plus riches et les plus magnifiques de l'Orient. Les ruines des environs fournirent les matériaux des constructions nouvelles, et bientôt elle s'éleva fière de ses hautes murailles flanquées de tours, de ses portes obliques, du château qui formait son centre, et de la grande mosquée dont le principal dôme était supporté par des colonnes de 80 coudées de haut. Les califes Haroun-al-Raschid et Abdallah-al-Mamoun, protecteurs et amis des savants, contribuèrent surtout à son embellissement et bientôt elle devint le rendez-vous général de tout ce qu'il y avait de personnages éminents dans la religion, dans la science et les lettres, tandis que sa belle position y fit affluer les richesses de l'Afrique, de l'Europe et de l'Inde. Saccagée à différentes reprises, cette ville n'en demeura pas moins presque constamment sous la domination des Abbassides. Mais en 1253, la grande invasion des Mogols passa sur elle et la détruisit presque de fond en comble ; les Perses, les Turcomans et les Ottomans se la disputèrent jusqu'en 1638, où le sultan Mourad IV s'en rendit maître après un siège de trois mois et la réunit définitivement à la Turquie, malgré les nouvelles attaques de ses voisins, entre autres du fameux Nadir-Schah, qui en 1733 en tenta inutilement la conquête.

BAGDADSCHAK, pet. v. fortifiée de la Géorgie, Russie d'Asie ; 1500 hab.

BAGDAD, dist. dans l'île Van-Diemen, Océanie, comté de Buckingham, sur le Jourdain. Il renferme plusieurs lacs, le Tcatrees-bush et plusieurs cavernes nommées the Ovens. Il est subdivisé en deux cantons : Drummond et Jarvis.

BAGÉ-LA-VILLE, vg. de Fr., dép. de l'Ain, arr. de Bourg-en-Bresse, cant. de Bagé-le-Châtel, poste de Mâcon ; 2017 hab.

BAGÉ-LE-CHATEL, vg. de Fr., dép. de l'Ain, arr. à 6 l. N.-O. de Bourg-en-Bresse, chef-lieu de cant., poste de Mâcon ; 740 h.

BAGEMBER ou BEGEMBER, BEDSCHEMBER, prov. fertile de l'Abyssinie, au N.-E. du Tigré. Les habitants sont renommés comme formant la meilleure cavalerie de cet empire.

BAGEN, ham. de Fr., dép. de la Haute-Garonne, com. de Sauveterre ; 260 hab.

BAGERT, vg. de Fr., dép. de l'Arriège, arr. et poste de St.-Girons, cant. de Ste.-Croix ; 272 hab.

BAGES, vg. de Fr., dép. de l'Aude, arr., cant. et poste de Narbonne, situé près de l'étang du même nom ; saline importante ; 875 hab.

BAGES, ham. de Fr., dép. de la Gironde, com. de Pauillac ; 100 hab.

BAGES, vg. de Fr., dép. des Pyrénées-Orientales, arr. de Perpignan, cant. de Thuir, poste d'Elne ; 496 hab.

BAGHARMIE ou BEGHERMÉH, roy. de la Nigritie centrale, au S.-E. du lac Tschad ; ce pays dont on ne connaît pas encore l'étendue du côté de l'E., touche à l'O. à l'empire de Bornou dont il est séparé par le Shary, et avec lequel il est continuellement en état de guerre. Les habitants de ce pays se distinguent, par leur bravoure et leur industrie, des autres peuples nègres de l'Afrique. Depuis quelques années le Bagharmie a secoué le joug que lui avait imposé Saboun, avant-dernier sultan du Vadaï. Mesna paraît en être la capitale.

BAGHLEN, prov. de la partie indépendante de l'île de Java. On y récolte, dans les nombreuses cavernes qui sillonnent son territoire, beaucoup d'une espèce d'hirondelles nommés Laurets ; c'est une friandise très-recherchée et l'on en fait un grand commerce.

BAGHNAT, v. du Kaarta, un des états Ghiolofs, Nigritie occidentale.

BAGHONA, prov. du Kaarta. *Voyez* BOGCHNAT.

BAGIENNI, g. a., peuple de la Ligurie.

BAGIRY, vg. de Fr., dép. de la Haute-Garonne, arr. de St.-Gaudens, cant. de St.-Bertrand, poste de Montrejeau ; 287 hab.

BAGISTAN, chaîne de montagnes dans le Kurdistan persan, environ 18 l. à l'E. de la chaîne de Zagros.

BAGISTANA, g. a., contrée de la Grande-Médie, avec la capitale de même nom.

BAGJURA ou BAHGIOURA, BERGIURA, v. assez considérable de la Haute-Egypte, sur le canal Maharraca.

BAGLAR, cap de la côte turque de la mer Noire.

BAGLAINVAL, ham. de Fr., dép. d'Eure-et-Loir, com. de Gallardon; 53 hab.

BAGLANA, dist. de la présidence de Bombay, Inde anglaise; chef-lieu Sallier. C'est le pays originaire des Mahrattes.

BAGLIO, b. de la Toscane, division de Florence. Il possède une source d'eaux minérales, appelée Pelagio.

BAGLIO, pet. v. du roy. des Deux-Siciles, intendance de Trapanie, à l'O. de Marsala.

BAGLUI, riv. de la Moldavie, affluent du Pruth, passe par Jassi.

BAGMUTTY, ıl. du roy. de Népal, Inde; il a sa source près de Khatmandoa, capitale de ce royaume.

BAGNA A BAUANELLA, vg. de Toscane, prov. de Pise; eaux minérales.

BAGNAC. *Voyez* LA-CAPELLE-BAGNAC.

BAGNA-CAVALLO, *ad Caballos*, v. des états de l'Église, légation de Ferrare, filature de soie. Patrie du peintre Romenghi; 10,700 h.

BAGNA-DI-ACQUA, b. du grand-duché de Toscane, renommé pour ses eaux thermales.

BAGNAIS (la), ham. de Fr., dép. d'Ille-et-Vilaine, com. de St.-Suliac; 102 hab.

BAGNAJA, b. des états de l'Église, délégation de Viterbe (Banialouka).

BAGNARA, pet. v. du roy. de Naples, prov. de la Calabre ultérieure; commerce de soie, d'huile, de bois, de vin, etc. Elle fut presque entièrement détruite par un tremblement de terre en 1783; pop. 5000 hab.

BAGNARA, pet. v. de Sicile, intendance de Catane; 4000 hab.

BAGNARA, b. des états de l'Église, délégation de Ravenne; 2450 hab.

BAGNAREA, *Balnea Regia*, pet. v. des états de l'Église, délégation de Viterbe, siége d'un évêque; patrie de St.-Bonaventure; 2800 hab.

BAGNAROLA, b. des états de l'Église, délégation de Froli.

BAGNARS, ham. de Fr., dép. de l'Aveyron, com. de Campouriès; 120 hab.

BAGNAS, nom que donnent les Maures au roy. de Ludamar.

BAGNE (vallée de), en Suisse, cant. du Valais, décurie d'Entremont. Elle s'étend depuis St.-Cranchir, dans une direction du N. au S., jusqu'au mont Combin qui la ferme par ses énormes glaciers; elle est arrosée par la Dranse qui, par ses débordements, a déjà causé les malheurs les plus déplorables. Au printemps de 1818, la chute d'une avalanche entre le Montpleureur et le Mauvoisin, ferma le passage que la Dranse s'était creusé depuis des milliers d'années; ce bloc de glace n'avait pas moins de 400 pieds de haut et 3000 pieds de circonférence; sa longueur, d'une montagne à l'autre, était de 700 pieds. Le lac qui en résulta, eut le 16 mai 7200 pieds de long, 650 pieds de large et 180 pieds de profondeur. Malgré une galerie que l'on pratiqua à travers la glace pour faire écouler les eaux, la rivière sortit de son lit le 16 juin et se jeta avec impétuosité, d'une hauteur de 1850 mètres, sur la vallée, et plus de 50 hommes périrent dans cette catastrophe. Les chasseurs de Bagne passent pour très-habiles.

BAGNEAUX, vg. de Fr., dép. de Seine-et-Marne, arr. de Fontainebleau, cant. et poste de Nemours; 217 hab.

BAGNEAUX, ham. de Fr., dép. des Deux-Sèvres, com. d'Exoudun; 407 hab.

BAGNEAUX-SUR-VANNE, vg. de Fr., dép. de l'Yonne, arr. de Sens, cant. et poste de Villeneuve-l'Archevêque; 496 hab.

BAGNÈRES-DE-LUCHON, *Aquæ Convenarum*, b. de Fr., dép. de la Haute-Garonne, arr. de St.-Gaudens, chef-lieu de canton, à 28 l. S.-O. de Toulouse, dans la vallée de Luchon au pied des Pyrénées; il est peu considérable; mais ses sources d'eaux thermales très-renommées et la beauté des sites qui l'environnent y attirent beaucoup d'étrangers dans la belle saison, et ce bourg encore chétif s'agrandit chaque jour; il possède déjà de beaux bâtiments, entre autres un hôtel des thermes; c'est un bel édifice adossé à une montagne; les cabinets sont munis de baignoires en marbre, alimentées par sept sources minérales dont une seule est froide. Des débris de constructions et d'autres antiquités découvertes près de Bagnères, prouvent que ses eaux furent connues et fréquentées par les Romains. On fabrique à Bagnères du chocolat estimé; 2080 hab.

BAGNÈRES-EN-BIGORRE, *Aquæ Bigerronum*, v. de Fr., dép. des Hautes-Pyrénées, chef-lieu d'arrondissement, sur l'Adour, à 5 l. S.-S.-E. de Tarbes; siége de tribunaux de première instance et de commerce, conservation des hypothèques, collège communal. Cette ville, située à l'une des extrémités de la vallée de Campan, entre le Gave et la colline de l'Olivet, est remarquable par son extrême propreté et par l'abondance de ses eaux thermales, auxquelles elle doit toute sa prospérité. Ses principaux édifices sont l'église St.-Vincent, l'hôpital, la salle de spectacle et l'hôtel des thermes; ce dernier est un monument magnifique, dans lequel on a réuni tous les genres d'agréments et de plaisirs : une salle de bal, un salon de concert, une bibliothèque, des bains, des salles à manger, etc. Des promenades délicieuses environnent la ville et ajoutent encore leurs charmes à tout ce que le séjour de Bagnères a de séduisant pour les nombreux étrangers qui viennent y passer la saison des bains. La source thermale du Salut, dans un ravin à 1000 mètres environ de la ville, est la plus fréquentée. On y parvient à travers une belle avenue de peupliers. Les environs produisent des grains, du vin, du bois et des pâturages où l'on engraisse du bétail et plus particulièrement des mulets. On fabrique à Bagnères des étoffes de laine communes et du papier; le commerce consiste dans la vente des bêtes à cornes, des mulets, de la laine et des produits des fabriques. Foires, le mardi après la Pentecôte, le 26 août et le 11 novembre; 8108 hab.

BAGNEUX, vg. de Fr., dép. de l'Aisne, arr. de Soissons, cant. et poste de Vic-sur-Aisne; 120 hab.

BAGNEUX, vg. de Fr., dép. de l'Allier, arr., cant. et poste de Moulins-sur-Allier; 429 hab.

BAGNEUX, ham. de Fr., dép. du Cher, com. de St.-Saturnin; 75 hab.

BAGNEUX, vg. de Fr., dép. de l'Indre, arr. d'Issoudun, cant. de St.-Christophe, poste de Vatan; 617 hab.

BAGNEUX, ham. de Fr., dép. de l'Isère, com. de St.-Maurice-de-l'Exil; 100 hab.

BAGNEUX, vg. de Fr., dép. de Maine-et-Loire, arr., cant. et poste de Saumur; 252 hab.

BAGNEUX, vg. de Fr., dép. de la Marne, arr. d'Epernay, cant. et poste d'Anglure; 702 hab.

BAGNEUX, vg. de Fr., dép. de la Meurthe, arr. de Toul, cant. et poste de Colombey; 252 hab.

BAGNEUX, ham. de Fr., dép. de la Moselle, com. de Vernéville; 10 hab.

BAGNEUX, vg. de Fr., dép. de la Seine, arr. et cant. de Sceaux, poste de Châtillon; 885 hab.

BAGNEUX, ham. de Fr., dép. de la Somme, com. de Gezaincourt; 106 hab.

BAGNEUX-LA-FOSSE, vg. de Fr., dép. de l'Aube, arr. de Bar-sur-Seine, cant. et poste des Riceys; 788 hab.

BAGNI, pet. v. de Sicile, intendance de Syracuse, renommée par ses bains.

BAGNI, b. du duché de Lucques, connu pour ses eaux thermales.

BAGNI DELLA PORRETTA, b. des états de l'Eglise, délégation de Bologne; eaux thermales renommées; 2400 hab.

BAGNIZEAU, vg. de Fr., dép. de la Charente-Inférieure, arr. de St.-Jean-d'Angely, cant. et poste de Matha; 318 hab.

BAGNO ALLA VILLA, vg. du duché de Lucques, situé sur le Lima, possède des eaux thermales connues sous le nom de bains de Lucques. Ces bains sont très-bien entretenus et fréquentés.

BAGNO A RIPOLI, vg. de Toscane, prov. de Florence; eaux thermales.

BAGNO-CALDE, vg. d'Italie, duché de Lucques, situé sur le Lima, au-dessus de Bagno alla Villa; remarquable par ses eaux minérales.

BAGNO DI AQUA, b. de Toscane, prov. de Pise; eaux thermales.

BAGNOËS, peuplade d'Afrique; Nigritie occidentale (Sénégambie); elle habite les bords fertiles du fleuve Kapath. Les Bagnoës fabriquent du sel, se livrent principalement à la pêche, font la chasse aux éléphants, cultivent du riz, du manihos et des patates; ils élèvent du bétail et une grande quantité de volaille.

BAGNOL (grand et petit), ham. de Fr., dép. de la Haute-Vienne, com. de Fromental; 135 hab.

BAGNOLES, vg. de Fr., dép. de l'Aude, arr. et poste de Carcassonne, cant. de Conques; 234 hab.

BAGNOLES, ham. de Fr., dép. de l'Orne, arr. et à 4 l. E. de Domfront, cant. de la Ferté-Macé, com. et poste de Couterne; il est fort joli et situé dans une campagne de l'aspect le plus pittoresque. Ce hameau n'existe que depuis deux siècles; il doit son origine à sa source d'eaux thermales, dont la découverte assez remarquable, selon la tradition, fut faite au seizième siècle par un cheval malade abandonné de son maître. Cet animal que l'on désespérait de guérir, se baigna par hasard dans cette source; le soulagement qu'il en éprouva, le ramena instinctivement vers cette eau près de laquelle son maître le retrouva guéri quelque temps après. On rechercha la cause de cette cure extraordinaire et l'on parvint à s'assurer qu'elle était due à l'efficacité des eaux de Bagnoles. En 1822 un établissement de bains militaires fut fondé à Bagnoles qui possède aussi une fonderie de fer; 50 hab.

BAGNOLET, vg. de Fr., dép. de la Seine, arr. de St.-Denis, cant. de Pantin, poste; 1100 hab.

BAGNOLI, v. du roy. des Deux-Siciles, prov. Principato Altra. On trouve dans ses environs des restes d'antiquités romaines, ce qui fait penser à quelques-uns que ce sont les ruines de l'ancienne Batulum; 4500 hab.

BAGNOLO, b. du roy. des Deux-Siciles, prov. de Molice; 3000 hab.

BAGNOLO, b. des états sardes, situé sur la Grana, prov. de Saluce; 4000 hab.

BAGNOLO, pet. v. d'Autriche du roy. Lombard-Vénitien, gouv. de Milan, délégation ou prov. de Brescia, sur la Garza; 3000 hab.

BAGNOLS, ham. de Fr., dép. de la Drôme, com. de Montauban; 150 hab.

BAGNOLS, *Balnea*, pet. v. de Fr., dép. du Gard, arr. d'Uzès, chef-lieu de canton, sur la Cèze; elle a une assez jolie place publique, un collège, un hôpital, des chapelleries, des teintureries et des filatures de filoselle. Bagnols est la patrie de Rivarol, écrivain spirituel, né en 1753 et mort à Berlin en 1801; 4900 hab.

BAGNOLS, vg. de Fr., dép. du Puy-de-Dôme, arr. d'Issoire, cant. de la Tour-d'Auvergne, poste de Landes; 1800 hab.

BAGNOLS, vg. de Fr., dép. du Rhône, arr. de Villefranche-sur-Saône, cant. de Bois-d'Oingt, poste d'Anse; 635 hab.

BAGNOLS, vg. de Fr., dép. du Var, arr. de Draguignan, cant. et poste de Fréjus; 750 hab.

BAGNOLS-DE-MARENDE. *Voyez* BANYULS-SUR-MER.

BAGNOLS-LES-BAINS, pet. vg. de Fr., dép. de la Lozère, arr. à 3 l. E. et poste de Mende, cant. de Blaymard; il est situé près du Lot sur la pente d'une montagne calcaire, et doit son origine à une source d'eaux thermales sulfureuses très-chaudes qui jaillit d'une caverne au pied de la montagne. Ses bains sont très-fréquentés; 400 hab.

BAGNONE, v. de la Toscane, prov. de Pise.

BAGNOT, vg. de Fr., dép. de la Côte-d'Or, arr. de Beaune, cant. et poste de Seurre; 300 hab.

BAGNONS, peuplade d'Afrique, dans la Nigritie occidentale, au S. de la Gambie, voisine des Felups. Ce sont des hommes doux et paisibles qui se livrent à l'agriculture et au commerce. Les excellents pâturages de cette contrée nourrissent de nombreux et beaux troupeaux de bêtes à cornes. Les singes s'y trouvent en très-grand nombre et sont, de même que les chauves-souris, la nourriture favorite des indigens. Les Bagnons sont soumis à un roi et professent le fétichisme.

BAGOLINO, pet. v. d'Autriche, roy. Lombard-Vénitien, gouv. de Milan, délégation ou prov. de Brescia, sur le Caferro, dans la vallée de Sabbia; importante par ses riches mines; tannerie; un haut-fourneau et dix forges. On y fabrique le meilleur acier de Brescia; 3700 hab.

BAGONNEIX, ham. de Fr., dép. de la Creuze, com. de Tromp; 60 hab.

BAGORDSK, v. de la Russie d'Europe, gouv. de Moscou, située sur la Kliæsma; 600 hab.

BAGORRE. *Voyez* COULOUSSAC-BAGORRE.

BAGRAVANDENE, g. a., contrée de la Grande-Arménie, à l'E. des sources du Tigre.

BAGRI, v. de l'Inde anglaise, présidence de Calcutta. Cette ville était jusqu'en 1816 un repaire de voleurs.

BAGROS, ham. de Fr., dép. de la Haute-Vienne, com. de Rançon; 100 hab.

BAGUEAU (île de), une des îles d'Hyères, fait partie du dép. du Var, arr. de Toulon-sur-Mer, cant. et poste d'Hyères.

BAGUER-MORVAN, vg. de Fr., dép. d'Ille-et-Vilaine, arr. de St.-Malo, cant. et poste de Dol; 1980 hab.

BAGUER-PICAN, vg. de Fr., dép. d'Ille-et-Vilaine, arr. de St.-Malo, cant. et poste de Dol; 1600 hab.

BAGUR, b. d'Espagne, principauté de Catalogne, sur la Méditerranée et près du cap Bagur ou Béga, à 7 l. E.-S.-E. de Girone.

BAHAIS, vg. de Fr., dép. de la Manche, arr. de St.-Lô, cant. de St.-Jean-de-Daye, poste de la Périne; 150 hab.

BAHALA, pet. v. de l'Arabie, pays d'Oman.

BAHAMA (îles) ou ILES LUCAYES (Lucayos), groupe étendu d'îles plus ou moins considérables, le long de la côte de la Floride orientale. Ces îles sont surtout remarquables pour avoir été la première découverte de Christophe Colomb dans le Nouveau-Monde. Le célèbre navigateur aborda à Guanahani ou San-Salvador, l'une des îles Bahama, le 11 octobre 1492. Après que les Espagnols eurent dépeuplé ces îles par des enlèvements et des vexations de toute espèce, elles restèrent inhabitées jusqu'à ce que les Anglais fondèrent en 1629 un établissement dans l'île de la Providence, établissement qui fut détruit par les Espagnols en 1641. En 1690 seulement il s'y forma une nouvelle colonie anglaise, mais qui fut dévastée de nouveau par les Espagnols. Dès lors, ces îles devinrent le rendez-vous de pirates, appelés Boucaniers, qui s'y maintinrent jusqu'en 1747. Alors le roi George Ier résolut d'occuper de nouveau ces îles, en y envoyant un gouverneur avec des troupes. Les Boucaniers se rendirent, le gouverneur rassembla les habitants dispersés et attira de nouveaux colons. Depuis ce temps, les îles Bahama font partie des possessions anglaises des Indes occidentales et forment le gouvernement des Bahama ou Lucayes dont Nassau, dans l'île de la Providence, est le chef-lien et la résidence du gouverneur.

Le nombre des îles Bahama est d'environ 650, parmi lesquelles on en remarque 14 principales. Elles embrassent pour ainsi dire les Antilles du côté septentrional, étant séparées à l'O., par le nouveau canal de Bahama, du continent de l'Amérique, et au S. par le vieux canal de Bahama, de l'île de Cuba, la plus grande des Antilles; à l'E. elles sont entourées par l'Océan Atlantique. Elles s'étendent sur un espace de 200 lieues de long du S.-E. au N.-O., et sont situées entre le 21° et le 27° 31′ de lat. N., et les 71° et 82° de long. O. La superficie de toutes ces îles est de 237 l. c. géogr. (262 l. c. d'après Carey), avec une population de 17,000 âmes. Parmi ces îles il n'y en a que quelques-unes qui soient cultivées et habitées. L'eau y manque généralement et les habitants sont forcés de recueillir l'eau de pluie. Le climat y est sain, et le sol, quoique aride, produit du coton, du sucre, du maïs, des légumes, des melons, des ananas, des citrons et; en général, les productions ordinaires des Indes occidentales, avec lesquelles on fait un grand commerce. Les principales îles de ce groupe sont: la Providence, la Grande-Bahama, la Grande-San-Salvador, le groupe d'Acklin, l'île Inagua, le groupe des Cayques et le groupe des Turques.

BAHAMA, immense banc de sable entre les îles Bahama et l'île de Cuba.

BAHAR (le), ancien roy. de l'Inde, jadis indépendant, fait partie aujourd'hui de l'Inde anglaise et de la présidence de Calcutta. Il s'étend depuis le 22° jusqu'au 27° de lat. N., entre les 80° et 85° de long. E.; sa superficie est de 9600 l. c. Au N. et au midi des montagnes hautes et sauvages lui servent de limites et le séparent du

Népal (Nipala), et du Gundwâna. A l'O., le Bahar touche le Bengale, et à l'E. s'étendent les provinces d'Allahabad, d'Oude et de Gundwâna. Le Karmanaska qui sépare du Bahar le royaume de Kaski ou de Benarès, situé dans l'Allahabad, est encore aujourd'hui très-mal famé parmi les Hindous qui croient que ses eaux détruisent les œuvres pieuses de ceux qui les franchissent. Le Gange traverse le Bahar de l'E. à l'O. et le divise en deux parties qui formaient, dans les temps anciens, deux royaumes : le Maithila ou Trihoula, aujourd'hui Tirhout, au N. du Gange, était gouverné par les rois Dschanakas, c'est-à-dire pères de peuples; le royaume méridional, le Magadha, obéissait à la dynastie des Dschara Sandha qui résidaient, dit-on, au milieu d'une chaîne de montagnes.

Le Bahar, arrosé d'une multitude de rivières, est très-fertile en productions de toute sorte et la culture y est soignée; la population nombreuse; on l'estime à 11 millions, dont les trois quarts sont hindous et le reste musulman. Le riz, le sucre, le coton, l'indigo, l'huile, le tabac, le bétail, le bois sont les principales denrées du pays, auxquelles il faut ajouter l'opium dont les mahométans font un si grand abus, et le salpêtre qu'on trouve spécialement dans ce pays et qui est réputé le meilleur de l'Indoustan; on fait un commerce très-considérable de ces deux articles; aussi le gouvernement anglais s'en est réservé le monopole.

Le climat du Bahar est sain, malgré les grandes chaleurs qui règnent pendant l'été, et les pluies qui durent six mois de l'année. Des routes nombreuses traversent ce pays et servaient, sous les souverains indépendants, à transporter les richesses du Bengale et des îles du Sud dans les hautes régions de l'Inde.

La vaste étendue du Bahar donne à son sol un aspect très-varié. Au N. du Gange s'étendent d'immenses plaines couvertes de moissons et divisées autrefois en quatre districts : ceux de Tichout, Nadschipoura, Saroun, anciennement un asile sacré, et Tschamparane. Le centre s'étend de la rive méridionale du Gange jusqu'aux monts Virdhya qui bornent les plaines de l'Indoustan au midi. Le district de Rotas est le plus remarquable. Enfin le S. du Bahar est tout montagneux et renferme de riches mines de fer et les célèbres mines de diamants de Magapoura. Cette partie est divisée dans les trois districts de Palaman, contrée déserte et sauvage, Ramaghara et Nagapoura. Les habitants paraissent être des Aborigènes et ont su préserver le culte brahmanique du fanatisme de leurs oppresseurs musulmans. Les Anglais se sont emparés du Bahar en 1765 et l'ont divisé en six juridictions qui sont : Bahar, Ramgar, Bhagulpare, Tirhout, Sarum et Schad-Abad. Latna est la capitale de cette province. Les autres villes remarquables du Bahar sont : Moughir, sur la limite méridionale du Gange; Rotas, dans le centre du Bahar; c'est une forteresse fameuse dans les annales de l'Inde. Viennent ensuite Gaya, Tschapia, Mandji et Bahar ou Behar qui a donné son nom à la province et possède 5000 hab.

BAHARI ou **BAKARY**, nom que les Arabes et les Turcs donnent à la Basse-Égypte.

BAHAR-NEGASH, un des principaux états qui se sont élevés sur les débris de l'empire d'Abyssinie. Dixan en est le chef-lieu.

BAHAWALPOUR, ancienne prov. de la confédération des Seikhs, fait aujourd'hui partie du roy. de Lahore. Bahâwâlpour en est le chef-lieu.

BAHBEYT ou **BAALBEIT**, **BABEL**, *Byblos*, b. de la Basse-Égypte, au N. de Semennoud, à 20 l. N. du Caire; ruines d'un temple superbe de granit, selon d'autres de marbre.

BAHEET, dist. de Nubie, pays des Arabes Schaguys, Sheygya ou Schagéia.

BAHEIRE. *Voyez* **MENZALEH**.

BAHEIRE ou **BAHHYREH**, prov. de la Basse-Égypte, à l'O. du bras de Rosette, du Nil. Capitale Alexandrie.

BAHIA, prov. de l'emp. du Brésil et une des provinces maritimes les plus importantes de ce vaste pays. Elle est située entre le 10° et le 16° de lat. S. et le 39° 30' et 48° 30' de long. O.; elle est bornée au N. par les provinces de Fernambuco et de Seregype-del-Rey, à l'E. par l'Océan Atlantique, au S. par les provinces d'Espirito-Santo et de Minas-Géraés, et à l'O. par la province de Fernambuco, dont elle est séparée par le Rio San-Francisco. Elle tire son nom de la magnifique baie de la Toussaint (Bahia de todos os Santos), où fut fondé le premier établissement de cette province. Sa superficie est de 6000 l. c. géogr. avec une population d'environ 570,000 âmes, composée en partie de blancs, la plupart Portugais ou d'origine portugaise, en partie d'Indiens indigènes, soit soumis et convertis au christianisme, soit indépendants et errant en hordes nombreuses sur les bords des rivières ou dans les forêts immenses qui couvrent la pente des montagnes. Les tribus les plus connues de ces Indiens libres sont les Patachos, les Comacans, les Aimborès et les Botocudos, habitant principalement au S. et sur les bords du Rio-das-Contas et au N. du Rio-Grande-de-Belmonte.

La première colonie dans cette province fut fondée, sous Jean III, sur la baie de la Toussaint (Bahia de todos os Santos), à l'emplacement où s'élève aujourd'hui la grande et riche ville de Bahia. La fertilité des environs attira bientôt de nombreux colons et l'établissement s'accrut rapidement. L'histoire de cette première colonie est un tissu de fables et de fictions poétiques. Ce qui paraît certain, c'est que les premiers colons eurent beaucoup à souffrir des vexations des indigènes, que leur établissement fut même détruit et qu'il ne se releva qu'en 1549, époque à laquelle une flotte portugaise assez considérable, commandée par le vaillant Thomé de Suza, jeta l'ancre dans la baie de la Toussaint. Bientôt s'éleva, à l'entrée de la baie, la ville de Bahia ou de San-Salvador qui, par son heureuse position, devint la ville la plus importante et la capitale de tout le Brésil. La ville s'accrut surtout sous Mendo-de-Sa, le troisième gouverneur-général du Brésil qui y résida pendant quatorze ans et repoussa vigoureusement toutes les attaques des Indiens dans sa capitainerie ainsi que dans les autres. Bahia conserva le rang de capitale de toute la colonie jusqu'en 1763. A cette époque, le titre de gouverneur-général fut aboli; le gouverneur de Rio fut élevé à la dignité de vice-roi, et Rio-de-Janeiro devint la capitale de l'empire du Brésil.

La province de Bahia est divisée naturellement en deux parties par la continuation de la Serra da Mantiqueira qui traverse ce pays du S.-S.-O. au N.-N.-E. et divise ses eaux en deux bassins, celui de l'Océan Atlantique et celui du San-Francisco. Le sol s'élève par degrés du bord de la mer jusqu'à cette chaîne de montagnes, de laquelle se détachent de nombreuses ramifications qui s'étendent dans tous les sens sur ce pays, sans y atteindre une hauteur considérable. Les montagnes, ainsi que les plaines, même celles qui avoisinent la mer, sont couvertes d'immenses forêts entrecoupées de prairies fertiles et bien arrosées. Les principales chaînes qui se rattachent à la Serra da Mantiqueira sont: la Serra Branca (mont Blanc), la Serra das Almas (montagne des Ames), avec le Morro das Almas qui en est une continuation N.; la Serra Chapada; la Serra Tuiba avec le Monte Santo, sur lequel s'élève une chapelle dédiée à la Vierge; la Serra das Aymores, à l'E. de la Serra da Mantiqueira; la Serra do Pinga, qui semble sortir de la Serra das Almas, avec la continuation de la Serra de Velha, à laquelle se rattachent encore, à l'E., la Serra Cincora, la Serra da Pedra Branca, qui donne naissance au Rio-Una, et la Serra Riachinho; les Serras da Giboya, da Itapéra, da Mangabeira, das Bocetas, do Guayru, da Capioba, au S. du Rio-Paraguassu; la Serra do Orobo, qui s'étend entre les fleuves de Jacuhype et de Paraguassu, et dont la Serra do Camizao est une continuation; la Serra do Paulista, au N. du Jacuhype; la Serra do Boqueira, au N.-O. de la chaîne principale; la Serra de Catulez, qui se détache de la Serra das Alonas et se dirige vers le N.-O; le Morro Chapeo (rocher du Chapeau), au N. de la ville de Jacobina-Nova; enfin la Serra da Borracha ou de Muribeca qui s'étend entre la chaîne principale et le San-Francisco. Cette masse de montagnes donne naissance à une multitude de fleuves et de rivières qui se jettent, soit dans l'Océan, soit dans le San-Francisco, et dont les plus considérables sont, après le San-Francisco qui naît dans la province de Minas-Géraès, fait la frontière de la province de Bahia à l'O. et au N. et se jette dans l'Océan, le Rio-Grande-de-Belmonte, le Gardo, le Contas, le Paraguassu, le Rio-Réal et l'Itapicuru.

Les côtes de cette province ont un développement de 160 lieues et forment entre le 12° et le 14° un enfoncement très-considérable qui offre plusieurs baies vastes et magnifiques, dont celle de la Toussaint est la plus étendue et la plus importante. Suivent au S. de cette baie celles de Camamu et d'Itapuan. Les lacs intérieurs sont peu nombreux, et l'on ne peut mentionner que ceux d'Antimucuy et d'Itahype.

Le climat de ce pays tropique varie suivant les districts montagneux et ceux des côtes. Dans ces derniers, la saison pluvieuse alterne régulièrement avec la saison sèche, et le sol y est de la plus grande fertilité. Sur les plateaux des montagnes, au contraire, le sol aride et brûlé ne peut pas fournir de vapeurs à l'atmosphère; il n'y a donc pas de pluie et l'air n'est rafraîchi que par d'affreux orages qui y éclatent fréquemment. Au reste, on peut dire que le climat y est généralement sain, surtout dans les pays bas, et on le préfère à celui de Rio-de-Janeiro.

L'agriculture et l'éducation du bétail sont d'une grande importance dans cette province; on y cultive surtout le sucre, le coton et le tabac, principaux objets du commerce très-florissant de ces contrées. Les montagnes fournissent des pierres de taille, du granit, de la chaux, de la terre à potier, du fer; mais les mines sont généralement peu exploitées. Les forêts sont riches en bois de construction, ainsi qu'en bois précieux, comme le bois de Brésil et d'autres. La pêche et la chasse, que chacun a le droit d'exploiter, sont très-productives.

La province de Bahia est divisée en trois comarques dont celle dos Ilhéos au S., celle de Bahia au N. et celle da Jacobina dans l'intérieur. A la tête de l'état ecclésiastique se trouve l'archevêque de Bahia dont relèvent tous les évêques de l'empire. Bahia est aussi le siège d'un tribunal d'appel dont le ressort s'étend sur les provinces centrales du Brésil.

BAHIA ou **SAN-SALVADOR**, capitale de la prov. du même nom, emp. du Brésil, bâtie en grande partie sur un terrain escarpé, à environ 600 pieds au-dessus du niveau de la mer, et en partie sur la plage de la magnifique baie de la Toussaint, qui y forme un des plus beaux ports de l'Amérique. Cette ville est divisée en ville haute et en ville basse. La première partie, qui est la plus considérable, s'appelle la Cidada alta; elle embrasse aussi les deux faubourgs nommés la Victoria, au S., et Bom-Fim, au N.; la partie qui borde la mer s'appelle Praya. La cité haute est la demeure des gens aisés et contient les bâtiments les plus remarquables de la ville; on y trouve de grandes et belles rues. Les rues de la ville basse sont irrégulières, étroites et tortueuses, ce qui provient en grande partie de sa situation. On peut dire que Bahia est la première ville du Brésil par le nombre et par la beauté des édifices qui la décorent, bien que quelques-uns seulement puissent soutenir la comparaison, sous le rapport de l'architecture avec ceux des grandes villes de la ci-devant Amérique espagnole. Les édifices qui méritent surtout d'être mentionnés, sont : l'ancienne église des Jésuites qui, depuis plusieurs années, sert de cathédrale, on la regarde comme le plus beau temple de tout le Brésil ; le palais du gouverneur, l'hôtel de ville, le palais de justice, celui de l'archevêque, l'hôpital militaire, l'école de chirurgie, les couvents et les églises des Franciscains, des Carmes et des Bénédictins. Tous ces édifices se trouvent dans la ville haute. Dans la ville basse nous nommerons l'église de la Conception dont les pierres ont été apportées numérotées du Portugal ; la nouvelle bourse, l'arsenal maritime qui est le premier établissement de ce genre de tout le Brésil, la douane, etc. Dans le faubourg de Bom-Fim se trouve la belle chapelle de Bom-Fim, visitée tous les ans par un nombre immense de personnes, à l'époque des fêtes qu'on y célèbre. C'est dans le faubourg opposé de Victoria que se trouve la jolie chapelle da Graza, l'église la plus ancienne de Bahia ; on y voit une tombe avec le chiffre de 1582, consacrée à la mémoire de la célèbre Catherine Alvarez, indienne de la tribu des Tupinambas, à laquelle appartenait tout le territoire de la capitainerie.

Les principaux établissements scientifiques et littéraires de Bahia sont : l'école de chirurgie, le gymnase, le séminaire et la bibliothèque publique, fondée par le comte dos Arcos, un des derniers gouverneurs. Cette bibliothèque est surtout bien fournie en livres français et anglais. En 1828 on publiait quatre journaux dans cette ville. Bahia possède un théâtre assez grand et une des plus belles promenades publiques de l'Amérique. On jouit sur cette promenade, appelée le Passéio Publico, d'un des plus beaux points de vue qu'on puisse imaginer ; on y a élevé un obélisque, sur lequel une inscription indique le jour et l'année où le roi Jean VI fit son entrée à Bahia. C'est le premier monarque européen qui ait touché le sol du Nouveau-Monde. Un lac pittoresque, désigné sous le nom de Dique, offre des promenades charmantes, mais solitaires, et suit presque entièrement la ville, de manière à ce qu'elle soit en quelque sorte environnée d'eau, même du côté qui ne regarde pas la baie ; on y rencontre un assez grand nombre de caymans.

Bahia est aussi la première place forte de l'empire ; le Fortim-do-Mar, avec ses casemates, est la partie la plus importante de ses nombreuses et vastes fortifications ; il est bâti en forme circulaire sur un rocher isolé de la baie et peut défendre le port et la ville. Le commerce florissant de Bahia a engagé un grand nombre de négociants portugais, français, anglais, allemands et d'autres nations à s'y établir. La population de cette ville est évaluée à environ 120,000 âmes.

Les environs de Bahia, que les Brésiliens nomment le Réconcavo, offrent la partie du Brésil où la population est le plus concentrée ; elle est parsemée de gros bourgs et d'un grand nombre de villages qui tous fleurissent par les riches produits de leur agriculture. Celui de Nossa-Senhora da Penha, dit communément Tapagipe, est remarquable par la maison de campagne de l'archevêque et surtout par ses vastes chantiers où l'on construit un grand nombre de beaux vaisseaux qui pour la solidité sont supérieurs même à ceux qu'on construit dans l'Inde.

BAHIA, comarque de la prov. du même nom, dans l'empire du Brésil. Elle environne la baie de la Toussaint et s'étend depuis le fleuve Jiquiriça jusqu'au Rio-Réal. Elle est bornée au N. par la prov. de Sergipe, à l'E. par l'Océan Atlantique, au S. par la comarque dos Ilhéos et à l'O. par celle de Jacobina. Cette comarque est le district le moins montagneux de toute la province ; elle n'offre que des collines assez arides, couvertes en partie de vastes forêts qui s'étendent jusque vers la mer et qui ne sont propres qu'à l'éducation du bétail. Les bords de la mer, surtout les environs de Bahia (le Réconcavo), sont très-fertiles en coton et en tabac d'une excellente qualité. On y a introduit aussi avec beaucoup de succès la culture du café et de la canne à sucre, surtout dans la fertile vallée d'Iguapé, longue de 5 à 6 lieues et traversée par un bras navigable du Paraguassu. Les fruits et les légumes ne manquent pas dans cette comarque, et les rivières, qui presque toutes se jettent dans la baie de la Toussaint, fourmillent de poissons de toute espèce. Les tribus indiennes, qui autrefois habitaient ce district, ont été extirpées ou incorporées aux habitants actuels, pour la plupart, d'origine portugaise. Le nombre des habitants de cette comarque peut se monter à 350,000 âmes.

BAHIA (la) ou **PORT DE CUMBERLAND**, très-beau port au N.-E. de l'île de Mas de Tierra, près de la terre ferme, faisant partie du groupe des îles Juan-Fernandez, à 150 l. O. des côtes du Chili.

BAHIA-BLANCA, pet. v. de la confédération du Rio de la Plata, dans l'état de Buénos-Ayres et au S. de la ville de ce nom. Elle a un bon port et des établissements militaires assez importants.

BAHIA-HONDA, baie au N.-N.-O. de l'île de Cuba. A l'extrémité E. de cette baie s'élève la petite ville du même nom avec un superbe port, à 17 l. O. de la Havanna, d'où part régulièrement un bateau à vapeur pour Bahia-Honda.

BAHIA-GRANDE, baie sur la côte orient..

de la Patagonie, sous le 51° de lat. S. et au S. du port Santa-Cruz. Elle comprend le cabo Rodondo (cap Rond).

BAHIA-NUEVA, baie sur la côte orient. de la Patagonie, sous le 42° 45' de lat. S., entre la terre ferme et la presqu'île de St.-Joseph.

BAHIAS (cabo de dos, cap des deux baies), promontoire sur la côte orientale de la Patagonie, à l'extrémité méridionale de la baie de Camaroès, sous le 45° de lat. S.

BAHIA-SIN-FONDO (baie sans fond). *Voyez* MATIAS.

BAHILLO, b. d'Espagne, roy. de Léon, prov. de Toro, sur la Cieza.

BAHIOUDA ou BÉHIOUDA, BIHOUDA, grand désert d'Afrique, Nubie, entre le Nil et le Darfour, habité par les Arabes Coubbábishs.

BAHLINGEN, vg. du grand-duché de Bade, cer. du Haut-Rhin, sur la route d'Endingen à Fribourg; 1922 hab., généralement vignerons.

BAHN, pet. v. des états prussiens, prov. de Poméranie, rég. de Stettin, sur la rive droite de la Thue; l'agriculture et surtout la fabrication des chapeaux de paille occupent les habitants, au nombre de 1800.

BAHO, vg. de Fr., dép. des Pyrénées-Orientales, arr., cant. et poste de Perpignan; 680 hab.

BAHOL, une des îles Philippines, appartient aux Espagnols; elle est couverte de palmiers et possède des mines d'or; les habitants sont presque tous pêcheurs.

BAHRA ou BAHRAIN, *Baharima*, groupe d'îles situées dans le golfe Persique; elles forment un état gouverné par un scheik et paraissent continuer à dépendre de la souveraineté des Anglais qui les avaient occupées pour empêcher les habitants de prendre part aux pirateries des Arabes établis sur la côte voisine. C'est dans les parages de ces îles, et plus à l'Orient, que se font les plus riches pêches de perles du globe. Plus de 2000 canots y sont employés tous les ans. Babrain, la plus grande de ces îles, a 4 lieues de longueur et est bien peuplée. Elle a pour capitale Menaina.

BAHR-ARRAMLA, affluent du Bahr-el-Abiad, dans la Nubie.

BAHR-BELA-MA (el-), nom que les Arabes donnent au désert de Sahara.

BAHR-BELA-MA (el-) où BAHAR-EL-FARIGH (Rivière ou Mer sans eau), *Anydros*, vallée en Égypte, à l'O. de la vallée des lacs Natrum et à 24 l. du Delta; on y trouve une grande quantité de bois pétrifié.

BAHR-EL-ABIAD (fleuve Blanc), *Astasobas*, paraît avoir sa source dans les montagnes de la Lune, sur un plateau élevé de l'Abyssinie. Après avoir arrosé le Donga, le pays des Chelouks, le Denka, et laissé à droite le Dar-el-Aïze, dans le Sennaar et à gauche le Kordofan, il reçoit à la droite le Bahr-el-Asreck ou fleuve Bleu qui vient de l'Abyssinie. Ces deux fleuves réunis prennent le nom de Nil.

BAHR-EL-AKKABA, *Elahiticus Sinus*, golfe; la mer Rouge, à sa partie septentrionale, forme deux golfes, dont le golfe oriental est le Bahr-el-Akkaba et le golfe occidental, le Bahr-el-Kolsum.

BAHR-EL-ASRECK. *Voyez* BAHR-EL-ABIAD.

BAHR-EL-GHAZEL, vallée longue et fertile dans le pays des Tibbo, à 25 l. S. de Borgou et à 35 l. N. de Bégarmie.

BAHRELI, ville au N. du Gange, dans l'Inde anglaise, prov. de Delhi, présidence de Calcutta.

BAHR-EL-KOLSUM, *Heroopoliticus Sinus*. *Voyez* BAHR-EL-AKKABA.

BAHR-EL-LOUTH (la mer Morte, le lac Asphatique), *Mare Maledictum*, situé en Syrie, a 11 milles de longueur et 3 1/2 de largeur; ses eaux ont un goût amer et salin; on sait que le Jourdain se jette dans la mer Morte. C'est sur la côte de cette mer qu'on place Sodom et Gomhorre, détruits par le feu du ciel au temps d'Abraham.

BAHR-EL-SUDAN, grand lac dans l'intérieur du désert de Sahara, au S.-E. de Tombouktou. Les voyageurs ne sont pas encore d'accord sur son étendue.

BAHR-EL-WADY, canal navigable de l'Égypte, que l'on pourrait appeler le canal de l'Ouest; il est creusé dans la pierre calcaire et a 60,000 mètres de long.

BAHRENBOURG, b. du roy. de Hanôvre, gouv. de Lunebourg, sur la rive de l'Aue; 556 hab.

BAHR-INDRY, affluent au Bahr-el-Abiad, dans la Nubie.

BAHR-YOUSEF, canal de la Moyenne-Égypte, dist. de Fayoum, entre Hawarah et Médinah.

BAHT, riv. de l'emp. de Maroc, roy. de Fez, a sa source dans l'Atlas et se perd en partie dans les lacs et les marais de la province El-Garb, en partie dans le Sébou.

BAHUS-JUSAU, ham. de Fr., dép. des Landes, com. de Montgaillard; 350 hab.

BAHUS-SOUBIRAN, vg. de Fr., dép. des Landes, arr. de St.-Sever, cant. et poste d'Aire-sur-l'Adour; 570 hab.

BAHYREH, canal de la Basse-Égypte qui joint Rosette au lac Maryout.

BAHYRET-EL-FAYOUM. *Voyez* KAROUN.

BAIAO, pet. v. de l'emp. du Brésil, prov. et dist. de Para, sur la rive droite du Tocantin et à 20 l. S. de l'embouchure de ce fleuve dans le Para. Elle sert de port aux vaisseaux qui descendent le Tocantin et a une position très-avantageuse qui lui promet un accroissement rapide; les environs sont très-fertiles; 2000 hab.

BAIAU, v. du Kurdistan ottoman, eyalet de Chenrezour, gouv. qui fait aujourd'hui partie du paschalik de Bagdad.

BAIAZET ou BAYAJID, BAJESTO, v. avec deux citadelles, dans l'eyalet asiatique d'Erzerum ; elle est habitée principalement par des Arméniens chrétiens qui s'occupent d'agriculture et de commerce. En 1828, cette ville fut prise d'assaut par les Russes.

BAIBOURD, v. de l'eyalet d'Erzerum, Turquie d'Asie, sur les bords du Tschorock; on y fait quelque commerce. En 1829, cette ville fut prise d'assaut par les Russes sous le commandement de Paskewitsch, après une opiniâtre résistance de la part des Turcs; 3000 hab.

BAIDES, b. d'Espagne, roy. de la Vieille-Castille, prov. de Guadalaxara, sur le Hénarès, à 3 l. S.-O. de Siguenza.

BAIDI ou **BHALDI**, pet. v. du Thibet, bâtie près du lac Yamthso ou Palté. Dans une des îles du Lao se trouve un couvent où réside la divinité femelle appelée Dord-ji-Pamo ou la Sainte-Mère de la Truie, que les Hindous, les Thibétains et les habitants de Népal révèrent comme une des émanations de Gavani. Elle se rend de temps à autre en grande pompe à Lassa, portée sur un trône magnifique, couverte d'une vaste ombrelle, encensée, adorée par les fidèles qui reçoivent sa bénédiction en baisant son sceau. Les moines et les religieux qui habitent les couvents des îles du lac se trouvent sous sa direction.

BAIDYANAT, célèbre pèlerinage hindou, dans le dist. de Birboum, qui dépend de la présidence de Calcutta.

BAIE (la), paroisse de l'île de la Guadeloupe, sur la côte septentrionale de l'île, avec un petit bourg du même nom, qui en est le chef-lieu et renferme 2500 hab.

BAIENFURT (sur l'Aach), vg. du Wurtemberg, cer. du Danube, gr.-bge de Ravensbourg; 550 hab.

BAIERFELD, vg. du roy. de Saxe, situé dans le cer. de l'Erzgebirge; on y trouve la plus grande fabrique de cuillères en tôle et d'importantes usines pour la fabrication des acides sulfurique, nitrique et hydrochlorique, du soufre en canons et de l'arsenic; population fixe 500 hab. ; plus de 2000 ouvriers des villages voisins sont attachés à ces divers établissements.

BAIERSBRONN, vg. parois. du Wurtemberg, cer. de la Forêt-Noire, gr.-bge de Freudenstadt; 3350 hab.

BAIERSDORF ou **BAYERSDORF**, pet. v. de Bavière, cer. de la Regnitz, dist. et à 1 1/2 l. d'Erlangen; bonnes brasseries; les fruits et le tabac y viennent en abondance; clouteries et forges de cuivre. Cette ville fut cruellement ravagée, en 1449, par Kunz de Kaufungen, connu par l'enlèvement des princes;. non loin sont les ruines du château de Scharfeneck; 1450 hab.

BAIERTHAL, vg. du gr.-duché de Bade, cer. du Bas-Rhin, non loin de Wiesloch; 880 hab., agriculteurs et vignerons.

BAIGNEAUX, vg. de Fr., dép. d'Eure-et-Loir, arr. de Châteaudun, cant. d'Orgères, poste d'Artenay; 380 hab.

BAIGNEAUX, vg. de Fr., dép. de la Gironde, arr. de la Réole, cant. de Targon, poste de Cadillac; 230 hab.

BAIGNEAUX, vg. de Fr., dép. de Loir-et-Cher, arr. de Vendôme, cant. de Selommes, poste d'Oucques; 130 hab.

BAIGNES, vg. de Fr., dép. de la Charente, arr. de Barbezieux, chef-lieu de canton, poste de Touvérac; 400 hab.

BAIGNES, vg. de Fr., dép. de la Haute-Saône, arr. de Vesoul, cant. de Scey-sur-Saône, poste de Traves; 250 hab.

BAIGNEUX-LES-JUIFS, vg. de Fr., dép. de la Côte-d'Or, arr. de Châtillon-sur-Seine, chef-lieu de canton et poste; 510 hab.

BAIGNEVILLE, ham. de Fr., dép. de la Seine-Inférieure, com. de Bec-de-Mortagne; 100 hab.

BAIGNOLLET, vg. de Fr., dép. d'Eure-et-Loir, arr. de Chartres, cant. et poste de Voves; 320 hab.

BAIGORRY, vallée dans les Basses-Pyrénées, arr. de Mauléon, cant. de St.-Etienne. Elle est arrosée par la Nive et renferme des mines de cuivre.

BAIGTS, vg. de Fr., dép. des Landes, arr. de St.-Sever, cant. et poste de Mugron; 1050 hab.

BAIGTS, vg. de Fr., dép. des Basses-Pyrénées, arr., cant. et poste.d'Orthez; 1000 h.

BAIJAH ou **BÉGIE**, pet. v. commerciale d'Afrique, rég. et à 15 l. S.-S.-O. de Tunis; bons pâturages; excellents chevaux.

BAIKAL, le plus grand lac de l'Asie, après la mer Caspienne et le lac Aral. Il est situé dans le gouvernement d'Irkutsk de la Russie asiatique, entre le 51°.21' et le 55° 40' lat. N. et entre le 101° et le 107° de long. orientale du méridien de Paris. Sa longueur du S.-O. au N.-E. est de 150 l. et sa largeur de 7 à 20. Il a 466 l. de circonférence et sa profondeur varie de 50 à 500 mètres. Les bords du Baikal sont très-accidentés; on y compte plus de 80 caps et autant de baies et d'anses. Le climat y est rude, sujet à des tempêtes fréquentes, et la navigation difficile et dangereuse sur cette eau toujours fouettée, parsemée de rochers et d'écueils; vers Noël la glace saisit le lac pour ne fondre qu'au mois de mai. Alors ses vagues agitées s'affaissent et s'étendent en une immense plaine entrecoupée çà et là par des pyramides de glace qui se dressent sur les bancs de sable et entre les rochers.

L'île d'Olkkou est la plus grande de toutes celles qui se trouvent dans le lac. Elle a 17 lieues de longueur sur 6 de largeur, est remplie de forêts qui abondent en gibiers. Les autres îles sont: Bongoutschiusk, List-Vianitch-Noi (l'île des Melizes), les 20 Uchkani, les deux Nerpetchi (les Phoques) et les trois Tchivirkoviskie. Ces îles sont très-petites; nous passerons sous silence d'autres plus petites encore qui ne sont que de simples rochers. En général, les habitants vivent de la pêche et de la chasse des phoques qui leur procurent un revenu assez considérable, augmenté encore par la récolte des éponges de mer. La curiosité des phénomènes que présente le Baikal et la beauté de ses sites (Bai, Tiche, Kel), devraient attirer davantage les voyageurs.

BAIL (le), ham. de Fr., dép. du Doubs, com. de Burnevilliers; 36 hab.

BAILAN, pet. v. de la Syrie, peu éloignée de la mer, située au milieu des montagnes, au bord de nombreux précipices et près du défilé de Baïlan; chaque maison a plusieurs sources cachées sous des vignes et des arbres fruitiers; 5000 hab.

BAILAU, v. de Syrie, dans l'eyalet d'Alep, connue dans l'antiquité sous le nom de Porte de Syrie, très-déchue depuis quelque temps; c'était autrefois le séjour d'été d'un grand nombre d'Européens établis dans le Levant.

BAILHARDS, ham. de Fr., dép. de l'Arriège, com. de Montbel; 30 hab.

BAILICHELISH, vg. d'Écosse, du comté d'Argyle, sur le Loch Lewen; grandes carrières d'ardoises.

BAILLARGENT, riv. dans l'île de la Guadeloupe. Elle prend sa source au N.-E. du bourg de la Pointe-Noire et se jette dans la baie de Ferry après un cours de deux lieues.

BAILLARGUES, vg. de Fr., dép. de l'Hérault, arr. de Montpellier, cant. de Castries, poste de Lunel; 520 hab.

BAILLARGUET, ham. de Fr., dép. de l'Hérault, com. de Montferrier; 40 hab.

BAILLASBATS, vg. de Fr., dép. du Gers, arr., cant. et poste de Lombez; 117 hab.

BAILLE, vg. de Fr., dép. d'Ille-et-Vilaine, arr. de Fougères, cant. et poste de St.-Brice-en-Cogles; 380 hab.

BAILLEAU, ham. de Fr., dép. de Seine-et-Oise, com. d'Ollainville; 28 hab.

BAILLEAU-LE-PIN, vg. de Fr., dép. d'Eure-et-Loir, arr. de Chartres, cant. d'Illiers, poste de St.-Loup; 850 hab.

BAILLEAU-L'ÉVÊQUE, vg. de Fr., dép. d'Eure-et-Loir, arr., cant. et poste de Chartres; 770 hab.

BAILLEAU-SOUS-GALLARDON, vg. de Fr., dép. d'Eure-et-Loir, arr. de Chartres, cant. de Maintenon, poste de Gallardon; 690 hab.

BAILLER-LE-FRANC, vg. de Fr., dép. de la Creuse, arr. d'Aubusson, cant. et poste d'Evaux; 170 hab.

BAILLES (les). *Voyez* CAZAL-DES-BAILLES.

BAILLES (les), ham. de Fr., dép. de l'Isère, com. de St.-Maurice-Lalley; 100 hab.

BAILLESCMUT, ham. de Fr., dép. du Pas-de-Calais, com. de Puisieux; 18 hab.

BAILLET, vg. de Fr., dép. de Seine-et-Oise, arr. de Pontoise, cant. d'Écouen, poste de Moisselles; 220 hab.

BAILLEUL, vg. de Fr., dép. de l'Eure, arr. d'Évreux, cant. et poste de St.-André; 175 hab.

BAILLEUL (le), ham. de Fr., dép. de la Manche, com. de St.-Cyr-du-Bailleul; 20 h.

BAILLEUL, *Balliola*, v. de Fr., dép. du Nord, arr. de Hazebrouck, chef-lieu de canton, à 7 l. O.-N.-O. de Lille; elle est importante par son industrie et son commerce; elle a des fabriques de dentelles, dites Valenciennes, de fil, de toiles, de rubans de fil, de ratine, des distilleries, des poteries et des faïenceries dont les produits surpassent en beauté la faïence de Rouen. Le commerce consiste principalement dans la vente du fil à coudre et des rubans de fil très-recherchés en France et même à l'étranger; foire le dimanche après la Trinité; 9825 h.

BAILLEUL, vg. de Fr., dép. de l'Orne, arr. d'Argentan, cant. et poste de Trun; 960 hab.

BAILLEUL (le), b. de Fr., dép. de la Sarthe, arr. et poste de la Flèche, cant. de Malicorne; 1100 hab.

BAILLEUL, vg. de Fr., dép. de la Somme, arr. et poste d'Abbeville, cant. d'Hallencourt; 842 hab.

BAILLEUL-AUX-CORNAILLES, vg. de Fr., dép. du Pas-de-Calais, arr. et poste de St.-Pol-sur-Ternoise, cant. d'Aubigny; 550 hab.

BAILLEUL-LA-VALLÉE, vg. de Fr., dép. de l'Eure, arr. de Pont-Audemer, cant. et poste de Cormeilles; 550 hab.

BAILLEUL-LE-SOC, vg. de Fr., dép. de l'Oise, arr. et cant. de Clermont, poste d'Estrées-St.-Denis; 710 hab.

BAILLEUL-LES-PERNES, vg. de Fr., dép. du Pas-de-Calais, arr. et poste de St.-Pol-sur-Ternoise, cant. de Heuchin; 350 hab.

BAILLEULMONT, vg. de Fr., dép. du Pas-de-Calais, arr. d'Arras, cant. de Beaumetz-les-Loges, poste de l'Arbret; 380 hab.

BAILLEUL-NEUVILLE, vg. de Fr., dép. de la Seine-Inférieure, arr. et poste de Neufchâtel-en-Bray, cant. de Londinières; 400 h.

BAILLEUL-SIR-BERTHOULT, vg. de Fr., dép. du Pas-de-Calais, arr. et poste d'Arras, cant. de Vimy; 690 hab.

BAILLEULVAL, vg. de Fr., dép. du Pas-de-Calais, arr. d'Arras, cant. de Beaumetz-les-Loges, poste de l'Arbret; 320 hab.

BAILLEU-SUR-THÉRAIN, vg. de Fr., dép. de l'Oise, arr. de Beauvais, cant. de Nivillers, poste de Bresles; 720 hab.

BAILLEUX-LES-FISMES. *Voyez* BAS-LIEUX.

BAILLEUX-SOUS-CHATILLON. *Voyez* BAS-LIEUX.

BAILLEVAL, vg. de Fr., dép. de l'Oise, arr. de Clermont, cant. et poste de Liancourt; 540 hab.

BAILLIBEL, ham. de Fr., dép. de l'Oise, com. de Breuil-le-Sec; 11 hab.

BAILLIF (le), paroisse de l'île de la Guadeloupe, sur la côte S.-O. Le Baillif, bourg sur la petite rivière du même nom, à 1 1/2 l. de Basse-Terre, en est le chef-lieu et renferme avec ses dépendances 3000 hab.

BAILLIS (les), vg. de Fr., dép. de l'Aube, arr. de Bar-sur-Seine, cant. et poste de Chaource; 112 hab.

BAILLOLET, vg. de Fr., dép. de la Seine-Inférieure, arr. et poste de Neufchâtel-en-Bray, cant. de Londinières; 400 hab.

BAILLOLET, ham. de Fr., dép. d'Eure-et-Loir, com. de Bailleau-sous-Gallardon; 50 hab.

BAILLON, ham. de Fr., dép. de Seine-et-Oise, com. d'Asnières-sur-Oise; 160 hab.

BAILLOU, vg. de Fr., dép. de Loir-et-Cher, arr. de Vendôme, com. et poste de Mondoubleau; 650 hab.

BAILLOU, ham. de Fr., dép. de la Meuse, com. de la Croix-sur-Meuse; 30 hab.

BAILLY, ham. de Fr., dép. de l'Eure, com. de St.-Pierre-la-Garenne; 100 hab.

BAILLY (le), ham. de Fr., dép. de la Marne, com. de Verdon; 23 hab.

BAILLY, ham. de Fr., dép. de la Nièvre, com. de Donzy; 35 hab.

BAILLY, ham. de Fr., dép. de la Nièvre, com. de Colancelle; 60 hab.

BAILLY, vg. de Fr., dép. de l'Oise, arr. de Compiègne, cant. et poste de Ribecourt; 430 hab.

BAILLY, vg. de Fr., dép. de Seine-et-Oise, arr. et poste de Versailles, cant. de Marly-le-Roi; 390 hab.

BAILLY, ham. de Fr., dép. de l'Yonne, arr. et cant. d'Auxerre, poste et com. de St.-Bris; 200 hab.

BAILLY, cap de l'île Van-Diemen, Océanie, sur la côte orientale.

BAILLY-AUX-FORGES, vg. de Fr., dép. de la Haute-Marne, arr., cant. et poste de Vassy; 370 hab.

BAILLY-CARROIS, vg. de Fr., dép. de Seine-et-Marne, arr. de Melun, cant. de Mormant, poste de Nangis; 253 hab.

BAILLY-EN-CAMPAGNE, ham. de Fr., dép. de la Seine-Inférieure, com. de Fresnoy-Folny; 260 hab.

BAILLY-EN-RIVIÈRE, vg. de Fr., dép. de la Seine-Inférieure, arr. de Dieppe, cant. et poste d'Envermeu; 740 hab.

BAILLY-LE-CHAUFOUR, ham. de Fr., dép. de l'Aube, com. de Chaufour; 120 hab.

BAILLY-LE-FRANC, vg. de Fr., dép. de l'Aube, arr. d'Arcis-sur-Aube, cant. et poste de Chavanges; 160 hab.

BAILLY-ROMAINVILLIERS, vg. de Fr., dép. de Seine-et-Marne, arr. de Meaux, cant. de Crécy, poste de Couilly; 320 hab.

BAILO, b. d'Espagne, roy. d'Aragon, à 4 l. S.-O. de Jaca.

BAILUNDO, petit état de la Nigritie méridionale ou du Congo. Les habitants, quoique belliqueux, vivent en bonne intelligence avec les Portugais, auxquels ils laissent traverser leur territoire. La capitale du même nom est une des villes les plus commerçantes de cette partie de l'Afrique.

BAILYBOROUGH, b. d'Irlande, comté de Cavan. Il est bâti aux bords d'un étang qui ne gèle jamais. On y trouve des établissements de bains.

BAIMOTZ (Boynitz), b. d'Autriche, roy. de Hongrie, cer. en-deçà du Danube, comitat de Neutra, sur le Neutra, avec le château du prince Palfy; célèbre par ses bains chauds; 2000 hab.

BAINBRIDGE, b. des États-Unis de l'Amérique du Nord, dans l'état de New-York, comté de Chénango; 2200 hab.

BAIN, ham. de Fr., dép. des Côtes-du-Nord, com. de St.-Maudan; 55 hab.

BAIN, v. de Fr., dép. d'Ille-et-Vilaine, arr. de Redon, chef-lieu de canton, poste. Elle possède des fabriques de serges; 3000 hab.

BAINA, b. de la Hongrie, cer. en-deçà du Danube.

BAINAT, ham. de Fr., dép. de la Somme, com. de Béhen; 90 hab.

BAINCTHUN, vg. de Fr., dép. du Pas-de-Calais, arr., cant. et poste de Boulogne-sur-Mer; 1690 hab.

BAINE, riv. d'Angleterre, comté de Lincoln.

BAIN-GANGA, riv. de l'Inde, affluent du Godavery, qui se jette dans le golfe de Bengale.

BAINGHEN, vg. de Fr., dép. du Pas-de-Calais, arr. de Boulogne-sur-Mer, cant. de Desvres, poste d'Ardres; 220 hab.

BAINS, vg. de Fr., dép. d'Ille-et-Vilaine, arr., cant. et poste de Redon; 3915 hab.

BAINS, vg. de Fr., dép. de la Haute-Loire, arr. et poste du Puy, cant. de Solignac-sur-Loire; 1150 hab.

BAINS, pet. v. de Fr., dép. des Vosges, arr. et à 7 l. S.-S.-O. d'Épinal, chef-lieu de canton, poste; elle est située dans une agréable vallée, arrosée par le Baignerot; ses sources d'eaux thermales font sa principale richesse. Elle a deux établissements connus sous les noms de Bain-Vieux et Bain-Neuf, alimentés chacun par trois sources; une autre source, appelée la Fontaine-des-Vaches, jaillit sous un petit pavillon, près du Baignerot. Elle possède aussi des fabriques de fer-blanc. Bains, dont les eaux étaient, dit-on, connues des Romains, fut détruit en partie par un tremblement de terre, en 1682, et près d'un siècle après presqu'entièrement enseveli par une inondation; 2400 hab.

BAINS-D'ARLES (les), vg. de Fr., dép. des Pyrénées-Orientales, arr. de Céret, cant. et poste d'Arles-sur-Tech. Ses eaux thermales sont très-fréquentées; 1800 hab.

BAINS-DE-LA-CABANE, ham. de Fr., dép. des Hautes-Pyrénées, com. de Cauterets.

BAINS-DE-MONTFERRAND (les), ham. de Fr., dép. de l'Aude, com. de Bains-de-Rennes; 45 hab.

BAINS-DE-RENNES, vg. de Fr., dép. de l'Aude, arr. de Limoux, cant. et poste de Couiza; 500 hab.

BAINS-DE-VACQUEYRAS, ham. de Fr., dép. du Vaucluse, com. de Gigondas; 30 h.

BAINS-DU-BOIS (les), ham. de Fr., dép. des Hautes-Pyrénées, com. de Cauterets.

BAINS-DU-MONT-DORE (les), vg. de Fr., dép. du Puy-de-Dôme, arr. d'Issoire, cant. de Besse, poste. Le village, quoique petit, acquiert une grande importance par ses eaux minérales, visitées tous les ans par un grand nombre de personnes. On y a construit, il n'y a pas longtemps, un bel édifice thermal près des débris d'un bâtiment romain; 1050 hab.

BAINVILLE-AUX-MIROIRS, vg. de Fr., dép. de la Meurthe, arr. de Nancy, cant. de Haroué, poste de Neuviller-sur-Moselle; 400 hab.

BAINVILLE-AUX-SAULES, vg. de Fr., dép. des Vosges, arr. de Mirecourt, cant. et poste de Dompaire; 340 hab.

BAINVILLE-SUR-MADON, vg. de Fr., dép. de la Meurthe, arr. et cant. de Toul, poste de Paul-St.-Vincent; 400 hab.

BAINVILLIERS, ham. de Fr., dép. du Loiret, com. de Bromeilles; 136 hab.

BAIRDSTOWN, b. des États-Unis de l'Amérique du Nord, dans l'état de Kentucky, comté de Nelson, avec une bonne école; 2500 hab.

BAIRE, ham. de Fr., dép. de l'Aube, com. de St.-Parres-aux-Tertres; 160 hab.

BAIREUTH ou **BAYREUTH**, v. de Bavière, chef-lieu du cercle du Mein-Supérieur et du district de son nom, sur le Mein-Rouge, à 63 l. de Munich; siège des autorités du cercle et du district, d'une inspection des eaux-et-forêts et d'une direction des salines; la bibliothèque royale, le gymnase, deux hôpitaux civils et une maison des incurables sont ses principaux établissements publics; on y trouve des fabriques de tabac, de cotonnades, de pipes et de cartes à jouer; carrosseries, mégisseries, maroquineries, faïencerie, papeterie, verrerie. Parmi ses édifices on remarque le vieux château, nommé aussi Sophienbourg; le nouveau château, l'opéra, l'école d'équitation, la place du château, orné de la statue équestre du margrave Chrétien-Ernest, et un superbe pont de 97 pieds de long. Jean-Paul-Frédéric Richter mourut dans cette ville en 1825, à l'âge de 63 ans. Cette ville fut longtemps la capitale de la principauté de Baireuth, et ce n'est qu'en 1810 qu'elle fut cédée à la Bavière; 13,200 hab.

BAIRIEUX, vg. de Fr., dép. de la Somme, arr. d'Amiens, cant. de Corbie, poste d'Albert; 930 hab.

BAIRON, ham. de Fr., dép. des Ardennes, com. du Chêne; 150 hab.

BAIROUT, v. de Syrie, eyalet d'Acre, située sur le versant occidental du Liban, au bord de la Méditerranée et sur la côte septentrionale d'une pointe de terre appelée Ras-el-Schakkah. Quoique son port ait été détruit par Facardin et qu'il soit aujourd'hui comblé de sables, une rade grande et sûre présente un abri aux vaisseaux qui viennent y faire le commerce et chercher les cotons et les soies des Maronites et des Druses, auxquels Bairout sert d'entrepôt. La ville est privée d'eau douce et il faut la chercher à un quart de lieue des portes. Les environs en sont charmants, plantés presque exclusivement de mûriers blancs, qui fournissent des soies d'une belle qualité. Les ruines, les fûts de colonnes et les débris de toutes sortes, que l'on rencontre aux alentours de Bairout, témoignent de la splendeur de l'ancienne Berytas sur l'emplacement de laquelle elle est bâtie et où Justinien avait fondée une école de droit et qui était encore florissante du temps des croisades. Suivant les calculs du capitaine Manglés, Bairout ne compte aujourd'hui que 10,000 hab.

BAIS, vg. de Fr., dép. d'Ille-et-Vilaine, arr. de Vitré, cant. et poste de Laguerche; 3900 hab.

BAIS, vg. de Fr., dép. de la Mayenne, arr. à 5 l. S.-E. de Mayenne, chef-lieu de canton, poste; 2350 hab.

BAISA, v. de Perse, prov. de Fars, renommée pour ses excellents raisins.

BAISIEUX, vg. de Fr., dép. du Nord, arr. et poste de Lille, cant. de Lannoy; 1800 h.

BAISINGEN, vg. du Wurtemberg, cer. de la Forêt-Noire, gr.-bgc d'Horb; 650 hab.

BAISSEY, vg. de Fr., dép. de la Haute-Marne, arr. et poste de Langres, cant. de Longeau; 570 hab.

BAITARIK, pet. riv. des steppes de l'Asie; il sort du versant méridional du Khaugai; coule vers le Sud et se jette dans le Tsagan-Noy.

BAIVES, vg. de Fr., dép. du Nord, arr. d'Avesnes, cant. et poste de Trélon; 350 hab.

BAIX, vg. de Fr., dép. de l'Ardèche, arr. et poste de Privas, cant. de Chomérac; 1300 hab.

BAIX, ham. de Fr., dép. de l'Isère, com. de St.-Baudille; 180 hab.

BAIXAS, vg. de Fr., dép. des Pyrénées-Orientales, arr. et poste de Perpignan, cant. de Rivesaltes; 1850 hab.

BAIZIEUX, vg. de Fr., dép. de la Somme, arr. d'Amiens, cant. de Corbie, poste d'Albert; 650 hab.

BAIZIL (le), vg. de Fr., dép. de la Marne, arr. d'Épernay, cant. de Montmort, poste d'Épernay; 420 hab.

BAJA, v. de la Hongrie, cer. en-deçà du Danube, aux bords de ce fleuve, siège des autorités du comitat; on y admire le château des princes de Graffalkowicz. La population qui se monte à près de 12,000 habitants, fait un grand commerce de grains.

BAJA, pet. v. dans le golfe de Naples, près du cap Mycènes. C'est l'ancienne Bacæ, si fameuse au temps de l'empire romain par ses sites délicieux et les magnifiques palais qu'y possédaient les grands de Rome.

BAJA (langue), *basse langue*. Langue de terre sablonneuse, au N.-E. de la rép. de

Vénézuela, dép. de Maturin, à l'embouchure de l'Orénoque.

BAJADA DE SANTA-FÉ. *Voyez* PARANA.

BAJAMONT, vg. de Fr., dép. de Lot-et-Garonne, arr., cant. et poste d'Agen; 730 hab.

BAJANDE, ham. de Fr., dép. des Pyrénées-Orientales, com. d'Estavar; 60 hab.

BAJAN, forteresse turque sur la frontière de la Perse, eyalet de Wan.

BAJANO, v. du roy. des Deux-Siciles, prov. de Terra-di-Lavoro; 2500 hab.

BAJOLET, ham. de Fr., dép. de Seine-et-Oise, com. de Forgas; 30 hab.

BAJON, ham. de Fr., dép. du Gers, com. de Bezues-Bajon; 256 hab.

BAJONA, v. d'Espagne, prov. de Galicie, située sur la riv. du même nom; son port est l'entrepôt d'une grande quantité de bas qu'on fabrique dans les environs, et dont elle exporte tous les ans plus de 400,000 douzaines; 2500 hab.

BAJONNETTE, vg. de Fr., dép. du Gers, arr. de Lectoure, cant. de Mauvézin, poste de Fleurance; 180 hab.

BAJOS, ham. de Fr., dép. du Tarn, com. de Cuq-Toulza; 300 hab.

BAJOU, ham. de Fr., dép. de l'Arriège, com. d'Artigat; 140 hab.

BAJUCAL, dép. au N.-O. de l'île de Cuba; c'est un district montagneux, fertile et bien arrosé, renfermant 24,000 habitants dont 10,000 esclaves. Bajucal, pet. v. bien bâtie, située dans une riche et fertile contrée, à 7 l. de la Havanna, en est le chef-lieu et renferme 2000 hab.

BAJUS, vg. de Fr., dép. du Pas-de-Calais, arr. et poste de St.-Pol-sur-Ternoise, cant. d'Aubigny; 130 hab.

BAK, sandschak dans l'eyalet de Cherezour, Turquie d'Asie.

BAKA-BANYA. *Voyez* PUGANZ.

BAKALARZEWO, v. de Pologne, woïwodie d'Augustow, située près d'un lac.

BAKANKO, b. d'Abyssinie, pays de Tigré, dist. de Sérawé.

BAKARA ou **SANNOUR**, grande plaine pierreuse dans la Moyenne-Égypte, sur la route de Bénisonet à Suez.

BAKDADAL, cant. du pays des Avars, peuplade qui habite les hautes montagnes du Caucase oriental.

BAKEL, pet. v. de l'Afrique française, Sénégambie, sur le Sénégal, arr. de St.-Louis. Poste de 100 soldats; 400 hab.

BAKER, île à l'entrée de la baie de Bedford, au S.-E. de l'île de Bathurst, entre le 100° et le 101° de long. O., et le 75° et le 76° de lat. N.

BAKER, mont. dans les États-Unis de l'Amérique du Nord, territoire de l'Orégon; c'est un des points culminants des Montagnes Rocheuses (Rocky-Mountains).

BAKERGANDI ou **BACKERGUNGE**, dist. de la présidence de Calcutta, Inde anglaise.

BAKERS-DOZEN, pet. île à l'entrée de la vaste baie de Richmond, sur la côte occ. du Labrador.

BAKESTEIN. *Voyez* VIANEN.

BAKERWELL, pet. v. d'Angleterre, comté de Derby, au confluent du Derwent et de la Wie, remarquable par ses manufactures d'étoffes de coton, ses mines de plomb, de zinc, de houille et ses carrières de marbre; 2000 hab.

BAKHTEGHIAN, lac dans le roy. de Perse, reçoit le Bend-Emir ou Kuren. Ce lac doit éprouver des variations considérables et périodiques dans son étendue.

BAKKAR. *Voyez* LEJA.

BAK-KIRCH ou **KETCEHO**, **CASCHAO**, cap. du roy. de Tonquin, Inde transgangétique.

BAKMOUT, cer. de la Russie d'Europe; à l'O. et dans le gouv. de Jékaterinoslaw, arrosé par le Bakmout et la Luga, possède beaucoup de houillères, des sources d'eau salée, des landes peuplées, couvertes de troupeaux considérables de bêtes à cornes, de chevaux et de moutons.

BAKMOUT, v. de la Russie d'Europe, cer. du même nom, connue par ses marchés de chevaux. Vers le S. de la ville, on voit les restes d'une ancienne muraille élevée par les Tartares, lorsqu'ils dominaient sur le pays; 4000 hab.

BAKONG, forêt de Hongrie, comitat de Vesprim; le gibier y abonde et on y engraisse surtout beaucoup de cochons. Des bandes de brigands qui s'y étaient établis ont pendant longtemps inquiété la contrée.

BAKOU, v. dans la prov. de Chirvan, gouv. de Tiflis, Russie asiatique, située sur la mer Caspienne. La ville est petite, mais importante par la riche pêche de phoques qu'on fait dans ses parages et par la grande quantité de soie et de safran qu'on recueille dans ses environs tout couverts de fleurs et appelés pour cette raison le Paradis des Roses. Son port est bon et le plus fréquenté de tous ceux de la mer Caspienne, ce qui rend Bakou la ville la plus marchande de ces contrées. Les terrains environnants sont pénétrés de naphtes dont l'exploitation fait la principale richesse de cette province. C'est aussi le pays sacré des Guèbres, adorateurs du feu. Arteschgah (endroit de feu) est un de leurs tombuaires les plus anciens et les plus célèbres de l'Asie. Un auteur a ainsi décrit ce lieu: «C'est un emplacement considérable, entouré de murs crénelés; au milieu de la cour s'élève un autel, où l'on monte par plusieurs degrés; à chaque coin on voit une cheminée quadrangulaire, entièrement fermée et haute d'environ 25 pieds; la flamme produite par le gaz dépasse de deux à trois pieds le sommet de ces cheminées, qui reproduisent dans ce temple le phénomène qu'offrent dans les Apennins les feux de Pietramala et de Barrigazzo. Au centre de l'autel, et presque à fleur de terre, on a établi un foyer dont la flamme sort également sans interruption. Une vingtaine de cellules sont adossées aux murs de cette enceinte sacrée; quelques-unes sont habitées par des Hindous, d'autres par des Parti ou descendants des anciens Guèbres. Dans ses environs se trouvent encore des volcans vaseux, collines coniques qui crachent de la naphte et de la vase, et qui s'exhaussent ainsi par elles-mêmes.

BAKOU ou **BAKOW**, v. de la Moldavie, située sur la Bistriza.

BAKTA, v. de Hongrie, cer. au-delà de la Theiss, comitat de Szabolo.

BAKTEGAN, lac de Perse, prov. de Farsistan.

BAKTIARI (monts) ou **BUKTIR**, montagnes de Perse, qui des monts de Louristan s'étendent jusqu'aux environs de Schiras et traversent principalement la province de Fars. Elles contiennent le volcan d'Aderwan et ont plusieurs ramifications, telles que les monts Darmawend, Nisaardere, Dynaar et Schahderam. Deux défilés seulement, celui de Kerman et celui de Schiras, mènent à travers les Baktiari.

BAKTIARI (monts), une des branches de montagnes, qui se détachent du plateau arméno-persique, traverse le Kurdistan et le Khusistan dans l'empire ottoman, et le royaume de Perse.

BAKTSCHISARAI. *Voyez* BACKTCHISARAI.

BAKUM, vg. du grand-duché d'Oldenbourg, cer. de Vechta; 1930 hab.

BALA, b. d'Angleterre, chef-lieu du comté de Mérioneth, où se tiennent les assises. Il a 3000 habitants, dont les deux tiers s'occupent de la fabrication des flanelles et des bas de laine.

BALA, g. a., v. de Palestine, tribu de Siméon.

BALABA, v. de la Nigritie, roy. de Bambara.

BALABALAGAN, groupe de treize îlots plats, situés dans le détroit de Macassar entre les îles Bornéo et Célébès. Ils sont couverts d'arbres, mais n'ont pas d'habitants permanents. Les canaux, qui les séparent, sont navigables.

BALABÉA, pet. île basse et peuplée de la mer du Sud, Océanie, vis-à-vis le port de Baladé, dans la Nouvelle-Calédonie. Le capitaine Cook y aborda en visitant ces parages.

BALACES, vg. de Fr., dép. de l'Arriège, arr. de St.-Girons, cant. et poste de Castillon; 125 hab.

BALACHNA, cer. du gouv. et au N.-E. de Nishigorod, Russie d'Europe, avec une population de 80 à 90,000 habitants. Le cercle est montagneux et produit beaucoup de lin, du chanvre et du seigle.

BALACHNA, v. de la Russie d'Europe, chef-lieu du cercle du même nom, près l'embouchure de l'Usola dans la Volga, a quinze églises et 4000 habitants. Sources d'eau salée.

BALADE, hâvre sur la côte N.-O. de la Nouvelle-Calédonie, Océanie, vis-à-vis l'îlot de Balabéa. Cook et d'Entrecasteaux y abordèrent.

BALADOU, vg. de Fr., dép. du Lot, com. de Creysse; 680 hab.

BALA-FERAS, v. d'Abyssinie, prov. d'Efat.

BALAGANSK, pet. v. de Russie, gouv. d'Irkutsk, dans la Sibérie; 300 hab.

BALAGATZIA, grand lac de la Turquie d'Asie, paschalik de Cars.

BALAGHAT ou **BALAGHANT**, prov. de l'Inde anglaise, près. de Madras, à l'E. de Canara. Elle est située entre les Gâtes occidentales et les Gâtes orientales, fait partie du plateau du Dekkan et est arrosée par le Pennar et le Kistna. Sa superficie comprend 1100 milles c. et sa population se monte à deux millions d'habitants. Le climat est doux et sain et le sol fertile. On trouve des diamants dans les montagnes. Bellary en est la capitale; les autres lieux remarquables sont: Adoné, Gouty (Gooty), Karnoul et Mourikonda, célèbre pèlerinage hindou.

BALAGNAS, vg. de Fr., dép. des Hautes-Pyrénées, arr., cant. et poste d'Argelès; 120 hab.

BALAGNY, ham. de Fr., dép. de l'Oise, com. de Chamant; 100 hab.

BALAGNY-SUR-THÉRAIN, vg. de Fr., dép. de l'Oise, arr. de Senlis, cant. de Neuilly-Enthelle, poste de Mouy; 620 hab.

BALAGOROD. *Voyez* BÉRAT.

BALAGUÉ, vg. de Fr., dép. de l'Arriège, com. de Balaguères; 470 hab.

BALAGUER, *Oleastrum*, *Bergusca*, *Ballegarium*, pet. v. d'Espagne, principauté de Catalogne, dans une contrée très-fertile, sur la Sègre, à 7 l. N.-E. de Lérida. Elle a un château très-bien fortifié sur une côte escarpée; 4000 hab.

BALAGUER (Col-de-), vieux château fort et défilé important en Espagne, principauté de Catalogne, sur la mer Méditerranée et la belle route de Tarragone à Tortose.

BALAGUÈRES, vg. de Fr., dép. de l'Arriège, arr. de St.-Girons, cant. et poste de Castillon; 1290 hab.

BALAGUIER, ham. de Fr., dép. de l'Aveyron, com. de Foissac; 80 hab.

BALAGUIER, ham. de Fr., dép. de l'Aveyron, com. de St.-Sernin; 160 hab.

BALAISEAU, vg. de Fr., dép. du Jura, arr. de Dôle, cant. de Chaussin, poste du Deschaux; 300 hab.

BALAIVES, vg. de Fr., dép. des Ardennes, arr. de Mézières, cant. et poste de Flize; 400 hab.

BALAKLANOVA, chaine de montagnes de la Russie d'Europe, dans le gouv. de Nishigorod, qui se joint aux monts Volga.

BALAKLAWA, v. de la Russie d'Europe, au S.-O. de la côte, gouv. de la Tauride, a une forteresse sur un rocher inaccessible qui domine le port; 1800 hab., la plupart pêcheurs. Les environs produisent un vin délicieux et des melons.

BALALCAZAR ou **BENALCAZAR**, b. d'Espagne, Andalousie, roy. et à 15 l. N.-N.-O. de Cordone, sur la Souija.

BALAMBANGAN, pet. île au N. de Bornéo, possède un port excellent, un sol fertile, de l'eau, des arbres, mais n'a point d'habitants. Les Anglais s'y établirent en 1774 pour s'assurer le commerce des épices, mais en furent chassés par les Soulons; une deuxième tentative, faite en 1803, eut le même sort.

BALAN, vg. de Fr., dép. de l'Ain, arr. de Trévoux, cant. et poste de Montluel; 370 h.

BALAN, vg. de Fr., dép. des Ardennes, arr., cant. et poste de Sedan; 1070 hab.

BALANCERIE (la), ham. de Fr., dép. de Seine-et-Marne, com. de Presles; 10 hab.

BALANÇON, ham. de Fr., dép. du Jura, com. de Thervay; pop. 40 hab.

BALANTS (les), peuplade d'Afrique, dans la Nigritie occidentale, Sénégambie. Ils ne sont pas en rapport avec leurs voisins et défendent l'entrée de leur pays à tout étranger. Ils professent le fétichisme et forment une espèce de république. Chaque habitant a un certain nombre d'esclaves, mais aucun d'eux n'est vendu comme tel; ils sont sauvages, cruels et brigands; leurs armes sont des lances, des flèches et des sabres; ils cultivent leurs terres avec beaucoup de soin. Leur langue diffère absolument de celle des Papels.

BALANDRA, baie à l'E. de l'île de Trinidad, une des petites Antilles, possession anglaise.

BALANOD, vg. de Fr., dép. du Jura, arr. de Lons-le-Saulnier, cant. et poste de St.-Amour; 450 hab.

BALANOS, b. d'Espagne, roy. de la Nouvelle-Castille, prov. de la Manche.

BALANSUN, vg. de Fr., dép. des Basses-Pyrénées, arr., cant. et poste d'Orthez; 620 hab.

BALANTES, peuplade de la Sénégambie, soumise à la souveraineté du roi de Karou.

BALANZAC, vg. de Fr., dép. de la Charente-Inférieure, arr. de Saintes, cant. et poste de Saujon; 650 hab.

BALANZAT, port d'Espagne, île d'Ivice, l'une des Baléares.

BALARUE-LES-BAINS ou **NOTRE-DAME-D'AIX**, vg. de Fr., dép. de l'Hérault, arr. de Montpellier, cant. et poste de Frontignan; renommée pour ses eaux minérales; 600 hab.

BALASSA GYARMATH, pet. v. d'Autriche, roy. de Hongrie, cer. en-deçà du Danube, comitat de Néograd, sur l'Eypel; très-industrieuse; 4300 hab.

BALASSORE, dist. de la prov. d'Orissa, présidence de Calcutta, dans l'Inde anglaise.

BALASSORE, *Cosamba*, chef-lieu de la province de ce nom; ville grande mais déchue; cependant son port, ses chantiers, ses salines, ses fabriques d'étoffes de soie et de coton la rendent encore importante. Sa population n'est pas bien connue. Les uns ne lui donnent que 10,000 habitants, tandis que d'autres lui en accordent 34,000.

BALAT ou **BELLATA**, v. dans la partie orient. de l'oasis de Dakel, désert de Lybie, à 25 l. S.-O. de Bény-Adyn (Égypte).

BALATON, *Volcea* (connu sous le nom allemand de Plattensee), gr. lac dans la Hongrie, entre les comitats de Szalad et de Vesprim. Il a 48 l. c. de superficie, est alimenté par neuf rivières qui renouvellent continuellement ses eaux, et dont l'une, le Sir, le met en communication avec le Sarwiz et le Danube.

BALATRE, ham. de Fr., dép. de Loir-et-Cher, com. de Suèvres; 100 hab.

BALATRE, vg. de Fr., dép. de la Somme, arr. de Montdidier, cant. et poste de Roye; 220 hab.

BALAUDIE, ham. de Fr., dép. de la Haute-Vienne, com. de Verneuil; 100 hab.

BALAYSSAGUES, vg. de Fr., dép. de Lot-et-Garonne, arr. de Marmande, cant. et poste de Duras; 570 hab.

BALAZÉ, vg. de Fr., dép. d'Ille-et-Vilaine, arr., cant. et poste de Vitré; 2000 h.

BALAZIN, ham. de Fr., dép. des Landes, com. de Sarraziet; 100 hab.

BALAZUC, vg. de Fr., dép. de l'Ardèche, arr. de l'Argentière, cant. et poste de Vallon; 790 hab.

BALBA, ham. de Fr., dép. de la Corse, com. de Sisco; 150 hab.

BALBAEOS, îles de l'Australie, sur les côtes de la Nouvelle-Guinée.

BALBANI, fort sur la côte de l'île de Malte.

BALBARIE (la), ham. de Fr., dép. du Cantal, com. de Siran; 53 hab.

BALBASTRO ou **BARBASTRO**, *Balbastrum*, *Barbastrum*, pet. v. épiscopale d'Espagne, roy. d'Aragon, sur le Véro, non loin de sa réunion avec la Cinca, dans une contrée très-fertile, à 20 l. N.-E. de Saragosse; tanneries. Patrie du poëte Lupercio; 6000 hab.

BALBIAC (Haut et Bas-). *Voyez* ROZIÈRES.

BALBIGNY, vg. de Fr., dép. de la Loire, arr. de Roanne, cant. de Néronde, poste de St.-Simphorien-de-Lay; 1230 hab.

BALBIN, vg. de Fr., dép. de l'Isère, arr. de Vienne, cant. et poste de la Côte-St.-André; 390 hab.

BALBIONA, cap sur la côte de l'Égypte, non loin de Cyrenne.

BALBRIGGAN, v. et port d'Irlande, prov. de Leinster, comté de Dublin; manufactures de coton; 3000 hab.

BALBUS, g. a., mont. de la Mauritanie tingitane, à l'O. de Carthage; Masinissa, vaincu par Syphax, s'y réfugia.

BALCHOW, v. de Russie, gouv. d'Orel, située au confluent de la Nugra et de la Bolchowka; elle est industrieuse et l'on y trouve beaucoup de tanneries, des fabriques de savon et de gants; 14,000 hab.

BALD, chaîne de montagnes des États-Unis de l'Amérique du Nord; elle est une ramification des montagnes Vertes (Green-Mountains) qui couvrent presque tout l'état de Vermont.

BALD, cap sur la côte S.-O. de la Nouvelle-Hollande (Océanie), Terre de Nuits, Lat. S. 35° 6', long. E. 135° 40'.

BALD ou **ILE PELÉE**, îlot sur la côte S.-O. de la Nouvelle-Hollande (Océanie), Terre de Nuits, près du Port-du-Roi-Georges. Lat. S. 34° 55', long. E. 136° 8'.

BALD-EAGLE, pet. v. des États-Unis de l'Amérique du Nord, état de Pensylvanie, comté de Centre, sur le fleuve du même nom, avec une poste et 2300 hab.

BALD-EAGLE, fl. des États-Unis de l'Amérique du Nord, état de Pensylvanie, dont il traverse une partie, se jette dans le Susquehannah.

BALDENBOURG, pet. v. des états prussiens, prov. de Prusse, rég. de Marienwerder; 1220 hab.

BALDENHEIM, vg. de Fr., dép. du Bas-Rhin, arr. et poste de Schlestadt, cant. de Marckolsheim; 1050 hab.

BALDERSHEIM, vg. de Fr., dép. du Haut-Rhin, arr. d'Altkirch, cant. de Habsheim, poste de Mulhouse; 580 hab.

BALD-HEAD, cap sur la côte de l'état du Maine, États-Unis de l'Amérique du Nord; il ferme la baie de Wells.

BALD-HEAD, mont. stérile sur la côte S.-O. de la Nouvelle-Hollande (Océanie), Terre de Nuits, près du Port-du-Roi-Georges.

BALD-MOUNTAINS, chaîne de montagnes dans les États-Unis de l'Amérique du Nord; elles sont une branche des Apalaches ou Alleghanys et font la frontière entre l'état de Tennessée et celui de la Caroline du Nord.

BALDO, mont. dans le roy. Lombard-Vénitien, a 2300 mètres de haut et fait partie d'un embranchement des Alpes; elle est située à l'E. du lac de Gardo.

BALDOO, établissement fondé par lord Selkirk sur le Big-Bear-Crik, Haut-Canada, dist. occidental.

BALDORIE (la), ham. de Fr., dép. de Seine-et-Oise, com. de Morainvilliers; 60 h.

BALDOUR, ham. de Fr., dép. de l'Aveyron, com. de Cautoin; pop. 68 hab.

BALDWIN, comté de l'état d'Alabama, États-Unis de l'Amérique du Nord; il est borné au N. par le comté de Monroé, au N.-E. par celui de Connécuh, à l'E. par le territoire de Floride, au S. par le golfe du Mexique, au S.-O. par la baie Mobile et à l'O. par le comté de Mobile. Il est traversé par le fleuve Mobile qui naît au N.-O. du pays et se forme par le confluent de l'Alabama et du Tombigbée; il se jette dans la vaste et magnifique baie Mobile qui forme un des plus beaux ports de l'Amérique. Le Fish, petite rivière, traverse également ce comté et s'embouche aussi dans la baie Mobile. Le sol de ce pays, sablonneux au bord de la mer et marécageux dans l'intérieur, produit beaucoup de riz; 3000 hab.

BALDWIN, comté de l'état de Géorgie, États-Unis de l'Amérique du Nord; il est borné au N. par le comté de Putnam, à l'E. par le comté de Hancock, au S. par le comté de Wilkinson et à l'O. par celui de James. Ce comté est traversé par l'Alatamaha qui y reçoit l'Oconée et plusieurs autres affluents; 6000 hab.

BALDWIN, établissement dans l'île de Barbadoès, paroisse de St.-John, aux Antilles.

BALE, cant. de la Suisse, situé au N.-O. de ce pays, entre 5° 13' et 5° 37' long. orient. et 48° 24' et 47° 36' lat. N., est borné à l'E. par l'Argovie, au S. par Soleure, à l'O. par Soleure et Berne, au N. par la France, le grand-duché de Bade et l'Argovie; il a 25 l. c. de superficie et 56,000 habitants, presque tous protestants. Ce canton, adossé dans sa partie méridionale au Jura, est généralement montagneux et arrosé par un grand nombre de rivières dont les plus importantes sont l'Ergolz et la Birse. Le Rhin le baigne au N. Le terrain est fertile et couvert d'excellentes prairies et de belles forêts. Sur les hauteurs et dans les vallées du S. on nourrit beaucoup de bétail, tandis que l'agriculture est plus développée dans les contrées qui avoisinent le Rhin. L'industrie de ce canton est très-florissante; on y fabrique des étoffes de coton et de laine, des toiles, des soieries, particulièrement des rubans, du papier, etc.; on exporte, outre ces articles, du bétail, du fromage, du sel, etc.; on importe des matières premières et des denrées coloniales.

Le canton de Bâle est le onzième de la confédération; il y fut reçu en 1499. Jusqu'en 1798 la ville de Bâle exerçait la souveraineté aux dépens de la campagne. De 1798 à 1814 tous les citoyens du canton jouirent des mêmes droits. La victoire de la sainte alliance fut dans ce petit canton, comme partout ailleurs, funeste à l'égalité; la constitution fut modifiée et les habitants des campagnes, les plus nombreux cependant, n'entrèrent que pour deux cinquièmes dans la représentation, tandis que la ville se réserva trois cinquièmes. Le mécontentement que produisit cette injustice, éclata après la révolution de juillet; la ville voulut bien faire quelques concessions, mais sans rétablir l'égalité; on se battit, et la diète, pour mettre fin à la guerre civile, prononça en 1832 la séparation du canton en deux parties, Bâle-Ville et Bâle-Campagne; chacun eut une demi-voix dans les délibérations de la diète fédérale. La ville tenta de reprendre son pouvoir par une surprise; mais la sanglante défaite qu'éprouvèrent ses troupes au mois d'août 1833, et l'occupation fédérale qui en fut la suite, mit fin à la lutte et consomma la séparation des deux cantons. Dans Bâle-Ville, un grand-conseil, composé de 119 membres, exerce le pouvoir législatif; 15 membres, choisis dans son sein, forment le petit conseil ou le pouvoir exécutif; un tribunal d'appel de 13 membres prononce en dernier ressort sur les affaires civiles et criminelles. Bâle-Ville est partagé en deux districts : la ville et la campagne. Bâle-Campagne comprend quatre districts : Waldenbourg, Sissach, Liestal et Arlesheim. Sa constitution est démocratique, ses citoyens ont non-seulement le droit de participer, tous sans distinction, à la nomination des représentants, mais encore d'opposer leur veto aux lois nouvelles, qui sont infirmées, si les deux tiers du peuple souverain se sont prononcés contre elles dans l'espace de quatorze jours après leur promulgation. Cinquante-huit membres forment le conseil général (Landrath) ou législatif; cinq membres le conseil exécutif (Regierungsrath), sept membres le tribunal suprême (Obergericht). Les citoyens des deux cantons sont soumis au service militaire. Le contingent fédéral est de 22,950 francs de Suisse dont Bâle-Ville paie 14,145 francs et Bale-Campagne 8805 fr.; et de 918 hommes.

BALE (Basel), v. de la Suisse, forme avec les trois communes de Riehen, Kleinhüningen et Beltigen le canton de Bâle-Ville. Elle est assise sur les bords du Rhin qui la partage en deux parties inégales, liées entre elles par un pont de 715 pieds; elle passe pour la plus grande ville de la Suisse; mais sa population qui est de 16,500 âmes environ, est inférieure à celles de Berne et de Genève. Sa situation est très-pittoresque; ses rues sont propres, mais peu animées. Parmi les édifices publics, nous citerons la cathédrale dont une partie remonte à l'empereur Henri II, c'est-à-dire vers le commencement du onzième siècle. L'architecture de cette église, ainsi que celle du cloître qui lui est contigu, est très-remarquable; le chœur renferme le tombeau d'Érasme qui vécut assez longtemps dans cette ville; l'hôtel de ville, l'arsenal, etc. Les établissements publics de Bâle sont nombreux; l'université comprenant quatre facultés : la théologie, le droit, la médecine, la philosophie; la bibliothèque est aussi importante que considérable; elle contient beaucoup de manuscrits du quinzième et du seizième siècle, une belle collection de tableaux dont un grand nombre sont dus au pinceau de Holbein; nous nommerons encore le gymnase, l'école industrielle (Realschule), le séminaire des missionnaires, l'école normale primaire, la société de lecture qui possède une belle bibliothèque, le jardin botanique où l'on conserve l'herbier de Bauhin, le musée d'histoire naturelle, un médailler riche de 12,000 pièces, la société fondée en 1777 par Iselin pour la propagation des connaissances utiles, celle des missions évangéliques, etc. Bâle se distingue encore par son industrie, et sa position heureuse favorise son commerce étendu qui consiste principalement en étoffes de soie et de coton, en papier, en tabac et en gants.

Bâle doit son origine à un château construit au quatrième siècle par l'empereur Valentinien, pour défendre le pont qui joignait les deux rives du Rhin. Au moyen âge, l'histoire de Bâle diffère peu de celle de la plupart des villes de ce temps. Les citoyens acquirent de bonne heure le droit de bourgeoisie, étendirent leurs franchises par des achats successifs et se lièrent dès 1499 aux confédérés helvétiques. Un concile s'y était assemblé en 1431 et dura jusqu'en 1444. Deux pestes la ravagèrent en 1438 et en 1444. Son université fut établie en 1460. Malgré les désastres et les guerres du quinzième siècle, l'industrie, le commerce et les arts s'y élevèrent à un haut degré de splendeur. Érasme et Holbein l'habitèrent au commencement du seizième siècle. Quelques années plus tard la bourgeoisie embrassa la réforme et força les conseils, les armes à la main, d'abolir la messe. Dans les temps modernes, Bâle donna son nom aux traités de paix conclus en 1795 entre la Prusse, l'Espagne et la république française. En 1814, elle ouvrit ses portes aux armées alliées et leur facilita l'entrée de la France. Cette ville est la patrie des frères Bernouilli, de Buxdorf, d'Euler, du philosophe Isaac Iselin; elle revendique aussi l'honneur d'avoir donné le jour au peintre Holbein.

BALÉARES, *Baleares* ou *Baleriæ Gymnasiæ Insulæ*, groupe d'îles comprenant Majorque, Minorque et Cabréra, dans la Méditerranée, à l'E. de la côte du roy. de Valence, dont la première est éloignée de 50 l. Elles forment avec les îles Pityuses le roy. de Majorque, jouissent d'un climat tempéré, d'un sol fertile qui produit des grains, du lin, du chanvre, de l'huile, du safran, des fruits du sud; on y élève beaucoup de vers à soie; leurs anciens habitants étaient renommés pour leur bravoure et leur habileté à se servir de la fronde; ils sont bons marins et vivent de la pêche. Leur nombre se monte à 186,000. On fixe à 84 l. c. g. la superficie des Baléares.

BALÉARES (canal des). L'on nomme ainsi la partie de la Méditerranée qui sépare les îles Baléares de la côte du roy. de Valence, en Espagne.

BALEICOURT, ham. de Fr., dép. de la Meuse, com. de Verdun-sur-Meuse; 25 hab.

BALEINE (la), vg. de Fr., dép. de la Manche, arr. de Coutances, cant. et poste de Gavray; 500 hab.

BALEINE (la), îlot au S. de l'île de St.-Barthélemy, dont il dépend et qui appartient à la Suède. Ce n'est qu'un rocher aride et inhabité.

BALEINES (banc des), chaîne de récifs et de bancs de sable, près des îles Lacépède, sur la côte de la terre de Witt (Nouvelle-Hollande).

BALEIX, vg. de Fr., dép. des Basses-Pyrénées, arr. de Pau, cant. de Montaner, poste de Vic-en-Bigorre; 430 hab.

BALEJON, ham. de Fr., dép. de la Haute-Garonne, com. d'Aspet; 150 hab.

BALÉNA (punta de), promontoire à l'E. de l'île de Santa-Margarita.

BALERNA, b. de Suisse, cant. du Tésin, chef-lieu de dist., à 1 l. de Mendrisio; le sol y est d'une grande fertilité; population du district 2600 et du bourg 630 habitants.

BALESMES, vg. de Fr., dép. d'Indre-et-Loire, arr. de Loches, cant. et poste de la Haye-Descartes; 770 hab.

BALESMES, vg. de Fr., dép. de la Haute-Marne, arr., cant. et poste de Langres, 420 hab.

BALESTA, vg. de Fr., dép. de la Haute-Garonne, arr. de St.-Gaudens, cant. et poste de Montrejeau; 470 hab.

BALESTERO, b. d'Espagne, roy. de la Nouvelle-Castille, prov. de la Manche, au pied d'une montagne.

BALEYSSAC, vg. de Fr., dép. de la Gironde, com. de Fossés-Baleyssac; 190 hab.

BALFRON, vg. d'Écosse, comté de Stirling, manufactures d'étoffes de coton; 2000 hab.

BALFRUSCH ou **BALFROUCH**, *Oracana*, v. de Perse, prov. de Mazanderan, à quelques lieues de la mer Caspienne. Son commerce est très-considérable; tout le monde, jusqu'au gouverneur, y est négociant, marchand ou artisan; le capitaine Fraser prétend qu'elle égale en grandeur la ville d'Ispahan; quoi qu'il en soit, elle possède de beaux bazars, dix grands caravansérails, et trente écoles. La population se monte, dit-on, à 200,000 habitants; en tout cas elle n'est pas inférieure à la moitié de ce chiffre.

BALGACH, vg. de Suisse, cant. et à 1 l. de St.-Gall, dist. de Rheinthal, chef-lieu de cercle; hôpital; au-dessus de Balgach se trouve le château de Grünenstein, sur une colline où l'on récolte un excellent vin; 1150 hab.

BALGADA ou **ASSA-DUROUA**, grande plaine salante dans le pays du Tigré, en Abyssinie. Elle s'étend du N.-E. vers le S.-O. sur une longueur de 20 l. et est tout à fait couverte de sel blanc et dur, qui suffit abondamment à la consommation de tout le pays. Au milieu de la plaine s'élèvent deux côteaux.

BALGAU, vg. de Fr., dép. du Haut-Rhin, arr. de Colmar, cant. et poste de Neuf-Brisach; 480 hab.

BALGUHIDDER, b. d'Irlande; comté de Perth; 1350 hab.

BALHAM, vg. de Fr., dép. des Ardennes, arr. et poste de Réthel, cant. d'Asfeld; 350 hab.

BALI (île de) ou **PETITE-JAVA**, fait partie du groupe des petites îles de la Sonde, dans la partie orientale de la mer des Indes. Elle est située à l'E. de Java, dont elle est séparée par un canal qui porte également le nom de Bali, et tient par un autre canal à l'île de Lombock, qui paraît en être le prolongement oriental. Sa superficie est de 190 l. c.

Cette île doit son origine, comme les autres îles de la Sonde, à quelque soulèvement volcanique; il existe encore un volcan dans Karang-Asam. La partie septentrionale est hérissée de rochers et d'écueils; à l'O. se trouvent de hautes montagnes, tandis que le S. et l'E. présentent de grandes plaines. Les montagnes renferment de l'or, du cuivre et du fer; d'innombrables troupeaux de bétail, de buffles et de chèvres s'engraissent dans les pâturages. Les habitants de race malaie sont renommés pour leur belle constitution et leur bravoure; ils professent le culte hindou. Une population d'un million d'hommes et les rades commodes qui se trouvent sur ses côtes font de Bali un point important de la Malaisie. Cette île est partagée en sept états, qui sont: Korang-Asam, Boliling, Badong, Dyangar, Manggui, Sabanar et Klongkong.

On cite parmi les endroits les plus remarquables le port de Bali-Badong où s'arrêtent les vaisseaux hollandais, et la ville de Djembrana.

BA-LI, riv. du Congo, en Afrique.

BALIA, contrée d'Afrique, région de la Nigritie occidentale (Sénégambie), à huit journées de Tiembo, habitée par des Djalonkés.

BALIABADRA. *Voyez* PATRAS.

BALIARD, vg. de Fr., dép. de l'Arriège, com. de Montjoie; 470 hab.

BALI-BADONG, baie ouverte sur la côte S. de l'île de Bali.

BALIE, île à l'entrée de la baie de Merryconeagh, sur la côte de l'état du Maine, dans les États-Unis de l'Amérique du Nord. Cette île est fertile et très-peuplée.

BALIENTE (punta de) promontoire au N. de la rép. de la Nouvelle-Grenade, dans le dép. de l'Isthme.

BALIFOUS, ham. de Fr., dép. de la Somme, com. de Rue; 50 hab.

BALIGNAC, vg. de Fr., dép. de Tarn-et-Garonne, arr. de Castelsarrasin, cant. et poste de Lavit; 80 hab.

BALIGNICOURT, vg. de Fr., dép. de l'Aube, arr. d'Arcis-sur-Aube, cant. de Chavanges, poste de Dampierre; 280 hab.

BALIKESRI, *Milelopolis*, chef-lieu de sandschak, dans la Turquie d'Asie, eyalet d'Anatolie; cette ville est bien peuplée et fait commerce de soie.

BALIN, pet. v. de Russie, gouv. de Podolie.

BALINCOURT, ham. de Fr., dép. de Seine-et-Oise, com. d'Arronville; 40 hab.

BALINES, vg. de Fr., dép. de l'Eure, arr. d'Évreux, cant. et poste de Verneuil; 270 h.

BALINGEN, v. du Wurtemberg, cer. de la Forêt-Noire, chef-lieu du grand-bailliage de ce nom; siége des autorités du grand-bailliage, qui possède plusieurs sources sulfureuses, des grottes remarquables et des mines de houille; l'éducation du bétail et des abeilles est florissante et le commerce du blé se trouve favorisé par le voisinage de la Suisse; fabriques de toiles, de draps et de bas; coutellerie et clouterie. En 1809, un incendie terrible ravagea la ville de Balingen, qui est la patrie de Frischlin (1547), célèbre philosophe et poète; de Wæchter (1762), peintre d'histoire distingué; population du grand-bailliage 30,000 habitants et de la ville 3300 hab.

BALINGHEM, vg. de Fr., dép. du Pas-de-Calais, arr. de St.-Omer, cant. et poste d'Ardres; 580 hab.

BALINOPOLJE, b. d'Autriche, chef-lieu de l'île Méléda, cer. de Raguse, gouv. du roy. de Dalmatie.

BALIRA, riv. de Fr., traverse la vallée d'Andorre, dans les Pyrénées, et se jette dans le Sègre.

BALIRAC, vg. de Fr., dép. des Basses-Pyrénées, arr. de Pau, cant. et poste de Garlin; 410 hab.

BALIROS, vg. de Fr., dép. des Basses-Pyrénées, arr. de Pau, cant. et poste de Nay; 320 hab.

BALISA, b. d'Espagne, roy. de la Vieille-Castille, prov. de Ségovie.

BALISIS, vg. de Fr., dép. de Seine-et-Oise, com. de Lonjumeau; 200 hab.

BALISSON. *Voyez* PLESSIX-BALISSON.

BALIZAC, vg. de Fr., dép. de la Gironde, arr. de Bazas, cant. de St.-Symphorien, poste de Villandraut; 1050 hab.

BALIZE, fl. de la confédération mexicaine, appelé MAIN dans sa partie supérieure. Il vient des états unis de l'Amérique centrale, sépare l'établissement anglais du Yucatan du territoire de l'état de ce nom et se jette, près de Balize, dans la baie de Honduras, vis-à-vis l'île de Turneff.

BALIZE, colonie anglaise au S.-E. de l'état du Yucatan, confédération mexicaine; elle est comprise entre le 16° 45' et le 18° 15' de lat. N., et le 90° 56' et le 91° 45' de long. O. et a une superficie de 488 l. c. géogr. Le sol de ce district est très-bas, humide et sablonneux sur les côtes, rempli de lagunes, traversé par le Balize, le Hondo, qui fait la frontière septentrionale, le Nuévo et le Sibun, et couvert partout de vastes forêts qui fournissent du bois de campêche et d'autres bois précieux qui y sont d'une qualité supérieure. Le coton et l'indigo y viennent sans culture, et le sol pourrait fournir facilement toutes les productions des pays des tropiques s'il était mieux cultivé.

Les habitants de ce district, au nombre de 6000, sont en partie des colons, la plupart anglais, en partie des Indiens. Les premiers demeurent presque tous à Balize et dans ses environs immédiats; les Indiens, au contraire, gouvernés par leurs propres chefs, évitent tout contact étranger et vivent de la culture du sol, de la chasse, de la pêche et de l'éducation du bétail. Les colons s'occupent presque exclusivement de la coupe du bois de campêche et d'acajou qu'on conduit à Balize sur des radeaux et que de là on transporte en Angleterre.

Cette colonie doit son origine au droit qu'ont les Anglais, par les traités de 1763 et de 1783, de couper les bois de campêche et d'acajou sur la côte orientale du Yucatan, dans la confédération mexicaine, au S. du Rio-Honda et sur la côte de l'état de Honduras, dans la confédération de l'Amérique centrale. Cet établissement, que les géographies les plus récentes ne nomment pas ou qu'elles mentionnent à peine, est de la plus haute importance pour les Anglais.

BALIZE, pet. v. à l'embouchure du fleuve du même nom, est le chef-lieu de cette colonie; c'est un endroit très-commerçant, avec un bon port et 2400 hab.

BALKAN (le), est la chaîne principale d'un groupe de montagnes dont l'ensemble a reçu le nom de système slavo-hellénique ou Alpes Orientales. Cette chaîne porte différents noms, selon les parties dont elle se compose, et l'on a réservé celui de Balkan proprement dit à l'Hæmus des anciens, c'est-à-dire à cette partie seulement qui commence aux sources de la Maritza et s'étend de là jusqu'à la mer Noire, où elle se termine par le cap Eminéh. Mais l'usage commun et l'autorité de savants géographes comprennent sous la dénomination de Balkan la chaîne principale tout entière.

Les Alpes Dinariques, dans la Croatie militaire et la Dalmatie peuvent être regardées comme le commencement de ce grand massif de montagnes qu'elles lient aux Alpes Juliennes et au système alpique; de là il s'allonge entre la Bosnie au N. et l'Herzegovine, le Montenegro et la Haute-Albanie au S., sous le nom de Nissava-Gora et Glubotin, prend ceux de Tshar-Dagh (Scardus) et Argentaro ou Egrison-Dagh (l'Orbelus des anciens), entre la Servie au N. et la partie de la Romélie qui formait l'ancienne Macédoine au S., et s'étend de l'O. à l'E. sous ceux de Doubnitza (Scomus) et de Balkan proprement dit ou Eminéh-Dagh, vers la mer Noire, en séparant par une ligne à peu près horizontale la Bulgarie de la Romélie, sur une étendue de 150 lieues. Plusieurs chaînes secondaires se détachent de ce massif. A Prisrend, ville de la Haute-Albanie, près du Tshar-Dagh commence la chaîne hellénique qui se dirige vers le S., sépare l'Albanie et l'Épire de la Macédoine et de la Thessalie et traverse la Livadie; elle prend différents noms, tels que monts Candoviens, entre Ochrida et Monastir; monts Gramnos ou Mezzovo (Pinde), entre Janina et Tricala. D'autres chaînes se détachent près des monts Ghioustendil', non loin du Doubnitza; le Pounhar-Dagh (mont Pangée) va au S. dans la Macédoine orientale; le mont Santo (Athos) n'en est qu'un appendice; le Despoto-Dagh (Rhodope), au S.-E., séparait anciennement la Macédoine de la Thrace; au N. et du même point, le Pianina va servir de limite orientale à la Servie et lier le système slavo-hellénique au système hercyno-carpathien. Enfin, plus à l'E., près de Selimne détachent deux autres chaînons; l'un va d'abord au N., se replie ensuite et forme dans la Bulgarie de nombreux défilés que la forteresse de Choumla est destinée à garder; l'autre se dirige, sous le nom de monts Stanches, vers le S. et se subdivise en deux rameaux, dont l'un va aboutir au détroit des Dardanelles et l'autre à celui de Constantinople.

Toutes ces montagnes ont été peu visitées et rarement mesurées, et l'estimation qu'on a faite de leur hauteur ne peut être adoptée que comme approximative. D'après les observations de M. Haustab, ingénieur géographe autrichien, la partie la plus rapprochée du cours du Danube, qu'on désigne quelquefois sous le nom de Petit-Balkan, n'a pas plus de 500 à 600 ou 700 mètres de haut, mais la grande chaîne atteint une hauteur plus considérable. Le point culminant de ces montagnes paraît être le Tshar-Dagh qui s'élève à 1600 toises environ au-dessus du niveau de la mer; les autres points culminants sont le mont Dinara, dans les Alpes Dinariques, 1166 toises; l'Egrison-Dagh, 1300; le Doubnitza, 1400; les cimes les plus élevées du Balkan proprement dit, 1400; le mont Mezzovo, 1400; les monts Candoviens, 1100. Les anciens, qui connaissaient les principales de ces montagnes, en exagéraient la hauteur; ils prétendaient qu'il y avait un point d'où l'on pouvait apercevoir à la fois la mer Noire et l'Adriatique.

Une foule de rivières s'échappent des flancs du Balkan qui déterminent le cours des eaux, dont les unes vont se jeter au N. dans le Danube, d'autres à l'E. dans la mer Noire, à l'O. dans la Méditerranée et le golfe Adriatique et, enfin, au S. dans la mer de Marmara, l'Archipel et la Méditerranée. Les rivières du nord, à l'exception de la Morawa et de l'Isker sont peu importantes; ce ne sont, à vrai dire, que des ruisseaux qui se jettent, pour la plupart, dans le Danube; celles du sud le sont davantage; les principales sont le Vardas, le Kara-Lom et la Maritza.

Le massif du Balkan paraît être formé de granit et de gneiss; les ramifications sont composées de grès et de calcaire, et sur les hauteurs du Balkan proprement dit l'on ne rencontre que des masses d'agglomérats et des schistes gris et talqueux. La chaîne entière est riche en mines de fer, et quelques montagnes paraissent renfermer en outre du plomb, du cuivre, de l'argent et de l'or.

Ces montagnes sont généralement couvertes de forêts. A leur base et dans la plaine on trouve le peuplier, le frêne, le platane, le caroubier, le laurier et l'olivier; plus haut s'élèvent le chêne, l'orme et le châtaignier, et au-dessus d'eux croissent le mélèze et le sapin; mais les cimes sont nues; la neige y séjourne longtemps et ne fond ordinairement qu'au mois de mai.

La différence du climat entre les deux versants du Balkan est extrêmement sensible. Au N., l'aspect est sombre, terrible; le climat humide, les brouillards fréquents. Les montagnes se présentent comme des murs infranchissables, fermés à toute invasion, et ce n'est pas sans quelque raison que les Turcs ont nommé le Balkan Eminch-Dagh, c'est-à-dire montagne qui sert d'abri. Quelques rares passages, faciles à défendre, conduisent à travers ses cols escarpés dans la partie méridionale, où un air pur, une température douce, un ciel serein, des vallées fleuries et pittoresques charment votre imagination et vous rappellent que vous êtes sous l'heureux climat de la Grèce.

BALKAS, sandschak dans l'eyalet de Schehrsor, Turquie d'Asie.

BALKASCH (Palkati), lac dans la partie N.-O. de la Mongolie; il reçoit les eaux de l'Ili et du Tecas.

BALKH, prov. du Turkestan, soumise à un khan particulier et indépendant, comprenant une partie de l'ancienne Bactriane. Le khanat était autrefois très-puissant; aujourd'hui il est un des plus faibles et des moins étendus du Turkestan.

BALKH, chef-lieu de la province du même nom, jadis *Bactra*, célèbre déjà du temps de Sémiramis, regardée comme la ville la plus ancienne du monde par les orientaux qui la nomment Omm-el-Belad, la mère des cités. Elle est située dans une plaine fertile, bien cultivée et couverte de villages. La ville elle-même est tout à fait déchue; dans une circonférence de six lieues, le sol, couvert de ruines, présente seul les traces de la splendeur passée. Une muraille de terre environne la ville, défendue en outre par une citadelle. On y fait encore quelque commerce de soie, mais le nombre des habitants ne dépasse pas 10,000. On montre à Balkh un morceau de marbre blanc du trône de l'ancien roi de Perse Kai-Kavies.

Dès la plus haute antiquité Balkh fut la capitale d'un royaume situé sur les bords de l'Oxus; plus tard, sous le nom de Bactra, cette ville devint la capitale de la Bactriane, et sa position sur l'Oxus favorisa son commerce étendu avec la Chine et l'Inde à l'E. et les côtes de la mer Caspienne, de la mer Noire et de la Méditerranée à l'O. Après la destruction du royaume de Bactriane par les Scythes, la province fit partie de l'empire persan, gouverné dans ce temps par les rois parthes. Au troisième siècle de notre ère, le fondateur de la dynastie des Sassanides, Ardéchi Babegau, roi de Perse, fut couronné à Balkh et y convoqua une assemblée de mages pour s'occuper du rétablissement de la religion de Zoroastre, né, dit-on, à Balkh, où l'on éleva le premier temple érigé au culte du feu. Les Arabes musulmans s'emparèrent de Balkh vers l'an 650 de J.-C.; les dynasties se succédèrent et plusieurs califes choisirent cette ville pour résidence. Mais en 1222 le fameux conquérant mogol Djingis-Khan la prit et en fit massacrer tous les habitants. Un de ses successeurs s'étant opposé à Tamerlan, ce nouveau conquérant s'empara encore de Balkh dont il fit raser la citadelle et les principaux palais; Nadir Schah s'en empara en 1736; après sa mort elle fit partie de l'Afghanistan.

BALLAINVILLIERS, vg. de Fr., dép. de Seine-et-Oise, arr. de Corbeil, cant. et poste de Lonjumeau; 473 hab.

BALLAN, b. de Fr., dép. d'Indre-et-Loire, arr. et poste de Tours, cant. de Montbazon; 1200 hab.

BALLANCOURT, vg. de Fr., dép. de Seine-et-Oise, arr. et cant. de Corbeil, poste de Mennecy; 795 hab.

BALLANS, vg. de Fr., dép. de la Charente-Inférieure, arr. de St.-Jean-d'Angely, cant. et poste de Matha; 563 hab.

BALLAQUE ou BULLAQUE, riv. d'Espagne, qui prend sa source dans la Sierra-de-Tolédo et se jette dans la Guadiana à Luciana (Manche); elle fait, sur une distance de plusieurs lieues, la limite entre les provinces de Tolède et de la Manche et reçoit les eaux du Molinillo.

BALLARD, cap au S.-E. de l'île de Terre-Neuve.

BALLARIN, ham. de Fr., dép. du Gers, com. de Montréal; 64 hab.

BALLARTA, vg. d'Espagne, roy. de la Vieille-Castille, prov. de Burgos, dist. de Buréva.

BALLAS, vg. de la Moyenne-Égypte, sur la rive gauche du Nil et près de la ville de Kenné; il est renommé pour sa poterie et ses melons d'eau.

BALLAY, vg. de Fr., dép. des Ardennes, arr., cant. et poste de Vouziers; 461 hab.

BALLBRONN, vg. de Fr., dép. du Bas-Rhin, arr. de Strasbourg, cant. et poste de Wasselonne; 1100 hab.

BALLEDENT, vg. de Fr., dép. de la Haute-Vienne, arr. et poste de Bellac, cant. de Châteauponsat; 685 hab.

BALLÉE, vg. de Fr., dép. de la Mayenne, arr. de Châteaux-Gontier, cant. et poste de Grez-en-Bouère; 840 hab.

BALLÉNAS, canal qui sépare l'île d'Inès de la côte orientale de la presqu'île de Californie, dans les états mexicains.

BALLENBERG, b. du grand-duché de Bade, cer. du Bas-Rhin, à 2 l. de Krautheim, sur une colline baignée par l'Erlenbach, chef-lieu de bailliage.

C'est à Ballenberg que prit naissance l'insurrection des paysans, en 1525. Ils tinrent leurs premières réunions dans l'auberge de Georges Metzler qui devint plus tard le chef de ce formidable soulèvement qui menaça l'Allemagne entière; 580 hab.

BALLENESS, groupe de quatre îles, appartenant au comté de Donégal, en Irlande.

BALLENSTEDT, v. du duché d'Anhalt-Bernbourg, principauté supérieure dont elle est le chef-lieu. Elle se compose de trois parties bien distinctes : 1° L'Altstadt ou l'ancienne ville, ceinte d'un mur; 2° la Neustadt ou nouvelle ville, entièrement ouverte, et 3° la partie dite l'Allée, dominée par le château, résidence ordinaire du souverain. Cet édifice est bâti sur une colline située à un quart de lieue de la ville, d'où l'on jouit d'un des plus beaux points de vue que l'œil puisse embrasser. On distingue, à proximité du château, l'église de la cour, la salle de spectacle, le jardin ducal, la maison des bains construite sur la Nieder. Dans l'ancienne ville, dont les rues sont tortueuses et les maisons mal bâties, il n'y a que peu de bâtiments remarquables; nous nous bornerons à citer l'église, la synagogue, l'hôpital et quelques propriétés seigneuriales. Les fruits et les légumes de son territoire, les toiles de lin, la teinturerie et surtout la bière de cette ville sont renommées. Patrie du célèbre théologien Jean Arndt, mort en 1620. Il y a à peu de distance de cette ville un écho qui reproduit huit fois le même son; 3800 hab.

BALLERAY, vg. de Fr., dép. de la Nièvre, arr. de Nevers, cant. de St.-Pierre-le-Moutier, poste de Guérigny; 390 hab.

BALLERING, ham. de Fr., dép. de la Moselle, com. de Holving; 137 hab.

BALLEROY, vg. de Fr., dép. du Calvados, arr. et à 4 l. S.-O. de Bayeux, chef-lieu de canton, poste; 1270 hab.

BALLERSDORF ou BADRICOURT, vg. de Fr., dép. du Haut-Rhin, arr., cant. et poste d'Altkirch; 720 hab.

BALLESEAU ou BIRDS-ISLAND (île des Oiseaux), pet. île faisant partie du groupe des petites Grenadilles, au N.-E. de l'île de Grenada, possession anglaise.

BALLESTAVY, vg. de Fr., dép. des Pyrénées-Orientales, arr. de Prades, cant. et poste de Vinça; 380 hab.

BALLEURÉ, vg. de Fr., dép. de Saône-et-Loire, com. d'Étrigny; 480 hab.

BALLÉVILLE, vg. de Fr., dép. des Vosges, arr. de Neuf-Château, cant. et poste de Châtenois; 366 hab.

BALLINA (Belleck), pet. v. d'Irlande, comté de Mayo, sur le Moy qui y forme une chute remarquable. C'est une petite ville régulièrement bâtie et où se tient chaque lundi un marché au lin très-fréquenté; pêche au saumon; 4500 hab.

BALLINAHINEH, vg. d'Irlande, comté de Down, où furent défaits les insurgés irlandais, par le général Rugens, en 1728; manufacture de laine.

BALLINAKILL, b. d'Irlande, prov. de Leinster, comté de Queens; fabriques d'étoffes de laine.

BALLINASLOE, v. d'Irlande, comté de

Gàlway, bâtie sur les bords du Sue, résidence de l'évêque catholique de Clonfert. Cet endroit est remarquable par son marché de bétail, le plus important de toute l'Irlande. Pendant la foire d'octobre l'on y voit rassemblés quelquefois jusqu'à 120,000 moutons et 40,000 bœufs. La société d'agriculture de Dublin y distribue des prix aux propriétaires des plus beaux bestiaux; 5000 h.

BALLINROBE (canal de), en Irlande, doit joindre Ballinrobe à Lough-Rèa; c'est le marquis de Clauricarde qui le fait creuser.

BALLINROBE, pet. v. d'Irlande, comté de Mayo, importante par ses blanchisseries de toile; sa belle caserne est remarquable par les ruines de l'abbaye de Ballintobec.

BALLINTOI, vg. d'Irlande, prov. d'Ulster, comté d'Antrim, bâti au bord de la mer; en face se trouve un îlot appelé Carrick-am-Raid.

BALLICASTLE, v. et port d'Irlande, comté d'Antrim, situé dans une petite baie; on trouve dans ses environs une source d'eau ferrugineuse et une mine de houille.

BALLON, ham. de Fr., dép. de l'Ain, com. de Lancrans; 130 hab.

BALLON, vg. de Fr., dép. de la Charente-Inférieure, arr. de Rochefort-sur-Mer, cant. d'Aigrefeuille, poste de Surgères; 670 hab.

BALLON, b. de Fr., dép. de la Sarthe, arr. à 5 l. N. du Mans, chef-lieu de canton; fabriques de toiles; le bourg était fortifié du temps des guerres contre les Anglais; 4000 h.

BALLON-D'ALSACE, mont. des Vosges, sa hauteur est de 1300 mètres.

BALLON-DE-GUEBWILLER, point culminant des Vosges, haut de 1400 mètres. Cette montagne est située dans le département du Haut-Rhin.

BALLONS, vg. de Fr., dép. de la Drôme, arr. de Nyons, cant. et poste de Séderon; 500 hab.

BALLORE, vg. de Fr., dép. de Saône-et-Loire, arr. de Charolles, cant. de la Guiche, poste de St.-Bonnet-de-Joux; 460 hab.

BALLOTS, vg. de Fr., dép. de la Mayenne, arr. de Château-Gontier, cant. de St.-Aignan-sur-Roé, poste de Craon; 1800 hab.

BALLOY, vg. de Fr., dép. de Seine-et-Marne, arr. de Provins, cant. et poste de Bray-sur-Seine; 300 hab.

BALLRECHTEN, vg. du grand-duché de Bade, cer. du Haut-Rhin, sur une colline couverte de vignobles qui produisent un vin fort recherché dans le pays. On trouve à proximité de ce village du minerais de fer, des terres à foulon et à poterie, de l'ocre, du quartz et du grès d'une dureté extrême et de la terre grasse dite sigillite; 650 hab.

BALLSTALL, b. de Suisse, cant. de Soleure, chef-lieu de bailliage; fabriques d'étoffes de coton et de passementerie; population du bailliage 8500 et du bourg 650 hab.

BALLSTEDT, vg. du duché de Saxe-Cobourg-Gotha, prov. de Gotha. Grande culture de houblon, de gaude et de lin. On trouve dans les environs un beau quartz, 550 hab.

BALLSTOWN, pet. v. des États-Unis de l'Amérique du Nord, dans l'état de New-York, comté de Saratoga dont elle est le chef-lieu, sur le Kayaderosson; académie; 3500 hab.

BALLSTOWN, vg. des États-Unis de l'Amérique du Nord, dans l'état de New-York, comté de Saratoga; eaux minérales très-renommées.

BALLUT, ham. de Fr., dép. de l'Aveyron, com. de St.-Amans; 120 hab.

BALLWYL, vg. de Suisse, cant. et à 21/21. de Lucerne, dist. de Hochdorf; 850 hab.

BALLYANE, b. de la Nubie proprement dite, près d'Ebsamboul, sur la rive gauche du Nil. *Voyez* EBSAMBOUL.

BALLYSHANNON, v. d'Irlande, comté de Donégal, sur l'Erne; manufactures de toiles; pêches de saumons et d'anguilles; 6000 hab.

BALLYMENA, v. d'Irlande, comté d'Antrim, sur les bords du Maine; 4000 hab.

BALMA, vg. de Fr., dép. de la Haute-Garonne, arr., cant. et poste de Toulouse; 800 hab.

BALMAJOU, ham. de Fr., dép. de l'Arriège, com. de Serres; 140 hab.

BALME (la), vg. de Fr., dép. de l'Ain, arr. de Nantua, cant. de Poncin, poste de Cerdon; 454 hab.

BALME, ham. de Fr., dép. de l'Aveyron, com. de St.-Beauzely; 40 hab.

BALME (la), ham. de Fr., dép. de l'Isère, com. d'Auris-en-Oisans; 80 hab.

BALME (la), vg. de Fr., dép. de l'Isère, arr. de la Tour-du-Pin, cant. et poste de Crémieu. Une caverne dans ses environs renferme de curieuses stalactites; 650 hab.

BALME (la), ham. de Fr., dép. de Saône-et-Loire, com. de Bouhans; 40 hab.

BALME-D'EPY (la), vg. de Fr., dép. du Jura, arr. de Lons-le-Saulnier, cant. de St.-Julien, poste de St.-Amour; 160 hab.

BALMELLES, vg. de Fr., dép. de la Lozère, arr. de Mende, cant. et poste de Villefort; 226 hab.

BALMES (les), ham. de Fr., dép. de l'Isère, com. de Roche; 60 hab.

BALNOT-LA-GRANGE, vg. de Fr., dép. de l'Aube, arr. de Bar-sur-Seine, cant. et poste de Chaource; 500 hab.

BALNOT-SUR-LAIGNE, vg. de Fr., dép. de l'Aube, arr. de Bar-sur-Seine, cant. et poste des Riceys; 530 hab.

BALOGNA, vg. de Fr., dép. de la Corse, arr. d'Ajaccio, cant. et poste de Vico; 600 h.

BALON, ham. de Fr., dép. de la Côte-d'Or, com. de Gerland; 60 hab.

BALOT, vg. de Fr., dép. de la Côte-d'Or, arr. de Châtillon-sur-Seine, cant. et poste de Laignes; 420 hab.

BALOU, ham. de Fr., dép. de la Sarthe, com. des Mécs; 60 hab.

BALOYA, plateau de l'intérieur de l'Afrique, que Caillé décrit comme très-fertile ; il est borné à l'E. par le Fouta, au S. par le Sangaren, où sont les sources du Djoliba ou Niger, à l'O. par le pays d'Amona et au N. par d'immenses forêts.

BALRUSH, fl. des États-Unis de l'Amérique du Nord, dans le territoire du Michigan ; il se jette dans le lac Supérieur.

BALSAMO, vaste baie au N. de l'île d'Haïti, entre le cap de Penna et la pointe Macuri.

BALSAS (Rio das), fl. de l'emp. du Brésil, dans la prov. de Maranhao. C'est le principal affluent de gauche du Paranahiba. Il naît dans la Sierra das Coucadas, traverse la partie S.-E. de la prov. de Maranhao, baigne les villes de Capella-Loretto et de San-Féliz et se jette dans le Paranahiba après un cours de 60 l.

BALSCHWILLER, vg. de Fr., dép. du Haut-Rhin, arr. de Belfort, cant. et poste de Dannemarie ; 680 hab.

BALSIÈGES, vg. de Fr., dép. de la Lozère, arr., cant. et poste de Mende ; 670 hab.

BALTA, b. de la Russie d'Europe, gouv. de Podolie, chef-lieu du cercle de Balta, sur la Kodima ; a plusieurs églises grecques ; 1200 hab. qui s'adonnent au commerce.

BALTCH, v. de l'Inde anglaise, présidence de Calcutta, dist. de Radjchaki.

BALTCHICK, b. de la Turquie d'Europe, chef-lieu de sandschak, sur les bords de la mer Noire.

BALTIMORE, comté de l'état de Maryland, dans les États-Unis de l'Amérique du Nord. Il est borné au N. par l'état de Pensylvanie, à l'E. par le comté de Hartford, au S.-E. par la baie de Chésapeak, au S. par le comté d'Ann-Arundel et à l'O. par celui de Frédéric. Son étendue est de 54 l. c. géogr. avec une population de 100,000 âmes. Ce pays forme une plaine onduleuse, descendant par une pente rapide vers la baie de Chésapeak, qui y reçoit plusieurs fleuves et rivières plus ou moins considérables, comme le Patapsco, le Gumpowder, le Back et le Middle. De vastes forêts couvrent ce pays dont le sol est très-effrité, de manière qu'on y abandonne de plus en plus la culture du tabac. Le fer y abonde.

BALTIMORE, chef-lieu du comté du même nom, sur la rive gauche du Patapsco qui y forme un port spacieux et sûr, défendu par le fort Mac-Henry. C'est une des villes les plus grandes, les plus riches et les plus commerçantes de l'Union. Elle est située sous le 39° 17' de lat. N. à 10 l. N.-E. de Washington et à 36 l. S.-O. de Philadelphie. Les rues sont larges et régulièrement bâties ; ses maisons sont généralement élégantes et, selon M. de Ross qui a visité cette ville, il y a quelques années, les charmes de la société, le ton, les usages et jusqu'aux modes y rappellent les grandes villes de l'Europe. Le sol, sur lequel la ville est assise, est ondulé, ce qui donne à chaque quartier un caractère varié. De plusieurs points élevés de la ville, l'œil peut embrasser non-seulement l'ensemble des constructions, mais encore une partie du port, les eaux brillantes de la Chésapeak et les sombres forêts qui s'étendent au loin. Baltimore est le siège d'un archevêché dont relèvent tous les évêques catholiques de l'Union. Parmi les nombreux édifices qui ornent cette belle ville, on doit nommer la cathédrale catholique qui est le plus beau de ses temples, le magnifique bâtiment nommé l'Exchange, construit depuis peu et dont la douane et la bourse font partie ; l'école de médecine, l'athénée avec une grande salle pour les concerts ; le nouveau théâtre ; le monument de Washington, la plus belle construction de ce genre que possède l'Amérique ; le monument élevé à la mémoire des citoyens morts le 13 septembre 1814, en combattant contre les Anglais qui furent repoussés ; enfin la fontaine publique, qui s'élève au milieu d'un square ; c'est le rendez-vous le plus fréquenté par les promeneurs pendant la belle saison. Le commerce de Baltimore est très-important ; il n'est inférieur qu'à celui de New-York, de la Nouvelle-Orléans, de Philadelphie et de Boston ; il deviendra encore plus considérable, lorsqu'on aura achevé les deux grands chemins de fer, qui doivent mettre cette place en communication d'un côté avec les villes situées sur l'Ohio et de l'autre avec celles que baigne le Susquehannah. Les manufactures de coton, les verreries, les fabriques de bleu de Prusse et de vitriol, les distilleries et la construction des vaisseaux sont les branches principales de l'industrie de ses habitants, qui montent à 92,000. Baltimore est un des plus grands marchés de farine du monde. Cette ville possède de nombreux établissements scientifiques et littéraires ; nous nommerons : l'university of Maryland, qui comprend aussi l'école de médecine, une des meilleures de l'Union ; d'importantes collections scientifiques et autres accessoires en dépendant, ainsi qu'un grand hôpital ; le collège de Ste.-Marie, établissement des catholiques, avec une riche bibliothèque et un beau cabinet de physique et de chimie ; le collège de Baltimore ; deux académies ou collèges inférieurs ; la bibliothèque de la ville, une des plus riches des États-Unis ; le musée dont les collections d'histoire naturelle et d'instruments des sauvages, quoique moins complètes que celles de Philadelphie, sont justement rangées parmi les plus riches de l'Union. Les écoles élémentaires sont ici très-nombreuses.

Dans ses environs immédiats, on voit un beau moulin à vapeur qui, avec douze ouvriers seulement, peut moudre jusqu'à 2000 barriques de blé par jour.

BALTIMORE (canal de), part de cette ville et aboutit à Colombia sur le Susquehannah ; il a 25 l. de longueur.

BALTIMORE, pet. v. des États-Unis de

l'Amérique du Nord, état de Delaware, comté de Sussex, sur la baie de Rohoboth. L'îlot de Fenewick, inhabité, situé dans l'Océan, est regardé comme une de ses dépendances.

BALTINGLASS, pet. v. d'Irlande, comté de Wicklow; manufactures de toiles et d'étoffes de laine. Les Anglais et les insurgés s'y livrèrent un combat en 1798. Les environs sont remarquables par les nombreux monuments druidiques qu'on y rencontre; 500 h.

BALTIQUE (la mer), *Mare Balticum*, appelée par les nations germaniques *die Ostsee* ou **MER ORIENTALE** en opposition avec la mer du Nord, *die Nordsee*, est une vaste mer intérieure, dépendant, comme la Méditerranée, proprement dite, de l'Océan Atlantique. Elle est située entre les 54°. et 66° de lat. N. et est bornée par les côtes du Danemark, de la Suède, du Mecklenbourg, de la Poméranie, de la Prusse orientale, de la Courlande, de la Livonie, de l'Esthonie et de la Finlande. Elle s'étend sur une longueur d'environ 380 l. et a 50 l. de largeur moyenne et une superficie de 13,000 l. c., en y comprenant les golfes de Botnie et de Finlande. Elle communique avec la mer du Nord par un bras de cette mer, qui porte d'abord le nom de Skager-Rack, en allant de l'O. à l'E., puis celui de Cattégat, en allant du N. au S., entre le Danemark et la Suède; enfin par les trois détroits presque parallèles du Sund, du Grand-Belt et du Petit-Belt, situés le premier entre la pointe méridionale de Suède et l'île de Seeland, le deuxième entre Seeland et l'île de Fionie, le troisième entre Fionie et la presqu'île Scandinave.

La mer Baltique reçoit, par un nombre considérable de cours d'eau, le superflu de la plupart des lacs de la Suède, de la Finlande, de la Livonie, ainsi que les fleuves et les rivières de la Pologne, de la Prusse et en général de tout le versant septentrional de l'E. de l'Allemagne. Parmi les quarante cours d'eau qui s'y jettent, nous citerons, comme les plus importants: la Tornéa, la Néwa, la Dwina, le Niémen, la Vistule, le Warnow, la Trave, l'Eider, la Peene, l'Oder, le Wipper, le Pregel, etc. On peut dire qu'aucune mer ne reçoit, proportion gardée, un aussi grand nombre d'affluents d'eau douce. Aussi participe-t-elle de la nature d'un lac : les eaux contiennent peu de matières salines, et les marées, comme dans toutes les mers situées dans l'intérieur de terres, sont peu sensibles. L'eau est claire et plus froide que celle de l'Océan. Malgré tous ces avantages; la navigation de la Baltique est très-dangereuse, tant à cause du peu de profondeur des eaux (la moyenne n'est que de trente mètres), que par les nombreux récifs qui y abondent, par les tempêtes fréquentes qui la tourmentent, les changements brusques de vents et la violence des courants qui se dirigent principalement du N.-E. au S.-E.

Déjà plusieurs fois la Baltique a été entièrement couverte de glace, et l'on sait que Charles X de Suède traversa, en 1659, avec son armée et ses bagages les détroits de Belt.

On s'occupe en Allemagne d'un projet qui a pour but de joindre la Baltique à l'Elbe, au moyen des lacs Warnow et de Planer.

On ne peut parler de la mer Baltique sans faire mention d'un fait singulier et caractéristique pour cette mer; c'est-à-dire du soulèvement auquel sont sujettes ses côtes septentrionales. On croyait pendant longtemps que cette mer s'abaissait tous les ans, et déjà des savants allemands avaient calculé qu'elle serait à sec dans une vingtaine de siècles; mais les observations plus récentes ont prouvé que ce sont les côtes qui s'élèvent, surtout celles de la Botnie qui sont composées de granit, tandis que le calcaire des côtes méridionales, des îles de Gothland et d'Aland n'éprouvent que des modifications peu sensibles.

Le soulèvement est certain. Des rochers, cités dans les chants des Bardes comme les endroits où les anciens pêcheurs scandinaves allaient tuer les phoques, ne peuvent plus être atteints aujourd'hui par ces animaux. De grandes parties des côtes sont couvertes d'amas de coquilles encore fraîches et ornées de leurs couleurs, coquilles identiques avec celles que l'on trouve dans le golfe; enfin, les marques faites depuis 1700 et continuées jusqu'à ce jour, mettent le fait hors de doute.

BALTISCHPORT, v. de la Russie d'Europe, dans le cer. de Reval, gouv. d'Esthland; 600 hab.

BALTMANNSWEILER, vg. parois. du Wurtemberg, cer. de l'Yaxt, gr.-bge de Schorndorf; 750 hab.

BALTZENHEIM, vg. de Fr., dép. du Haut-Rhin, arr. et poste de Colmar, cant. d'Andolsheim; 300 hab.

BALUE (la), ham. de Fr., dép. d'Ille-et-Vilaine, com. de Bazouges-la-Pérouse; 70 hab.

BALUT, ham. de Fr., dép. de l'Aveyron, com. de Graissac; 105 hab.

BALVANISTIE, pet. v. de Hongrie, gouv. de Banat-Grænze; 2500 hab.

BALVE, pet. v. des états prussiens, prov. de Westphalie, rég. d'Arnsberg; agriculture et commerce de bestiaux; forges; 800 hab.

BALVENIE, dist. de l'intérieur du comté de Banff, en Écosse.

BALWIERZYSKI, v. du roy. de Pologne, woiwodie d'Augustow, aux bords du Memel; 1270 hab.

BALY, fl. d'Afrique, affluent de gauche du Sénégal.

BALZAC, vg. de Fr., dép. de la Charente, arr., cant. et poste d'Angoulême. On y cultive beaucoup de safran, dont on fait un grand commerce avec Lyon, l'Allemagne et la Hollande; 1000 hab.

BALZAC, ham. de Fr., dép. de l'Aveyron, com. de Clairvaux; 160 hab.

BAMBA ou **PAMBA**, prov. de la Basse-Guinée, en Afrique, roy. de Congo, entre les rivières d'Ambriz et de Lozé; bornée au N. par la prov. de Sogno, au S. par le roy. d'Angola, à l'E. par les prov. de Pemba et d'Ovando, et à l'O. par l'Océan Atlantique, qui la baigne dans une longueur de 40 lieues; pays riche en or, argent, cuivre, fer, plomb, bois de construction, sel; remarquable par ses éléphants monstrueux; sol fertile, principalement celui de la ville de Bamba; habitants chrétiens et guerriers, gouvernés par un prince presque indépendant des Portugais.

BAMBA, capitale de la prov. du même nom, dans le roy. de Congo, en Afrique, sur deux petites rivières, à 70 l. E. de la côte de l'Océan Atlantique, dans une contrée très-fertile.

BAMBA, vg. d'Espagne, roy. de Léon, prov. et à 3 l. O.-N.-O. de Valladolid, dist. de Simancas; eaux thermales.

BAMBA, vg. d'Espagne, roy. de Léon, prov. de Zamora, dist. del Vino, non loin du Douro.

BAMBAN, b. de la Haute-Égypte, à 15 l. S.-E. d'Esnéh.

BAMBARA ou **BAMBARRA**, **BANBUYR**, roy. de la Nigritie centrale, borné au N. par les roy. de Birou et de Massina, au S. par ceux de Kong et de Garou, à l'E. par des déserts inconnus, et à l'O. par la Sénégambie; il formait, il y a quelques années, un vaste et puissant royaume qui était la puissance prépondérante du Soudan occidental. Depuis quelque temps il est partagé en deux états différents, qu'on pourrait nommer le Haut-Bambara, avec la capitale Ségo, et le Bas-Bambara, dont la capitale est Djénny. Ce dernier royaume fut fondé il y a quelques années par le Foulah Ségo-Ahmadou, qui fait depuis lors la guerre au roi de Ségo. C'est actuellement la puissance prépondérante du Soudan occidental; il a déjà battu les puissants Touariks qui lèvent des contributions sur les états du Soudan central, a donné le royaume de Massina à son frère, et a plusieurs fois battu les troupes du Haut-Bambara, arrosé de l'O. à l'E. par le Djoliba; territoire désert sur quelques points, fertile sur d'autres, produit le shéa ou arbre à beurre, dont le fruit, séché au soleil et bouilli dans l'eau, sert à faire du beurre végétal; grandes forêts; excellents pâturages et beaucoup de bétail; lions, hyènes, loups; habitants Nègres et Maures; sa population ne peut être évaluée.

BAMBATOUKA ou **BAMBETOC**, v. sur la côte N.-N.-O. de l'île de Madagascar, en Afrique, sur la baie du même nom.

BAMBE, ham. de Fr., dép. de la Loire, com. de Noirétable; 80 hab.

BAMBECQUE, vg. de Fr., dép. du Nord, arr. de Dunkerque, cant. de Hondschoote, poste de Wormhoudt; 1140 hab.

BAMBERG, *Babeberga*, v. de Bavière, cer. du Mein-Supérieur, chef-lieu de deux districts (Bamberg I et Bamberg II), dans une contrée charmante et très-fertile, à 15 l. de Nuremberg. Elle est traversée par trois branches de la Regnitz, sur laquelle on remarque entre autres un pont suspendu. Siége d'un archevêché, d'une cour d'appel pour le cercle du Mein-Supérieur et des autorités des districts. On y remarque la place de Maximilien Ier, avec la statue de ce roi; la cathédrale avec le tombeau de l'empereur Henry-le-Saint et de son épouse; le château et son musée; l'église du mont St.-Michel, renfermant plusieurs monuments. Elle a un hôpital d'instruction, un gymnase, une école polytechnique, etc. La fondation de l'évêché remonte à 1007. La principauté de Bamberg a été cédée à la Bavière par suite du traité de Lunéville. Un chemin de fer va établir prochainement une communication entre cette ville et Nuremberg; 19,000 hab.

BAMBIDERSTROFF, vg. de Fr., dép. de la Moselle, arr. de Metz, cant. et poste de Faulquemont; 670 hab.

BAMBO, b. du roy. de Congo, Afrique, à 9 l. S.-E. de Sundi.

BAMBOIS, ham. de Fr., dép. des Vosges, com. de Plaine; 50 hab.

BAMBOUK, roy. de la Nigritie occidentale ou Sénégambie, Afrique, entre le Ba-Tyn ou Haut-Sénégal et la Falémé; il a environ 36 l. de long sur 30 de large, et se compose de divers districts, tels que ceux de Niagala, Natiéga, Tambaoura, Satadou, Konkadou, Camana, Waradou; abonde en or, aimant, fer très-doux, salpêtre et en bois durs et odoriférants; grand commerce de sel avec les Maures; climat malsain, territoire stérile; singes, renards blancs et girafes; gouvernement monarchique tempéré; les farims ou chefs de ville sont presque absolus; les habitants sont des Mandingues et Mahométans; Farbano ou Bambouk, capitale du Bambouk proprement dit, et Natako, chef-lieu du Niagala, 60,000 hab. Il existe à une assez grande distance dans l'O., au N. de la Gambie, un petit état du même nom, formé peut-être par une émigration du précédent; on y trouve Malèm, capitale, Kasasa et Kounghièl.

BAMIAM, v. du roy. de Hérat, prov. de Bamiam; elle n'est pas grande, mais ses environs sont remarquables par les restes de l'ancienne Bamiam, qui consistent en un nombre très-considérable d'excavations (12,000 environ), et qui étaient toutes habitées. On y voit encore, adossées à la montagne, trois statues colossales, qu'on présume avoir servi au culte de Boudha.

BAMMAKOU, v. considérable du Haut-Bambara, Nigritie centrale, Afrique, sur le Djoliba ou Niger, à 30 l. S.-E. de Kamalia et 65 l. S.-O. de Ségo; elle est importante par son commerce, surtout en sel, et par sa position qu'on a déjà signalée au gouvernement français pour l'engager à y former un établissement.

BAMOO ou **BHANMO**, **BAMPOO**, v. de l'emp. Birman, prov. de Birma. Elle est bâtie sur les bords de l'Irraouaddy, et traversée par la grande route qui mène d'Oummerapoura en Chine. Elle est le principal entrepôt du commerce avec la Chine et habitée par un grand nombre de négociants de cette nation.

BAMOTH, g. a., v. de la tribu de Ruben, Pérée, à 3 l. N. de Dibon.

BAN (le), vg. de Fr., dép. de la Haute-Saône, com. de Champagney; 250 hab.

BAN, riv. de l'Inde qui traverse l'Adjmir, coule vers le S.-O. et se perd dans le marais de Run.

BANAGHER, pet. v. fortifiée d'Irlande, comté de Kings, remarquable par le voisinage du Grand-Canal qui, à quelques milles de là, entre dans le Shannon. Fabriques de toiles.

BANALBUFAR, pet. v. d'Espagne, sur la côte occ. de l'île de Majorque, à 5 l. N.-O. de Palma, dans une contrée fertile et bien cultivée. On y récolte le meilleur vin de toute l'île, de l'huile et du lin; carrière de marbre tigré; 4000 hab.

BANAL-GRÆNZE, généralat du roy. de Croatie, confins militaires, emp. d'Autriche, divisé en deux régiments; 50 l. c. géogr. et 104,000 hab.

BANAN, pays d'Afrique, Nigritie centrale, appartenant au bassin de Djoliba, situé à la droite de ce fleuve. Les habitants ressemblent aux Mandingues et sont très-adonnés au commerce.

BANANA (îles de), îles d'Afrique, Nigritie maritime, côte de la Sierra-Léona.

BANANIERS ou **RIVIÈRE BLANCHE**, riv. de l'île de Guadeloupe. Elle sort d'un étang de la Soufrière, se dirige vers l'E. et tombe dans la mer, après un cours de 3 lieues, à une lieue S. de Cabesterre.

BANARÈS, vg. d'Espagne, roy. de la Vieille-Castille, prov. de Burgos, dist. de Rioja.

BANASSAC, vg. de Fr., dép. de la Lozère, arr. de Marvejols, cant. et poste de la Canourgue; 1820 hab.

BANAT, vg. de Fr., dép. de l'Arriège, arr. de Foix, cant. et poste de Tarascon-sur-Arriège; 200 hab.

BANAT-GRÆNZE, généralat du gouv. des confins militaires, roy. de Hongrie, emp. d'Autriche, divisé en deux régiments; superficie 145 l. c.; 200,000 hab.

BANBOIS ou **BANHOLTZ**, ham. de Fr., dép. du Bas-Rhin, com. de Belmont; 50 hab.

BANBURY, b. d'Angleterre, comté d'Oxford, sur le Cherwel, nomme un député au parlement. On y fabrique de la peluche, des sangles et des fromages; 3400 hab.

BANCA, la plus grande des îles qui géographiquement dépendent de Sumatra, sur la côte orient. de celle-ci, dont elle est séparée par le détroit de Banca; elle possède des mines d'étain extrêmement riches, exploitées principalement par des ouvriers chinois. Population 10,000, Malais, Chinois et indigènes. Cette île forme, avec celle de Billiton, la résidence hollandaise de Banca.

BANC-A-GROSEILLE, ham. de Fr., dép. du Pas-de-Calais, com. d'Oye; 100 hab.

BANC-ANGLARS, vg. de Fr., dép. de l'Aveyron, arr. de Milhau, cant. et poste de Laissac; 100 hab.

BANCAOR, riv. dans l'intérieur de la Basse-Guinée; elle se jette dans le Zaïre.

BANC-D'OR, banc de sable dans l'Océan Atlantique, près du cap Cantin, emp. du Maroc.

BANCE, pet. île d'Afrique, dans la Sierra-Léona. A son extrémité sept. il y a un fort garni de treize canons.

BANCEL, ham. de Fr., dép. de la Drôme, com. de Beausemblant; 160 hab.

BANCEL-D'ALBON, vg. de Fr., dép. de la Drôme, com. d'Albon; 160 hab.

BANCIGNY, vg. de Fr., dép. de l'Aisne, arr. et poste de Vervins; 180 hab.

BANCOURT, vg. de Fr., dép. du Pas-de-Calais, arr. d'Arras, cant. et poste de Bapaume; 360 hab.

BANDA, gouv. des possessions hollandaises d'Asie dans le lac de Banda ou mer des Moluques. Il est formé de l'archipel de Banda et d'environ douze îles situées au S.-O. de celle de Banda. Le préfet a sa résidence au fort Nassau, dans l'île de Banda-Néira.

BANDA, archipel dans la mer des Moluques, au N.-E. de l'île de Timor et au S. de celle de Céram. On le subdivise en quatre groupes : *a*) les îles Banda proprement dites ; elles sont au nombre de dix, toutes volcaniques et sujettes aux tremblements de terre. L'air y est malsain et l'accès difficile. Il n'y en a que six d'habitées, par environ 6000 habitants. Les principales sont: Banda-Néira, avec le bourg et le fort Nassau, un pic élevé et une vaste forêt de bambous; Gonapi ou Gonnong-Api, Poulo-Ay, Poliéron, Lautor, etc. On y cultive le muscadier dont le produit annuel est considérable, et on y récolte également le coco et le sagou ; *b*) les îles du S.-O., huit grandes et plusieurs petites, avec 36,000 habitants; les principales sont : Kissir, Wetter, Damme, Moa, etc. ; *c*) les îles du S.-E. dont Timor-Laout est la principale, et *d*) le groupe d'Arfou, formé de quatre îles très-fertiles, au N.-E. de Timor-Laout. Elles furent restituées en 1814 aux Hollandais par les Anglais qui s'en étaient rendus maîtres quelques années auparavant. Lat. S. 4° 30', long. E. 128° 15'.

BANDAS, ham. de Fr., dép. du Loiret, com. d'Atray; 130 hab.

BANDEIA, chaîne de montagnes d'Afrique, Nigritie occidentale (Sénégambie), entre la Gambie et le Rio-Grande.

BANDEIA, v. d'Afrique, Nigritie occidentale (Sénégambie), pays des Fonta-Djalla, prov. du même nom, avec une mosquée.

BAN-DE-LA-ROCHE (Steinthal), haute vallée très-pittoresque des Vosges, sur la limite occ. de l'Alsace; elle a environ 6 l. de circonférence et renferme 8 villages et 5 hameaux, répartis en deux paroisses; savoir : Rothau et Waldbach. Cette vallée doit son nom à un château féodal, repaire de brigands titrés, détruit vers le milieu du quinzième siècle par l'évêque de Strasbourg, ligué avec le duc de Lorraine contre Gérothé de Rathsamhausen qui s'était rendu fameux par ses brigandages. Les Rathsamhausen conservèrent néanmoins ce domaine, pendant un siècle encore, à titre de fief relevant de l'évêque de Strasbourg. Cette seigneurie passa ensuite successivement au prince Palatin de Valdence, à M. d'Argenvillers, intendant de l'Alsace, au marquis de Ruffeck, au marquis de Paulmy Voyer d'Argenson, en faveur duquel Louis XV l'érigea en comté, et, en dernier lieu, au baron de Dietrich qui en fut seigneur jusqu'à la révolution française. Ce fut sous l'administration de Voyer d'Argenson que commença pour le Ban-de-la-Roche l'ère de la civilisation et de la prospérité; car ce fut ce seigneur qui, en 1767, fit nommer le vénérable Oberlin à la cure de Waldbach. C'était alors un pays presque sauvage, dont la population, presqu'anéantie un siècle auparavant par la guerre de trente ans et la peste, ne comptait plus qu'une centaine de familles, vivant misérablement et pouvant se procurer à peine les objets les plus indispensables à la vie; leur ignorance était aussi déplorable que leur misère était profonde; leurs mœurs étaient grossières. Oberlin résolut de civiliser cette peuplade encore barbare, et les plus heureux résultats couronnèrent son dévouement vraiment apostolique. Cet homme, aussi modeste que bienfaisant, répandit dans cette contrée l'instruction, l'aisance et le bonheur; il établit des écoles, introduisit la culture des pommes de terre, du lin de Riga; il planta des arbres fruitiers, fit pratiquer des routes, former une caisse de secours mutuels, une bibliothèque; organisa une société d'agriculture; il fit placer les enfants dans des ateliers; enfin, par ses soins et sa généreuse persévérance, le Ban-de-la-Roche a pris un aspect nouveau; l'oisiveté, l'ignorance et la misère ont disparu; des champs bien cultivés, des maisons bien bâties annoncent l'heureux changement dû à l'infatigable charité du vertueux Oberlin. Le bon pasteur est mort le 1er juin 1826, mais son nom, proclamé par la reconnaissance publique, vivra toujours dans le cœur de tous les amis de l'humanité.

BAN-DE-SAPT, vg. de Fr., dép. des Vosges, arr. de St.-Dié, cant. et poste de Senones; 1480 hab.

BANDEVILLE, vg. de Fr., dép. de Seine-et-Oise, com. de St.-Cyr-sous-Dourdan; 260 hab.

BANDICALET, vg. de Fr., dép. de la Dordogne, com. de Ginestet; eaux minérales.

BANDOBENE, g. a., contrée de l'Inde, en-deçà du Gange.

BANDOL, b. et port de Fr., dép. du Var, arr. de Toulon-sur-Mer, cant. d'Ollioules, poste du Beausset; 4580 hab.

BANDON ou **BANDON-BRIDGE**, v. d'Irlande, sur la rivière de ce nom, comté de Cork. Elle est assez jolie et possède deux églises protestantes, une chapelle catholique, un hôtel de ville, où se tiennent les assises du comté, deux halles et un quai spacieux. Manufactures de coton et de laine, teintureries, tanneries et brasseries. Elle nomme un député au parlement. Tout près se trouve le castle Bernard, beau château du comte de Bandon, un des plus riches propriétaires de l'Irlande; 12,000 hab.

BANDONG, v. de l'île de Java, Asie, à 4 l. de Batavia.

BANDOUGOUR, v. de l'Inde, présidence de Calcutta, ancienne prov. de Gundwâna, située sur une hauteur. Elle est fortifiée et occupée par une garnison anglaise.

BANDOWIEK, b. du roy. de Hanovre, gouv. de Lunebourg, sur l'Imenau; belle cathédrale, hôpital; fabrication de toiles, commerce de bestiaux et de graines; 1480 hab.

BANDRY (Saint-), vg. de Fr., dép. de l'Aisne, arr. et poste de Soissons, cant. de Vic-sur-Aisne; 300 hab.

BANECHE, vg. de Fr., dép. de la Haute-Vienne, cant. de Peyrilhac; 200 hab.

BANEINS, vg. de Fr., dép. de l'Ain, arr. de Trévoux, cant. de St.-Trivier-sur-Moignans, poste de Châtillon-les-Dombes; 390 h.

BANEIX, vg. de Fr., dép. de la Haute-Vienne, com. de Jourgnac; 150 hab.

BANERES, b. d'Espagne, roy. de Valence, à 8 l. N.-O. d'Alicante; fabriques de draps, distilleries d'eau-de-vie; papeteries; 2500 h.

BANEUIL, vg. de Fr., dép. de la Dordogne, arr. de Bergerac, cant. et poste de Lalinde; 210 hab.

BANÉZA (la), b. d'Espagne, roy., prov. et à 11 l. S.-O. de Léon, au confluent du Tuérto et de l'Orvigo; 1000 hab.

BANFF, prov. maritime et comté d'Écosse. Ses bornes sont au N. la mer d'Allemagne, à l'E. et au S. le comté d'Aberdeen et à l'O. le comté de Murray. Sa superficie est de 34 l. c. géogr.; le pays est presque partout couvert de montagnes et de forêts; il ne s'aplatit que vers les côtes. La plupart des montagnes, couvertes de bruyères et de marais, présentent un aspect nu et triste; elles appartiennent au système du Grampian; cependant on y rencontre quelques vallées fertiles. Le Spey, un des principaux fleuves de l'Écosse, forme la frontière occidentale, et le Deveron la frontière orientale du comté; l'Aven sort du lac de ce nom sur la frontière du comté d'Aberdeen et se réunit au Spey, de même que le Petit-

Fiddich. Le climat est rude et humide, et d'éternels brouillards planent sur ces montagnes, riches en chaux, marbre, marne, ardoises, pierres à aiguiser; on y trouve aussi des rochers de cristal, de même que des topazes; en 1811 on en a trouvé et vendu pour 2000 livres sterling. Le terrain produit en petite quantité : de l'orge, de l'avoine, des fèves, des pois, des pommes de terre et du lin. Le bois est loin de suffire à la consommation; la houille manque totalement et la tourbe n'est pas exploitée. Les habitants s'occupent plus de la pêche que de l'éducation des bestiaux, cependant on fait de bons fromages et du bon beurre. L'industrie est à peu près nulle. On exporte du poisson, du beurre, du fromage, du marbre, des topazes, du fil et de la toile. La population est de 40,000 habitants. Le comté se divise en plusieurs districts; sur la côte, Banff, Boyne et Enzie; dans l'intérieur, Strathdeveron, Strathilla et Strathaven.

BANFF, pet. v. d'Écosse, chef-lieu du comté de ce nom, à l'embouchure du Deveron qu'on y passe sur un beau pont, qui repose sur sept arches. Elle est bien bâtie et a un joli hôtel de ville et un petit port bien défendu. Sa marine marchande compte 5600 tonneaux. Source d'eau minérale. Duffhouse, maison de campagne du comte de Fife, avec un parc de trois milles de tour, se trouve dans ses environs; 4000 hab.

BANGALORE, v. du roy. de Maïssour (Mysore), Inde, bâtie sur un plateau et environnée de beaux jardins. C'est actuellement la plus grande ville et la mieux peuplée du Mysore. Elle est bien fortifiée; son industrie est active; on y fabrique des étoffes de coton et de soie, du papier, des outils en fer, etc.; son commerce est très-étendu; non-seulement elle exporte une grande partie des productions du Mysore; mais elle est en relation suivie avec les principales villes de la péninsule, comme Bombay, Surate, Madras, Pondichéry. En 1805, Hamilton lui supposait 60,000 habitants. Il est probable que ce nombre a depuis considérablement augmenté.

BANGARVE, vg. de Fr., dép. du Morbihan, com. de Riantec; 210 hab.

BANGASSI, v. considérable de la Nigritie occidentale ou Sénégambie, roy. de Fouladou, à 80 l. E. de Bambouk. Elle est la résidence du prince Sérinumma et la mieux fortifiée de toutes les villes de cette partie de l'Afrique.

BANGKALAN, v. sur la côte occidentale de l'île de Madura, chef-lieu des états du prince indigène qui porte son nom. Elle a un bon port; son commerce est actif.

BANGKOK ou BANKOA, BANCASAG, v. du roy. de Siam, sur le Meïnam, non loin de l'embouchure de ce fleuve, qui permet aux plus grands vaisseaux d'arriver jusqu'à Bangkok. Elle est grande et presque entièrement neuve, puisque son accroissement ne date que du pillage de Siam. Son commerce maritime est le plus considérable du royaume et son industrie est très-importante. La plupart des maisons sont en bois, et il y a comme une deuxième ville, bâtie sur des radeaux amarrés le long des rives du Meïnam. Le port de Bangkok est vaste, son arsenal bien fourni et ses chantiers sont toujours couverts de vaisseaux en construction. Son principal édifice est le grand temple de Boudha, bâti en forme de pyramide et surmonté d'une flèche haute de 200 pieds anglais. Vers la fin du dix-septième siècle, le roi alors régnant du Siam abandonna cette place aux Français, sur les sollicitations de son ministre Falcon, Français de naissance; mais après la mort de celui-ci, la petite colonie française fut expulsée par les Siamois; 90,000 hab.

BANGOR, *Bangertium*, pet. v. d'Angleterre; comté de Cernarvon, siège d'un évêque. Elle a un petit port et fait commerce d'ardoises; 500 hab.

BANGOR, pet. v. des États-Unis de l'Amérique du Nord; état du Maine, comté de Penobscot, dont elle est le chef-lieu. Elle est située sur la rive droite du Penobscot qui est navigable jusqu'à cette ville et qui en vivifie le commerce, qui consiste en peaux et en fourrures; 3000 hab.

BANGOR, vg. de Fr., dép. du Morbihan, arr. de Lorient, cant. de Belle-Isle-en-Mer, poste du Palais; 1640 hab.

BANGS, pet. île dant la baie de Casco, sur la côte S.-O. de l'état du Maine, dans les États-Unis de l'Amérique du Nord.

BANHARS. *Voyez* BAGNARS.

BANHO, b. du Portugal, prov. de Béira, à 3 l. N.-E. de Viseu, sur la Vouga, qu'on y passe sur un pont de pierres de dix arches. Eaux thermales.

BANHOLZ. *Voyez* BANBOIS.

BANI, riv. de l'île d'Haïti, prend sa source dans les montagnes de l'intérieur, traverse la vallée du même nom et s'embouche dans la mer entre la pointe de la Saline et la baie d'Ocoa.

BANIAK (groupe de), à l'O. de Sumatra, dont les îles principales sont Baniak, Babi, Nalanako, Hog, etc. Elles sont élevées, bien boisées et renferment beaucoup de buffles, de cochons et de palmiers. Les habitants, appelés Maruwits, sont mahométans; ils sont industriels et commerçants, et visitent les établissements européens.

BANIALOUKA, chef-lieu du sandschak de ce nom, eyalet de Bosnie. Il est bien fortifié et défendu par deux citadelles. Son industrie et son commerce sont actifs; la poudre qu'on y fabrique est réputée très-bonne. Eaux thermales dans ses environs; 15,000 h. Les Autrichiens y furent battus en 1737.

BANIÈRES, vg. de Fr., dép. du Tarn, arr., cant. et poste de Lavaur; 380 hab.

BANIOS, vg. de Fr., dép. des Hautes-Pyrénées, arr., cant. et poste de Bagnères-en-Bigorre; 360 hab.

BANISE, vg. de Fr., dép. de la Creuse, arr. et poste d'Aubusson, cant. de St.-Sulpice-les-Champs; 690 hab.

BANISÉRILE ou **BÉNISÉRAYL**, v. capitale du roy. de Dentilia, Nigritie occidentale ou Sénégambie, habitée par des mahométans qui font le commerce d'esclaves, à 3 journées de Laby, dans le Fouta-Djallon.

BANIZEAU, vg. de Fr., dép. de la Charente-Inférieure, arr. et poste de St.-Jean-d'Angely, cant. de Matha; 260 hab.

BANJAS, vg. de la Turquie d'Asie, eyalet de Damas, près de la rivière du même nom; l'on n'y trouve plus aucune trace d'un superbe temple qui y fut bâti par Auguste. A quelque distance dans les montagnes se trouve le vieux fort de Banjas, qui date du temps des califes.

BANJERMASSING, roy. dans Bornéo, il comprend la partie S.-E. de cette île. Le sol est fertile et produit beaucoup de poivre qu'on vend à prix fixe aux Hollandais. Le royaume est arrosé par un grand fleuve, le Banjermassing qui se jette dans la baie du même nom. Les côtes sont peuplées par des Malais et des Chinois, l'intérieur par des indigènes, appelés Dayaks. Les Hollandais soutinrent dans le dernier siècle le sultan de Banjermassing contre ses compétiteurs; par reconnaissance il leur céda en 1787 la souveraineté de ses états et ne les reprit que comme un fief héréditaire, à l'exception de quelques districts sur la côte, de l'administration des douanes, et de presque toutes les mines que la compagnie se réserva sous condition de partager les revenus avec le sultan. La résidence hollandaise des côtes méridionale et orientale de Bornéo porte le nom de Banjermassing. Nous indiquerons à l'article Bornéo les pays dont elle se compose.

BANJERMASSING ou **BANJARMASSIN**, sur les rives du fleuve qui porte son nom, chef-lieu de la résidence hollandaise, fait un commerce actif; on exporte du poivre, de la poudre d'or, de la cire, du camphre, etc.; 7000 hab.

BANJUWANG, fort hollandais sur le détroit de Bali, dans l'ancienne province de Banjuwang.

BANKELLA. *Voyez*. **BENGUELA**.

BANKS, baie au S. du cap Cockburn, sur la côte occidentale du Devon septentrional.

BANKS, presqu'île sur la côte orient. de Taway ou Towy-Pœnamu, Nouvelle-Zéelande.

BANKS, île de l'archipel de Clarence, détroit de Torrès, avec le Mount-Augustus. Lat. S. 10° 12', long. E. 159° 42'.

BANKS, groupe de dix-sept pet. îles appartenant à l'archipel des Nouvelles-Hébrides. Elles furent découvertes en 1789 par Bligh et visitées en 1809 par Galownin. Lat. S. 13° 15'—54', long. E. 185° 21'.

BANKS, détroit au N.-E. de l'île Van-Diemen, qu'il sépare du groupe des îles Furneaux. Il forme la partie S.-E. du détroit de Bass, fut découvert par Flinders et a 12 l. de large.

BANKS ou **BOUFLERS**, cap sur la côte S.-S.-E. de la Nouvelle-Hollande, Terre de Napoléon, au N.-O. du cap Northumberland. Il est entouré d'une grande chaîne d'écueils appelés les Charpentiers. Lat. S. 38° 1', long. E. 158° 32'.

BANKSLAND ou **TERRE DE BANKS**, pays au S. de l'île de Melville. Parry l'a vu, mais il ne l'a pas exploré. Les uns le regardent comme une île qui s'étend entre l'île de Melville et le continent de l'Amérique septentrionale, les autres le croient contigu à ce continent. Parry lui donna le nom de Banksland, en l'honneur du célèbre naturaliste anglais de ce nom.

BANN, fl. d'Irlande, prend sa source non loin de Slivegullon, comté d'Armagh, parcourt le N.-E. de l'Irlande, traverse le lac de Neagh et se jette dans l'Océan Atlantique au-dessous de Coleraine.

BANNALEC, b. de Fr., dép. du Finistère, arr., 3 l. N.-O. et poste de Quimperlé, chef-lieu de canton; 4200 hab.

BANNANS, vg. de Fr., dép. du Doubs, arr., cant. et poste de Pontarlier; 310 hab.

BANNAY, vg. de Fr., dép. du Cher, arr., cant. et poste de Sancerre; 650 hab.

BANNAY, vg. de Fr., dép. de la Marne, arr. d'Épernay, cant. de Montmort, poste de Baye; 70 hab.

BANNAY ou **BEISINGEN**, vg. de Fr., dép. de la Moselle, arr. de Metz, cant. et poste de Boulay; 216 hab.

BANNE, vg. de Fr., dép. de l'Ardèche, arr. de l'Argentière, cant. et poste des Vans; 1760 hab.

BANNEC, île de Fr., dans la Manche, dép. du Finistère, arr. de Brest, cant. et poste de St.-Renan.

BANNEGON, b. de Fr., dép. du Cher, arr. de St.-Amand-Mont-Rond, cant. de Charenton, poste de Dun-le-Roy; 760 hab.

BANNES, vg. de Fr., dép. de la Dordogne, arr. de Bergerac, cant. et poste de Beaumont; 100 hab.

BANNES, ham. de Fr., dép. du Lot, com. de St.-Vincent; 60 hab.

BANNES, vg. de Fr., dép. de la Marne, arr. d'Épernay, cant. et poste de Fère-Champenoise; 430 hab.

BANNES, vg. de Fr., dép. de la Haute-Marne, arr. et poste de Langres, cant. de Neuilly-l'Évêque; 420 hab.

BANNES, vg. de Fr., dép. de la Sarthe, com. de Dissay-sous-Courcillon; 300 hab.

BANNES-EN-CHARNIE, vg. de Fr., dép. de la Mayenne, arr. de Laval, cant. et poste de Meslay; 400 hab.

BANNEVILLE-LA-CAMPAGNE, vg. de Fr., dép. du Calvados, arr. de Caen, cant. et poste de Troarn; 170 hab.

BANNEVILLE-SUR-AJON, vg. de Fr.,

dép. du Calvados, arr. de Caen, cant. et poste de Villers-Bocage; 450 hab.

BANNIÈRE, vg. de Fr., dép. du Puy-de-Dôme, com. de St.-Pierre-le-Chastel; 740 h.

BANNOCKBURN, vg. d'Ecosse, comté de Stirling, sur le Bannock; fabriques de cuirs et de tapis; célèbre par la bataille qui s'y livra (1314) entre les Ecossais, sous Robert Bruce, et les Anglais, sous Edouard II; ce dernier y fut complétement défait.

BANNOGNE, vg. de Fr., dép. des Ardennes, arr. et poste de Réthel, cant. de Château-Porcien; 690 hab.

BANNONCOURT, vg. de Fr., dép. de la Meuse, arr. de Commercy, cant. de Pierrefitte, poste de St.-Mihiel; 380 hab.

BANNOS, vg. de la rép. de l'Ecuador, dép. d'Assuay, prov. de Cuenca et à 4 l. S.-E. de la ville de ce nom, sous le 2° 56' de lat. S. Cet endroit est remarquable par ses eaux thermales, connues déjà sous les Incas, qui y avaient établi des bains dont on voit encore les ruines.

BANNOS, vg. de la rép. du Pérou, dans le dép. de Junin, prov. de Guamaliès; il est remarquable par les bains chauds, construits par les Incas et plus vastes que ceux de Caxamarca, ainsi que par les ruines d'un grand monument appelé le palais de l'Inca, construit en pierres et semblable à ceux de Callo et de Cannar; on n'en voit plus que les fondations. Près de ce palais sont les ruines d'un temple de forme circulaire, et sur le haut de deux montagnes situées de chaque côté de la rivière, on voit les restes de deux forteresses; plusieurs ouvrages sont taillés dans le roc vif.

BANNOST, vg. de Fr., dép. de Seine-et-Marne, arr. de Provins, cant. de Nangis, poste de Champcenest; 430 hab.

BANNOW, vg. d'Irlande, comté de Wexford. On y voit les ruines de la ville de ce nom ensevelie sous les sables; petit port.

BANOLAS, *Aquæ Calidæ*, *Aquæ Voconiæ*, *Bannolia*, b. d'Espagne, principauté de Catalogne, à 3 l. N.-N.-O. de Girone; eaux thermales; commerce de toiles; 3000 h.

BANON, vg. de Fr., dép. des Basses-Alpes, arr. à 3 l. N.-O., et poste de Forcalquier, chef-lieu de canton; 1340 hab.

BANOS, vg. de la rép. de Bolivia, dép. de Potosi, prov. de Porco, à 8 l. N.-E. de Potosi; il est célèbre par ses eaux minérales et thermales très-fréquentées.

BANOS, vg. d'Espagne, roy. de Galice, prov. et à 2 l. E.-N.-E. de Tuy, sur le Minho; eaux thermales.

BANOS, b. d'Espagne, roy. de Léon, prov. et à 18 l. S.-S.-O. de Salamanque, dans la Sierra de Béjar et près des frontières d'Estramadure; fabriques de toiles; eaux thermales; 1600 hab.

BANOS-DE-EBRO, b. d'Espagne, prov. basque d'Alava, sur l'Ebre. Eaux thermales.

BANOS, vg. de Fr., dép. des Landes, arr., cant. et poste de St.-Sever; 430 hab.

BANOS (los), vg. de l'île Luçon, dans l'archipel des Philippines, à 12 l. S.-E. de Manille. Eaux thermales.

BANOW, vg. d'Autriche, gouv. de Moravie et de Silésie, cer. d'Olmütz; eaux minérales; 1000 hab.

BANS, ham. de Fr., dép. de l'Aveyron, com. de St.-Côme; 60 hab.

BANS, vg. de Fr., dép. du Jura, arr. de Dôle, cant. de Montbarrey, poste de Montsous-Vaudrey; 268 hab.

BANS, vg. de Fr., dép. du Rhône, com. de Givors; 170 hab.

BAN-SAINT-MARTIN, vg. de Fr., dép. de la Moselle, arr., cant. et poste de Metz; 220 hab.

BAN-SAINT-PIERRE, ham. de Fr., dép. de la Moselle, com. de Chanville; 80 hab.

BANSAT, vg. de Fr., dép. du Puy-de-Dôme, arr. d'Issoire, cant. de Sauxillanges, poste de St.-Germain-Lembron; 620 hab.

BANSKA-BISTRICZA. *Voyez* NEUSOL.

BAN-SUR-MEURTHE, vg. de Fr., dép. des Vosges, arr. de St.-Dié, cant. de Fraize, poste de Corcieux; 1760 hab.

BANSWARRA, v. de l'Inde, principauté de ce nom, tributaire des Anglais.

BANTAM, résidence ou prov. hollandaise dans l'île de Java, comprend la partie occidentale de l'île et touche aux résidences de Batavia et de Baitenzoorg. Elle est montueuse, boisée et renferme des plantations de poivre. Ses principales rivières sont le Tschikande et l'Ouder-Ande qui se dirigent au N., et le Tije-Mara qui se jette dans la baie Willkomm. Les habitants sont au nombre de 231,000. Le Bantam était autrefois un royaume indépendant auquel était soumise une partie de Sumatra. A la suite de l'anarchie qui y régna, les Hollandais s'en emparèrent en forçant le sultan de Bantam d'échanger sa couronne contre une pension. Le chef-lieu actuel du Bantam est Céram; l'île du Prince et le pays des Lampongs, dans l'île de Sumatra, font partie de cette résidence.

BANTAM, ancienne cap. des sultans du Bantam; ce n'est plus qu'un amas de ruines. L'insalubrité de l'air en est la cause principale. Les habitants sont allés en grande partie à Céram. C'est à Bantam que les Hollandais établirent, en 1595, leur première factorerie dans l'île de Java.

BANTANGES, vg. de Fr., dép. de Saône-et-Loire, arr. et poste de Louhans, cant. de Montpont; 570 hab.

BANTEUX, vg. de Fr., dép. du Nord, arr. de Cambray, cant. de Marcoing; poste du Catelet; 650 hab.

BANTHELU, vg. de Fr., dép. de Seine-et-Oise, arr. de Mantes, cant. et poste de Magny; 200 hab.

BANTHEVILLE, vg. de Fr., dép. de la Meuse, arr. de Montmédy, cant. de Montfaucon, poste de Dun-sur-Meuse; 500 hab.

BANTIGNY, vg. de Fr., dép. du Nord,

arr., cant. et poste de Cambray; 480 hab.

BANTOUZEL, vg. de Fr., dép. du Nord, arr. de Cambray, cant. de Marcoing, poste du Catelet; fabriques de poteries et tuileries; 920 hab.

BANTZENHEIM, vg. de Fr., dép. du Haut-Rhin, arr. d'Altkirch, cant. et poste de Habsheim; 1100 hab.

BANUELOS, riv. d'Espagne, roy. de la Vieille-Castille, prov. de Burgos; elle se jette dans le Pilde, affluent du Duéro.

BANUTÉ, gr. vg. de la Haute-Égypte, sur la rive droite du Nil, près de Kénué.

BANVILLALD, vg. de Fr., dép. du Haut-Rhin, arr., cant. et poste de Belfort; 200 hab.

BANVILLE, vg. de Fr., dép. de la Seine-Inférieure, arr. d'Yvetot, cant. et poste de Doudeville; fabriques de toiles peintes.

BANVILLE, vg. de Fr., dép. du Calvados, arr. de Bayeux, cant. de Ryes, poste de Creully; 620 hab.

BANVOU, vg. de Fr., dép. de l'Orne, arr. et poste de Domfront, cant. de Messei, 1050 hab.

BANYANS. *Voyez* BAGNONS.

BANYULS-DES-ASPRES, vg. de Fr., dép. des Pyrénées-Orientales, arr., cant. et poste de Céret; 430 hab.

BANYULS-SUR-MER ou BAGNOLS-DE-MARENDE, vg. de Fr., dép. des Pyrénées-Orientales, arr. de Céret, cant. d'Argelès, poste de Collioure; 1600 hab.

BANZA-LOANGO ou LOANGO, BOALI, BOUALI, BOARI, capitale du roy. de Loango, Nigritie méridionale, dans une grande plaine très-fertile, à 1 l. de l'Océan Atlantique et à 40 l. N.-N.-O. de l'embouchure du Congo ou Zaïre; elle a des rues longues et étroites, mais propres; le port est peu profond et l'on y fait un commerce assez considérable d'esclaves, d'ivoire, de bois de teinture, etc.; 15,000 hab.

BANZA-CONGO ou CONGO, EMBAS-CONGO, SAN-SALVADOR, capitale du roy. de Congo, Nigritie méridionale, située sur une montagne baignée par la Lélunda, à 80 l. O.-N.-O. de Banza-Loango. Sa position est vantée comme une des plus saines de l'univers. D'anciennes descriptions nous représentent cette ville comme bien bâtie, ayant des rues larges et plusieurs belles places plantées symétriquement de palmiers; la plupart des maisons sont blanchies à l'extérieur, et à l'intérieur ne sont que des chaumières rondes, de même que toutes celles des autres villes du Congo, à un très-petit nombre d'exceptions près; les Portugais y ont plusieurs églises; citadelle; commerce considérable; sa population se monte, dit-on, à 24,000 âmes.

BAOL ou BAOUL, pet. roy. de la Nigritie occidentale ou Sénégambie, Afrique, au S. du roy. de Caïor et au N. de celui de Sin; le souverain est appelé Fin. Lambay, capitale.

BAON, vg. de Fr., dép. de l'Yonne, arr. et poste de Tonnerre, cant. de Cruzy-le-Châtel; 360 hab.

BAONS-LECOMTE (les), b. de Fr., dép. de la Seine-Inférieure, arr. et poste d'Yvetot, cant. d'Yerville; 590 hab.

BAOS, vg. d'Espagne, roy. de Galice, prov. et à 10 l. N.-E. de Lugo, sur l'Eo.

BAPAUME, *Bapalma*, v. forte de Fr., dép. du Pas-de-Calais, arr. et à 5 l. S. d'Arras, chef-lieu de canton; elle est située dans une contrée aride, privée d'eau courante; un puits creusé à 1/2 l. de la ville alimente une fontaine qui suffit aux besoins des habitants. Bapaume est bien bâtie, mais ne renferme aucun édifice remarquable. Les ruines du vieux château y sont seules dignes de la curiosité des étrangers. Fabriques de batiste et de fil retors renommé; commerce de toiles, de colzat et de graines de lin; raffinerie de sel; 3200 hab.

Bapaume, fondée vers le milieu du quatorzième siècle, appartint d'abord aux ducs de Bourgogne. Plus tard les Espagnols s'en emparèrent et Charles-Quint la fit fortifier. Louis XIII s'en rendit maître en 1641, et en 1659 elle fut cédée à la France par le traité des Pyrénées.

BAPEAUME, vg. de Fr., dép. de la Seine-Inférieure, arr. de Rouen, com. de Canteleu, cant. de Maromme; fabriques d'indiennes et de toiles peintes, filatures de coton, papeteries et teintureries; 365 hab.

BAPTRESSE, vg. de Fr., dép. de la Vienne, arr. de Poitiers, cant. et poste de Vivonne; 120 hab.

BA-QOUY (rivière blanche) et **BA-VOULIMA** (rivière rouge) ou WONDA, rivières considérables de la Nigritie occidentale ou Sénégambie.

BAQUE-LONDE (la), ham. de Fr., dép. de l'Eure, com. des Andelys; 100 hab.

BAR, riv. de Fr., dép. des Ardennes, a sa source entre Vouziers et Buzancy, coule du S. au N., passe près de Tannay et de Chehery, et se jette dans la Meuse, à 3/4 l. au-dessus de Flize, après un cours de 10 l.

BAR, vg. de Fr., dép. de la Corrèze, arr. et poste de Tulle, cant. de Corrèze; 1230 hab.

BAR (le), vg. de Fr., dép. du Var, arr., à 2 l. N.-E. et poste de Grasse, chef-lieu de canton; 1500 hab.

BAR, v. de l'Inde, présidence de Calcutta, dist. de Bahar, située sur le bord mér. du Gange et contenant environ 5000 maisons. Commerce considérable.

BAR, v. de la Russie d'Europe, cer. d'Ussitza, gouv. de Podolie, a un château, plusieurs églises grecques et catholiques, un couvent de St.-Basile. Cette ville est surtout remarquable dans l'histoire de la Pologne, à cause de la confédération qui y fut faite en 1768; 2500 hab.

BAR ou ANTIVARI, pet. v. de la Turquie d'Europe, eyalet de Roumili, située à peu de distance de la rade de son nom sur un rocher escarpé; les habitants ont quelques bâtiments qui font le cabotage de l'Adriatique et exportent du sel et de l'huile ; 6000 hab.

BARA. *Voyez* PAROS.

BARA, b. du Kordostan, Afrique, elle paraît être le lieu le plus remarquable après Obéid ; après l'invasion du vice-roi d'Égypte en 1820, les Turcs y ont bâti un fort où ils tiennent une petite garnison.

BARABAT, v. de l'Inde, présidence de Calcutta, dist. de Sirinagur, résidence du rajah de Osherwâl.

BARABICHS ou BARBARISHS, BRABISHAS, BÉRÉBÈRES, BERBÈRES, tribu arabe dans la partie mér. des régences d'Alger, de Tunis et de Tripoli et du désert de Sahara, au N. de Tombouctou ; ils sont belliqueux, habitent sous des tentes et n'ont d'autres richesses que des troupeaux de chèvres.

BARABRA, grande steppe dans la Russie d'Asie, gouv. de Tobolsk et de Tomsk, entre l'Irtyche et l'Ob. Du côté de l'Irtyche, la plaine est argileuse et remplie de marais salés qui, pour la plupart, sont des restes d'anciens lacs desséchés ; du côté de l'Ob, elle est plus élevée, sèche et fertile. La partie intermédiaire est tantôt humide, tantôt sèche et couverte de bois de bouleaux et de lacs. Les Barabi, tribu turque qui y vivait autrefois de la chasse, se sont retirés plus au N. et ont fait place aux colons qui y arrivent depuis 1764, et qui ont déjà changé l'aspect du pays. On y rencontre aujourd'hui un certain nombre de villages construits par des exilés, et une assez grande étendue de champs cultivés.

BARABRAS (les), peuple dans la partie sept. de la Nubie ; il forme une race distincte d'origine inconnue et se recommande par sa probité.

BARACÉ, vg. de Fr., dép. de Maine-et-Loire, arr. de Baugé, cant. et poste de Durtal ; 760 hab.

BARACHA, pet. île faisant partie du territoire de la rép. de Vénézuela ; elle est située vis-à-vis de Barcelona, dans la prov. du même nom, dép. du Maturin.

BARACOA, pet. v. de l'île de Cuba, au N.-E. et à 10 l. O. de la pointe de Maysi, l'extrémité orientale de l'île. La ville a un bon port pour les petits vaisseaux et fait le commerce. C'est le premier établissement des Espagnols dans cette île ; 3000 hab.

BARADAIRES, pet. baie comprise dans la vaste baie de Léogané, à l'O. de l'île d'Haïti.

BARAGAN (Paramo de), montagne dans la rép. de la Nouvelle-Grenade ; c'est un des points culminants de cette chaîne des Andes de la Colombie qui sépare le bassin de la Magdaléna de celui du Cauca. Sa hauteur est estimée à 5500 mètres.

BARAIGNE, vg. de Fr., dép. de l'Aude, arr. de Castelnaudary, cant. et poste de Salles-sur-l'Hers ; 210 hab.

BARAIN, ham. de Fr., dép. de la Côte-d'Or, com. d'Avosne ; 80 hab.

BARAING (Saint-), vg. de Fr., dép. du Jura, arr. et poste de Dôle, cant. de Chaussin ; 270 hab.

BARAIZE, vg. de Fr., dép. de l'Indre, arr. de la Châtre, cant. d'Eguzon, poste d'Argenton-sur-Creuse ; 780 hab.

BARAL, vg. de Fr., dép. de la Drôme, com. de Hauterives ; 100 hab.

BARALLE, vg. de Fr., dép. du Pas-de-Calais, arr. d'Arras, cant. de Marquion, poste de Cambrai ; 820 hab.

BARAMOUS (el-), COUVENT DES GRECS ou DE LA SAINTE-VIERGE D'ELBARAMONT, coûvent de la Basse-Egypte, entre Téranéh et les lacs Natroum.

BARAN, v. d'Afrique, Nigritie intérieure (Soudan), dans le roy. de Bornu. C'est une ville considérable, entourée d'une muraille ; ses maisons sont en pierre ; il y a plusieurs mosquées. Dans le voisinage de cette ville se trouve le mont Tafé, au sommet duquel s'élève un oratoire en forme de coupole ; à côté on voit sur une pierre l'image de l'arche de Noé.

BARANCAS, fort dans les États-Unis de l'Amérique du Nord, Floride orientale ; il défend l'entrée de la vaste baie de Pensacola au S.-S.-O. de la province.

BARANCOUAU, vg. de Fr., dép. des Hautes-Pyrénées, arr. de Bagnères-en-Bigorre, cant. et poste d'Arreau ; 130 hab.

BARANOW, vg. d'Autriche, gouv. du roy. de Gallicie, cer. de Tarnow, au confluent du Riska et de la Vistule ; il a un château fort ; 1000 hab.

BARANOW, pet. v. des états prussiens, grand-duché et régence de Posen, cer. de Schildberg ; 900 hab.

BARANTHIAUME, ham. de Fr., dép. du Cher, com. de St.-Germain-des-Bois ; 80 hab.

BARANYA, comitat du roy. de Hongrie, cer. au-delà du Danube. Superficie 82 l. c. géogr. Population 205,000 hab. Il est divisé en six districts.

BARANYA, *Baranivarium*, pet. v. et fort du roy. de Hongrie, comitat de Baranya.

BARANYA ou BARANGIÉH, vg. de la Moyenne-Egypte, sur la rive gauche du Nil, non loin de Bénisouèf.

BARAQUE-DE-GEVREY (la), vg. de Fr., dép. de la Côte-d'Or, com. de Gevrey ; 230 hab.

BARAQUES (les). *Voyez* BEDUQUE.

BARAQUES-DE-LA-CORNE, ham. de Fr., dép. du Jura, com. de Salans ; 60 hab.

BARAQUES-DE-LA-FORÊT-D'AUTREY (les), ham. de Fr., dép. de la Haute-Saône, com. d'Autrey ; 80 hab.

BARAQUES-DE-LUTZELBOURG ou TROIS-MAISONS, vg. de Fr., dép. de la Meurthe, com. de Phalsbourg ; 800 hab.

BARAQUES-DU-BOIS-DE-CHÊNE ou EICH-BARACKEN, vg. de Fr., dép. de la Meurthe, com. de Phalsbourg ; 600 hab.

BARAQUES-SALANS (les), ham. de Fr., dép. du Jura, com. de Salans ; 120 hab.

BARARA, dist. de la prov. d'Amhara, en Abyssinie.

BARASTRE, vg. de Fr., dép. du Pas-de-Calais, arr. d'Arras, cant. de Bertincourt, poste de Bapaume; 900 hab.

BARAT, ham. de Fr., dép. de la Haute-Garonne, com. de Chein-Dessus; 100 hab.

BARATARIA, vaste baie sur la côte méridionale de l'état de Louisiane, dans les États-Unis de l'Amérique du Nord. Elle est remplie d'îles, et jointe par un canal au lac Barataria, à 9 l. N.-O. de la baie.

BARATIER, vg. de Fr., dép. des Hautes-Alpes, arr., cant. et poste d'Embrun; 270 h.

BARAU, vg. de Fr., dép. de la Dordogne, com. de Castels; 790 hab.

BARAZAL, vg. du Portugal, prov. de Béira, dist. de Linharès, sur le Mondégo, à 3 l. N.-E. de Celorico.

BARBA ou **BERBA**, b. du Portugal, prov. d'Alentéjo, sur la pente orientale de la Sierra d'Ossa, à 1 1/2 l. O.-N.-O. de Villaviciosa. Il s'y tient chaque année une foire fréquentée; 2800 hab.

BARBACENA, pet. v. de l'emp. du Brésil, prov. de Minas-Géraës, comarque du Rio-das-Mortes, à 1 1/2 l. du fleuve de ce nom, à 15 l. S.-E. de St.-Joam et à 24 l. S.-S.-O. de Villa-Rica. Agriculture et éducation du bétail; riches lavages d'or; 3000 hab.

BARBACENA, vg. du Portugal, prov. d'Alentéjo, à 4 l. N.-O. d'Elvas; château fort.

BARBACHEN, vg. de Fr., dép. des Hautes-Pyrénées, arr. de Tarbes, cant. et poste de Rabastens; 100 hab.

BARBACOAS, pet. v. de la rép. de la Nouvelle-Grenade, dép. de Cauca, prov. de Pasto, à 7 l. de la mer. Cette ville fut fondée en 1640 par le missionnaire jésuite Lucas de la Cueva, et s'agrandit rapidement, à cause des riches mines d'or qu'on découvrit dans ses environs. Elle est mal bâtie et située sous un ciel tellement brûlant (1° 42' lat. S.) que l'agriculture y est presque nulle; 4000 hab.

BARBACOAS ou **BAIE-ÉCOSSAISE**, vaste baie au N.-E. de l'île d'Haïti, entre le cap Cabron et le vieux cap Français. Elle a une ouverture de 18 l.

BARBADEAU, ham. de Fr., dép. de la Dordogne, com. de Périgueux; 60 hab.

BARBADILLO-DEL-MERADO, b. d'Espagne, roy. de la Vieille-Castille, prov. de Burgos, sur l'Arlanza, dist. d'Aranda-de-Duéro.

BARBADOÈS ou **LA BARBADE**, île faisant partie des Antilles, et la plus orientale de ce groupe. Elle fut découverte par les Portugais dans leurs voyages au Brésil, quoiqu'elle ne se trouve sur aucune carte antérieure à l'an 1600. En 1605, un vaisseau anglais, parti de Surinam pour Londres, aborda à cette île et en prit possession au nom du roi Jacques Ier, mais sans y fonder une colonie, qui ne fut établie qu'en 1624 par le négociant anglais William Courteen. Depuis ce temps l'île appartient à l'Angleterre. Elle est située sous le 13° 10' de lat. N. et le 64° 15' de long. O., à l'E. des îles de Ste.-Lucie et de St.-Vincent et au N. de l'île de Tabago. Le continent le plus rapproché de l'île de Barbadoès est celui de Surinam, que l'on peut gagner en un jour et demi avec un vent favorable.

Les habitants de cette île, dont l'étendue est de 8. l. c. géogr., sont au nombre de 82,000, dont 17,000 blancs, proportion frappante en comparaison de la population des autres îles des Indes occidentales, où les blancs ne comptent guère que pour le douzième ou le quinzième de toute la population. Commerce d'oranges.

L'île de Barbadoès est divisée en cinq districts et en onze paroisses. Cette île est souvent exposée à de terribles ouragans. Celui de 1780 a causé un dommage estimé à près de 50 millions de francs et a fait périr plus de 4000 personnes.

BARBADOS, peuplade indienne indépendante de la tribu des Bororos, habite au pied de la Serra dos Pary, près des sources du San-Lorenzo, au S.-E. de la prov. de Matto-Grosso, dans l'emp. du Brésil.

BARBADOS ou **LA BARBADE**, autrefois appelé l'ILE DES BARBUS, pet. île dans l'archipel de lord Mulgrave, au S.-O. de celle de St.-Pierre. Elle fut découverte, en 1528, par Saavédra, navigateur espagnol, qui y trouva une résistance opiniâtre de la part des indigènes. Lat. N. 8° 40', long. E. 177° 59'.

BARBAGGIO, vg. de Fr., dép. de la Corse, arr. de Bastia, cant. et poste de St.-Florent; 300 hab.

BARBAIRA, vg. de Fr., dép. de l'Aude, arr. de Carcassonne, cant. et poste de Capendu; 400 hab.

BARBAISE, vg. de Fr., dép. des Ardennes, arr. de Mézières, cant. de Signy-l'Abbaye, poste de Launoy; 350 hab.

BARBANÇON, vg. du roy. de Belgique, prov. du Hainaut, à 1 l. E.-S.-E. de Beaumont. Fabriques de dentelles; forges; carrière de marbre; 700 hab.

BARBANT (Saint-), vg. de Fr., dép. de la Haute-Vienne, arr. et poste de Bellac, cant. de Mézières; 1270 hab.

BARBAR ou **BERBER**, état de Nubie, gouverné par un chef particulier, dépendant du vice-roi d'Égypte. Il est situé au N. de l'Atbara et à l'E. du Nil. Ses habitants arabes de la tribu Meyrefab se distinguent par leur belle taille et vivent de l'agriculture et de l'éducation du bétail, ainsi que du commerce. Ankheyre capitale.

BARBARA (Santa-), b. de la rép. du Chili, prov. de Concepçion, sur le Biobio et défendu par un fort; il fut fondé par le capitaine-général Josef de Rosas, qui lui donna le nom de Santa-Barbara, en l'honneur de la reine du Portugal Maria Barbara.

BARBARA (Santa-). *Voyez* CAMPANA.

BARBARA (Santa-), canal, qui coupe la partie occidentale de la Terre-de-Feu, et entre dans le détroit de Magellan, presque en face du cap et du port Gallant. Le capitaine Marcaut passa par ce canal en 1713 et lui donna le nom de son vaisseau. Plus récemment il fut visité par don Cordova, qui en donna des renseignements plus positifs.

BARBARA (Ilhas della Santa-), groupe de petites îles qui s'étendent jusqu'à une distance de 100 l. des côtes de la prov. d'Espirito-Santo, dans l'emp. du Brésil, sous le 18° de lat. S. Il n'y en a que quatre qui soient de quelque importance.

BARBARA (Santa-), pet. v. des états mexicains dans la Nouvelle-Californie, non loin de la mer. Elle a une mission fondée en 1786 et 1600 hab.

BARBARA (Santa-), canal entre l'île du même nom et la côte de la Nouvelle-Californie, sous le 34° de lat. N.

BARBARENS, ham. de Fr., dép. du Gers, com. de Castelnau-Barbarens; 60 hab.

BARBARIE, g. a., grande contrée de l'Afrique, était bornée à l'E., par l'Égypte; au N., par la mer Méditerranée; à l'O., par la mer Atlantique, et au S., par le désert de Sahara et le Biledulgerid; comprenait les états actuels de Tripoli, Tunis, Alger, Fez et Maroc.

BARBARIE (appelée TELL ou HAUTES-TERRES, par les géographes et les historiens arabes, aussi bien que par tous les musulmans et les indigènes eux-mêmes), *Barbaria, Berberorum Terra*, grande contrée de l'Afrique septentrionale, bornée au N. par le détroit de Gibraltar et la Méditerranée, au S. par le Sahara et le Biledulgérid, à l'E. par l'Egypte, et à l'O., par l'Océan Atlantique; elle est située entre 23° 30′ et 37° 30′ de lat. N., entre 26° de long. E. et 14° de long. O.; longueur 900 l., largeur 200 l.; superficie d'environ 35,000 l. c. géogr. Elle comprend les contrées connues des anciens sous les noms de Mauritanie, Numidie, Libie et Afrique propre, et se compose aujourd'hui des états de Maroc et de Fez à l'O., des régences d'Alger et de Tunis au centre, et de la régence de Tripoli, y compris le désert de Barca, à l'E. Ses montagnes sont : l'Atlas, dont les sommets les plus élevés se trouvent dans l'empire du Maroc; quant à ses nombreuses rivières, qui se jettent en partie dans l'Océan Atlantique, en partie dans la Méditerranée, elles ont un cours très-borné, lorsqu'on les compare aux fleuves des autres régions de cette partie du monde. Les principales sont : l'Aoulkos ou Luccos, le Sébou, l'Ommourrébéh et le Tensyft, qui appartiennent toutes à l'empire du Maroc et se jettent dans la mer Atlantique; la Méditerranée reçoit le Molouyah dans la partie orientale de l'empire du Maroc, le Chellif, dans l'Algérie, et le Medjerdah, dans l'état de Tunis. Parmi les lacs nous ne nommerons que celui de Tittery, au S.-O. d'Alger. Le climat, quoiqu'en général chaud, est cependant tempéré dans les montagnes et sur les côtes; le sol qui contient beaucoup de nitre et de sel est d'une extrême fertilité; on y récolte en abondance du blé, de l'orge, du millet, du maïs, du riz, des dattes, figues, olives, oranges, amandes, du vin, des pêches, abricots, pistaches, melons, mûres, de la canne à sucre, du tabac, etc.; l'avoine y vient sans culture. Les montagnes sont parées d'élégantes forêts d'oliviers, de pins de Jérusalem, de genevriers de Phénicie, de peupliers blancs, de liéges, de chênes, de térébinthes, de pistachiers, de lentisques, de thuyas, de lauriers-roses, de cyprès, d'ifs, etc. Ce pays est aussi celui des parfums; mais à côté de cette riche végétation abondent les serpents, les vipères, les scorpions, les sauterelles dévastatrices, et, dans les forêts, les lions, les panthères et les hyènes. Les chevaux de Barbarie, si renommés pour leur beauté, leur force et leur vitesse, ne sont cependant plus aussi recherchés qu'autrefois; l'âne et le mulet s'emploient à la culture et les chameaux au transport; on y trouve aussi une grande quantité de vaches, de chèvres et de brebis, qui fournissent une laine très-fine; les plumes d'autruches sont un objet de commerce recherché; les antilopes, aux formes gracieuses et légères, y sont par troupeaux; mines d'or, d'argent, de fer, de plomb, de cuivre, d'étain, d'antimoine, marbre, pierre à chaux et basalte; sel, nitre en abondance; diamants dans le sable de la rivière du Roummel, dans la province algérienne de Constantine; eaux minérales. Quant aux habitants, il est résulté du mélange des Égyptiens, des Romains, des Vandales, des Arabes, des Africains, des Turcs, des Espagnols et d'autres, des races d'hommes si diverses, qu'il serait difficile d'en faire l'énumération. On distingue ordinairement trois espèces principales : les Maures, les Arabes et les Bérébères ou Berbères. Les premiers, descendants des Arabes, sont reconnaissables à leur teint plus blanc, leurs traits moins forts et leur physionomie moins énergique; ils sont avares, débauchés, amants du luxe, de la parure et de la bonne chère; la physionomie des Arabes est plus mâle, leurs yeux sont vifs, et leur teint olivâtre; ils vivent en nomades ou bédouins, sous des tentes et au milieu de nombreux troupeaux; leurs femmes ne portent point de voiles comme les femmes maures. Quant aux Berbères ou Amazirghs, auxquels il faut joindre les Cabyles, les Touariks et les Beni-Mozabis, ils ont la taille haute et svelte, le teint noirâtre et cuivré; ils vont par tribus, les unes dans les montagnes, les autres dans le désert. Le mahométisme est la religion dominante; cependant on y tolère aussi les juifs et les chrétiens. On évalue la population totale de la Barbarie à 13 millions d'habitants. La piraterie y a presque généralement cessé de nos jours. *Voyez* Alger, Fez, Maroc, Tunis et Tripoli.

BARBAS, vg. de Fr., dép. de la Meurthe,

arr. de Lunéville, cant. et poste de Blâmont; 350 hab.

BARBASAN, vg. de Fr., dép. de la Haute-Garonne, arr. de St.-Gaudens, cant. de St.-Bertrand ; poste de Montrejeau ; eaux minérales tièdes; 520 hab.

BARBAST, vg. de Fr., dép. du Gers, com. de Miélan; 150 hab.

BARBASTE, b. de Fr., dép. de Lot-et-Garonne, arr., à 1 l. N. de Nérac, cant. et poste de Lavardac; il est fort joli et dans un site agréable, sur la rive droite de la Gélise, affluent de la Bayse. On remarque à la tête du pont qui unit les deux rives de la Gélise un ancien monument surmonté de quatre tourelles pointues, de hauteur inégale. C'était un fort dans lequel on avait construit un moulin. Ce vieil édifice appartenait à Henri IV qui, du temps de la ligue, s'y était retranché avec une petite garnison. Il faillit y périr par l'explosion d'une mine pratiquée par les ligueurs; 1550 hab.

BARBASTRO. *Voyez* BALBASTRO.

BARBATA, affluent de la Tafna, rég. d'Alger.

BARBATRE, vg. de Fr., dép. de la Vendée, com. de Noirmoutiers; 1200 hab.

BARBAZAN-DEBAS, vg. de Fr., dép. des Hautes-Pyrénées, arr., cant. et poste de Tarbes; 780 hab.

BARBAZAN-DESSUS, vg. de Fr., dép. des Hautes-Pyrénées, arr. et poste de Tarbes, cant. de Tournay; 270 hab.

BARBE (Sainte-), vg. de Fr., dép. de la Moselle, arr. et poste de Metz, cant. de Vigy; 660 hab.

BARBE (Sainte-), vg. de Fr., dép. des Vosges, arr. d'Epinal, cant. et poste de Rambervillers; 720 hab.

BARBE (Sainte-) ou SAINTE-ANNE, baie au S. de l'île de Curaçao, une des Antilles; possession hollandaise.

BARBE (Sainte-), île à 5 l. S. de la ville du même nom, dans la Nouvelle-Californie, états mexicains. Elle est séparée du continent par le canal de Santa-Barbara et située sous le 34° de lat. N., et le 122° de long. O.

BARBECHAT, vg. de Fr., dép. de la Loire-Inférieure, com. de la Chapelle-Basse-Mer; 180 hab.

BARBEFÈRE, ham. de Fr., dép. du Tarn, com. de Trevien; 90 hab.

BARBELN, pet. v. des états prussiens, prov. rhénane, rég. de Trèves, dont elle est le faubourg; 600 hab.

BARBEN (la), vg. de Fr., dép. des Bouches-du-Rhône, arr. d'Aix, cant de Salon, poste de Lambesc; mines de fer en grains; 330 hab.

BARBENTANNE, b. de Fr., dép. des Bouches-du-Rhône, arr. d'Arles, cant. de Château-Renard, poste de Tarascon-sur-Rhône; vin excellent, mines de fer; 2880 hab.

BARBEREY-AUX-MOINES, vg. de Fr., dép. de l'Aube, com. de St.-Lyé; 160 hab.

BARBEREY-SAINT-SULPICE, vg. de Fr.,
dép. de l'Aube, arr., cant. et poste de Troyes; 330 hab.

BARBERIE, vg. de Fr., dép. de l'Oise, arr., cant. et poste de Senlis; 230 hab.

BARBERIER, vg. de Fr., dép. de l'Allier, arr. de Gannat, cant. et poste de Chantelle; 400 hab.

BARBERY, vg. de Fr., dép. du Calvados, arr. de Falaise, cant. de Bretteville-sur-Laize, poste de Langannerie; 60 hab.

BARBE-SUR-GAILLON (Sainte-), vg. de Fr., dép. de l'Eure, arr. de Louviers, cant. et poste de Gaillon; 420 hab.

BARBEVILLE, vg. de Fr., dép. du Calvados, cant. et poste de Bayeux; 220 hab.

BARBEY, vg. de Fr., dép. de Seine-et-Marne, arr. de Fontainebleau, cant. et poste de Montereau; 180 hab.

BARBEY-SEROUX, vg. de Fr., dép. des Vosges, arr. de St.-Dié, cant. et poste de Corcieux; 500 hab.

BARBEZIÈRES, vg. de Fr., dép. de la Charente, arr. de Ruffec, cant. et poste d'Aigre; 480 hab.

BARBEZIEUX, *Barbecillum*, v. de Fr., dép. de la Charente, chef-lieu d'arrondissement, à 10 l. S.-O. d'Angoulême; siége d'un tribunal de première instance, d'une direction des contributions et d'une conservation des hypothèques. Elle est bâtie en amphithéâtre, sur une haute colline, à l'extrémité d'une plaine très-fertile; son château, autrefois résidence des La Rochefoucauld, sert aujourdhui de prison. Barbezieux possède une société d'agriculture, des distilleries et quelques fabriques de toiles. Son commerce consiste en vins, eaux-de-vie, volailles et bestiaux. Les environs produisent du blé, du seigle, de l'avoine, du chanvre et du vin. Foires les 3 juin et 5 novembre, et grand marché le premier mardi de chaque mois; 3020 hab.

Barbezieux était une seigneurie du domaine de la maison des La Rochefoucauld, qui la possédèrent jusqu'à la révolution. Cette ville était autrefois fortifiée, mais ses fortifications et ses murs furent démolis au dix-septième siècle.

BARBEZOU, pet. riv. de Fr., dép. du Lot, a sa source près de la Tronquière, arr. de Figeac; elle coule du N. au S. et se jette dans le Célé ou la Selle, après un cours de 5 lieues.

BARBIÈRES, vg. de Fr., dép. de la Drôme, arr. de Valence, cant. de Bourg-du-Péage, poste de Romans; 650 hab.

BARBINE (la), ham. de Fr., dép. du Puy-de-Dôme, com. de Luzillat; 100 hab.

BARBINIÈRE (la), vg. de Fr., dép. de la Loire-Inférieure, com. de Vertou; 200 hab.

BARBIREY-SUR-OUCHE, vg. de Fr., dép. de la Côte-d'Or, arr. de Dijon, cant. et poste de Sombernon; 380 hab.

BARBISON, vg. de Fr., dép. de Seine-et-Marne, com. de Chailly; 220 hab.

BARBOLA. *Voyez* ZAÏRE.

BARBOLLA, b. d'Espagne, roy. de la Vieille-Castille, prov. de Ségovie, dist. de Bercimuel.

BARBONNE, b. de Fr., dép. de la Marne, arr. d'Épernay, cant. de Sézanne, poste d'Astaffort; 1300 hab.

BARBONVAL, vg. de Fr., dép. de l'Aisne, arr. de Soissons, cant. de Braisne, poste de Fismes; 80 hab.

BARBONVIELLE, vg. de Fr., dép. de Lot-et-Garonne, com. d'Astaffort; 200 hab.

BARBONVILLE, vg. de Fr., dép. de la Meurthe, arr. de Lunéville, cant. de Bayon, poste de St.-Nicolas-du-Port; 450 hab.

BARBOTAN, vg. de Fr., dép. du Gers, arr. et à 9 l. O. de Condom, cant. et poste de Cazaubon; elle est importante par ses eaux minérales et ses boues thermales sulfureuses, fréquentée chaque année par un grand nombre de malades. Les eaux de Barbotan varient de 21° à 32° Réaumur; 220 h.

BARBOUX (le), vg. de Fr., dép. du Doubs, arr. de Montbéliard, cant. et poste du Russey; 350 hab.

BARBUDA, île faisant partie du groupe des Petites-Antilles, à 25 l. N.-E. de St.-Kitts ou St.-Christophe, et à 15 l. N. d'Antigoa. Elle est située sous le 17° 36' de lat. N. et le 64° 7' de long. O. Sa longueur est de 8 l. sur 4 de large. C'est une des îles les moins montagneuses des Indes occidentales; ses côtes sont dangereuses pour le navigateur, parce qu'elles sont entourées d'écueils et de bancs de sable. Le sol produit du coton, du sucre, du poivre, de l'indigo, du tabac, etc.; mais les habitants s'adonnent de préférence à l'éducation du bétail. Les serpents et d'autres insectes vénimeux s'y trouvent en grand nombre. Toute l'île est la possession de la famille anglaise Codrington, soumise à la juridiction d'Antigoa, mais ne payant aucun tribut à l'état; 2000 hab.

BARBUISE, vg. de Fr., dép. de l'Aube, arr. de Nogent-sur-Seine, cant. et poste de Villenauxe; 570 hab.

BARBUNNALÈS, vg. d'Espagne, roy. d'Aragon, près de Balbastro; patrie de J.-N. d'Azara.

BARBY, vg. de Fr., dép. des Ardennes, arr., cant. et poste de Réthel; 550 hab.

BARBY, v. des états prussiens, prov. de Saxe, rég. de Magdebourg, sur l'Elbe; l'agriculture fait la principale occupation des habitants, au nombre de 3300 hab.

BARC, vg. de Fr., dép. de l'Eure, arr. de Bernay, cant. et poste de Beaumont-le-Roger; 650 hab.

BARCA, *Pentapolis Libyæ, Cyrenaica, Marmarica*, grande contrée d'Afrique, sur les côtes de la Méditerranée, entre la rég. de Tripoli, dont elle fait partie, et l'Égypte. Elle a une étendue de 4000 l. c. géogr. Son sol est inégalement fertile; populeuse sur les côtes, l'intérieur désert et inhabitable; jonchée de ruines remarquables et habitée par des Arabes vagabonds; Derne, capitale.

BARCA, *Automala, Automalaca, Automalax*, v. du désert de Barca, au fond du golfe de Sydra, prov. et à 40 l. S.-S.-O. de Bengazi, régence de Tripoli, Afrique septentrionale.

BARCAGNÈRE, vg. de Fr., dép. du Gers, com. de Castillon-Debats; 120 hab.

BARCAROTA, b. d'Espagne, prov. d'Estramadure, dist. et à 8 l. S. de Badajoz, au pied de la Sierra Santa Maria; eaux thermales; 2500 hab.

BARCE, g. a., v. de l'Inde, non loin de l'embouchure de l'Indus; elle fut bâtie par Alexandre.

BARCELLOS, pet. v. de l'emp. du Brésil, prov. de Bahia, dans une très-belle situation, au confluent du Marahu et du petit Paratigy; agriculture et industrie florissantes; 1800 hab.

BARCELLOS, pet. v. de l'emp. du Brésil, prov. de Para, située sur le Rio-Négro, dans une contrée assez fertile; pêche, chasse, commerce; 2600 hab.

BARCELONA, prov. de la rép. de Vénézuela, dép. de Maturin; elle s'étend au N. le long de la mer des Caraïbes jusqu'à l'Orénoque; à l'E. elle est bornée par la prov. de Cumana, dont elle est séparée par le Rio-Névéri, les Cerros de Bergantin et le Rio-Pao; au S. l'Orénoque la sépare de la Guyane, et à l'O. elle est limitée par le dép. de Vénézuela. La Serra de Vénézuela longe la côte de cette province comme un rempart et s'étend jusqu'à Cumana. Derrière cette chaîne de montagnes se déploie l'immense Llanura du Sud, désert en partie brûlé en partie fangeux, et qui ne présente que sur les bords des fleuves de gras pâturages.

BARCELONA ou NUÉVA BARCELONA, v. de la rép. de Vénézuela, dép. de Maturin, prov. de Barcelona, dont elle est le chef-lieu. Elle est située sous le 10° 6' 52" de lat. N., à 12 l. de Cumana et à 1/2 l. de la mer. Cette ville fut fondée, en 1634, par Juan d'Urpin, dans une plaine sur le fleuve Névéri, et sur l'emplacement d'un bourg appelé Maracapano, dont il ne reste plus de trace. Elle est mal bâtie et les rues ne sont pas pavées. C'est un grand entrepôt pour le commerce de contrebande avec l'île de la Trinité. Les habitants, en partie blancs en partie Indiens, se montent, d'après Depons, à 14,000, d'après Lavaissé, à 15,000, d'après Balbi, à 5000 seulement.

BARCELONE, prov. d'Espagne. *Voyez* CATALOGNE.

BARCELONE, *Barcino, Barcinon, Colonia Barcino Faventia (Flaventia), Pia Barcino, Colonia Faventia Julia Augusta Pia Barcino*, v. forte et épiscopale d'Espagne, capitale de la principauté de Catalogne, fondée par Amilcar et bâtie en forme de croissant, près de l'embouchure du Bésos et du Leobrégat sur la Méditerranée, à 120 l. E.-N.-E. de Madrid. Elle est divisée en deux parties, haute et basse. Ses édifices les plus remarquables sont : la cathédrale, les églises de St.-Jacques et de St.-Michel, les couvents des frères de la charité et de Ste.-Claire, la bourse, l'hôtel de ville, le palais des anciens comtes de Barcelone, où siégeait le tribunal de l'inquisition et où furent emprisonnées ses victimes; le palais des audiences, avec les archives importantes de l'Aragon et les portraits de ses rois; la douane, la fonderie de canons, la salle de spectacle, etc. De belles promenades, une académie, un jardin botanique, un cabinet d'histoire naturelle, huit colléges, quatre bibliothèques publiques, des écoles de sourds-muets, de médecine, de chirurgie, de pharmacie, de peinture, de mécanique et de navigation, ainsi que sept hôpitaux la mettent aux rang des villes les plus intéressantes de toute la péninsule. Parmi les restes de son ancienne splendeur, on remarque six colonnes cannelées, ruines d'un palais, les restes d'un amphithéâtre et d'un bain, ainsi que beaucoup d'inscriptions romaines. Son port, dans lequel entrèrent, en 1826, 3844 bâtiments, est abrité par un môle surmonté d'un phare, protégé au N.-E. par une citadelle qui à elle seule peut contenir 7000 hommes, et au S.-O. par les forts d'Altarozanas et de Montjouy. Elle a des fabriques d'orfèvrerie, de draps, de velours, de toiles peintes, de soieries, de blondes, de dentelles, de rubans, de couvertures de laine, de galons, de savons, d'armes blanches et d'armes à feu, etc.; elle est le centre de tout le commerce de la Catalogne, et ses relations commerciales avec les pays étrangers sont immenses. Les vins et l'eau-de-vie sont un des objets les plus considérables de l'exportation. Elle fut prise, après un long siége, en 1705, par les Français et les Espagnols, en 1714, par les Français, en 1808 et en 1823. En 1821 la fièvre jaune lui enleva le cinquième de sa population qui se monte à 145,000 individus. Patrie du poète Juan Boscan Almogaver et du grand chirurgien Virgili.

BARCELONETA, pet. v. de la rép. de Vénézuela, dép. de l'Orénoque, prov. de Guyane, sur le Caroni; elle a une position très-avantageuse pour le commerce; 2600 hab.

BARCELONETTE, pet. v. d'Espagne, principauté de Catalogne, fondée, en 1753, par le marquis de la Mina, sur une petite langue de terre vis-à-vis de Barcelone, dont elle peut être regardée comme un faubourg. Elle a 10,000 habitants et fait un commerce assez considérable.

BARCELONNE, *Barcino Vasconiæ*, b. de Fr., dép. du Gers, arr. de Mirande, cant. de Riscle, poste d'Air-sur-l'Adour; 1200 hab.

BARCELONNE, vg. de Fr., dép. de la Drôme, arr. et poste de Valence, cant. de Chabeuil; 340 hab.

BARCELONNETTE, *Barcinona*, v. de Fr., dép. des Basses-Alpes, chef-lieu d'arrondissement, à 15 l. N.-E. de Digne; siége d'un tribunal de première instance, d'une conservation des hypothèques et d'une direction des contributions indirectes. Cette ville est située sur la rive droite de l'Ubaye, au centre de la vallée de Barcelonnette, à l'extrémité de laquelle s'élève le mont Viso; c'est une très-jolie petite ville; ses rues, bien alignées, sont bordées d'arcades, et ses maisons d'un aspect agréable; elle a une place carrée, plantée d'arbres, au milieu de laquelle on a érigé un monument à Manuel, avec cette inscription, tirée de Béranger : « Bras, tête et cœur, tout était peuple en lui. » Elle possède un collége communal, une société d'agriculture, de sciences et d'arts, des fabriques de gros draps et près de 200 métiers de soie. On y fait commerce de bêtes à laine, de chanvre, de toile et de draps du pays. Foires le 1er juin et le 30 septembre; 2160 hab.

Des débris d'antiquités, découverts près de Barcelonnette, font présumer qu'une ville existait en cet endroit du temps des Romains, qu'elle fut détruite entièrement pendant l'invasion des Barbares et relevée au treizième siècle par les rois d'Aragon, alors maitres de la Provence. Sa position sur la frontière lui attira souvent des désastres; elle fut plusieurs fois saccagée, incendiée, prise et reprise par les Français et les Piémontais. Restée sous la domination française, par le traité d'Utrecht, en 1713, elle fut incorporée, ainsi que la vallée du même nom, à la Provence, dont elle ne cessa plus de faire partie.

BARCELOS ou BARCELLOS, BARCELUM, jolie pet. v. du Portugal, prov. d'Entre-Quéro-e-Minho, chef-lieu du district du même nom, sur le Cavado, à 3 l. S.-O. de Braga et à égale distance E. de l'Océan Atlantique. Elle a un beau pont en pierres, des environs fertiles et bien cultivés, et plusieurs foires très-fréquentées; 4000 hab.

BARCENA, b. d'Espagne, roy. de Léon, prov. de Toro, sur l'Èbre, à 15 l. N.-N.-O. de Burgos.

BARCHAIN, vg. de Fr., dép. de la Meurthe, arr., cant. et poste de Sarrebourg; 290 hab.

BARCHFELD, b. de la Hesse-Électorale, prov. de la Basse-Hesse, sur la rive de la Werra. L'église et le château sont remarquables; 1360 hab., vivant de travaux industriels et agricoles.

BARCIAL-DE-LA-LOMA, b. d'Espagne, roy. de Léon, prov. de Valladolid, dist. d'Aquilar-de-Campos.

BARCILLONNETTE-EN-VITROLLES, vg. de Fr., dép. des Hautes-Alpes, arr., à 2 l. S.-O. et poste de Gap, chef-lieu de canton; 360 hab.

BARCIN, pet. v. des états prussiens, grand-duché de Posen, rég. de Bromberg; fabriques de draps; 750 hab.

BARCKHAUSEN, vg. des états prussiens, prov. de Westphalie, rég. de Minden; mines de houille très-productives et en exploitation depuis 1663; 700 hab.

BARCLAY (baie de), vaste baie à l'O. de l'île de Shmith ou de Livingston, faisant partie du groupe des îles du Nouveau-Shetland méridional, au S.-S.-E. de la Terre-de-Feu et sous le 62° de lat. S.

BARCLAY-DE-TOLLY, groupe d'îles dans l'archipel Paumatou ou des Iles-Basses, Océanie, découvert, en 1819, par le capitaine russe Bellinghausen. Elles s'étendent, du N.-N.-E. au S.-S.-O., sur une longueur de 12 l. Lat. S. 18° 13', long. O. 145°.

BARCO, vg. du roy. Lombard-Vénitien, gouv. de Venise, délégation de Trévise, auquel le séjour de la célèbre Catherine Corner, reine de Chypre, a donné une grande célébrité.

BARCO (el-), b. d'Espagne, roy. de Galice, prov. et à 11 l. E.-N.-E. d'Orense, sur le Sil.

BARCO-DE-AVILA (el-), b. d'Espagne, roy. de Léon, prov. et à 18 l. S.-S.-E. de Salamanque, sur le Tormès.

BARCQ, vg. de Fr., dép. de l'Eure, arr. de Bernay, cant. et poste de Beaumont-le-Roger; 830 hab.

BARCUGNAN, vg. de Fr., dép. du Gers, arr. de Mirande, cant. et poste de Miélan; 660 hab.

BARCUS, vg. de Fr., dép. des Basses-Pyrénées, arr., cant. et poste de Mauléon; 2500 hab.

BARCY, vg. de Fr., dép. de Seine-et-Marne, arr. et poste de Meaux, cant. de Lizy; 290 hab.

BARD, vg. de Fr., dép. du Jura, com. de Ruffey; 250 hab.

BARD, vg. de Fr., dép. de la Loire, arr., cant. et poste de Montbrison; 700 hab.

BARD (Saint-), vg. de Fr., dép. de la Creuse, arr. et poste d'Aubusson, cant. de Crocq; 450 hab.

BARDA ou BERDA, b. de la rég. de Tunis, Afrique, dans une position charmante, avec un beau palais où le bey passe la belle saison.

BARDAIS, vg. de Fr., dép. de l'Allier, arr. de Montluçon, cant. et poste de Cérilly; 250 hab.

BARDANOUAH, vg. de la Moyenne-Égypte, dist. de Bénisoues, sur un canal du Nil.

BARDE (la), vg. de Fr., dép. de la Charente-Inférieure, arr. de Jonzac, cant. de Montguyon, poste de Montlieu; 700 hab.

BARDEL, vg. de Fr., dép. de Seine-et-Oise, com. de Vicq; 140 hab.

BARDENAC, vg. de Fr., dép. de la Charente, arr. de Barbezieux, cant. et poste de Chalais; 470 hab.

BARDENBERG, vg. des états prussiens, prov. rhénane, rég. d'Aix-la-Chapelle; mines de houille; 1300 hab.

BARDENFLETH, b. du grand-duché d'Oldenbourg, cer. d'Oldenbourg; 1500 hab.

qui s'adonnent à la pêche et à des travaux agricoles.

BARDIAUX (les), vg. de Fr., dép. de la Nièvre, com. d'Arleuf; 100 hab.

BARDIGUES, vg. de Fr., dép. de Tarn-et-Garonne, arr. de Castelsarrasin, cant. de Lavit, poste d'Auvillars; 600 hab.

BARDIS, b. de la Haute-Egypte, dans une contrée riche en palmiers et en dattiers.

BARD-LE-RÉGULIER, vg. de Fr., dép. de la Côte-d'Or, arr. de Beaune, cant. de Liernais, poste d'Arnay-le-Duc; 300 hab.

BARD-LES-ÉPOISSES, vg. de Fr., dép. de la Côte-d'Or, arr. et cant. de Semur, poste des Époisses; 210 hab.

BARD-LES-PESMES, vg. de Fr., dép. de la Haute-Saône, arr. de Gray, cant. et poste de Pesmes; 370 hab.

BARDO (fort de Bard), fort du roy. de Sardaigne, situé à l'entrée du val d'Aosta et assis sur un rocher, au pied duquel coule la Dora. Il domine la route de Turin et arrêta un instant Bonaparte, lorsque, après avoir franchi le St.-Bernard, il déboucha en Italie pour remporter la victoire de Marengo. Napoléon fit raser plus tard les fortifications de Bardo, qu'on a depuis rétablies.

BARDOLINO, b. du roy. Lombard-Vénitien, gouv. de Venise, prov. ou délégation de Vérone, sur le lac de Garde. La pêche et la navigation sont les principales occupations de ses 2000 hab.

BARDON (le), vg. de Fr., dép. du Loiret, com. de Meung-sur-Loire; 360 hab.

BARDOS, vg. de Fr., dép. des Basses-Pyrénées, arr. de Bayonne, cant. de Bidache, poste de Peyrehorade; 2470 hab.

BARDOU, vg. de Fr., dép. de la Dordogne, arr. de Bergerac, cant. et poste d'Issigeac.

BARDOUVILLE, vg. de Fr., dép. de la Seine-Inférieure, arr. de Rouen, cant. et poste de Duclair; 350 hab.

BARDOWIECK, b. du roy. de Hanovre, bge de Winsen; jardinage considérable; 1350 hab.

BARDS, vg. de Fr., dép. du Puy-de-Dôme, com. de Boudes; eaux minérales froides acidulées; 110 hab.

BARE, pet. île sur la côte orient. de l'île d'Eaheinomauve, Nouvelle-Zéelande.

BARÉHLY, v. de la Russie d'Asie, prov. de Daghestan, résidence de l'ouzmei ou khan des Kaitsk, peuplade caucasienne qui peut mettre en campagne 7000 hommes. La ville de Baréhly est habitée par 1200 familles.

BAREILLES, vg. de Fr., dép. des Hautes-Pyrénées, arr. de Bagnères-en-Bigorre, cant. de Bordères, poste d'Arreau; 470 hab.

BAREILY, v. de l'Inde, présidence de Calcutta, dist. de Bareily, au confluent du Joah et de la Lunkra; siège d'une cour d'appel et défendue par un fort; importante par ses fabriques d'armes, de tapis et de poterie; commerce considérable; 67,000 h.

BARELLES (les), vg. de Fr., dép. de la Haute-Garonne, com. de Villefranche-de-Lauragais.

BAREMBACH ou **BÉRIMBET**, vg. de Fr., dép. des Vosges, arr. de St.-Dié, cant. et poste de Schirmeck; 950 hab.

BARE-MOUNT, mont. de la chaîne des Highland-Mountains, au S.-E. de l'état de New-York, États-Unis de l'Amérique du Nord; elle s'élève à la hauteur de 500 mètres.

BAREN, vg. de Fr., dép. de la Haute-Garonne, arr. de St.-Gaudens, cant. et poste de St.-Béat; 60 hab.

BARENTIN, vg. de Fr., dép. de la Seine-Inférieure, arr. de Rouen, cant. de Pavilly, poste; 1800 hab.

BARENTON, b. de Fr., dép. de la Manche, arr. et à 3 l. S.-E. de Mortain, chef-lieu de canton et poste; 3100 hab.

BARENTON-BUGNY, vg. de Fr., dép. de l'Aisne, arr. et poste de Laon, cant. de Crécy-sur-Serre; 620 hab.

BARENTON-CEL, vg. de Fr., dép. de l'Aisne, arr. et poste de Laon, cant. de Crécy-sur-Serre; 170 hab.

BARENTON-SUR-SERRE, vg. de Fr., dép. de l'Aisne, arr. et poste de Laon, cant. de Crécy-sur-Serre; 310 hab.

BARESIA-LES-CLAIRVAUX, vg. de Fr., dép. du Jura, arr. de Lons-le-Saulnier, cant. et poste de Clairvaux; 340 hab.

BARESIA-LES-MONTFLEUR, ham. de Fr., dép. du Jura, com. de Montfleur; 70 h.

BAR-ET-BOR, vg. de Fr., dép. de l'Aveyron, arr. et poste de Villefranche, cant. de Najac; 750 hab.

BARETTALI, vg. de Fr., dép. de la Corse, arr. de Bastia, cant. de Luri, poste de Rogliano; 630 hab.

BARFLEUR, *Barofluctum*, pet. v. de Fr., dép. de la Manche, arr. et poste de Valognes, cant. de Quettehou, à 4 l. E. de Cherbourg; elle a un petit port très-peu fréquenté; son commerce consiste dans la vente des grains, pois, haricots, chanvre, lin et cidre qu'on récolte dans les environs, et plus particulièrement en poissons frais et salés et en huîtres. Un grand nombre d'habitants se livrent à la pêche de la morue, du maquereau et du hareng; 2670 hab.

BARGA, v. d'Italie, grand-duché de Toscane, compartiment de Pise; située dans une vallée de l'Apennin, au pied du monte di Gragno. On trouve dans ses environs du jaspe et du charbon de terre; 2000 hab.

BARGA, pet. v. du Piémont, prov. de Saluces, au confluent du Rio-Infernetto et du Ghiaudone. On y fabrique des armes; 6900 hab.

BARGAL ou **BERKEL**, mont. de Nubie, pays des Arabes-Sheygya, au N. de Mévawé, près de la mer Rouge, dans une contrée fertile et riche en ruines remarquables.

BARGE, vg. de Fr., dép. de la Côte-d'Or, arr. de Dijon, cant. et poste de Gevrey; 180 hab.

BARGÈME, vg. de Fr., dép. du Var, arr. de Draguignan, cant. et poste de Comps; 470 hab.

BARGEMONT, vg. de Fr., dép. du Var, arr. de Draguignan, cant. de Callas, poste; 1900 hab.

BARGES, vg. de Fr., dép. de la Haute-Loire, arr. du Puy, cant. de Pradelles, poste de Cayres; 400 hab.

BARGES, ham. de Fr., dép. de l'Orne, com. de Villebadin; 90 hab.

BARGES, vg. de Fr., dép. de la Haute-Saône, arr. de Vesoul, cant. et poste de Jussey; 500 hab.

BARGNY, vg. de Fr., dép. de l'Oise, arr. de Senlis, cant. et poste de Betz; 240 hab.

BARGOUSIN, v. de la Russie d'Asie, gouv. d'Irkutzk, fondée il y a quarante ans seulement et peu importante par le chiffre de sa population qui ne dépasse pas 200 habitants. Mais ses environs sont remarquables par les eaux thermales, connues sous le nom de bains de Bargousin, et par les lacs amers d'où l'on tire le sel purgatif de Sibérie.

BARGUES, vg. de Fr., dép. des Landes, com. de Lucbardez; 550 hab.

BARGUSII, g. a., peuple de la Tarragonie, entre les Ilergètes et les Ausetani.

BARI, chef-lieu de l'intendance de Bari, roy. des Deux-Siciles, avec un port sur l'Adriatique; siège d'un archevêque; tribunaux civil et criminel. Elle est fortifiée, commerçante, renferme plusieurs manufactures, un grand lycée et une population d'environ 19,000 hab.

BARIE, vg. de Fr., dép. de la Gironde, arr. de Bazas, cant. d'Auros, poste de la Réole; 870 hab.

BARILLAS, vg. d'Espagne, roy. de Navarre, dist. de Tudéla.

BARILLIÈRE (la), vg. de Fr., dép. de la Vendée, com. d'Ardelay; 120 hab.

BARILS (les), vg. de Fr., dép. de l'Eure, arr. d'Évreux, cant. et poste de Verneuil; 400 hab.

BARIMA (punta de), promontoire au N.-E. de la rép. de Vénézuela, sur les côtes du dép. de l'Orénoque et à l'embouchure S.-E. de ce fleuve.

BARINAGOTOS, peuplade indienne indépendante, habitant les rives supérieures du Caroni, dans la rép. de Vénézuela, dép. de l'Orénoque.

BARINAS (Nueva), pet. v. de la rép. de Vénézuela, dép. de l'Orénoque, prov. de Varinas, dont elle est le chef-lieu, à une demi-lieue du Rio-San-Domingo, dans une belle plaine très-saine et très-fertile, et sous le 7° 53′ 12″ de lat. N. Le premier fondateur de cette ville est Juan Baréla qui, en 1576, fonda un établissement près des sources du San-Domingo, à l'endroit où est situé aujourd'hui le bourg de Viéja-Barinas; cet établissement s'appela alors Altamira-de-Carcérès. Quelques années plus tard on le quitta pour s'établir dans la plaine de Varinas, mais l'air malsain força bientôt les habitants de quitter de nouveau cette contrée; alors ils allèrent fonder la ville de Nueva-Barinas ou Varinas. Cette ville, très-florissante avant la guerre, comptait alors près de 12,000 habitants. Sa population actuelle ne s'élève plus qu'à 3000 âmes.

BARING, groupe d'îles dans l'archipel de lord Mulgrave, au S. des îles Mosquitos. Lat. S. 5° 24′, long. E. 165° 10′.

BARINQUE, vg. de Fr., dép. des Basses-Pyrénées, arr. et poste de Pau, cant. de Morlaas; 580 hab.

BARIOLET (le), vg. de Fr., dép. de la Corrèze, com. de Perpezac-le-Noir; 1100 h.

BARISEY-AU-PLEIN, vg. de Fr., dép. de la Meurthe, arr. de Toul, cant. et poste de Colombey; 400 hab.

BARISEY-LA-COTE, vg. de Fr., dép. de la Meurthe, arr. de Toul, cant. et poste de Colombey; 300 hab.

BARISIS, vg. de Fr., dép. de l'Aisne, arr. de Laon, cant. et poste de Coucy-le-Château; 1200 hab.

BARIZEY, vg. de Fr., dép. de Saône-et-Loire, arr. de Châlons-sur-Saône, cant. de Givry, poste du Bourgneuf; 280 hab.

BARJAC, vg. de Fr., dép. de l'Arriège, arr. et poste de St.-Girons, cant. de Ste.-Croix; 300 hab.

BARJAC, b. de Fr., dép. du Gard, arr. et à 6 1/2 l. N.-E. d'Alais, chef-lieu de cant. et poste; eaux minérales froides; 2160 hab.

BARJAC, vg. de Fr., dép. de la Lozère, arr. de Marvejols, cant. de Chanac, poste de Mende; 1000 hab.

BARJAS, riv. d'Espagne, roy. de Galice, affluent du Minho.

BARJOLS, *Barjolium*, pet. v. de Fr., dép. du Var, arr. et à 5 l. N. de Brignoles, chef-lieu de canton et poste; elle a des papeteries, des faïenceries, des tanneries, des distilleries et des filatures de soie; 3512 hab.

BARJON, vg. de Fr., dép. de la Côte-d'Or, arr. de Dijon, cant. et poste de Grancey; 200 hab.

BARJOUVILLE, vg. de Fr., dép. d'Eure-et-Loir, arr., cant. et poste de Chartres, 230 hab.

BARKAL ou BARGAL, BERKEL, mont. dans le pays des Chaykye, Nubie, au N. de la ville de Mérawé; elle est remarquable par les ruines imposantes qu'on y trouve et que Cailliaud regarde comme les restes de *Napata* qui, pendant plusieurs siècles, fut, après Méroë, la capitale de la Nubie et détruite par Pétronius, général romain. On y voit encore deux groupes, formés chacun par plusieurs pyramides, plus petites que celles d'Égypte, mais accompagnées, comme celles d'Assour, de sanctuaires extérieurs ou de petits temples; ensuite un grand temple très-dégradé qui, par son étendue, le grand nombre de colonnes, de sphinx, d'autels en granit, couverts des plus belles sculptures, et par sa grande salle hypostyle, doit être rangé au rang des plus beaux monuments de l'Éthiopie inférieure. Le typhonium, placé à la moitié de la montagne, est le plus beau reste encore subsistant de ces magnifiques ruines que Waddington, qui les a visitées le premier, croit être plus anciennes que celles de l'Égypte.

BARKARH, riv. dans la partie occ. de la prov. de Constantine, vallée de Schatt ou Schott.

BARKING, b. d'Angleterre, comté d'Essex, sur le Rhoding; 2400 hab., dont beaucoup sont pêcheurs.

BARKOL ou BARKOUL, prov. de la Chine. Le climat est si froid que la neige ne fond souvent qu'au mois de juin. Barkol, sur la route d'Iti à Pe-ku, en est la capitale.

BARLEBEN, vg. des états prussiens, prov. de Saxe, rég. de Magdebourg; 1700 hab.

BAR-LE-DUC ou BAR-SUR-ORNAIN, v. de Fr., chef-lieu de dép. de la Meuse, à 50 l. O. de Paris; siège de tribunaux de première instance et de commerce; chambre consultative de commerce. Cette ville, bâtie en amphithéâtre sur les bords de l'Ornain, se divise en ville haute et en ville basse. La première est plus ancienne que la ville basse. Dans l'église de St.-Pierre on remarque le mausolée de Réné de Châlons, prince d'Orange, tué en 1544 au siége de St.-Dizier. On admire sur ce tombeau un morceau de sculpture dont l'exécution est frappante de vérité, mais dont le sujet est dégoûtant : il représente un cadavre en putréfaction et rongé par les vers. C'est l'ouvrage de Léger Richier qui fut, dit-on, élève de Michel-Ange. Les édifices les plus remarquables de cette ville sont l'hôtel de ville et l'hôtel de la préfecture. Près de la haute ville on voit les restes de l'ancien château, autrefois résidence des comtes de Bar. Les promenades y sont aussi fort agréables, surtout dans la ville haute. Bar possède une bibliothèque publique, une école normale primaire et une société d'agriculture et des arts. Cette ville est l'entrepôt des planches de sapin venant des Vosges et des planches de chêne du pays. On expédie la plus grande quantité pour Paris.

L'industrie y est très-active; elle consiste en nombreuses filatures de coton, fabriques de siamoises, de calicots, de bonneteries, tanneries, teintureries, etc.; il s'y fait un grand commerce de vins estimés du pays, d'eau-de-vie, de fer, de bois, de planches, de cuivre, d'ouvrages d'acier, de laine et surtout d'excellentes confitures de groseilles. Foires le 22 janvier, le 3 novembre et le jeudi après l'Ascension; 12,500 hab.

Bar doit son origine à un château que le duc de la Mosellane ou Haute-Lorraine, Frédéric ou Ferri Ier, beau-frère de Hugues-Capet, fit construire en cet endroit, vers le milieu du dixième siècle, pour arrêter les incursions des Champenois dans la Lorraine. Ce château, d'abord appelé *Barrière-du-Duc*, prit plus tard, par corruption, le nom de Bar-le-Duc. En 1037, le château de Bar fut pris d'assaut par Eudes, comte de Champagne, et restitué, en 1093, au Barrois. Des comtes et des ducs particuliers possédèrent Bar et son territoire jusqu'au commencement du quinzième siècle. Le Barrois fut alors réuni au duché de Lorraine et suivit le sort de cette province.

BARLES, vg. de Fr., dép. des Basses-Alpes, arr. de Digne, cant. et poste de Seyne; 450 hab.

BAR-LES-BUZANCY, vg. de Fr., dép. des Ardennes, arr. de Vouziers, cant. et poste de Buzancy; 460 hab.

BARLEST, vg. de Fr., dép. des Hautes-Pyrénées, arr. d'Argelès, cant. de St.-Pé, poste de Lourdes; 410 hab.

BARLETTA, *Barolum*, v. des Deux-Siciles, intendance de Bari. C'est une jolie ville, située au bord de la mer; siège de l'évêque de Nazareth. Son port ne peut recevoir que de petits bâtiments. Néanmoins son commerce est florissant, et les riches salines qui s'étendent jusqu'à la Trinità, contribuent à répandre l'aisance parmi ses habitants, dont on porte le nombre à 20,000. Elle renferme une belle cathédrale et plusieurs édifices remarquables.

BARLETTE, ham. de Fr., dép. de la Somme, com. de Franqueville; 70 hab.

BARLEUX, vg. de Fr., dép. de la Somme, arr., cant. et poste de Péronne; 500 hab.

BARLIEU, vg. de Fr., dép. du Cher, arr. de Sancerre, cant. et poste de Vailly; 950 h.

BARLIN, vg. de Fr., dép. du Pas-de-Calais, arr. et poste de Bethune, cant. de Houdain; 520 hab.

BARLY, vg. de Fr., dép. du Pas-de-Calais, arr. de St.-Pol-sur-Ternoise, cant. d'Avesnes-le-Comte, poste de l'Arbret; 510 hab.

BARLY, vg. de Fr., dép. de la Somme, arr. et poste de Doullens, cant. de Bernaville; 660 hab.

BARMAINVILLE, vg. de Fr., dép. d'Eure-et-Loire, arr. de Chartres, cant. de Janville, poste d'Angerville; 170 hab.

BARMEN, belle vallée de Prusse, s'étend depuis Elberfeld jusqu'au dist. de Schwelm, comprend un bourg et 61 villages; fabriques de toiles, d'étoffes de coton, de soie, de rubans, de siamoises et de cordons de fil; teintureries et savonneries; 24,800 hab.

Le bourg de Barmen est remarquable par ses belles constructions, et chaque jour il s'agrandit de quelques nouveaux bâtiments, de sorte qu'il ne forme, pour ainsi dire, avec Elberfeld qu'une seule ville, à laquelle l'industrie a fait atteindre un haut degré de prospérité.

BARMONT, vg. de Fr., dép. du Cher, com. de Mehun-sur-Yèvre; 250 hab.

BARMONTH-KRICK, pet. golfe sur la côte S.-E. de la Nouvelle-Hollande. Il a été visité par Bass et n'est navigable que pour les petits bâtiments. Selon toute apparence, il forme l'embouchure de quelque rivière. Lat. S. 36° 47'.

BARN, point culminant de l'île de Ste.-Hélène, dans l'Océan Atlantique; sa hauteur est de 2015 pieds anglais.

BARNABÉ (Saint-), vg. de Fr., dép. des Côtes-du-Nord, arr. et poste de Loudéac, cant. de la Chèze; 1000 hab.

BARNABÉ, île dans le St.-Laurent, dans le voisinage de Le Bic, Bas-Canada, dist. de Gaspe, comté de Devon.

BARNAGORE, v. de l'Inde, présidence et au N. de Calcutta, sur l'Hougly. Ancien établissement portugais, surnommé, à cause de sa position ravissante, la Paphos de Calcutta. Fabriques de mouchoirs.

BARNAOUL, v. de la Russie d'Asie, gouv. de Tomsk, siège de la direction des forges de Kolyvano-Waskressenski. Ses habitants, au nombre de 9000, sont pour la plupart employés dans les mines et dans les forges. On compte dans cette ville quarante hauts fourneaux, une verrerie et une fonderie de cloches.

BARNARD, pet. v. des États-Unis de l'Amérique du Nord, état de Géorgie, territoire des Creeks dont elle est le chef-lieu, sur le Flint; c'est un établissement naissant.

BARNAUDÉ, vg. de Fr., dép. de la Nièvre, com. de Montambert-Tannay; 100 hab.

BARNAVE, vg. de Fr., dép. de la Drôme, arr. de Die, cant. et poste de Luc-en-Diois; 320 hab.

BARNAY, vg. de Fr., dép. de Saône-et-Loire, arr. d'Autun, cant. et poste de Lucenay; 370 hab.

BARNAZAT, vg. de Fr., dép. du Puy-de-Dôme, com. de St.-Denis-Combarnazat; 170 hab.

BARNEAU, vg. de Fr., dép. de Seine-et-Marne, com. de Sognolles; 160 hab.

BARNEGAT, deux baies, l'une plus grande que l'autre, sur la côte orient. de l'état de New-Jersey, États-Unis de l'Amérique du Nord; ces baies sont fermées par une langue de terre très-étendue, mais déchirée et formant par là une série d'inlets (entrées).

BARNEVELD, b. considérable du roy. des Pays-Bas, prov. de Gueldre, à 7 l. N.-O. d'Arnheim; belle campagne de la famille Schaffelaar.

BARNEVILLE-LA-BERTRAND, vg. de Fr., dép. du Calvados, arr. de Pont-l'Evêque, cant. et poste de Honfleur; 300 hab.

BARNEVILLE-SUR-MER, b. de Fr., dép. de la Manche, arr. et à 8 l. S.-O. de Valognes; chef-lieu de canton, poste de Bricquebec; 1100 hab.

BARNEVILLE-SUR-SEINE, vg. de Fr., dép. de l'Eure, arr. de Pont-Audemer, cant. de Routot, poste de Bourgachard; 750 hab.

BARNICLE, promontoire au S.-O. de la

petite île de St.-Pierre, possession française au S. de l'île de Terre-Neuve.

BARNOT, vg. de Fr., dép. de Saône-et-Loire, arr., cant. et poste de Charolles, com. de Baron; 100 hab.

BARNOUVILLE, vg. de Fr., dép. de Seine-et-Marne, arr. de Fontainebleau, cant. et poste de Château-Landon, com. de Beaumont; 120 hab.

BARNSLEY, pet. v. d'Angleterre, comté d'York, sur une colline et le canal de Wakefield; forges et fabriques d'acier, manufactures de coton et de laine. Le fil d'archal, que fournissent les tréfileries de Barnsley, est le meilleur de toute l'Angleterre; 8300 h.

BARNSTABLE, comté de l'état de Massachussets, États-Unis de l'Amérique du Nord. C'est une presqu'île très-étroite, contigue à l'O. au comté de Plymouth; au N. elle est bornée par la baie de Cap-Cod, à l'E. par l'Océan, au S. par le Nantuket-Sund et au S.-O. par la baie de Buzzard. Elle a une étendue d'environ 16 l. c. géogr., avec 26,000 habitants. Le sol est, en général, très-sablonneux et stérile sur plusieurs points; le bois y est rare, et la pêche sur les côtes est presque l'unique ressource des habitants. Pour établir une communication plus prompte et plus avantageuse pour le commerce, entre Boston et les états méridionaux de l'union, on a proposé de percer l'isthme sablonneux entre la baie de Cap-Cod et celle de Buzzard, projet qui, quoique de la plus grande utilité, n'a pas encore été exécuté. Barnstable, pet. v. sur la baie du même nom, au N.-O. de la presqu'île qui y forme un vaste port, mais dont l'entrée est comblée par d'immenses bancs de sable, est le chef-lieu du comté. La ville a une école latine, une société littéraire et 4000 habitants qui s'occupent de la culture du lin et surtout de la pêche. On trouve dans ses environs d'immenses salines.

BARNSTAPLE, b. d'Angleterre, comté de Devon, sur le Taw qu'on y passe sur un pont de seize arches. Elle possède des manufactures de laine, des tanneries, des poteries et un petit port; 7000 hab.

BARNWELL, dist. de l'état de la Caroline du Sud, États-Unis de l'Amérique du Nord. Il est borné par les districts d'Orangebourg, de Colleton, de Beaufort, d'Edgefield et par l'état de Géorgie, et renferme 16,000 habitants dont 7000 esclaves. Le Savannah à l'O. et l'Edisto méridional à l'E., entourent ce pays qui renferme aussi les sources du Combahée, sortant du Salt-Ketscher-Swamp. Le coton et le riz sont les principaux produits de ce pays. Barnwell, bourg sur le Big-Salt-Ketscher, est le chef-lieu de ce district.

BARNY, vg. de Fr., dép. de Seine-et-Marne, com. de St.-Augustin; 410 hab.

BAROCHE (la) ou **ZELL**, vg. de Fr., dép. du Haut-Rhin, arr. et poste de Colmar, cant. de Lapoutroye; 2000 hab.

BAROCHE-SOUS-LUCÉ (la), *Barocca*, b. de Fr., dép. de l'Orne, arr. et poste de Domfront, cant. de Juvigni-sur-Andaine; 1550 hab.

BARODA, roy. de l'Inde, tributaire des Anglais. Il occupe la partie orient. de l'ancienne prov. de Guzerate, principalement celle comprise entre le Sanhermutter et la Tapty, et est habitée par les Guikowâr, au nombre de deux millions. La dynastie régnante est la famille mahratte des Guikowâr; le gouvernement est absolu, mais le royaume est tributaire des Anglais qui ont un résident à Baroda, cap. du pays. Les revenus s'élèvent à 18,000,000 francs environ. L'armée est forte de 22,000 hommes. Les endroits les plus remarquables, outre la capitale, sont : Pôwanghar, Kapperwourdie, Pattan, jadis la capitale de tout le Guzerate, Palkânpour, Disa, Rhâdenpour, Dwarâka.

BARODA, capitale du roy. de ce nom; grande ville située au milieu d'un terrain riche et cultivé, au confluent du Dhaudur et de la Wiswamitra. Elle est fortifiée et partagée par deux rues qui se croisent en quatre parties égales. Ses principaux édifices sont le palais du roi, quelques pagodes et quelques hôpitaux. On y remarque, en outre, un beau pont en pierres sur le Wiswamitra, que le voyageur Hamilton indique comme le seul du Guzerate. La population, qu'on croit dépasser 100,000 habitants, s'occupe principalement de la fabrication d'étoffes de soie et de coton. Cette ville a beaucoup souffert d'un tremblement de terre en 1819.

BAROILE, vg. de Fr., dép. de la Loire, arr. de Roanne, com. de St.-Georges-de-Baroile; 50 hab.

BAROMESNIL, vg. de Fr., dép. de la Seine-Inférieure, arr. de Dieppe, cant. et poste d'Eu; 400 hab.

BARON, vg. de Fr., dép. du Calvados, arr. de Caen, cant. et poste d'Evrecy; 460 h.

BARON, vg. de Fr., dép. de la Gironde, arr. de Libourne, cant. et poste de Branne; 400 hab.

BARON, vg. de Fr., dép. de l'Oise, arr. de Senlis, cant. et poste de Nanteuil-le-Haudouin; 850 hab.

BARON, vg. de Fr., dép. de Saône-et-Loire, arr., cant. et poste de Charolles; 620 hab.

BARONNAS (les), vg. de Fr., dép. de Saône-et-Loire, com. de Martigny-le-Comte; 180 hab.

BARONVILLE, vg. de Fr., dép. de la Moselle, arr. de Sarreguemines, cant. de Gros-Tenquin, poste de Faulquemont; 490 hab.

BAROTCH, Broach ou Baroche, *Baroca*, v. de l'Inde, présidence de Bombay, dist. de Barotch, située sur la Nerbaddah. Elle est fortifiée et d'une assez grande étendue, mais à moitié ruinée et déserte. Son commerce et son industrie n'ont perdu de leur importance, et sa population, qui se montait en 1812 à 32,716 habitants, a également diminué. A quelque distance de la ville, dans une île de la Nerbaddah, se trouve un bananier, auquel on donne 3000 ans d'existence et qui certainement est un des plus grands arbres du globe; 7000 personnes, dit-on, peuvent se mettre à l'abri sous son feuillage.

BAROU, vg. de Fr., dép. du Calvados, arr. et poste de Falaise, cant. de Coulibœuf; 212 hab.

BAROUCHET, vg. de Fr., dép. de la Creuse, com. de Viersat; 80 hab.

BAROUCO, chaîne de montagnes, dans l'île d'Haïti, sur la rive droite de la Neyba.

BAROUS (Varus), chef-lieu du pays des Battas, à 3 l. environ de la mer, sur la côte occidentale de Sumatra, le principal marché des Battas, où ils apportent surtout du camphre, ce qui a fait donner à cette ville le nom de Kafour-Barous.

BARP (le), vg. de Fr., dép. de la Gironde, arr. de Bordeaux, cant. et poste de Belin; 680 hab.

BARQUE (le), vg. de Fr., dép. du Pas-de-Calais, com. de Ligny-Tilloy; 500 hab.

BARQUES (le port des), vg. de Fr., dép. de la Charente-Inférieure, com. de St.-Nazaire; 400 hab.

BARQUES (les), vg. de Fr., dép. de la Loire, arr. de Montbrison, cant. et com. de St.-Rambert, poste de Sury-le-Comtal; 500 hab.

BARQUES, vg. de Fr., dép. de la Seine-Inférieure, com. de Marques; 100 hab.

BARQUES, vg. de Fr., dép. de l'Eure, arr. de Bernay, cant. et poste de Beaumont-le-Roger; 530 hab.

BARQUILLA, vg. d'Espagne, roy. de Léon, prov. et dist. de Salamanque.

BARQUISIMÉTO ou **NUÉVA-SÉGOVIA**, pet. v. de la rép. de Vénézuela, dép. du même nom, prov. de Carabobo, sous le 9° 40' de lat. N., à 120 l. O.-S.-O. de Caraccas, à 224 l. de Bogota et à 22 l. de Tocuyo. Elle est bien bâtie et jouit d'un climat délicieux. Ses environs sont fertiles et bien cultivés. Le commerce est assez florissant; 4000 hab.

BARR, vg. d'Écosse, sur le Stinchar, comté d'Ayr; source d'eau minérale sulfureuse.

BARR, v. de Fr., dép. du Bas-Rhin, à l'entrée de la vallée du même nom, arr. et à 3 1/2 l. de Schlestadt, 6 1/2 l. S.-O. de Strasbourg, chef-lieu de canton et poste, au pied du Kirchberg, sur le Kirneck dont les eaux alimentent plusieurs usines. Cette petite ville est assez bien bâtie. On y remarque beaucoup d'activité industrielle. Elle a des mégisseries, des chamoiseries, des moulins à tan; la fabrication de mitaines et de souliers de laine occupe plus de 200 familles; le commerce de vin et d'eau-de-vie y est très-important. Les côteaux, qui avoisinent la ville, sont couverts de vignobles dont les produits sont assez estimés. Il y a aussi près de Barr des sources d'eaux minérales et deux établissements de bains. Foires le premier samedi de février, de mai, d'août et samedi après la St.-Martin; pop. 4714 hab.

Barr, une des anciennes villes de l'Alsace, était autrefois ceinte de murailles et possédait un château, sur l'emplacement duquel se trouve aujourd'hui la mairie. Cette ville fut incendiée vers la fin du seizième siècle pendant la guerre que suscita alors en Alsace l'élection d'un évêque de Strasbourg. Les chanoines protestants ayant élu Georges de Brandebourg et les catholiques le cardinal Charles de Lorraine, il résulta de cette double élection une lutte désastreuse, qui dura huit mois et dont la ville de Barr, occupée par les partisans du cardinal, devint victime. En 1678, un autre incendie détruisit presqu'entièrement cette ville, relevée de ses ruines par l'activité de ses laborieux habitants. Barr était avant la révolution le chef-lieu d'un bailliage appartenant à la ville de Strasbourg.

BARR, îlot du groupe des îles Furneaux, au N.-O. de l'île de Van-Diemen, Océanie.

BARRA, vg. de l'emp. du Brésil, prov. et dist. de Goyaz, à 8 l. N.-O. de l'embouchure du Bugres; mines d'or; 1500 hab.

BARRA, g. a., v. des Orobii, dans la Gaule transpadane.

BARRA, pet. état de la Sénégambie ou Nigritie occidentale, Afrique, au N. de l'embouchure de la Gambie, dans l'Océan Atlantique; ancienne dépendance ou annexe du roy. Ghiolof de Saloum; assez puissant pour avoir mis récemment en péril les établissements anglais sur la Gambie. Il a une longueur d'environ 20 et une largeur d'environ 14 l., avec 200,000 habitants, qui font le commerce de sel, de maïs, d'étoffes de coton, d'ivoire, de sable d'or, etc. Les principaux endroits sont Albréda et Jillefrey.

BARRABAN, vg. de Fr., dép. de l'Aveyron, com. de Salvetat; 90 hab.

BARRACAS, b. du Portugal, prov. de Béira, sur la mer Atlantique, à 8 l. O.-N.-O. de Coïmbre.

BARRACONDA, v. de la Sénégambie, Afrique, dans l'état de Voulli, sur la Gambie, à 20 l. E. de Pisania; 1500 hab.

BARRADDO, v. d'Abyssinie, pays de Tigré, dist. de Sérawé.

BARRA-DE-ODÉMIRA, baie sur la côte du Portugal, prov. d'Alentéjo, à l'embouchure de l'Odémira.

BARRA-DE-SINÈS, baie sur la côte du Portugal, prov. d'Alentéjo, près du bourg de Sinès.

BARRA-FALSA, pet. île sur les côtes de la prov. de San-Paolo, emp. du Brésil, non loin de la ville de Paranagua.

BARRAIS, vg. de Fr., dép. de l'Allier, arr., cant. et poste de la Palisse; 480 hab.

BARRAKAED, île du Nil, dans la Moyenne-Égypte, prov. d'Alfiéh.

BARRAKPOOR, gr. vg. de l'Inde, dans les environs de Calcutta, sur l'Hougly, où se trouvent les baraques de campement des troupes anglaises du Bengale. On y remarque la belle maison de campagne du gouverneur, près de laquelle se trouvent une volière et une ménagerie: les deux principaux établissements de ce genre que possède l'Inde et qui ont été créés par lord Wellington.

BARRAN, ham. de Fr., dép. de la Haute-Garonne, arr. de St.-Gaudens, cant. et poste de l'Isle-en-Dodon; 50 hab.

BARRAN, b. de Fr., dép. du Gers, arr., cant. et poste d'Auch; 1820 hab.

BARRAN-ABBATIAL, b. de Fr., dép. du Gers, arr. et poste d'Auch, cant. de Saramon; 1570 hab.

BARRANCA (punta della), promontoire au N.-E. du Chili.

BARRAQUES (les), vg. de Fr., dép. de l'Ardèche, com. de St.-Montaut; 600 hab.

BARRAQUES (les), vg. de Fr., dép. de la Haute-Garonne, com. de la Salvetat; 130 h.

BARRAQUES, ham. de Fr., dép. de la Loire, com. de St.-Romain-la-Motte; 60 h.

BARRAQUES, vg. de Fr., dép. des Hautes-Pyrénées, com. de Campistrous; 150 hab.

BARRAQUES, ham. de Fr., dép. des Hautes-Pyrénées, com. de Lannemezan; 70 h.

BARRAQUES-DE-CODOGNAN. *Voyez* FONS-OUTRE-GARDON.

BARRAS, vg. de Fr., dép. des Basses-Alpes, arr., cant. et poste de Digne; 280 h.

BARRAS, ham. de Fr., dép. du Var, com. de Six-Fours; 380 hab.

BARRAS (Rio-de-tres-), fl. de l'emp. du Brésil, prov. de Matto-Grosso; il prend naissance dans la ramification N.-E. de la Serra dos Pary et se joint au Topayos après un cours de 75 l., dans une direction S.-O.

BARRAUD, vg. de Fr., dép. de la Gironde, com. d'Abzac; 130 hab.

BARRAULT, vg. de Fr., dép. de l'Yonne, com. de St.-Martin-sur-Creuse; 100 hab.

BARRAUTE, vg. de Fr., dép. des Basses-Pyrénées, arr. d'Orthez, cant. et poste de Sauveterre; 220 hab.

BARRAUX, *Barrana Arx*, pet. v. forte de Fr., dép. de l'Isère, arr. et à 9 l. N.-E. de Grenoble, cant. du Touvet, poste de Chapareillan; elle est située sur la rive droite de l'Isère et domine la route de Grenoble à Chambéry. Ce fort, construit en 1597 par Charles-Emmanuel, duc de Savoie, fut enlevé une année après par les Français, sous le commandement du connétable de Lesdiguières. A une petite distance de Barraux, sur la rive gauche de l'Isère, on voit les restes de l'ancien château de Bayard; 1620 h.

BARRAX, b. d'Espagne, roy. de la Nouvelle-Castille, prov. de la Manche, dist. et à 10 l. N.-E. d'Alcaraz; 1600 hab.

BARRE (la), vg. de Fr., dép. de l'Arriège, com. de Foix; 200 hab.

BARRE (la), b. de Fr., dép. de l'Eure, arr. et poste de Bernay, cant. de Beaumesnil; 1060 hab.

BARRE (la), vg. de Fr., dép. du Jura, arr. de Dôle, cant. de Dampierre, poste d'Orchamps; 220 hab.

BARRE, b. de Fr., dép. de la Lozère, arr. à 2 1/2 l. S.-S.-E. et poste de Florac; chef-lieu de canton; commerce de bestiaux; 1050 hab.

BARRE (la), ham. de Fr., dép. du Puy-de-Dôme, com. de St.-Jacques-d'Ambourg; 100 hab.

BARRE (la), vg. de Fr., dép. de la Haute-Saône, arr. de Vesoul, cant. de Montbozon, poste de Rioz; 90 hab.

BARRE (la), vg. de Fr., dép. de Seine-et-Oise, com. de Deuil et Montmorency; 100 h.

BARRE (la), vg. de Fr., dép. des Deux-Sèvres, com. de Chapelle-Thireuil; 520 h.

BARRE (la), ham. de Fr., dép. des Deux-Sèvres, com. de Rouvre; 100 hab.

BARRE (la), ham. de Fr., dép. de la Somme, com. de Machy; 60 hab.

BARRE, vg. de Fr., dép. du Tarn, com. de Cabannes; 400 hab.

BARRE (la), vg. de Fr., dép. de la Haute-Vienne, com. de Veyrac, poste; 330 hab.

BARRE-CLAIRAIN (la), ham. de Fr., dép. des Deux-Sèvres, com. de Sevret; 100 hab.

BARRE-DE-MONT (la), vg. de Fr., avec un petit port sur le canal du même nom, dép. de la Vendée, arr. et à 15 l. N. des Sables-d'Olonne, cant. et poste de Beauvoir. On y fait commerce de grains et de sel; 400 hab.

BARRE-DE-SEMILLY (la), vg. de Fr., dép. de la Manche, arr., cant. et poste de St.-Lô; 630 hab.

BARRÉE, pet. v. des Etats-Unis de l'Amérique du Nord, état de Pensylvanie, comté de Huntingdon; eaux thermales très-fréquentées; 2100 hab.

BARRÈGES, vg. de Fr., dép. des Hautes-Pyrénées, arr. et à 4 l. S.-E. d'Argelès, cant. de Luz, à 162 l. de Paris; il est situé dans la vallée de Bastan, au centre des Pyrénées, à 1282 mètres au-dessus du niveau de la mer. Ce village, remarquable par ses sources thermales et son établissement de bains très-fréquentées, n'existe que depuis 1744. Avant cette époque il n'était composé que de quelques mâsures, et la route qui conduit à Luz n'était point encore construite. Barrèges est aujourd'hui composé d'environ soixante maisons, dont quelques-unes sont assez belles, bâties dans la contrée la plus sauvage du monde et entourées de rochers et de précipices de l'aspect le plus effroyable. Les avalanches et le terrible torrent ou gave de Bastan, deviennent si menaçants et si dangereux pour Barrèges, surtout quand la neige commence à fondre, que les habitants abandonnent leurs maisons, la plupart construites en planches qu'ils emportent avec eux. Après la fonte des neiges ils reviennent et reconstruisent leurs habitations, dont ils tirent grand profit pendant la saison des bains, en louant des appartements aux étrangers.

Les eaux de Barrèges sont d'une température très-chaude, et attirent chaque année un grand nombre de malades. Un établissement, pouvant contenir 500 hommes, y a été fondé pour les militaires. Des vestiges d'antiquités attestent que ces sources salutaires furent connues des Romains.

Barrèges a une petite chapelle, dépendante autrefois d'un couvent que les templiers avaient fondé sur le pic de St.-Justin.

BARREIRO, b. d'Espagne, prov. d'Estramadure, près du Tage, dans une contrée riche en vin.

BARRÊME, b. de Fr., dép. des Basses-Alpes, arr. à 3 l. S.-S.-E. et poste de Digne, chef-lieu de canton; 1080 hab.

BARREN ou **FLEURIEU**, île très-boisée, dans le détroit de Banks, entre la partie N.-E. de l'île de Van-Diemen et le groupe des îles Furneaux. Elle fut découverte par Flinders.

BARREN, groupe d'îles rocheuses en face du cap Elisabeth, sous le 58° 51' lat. N.

BARREN, pet. île dans la baie de Chésapeak, sur la côte E. de cette baie, faisant partie de l'état de Maryland, États-Unis de l'Amérique du Nord.

BARREN, comté de l'état de Kentucky, États-Unis de l'Amérique du Nord. Il est entouré des comtés de Hart, de Greene, d'Adair, de Monroé, d'Allen et de Warren, et renferme 11,000 habitants, dont 3000 esclaves. Le Big et le Little-Barren, avec leurs affluents, arrosent ce pays. Les prairies grasses y abondent et nourrissent de nombreux troupeaux. Glasgow, sur le Beaver, est le chef-lieu du comté; 600 hab.

BARRES-DE-NAINTRÉ (les), ham. de Fr., dép. de la Vienne, com. de Naintré; 60 h.

BARRET, b. de Fr., dép. de la Charente, arr., cant. et poste de Barbezieux; 1300 hab.

BARRETAINE, vg. de Fr., dép. du Jura, arr., cant. et poste de Poligny; 450 hab.

BARRET-DE-LIOURE, vg. de Fr., dép. de la Drôme, arr. de Nyons, cant. et poste de Séderon; 600 hab.

BARRET-LE-BAS, vg. de Fr., dép. des Hautes-Alpes, arr. de Gap, cant. de Ribiers, poste de Sisteron; 110 hab.

BARRET-LE-HAUT, vg. de Fr., dép. des Hautes-Alpes, arr. de Gap, cant. de Ribiers, poste de Sisteron; 110 hab.

BARRIAC, vg. de Fr., de l'Aveyron, com. de Bozouls; 210 hab.

BARRIAC, vg. de Fr., dép. du Cantal, arr. et poste de Mauriac, cant. de Pléaux; 500 hab.

BARRICOURT, b. de Fr., dép. des Ardennes, arr. de Vouziers, cant. et poste de Buzancy; 340 hab.

BARRIÈRE (la), ham. de Fr., dép. de Maine-et-Loire, com. du Fuillet; 100 hab.

BARRIÈRE (la), grand banc de coraux, sur la côte N.-E. de la Nouvelle-Hollande, entre les caps Sandwich et Sandy. Il a 136 l. de long sur 9 à 18 de large.

BARRIÈRE (îles de la), îles habitées de l'Océan Pacifique, sur la côte orientale d'Eaheinamauwe et vis-à-vis l'embouchure du fleuve de Chames. Elles sont au nombre de deux, Schauturuh et Authahah.

BARRIÈRE-D'ITALIE, vg. de Fr., dép. de la Seine, com. de Gentilly; 1150 hab.

BARRIÈRE-SAINT-MARC, ham. de Fr., dép. du Loiret, com. d'Orléans; 50 hab.

BARRIGA (Serra do), chaîne de montagnes, au S.-O. de la prov. d'Alagoas, emp. du Brésil. Il est remarquable que tous les orages qui éclatent dans cette province se forment dans la Barriga. La pente orientale de ces montagnes servait aussi de retraite aux Nègres qui, lors de la descente des Hollandais à Fernambuco, se sauvaient dans l'intérieur. Ils y formaient une république de Nègres marrons, dont la ville bien fortifiée de Guilombo-dos-Palmares, qui comptait 20 à 30,000 habitants, était la capitale. Pendant 67 ans ce petit état conserva son indépendance et repoussa vaillamment les attaques réitérées de ses ennemis. Ce n'est qu'en 1699 qu'un corps de 8000 hommes parvint à le soumettre après de longs efforts.

BARRIGGIONNE, ham. de Fr., dép. de la Corse, com. de Sisco; 130 hab.

BARRIL, groupe de quelques petites îles dans le St.-Laurent, en face d'Elisabethtown, dans le Haut-Canada, dist. de Johnstown.

BARRINEUF, vg. de Fr., dép. de l'Ariège, com. de Fougax; 220 hab.

BARRINGTON, cap sur la côte S.-O. de l'île Santa-Cruz, la plus grande de l'archipel de Santa-Cruz.

BARRINGTON, pet. v. des États-Unis de l'Amérique du Nord, état de New-Hampshire, comté de Strafford, sur le Cochéco; mines d'alun; 4000 hab.

BARRINGTON, une des îles des Tortues, à l'O. de Quito. Elles font partie du territoire de la rép. de l'Ecuador.

BARRIOS (los), b. d'Espagne, Andalousie, roy. de Séville, sur le Pannoni, non loin de Gibraltar; 2600 hab.

BARRO, pet. île dans la baie d'Angrados-Reys, sur la côte de la prov. de Rio-de-Janeiro, emp. du Brésil; elle est très-fertile et habitée par des pêcheurs.

BARRO, vg. de Fr., dép. de la Charente, arr., cant. et poste de Ruffec; 520 hab.

BARROCHE-GONDOUIN (la), vg. de Fr., dép. de la Mayenne, arr. de Mayenne, cant. et poste de Lassay; 800 hab.

BARRON, vg. de Fr., dép. du Gard, arr. et poste d'Uzès, cant. de St.-Chaptes; 245 h.

BARRONNE (la), ham. de Fr., dép. du Gard, com. de St.-Privat-des-Vieux; 70 h.

BARROTIÈRE, vg. de Fr., dép. de la Vendée. *Voyez* MESNARD.

BARROU, vg. de Fr., dép. d'Indre-et-Loire, arr. de Loches, cant. de Pressigny-le-Grand, poste de la Haye-Descartes; 810 h.

BARROU, ham. de Fr., dép. de Lot-et-Garonne, com. de Tournon; 60 hab.

BARROUILH, ham. de Fr., dép. de la Gironde, com. d'Illats; 160 hab.

BARROUX (le), vg. de Fr., dép. du Vaucluse, arr. d'Orange, cant. et poste de Malaucène; 920 hab.

BARROVILLE, vg. de Fr., dép. de l'Aube, arr., cant. et poste de Bar-sur-Aube; 680 h.

BARROW, *Barrojus*, fl. d'Irlande, a sa source dans le N. du comté de Queens, dans les montagnes de la baronie de Tinching, il devient navigable après s'être joint au Nore et au Suir, et se jette dans l'Océan Atlantique à Waterford. Il se dirige d'abord vers l'E., puis vers le S., et fait en partie la limite entre le comté de Kildore et celui de Carlow. Le confluent du Barrow et du Suir forment le Waterfordhaven.

BARROW, b. d'Angleterre du comté de Leicester, sur le Soure et le canal d'Union; 1400 hab.

BARROW (île de), faisant partie du groupe des îles du Nouveau-Schetland méridional, au S.-S.-E. de la Terre-de-Feu.

BARROW (détroit de), canal entre la Terre de Baffin et le Devon septentrional. Il conduit de la mer de Baffin dans la mer Polaire, et s'étend entre le 82° et le 91° 45' de long. O. et entre le 74° et le 75° de lat. N.

BARROW - HAVEN, pet. baie comprise dans la vaste baie de Bonavista, à l'E. de l'île de Terre-Neuve.

BARRUGUES, ham. de Fr., dép. de l'Aveyron, com. de St.-Beauzely; 70 hab.

BARRY (le), ham. de Fr., dép. de la Haute-Garonne, com. de Sauveterre; 170 h.

BARRY (le), vg. de Fr., dép. de l'Hérault, com. de Montpeyroux; 290 hab.

BARRY, vg. de Fr., dép. des Hautes-Pyrénées, arr. et poste de Tarbes, cant. d'Ossun; 130 hab.

BARRY (le), ham. de Fr., dép. de Tarn-et-Garonne, com. de Dunes; 50 hab.

BARRY, ham. de Fr., dép. du Vaucluse, com. de Bollène; 170 hab.

BARRY-DE-CAS (le), ham. de Fr., dép. de Tarn-et-Garonne, com. d'Espinas; 80 h.

BARRY-D'ISLEMADE, vg. de Fr., dép. de Tarn-et-Garonne, arr., cant. et poste de Castelsarrasin; 180 hab.

BARS, comitat du roy. de Hongrie, cer. en-deçà du Dannbe. Ses bornes sont: au N. les comitats de Neutra et de Thurocz, à l'E. les comitats de Sohl et de Honth, au S. ceux de Gran et de Komorn et à l'O. celui de Neutra; 49 l. c. géogr.; trois districts; 120,000 hab.

BARS, b. du roy. de Hongrie, cer. en-deçà du Danube, comitat de Bars, sur la Gran qui le divise en deux parties; 1200 h.

BARS, vg. de Fr., dép. de l'Aveyron, com. de la Croix-Bars; 210 hab.

BARS, vg. de Fr., dép. de la Dordogne, arr. de Périgueux, cant. de Thenon, poste d'Azérac; 980 hab.

BARS, vg. de Fr., dép. du Gers, arr. et poste de Mirande, cant. de Montesquiou; 440 hab.

BARSAC, vg. de Fr., dép. de la Drôme, arr., cant. et poste de Die; 190 hab.

BARSAC, b. de Fr., dép. de la Gironde, arr. de Bordeaux, cant. et poste de Podensac; excellents vins blancs; carrières de pierres dures et de pavés; 2900 hab.

BARSANGES, vg. de Fr., dép. de la Corrèze, arr. d'Ussel, cant. de Bugeat, poste de Meymac; 240 hab.

BARSINGHAUSEN, vg. du roy. de Hanovre, gouv. du même nom. On distingue dans ce village un couvent de demoiselles nobles et dans les environs de fort belles carrières; 550 hab.

BARST, vg. de Fr., dép. de la Moselle, arr. de Sarreguemines, cant. et poste de St.-Avold; 490 hab.

BAR-SUR-AUBE, v. de Fr., dép. de l'Aube, chef-lieu d'arrondissement, dans un beau vallon, sur la rive droite de l'Aube, à 16 l. E. de Troyes; siège d'un tribunal civil et d'une conservation des hypothèques. C'est une ville fort ancienne et mal bâtie; ses rues, à l'exception de la grande qui aboutit à l'Aube, sont mal percées, et les maisons sont presque toutes de vieilles constructions. Bar possède un collége communal, une belle promenade au bord de l'Aube, des fabriques de toiles, de serge, de bonneterie, de savon, des filatures de coton, des tanneries, des clouteries et des distilleries; on y fait commerce de grains, de vins, de bois et de chanvre. Les environs ont des vignobles dont les produits sont estimés. Foires la veille des Rameaux et le 29 août; 3890 hab.

Cette ville, qui existait déjà sous la race Mérovingienne, fut ruinée par les Vandales; sous les Capétiens elle eut des comtes particuliers. Au quatorzième siècle elle fut réunie à la couronne avec la Champagne. A cette époque elle était beaucoup plus considérable et renfermait une grande affluence d'étrangers de différentes nations, qui y avaient des quartiers particuliers; mais depuis la fin du quinzième siècle elle a perdu, comme toute la Champagne, son importance commerciale. C'est à Bar-sur-Aube que, le 7 février 1814, 15,000 Français, sous les ordres du maréchal Mortier, repoussèrent, après un combat sanglant, 40,000 Russes et Autrichiens, commandés par le prince de Schwarzenberg. Dans cette terrible affaire, le général Cambronne, déjà blessé et porté sur un brancard, criait aux jeunes soldats: *En avant, mes amis, les balles ne tuent pas, j'en ai vingt-cinq dans le corps et je suis encore en vie.*

BAR-SUR-SEINE, v. de Fr., dép. de l'Aube, chef-lieu d'arrondissement, à 9 l. S.-E. de Troyes, à l'extrémité d'une vallée resserrée, sur la rive gauche de la Seine, que l'on y traverse sur un fort beau pont en pierres. Elle est le siège d'un tribunal de première instance et d'une conservation des hypothèques; elle est bien bâtie et renferme de belles constructions ; son église, de style gothique, est un édifice remarquable; elle a de jolies promenades, des fabriques de coutellerie, de bonneterie, de toile, de papier et des tanneries; son commerce principal consiste en grains, vins, mercerie, quincaillerie, laine et bétail. Foires le lendemain de la Trinité, le 5 septembre et le 13 décembre; 2280 hab.

Cette ville était d'une plus grande importance à la fin du treizième siècle; mais elle éprouva de grands désastres pendant la guerre des Anglais, dans le quatorzième et le quinzième siècle. En 1359 elle fut brûlée par les Anglais et saccagée deux fois, en 1433 et 1478. D'autres circonstances, dont nous parlerons à l'article Champagne, achevèrent plus tard sa ruine. Dans les temps modernes elle s'est relevée par son industrie qui, sans lui rendre toute son ancienne importance, lui a procuré la prospérité dont elle jouit aujourd'hui.

BARSZA, b. de Nubie, dans le pays des Arabes Eubbabisch, à 10 l. de Dongola, dans une contrée riche en ruines.

BART, pet. v. des Etats-Unis de l'Amérique du Nord, état de Pensylvanie, comté de Lancaster, sur le Susquéhannah; 2200 h.

BART, vg. de Fr., dép. du Doubs, arr., cant. et poste de Montbéliard; 360 hab.

BARTALASSE, vg. de Fr., dép. du Gard, com. de Villeneuve-lès-Avignon; 300 hab.

BARTAN, *Parthenius*, riv. de l'Anadoli, formée par les confluents du Derbend, de l'Owa et de l'Ulus; elle se jette dans la mer Noire près de la ville de Bartan.

BARTAN, ou **BERTINE**, v. de l'Anadoli, Turquie d'Asie, sur la rivière du même nom. Elle fait beaucoup de commerce et compte 10 à 12,000 hab.

BARTEILS, ham. de Fr., dép. de la Creuse, com. de Clugnat; 100 hab.

BARTÉLEMI, île dans la partie N.-E. du détroit de Magellan, qui sépare la Terre-de-Feu du continent de la Patagonie.

BARTEN, b. de Prusse, prov. de Prusse, rég. de Kœnigsberg, sur la Liebe; 1550 h.

BARTENHEIM, gr. vg. de Fr., dép. du Haut-Rhin, arr. d'Altkirch, cant. de Landser, sur la route de Bâle à Colmar; 1500 hab.

BARTENSTEIN, v. des états prussiens, prov. de Prusse, rég. de Kœnigsberg, sur l'Alle; poteries, tanneries et fabriques d'étoffes de laine; 400 hab.

BARTENSTEIN, pet. v. du roy. de Wurtemberg, cer. du Danube, gr.-bge de Gerabronn; avec un château; 1050 hab.

BARTFELD, v. du roy. de Hongrie. cer. en-deçà de la Theiss, comitat de Saros; excellentes poteries; commerce de toiles de lin; eaux minérales; 4000 hab.

BARTH, v. de Prusse, prov. de Poméranie, rég. et à 5 l. O. de Stralsund, sur la Baltique; fabriques de chandelles et de tabac; chantiers pour la construction de vaisseaux; 3700 hab.

BARTHALÉ, ham. de Fr., dép. de l'Arriège, com. de Montferrier; 100 hab.

BARTHE (la), ham. de Fr., dép. de l'Aveyron, com. de St.-Sauveur; 100 hab.

BARTHE (la), ham. de Fr., dép. du Lot, com. de Belmont-près-Lalbenque; 130 hab.

BARTHE (la), ham. de Fr., dép. de Lot-et-Garonne; com. de Monflanquin; 90 hab.

BARTHE (la), ham. de Fr., dép. du Tarn, com. de Puylaurens; 50 hab.

BARTHE, v. des états prussiens, prov. de Poméranie, rég. de Stralsund; quoique fort ancienne, elle est assez bien bâtie et possède une belle bibliothèque et trois hôpitaux; savonneries et fabriques de tabac; patrie de l'historien K. A. Spalding; 3800 h.

BARTHE-D'ASTARAC (la), vg. de Fr., dép. du Gers, arr., cant. et poste d'Auch; 300 hab.

BARTHE-DE-NESTE, b. de Fr., dép. des Hautes-Pyrénées, arr. à 5 l. E. de Bagnères-en-Bigorre, chef-lieu de canton et poste; fabriques d'étoffes de laine; 750 hab.

BARTHE-DE-RIVIÈRE (la), vg. de Fr., dép. de la Haute-Garonne, arr., cant. et poste de St.-Gaudens; 1560 hab.

BARTHE-D'INARD (la), vg. de Fr., dép. de la Haute-Garonne, arr., cant. et poste de St.-Gaudens; 800 hab.

BARTHÉLEMY (Saint-), ham. de Fr., dép. des Basses-Alpes, com. de Méolans; 150 hab.

BARTHÉLEMY (Saint-), vg. de Fr., dép. des Bouches-du-Rhône, com. de Marseille; 220 hab.

BARTHÉLEMY (Saint-), vg. de Fr., dép. des Côtes-du-Nord, com. de Plouha; 256 h.

BARTHÉLEMY (Saint-), vg. de Fr., dép. de la Dordogne, arr. et poste de Nontron, cant. de Bussière-Badil; 810 hab.

BARTHÉLEMY (Saint-), vg. de Fr., dép. d'Eure-et-Loire, com. de Chartres; 370 h.

BARTHÉLEMY (Saint-), vg. de Fr., dép. des Landes, arr. de Dax, cant. de St.-Esprit, poste de Biaudos; 330 hab.

BARTHÉLEMY (Saint-), b. de Fr., dép. de Lot-et-Garonne, arr. de Marmande, cant. de Seyches, poste de Miramont; 1420 hab.

BARTHÉLEMY (Saint-), vg. de Fr., dép. de Maine-et-Loire, arr., cant. et poste d'Angers; 1080 hab.

BARTHÉLEMY (Saint-), vg. de Fr., dép. de la Manche, arr., cant. et poste de Mortain; papeterie; 600 hab.

BARTHÉLEMY (Saint-), ham. de Fr., dép. de l'Orne, com. de St.-Germain-du-Corbis; 100 hab.

BARTHÉLEMY (Saint-), vg. de Fr., dép. de la Haute-Saône, arr. et poste de Lure, cant. de Melisey; 890 hab.

BARTHÉLEMY Saint-), vg. de Fr., dép. de Seine-et-Marne, arr. de Coulommiers, cant. et poste de la Ferté-Gaucher; 390 h.

BARTHÉLEMY (Saint-), ham. de Fr., dép. de la Seine-Inférieure, com. d'Octeville; 150 hab.

BARTHÉLEMY (Saint-), ham. de Fr., dép. de Tarn-et-Garonne, com. de Mirabel; 50 h.

BARTHÉLEMY (Saint-), l'une des Petites-Antilles, située sous le 17° 55′ lat. N. C'est la seule colonie que les Suédois possèdent dans le Nouveau-Monde; la France la leur céda en 1784. Le sol en est fertile et l'agriculture florissante; il produit du coton, du sucre, du cacao, etc. Pendant les dernières guerres maritimes, Gustavia, sa capitale, ayant été déclarée port franc, ses négociants firent d'excellentes affaires. Bien que son commerce ait diminué depuis par le voisinage des Hollandais, des Anglais, des Français et des Danois, Gustavia est restée un des principaux entrepôts des Petites-Antilles. Le gouverneur réside dans cette ville; les anciens priviléges des habitants, dont le nombre se monte à 10,000 environ, et les droits de l'église catholique ont été maintenus.

BARTHÉLEMY (Saint-), pet. île sur la côte S.-S.-O. de la Nouvelle-Guinée, à l'E. du cap Valsh.

BARTHÉLEMY (Saint-), pet. île habitée et boisée de l'archipel du St.-Esprit, dans le détroit de Bougainville qui sépare l'île de St.-Esprit de celle de Mallicolo.

BARTHÉLEMY (Saint-), trois pet. îles du golfe de Joseph Bonaparte, sur la côte N.-O. de la Nouvelle-Hollande, entre le cap Fourcroy (Terre de Van-Diemen) et le cap Berquin (Terre de Witt).

BARTHÉLEMY - DE - BEAUREPAIRE (Saint-), vg. de Fr., dép. de l'Isère, arr. de Vienne, cant. et poste de Beaurepaire; 660 hab.

BARTHÉLEMY-DE-BELLEGARDE (Saint-), vg. de Fr., dép. de la Dordogne, arr. de Ribérac, cant. et poste de Monpont; 930 hab.

BARTHÉLEMY-DE-GROAIN (Saint-), vg. de Fr., dép. de l'Isère, com. de Gua; 150 hab.

BARTHÉLEMY-DE-SECHILIENNE (Saint-), vg. de Fr., dép. de l'Isère, arr. de Grenoble, cant. et poste de Vizille; 1000 hab.

BARTHÉLEMY-DE-VALS (Saint-), vg. de Fr., dép. de la Drôme, arr. de Valence, cant. et poste de St.-Vallier; 1050 hab.

BARTHÉLEMY-DU-PRADEAU (Saint-), vg. de Fr., dép. du Gers, com. de Condom; 300 hab.

BARTHÉLEMY-LE-MEIL (Saint-), vg. de Fr., dép. de l'Ardèche, arr. de Tournon, cant. et poste du Chaylard; 500 hab.

BARTHÉLEMY-LE-PIN (Saint-), vg. de Fr., dép. de l'Ardèche, arr. de Tournon, cant. et poste de la Mastre; 1210 hab.

BARTHÉLEMY-LE-PLEIN (Saint-), vg. de Fr., dép. de l'Ardèche, arr., cant. et poste de Tournon; 860 hab.

BARTHÉLEMY-LESTRA (Saint-), vg. de Fr., dép. de la Loire, arr. de Montbrison, cant. et poste de Feurs; 840 hab.

BARTHE-MOUR. *Voyez* LABARTHE.

BARTHERANS, vg. de Fr., dép. du Doubs, arr. de Besançon, cant. et poste de Quingey; 200 hab.

BARTHES, ham. de Fr., dép. du Lot, com. de Vaylats; 90 hab.

BARTHES, ham. de Fr., dép. de Lot-et-Garonne, com. de Tournon; 70 hab.

BARTHES (les), vg. de Fr., dép. de Tarn-et-Garonne, arr., cant. et poste de Castelsarrasin; 600 hab.

BARTHOLOMÆ, vg. par. du Wurtemberg, cer. de l'Yaxt, gr.-bge de Gmünd; 900 hab.

BARTOLOMÉ (San-), b. d'Espagne, roy. de la Vieille-Castille, prov. de Ségovie, dist. de Posadéras.

BARTOLOMÉ (San-), b. d'Espagne, roy. de la Vieille-Castille, prov. et à 5 l. S.-E. d'Avila.

BARTOLOMÉ-DE-LA-TORRE (San-), b. d'Espagne, Andalousie, roy. de Séville, à 7 l. N.-N.-E. d'Ayamonté.

BARTOLOMÉO (Saint-), vg. du roy. Lombard-Vénitien, gouv. de Milan, délégation de Brescia, à peu de distance de cette dernière ville. Tanneries et fabriques d'armes blanches.

BARTOLOMÉO (San-), île de l'Océan Pacifique, au N.-O. des îles Marshall, découverte en 1526 par Cano. Long. E. 161° 85′, lat. N. 15° 20′.

BARTOLOMÉO (San-), promontoire très-saillant, à l'O. de la presqu'île de la Californie et au S. de l'Isla de Cerros, états mexicains.

BARTOLOMÉO-DE-LOS-LLANOS (San-), v. des États-Unis de l'Amérique centrale, état de Guatémala, partido de Ciudad-Réal; 8000 hab.

BARTOLOMÉO (Bahia de San-), baie très-étendue au S. de la Patagonie et dans la partie orientale du détroit de Magellan. Cette baie est fermée à l'E. par le cap du même nom.

BARTOLOMÉO - DE - MAZALTÉNANGO (San-), pet. v. des États-Unis de l'Amérique centrale, état de Guatémala, partido de Suchiltépèques, dont elle est le chef-lieu; commerce de coton et de cacao; 3000 hab.

BARTOLOMÉO-IN-GALDO (Santo-), b. du roy. des Deux-Siciles, prov. de Capitanate; 3650 hab.

BARTOLOMEU-DE-MESSINÈS (San-), b. du Portugal, roy. d'Algarve, dist. de Taro; 2100 hab.

BARTON-ON-HUMBER, b. d'Angleterre, comté de Lincoln; corderie; commerce de blé, de tuiles et de briques; 2500 hab.

BARTREZ, vg. de Fr., dép. des Hautes-Pyrénées, arr. d'Argelès, cant. et poste de Lourdes; 300 hab.

BARU, île considérable sur la côte de la prov. de Carthagène, rép. de la Nouvelle-

27

Grenade. Cette île, séparée de la terre ferme par un étroit canal, est très-fertile. Ses habitants, assez nombreux, font un commerce actif avec la ville de Carthagène.

BARUTET, ham. de Fr., dép. de Lot-et-Garonne, com. de Clairac; 120 hab.

BARUTH, pet. v. des états prussiens, prov. de Brandebourg, rég. de Potsdam; forges; tréfileries; tanneries et fabriques d'objets en bois; 1450 hab.

BARUTH, b. de Saxe, cer. de Lusace, sur la Lœban, avec un château, un parc d'une grande étendue et une belle église; 700 hab.

BARVILLE, vg. de Fr., dép. de l'Eure, arr. de Bernay, cant. et poste de Thiberville; 290 hab.

BARVILLE, vg. de Fr., dép. du Loiret, arr. de Pithiviers, cant. de Beaune-la-Rolande, poste de Boynes; 550 hab.

BARVILLE, ham. de Fr., dép. de la Meurthe, com. de Nitting; 60 hab.

BARVILLE, vg. de Fr., dép. de l'Orne, arr. de Mortagne-sur-Huîne, cant. de Pervenchères, poste du Mesle-sur-Sarthe; 730 hab.

BARVILLE, vg. de Fr., dép. de la Seine-Inférieure, com. de Cany; 230 hab.

BARVILLE, vg. de Fr., dép. des Vosges, arr., cant. et poste de Neufchâteau; 300 h.

BARWELL ou **TUCOPIA**, île de l'Océan Pacifique, au S.-E. de l'archipel de Santa-Cruz et au S.-O. de l'île de Mitre. Elle fut découverte en 1606 par Luis Vaz de Torrès et Quiros.

BARZAN, vg. de Fr., dép. de la Charente-Inférieure, arr. de Saintes, cant. et poste de Cozes; 600 hab.

BARZUN, vg. de Fr., dép. des Basses-Pyrénées, arr. de Pau, cant. de Pontacq, poste de Nay; 640 hab.

BARZY, vg. de Fr., dép. de l'Aisne, arr. de Château-Thierry, cant. de Condé-en-Brie, poste de Dormans; 590 hab.

BARZY, vg. de Fr., dép. de l'Aisne, arr. de Vervins, cant. de Nouvion, poste d'Étreux; 500 hab.

BAS ou **BATZ**, île de Fr., dans la Manche, dép. du Finistère, arr. de Morlaix, cant. de St.-Pol-de-Léon, à 1 l. environ du continent; elle a une lieue de longueur sur 3/4 de largeur et renferme trois villages, savoir: Porseneoc, Carn et Goualen. La partie orientale est formée d'un groupe de rochers, mais au N.-E. la terre est tellement basse qu'elle est presque submergée par la mer. On n'y trouve ni arbre ni buissons, cependant le sol n'est point stérile; on y récolte de l'orge, du seigle et des légumes. Bas est défendue par deux forts garnis de quatre batteries, et pourvue d'une petite garnison. Cette île n'a qu'une seule source d'eau, connue sous le nom de Fontaine-de-St.-Pol. Le canal, entre l'île et la terre ferme, est un excellent mouillage pour les bâtiments qui naviguent sur la Manche. Les habitants, dont le nombre est d'environ 900, sont tous pêcheurs ou marins. Les femmes s'occupent des travaux des champs et de la confection du fil de chanvre.

BAS, vg. de Fr., dép. du Puy-de-Dôme, arr. de Riom, cant. et poste de Randans; 640 hab.

BASAN, g. a., contrée de la Palestine, à l'E. du Jourdain, était bornée à l'E. par l'Arabie, au N. par le mont Hermon, à l'O. par le Jourdain, et au S. par le Jabboc. Lorsque les Israélites firent la conquête de cette contrée, elle formait un pays indépendant, gouverné par le roi Og; elle tomba ensuite en partage à la moitié de la tribu de Manassé.

BASARA, g. a., v. de la Galilée-Supérieure, entre Ptolomaïs et Gaba.

BASAROCA, peuplade indienne, indépendante de la tribu des Chiquitos, habitant à l'E. de la prov. de Chiquitos, rép. de Bolivia.

BAS-BAIZIL (le), vg. de Fr., dép. de la Marne, com. de Baizil; 200 hab.

BASBERG (Sébastiansberg), vg. du roy. de Bohême, cer. de Saatz; mines d'étain et d'argent; fabriques de dentelles et commerce de porcs et de plumes; 1300 hab.

BAS-BERNIN, vg. de Fr., dép. de l'Isère, com. de Bernin; 250 hab.

BAS-BOUVANTE, vg. de Fr., dép. de la Drôme, com. de Bouvante; 640 hab.

BAS-BRIACÉ, vg. de Fr., dép. de la Loire-Inférieure, com. du Loroux; 280 hab.

BAS-BUFNY, ham. de Fr., dép. de l'Aisne, com. de la Flamangrie; 120 hab.

BASCARA, b. d'Espagne, principauté de Catalogne, sur la Fluvia, dist. et à 4 l. N.-N.-E. de Girone.

BASCASSAN. *Voyez* ALCIETTE-BASCASSAN.

BASCOUS, vg. de Fr., dép. des Landes, arr. de Mont-de-Marsan, cant. et poste de Grenade-sur-l'Adour; 1150 hab.

BASCOUS, vg. de Fr., dép. du Gers, arr. de Condom, cant. et poste d'Eauze; 430 h.

BASCOUS, vg. de Fr., dép. du Gers, com. de Clermont-Pouyguillès; 70 hab.

BAS-DE-LIEZEX. *Voyez* LIEZEX.

BAS-DE-RIOUSE, vg. de Fr., dép. de la Nièvre, com. de Livry; 130 hab.

BASEL-AUGST, vg. de Suisse, cant. de Bâle-Campagne, dist. de Liestall; papeterie. Ce village est bâti sur les ruines de la célèbre ville des Romains *Augusta Rauracorum* qui y fut fondée, sous Auguste, par Lucius Munatius Plancus et détruite par les Huns en 450. De nombreuses ruines attestent encore à nos yeux l'importance passée de cette colonie : l'amphithéâtre pouvait contenir 12,000 personnes. Aujourd'hui tout Basel-Augst ne compte que 250 hab.

BASELE, vg. de roy. de Belgique, prov. de la Flandre-Orientale, arr. de Dendermonde, non loin de l'Escaut; moulins à huile; 3700 hab.

BAS-EN-BASSET, b. de Fr., dép. de la

Haute-Loire, arr. et à 5 l. N. d'Yssingeaux, chef-lieu de canton, poste de Monistrol; fabriques de blondes et dentelles, rubans de fil et poteries de terre; 5500 hab.

BASHILO, riv. d'Abyssinie, Afrique; entre l'Amhara et le Begemder; elle se jette dans le Bahar-el-Azrèk, à 12 l. S.-E. de la cataracte d'Alata.

BASIGNANO, v. du roy. de Sardaigne, prov. d'Alexandrie, au confluent du Pô et du Tanaro; 3110 hab. Le duc Otto de Brunswick et Galeazzo Visconti y firent un traité de paix en 1361, connu sous le nom de traité de Basignano.

BASIL-HALL, île faisant partie du groupe des îles du Nouveau-Shetland méridional au S.-S.-E. de la Terre-de-Feu.

BASILICATA, *Lucania*, prov. du roy. de Naples, à l'O. du golfe de Tarente. Elle a 228 l. c. de superficie et environ 400,000 h. Chef-lieu Potenza.

BASILICA ou **VASILICO**, vg. de la Grèce, au N.-O. de Corinthe, près duquel se trouvent les ruines de l'ancienne Sicyon. Une des tours carrées de la citadelle est encore debout. Le théâtre de cette ville est presque intact et l'on y voit les restes d'un stadium (cirque pour les jeux de la course), dont les assises sont de construction cyclopéenne.

BASILISSENE, g. a., contrée de la Grande-Arménie, sur l'Euphrate.

BASILIUM-FLUMEN, g. a., canal de Babylonie; il établit une communication entre le Tigre et l'Euphrate.

BASINGSTOKE, b. d'Irlande, comté de Hamp; commerce de blé; 3650 hab.

BASLEMONT, vg. de Fr., dép. des Vosges, arr. de Mirecourt, cant. et poste de Darnay; 300 hab.

BASLIÈRES, vg. de Fr., dép. de la Haute-Saône, com. de Vallerois-le-Bois; 220 hab.

BASLIEUX, vg. de Fr., dép. de la Moselle, arr. de Briey, cant. et poste de Longwy; 750 hab.

BASLIEUX ou **BAILLEUX-LES-FISMES**, vg de Fr., dép. de la Marne, arr. de Reims, cant. et poste de Fismes; 400 hab.

BASLIEUX ou **BAILLEUX-SOUS-CHATILLON**, vg. de Fr., dép. de la Marne, arr. de Reims, cant. de Chatillon-sur-Marne, poste de Port-à-Binson.

BASLY, vg. de Fr., dép. du Calvados, arr. de Caen, cant. de Creully, poste de la Délivrande; 450 hab.

BASNUEIL, vg. de Fr., dép. de la Vienne, com. de Nueil-sur-Dive; 100 hab.

BASQUE, île dans le fleuve St.-Laurent, près du village de Port-Joli, Bas-Canada, dist. de Gaspe, comté de Devon.

BASQUES, *Vascones*, habitants d'une partie du Béarn (France) et de la Biscaye (Espagne). Ils descendent des anciens Cantabres, parlent une langue qui leur est propre, et se distinguent des autres Espagnols par leur costume, leurs mœurs et leurs usages.

BASQUES (provinces), nom sous lequel on comprend les provinces espagnoles de Biscaye, de Guipuscoa et d'Alava, situées entre la France, le royaume de Navarre, celui de la Vieille-Castille et la mer de Biscaye. Elles sont en partie entrecoupées de montagnes, en partie plates et fertiles, et ont une superficie de 140 l. c. géogr. avec 300,000 hab.

BASOQUE (la), vg., dép. de l'Orne, arr. de Domfront, cant. et poste de Tinchebrai; 360 hab.

BAS-RUPTS, vg. de Fr., dép. des Vosges, com. de Gérardmer; 170 hab.

BASS, cap sur la côte orient. de la Nouvelle-Hollande, comté de Cumberland, Nouvelle-Galles méridionale, à 3 l. S. des lagunes de Tom-Thumbs. Il tire son nom du capitaine anglais Bass qui le visita.

BASS, détroit de l'Océan Pacifique qui sépare la côte S.-S.-E. de la Nouvelle-Hollande de l'île King, de la terre de Van-Diemen, des îles Furneaux, etc. Il fut découvert, en 1795, par Banks; Flinders le traversa en 1798. Il a environ 60 l. de long sur 40 de large. La navigation y est difficile et dangereuse, et beaucoup de vaisseaux y ont déjà fait naufrage.

BASSAC, vg. de Fr., dép. de la Charente, arr. de Cognac, cant. et poste de Jarnac; vins dont on fait d'excellente eau-de-vie; tanneries; 820 hab.

BASSAC, ham. de Fr., dép. de la Dordogne, com. de Beauregard; 105 hab.

BASSAH ou **BISSOGA**, **BISSOU**, **BISSEAL**, île d'Afrique, sur les côtes de la Nigritie occidentale (Sénégambie), très-fertile, longue de 12 l. et large de 9 l. Au S.-E. de l'île, dans la direction de l'île des Sorcières et de l'embouchure de la Geba, les Portugais y ont un grand fort, défendu par 50 canons et une garnison de 300 hommes. Les habitants, la plupart de la famille des Papel, sont sous la domination de treize rois qui se font une guerre continuelle, que les Portugais ne cessent de fomenter; aussi ces derniers sont-ils généralement haïs et ne peuvent se montrer impunément dans l'intérieur de l'île.

BASSAIN, *Bassnum*, v. de l'Inde, présidence de Bombay, dist. de Kalliani, située sur les bords de la mer et séparée par un canal étroit de l'île Salsette. Son commerce était très-important avant l'agrandissement de Bombay. Les Portugais la prirent en 1531 et la conservèrent jusqu'en 1750, où elle fut conquise par les Mahrattes.

BAS-SAINT-DIDIER-DE-BIZONNES, ham. de Fr., dép. de l'Isère, com. de St.-Didier-de-Bizonnes; 160 hab.

BASSAM (Grand-), v. de la Haute-Guinée, Afrique, emp. d'Achanti, sur la côte des Dents; elle est florissante par son commerce et par la grande quantité d'or qu'on en exporte; c'est le chef-lieu d'un petit état tributaire, dont dépend aussi la ville de Petit-Bassam ou Pequininy-Bassam.

BASSAN, vg. de Fr., dép. de l'Hérault,

arr., cant. et poste de Beziers; 440 hab.

BASSANITE, fl. du Labrador, se jette dans le golfe de St.-Laurent.

BASSANNE, vg. de Fr., dép. de la Gironde, arr. de Bazas, cant. d'Auros, poste de la Réole; 190 hab.

BASSANO, v. fortifiée du roy. Lombard-Vénitien, gouv. de Venise, délégation de Vicence, sur la Benta, où il y a un beau pont long de 60 mètres et large de 24 mètres. C'est une jolie petite ville, bien bâtie, qui possède de beaux édifices, trente églises, plusieurs couvents et hospices. Fabriques d'étoffes de soie et de laine, tanneries, blanchisseries de cire et de parchemins. Forges de cuivre, trois papeteries. Commerce très-considérable; 11,500 hab.

Bassano est la patrie d'Aldus et de Paulus Manutius, savants célèbres qui, vers la fin du quinzième siècle, contribuèrent beaucoup aux progrès de la typographie en Italie, et des trois peintres Francesco, Giacomo et Leandro de Ponte, connus sous le nom de Bassano. La célèbre typographie de Remondini est bien déchue depuis la mort de ses riches propriétaires.

C'est près de Bassano que Bonaparte bâttit Quosdanowich, général autrichien, le 8 septembre 1796. Combats livrés entre les Français et les Autrichiens, les 6 novembre 1796, 11 novembre 1801, 5 novembre 1805, 31 octobre 1813. En 1809, Napoléon érigea la ville et le territoire de Bassano en duché, en faveur de son ministre Maret, avec un revenu de 60,000 francs.

BASSAUCOURT, vg. de Fr., dép. de la Meuse, arr. de Commercy, cant. et poste de Vigneulles; 70 hab.

BASSE, vg. de Fr., dép. d'Indre-et-Loire, com. de Cravant; 300 hab.

BASSE (la), vg. de Fr., dép. des Vosges, arr., cant. et poste d'Épinal; 650 hab.

BAS-SEBIOUX, ham. de Fr., dép. de la Haute-Vienne, com. de St.-Sornin-la-Marche; 100 hab.

BASSEBOURE, vg. de Fr., dép. des Basses-Pyrénées, com. d'Itsatsou; 200 hab.

BASSE-CANCAL (la), vg. de Fr., dép. d'Ille-et-Vilaine, com. de Cancale; 400 hab.

BASSECOURT (en allemand Altdorf), vg. de Suisse, cant. de Berne, bge et à 2 l. de Delsberg; papeterie; 720 hab.

BASSE-DE-MARTINPRÉ, ham. de Fr., dép. des Vosges, com. de Gerbépal; 110 h.

BASSÉE (la), pet. v. de Fr., dép. du Nord, arr. et à 5 l. S.-E. de Lille, sur le canal de ce nom, chef-lieu de canton; elle a de beaux établissements industriels, et son commerce consiste en grains, graines oléagineuses, céréales, toiles, charbons de terre, vins et bois du Nord. Foires, les 19 janvier, avril, juillet, octobre, et grand marché le deuxième mardi de chaque mois; 2485 hab.

BASSÉE (la), vg. de Fr., dép. des Deux-Sèvres, arr. et poste de Niort, cant. et com. de Frontenay; 410 hab.

BASSÉE et d'**AIR-A-LA-BASSÉE** (canal de la), canaux de Fr., appartenant à la correspondance entre Douai, Lille et St.-Omer. Le canal de la Bassée a été construit aux frais de J. Châtelain-de-Ville, en 1660, et perfectionné en 1771; celui d'Air-à-la-Bassée, qui en est une continuation créée par la loi du 14 août 1822, a été ouvert à la navigation le 1er mars 1825. Cette ligne part près de la ville de Bassée du canal de la Deule, passe près de Cambrin, Béthune et Robeck, et vient rejoindre la Lys et le canal de St.-Omer à Aire. Son développement est de 10 3/4 l.; elle a trois écluses, dont deux carrées, donnant, par le moyen de quatre vannages, passage aux rivières de Lawe et de Lys.

BASSE-GOULAINE, vg. de Fr., dép. de la Loire-Inférieure, arr. et poste de Nantes, cant. de Vertou; 250 hab.

BASSE-INDRE (la), vg. de Fr., dép. de la Loire-Inférieure, com. d'Indre; poste; fonderie de canons pour la marine; 1280 h.

BASSEMBERG, vg. de Fr., dép. du Bas-Rhin, arr. de Schlestadt, cant. et poste de Villé; 430 hab.

BASSENEVILLE, vg. de Fr., dép. du Calvados, arr. de Pont-l'Évêque, cant. de Dives, poste de Troar; 430 hab.

BASSENS, vg. de Fr., dép. de la Gironde, com. de Carbon-Blanc; 100 hab.

BASSENVILLE, vg. de Fr., dép. du Calvados, arr. et poste de Bayeux, cant. de Ryes; 400 hab.

BASSE-POINTE (la), b. sur la côte septentrionale de l'île de Martinique, près de la rivière du même nom, chef-lieu de canton, à 6 l. N.-E. de St.-Pierre et à 11 l. N. de Fort-Royal; 2000 hab.

BASSERCLES, vg. de Fr., dép. des Landes, arr. de St.-Sever, cant. d'Amou, poste d'Orthez; 400 hab.

BASSÈRE, vg. de Fr., dép. des Hautes-Pyrénées, arr., cant. et poste de Bagnères-en-Bigorre; eaux minérales; 300 hab.

BASSERSTORF, vg. parois. de Suisse, cant. de Zurich, bge d'Embrach; l'agriculture et quelques fabriques occupent les habitants; 2400 hab.

BASSES, vg. de Fr., dép. de la Vienne, arr., cant. et poste de Loudun; 280 hab.

BASSES (les), cap sur la côte S.-O. de la Nouvelle-Hollande, Terre de Nuits.

BASSES-DES-FRANÇAIS ou SHOALS, pet. îles de l'Océan Pacifique, au N.-O.-O. des îles Sandwich; entourées d'un banc de coraux; lat. N. 23° 45', long. O. 161°.

BASSES-RIVIÈRES (les), vg. de Fr., dép. d'Indre-et-Loire, com. de Rochecorbon; 120 hab.

BASSE-SUR-LE-RUPT, vg. de Fr., dép. des Vosges, arr. de Remiremont, cant. de Saulxures, poste de Vagney; 860 hab.

BASSE-TERRE, baie très-commode, au S. de l'île de la Tortue et à 3 l. N. de l'île d'Haïti, dont elle dépend.

BASSE-TERRE, capitale de l'île de Guadeloupe, bâtie sur la côte occidentale de la partie de l'île qu'on nomme Basse-Terre et même Guadeloupe proprement dite; c'est la résidence du gouverneur, de la cour royale et du tribunal de première instance. La ville est très-agréablement située au pied d'une montagne d'où l'on jouit d'une vue magnifique; elle est traversée par la rivière des Herbes, qui fournit l'eau nécessaire aux différentes fontaines qui ornent la ville. Elle est bien bâtie et défendue par le fort St.-Charles, prés duquel le Gallien s'embouche dans la mer. Elle manque de port et n'a qu'une rade assez mauvaise et très-peu commerçante; 9000 hab.

BASSE-TERRE, capitale de l'île de St.-Christophe ou de St.-Kitts, une des Petites-Antilles, possession anglaise. La ville est située au S.-O. de l'île, dans une charmante vallée, à quelque distance de la mer. Elle est bâtie sur la pente d'une colline; ses rues sont droites, larges et bordées d'arbres. Trois batteries défendent l'entrée de la rade par laquelle on fait un commerce considérable. A l'E. de la ville se trouvent des étangs salins, d'où l'on retire une immense quantité de sel; 6500 hab.

BASSEVOLDE, vg. de Belgique, prov. de la Flandre-Orientale, arr. d'Eecloo; 3000 h.

BASSEUX, vg. de Fr., dép. du Pas-de-Calais, arr. et poste d'Arras, cant. de Beaumetz-les-Loges; 230 hab.

BASSE-VAIVRE (la), vg. de Fr., dép. de la Haute-Saône, arr. de Vesoul, cant. de Jussey, poste de Vauvillers; 300 hab.

BASSEVILLE, vg. de Fr., dép. de Seine-et-Marne, arr. de Meaux, cant. et poste de la Ferté-sous-Jouarre; 440 hab.

BASSIANS (pays des), dans la Russie d'Asie, Caucase occidental; la tribu des Bassians habite entre celle des Ossètes et celle des Souanes, et se divise en trois branches : les Karaktschai, les Tscheriga et les Bassians proprement dits, ou Balkar. Ils habitent des vallées sauvages, sont industrieux et ont les mêmes mœurs que les Circassiens. Ils professent le culte de Mahomet.

BASSIGNAC, vg. de Fr., dép. du Cantal, arr. de Mauriac, cant. de Saignes, poste de Bort; 530 hab.

BASSIGNAC-LE-BAS, vg. de Fr., dép. de la Corrèze, arr. de Tulle, cant. de Mercœur, poste d'Argentat; 640 hab.

BASSIGNAC-LE-HAUT, vg. de Fr., dép. de la Corrèze, arr. de Tulle, cant. de Servières, poste d'Argentat; 800 hab.

BASSIGNET (le), ham. de Fr., dép. du Doubs, com. de Longeville; 90 hab.

BASSIGNEY, vg. de Fr., dép. de la Haute-Saône, arr. de Lure, cant. de Vauvillers, poste de Faverney; 330 hab.

BASSIJEAUX, ham. de Fr., dép. de la Charente, com. de Bassac; 100 hab.

BASSILAN (groupe de), un des groupes d'îles de l'archipel de Soulou, dans la Malaisie, Océanie occidentale, entre Soulou et Mindanao. L'île de Bassilan est la plus grande de toutes celles de cet archipel. Elle est montueuse, a peu d'habitants et manque d'un bon port. Le chef-lieu, Bassilan, est situé sur la côte S.-E. Les autres îles principales sont : les îles de St.-Cruz, Cocos, Sibago, Manalipa, Larak, Orejas de Libree, Dasaan, Pilas, Tasnok et Tapeantana.

BASSILLAC, vg. de Fr., dép. de la Dordogne, arr. et poste de Périgueux, cant. de St.-Pierre-de-Chignac; 730 hab.

BASSILLON, vg. de Fr., dép. des Basses-Pyrénées, arr. de Pau, cant. et poste de Lembeye; 290 hab.

BASSIN ou **BASSEEN**, **PERSAINS**, v. de l'emp. Birman, prov. de Pégou, siége d'un gouverneur, située sur un bras de l'Iraouaddy; commerce. Les Anglais ont cherché en vain, dans le dernier siècle, à y établir une factorerie.

BASSINET, vg. de Fr., dép. du Puy-de-Dôme, arr. de Thiers, cant. de Culbat; 210 h.

BASSING, vg. de Fr., dép. de la Meurthe, arr. de Château-Salins, cant. et poste de Dieuze; 380 hab.

BASSIS, île d'Afrique, sur les côtes de la Nigritie occidentale, Sénégambie; elle est très-fertile.

BASSOLES-AULERS, vg. de Fr., dép. de l'Aisne, arr. de Laon, cant. d'Anisy-le-Château, poste de Coucy-le-Château; 320 h.

BASSOMBRA. *Voyez* CHAMA.

BASSOMPIERRE, ham. de Fr., dép. de la Moselle, com. de Boulange; 130 hab.

BASSOMPIERRE, dép. des Vosges. *Voyez* SAINT-MENGE.

BASSONCOURT, vg. de Fr., dép. de la Haute-Marne, arr. de Chaumont-en-Bassigny, cant. et poste de Clefmont; 330 hab.

BASSORAH ou **BASRAH**, *Orchoe*, v. de la Turquie d'Asie, eyalet de Bagdad, située sur la rive droite du Chat-el-Arab, qui y est navigable pour des vaisseaux de 500 tonneaux. Quoiqu'elle ait beaucoup perdu de son ancienne splendeur, elle est encore considérée comme la seconde ville du paschalik, et sa position est très-importante. Elle est entourée de fortifications peu solides; la marée y est sensible et couvre et découvre alternativement une multitude de canaux d'irrigation qui traversent la ville et les jardins qui s'y trouvent, ce qui rend l'air très-malsain et expose les habitants à des fièvres dangereuses. Les rues de Basrah sont irrégulières et très-sales. La factorerie anglaise est regardée comme son édifice le plus remarquable. Les bazars, remplis des plus riches produits, ne se distinguent nullement par leur architecture; même le Merbad, centre du commerce et de la littérature au temps des califes, est d'un mauvais style. L'industrie de Basrah est peu considérable; c'est par le commerce qu'elle a fleuri et elle lui doit encore aujourd'hui son importance. Elle reçoit les produits de l'Indoustan et envoie des caravanes à Constantinople, par Bagdad et Alep. Les Anglais et les Français y ont des consuls. La population, composée principalement d'Arabes, de Turcs et d'Arméniens, paraît s'élever au-dessus de 60,000 habitants. Bassorah fut fondée par ordre du calife Omar, et devint bientôt une des villes les plus florissantes et les plus célèbres de l'Orient. Les Perses et les Turcs se la disputèrent à différentes reprises. Les Arabes s'en rendirent maîtres en 1787, mais peu de temps après le pacha de Bagdad les en chassa et la réunit de nouveau à l'empire ottoman.

BASSOS, groupe de petites îles habitées dans l'Océan Pacifique, au N.-O. du groupe de Royèz. Elles sont entourées d'un banc de corail et font partie de l'archipel des Lagunes, lat. N. 10° 15′, long. O. 174° 28′.

BASSOU, vg. de Fr., dép. de l'Yonne, arr. et cant. de Joigny, poste; 640 hab.

BASSOUES, pet. v. de Fr., dép. du Gers, arr., poste et à 4 l. N.-O. de Mirande, cant. de Montesquiou; elle est très-ancienne et appartenait autrefois aux archevêques d'Auch. On y voit une tour remarquable, reste d'un ancien château fort. Bassoues possède plusieurs sources d'eaux minérales acidules froides; elles sont peu fréquentées, quoiqu'on les dise de même nature que celles de Spa; 1640 hab.

BASSU, vg. de Fr., dép. de la Marne, arr. de Vitry-le-Français, cant. et poste de Heiltz-le-Maurupt; 350 hab.

BASSUET, vg. de Fr., dép. de la Marne, arr. de Vitry-le-Français, cant. et poste de Heiltz-le-Maurupt; 730 hab.

BASSUM, b. du roy. de Hanovre, gouv. de Hanovre, sur la Ruhr qui le divise en trois parties. Ce bourg possède plusieurs établissements industriels et des marchés bien fréquentés; 1400 hab.

BASSUM (Grand-), v. d'Afrique, Nigritie maritime, emp. d'Achanti, florissante par son commerce et la grande quantité d'or qu'on en exporte, chef-lieu d'un petit état tributaire, dont dépend aussi Petit-Bassum.

BASSURELS, vg. de Fr., dép. de la Lozère, arr. de Florac, cant. de Barre, poste de Pompidou; 490 hab.

BASSUSSARRY, vg. de Fr., dép. des Basses-Pyrénées, arr., cant. et poste de Bayonne; 330 hab.

BASTAN ou **BAZTAN**, belle vallée d'Espagne, roy. de Navarre, prov. de Pampelune, versant méridional des Pyrénées; elle est renommée surtout pour ses belles prairies, où sont élevés de nombreux troupeaux de bétail. On y récolte du froment, du maïs, des châtaignes, du lin, etc. Elle comprend quatorze villages, dont les habitants jouissent de certains priviléges. Chef-lieu Elizondo.

BASTANÉS, vg. de Fr., dép. des Basses-Pyrénées, arr. d'Orthez, cant. et poste de Navarrenx; 240 hab.

BASTANOUS, vg. de Fr., dép. du Gers, com. de Manas; 200 hab.

BASTAROUX, vg. de Fr., dép. des Basses-Pyrénées, com. de Gan; 150 hab.

BASTE (la), ham. de Fr., dép. de Seine-et-Marne, com. de Plessis-aux-Bois; 80 h.

BASTELICA, vg. de Fr., dép. de la Corse, arr. et à 7 l. E. d'Ajaccio, chef-lieu de canton, poste de Bocognano; 2310 hab.

BASTENNES, vg. de Fr., dép. des Landes, arr. de St.-Sever, cant. d'Amou, poste d'Orthez; 530 hab.

BASTETANI, g. a., peuple habitant la partie S.-E. de la Tarragonie, c'est-à-dire les parties orientales des provinces actuelles de Grenade et de la Manche, et la partie occidentale de la Murcie (Espagne).

BASTIA, *Mantinum*, v. et port de Fr., dép. de la Corse, chef-lieu d'arrondissement, siége de tribunaux de première instance et de commerce, dans la partie N.-E. de l'île de Corse, à 25 l. N.-N.-E. d'Ajaccio et 300 l. S.-E. de Paris. Cette ville, autrefois capitale de la Corse, est située au bord de la mer sur le penchant d'une montagne, et sa citadelle, bâtie dans la partie haute de la ville, appelée *Terra Nuova*, défend le port assez commode pour les petits vaisseaux. Les rues sont laides, étroites et obscures, et peu d'édifices peuvent être cités comme remarquables; le plus considérable est l'ancien couvent des jésuites, transformé sous l'empire en palais sénatorial. Ce bâtiment contient maintenant le tribunal de première instance et le collége. On remarque à l'entrée du port un roc que les marins nomment *Il Leone*, parce qu'il a la forme d'un lion couché. Bastia possède une école royale d'hydrographie, une salle de spectacle, des fabriques de savon, de cuirs, d'huiles, de liqueurs, de cire et de stylets très-estimés en Italie; le commerce y consiste en vins, huiles, poils de chèvre, cuirs et corail. Les environs sont fertiles en blé et en vin; on y exploite aussi des carrières d'albâtre; 13,060 hab.

Bastia s'honore d'avoir donné à la France plusieurs généraux et officiers distingués, parmi lesquels nous citerons: Casabianca, Caraffa, Giovanni, Franceschi, Mariotti, et d'être la patrie du littérateur Viale et du docteur Lisco, médecin du pape Grégoire VII.

BASTIDASSE (la), ham. de Fr., dép. du Var, com. de Seillons; 60 hab.

BASTIDE (la), ham. de Fr., dép. de l'Ardèche, com. de Juvinas; 50 hab.

BASTIDE (la), ham. de Fr., dép. de l'Ardèche, com. de St.-Martin-le-Supérieur; 140 hab.

BASTIDE (le), ham. de Fr., dép. de l'Aveyron, com. de Graissac, poste de Laguiole; 160 hab.

BASTIDE (la), ham. de Fr., dép. de l'Aveyron, com. de Pomayrols; 70 hab.

BASTIDE (la), ham. de Fr., dép. de l'Aveyron, com. de St.-Côme; 70 hab.

BASTIDE (la), ham. de Fr., dép. de l'Aveyron, com. de St.-Just; 90 hab.

BASTIDE (la), ham. de Fr., dép. de l'Aveyron, com. de St.-Sauveur; 100 hab.

BASTIDE (la), ham. de Fr., dép. du Cantal, com. de Fontanges; 100 hab.

BASTIDE (la), ham. de Fr., dép. du Gard, com. de Goudargues; 150 hab.

BASTIDE (la), ham. de Fr., dép. du Gers, com. d'Esclassan; 140 hab.

BASTIDE (la), vg. de Fr., dép. de la Gironde, com. de Cenon-la-Bastide; 900 hab.

BASTIDE (la), vg. de Fr., dép. des Landes, arr. de St.-Sever, cant. et poste de Hagetmau; commerce d'oies; 250 hab.

BASTIDE (la), vg. de Fr., dép. du Lot, arr. et à 4 l. S.-E. de Gourdon, chef-lieu de canton, poste de Frayssinet; 1420 hab.

BASTIDE (la), ham. de Fr., dép. du Lot, com. de Frayssinet-le-Gélat; 120 hab.

BASTIDE (la), vg. de Fr., dép. de Lot-et-Garonne, arr. et poste de Marmande, cant. de Boulon; 1020 hab.

BASTIDE (la), ham. de Fr., dép. de la Lozère, com. de Rocles; 30 hab.

BASTIDE (la), ham. de Fr., dép. de la Lozère, com. d'Estables; 110 hab.

BASTIDE (la), vg. de Fr., dép. des Basses-Pyrénées, com. d'Ispoure; 200 hab.

BASTIDE (la), vg. de Fr., dép. des Hautes-Pyrénées, arr. de Bagnères-en-Bigorre, cant. et poste de la Barthe-de-Neste; 570 hab.

BASTIDE (la), vg. de Fr., dép. des Pyrénées-Orientales, arr. de Céret, cant. et poste d'Arles-sur-Tech; 560 hab.

BASTIDE (la Grande-), ham. de Fr., dép. du Var, com, de Roquebrune; 60 hab.

BASTIDE-BEAUVOIR (la), vg. de Fr., dép. de la Haute-Garonne, arr. de Villefranche-de-Lauraguais, cant. de Montgiscard, poste de Baziège; 600 hab.

BASTIDE-CAPDENAC (la), ham. de Fr., dép. de l'Aveyron, com. de la Rouquette; 60 hab.

BASTIDE-CÉZÉRACQ (la), vg. de Fr., dép. des Basses-Pyrénées, arr. d'Orthez, cant. d'Arthez, poste de Lacq; 660 hab.

BASTIDE-CLAIRENCE (la), b. de Fr., dép. des Basses-Pyrénées, arr. et à 4 l. E.-S.-E. de Bayonne, chef-lieu de canton, poste de Hasparren; mines de cuivre et de fer spathique; fabriques de bonneterie et de bas; 2000 hab.

BASTIDE-CLERMONT (la), vg. de Fr., dép. de la Haute-Garonne, arr. de Muret, cant. de Rieumes, poste de Noé; 800 hab.

BASTIDE-D'ANJOU (la), vg. de Fr., dép. de l'Aude, arr., cant. et poste de Castelnaudary; 940 hab.

BASTIDE-D'ARMAGNAC (la), b. de Fr., dép. du Gers, arr. de Condom, cant. de Cazaubon, poste de Roquefort; 1720 hab.

BASTIDE-D'AUBRAC ou D'AUNAC, ham. de Fr., dép. de l'Aveyron, com. de St.-Chély-d'Aubrac; 130 hab.

BASTIDE-DE-BÉARN (la). *Voyez* BASTIDE-VILLEFRANCHE.

BASTIDE-DE-BESPLAS (la), vg. de Fr., dép. de l'Ariège, arr. de Pamiers, cant. et poste du Mas-d'Azil; 680 hab.

BASTIDE-DE-BOUSIGNAC (la), vg. de Fr., dép. de l'Ariège, arr. de Pamiers, cant. et poste de Mirepoix; 500 hab.

BASTIDE-DE-COLOMAT (la), vg. de Fr., dép. de l'Aude, com. de Belpech; 440 hab.

BASTIDE-CONSTANCE (la), ham. de Fr., dép. de la Haute-Garonne, com. de Toulouse; 120 hab.

BASTIDE-DE-FEUILLANS. *Voyez* BASTIDE-CLERMONT.

BASTIDE-DE-FONDS (la), vg. de Fr., dép. de l'Aveyron, com. de Cornus; 310 h.

BASTIDE-DE-LEVIS (la), vg. de Fr., dép. du Tarn, arr., cant. et poste de Gaillac; 1200 hab.

BASTIDE-DE-LORDAT (la), vg. de Fr., dép. de l'Ariège, arr. et poste de Pamiers, cant. de Saverdun; 400 hab.

BASTIDE-DENAT (la), vg. de Fr., dép. du Tarn, arr. d'Albi, cant. et poste de Réalmont; 340 hab.

BASTIDE-D'ENGRAS (la), vg. de Fr., dép. du Gard, arr. d'Uzès, cant. et poste de Lussan; 420 hab.

BASTIDE-DE-PENNE (la), vg. de Fr., dép. de Tarn-et-Garonne, arr. de Montauban, cant. de Montpezat, poste de Caussade; 510 hab.

BASTIDE-DE-PRADINES (la), vg. de Fr., dép. de l'Aveyron, com. de St.-Rome-de-Sernon; 280 hab.

BASTIDE-DE-PUY-GUILLEM, vg. de Fr., dép. de la Dordogne, com. de Monestier; 200 hab.

BASTIDE-D'ESCLAPON (la), vg. de Fr., dép. du Var, arr. de Draguignan, cant. et poste de Comps; 160 hab.

BASTIDE-DE-SEROU (la), pet. v. de Fr., dép. de l'Ariège, arr. et à 3 l. N.-O. de Foix, chef-lieu de canton; elle est agréablement située sur un côteau et bâtie en amphithéâtre au bord de la petite rivière Arise; mais ses maisons, la plupart constructions du moyen âge, lui donnent un aspect sombre et triste. Quelques débris de murailles indiquent qu'elle fut autrefois fortifiée. On y élève des bestiaux; 2900 hab.

BASTIDE-DES-JOURDANS (la), vg. de Fr., dép. du Vaucluse, arr. d'Apt, cant. et poste de Pertuis; carrières de pierres à fusil; 800 h.

BASTIDE-DE-VIRAC (la), vg. de Fr., dép. de l'Ardèche, arr. de l'Argentière, cant. et poste de Vallon; 360 hab.

BASTIDE-DU-HAUT-MONT (la), vg. de Fr., dép. du Lot, arr. de Figeac, cant. de la Tronquière, poste de la Capelle-Marival; 240 hab.

BASTIDE-DU-SALAT (la), vg. de Fr., dép. de l'Ariège, arr. et poste de St.-Girons, cant. de St.-Lizier; 510 hab.

BASTIDE-DU-TEMPLE (la), vg. de Fr.,

dép. de Tarn-et-Garonne, arr., cant. et poste de Castelsarrasin; 780 hab.

BASTIDE-DU-VERT (la), vg. de Fr., dép. du Lot, arr. de Cahors, cant. de Catus, poste de Castelfranc; 700 hab.

BASTIDE-EN-VAL (la), vg. de Fr., dép. de l'Aude, arr. de Carcassonne, cant. et poste de Lagrasse; 300 hab.

BASTIDE-ESPARBAIRENQUE (la), vg. de Fr., dép. de l'Aude, arr. de Carcassonne, cant. et poste de Mas-Cabardès; 500 hab.

BASTIDE-FORTUNIÈRE (la). *Voyez* LA BASTIDE.

BASTIDE-GABAUSSE (la), vg. de Fr., dép. du Tarn, arr. d'Albi, cant. de Monestiés, poste de Cramaux; 490 hab.

BASTIDE-L'ÉVÊQUE (la), vg. de Fr., dép. de l'Aveyron, arr. et poste de Villefranche-de-Rouergue, cant. de Rieupeyroux; papeterie; 2900 hab.

BASTIDE-MARNHAC, vg. de Fr., dép. du Lot, arr., cant. et poste de Cahors; 980 h.

BASTIDE-MARSAC (la), vg. de Fr., dép. du Lot, com. de Beauregard; 200 hab.

BASTIDE-MONREJAU (la), vg. de Fr., dép. des Basses-Pyrénées, arr. et cant. d'Orthez, poste de Lacq; 300 hab.

BASTIDE-MONTFORT (la). *Voyez* LA BASTIDE-DE-LEVIS.

BASTIDE-NANTEL (la), ham. de Fr., dép. de l'Aveyron, com. de Rouquette; 70 hab.

BASTIDE-PAUMES (la), vg. de Fr., dép. de la Haute-Garonne, arr. de St.-Gaudens, cant. et poste de l'Isle-en-Dodon; 650 hab.

BASTIDE-ROUAIROUX (la), vg. de Fr., dép. du Tarn, arr. de Castres, cant. de St.-Amans-la-Bastide et poste; fabriques de cuirs de laine, castorines; filatures de laine; 2430 hab.

BASTIDE-SAINT-GEORGES (la), vg. de Fr., dép. du Tarn, arr., cant. et poste de Lavaur; 550 hab.

BASTIDE-SAINT-PIERRE (la), vg. de Fr., dép. de Tarn-et-Garonne, arr. de Castelsarrasin, cant. et poste de Grisolles; 880 hab.

BASTIDE-SAINT-SERNIN (la), vg. de Fr., dép. de la Haute-Garonne, arr. de Toulouse, cant. de Fronton, poste de St.-Jory; 240 h.

BASTIDE-SAVES (la), vg. de Fr., dép. du Gers, arr. et poste de Lombez, cant. de Samatan; 370 hab.

BASTIDE-SUR-LAC (la). *Voyez* LA BASTIDE-EN-VAL.

BASTIDE-SUR-L'HERS (la), vg. de Fr., dép. de l'Arriège, arr. de Pamiers, cant. et poste de Mirepoix; mines et centre du commerce du jayet; fabriques de peignes en corne et en buis; eaux minérales; 630 hab.

BASTIDE-TEULAT (la), vg. de Fr., dép. de l'Aveyron, com. de Plaisance; 40 hab.

BASTIDETTE (la), vg. de Fr., dép. de la Haute-Garonne, arr., cant. et poste de Muret; 300 hab.

BASTIDE-VILLEFRANCHE (la), vg. de Fr., dép. des Basses-Pyrénées, arr. d'Orthez, cant. et poste de Salies; 900 hab.

BASTIDONNE, ham. de Fr., dép. du Var, arr. de Brignolles, cant. et poste de Barjols; 50 hab.

BASTIDONNE (la), vg. de Fr., dép. du Vaucluse, arr. d'Apt, cant. et poste de Pertuis; 300 hab.

BASTIE (la), ham. de Fr., dép. des Basses-Alpes, com. d'Ongles; 100 hab.

BASTIE (le), ham. de Fr., dép. de l'Aveyron, com. de Trémouilles; 74 hab.

BASTIE-DE-GRESSE (la), vg. de Fr., dép. de l'Isère, com. de Gresse; 150 hab.

BASTIEN, ham. de Fr., dép. de la Marne, com. de Baizil; 90 hab.

BASTILLE (la). *Voyez* FLEURY-LE-PETIT.

BASTION-DE-FRANCE, fort sur la côte d'Afrique, rég. d'Alger, sur la baie Bastion, au N.-E. de Bone et au S.-O. de la Calle. Il fut bâti par les Français en 1560, et abandonné depuis, à cause de l'insalubrité de l'air, infecté par des marais et des eaux stagnantes, et remplacé par la Calle.

BASTIT (le), vg. de Fr., dép. du Lot, arr. de Gourdon, cant. et poste de Gramat; 1140 hab.

BASTIT-DE-BEAUSSONNE (le), ham. de Fr., dép. du Lot, com. de Pinsac; 110 hab.

BASTOGNE, *Bastonacum, Bastonia, Belsonacum*, pet. v. du roy. de Belgique, prov. de Luxembourg, au pied des Ardennes, à 8 l. N.-N.-O. d'Arlon; commerce de grains, de bestiaux et de jambons; 2400 hab.

BASTOURRA, vg. de Fr., dép. des Hautes-Pyrénées, com. de St.-Martin; 180 hab.

BASTRIES, ham. de Fr., dép. de l'Aveyron, com. de Flavin; 60 hab.

BASVILLE, vg. de Fr., dép. de la Creuse, arr. d'Aubusson, cant. de Crocq, poste de Villeneuve; 960 hab.

BASVILLE, vg. de Fr., dép. de l'Eure, arr. de Pont-Audemer, cant. et poste de Bourgtheroulde; 120 hab.

BATA, g. a., v. et port sur le Pont-Euxin, Sarmatie d'Asie.

BATABANO, pet. v. de l'île de Cuba, dép. de l'Ouest, non loin de la mer et à 20 l. S.-O. de la Havanna. Son port est entouré d'écueils et n'est abordable que pour les petits vaisseaux; 2500 hab.

BATAILLE, ham. de Fr., dép. de la Haute-Garonne, com. de Chein-Dessus; 120 hab.

BATAILLE (la), vg. de Fr., dép. des Deux-Sèvres, arr. de Melle, cant. et poste de Chef-Boutonne; 160 hab.

BATAILLE, ham. de Fr., dép. des Deux-Sèvres, com. de Gournay; 140 hab.

BATALHA, b. du Portugal, prov. d'Estramadure, à 3 l. S.-O. de Leyria. Beau couvent de nobles de l'ordre de St.-Dominique, que le roi Jean Ier fit bâtir par l'Irlandais Hacket, en mémoire de la victoire d'Aljubarotta, avec un mausolée non achevé qu'érigea le roi Emanuel; 1000 hab.

BATANGAS, pet. v. dans la prov. du même nom de l'île Manille ou Luçon, archipel des

Philippines; siége de l'alcade. Elle est située sur la côte. La province, dont elle est le chef-lieu, est très-montagneuse; on y trouve beaucoup de volcans éteints; les buffles et le bétail y abondent; 130,000 hab.

BATANGE, vg. de Fr., dép. de Saône-et-Loire, arr. et poste de Louhans, cant. de Montpont; 730 hab.

BATANGPALLY ou **BATANPILLY**, deux petites îles de l'Océan Pacifique, sur la côte N.-N.-O. de la Nouvelle-Guinée, séparées l'une de l'autre par un canal sur lequel est situé le petit port de Manafain. Elles ont ensemble 18 l. de circuit.

BATANTA, île peu connue, dans l'Océan Pacifique, sur la côte N.-N.-O. de la Nouvelle-Guinée, séparée de l'île de Waigiu par le détroit de Dampier et de celle de Salwatty par le détroit de Pitt. Elle est habitée par des Malais et des Papouas.

BATARDIÈRE (la), ham. de Fr., dép. de Loir-et-Cher, com. de Bourré; 60 hab.

BATAVI, g. a., peuple de la Gaule belgique, descendant des Cattes, les Hollandais de nos jours.

BATAVIA, capitale de la résidence hollandaise de ce nom et de toutes les possessions hollandaises dans la mer des Indes et dans l'Océanie, au N.-N.-O. de l'île de Java, est bâtie sur l'emplacement de l'ancienne Jacatra, sur les bords de la rivière Tjidiwong. Les marais qui s'étendent du côté de la mer, les canaux remplis d'eau stagnante qui traversent plusieurs quartiers de la ville, en ont fait longtemps un des endroits les plus malsains du globe et rendu son séjour mortel à un grand nombre d'Européens. Frappé de cet inconvénient, le gouverneur-général Dændels, voulut faire de Sourabaya la capitale des possessions orientales de la Hollande. Il fit raser la plupart des fortifications de Batavia, le château et d'autres édifices, et bien qu'il fût contrarié dans son plan, il persista à transférer une partie des établissements publics dans l'intérieur. On l'imita et depuis il s'est élevé une nouvelle ville le long du Moolenvliet, du canal de Rijswick, à Woltevreden, le long du Konings-Plein et sur le chemin du Meester-Cornelis. Les principaux édifices, anciens et modernes, de Batavia, sont : les magasins de la marine, les lambongs, vastes magasins en bois, élevés à quelques pieds seulement au-dessus du sol et destinés à contenir les récoltes de café; l'hôtel de ville, les églises catholique et luthérienne, les casernes de Woltevreden qui est aujourd'hui le quartier militaire de Batavia, et l'hôpital militaire au même endroit; la factorerie de la société du commerce des Pays-Bas; l'Harmonie, grand édifice construit à Rijswick par le général Dændels, l'hôtel de la société des arts et des sciences, l'hôtel du gouverneur-général à Rijswick et le nouveau palais à Woltevreden, terminé en 1827. Parmi les établissements littéraires de Batavia, il faut citer la société des arts et des sciences, qui a rendu d'importants services, surtout pendant l'occupation anglaise. Dans l'ancienne ville il faut encore remarquer le quartier asiatique et le camp chinois, vaste faubourg où habitaient autrefois tous les Chinois qui se sont aujourd'hui répandus dans la ville. La belle baie de Batavia est parsemée d'îlots couverts de la plus riche végétation, qui ont été utilisés presque tous par l'ancienne compagnie des Indes, pour y placer des chantiers, des magasins, des hôpitaux, etc. La guerre et l'occupation anglaise ruinèrent tous ces établissements, dont les principaux se trouvaient dans l'île Onrust (Poul ou Kappal) et à Purmerend. L'industrie de Batavia tient un rang distingué; des distilleries d'arack, des briqueries, des tanneries, des teintureries en sont les principales branches. Mais c'est le commerce qui a fait la prospérité de cette ville; elle est le centre de toutes les affaires que les Hollandais font avec la Chine, le Japon, l'Inde et les îles de la Malaisie. Quarante-trois navires et un bateau à vapeur sont la propriété des armateurs et des maisons de commerce de Batavia. D'après un recensement de 1824, la population de cette ville, en exceptant la garnison de Woltevreden et les familles des officiers, s'élevait à 53,861 âmes, savoir : 23,108 Javanais ou Malais, 14,708 Chinois, 12,419 esclaves, 3025 Européens et 601 Arabes. Les Chinois sont presque les seuls artisans de Batavia, le reste de la population ne s'occupant que du commerce. Il y a cinquante ans, Batavia, qu'on appelait la la reine de l'Orient, comptait 160,000 habitants. Cette ville fut fondée par les Hollandais en 1619, après leurs victoires sur les Anglais et le roi de Jacatra; une tentative des Anglais pour s'en emparer, échoua en 1799; une autre réussit mieux en 1811, et les Hollandais n'obtinrent la restitution de Batavia qu'en 1816.

BATAVIA, pet. v. des États-Unis de l'Amérique du Nord, état de New-York, comté de Tennessée dont elle est le chef-lieu, sur le Tonawanto. Elle est bien bâtie, a un arsenal de l'état, plusieurs beaux édifices et 4400 h.

BATCHIAN (île), une des plus grandes îles du groupe des Moluques, située sous 0° 30′ lat. S. Les habitants peu nombreux sont des malais mahométans. Leur sultan est depuis 1774 vassal des Hollandais.

BATCHIAN, pet. v. située sur la côte orientale de l'île de ce nom, résidence du sultan; 4000 hab.

BATE, vg. de Fr., dép. de Seine-et-Oise, com. de Longvilliers; 126 hab.

BATE, île sur la côte occidentale de l'Indoustan, fait partie du royaume de Barodâ; les Hindous y vont en pèlerinage. La ville de Bate, bâtie sur la côte, possède un bon port et fait quelque commerce.

BATELES, fl. de la rép. du Rio de la Plata; il naît, d'après Alcédo, dans la Laguna Ybéra et se jette dans le Parana, dont il est un des principaux affluents de gauche.

BATEMAN, baie sur la côte S.-S.-E. de la Nouvelle-Hollande, au S. du cap St.-Georges. Elle n'est accessible que pour les petits bâtiments.

BATERESSE. *Voyez* BAPTRESSE.

BATH, *Aquæ Solis*, v. d'Angleterre, comté de Sommersets, résidence d'un évêque. Elle est située sur l'Avon inférieur, dans une vallée charmante et entourée de collines qui s'élèvent en amphithéâtre. La partie inférieure de la ville est très-belle et renferme quelques places publiques, ornées de beaux édifices; mais la partie ancienne est étroite et irrégulière. On y compte une cathédrale, deux autres églises, une chapelle catholique, sept oratoires des dissidents, une maison centrale de santé, sept hôpitaux, une maison de refuge et un hospice des enfants trouvés. Le théâtre est le plus bel édifice de province de ce genre, en Angleterre. Elle possède une société d'agriculture et des arts, une société philosophique, une société musicale, une société des lettres et des sciences, un gymnase et plusieurs écoles publiques. Bath est surtout renommée par ses bains, qui datent du temps des Romains et qui sont les plus fréquentés de toute l'Angleterre; il s'y rend annuellement de 5 à 6000 étrangers. On y compte 29 pharmacies. Bath avec le diocèse de Wells, compte 37,000 habitants et nomme deux députés au parlement. C'est à Bath que Herschel découvrit la planète Uranus. On y voit encore des vestiges d'importantes constructions romaines et les restes d'un temple de Minerve.

BATH, b. d'Autriche, roy. de Hongrie, cer. en-deçà du Danube, sur le Szekeneze. Culture du vin et du tabac; commerce de blé; 2200 hab.

BATH, pet. v. des États-Unis de l'Amérique du Nord, état du Maine, comté de Lincoln, à l'embouchure du Kennebec et du New-Meadow-River, avec un bon port. Commerce, banque, académie; 3500 hab.

BATH, comté de l'état de Kentucky, États-Unis de l'Amérique du Nord. Il est borné par les comtés de Nicholas, de Flemming, de Pike, de Montgoméry et de Bourbon, et renferme 8400 habitants, dont 1300 esclaves. Ce comté est arrosé par le Licking et ses affluents, et est riche en fer et en eaux minérales. Owingsville, sur un affluent du Licking, est le chef-lieu du comté.

BATH, pet. v. des États-Unis de l'Amérique du Nord, état de New-York, comté de Steuben, dont elle est le chef-lieu, sur le Coohocton; a des eaux minérales et 1800 h.

BATH, b. des Etats-Unis de l'Amérique du Nord, état de Virginie, comté de Morgan; a des eaux minérales très-fréquentées, connues sous le nom de Berkley-Springs.

BATH, vg. de l'île de la Jamaïque, comté de Surry, paroisse de St.-Thomas in the East; il est remarquable par sa source chaude sulfureuse qui sort d'un rocher, à une demi-lieue du village.

BATH, fort du roy. des Pays-Bas, prov. de Séeland, île de Suyd-Bévéland, à 5 l. N.-O. d'Anvers. L'Escaut s'y divise en deux branches : l'Escaut oriental et l'Escaut occidental.

BATH, comté de l'état de Virginie, États-Unis de l'Amérique du Nord. Il est entouré des comtés de Pendleton, d'Augusta, de Rockbridge, de Botetourt, de Monroé et de Greenbrier et renferme 7000 hab. C'est un pays de montagnes, traversé par les Alleghanys et les montagnes de Jackson et de Cow-Pasture. Les vallées occidentales sont arrosées par le Jackson et ses affluents, les vallées à l'E. par le Cow-Pasture. Celles-ci sont les plus fertiles et renommées en outre par les deux sources thermales qui s'y trouvent. Woodborough, sur le bras méridional du Jackson, est le chef-lieu du comté.

BATHELEMONT-LES-BAUZEMONT, vg. de Fr., dép. de la Meurthe, arr. de Château-Salins, cant. de Vic, poste de Moyenvic; 260 hab.

BATHERNAY, vg. de Fr., dép. de la Drôme, arr. de Valence, cant. de St.-Donat, poste de Romans; 240 hab.

BATHUNI, v. de la Russie d'Asie, gouv. d'Imerethi, chef-lieu de la prov. de Gheeria. Elle est bâtie à l'embouchure du Tschorokhi, qui se jette dans la mer Noire, et possède un bon port visité par des caboteurs. Dans les environs croissent le citronier, le grenadier et d'autres arbres qu'on rencontre rarement sur les bords de la mer Noire.

BATHURST, une des îles de la Géorgie septentrionale, à l'O. de l'île de Cornwallis et à l'E. de celle de Sabine, entre le 100° et le 106° de long. O. Elle est encore très-peu connue.

BATHURST, baie qui s'étend entre le cap Byam-Martin et celui de Bathurst, au S. de la baie de la Possession, sur la côte N. E. de la Terre de Baffin.

BATHURST, comté dans les colonies anglaises de la Nouvelle-Hollande, à l'O. des monts Bleus, avait (en 1833) une population de 3454 habitants qui élèvent beaucoup de bétail et de brebis. On vante beaucoup les fromages de Bathurst.

BATHURST, v. et chef-lieu du comté de même nom, dans la Nouvelle-Hollande; fondée en 1818, à une hauteur de 1970 pieds au-dessus de la mer, sur le Macquarie et au pied des montagnes Bleues, à 50 l. O. de Sydney. Elle possède une société littéraire et un collége où l'on enseigne, outre la littérature, plusieurs sciences, surtout celles qui sont nécessaires pour le commerce. Sa population s'élève à environ 2700 âmes. Lat. S. 33° 24′ long. E. 147° 10′.

BATHURST ou PORT-DAVEY, sur la côte S.-S.-O. de la terre de Van-Diemen. Il fournit de la bonne eau et du bois et sert durant l'hiver de station aux navigateurs. Kelly en fit la découverte en 1817. Lat. S. 43° 21', long. O. 143° 29'.

BATHURST, île sur la côte N.-O. de la Nouvelle-Hollande, sur la terre de Van-Diemen; elle est séparée de l'île de Melleville par le détroit d'Apsley.

BATHURST, pet. v. forte de la Sénégambie, dans l'île de Ste.-Marie, située à l'embouchure de la Gambie; elle appartient aux Anglais et forme l'entrepôt du principal commerce de ce fleuve; 2000 hab.

BATI, ham. de Fr., dép. de l'Aisne, com. de Neuve-Maison; 110 hab.

BATI, g. a., peuple de l'Inde en-deçà du Gange, habitant la province actuelle d'Arcot.

BATIE (la), ham. de Fr., dép. de l'Isère, com. de Séchilienne; 110 hab.

BATIE-COTE-CHAUDE. *Voyez* COTE-CHAUDE.

BATIE-CRAMEZIN (la), ham. de Fr., dép. de la Drôme, arr. de Die, cant. et poste de Luc-en-Diois; 70 hab.

BATIE-D'ANDAURE (la), vg. de Fr., dép. de l'Ardèche, arr. de Tournon, cant. de St.-Agrève; 880 hab.

BATIE-DE-CRUSSOL (la), ham. de Fr., dép. de l'Ardèche, com. de Champis; 160 hab.

BATIE-DES-FONDS, vg. de Fr., dép. de de la Drôme, arr. de Die, cant. de Luc-en-Diois, poste de la Motte-Chalançon; 240 h.

BATIE-DIVISIN (la), vg. de Fr., dép. de l'Isère, arr. de la Tour-du-Pin, cant. de St.-Geoirs, poste des Abrets; 1230 hab.

BATIE-MONTGASCON (la), vg. de Fr., dép. de l'Isère, arr. et poste de la Tour-du-Pin, cant. du Pont-de-Beauvoisin; 1300 h.

BATIE-MONTSALÉON (la), vg. de Fr., dép. des Hautes-Alpes, arr. de Gap, cant. et poste de Serres; 410 hab.

BATIE-NEUVE (la), vg. de Fr., dép. des Hautes-Alpes, arr., à 1 l. E. et poste de Gap, chef-lieu de canton; carrières d'ardoises; 860 hab.

BATIE-ROLAND (la), vg. de Fr., dép. de la Drôme, arr. et poste de Montélimart, cant. de Marsanne; 690 hab.

BATIES (les), vg. de Fr., dép. de la Haute-Saône, arr. de Gray, cant. de Fresne-St.-Marmés, poste de Frétigney; 320 hab.

BATIE-VERDUN (la), vg. de Fr., dép. de la Drôme, com. de St.-Sauveur; 220 hab.

BATIE-VIEILLE (la), vg. de Fr., dép. des Hautes-Alpes, arr. et poste de Gap, cant. de de la Bâtie-Neuve; 160 hab.

BATIGNANO, vg. du grand-duché de Toscane; 450 hab. Dans ses environs se trouvent les ruines de la ville étrusque de Rosellæ. Les bains de Bagni di Roselle conservent encore aujourd'hui dans leur nom le souvenir de cette antique cité.

BATIGNOLLES ou BATIGNOLLES-MONCEAUX (les), vg. de Fr., dép. de la Seine, arr. de St.-Denis, cant. de Neuilly-sur-Seine; 6850 hab.

BATIGNY, ham. de Fr., dép. de l'Eure, com. de St.-André; 80 hab.

BATILLI, vg. de Fr., dép. de l'Orne, arr. d'Argentan, cant. et poste d'Ecouché; 400 h.

BATILLY, vg. de Fr., dép. du Loiret, arr. de Pithiviers, cant. de Beaune-la-Rolande, poste de Boiscommun; 900 hab.

BATILLY, vg. de Fr., dép. de la Moselle, arr., cant. et poste de Briey; 170 hab.

BATILLY-SUR-LOIRE, vg. de Fr., dép. du Loiret, arr. de Gien, cant. de Briare, poste de Bonny; 270 hab.

BATIMENT (le), vg. de Fr., dép. du Morbihan, com. de Rémungol; 400 hab.

BATMAN, principal affluent du Tigre, est formé par les eaux du Keferder, du Sarki et du Saka, et se décharge dans le Tigre près de Hossnkeif.

BATMOS ou BATHMOS, *Patmos*, île de l'archipel grec, au S.-O. de Samos, stérile et parsemée de rochers. Elle a environ 1500 hab., qui vivent principalement de la navigation, de la pêche et du commerce. Sur une montagne de l'île, on montre une caverne où l'on prétend que saint Jean écrivit l'Apocalypse.

BATON-ROUGE, paroisse du territoire de la Floride, États-Unis de l'Amérique du Nord, compte 6300 hab. Le Mississipi coule à l'O. et l'Amite à l'E. du pays. Les deux fleuves sont joints ensemble par le canal d'Iberville. Baton-Rouge sur le Mississipi est le chef-lieu de la paroisse; 800 hab.

BATS, vg. de Fr., dép. des Landes, arr. de St.-Sever, cant. de Geaune, poste d'Aire-sur-l'Adour; 400 hab.

BATS. *Voyez* BACS.

BATSCHAUR, vallée de l'Afghanistan, formée par un contrefort de l'Hindou-Koh; très-fertile et habitée par près de 100,000 individus de différentes tribus, gouvernées par un chef nommé Bas, vassal du roi de Caboul. Il réside dans la petite ville de Batschaur.

BATTA, pet. état de la Basse-Guinée, dépendant du roy. de Congo; il a une ville capitale de même nom, sur un affluent du Zaïre, à 30 l. N.-E. de Banza-Congo.

BATTAGLIA, b. du roy. Lombard-Vénitien, gouv. de Venise, délégation de Padoue, sur le canal de ce nom; remarquable par ses bains sulfureux, visités tous les ans par un grand nombre d'étrangers; 2500 hab.

BATTAILLES (les), ham. de Fr., dép. de Lot-et-Garonne, com. de Lauzun; 60 hab.

BATTANT (le), ham. de Fr., dép. de la Nièvre, com. de Fours; 80 hab.

BATTAS ou BATAK (le pays des), situé le long de la côte occidentale et dans l'intérieur de l'île de Sumatra, confine avec le roy. d'Achem, le ci-devant emp. de Menangkabou et le gouv. hollandais de Padang. C'est un pays élevé, couvert d'épaisses forêts au milieu desquelles on trouve des plaines et des vallées cultivées; il produit beaucoup de camphre, de benjoin et de l'or. Le Sinkel en est la principale rivière. Les habitants de race malaise offrent un singulier mélange de civilisation et de barbarie; ils ont une langue et un alphabet particuliers; leur littérature, dit-on, est riche et originale; presque tous savent lire et écrire, mais ils tiennent avec opiniâtreté à leur religion et à leurs mœurs et sont anthropophages. Certains crimes sont punis par leur code de la peine d'être mangés; autrefois même, les parents trop vieux pour se nourrir étaient également dévorés. Ils forment une espèce de confédération et sont gouvernés féodalement. Les chefs supérieurs ont un pouvoir presque absolu; celui des petits chefs est limité; les guerres intestines sont fréquentes parmi eux. Barrous est leur principale ville.

BATTEBEURE, vg. de Fr., dép. des Vosges, com. de Val-d'Ajol; 300 hab.

BATTEL (Battle), pet. v. d'Angleterre, comté de Sussex, a de grandes poudrières. Guillaume-le-Conquérant y défit le roi Harold, son concurrent, le 14 octobre 1066.

BATTENANS, vg. de Fr., dép. du Doubs, arr. de Montbéliard, cant. de Maiche, poste de St.-Hyppolyte; 270 hab.

BATTENANS, vg. de Fr., dép. du Doubs, arr. de Besançon, cant. de Marchaux, poste de Baume-les-Dames; 150 hab.

BATTENBERG, b. du grand-duché de Hesse, prov. de la Haute-Hesse, chef-lieu du district de ce nom; siége des autorités du district; 1000 hab.

BATTENHEIM, vg. de Fr., dép. du Haut-Rhin, arr. et à 7 l. N. d'Altkirch, cant. de Habsheim, poste d'Ensisheim; 1000 hab.

BATTENKILL, fl. des États-Unis de l'Amérique du Nord, prend naissance dans l'état de Vermont et entre dans celui de New-York, où il se jette dans l'Hudson.

BATTERANS, vg. de Fr., dép. de la Haute-Saône, arr., cant. et poste de Gray; 320 hab.

BATTERIE, île dans le détroit de Bass, près de l'île Clarke, au S.-E. de la Nouvelle-Hollande; elle tire son nom de quatre rochers dont la forme ressemble à des canons.

BATTERSEA, pet. v. d'Angleterre, comté de Surry, sur le Thames; brasseries. Patrie du poète Bolingbrocke, seigneur anglais, fameux par ses ouvrages sur la politique; 5000 hab.

BATTESEY, vg. de Fr., dép. des Vosges, arr. de Mirecourt, cant. et poste de Charmes; 110 hab.

BATTIGNY, vg. de Fr., dép. de la Meurthe, arr. de Toul, cant. et poste de Colombey; 420 hab.

BATTIGNY, ham. de Fr., dép. de l'Oise, com. de Pierrefonds; 60 hab.

BATTIKALO, v. et port dans l'île de Ceylan, importante par son commerce.

BATTOA ou **BATTON**, b. d'Afrique, Nigritie maritime, côte du Poivre, endroit très-considérable avec un port dont l'abord est difficile.

BATTONCEAU (Grand et Petit-), ham. de Fr., dép. de Seine-et-Oise, com. de Gazeran; 60 hab.

BATU (Mintaon), pet. île sur la côte occ. de Sumatra; elle dépend du radjah de Baluara qui réside dans Nias; elle n'a qu'une centaine d'habitants.

BATUECAS, vallée profonde d'Espagne, au N. de la prov. d'Estramadure, dans la Penna-de-Francia, sur les confins du roy. de Léon; elle est arrosée par une rivière du même nom, et ses habitants, qu'on fait descendre des Visigoths, se distinguent par leur dialecte, leurs mœurs et leurs usages, et ne vivent en aucune communication avec les autres Espagnols. On va même jusqu'à dire qu'il n'y a à peu près que cent ans que cette petite peuplade fut découverte par un couple d'amants qui s'étaient réfugiés dans ces montagnes pour se soustraire aux recherches et à la colère de leurs parents.

BATURIN, v. de la Russie d'Europe, gouv. de Tschernigow, cer. de Konotop, sur une colline, dans une belle contrée; elle est entourée d'un rempart; il s'y trouve un château magnifique et huit églises. Ses fortifications furent démolies par les Russes en 1706.

BATUS, un des sommets les plus élevés des monts Gharian ou Goriano, dans la rég. de Tripoli.

BATUT (le), ham. de Fr., dép. de l'Aveyron, com. de St.-Amans; 100 hab.

BATXÈRE, vg. de Fr., dép. des Hautes-Pyrénées, arr. de Bagnères-en-Bigorre, cant. et poste de la Barthe-de-Neste; 140 h.

BATZ, vg. de Fr., dép. de la Loire-Inférieure, arr. de Savenay, cant. du Croizic, poste de Guérande; on trouve des marais salants dans ses environs; il a un bon port pour la pêche, 3650 hab.

BATZENDORF, vg. de Fr., dép. du Bas-Rhin, arr. de Strasbourg, cant. et poste de Haguenau; 887 hab.

BAU, ham. de Fr., dép. du Gard, com. de Chamborigaud; 110 hab.

BAUBIGNY, vg. de Fr., dép. de la Manche, arr. de Valognes, cant. de Barneville, poste de Bricquebec; 270 hab.

BAUBIGNY, vg. de Fr., dép. de la Seine, arr. de St.-Denis, cant. de Pantin, poste de Bondy; 240 hab.

BAUCELS, ham. de Fr., dép. de l'Hérault, arr. de Montpellier, cant. et poste de Ganges; 60 hab.

BAUCHÉ. *Voyez* BRÈVES-CHATEAU.

BAUCHET, ham. de Fr., dép. de l'Isère, com. de St.-Didier-de-Bizonnes; 100 hab.

BAUD, pet. v. de Fr., dép. du Morbihan, arr. et à 5 1/2 l. S. de Pontivy, chef-lieu de canton et poste; commerce de grains et de miel; 5300 hab.

BAUDE, promontoire sur la côte N.-O. de la rép. de la Nouvelle-Grenade, dans le dép. de Cauca.

BAUDEL (Saint-), vg. de Fr., dép. du Cher, arr. de St.-Amand-Mont-Rond, cant. de la Guerche-sur-l'Aubois, poste de Châteauneuf-sur-Cher; 840 hab.

BAUDELETS (les), vg. de Fr., dép. du Nord, com. de St.-Aubin; 400 hab.

BAUDELLE (Saint-), vg. de Fr., dép. de la Mayenne, arr., cant. et poste de Mayenne; 890 hab.

BAUDEMENT, vg. de Fr., dép. de la Marne, arr. d'Épernay, cant. et poste d'Anglure; 166 hab.

BAUDEMONT, vg. de Fr., dép. de l'Eure, arr. des Andelys, cant. d'Ecos, poste des Tilliers-en-Vexin; 117 hab.

BAUDEMONT, vg. de Fr., dép. de l'Yonne, com. de Villeneuve-le-Roi; 190 hab.

BAUDES, vg. de Fr., dép. de l'Isère, com. de Ville-sous-Anjou; 150 hab.

BAUDIÈRE (la), vg. de Fr., dép. de l'Isère, com. de St.-Lattier; 130 hab.

BAUDIÈRES (les), vg. de Fr., dép. de l'Yonne, com. de Héry; 180 hab.

BAUDIETS, ham. de Fr., dép. des Landes, com. de Baudignan; 60 bab.

BAUDIGNAN, vg. de Fr., dép. des Landes, arr. de Mont-de-Marsan, cant. et poste de Gabaret; 340 hab.

BAUDIGNÉCOURT, vg. de Fr., dép. de la Meuse, arr. de Commercy, cant. et poste de Gondrecourt; 170 hab.

BAUDILLE (Saint-), vg. de Fr., dép. de l'Isère, arr. de Grenoble, cant. et poste de Mens; 630 hab.

BAUDILLE (Saint-), vg. de Fr., dép. de l'Isère, arr. de la Tour-du-Pin, cant. et poste de Crémieu; 890 hab.

BAUDILLE (Saint-), ham. de Fr., dép. du Tarn, com. de Pont-de-Larn; 110 hab.

BAUDIMENT, ham. de Fr., dép. de la Vienne, com. de Beaumont; 150 hab.

BAUDINARD, vg. de Fr., dép. du Var, arr. de Draguignan, cant. et poste d'Aups; 380 hab.

BAUDITS (les), vg. de Fr., dép. de l'Arriège, com. de Montjoie; 300 hab.

BAUDMANNSDORF, pet. vg. des états prussiens, prov. de Silésie, rég. de Liegnitz. C'est près de cet endroit que l'armée française éprouva un échec (26 mai 1813); 300 hab.

BAUDONCOURT, vg. de Fr., dép. de la Haute-Saône, arr. de Lure, cant. et poste de Luxeuil; 850 hab.

BAUDONS (les), vg. de Fr., dép. de Lot-et-Garonne, com. et poste de Clairac; 180 h.

BAUDONVILLIERS, vg. de Fr., dép. de la Meuse, arr. de Bar-le-Duc, cant. d'Ancerville, poste de St.-Dizier; 270 hab.

BAUDOTS, vg. de Fr., dép. de Saône-et-Loire, com. de Marcilly-les-Buxy; 190 hab.

BAUDOUR, vg. du roy. de Belgique, prov. du Hainaut, arr. de Mons; 1900 hab.

BAUDOUVILLE, ham. de Fr., dép. de la Seine-Inférieure, com. de Limezy; 150 h.

BAUDRE, vg. de Fr., dép. de la Manche, arr., cant. et poste de St.-Lô; 370 hab.

BAUDRECOURT, vg. de Fr., dép. de la Haute-Marne, arr. de Vassy, cant. et poste de Doulevant; 350 hab.

BAUDRECOURT, vg. de Fr., dép. de la Meurthe, arr. de Château-Salins, cant. et poste de Delme; 320 hab.

BAUDREIX, vg. de Fr., dép. des Basses-Pyrénées, arr. de Pau, cant. de Clarac-près-Nay, poste de Nay; 240 hab.

BAUDRÉMONT, vg. de Fr., dép. de la Meuse, arr. de Commercy, cant. de Pierrefitte, poste de St.-Mihiel; 300 hab.

BAUDRES, vg. de Fr., dép. de l'Indre, arr. de Châteauroux, cant. et poste de Levroux; 870 hab.

BAUDREVILLE, vg. de Fr., dép. de la Manche, arr. de Coutances, cant. de la Haie-du-Puits; 370 hab.

BAUDREZY, vg. de Fr., dép. de la Moselle, com. de Mercy-le-Haut; 180 hab.

BAUDRIBOSC, ham. de Fr., dép. de la Seine-Inférieure, com. de Berville; 140 hab.

BAUDRICOURT, vg. de Fr., dép. du Pas-de-Calais, arr. de St.-Pol-sur-Ternoise, cant. d'Avesnes-le-Comte, poste de Frévent; 230 hab.

BAUDRICOURT, vg. de Fr., dép. des Vosges, arr., cant. et poste de Mirecourt; 240 hab.

BAUDRINGHEM, ham. de Fr., dép. du Pas-de-Calais, com. de Wardrecque; 70 h.

BAUDRY. *Voyez* MONBAUDRY.

BAUDUEN, vg. de Fr., dép. du Var, arr. de Draguignan, cant. et poste d'Aups; 950 hab.

BAUDUMENT, vg. de Fr., dép. des Basses-Alpes, arr. et poste de Sisteron, cant. de Volonne; 120 hab.

BAUER ou THEREARD, cap sur la côte méridionale de la Nouvelle-Hollande, à l'E. de Terre-de-Nuits.

BAUERWITZ (Babarow), v. des états prussiens, prov. de Silésie, rég. d'Oppeln, sur la rive droite de la Zinna; poteries et fabriques de toiles; 2200 hab.

BAUGÉ, *Balgiacum*, v. de Fr., dép. de Maine-et-Loire, chef-lieu d'arrondissement, à 9 l. E.-N.-E. d'Angers, sur la rive droite du Couesnon; siège d'un tribunal de première instance et conservation des hypothèques. C'est une petite ville agréablement située dans une belle vallée; elle a de jolies maisons et un collège communal; mais elle est irrégulièrement bâtie. On y fabrique de la toile et des étoffes de laine; commerce de bétail et de bois de charpente. En 1421, les Anglais furent battus près de Baugé par une armée de Charles VII; 3560 hab.

BAUGÉ, ham. de Fr., dép. de la Sarthe, com. de la Fresnaye; 120 hab.

BAUGÉ-LE-VIEIL, *Balgium*, vg. de Fr., dép. de Maine-et-Loire, arr., cant., poste et à 1/4 l. de Baugé. On y remarque les ruines de l'ancien château des ducs d'Anjou, construit au onzième siècle.

BAUGY, b. de Fr., dép. du Cher, arr. et à 6 l. E. de Bourges, chef-lieu de canton, poste de Villequiers; 1124 hab.

On voit près de ce bourg les ruines d'un ancien château fort, qui fut assiégé et pris par Charles VI, en 1412, pendant la guerre contre les Anglais.

BAUGY, vg. de Fr., dép. de l'Oise, arr. et poste de Compiègne, cant. de Ressons; 420 hab.

BAUJARD, ham. de Fr., dép. de l'Yonne, com. de Villeneuve-le-Roi; 100 hab.

BAULAY, vg. de Fr., dép. de la Haute-Saône, arr. de Vesoul, cant. d'Amance, poste de Jussey; 700 hab.

BAULD (Saint-), vg. de Fr., dép. d'Indre-et-Loire, arr., cant. et poste de Loches; 180 hab.

BAULE, vg. de Fr., dép. du Loiret, arr. d'Orléans, cant. de Beaugency, poste de Meung-sur-Loire; fabriques de sucre de betteraves; 2100 hab.

BAULENS, vg. de Fr., dép. de Lot-et-Garonne, arr. et poste de Nérac, cant. de Francescas; 300 hab.

BAULIZE-DE-L'HIRONDELLE (Saint-), vg. de Fr., dép. de l'Aveyron, com. de Montpaon; 520 hab.

BAULME-LAROCHE, vg. de Fr., dép. de la Côte-d'Or, arr. de Dijon, cant. et poste de Sombernon; 300 hab.

BAULMES ou **BEAUME**, vg. parois. de Suisse, cant. de Vaud, dist. d'Orbe, chef-lieu de cercle, à 7 l. N. de Lausanne; population 2200 hab. pour le cercle et 650 pour le village.

BAULNE, vg. de Fr., dép. de l'Aisne, arr. et poste de Château-Thierry, cant. de Condé-en-Brie; 640 hab.

BAULNE, vg. de Fr., dép. de l'Aisne, arr. de Laon, cant. de Craonne, poste de Fismes; 330 hab.

BAULNE, vg. de Fr., dép. de Seine-et-Oise, arr. d'Étampes, cant. et poste de la Ferté-Aleps; filatures de lin; 350 hab.

BAULNY, ham. de Fr., dép. de la Meuse, arr. de Verdun-sur-Meuse, cant. et poste de Varennes-en-Argonne; 190 hab.

BAULON, vg. de Fr., dép. d'Ille-et-Vilaine, arr. de Redon, cant. de Guichen, poste de Lohéac; 1420 hab.

BAULOU, vg. de Fr., dép. de l'Arriège, arr., cant. et poste de Foix; 450 hab.

BAULT-DE-VERNEUIL (Saint-), ham. de Fr., dép. d'Indre-et-Loire, com. de Verneuil; 60 hab.

BAUMA, gr. paroisse de Suisse, cant. de Zurich, bge de Kybourg; 4000 hab.

BAUMAN, groupe de plusieurs îles dans l'archipel de Bougainville, Océanie, découvertes en 1722 par Roggeween; les principales sont Wallis et l'Enfant-Perdu. *Voyez* BOUGAINVILLE.

BAUME (la), ham. de Fr., dép. des Basses-Alpes, com. de Sisteron; 160 hab.

BAUME (la), ham. de Fr., dép. du Gard, com. de Servières; 80 hab.

BAUME (la Sainte-), mont. de Fr., dép. du Var, arr. de Brignolles, cant. de St.-Maximin; elle est remarquable par son élévation (860 mètres) et célèbre par les pèlerinages que l'on y fait pour visiter une grotte située sur le sommet et que, selon certaines traditions fort douteuses, Ste.-Madelaine habita pendant trente ans. Presque tous les rois de France ont fait ce pèlerinage, et la route, qui mène de St.-Maximin à la Baume, fut construite par Louis XIV, qui aimait ses aises, même quand il s'agissait de dévotion. La grotte est enfoncée sous des roches calcaires, ombragée d'un épais feuillage; elle était autrefois parée, comme une église, de riches ornements, dons de la piété souvent tardive des puissants pécheurs qui venaient solliciter l'intercession de la sainte pécheresse convertie. Toutes ces richesses ont disparu depuis la révolution; on ne voit plus dans la grotte de la Baume que le maître-autel en marbre et une statue mutilée de la sainte.

BAUME (les) ou **SAINT-ANTOINE**, vg. de Fr., dép. des Bouches-du-Rhône, com. de Marseille; 600 hab.

BAUME-CORNILLANNE (la), vg. de Fr., dép. de la Drôme, arr. et poste de Valence, cant. de Chabeuil; 560 hab.

BAUME-DE-TRANSIT, vg. de Fr., dép. de la Drôme, arr. de Montélimart, cant. et poste de Pierrelatte; 910 hab.

BAUME-D'HOSTUN (la), vg. de Fr., dép. de la Drôme, arr. de Valence, cant. de Bourg-du-Péage, poste de St.-Lattier; 400 h.

BAUME-LES-DAMES, *Balma*, v. de Fr., dép. du Doubs, chef-lieu d'arrondissement, à 7 1/2 l. N.-E. de Besançon, siège d'un tribunal de première instance, conservation des hypothèques; elle est située dans un fort beau vallon, près de la rive droite du Doubs, et entourée de collines parsemées de vignobles; elle a une belle église, un hôpital vaste et bien entretenu, un collège communal, une bibliothèque et de jolies promenades; papeteries et tanneries. On exploite dans les environs des carrières de marbre, de gypse, d'ardoises et de charbon de terre. Son commerce consiste dans la vente du marbre, du charbon de terre, du papier et du fer; on y fait aussi commerce de bétail; 2520 hab.

Cette ville tient son nom d'un ancien couvent de bénédictines, fondé au cinquième siècle, saccagé plusieurs fois, ainsi que la ville, pendant les guerres étrangères et civiles; ce monastère subsista cependant jusqu'à la révolution.

BAUME-LES-MESSIEURS, b. de Fr., dép. du Jura, arr., à 3 l. N.-E. et poste de Lons-le-Saulnier, cant. de Voiteur; il doit son nom à une ancienne abbaye construite dans ce site, l'un des plus sauvages du Jura; on le nomma ainsi pour le distinguer de Baume-les-Dames; 810 hab.

BAUME-SUR-VÉORE (la), ham. de Fr., dép. de la Drôme, arr. et poste de Valence, cant. de Chabeuil; 60 hab.

BAUMGARTEN, vg. d'Autriche, gouv. de la Basse-Autriche, cer. inférieur du Manhardsberg, près de la source du Grat. On y cultive beaucoup de vins; 2500 hab.

BAUMHOLDER, b. du duché de Saxe-Cobourg-Gotha, principauté de Liechtenberg; agriculture et fabrication de toiles de lin et de chanvre; 930 hab.

BAUNÉ, vg. de Fr., dép. de Maine-et-Loire, arr. de Baugé, cant. de Seiches, poste de Beaufort; 1200 hab.

BAUPTE, vg. de Fr., dép. de la Manche, poste de Pretot; 310 hab.

BAUQUAY, vg. de Fr., dép. du Calvados, arr. de Vire, cant. et poste d'Aulnay-sur-Odon; 330 hab.

BAURE, ham. de Fr., dép. des Basses-Pyrénées, com. de Ste.-Suzanne; 90 hab.

BAUREGARD, ham. de Fr., dép. des Deux-Sèvres, com. de Saivre; 150 hab.

BAURÈS, prov. de la rép. de Bolivia, dép. de Santa-Cruz-de-la-Sierra. Elle tire son nom d'une peuplade indienne qui occupe une grande partie de son territoire. La Sierra dos Limitès s'étend sur cette province du S. au N., et sépare le bassin du Baurès de celui du Guaporé, les deux principaux fleuves qui arrosent ce district. De vastes forêts, entrecoupées de marais et de plaines fertiles qui produisent surtout du cacao fort estimé, couvrent le sol de cette province encore peu explorée.

BAURÈS, fl. assez considérable de la rép. de Bolivia, dép. de Véra-Cruz de la Sierra. Il prend naissance dans la laguna de Quazamiri, au pied de la Sierra dos Limitès, traverse la province à laquelle il donne son nom et où il reçoit l'Irabi à gauche, et se jette dans le Guaporé, près de la petite ville d'Estitudo-de-Jozé, après un cours de 90 lieues.

BAURGARD, ham. de Fr., dép. de la Côte-d'Or, com. de Thoste; 100 hab.

BAUSSAINE (la), vg. de Fr., dép. d'Ille-et-Vilaine, arr. de St.-Malo, cant. de Tinteniac, poste de Bécherel; 1220 hab.

BAUSSANCOURT, vg. de Fr., dép. de l'Aube, arr. de Bar-sur-Aube, cant. et poste de Vendeuvre; fonderie de fonte; 420 hab.

BAUSSANT (Saint-), vg. de Fr., dép. de la Meurthe, arr. de Toul, cant. et poste de Thiaucourt; 260 hab.

BAUSSERONS (les), vg. de Fr., dép. de Seine-et-Oise, com. de Brunoy; 960 hab.

BAUTARD, ham. de Fr., dép. de la Haute-Vienne, com. de St.-Georges-les-Landes, 100 hab.

BAUTIRAN, vg. de Fr., dép. de la Gironde, arr. de Bordeaux, cant. de La Brède, poste de Castres; 860 hab.

BAUTZEN (Bauzen, Budischen), *Budissa*, v. du roy. de Saxe, cer. de Lusace dont elle est le chef-lieu. Bâtie sur une montagne dont l'élévation est de 680 pieds au-dessus du niveau de la mer et dont la base est baignée par la Sprée; Bautzen se compose 1º de la ville proprement dite, ceinte d'un mur assez épais; 2º de plusieurs faubourgs, et 3º du vaste faubourg de la Seida qui, presque entièrement dévoré par les flammes en 1811, a été rebâti depuis. La ville et ses faubourgs sont construits avec goût; les rues sont larges, bien pavées et presque toutes tirées au cordeau. Parmi les édifices publics on distingue: l'hôtel de ville, la salle de spectacle, les six églises, parmi lesquelles celle de St.-Pierre mérite une mention particulière, la maison de refuge, celle des orphelins, la maison de détention, deux maisons de santé et trois hôpitaux pour les indigents. L'hôtel de la réunion consacré aux bals publics et qui se distingue par ses décorations intérieures et la magnificence de ses jardins, est vraiment admirable. Ses vastes jardins offrent les promenades les plus agréables. Les établissements scientifiques et d'instruction publique de cette ville ne sont pas moins remarquables; nous citerons: le gymnase, les deux bibliothèques publiques, les deux écoles pour les indigents, le séminaire, l'école industrielle. On y fabrique des bas, des gants et des bonnets de coton, de la toile, du tabac, de la poudre à tirer, du papier, de la cire à cacheter. Les filatures, les tanneries, les imprimeries sur toiles de coton, les teintureries, les moulins à tan occupent un grand nombre d'ouvriers et contribuent à la prospérité de cette cité. C'est à Bautzen que naquit le poète Meisner, et ce fut dans ses environs que fut livrée par l'empereur Napoléon la célèbre bataille de Wurschen et Bautzen, gagnée par l'armée française sur l'armée russo-prussienne dans les journées des 20 et 21 mai 1813; 8500 h.

BAUVIN, vg. de Fr., dép. du Nord, arr. de Lille, cant. et poste de Seclin; fabriques de sucre indigène; 970 hab.

BAUVOIE (la), vg. de Fr., dép. des Vosges, com. de Val-d'Ajol; 150 hab.

BAUVIRE (Saint-). *Voyez* SAINT-BAZILE-DE-LA-ROCHE.

BAUX (les), vg. de Fr., dép. des Hautes-Alpes, com. de la Roche; 80 hab.

BAUX (les), *Baltium*, pet. v. de Fr., dép. des Bouches-du-Rhône, arr. et à 4 l. S.-E. de Tarascon, cant. et poste de St.-Remy; elle est située sur le sommet d'une colline, et fut autrefois la résidence des seigneurs de Baux, si souvent en guerre contre les comtes de Barcelone, auxquels ils disputaient la possession de la Provence. On voit encore quelques débris de l'antique château et des fortifications de cette ville qui, aujourd'hui, a l'aspect d'un pauvre village; huiles superfines; 3500 hab.

BAUX-DE-BRETEUIL, b. de Fr., dép. de

l'Eure, arr. d'Évreux, cant. et poste de Breteuil; 1620 hab.

BAUX-SAINT-CROIX, vg. de Fr., dép. de l'Eure, arr., cant. et poste d'Évreux; 470 h.

BAUZAC, b. de Fr., dép. de la Haute-Loire, arr. d'Yssingeaux, cant. et poste de Monistrol; 2600 hab.

BAUZEIL (Saint-), vg. de Fr., dép. de l'Arriège, arr. de Pamiers, cant. et poste de Varilles; 130 hab.

BAUZELY (Saint-), vg. de Fr., dép. du Gard, arr. et poste de Nîmes, cant. de St.-Mamert; 220 hab.

BAUZEMONT, vg. de Fr., dép. de la Meurthe, arr., cant. et poste de Lunéville; 450 hab.

BAUZILE (Saint-), vg. de Fr., dép. du Tarn, arr. de Gaillac, cant. de Castelnau-de-Montmiral, poste de Cordes; 550 hab.

BAUZILE-DE-RARRES (Saint-), vg. de Fr., dép. de l'Ardèche, com. de Chomérac; 250 hab.

BAUZILLE-DE-LA-SILVE (Saint-), vg. de Fr., dép. de l'Hérault, arr. de Lodève, cant. et poste de Gignac; 580 hab.

BAUZILLE-DE-MONTMEL (Saint-), vg. de Fr., dép. de l'Hérault, arr. de Montpellier, cant. et poste des Matelles; 350 hab.

BAUZILLE-DE-PUTOIS (Saint-), b. de Fr., dép. de l'Hérault, arr. de Montpellier, cant. et poste de Ganges; 1620 hab.

BAUZY, vg. de Fr., dép. de Loir-et-Cher, arr. de Blois, cant. et poste de Bracieux; 350 hab.

BAVANS, vg. de Fr., dép. du Doubs, arr., cant. et poste de Montbéliard; 750 hab.

BAVAY, *Bacacum Nerviorum*, v. de Fr., dép. du Nord, arr. et à 6 l. N.-O. d'Avesnes, chef-lieu de canton; elle est remarquable par sa propreté, qui distingue d'ailleurs toutes les villes flamandes, et par des restes d'antiquités qui la font considérer comme une des anciennes villes des Gaules; elle était ceinte de fortifications dont il reste encore quelques traces. On voit, dans les environs de Bavay, des vestiges de chaussées romaines, et à Bavay même les ruines d'un cirque et d'un aqueduc. Plusieurs érudits prétendent que cette ville était le chef-lieu du peuple nervien. Fabriques de sucre indigène, de platines de fer, d'instruments aratoires et d'autres objets en fer, fil, etc.; 1650 hab.

BAVE (la), riv. de Fr., dép. du Lot, a sa source près de la Tronquière, arr. de Figeac, coule d'abord de l'E. à l'O., passe par St.-Céré, puis, se dirigeant vers le N.-O., elle se jette dans la Dordogne, au-dessous de Vayrac, après un cours de 10 l. dont 5 de flottage.

BAVEL. *Voyez* MARTIN-DE-BAVEL (Saint-).

BAVELINCOURT, vg. de Fr., dép. de la Somme, arr. d'Amiens, cant. et poste de Villers-Bocage; 230 hab.

BAVENT, v. de Fr., dép. du Calvados, arr. de Caen, cant. de Troarn; poste; 1000 hab.

BAVERANS, vg. de Fr., dép. du Jura, arr. et poste de Dôle, cant. de Rochefort; fabrique de sucre indigène; 180 hab.

BAVIÈRE, *Vindelicia*, roy. de l'Europe centrale, de la confédération germanique; il comprend deux parties séparées : 1° la Bavière ancienne (Alt-Baiern) et 2° la Bavière rhénane (Rhein-Baiern). La première, située entre le 6° 31' et le 11° 24' de long. E. et entre le 47° 20' et le 50° 41' de lat. N., est bornée au N. par la Hesse électorale, le grand-duché et le duché de Saxe, les états de la maison de Reuss et le roy. de Saxe; à l'O. par le roy. de Wurtemberg, les grands-duchés de Bade et de Hesse; au S. par le Tyrol (Autriche) et à l'E. par le roy. autrichien de Bohême et la Haute-Autriche.

La seconde (Bavière rhénane), située entre le 4° 45' et le 6° 11', et entre le 48° 57' et et le 40° 50', est bornée au N. par une partie du landgraviat de Hesse-Hombourg, le grand-duché prussien du Bas-Rhin et celui de Hesse-Darmstadt; à l'O. par le grand-duché du Bas-Rhin et les possessions de Saxe-Cobourg en-deçà du Rhin; au S. par le dép. français du Bas-Rhin et à l'E. par le grand-duché de Bade. Le royaume entier a une superficie de 1389 milles carrés d'Allemagne et une population de 4,127,030 hab.

En échange du Tyrol, du territoire de Vorarlberg, d'une partie de celui de Salzbourg, du Hausruckviertel et de l'Innviertel, cédés à l'Autriche depuis 1816, la Bavière reçut le territoire de Wurzbourg, d'Aschaffenbourg, quelques bailliages de celui de Fulda et de Darmstadt, le bailliage badois de Steinfeld, la plus grande partie du ci-devant département du Mont-Tonnerre et une fraction du ci-devant département de la Saar.

La partie méridionale des cercles de l'Isar et du Haut-Danube, le N.-E. des cercles du Haut-Danube, de la Regen, les deux cercles du Mein, ainsi que celui du Rhin, sont des pays montagneux; le reste de la Bavière a un sol ondulé, entrecoupé de collines. Les territoires les plus plats et les plus fertiles se trouvent au centre de la Vieille-Bavière, entre le cours inférieur de l'Inn et de l'Isar, et entre le cours inférieur de l'Isar, le Danube et le Lech; c'est la contrée connue sous le nom de Lechfeld. Les groupes ou chaînes de montagnes, au S. de la Bavière, sont des ramifications des Alpes Rhétiques et Noriques qui, sortant du Tyrol, couvrent toute la limite méridionale du royaume. La chaîne qui s'étend au N. du Danube, entre la Bavière et la Bohême, appartient au système Carpathien. Les montagnes de la Bavière-Rhénane font partie de la chaîne des Vosges. Les principales dénominations de toutes ces ramifications sont: le Spessart, le Steigerwald, le Thuringerwald, le Bœhmerwald, l'Erzgebirge, le Fichtelgebirge, le

Rhœnergebirge. Les plus élevées de ces montagnes portent des glaces et des neiges éternelles, d'autres, plus basses, sont couvertes de forêts majestueuses. A leurs pieds s'étendent des vallées romantiques dont les beaux pâturages nourrissent de nombreux troupeaux.

Le fleuve principal, le Danube, traverse le royaume de l'O. à l'E. et passe par Neubourg, Ingolstadt, Ratisbonne, Straubing et Passau; il reçoit pendant son cours en Bavière trente-neuf rivières plus ou moins considérables, dont les principales sont : l'Iller, le Lech, l'Isar, l'Inn, à droite; la Wernitz, l'Altmuhl, la Naab et la Regen, à gauche; le Rhin borne le cercle de ce nom à l'E. et reçoit le Mein qui baigne toute la partie septentrionale du royaume, en passant par Baireuth, Schweinfurth, Wurzbourg et Aschaffenbourg.

La Bavière renferme un grand nombre de lacs, la plupart situés dans la partie méridionale; nous citerons les plus considérables, savoir : le lac de Chiem, d'une superficie de 15 l. c.; celui de Wurm ou de Starnberg, de 7 l. c.; l'Ammer, de 4 l. c.; le Walchen, de 3 l. c.; le Kochel, le Staffel, le Bartholomeus ou lac Royal, de 2 l. c.; le Tachen ou Waginger et le Tegern. Une petite partie du lac de Constance s'étend sur le territoire bavarois.

Le climat est tempéré, l'air pur et sain; dans les contrées montagneuses la température est rude et les hivers sont longs et très-rigoureux, particulièrement au S. des cercles de l'Isar et du Haut-Danube.

Le sol de la Bavière est généralement productif en grains et fruits de toutes sortes, chanvre, lin, en excellent houblon, en tabac, légumes, etc. Dans les deux cercles du Mein, dans ceux du Rezat et du Rhin, la culture de la vigne est très-étendue et l'on y récolte des vins fort estimés. L'exploitation des vastes forêts de ce pays est une de ses principales richesses. Les montagnes abondent en sources minérales et en minéraux de toute espèce : On y trouve annuellement de l'argent (150 marcs), du cuivre (772 quintaux), du mercure (dans le cercle du Rhin, 130 quintaux), du plomb (130 quintaux), une très-petite quantité d'étain, mais beaucoup de fer, principalement dans les cercles de l'Isar, de la Regen, du Haut-Mein et du Rhin; de la houille (692,000 quintaux), de l'antimoine, de la calamine, de l'alun, du cobalt, du vitriol, du salpêtre, du sel, du marbre, de l'albâtre, de l'ardoise, de la chaux, du gypse, de la craie, de la terre à poterie et à faïencerie, des pierres à construction, à meule et autres, du graphyte dont on fait des creusets renommés, etc.

On s'occupe beaucoup en Bavière de l'éducation du bétail. Dans plusieurs contrées les races ont été améliorées et multipliées, surtout celles des moutons, par l'introduction de moutons d'Espagne. Les chevaux y sont aussi de belle race et fort nombreux. Le gibier à plumes et à poils y est abondant; dans les montagnes on trouve le chamois. Les lacs et les rivières renferment une riche variété de poissons.

L'éducation des abeilles y est productive, et celle des vers à soie, essayée depuis peu dans quelques localités, a eu d'assez heureux résultats.

L'industrie, moins active dans les cercles du Bas-Danube, de l'Isar et de la Regen, est très-développée dans les autres parties de la Bavière. Les cercles du Rezat et du Haut-Mein tiennent le premier rang sous ce rapport. Les villes les plus manufacturières du pays sont : Munich (München), Augsbourg, Nurenberg, Schwabach, Furth, Erlangen, Hof, Baireuth, Wurzbourg et Bamberg; on y trouve de nombreuses fabriques de toiles, d'étoffes de coton et de laine, de bonneterie, de quincaillerie, d'orfèvrerie, des verreries, des faïenceries, des poteries, des forges, des hauts-fourneaux, des martinets, des manufactures d'armes, des fabriques de bronze, d'aiguilles et d'épingles, des papeteries, des tanneries renommées pour la confection des cuirs de veau; la fabrique des creusets très-estimés (à Obernzell), celles d'ouvrages en bois (à Nurenberg), d'instruments de mathématiques et de musique; mais la branche la plus considérable de l'industrie en Bavière comprend les brasseries, les distilleries et les savonneries, dont l'activité surpasse celle de tous les autres genres de fabrication.

Le commerce consiste dans l'exportation de tous les produits du sol et des manufactures; il est favorisé par la situation du pays entre le Danube, le Mein et le Rhin. Le chemin de fer de Nurenberg à Furth contribue beaucoup à la prospérité de cette contrée, et les projets de canalisation, dont quelques-uns sont déjà en exécution, ne peuvent manquer d'avoir la plus heureuse influence sur le commerce de la Bavière. La fédération commerciale des douanes prussiennes active puissamment les relations entre ce pays et les autres états de la confédération.

En échange de ses produits, la Bavière reçoit des denrées coloniales, des vins étrangers, des métaux, des étoffes de laine et des bois de teinture. La valeur des exportations dépasse à peu près d'un million celle des importations.

Le gouvernement est monarchique constitutionnel, avec deux chambres : la première est composée des princes de la famille royale, des princes et comtes médiatisés, des hauts dignitaires de la couronne, des deux archevêques du royaume, d'un évêque nommé par le roi, du président du consistoire-général protestant et de membres élus arbitrairement par le roi. La seconde chambre se compose des députés des universités, des villes et des bourgs. Le nombre de ces derniers mandataires est limité à un par 7000 familles. Les chambres exercent le pouvoir législatif. Aucun impôt ne doit être levé sans le vote des chambres. La couronne est héréditaire et peut, par l'extinction de la race masculine, passer à la branche féminine. Comme membre de la confédération germanique, le roi de Bavière a une voix dans la diète ordinaire et quatre quand la diète se forme en assemblée générale. Son contingent dans l'armée fédérale est de 35,000 hommes, qui composent le 7e corps.

La population, qui comprend 2,946,000 catholiques, 1,112,000 protestants, 57,550 juifs et 4450 de diverses autres croyances, est répartie dans 208 villes, 410 bourgs, 23,462 villages et hameaux, 34 couvents et 19,962 fermes ou maisons isolées.

La Bavière est divisée en huit cercles, administrés chacun par un commissaire-général et subdivisés en districts (Landgerichten), administrés chacun par un landrath; il y a, pour l'administration de la justice, un tribunal par district, une cour d'appel dans chaque cercle et une cour de cassation (hohes Appellationsgericht) à Munich. La Bavière Rhénane a conservé le Code français et le jugement par jury.

Les huit cercles sont :

Isar, chef-lieu Munich	1128 com.
Bas-Danube (Unter-Donau), chef-lieu Passau	760
Regen, chef-lieu Ratisbonne (Regensburg)	1207
Haut-Mein (Ober-Mayn), chef-lieu Baireuth	1035
Bas-Mein (Unter-Mayn), chef-lieu Wurtzbourg	990
Rezat, chef-lieu Anspach	1038
Haut-Danube (Ober-Donau), chef-lieu Augsbourg	1023
Rhin, chef-lieu Spire (Speier)	754
	7935 com.

Historique. Ce n'est que sous Auguste que ce pays, devenu première province romaine, apparaît pour la première fois dans l'histoire; il portait alors le nom de *Vindelicia*. Les Boïariens, qui l'envahirent lors de la grande migration des Barbares, s'y établirent et formèrent une association analogue à celle des Francs. Ratisbonne (Regensburg) devint leur capitale. Mais bientôt la puissance des Francs s'étendit sur la Vindelicie, et les Boïariens passèrent sous la domination des Mérovingiens, qui leur laissèrent pourtant le privilége d'élire eux-mêmes leurs ducs. Au huitième siècle, Charlemagne fit régir le pays par des comtes, après avoir relégué dans un cloître Tassilo, le dernier duc de Bavière. La maison de Wittelsbach acquit alors un haut degré de puissance. Après de nombreuses vicissitudes, le pouvoir passa aux mains des Welfs, entre lesquels Henri-le-Lion se distingua particulièrement.

En 1180, Frédéric Barberousse enleva le pays aux Welfs et le donna à Othon de Wittelsbach, qui avait soutenu avec le plus d'énergie, au concile de Byzance (Constantinople), l'indépendance de l'empereur contre les tyranniques prétentions du pape. Les comtes de Wittelsbach, qui avaient acquis le Palatinat, formèrent deux branches : la branche palatine, qui eut le Palatinat du Rhin et la Haute-Bavière, et la branche bavaroise qui reçut en partage la Basse-Bavière. En 1777 cette dernière branche s'étant éteinte, la maison palatine entra, malgré les prétentions de l'Autriche, en possession de toute la Bavière. Lorsqu'en 1799 la branche palatine s'éteignit également, le duc de Deux-Ponts, Maximilien-Joseph, devint souverain de cet état avec le titre d'électeur. Par la paix de Lunéville (1801), la Bavière perdit ses possessions du Rhin, mais elle reçut en échange Bamberg, Wurtzbourg, Augsbourg, etc. A la paix de Presbourg (1805), Napoléon lui donna, en échange de Wurtzbourg, le Tyrol, le Vorarlberg et, en 1806, le titre de royaume.

En 1809, par la paix de Vienne, le roi de Bavière échangea le Tyrol méridional, cédé à l'Italie, contre Baireuth, Salzbourg et quelques territoires sur la frontière autrichienne. Après la chute de l'empire français (1814), l'Autriche reprit tout ce qui avait été cédé de son territoire à la Bavière, et l'on rendit à celle-ci Aschaffenbourg et le cercle du Rhin. Depuis cette époque, le royaume de Bavière n'a plus éprouvé d'autre changement territorial que celui dont nous avons parlé plus haut.

BAVILLE, ham. de Fr., dép. de Seine-et-Oise, com. de St.-Chéron; 80 hab.

BAVILLIERS, vg. de Fr., dép. du Haut-Rhin, arr., cant. et poste de Belfort; filatures hydrauliques de coton et tissage de calicots et percales; 480 hab.

BAVINCHOVE, vg. de Fr., dép. du Nord, arr. d'Hazebrouck, cant. et poste de Cassel; 1060 hab.

BAVINCOURT, vg. de Fr., dép. du Pas-de-Calais, arr. de St.-Pol-sur-Ternoise, cant. d'Avesnes-le-Comte, poste de l'Arbret; 520 hab.

BAVISIAU, ham. de Fr., dép. du Nord, com. d'Obies; 80 hab.

BAVISPA, fort dans la confédération mexicaine, état de Sonora et Cinaloa.

BAX, vg. de Fr., dép. de la Haute-Garonne, arr. de Muret, cant. et poste de Rieux; 240 hab.

BAY, ham. de Fr., dép. des Basses-Alpes, com. d'Entrevaux; 90 hab.

BAY, vg. de Fr., dép. des Ardennes, arr. de Rocroi, cant. de Rumigny, poste de Brunhamel; 400 hab.

BAY, vg. de Fr., dép. de la Haute-Saône, arr. de Gray, cant. et poste de Marnay; 270 h.

BAY, ham. de Fr., dép. du Var, com. d'Escragnolles; 70 hab.

BAYAC, vg. de Fr., dép. de la Dordogne, arr. de Bergerac, cant. et poste de Beaumont; fabrique de papier; 620 hab.

BAYACICA, pet. île très-fertile, dans la baie d'Angra-dos-Reys, sur la côte de la province de Rio-de-Janéiro, dans l'emp. du Brésil.

BAYAD ou **BÉIHA**, **BÉYAD**, vg. de la Moyenne-Égypte, dist. de Bénisouèf, non loin du Nil, près de la vallée d'Araba.

BAYADIEH (el-) ou **BEYJADIÉ-EL-KÉBIR**, vg. de la Moyenne-Égypte, sur le Nil, prov. d'Achmouneyn; il est habité par des chrétiens.

BAYAMO, bras de mer au S. de l'île de Cuba, entre les îles des Jardins-de-la-Reine et les écueils et bancs de sable qui entourent l'île au S.-E., depuis le cap de Véra-Cruz jusqu'à la baie d'Estero.

BAYAMO, pet. v. dans l'île d'Haïti, dép. oriental; son commerce est très-important; 4000 hab.

BAYAMOUTH, vg. de la Moyenne-Égypte, dist. d'Atfiéh; ruines considérables.

BAYARD, ham. de Fr., dép. de l'Ardèche, com. de Bogy; 90 hab.

BAYARD, ham. de Fr., dép. de la Haute-Marne, com. de la Neuville-à-Bajard; affinage et mart.; 70 hab.

BAYARD, cap sur la côte méridionale de la Nouvelle-Hollande, terre de Flinders, à l'E. du golfe Spencer.

BAYAS, b. d'Espagne, roy. et prov. de Léon.

BAYAS, vg. de Fr., dép. de la Gironde, arr. de Libourne, cant. de Guitres, poste de Coutras; 490 hab.

BAYAS, ancienne peuplade d'Indiens qui, en 1750 encore, habitaient les bords du Paraguay.

BAYASSE, ham. de Fr., dép. des Basses-Alpes, com. de Fours; 160 hab.

BAYE, vg. de Fr., dép. du Finistère, arr., cant. et poste de Quimperlé; 400 hab.

BAYE, vg. de Fr., dép. de la Marne, arr. d'Epernay, cant. de Montmort, poste; pépinières; 700 hab.

BAYE, vg. de Fr., dép. de la Nièvre, com. de Bazolles; 270 hab.

BAYECOURT, vg. de Fr., dép. des Vosges, arr. d'Épinal, cant. de Châtel-sur-Moselle, poste de Nomexi; 280 hab.

BAYEL, vg. de Fr., dép. de l'Aube, arr., cant. et poste de Bar-sur-Aube; verreries; 620 hab.

BAYENCOURT, ham. de Fr., dép. de l'Oise, com. de Ressons; 120 hab.

BAYENCOURT, vg. de Fr., dép. de la Somme, arr. de Doullens, cant. et poste d'Acheux; 220 hab.

BAYENGHEM-LES-EPERLECQUES, vg. de Fr., dép. du Pas-de-Calais, arr. et poste de St.-Omer, cant. d'Ardres; 500 hab.

BAYENGHEM-LES-SENINGHEM, vg. de Fr., dép. du Pas-de-Calais, arr. et poste de St.-Omer, cant. de Lumbres; 270 hab.

BAYENRUE, ham. de Fr., dép. des Ardennes, com. de Blanchefosse; 70 hab.

BAYERS, vg. de Fr., dép. de la Charente, arr. de Ruffec, cant. et poste de Mansle; 480 hab.

BAYET, vg. de Fr., dép. de l'Allier, arr. de Gannat, cant. et poste de St.-Pourçain; 1070 hab.

BAYEUX, *Arægenus-Næomagus, Boyocassium*, v. de Fr., dép. du Calvados, à 7 l. O.-N.-O. de Caen, sur l'Aure, chef-lieu d'arrondissement, siège de tribunaux de première instance et de commerce, évêché, chambre consultative des manufactures et conservation des hypothèques. Elle est située dans une plaine fertile, à 3 l. de la mer; les maisons y sont vieilles et les rues étroites et mal percées; une seule est grande et belle: c'est celle qui traverse la ville dans toute sa longueur. La place St.-Sulpice et celle du château sont vastes, mais sans régularité. La cathédrale, d'architecture gothique, surmontée de trois clochers très-élevés, est un édifice très-remarquable; nous citerons aussi l'hôtel de ville, dans lequel on conserve plusieurs antiquités du moyen âge, et la fameuse tapisserie de la reine Mathilde, épouse de Guillaume-le-Conquérant. Cette broderie, de 212 pieds de long sur 18 pouces de haut, représente les exploits de Guillaume-le-Conquérant et de son armée en Angleterre. C'est un ouvrage précieux sous le rapport historique.

Bayeux possède un collège communal, une bibliothèque de 70,000 volumes, des fabriques de serge, de tiretaine, de flanelle, de bonneterie, de ganterie, de toiles de lin, de dentelles, de tulles, de fil, de blondes; des tanneries et des parchemineries. Son commerce consiste en cidre, chevaux, bétail, beurre, pommes, toiles, houille et porcelaine; foires : les 15 juin, 14 septembre, 18 octobre, 3 novembre et 6 décembre; 9700 hab.

Cette ville est la patrie d'Alain Chartier, orateur et poëte célèbre, et de son frère Jean Chartier, auteur des Grandes Chroniques de France (quatorzième siècle); du savant Pluquet, auteur du Dictionnaire des Hérésies, et de Le Fèvre Robert, peintre distingué (1756 - 1830).

Bayeux existait déjà lors de l'invasion des Romains, qui fortifièrent cette ville et l'embellirent beaucoup. Elle tomba ensuite au pouvoir des Francs. A la fin du neuvième siècle les Normands s'en étant emparés, elle devint plus tard le partage du frère de Guillaume-le-Conquérant, Odon, le célèbre évêque qui contribua à la conquête de l'Angleterre. Elle fut brûlée deux fois au quatorzième siècle, pendant la guerre des Anglais. Les guerres religieuses qui désolèrent la France ne furent pas moins désastreuses pour Bayeux, dont le repos et la prospérité ne datent pas d'une époque peu reculée.

BAYHAMOU ou **BÉJAMOUT**, vg. de la

Moyenne-Égypte, dist. de Fayoum; on voit dans les environs deux grandes masses de pierres calcaires, appelées les pieds de Pharaon.

BAYLEN, b. d'Espagne, Andalousie, prov. de Jaen, à 3 l. N.-E. d'Andujar, au pied de la Sierra Moréna; fabrique de poterie. C'est ici que les généraux français Dupont et Wedel, surpris par les Espagnols, sous Castannos, furent forcés de capituler avec 14,000 hommes, le 22 juillet 1808; 2500 h.

BAYLIQUE ou PENITENCIA, île considérable, à 35 l. S. du cap Nord, dans la Guyane brésilienne.

BAYNE, fl. de la rép. de Vénézuela, dép. de l'Orénoque, prov. de Guyane. Il descend de la Serrania Imataca et s'embouche dans l'Océan Atlantique.

BAYNES, vg. de Fr., dép. du Calvados, arr. de Bayeux, cant. de Balleroy, poste de Littry; 130 hab.

BAYNES, ham. de Fr., dép. de Tarn-et-Garonne, com. de Valence-d'Agen; 80 hab.

BAYNET, pet. v. de l'île d'Haïti, sur la baie du même nom, fait un commerce assez considérable; 2700 hab.

BAYON, vg. de Fr., dép. de la Gironde, arr. de Blaye, cant. et poste de Bourg-sur-Gironde; 1380 hab.

BAYON, b. de Fr., dép. de la Meurthe, arr. et à 5 l. S.-S.-O. de Lunéville, chef-lieu de canton, poste de Neuviller-sur-Moselle, bon vin, chaux estimée; 900 hab.

BAYON (Saint-), ham. de Fr., dép. du Var, com. de Comps; 70 hab.

BAYONA, b. d'Espagne, roy. de la Vieille-Castille, prov. de Ségovie, dist. et à 2 l. O. de Chinchon, au confluent de la Xarama et de la Tajuna.

BAYONA, *Abobrica*, *Aobriga*, pet. v. maritime d'Espagne, roy. de Galice, à 5 l. O.-N.-O. de Tuy, sur la baie du même nom; château et port commode et sûr, propre à contenir des vaisseaux de ligne; grand commerce de bas de fil, dont on fabrique annuellement jusqu'à cent mille douzaines de paires dans les environs; pêche considérable; 2600 hab.

BAYONNE, ham. de Fr., dép. de la Drôme, com. de Grignan; 110 hab.

BAYONNE, *Lapurdum*, v. forte et port de Fr., dép. des Basses-Pyrénées, à 22 l. O.-N.-O. de Pau et à 204 l. S.-S.-O. de Paris; chef-lieu d'arrondissement, évêché, siége de tribunaux de première instance et de commerce, conservation des hypothèques, direction des douanes, bourse et chambre de commerce, hôtel des monnaies, direction d'artillerie et chantiers de construction pour la marine royale et la marine marchande. Cette ville, la plus commerçante et la plus peuplée du département, est située à 1 l. de l'Océan, au confluent de l'Adour et de la Nive, et divisée en trois quartiers, liés entre eux par des ponts; la partie qui se trouve sur la rive gauche de la Nive se nomme le Grand-Bayonne; sur l'autre rive et sur la rive gauche de l'Adour se trouve le Petit-Bayonne, et sur la rive droite de l'Adour le faubourg St.-Esprit qui fait partie du département des Landes. Ce dernier quartier est peuplé en grande partie par des Israélites originaires du Portugal. Une citadelle très-forte domine la ville, à laquelle elle communique par un souterrain qui passe sous les deux rives. On entre dans la ville par quatre portes: celles d'Espagne, de Mousserole, de St.-Esprit et des Allées-Marines. Bayonne est assez bien bâtie, mais les rues y sont étroites et mal distribuées; la place d'armes et celle de la Liberté sont belles quoiqu'irrégulières; la promenade des Allées-Marines est une des plus agréables du pays: c'est une espèce de jetée plantée d'arbres et dont un côté est bordé de jolies maisons peintes de diverses couleurs; de l'autre côté s'étend un superbe quai, d'où l'on jouit des points de vue les plus admirables; plus bas se déploient le parc ou chantier royal et une rangée de petites maisons (les chais) d'un aspect fort agréable. La cathédrale est un édifice gothique assez remarquable. Cette ville a une école de navigation, une école de dessin, une bibliothèque, une salle de spectacle, mais aucun établissement scientifique.

Les établissements industriels consistent en distilleries (eaux-de-vie d'Hendaye), fabriques d'étoffes de laine, de chocolat, de crême de tartre, raffineries de sucre, papeteries et chantiers de construction pour la marine royale et marchande. Le commerce y est considérable, non seulement avec l'Espagne, mais encore avec plusieurs autres nations de l'Europe. Une immense quantité de marchandises de la France et de l'Allemagne sont envoyées de ce port dans la Navarre et la Biscaye. Les branches les plus importantes du commerce extérieur de cette ville sont les vins et les eaux-de-vie, la résine, le goudron, l'huile de térébenthine, les planches de pin, la réglisse, la graine de lin, la morue, le bois de construction et les laines d'Espagne; les jambons de Bayonne sont renommés et un objet d'exportation très-avantageux. Foire le 2 février; 16,000 hab.

Bayonne existait avant l'invasion romaine, mais on ignore l'époque de sa fondation; Julien, dit l'Apostat, y séjourna quelque temps. Après la chute de Rome, cette ville fut successivement assiégée par les Vandales, les Sarrasins, les Normands et les Gascons, auxquels elle résista toujours avec courage. Au commencement du douzième siècle elle changea son nom de *Lapurdum* en celui de *Baia-Ona*, qui signifie en basque *bonne baie;* elle était la capitale du pays basque, constituée en république, et conserva cette forme de gouvernement jusqu'au milieu du quinzième siècle, époque à laquelle Charles VII en chassa les Anglais, et elle se soumit aux Français. Les Espagnols l'assiégèrent deux fois, en 1495 et en 1551. C'est pendant ce dernier siège, soutenu courageusement contre les rois d'Aragon et d'Angleterre, que l'on inventa dans cette ville la baïonnette, arme que l'impétuosité de l'infanterie française a souvent rendue plus redoutable que les armes à feu.

Bayonne se glorifie de n'avoir jamais été prise ; elle a pour devise : *Nunquam polluta* (toujours vierge). Une résistance, plus honorable encore que toutes celles que proclame la devise de Bayonne, c'est son refus d'obéir aux ordres sanguinaires de Charles IX qui voulait y faire exécuter les massacres de la St.-Barthélemy. Le vicomte d'Orthe, gouverneur de la ville, répondit au féroce monarque : « J'ai communiqué votre commandement aux habitants et aux gens de guerre de la garnison, j'ai trouvé de bons citoyens et de braves soldats, mais pas un bourreau. » Ce loyal commandant mourut empoisonné.

C'est à Bayonne que Napoléon reçut, en 1808, la renonciation de Charles IV et de Ferdinand à la couronne d'Espagne. Le château de Marzac, où s'accomplit cet acte de spoliation, fut détruit depuis par un incendie. Bayonne est la patrie du comte de Cabarrus, ministre des finances d'Espagne sous Charles IV ; de Jacques Laffite, une des célébrités contemporaines dont la France s'honore à juste titre ; des Larrue, des Ducassan, des Dulaur, marins distingués, et de beaucoup d'autres également inscrits honorablement dans l'histoire de la marine française.

BAYONS, vg. de Fr., dép. des Basses-Alpes, arr. de Sisteron, cant. de Turriers, poste de la Motte-du-Caire ; 800 hab.

BAYONVILLE, vg. de Fr., dép. des Ardennes, arr. de Vouziers, cant. et poste de Buzancy ; 550 hab.

BAYONVILLE, vg. de Fr., dép. de la Meurthe, arr. de Toul, cant. et poste de Thiaucourt ; 450 hab.

BAYONVILLERS, vg. de Fr., dép. de la Somme, arr. de Montdidier, cant. de Rosières, poste de Lihons-en-Santerre ; 880 h.

BAYOURTHE (la), ham. de Fr., dép. du Tarn, com. de Bez-de-Belfourte ; 110 hab.

BAYPOUR ou **SULTHANPATNAM**, v. de l'Inde, près de Madras, dist. de Malabar, possède un excellent port, dont Tippo-Saheb voulut profiter pour ruiner Calicut en y transportant les habitants de cette ville, et pour faire de Baypour la première place commerçante de ses états. L'importance de cette dernière ville a diminué depuis la conquête des Anglais ; néanmoins elle est toujours commerçante et construit beaucoup de vaisseaux.

BAYREUTH. *Voyez* BAIREUTH.

BAYSE, riv. de Fr., a sa source dans le dép. des Hautes-Pyrénées, landes de Lannemezan, arr. de Bagnères ; elle passe par Trie, Mirande, Valence, Condon, dans le dép. du Gers, qu'elle traverse du S. au N., entre dans le dép. de Lot-et-Garonne, près de Monterabeau, passe par Nérac et se jette dans la Garonne, au-dessus de St.-Léger, après un cours de 60 l., dont 8 de navigation.

BAYSSE (la), ham. de Fr., dép. de Tarn-et-Garonne, com. de Montesquieu ; 60 hab.

BAY-SUR-AUBE, vg. de Fr., dép. de la Haute-Marne, arr. de Langres, cant. et poste d'Auberive ; 230 hab.

BAYVEL. *Voyez* CHAPELLE-BAYVEL.

BAZA, b. du roy. de Hongrie, cer. au-delà du Danube, sur le Danube ; 2000 hab.

BAZA, *Basti*, pet. v. forte d'Espagne, roy. de Grenade, dans une vallée fertile en chanvre, non loin de la rive gauche du Guadalentia, à 7 l. N.-E. de Guadix ; belles promenades ; 7000 hab.

BAZAC, vg. de Fr., dép. de la Charente, arr. de Barbezieux, cant. et poste de Chalais ; 400 hab.

BAZAIGES, vg. de Fr., dép. de l'Indre, arr. de la Châtre, cant. d'Eguzon, poste d'Argenton-sur-Creuse ; fabriques de poteries vernissées renommées ; 560 hab.

BAZAILLES, vg. de Fr., dép. de la Moselle, arr. de Briey, cant. et poste de Longwy ; 330 hab.

BAZAINVILLE, vg. de Fr., dép. de Seine-et-Oise, arr. de Mantes, cant. et poste de Houdan ; 560 hab.

BAZALGETTE, ham. de Fr., dép. de la Lozère, com. de St.-Étienne-du-Valdonnès ; 110 hab.

BAZANCOURT, vg. de Fr., dép. de la Marne, arr. de Reims, cant. de Bourgogne, poste d'Isles-sur-Suippe ; filatures de laine ; 990 hab.

BAZANCOURT, vg. de Fr., dép. de l'Oise, arr. de Beauvais, cant. et poste de Songeons ; 230 hab.

BAZARME, château de Fr., dép. de la Nièvre, com. de Courcelles ; 80 hab.

BASARNES, vg. de Fr., dép. de l'Yonne, arr. d'Auxerre, cant. et poste de Vermenton ; 580 hab.

BAZAS, *Civitas Vasatica*, v. de Fr., dép. de la Gironde, chef-lieu d'arrondissement, à 14 l. S.-S.-E. de Bordeaux ; siège d'un tribunal de première instance et conservation des hypothèques. Elle est située sur un rocher, au milieu des landes plantées de pins. Une ancienne cathédrale, monument remarquable d'architecture gothique, est le seul grand édifice de Bazas ; cette église se trouve sur une assez belle place, entourée d'arcades, et donne quelque relief à cette petite ville, qui possède une société d'horticulture et quelques établissements industriels. On y fait commerce de vins, eaux-de-vie, bois de construction, planches de sapin, cuirs et bétail ; entrepôt de liéges et d'écorces pour tanneries. Foires : le 2 janvier, 4 avril, 11 novembre, et grand marché le premier samedi de chaque mois ; 4660 hab.

Bazas est une ville fort ancienne; elle avait autrefois un évêque et fut longtemps la résidence des ducs de Gascogne.

BAZAUGES, vg. de Fr., dép. de la Charente-Inférieure, arr. de St.-Jean-d'Angely; cant. et poste de Matha; 250 hab.

BAZEGNEY, vg. de Fr., dép. des Vosges, arr. de Mirecourt, cant. et poste de Dompaire; 310 hab.

BAZEILLE (Sainte-), vg. de Fr., dép. de Lot-et-Garonne, arr., cant. et poste de Marmande; 2800 hab.

BAZEILLES, vg. de Fr., dép. des Ardennes, arr., cant. et poste de Sédan; draperies, martinets et forges; établissement hydraulique dépendant de la fabrique de draps de Sédan; 1400 hab.

BAZEILLES, vg. de Fr., dép. de la Meuse, arr., cant. et poste de Montmédy; 250 hab.

BAZELAT, vg. de Fr., dép. de la Creuse, arr. de Guéret, cant. et poste de la Souterraine; 750 hab.

BAZEMONT, vg. de Fr., dép. de Seine-et-Oise, arr. de Versailles, cant. de Meulan; poste de Maule; 420 hab.

BAZENS, vg. de Fr., dép. de Lot-et-Garonne, arr. d'Agen, cant. et poste de Port-Ste.-Marie; 781 hab.

BAZENTIN, vg. de Fr., dép. de la Somme, arr. de Péronne, cant. et poste d'Albert; 350 hab.

BAZENVILLE, vg. de Fr., dép. du Calvados, arr. de Bayeux, cant. de Ryes, poste de Creully; 370 hab.

BAZENVILLE, vg. de Fr., dép. du Loiret, com. de Grigneville; 100 hab.

BAZERQUE, vg. de Fr., dép. de l'Arriège, com. d'Ax; 500 hab.

BAZET, vg. de Fr., dép. des Hautes-Pyrénées, arr., cant. et poste de Tarbes; 560 hab.

BAZEUGE, vg. de Fr., dép. de la Haute-Vienne, arr. de Bellac, cant. et poste du Dorat; 530 hab.

BAZIAN, vg. de Fr., dép. du Gers, arr. d'Auch, cant. et poste de Vic-Fezensac; 380 hab.

BAZICOURT, vg. de Fr., dép. de l'Oise, arr. de Clermont, cant. de Liancourt, poste de Pont-Ste.-Maxence; 180 hab.

BAZIEN, vg. de Fr., dép. des Vosges, arr. d'Épinal, cant. et poste de Rambervillers; 310 hab.

BAZIÈRE, *Badera*, b. de Fr., dép. de la Haute-Garonne, arr. de Villefranche-de-Lauragais, cant. de Montgiscard, poste; 1690 hab.

BAZILE (Saint-), vg. de Fr., dép. de l'Ardèche, arr. de Tournon, cant. et poste de la Mastre; 1140 hab.

BAZILE (Saint-), vg. de Fr., dép. du Calvados, arr. de Lisieux, cant. de Livarot, poste de Vimoutier; 90 hab.

BAZILE (Saint-), vg. de Fr., dép. de la Haute-Vienne, arr. et poste de Rochechouart, cant. d'Oradour-sur-Vayres; 510 h.

BAZILE-DE-LA-ROCHE (Saint-) ou SAINT-BAUVIRE, vg. de Fr., dép. de la Corrèze, arr. de Tulle, cant. de la Roche-Canillac, poste d'Argentat; 550 hab.

BAZILE-DE-MEYSSAC (Saint-), vg. de Fr., dép. de la Corrèze, arr. de Brives, cant. et poste de Meyssac; 450 hab.

BAZILLAC, vg. de Fr., dép. des Hautes-Pyrénées, arr. de Tarbes, cant. et poste de Rabastens; 520 hab.

BAZINCOURT, vg. de Fr., dép. de l'Eure, arr. des Andelys, cant. et poste de Gisors; 470 hab.

BAZINCOURT, vg. de Fr., dép. de la Meuse, arr. et poste de Bar-le-Duc, cant. d'Ancerville; 440 hab.

BAZINGHEN, vg. de Fr., dép. du Pas-de-Calais, arr. de Boulogne-sur-Mer, cant. et poste de Marquise; 400 hab.

BAZINIÈRE (la), ham. de Fr., dép. des Deux-Sèvres, com. de Beugné; 120 hab.

BAZINVAL, vg. de Fr., dép. de la Seine-Inférieure, arr. de Neufchâtel-en-Bray, cant. et poste de Blangy; 420 hab.

BAZOCHE-GOUET (la), vg. de Fr., dép. d'Eure-et-Loir, arr. de Nogent-le-Rotrou, cant. d'Authon, poste; commerce de chevaux; 2140 hab.

BAZOCHE-MONPINÇON (la), vg. de Fr., dép. de la Mayenne, arr., cant. et poste de Mayenne; 300 hab.

BAZOCHES, vg. de Fr., dép. de l'Aisne, arr. de Soissons, cant. de Braisne, poste de Fismes; 350 hab.

BAZOCHES, vg. de Fr., dép. du Loiret, arr. de Montargis, cant. et poste de Courtenay; 460 hab.

BAZOCHES, vg. de Fr., dép. de la Nièvre, arr. de Clamecy, cant. et poste de Lormes; 730 hab.

BAZOCHES, vg. de Fr., dép. de Seine-et-Oise, arr. de Rambouillet, cant. et poste de Montfort-l'Amaury; 400 hab.

BAZOCHES-AU-HOULME, vg. de Fr., dép. de l'Orne, arr. d'Argentan, cant. et poste de Putanges; 1400 hab.

BAZOCHES-EN-DUNOIS, vg. de Fr., dép. d'Eure-et-Loir, arr. de Châteaudun, cant. d'Orgères, poste de Patay; 540 hab.

BAZOCHES-LES-BRAY, vg. de Fr., dép. de Seine-et-Marne, arr. de Provins, cant. et poste de Bray-sur-Seine; 680 hab.

BAZOCHES-LES-GALLERANDES, vg. de Fr., dép. du Loiret, arr. de Pithiviers, cant. d'Outarville, poste de Toury; 1110 h.

BAZOCHES-LES-HAUTES, vg. de Fr., dép. d'Eure-et-Loir, arr. de Châteaudun, cant. d'Orgères, poste de Janville; 500 hab.

BAZOCHES-SUR-HOÊNE, vg. de Fr., dép. de l'Orne, arr. à 2 l. N.-O. et poste de Mortagne-sur-Huine; chef-lieu de canton; 1620 hab.

BAZOGE (la), vg. de Fr., dép. de la Manche, arr. et poste de Mortain, cant. de Juvigny; 340 hab.

BAZOGE (la) b. de Fr., dép. de la Sarthe,

arr., cant. et poste du Mans; 2320 hab.

BAZOGES. *Voyez* BAZAUGES.

BAZOGES-EN-PAILLERS, vg. de Fr., dép. de la Vendée, arr. de Bourbon-Vendée, cant. et poste de Fulgent; 610 hab.

BAZOGES-EN-PAREDS, vg. de Fr., dép. de la Vendée, arr. de Fontenay-le-Comte, cant et poste de la Châtaignerie.

BAZOILLE, vg. de Fr., dép. des Vosges, arr. et poste de Mirecourt, cant. de Vittel; 360 hab.

BAZOILLE-SUR-MEUSE, vg. de Fr., dép. des Vosges, arr., cant. et poste de Neufchâteau; fabriques de bagues et de cornets de St.-Hubert; 655 hab.

BAZOLLES, vg. de Fr., dép. de la Nièvre, arr. de Château-Chinon, cant. et poste de Châtillon-en-Bazois; 830 hab.

BAZONCOURT, vg. de Fr., dép. de la Moselle, arr. de Metz, cant. de Pange, poste de Courcelles-Chassy; 568 hab.

BAZOQUE (la), vg. de Fr., dép. du Calvados, arr. de Bayeux, cant. et poste de Balleroy; 500 hab.

BAZOQUE (la), vg. de Fr., dép. de l'Orne, arr. de Domfront, cant. et poste de Flers; 290 hab.

BAZOQUES, vg. de Fr., dép. de l'Eure, arr. de Bernay, cant et poste de Thiberville; 370 hab.

BAZORDAN, vg. de Fr., dép. des Hautes-Pyrénées, arr. de Bagnères-en-Bigorre, cant. et poste de Castelnau-Magnoac; 570 hab.

BAZOUGE-DE-CHÉMÉRÉ (la), vg. de Fr., dép. de la Mayenne, arr. de Laval, cant. et poste de Meslay; 1200 hab.

BAZOUGE-DES-ALLEUX (la), vg. de Fr., dép. de la Mayenne, arr. et cant. de Mayenne, poste de Martigné; 730 hab.

BAZOUGERS, vg. de Fr., dép. de la Mayenne, arr. de Laval, cant. et poste de Meslay; 1390 hab.

BAZOUGES, vg. de Fr., dép. de la Mayenne, arr., cant. et poste de Château-Gontier; 1540 hab.

BAZOUGES-DU-DÉSERT, vg. de Fr., dép. d'Ille-et-Vilaine, arr. de Fougères, cant. et poste de Louvigné-du-Désert; papeteries; 2080 hab.

BASOUGES-LA-PÉROUSE, b. de Fr., dép. d'Ille-et-Vilaine, arr. de Fougères, cant. et poste d'Antrain; 4500 hab.

BAZOUGES-SOUS-HÉDÉ, vg. de Fr., dép. d'Ille-et-Vilaine, arr. de Rennes, cant. et poste de Hédé; 940 hab.

BAZOUGES-SUR-LE-LOIR, vg. de Fr., dép. de la Sarthe, arr., cant. et poste de la Flèche; excellent vin rouge; 1820 hab.

BAZUEL, vg. de Fr., dép. du Nord, arr. de Cambrai, cant. et poste du Cateau; 1110 hab.

BAZUGUES-MONSAURIN, vg. de Fr., dép. du Gers, arr., cant. et poste de Mirande; 170 hab.

BAZUS, vg. de Fr., dép. de la Haute-Garonne, arr. de Toulouse, cant. et poste de Montastruc; 390 hab.

BAZUS-AURE, vg. de Fr., dép. des Hautes-Pyrénées, arr. de Bagnères-en-Bigorre, cant. et poste d'Arreau; 240 hab.

BAZUS-NESTE, vg. de Fr., dép. des Hautes-Pyrénées, arr. de Bagnères-en-Bigorre, cant. et poste de la Barthe-de-Neste; 280 h.

BÉA, capitale de l'île de Conga, la plus grande des iles des Amis dans l'Océan Pacifique.

BEACONFIELD, pet. v. d'Angleterre, comté de Buckingham; 1800 hab.

BEACONHILL, vg. d'Angleterre, comté de Nottingham; carrière de plâtre.

BÉAGE (le), vg. de Fr., dép. de l'Ardèche, arr. de l'Argentière, cant. et poste de Mont. pezat; 2400 hab.

BEALCOURT, vg. de Fr., dép. de la Somme, arr. de Doullens, cant. et poste de Bernaville; 380 hab.

BEALENCOURT, vg. de Fr., dép. du Pas-de-Calais, arr. de St.-Pol-sur-Ternoise, cant. du Parcq, poste d'Hesdin; 440 hab.

BEAMINSTER, pet. v. d'Angleterre, comté de Dorset; manufactures de toiles à voiles; 3000 hab.

BÉARD, vg. de Fr., dép. de la Nièvre, arr. de Nevers, cant. et poste de Decize; 190 hab.

BÉARN, ci-devant prov. de Fr., dép. des Basses-Pyrénées, enclavée dans la Gascogne dont elle fut dépendante jusqu'au neuvième siècle, est bornée au S. par les Pyrénées qui la séparent de l'Espagne; elle était, du temps de César, habitée par les Benearni et fit ensuite partie de la Novempopulania. En 477, les Visigoths en firent la conquête; les Francs sous Clovis la leur enlevèrent. Moins d'un siècle après, les Vascons ou Gascons envahirent toute la contrée connue depuis sous le nom de Gascogne, et le Béarn partagea la destinée de ce pays. En 819, le Béarn, érigé en vicomté, fut donné par Louis-le-Débonnaire à Centule Ier, fils de Loup-Centule, duc de Gascogne que Louis avait dépouillé de ses états. Cette province resta dans la maison de Centule jusqu'en 1170. Elle passa alors, par mariage, à Guillaume de Moncade, dont les descendants la possédèrent jusqu'en 1290. Marguerite, fille de Gaston VII, dernier vicomte du Béarn, porta le vicomté à la maison de Foix, et en 1484, Catherine de Foix en transporta les droits à son mari Jean d'Albret. Henri IV, qui succéda aux droits de sa mère Jeanne d'Albret, réunit le Béarn à la couronne en 1607.

BÉARS, ham. de Fr., dép. du Lot, com. d'Arcambal; 100 hab.

BÉAT (Saint-), pet. v. de Fr., dép. de la Haute-Garonne, arr. et à 6 l. S. de St.-Gaudens, à 25 l. S.-S.-O. de Toulouse, chef-lieu de canton; elle est située sur la Garonne, dans un défilé, à l'extrémité N. de la vallée d'Arrau. Cette ville n'a que deux rues, une sur chaque rive de la Garonne, que l'on y passe sur un beau pont en pierres. La rue principale, ainsi que l'hôtel de ville dont le rez-de-chaussée forme la halle aux grains, se trouvent sur la rive gauche; l'autre rive est ornée de belles maisons et d'une longue promenade plantée d'arbres. On y remarque aussi une tour carrée, reste d'anciennes fortifications, et au-dessous du pont sur une masse de rochers, les ruines d'un château fort du moyen âge.

St.-Béat est l'entrepôt des produits de la vallée d'Arrau qui est très-fertile et bien peuplée. La chapellerie est la principale industrie de cette ville, et son commerce consiste dans la vente de bétail, de mules, de bois et dans l'échange des monnaies d'Espagne. On exploite dans les environs des carrières de marbre et d'ardoises; 1250 hab.

BÉATE (la), île très-fertile à une lieue S. d'Haïti.

BEATENBERG (Saint-), mont. en Suisse, au S.-E. du lac de Thun, cant. de Berne. Cette montagne, dont le pied est baigné par le lac, tient son nom de St.-Béatus qui y vivait retiré dans la grotte de l'Ermite, prêchant et faisant des miracles, selon la tradition. A côté de cet ermitage, un rocher donne naissance au Beatenbach (rivière de St.-Beatus) qui forme deux belles cascades tout près du lac. Autrefois de pieux pèlerins vinrent s'édifier en ce saint lieu; aujourd'hui la curiosité y amène encore une foule de voyageurs qui viennent jouir du spectacle grandiose que la nature y offre à leurs regards. Du côté S.-E. se trouve un village de châlets du même nom de 800 hab. et à 1146 mètres au-dessus du niveau de la mer.

BEAUBEC-LA-ROSIÈRE, vg. de Fr., dép. de la Seine-Inférieure, arr. de Neufchâtel-en-Bray, cant. et poste de Forges; 600 hab.

BEAUBERY, vg. de Fr., dép. de Saône-et-Loire, arr. de Charolles, cant. et poste de St.-Bonnet-de-Joux; 1000 hab.

BEAUBIGNY, vg. de Fr., dép. de la Côte-d'Or, arr. de Beaune, cant. et poste de Nolay; 650 hab.

BEAUBOURG, ham. de Fr., dép. de Seine-et-Marne, com. de Croissy; 90 hab.

BEAUBRAY, vg. de Fr., dép. de l'Eure, arr. d'Évreux, cant. et poste de Conches; 650 hab.

BEAUBREUIL, ham. de Fr., dép. de la Haute-Vienne, com. de Limoges; 70 hab.

BEAUCAIRE, *Bellicadrum*, v. de Fr., dép. du Gard, arr. à 6 l. E. de Nîmes, chef-lieu de canton, sur la rive droite du Rhône, vis-à-vis de la ville de Tarascon à laquelle elle communique par un pont suspendu, remarquable par son élégance et son étendue (520 mètres); c'est le plus bel ouvrage en ce genre : le pont de Menai, en Angleterre, peut seul lui être comparé. A l'exception de l'hôtel de ville et de la porte du Rhône, Beaucaire n'a aucun édifice digne d'être remarqué; ses rues sont étroites, mais les maisons sont jolies et presque toutes de construction moderne; une chaîne de rochers, sur lesquels on voit les ruines de deux châteaux forts, domine cette ville qui n'aurait que peu ou point d'importance sans la foire considérable qu'on y tient chaque année du 22 au 28 juillet. A cette époque, plus de 100,000 étrangers, non seulement de toutes les contrées de l'Europe, mais encore du Levant et de l'Afrique, se réunissent à Beaucaire devenu, pour quelques jours, le rendez-vous de tous les marchands, de tous les industriels, le centre de toutes les affaires et l'entrepôt de tous les produits. Les effets payables en foire ne sont protestables que du 28 juillet. Cette ville possède aussi des fabriques de bonneterie, de poterie et d'huile d'olives; exploitation de belles pierres de taille; 10,000 hab.

Il y a un siècle environ qu'on découvrit près de Beaucaire une voie romaine qui conduisait à Nîmes; c'était une partie de la grande voie auréliène par laquelle on allait de Rome en Espagne. Pendant les guerres de religion, Beaucaire était une place importante, défendue par un château fort que Louis XIII fit démolir.

BEAUCAIRE, vg. de Fr., dép. du Gers, arr. et poste de Condom, cant. de Valence; 490 h.

BEAUCAIRE, vg. de Fr., dép. de Tarn-et-Garonne, com. de Lauzerte; 430 hab.

BEAUCAIRE, canal de Fr. Les projets de ce canal remontent à 1740; les travaux ont été commencés en 1780, suspendus pendant la révolution et repris en 1801; il est navigable depuis quelques années. Ce canal prend son origine dans le Rhône, à Beaucaire, passe près de Bellegarde et de St.-Gilles et vient s'embrancher à Aigues-Mortes sur les canaux de la Radelle et de Bourgidan. Il communique avec la mer par le canal de Grau-du-Roi.

Ce canal donne un débouché facile aux sels des sauneries des environs; il sert à l'exportation des vins du Gard, reçoit les blés du Haut-Languedoc, et sert en même temps au desséchement de plus de 40,000 arpents de marais, entre Beaucaire et Aigues-Mortes. Sa longueur est de 11 1/4 l.; il a quatre écluses.

BEAUCAMP, vg. de Fr., dép. de la Seine-Inférieure, com. de St.-Aubin-Routot; 180 hab.

BEAUCAMPS, vg. de Fr., dép. du Nord, arr. et poste de Lille, cant. d'Haubourdin; 750 hab.

BEAUCAMPS-LE-JEUNE, vg. de Fr., dép. de la Somme, arr. d'Amiens, cant d'Hornoy, poste d'Aumale; 650 hab.

BEAUCAMPS-LE-VIEUX, vg. de Fr., dép. de la Somme, arr. d'Amiens, cant. d'Hornoy, poste d'Aumale; fabriques de tiretaines, dites draps de Beaucamps; 1450 hab.

BEAUCE, vg. de Fr., dép. de l'Eure, com. de Marcilly-la-Campagne; 220 hab.

BEAUCÉ, vg. de Fr., dép. d'Ille-et-Vilaine, arr., cant. et poste de Fougères; 480 hab.

BEAUCE, *Belsia*, ancienne dénomination d'une contrée de France qui comprenait le pays Chartrain, le Dunois, le Vendômois et le Mantois, dont Chartres était la capitale. La Beauce n'a jamais formé de province particulière.

BEAUCENS, vg. de Fr., dép. des Hautes-Pyrénées, arr., cant. et poste d'Argelès; source minérale; mines de plomb et de cuivre; 500 hab.

BEAUCHAIRE, ham. de Fr., départ. de Loir-et-Cher, com. de Chauvigny; 60 hab.

BEAUCHALOT, vg. de Fr., dép. de la Haute-Garonne, arr. de St.-Gaudens, cant. et poste de St.-Martory; 550 hab.

BEAUCHAMP, ham. de Fr., dép. des Côtes-du-Nord, com. de Piélo; 120 hab.

BEAUCHAMPS, vg. de Fr., dép. du Loiret, arr. de Montargis, cant. de Bellegarde, poste de Lorris; 500 hab.

BEAUCHAMPS, vg. de Fr., dép. de la Manche, arr. d'Avranches, cant. et poste de La-Haye-Pesnel; 730 hab.

BEAUCHAMPS, vg. de Fr., dép. de la Somme, arr. d'Abbeville, cant. de Gamaches, poste d'Eu; 360 hab.

BEAUCHAMY, ham. de Fr., dép. de la Sarthe, com. de Vilaines-la-Grosnais; 90 hab.

BEAUCHARMOY, vg. de Fr., dép. de la Haute-Marne, arr. de Langres, cant. et poste de Bourbonne; 270 hab.

BEAUCHASTEL, vg. de Fr., dép. de l'Ardèche, arr. de Privas, cant. et poste de la Voulte; 820 hab.

BEAUCHE, vg. de Fr., dép. d'Eure-et-Loir, arr. de Dreux, cant. et poste de Brezolles; 420 hab.

BEAUCHEMIN, vg. de Fr., dép. du Jura, com. de Chemin; 200 hab.

BEAUCHEMIN, vg. de Fr., dép. de la Haute-Marne, arr., cant. et poste de Langres; 180 hab.

BEAUCHÊNE, ham. de Fr., dép. d'Eure-et-Loir, com. de Prouais; 100 hab.

BEAUCHÊNE, vg. de Fr., dép. de l'Orne, arr. de Domfront, cant. et poste de Tinchebrai; 1250 hab.

BEAUCHÊNE, ham. de Fr., dép. des Deux-Sèvres, com. de Cerizay; 100 hab.

BEAUCHÊNE-LES-MATRAS, vg. de Fr., dép. de Loir-et-Cher, arr. de Vendôme, cant. et poste de Mondoubleau; 410 hab.

BEAUCHÊNES, ham. de Fr., dép. de la Vendée, com. d'Avrillé; 100 hab.

BEAUCHERIS, vg. de Fr., dép. de Seine-et-Marne, arr. de Provins, cant. et poste de Villiers-St.-Georges; 280 hab.

BEAUCLAIR, vg. de Fr., dép. de la Meuse, arr. de Montmédy, cant. et poste de Stenay; forge et affinerie; 260 hab.

BEAUCOUDRAY, vg. de Fr., dép. de la Manche, arr. de St.-Lô, cant. de Tessy, poste de Villebaudon; 330 hab.

BEAUCOURT, vg. de Fr., dép. du Haut-Rhin, arr., à 4 1/2 l. S. de Belfort, cant. et poste de Delle, sur la limite méridionale du département. Il a des fabriques d'horlogerie et de quincaillerie, établies il y a une soixantaine d'années par le mécanicien Japy, dont les fils et successeurs ont perfectionné les procédés. Cette industrie a été une source de prospérité pour la contrée et particulièrement pour Beaucourt qui n'était qu'un pauvre hameau de 100 habitants et dont la population s'élève aujourd'hui à plus de 1400 habitants. L'invasion étrangère de 1815 a été funeste à l'établissement des frères Japy : leur manufacture fut incendiée; ils n'ont point été dédommagés de la perte immense qu'ils éprouvèrent; cependant ils parvinrent à réparer le désastre, et, grâce à leur infatigable activité, leur maison s'est honorablement maintenue au rang qu'elle s'était acquis parmi les premiers établissements industriels en France.

BEAUCOURT, vg. de Fr., dép. de la Somme, arr. d'Amiens, cant. et poste de Villers-Bocage; 400 hab.

BEAUCOURT, vg. de Fr., dép. de la Somme, arr. de Montdidier, cant. de Moreuil, poste de Hangest; 330 hab.

BEAUCOURT, vg. de Fr., dép. de la Somme, arr. de Péronne, cant. et poste d'Albert; 200 hab.

BEAUCOUZÉ, vg. de Fr., dép. de Maine-et-Loire, arr., cant. et poste d'Angers; 650 h.

BEAUCROISSANT, vg. de Fr., dép. de l'Isère, arr. de St.-Marcellin, cant. et poste de Rives; 820 hab.

BEAUDÉAN, vg. de Fr., dép. des Hautes-Pyrénées, arr. et poste de Bagnères-en-Bigorre, cant. de Campan; 870 hab.

BEAUDÉDUIT, vg. de Fr., dép. de l'Oise, arr. de Beauvais, cant. et poste de Granvilliers; 560 hab.

BEAUDEMONT, vg. de Fr., dép. de Saône-et-Loire, arr. de Charolles, cant. et poste de la Clayette; 520 hab.

BEAU-DE-ROCHE (le), vg. de Fr., dép. de l'Isère, com. de Roche; 270 hab.

BEAUDIGNIES, vg. de Fr., dép. du Nord, arr. d'Avesnes, cant. et poste du Quesnoy; 920 hab.

BEAUDREVILLE, vg. de Fr., dép. d'Eure-et-Loir, arr. de Chartres, cant. de Janville, poste d'Angerville; 400 hab.

BEAUDRIÈRES, vg. de Fr., dép. de Saône-et-Loire, arr. et poste de Châlons-sur-Saône, cant. de St.-Germain-du-Plain; 1330 hab.

BEAUFAI, vg. de Fr., dép. de l'Orne, arr. de Mortagne-sur-Huine, cant. et poste de Laigle; 430 hab.

BEAUFAY, vg. de Fr., dép. de la Sarthe, arr. du Mans, cant. de Ballon, poste de Bonnétable; 2210 hab.

BEAUFICEL, vg. de Fr., dép. de l'Eure,

arr. des Andelys; cant. et poste de Lyons-la-Forêt; 600 hab.

BEAUFICEL, vg. de Fr., dép. de la Manche, arr. de Mortain, cant. et poste de Sourdeval; papeteries; 580 hab.

BEAUFICELLE, vg. de Fr., dép. de l'Eure, com. de Harcourt; 160 hab.

BEAUFIN, vg. de Fr., dép. de l'Isère, arr. de Grenoble, cant. et poste de Corps; 210 hab.

BEAUFLAND, ham. de Fr., dép. de la Seine-Inférieure, com. de St.-Ouen-du-Breuil; 50 hab.

BEAUFORT, pet. v. des États-Unis de l'Amérique du Nord, état de la Caroline du Nord, comté de Carteret dont elle est le chef-lieu; 1200 hab.

BEAUFORT, pet. v. des États-Unis de l'Amérique du Nord, état de la Caroline du Sud, dist. de Beaufort dont elle est le chef-lieu, sur l'île de Port-Royal; commerce très-considérable; 2500 hab.

BEAUFORT, comté de l'état de la Caroline du Nord, États-Unis de l'Amérique du Nord, entre les comtés de Martin, de Washington, de Hyde, de Crawen et de Pitt et le Pamlicosund; les principales productions de ce comté sont: le blé, le riz, l'indigo, la poix et la térébenthine, 11,000 h.

BEAUFORT, dist. de l'état de la Caroline du Sud, États-Unis de l'Amérique du Nord; c'est la partie la plus mér. de l'état. Il est situé entre les districts de Barnwell, de Colleton, l'état de Géorgie et l'Océan, et renferme 34,000 habitants. L'intérieur de ce district est rempli de marais, de landes et de forêts de sapins; mais les îles du Coosawatchie produisent le meilleur riz de la Caroline.

BEAUFORT, vg. de Fr., dép. de la Drôme, arr. de Die, cant. et poste de Crest; draperies; 410 hab.

BEAUFORT, vg. de Fr., dép. de la Haute-Garonne, arr. de Muret, cant. et poste de Rieumes; 270 hab.

BEAUFORT, vg. de Fr., dép. de l'Hérault, arr. de St.-Pons, cant. d'Olonzac, poste d'Azille; 170 hab.

BEAUFORT, vg. de Fr., dép. de l'Isère, arr. de St.-Marcellin, cant. de Roybon, poste de Beaurepaire; 680 hab.

BEAUFORT, b. de Fr., dép. du Jura, arr. et à 3 l. S.-S.-O. de Lons-le-Saulnier, chef-lieu de canton et poste; éducation d'abeilles et de bétail; fabriques de toiles peintes; 1180 hab.

BEAUFORT, *Bellefordia*, v. de Fr., dép. de Maine-et-Loire, arr. et à 3 1/2 l. S.-O. de Baugé, chef-lieu de canton, près de la rive gauche du Couesnon; elle a un collége, une halle et des hospices d'une belle construction, des manufactures de toiles à voiles et de linge damassé; on y fait commerce de grains, de chanvre, de fruits et de légumes secs; 5950 hab.

Au quatorzième siècle, cette ville était une seigneurie que Philippe de Valois donna à Roger, neveu du pape Clément XI. Roger, qui prit alors le nom de Beaufort, y fit élever un château dont les ruines sont encore remarquables.

BEAUFORT, vg. de Fr., dép. de la Meuse, arr. de Montmédy, cant. et poste de Stenay; 660 hab.

BEAUFORT, vg. de Fr., dép. du Nord, arr. d'Avesnes, cant. et poste de Maubeuge; 860 hab.

BEAUFORT, vg. de Fr., dép. du Pas-de-Calais, arr. de St.-Pol-sur-Ternoise, cant. d'Avesnes-le-Comte, poste de l'Arbret; 350 hab.

BEAUFORT, vg. de Fr., dép. de la Somme, arr. de Montdidier, cant. de Rosières, poste de Hangest; 420 hab.

BEAUFORT, *Belforte*, pet. v. de la Savoie, roy. de Sardaigne, sur le Doron; 2776 hab.

BEAUFOU, vg. de Fr., dép. de la Vendée, arr. de Bourbon-Vendée, cant. du Poiré-sous-Bourbon, poste de Pallau; 990 hab.

BEAUFOUR, vg. de Fr., dép. du Calvados, arr. de Pont-l'Évêque, cant. de Cambremer, poste de Dozulé; 270 hab.

BEAUFOUR, vg. de Fr., dép. de l'Eure, com. d'Épégard; 500 hab.

BEAUFOUR, ham. de Fr., dép. de Seine-et-Marne, com. d'Amilis; 80 hab.

BEAUFREMONT, vg. de Fr., dép. des Vosges, arr., cant. et poste de Neufchâteau; 460 hab.

BEAUFRESNES, vg. de Fr., dép. de la Seine-Inférieure, arr. de Neufchâtel-en-Bray, cant. et poste d'Aumale; 300 hab.

BEAUGAS, vg. de Fr., dép. de Lot-et-Garonne, arr. de Villeneuve-sur-Lot, cant. et poste de Cancon; 1000 hab.

BEAUGENCY, v. de Fr., dép. du Loiret, arr. et à 6 l. S.-O. d'Orléans, chef-lieu de canton, sur la rive droite de la Loire; elle a une belle promenade, et son hôtel de ville est un édifice assez remarquable. Fabrique de sucre de betteraves, distilleries, chapelleries et corroieries. Son commerce consiste dans la vente de laines et surtout dans celle des vins que l'on récolte dans les environs. Les plus estimés sont ceux de Messas, de Jones et de Travers. Foires les 1er février, 25 mars, 1er mai, 22 juillet, 1er septembre et 31 octobre; 4890 hab.

Cette petite ville, fort ancienne, avait un château dont la construction remontait aux temps des Gaulois et dont on voit encore quelques ruines. Elle souffrit beaucoup de l'invasion des Saxons et des Normands. Sous les premiers rois de la première race, Beaugency était une des plus fortes places du royaume. Les Anglais s'en emparèrent et en furent plusieurs fois dépossédés au quatorzième et au quinzième siècles. Jeanne d'Arc la reprit sur eux en 1420.

Les guerres religieuses du seizième siècle ne furent pas moins funestes à cette ville, qui n'a point reparé les pertes causées par les siéges nombreux qu'elle eut à soutenir dans ces différentes époques. Avant la révolution, Beaugency était une seigneurie de laquelle dépendaient St.-Laurent-des-Eaux, Chaumont-en-Sologne, Joui et quelques autres lieux.

BEAUGIES, vg. de Fr., dép. de l'Oise, arr. de Compiègne, cant. et poste de Guiscard; 260 hab.

BEAUGRENIER, ham. de Fr., dép. de l'Oise, com. de Montjavoult; 100 hab.

BAUGY, vg. de Fr., dép. de Saône-et-Loire, arr. de Charolles, cant. et poste de Marcigny; 500 hab.

BEAUHARDY, ham. de Fr., dép. de Maine-et-Loire, com. de St.-Remi-en-Mauges; 130 hab.

BEAUJARDIN, ham. de Fr., dép. de Seine-et-Oise, com. de St.-Clair-sur-Epte; 70 hab.

BEAUJEAIS, vg. de Fr., dép. de la Charente-Inférieure, arr. de Marennes, cant. de St.-Agnan, poste de Rochefort-sur-Mer; 320 hab.

BEAUJEU, vg. de Fr., dép. des Basses-Alpes, arr. et poste de Digne, cant. de la Javie; 450 hab.

BEAUJEU, *Baujorium*, v. de Fr., dép. du Rhône, arr. et à 5 l. N. de Villefranche, chef-lieu de canton, sur l'Ardière, au pied d'une montagne où l'on aperçoit les ruines d'un ancien château, autrefois résidence des sires ou barons de Beaujeu. Les environs produisent du vin, du blé et du chanvre. Cette petite ville a des fabriques et des blanchisseries de toiles, des papeteries et des tanneries. On y fait commerce de vins, de chanvre et de toiles; entrepôt des produits qui s'échangent entre la Saône et la Loire; 3115 hab.

Beaujeu était la capitale du Beaujolais. Guichard III, un des sires de Beaujeu, y reçut, en 1129, le pape Innocent II, qui retournait à Rome, d'où l'antipape Anaclet l'avait fait fuir.

BEAUJEUX, vg. de Fr., dép. de la Haute-Saône, arr. et poste de Gray, cant. de Fresne-St.-Mamès; usines à fer; 1400 hab.

BEAUJOLAIS (le), ancienne dénomination d'une contrée de France. Il était borné au N. par le Charollais et le Maconnais, au S. par le Lyonnais et le Forez, à l'E. par la Saône et à l'O. par la Loire. Cette province, que Mathilde, sœur du roi Lothaire, avait reçue pour dot, en 955, fut gouvernée par des barons qui avaient, en même temps que les Bourguignons (1050), secoué le joug des empereurs. Depuis le seizième siècle jusqu'à la révolution française, le Beaujolais était compris avec le Lyonnais et le Forez dans une même généralité; mais la seigneurie de Beaujeu appartenait depuis 1683 à la deuxième branche d'Orléans.

BEAULAC, vg. de Fr., dép. de la Gironde, com. de Bernos; 300 hab.

BEAULANDAIS, vg. de Fr., dép. de l'Orne, arr. de Domfront, cant. de Juvigny-sous-Andaine, poste de Couterne; 830 hab.

BEAULAT, vg. de Fr., dép. du Gers, com. de Ju-Belloc; 100 hab.

BEAULENCOURT, vg. de Fr., dép. du Pas-de-Calais, arr. d'Arras, cant. et poste de Bapaume; 430 hab.

BEAULEVRIER, ham. de Fr., dép. de l'Oise, com. de St.-Quentin-des-Prés; 170 hab.

BEAULIEU, vg. de Fr., dép. de l'Ardèche, arr. de l'Argentière, cant. de Joyeuse, poste des Vans; 670 hab.

BEAULIEU, vg. de Fr., dép. des Ardennes, arr. de Rocroi, cant. de Signy-le-Petit, poste de Maubert-Fontaine; 280 hab.

BEAULIEU, ham. de Fr., dép. de l'Aube, com. de Mériot; 130 hab.

BEAULIEU, vg. de Fr., dép. du Calvados, arr. et poste de Vire, cant. de Bény-Bocage; draperies, filatures de coton; 230 hab.

BEAULIEU, ham. de Fr., dép. de la Seine-Inférieure, com. de Mauny; 60 hab.

BEAULIEU, ham. de Fr., dép. de la Vienne, com. de Trois-Moutiers; 170 hab.

BEAULIEU, vg. de Fr., dép. du Calvados, com. de Caen; 500 hab.

BEAULIEU, vg. de Fr., dép. du Cantal, arr. de Mauriac, cant. de Champs, poste de Bort; 340 hab.

BEAULIEU, *Bellus Locus ad Duraniam*, pet. v. de Fr., dép. de la Corrèze, arr. et à 8 l. S.-E. de Brives, chef-lieu de canton, sur la rive droite de la Dordogne; elle a une église remarquable par les sculptures gothiques dont elle est ornée. Commerce de vins, bois merrains, coutellerie renommée; pêche du saumon; 2550 hab.

Cette ville possédait autrefois une abbaye de l'ordre de St.-Benoit, fondée vers le milieu du huitième siècle par Raoul de Turenne, archevêque de Bourges, et à laquelle Beaulieu doit son origine. Pendant les guerres de la ligue, Beaulieu fut assiégée par les ligueurs, auxquels elle ouvrit ses portes sans résistance.

BEAULIEU, vg. de Fr., dép. de la Côte-d'Or, arr. de Châtillon-sur-Seine, cant. et poste d'Aignay-le-Duc; 240 hab.

BEAULIEU, ham. de Fr., dép. d'Eure-et-Loir, com. de Chartres; 200 hab.

BEAULIEU, ham. de Fr., dép. du Gard, com. de Mandagout; 120 hab.

BEAULIEU, vg. de Fr., dép. de l'Hérault, arr. de Montpellier, cant. de Castries, poste de Lunel; 320 hab.

BEAULIEU, ham. de Fr., dép. d'Ille-et-Vilaine, com. de Paramé; 200 hab.

BEAULIEU, vg. de Fr., dép. de l'Indre, arr. du Blanc, cant. et poste de St.-Benoit-du-Sault; 200 hab.

BEAULIEU, v. de Fr., dép. d'Indre-et-Loire, arr., cant. et poste de Loches, sur la rive droite de l'Indre; fabriques de grosses draperies et filatures de laine; commerce de vins, de blé, de fruits et de bois de construction; 2000 hab.

BEAULIEU, vg. de Fr., dép. de l'Isère, com. de Têche; 600 hab.

BEAULIEU, ham. de Fr., dép. de Loir-et-Cher, com. d'Azè; 70 hab.

BEAULIEU, ham. de Fr., dép. de la Loire, com. de Riorges; 150 hab.

BEAULIEU, vg. de Fr., dép. de la Haute-Loire, arr. du Puy, cant. de Vorey, poste de St.-Paulien; 1100 hab.

BEAULIEU, vg. de Fr., dép. de Maine-et-Loire, arr. d'Angers, cant. de Thouarcé, poste de St.-Lambert-du-Lattay; 1000 hab.

BEAULIEU, vg. de Fr., dép. de la Haute-Marne, arr. de Langres, cant. de Varennes, poste du Fayl-Billot; 120 hab.

BEAULIEU, vg. de Fr., dép. de la Mayenne, arr. de Laval, cant. de Loiron, poste de la Gravelle; 780 hab.

BEAULIEU, vg. de Fr., dép. de la Meuse, arr. de Bar-le-Duc, cant. de Triaucourt, poste de Beauzée; 520 hab.

BEAULIEU, vg. de Fr., dép. de la Nièvre, arr. de Clamecy, cant. de Brinon-les-Allemands, poste de St.-Révérien; 230 hab.

BEAULIEU, vg. de Fr., dép. de l'Oise, arr. de Compiègne, cant. de Lassigny, poste de Guiscard; 720 hab.

BEAULIEU, vg. de Fr., dép. de l'Orne, arr. de Mortagne-sur-Huine, cant. de Tourouvre; poste de St.-Maurice; 450 hab.

BEAULIEU, vg. de Fr., dép. du Puy-de-Dôme, arr. d'Issoire, cant. et poste de St.-Germain-Lembron; 700 hab.

BEAULIEU, vg. de Fr., dép. de la Seine-Inférieure, com. de Bardouville; 190 hab.

BEAULIEU-CELLEFROIN, vg. de Fr., dép. de la Charente, arr. de Confolens, cant. et poste de St.-Cloud; 800 hab.

BEAULIEU-CLOULAS, vg. de Fr., dép. de la Charente, arr. d'Angoulême, cant. et poste de la Valette; 350 hab.

BEAULIEU-SOUS-BOURBON, *Bellus Locus*, b. de Fr., dép. de la Vendée, arr. des Sables, cant. et poste de la Mothe-Achard; 1250 hab.

BEAULIEU-SOUS-BRESSUIRE, vg. de Fr., dép. des Deux-Sèvres, arr., cant. et poste de Bressuire; 370 hab.

BEAULIEU-SOUS-PARTHENAY, vg. de Fr., dép. des Deux-Sèvres, arr. et poste de Parthenay, cant. de Mazières; 1000 hab.

BEAULIEU-SUR-LOIRE, vg. de Fr., dép. du Loiret, arr. de Gien, cant. et poste de Châtillon-sur-Loire; 2100 hab.

BEAULIEU-SUR-MAREUIL, vg. de Fr., dép. de la Vendée, com. de Mareuil; 280 h.

BEAULON, vg. de Fr., dép. de l'Allier, arr. de Moulins, cant. et poste de Chevagnes; 1480 hab.

BEAULOUP, ham. de Fr., dép. du Puy-de-Dôme, com. de St.-Ours; 180 hab.

BEAUMAIS, vg. de Fr., dép. du Calvados, arr. et poste de Falaise, cant. de Coulibœuf, 680 hab.

BEAUMAIS, vg. de Fr., dép. de la Seine-Inférieure, com. d'Aubermesnil; 200 hab.

BEAUMARCHAIS, vg. de Fr., dép. de Seine-et-Marne, com. d'Othis; 210 hab.

BEAUMARCHEZ, pet. v. de Fr., dép. du Gers, arr. et à 6 l. N.-O. de Mirande, cant. et poste de Plaisance. Cette ville, située sur un côteau, près de la rive droite de l'Arros, fut fondée, en 1295, par Philippe-le-Bel qui en fit don au comte de Pardiac; elle était munie de fortifications. Dans le seizième siècle elle fut prise et incendiée par les protestants. Rebâtie depuis cette époque, elle n'a plus eu aucune importance; 1800 hab.

BEAUMARIS, *Bellomariscus*, b. d'Angleterre, chef-lieu de l'île d'Anglesey; nomme un député au parlement. Il est situé sur le détroit de Mansi et a 1510 hab.

BEAUMAT, vg. de Fr., dép. du Lot, com. de Vaillac; 250 hab.

BEAUME, vg. de Fr., dép. de l'Aisne, arr. de Vervins, cant. et poste d'Aubenton; 450 hab.

BEAUME (la), vg. de Fr., dép. de l'Ardèche, arr. de l'Argentière, cant. et poste de Joyeuse; 340 hab.

BEAUME (la), ham. de Fr., dép. de l'Aveyron, com. de Gissac; plomb argentifère; 100 hab.

BEAUME, vg. de Fr., dép. de la Côte-d'Or, com. de Créancey; 250 hab.

BEAUME-DES-ARNAUDS, vg. de Fr., dép. des Hautes-Alpes, arr. de Gap, cant. d'Aspres-les-Veynes, poste de Veynes; 720 h.

BEAUME-HAUTE (la), vg. de Fr., dép. des Hautes-Alpes, arr. de Gap, cant. d'Aspres-les-Veynes, poste de Veynes; 120 hab.

BEAUMENIL. *Voyez* SAINT-LAURENT-DE-BEAUMENIL.

BEAUMENIL, vg. de Fr., dép. des Vosges, arr. d'Épinal, cant. et poste de Bruyères; 170 hab.

BEAUMERIE, ham. de Fr., dép. du Cher, com. de Châteaumeillant; 150 hab.

BEAUMERIE-SAINT-MARTIN, vg. de Fr., dép. du Pas-de-Calais, arr., cant. et poste de Montreuil-sur-Mer; 310 hab.

BEAUMES, vg. de Fr., dép. de Vaucluse, arr. et à 5 l. E. d'Orange, chef-lieu de canton, poste de Carpentras; vins muscats blancs et rouges très-délicats; huiles d'olives, sources d'eau salée; 1700 hab.

BEAUMESNIL, vg. de Fr., dép. du Calvados, arr. de Vire, cant. et poste de St.-Sever; 380 hab.

BEAUMESNIL, vg. de Fr., dép. de l'Eure, arr., à 3 l. S.-E. et poste de Bernay, chef-lieu de canton; 450 hab.

BEAUMETS, ham. de Fr., dép. de la Somme, com. de Cartigny; 80 hab.

BEAUMETTES, vg. de Fr., dép. de Vaucluse, arr. et poste d'Apt, cant. de Gordes; 130 hab.

BEAUMETTES, ham. de Fr., dép. de Vaucluse, com. de Gigondas; 70 hab.

BEAUMETZ, vg. de Fr., dép. de la Somme, arr. de Doullens, cant. et poste de Bernaville; 530 hab.

BEAUMETZ-LES-AIRES, vg. de Fr., dép. du Pas-de-Calais, arr. de St.-Omer, cant. de Fauquembergue, poste de Fruges; 400 hab.

BEAUMETZ-LES-CAMBRAY, vg. de Fr., dép. du Pas-de-Calais, arr. d'Arras, cant. de Bertincourt, poste de Bapaume; 1520 h.

BEAUMETZ-LES-LOGES, vg. de Fr., dép. du Pas-de Calais, arr., à 3 l. S.-O. et poste d'Arras, chef-lieu de canton; 410 hab.

BEAUMONT, *Bellomontium*, *Bellus Mons*, pet. v. du roy. de Belgique, prov. du Hainaut, arr. et à 5 l. S.-O. de Charleroi, sur une montagne, non loin de la frontière française; fabriques de poëles et d'huile; commerce de marbre de Rancé. Prise par le roi d'Angleterre Guillaume III, en 1691; remarquable par l'échec qu'y essuyèrent les alliés de la part des Français, en 1793; 1600 hab.

BEAUMONT, ham. de Fr., dép. de l'Allier, com. d'Agonges; 70 hab.

BEAUMONT, vg. de Fr., dép. de l'Ardèche, arr. de l'Argentière, cant. de Valgorge, poste de Joyeuse; 1340 hab.

BEAUMONT, vg. de Fr., dép. de la Corrèze, arr. et poste de Tulle, cant. de Seilhac; 590 hab.

BEAUMONT, vg. de Fr., dép. de la Creuse, com. de Felletin; 220 hab.

BEAUMONT, pet. v. de Fr., dép. de la Dordogne, arr. et à 7 l. S.-E. de Bergerac, chef-lieu de canton, poste; elle est située sur le sommet d'une colline, près de la rive gauche de la Couze, et ceinte d'une ancienne muraille flanquée de tours; ses forges sont ses seules établissements industriels. Cette petite ville fut fondée, vers la fin du douzième siècle, par les Anglais qui occupaient alors la Guyenne; 1850 hab.

BEAUMONT, vg. de Fr., dép. de la Drôme, arr. de Die, cant. et poste de Luc-en-Diois; 390 hab.

BEAUMONT, vg. de Fr., dép. de la Drôme, arr., cant. et poste de Valence; 1200 hab.

BEAUMONT, *Bellomontium*, b. de Fr., dép. de la Haute-Garonne, arr. et poste de Muret, cant. d'Auterive; 1340 hab.

BEAUMONT, vg. de Fr., dép. du Gers, arr., cant. et poste de Condom; 230 hab.

BEAUMONT, vg. de Fr., dép. de la Haute-Loire, arr., cant. et poste de Brioude; 350 hab.

BEAUMONT, vg. de Fr., dép. du Loiret, com. d'Aschères; 240 hab.

BEAUMONT, ham. de Fr., dép. du Loiret, com. de Cravant; 100 hab.

BEAUMONT, vg. de Fr., dép. de la Manche, arr. et à 6 l. O.-N.-O. de Cherbourg, chef-lieu de cant. et poste; filature de laine; 890 hab.

BEAUMONT, ham. de Fr., dép. de la Manche, com. de Carentan; 150 hab.

BEAUMONT, vg. de Fr., dép. de la Meurthe, arr. de Toul, cant. de Domèvre, poste de Noviant-aux-Prés; 160 hab.

BEAUMONT, vg. de Fr., dép. de la Meuse, arr. et poste de Verdun-sur-Meuse, cant. de Charny; 370 hab.

BEAUMONT, ham. de Fr., dép. de la Moselle, com. de Moineville; 90 hab.

BEAUMONT, ham. de Fr., dép. de la Nièvre, com. de Guipy; 80 hab.

BEAUMONT, vg. de Fr., dép. du Nord, arr. de Cambrai, cant. et poste du Cateau; 690 hab.

BEAUMONT, vg. de Fr., dép. du Pas-de-Calais, arr. d'Arras, cant. de Vimy, poste de Douai; 740 hab.

BEAUMONT, vg. de Fr., dép. du Puy-de-Dôme, arr., cant. et poste de Clermont-Ferrand; 1860 hab.

BEAUMONT, b. de Fr., dép. de Seine-et-Marne, arr. de Fontainebleau, cant. et poste de Château-Landon; 1520 hab.

BEAUMONT, vg. de Fr., dép. de la Seine-Inférieure, com. de Beaunay et Ste.-Geneviève; 400 hab.

BEAUMONT, vg. de Fr., dép. de la Seine-Inférieure, com. de Rocquemont; 250 hab.

BEAUMONT, vg. de Fr., dép. de la Vienne, arr. et poste de Châtellerault, cant. de Vouneuil-sur-Vienne; 1440 hab.

BEAUMONT, vg. de Fr., dép. de la Haute-Vienne, arr. de Limoges, cant. et poste d'Eymoutiers; 590 hab.

BEAUMONT-DE-LOMAGNE, pet. v. de Fr., dép. de Tarn-et-Garonne, arr. et à 4 l. S.-S.-O. de Castelsarrasin, chef-lieu de canton, dans la vallée du même nom, sur la rive gauche de la Gimone; elle est remarquable par sa régularité et sa propreté; elle a une jolie place carrée, dont deux côtés sont bordés d'arcades; fabriques de briques et de tuiles; 4220 hab.

BEAUMONT-DE-MALAUCÈNE, vg. de Fr., dép. de Vaucluse, arr. d'Orange, cant. et poste de Malaucène; 540 hab.

BEAUMONT-DE-PERTUIS, vg. de Fr., dép. de Vaucluse, arr. d'Apt, cant. et poste de Pertuis; ce village est l'ancienne propriété de la famille de Mirabeau; 1050 hab.

BEAUMONTEL, vg. de Fr., dép. de l'Eure, arr. de Bernay, cant. et poste de Beaumont-le-Roger; 670 hab.

BEAUMONT-EN-ARGONNE, b. de Fr., dép. des Ardennes, arr. de Sédan, cant. et poste de Mouzon; 1340 hab.

BEAUMONT-EN-AUGE, b. de Fr., dép. du Calvados, arr., cant., poste et à 1 l. O. de Pont-l'Évêque; on y fait grand commerce de bétail. Ce bourg est la patrie du célèbre géomètre Laplace (Pierre-Simon), auteur de la Mécanique céleste (1749—1827); 1250 h.

BEAUMONT-EN-BEINE, vg. de Fr., dép. de l'Aisne, arr. de Laon, cant. et poste de Chauny; 640 hab.

BEAUMONT-HAMEL, vg. de Fr., dép. de la Somme, arr. de Péronne, cant. et poste d'Albert; 870 hab.

BEAUMONT-LA-CHARTRE, vg. de Fr., dép. de la Sarthe, arr. de St.-Calais, cant.

et poste de la Chartre-sur-le-Loir; 880 hab.

BEAUMONT-LA-FERRIÈRE, vg. de Fr., dép. de la Nièvre, arr. de Cosne, cant. et poste de la Charité; forges, fonderies pour le fer et l'acier; on y fabrique des ancres pour la marine; 430 hab.

BEAUMONT-LA-RIVOUR. *Voyez* LA RIVOUR.

BEAUMONT-LA-RONCE, vg. de Fr., dép. d'Indre-et-Loire, arr. de Tours, cant. et poste de Neuillé-Pont-Pierre; fabriques d'étoffes de laine; 1680 hab.

BEAUMONT-LE-CHARTIF. *Voyez* BEAUMONT-LES-AUTELS.

BEAUMONT-LE-HARENG, vg. de Fr., dép. de la Seine-Inférieure, arr. de Dieppe, cant. et poste de Bellencombre; 340 hab.

BEAUMONT-LE-ROGER, *Bellomentium Rogerii*, pet. v. de Fr., dép. de l'Eure, arr. et à 4 l. E. de Bernay, chef-lieu de canton, poste; elle est située près d'une belle forêt, sur la rive droite de la Rille; elle a des fabriques de briques, de tuiles, de toiles, de molletons et de draps; des tanneries et une verrerie à bouteilles. On voit près de Beaumont, sur un rocher qui domine la ville, les restes d'un ancien château fort, dont on attribue la fondation à Roger, duc de Normandie. Vers le commencement du douzième siècle, le même prince fit aussi fortifier cette ville, à laquelle il donna son nom; 2520 hab.

BEAUMONT-LES-AUTELS, vg. de Fr., dép. d'Eure-et-Loir, arr. de Nogent-le-Rotrou, cant. d'Authon, poste; fabriques de faïence et poteries; 650 hab.

BEAUMONT-LES-NONAINS, vg. de Fr., dép. de l'Oise, arr. de Beauvais, cant. d'Auneuil, poste de Chaumont-en-Vexin; 480 hab.

BEAUMONT-LES-RANDANS, vg. de Fr., dép. du Puy-de-Dôme, arr. de Riom, cant. et poste de Randans; 750 hab.

BEAUMONT-LES-TOURS, ham. de Fr., dép. d'Indre-et-Loire, com. de St.-Étienne-de-Chigny; 60 hab.

BEAUMONT-LE-VICOMTE. *Voyez* BEAUMONT-SUR-SARTHE.

BEAUMONT-MONTEUX, vg. de Fr., dép. de la Drôme, arr. de Valence, cant. et poste de Tain; 890 hab.

BEAUMONT-PIED-DE-BŒUF, vg. de Fr., dép. de la Mayenne, arr. de Château-Gonthier, cant. et poste de Grez-en-Bouëre; 520 hab.

BEAUMONT-PIED-DE-BŒUF, vg. de Fr., dép. de la Sarthe, arr. de St.-Calais, cant. et poste de Château-du-Loir; 1120 hab.

BEAUMONT-SUR-BUCHY, ham. de Fr., dép. de la Seine-Inférieure, com. de Rocquemont; 100 hab.

BEAUMONT-SUR-GROSNE, vg. de Fr., dép. de Saône-et-Loire, arr. de Châlons-sur-Saône, cant. et poste de Sennecey; 440 hab.

BEAUMONT-SUR-LE-SERAIN, vg. de Fr., dép. de l'Yonne, arr. d'Auxerre, cant. et poste de Seignelay; 400 hab.

BEAUMONT-SUR-OISE, *Bellus Mons*, pet. v. de Fr., dép. de Seine-et-Oise, arr. et à 5 l. N.-E. de Pontoise, cant. de l'Isle-Adam, sur la rive gauche de l'Oise; elle a un joli pont et une délicieuse promenade. On y fabrique des bretelles, de la passementerie, des fromages de Brie et du salpêtre; fonderie de cuillers; commerce de blé et farine; 2100 hab.

Cette ville, très-ancienne, avait autrefois de l'importance, et fut, vers la fin du treizième siècle, le théâtre d'une lutte acharnée entre Mahaut, femme d'Othon IV, comte de Bourgogne, et son neveu, Robert d'Artois, qui lui disputait la succession du comté d'Artois. Les ruines d'une vieille tour de l'ancien château fort de Beaumont est tout ce qui reste de l'époque désastreuse de la féodalité.

BEAUMONT-SUR-SARDOLLES, vg. de Fr., dép. de la Nièvre, arr. de Nevers, cant. et poste de St.-Benin-d'Azy; 300 hab.

BEAUMONT-SUR-SARTHE, pet. v. de Fr., dép. de la Sarthe, arr. et à 6 l. S.-O. de Mamers, chef-lieu de canton; fabriques de toiles. Les environs possèdent des vignobles. Cette ville, qui appartenait aux anciens vicomtes du Mans, fut prise plusieurs fois par Guillaume-le-Conquérant; 2400 hab.

BEAUMONT-SUR-VESLE, vg. de Fr., dép. de la Marne, arr. de Reims, cant. de Verzy, poste des Petites-Loges; 460 hab.

BEAUMONT-SUR-VINGEANNE, vg. de Fr., dép. de la Côte-d'Or, arr. de Dijon, cant. et poste de Mirebeau-sur-Bèze; 400 h.

BEAUMONT-VERRON, vg. de Fr., dép. d'Indre-et-Loire, arr., cant. et poste de Chinon; 1690 hab.

BEAUMONT-VILLAGE, vg. de Fr., dép. d'Indre-et-Loire, arr. de Loches, cant. et poste de Montrésor; 390 hab.

BEAUMOTTE-LES-MONTBOZON, vg. de Fr., dép. de la Haute-Saône, arr. de Vesoul, cant. de Montbozon, poste de Rioz; tréfilerie; 790 hab.

BEAUMOTTE-LES-PIN, vg. de Fr., dép. de la Haute-Saône, arr. de Gray, cant. et poste de Marnay; 500 hab.

BEAUMUGNE, ham. de Fr., dép. des Hautes-Alpes, com. de St.-Julien-en-Beauchêne; 90 hab.

BEAUNAY, vg. de Fr., dép. de la Marne, arr. d'Épernay, cant. de Montmort, poste d'Étages; 260 hab.

BEAUNAY, vg. de Fr., dép. de la Seine-Inférieure, arr. de Dieppe, cant. et poste de Tôtes; 550 hab.

BEAUNE, vg. de Fr., dép. de l'Allier, arr. de Montluçon, cant. et poste de Montmarault; 1170 hab.

BEAUNE, *Vellaudunum*, v. de Fr., dép. de la Côte-d'Or, chef-lieu d'arrondissement, à 8 l. S.-S.-E. de Dijon et à 82 l. S.-E. de

Paris; siége de tribunaux de première instance et de commerce, d'une direction de contributions indirectes, d'une conservation des hypothèques et d'une inspection des forêts. Cette ville, autrefois très-forte, est située agréablement au pied d'un côteau, entouré de vignobles fertiles en vins renommés; elle est fort jolie, et ses rues sont remarquables par leur propreté qu'entretiennent des ruisseaux provenant de la belle fontaine de l'Aigue, à un quart de lieue de la ville; elle a un collége communal, une bibliothèque publique, une salle de spectacle, un beau jardin public, planté dans le genre anglais, des bains publics et un hôpital, d'architecture gothique, fondé vers le milieu du quinzième siècle par le chancelier Rolin, dont Louis XI disait : « Il a fait tant de pauvres, il est juste qu'il leur bâtisse un asile. Fabrication de draps, de sucre de betteraves, d'huiles; coutelleries; tanneries; confection de tonneaux; pépinière d'arbres à fruits renommée. Foires le 4 août et le 12 novembre. Cette ville est la patrie du savant Gaspard Monge, un des fondateurs de l'école Polytechnique, né le 10 mai 1756, mort le 28 juillet 1818; 10,678 hab.

Beaune a été la résidence de plusieurs ducs de Bourgogne; plus tard elle fut le premier siége du parlement. Son château fort passait pour le plus fort de la province; il fut démoli par Henri IV, après la conspiration du maréchal de Biron, gouverneur de Bourgogne.

BEAUNE, vg. de Fr., dép. de la Haute-Loire, arr. du Puy, cant. et poste de Craponne; 890 hab.

BEAUNE, vg. de Fr., dép. du Puy-de-Dôme, com. de St.-Genest-Champanelle; 230 hab.

BEAUNE, vg. de Fr., dép. la Haute-Vienne, arr. et poste de Limoges, cant. d'Ambazac; 610 hab.

BEAUNE-LA-ROLANDE, *Belna*, b. de Fr., dép. du Loiret, arr. et à 4 l. S.-E. de Pithiviers, chef-lieu de canton; centre du vignoble du Gâtinais et de la culture du safran première qualité, cire, excellent miel. Ce bourg, autrefois considérable, était un domaine du célèbre chevalier Roland, neveu de Charlemagne; il appartint plus tard aux moines de l'abbaye de St.-Denis; 2130 hab.

BEAUNOTTE, vg. de Fr., dép. de la Côte-d'Or, arr. de Châtillon-sur-Seine, cant. et poste d'Aignay-le-Duc; 170 hab.

BEAUPONT, vg. de Fr., dép. de l'Ain, arr. de Bourg-en-Bresse, cant. de Coligny, poste de St.-Amour; 810 hab.

BEAUPORT, ham. de Fr., dép. des Côtes-du-Nord, com. de Kérity; 50 hab.

BEAUPOUYET, vg. de Fr., dép. de la Dordogne, arr. de Ribérac, cant. et poste de Mussidan; 800 hab.

BEAUPRÉ ou AOUVÉA, groupe de petites îles, à l'E. de la Nouvelle-Calédonie, Océanie, habitées par des Papuas. Lat. S. 20° 20′, long. E. 163° 55.

BEAUPRÉAU, *Bellopratum*, v. de Fr., dép. de Maine-et-Loire, chef-lieu d'arrondissement, à 12 l. S.-O. d'Angers et 85 l. de Paris; siége d'un tribunal de première instance et d'une conservation des hypothèques; elle est située dans une contrée fertile, sur l'Evre; laines filées, teintureries pour les cotons et les laines; tissages de laines; 3238 hab. Beaupréau, autrefois baronie, fut érigée en duché-pairie, en 1562, en faveur de Charles de Bourbon, prince de la Roche-sur-Yon. En 1793, il y eut près de cette ville un combat terrible entre les Vendéens et l'armée républicaine.

BEAUPUIS, ham. de Fr., dép. de l'Oise, com. de Grandvilliers-aux-Bois; 110 hab.

BEAUPUY, vg. de Fr., dép. du Gers, arr. de Lombez, cant. et poste de l'Isle-en-Jourdain.

BEAUPUY, vg. de Fr., dép. de Lot-et-Garonne, arr., cant. et poste de Marmande; 520 hab.

BEAUPUY, vg. de Fr., dép. de Tarn-et-Garonne, arr. de Castelsarrasin, cant. de Verdun-sur-Garonne; 550 hab.

BEAUPY. *Voyez* BELPECH.

BEAUQUESNE, vg. de Fr., dép. de la Somme, arr., cant. et poste de Doullens; 2700 hab.

BEAURAIN, vg. de Fr., dép. du Nord; arr. de Cambrai, cant. de Solesmes, poste du Cateau; 360 hab.

BEAURAIN-LE-CHATEAU, vg. de Fr., dép. du Pas-de-Calais, com. de Beaurainville; filatures de lin; 280 hab.

BEAURAINS, vg. de Fr., dép. de l'Oise, arr. de Compiègne, cant. et poste de Moyon; 200 hab.

BEAURAINS, vg. de Fr., dép. du Pas-de-Calais, arr., cant. et poste d'Arras; 940 h.

BEAURAINVILLE, vg. de Fr., dép. du Pas-de-Calais, arr. et poste de Montreuil-sur-Mer, cant. de Campagne-les-Hesdin; 1160 hab.

BEAURECH, vg. de Fr., dép. de la Gironde, arr. de Bordeaux, cant. et poste de Créon; 630 hab.

BEAURECUEIL ou ROQUES-HAUTES, vg. de Fr., dép. des Bouches-du-Rhône, arr. et poste d'Aix, cant. de Trets; 220 hab.

BEAUREGARD, vg. de Fr., dép. de l'Ain, arr., cant. et poste de Trévoux; 350 hab.

BEAUREGARD, vg. de Fr., dép. de l'Aisne, com. de Clairfontaine; 100 hab.

BEAUREGARD, vg. de Fr., dép. de la Dordogne, arr. de Bergerac, cant. de Villamblard, poste de Doudeville; marne calcaire pour amendement; 640 hab.

BEAUREGARD, vg. de Fr., dép. de la Dordogne, arr. de Sarlat, cant. et poste de Terrasson; 1320 hab.

BEAUREGARD, vg. de Fr., dép. de la Drôme, arr. de Valence, cant. de Bourg-du-Péage, poste de Romans; 1650 hab.

BEAUREGARD, ham. de Fr., dép. de Loir-et-Cher, com. de Busloup; 60 hab.

BEAUREGARD, b. de Fr., dép. du Lot, arr. de Cahors, cant. et poste de Limogne; 890 hab.

BEAUREGARD, vg. de Fr., dép. du Lot, com. de Concorès; 190 hab.

BEAUREGARD, ham. de Fr., dép. de la Moselle, com. de Thionville; fabrique de sucre de betteraves; 180 hab.

BEAUREGARD, ham. de Fr., dép. du Puy-de-Dôme, com. de St.-Ours; 150 hab.

BEAUREGARD, ham. de Fr., dép. de Saône-et-Loire, com. de Palinges; 60 hab.

BEAUREGARD, ham. de Fr., dép. de Seine-et-Marne, com. de Bezalles; 150 hab.

BEAUREGARD, ham. de Fr., dép. de Seine-et-Oise, com. de la Roche-Guyon; 50 hab.

BEAUREGARD-L'ÉVÊQUE, b. de Fr., dép. du Puy-de-Dôme, arr. de Clermont-Ferrand, cant. de Vertaizon, poste de Pont-du-Château; 1430 hab.

BEAUREGARD-VENDON, vg. de Fr., dép. du Puy-de-Dôme, arr. et poste de Riom, cant. de Combronde; 840 hab.

BEAUREPAIRE, ham. de Fr., dép. des Ardennes, com. d'Olizy; 70 hab.

BEAUREPAIRE, ham. de Fr., dép. d'Eure-et-Loir, com. de Champrond; 150 hab.

BEAUREPAIRE, b. de Fr., dép. de l'Isère, arr. et à 5 l. S.-E. de Vienne, chef-lieu de canton et poste; 2140 hab.

BEAUREPAIRE, vg. de Fr., dép. du Nord, arr. et cant. d'Avesnes, poste de Landrecies, 610 hab.

BEAUREPAIRE, vg. de Fr., dép. de l'Oise, arr. de Senlis, cant. et poste de Pont-Ste.-Maxence; 130 hab.

BEAUREPAIRE, vg. de Fr., dép. de Saône-et-Loire, arr., à 3 l. E.-N.-E. et poste de Louhans, chef-lieu de canton; 790 hab.

BEAUREPAIRE, vg. de Fr., dép. de la Seine-Inférieure, arr. du Hâvre, cant. de Criquetot-Lesneval, poste de Montivilliers; 450 hab.

BEAUREPAIRE, ham. de Fr., dép. de la Somme, com. de Fourcigny; 80 hab.

BEAUREPAIRE, vg. de Fr., dép. de la Vendée, arr. de Bourbon-Vendée, cant. et poste des Herbiers; 1060 hab.

BEAUREPOS, ham. de Fr., dép. du Lot, com. de Souillac; 60 hab.

BEAUREVOIR, vg. de Fr., dép. de l'Aisne, arr. de St.-Quentin, cant. et poste du Catelet; 1400 hab.

BEAURIÈRES, vg. de Fr., dép. de la Drôme, arr. de Die, cant. et poste de Lucen-Diois; 300 hab.

BEAURIEUX, vg. de Fr., dép. de l'Aisne, arr. de Laon, cant. de Craonne, poste de Fismes; 890 hab.

BEAURIEUX, vg. de Fr., dép. du Nord, arr. d'Avesnes, cant. et poste de Solre-le-Château; 280 hab.

BEAURONNE, vg. de Fr., dép. de la Dordogne, arr. de Ribérac, cant. et poste de Neuvic; 840 hab.

BEAURONNE-DE-CHANCELLADE, ham. de Fr., dép. de la Dordogne, com. de Chancellade; 100 hab.

BEAUSART, vg. de Fr., dép. de la Somme, com. de Mailly; 215 hab.

BEAUSÉJOUR, ham. de Fr., dép. de la Gironde, com. de Gironde; 70 hab.

BEAUSEMBLANT, vg. de Fr., dép. de la Drôme, arr. de Valence, cant. et poste de St.-Vallier; 730 hab.

BEAUSOLEIL. *Voyez* EXCIDEUIL.

BEAUSSAC, vg. de Fr., dép. de la Dordogne, arr. de Nontron, cant. et poste de Mareuil; 570 hab.

BEAUSSAIS, vg. de Fr., dép. des Deux-Sèvres, arr. et poste de Melle, cant. de Celles; 880 hab.

BEAUSSAULT, b. de Fr., dép. de la Seine-Inférieure, arr. de Neufchâtel-en-Bray, cant. et poste de Forges; 1130 hab.

BEAUSSÉ, vg. de Fr., dép. de Maine-et-Loire, arr. et poste de Beaupréau, cant. de St.-Florent-le-Vieil; 450 hab.

BEAUSSET (le), b. de Fr., dép. du Var, arr. et à 4 l. N.-O. de Toulon, chef-lieu de canton et poste; fabriques de goudron, d'huile d'olives et commerce de vins et d'eaux-de-vie; 3350 hab.

BEAUSSET (le), vg. de Fr., dép. de Vaucluse, arr. et poste de Carpentras, cant. de Pernes; 320 hab.

BEAUSSIERS, ham. de Fr., dép. de la Loire, com. de St.-Germain-Lespinasse; 55 hab.

BAUSSIERS (les), vg. de Fr., dép. du Var, com. de la Seyne; 220 hab.

BEAUSSIET, ham. de Fr., dép. des Landes, com. de Mazeroles; 150 hab.

BEAUTEUIL, vg. de Fr., dép. de Seine-et-Marne, arr., cant. et poste de Coulommiers; 560 hab.

BEAUTEVILLE, vg. de Fr., dép. de la Haute-Garonne, arr., cant. et poste de Villefranche-de-Lauragais; 330 hab.

BEAUTOR, vg. de Fr., dép. de l'Aisne, arr. de Laon, cant. et poste de la Fère; 650 hab.

BEAUTOT, vg. de Fr., dép. de la Seine-Inférieure, arr. de Rouen, cant. de Ravilly, poste de Valmartin; 270 hab.

BEAUVAIN, vg. de Fr., dép. de l'Orne, arr. d'Alençon, cant. de Carrouges, poste de la Ferté-Macé; 850 hab.

BEAUVAIS, ham. de Fr., dép. d'Indre-et-Loire, com. de Comercy; 60 hab.

BEAUVAIS, *Bellovacum*, v. de Fr., chef-lieu du département de l'Oise, sur le Thérain, à 20 l. N.-N.-O. de Paris; siège d'une cour d'assises, de tribunaux de première instance et de commerce, d'un évêché suffragant de l'archevêché de Reims, d'une conservation des hypothèques, d'une direction des contributions, d'une inspection des forêts et d'une chambre consultative des manufactures. Cette ville, fort ancienne, est mal bâtie, les rues sont mal percées, et les maisons, presque toutes en bois, ornées de sculptures gothiques, offrent un aspect désagréable. Le centre de la ville, désigné sous le nom de cité, est le quartier le plus vieux, c'est la ville proprement dite ; les autres quartiers se composent des faubourgs et sont en dehors de l'ancienne enceinte. La grande place, sur laquelle se trouve l'hôtel de ville, bel édifice fondé en 1753, est vaste et régulière. La préfecture, ci-devant palais épiscopal, est une espèce de château fort ceint de hautes murailles et flanqué de deux grosses tours. La cathédrale, commencée vers la fin du dixième siècle, est remarquable quoiqu'elle n'ait point été achevée ; elle n'a point de clocher et sa nef n'est point terminée, mais le chœur et le portail sont admirables. Cette église renferme le magnifique mausolée de Forbin de Janson, cardinal et évêque de Beauvais. Le collége, ancien couvent des Ursulines, le palais de justice, la salle de spectacle, la bibliothèque (de 7500 volumes), la manufacture royale de tapisseries, fondée trois ans avant celle des Gobelins, l'Hôtel-Dieu et le bureau ou hospice des indigents sont les autres édifices publics qui méritent d'être remarqués. Ce dernier établissement, fondé en 1653 par la commune de Beauvais, est un asile pour les vieillards, les orphelins et les enfants trouvés. Il renferme des ateliers où se font tous les ouvrages relatifs à la fabrication du drap. Les anciennes fortifications de Beauvais ont été transformées en de beaux boulevards.

Cette ville est très-manufacturière ; elle possède des fabriques de draps et de serges de toutes espèces, de molletons, de flanelles, de toile fine, dite demi-hollande, d'indiennes, de passementerie et de bonneterie ; des filatures de coton, des tanneries, des teintureries, des blanchisseries, des manufactures de tapis de toutes sortes et de produits chimiques ; elle est le centre de la fabrication de la tabletterie. Son commerce est très-étendu et les produits de son industrie sont recherchés, non seulement en France, mais aussi à l'étranger. La vente des grains, du chanvre et des bestiaux est encore une branche fort importante de son commerce. Foire le premier samedi de chaque mois ; 12,870 hab.

Beauvais, ancienne capitale du Beauvaisis, était, du temps des Romains, habitée par les Bellovaci et compris dans la IIe Belgique. Les Francs s'en emparèrent en 471. Cette ville fut une de celles qui, au neuvième et au dixième siècle, souffrirent le plus de l'invasion des Normands : ils la pillèrent et l'incendièrent plusieurs fois. Ce fut à Beauvais qu'éclata, au milieu du quatorzième siècle, la première étincelle de cette terrible guerre civile, connue sous le nom de *Jaquerie* ; les paysans, tyrannisés par les seigneurs, coururent aux armes et massacrèrent quelques-uns de ces petits tyrans qui opprimaient le peuple ; mais une réaction plus cruelle ne tarda pas à avoir lieu : Charles de Navarre se mit à la tête de la noblesse ; on traqua les malheureux paysans que le désespoir avait armés, et l'on en fit un tel massacre, qu'en un seul jour plus de trois mille furent passés au fil de l'épée. Au quinzième siècle, Beauvais, à l'instigation de Cauchon, son évêque, prit parti pour les Anglais ; mais les habitants, indignés de la conduite de leur prélat, un des plus implacables ennemis de Jeanne d'Arc, le chassèrent de la ville et ouvrirent leurs portes à Charles VII. Les Anglais essayèrent d'y rentrer en 1433, mais ils furent bravement repoussés. La défense de Beauvais, en 1472, est un des faits les plus remarquables de l'histoire de cette ville. Dépourvue de garnison, elle fut assiégée par Charles-le-Téméraire, qui accusait Louis XI de la mort subite du duc de Guyenne ; les citoyens de Beauvais se firent alors tous soldats ; les femmes, animées du même esprit patriotique, donnèrent dans cette circonstance un grand exemple de courage et de dévouement, en partageant les périls de la défense. Sous la conduite de Jeanne Fourquet, surnommée depuis Hachette, elles contribuèrent puissamment à sauver la ville de la fureur du Bourguignon qui, désespérant de prendre Beauvais, leva le siège le 10 juillet. Louis XI institua, le 10 juillet de chaque année, en mémoire de la délivrance de Beauvais, une procession où, pour honorer le courage héroïque de Jeanne Hachette et de ses compagnes, les femmes avaient le pas sur les hommes.

Beauvais est la patrie de Jean et Philippe de Villiers de l'Ile-Adam, de Claude de la Sangle, d'Alaph et Adrien de Vignacourt, tous les cinq grands-maîtres de l'ordre de St.-Jean-de-Jérusalem ; de Philippe de Crèvecœur, maréchal de France, habile capitaine du siècle de Louis XI ; du jurisconsulte Boysel ; de Clément Vaillant, jurisconsulte ; de Jean Foi Vaillant, savant voyageur ; de l'abbé Dubos, historien et critique distingué ; de l'historien Lenglet-Dufresnoy et du grammairien Restaut.

BEAUVAIS, vg. de Fr., dép. de Seine-et-Oise, com. de Champcueil ; 220 hab.

BEAUVAIS, ham. de Fr., dép. de Seine-et-Oise, com. de Roinville ; 60 hab.

BEAUVAIS, ham. de Fr., dép. des Deux-Sèvres, com. de St.-Pompain ; 120 hab.

BEAUVAIS, vg. de Fr., dép. du Tarn, arr. de Gaillac, cant. de Salvagnac, poste de Rabastens ; 500 hab.

BEAUVAIS, ham. de Fr., dép. de la Haute-Vienne, com. de Limoges ; 100 hab.

BEAUVAISIS, *Bellovacensis pagus*, ancienne dénomination d'une partie de la Picardie ; cette contrée, autrefois domaine des comtes évêques de Beauvais, est bornée au N. par le Santerre, au S. par l'Ile-de-France, à l'E. par le Valais et à l'O. par la Normandie. Ce pays, ravagé par les Normands, les Anglais, les Bourguignons, souffrit aussi beaucoup pendant les guerres civiles et religieuses du seizième siècle; il fut réuni à l'Ile-de-France.

BEAUVAIS-SUR-MATHA, b. de Fr., dép. de la Charente-Inférieure, arr. de St.-Jean-d'Angely, cant. et poste de Matha; 1040 hab.

BEAUVAL, ham. de Fr., dép. de l'Oise, com. de Neufchelles; 50 hab.

BEAUVAL, ham. de Fr., dép. de Seine-et-Marne, com. de Plessis-Placy; 100 hab.

BEAUVAL, vg. de Fr., dép. de la Somme, arr., cant. et poste de Doullens; fabr. de toiles communes; 2300 hab.

BEAUVAU, vg. de Fr., dép. de Maine-et-Loire, arr. de Baugé, cant. de Seiches, poste de Suette; 370 hab.

BEAUVENT, ham. de Fr., dép. de la Seine-Inférieure, com. de Douvrend; 120 hab.

BEAUVERNOIS, vg. de Fr., dép. de Saône-et-Loire, arr. de Louhans, cant. et poste de Pierre; 610 hab.

BEAUVEZER, vg. de Fr., dép. des Basses-Alpes, arr. de Castellane, cant. et poste de Colmars; 740 hab.

BEAUVILLE, vg. de Fr., dép. de la Haute-Garonne, arr. de Villefranche-de-Lauragais, cant. et poste de Caraman; 360 hab.

BEAUVILLE, b. de Fr., dép. de Lot-et-Garonne, arr. et à 6 l. E.-N.-E. d'Agen; chef-lieu de canton, poste de la Roque-Timbaut; 1700 hab.

BEAUVILLE-LA-CITÉ, ham. de Fr., dép. de la Seine-Inférieure, com. de Bretteville-St.-Laurent; 110 hab.

BEAUVILLIERS, vg. de Fr., dép. d'Eure-et-Loir, arr. de Chartres, cant. et poste de Voves; 640 hab.

BEAUVILLIERS, vg. de Fr., dép. de Loir-et-Cher, arr. de Blois, cant. de Marchenoir, poste d'Oucques; 130 hab.

BEAUVILLIERS, vg. de Fr., dép. de l'Yonne, arr. d'Avallon, cant. et poste de Quarré-les-Tombes; 230 hab.

BEAUVOIR, vg. de Fr., dép. de l'Aube, arr. de Bar-sur-Seine, cant. et poste des Riceys; 230 hab.

BEAUVOIR, ham. de Fr., dép. du Cher, com. de Marmagne; 130 hab.

BEAUVOIR. *Voyez* SAINT-HILAIRE-BEAUVOIR.

BEAUVOIR, vg. de Fr., dép. de l'Isère, arr. et poste de St.-Marcellin, cant. de Pont-en-Royans; 170 hab.

BEAUVOIR, ham. de Fr., dép. de la Loire, com. de St.-Jullien-la-Vêtre; 55 hab.

BEAUVOIR, vg. de Fr., dép. de la Manche, arr. d'Avranches, cant. et poste de Pontorson; 750 hab.

BEAUVOIR, vg. de Fr., dép. de l'Oise, arr. de Clermont, cant. et poste de Breteuil; 470 hab.

BEAUVOIR, ham. de Fr., dép. du Pas-de-Calais, com. de Bonnières; 60 hab.

BEAUVOIR, vg. de Fr., dép. de la Sarthe, arr. et poste de Mamers, cant. de la Fresnaye; 310 hab.

BEAUVOIR, vg. de Fr., dép. de Seine-et-Marne, arr. de Melun, cant. de Mormant, poste de Chaumes; 210 hab.

BEAUVOIR, vg. de Fr., dép. des Deux-Sèvres. *Voyez* BEAUVOIR-SUR-NIORT.

BEAUVOIR, b. de Fr., dép. de la Vendée. *Voyez* BEAUVOIR-SUR-MER.

BEAUVOIR, ham. de Fr., dép. de la Vienne, com. de Mignaloux--Beauvoir; 80 hab.

BEAUVOIR, vg. de Fr., dép. de l'Yonne, arr. d'Auxerre, cant. et poste de Toucy; 440 hab.

BEAUVOIR-DE-MARC, b. de Fr., dép. de l'Isère, arr. de Vienne, cant. et poste de St.-Jean-de-Bournay; 1270 hab.

BEAUVOIR-EN-LIONS, vg. de Fr., dép. de la Seine-Inférieure, arr. de Neufchâtel-en-Bray, cant. et poste d'Argueil; 1440 hab.

BEAUVOIR-L'ABBAYE, ham. de Fr., dép. de la Somme, com. de Hocquincourt; 60 h.

BEAUVOIR-RIVIÈRE, vg. de Fr., dép. de la Somme, arr. de Doullens, cant. de Bernaville, poste d'Auxy; 340 hab.

BEAUVOIR-SUR-MER, pet. v. et port de Fr., dép. de la Vendée, arr. et à 12 l. N.-N.-O. des Sables-d'Olonne, chef-lieu de canton; elle est située sur le canal de la Cabouette, à 1 l. de l'Océan, et fait commerce de froment et de sel. Beauvoir était autrefois fortifiée et défendue par un château. Henri IV l'assiégea en 1588; 2860 hab.

BEAUVOIR-SUR-NIORT, b. de Fr., dép. des Deux-Sèvres, arr. et à 4 l. S. de Niort, chef-lieu de canton et poste; commerce de laines; 500 hab.

BEAUVOIS, vg. de Fr., dép. de l'Aisne, arr. de St.-Quentin, cant. de Vermand, poste de Ham; 700 hab.

BEAUVOIS, vg. de Fr., dép. du Nord, arr. et poste de Cambrai, cant. de Carnières; 910 hab.

BEAUVOIS, vg. de Fr., dép. du Pas-de-Calais, arr., cant. et poste de St.-Pol-sur-Ternoise; 200 hab.

BEAUVOISIN, vg. de Fr., dép. de la Drôme, arr. de Nyons, cant. et poste du Buis; 120 hab.

BEAUVOISIN, vg. de Fr., dép. du Gard, arr. et poste de Nîmes, cant. de Vauvert; 1280 hab.

BEAUVOISIN, vg. de Fr., dép. du Jura, arr. de Dôle, cant. de Chaussin, poste du Dechsaux; 90 hab.

BEAUVOISIN, vg. de Fr., dép. de la Seine-Inférieure, com. de Rouen; 800 hab.

BEAUX (les), ham. de Fr., dép. de Vaucluse, com. de Bédouin; 150 hab.

BEAUZÉE, b. de Fr., dép. de la Meuse, arr. de Bar-le-Duc, cant. de Triaucourt, poste; papeteries et tanneries; 800 hab.

BEAUZEL (Saint-), vg. de Fr., dép. de Tarn-et Garonne, arr. de Moissac, cant. et poste de Montaigut; 520 hab.

BEAUZELLE, vg. de Fr., dép. de la Haute-Garonne, arr., cant. et poste de Toulouse; 262 hab.

BEAUZELY (Saint-), vg. de Fr., dép. de l'Aveyron, arr., poste et à 2 l. N.-O. de Milhau, chef-lieu de cant.; 1900 hab.

BEAUZILE (Saint-), vg. de Fr., dép. de la Lozère, arr., cant. et poste de Mende; 500 hab.

BEAUZIRE (Saint-), vg. de Fr., dép. de la Haute-Loire, arr., cant. et poste de Brioude; 730 hab.

BEAUZIRE (Saint-), vg. de Fr., dép. du Puy-de-Dôme, arr. et poste de Riom, cant. d'Ennezat; 1120 hab.

BEAUZON, vg. de Fr., dép. de Vaucluse, com. de Bollène; 600 hab.

BEAVER, comté de l'état de Pensylvanie, États-Unis de l'Amérique du Nord. Il est situé entre les comtés de Mercer, de Butler, d'Alléghany, de Washington, l'état de Virginie et celui d'Ohio, et renferme 16,000 hab. C'est un pays fertile, couvert de vastes forêts et riche en mines de fer.

BEAVER-DAM, pet. v. des États-Unis de l'Amérique du Nord, état de Pensylvanie, comté d'Union; 2300 hab.

BEAVERTOWN, pet. v. à l'embouchure du Big-Beaver dans l'Ohio, chef-lieu du comté de Beaver; mines de fer; 1200 hab.

BÉBAN-EL-MALOUK, vallée de la Haute-Égypte, près de Luxor; elle renferme beaucoup de ruines remarquables, entre autres les tombeaux d'anciens rois d'Égypte.

BÉBAWAN, nom de plusieurs défilés dans la chaîne de l'Atlas, emp. du Maroc; les plus fréquentés sont celui entre Maroc et Tarudant et celui entre Fez et Tafilet.

BÉBÉ ou **BIBEH**, gr. vg. de la Moyenne-Égypte, dist. de Bénisuef, sur la rive gauche du Nil; on y trouve un couvent sous l'invocation de St.-Georges.

BEBEC, vg. de Fr., dép. de la Seine-Inférieure, com. de Villequier; 150 hab.

BEBERT. *Voyez* BETTBORN.

BEBING, vg. de Fr., dép. de la Meurthe, arr., cant. et poste de Sarrebourg; 270 hab.

BEBLENHEIM, vg. de Fr., dép. du Haut-Rhin, arr., poste et à 3 l. N. de Colmar, cant. de Kaisersberg; il est riche en vignobles dont les produits sont très-estimés; 1030 hab.

BEBRYCES, g. a., peuple de la Gaule narbonnaise, descendant des Ibères.

BEB-SOUDAN. *Voyez* SANTA-CRUZ.

BECANNE (la), vg. de Fr., dép. des Côtes-du-Nord, com. de Plœuc; 230 hab.

BECARD, vg. de Fr., dép. de Seine-et-Marne, com. de la Ferté-sous-Jouarre; 200 hab.

BECARRE, vg. de Fr., dép. de Lot-et-Garonne, com. de St.-Aubin; 60 hab.

BEC-AU-CAUCHOIS (le), vg. de Fr., dép. de la Seine-Inférieure, com. de Valmont; 70 hab.

BECCAS, vg. de Fr., dép. du Gers, arr. de Mirande, cant. de Marciac, poste de Rabastens; 250 hab.

BECCLES, pet. v. d'Angleterre, comté de Suffolk, sur la Waveney; 3500 hab.

BEC-DE-MORTAGNE (le), vg. de Fr., dép. de la Seine-Inférieure, arr. du Hâvre, cant. et poste de Goderville; 1000 hab.

BÉCÈDE, vg. de Fr., dép. de l'Aude, arr., cant. et poste de Castelnaudary; 1100 hab.

BECELEUF, vg. de Fr., dép. des Deux-Sèvres, arr. de Niort, cant. de Coulanges, poste de Champdeniers; 1020 hab.

BÉCHAMP, vg. de Fr., dép. de la Moselle, arr. et poste de Briey, cant. de Conflans; 430 hab.

BÉCHANOZ, vg. de Fr., dép. de l'Ain, com. de St.-Étienne-du-Bois; 140 hab.

BECHELBRONN. *Voyez* LAMPERTSLOCH.

BEC-HELLOUIN (le), b. de Fr., dép. de l'Eure, arr. de Bernay, cant. et poste de Brionne; blanchisseries de toiles; 750 hab.

BÉCHERAY, ham. de Fr., dép. de l'Ain, com. de St.-Trivier-de-Courtes; 60 hab.

BÉCHEREL, b. de Fr., dép. d'Ille-et-Vilaine, arr. et à 5 l. N. de Montfort-sur-Meu, chef-lieu de canton et poste; commerce de grains et de fil fin; 800 hab.

BÉCHERELLES, vg. de Fr., dép. de Seine-et-Marne, com. de Dontilly; 120 hab.

BÉCHERESSE, vg. de Fr., dép. de la Charente, arr. d'Angoulême, cant. et poste de Blanzac; 640 hab.

BÉCHERET, ham. de Fr., dép. de la Marne, com. de Bagneux; 110 hab.

BÉCHEVELLE, vg. de Fr., dép. de la Gironde, com. de St.-Julien; 400 hab.

BÉCHIN (Bechynie), v. du roy. de Bohème, cer. de Tabor, sur la Suschnitz, possède un magnifique château avec un parc; papeteries; bains minéraux; carrières de pierres dites de Béchin; 1500 hab.

BÉCHINEUL, ham. de Fr., dép. de la Côte-d'Or, com. de Vertault; 60 hab.

BECHIS, b. a., v. de la Basse-Égypte, capitale du nomos Metelites.

BECHTHEIM, b. de la Hesse grand-ducale, prov. de la Hesse rhénane, sur le Wendelgraben. Les environs produisent un vin délicieux, et la foire qui s'y tient annuellement est assez importante; 1800 hab.

BECHY, vg. de Fr., dép. de la Moselle, arr. de Metz, cant. de Pange, poste de Solgne; 720 hab.

BECKERHOLZ ou **BELCHERHOLZ**, vg. de Fr., dép. de la Moselle, com. de Filstroff; tuiles; 340 hab.

BECKMANN, b. des États-Unis de l'Amérique du Nord, état de New-York, comté de Dutchess, sur le Fischkill; 3300 hab.

BECKUM, v. des états prussiens, prov. de Westphalie, rég. de Munster; distilleries d'eau-de-vie, brasseries, fabriques de toiles, carrières de pierres de construction; 1800 h.

BECON, vg. de Fr., dép. de Maine-et-Loire, arr. d'Angers, cant. du Louroux-Béconnais, poste de St.-Georges-sur-Loire; 1540 hab.

BÉCONNE, vg. de Fr., dép. de la Drôme, arr. de Montélimart, cant. et poste de Dieulefit; 240 hab.

BECORDEL, ham. de Fr., dép. de la Somme, com. de Bécourt-Bécordel; 130 h.

BECOUP, ham. de Fr., dép. de la Côte-d'Or, com. d'Aubaine; 160 hab.

BÉCOURT, vg. de Fr., dép. du Pas-de-Calais, arr. de Montreuil-sur-Mer, cant. et poste de Hucqueliers; 260 hab.

BÉCOURT-BÉCORDEL, vg. de Fr., dép. de la Somme, arr. de Péronne, cant. et poste d'Albert; 170 hab.

BECQUA ou **BECQUOI**, v. d'Afrique, Nigritie maritime, au S.-O. de Coumassie.

BECQUEREL, ham. de Fr., dép. de la Somme, com. de Rue; 100 hab.

BECQUET (le), ham. de Fr., dép. de l'Oise, com. de St.-Paul; fabrique de couperose verte; 160 hab.

BECQUIGNY, vg. de Fr., dép. de l'Aisne, arr. de St.-Quentin, cant. et poste de Bohain; 320 hab.

BECQUIGNY, vg. de Fr., dép. de la Somme, arr., cant. et poste de Montdidier; 280 hab.

BECQUINCOURT, vg. de Fr., dép. de la Somme, arr. de Péronne, cant. de Bray-sur-Somme, poste d'Estrées-Déniécourt; 190 hab.

BEC-THOMAS (le), vg. de Fr., dép. de l'Eure, arr. de Louviers, cant. d'Amfreville-la-Campagne, poste d'Elbeuf; 330 hab.

BÉCUYA ou **BÉQUIA**, île faisant partie du groupe des Grenadilles, dans la mer des Caraïbes, au S. de l'île de St.-Vincent. L'intérieur de l'île est couvert de collines plantées de bananes, de manioc et de coton.

REDANNE, vg. de Fr., dép. de la Seine-Inférieure, com. de Tourville-la-Rivière; 260 hab.

BÉDARIEUX, v. de Fr., dép. de l'Hérault, arr. et à 8 l. N. de Beziers, chef-lieu de canton et poste; fabriques de draps, papier, savon noir pour foulage, bas de laine et coton, étoffes de filoselle; filatures, tanneries et teintureries; 8300 hab.

BÉDARRIDES, *Bituritæ*, b. de Fr., dép. de Vaucluse, arr. et à 3 1/2 l. N.-E. d'Avignon, chef-lieu de canton et poste; fabr. de soie et culture de garance, bons pâturages; 2220 hab.

BEDBOURG, b. de Prusse, prov. rhénane, rég. de Cologne; manufactures d'étoffes de laine et tanneries; 700 hab.

BEDDES, vg. de Fr., dép. du Cher, arr. de St.-Amand-Mont-Rond, cant. et poste de Châteaumeillant; 340 hab.

BEDECHAN, vg. de Fr., dép. du Gers, arr. et poste d'Auch, cant. de Saramon; 330 hab.

BEDÉE, vg. de Fr., dép. d'Ille-et-Vilaine, arr. et cant. de Montfort-sur-Meu, poste; 2590 hab.

BEDEILLAC, vg. de Fr., dép. de l'Ariège, arr. de Foix, cant. et poste de Tarascon-sur-Arriège; 550 hab.

BEDEILLE, vg. de Fr., dép. de l'Arriège, arr. et poste de St.-Girons, cant. de Ste.-Croix; 550 hab.

BEDEILLE, vg. de Fr., dép. des Basses-Pyrénées, arr. de Pau, cant. de Montaner, poste de Vic-en-Bigorre; 340 hab.

BEDEJUN, vg. de Fr., dép. des Basses-Alpes, arr. et poste de Digne, cant. de Barrême; 110 hab.

BEDELS, vg. de Fr., dép. du Lot, com. de Saignes; 110 hab.

BEDENAC, vg. de Fr., dép. de la Charente-Inférieure, arr. de Jonzac, cant. et poste de Montlieu.

BEDERKESA, b. du Hanovre, gouv. de Stade; remarquable par ses brasseries et ses distilleries; 1050 hab.

BEDES, ham. de Fr., dép. de l'Aveyron, com. de Salles-Curan; 50 hab.

BEDES (Bas et Haut-), ham. de Fr., dép. du Lot, com. de Gramat; 60 hab.

BEDFORD, comté du Haut-Canada, dist. de Montréal, sur la rive droite du St.-Laurent. Il est borné par les comtés de Richelieu, de Buckingham, de Vermont et de Kent et renferme les sources de la Yamasca et du Rio-St.-Francis; l'agriculture y est encore très-arriérée.

BEDFORD, b. des États-Unis de l'Amérique du Nord, état de New-Hampshire, comté de Hillsborough, sur le Merrimac; 2100 hab.

BEDFORD, pet. v. des États-Unis de l'Amérique du Nord, état de New-York, comté de Westchester, dont elle est le chef-lieu; 3200 hab.

BEDFORD, comté de l'état de Pensylvanie, États-Unis de l'Amérique du Nord. Il est borné par les comtés de Huntingdon, de Francklin, le Maryland, les comtés de Sommersets et de Cambrie. Il a, d'après Ebeling, une étendue de 85 l. c. géogr. avec 23,000 hab. Le sol est généralement trop pierreux pour être susceptible d'une culture étendue. La Juniata ou plutôt le bras méridional de ce fleuve, appelé Raystown, prend sa source dans ce comté. Les montagnes fournissent du fer, du vitriol, de l'alun, des pierres à aiguiser, de la chaux, etc. Au S.-E. du pays se trouvent des étangs salins. On y fait un grand commerce en peaux et en fourrures.

BEDFORD, pet. v. des États-Unis de l'Amérique du Nord, état de Pensylvanie, comté de Bedford dont elle est le chef-lieu, sur la Juniata; elle a une douane, une banque, une direction des postes et deux foires fréquentées; 2000 hab.

BEDFORD, comté de l'état de Virginie, États-Unis de l'Amérique du Nord. Il est entouré des comtés de Rockbridge, de Cabell, de Campbell, de Pittssylvania, de Francklin et de Bottetourt et renferme 20,000 habitants. Les montagnes fournissent du gypse et de la craie. Le James coule au N. et le Roanoke fait la frontière méridionale de ce pays. On y cultive du maïs et du tabac et on y entretient de nombreux troupeaux.

BEDFORD, comté de l'état de Tennessée, États-Unis de l'Amérique du Nord. Il est borné par les comtés de Williamson, de Rutherford, de Warren, de Franklin, de Lincoln et de Maury et renferme 17,000 habitants. Ce comté est arrosé par le Duck qui y prend naissance et forme une vallée resserrée entre les deux chaînes de montagnes de Cumberland.

BEDFORD, comté d'Angleterre, est borné par les comtés de Northampton, de Huntington, de Cambridge, de Hertford et de Buckingham, d'une superficie de 22 l. c. g. Cette province, autrefois une des plus négligées de l'Angleterre, a aujourd'hui changé d'aspect, grâces aux efforts du duc de Bedford; l'agriculture est florissante, mais l'industrie presque nulle. Le règne minéral fournit de la terre à foulon d'une qualité supérieure. La fabrication de dentelles et d'ouvrages en paille occupe beaucoup de femmes. Le comté fait partie du diocèse de Lincoln, nomme quatre députés et est divisé en neuf districts; 80,000 hab.

BEDFORD, *Lactodurum*, v. d'Angleterre, chef-lieu du comté de ce nom, nomme deux députés au parlement. Elle est située sur l'Ouse qui y devient navigable. Elle possède une bibliothèque, un ouvroir où l'on fabrique de la flanelle, un hôpital, un hôtel où se tiennent les assises du comté et une prison. Ses habitants fabriquent des dentelles et font le commerce de blés, de houille, de bois de construction et de fer. Il s'y tient six foires par an; 7000 hab.

BEDFORD-LEVEL, nom que porte une partie de l'île Ely, formée par l'Ouse, la Nine et plusieurs canaux; elle forme la partie septentrionale du comté de Cambridge.

BÉDIS-DE-GOMAIRA ou **VÉLEZ-DE-GOMERA**, *Parietina*, pet. v. de l'emp. de Maroc, roy. de Fez, avec un port et une citadelle. Les environs fournissent beaucoup de bois de construction.

BÉDJA, pays très-fertile de Nubie, le long de l'Atbarah; au N. il est borné par la chaîne des monts Langay et au S. par les montagnes d'Abyssinie. D'autres géographes comprennent sous ce nom toute la côte de Nubie ou le pays au N. de Souakim.

BÉDJAOUIS ou **BÉDJAWAS**, habitants du pays de Bédja, en Nubie. Ils sont Arabes, en partie sédentaires, en partie nomades.

BEDMINSTER, pet. v. des États-Unis de l'Amérique du Nord, état de New-Jersey, comté de Sommersets, au pied de la First-Range, est assez importante par son commerce et son agriculture; 2400 hab.

BEDMINSTER, pet. v. des États-Unis de l'Amérique du Nord, état de Pensylvanie, comté de Bucks; agriculture florissante; 1950 hab.

BEDNORE, v. de l'Inde, roy. de Maïssour, sur le Sherawutty; quoique ruinée sous Hyder-Ali et Tippoo, elle se remet aujourd'hui; son commerce est assez considérable et sa population a atteint de nouveau le chiffre de 12,000 hab.

BEDONT, pet. île sur la côte N.-O. de la Nouvelle-Hollande, Terre de Witt, près du banc des Amphinomes.

BEDOUÉS, vg. de Fr., dép. de la Lozère, arr., cant. et poste de Florac; 525 hab.

BEDOUIN, b. de Fr., dép. de Vaucluse, arr. et poste de Carpentras, cant. de Mormoiron; fabr. de poterie, terre de Bedouin, filat. de soie; 2240 hab.

BÉDOUINS, peuplade de l'Afrique septentrionale; ils se distinguent des Kabyles en ce qu'ils habitent préférablement la plaine, tandis que ceux-ci quittent rarement les montagnes; ils sont courageux, mais leur bravoure, seule qualité qu'ils possèdent, n'est que le résultat du fanatisme et de la férocité; paresseux, perfides et superstitieux, ils sont, malgré leur amour de l'indépendance, les esclaves stupides de leurs marabouts qui exploitent merveilleusement la crédulité de ces barbares. Les Bédouins sont gouvernés par un sheik dont le pouvoir est absolu. Avant la conquête de l'Algérie par les Français, cette peuplade était tributaire du dey qui le plus souvent n'obtenait l'impôt que par la force. Depuis 1830, les Bédouins paient ou doivent payer la même redevance à la France.

BÉDOULE (la), ham. de Fr., dép. des Bouches-du-Rhône, com. de Septèmes; 130 hab.

BEDOUS, vg. de Fr., dép. des Basses-Pyrénées, arr. d'Oloron, cant. d'Accous, poste; mines de cuivre, eaux minérales; 1300 hab.

BEDOUSSES, ham. de Fr., dép. du Gard, com. d'Aujac; 180 hab.

BÉDRA (el-) ou **DEL-BÉDRA**, une des îles Pityuses, Espagne, au S.-O. de celle d'Iviça.

BÉDUER, vg. de Fr., dép. du Lot, arr., cant. et poste de Figeac; 1350 hab.

BEDUQUE (la) ou **LES BARAQUES**, vg. de Fr., dép. du Jura, com. de Dôle; 530 hab.

BEDWIN-GREAT, b. d'Angleterre, comté de Wilts; 2000 hab.

BEEDER ou **BIDER**, v. de l'Inde, Dekkan septentrional, ancienne capitale d'un des cinq royaumes mahométans de l'Inde et jadis très-florissante. Les voyageurs vantent l'aspect pittoresque de ses mosquées qui tombent en ruines et de ses palais délabrés. Les habitants fabriquent de belles armes.

BEEF-ISLANDS, pet. îles près de l'île de Dominique, une des Petites-Antilles.

BÉELANG, pet. île sur la côte S.-O. de la Nouvelle-Guinée, au S. de celle de Baras.

BEELITZ, v. des états prussiens, prov. de Brandebourg, rég. de Potsdam, sur la Stieplitz; fabriques de draps, de toiles, d'étoffes de laine et grande culture de chanvre; 2300 hab.

BEEMSTER, dist. riant et fertile du roy. des Pays-Bas, prov. de Hollande, gouv. de la Hollande septentrionale, arr. de Horn, au S. de la route qui conduit de cette ville à Alkmaar. Il est entrecoupé de nombreux canaux, et on y fait commerce de fromage et de laine; éducation de bétail; 2500 hab.

BEERANAH, v. de l'Inde, pays des Bhatties dans l'Adjmir. Elle obéit à un chef, vassal des Anglais; 3000 hab.

BEEREN (Grand-), vg. de Prusse, prov. de Brandebourg, rég. de Potsdam; une colonne de fer, de 18 pieds de haut, rappelle la victoire que les alliés remportèrent, près de cet endroit, sur les Français, le 23 août 1813; 260 hab.

BEEROTH, g. a., v. de Judée, tribu de Benjamin, au N.-O. de Jérusalem.

BEER-SEBA (Fontaine du Serment), g. a., v. de la Judée, Palestine; appartint d'abord à la tribu de Juda et plus tard à celle de Siméon. Abraham et Isaac y demeurèrent. Les auteurs ne sont pas d'accord sur son nom actuel; les uns lui donnent le nom de *Bir Szabea*, d'autres prétendent que cette ville s'appelle de nos jours *Gallin Versabini*.

BEERWALDE. *Voyez* BÆRWALDE.

BEES, vg. d'Angleterre, dans le comté de Cumberland, près du cap de ce nom; a un phare et est habité par 425 individus, la plupart pêcheurs.

BEESKOW, v. de Prusse, prov. de Brandebourg, rég. de Francfort, sur la rive gauche de la Sprée. Cette ville possède une société pour la propagation de la foi chrétienne dans les états prussiens. Fabriques de draps, de toiles et de tabac; 3000 hab.

BEFEY, ham. de Fr., dép. de la Moselle, com. de Villers-Bettnach; 120 hab.

BEFFECOURT, ham. de Fr., dép. de l'Aisne, com. de Vaucelles; 80 hab.

BEFFERY, ham. de Fr., dép. de Lot-et-Garonne, com. de Miramont; 100 hab.

BEFFETS, vg. de Fr., dép. du Cher, arr. de Sancerre, cant. de Sancergues, poste de la Charité; 210 hab.

BEFFIA, vg. de Fr., dép. du Jura, arr. de Lons-le-Saulnier, cant. et poste d'Orgelet; 200 hab.

BEFFOU (Forêt de), ham. de Fr., dép. des Côtes-du-Nord, com. de Loguivy-Plougras; 100 hab.

BEFU, vg. de Fr., dép. des Ardennes, arr. de Vouziers, cant. et poste de Grand-Pré; 260 hab.

BEGA, riv. du roy. de Hongrie, confins militaires, a un confluent naturel avec le Danube et un autre confluent avec la Theiss, au moyen du canal de la Bega.

BÉGAAR, vg. de Fr., dép. des Landes, arr. de St.-Sever, cant. et poste de Tartas; 1140 hab.

BÉGADAN, vg. de Fr., dép. de la Gironde, arr., cant. et poste de Lesparre; 1180 hab.

BÉGANNE, vg. de Fr., dép. du Morbihan, arr. de Vannes, cant. d'Allaire, poste de Redon; 1400 hab.

BEGARD, vg. de Fr., dép. des Côtes-du-Nord, arr., à 3 l. N.-O. et poste de Guingamp, chef-lieu de canton; commerce de toiles; 3770 hab.

BÉGE (la). *Voyez* LABÉGE.

BÉGÉDA, un des sommets les plus élevés des monts Samen, en Abyssinie, prov. de Samen, roy. de Tigré.

BEGEMBER. *Voyez* BAGEMBER.

BEGEMMA, cant. de l'île de Malte.

BEGGINGEN, vg. de Suisse, cant. et dist. de Schaffhouse; le blé y vient en abondance; 900 hab.

BEGHERMÉH. *Voyez* BAGHARMIE.

BÈGLES, vg. de Fr., dép. de la Gironde, arr., cant., poste et à 1 l. S. de Bordeaux; il fournit presque tous les légumes qui se consomment à Bordeaux. Fabrique de colleforte et filatures de coton; 2000 hab.

BEGNÉCOURT, vg. de Fr., dép. des Vosges, arr. de Mirecourt, cant. et poste de Dompaire; 310 hab.

BÉGNY, vg. de Fr., dép. des Ardennes, com. de Dommely; 140 hab.

BÉGOLE, vg. de Fr., dép. des Hautes-Pyrénées, arr. de Tarbes, cant. et poste de Tournay; 590 hab.

BEGOUX, vg. de Fr., dép. du Lot, com. de Cahors; 160 hab.

BEGROLLE, ham. de Fr., dép. de Maine-et-Loire, com. du May; 120 hab.

BÉGSAM ou BEGZAM, v. du désert de Sahara, dans l'état d'Asben, à 20 l. S. d'Agadès, sur la route de Kaschna.

BÉGUDE (la), vg. de Fr., dép. de l'Ardèche, com. de Mercuer; 400 hab.

BÉGUDE (la), ham. de Fr., dép. de l'Ardèche, com. de St.-Marcel-d'Ardèche; 60 hab.

BÉGUDE (la), ham. de Fr., dép. de l'Isère, com. de Feyzin; 180 hab.

BÉGUDE (la), ham. de Fr., dép. de Vaucluse, com. de St.-Martin-de-Castillon; 60 h.

BÉGUDE-BLANCHE (la), ham. de Fr., dép. des Basses-Alpes, com. de Bras-d'Asse; 160 hab.

BÉGUDE-DE-JORDY (la), ham. de Fr., dép. de l'Hérault, com. de Servian; 60 hab.

BÉGUE (la), ham. de Fr., dép. de la Charente-Inférieure, com. de St.-Martin-de-Villeneuve; 150 hab.

BEGUE (la), vg. de Fr., dép. de la Drôme, com. de Ballons; 200 hab.

BEGUE-SAINTE-COLOMBE (la), ham. de Fr., dép. des Hautes-Alpes, com. de Ste.-Colombe; 80 hab.

BEGUES, vg. de Fr., dép. de l'Allier, arr., cant. et poste de Gannat; 440 hab.

BEGUEY ou NEYRAC, vg. de Fr., dép. de

la Gironde, arr. de Bordeaux, cant. et poste de Cadillac; 960 hab.

BEGUIOS, vg. de Fr., dép. des Basses-Pyrénées, arr. de Mauléon, cant. et poste de St.-Palais; 700 hab.

BEHAGNIES, vg. de Fr., dép. du Pas-de-Calais, arr. d'Arras, cant. et poste de Bapaume; 210 hab.

BEHARDIÈRE (la), vg. de Fr., dép. de l'Orne, com. de Moussomvilliers; 1000 hab.

BÉHAT. *Voyez* DJHÉLAM.

BEHASQUE, vg. de Fr., dép. des Basses-Pyrénées, arr. de Mauléon, cant. et poste de St.-Palais; 200 hab.

BEHAUNE, vg. de Fr., dép. des Basses-Pyrénées, arr. de Mauléon, cant. et poste de St.-Palais; 200 hab.

BÉHEN, vg. de Fr., dép. de la Somme, arr. et poste d'Abbeville, cant. de Moyenneville; 760 hab.

BEHENCOURT, vg. de Fr., dép. de la Somme, arr. d'Amiens, cant. et poste de Villers-Bocage; 700 hab.

BÉHÉRICOURT, vg. de Fr., dép. de l'Oise, arr. de Compiègne, cant. et poste de Noyon; 480 hab.

BEHLENHEIM ou **BÆHLEN**, vg. de Fr., dép. du Bas-Rhin, arr. et poste de Strasbourg, cant. de Truchtersheim; 150 hab.

BEHOBIE, vg. de Fr., dép. des Basses-Pyrénées, com. d'Urugne; 200 hab.

BEHONNE, vg. de Fr., dép. de la Meuse, arr. et poste de Bar-le-Duc, cant. de Vavincourt; 590 hab.

BEHORLEGUY, vg. de Fr., dép. des Basses-Pyrénées, arr. de Mauléon, cant. et poste de St.-Jean-Pied-de-Port; 260 hab.

BEHOUILLE (la), vg. de Fr., dép. des Vosges, com. de la Croix-aux-Mines et Mandray; 400 hab.

BÉHOUST, vg. de Fr., dép. de Seine-et-Oise, arr. de Rambouillet, cant. de Montfort-l'Amaury, poste de la Queue-Galluis; 310 hab.

BEHRING (détroit de), canal qui joint l'Océan Glacial Arctique au Grand-Océan Boréal et qui sépare le continent de l'Asie de celui de l'Amérique. Il s'étend entre le 63° et le 70° 3' de lat. N., entre le 162° et le 185° de long. E. Sa plus grande longueur est de 625 l.

BEHRING (mer de) ou MÉDITERRANÉE DE BEHRING, comme l'appellent plusieurs géographes modernes; c'est un vaste bassin à plusieurs issues entre le détroit du même nom et le Grand-Océan Boréal et appartient à l'Asie et à l'Amérique.

BEHRUNGEN, b. du duché de Saxe-Meiningen-Hildburghausen, sur la Behre. C'est le chef-lieu du bge de Behrungen; ses foires sont assez importantes; 500 hab.

BÉHUARD, vg. de Fr., dép. de Maine-et-Loire, arr. d'Angers, cant. et poste de St.-Georges-sur-Loire; 280 hab.

BEIERTHEIM, vg. du grand-duché de Bade, cer. du Rhin-Moyen, à une demi-lieue de Carlsrouhe. On y distingue un hôtel d'une construction magnifique, bâti d'après les dessins du célèbre Weinbrenner; 525 h.

BEIGNON, vg. de Fr., dép. du Morbihan, arr. de Ploermel, cant. et poste de Guer; 1570 hab.

BEILLARD (le), vg. de Fr., dép. des Vosges, com. de Gérardmer; 180 hab.

BEILLÉ, vg. de Fr., dép. de la Sarthe, arr. de Mamers, cant. de Tuffé, poste de Connerré; 410 hab.

BEILNGRIES, pet. v. de Bavière, cer. de la Regen, chef-lieu de district, à 8 l. d'Ingolstadt, siège des autorités du cercle; l'éducation du bétail y est considérable; raffinerie de salpêtre et tuilerie; 1000 hab.

BEILSTEIN, sur le Bottwar, pet. v. du Wurtemberg, cer. du Necker, gr.-bge de Marbach, incendié par les Français en 1693; vignobles et belles forêts; 1200 hab.

BEIM-STUTZ, vg. de Fr., dép. du Haut-Rhin, com. de Bartenheim; 180 hab.

BEINE, vg. de Fr., dép. de la Marne, arr. à 4 l. E. et poste de Reims, chef-lieu de canton; 1020 hab.

BEINE, ham. de Fr., dép. de l'Oise, com. de Guiscard; 160 hab.

BEINE, vg. de Fr., dép. de l'Yonne, arr. d'Auxerre, cant. et poste de Chablis; 710 hab.

BEINHEIM, b. de Fr., dép. du Bas-Rhin, arr. et à 6 l. S.-E. de Wissembourg, cant. de Seltz, poste de Lauterbourg; il est situé sur la Sauer qui se jette près de là dans le Rhin; 1500 hab.

BEINSTEIN, sur la Roms, vg. parois. du Wurtemberg, cer. du Necker, gr.-bge de Waiblingen; on y a trouvé en 1822 des ruines de constructions romaines; 1000 h.

BEIRA (Forte-do-Principe-da), pet. v. et fort du Brésil, prov. de Matto-Grosso, comarca de Jurueuna. Cette ville fut fondée en 1776 sur la rive droite de l'Iténez ou Guapore, à 160 l. de Ciudade-do-Matto-Grosso; 2000 hab.

BEIRA, prov. du Portugal, bornée au N. par le Duéro qui la sépare des prov. d'Entre-Duéro-e-Minho et de Traz-os-Montès, au S. par la prov. portugaise d'Estramadure et le Tage qui la sépare de la prov. portugaise d'Alentéjo et la prov. espagnole d'Estramadure, à l'E. par les prov. espagnoles de Salamanque et d'Estramadure, et à l'O. par l'Océan Atlantique. Elle est entrecoupée de montagnes dont la principale chaîne est la Sierra-d'Estrella, et arrosée par la Coa, la Tavora, la Vouga, le Mondégo, la Zézère et autres. Son sol, quoique peu fertile, produit du blé, du seigle, du millet, de l'huile, des oranges, beaucoup de légumes et des vins estimés; châtaignes abondantes, miel, bons fromages; on y élève des bestiaux; salines considérables, exploitation de fer, de marbre et de houille; filature de lin, chapellerie, verreries, faïenceries, fabriques de draps, commerce de vins et d'huiles. Sur une superficie de 423 l. c. géogr. Elle a une population de 925,000 âmes.

BEIRA-NUÉVA, gr. île de 14 l. de longueur, formée par le Rio-Grande et le Brazo-Menor, prov. de Goyaz, emp. du Brésil.

BEIRE-LA-VILLE, vg. de Fr., dép. de la Côte-d'Or, com. de Beire-le-Châtel; 640 h.

BEIRE-LE-CHATEL, vg. de Fr., dép. de la Côte-d'Or, arr. de Dijon, cant. et poste de Mirebeau-sur-Bèze; 640 hab.

BEIRE-LE-FORT, vg. de Fr., dép. de la Côte-d'Or, arr. de Dijon, cant. et poste de Genlis; 140 hab.

BEISSAT, vg. de Fr., dép. de la Creuse, arr. d'Aubusson, cant. de la Courtine, poste de Felletin; 500 hab.

BEIT-EL-FAKAH, pet. v. d'Arabie, chef-lieu du district du même nom, principal marché et entrepôt du café du Yémen; les Européens n'y viennent cependant que rarement et préfèrent faire leurs achats à Mokka; 4000 hab.

BEITH, pet. v. d'Écosse, comté d'Ayr, avec 4000 hab., qui travaillent pour les manufactures de Glasgow. Elle possède 70 tissages dont 32 à vapeur. Il s'y tient une foire où l'on vend principalement des poulains; carrières de marbres.

BÉJA ou **BEYJAH**, **BÉGIE**, *Beija*, *Bulla*, v. de la rég. de Tunis, Afrique, non loin de la frontière algérienne et sur la route de Tunis à Bone, à 7 l. de Tabarca, dans une contrée riche en excellents pâturages et en chevaux renommés; château fort; commerce de blé.

BÉJA, *Begia*, *Pax Julia*, v. et chef-lieu de district du Portugal, prov. d'Alentéjo, à 15 l. S.-S.-O. d'Evora, dans une contrée riche en oliviers. On y élève beaucoup de porcs, de chèvres et d'abeilles; antiquités; 5500 hab.

BEJAH, *Byas* (hyphasis), riv. de l'Afganistan, se réunit au Setledj.

BEJAPOUR ou **BEDJAPOOR**, contrée de l'Inde, située entre le 70° 20' et le 75° 30' long. E. et entre le 14° 40' et le 18° 5' lat. N., est bornée au N. par l'Aurungabad, au N.-E. par Beeder, à l'E. par Hyderabad, au S. par Balaghaut, au S.-O. par Canara, à l'O. par le golfe d'Oman. Le sol en est généralement fertile; le Kistnah, la Bima et la Toumbabrah en sont les principaux fleuves. La végétation est celle du Dekkan; on y trouve du fer; et la principale occupation des habitants est l'éducation du bétail dont on exporte un grand nombre. Le Bejapour a longtemps appartenu aux Mahrattes; depuis la dernière guerre entre ce peuple et les Anglais, le territoire immédiat de ces derniers s'est de beaucoup agrandi et a été incorporé à la présidence de Bombay; le restant du Bejapour fait partie des possessions médiates de la Compagnie, du royaume de Dekkan, des principautés de Kolapour, de Satakah et de la possession portugaise de Goa; 7,000,000 hab.

BEJAPOUR ou **VIZAPOUR**, l'ancienne capitale du puissant empire mahométan de ce nom dans l'Inde; du temps d'Aurengzeb, elle avait 1600 mosquées et 900,000 habitants et n'est plus aujourd'hui qu'un vaste amas de ruines que dominent çà et là quelques-uns des beaux édifices qui ont survécu à la splendeur de la ville: le Makbara ou le mausolée du sultan Mohamed-Chah a une coupole dont la hauteur ne le cède que de quelques pieds à celle de St.-Pierre de Rome. Le mausolée du sultan Ibrahim II se distingue par un autre genre d'ornement: ses murs sont couverts d'inscriptions tirées du Coran. La ville possède quelque industrie.

BÉJAR, pet. v. d'Espagne, roy. de Léon, prov. et à 16 l. S.-S.-O. de Salamanque, chef-lieu de district, au pied de la Sierra de Béjar; fabriques de draps et de toiles; jambons recherchés; eaux minérales chaudes et froides; bons vins; 5000 hab.

BÉJAR. *Voyez* BIAR.

BEKES, comitat du cer. au-delà de la Theiss, roy. de Hongrie, 65 l. c. géogr.; 93,000 hab.

BEKES, v. du roy. de Hongrie, cer. au-delà de la Theiss, sur le Kœrœs; l'agriculture, surtout la culture du millet, et l'éducation des bestiaux font la principale occupation des habitants; 11,000 hab.

BELA, riv. d'Abyssinie qui sépare les Bizamo-Gallas des Borén-Gallas.

BELA, baie d'Afrique, région de l'Afrique orientale, pays des Somaulis, entre le cap d'Orfui et celui de Gardafui.

BELA, pet. v. du roy. de Hongrie, cer. en-deçà de la Theiss; fabriques de toiles, eau-de-vie de genièvre, éducation du bétail et commerce de vin; 2400 hab.

BELA, v. du Beloutschistan, chef-lieu de la prov. de Lous, sur le Purally. Les rues sont étroites, mais propres. Son commerce est très-actif.

BELA-BANJA, *Dilna*, pet. v. du roy. de Hongrie, cer. en-deçà du Danube, dist. de Horn; remarquable par ses mines d'argent; 1700 hab.

BELABRE, b. de Fr., dép. de l'Indre, arr., à 3 l. S.-E. et poste du Blanc; forges; 2136 hab.

BELAD-AL-DSCHÉRID. *Voyez* BILÉDULGÉRID.

BELAIA ou **BIELAIA**, fl. de la Russie d'Asie qui prend sa source dans l'Oural Baschkirien, passe par Ouzianskoï, Oufa et Birsk et se jette dans la Kama. Son principal affluent est l'Usa.

BELAIR, vg. de Fr., dép. des Ardennes, com. de Charleville; 340 hab.

BELAIR, ham. de Fr., dép. du Cher, com. d'Arçay; 90 hab.

BELAIR, ham. de Fr., dép. de la Haute-Marne, com. de Langres; 100 hab.

BELAIR, ham. de Fr., dép. de Saône-et-Loire, com. de Bourbon-Lancy; 60 hab.

BELAIR, ham. de Fr., dép. de Seine-et-

Oise, com. de Fontenay-les-Briis; 100 hab.

BELAK, v. fortifiée du roy. d'Illyrie, gouv. de Laybach, chef-lieu du cer. de Villach, bien bâtie. Intendance des mines, dépôt général de fer, de plomb et de calamine; grand commerce d'expédition. Dans le voisinage, il y a plusieurs forges, deux carrières de marbre et une source minérale; 4700 h.

BELAN-SUR-OURCE, vg. de Fr., dép. de la Côte-d'Or, arr. et poste de Châtillon-sur-Seine, cant. de Montigny-sur-Aube; commerce de laines; 810 hab.

BELARGA, vg. de Fr., dép. de l'Hérault, arr. de Lodève, cant. et poste de Gignac; 370 hab.

BELASPOUR, chef-lieu de la principauté de Kahlore, dans l'Inde anglaise, présidence de Calcutta, sur le Setledj.

BELAYE, b. de Fr., dép. du Lot, arr. de Cahors, cant. de Luzech, poste de Castelfranc; 1130 hab.

BELAYGNE, ham. de Fr., dép. de la Dordogne, com. de Boulouneix; 80 hab.

BELBERAUD, vg. de Fr., dép. de la Haute-Garonne, arr. de Villefranche-de-Lauragais, cant. de Montgiscard, poste de Bazièége; 370 hab.

BELBÈSE, vg. de Fr., dép. de Tarn-et-Garonne, arr. de Castelsarrasin, cant. et poste de Beaumont-de-Lomagne; 230 hab.

BELBEUF, vg. de Fr., dép. de la Seine-Inférieure, arr. de poste de Rouen, cant. de Boos; fabriques d'acides sulfurique et nitrique, de soufre en canons, de sulfate de cuivre pur; filatures hydrauliques; 820 h.

BELBEYS, *Patumus*, v. et château de la Moyenne-Égypte, à 14 l. N.-E. du Caire; 3000 hab.

BELBÈZE, ham. de Fr., dép. de l'Aveyron, com. de St.-Chély-d'Aubrac; 130 hab.

BELBÈZE, vg. de Fr., dép. de la Haute-Garonne, arr. de St.-Gaudens, cant. de Saliés, poste de St.-Martory; 1030 hab.

BELBÈZE, vg. de Fr., dép. de la Haute-Garonne, arr. de Villefranche-de-Lauragais, cant. de Montgiscard, poste de Bazièége; 140 hab.

BELBÈZE, *Voyez* LUINION.

BELBÈZE, vg. de Fr., dép. de Tarn-et-Garonne, arr. de Moissac, cant. de Lauzerte, poste de Montaigut; 800 hab.

BELBINITES AGER, g. a., contrée de la Laconie.

BELCAIRE, b. de Fr., dép. de l'Aude, arr. et à 8 l. S.-O. de Limoux, chef-lieu de canton, poste de Quillan; 250 hab.

BELCASTEL, vg. de Fr., dép. de l'Aude, arr. et poste de Limoux, cant. de St.-Hilaire; 250 hab.

BELCASTEL, vg. de Fr., dép. de l'Aveyron, arr. de Rhodez, cant. et poste de Rignac; 810 hab.

BELCASTEL, vg. de Fr., dép. du Tarn, arr., cant. et poste de Lavaur; 530 hab.

BELCASTRO, v. du roy. des Deux-Siciles, prov. de la Calabre ultérieure IIe, sur le Marchesato, siége d'un évêque; 2225 hab.

BELCELE, vg. du roy. de Belgique, prov. de la Flandre orientale, arr. de Dendermonde, sur la route et à 6 l. E.-N.-E. de Gand; 2400 hab.

BELCHERHOLZ. *Voyez* BECKERHOLTZ.

BELCHERS, groupe de petites îles, à l'entrée de la vaste baie de Richmond, sur la côte occidentale du Labrador.

BELCHERTOWN, pet. v. des États-Unis de l'Amérique du Nord, état de Massachusetts, comté de Hampshire; 3000 hab.

BELCHITE, *Belia*, b. d'Espagne, roy. d'Aragon, prov. et à 8 l. S.-S.-E. de Saragosse, sur l'Almonacid; fabriques de lainage. Un corps de 30,000 Espagnols, commandés par Blake, y fut défait par les Français sous Suchet, le 17 juin 1809; 2000 hab.

BELCODÈNE, vg. de Fr., dép. des Bouches-du-Rhône, arr. de Marseille, cant. et poste de Roquevaire; 170 hab.

BELDOIRE, ham. de Fr., dép. de l'Aveyron, cant. de Cantoin; 50 hab.

BELECKE, b. de Prusse, prov. de Westphalie, rég. d'Arnsberg; source d'eau minérale; 720 hab.

BELED-EL-HARAM ou PAYS SACRÉ, une des parties de l'Arabie, connue aussi sous le nom de grand chérifat de la Mecque. Ce pays ne comprenait proprement que les villes sacrées, la Mecque et Médine, mais il embrasse aujourd'hui tout l'Hedjaz; c'est-à-dire la côte orientale de la mer Rouge, entre Suez et le Yémen; il est sous la dépendance du pacha d'Égypte.

BELED-MOUSA. *Voyez* ERMENT.

BELEIX (Grand et Petit-), ham. de Fr., dép. de la Haute-Vienne, com. de Blond; 110 hab.

BÉLEM ou SANTA-MARIA-DE-BÉLEM, PARA, v. de l'emp. du Brésil, prov. de Para, dont elle est la capitale, sur la rive droite du Para. Son climat, autrefois très-malsain, s'est amélioré depuis le défrichement de plusieurs vastes forêts qui l'environnaient. Nous nommerons parmi les principaux édifices la cathédrale, le palais du gouvernement, le ci-devant collége des Jésuites, le palais épiscopal et l'arsenal. Bélem est le siège d'un évêché et possède un séminaire, un gymnase et un jardin botanique. L'état prospère dont jouissait cette ville, est bien changé depuis les troubles et les massacres dont elle a été le théâtre en 1834 et 1835. La population actuelle s'élève à peine à 6000 âmes.

BELENYES, b. de Hongrie, cer. en-deçà de la Theiss, comitat de Biha; 5000 hab.

BELÉSSEM, dist. de la prov. d'Amhara, en Abyssinie, au S. du dist. de Dembéa et à l'E. du lac de Tzana.

BELESTA, b. de Fr., dép. de l'Arriège, arr. et à 7 l. E. de Foix, cant. et poste de Lavelanet; il est situé près de la forêt du même nom, et remarquable par la fontaine intermittente de Fontestorbes, dont la source est à 300 mètres S. de cet endroit. Grand commerce de bois de sapin; scieries pour planches et marbre; 2290 hab.

BELESTA, vg. de Fr., dép. de la Haute-Garonne, arr. et poste de Villefranche-de-Lauragais, cant. de Revel; 210 hab.

BELESTA-DE-LA-FRONTIÈRE, vg. de Fr., dép. des Pyrénées-Orientales, arr. de Perpignan, cant. de la Tour-de-France, poste d'Estagel; 410 hab.

BÉLESTEN, ham. de Fr., dép. des Basses-Pyrénées, com. de Gère-Bélesten; 180 hab.

BELEW. *Voyez* BIELEW.

BELEYMAS, vg. de Fr., dép. de la Dordogne, arr. de Bergerac, cant. de Villamblard, poste de Douville; 600 hab.

BELFAHY, vg. de Fr., dép. de la Haute-Saône, arr. de Lure, cant. de Melisey, poste de Champagney; tissages de coton; 530 hab.

BELFAST. *Voyez* PENOBSCOT.

BELFAST, v. d'Irlande, chef-lieu du comté d'Antrim, sur le Lagan; elle possède des chantiers pour la construction des vaisseaux, de nombreuses manufactures de toiles et d'étoffes de coton, raffineries de sucre, fabriques de vitriol, de poteries et de verreries; ses principaux établissements publics, sont un collège et une école industrielle pour les aveugles. Le port est très-fréquenté et le commerce considérable, surtout en toiles et bestiaux. Belfast nomme un député au parlement; 38,000 hab.

BELFAST, pet. v. des États-Unis de l'Amérique du Nord, état du Maine, comté de Hancock; 3200 hab.

BELFAUX (en allemand GUMSCHEN), vg. de Suisse, cant. et à 1 l. de Fribourg; pendant l'été les pieux fribourgeois et fribourgeoises viennent, les *bons vendredis*, faire des exercices de piété dans l'église de Belfaux; 1000 hab.

BELFAYS, ham. de Fr., dép. du Doubs, arr. de Montbéliard, cant. de Maiche, poste de St.-Hyppolite; 60 hab.

BELFLOU, vg. de Fr., dép. de l'Aude, arr. de Castelnaudary, cant. et poste de Salles-sur-l'Hers; 370 hab.

BELFOND, vg. de Fr., dép. de la Haute-Marne, com. de Genevrières; 200 hab.

BELFONDS, vg. de Fr., dép. de l'Orne, arr. d'Alençon, cant. et poste de Sées; 390 h.

BELFORD, b. d'Angleterre, comté de Northumberland; on y voit une colonne érigée en l'honneur de Nelson; 1250 hab.

BELFORT, vg. de Fr., dép. de l'Aude, arr. de Limoux, cant. de Belcaire, poste de Quillan; 150 hab.

BELFORT, vg. de Fr., dép. du Lot, arr. de Cahors, cant. de l'Albenque, poste de Montpezat; 1570 hab.

BELFORT ou **BÉFORT**, v. forte de Fr., sur la Savoureuse, dép. du Haut-Rhin, chef-lieu d'arrondissement, à 19 l. S.-O. de Colmar, 100 l. E.-S.-E. de Paris; siège de tribunaux de première instance et de commerce; elle est divisée en villes haute et basse, et on y distingue la belle église de St.-Denis, l'hôtel de ville, édifice de très-bon goût, et la bibliothèque publique riche de 20,000 volumes. Le château ou Roche de Belfort, situé sur un rocher, domine la ville. La partie la plus moderne ou ville neuve, fut bâtie par Louis XIV. On aperçoit sur une hauteur, à peu de distance au N. de la ville, une tour pyramidale carrée que les habitants nomment la Pierrre ou Tour miotte; elle servait autrefois, dit-on, de phare sur lequel on allumait des feux pour avertir de l'approche de l'ennemi.

Belfort est non seulement une place de guerre très-importante, mais sa position est encore très-avantageuse sous le rapport commercial. Placée à l'embranchement de plusieurs grandes routes, cette ville est un entrepôt du commerce de l'intérieur de la France avec l'Alsace et la Suisse.

Son industrie consiste dans la fabrication d'indiennes, de toiles peintes, de papier, d'eaux-de-vie, d'huiles de graines, de fil de fer et de fer blanc; elle a des forges, des martinets et des filatures de coton. Les principaux articles de son commerce sont: le fer, le fer blanc, les fils de fer et les huiles. On récolte, dans les environs, de l'orge, du sarrasin, du lin, du colzat, de la navette, du vin, et l'on y exploite des mines de fer. Foire le premier lundi de chaque mois; 5760 hab.

Belfort, qui doit son origine à son château connu depuis le commencement du treizième siècle, était au quatorzième siècle une seigneurie appartenant aux comtes de Montbéliard. Réunie plus tard au comté de Ferrette, elle passa à la maison d'Autriche, qui l'engagea, en 1555, à la maison de Morimont. L'Autriche rentra dans ses droits en 1563, posséda ce domaine jusqu'en 1648, époque où il passa à la France par le traité de Munster. Pendant la guerre de trente ans, Belfort fut prise plusieurs fois, en 1631, par le Rheingraf Otton, général des troupes suédoises en Alsace; les troupes catholiques d'Espagne et d'Italie, sous le commandement du duc de Feria, s'en emparèrent en 1633; mais le Rheingraf la reprit en 1634, et deux années après, le comte de la Suze, gouverneur de Montbéliard, en prit possession pour la France. Le comte de la Suze s'étant révolté pendant la minorité de Louis XIV, cette place fut encore assiégée et prise, en 1654, par le maréchal de la Ferté. En 1659 Louis XIV donna le comté de Belfort au cardinal Mazarin. Les héritiers du cardinal restèrent en possession de cette seigneurie jusqu'à la révolution. Le duc de Valentinois en fut le dernier comte. Pendant l'invasion de 1814 Belfort fut assiégée par les troupes de la sainte alliance; mais vaillamment défendue par le brave général Lecourbe, cette ville n'eut point la douleur de voir dans ses murs les ennemis de la France; patrie de Delaporte (J.), auteur du

Voyageur français, et de Durosoy (J.-B.), auteur d'une philosophie sociale.

BELFORT, vg. de Fr., dép. du Tarn, com. de Brassac; 160 hab.

BELFORT, haute juridiction, cant. des Grisons, ligue des dix juridictions en Suisse; elle se divise en deux parties et comprend environ 2000 âmes. L'autorité suprême est entre les mains d'un landamman et de treize jurés. Quand il s'agit d'affaires criminelles, le nombre de ces derniers est augmenté de moitié. Les élections ont lieu tous les deux ans au mois de mai; elle fournit 555 hommes à l'armée fédérale et a deux voix dans le grand-conseil.

BELGÆ, g. a., peuple de la Gaule belgique, d'origine celtico-germanique, habitant le pays compris entre le Rhin, l'Océan, la Seine et la Marne.

BELGARD, v. de Prusse, prov. de Poméranie, rég. de Kœslin, chef-lieu de cercle; fabriques de draps et de tabac; 2900 hab.

BELGENTIER, b. de Fr., dép. du Var, arr. de Toulon-sur-Mer, cant. et poste de Solliés-Pont; papeterie, fabriques de cuirs, de lainage et commerce d'olives; 1320 hab.

BELGERD, vg. de Fr., dép. de la Mayenne, arr., cant. et poste de Mayenne; 630 hab.

BELGERN, v. de Prusse, prov. de Saxe, rég. de Mersebourg, sur la rive gauche de l'Elbe; poterie, culture du vin et éducation du bétail; 2300 hab.

BELGICA, g. a., une des grandes prov. des Gaules, dans la partie sept.; elle était bornée à l'E. et au N. par le Rhin, à l'O. par le Pas-de-Calais, au S. par la Seine, la Marne et, en partie, par les Vosges. Cette province était divisée au quatrième siècle en Ire et en IIe Belgique et comprenait le territoire qui forme aujourd'hui le dép. des Ardennes, la partie sept. de celui de Seine-et-Marne, les Pays-Bas, les dép. de l'Oise, de l'Aisne, du Pas-de-Calais, du Nord, des Vosges, du Haut et Bas-Rhin et la rég. de Trèves.

BELGIOJOSO, b. du roy. Lombard-Vénitien, prov. de Pavie; 2600 hab.

BELGIQUE, *Gallia Belgica*, roy. de l'Europe occidentale, entre 0° 15' et 4° 8' de long. orient. et entre 49° 32' et 51° 28' de lat. N. Ce royaume, formé en 1830, comprend la plus grande partie des anciens Pays-Bas autrichiens, l'ancien évêché de Liége, quelques parties de territoire appartenant autrefois à l'empire Germanique, enfin une partie du Hainaut français et le petit duché de Bouillon ou ci-devant gouvernement de Metz, cédés par la France, en 1815. Il est borné au N. par la Hollande, à l'O. par la mer du Nord et la France, à l'E. par les provinces rhénanes prussiennes et au S. par la France. Sa superficie est de 2470 l. c. et sa population de 4,262,260 habitants, qui professent presque tous la religion catholique.

Le pays, généralement plat, s'abaisse tellement vers la mer du Nord et l'embouchure de l'Escaut, que d'immenses digues peuvent seules le préserver des inondations dont il est sans cesse menacé. La partie méridionale seule, c'est-à-dire le Hainaut, les provinces de Liége, de Namur et du Luxembourg, renferme quelques montagnes peu élevées, ramifications des Ardennes; les plus hautes, qui se trouvent dans le Luxembourg, n'ont pas 600 mètres d'élévation.

La Belgique est arrosée par un grand nombre de rivières et par deux fleuves, savoir par la Meuse et l'Escaut. Un grand nombre de canaux sillonnent la Belgique et y établissent des communications faciles entre les grandes voies navigables. Les principaux sont: Le canal belge du Nord, d'Anvers à Venloo; il lie l'Escaut à la Meuse; le canal de Bruxelles à Anvers, le canal de Charleroi à Bruxelles et celui d'Ostende à Bruges et à Gand. Plusieurs chemins de fer viendront ajouter bientôt de nouveaux moyens de communication plus facile et plus rapide entre les nombreuses villes de ce pays, et contribueront puissamment au développement déjà si avancé de l'industrie en Belgique. Quelques-uns, établis depuis peu d'années, sont en pleine activité.

Le sol de la Belgique est très-fertile et l'un des mieux cultivés de l'Europe. C'est surtout dans la Flandre, le Brabant et le territoire d'Anvers que l'agriculture a fait les plus grands progrès. Dans beaucoup de localités, particulièrement dans la Flandre orientale, entre l'Escaut et la Durme, la campagne présente l'aspect d'un immense jardin dont la culture a atteint le plus haut degré de perfectionnement. Cependant on trouve aussi dans les parties N. et E. de la province d'Anvers et au N.-O. du Limbourg des landes sablonneuses, couvertes de bruyères et entrecoupées de marais. Ces contrées, moins favorisées par la nature, cèdent pourtant insensiblement aux efforts de l'art et à l'infatigable activité des cultivateurs belges.

Le climat y est tempéré; l'air, humide dans les contrées basses ou marécageuses, est pur et sain dans les provinces méridionales et orientales, mais naturellement plus rude dans le voisinage des Ardennes.

Les productions végétales sont: le blé, des fruits, du lin, du chanvre, toutes sortes de grains et de graines oléagineuses, du houblon, du tabac, de la chicorée, des fourrages d'une excellente qualité, du trèfle et un grand nombre de légumes. La Belgique, comme la Hollande, est renommée pour la culture des fleurs, et l'on commence aussi à y cultiver la vigne avec quelque succès. Le bois, fourni par le petit nombre de forêts de la Belgique, serait loin de suffire à la consommation, si le pays n'avait d'autres moyens de chauffage; mais la houille et la tourbe y remplacent presque partout le bois.

Le fer, la calamine, la houille, l'alun, le vitriol, le marbre, des pierres à construction et à meules, de la chaux, de l'ardoise, du sable pour la fabrication du verre, de la terre de pipe et de potier, des eaux thermales de Spa et d'autres moins renommées composent les richesses minérales du pays.

La Belgique a des chevaux grands et vigoureux, du bétail qui fournit une viande d'excellente qualité et du beurre recherché, des porcs, des chèvres, de beaux et nombreux troupeaux de moutons, beaucoup de volaille, et si le gibier est rare, les Belges ont, par compensation, une grande variété de poissons de mer et d'eau douce. L'éducation des abeilles y est faite avec succès; des essais, entrepris à Ath, pour celle des vers-à-soie ont eu des résultats satisfaisants.

La population se compose de Belges, de Vallons et d'un petit nombre de Hollandais et d'Allemands. La langue flamande et le vallon sont les plus usités; dans quelques localités du Limbourg on parle hollandais et allemand, et dans les provinces méridionales la langue française est tellement en usage chez les habitants, qu'on peut la considérer comme la langue nationale de cette partie de la Belgique.

Industrie. Ce pays est très-remarquable aussi par le développement de son industrie; Bruxelles, Malines, Bruges, Gand, etc. se distinguent par leurs fabriques de dentelles, de linon et de batistes; la Flandre, le Hainaut et le Brabant par leurs fabriques de toiles et de fils renommés; Gand et les environs par des filatures de coton et des manufactures de cotons imprimés, qui occupaient, il y a quelques années, près de 60,000 ouvriers; Tournay par ses beaux tapis et sa faïencerie; Courtray par ses blanchisseries; Liège; Namur et Charleroi par leurs fabriques d'armes et de coutellerie; Verviers par ses draps; Seraing, près de Liège, par ses machines à vapeur; Louvain par ses brasseries; en un mot, il n'y a point de branche d'industrie qui ne soit exploitée en Belgique. La typographie y a particulièrement pris depuis quelque temps une extension extraordinaire, due à l'avidité peu scrupuleuse des libraires belges, qui font imprimer par milliers des contrefaçons des meilleurs ouvrages nouveaux publiés en France et dépouillent ainsi sans remords les auteurs français de leurs propriétés.

Avant la révolution de 1830, le commerce de la Belgique avait atteint un haut degré de prospérité; mais les troubles qui, depuis cet événement, agitèrent ce beau pays, continuellement menacé dans son indépendance; les difficultés que lui ont suscitées les puissances absolutistes, ennemies de son affranchissement, ont ralenti l'activité de ses relations commerciales. Ses principaux articles d'exportation consistent dans les produits de ses fertiles campagnes et de ses riches manufactures; les objets d'importation sont: les denrées coloniales, les vins, les fruits du midi et les matières premières.

Les villes maritimes les plus commerçantes du pays sont: Anvers, Ostende et Nieuport. Parmi les autres villes commerçantes, Bruxelles, Gand, Namur, Liège, Bruges, Courtray, Tournay, Louvain, Verviers et Malines sont les plus considérables.

Gouvernement. La Belgique est une monarchie constitutionelle à la tête de laquelle se trouve le roi, qui seul a le pouvoir exécutif; ses ministres sont responsables. Le pouvoir législatif est exercé par le roi et deux chambres toutes deux électives; le sénat et la chambre des députés. Les sénateurs sont élus pour huit ans, les députés pour quatre. La justice y est rendue par une cour d'assises, établie dans chaque province, et par un tribunal de première instance, établi dans chaque district ou arrondissement.

Division administrative. La Belgique renferme 108 villes, 113 bourgs et 4500 villages et hameaux; elle est divisée en 9 provinces subdivisées en arrondissements et cantons: 1° Le Brabant méridional, ancien dép. de la Dyle, chef-lieu Bruxelles; 2° la prov. d'Anvers, ancien dép. des deux Nèthes, chef-lieu Anvers; 3° la Flandre orientale, ancien dép. de l'Escaut, chef-lieu Gand; 4° la Flandre occidentale, ancien dép. de la Lys, chef-lieu Bruges; 5° le Hainaut, ancien dép. de Jemmappes, chef-lieu Mons; 6° la prov. de Namur, ancien dép. de Sambre-et-Meuse, chef-lieu Namur; 7° la prov. de Liège, ancien dép. de l'Ourthe, chef-lieu Liège; 8° le Limbourg, ancien dép. de la Meuse-Inférieure, chef-lieu Hasselt; 9° le Luxembourg, ancien dép. des Forêts, chef-lieu Arlon. Les deux dernières provinces, occupées en partie par la Belgique et réclamées par la Hollande seront dans peu de jours sous la domination Néerlandaise, et les habitants de ces deux provinces, qui voulaient et devaient rester Belges par leurs croyances, leurs mœurs, leur langage, seront sans doute affligés de ne plus l'être et honteux de l'avoir été.

Historique. L'histoire de la Belgique ne commence avec certitude qu'au temps de César. Soumise alors aux conquérants du monde, elle suivit le sort des provinces romaines. De la domination romaine elle passa sous celle des Francs et Charlemagne tenait encore réunies sous son sceptre puissant les tribus germaniques et celtiques dont se composa le peuple belge. Mais bientôt après la mort de Charlemagne, les Normands désolèrent ce pays qu'ils ne quittèrent que vers la fin du neuvième siècle, rebutés par l'opiniâtre résistance qu'ils rencontrèrent. Il fallut trois siècles aux Belges pour réparer les désastres de cette invasion. Mais le faisceau était rompu, l'unité de la monarchie franque avait été détruite par la féodalité et la Belgique morcelée en un grand nombre de petits domaines, était au treizième siècle gouvernée par une foule de seigneurs, barons, comtes, etc. Au quinzième siècle,

Philippe-le-Bon, duc de Bourgogne, réunit toutes ces petites souverainetés en un seul état. Par le mariage de l'archiduc Maximilien avec Marie, fille de Charles-le-Téméraire, fils et successeur de Philippe-le-Bon, la Belgique passa à la maison d'Autriche. Sous Philippe-le-Bel, l'industrie avait pris un grand essor en Belgique, mais on enlevait un à un les privilèges dont les Belges jouissaient; leur commerce s'étendait, mais on restreignait peu à peu leur liberté. Sous Charles-Quint les Pays-Bas éprouvaient une grande fermentation que Marguerite d'Autriche, gouvernante de ces provinces, ne parvint point à étouffer. La tyrannie et le cruel fanatisme de Philippe II, successeur de Charles-Quint, mit le comble à la haine des Flamands et des Hollandais contre les Espagnols. Des insurrections, favorisées par le mouvement que la réforme de Luther imprimait aux états de l'empire, éclatèrent de toutes parts; les Hollandais se constituèrent en république (1579); mais la Belgique ne sut point persister dans sa courageuse résistance: elle se courba sous le joug et s'endormit rassurée par la douceur hypocrite de ses princes. Elle ne se réveilla qu'en 1789. Des modifications que Joseph II voulut introduire dans la charte du Brabant mécontentèrent le clergé et firent naître une révolution qui n'eut aucun résultat. Bientôt après une révolution plus sérieuse réunit la Belgique à la France dont elle fit partie pendant vingt ans. Elle en fut séparée en 1814 et forma avec la Hollande le royaume des Pays-Bas; mais en 1830, encouragée par les événements qui s'accomplissaient alors en France, la Belgique s'insurgea et se constitua en royaume dont l'avenir est loin d'être assuré encore, et dont l'indépendance vient d'être étouffée sous les innombrables protocoles de la conférence de Londres.

BELGODÈRE, vg. de Fr., dép. de la Corse, arr. et à 5 l. E. de Calvi, chef-lieu de canton, poste de l'Isle-Rousse; 750 hab.

BELGOROD ou **BIELGOROD**, v. de la Russie d'Europe, gouv. de Kursk, chef-lieu du cer. du même nom, sur le Donez, commerce considérable de cire; 8000 hab.

BELGRADE, *Taurunum*, la principale v. de la principauté de Servie, siège d'un évêque grec, au confluent de la Save et du Danube. Elle est une des plus fortes places de l'Europe et est divisée en quatre quartiers dont le principal est la ville haute qui domine le Danube et sert de citadelle. Ses fabriques d'armes, de tapis, d'étoffes de soie et de coton et ses tanneries sont renommées. Elle est l'entrepôt principal entre Constantinople et Salonique d'un côté, et Vienne et Pesth de l'autre. Bien que la Servie ne soit plus que tributaire de l'empire Ottoman, les Turcs ont conservé le droit de mettre garnison dans Belgrade et dans quelques autres places fortes.

Belgrade est célèbre dans les fastes militaires des Osmanlis. Soliman II la prit en 1522; les Autrichiens s'en emparèrent en 1688, mais déjà deux ans après, elle fut reprise par les Turcs. Une capitulation la fit tomber, en 1717, entre les mains du prince Eugène, et la paix de Pascarowitz l'assura aux Autrichiens qui la perdirent de nouveau en 1739. Landon l'assiégea en 1789, et l'obtint à la suite d'une capitulation; mais la paix de 1791 la rendit aux Turcs. Les insurgés serviens s'en rendirent maître en 1806, mais, malgré la victoire momentanée des Turcs, Belgrade est aujourd'hui délivrée de leur joug; ils n'y ont plus que le droit de garnison.

BELGRADE, b. des États-Unis de l'Amérique du Nord, état du Maine, comté de Kennebec; 1900 hab.

BELHADE, vg. de Fr., dép. des Landes, arr. de Mont-de-Marsan, cant. de Pissos, poste de Liposthey; 500 hab.

BELHOMERT, vg. de Fr.; dép. d'Eure-et-Loir, arr. de Nogent-le-Rotrou, cant. et poste de la Loupe; 550 hab.

BELHOTEL, vg. de Fr., dép. de l'Orne, com. de Survie; 200 hab.

BELIA, v. d'Afrique, Sénégambie, commerce d'or, d'ivoire, de cire et de bétail, en échange de sel, de tabac, d'argent et de coraux.

BELIET, vg. de Fr., dép. de la Gironde, arr. de Bordeaux, cant. et poste de Belin; forges et fonderies; 1040 hab.

BELIEU (le), vg. de Fr., dép. du Doubs, arr. de Montbéliard, cant. et poste de Russey; verrerie; 470 hab.

BELIGNAT, vg. de Fr., dép. de l'Ain, arr. de Nantua, cant. et poste d'Oyonnax; 300 hab.

BELIGNEUX, vg. de Fr., dép. de l'Ain, arr. de Trévoux, cant. et poste de Montluel; 500 hab.

BELIGNY, vg. de Fr., dép. du Rhône, arr., cant. et poste de Villefranche-sur-Saône; 760 hab.

BELILLE ou **VELILLE**, pet. v. de la république du Pérou, dép. de Cuzco, prov. de Chumbivilcas dont elle est le chef-lieu; 1600 hab.

BELIN, vg. de Fr., dép. de la Gironde, arr. et à 10 l. S. de Bordeaux; chef-lieu de canton et poste; fabriques de résine; 1550 h.

BELIN, ham. de Fr., dép. de la Marne, com. du Thoult; 80 hab.

BELINA ou **BILLIN**, pet. v. du roy. de Bohême, cer. de Leitmeritz, sur la Biela, remarquable par ses eaux minérales qui valent presque celles de Selters, et dont une grande quantité est exportée; fabrique de vitriol, mine de houille et carrière de roches de grenat; 1500 hab.

BELIS, vg. de Fr., dép. des Landes, arr. et poste de Mont-de-Marsan, cant. de Labrit; 500 hab.

BELITZ. *Voyez* **BEELITZ**.

BELLAC, *Belacum*, v. de Fr., dép. de la

Haute-Vienne, chef-lieu d'arrondissement, à 10 l. N.-N.-O. de Limoges et 95 l. S.-S.-O. de Paris; siége d'un tribunal de première instance, d'une conservation des hypothèques et d'une direction des contributions. Cette ville est située sur le penchant d'un côteau, près de la rive droite du Vincou, et au confluent de cette rivière et de la Gartempe; elle a une fonderie, des fabriques de toiles, papiers, couvertures de laine et on y fait commerce de bois, vins, chevaux, bestiaux, laine, draperie, poterie, faïence et quincaillerie. Foire, le 1er de chaque mois; 3610 hab.

Bellac fut fondé au dixième siècle par Boson Ier, comte de la Marche. En 1591 les ligueurs l'assiégèrent, mais ne parvinrent point à s'en emparer. L'ancien château des Mortemart était situé près de Bellac; on en voit encore quelques restes. On remarque aussi, dans les environs de cette ville, un énorme bloc de pierre, reposant sur cinq appuis; c'est un monument gaulois ou celtique.

BELLACOURT, vg. de Fr., dép. du Pas-de-Calais, com. de Rivière; 330 hab.

BELLAFFAIRE, vg. de Fr., dép. des Basses-Alpes, arr. de Sisteron, cant. de Turriers, poste de la Motte-du-Caire; 330 hab.

BELLAGIO, jolie pet. v. d'Autriche, roy. Lombard-Vénitien, gouv. de Milan, délégation de Come; 2000 hab.

BELLAING, vg. de Fr., dép. du Nord, arr., cant. et poste de Valenciennes; 300 h.

BELLAL (el-), b. de Nubie, pays de Mérawé, sur le Nil, près de Nouri. On voit dans les environs beaucoup de pyramides dont une grande qui en renferme une autre plus petite.

BELLANCOURT, vg. de Fr., dép. de la Somme, arr., cant. et poste d'Abbeville; 460 hab.

BELLANGE, vg. de Fr., dép. de la Meurthe, arr., cant. et poste de Château-Salins; 290 hab.

BELLANO, pet. v. d'Autriche, roy. Lombard-Vénitien, gouv. de Milan, délégation de Come, sur la rive orientale du lac de Come; commerce considérable; 3000 hab.

BELLANTE, b. du roy. des Deux-Siciles, prov. de l'Abruzze ultérieure Ire; 1400 hab.

BELLARCORDEL, ham. de Fr., dép. du Pas-de-Calais, com. de Rivière; 100 hab.

BELLARY, chef-lieu de la prov. de Bellaghat, Inde anglaise, présidence de Madras, situé sur une hauteur; sa citadelle passe pour être une des plus fortes de cette partie de l'Inde.

BELLAS, ham. de Fr., dép. de l'Aveyron, com. de Sévérac; 80 hab.

BELLAS, b. du Portugal, prov. d'Estramadure, dist. de Torrèsvédras, à 3 l. de Lisbonne, dans une belle vallée qui fournit l'eau à l'aquéduc d'Alcantara; eaux minérales ferrugineuses; 3500 hab.

BELLATA. *Voyez* BALAT.

BELLAUME, ham. de Fr., dép. de l'Ain, com. d'Illiat; 90 hab.

BELLAVILLIERS, vg. de Fr., dép. de l'Orne, arr. de Mortagne-sur-Huine, cant. de Pervenchères, poste de Bellesme; 860 h.

BELLAY (le), vg. de Fr., dép. de Seine-et-Oise, arr. de Pontoise, cant. et poste de Marines; 230 hab.

BELLAY (le), vg. de Fr., dép. de la Marne, arr. de Ste.-Ménéhould, cant. de Dommartin, poste de Châlons; 250 hab.

BELLE, vg. de Fr., dép. du Pas-de-Calais, arr. et poste de Boulogne, cant. de Desvres; 400 hab.

BELLBAY. *Voyez* FORTUNE.

BELLE-ALLIANCE (la), métairie dans le roy. de Belgique, prov. du Brabant méridional, dist. et à 2 l. N.-N.-E. de Nivelles, sur la route de Genappes à Bruxelles. C'est là que Wellington et Blucher se rencontrèrent, après la bataille de Waterloo, le 18 juin 1815.

BELLEAU, vg. de Fr., dép. de l'Aisne, arr., cant. et poste de Château-Thierry; 380 hab.

BELLEAU, vg. de Fr., dép. de la Meurthe, arr. de Nancy, cant. de Nomeny, poste de Pont-à-Mousson; 300 hab.

BELLEBAT, vg. de Fr., dép. de la Gironde, arr. de la Réole, cant. de Targon, poste de Cadillac; 140 hab.

BELLE-BRANCHE, ham. de Fr., dép. de la Mayenne, com. de St.-Brice; 60 hab.

BELLEBRUNE, vg. de Fr., dép. du Pas-de-Calais, arr. et poste de Boulogne-sur-Mer, cant. de Desvres; 200 hab.

BELLECHASSAGNE, vg. de Fr., dép. de la Corrèze, arr. et poste d'Ussel, cant. de Sornac; 310 hab.

BELLE-CHAUME, vg. de Fr., dép. de l'Yonne, arr. de Joigny, cant. et poste de Brienon; 550 hab.

BELLECHY, ham. de Fr., dép. des Basses-Pyrénées, com. de St.-Étienne-de-Baigorry; 100 hab.

BELLECIN, ham. de Fr., dép. du Jura, com. du Bourget; 90 hab.

BELLECOMBE, vg. de Fr., dép. de la Drôme, arr. de Nyons, cant. et poste du Buis; 270 hab.

BELLECOMBE, vg. de Fr., dép. du Jura, arr. et poste de St.-Claude, cant. des Bouchoux; 410 hab.

BELLE-COTE (la), vg. de Fr., dép. de Seine-et-Oise, com. de Boissy-Mauvoisin et Perdreauville; 340 hab.

BELLECROIX, vg. de Fr., dép. de la Charente-Inférieure, com. de Dompierre; 830 h.

BELLECROIX, ham. de Fr., dép. de Saône-et-Loire, com. de Chagny; 120 hab.

BELLED-EL-KOUFAR et **BELLED-EL-ROUMI** (lieu des infidèles), deux stations voisines dans l'oasis de Siwah, faisant partie du désert oriental de Sahara, dans une contrée remarquable par de nombreuses catacombes, au S.-O. d'Alexandrie.

BELLED-EL-SCHÉRIFF. *Voyez* ZUÉLA.

BELLE-ÉGLISE, vg. de Fr., dép. de l'Oise, arr. de Senlis, cant. de Neuilly-en-Thelle, poste de Chambly; 380 hab.

BELLEFAYE, ham. de Fr., dép. de la Creuse, com. de Soumans; 160 hab.

BELLE-FIOLE, ham. de Fr., dép. du Cher, com. de St.-Hilaire-sous-Court; 60 h.

BELLEFOND, vg. de Fr., dép. de la Côte-d'Or, arr., cant. et poste de Dijon; 240 hab.

BELLEFOND, vg. de Fr., dép. de la Gironde, arr. de la Réole, cant. de Targon, poste de Sauveterre; 240 hab.

BELLEFONDS, vg. de Fr., dép. de la Vienne, arr. et poste de Châtellerault, cant. de Vouneuil-sous-Vienne; 250 hab.

BELLE-FONTAINE, pet. v. des Etats-Unis de l'Amérique du Nord, état de Missouri, comté de St.-Louis, a un bon port; elle est le chef-lieu du neuvième département militaire de l'Union; 900 hab.

BELLE-FONTAINE, b. du roy. de Belgique, prov. du Luxembourg, arr. de Neufchâteau; tourbières; 1100 hab.

BELLE-FONTAINE. *Voyez* VILLECOMTE.

BELLE-FONTAINE, vg. de Fr., dép. du Jura, arr. de St.-Claude, cant. et poste de Morez; horlogerie; 760 hab.

BELLE-FONTAINE, vg. de Fr., dép. de la Manche, arr. et poste de Mortain, cant. de Juvigny; papeteries; 470 hab.

BELLE-FONTAINE, ham. de Fr., dép. de la Meuse, com. de Futeau; 120 hab.

BELLÉ-FONTAINE, ham. de Fr., dép. de l'Oise, com. de Nampcel; 140 hab.

BELLE-FONTAINE, vg. de Fr., dép. de Seine-et-Oise, arr. de Pontoise, cant. et poste de Luzarches; 240 hab.

BELLE-FONTAINE, ham. de Fr., dép. de la Somme, com. de Bailleul; 130 hab.

BELLE-FONTAINE, vg. de Fr., dép. des Vosges, arr. de Remiremont, cant. et poste de Plombières; fabriques de coutellerie et de calicots; forges; carrières de pierres de taille et tourbières; 2650 hab.

BELLEFONTE, pet. v. des États-Unis de l'Amérique du Nord, état de Pensylvanie, comté du Centre, dont elle est le chef-lieu. Elle possède une académie, une banque et un peu de commerce; 2000 hab.

BELLEFOSSE, vg. de Fr., dép. du Bas-Rhin, arr. et à 6 l. N.-O. de Schlestadt, cant. de Rosheim, poste de Molsheim; 500 h.

BELLEFOSSE, vg. de Fr., dép. de la Seine-Inférieure, com. d'Allouville-Bellefosse; 200 hab.

BELLEGARDE (Pont-de-), vg. de Fr., dép. de l'Ain, com. de Musinens; 270 hab.

BELLEGARDE, vg. de Fr., dép. de l'Aude, arr. de Limoux, cant. et poste d'Alaigne; 460 hab.

BELLEGARDE, vg. de Fr., dép. de la Drôme, arr. de Die, cant. et poste de la Motte-Chalançon; 670 hab.

BELLEGARDE, vg. de Fr., dép. du Gard, arr. de Nismes, cant. et poste de Beaucaire; 1540 hab.

BELLEGARDE, vg. de Fr., dép. de la Haute-Garonne, arr. de Toulouse, cant. de Cadours, poste de l'Ile-en-Jourdain; 360 h.

BELLEGARDE, pet. v. de Fr., dép. de la Creuse, arr. à 2 1/2 l. E.-N.-E. et poste d'Aubusson, chef-lieu de cant.; 880 hab.

BELLEGARDE, vg. de Fr., dép. de l'Isère, arr. de Vienne, cant. et poste de Beaurepaire; 890 hab.

BELLEGARDE, vg. de Fr., dép. de la Loire, arr. de Montbrison, cant. de St.-Galmier, poste de Chazelles; 1130 hab.

BELLEGARDE, vg. de Fr., dép. du Loiret, arr. et à 5 l. O. de Montargis, chef-lieu de canton, poste de Boiscommun; commerce de safran, de cire et de miel; 920 h.

BELLEGARDE, forteresse de Fr., dép. des Pyrénées-Orientales, arr., cant., poste et à 2 l. E.-S.-E. de Céret. Cette place de guerre, qui domine le col de Pertuis, n'était d'abord qu'une tour à laquelle les Espagnols avaient ajouté quelques fortifications. Louis XIV en fit une forteresse régulière. Elle fut prise par les Espagnols en 1793; mais Dugommier la reprit en 1794. C'est à Bellegarde que, peu de jours après, on déposa les restes inanimés de ce brave général républicain, tué à côté de ses deux fils, sur la montagne Noire. Bellegarde fait partie de la commune de l'Écluse.

BELLEGARDE, vg. de Fr., dép. du Tarn, arr. et poste d'Albi, cant. de Villefranche; 480 hab.

BELLEGARDE, ham. de Fr., dép. du Tarn, com. de St.-Gaudens; 80 hab.

BELLEGARDE, ham. de Fr., dép. de Tarn-et-Garonne, com. de St.-Nauphary; 70 hab.

BELLEGARDE-ADOULINS, vg. de Fr., dép. du Gers, arr. de Mirande, cant. et poste de Masseube; 490 hab.

BELLEGHEM, vg. du roy. de Belgique, prov. de la Flandre occidentale, arr. et à 1 1/2 l. S. de Courtray; 2800 hab.

BELLEGOUTTE, ham. de Fr., dép. des Vosges, com. de Corcieux; 100 hab.

BELLEGOUTTE, ham. de Fr., dép. des Vosges, com. de St.-Léonard; 120 hab.

BELLEHERBE, vg. de Fr., dép. du Doubs, arr. de Montbéliard, cant. de Maiche, poste de St.-Hyppolite; 580 hab.

BELLE-HOULLEFORT, vg. de Fr., dép. du Pas-de-Calais, arr. et poste de Boulogne-sur-Mer, cant. de Desvres; 360 hab.

BELLE-ILE, pet. île à l'entrée du détroit du même nom, d'une étendue de 4 l. c. Elle appartient aux Anglais et n'est habitée que du temps des grandes pêches.

BELLE-ILE, détroit entre le Labrador et l'île de Terre-Neuve; il forme l'entrée septentrionale du golfe de St.-Laurent.

BELLE-ISLE-EN-MER, *Calonesus*, la plus grande des îles de l'Océan, appartenant à la France, située sous le 47° 17' de lat. N. et le 5° 25' de long. occ., à 3 l. S. de la presqu'île de Quiberon; elle fait partie du dép.

du Morbihan, de l'arr. de Lorient, et forme un canton divisé en 4 communes : Bangor, Loc-Maria, Sauzou et Palais; ce dernier est le chef-lieu de l'île. Elle a 6 l. de longueur de l'E. à l'O. et 2 l. de largeur du N. au S. Le climat y est doux et l'air salubre. Son sol est fertile en froment, avoine et pâturages; mais il produit peu de fruits et de légumes. Sa population, composée d'agriculteurs et de pêcheurs, est de 8250 habitants, répartis dans plus de cent hameaux dépendant des quatre communes que nous avons citées plus haut. Le commerce d'exportation consiste en blé, avoine, sel et poisson; celui d'importation en vins et bois de chauffage.

Cette île, qui portait d'abord le nom de Guedel, appartenait, au dixième siècle, à un comte de Cornouailles, celui-ci la donna à l'abbaye de Ste.-Croix, fondée en 1025 à Quimperlé. Les moines la possédèrent jusqu'en 1560. Les Espagnols l'ayant dévastée en 1557, et les religieux de Ste.-Croix se sentant trop faibles pour la défendre, ils la cédèrent avec l'assentiment de Charles IX, en échange d'autres terres, au maréchal de Retz, en faveur duquel Belle-Isle fut érigé en marquisat (1572). Pendant les guerres de la ligue, Belle-Isle fut prise et pillée par les protestants, sous le commandement de Montgommery. En 1658, le marquisat de Belle-Isle fut acheté par le surintendant Fouquet qui y fit construire le port et les fortifications. L'amiral hollandais Tromp s'en empara en 1674, mais l'île fut rendue à la France par la paix de Nimègue (1678—1679). En 1703, les Anglais réunis aux Hollandais, se présentèrent avec une flotte devant Belle-Isle; mais ils se retirèrent à la vue du grand nombre d'hommes armés qu'ils aperçurent sur la côte. Plus de la moitié de cette troupe redoutable se composait de femmes de l'île, auxquelles leurs maris avaient fait prendre des habits d'hommes. En 1718, le fils de Fouquet céda ce domaine à la couronne, en échange du comté de Gisors et d'autres seigneuries. Belle-Isle fut assiégée par les Anglais et prise par capitulation, le 7 juin 1761. Rendue à la France, en échange de Minorque (1763), elle est depuis restée française, malgré les nombreuses tentatives des Anglais guidés par les émigrés et favorisés par les Vendéens pendant les guerres de la république.

BELLE-ISLE-EN-TERRE, b. de Fr., dép. des Côtes-du-Nord, arr. et à 4 l. O. de Guingamp, chef-lieu de canton et poste; commerce de miel et de toiles communes; forges; 1080 hab.

BELLE-LANDE, vg. de Fr., dép. de l'Eure, com de Lonchamp; 260 hab.

BELLE-LOSE, ham. de Fr., dép. de l'Isère, com. de St.-Barthélemy-de-Séchilienne; 100 hab.

BELLEMACKER, ham. de Fr., dép. de la Moselle, com. de Merschwiller; 50 hab.

BELLEMAGNY, vg. de Fr., dép. du Haut-Rhin, arr. de Belfort, cant. de Fontaine, poste de la Chapelle-sous-Rougemont; 150 hab.

BELLE-MAISON (la), ham. de Fr., dép. de la Seine-Inférieure, com. de Croixmarre; 90 hab.

BELLEMARE, ham. de Fr., dép. de la Seine-Inférieure, com. de Varvannes; 70 hab.

BELLEMARE, ham. de Fr., dép. de la Seine-Inférieure, com. du Catelier; 90 hab.

BELLENAVES, b. de Fr., dép. de l'Allier, arr. de Gannat, cant. d'Ébreuil, poste de Chantelle; carrière de marbre; 2240 hab.

BELLENCOMBRE, b. de Fr., dép. de la Seine-Inférieure, arr. et à 6 l. S.-S.-E. de Dieppe, chef-lieu de canton et poste; 930 h.

BELLENEUVE, vg. de Fr., dép. de la Côte-d'Or, arr. de Dijon, cant. et poste de Mirebeau-sur-Bèze; 300 hab.

BELLENGLISE, vg. de Fr., dép. de l'Aisne, arr. de St.-Quentin, cant. et poste du Catelet; 520 hab.

BELLENGREVILLE, vg. de Fr., dép. du Calvados, arr. de Caen, cant. de Bourguébus, poste de Vimont; 500 hab.

BELLENGREVILLE, vg. de Fr., dép. de la Seine-Inférieure, arr. de Dieppe, cant. et poste d'Envermeu; 350 hab.

BELLENGREVILLETTE, ham. de Fr., dép. de la Seine-Inférieure, com. de Bellengreville; 100 hab.

BELLENOISSET, ham. de Fr., dép. de Saône-et-Loire, com. de Varennes-St.-Sauveur; 110 hab.

BELLENOT-SOUS-POUILLY, vg. de Fr., dép. de la Côte-d'Or, arr. de Beaune, cant. et poste de Pouilly-en-Montagne; 410 hab.

BELLENOT-SUR-SEINE ou sous-Origny, vg. de Fr., dép. de la Côte-d'Or, arr. de Châtillon-sur-Seine, cant. et poste d'Aignay-le-Duc; 320 hab.

BELLENOUE, vg. de Fr., dép. de la Vendée, com. de Château-Guibert; 320 hab.

BELLENOYE, ham. de Fr., dép. de la Haute-Saône, com. de la Villeneuve; 80 h.

BELLENTOT, ham. de Fr., dép. de la Seine-Inférieure, com. de Bouville; 190 h.

BELLEPERCHE, ham. de Fr., dép. de Tarn-et-Garonne, arr. de Cordes, cant. de Tolosanes, poste de Montech; 60 hab.

BELLEPERCHE, vg. de Fr., dép. de Tarn-et-Garonne, com. de Castelsarrasin; 1140 hab.

BELLERAY, vg. de Fr., dép. de la Meuse, arr., cant. et poste de Verdun-sur-Meuse; 260 hab.

BELLERÉE (la), ham. de Fr., dép. de Côte-d'Or, com. de Vertault; 50 hab.

BELLEROCHE, vg. de Fr., dép. de la Loire, arr. de Roanne, cant. de Belmont, poste de Charlieu; 830 hab.

BELLESAISE, ham. de Fr., dép. de l'Orne, com. de St.-Sulpice-sur-Rille; 150 hab.

BELLES-BARAQUES, ham. de Fr., dép.

de la Haute-Saône, com. de Villers-le-Sec; 110 hab.

BELLESERRE, vg. de Fr., dép. de la Haute-Garonne, arr. de Toulouse, cant. de Cadours, poste de Puiségur; 130 hab.

BELLESERRE, vg. de Fr., dép. du Tarn, arr. de Castres, cant. de Dourgne, poste de Sorèze; 320 hab.

BELLESME, v. de Fr., dép. de l'Orne, arr. et à 4 l. S. de Mortagne, chef-lieu de canton, à 8 l. E.-S.-E. d'Alençon; elle est située sur une colline très-élevée, près de la forêt du même nom; ses rues sont propres et ses maisons bien bâties; fabr. de toiles et tissus de coton; commerce de bois; eaux minérales de la Herse. Cette ville, dont on ignore l'origine, avait au dixième siècle des comtes particuliers; c'était la principale ville du Perche et la plus forte du pays. Elle fut cependant prise plusieurs fois par les Anglais et, en 1590, par Henri IV; 3280 h.

BELLESSEAUVE, ham. de Fr., dép. de la Creuse, com. de Janaillat; 70 hab.

BELLETRAMAN (la), ham. de Fr., dép. des Côtes-du-Nord, com. de Corseul; 70 h.

BELLEU, vg. de Fr., dép. de l'Aisne, arr., cant. et poste de Soissons; 380 hab.

BELLEUSE, vg. de Fr., dép. de la Somme, arr. d'Amiens, cant. de Conty, poste de Flers; 1020 hab.

BELLEVÈVRE, b. de Fr., dép. de Saône-et-Loire, arr. de Louhans, cant. et poste de Pierre; 570 hab.

BELLEVILLE, ham. de Fr., dép. de l'Aube, com. de Saint-Flavy; 130 hab.

BELLEVILLE, vg. de Fr., dép. du Cher, arr. de Sancerre, cant. de Léré, poste de Cosne; 560 hab.

BELLEVILLE, vg. de Fr., dép. de la Meurthe, arr. de Nancy, cant. et poste de Pont-à-Mousson; 500 hab.

BELLEVILLE, vg. de Fr., dép. de la Meuse, arr. et poste de Verdun-sur-Meuse, cant. de Charny; 600 hab.

BELLEVILLE, pet. v. de Fr., dép. du Rhône, arr. et à 3 l. N.-N.-E. de Villefranche, chef-lieu de canton; cette ville, fort jolie, avait autrefois une abbaye de chanoines de l'ordre de St.-Augustin; elle a aujourd'hui des manufactures d'étoffes de coton et de mousselines et des fabriques de toiles; 2450 hab.

BELLEVILLE, b. de Fr., dép. de la Seine, arr. de St.-Denis, cant. de Pantin et poste; affinage de métaux; filat. et fabr. de tissus-cachemires; fabr. de couvertures et molletons, d'étoffes de crin, de cuirs vernis, de liqueurs, de porcelaine, etc.; tréfil. d'acier fondu, de fer, de cuivre; 10,700 hab.

BELLEVILLE, vg. de Fr., dép. des Deux-Sèvres, arr. de Niort, cant. et poste de Beauvoir-sur-Niort; 220 hab.

BELLEVILLE, vg. de Fr., dép. des Deux-Sèvres, com. des Hameaux; 230 hab.

BELLEVILLE, vg. de Fr., dép. de la Vendée, arr. et poste de Bourbon-Vendée, cant. du Poiré-sous-Bourbon; 330 hab.

BELLEVILLE-EN-CAUX, vg. de Fr., dép. de la Seine-Inférieure, arr. de Dieppe, cant. et poste de Tôtes; 510 hab.

BELLEVILLE-SUR-BAR, vg. de Fr., dép. des Ardennes, arr. et poste de Vouziers, cant. du Chêne; 270 hab.

BELLEVILLE-SUR-MER, vg. de Fr., dép. de la Seine-Inférieure, arr. et poste de Dieppe, cant. d'Offranville; 280 hab.

BELLE-VOIE (port de la), ham. de Fr., dép. d'Indre-et-Loire, com. de la Chapelle-Blanche; 160 hab.

BELLEVUE ou **LE TAMBOUR**, ham. de Fr., dép. de l'Aisne, com. d'Any-Martin-Rieux; 80 hab.

BELLEVUE, vg. de Fr., dép. de la Meurthe, com. de Hertzing; 317 hab.

BELLEVUE, ham. de Fr., dép. des Basses-Pyrénées, com. de Jurançon; 60 hab.

BELLEVUE, ham. de Fr., dép. du Rhône, com. de St.-Maurice-sur-Dargoire et St.-Jean-de-Touslas; 50 hab.

BELLEVUE, ham. de Fr., dép. de Seine-et-Oise, com. de Meudon; 250 hab.

BELLEVUE, ham. de Fr., dép. de la Seine-Inférieure, com. de Canteleu; 50 h.

BELLEVUE, ham. de Fr., dép. de la Seine-Inférieure, com. de St.-Pierre-Benouville; 110 hab.

BELLEY, Belica, v. de Fr., dép. de l'Ain, chef-lieu d'arrondissement, à 15 l. S.-E. de Bourg et 130 l. S.-E. de Paris; siège d'un tribunal de première instance, d'une direction des douanes et d'un évêché, suffragant de l'archevêché de Besançon; elle est située entre deux collines, à 1 1/2 l. du Rhône; son palais épiscopal est un édifice très-remarquable; elle possède une bibliothèque, un musée d'antiquités et une société d'agriculture; fabriques de mousselines, de toiles de lin et de chanvre. On récolte dans les environs du vin, de l'orge, du lin, du chanvre, des châtaignes, des truffes noires très-estimées. Toutes ces productions, ainsi que les bestiaux et les produits des fabriques, sont les articles du commerce de Belley. Foires, les 23 juin, 28 août, 9 et 10 novembre; 4280 hab.

Cette ville, dont on ignore l'origine, fut une des premières qui adoptèrent le christianisme dans les Gaules; elle avait déjà un siége épiscopal au commencement du cinquième siècle.

BELLEY, ham. de Fr., dép. de l'Aube, com. de Villechétif; 170 hab.

BELLEYDOUX, vg. de Fr., dép. de l'Ain, arr. de Nantua, cant. et poste d'Oyonnax; 860 hab.

BELLEZANNE, ham. de Fr., dép. de la Haute-Vienne, com. de Bersac; 160 hab.

BELLICOURT, vg. de Fr., dép. de l'Aisne, arr. de St.-Quentin, cant. et poste du Catelet; 1120 hab.

BELLIÈRE(la), vg. de Fr., dép. des Côtes-du-Nord, com. de Loudéac; 300 hab.

BELLIÈRE(la), vg. de Fr., dép. de l'Orne,

30

arr. d'Argentan, cant. et poste de Mortrée; 490 hab.

BELLIÈRE (la), vg. de Fr., dép. de la Seine-Inférieure, arr. de Neufchâtel-en-Bray, cant. et poste de Forges; 150 hab.

BELLIGNÉ, vg. de Fr., dép. de la Loire-Inférieure, arr. d'Ancenis, cant. et poste de Varades; 2160 hab.

BELLIGNIES, vg. de Fr., dép. du Nord, arr. d'Avesnes, cant. et poste de Bavay; forges et exploitation de marbre; 600 hab.

BELLIN, vg. du grand-duché de Mecklembourg-Schwérin, cer. Wendique; papeteries, tuileries et fours à chaux; 515 hab.

BELLINGHAM, pet. v. industrieuse des États-Unis de l'Amérique du Nord, état de Massachusetts, comté de Norfolk; 1500 hab.

BELLINZONA, *Baltiona* (en allemand Bellenz), pet. v. de Suisse, cant. du Tésin, chef-lieu de district et de cercle, à 40 mètres au-dessus du lac Majeur. Deux forteresses se trouvent à l'E., une autre à l'O. de Bellinzona, et de fortes murailles en descendent jusque dans le Tésin, de manière qu'en fermant les portes de la ville, l'entrée de toute la vallée de Reviera se trouve fermée. Elle est l'entrepôt de toutes les marchandises qui vont en Italie ou en viennent par le St.-Gothard, le Lucmanier et le Bernardino. Il s'y tient annuellement deux foires, où l'on vend principalement du vin, du fromage et du riz. Son église est la plus belle de tout le canton; le pont sur le Tésin est magnifique, il a 10 arches, 714 pieds de long sur 21 de large; 8500 hab. pour le district, 2700 pour le cercle et 1500 pour la ville.

BELLIOLE (la), vg. de Fr., dép. de l'Yonne, arr. de Sens, cant. et poste de Chéroy; 230 hab.

BELLIVAL, vg. de Fr., dép. de l'Oise, com. de Gilocourt; 160 hab.

BELLOC, vg. de Fr., dép. de l'Arriège, arr. de Pamiers, cant. et poste de Mirepoix; 310 hab.

BELLOC, vg. de Fr., dép. de l'Arriège, com. de Betchat; 280 hab.

BELLOC, ham. de Fr., dep. de la Haute-Garonne, com. de Lapeyrouse; 90 hab.

BELLOC, vg. de Fr., dép. du Gers, com. de Ju-Belloc; 255 hab.

BELLOC, ham. de Fr., dép. de Lot-et-Garonne, com. de Casteljaloux; 60 hab.

BELLOCASSI, g. a., peuple de la Gaule belgique, habitant le long des rives sept. de la Seine; capitale Rouen.

BELLOCQ, vg. de Fr., dép. des Basses-Pyrénées, arr. d'Orthez, cant. et poste de Salies; 1150 hab.

BELLOCS (les), ham. de Fr., dép. de Lot-et-Garonne, com. de Clairac; 110 hab.

BELLOC-SAINT-CLAMENS, vg. de Fr., dép. du Gers, arr., cant. et poste de Mirande; 660 hab.

BELLON, vg. de Fr., dép. du Calvados, arr. de Lisieux, cant. de Livarot, poste de Fervacques; 330 hab.

BELLON, vg. de Fr., dép. de la Charente, arr. de Barbezieux, cant. d'Aubeterre, poste de Chalais; 570 hab.

BELLONNE, vg. de Fr., dép. du Pas-de-Calais, arr. d'Arras, cant. de Vitry, poste de Douai; 210 hab.

BELLOT, vg. de Fr., dép. de Seine-et-Marne, arr. de Coulommiers, cant. et poste de Rebais; 310 hab.

BELLOTERIE (la), ham. de Fr., dép. de l'Aveyron, com. de Viala-du-Tarn; 60 hab.

BELLOU-EN-HOULME, vg. de Fr., dép. de l'Orne, arr. de Domfront, cant. de Messei, poste de Flers; 2870 hab.

BELLOUET, vg. de Fr., dép. du Calvados, com. de Bellon; 160 hab.

BELLOU-LE-TRICHARD, vg. de Fr., dép. de l'Orne, arr. de Mortagne-sur-Huine, cant. du Theil, poste de Bellesme.

BELLOU-SUR-HUINE, vg. de Fr., dép. de l'Orne, arr. de Mortagne-sur-Huine, cant. et poste de Remalard; papeteries et fabr. de sucre indigène; 940 hab.

BELLOVACI, g. a., peuple de la Gaule belgique.

BELLOY, ham. de Fr., dép. de l'Oise, com. de Lataulle; 120 hab.

BELLOY, ham. de Fr., dép. de l'Oise, com. de St.-Omer-en-Chaussée; 80 hab.

BELLOY, vg. de Fr., dép. de Seine-et-Oise, arr. de Pontoise, cant. et poste de Luzarches; 740 hab.

BELLOY-EN-SANTERRE, vg. de Fr., dép. de la Somme, arr. de Péronne, cant. de Chaulnes, poste d'Estrées-Déniécourt; 410 h.

BELLOY-SAINT-LÉONARD, vg. de Fr., dép. de la Somme, arr. d'Amiens, cant. de Hornoy, poste d'Airaines; 260 hab.

BELLOY-SUR-MER, vg. de Fr., dép. de la Somme, com. de Friville-Escarbotin; 300 h.

BELLOY-SUR-SOMME, vg. de Fr., dép. de la Somme, arr. d'Amiens, cant. et poste de Picquigny; fabr. de tapis et velours; 970 hab.

BELLOZANE-MASSY, ham. de Fr., dép. de la Seine-Inférieure, com. de Massy; 50 h.

BELLOZANNE, ham. de Fr., dép. de la Seine-Inférieure, com. de Brémontier-Merval; 100 hab.

BELLSUND, vaste baie sur la côte S.-O. de l'île de Spitzbergen, sous le 77° 35' de lat. N. Elle comprend la petite baie de Fairhaven.

BELLUIRE, vg. de Fr., dép. de la Charente-Inférieure, arr. de Saintes, cant. et poste de Pons; 260 hab.

BELLUNA, b. d'Autriche, roy. Lombard-Vénitien, gouv. de Venise, prov. de Trévise; 4300 hab.

BELLUNE, v. d'Autriche, roy. Lombard-Vénitien, gouv. de Venise, chef-lieu de la prov. du même nom, au confluent de la Piave et de l'Ardo. Siége d'un évêque et d'un tribunal provincial. Il y a une belle cathédrale, plusieurs couvents et hospices, un grand séminaire et une bibliothèque. Fabriques de soie, de cire, de cuir et de poterie. Commerce de bestiaux et de bois. Patrie du pape régnant. La province de Bellune a 39 l. c. géogr. et 115,000 habitants; la ville en a 10,000.

BELLYE, seigneurie de la Hongrie, dans l'Esclavonie civile, appartenant à l'archiduc Charles; on y fait un vin regardé comme le bourgogne de la Hongrie; 10,000 hab.

BELMESNIL, vg. de Fr., dép. de la Seine-Inférieure, arr. de Dieppe, cant. de Longueville, poste de Bacqueville; 680 hab.

BELMOND, ham. de Fr., dép. de l'Isère, com. de Roche; 160 hab.

BELMONT, comté de l'état d'Ohio, États-Unis de l'Amérique du Nord. Il est borné au N. par le comté de Harrison, à l'E. par l'état de Pensylvanie, au S. par le comté de Monroé et à l'O. par celui de Guernesey, et compte 22,000 habitants. C'est un pays rude, inégal, aride, parfois sauvage, traversé par l'Ohio, entrecoupé de districts extrêmement fertiles et en général d'un aspect très-pittoresque.

BELMONT, vg. de Fr., dép. de l'Ain, arr. et poste de Belley, cant. de Virieux-le-Grand; 670 hab.

BELMONT, pet. v. de Fr., dép. de l'Aveyron, arr. et à 4 l. S.-S.-O. de St.-Affrique, chef-lieu de canton, poste de Camarès; 2150 hab.

BELMONT, ham. de Fr., dép. de l'Aveyron, com. de Bertholène; 60 hab.

BELMONT, vg. de Fr., dép. du Doubs, arr. de Baume-les-Dames, cant. de Vercel, poste de Landresse; 140 hab.

BELMONT, vg. de Fr., dép. du Gers, arr. d'Auch, cant. et poste de Vic-Fezensac; 600 hab.

BELMONT, vg. de Fr., dép. du Gers, arr., cant. et poste de Condom; 160 hab.

BELMONT, vg. de Fr., dép. de l'Isère, arr. de la Tour-du-Pin, cant. et poste du Grand-Lemps; 480 hab.

BELMONT, ham. de Fr., dép. de l'Isère, com. de Chavanoz; 130 hab.

BELMONT, vg. de Fr., dép. de l'Isère, com. de Vaulnaveys-le-Haut; 320 hab.

BELMONT, vg. de Fr., dép. du Jura, arr. et poste de Dôle, cant. de Montbarrey; 460 hab.

BELMONT, v. de Fr., dép. de la Loire, arr. et à 7 l. N.-E. de Roanne, chef-lieu de cant., poste de Charlieu; 3390 hab.

BELMONT, vg. de Fr., dép. de la Haute-Marne, com. de Bussières-les-Belmont; 400 h.

BELMONT (*Schœnberg*), vg. de Fr., dép. du Bas-Rhin, arr. et à 6 l. N.-O. de Schlestadt, cant. de Rosheim, poste de Molsheim; 580 hab.

BELMONT, vg. de Fr., dép. du Rhône, arr. de Villefranche-sur-Saône, cant. et poste d'Anse; 110 hab.

BELMONT, vg. de Fr., dép. de la Haute-Saône, arr. de Lure, cant. et poste de Luxeuil; 340 hab.

BELMONT, vg. de Fr., dép. des Vosges, arr. de Mirecourt, cant. de Monthuaux-sur-Saône, poste de Darney; 280 hab.

BELMONT, vg. de Fr., dép. des Vosges, arr. de St.-Dié, cant. de Brouvelieures, poste de Bruyères; 530 hab.

BELMONTE, pet. v. de l'emp. du Brésil, prov. d'Espirito-Santo, comarque et à 10 l. N. de Porto-Séguro; pêche, agriculture et commerce; 1300 hab.

BELMONTE (Rio-Grande-de-), gr. fl. de l'emp. du Brésil, formé par la réunion des deux branches qui prennent leurs sources dans la Serra do Espinhaço, prov. de Minas-Géraès; elles sont connues sous les noms d'Araçuahy et de Jiquitintonha; celle-ci est la plus occidentale et renommée par les diamants qu'on y trouve. Après leur jonction, qui a lieu à Minas-Novas, le Rio-Grande-de-Belmonte traverse la comarque de Porto-Séguro, dans la prov. d'Espirito-Santo, et à Belmonte il entre dans l'Océan; le Rio-de-Salsa, canal naturel toujours navigable, met ce fleuve en communication avec le Rio-Pardo.

BELMONTE, b. d'Espagne, roy. de la Nouvelle-Castille, prov., dist. et à 15 l. S.-O. de Cuenca; 2600 hab.

BELMONTE-DE-TÉJO, b. d'Espagne, roy. de la Nouvelle-Castille, prov. de Madrid, entre les prov. de Guadalaxara et de Cuenca.

BELMONTEL, vg. de Fr., dép. du Lot, arr. de Cahors, cant. et poste de Montcuq; 470 hab.

BELMONTET, vg. de Fr., dép. de Tarn-et-Garonne, arr. de Montauban, cant. et poste de Montclar; 950 hab.

BELMONT-PRÈS-BRÉTENOUX, vg. de Fr., dép. du Lot, arr. de Figeac, cant. de Brétenoux, poste de St.-Céré; 450 hab.

BELMONT-PRÈS-LALBENQUE, vg. de Fr., dép. du Lot, arr. de Cahors, cant. de Lalbenque, poste de Caussade; 1570 hab.

BELMONT-SUR-VAIR, vg. de Fr., dép. des Vosges, arr. de Neufchâteau, cant. et poste de Bulgnéville; 350 hab.

BELODIE (la), vg. de Fr., dép. du Lot, com. de Pradines; 350 hab.

BELŒLA, v. d'Afrique, région de la Nigritie intérieure, Soudan, résidence d'un sultan qui relève du roy. de Bornou.

BELOGRAD, pet. v. fortifiée d'Autriche, gouv. de Transylvanie, cer. de Karlstadt, importante par ses fortifications, son hôtel des monnaies, son observatoire et sa bibliothèque. Siége de l'évêché catholique de la Transylvanie. A quelque distance se trouvent les mines d'or, les plus riches de tout l'empire; 6000 hab.

BELOI ou **BJELOI**, v. de la Russie d'Europe, gouv. de Smolensk, v. capitale du cer. du même nom, sur l'Obscha; elle est mal bâtie; 2274 hab.

BÉLON, ham. de Fr., dép. du Finistère, com. de Moélan; 50 hab.

BELONCHAMP, vg. de Fr., dép. de la

Haute-Saône, arr. et poste de Lure, cant. de Melisey; tissage de coton; 340 hab.

BELOSERSK, v. de la Russie d'Europe, gouv. de Nowogorod, chef-lieu du cer. du même nom, sur la Scheksna; 2780 hab.

BELOUR-TAG. *Voyez* BOLOR.

BÉLOUTCHISTAN, pays de l'Asie, situé entre 58° et 67° long. or. et entre 25° et 30° lat. N., borné au N. par le roy. de Kaboul, à l'E. par les possessions de Rundjit-Singh, (confédération des Seikhs) et la principauté du Sindh, au S. par le golfe d'Oman et à l'O. par le roy. de Perse. Une grande partie de cette contrée, surtout la partie orientale, est couverte de montagnes; la chaîne principale est celle des monts Brahouiks, qui s'élève au cap Mouza et se dirige vers le N., dépasse les limites du Béloutchistan et paraît se rattacher au Parapamisus, à l'O. de Kelat. D'autres montagnes traversent et sillonnent en tous sens ce pays. Les cours d'eau du Béloutchistan sont peu considérables, car l'Harrand-Daïel, baigné par l'Indus, est un district séparé entièrement de la masse principale du territoire; nous nommerons parmi ses rivières, qui sont de véritables torrents et dont plusieurs se dessèchent en été, le Nougor, qui descend du plateau du Mekran occidental et passe par Kassarkand et Gouttar; le Doust qui, s'il est la continuation du Bhadak, est la plus grande de tout le Béloutchistan et traverse du N. au S. la province du Mekran; le Pourally descend du plateau de Djalaouan et traverse la petite province de Luz; ces trois rivières se jettent dans le golfe d'Oman; le Nari, qui passe par Bagh et reçoit le Kouhi, n'arrive pas à la mer. Le climat du Béloutchistan est très-varié; le long de la côte la chaleur est quelquefois insupportable, et les vents brûlants y détruisent toute la végétation. Le Mekran est très-insalubre; quelques provinces ont un terrain gras et fertile; d'autres parties sont des déserts dont le principal, appelé du nom de Béloutchistan, est difficile à traverser. On trouve dans les montagnes du Béloutchistan l'or, l'argent, le plomb, le fer, le cuivre, l'étain, l'antimoine, le soufre, le sel ammoniac, le sel de roche, le marbre blanc et gris. Les espèces de grains, connues dans l'Indoustan, sont cultivées avec plus ou moins de succès dans les différentes parties du pays; le coton et la garance réussissent très-bien au N. et à l'E. de Kelat, et l'indigo qu'il produit passe pour être supérieur à celui du Bengale. Le nombre de trois ou quatre millions d'habitants que quelques géographes accordent au Béloutchistan, est probablement exagéré; il faut le réduire à deux. La population de ce pays est très-mélangée; outre les Indiens, il y a les Dehvars ou Dehkans, les Djeths ou Noumris, les Mekraniens et les Béloutchis. Ces derniers forment la majeure partie de la population de ce pays et se divisent en Béloutchis et en Brahuïs. Les premiers semblent être de race différente, quoique leurs traits caractéristiques se soient un peu effacés par leur mélange. Les Béloutchis sont plus enclins au pillage, tandis que les Brahuïs mènent plutôt la vie pastorale. Ils sont Mahométans-Sunnites et laissent plus de liberté aux femmes que ne le veut le coran. Les Béloutchis ont un grand nombre d'esclaves des deux sexes, qu'ils traitent cependant avec bonté. Chez les deux peuples l'hospitalité est regardée comme un devoir sacré. Le Béloutchistan n'est, à proprement parler, qu'une confédération composée de plusieurs petits territoires, dont les chefs reconnaissent la suprématie de celui qui réside à Kelat et qui lui-même était autrefois vassal du roi de Kaboul. Depuis la mort de Nasir-Khan, arrivée en 1795, la plupart des khans ont secoué l'autorité du khan Mahmoud, dont la souveraineté n'embrassait plus en 1825, que le district de Kelat, la partie septentrionale de la province de Saravan, la partie basse du Katch-Gandava et le district de Harrand-Daïel. Cependant Kelat est toujours regardée comme la capitale de la confédération. Le Béloutchistan est divisé dans les six provinces suivantes, subdivisées chacune en plusieurs districts dépendant immédiatement des serdars ou chefs : Saravan, Katch-Gandava, Djalavan, Lous, Mekran, Koubistan. Les forces générales des Béloutchis se montent à environ 150,000 combattants.

BELOUZE. *Voyez* BLOUZE.

BELOVAT, v. forte de Hongrie, Croatie militaire, chef-lieu du généralat de Warasdin; 1200 hab.

BELP, vg. parois. de Suisse, cant. de Berne, bge de Seftigen, à 16 pieds au-dessous de l'Aar, aux débordements de laquelle on a opposé de fortes digues, qui pourtant sont souvent rompues; 1500 hab.

BELPECH, b. d'Espagne, principauté de Catalogne, dist. de Lérida; 1200 hab.

BELPECH, v. de Fr., dép. de l'Aude, arr. et à 5 l. S.-O. de Castelnaudary, chef-lieu de canton, poste de Salles-sur-l'Hers; commerce de vins et fabriques de draps; 2450 h.

BELPECH, ham. de Fr., dép. de l'Aveyron, com. de St.-André; 90 hab.

BELPECH ou BEAUPY, vg. de Fr., dép. de la Haute-Garonne, arr., cant. et poste de Toulouse; 230 hab.

BELPECH, vg. de Fr., dép. de Tarn-et-Garonne, com. de St.-Nauphary; 230 hab.

BELPER, b. d'Angleterre, comté de Derby; filatures de coton, fabriques de bas et d'étoffes de coton; 7300 hab.

BELPONEICH, vg. de Fr., dép. de la Haute-Garonne, com. de Montespan; 130 h.

BELPRÉ, b. des États-Unis de l'Amérique du Nord, état d'Ohio, comté de Washington, sur l'Ohio; 1000 hab.

BELPUIG, ham. de Fr., dép. des Pyrénées-Orientales, com. de Prunet, poste d'Ille; 100 hab.

BELRAIN, vg. de Fr., dép. de la Meuse, arr. de Commercy, cant. de Pierrefitte, poste de St.-Mihiel; 340 hab.

BELREGARD, vg. de Fr., dép. de l'Aveyron, arr. d'Espalion, cant. de Ste.-Geneviève, poste de Mur-de-Barrez; 400 hab.

BELREPAIRE, ham. de Fr., dép. des Vosges, com. de Fraize; 130 hab.

BELRUPT, vg. de Fr., dép. de la Meuse, arr., cant. et poste de Verdun-sur-Meuse; 360 hab.

BELRUPT, vg. de Fr., dép. des Vosges, arr. de Mirecourt, cant. et poste de Darney; 420 hab.

BELT (Grand-), détroit qui unit la Baltique au Cattegat. Il sépare les îles danoises de Seeland et Laland de Fionie et de Langeland; sa largeur varie de 4 à 7 l.; des bancs de sable, des rochers et des îlots en rendent la navigation difficile.

BELT (Petit-), autre détroit qui unit la Baltique au Cattegat; il sépare la Fionie du Jutland, et n'a qu'un quart de lieue de largeur près du fort Friedericia, qui domine complétement cette entrée de la Baltique. La côte n'est pas escarpée, mais les bancs de sable et les courants rendent ce détroit dangereux; aussi les grands bâtiments préfèrent-ils le passage du Sund à celui des deux Belt.

BELUS, vg. de Fr., dép. des Landes, arr. de Dax, cant. et poste de Peyrehorade; 670 hab.

BELUSA (Belus), b. du roy. de Hongrie, cer. en-deçà du Danube; avec un château; poteries, tuileries, sources sulfureuses; 2000 hab.

BELUZE (la), ham. de Fr., dép. de Saône-et-Loire, com. de Briant; 150 hab.

BELVAL, vg. de Fr., dép. des Ardennes, arr. et cant. de Mézières, poste de Charleville; 370 hab.

BELVAL, vg. de Fr., dép. de la Manche, arr. et poste de Coutances, cant. de Cérisy-la-Salle; 540 hab.

BELVAL, vg. de Fr., dép. de la Marne, arr. de Reims, cant. de Châtillon-sur-Marne, poste de Port-à-Binson; 500 hab.

BELVAL, vg. de Fr., dép. de la Marne, arr. et poste de Ste.-Ménéhould, cant. de Dammartin-sur-Yèvre; 320 hab.

BELVAL, ham. de Fr., dép. de l'Oise, com. de Plessis-de-Roye; 130 hab.

BELVAL, ham. de Fr., dép. du Pas-de-Calais, com. de Trois-Vaux; 60 hab.

BELVAL, vg. de Fr., dép. des Vosges, arr. de St.-Dié, cant. et poste de Senones; 420 hab.

BELVAL-BOIS-DES-DAMES, vg. de Fr., dép. des Ardennes, arr. de Vouziers, cant. et poste de Buzancy; forges; 260 hab.

BELVEDÈRE, vg. de Fr., dép. de la Corse, arr., cant. et poste de Sartène; 130 hab.

BELVÉDÈRE, *Eurgalus*, b. du roy. des Deux-Siciles, prov. de la Calabre citérieure,

renommé pour ses vins et ses raisins secs.

BELVÈS, v. de Fr., dép. de la Dordogne, arr. et à 4 l. S.-O. de Sarlat, chef-lieu de canton et poste; fabriques d'huiles, de cuirs, de toiles, briques, tuiles et chaux; 2560 h.

BELVÈS, vg. de Fr., dép. de la Gironde, arr. de Libourne, cant. et poste de Castillon; 350 hab.

BELVÈS, ham. de Fr., dép. de Lot-et-Garonne, com. de Caubel; 60 hab.

BELVÈZE, vg. de Fr., dép. de l'Aude, arr. de Limoux, cant. et poste d'Alaigne; 380 hab.

BELVEZÉ, vg. de Fr., dép. de l'Aveyron, com. de St.-Chély-d'Aubrac; 130 hab.

BELVEZÉ, vg. de Fr., dép. de Tarn-et-Garonne, arr. de Moissac, cant. et poste de Lauzerte; 250 hab.

BELVEZET, vg. de Fr., dép. du Gard, arr. d'Uzès, cant. et poste de Lussan; 500 hab.

BELVEZET, vg. de Fr., dép. de la Lozère, arr. de Mende, cant. et poste de Blaymard; 300 hab.

BELVIANES, vg. de Fr., dép. de l'Aude, arr. de Limoux, cant. et poste de Quillan; usines à fer et laminoir; 310 hab.

BELVILLE. *Voyez* LOGAN.

BELVOIR, vg. de Fr., dép. du Doubs, arr. de Baume-les-Dames, cant. et poste de Clerval; 530 hab.

BELWAR, pet. v. fortifiée du roy. de Bohême, cer. de Rakonitz, sur la riv. Rouge; filatures et tissages; 1000 hab.

BÉLYDAH, BLADA, BLIDA, *Bida Colonia*, v. de la rég. et à 7 l. S.-O. d'Alger, prov. de Titteri, dans une situation délicieuse. Détruite entièrement, le 2 mars 1825, par un tremblement de terre qui fit périr presque tous ses habitants, elle s'est promptement relevée de ses ruines, grâce à sa position favorable au commerce et à la fertilité de son territoire; on estimait, il y a quelques années, sa population à 15,000 âmes; depuis les désastres que lui a attirés de la part des Français la perfidie de ses habitants, elle ne doit se monter qu'à 4000 individus; contrée riche en orangers.

BELZ, pet. v. du roy. de Galicie, cer. de Zolkiew, sur le Zolokia; fabriques de soude; 1600 hab.

BELZ, vg. de Fr., dép. du Morbihan, arr. et à 4 l. S.-E. de Lorient, chef-lieu de canton, poste d'Auray; 1400 hab.

BELZIG, v. de Prusse, prov. de Brandebourg, rég. de Potsdam, chef-lieu du cercle du même nom; papeteries, fabriques de draps et de toiles; culture de chanvre et de houblon; 2200 hab.

BEMBE, grande contrée d'Afrique, dans la Nigritie maritime ou Basse-Guinée, entre Matamka, Oako, Benguela et les pays intérieurs des Schaga. Elle est bien arrosée et très-fertile. Ses habitants sont sauvages et professent le fétichisme.

BEMBÉZAR. *Voyez* TAGE.

BEMBIBRE, b. d'Espagne, roy. et prov. de Léon, dist. et à 3 l. N.-E. de Ponferrada, sur la Boëza; manufactures d'outils et de divers objets en fer; 1650 hab.

BEMBLEY, pet. v. d'Angleterre, comté de Worcester, sur la Severn; fabriques d'ouvrages en corne d'une rare finesse et d'acide sulfurique. Le sel, le malt, le cuir et la quincaillerie sont les principaux objets de son commerce; 4000 hab.

BÉMÉCOURT, vg. de Fr., dép. de l'Eure, arr. d'Évreux, cant. et poste de Breteuil; clouteries; 840 hab.

BEMPOSTA, nom de trois bourgs du Portugal, deux dans la prov. de Béira et un dans celle de Tras-os-Montès.

BENAC, vg. de Fr., dép. de l'Ariège, arr., cant. et poste de Foix; 300 hab.

BENAC, vg. de Fr., dép. des Hautes-Pyrénées, arr. et poste de Tarbes, cant. d'Ossun; 940 hab.

BENACHIE ou **BENESECH**, b. de la Moyenne-Égypte, dist. de Bénisouëf, sur le canal de Joseph. On y voit une belle mosquée et les ruines de l'ancienne Oxyrynchus.

BENAGUAZIL, b. d'Espagne, roy. et à 5 l. N.-O. de Valence, sur la rive gauche du Guadalaviar; 3200 hab.

BENAGUES, vg. de Fr., dép. de l'Ariège, arr. et cant. de Pamiers, poste de Varilles; forges; 240 hab.

BENA-HAAVE. *Voyez* **PALMA**.

BENAINVILLIERS, ham. de Fr., dép. de Seine-et-Oise, com. de Morainvilliers; 90 h.

BENAIS, vg. de Fr., dép. d'Indre-et-Loire, arr. de Chinon, cant. et poste de Bourgueil; 1630 hab.

BENAIX, vg. de Fr., dép. de l'Ariège, arr. de Foix, cant. et poste de Lavelanet; 570 hab.

BÉNAMÉNIL, vg. de Fr., dép. de la Meurthe, arr., cant. et poste de Lunéville; 650 hab.

BÉNARÈS (en sanscrit Varanachi), v. de l'Allahabad, dans l'Inde, près de Calcutta; siège d'un tribunal d'appel, ville sacrée, métropole de la science et de la théologie hindoues. Elle est bâtie sur une éminence au bord du Gange. Un grand nombre de gaths ou lieux d'abordage conduisent dans l'intérieur de la ville, dont les rues sont si étroites qu'un palanquin a de la peine à y passer. Les maisons en pierre, richement ornées de sculptures et de peintures, sont très-hautes; il y en a beaucoup de six étages; les fenêtres sont très-petites; en plusieurs endroits, des galeries unissent les deux côtés de la rue. Les principaux édifices de Bénarès sont: la superbe mosquée d'Aurengzeb, bâtie sur le point le plus élevé de la cité, en face de la rivière et sur l'emplacement du temple de Brahma qu'on a démoli; l'observatoire, fondé par le radjah Djeising; le temple de Visvicha, pagode qui attire tous les ans à Bénarès près de cent mille pèlerins qui y viennent offrir leurs sacrifices et se purifier dans le Gange; et une multitude d'autres temples couverts de fleurs, d'animaux, de branches de palmiers, sculptés avec élégance, et dont quelques-uns, très-petits, sont disposés comme des niches dans l'angle des rues et sous l'abri de quelque grande maison. Cette ville possède un grand nombre d'écoles hindoues, plusieurs écoles mahométanes et une université brahmanique, connue sous le nom de *Vidalaya*, fréquentée par 5000 étudiants; le gouvernement anglais en paye les professeurs.

Bénarès est une ville très-riche et très-commerçante; elle est le principal marché de diamants et autres pierres précieuses; elle se distingue par ses nombreuses fabriques de soie, de coton et de laine, et l'on y apporte les châles du Nord, les mousselines de Dakka et autres villes, les marchandises anglaises de Calcutta, etc. Sa population s'est encore sensiblement accrue depuis la domination anglaise et, selon M. Hamilton, qui la regarde comme la ville la plus grande et la mieux peuplée de l'Inde, elle possède 630,000 habitants, dont un dixième est mahométan; 8000 maisons appartiennent à des Brahmanes qui vivent d'aumônes, quoiqu'ils possèdent des biens-fonds; 16,000 maisons en argile sont habitées par le peuple. Les bœufs, animaux sacrés et sous la protection spéciale du dieu Siva, dont Bénarès est la résidence, parcourent librement la ville; des groupes de singes consacrés à Hanoumân, grimpent sur les toits des maisons et des temples, et volent impunément les fruitiers et les confiseurs. L'Hindou est persuadé que quiconque meurt à Bénarès va droit au paradis, et cette ville est réputée tellement sainte, que plusieurs radjahs y entretiennent des agents chargés de faire à leur place les sacrifices et ablutions voulus par la loi de Brahma.

Dès l'année 1017, le sultan Mahmoud s'empara de Bénarès, mais ce ne fut qu'en 1190 que les Musulmans s'y établirent d'une manière permanente. Le radjah de Bénarès, indépendant jusque-là, devint, en 1775, tributaire des Anglais qui le détrônèrent quelques années après et ne laissèrent à son neveu, qu'ils mirent à sa place, qu'un simulacre de pouvoir.

BENARVILLE-PUTOT, vg. de Fr., dép. de la Seine-Inférieure, com. de Tocqueville-les-Murs; 450 hab.

BENASAL, b. d'Espagne, roy. de Valence, prov. et à 10 l. N. de Castellau-de-la-Plana; 2250 hab.

BENASSAIS, vg. de Fr., dép. de la Vienne, arr. de Poitiers, cant. de Vouillé, poste de Neuville; 2000 hab.

BENATE (la), vg. de Fr., dép. de la Charente-Inférieure, arr., cant. et poste de St.-Jean-d'Angely; 500 hab.

BENATE (la), vg. de Fr., dép. de la Loire-

Inférieure, arr. de Nantes, cant. de Léger, poste de Machecoul; 400 hab.

BENATEK ou **BENATKY**, pet. v. du roy. de Bohême, cer. de Bunzlau, sur l'Iser, avec un château. Non loin on trouve des diamants; 1200 hab.

BENATRE. *Voyez* BOIS-BENATRE.

BENAVARRE, *Bergidum*, pet. v. d'Espagne, roy. d'Aragon, sur la frontière de Catalogne, à 7 l. E.-N.-E. de Balbastro; avec un château; 2000 hab.

BENAVEN, vg. de Fr., dép. de l'Aveyron, com. de Ste.-Geneviève; 210 hab.

BENAVENTE, *Brigæcium*, pet. v. d'Espagne, roy. de Léon, prov. de Valladolid, à 8 l. N.-N.-E. de Zamora, au confluent de l'Orvigo et de l'Esla; fabriques d'étoffes de soie; 2500 hab.

BENAVENTE, b. du Portugal, prov. d'Alentéjo, dist. d'Aviz, sur la Sorraya; commerce de blé; 2200 hab.

BENAY, vg. de Fr., dép. de l'Aisne, arr. de St.-Quentin, cant. de Moy, poste de Courville; 340 hab.

BENAYES, vg. de Fr., dép. de la Corrèze, arr. de Brives, cant. de Lubersac, poste de Masseret; 910 hab.

BENCOULEN, v. dans le gouv. hollandais de Padang, île de Sumatra, à l'embouchure de la rivière de ce nom. Le séjour en est malsain et le commerce déchu; cependant on y compte encore 10,000 habitants. Le fort de Marlborough, qui la défend, a quelque importance. Cette ville était, jusqu'en 1824, le chef-lieu de la colonie anglaise de Bencoulen; mais ces derniers l'ont cédée, ainsi que plusieurs autres districts de Sumatra, aux Hollandais, en échange de Malacca et de quelques établissements que ceux-ci possédaient dans l'Inde.

BEND-EMIR. *Voyez* BAKHTEGHIAN.

BENDER, v. forte de la Russie d'Europe, gouv. de Bessarabie, cer. de Kawschanj, sur le Dniester; commerce considérable; 10,000 hab.

BENDER-ABASSI ou **GOMROUM**, v. et port de la Perse, sur le golfe Persique, prov. de Kerman; autrefois considérable et très-commerçante, mais abandonnée à cause de l'insalubrité de l'air; 20,000 hab.

BENDORF, b. de Prusse, prov. rhénane, rég. de Coblence; mines de fer et forges importantes; fonderies d'acier; manufactures de draps; filatures de laine; carrières de pierres de construction; 2100 hab.

BENDORFF, vg. de Fr., dép. du Haut-Rhin, arr. d'Altkirch, cant. et poste de Ferrette; 370 hab.

BÉNÉ, ham. de Fr., dép. de Maine-et-Loire, arr., cant. et poste d'Angers, com. de Juigné-Béné; 80 hab.

BENE, v. du roy. de Sardaigne, prov. de Mondori, entre la Stura et le Tanaro; fait quelque commerce; 5000 hab.

BENEADI, b. considérable et riche de la Moyenne-Égypte, dist. de Montfalout.

BENEAUVILLE, ham. de Fr., dép. du Calvados, com. de Bavent; 60 hab.

BENEAUVILLE, ham. de Fr., dép. du Calvados, com. de Chicheboville; 140 hab.

BENECH, ham. de Fr., dép. du Lot, com. de Lugagnac; 90 hab.

BÉNÉJACQ, vg. de Fr., dép. des Basses-Pyrénées, arr. de Pau, cant. de Clarac-près-Nay, poste de Nay; 1620 hab.

BÉNERVILLE, vg. de Fr., dép. du Calvados, arr. et cant. de Pont-l'Évêque, poste de Touques; 130 hab.

BENESSE-LES-DAX, vg. de Fr., dép. des Landes, arr., cant. et poste de Dax; 410 hab.

BENESSE-MARENNE, vg. de Fr., dép. des Landes, arr. de Dax, cant. et poste de St.-Vincent-de-Tyrosse; 670 hab.

BENEST, vg. de Fr., dép. de la Charente, arr. et poste de Confolens, cant. de Champagne-Mouton; 1480 hab.

BENESTROFF, vg. de Fr., dép. de la Meurthe, arr. de Château-Salins, cant. d'Albestroff, poste de Dieuze; 350 hab.

BENESVILLE, vg. de Fr., dép. de la Seine-Inférieure, arr. d'Yvetot, cant. et poste de Doudeville; 570 hab.

BÉNET. *Voyez* SAINT-ROMAIN-DE-BENET.

BÉNET, vg. de Fr., dép. de la Vendée, arr. de Fontenay-le-Comte, cant. de Maillezais, poste d'Oulmes; 2230 hab.

BENET (le), ham. de Fr., dép. des Vosges, com. de Val-d'Ajol; 100 hab.

BENEUVRE, vg. de Fr., dép. de la Côte-d'Or, arr. de Châtillon-sur-Seine, cant. et poste de Recey-sur-Ource; 340 hab.

BÉNÉVENT (Benevento), chef-lieu de la délégation de ce nom, appartenant aux états de l'Église, mais enclavée dans la principauté ultérieure du roy. de Naples; siège d'un archevêché; elle est grande et possède beaucoup d'édifices remarquables, parmi lesquels on distingue le bel arc de triomphe de Trajan qui sert de porte à la ville. Son industrie et son commerce sont peu considérables. Bénévent a joué un rôle dans l'histoire du moyen âge et fut, pendant plus de cinq cents ans, le siège d'un des plus importants duchés de l'Italie; fondée par les Lombards en 571, elle subsista longtemps après la chute de leur empire. Plus tard elle devint la proie des Sarrazins et fut conquise par les Normands qui la réunirent au duché de Pouille et de Calabre. En 1806, Napoléon en fit don à Talleyrand qui prit le titre de prince de Bénévent; mais depuis 1815 la ville a été rendue au pape; 14,000 h.

BENEVENT, vg de Fr., dép. des Hautes-Alpes, arr. de Gap, cant. et poste de St.-Bonnet; 600 hab.

BENEVENT, ham. de Fr., dép. des Hautes-Alpes, com. de Nossage; 80 hab.

BÉNÉVENT, b. de Fr., dép. de la Creuse, arr. et à 5 l. N.-N.-O. de Bourganeuf, chef-lieu de canton et poste; commerce de peaux brutes, de chiffons, de bestiaux, et fabriques de toiles, de chandelles estimées, de briques, de cordes; 1520 hab.

BÉNÉVENTE, pet. v. de l'emp. du Brésil, prov. d'Espirito-Santo, comarque du même nom et à l'embouchure du Rio-Bénévente, dans l'Océan. Cette ville, fondée par les jésuites, est située dans une contrée très-fertile, a un bon port et un commerce considérable; 2000 hab.

BENEY, vg. de Fr., dép. de la Meuse, arr. de Commercy, cant. et poste de Vigneulles; 390 hab.

BENEZ, ham. de Fr., dép. d'Eure-et-Loir, com. de St.-Arnoult-des-Bois; 120 h.

BENEZET (Saint-) ou SAINT-BENOIT-DE-CHEIRAN, vg. de Fr., dép. du Gard, arr. d'Alais, cant. et poste de Ledignan; 190 h.

BENFELDEN, pet. v. de Fr., dép. du Bas-Rhin, arr. et à 4 l. N.-N.-E. de Schléstadt, chef-lieu de canton, sur l'Ill; elle a une poste et un hôpital. La culture et le commerce du chanvre y sont très-étendus; on y fait aussi des récoltes assez considérables de tabac. Le hameau d'Ell, l'ancienne Helvétus, où l'on prétend que fut enterré St.-Materne, premier apôtre de l'Alsace, fait partie de la commune de Benfelden. Foires les 25 février, 25 juillet et 10 août; 2555 hab.

Benfelden fut élevé près des ruines de Helvétus, détruite par les Barbares. Les antiquités découvertes à Ell, et dont quelques-unes se trouvent à la bibliothèque de Strasbourg, ne laissent aucun doute à cet égard. Au quatorzième siècle, le comte Ulrich de Wurtemberg surprit et pilla Benfelden pendant la guerre que le pape Jean XII suscita en nommant empereur Otton, frère de Fréderic-le-Beau, concurrent de Louis-de-Bavière, à l'empire. Les habitants furent chassés de leurs foyers et ne purent y rentrer qu'après la conclusion de la paix signée à Haguenau, en 1330. En 1349, Benfelden fut le siége d'une diète ou assemblée dans laquelle on résolut l'expulsion des juifs, qui, à cette époque d'ignorance et de fanatisme, étaient toujours les premières victimes des discordes civiles. L'évêque de Strasbourg engagea Benfelden, en 1394, à la ville de Strasbourg, et elle ne fut rachetée qu'en 1559. Dans cet intervalle, le protestantisme y avait été introduit, puis aboli. En 1548, Benfelden fut fortifié, ce qui n'empêcha pas les Suédois de s'en emparer pendant la guerre de trente ans. Ceux-ci en firent une place d'armes qu'ils conservèrent jusqu'en 1650. Après la paix de Westphalie, les fortifications de Benfelden furent rasées et n'ont plus été relevées.

BENGALE, gr. prov. de l'Inde, située entre 21° et 27° lat. N., et entre 83° 56' et 90° 12' long. orient., est bornée au N.-O. par le Népaul, au N. par le Thibet et le Boutan, au N.-E. par Assam, à l'E. par l'emp. Birman, au S. par le golfe de Bengale, au S.-O. et à l'O. par Orissa, Gundwana et Bahar. Sa longueur et sa largeur, à peu près égales, sont d'environ 125 l. Les broussailles impénétrables et les hautes montagnes du N., d'autres montagnes et de grandes rivières à l'E., une mer semée d'écueils et de bancs de sable au S. défendent assez bien le Bengale, vaste plaine qui descend de l'Himalaya à la mer et qu'arrosent deux magnifiques fleuves, le Gange et le Brahmapoutra, qui à leur embouchure forment un vaste delta couvert de bois et de broussailles et habité par des tigres et autres bêtes féroces. Les débordements du Gange commencent au mois de mai; le fleuve inonde alors les plaines environnantes quelquefois à plus de trente lieues d'étendue et produit le même effet que le Nil en Égypte. Le sol du Bengale est fort propre à la culture du riz, dans les districts du S.; plus au N. on plante du blé et de l'orge. Les autres productions de cette province sont le sucre, le coton, l'indigo, l'opium, le tabac, le poivre, le sésame, des noix d'arce, de l'aloès, du bois de santal, du camphre, du salpêtre, etc. On y élève beaucoup de vers à soie, des animaux domestiques parmi lesquels il faut nommer l'éléphant. Les forêts sont peuplées de sangliers, de buffles, d'éléphants sauvages, de rhinocéros, d'antilopes, de singes, de chacals, de tigres et même de lions dont l'existence au Bengale a été longtemps révoquée en doute. Les reptiles venimeux y sont très-communs. Le climat du Bengale est très-chaud; mais les pluies, l'air des montagnes et les vents de la mer le tempèrent. Les habitants, au nombre de 25 millions, sont pour la plupart Indiens ou Musulmans; aussi le brahmanisme et l'islamisme sont-ils les religions les plus répandues. Leur langue est le bengali, dont beaucoup de mots appartiennent au sanscrit, l'ancienne langue sacrée et savante de l'Inde; on y parle aussi le persan, l'arabe, l'indostani et l'anglais. Lorsque les Anglais conquirent le Bengale, il y existait une classe particulière, les Zemindars, qui étaient les propriétaires reconnus du sol qu'ils donnaient à cultiver aux fermiers, moyennant une rente dont ils gardaient une portion pour eux et remettaient le reste au gouvernement. La compagnie anglaise, tout en conservant ce système, a cependant pris quelques dispositions favorables aux cultivateurs.

Le Bengale fait partie de la présidence de Calcutta depuis la conquête des Anglais qui viennent de changer les divisions politiques de l'Inde; mais ces divisions nouvelles ne sont pas encore bien connues. Les principales villes du Bengale sont: Calcutta, Sirampour, Chandernagor, Hougly, Dakka, Mourchedabad, etc.

Le Bengale faisait autrefois partie de l'empire du Grand-Mogol et était gouverné par un nabab ou vice-roi. Vers 1757, après la destruction de l'empire mogol par Kalif Khan, la compagnie des Indes qui avait des établissements importants à Calcutta et dans d'autres endroits, commença à préparer la chute des Nababs qui s'étaient presque tous rendus indépendants. Le major Adams conquit en 1763 tout le Bengale dans l'espace de quatre mois et en chassa le Nabab. Le schah Zabah, qui avait pris le titre de mogol, chargea, sur les instances de lord Clive, la compagnie de percevoir les impôts moyennant une somme annuelle qu'il recevrait, de sorte que la compagnie devint réellement souveraine et eût un revenu considérable. Les Nababs n'eurent qu'un pouvoir civil titulaire que les agents de la compagnie ont souvent exploité de la manière la plus scandaleuse. En 1770, à la suite d'une mauvaise récolte, la compagnie spécula sur les vivres, ce qui fit mourir de faim plus de trois millions d'Hindous.

BENGALE (golfe de), *Gangetinus Sinus*, gr. enfoncement de la mer des Indes, entre l'Inde et l'Inde transgangétique, dans lequel se déchargent les eaux du Gange et du Brahmapoutra. L'île de Ceylan est la plus grande des îles situées dans ce golfe.

BENGAZI, *Hadriane* ou *Bérénice*, pet. v. de la régence de Tripoli, désert de Barca, sur la Méditerranée, avec un port sûr mais d'un accès difficile en hiver et une citadelle, à 160 l. E. de Tripoli; 5000 hab. Commerce considérable avec l'intérieur du pays. Le territoire est fertile en légumes et en fruits.

BENGUELA, vaste roy. d'Afrique, Basse-Guinée, borné au N. par les roy. d'Angola et de Matamba, au S. et à l'E. par de grands déserts encore inexplorés, et à l'O. par l'Océan Atlantique. Son étendue, du N. au S., est d'environ 160 l. Des nombreuses rivières qui l'arrosent, les plus considérables sont: le Coanza, le Gubororo et le Curo. L'air y est malsain, mais le sol très-fertile, surtout en riz; les excellents pâturages nourrissent un grand nombre de bœufs et de moutons, qui y sont d'une grosseur énorme; mines d'argent et de cuivre mal exploitées; commerce d'esclaves, d'éléphants, d'ivoire et de bois de teinture. Les Portugais, sous la domination desquels est le roi de cet état, sont aussi les seuls Européens qui y possèdent un établissement. Jusqu'ici la civilisation n'a pas encore fait de grands progrès parmi les habitants de ce royaume dont St.-Philippe-de-Benguéla est la capitale.

BENGY-SUR-CRAON, vg. de Fr., dép. du Cher, arr. de Bourges, cant. de Baugy, poste de Villequiers; 860 hab.

BENHOSTEL, ham. de Fr., dép. des Côtes-du-Nord, com. de Pludual; 200 hab.

BÉNI, fl. considérable de la rép. du Pérou; il prend naissance dans la rép. de Bolivia, prov. de La Paz et près de la ville de ce nom, entre dans la rép. du Pérou où il traverse les dép. de Cuzco et d'Ayacucho et se jette dans l'Ucayali après un cours de 225 l. du S. au N.-O. Ses principaux affluents sont: le Rio-Alijarata, le Rio-Carapata, le Rio-Scampaya, le Rio-Quétoto, le Rio-de-la-Paz ou Chuquiabo, le Rio-Uopi, le Rio-Coroico, le Rio-de-Pelechuco, le Rio-da-Santa-Rosa, le Rio-Tarabéni et le Rio-Chulumani.

BENI-ABBAS, b. de la rég. de Tripoli, près du défilé de Gharia et d'une plaine fertile en blé, safran, huile, pommes et amandes, au S. de Tripoli.

BENI-ADY, b. considérable de la Haute-Égypte, à 3 l. N. de Syout; station ordinaire des grandes caravanes du Barfour; fabr. d'huile. Il fut ruiné par les Français.

BENIARAX, *Bunobora*, *Beniaraxa*, v. autrefois considérable de la rég. d'Alger, Afrique, prov. de Tlémecen, à 7 1/2 l. S.-O. d'Oran; blé, miel et pâturages.

BENI-BOOTALEB, dist. montagneux de la prov. de Constantine, rég. d'Alger; mines d'argent et de plomb.

BENICARLO, pet. v. d'Espagne, roy. de Valence, prov. et à 15 l. N.-N.-E. de Castellon-de-la-Plana, sur la Méditerranée, dans une contrée renommée pour ses vignobles; pêche et commerce d'huiles et de vins; 3200 hab.

BENICOURT, vg. de Fr., dép. de la Meurthe, com. de Clémery; 290 hab.

BENIDORM, b. d'Espagne, roy. de Valence, dist. et à 10 l. O.-N.-O. d'Alcoy, sur la Méditerranée. A 1 l. S. est situé l'îlot du même nom; filat. de laine et pêche considérable; 2500 hab.

BÉNIFONTAINE, vg. de Fr., dép. du Pas-de-Calais, arr. de Béthune, cant. et poste de Lens; 150 hab.

BENIFOSSE, ham. de Fr., dép. des Vosges, com. de Mandray; 90 hab.

BENIGANIM, b. d'Espagne, roy. de Valence, dist. et à 2 l. S.-E. de San-Félipe; vins renommés et abondants; 3600 hab.

BENIGNE (Saint-), vg. de Fr., dép. de l'Ain, arr. de Bourg-en-Bresse, cant. et poste de Pont-de-Vaux; 1220 hab.

BENIGNO, b. du roy. de Sardaigne, prov. de Turin, sur la Malona; 3250 hab.

BENIGUAZÉVAL, *Beniguazevalus Mons*, branche de la chaîne de l'Atlas, roy. de Fez. L'Erguila ou Guarga, affluent du Sébou, y a sa source.

BENIMARAZ, *Benimarasius Mons*, branche de la chaîne de l'Atlas, emp. de Maroc.

BENI-MEZZAB, dist. mér. de la rég. d'Alger, appartenant à la prov. de Titteri; produit beaucoup de dattes. Commerce de plumes d'autruches.

BENIN (Saint-), vg. de Fr., dép. de l'Allier, arr. de Montluçon, cant. et poste de Cérilly; 330 hab.

BENIN (Saint-), vg. de Fr., dép. du Calvados, arr. de Falaise, cant. et poste d'Harcourt-Thury; 190 hab.

BENIN (Saint-), vg. de Fr., dép. du Nord, arr. de Cambrai, cant. et poste du Cateau; 480 hab.

BÉNIN. *Voyez* FORMOSE.

BÉNIN (côte de), prov. d'Afrique, Haute-

Guinée, Nigritie maritime, à l'E. de la côte des Esclaves. Elle s'étend depuis la rivière Biméria jusqu'au cap Formose. Le sol est marécageux et couvert de forêts impénétrables.

BÉNIN ou **ADOO**, roy. d'Afrique, sur la côte de ce nom, Haute-Guinée, région de la Nigritie maritime, à l'E. et à l'O. du fleuve Bénin. Le pays est bas, marécageux et couvert de forêts; il s'élève à mesure qu'on s'éloigne de la côte. Les habitants sont les esclaves d'un despote qu'ils adorent comme un dieu. Ils sont très-avides et vindicatifs. La religion du pays leur défend de verser le sang d'un blanc, mais il leur est permis de l'empoisonner. On y immole des hommes et des animaux. Un lézard est, après le roi, la divinité principale du pays. Les Européens y échangent du sel et du tabac de Brésil contre l'ivoire et de l'huile de palmier. Bénin, ville à l'O. du fleuve du même nom, dans une plaine marécageuse et couverte de forêts, est la capitale du royaume.

BENIN-D'AZY (Saint-), vg. de Fr., dép. de la Nièvre, arr. et à 5 l. E. de Nevers, chef-lieu de canton et poste; forges, fourneaux pour la fonte; 1640 hab.

BENIN-DES-BOIS (Saint-), vg. de Fr., dép. de la Nièvre, arr. de Nevers, cant. et poste de St.-Saulge; 840 hab.

BENIN-DES-CHAMPS (Saint-), ham. de Fr., dép. de la Nièvre, com. de Montapas; 110 hab.

BENING-LÈS-RORBACH, vg. de Fr., dép. de la Moselle, arr. de Sarreguemines, cant. et poste de Rorbach; 1210 hab.

BENING-LÈS-SAINT-AVOLD, vg. de Fr., dép. de la Moselle, arr. de Sarreguemines, cant. et poste de St.-Avold; 730 hab.

BENIOLEED, v. de la rég. et à 36 l. S.-E. de Tripoli, située dans une contrée riche en oliviers et en palmiers; 2000 hab.

BENI-SNOUSE, branche de l'Atlas, prov. de Tlémecen, rég. d'Alger. La Tafna y a sa source.

BÉNISSONS-DIEU, vg. de Fr., dép. de la Loire, com. de Briennon; 450 hab.

BENISOUÉF, v. de la Moyenne-Égypte, chef-lieu de la prov. du même nom, sur la rive gauche du Nil, à 25 l. S. du Caire. Fabriques de tapis et commerce de blé.

BENI-TEUDI, *Baba*, v. jadis considérable du roy. de Fez.

BENITO-ABAD (San-), pet. v. de la rép. de la Nouvelle-Grenade, dép. de Magdalena, prov. de Carthagène; 1700 hab.

BÉNIVAL, vg. de Fr., dép. de la Drôme, arr. de Nyons, cant. et poste du Buis; 120 hab.

BENIZERWAL, branche de la chaîne de l'Atlas, au S. de la prov. de Tlémecen, rég. d'Alger.

BENJAMIN (tribu de), g. a., était bornée à l'E. par le Jourdain, au N. par la tribu d'Ephraïm, à l'O. par celle de Dan, et au S. par celle de Juda. La tribu de Benjamin s'allia avec Juda, après la mort de Salomon (975 avant J.-Ch.), et de cette alliance se forma le royaume de Juda.

BEN-LOMOND, une des montagnes les plus élevées de l'île de Van-Diémen, à environ 9 l. de Launceston.

BENNECKENSTEIN, v. de Prusse, prov. de Saxe, rég. d'Erfurt, au pied du Harz; fonderie de fer, clouterie, fabriques de boissellerie et de quincaillerie; 2700 hab.

BENNECOURT, vg. de Fr., dép. de Seine-et-Oise, arr. de Mantes, cant. et poste de Bonnières; 1140 hab.

BENNEREY, vg. de Fr., dép. du Calvados, com. de Chapelle-Yvon; 200 hab.

BENNETOT, vg. de Fr., dép. de la Seine-Inférieure, arr. d'Yvetot, cant. et poste de Fauville; 320 hab.

BENNETOT, ham. de Fr., dép. de la Seine-Inférieure, com. de Ste.-Geneviève; 140 hab.

BEN-NEWIS. *Voyez* GRAMPIANS.

BENNEY, vg. de Fr., dép. de la Meurthe, arr. de Nancy, cant. de Haroué, poste de Neuviller-sur-Moselle; 750 hab.

BENNINGTON, comté de l'état de Vermont, États-Unis de l'Amérique du Nord, borné par les comtés de Hutland, de Windsor, de Windham et par les états de Massachusetts et de New-York. Il a une étendue de 30 l. c. géogr., avec 17,000 habitants. Des branches des montagnes Vertes traversent en tout sens le pays qui possède des mines de fer, mais n'a point de grands cours d'eau.

BENNINGTON, pet. v. des États-Unis de l'Amérique du Nord, état de Vermont, chef-lieu du comté de Bennington, dans une contrée très-fertile, à 15 l. N.-E. d'Albany. Cette ville est importante par son industrie et son commerce. Tout près, les milices des états de New-York et de Vermont remportèrent, en 1777, une victoire sur les Anglais.

BENNISCH, v. d'Autriche, gouv. de Moravie et Silésie, cer. de Troppau; commerce considérable de fil et de lin; 2200 hab.

BENNWIHR, vg. de Fr., dép. du Haut-Rhin, arr. et poste de Colmar, cant. de Kaysersberg; 1030 hab.

BENO (île), ham. de Fr., dép. des Côtes-du-Nord, com. de Perros-Guirec; 60 hab.

BEN-ODET, vg. de Fr., dép. du Finistère, com. de Perguet; 670 hab.

BENOISEY, vg. de Fr., dép. de la Côte-d'Or, com. de Benoisey; 220 hab.

BENOIST (Saint-), ham. de Fr., dép. de la Sarthe, com. de Chemiré-le-Gaudin; 130 hab.

BENOIST (Saint-), vg. de Fr., dép. de la Vienne, arr., cant. et poste de Poitiers; 480 hab.

BENOIST-DES-OMBRES (Saint-), vg. de Fr., dép. de l'Eure, arr. de Pont-Audemer, cant. de St.-Georges-du-Vièvre, poste de Lieurey; 280 hab.

BENOIST-SUR-LOIRE (Saint-), vg. de Fr., dép. du Loiret, arr. de Gien, cant. d'Ouzouer-sur-Loire, poste de Châteauneuf-sur-Loire ; 1540 hab.

BENOIT (Saint-), b. de Fr., dép. de l'Ain, arr. et poste de Belley, cant. de Lhuis ; 1220 hab.

BENOIT (Saint-), vg. de Fr., dép. des Basses-Alpes, arr. de Castellanne, cant. et poste d'Annot ; 510 hab.

BENOIT (Saint-), vg. de Fr., dép. de l'Aude, arr. de Limoux, cant. et poste de Chalabre ; 400 hab.

BENOIT (Saint-), vg. de Fr., dép. de la Drôme, arr. de Die, cant. et poste de Saillans ; 220 hab.

BENOIT (Saint-), vg. de Fr., dép. d'Indre-et-Loire, arr. et poste de Chinon, cant. d'Azay-le-Rideau ; 530 hab.

BENOIT (Saint-), vg. de Fr., dép. de la Meuse, arr. de Commercy, cant. et poste de Vigneulles ; 110 hab.

BENOIT (Saint-), ham. de Fr., dép. de Seine-et-Oise, arr., cant. et poste de Rambouillet, com. d'Auffargis ; 130 hab.

BENOIT (Saint-), vg. de Fr., dép. de la Vendée, arr. des Sables, cant. des Moutiers, poste d'Avrillé ; 490 hab.

BENOIT (Saint-), vg. de Fr., dép. des Vosges, arr. d'Épinal, cant. et poste de Rambervillers ; 1040 hab.

BENOIT-DE-BEUVRON (Saint-), ham. de Fr., dép. de la Manche, com. de St.-James ; 130 hab.

BENOIT-DE-CHEIRAN. *Voyez* SAINT-BENEZET.

BENOIT-DE-CRAMAUX (Saint-), vg. de Fr., dép. du Tarn, arr. d'Albi, cant. de Monestiés, poste de Cramaux ; 370 hab.

BENOIT-DE-MOISSAC (Saint-), vg. de Fr., dép. de Tarn-et-Garonne, com. de Moissac ; 500 hab.

BENOIT-DES-ONDES (Saint-), vg. de Fr., dép. d'Ille-et-Vilaine, arr. de St.-Malo, cant. et poste de Cancale ; 780 hab.

BENOIT-DU-SAULT (Saint-), pet. v. de Fr., dép. de l'Indre, arr. et à 8 l. S.-E. du Blanc, chef-lieu de cant. et poste ; elle est fort jolie et située au pied des montagnes, ramification de la chaine de la Corrèze, dans une contrée pittoresque. Non loin de la ville on admire les rochers et la cascade de Mongarno. Cette petite ville a des forges et des fonderies dont les produits sont estimés, et en général une industrie très-active ; 1350 hab.

Saint-Benoit-du-Sault doit son origine à un monastère de bénédictins, fondé au neuvième siècle. Cette ville, autrefois fortifiée, fut prise par les protestans, en 1563. Ses murailles, dont on voit encore quelques débris, furent rasées pendant les guerres de la ligue.

BENOIT-LES-MONESTIÉS (Saint-). *Voyez* SAINT-BENOIT-DE-CRAMAUX.

BENOIT-SUR-SEINE (Saint-), vg. de Fr., dép. de l'Aube, arr., cant. et poste de Troyes ; 270 hab.

BENOIT-SUR-VANNE (Saint-), vg. de Fr., dép. de l'Aube, arr. de Troyes, cant. d'Aix-en-Othe, poste de Villeneuve-l'Archevêque ; 310 hab.

BENOIT-D'HÉBERTOT (Saint-), vg. de Fr., dép. du Calvados, arr. et poste de Pont-l'Evêque, cant. de Blangy ; 460 hab.

BENOIT-D'IZEAUX (Saint-). *Voyez* IZEAUX.

BENOITEVAUX, vg. de Fr., dép. de la Meuse, com. de Rambluzin ; 60 hab.

BENOITVILLE, vg. de Fr., dép. de la Manche, arr. de Cherbourg, cant. et poste des Pieux ; 620 hab.

BENON, b. de Fr., dép. de la Charente-Inférieure, arr. de la Rochelle, cant. de Courçon, poste de Nuaillé ; éducation de moutons anglais ; fabr. de sucre indigène, 960 hab.

BENON, ham. de Fr., dép. de la Gironde, com. de St.-Laurent-de-Médoc ; 200 hab.

BÉNONCES, vg. de Fr., arr. de l'Ain, arr. et poste de Belley, cant. de Lhuis ; 600 hab.

BENOUVILLE, vg. de Fr., dép. du Calvados, arr. et poste de Caen, cant. de Douvres ; 350 hab.

BENOUVILLE, vg. de Fr., dép. de la Seine-Inférieure, arr. du Hâvre, cant. de Criquetot-Lesneval, poste de Montivilliers ; 400 hab.

BENOVA, v. d'Afrique, Nigritie occidentale, pays de Ludamar.

BENQUE, vg. de Fr., dép. de la Haute-Garonne, arr. de St.-Gaudens, cant. d'Aurignac, poste de Martres ; 440 hab.

BENQUÉ, ham. de Fr., dép. du Gers, com. de Castillon-Debats ; 120 hab.

BENQUÉ, vg. de Fr., dép. des Hautes-Pyrénées, arr. et poste de Bagnères-en-Bigorre, cant. de Lannemezan ; 230 hab.

BENQUE-DESSUS-ET-DESSOUS, vg. de Fr., dép. de la Haute-Garonne, arr. de St.-Gaudens, cant. et poste de Bagnères-de-Luchon ; 150 hab.

BENQUET, vg. de Fr., dép. des Landes, arr. et poste de Mont-de-Marsan, cant. de Grenade-sur-l'Adour ; 1290 hab.

BENSHAUSEN, b. de Prusse, prov. de Saxe, rég. d'Erfurt ; commerce considérable de vins ; forges et clouteries ; 1520 hab.

BENSHEIM, v. du grand-duché de Hesse, prov. de Starkenbourg ; gymnase et maison de refuge. Le vin des environs est très-estimé ; 4000 hab.

BENSON, pet. v. des États-Unis de l'Amérique du Nord, état de Vermont, comté de Rutland ; 2200 hab.

BENTAYOU, vg. de Fr., dép. des Basses-Pyrénées, arr. de Pau, cant. de Montaner, poste de Vic-en-Bigorre ; 320 hab.

BENTHEIM, b. du roy. de Hanovre, gouv. d'Osnabruck ; sources sulfureuses ; 1390 h.

BENTING, ham. de Fr., dép. de la Moselle, com. de Bouzonville ; 140 hab.

BENTON, pet. v. florissante des États-Unis

de l'Amérique du Nord, état de New-York, comté d'Ontario, sur la Sénéca; 4000 hab.

BÉNY, vg. de Fr., dép. de l'Ain, arr. de Bourg-en-Bresse, cant. et poste de Coligny; 1080 hab.

BÉNY-BOCAGE, b. de Fr., dép. du Calvados, arr., à 3 l. N.-N.-E. et poste de Vire, chef-lieu de canton; 910 hab.

BENYE, vg. d'Autriche, roy. de Hongrie, cer. en-deçà de la Theiss, renommé par ses vins de Tokay.

BÉNY-SUR-MER, vg. de Fr., dép. du Calvados, arr. de Caen, cant. de Creully, poste de la Délivrande; 630 hab.

BEN-ZERT. *Voyez* BISERTA.

BÉON, vg. de Fr., dép. de l'Ain, arr. de Belley, cant. de Champagne, poste de Culaz; 530 hab.

BÉON, ham. de Fr., dép. des Basses-Pyrénées, com. d'Aste-Béon; 140 hab.

BÉON, vg. de Fr., dép. de l'Yonne, arr., cant. et poste de Joigny; 520 hab.

BÉOST, vg. de Fr., dép. des Basses-Pyrénées, arr. d'Oloron, cant. et poste de Laruns; 410 hab.

BÉOTIE, g. a., contrée de la Grèce Propre, était bornée au N. et au N.-E. par le golfe Euripus, au N.-O. par la Locride, la Phocide et le Sinus Corinthiacus, et au S. par la Mégaride et l'Attique; capitale Thèbes. Fait partie aujourd'hui du roy. de Grèce.

BEQUERELLE, vg. de Fr., dép. du Pas-de-Calais, com. de Boyry-Becquerelle; 330 h.

BEQUET. *Voyez* CHAPELLE-BECQUET.

BEQUIGNY, vg. de Fr., dép. de la Seine-Inférieure, com. de Limezy; 300 hab.

BEQUIN, ham. de Fr., dép. de Lot-et-Garonne, com. de Montesquieu; 90 hab.

BERA, ham. de Fr., dép. de la Sarthe, com. de Teillé; 50 hab.

BERAIN (Saint-), vg. de Fr., dép. de la Haute-Loire, arr. de Brioude, cant. et poste de Langeac; 510 hab.

BERAIN-SOUS-SANVIGNE (Saint-), vg. de Fr., dép. de Saône-et-Loire, arr. d'Autun, cant. de Montcenis, poste de Blancy; huile; 1180 hab.

BERAIN-SUR-D'HEUNE (Saint-), vg. de Fr., dép. de Saône-et-Loire, arr. de Châlons-sur-Saône, cant. de Givry, poste de Couches; 720 hab.

BERAOUA ou BERAWA, BRAVA, v. d'Afrique, région de l'Afrique orientale, côte de Sowanli. Sa rade est défendue par plusieurs îlots; il y a un phare.

BÉRAR, prov. de l'Inde, dans le Dekkan, nommée ainsi à cause des Bérar-Gats qui la traversent. La Wurda, la Garkh-Poornah et la Poorna sont les principales rivières de ce pays, dont le climat est celui du plateau du Dekkan. L'agriculture et l'éducation du bétail sont dans un état satisfaisant; on exporte du coton, de l'opium et du blé. La population du Bérar n'est pas exactement connue; celle de la partie méridionale est faible. Ellitchpour, la capitale, Amrawutty et Malkapour sont les principales villes du Bérar.

BERARD, vg. de Fr., dép. de la Loire, com. d'Outrefurens; charbons de terre; 310 hab.

BERARDIER, ham. de Fr., dép. de l'Isère, com. de Jardin; 50 hab.

BERAT, vg. de Fr., dép. de la Haute-Garonne, arr. de Muret, cant. de Carbonne, poste de Noé; 1100 hab.

BÉRAT, v. de la Turquie d'Europe, eyalet de Roumili; une forteresse la domine. Elle est le siége d'un évêque grec et a 11,000 habitants qui font un commerce condérable.

BERAUN, cer. du roy. de Bohême, emp. d'Autriche. Ses bornes sont au N. le cercle de Rakonitz, à l'E. le cercle de Kaurzim, au S.-E. le cercle de Tabor, au S.-O. le cercle de Prachin et à l'O. le cercle de Pilsen. La Moldau est son principal fleuve. Superficie 52 l. c. géogr.; 140,000 hab.

BERAUN, *Berium*, pet. v. du roy. de Bohême, cer. de Beraun, au confluent de la Litawka avec la Beraunka; fabriques de poteries estimées; mines de houille et carrières de marbre; 2000 hab.

BERAUN. *Voyez* BÆHREN.

BERAUT, vg. de Fr., dép. du Gers, arr., cant. et poste de Condom; 470 hab.

BERBE. *Voyez* DENDÉRAH.

BERBERA ou BARBORA, pet. port de mer du pays des Somanlis, Afrique orientale, principale place maritime de toute la côte d'Adel. Il s'y tient une foire annuelle très-considérable, qui commence en décembre et ne finit qu'en avril. On y fait commerce d'encens, de myrrhe, de gomme élastique, d'or, d'ivoire, de bétail et de beurre; marché d'esclaves. Ce sont les Somanlis eux-mêmes qui transportent ces objets en Arabie et sur la côte d'Abyssinie, car ils ne souffrent point que les vaisseaux arabes entrent dans leurs ports.

BERBERUST, vg. de Fr., dép. des Hautes-Pyrénées, arr. d'Argelès, cant. et poste de Lourdes; 78 hab.

BERBEZIT, vg. de Fr., dép. de la Haute-Loire, arr. de Brioude, cant. et poste de la Chaise-Dieu; 460 hab.

BERBICE, gouv. de la Guyane anglaise, se compose de la colonie du même nom, sur les deux rives du Berbice. Il est borné à l'O. par le gouvernement de Démérari, dont il est séparé par l'Awarykreck, à l'E. par le Corentin, qui, depuis 1799, le sépare de Surinam, et au N. par l'Océan; au S. il n'existe pas de démarcation fixe. Ses côtes ont un développement de 24 l., et toute l'étendue du pays est d'environ 200 l. c. g.

Le Berbice et le Canje sont les principales rivières du pays, qui est fertile et produit coton, cacao, tabac, café et ruku. Le commerce est considérable, mais celui d'importation est plus considérable que celui d'exportation. Les habitants, au nombre de 120,000, sont Anglais, Hollandais et Indiens-Arowaques.

BERBICE, fl. de la Guyane anglaise; il prend sa source dans la chaîne de montagnes qui sépare la Guyane anglaise de la Guyane brésilienne, et se jette dans l'Océan, après un cours de 50 à 60 l., sous le 6° 30' de lat. N.

BERBIGUIÈRES, vg. de Fr., dép. de la Dordogne, arr. et poste de Sarlat, cant. de St.-Cyprien; 400 hab.

BERBIR. *Voyez* GRADISKA.

BERC, ham. de Fr., dép. de la Lozère, com. de Termes; 50 hab.

BERCENAY-EN-OTHE, vg. de Fr., dép. de l'Aube, arr. de Troyes, cant. et poste d'Estissac; 540 hab.

BERCENAY-LE-HAYER, vg. de Fr., dép. de l'Aube, arr. de Nogent-sur-Seine, cant. et poste de Marcilly-le-Hayer; 300 hab.

BERCHE, vg. de Fr., dép. du Doubs, arr. et poste de Montbéliard, cant. de Pont-de-Roide; 120 hab.

BERCHÈRES-LA-MAINGOT, vg. de Fr., dép. d'Eure-et-Loir, arr., cant. et poste de Chartres; 480 hab.

BERCHÈRES-L'ÉVÊQUE, vg. de Fr., dép. d'Eure-et-Loir, arr., cant. et poste de Chartres; 710 hab.

BERCHÈRES-SUR-VÈGRE, vg. de Fr., dép. d'Eure-et-Loir, arr. de Dreux, cant. d'Anet, poste de Houdan; carrières; 800 h.

BERCHICHAMERA, v. de la rég. de Tripoli, prov. de Bengasi, dans une contrée très-fertile; ruines.

BERCHING, pet. v. de Bavière, cer. de Regen, dist. et à 2 l. de Beilngries; tuileries; 1250 hab.

BERCHTESGADEN ou **BERCHTOLSGADEN**, b. de Bavière, cer. de l'Isar, chef-lieu de district, à 4 l. de Salzbourg, siège des autorités du district; ses mines de sel sont les plus considérables de toute la Bavière, et ses habitants se distinguent dans la fabrication d'ouvrages en bois; les chamois y sont très-communs. Cette ville fut la capitale de la principauté de Berchtesgaden; ce n'est qu'en 1810 qu'elle fût cédée à la Bavière. Le district a une superficie de 28 l. c. et une population de 8400 hab.; la ville en a 1500.

BERCK, b. de Fr., dép. du Pas-de-Calais, arr., cant. et poste de Montreuil-sur-Mer. Établissements de sauvetage; pêche considérable de harengs et turbots; 1650 hab.

BERCLAU, vg. de Fr., dép. du Pas-de-Calais, com. de Billy-Berclau; 1040 hab.

BERCLOUX, vg. de Fr., dép. de la Charente-Inférieure, arr. et poste de St.-Jean-d'Angely, cant. de St.-Hilaire; 710 hab.

BERCU, vg. de Fr., dép. du Nord, com de Mouchin; 400 hab.

BERCY, vg. de Fr., dép. de la Seine, arr. de Sceaux, cant. de Charenton-le-Pont, poste. Commerce de vins, eaux-de-vie, huiles et bois de charpente; fabr. de cristaux, de produits chimiques, de sucre indigène, etc.; 6428 hab.

BERD'HUIS, vg. de Fr., dép. de l'Orne, arr. de Mortagne-sur-Huîne, cant. de Nocé, poste de Bellesme; 860 hab.

BERDOTS, ham. de Fr., dép. de Lot-et-Garonne, com. de Taillebourg; 150 hab.

BERDOUES, vg. de Fr., dép. du Gers, com. de Lasserre-Berdoues; 370 hab.

BERDOULET, ham. de Fr., dép. de l'Arriège, com. de Foix; 50 hab.

BERDYCZEN, v. de la Russie d'Europe, gouv. de Wolhynie, cer. de Shitomir; commerce important; 10,000 hab.

BÈRE, ham. de Fr., dép. de la Lozère, com. de Termes; 80 hab.

BÉRÉBÈRES ou **BERBÈRES**. *Voyez* BARABICHS.

BEREGH, comitat du cer. en-deça de la Theiss, roy. de Hongrie, emp. d'Autriche. Superficie 65 l. c. géogr. Quatre districts. Beregh, petit bourg, en est le chef-lieu; 82,000 hab.

BEREGHSZASZ ou **BEREGH**, pet. v. d'Autriche, roy. de Hongrie, cer. en-deça de la Theiss, comitat de Beregh, sur le Szernye; 4300 hab.

BEREGREB, riv. de l'emp. de Maroc; elle a sa source au mont Adachsuna et se jette dans la mer Atlantique entre Salé et Rabat.

BEREGUARDO, b. d'Autriche, roy. Lombard-Vénitien, gouv. de Milan, prov. de Pavie, sur le canal de ce nom qui est une continuation du canal Naviglio.

BÉREINS, ham. de Fr., dép. de l'Ain, com. de St.-Trivier-sur-Moignans; 150 hab.

BERELLES, vg. de Fr., dép. du Nord, arr. d'Avesnes, cant. et poste de Solre-le-Château; 220 hab.

BERELOS. *Voyez* BRULOS.

BÉRÉMONT, ham. de Fr., dép. de la Seine-Inférieure, com. de Campneuseville; 60 hab.

BEREN, vg. de Fr., dép. de la Moselle, com. de Kerbach; 420 hab.

BEREND. *Voyez* BERNARD (Saint-).

BERENGEVILLE-LA-CAMPAGNE, vg. de Fr., dép. de l'Eure, arr. de Louviers, cant. du Neubourg, poste de la Commanderie; 310 hab.

BERENGEVILLE-LA-RIVIÈRE, vg. de Fr., dép. de l'Eure, arr., cant. et poste d'Évreux; 120 hab.

BÉRENGUÉLA (San-Juan-de-), vg. de la rép. de Bolivia, dép. de La-Paz, prov. de Pacajès; célèbre par ses mines d'argent abandonnées depuis longtemps.

BERENKOPF ou **BÆRENKOPF**, mont. de Fr., dép. du Haut-Rhin, arr. de Belfort. C'est un rameau de la chaîne des Vosges, qui s'étend, de l'O. à l'E., dans la vallée de Massevaux, entre le canton de Massevaux et celui de Giromagny. Son point culminant est à 1400 mètres au-dessus de la mer.

BERENT (en polonais Coscina), v. des

états prussiens, prov. de Prusse, rég. de Dantzig, chef-lieu de cercle; 1600 hab.

BERENTZWILLER ou **BERENZWEILER**, vg. de Fr., dép. du Haut-Rhin, arr., cant. à 3 1/2 l. S.-E. et poste d'Altkirch; 400 hab.

BERENX, vg. de Fr., dép. des Basses-Pyrénées, arr. d'Orthez, cant. et poste de Salies; 330 hab.

BÉRERENS, ham. de Fr., dép. des Basses-Pyrénées, com. de Navarrenx; 110 hab.

BÉRÉSINA ou **BÉRESNA**, riv. de la Russie d'Europe, prend sa source dans le gouv. de Wilna, traverse le gouv. de Minsk et se jette dans le Dniéper; célèbre dans l'histoire par le désastreux passage de l'armée française, les 26 et 27 novembre 1812.

BERESOV, pet. v. dans la Russie d'Asie, gouv. de Tobolsk, un des lieux d'exil les plus redoutables de la Sibérie; le fameux prince de Mentzikov y mourut en 1731.

BÉRESTOWAJA, gr. vg. de la Russie d'Europe, gouv. de la Tauride, cer. d'Orjakhow; 3850 hab.

BEREYZIAT, vg. de Fr., dép. de l'Ain, arr. de Bourg-en-Bresse, cant. de Montrevel, poste de Pont-de-Vaux; 700 hab.

BERFAY, vg. de Fr., dép. de la Sarthe, arr. et poste de St.-Calais, cant. de Vibraye; 780 hab.

BERG, vg. de Fr., dép. de la Moselle, arr. de Thionville, cant. de Cattenom, poste de Sierck; 200 hab.

BERG, vg. de Fr., dép. du Bas-Rhin, arr. et à 6 l. N.-O. de Saverne, cant. de Drulingen, poste de Saarwerden; on y exploite des carrières de chaux; 470 hab.

BERG ou **BERGEN-OP-ZOOM**, *Bercizoma*, pet. v. jolie et très-forte du roy. des Pays-Bas, prov. du Brabant septentrional, dist. et à 8 l. O.-S.-O. de Bréda, chef-lieu de canton, à l'embouchure de la rivière de Zoom dans l'Escaut oriental, et au milieu de marais qui en rendent l'accès très-difficile. Parmi les édifices on remarque l'église Ste.-Gertrude et le château, avec une tour remarquable; fabr. nombreuses de poteries; pêche d'anchois renommés. Elle fut assiégée inutilement par le prince de Parme, en 1581, et par Spinola; prise d'assaut par les Français, sous le maréchal Lœwendahl, en 1747, prise de nouveau par eux en 1795, et attaquée avec grande perte par les Anglais en 1814; 6000 hab.

BERGA ou **BERJA**, b. d'Espagne, roy. de Grenade, à 6 l. O.-S.-O. d'Alméria, non loin de l'Adra. On y élève des vers à soie; 4000 hab.

BERGAMAH. *Voyez* PERGAME.

BERGAME, prov. de l'empire d'Autriche, roy. Lombard-Vénitien, gouv. de Milan; ses bornes sont, au N. la délégation de Sondrio, à l'E. celle de Brescia et le Tyrol, au S. celle de Lodi et à l'O. les délégations de Come et de Milan; elle a 65 l. c. géogr., 18 districts et 330,000 hab. Le pays produit du fer, de la soie et des pierres à aiguiser très-estimées; l'éducation du bétail et la production de la soie y sont dans un état très-florissant; on y fabrique aussi beaucoup d'étoffes de laine.

BERGAME, *Bergomum*, v. du roy. Lombard-Vénitien, chef-lieu de la province du même nom; siége d'un évêque et des autorités provinciales. On y remarque l'église de Ste.-Marie-Maggiore, avec le tombeau du général vénitien Colleoni qui le premier fit usage de l'artillerie de campagne et inventa les affûts de canon; la rotonde de St.-Thomas, dont la construction remonte au huitième siècle; une de ses places est ornée de la statue du Tasse; elle possède un collège, plusieurs sociétés d'arts et de sciences, des fabriques de draps, d'étoffes de soie et de laine et d'ouvrages en fer. Au mois d'août il y a une foire considérable pour la soie et les draps du pays. Patrie de Bernardo Tasso, père du célèbre Torquato Tasso (le Tasse); 32,000 hab.

BERGANTIN (Serra de), chaîne de montagnes de 1240 mètres de hauteur, entre les villes de Paria et de la Concepcion-de-Pao, dans la rép. colombienne de Vénézuela, dép. du Maturin.

BERGANTY, vg. de Fr., dép. du Lot, arr. et poste de Cahors, cant. de St.-Géry; 320 h.

BERGARA, pet. v. d'Espagne, prov. basque de Biscaye, sur la Déva, à 12 l. S.-E. de Bilbao. Fabr. d'excellent acier; école des mines; 4000 hab.

BERGBIETEN, vg. de Fr., dép. du Bas-Rhin, arr. et à 5 l. O. de Strasbourg, cant. et poste de Wasselonne. Ce village avait, il y a trois siècles, un château fort et portait le titre de ville; 750 hab.

BERGE, ham. de Fr., dép. de la Nièvre, com. de St.-Martin-du-Puits; 150 hab.

BERGEDORF, v. dépendante du territoire de la ville libre de Hambourg, chef-lieu du bailliage de ce nom. La ville est régie par un magistrat électif; son commerce est très-important; 2000 hab.

BERGELL ou **BREGELL**, *Bregaglia*, haute juridiction dans le cant. des Grisons, ligue cadée, en Suisse; elle comprend 2200 âmes et se divise en *Haute* et *Basse-Porta*, qui possèdent chacune un tribunal civil, composé d'un landamman et de 12 jurés; en matière criminelle, la juridiction n'a qu'un seul tribunal, composé de 18 juges élus chaque année, le jour des Rois, et d'un podesta élu chaque 1er janvier; elle fournit 499 hommes à l'armée fédérale et a deux voix dans le grand conseil.

BERGELLE, ham. de Fr., dép. du Gers, com. d'Averon; 50 hab.

BERGEN, comté de l'état de New-Jersey, États-Unis de l'Amérique du Nord, borné par l'état de New-York, les comtés d'Essex, de Morris et de Sussex. Son étendue est de 16 l. c. géogr. avec 18,000 habitants. Le pays est généralement fertile et les montagnes fournissent du fer et du cuivre.

BERGEN, pet. v. des États-Unis de l'Amérique du Nord, état de New-Jersey, comté de Bergen, à l'embouchure du Hackinsack dans l'Hudson ; elle a une académie et beaucoup de commerce; 3400 hab.

BERGEN, vg. de la Bavière, cer. de l'Isar, dist. de Traunstein; 150 hab. Ce village a de l'importance à cause de ses mines de fer et ses forges.

BERGEN, sur la Dumme, b. du roy. de Hanovre, gouv. de Lunebourg; tissages et commerce de toiles de lin; blanchisseries importantes; 4050 hab.

BERGEN, b. de la Hesse électorale, prov. de Hanau, chef-lieu de bailliage, sur la pente d'une colline couverte de vignobles. Ce bourg est célèbre par la bataille gagnée par les troupes françaises contre les troupes alliées en 1759 ; 1500 hab.

BERGEN, chef-lieu du bailliage de Sondre-Bergenhuus, Norwège, situé au milieu de la baie de Waag, avec un port excellent dont l'entrée cependant est difficile et défendue par le fort de Bergenhuus. Bergen est le siége d'un évêché et l'une des plus anciennes villes de la Norwège; elle compte dans son sein plusieurs établissements publics, parmi lesquels nous citerons l'école latine, celle de navigation, la société royale de musique, un cabinet d'histoire naturelle, un séminaire, etc. Les principales branches de son industrie sont la fabrication de la faïence, le raffinage du sucre et la construction de vaisseaux. Malgré l'accroissement du commerce de Drammen et de Christiania, elle est encore la principale ville marchande de la Norwège. Les sociétaires du comptoir allemand ont de grands privilèges; 21,000 hab. Bergen est la patrie du poète danois Hollberg et de Brun (Johann Nordhall), aussi connu par ses belles poésies que par sa haute vertu (1746-1816).

BERGEN, vg. du roy. des Pays-Bas, prov. de Hollande, gouv. de la Hollande septentrionale, dist. et à 1 l. N. d'Alkmaar; l'armée anglo-russe, commandée par le duc d'Yorck, y fut défaite par les Français, sous Brune, le 19 septembre 1799.

BERGEN, v. de Prusse, prov. de Poméranie, rég. de Stralsund, chef-lieu de cercle et principale ville de l'île de Rügen, située sur une montagne; salines et distilleries d'eau-de-vie. Non loin de là se trouve le Rugard, la plus haute montagne de l'île; 2700 hab.

BERGERAC, v. de Fr., dép. de la Dordogne, chef-lieu d'arrondissement, à 10 l. S.-O. de Périgueux et à 125 l. de Paris; siége d'une cour d'assises, de tribunaux de première instance et de commerce, direction des contributions indirectes et conservation des hypothèques. C'est une jolie ville, située dans une belle plaine sur la rive droite de la Dordogne que l'on y passe sur un pont magnifique de cinq arches; elle a plusieurs beaux édifices publics, une salle de spectacle et des promenades fort agréables. On récolte dans les environs des grains, du vin, du chanvre, et l'on y exploite des carrières de pierres meulières. Son industrie consiste dans ses fabriques de serge et autres étoffes de laine, de toiles communes et damassées, de mouchoirs, de fil, de bonneterie, d'outils de fer et d'épingles; sa chaudronnerie, ses papeteries et ses tanneries ont une grande activité. Tous les produits de son territoire et de son industrie alimentent son commerce qui cependant s'exerce plus spécialement sur la vente des vins et eaux-de-vie du pays. Foires le 11 novembre et dimanche avant les Rameaux ; 2285 hab.

Bergerac n'était autrefois qu'un petit bourg, qui, au quatorzième siècle passa aux comtes de Périgord qui le cédèrent à Philippe VI, en échange d'un autre territoire. Les Anglais s'en emparèrent dans le même siècle et en firent une place de guerre. Ils en furent chassés, puis la reprirent, et, en 1450, ils furent de nouveau forcés de l'abandonner. Pendant les guerres civiles et religieuses, cette ville tomba plusieurs fois au pouvoir des catholiques et des protestants. Ceux-ci y ajoutèrent de nouveaux travaux; cependant Louis XIII s'en étant rendu maître, fit raser toutes les fortifications, et depuis cette époque Bergerac a échangé son titre de place de guerre contre celui de ville industrielle. Patrie de Cyrano de Bergerac, auteur dramatique distingué (1620-1655).

BERGÈRE (la), ham. de Fr., dép. du Puy-de-Dôme, com. de Celles; 70 hab.

BERGÈRES, vg. de Fr., dép. de l'Aube, arr., cant. et poste de Bar-sur-Aube; 280 h.

BERGÈRES-LES-VERTUS, vg. de Fr., dép. de la Marne, arr. de Châlons-sur-Marne, cant. et poste de Vertus; 790 hab.

BERGÈRES-SOUS-MONTMIRAIL, vg. de Fr., dép. de la Marne, arr. d'Épernay, cant. et poste de Montmirail; 470 hab.

BERGERIE (la), ham. de Fr., dép. de la Vienne, com. de Vicq; 80 hab.

BERGERIES (les), ham. de Fr., dép. de Seine-et-Oise, com. de Vigneux-et-Draveil; culture du mûrier; 150 hab.

BERGERONDIÈRE, ham. de Fr., dép. de l'Isère, com. de Vinay; 200 hab.

BERGESSERIN, vg. de Fr., dép. de Saône-et-Loire, arr. de Mâcon, cant. et poste de Cluny; 560 hab.

BERGHAMSTEAD-GREAT, b. d'Angleterre, comté de Hestford ; 2350 hab.

BERGHEIM ou OBERBERGHEIM, pet. v. de Fr., dép. du Haut-Rhin, arr. et à 4 l. N. de Colmar, cant. et poste de Ribeauvillé; elle est située au pied des Vosges et environnée de collines couvertes de bons vignobles ; fabr. de calicot et tuilerie; 3600 hab.

BERGHEIM, b. de la principauté de Waldeck, dist. d'Edder; 1200 hab.

BERGHIESHUBEL, vg. du roy. de Saxe, cer. de la Misnie; fabr. importantes d'alun, de vitriols de fer et de cuivre, de boutons et de boucles; mines de fer, sources d'eaux minérales ferrugineuses; 525 hab.

BERGHOLTZ, vg. de Fr., dép. du Haut-Rhin, arr. et à 7 l. S. de Colmar, cant. de Guebwiller, poste de Ruffach; il a un vieux château; 420 hab.

BERGHOLTZ-ZELL, vg. de Fr., dép. du Haut-Rhin, arr. et à 7 l. S.-S.-O. de Colmar, cant. de Guebwiller, poste de Ruffach. Une inscription gravée sur une colonne de l'église, rappelle que le pape Léon IX a lui-même inauguré cet édifice.

BERGICOURT, vg. de Fr., dép. de la Somme, arr. d'Amiens, cant. et poste de Poix; 260 hab.

BERGIERS ou **SAINT-PONS**, vg. de Fr., dép. du Var, com. de Rouret; 590 hab.

BERGINES, vg. de Fr., dép. de Tarn-et-Garonne, arr. de Cordes, cant. de Tolosanes, poste de Montech; 110 hab.

BERGNASSAU, b. du duché de Nassau, bge de Nassau, avec un château, berceau de la maison de Nassau; mines d'argent; 440 hab.

BERGNICOURT, vg. de Fr., dép. des Ardennes, arr. de Réthel, cant. d'Asfeld, poste de Tagnon; filat. de laine; 270 hab.

BERGONCE, vg. de Fr., dép. des Landes, com. de Lugaut; 360 hab.

BERGONNE, vg. de Fr., dép. du Puy-de-Dôme, arr., cant. et poste d'Issoire; 340 h.

BERGOO. *Voyez* BORGOU.

BERG-OP-ZOOM. *Voyez* BERG.

BERGOUEY, vg. de Fr., dép. des Landes, arr. de St.-Sever, cant. et poste de Mugron; 260 hab.

BERGOUEY, vg. de Fr., dép. des Basses-Pyrénées, arr. de Bayonne, cant. de Bidache, poste de Peyrehorade; 420 hab.

BERGOUGNOU (le), vg. de Fr., dép. de la Lozère, com. d'Altier; 270 hab.

BERGOUNHOUS, ham. de Fr., dép. de l'Aveyron, com. de Pomayrols.

BERGREICHENSTEIN, pet. v. du roy. de Bohême, cer. de Prachin. Ses mines d'or ne sont plus exploitées. Dans le voisinage se trouvent les deux châteaux déserts le Karlsberg et le Bœhmerwald; ce dernier a donné son nom à la chaine de montagnes qui s'étend entre le Fichtelberg et Passau. Verreries et papeteries; 1700 hab.

BERGUENEUSE, vg. de Fr., dép. du Pas-de-Calais, arr. et poste de St.-Pol-sur-Ternoise, cant. de Heuchin; 190 hab.

BERGUES, vg. de Fr., dép. de l'Aisne, arr. de Vervins, cant. de Nouvion, poste d'Étreux; 330 hab.

BERGUES, v. forte de Fr., dép. du Nord, arr. et à 2 1/2 l. S.-S.-E. de Dunkerque, chef-lieu de canton, sur la Colme; elle est bien bâtie; ses rues sont droites et ses maisons d'une construction régulière; elle a plusieurs places, sur l'une desquelles l'on aperçoit deux tours, restes de deux anciennes églises, une petite bibliothèque publique et un bel hôpital. Ses fortifications, ouvrage de Vauban, et les eaux nombreuses, pourvues d'écluses qui l'environnent, en font une place de guerre importante; la jonction des canaux de Bergues et de Hondschoote favorise son commerce de grains, de lin, de beurre et de fromage fort recherché. Elle a aussi des fabr. de savon noir, de poterie, de colleforte, de toiles; des distilleries, des raffineries de sel et des amidonneries; filat. de coton. Foires le lundi après les Rameaux, lundi après Pâques, même jour après la Trinité, St.-Luc et les Trépassés; 5960 hab.

BERGUES (canaux de Bergues à Furnes et de Bergues à Dunkerque). *Voyez* DUNKERQUE.

BERGUETTE, vg. de Fr., dép. du Pas-de-Calais, arr. de Béthune, cant. de Norrent-Fontes, poste de St.-Venant; 500 hab.

BERGZABERN, v. de la Bavière rhénane, chef-lieu d'arrondissement et de canton, entre Landau et Wissembourg, à 11 l. de Spire; elle tient son nom d'un *Tabernæ Montanæ* des Romains, sur l'emplacement de laquelle on prétend qu'elle est bâtie. Cette ville, florissante par la fertilité de ses environs et l'industrie de ses habitants, eut beaucoup à souffrir de la guerre de trente ans. Son château, dont une partie fut démolie à la fin du dernier siècle, servit pendant trente ans de retraite à la duchesse Caroline de Deux-Ponts. Le sol y favorise la culture de la vigne. Les tanneries de Bergzabern méritent une mention particulière; 2650 hab.

BERHET, vg. de Fr., dép. des Côtes-du-Nord, arr. et poste de Lannion, cant. de la Roche-Derrien; 510 hab.

BÉRIG, vg. de Fr., dép. de la Moselle, arr. de Sarreguemines, cant. de Gros-Tenquin, poste de Faulquemont; 510 hab.

BERIGEN. *Voyez* BERGHEIM.

BÉRIGONIUM, l'antique capitale de l'Écosse, que l'on prétend avoir été détruite par l'éruption d'un volcan. On en trouve des ruines près du Loch-Étive, dans le comté d'Argyle.

BERIGNY, vg. de Fr., dép. de la Manche, arr. et poste de St.-Lô, cant. de St.-Clair; 720 hab.

BERIMBET. *Voyez* BAREMBACH.

BÉRING (île de) ou **KOMMODORSKOE OSTROW**, la plus occidentale de l'archipel des Aléoutes; elle est assez grande, mais n'est visitée que par des chasseurs qui l'abandonnent bientôt; elle fut découverte en 1740; l'année suivante le célèbre Béring y mourut après un naufrage.

BERINGEN, b. du roy. de Belgique, prov. de Limbourg, arr. et à 3 1/2 l. N.-O. de Hasselt, sur la Mælbeck, dans une contrée stérile et marécageuse; 1000 hab.

BERJOU, vg. de Fr., dép. de l'Orne, arr. de Domfront, cant. et poste d'Athis; 1120 hab.

BERKA, b. du grand-duché de Saxe-Weimar, cer. de Weimar-Iéna, chef-lieu du bailliage du même nom. Fabr. de toutes sortes d'ouvrages de ciselure en bois; musée où l'on remarque l'attirail de chasse de diverses époques historiques; source sulfureuse dans les environs; 1080 hab.

BERKA, b. de la principauté d'Eisenach; teintureries et fabr. de velours; 1100 hab.

BERKEL ou **BORKEL**, riv. des roy. de Prusse et des Pays-Bas; elle prend sa source dans la rég. de Munster, Westphalie, arrose Kœsfeld, Stadtlohn, Wréeden, Borkelo, Lochem et se jette dans l'Yssel à Zutphen.

BERKELY, b. d'Angleterre, comté de Glocester, remarquable par le magnifique canal de Berkely-et-Glocester, qui s'y décharge dans la Severn.

BERKEN. *Voyez* BERGHEIM.

BERKLEY, paroisse de l'état de la Caroline du Sud, dist. de Charleston, États-Unis de l'Amérique du Nord; 3000 hab.

BERKLEY, pet. v. des États-Unis de l'Amérique du Nord, état de Massachusetts, comté de Bristol, sur le Taunton; elle a un port assez commerçant; 1800 hab.

BERKLEY, comté de l'état de Virginie, États-Unis de l'Amérique du Nord. Il est borné par l'état de Maryland, dont il est séparé par le Potomac et par les comtés de Jefferson, de Fréderic, de Hampshire et de Morgan. Les Alléghany, entre lesquelles s'étendent de fertiles vallées, traversent ce pays, arrosé par l'Opéconkrik et le Sheepykrik. L'agriculture y est très-florissante et le pays produit des prunes et des pommes très-recherchées. Les montagnes abondent en fer; 12,000 hab.

BERKLEY-SOUND ou **PUERTO-DE-LA-SOLÉDAD**, BAIE D'ACARON, belle et vaste baie au N.-E. de l'île de Solédad, une des Malouines ou Falkland, au S.-E. de la Patagonie, dans l'Océan Atlantique Austral. Cette baie est une des plus importantes de tout le groupe. Bougainville y établit une colonie, le 17 mars 1764, avec le petit Fort-Louis pour la défendre. Mais cette colonie, qui s'accrut bientôt, fut rendue aux Espagnols qui la cédèrent aux Anglais.

BERKOFDJIA (Bergovæs), pet. v. de la Turquie d'Europe, eyalet de Roumili; importante par les riches mines d'argent de Kirus qu'on exploite dans ses environs.

BERKS, comté de l'état de Massachusetts, États-Unis de l'Amérique du Nord. Il forme la partie occidentale de l'état et est borné par les comtés de Franklin, de Hampshire, de Hampden et par les états de Connecticut, de Vermont et de New-York. Il a, d'après Ebeling, une étendue de 42 l. c. géogr., avec une population de 37,000 âmes. C'est le district le plus montagneux de tout l'état. Le climat y est très-froid, les hivers y sont rudes et les chaleurs étouffantes en été.

BERKS, comté de l'état de Pensylvanie, États-Unis de l'Amérique du Nord, borné par les comtés de Schuylkill, de Léhigh, de Montgoméry, de Chester, de Lancaster et de Lébanon, a une étendue de 46 l. c. géogr. et une population de 48,000 âmes. Les habitants se livrent surtout à l'agriculture, à l'éducation du bétail et à l'exploitation de plusieurs mines de fer.

BERKS, comté d'Angleterre, borné par les comtés d'Oxford, de Buckingham, de Middlessex, de Surry, de Hamt, de Wilts et de Glocester. Cette province a, selon Lapie, une superficie de 132 l. c. et une population de 132,000 habitants; elle est fertile, bien arrosée, possède plusieurs sources minérales, des fabr. de toiles à voiles, d'étoffes de coton, de papier, des fonderies et des forges à cuivre. On exporte du blé, de la farine, de la laine, du bétail, des toiles à voiles, des objets en cuivre, et l'on y exploite des tourbières. Ce comté, dans lequel se trouve le célèbre parc de Windsor, envoie neuf députés au parlement.

BERLAER, vg. du roy. de Belgique, prov. d'Anvers, arr. et à 4 l. N.-E. de Malines. On y fait de très-bonne bière et du vinaigre; 3600 hab.

BERLAIMONT, b. de Fr., Nord, arr. à 4 l. N.-O. et poste d'Avesnes, chef-lieu de canton; fabr. considérable de poterie; 2150 hab.

BERLANCOURT, vg. de Fr., Aisne, arr. de Vervins, cant. de Sains, poste de Marle; 250 hab.

BERLANCOURT, vg. de Fr., Oise, arr. de Compiègne, cant. et poste de Guiscard; 480 hab.

BERLATS, vg. de Fr., Tarn, arr. de Castres, cant. et poste de Lacaune; 770 h.

BERLE, ham. de Fr., Nièvre, com. de Crux-la-Ville; 120 hab.

BERLEBOURG, v. de Prusse, prov. de Westphalie, rég. d'Arnsberg, chef-lieu de cercle; siége des autorités du cercle; fabr. d'étoffes de laine et forges; 2050 hab.

BERLENCOURT, vg. de Fr., Pas-de-Calais, arr. de St.-Pol-sur-Ternoise, cant. d'Avesnes-le-Comte, poste de Frévent; 580 hab.

BERLENGA ou **PRATA**, *Erythia*, pet. île rocailleuse et entourée d'écueils, sur la côte de la province portugaise d'Estramadure, à 3 l. O.-N.-O. du cap Carvoéiro.

BERLES, vg. de Fr., Pas-de-Calais, arr. de St.-Pol-sur-Ternoise, cant. et poste d'Aubigny; 470 hab.

BERLES-AU-BOIS, vg. de Fr., Pas-de-Calais, arr. d'Arras, cant. de Beaumetz-les-Loges, poste de l'Arbret; 750 hab.

BERLETTE, vg. de Fr., Pas-de-Calais, com. de Savy-Berlette; 200 hab.

BERLEVIER, ham. de Fr., Aube, com. de Berulle; 80 hab.

BERLIÈRE (la), vg. de Fr., Ardennes, arr. de Vouziers, cant. de Buzancy, poste du Chêne; 270 hab.

BERLIÈRE (la), vg. de Fr., Oise, arr. de Compiègne, cant. de Lassigny, poste de Ressons; 230 hab.

31

BERLIN, pet. v. des États-Unis de l'Amérique du Nord, état de Connecticut, comté de Windham, sur le penchant oriental des montagnes Bleues. Fabr. considérables de vases d'étain, dont on fait de grands envois dans la Nouvelle-Bretagne; 3500 hab.

BERLIN, pet. v. des États-Unis de l'Amérique du Nord, état de New-York, comté de Rensselær; grande verrerie; 4000 hab.

BERLIN, pet. v. des États-Unis de l'Amérique du Nord, état de Vermont, comté de Washington, sur l'Union; 2000 hab.

BERLIN, vg. de Fr., Gironde, com. d'Aillas; 290 hab.

BERLIN, capitale du roy. de Prusse, résidence ordinaire du roi et siége de toutes les autorités supérieures, prov. de Brandebourg, rég. de Potsdam. Cette ville, une des plus belles et des plus considérables de l'Europe, est située sous le 11° 2' de long. E. et le 52° 31' 14" de lat. N., dans une plaine sablonneuse, sur les deux rives de la Sprée, à 215 l. N.-E. de Paris; sa circonférence est de 4 l. et sa population de 240,000 hab., dont 4000 catholiques, 5000 juifs et 10,000 réformés. Berlin se compose de cinq villes immédiatement liées entre elles et ceintes par une muraille de 14 pieds de haut. Celle que l'on nomme proprement Berlin, est une île formée par la Sprée et le fossé royal; la seconde qui porte le nom de Cologne, est divisée en vieux Cologne, île formée par la Sprée et le fossé des écluses, et en nouveau Cologne, presqu'île entre la Sprée, le fossé des écluses et le fossé des anciennes fortifications; les trois autres villes sont: Friedrichswerder au S.-O. du nouveau Cologne, Friedrichstadt, qui comprend la plus belle partie de la ville, et enfin Dorotheenstadt ou Neustadt, sur la rive gauche de la Sprée. Ces cinq grandes parties sont liées à autant de faubourgs.

Berlin a seize portes, en y comprenant deux portes d'eau. On admire surtout celle de Brandebourg, de 195 pieds de large et de 64 de haut; elle est construite sur le modèle du propylée à Athènes et surmontée d'une statue de la Victoire, placée sur un quadrige. Cette porte conduit au Thiergarten, une des promenades les plus renommées de toute l'Allemagne. Après la porte de Brandebourg, celles de Halle, d'Oranienbourg, de Potsdam et de Rosenthal sont les plus remarquables.

Sous le rapport de l'administration de la police, Berlin est divisée en 22 quartiers ou sections qui comprennent 280 rues, parmi lesquelles on distingue la Friedrichsstrasse, longue de 4068 pas, qui s'étend de la porte d'Oranienbourg à celle de Halle; la belle allée sous les tilleuls, longue de 1032 pas sur 160 pieds de large, plantée de quatre rangées de tilleuls; la Leipzigerstrasse, etc. Parmi les 20 places publiques de cette ville, on remarque le Wilhelmsplatz, bordé de tilleuls et orné des statues des guerriers célèbres en Prusse; le Lustgarten (jardin de Plaisance), planté de peupliers et de marroniers et orné de la statue de marbre du prince Léopold d'Anhalt-Dessau; c'est sur cette place que se trouve le nouveau musée, un des plus riches de l'Allemagne; la place du château, où se trouve le château royal; la place de Monbijou avec le château de plaisance du même nom, le Dæhnhofsplatz, la place octogone, appelée Leipzigerplatz, la place de Belle-Alliance, l'Alexandersplatz avec le théâtre de Kœnigsstadt, la place de l'Opéra, ornée de la statue du général Blucher, etc. — Quarante-et-un ponts facilitent les communications entre les différents quartiers de cette belle capitale. Les plus dignes d'être remarqués sont: La Lange-Brücke (pont long), avec la statue équestre de l'électeur Frédéric-Guillaume; le pont du Château, la Herculen-Brücke et la Kœnigs-Brücke. Parmi les nombreux édifices de Berlin, on remarque: la cathédrale, l'église luthérienne de St.-Nicolas, le plus ancien temple de la ville; celle de Ste.-Marie, avec une tour haute de 286 pieds, le temple réformé avec un carillon, l'église française, le château royal, le musée, le palais royal, la bourse, l'université, la salle de l'opéra, celle de la comédie, le grand arsenal, l'hôpital de la charité et celui de la maternité, l'hôtel des invalides, la bibliothèque, la douane, le séminaire, le nouvel hôtel de la monnaie, l'hôtel de la poste, les casernes, le moulin à poudre, etc. Le nombre des établissements d'instruction est immense.

Berlin possède une académie des sciences, avec un observatoire, des écoles de médecine, de philosophie, de théologie, plusieurs gymnases, un musée d'anatomie et de zoologie, un jardin botanique, des écoles spéciales de guerre pour les différentes armes, une académie des arts mécaniques, des académies de chant, de peinture, de sculpture et d'architecture, un musée d'antiquités, une grande quantité d'écoles de tous les degrés, etc. Toutes ces institutions sont dirigées par des hommes du mérite le plus distingué, et chaque jour ajoute au développement de l'enseignement, dont on peut regarder Berlin comme un des plus vastes foyers de l'Allemagne. Les établissements philanthropiques n'y sont pas moins nombreux: Berlin a dix-sept hôpitaux, des institutions pour les sourds-muets et pour les aveugles, des hospices pour les orphelins, entre autres le *Friedrichs-Waisenhaus*, l'hospice des enfants trouvés, etc. Cette capitale a aussi des établissements contre l'incendie, et depuis quelques années l'éclairage au gaz est introduit à Berlin.

Cette ville peut être mise au premier rang sous le rapport de l'industrie; il en est peu avec lesquelles elle ne puisse rivaliser. Elle a une fabrique royale de porcelaine, des manufactures de draps, de damas, de serges, de velours, de soie; des fabriques de bas, de gants, de rubans, de bonneterie, de tapisserie, d'indiennes, de siamoises, de toiles; des ateliers d'orfèvrerie, de bijouterie, d'horlogerie, d'ouvrages en bronze, en acier et en fer; des raffineries de sucre, des tanneries, des mégisseries et en général tous les établissements indispensables aux besoins les plus modestes, comme tous ceux que réclame le luxe d'une grande capitale, qui a, depuis longtemps, atteint un très-haut degré de civilisation et de prospérité.

La navigation de la Spree, qui communique à l'Elbe et à l'Oder, et les diverses routes qui se croisent à Berlin, favorisent le commerce que cette ville entretient avec l'intérieur du pays, l'Allemagne, la Hollande et l'Angleterre. Le système des douanes prussiennes a depuis quelque temps augmenté encore les relations commerciales de Berlin avec les états de l'Allemagne qui y ont adhéré.

Au commencement du douzième siècle, Berlin et Cologne-sur-la-Spree n'étaient que de pauvres villages, habités par des pêcheurs. Albert, surnommé l'Ours, comte d'Ascanie ou d'Anhalt, vainqueur des Wendes, peuple slave, qui s'était établi dans cette contrée, prit le titre de margrave de Brandebourg, agrandit Berlin et Cologne, dont il forma une seule ville. Elle s'accrut beaucoup au treizième siècle et acquit une grande importance sous Waldemart d'Anhalt, mort en 1319. De nombreuses églises, des couvents, des hôpitaux, construits sous la dynastie de la maison d'Anhalt, contribuèrent à l'agrandissement et à la prospérité de Berlin. Cette ville déchut sous le règne des princes de la maison de Luxembourg. Ce fut une époque désastreuse pour Berlin, qui souffrit beaucoup des désordres auxquels le Brandebourg fut en proie pendant un siècle, surtout sous le règne de Sigismond, fils de Charles IV (1373). Le pays était désolé par des guerres intestines que les nobles se faisaient entre eux. Cet état d'anarchie dura jusqu'à l'avénement de Fréderic IV, de la maison de Hohenzollern. Ce prince, premier du nom comme électeur de Brandebourg et chef de la maison actuellement régnante, ne parvint point à réparer les désastres de Berlin; les malheurs qui avaient frappé cette ville étaient trop récents et la misère y était très-grande. Les traces des maux passés s'effacèrent lentement sous les successeurs de Fréderic Ier; les luttes continuelles qu'ils eurent à soutenir contre une noblesse turbulente, les contestations avec les bourgeois, dont les princes méconnaissaient trop souvent les droits, entravaient l'accroissement de Berlin. Sous le règne de Joachim II (1535-1570), cette ville vit recommencer une ère de prospérité. Le luthéranisme, que le prince embrassa, eut une heureuse influence sur la destinée de cette capitale; les conséquences de la liberté de conscience se développèrent;

les arts et les sciences prirent un nouvel essor, l'industrie et le commerce une activité extraordinaire, le bien-être et l'aisance croissaient de jour en jour. Cependant, comme dans toutes les grandes cités heureuses, le luxe et la débauche s'y introduisirent bientôt, avec leur cortége de vices et de crimes, que les lois somptuaires, établies alors, ne détruisirent point. Sous le règne de Jean-Georges, successeur de Joachim, Berlin fut le théâtre des plus cruelles persécutions exercées contre les juifs, que les principes de tolérance, proclamés par les réformateurs, ne sauvèrent pas davantage de la fureur fanatique des réformés que la charité chrétienne ne sauva les victimes de la sainte inquisition. En 1581, Berlin fut affligée par une peste terrible, qui enleva le quart de sa population, et la guerre de trente ans lui fut également funeste. Sous Fréderic-Guillaume (1640), cette ville se releva et depuis cette époque elle n'a plus cessé de s'embellir et de s'agrandir.

En 1806, l'armée française, qui venait de remporter la victoire d'Iéna, occupa Berlin pendant quelque temps. Parmi le grand nombre d'hommes célèbres auxquels Berlin a donné naissance, nous citerons Baumgarten (Alexandre-Gottlob), savant philosophe (1714); Rochow (Frédéric), auteur de plusieurs ouvrages estimés de pédagogie (1734); Achard (Charles-Fréderic), chimiste distingué, inventeur de la fabrication du sucre de betteraves (1754); le jurisconsulte Albrecht (Daniel-Louis, 1764); le diplomate Ancillon (Jean-Pierre-Frédéric, 1766); Tieck (Louis), docteur en philosophie et littérateur (1773); Humboldt (Fréderic-Alexandre), célèbre naturaliste et voyageur (1769).

BERLINCHEN (Petit-Berlin), v. de Prusse, prov. de Brandebourg, rég. de Francfort; siége d'une cour royale de justice; fabr. de draps et de toiles; distilleries d'eau-de-vie; 2900 hab.

BERLINGEN, vg. de Fr., Meurthe, arr. de Sarrebourg, cant. et poste de Phalsbourg; 260 hab.

BERLISE, vg. de Fr., Aisne, arr. de Laon, cant. et poste de Rozoy-sur-Serre; 360 hab.

BERLIZE, ham. de Fr., Moselle, com. de Bazoncourt; 180 hab.

BERLON, vg. de Fr., Hérault, arr. de St.-Pons, cant. d'Olargues, poste de St.-Chinian; 370 hab.

BERMÉO, *Bermeus*, b. et pet. port d'Espagne, prov. basque de Biscaye, à 6 l. N.-N.-E. de Bilbao, sur la mer de Biscaye. Forges, moulins, eaux ferrugineuses; pêche importante pour le commerce. Patrie du poète Alonzo-de-Ercilla. Quelques géographes croient que c'est l'ancienne *Flaviobriga*; 4250 hab.

BERMERAIN, vg. de Fr., Nord, arr. de Cambrai, cant. de Solesme, poste du Quesnoy; 1220 hab.

BERMÉRICOURT, vg. de Fr., Marne,

arr. et poste de Reims, cant. de Bourgogne; 70 hab.

BERMERIES, vg. de Fr., Nord, arr. d'Avesnes, cant. et poste de Bavay; 280 hab.

BERMERING, vg. de Fr., Meurthe, arr. de Château-Salins, cant. d'Albestroff, poste de Dieuze; 520 hab.

BERMICOURT, vg. de Fr., Pas-de-Calais, arr., cant. et poste de St.-Pol-sur-Ternoise; 290 hab.

BERMONT, vg. de Fr., Haut-Rhin, arr. cant. et poste de Belfort; 90 hab.

BERMONVILLE, vg. de Fr., Seine-Inférieure, arr. d'Yvetot, cant. et poste de Fauville; 740 hab.

BERMUDA, la plus grande île du groupe du même nom, est entourée d'une série d'écueils, qui la protègent contre toutes les attaques du dehors. Tuckerstown, pet. v. de 90 maisons tout au plus, sur la pointe orientale de l'île, en est le chef-lieu.

BERMUDA-HUNDRED ou **CITY-POINT**, b. des États-Unis de l'Amérique du Nord, état de Virginie, comté de Chesterfield, sur les deux rives de l'Appamattoz, avec un port, qui est proprement celui de Richmond.

BERMUDES (îles) ou **ILES DE SOMMERS**, groupe d'îles situées dans l'Océan Atlantique, entre le 66° 30' et le 67° 5' de long. O. et entre le 32° 5' et le 32° 50' de lat. N., à 250 l. du cap Hatteras, dans l'état de la Caroline du Nord et à 360 l. de l'île de Haïti.

Les Bermudes forment un groupe d'environ 400 îles, dont huit des plus grandes seulement sont habitées. Les autres ne sont proprement que des rochers. On estime l'étendue de toutes ces îles à 108 l. c. géogr., dont 45 pour les huit îles les plus considérables. Tout le groupe occupe, selon Michaux, un espace de 35 l. marines en longueur sur 25 l. marines en largeur.

Le sol produit du maïs, des légumes, du coton et du bois de cèdre. Le climat est doux et agréable; 12,000 hab.

L'Espagnol Juan Bermudas découvrit ces îles, en 1503, selon les Anglais en 1522, et leur donna son nom, sans y établir une colonie. En 1609, Georges Sommers et Thomas Gatés, envoyés dans la Virginie comme gouverneurs, furent jetés par une tempête sur les côtes de ces îles et y firent naufrage; cependant ils parvinrent à sauver les instruments nécessaires pour construire de nouveaux vaisseaux de bois de cèdre, que ces îles produisent en abondance. Ils continuèrent leur voyage sur ces vaisseaux et, arrivés dans la Virginie, Sommers demanda la fondation d'une colonie dans les îles Bermudes; elle fut effectivement établie en 1612. Le gouvernement anglais y envoya Richard Moor avec 60 colons, qui prirent possession de ces îles au nom de leur roi. La colonie s'agrandit pendant les guerres civiles en devenant le refuge de beaucoup de royalistes.

BERN, pet. v. des États-Unis de l'Amérique du Nord, état de Pensylvanie, comté de Berks, entre le Schuyl-Kill, le Tulpéhoko et les monts de Nordkill; 3200 hab.

BERNAC, vg. de Fr., Charente, arr. et poste de Ruffec, cant. de Villefagnan; 550 hab.

BERNAC, ham. de Fr., Lot-et-Garonne, com. de Loubès-Bernac; 100 hab.

BERNAC, vg. de Fr., Tarn, arr., cant. et poste de Gaillac; 210 hab.

BERNAC-DEBAS, vg. de Fr., Hautes-Pyrénées, arr., cant. et poste de Tarbes; 760 hab.

BERNAC-DESSUS, vg. de Fr., Hautes-Pyrénées, arr., cant. et poste de Tarbes; 420 hab.

BERNADETS, vg. de Fr., Basses-Pyrénées, arr. et poste de Pau, cant. de Morlaas; 250 hab.

BERNADETS-DEBAS, vg. de Fr., Hautes-Pyrénées, arr. de Tarbes, cant. et poste de Trie; 460 hab.

BERNADETS-DESSUS, vg. de Fr., Hautes-Pyrénées, arr. de Tarbes, cant. et poste de Tournay; 410 hab.

BERNADON, ham. de Fr., Haute-Garonne, com. de Benque; 100 hab.

BERNAIZÉ, vg. de Fr., Vienne, com. des Trois-Moutiers; 340 hab.

BERNANVAL, ham. de Fr., Oise, com. de Tracy-le-Mont; 70 hab.

BERNAPRÉ, ham. de Fr., Oise, com. de Romescamps; 130 hab.

BERNAPRÉ, vg. de Fr., Somme, arr. d'Amiens, cant. et poste d'Oisemont; 150 h.

BERNARD (le Grand-Saint-), mont. de Suisse, entre la vallée d'Entremont, dans le canton du Valais, et celle de St.-Remy, en Sardaigne; elle fait la suite des Alpes méridionales de la Suisse, sépare celle-ci des états sardes et se dirige du St.-Gothard vers le Mont-Blanc, sous le 45° 50' de lat. N., et le 5° 5' de long. E. Tous les cours d'eau qui y prennent leurs sources, se jettent, d'un côté, dans la mer Méditerranée, de l'autre, dans la mer Adriatique. Cette formidable montagne, toute sauvage, était, dans les temps même les plus reculés, traversée par une route conduisant, par les Alpes Pennines, en Gaule et en Germanie. Aujourd'hui on la passe pour aller du canton du Valais à Aoste et en Lombardie; mais au printemps, ce passage est très-dangereux, à cause des avalanches qui menacent sans cesse d'ensevelir les voyageurs. La partie supérieure de cette route traverse la vallée rocheuse de Lacombe, au haut de laquelle se trouve, sur le territoire valaisin, à 2555 mètres au-dessus du niveau de la mer, le fameux hospice de St.-Bernard, fondé par Bernard de Menthon, en 962. A l'E. de l'hospice, s'élèvent le Mont-Mort, de 2915 mètres, et le Mont-Velan ou Mont-du-Soleil, de 3156 mètres; à l'O., le Chenalettag, de 2746 mètres, et la Pointe-de-Dronaz, de 3026 mètres au-dessus du niveau de la mer. Un peu plus au S.-O., se déploient le Roc-Poli, de 2923 mètres, et le Pain-de-Sucre, de 2912 mètres au-dessus de la Méditerranée. L'hospice est habité, pendant toute l'année, par huit ou dix religieux qui non seulement donnent l'hospitalité à tous les voyageurs qui viennent la demander, mais encore leur servent de guides sur cette route hérissée de difficultés, où l'on rencontre à chaque instant de nouveaux dangers. L'entretien de la maison coûte annuellement 50,000 francs, provenant de collectes faites par deux moines de l'ordre, qui voyagent continuellement à cet effet dans toute la Suisse. La petite église de l'hospice est assez belle et l'on y voit le tombeau du général Desaix ; il est en marbre blanc et d'un beau style, avec cette modeste inscription : *A Desaix, mort à la bataille de Marengo*. Le récit mémorable du passage de l'armée française est gravé en lettres d'or sur une table de marbre noir érigée sur l'escalier du couvent. On y conserve religieusement le niveau et la truelle dont Napoléon se servit pour sceller la première pierre du monument de Desaix (15 juin 1806). Napoléon ne se contenta pas de doter richement l'hospice du St.-Bernard, il en fonda un semblable au mont du Simplon.

Quelques auteurs regardent le St.-Bernard comme le Mons Jovis des anciens. Les passages les plus remarquables qui s'y sont effectués, sont ceux de Cæcinna, de Charlemagne et de Fréderic Barberousse, en 69, 773 et 1106, et celui du 15 au 21 mai 1800, opéré par le consul Bonaparte conduisant son armée de 30,000 hommes à la victoire de Marengo.

Nous ne saurions terminer cet article, sans parler de cette race de chiens dont la force et l'instinct admirable deviennent souvent le salut des voyageurs égarés ou ensevelis sous la neige. L'un de ces chiens, nommé Barry, sauva plus de soixante-dix personnes d'une mort certaine et fut à la fin victime de son dévouement. On le voit maintenant au cabinet zoologique de Berne.

BERNARD (le Petit-Saint-), mont. des Alpes grecques, entre le Piémont et la Savoie, à 2150 mètres au-dessus du niveau de la mer. C'est le passage le plus commode des Alpes ; il fut franchi par Annibal. Sur le sommet de la montagne, près des lacs de Vernei et de Longet, se trouve aussi un hospice fondé également, au dixième siècle, par Bernard de Menthon.

BERNARD (Saint-), paroisse de l'état de Louisiane, États-Unis de l'Amérique du Nord. Elle est bornée au N. par le lac de Pontchartrain, à l'E. par la paroisse de Nouvelle-Orléans, au S. par la paroisse de La-Fourche, et à l'O. par celle de St.-Charles. Le nombre de ses habitants s'élève à 4000, dont 180 esclaves. Le Mississipi traverse ce pays couvert de nombreux lacs, dont les principaux sont : le lac de Pontchartrain, le lac Allemand, le lac de Duck et celui de Barataria. Les habitants de cette paroisse, la plupart Allemands, cultivent avec succès du coton, du riz, du maïs et de la canne à sucre. Constantin, établissement naissant, est le chef-lieu de cette paroisse.

BERNARD (Saint-) ou ISLES-DU-DANGER, groupe d'îlots dans l'archipel des îles des Navigateurs, Océanie, à l'E. de l'île Solitaire. Lat. S. 10° 10′, long. O. 168° 50′.

BERNARD (le), vg. de Fr., Vendée, arr. des Sables, cant. de Talmont, poste d'Avrillé ; 800 hab.

BERNARD (Saint-), vg. de Fr., Ain, arr., cant. et poste de Trévoux ; 280 hab.

BERNARD (Saint-), vg. de Fr., Côte-d'Or, arr. de Beaune, cant. et poste de Nuits ; 140 hab.

BERNARD (Saint-). *Voyez* BOURG-SAINT-BERNARD.

BERNARD (Saint-), vg. de Fr., Isère, arr. de Grenoble, cant. et poste du Touvet ; 380 hab.

BERNARD (Saint-), vg. de Fr., Landes, com. de St.-Esprit ; 250 hab.

BERNARD (Saint-) ou BEREND, vg. de Fr., Moselle, arr. de Thionville, cant. et poste de Bouzonville ; 270 hab.

BERNARDIÈRE, ham. de Fr., Isère, com. de St.-Christophe-en-Oisans ; 90 hab.

BERNARDIÈRE (la), vg. de Fr., Vendée, arr. de Bourbon-Vendée, cant. et poste de Montaigu ; 930 hab.

BERNARDIN, vg. de Fr., Isère, com. de Billieu ; 200 hab.

BERNARDINO, mont. des Alpes Lépontiennes, cant. des Grisons, Suisse. Elle est traversée par deux belles routes qui sont de la plus haute importance pour le commerce de la Suisse et de l'Allemagne. Un peu au-dessous du sommet, qui est à 2206 mètres au-dessus de la mer, se trouve un village de douze à quinze châlets, avec une source minérale qui ne peut manquer d'acquérir de la renommée, à cause de l'effet salutaire de ses eaux. Au mois de mars 1799, le Bernardino fut franchi par l'armée française qui marchait à la rencontre des Autrichiens, sous le général Lecourbe.

BERNARDS (les), ham. de Fr., Isère, com. de Salaise ; 100 hab.

BERNARDS (les), ham. de Fr., Loire-Inférieure, com. de Varades ; 130 hab.

BERNARDSTOWN, pet. v. des États-Unis de l'Amérique du Nord, état de New-Jersey, comté de Sommersets ; 2800 hab.

BERNARDSWILLER-BARR ou BETSCHWILLER, vg. de Fr., Bas-Rhin, arr. de Schléstadt, cant. et poste de Barr ; 410 hab.

BERNARDSWILLER-OBERNAI ou BERNHARDSWEILER, BETSCHWILLER-IM-LOCH, vg. de Fr., Bas-Rhin, arr. de Schléstadt, cant. et poste d'Obernai ; 1430 hab.

BERNATRE, vg. de Fr., Somme, arr. de Doullens, cant. de Bernaville, poste d'Auxy-le-Château ; 180 hab.

BERNAU, vg. du grand-duché de Bade,

cer. du Haut-Rhin; fabrication de Kirschwasser; 1580 hab.

BERNAU, v. forte de Prusse, prov. de Brandebourg, rég. de Potsdam ; fabr. d'étoffes de laine et de soie, de toiles, de cotonnades; l'hôtel de ville est très-ancien et l'on y conserve encore les trophées remportés dans une bataille contre les Hussites, en 1432; 2850 hab.

BERNAVILLE, vg. de Fr., Somme, arr. et à 3 l. O.-S.-O. de Doullens, chef-lieu de canton et poste; 1110 hab.

BERNAY, vg. de Fr., Charente-Inférieure, arr. de St.-Jean-d'Angely, cant. et poste de Loulay; 830 hab.

BERNAY, v. de Fr., Eure, chef-lieu d'arrondissement, sur la rive gauche de la Charentonne, à 10 l. O. d'Évreux et à 35 l. O. de Paris; siège de tribunaux de première instance et de commerce, d'une direction des contributions, d'une conservation des hypothèques, d'une chambre consultative de commerce; elle a quelques beaux édifices d'utilité publique, un collége communal, une société d'agriculture, des fabr. de serges, de toiles de lin et de coton, de bonneterie, de bougies; des filat. de laine, des forges et des fonderies, des tanneries, des papeteries et des blanchisseries; son commerce consiste principalement dans la vente du cidre, de la toile et des étoffes de laine. La foire aux chevaux de Bernay est une des plus considérables et des plus fréquentées en ce genre. Une autre foire a lieu dans cette ville, le 8 juillet. Bernay est la patrie de Lindet (J.-B.-Robert), membre de la convention nationale, mort à Paris en 1825; 7220 hab.

BERNAY, ham. de Fr., Nièvre, com. de Brinay; 150 hab.

BERNAY, vg. de Fr., Sarthe, arr. du Mans, cant. et poste de Conlie; carrières de marbre; 650 hab.

BERNAY, vg. de Fr., Seine-et-Marne, arr. de Coulommiers, cant. et poste de Rozoy-en-Brie; 650 hab.

BERNAY, vg. de Fr., Somme, arr. d'Abbeville, cant. et poste de Rue; 570 hab.

BERNAY, ham. de Fr., Vienne, com. d'Iteuil ; 90 hab.

BERNBOURG, *Tabernæ Mosellanicæ*, v. capitale du duché d'Anhalt-Bernbourg, sur la Saale; siège des autorités supérieures de l'état; elle possède un beau château, un hospice des orphelins, une maison de correction, des brasseries, des papeteries, des fabriques de faïence, d'amidon, de tabac, une verrerie et des forges; construction de vaisseaux; 6000 hab.

BERN-CASTEL. *Voyez* BERNKASTEL.

BERNE, ham. de Fr., Doubs, com. de Seloncourt; 80 hab.

BERNÉ, vg. de Fr., Morbihan, arr. de Pontivy, cant. et poste du Faouet; 2670 h.

BERNE, canton de Suisse, situé entre le 4° 41' et le 6° 6' long. orient., et le 46° 19' et le 47° 25' lat. N., est borné à l'E. par les cantons de Soleure, d'Argovie, de Lucerne, d'Unterwalden et d'Uri, au S. par le Valais, à l'O. par les cantons de Vaud, de Fribourg et de Neufchâtel, au N. par la France et par Soleure. C'est le plus grand des cantons de la Suisse, et Franscini évalue sa superficie à 9474 kilomètres carrés. Par la constitution de son sol, il se divise en plusieurs régions, dont le climat et les productions varient suivant la hauteur des vallées, leur exposition et la nature du terrain. Le S. comprend la vallée de l'Aar et les vallées latérales, ceintes de la haute chaîne des Alpes de l'Oberland qui s'étendent le long de la frontière du Valais; des ramifications du Jura traversent le N. Le principal cours d'eau du canton est l'Aar qui reçoit de nombreux affluents. L'éducation du bétail est la branche d'industrie dominante dans la région méridionale, dont les troupeaux sont aussi nombreux que beaux, et qui exporte une grande quantité de fromages. L'agriculture prédomine dans la région moyenne qui unit les Alpes au Jura, bien que la quantité de blé qu'elle produit soit insuffisante; on y cultive du chanvre et du lin, et l'on y élève beaucoup de chevaux. Les forêts du canton sont nombreuses et fournissent largement aux besoins des habitants; on y exploite des mines de fer, de plomb, de cuivre, des carrières de marbre, de chaux, de grès, etc. Les principales productions industrielles du canton sont des étoffes de coton, de laine, de lin, des cuirs, des montres, des dentelles, des ouvrages en bois de toute nature. De bonnes routes et plusieurs cours d'eau facilitent le commerce. L'exportation consiste en toiles, cuirs, étoffes de soie, mousselines, kirschwasser, fromages, chevaux et bétail.

D'après le recensement de 1831, le canton de Berne a 380,000 habitants, distribués en 27 bailliages, ou, comme on les appelle aujourd'hui, préfectures. Les principales villes, après Berne, la capitale, sont Bienne, Burgdorf, Thun, Porentruy, Delemont. Le canton est le deuxième de la confédération, à laquelle il a adhéré en 1352. La constitution aristocratique, restaurée en 1815, ne donnait le droit de participer au gouvernement qu'aux patriciens. Le grand conseil, composé de 200 bourgeois de Berne et de 99 des autres villes et districts du canton, nommait dans son sein le petit conseil et le tribunal d'appel. Un conseil secret dirigeait les affaires extérieures; le petit conseil et seize membres du grand formaient le collége des conseillers et des seize, qui élaborait les projets de lois et contrôlait les membres du grand conseil. Après la révolution de juillet, cette constitution fut remplacée, en 1832, par une autre, basée sur la souveraineté du peuple ; un grand conseil, composé de 240 membres, dont 200 nommés dans les assemblées primaires et 40 par le conseil même, représente le peuple. Tout électeur primaire, âgé de 29 ans et possédant une fortune de 5000 francs, est éligible. Un landamman, renouvelé tous les ans, préside le conseil qui nomme le pouvoir exécutif, formé de seize membres et présidé par le schultheiss. Une espèce de conseil-d'état, composé de seize membres, assiste le conseil de gouvernement. La durée du mandat législatif est de six ans. Un tribunal suprême est à la fois tribunal d'appel et tribunal criminel. Le contingent fédéral du canton de Berne est de 104,080 francs de Suisse et de 5824 hommes. La majorité de la population professe la religion réformée. Les catholiques, au nombre de 42,000 environ, habitent presque tous l'ancien évêché de Bâle. L'instruction publique est propagée avec beaucoup de soins.

BERNE, *Arctopolis*, v. de Suisse, cap. du canton de même nom, est située sous le 46° 57' 8" de lat. N. et le 5° 5' 53" de long. E., sur une presqu'île formée par l'Aar, à 1710 pieds au-dessus du niveau de la mer, à 22 l. S. de Bâle et à 120 l. S.-E. de Paris, entre Soleure et Fribourg. C'est une des villes les mieux bâties de la Suisse; les rues y sont larges, droites et bien pavées; presque toutes les maisons sont garnies d'arcades, sous lesquelles se trouvent des magasins et des ateliers. Les eaux d'un canal entretiennent continuellement la propreté des rues. Les monuments publics n'y sont point fastueux, mais d'un style noble et élégant. La cathédrale, vaste édifice gothique, commencé en 1421, est bâtie près d'une belle promenade, sur une terrasse élevée, d'où l'on jouit de l'aspect majestueux des Alpes. Le portail de cette église est orné de jolies sculptures. Dans l'intérieur on remarque, au-dessus du tombeau d'un ancien schultheiss de Berne, un monument entouré de six tables de marbre noir, sur lesquelles sont gravés les noms de 702 Bernois morts pour la patrie en 1798. Les autres édifices et établissements remarquables sont : l'église du St.-Esprit, fondée en 1722; la bibliothèque, riche de 30,000 volumes et d'un grand nombre de manuscrits; l'académie, le cabinet d'histoire naturelle, l'école polytechnique, fondée en 1829, l'école des sourds-muets, l'école vétérinaire, la monnaie, l'hôpital civil, l'hospice des orphelins, la maison de santé, nommée Insel, à cause de sa situation sur une île, la halle aux blés, la belle porte de Morat et la porte d'Aarberg, l'arsenal, le gymnase, l'école de dessin, le jardin botanique, le cabinet d'histoire naturelle, etc. Il existe à Berne plusieurs sociétés littéraires, une société de médecine, une société des recherches historiques sur la Suisse, une société des arts et une association pour l'économie domestique qui a rendu de grands services sous le rapport des améliorations apportées à l'agriculture et des découvertes faites dans l'histoire naturelle de la Suisse. L'académie de Berne comprend une école de théologie, de médecine, de droit, de sciences physiques et mathématiques, de philologie et de philosophie. Quoique Berne ne soit pas, à proprement dire, une ville de commerce, l'industrie n'y est cependant pas sans importance; on y fabrique des toiles de lin et de chanvre, du linge de table, des indiennes, des bas de soie, de laine et de coton, des chapeaux de paille fins, de la draperie commune, des gants, des cuirs, de la pelleterie, de la bijouterie, de la quincaillerie, etc.; son commerce consiste principalement dans la vente des toiles, indiennes, mousselines, étoffes et bas de soie, bas de laine, dont il se fait une exportation considérable. Cette ville est aussi la résidence des ambassadeurs des puissances étrangères. Foires les 14 janvier, 11 février, 8 avril, 2 septembre, 1er octobre et 26 novembre. La population, en y comprenant celle de la banlieue, s'élève à 20,500 hab.

Au douzième siècle, Berne était déjà une petite ville que Cuno de Bubenberg fit alors ceindre de murailles et de fossés. Le duc de Zæhringen, auquel appartenait la forteresse de Nydeck, près de Berne, donna des lois à la ville nouvelle qui s'agrandit et se peupla de plus en plus pendant le treizième siècle. La petite noblesse des environs y chercha un refuge contre l'oppression de la haute aristocratie; beaucoup de campagnards et des bourgeois de Fribourg et de Zurich vinrent s'y établir. En 1218, l'empereur Frédéric II la déclara ville libre et confirma ses priviléges par une charte que l'on conserve dans les archives de la ville. Rodolphe de Habsbourg assiégea Berne en 1288, mais il ne parvint point à s'en emparer. En 1291, les Bernois, sous le commandement d'Ulrich de Bubenberg, combattirent la noblesse insurgée sous les ordres d'Ulrich d'Erlach. Berne devint alors un asile pour tous ceux qui étaient opprimés par la noblesse autrichienne; elle acquit ainsi un si haut degré de prospérité et d'importance, qu'elle excita l'envie des autres villes et de l'aristocratie. Elles se liguèrent contre Berne et résolurent de la détruire. Une armée de 18,000 hommes, commandée par 700 seigneurs et 1200 chevaliers marchèrent contre la ville; mais les Bernois, conduits par Rodolphe d'Erlach, s'avancèrent contre eux dans la nuit du 21 juin 1339 et défirent complétement, près de Laupen, cette armée trois fois plus nombreuse. Après cette victoire, la ville s'accrut considérablement, et en 1353 elle entra dans l'union, prit rang après Zurich et fut ainsi la seconde ville de la confédération suisse. Jusqu'à la fin du quatorzième siècle, Berne étendit beaucoup son territoire par des acquisitions et par des conquêtes. Après que la plus grande partie de la ville eût été détruite par un incendie, en 1405, elle fut rebâtie plus régulièrement. C'est alors que commencèrent les longues guerres qu'elle eut à soutenir contre l'Autriche, le Milanais, la Bourgogne et la Savoie. Les confédérés sortirent toujours victorieux de ces luttes et Berne conquit toute l'Argovie. En 1528, les Bernois adoptèrent la réformation, et dans la guerre qui en résulta avec les ducs de Savoie, Berne conquit tout le pays de Vaud. Depuis cette époque jusqu'au 5 mars 1798, la puissance et la richesse de cette ville ne firent que s'accroître. C'est alors qu'une armée française de 30,000 hommes s'avança vers Berne qui envoya contre eux une armée de 18,000 hommes, soutenue par un corps auxiliaire de 8000 confédérés, sous le commandement d'un Erlach; mais les souvenirs de Morgarten, de Laupen et de Morat étaient impuissants, les Bernois furent battus; les confédérés, dans leur retraite, massacrèrent leur propre général, et Berne ouvrit pour la première fois ses portes à l'ennemi. La moitié de son territoire fut incorporée à d'autres cantons. Le congrès de Vienne, en 1815, a apporté des changements dans l'organisation territoriale de Berne.

Cette ville est la patrie d'un grand nombre de personnages célèbres, parmi lesquels on cite particulièrement Duperron (Jacques-Davy), évêque d'Évreux, puis archevêque de Sens, théologien diplomate (1556—1618); Haller (Albert de), médecin et naturaliste distingué (1708—1777); Wittenbach (Daniel), philologue, professeur à Leyden en 1799; Fellenberg (Philippe-Emmanuel de), agronome et philanthrope savant, fondateur de l'institut agricole de Hofwyl ou Wylhof, à 2 l. de Berne (né en 1771).

BERNECK ou **BÆRNECK**, pet. v. de Bavière, cer. du Mein-Supérieur, dist. de Gefrees, à 4 l. de Baireuth; la rivière d'Ælnitz qui se jette dans le Mein-Blanc, près de cette ville, charrie des pierres précieuses, ce qui lui a fait donner le nom de Rivière-des-Perles. Fabriques d'alun et de vitriol; tréfilerie et tuileries; excellentes carrières d'ophites dans les environs; 1100 hab.

BERNÉCOURT, vg. de Fr., Meurthe, arr. de Toul, cant. de Domèvre, poste de Noviant-aux-Prés; 260 hab.

BERNÈDE, vg. de Fr., Arriège, com. de Massat; 390 hab.

BERNÈDE, vg. de Fr., Gers, arr. de Mirande, cant. et poste de Riscle; 460 hab.

BERNEGOUE, vg. de Fr., Deux-Sèvres, arr. et poste de Niort, cant. de Prahecq; 500 hab.

BERNERIE, vg. de Fr., Loire-Inférieure, com. des Moutiers; 600 hab.

BERNES, vg. de Fr., Seine-et-Oise, arr. de Pontoise, cant. de l'Isle-Adam, poste de Beaumont-sur-Oise; 180 hab.

BERNES, vg. de Fr., Somme, arr. et poste de Péronne, cant. de Roisel; 670 hab.

BERNES (les), ham. de Fr., Var, com. de St.-Julien; 80 hab.

BERNESGA ou **BERNESJA**, riv. d'Espagne, roy. et prov. de Léon; elle prend sa source dans les montagnes d'Asturie près de Santa-Maria-de-Arvas et mêle ses eaux avec celles du Torio à Léon.

BERNESQ, vg. de Fr., Calvados, arr. de Bayeux, cant. de Trévières, poste de Littry; 550 hab.

BERNET, ham. de Fr., Gers, com. de Monlaur-Bernet; 220 hab.

BERNEUIL, vg. de Fr., Charente, arr., cant. et poste de Barbezieux; 1050 hab.

BERNEUIL, vg. de Fr., Charente-Inférieure, arr. de Saintes, cant. de Gemozac, poste de Pons; 1410 hab.

BERNEUIL, vg. de Fr., Oise, arr. et poste de Beauvais, cant. d'Auneuil; 690 hab.

BERNEUIL, vg. de Fr., Somme, arr. de Doullens, cant. et poste de Domart; 830 hab.

BERNEUIL, vg. de Fr., Haute-Vienne, arr. et poste de Bellac, cant. de Nantiat; 1030 hab.

BERNEUIL-SUR-AISNE, vg. de Fr., Oise, arr. et poste de Compiègne, cant d'Attichy; 630 hab.

BERNEVAL-LE-GRAND, vg. de Fr., Seine, arr. et poste de Dieppe, cant. d'Offranville; 770 hab.

BERNEVILLE, vg. de Fr., Pas-de-Calais, arr. et poste d'Arras, cant. de Beaumetz-les-Loges; 450 hab.

BERNHARDSWEILER. *Voyez* BERNARDSWILLER-OBERNAI.

BERNIENVILLE, vg. de Fr., Eure, arr. et cant. d'Évreux, poste de la Commanderie; 190 hab.

BERNIER, pet. île sur la côte occ. de la Nouvelle-Hollande (Océanie), terre d'Eendracht, à l'entrée de la baie des Chiens-Marins; elle fut découverte par les Français, en 1801.

BERNIER, cap de la Nouvelle-Hollande (Océanie), terre de Witt.

BERNIÈRE, ham. de Fr., Nièvre, com. de Mingot; 110 hab.

BERNIÈRES-BOCAGE, vg. de Fr., Calvados, arr. de Bayeux, cant. de Balleroy, poste de Tilly-sur-Seulle; 220 hab.

BERNIÈRES-EN-CAUX, vg. de Fr., Seine-Inférieure, arr. du Hâvre, cant. et poste de Bolbec; 700 hab.

BERNIÈRES-LE-PATRY, vg. de Fr., Calvados, arr. de Vire, cant. et poste de Vassy; fab. de potasse; 1420 hab.

BERNIÈRES SUR-DIVES, vg. de Fr., Calvados, arr. et poste de Falaise, cant. de Coulibœuf; 220 hab.

BERNIÈRES-SUR-MER, vg. de Fr., Calvados, arr. de Caen, cant. de Douvres, poste de la Délivrande; 1480 hab.

BERNIÈRES-SUR-SEINE, vg. de Fr., Eure arr. de Louviers, cant. et poste de Gaillon; 180 hab.

BERNIEULLES, vg. de Fr., Pas-de-Calais, arr. et poste de Montreuil-sur-Mer, cant. d'Etaples; 380 hab.

BERNIN, vg. de Fr., Isère, arr. et cant

de Grenoble, poste de Crolles; 980 hab.

BERNINA, mont. de Suisse, cant. des Grisons, à 2086 mètres au-dessus de la mer. Trois routes bien fréquentées la traversent: une pour les voitures et deux pour les piétons.

BERNIS, vg. de Fr., Gard, arr. et poste de Nimes, cant. de Vauvert; eaux-de-vie et vins; 1120 hab.

BERNKASTEL ou **BERNCASTEL**, v. de Prusse, prov. rhénane, rég. de Trèves, chef-lieu de cercle, sur la Moselle; elle possède plusieurs établissements publics distingués et des fabriques; la culture du vin y est considérable; tanneries; mines de plomb et de cuivre; carrières d'ardoises; 2000 hab.

BERNOLSHEIM ou **BERNSEN**, vg. de Fr., Bas-Rhin, arr. à 4 l. N.-N.-O. et poste de Strasbourg, cant. de Brumath; 400 hab.

BERNON, vg. de Fr., Aube, arr. de Bar-sur-Seine, cant. de Chaource, poste d'Ervy; 430 hab.

BERNOS, vg. de Fr., Gironde, arr., cant. et poste de Bazas; 1220 hab.

BERNOS, ham. de Fr., Gironde, com. de St.-Laurent-de-Médoc; 130 hab.

BERNOT, vg. de Fr., Aisne, arr. de Vervins, cant. de Guise, poste d'Origny-Ste.-Benoite; fabr. de tissus de soie, laine et coton; 1240 hab.

BERNOUIL, vg. de Fr., Yonne, arr. de Tonnerre, cant. et poste de Flagny; 210 h.

BERNOUVILLE, vg. de Fr., Eure, arr. des Andelys, cant. et poste de Gisors; filat. de coton; 200 hab.

BERNOVILLE, vg. de Fr., Aisne, com. d'Aisonville; 380 hab.

BERNSEN. *Voyez* **BERNOLSHEIM**.

BERNSTADT, v. du roy. de Saxe, cer. de Lusace, siége d'un bailliage; fab. de toiles, brasseries, agriculture florissante; 1700 hab.

BERNSTADT, v. de Prusse, prov. de Silésie, rég. de Breslau, sur la rive droite de la Weida; mégisseries et tanneries, fabr. d'étoffes de laine; 3100 hab.

BERNSTEIN (Borostyanko), b. du roy. de Hongrie, cer. au-delà du Danube, comitat d'Eisenbourg, sur la Raub; fabr. de rubans, de cinabre, d'acide nitrique, d'eau-de-vie de genièvre et d'huile. Mines de soufre, de vitriol et de cuivre. Culture de lin; 1200 h.

BERNSTEIN, v. de Prusse, prov. de Brandebourg, rég. de Francfort, située entre deux lacs très-poissonneux; fabr. de draps; 1400 hab.

BERNWEILER, vg. de Fr., Haut-Rhin, arr. à 7 l. N.-E. de Belfort, cant. et poste de Cernay; 580 hab.

BERNY, ham. de Fr., Seine, com. de Fresnes-les-Rungis; 50 hab.

BERNY. *Voyez* **LA-CROIX-DE-BERNY**.

BERNY-EN-SANTERRE, vg. de Fr., Somme, arr. de Péronne, cant. de Chaulnes, poste d'Estrées-Déniécourt; 390 hab.

BERNY-RIVIÈRE, vg. de Fr., Aisne, arr. de Soissons, cant. et poste de Vic-sur-Aisne; 510 hab.

BERNY-SUR-NOYE, vg. de Fr., Somme, arr. de Montdidier, cant. d'Ailly-sur-Noye; poste de Flers; papeterie; 270 hab.

BÉROGNES, ham. de Fr., Oise, com. de Chelles; 60 hab.

BEROU, ham. de Fr., Eure, com. de Guichainville; 80 hab.

BEROU-LA-MULOTTIÈRE, vg. de Fr., Eure-et-Loire, arr. de Dreux, cant. de Brezolles, poste de Tillières-sur-Avre; papeterie et forges; 420 hab.

BEROUX (les), ham. de Fr., Isère, arr. de Vienne, com. de Salaise; 80 hab.

BERQUIN, cap sur la côte N.-O. de la Nouvelle-Hollande, Océanie, terre de Witt, non loin da la frontière de la terre de Van-Diémen.

BERRAC, vg. de Fr., Gers, arr., cant. et poste de Lectoure; 370 hab.

BERRAUTE, vg. de Fr., Basses-Pyrénées, arr. de Mauléon, cant. et poste de St.-Palais; 140 hab.

BERRE, pet. v. de Fr., Bouches-du-Rhône, arr. à 6 l. S.-O. d'Aix, chef-lieu de canton, avec un port sur l'étang du même nom; elle est jolie et régulièrement bâtie. Ses environs produisent de l'huile et des fruits excellents, surtout des figues et des amandes. La communication, établie par le canal de Martigues, entre la mer et l'étang de Berre qui a 10 l. de circuit, est très-avantageuse pour cette ville qui possède de riches salines et une manufacture de soude et sulfate de potasse; 1900 hab.

Berre, dont les remparts existent encore, soutint en 1591 un siège contre le duc de Savoie.

BERRIAC, vg. de Fr., Aude, arr., cant. et poste de Carcassonne; 130 hab.

BERRIAS, vg. de Fr., Ardèche, arr. de l'Argentière, cant. et poste des Vans; 1030 hab.

BERRIC, vg. de Fr., Morbihan, arr. de Vannes, cant. de Questembert, poste de Muzillac; 1160 hab.

BERRIEN, vg. de Fr., Finistère, arr. de Châteaulin, cant. de Huelgoat, poste de Carhaix; 2210 hab.

BERRIEUX, vg. de Fr., Aisne, arr. de Laon, cant. de Craonne, poste de Corbeny; 530 hab.

BERROGAIN LARUNS, vg. de Fr., Basses-Pyrénées, arr., cant. et poste de Mauléon; 200 hab.

BERRU, vg. de Fr., Marne, arr. et poste de Reims, cant. de Beine; eaux ferrugineuses; 840 hab.

BERRY, *Bituriges, Biturigum Tractus*, ci-devant prov. de Fr. (départements du Cher et de l'Indre), bornée au N. par l'Orléanais, à l'O. par la Touraine et le Poitou, au S. par la Marche, à l'E. par le Nivernais et le Bourbonnais, était, avant l'invasion romaine, habitée par les Bituriges Cubi, peuple puissant de la Gaule celtique. Conquise, comme le reste des Gaules, par les Romains, elle passa, au cinquième siècle, sous la domination des Visigoths. Après la défaite d'Alaric, Clovis devint maître du Berry, qui fut, après la mort de Clovis, compris dans le royaume d'Orléans. Des comtes, puis des vicomtes, gouvernèrent cette province jusqu'au commencement du douzième siècle. En 1100, le vicomte Eudes Arpin ou Herpin, partant pour la Terre-Sainte, vendit à Philippe Ier, roi de France, le territoire du Berry qui demeura réuni à la couronne jusqu'en 1360. Alors le roi Jean l'érigea en duché-pairie en faveur de Jean, son troisième fils. Celui-ci étant mort sans postérité, cette province fut de nouveau réunie à la couronne et devint plus tard un apanage de princes du sang. Cependant, depuis 1601, les ducs de Berry n'en possédaient réellement que le titre. L'invasion des Normands, au huitième siècle, la guerre contre les Anglais, au quatorzième et au quinzième, et les guerres religieuses du seizième siècle, n'épargnèrent point le Berry. Mais depuis ces terribles événements, cette province ne fut plus troublée. La révolution française n'y rencontra aucun obstacle; aussi le Berry ne fut le théâtre d'aucun désordre. Les deux insurrections royalistes qui éclatèrent à Sancerre et à Palluau ne trouvèrent point d'adhérents parmi les patriotiques habitants des départements du Cher et de l'Indre, et les tentatives de guerre civile furent aussitôt réprimées.

BERRY, canal de Fr., jonction de la haute et basse Loire et du Cher. De nombreuses demandes furent faites, dès le quinzième siècle, par les états-généraux de Tours pour obtenir une jonction entre la Loire et le Cher supérieur. Sur un mémoire présenté à la fin du seizième siècle l'on voit annoté de la main de Sully : « ne se peut faute de fonds. » En 1772 le projet fut repris par le duc de Charost, mais sans résultat. Des travaux sur le Cher entre Montluçon et la Loire furent enfin décrétés le 16 novembre 1807 et commencés en 1809; des décisions postérieures et notamment l'ordonnance du 22 décembre 1819, ont donné plus d'extension au projet, et le 14 août 1822 une loi a autorisé l'achèvement du canal qui est en exécution.

Cette ligne de navigation se compose d'une branche principale entre Nevers et Tours et d'un embranchement.

La branche principale part du canal latéral à la Loire, à Aubigny près Nevers, se dirige, en suivant le cours de l'Aubois, sur La Guerche, atteint son faîte à Sancoins, se verse vers Jouy, Agny et Rhimbé, où il reçoit l'embranchement dans le bassin circulaire de Fontblisse, qui forme le carrefour de cette navigation. L'embranchement vient de Montluçon, en suivant le Cher supérieur, passe près de Vaux, Nassigny, Vallon, coupe le Cher près Aignay-le-Vieux, forme un angle aigu à St.-Amand et se dirige par Charenton vers le point de jonction avec la branche principale. Partant du bassin de Fontblisse, la ligne passe à Bannegon, Dun-le-Roi, coupe l'Auron près de Bourges, devient latéral à l'Yèvre en aval de cette ville, coupe cette rivière à Vierzon à sa jonction avec le Cher, passe à Menetou et Selles, tombe à St.-Aignan dans le lit canalisé du Cher qu'il quitte à St.-Avertin pour rejoindre la Loire en amont de Tours.

La longueur de la ligne principale est de 36 1/2 l., celle de l'embranchement de Montluçon de 15 1/4. La ligne entière aura 113 écluses, 54 déversoirs, 4 ponts aqueducs et 48 aqueducs sous le canal.

Ce canal ne pourra servir qu'à la petite navigation, ses écluses n'ayant que 2 m. 70 cent. de largeur, tandis que celles des autres grands canaux dépassent 5 mètres. Il présentera aux houillères de Commentry un débouché facile sur Paris, et contribuera à l'établissement d'une ligne de navigation de près de 150 l. entre Tours et Bâle.

BERRY (le), ham. de Fr., Tarn-et-Garonne, com. de Caylux; 110 hab.

BERRY, groupe d'îles inhabitées, faisant partie des îles Bahama.

BERRY-AU-BAC, vg. de Fr., Aisne, arr. de Laon, cant. de Neufchâtel, poste. Port sur l'Aisne, point de communication des canaux des Ardennes et de St.-Quentin avec les routes d'Alsace et de Bourgogne; verrerie; 550 hab.

BERRY-MARMAGNE, vg. de Fr., Cher, arr. de Bourges, cant. et poste de Mehun-sur-Yèvre; 570 hab.

BERRY-VILLEQUIERS, vg. de Fr., Cher, com. de Villequiers; 200 hab.

BERSAC (le), vg. de Fr., Hautes-Alpes, arr. de Gap, cant. et poste de Serres; 210 h.

BERSAC (Petit-), vg. de Fr., Dordogne, arr., cant. et poste de Ribérac; 750 hab.

BERSAC, vg. de Fr., Haute-Vienne, arr. de Bellac, cant. de Bessines, poste de Chanteloube; 1760 hab.

BERSAILLIN, vg. de Fr., Jura, arr., cant. et poste de Poligny; 400 hab.

BERSAT-DE-BEAUREGARD, ham. de Fr., Dordogne, com. de Beauregard; 70 hab.

BERSAUCOURT, ham. de Fr., Somme, com. de Pertain; 100 hab.

BERSÉE, vg. de Fr., Nord, arr. de Lille, cant. de Pont-à-Marq, poste d'Orchies; 1620 hab.

BERSILLIES, vg. de Fr., Nord, arr. d'Avesnes, cant. et poste de Maubeuge; 210 hab.

BERSON, vg. de Fr., Gironde, arr., cant. et poste de Blaye; 1920 hab.

BERSSELLO, v. d'Italie, duché de Modène, sur le Pô; 1800 hab.

BERSTETT, vg. de Fr., Bas-Rhin, arr. et à 3 l. N.-O. de Strasbourg, cant. et poste de Truchtersheim; 682 hab.

**BERT, vg. de Fr., Allier, arr. de la Palisse, cant. de Jaligny, poste du Donjon; exploitation de houille; 770 hab.

BERTANGLES, vg. de Fr., Somme, arr. et poste d'Amiens, cant. de Villers-Bocage; 440 hab.

BERTAT ou **BERTOT**, roy. de la Nubie, borné au N. par celui de Sennaar, au S. par le plateau d'Ethiopie, appelé Dar-Toke, à l'E. par le Bar-el-Azrek, et à l'O. par ce même fleuve et le Dar-Donka. C'est un pays de montagnes et de forêts inaccessibles, où l'on ne trouve d'autres chemins que ceux qui sont frayés par les animaux féroces; les mœurs des habitants ne sont guère moins sauvages que celles de ces animaux; on y trouve beaucoup de mines d'or.

BERTAUCOURT-ÉPOURDON, vg. de Fr., Aisne, arr. de Laon, cant. et poste de la Fère; 570 hab.

BERTAUCOURT-LES-DAMES, vg. de Fr., Somme, arr. de Doullens, cant. et poste de Domart; 720 hab.

BERTAUCOURT-LES-THENNES, vg. de Fr., Somme, arr. de Montdidier, cant. de Moreuil, poste de Villers-Bretonneux; 410 h.

BERTAUDIÈRE. *Voyez* MORAND.

BERTHEAUVILLE, vg. de Fr., Seine-Inférieure, arr. d'Yvetot, cant. et poste de Cany; 410 hab.

BERTHECOURT, vg. de Fr., Oise, arr. de Beauvais, cant. et poste de Noailles; 450 h.

BERTHEGON, vg. de Fr., Vienne, arr. de Loudun, cant. de Monts-sur-Guesnes, poste de Mirebeau; 340 hab.

BERTHELANGE, vg. de Fr., Doubs, arr. de Besançon, cant. d'Audeux, poste de St.-Wit; 190 hab.

BERTHELÉVILLE, vg. de Fr., Meuse, arr. de Commercy, cant. et poste de Gondrecourt; forges et hauts fourneaux, haras; amélioration des races bovines et ovines; 150 hab.

BERTHELMING, vg. de Fr., Meurthe, arr. et poste de Sarrebourg, cant. de Fénétrange; 780 hab.

BERTHEN, vg. de Fr., Nord, arr. de Hazebrouck, cant. et poste de Bailleul; 580 h.

BERTHENAY, vg. de Fr., Indre-et-Loire, arr., cant. et poste de Tours; 460 hab.

BERTHENICOURT, vg. de Fr., Aisne, arr. et poste de St.-Quentin, cant. de Moy; filat. hydr. de lin et fabr. de toiles; 300 h.

BERTHENOUVILLE, vg. de Fr., Eure, arr. des Andelys, cant. d'Écos, poste des Thilliers-en-Vexin; 220 hab.

BERTHENOUX (la), vg. de Fr., Indre, arr., cant. et poste de la Châtre; 1430 hab.

BERTHET (le), ham. de Fr., Isère, com. de Villefontaine; 90 hab.

BERTHEVIN-LA-TANNIÈRE (Saint-), vg. de Fr., Mayenne, arr. de Mayenne, cant. de Londivy, poste d'Ernée; 940 hab.

BERTHEVIN-SUR-VICOIN (Saint-), vg. de Fr., Mayenne, arr., cant. et poste de Laval; carrière de marbre; 2000 hab.

BERTHIER ou **GAMBIER**, groupe d'îles sur la côte mér. de la Nouvelle-Hollande, Océanie, Terre de Flinders.

BERTHIER ou **SPENCER**, cap de la côte mér. de la Nouvelle-Hollande, Océanie.

BERTHOF (le), vg. de Fr., Nord, com. de Bailleul; 100 hab.

BERTHOLDSDORF, v. d'Autriche, gouv. de la Basse-Autriche, cer. inférieur du Wienerwald; fabr. d'indiennes, de cierges et de sirop; culture du vin; 1900 hab.

BERTHOLÈNE, vg. de Fr., Aveyron, arr. de Milhau, cant. et poste de Laissac; 1450 h.

BERTHOMARIE (la), ham. de Fr., Aveyron, com. d'Auzits; 110 hab.

BERTHOUD ou **GRIMM**, cap de l'île de Van-Diemen, Océanie.

BERTHOULI, ham. de Fr., Haute-Garonne, com. de Fronton; 60 hab.

BERTHOUVILLE, vg. de Fr., Eure, arr. de Bernay, cant. et poste de Brionne; 800 h.

BERTIE, comté de l'état de la Caroline du Nord, Etats-Unis de l'Amérique du Nord, borné par les comtés de Hertford, de Washington, de Martin, de Halifax et de Northampton et par l'Albemarlesund, et renferme 11,000 habitants. Dans ce district on trouve encore des restes des Indiens Tuscarora.

BERTIE, pet. v. dans le Haut-Canada, dist. de Niagara; 2600 hab.

BERTIGNAT, vg. de Fr., Puy-de-Dôme, arr. d'Ambert, cant. et poste de St.-Amand-Roche-Savine; 2690 hab.

BERTIGNOLLE, vg. de Fr., Aube, arr. de Bar-sur-Seine, cant. et poste d'Essoyes.

BERTIGNOLLE, ham. de Fr., Indre-et-Loire, com. d'Anché; 50 hab.

BERTIGNOLLE, ham. de Fr., Indre-et-Loire, com. d'Avoine; 200 hab.

BERTIN, ham. de Fr., Gironde, com. de Montagne-de-St.-Georges; 130 hab.

BERTINCOURT ou **OSSIMONT**, vg. de Fr., Pas-de-Calais, arr. et à 8 l. S.-S.-E. d'Arras, poste de Bapaume; 1420 hab.

BERTINIÈRE (la), vg. de Fr., Eure, com. de Giverville; 100 hab.

BERTINORO, *Britinorium*, v. des états de l'Église, délégation de Forli; vignobles; 3000 hab.

BERTO (Bénédetto selon M. de Humboldt), île faisant partie du groupe de la Révilla-Gigédo, sur la côte de l'état de Xalisco, confédération mexicaine. Elle est riche en tortues.

BERTONCOURT, vg. de Fr., Ardennes, arr., cant. et poste de Réthel; 340 hab.

BERTONNERIE (la), ham. de Fr., Maine-et-Loire, com. de Champtocé; 100 hab.

BERTONS (les), ham. de Fr., Vienne, com. de Naintré; 100 hab.

BERTONVAL, ham. de Fr., Pas-de-Calais, com. de Mont-St.-Éloy; fabr. de sucre indigène; 50 hab.

BERTOUMIEU, ham. de Fr., Gironde, com. de Loupiac-de-Cadillac; 100 hab.

BERTOUT, ham. de Fr., Lot, com. de Lacave; 70 hab.

BERTRAMBOIS, vg. de Fr., Meurthe, arr. de Sarrebourg, cant. et poste de Lorquin; scierie; 1260 hab.

BERTRAMEIX, ham. de Fr., Moselle, com. de Domprix; 90 hab.

BERTRAMESNIL, ham. de Fr., Seine-Inférieure, com. de Cristot; 60 hab.

BERTRANCOURT, vg. de Fr., Somme, arr. de Doullens, cant. et poste d'Acheux; 740 hab.

BERTRAND (les), ham. de Fr., Var, com. de Thoronet; 160 hab.

BERTRAND-DE-COMMINGES (Saint-), vg. de Fr., Tarn-et-Garonne, arr. et à 4 l. S.-O. de St.-Gaudens, chef-lieu de canton, poste de Montrejeau. Ce village possède un superbe musée des Pyrénées, comprenant les productions de la chaîne entière des Pyrénées dans les trois règnes, et une école spéciale de naturalistes; carrières de marbre; 880 h.

BERTRANDE ou **CAZELLES**, ham. de Fr., Aude, com. de Fontiers-Cabardès; 60 hab.

BERTRANGE, vg. de Fr., Moselle, arr. et poste de Thionville, cant. de Metzervisse; 460 hab.

BERTRE, vg. de Fr., Tarn, arr. de Lavaur, cant. et poste de Puylaurens; 150 hab.

BERTREN, vg. de Fr., Hautes-Pyrénées, arr. de Bagnères-de-Bigorre, cant. de Mauléon-Barousse, poste de Montrejeau; 300 h.

BERTRÉVILLE, vg. de Fr., Seine-Inférieure, arr. d'Yvetot, cant. et poste de Cany; 310 hab.

BERTREVILLE-SAINT-OUEN, vg. de Fr., Seine-Inférieure, arr. de Dieppe, cant. de Longueville, poste de Bacqueville; 700 hab.

BERTRIC, vg. de Fr., Dordogne, arr. et poste de Ribérac, cant. de Verteillac; 800 h.

BERTRICHAMPS, vg. de Fr., Meurthe, arr. de Lunéville, cant. et poste de Baccarat; 960 hab.

BERTRICOURT, vg. de Fr., Aisne, arr. de Laon, cant. de Neufchâtel, poste de Berry-au-Bac; 130 hab.

BERTRIMONT, vg. de Fr., Seine-Inférieure, arr. de Dieppe, cant. et poste de Tôtes; 200 hab.

BERTRIMOUTIER, vg. de Fr., Vosges, arr., cant. et poste de St.-Dié; 130 hab.

BERTRING, vg. de Fr., Moselle, com. de Gros-Tenquin; 450 hab.

BERTRY, vg. de Fr., Nord, arr. de Cambrai, cant. de Clary, poste du Cateau; 1600 hab.

BERTSCHWILLER, vg. de Fr., Haut-Rhin, com. de Berwiller; 400 hab.

BÉRU, vg. de Fr., Yonne, arr. et cant. de Tonnerre, poste de Chablis; 340 hab.

BÉRUGES, vg. de Fr., Vienne, arr. et poste de Poitiers, cant. de Vouillé; 930 hab.

BERULLE, vg. de Fr., Aube, arr. de Troyes, cant. d'Aix-en-Othe, poste de Villeneuve-l'Archevêque; tuileries et fabr. de poterie; 780 hab.

BERUS, vg. de Fr., Sarthe, arr. de Mamers, cant. de St.-Pater, poste d'Alençon; tuilerie; 480 hab.

BERVAL (le), ham. de Fr., Oise, com. de Bonneuil-en-Valois; 130 hab.

BERVEN, ham. de Fr., Finistère, com. de Plouzévédé; 90 hab.

BERVILLE, vg. de Fr., Calvados, arr. de Lisieux, cant. et poste de St.-Pierre-de-Dives; 200 hab.

BERVILLE, vg. de Fr., Seine-Inférieure, arr. d'Yvetot, cant. de Doudeville; 1150 h.

BERVILLE-EN-ROMOIS, vg. de Fr., Eure, arr. de Pont-Audemer, cant. et poste de Bourgtheroulde; 460 hab.

BERVILLE-EN-VEXIN, vg. de Fr., Seine-et-Oise, arr. de Pontoise, cant. et poste de Marines; 300 hab.

BERVILLE-PRÈS-LE-TILLEUL-DAME-AGNÈS, vg. de Fr., Eure, arr. de Bernay, cant. de Beaumont-le-Roger, poste de Conches; 300 hab.

BERVILLE-SUR-MER, vg. de Fr., Eure, arr. de Pont-Audemer, cant. et poste de Beuzeville; 470 hab.

BERVILLE-SUR-SEINE, vg. de Fr., Seine-Inférieure, arr. de Rouen, cant. et poste de Duclair; 300 hab.

BERWICK, pet. v. des États-Unis de l'Amérique du Nord, état de Pensylvanie, comté d'Adams; 2600 hab.

BERWICK, pet. v. très-commerçante des États-Unis de l'Amérique du Nord, état du Maine, comté d'York; 4500 hab.

BERWICK, comté d'Écosse, borné par les comtés de Haddington, de Northumberland, de Norburgh, d'Edimbourg et la mer d'Allemagne; sa superficie est de 446 l. c. anglaises. Ce pays est couvert de montagnes, dont le Lammermoor est la principale; il n'est fertile que sur les côtes. Le climat est sain; le blé, l'avoine, les légumes, les pommes de terre et le lin sont les principales productions, et l'on exporte de l'avoine, de la laine, des peaux, du bétail, de la toile et du papier; 33,500 hab.

BERWICK, v. d'Angleterre, comté de Northumberland; c'est la ville la plus septentrionale de l'Angleterre, à laquelle elle n'a été réunie qu'en 1402; elle est située sur la Tweed, qu'on y passe sur un pont magnifique. La fabrication des bas et des souliers et la pêche du saumon font la principale occupation des habitants. Son commerce, favorisé par un port sûr et commode, est très-actif; elle nomme deux députés au parlement; 8000 hab.

BERWILLER, vg. de Fr., Moselle, arr. de Thionville, cant. et poste de Bouzonville; 620 hab.

BERZÉ-LA-VILLE, vg. de Fr., Saône-et-Loire, arr. et cant. de Mâcon, poste de St.-Sorlin; 660 hab.

BERZÉ-LE-CHATEL, vg. de Fr., Saône-et-Loire, arr. de Mâcon, cant. de Cluny, poste de St.-Sorlin.

BERZÊME, vg. de Fr., Ardèche, arr. de Privas, cant. et poste de Villeneuve-de-Berg; 340 hab.

BERZÈS, b. du désert de Barca, rég. de Tripoli, Afrique, non loin d'Adriana; habité par des Bédouins.

BERZIEUX, vg. de Fr., Marne, arr. de Ste.-Ménéhould, cant. et poste de Ville-sur-Tourbe; 380 hab.

BERZY, vg. de Fr., Aisne, arr., cant. et poste de Soissons; 400 hab.

BES (le), ham. de Fr., Aveyron, com. de Canet-St.-Jean; 90 hab.

BES (le), ham. de Fr., Aveyron, com. de St.-Laurent-d'Olt; 90 hab.

BESACE (la), vg. de Fr., Ardennes, arr. et poste de Sédan, cant. de Raucourt; fabr. de draps; 470 hab.

BESACE (la). *Voyez* St.-Martin-des-Besaces.

BESAIN, vg. de Fr., Jura, arr., cant. et poste de Poligny; 420 hab.

BESANCEUIL, vg. de Fr., Saône-et-Loire, com. de St.-Ythaire; 300 hab.

BESANÇON, *Vesontio, Besontio, Vesontium, Besontium, Cryspopolis*, v. forte de Fr., chef-lieu du dép. du Doubs et de la sixième division militaire, à 85 l. S.-E. de Paris; siège d'une cour royale, d'une cour d'assises, de tribunaux de première instance et de commerce, d'un archevêché, d'une église consistoriale, d'une académie, d'une recette générale, d'une direction des douanes et des contributions directes et indirectes. Cette ville est située agréablement, à l'extrémité d'une vallée arrosée par le Doubs, qui la divise en deux parties, réunies par un pont. C'est une des places de guerre les plus importantes du pays. Ses fortifications se composent de la citadelle, bâtie sur un roc dont les flancs sont inaccessibles; ce fort est ceint de murs énormes et de tranchées creusées dans le roc; de la tour de Chaudanne, du fort du Griphon, de deux enceintes garnies de bastions, bordées par le Doubs, et de profonds fossés. Besançon est bien bâtie et possède plusieurs édifices remarquables, entre lesquels on distingue la cathédrale, monument fort ancien, dont le style participe du gothique et du sarrasin; l'hôpital St.-Jacques, dont on admire la grille d'entrée ciselée par un habile serrurier de cette ville; l'hôtel de la préfecture, ci-devant de l'ancienne intendance; le collège royal; le palais de justice, autrefois siège du parlement; la salle de spectacle; l'hôtel Granvelle, construit par le cardinal de ce nom; l'hôtel de ville, l'arsenal, la grande caserne, etc. Quant aux monuments romains que l'on doit chercher naturellement dans une ville habitée longtemps et embellie par ces conquérants du monde, le temps a presque tout emporté. Il n'existe plus que la Porte Taillée, passage creusé dans le roc, et la Porte Noire, arc de triomphe élevé, à ce que l'on croit, vers les derniers temps de l'empire, en l'honneur de Crispus Flavius Julius qui périt, comme le fils de Thésée, victime de la passion dédaignée d'une belle-mère, et qui, après avoir passé sa jeunesse à Besançon, se signala par une victoire sur les Germains. C'est du nom de Crispus que la ville porta quelque temps celui de Cryspopolis.

Les nombreux établissements de sciences et d'utilité publique que renferme cette ville ajoutent beaucoup à son importance : elle a une académie royale des sciences, belles-lettres et arts, une école secondaire de médecine, un cabinet de physique, une bibliothèque de 60,000 volumes, un musée d'histoire naturelle, un musée d'antiquités, un jardin botanique, une école de dessin, une société d'agriculture, etc.

L'industrie active de Besançon consiste en manufactures d'armes à feu et d'armes blanches, inprimeries et fonderies de caractères, fabriques d'horlogerie, de presses et de tout ce qui a rapport à l'imprimerie, de draps, de toiles, de mousseline, bonneterie, sucre indigène, tapis jaspes et écossais, bas, toiles peintes, gants, papiers peints, quincaillerie, raffineries de salpêtre, parfumerie, brasseries, tanneries, etc.

Son commerce très-étendu comprend les produits de son territoire et de ses nombreux ateliers et manufactures; le commerce d'épiceries surtout y est considérable. Le canal du Rhône-au-Rhin en a fait l'entrepôt des productions du midi pour l'Alsace et la Suisse. Foires le premier lundi après la Purification et après la Quasimodo, Ascension, deuxième lundi de juillet, lundi après la St.-Louis et après la St.-Martin ; 29,167 hab.

Cette ville est la patrie d'Acton (Joseph), ministre de Ferdinand Ier, roi de Naples; de Copel (Jean-François), célèbre prédicateur du dix-huitième siècle, connu sous le nom de Père Elisée; du savant Boissard, de l'historien Millot, de l'académicien Suard, du jésuite Nonotte, fameux par les attaques que Voltaire dirigea contre lui; de Fourrier, inventeur du phalanstère; du maréchal Moncey, de Victor Hugo, etc.

Besançon, dont l'origine est enveloppée de ténèbres, était déjà célèbre au temps de César, qui en fit sa place d'armes; sous Auguste elle devint la métropole de la Grande-Séquanie. Ce fut sous Aurélien qu'elle atteignit son plus haut dégré de splendeur. Les Germains la saccagèrent sous le règne de Julien. Les Huns, sous la conduite d'Attila, la dévastèrent entièrement et détruisirent tous les édifices bâtis par les Romains. Cette ville fit partie du royaume de Bourgogne et devint plus tard capitale de la Franche-Comté, possession des ducs de Bourgogne. Elle passa ensuite à la maison d'Autriche et fut érigée en ville libre et impériale; mais en 1631 l'empereur la céda aux Espagnols; elle n'en continua pas moins de se gouverner en république. Louis XIV, s'en étant emparé en 1674, abolit cette forme de gouvernement et y établit le parlement de la Franche-Comté, en 1676. Besançon est restée attachée à la France depuis cette époque, et lorsque, en 1814, les troupes des puissances étrangères assiégèrent cette ville, elle prouva par sa courageuse résistance qu'elle était depuis longtemps devenue toute française.

BESANCOURT, vg. de Fr., Somme, com. de Tronchoy; 250 hab.

BÉSAYA. *Voyez* SUANÈS.

BESCAT, vg. de Fr., Basses-Pyrénées, arr. d'Oloron, cant. et poste d'Arudy; 540 hab.

BESHEZK, v. de la Russie d'Europe, gouv. de Twer, capitale du cercle du même nom, sur la Malaga; forges et grand commerce de seigle et de toiles; 3100 hab.

BESIGHEIM, v. du Wurtemberg, située au confluent du Necker et de l'Entz, cer. du Necker, chef-lieu et siége des autorités du gr.-bge de ce nom; son territoire produit du vin et abonde en blé et en fruits. La mégisserie est sa principale branche d'industrie. On y trouve beaucoup d'antiquités romaines. Sur un rocher près de la ville on récolte un vin du Necker renommé. Le gr.-bge a 29,000 et la ville 2300 hab.

BESIGNAN, vg. de Fr., Drôme, arr. de Nyons, cant. et poste du Buis; 180 hab.

BESLÉ, ham. de Fr., Loire-Inférieure, com. de Guémené-Penfas; 150 hab.

BESLIÈRE, vg. de Fr., Manche, arr. d'Avranches, cant. et poste de la Haye-Pesnel; 350 hab.

BESLON, vg. de Fr., Manche, arr. de St.-Lô, cant. de Percy, poste de Villedieu; 1050 hab.

BESMÉ, vg. de Fr., Aisne, arr. de Laon, cant. de Coucy-le-Château, poste de Blérancourt; 220 hab.

BESMEAUX, ham. de Fr., Gers, com. de Pavie; 100 hab.

BESMONT, vg. de Fr., Aisne, arr. de Vervins, cant. et poste d'Aubenton; 780 h.

BESMONT, ham. de Fr., Oise, com. de Russy; 100 hab.

BESNANS, vg. de Fr., Haute-Saône, arr. de Vesoul, cant. et poste de Montbozon; 200 hab.

BESNE, vg. de Fr., Loire-Inférieure, arr. de Savenay, cant. et poste de Pont-Château; 1080 hab.

BESNEVILLE, vg. de Fr., Manche, arr. de Valognes, cant. et poste de St.-Sauveur-sur-Douve; 1500 hab.

BESNY, vg. de Fr., Aisne, arr. cant. et poste de Laon; 110 hab.

BESOLE (la), vg. de Fr., Aude, arr., cant. et poste de Limoux; 100 hab.

BESOUCE, vg. de Fr., Gard, arr. et poste de Nîmes, cant. de Marguerittes; 840 hab.

BESPLAS. *Voyez* LA BASTIDE-DE-BESPLAS.

BESSAC, vg. de Fr., Charente, arr. de Barbezieux, cant. et poste de Montmoreau; 440 hab.

BESSAC, ham. de Fr., Haute-Loire, com. de Craponne; 140 hab.

BESSAC, vg. de Fr., Deux-Sèvres, com. de Niort; 300 hab.

BESSAIS, vg. de Fr., Cher, arr. et poste de St.-Amand-Mont-Rond, cant. de Charenton; 770 hab.

BESSAMOREL, vg. de Fr., Haute-Loire, arr., cant. et poste d'Yssingeaux; 510 hab.

BESSAN, b. de Fr., Hérault, arr. de Beziers, cant. et poste d'Agde; 2230 hab.

BESSANCOURT, vg. de Fr., Seine-et-Oise, arr. de Pontoise, cant. de Montmorency, poste de St.-Leu-Taverny; 810 hab.

BESSARABIE, *Getarum Desertum*, gouv. de la Russie d'Europe, n'est réuni que depuis 1812 à la couronne de Russie; il est composé de la Bessarabie proprement dite et de la Moldavie orientale, entre 24° et 28° long. orient. et entre 43° et 48° lat. N., et est borné par les gouv. de Podolie, de Cherson, la mer Noire, l'empire ottoman et l'Autriche. Sa superficie est, selon Balbi, de 14,260 milles carrés et sa population est de 600,000 hab. Les montagnes de la partie du N. appartiennent à la chaîne des Carpathes; elles renferment toutes sortes de métaux, mais qui sont peu exploités. Les principaux cours d'eau sont le Danube, qui y reçoit le Pruth et le Jalpuch, avec le lac du même nom; le Chogalnik, le Sarata et le Dniester. Cette province renferme aussi un grand nombre de lacs, dont il faut distinguer celui de Burnanolo, le Sassik, le Jalpuch et celui de Kagul. Le ciel de ce pays est doux et agréable; l'hiver y est de courte durée, mais aussi en été la chaleur est excessive; les habitants exportent du vin, du beurre, des peaux et des fourrures. Le culte dominant est le catholicisme grec, à la tête duquel il y a un évêque qui a sa résidence à Kichines, capitale de la province.

BESSARÈDE (la), ham. de Fr., Aveyron, com. de la Bastide-l'Évêque; 90 hab.

BESSAS, vg. de Fr., Ardèche, arr. de l'Argentière, cant. de Vallon, poste de Barjac; 470 hab.

BESSAT (le), vg. de Fr., Loire, arr. de St.-Étienne, cant. et poste de St.-Chamond; 640 hab.

BESSAT, ham. de Fr., Puy-de-Dôme, com. de Bromont-Lamothe; 110 hab.

BESSAY (le), ham. de Fr., Loire, com. de St.-Jullien-la-Vêtre; 70 hab.

BESSAY, vg. de Fr., Vendée, arr. de Bourbon-Vendée, cant. et poste de Mareuil; 440 hab.

BESSAY-SUR-ALLIER, vg. de Fr., Allier, arr. et poste de Moulins-sur-Allier, cant. de Neuilly-le-Réal; 880 hab.

BESSE, ham. de Fr., Aveyron, com. de St.-Amans; 50 hab.

BESSE, ham. de Fr., Aveyron, com. de Comps-la-Granville; 50 hab.

BESSE (la), ham. de Fr., Aveyron, com. de Villefranche-de-Panat; 140 hab.

BESSE, vg. de Fr., Cantal, com. de St.-Cirques-de-Malbert; 330 hab.

BESSÉ, vg. de Fr., Charente, arr. de Ruffec, cant. et poste d'Aigre; 420 hab.

BESSÉ, vg. de Fr., Dordogne, arr. de Sarlat, cant. et poste de Villefranche-de-Belvès; 640 hab.

BESSÉ, vg. de Fr., Maine-et-Loire, arr. de Saumur, cant. de Gennes, poste des Rosiers; 420 hab.

BESSE, pet. v. de Fr., Puy-de-Dôme, arr. et à 6 l. O. d'Issoire, chef-lieu de canton et poste; elle est bâtie en basalte et remarquable par sa situation au milieu des montagnes volcaniques qui la cernent de tous côtés. Ses environs sont riches en curiosités naturelles. Au haut d'une de ces montagnes se trouve un lac très-profond, appelé Pavin, dont le lit est un ancien cratère; ses bords sont des côteaux couverts de forêts, que l'on ne peut exploiter que lorsque le lac est gelé. Un ruisseau qui s'échappe de ce lac forme, en tombant du haut d'un roc, une admirable cascade. On fait à Besse commerce de bétail et de fromage; 2075 hab.

BESSE (la), ham. de Fr., Tarn, com. de Mirandol; 60 hab.

BESSE, vg. de Fr., Var, arr. à 4 l. E. et poste de Brignoles, chef-lieu de canton; 1750 hab.

BESSEDE, ham. de Fr., Tarn, com. de Rabastens; 110 hab.

BESSEDE-DE-SAULT, vg. de Fr., Aude, arr. de Limoux, cant. de Rochefort-de-Sault, poste de Quillan; 370 hab.

BESSÉE (la), ham. de Fr., Hautes-Alpes, com. de l'Argentière, poste; 100 hab.

BESSE-EN-OISANS, vg. de Fr., Isère, arr. de Grenoble, cant. et poste de Bourg-d'Oisans; 1030 hab.

BESSÉGE, vg. de Fr., Gard, com. de Robiac; mines de houille; 220 hab.

BESSENAY, b. de Fr., Rhône, arr. de Lyon, cant. et poste de l'Arbresle; vins; 2000 hab.

BESSENAY, vg. de Fr., Jura, arr. de Lons-le-Saulnier, cant. et poste d'Orgelet; mine de fer; 200 hab.

BESSENS, vg. de Fr., Tarn-et-Garonne, arr. de Castelsarrasin, cant. et poste de Grisolles; 700 hab.

BESSERIE (la), vg. de Fr., Vienne, com. de Scorbé-Clairvaux; 200 hab.

BESSERVE, vg. de Fr., Puy-de-Dôme, arr. de Riom, cant. et poste de St.-Gervais; 150 hab.

BESSES, ham. de Fr., Gard, com. de Bonnevaux; 100 hab.

BESSES, vg. de Fr., Vienne, com. de Thuré; 300 hab.

BESSÉ-SUR-BRAYE, b. de Fr., Sarthe, arr. et cant. de St.-Calais, poste; il est très-commerçant et possède des fabr. de cire, de bougies et de siamoises; papeterie; 2550 hab.

BESSET, vg. de Fr., Arriège, arr. de Pamiers, cant. et poste de Mirepoix; 220 hab.

BESSET (le), ham. de Fr., Loire, com. de Gumières; 90 hab.

BESSET (le), ham. de Fr., Lozère, com. de St.-Pierre-de-Nogaret; 90 hab.

BESSET (le), vg. de Fr., Puy-de-Dôme, com. d'Olliergues; 260 hab.

BESSETTE (la), vg. de Fr., Puy-de-Dôme, arr. d'Issoire, cant. et poste de Tauves; 350 hab.

BESSEY, vg. de Fr., Loire, arr. de St.-Étienne, cant. de Pelussin, poste de St.-Chamond; 410 hab.

BESSEY-EN-CHAUME, vg. de Fr., Côte-d'Or, arr. de Beaune, cant. et poste de Bligny-sur-Ouche; 290 hab.

BESSEY-LA-COUR ou BESSEY-LA-FONTAINE, vg. de Fr., Côte-d'Or, arr. de Beaune, cant. et poste de Bligny-sur-Ouche; 220 hab.

BESSEY-LES-CITEAUX, vg. de Fr., Côte-d'Or, arr. de Dijon, cant. et poste de Genlis; 580 hab.

BESSEYRE-SAINT-MARY (la), vg. de Fr., Haute-Loire, arr. de Brioude, cant. de Pinols, poste de Langeac; 660 hab.

BESSICA, g. a., contrée au N.-E. de la Thrace, habitée par un peuple barbare et sauvage.

BESSIÈRE (la), ham. de Fr., Aveyron, com. de Castelnau-Peyralès; 160 hab.

BESSIÈRE-BURENS (la), vg. de Fr., Tarn, com. de Montpinier; 110 hab.

BESSIÈRE-CAUDEIL (la), vg. de Fr., Tarn, arr. et poste de Gaillac, cant. de Cadalen; 630 hab.

BESSIÈRE-DE-LAIR (la), ham. de Fr., Cantal, com. de Chaliers; 300 hab.

BESSIÈRES, b. de Fr., Haute-Garonne, arr. de Toulouse, cant. de Montastruc, poste de la Pointe-St.-Sulpice; 1180 hab.

BESSINE, vg. de Fr., Deux-Sèvres, arr. et poste de Niort, cant. de Frontenay; 560 h.

BESSINES, vg. de Fr., Haute-Vienne, arr. et à 6 l. E. de Bellac, chef-lieu de canton, poste de Morterolles; commerce de bestiaux; 2800 hab.

BESSINS, vg. de Fr., Isère, arr., cant. et poste de St.-Marcellin; 350 hab.

BESSISIEUX, ham. de Fr., Loire, com. de St.-Victor-sur-Loire; 80 hab.

BESSOLES, vg. de Fr., Loire, com. de St.-Barthélemy-Lestra; 150 hab.

BESSON, b. de Fr., Allier, arr. et poste de Moulins-sur-Allier, cant. de Souvigny; 1380 hab.

BESSONGOURT ou BISCHINGEN, vg. de Fr., Haut-Rhin, arr. et poste de Belfort, cant. de Fontaine; 560 hab.

BESSONIES. *Voyez* SAINT-HILAIRE-LES-BESSONIES.

BESSONNE (la), vg. de Fr., Tarn, arr. et poste de Castres, cant. de Vabres; 300 h.

BESSONS, vg. de Fr., Lozère, arr. de

Marvejols, cant. et poste de St.-Chely; 480 hab.

BESSONVILLE, ham. de Fr., Seine-et-Marne, com. de la Chapelle-la-Reine; 130 h.

BESSOU, vg. de Fr., Lot, com. de Concorès; 240 hab.

BESSUÉJOULS, vg. de Fr., Aveyron, arr., cant. et poste d'Espalion; 600 hab.

BESSUGE, ham. de Fr., Saône-et-Loire, com. de Chapaize; 170 hab.

BESSY, vg. de Fr., Aube, arr. d'Arcis-sur-Aube, cant. et poste de Méry-sur-Seine; 260 hab.

BESSY, ham. de Fr., Saône-et-Loire, com. d'Uxeau; 50 hab.

BEISY-SUR-CURE, vg. de Fr., Yonne, arr. d'Auxerre, cant. de Vermenton, poste d'Arcy-sur-Cure; 520 hab.

BESTIAC, vg. de Fr., Arriège, arr. de Foix, cant. et poste des Cabannes; 120 hab.

BESTIONNEAU, grand lac des Etats-Unis de l'Amérique du Nord, état de Louisiane, sur la rive gauche du Mississipi.

BESTS (les), ham. de Fr., Creuse, com. de St.-Merd-la-Breuille; 90 hab.

BÉSUCHE. *Voyez* **MOTTEY-BESUCHE**.

BESUKIE, chef-lieu de la prov. hollandaise de ce nom, dans l'ile de Java, siége du résident hollandais.

BETAILLE, vg. de Fr., Lot, arr. de Gourdon, cant. de Vayrac, poste de Martel; 1640 hab.

BÉTANCOURT, ham. de Fr., Oise, com. de Gilocourt; 190 hab.

BETANZOS, *Flavium Brigantium*, v. et chef-lieu de la prov. de même nom du roy. de Galice, Espagne, à 2 l. S.-S.-E. de l'embouchure du Mendéo dans la baie de Betanzos et à 5 l. S.-E. de la Corogne; 1600 hab.

BETAUCOURT, vg. de Fr., Haute-Saône, arr. de Vesoul, cant. et poste de Jussey; usines à fer; 540 hab.

BÉTAUX (le), vg. de Fr., Seine-Inférieure, com. de Biville-la-Baignarde; 130 hab.

BETBEZE, vg. de Fr., Hautes-Pyrénées, arr. de Bagnères-en-Bigorre, cant. et poste de Castelnau-Magnoac; 160 hab.

BETBEZER, vg. de Fr., Landes, arr. de Mont-de-Marsan, cant. de Gabarret, poste de Roquefort; 400 hab.

BETCAVE, vg. de Fr., Gers, arr., cant. et poste de Lombez; 320 hab.

BETCHARAI, b. de la Syrie, au pied du pic le plus élevé du Liban.

BETCHAT, vg. de Fr., Arriège, arr. et poste de St.-Girons, cant. de St.-Lizier; 510 h.

BETEILLE, vg. de Fr., Aveyron, com. de St.-André; 100 hab.

BETENIE, vg. de Fr., Puy-de-Dôme, com. d'Effiat; 250 hab.

BETÈTE, vg. de Fr., Creuse, arr. et poste de Boussac, cant. de Chatelus; 1000 hab.

BETH, ham. de Fr., Cantal, com. de Pléaux; 110 hab.

BÉTHANCOURT, vg. de Fr., Aisne, arr. de Laon, cant. et poste de Chauny; 620 hab.

BÉTHANCOURT, ham. de Fr., Oise, com. de Cambronne; 190 hab.

BÉTHANCOURT, ham. de Fr., Oise, com. de Guiscard; 70 hab.

BÉTHANIE, g. a., b. de Palestine, Judée, au pied de la montagne des Oliviers, à 3/4 l. de Jérusalem.

BETHEL, pet. v. industrieuse des États-Unis de l'Amérique du Nord, état de Pensylvanie, comté de Berks, sur le Little-Swétarakrik; 2300 hab.

BETHEL, pet. v. des États-Unis de l'Amérique du Nord, état de Pensylvanie, comté de Lébanon, entre la grande et la petite Swétara; agriculture, commerce; 3000 hab.

BETHEL, pet. v. des États-Unis de l'Amérique du Nord, état de Vermont, comté de Windsor, sur le penchant des Montagnes-Vertes; 2000 hab.

BÉTHELINVILLE, vg. de Fr., Meuse, arr. et poste de Verdun-sur-Meuse, cant. de Charny; 510 hab.

BETHELSDORP, vg. d'Afrique, région de l'Afrique australe, colonie du cap de Bonne-Espérance, gouv. d'Uitenhagen, avec une mission.

BETHEMONT, vg. de Fr., Seine-et-Oise, arr. de Pontoise, cant. de Montmorency, poste de St.-Leu-Taverny; 200 hab.

BETHEMONT, ham. de Fr., Seine-et-Oise, com. de Poissy; 100 hab.

BÉTHENCOURT, vg. de Fr., Nord, arr. de Cambrai, cant. de Carnières, poste du Cateau; fabr. de sucre indigène; 1050 hab.

BÉTHENCOURT, vg. de Fr., Oise, com. de Bailleval; 210 hab.

BÉTHENCOURT-SUR-MER, vg. de Fr., Somme, arr. d'Abbeville, cant. d'Ault, poste d'Eu; 590 hab.

BÉTHENCOURT-SUR-SOMME, vg. de Fr., Somme, arr. de Péronne, cant. et poste de Nesle; 160 hab.

BETHENCOURTEL, vg. de Fr., Oise, com. d'Agnetz; 240 hab.

BÉTHENIVILLE, vg. de Fr., Marne, arr. et poste de Reims, cant. de Beine; 600 hab.

BETHENOU, vg. de Fr., Isère, com. de Villemoirieu; 270 hab.

BETHENY, vg. de Fr., Marne, arr., cant. et poste de Reims; 480 hab.

BÉTHINCOURT, vg. de Fr., Meuse, arr. et poste de Verdun-sur-Meuse, cant. de Charny; 640 hab.

BÉTHINES, vg. de Fr., Vienne, arr. de Montmorillon, cant. et poste de St.-Savin; 1250 hab.

BETHISES-LA-BUTTE ou **BETHISY-SAINT-PIERRE**, vg. de Fr., Oise, arr. de Senlis, cant. de Crépy, poste de Verberie; commerce de chanvre et de bois à brûler; fabr. de papier à sucre; 1580 hab.

BETHISY-SAINT-MARTIN, vg. de Fr., Oise, arr. de Senlis, cant. de Crépy, poste de Verberie; 890 hab.

BETHLÉEM, vg. de Fr., Nièvre, com. de Clamecy; 1600 hab.

BETHLEHEM, pet. v. industrieuse des États-Unis de l'Amérique du Nord, état de New-Hampshire, comté de Hunterdon; 2400 hab.

BETHLEHEM, pet. v. florissante par son industrie et son commerce, États-Unis de l'Amérique du Nord, état de New-York, comté d'Albany; 5000 hab.

BETHLEHEM, pet. v. florissante des États-Unis de l'Amérique du Nord, état de Pensylvanie, comté de Northhampton. Cet endroit, fondé, en 1741, par des frères moraves, est très-bien bâti, a plusieurs fabriques et des tanneries; 2500 hab.

BETHLEHEM ou BEIT-EL-HAM, vg. de Syrie; c'est le lieu où naquit Jésus-Christ. Un couvent, bâti par l'impératrice Hélène et orné des dons de toute la chrétienté, renferme la chapelle de la Nativité, vaste grotte creusée dans le roc et pavée en marbre. Les trois autels qui s'y trouvent indiquent, suivant la tradition populaire, l'endroit où Jésus vint au monde, la place de la crèche et celle où Marie présenta le nouveau-né à l'adoration des Mages. Les habitants, au nombre de 7 à 800, vendent aux pèlerins des chapelets, des croix et des coquillages sur lesquels sont peintes les différentes scènes de la passion. Près de Bethlehem on voit les trois étangs de Salomon, remarquables par la solidité de leur construction; ils fournissent l'eau à l'aquéduc de Jérusalem.

BETHLEM, b. des États-Unis de l'Amérique du Nord, état de Connecticut, comté de Litchfield; 1800 hab.

BETHMALE, vg. de Fr., Arriège, arr. de St.-Girons, cant. et poste de Castillon; 1700 hab.

BETHON, vg. de Fr., Marne, arr. d'Épernay, cant. d'Esternay, poste de Villenauxe; 550 hab.

BETHON, vg. de Fr., Sarthe, arr. de Mamers, cant. de St.-Pater, poste d'Alençon; 270 hab.

BETHONCOURT, vg. de Fr., Doubs, arr. et poste de Montbéliard, cant. d'Audincourt; 580 hab.

BÉTHONSART, vg. de Fr., Pas-de-Calais, arr. de St.-Pol-sur-Ternoise, cant. et poste d'Aubigny; 260 hab.

BETHONVILLIER ou BETWEILER, vg. de Fr., Haut-Rhin, arr., poste et à 2 l. N.-E. de Belfort, cant. de Fontaine; il a, en y comprenant Ez-Errues, hameau dépendant de cette commune, une population de 200 h.

BETHONVILLIERS, vg. de Fr., Eure-et-Loir, arr. de Nogent-le-Rotrou, cant. d'Authon, poste de Beaumont-les-Autels; 370 h.

BÉTHUNE, *Bethunia*, v. forte de Fr., Pas-de-Calais, chef-lieu d'arrondissement, à 7 l. N.-O. d'Arras, et 54 l. N. de Paris; siége d'un tribunal de première instance, d'une conservation des hypothèques et d'une direction des contributions. Cette ville, située sur un rocher au bord de la Brette et du canal de la Lawe, a de bonnes fortifications, un château, ouvrage de Vauban, un collége communal et des hôpitaux. L'église paroissiale, d'architecture gothique, est le seul édifice digne d'attention. L'industrie de Béthune consiste dans la fabrication de toiles, d'huile et de papier; commerce considérable en lin, toiles, fil et graines de toutes sortes; carrières de grès; foires le 3 février et le 26 août; 6900 hab.

Béthune n'est connue que depuis le commencement du onzième siècle; elle était gouvernée alors par des seigneurs particuliers. Vers le milieu du treizième siècle, cette seigneurie passa aux comtes de Flandre. Elle fut prise par Louis XI et cédée à l'Espagne sous Charles VIII, par le traité de Senlis. Gaston d'Orléans la prit en 1645. Pendant la guerre de la succession d'Espagne, elle tomba au pouvoir des alliés et fut rendue à la France en 1714, par le traité d'Utrecht.

Béthune est la patrie de Buridan (Jean), célèbre rhéteur du quatorzième siècle.

BÉTHUNE, canal de Fr.; la rivière de Lawe, qui prend sa source à 5 l. de Béthune, est canalisée; elle coupe le canal de la Bassée près de cette ville, et rejoint la Lys à Gorgue. Les premiers travaux datent de 1500 et ont été perfectionnés en 1780. La ligne a 5 lieues et 6 écluses. On y transporte des denrées, du vin, des fourrages et des galets pour pavage.

BETIGNICOURT, vg. de Fr., Aube, arr. de Bar-sur-Aube, cant. et poste de Brienne; 120 hab.

BÉTIQUE, g. a., prov. au S.-O. de l'Espagne, divisée en quatre districts, était bornée à l'E. par l'Espagne tarragonaise et la Méditerranée; au N. par la Tarragonie et la Lusitanie, à l'O. par la Guadiana et la Lusitanie, et au S. par le détroit de Gibraltar; elle comprenait les provinces actuelles de Grenade, d'Andalousie, la partie méridionale de l'Estramadure et la partie orientale d'Alentéjo.

BETJUANAS, peuple de l'Afrique méridionale, au N.-E. des Hottentots. Ils sont de la même origine que les Cafres, mais beaucoup plus civilisés; ils ont quelque industrie et fabriquent divers objets en fer et en cuivre. Litakou, ville de 8000 habitants, était autrefois leur capitale; ils l'ont abandonnée et se sont établis plus au S., dans une autre ville, appelée Kuruman ou Nouveau-Litakou.

BETLIS, v. de la Turquie d'Asie, eyalet de Van, bien fortifiée, traversée par deux affluents du Tigre; elle renferme vingt ponts en pierre, trente mosquées; les rues sont escarpées, chaque maison a l'air d'un petit fort. Le château est situé au milieu de la ville, au haut d'un rocher; on évalue la population à 20,000 hab.

BETMON, vg. de Fr., Hautes-Pyrénées, arr. de Tarbes, cant. et poste de Tric; 110 h.

32

BETON-BAZOCHES, vg. de Fr., Seine-et-Marne, arr. de Provins, cant. de Villiers-St.-Georges, poste de Champcenest; 630 h.

BETONCOURT-LES-BROTTE, vg. de Fr., Haute-Saône, arr. de Lure, cant. de Saulx, poste de Luxeuil; 200 hab.

BETONCOURT-LES-MENÉTRIER, vg. de Fr., Haute-Saône, arr. de Vesoul, cant. de Vitrey, poste de Combeaufontaine; 240 hab.

BETONCOURT-SAINT-PANCRAS, vg. de Fr., Haute-Saône, arr. de Lure, cant. et poste de Vauvillers; 290 hab.

BETONCOURT-SUR-MANCE, vg. de Fr., Haute-Saône, arr. de Vesoul, cant. de Vitrey, poste de Cintrey; 300 hab.

BETOUS, vg. de Fr., Gers, arr. de Condom, cant. et poste de Nogaro; 340 h.

BETOUX, ham. de Fr., Isère, com. de Motte-d'Aveillan; 80 hab.

BETOUZE, ham. de Fr., Sarthe, com. de Ligron; 130 hab.

BETPLAN, vg. de Fr., Gers, arr. de Mirande, cant. et poste de Miélan; 330 hab.

BETPOUEY, vg. de Fr., Hautes-Pyrénées, arr. d'Argelès, cant. de Luz, poste de Barrèges; 520 hab.

BETPOUEY, vg. de Fr., Hautes-Pyrénées, arr. de Bagnères-de-Bigorre, cant. et poste de Castelnau-Magnoac; 210 hab.

BETRACQ, vg. de Fr., Basses-Pyrénées, arr. de Pau, cant. et poste de Lembeye; 240 hab.

BETSCH, v. de Prusse, prov. et rég. de Posen; 1100 hab.

BETSCHWILLER. *Voyez* BERNARDSWILLER-BARR.

BETSCHWILLER-IM-LOCH. *Voyez* BERNARDSWILLER-OBERNAI.

BETTAINCOURT, vg. de Fr., Haute-Marne, arr. de Vassy, cant. de Doulaincourt, poste d'Andelot; fabr. de fil de fer; 460 hab.

BETTAINVILLERS, vg. de Fr., Moselle, arr. et poste de Briey, cant. d'Audun-le-Roman; 280 hab.

BETTANCOURT, ham. de Fr., Ardennes, com. de Thour; 100 hab.

BETTANCOURT-LA-FERRÉE, vg. de Fr., Haute-Marne, arr. de Vassy, cant. et poste de St.-Dizier; forges; 180 hab.

BETTANCOURT-LA-LONGUE, vg. de Fr., Marne, arr. de Vitry-le-Français, cant. et poste de Heiltz-le-Maurupt; 380 hab.

BETTANGE ou **BETTINGEN**, vg. de Fr., Moselle, arr. de Metz, cant. et poste de Boulay; 230 hab.

BETTBORN ou **BEBERT**, vg. de Fr., Meurthe, arr. et poste de Sarrebourg, cant. de Fénétrange; 410 hab.

BETTEGNEY-SAINT-BRICE, vg. de Fr., Vosges, arr. de Mirecourt, cant. de Dompaire, poste de Charmes; 330 hab.

BETTEMBOS, vg. de Fr., Somme, arr. d'Amiens, cant. et poste de Poix; 320 hab.

BETTENCOURT-RIVIÈRE, vg. de Fr., Somme, arr. d'Amiens, cant. de Molliens-Vidame, poste d'Airaines; 460 hab.

BETTENCOURT-SAINT-OUIN, vg. de Fr., Somme, arr. d'Amiens, cant. de Pecquigny, poste de Flixecourt; 300 hab.

BETTENDORFF, vg. de Fr., Haut-Rhin, arr. et poste d'Altkirch, cant. de Hirsingen; 460 hab.

BETTENHOFFEN, vg. de Fr., Bas-Rhin, com. de Gambsheim; 320 hab.

BETTES, vg. de Fr., Hautes-Pyrénées, arr. et poste de Bagnères-en-Bigorre, cant. de Lannemezan; 180 hab.

BETTEVILLE, ham. de Fr., Calvados, com. de Pont-l'Évêque; 80 hab.

BETTEVILLE, vg. de Fr., Seine-Inférieure, arr. de Rouen, cant. de Pavilly, poste de Caudebec; 1000 hab.

BETTIGNIES, vg. de Fr., Nord, arr. d'Avesnes, cant. et poste de Maubeuge; 150 h.

BETTING, vg. de Fr., Moselle, arr. de Sarreguemines, cant. et poste de St.-Avold; 410 hab.

BETTING, ham. de Fr., Moselle, com. de Valdwisse; 200 hab.

BETTINGEN. *Voyez* BETTANGE.

BETTLACH, vg. de Fr., Haut-Rhin, arr. et à 4 l. S.-E. d'Altkirch, cant. et poste de Ferrette. Le hameau de St.-Blaise fait partie de cette commune; 295 hab.

BETTLAINVILLE, vg. de Fr., Moselle, arr. et poste de Thionville, cant. de Metzervisse; 650 hab.

BETTLEFIELD, ham. d'Angleterre, comté de Salop ou de Shrop, où Henri IV vainquit Henri Percy, surnommé Hotspur.

BETTLERN ou **ZEBRAK**, pet. v. du roy. de Bohême, cer. de Beraun; mines de houille; 1100 hab.

BETTON, b. de Fr., Ille-et-Vilaine, arr., cant. et poste de Rennes; 2020 hab.

BETTONCOURT, vg. de Fr., Haute-Marne, arr. de Vassy, cant. de Poissons, poste de Sailly; 150 hab.

BETTONCOURT, vg. de Fr., Vosges, arr. et poste de Mirecourt, cant. de Charmes; 220 hab.

BETTRECHIES, vg. de Fr., Nord, arr. d'Avesnes, cant. et poste de Bavay; 300 h.

BETTWEILER, vg. de Fr., Bas-Rhin, arr. et à 6 l. N.-O. de Saverne, cant. de Drulingen, poste de Saarunion; 329 hab.

BETTWILLER, vg. de Fr., Moselle, arr. de Sarreguemines, cant. et poste de Rorbach; 1120 hab.

BETWA. *Voyez* GANGE.

BETZ, vg. de Fr., Indre-et-Loire, arr. de Loches, cant. de Pressigny-le-Grand, poste de St.-Flovier; 1300 hab.

BETZ, vg. de Fr., Oise, arr. et à 6 l. E.-S.-E. de Senlis, chef-lieu de canton et poste; 640 hab.

BEUCHOT (le), ham. de Fr., Haute-Saône, com. de Hautevalle; usines à fer; 90 hab.

BEUERN, pet. b. de Bavière, ccr. de l'Isar, dist. et à 2 1/2 l. de Rosenheim, sur l'Inn; dans les environs, carrières qui fournissent de bonnes meulières; 300 hab.

BEUGIN, vg. de Fr., Pas-de-Calais, arr. et poste de Béthune, cant. de Houdain; 170 hab.

BEUGNATRE, vg. de Fr., Pas-de-Calais, arr. d'Arras, cant. et poste de Bapaume; 250 hab.

BEUGNE. Voyez SAINT-JEAN-DE-BEUGNE.

BEUGNÉ, vg. de Fr., Deux-Sèvres, arr. et poste de Niort, cant. de Coulonges; 650 h.

BEUGNÉ-L'ABBÉ, vg. de Fr., Vendée, com. de Magnils; 300 hab.

BEUGNEUX, vg. de Fr., Aisne, arr. de Soissons, cant. et poste d'Oulchy; 220 hab.

BEUGNIES, vg. de Fr., Nord, arr., cant. et poste d'Avesnes; 480 hab.

BEUGNON (le), vg. de Fr., Deux-Sèvres, arr. et poste de Niort, cant. de Coulonges; 870 hab.

BEUGNON, vg. de Fr., Yonne, arr. de Tonnerre, cant. de Flogny, poste de St.-Florentin; 400 hab.

BEUGY, ham. de Fr., Indre-et-Loire, com. de St.-Benoît; 120 hab.

BEUGNY, vg. de Fr., Pas-de-Calais, arr. d'Arras, cant. de Bertincourt, poste de Bapaume; fabr. de batiste écrue; 810 hab.

BEULAY, vg. de Fr., Vosges, arr., cant. et poste de St.-Dié; 160 hab.

BEULOTTE-SAINT-LAURENT, vg. de Fr., Haute-Saône, arr. de Lure, cant. de Faucogney, poste de Luxeuil; tourbières; 660 hab.

BEUNEUF, ham. de Fr., Côtes-du-Nord, com. de Ruca; 80 hab.

BEURE, vg. de Fr., Doubs, arr., cant. et poste de Besançon; exploitation de plâtre; 1000 hab.

BEUREY-BEAUGUAY, vg. de Fr., Côte-d'Or, arr. de Beaune, cant. et poste de Pouilly-en-Montagne; 340 hab.

BEUREY-SUR-SAUX, vg. de Fr., Meuse, arr. et poste de Bar-le-Duc, cant. de Revigny; 590 hab.

BEURIÈRES, vg. de Fr., Puy-de-Dôme, arr. d'Ambert, cant. et poste d'Arlanc; 1400 hab.

BEURLAIS, vg. de Fr., Charente-Inférieure, arr. de Saintes, cant. et poste de St.-Porchaire; 510 hab.

BEURREY, vg. de Fr., Aube, arr. de Bar-sur-Seine, cant. d'Essoyes, poste de Vendeuvre; 550 hab.

BEURRY (Saint-), vg. de Fr., Côte-d'Or, arr. de Semur, cant. et poste de Vitteaux; 550 hab.

BEURVILLE, vg. de Fr., Haute-Marne, arr. de Vassy, cant. et poste de Doulevant; 520 hab.

BEUSSENT, vg. de Fr., Pas-de-Calais, arr. et poste de Montreuil-sur-Mer, cant. de Hucqueliers; 720 hab.

BEUSTE, vg. de Fr., Basses-Pyrénées, arr. de Pau, cant. de Clarac-près-Nay, poste de Nay; 650 hab.

BEUTAL, vg. de Fr., Doubs, arr. et cant. de Montbéliard, poste de l'Isle-sur-le-Doubs; 280 hab.

BEUTELSBACH (sur la Beutel), vg. du Wurtemberg, cer. de l'Yaxt, gr.-bge de Schorndorf. Une des plus anciennes possessions de la maison de Wurtemberg. Un monastère, détruit avec le château en 1311, renfermait la sépulture des ducs; elle a été transportée à Stuttgart en 1320. L'émeute des paysans, connue sous le nom de Ligue du pauvre Conrad, et qui a donné lieu au traité de Tubingue de 1514, y a pris naissance; 1800 hab.

BEUTHEN, Bethania, v. de Prusse, prov. de Silésie, rég. de Liegnitz, chef-lieu de cercle, siége d'une cour royale de justice et des autorités du cercle; poteries, fabr. de chapeaux de paille; 2700 hab.

BEUTHEN, v. de Prusse, prov. de Silésie, rég. d'Oppeln, chef-lieu de cercle; siége des autorités du cercle. L'agriculture est la principale occupation des habitants, au nombre de 3200.

BEUTIN, vg. de Fr., Pas-de-Calais, arr. et poste de Montreuil-sur-Mer, cant. d'Étaples; 150 hab.

BEUVANGE-SOUS-JUSTEMONT ou BIVINGEN-UNTER-JESPERT, vg. de Fr., Moselle, com. de Vitry; 260 hab.

BEUVANGE-SOUS-SAINT-MICHEL, vg. de Fr., Moselle, com. de Volkrange; 250 hab.

BEUVARDES, vg. de Fr., Aisne, arr. de Château-Thierry, cant. et poste de Fère-en-Tardenois; 900 hab.

BEUVE-AUX-CHAMPS (Sainte-), ham. de Fr., Seine-Inférieure, com. du Caule-Ste.-Beufe; 120 hab.

BEUVE-EN-RIVIÈRE (Sainte-), vg. de Fr., Seine-Inférieure, arr., cant. et poste de Neufchâtel-en-Bray; 410 hab.

BEUVEILLE, vg. de Fr., Moselle, arr. de Briey, cant. et poste de Longuyon; 850 hab.

BEUVEZIN, vg. de Fr., Meurthe, arr. de Toul, cant. et poste de Colombey; 350 hab.

BEUVILLE, vg. de Fr., Calvados, arr. et Poste de Caen, cant. de Douvres; 440 hab.

BEUVILLE. Voyez LEBEUVILLE.

BEUVILLE (la); vg. de Fr., Meuse, arr. de Verdun, cant. de Frêne-en-Wœvre, poste d'Etain; 300 hab.

BEUVILLE, vg. de Fr., Seine-Inférieure, com. de St.-Denis-sur-Scie; 300 hab.

BEUVILLERS, vg. de Fr., Calvados, arr., cant. et poste de Lisieux; 260 hab.

BEUVILLERS, vg. de Fr., Moselle, arr. et poste de Briey, cant. d'Audin-le-Roman; 280 hab.

BEUVRAGES, vg. de Fr., Nord, arr., cant. et poste de Valenciennes; clouterie; 870 hab.

BEUVRAIGNES, vg. de Fr., Somme, arr. de Montdidier, cant. et poste de Roye; 1220 hab.

BEUVREQUEN, vg. de Fr., Pas-de-Calais,

arr. de Boulogne-sur-Mer, cant. et poste de Marquise; 300 hab.

BEUVREUIL, ham. de Fr., Seine-Inférieure, com. de Dampierre; 100 hab.

BEUVRIÈRE (la), vg. de Fr., Pas-de-Calais, arr., cant. et poste de Béthune; 770 h.

BEUVRIGNY, vg. de Fr., Manche, arr. de St.-Lô, cant. de Tessy, poste de Torigni; 350 hab.

BEUVRON, riv. de Fr., Nièvre, a sa source dans l'étang d'Aron, traverse du N. au S. l'arrondissement de Clamecy et se jette dans l'Yonne après un cours de 10 l.

BEUVRON, vg. de Fr., Nièvre, arr. de Clamecy, cant. de Brinon-les-Allemands, poste de Varzy; 390 hab.

BEUVRON-EN-AUGE, b. de Fr., Calvados, arr. de Pont-l'Évêque, cant. de Cambremer, poste de Dozullé; 480 hab.

BEUVRY, vg. de Fr., Pas-de-Calais, arr. et poste de Béthune, cant. de Cambrin; 2770 hab.

BEUVRY-LÈS-ORCHIES, vg. de Fr., Nord, arr. de Douai, cant. et poste d'Orchies; 2030 hab.

BEUX (Haute et Basse-), vg. de Fr., Moselle, arr. de Metz, cant. de Pange, poste de Solgne; 260 hab.

BEUXES. *Voyez* BOEUXES.

BEUZEC-CAP-CAVAL, ham. de Fr., Finistère, com. de St.-Jean-Trolimon; 100 h.

BEUZEC-CAP-SIZUN, vg. de Fr., Finistère, arr. de Quimper, cant. et poste de Pont-Croix; 1880 hab.

BEUZEC-CONQ, vg. de Fr., Finistère, arr. de Quimper, cant. et poste de Concarneau; 1170 hab.

BEUZEVAL, vg. de Fr., Calvados, arr. de Pont-l'Évêque, cant. et poste de Dives; 310 hab.

BEUZEVILLE, b. de Fr., Eure, arr. et à 3 l. O. de Pont-Audemer, chef-lieu de canton et poste. Commerce de bestiaux et de cordes filées; 2700 hab.

BEUZEVILLE-AU-PLEIN, vg. de Fr., Manche, arr. de Valognes, cant. et poste de Ste.-Mère-Église; 110 hab.

BEUZEVILLE-LA-BASTILLE, vg. de Fr., Manche, arr. de Valognes, cant. et poste de St.-Mère-Église; 350 hab.

BEUZEVILLE-LA-GIFFARDE, vg. de Fr., Seine-Inférieure, arr. de Dieppe, cant. et poste de Bellencombre; 340 hab.

BEUZEVILLE-LA-GRENIER, vg. de Fr., Seine-Inférieure, arr. du Hâvre, cant. et poste de Bolbec; 830 hab.

BEUZEVILLE-LA-GUERARD, vg. de Fr., Seine-Inférieure, arr. d'Yvetot, cant. d'Ourville, poste de Fauville; 410 hab.

BEUZEVILLE-SUR-LE-VEY, vg. de Fr., Manche, arr. de St.-Lô, cant. et poste de Carentan; 500 hab.

BEUZEVILLETTE, vg. de Fr., Seine-Inférieure, arr. du Hâvre, cant. et poste de Bolbec; 680 hab.

BEVANGE (Haute et Basse-), ham. de Fr., Moselle, com. de Richemont; 190 hab.

BÉVÉLAND (Nord, Zuyd et Oost-), trois îles du roy. des Pays-Bas, prov. de Séelande, dist. de Gœs, entre l'Escaut orient. et l'Escaut occ. Elles sont fertiles et commerçantes en blé.

BEVENAIS, vg. de Fr., Isère, arr. de la Tour-du-Pin, cant. et poste du Grand-Lemps; 1060 hab.

BEVEREN, b. du roy. de Belgique, prov. de la Flandre orientale, dist. de Dendermonde, chef-lieu de canton; avec un château; 5500 hab.

BEVERGERN, pet. v. de Prusse, prov. de Westphalie, rég. de Munster; elle possède un beau château et une école de dessin; l'agriculture et l'éducation du bétail sont les principales ressources des habitants; 900 h.

BEVERLEY, pet. v. des États-Unis de l'Amérique du Nord, état des Massachusetts, comté d'Essex; elle a une banque, une direction des postes, des manufactures de coton et un port assez commerçant; 5000 hab.

BEVERLEY, *Betuaria*, pet. v. d'Angleterre, comté d'York, sur le Hull; elle est bien bâtie. Les habitants, au nombre de 6035, nomment deux députés au parlement et font un commerce considérable de grains, de houille, de cuirs et de dentelles.

BEVENLY. *Voyez* RANDOLPH.

BEVERN, b. du duché de Brunswick, situé dans le dist. de Gaudersheim; institut pour la filature des laines, ateliers de tissage du lin, blanchisseries renommées; deux foires assez fréquentées; 1100 hab.

BEVERNE, vg. de Fr., Haute-Saône, arr. de Lure, cant. et poste de Héricourt; 370 h.

BEVERUNGEN, v. fortifiée de Prusse, prov. de Westphalie, rég. de Minden, au confluent de la Bever et du Wéser; fabr. de cuirs, savonneries, papeteries, huileries; commerce de blé, de fer, de bois et de denrées coloniales; 2000 hab.

BEVERWYK, *Beverovicum*, b. du roy. des Pays-Bas, prov. de Hollande, gouv. de la Hollande septentrionale, dist. et à 2 1/2 l. N. d'Haarlem; 1700 hab.

BEVEUGE, vg. de Fr., Haute-Saône, arr. de Lure, cant. et poste de Villersexel; tissage de coton: 300 hab.

BÉVILLE-LE-COMTE, vg. de Fr., Eure-et-Loir, arr. de Chartres, cant. et poste d'Auneau; 720 hab.

BEVILLERS, vg. de Fr., Nord, arr., cant. et poste de Cambrai; 1030 hab.

BEVILLERS, ham. de Fr., Seine-Inférieure, com. de Gonfreville-l'Orcher; 60 h.

BEVONS, vg. de Fr., Basses-Alpes, arr. et poste de Sisteron, cant. de Noyers; 210 hab.

BEVY, vg. de Fr., Côte-d'Or, arr. de Dijon, cant. et poste de Gevrey; 230 hab.

BEWAN, pet. v. et chef-lieu de l'île de Soulou, groupe du même nom, archipel des Philippines, avec une rade et environ 6000 hab. Résidence du sultan.

BEYS BEZE

BEWDLEY, *Bellilocus*, v. d'Angleterre, comté de Worcester, sur la Severn; commerce d'ouvrages en corne et en fer, de sel, et de cuirs; 4000 hab.

BEX, beau vg. de Suisse, cant. de Vaud, dist. et à 2 l. d'Aigle, chef-lieu de cercle. La contrée est belle et il s'y trouve des sources d'eaux minérales et des salines considérables; 2350 hab.

BEY, vg. de Fr., Ain, arr. de Bourg-en-Bresse, cant. de Pont-de-Veyle, poste de Mâcon; 320 hab.

BEY (les), ham. de Fr., Jura, com. de la Grande-Rivière; 120 hab.

BEY, vg. de Fr., Meurthe, arr. et poste de Nancy, cant. de Nomény; 260 hab.

BEY, vg. de Fr., Saône-et-Loire, arr. et poste de Châlon-sur-Saône, cant. de St.-Martin-en-Bresse; 550 hab.

BEYCHAC, vg. de Fr., Gironde. arr. de Bordeaux, canton de Carbon-Blanc, poste de St.-Loubès; 520 hab.

BEYDER. *Voyez* BEEDER.

BEYLONQUE, vg. de Fr., Landes, arr. de St.-Sever, cant. et poste de Tartas; 800 hab.

BEYNAC, vg. de Fr., Corrèze, arr. à 4 l. E. et poste de Brives, chef-lieu de canton; 1800 hab.

BEYNAC, vg. de Fr., Dordogne, arr., cant. et poste de Sarlat; 740 hab.

BEYNAC, vg. de Fr., Haute-Vienne, arr. de Limoges, cant. et poste d'Aixe; 470 hab.

BEYNE, ham. de Fr., Jura, com. de Trenal; 150 hab.

BEYNES, vg. de Fr., Basses-Alpes, arr. de Digne, cant. et poste de Mezel; 420 hab.

BEYNES, vg. de Fr., Seine-et-Oise, arr. de Rambouillet, cant. de Montfort-l'Amaury, poste de Neauphle-le-Château; 1120 hab.

BEYNOST, vg. de Fr., Ain, arr. de Trevoux, cant. et poste de Montluel; 870 hab.

BEYRAC, ham. de Fr., Lozère, com. d'Allenc; 100 hab.

BEYRÈDE-JUMET, vg. de Fr., Hautes-Pyrénées, arr. de Bagnères-en-Bigorre, cant. et poste d'Arreau; papeterie et exploitation de marbre; 650 hab.

BEYREN, vg. de Fr., Moselle, arr. de Thionville, cant. de Cattenom, poste de Sieck; 670 hab.

BEYRIE, vg. de Fr., Basses-Pyrénées, arr. de Mauléon, cant. et poste de St.-Palais; 970 hab.

BEYRIE, vg. de Fr., Basses-Pyrénées, arr. et poste de Pau, cant. de Lescar; 140 h.

BEYRIES, vg. de Fr., Landes, arr. de St.-Sever, cant. d'Amou, poste d'Orthez; 220 hab.

BEYROUT. *Voyez* BAIROUT.

BEYSSAC, vg. de Fr., Corrèze, arr. de Brives, cant. et poste de Lubersac; 970 hab.

BEYSSAC, ham. de Fr., Lot-et-Garonne, com. de Marmande; 100 hab.

BEYSSENAC, vg. de Fr., Corrèze, arr. de Brives, cant. et poste de Lubersac; forges; 940 hab.

BEZ, riv. de Fr., Drôme, a sa source dans la montagne de Toussière, sur la limite occ. des Hautes-Alpes, coule du S.-E. au N.-O. et se jette dans la Drôme, après 6 l. de cours.

BEZ, vg. de Fr., Hautes-Alpes, com. de la Salle; 240 hab.

BEZ, vg. de Fr., Gard, arr., cant. et poste du Vigan; 920 hab.

BEZAC, vg. de Fr., Arriége, arr., cant. et poste de Pamiers; 190 hab.

BEZAGETTE, vg. de Fr., Indre, com. de Maillet; 470 hab.

BÉZALLES, vg. de Fr., Seine-et-Marne, arr. de Provins, cant. de Nangis, poste de Champcenest; 210 hab.

BEZANCOURT, vg. de Fr., Seine-Inférieure, arr. de Neufchâtel-en-Bray, cant. et poste de Gournay; verrerie; 810 hab.

BÉZANGE-LA-GRANDE, vg. de Fr., Meurthe, arr. de Château-Salins, cant. de Vic, poste de Moyenvic; 620 hab.

BEZANGE-LA-PETITE, vg. de Fr., Meurthe, arr. de Château-Salins, cant. de Vic, poste de Moyenvic; 380 hab.

BEZANNES, vg. de Fr., Marne, arr., cant. et poste de Reims; 370 hab.

BEZARDE (la), ham. de Fr., Indre, com. d'Ouches; 120 hab.

BEZASSADE (la), vg. de Fr., Haute-Vienne, com. de Laurière; 120 hab.

BEZAUDUN, vg. de Fr., Drôme, arr. de Die, cant. de Bordeaux, poste de Saillans; 380 hab.

BEZAUDUN-PRÈS-BOUYON, vg. de Fr., Var, arr. de Grasse, cant. de Coursegoules, poste de Vence; 230 hab.

BEZAUDUN-PRÈS-VARAGES, vg. de Fr., Var, arr. de Brignoles, cant. et poste de Barjols; 70 hab.

BÉZAUMONT, vg. de Fr., Meurthe, arr. de Nancy, cant. et poste de Pont-à-Mousson, 240 hab.

BEZAYES, vg. de Fr., Drôme, com. de Charpey; 890 hab.

BEZ-DE-BELFOURTE, vg. de Fr., Tarn, arr. de Castres, cant. et poste de Brassac; 2040 hab.

BÈZE, b. de Fr., Côte-d'Or, arr. de Dijon, cant. et poste de Mirebeau-sur-Bèze; forges d'acier, laminoirs à tôle de fer et d'acier; fabr. de limes, étrilles, râpes, objets de serrurerie, tuiles en tôle vernissée; 1120 hab.

BEZEAUD, ham. de Fr., Haute-Vienne, com. de St.-Bonnet; 140 hab.

BEZENAC, vg. de Fr., Dordogne, arr. et poste de Sarlat, cant. de St.-Cyprien; 350 hab.

BEZENCOURT, ham. de Fr., Somme, com. de Tronchoy; 250 hab.

BÉZENET, ham. de Fr., Allier, com. de Montvicq; 50 hab.

BEZERIL, vg. de Fr., Gers, arr. de Lombez, cant. et poste de Samatan; 360 hab.

BÉZIERS, *Bœterra septimanorum*, v. de Fr., Hérault, chef-lieu d'arrondissement, à 15 l. O.-S.-O. de Montpellier, et à 190 l. S.-S,-E. de Paris; siège de tribunaux de première instance et de commerce; conservation des hypothèques et direction des contributions. Cette ville, située dans un paysage délicieux, sur la rive gauche de l'Orb, ne répond pas à l'idée qu'on s'en fait lorsqu'on l'aperçoit en arrivant par la route de Narbonne. Ses rues sont étroites, sales et tortueuses; ses constructions de l'aspect le plus désagréable, mais les belles promenades qui l'environnent font bientôt oublier le désenchantement que l'on éprouve en parcourant ses quartiers irrégulièrement entassés. Cependant Béziers a quelques beaux édifices; le palais épiscopal, aujourd'hui occupé par la sous-préfecture et les tribunaux, est remarquable par sa grandeur et sa régularité; la cathédrale dont on aperçoit de loin les flèches aiguës et les tours crénelées, est un monument digne d'être visité; l'intérieur surtout est d'une élégance admirable. On y voit aussi quelques restes de monuments romains, mais ce ne sont que des débris informes d'un amphithéâtre et quelques fragments de sculpture. Béziers possède un collège communal, une bibliothèque publique, une société d'agriculture, une salle de spectacle, des fabriques de basins, de bas de soie, de gants, d'amidon et de confitures renommées; des distilleries, des tanneries, des faïenceries, etc. Le port de cette ville, sur le canal du Midi, facilite l'exportation des vins du territoire, des eaux-de-vie, de l'huile, des olives et de tous les produits de ses manufactures; aussi le commerce y est-il d'une grande activité. Foires les 5 février et 19 août; 16,770 hab.

Béziers, qui remonte à une époque antérieure aux Romains, eut beaucoup à souffrir de l'invasion des Goths, au cinquième siècle. Cette ville était alors belle et puissante; les barbares détruisirent tous les édifices et les temples magnifiques dont les Romains avaient orné cette cité. Les Maures s'en emparèrent en 736; Charles Martel les en expulsa; mais il détruisit Béziers pour enlever aux Sarrasins l'espoir d'y rentrer. Sous Charlemagne elle se releva. Pendant la croisade contre les Albigeois, les habitants de Béziers, ayant essayé de protéger quelques-uns de ces malheureux martyrs, toute la population de cette ville fut massacrée par l'armée catholique que le légat du pape excitait au carnage en criant : Tuez les tous, Dieu connaît ceux qui sont à lui. La guerre des Anglais ne lui fut pas moins funeste : elle fut prise et reprise plusieurs fois par les deux partis. Ensuite vinrent les guerres civiles et religieuses dont elle fut encore une des innombrables victimes. En 1632, Louis XIII fit démolir la citadelle et les fortifications qui avaient été pour cette ville la source de nombreux désastres.

Béziers est la patrie de Pierre-Paul de Riquet (1604—1680), dont la statue orne aujourd'hui la ville de Béziers (*voyez* MIDI, canal du); du physicien Mairan, (1678—1771) et de l'académicien Pélisson, (1630—1693), célèbre par son attachement au surintendant Fouquet.

BEZING, vg. de Fr., Basses-Pyrénées, arr. de Pau, cant. de Clarac-près-Nay, poste de Nay; 170 hab.

BEZINGHEM, vg. de Fr., Pas-de-Calais, arr. de Montreuil-sur-Mer, cant. et poste de Hucqueliers; 280 hab.

BEZINGRAND, vg. de Fr., Basses-Pyrénées, arr. d'Orthez, cant. de Lagor, poste de Lacq; 100 hab.

BEZINS, vg. de Fr., Haute-Garonne, arr. de St.-Gaudens, cant. et poste de St.-Béat; 110 hab.

BEZOLLES, vg. de Fr., Gers, arr. de Condom, cant. de Valence, poste de Vic-Fezensac; 530 hab.

BEZONCE, vg. de Fr., Gard, arr. et poste de Nimes, cant. de Marguerittes; 850 hab.

BEZONNE, vg. de Fr., Aveyron, com. de Rodelle; 150 hab.

BEZONS, vg. de Fr., Seine-et-Oise, arr. de Versailles, cant. et poste d'Argenteuil; 580 hab.

BEZONVAUX, vg. de Fr., Meuse, arr. et poste de Verdun-sur-Meuse, cant. de Charny; 260 hab.

BEZOUILLAC, ham. de Fr., Aveyron, com. de Verrières; 70 hab.

BEZOUOTTE, vg. de Fr., Côte-d'Or, arr. de Dijon, cant. et poste de Mirebeau-sur-Bèze; hauts-fourneaux; 250 hab.

BÉZU, ham. de Fr., Aude, com. de St.-Just; 70 hab.

BEZUES-BAJON, vg. de Fr., Gers arr. de Mirande, cant. et poste de Masseube; 460 hab.

BÉZU-LA-FORÊT, vg. de Fr., Eure, arr. des Andelys, cant. et poste de Lyons-la-Forêt; verrerie; 650 hab.

BEZU-LE-GUÉRY, vg. de Fr., Aisne, arr. de Château-Thierry, cant. et poste de Charly; 350 hab.

BEZU-LE-LONG, vg. de Fr., Eure, arr. des Andelys, cant. et poste de Gisors; filat. de coton; 480 hab.

BEZU-LES-FÈVES, vg. de Fr., Aisne, arr. cant. et poste de Château-Thierry; 60 hab.

BEZU-SAINT-GERMAIN, vg. de Fr., Aisne, arr., cant. et poste de Château-Thierry; 600 hab.

BHADRINATH, ham. dans l'Inde anglaise, prov. de Gherwâl, dist. de Sirinagur. Le temple consacré à Vischnou qui s'y trouve est un des plus riches de tout l'Indoustan. Il possède près de 700 villages et attire tous les ans près de 50,000 pèlerins.

BHAGIRATHY. *Voyez* GANGE.

BHANMO, v. de l'emp. Birman, prov. de

Birma ; principal entrepôt du commerce avec la Chine.

BHARATAKHAUDA, g. a., pays de Bharata, ancien nom de l'Inde.

BHARTPOUR ou **BHURTPOOR**, principauté de l'Inde, possession médiate de la Compagnie anglaise, enclavée dans la prov. d'Agra et arrosée par la Bagunga. La capitale du radjah, Bhartpour, autrefois une des plus fortes places de l'Inde, a été prise d'assaut par les Anglais en 1826 ; les vainqueurs en ont démoli les fortifications.

BHATGONG ou **BHATGUNG**, v. du Népal, sur le Bagmutty. Les habitants, au nombre de 12,000, sont très-industrieux.

BHATTIES, nom d'une peuplade mongole qui habite des deux côtés de l'Himalaya et professe la religion lamaïque. Elle est [gouvernée par des radjahs, soumis, les uns aux Anglais, les autres au Népal, d'autres encore à la Chine. Le plus puissant d'entre eux est le radjah de Fattihabad, ville occupée, depuis 1818, par les Anglais.

BHAUNAGGAR ou **BHOWNUGGUR**, v. de l'Inde, prés. de Bombay, dist. de Kaira, non loin de l'embouchure de la Goyla ; bon port ; elle a pris, depuis quelques années, une grande extension et devient une des principales places commerçantes de cette partie de l'Inde.

BHAWANI-KUDAB, v. de l'Inde, prés. de Madras, dist. de Koimbatour, au confluent du Bhavady et du Cavery ; ville sainte des Hindous.

BHAWANIPOUR, v. de l'Inde anglaise, prés. de Calcutta, dist. de Dinadjpour, célèbre par le grand marché qui s'y tient tous les ans en avril.

BIAC-HAUTE, vg de Fr., Aveyron, arr. d'Espalion, cant. de Ste-Geneviève, poste de Laguiole ; 430 hab.

BIACHE-SAINT-VAAST, vg. de Fr., Pas-de-Calais, arr. et poste d'Arras, cant. de Vitry ; fabr. de sucre indigène ; 1070 hab.

BIACHES, vg. de Fr., Somme, arr., cant. et poste de Péronne ; 460 hab.

BIAC-MONTAGNE, ham. de Fr., Aveyron, com. de Ste.-Geneviève ; 80 hab.

BIADJOUS, peuplade de l'île de Bornéo qui habite principalement la côte N.-O. ; c'est une nation indigène, nombreuse, guerrière, assez industrieuse, mais anthropophage et très-féroce. Elle obéit à des princes mahométans, dont quelques-uns sont soumis aux Hollandais. Un grand nombre d'entre eux vivent de piraterie.

BIAFARES. *Voyez* JOLAS.

BIAFRA (baie de), en Afrique, fait partie du golfe de Guinée, il s'y trouve quatre îles, dont trois appartiennent aux Portugais.

BIAISE, pet. riv. de Fr., Hautes-Alpes, a sa source au N. d'Orcières, coule de l'O. à l'E. et se jette dans la Durance, après un cours de 5 lieues.

BIALA, v. d'Autriche, gouv. du roy. de Gallicie, cer. de Myslenicz, sur la Biala, vis-à-vis de la ville de Bielitz, en Silésie ; importante surtout par ses nombreuses fabriques de draps et de toiles ; 3500 hab.

BIALA, v. de Pologne, chef-lieu du district du même nom, palatinat de Podlachie, sur la Zna ; 2713 hab.

BIALETTE, vg. de Fr., Hautes-Pyrénées, com. de Bagnères-en-Bigorre ; 260 hab.

BIALLA, pet. v. de Prusse, prov. de Prusse, rég. de Gumbinnen ; siège des autorités du cercle ; commerce de chevaux et de bétail ; culture du lin ; 1120 hab.

BIALLON, ham. de Fr., Hautes-Pyrénées, com. de Messeix ; 160 hab.

BIALOCERKIEW, *Bialoquerca*, v. de la Russie d'Europe, gouv. de Kiew, cer. de Skwira ; 3000 hab.

BIALYSTOK, prov. de la Russie d'Europe, bornée à l'E. et au N. par la Pologne, à l'O. et au S. par le gouv. de Grodno ; son étendue est de 2189 milles carrés ou de 158 l. c. ; sa population de 225,000 habitants. La rivière principale est le Bug ; le lac le plus considérable est l'Augustu, près de Kinyczin. Le climat est tempéré, mais malsain là où il y a des marais. Les habitants s'occupent principalement d'agriculture ; ils exportent du houblon, du miel, du lin et du bois de construction. La province est composée de 4 cercles qui comprennent 30 villes et 503 villages. La province de Bialystok n'est réunie à la Russie que depuis la paix de Tilsit, en 1807.

BIALYSTOK, v. de la Russie d'Europe, cap. de la prov. du même nom, sur la Bialy ; elle possède un gymnase, un hôpital, une école d'accouchement et un commerce étendu ; 6000 hab.

BIANE, ham. de Fr., Gers, com. de Montaut ; 100 hab.

BIANS, vg. de Fr., Doubs, arr. et poste de Pontarlier, cant. de Levier ; 480 hab.

BIAR. *Voyez* GUADALQUIVIR.

BIAR ou **BÉJAR**, *Apiarium*, pet. v. d'Espagne, roy. de Valence, dist. et à 5 l. O. de Xixona, dans une très-belle contrée ; filatures de lin, poteries, tuileries ; éducation d'abeilles ; 3000 hab.

BIARD, ham. de Fr., Charente, com. de Segonzac ; 110 hab.

BIARD, ham. de Fr., Vienne, com. de Vouneuil-sous-Biard ; filat. de coton ; fabr. d'objets en coton ; 150 hab.

BIARDS (les), vg. de Fr., Manche, arr. de Mortain, cant. d'Isigny, poste de St.-Hilaire-du-Harcouet ; 1160 hab.

BIARGE, ham. de Fr., Charente, com. de Chassiecq ; 200 hab.

BIARNE, vg. de Fr., Jura, arr., cant. et poste de Dôle ; 430 hab.

BIAROTTE, vg. de Fr., Landes, arr. de Dax, cant. de St.-Esprit, poste de Biaudos ; 210 hab.

BIARRE, vg. de Fr., Somme, arr. de Montdidier, com. de Roy, poste de Nesle ; 160 hab.

BIARRITS, b. de Fr., Basses-Pyrénées, arr., cant., poste et à 1 1/2 l. O. de Bayonne; il est situé sur des bancs de rochers de plus de cent pieds d'élévation, et renommé pour ses bains de mer qui attirent un grand nombre d'étrangers; 1495 hab.

BIARS, vg. de Fr., Lot, arr. de Figeac, cant. de Bretonoux, poste de St.-Céré; 309 hab.

BIARS, ham. de Fr., Haute-Vienne, com. de Nexon; 100 hab.

BIART, ham. de Fr., Seine-et-Oise, com. de Labbeville; 110 hab.

BIARVILLE, ham. de Fr., Vosges, com. de Nompatelize; 180 hab.

BIAS, vg. de Fr., Landes, arr. de Mont-de-Marsan, cant. de Mimizan, poste de Lipostey; 150 hab.

BIAS, ham. de Fr., Lot-et-Garonne, com. de Villeneuve-sur-Lot; 200 hab.

BIAS (le). *Voyez* ALBIAS.

BIAUDOS, vg. de Fr., Landes, arr. de Dax, cant. de St.-Esprit, poste; 800 hab.

BIBB, comté de l'état d'Alabama, États-Unis de l'Amérique du Nord, borné par les comtés de Shelby, d'Autauga, de Perry, de Tuscalosa et par le pays des Creeks. Le Coosa à l'E. et la Cahawba à l'O. sont les principales rivières de ce pays; 5000 hab.

BIBELSEN. *Voyez* BIBLISHEIM.

BIBERACH, v. du Wurtemberg, sur la Riss, cer. du Danube, chef-lieu et siége des autorités du gr.-bge de ce nom; elle possède des filatures, des tanneries, des papeteries et des blanchisseries; exploitation de tourbe, éducation de chevaux; commerce de blé et de volaille. En 1796, le général Moreau y battit les Autrichiens, et, en 1800, le général Kray y fut mis en déroute. Le gr.-bge a 25,000 hab. et la ville 4500.

BIBERICH, b. du duché de Nassau, bge de Wiesbaden, sur le Rhin. On y distingue le château, résidence ordinaire du duc, l'église, avec les tombeaux des ducs de Nassau et l'hôpital; agriculture et batelage; 2700 hab.

BIBERSKIRCH, vg. de Fr., Meurthe, arr., cant. et poste de Sarrebourg; 520 hab.

BIBIANA, pet. v. du roy. de Sardaigne, division de Turin, près du Pellice; 2500 h.

BIBICHE, vg. de Fr., Moselle, arr. de Thionville, cant. et poste de Bouzonville; 650 hab.

BIBLING, vg. de Fr., Moselle, com. de Merten; 330 hab.

BIBLISHEIM ou BIBELSEN, vg. de Fr., Bas-Rhin, arr. de Wissembourg, cant. de Wœrth-sur-Sauer, poste de Haguenau; filat. de lin; 320 hab.

BIBOST, vg. de Fr., Rhône, arr. de Lyon, cant. et poste de l'Arbresle; 570 hab.

BICESTER, b. d'Angleterre, comté d'Oxford. On y voit encore les restes remarquables d'une ancienne ville; 2600 hab.

BICÊTRE, château de Fr., Seine, arr. de Sceaux, cant. de Villejuif, com. de Gentilly, à 3/4 de l. S. de Paris. Cet immense bâtiment, élevé sur les ruines d'un château magnifique, que la faction du duc de Bourgogne détruisit entièrement en 1411, fut construit sous Louis XIII, pour servir de retraite aux soldats invalides. Lorsque Louis XIV eût fondé l'hôtel des Invalides, l'hospice de Bicêtre fut réuni à l'hôpital général, et devint un lieu de refuge pour les pauvres et un dépôt de mendicité pour les vagabonds. Sous Louis XVI on y recevait les femmes de mauvaise vie et les hommes atteints de maladies syphilitiques; les aliénés y avaient un quartier séparé des autres. On y recevait aussi les jeunes gens que leurs parents faisaient enfermer pour inconduite. Bicêtre est aujourd'hui une prison, un hospice et une maison de retraite. Une partie de l'édifice est réservée aux fous, une autre aux malfaiteurs et une troisième aux vieillards indigents. Les malfaiteurs y sont employés à divers travaux. On remarque à Bicêtre un puits qui a 171 pieds de profondeur et 15 de diamètre. En 1834, la population de Bicêtre s'élevait à 3500 hab.

BICHAIN, vg. de Fr., Yonne, com. de Villeneuve-la-Guyard; 400 hab.

BICHANCOURT, vg. de Fr., Aisne, arr. de Laon, cant. de Coucy-le-Château, poste de Chauny; 980 hab.

BICHEREAU, ham. de Fr., Seine-et-Marne, com. de Thoury-Férottes; 80 hab.

BICHES, vg. de Fr., Nièvre, arr. de Château-Chinon, cant. et poste de Châtillon-en-Bazois; 850 hab.

BICHISANO, vg. de Fr., Corse, com. de Petreto; 250 hab.

BICKENHOLTZ, vg. de Fr., Meurthe, arr. de Sarrebourg, cant. de Fénétrange, poste de Phalsbourg; 350 hab.

BICKERTON. *Voyez* LATTÉ.

BICQUELEY, vg. de Fr., Meurthe, arr., cant. et poste de Toul; fabr. hydr. d'huiles de graines, féculerie, plâtre; 650 hab.

BIDACHE, pet. v. de Fr., Basses-Pyrénées, arr. et à 6 l. E. de Bayonne, poste de Peyrehorade, chef-lieu de canton, sur la Bidouze. On exploite dans les environs des carrières de pierres de taille; 2740 hab.

BIDAHAN, v. de Perse, prov. de Farsistan; elle a un commerce actif et 10,000 hab.

BIDANNIÈRE (la), ham. de Fr., Seine-et-Oise, com. de Poissy; 60 hab.

BIDARRAY, vg. de Fr., Basses-Pyrénées, arr. de Mauléon, cant. de St.-Étienne-de-Baïgorry, poste de St.-Jean-Pied-de-Port; 1420 hab.

BIDART, vg. de Fr., Basses-Pyrénées, arr. de Bayonne, cant. et poste de St.-Jean-de-Luz; 800 hab.

BIDASSOA, *Menlascus*, *Vedasus*, *Vidassus*, riv. d'Espagne, qui prend sa source dans la prov. de Pampelune, sur le versant mér. des Pyrénées, forme depuis Véra jusqu'à son embouchure la frontière entre la France et l'Espagne et se jette dans le golfe de Biscaye, à Fontarabie, après un cours de 12 l.

BIDDEFORD, pet. v. des États-Unis, état du Maine, comté d'York, sur le Saco, a un bon port et un commerce assez important; construction de vaisseaux; 2800 hab.

BIDDEFORT, v. d'Angleterre, comté de Devon; manufactures d'étoffes de laine, de bas et de poterie; commerce de blé; 4100 h.

BIDEREN, vg. de Fr., Basses-Pyrénées, arr. d'Orthez, cant. et poste de Sauveterre; 100 hab.

BIDESTROFF, vg. de Fr., Meurthe, arr. de Château-Salins, cant. et poste de Dieuze; 450 hab.

BIDING, vg. de Fr., Moselle, arr. de Sarreguemines, cant. de Gros-Tenquin, poste de St.-Avold; 390 hab.

BIDOIRE (la), ham. de Fr., Cher, com. de Châteaumeillant; 130 hab.

BIDOLETS, ham. de Fr., Saône-et-Loire, com. de Chapaize; 60 hab.

BIDON, vg. de Fr., Ardèche, arr. de Privas, cant. et poste de Bourg-St.-Andéol; 180 hab.

BIDOS, vg. de Fr., Basses-Pyrénées, arr., cant. et poste d'Oloron; 190 hab.

BIDOUZE, riv. de Fr., Basses-Pyrénées, a sa source dans les Pyrénées, à 1 l. E. de St.-Sauveur, arr. de Mauléon, coule, du S. au N., jusqu'à St.-Palais, puis, vers le N.-O., passe par Bidache et se jette dans l'Adour, au-dessous du Gave-de-Pau, après un cours de 20 l. dont 5 de navigation.

BIDSCHOW, cer. du roy. de Bohême. Ses bornes sont au N. la Silésie, à l'E. Kœnigengrætz, au S.-E. Chrudim, au S.-O. Kaurzim, à l'O. Bunzlau; 44 l. c. géogr., avec 241,500 habitants. Le Riesengebirg s'étend dans le N.; l'Elbe y a sa source.

BIEBER, b. de la Hesse électorale, prov. de Hanau; remarquable par ses mines de fer et de cobalt et ses usines; 1200 hab.

BIEBER (le Haut-), vg. de Prusse, prov. rhénane, rég. de Coblence, sur l'Aule; papeterie, fonderie de plomb et d'argent, manufacture de tabac; 640 hab.

BIEBRA, pet. v. de Prusse, prov. de Saxe, rég. de Mersebourg, sur la Save; tissages, filatures, papeteries; eaux minérales ferrugineuses; 1000 hab.

BIECOURT, vg. de Fr., Vosges, arr., cant. et poste de Mirecourt; 240 hab.

BIECZ, *Becia*, v. de Gallicie, emp. d'Autriche, cer. de Jaslo; mine de fer et fabr. de vitriol; 1650 hab.

BIEDENKOPF, v. de la Hesse grand-ducale, prov. de la Haute-Hesse, chef-lieu de bailliage; elle est une des plus industrieuses du pays et possède des fabr. de draps, de tapis, de toiles, de bas de coton et de fil, des tanneries et surtout des forges dont les produits sont très-estimés. On trouve aux environs du fer, du mercure, des minerais de cuivre, de la terre à poterie, etc.; cinq foires annuelles; 2650 hab.

BIEDERTHAL, vg. de Fr., Haut-Rhin, arr. et à 5 l. S.-E. d'Altkirch, cant. et poste de Ferrette; 314 hab.

BIÉ-EN-BELIN (Saint-), vg. de Fr., Sarthe, arr. du Mans, cant. et poste d'Écommoy; 660 hab.

BIEF, vg. de Fr., Doubs, arr. de Montbéliard, cant. et poste de St.-Hippolyte; martinet et forges pour faulx et outils aratoires; verrerie à vitres et à bouteilles; 120 hab.

BIEF-DES-MAISONS, vg. de Fr., Jura, arr. de Poligny, cant. des Planches, poste de Champagnole; 310 hab.

BIEF-DU-BOURG, vg. de Fr., Jura, arr. de Poligny, cant. de Nozeroy, poste de Champagnole; 520 hab.

BIEFMORIN, vg. de Fr., Jura, arr., cant. et poste de Poligny; 180 hab.

BIEFVILLERS-LES-BAPAUME, vg. de Fr., Pas-de-Calais, arr. d'Arras, cant. et poste de Bapaume; fabr. de sucre indigène; 230 hab.

BIELAU ou **LANGEN-BIELAU**, gr. vg. de Prusse, prov. de Silésie, rég. de Breslau; c'est le plus grand village de la monarchie prussienne; il est renommé pour l'industrie de ses habitants, au nombre de 8000.

BIELEFELD, v. fortifiée de Prusse, prov. de Westphalie, rég. de Minden, sur la Lutter; siége des autorités du cercle de ce nom; fabr. de toiles, de tabac, de laine, d'ouvrages en fer, de cuirs, de savon et de pipes; blanchisseries considérables. Commerce très-considérable de toiles, jambons et beurre. Au S. de la ville, s'élève l'ancien château de Sparenberg, monument remarquable du moyen âge et qui sert maintenant de prison; 6577 hab.

BIELEW ou **BELEW**, v. de la Russie d'Europe, gouv. de Tula; tannerie, pelleterie et fabr. de cire; 7000 hab.

BIELINGBRUCH, gr. marais du roy. de Pologne, dist. de Sochaczew, palatinat de Masovie, à l'E. de Varsovie.

BIELITZ, duché de Bielitz, cer. de Teschen, gouv. de Moravie et Silésie, emp. d'Autriche, sur la frontière de la Gallicie, entre la Vistule et la Biala; il appartient au prince Sulkowsky; 10,000 hab. Le chef-lieu porte le même nom et possède des fabr. de draps et de casimir; 5000 hab.

BIELLA, *Bugella*, v. du roy. de Sardaigne, dist. de Turin, sur le Cervo et l'Aurena, siége d'un évêché; importante par ses manufactures de toiles, d'étoffes de laine, de papier, et par son commerce; 7700 hab. Au N. de la ville se trouve le pèlerinage de la madone d'Oropo.

BIELLE, vg. de Fr., Basses-Pyrénées, arr. d'Oloron, cant. et poste d'Arudy; marbre, mines de cuivre; 880 hab.

BIELLEVILLE, vg. de Fr., Seine-Inférieure, com. de Rouville; 200 hab.

BIELOPOLJE (Bélopolie), v. de la Russie d'Europe, cer. de Sumy, gouv. de Kharkov, sur la Vira et la Kriga; commerce d'eaux-de-vie; foires très-fréquentées; 11,000 hab.

BIELOPOLJE, v. de la Turquie d'Europe, cyalet de Bosnie, sur le versant sept. des Alpes dinariques et près des sources de la Drinna. Elle a des marchés très-fréquentés; 3000 hab.

BIELSK, v. de la Russie d'Europe, prov. de Bialystok, chef-lieu du cercle de ce nom; 2000 hab.

BIENAVANT, vg. de Fr., Indre, com. de Pouligny; 260 hab.

BIENCOURT, vg. de Fr., Meuse, arr. de Bar-le-Duc, cant. de Montier-sur-Saux, poste de Ligny; 510 hab.

BIENCOURT, vg. de Fr., Somme, arr. d'Abbeville, cant. de Gamaches, poste de Blangy; 240 hab.

BIENFAITE. *Voyez* SAINT-MARTIN-DE-BIENFAITE.

BIENFAY, vg. de Fr., Somme, com. de Moyenneville; 310 hab.

BIENFOL, vg. de Fr., Eure-et-Loir, com. de Magny; 90 hab.

BIENNAC, ham. de Fr., Haute-Vienne, com. de Rochechouart; 120 hab.

BIENNAIS, ham. de Fr., Seine-Inférieure, com. d'Etaimpuis; 200 hab.

BIENNE, v. de Suisse, cant. de Berne, bge de Nydau, au pied du Jura; elle possède une bibliothèque, des fabr. de cotonnades; teintureries, forges et tanneries. La culture et le commerce du vin y sont assez importants. Du temps de l'empire français, cette ville faisait partie du dép. du Haut-Rhin; 2600 hab.

BIENNE (lac de), en Suisse, cant. de Berne, à 446 mètres au-dessus de la mer; il a, d'après Saussure, 215 pieds de profondeur, 3 l. de longueur et 3/4 de l. de largeur. Des deux îlots qu'il renferme, celui de La Mothe est connu pour avoir servi de retraite à J.-J. Rousseau.

BIENTQUES, vg. de Fr., Pas-de-Calais, com. de Wizernes; 290 hab.

BIENVILLE, vg. de Fr., Haute-Marne, arr. de Vassy, cant. de Chevillon, poste de St.-Dizier; forges et hauts-fourneaux; 460 h.

BIENVILLE, vg. de Fr., Oise, arr., cant. et poste de Compiègne; 200 hab.

BIENVILLE-LA-PETITE, vg. de Fr., Meurthe, arr., cant. et poste de Lunéville; 80 hab.

BIENVILLERS-AU-BOIS, vg. de Fr., Pas-de-Calais, arr. d'Arras, cant. de Pas, poste de l'Arbret; 1180 hab.

BIÈQUE ou ILE DES BORIQUES, île faisant partie du groupe des îles Vierges, entre les Grandes et les Petites-Antilles. Cette île, située sous le 18° 7' lat. N. et le 67° 50' de long. O., est à 6 l. de la côte E. de l'île de Porto-Rico, et à 8 l. de longueur sur 2 l. de large. Elle est inhabitée, quoiqu'elle soit très-fertile, bien arrosée et qu'elle ait une position très-avantageuse pour le commerce.

BIERFLIET ou BIERVLIET, *Birfletum* ou *Birflitum*, pet. v. du roy. des Pays-Bas, prov. de Séelande, sur une île de l'Escaut occ., à 5 l. S.-S.-E. de Middelbourg. Beukelszoon, inventeur de l'art de saler les harengs, y mourut en 1397. L'empereur Charles V lui fit ériger un monument en 1536; 1100 hab.

BIERGES, vg. de Fr., Marne, arr. de Châlons-sur-Marne, cant. et poste de Vertus; 70 hab.

BIERMES, vg. de Fr., Ardennes, arr., cant. et poste de Réthel; 480 hab.

BIERMONT, vg. de Fr., Oise, arr. de Compiègne, cant. et poste de Ressons; 200 h.

BIERNE, ham. de Fr., Aube, com. de Villemereuil; 80 hab.

BIERNE, vg. de Fr., Nord, arr. de Dunkerque, cant. et poste de Bergues; excellents pâturages; 500 hab.

BIERNE, vg. de Fr., Mayenne, arr., poste et à 3 l. E. de Château-Gontier, chef-lieu de canton; 1020 hab.

BIERNES, vg. de Fr., Haute-Marne, arr. de Chaumont-en-Bassigny, cant. de Juzennecourt, poste de Colombey-les-Deux-Églises; 70 hab.

BIERRE, ham. de Fr., Eure, com. de Moisville; 80 hab.

BIERRE, vg. de Fr., Gers, com. de Mondebat; 220 hab.

BIERRE, vg. de Fr., Saône-et-Loire, com. de St.-Ythaire; 230 hab.

BIERRE, ham. de Fr., Saône-et-Loire, com. de Vendenesse-les-Charolles; 200 hab.

BIERRE-LÈS-SEMUR, vg. de Fr., Côte-d'Or, arr. de Semur, cant. de Précy-sous-Thil, poste de la Maison-Neuve; 350 hab.

BIERT, vg. de Fr., Ariège, com. de Massat; 1720 hab.

BIERVILLE, vg. de Fr., Seine-Inférieure, arr. de Rouen, cant. et poste de Buchy; 200 h.

BIESBOSCH (forêt de roseaux), gr. golfe ou marais dans le roy. de Pays-Bas, entre les villes de Dordrecht et de Gertruidenberg; il a 12 l. d'étendue et fut formé dans la nuit du 18 au 19 novembre 1421 par une inondation de la Waal et de la Meuse, qui engloutit 72 villages et plus de 100,000 individus. De tout le territoire disparu il ne reste plus que quelques îles.

BIESENTHAL, pet. v. de Prusse, prov. de Brandebourg, rég. de Potsdam, sur le Finow, siége des autorités du cer.; 1240 h.

BIESHEIM, vg. de Fr., Haut-Rhin, arr. et à 4 l. E. de Colmar, cant. et poste de Neuf-Brisach; 1770 hab.

BIESLES, vg. de Fr., Haute-Marne, arr. de Chaumont-en-Bassigny, cant. et poste de Nogent-le-Roi. Fabr. de poêles et d'articles en fer battu; 1100 hab.

BIETIGHEIM, pet. v. du Wurtemberg, cer. du Necker, gr.-bge de Bietigheim, près du confluent de la Metter et de l'Enz; 2800 hab.

BIETLENHEIM, vg. de Fr., Bas-Rhin, arr. de Strasbourg, cant. et poste de Brumath; 160 hab.

BIEUJAC, vg. de Fr., Gironde, arr. de Bazas, cant. et poste de Langon; 503 hab.

BIEUNAC, ham. de Fr., Aveyron, com d'Espalion; 120 hab.

BIEUXY, ham. de Fr., Aisne, arr. de Soissons, cant. et poste de Vic-sur-Aisne; 60 hab.

BIEUZY, vg. de Fr., Morbihan, arr. et poste de Pontivy, cant. de Baud; 1540 hab.

BIEUZY, ham. de Fr., Morbihan, com. de Pluvigner; 100 hab.

BIEVÈNE, b. du roy. de Belgique, prov. du Hainaut, arr. de Tournay; raffineries de sel, brasseries; 2900 hab.

BIÉVILLE, vg. de Fr., Calvados, arr. et poste de Caen, cant. de Douvres; 420 hab.

BIÉVILLE, vg. de Fr., Manche, arr. de St.-Lô, cant. et poste de Torigny; 410 hab.

BIÉVILLE-EN-AUGE, vg. de Fr., Calvados, arr. de Lisieux, cant. de Mézidon, poste de Croissanville; 220 hab.

BIÈVRE, riv. de Fr., a sa source dans le dép. de Seine-et-Oise, à 1 l. S.-O. de Versailles, coule vers l'E. jusqu'à son entrée dans le dép. de la Seine, où elle se dirige vers le N. et se jette dans la Seine à Paris, après 7 l. de cours.

BIÈVRE, vg. de Fr., Aisne, arr., cant. et poste de Laon; 310 hab.

BIÈVRES, vg. de Fr., Ardennes, arr. de Sédan, cant. et poste de Carignan; 400 hab.

BIÈVRES, vg. de Fr., Seine-et-Oise, arr. de Versailles, cant. et poste de Palaiseau. Manufact. de toiles peintes, fabr. de lampes et d'outils en cuivre, tuileries; 1200 hab.

BIEZUN, pet. v. du roy. de Pologne, woiwodie de Plock, sur la Soldau; commerce d'eaux-de-vie; 1250 hab.

BIFFONTAINE, vg. de Fr., Vosges, arr. de St.-Dié, cant. de Brouvelieures, poste de Corcieux; 550 hab.

BIGANON, vg. de Fr., Landes, arr. de Mont-de-Marsan, cant. de Pissos, poste de Liposthey; 450 hab.

BIGANOS, vg. de Fr., Gironde, arr. de Bordeaux, cant. d'Audenge, poste de la Teste-de-Buch; verrerie; 1020 hab.

BIGAROQUE, vg. de Fr., Dordogne, com. de Coux; 90 hab.

BIG-BLACK. *Voyez* WHITE.

BIG-BLUE. *Voyez* OHIO.

BIGERRI, g. a., peuple de l'Aquitaine, Novempopulanie, occupant une partie du département actuel des Hautes-Pyrénées; capitale Tarbes.

BIGERSWALDE, pet. v. d'Angleterre, comté de Bedford, sur l'Ivel; commerce de blé; 3000 hab.

BIG-FORT, chaîne de montagnes des États-Unis de l'Amérique du Nord, au N.-E. de l'état de Virginie; c'est une branche des Peaked-Mountains qui s'étendent entre les Montagnes-Bleues et les North-Mountains.

BIG-HATCHE. *Voyez* MISSISSIPI.

BIG-HORN. fl. des États-Unis de l'Amérique du Nord, prend naissance dans le Riddle-Lake, au pied des montagnes Rocheuses, territoire du Missouri, coule d'abord vers l'E., puis vers le N., reçoit le Little-Big-Horn et plusieurs autres rivières et se jette dans le Yellow-Stone, après un cours de plus de 200 l.

BIG-HORN. *Voyez* ROCHEUSES (Montagnes).

BIG-MIAMI, fl. des États-Unis de l'Amérique du Nord, état d'Ohio. Il naît de la réunion de plusieurs petites rivières, coule vers le S. et se jette dans l'Ohio, à l'O. de Clèveland. Il est navigable pour de grands bateaux sur une longueur de 30 l.; de petites barques peuvent le remonter jusqu'à Wapahconéta.

BIGNAC, vg. de Fr., Charente, arr. d'Angoulême, cant. et poste de Rouillac; 500 h.

BIGNAN, vg. de Fr., Morbihan, arr. de Ploërmel, cant. de St.-Jean-Brévelay, poste de Locminé; 2820 hab.

BIGNAY, vg. de Fr., Charente-Inférieure, arr., cant. et poste de St.-Jean-d'Angely; 520 hab.

BIGNE (la), vg. de Fr., Calvados, arr. de Vire, cant. d'Aulnay-sur-Odon, poste de Mesnil-Auzouf; 330 hab.

BIGNICOURT, vg. de Fr., Ardennes, arr. de Réthel, cant. de Juniville, poste de Tagnon; 460 hab.

BIGNICOURT-SUR-MARNE, vg. de Fr., Marne, arr., cant. et poste de Vitry-le-Français; 70 hab.

BIGNICOURT-SUR-SAULE, vg. de Fr., Marne, arr. et poste de Vitry-le-Français, cant. de Thiéblemont; 370 hab.

BIGNON (le), vg. de Fr., Loire-Inférieure, arr. de Nantes, cant. et poste d'Aigrefeuille; 1910 hab.

BIGNON (le), vg. de Fr., Loiret, arr. de Montargis, cant. de Ferrières, poste de Fontenay; 480 hab.

BIGNON, vg. de Fr., Mayenne, arr. de Laval, cant. et poste de Meslay; 510 hab.

BIGNOUX, vg. de Fr., Vienne, arr. et poste de Poitiers, cant. de St.-Julien-l'Ars; 250 hab.

BIGNY, ham. de Fr., Loire, com. de Feurs; 100 hab.

BIGNY-SUR-CHER, vg. de Fr., Cher, com. de Vallenay; forges et hauts-fourneaux; 230 hab.

BIGORNO, vg. de Fr., Corse, arr. et poste de Bastia, cant. de Campitello; 240 hab.

BIGOTTIÈRE (la), vg. de Fr., Mayenne, arr. et poste de Laval, cant. de Chailland; 1160 hab.

BIG-SANDY, riv. des États-Unis de l'Amérique du Nord; elle prend naissance dans les Alleghany, au S.-O. de l'état de Virginie, coule vers le N., en séparant l'état de Kentucky de l'état de Virginie, reçoit le Lewis et le Blanc et s'embouche dans l'Ohio, après un cours de 32 l.

BIG-SIOUX, fl. des États-Unis de l'Amérique du Nord, territoire du Missouri; il prend sa source sur le Coteau de la Prairie, dans le district des Indiens-Sioux, coule vers le S. en recevant le Cactus, le Big-Rocky et plusieurs autres rivières, et se jette dans le Missouri, après un cours de 120 l.

BIGUGLIA, vg. de Fr., Corse, arr. et poste de Bastia, cant. de Borgo; 260 hab.

BIHÆZ, v. de la Turquie d'Europe, eyalet de Bosnie, bâtie sur une île de l'Unna. Cette ville est regardée comme une des trois principales forteresses du nord de l'empire ottoman; 3000 hab.

BIHAR, comitat du roy. de Hongrie, cer. au-delà de la Theiss, a une superficie de 200 l. c. géogr. et 390,000 hab. Le sol est très-fertile et produit en abondance du blé, du vin, du tabac, du chanvre, du lin, du safran, du fruit et du bois. L'éducation du bétail y est très-florissante. Mines de cuivre, de fer et d'argent; argile, craie et terre à porcelaine. Les marbres sont les meilleurs de tout l'empire. L'industrie y est presque nulle. Sa principale rivière est la Kœrbs. Sources minérales.

BIHÉ, roy. d'Afrique, Nigritie méridionale (Congo), pays indépendants des puissances prépondérantes de cette partie de l'Afrique. La capitale porte le même nom.

BIHUCOURT, vg. de Fr., Pas-de-Calais, arr. d'Arras, cant. et poste de Bapaume; 370 hab.

BIHY (Saint-), vg. de Fr., Côtes-du-Nord, arr. de St.-Brieux, cant. et poste de Quintin; 490 hab.

BIISK, v. de la Russie d'Asie, gouv. de Tomsk, sur la Biya; elle est bien fortifiée; 2050 hab.

BIJONETTE, ham. de Fr., Eure-et-Loir, com. de Levaville-St.-Sauveur; 150 hab.

BIJUGA ou **BISSAGOS**, îles d'Afrique, sur la côte de la Nigritie occidentale, au S. de la Gambie. Cet archipel, composé de seize îles, est habité par les Bijugas.

BIJUGAS, peuplade d'Afrique, région de la Nigritie occidentale (Sénégambie). Parmi les Africains du désert ce sont les plus abrutis, les plus perfides et les plus belliqueux; aussi leurs voisins les appellent-ils du nom de sauvages.

BIJUIT, ham. de Fr., Loire, com. de Debats-Rivière-d'Orpra; 160 hab.

BIJURT, v. d'Afrique, région de la Nigritie occidentale, Sénégambie, roy. de Damel ou Cayor, à l'embouchure du Sénégal.

BIKANIR ou **BICANERE**, principauté indienne, tributaire des Anglais, située dans l'Adjmir. C'est une véritable oasis au milieu de laquelle est bâtie la ville de Bikanir, résidence du radjah.

BILAZAIS, vg. de Fr., Deux-Sèvres, arr. de Bressuire, cant. et poste de Thouars; sources minérales froides; 140 hab.

BILBAO, *Bellum Vadum*, gr. v. d'Espagne, capitale de la prov. basque de Biscaye, à 2 1/2 l. de la mer de Biscaye et à 15 l. O.-S.-O. de St.-Sébastien. Elle est l'une des villes les plus riches et les plus commerçantes de l'Espagne. La vieille ville est mal bâtie, mais la ville neuve est belle. On y remarque l'hôtel de ville, un aqueduc, un quai superbe et un pont de bois, fait d'une seule arche; hôpital, hospice d'orphelins, collège, écoles de dessin et de pilotage, chantiers de construction. Son port est dans le village d'Olavéaga, situé à une 1/2 l. de la ville; on y expédie la plus grande partie des laines d'Espagne. Commerce de fer, de châtaignes, d'huile d'olives, de safran, de poissons, de vin, etc. Cette ville fut prise et reprise par les Français, les Espagnols et les Anglais, en 1808 et 1809; 15,000 hab.

BILD (Sanct-). *Voyez* SAINT-HYPPOLITE.

BILÉDULGÉRID ou BELAD-AL-DSCHÉRID, BLED-EL-JERRÈDE (pays sec et stérile, pays des dattes et des sauterelles), *Gætulia*, grande contrée d'Afrique, bornée au N. par le mont Atlas, qui le sépare de la Barbarie proprement dite, au S. par le Sahara, à l'E. par l'Égypte et la Nubie et à l'O. par l'Océan Atlantique; terroir aride et sablonneux, néanmoins fertile en dattes, ainsi que l'indique son nom; les rivières qui y descendent de l'Atlas se perdent dans les sables; il renferme de l'O. à l'E. les provinces de Sus, de Drah, de Tafilet et de Sedschelmessa, dépendant de l'empire de Maroc; le Bilédulgérid proprement dit, aux régences d'Alger et de Tunis; le Bilédulgérid proprement dit, le royaume de Fezzan et les oasis d'Oudjélah et de Siwah, faisant partie du désert de Barca. Le chef-lieu du Bilédulgérid proprement dit est Touzer ou Tozer.

BILÉE, vg. de Fr., Meuse, arr. de Commercy, cant. et poste de St.-Mihiel; 160 h.

BILGORAI, b. du roy. de Pologne, woiwodie de Lublin; 1600 hab.

BILH. *Voyez* BUHL.

BILHÈRE, vg. de Fr., Basses-Pyrénées, arr. et poste de Pau, cant. de Lescar; 410 h.

BILHÈRES, vg. de Fr., Basses-Pyrénées, arr. d'Oloron, cant. et poste d'Arudy; 450 hab.

BILHEUX (les grands), ham. de Fr., Seine-et-Oise, com. de Rossay; 80 hab.

BILIA, vg. de Fr., Corse, arr., cant. et poste de Sartene; 210 hab.

BILLAC, vg. de Fr., Corrèze, arr. de Brives, cant. et poste de Beaulieu; 580 hab.

BILLANCELLES, vg. de Fr., Eure-et-Loir, arr. de Chartres, cant. et poste de Courville; 360 hab.

BILLANCOURT, vg. de Fr., Seine, com. de Boulogne; 450 hab.

BILLANCOURT, vg. de Fr., Somme, arr. de Montdidier, cant. de Roye, poste de Nesle; 360 hab.

BILLANGES (les), vg. de Fr., Haute-Vienne, arr. de Limoges, cant. d'Ambazac, poste de Chanteloube; 940 hab.

BILLARDIÈRE (la), ham. de Fr., Loire-Inférieure, com. de Vertou; 150 hab.

BILLAUX (les), vg. de Fr., Gironde, arr., cant. et poste de Libourne; 490 hab.

BILLE, vg. de Fr., Ille-et-Vilaine, arr., cant. et poste de Fougères; 1290 hab.

BILLE, riv. poissonneuse, qui sert de limite entre Holstein et Lauenbourg et se jette dans l'Elbe, près de Hambourg.

BILLEBARTEAUT, ham de Fr., Seine-et-Marne, com. de Jouarre; 50 hab.

BILLECUL, vg. de Fr., Jura, arr. de Poligny, cant. de Nozeroy, poste de Champagnole; 180 hab.

BILLERBECK, pet. v. de Prusse, prov. de Westphalie, rég. de Munster, près de la source de la Berkel; tissages, teintureries et impression en couleurs; 1402 hab.

BILLÈRE, ham. de Fr., Haute-Garonne, arr. de St.-Gaudens, cant. et poste de Bagnères-de-Luchon; 90 hab.

BILLERICA, pet. v. des États-Unis de l'Amérique du Nord, état de Massachusetts, comté de Middlesex; 2000 hab.

BILLEY, vg. de Fr., Côte-d'Or, arr. de Dijon, cant. et poste d'Auxonne; 920 hab.

BILLEZOIS, vg. de Fr., Allier, arr., cant. et poste de la Palisse; 560 hab.

BILLIAT, vg. de Fr., Ain, arr. de Nantua, cant. et poste de Châtillon-de-Michaille; 600 hab.

BILLIERS, vg. de Fr., Morbihan, arr. de Vannes, cant. et poste de Muzillac; 960 hab.

BILLIEU, vg. de Fr., Ain, com. de Magnieu; 230 hab.

BILLIEU, vg. de Fr., Isère, arr. de la Tour-du-Pin, cant. et poste de Virieu; 540 hab.

BILLIGHEIM, b. de la Bavière rhénane, cant. et arr. de Bergzabern; 1750 hab.

BILLIN ou **BYLINA**. *Voyez* BELINA.

BILLILGRAUSEN, vg. de Prusse, prov. de Westphalie, rég. d'Arnsberg. Défaite des Français, sous Broglie et Soubise, par le duc Ferdinand de Brunswick, les 15 et 16 juillet 1761.

BILLIO, vg. de Fr., Morbihan, arr. de Ploërmel, cant. de St.-Jean-Brévelay, poste de Josselin; 530 hab.

BILLIOUD, ham. de Fr., Isère, com. de Moirans; 60 hab.

BILLITON. *Voyez* BANCA.

BILLOM, *Billemum*, v. de Fr., Puy-de-Dôme, arr. et à 5 l. E.-S.-E. de Clermont, chef-lieu de canton; siége d'un tribunal de commerce; elle est située sur une colline élevée, entourée de plusieurs autres plus élevées encore; c'est une ville très-ancienne, remarquable au quinzième siècle par un collége célèbre, dont la direction avait été confiée aux jésuites et qui subsista jusqu'au milieu du seizième siècle. Fabr. de fil dit de Bretagne, toiles, faïence et poterie, briques, tuiles; chaux; filat. de coton; commerce très-étendu en chanvre, fil, laine, grains, bestiaux, bois, mégisserie; éducation d'abeilles; 4500 hab.

BILLOT, ham. de Fr., Calvados, com.

de Montpinçon et Notre-Dame-de-Fresnay; 70 hab.

BILLOTIÈRE(la), vg. de Fr., Deux-Sèvres, com. de Marigny; 310 hab.

BILLUERCAS (las). *Voyez* SIERRA-DE-GUADELUPE.

BILLY, b. de Fr., Allier, arr. de la Palisse, cant. et poste de Varennes-sur-Allier; 950 h.

BILLY, vg. de Fr., Calvados, arr. de Caen, cant. de Bourguébus, poste de Vimont; 310 hab.

BILLY, vg. de Fr., Loir-et-Cher, arr. de Romorantin, cant. et poste de Selles-sur-Cher; 630 hab.

BILLY, vg. de Fr., Nièvre, arr., cant. et poste de Clamecy; 900 hab.

BILLY-BERCLAU, vg. de Fr., Pas-de-Calais, arr. de Béthune, cant. de Cambrai, poste de la Bassée; 1440 hab.

BILLY-CHEVANNE, vg. de Fr., Nièvre, arr. de Nevers, cant. et poste de St.-Benin-d'Azy; 1160 hab.

BILLY-LE-GLAND, vg. de Fr., Marne, arr. de Châlons-sur-Marne, cant. de Suippes, poste des Petites-Loges; 70 hab.

BILLY-LÈS-CHANCEAUX, vg. de Fr., Côte-d'Or, arr. de Châtillon-sur-Seine, cant. et poste de Baigneux-les-Juifs; 370 hab.

BILLY-MONTIGNY, vg. de Fr., Pas-de-Calais, arr. de Béthune, cant. et poste de Lens; 330 hab.

BILLY-SOUS-LES-COTES, vg. de Fr., Meuse, arr. de Commercy, cant. et poste de Vigneulles; 360 hab.

BILLY-SOUS-MANGIENNES, vg. de Fr., Meuse, arr. de Montmédy, cant. et poste de Spincourt; hauts-fourneaux et forges; 1220 hab.

BILLY-SUR-AISNE, vg. de Fr., Aisne, arr., cant. et poste de Soissons; 500 hab.

BILLY-SUR-OURCQ, vg. de Fr., Aisne, arr. de Soissons, cant. et poste d'Oulchy; 340 hab.

BILMA, pet. v. du désert de Sahara, Afrique, dans le pays des Tibbos, sur la route de Mourzouk à Kouka; salines considérables.

BILMA, gr. désert de sables brûlants, entre le Fezzan et le pays de Bournou.

BILQUES. *Voyez* HELFAUT-BILQUES.

BILSEN, *Belisia*, b. du roy. de Belgique, prov. de Limbourg, à 3 l. S.-E. de Hasselt, sur la Demer; eaux minérales ferrugineuses; 2900 hab.

BILSHEIM. *Voyez* BILWISHEIM.

BILSTEIN, b. de Prusse, prov. de Westphalie, rég. d'Arnsberg. Siège d'une cour royale de justice. Mines de plomb et d'argent; 420 hab.

BILSTON, v. manufacturière d'Angleterre, comté de Stafford, sur le canal de Birmingham-Staffordshire. Mines de fer et de houille qui alimentent quinze hauts-fourneaux et un grand nombre d'usines. On y trouve aussi du sable très-estimé pour la verrerie. Fabr. d'ouvrages en ferblanc vernissé, d'émail et de quincaillerie.

BILTZENBACH. *Voyez* BUSSANG.

BILWISHEIM ou **BILSHEIM**, vg. de Fr., Bas-Rhin, arr. et à 4 l. N.-N.-O. de Strasbourg, cant. et poste de Brumath; 300 hab.

BILZENHEIM ou **BILSHEIM**, vg. de Fr., Haut-Rhin, arr. et à 3 l. S.-S.-E. de Colmar, cant. et poste d'Ensisheim; 350 hab.

BILZESE, ham. de Fr., Corse, arr., cant. et poste de Sartene; 120 hab.

BIMA, chef-lieu du roy. de Bima, dans l'île de Sumbava, une des petites îles de la Sonde, petite ville avec un excellent port. Elle est la résidence du sultan dont l'état occupe toute la partie orientale de l'île, et est tributaire des Hollandais.

BIMILIPATAM, v. commerçante de l'Inde anglaise, près de Madras, dist. de Vizagapatam. Les Hollandais y avaient autrefois une factorerie.

BIMINI, groupe d'îles arides et inhabitées faisant partie des îles Bahama, au N. des Grandes-Antilles.

BIMONT, vg. de Fr., Pas-de-Calais, arr. de Montreuil-sur-Mer, cant. et poste de Hucqueliers; 160 hab.

BINANS, vg. de Fr., Jura, com. de Publy; 150 hab.

BINARVILLE, vg. de Fr., Marne, arr. et poste de Ste.-Ménéhould, cant. de Ville-sur-Tourbe; 760 hab.

BINAS, vg. de Fr., Loir-et-Cher, arr. de Blois, cant. et poste d'Ouzouër-le-Marché; 1100 hab.

BINASCO, *Binæ*, b. du roy. Lombard-Vénitien, gouv. de Milan, prov. de Pavie, sur le canal de ce nom ou de Pavie. L'éducation du bétail y est très-considérable; 4200 hab.

BINCH, *Binchium*, *Bintium*, pet. v. du roy. de Belgique, prov. du Hainaut, dist. et à 4 l. O. de Charleroi, sur un affluent du Haine; coutellerie, fabr. de faïence, tuileries, tannerie, verrerie, bonneterie, commerce de dentelles, fil, papier, marbre et houille; 4500 hab.

BINCHESTER, vg. d'Angleterre, comté de Durham, probablement l'ancienne *Binomium* des Romains.

BINDERNHEIM, vg. de Fr., Bas-Rhin, arr., poste et à 3 l. E. de Schléstadt, cant. de Markolsheim. Ce village fut presque entièrement détruit au commencement de ce siècle; ce désastre, causé par un incendie, a été réparé depuis; 600 hab.

BINDRABAND ou **BINDRABUND**, v. de l'Inde anglaise, dist. d'Agra, sur la Jumna; elle est un des pèlerinages hindous les plus fréquentés.

BINGEN (le), vg. de Fr., Loire, com. de Cottance; 300 hab.

BINGEN, v. de la Hesse grand-ducale, prov. de la Hesse rhénane, dans une belle contrée, baignée par le Rhin; elle possède une assez belle église, une école latine, de beaux hôpitaux et 4500 habitants. L'industrie et le commerce y prospèrent; fabr. de futaine, de flanelle; tanneries et entrepôts considérables de vins. Bingen est le chef-lieu du canton de ce nom et le siège des autorités cantonales. A proximité de Bingen, sur le Scharlachberg, se trouvent la chapelle de St.-Roch, grand pèlerinage, et les ruines du château de Klopp, dans lequel Henri IV, empereur d'Allemagne, fut retenu prisonnier par son fils; non loin de là on remarque le *Binger-Loch*, échancrure par laquelle, au dire des géologues, les eaux se seraient frayé un passage. A proximité du point où la Nahe se jette dans le Rhin, on voyait un ancien couvent, sur l'emplacement duquel s'élevait le château de St.-Rupert, berceau de la race Capétienne.

BINGES, vg. de Fr., Côte-d'Or, arr. de Dijon, cant. et poste de Pontailler-sur-Saône; 540 hab.

BINGHAM, cap et extrémité sept. de l'île de Sitka, Amérique russe.

BINGLEY, pet. v. d'Angleterre, comté d'York, sur l'Aire; 6000 hab.

BINGO, prov. dans la partie occidentale de l'île de Niphon, au Japon.

BINIC, pet. port de Fr., Côtes-du-Nord, arr. et poste de St.-Brieuc, poste d'Étables; 2230 hab.

BINING-LES-RORBACH, vg. de Fr., Moselle, arr. de Sarreguemines, cant. de Rorbach, poste de Bitche; 870 hab.

BINIVILLE, vg. de Fr., Marne, arr. de Valognes, cant. et poste de St.-Sauveur-sur-Douve; 230 hab.

BINOS, vg. de Fr., Haute-Garonne, arr. de St.-Gaudens, cant. et poste de St.-Béat; 70 hab.

BINSON, vg. de Fr., Manche, arr. de Reims, cant. de Châtillon-sur-Marne, poste de Port-à-Binson; 530 hab.

BINTANG, île sur la côte orientale de Sumatra, au bas du détroit de Malacca, entourée de rochers et d'îlots qui rendent la navigation très-dangereuse dans ces parages. Rehio ou Rhio en est le chef-lieu.

BIO, vg. de Fr., Lot, arr. de Figeac, cant. de St.-Céré, poste de Gramat; eaux minérales; 670 hab.

BIOBIO, fl. considérable de la rép. du Chili. Il descend des Andes, dans le voisinage du volcan de Tucapel, prend une direction N.-O. et s'embouche dans l'Océan Pacifique à 3 l. E. de la baie de la Conception et à côté des deux monts Tétas de Biobio. Ce fleuve, qui porte de grands vaisseaux, sépare le Chili proprement dit de l'Araucanie indépendante. Ses principaux affluents sont, à droite, le Duquéso, le Colavi, le Huague, le Rio-de-Tucapel, appelé Rio-Laxa à son embouchure; à gauche, le Vergara, appelé aussi Biobio, le Rio-Clara et beaucoup d'autres rivières moins considérables.

BIERNEBORG, pet. v. maritime de la Russie d'Europe, grand-duché de Finlande, cer. d'Abo. Fabr. de cuirs et de toiles; 5250 h.

BIRD

BIOGLIO, b. du roy. de Sardaigne, dist. de Turin, sur la Strona; 1850 hab.

BIOL, vg. de Fr., Isère, arr. de la Tour-du-Pin, cant. et poste du Grand-Lemps; 1530 hab.

BIOLÉE (la), vg. de Fr., Jura, com. de Cuisià; 300 hab.

BIOLLET, vg. de Fr., Puy-de-Dôme, arr. de Riom, cant. et poste de St.-Gervais; 1150 h.

BION, vg. de Fr., Manche, arr., cant. et poste de Mortain; forges; 780 hab.

BIONCOURT, vg. de Fr., Meurthe, arr., cant. et poste de Château-Salins; 450 hab.

BIONVILLE, vg. de Fr., Meurthe, arr. de Lunéville, cant. de Baccarat, poste de Raon-l'Étape; 580 hab.

BIONVILLE, vg. de Fr., Moselle, arr. de Metz, cant. de Boulay, poste de Courcelles-Chaussy; 760 hab.

BIOT, vg. de Fr., Var, arr. de Grasse, cant. et poste d'Antibes; fabrication de poteries et de creusets; 1270 hab.

BIOULE, pet. v. de Fr., Tarn-et-Garonne, arr. de Montauban, cant. de Négrepelisse, poste de Réalville; 1250 hab.

BIOUSE, ham. de Fr., Ardèche, com. de St.-Péray; 60 hab.

BIOUSSAC, vg. de Fr., Charente, arr., cant. et poste de Ruffec; 630 hab.

BIOZAT, vg. de Fr., Allier, arr., cant. et poste de Gannat; 1540 hab.

BIR ou **BIREDSCHIK**, *Birtha*, v. de l'Asie ottomane, eyalet de Rakka, située sur l'Euphrate, dans une contrée fertile et bien cultivée. Son commerce a quelque importance; 3 à 4000 hab.

BIRAC, vg. de Fr., Charente, arr. de Cognac, cant. et poste de Châteauneuf-sur-Charente; 310 hab.

BIRAC, vg. de Fr., Gironde, arr., cant. et poste de Bazas; 360 hab.

BIRAC, vg. de Fr., Lot-et-Garonne, arr., cant. et poste de Marmande; 1240 hab.

BIRAMES, peuplade d'Afrique, région de la Nigritie occidentale (Sénégambie). Ils habitent les districts du Papel, sur les bords du fleuve St.-Domingo.

BIRAN, b. de Fr., Gers, arr. et poste d'Auch, cant. de Jegun; 1340 hab.

BIRARA. *Voyez* BRETAGNE (Nouvelle-).

BIRAS, vg. de Fr., Dordogne, arr. de Périgueux, cant. de Brantôme, poste de Bourdeilles; tuileries; 890 hab.

BIRBUM ou **BIRBOOM**, dist. de la prov. de Bengale, Inde anglaise, arrosé par l'Atschi et la Dwanta. Il produit principalement du riz et du sucre, et contient, dit-on, 800,000 hab. Soury en est le chef-lieu.

BIRD, pet. v. des États-Unis de l'Amérique du Nord, état d'Ohio, comté de Brown; agriculture très-florissante; 2200 hab.

BIRD ou **MOUDOMANOU**, **MOODOMANOO**, pet. île au N.-O. de celle d'Atowaï, dans l'archipel d'Hawaï (Sandwich); elle fut découverte en 1789 par Douglas. Lat. N. 23°, long. O. 165° 23'.

BIRM

BIRD. *Voyez* VIERGES (îles des).

BIRD. *Voyez* PAUMAUTOU et VIERGES (îles des).

BIRDS-ISLAND. *Voyez* BALLESEAU.

BIRGOU ou **BORGOO**, **BORGOU**, roy. de la Nigritie centrale, à 22 journées S.-E. de Tegerhy, dans le Fezzan; sa plus grande partie est située à la droite du Kouarra. Ce n'est, à proprement parler, qu'une confédération de plusieurs petits rois, dont ceux d'Ouaouna, de Kiama, de Niki et de Boussa sont les plus puissants.

BIRIATOU, vg. de Fr., Basses-Pyrénées, arr. de Bayonne, cant. et poste de St.-Jean-de-Luz; 400 hab.

BIRIEUX, vg. de Fr., Ain, arr. de Trévoux, cant. de Meximieux, poste de Montluel; 250 hab.

BIRJUTSCH, pet. v. de la Russie d'Europe, chef-lieu du cercle de même nom, gouv. de Voronesh; 2000 hab.

BIRKBECK, établissement nouvellement fondé dans les États-Unis de l'Amérique du Nord, état d'Illinois, comté d'Edwards, sur le Wabash.

BIRKENFELD, v. du grand-duché d'Oldenbourg, principauté de Birkenfeld dont elle est le chef-lieu, non loin de la Nahe; elle est le siège des autorités de la principauté et possède un joli château bâti sur une colline, une école latine (gelehrte Schule), une école normale et environ 1700 habitants. Forges et commerce de toiles, de lin, de chanvre, de bétail.

BIRKES-EL-KAROUN ou **KÉROUN**, *Mœris* ou *Mœridis Lacus*, gr. lac de la Moyenne-Égypte, prov. de Fayoum, à l'O. du Nil et à l'entrée du désert de Libye; il a 12 l. de longueur sur 2 l. de largeur; les limites de l'ancien lac, qui avait 50 l. de tour, 300 pieds de profondeur et un grand canal de communication avec le Nil, sont situées près des villages de Senhour et de Sennourés. On a cru pendant longtemps, sur l'autorité des auteurs anciens, qu'il avait été entièrement creusé par les Égyptiens, sous les Pharaons, pour obvier à l'inégalité des inondations du Nil; mais les observations récentes de Jomard ont prouvé que ce lac est l'ouvrage de la nature, quoique modifié par de grands travaux hydrauliques, exécutés par les anciens Égyptiens.

BIRLENBACH, vg. de Fr., Bas-Rhin, arr., à 1 1/2 l. et poste de Wissembourg, cant. de Soultz-sous-Forêts; 566 hab.

BIRMAN (l'empire) ou **BIRMA**, **BIRAGHMA**, **MYAMMA**, un des états les plus puissants de l'Inde transgangétique, s'étend depuis l'embouchure de l'Iraouady jusqu'au versant méridional du plateau oriental de l'Asie. Il est situé entre 89° 30' et 98° 40' long. orient. et entre 7° 30' et 27° 5' lat. N., et confine au N. avec l'Assam; au N.-E. avec la Chine, à l'E. avec Laos, au S.-E. avec Siam; au S. et à l'O. il touche le golfe du Bengale et les possessions anglaises de l'Inde. Sa superficie totale, comme sa population, a été diversement évaluée, preuve de nos connaissances peu avancées sur ce pays, dont quelques parties nous sont presque inconnues. La première a été évaluée de 20 à 24,000 l. c.; la seconde s'élève, selon quelques voyageurs, de 14 à 17 millions d'habitants. Cox cependant ne lui accordait, en 1809, que 8 millions, et ce chiffre a dû être réduit depuis par les guerres et par la perte de plusieurs provinces; aussi Balbi ne lui donne-t-il que 3,700,000 hab.

Les principaux fleuves qui arrosent l'empire Birman sont : l'Iraouady, le Kyaindouen, le Zittang, le Salouen ou Loukiang et le Pegou. Les bassins de ces fleuves, grossis par un grand nombre d'affluents, forment des vallées remarquablement fertiles; car, bien que le pays soit généralement montagneux, les montagnes ne deviennent rudes et âpres que vers le N., et les provinces méridionales sont régulièrement inondées et fertilisées, comme l'Égypte, par le débordement des fleuves. Malgré la chaleur, les inondations et de fréquents tremblements de terre, le climat passe pour sain. Les principales productions du Birman sont celles de l'Inde. On y trouve le riz, le froment, la canne à sucre, le tabac de première qualité, l'indigo, le coton et les différents fruits des tropiques. Les forêts fournissent les bois les plus durs et les plus solides, principalement celui de l'arbre teck.

L'empire est riche en minéraux de toutes sortes, tels que fer, étain, plomb, antimoine, arsenic, soufre; il possède aussi les fameux puits qui produisent l'huile de pétrole; quelques provinces fournissent des pierres précieuses, et sur les frontières de la Chine on trouve des mines d'or et d'argent, de rubis, et de saphirs. La plupart des fleuves charrient du sable d'or. Les animaux du Birman sont les mêmes que ceux de l'Inde, à l'exception du mouton et du chacal; les éléphants y sont d'une grande beauté.

Les habitants de l'empire Birman appartiennent à diverses familles : aux Birmans, aux Moans ou Péguans, aux Malais, etc.; la nation dominante est celle des Mianmaï ou Myamma, plus connus sous le nom de Birmans; par leurs traits ils ressemblent plutôt aux Chinois qu'aux Hindous. Leurs femmes sont assez belles; les hommes sont robustes, courageux, actifs et tolérants envers les étrangers. Ils professent la religion de Boudha, qu'ils révèrent sous le nom de Gautama, et ont beaucoup de prêtres et de couvents. Les Brahmanes, cependant, sont également respectés et souvent consultés. La langue sacrée est le pali, dialecte voisin du sanscrit. Leur code de loi s'appelle Darmasath (Dharmasastra) et vient, comme leur religion, de l'Inde La polygamie est défendue, mais le concubinage admis à un degré illimité. Bien que les Birmans soient assez experts dans l'art de tisser, de travailler le bois et le fer et de construire les vaisseaux, qu'ils sachent tous lire et écrire, ils sont néanmoins, sous le rapport de l'industrie et des connaissances scientifiques, très-inférieurs aux Chinois, avec lesquels ils font un commerce actif. Le commerce du N. au S. se fait par l'Iraouady sur des milliers de bateaux. D'autres articles d'importation viennent par l'Aracan.

Le gouvernement est despotique. A sa tête se trouve un chef qui ne reconnaît pas d'égal et qui prend à la fois les titres de roi et d'empereur; il est entouré de quatre woungesous ou ministres d'état et d'une foule d'autres officiers et de nobles qui se distinguent par leurs costumes et par le nombre de chaînes d'or qu'ils portent autour du cou; le roi seul a le droit d'en porter vingt-quatre. Toutes les dignités reviennent à la couronne après la mort de celui qui les a possédées. Un dixième de tous les produits et de toutes les marchandises importées appartient au roi; les revenus sont généralement pris en nature, et les impôts affectés comme salaires aux charges sociales. Le revenu annuel est évalué par Balbi à 45,000,000 francs et l'armée à 35,000 hommes. Ce dernier chiffre doit être plus élevé, car bien que l'empire n'ait qu'un petit corps d'armée permanent et discipliné, la nation est guerrière et chaque homme est soumis au service militaire. La principale force des Birmans consiste dans leurs bateaux de guerre qui contiennent de 40 à 50 rameurs, une trentaine de soldats, armés de fusils, et un canon à la proue. Le nombre de ces bateaux s'élève à plus de 500, et chaque ville située près des fleuves est tenue de fournir des hommes armés et un ou plusieurs bateaux.

L'empire Birman est divisé en provinces ou vice-royautés, dont le nombre est très-variable. Les principales divisions géographiques de cet état sont les royaumes de Birma et de Pégou, le Martaban, le Laos-Birman, où il faut distinguer le Mrelap-Chaw et le Laouachan ou Lowaschan, etc. Plusieurs pays tributaires ou vassaux de l'empire, tels que les royaumes d'Assam et d'Aracan, le Katchar et le Kassaï ou Cassay, une partie du Martaban, les provinces de Ye, de Tavay, de Tenasserim, l'archipel de Merghi ont été cédés depuis peu aux Anglais. Les principales villes de l'empire sont Ava, Amarapoura, Yandabon, connu par le traité de paix de 1826; Pégou, Syrian, Saïgaing, Rangoun, Montchâbou, lieu de naissance d'Aloumpra, Prome, etc.

Vers le milieu du siècle dernier, les Birmans furent assujettis par le roi de Pégou; mais ils s'affranchirent bientôt sous la conduite d'Aloumpra, qui devint le fondateur de la dynastie actuelle et soumit le Pégou. Ses successeurs conquirent l'Aracan, l'Assam et une partie du Siam; mais toutes ces conquêtes ont été perdues par la guerre malheureuse qu'ils firent en 1824 à la compagnie anglaise et qui se termina par le traité de Yandabou, par lequel ils cédèrent tant de provinces.

BIRMINGHAM, b. des États-Unis de l'Amérique du Nord, état de Pensylvanie, comté de Chester. Près de cet endroit, les Américains furent défaits par les Anglais en 1777; 600 hab.

BIRMINGHAM, v. d'Angleterre, comté de Warwick, située sur une petite hauteur et sur le Rea, affluent de la Thame, dans une contrée montagneuse, très-riche en mines de houille et de fer. Elle est après Manchester la ville la plus importante du royaume, sous le rapport de l'industrie et du commerce, et elle communique par des canaux aux principaux ports du royaume.

Au commencement du dix-huitième siècle, Birmingham n'était qu'un endroit peu considérable d'environ 5000 habitants; mais depuis la seconde moitié du même siècle, cette ville a pris un accroissement extraordinaire, grâces à son industrie immense. Déjà en 1794, les produits de ses fabriques représentèrent une valeur de 3,800,000 livres sterling. Sur les 85,000 habitants, qu'on y comptait en 1821, 81,000 se livraient à l'industrie et au commerce. Le recensement de 1831 porte sa population à 147,000 âmes. Ce n'est qu'en 1832 que le bill de réforme accorda à Birmingham le droit d'envoyer des députés au parlement; avant cette époque, elle n'était pas représentée. Ses édifices les plus remarquables sont : le théâtre, l'athénée, les églises du Christ et de St.-Georges et le Manufactury and Show-Rooms; une de ses places publiques est ornée d'un monument érigé en l'honneur de l'amiral Nelson. La ville possède encore deux riches bibliothèques, une institution des sourds-muets, une société philosophique et plusieurs établissements philanthrophiques.

La principale industrie de Birmingham consiste en fabriques d'armes de guerre, et de luxe, fonderies de cuivre, construction de machines à vapeur et autres pour les manufactures; fabr. de grosse et fine quincaillerie, boutons, coutellerie, fausse bijouterie, plaqué d'argent, et une infinité d'articles connus sous la dénomination de *Birmingham toys*.

BIRNBAUM (Miendzychod), v. de Prusse, prov. et rég. de Posen, sur la Wartha. Siége des autorités du cercle. Fabr. de draps et de gants; 2500 hab.

BIROCHERE, ham. de Fr., Loire-Inférieure, com. de Clion; 120 hab.

BIRON, vg. de Fr., Charente-Inférieure, arr. de Saintes, cant. et poste de Pons; 480 hab.

BIRON, pet. v. de Fr., Dordogne, arr. à 10 l. S.-E. de Bergerac, cant. et poste de Montpazier; 1128 hab. C'est de cette petite ville, autrefois l'une des quatre baronnies du Périgord, que la famille de Gontaut de Biron a tiré son nom. Biron fut érigée en duché-pairie par Henri IV en faveur du maréchal de Biron qui eut la tête tranchée, en 1602, pour crime de trahison. On voit encore au château de Biron le tombeau de ce capitaine que l'amitié du bon Henri ne sauva point du dernier supplice.

BIRON, vg. de Fr., Basses-Pyrénées, arr. et poste d'Orthez, cant. de Lagor; 370 hab.

BIRR, pet. v. d'Irlande, comté de Kings, sur un affluent du Shannon. Sur une de ses places s'élève une colonne haute de 25 pieds, surmontée de la statue du duc de Cumberland. On y fabrique beaucoup de toiles; 4000 hab.

BIRSBELLE, vg. de Fr., Cher, com. d'Henrichemont; 330 hab.

BIRSÉ, pet. v. de la Russie d'Europe, gouv. de Wilna, cer. de Ponewéje, chef-lieu d'une principauté; 1000 hab.

BIRSK, v. de la Russie d'Europe, gouv. d'Orenbourg, sur la Belaya; 2000 hab.

BIRTLEY, vg. d'Angleterre, comté de Durham; il est remarquable par sa riche saline.

BIRU (Beeroo), roy. d'Afrique, région de la Nigritie intérieure, au S. du Sahara, à l'E. de Ludamar, à l'O. de Tombouctu et au N. de Massina et de Bambarra.

BISAC, ham. de Fr., Gard, com. de Calvisson; 180 hab.

BISACIA, v. du roy. des Deux-Siciles, prov. de Principato Ulteriore; siége d'un évêché; 5000 hab.

BISACQUINO ou BUSACHINO, v. du roy. des Deux-Siciles, intendance de Palerme; 8000 hab.

BISCARA, *Vescether, Vescerita*, v. de la rég. et à 70 l. S.-E. d'Alger, au pied du mont Atlas. Les habitants, connus pour francs et honnêtes, font le commerce de plumes d'autruche.

BISCAROSSE, vg. de Fr., Landes, arr. de Mont-de-Marsan, cant. de Parentis-en-Born, poste de Liposthey; 1550 hab.

BISCAY, vg. de Fr., Basses-Pyrénées, arr. de Mauléon, cant. et poste de St.-Palais; 150 hab.

BISCAY. *Voyez* TRÉPASSY.

BISCAYE, *Biscaja*, une des prov. basques d'Espagne, bornée au N. par la baie ou mer de Biscaye, au S. par la prov. de Burgos (Vieille-Castille), et la prov. basque d'Alava, à l'E. par la prov. basque de Guipuscoa et à l'O. par la prov. de Burgos. Les monts Cantabres, dont divers rameaux sillonnent toute cette province, lui donnent l'aspect le plus pittoresque; elles abondent en fer, en plomb, en marbre et en bois de construction qui font une des richesses du pays; le climat y est doux et plus tempéré que dans le reste de l'Espagne; le sol, peu fertile en grains, produit de très-bons fruits et un vin excellent nommé chacoli. Les forêts sont nombreuses et peuplées de gibier; elles abondent en châtaigniers dont le produit est considérable. On en exporte beaucoup de laine, de fer, de safran, de résine, etc.; les côtes sont riches en poissons et en coquillages. Les principales rivières sont : l'Ybaichalval, le Salcédon, le Durango, le Cadagoun. Les habitants, descendants des anciens Cantabres, sont braves, actifs, loyaux, gais, excellents marins et passionnés pour la liberté. Superficie 60 l. c. géogr., pop. 111,000 hab., selon d'autres, 145,000 individus. Il reste encore à remarquer que dans un sens plus étendu on comprend sous le nom de Biscaye toutes les trois provinces basques d'aujourd'hui (Biscaye, Guipuscoa et Alava).

BISCAYE (mer ou baie de), *Cantabrium Mare, Cantabricus Oceanus*, partie méridionale de la mer d'Aquitaine qui baigne les côtes septentrionales des provinces espagnoles de Burgos, de Biscaye et de Guipuscoa. *Voyez* GASCOGNE (golfe de).

BISCEGLIA, v. du roy. des Deux-Siciles, intendance de Bari; siége d'un évêché, fortifiée, mais mal bâtie. Elle a un petit port et une cathédrale; son commerce est peu considérable; 10,500 hab.

BISCHHEIM-AM-BERG. *Voyez* BISCHOFSHEIM.

BISCHHEIM-AM-SAUM, vg. de Fr., Bas-Rhin, arr., à 1 l. N. et poste de Strasbourg, cant. de Schiltigheim. Fabr. d'amidon; c'est près de ce village qu'on a fait le premier essai de la culture du tabac en Alsace. Patrie de Buschenthal (Lippmann-Moses), littérateur et poëte allemand, mort à Berlin en 1818; 2720 hab.

BISCHHOLTZ ou BISCHOFSHOLTZ, vg. de Fr., Bas-Rhin, arr., à 6 l. N.-E. de Saverne, cant. et poste de Bouxwiller; 300 hab.

BISCHOFFSHEIM-SUR-LA-BREND, pet. v. de Bavière, chef-lieu et siége des autorités du district de ce nom, cer. du Mein-Inférieur, à 8 l. de Neustadt. Fabr. de draps et commerce de toiles; pop. de la ville 1830 h. et du district 8860.

BISCHOFSBOURG ou BISCHBOURG, pet. v. de Prusse, prov. de Prusse, rég. de Kœnigsberg, sur le Dimmer; commerce de lin, de fil et de toiles; 2077 hab.

BISCHOFSHEIM, v. du grand-duché de Bade, située dans le cer. du Bas-Rhin, sur le Tauber, chef-lieu de bailliage. Elle possède deux églises, une école latine et un hôpital. On y tient annuellement cinq foires et deux grands marchés de bétail; 2338 hab.

BISCHOFSHEIM (am Hohen-Steg), b. du grand-duché de Bade, cer. du Rhin-Moyen, à 1/2 l. de ce fleuve et à 4 l. de Strasbourg. C'est la patrie de Jean Reinhard, dernier comte de Hanau. Grand commerce de foin et de bois de construction; culture de chanvre; 1780 hab.

BISCHOFSHEIM ou BISCHHEIM-AM-BERG, vg. de Fr., Bas-Rhin, arr. et à 6 l. N. de Schlestadt, cant. de Rosheim, poste d'Obernai. Près de là, sur une montagne, se trouvait autrefois un couvent de Franciscains, qui a été restauré sous la restauration; il est habité aujourd'hui par des religieux dont nous ignorons la règle, mais que M. F. Aufschlager dit appartenir à l'ordre des Liguoristes, fondé, en 1732, par l'italien Alphonse-Maria de Liguori; 1680 hab.

BISCHOFSSTEIN ou BISCHSTEIN, v. de Prusse, prov. de Prusse, rég. de Kœnigsberg, sur un lac; siége d'un tribunal. Fabr. de draps et de bas, mégisseries, brasseries, distilleries. Commerce de fil. Son église est une des plus grandes et des plus belles de la province; 2514 hab.

BISCHOFSZELL, v. de Suisse, cant. de Thurgovie, chef-lieu de bailliage et de cercle. On y remarque l'hôtel de ville et un ancien château; agriculture; 2300 hab.

BISCHOFSWERDA, v. du roy. de Saxe, cer. de Misnie, sur les bords de la Wesenitz, siége d'une surintendance. Cette ville a deux belles églises, de nombreuses fabriques de draps, de toiles, de passementerie et de bas de coton, et plusieurs autres établissements industriels; 1675 hab.

BISCHOFTEINITZ, pet. v. du roy. de Bohême, cer. de Klattau, sur la Rabuza, avec un château. Fabr. de toiles, de rubans, de dentelles et d'étoffes de laine; bains; 2000 hab.

BISCHWIHR, vg. de Fr., Haut-Rhin, arr. à 1 1/2 l. N.-E. et poste de Colmar, cant. d'Andolsheim; 420 hab.

BISCHWILLER autrefois BISCHOFSWEILER, b. de Fr., Bas-Rhin, arr. et à 5 l. N. de Strasbourg, chef-lieu de canton; siége d'un consistoire protestant. Il règne dans ce bourg une grande activité industrielle; on y fabrique des draps communs, dont il se fait grand commerce, des gants de laine, des cuirs, du savon, de la poterie; commerce de chanvre et de garance; il a aussi de belles blanchisseries et brasseries; tourbière. Foires : lundi après l'Assomption et mardi après le 16 octobre. Le hameau de Hanhofen fait partie de cette commune; 5920 hab.

Bischwiller était anciennement un domaine épiscopal. Il passa ensuite à différents seigneurs. Au quinzième siècle il fut vendu aux électeurs palatins. La réformation y fut introduite en 1542. Beaucoup d'émigrés protestants des Pays-Bas et de Phalsbourg, qui s'y réfugièrent en 1618, contribuèrent à son accroissement et à sa prospérité, à laquelle la guerre de trente ans porta un terrible coup. Bischwiller fut presque entièrement brûlé pendant cette guerre. Il se releva sous l'administration des comtes palatins, qui y résidèrent jusqu'à leur avénement au duché de Deux-Ponts. Depuis cette époque sa prospérité n'a fait qu'augmenter, et ce bourg est aujourd'hui très-florissant.

BISEL, vg. de Fr., Haut-Rhin, arr. à 2 l. S. et poste d'Altkirch, poste de Hirsingen; 650 hab.

BISENZ, pet. v. d'Autriche, gouv. de Moravie et de Silésie, cer. de Hradisch, avec un château remarquable. On y cultive d'excellents vins et beaucoup de maïs; 2500 hab.

BISERTA ou BIZERTE, BEN-ZERT, *Hippo-Diarrhitus*, v. de la rég. et à 15 l. N.-E. de Tunis, sur un canal qui met en communication la Méditerranée avec un lac ou lagune; 8000 hab.

BISEY, ham. de Fr., Loire, com. de Marcilly-le-Pavé; 70 hab.

BISHOP, groupe d'îles dans l'archipel Gilbert, Océanie centrale.

BISHOPS-STORTFORT, v. d'Angleterre, comté de Hertford; 3400 hab.

BISHOP-AND-CLERK. *Voyez* MACQUARI.

BISIGNANO, *Bisidiæ*, v. du roy. des Deux-Siciles, intendance de la Calabre citérieure, siége d'un évêché. On la croit bâtie sur l'emplacement de l'ancienne Besidia; 9000 hab.

BISINCHI, vg. de Fr., Corse, arr. et poste de Corte, cant. de Morosaglia; 660 hab.

BISING, vg. de Fr., Moselle, com. de Grindorff; 300 hab.

BISLEY, pet. v. d'Angleterre, comté de Glocester, non loin du Stroubcanal; patrie du philosophe Bacon, mort en 1626. Elle a une manufacture de draps très-considérable et 5000 hab.

BISNAGAR ou BIJANAGUR. *Voyez* ANNAGOUNDY.

BISNI ou BIJNI, pet. principauté asiatique, au S. du Boutan, située sur les deux bords du Brahmapoutra, fertile et bien cultivée. Le radjah de Bisni est tributaire du deb-radja du Boutan, et paie une redevance aux Anglais pour la partie de sa principauté enclavée dans les limites du Bengale. La capitale porte le même nom que la principauté.

BISPING, vg. de Fr., Meurthe, arr. de Sarrebourg, cant. et poste de Fénétrange; 690 hab.

BISQUAYS, ham. de Fr., Basses-Pyrénées, com. de Nabas; 50 hab.

BISSAGO ou BISSEAU, BISSAO. *Voyez* BASSAH.

BISSAGOS. *Voyez* BIJUGA.

BISSAYES (groupe des). On a donné ce nom à un groupe d'îles, d'îlots et de rochers au nombre de plus de mille qui s'étendent dans la mer de Mindoro, entre Luçon et Magindanao, et qui font partie de l'archipel des Philippines. Les principales de ces îles sont: Samar, Leyte, Zebu, Bohol, Panay, Negros, les Calamianes, Mindoro, Masbate, Marinduque, Burias, Ticao, Sibuyan, Ronblon, Tablas, etc. Toutes ces îles sont plus ou moins dépendantes des Espagnols, et font partie de la capitainerie générale des Philippines.

BISSERT, vg. de Fr., Bas-Rhin, arr. à 9 l. N.-O. de Saverne, cant. et poste de Saarunion; 290 hab.

BISSEUIL, vg. de Fr., Marne, arr. de Reims, cant. d'Ay, poste d'Épernay; 650 h.

BISSEUIL, ham. de Fr., Orne, com. de Résenlieu; 50 hab.

BISSEY-LA-COTE, vg. de Fr., Côte-d'Or, arr. de Châtillon-sur-Seine, cant. et poste de Montigny-sur-Aube; 420 hab.

BISSEY-LA-PIERRE, vg. de Fr., Côte-d'Or, arr. de Châtillon-sur-Seine, cant. et poste de Laignes; 270 hab.

BISSEY-SOUS-CRUCHAUD, vg. de Fr., Saône-et-Loire, arr. de Châlon-sur-Saône, cant. et poste de Buxy; 350 hab.

BISSEZEELE, vg. de Fr., Nord, arr. de Dunkerque, cant. et poste de Bergues; 480 h.

BISSIA, vg. de Fr., Jura, arr. de Lons-le-Saulnier, cant. et poste de Clairvaux; 220 hab.

BISSIÈRES, vg. de Fr., Calvados, arr. de Lisieux, cant. de Mézidon, poste de Croissanville; 200 hab.

BISSIEUX, ham. de Fr., Loire, com. de St.-Jean-Soleymieux; 100 hab.

BISSIEUX, ham. de Fr., Loire, com. de St.-Martin-la-Plaine; 120 hab.

BISSON (le), ham. de Fr., Orne, com. de St.-Brice-sous-Rânes; 100 hab.

BISSONNIÈRE (la), ham. de Fr., Eure, com. de Drucourt; 100 hab.

BISSOULET, ham. de Fr., Aveyron, com. de Salles-Comtaux; 160 hab.

BISSY-LA-MACONNAISE, vg. de Fr., Saône-et-Loire, arr. de Mâcon, cant. de Lugny, poste de St.-Oyen; 300 hab.

BISSY-SOUS-UXUELLES, vg. de Fr., Saône-et-Loire, arr. de Mâcon, cant. et poste de St.-Gengoux-le-Royal; 320 hab.

BISSY-SUR-FLEY, vg. de Fr., Saône-et-Loire, arr. de Châlon-sur-Saône, cant. et poste de Buxy; 300 hab.

BISTAUZAC, ham. de Fr., Lot-et-Garonne, com. de Gontaud; 90 hab.

BISTEN-IM-LOCH ou BISTEMLOCK, vg. de Fr., Moselle, arr. de Metz, cant. et poste de Boulay; 410 hab.

BISTINEAU, grand lac dans les États-Unis de l'Amérique du Nord, à l'O. de l'état de Louisiane, dans le comté de Natchitoche.

BISZTRITZ, dist. du gouv. de Transylvanie, roy. de Hongrie, emp. d'Autriche. Il a 50 l. c. géogr. et 60,000 hab.

BISZTRITZ, v. du roy. de Hongrie, gouv. de Transylvanie, pays des Saxons, sur le Bisztritz; importante par ses tuileries, ses tanneries, ses fabr. de savon et son commerce; 5000 hab.

BISZTRITZ, b. d'Autriche, gouv. de Moravie et Silésie, cer. de Prerau; eaux minérales; 2100 hab.

BISTROFF, vg. de Fr., Moselle, arr. de Sarreguemines, cant. de Gros-Tenquin, poste de Faulquemont; tuilerie; 680 hab.

BITBOURG ou BEDA, pet. v. de Prusse, prov. rhénane, rég. de Trèves, non loin du Nimms et de la Kyll, chef-lieu et siége des autorités du cercle; fabr. de draps et tanneries; 1800 hab.

BITCHE, *Bidiscum*, v. forte de Fr., Moselle, arr. et à 5 l. E. de Sarreguemines, chef-lieu de canton et poste. Cette place est très-bien fortifiée, sa citadelle est une des meilleures de France et passe pour imprenable; elle défend le défilé des Vosges entre Wissembourg et Sarreguemines, et domine d'étroites vallées bornées par d'immenses forêts. Ses environs ont un aspect sauvage et triste. On fabrique à Bitche des tabatières de carton, de la faïencerie et de la poterie; 3140 hab.

En 1793, les Prussiens tentèrent de surprendre cette place, mais ils échouèrent complétement.

BITETTO, v. du roy. des Deux-Siciles, intendance de Bari, au milieu d'une plaine fertile; siége d'un évêché; 3300 hab.

BITHAINE, vg. de Fr., Haute-Saône, arr. de Lure, cant. et poste de Saulx; filat. de coton; 340 hab.

BITHYNIE, g. a., prov. de l'Asie Mineure, était bornée à l'E. par le Parthenius, au N. par le Pont-Euxin, à l'O. par le Bosphore de Thrace et en partie par la Propontide et par le Lycus, au S. par la Phrygie et la Galitie. Les côtes étaient habitées par des colonies grecques et l'intérieur du pays par des peuples de la Thrace.

BITONTO, *Bitruntum*, v. du roy. des Deux-Siciles, intendance de Bari; siége d'un évêché. On y cultive un excellent vin, connu sous le nom de Zagarello. En 1734, les Espagnols battirent les Autrichiens près de cette ville; 13,700 hab.

BITOT, ham. de Fr., Calvados, com. de St.-Contest; 100 hab.

BITRY, ham. de Fr., Loiret, com. de Guigneville; 160 hab.

BITRY, vg. de Fr., Nièvre, arr. de Cosne, cant. de St.-Amand-en-Puisaye, poste de Neuvy-sur-Loire; exploitation d'ocre; 670 h.

BITRY, vg. de Fr., Oise, arr. de Compiègne, cant. d'Attichy, poste de Couloisy; 670 hab.

BITSCHHOFEN, vg. de Fr., Bas-Rhin, arr. et à 6 l. S.-O. de Wissembourg, cant. de Niederbronn, poste de Haguenau; 1050 h.

BITSCHWEILER, vg. de Fr., Haut-Rhin, arr. et à 8 l. N. de Belfort, cant. de Thann; poste de Cernay; filat. hydr. et tissage de coton; forges et haut-fourneau, construction de roues hydrauliques, machines à vapeur, presses mécaniques, etc.; tôlerie et chaudronnerie; 1650 hab.

BITTERFELD, v. fortifiée de Prusse, prov. de Saxe, rég. de Mersebourg, sur la rive gauche de la Mulde et la route de Berlin à Halle, chef-lieu et siége des autorités du cercle; agriculture et éducation du bétail; fabr. de draps et poteries; 3200 hab.

BITURIGES, g. a., peuple de l'Aquitaine, était divisé en Bituriges Cubi, capitale Bourges, et en Bituriges Vibisci, capitale Bordeaux.

BIVÈS, vg. de Fr., Gers, arr. de Lectoure, cant. et poste de St.-Clar; 550 hab.

BIVIERS, vg. de Fr., Isère, arr., cant. et poste de Grenoble; 710 hab.

BIVILLE, vg. de Fr., Manche, arr. de Cherbourg, cant. et poste de Beaumont; 450 hab.

BIVILLE-LA-BAIGNARDE, vg. de Fr., Seine-Inférieure, arr. de Dieppe, cant. et poste de Tôtes; 750 hab.

BIVILLE-LA-RIVIÈRE, vg. de Fr., Seine-Inférieure, arr. de Dieppe, cant. et poste de Bacqueville; 400 hab.

BIVILLE-LE-MARTEL, vg. de Fr., Seine-Inférieure, com. d'Ypreville; 240 hab.

BIVILLE-SUR-MER, vg. de Fr., Seine-Inférieure, arr. de Dieppe, cant. et poste d'Envermeu; 460 hab.

BIVILLIERS, vg. de Fr., Orne, arr. et poste de Mortagne-sur-Huine, cant. de Tourouvre; 230 hab.

BIVINGEN-UNTER-JESPERT. *Voyez* BEUVANGE-SOUS-JUSTEMONT.

BIVONA, v. du roy. des Deux-Siciles, intendance de Girgenti, sur le Riforio; 5000 hab.

BIYA, fl. de l'Asie, qui prend sa source dans l'Altaï et forme, par sa réunion avec la Katunga, l'Ob ou Obi.

BIZANCOURT, ham. de Fr., Oise, com. d'Avrechy; 130 hab.

BIZANET, vg. de Fr., Aude, arr., cant. et poste de Narbonne; 750 hab.

BIZANOS, vg. de Fr., Basses-Pyrénées, arr., cant. et poste de Pau; papeterie; 740 h.

BIZAY, ham. de Fr., Maine-et-Loire, com. d'Epieds; 180 hab.

BIZE, b. de Fr., Aude, arr. et poste de Narbonne, cant. de Ginestas; manufacture royale de draps. Le territoire est très-fertile en bons vins; mines de houille et d'alun; 1070 hab.

BIZE, vg. de Fr., Haute-Marne, arr. de Langres, cant. de la Ferté-sur-Amance, poste du Fayl-Billot; 160 hab.

BIZEN, prov. de l'île de Niphon, emp. du Japon.

BIZENEUILLE, vg. de Fr., Allier, arr. de Montluçon, cant. et poste d'Hérisson; 710 hab.

BIZE-NISTOS, vg. de Fr., Hautes-Pyrénées; arr. de Bagnères-en-Bigorre, cant. de Nestier, poste de St.-Laurent de-Neste; forges; 3300 hab.

BIZET (le), ham. de Fr., Nord, com. d'Armentières; 160 hab.

BIZIAT, vg. de Fr., Ain, arr. de Trévoux, cant. et poste de Châtillon-les-Dombes, eaux minérales; 1100 hab.

BIZOLE, ham. de Fr., Morbihan, com. de Tréléan; 750 hab.

BIZONNES, vg. de Fr., Isère, arr. de la Tour-du-Pin, cant. et poste du Grand-Lemps; 1370 hab.

BIZOT, vg. de Fr., Doubs, arr. de Montbéliard, cant. et poste de Russey; 320 hab.

BIZOU, vg. de Fr., Orne, arr. de Mortagne-sur-Huîne, cant. et poste de Longni ; 300 hab.

BIZOUS, vg. de Fr., Hautes-Pyrénées, arr. de Bagnères-en-Bigorre, cant. de Nestier, poste de St.-Laurent-de-Neste; 330 h.

BIZY, vg. de Fr., Eure, com. de Vernon; 520 hab.

BIZY, ham. de Fr., Nièvre, com. de Parigny-les-Vaux; 80 hab.

BJELIZA ou BELIZY, chef-lieu de cercle, gouv. de Mohilew, Russie d'Europe; 2000 h.

BLACARVILLE, vg. de Fr., Eure, com. de St.-Mards-de-Blacarville; 270 hab.

BLACÉ, vg. de Fr., Rhône, arr., cant. et poste de Villefranche-sur-Saône; 1030 hab.

BLACHÈRE (le), vg. de Fr., Ardèche; arr. de l'Argentière, cant. et poste de Joyeuse; 2870 hab.

BLACHOU, ham. de Fr., Basses-Pyrénées, com. de Seméac-Blachou; 170 hab.

BLACK. *Voyez* MISSISSIPI.

BLACK, pet. île dans la baie de Chesapeak, sur la côte de l'état de Maryland, États-Unis de l'Amérique du Nord.

BLACK, pet. île dans la baie de Plymouth, au S. de la ville de Boston, état de Massachusetts, États-Unis de l'Amérique du Nord.

BLACK, fl. au N. de l'état d'Ohio, États-Unis de l'Amérique du Nord; il se jette dans le lac Érié.

BLACK, fl. du territoire du Missouri, États-Unis de l'Amérique du Nord; c'est un des principaux affluents de gauche du fleuve La-Platte.

BLACK, fl. des États-Unis de l'Amérique du Nord; il prend naissance dans les Monts-Illinois, près des sources du St.-Josephs et se jette dans le lac Michigan.

BLACK, île entre la baie de St.-Michel et celle de Hawké, sur la côte orientale du Labrador.

BLACK. *Voyez* NOTTOWAY.

BLACKBURN, v. d'Angleterre, comté de Lancaster, sur le canal de Leed à Liverpool; tissages de coton; 2700 hab.

BLACK-HUCK, île près de la côte du Grœnland occidental, sous le 71° 33' lat. N. Elle a été découverte par le capitaine Ross et fait partie des possessions danoises dans le Grœnland. Pêche de la baleine.

BLACK-LAKE (lac noir), dans l'état de Louisiane, États-Unis de l'Amérique du Nord.

BLACK-LOG, chaîne de montagnes, ramification des Montagnes-Bleues (Blue-Ridge), traverse le comté de Mifflin, état de Pensylvanie, États-Unis de l'Amérique du Nord.

BLACKLOO, chaîne de montagnes des États-Unis de l'Amérique du Nord. Elle s'étend sur la rive droite du Susquéhannah, au S.-E. de l'état de Pensylvanie et au N. de l'état de Maryland.

BLACK-MOUNTAINS (montagnes noires), chaîne de montagnes des États-Unis, territoire du Missouri. Elles s'étendent depuis le 42° jusqu'au 47° de lat. N. et peuvent être considérées comme les premiers échelons des Montagnes-Rocheuses.

BLACK-NOTLEY, vg. d'Angleterre, comté d'Essex. Patrie du naturaliste John Ray.

BLACK-POINT, baie au S. de l'état du Maine, États-Unis de l'Amérique du Nord.

BLACK-RIVER (rivière noire), fl. des États-Unis de l'Amérique du Nord. Il descend des monts Masseren, dans le territoire d'Arkansas, sous le nom de Wachita (Ouachita), entre dans l'état de Louisiane, où il est grossi par plusieurs fleuves assez considérables tels que la Saluta, le Derbane, le St.-Barthélemy, le Chénier et l'Ox; enfin il reçoit l'Ocatahoola de l'O., et le Sensaw du N.-É., prend le nom de Black-River et se jette dans le Red, après un cours d'environ 100 l.

BLACK-RIVER (rivière noire), riv. de l'île de la Jamaïque, a sa source dans les montagnes de l'intérieur, et se jette dans la mer des Caraïbes.

BLACKSTONE. *Voyez* PANTUKET.

BLACONS, ham. de Fr., Drôme, com. de Mirabel-en-Diois; 120 hab.

BLACONS, ham. de Fr., Drôme, com. de Roche-St.-Secret; 60 hab.

BLACOURT, vg. de Fr., Oise, arr. de Beauvais, cant. du Coudray-St.-Germer, poste de Songeons; 600 hab.

BLACQUEVILLE, vg. de Fr., Seine-Inférieure, arr. de Rouen, cant. de Pavilly, poste de Barentin; 770 hab.

BLACY, vg. de Fr., Marne, arr., cant. et poste de Vitry-le-Français; 410 hab.

BLACY, vg. de Fr., Yonne, arr. et poste d'Avallon, cant. d'Isle-sur-le-Serein; 350 h.

BLADEN, comté dans l'état de la Caroline du Nord, est borné par les comtés de Cumberland, de Sampson, de New-Hanover, de Brunswick, de Columbus et de Robeson. C'est un pays sablonneux et marécageux, traversé par le Cape-Fear et couvert de vastes forêts de pins et de sapins; 8400 hab.

BLÆNA, g. a., contrée de la Paphlagonie, entre le fleuve Halys et la ville de Sinope.

BLÆSHEIM, vg. de Fr., Bas-Rhin, arr. à 3 l. S.-O. et poste de Strasbourg, cant. de Geispolsheim, au pied du Glœckelsberg; il a de bons vignobles; 970 hab.

BLAGNAC, vg. de Fr., Haute-Garonne, arr., cant. et poste de Toulouse; 1480 hab.

BLAGNAC, vg. de Fr., Gironde, arr., cant. et poste de la Réole; 310 hab.

BLAGNY, vg. de Fr., Ardennes, arr. de Sédan, cant. et poste de Carignan; 300 hab.

BLAGNY-SUR-VINGEANNE, vg. de Fr., Côte-d'Or, arr. de Dijon, cant. et poste de Mirebeau-sur-Bèze; 190 hab.

BLAIGNAN, vg. de Fr., Gironde, arr., cant. et poste de Lesparre; 380 hab.

BLAIN, pet. v. de Fr., Loire-Inférieure, arr., et à 4 l. N.-E. de Savenay, chef-lieu de canton, sur la rive droite de l'Isac; elle ne renferme aucun édifice remarquable; mais son château, autrefois très-fort et dont il ne reste plus qu'une aile, joua un rôle important durant les troubles de la ligue. Un synode où l'on compta plus de 1200 protestants fut tenu dans cette ville vers 1562; usine à zinc et commerce de bétail et de grains; Patrie du duc de Rohan (Henri), chef du parti protestant sous Louis XIII (1571— 1638); 4690 hab.

BLAINCOURT, vg. de Fr., Aube, arr. de Bar-sur-Aube, cant. et poste de Brienne; 270 hab.

BLAINCOURT-LES-PRÉCY, vg. de Fr., Oise, arr. de Senlis, cant. de Creil, poste de Chantilly; 510 hab.

BLAINVILLE, seigneurie qui comprend une partie des îles situées dans le lac des Milles-Lieues, ainsi qu'une partie du territoire sur la rive gauche du St.-Laurent, dans le Bas-Canada, dist. de Montréal, comté d'Effingham.

BLAINVILLE, vg. de Fr., Calvados, arr. et poste de Caen, cant. de Douvres; 350 hab.

BLAINVILLE, vg. de Fr., Manche, arr. et poste de Coutances, cant. de St.-Malo-de-la-Lande; 1770 hab.

BLAINVILLE-CREVON, vg. de Fr., Seine-Inférieure, arr. de Rouen, cant. et poste de Buchy; 850 hab.

BLAINVILLE-SUR-L'EAU, vg. de Fr., Meurthe, arr. et poste de Lunéville, cant. de Bayon; papeterie; 830 hab.

BLAIR-ATHOL, pet. v. d'Écosse, comté de Perth. Dans cette paroisse est situé le Beni-Glo, haut de 3397 pieds; 2600 hab.

BLAIREVILLE, vg. de Fr., Pas-de-Calais, arr. et poste d'Arras, cant. de Beaumetz-les-Loges; 460 hab.

BLAIRGOWNIE, b. d'Écosse, comté de Perth, sur l'Ericht; 2000 hab.

BLAISE (Saint-), cap d'Afrique, région de l'Afrique australe, colonie du cap de Bonne-Espérance, sur la baie de Mossel.

BLAISE (Saint-), [Sanct-Blasien], v. et chef-lieu de bailliage du grand-duché de Bade, cer. du Haut-Rhin, dans un vallon étroit du Schwarzwald. Construction de machines, filat. de coton et fabr. d'armes blanches et à feu, et d'acide sulfurique; forges; 1000 hab.

BLAISE, vg. de Fr., Ardennes, com. de Ste.-Marie; 250 hab.

BLAISE, vg. de Fr., Haute-Marne, arr. de Chaumont-en-Bassigny, cant. et poste de Vignory; 370 hab.

BLAISE(Saint-), ham. de Fr., Haut-Rhin, com. de Bettlach.

BLAISE-SOUS-ARZILLIÈRES, vg. de Fr., Marne, arr. de Vitry-le-Français, cant. et poste de St.-Remy-en-Bouzemont; 200 hab.

BLAISE-SOUS-HAUTEVILLE, vg. de Fr., Marne, arr. de Vitry-le-Français, cant. et poste de St.-Remy-en-Bouzemont; 230 hab.

BLAISE-DE-BUIS (Saint-), vg. de Fr., Isère, arr. de St.-Marcellin, cant. et poste de Rives; 570 hab.

BLAISE (Saint-), ham. de Fr., Côtes-du-Nord, com. de Quessoy; 160 hab.

BLAISE (Saint-), ham. de Fr., Hautes-Alpes, com. de Briançon; 100 hab.

BLAISE (Saint-). *Voyez* L'HOPITAL-SAINT-BLAISE.

BLAISE (Saint-), vg. de Fr., Tarn-et-Garonne, com. de Monclar; 440 hab.

BLAISE (Saint-), vg. de Fr., Vosges, com. de Moyenmoutier; 290 hab.

BLAISE-LA-ROCHE (Saint-), vg. de Fr., Vosges, arr. de St.-Dié, cant. de Saales, poste de Schirmeck; 370 hab.

BLAISON, b de Fr., Maine-et-Loire, arr. d'Angers, cant. des Pont-de-Cé, poste de Brissac; 1140 hab.

BLAISY-BAS, vg. de Fr., Côte-d'Or, arr. de Dijon, cant. et poste de Sombernon; 470 hab.

BLAISY-HAUT, vg. de Fr., Côte-d'Or, arr. de Dijon, cant. et poste de Sombernon; 250 hab.

BLAJAN, vg. de Fr., Haute-Garonne, arr. de St.-Gaudens, cant. et poste de Boulogne; fabr. de gaze en soie pour bluteries, crins et toiles de crins; 740 hab.

BLAJOUX, vg. de Fr., Lozère, com. de Quézac; 140 hab.

BLAKELY, pet. v. des États-Unis de l'Amérique du Nord, état d'Alabama, comté de Baldwin dont elle est chef-lieu, sur le Tensaw, à 3 l. E. de Mobile. Son commerce devient de plus en plus important; 3000 h.

BLAMÉCOURT, vg. de Fr., Seine-et-Oise, arr. de Mantes, cant. et poste de Magny; 180 hab.

BLAMONT, vg. de Fr., Doubs, arr. et à 4 l. S. de Montbéliard, chef-lieu de canton et poste. Elle est défendue par une forteresse; 680 hab.

BLAMONT, *Albimontinm*, v. de Fr., Meurthe, arr. et à 7 l. E. de Lunéville, chef-lieu de canton et poste; filat. de coton, fabr. de calicot, percale, draps, molleton et tanneries; 2680 hab.

BLANAT, ham. de Fr., Lot, com. de Rocamadour; 170 hab.

BLANAZ, vg. de Fr., Ain, com. de St.-Rambert; 270 hab.

BLANC (le), ham. de Fr., Gironde, com. de Pujols; 150 hab.

BLANC (le), *Oblincum*, v. de Fr., Indre, à 13 l. O.-S.-O. de Châteauroux, chef-lieu d'arrondissement; siège d'un tribunal de première instance, d'une conservation des hypothèques et d'une direction des contributions indirectes; elle est située sur la Creuse, qui sépare la ville haute de la ville basse. Cette dernière, sans être beaucoup plus jolie, est plus commode et mieux bâtie que la partie haute dont les rues sont étroites, tortueuses et escarpées. Le Blanc était autrefois une place de guerre très-forte, défendue par deux châteaux-forts; mais il ne reste plus que quelques débris de ses anciennes fortifications, qui eurent de l'importance au quinzième et au seizième siècle. Cette ville possède des fabriques de grosses draperies, d'étoffes de laine et de poterie; filat. de laine et de lin. Le bois, le fer, le vin, le poisson de la Creuse et les sangsues que l'on pêche dans les étangs aux environs du Blanc sont les principaux objets de commerce. Foires les 10 janvier, 10 février, 20 avril, la veille de la Pentecôte, 23 juin, 3 août, 23 septembre, 10 novembre et 12 décembre; 5100 h.

BLANCAFORT, b. de Fr., Cher, arr. de Sancerre, cant. d'Argens, poste d'Aubignyville; 1220 hab.

BLANCANEIX. *Voyez* SAINT-GEORGES-DE-BLANCANEIX.

BLANCART (Saint-), vg. de Fr., Gers, arr. de Mirande, cant. et poste de Masseube; 580 hab.

BLANCEY, vg. de Fr., Côte-d'Or, arr. de Beaune, cant. et poste de Pouilly-en-Montagne; 240 hab.

BLANC-FOSSÉ, vg. de Fr., Oise, arr. de Clermont, cant. de Crèvecœur, poste de Breteuil; 520 hab.

BLANCHARDIÈRE (la), vg. de Fr., Indre-et-Loire, com. de Richelieu; 100 hab.

BLANCHE, ham. de Fr., Yonne, com. de Villeneuve-la-Guyard; 160 hab.

BLANCHE (mer), gr. golfe formé par l'Océan Glacial Arctique, dans le gouv. d'Arkhangelsk, sur la côte septentrionale de la Russie d'Europe, s'étend depuis le 29° 20′ jusqu'au 43° 15′ de long. E., entre le 63° 48′ et le 68° 50′ de lat. N. De hautes montagnes, ramifications du système scandinavique, couvrent plusieurs parties de la côte. Les eaux de la mer Blanche sont très-peu salées; aussi sont-elles gelées ordinairement pendant neuf mois de l'année. Ses principaux golfes sont ceux de Kandalaskaïa, d'Onéga, de la Dvina ou d'Arkhangelsk et de Mezen. Cette mer reçoit l'Onéga, la Dvina et le Mezen, qui se jettent dans les golfes auxquels ces fleuves donnent leurs noms.

BLANCHE-ÉGLISE, vg. de Fr., Meurthe, arr. de Château-Salins, cant. et poste de Dieuze; 270 hab.

BLANCHE-ÉGLISE. *Voyez* WEISSKIRCH.

BLANCHEFACE, vg. de Fr., Seine-et-Oise, com. de Sermaise; 220 hab.

BLANCHE-FONTAINE, vg. de Fr., Doubs, arr. de Montbéliard, cant. de Maiche, poste de St.-Hippolyte; 120 hab.

BLANCHEFOSSE, vg. de Fr., Ardennes, arr. de Rocroi, cant. de Rumigny, poste de Brunhamel; 720 hab.

BLANCHE-MAISON (la), vg. de Fr., Nord, com. de Bailleul; 200 hab.

BLANCHE-MAISON (la), ham. de Fr., Somme, com. de Hornoy; 50 hab.

BLANCHERIE (la), ham. de Fr., Loire, com. de Montbrison; 50 hab.

BLANCHERIE (la). *Voyez* BUCHELBERG.

BLANCHERUPT ou **BLIENSBACH**, vg. de Fr., Bas-Rhin, arr. de Schléstadt, cant. et poste de Ville; 220 hab.

BLANCHE-ROCHE, vg. de Fr., Doubs, com. de Charquemont; verrerie considérable; 450 hab.

BLANCHES (montagnes). *Voyez* MONTAGNES-BLANCHES.

BLANCHEVILLE, vg. de Fr., Haute-Marne, arr. de Chaumont-en-Bassigny, cant. et poste d'Andelot; 200 hab.

BLANCHIFONTAINE, ham. de Fr., Vosges, com. de Rambervillers; papeteries; 50 hab.

BLANC-LAMOTHE, vg. de Fr., Tarn, arr. de Lavaur, cant. et poste de Puylaurens; 770 hab.

BLANCMÉNIL, vg. de Fr., Seine-Inférieure, com. de Ste.-Marguerite; 250 hab.

BLANCMESNIL, vg. de Fr., Seine-et-Oise, arr. de Pontoise, cant. de Gonesse, poste du Bourget; 100 hab.

BLANC-MISSERON, ham. de Fr., Nord, com. de Quiévrechain; 150 hab.

BLANC-MURGER, ham. de Fr., Vosges, com. de Belle-Fontaine; forges; 50 hab.

BLANCO (cabo), promontoire au N.-O. de la rép. du Pérou; on le regarde comme l'extrémité occ. de l'Amérique du Sud.

BLANCS (les), ham. de Fr., Haute-Saône, com. de la Chapelle-St.-Quillain; 60 hab.

BLANCY. *Voyez* SYDENHAM.

BLANDAINVILLE, vg. de Fr., Eure-et-Loir, arr. de Chartres, cant. et poste d'Illiers; 330 hab.

BLANDANS, ham. de Fr., Jura, com. de Domblans; 120 hab.

BLANDAS, vg. de Fr., Gard, arr. et poste du Vigan, cant. d'Alzon; 560 hab.

BLANDECQUES. *Voyez* BLENDECQUES.

BLANDEY, vg. de Fr., Eure, arr. d'Évreux, cant. et poste de Damville; 140 hab.

BLANDFORD, b. des États-Unis de l'Amérique du Nord, état de Virginie, comté du Prince-Georges, dont il est le chef-lieu; culture du tabac; commerce; 2000 hab.

BLANDFORD, pet. v. des États-Unis de l'Amérique du Nord, état de Massachusetts, comté de Hampden; 2200 hab.

BLANDFORD, b. d'Angleterre, comté de Dorset, sur le Stoar; nomme deux députés. Fabr. de dentelles, de broderies et de boutons de fil; 3000 hab.

BLANDIN, vg. de Fr., Isère, arr. de la Tour-du-Pin, cant. et poste de Virieu; 250 h.

BLANDINE (Sainte-), vg. de Fr., Isère, arr., cant. et poste de la Tour-du-Pin; 770 h.

BLANDINE (Sainte-), vg. de Fr., Deux-Sèvres, arr. et poste de Melles, cant. de Celles; 580 hab.

BLANDINS (les), ham. de Fr., Nièvre, com. d'Arleuf; 170 hab.

BLANDOUET, vg. de Fr., Mayenne, arr. de Laval, cant. et poste de Ste.-Suzanne; 530 hab.

BLANDY, b. de Fr., Seine-et-Marne, arr. de Melun, cant. et poste du Châtelet; commerce de bestiaux; 760 hab.

BLANDY, vg. de Fr., Seine-et-Oise, arr. d'Étampes, cant. de Méréville, poste de Gironville; tuilerie et briqueterie; 210 hab.

BLANES, *Blanda*, *Blandæ*, pet. v. d'Espagne, principauté de Catalogne, dist. et à 8 l. S. de Girone, à l'embouchure de la Tordéra dans la Méditerranée; port, château; tanneries, pêche considérable; 3600 hab.

BLANGERMONT, vg. de Fr., Pas-de-Calais, arr. et cant. de St.-Pol-sur-Ternoise, poste de Frévent; 150 hab.

BLANGERVAL, vg. de Fr., Pas-de-Calais, arr. et cant. de St.-Pol-sur-Ternoise, poste de Frévent; 110 hab.

BLANGEY (Haut et Bas-), vg. de Fr., Côte-d'Or, com. de Jouey; 200 hab.

BLANGIEL, ham. de Fr., Somme, com. de Montmarquet; 170 hab.

BLANGY, b. de Fr., Calvados, arr., à 3 l. S.-E. et poste de Pont-l'Évêque, chef-lieu de canton; cidre; commerce de chevaux; 950 hab.

BLANGY, b. de Fr., Seine-Inférieure, arr. et à 6 l. N.-N.-E. de Neufchâtel-en-Bray; chef-lieu de canton et poste; filat. de coton, fabr. de papier, de savon, de tuiles, de briques; tanneries; 1820 hab.

BLANGY-LES-ARRAS, ham. de Fr., Pas-de-Calais, com. de St.-Laurent-Blangy; fonderie de fer; 100 hab.

BLANGY-SOUS-POIX, vg. de Fr., Somme, arr. d'Amiens, cant. et poste de Poix; 220 h.

BLANGY-SUR-TERNOISE, vg. de Fr., Pas-de-Calais, arr. de St.-Pol-sur-Ternoise, cant. du Parcq, poste d'Hesdin; fonderie; 890 hab.

BLANGY-TROUVILLE, vg. de Fr., Somme, arr. et poste d'Amiens, cant. de Sains; 450 h.

BLANKENBERGHE, b. du roy. de Belgique, sur la mer du Nord, prov. de la Flandre occidentale, arr. et à 3 1/2 l. N.-O. de Bruges, avec laquelle il communique par le canal de Blankenberghe; petit port; pêche considérable; 2000 hab.

BLANKENBOURG, v. du duché de Brunswick, chef-lieu du district de Blankenbourg. Elle possède deux églises, un hôpital, un gymnase, une école industrielle et une bibliothèque publique; les autorités du district, les administrations des domaines et des mines y résident. Moulins à blé et à tan; brasseries, huileries et scieries; 3300 hab.

BLANKENESE, gr. vg. du Holstein, sur l'Elbe; il a 3000 habitants, tous pêcheurs ou matelots.

BLANKENHAIN, v. du grand-duché de Saxe-Weimar, cer. de Weimar-Iéna, chef-lieu de bailliage; on y manque d'eau pendant une partie de l'année. Fabr. de belle porcelaine; 1700 hab.

BLANKENLOCH, b. du grand-duché de Bade, cer. du Rhin-Moyen, bge de Carlsrouhe. On y remarque la vénerie grand-ducale et un beau haras; 1150 hab.

BLANKENSTEIN, pet. v. de Prusse, prov. de Westphalie, rég. d'Arnsberg, sur la rive gauche de la Ruhr. Fabr. de draps, de faulx et de limes; papeterie et commerce de houille; 900 hab.

BLANNAVES, vg. de Fr., Gard, arr. et poste d'Alais, cant. de St.-Martin-de-Valgagues; 720 hab.

BLANNAY, vg. de Fr., Yonne, arr. et poste d'Avallon, cant. de Vezelay; 320 hab.

BLANNERHUSSET, pet. île très-fertile dans l'Ohio, état d'Ohio, comté de Washington, États-Unis de l'Amérique du Nord.

BLANOT, vg. de Fr., Côte-d'Or, arr. de Beaune, cant. de Liernais, poste de Saulieu; 590 hab.

BLANOT, vg. de Fr., Saône-et-Loire, arr. de Mâcon, cant. et poste de Cluny; 630 hab.

BLANQUE, ham. de Fr., Seine-Inférieure, com. d'Avesnes; 80 hab.

BLANQUEFORT, vg. de Fr., Gers, arr. d'Auch, cant. et poste de Gimont; 140 hab.

BLANQUEFORT, vg. de Fr., Gironde, arr., à 2 l. N.-N.-O. et poste de Bordeaux, chef-lieu de canton; fabr. de couvertures de coton, filat. de coton; vers à soie; 2070 hab.

BLANQUEFORT, vg. de Fr., Lot-et-Garonne, arr. de Villeneuve-sur-Lot, cant. et poste de Fumel; forges à fer; 1760 hab.

BLANY, ham. de Fr., Saône-et-Loire, com. de Laizé; 100 hab.

BLANZAC, b. de Fr., Charente, arr. et à 7 l. S. d'Angoulême, chef-lieu de canton et poste; commerce de bestiaux; 660 hab.

BLANZAC, vg. de Fr., Charente-Inférieure, arr. de St.-Jean-d'Angely, cant. et poste de Matha; 560 hab.

BLANZAC, vg. de Fr., Haute-Loire, arr. du Puy, cant. et poste de St.-Paulien; 360 h.

BLANZAC, vg. de Fr., Haute-Vienne, arr., cant. et poste de Bellac; 750 hab.

BLANZAGUET, vg. de Fr., Charente, arr. d'Angoulême, cant. et poste de la Valette; 340 hab.

BLANZAGUET, vg. de Fr., Lot, com. de Pinsac; 230 hab.

BLANZAIS, vg. de Fr., Vienne, arr., cant. et poste de Civray; 1580 hab.

BLANZAT, ham. de Fr., Allier, com. de Montluçon; 140 hab.

BLANZAT, vg. de Fr., Puy-de-Dôme, arr., cant. et poste de Clermont-Ferrand; 1380 h.

BLANZAY, vg. de Fr., Charente-Inférieure, arr. de St.-Jean-d'Angely, cant. et poste d'Aulnay; 220 hab.

BLANZÉE, vg. de Fr., Meuse, arr. de Verdun-sur-Meuse, cant. et poste d'Étain; 80 hab.

BLANZY, vg. de Fr., Ardennes, arr. de Réthel, cant. d'Asfeld, poste de Tagnon; 730 hab.

BLANZY, vg. de Fr., Saône-et-Loire, arr. d'Autun, cant. de Mont-Cenis, poste; exploitation de houille et verreries; 2660 hab.

BLANZY-LÈS-FISMES, vg. de Fr., Aisne, arr. de Soissons, cant. de Braisne, poste de Fismes; 110 hab.

BLAQUAIRERIE (la), vg. de Fr., Aveyron, com. de Sauclières; 210 hab.

BLAQUIÈRE (la). *Voyez* SAINT-JEAN-DE-LA-BLAQUIÈRE.

BLARGIES, vg. de Fr., Oise, arr. de Beauvais, cant. et poste de Formerie; 650 h.

BLARINGHEM, vg. de Fr., Nord, arr., cant. et poste de Hazebrouck; 1800 hab.

BLARS, vg. de Fr., Lot, arr. de Cahors, cant. de Lauzès, poste de Pélacoy; 540 hab.

BLARU, vg. de Fr., Seine-et-Oise, arr. de Mantes, cant. et poste de Bonnières; eaux ferrugineuses froides; 650 hab.

BLAS (Bahia de San-). *Voyez* MANDINGA.

BLASLAY, vg. de Fr., Vienne, arr. de Poitiers, cant. de Neuville, poste de Mirebeau; 280 hab.

BLASSAC, vg. de Fr., Haute-Loire, arr. de Brioude, cant. de Lavoute-Chilhac, poste de Langeac; 710 hab.

BLASSIN, ham. de Fr., Isère, com. de Biol; 180 hab.

BLASZKI, pet. v. du roy. de Pologne, woïwodie et dist. de Kalisz; commerce de blé; 1400 hab.

BLATEIRAS, ham. de Fr., Gard, com. de Générargues; 100 hab.

BLATNA, pet. v. du roy. de Bohême, cer. de Prachin, entre plusieurs petits lacs très-poissonneux; 3000 hab.

BLATTA, b. du roy. de Dalmatie, sur l'île de Curzola; 2600 hab.

BLAU (le). *Voyez* LESCALE.

BLAUBEUREN, *Blabira*, pet. v. du Wurtemberg, au confluent de la Blau et de l'Ach, cer. du Danube, chef-lieu et siége des autorités du grand-bailliage de ce nom. Il possède plusieurs carrières de marbre et on y fabrique de la poterie. Culture de lin, tissage et commerce de toiles. Les vallées sont riches en blé et en pâturages. La ville a un riche hospice, un séminaire protestant, une papeterie et des moulins à farine; fabr. de toiles. Patrie d'A. Osiander, chancelier de Wurtemberg et prédicateur célèbre (1562). Pop. du grand-bailliage 15,900 hab., celle de la ville 1800 hab.

BLAUCAU, vg. de Fr., Tarn, com. de Montredon; 240 hab.

BLAUDEIX, vg. de Fr., Creuse, arr. de Boussac, cant. et poste de Jarnages; 430 h.

BLAUENHAND (le), ham. de Fr., Nord, com. de Bailleul; 120 hab.

BLAUMERARE, ham. de Fr., Pas-de-Calais, com. d'Ecques; 100 hab.

BLAUVAC, vg. de Fr., Vaucluse, arr. et poste de Carpentras, cant. de Mormoiron; 380 hab.

BLAUZAC, ham. de Fr., Aveyron, com. de la Salvotat; 130 hab.

BLAUZAC, vg. de Fr. Gard, arr., cant. et poste d'Uzès; 860 hab.

BLAVEPEYRE, vg. de Fr., Creuse, arr. d'Aubusson, cant. et poste d'Auzances; 150 hab.

BLAVET (Canal du). *Voyez* BRETAGNE (Canaux de).

BLAVET, *Blabius*, riv. de Fr., a sa source dans le dép. des Côtes-du-Nord, au N. et près de Botoha, arr. de Guingamp, coule du N. au S., passe par Gouarec, entre dans le dép. du Morbihan, où elle prend une direction S.-O., en passant par Pontivy et Hennebon, et se jette dans l'Océan à Port-Louis, après un cours de 31 l., dont 24 de navigation.

BLAVETS (les), ham. de Fr., Var, com. du Puget-près-Fréjus; 100 hab.

BLAVIGNAC, vg. de Fr., Lozère, arr. de Marvejols, cant. et poste de St.-Chely; fabr. d'étoffes de laine; 420 hab.

BLAVINCOURT, vg. de Fr., Pas-de-Calais, arr. de St.-Pol-sur-Ternoise, cant. d'Avesnes-le-Comte, poste de l'Arbret; 350 h.

BLAY, vg. de Fr., Calvados, arr. de Bayeux, cant. de Trevières, poste de Littry; 520 hab.

BLAYAC, ham. de Fr., Aveyron, com. de Séverac; 130 hab.

BLAYE, *Blavia*, v. de Fr., Gironde, à 10 l. N. de Bordeaux, chef-lieu d'arrondissement, siége de tribunal de première instance, d'une conservation des hypothèques et d'une direction de contributions. Cette ville, située sur la rive droite de la Gironde, est divisée en haute et basse ville. Celle-ci est occupée par les habitants; la ville haute ne consiste que dans la citadelle, bâtie sur un rocher qui domine la Gironde. Au milieu de ce fleuve, qui, en cet endroit, a plus de 3600 mètres de largeur, on a construit, vers la fin du dix-septième siècle, un fort (le Pâté), sur une île, à 1000 mètres environ de la ville, vis-à-vis le fort Médoc. Blaye a de belles fontaines, une salle de spectacle, une société d'agriculture, une société biblique protestante et des chantiers pour la construction du grand et du petit cabotage.

Il règne beaucoup d'activité dans son port, fréquenté par les navires qui descendent et remontent la Gironde. On y fait un grand commerce d'eau-de-vie, de vins, huile, résine, merrains, etc.; foires: les 15 avril, 24 juin, 17 octobre, 25 novembre; 3860 hab.

Blaye existait du temps des Romains. Caribert y mourut et y fut enterré en 567. Le fameux Roland, tué à la bataille de Roncevaux, fut, selon les romanciers, embaumé et enseveli à Blaye, où son tombeau existait encore, dit-on, avant les guerres de religion du seizième siècle. Cette ville fut prise et dévastée par les protestants, en 1568, puis reprise plus tard par les ligueurs. C'est dans la citadelle de Blaye que fut enfermée, en 1833, sous la garde du général Bugeaud, la duchesse de Berry, arrêtée à Nantes. Cette princesse, belle-fille de l'ex-roi Charles X, s'était introduite en Vendée pour y exciter des soulèvements et allumer la guerre civile dans l'intérêt de son fils. Ses complices furent traduits devant des cours d'assises; la princesse fut renvoyée à sa famille, après quelques mois d'emprisonnement.

BLAYE, vg. de Fr., Tarn, arr. d'Albi, cant. de Monestiés, poste de Cramaux; 570 hab.

BLAYE, vg. de Fr., Vosges, com. de Racécourt; 230 hab.

BLAYMARD, b. de Fr., Lozère, arr. et à 4 l. E.-S.-E. de Mende, chef-lieu de canton et poste; 580 hab.

BLAYMONT, vg. de Fr., Lot-et-Garonne, arr. d'Agen, cant. de Beauville, poste de la Roque-Timbaut; 580 hab.

BLAYS, ham. de Fr., Aveyron, com. de Rieupeyroux; 50 hab.

BLAZIERT, vg. de Fr., Gers, arr. et poste de Condom, cant. de Valence; 440 h.

BLAZIMONT, b. de Fr., Gironde, arr. de la Réole, cant. et poste de Sauveterre; 1200 hab.

BLÉ, ham. de Fr., Haute-Vienne, com. de Bonnac; 80 hab.

BLÉCANCOURT, vg. de Fr., Oise, com. de Senots; 130 hab.

BLECHINGLEY, b. d'Angleterre, comté de Surry; 2000 hab.

BLÉCOURT, vg. de Fr., Haute-Marne, arr. de Vassy, cant. et poste de Joinville; 220 hab.

BLÉCOURT, vg. de Fr., Nord, arr., cant. et poste de Cambrai; 400 hab.

BLEDSOE, comté de l'état de Tennessée, États-Unis de l'Amérique du Nord. Il est borné par les comtés de Morgan, d'Overton, de Roane, de Rhéa, de Marion, de Warren et de White, et renferme 4500 hab. C'est une vallée profonde, resserrée entre deux chaînes des Monts-Cumberland et arrosée par le Séquatchée et les sources de l'Emery. Pikeville, sur le Séquatchée, en est le chef-lieu.

BLÉGIERS, vg. de Fr., Basses-Alpes, arr. et poste de Digne, cant. de la Javie; 510 h.

BLEGNO, gr. vallée de Suisse, cant. du Tésin, s'étend entre les montagnes des Grisons et le val Livino jusqu'au pied du Lucmanier; elle a une superficie de 8 l. c.; elle est fertile et l'éducation du bétail y est florissante; 6700 hab.

BLEGNY, ham. de Fr., Jura, com. de Salins; 200 hab.

BLÉHOU, vg. de Fr., Manche, com. de St.-Ény; 180 hab.

BLEICH. *Voyez* BUCHELBERG.

BLEICHERODE, pet. v. de Prusse, prov. de Saxe, rég. d'Erfurt, sur la Bude. Siége des autorités du cercle. Fabr. d'étoffes de coton et de laine; tanneries, huileries, blanchisseries, jardinage; 2144 hab.

BLEIGNY-LE-CARREAU, vg. de Fr., Yonne, arr. d'Auxerre, cant. et poste de Ligny-le-Châtel; 430 hab.

BLEISSOLS (le), ham. de Fr., Aveyron, com. de Rieupeyroux; 60 hab.

BLEISTADT, pet. v. du roy. de Bohême, cer. d'Ellenbogen. Mines de plomb et d'argent et gîte de grenats rougeâtres; 2000 hab.

BLEKINGE, prov. de la Suède méridionale. Elle a 70 l. c. de superficie et environ 95,000 hab. Carlscrona est le chef-lieu de Blekinge.

BLÉMEREY, vg. de Fr., Meurthe, arr. de Lunéville, cant. et poste de Blamont; 220 h.

BLÉMEREY, vg. de Fr., Vosges, arr., cant. et poste de Mirecourt; 130 hab.

BLENAY, vg. de Fr., Indre, arr., cant. et poste d'Issoudun; 240 hab.

BLENDECQUES, vg. de Fr., Pas-de-Calais, arr., cant. et poste de St.-Omer; 1400 hab.

BLÉNEAU, b. de Fr., Yonne, arr. et à 9 l. S.-O. de Joigny, chef-lieu de canton et poste; 1280 hab.

BLENHEIM-HOUSE, château magnifique, près de Woodstock, comté d'Oxford, ancienne résidence du duc de Marlborough; on y voit dans le jardin une colonne de 44 mètres de haut, surmontée de la statue du célèbre guerrier. Bibliothèque de 24,000 volumes.

BLENNES, vg. de Fr., Seine-et-Marne, arr. de Fontainebleau, cant. de Lorrez-le-Bocage, poste d'Égreville; 690 hab.

BLÉNOD-LÈS-PONT-A-MOUSSON, vg. de Fr., Meurthe, arr. de Nancy, cant. et poste de Pont-à-Mousson; 420 hab.

BLÉNOD-LÈS-TOUL, vg. de Fr., Meurthe, arr., cant. et poste de Toul; 1550 hab.

BLÉONE (la), riv. de Fr., a sa source au N. de Prads, cant. de la Javie, Basses-Alpes; elle coule dans une direction S.-O., passe par la Javie et, près de Digne, se jette dans la Durance, au-dessus de Mées, après un cours de 17 l., dont 13 sont flottables.

BLÉQUIN, vg. de Fr., Pas-de-Calais, arr. et poste de St.-Omer, cant. de Lumbres; 590 hab.

BLÉRANCOURDELLE, vg. de Fr., Aisne, arr. de Laon, cant. de Coucy-le-Château, poste de Blérancourt; 150 hab.

BLÉRANCOURT, b. de Fr., Aisne, arr. de Laon, cant. de Coucy-le-Château, poste; fabr. de coton; 1190 hab.

BLERCOURT, vg. de Fr., Meuse, arr. et poste de Verdun-sur-Meuse, cant. de Souilly; 310 hab.

BLÉRÉ, v. de Fr., Indre-et-Loire, arr. et à 7 l. E.-S.-E. de Tours, chef-lieu de canton et poste. Entrepôt de bois de la forêt de Loches et des marchandises qui descendent par le Cher; 2950 hab.

BLERUAIS, vg. de Fr., Ille-et-Vilaine, arr. et poste de Montfort-sur-Meu, cant. de St.-Méen; 200 hab.

BLERY, ham. de Fr., Seine-et-Oise, com. de Boissy-Mauvoisin; 60 hab.

BLESLE, pet. v. de Fr., Haute-Loire, arr. et à 4 l. O.-N.-O. de Brioude, chef-lieu de canton, poste de Massiac; 1800 hab.

BLESME, vg. de Fr., Marne, arr. de Vitry-le-François, cant. de Thiéblemont, poste de Perthes; 220 hab.

BLESMES, vg. de Fr., Aisne, arr., cant. et poste de Château-Thierry; 260 hab.

BLESSAC, vg. de Fr., Creuse, arr., cant. et poste d'Aubusson; 430 hab.

BLESSEY, vg. de Fr., Côte d'Or, arr. de Semur, cant. et poste de Flavigny; 150 hab.

BLESSIGNAC, vg. de Fr., Gironde, arr. de Bordeaux, cant. et poste de Créon; 180 hab.

BLESSONVILLE, vg. de Fr., Haute-Marne, arr. de Chaumont-en-Bassigny, cant. et poste de Château-Villain; 410 hab.

BLESSY, vg. de Fr., Pas-de-Calais, arr. de Béthune, cant. de Norrent-Fontes, poste d'Aire-sur-la-Lys; 560 hab.

BLET, b. de Fr., Cher, arr. de St.-Amand-Mont-Rond, cant. de Nérondes, poste de Dun-le-Roi; 1060 hab.

BLÉTANGE, vg. de Fr., Moselle, com. de Bousse; 120 hab.

BLETTERANS, *Bleterum*, b. de Fr., Jura, arr. et à 3 l. N.-O. de Lons-le-Saulnier, chef-lieu de canton et poste. Fabr. de poterie, commerce considérable de grains et de poissons d'étang; 1100 hab.

BLEURVILLE, vg. de Fr., Vosges, arr. de Mirecourt, cant. de Monthureux-sur-Saône, poste de Darney; 920 hab.

BLEURY, vg. de Fr., Eure-et-Loir, arr. de Chartres, cant. de Maintenon, poste de Gallardon; 430 hab.

BLEURY, ham. de Fr., Yonne, com. de Poilly-près-Aillant; 1600 hab.

BLEU-TOUR, vg. de Fr., Nord, com. de Stenwerck; 300 hab.

BLEVAINCOURT, vg. de Fr., Vosges, arr. de Neufchâteau, cant. et poste de Lamarche; fabr. de pointes de Paris et fonderie de cloches renommée; 514 hab.

BLÈVES, vg. de Fr., Sarthe, arr. et poste de Mamers, cant. de la Fresnaye; 240 hab.

BLÉVILLE, ham. de Fr., Loiret, com. de Césarville; 115 hab.

BLÉVILLE, vg. de Fr., Seine-Inférieure, arr. et poste du Hâvre, cant. d'Ingouville; eaux minérales froides; 1160 hab.

BLÉVY, b. de Fr., Eure-et-Loir, arr. de Dreux, cant. et poste de Châteauneuf-en-Thimerais; fabr. de flanelle; 730 hab.

BLEYBERG, pet. v. d'Autriche, roy d'Illyrie, gouv. de Laybach, cer. de Klagenfurt, dans la vallée de la Drau, près de la montagne de Bleyberg dont les mines fournissent de 33 à 35,000 quintaux de plomb par an. Siège d'une intendance et d'un tribunal des mines; 3000 hab.

BLEYBERG. *Voyez* ROGGENDORF.

BLEYS. *Voyez* LABARTHE-BLEYS.

BLÉZY, vg. de Fr., Haute-Marne, arr. de Chaumont-en-Bassigny, cant. et poste de Juzennecourt; 140 hab.

BLICOURT, vg. de Fr., Oise, arr. de Beauvais, cant. et poste de Marseille; 570 h.

BLIDA. *Voyez* BÉLYDAH.

BLIENSHWILLER, vg. de Fr., Bas-Rhin, arr. de Schléstadt, cant. et poste de Barr; tuilerie; 980 hab.

BLIES, vg. de Fr., Ain, com. de Chazey-sur-Ain; 210 hab.

BLIESEBERSING, vg. de Fr., Moselle, arr., cant. et poste de Sarreguemines; 380 h.

BLIESKASTEL, pet. v. de la Bavière rhénane, chef-lieu et siége des autorités du canton de ce nom, arr. de Deux-Ponts, sur la Blies et à 21 l. de Spire. En 1793, il y eut dans les environs deux combats sanglants entre les Français et les Prussiens; 1800 h.

BLIEUX, vg. de Fr., Basses-Alpes, arr. et poste de Castellane, cant. de Senez; 910 h.

BLIGH, comté dans les colonies anglaises de la Nouvelles-Galles du Sud, Nouvelle-Hollande, Océanie.

BLIGNICOURT, vg. de Fr., Aube, arr. de Bar-sur-Aube, cant. et poste de Brienne; 110 hab.

BLIGNY, vg. de Fr., Aube, arr. et poste de Bar-sur-Aube, cant. de Vendeuvre; verrerie; 820 hab.

BLIGNY, vg. de Fr., Marne, arr. de Reims, cant. de Ville-en-Tardenois, poste de Jonchery-sur-Vesle; 130 hab.

BLIGNY-EN-OTHE, vg. de Fr., Yonne, arr. de Joigny, cant. et poste de Brienon; 130 hab.

BLIGNY-LE-SEC, vg. de Fr., Côte-d'Or, arr. de Dijon, cant. et poste de St.-Seine; 600 hab.

BLIGNY-SOUS-BEAUNE, vg. de Fr., Côte-d'Or, arr., cant. et poste de Beaune; 800 h.

BLIGNY-SUR-OUCHE, b. de Fr., Côte-d'Or, arr. et à 4 l. N.-O. de Beaune, chef-lieu de canton et poste; commerce de grains, toiles, cuirs et bestiaux; 1310 hab.

BLIMONT (Saint-), vg. de Fr., Somme, arr. d'Abbeville, cant. et poste de St.-Valery-sur-Somme; 1250 hab.

BLIN (Saint-), b. de Fr., Haute-Marne, arr. et à 7 l. N.-E. de Chaumont-en-Bassigny, chef-lieu de canton, poste d'Andelot; 490 h.

BLINCOURT, vg. de Fr., Oise, arr. et cant. de Clermont, poste de Gannes; 120 h.

BLINDHEIM, vg. parois. de la Bavière, dist. de Hochstædt, cer. du Mein-Supérieur, sur le Danube, à 2 l. de Dillingen; 600 hab. En 1704, l'armée confédérée franco-bavaroise y fut battue par Marlborough et Eugène.

BLINGEL, vg. de Fr., Pas-de-Calais, arr. de St.-Pol-sur-Ternoise, cant. du Parcq, poste d'Hesdin; papeterie; 220 hab.

BLINGEMERS, ham. de Fr., Seine-Inférieure, com. de Marques; 110 hab.

BLINIÈRES, vg. de Fr., Maine-et-Loire, com. de la Jumellière; 100 hab.

BLIQUETUIT. *Voyez* NOTRE-DAME et SAINT-NICOLAS-DE-BLIQUETUIT.

BLIS, vg. de Fr., Dordogne, arr. et poste de Périgueux, cant. de St.-Pierre-de-Chignac; 640 hab.

BLISE-BRUKEN, vg. de Fr., Moselle, arr., cant. et poste de Sarreguemines; 1700 hab.

BLISE-ÉBERSING, vg. de Fr., Moselle, arr., cant. et poste de Sarreguemines; 380 h.

BLISE-GUERSWILLER, vg. de Fr., Moselle, arr., cant. et poste de Sarreguemines; 400 hab.

BLISE-SCHWEYEN, vg. de Fr., Moselle, com. de Blise-Guerswiller; 220 hab.

BLISMES, vg. de Fr., Nièvre, com. de Poussignol; 250 hab.

BLISSY, vg. de Fr., Aisne, com. de St.-Michel; 120 hab.

BLITTERSDORF (Petit-), vg. de Prusse, prov. rhénane, rég. de Tréves, sur la Saar; culture de vin et sources d'eau salée; 880 h.

BLOCK, île dans la baie de Narraganset, sur la côte orient. de l'état de Rhode-Island dont elle dépend, États-Unis de l'Amérique du Nord.

BLOCKLEY, pet. v. des États-Unis de l'Amérique du Nord, état de Pensylvanie, comté de Philadelphie; 2400 hab.

BLOCKZYL, *Bloczilia*, b. et pet. forteresse de Hollande, prov. d'Over-Yssel, dist. et à 5 l. N.-N.-O. de Zwoll, à l'embouchure de l'Ax de Steenwyk dans le Zuydersée; son port est vaste et son commerce assez étendu; 1700 hab.

BLODELSHEIM, vg. de Fr., Haut-Rhin, arr. et à 8 l. S.-E. de Colmar, cant. et poste d'Ensisheim; 1780 hab.

C'est près de ce village qu'en 1228 Berthold, évêque de Strasbourg, battit le comte de Ferrette, contre lequel il était en guerre au sujet de la succession aux domaines de Gertrude, fille du comte Albrecht de Dagsbourg et épouse du comte de Linange.

BLOIRE (la), vg. de Fr., Vendée, com. de Challans; 180 hab.

BLOIS, vg. de Fr., Jura, arr. de Lons-le-Saulnier, cant. de Voiteur, poste de Poligny; 350 hab.

BLOIS, *Blæsæ*, v. de Fr., chef-lieu du département de Loir-et-Cher, sur la rive droite de la Loire, à 40 l. S. de Paris; siège d'une cour d'assises, de tribunaux de première instance et de commerce, d'un évêché, d'une conservation des hypothèques, de directions des domaines, des contributions directes et indirectes; elle a un inspecteur des forêts et un ingénieur en chef des ponts-et-chaussées. Elle est bâtie en amphithéâtre sur la pente d'une colline rapide de soixante pieds de haut, dans un site fort pittoresque; un beau pont en pierres, porté sur onze arches et de 302 mètres de longueur, joint la ville au faubourg de Vienne; au centre du pont s'élève un élégant obélisque. Cette construction fut le premier ouvrage public du règne de Louis XV. De belles fontaines et des promenades très-agréables embellissent la ville, dont les édifices les plus remarquables sont: la cathédrale, l'hôtel de la préfecture, ci-devant palais épiscopal, l'église St.-Vincent qui renferme les tombeaux de Gaston de France et de Marie-Louise, sa fille; le château, intéressant par les souvenirs historiques qui s'y rattachent. Le port, le théâtre, la bibliothèque de 19,000 volumes, l'abattoir, le cimetière neuf sont dignes d'être vus. Blois possède aussi un collége, un cabinet d'histoire naturelle, un jardin botanique, une société d'agriculture et d'économie rurale, un dépôt royal d'étalons, etc.

Cependant l'ensemble de la ville ne présente point un aspect agréable, mais les environs sont magnifiques. A quelque distance de Blois, sur une montagne appelée *la Butte des Capucins*, on aperçoit plusieurs châteaux anciens et modernes, disséminés dans une campagne florissante, entre autres le château de Chaumont-sur-Loire, où Catherine de Médicis venait consulter ses astrologues; celui de Chambord, vaste domaine que le luxe enleva à l'agriculture, et dont l'adulation dota un jeune prince encore au berceau.

L'industrie de cette ville consiste en bonneterie, ganterie, coutellerie, corroierie, quincaillerie, distillerie et faïencerie; fabr. de sucre indigène, de jus de réglisse dit de Blois; commerce de vins, d'eaux-de-vie dites d'Orléans, de bois de construction, de merrains et des productions de ses établissements industriels. Foires les 28 janvier, 1er avril, 24 juin, 25 août, 1er octobre et 6 décembre; 13,140 hab.

Blois est une ville fort ancienne: les restes d'un aqueduc romain sont la preuve de son antiquité, mais on ignore l'époque de sa fondation. Détruite probablement par les barbares, cette ville ne se releva qu'au neuvième siècle, après que les premiers comtes de Blois eurent fondé le château, auquel cette ville doit sans doute son existence. Les comtes de Blois possédèrent et gouvernèrent cette ville jusqu'en 1498. Louis XII, qui avait hérité de ce comté, cédé à son aïeul par Gui II, le réunit à la couronne. Ce roi de France, né à Blois en 1462, fit agrandir le château, principal monument historique de cette ville. Valentine de Milan y résida après la mort de son époux, le duc d'Orléans, assassiné par le duc de Bourgogne en 1407; Isabeau de Bavière, l'épouse impudique de l'insensé Charles VI, y fut exilée. C'est dans ce château que Henri III convoqua les états-généraux et qu'il fit assassiner, en 1588, le duc et le cardinal de Guise. On y célébra les nôces du duc d'Alençon avec Marguerite d'Anjou, et celles de Henri IV avec Marguerite de Valois. Marie-Casimir, reine de Pologne, l'habita en 1716. En 1814, la famille de Napoléon s'y retira après la capitulation de Paris. C'est ainsi que cet édifice, transformé aujourd'hui en caserne, a servi alternativement de théâtre à la vengeance sanglante d'un roi, aux fêtes bruyantes, aux tournois, aux festins somptueux des princes, aux assemblées tumultueuses des états, et de retraite aux remords, au deuil et à l'affliction.

Blois est la patrie de Bernier (Jean), médecin, auteur d'une histoire de Blois; de

Bourgeois (Louis), médecin de François Ier et de Henri II ; de Bunel (Jacob), peintre distingué du temps de Henri IV ; du poëte St.-Ange, traducteur des Métamorphoses d'Ovide ; du garde des sceaux Morvilliers, célèbre magistrat du seizième siècle ; de Papin (Isaac), savant théologien du dix-septième siècle, de Papin (Louis-Joseph), physicien distingué, inventeur des premières machines à vapeur (dix-septième siècle); du marquis de Favras (Thomas-Mahi), pendu à Paris, le 19 février 1789, pour crime de conspiration contre l'état. La rumeur publique accusait alors le frère du roi (plus tard Louis XVIII) d'être à la tête du complot dont Favras était devenu l'instrument et la victime.

BLOMAC, vg. de Fr., Aude, arr. de Carcassonne, cant. et poste de Peyriac-Minervois ; 210 hab.

BLOMARD, vg. de Fr., Allier, arr. de Montluçon, cant. et poste de Montmarault ; 530 hab.

BLOMBAY, vg. de Fr., Ardennes, arr. et cant. de Rocroi, poste de Maubert-Fontaine ; 440 hab.

BLOMBERG, v. et chef-lieu de bailliage de la principauté de Lippe-Detmold, sur les bords de la Distel ; fabr. de toiles, de tapis de laine et de menuiserie ; 1800 hab.

BLOND, vg. de Fr., Haute-Vienne, arr., cant. et poste de Bellac ; 2260 hab.

BLONDEFONTAINE, vg. de Fr., Haute-Saône, arr. de Vesoul, cant. et poste de Jussey ; carrières de gypse ; 1100 hab.

BLONNES, vg. de Fr., Isère, arr. de la Tour-du-Pin, cant. et poste de Virieu ; 410 h.

BLONVILLE, vg. de Fr., Calvados, arr. de Pont-l'Évêque, cant. de Dives, poste de Touques ; 320 hab.

BLOOM, pet. v. des États-Unis de l'Amérique du Nord, état de Pensylvanie, comté de Columbia ; 2000 hab.

BLOOMFIELD, pet. v. des États-Unis de l'Amérique du Nord, état de New-York, comté d'Ontario ; 5000 hab.

BLOSSEVILLE, vg. de Fr., Seine-Inférieure, arr. d'Yvetot, cant. et poste de St.-Valery-en-Caux ; fabr. d'indiennes, de toiles, de mécaniques pour les filatures ; 900 hab.

BLOSSEVILLE-BON-SECOURS, vg. de Fr., Seine-Inférieure, arr. et poste de Rouen, cant. de Boos ; fabr. de coton retors, moulinés, cordonnets, briques et tuiles ; 1040 hab.

BLOSVILLE, vg. de Fr., Manche, arr. de Valognes, cant. de Ste.-Mère-Église, poste ; 4000 hab.

BLOT-L'ÉGLISE, vg. de Fr., Puy-de-Dôme, arr. de Riom, cant. de Menat, poste de Montaigut ; 1170 hab.

BLOTTERIE (la), vg. de Fr., Seine-et-Oise, com. de St.-Remy-l'Honoré ; 50 hab.

BLOTZHEIM, b. de Fr., Haut-Rhin, arr. et à 4 l. E. d'Altkirch, cant. et poste d'Hu- ningue ; il a une source d'eaux minérales que l'on dit efficaces pour la guérison de certaines maladies cutanées ; 2300 hab.

BLOU, vg. de Fr., Maine-et-Loire, arr. de Beaugé, cant. et poste de Longué ; 1110 h.

BLOUNT, comté de l'état d'Alabama, États-Unis de l'Amérique du Nord. Il est borné par les comtés de Lawrence, de Morgan, de St.-Clair, de Jefferson, de Marion et par le district des Chéroquois ; Blountville en est le chef-lieu ; 3200 hab.

BLOUNT, comté de l'état de Tennessée, États-Unis de l'Amérique du Nord. Il est borné par les comtés de Knox, de Sévier, de Monroé, de Mac-Minn et de Roane ; 13,000 hab.

BLOUSSON-SERIAN, vg. de Fr., Gers, arr. de Mirande, cant. et poste de Marciac ; 230 hab.

BLOUTIERDE (la), vg. de Fr., Manche, arr. d'Avranches, cant. et poste de Villedieu ; fabr. de serrures à la mécanique ; 700 hab.

BLOUZE (la), ham. de Fr., Nièvre, com. de Poiseux ; 50 hab.

BLUE-HILL, pet. v. des États-Unis de l'Amérique du Nord, État du Maine, comté de Hancock ; 2000 hab.

BLUE-HILLS. *Voyez* WITHE-MOUNTAINS.

BLUE-MOUNTAINS (Montagnes-Bleues), principale chaîne de montagnes de l'île de la Jamaïque ; elle s'étend à l'E. de cette île, est couverte de belles forêts et s'élève à une hauteur de 2218 mètres.

BLUE-RIDGE. *Voyez* ALLEGHANY.

BLUMBERG, vg. de Prusse, prov. de Brandebourg, rég. de Potsdam. Son église possède une bibliothèque de 10,000 volumes et le monument du colonel de Kanstein tué à Malplacquet (1707).

BLUMENBERG. *Voyez* FLORIMONT.

BLUMEREY, vg. de Fr., Haute-Marne, arr. de Vassy, cant. et poste de Doulevant ; 300 hab.

BLUSSANGEAUX, vg. de Fr., Doubs, arr. de Baume-les-Dames, cant. et poste d'Isle-sur-le-Doubs ; 200 hab.

BLUSSANS, vg. de Fr., Doubs, arr. de Baume-les-Dames, cant. et poste d'Isle-sur-le-Doubs ; 300 hab.

BLYE, vg. de Fr., Jura, arr. de Lons-le-Saulnier, cant. de Conliège, poste de Clairvaux ; 420 hab.

BNIN (Bnialy), pet. v. de Prusse, prov. et régence de Posen sur un lac ; 1200 hab.

BO (le), vg. de Fr., Calvados, arr. de Falaise, cant. d'Harcourt-Thury, poste de Pont-d'Ouilly ; 390 hab.

BOACICA (Lagoa dè), lac à l'E. de la prov. de Rio-Janeiro, dist. de Cabo-Frio, emp. du Brésil ; il est très-poisonneux.

BOAST, vg. de Fr., Basses-Pyrénées, arr. de Pau, cant. de Lembeye, poste d'Auriac ; 280 hab.

BOA-VISTA (Serra de), ou SERRA BORBORÉMA, la chaîne de montagnes la plus étendue, la plus élevée et, selon Cazal, la plus majestueuse de tout l'empire du Brésil. Elle s'étend entre les Serras de Hipiapaba et de Cayriris et s'incline vers le cap Rochus, en traversant la partie méridionale de la province de Ciara, une partie de la province de Parahyba et le N.-E. de celle de Rio-Grande, où elle se termine tout près de la côte.

BOAVISTA. *Voyez* FERNAMBUCO.

BOBBIO, v. du roy. de Sardaigne, duché de Gênes, au confluent de la Bobbio et de la Trebbia; siége d'un évêché; 3300 hab. Le célèbre couvent fondé au commencement du septième siècle par St.-Columban renferme une bibliothèque très-importante, renommée dans le moyen âge et à laquelle appartiennent la plupart des palimpsestes illustrés par MM. Maj, Peyron, Niebuhr et autres savants modernes.

BOBER. *Voyez* ODER.

BOBERSBERG, pet. v. de Prusse, prov. de Brandebourg, rég. de Francfort, sur le Bober; 1280 hab.

BOBIGNY, vg. de Fr., Seine, arr. de St.-Denis, cant. de Pantin, poste de Bondy; 320 h.

BOBITAL, vg. de Fr., Côtes-du-Nord, arr., cant. et poste de Dinan; 240 hab.

BOBRKA, v. de Gallicie, cer. de Brzezan; 2600 hab.

BOBROW, pet. v. de la Russie d'Europe, chef-lieu du cercle de ce nom, gouv. de Voronéje, sur le Bitjug; 5000 hab.

BOBRUISK, v. de la Russie d'Europe, chef-lieu du cercle de ce nom, gouv. de Minsk, sur la Bobrula; elle soutint, en 1812, un siége contre les Français; 8000 hab.

BOC (le), ham. de Fr., Seine-Inférieure, com. de Boos; 50 hab.

BOCAGE (le), ham. de Fr., Eure, com. de Perrières-sur-Andelle; 70 hab.

BOCAGE (le), ham. de Fr., Seine-Inférieure, com. de St.-Denis-sur-Scie; 100 hab.

BOCAGES (les), vg. de Fr., Oise, com. de Thiescourt; 380 hab.

BOCAIZE. *Voyez* XINGU.

BOCAS (Rio de dos). *Voyez* GUANAPU.

BOCASSE (le), vg. de Fr., Seine-Inférieure, arr. de Rouen, cant. de Clères, poste de Valmartin; 660 hab.

BOCAYRENT, pet. v. industrielle d'Espagne, roy. de Valence, dist. et à 5 l. S.-S.-O. de San-Félipé; fabr. d'étoffes de laine et de lin, de savon, de sparterie, de papier, d'eau-de-vie; 6000 hab.

BOCCA DE LEONES (bouche des lions), vg. des états méxicains, état de Nuéva-Léone, mines d'argent.

BOCCANGE ou BOUCHINGEN, ham. de Fr., Moselle, com. de Piblange; 190 hab.

BOCCAS DE CONIL. *Voyez* CONIL.

BOCÉ, vg. de Fr., Maine-et-Loire, arr., cant. et poste de Baugé; 840 hab.

BOCHE, ham. de Fr., Ain, com. de St.-Alban; 150 hab.

BOCHE (la), ham. de Fr., Loire, com. de Noirétable; 70 hab.

BOCHI, pet. v. de la Russie d'Europe, prov. de Bialystock, cer. de Bielsk, avec un château; 1460 hab.

BOCHNIA, cer. du gouv. de Gallicie, emp. d'Autriche. Superficie 41 l. c. géogr.; population 180,000 habitants. Ses bornes sont au N.-O. le pays de Krakau, au N. la Pologne, à l'E. le cercle de Tarnow, au S. celui de Sambor et à l'O. celui de Myslenice. La Vistule le sépare de la Pologne; la Raba traverse l'intérieur du pays. Le sol est peu fertile et les habitants se livrent principalement à l'éducation du bétail et à l'exploitation des riches salines qui s'y trouvent. Le chef-lieu du cercle porte le même nom et possède une administration des salines, un tribunal des mines, et 5300 hab. Un chemin de fer fait communiquer cette ville avec Vienne.

BOCHOLT, pet. v. de Prusse, prov. de Westphalie, rég. de Munster, sur l'Aa, chef-lieu de la seigneurie et résidence du prince de Salm-Salm. Siége d'une cour royale de justice. Elle possède un château, un hospice des orphelins, une maison de refuge. On y fabrique des étoffes de coton, de laine et de soie, des bas et du drap. A une lieue de cette ville, sur l'Aa, se trouve une fonderie qui fournit des ouvrages en fonte de toute espèce; 4412 hab.

BOCHUM, v. de Prusse, prov. de Westphalie, rég. de Munster, dans une contrée très-fertile, chef-lieu et siége des autorités du cercle. Fabr. de draps, de casimir et de quincaillerie, principalement de moulins à café; 3050 hab.

BOCKAU, b. du roy. de Saxe, cer. de l'Erzgebirge, sur la Mulde; commerce de produits minéralogiques de l'Erzgebirge et fabr. de produits chimiques; 1285 hab.

BOCKLET, vg. de Bavière, sur la Saale, dist. et à 2 l. de Kissingen, cer. du Mein-Inférieur; il est remarquable par ses bains sulfureux.

BOCMÉ (Grand et Petit-), ham. de Fr., Côtes-du-Nord, com. de St.-Étienne-du-Gué-de-l'Ile; 100 hab.

BOCOGNANO, b. de Fr., Corse, arr. et à 7 l. N.-E. d'Ajaccio, chef-lieu de canton, poste; 2150 hab.

BOCONO, chaîne de montagnes dans la rép. de Vénézuela; elle traverse le dép. de Zulia et forme une des extrémités des Andes orientales.

BOCQUEGNEY, vg. de Fr., Vosges, arr. et poste de Mirecourt, cant. de Dompaire; 150 hab.

BOCQUEHO, vg. de Fr., Côtes-du-Nord, arr. de St.-Brieuc, cant. et poste de Châtelaudren; 1780 hab.

BOCQUENCÉ, vg. de Fr., Orne, arr. d'Argentan, cant. de la Ferté-Fresnel, poste de Laigle; 420 hab.

BOCQUIAUX, vg. de Fr., Aisne, com. d'Étaves; 410 hab.

BODARD (le), ham. de Fr., Eure, com. de Thiberville; 100 hab.

BOEB — BOEUF

BODEAU, lac au N.-O. de l'état de Louisiane, États-Unis de l'Amérique du Nord.

BODÉGA ou **SANTA-FÉ-DE-BODÉGA**, pet. v. de la rép. de la Nouvelle-Grenade, dép. de Cundinamarca, prov. de Bogota, sur le Rio-Magdalena; elle sert de port à la ville de Bogota et est l'entrepôt des marchandises qui viennent de Carthagène; 3300 hab.

BODÉGA, colonie russe au N.-O. des états mexicains; commerce de pelleterie.

BODENMAIS, vg. paroiss. de la Bavière, dist. et à 4 l. de Neichtach, cer. du Danube-Inférieur; exploitation des mines de soufre; fabr. de vitriol et de rouge minéral; 1100 h.

BODENSEE. *Voyez* CONSTANCE (lac de).

BODENSTADT, pet: v. d'Autriche, gouv. de Moravie et de Silésie, cer. de Prerau; fabr. de draps et de toiles; 2000 hab.

BODENWERDER, v. du roy. de Hanovre, gouv. de Hanovre; commerce de bois et de toiles; filat. de coton; 1400 hab.

BODENWŒHR, vg. paroiss. de la Bavière, dist. et à 2 l. de Neunbourg, cer. de Regen; forges et fonderies importantes.

BODEO (le), ham. de Fr., Côtes-du-Nord, arr. de S.-Brieuc, cant. de Plœuc, poste de Quintin; 910 hab.

BODERSWEYER, vg. du grand-duché de Bade, cer. du Rhin-Moyen; grande culture de chanvre; 900 hab.

BODIEU, vg. de Fr., Morbihan, com. de Mohon; 300 hab.

BODILIS, vg. de Fr., Finistère, arr. de Morlaix, cant. et poste de Landivisiau; 1740 hab.

BODIN, ham. de Fr., Jura, com. de Sellières; 130 hab.

BODIOCASSES, g. a., peuple de la Gaule belgique, au N. des Catalauni; capitale : Noyon.

BODIONTICI, g. a., peuple de la Gaule lyonnaise; capitale : Digne.

BODIVIT, vg. de Fr., Finistère, com. de Plomelin; 440 hab.

BODMIN, b. d'Angleterre, comté de Cornwall, autrefois florissant et siége d'un évêque. Il possède une belle église, une prison, une maison de correction et des fabriques de serge; il nomme deux députés au parlement. Commerce en fil de laine; eaux minérales; 3300 hab.

BODROGH KERESZTUR, pet. v. du roy. de Hongrie, cer. en-deçà de la Theiss, sur le Bodrogh. Culture de vin et commerce de bétail; 4000 hab.

BOÉ, vg. de Fr., Lot-et-Garonne, arr., cant. et poste d'Agen; 1190 hab.

BOEBLINGEN, *Bibonium*, v. du Wurtemberg, cer. du Necker, chef-lieu et siége des autorités du gr.-bge de ce nom qui, s'étendant dans la forêt de Schœnbuche, fait un grand commerce de bois. Exploitation de tourbe; filat. et tissage de lin et de laine; fabr. de produits chimiques. En 1525, un combat décisif eut lieu dans ses environs, entre le comte de Truchsess et les paysans révoltés qui laissèrent 4000 hommes sur le champ de bataille. Le gr.-bge a 24,700 hab. et la ville 3000.

BŒCÉ, vg de Fr., Orne, arr. et poste de Mortagne-sur-Huine, cant. de Bazoches-sur-Hoëne; 210 hab.

BŒCKINGEN, vg. parois. du Wurtemberg, cer. du Necker, gr.-bge de Heilbronn. Dans un lac situé près de là, on a pris, en 1497, un brochet qui, d'après l'inscription gravée sur un anneau qu'il portait au cou, y avait été mis en 1230 par l'empereur Frédéric II, et pesait, dit-on, 350 livres; 1300 hab.

BŒHMERWALD. *Voyez* ALLEMAGNE (Constitution orographique).

BŒILH-PRÈS-GALRIN, vg. de Fr., Basses-Pyrénées, arr. de Pau, cant. et poste de Garlin; 340 hab.

BŒILH-PRÈS-NAY, vg. de Fr., Basses-Pyrénées, arr. de Pau, cant. de Claracprès-Nay, poste de Nay; 650 hab.

BŒILHO, vg. de Fr., Basses-Pyrénées, arr. de Pau, cant. et poste de Garlin; 200 h.

BŒME-LES-RAYETS, ham. de Fr., Creuse, com. de Roches; 90 hab.

BŒN, pet. v. de Fr., Loire, arr. et à 5 l. N. de Montbrison, chef-lieu de canton et poste; papeteries; 1640 hab.

BŒNCOURT, ham. de Fr., Somme, com. de Behen; 180 hab.

BŒNNIGHEIM, v. du Wurtemberg, cer. du Necker, gr.-bge de Bitigheim. On voit dans l'église un tableau en mémoire d'une femme qui, à ce qu'on dit, a donné le jour à cinquante-trois enfants; 2270 hab.

BŒRE-COURANT, ham. de Fr., Loire-Inférieure, com. de St.-Julien-de-Concelles; 120 hab.

BŒRSCH, pet. v. de Fr., Bas-Rhin, arr. et à 5 l. N. de Schléstadt, cant. de Rosheim, poste d'Obernai; 2320 hab.

BŒS (Saint-), vg. de Fr., Basses-Pyrénées, arr., cant. et poste d'Orthez; 620 hab.

BŒSCHÈPE, vg. de Fr., Nord, arr. de Hazebrouck, cant. de Steenvoorde, poste de Bailleul; 1940 hab.

BŒSEGHEM, vg. de Fr., Nord, arr., cant. et poste de Hazebrouck; 1000 hab.

BŒSENBIESEN ou **KLEINBISEN**, vg. de Fr., Bas-Rhin, arr. et poste de Schléstadt, cant. de Marckolsheim; 300 hab.

BŒSSE, ham. de Fr., Loir-et-Cher, com. de Malives; 90 hab.

BŒSSE, vg. de Fr., Loiret, arr. de Pithiviers, cant. et poste de Puiseaux; 990 hab.

BŒSSÉ, vg. de Fr., Deux-Sèvres, arr. de Bressuire, cant. et poste d'Argenton-Château; 400 hab.

BŒSSÉ-LE-SEC, vg. de Fr., Sarthe, arr. de Mamers, cant. de Tuffé, poste de la Ferté-Bernard; 870 hab.

BŒSZŒRMENY, pet. v. du roy. de Hongrie, cer. au-delà de la Theiss, bien bâtie, chef-lieu du district; 6000 hab.

BŒUF. *Voyez* WASHITTA.

BŒURÉE (la), vg. de Fr., Vosges, com. de Fraize; 280 hab.

BŒURS, vg. de Fr., Yonne, arr. de Joigny, cant. et poste de Cerisiers; 920 hab.

BŒUXES, vg. de Fr., Vienne, arr., cant. et poste de Loudun; 260 hab.

BOFFETIÈRE (la), ham. de Fr., Eure, com. de St.-Aubin-de-Scellon; 200 hab.

BOFFLES, vg. de Fr., Pas-de-Calais, arr. de St.-Pol-sur-Ternoise, cant. et poste d'Auxy-le-Château; 130 hab.

BOFFRES, vg. de Fr., Ardèche, arr. de Tournon, cant. et poste de Vernoux; 1620 hab.

BOGATOI, pet. v. de la Russie d'Europe, gouv. de Koursk, chef-lieu du cercle de son nom, sur la Pena; 2000 hab.

BOGAZO (vallée de). *Voyez* TEMPÉ.

BOGCHNAT. *Voyez* KAASTA.

BOGDCHA ou ATHASSI, *Ténédos*, île de la mer Égée, près de la côte occ. de l'Asie Mineure; le vin est le principal produit de cette île dont la population peut s'élever à 7000 habitants, dont 3000 environ pour la ville de Bogdcha, située sur la côte orientale et occupée par une garnison turque.

BOGDO. *Voyez* THIAN-CHAN.

BOGDO-LAMA ou BOUTCHAN-LAMA (état du), comprend la partie E. du Thibet et celle qui est située au S. du Brahmapoutra; il est divisé en deux provinces, Zzang et Kahang, et se trouve, comme l'état du Dalaï-Lama, sous la protection de l'empereur de la Chine. Djachi-Loumbo ou Tissou-Loumbou est la résidence du Bogdo-Lama. *Voyez* THIBET.

BOGENHAUSEN, vg. de Bavière, cer. de l'Isar, à 1/2 l. de Munich. Tout près de là, sur une élévation, est construit depuis 1817 un observatoire royal.

BOGENSE, v. du Danemark, bge d'Odensée, dans un pet. golfe au N.-O. de l'île de Fionie; exportation de grains; 1000 hab.

BOGLIPOUR, v. de l'Inde anglaise, présidence de Calcutta, dist. de ce nom, sur le Goga. Elle est bien bâtie et possède des fabr. de soie et de tissus de coton, une église catholique et un collége; 30,000 hab.

BOGNY, ham. de Fr., Ardennes, com. de Château-Regnault; 120 hab.

BOGNY-LES-MURTIN. *Voyez* MURTIN.

BOGODUCHOW, v. de la Russie d'Europe, gouv. de Khargov, chef-lieu du cercle de ce nom; tanneries; 9000 hab.

BOGORODIZK ou BOGORODEZ, pet. v. de la Russie d'Europe, gouv. de Toula, chef-lieu du cercle de ce nom, avec un château; 4000 hab.

BOGOSLOVSK, v. de la Russie d'Europe, gouv. de Perm, résidence d'un directeur des mines; forges et hauts-fourneaux; 2800 hab.

BOGOTA (riv.). *Voyez* MAGDALENA (Rio).

BOGOTA, prov. de la rép. de la Nouvelle-Grenade, dép. de Cundinamarca. Elle est séparée par le Rio-Magdalena de la prov. de Mariquita; sa population est de 200,000 h.

BOGOTA, vg. dans la prov. du même nom, rép. de la Nouvelle-Grenade, sur le Bogota et dans une contrée très-élevée. Il fut jadis la résidence d'un puissant cacique.

BOGOTA ou SANTA-FÉ-DE-BOGOTA, capitale de la rép. de la Nouvelle-Grenade et chef-lieu du dép. de Cundinamarca, siége du congrès, du président de la rép., d'un archevêque et de toutes les autorités supérieures du pays; elle est située au pied de deux montagnes assez élevées, qui l'abritent contre les terribles ouragans de l'E., sous le 4° 35' 43" lat. N. et le 76° 34' 8" long. O. Le climat est sain quoique humide. Les tremblements de terre y sont assez fréquents, aussi les maisons n'y ont-elles qu'un étage. Cette ville, fondée en 1538, par Gonzalo Ximenez de Guésada, est bien bâtie; elle a des rues larges, plusieurs grandes places, quelques beaux édifices, parmi lesquels nous mentionnons : la cathédrale, bâtie en 1814, renversée par le tremblement de terre de 1827 et rebâtie depuis sur un plan plus élégant, les couvents de San-Juan-de-Dios et des Dominicains, le vaste palais du gouvernement, bâtie en 1825, le palais du sénat, l'hôtel de la monnaie et le théâtre. Bogota renferme 27 églises, 12 couvents, une université qui est la plus fréquentée de toute la Colombie et qui possède une riche bibliothèque, fondée en 1772, une bibliothèque publique de 14,000 volumes, une académie nationale, une école normale, un musée d'histoire naturelle, plusieurs colléges et de bonnes écoles primaires. En 1826, on y publiait six journaux. Sa population est évaluée à 40,000 âmes.

BOGUECHITO. *Voyez* PLARL.

BOGURDIEN ou SCHABACZ, pet. v. de la Turquie d'Europe, eyalet de Bosnie, sur la Save; importante par ses fortifications.

BOGUSLAW ou BOGUSLAWL, v. de la Russie d'Europe, gouv. de Kiew, chef-lieu du cercle de ce nom et poste; 7000 hab.

BOGUTSCHAR, pet. v. de la Russie d'Europe, gouv. de Voronéje, chef-lieu du cercle de son nom. La contrée est arrosée par le Don et très-fertile; 1000 hab.

BOGY, vg. de Fr., Ardèche, arr. de Tournon, cant. de Serrières, poste du Péage; 410 hab.

BOHAIN, v. de Fr., Aisne, arr. et à 5 l. N.-E. de St.-Quentin, chef-lieu de canton et poste; manufactures de châles façon cachemire; fabr. de gazes et d'horlogeries d'Allemagne; 3400 hab.

BOHAIRE (Saint-), vg. de Fr., Seine-et-Loire, arr. et cant. de Blois, poste de St.-Lubin-en-Vergonnois; 370 hab.

BOHAL, vg. de Fr., Morbihan, arr. de Vannes, cant. de Questembert, poste de Malestroit; 210 hab.

BOHALLE (la), vg. de Fr., Maine-et-Loire, arr. d'Angers, cant. des Ponts-de-Cé, poste de St.-Mathurin; 1140 hab.

BOHARS, vg. de Fr., Finistère, arr., cant. et poste de Brest; 790 hab.

BOHAS, vg. de Fr., Ain, arr. et poste de Bourg-en-Bresse, cant. de Ceyzériat; 410 h.

BOHÊME (Bœhmen), *Bojemum, Bohemia,* roy. dépendant de l'emp. d'Autriche et l'un des états de la confédération germanique, situé entre 48° 47′ et 51° 5′ de lat. N. et entre 9° 42′ et 14° 28′ de long. E.; il est borné au N. par la Saxe, à l'O. par la Bavière, au S. par l'archiduché d'Autriche, au S.-E. par la Moravie et au N.-E. par la Silésie prussienne; sa superficie est de 953 milles c. d'Allemagne, et sa population de 3,901,570 habitants, répartis dans 287 villes, 276 bourgs et 11,951 villages. Ce pays, arrosé par l'Elbe, la Moldau, l'Eger et l'Iser, est environné de plusieurs chaines de montagnes, qui l'isolent de tous côtés des contrées limitrophes. Au N. l'Erzgebirge (monts métalliques) le sépare de la Saxe. Le Sonnenwirbel ou Schwarzwaldberg, de 3870 pieds, dans le cercle d'Ellbogen, est le point culminant de cette chaîne et l'un des plus élevés de la Bohême. A l'O. le Fichtelgebirge; au S.-O. et au S. le Bœhmerwald forment ses limites naturelles du côté de la Bavière et de l'Autriche; enfin le Riesengebirge au N.-E. et les montagnes bohémo-moraves à l'E. complètent cette formidable ceinture. Plusieurs ramifications moins élevées sillonnent l'intérieur du pays. Aussi ne renferme-t-il aucune plaine d'une grande étendue. Les contrées S. et S.-O. présentent surtout des sites remarquables par leur sauvage âpreté : des fondrières, des montagnes escarpées de rochers granitiques, des précipices, des torrents fougueux, des vallées d'une effrayante solitude composent ce côté du territoire couvert par la chaine et les rameaux du Bœhmerwald. La température, froide dans les montagnes, beaucoup plus douce dans les plaines, y est sujette à de fréquents et rapides changements, en raison de la constitution orographique du pays. Cependant le sol de la Bohême est généralement fertile et riche en productions végétales et minérales. On y récolte des grains de toutes espèces, du lin, du chanvre, du houblon d'une qualité supérieure, de bons fruits; le vin y est moins abondant que les autres produits, mais celui que l'on fait dans les environs de Melnick, dans le cercle de Bunzlau, passe pour excellent; on exploite des mines d'argent, de cuivre, d'étain, de fer, de houille, d'alun, de calamine, etc. Les sources d'eaux minérales y sont nombreuses et contribuent pour beaucoup à la prospérité matérielle du pays. Les plus renommées sont celles de Sedlitz, de Carlsbad et de Tœplitz. L'éducation du bétail, principalement celle des moutons, des chevaux et des porcs y est d'une grande importance; la volaille et le poisson y sont abondants, et les immenses forêts sont peuplées de diverses espèces de gibier.

L'industrie de ce pays est très-active, particulièrement dans les contrées montagneuses qui avoisinent la Saxe et la Silésie. La Bohême a des manufactures de toiles, de dentelles, de batiste, de blondes, de fil, d'étoffes de laine, des verreries renommées, des chapelleries, des papeteries, des fabriques d'instruments de musique, etc. Le commerce n'y a pas moins d'activité, quoique les difficultés de transport soient un obstacle aux relations commerciales avec l'extérieur. Les produits du sol, des manufactures et des mines sont les objets d'exportation; on importe de la soie, du vin, du sel, de l'eau-de-vie, du plomb et des denrées coloniales.

La population est composée de Slaves, d'Allemands et de juifs. La Bohême est divisée en district de Prague et 16 cercles, savoir : Kaurzim, Tabor, Budweis, Prachin, Klattau, Pilsen, Beraun, Rakonitz, Saatz, Ellbogen, Eger, Leitmeritz, Bunzlau, Bidschow, Kœniggrætz, Chrudim et Czaslau. Chaque cercle est administré par un *Kreishauptmann* (capitaine de cercle).

Historique. Ce pays était occupé par les Bojariens, peuple gaulois ou celtique, qui vint s'y établir six siècles environ avant l'ère chrétienne. Les Marcomans l'envahirent ensuite et en chassèrent les Gaulois. Quatre siècles après J.-C., la Bohême, habitée par des peuples germains, avait un gouvernement organisé, à la tête duquel se trouvaient des ducs. Vers le milieu du sixième siècle, des hordes nombreuses de Slaves, qui jusqu'alors avaient habité les côtes de la mer Noire, pénétrèrent en Bohême et soumirent ce pays encore inculte; ils le défrichèrent et acquirent ainsi les droits les plus incontestables à la possession de ce sol qu'ils avaient les premiers fertilisé. Charlemagne assujettit la Bohême et la comprit dans son vaste empire; mais elle s'affranchit après la mort de Louis-le-Débonnaire et rentra sous le gouvernement de ses ducs particuliers, quoiqu'elle continuât de rester liée en quelque sorte à l'empire. En 1061, l'empereur Henri IV conféra aux ducs de Bohême le titre de roi. Cependant ce n'est qu'en 1086 que le duc Wratislas fut généralement reconnu roi. La branche masculine s'étant éteinte en 1305 à la mort de Wenzel V, la couronne passa, par mariage, à Jean de Luxembourg, qui la transmit à ses héritiers. Charles Ier, Wenceslas et Sigismond, qui régnèrent de 1378 à 1440, réunirent la couronne de Bohême à celle de l'empire germanique. C'est sous ce dernier qu'eut lieu la guerre de religion des Hussites, commandés par Jean Ziska. Cette guerre, entreprise pour venger la mort de Jean Huss, condamné pour hérésie par le concile de Constance, en 1414, dura quatorze ans et faillit enlever la Bohême à l'empereur. Après la mort de Sigismond, la couronne passa à Albrecht d'Autriche. Son fils Ladislas lui succéda. Celui-ci, étant en même temps roi de Hongrie, la Bohême fut pour quelque temps séparée des états allemands. A la mort de Ladislas, on éleva sur le trône Georges Podiébrad, qui avait d'abord administré le pays comme régent. On lui donna pour successeur Wladislas, prince polonais, auquel succéda son fils Louis. Ces deux derniers étaient aussi rois de Hongrie. Louis, ayant été tué, en 1526, à la bataille de Mohacz, gagnée par les Turcs, la Bohême passa de nouveau à la maison d'Autriche. Conformément à un traité fait entre l'empereur Maximilien Ier et le roi Wladislas, l'archiduc Louis, petit-fils de Maximilien, monta sur le trône de Bohême. Louis appela vainement le pays à prendre part dans la guerre de Smalkalde contre l'électeur de Saxe, chef du parti protestant ; aussi après la victoire remportée par les troupes de Charles-Quint à Mühlberg, en 1547, la Bohême eut à souffrir du ressentiment de son roi, qui la tyrannisa cruellement et la déclara royaume héréditaire de la maison d'Autriche. Son fils Maximilien, puis ses petits-fils Rodolphe et Mathias régnèrent successivement. Vers la fin du règne de Mathias, en 1618, de graves atteintes, portées à la liberté religieuse des protestants, occasionnèrent des troubles qui furent le commencement de la guerre de trente ans. Après la mort de Mathias, la Bohême proclama Frédéric V, électeur palatin, quoique Ferdinand II eût déjà été couronné roi de Bohême du vivant même de Mathias ; mais après la victoire que l'empereur remporta près de Prague, en 1630, ce royaume fut définitivement déclaré héréditaire dans la maison d'Autriche, dont il n'a plus été séparé depuis, malgré les prétentions de l'électeur de Bavière, Charles Albert, qui, après la mort de Charles VI, en 1740, s'était fait proclamer roi à Prague.

BOHERIES, vg. de Fr., Aisne, com. de Vadencourt ; filat. de coton ; 200 hab.

BOHOL ou BOJOL (île), une des îles du groupe des Bissayes, qui a plus de 200 l. c. de superficie, au S. de l'île Luçon, dans la Malaisie. Son intérieur, couvert de hautes montagnes, est habité par une tribu de Bissayes indépendants.

BOHON. *Voyez* SAINT-ANDRÉ et SAINT-GEORGES-DE-BOHON.

BOHOU, très-grande v. de la Haute-Guinée, Afrique, jadis capitale du roy. d'Yarriba.

BOIBIEUX, ham. de Fr., Loire, com. de Châtel-Neuf ; 60 hab.

BOICHOT (le), ham. de Fr., Jura, com. de Dôle ; 180 hab.

BOIGNEVILLE, vg. de Fr., Seine-et-Oise, arr. d'Étampes, cant. de Milly, poste de Gironville ; 440 hab.

BOIGNY, vg. de Fr., Loiret, arr., cant. et poste d'Orléans ; 250 hab.

BOIGNY, vg. de Fr., Seine-et-Oise, com. de Baulne ; 230 hab.

BOIL (Saint-), vg. de Fr., Saône-et-Loire, arr. de Chalon-sur-Saône, cant. et poste de Buxy ; 890 hab.

BOILERIE (la), ham. de Fr., Haute-Vienne, com. de Verneuil ; 150 hab.

BOIL-GRENIER, ham. de Fr., Nord, com. d'Erquinghem-Lys ; 150 hab.

BOILLE, ham. de Fr., Seine-Inférieure, com. de Neuville-Champ-d'Oissel ; 150 hab.

BOING (Saint-), vg. de Fr., Meurthe, arr. de Lunéville, cant. de Bayon, poste de Gerbéviller ; 310 hab.

BOINITZ (Bajmotz), pet. v. d'Autriche, roy. de Hongrie, cer. en-deçà du Danube ; bains minéraux ; 2000 hab.

BOINVILLE, vg. de Fr., Meuse, arr. de Verdun-sur-Meuse, cant. et poste d'Étain ; 230 hab.

BOINVILLE, vg. de Fr., Seine-et-Oise, arr. et cant. de Mantes, poste d'Épône ; 290 hab.

BOINVILLE-LE-GAILLARD, vg. de Fr., Seine-et-Oise, arr. de Rambouillet, cant. de Dourdan, poste d'Ablis ; 320 hab.

BOINVILLIERS, vg. de Fr., Seine-et-Oise, arr., cant. et poste de Mantes ; 250 hab.

BOIRAGON, vg. de Fr., Deux-Sèvres, com. de Breloux ; 600 hab.

BOIRIE (la), vg. de Fr., Charente-Inférieure, com. de Marennes ; 250 hab.

BOIR-LA-BAISSE. *Voyez* LIÈPVRE.

BOIRY-BECQUERELLE, vg. de Fr., Pas-de-Calais, arr. et poste d'Arras, cant. de Croisilles ; 320 hab.

BOIRY-NOTRE-DAME, vg. de Fr., Pas-de-Calais, arr. et poste d'Arras, cant. de Vitry ; 630 hab.

BOIRY-SAINTE-RICTRUDE, vg. de Fr., Pas-de-Calais, arr. et poste d'Arras, cant. de Beaumetz-les-Loges ; 290 hab.

BOIRY-SAINT-MARTIN, vg. de Fr., Pas-de-Calais, arr. et poste d'Arras, cant. de Beaumetz-les-Loges ; 460 hab.

BOIS (Island of), île considérable et assez fertile, à l'entrée de la baie de Despair, sur la côte méridionale du Labrador.

BOIS, vg. de Fr., Charente-Inférieure, arr. de Jonzac, cant. et poste de St.-Genis ; 950 hab.

BOIS, vg. de Fr., Charente-Inférieure, arr. de la Rochelle, cant. et poste de St.-Martin-de-Ré ; 2090 hab.

BOIS (le), vg. de Fr., Doubs, arr. de Montbéliard, cant. de Maîche, poste de St.-Hyppolite ; 130 hab.

BOIS (Saint-), vg. de Fr., Ain, arr., cant. et poste de Belley ; 420 hab.

BOIS-ANZERAYE ou BOIS-ANDRÉ, vg. de Fr., Eure, arr. d'Évreux, cant. de Rugles, poste de la Neuve-Lyre ; 200 hab.

BOIS-ARNAULT, vg. de Fr., Eure, arr. d'Évreux, cant. et poste de Rugles ; fabr. d'épingles ; 1160 hab.

BOIS-AU-MOINE (le), ham. de Fr., Loir-et-Cher, com. de Naveil ; 150 hab.

BOIS-AUX-MOINES (le), ham. de Fr., Oise, com. de Héricourt-St.-Samson ; 150 hab.

BOIS-BAUDRY, ham. de Fr., Seine-et-Marne, com. de Doue et de la Trétoire; 200 hab.

BOIS-BENATRE, vg. de Fr., Calvados, arr. de Vire, cant. et poste de St.-Sever; 190 hab.

BOISBERGUES, vg. de Fr., Somme, arr. et poste de Doullens; cant. de Bernaville; 310 hab.

BOIS-BERNARD, vg. de Fr., Pas-de-Calais, arr. d'Arras, cant. de Vimy, poste de Lens; 200 hab.

BOIS-BLANC, île fertile et bien boisée, à l'embouchure du détroit et à l'entrée du port d'Amherstburgh, Canada supérieur, dist. occ. Les Anglais y entretiennent une garnison.

BOIS-BLOT (le), ham. de Fr., Eure, com. de l'Hosmes; 150 hab.

BOIS-BRANGER, ham. de Fr., Eure, com. de la Haye-St.-Sylvestre; 160 hab.

BOISBRENIER, vg. de Fr., Charente, com. de Vars; 400 hab.

BOIS-BRETLAU, vg. de Fr., Charente, arr. de Barbezieux, cant. de Brossac, poste de Touvérac; 320 hab.

BOISCOMMUN, b. de Fr., Loiret, arr. de Pithiviers, cant. de Beaune-la-Rolande, poste; culture et commerce de safran; 1160 h.

BOIS-D'AMONT, vg. de Fr., Jura, arr. de St.-Claude, cant. et poste de Morez; fabr. d'ouvrages en bois de sapin; 1190 hab.

BOIS-D'ARCIS, vg. de Fr., Seine-et-Oise, arr. et cant. de Versailles, poste de Trappes; 400 hab.

BOIS-D'ARCY, vg. de Fr., Yonne, arr. d'Auxerre, cant. de Vermenton, poste d'Arcy-sur-Cure; 150 hab.

BOIS-DE-CENÉ, vg. de Fr., Vendée, arr. des Sables, cant. et poste de Challans; 1730 hab.

BOIS-DE-CHAMP, vg. de Fr., Vosges, arr. et poste de St.-Dié, cant. de Brouvelieures; 380 hab.

BOIS-DE-DORMELLES (le), ham. de Fr., Seine-et-Marne, com. de Dormelles; 750 h.

BOIS-DE-GAND (le), vg. de Fr., Jura, arr. de Dôle, cant. de Chaumergy, poste de Sellières; 200 hab.

BOIS-DE-L'ABBAYE, vg. de Fr., Nord, com. de Busigny; 200 hab.

BOIS-DE-LA-MARRE (le), ham. de Fr., Oise, com. d'Ons-en-Bray; 200 hab.

BOIS-DE-LA-PIERRE, vg. de Fr., Haute-Garonne, arr. de Muret, cant. de Carbonne, poste de Noé; 310 hab.

BOIS-DE-LA-ROCHE, vg. de Fr., Morbihan, com. de Mauron; 200 hab.

BOIS-DE-LOIN (le), vg. de Fr., Saône-et-Loire, com. de la Chapelle-de-Guinchay; 150 hab.

BOIS-DE-MIDI (le), vg. de Fr., Aisne, com. de Folembray; 120 hab.

BOIS-D'ENNEBOURG (le), vg. de Fr., Seine-Inférieure, arr. de Rouen, cant. et poste de Darnetal; 350 hab.

BOIS-DE-RAVEAUX, ham. de Fr., Nièvre, com. de Raveau; 180 hab.

BOIS-DE-RIGNY (les), ham. de Fr., Aube, com. de Rigny-le-Ferron; 180 hab.

BOIS-DE-ROCHE (le), ham. de Fr., Isère, com. de Roche; 130 hab.

BOIS-DES-ROCHES (le), vg. de Fr., Loir-et-Cher, com. de Sougé-sur-Braye; 140 hab.

BOIS-DE-VELLE, ham. de Fr., Nièvre, com. de Millay; 90 hab.

BOIS-DE-VÉVIE (le), ham. de Fr., Cher, arr. de Bourges, com. de Soulangis; 100 h.

BOIS-DE-VINCENNES (le), ham. de Fr., Morbihan, com. de Réguiny; 50 hab.

BOISDIEU (le), vg. de Fr., Seine-et-Oise, com. de Hermeray; 120 hab.

BOISDINGHEM, vg. de Fr., Pas-de-Calais, arr. et poste de St.-Omer, cant. de Lumbres; 250 hab.

BOIS-D'OINGT (le), b. de Fr., Rhône, arr. et à 3 l. S.-O. de Villefranche-sur-Saône, chef-lieu de canton, poste d'Anse; pays à grains et à bon vin; 1230 hab.

BOIS-D'OLIVET (le), ham. de Fr., Cher, com. de Dampierre-en-Graccy; 60 hab.

BOISDON, vg. de Fr., Seine-et-Marne, arr. de Provins, cant. de Nangis, poste de Champcenest; 120 hab.

BOIS-DU-FIL, ham. de Fr., Seine-Inférieure, com. de Vassonville; 80 hab.

BOIS-DU-FOUR, ham. de Fr., Doubs, com. de la Grand'Combe; 60 hab.

BOIS-DU-FOUR, ham. de Fr., Eure, com. de Bailleul-la-Vallée; 100 hab.

BOIS-DU-MONCEAU, vg. de Fr., Nièvre, com. de la Roche-Millay; 120 hab.

BOISEMONT, vg. de Fr., Eure, arr. et cant. des Andelys, poste d'Écouis; 640 hab.

BOIS-EN-ARDRES, vg. de Fr., Pas-de-Calais, com. d'Ardres; 760 hab.

BOIS-EN-PASSAIS. *Voyez* LESBOIS.

BOISFRAY, ham. de Fr., Marne, com. de Villeneuve-la-Lionne; 110 hab.

BOISGASNIER, ham. de Fr., Eure-et-Loir, com. de Montigny-le-Gannelon; 70 h.

BOISGASSON, vg. de Fr., Eure-et-Loir, arr. de Châteaudun, cant. et poste de Cloyes; 270 hab.

BOISGELOT, ham. de Fr., Jura, com. de Mantry; 60 hab.

BOIS-GENCELIN (le), ham. de Fr., Eure, com. de St.-Sébastien-du-Bois-Gencelin; 60 hab.

BOIS-GERVILY, vg. de Fr., Ille-et-Vilaine, arr. de Montfort-sur-Meu, cant. et poste de Montauban; 1060 hab.

BOISGIRAUD-DU-BOIS, ham. de Fr., Haute-Vienne, com. de Laurière; 100 hab.

BOIS-GRENIER, ham. de Fr., Nord, com. de la Chapelle-d'Armentières; 150 hab.

BOIS-GRIBOUT (le), ham. de Fr., Seine-Inférieure, com. de Hautot-St.-Sulpice; 100 hab.

BOIS-GUILBERT (le), vg. de Fr., Seine-Inférieure, arr. de Rouen, cant. et poste de Buchy; 320 hab.

BOIS-GUILLAUME (le), ham. de Fr., Eure, com. de Drucourt; 130 hab.

BOIS-GUILLAUME (le), vg. de Fr., Seine-Inférieure, arr. et poste de Rouen, cant. de Darnetal; verrerie; 1930 hab.

BOIS-HALBOUT (le), vg. de Fr., Calvados, com. de Cesny-en-Cinglais; halle aux grains; foire le 26 juillet, pour laines et bestiaux; 700 hab.

BOIS-HELLAIN (le), vg. de Fr., Eure, arr. de Pont-Audemer, cant. et poste de Cormeilles; 440 hab.

BOIS-HÉROULT, vg. de Fr., Seine-Inférieure, arr. de Rouen, cant. et poste de Buchy; 320 hab.

BOIS-HERPIN, vg. de Fr., Seine-et-Oise, arr. et poste d'Étampes, cant. de Méréville; 120 hab.

BOIS-HIMONT (le), vg. de Fr., Seine-Inférieure, arr., cant. et poste d'Yvetot; 250 hab.

BOIS-HUBERT (le), vg. de Fr., Eure, arr. et cant. d'Évreux, poste de la Commanderie; 70 hab.

BOIS-HULIN, ham. de Fr., Seine-Inférieure, com. de la Chaussée; 150 hab.

BOIS-JEAN, vg. de Fr., Pas-de-Calais, arr. et poste de Montreuil-sur-Mer, cant. de Campagne-les-Hesdin; 740 hab.

BOIS-JELOUD (le), vg. de Fr., Eure, com. de Gisors; 290 hab.

BOIS-JÉROME, vg. de Fr., Eure, arr. des Andelys, poste d'Écos, cant. de Vernon; 380 hab.

BOIS-JOLY, ham. de Fr., Vendée, com. d'Ardelay; 150 hab.

BOIS-LA-BARDE (le), ham. de Fr., Loir-et-Cher, com. de Vendôme; 150 hab.

BOIS-L'ABBÉ, ham. de Fr., Seine-Inférieure, com. du Bois-Guillaume; 140 hab.

BOIS-LA-HAUT, ham. de Fr., Aisne, com. de Fontenelle; 120 hab.

BOIS-LAMBERT, ham. de Fr., Seine-Inférieure, com. de St.-Ouen-le-Mauger; 120 hab.

BOIS-LA-VILLE, vg. de Fr., Doubs, arr., cant. et poste de Baume-les-Dames; 90 hab.

BOISLE (le), vg. de Fr., Somme, arr. d'Abbeville, cant. de Crécy, poste de Bernay; 630 hab.

BOIS ou **BOS-LE-DUC** (Herzogenbusch, s'Bosch), *Buscum Ducis*, *Sylva Ducis*, v. et forteresse importante du roy. des Pays-Bas, chef-lieu de la prov. du Brabant-Septentrional, au confluent de la Dommel et de l'Aa, qui prennent ensuite le nom de Diest, à 11 l. S.-O. de Nimègue, et à 18 l. S.-S.-E. d'Amsterdam; elle est protégée par les forêts de Crèvecoeur, d'Isabelle, de St.-Antoine et la citadelle de Guillaume-et-Marie, nommée autrefois Papenkrill. L'église de St.-Jean est l'hôtel de ville sont ses édifices les plus remarquables; fabr. d'étoffes de laine, chapeaux, aiguilles, épingles, coutellerie, cartes, toiles imprimées, glaces, verrerie; filat. considérables de lin, distilleries d'eau-de-vie, raffineries de sel; grand commerce de grains. Patrie du philosophe et mathématicien s'Gravesande (Guill.-Jacq.). Les Anglais y furent défaits par les Français, le 14 septembre 1794, ces derniers la prirent le 9 octobre de la même année, et les Prussiens le 28 janvier 1814; 20,500 hab.

BOIS-LE-ROI (les), ham. de Fr., Aube, com. de Berulle; 120 hab.

BOIS-LE-ROI (le), vg. de Fr., Eure, arr. d'Évreux, cant. et poste de St.-André; 580 hab.

BOIS-LE-ROI, vg. de Fr., Seine-et-Marne, arr. et cant. de Fontainebleau, poste de Melun; 930 hab.

BOIS-LES-PARGNY, vg. de Fr., Aisne, arr. et poste de Laon, cant. de Crécy-sur-Serre; fabr. de peignes; 880 hab.

BOISLEUX-AU-MONT, vg. de Fr., Pas-de-Calais, arr. et poste d'Arras, cant. de Croisilles; 410 hab.

BOISLEUX-SAINT-MARC, vg. de Fr., Pas-de-Calais, arr. et poste d'Arras, cant. de Croisilles; 230 hab.

BOIS-L'ÉVÊQUE (le), vg. de Fr., Seine-Inférieure, arr. de Rouen, cant. et poste de Darnetal; 270 hab.

BOIS-LE-VICOMTE, ham. de Fr., Seine-Inférieure, com. de Monville; 120 hab.

BOIS-MADELEINE (les), vg. de Fr., Yonne, com. de Vezelay; 220 hab.

BOIS-MAILLARD, ham. de Fr., Eure, arr. d'Évreux, cant. et poste de Rugles; 90 hab.

BOIS-MALON, vg. de Fr., Cher, com. d'Uzay; 450 hab.

BOIS-MARTIN, vg. de Fr., Gironde, com. de Virsac; 380 hab.

BOIS-MARTIN, vg. de Fr., Seine-et-Marne, com. de Saacy; 60 hab.

BOISMÉ, vg. de Fr., Deux-Sèvres, arr., cant. et poste de Bressuire; 1150 hab.

BOIS-MÈGRE, ham. de Fr., Eure, com. de Perriers-sur-Andelle; 110 hab.

BOIS-MÉNARD, ham. de Fr., Seine-et-Marne, com. de Nanteau-sur-Essonne; 80 hab.

BOISMONT, vg. de Fr., Moselle, arr. de Briey, cant. et poste de Longwy; 350 hab.

BOISMONT, vg. de Fr., Somme, arr. d'Abbeville, cant. et poste de St.-Valery-sur-Somme; 500 hab.

BOISMORAND, vg. de Fr., Loiret, arr. et cant. de Gien, poste de Noyen-sur-Vernisson; 320 hab.

BOIS-MOREL, ham. de Fr., Oise, com. d'Ully-St.-Georges; 110 hab.

BOISMURIE, vg. de Fr., Doubs, arr. de Besançon, cant. d'Audeux, poste de St.-Wit; 60 hab.

BOISNETERIE (la), ham. de Fr., Eure, com. du Favril; 170 hab.

BOISNEY, vg. de Fr., Eure, arr. de Bernay, cant. et poste de Brionne; le territoire est fertile en safran; 660 hab.

BOIS-NORMAND, ham. de Fr., Orne, com. de Laigle; 200 hab.

BOIS-NORMAND-LA-CAMPAGNE, vg. de Fr., Eure, arr. d'Évreux, cant. de Rugles, poste de la Neuve-Lyre; 700 hab.

BOIS-NORMANDS, ham. de Fr., Loir-et-Cher, com. de St.-Hilaire; 90 hab.

BOIS-NOUVEL, ham. de Fr., Eure, arr. d'Évreux, cant. de Rugles, poste de la Neuve-Lyre; 140 hab.

BOIS-PENTHOU, vg. de Fr., Eure, arr. d'Évreux, cant. de Rugles, poste de la Neuve-Lyre; 120 hab.

BOIS-PLAIN (le), ham. de Fr., Saône-et-Loire, com. de Bresse-sur-Grosne; 50 hab.

BOIS-RAMIER, vg. de Fr., Indre, com. d'Ambrault; 230 hab.

BOISRAULT, vg. de Fr., Somme, arr. d'Amiens, cant. d'Hornay, poste de Poix; 220 hab.

BOISREDON, vg. de Fr., Charente-Inférieure, arr. de Jonzac, cant. et poste de Mirambeau; 1490 hab.

BOIS RENARD, ham. de Fr., Charente, com. de Mérignac; 100 hab.

BOIS-RICARD, ham. de Fr., Eure, com. de Heudreville; 60 hab.

BOISRICARD, vg. de Fr., Seine-Inférieure, com. d'Auquemesnil; 120 hab.

BOIS-ROBERT (le), vg. de Fr., Seine-Inférieure, arr. de Dieppe, cant. et poste de Longueville; 310 hab.

BOISROGER, vg. de Fr., Manche, arr. et poste de Coutances, cant. de St.-Malo-de-la-Lande; 630 hab.

BOIS-ROBERT-LA-BROSSE, vg. de Fr., Seine-et-Oise, arr., cant. et poste de Mantes; 230 hab.

BOIS-ROUX, ham. de Fr., Seine-et-Marne, com. de Villemaréchal; 200 hab.

BOISSAC, ham. de Fr., Haute-Vienne, com. de Solignac; 160 hab.

BOIS-SAINT-DENIS (Petit-), vg. de Fr., Aisne, com. de la Flamengrie; 210 hab.

BOIS-SAINT-DENIS, vg. de Fr., Indre, com. de Reuilly; 500 hab.

BOIS-SAINTE-MARIE, vg. de Fr., Saône-et-Loire, arr. de Charolles, cant. et poste de la Clayette; 300 hab.

BOIS-SAINT-LOMER (le), ham. de Fr., Loir-et-Cher, com. de Monteaux; 60 hab.

BOISSAY, ham. de Fr., Eure-et-Loir, com. de Fontaine-la-Guyon; 130 hab.

BOISSAY, vg. de Fr., Seine-Inférieure, arr. de Rouen, cant. et poste de Buchy; 280 hab.

BOISSAY, ham. de Fr., Seine-Inférieure, com. de Londinières; 100 hab.

BOISSE (la), vg. de Fr., Ain, arr. de Trévoux, cant. et poste de Montluel; 890 hab.

BOISSE, vg. de Fr., Dordogne, arr. de Bergerac, cant. et poste d'Issigeac; 670 hab.

BOISSE, vg. de Fr., Loiret. *Voyez* BOESSE.

BOISSE, ham. de Fr., Lot, com. de Castelnau-de-Montratier; 100 hab.

BOISSEAU, vg. de Fr., Loir-et-Cher, arr. de Blois, cant. de Marchenoir, poste d'Oucques; 210 hab.

BOISSEAU, vg. de Fr., Loire-Inférieure. *Voyez* SAINT-JEAN-DE-BOISSEAU.

BOISSEAUX-LA-MARCHE, vg. de Fr., Loiret, arr. de Pithiviers, cant. d'Outarville, poste d'Angerville; 520 hab.

BOISSEDE, vg. de Fr., Haute-Garonne, arr. de St.-Gaudens, cant. et poste de l'Isle-en-Dodon; 220 hab.

BOISSEGU, ham. de Fr., Deux-Sèvres, com. d'Augé; 150 hab.

BOISSEI-LA-LANDE, vg. de Fr., Orne, arr. d'Argentan, cant. et poste de Mortrée; 270 hab.

BOISSÉJOUX, vg. de Fr., Puy-de-Dôme, com. de Ceyrat; 350 hab.

BOISSEL, ham. de Fr., Loire, com. de St.-Just-en-Bas; 160 hab.

BOISSEL, ham. de Fr., Tarn, com. de Gaillac; 50 hab.

BOISSELLE (la), vg. de Fr., Somme, com. d'Ovillers-le-Boissel; 240 hab.

BOISSEMONT, vg. de Fr., Seine-et-Oise, arr., cant. et poste de Pontoise; 210 hab.

BOISSEROLES, ham. de Fr., Deux-Sèvres, com. de St.-Martin-d'Augé; 90 hab.

BOISSERON, vg. de Fr., Hérault, arr. de Montpellier, cant. de Lunel, poste de Sommières; 300 hab.

BOISSET, vg. de Fr., Cantal, arr. d'Aurillac, cant. et poste de Maurs; 1870 hab.

BOISSET, vg. de Fr., Gard, arr. d'Alais, cant. et poste d'Anduze; 270 hab.

BOISSET, ham. de Fr., Gard, com. d'Argilliers; 70 hab.

BOISSET, vg. de Fr., Hérault, arr., cant. et poste de St.-Pons; 270 hab.

BOISSET, vg. de Fr., Haute-Loire, arr. d'Yssingeaux, cant. de Bas-en-Basset, poste de Craponne; 1100 hab.

BOISSET, ham. de Fr., Var, com. de St.-Julien; 70 hab.

BOISSET-DE-SAINT-MARTIN-DE-CASTILLON (le), ham. de Fr., Vaucluse, com. de St.-Martin-de-Castillon; 150 hab.

BOISSET-HENNEQUIN, ham. de Fr., Eure, com. de Douains; 50 hab.

BOISSET-LES-MONTROND, vg. de Fr., Loire, arr. et poste de Montbrison, cant. de St.-Rambert; 310 hab.

BOISSET-LES-PRÉVANCHES, vg. de Fr., Eure, arr. d'Évreux, cant. et poste de Pacy-sur-Eure; 280 hab.

BOISSETS, vg. de Fr., Seine-et-Oise, arr. de Mantes, cant. et poste de Houdan; 280 h.

BOISSET-SAINT-PRIEST, vg. de Fr., Loire, arr. de Montbrison, cant. de St.-Jean-Soleymieux, poste de Sury-le-Comtal; 200 hab.

BOISSETTES, vg. de Fr., Seine-et-Marne, arr., cant. et poste de Melun; 170 hab.

BOISSEUIL, vg. de Fr., Haute-Vienne, arr. et poste de Limoges, cant. de Pierre-Buffière; 710 hab.

BOISSEUILH, vg. de Fr., Dordogne, arr.

de Périgueux, cant. de Hautefort, poste d'Excideuil; 430 hab.

BOISSEY, vg. de Fr., Ain, arr. de Bourg-en-Bresse, cant. et poste de Pont-de-Vaux; 460 hab.

BOISSEY, vg. de Fr., Calvados, arr. de Lisieux, cant. et poste de St.-Pierre-sur-Dives; 450 hab.

BOISSEY-LE-CHATEL, vg. de Fr., Eure, arr. de Pont-Audemer, cant. et poste de Bourgtheroulde; 470 hab.

BOISSEZON-D'AUGMONTEL, b. de Fr., Tarn, arr. de Castres, cant. et poste de Mazamet; fabr. de grosse draperie; 3000 h.

BOISSEZON-DE-MASVIEL, ham. de Fr., Tarn, com. de Murat; 150 hab.

BOISSIÈRE (la), vg. de Fr., Calvados, arr., cant. et poste de Lisieux; 100 hab.

BOISSIÈRE, vg. de Fr., Eure, arr. d'Évreux, cant. et poste de St.-André; 250 h.

BOISSIÈRE, vg. de Fr., Hérault, arr. de Montpellier, cant. d'Aniane, poste de Gignac; 300 hab.

BOISSIÈRE (la), ham. de Fr., Indre-et-Loire, com. de Boussay; 150 hab.

BOISSIÈRE (la), vg. de Fr., Loire-Inférieure, arr. et poste de Nantes, cant. du Loroux; 800 hab.

BOISSIÈRE (la), vg. de Fr., Maine-et-Loire, arr. et poste de Beaupréau, cant. de Montrevault; 520 hab.

BOISSIÈRE (la), vg. de Fr., Mayenne, arr. de Château-Gontier, cant. et poste de Craon; 230 hab.

BOISSIÈRE (la), vg. de Fr., Oise, arr. de Beauvais, cant. et poste de Noailles; fabrication de cornes transparentes; 900 hab.

BOISSIÈRE (la), vg. de Fr., Seine-et-Marne, arr. et cant. de Coulommiers, poste de Rozoy-en-Brie; 100 hab.

BOISSIÈRE (la), vg. de Fr., Seine-et-Oise, arr. et cant. de Rambouillet, poste d'Epernon; 570 hab.

BOISSIÈRE (la), ham. de Fr., Seine-et-Oise, com. de Plaisir; 150 hab.

BOISSIÈRE (la), ham. de Fr., Seine-Inférieure, com. de St.-Martin-Omonville; 80 h.

BOISSIÈRE (la Petite-), vg. de Fr., Deux-Sèvres, arr. de Bressuire, cant. et poste de Châtillon-sur-Sèvre; 400 hab.

BOISSIÈRE (la), vg. de Fr., Somme, arr. d'Amiens, cant. d'Hornoy, poste de Poix; 270 hab.

BOISSIÈRE (la), vg. de Fr., Somme, arr., cant. et poste de Montdidier; 260 hab.

BOISSIÈRE-D'ANS (le), vg. de Fr., Dordogne, arr. de Périgueux, cant. de Tenon; forges et fourneaux; 310 hab.

BOISSIÈRE-DE-MONTAIGU, vg. de Fr., Vendée, arr. de Bourbon-Vendée, cant. et poste de Montaigu; 1110 hab.

BOISSIÈRE-DES-LANDES, vg. de Fr., Vendée, arr. des Sables, cant. des Moutiers, poste d'Avrillé; 520 hab.

BOISSIÈRE-EN-GATINE, vg. de Fr., Deux-Sèvres, arr. de Parthenay, cant. de Mazières, poste de Champdeniers; 470 hab.

BOISSIÈRE-SOUS-CHATONNAY, vg. de Fr., Jura, arr. de Lons-le-Saulnier, cant. et poste d'Arinthod; 220 hab.

BOISSIÈRE-SUR-BOURCIA, ham. de Fr., Jura, com. de Bourcia; 110 hab.

BOISSIÈRE-THOUARSAISE, vg. de Fr., Deux-Sèvres, arr., cant. et poste de Parthenay; 310 hab.

BOISSIÈRES (les), ham. de Fr., Creuse, com. de St.-Dizier-les-Domaines; 100 hab.

BOISSIÈRES (les), vg. de Fr., Gard, arr. de Nîmes, cant. de Sommières, poste de Calvisson; 300 hab.

BOISSIÈRES (les), vg. de Fr., Lot, arr. de Cahors, cant. de Catus, poste de Pélacoy; 700 hab.

BOISSIEUX, ham. de Fr., Creuse, com. de Châtelus-le-Marcheix; 70 hab.

BOISSI-MAUGIS, vg. de Fr., Orne, arr. de Mortagne-sur-Huine, cant. et poste de Remalard; 1220 hab.

BOISSISE-LA-BERTRAND, vg. de Fr., Seine-et-Marne, arr., cant. et poste de Melun; 310 hab.

BOISSISE-LE-ROI, vg. de Fr., Seine-et-Marne, arr. et cant. de Melun, poste de Ponthierry; 300 hab.

BOISSONNIÈRES, vg. de Fr., Cantal, com. de Chavagnac; 80 hab.

BOISSOURNET, vg. de Fr., Haute-Vienne, com. de Peyrilhac; 150 hab.

BOISSY, vg. de Fr., Eure-et-Loir, com. de St.-Laurent-la-Gatine; 260 hab.

BOISSY, ham. de Fr., Loiret, com. de Ramoulu; 120 hab.

BOISSY, vg. de Fr., Oise, com. de Roy-Boissy; 230 hab.

BOISSY-AUX-CAILLES, vg. de Fr., Seine-et-Marne, arr. de Fontainebleau, cant. et poste de la Chapelle-la-Reine; 410 hab.

BOISSY-DE-LAMBERVILLE, vg. de Fr., Eure, arr. de Bernay, cant. et poste de Thiberville; 780 hab.

BOISSY-EN-DROUAIS, vg. de Fr., Eure-et-Loir, arr., cant. et poste de Dreux; 720 hab.

BOISSY-FRESNOY, vg. de Fr., Oise, arr. de Senlis, cant. et poste de Nanteuil-le-Haudouin; 700 hab.

BOISSY-LAILLERIE, vg. de Fr., Seine-et-Oise, arr., cant. et poste de Pontoise; 460 hab.

BOISSY-LA-RIVIÈRE, vg. de Fr., Seine-et-Oise, arr. et poste d'Étampes, cant. de Méréville; filat. de laine; 310 hab.

BOISSY-LE-BOIS, vg. de Fr., Oise, arr. de Beauvais, cant. et poste de Caumont-en-Vexin; 250 hab.

BOISSY-LE-CHATEL, vg. de Fr., Seine-et-Marne, arr., cant. et poste de Coulommiers; papeterie à Ste.-Marie; 1050 hab.

BOISSY-LE-CUTÉ, vg. de Fr., Seine-et-Oise, arr. d'Étampes, cant. et poste de la Ferté-Aleps; 490 hab.

BOISSY-LE-REPOS, vg. de Fr., Marne,

arr. d'Épernay, cant. et poste de Montmirail; 260 hab.

BOISSY-LE-SEC, vg. de Fr., Eure-et-Loir, arr. de Dreux, cant. et poste de la Ferté-Vidame; 490 hab.

BOISSY-LE-SEC, vg. de Fr., Seine-et-Oise, arr., cant. et poste d'Étampes; 690 h.

BOISSY-MAUVOISIN, vg. de Fr., Seine-et-Oise, arr. de Mantes, cant. de Bonnières, poste de Rosny-sur-Seine; 570 hab.

BOISSY-SAINT-LÉGER, vg. de Fr., Seine-et-Oise, arr. et à 6 l. N. de Corbeil, chef-lieu de canton et poste; vins et eaux-de-vie; 630 h.

BOISSY-SANS-AVOIR, vg. de Fr., Seine-et-Oise, arr. de Rambouillet, cant. et poste de Montfort-l'Amaury; 320 hab.

BOISSY-SOUS-SAINT-YON, vg. de Fr., Seine-et-Oise, arr. de Rambouillet, cant. de Dourdan, poste de St.-Chéron; 800 hab.

BOISSY-SUR-DAMVILLE, vg. de Fr., Eure, arr. d'Evreux, cant. et poste de Damville; 420 hab.

BOISTHOREL, ham. de Fr., Orne, com. de Rai; fonderie, martinets pour fil de laiton et de cuivre, etc.; 150 hab.

BOISTRUDAN, vg. de Fr., Ille-et-Vilaine, arr. de Rennes, cant. et poste de Janzé; 1170 hab.

BOIS-VENET (le), vg. de Fr., Aisne, com. d'Ugny-le-Gay; 240 hab.

BOIS-VERT, ham. de Fr., Cher, com. de St.-Florent; 100 hab.

BOIS-VICOMTE (le), vg. de Fr., Haute-Vienne, com. de Coussac-Bonneval; 130 h.

BOISVIEILLE, ham. de Fr., Doubs, com. de Tarcenay; 50 hab.

BOISVIEUX, vg. de Fr., Drôme, com. de Moras; 220 hab.

BOISVILLE-LE-SAINT-PÈRE, vg. de Fr., Eure-et-Loir, arr. de Chartres, cant. et poste de Voves; eaux ferrugineuses froides aux environs; 940 hab.

BOISVILLETTE, vg. de Fr., Eure-et-Loir, arr. de Chartres, cant. d'Illiers, poste de St.-Loup; 280 hab.

BOIS-YVON, vg. de Fr., Manche, arr. de Mortain, cant. de St.-Poix, poste de Villedieu; 280 hab.

BOITEAUMESNIL, ham. de Fr., Seine-Inférieure, com. de Blangy; 90 hab.

BOITRON, vg. de Fr., Orne, arr. d'Alençon, cant. et poste du Mesle-sur-Sarthe; 670 hab.

BOITRON, vg. de Fr., Seine-et-Marne, arr. de Coulommiers, cant. et poste de Rebais; 370 hab.

BOITZA, vg. du roy. de Hongrie, comitat d'Arad; possède des mines d'or. Siége d'une intendance de mines.

BOITZENBOURG, v. du grand-duché de Mecklenbourg-Schwérin, cer. Wendique, au confluent de la Boitze et de l'Elbe; elle est industrieuse et son commerce est étendu; 3150 hab.

BOIVILLE, ham. de Fr., Orne, com. de sées; 90 hab.

BOJADOR, cap sur la côte occ. du désert de Sahara, Afrique, au S.-E. des îles Canaries.

BOJANA, *Barbana*, riv. nommée Morana dans la partie supérieure de son cours, descend des Alpes Dinariques, traverse la Haute-Albanie, en passant par Pudgoritza, entre dans le lac de Scutari ou Bojana, en sort sous le nom de Bojana, arrose la ville de Scutari et se jette dans l'Adriatique, au-dessous de St.-George. Son principal affluent est la Drinas ou Drinissa.

BOJANA (lac de). *Voyez* SCUTARI.

BOJANOWO, pet. v. de Prusse, prov. et rég. de Posen, sur la frontière de Silésie; manufactures de draps et filat. de laine; tissages, tanneries, poteries, huileries; 2500 h.

BOJESMANN. *Voyez* BUSCHMANN.

BOJI, g. a., peuple originaire de la Gaule celtique; par suite de ses migrations, il s'en établit des tribus : 1° dans le département de Saône-et-Loire; 2° une colonie alla s'établir, 500 ans avant J.-C., dans la Gaule cispadane; 3° une autre tribu alla fonder une colonie dans la Grande-Germanie, et c'est d'elle que la Bohême reçut son nom (Bojohemia); 4° peuple de la Vindelicia, fut battu par les Marcomans et alla fonder la ville de Bojodurum (Innstadt) qui donna probablement son nom (Bavière) à tout le pays; 5° peuple de l'Aquitaine, occupant le pays qui forme le département actuel des Landes.

BOKENEM, v. de Hanovre, gouv. de Hildesheim, sur la Nette; fabr. de tabatières; 2100 hab.

BOKHARA ou **BOUKHARA** (khanat de). Cet état est actuellement le plus riche, le plus peuplé et le plus puissant de tous ceux du Turkestan indépendant. Sa partie orientale est montagneuse, tandis que l'occidentale est une plaine qui s'étend à perte de vue, entrecoupée seulement de petites collines isolées. L'Amou, le Kouvan ou Zer-Afchau et le Karchi sont ses principaux cours d'eau. Leurs rives sont la partie la plus fertile du khanat, bien qu'on rencontre dans les plaines sablonneuses de fraîches oasis, couvertes d'arbres et de culture. Les limites de l'état de Bokhara, situé au N. de celui de Balkh, ne sont pas bien déterminées. Meyendorff et d'autres voyageurs modernes estiment sa superficie à 10,000 l. c.; mais le dixième seulement de sa surface est cultivé; une partie de la plaine n'est qu'un vaste désert. Les principales villes du khanat sont Bokhara, Samarcande, Berchi et Karakoul. Sa population, composée d'Ouzbeks, de Tadjiks, de Turcomans, d'Arabes, de Kalmouks, de Kirghises, est de 2,500,000 âmes. Les revenus du khan sont de 12,000,000 de francs; son armée se compose de 20,000 cavaliers, de 4000 fantassins et de 40 pièces de canon. La milice est d'environ 50,000 hommes de cavalerie.

BOKHARA ou **BOUKHARA**, capitale du khanat du même nom et résidence du khan, est bâtie au milieu d'une plaine fertile, bien cultivée et traversée par un grand canal, alimenté par les eaux du Zer-Afchan. Le principal édifice public de Bokhara est l'Ark ou palais du khan ; il date du onzième siècle et est situé sur une éminence fortifiée ainsi que la ville. Pendant la domination des Arabes et plus tard sous Tamerlan, Bokhara était le centre des études littéraires et scientifiques des mahométans, et encore aujourd'hui il y a dans cette ville savante, patrie d'Avicenne, 10,000 étudiants qui y viennent des pays mahométans les plus éloignés. On y fabrique des étoffes de coton et de soie, des cuirs, des outils en acier et en fer, un papier fait avec l'écorce du mûrier et célèbre dans tout l'Orient ; mais son industrie, quoique importante, le cède de beaucoup à son commerce, qui est des plus considérables ; sept grandes routes y aboutissent de toutes les parties de l'Asie et de l'Europe orientale et y amènent les productions asiatiques et européennes, dont elle forme un vaste entrepôt ; 80,000 hab.

BOKKÉFELD. *Voyez* NIEUVALD.

BOLABOLA ou BORABORA, une des îles de l'archipel de Tahiti, Océanie, dont elle possède le meilleur port sur la côte occ. Il s'y trouve une montagne très-escarpée, le Piton, qui a une hauteur de 365 toises. Elle est gouvernée par deux chefs et a 8 l. de tour.

BOLANDOZ, vg. de Fr., Doubs, arr. de Besançon, cant. d'Amancey, poste d'Ornans ; 550 hab.

BOLAS. *Voyez* PATUXENT.

BOLAZEC, vg. de Fr., Finistère, arr. de Châteaulin, cant. de Huelgoat, poste de Callac ; 530 hab.

BOLBEC, v. de Fr., Seine-Inférieure, arr. et à 7 l. E.-N.-E. du Hâvre, chef-lieu de canton ; elle est située sur la petite rivière du même nom, et possède une chambre consultative des manufactures et un conseil des prud'hommes, une jolie salle de spectacle et une bibliothèque de 12,000 volumes ; ses rues sont larges et bien alignées, ses maisons belles, bien bâties et d'un aspect fort agréable. Deux jolies fontaines, surmontées de statues en marbre, ornent la principale rue de Bolbec. Cette ville est l'entrepôt du département pour les toiles dites cretonnes ; elle a des fabriques de calicots, de draps, de flanelles, de bas de laine, de couvertures de laine, de mousseline, d'indiennes, de siamoises, de mouchoirs, des filatures de coton, des tanneries et des teintureries. Son commerce est considérable ; il consiste dans la vente des produits de ses manufactures et celle des grains, que le territoire fournit en abondance, du bétail et des chevaux qu'on y élève ; 9840 h.

BOLCHOI-ZAVOD-DE-COCHRANE, pet. v. de la Russie d'Asie, gouv. d'Irkutsk. Ce lieu est une des principales stations d'exilés, surtout pour ceux d'une condition élevée, qui sont condamnés à travailler dans les mines d'argent et de plomb qui se trouvent dans ses environs.

BOLCONTE (le), vg. de Fr., Seine-Inférieure, com. de St.-Pierre-le-Vieux ; 230 h.

BOLECHOW, b. d'Autriche, gouv. du roy. de Gallicie, cer. de Stry, sur le Sukiel ; riche saline ; 2200 hab.

BOLER, ham. de Fr., Moselle, com. de Breistroff-la-Grande ; 60 hab.

BOLGHARI, vg. russe, gouv. de Kasan, bâti dans l'enceinte de la ville tartare de Burghar, dont il existe encore un grand nombre de ruines.

BOLHARD. *Voyez* BOSC-LE-HARD.

BOLI, *Hadrianopolis*, v. de la Turquie d'Asie, eyalet d'Anadolie, chef-lieu de sandschak. Sa belle situation, ses fabriques de cuirs et d'étoffes de laine, et le passage productif des caravanes qui vont à Constantinople, augmentent continuellement sa population, qu'on porte à 50,000 hab.

BOLILING, v. et port important de l'île de Java.

BOLINGBROKE, vg. d'Angleterre, comté de Lincoln. On y voit encore les restes du château où naquit le roi Henri IV d'Angleterre ; faïencerie.

BOLKENHAIN, *Bolconis Fanum*, pet. v. de Prusse, prov. de Silésie, rég. de Liegnitz, sur la rive gauche de la Neisse, chef-lieu et siége des autorités du cercle. Elle est entourée de ruines remarquables et possède des fabr. de rubans, de toiles et d'étoffes de coton ; 1500 hab.

BOLKHOV, v. de la Russie d'Europe, gouv. d'Orel, chef-lieu du cercle de même nom, sur la Nugra, assez bien bâtie ; fabr. de bas et de gants ; 13,000 hab.

BOLIVIA, nouvelle rép. de l'Amérique méridionale, formée de plusieurs provinces du Haut-Pérou, appartenant antérieurement à la vice-royauté espagnole de Rio-de-la-Plata ; elle est située entre le 11° et le 25° de lat. S. et entre 59° et 73° de long. occ ; ses bornes sont : au N. et au N.-O. le Pérou, à l'O. le désert d'Atacama, au S. les états confédérés de la Plata et le Chili, au S.-E. le Paraguay, à l'E. et au N.-E. le Brésil. Sa superficie est de 54,360 l. c.

La surface présente des formes très-variées : la partie occidentale est hérissée de hautes montagnes de la chaîne des Andes ; elles s'étendent du Chili et forment la Cordillère d'Atacama, qui sépare le département de Potosi du désert d'Atacama. Cette chaîne se divise ensuite, sous le 20° lat. S., en deux longues ramifications, dont l'intervalle forme une immense vallée élevée de près de 4000 mètres, et dont la partie méridionale est arrosée par le Desaguadero. C'est au N. de cette haute vallée que se trouve le fameux lac de Titicaca. La ramification qui court dans la direction N.-O. sépare la vallée de l'Océan Pacifique et fait partie du Pérou ;

l'autre qui s'avance dans l'intérieur du pays, depuis le 14° jusqu'au 17° de lat. S., est une suite non interrompue de montagnes couvertes de neiges éternelles. La Nevada d'Illimani, dont le sommet forme une croupe dominée par quatre pics de 7700 mètres environ d'élévation et la Nevada de Sorata de 7880 mètres, sont les points culminants de cette Cordillère et les plus élevés des Andes. Cette chaîne sépare le bassin du Desaguadero de ceux du Beni, du Madeira et du Paraguay. La Cordillère de Cochambaba, prolongement de la même chaîne de l'O. à l'E., forme la séparation entre la vallée de Guapahi et les bassins des rivières qui affluent vers le Beni et le Mamoré. Cette ramification, aussi élevée à l'O. que le tronc principal, s'abaisse vers l'E. en gradins dont les derniers viennent se confondre avec les vastes plaines de Chiquitos, généralement désertes et couvertes de forêts vierges et de pâturages appelés pampas. La Cordillère de San-Francisco ou Fernando, composée de collines peu élevées, forme au S.-E. la frontière du côté du Brésil, sépare le pays de Chiquitos du bassin de Paraguay, et va se perdre, en s'abaissant vers le N., près des marais de Xarayes.

Les fleuves de la partie septentrionale appartiennent au bassin du Maragnon, ceux de la partie méridionale à celui du Paraguay. Les premiers sont le Beni, l'Ucayali, le grand Madeira auquel se réunit le Mamoré dont l'Ubay est un affluent; ceux qui affluent vers le Paraguay sont le Pilcomayo et le Vermejo. Le Desaguadero qui sort du lac Titicaca, va se perdre dans les terres salines du département d'Oruro.

Le climat est doux et tempéré jusqu'à une élévation de 3000 mètres; à 4600 mètres commence la région des neiges éternelles; dans quelques localités la chaleur est étouffante, dans d'autres la température est humide et malsaine.

Le sol, généralement fertile, produit du blé, du maïs, du riz, du coton, du sucre, du cacao, du raisin, des fruits méridionaux et une espèce de plante appelée coca, dont les Indiens mâchent avec délice les feuilles d'un goût aromatique. On trouve dans ce pays, outre les animaux domestiques communs en Europe, plusieurs espèces d'animaux sauvages, entre autres beaucoup de lamas et de vigognes. Les richesses minérales de Bolivia sont immenses; mais l'industrie et la connaissance de la métallurgie y sont encore dans l'enfance, et l'or, la grande quantité d'argent, de cuivre, de plomb, d'étain, etc. que renferment les montagnes de ce pays, restent enfouis au sein de la terre. La ville d'Oropesa, dans le département de Cochambaba, est la seule qui se distingue par quelques établissements industriels; elle a des fabriques d'étoffes de coton et des verreries.

Le commerce, borné autrefois à l'intérieur, a pris plus d'essor depuis quelque temps, et, par le port de Cobija sur l'Océan Pacifique, Bolivia fait aujourd'hui le commerce maritime. En 1832 l'importation faite à Cobija dépassa de 215,910 piastres (environ 1,119,532 francs) la valeur de l'exportation, consistant presque entièrement en argent.

On n'est point d'accord sur le chiffre de la population, que les uns portent à 1,200,000, d'autres à 1,090,000; quelques-uns l'évaluent à 800,000 ou à moins encore; elle se compose de créoles (d'origine espagnole), de métis, de mulâtres, de Nègres et d'Indiens. Un grand nombre de ces derniers sont encore sauvages, particulièrement dans les plaines de Moxos et de Chiquitos, où l'on a établi plusieurs missions.

Le gouvernement de Bolivia est une république démocratique. D'après la constitution, promulguée par Bolivar en 1826, la souveraineté réside dans le peuple, qui confie, par voie d'élection, le pouvoir exécutif à un président nommé à vie et à un vice-président, et le pouvoir législatif à trois chambres : celle des tribuns, celle des sénateurs et celle des censeurs, composées chacune de trente membres. Des événements plus récents ont anéanti la constitution de Bolivar; les troupes colombiennes ont été éloignées, et l'état de Bolivia s'est donné une nouvelle constitution. Cette jeune république, dont l'histoire est liée entièrement à celle du Pérou, subira sans doute encore bien des changements avant d'être définitivement et assez solidement organisée pour jouir en paix de ses institutions démocratiques.

Bolivia est divisée en six départements outre les deux provinces de Lamar ou Cobija et Tarija. Ces départements sont . La Paz, Oruro, Potosi, Charcas ou Chuquisaca, Cochambaba et Santa-Cruz.

BOLLÈNE, v. de Fr., Vaucluse, arr. et à 4 l. N. d'Orange, chef-lieu de canton, poste de la Palud; filat. de soie; 4670 hab.

BOLLEVILLE, vg. de Fr., Manche, arr. de Coutances, cant. et poste de la Haye-du-Puits; 570 hab.

BOLLEVILLE, vg. de Fr., Seine-Inférieure, arr. du Hâvre, cant. et poste de Bolbec; 710 hab.

BOLLEZELLE, vg. de Fr., Nord, arr. de Dunkerque, cant. et poste de Wormhoudt; 1660 hab.

BOLLIGEN, vg. parois. de Suisse, cant. et bge de Berne; poudrière, papeteries, forges et eaux minérales; 2800 hab.

BOLLWILLER, vg. de Fr., Haut-Rhin, arr. de Colmar, cant. et poste de Soulz; filat. de coton; pépinière magnifique; 1260 hab.

BOLOGNE, vg. de Fr., Haute-Marne, arr. de Chaumont-en-Bassigny, cant. et poste de Vignory; hauts-fourneaux; 610 hab.

BOLOGNE, délégation des états de l'Église, bornée au N. par celle de Ferrare, à l'E. par celle de Ravenne, au S. par la Toscane et à l'O. par le duché de Modène. C'est une vaste plaine contigue à celles de la Lombardie, et arrosée par une multitude de rivières qui descendent de l'Apennin, sa limite du côté de la Toscane. Le Reno, le Panaro, la Savena, la Samogia, la Selta, le Silaro, etc. en sont les principales, jointes à un grand nombre de canaux d'irrigation; leurs eaux font de la plaine de Bologne un des terrains les plus fertiles des états de l'Église, ce qui a fait donner à Bologne la ville le surnom de *la grassa*. La production principale de la province est le riz; on y cultive du grain, de l'huile, du vin, du chanvre, du safran, etc., et on y élève beaucoup d'abeilles et de vers à soie. On y trouve aussi des carrières de marbre et de gypse. La délégation a 300,000 hab. et renferme 2 villes, Bologne et Cento, 21 bourgs et 371 villages et hameaux.

BOLOGNE, *Bononia*, chef-lieu de la délégation de ce nom, dans les états de l'Église, siége du cardinal légat, d'un archevêque, d'un tribunal d'appel et d'un tribunal civil. Cette belle et grande ville est située dans une plaine délicieuse, sur le canal de Bologne, entre le Reno et la Savena. Ses rues sont irrégulières et étroites, mais propres et bien pavées, et les maisons, presque toutes en pierre, ont des portiques en arcades élevés au-dessus du niveau de la rue. La grande place est ornée d'une magnifique fontaine de Neptune, groupe en bronze dû au travail de Jean Bologna. Les principaux édifices de Bologne sont : la cathédrale, dédiée à St.-Pierre et dont on admire la nef; l'église de St.-Petrone, où se trouve la fameuse méridienne tracée par Cassini; l'église des Célestins; les bâtiments de l'ancienne université, où se trouvent maintenant les écoles élémentaires, celui de l'Institut, bâti par Vignole, l'hôtel des monnaies, le théâtre communal, un des plus grands de l'Italie, et un grand nombre de palais appartenant à des particuliers. Les 74 églises de Bologne, ses nombreux couvents et édifices publics sont tous ornés de tableaux de l'école dite de Bologne. Enfin citons encore pour leur singularité les deux tours des Asinelli et des Garisende, remarquables, la première comme la plus haute de l'Italie, la deuxième, par sa construction inclinée. Parmi les établissements publics de Bologne il faut nommer en première ligne, son université, la *Mater studiorum* comme on l'appelait jadis, la plus ancienne de toutes celles de l'Europe, s'il est vrai qu'elle a été fondée en 425 par Théodose-le-jeune; elle est encore florissante, bien que le nombre de ses étudiants soit réduit de 5 à 6000 à 500, et est dignement soutenue par des établissements secondaires, tels que l'Instituto, où se trouvent la bibliothèque, riche en manuscrits précieux et renfermant plus de 150,000 volumes; un cabinet de médailles, de belles collections de chimie, de physique, d'anatomie, d'antiquités et un observatoire; le jardin botanique; l'académie des beaux-arts, avec deux magnifiques galeries de sculpture et de peinture; le lycée philharmonique, une des principales écoles de musique de l'Europe. Parmi les sociétés littéraires, nous ne citerons que l'académie de Filodicologi ou jurisconsultes; sous le gouvernement italien le collége des Savants (dotti) se rassemblait à Bologne.

Le commerce de cette ville est très-considérable ; les manufactures de soie, de crèpes, de voiles, de fleurs artificielles, ainsi que ses fabriques de papier, de savonnettes, de liqueurs, etc. sont les principales branches de son active industrie. Les saucissons de Bologne sont renommés.

Bologne a donné naissance à un grand nombre d'hommes illustres; c'est la patrie du pape Benoît XIV, du philosophe Beroald, du poëte Manfredi, du Guide, du Dominiquin, des Carrache, de l'Albane, du Bolognèse, des naturalistes et mathématiciens Aldovrandi, Beccari, Monti, Galvani et Marsigli. Du temps de la domination française cette ville était le chef-lieu du département du Reno.

BOLONGA, roy. d'Afrique, rég. de l'Afrique orientale, situé entre le Rio-de-Mata et le Zambèse.

BOLOR ou **BOLOR-TAGH** (montagnes des Brouillards), chaîne de montagnes de l'Asie; elle appartient au système Altaï-Himalaya et ferme, du côté de l'E., en allant du N. au S., le plateau oriental, en joignant les groupes de l'Himalaya et du Kuen-lun, du Thian-Chan et la chaine secondaire nommée Ala-tau.

BOLOZON, vg. de Fr., Ain, arr. et poste de Nautua, cant. d'Izernore; 1005 hab.

BOLQUÈRE, vg. de Fr., Pyrénées-Orientales, arr. de Prades, cant. et poste de Mont-Louis; 340 hab.

BOLSCHOI, le plus considérable parmi le grand nombre de lacs du pays des Cosaques du Don; il est situé sur la frontière de la Caucasie et est traversé par le Manitsch.

BOLSENA, pet. v. des états de l'Église, délégation de Viterbe, aux bords du lac de ce nom, bâtie non loin de l'emplacement de la ville étrusque de Voltinium.

BOLSENHEIM, vg. de Fr., Bas-Rhin, arr. de Schléstadt, cant. d'Erstein, poste de Benfelden; 455 hab.

BOLSONS-DE-MAPIMI. *Voyez* Chihuahua.

BOLSWARD ou **BOLSWERD**, pet. v. du roy. des Pays-Bas, prov. de Frise, dist. et à 2 1/2 l. N.-O. de Snéek, sur un canal qui va de cette dernière ville à Harlingen; fabr. d'étoffes de laine et d'étamines de Frise; commerce de beurre et de fromage; 3000 h.

BOLTON, pet. v. des États-Unis de l'Amérique du Nord, état de Massachusetts, comté de Worcester; carrières de chaux; 2200 hab.

BOLTON-LE-MOOR, v. d'Angleterre, comté de Lancaster, entourée de marais et mal bâtie; elle est divisée en deux parties: le Grand-Bolton et le Petit-Bolton; elle correspond avec Manchester par un canal et possède des manufactures de coton; 31,000 h.

BOLZANO. *Voyez* BOTZEN.

BOLZINGEN. *Voyez* BOUSSANGE.

BOMBA, roy. dans la Nigritie méridionale, Afrique, au N. du roy. des Molouas; il parait être le même que celui de Mani-Emagi; c'est une des puissances prépondérantes de l'intérieur de l'Afrique, et sa domination s'étend sur plusieurs petits royaumes situés vers le N. et le N.-E., parmi lesquels le pays des Mouénéhaï et celui des Samouhénéhaï sont les principaux. La capitale porte le même nom.

BOMBA, *Platea*, pet. v. et île sur la côte du désert de Barca, rég. de Tripoli, à 12 l. S.-E. de Derne.

BOMBAY. Cette présidence est la troisième et la plus petite des grandes régions dans lesquelles sont partagées les possessions anglaises de l'Inde; elle comprend une grande partie des anciennes provinces d'Aurangabad, de Bedjapour, de Kandeich, de Guzerate, les îles de Bombay, de Salsette, d'Elephanta et renferme une population de plus de six millions d'habitants qui appartiennent à différentes familles de peuples; on y trouve des Hindous professant le culte de Brahma, une société d'agriculture et d'horticulture; en 1825 on y publiait quatre journaux, dont trois anglais et un dans la langue des naturels. Les Anglais ont établi à Bombay, dont le port est le meilleur sur la côte occidentale de l'Inde, des chantiers considérables pour la marine. Sous le rapport du commerce, la ville de Bombay ne le cède guère qu'à Calcutta, qu'elle dépasse encore par le cabotage, car elle est l'entrepôt général des marchandises de l'Inde, de la Malaisie, de la Perse, de l'Arabie et de l'Abyssinie. La population totale de Bombay s'élève à 220,000 habitants, parmi lesquels 60 à 75,000 âmes sont comptées comme population flottante. Le climat de Bombay était autrefois très-malsain; les Anglais sont parvenus à assainir cette île qui leur fut cédée, en 1662, comme partie de la dot de l'infante Catherine, épouse de Charles II.

BOMBAY, *Perimuda*, cap. de la présidence anglaise de ce nom, située dans une petite île sur la côte occidentale de la presqu'île de l'Inde; elle est la résidence du gouverneur, le siége d'une vice-amirauté, de l'administration générale et d'un tribunal d'appel. Elle est bien fortifiée, surtout du côté de la mer; ses principaux édifices publics sont le palais du gouverneur, l'église anglicane, le bazar, les casernes et l'arsenal. On vient aussi de terminer un beau temple guèbre qui a coûté deux millions de francs.

BOMBON, vg. de Fr., Seine-et-Marne, arr. de Melun, cant. et poste de Mormant; 750 hab.

BOMER (Saint-), vg. de Fr., Eure-et-Loir, arr. et poste de Nogent-le-Rotrou, cant. d'Authon; 590 hab.

BOMER-LES-FORGES (Saint-), vg. de Fr., Orne, arr., cant. et poste de Domfront; 2000 hab.

BOM-JESUS (Ilha-do-) ou ILHA-DOS-FRADES, pet. île très-fertile dans la baie de Rio-Janeiro, sur la côte de la prov. de ce nom, emp. du Brésil.

BOM-JESUS-DO-TRIUMFO, pet. v. de l'emp. du Brésil, prov. et comarque de Rio-Grande; elle est bien bâtie, a une belle église qui a donné son nom à la ville et une bonne école primaire; agriculture, éducation du bétail, commerce; 4000 hab.

BOM-JÉZUS, pet. v. de l'emp. du Brésil, prov. de Goyaz, dist. de Goyazès, entre deux affluents du Vermelho, dans une contrée riche en or. Cet endroit, fondé en 1729, était autrefois très-important par ses lavages d'or; 2000 hab.

BOMMEL, *Bommelia*, pet. mais belle v. du roy. des Pays-Bas, prov. de Gueldre, dist. et à 4 l. O.-S.-O. de Thiel, dans l'île de Bommelwaard; un banc de sable qui encombre le port en a beaucoup diminué le commerce; 3100 hab.

BOMMEL-WAARD, île du roy. des Pays-Bas, prov. de Gueldre, dist. de Thiel, cant. de Bommel; elle est formée par la Meuse et le Waal, a 5 l. de long sur 2 de large et est fertile en grains, plantes oléagineuses et beaux pâturages, où paissent de nombreux bestiaux.

BOMMENE. *Voyez* BROUWERSHAVEN.

BOMMES, vg. de Fr., Gironde, arr. de Bazas, cant. et poste de Langon; 830 hab.

BOMMIERS, vg. de Fr., Indre, arr., cant. et poste d'Issoudun; 680 hab.

BOMPAS, vg. de Fr., Pyrénées-Orientales, arr., cant. et poste de Perpignan; 860 hab.

BOMST (Badimost), v. de Prusse, prov. et régence de Posen, chef-lieu du cercle, sur l'Obra. Culture du houblon et du vin, et fabr. de draps; 2016 hab.

BOM-SUCCESSO ou FANADO, pet. v. de l'emp. du Brésil, prov. de Minas-Geraès, comarque de Serro-Frio, sur le Fanado; commerce assez actif; 3600 hab.

BOMY, vg. de Fr., Pas-de-Calais, arr. de St.-Omer, cant. de Fauquembergue, poste d'Aire-sur-la-Lys; 800 hab.

BON, vg. de Fr., Marne, com. de Courgivaux; 200 hab.

BONA, vg. de Fr., Nièvre, arr. de Nevers, cant. et poste de St.-Saulge ; 850 hab.

BONABEAG. *Voyez* SPENCER (monts).

BONAC, vg. de Fr., Arriège, arr. de St.-Girons, cant. et poste de Castillon ; 650 hab.

BONAIRE. *Voyez* BUÉNOS-AYRES.

BONAPARTE, grand archipel d'îles sablonneuses et désertes, situées sur la côte N.-O. de la Nouvelle-Hollande, Océanie, le long des côtes de la terre de Witt. Lat. S. 13° 15' — 14° 47' 50", long. E. 121° 40' — 123° 40'.

BONAPARTE ou SPENCER, golfe considérable sur la côte méridionale de la Nouvelle-Hollande, Océanie. Flinders le découvrit en 1802 ; ce golfe s'avance de plus de 80 lieues dans le continent. Lat. S. 32° 15' — 35° 5' ; long. E. 153° 40' — 154° 44'.

BONAS, vg. de Fr., Gers, arr. de Condom, cant. de Valence, poste de Castera-Verduzan ; 410 hab.

BONATI, v. du roy. des Deux-Siciles, prov. de la Principauté citérieure ; 3050 h.

BONAU, vg. de Prusse, prov. de Saxe, rég. de Mersebourg. Séjour favori du célèbre fabuliste Gellert.

BONAVISTA (Bellevue), pet. v. de l'emp. du Brésil, prov. de Matto-Grosso, comarque de Guyaba, sur la rive gauche du Jatuba ; 2000 hab.

BONAVISTA, une des îles du cap Vert, dans l'Océan Atlantique, Afrique ; riche en sel, indigo et coton. Elle a environ 18 l. de tour et fut découverte en 1440 par les Portugais ; deux rades très-fréquentées, l'une portugaise et l'autre anglaise ; 6000 hab.

BONAVISTA, baie très-étendue entre les caps de Freels et de Bonavista, sur la côte orientale de l'île de Terre-Neuve.

BONBOILLON, vg. de Fr., Haute-Saône, arr. de Gray, cant. et poste de Marnay ; 300 hab.

BONCÉ, vg. de Fr., Eure-et-Loir, arr. de Chartres, cant. et poste de Voves ; 300 hab.

BONCE, vg. de Fr., Isère, com. de Satolas ; 600 hab.

BONCHAMP, vg. de Fr., Mayenne, arr. et poste de Laval, cant. d'Argentré ; carrières de marbre ; 1170 hab.

BONCOURT, vg. de Fr., Aisne, arr. de Laon, cant. de Sissonne, poste de Montcornet ; 500 hab.

BONCOURT, vg. de Fr., Eure, arr. d'Evreux, cant. et poste de Pacy-sur-Eure ; 160 hab.

BONCOURT, vg. de Fr., Eure-et-Loir, arr. de Dreux, cant. et poste d'Anet ; 330 h.

BONCOURT, vg. de Fr., Meuse, arr., cant. et poste de Commercy ; fabr. de fer forgé et fontes ; 580 hab.

BONCOURT, vg. de Fr., Moselle, arr. et poste de Briey, cant. de Conflans ; 280 hab.

BONCOURT, ham. de Fr., Oise, com. de Noailles ; 260 hab.

BONCOURT, ham. de Fr., Pas-de-Calais, com. de Fléchin ; 110 hab.

BONCOURT-LE-BOIS, vg. de Fr., Côte-d'Or, arr. de Beaune, cant. et poste de Nuits ; 210 hab.

BOND, comté de l'état d'Illinois, États-Unis de l'Amérique du Nord. Il est borné par les comtés de Dearborn, de Clarke, de Crawford, de Jefferson, de Washington et de Madison ; 4000 hab. La Kaskaskia est le principal fleuve du pays.

BONDARROY, vg. de Fr., Loiret, arr., cant. et poste de Pithiviers ; 300 hab.

BONDEVAL, vg. de Fr., Doubs, arr. et poste de Montbéliard, cant. de Blamont ; 270 hab.

BONDEVILLE, vg. de Fr., Seine-Inférieure, com. de Ste.-Hélène-Bondeville ; fabr. d'indiennes ; 550 hab.

BONDIGOUX, vg. de Fr., Haute-Garonne, com. de Villemur ; 630 hab.

BONDILLY, ham. de Fr., Saône-et-Loire, com. d'Écuisses ; 190 hab.

BONDON, ham. de Fr., Seine-et-Marne, com. de la Ferté-sous-Jouarre ; 100 hab.

BONDONS, vg. de Fr., Lozère, arr., cant. et poste de Florac ; 950 hab.

BONDOU. *Voyez* SÉNÉGAMBIE.

BONDOUFLES, ham. de Fr., Seine-et-Oise, arr. et cant. de Corbeil, poste de Ris ; 160 hab.

BONDREZY, ham. de Fr., Moselle, com. de Mercy-le-Haut ; 200 hab.

BONDUES, pet. v. de Fr., Nord, arr. de Lille, cant. et poste de Tourcoing ; moulins à vapeur à huile ; fabr. de sucre indigène ; 2840 hab.

BONDY, vg. de Fr., Seine, arr. de St.-Denis, cant. de Pantin, poste ; féculerie ; 2390 hab.

BONE ou BONUE, BOUNAH, BELÈD-EL-ANÈB, *Bonum* (place des jujubiers), v. et port de Barbarie, rég. et à 95 l. E. d'Alger, prov. et à 36 l. N.-E. de Constantine, à l'embouchure de la Seybouse, dans la Méditerranée ; château fort bâti par Charles-Quint, après la prise de cette ville, en 1535 ; territoire fertile ; port vaste, bien abrité et très-fréquenté, surtout à l'époque de la pêche du corail ; rade bonne pour les bâtimens de 70 canons ; commerce en blé, cuirs, cire, jujubes, etc. Près de cette ville on voit les ruines de l'ancienne Hippone, séjour favori des rois de Numidie et illustrée par l'épiscopat de St.-Augustin (396—430) ; près de là il y a une source minérale et une mine de cuivre à exploiter.

BONENCONTRE, vg. de Fr., Lot-et-Garonne, arr., cant. et poste d'Agen ; 1650 h.

BONENGHAM, vg. de Fr., Nord, com. de Nieurlet ; 240 hab.

BONESS (nom vulgaire de *Borrowstowness*), pet. v. d'Écosse, comté de Linlithgow, sur le Forth, importante par son port. Depuis l'ouverture du canal qui met le Clyde en communication avec le Forth, son commerce n'est plus aussi considérable. On y fabrique du vitriol, du sel, de la poterie et du sel ammoniac et on y construit aussi des vaisseaux; mines de houille; 3000 hab.

BONFAYS, ham. de Fr., Vosges, com. de Légéville; 160 hab.

BONFILLONS (les), ham. de Fr., Bouches-du-Rhône, com. de St.-Marc-de-Jaumegarde; 150 hab.

BONGENOULT, vg. de Fr., Oise, com. d'Allonne; 320 hab.

BONGHEAT, vg. de Fr., Puy-de-Dôme, arr. de Clermont-Ferrand, cant. et poste de Billom; 830 hab.

BONHOMME. *Voyez* Missouri.

BONHOMME (Col du). *Voyez* Blanc (Mont-).

BONHOMME ou Diedolshausen, vg. de Fr., Haut-Rhin, arr. et poste de Colmar, cant. de la Poutroye; martinets à instruments aratoires; 1460 hab.

BONI. *Voyez* Domingo (Saint-).

BONI ou Bonij, Bony, un des royaumes les plus puissants de l'île de Célébès, à l'E. de Bornéo, Malaisie. Il est situé au S. de cette île, le long du grand golfe de Boni, et quoique pauvre sous le rapport du sol, il est très-peuplé. Les habitants sont très-industrieux et font un commerce considérable. Ils professent le culte de Mahomet, possèdent un code de lois écrit, et obéissent à un sultan, le plus puissant de l'île et qui a longtemps cherché à étendre sa suprématie sur les autres états. Van der Bosch estime à 70,000 le nombre de guerriers qu'il peut mettre en campagne. Bayda, petite ville qui a environ 8000 habitants, est la capitale de cet état.

BONIFACIO (Rio de San-). *Voyez* Rio-Arco.

BONIFACIO, b. d'Autriche, roy. Lombard-Vénitien, gouv. de Venise, prov. ou délégation de Vérone, chef-lieu de district, sur l'Alpon. Il figure dans le moyen âge par les guerres que ses comtes eurent contre le dernier des Eccelins et contre les Scaligers; 3200 hab.

BONIFACIO, *Bonifacii civitas*, v. forte et port de Fr., Corse, arr. et à 9 l. S.-S.-E. de Sartene, chef-lieu de canton et siége d'un tribunal de commerce; elle est située sur une presqu'île, à l'extrémité méridionale de l'île de Corse, et donne son nom au détroit qui sépare cette île de la Sardaigne; son port est sûr et commode; l'on y pêche du corail. Alphonse V, roi d'Aragon, assiégea vainement cette ville, en 1420; les Français s'en emparèrent en 1553; 2944 hab.

BONIFACIO-DE-IBAGUE (San-). *Voyez* Ibague.

BONILLO (el-), b. d'Espagne, roy. de la Nouvelle-Castille, prov. de la Manche, dist. et à 7 l. N.-N.-E. d'Alcaraz; 2100 hab.

BONIN, ham. de Fr., Nièvre, com. de Brassy; 80 hab.

BONIN, ham. de Fr., Nièvre, com. de Montigny-en-Morvand; 60 hab.

BONIN, vg. de Fr., Nièvre, com. de Montsauche; 170 hab.

BONIN-SIMA (groupe d'îles). *Voyez* Mounin-Sima.

BONIPAIRE, vg. de Fr., Vosges, arr., cant. et poste de St.-Dié; 550 hab.

BONLIERS, vg. de Fr., Oise, arr. et poste de Beauvais, cant. de Nivillers; 270 hab.

BONLIEU, vg. de Fr., Drôme, arr. et poste de Montélimart, cant. de Marsanne; filat. de soie; 200 hab.

BONLOC, vg. de Fr., Basses-Pyrénées, arr. de Bayonne, cant. et poste de Hasparren; 310 hab.

BONMÉNIL, ham. de Fr., Orne, com. d'Aubry-en-Exmes; 140 hab.

BONN, *Bonna*, v. de Prusse, prov. rhénane, dans une position charmante, sur la rive gauche du Rhin, chef-lieu de cercle. Cette ville, quoique très-ancienne, est bien bâtie et possède un château, ancienne résidence des électeurs de Cologne, occupé aujourd'hui par l'université rhénane de Frédéric-Guillaume, créée en 1818; la cathédrale, avec une statue de l'impératrice Hélène, sa fondatrice, et un grand nombre d'autres beaux édifices, une académie de naturalistes, une bibliothèque de 70,000 volumes, un musée des antiquités rhénanes et westphaliennes, et beaucoup d'autres établissements de sciences et d'arts rendent cette ville très-importante; son industrie consiste dans la fabrication d'étoffes de coton et de soie, de tabac, de savon, de cire, etc. Le commerce consiste principalement dans ses productions. Bonn est la patrie du célèbre compositeur Beethoven, mort en 1827; 13,000 hab.

BONNABAN, vg. de Fr., Ille-et-Vilaine, com. de la Gouesnière; 250 hab.

BONNAC, vg. de Fr., Arriège, arr., cant. et poste de Pamiers; 650 hab.

BONNAC, vg. de Fr., Cantal, arr. de St.-Flour, cant. et poste de Massiac; fabr. de toiles rousses et blanches; 810 hab.

BONNAC, vg. de Fr., Haute-Vienne, arr. de Limoges, cant. d'Ambazac, poste de Nieul; 1000 hab.

BONNAIL, ham. de Fr., Deux-Sèvres, com. de François; 150 hab.

BONNAIN, ham. de Fr., Orne, com. de Mortrée; 140 hab.

BONNAISOD, ham. de Fr., Jura, com. Vincelles; 130 hab.

BONNAL, vg. de Fr., Doubs, arr. de Baume-les-Dames, cant. et poste de Rougemont; fabr. de mousseline brodée pour meubles; 130 hab.

BONNARD, ham. de Fr., Isère, com. de Frontonas; 170 hab.

BONNARD, vg. de Fr., Yonne, arr. et cant. de Joigny, poste de Basson; 170 hab.

BONNARDELIÈRE (la), ham. de Fr., Vienne, com. de St.-Pierre-d'Exideuil; 100 hab.

BONNAT, b. de Fr., Creuse, arr. et à 4 l. N. de Guéret, chef-lieu de canton, poste de Genouillat; exploitation de houille; 2700 h.

BONNAUD, vg. de Fr., Jura, arr. de Lons-le-Saulnier, cant. et poste de Beaufort; 140 hab.

BONNAY, vg. de Fr., Doubs, arr. et poste de Besançon, cant. de Marchaux; 560 hab.

BONNAY, vg. de Fr., Saône-et-Loire, arr. de Mâcon, cant. et poste de St.-Gengoux-le-Royal; 560 hab.

BONNAY, vg. de Fr., Somme, arr. d'Amiens, cant. et poste de Corbie; 570 hab.

BONNDORF, b. du grand-duché de Bade, cercle du Lac, chef-lieu de bailliage; 1100 h.

BONNEAU, ham. de Fr., Indre, com. de Buzançais; hauts-fourneaux; 200 hab.

BONNEBEAU, ham. de Fr., Puy-de-Dôme, com. de St.-Pierre-le-Chastel; 170 hab.

BONNEBOS, ham. de Fr., Eure, com. de Manneville-sur-Rille; 200 hab.

BONNEBOSQ, vg. de Fr., Calvados, arr. de Pont-l'Évêque, cant. et poste de Cambremer; 980 hab.

BONNEÇON, ham. de Fr., Nièvre, com. de Teigny; 190 hab.

BONNECOSTE, ham. de Fr., Lot, com. de Calès; 100 hab.

BONNECOURT, vg. de Fr., Haute-Marne, arr. de Langres, cant. de Neuilly-l'Évêque, poste de Montigny-le-Roi; 550 hab.

BONNÉE, vg. de Fr., Loiret, arr. de Gien, cant. d'Ouzouër-sur-Loire, poste de Châteauneuf-sur-Loire; 230 hab.

BONNE-ESPÉRANCE. *Voyez* ESPÉRANCE (cap de Bonne-).

BONNEFAMILLE, vg. de Fr., Isère, arr. de Vienne, cant. et poste de la Verpillière; 560 hab.

BONNEFER (la), ham. de Fr., Nièvre, com. de Langeron; 100 hab.

BONNEFOI, vg. de Fr., Orne, arr. de Mortagne-sur-Huine, cant. et poste de Moulins-la-Marche; 400 hab.

BONNEFON, ham. de Fr., Charente-Inférieure, com. de Taillant; 100 hab.

BONNEFOND, vg. de Fr., Corrèze, arr. d'Ussel, cant. de Bugeat, poste de Meymac; 700 hab.

BONNEFONT, vg. de Fr., Hautes Pyrénées, arr. de Tarbes, cant. et poste de Trie; 960 hab.

BONNEFONT, ham. de Fr., Haute-Vienne, com. de Mézières; 110 hab.

BONNE-FONTAINE, ham. de Fr., Vosges, com. de la Grande-Fosse; 130 hab.

BONNE-FONTAINE. *Voyez* GUTENBRONN.

BONNEGARDE, vg. de Fr., Landes, arr. de St.-Sever, cant. d'Amou, poste d'Orthez; 670 hab.

BONNEIL, vg. de Fr., Aisne, arr., cant. et poste de Château-Thierry; 520 hab.

BONELLES, vg. de Fr., Seine-et-Oise, arr. de Rambouillet, cant. de Dourdan, poste de Limours; 500 hab.

BONNEMAIN, vg. de Fr., Ille-et-Vilaine, arr. de St.-Malo, cant. et poste de Combourg; 1660 hab.

BONNEMAISON, vg. de Fr., Calvados, arr. de Caen, cant. de Villers-Bocage, poste d'Aulnay-sur-Bon; 640 hab.

BONNEMAISON, vg. de Fr., Hautes-Pyrénées, arr. et poste de Bagnères-en-Bigorre, cant. de Lannemezan; 300 hab.

BONNEMARRE, ham. de Fr., Eure, com. de Radepont; 160 hab.

BONNENCONTRE, vg. de Fr., Côte-d'Or, arr. de Beaune, cant. et poste de Seurre; 600 hab.

BONNE-NOUVELLE, vg. de Fr., Seine-Inférieure, com. de Rouen; 500 hab.

BONNERIE (la), ham. de Fr., Loiret, com. de Meung-sur-Loire; 100 hab.

BONNES, vg. de Fr., Aisne, arr. de Château-Thierry, cant. et poste de Neuilly-St.-Front; 320 hab.

BONNES, vg. de Fr., Charente, arr. de Barbezieux, cant. d'Aubeterre, poste de Chalais; 1070 hab.

BONNES, vg. de Fr., Vienne, arr. de Poitiers, cant. de St.-Jullien-l'Ars, poste de Chauvigny; 1380 hab.

BONNET, vg. de Fr., Meuse, arr. de Commercy, cant. et poste de Gondrecourt; forges et hauts-fourneaux aux environs; 580 hab.

BONNET (Saint-), ham. de Fr., Allier, com. d'Yzeure; 100 hab.

BONNET (Saint-), b. de Fr., Hautes-Alpes, arr. et à 1 l. N. de Gap, chef-lieu de canton et poste; 1800 hab.

BONNET (Saint-), vg. de Fr., Cantal, arr. de Murat, cant. de Marcenat, poste d'Allanche; 690 hab.

BONNET (Saint-), vg. de Fr., Charente, arr., cant. et poste de Barbezieux; 850 hab.

BONNET (Saint-), vg. de Fr., Charente-Inférieure, arr. de Jonzac, cant. et poste de Mirambeau; 1560 hab.

BONNET (Saint-), vg. de Fr., Gard, arr. du Vigan, cant. de la Salle, poste de St.-Hyppolite; 140 hab.

BONNET (Saint-), vg. de Fr., Gard, arr. de Nîmes, cant. d'Araman, poste de Remoulins; 550 hab.

BONNET (Saint-), vg. de Fr., Lot, com. de Gignac; 600 hab.

BONNET (Saint-), vg. de Fr., Haute-Vienne, arr., cant. et poste de Bellac; 1460 hab.

BONNETABLE, v. de Fr., Sarthe, arr. et à 5 l. S. de Mamers, chef-lieu de canton, sur la rive droite de la Dive; elle a des fabr. de siamoises, de calicots et de mousselines, et des usines; mais son commerce a beaucoup perdu depuis que l'on a établi la route de Paris à la Ferté-Bernard; 5800 hab.

BONNÉTAGE, vg. de Fr., Doubs, arr. de Montbéliard, cant. et poste de Russey; 570 hab.

BONNETAN, vg. de Fr., Gironde, arr. de Bordeaux, cant. et poste de Créon; 280 hab.

BONNET-AVALOUZE (Saint-). *Voyez* AVALOUZE.

BONN

BONNET-D'AUROUX (Saint-), vg. de Fr., Lozère, arr. de Mende; cant. et poste de Grandrieu; 430 hab.

BONNET-DE-CHAVAGNES (Saint-), vg. de Fr., Isère, arr., cant. et poste, de St.-Marcellin; 820 hab.

BONNET-DE-CHIRAC (Saint-), vg. de Fr., Lozère, arr., cant. et poste de Marvejols; 240 hab.

BONNET-DE-CRAY (Saint-), vg. de Fr., Saône-et-Loire, arr. de Charolles, cant de Semur-en-Brionnais; poste de Marcigny; 1050 hab.

BONNET-DE-FOUR (Saint-), vg. de Fr., Allier, arr. de Montluçon, cant. et poste de Montmarault; 580 hab.

BONNET-DE-GALAURE (Saint-), ham. de Fr., Drôme, com. de Châteauneuf-de-Galaure; 150 hab.

BONNET-DE-JOUX (Saint-), b. de Fr., Saône-et-Loire, arr. et à 3 l. N.-E. de Charolles, chef-lieu de canton et poste; 1430 h.

BONNET-DE-MURE (Saint-), vg. de Fr., Isère, arr. de Vienne, cant. d'Heyrieux, poste de la Verpillière; 890 hab.

BONNET-DE-ROCHEFORT (Saint-), vg. de Fr., Allier, arr., cant. et poste de Gannat; 1330 hab.

BONNET-DE-SALERS (Saint-), vg. de Fr., Cantal, arr. de Mauriac, cant. et poste de Salers; mines de houille; 950 hab.

BONNET-DES-BRUYÈRES (Saint-), vg. de Fr., arr. de Villefranche-sur-Saône, cant. de Monsol, poste de Beaujeu; 1490 hab.

BONNET-DES-QUARTS (Saint-), vg. de Fr., Loire, arr. de Roanne, cant. et poste de la Pacaudière; 1060 hab.

BONNET-DE-VALCLÉRIEUX (Saint-), vg. de Fr., Drôme, arr. de Valence, cant. du Grand-Serre, poste de Moras; 580 hab.

BONNET-DE-VIEILE-VIGNE (Saint-), vg. de Fr., Saône-et-Loire, arr. de Charolles, cant. de Palinges, poste de Perrecy; 740 hab.

BONNET-ELVERT (Saint-), vg. de Fr., Corrèze, arr. de Tulle, cant. et poste d'Argentat; 1250 hab.

BONNET-EN-BRESSE (Saint-), vg. de Fr., Saône-et-Loire, arr. de Louhans, cant. et poste de Pierre; 1210 hab.

BONNET-LA-RIVIÈRE (Saint-), vg. de Fr., Corrèze, arr. de Brives, cant. de Juillac, poste d'Objat; mines de houille; 1020 hab.

BONNET-LA-RIVIÈRE (Saint-), vg. de Fr., Haute-Vienne, arr. de Limoges, cant. et poste de Pierre-Buffière; mine de fer; forges; 1580 hab.

BONNET-LE-BOURG (Saint-), vg. de Fr., Puy-de-Dôme, arr. d'Ambert, cant. et poste de St.-Germain-l'Herm; 1000 hab.

BONNET-LE-CHASTEL (Saint-), vg. de Fr., Puy-de-Dôme, arr. d'Ambert, cant. et poste de St.-Germain-l'Herm; 1520 hab.

BONNET-LE-CHATEAU (Saint-), pet. v. de Fr., Loire, arr. et à 5 l. S. de Montbrison, chef-lieu de canton; elle est fort ancienne

BONN

et située au sommet d'une montagne, où s'élevait autrefois le château Vair (Castrum-Vari des Romains). Entre Usson et St.-Bonnet, il y avait une voie romaine ouverte par Agrippa. Une belle église gothique est ce qu'il y a de plus remarquable dans cette ville. Chantiers de construction pour des bateaux en planches de sapin; fabr. de serrures, de dentelles et commerce de bois; 2200 hab.

BONNET-LE-COURREAUX (Saint-), vg. de Fr., Loire, arr. et poste de Montbrison, cant. de St.-Georges-en-Couzan; 1830 hab.

BONNET-LE-DÉSERT (Saint-), vg. de Fr., Allier, arr. de Montluçon, cant. de Cérilly, poste de Meaulne; forges; 890 hab.

BONNET-LE-FROID (Saint-), vg. de Fr., Haute-Loire, arr. d'Yssingeaux, cant. et poste de Montfaucon; 620 hab.

BONNET-L'ENFANTIER (Saint-), vg. de Fr., Corrèze, arr. de Brives, cant. de Vigeois, poste de Donzenac; 620 hab.

BONNET-LE-PAUVRE (Saint-), vg. de Fr., Corrèze, arr. de Tulle, cant. de Mercœur, poste d'Argentat; 280 hab.

BONNET-LE-PORT-DIEU (Saint-), vg. de Fr., Corrèze, arr. d'Ussel, cant. et poste de Bort; 400 hab.

BONNET-LES-OULES (Saint-), vg. de Fr., Loire, arr. de Montbrison, cant. de St.-Galmier, poste de Chazelles; 820 hab.

BONNET-LE-TRONCY (Saint-), vg. de Fr., Rhône, arr. de Villefranche-sur-Saône, cant. de St.-Nizier-d'Azergues, poste de Beaujeu; 1500 hab.

BONNET-PRÈS-CHAURIAT (Saint-), vg. de Fr., Puy-de-Dôme, arr. de Clermont-Ferrand; cant. de Vertaizon, poste de Billom; 240 hab.

BONNET-PRÈS-ORCIVAL (Saint-), vg. de Fr., Puy-de-Dôme, arr. de Clermont-Ferrand, cant. et poste de Rochefort; 1190 h.

BONNET-PRÈS-RIOM (Saint-), vg. de Fr., Puy-de-Dôme, arr., cant. et poste de Riom; 1600 hab.

BONNET-TISON (Saint-), vg. de Fr., Allier, arr. de Gannat, cant. d'Ebreuil, poste de Chantelle; 460 hab.

BONNEUIL, vg. de Fr., Charente, arr. de Cognac, cant. et poste de Châteauneuf-sur-Charente; 630 hab.

BONNEUIL, vg. de Fr., Indre, arr. du Blanc, cant. et poste de St.-Benoist-du-Sault; 280 hab.

BONNEUIL, vg. de Fr., Oise, arr. de Clermont, cant. et poste de Breteuil; fabr. de bonneterie; 1270 hab.

BONNEUIL, vg. de Fr., Seine-et-Oise, arr. de Pontoise, cant. et poste de Gonesse, fabr. de toutes pièces pour construction de machines à filer; 340 hab.

BONNEUIL-AUX-MONGES, vg. de Fr., Deux-Sèvres, com. de Ste.-Soline; 180 hab.

BONNEUIL-EN-VALOIS, vg. de Fr., Oise, arr. de Senlis, cant. et poste de Crépy; 750 hab.

BONNEUIL-MATOURS, vg. de Fr.,

Vienne, arr. et poste de Châtellerault, cant. de Vouneuil-sur-Vienne; 1300 hab.

BONNEUIL-SUR-MARNE, vg. de Fr., Seine, arr. de Sceaux, cant. de Charenton-le-Pont, poste de Creteil; 260 hab.

BONNEVAL. *Voyez* Saint-Jean-de-Bonneval.

BONNEVAL, vg. de Fr., Drôme, arr. et poste de Die, cant. de Châtillon-sur-le-Bez; 250 hab.

BONNEVAL, *Bona Vallis*, pet. v. de Fr., Eure-et-Loir, arr. et à 3 l. N.-N.-E. de Châteaudun, chef-lieu de cant., poste, sur la rive gauche du Loir, dans une belle et fertile vallée; elle a des rues larges et bien percées, une église remarquable par l'élévation de sa flèche, des filatures de coton, des fabriques de calicot, de tapis, de couvertures, de tricots et d'étoffes de laine, des moulins à foulon et des tanneries; 2530 hab.

Cette ville était autrefois une place de guerre; elle fut prise et détruite par les Anglais pendant le siége d'Orléans, en 1428. On commença à la reconstruire sous Charles VII; mais ce ne fut que longtemps après ce règne que Bonneval put réparer ses désastres.

BONNEVAL, vg. de Fr., Haute-Loire, arr. de Brioude, cant. et poste de la Chaise-Dieu; 600 hab.

BONNEVAL. *Voyez* Saint-Aubin-de-Bonneval.

BONNEVAUX, vg. de Fr., Doubs, arr. de Besançon, cant. et poste d'Ornans; 260 hab.

BONNEVAUX, vg. de Fr., Doubs, arr. et poste de Pontarlier, cant. de Mouthe; 420 h.

BONNEVAUX, vg. de Fr., Gard, arr. d'Alais, cant. et poste de Genolhac; 850 hab.

BONNEVAUX-LA-COTE, ham. de Fr., Isère, com. d'Arzay; verrerie et fabr. de produits chimiques; 60 hab.

BONNEVEAU, vg. de Fr., Loir-et-Cher, arr. de Vendôme, cant. de Savigny, poste de Bessé-sur-Braye; 560 hab.

BONNE-VEINE (la), vg. de Fr., Bouches-du-Rhône, com. de Marseille; 490 hab.

BONNEVILLE, vg. de Fr., Charente, arr. d'Angoulême, cant. de Rouilhac, poste d'Aigre; 510 hab.

BONNEVILLE, vg. de Fr., Dordogne, arr. de Bergerac, cant. de Vélines, poste de Ste.-Foy; 330 hab.

BONNEVILLE, vg. de Fr., Eure, arr. d'Évreux, cant. et poste de Conches; forges et hauts-fourneaux; 440 hab.

BONNEVILLE, ham. de Fr., Lot, com. de Prudhomat; 160 hab.

BONNEVILLE, vg. de Fr., Manche, arr. de Valognes, cant. et poste de St.-Sauveur-sur-Douve; 500 hab.

BONNEVILE, vg. de Fr., Somme, arr. de Doullens, cant. et poste de Domart; 840 hab.

BONNEVILLE, chef-lieu de la prov. de Faussigny, duché de Savoie, sur l'Arve et au pied du mont Mole; bien bâti, mais petit; il n'a qu'un millier d'habitants.

BONNEVILLE-LA-LOUVET, vg. de Fr., Calvados, arr. et poste de Pont-l'Évêque, cant. de Blangy; 1370 hab.

BONNEVILLE-LES-BOUCHOUX. *Voyez* Les-Bouchoux.

BONNEVILLE-SUR-LE-BEC, vg. de Fr., Eure, arr. de Pont-Audemer, cant. et poste de Montfort-sur-Rille; 370 hab.

BONNEVILLE-SUR-TOUQUES, vg. de Fr., Calvados, arr. et cant. de Pont-l'Évêque, poste de Touques; 430 hab.

BONNIÈRES, vg. de Fr., Oise, arr. de Beauvais, cant. et poste de Marseille; 250 hab.

BONNIÈRES, vg. de Fr., Pas-de-Calais, arr. de St.-Pol-sur-Ternoise, cant. et poste d'Auxy-le-Château; 1110 hab.

BONNIÈRES, b. de Fr., Seine-et-Oise, arr. et à 5 l. O.-N.-O. de Mantes, chef-lieu de cant. et poste; commerce de charbon, plâtre et bois; tissage du chanvre; 800 hab.

BONNIEUX, vg. de Fr., Vaucluse, arr., à 3 l. S.-O. et poste d'Apt, chef-lieu de canton; 2720 hab.

BONNING-LES-ARDRES, vg. de Fr., Pas-de-Calais, arr. de St.-Omer, cant. et poste des Ardres; 640 hab.

BONNING-LES-CALAIS, vg. de Fr., Pas-de-Calais, arr. de Boulogne-sur-Mer, cant. et poste de Calais; 280 hab.

BONNŒUIL, vg. de Fr., Calvados, arr. et cant. de Falaise, poste de Pont-d'Ouilly; 310 hab.

BONNŒUVRE, vg. de Fr., Loire-Inférieure, arr. et poste d'Ancenis, cant. de St.-Mars-la-Jaille; 780 hab.

BONNOT (Saint-), vg. de Fr., Nièvre, arr. de Cosne, cant. et poste de Prémery; 340 h.

BONNU, ham. de Fr., Indre, com. de Cuzion; 150 hab.

BONNUT, vg. de Fr., Basses-Pyrénées, arr., cant. et poste d'Orthez; 1200 hab.

BONNY, *Bonnium*, b. de Fr., Loiret, arr. de Gien, cant. de Briare, poste; 1800 h.

BONNY ou **BANNY**, v. de la Haute-Guinée, Afrique, chef-lieu d'une rép. oligarchique, tributaire du Benin, sur une île malsaine, entre des forêts et des marais, à l'embouchure du Bonny, dit aussi San-Domingo, Doni ou Andour, qu'on regarde comme une embouchure du Delta du Djoliba. Elle était naguère le plus grand marché d'esclaves de toute la Guinée, et encore aujourd'hui c'est une de ses villes les plus commerçantes; 20,000 hab.

BONPAS, vg. de Fr., Arriège, arr. de Foix, cant. et poste de Tarascon-sur-Arriège; 320 hab.

BONPAS (le), ham. de Fr., Tarn, com. de Castelnau-de-Brassac; 150 hab.

BONPLAND, cap sur la côte orientale de l'île King, située entre la Nouvelle-Hollande et la Dieménie, Océanie.

BONREPAUX, vg. de Fr., Arriège, cant. de Prat-Bonrepaux; 400 hab.

BONREPAUX, vg. de Fr., Haute-Garonne,

arr. de Toulouse, cant. de Verfeil, poste de Montastruc; 290 hab.

BONREPAUX-DE-SAINTE-FOI, vg. de Fr., Haute-Garonne, arr. de Muret, cant. et poste de St.-Lys; 200 hab.

BONS, vg. de Fr., Ain, com. de Chazey-bons-Cressieu; 240 hab.

BONS, vg. de Fr., Calvados, arr., cant. et poste de Falaise; 250 hab.

BONS, vg. de Fr., Isère, com. de Mont-de-Lans; 250 hab.

BON-SECOURS, vg. de Fr., Bouches-du-Rhône, com. de Marseille; 210 hab.

BONSECOURS. *Voyez* BLOSSEVILLE-BON-SECOURS.

BONSMOULINS, vg. de Fr., Orne, arr. de Mortagne-sur-Huine, cant. et poste de Moulins-la-Marche; 450 hab.

BONSON, vg. de Fr., Loire, arr. de Montbrison, cant. de St.-Rambert, poste de Sury-le-Comtal; 220 hab.

BONTHAIN, pet. v. dans la résidence hollandaise du même nom, gouv. de Macassar, île de Célébès, elle est située au fond d'une baie et défendue par un petit fort.

BONVILLE, ham. de Fr., Eure-et-Loir, com. de Bleury; 140 hab.

BONVILLER, vg. de Fr., Meurthe, arr., cant. et poste de Lunéville; 330 hab.

BONVILLERS, vg. de Fr., Moselle, arr. et poste de Briey, cant. d'Audun-le-Roman; 150 hab.

BONVILLERS, vg. de Fr., Oise, arr. de Clermont, cant. et poste de Breteuil; 490 h.

BONVILLET, vg. de Fr., Vosges, arr. de Mirecourt, cant. et poste de Darney; 470 hab.

BONVILLIERS, ham. de Fr., Seine-et-Oise, com. de Morigny; 130 hab.

BONY, vg. de Fr., Aisne, arr. de St.-Quentin, cant. et poste du Catelet; 250 hab.

BONZAC, vg. de Fr., Gironde, arr. et poste de Libourne, cant. de Guitres; 600 h.

BONZÉE, vg. de Fr., Meuse, arr. de Verdun-sur-Meuse, cant. de Fresne-en-Woëvre, poste de Manheulles; 410 hab.

BONZON, ham. de Fr., Saône-et-Loire, com. de St.-Gengoux-de-Seysse; 120 hab.

BOOBERAK, riv. de la rég. d'Alger, Afrique; elle sépare la prov. de Titteri de celle de Constantine.

BOOFZHEIM, vg. de Fr., Bas-Rhin, arr. de Schléstadt, cant. et poste de Benfelden; 965 hab.

BOO-HADJAR, pet. v. dans la partie mér. de la rég. de Tunis, Afrique.

BOOM, b. du roy. de Belgique, prov., arr. et à 3 l. S. d'Anvers; raffineries de sucre, fabr. de faïence, d'amidon; chamoiseries; tuileries; 4000 hab.

BOONE, comté de l'état de Kentucky, États-Unis de l'Amérique du Nord. Il est borné par l'Ohio et les comtés de Campbell, de Grant et de Gallatin; 7400 hab. L'Ohio et le Bigbone arrosent ce pays. Burlington en est le chef-lieu.

BOONEGHEM, vg. de Fr., Nord, com. de Lederzeel; 400 hab.

BOONESLICK, pet. v. des Etats-Unis de l'Amérique du Nord, état de Missouri, comté de Howard, sur le Missouri; 2000 h.

BOONSBOROUGH. *Voyez* WARWICK.

BOOS, vg. de Fr., Landes, arr. de St.-Sever, cant. et poste de Tartas; fabr. de résine; 190 hab.

BOOS, vg. de Fr., Seine-Inférieure, arr., à 2 1/2 l. S.-E. et poste de Rouen, chef-lieu de canton; 930 hab.

BOOSELLAM ou AJEBDI, riv. de la rég. d'Alger, Afrique; elle prend sa source dans les monts Bootaleb et mêle ses eaux à celles de l'Adouse.

BOOSGATER, b. de la rég. et à 7 l. N.-N.-O. de Tunis, Afrique; il partage avec Satkor l'honneur d'avoir remplacé l'ancienne Utique, célèbre colonie tyrienne; patrie de Caton le jeune, qui s'y donna la mort, après la bataille de Thapsus (l'an du monde 3958, de Rome 707, avant J.-C. 46); ruines.

BOO-SILHENS, vg. de Fr., Hautes-Pyrénées, arr., cant. et poste d'Argelès; 260 h.

BOOTHBAI, pet. v. des Etats-Unis de l'Amérique du Nord, état du Maine, comté de Lincoln; 2600 hab.

BOOTZHEIM, vg. de Fr., Bas-Rhin, arr. de Schléstadt, cant. et poste de Marckolsheim; 485 hab.

BOPAL ou BHOPAUL, état de l'Inde, tributaire des Anglais, dans le Malwa; le nabab réside dans la ville de Bopâl située sur la Betna.

BOPFINGEN, pet. v. du Wurtemberg, sur l'Eger, cer. de l'Iaxt, gr.-bge de Neresheim; 1500 hab.

BOPPARD, v. fortifiée de Prusse, prov. rhénane, rég. de Cologne, sur le Rhin qui y reçoit la Kœnigsbach, est le siège d'une justice de paix. Filatures et tissages de coton, fabr. de bas et de pipes; tanneries; commerce de vin, de bois et de charbons de bois. L'évêque Baudouin de Trèves l'assiégea en 1497; 3654 hab.

BOPQUAM, baie profonde au N.E. du lac de Champlain, sur la côte occidentale de l'état de Vermont, États-Unis de l'Amérique du Nord.

BOQUEIRAO, pet. île fertile dans la baie d'Angra-dos-Reys, sur la côte de la prov. de Rio-Janeiro, emp. du Brésil.

BORAN, vg. de Fr., Oise, arr. de Senlis, cant. de Neuilly-en-Thelle, poste de Baumont-sur-Oise; 760 hab.

BORBA, pet. v. de l'emp. du Brésil, prov. de Para, dist. de Mundrucu. Elle a un port et sert d'entrepôt aux marchandises qui vont à Matto-Grosso; 2800 hab.

BORBOREMA (Serra). *Voyez* BOA-VISTA (Serra).

BORCE, vg. de Fr., Basses-Pyrénées, arr. d'Oloron, cant. d'Accous, poste de Bedous; eaux minérales; mines de cuivre et de plomb; carrières de marbre; 790 hab.

BORCETTE. *Voyez* Burscheid.

BORCHAMP, ham. de Fr., Saône-et-Loire, com. de Marcigny; 140 hab.

BORCQ-SUR-AIRVAULT, vg. de Fr., Deux-Sèvres, arr. de Parthenay, cant. et poste d'Airvault; 360 hab.

BORD, vg. de Fr., Creuse, arr., cant. et poste de Boussac; 1250 hab.

BORD, ham. de Fr., Dordogne, com. de St.-Rabier; 150 hab.

BORDAS, ham. de Fr., Dordogne, com. de Grun; 150 hab.

BORDE (la), ham de Fr., Seine-et-Marne, com. de Châtillon-la-Borde; 150 hab.

BORDE (la), vg. de Fr., Yonne, com. d'Auxerre; 230 hab.

BORDE-AU-BUREAU, ham. de Fr., Côte-d'Or, com. de Montagny-les-Beaune; 190 hab.

BORDE-AU-CHATEAU, ham. de Fr., Côte-d'Or, com. de Mursanges; 200 hab.

BORDEAUX, *Burdigala,* v. de Fr., chef-lieu du département de la Gironde, sur la rive gauche de la Garonne, à 160 l. S.-O. de Paris; siège d'une cour royale, de tribunaux de première instance et de commerce, d'un archevêché, d'un consistoire protestant et d'un consistoire israélite; quartier-général de la onzième division militaire; conservation des forêts, inspection des ponts-et-chaussées, monnaie (lettre K), directions des contributions directes et indirectes, des domaines et des douanes, conservation des hypothèques, chambre de commerce, académie, etc. Cette ville, située dans une vaste plaine et disposée en demi-lune, au bord de la Garonne, est une des plus considérables et des plus importantes de France. Parmi les nombreuses rues de Bordeaux, beaucoup sont encore étroites et tortueuses et auraient besoin d'embellissements; mais l'ensemble de la ville, vue du côté de la Garonne, présente un coup d'œil magnifique. Son port, qui peut contenir douze cents navires, ses quais superbes garnis de beaux édifices, son pont majestueux composé de dix-sept arches en pierres de taille, offrent l'aspect le plus imposant. Le quai des Chartrons et le quartier du Chapeau-Rouge sont les plus belles parties de la ville; le premier est une longue chaussée, ornée d'élégantes maisons et de vastes magasins : c'est le quartier habité par le haut commerce. A l'extrémité inférieure de ce quai, on voit le moulin des Chartrons, dont les vingt-quatre meules, mues par le flux et le reflux de la Garonne, pouvaient moudre jusqu'à mille quintaux de grains en vingt-quatre heures; le limon déposé par les eaux a tellement obstrué les canaux, que ce moulin a été abandonné. C'est dans le quartier du Chapeau-Rouge que se trouvent la bourse et la douane; deux vastes édifices, qui, avec une jolie fontaine surmontée d'une colonne de marbre rouge, sont les principaux ornements de la place Royale. Les autres monuments les plus remarquables de Bordeaux sont : le Palais-Royal, ci-devant résidence de l'archevêque, le théâtre le plus beau qu'il y ait en France et peut-être en Europe; la tour de l'Horloge, dont la cloche pèse 15,500 livres; le fort du Hà, sur la place du même nom; il sert aujourd'hui de prison; l'hôtel de ville; l'église de Ste.-Croix, la plus ancienne de la ville; la cathédrale; l'église St.-Michel, dont le clocher porte un télégraphe; sous le clocher se trouve le charnier de St.-André, où l'on a entassé des ossements provenant d'un cimetière voisin; l'église St.-Paul, la plus moderne de Bordeaux, et l'ancienne église des Feuillans qui renferme le tombeau de Montaigne. La synagogue est un édifice qui mérite aussi d'être vu. Outre le théâtre, dont nous avons parlé, Bordeaux en possède encore un autre, appelé le Théâtre-Français. Parmi les quarante-trois places publiques et promenades de cette grande cité, on remarque particulièrement la place Royale, celles de Richelieu, des Grands-Hommes, de Tourny, la place Dauphine, la place des Quinconces, construite sur l'emplacement du vieux Château-Trompette, bâti en 1453, par Charles VII, pour imposer aux Bordelais, alors partisans des Anglais. Ce château, dont Vauban avait fait une forte citadelle, fut démoli en 1818; les cours St.-André, St.-Louis, d'Albret, du Jardin-Royal, d'Aquitaine, etc.

Les principaux établissements scientifiques sont : la bibliothèque de 115,000 volumes; un musée d'histoire naturelle, les musées d'antiquités et de tableaux, le jardin botanique, une faculté de théologie, une école secondaire de médecine, une école d'hydrographie, un collége royal et une école normale primaire. Plusieurs sociétés savantes y contribuent au développement des sciences et des arts.

Dans le nombre des établissements de bienfaisance, nous citerons le grand hôpital, fondé il y a peu d'années, pour remplacer l'hospice St.-André, bâtiment caduc, dont la construction remonte au quatorzième siècle; l'hospice des aliénés, dont la fondation date de l'an XI de la république française; la maison des enfants trouvés, dont de la piété généreuse d'une dame de Bordeaux, l'hospice de la maternité, celui des incurables, etc. Plusieurs autres établissements d'utilité publique méritent d'être mentionnés, tels sont : le grand entrepôt, vaste édifice composé de magasins qui abritent une immense quantité de marchandises; la manufacture de tabac, l'abattoir, les chantiers de construction et les bains publics ornés de fort jolis jardins.

Le commerce de Bordeaux a des relations dans toutes les contrées du globe; par l'Océan, cette ville communique avec les pays du Nord, l'Amérique, les Antilles, les Indes; par le canal des Deux-Mers, avec toute l'Europe méridionale et le Levant; aussi son port est-il l'entrepôt des denrées coloniales pour la plus grande partie de la France, et son mouvement annuel de 6700 bâtiments, tant entrés que sortis. Les principaux articles d'exportation sont les vins du territoire, les eaux-de-vie et les liqueurs, particulièrement l'anisette renommée de Bordeaux ; on exporte aussi des grains, des farines, des prunes, du chanvre, des résines, des soieries et quelques produits des manufactures.

Quoique l'industrie de Bordeaux soit moins importante que son commerce maritime, elle embrasse pourtant un assez grand nombre d'articles et consiste surtout en raffineries, corderies, tanneries, fabr. de tissus de laine, de coton, de soie, chapelleries, distilleries, faïenceries, fabr. de bouchons de liége, tonneleries, produits chimiques, etc. La fabrication du tabac occupe aussi entre 4 et 500 hab. Foires les 1er et 15 mars, 30 avril, 16 mai, 1er juin, 16 juillet, 10 août, 29 septembre, 15 octobre et 6 novembre ; les plus fréquentées sont celles du 1er mars et du 15 octobre ; 98,800 hab.

Cette ville est la patrie du poëte et consul romain Ausonne (393) ; de Montesquieu (Charles de Secondat, baron de), l'illustre auteur de l'Esprit des Lois (1689—1755) ; de Dupaty (Charles), sculpteur distingué (1771—1825) ; d'Andrieu (Bertrand), habile graveur (1761—1822) ; des conventionnels Fonfrède (J.-B. Boyer) et Gensonné (Armand), et de plusieurs autres personnages célèbres.

Bordeaux fut fondé, à ce que l'on croit, après l'invasion romaine par une peuplade gauloise que César avait refoulée vers l'Occident et qui s'était établie sur les bords de la Garonne, contrée marécageuse où les vaincus se croyaient plus à l'abri de la poursuite des vainqueurs. Les Romains s'emparèrent de la nouvelle ville, la détruisirent et en élevèrent une autre sur le même emplacement. Celle-ci était sans doute plus belle que la première, et les ruines du palais Galien, quoique les seules qui existent encore, sont une preuve de la magnificence de Bordeaux sous la domination romaine.

Les Visigoths s'en emparèrent et le saccagèrent au cinquième siècle ; mais ils ne le possédèrent que jusqu'au commencement du siècle suivant ; Clovis les en chassa en 509 ; il fut ensuite gouverné par des ducs d'Aquitaine. En 564, il est ruiné par un tremblement de terre, et il se relevait à peine lorsque les Sarrasins y portèrent à leur tour le pillage et le meurtre. Les Arabes ayant été repoussés par les rois francs, Bordeaux rentra sous la domination des Français. Un siècle après, en 840, les Normands, puis les Gascons, viennent ravager cette ville. En 920, les ducs d'Aquitaine qui en ont fait leur résidence, réparent les désastres causés par ces invasions successives. En 1152, Éléonore de Guienne, fille de Guillaume X, duc d'Aquitaine, ayant été répudiée, pour ses débauches, par Louis VII, roi de France, épousa Henri II, d'Angleterre, et Bordeaux passa sous la domination anglaise, ainsi que toutes les belles provinces de l'Aquitaine, dont la possession fit naître plus tard des guerres longues et désastreuses entre la France et l'Angleterre. Les Anglais conservèrent Bordeaux jusqu'en 1451, époque où la Guienne se soumit à Charles VII. C'est alors que fut établi le parlement : c'était une des conditions de la capitulation de Bordeaux.

En 1548, les Bordelais se révoltèrent au sujet de la gabelle, mais le connétable de Montmorency vint réprimer cette insurrection par la force, et les habitants eurent tort. L'administration de la ville était dans les mains d'officiers municipaux élus, dont le pouvoir était temporaire, et dans l'horrible journée de la St.-Barthélemy, les magistrats populaires opposèrent une courageuse résistance aux fureurs du fanatisme. En 1581, l'illustre Montaigne fut nommé maire de Bordeaux, poste d'autant plus difficile que cette ville était souvent le théâtre de troubles fort graves. En 1605, la population de Bordeaux est décimée par la peste ; cependant les traces de ce terrible fléau sont bientôt effacées, et en 1615, on célèbre à Bordeaux le mariage de Louis XIII, avec l'infante Anne d'Autriche, fille de Philippe III. Pendant la guerre de la Fronde, Bordeaux se déclara contre Mazarin, mais on n'y persista pas longtemps dans la lutte. Depuis cette époque, Bordeaux ne fut le théâtre d'aucun événement bien remarquable jusqu'en 1789. La révolution y fut accueillie avec enthousiasme et les Bordelais ne tardèrent point à donner des preuves de leur patriotisme. Aussitôt qu'ils apprirent le massacre des protestants de Montauban, une armée patriotique fut improvisée à Bordeaux et se dirigea à marches forcées sur Montauban. La dissidence d'opinion, qui devint plus tard une lutte à mort entre les députés de la Gironde et les montagnards, ensanglanta aussi Bordeaux. Plusieurs Girondins qui s'étaient réfugiés dans cette ville y périrent sur l'échafaud. Après la réaction, non moins sanglante, du 9 thermidor, il s'établit à Bordeaux des clubs contrerévolutionnaires et des correspondances royalistes en relation avec tous les conjurés du Midi. A la fin de l'an VII, les factieux levèrent l'étendard de la révolte ; mais quelques jours suffirent pour leur montrer leur impuissance : la population de Bordeaux était en grande partie restée étrangère à ces complots tramés par quelques jeunes gens égarés, dont les partisans de l'ancien régime avaient excité le dévouement et trompé l'inexpérience. Cependant les associations secrètes n'en continuèrent pas moins à Bordeaux sous le consulat et l'empire. En 1813, M. Lynch, alors maire de Bordeaux, s'était rallié au comité royaliste, et le 12 mars 1814 il offrit l'entrée de la ville à une faible colonne d'Anglais que la garde nationale aurait facilement repoussée.

De là cette pluie de faveurs pour quelques hommes de Bordeaux, appelée alors ville du 12 mars; mais on se tromperait fort si l'on jugeait la population de cette ville sur le petit nombre d'intrigants, de lâches ou d'égoïstes que les Bordelais désavouent. Ce qui s'est passé à Bordeaux, lors du rétour de Napoléon de l'île d'Elbe et dans la journée du 1er août 1830, prouve assez l'opinion toute patriotique de la majorité des Bordelais.

BORDEAUX, vg. de Fr., Loiret, arr. de Pithiviers, cant. de Beaune-la-Rolande, poste de Boynes; 180 hab.

BORDEAUX, vg. de Fr., Seine-Inférieure, arr. du Hâvre, cant. de Criquetot-Lesneval, poste de Montivilliers; 940 hab.

BORDÈRES, vg. de Fr., Landes, arr. de Mont-de-Marsan, cant. et poste de Grenade-sur-l'Adour; 440 hab.

BORDÈRES, vg. de Fr., Basses-Pyrénées, arr. de Pau, cant. de Clarac-près-Nay, poste de Nay; 560 hab.

BORDÈRES, vg. de Fr., Hautes-Pyrénées, arr. cant. et poste de Tarbes; 1770 hab.

BORDÈRES, vg. de Fr., Hautes-Pyrénées, arr. et à 7 l. S.-E. de Bagnères-en-Bigorre, chef-lieu de canton, poste d'Arreau; 500 h.

BORDES (les), ham. de Fr., Allier, com. de Beaune; 100 hab.

BORDES (les), vg. de Fr., Arriège, arr. de Pamiers, cant. et poste du Mas-d'Azil; 1300 hab.

BORDES, vg. de Fr., Arriège, arr. de St.-Girons, cant. et poste de Castillon; 1030 hab.

BORDES (les), ham. de Fr., Aube, com. d'Auxon; 180 hab.

BORDES (les), ham. de Fr., Aube, com. de Lantages; 160 hab.

BORDES. Voyez SAINT-SIMON-DE-BORDES.

BORDES, vg. de Fr., Haute-Garonne, arr. de St.-Gaudens, cant. et poste de Montrejeau; 670 hab.

BORDES, ham. de Fr., Haute-Garonne, com. de Cheindessus; 200 hab.

BORDES (les), vg. de Fr., Indre, com. d'Issoudun; 640 hab.

BORDES (les), vg. de Fr., Loiret, arr. de Gien, cant. d'Ouzouër-sur-Loire, poste de Châteauneuf-sur-Loire; 560 hab.

BORDES (les), ham. de Fr., Nièvre, com. de Neuilly-sur-Beuvron; 160 hab.

BORDES, vg. de Fr., Hautes-Pyrénées, arr., cant. et poste d'Argelès; 580 hab.

BORDES (les), vg. de Fr., Hautes-Pyrénées, arr. de Tarbes, cant. et poste de Tournay; 870 hab.

BORDES (les), vg. de Fr., Saône-et-Loire, arr. de Châlon-sur-Saône, cant. et poste de Verdun-sur-le-Doubs; 300 hab.

BORDES (les), ham. de Fr., Seine-et-Oise, com. de Jouars-Pontchartrain; 250 h.

BORDES (les), vg. de Fr., Seine-et-Oise, com. de la Selle-les-Bordes; 360 hab.

BORDES (les), ham. de Fr., Haute-Vienne, com. d'Oradour-sur-Glane; 140 hab.

BORDES (les), ham. de Fr., Haute-Vienne, com. de Jabreilles; 120 hab.

BORDES (les), vg. de Fr., Yonne, arr. de Joigny, cant. et poste de Villeneuve-le-Roi; 620 hab.

BORDES-BRICART (les), ham. de Fr., Côte-d'Or, com. de St.-Martin-du-Mont; 200 hab.

BORDES-LES-FONTENAY, vg. de Fr., Seine-et-Marne, com. de Fontenay-Trésigny; 280 hab.

BORDES-D'ESPŒY. Voyez SOUMOULOU.

BORDES-D'ISLE (les), vg. de Fr., Aube, arr. et poste de Troyes, cant. de Bouilly; 230 hab.

BORDESOULLE, ham. de Fr., Creuse, com. de la Vaufranche; 120 hab.

BORDES-PILLOT (les), ham. de Fr., Côte-d'Or, com. de St.-Martin-du-Mont; 180 hab.

BORDES-PRÈS-LEMBEYE, vg. de Fr., Basses-Pyrénées, arr. de Pau, cant. et poste de Lembeye; 130 hab.

BORDES-PRÈS-NAY, vg. de Fr., Basses-Pyrénées, arr. de Pau, cant. de Clarac-près-Nay, poste de Nay; 720 hab.

BORDEZAC, vg. de Fr., Gard, com. de Peiremalle; 220 hab.

BORDIGNY, ham. de Fr., Eure, com. de Breteuil; 150 hab.

BORDS, vg. de Fr., Charente-Inférieure, arr. de St.-Jean-d'Angely, cant. et poste de St.-Savinien; 1080 hab.

BORDS (Grand et Petit-), vg. de Fr., Cher, com. de Saulzais-le-Potier; 300 hab.

BORÉE, vg. de Fr., Ardèche, arr. de Tournon, cant. de St.-Martin-de-Valmas, poste du Chaylard; 1850 hab.

BOREL (la), vg. de Fr., Drôme, arr. de Nyons, cant. de Séderon, poste du Buis; 650 hab.

BORESSE, vg. de Fr., Charente-Inférieure, arr. de Jonzac, cant. de Montguyon, poste de Montlieu; 360 hab.

BORESSE, vg. de Fr., Drôme, com. de Beausemblant; 260 hab.

BOREST, vg. de Fr., Oise, arr. et poste de Senlis, cant. de Nanteuil-le-Haudouin; 430 hab.

BOREY, vg. de Fr., Haute-Saône, arr. et poste de Vesoul, cant. de Noroy-le-Bourg; 720 hab.

BORGA, pet. v. de la Russie d'Europe, grand-duché de Finlande, chef-lieu du cercle de ce nom et siége d'un évêque, sur la Borga. Elle a un collége, des manufactures de tabac et de toiles à voiles; 2030 h.

BORGENTREICH, pet. v. fortifiée de Prusse, prov. de Westphalie, rég. de Minden, sur la Bever; agriculture et éducation du bétail; 1800 hab.

BORGERHOUT, b. du roy. de Belgique, prov. et arr. d'Anvers; 2600 hab.

BORGHETTO, vg. d'Autriche, roy. Lombard-Vénitien, gouv. de Venise, prov. ou délégation de Vérone. Bonaparte y défit le général Beaulieu en 1796.

BORGHOLM, v. de Suède, dans l'île d'OEland. Elle n'a été fondée qu'en 1816.

BORGO, vg. de Fr., Corse, arr., à 4 l. S. et poste de Bastia, chef-lieu de canton; 620 hab.

BORGO-DI-VAL-SUGANA (Worchen), b. d'Autriche, gouv. de Tyrol, cer. de Trente, chef-lieu du Val-Sugana, sur la Brenta; 3300 hab.

BORGO-FORTE, *Burgus Fortis*, vg. d'Autriche, roy. Lombard-Vénitien, gouv. de Milan, délégation de Mantoue, sur le Pô. Ancienne forteresse.

BORGO-MANERO, v. du roy. de Sardaigne, div. de Novara, sur l'Agogna. On y cultive du riz, du vin et de la soie; 6000 h.

BORGO-SAN-DALMAZZO, b. du roy. de Sardaigne, div. de Cuneo; 2800 hab.

BORGO-SAN-DONNINO, *Fidentia*, chef-lieu du district du même nom, dans le duché de Parme, sur le Sturone, siége d'un évêché. On a prétendu reconnaître dans quelques ruines qu'on a découvertes dans ses environs les restes de la ville romaine de Julia Chrisopolis; 5000 hab.

BORGO-SAN-SEPOLCRO, *Biturgia*, v. du grand-duché de Toscane, compartiment d'Arezzo, sur le Tibre; 3500 hab.

BORGO-SESSIA, *Burgus Sessites*, v. du Piémont, roy. de Sardaigne; commerce considérable; 5000 hab.

BORGOU, roy. d'Afrique, Nigritie centrale, à la droite du Djoliba; c'est une confédération de plusieurs petits rois, presque tous despotiques chez eux; celui de Boussa est leur suzerain.

BORGOU. *Voyez* BIRGOU.

BORIE (la), ham. de Fr., Corrèze, com. de Lapleau; 200 hab.

BORIQUE. *Voyez* BIÈQUE.

BORISSOGLEBSK, pet. v. de la Russie d'Europe, gouv. de Tambov, chef-lieu du cercle de ce nom; commerce de bestiaux; distilleries; 2400 hab.

BORISSOW, pet. v. de la Russie d'Europe, chef-lieu du cercle de ce nom, sur la Bérésina.

BORJA ou BORGIA, *Balsio*, *Belsinum*, pet. v. d'Espagne, roy. d'Aragon, sur le Huélcha et à peu de distance du mont Cayo, à 15 l. O.-N.-O. de Saragosse; la contrée fournit le meilleur lin de tout l'Aragon; carrières de pierres à feu; 3200 hab.

BORKEL. *Voyez* BERKEL.

BORKELO ou BORKUL, pet. forteresse du roy. des Pays-Bas, prov. de Gueldre, dist. et à 5 l. E. de Zutphen, sur la Berkel; 1000 hab.

BORKEN, v. de Prusse, prov. de Westphalie, rég. de Munster, sur l'Aa, chef-lieu et siége des autorités du cercle. Fabr. de chicorée, tissages très-considérables et commerce de toiles. Borken était autrefois une place forte et les trophées qu'on y conserve attestent l'esprit belliqueux de ses anciens habitants; 3000 hab.

BORMES, vg. de Fr., Var, arr. de Toulon-sur-Mer, cant. de Colobrières, poste d'Hyères; 1600 hab.

BORMIO, b. du roy. Lombard-Vénitien, chef-lieu du district de même nom; 1200 h.

BORN, vg. de Fr., Aveyron, com. de Pomayrols; 230 hab.

BORN, vg. de Fr., Haute-Garonne, arr. de Toulouse, cant. et poste de Villemur; 360 hab.

BORN, b. de Fr., Lozère, arr., cant. et poste de Mende; fabr. de serges et de cadis; 440 hab.

BORNA, v. du roy. de Saxe, cer. de Leipsic, sur la Wyrha, chef-lieu de bailliage. Elle possède deux belles églises, un hôpital et un hôtel de ville; agriculture; fabr. de toiles de chanvre, de draps et de poterie; 2450 hab.

BORNACQ (Forêt de), ham. de Fr., Cher, com. de Faverdines; 60 hab.

BORNAMBUC, vg. de Fr., Seine-Inférieure, arr. du Hâvre, cant. et poste de Goderville; 270 hab.

BORNAY (le), vg. de Fr., Jura, arr., cant. et poste de Lons-le-Saulnier; 350 hab.

BORN-DE-CHAMPS, vg. de Fr., Dordogne. arr. de Bergerac, cant. et poste de Beaumont; 340 hab.

BORNE, vg. de Fr., Ardèche, arr. et poste de l'Argentière, cant. de St.-Étienne-de-Lugdarès; 370 hab.

BORNE, vg. de Fr., Creuse, arr., cant. et poste d'Aubusson; 250 hab.

BORNE, vg. de Fr., Haute-Loire, arr. du Puy, cant. et poste de St. Paulien; 290 hab.

BORNEL, vg. de Fr., Oise, arr. de Beauvais, cant. et poste de Méru; 580 hab.

BORNÉO, une des grandes îles de la Sonde, située entre 4° 20' de lat. S. et 7° de lat. N. et entre 106° 4' et 116° 45' de long. E. est, comme on le voit, divisée par l'équateur en deux parties un peu inégales. Au S. elle est baignée par la mer de Java, à l'E. le détroit de Macassar la sépare de Célèbès, au N.-E. se trouve la mer de Soulou, au N.-O. et à l'O. la mer de la Chine. Elle a 285 l. de longueur et 250 dans sa plus grande largeur; sa superficie est de 40,000 l. c.; son étendue a empêché jusqu'ici les voyageurs de pénétrer dans son intérieur; aussi nos connaissances sur Bornéo sont très-incomplètes.

Cette île, que les indigènes appellent Varouni et Klematan, renferme beaucoup de montagnes. Les monts de Cristal s'étendent du N. au S., et paraissent aller parallèlement avec une autre chaîne; ils sont riches en cristal de roche, en or, en cuivre, en fer, en antimoine, en diamants. Dans les grandes forêts, qui couvrent plusieurs parties de l'île, on trouve l'ébène, le bois de sandal, d'autres bois de teinture, etc. Le camphrier, le giroflier, le muscadier, le poivrier, le cotonnier, la patate et le riz sont cultivés sur les côtes soumises aux Européens. Ses forêts nourrissent des éléphants, des buffles, des tigres, des panthères, des tapirs, des rhinocéros; parmi les singes on distingue le gibbon et le pongo à la tête pyramidale, et parmi les autres animaux le babi-roussa, qui tient du cerf et du cochon. Les côtes de Bornéo sont en général basses et marécageuses; on y a remarqué beaucoup de volcans éteints, et l'on y éprouve de fréquents tremblements de terre. Dans la partie septentrionale existe un grand lac, le Keney-Ballou, dont les eaux alimentent plusieurs rivières. Les principaux fleuves de Bornéo sont : le Banjermassing, le Bornéo, le Passir et le Sambas; on n'en connaît que les embouchures.

La population de cette île a été évaluée approximativement à 3 millions d'individus, qui appartiennent à plusieurs races et dont le plus grand nombre sont malais. Les aborigènes de l'intérieur appartiennent à la race des Alforètes; on les nomme Dayaks au S. et à l'O., Idauns au N. et Tidouns à l'E. On cite encore les Biadjous sur la côte N.-O. et au S. de la sultanie de Bourni (Bornéo), les tribus sauvages des Kayans, des Dousoums, des Marouts, etc. Un grand nombre de Chinois, établis dans l'île, s'occupent de l'exploitation des mines, d'agriculture, d'industrie et de commerce. Les habitants du N.-E. sont d'intrépides pirates.

Les seuls Européens, établis à Bornéo, sont les Hollandais, qui ont soumis plusieurs princes indigènes et ont acquis une grande étendue de territoire, qui forment les deux résidences ou provinces appelées l'une *la résidence de la côte occidentale de Bornéo*, et l'autre *la résidence des côtes méridionales et orientales ou de Banjermassing*. La première comprend les états du sultan de Sambas, le pays de Mumpawa ou de Montrado, le royaume de Pontianak, le pays de Landack et celui de Sangou, le pays de Simpong, les états de Matan ou l'empire de Succadana, le territoire du prince de Kandowagan. La seconde comprend les états du sultan de Banjermassing; le pays de Komady, les pays de Pambouan, de Mandawa, le grand et le petit Dayac-Banjer et la presqu'île de Tanah-Laut; enfin un nombre assez considérable de districts à l'intérieur. La plupart de ces états sont vassaux des Hollandais; quelques-uns leur sont entièrement soumis et administrés par des employés européens. Parmi les états indépendants nous nommerons d'abord l'état de Bornéo ou de Bourni, sur la côte N.-O.; puis les royaumes de Passir et de Cotti, sur la côte orientale; le territoire soumis au sultan de Soulou, celui occupé par les Biadjous, etc.

Les Portugais abordèrent les premiers à Bornéo, en 1627, et s'établirent, en 1690, à Banjermassing, mais furent bientôt chassés. Les Anglais éprouvèrent le même sort, en 1774. Les Hollandais seuls parvinrent à conclure un traité de commerce avec les sultans de Banjermassing; en 1643, ils bâtirent un fort et établirent une factorerie près du village de Tatis; en 1778, ils firent la même chose à Pontianak et dans d'autres endroits, et depuis la soumission du sultan de Banjermassing, en 1787, ils ont considérablement étendu leur empire.

BORNÉO ou **BOURNI**, royaume dans la grande île du même nom, à laquelle il a donné son nom et dont la plus grande partie lui était autrefois soumise. Il ne forme plus aujourd'hui qu'une lisière sur la côte N.-O. Sa capitale, qui s'appelle aussi *Bornéo* et qui est bâtie sur pilotis, sur les bords de la rivière du même nom, est très-commerçante et envoie tous les ans une quarantaine de vaisseaux à Singapoura. Elle a, suivant M. de Rienzi, de petits canaux, au lieu de rues, et possède une population de 10,000 hab.

BORNHEM, b. du roy. de Belgique, prov. d'Anvers, arr. et à 3 l. N.-O. de Malines, près de l'Escaut et d'un lac; fabr. d'huile et de faïence; brasseries, vinaigreries, distilleries d'eau-de-vie; 3600 hab.

BORNHOLM, *Boringia*, île presqu'au milieu de la Baltique, entre la Suède et l'île de Rugen, sous 12° 21′ et 12° 51′ de long. orient. et 55° et 55° 19′ lat. N. Elle appartient à la Suède et forme un bailliage particulier; Rœnne en est le chef-lieu. Sa population est d'environ 25,000 hab.; sa superficie de 12 l. c. Bornholm est entourée d'un grand nombre de rochers, qui en rendent l'approche difficile et occasionnent de fréquents naufrages. Elle est arrosée par plusieurs petites rivières; son climat est sain; son bétail et ses petits chevaux sont renommés. Jusqu'en 1520 cette île était la propriété de l'évêque de Lund; en 1558, elle fut cédée aux Suédois, mais revint au Danemark en 1660.

BORNOS, b. d'Espagne, Andalousie, roy. de Séville, dist. et à 7 l. N.-E. de Xérez-de-la-Frontéra, sur le Guadaleté; 2800 hab.

BORNOU ou **BOURNOU**, vaste emp. de la Nigritie centrale, Afrique, borné au N. par le pays des Tibbos, au S. par le Beghermeh, à l'E. par le roy. de Mobba, et à l'O. par l'emp. des Fellatahs; sa superficie est de 30,000 milles c. et sa pop. de 1,200,000 hab., la plupart mahométans. Le climat, tempéré en hiver, est excessivement chaud en été et les orages y sont fréquents; le sol est fertile et fournit à l'exportation des grains, du riz, de l'indigo, du coton, etc.; les articles d'importation sont : du cuivre, des toiles, des draps, des lames de sabre, de la quincaillerie, etc. Il paraît que l'empire de Bornou actuel se compose du Bornou proprement dit, le long du Yéou et du bord occidental du lac Tschad; du Kanem, sur la rive septentrionale et une partie de la rive orientale de ce lac; d'une partie du Loggoun et du pays des Mungas ou Mongoroi, à la gauche du Yéou. La capitale de l'empire porte le même nom et renferme selon les uns 30,000, selon les autres 10,000 hab.

BORNY, vg. de Fr., Moselle, arr., cant. et poste de Metz; 530 hab.

BORODINO, vg. dans la Russie d'Europe, gouv. de Moskwa, cer. de Moshaisk, sur la Kolotchea et non loin de la Moskwa, où, les 25 et 26 août 1812, eut lieu ce combat sanglant qui se termina par la victoire de la Moskowa.

BORON, vg. de Fr., Haut-Rhin, arr. de Belfort, cant. et poste de Delle; 450 hab.

BOROROS, peuplade indienne de l'Amérique, autrefois très-nombreuse et très-redoutable, aujourd'hui en grande partie soumise et convertie au christianisme. Elle se divise en plusieurs hordes ou tribus, qui portent différents noms et occupent une grande partie des districts de Rio-dos-Velhas et dos Bororos, dans la prov. de Matto-Grosso, empire du Brésil.

BORORONIA, dist. de la prov. de Matto-Grosso, emp. du Brésil, nommé ainsi des Bororos, peuplade indienne qui en occupe une grande partie. Ce district est borné par ceux de Tapiraquia, de Camapuania et de Cuyaba et par la prov. de Goyaz, dont il est séparé par l'Araguay. Son étendue du N. au S. est de 180 l. Ses fleuves appartiennent soit au bassin de l'Amazone, soit à celui du Rio-de-la-Plata. Ce sont: le Rio-Araguaya, le Rio-de-San-Lourenço, le Tacoary et le Rio-Pardo.

BOROS-JENŒ, b. du roy. de Hongrie, cer. au-delà de la Theiss; culture du vin; 4000 hab.

BOROVSK, pet. v. de la Russie d'Europe, gouv. de la Kalouga, chef-lieu du cercle de même nom. Elle est importante par ses grandes fabriques de toiles à voiles dont elle fait un commerce très-étendu; 6000 hab.

BORROWITCHI, pet. v. de la Russie d'Europe, gouv. de Nowogorod, chef-lieu du cercle de même nom, sur la Msta; commerce; 5000 hab.

BORRACHA (Serra da) ou SERRA MURIBECA, chaîne de montagnes dans l'emp. du Brésil, prov. de Bahia; elle se détache de la Serra da Mantiqueira, sous le 10° de lat. S., et s'étend entre la montagne principale et le Rio-Francisco dans une direction N.-O.

BORRACHUDO. *Voyez* FRANCISCO (Rio-de-San-).

BORRE, vg. de Fr., Nord, arr., cant. et poste d'Hazebrouck; 800 hab.

BORRÈZE, vg. de Fr., Dordogne, arr. et poste de Sarlat, cant. de Salignac; 1050 h.

BORRIOL, b. d'Espagne, roy. de Valence, prov. de Castellon-de-la-Plana, dist. de Peniscola, dans une contrée très-fertile; 2300 hab.

BORROMÉES (îles), *Insulæ Cuniculares*, situées dans une baie du lac Majeur et dépendant de la province de Novare, en Piémont; elles sont au nombre de trois: Isola-Bella, Isola-Madre et Isola-Superiore. Jusqu'au dix-septième siècle elles n'étaient que des rochers stériles, lorsque le comte Vittaliano Borromée de Milan résolut de les embellir, et aujourd'hui elles présentent toutes les beautés de l'art et de la nature réunies. Leur climat est délicieux, et l'on récolte dans leurs bosquets une quantité étonnante d'oranges et de citrons. Les jardins d'Isola-Bella s'élèvent en 12 terrasses à 120 pieds au-dessus du niveau du lac. Son magnifique palais renferme une superbe galerie de tableaux. Les jardins d'Isola-Madre l'emportent peut-être encore sur ceux d'Isola-Bella. La troisième de ces îles renferme un petit village habité par des familles de pêcheurs. On comprend quelquefois, parmi les îles Borromées, l'Isola-de-Canonici-di-Palanza.

BORROWSTOWNESS. *Voyez* BONESS.

BORS, vg. de Fr., Aveyron, arr. et poste de Villefranche-de-Rouergue, cant. de Najac; 240 hab.

BORS-DE-BAIGNES, vg. de Fr., Charente, arr. de Barbezieux, cant. de Baignes, poste de Touvérac; 260 hab.

BORS-DE-MONTMOREAU, vg. de Fr., Charente, arr. de Barbezieux, cant. et poste de Montmoreau; 660 hab.

BORSOD, comitat du cer. en-deçà de la Theiss, roy. de Hongrie, emp. d'Autriche. Superficie 65 l. c. géogr.; 4 districts avec 150,000 hab.

BORT, pet. v. de Fr., Corrèze, arr. et à 5 l. S.-E. d'Ussel, chef-lieu de canton, poste; elle est située sur la Dordogne, près de la limite orientale du département, entre l'Auvergne et le Limousin. «On ne peut s'empêcher d'être effrayé, dit Marmontel, lorsque, du haut de la montagne, on aperçoit, au fond d'un précipice, cette ville menacée d'être submergée par les torrents, ou écrasée par les rochers volcaniques, suspendus au-dessus du vallon; mais ce sentiment de terreur se dissipe bientôt, et l'œil rassuré se promène avec délice sur le paysage riant et varié qui environne la ville.» Les Orgues de Bort, suite de colonnes prismatiques qui forment la crête d'une chaîne de rochers basaltiques, et la belle cascade, appelée *Saut de la Sole*, sont des curiosités naturelles dignes d'être vues. Bort a des fabr. de gants et une exploitation de houille; son commerce consiste en chevaux, bétail, fromages, toiles, bois merrain, planches, cire, peaux, fourrures estimées, sels, vins, fer, etc.; 2400 hab. Patrie de Marmontel (Jean-François), littérateur distingué, né en 1728, mort en 1799.

BORT, vg. de Fr., Puy-de-Dôme, arr. de Clermont-Ferrand, cant. et poste de Billom; 910 hab.

BORVILLE, vg. de Fr., Meurthe, arr. de

Lunéville, cant. de Bayon, poste de Gerbéviller; 340 hab.

BORYTAMA, chaîne de montagnes dans l'emp. du Brésil, prov. de Pernambuco; c'est une ramification de la Serra Borboréma et s'étend entre le Camocim et le Caraçu.

BORZONASCA, gros vg. du roy. de Sardaigne, div. de Gênes, important par ses fabr. de draps et par celles de ses environs.

BOSA, v. de Sardaigne, div. de Sassari, côte occidentale de l'île de Sardaigne, avec un port accessible aux petits bâtiments seulement, mais assez fréquenté, puisqu'on pêche sur cette côte de beaux coraux. L'air y est très-malsain, à cause du grand nombre de marais qui entourent la ville; 6000 hab.

BOSAS, vg. de Fr., Ardèche, arr. et poste de Tournon, cant. de St.-Félicien; 720 hab.

BOSBELEX. *Voyez* VALBELAIX.

BOSBENARD-COMMIN, vg. de Fr., Eure, arr. de Pont-Audemer, cant. et poste de Bourgtheroulde; 480 hab.

BOSBENARD-CRESCY, vg. de Fr., Eure, arr. de Pont-Audemer, cant. de Bourgtheroulde, poste de Bourgachard; 310 hab.

BOSC (le), vg. de Fr., Arriège, arr.; cant. et poste de Foix; 1890 hab.

BOSC (le), vg. de Fr., Hérault, arr., cant. et poste de Lodève; 730 hab.

BOSC (le), ham. de Fr., Seine-Inférieure, com. de Mesnil-sous-Jumiéges; 140 hab.

BOSC-ADAM, vg. de Fr., Seine-Inférieure, com. de Harcanville; 250 hab.

BOSCADOULE, vg. de Fr., Aveyron, com. de la Salvetat; 2200 hab.

BOSCAMENANT, vg. de Fr., Charente-Inférieure, arr. de Jonzac, cant. de Montguyon, poste de Montlieu; 360 hab.

BOSC-ASSELIN. *Voyez* SAINT-NICOLAS-DU-BOSC-ASSELIN.

BOSC-ASSELIN, vg. de Fr., Seine-Inférieure, arr. de Neufchâtel-en-Bray, cant. et poste d'Argueil; 100 hab.

BOSCAVEN, pet. v. commerçante des États-Unis de l'Amérique du Nord, état de New-Hampshire, comté de Killsborough, sur le Merrimac; 3000 hab.

BOSCAWEN. *Voyez* NAVIGATEURS (archipel des).

BOSC-BERENGER (le), vg. de Fr., Seine-Inférieure, arr. de Neufchâtel-en-Bray, cant. et poste de St.-Saens; 200 hab.

BOSC-BORDEL (le), vg. de Fr., Seine-Inférieure, arr. de Rouen, cant. et poste de Buchy; 300 hab.

BOSCDEL (le). *Voyez* SAINT-LÉGER-DU-BOSCDEL.

BOSC-ÉDELINE (le), vg. de Fr., Seine-Inférieure, arr. de Rouen, cant. et poste de Buchy; 300 hab.

BOSC-EN-AUGE. *Voyez* SAINT-LÉGER-DU-BOSQ.

BOSC-GEFFROY, vg. de Fr., Seine-Inférieure, arr. de Neufchâtel-en-Bray, cant. de Londinières, poste de Foucarmont; 390 h.

BOSC-GUÉRARD-SAINT-ADRIEN (le), vg. de Fr., Seine-Inférieure, arr. de Rouen, cant. de Clères, poste de Malaunay; 350 h.

BOSCH (s'). *Voyez* BOIS-LE-DUC.

BOSCHERVILLE, vg. de Fr., Eure, arr. de Pont-Audemer, cant. et poste de Bourgtheroulde; 240 hab.

BOSCHERVILLE. *Voyez* SAINT-MARTIN-DE-BOSCHERVILLE.

BOSCHPORN. *Voyez* BOUCHEPORN.

BOSC-LE-HARD, vg. de Fr., Seine-Inférieure, arr. de Dieppe, cant. et poste de Bellencombre; 750 hab.

BOSC-MESNIL, vg. de Fr., Seine-Inférieure, arr. de Neufchâtel-en-Bray, cant. et poste de St.-Saens; 250 hab.

BOSC-MOREL (le), vg. de Fr., Eure, arr. de Bernay, cant. et poste de Broglie; 240 hab.

BOSCO, vg. du roy. des Deux-Siciles, intendance et non loin de Naples; 10,700 hab.

BOSCO, b. du roy. de Sardaigne, div. d'Alexandrie; patrie du pape Pie V. Près de là se trouve un beau couvent de dominicains, dans lequel on admire le mausolée en marbre blanc de Pie V; la bibliothèque de ce couvent est très-riche; 2660 h.

BOSC-RENOULT (le), vg. de Fr., Eure, arr. et poste de Bernay, cant. de Beaumesnil; 510 hab.

BOSC-RENOULT (le), vg. de Fr., Eure, arr. de Pont-Audemer, cant. et poste de Bourgtheroulde; 330 hab.

BOSC-RENOULT (le), vg. de Fr., Orne, arr. d'Argentan, cant. de Vimoutier, poste du Sap; 750 hab.

BOSC-RENOULT, vg. de Fr., Seine-Inférieure, com. de Ste.-Geneviève; 160 hab.

BOSCROGER, ham. de Fr., Eure, com. de Bouquetot; 200 hab.

BOSC-ROGER (le), b. de Fr., Eure, arr. de Pont-Audemer, cant. de Bourgtheroulde, poste de Thilliers-en-Vexin; 2300 hab.

BOSC-ROGER, vg. de Fr., Seine-Inférieure, arr. de Rouen, cant. et poste de Buchy; 660 hab.

BOSC-ROGER-SUR-EURE, vg. de Fr., Eure, arr. d'Évreux, cant. et poste de Pacy-sur-Eure; 50 hab.

BOSDARROS, vg. de Fr., Basses-Pyrénées, arr., cant. et poste de Pau; 1940 hab.

BOSDÉPUITS, vg. de Fr., Seine-Inférieure, com. de Criquiers; 250 hab.

BOSGOUET, vg. de Fr., Eure, arr. de Pont-Audemer, cant. de Routot, poste de Bourgachard; 650 hab.

BOSHIOU, ham. de Fr., Eure, com. de Reuilly; 150 hab.

BOSHYON, vg. de Fr., Seine-Inférieure, arr. de Neufchâtel-en-Bray, cant. et poste de Gournay; 580 hab.

BOSJEAN, vg. de Fr., Saône-et-Loire, arr. de Louhans, cant. et poste de St.-Germain-du-Bois; 1020 hab.

BOSJESMANNS ou SAABS, peuple le plus sauvage et le plus abruti de l'Afrique méridionale ; il appartient à la famille hottentote et erre sur les frontières septentrionales de la colonie du Cap.

BOSKOWITZ, pet. v. d'Autriche, gouv. de Moravie et Silésie, cer. de Brunn, avec un château; fabr. d'alun, de vitriol, de bleu de Prusse et de soude; verrerie; 3500 hab.

BOSMARTÈRE (le), vg. de Fr., Seine-Inférieure, com. de Doudeville; 480 hab.

BOSMIE, vg. de Fr., Haute-Vienne, arr. de Limoges, cant. et poste d'Aixe; 470 hab.

BOSMONT, vg. de Fr., Aisne, arr. de Laon, cant. et poste de Marle; 750 hab.

BOSMOREAU, vg. de Fr., Creuse, arr., cant. et poste de Bourganeuf; 420 hab.

BOSNA. *Voyez* SAVE.

BOSNA-SÉRAI (Serajevo), v. de la Turquie d'Europe, chef-lieu de l'eyalet de Bosnie, située sur la Migliaska, affluent de la Bosna, sur un plateau élevé et couronné de montagnes boisées. La ville est ceinte d'un mur et défendue par une citadelle. Elle renferme un sérail bâti par Mahmoud II, près de cent mosquées, un grand nombre de bains et un beau pont de pierre sur la Migliaska. Son industrie et son commerce sont très-importants; fabr. d'armes, d'ustensiles en fer et en cuivre, d'orfèvrerie, manufactures de laine et de coton; tanneries; elle est le centre du commerce de la Bosnie ; 70,000 hab.

BOSNIE (la), prov. de la Turquie d'Europe, est bornée au N. par la Save qui la sépare de l'Esclavonie, à l'E. par la Servie, au S. par l'Albanie et la Dalmatie, à l'O. par la Croatie; sa superficie est de plus de 1000 l. c., et sa population s'élève à 860,000 âmes. Ce pays renferme les bassins de la Bosna, de l'Anna, de la Verbas et de leurs nombreux affluents qui se jettent dans la Save; il est entrecoupé de montagnes, branches détachées des Alpes Dinariques et Juliennes, pour la plupart nues à leur base, mais couvertes dans les régions intermédiaires de forêts qui fournissent d'excellents bois de construction. Le climat de la Bosnie est tempéré et généralement sain, malgré les nombreux marais formés par les fréquentes inondations de la Save. Cette province produit du blé, des grains, du lin, du tabac et un vin très-spiritueux; mais l'éducation du bétail y est plus favorisée par la constitution du sol que l'agriculture; elle abonde en chevaux, en bétail, en porcs, en moutons dont la laine est estimée autant que la laine espagnole, etc. L'ignorance et la défiance des Turcs mettent des obstacles à l'exploitation des mines de fer, de cuivre et d'argent que possède la Bosnie. Les Bosniaques ou habitants de ce pays sont Slaves d'origine et en parlent la langue; le grand nombre professe le rite grec; il y a aussi des Croates, des Morlaques, des Arméniens, des Grecs, des Juifs, des Turcs, etc. Une chaîne centrale, qui divise la Bosnie en deux parties, séparait anciennement la Basse-Bosnie ou le royaume proprement dit de la Haute-Bosnie, connue sous le nom d'Herzegowina ou Herzek, c'est à dire le duché.

Aujourd'hui la Bosnie forme un eyalet gouverné par un pacha à trois queues, et est subdivisée en huit sandschaks. Le chef-lieu de la province est Bosna-Seraï, bien que le pacha réside à Travnik; après ces deux villes, Kiliss-Bosna, Izvernik ou Zvornik, Banialouka, Trebigne sont les principaux endroits de la Bosnie. Cette province avait autrefois des princes indépendants, appelés rois, bans ou woïwodes, qui devinrent vassaux de la Hongrie. Les guerres civiles qui la désolaient continuellement favorisèrent les empiétements des Osmanlis, qui rendirent la Bosnie tributaire vers 1463; un instant l'on crut que Mathias Corvin, le vaillant Hongrois, l'arracherait aux Turcs; mais après sa mort, Soliman la réunit définitivement à l'empire turc en 1522.

BOSNORMAND, vg. de Fr., Eure, arr. de Pont-Audemer, cant. et poste de Bourgtheroulde; 380 hab.

BOSORAHI. *Voyez* PARAÏBA.

BOSOUEL, vg. de Fr., Somme, arr. d'Amiens, cant. de Conty, poste de Flers; 690 hab.

BOSPHORE ou BOSPHORE DE THRACE, pour le distinguer du Bosphore Cimérien. *Voyez* CONSTANTINOPLE (détroit de).

BOSQUENTIN, vg. de Fr., Eure, arr. des Andelys, cant. et poste de Lyons-la-Forêt; 420 hab.

BOSROBERT (le), vg. de Fr., Eure, arr. de Bernay, cant. et poste de Brionne; 550 h.

BOSROGER (le), vg. de Fr., Creuse, arr. et poste d'Aubusson, cant. de Bellegarde; 440 hab.

BOSROGER (le), vg. de Fr., Eure, arr. des Andelys, cant. d'Ecos, poste de Vernon; 130 hab.

BOSSAY, vg. de Fr., Indre-et-Loire, arr. de Loches, cant. et poste de Preuilly; forges; 1690 hab.

BOSSE (la), vg. de Fr., Doubs, arr. de Montbéliard, cant. et poste de Russey; 120 h.

BOSSE (la), vg. de Fr., Ille-et-Vilaine, arr. de Redon, cant. du Sel, poste de Bain; 530 hab.

BOSSE (la), vg. de Fr., Loir-et-Cher, arr. de Blois, cant. d'Ouzouër-le-Marché, poste d'Oucques; 210 hab.

BOSSE (la), vg. de Fr., Oise, arr. de Beauvais, cant. du Coudray-St.-Germer, poste de Chaumont-en-Vexin; 800 hab.

BOSSE (la), vg. de Fr., Sarthe, arr. de Mamers, cant. de Tuffé, poste de Bonnétable; 390 hab.

BOSSE (la). *Voyez* SAINT-MAMMÈS.

BOSSÉE, vg. de Fr., Indre-et-Loire, arr. de Loches, cant. et poste de Ligueil; centre des falunières les plus considérables de l'Europe; 670 hab.

BOSSEKOP (baie de la baleine), dans le Finmarck, Norwège, est une colline élevée au bord d'un des golfes d'Alten, revêtue en été d'une belle verdure et parsemée d'habitations. Pendant l'hiver de 1837 à 1838, les savants de l'expédition française de la Recherche au Spitzberg y ont fait des observations astronomiques et magnétiques.

BOSSELSHAUSEN, vg. de Fr., Bas-Rhin, arr. de Saverne, cant. et poste de Bouxwiller; 335 hab.

BOSSENAY. *Voyez* SAINT-PIERRE-DE-BOSSENAY.

BOSSENDORF, vg. de Fr., Bas-Rhin, arr. de Saverne, cant. de Hochfelden, poste de Bouxwiller; 445 hab.

BOSSET, vg. de Fr., Dordogne, arr. et poste de Bergerac, cant. de Laforce; 570 h.

BOSSEVAL, vg. de Fr., Ardennes, arr., cant. et poste de Sédan; 410 hab.

BOSSIÈRE (la). *Voyez* LA BOISSIÈRE.

BOSSIEUX, vg. de Fr., Isère, arr. de Vienne, cant. et poste de la Côte-St.-André; 470 hab.

BOSSINEY, *Trevenna*, b. d'Angleterre, comté de Cornwall; nomme deux députés au parlement; 1200 hab.

BOSSUS-LES-RUMIGNY, vg. de Fr., Ardennes, arr. de Rocroi, cant. de Rumigny, poste d'Aubenton; papeteries; 250 hab.

BOST, vg. de Fr., Allier, arr. de la Palisse, cant. et poste de Cusset; 330 hab.

BOSTAN. *Voyez* ALBOSTAN.

BOSTENS, vg. de Fr., Landes, arr. et cant. de Mont-de-Marsan, poste de Roquefort; 280 hab.

BOSTON, v. des États-Unis de l'Amérique du Nord, état de Massachusetts dont elle est la capitale, comté de Suffolk. C'est la plus grande ville de la Nouvelle-Angleterre et la quatrième de toute la confédération. Elle est agréablement située au fond de la baie de Massachusetts (baie de Boston), sur une langue de terre. Son port, défendu par deux forts, est un des plus grands et des meilleurs de l'Union. Sept ponts font communiquer cette ville avec ses faubourgs, ainsi qu'avec les villes voisines de Charlestown et de Cambridge. Parmi les édifices nous citerons : le palais de l'état, le théâtre, l'hôtel de ville, la salle de concert et celle des avocats, la douane, le Nouveau-Marché, un des plus beaux bâtiments de ce genre, le palais de justice, l'Athénée. Parmi ses places publiques se distingue surtout celle de Francklin, et parmi ses monuments la statue de Washington. Boston est le siège d'un évêché et renferme trente églises de différents cultes, un grand hôpital civil et plusieurs autres établissements de bienfaisance. C'est aussi une des villes de l'Union qui possède le plus d'institutions scientifiques et littéraires, telles que le grand Athénée, la riche bibliothèque et ses collections, le collège de médecine, l'académie des sciences et des arts, la société historique de Massachusetts, la société de médecine de Massachusetts, la société Linnéenne, deux écoles supérieures et un grand nombre d'écoles élémentaires.

Sa position avantageuse, les canaux et les six chemins de fer qui aboutissent à cette ville en font une des plus commerçantes de l'Amérique. Les chemins à ornières ne sont pas tous achevés ; voici leurs directions : de Boston à Worcester, de Boston au fleuve Hudson, de Boston au fleuve Connecticut, de Boston à Providence par Pawtucket, de Boston à Taunton, enfin de Boston à Lowell; 63,000 hab.

BOSTON, b. d'Angleterre, comté de Lincoln, sur le Witham qui y forme un port bien fréquenté; il possède une église avec une tour de 286 pieds de haut, un hôpital et une belle salle de spectacle; on s'y livre au commerce et à la construction des vaisseaux; 12,000 hab.

BOSVILLE, vg. de Fr., Seine-Inférieure, arr. d'Yvetot, cant. et poste de Cany; 1310 hab.

BOSWORTH, vg. d'Angleterre, comté de Leicester, sur une colline. Dans les environs se trouve Rebmoor, aujourd'hui champ de Boswort, célèbre dans l'histoire d'Angleterre par la victoire que remporta, en 1458, Henri VII, alors duc de Richmond, sur Richard III qui y fut tué.

BOTANS, vg. de Fr., Haut-Rhin, arr., cant. et poste de Belfort; 190 hab.

BOTANY ou BOTANIQUE, groupe de pet. îles, au S. de la Nouvelle-Calédonie, Océanie ; on y trouve des plantes inconnues ailleurs ; lat. S. 22° 34′ 20″ long. E. 167°.

BOTANY-BAY, baie considérable sur la côte orientale de la Nouvelle-Hollande, Océanie, comté de Cumberland, entre les caps Banks et Solander; elle fut découverte en 1770, par le capitaine Cook, qui la nomma ainsi à cause de la grande variété des herbes qui croissent sur ses bords; en 1788 elle fut visitée par La Pérouse, dont on n'a plus reçu de nouvelles depuis cette époque. La même année les Anglais y établirent une colonie destinée à recevoir les malfaiteurs des deux sexes; mais l'insalubrité du climat les força à la transférer au port Jackson, de quelques lieues plus éloigné vers le N., où elle a prospéré au point qu'on y compte maintenant plus de 25,000 âmes.

Cette contrée jouit d'un climat tempéré mais malsain; les premiers mois de l'année sont sujets à de violents orages; le sol est fertile, produit des grains, des légumes et des fruits ; l'animal le plus remarquable est le kanguroo; les animaux de l'Europe s'y sont multipliés; on y fabrique des étoffes, des cuirs, de la poterie; les articles les plus importants de commerce sont : les peaux de phoques, l'huile et les fanons de baleine; les naturels, couleur de cuivre et totalement sauvages, se refusent à toute espèce de civilisation; lat. S. 34° long. E. 148° 52′.

BOTARITE (Serra de), chaîne de montagnes, emp. du Brésil; elle se détache de la

Serra Boa-Vista et s'étend entre le Ciara et le Banabuyhu, dans la province de Pernambuço.

BOTETOURT, comté de l'état de Virginie, États-Unis de l'Amérique du Nord; il est borné par les comtés de Bath, de Rockbrigde, de Bedford, de Franklin, de Montgoméry, de Giles et de Montroé, et renferme 14,000 hab. Les Alléghany traversent le S.-O. de ce pays arrosé par le Roanoke, qui y reçoit le Mason et le Glade, le James, qui s'y divise en plusieurs bras, le Catabaw, le Cowpasture, le Craig et d'autres. Ce comté est couvert de vastes forêts entrecoupées de vallées fertiles. Mines de fer en abondance, carrières de marbre, eaux thermales et minérales.

BOTHOA, vg. de Fr., Côtes-du-Nord, arr. et 6 l. S. de Guingamp, chef-lieu de canton, poste de Plésidy; 2540 hab.

BOTNIE ou **BOTHNIE** (golfe de), *Sinus Bothnicus*, un des bras de la mer Baltique entre le grand-duché de Finlande, prov. russe et Nordland, prov. suédoise, fermé au S. et du côté de la Baltique proprement dite par les îles d'Aland. Il s'étend de 60° à 66° lat. N., et a environ 150 l. de long sur 40 de large et de 20 à 50 brasses de profondeur. La navigation y est dangereuse. Un grand nombre de rivières et de fleuves y ont leur embouchure.

BOTOCUDOS ou **BOTÉCUDOS**, **BOATICUDIES**, **BUTUCUDIES**, peuplade sauvage et indépendante, habitant les forêts immenses et impénétrables de la province de Minas-Geraès et de Bahia, emp. du Brésil, ainsi que les bords du Doce, du Mucury, du Santa-Cruz et du Rio-Belmonte.

BOTRET (le), ham. de Fr., Côtes-du-Nord, com. de Quessoy; 180 hab.

BOTSORHEL, vg. de Fr., Finistère, arr. de Morlaix, cant. et poste du Ponthou; 1360 hab.

BOTTEREAUX (les), vg. de Fr., Eure, arr. d'Évreux, cant. et poste de Rugles; tréfilerie de fer; 350 hab.

BOTTWAR (Grand-), v. du Wurtemberg, cer. du Necker, gr.-bge de Marbach, située sur la Bottwar, dans une vallée fertile entourée de vignobles. Cette ville était connue du temps des Romains sous le nom de Julia Bona; on y conserve un sceau de l'année 601. Elle fut prise en 1546, par les impériaux, et pillée en 1642 par les troupes de Weimar; 2540 hab.

BOTUSCHANI ou **BOTTOSCHANI**, sur la riv. du même nom, v. de la Haute-Moldavie, importante par son commerce, qui s'étend jusqu'à Leipsic, Brody et Brunn, et consiste d'un côté en productions moldaviennes, de l'autre en denrées coloniales, pelleteries, articles de manufactures; 4000 hab.

BOTZ, vg. de Fr., Maine-et-Loire, arr. et poste de Beaupréau, cant. de St.-Florent-le-Viel; 810 hab.

BOTZA, b. d'Autriche, roy. de Hongrie, cer. en-deçà du Danube; siége d'un tribunal et d'une intendance des mines d'or et d'argent; 2000 hab.

BOTZEN, *Bolzanum*, v. d'Autriche, gouv. du Tyrol, cer. de l'Adige, au confluent de l'Eisack et du Talfer; ravagée en 1809, elle a été rebâtie dans le goût italien, et elle est le chef-lieu et le siége des autorités du cercle. Son industrie et son commerce sont également importants et la soie de Botzen est très-estimée. Non loin, on voit l'ancien château Tyrol, qui a donné son nom à tout le pays; carrières de marbre; 8000 hab.

BOU, vg. de Fr., Loiret, arr. et cant. d'Orléans, poste de Pont-aux-Moines; commerce de vins; 670 hab.

BOUAFFLES, vg. de Fr., Seine-Inférieure, com. de Vieux-Rouen; 200 hab.

BOUAFLE, vg. de Fr., Seine-et-Oise, arr. de Versailles, cant. et poste de Meulan; fabr. de bronze; 1100 hab.

BOUAFLES, vg. de Fr., Eure, arr., cant. et poste des Andelys; 320 hab.

BOUALIS. *Voyez* BANZA-LOANGO.

BOUAN, vg. de Fr., Arriège, arr. de Foix, cant. et poste des Cabannes; cartonneries et filat.; 230 hab.

BOUAU, vg. de Fr., Landes, com. de Parleboscq; 330 hab.

BOUAYE, vg. de Fr., Loire-Inférieure, arr. et à 3 l. S.-O. de Nantes, chef-lieu de canton, poste de Port-St.-Père; 1300 hab.

BOUBERS-LES-HESMOND, vg. de Fr., Pas-de-Calais, arr. et poste de Montreuil-sur-Mer, cant. de Campagne-les-Hesdin; 120 hab.

BOUBERS-SUR-CANCHE, vg. de Fr., Pas-de-Calais, arr. de St.-Pol-sur-Ternoise, cant. d'Auxy-le-Château, poste de Frévent; filat. hydr. de laine; 660 hab.

BOUBIERS, vg. de Fr., Oise, arr. de Beauvais, cant. et poste de Chaumont-en-Vexin; 340 hab.

BOUC. *Voyez* ALBERTAS.

BOUC (Tour de), ham. de Fr., Bouches-du-Rhône, arr. et à 10 l. S.-E. d'Aix, cant., poste et com. de Martigues; sa situation à l'embouchure du canal d'Arles dans la mer est très-favorable; il a un port assez vaste, abrité par une jetée nouvellement construite. A l'entrée du port se trouve une petite île, avec un fort et une tour surmontée d'un phare. Ce hameau, dont la population augmente chaque jour, deviendra peut-être dans peu d'années une ville importante.

BOUCAGNÈRE, vg. de Fr., Gers, arr., cant. et poste d'Auch; 220 hab.

BOUCARD, vg. de Fr., Cher, arr. et poste de Sancerre, cant. de Vailly; 730 hab.

BOUCAUD (Nord-), vg. de Fr., Landes, com. de Tarnos; 680 hab.

BOUCÉ, vg. de Fr., Allier, arr. de la Palisse, cant. et poste de Varennes-sur-Allier; 820 hab.

BOUCÉ, vg. de Fr., Orne, arr. d'Argentan, cant. et poste d'Ecouché; forges; 1530 hab.

BOUCEY, vg. de Fr., Manche, arr. d'Avranches, cant. et poste de Pontorson; 750 hab.

BOUCHAGE (le), vg. de Fr., Charente, arr. de Confolens, cant. de Champagne-Mouton, poste de St.-Claud; 430 hab.

BOUCHAGE (le), vg. de Fr., Isère, arr. de la Tour-du-Pin, cant. et poste de Morestel; 850 hab.

BOUCHAIN, *Bochanium*, v. forte de Fr., Nord, arr. de Valenciennes, chef-lieu de canton et poste; ses fortifications peuvent facilement être inondées; 1200 hab.

BOUCHALAT (le), vg. de Fr., Loire, com. de St.-Martin-Lestra; 200 hab.

BOUCHAMPS, vg. de Fr., Mayenne, arr. de Château-Gontier, cant. et poste de Craon; 750 hab.

BOUCHAUD, vg. de Fr., Allier, arr. de la Palisse, cant. et poste du Donjon; 480 h.

BOUCHAUD (le), vg. de Fr., Jura, arr., cant. et poste de Poligny; 310 hab.

BOUCHAVESNES, vg. de Fr., Somme, arr., cant. et poste de Péronne; 680 hab.

BOUCHEMAINE, vg. de Fr., Maine-et-Loire, arr., cant. et poste d'Angers; 1330 h.

BOUCHEPORN ou BOSCHPORN, vg. de Fr., Moselle, arr. de Metz, cant. et poste de Boulay; 310 hab.

BOUCHES (les), ham. de Fr., Haute-Vienne, com. de St.-Priest-d'Aixe; 200 hab.

BOUCHES-DU-DRAGON. *Voyez* DRAGON.

BOUCHES-DU-RHONE, dép. maritime de Fr., région du S.-E., formé d'une partie de l'ancienne Provence; il est borné au N. par le dép. de Vaucluse dont la Durance le sépare; à l'O. par celui du Gard, au S. par la Méditerranée et à l'E. par le dép. du Var. Sa superficie est de 506,847 hectares et sa population de 362,325 habitants. A l'E. et dans une partie du S.-E. le département est couvert de hautes montagnes, qui s'avancent du département du Var; leurs sommets sont nus et arides; quelques espèces de plantes aromatiques croissent sur leurs flancs desséchés. La plus élevée est celle de Ste.-Venture ou Ste.-Victoire, près de Vovenargues; elle a environ 1040 mètres de hauteur. Dans la partie septentrionale, une chaîne moins élevée, qui sort du département de Vaucluse, s'étend de l'E. à l'O., depuis Orgon, sur la rive gauche de la Durance jusqu'à une petite distance du Rhône. Ces montagnes sont un prolongement des Alpes. On les nomme Alpines; leur sommet le plus élevé a 840 mètres et se trouve près d'Eyguières. Dans la partie S.-O. le terrain est plat, marécageux et se compose de la Camargue et de la Crau, deux vastes plaines, dont la première est une île formée par la mer et deux bras du Rhône, et l'autre une presqu'île de forme triangulaire, entre le Rhône, l'étang de Berre et la Méditerranée. La Crau s'étend depuis Arles jusqu'à l'étang de Berre, c'est un terrain caillouteux; cependant les extrémités de cette plaine sont bien cultivées. La Camargue renferme l'étang de Valcarès, qui avec celui de Berre sont les deux plus grands du département, plusieurs petites îles, des landes, des terres fertiles; plusieurs villages et un grand nombre de maisons de campagne. Les côtes du département sont très-escarpées, excepté dans les environs du Rhône; elles courent de l'O.-N.-O. à l'E.-S.-E. sur un développement de 56 l. Le golfe de Marseille, le port de Bouc et celui de la Ciotat en sont les points les plus remarquables.

Les îles les plus remarquables de la côte sont entre Marseille et la Ciotat, savoir: l'île Ratoneau, l'île Pomègue, le Château d'If, l'île Daumé, l'île de Riou, l'île Verte, l'île de Tiboulen, de Jaros, de Mairé et l'île Planier. Outre les grands étangs de Valcarès et de Berre que nous avons déjà cités, le département en renferme encore plusieurs moins considérables, tels que ceux de Marignan, d'Istres et un grand nombre de marais, dont le dessèchement rendrait plus de 150,000 hectares de terre à l'agriculture.

Le Rhône, qui forme la limite à l'O. du département, et la Durance, qui le borne au N., sont ses cours d'eau les plus considérables; mais le département est sillonné par une grande quantité de rivières d'un cours moins étendu et qui contribuent beaucoup à la fertilité des cantons qu'elles arrosent; le Vaune, qui vient du département du Var, reçoit le Jarret et se jette dans le golfe de Montredon; l'Arc, qui sort également du département du Var, a pour affluents le Bayon et le Grand-Valat, et se perd dans l'étang de Berre; la Touloubre, qui se jette dans l'étang de St.-Chamas, un des étangs secondaires, communiquant à celui de Berre. A Arles le Rhône se divise en deux bras; l'un, le Grand-Rhône, prend une direction S.-E.; l'autre, le Petit-Rhône ou Rhodanet, coule vers le S.-O., et forment entre eux un angle dont l'ouverture est occupée par l'île de la Camargue. La navigation du Rhône, depuis Arles, présente beaucoup de difficultés et de dangers, à cause des masses de sable qu'il entraîne vers son embouchure, et qui le font souvent changer de lit; de sorte que le passage praticable aujourd'hui sera peut-être encombré dans 24 heures.

C'est pour obvier à cet inconvénient qu'on a creusé le canal d'Arles, qui mène jusqu'au port de Bouc. Outre plusieurs petits canaux d'irrigation et de dessèchement, le département possède encore le canal de Craponne (du nom de son fondateur); il commence à la Durance, près de la Roque d'Antheron, et se divise en deux ramifications dont l'une communique à l'étang d'Istres, et l'autre au Rhône, à Arles.

Le sol de ce département, entrecoupé de plaines, de montagnes, de vallées, d'étangs et de marais, est généralement aride et brûlé par le soleil ou desséché par le mistral; les irrigations seules fertilisent ce terrain dans certaines localités.

La température est sèche et brûlante; il ne pleut presque jamais en été dans ce département; en hiver le thermomètre descend à 2° ou 3°, rarement à 5°; dans les étés il varie ordinairement de 21° à 25°. L'automne dure jusqu'en décembre et l'hiver cesse à la fin de janvier. On n'y voit pas souvent de neige, mais les gelées blanches y sont fréquentes, et le mistral (vent du N.-O.) y fait succéder subitement un froid piquant aux chaleurs les plus insupportables.

Les productions végétales du département sont des olives, des amandes, des figues, des capres, des pistaches, du vin, une grande quantité de plantes aromatiques, telles que le thym, la lavande, l'hysope, etc.; mais peu de céréales. Le département n'a point de mines métalliques; mais ses mines de houille sont nombreuses et d'un très-grand rapport; il possède aussi des carrières de marbre, d'ardoises, de gypse, de grès, de silex, de chaux, d'argile, des sources d'eaux minérales et thermales et des marais salants d'où l'on retire en grande abondance du sel de très-bonne qualité. On trouve dans le département, outre les animaux domestiques ordinaires en France, beaucoup d'oiseaux aquatiques, des castors dans les îles à l'embouchure du Rhône, mais fort peu de gibier et d'animaux sauvages. Les bêtes à laine que l'on fait transhumer, c'est-à-dire que l'on fait émigrer en été, à cause de la chaleur du climat, sont de belle et forte race. On élève aussi, dans les pâturages des Bouches-du-Rhône, une immense quantité de chèvres. L'éducation des vers à soie y est très-étendue et produit chaque année une récolte valant environ 600,000 fr. La pêche du thon, des anchois, etc., occupe toute la population voisine de la côte.

Ce département est essentiellement commerçant, cependant l'industrie y est également très-développée: il a des filatures de coton, des papeteries, des distilleries, des manufactures de draps, de ratines, de molletons, de serges, des tanneries, des mégisseries, des verreries, des fabriques de soude et de savon renommé, dont il se fait une exportation considérable, ainsi que des autres produits des manufactures et du territoire. Le thon mariné et les poissons salés sont aussi un des principaux articles d'exportation. On importe des toiles, des cordages, du bois de construction et de chauffage, des céréales, du coton, du fer et des denrées coloniales.

Le département nomme six députés; il est divisé en trois arrondissements dont les chef-lieux sont ;

Marseille . . . 9 cant. 19 com. 180,127 h.
Aix . . . . . 10 » 58 » 104,510 »
Arles. . . . . 8 » 32 » 77,688 »

27 cant. 109 com. 362,325 h.

Il fait partie de la huitième division militaire dont le quartier-général est à Marseille; il est du ressort de la cour royale et de l'académie d'Aix, du diocèse de Marseille, évêché suffragant de l'archevêché d'Aix, du trente-sixième arrondissement forestier dont le chef-lieu est Aix, de la sixième inspection des ponts-et-chaussées dont le chef-lieu est Avignon, de la quatrième division des mines dont le chef-lieu est St.-Etienne. Le département possède une faculté de droit et une faculté de théologie à Aix, une école secondaire de médecine à Marseille, 4 collèges, deux écoles modèles primaires et 512 écoles primaires . (pour les détails historiques, *voyez* PROVENCE).

BOUCHET, vg. de Fr., Drôme, arr. de Montélimart, cant. et poste de Pierrelatte; 840 hab.

BOUCHET, vg. de Fr., Lot-et-Garonne, arr. de Nérac, cant. et poste de Casteljaloux; 230 hab.

BOUCHET (le), ham. de Fr., Seine-et-Oise, com. de Vert-le-Petit; dépôt de poudre de guerre; 80 hab.

BOUCHET (le), vg. de Fr., Vienne, arr. et poste de Loudun, cant. de Monts-sur-Guesnes; 400 hab.

BOUCHET-SAINT-NICOLAS (le), vg. de Fr., Haute-Loire, arr. du Puy, cant. et poste de Cayres; 790 hab.

BOUCHETIÈRE, ham. de Fr., Isère, com. de Vinay; 200 hab.

BOUCHEVILLIERS, vg. de Fr., Eure, arr. des Andelys, cant. et poste de Gisors; 150 hab.

BOUCHIERS, ham. de Fr., Hautes-Alpes, com. de St.-Martin-de-Queyrières; 170 hab.

BOUCHINGEN. *Voyez* BOCCANGE.

BOUCHITAOY. *Voyez* KURON.

BOUCHOIR, vg. de Fr., Somme, arr. de Montdidier, cant. de Rosières-en-Santerre, poste de Hangest; fabr. de bas de laine; 730 hab.

BOUCHON (le), vg. de Fr., Meuse, arr. de Bar-le-Duc, cant. de Montiers-sur-Saux, poste de Ligny; 270 hab.

BOUCHON, vg. de Fr., Somme, arr. d'Amiens, cant. de Picquigny, poste de Flixecourt; 430 hab.

BOUCHOUX (les). *Voyez* SAINT-ANDRÉ-LE-BOUCHOUX.

BOUCHOUX (les), vg. de Fr., Jura, arr., à 3 l. S. et poste de St.-Claude, chef-lieu de canton; 2120 hab.

BOUCHY-LE-REPOS, vg. de Fr., Marne, arr. d'Épernay, cant. d'Esternay, poste de Villenauxe; 170 hab.

BOUCIEUX-LE-ROI, vg. de Fr., Ardèche, arr. de Tournon, cant. de St.-Félicien, poste du Chaylard; 520 hab.

BOUCLANS, vg. de Fr., Doubs, arr. et poste de Baume-les-Dames, cant. de Roulans; 460 hab.

BOUCLON (le), ham. de Fr., Seine Inférieure, com. de Boos; 200 hab.

BOUCLY, vg. de Fr., Somme, com. de Tincourt-Boucly; 250 hab.

BOUCOIRAN, vg. de Fr., Gard, arr. d'Alais, cant. et poste de Ledignan; 680 hab.

BOUCONVILLE, vg. de Fr., Aisne, arr. de Laon, cant. de Craonne, poste de Corbeny; 361 hab.

BOUCONVILLE, vg. de Fr., Ardennes, arr. et poste de Vouziers, cant. de Monthois; 400 hab.

BOUCONVILLE, vg. de Fr., Meuse, arr. et poste de Commercy, cant. de St.-Mihiel; 320 hab.

BOUCONVILLERS, vg. de Fr., Oise, arr. de Beauvais, cant. et poste de Chaumont-en-Vexin; 210 hab.

BOUCOU, vg. de Fr., Haute-Garonne, com. de Sauveterre; 280 hab.

BOUCOUE, vg. de Fr., Basses-Pyrénées, arr. d'Orthez, cant. et poste d'Arzacq; 150 h.

BOUCQ, vg. de Fr., Meurthe, arr., cant. et poste de Toul; 1000 hab.

BOUCRES, vg. de Fr., Pas-de-Calais, arr. de Boulogne, cant. et poste de Guines; 250 h.

BOUDES, vg. de Fr., Puy-de-Dôme, arr. d'Issoire, cant. et poste de St.-Germain-Lembron; 790 hab.

BOUDEUSE. *Voyez* AMIRANTES.

BOUDEVILLE, vg. de Fr., Seine-Inférieure, arr. d'Yvetot, cant. et poste de Doudeville; moulin à bois pour la teinture; papeterie; 346 hab.

BOUDOIR ou PIC-DE-LA-BOUDEUSE (le). *Voyez* MAITÉA.

BOUDONVILLE, vg. de Fr., Meurthe, com. de Nancy; 540 hab.

BOUDOU, vg. de Fr., Tarn-et-Garonne, arr., cant. et poste de Moissac; 960 hab.

BOUDRAC, vg. de Fr., Haute-Garonne, arr. de St.-Gaudens, cant. et poste de Montrejeau; 400 hab.

BOUDRELLE, vg. de Fr., Nord, com. de Steenwerck; 300 hab.

BOUDREVILLE, vg. de Fr., Côte-d'Or, arr. de Châtillon-sur-Seine, cant. et poste de Montigny-sur-Aube; forges; 300 hab.

BOUDROUN, *Halycarnasse*, pet. v. de la Turquie d'Asie, eyalet d'Anadoli, sur le golfe de Stancho, défendue par une citadelle. Son port est fréquenté par des navires turcs et grecs, et possède des chantiers où l'on construit des frégates et des bâtiments inférieurs pour la marine ottomane. On y voyait autrefois le fameux Mausolée que la reine Artémise fit élever à son époux et que les anciens comptaient parmi les sept merveilles du monde. Ce monument, célèbre par ses dimensions, la beauté de son architecture et de ses sculptures, subsista jusqu'au moyen âge, et M. Beaufort suppose qu'il a servi en partie à construire la citadelle, où l'on voit encore des bas-reliefs et d'autres restes de sculptures, encastrées dans les murailles. Hérodote et Denis d'Halycarnasse sont nés dans cette ville.

BOUDRY, pet. v. de Suisse, cant. de Neufchâtel; un vin rouge estimé croît aux environs; fabr. d'étoffes de coton; 1500 hab.

BOUDY, vg. de Fr., Lot-et-Garonne, arr. de Villeneuve-sur-Lot, cant. et poste de Cancon; 470 hab.

BOUÉ, vg. de Fr., Aisne, arr. de Vervins, cant. de Nouvion, poste d'Étreux; fabr. de fils et de dentelles; 1430 hab.

BOUÉE, vg. de Fr., Loire-Inférieure, arr., cant. et poste de Savenay; 920 hab.

BOUELLE, vg. de Fr., Seine-Inférieure, arr., cant. et poste de Neufchâtel-en-Bray; 330 hab.

BOUER, vg. de Fr., Sarthe, arr. de Mamers, cant. de Tuffé, poste de Conneré; 390 hab.

BOUÈRE, vg. de Fr., Mayenne, arr. de Château-Gontier, cant. et poste de Grez-en-Bouère; 1850 hab.

BOUESSAY, vg. de Fr., Mayenne, arr. de Château-Gontier, cant. et poste de Grez-en-Bouère; carrière de marbre; 500 hab.

BOUESSE, vg. de Fr., Indre, arr. de Châteauroux, cant. et poste d'Argenton-sur-Creuse; 480 hab.

BOUEX, vg. de Fr., Charente, arr., cant. et poste d'Angoulême; 870 hab.

BOUEXIÈRE (la), vg. de Fr., Ille-et-Vilaine, arr. de Rennes, cant. et poste de Liffré; fonte moulée; 2020 hab.

BOUFFERÉ, vg. de Fr., Vendée, arr. de Bourbon-Vendée, cant. et poste de Montaigu; fabr. de sucre indigène; 730 hab.

BOUFFEY, vg. de Fr., Eure, com. de Bernay; 350 hab.

BOUFFIE (la). *Voyez* SAINT-PAUL-LA-BOUFFIE.

BOUFFIGNEREUX, vg. de Fr., Aisne, arr. de Laon, cant. de Neufchâtel, com. de Berry-au-Bac; 200 hab.

BOUFFLEMONT, vg. de Fr., Seine-et-Oise, arr. de Pontoise, cant. d'Écouen, poste de Moisselles; 360 hab.

BOUFFLERS. *Voyez* CRILLON.

BOUFFRY, vg. de Fr., Loir-et-Cher, arr. de Vendôme, cant. de Droué, poste de la Ville-aux-Clercs; 600 hab.

BOUFLERS, vg. de Fr., Somme, arr. d'Abbeville, cant. de Crécy, poste d'Aux-le-Château; 280 hab.

BOUG. *Voyez* VISTULE.

BOUGAINVILLE. *Voyez* INSTITUT.

BOUGAINVILLE ou NEPEAN, baie grande et sûre sur la côte N.-O. de l'île Kaengourou, située sur la côte australe de la terre de Flinders, Océanie, entre le cap Delambre et le cap Vendôme ou Marsden.

BOUGAINVILLE, une des plus grandes îles de l'archipel de Salomon, Océanie, au S. de celle d'Anson ou Bouka; elle fut découverte en 1768, par le célèbre navigateur dont elle porte le nom; territoire en partie plat, en partie entrecoupé de montagnes très-hautes; fertile, riche en bois et très-peuplée; lat. S. 5° 31′ 30″, 6° 55′; long. E. 152° 19′, 153° 31′.

BOUGAINVILLE, canal ou détroit qui sépare l'île de Bougainville, dans l'archipel de Salomon, Océanie, des îles Choiseul et Stortland.

BOUGAINVILLE ou **HAMOA**, archipel de sept îles principales dans l'Océan Pacifique, Océanie, au N.-E. de l'archipel de Tonga. Ce sont les îles auxquelles depuis longtemps les géographes s'accordent à donner le nom impropre d'archipel des Navigateurs ; car l'épithète de navigateurs ne saurait être une désignation caractéristique de ses habitants, tous les Polynésiens étant plus ou moins habiles à construire et à diriger leurs pirogues ; on a même remarqué que plusieurs tribus des Carolines surpassent toutes les autres dans l'art nautique. C'est donc à ces dernières, de préférence à tous les autres habitants de cette partie de l'Océanie, qu'il faudrait donner cette qualification. Cet archipel, dont une partie correspond aux îles Baumann, de Roggeween, qui les visita en 1722, est appelé Hamoa par les indigènes, et les îles qui le composent paraissent régies par différents chefs. Les plus considérables sont : Pola, Oyalava, Maouna, Tanfoué Léoné, Opoun et Rose. Elles sont volcaniques, très-fertiles et couvertes de cocotiers, goyaviers, bananiers, orangers, amandiers, etc. ; cannes à sucre sur le bord des rivières ; nombreux cochons, chiens, volaille, oiseaux et poissons en abondance. les indigènes ont la taille haute et bien faite ; ils n'ont pour vêtement qu'une ceinture d'herbes marines ; ils sont hardis et se distinguent, malgré leur férocité, par leur industrie et leur civilisation ; lat. S. 13° 15', long. O. 171°—176°.

BOUGAINVILLE ou **MATOUREU**, riv. et petit port dans le dist. de Wédéah de la presqu'île de Tahiti-Nue de l'île de Tahiti, dans l'archipel de Tahiti, Océanie.

BOUGAINVILLE, vg. de Fr., Somme, arr. d'Amiens, cant. de Molliens-Vidame, poste de Quévauvillers ; 1000 hab.

BOUGARBER, vg. de Fr., Basses-Pyrénées, arr. et poste de Pau, cant. de Lescar ; 440 hab.

BOUGÉ-CHAMBALUD, vg. de Fr., Isère, arr. de Vienne, cant. de Roussillon, poste du Péage ; 940 hab.

BOUGES, vg. de Fr., Indre, arr. de Châteauroux, cant. et poste de Levroux ; 720 h.

BOUGEY, vg. de Fr., Haute-Saône, arr. de Vesoul, cant. de Combeaufontaine, poste de Jussey ; 480 hab.

BOUGIE ou **BUGIA**, **BODJÉYAH**, **BONS-JÉGA**, *Chobœ*, v. forte et bien peuplée de la rég. d'Alger, Afrique, à l'embouchure de la riv. de Zowah ou Bougie, dans un golfe de la Méditerranée, à 30 l. O.-N.-O. de Constantine. Elle est remarquable par son port vaste et sûr, par les mines de fer qu'on exploite dans ses environs, et fameuse surtout par l'invention des chandelles de cire auxquelles elle a donné son nom. Des relations modernes représentent la population des environs de Bougie comme la plus sauvage et la plus dangereuse de toutes celles qui habitent le territoire de la régence d'Alger. La ville, prise par les Algériens sur les Espagnols, après l'expédition malheureuse de Charles-Quint contre Alger en 1541, est aujourd'hui occupée par les Français. Elle a des fabr. d'ustensiles en fer et fait le commerce d'huile, de savon, de cire, de fruits secs, de bois de construction, etc. ; 6000 hab.

BOUGIE, *Audus*, riv. de la rég. d'Alger, Afrique ; elle est formée par la réunion de l'Adouse, du Zowah et du Summan, qui viennent du versant septentrional du mont Atlas ; elle se jette dans la Méditerranée à Bougie.

BOUGIVAL, vg. de Fr., Seine-et-Oise, arr. de Versailles, cant. de Marly-le-Roi, poste de Rueil ; exploitation de pierres à fusil ; aciers fondus et damas estimés ; 1060 hab.

BOUGLAINVAL, vg. de Fr., Eure-et-Loir, arr. de Chartres, cant. et poste de Maintenon ; 400 hab.

BOUGLIGNY, vg. de Fr., Seine-et-Marne, arr. de Fontainebleau, cant. et poste de Château-Landon ; 600 hab.

BOUGLON, b. de Fr., Lot-et-Garonne, arr., à 3 1/2 l. S.-S.-O. et poste de Marmande, chef-lieu de canton ; 770 hab.

BOUGNEAU, vg. de Fr., Charente-Inférieure, arr. de Saintes, cant. et poste de Pons ; 670 hab.

BOUGNON, vg. de Fr., Haute-Saône, arr. de Vesoul, cant. et poste de Port-sur-Saône ; 610 hab.

BOUGON, vg. de Fr., Deux-Sèvres, arr. de Melle, cant. et poste de la Mothe-St.-Héraye ; 470 hab.

BOUGOULMA, v. de la Russie d'Europe, gouv. d'Orenbourg, chef-lieu du district du même nom ; 4700 hab.

BOUGOUROUSLANE, v. de la Russie d'Europe, gouv. d'Orenbourg, chef-lieu de district, sur le Maloi-Kinel ; 3000 hab.

BOUGUE, vg. de Fr., Landes, arr., cant. et poste de Mont-de-Marsan ; 710 hab.

BOUGUENAIS, b. de Fr., Loire-Inférieure, arr., et poste de Nantes, cant. de Bouaye ; 3290 hab.

BOUGY, vg. de Fr., Loiret, arr. d'Orléans, cant. et poste de Neuville-aux-Bois ; 200 hab.

BOUHANS, vg. de Fr., Saône-et-Loire, arr. de Louhans, cant. et poste de St.-Germain-du-Bois ; 520 hab.

BOUHANS-LES-GRAY, vg. de Fr., Haute-Saône, arr. et poste de Gray, cant. d'Autrey ; 530 hab.

BOUHANS-LES-LURE, vg. de Fr., Haute-Saône, arr., cant. et poste de Lure ; 540 h.

BOUHANS-LES-MONTBOZON, vg. de Fr., Haute-Saône, arr. de Vesoul, cant. et poste de Montbozon ; 240 hab.

BOUHET, vg. de Fr., Charente-Inférieure,

arr. de Rochefort-sur-Mer, cant. d'Aigrefeuille, poste de Surgères ; 470 hab.

BOUHEY, vg. de Fr., Côte-d'Or, arr. de Beaune, cant. et poste de Pouilly-en-Montagne ; 180 hab.

BOUHY, vg. de Fr., Nièvre, arr. de Cosne, cant. de St.-Amand-en-Puisaye, poste de Neuvy-sur-Loire ; 1760 hab.

BOUILDROUX, vg. de Fr., Vendée, com. de Thouarsais ; 400 hab.

BOUILH-D'ARRÉ. *Voyez* BOUILH-PEREUILH.

BOUILH-DEVANT, vg. de Fr., Hautes-Pyrénées, arr. de Tarbes, cant. et poste de Rabastens ; 180 hab.

BOUILH-PEREUILH, vg. de Fr., Hautes-Pyrénées, arr. et poste de Tarbes, cant. de Poyastruc ; 330 hab.

BOUILHONNAC, vg. de Fr., Aude, arr. et poste de Carcassonne, cant. de Capendu ; 200 hab.

BOUILLAC, vg. de Fr., Aveyron, arr. de Villefranche-de-Rouergue, cant. d'Asprières, poste d'Aubin ; 870 hab.

BOUILLAC, vg. de Fr., Dordogne, arr. de Bergerac, cant. de Cadouin, poste de Lalinde ; 340 hab.

BOUILLAC, vg. de Fr., Gironde, arr. et poste de Bordeaux, cant. de Carbon-Blanc ; 660 hab.

BOUILLAC, b. de Fr., Tarn-et-Garonne, arr. de Castelsarrasin, cant. de Verdun-sur-Garonne, poste de Grisolles ; 1300 hab.

BOUILLANCOURT, vg. de Fr., Somme, arr., cant. et poste de Montdidier ; 330 hab.

BOUILLANCOURT-EN-SÉRIE, vg. de Fr., Somme, arr. d'Abbeville, cant. de Gamaches, poste de Blangy ; 1140 hab.

BOUILLANCOURT-SUR-MIANNAY, vg. de Fr., Somme, com. de Moyenneville ; 330 h.

BOUILLANCY, vg. de Fr., Oise, arr. de Senlis, cant. et poste de Betz ; 460 bab.

BOUILLAND, vg. de Fr., Côte-d'Or, arr. de Beaune, cant. et poste de Bligny-sur-Ouche ; mine de fer ; 620 hab.

BOUILLANTE (la), b. de l'île de Guadeloupe, sur la rivière du même nom, chef-lieu de canton, arr. de Basse-Terre et à 3 l. N. de la ville de ce nom ; eaux thermales ; 2300 hab.

BOUILLARGUES, vg. de Fr., Gard, arr., cant. et poste de Nîmes ; 2700 hab.

BOUILLAS, vg. de Fr., Lot-et-Garonne, com. de Marmande ; 300 hab.

BOUILLE (la), b. de Fr., Seine-Inférieure, arr. de Rouen, cant. et poste de Grand-Couronne ; 1170 hab.

BOUILLÉ, vg. de Fr., Deux-Sèvres, com. de St.-Varent ; 210 hab.

BOUILLÉ, vg. de Fr., Vendée, arr. de Fontenay-le-Comte, cant. de Maillezais, poste d'Oulmes ; 560 hab.

BOUILLÉ-LORET, vg. de Fr., Deux-Sèvres, arr. de Bressuire, cant. d'Argenton-Château, poste de Thouars ; tanneries ; 1090 hab.

BOUILLÉ-MÉNARD, vg. de Fr., Maine-et-Loire, arr. et poste de Segré, cant. de Pouancé ; 820 hab.

BOUILLÉ-SAINT-PAUL, vg. de Fr., Deux-Sèvres, arr. de Bressuire, cant. et poste d'Argenton-Château ; 600 hab.

BOUILLIE (la), vg. de Fr., Côtes-du-Nord, arr. de Dinan, cant. de Matignon, poste de Lamballe ; 700 hab.

BOUILLON, *Ballio*, pet. v. du roy. de Belgique, prov. de Luxembourg, arr. et à 61. O.-S.-O. de Neufchâteau, dans une gorge profonde des Ardennes, arrosée par le Sémoy ; ancienne capitale du duché de même nom, qui appartenait en dernier lieu au duc de Rohan qui le céda, en 1822, au roi des Pays-Bas, contre une rente annuelle de 5000 écus ; château fort au sommet d'un roc inaccessible ; berceau des célèbres croisés Godefroi et Baudouin de Bouillon, morts rois de Jérusalem au commencement du douzième siècle ; 2600 hab.

BOUILLON, vg. de Fr., Manche, arr. d'Avranches, cant. et poste de Granville ; 640 hab.

BOUILLON (le), vg. de Fr., Orne, arr. d'Alençon, cant. et poste de Sées ; 300 hab.

BOUILLON, vg. de Fr., Basses-Pyrénées, arr. d'Orthez, cant. et poste d'Arzacq ; 330 hab.

BOUILLONVILLE, vg. de Fr., Meurthe, arr. de Toul, cant. et poste de Thiaucourt ; 260 hab.

BOUILLY, vg. de Fr., Aube, arr. et à 3 l. S.-S.-E. de Troyes, chef-lieu de canton et poste ; 830 hab.

BOUILLY, vg. de Fr., Loiret, arr. et cant. de Pithiviers, poste de Boynes ; 520 h.

BOUILLY, vg. de Fr., Marne, arr. de Reims, cant. de Ville-en-Tardenois, poste de Jonchery-sur-Vesle ; 120 hab.

BOUILLY, vg. de Fr., Yonne, arr. d'Auxerre, cant. et poste de St.-Florentin ; 420 hab.

BOUIN, vg. de Fr., Pas-de-Calais, arr. de Montreuil-sur-Mer, cant. et poste d'Hesdin ; 380 hab.

BOUIN, vg. de Fr., Deux-Sèvres, arr. de Melle, cant. et poste de Chef-Boutonne ; 380 bab.

BOUIN, *Bovinum*, île de Fr., Vendée, arr. et à 12 l. N.-N.-O. des Sables-d'Olonne ; elle est située au fond de la baie de Bourgneuf et n'est séparée de la terre ferme que par un canal très-étroit qui semble devoir se rétrécir encore, et peut-être se combler tout à fait ; car ce canal qui avait autrefois plus de 2000 mètres de largeur, n'en a plus aujourd'hui que 40. Cette île a une superficie de 3 l. c. ; elle est entourée de marais salants et traversée, de l'E. à l'O., par quatre canaux que les encombrements de sable ont enlevés à la navigation ; celui de Grand-Champ, au centre de l'île, est le seul qui soit encore navigable pour les bâteaux de 30 à 40 tonneaux. C'est sur cette île qu'abordèrent, en 820, les hordes de Normands qui désolèrent plus tard la France.

BOUIN, b. de Fr., sur l'île du même nom, Vendée, arr. des Sables-d'Olonne, cant. et poste de Beauvoir-sur-Mer ; il est situé presqu'au centre de l'île ; on y fait commerce de grains, de vin, de bétail et surtout de sel ; 2640 hab.

BOUINSK, v. de la Russie d'Europe, gouv. de Simbirsk, aux bords de la Karla et sur la frontière de Kasan ; forges ; 3000 hab.

BOUIS, vg. de Fr., Seine-et-Marne, com. de Chalautre-la-Petite ; 380 hab.

BOUISE (Saint-), vg. de Fr., Cher, arr., cant. et poste de Sancerre ; 450 hab.

BOUISSE, vg. de Fr., Aude, arr., de Carcassonne, cant. de Mouthoumet, poste de Davejean ; 720 hab.

BOUIX, vg. de Fr., Côte-d'Or, arr. de Châtillon-sur-Seine, cant. et poste de Laignes ; 440 hab.

BOUJAN, vg. de Fr., Hérault, arr., cant. et poste de Beziers ; 640 hab.

BOUJARONÉ ou SEBBA-ROUS (Sept-Pointes), *Promontorium Masilibyum*, cap sur la côte septentrionale de l'Afrique, rég. d'Alger, à 20 l. N. de Constantine.

BOUJEAILLES, vg. de Fr., Doubs, arr. de Pontarlier, cant. et poste de Levier ; 1060 hab.

BOUJEONS, vg. de Fr., Doubs, arr. de Pontarlier, cant. et poste de Mouthe ; 240 h.

BOUJON, vg. de Fr., Aisne, com. de Buironfosse ; 770 hab.

BOUKA ou ANSON, WINCHELSEA. *Voyez* SALOMON.

BOUKHARES (les) ou TADJIKS, SARTES, sont un peuple persan, probablement les descendants des anciens Bactriens et Sogdiens. Ils habitent la Boukharie, mais sont répandus dans les grandes villes de la Sibérie, de l'Asie centrale et de la Chine.

BOUKHAREST. *Voyez* BUKAREST.

BOUKHARIE (la), est la partie méridionale de la Tartarie ou du Turkestan. Elle se divise en Grande et en Petite-Boukharie.

BOUKHARIE (la Grande-) ou le MAWÉRALNAHAR, la *Transoxiane* des anciens, s'étend du Badakschan à l'E. jusqu'au lac d'Aral à l'O., de l'Amou-Daria au Syr-Daria. Ces deux fleuves, l'Oxus et l'Araxes des anciens, sont les principaux cours d'eau de ce pays qui se divise naturellement en trois parties : l'orientale, qui est la plus montueuse, est habitée par des Turcs mahométans divisés en petits états ; la septentrionale ou le bassin du Syr-Daria, autrefois très-peuplée, riche et bien cultivée jusqu'à l'invasion de Djingis-Khan et aux guerres des Ouzbeks, ce pays est aujourd'hui presque désert ; enfin l'occidentale, la Sogdiane des anciens est le sol des grandes villes du Turkestan, le siège de sa civilisation et de son commerce. Le commerce de la Grande-Boukharie, bien que considérable encore, était autrefois d'une plus grande impor-

tance ; il était alimenté à la fois par le transit et par l'industrie indigène ; les caravanes de Bokhara fournissaient à tout l'Orient les pierres précieuses qu'on trouve en si grande abondance dans les hautes vallées du Turkestan. La Boukharie fut longtemps soumise à la Perse, dont elle partagea la religion et la civilisation ; conquise successivement par Alexandre, par les rois grecs de la Bactriane, elle tomba entre les mains des califes arabes qui y introduisirent le mahométisme, encore aujourd'hui la religion générale des habitants. Les Turcs la possédèrent ensuite, mais Djingis-Khan vint détruire leurs royaumes avec la civilisation et le commerce. Elle fut comprise dans l'empire de Djagatai-Khan, le second fils de ce conquérant, et fut connue pendant quelque temps au moyen âge sous le nom de son souverain. Depuis 300 ans les Ouzbeks sont les maîtres de la Boukharie ; tout y est tombé dans une complète décadence. Comme la Boukharie ne forme plus un état, nous renvoyons à l'article TURKESTAN pour faire connaître ses divisions politiques actuelles et tout ce qui y a rapport.

BOUKHARIE (la Petite-), appelée aussi HAUTE-BOUKHARIE, TURKESTAN ORIENTAL, TOURFAN, est comprise aujourd'hui dans la prov. chinoise de Kan-Sou. C'est une vallée formée par les hautes chaînes du Mouz-tagh et des autres branches du Thian-chan, du Bolor et du Kuen-lun, tantôt fertile, tantôt déserte, couverte de sable et de rochers. L'Iarkiang-Daria est sa principale rivière. Le bouddhisme y régnait longtemps avant son introduction dans le Thibet ; au moyen âge les Ouigours y ont eu le centre de leur empire. La population actuelle se compose d'un million de Boukhares, qui font un grand commerce de caravanes avec la Perse, l'Inde, la Chine et la Russie ; puis de Mongols, de Chinois, de Mandchoux, etc. La ville commerçante et militaire la plus imposante est Kaschgar ; parmi les autres villes on cite Yarkand et Aksou où réside le gouverneur chinois.

BOUKOWINE. *Voyez* CZERNOWITZ.

BOULAC ou BOULAQ, v. de la Basse-Égypte, Afrique, dans l'île de même nom, sur la rive droite du Nil et à 3 l. N.-N.-O. du Caire, dont elle est le port ; douane, beaux bazars, bains superbes, vastes hôtelleries ; imprimerie arabe, persane et turque ; fabr. de soieries et d'indiennes ; très-beaux jardins ; commerce avec Rosette et Damiette pour les marchandises de l'Europe. En 1799, pendant le siége du Caire par les Français, Boulac a été incendié ; 18,500 h.

BOULAGES, vg. de Fr., Aube, arr. d'Arcis-sur-Aube, cant. et poste de Méry-sur-Seine ; 480 hab.

BOULAIE (la), vg. de Fr., Eure, com. de Plasnes ; 320 hab.

BOULAINCOURT, vg. de Fr., Vosges, arr., cant. et poste de Mirecourt ; 130 hab.

BOULAMA, une des principales îles de l'archipel des Bissagos, Afrique, vis-à-vis de l'embouchure du Géba et du Rio-Grande dans l'Océan Atlantique; elle a 5 milles de long et 2 à 3 milles de large; riche en forêts, excellents pâturages, en troupeaux de bêtes à cornes et en chevaux. Dans le siècle passé, les Français projetèrent à plusieurs reprises d'y fonder une colonie; plus tard elle fut le siège d'un petit établissement anglais, abandonné en 1793.

BOULANCOURT, vg. de Fr., Seine-et-Marne, arr. de Fontainebleau, cant. de la Chapelle-la-Reine, poste de Malesherbes; 280 hab.

BOULANGE, vg. de Fr., Moselle, arr. et poste de Briey, cant. d'Audun-le-Roman; 550 hab.

BOULANGER, gr. baie sur la côte N.-O. de l'île Van-Diemen, entre les caps Buache et Berthoud.

BOULANGER, cap sur la côte occ. de l'île Rottnest, Nouvelle-Hollande, Océanie.

BOULANGER, cap sur la côte sept. de l'île Marie, au S.-E. de celle de Van-Diemen, Océanie.

BOULANGER, pet. île sur la côte occ. de la Nouvelle-Hollande, Océanie, au N. de l'île Lancelin.

BOULAUR, vg. de Fr., Gers, arr. et poste d'Auch, cant. de Saramon; 450 hab.

BOULAY (le), ham. de Fr., Côtes-du-Nord, com. de St.-Denoual; 120 hab.

BOULAY (le), vg. de Fr., Indre-et-Loire, arr. de Tours, cant. et poste de Château-Renault; 800 hab.

BOULAY, vg. de Fr., Loiret, arr. et cant. d'Orléans, poste de Chevilly; 410 hab.

BOULAY, vg. de Fr., Mayenne, com. de Prez-en-Pail; 600 hab.

BOULAY, pet. v. de Fr., Moselle, arr. et à 5 l. E.-N.-E. de Metz, chef-lieu de canton et poste; fabr. de quincaillerie, outils de menuiserie et charpenterie, lames de fleurets, limes; tanneries, fabr. de colle forte, sel ammoniac et noir d'ivoire; 2690 hab.

BOULAY (le), vg. de Fr., Vosges, arr. d'Épinal, cant. et poste de Bruyères; 220 hab.

BOULAY-D'ACHÈRES, vg. de Fr., Eure-et-Loir, com. de Clévilliers-le-Moutiers; 230 hab.

BOULAYE (la), vg. de Fr., Saône-et-Loire, arr. d'Autun, cant. de Mesvres, poste de Toulon-sur-Arroux; 330 hab.

BOULAY-MORIN (le), vg. de Fr., Eure, arr., cant. et poste d'Évreux; 290 hab.

BOULAZAC, vg. de Fr., Dordogne, arr. et poste de Périgueux, cant. de St.-Pierre-de-Chignac; 630 hab.

BOULBON, vg. de Fr., Bouches-du-Rhône, arr. d'Arles-sur-Rhône, cant. et poste de Tarascon-sur-Rhône; 1040 hab.

BOULE (la), vg. de Fr., Ardèche, arr. et poste de l'Argentière, cant. de Valgorge; 950 hab.

BOULE, vg. de Fr., Drôme, arr. et poste de Die, cant. de Châtillon; 570 hab.

BOULE, vg. de Fr., Loiret, arr. d'Orléans, cant. et poste de Beaugency; culture de safran; 1500 hab.

BOULÉBANÉ, pet. v. de la Sénégambie, Afrique, capitale du pays de Bondou et résidence de l'almamy, chef religieux, à 20 l. S.-S.-E. de Bakel.

BOULE-D'AMON, vg. de Fr., Pyrénées-Orientales, arr. de Prades, cant. et poste de Vinça; 520 hab.

BOULES-LES-DRAILLES, ham. de Fr., Vosges, com. de Belle-Fontaine; 170 hab.

BOULE-TERNÈRE, vg. de Fr., Pyrénées-Orientales, arr. de Prades, cant. et poste de Vinça; fabr. de limes; 840 hab.

BOULEURS, vg. de Fr., Seine-et-Marne, arr. de Meaux, cant. et poste de Crécy; 580 hab.

BOULEUSE, vg. de Fr., Marne, arr. de Reims, cant. de Ville-en-Tardenois, poste Jonchery-sur-Vesle; 160 hab.

BOULIAC. *Voyez* BOUILLAC.

BOULIEU, vg. de Fr., Ardèche, arr. de Tournon, cant. et poste d'Annonay; 1230 h.

BOULIGNEUX, vg. de Fr., Ain, arr. de Trévoux, cant. de St.-Trivier-sur-Moignans, poste de Châtillon-les-Dombes; 400 hab.

BOULIGNEY, vg. de Fr., Haute-Saône, arr. de Lure, cant. de Vauvillers, poste de St.-Loup; 840 hab.

BOULIGNY, vg. de Fr., Meuse, arr. de Montmédy, cant. et poste de Spincourt; 410 hab.

BOULIN, vg. de Fr., Landes, com. de Montgaillard; 510 hab.

BOULIN, vg. de Fr., Hautes-Pyrénées, arr. et poste de Tarbes, cant. de Pouyastruc; 130 hab.

BOULINCOURT, vg. de Fr., Oise, com. d'Agnetz; 310 hab.

BOULLARRE, vg. de Fr., Oise, arr. de Senlis, cant. et poste de Betz; 220 hab.

BOULLAY-LES-DEUX-ÉGLISES, vg. de Fr., Eure-et-Loir, arr. de Dreux, cant. et poste de Châteauneuf-en-Thymerais; 340 h.

BOULLAY-MIVOYE (le), vg. de Fr., Eure-et-Loir, arr. de Dreux, cant. et poste de Nogent-le-Roi; 320 hab.

BOULLAY-THIERRY (le), vg. de Fr., Eure-et-Loir, arr. de Dreux, cant. et poste de Nogent-le-Roi; 540 hab.

BOULLERET, vg. de Fr., Cher, arr. de Sancerre, cant. de Leré, poste de Cosne; 1440 hab.

BOULLEVILLE, vg. de Fr., Eure, arr. de Pont-Audemer, cant. et poste de Beuzeville; 440 hab.

BOULOC, vg. de Fr., Haute-Garonne, arr. de Toulouse, cant. de Fronton, poste de St.-Jory; 860 hab.

BOULOC, vg. de Fr., Tarn-et-Garonne, arr. de Moissac, cant. et poste de Lauzerte; 600 hab.

BOULOGNE, *Bononia Vasconiæ*, pet. v.

de Fr., Haute-Garonne, arr. et à 6 l. N.-N.-O. de St.-Gaudens, chef-lieu de canton et poste; commerce de grains, châtaignes, lin et fer; 1800 hab.

BOULOGNE, vg. de Fr., Nord, arr., cant. et poste d'Avesnes; 400 hab.

BOULOGNE, vg. de Fr., Ardèche, arr. de Privas, cant. et poste d'Aubenas; 390 hab.

BOULOGNE, beau vg. de Fr., Seine, arr., à 3 1/2 S.-O. de St.-Denis, et à 1 1/2 O. de Paris, cant. de Neuilly, sur la rive droite de la Seine; il est grand, bien bâti et formé d'un grand nombre de jolies maisons de campagne. Les belles promenades du bois de Boulogne, situé entre ce village et la capitale, y attirent une foule considérable de promeneurs pendant la belle saison. Boulogne a des fabriques de cristaux, de produits chimiques, de cuirs et crépins, etc.; 6050 hab.

BOULOGNE, vg. de Fr., Vendée, arr. de Bourbon-Vendée, cant. et poste des Essarts; 560 hab.

BOULOGNE-LA-GRASSE, vg. de Fr., Oise, arr. de Compiègne, cant. et poste de Ressons; 790 hab.

BOULOGNE-SUR-MER, *Gessoriacum*, v. forte et port de Fr., Pas-de-Calais, chef-lieu d'arrondissement, à 23 l. N.-O. d'Arras, et 50 l. N.-N.-O. de Paris; siège de tribunaux de première instance et de commerce, conservation des hypothèques et directions des contributions et des douanes. Cette ville est située à l'extrémité de la vallée de la Liane, près de l'embouchure de cette rivière dans la Manche; elle est divisée en ville haute et basse. La ville haute est bâtie sur la colline ou mont Lambert; elle a de belles constructions, un vieux château, reste des anciennes fortifications, deux places publiques ornées de jolies fontaines, un mur d'enceinte et un rempart sur lequel se trouve une promenade d'autant plus agréable, que l'on y jouit d'une perspective magnifique, bornée par les côtes de l'Angleterre, que l'on y distingue parfaitement quand l'atmosphère est pure. La ville basse, construite sur la pente et au pied de la colline Lambert, le long de la Liane, présente la forme d'un triangle; elle est plus grande et plus peuplée que la ville haute; ses rues sont mieux percées et plus larges; c'est le quartier du commerce. Les édifices et établissements dignes d'être remarqués, sont : le collége, l'hôpital général, vaste et beau bâtiment fondé en 1692; l'hôtel des bains, les casernes, l'hôtel de la sous-préfecture, le théâtre, les musées d'histoire naturelle, d'antiquités et de tableaux, la bibliothèque riche de 22,000 volumes, et près de la ville la colonne de la grande armée, monument fondé à l'époque de notre gloire militaire. On remarque dans cette ville la maison où habita et mourut, le 17 novembre 1747, Lesage (Alain-René), l'auteur spirituel du Diable boiteux et de Gil-Blas. Boulogne possède aussi une école d'hydrographie et des sociétés d'agriculture, de commerce, des sciences et des arts.

Le port de Boulogne est vaste mais peu profond, et les navires ne peuvent y entrer qu'avec la marée, quoiqu'on y ait exécuté beaucoup de travaux d'amélioration; les bâtiments de guerre ne peuvent pénétrer que jusqu'à la rade St.-Jean. Il part chaque jour des paquebots pour Douvres, et quand le vent est bon, la traversée se fait en deux heures. Il règne beaucoup d'activité à Boulogne sous le rapport industriel et commercial. On y trouve des fabriques de toiles, d'étoffes de laine, de filets de pêcheurs, de poterie, de faïencerie, de verreries; des brasseries, des raffineries de sucre, etc.; commerce de denrées coloniales, de sel, de genièvre, de faïence, d'eau-de-vie, de vins, de thé, de dentelles, de tulles, de toiles fines, de chanvre du Nord, etc. La pêche est une des sources principales de la prospérité de cette ville, qui fait des armements pour le pêche de la morue, du hareng et du maquereau; foires : les 10 mai, 10 juillet et 11 novembre; 25,800 hab.

Boulogne avait encore, il y a moins de quarante ans, des restes de monuments romains qui attestaient sa haute antiquité. C'est dans son port que César s'embarqua pour la Grande-Bretagne. Des pirates s'étant emparés de cette ville, Constance Chlore l'assiégea et la détruisit en grande partie. Elle répara ses désastres; mais vers la fin du neuvième siècle, les Normands la saccagèrent entièrement, et tous les édifices de l'époque romaine disparurent; les barbares n'y laissèrent que des ruines, sur lesquelles s'éleva bientôt une nouvelle ville qui eut ses comtes particuliers. En 1231, le comté de Boulogne passa par mariage à Philippe de France. Henri VIII s'en empara en 1544, et augmenta les fortifications de la ville. Elle fut restituée à la France en 1550. Charles-Quint la prit en 1553, après un siège de six semaines. Rendue à la France après la paix de Câteau-Cambresis, elle n'en a plus été séparée. En 1804, Napoléon ayant résolu d'opérer une descente en Angleterre, réunit une armée de 100,000 hommes sur la plage de Boulogne; et ce hardi projet aurait probablement reçu son exécution, si le gouvernement britannique n'avait adroitement détourné l'orage en suscitant à l'empereur une nouvelle guerre en Allemagne. *Voyez* AUSTERLITZ.

BOULOIRE, b. de Fr., Sarthe, arr. et à 4 l. O.-N.-O. de St.-Calais, chef-lieu de canton et poste; commerce de grains et de vinaigre d'Orléans; 2100 hab.

BOULON, vg. de Fr., Calvados, arr. de Falaise, cant. de Bretteville-sur-Laize, poste de May-sur-Orne; 600 hab.

BOULOT, vg. de Fr., Haute-Saône, arr. de Vesoul, cant. et poste de Rioz; 310 hab.

BOULOU (le), *Ad Stabulum*, b. de Fr.,

Pyrénées-Orientales, arr., cant. et poste de Céret; fabr. de liége; 1080 hab.

BOULOUNEIX, vg. de Fr., Dordogne, arr. de Nontron, cant. de Champagnac, poste de Brantôme; 620 hab.

BOULOUZE (la), vg. de Fr., Manche, arr. et poste d'Avranches, cant. de Ducey; 180 h.

BOULT, vg. de Fr., Haute-Saône, arr. de Vesoul, cant. et poste de Rioz; papeteries, tuileries, poteries, tréfilerie; 740 hab.

BOULT-AUX-BOIS. *Voyez* BOUX-AUX-BOIS.

BOULT-SUR-SUIPPE, vg. de Fr., Marne, arr. de Reims, cant. de Bourgogne, poste d'Isles-sur-Suippe; foulerie; 1310 hab.

BOULVÉ ou **LE VOULVÉ**, vg. de Fr., Lot, arr. de Cahors, cant. et poste de Montcuq; 828 hab.

BOULZICOURT, vg. de Fr., Ardennes, arr. et poste de Mézières, cant. de Flize; fil de laine; 710 hab.

BOUMOURT, vg. de Fr., Basses-Pyrénées, arr. d'Orthez, cant. d'Arthez, poste de Lacq; 220 hab.

BOUNDARY, lac considérable dans les Western-Mountains de l'île Van-Diemen, Océanie.

BOUNDBROOK, pet. v. des États-Unis de l'Amérique du Nord, état de New-Jersey, comté de Sommersets dont elle est le chef-lieu, au confluent du Ruritan et du Boundbrook; agriculture, commerce; 1700 hab.

BOUNDI ou **BOONDEE**, principauté de l'Inde, tributaire depuis 1818 des Anglais, située à l'O. du roy. de Sindbia. Le chef-lieu porte le même nom et est la résidence du radjah.

BOUNIAGUES, vg. de Fr., Dordogne, arr. de Bergerac, cant. et poste d'Issigeac; 520 hab.

BOUNTIFAT. *Voyez* WELLESLEY.

BOUNTY, groupe de petites îles et d'îlots inhabités dans le grand Océan Austral, au S.-E. de la Nouvelle-Séelande, Océanie, dont ce groupe peut être regardé comme une dépendance géographique; découvert, en 1788, par Bligh. Lat. S. 47° 44', long. E. 176° 36'.

BOUPÈRE (le), b. de Fr., Vendée, arr. de Fontenay-le-Comte, cant. et poste de Pouzauges; mine d'antimoine; 2330 hab.

BOUPIE, v. d'Afrique, rég. de la Nigritie maritime, Haute-Guinée, côte des Dents, roy. d'Inta, à seize journées N. de Coumassie.

BOUQUEHAULT, vg. de Fr., Pas-de-Calais, arr. de Boulogne-sur-Mer, cant. et poste de Guines; 660 hab.

BOUQUELON, vg. de Fr., Eure; arr. et poste de Pont-Audemer, cant. de Quillebœuf; 410 hab.

BOUQUEMAISON, vg. de Fr., Somme, arr., cant. et poste de Doullens; 1130 hab.

BOUQUEMONT, vg. de Fr., Meuse, arr. de Commercy, cant. de Pierrefitte, poste de St.-Mihiel; 370 hab.

BOUQUENOM. *Voyez* SAAR-UNION.

BOUQUET, vg. de Fr., Gard, arr. d'Alais, cant. et poste de St.-Ambroix; 400 hab.

BOUQUETOT, vg. de Fr., Eure, arr. de Pont-Audemer, cant. de Routot, poste de Bourgachard; 960 hab.

BOUQUEVAL, vg. de Fr., Seine-et-Oise, arr. de Pontoise, cant. et poste d'Écouen; 140 hab.

BOUQUIGNY, ham. de Fr., Marne, com. de Troissy; 220 hab.

BOURANTON, vg. de Fr., Aube, arr. et poste de Troyes, cant. de Lusigny; 290 hab.

BOURAY, vg. de Fr., Seine-et-Oise, arr. d'Étampes, cant. de la Ferté-Aleps, poste d'Arpajon; 600 hab.

BOURBACH-LE-BAS, vg. de Fr., Haut-Rhin, arr. de Belfort, cant. et poste de Thann; 950 hab.

BOURBACH-LE-HAUT, vg. de Fr., Haut-Rhin, arr. de Belfort, cant. et poste de Thann; 500 hab.

BOURBENAUD, vg. de Fr., Loire, com. de Rozier-en-Donzy; 350 hab.

BOURBERAIN, vg. de Fr., Côte-d'Or, arr. de Dijon, cant. et poste de Fontaine-Française; 650 hab.

BOURBEVELLE, vg. de Fr., Haute-Saône, arr. de Vesoul, cant. et poste de Jussey; 380 hab.

BOURBON (Port-), port d'Afrique, sur la côte S.-E. de l'île Maurice, autrement appelé Port-Grand, Gros-Port, Port-Sud-Est, Port-Impérial; à son entrée se trouve l'île de la Passe. Plus au N. est situé le bourg Mahé, sur la rivière Aigrettes.

BOURBON, pet. île d'Afrique, du groupe des îles Bijuga, sur la côte de la Nigritie occidentale, Sénégambie.

BOURBON (île), en Afrique, Océan Indien, possession française, Nascareigne des Portugais qui s'en étaient rendus maîtres en 1545, Bourbon, Réunion, Bonaparte ou Napoléou des Français. Sa plus grande longueur au S.-E. est de 20 l., sa plus grande largeur est de 15 l. et sa circonférence, y compris les baies, est de 60 l. Son climat est sain. On y trouve des chevaux, des bêtes à cornes, des porcs, des chèvres et des abeilles; le poisson y abonde. On en exporte du sucre brut, du café, du coton, du benjoin, des girofles, de l'indigo, des peaux brutes, du poivre, du piment, du bois d'ébénisterie, du cacao. Dans les jardins on trouve des roses, du jasmin, des grenats, des pêches, des ananas, des melons et tous nos légumes. Il y a deux volcans, l'un au S. et l'autre au N.; ce dernier est éteint. Ses montagnes sont très-hautes et le point culminant est le Piton des Neiges, de 3067 mètres. Elle est divisée en deux arrondissements, St.-Denis et St.-Paul, et en six cantons. En 1831, la population était de 97,930 âmes.

BOURBON, comté de l'état de Kentucky, États-Unis de l'Amérique du Nord; il est entouré des comtés de Harrison, de Nicholas, de Bath, de Montgoméry, de Clarke, de Fayette et de Scott et renferme 18,400 habitants. Un bras du Licking avec ses affluents traverse ce comté, dont le sol est très-fertile.

BOURBON-LANCY, *Aquæ Misinei*, v. de Fr., Saône-et-Loire, arr. et à 10 l. N.-O. de Charolles, chef-lieu de canton, sur une colline près de la rive droite de la Loire, dans un site fort pittoresque; elle est dominée par un vieux château, bâti sur le sommet d'un rocher. C'est dans le faubourg St.-Léger que se trouvent les sources thermales, renommées pour la guérison des maladies de nerfs et des rhumatismes. Les eaux sont distribuées dans plusieurs bassins, parmi lesquels on en remarque un appelé le Grand-Bain, construit et pavé en marbre. Plusieurs édifices antiques, dont on a retrouvé des débris, attestent que les sources de Bourbon-Lancy étaient connues et fréquentées par les Romains. Ce n'est qu'au seizième et au dix-septième siècle que de nouveaux édifices furent élevés sur les ruines des anciens monuments détruits sans doute par les barbares. 2850 hab.

BOURBON-L'ARCHAMBAUD, *Borvo, Aquæ Borvonis*, pet. v. de Fr., Allier, arr. et à 6 l. O. de Moulins, chef-lieu de canton et poste; elle est remarquable par ses eaux thermales; elle a un établissement de bains, avec une belle salle de réunion, un hôpital militaire et une fort jolie promenade. On y visite aussi les ruines du château de Bourbon dont les restes attestent une antique importance. Cette ville a peu d'industrie et de commerce; on n'y fabrique que quelques étoffes pour la consommation du pays; on y engraisse du bétail; 3020 hab.

C'est à Bourbon-l'Archambaud que mourut, en 1707, la célèbre marquise de Montespan, concubine de Louis XIV.

BOURBONNAIS, *Bojorum Ager*, ci-devant prov. de Fr., bornée au N. par le Nivernais et le Berry, à l'O. par le Berry, au S. par l'Auvergne et une partie de la Marche, et à l'E. par la Bourgogne et le Lyonnais. Elle faisait sous les Romains partie de la Ire Aquitaine et était habitée par les Eduens, les Alverniens, les Bituriges et les Boïens. Ces derniers étaient des captifs de César, auxquels les Eduens accordèrent des établissements. Lors de l'invasion des barbares, les Visigoths s'en emparèrent; mais après la victoire de Vouillé, remportée par Clovis sur Alaric, elle passa sous la domination des Francs et fut comprise successivement dans les royaumes d'Orléans, d'Austrasie et d'Aquitaine, jusque vers la fin du huitième siècle. Le Bourbonnais eut alors ses princes particuliers qui s'intitulaient sires, barons ou comtes. Aimar Ier, descendant d'un frère de Charles Martel, fut le premier sire de Bourbon, en 913. Un de ses descendants, Archambaud Ier, en 959, donna probablement son nom à la ville de Bourbon l'Archambaud. Cette première branche de la maison de Bourbon finit au commencement du treizième siècle par la mort d'Archambaud VIII qui ne laissa qu'une fille, Mahaut de Bourbon. Celle-ci transmit par mariage la sirerie du Bourbonnais à Gui de Dampierre, seigneur de St.-Dizier, qui fut le chef de la seconde maison de Bourbon. Son fils, Archambaud IX, tué à la bataille de Taillebourg, en 1242, fut un des plus illustres seigneurs de Bourbon. Plusieurs communes de cette province lui durent leur affranchissement. Archambaud X, qui lui succéda, accompagnant St.-Louis à la Terre-Sainte, mourut à l'île de Chypre, en 1249. Avec lui s'éteignit la seconde branche de Bourbon, connue sous le nom de Bourbon-Dampierre. Beatrix de Bourgogne, petite-fille d'Archambaud X, héritière du Bourbonnais, en 1283, par la mort de sa mère Agnès, femme de Jean de Bourgogne, avait épousé Robert de France, fils de St.-Louis. Louis Ier, surnommé le Grand, fils de Robert, prit le titre de duc de Bourbon; et, en 1327, Charles-le-Bel érigea le Bourbonnais en duché-pairie qui resta aux descendants de Louis jusqu'à l'époque où le connétable de Bourbon, qui s'insurgea contre François Ier, fut tué, en 1527, au siège de Rome. Cette province fut alors confisquée et réunie à la couronne. Elle fut depuis l'apanage ou le douaire de divers princes et princesses de la famille royale. En 1651, Louis XIV la donna, en échange du duché d'Albret et de quelques autres domaines, au prince de Condé dont les descendants en jouirent jusqu'à la révolution. Le Bourbonnais forma depuis le département de l'Allier. Le dernier descendant des Condé, qui portait le titre de duc de Bourbon, mourut, suicidé suivant les uns, et assassiné suivant les autres, au mois d'août 1830.

BOURBONNE-LES-BAINS, *Aquæ Borvonis*, v. de Fr., Haute-Marne, arr. et à 7 l. E. de Langres, chef-lieu de canton; elle est située dans un vallon agréable, sur la petite rivière d'Apence; ses eaux thermales, auxquelles elle doit toute son importance, étaient connues depuis une époque fort reculée, les restes d'édifices romains que l'on y voit en sont une preuve irrécusable, et cette ville est sans doute très-ancienne, malgré son aspect tout moderne que l'on doit attribuer aux constructions nouvelles qui ont remplacé la plupart des maisons détruites par un incendie, en 1717. Ses édifices les plus remarquables sont : l'hôtel de ville, dont le premier étage renferme plusieurs beaux salons disposés pour l'agrément et les plaisirs des habitants et des étrangers; on y trouve une salle de bal, des salons de lecture, de concert, de billard, etc.; l'hospice civil, un hôpital militaire, l'établissement thermal, décoré d'un élégant péristile et renfermant un grand nombre de cabinets de bains, etc.; Bourbonne a trois sources minérales, connues sous les noms de Fontaine de la Place ou Matrolle, près des bains civils ; le Puisart ou Fontaine des bains civils, et Bain Patrice. La première est renfermée dans un bâtiment dont la construction imite celle des temples antiques ; la seconde est dans des puits très-profonds, et les eaux du Bain Patrice sont dépendantes de l'hôpital militaire dont elles alimentent les bains. Ces eaux sont particulièrement renommées pour la guérison des rhumatismes, des paralysies et des fractures mal réduites. Bourbonne a aussi de belles promenades ; celles de Montmorency, d'Orfeuille et de la Place sont les plus jolies; 3280 hab.

BOURBON-VENDÉE, v. de Fr., chef-lieu du département de la Vendée, à 90 l. S.-O. de Paris ; siège d'un tribunal de première instance, d'une direction des douanes, d'une conservation des hypothèques et d'une direction des contributions directes et indirectes. Cette ville assez jolie, bâtie il y a moins de quarante ans sur les ruines de l'ancienne Roche-sur-Yon, est située sur une colline baignée par la petite rivière Yon ; elle a plusieurs beaux édifices, parmi lesquels on remarque la grande caserne, des rues larges et bien alignées, un collége communal, une bibliothèque de 5000 volumes et une société d'agriculture, de sciences et arts. L'industrie a fait peu de progrès dans cette ville ; le commerce y est sans importance et se borne presqu'entièrement à la vente des bestiaux. Foires ou plutôt marchés de bestiaux, le deuxième lundi de chaque mois ; 3904 hab.

Roche-sur-Yon était un misérable bourg bâti sous la protection d'un vaste château dont il prit le nom. En 1369, il fut livré aux Anglais par la trahison de Blondeau qui en était gouverneur pour le comte d'Anjou. Ce traître fut peu de jours après enfermé dans un sac et jeté à l'eau. Quatre ans après, le château fut repris par Olivier Clisson, nommé plus tard connétable. Il souffrit aussi pendant les guerres religieuses et Louis XIII en fit enfin démolir les fortifications. Pendant les guerres de la révolution, Roche-sur-Yon fut plusieurs fois ravagée, et lorsque la Vendée fut pacifiée, ce bourg ne comptait pas 800 habitants. En 1808, Napoléon lui accorda par un decret une somme de trois millions de francs destinés à la construction de plusieurs édifices qui font l'ornement de cette nouvelle ville. Sous l'empire elle portait le nom glorieux de Napoléon-Ville que la restauration lui a enlevé et que ses habitants réclament vainement depuis plusieurs années.

BOURBOULE, vg. de Fr., Puy-de-Dôme, com. de Murat-le-Quaire ; sources thermales, bains fréquentés ; 110 hab.

BOURBOURG, *Broburgum Morinorum*, pet. v. de Fr., Nord, arr. et à 3 l. S.-O. de Dunkerque, chef-lieu de canton, près du canal du même nom ; fabr. de poterie, tuilerie et de tabac ; commerce de bestiaux ; 2530 hab.

Cette petite ville était, avant le règne de Louis XIV, le centre d'une petite principauté qui retourna à la couronne de France avec la Flandre et le Hainaut.

BOURBOURG (canal de). *Voyez* DUNKERQUE (canaux de).

BOURBOURG-CAMPAGNE, vg. de Fr., Nord, arr. de Dunkerque, cant. et poste de Bourbourg ; 2040 hab.

BOURBOURVILLE. *Voyez* KNOX.

BOURBRE (la), riv. de Fr., Isère ; elle sort de l'étang de Chabons, dans le canton de Grand-Lemps, passe par la Tour-du-Pin et par Bourgoin ; sa direction est d'abord N., puis O. ; elle tourne ensuite de nouveau vers le N. et se jette dans le Rhône près d'Authon, après un cours de 10 l.

BOURBRIAC, vg. de Fr., Côtes-du-Nord, arr. et à 2 l. S. de Guincamp, chef-lieu de canton, poste de Plésidy ; 3830 hab.

BOURB-ZOLOF, roy. d'Afrique, région de l'Afrique occidentale, Sénégambie. C'était autrefois le plus grand royaume de cette partie de l'Afrique, mais plusieurs de ses provinces se sont déclarées indépendantes. Le roi est despote et professe, comme la plupart de ses sujets, le fétichisme ; les mahométans y ont cependant beaucoup d'influence. Le pays est plat et en partie couvert de forêts d'arbres à gomme ; on y cultive du millet et des légumes en grande quantité, du coton, de l'indigo et du tabac.

BOURCEFRANC, vg. de Fr., Charente-Inférieure, com. de Marennes ; 440 hab.

BOURCIA, vg. de Fr., Jura, arr. de Lons-le-Saulnier, cant. de St.-Julien, poste de Coligny ; 500 hab.

BOURCQ, vg. de Fr., Ardennes, arr., cant. et poste de Vouziers ; 460 hab.

BOURDABREN (le), ham. de Fr., Dordogne, com. de St.-Pierre-d'Eyraud ; 150 h.

BOURDAINVILLE, vg. de Fr., Seine-Inférieure, arr. et poste d'Yvetot, cant. d'Yerville ; 450 hab.

BOURDALAT, vg. de Fr., Landes, arr. et poste de Mont-de-Marsan, cant. de Villeneuve ; 530 hab.

BOURDEAUX, b. de Fr., Drôme, arr. et à 7 l. S.-O. de Die, chef-lieu de canton, poste de Saillans ; fabr. de ratine et de soie ouvrée ; fruits excellents ; 1280 hab.

BOURDEILLES, pet. v. de Fr., Dordogne, arr. et à 4 l. N.-O. de Périgueux, cant. de Brantôme, poste ; elle est agréablement située sur la Dronne, et renferme des fabr. de serges, étamines, cadis et de bonneterie ; 1640 hab. Bourdeilles a un château fort ancien, qui fut pris et occupé par les Anglais jusqu'à leur expulsion, vers le milieu du quinzième siècle.

BOURDEIX (le), vg. de Fr., Dordogne, arr., cant. et poste de Nontron ; 550 hab.

BOURDELINS (les), vg. de Fr., Cher, com. d'Ourouer ; 600 hab.

BOURDELLES, vg. de Fr., Gironde, arr., cant. et poste de la Réole ; 370 hab.

BOURDENAY, vg. de Fr., Aube, arr. de Nogent-sur-Seine, cant. et poste de Marcilly-le-Hayer; 240 hab.

BOURDERIE (la), vg. de Fr., Isère, com. de St.-Laurent-du-Pont; 300 hab.

BOURDET (le), vg. de Fr., Deux-Sèvres, arr. de Niort, cant. et poste de Mauzé; 580 hab.

BOURDETTES, vg. de Fr., Basses-Pyrénées, arr. de Pau, cant. et poste de Nay; 270 hab.

BOURDIC, vg. de Fr., Gard, arr. et poste d'Uzès, cant. de St.-Chaptes; 280 hab.

BOURDIGOU (canal de). *Voyez* GRAU-DU-ROI (canal du).

BOURDON, vg. de Fr., Somme, arr. d'Amiens, cant. et poste de Picquigny; 550 h.

BOURDONNAY, vg. de Fr., Meurthe, arr. de Château-Salins, cant. de Vic, poste; 1030 hab.

BOURDONNÉ, ham. de Fr., Eure, com. de Hauville; 270 hab.

BOURDONNÉ, vg. de Fr., Seine-et-Oise, arr. de Mantes, cant. et poste de Houdan; 550 hab.

BOURDON, île dans le St.-Laurent, dist. de Montréal, Bas-Canada.

BOURDONS, vg. de Fr., Haute-Marne, arr. de Chaumont-en-Bassigny, cant. et poste d'Andelot; 590 hab.

BOURÉ, pays d'Afrique, région de la Nigritie centrale, Soudan, appartenant au bassin du Djoliba ou Kouarra, habité par les Djaloukés, régis par un chef mahométan. Ce pays est très-montueux et important par l'exploitation de ses riches mines d'or, dont le produit se répand dans tout le Soudan et dans les établissements anglais et français de la côte. La capitale porte le même nom.

BOURÉCJA ou **EL-BARRIGA**. *Voyez* MAZAGAN.

BOURECQ, vg. de Fr., Pas-de-Calais, arr. de Béthune, cant. de Norrent-Fontes, poste de Lillers; 520 hab.

BOURESCHES, vg. de Fr., Aisne, arr., cant. et poste de Château-Thierry; 250 hab.

BOURESSE, vg. de Fr., Vienne, arr. de Montmorillon, cant. et poste de Lussac; 1150 hab.

BOURÈTES ou **BOURATS**, **BRAZAI**, peuplade asiatique, d'origine mongole, de religion boudhiste, soumise à la Russie. Elle habite les confins de la Daourie et de la Chine (gouv. russe d'Irkutsk), au S. et en partie au N. du lac Baïkal.

BOURETOUT (le), vg. de Fr., Seine-Inférieure, com. d'Anglesqueville-la-Bras-Long; 250 hab.

BOURET-SUR-CANCHE, vg. de Fr., Pas-de-Calais, arr. de St.-Pol-sur-Ternoise; cant. d'Auxy-le-Château, poste de Frévent; 280 hab.

BOUREUILLES, vg. de Fr., Meuse, arr. de Verdun-sur-Meuse, cant. et poste de Varennes-en-Argonne; 900 hab.

BOUREY, vg. de Fr., Manche, arr. de Coutances, cant. et poste de Bréhal; 360 h.

BOURG. *Voyez* BOURG-EN-BRESSE.

BOURG, pet. v. de Fr., Gironde, arr. et à 3 l. S.-S.-E. de Blaye, chef-lieu de canton. Cette ville, située sur la rive droite de la Dordogne, au confluent de cette rivière et de la Garonne, a un petit port où l'on fait commerce de grains et de vins. Belles carrières de pierres dites de Roques et de Bourg. On voit près de Bourg les ruines d'une ancienne abbaye; 2470 hab.

BOURG (le), vg. de Fr., Lot, arr. de Figeac, cant. et poste de la Capelle-Marival; 620 hab.

BOURG, vg. de Fr., Haute-Marne, arr. et poste de Langres, cant. de Longeau; 300 h.

BOURG (le), vg. de Fr., Puy-de-Dôme, com. d'Arlanc; 600 hab.

BOURG, vg. de Fr., Hautes-Pyrénées, arr. et poste de Bagnères-en-Bigorre, cant. de Lannemezan; 800 hab.

BOURG, vg. de Fr., Haut-Rhin, arr. et poste de Belfort, cant. de Giromagny; 160 h.

BOURG (le), vg. de Fr., Seine-Inférieure, com. de Fontaine-le-Bourg; 250 hab.

BOURGACHARD, b. de Fr., Eure, arr. de Pont-Audemer, cant. de Routot, poste; on y élève des béliers-mérinos, race de Naz; riche pépinière d'arbres fruitiers; 1220 hab.

BOURGADE (la), vg. de Fr., Tarn-et-Garonne, arr. de Castelsarrasin, cant. de St.-Nicolas-de-la-Grave, poste de Beaumont-de-Lomagne; 420 hab.

BOURGAGE (le), ham. de Fr., Nord, com. de la Chapelle-d'Armentières; 200 hab.

BOURGALTROFF, vg. de Fr., Meurthe, arr. de Château-Salins, cant. et poste de Dieuze; 620 hab.

BOURGANEUF, pet. v. de Fr., Creuse, chef-lieu d'arrondissement, sur le Thorion, à 7 l. S.-S.-O. de Guéret, poste, tribunal de première instance, conservation des hypothèques; elle a des fabr. de papiers, de porcelaine, de toiles de chanvre et de tuiles; exploitation de marbre et de pierres de taille; 2940 hab.

Cette ville est célèbre dans l'histoire par le séjour qu'y fit en 1482 le prince Zizim, frère de l'empereur turc Bajazet. Pierre d'Aubusson, grand-maître de l'ordre de St.-Jean-de-Jérusalem, pour soustraire ce malheureux prince à la vengeance de Bajazet, le fit passer en France et le plaça au grand prieuré de Bourganeuf, dont d'Aubusson était commandeur. Une grosse tour que l'on voit à Bourganeuf porte encore le nom de Zizim, et l'on croit que ce fut le prince turc qui la fit construire.

BOURG-ARCHAMBAULT, vg. de Fr., Vienne, arr., cant. et poste de Montmorillon; 240 hab.

BOURG-ARGENTAL, pet. v. de Fr., Loire, arr. et à 5 l. S.-E. de St.-Étienne, chef-lieu de canton, sur le Deaume, qui la traverse; elle est remarquable par ses belles pépinières et sa culture de mûriers;

éducation du ver à soie sina; fabr. de rubans, de crêpes, le lacets, de papiers et filat. de soie blanche pour blondes; 2500 hab.

BOURG-BARRÉ, vg. de Fr., Ille-et-Vilaine, arr., cant. et poste de Rennes; 1180 hab.

BOURG-BEAUDOIN, vg. de Fr., Eure, arr. des Andelys, cant. d'Ecouis, poste de Fleury-sur-Andelle; 810 hab.

BOURG-BLANC, vg. de Fr., Finistère, arr. de Brest, cant. de Plabennec, poste de Lannilis; commerce de miel; 1860 hab.

BOURG-BRUCHE, vg. de Fr., Vosges, arr. et poste de St.-Dié, cant. de Saales; 1260 hab.

BOURG-CHARENTE, vg. de Fr., Charente, arr. de Cognac, cant. de Segonzac, poste de Jarnac; 910 hab.

BOURG-COMIN, vg. de Fr., Aisne, arr. de Laon, cant. de Craonne, poste de Fismes; usine vitriolique; 360 hab.

BOURG-D'AVAL (le), vg. de Fr., Pas-de-Calais, com. de Lillers; 290 hab.

BOURG-DENIS (le). *Voyez* SAINT-LÉGER-DU-BOURG-DENIS.

BOURG-DÉOLS ou BOURG-DIEU, b. de Fr., Indre, arr., cant. et à 1/2 l. N. de Châteauroux; il est remarquable par les ruines de l'abbaye de Déols, fondée au commencement du dixième siècle; 2100 hab.

BOURG-DES-COMPTES, vg. de Fr., Ille-et-Vilaine, arr. de Redon, cant. de Guichen, poste de Bain; 1710 hab.

BOURG-DE-SIROD, vg. de Fr., Jura, arr. de Poligny, cant. et poste de Champagnole; 260 hab.

BOURG-DES-MAISONS, vg. de Fr., Dordogne, arr. de Ribérac, cant. et poste de Verteillac; 280 hab.

BOURG-DE-THISY, vg. de Fr., Rhône, arr. de Villefranche-sur-Saône, cant. et poste de Thizy; 1740 hab.

BOURG-DE-VISA, b. de Fr., Tarn-et-Garonne, arr. et à 6 l. N.-O. de Moissac, chef-lieu de canton, poste de Lauzerte; 1020 h.

BOURG-D'HEM, vg. de Fr., Creuse, arr. de Guéret, cant. de Bonnat, poste de Genouillat; 1020 hab.

BOURG-DIEU. *Voyez* BOURG-DÉOLS.

BOURG-D'IRÉ (le), vg. de Fr., Maine-et-Loire, arr., cant. et poste de Segré; 1530 h.

BOURG-D'OISANS, *Forum Neronis*, b. de Fr., Isère, arr. et à 8 l. S.-E. de Grenoble, chef-lieu de canton; il est situé au centre d'une grande vallée environnée de hautes montagnes. Fabr. de toiles de coton; exploitation de mines de plomb et commerce de bétail et de chevaux; 3200 hab.

BOURG-D'OUEIL, vg. de Fr., Haute-Garonne, arr. de St.-Gaudens, cant. et poste de Bagnères-de-Luchon; 150 hab.

BOURG-DU-BOST, vg. de Fr., Dordogne, arr., cant. et poste de Ribérac; 460 hab.

BOURG-DUN (le), vg. de Fr., Seine-Inférieure, arr. de Dieppe, cant. d'Offranville, poste; 980 hab.

BOURG-DU-PÉAGE, b. de Fr., Drôme, arr. et à 4 1/2 l. N.-E. de Valence, chef-lieu de canton, poste de Romans; commerce de vins; 3620 hab.

BOURGEAUVILLE, vg. de Fr., Calvados, arr. et poste de Pont-l'Évêque, cant. de Dives; 360 hab.

BOURGEAUX, ham. de Fr., Jura, com. de Coges; 200 hab.

BOURG-EN-BRESSE, *Burgus Bressiæ*, v. de Fr., chef-lieu du département de l'Ain, sur la Reissousse, à 112 l. S.-E. de Paris; siége d'une cour d'assises, d'un tribunal de première instance, recette générale, direction de contributions, conservation des hypothèques, inspection des forêts, etc. Ses rues sont étroites et tortueuses, et un grand nombre de maisons sont construites en bois. La cathédrale, l'hôtel de ville, la salle de spectacle, l'hôtel de la préfecture, la halle aux blés sont les édifices les plus remarquables de la ville; bibliothèque de 19,000 volumes. On voit aussi les restes de l'ancien palais où résidaient quelquefois les ducs de Savoie, lorsqu'ils étaient maîtres de la Bresse. Mais le plus beau monument est situé hors de la ville; c'est l'église du faubourg ou village de Brou, tout près des portes de Bourg. C'est un édifice imposant, d'un style particulier, orné de sculptures gothiques, d'arabesques et de vitraux coloriés; il fut commencé en 1511 par Philibert II, duc de Savoie, pour l'accomplissement d'un vœu fait par sa mère Marguerite de Bourbon, femme du duc Philippe II. L'église de Brou renferme les tombeaux de Marguerite de Bourbon, de Philibert II et de Marguerite d'Autriche, femme de Philibert II. Ce lieu, qui, au dixième siècle, n'était qu'une épaisse forêt, devint célèbre, en 927, par la retraite de l'évêque de Mâcon, Gérard, qui y établit un ermitage, auquel le village de Brou doit son origine.

Bourg a des promenades très-agréables et de belles fontaines; l'une d'elles est un monument, élevé à la mémoire du brave Joubert (Barthélemy-Catherine), né à Pont-de-Vaux en 1769, tué le 15 août 1799 à la bataille de Novi.

Quoique six grandes routes aboutissent à Bourg, cette ville a peu de commerce et d'industrie manufacturière; mais il s'y tient de forts marchés aux grains et l'on en exporte beaucoup de bétail et de volaille. Foire le 12 novembre et grand marché le premier mercredi de chaque mois, mois d'août excepté; 9528 hab.

Bourg fit partie du royaume de Bourgogne, puis de l'empire et plus tard de la Savoie. Prise par les Français en 1536 et en 1600, cette ville fut définitivement réunie à la France en 1601 par le traité de Lyon. Patrie de l'astronome Lalande (Joseph-Jérôme), 1732—1807.

BOURGES, *Avaricum*, *Bituriges*, v. de Fr., chef-lieu du département du Cher, à

58 l. S. de Paris; siége d'une cour royale, d'une cour d'assises et de tribunaux de première instance et de commerce, d'un archevêché et d'une académie, directions des domaines et des contributions, conservation des hypothèques, direction d'artillerie et chef-lieu de la quinzième division militaire. Les rues de Bourges sont larges, mais irrégulières, les maisons basses et sans élégance; la population y est peu nombreuse, relativement à la grandeur de la ville, et cette circonstance en rend le séjour assez triste.

La cathédrale, édifice gothique, dont St.-Urbin fut, à ce que l'on présume, le fondateur, est un des plus beaux monuments de ce genre en France. Parmi les autres édifices remarquables, nous citerons : le palais de l'archevêché, dont le jardin sert de promenade publique; l'hôtel de ville, qui fut l'ancien hôtel du célèbre Jacques Cœur, argentier de Charles VII, un des plus grands négociants du moyen âge, et dont la vie fut un exemple mémorable de l'ingratitude des rois; la caserne, ci-devant grand séminaire, la salle de spectacle, le collége, la maison de depôt, l'hôpital général et l'Hôtel-Dieu. Bourges possède aussi une bibliothèque de 20,000 volumes, une société d'agriculture, de commerce, d'arts et un grand nombre d'agréables promenades. On voyait encore, il y a peu d'années, dans la rue des Arènes, la maison qu'habita au seizième siècle le fameux jurisconsulte Cujas, professeur à l'école de droit de Bourges, fort célèbre à cette époque. L'industrie manufacturière est peu étendue à Bourges, mais on y fait un commerce assez considérable de grains, de bétail et de laine. Foires les 3 et 20 mai, 24 juin, 10 et 24 août, 25 octobre, 2 et 11 novembre, 24 décembre et mercredi des Cendres; 20,330 hab. Patrie de l'éloquent prédicateur Bourdaloue (Louis), 1632—1704; de Louis XI.

Bourges, l'antique capitale de la Gaule celtique, habitée par les Bituriges, existait déjà six siècles avant l'ère chrétienne; elle était une des villes les plus riches de la Gaule. Conquise par César, elle devint la métropole de l'Aquitaine. Après la chute de l'empire romain, elle passa sous la domination des Visigoths, puis sous celle des Francs. Après la mort de Clovis, elle fut comprise dans le royaume d'Orléans et réunie à la couronne après la mort de Clodomir, fils de Clovis. Sous les Mérovingiens, Bourges fut gouverné par des comtes nommés par le roi, dont ils n'étaient que des intendants; mais sous la deuxième race, ces comtes se rendirent indépendants et se proclamèrent souverains héréditaires. Au sixième siècle, les habitants de Bourges soutinrent une guerre acharnée contre ceux du Poitou et de la Touraine. Ceux-ci prirent la ville et la détruisirent en partie. Pepin-le-Bref s'en empara en 762; au neuvième siècle les Normands la pillèrent. Au commencement du douzième siècle, le comte de Bourges ou du Berry, Eudes-Arpin, se disposant à partir pour la Terre-Sainte, vendit le comté à Philippe Ier et Bourges resta à la couronne jusqu'en 1360. Le roi Jean l'érigea alors en duché-pairie en faveur de son fils, Jean de France. Charles VII s'y réfugia au commencement de son règne. Ce roi, rentré dans la possession du trône, convoqua dans cette ville les principaux seigneurs, magistrats et prélats, et c'est là que se rédigea, en 1438, l'acte connu sous le titre de *Pragmatique Sanction*, par lequel on restreignit l'influence et le pouvoir du saint siége. En 1562, elle fut prise par les protestants, et peu de mois après reprise par les catholiques. Elle ne fut rendue à Henri IV qu'en 1594. Une vingtaine d'années après, elle fut de nouveau le théâtre de la lutte entre les protestants et les catholiques. En 1651, le prince de Condé s'y retira et chercha à y exciter la guerre civile; mais les habitants s'opposèrent à cette coupable tentative, et pour ne plus être exposés aux désastres qui, dans ces temps de troubles, menaçaient sans cesse les places fortes, ils demandèrent et obtinrent que leur forteresse, la grosse tour, fut démolie. La guerre ne fut pas le seul fléau dont Bourges eut à souffrir. Plusieurs incendies terribles, entre autres celui de 1487, qui détruisit plus de 3000 maisons, et la peste de 1583, qui enleva plus de 5000 personnes, portèrent à cette ville, autrefois si florissante, un coup dont elle n'a pas encore pu se relever.

BOURGET (le), vg. de Fr., Basses-Alpes, arr. et poste de Forcalquier, cant. de Reillane; 100 hab.

BOURGET (le), vg. de Fr., Jura, arr. de Lons-le-Saulnier, cant. et poste d'Orgelet; 260 hab.

BOURGET (le), vg. de Fr., Seine, arr. de St.-Denis, cant. de Pantin, poste; fabr. de toiles cirées et taffetas gommés; 630 hab.

BOURGET, pet. v. sur le lac du même nom, en Savoie, avec un port sur le lac et 1600 hab. Patrie du comte Amédée V de Savoie. Le lavaret de Bourget est renommé; eaux thermales.

BOURGFELDEN, vg. de Fr., Haut-Rhin, arr. d'Altkirch, cant. et poste d'Huningue; 350 hab.

BOURG-FIDÈLE, vg. de Fr., Ardennes, arr., cant. et poste de Rocroi; 880 hab.

BOURGHELLES, vg. de Fr., Nord, arr. et poste de Lille, cant. de Cisoing; 1080 h.

BOURG-L'ABBÉ, b. de Fr., Calvados, com. de Caen; 4000 hab.

BOURG-LA-REINE, vg. de Fr., Seine, arr. et cant. de Sceaux, poste; fabr. de faïence; 1080 hab.

BOURG-LASTIC, b. de Fr., Puy-de-Dôme, arr. et à 11 l. O.-S.-O. de Clermond-Ferrand, chef-lieu de canton et poste; mines de houille, de fer et d'antimoine; 2700 hab.

BOURG-LE-COMTE, vg. de Fr., Saône-et-

Loire, arr. de Charolles, cant. et poste de Marcigny; 410 hab.

BOURG-LE-PRÊTRE. *Voyez* LA CHAPELLE-RAINSOUIN.

BOURG-LE-ROI, vg. de Fr., Sarthe, arr. de Mamers, cant. de St.-Pater, poste d'Alençon; 580 hab.

BOURG-LÈS-VALENCE (le), b. de Fr., Drôme, arr., cant. et poste de Valence; 2820 hab.

BOURG-L'ÉVÊQUE, vg. de Fr., Maine-et-Loire, arr. de Segré, cant. et poste de Pouancé; 380 hab.

BOURG-LIBRE. *Voyez* SAINT-LOUIS.

BOURG-MAURICE, b. du roy. de Sardaigne, prov. Tarentaise, au pied du Petit-St.-Bernard; commerce considérable; 2200 hab.

BOURG-MADAME (ci-devant Guinguette-d'Hix), vg. de Fr., Pyrénées-Orientales, arr. et à 15 l. S.-O. de Prades, cant. de Saillagouse, poste de Mont-Louis; il est situé à l'extrême frontière, et n'est séparé de l'Espagne que par la petite rivière de Sègre que l'on y passe sur un pont formé de deux poutres, jetées d'une rive à l'autre; 220 h.

BOURGNAC, vg. de Fr., Dordogne, arr. de Ribérac, cant. et poste de Mussidan; 270 hab.

BOURGNEUF, vg. de Fr., Charente-Inférieure, arr. de la Rochelle, cant. de la Jarrie, poste de Nuaillé; 500 hab.

BOURGNEUF (le), vg. de Fr., Mayenne, arr. de Laval, cant. de Loiron, poste de la Gravelle; 1930 hab.

BOURGNEUF (le), vg. de Fr., Morbihan, com. de Moréac; 300 hab.

BOURGNEUF (le), vg. de Fr., Saône-et-Loire, com. de Touches, poste; 600 hab.

BOURGNEUF (baie de), formée par l'Océan, au N.-O. du dép. de la Vendée, entre la pointe St.-Gildas et l'île de Noirmoutiers. Sa profondeur est d'environ 6 l. sur 4 de large. Les bancs de sable qui obstruent le chenal et le peu d'eau qu'on y trouve en rendent la navigation dangereuse; les vents du N.-O. y sont terribles pendant la mauvaise saison, et les navires n'y trouvent point alors de mouillages où ils soient en sûreté.

BOURGNEUF-EN-RETZ, pet. v. et port de Fr., Loire-Inférieure, arr. et à 7 l. S. de Paimbœuf, chef-lieu de canton; elle est située sur l'Océan au fond de la baie du même nom. Son port éprouve de grands dommages par l'encombrement que la retraite des eaux produit dans la rade, et dans une partie des marais salants qui l'environnent. On y fait un grand commerce de grains et de sel provenant de ces marais; la pêche des huîtres y est très-productive; on y fait aussi des armements pour la pêche de la morue et un commerce assez étendu en grains, vins et eaux-de-vie.

BOURGNOUGNAC, ham. de Fr., Tarn, com. de Mirandol; 230 hab.

BOURGOGNE, *Burgundia*, ci-devant prov. de Fr., bornée au N. par la Champagne, à l'O. par le Nivernais et le Bourbonnais, au S. par le Lyonnais et à l'E. par la Franche-Comté, était, lors de l'invasion romaine, habitée par les Éduens. Les Bourguignons, tribu de Vandales, l'envahirent et s'y établirent au commencement du cinquième siècle, et fondèrent un royaume puissant qui comprenait toute la partie orientale des Gaules. Gondicaire, leur premier roi, se réunit à Mérovée, roi des Francs, contre Attila, et la célèbre victoire de Châlons qu'ils remportèrent sur les Huns, affermit cette nouvelle monarchie qui se fût sans doute perpétuée avec éclat, si l'ambition et la cruelle tyrannie des descendants de Clovis n'avaient, un siècle après sa fondation, déchiré ce royaume et livré ainsi cette belle contrée à toutes les horreurs de la guerre civile. Le royaume fondé par Gondicaire ne dura que jusqu'en 534. Gondemar, le cinquième roi de Bourgogne, toujours en guerre contre Clovis, fut vaincu et son état passa ainsi sous la domination des rois Francs. Cette vaste province, divisée en Bourgogne transjurane et cisjurane, conserva néanmoins pendant quelque temps encore le titre de royaume, ainsi que ses lois et ses coutumes. En 879, Boson, beau-frère de Charles-le-Chauve, comte d'Autun, se fit proclamer roi de Bourgogne par les seigneurs et les prélats assemblés dans un château, près de Vienne, en Dauphiné; il fut forcé de fuir devant les successeurs de Louis-le-Bègue, Louis et Carloman; cependant son fils Louis se fit élire, en 890, roi de la Bourgogne cisjurane dont la capitale était Arles; de là le nom de royaume d'Arles.

Richard, comte d'Autun, frère de Boson, fut le premier duc de la Bourgogne proprement dite; il repoussa les Normands qui avaient pénétré jusque dans cette province. Sa rigueur à sévir contre les brigands qui infestaient le pays, lui valut le surnom de *justicier*. C'est d'Othon, frère de Hugues-Capet, et d'une petite-fille de Richard-le-Justicier que descendit la première race ducale de Bourgogne, qui s'éteignit, en 1361, par la mort du duc Philippe Ier. La Bourgogne fut alors réunie à la France; mais deux années après le roi Jean rétablit le duché en faveur de son fils Philippe-le-Hardi, qui devint ainsi le chef de la seconde race capétienne en Bourgogne. Il épousa la princesse Marguerite, héritière de Louis III, comte de Flandre, et devint par ce mariage un des plus puissants princes de l'Europe. Pendant la démence de Charles VI il fut nommé lieutenant général du royaume. Cette préférence que les états-généraux lui accordèrent, fut la cause de la rivalité des maisons de Bourgogne et d'Orléans, rivalité qui fut la source de grandes calamités pour la France. Jean-sans-Peur succéda à Philippe-le-Hardi, son père; son avènement promettait à la Bourgogne un avenir de paix et de bonheur; il rendit plusieurs ordonnances favorables à son peuple; mais sa haine pour le duc d'Orléans, qui se vantait d'être l'amant favorisé de la duchesse de Bourgogne, lui fit bientôt oublier ce qu'il devait à la prospérité de son duché. Il ne songeait plus qu'à la vengeance, et le 22 novembre 1407 il fit assassiner le duc d'Orléans. Alors commença la lutte sanglante entre les Armagnacs et les Bourguignons. La France, en proie au carnage et à la dévastation, était menacée d'une ruine prochaine; les Anglais envahissaient nos plus belles provinces. Toute la Bourgogne se leva alors contre l'ennemi commun; mais l'insolence des courtisans de Charles VI envers Jean-sans-Peur lui fit oublier qu'il était Français: il s'unit aux Anglais, entra dans Paris, que des traîtres lui livrèrent, et y fit égorger un grand nombre de seigneurs du parti armagnac. Cependant cette alliance du duc de Bourgogne avec les ennemis de la France allait être rompue; une entrevue entre Jean-sans-Peur et le dauphin avait été indiquée à Montereau; il s'y rendit et fut assassiné, le 10 septembre 1419, par les seigneurs qui accompagnaient le dauphin. Son fils, Philippe-le-Bon, comte de Charolais, qui lui succéda, resta uni aux Anglais contre la France, descendue au dernier degré de l'humiliation. Enfin, en 1435, il se réconcilia avec Charles VII. Cette réconciliation fut le premier et le plus terrible coup porté à la domination anglaise en France. La Bourgogne avait beaucoup souffert de toutes ces guerres continuelles; Philippe s'efforçait de réparer tant de malheurs et de maintenir la paix, lorsque Louis XI vint le forcer de nouveau à faire la guerre. La bataille de Montlhéri et le traité de Conflans la terminèrent. Philippe-le-Bon mourut à Bruges, en 1467; son fils et successeur, Charles-le-Téméraire, fut continuellement en lutte contre l'astucieux Louis XI qui excita plusieurs fois les Liégeois à se soulever contre le duc de Bourgogne dont il redoutait la puissance et l'insatiable ambition. Charles songeait à fonder un nouveau royaume de Bourgogne; il s'empara de la Lorraine, puis tourna ses armes contre la Suisse; mais les Suisses, soutenus par Louis XI, le battirent à Granson et à Morat; René, le duc de Lorraine que les Bourguignons avaient chassé de son duché, rentra en Lorraine. Charles réunit les débris de son armée et revint attaquer les Lorrains devant Nancy, où il fut tué le 5 janvier 1477, et le duché de Bourgogne fut alors réuni à la France. Sous Louis XII, la Bourgogne fut envahie par les Suisses, dont la Trémouille, gouverneur de la province, acheta la retraite pour 400,000 livres. François Ier, captif à Madrid, avait cédé cette province à Charles-Quint; mais les députés des états de Bourgogne ne voulurent point renoncer à leur qualité de Français et les états-généraux, qui seuls avaient le droit de disposer d'une partie du territoire, refusèrent de ratifier le traité. La Bourgogne, dont le gouvernement était alors dans la famille des Guise, fut, pendant les guerres de la ligue, un des théâtres les plus sanglants de ce terrible drame. Sous Louis XIII, la violation de quelques priviléges excita de nouveaux troubles en Bourgogne. Après la défection de Gaston d'Orléans et du connétable de Montmorency, en 1634, une armée autrichienne envahit cette province. Le prince de Condé, repoussa les Autrichiens et le gouvernement de Bourgogne resta héréditaire dans la famille de Condé jusqu'à la révolution française. Cette province forma ensuite les départements de la Côte-d'Or, de Saône-et-Loire, de l'Yonne, de l'Ain et une partie de celui de l'Aube, qui se sont toujours distingués par leur patriotisme.

BOURGOGNE (canal de), canal de France qui réunit la Saône avec la Seine par l'Yonne. Il a déjà été projeté sous le règne de Henri IV et un procès-verbal d'examen des lieux a été dressé, le 26 mai 1606, par Bradelet, maître des digues du roi; le célèbre Riquet, auteur du canal du Midi, fut de nouveau chargé d'étudier cette ligne en 1676; mais les guerres civiles vinrent encore interrompre ce projet qui fut repris et abandonné en 1718, 1727, 1729 et 1751. En 1764, le gouvernement s'en occupa sérieusement et un édit de Louis XVI, du 9 août 1774, provoqua l'ouverture des travaux commencés en 1775; la révolution les fit suspendre en 1793 pour être repris en 1808; interrompus de nouveau par les événements politiques en 1814, une loi du 14 août 1822 en détermina enfin l'achèvement.

Le canal a son embouchure dans la Saône à St.-Jean-de-Losne, une petite lieue au-dessous de celle du canal du Rhône au Rhin, dans la même rivière. Il se dirige en ligne droite jusqu'à Dijon, où il devient latéral à la rivière d'Ouche dont il suit le cours en passant par Plombières, Fleury, Ste.-Marie, rencontre le chemin de fer d'Epinac à Pont-d'Ouche, repasse sur ce point sur l'Ouche par un pont-canal et y forme un angle aigu pour se diriger au N. en s'élevant vers son faîte qui se trouve à Pouilly. Entre la Lochère et cette ville il la traverse un souterrain voûté de 3330 mètres de longueur, 6m,10 de largeur et 3m,75 de hauteur au-dessus des eaux. Après avoir reçu à Pouilly les eaux de source de plusieurs réservoirs, il se verse en pente rapide vers Eguilly, passe à St.-Thiebault et Chassey, où il devient latéral à la petite rivière de Brenne qu'il coupe à Montbart; rencontre la rivière d'Armançon, près de Buffon, la coupe deux fois avant d'arriver à Tonnerre, suit son cours et passe dessus par un pont-canal à St.-Florentin, traverse la petite rivière le Créanton sur un autre pont-canal avant d'arriver à Brinon et se verse avec l'Armançon dans l'Yonne, près de Laroche, à une demi-lieue de Joigny.

La longueur totale du canal est de 54 1/2 l. (25 au degré); il a 189 écluses, dont 2 à double sas; elles ont 5^m,20 de largeur sur 33^m de longueur; il a 59 ponts pour la communication du pays, 50 aqueducs sous son lit et 115 déversoirs et réversoirs.

Ce canal est de la plus haute importance commerciale; il communique par l'Yonne avec la Seine et Paris, par la Saône et le Rhône avec le Midi et par le canal du Rhône-au-Rhin avec l'Est de la France.

BOURGOGNE, b. de Fr., Marne, arr. et à 3 l. N. de Reims, chef-lieu de canton, poste d'Isles-sur-Suippe; fabr. de draps et lainages; 950 hab.

BOURGOIN, *Bergusium*, v. de Fr., Isère, arr. et à 3 l. O. de la Tour-du-Pin, chef-lieu de canton, siège du tribunal de première instance de l'arrondissement, d'une conservation des hypothèques et d'une direction des contributions indirectes; elle est située dans une riante campagne, sur la rive gauche de la Bourbre et sur la route de Lyon à Grenoble; sa position entre ces deux villes favorise beaucoup son commerce; elle a des fabriques d'indiennes, de calicot, de grosses toiles et des papeteries; on y fait un commerce considérable de farine, de chanvre et de laine; 3760 hab.

BOURGON, vg. de Fr., Mayenne, arr. de Laval, cant. de Loiron, poste de la Gravelle; forges et mines de fer; 1230 hab.

BOURGONCE, vg. de Fr., Vosges, arr., cant. et poste de St.-Dié; 750 hab.

BOURGOUGNAGUE, vg. de Fr., Lot-et-Garonne, arr. de Marmande, cant. et poste de Lauzun; 630 hab.

BOURG-PAUL, vg. de Fr., Morbihan, com. de Muzillac; 300 hab.

BOURG-RETGEN. *Voyez* ROUSSY-LE-BOURG.

BOURG-SAINT-ANDÉOL, *Burgus Andeoli*, pet. v. de Fr., Ardèche, arr. et à 12 l. S.-E. de Privas, chef-lieu de canton et poste, sur la rive droite du Rhône que l'on y passe sur un pont suspendu en fil de fer; ses rues sont propres et bien percées, et elle possède quelques beaux bâtiments, entre autres l'ancien hôtel épiscopal, où les évêques de Viviers avaient leur résidence; fabr. de soie et de toiles; commerce de vins, de soie et. d'huile d'olive. Cette ville doit son origine à un monastère bâti au troisième siècle sur l'emplacement où, selon certaines légendes, St.-Andéol souffrit le martyr en 208; 4300 h.

BOURG-SAINT-BERNARD, vg. de Fr., Haute-Garonne, arr. de Villefranche-de-Lauragais, cant. de Lanta, poste de Caraman; 1260 hab.

BOURG-SAINT-CHRISTOPHE, vg. de Fr., Ain, arr. de Trévoux, cant. et poste de Meximieux; 760 hab.

BOURG-SAINTE-MARIE, vg. de Fr., Haute-Marne, arr. de Chaumont-en-Bassigny, cant. et poste de Bourmont; 310 hab.

BOURG-SAINT-LÉONARD (le), vg. de Fr., Orne, arr. d'Argentan, cant. et poste d'Exmes; 700 hab.

BOURG-SAINT-PIERRE. *Voyez* SAINT-PIERRE-DE-CHEMILLÉ.

BOURG-SOUS-BOURBON (le), vg. de Fr., Vendée, arr., cant. et poste de Bourbon-Vendée; 1770 hab.

BOURGTHEROULDE, b. de Fr., Eure, arr. et à 6 l. E.-S.-E. de Pont-Audemer, chef-lieu de canton et poste; 750 hab.

BOURGUÉBUS, vg. de Fr., Calvados, arr. et à 2 1/2 l. de Caen, chef-lieu de canton, poste de May-sur-Orne; 320 hab.

BOURGUEIL, *Burgolium*, v. de Fr., Indre-et-Loire, arr. et à 3 l. N.-O. de Chinon, chef-lieu de canton, sur la rive droite du Doigt qui prend le nom d'Authion au-dessous de cette ville. Bourgueil est situé dans une charmante vallée, bornée par des collines couvertes de vignes dont les produits sont fort estimés. On cultive aussi dans les environs l'anis, la coriandre, le chanvre, le millet, les mûriers, le maïs, la réglisse, etc., dont on y fait un commerce assez considérable; fabr. d'huiles de noix, de chènevis; beurres renommés; 3600 hab.

Cette petite ville porta jusqu'à la révolution le nom de St.-Germain-de-Bourgueil; elle avait une abbaye de bénédictins, fondée vers la fin du dixième siècle par une duchesse de Guienne. C'est près de Bourgueil que Hugues remporta, en 990, une grande victoire sur Guillaume de Poitiers.

BOURGUENOLLES, vg. de Fr., Manche, arr. d'Avranches, cant. et poste de Villedieu; 460 hab.

BOURGUET (le), vg. de Fr., Var, arr. de Draguignan, cant. et poste de Comps; 270 hab.

BOURGUET-D'ORBE, vg. de Fr., Hérault, com. de Camplonb; 200 hab.

BOURGUIGNON, vg. de Fr., Aisne, arr. de Laon, cant. de Coucy-le-Château, poste de Blérancourt; 100 hab.

BOURGUIGNON, ham. de Fr., Côte-d'Or, com. de Mursanges; 100 hab.

BOURGUIGNON, vg. de Fr., Doubs, arr. de Montbéliard, cant. de Pont-de-Roide, poste de l'Isle-sur-le-Doubs; forge et tôlerie; 430 hab.

BOURGUIGNON-LES-CONFLANS, vg. de Fr., Haute-Saône, arr. de Lure, cant. de Vauvillers; poste de Faverney; 360 hab.

BOURGUIGNON-LÈS-LA-CHARITÉ, vg. de Fr., Haute-Saône, arr. de Vesoul, cant. de Scey-sur-Saône, poste de Fretigney; 260 h.

BOURGUIGNON-LES-MOREY, vg. de Fr., Haute-Saône, arr. de Vesoul, cant. de Vitrey, poste de Cintrey; 420 hab.

BOURGUIGNONS, vg. de Fr., Aube, arr., cant. et poste de Bar-sur-Seine; 470 hab.

BOURGUIGNON-SOUS-MONTBAVIN, vg. de Fr., Aisne, arr. et poste de Laon, cant. d'Anisy-le-Château; 220 hab.

BOURGVILAIN, vg. de Fr., Saône-et-

Loire, arr. de Mâcon, cant. et poste de Tramayes; 750 hab.

BOURHANPOUR, v. de l'Inde, roy. de Sindhia, sur le Tapty et dans le Kandeich, dont elle était autrefois la capitale. Elle est bien peuplée, florissante par son commerce et une des villes les mieux bâties de l'Inde. Elle est, selon M. Hunter, le siége du grand mollah de la secte mahométane des Bohrah ou Ismaëlites.

BOURIDEYS, vg. de Fr., Gironde, arr. de Bazas, cant. et poste de Villandraut; 410 hab.

BOURIÈGE, vg. de Fr., Aude, arr., cant. et poste de Limoux; 470 hab.

BOURIGEOLE, vg. de Fr., Aude, arr., cant. et poste de Limoux; 280 hab.

BOURISP, vg. de Fr., Hautes-Pyrénées, arr. de Bagnères-en-Bigorre, cant. de Nestier, poste d'Arreau; 180 hab.

BOURLENC. *Voyez* SAINT-ANDÉOL-DE-BOURLENC.

BOURLON, vg. de Fr., Pas-de-Calais, arr. d'Arras, cant. de Marquion, poste de Cambrai; 1500 hab.

BOURLOS ou BÉRÉLOS, BOORLOS, BROULOS, *Buticus Lacus*, lac de la Basse-Égypte, Afrique, entre les branches du Nil de Damiette et de Rosette; il a 15 l. de long sur 6 de large, reçoit plusieurs canaux du Nil, n'est séparé de la Méditerranée que par une étroite langue de terre et y communique par les restes de l'ancienne bouche sebennytique. Il renferme beaucoup d'îles habitées par des pêcheurs.

BOURLOS, pet. v. de la Basse-Égypte, sur le bord du lac de même nom, à 11 l. E. de Rosette.

BOURLOS, cap sur la côte de la Méditerranée, Basse-Égypte, vis-à-vis le bord orient. du lac de même nom; il forme la pointe la plus septentrionale de toute l'Égypte.

BOURMONT, *Burnonis Mons*, pet. v. de Fr., Haute-Marne, arr. et à 9 l. E.-N.-E. de Chaumont, chef-lieu de canton; elle est située sur un plateau qui domine la vallée de la Meuse; les antiquités, trouvées dans ses environs, font présumer qu'elle était autrefois une ville importante. Elle a un collége communal et une petite bibliothèque; fabr. d'outils en fer et en acier; commerce de grains, vins, bois et fil de fer; 1130 hab.

BOURNAC, ham. de Fr., Aveyron, com. de St.-Affrique; 200 hab.

BOURNAC, vg. de Fr., Tarn-et-Garonne, com. de Montaigut; 350 hab.

BOURNAINVILLE, vg. de Fr., Eure, arr. de Bernay, cant. et poste de Thiberville; fabr. de rubans de fil; 450 hab.

BOURNAN, vg. de Fr., Indre-et-Loire, arr. de Loches, cant. et poste de Ligueil; 520 hab.

BOURNAND, vg. de Fr., Vienne, arr. et poste de Loudun, cant. des Trois-Moutiers; eaux minérales froides et sulfureuses; 870 h.

BOURNAZEL, vg. de Fr., Aveyron, arr. de Rhodez, cant. et poste de Rignac; 950 h.

BOURNAZEL, vg. de Fr., Tarn, arr. de Gaillac, cant. et poste de Cordes; 400 hab.

BOURNE, b. d'Angleterre, comté de Lincoln; tanneries considérbles et source d'eau minérale; 2050 hab.

BOURNE (la), riv. de Fr., Isère; elle a sa source entre Sassenage et Villard-de-Lans, dans l'arr. et à l'O. de Grenoble, coule dans la direction S.-O., passe près Pont-en-Royans et se jette dans l'Isère au-dessous du village de St.-Just-en-Claix, après un cours de 8 l.

BOURNEAU, vg. de Fr., Vendée, arr. et poste de Fontenay-le-Comte; cant. de l'Hermenault; 900 hab.

BOURNÉE (la), ham. de Fr., Maine-et-Loire, com. de Louresse; 230 hab.

BOURNEL, vg. de Fr., Lot-et-Garonne, arr. de Villeneuve-sur-Lot, cant. et poste de Villeréal; 740 hab.

BOURNEVILLE, b. de Fr., Eure, arr. et poste de Pont-Audemer, cant. de Quillebœuf; 840 hab.

BOURNEZEAU, vg. de Fr., Vendée, arr. de Bourbon-Vendée, cant. de Chantonnay, poste de Ste.-Hermine; 1680 hab.

BOURNIQUEL, vg. de Fr., Dordogne, arr. de Bergerac, cant. de Beaumont, poste de Lalinde; 350 hab.

BOURNOIS, vg. de Fr., Doubs, arr. de Baume-les-Dames, cant. et poste de l'Isle-sur-le-Doubs; 680 hab.

BOURNONCLE, vg. de Fr., Haute-Loire, arr., cant. et poste de Brioude; 500 hab.

BOURNONCLES, vg. de Fr., Cantal, arr. et poste de St.-Flour, cant. de Ruines; 300 hab.

BOURNONVILLE, vg. de Fr., Pas-de-Calais, arr. et poste de Boulogne-sur-Mer, cant. de Desvres; 200 hab.

BOURNOS, vg. de Fr., Basses-Pyrénées, arr. de Pau, cant. de Thèze, poste d'Auriac; 380 hab.

BOURNOU. *Voyez* BURNOU.

BOUROGNE ou BOELL, vg. de Fr., Haut-Rhin, arr. de Belfort, cant. et poste de Delle; 680 hab.

BOUROU ou BURO, une des îles du groupe d'Amboine. Elle est grande, presque circulaire et située au S.-O. de Céram, entre les 123° 33' et 124° 45' de long. orient. et les 3° 18' et 3° 50' de lat. N. L'intérieur est couvert de montagnes et arrosé par un grand nombre de rivières dont la plus considérable est le Wag-Abbo qui se jette dans la baie de Cajeli où se trouve le port principal de l'île, nommé Cajeli ou Bourou, et où habite, dans un petit fort, le sous-résident hollandais. Des Harafores sauvages vivent dans les montagnes; les côtes sont occupées par des Malais mahométans qui obéissent pour la plupart à des radjahs indépendants. Les Chinois viennent chercher à Bourou du bois et d'autres produits de l'île, et apportent aux habitants des denrées étrangères.

BOUROUILLAN, vg. de Fr., Gers, arr. de

Condom, cant. et poste de Cazaubon; 580 h.

BOUROUM, pays de la Haute-Nubie, entre le Bahr-el-Abiad et le Bahr-el-Asrek, au S. du roy. de Sennaar; il est couvert de forêts impénétrables, et peuplé d'habitants farouches et idolâtres.

BOUROUTS, peuplade kirghise et nomade dont le nom signifie Orientaux, et qui habite la Dzoungarie chinoise.

BOURRÉ, vg. de Fr., Loir-et-Cher, arr. de Blois, cant. et poste de Montrichard; 700 hab.

BOURRÉAC, vg. de Fr., Hautes-Pyrénées, arr. d'Argelès, cant. et poste de Lourdes; 120 hab.

BOURREPAUX, vg. de Fr., Hautes-Pyrénées, arr. de Tarbes, cant. de Galan, poste de Lannemezan; 540 hab.

BOURRET, vg. de Fr., Tarn-et-Garonne, arr. de Castelsarrasin, cant. de Verdun-sur-Garonne, poste de Montech.; 1210 hab.

BOURRIOT, vg. de Fr., Landes, com. de Lugaut; 560 hab.

BOURRON, vg. de Fr., Seine-et-Marne, arr. et poste de Fontainebleau, cant. de Nemours; 1120 hab.

BOURROU, vg. de Fr., Dordogne, arr. de Périgueux, cant. de Vergt, poste de St.-Astier; 400 hab.

BOURROUGH, vaste baie entre une presqu'île du continent et l'île de Gigédo, sur la côte occidentale de la Nouvelle-Bretagne.

BOURS, vg. de Fr., Pas-de-Calais, arr. et poste de St.-Pol-sur-Ternoise, cant. de Heuchin; 660 hab.

BOURS, vg. de Fr., Hautes-Pyrénées, arr. cant. et poste de Tarbes; 420 hab.

BOURSAULT, vg. de Fr., Marne, arr. et poste d'Épernay, cant. de Dormans; eaux minérales ferrugineuses; 600 hab.

BOURSAY, vg. de Fr., Loir-et-Cher, arr. de Vendôme, cant. de Droué, poste de Mondoubleau; 820 hab.

BOURSCHEID, vg. de Fr., Meurthe, arr. de Sarrebourg, cant. et poste de Phalsbourg; 300 hab.

BOURSE (la), vg. de Fr, Pas-de-Calais, arr. et poste de Béthune, cant. de Cambrin; 330 hab.

BOURSEUL, vg. de Fr., Côtes-du-Nord, arr. de Dinan, cant. et poste de Plancoët; 1380 hab.

BOURSEVILLE, vg. de Fr., Somme, arr. d'Abbeville, cant. d'Ault, poste d'Eu; 750 h.

BOURSIÈRES, vg. de Fr., Haute-Saône, arr. de Vesoul, cant. de Scey-sur-Saône, poste de Traves; 120 hab.

BOURSONNE, vg. de Fr., Oise, arr. de Senlis, cant. de Betz, poste de la Ferté-Milon; 350 hab.

BOURTANGE, pet. fort malsain et peu peuplé, du roy. des Pays-Bas, prov. et à 10 l. S.-E. de Grœningue, au milieu du grand marais de Bourtange, entre la Westwolder-Aa et l'Ems.

BOURSIES, vg. de Fr., Nord, arr. et poste de Cambrai, cant. de Marcoing; 810 h.

BOURSIN, vg. de Fr., Pas-de-Calais, arr. de Boulogne-sur-Mer, cant. et poste de Guines; 290 hab.

BOURSINES, ham. de Fr., Oise, cant. d'Oroër; 220 hab.

BOURTH, b. de Fr., Eure, arr. d'Évreux, cant. et poste de Verneuil; fabr. d'épingles; forges et hauts-fourneaux; 1670 hab.

BOURTHES, vg. de Fr., Pas-de-Calais, arr. de Montreuil-sur-Mer, cant. et poste de Hucqueliers; 1100 hab.

BOURVILLE, vg. de Fr., Seine-Inférieure, arr. d'Yvetot, cant. de Fontaine-le-Dun, poste de Doudeville; 800 hab.

BOURY, vg. de Fr., Oise, arr. de Beauvais, cant. de Chaumont-en-Vexin, poste de Gisors; minerai de fer; forges; 520 hab.

BOURZOLLES, ham. de Fr., Lot, com. de Souillac; 250 hab.

BOUSBACH, vg. de Fr., Moselle, arr. de Sarreguemines, cant. et poste de Forbach; 630 hab.

BOUSBECQUES, vg. de Fr., Nord, arr. de Lille, cant. et poste de Tourcoing; 1940 hab.

BOUSCAT (le), vg. de Fr., Gironde, arr., cant., poste et à 1 l. de Bordeaux; 1730 h.

BOUSHA, b. d'Afrique, dans la rég. et à 6 l. S.-O. de Tunis.

BOUSIES, vg. de Fr., Nord, arr. d'Avesnes, cant. et poste de Landrecies. Le territoire est fertile en houblon renommé; 1680 hab.

BOUSIGNIES, vg. de Fr., Nord, arr. d'Avesnes, cant. de Solre-le-Château, poste de Maubeuge; 640 hab.

BOUSIGNIES, vg. de Fr., Nord, arr. de Valenciennes, cant. et poste de St.-Amand-les-Eaux; 330 hab.

BOUSMAQUIE, lac d'Afrique, rég. de la Nigritie maritime, Haute-Guinée, roy. d'Achantie, à trois journées S. de Coumassie. Sur ses bords on compte une trentaine de villages habités par des pêcheurs.

BOUSQUET (le), vg. de Fr., Aude, arr. de Limoux, cant. de Roquefort-de-Sault, poste de Quillan; 460 hab.

BOUSQUET (le), vg. de Fr., Lot, com. d'Arcambal; 1360 hab.

BOUSQUET-LE-BALME (le), ham. de Fr.; Hérault, com. de Boussagues; mines de houille; 200 hab.

BOUSSA, v. d'Afrique, Nigritie centrale, capitale du roy. de Boussa, résidence du chef de la confédération de Borgou, sur la rive gauche du Djoliba. C'est près de cette ville que Mungo-Park fit naufrage; 10 à 12,000 h.

BOUSSAC, *Bussatium*, pet. v. de Fr., Creuse, chef-lieu d'arrondissement, à 9 l. N.-E. de Guéret; elle est située sur un rocher escarpé, au bord de la Petite-Creuse et environnée de murailles épaisses flanquées de tours; un ancien château, qui la domine, en est le seul édifice remarquable; il est occupé par la sous-préfecture. Cette petite ville fait commerce de cuirs, de bétail et de laine ; 960 hab. Boussac doit son origine à son château ; c'était un fief qui, au commencement du quinzième siècle, appartenait au maréchal de Boussac. Les bourgeois payaient chacun aux seigneurs de Boussac une rente annuelle d'un boisseau de froment pour l'exercice de leur droit de bourgeoisie. Ils avaient pour magistrats quatre consuls, qui ne conservaient leur charge que pendant un an.

BOUSSAC, b. de Fr., Ille-et-Vilaine, arr. de St.-Malo, cant. de Pleine-Fougères, poste de Dol ; 2680 hab.

BOUSSAC, vg. de Fr., Lot, arr. et poste de Figeac, cant. de Livernon ; 250 hab.

BOUSSAC-BOURG ou BOUSSAC-LES-ÉGLISES, vg. de Fr., Creuse, arr., cant. et poste de Boussac ; 1080 hab.

BOUSSAGEAU, ham. de Fr., Vienne, com. de Lencloître ; 100 hab.

BOUSSAGUES, vg. de Fr., Hérault, arr. de Beziers, cant. et poste de Bédarieux ; mines de houille ; 1140 hab.

BOUSSAIS, vg. de Fr., Deux-Sèvres, arr. de Parthenay, cant. et poste d'Airvault ; 650 hab.

BOUSSAN, vg. de Fr., Arriège, com. de Soulan ; 390 hab.

BOUSSAN, vg. de Fr., Haute-Garonne, arr. de St.-Gaudens, cant. d'Aurignac, poste de Martres ; 820 hab.

BOUSSANGE ou BOLZINGEN, ham. de Fr., Moselle, com. de Gandrange ; foulon pour draps ; 170 hab.

BOUSSAY, vg. de Fr., Indre-et-Loire, arr. de Loches, cant. et poste de Preuilly ; 940 hab.

BOUSSAY, vg. de Fr., Loire-Inférieure, arr. de Nantes, cant. et poste de Clisson ; 1800 hab.

BOUSSE, vg. de Fr., Moselle, arr. et poste de Thionville, cant. de Metzervisse ; 380 hab.

BOUSSE, vg. de Fr., Sarthe, arr. et poste de la Flèche, cant. de Malicorne ; 830 hab.

BOUSSEAU (Grand et Petit-), vg. de Fr., Deux-Sèvres, com. de la Charrière ; 820 hab.

BOUSSELANGE, vg. de Fr., Côte-d'Or, arr. de Beaune, cant. et poste de Seurre ; 210 hab.

BOUSSELARGUES, vg. de Fr., Haute-Loire, arr. de Brioude, cant. de Blesle, poste de Lempdes ; 230 hab.

BOUSSENAC, vg. de Fr., Arriège, arr. de St.-Girons, cant. et poste de Massat ; 2680 hab.

BOUSSENOIS, vg. de Fr., Côte-d'Or, arr. de Dijon, cant. et poste de Selongey ; 470 h.

BOUSSENS, vg. de Fr., Haute-Garonne, arr. de Muret, cant. de Cazères, poste de Martres ; 340 hab.

BOUSSERAUCOURT, vg. de Fr., Haute-Saône, arr. de Vesoul, cant. et poste de Jussey ; 610 hab.

BOUSSÈS, vg. de Fr., Lot-et-Garonne, arr. de Nérac, cant. de Houeilles, poste de Lavardac ; 450 hab.

BOUSSEWILLER, vg. de Fr., Moselle, arr. de Sarreguemines, cant. de Volmunster, poste de Bitche ; 350 hab.

BOUSSEY, vg. de Fr., Côte-d'Or, arr. de Semur, cant. et poste de Vitteaux ; 200 hab.

BOUSSEY, vg. de Fr., Eure, arr. d'Évreux, cant. et poste de St.-André ; 150 hab.

BOUSSICOURT, vg. de Fr., Somme, arr., cant. et poste de Montdidier ; 180 hab.

BOUSSIÈRES, vg. de Fr., Doubs, arr. et à 3 l. O.-S.-O. de Besançon, chef-lieu de canton, poste de Quingey ; 300 hab.

BOUSSIÈRES, vg. de Fr., Nord, arr. d'Avesnes, cant. de Berlaimont ; poste de Cambrai ; 180 hab.

BOUSSIÈRES, vg. de Fr., Nord, arr. de Cambrai, cant. de Carnières, poste de Maubeuge ; 760 hab.

BOUSSOIS, vg. de Fr., Nord, arr. d'Avesnes, cant. et poste de Maubeuge ; 360 h.

BOUSSOLE (canal de la), détroit découvert, en 1787, par La Pérouse, au S.-E. de la mer d'Okhotsk et au N.-N.-E. de l'île japonaise de Niphon ; il est formé par deux îles de l'archipel des Kouriles.

BOUSSOUA ou BOUSSOA, v. de la Guinée supérieure, Afrique, capitale du roy. d'Ahanta ou Ante, à 3 l. N.-E. du cap des Trois-Pointes et à 48 l. S. de Coumassie.

BOUSSY-SAINT-ANTOINE, vg. de Fr., Seine-et-Oise, arr. de Corbeil, cant. de Boissy-St.-Léger, poste de Brunoy ; filat. de laine ; 250 hab.

BOUST, vg. de Fr., Moselle, arr. et poste de Thionville, cant. de Cattenom ; 590 hab.

BOUSTROFF, vg. de Fr., Moselle, com. de Viller ; 310 hab.

BOUTAN ou BHOTAN (le) ; un des états qui se trouvent sous la protection de la Chine, est situé entre les 80° et 92° de long. orient. et les 26° 40' et 29° 5' de lat. N. Il est borné au N. par l'Himalaya qui le sépare du Thibet, au S. et au S.-E. par l'Assam, au S.-O. par le Bengale, à l'O. par la principauté de Sikkim. Les monts Doolch au midi forment la frontière de l'Assam. La Tistah coule à l'O. Les autres fleuves du pays se jettent presque tous dans le Brahmapoutra, tels que le Goddado, l'Ierdecker et le Banaach. Malgré la hauteur des montagnes, l'élévation du sol, qui n'est pas moins de 4000 pieds au-dessus du niveau de la mer, le climat du Boutan est assez doux et le terrain très-fertile. L'industrie y est peu importante. Les habitants, dont on évalue le nombre à 600,000, paraissent appartenir à la même famille que les montagnards de l'Himalaya. Ils professent le culte lamaïque et ont un grand-lama particulier, appelé Dharma-Lama, mais qui reconnaît la suprématie ecclésiastique du Dalaï-Lama du Thibet. Il a en même temps le pouvoir temporel suprême, mais fait administrer le pays par un gouverneur civil, appelé Deb-Radja, par le nom duquel on désigne souvent le Boutan. Ce pays est divisé en deux parties, le Boutan proprement dit, soumis tout à fait au Deb-Radja, et la principauté de Bisni qui n'est que tributaire. Tassisudon est la capitale du Boutan; les autres principales villes sont : Pounakha, Ouandipour, Ghassa et la forteresse de Bouxedaouar.

BOUTANCOURT, vg. de Fr., Ardennes, arr. de Mézières, cant. et poste de Flize; forges, hauts-fourneaux; 320 hab.

BOUTANCOURT, vg. de Fr., Oise, arr. de Beauvais, cant. et poste de Chaumont-en-Vexin; 320 hab.

BOUTAVENT, vg. de Fr., Oise, arr. de Beauvais, cant. et poste de Formerie; 160 hab.

BOUT-DE-LA-CHAPELLE (le), vg. de Fr., Nord, com. de Monceau-St.-Wast; 280 h.

BOUT-DES-PONTS, ham. de Fr., Indre-et-Loire, com. d'Amboise; 500 hab.

BOUT-DE-VILLE, ham. de Fr., Somme, com. de Flixecourt; 260 hab.

BOUTEILLE (la), vg. de Fr., Aisne, arr., cant. et poste de Vervins; 1050 hab.

BOUTEILLES, vg. de Fr., Dordogne, arr. de Ribérac, cant. et poste de Verteillac; 910 hab.

BOUTENAC, vg. de Fr., Aude, arr. de Narbonne, cant. et poste de Lézignan; 390 hab.

BOUTENAC, vg. de Fr., Charente-Inférieure, arr. de Saintes, cant. et poste de Cozes; 340 hab.

BOUTERVILLIERS, vg. de Fr., Seine-et-Oise, arr., cant. et poste d'Étampes; 230 h.

BOUTEVILLE, vg. de Fr., Charente, arr. de Cognac, cant. et poste de Châteauneuf-sur-Charente; 820 hab.

BOUTEVILLE, vg. de Fr., Manche, arr. de Valognes, cant de Ste.-Mère-Eglise, poste de Blosville; 200 hab.

BOUTHÉON, vg. de Fr., Loire, arr. de Montbrison, cant. de St.-Galmier, poste de Chazelles; 730 hab.

BOUTIÈRES. *Voyez* SAINT-JULIEN-BOUTIÈRES.

BOUTIERS, vg. de Fr., Charente, arr., cant. et poste de Cognac; 340 hab.

BOUTIGNY, vg. de Fr., Eure-et-Loir, arr. de Dreux, cant. de Nogent-le-Roi, poste de Houdan; 610 hab.

BOUTIGNY, vg. de Fr., Seine-et-Marne, arr. et poste de Meaux, cant. de Crécy; 840 hab.

BOUTIGNY, vg. de Fr., Seine-et-Oise, arr. d'Étampes, cant. et poste de la Ferté-Aleps; 580 hab.

BOUTOC, vg. de Fr., Gironde, com. de Preignac; 250 hab.

BOUTON. *Voyez* BUTONG.

BOUTONNE (la), riv. de Fr., Deux-Sèvres; elle a sa source au N.-E. de Chef-Boutonne, arr. de Melles, coule d'abord de l'E à l'O., en passant par Brioux; après s'être accrue des eaux de la Béronne et de la Belle, elle prend la direction S.-O., par Chizé, et entre dans le département de la Charente-Inférieure, où elle passe par St.-Jean-d'Angely et Tonnay-Boutonne, et se jette dans la Charente, au-dessus de St.-Hyppolite, après un cours de 25 l. C'est à St.-Jean-d'Angely que la Boutonne devient navigable.

BOUTOUCHÉRÉ (la), vg. de Fr.; Maine-et-Loire, com. de St.-Florent-le-Vieil; 220 hab.

BOUTTENCOURT, vg. de Fr., Somme, arr. d'Abbeville, cant. de Gamaches, poste de Blangy; fabr. de sucre indigène; 740 h.

BOUTTENCOURT-SAINT-OUEN, vg. de Fr., Somme, arr. d'Amiens, cant. de Picquigny, poste de Flixecourt; 420 hab.

BOUTX, vg. de Fr., Haute-Garonne, arr. de St.-Gaudens, cant. et poste de St.-Béat; 930 hab.

BOUVAINCOURT, vg. de Fr., Somme, arr. d'Abbeville, cant. de Gamaches, poste d'Eu; 340 hab.

BOUVANCOURT, vg. de Fr., Marne, arr. de Reims, cant. de Fismes, poste de Jonchery-sur-Vesle; 310 hab.

BOUVANTE, vg. de Fr., Drôme, arr. de Valence, cant. et poste de St.-Jean-en-Royans; eaux minérales froides; 960 hab.

BOUVARD, cap sur la côte S.-O. de la Nouvelle-Hollande, Océanie, terre de Leeuwin, au N. de la baie du Géographe.

BOUVÉES, ham. de Fr., Gers, com. de St.-Bresq; 200 hab.

BOUVELINGHEM, vg. de Fr., Pas-de-Calais, arr. et poste de St.-Omer, cant. de Lumbres; 270 hab.

BOUVELLEMONT, vg. de Fr., Ardennes, arr. de Mézières, cant. d'Aumont, poste de Flize; 410 hab.

BOUVENT, vg. de Fr., Ain, arr. de Nantua, cant. d'Oyonnax, poste de Dortan; 160 hab.

BOUVERANS, vg. de Fr., Doubs, arr., cant. et poste de Pontarlier; 530 hab.

BOUVES, peuplade indienne convertie au christianisme; elle descend des Tupinambas et habite les provinces de Pernambuco et d'Alagoas, Brésil.

BOUVESSE, vg. de Fr., Isère, arr. de la Tour-du-Pin, cant. et poste de Morestel; 723 hab.

BOUVET, pet. île dans l'Océan Austral; elle appartient, sous le rapport purement géographique, à l'Afrique et correspond au cap de la Circoncision des anciennes cartes.

BOUVETS (les), ham. de Fr., Jura, com. de St.-Pierre; 200 hab.

BOUVIER, ham. de Fr., Saône-et-Loire, com. de St.-Firmin; fonderie de fer; 60 h.

BOUVIÈRE (la), vg. de Fr., Isère, com. de Diémoz; 200 hab.

BOUVIÈRES, vg. de Fr., Drôme, arr. de Die, cant. de Bourdeaux, poste de Saillans; 790 hab.

BOUVIERS (les) ham. de Fr., Ardèche, com. de St.-Martin-le-Supérieur; 210 hab.

BOUVIERS (les), ham. de Fr., Seine-et-Oise, com. de Guyancourt; 210 hab.

BOUVIGNES, *Bovinæ, Boviniacum*, v. du roy. de Belgique, prov. et à 5 l. S.-S.-E. de Namur, sur la rive gauche de la Meuse et presque vis-à-vis de Dinant; château bâti par les Romains; hauts-fourneaux, forges; 660 hab.

BOUVIGNIES, vg. de Fr., Nord, arr. de Douai, cant. et poste de Marchiennes; fabr. de noir animal; 1840 hab.

BOUVIGNIES-BOYEFFLES, vg. de Fr., Pas-de-Calais, arr. et poste de Béthune, cant. de Houdain; 660 hab.

BOUVIGNY, vg. de Fr., Meuse, arr. de Montmédy, cant. et poste de Spincourt; 180 hab.

BOUVILLE, vg. de Fr., Eure-et-Loir, arr. de Châteaudun, cant. et poste de Bonneval; 680 hab.

BOUVILLE, vg. de Fr., Seine-et-Oise, arr., cant. et poste d'Étampes; 630 hab.

BOUVILLE, vg. de Fr., Seine-Inférieure, arr. de Rouen, cant. de Pavilly, poste de Barentin; 1100 hab.

BOUVINCOURT, vg. de Fr., Somme, arr., cant. et poste de Péronne; 320 hab.

BOUVINES, vg. de Fr., Nord, arr., à 2 l/2 l. S.-E. et poste de Lille, cant. de Cisoing; 520 h. Ce lieu est célèbre par la bataille qui s'y livra le 27 juillet 1214 et qui sauva alors la France. La victoire de Bouvines, remportée par Philippe-Auguste sur l'empereur Othon IV et la ligue formidable que celui-ci avait formée avec Jean-sans-Terre, est un des événements les plus mémorables de notre histoire.

BOUVRESSE, vg. de Fr., Oise, arr. de Beauvais, cant. et poste de Formerie; 610 h.

BOUVREUIL, vg. de Fr., Seine-Inférieure, com. de Rouen; 800 hab.

BOUVRON, vg. de Fr., Loire-Inférieure, arr. et poste de Savenay, cant. de Blain; 2300 hab.

BOUVRON, vg. de Fr., Meurthe, arr., cant. et poste de Toul; tuileries, briqueteries; 320 hab.

BOUXAL, vg. de Fr., Lot, com. du Montet; 280 hab.

BOUX-AUX-BOIS, vg. de Fr., Ardennes, arr. et poste de Vouziers, cant. du Chêne; 570 hab.

BOUXEDAOUAR ou PASSARA, forteresse du Boutan, qui défend la route de Cutels-Bahar à Tassisudon (Thibet); résidence d'un soudan.

BOUXIERES-AUX-BOIS, vg. de Fr., Vosges, arr. de Mirecourt, cant. de Dompaire, poste de Nomexy; 320 hab.

BOUXIÈRES-AUX-CHÉNES, vg. de Fr., Meurthe, arr., cant. et poste de Nancy; 1100 hab.

BOUXIÈRES-AUX-DAMES, vg. de Fr., Meurthe, arr., cant. et poste de Nancy; 540 hab.

BOUXIÈRES-SOUS-FROIDMONT, vg. de Fr., Meurthe, arr. de Nancy, cant. et poste de Pont-à-Mousson; 780 hab.

BOUX-SOUS-SALMAISE, vg. de Fr., Côte-d'Or, arr. de Sémur, cant. et poste de Flavigny; 630 hab.

BOUXURULLES, vg. de Fr., Vosges, arr. de Mirecourt, cant. et poste de Charmes; 580 hab.

BOUXWILLER (Buchsweiler), *Buxovilla*, pet. v. de Fr., Bas-Rhin, arr. et à 3 l. N.-E. de Saverne, 8 l. N.-O. de Strasbourg, chef-lieu de canton, au pied du Bastberg (montagne St.-Sébastien), dans une contrée très-agréable. Cette petite ville renferme une église luthérienne, une église catholique et un collége communal, autrefois gymnase protestant assez célèbre. Les autres édifices remarquables sont: les pavillons de l'ancien château, transformé en hôtel de ville, halle aux blés et abattoir, l'hôpital, le Holzhof et le bâtiment neuf (neue Bau); elle possède aussi plusieurs établissements industriels, savoir: des fabriques de produits chimiques, de boutons métalliques, de toiles de coton, une blanchisserie, deux tuileries, des brasseries, des corderies, des tanneries. La mine d'alun et de vitriol de Bouxwiller est la plus belle de ce genre en France et peut-être en Europe; 4076 hab.

On ignore l'époque de la fondation de Bouxwiller. Au moyen âge cette ville appartenait aux évêques de Metz, qui la donnèrent en fief aux seigneurs de Lichtenberg. Ceux-ci y firent construire le château que les comtes de Hanau embellirent plus tard; ils l'entourèrent de jardins et de belles promenades. Avant 1789, ce domaine était la possession du landgrave de Hesse-Darmstadt, qui l'habitait souvent. Pendant la révolution le château fut démoli; la belle orangerie qui en faisait partie fut donnée par Napoléon à la ville de Strasbourg.

BOUXWILLER, vg. de Fr., Haut-Rhin, arr. d'Altkirch, cant. et poste de Ferrette; 470 hab.

BOUY, vg. de Fr., Cher, arr. de Bourges, cant. et poste de Méhun-sur-Yèvre; 230 h.

BOUY, vg. de Fr., Marne, arr. de Châlons-sur-Marne, cant. de Suippe, poste des Petites-Loges; 400 hab.

BOUY-LUXEMBOURG, vg. de Fr., Aube, arr. de Troyes, cant. et poste de Piney; 325 h.

BOUYON, vg. de Fr., Var, arr. de Grasse, cant. de Coursegoules, poste de Vence; 530 hab.

BOUYSSOU (le), vg. de Fr., Lot, arr. de Figeac, cant. et poste de la Capelle-Marival; 440 hab.

BOUZAIS, vg. de Fr., Cher, arr., cant. et poste de St.-Amand-Mont-Rond; 200 hab.

BOUZANCOURT, vg. de Fr., Haute-Marne, arr. de Vassy, cant. et poste de Doulevant; 510 hab.

BOUZANNE (la), riv. de Fr., Indre, a sa source près d'Aigurande; arr. de la Châtre, passe à Neuvy et se jette dans la Creuse, au-

37

dessus de St.-Gauthier; son cours, qui est de 20 l., décrit à peu près la moitié d'une ellipse, dans la direction du S. au N.-O., puis du N. au S.-O.

BOUZANVILLE, vg. de Fr., Meurthe, arr. de Nancy, cant. de Haroué, poste de Neuviller-sur-Moselle; 230 hab.

BOUZE, vg. de Fr., Côte-d'Or, arr., cant. et poste de Beaune; 250 hab.

BOUZEL, vg. de Fr., Puy-de-Dôme, arr. de Clermont-Ferrand, cant. de Vertaizon, poste de Billom; 640 hab.

BOUZEMONT, vg. de Fr., Vosges, arr. de Mirecourt, cant. et poste de Dompaire; 280 hab.

BOUZERON, vg. de Fr., Saône-et-Loire, arr. de Châlon-sur-Saône, cant. et poste de Chagny; 200 hab.

BOUZEVAL, vg. de Fr., Vosges, com. de Rozerotte; 310 hab.

BOUZEY. *Voyez* DOMBROT.

BOUZIC, vg. de Fr., Dordogne, arr. de Sarlat, cant. et poste de Domme; 730 hab.

BOUZIÈS, vg. de Fr., Lot, arr. et poste de Cahors, cant. de St.-Géry; 350 hab.

BOUZIGUES, vg. de Fr., Hérault, arr. de Montpellier, cant. et poste de Mèze; 1240 hab.

BOUZILLÉ, vg. de Fr., Maine-et-Loire, arr. de Beaupréau, cant. de Champtoceaux, poste d'Ancenis; 1680 hab.

BOUZIN, vg. de Fr., Haute-Garonne, arr. de St.-Gaudens, cant. d'Aurignac, poste de Martres; 230 hab.

BOUZINCOURT, vg. de Fr., Somme, arr. de Péronne, cant. et poste d'Albert; 820 h.

BOUZON-GELLENAVE, vg. de Fr., Gers, arr. de Mirande, cant. d'Aignan, poste de Plaisance; 600 hab.

BOUZONVILLE, b. de Fr., Moselle, arr. et à 7 l. E.-S.-E. de Thionville, chef lieu de canton et poste; fabr. de colle-forte, tanneries, chamoiseries, ébénisteries, huileries, clouteries, teintureries, fours à chaux; 2320 hab.

BOUZONVILLE-AUX-BOIS, vg. de Fr., Loiret, arr., cant. et poste de Pithiviers; 440 hab.

BOUZONVILLE-EN-BEAUZE, vg. de Fr., Loiret, arr., cant. et poste de Pithiviers; 140 hab.

BOUZY, vg. de Fr., Loiret, arr. d'Orléans, cant. et poste de Châteauneuf-sur-Loire; 500 hab.

BOUZY, vg. de Fr., Marne, arr. de Reims, cant. d'Ay, poste d'Épernay; excellent vin rouge; exploitation de cendres fossiles; 280 hab.

BOVA, v. épiscopale du roy. des Deux-Siciles, intendance de la Calabre ultérieure Ire, près du cap Sparte; 2500 hab.

BOVÉE, vg. de Fr., Meuse, arr. de Commercy, cant. et poste de Void; 370 hab.

BOVELLES, vg. de Fr., Somme, arr. d'Amiens, cant. de Molliens-Vidame, poste de Picquigny; 570 hab.

BOVENDEN, b. et bge du roy. de Hanovre, gouv. de Hildesheim; grande culture de tabac; 1650 hab.

BOVES, vg. de Fr., Somme, arr. et poste d'Amiens, cant. de Sains; blanchisserie considérable; 1570 hab.

BOVES, v. du roy. de Sardaigne, dist. de Cuneo, au pied des Alpes; 6700 hab. Ses environs sont riches en mines de fer et en carrières de marbre.

BOVETTE (la), vg. de Fr., Aisne, com. de St.-Michel; 660 hab.

BOVIGNY, b. du roy. de Belgique, prov. et à 12 l. S.-E. de Liège; fabr. de pierres à rasoirs, ardoises fines à écrire et crayons.

BOVINO, v. du roy. des Deux-Siciles, prov. de Capitanate, chef-lieu de district et siége d'un évêque; 4000 hab.

BOVIOLLE, vg. de Fr., Meuse, arr. de Commercy, cant. de Void, poste de Ligny; 360 hab.

BOVOLENTA, b. du roy. Lombard-Vénitien, gouv. de Venise, délégation de Padoue, sur le Bachiglione; 2800 hab.

BOVONS, vg. de Fr., Basses-Alpes, arr. et poste de Sisteron, cant. de Noyers; 220 hab.

BOW. *Voyez* LA HARPE.

BOWDOIN, pet. v. des Etats-Unis de l'Amérique du Nord, état du Maine, comté de Lincoln; 2700 hab.

BOWDOINHAM, b. industrieux des États-Unis de l'Amérique du Nord, état du Maine, comté de Lincoln, sur le Kennebec; 2200 h.

BOWEN, pet. île, située à l'entrée de la baie de Jerwis, sur la côte S.-E. de la Nouvelle-Hollande; la profondeur des eaux qui l'entourent est favorable au mouillage des vaisseaux.

BOWEN, pet. port de mer dans la Nouvelle-Galles du Sud, Nouvelle-Hollande, Océanie, sur la côte située entre les caps Gloucester et Sandy. Lat. S. 22° 29′ 20″, long. E. 148° 24′ 45″.

BOWLES (cap), l'extrémité mér. de l'île de Clarence, une des îles du Shetland méridional, dans le grand Océan Austral.

BOWLING-GREEN. *Voyez* WARREN. et CAROLINE.

BOXBERG, v. du grand-duché de Bade, cer. du Bas-Rhin, chef-lieu de district, avec un château; 12,600 hab. pour le district et 1300 pour la ville.

BOXTEL, b. du roy. des Pays-Bas, prov. du Brabant-Septentrional, dist. et à 2 l. S. de Bois-le-Duc, sur la Dommel qui y devient navigable; 3000 hab.

BOYACA, dép. de la rép. de la Nouvelle-Grenade, dans l'intérieur de l'état, est borné au N. par les dép. de Zulia et d'Orénoco, à l'E. par la prov. de Guayana (rép. de Vénézuela), au S. et à l'O. par le dép. de Cundinamarca et au N.-O. par celui du Magdalena. Le Sararé et l'Apuré au N., l'Orénoque à l'E. et le Méta au S. en démarquent les limites naturelles. L'étendue de ce département est de 9200 l. c. géogr. avec une population de 410,000 âmes, sans compter les Indiens indépendants, qui y sont répandus en grand nombre, tels que les Otomaques, convertis en partie au christianisme; les Yaruros ou Japuins, sur les rives de l'Apuré; les Salivas, sur les bords de l'Orénoque, les Guahibos (Guahivas), les Guamos, les Achaguos, entre le Méta et l'Apuré et les Cabrès sur les rives du Méta.

L'O. de ce vaste pays est traversé par une chaîne des Andes, qui y atteignent une hauteur de 4000 mètres et que couvrent des neiges éternelles. Les points culminants sont : les Paramos de Chita, de Chingasa, de Guachaneque et d'Almzadéro. Cette partie du pays est la plus saine, la plus fertile et jouit d'un climat très-doux. L'E. présente d'immenses llanos ou terres-basses, qui s'étendent à perte de vue jusqu'à l'Orénoque et offrent de grasses prairies, des champs fertiles, de riches plantations (llanos de Casanaré), et de vastes districts sans habitations, sans culture, brûlés par l'excessive chaleur. Les principales productions du pays sont : blé, maïs, coton, cacao, canne à sucre, légumes, tabac et fruits délicieux. Les montagnes fournissent de l'or et du cuivre et sont exploitées depuis 1826 aux frais de la société anglaise des mines. L'industrie et le commerce y attendent un développement plus général et plus étendu. Le département est divisé en quatre provinces : Pamplona, Socorro, Tunja et Casanaré.

BOYACA, vg. de la rép. de Vénézuela, dép. de Boyaca, prov. de Tunja, dans une belle plaine à 6 l. S. de Tunja. Ce village, qui a donné son nom à tout le département, est devenu célèbre par la victoire que Bolivar y remporta, le 7 août 1819, sur les Espagnols, et qui assura l'indépendance de toutes les provinces de l'O.

BOYAVAL, vg. de Fr., Pas-de-Calais, arr. et poste de St.-Pol-sur-Ternoise, cant. d'Heuchin; 220 hab.

BOYDSTOWN. *Voyez* MECKLENBURGH.

BOYELLES, vg. de Fr., Pas-de-Calais, arr. et poste d'Arras, cant. de Croisilles; 300 hab.

BOYENTRAN, vg. de Fr., Gironde, com. de St.-Germain-d'Esteuil; 300 hab.

BOYER, vg. de Fr., Loire, arr. de Roanne, cant. de poste de Charlieu; 260 h.

BOYER, vg. de Fr., Saône-et-Loire, arr. de Châlon-sur-Saône, cant. et poste de Sennecey; 1370 hab.

BOYER-LE-HAUT, ham. de Fr., Aude, com. de St.-Gauderic; 260 hab.

BOYLE, pet. v. des États-Unis de l'Amérique du Nord, état de New-York, comté d'Ontario, sur le Genessée; 3400 hab.

BOYLE ou ABBAY-BOYLE, pet. v. d'Irlande, comté de Roscommon, sur la rivière de ce nom, qu'on y passe sur deux ponts, dont l'un est orné de la statue du roi Guillaume III. Elle est surtout remarquable par son école militaire, par les ruines de l'abbaye de Boyle, une des plus belles de l'Irlande et par sa tour ronde, d'origine fort ancienne; fabr. de toiles; 1500 hab.

BOYNE, ham. de Fr., Aveyron, com. de Rivière; 250 hab.

BOYNE, *Buvinda*, fl. d'Irlande; il prend sa source près de Carbury, dans le comté de Kildare, traverse les comtés de Louth et d'East Meath et se jette dans la mer d'Irlande à Drogheda, où il forme la baie de ce nom.

BOYNE, dist. du comté de Banff, en Écosse.

BOYNE, canal de Boyne-et-Legan, en Irlande.

BOYNE, riv. considérable dans la Nouvelle-Galles du Sud, Nouvelle-Hollande, Océanie; elle se jette dans la baie Curtis, au N.-N.-O. de celle d'Hervey.

BOYNES, b. de Fr., Loiret, arr. et cant. de Pithiviers, poste; commerce de cire, miel, safran, laine et vins; 1820 hab.

BOYPÉBA, pet. v. de l'emp. du Brésil, à l'E. de l'île du même nom, prov. de Bahia, comarque dos Ilhéos, au N. de la baie de Camamu; 2500 hab.

BOYS. *Voyez* XINGU.

BOYSTANDING. *Voyez* CALDWELL.

BOZ, vg. de Fr., Ain, arr., à 7 l. N.-O. de Bourg, cant. et poste de Pont-de-Vaux. On prétend que cette commune et les hameaux qui en dépendent sont peuplés des descendants des anciens colons sarrasins qui se sont établis autrefois dans le pays; et quoique les Burhins, c'est ainsi que l'on nomme les habitants de Boz, se soient depuis longtemps confondus avec les Français, on croit reconnaître dans leur costume, leur langage et leurs usages des traces de leur origine; 866 hab.

BOZET (le), ham. de Fr., Vosges, com. de Xertigny; 160 hab.

BOZOULS, b. de Fr., Aveyron, arr. et à 3 l. N.-E. de Rhodez, chef-lieu de canton, poste d'Espalion; mines de fer; 2880 hab.

BOZZOLAO, b. du roy. Lombard-Vénitien, gouv. de Milan, prov. de Mantoue; filat. de soie et tissage; 3700 hab.

BRA, v. du roy. de Sardaigne, div. de Cuneo, sur la Stura. L'éducation du ver à soie et le commerce de la soie forment les principales branches de son industrie; patrie du médecin et poëte Operti; 11,000 hab.

BRABA (lagoa de), lac non loin de la côte de la prov. de Rio-de-Janeiro, emp. du Brésil.

BRABANT-EN-ARGONNE, vg. de Fr., Meuse, arr. de Verdun-sur-Meuse, cant. et poste de Clermont-en-Argonne; 360 hab.

BRABANT-LE-ROI, vg. de Fr., Meuse, arr. de Bar-le-Duc, cant. et poste de Revigny; 420 hab.

BRABANT-MÉRIDIONAL, prov. du roy. de Belgique, bornée au N. par la prov. d'Anvers, au S. par celles du Hainaut et de

Namur, à l'E. par celles de Limbourg et de Liége et à l'O. par la Flandre orientale; climat humide mais assez sain, terrain fertile, à l'exception de quelques parties du N.-E., couvertes de pins et de bruyères; il produit en abondance les céréales, le lin, le chanvre, le houblon et les graines oléagineuses; belles forêts, végétation généralement vigoureuse, beaux pâturages et nombreux troupeaux; industrie avancée; fabr. d'étoffes de coton, piqués, mousselines, draps, dentelles, tapis, faïence, savon, eau-forte, vitriol, etc.; ateliers renommés pour la carrosserie, papeterie, verrerie, raffinerie de sucre et de sel, distillerie d'eau-de-vie de grains et de genièvre, brasseries considérables, etc.; mines de fer et carrières. La Dyle, la Demer, la Geete, la Senne, la Dender sont les principales rivières de cette province, qui comprend trois arrondissements : Bruxelles, Louvain et Nivelles ; vingt-quatre cantons; superficie : 60 l. c. g.; 557,000 hab.

BRABANT-SEPTENTRIONAL, prov. de Hollande, formée des ci-devant états de la Généralité et une partie de l'ancienne prov. de Hollande; elle est bornée au N. par les prov. de Hollande et de Gueldre, au S. par les prov. belges d'Anvers et de Limbourg, à l'E. par la Prusse rhénane et la prov. de Limbourg et à l'O. par celle de Seelande; climat humide, terrain plat, couvert de bruyères et de marais, parmi lesquels on remarque celui de Peel, entre Grave, Helmont et Venloo; elle a 30 l. c. de surface, beaucoup de canaux ; le terrain n'est pas partout propre à la culture; mais là où il l'est, il produit en abondance du seigle, sarrasin, lin, chanvre et houblon; les récoltes de froment et d'orge sont très-médiocres. La Meuse, l'Escaut oriental, l'Eendracht, la Diest, la Merk sont les rivières les plus remarquables de cette province; belles forêts de pins; tourbe abondante et terre à foulon; beaux bestiaux ; manufactures de draps, casimirs, belles toiles de lin, rubans, chapeaux; filat. de laine et de coton; imprimeries d'indiennes, tanneries, brasseries nombreuses, distilleries d'eau-de-vie de grains et de genièvre, etc. Cette province fait partie de la quatrième division militaire et ressort de la cour supérieure de La Haye; elle comprend trois arrondissements : Breda, Eindhoven et Bois-le-Duc; cette dernière ville est le chef-lieu de la province; vingt-et-un cantons; superficie : 92 1/2 l. c. g.; 355,200 h.

BRABANT-SUR-MEUSE, vg. de Fr., Meuse, arr. de Montmédy, cant. de Montfaucon, poste de Damvillers; 330 hab.

BRACCIANO, *Arcennum*, pet. v. des états de l'Église, délégation de Viterbe, aux bords du lac qui porte le même nom.

BRACH, vg. de Fr., Gironde, arr. de Bordeaux, cant. et poste de Castelnau-de-Médoc; 260 hab.

BRACHAY, vg. de Fr., Haute-Marne, arr. de Vassy, cant. et poste de Doulevant; 320 hab.

BRACHES, vg. de Fr., Somme, arr. et poste de Montdidier, cant. de Moreuil ; 210 hab.

BRACHY, vg. de Fr., Seine-Inférieure, arr. de Dieppe, cant. et poste de Bacqueville; 550 hab.

BRACIEUX, vg. de Fr., Loir-et-Cher, arr. et à 4 l. E.-S.-E. de Blois, chef-lieu de canton et poste; 980 hab.

BRACIGLIANO, v. du roy. des Deux-Siciles, dans la principauté citérieure ; 3200 hab.

BRACKEN, comté de l'état de Kentucky, États-Unis de l'Amérique du Nord; il est borné par l'Ohio et les comtés de Mason, de Nicholas, de Harrison et de Pendleton. Le Johnstone est le principal fleuve de ce pays; chef-lieu Augusta.

BRACKENHEIM, pet. v. du Wurtemberg, cer. du Necker, chef-lieu du grand-bailliage de ce nom qui, par sa fertilité et ses beaux vignobles, est un des plus riches du royaume; riche hôpital; le gr.-bge a 24,000 hab. et la ville 1670.

BRAÇO. *Voyez* ITAPICU.

BRAÇO, lac très-long mais peu large, près de la côte de la prov. d'Espiritu-Santo, emp. du Brésil.

BRAÇO-DO-SUL. *Voyez* UNA.

BRACON, vg. de Fr., Jura, arr. de Poligny, cant. et poste de Salins; 425 hab.

BRACQUEMONT, vg. de Fr., Seine-Inférieure, arr. et poste de Dieppe, cant. d'Offranville; 620 hab.

BRACQUETUIT, vg. de Fr., Seine-Inférieure, arr. de Dieppe, cant. et poste de Tôtes; 570 hab.

BRADBURN, vg. d'Angleterre, dans le comté de Kent, remarquable par l'if immense qui ombrage son cimetière. Ce végétal a près de 7 mètres de diamètre et son âge est estimé par M. de Candolle de 28 à 30 siècles.

BRADFORD, comté de l'état de Pensylvanie, États-Unis de l'Amérique du Nord; il est borné par l'état de New-York, les comtés de Susquéhannah, de Lucerne, de Lycoming et de Tioga. Avant 1810 ce comté ne présentait qu'une immense forêt remplie de marais et couverte de reptiles vénimeux. Aujourd'hui la plus grande partie du terrain est acquise à l'agriculture; chef-lieu Méansville; 12,000 hab.

BRADFORD, pet. v. des États-Unis de l'Amérique du Nord, état de Vermont, comté d'Orange; raffineries de sucre, commerce; 2300 hab.

BRADFORD, pet. v. des États-Unis de l'Amérique du Nord, état de Massachusetts, comté d'Essex, sur le Merrimac; académie très-fréquentée; commerce, construction de vaisseaux; 3000 hab.

BRADFORD, v. d'Angleterre, comté de Wilt, sur l'Avon inférieur. Elle est le centre de la fabrication des draps fins; 10,300 hab.

BRADFORD, v. d'Angleterre, comté d'York, sur un affluent de l'Aire; son commerce est considérable et elle possède des fabr. de machines à vapeur, d'étoffes de laine, lastings, mérinos, stoffs, damas, d'ouvrages en fer, de tabatières en cuir, de cordes et d'acide nitrique; nombreuses filat. de laine; forges et hauts-fourneaux; mines de houille et carrières d'ardoises; 13,100 h.

BRADIANCOURT, vg. de Fr., Seine-Inférieure, arr. de Neufchâtel-en-Bray, cant. et poste de St.-Saens; 280 hab.

BRADLEY, vg. d'Angleterre, comté de Stafford, remarquable par le grand nombre de ses forges.

BRADORE-HARBOUR, baie qui forme un bon port à l'entrée du détroit de Belle-Ile, côte méridionale du Labrador.

BRAFFAIS, vg. de Fr., Manche, arr. d'Avranches, cant. et poste de Brecey; 440 hab.

BRAGA, *Augusta Bracara*, gr. et ancienne ville du Portugal, prise par beaucoup de géographes pour la capitale de la prov. d'Entre-Duéro-e-Minho, entre les riv. de Cavado et de Desta, à 14 l. N.-N.-E. d'Oporto; château fort, cathédrale gothique, palais de l'archevêque primat du royaume, séminaire, collége; fabr. d'armes, de coutellerie, de toiles, de chandelles, de chapeaux; blanchisseries de cire; deux foires de bestiaux; antiquités romaines; eaux sulfureuses froides; plusieurs conciles ont été tenus dans cette ville; 19,000 hab.

BRAGAIRAC, vg. de Fr., Haute-Garonne, arr. de Muret, cant. et poste de St.-Lys; 310 hab.

BRAGANÇA, pet. v. de l'emp. du Brésil, prov. de San-Paulo, comarque d'Ytu, dans une contrée très-fertile, à 5 l. N.-E. d'Atibaya; 4000 hab.

BRAGANÇA, autrefois CAYTE, pet. v. de l'emp. du Brésil, prov. et comarque de Para, très-favorablement située sur la rive gauche du Cayte, dans une belle plaine, à 6 l. de la mer et à 50 l. N.-E. de Para. C'est un des plus anciens établissements de la province; agriculture florissante, commerce important; 4500 hab.

BRAGANCE, *Brigantia*, v. de Portugal, prov. de Traz-os-Montès, sur le Tervença, à 10 l. N.-O. de Miranda-de-Duéro; évêché; manufactures de velours et de taffetas. Jean II, duc de Bragance, fut élu roi de Portugal, en 1640, sous le nom de Jean IV; il est la souche de la maison encore régnante; 5000 hab.

BRAGASSARGUES, vg. de Fr., Gard, arr. du Vigan, cant. de Quissac, poste de Sauve; 90 hab.

BRAGEAC, vg. de Fr., Cantal, arr. et poste de Mauriac, cant. de Pléaux; 480 hab.

BRAGELOGNE, vg. de Fr., Aube, arr. de Bar-sur-Seine, cant. et poste des Riceys; 600 hab.

BRAGNY, vg. de Fr., Saône-et-Loire, arr. de Châlon-sur-Saône, cant. et poste de Verdun-sur-le-Doubs; 870 hab.

BRAGNY-EN-CHAROLLAIS, vg. de Fr., Saône-et-Loire, arr. de Charolles, cant. de Palinges, poste de Paray-le-Monial; 510 h.

BRAHESTAD, pet. v. maritime de la Russie d'Europe, grand-duché de Finlande, cer. d'Uleaborg, sur le golfe de Botnie; commerce de goudron, de beurre, de suif, de poix, de peaux et de bois; 1300 hab.

BRAHIC, vg. de Fr., Ardèche, arr. de l'Argentière, cant. et poste des Vans; 460 h.

BRAHILOW, v. de la Turquie d'Europe, Valachie, sandschak de Silistria, sur la rive gauche du Danube; commerce considérable.

BRAHMAPOUTRA ou BURRAMPOUTER, gr. fl. de l'Inde; il naît dans le pays de Borkhamti, au pied des Langtan, montagnes neigeuses qui s'élèvent à l'E. de l'Assam et au N. de l'empire de Birman; on doit la démonstration de ce fait à l'exploration des lieutenants Wilcox et Burlton; avant eux les géographes regardaient le Brahmapoutra comme la continuation du Zzangtsiou, fleuve du Thibet. Il traverse le pays des Mismi, l'Assam et le Bengale oriental, prend le nom de Megna, après avoir reçu une branche du Gange et quelques-unes du Tistah, et se réunit avec le Gange, au-dessous de Lakipour. Ces deux fleuves confondus se jettent dans le golfe de Bengale et forment par leurs embouchures un vaste delta. Le Brahmapoutra est navigable sur la plus grande étendue de son cours, et, comme le Gange, il déborde régulièrement et féconde le pays riverain. Ses principaux affluents sont : le Goddado, qui vient du Boutan, l'Terdecker, qui sort également du Boutan; le Brack, qui traverse le Kassay occidental; le Katchar, le Silhet et le Goumti ou Gomut, qui traverse le Tiperah.

BRAHOUIKS (monts), chaîne de montagnes qui se détache à l'O. de l'Hindou-Koh et va presque droit au S., à travers l'Afghanistan et le Béloutchistan oriental. Ses points culminants atteignent, près de Kelat, une hauteur de 8000 pieds.

BRAIDALBIN ou BREADALBANE, un des six districts à l'O. du comté de Perth, Écosse; pays généralement montagneux.

BRAILA ou BRAÏLOW, IBRAHIL, v. fortifiée sur la rive gauche du Danube, Valachie; sa citadelle domine le Danube. Elle était encore il y a quelques années possession immédiate de la Turquie et des troupes de janissaires et de spahis sortaient fréquemment de ses portes pour piller les campagnes environnantes; en 1823, les Russes la prirent par capitulation; 30,000 hab.

BRAILLANS, vg. de Fr., Doubs, arr. et poste de Besançon, cant. de Marchaux; 90 hab.

BRAILLY-CORNEHOTTE, vg. de Fr., Somme, arr. et poste d'Abbeville, cant. de Crécy; 540 hab.

BRAIN, vg. de Fr., Côte-d'Or, arr. de Sémur, cant, et poste de Vitteaux ; 160 hab.

BRAIN, vg. de Fr., Ille-et-Vilaine, arr., cant. et poste de Redon ; 2110 hab.

BRAINANS, vg. de Fr., Jura, arr., cant. et poste de Poligny ; 490 hab.

BRAINE-L'ALLEUD, *Brana* ou *Brennia Allodiensis*, b. du roy. de Belgique, prov. du Brabant-Méridional, arr. et à 2 l. N. de Nivelles ; fabr. de draps ; filat. de coton ; verrerie, tannerie, amidonnerie ; saline ; 2800 h.

BRAINE-LE-CHATEAU, *Brennia Bastrensis*, vg. et château du roy. de Belgique, prov. du Brabant-Méridional, arr. de Nivelles, à 1 l. de Halle ; 1350 hab.

BRAINE-LE-COMTE, *Brennia Comitis*, pet. v. du roy. de Belgique, prov. de Hainaut, arr. et à 4 1/2 l. N.-E. de Mons ; filat. de lin à dentelles ; fabr. de fleurs artificielles ; 3100 hab.

BRAINERD. *Voyez* HAMILTON (comté).

BRAINE-SUR-ARRONDE. *Voyez* BRAISNES.

BRAINS, vg. de Fr., Loire-Inférieure, arr. de Nantes, cant. de Bouaye, poste du Port-St.-Père ; 1020 hab.

BRAINS, vg. de Fr., Sarthe, arr. du Mans, cant. de Loué, poste de Coulans ; 1200 hab.

BRAINS-SUR-LES-MARCHES, vg. de Fr., Mayenne, arr. de Château-Gontier, cant. de St.-Aignan-sur-Roé, poste de Craon ; 700 hab.

BRAIN-SUR-ALLONNES, vg. de Fr., Maine-et-Loire, arr., cant. et poste de Saumur ; 1570 hab.

BRAIN-SUR-L'AUTHION, vg. de Fr., Maine-et-Loire, arr., cant. et poste d'Angers ; 1600 hab.

BRAIN-SUR-LONGUENÉE, vg. de Fr., Maine-et-Loire, arr. de Segré, cant. et poste du Lion-d'Angers ; 1070 hab.

BRAINTRÉE, b. d'Angleterre, comté d'Essex ; fabr. de flanelles ; 300 hab.

BRAINTRÉE, pet. v. très-industrieuse des États-Unis de l'Amérique du Nord, état de Massachusetts, comté de Norfolk, sur une baie, au pied du mont Pendy ; c'est la patrie de John Adams ; carrières de granit ; commerce ; 3000 hab.

BRAINVILLE, vg. de Fr., Manche, arr. et poste de Coutances, cant. de St.-Malo-de-la-Lande ; 360 hab.

BRAINVILLE, vg. de Fr., Haute-Marne, arr. de Chaumont-en-Bassigny, cant. et poste de Bourmont ; 300 hab.

BRAINVILLE, vg. de Fr., Moselle, arr. de Briey, cant. de Conflans, poste de Mars-la-Tour ; 380 hab.

BRAISNE ou **BRAISNE-SUR-VESLE**, b. de Fr., Aisne, arr. et à 4 l. E.-S.-E. de Soissons, chef-lieu de canton et poste ; dépôt royal d'étalons ; eaux minérales froides ; 1430 hab.

BRAISNES ou **BRAINE-SUR-ARRONDE**, vg. de Fr., Oise, arr. et poste de Compiègne, cant. de Ressons ; 90 hab.

BRAIZE, vg. de Fr., Allier, arr. de Montluçon, cant. de Cérilly, poste de Meaulne ; 430 hab.

BRAKE, b. de 1200 âmes dans le duché d'Oldenbourg, est le lieu où s'arrêtent les gros navires qui ne peuvent remonter le Wéser jusqu'à Brême.

BRAKEL, pet. v. fortifiée de Prusse, prov. de Westphalie, rég. de Minden, sur la Rethe ; brasseries, distilleries, culture du lin, verrerie ; 2560 hab.

BRAKENRIDGE, comté de l'état de Kentucky, États-Unis de l'Amérique du Nord ; il est borné par l'Ohio et les comtés de Hardin, de Grayson, d'Ohio et de Davies. L'Ohio, qui y reçoit le Sinking, le Blackford et d'autres rivières peu considérables, est le principal fleuve du pays ; chef lieu Hardensbourg ; 8200 hab.

BRALLEVILLE, vg. de Fr., Meurthe, arr. de Nancy, cant. d'Haroué, poste de Charmes ; 270 hab.

BRAM, vg. de Fr., Aude, arr. et poste de Castelnaudary, cant. de Fanjeaux ; 1430 h.

BRAMARIE, ham. de Fr., Lot, com. de la Bastide ; 270 hab.

BRAMETOT, vg. de Fr., Seine-Inférieure, arr. d'Yvetot, cant. de Fontaine-le-Dun, poste de Doudeville ; 440 hab.

BRAMEVAQUE, vg. de Fr., Hautes-Pyrénées, arr. de Bagnères-en-Bigorre, cant. de Mauléon-Barousse, poste de Montrejeau ; 190 hab.

BRAMONAS, vg. de Fr., Lozère, com. de Balsièges ; 320 hab.

BRAMPTON, *Bramenium*, pet. v. d'Angleterre, comté de Cumberland, sur l'Irting ; possède un hôpital, des manufactures de coton et des antiquités romaines ; 3000 hab.

BRAN, vg. de Fr., Charente-Inférieure, arr. de Jonzac, cant. et poste de Montendre ; 430 hab.

BRAN (le), vg. de Fr., Ille-et-Vilaine, com. de Gaël ; 220 hab.

BRANCA (Serra). *Voyez* MANTIQUEIRA (Serra).

BRANCA (Ilha) ou ILE BLANCHE, île à l'embouchure du Rio-Una, dans l'Océan Atlantique, prov. de Rio-de-Janeiro, emp. du Brésil.

BRANCAS, ham. de Fr., Hérault, com. de Cazillac-le-Bas ; 70 hab.

BRANCASTER, vg. d'Angleterre, comté de Norfolk ; antiquités romaines ; 780 hab.

BRANCEILLES, vg. de Fr., Corrèze, arr. de Brives, cant. et poste de Meyssac ; 800 h.

BRANCHE-DU-PONT-DE-SAINT-MAUR (la). *Voyez* JOINVILLE-LE-PONT.

BRANCHÉ (Saint-), vg. de Fr., Yonne, arr. d'Avallon, cant. et poste de Quarré-les-Tombes ; 860 hab.

BRANCHES, vg. de Fr., Yonne, arr. de Joigny, cant. d'Aillant-sur-Tholon ; poste de Bassou ; 630 hab.

BRANCHIER (Saint-), chef-lieu du bailliage d'Entremont, cant. du Valais ; ce village est situé à 2260 pieds au-dessus du niveau de la mer, au point de réunion des vallées d'Entremont, de Bagnes et de Martigny.

BRANCHS (Saint-), vg. de Fr., Indre-et-Loire, arr. de Tours, cant. de Montbazon, poste de Cormery; 2010 hab.

BRANCION, vg. de Fr., Saône-et-Loire, arr. de Mâcon, cant. et poste de Tournus; 600 hab.

BRANCO (Rio). *Voyez* UCAYARY et GRANDE (Rio).

BRANCOURT, vg. de Fr., Aisne, arr. de Laon, cant. et poste d'Anizy-le-Château; 890 hab.

BRANCOURT, vg. de Fr., Aisne, arr. de St.-Quentin, cant. et poste de Bohain; culture du houblon; 1590 hab.

BRANCOURT, vg. de Fr., Vosges, arr. et poste de Neufchâteau, cant. de Coussey; 400 hab.

BRAND, pet. v. du roy. de Saxe, cer. de l'Erzgebirge; mines d'argent, les plus riches de la Saxe; fabr. de dentelles; 2000 hab.

BRANDAN (Saint-), b. de Fr., Côtes-du-Nord, arr. de St.-Brieuc, cant. et poste de Quintin; 3300 hab.

BRANDAO, île dans la baie d'Angra-dos-Reys, sur la côte de la prov. de Rio-de-Janeiro, emp. du Brésil.

BRANDEIS, *Brandusium*, pet. v. du roy. de Bohême, cer. de Kaurzim, sur l'Elbe; fabr. d'indiennes; château ruiné; non loin se trouve le pèlerinage d'Altbrenzlau; 2000 h.

BRANDEIS, pet. v. de Bohême, cer. de Kœnigengrætz, sur l'Adler; brasseries, fabr. de soude; 2000 hab.

BRANDENBOURG, prov. de Prusse, tire son nom de la ville de Brandenbourg, ancienne capitale de la marche de ce nom, noyau de la monarchie prussienne. Ses bornes sont au N. le Mecklembourg, les provinces de Poméranie et de Prusse, à l'E. les provinces de Posen et de Silésie, au S. le royaume de Saxe et la province prussienne de Saxe, à l'O. le duché d'Anhalt-Dessau, la province de Saxe et le royaume de Hanovre. Ce pays ne présente qu'une immense plaine, arrosée par l'Elbe, l'Oder, la Havel, la Sprée et leurs nombreux affluents; un grand nombre de canaux ajoutent aux communications naturelles: le canal de Frédéric-Guillaume joint la Sprée à l'Oder; le canal de Finow joint la Finow à la Havel; le canal de Plauen joint la Havel à l'Elbe; le canal de Templin joint le lac de Lebau à l'Oder; le canal de Ruppin joint le Rhin à la Havel; enfin le nouveau canal de l'Oder et celui de Werbellin. Les principales productions sont: céréales, légumes, chanvre, lin, tabac, fruits, vin et bois; éducation des abeilles, du bétail, surtout celle des brebis. Le règne minéral y offre à l'exploitation: du fer, de la houille, du plâtre, de l'argile et de la chaux; le sel manque. L'industrie consiste dans la fabrication de draps de laine, de toiles, d'étoffes de coton et de soie, de cuir, de sucre, de tabac, de papier, de poterie, etc. Le commerce, favorisé par des communications faciles et nombreuses, est considérable. La province, divisée en deux régences, Potsdam et Francfort-sur-l'Oder, est administrée par un président supérieur, résidant à Potsdam.

BRANDENBOURG, v. de Prusse, province de même nom, rég. de Potsdam, chef-lieu du cercle de Westhavelland, sur la Havel; la cathédrale, l'église de Ste.-Catherine et l'hôtel de ville, devant lequel s'élève la colonne de Roland, sont ses principaux édifices; fabr. de draps, de toiles, de bas, d'eaux-de-vie; brasseries, tanneries et batelage. Cette ville est la plus ancienne de Prusse et la ci-devant capitale de la marche de Brandenbourg; 15,000 hab.

BRANDENBOURG (Neu-). *Voyez* NEU-BRANDENBOURG.

BRANDERION, vg. de Fr., Morbihan, arr. de Lorient, cant. et poste de Hennebont; 420 hab.

BRANDEVILLE, vg. de Fr., Meuse, arr. de Montmédy, cant. et poste de Damvillers; 1000 hab.

BRANDHOLZ, vg. de Bavière, dist. de Gefrees, cer. du Mein-Supérieur; mine d'antimoine; 172 hab.

BRANDIVI, vg. de Fr., Morbihan, com. de Grandchamp; 250 hab.

BRANDO, vg. de Fr., Corse, arr., à 2 1/2 l. N. et poste de Bastia, chef-lieu de canton; 1200 hab.

BRANDON, pet. v. des États-Unis de l'Amérique du Nord, état de Vermont, comté de Rutland, sur l'Otterkrick; agriculture florissante; 2200 hab.

BRANDON, b. d'Angleterre, comté de Suffolk, sur la petite Ouse; commerce de blé, de charbons et de bois de construction; 2000 hab.

BRANDON, vg. de Fr., Saône-et-Loire, arr. de Mâcon, cant. et poste de Mâtour; 840 h.

BRANDONVILLERS, vg. de Fr., Marne, arr. de Vitry-le-Français, cant. et poste de St.-Remy-en-Bouzemont; 260 hab.

BRANDYWINE. *Voyez* DELAWARE (baie).

BRANDYWINE (fleuve). *Voyez* CHRISTIANA et DELAWARE.

BRANFORD, pet. v. des États-Unis de l'Amérique du Nord, état de Connecticut, comté de New-Haven, à l'embouchure du Johnson dans le détroit de Longisland; elle a un port et fait le commerce; 2800 hab.

BRANGES, vg. de Fr., Aisne, arr. de Soissons, cant. d'Oulchy-le-Château, poste de Fère-en-Tardenois; 100 hab.

BRANGES, vg. de Fr., Saône-et-Loire, arr., cant. et poste de Louhans; 1620 hab.

BRANGUES, vg. de Fr., Isère, arr. de la Tour-du-Pin, cant. et poste de Morestel; 880 hab.

BRANLES, vg. de Fr., Seine-et-Marne, arr. de Fontainebleau, cant. de Château-Landon, poste d'Égreville; 570 hab.

BRANNAY, vg. de Fr., Yonne, arr. de Sens, cant. de Cheroy, poste de Pont-sur-Yonne; 500 hab.

BRANNE, vg. de Fr., Doubs, arr. de Baume-les-Dames, cant. et poste de Clerval; 350 hab.

BRANNE, b. de Fr., Gironde, arr. et à 3 l. S.-S.-E. de Libourne, chef-lieu de canton et poste; commerce de vins; 560 hab.

BRANNENS, vg. de Fr., Gironde, arr. de Bazas, cant. d'Auros, poste de Langon; 240 hab.

BRANNOKSTOWN, vg. d'Irlande, comté de Kildare, où fut livrée, au onzième siècle, une grande bataille entre les Irlandais et les Danois.

BRANOUX, ham. de Fr., Gard, com. de Blannaves; 260 hab.

BRANS, vg. de Fr., Jura, arr. de Dôle, cant. de Montmirey-la-Ville, poste de Moissey; faïencerie; 450 hab.

BRANSAS, ham. de Fr., Ardèche, com. de St.-Marcel-d'Ardèche; 200 hab.

BRANSAT, vg. de Fr., Allier, arr. de Gannat, cant. et poste de St.-Pourçain; 1160 h.

BRANSCOURT, vg. de Fr., Marne, arr. de Reims, cant. de Ville-en-Tardenois, poste de Jonchery-sur-Vesle; 290 hab.

BRANT, île dans le Pamlicosund, sur la côte de l'état de la Caroline du Nord, États-Unis de l'Amérique du Nord.

BRANTES, vg. de Fr., Vaucluse, arr. d'Orange, cant. et poste de Malaucène; 490 hab.

BRANTIGNIES, ham. de Fr., Aube, com. de Piney; 210 hab.

BRANTIGNY, vg. de Fr., Vosges, arr. de Mirecourt, cant. et poste de Charmes; 270 h.

BRANTOME, *Brantosomum*, jolie pet. v. de Fr., Dordogne, arr. et à 5 l. N.-N.-O. de Périgueux, chef-lieu de canton, au pied d'une colline baignée par la Dronne; grand commerce de truffes réputées les meilleures du Périgord; vignobles considérables. Sur la colline on remarque une ancienne abbaye de Bénédictins, dont l'église fut, dit-on, fondée par Charlemagne. Près de là se trouvent des grottes qui méritent d'être visitées. Cette petite ville a donné son nom au vicomte André de Bourdeille, historien connu sous le nom d'Abbé de Brantôme, qui vécut à la cour de Charles IX et de Henri III; 2722 hab.

BRANVILLE, vg. de Fr., Calvados, arr. de Pont-l'Évêque, cant. de Dives, poste de Dozullé; 220 hab.

BRANVILLE, vg. de Fr., Manche, arr. de Cherbourg, cant. et poste de Beaumont; 130 hab.

BRAQUIS, vg. de Fr., Meuse, arr. de Verdun-sur-Meuse, cant. et poste d'Étain; 250 hab.

BRAS, vg. de Fr., Meuse, arr. et poste de Verdun-sur-Meuse, cant. de Charny; 480 h.

BRAS, vg. de Fr., Var, arr. de Brignoles, cant. de Barjols, poste de St.-Maximin; fabrication de gros draps; 1480 hab.

BRAS-D'ASSE, vg. de Fr., Basses-Alpes, arr. de Digne, cant. et poste de Mezel; 440 h.

BRASLAW, pet. v. de la Russie d'Europe, gouv. de Wilna, cer. de Vidry, sur le grand lac qui porte le même nom; elle a un château et une abbaye.

BRASLES, vg. de Fr., Aisne, arr., cant. et poste de Château-Thierry; 610 hab.

BRASLOU, vg. de Fr., Indre-et-Loire, arr. de Chinon, cant. et poste de Richelieu; 400 hab.

BRASPART, b. de Fr., Finistère, arr. et poste de Châteaulin, cant. de Pleyben; 2640 hab.

BRASS, île des Petites-Antilles, non loin de l'île danoise de St.-Thomas, dont elle dépend.

BRASSAC, vg. de Fr., Arriège, arr., cant. et poste de Foix; fabrication d'objets pour les vaisseaux; 1440 hab.

BRASSAC, vg. de Fr., Dordogne, arr. de Ribérac, cant. de Montagrier, poste de Bourdeilles; 1910 hab.

BRASSAC, vg. de Fr., Puy-de-Dôme, arr. d'Issoire, cant. de Jumeaux, poste de St.-Germain-Lembron; mines de houille aux environs; 2020 hab.

BRASSAC, b. de Fr., Tarn, arr. et à 5 l. E. de Castres, chef-lieu de canton et poste; fabr. de cotonnades et de bassins; 1880 h.

BRASSAC, vg. de Fr., Tarn-et-Garonne, arr. de Moissac, cant. de Bourg-de-Visa, poste de Lauzerte; 1200 hab.

BRASSAC-DE-CASTELNAU et de **BELFOURTE**. *Voyez* BRASSAC.

BRASSAY, île du groupe des Shetlands, à l'O. de l'île de Mainland ou Shetland, séparée de la côte par le détroit de Brassa; elle a 670 habitants qui se livrent à la pêche de la morue.

BRASSEITTE, vg. de Fr., Meuse, arr. de Commercy, cant. et poste de St.-Mihiel; 210 hab.

BRASSEMPOUY, vg. de Fr., Landes, arr. de St.-Sever, cant. d'Amou, poste d'Orthez; 1080 hab.

BRASSEUSE, vg. de Fr., Oise, arr. de Senlis, cant. de Pont-Ste.-Maxence, poste de Verberie; 130 hab.

BRASSOW. *Voyez* KRONSTADT.

BRASSY, vg. de Fr., Nièvre, arr. de Clamecy, cant. et poste de Lormes; 1660 hab.

BRASSY, vg. de Fr., Somme, arr. d'Amiens, cant. de Conty, poste de Poix; 140 h.

BRATTE, vg. de Fr., Meurthe, arr. et poste de Nancy, cant. de Nomény; 140 hab.

BRATTLEBOROUGH, pet. v. des États-Unis de l'Amérique du Nord, état de Vermont, comté de Windham, sur le Connecticut; belle église; 2600 hab.

BRAUBACH, bge du duché de Nassau, avec 9000 hab. Braubach, son chef-lieu, en a 1500.

BRAUCHEN. *Voyez* BROUCK.

BRAUCOURT, vg. de Fr., Haute-Marne,

arr. de Vassy, cant. et poste de Montiérender; 150 hab.

BRAUMONT, vg. de Fr., Moselle, com. de Viviers; 290 hab.

BRAUNAU, v. d'Autriche, gouv. de la Haute-Autriche, cer. de l'Inn; fabr. de draps et de papier; construction de vaisseaux; 2000 hab.

BRAUNAU, v. du roy. de Bohême, cer. de Kœnigengraetz; gymnase et ancienne abbaye de Bénédictins; blanchisserie et commerce de toiles; 3000 hab.

BRAUNFELS, pet. v. de Prusse, prov. rhénane, rég. de Coblence, sur une haute montagne baignée par l'Iserbach; elle est la résidence du prince de Salm-Braunfels. Agriculture et éducation du bétail; fabr. de pompes à feu; le château du prince domine la ville; 1500 hab.

BRAUNSBERG, v. fortifiée de Prusse, prov. de Prusse, rég. de Kœnigsberg, sur la Passarge qui y devient navigable, chef-lieu du cercle et siége de l'ancien évéché d'Ermeland. Elle possède une faculté catholique de théologie et de philosophie, un grand séminaire, un gymnase et une école normale catholiques; fabr. de toiles, de draps et de cuirs; commerce considérable en fil, blé et bois de construction; 8300 hab.

BRAUNSBERG, v. d'Autriche, gouv. de Moravie, cer. de Prerau, sur l'Ondrzegnitza; siége d'un archevêque; fabr. de draps; 2000 hab.

BRAUVILLIERS, vg. de Fr., Meuse, arr. de Bar-le-Duc, cant. de Montier-sur-Saulx, poste de St.-Dizier; 350 hab.

BRAUX, vg. de Fr., Basses-Alpes, arr. de Castellane, cant. et poste d'Annot; 450 h.

BRAUX, vg. de Fr., Ardennes, arr. de Mézières, cant. de Monthermé, poste de Charleville; 1300 hab.

BRAUX, vg. de Fr., Aube, arr. d'Arcis-sur-Aube, cant. et poste de Chavanges; 370 hab.

BRAUX, vg. de Fr., Côte-d'Or, arr. de Sémur, cant. de Précy-sur-Thil, poste de la Maison-Neuve; 600 hab.

BRAUX-LE-CHATEL, vg. de Fr., Haute-Marne, arr. de Chaumont-en-Bassigny, cant. et poste de Château-Villain; 350 hab.

BRAUX-SAINTE-COHIÈRE, vg. de Fr., Marne, arr., cant. et poste de Ste.-Ménéhould; 150 hab.

BRAUX-SAINT-LOUIS, vg. de Fr., Gironde, arr. de Blaye, cant. de St.-Ciers-la-Lande, poste de St.-Aubin; 1480 hab.

BRAUX-SAINT-REMY, vg. de Fr., Marne, arr., cant. et poste de Ste.-Ménéhould; 160 hab.

BRAVA ou SAINT-JUAN, une des îles du cap Vert, dans l'Océan Atlantique, Afrique; 9500 hab., tous nègres.

BRAVA, promontoire au N. de la rép. de la Nouvelle-Grenade, dép. de Cauca.

BRAVANT, vg. de Fr., Puy-de-Dôme, com. d'Olby; 220 hab.

BRAVO, fl. de la rép. de Vénézuela, dép. de Zulia, se jette dans le Golfo-Triste.

BRAX, vg. de Fr., Haute-Garonne, arr. de Toulouse, cant. de Léguevin, poste de l'Isle-en-Jourdain; 370 hab.

BRAX, vg. de Fr., Lot-et-Garonne, arr. et poste d'Agen, cant. de la Plume; 470 h.

BRAY, vg. de Fr., Eure, arr. de Bernay, cant. et poste de Beaumont-le-Roger; fabr. de tissus de coton, molletons, basins, toiles, finettes, etc.; 480 hab.

BRAY, vg. de Fr., Orne, com. de Mortrée; 450 hab.

BRAY, vg. de Fr., Saône-et-Loire, arr. de Mâcon, cant. de Lugny, poste de Cluny; 390 hab.

BRAY. *Voyez* BRAY-SUR-SEINE.

BRAY, vg. de Fr., Seine-et-Oise, arr. de Mantes, cant. de Lagny, poste de Magny; 170 hab.

BRAY, pet. v. d'Irlande, comté de Wicklow, sur la mer près du cap de ce nom, avec un port; commerce de bétail et de laine; bains de mer très-fréquentés.

BRAYCHIPULI, cap de la côte occidentale de l'Angleterre.

BRAYE, riv. de Fr., Eure-et-Loir, a sa source dans les environs d'Authon, arr. de Nogent-le-Rotrou; elle coule de l'O. à l'E. et se jette dans le Loir, après un cours de 12 l.

BRAYE, vg. de Fr., Aisne, arr. et poste de Soissons, cant. de Vailly; 150 hab.

BRAYE, vg. de Fr., Indre-et-Loire, arr. de Chinon, cant. et poste de Richelieu; 400 hab.

BRAYE, vg. de Fr., Loiret, arr. de Gien, cant. d'Ouzouër-sur-Loire, poste de Château-neuf-sur-Loire; 510 hab.

BRAYE-EN-LAONNAIS, vg. de Fr., Aisne, arr. de Laon, cant. de Craonne, poste de Fismes; 630 hab.

BRAYE-EN-THIERACHE, vg. de Fr., Aisne, arr., cant. et poste de Vervins; 640 hab.

BRAYE-SUR-MEAULNE, vg. de Fr., Indre-et-Loire, arr. de Tours, cant. et poste de Château-la-Vallière; 510 hab.

BRAY-LA-CAMPAGNE, vg. de Fr., Calvados, arr. de Falaise, cant. de Bretteville-sur-Laize, poste de Vimont; riche pépinière; 130 hab.

BRAY-LES-MAREUIL, vg. de Fr., Somme, arr., cant. et poste d'Abbeville; 320 hab.

BRAY-SAINT-CHRISTOPHE, vg. de Fr., Aisne, arr. de St.-Quentin, cant. de St.-Simon, poste de Ham; 300 hab.

BRAY-SUR-SEINE, b. de Fr., Seine-et-Marne, arr. et à 4 l. S. de Provins, chef-lieu de canton et poste; commerce de blé et de poissons; fabr. de noir animal; 2000 h.

BRAY-SUR-SOMME, b. de Fr., Somme, arr. et à 4 l. O. de Péronne, chef-lieu de canton, poste d'Albert; tanneries; 1450 h.

BRAZA-MENOR (petit bras) ou RIO-FURO, bras de l'Araguaya, duquel il se détache sous le 13° 7' lat. S., pour se réunir de nouveau avec lui sous le 9° 50' même lat., et forme ainsi la longue et fertile île de Ste.-Anne.

BRAZEY-EN-MONTAGNE, vg. de Fr., Côte-d'Or, arr. de Beaune, cant. de Liernais, poste de Saulieu; 570 hab.

BRAZEY-EN-PLAINE, vg. de Fr., Côte-d'Or, arr. de Beaune, cant. et poste de St.-Jean-de-Losne; 1620 hab.

BRAZIS, vg. de Fr., Tarn, com. de Fia; 220 hab.

BRAZLAW, pet. v. de la Russie d'Europe, gouv. de Podolie, chef-lieu du cercle, sur le Bug; est entourée d'un fossé et d'un rempart, a deux églises, dont une du rite grec et l'autre catholique, et une abbaye consacrée à St.-Basile; 3000 hab.

BRAZOS (Rio-de-los) ou **RIO-DE-LOS-BRAZOS-DE-DIOS**, fl. considérable des états mexicains; il prend naissance dans les solitudes qui s'étendent à l'E. du Nouveau-Mexique, coule d'abord vers l'E., puis vers le S., en traversant la province de Texas, et entre dans le golfe du Mexique, au-dessous de Galveston, après un cours de 240 l. Ses eaux sont jaunes et fangeuses et portent d'assez grands vaisseaux. Sa largeur moyenne est de 900 pieds.

BRAZZA, *Bracchia*, île d'Autriche, gouv. du roy. de Dalmatie, cer. de Spalatro, séparée du continent par le canal de Brazza. Elle est couverte de montagnes et de forêts, et produit d'excellent vin, de l'huile, des figues, des amandes, de l'aloé, du safran et de la soie. On s'y livre à l'éducation des brebis et des abeilles, et à la pêche; laine et fromages estimés. Superficie 13 l. c. géogr.; 13,000 hab.

BREADALBURE. *Voyez* BRAIDALBIN.

BREAKERS-POINT. *Voyez* VANCOUVER (Quadra).

BREAK-NECK. *Voyez* KATTSKILL (monts).

BRÉAL, b. de Fr., Ille-et-Vilaine, arr. de Montfort-sur-Meu, cant. et poste de Plélan; 2200 hab.

BRÉAL, vg. de Fr., Ille-et-Vilaine, arr., cant. et poste de Vitré; 520 hab.

BRÉANÇON, vg. de Fr., Seine-et-Oise, arr. de Pontoise, cant. et poste de Marines; 400 hab.

BRÉAU, vg. de Fr., Gard, arr., cant. et poste du Vigan; 1120 hab.

BRÉAU, vg. de Fr., Seine-et-Marne, arr. de Melun, cant. et poste de Mormant; 210 h.

BRÉAU (Grand-), ham. de Fr., Seine-et-Marne, com. de Courpalay; 240 hab.

BRÉAUTÉ, b. de Fr., Seine-Inférieure, arr. du Hâvre, cant. et poste de Goderville; 1300 hab.

BRÉBANT, vg. de Fr., Marne, arr. et poste de Vitry-le-Français, cant. de Sommepuis; 200 hab.

BRÉBIÈRES, vg. de Fr., Pas-de-Calais, arr. d'Arras, cant. de Vitry, poste de Douai; fabr. de sucre indigène; 1370 hab.

BREBOTTE, vg. de Fr., Haut-Rhin, arr. de Belfort, cant. et poste de Delle; 1330 h.

BRÉCÉ, vg. de Fr., Ille-et-Vilaine, arr. et poste de Rennes, cant. de Châteaugiron; 700 hab.

BRÉCÉ, vg. de Fr., Mayenne, arr. de Mayenne, cant. et poste de Gorron; 2300 h.

BRÉCEY, b. de Fr., Manche, arr. et à 5 1/2 l. E.-N.-E. d'Avranches, chef-lieu de canton et poste; 2200 hab.

BRECH, ham. de Fr., Lot-et-Garonne, com. de Coulx; 200 hab.

BRECH, vg. de Fr., Morbihan, arr. de Lorient, cant. de Pluvigner, poste d'Auray; 2350 hab.

BRECHAINVILLE, vg. de Fr., Vosges, arr., cant. et poste de Neufchâteau; 240 h.

BRECHAMPS, vg. de Fr., Eure-et-Loir, arr. de Dreux, cant. et poste de Nogent-le-Roi; 350 hab.

BRECHAUMONT ou **BRUCKENSWEILER**, vg. de Fr., Haut-Rhin, arr. de Belfort, cant. de Fontaine, poste de la Chapelle-sous-Rougemont; 500 hab.

BRECHES, vg. de Fr., Indre-et-Loire, arr. de Tours, cant. et poste de la Vallière; 410 hab.

BRÈCHE-DE-ROLAND, défilé des Pyrénées, Hautes-Pyrénées, cant. de Luz. C'est une vaste coupure de 100 mètres de large, dans une muraille naturelle, formée de rochers dont les plus élevés ont 200 mètres de haut. Cette barrière formidable entre l'Espagne et la France est dominée par le mont Marboré, qui semble placé là pour défendre le passage que l'on ne franchit pas sans périls; il est pourtant beaucoup fréquenté par les contrebandiers, que l'horreur de ce lieu, d'une affreuse solitude, protège souvent contre les recherches et les poursuites des douaniers.

BRECHIN, *Brechinium*, b. d'Écosse, comté d'Angus, sur le South-Estk; fabr. de toiles, tissage de lin; 6000 hab.

BRECHT, b. du roy. de Belgique, prov., arr. et à 5 l. N. d'Anvers; fabr. de chapeaux; 2300 hab.

BRECKENFELD, v. de Prusse, prov. de Westphalie, rég. d'Arnsberg, sur l'Ennepe; éducation de bétail et d'abeilles; fabr. de soie, de rubans et de siamoises; 1500 hab.

BRECKLANGE ou **BREICHLINGEN**, ham. de Fr., Moselle, com. de Hinckange; 100 h.

BRECKNOCK, comté d'Angleterre, borné par les comtés de Radnor, de Hereford, de Monmouth, de Clamorgan, de Cærmarthen et de Cardigan. Cette province est couverte de montagnes dont le point culminant est le Brecknock-Beacon. Ces montagnes forment des vallées peu fertiles et arrosées par la Wije et l'Usk. L'air est pur et sain et le sol produit principalement du blé et des pommes de terre, et dans le règne minéral du cuivre, du plomb, du fer, de la houille et de la chaux. On y fabrique des étoffes de laine et on s'y livre à l'éducation du bétail. Toutes ces productions alimentent son commerce. Sa superficie est de 35 l. c. géogr. et sa population de 40,000 âmes. Le comté est divisé en six districts et nomme deux députés au parlement.

BRECKNOCK, *Brechinia*, v. d'Angleterre, principauté de Galles, chef lieu du comté de ce nom, au confluent de l'Usk et du Honddy. Elle possède un arsenal, des fabriques de draps et de bas de laine; 4200 hab.

BRECONCHAUX, vg. de Fr., Doubs, arr. et poste de Baume-les-Dames, cant. de Roulans; 110 hab.

BRECTOUVILLE, vg. de Fr., Manche, arr. de St.-Lô, cant. et poste de Torigni; 230 hab.

BRÉCY, vg. de Fr., Aisne, arr. de Château-Thierry, cant. de Fère-en-Tardenois, poste de Coincy; 490 hab.

BRECY, vg. de Fr., Ardennes, arr. et poste de Vouziers, cant. de Monthois; 340 h.

BRÉCY, vg. de Fr., Calvados, arr. de Caen, cant. et poste de Creully; 100 hab.

BRÉCY, vg. de Fr., Cher, arr. de Bourges, cant. et poste des Aix-d'Angillon; 700 h.

BRÉDA, *Breda*, v. belle et très-forte du roy. des Pays-Bas, prov. du Brabant-Septentrional, chef-lieu d'arrondissement, dans une plaine agréable et fertile, au confluent de la Merk et de l'Aa, à 8 l. O.-S.-O. de Bois-le-Duc; siège de tribunaux de première instance et de commerce; fortifications importantes, belle citadelle entourée de marais faciles à inonder; beau château des princes de Nassau, cathédrale, hôtel de ville, école militaire, etc.; manufactures d'étoffes de laine, de toiles, de chapeaux, de tapis, de cuirs; brasseries renommées; commerce de poissons. Elle concourt pour trois membres dans la nomination des états. Elle fut prise, en 1590, par Maurice, prince d'Orange; en 1625, par les Espagnols, sous Spinola, et le 25 février 1793, par les Français, sous Dumouriez. La noblesse des Pays-Bas s'y confédéra, en 1566, sous le nom de Compromis, et une paix y fut conclue, en 1667, entre la Hollande et l'Angleterre; 13,500 hab.

BRÈDE (la), vg. de Fr., Gironde, arr. et à 5 l. S. de Bordeaux, chef-lieu de canton, poste de Castres; 1500 hab.

BRÉDON, vg. de Fr., Cantal, arr., cant. et poste de Murat; 2520 hab.

BRÉDON, vg. de Fr., Charente-Inférieure, arr. de St.-Jean-d'Angely, cant. et poste de Matha; 760 hab.

BREDSTÆDT, b. et bge de Danemark, duché de Schleswig, le bge a 10,000 hab. et le b. 1500.

BRÉE, vg. de Fr., Mayenne, arr. de Laval, cant. de Monsurs, poste d'Évron; 1000 hab.

BRÉE ou BREY, *Bræa*, pet. v. du roy. de Belgique, prov. de Limbourg, arr. et à 6 l. N.-N.-E. de Hasselt, dans un pays de bruyères; 1250 hab.

BREEDVOORT ou BREVOORT, BRÉFORT,

Bredefortia, pet. v. forte du roy. des Pays-Bas, prov. de Gueldre, dist. et à 8 l. S.-E. de Zutphen, dans une contrée marécageuse, 1250 hab.

BRÉEL, vg. de Fr., Orne, arr. de Domfront, cant. et poste d'Athis; 670 hab.

BREGA, pet. v. de la rég. de Tripoli, Afrique, dans une contrée très-riche en sel.

BREGANÇON, *Briganconia*, île et fort de Fr., Var, arr. de Toulon, cant. et poste de Hyères, com. de Bormes; elle est située au N.-E. de la presqu'île de Giens.

BREGE. *Voyez* DANUBE.

BREGENZ, *Bregantum*, v. d'Autriche, gouv. de Tyrol, cer. de Vorarlberg, sur le lac de Constance, chef-lieu et siège des autorités du cercle; filat. de coton, fabr. de mousseline, forges; commerce de bois et d'ouvrages en bois; 3000 hab.

BRÉGILLE, vg. de Fr., Doubs, com. de Besançon; 240 hab.

BREGNIER-CORDON, vg. de Fr., Ain, arr., cant. et poste de Belley; 710 hab.

BRÉGY, vg. de Fr., Oise, arr. de Senlis, cant. de Betz, poste de Nauteuil-le-Haudouin; 600 hab.

BREHAIN, vg. de Fr., Meurthe, arr. de Château-Salins, cant. et poste de Delme; 300 hab.

BRÉHAIN-LA-COUR, ham. de Fr., Moselle, com. de Bréhain-la-Ville; 80 hab.

BRÉHAIN-LA-VILLE, vg. de Fr., Moselle, arr. de Briey, cant. et poste de Longwy; 220 hab.

BRÉHAL, b. de Fr., Manche, arr. et à 5 l. S.-S.-O. de Coutances, chef-lieu de canton et poste; 1730 hab.

BRÉHAND, vg. de Fr., Côtes-du-Nord, arr. de St.-Brieuc, cant. et poste de Moncontour; 1810 hab.

BRÉHAN-LOUDÉAC, vg. de Fr., Morbihan, arr. de Ploërmel, cant. de Rohan, poste de Josselin; 2430 hab.

BRÉHAT, île de Fr., dans la Manche, Côtes-du-Nord, arr. de St.-Brieuc, cant. et poste de Paimpol; 1550 hab.

BRÉHÉMONT, vg. de Fr., Indre-et-Loire, arr. de Chinon, cant. et poste d'Azay-le-Rideau; 1580 hab.

BRÉHÉVILLE, vg. de Fr., Meuse, arr. de Montmédy, cant. et poste de Damvillers; 790 hab.

BRÉHIMONT, vg. de Fr., Vosges, com. de St.-Michel; 290 hab.

BREHNA, pet. v. de Prusse, prov. de Saxe, rég. de Mersebourg, sur le Rheinbach; culture du cumin, du tabac et de la garance; fabr. de bas; 1400 hab.

BREICHLINGEN. *Voyez* BRECKLANGE.

BREID, baie au S. de l'île de Ste.-Croix, une des Petites-Antilles; possession danoise.

BREIDENBACH, vg. de Fr., Moselle, arr. de Sarreguemines, cant. de Volmunster, poste de Bitche; 870 hab.

BREIL (le), vg. de Fr., Lot, arr. de Cahors, cant. et poste de Montcuq; 530 hab.

BREIL, vg. de Fr., Maine-et-Loire, arr. de Baugé, cant. et poste de Noyant; 770 h.

BREIL (le), vg. de Fr., Sarthe, arr. du Mans, cant. de Montfort, poste de Connerré; fours à chaux; 1710 hab.

BREILLE (la), vg. de Fr., Maine-et-Loire, arr., cant. et poste de Saumur; 520 hab.

BREILLY, vg. de Fr., Somme, arr. d'Amiens, cant. et poste de Picquigny; 490 h.

BREISTROFF-LA-GRANDE, vg. de Fr., Moselle, arr. de Thionville, cant. de Cattenom, poste de Sierck; 440 hab.

BREISTROFF-LA-PETITE, ham. de Fr., Moselle, com. d'Oudren; 100 hab.

BREITENAU, vg. de Fr., Haut-Rhin, arr. de Schlestadt, cant. et poste de Villé; 420 hab.

BREITENBACH, vg. de Fr., Bas-Rhin, arr. de Schlestadt, cant. et poste de Villé; scieries, commerce de bois et carrières d'ardoises; 1665 hab.

BREITENBACH, vg. de Fr., Haut-Rhin, arr. de Colmar, cant. et poste de Munster; fabr. d'étoffes façonnées et tissage; 925 hab.

BREITENBACH, b. de la principauté de Schwarzbourg-Sondershausen, seigneurie d'Arnstadt; fabr. d'instruments de musique et de treillis; 2200 hab.

BREITENFELD, vg. du roy. de Saxe, cer. et à 1 1/2 l. N.-N.-O. de Leipsic; remarquable par deux batailles qui y furent livrées pendant la guerre de trente ans; dans la première, qui eut lieu le 7 septembre 1631, les Suédois et les Saxons, sous Gustave-Adolphe, défirent les Impériaux, sous Tilly; dans la seconde, qui eut lieu le 1er novembre 1642, les Impériaux et les Saxons, commandés par Piccolomini, furent battus par le général suédois Torstenson.

BREITENHAGEN, vg. de Prusse, prov. de Saxe, rég. de Mersebourg; remarquable par le grand dépôt de sel Saalhorn, au confluent de la Saale avec l'Elbe; 738 hab.

BRÉLÈS, vg. de Fr., Finistère, arr. de Brest, cant. de Ploudalmezeau, poste de St.-Renan; 930 hab.

BRÉLEVENEZ, vg. de Fr., Côtes-du-Nord, arr., cant. et poste de Lannion; 1540 hab.

BRÉLIDY, vg. de Fr., Côtes-du-Nord, arr. de Guingamp, cant. et poste de Pontrieux; 780 hab.

BRELING. *Voyez* BRULANGE.

BRÉLOUX, vg. de Fr., Deux-Sèvres, arr. de Niort, cant. et poste de St.-Maixent; 1810 hab.

BREM. *Voyez* SAINT-NICOLAS-DE-BREM.

BRÊME, capitale de la pet. rép. de ce nom, enclavée dans le roy. de Hanovre, située au confluent de la Vumme et du Wéser, ville libre et anséatique. Elle a peu de fabriques, mais elle fait un commerce très-considérable et exporte des toiles de lin communes, du bois, du blé, du plomb, du verre, venant des contrées du Wéser. Les principales importations consistent en denrées coloniales. On remarque parmi ses édifices publics : la cathédrale luthérienne, avec un fameux caveau, dit Bleykeller; les églises de Notre-Dame et de St.-Ansgaire; l'hôtel de ville, l'arsenal, la bourse, le musée, construit en 1801, et la maison de force. La bibliothèque publique, le musée, l'observatoire du célèbre médecin Olbers, l'école de commerce et de navigation, le gymnase, l'institution des sourds et muets sont ses principaux établissements littéraires et scientifiques; 42,000 hab.

La république de Brême était, à la fin du dernier siècle, une ville impériale du cercle de la Basse-Saxe; elle ne comprend que la ville de Brême et son territoire; son étendue est de 5 milles c.; sa population de 51,000 habitants. Elle a une voix à la diète germanique. Charlemagne en avait fait, en 788, un évêché qui, en 858, fut réuni à l'archevêché de Hambourg; Brême devint, en 1223, la résidence de l'archevêque. Sécularisé, en 1648, par le traité de Westphalie, l'archevêché de Brême fut donné à la Suède sous le titre de duché; mais les Danois s'en emparèrent en 1712 et Fréderic IV le rendit immédiatement au duc de Hanovre. Brême obtint, en 1640, le titre de ville libre impériale dont elle ne jouit sans contestation que depuis 1731, après le consentement de la maison de Brunswick-Lunebourg qui la possédait alors.

BRÉMENIL, vg. de Fr., Meurthe, arr. de Lunéville, cant. de Baccarat, poste de Blamont; carrière de moëllons; moulins; 650 h.

BREMERVOERDE, b. du roy. de Hanovre, gouv. de Stade; il a des tourbières et des chantiers assez importants; 2000 hab.

BRÊMES, vg. de Fr., Pas-de-Calais, arr. de St.-Omer, cant. et poste d'Ardres; 920 hab.

BREMGARTEN, pet. v. de Suisse, chef-lieu d'un district du canton d'Argovie; patrie du réformateur Bullinger. Louis-Philippe y vécut retiré pendant une partie de la révolution, jusqu'à son voyage en Angleterre, en 1795; 860 hab.

BREMIEN (le), ham. de Fr., Eure, com. d'Illiers-l'Évêque; 250 hab.

BREMMELBACH, vg. de Fr., Bas-Rhin, arr. et poste de Wissembourg, cant. de Soultz-sous-Forêts; 263 hab.

BRÉMONCOURT, vg. de Fr., Meurthe, arr. de Lunéville, cant. de Bayon, poste de Neuviller-sur-Moselle; 290 hab.

BREMONDANS, vg. de Fr., Doubs, arr. de Baume-les-Dames, cant. de Vercel, poste de Landresse; 210 hab.

BREMONTIER-MERVAL, vg. de Fr., Seine-Inférieure, arr. de Neufchâtel-en-Bray, cant. et poste de Gournay; 730 hab.

BRÉMOY, vg. de Fr., Calvados, arr. de Vire, cant. d'Aulnay-sur-Odon, poste de Mesnil-Auzouf; 550 hab.

BRÉMUR, vg. de Fr., Côte-d'Or, arr., cant. et poste de Châtillon-sur-Seine; forges; 240 hab.

BREN, vg. de Fr., Drôme, arr. de Valence, cant. de St.-Donat, poste de Tain; 490 hab.

BRENAC, vg. de Fr., Aude, arr. de Limoux, cant. et poste de Quillan; 660 hab.

BRÉNAC, vg. de Fr., Charente, com. de Fléac; 300 hab.

BRENAS, ham. de Fr., Hérault, arr. et poste de Lodève, cant. de Lunas; 180 hab.

BRENAT, vg. de Fr., Puy-de-Dôme, arr. et poste d'Issoire, cant. de Sauxillanges; 720 hab.

BRENAZ, vg. de Fr., Ain, arr. de Belley, cant. de Champagne, poste de Culoz; 350 hab.

BRENAZ, ham. de Fr., Ain, com. de St.-Sorlin; 220 hab.

BRENELLE, vg. de Fr., Aisne, arr. de Soissons, cant. et poste de Braisne; 260 h.

BRENGUES, vg. de Fr., Lot, arr. de Figeac, cant. de Livernon, poste de la Capelle-Marival; 600 hab.

BRENNA. *Voyez* DURANGO.

BRENNE, riv. de Fr., Côte-d'Or, a sa source près de Sombernon, dans l'arr. de Dijon; elle coule vers le N.-O., passe à Vitteaux et à Montbard et se jette dans l'Armançon, après un cours de 15 l.

BRENNER, *Rhæticus Mons*, une des plus hautes montagnes du Tyrol, entre l'Inn, l'Aicha et l'Adige et les villes d'Innsbruck et de Stertzing; elle a 2120 mètres au-dessus de la mer; la route qui la traverse conduit de Bavière en Lombardie et atteint son faîte à 1451 mètres au-dessus de la mer. Ce passage est très-dangereux en hiver à cause des avalanches; c'est le point le plus important pour la défense du pays de ce côté.

BRENNES, vg. de Fr., Haute-Marne, arr. et poste de Langres, cant. de Longeau; 330 hab.

BRENOD, vg. de Fr., Ain, arr., à 2 l. S. et poste de Nantua, chef-lieu de canton; commerce de bois, chevaux et bestiaux; 1000 hab.

BRÉNON, vg. de Fr., Var, arr. de Draguignan, cant. et poste de Comps; 140 hab.

BRENOUILLE, vg. de Fr., Oise, arr. de Clermont, cant. et poste de Liancourt; 210 hab.

BRENOUX, vg. de Fr., Lozère, arr., cant. et poste de Mende; fabr. de serges; 450 hab.

BRENS, vg. de Fr., Ain, arr., cant. et poste de Belley; 340 hab.

BRENS, vg. de Fr., Tarn, arr., cant. et poste de Gaillac; 1200 hab.

BRENT. *Voyez* TAMISE.

BRENT, pet. v. d'Angleterre, comté de Devon; 2000 hab.

BRENTA, *Medoacus Major*, riv. d'Autriche, roy. Lombard-Vénitien, gouv. de Venise; passe par Bassano. Le canal Novissimo la conduit dans le port de Brondolo.

BRENTFORD, pet. v. d'Angleterre, comté de Middlesex, sur la Tamise; a des moulins, des tuileries, des poteries et fait un commerce considérable en blés et autres denrées; 2000 hab.

BRENTONICO, b. d'Autriche, gouv. de Tyrol, cer. de Rovéredo. On y exploite une terre verte, connue sous le nom de terre de Nérone; 1500 hab.

BRENTWOOD, pet. v. des États-Unis de l'Amérique du Nord, état de New-Hampshire, comté de Bockingham, sur l'Exeter; mines d'alun, de vitriol et de fer sulfuré; 1800 h.

BRENY, vg. de Fr., Aisne, arr. de Soissons, cant. d'Oulchy-le-Château, poste de Coincy; 260 hab.

BREOLLE (la), vg. de Fr., Basses-Alpes, arr. de Barcelonnette, cant. et poste du Lauzet; 930 hab.

BRÈRES, vg. de Fr., Doubs, arr. de Besançon, cant. et poste de Quingey; 100 hab.

BRERY, vg. de Fr., Jura, arr. de Lons-le-Saulnier, cant. et poste de Sellières; 510 h.

BRES (Saint-), vg. de Fr., Gard, arr. d'Alais, cant. et poste de St.-Ambroix; 620 hab.

BRÈS (Saint-), vg. de Fr., Hérault, arr. de Montpellier, cant. de Castries, poste de Lunel; 320 hab.

BRESCA, pet. v. d'Autriche, gouv. de Trieste, cer. d'Istrie, sur la pointe méridionale de l'île de Veglia; petit port; 2000 h.

BRESCHE, riv. de Fr., Oise, a sa source près d'Abbeville, dans le canton et au S. de Froissy, arr. de Clermont, elle coule vers le S.-E., passe par Bulles, Clermont, Cauffry et se jette dans l'Oise au-dessus du Creil, après un cours de 11 lieues.

BRESCIA, prov. ou délégation du roy. Lombard-Vénitien, gouv. de Milan; elle est bornée au N. par le Tyrol, à l'E. par le lac de Garda qui la sépare de la prov. de Vérone, au S.-E. par la prov. de Mantoue, au S. par celle de Crémone, au S.-O. par celle de Lodi, et à l'O. et au N.-O. par celle de Bergame; sa superficie est de 55 l. c. géogr. et sa pop. de 350,000 hab. Le sol est fertile et produit du blé, du maïs, du millet, du lin, du chanvre, des olives et des citrons dont on exporte une grande quantité; les productions minérales sont : fer, cuivre, plomb, marbre, topazes et grenats; filat. nombreuses de soie, de coton et de laine; forges; fabr. de cuir, de chapeaux et de poterie. La province est divisée en 17 dist.

BRESCIA, *Brixia*, v. chef-lieu de la prov. du même nom, roy. Lombard-Vénitien, gouv. de Milan, siége d'un évêque et des autorités provinciales; ses principaux édifices sont : deux palais, une superbe cathédrale, plusieurs hospices et une belle salle de spectacle. Elle possède de nombreux établissements littéraires et scientifiques, une riche bibliothèque où l'on conserve un précieux manuscrit des quatre évangiles du sixième ou septième siècle, un jardin botanique, un cabinet d'histoire naturelle, etc. Fabr. d'étoffes de soie, de toiles, de rubans, de bas et d'armes à feu; tanneries, verreries, chapelleries. Son commerce est très-actif; 35,000 hab.

BRESCOU, *Agatha*, île de Fr., dans la Méditerranée, sur la côte du dép. de l'Hérault; elle n'a qu'une trentaine d'habitants et un fort qui défend le port d'Agde, dont elle n'est éloignée que d'une demi-lieue.

BRÉSEUX (les), vg. de Fr.; Doubs, arr. de Montbéliard, cant. de Maiche, poste de St.-Hyppolite; 300 hab.

BRÉSIL, emp. de l'Amérique méridionale, formé des anciennes colonies portugaises. Il est situé entre 4° 33′ de lat. N. et 33° 54′ de lat. S., et entre 37° 45′ et 73° 4′ de long. occ. Il est borné au N. par la rép. colombienne de Vénézuela, la Guyane et l'Océan Atlantique, à l'O. par les états de la Plata, le Paraguay, la rép. de Bolivia, le Pérou et la rép. colombienne d'Ecuador, au S. par la rép. d'Uruguay, et à l'E. par l'Océan Atlantique. Son étendue du N. au S. est d'environ 1100 l. et de 1000 de l'E. à l'O.; sa superficie a été diversement évaluée; selon Cannabich, on se rapproche le plus probablement de la vérité en lui donnant 500,000 l. c. et 1800 l. de côtes, dont la configuration présente peu de caps; les plus remarquables sont : le cap San-Roque, dans la prov. de Rio-Grande-do-Norte et le cap Frio, dans celle de Rio-de-Janeiro. Les sinuosités de la côte forment plusieurs baies fort commodes, entre autres celles de Bahia et de Rio-Janeiro.

Le Brésil, dont l'intérieur n'est pas encore bien connu, est un des plus magnifiques pays de la terre. D'après sa constitution physique, nous le divisons en pays de côtes, dans lequel nous comprenons aussi les bords des fleuves et des lacs; en haut plateau ou pays montagneux et pierreux de l'intérieur, et en pays plat et sablonneux. Cette dernière espèce de territoire, qui comprend les immenses plaines de sable situées au N., sur les deux rives de l'Amazone, s'élève très-peu au-dessus du niveau de la mer; dans la saison pluvieuse elle est submergée par les débordements. Des forêts majestueuses et toujours vertes, couvrent cette partie septentrionale du Brésil. Le pays des côtes offre la végétation la plus puissante et la plus variée que l'on puisse imaginer. Une digue naturelle, formée de falaises de plus de 90 pieds d'épaisseur, le protège contre les terribles invasions de la mer. C'est la partie orientale du Brésil. En s'avançant vers l'O., on trouve la chaîne ou Serra-do-Mar, qui s'étend du S. au N. jusqu'au cap San-Roque et sépare le pays des côtes du plateau de l'intérieur. La distance de cette chaîne à la mer, varie de 8 à 50 l. Dès que l'on a franchi la Serra-do-Mar, dont l'élévation moyenne est de mille mètres, on pénètre dans le pays haut, sillonné dans différentes directions par la Serra-dos-Vertentes. Cette chaîne, la plus longue du système brésilien, s'étend depuis le Midi de Ceara jusqu'à l'O. de Matto-Grosso, et sépare les affluents de l'Amazone, du Tocantin et du Parahyba, de ceux du San-Francisco, du Parana et du Paraguay. Une troisième chaîne, la Serra-do-Espinhaço, s'étendant du N. au S. entre la rive droite du San-Francisco et l'Uruguay, traverse les provinces de Bahia, Minas-Geraès et San-Paulo. La Serra-Negra et Serra-Semora, contre-forts de la Serra-do-Mar; la Serra-Borborema, celles de Marcella et dos Cristaes, ramifications de la Serra-dos-Vertentes, lient entre elles ces trois chaînes du système, dont les points culminants sont le mont Itacolumi dans la Serra-dos-Mantiqueira, partie méridionale de la Serra-do-Espinhaço, dans Minas-Geraès; il a 5700 pieds d'élévation, et le mont Itambé de 5590 pieds dans la même Serra. Entre les groupes qui composent ces différentes chaînes, s'élèvent de hauts plateaux (les campos) où l'on ne voit que de petits arbustes, des broussailles et des herbes desséchées. Des vallées étroites et profondes, couvertes de vastes et impénétrables forêts, des défilés tortueux séparent ces immenses et arides campos.

Le Brésil est arrosé par un grand nombre de fleuves qui se jettent tous dans l'Atlantique. Les plus considérables sont : l'Amazone, la Madeira, le Rio-Negro, le Tocantin, le Xingu, l'Uruguay, le Parana avec le Paraguay et le San-Francisco. Parmi les nombreux lacs de ce pays, un seul, le lac Dos-Patos (que l'on doit plutôt considérer comme une lagune), est remarquable par son étendue.

L'Amazone forme, à son embouchure, plusieurs îles, dont les plus grandes sont Caviana et San-Joannes. D'autres îles, plus petites, telles que Maranhao, Itaparica, Ilha-Grande, sont situées non loin de la côte et plus au sud.

Le climat du Brésil est généralement sain et agréable, les chaleurs y sont tempérées par la situation élevée du pays et par la brise de mer; cependant le vent d'ouest y est très-pernicieux et, pendant la saison pluvieuse, il engendre des fièvres putrides et d'autres maladies non moins dangereuses.

Comme tous les pays situés entre les tropiques, le Brésil n'a que deux saisons : celle des pluies et celle de la sécheresse. Le mois de juillet est le plus sec; celui d'octobre le plus pluvieux. Le sol de cette belle contrée est d'une étonnante fécondité et renferme d'inépuisables richesses. Il produit le coton, le tabac, le riz, le maïs, le manioc, le chanvre, le lin, le café, le sucre, la vanille, le cacao, des ananas, des melons, du vin, des fruits des tropiques, du piment, du gingembre, du girofle, de l'indigo, plusieurs espèces de fruits importées de l'Europe, et une grande quantité de plantes aromatiques et médicinales, telles que la salsepareille, l'ipecacuanha, etc. Les forêts, composées de plus de 80 espèces d'arbres, fournissent du bois de construction, des bois résineux et du bois de teinture, dont il se fait un commerce considérable. Les productions minérales ne sont pas moins variées. On trouve au Brésil des diamants et d'autres pierres précieuses, dans le district de Serra-do-Frio, province de Minas-Geraès; de l'or, dans la même province et dans celles de San-Paulo, de Goyaz et de Matto-Grosso (au commencement du dix-neuvième siècle on obtenait annuellement 29,900 marcs d'or); le cuivre et le fer y sont à profusion; des plaines entières sont couvertes de sel; il y existe aussi des mines d'argent, de platine, de plomb, d'étain, qui ne sont point exploitées, du mercure, du salpêtre, du soufre, de l'alun, etc.

Ce pays offre aussi une grande variété de quadrupèdes, d'oiseaux, de reptiles et d'insectes. Outre les animaux domestiques d'Europe, qui s'y sont excessivement propagés, on y rencontre des lamas, des gigognes, diverses espèces de tigres, l'unau paresseux, le kinkajou, l'once, le tatou, le fourmilier, l'agouti, des crocodiles, une multitude infinie et variée de singes, de perroquets et d'autres oiseaux aussi remarquables par la beauté et l'éclat de leur plumage que par leur diversité, plusieurs espèces de serpents, entre autres le serpent à sonnettes et le boa; des papillons aux couleurs les plus brillantes, des milliers d'insectes coléoptères, qui jettent une vive lumière pendant la nuit, et un grand nombre d'autres espèces d'insectes, dont le voisinage est incommode et même nuisible.

La population du Brésil, d'après Cannabich, sur un recensement de 1830, s'élève à 5,735,502 individus, répartis dans 15 villes, 75 bourgs et 620 villages et lieux de mission; elle se compose d'hommes blancs, le plus généralement d'origine portugaise, de noirs libres, de sang-mêlé libres, de nègres ou mulâtres esclaves, d'Indiens soumis et d'un petit nombre de Chinois, qui s'y sont établis depuis peu et y cultivent avec succès le thé de Chine. De nombreuses tribus sauvages, dont plusieurs sont anthropophages, sont répandues dans l'intérieur du pays; elles vivent en nomades et se nourrissent de la chasse, de la pêche et quelquefois de la chair de leurs ennemis. Dans quelques-unes de ces tribus belliqueuses et redoutables, les parents massacrent et mangent ceux qui par vieillesse deviennent une charge pour la famille.

Les arts et les sciences sont bien peu avancés et presque encore à leur naissance dans le Brésil; l'industrie ne commence à s'y développer que depuis quelques années; mais tout fait présager que ses progrès seront rapides. Plusieurs nouveaux établissements y seront sans doute bientôt fondés à côté des distilleries, des moulins à sucre, des savonneries, des fabriques de tabac, des corderies et des fabriques d'étoffes de coton qui y existent déjà.

Le commerce du Brésil, favorisé par de nombreux ports, est d'une grande importance et devient de plus en plus considérable. Presque toutes les nations marchandes, et particulièrement les Anglais et les Américains du Nord, ont des relations commerciales avec ce pays, où l'on va chercher de l'or, des pierreries, du sucre, du café, du coton, du bois de teinture et de marqueterie, des cuirs, du suif, des drogues médicinales, etc. L'importation consiste principalement en draps, toiles, soieries, chapellerie, verrerie, faïencerie, quincaillerie, papier, livres et une grande quantité d'autres objets manufacturés. Les grands fleuves qui traversent cet empire y facilitent le commerce intérieur. Les principales villes de commerce sont: Rio-Janeiro, Bahia et Pernambuco.

Le Brésil est une monarchie constitutionnelle et héréditaire; une chambre des députés et une chambre de sénateurs tiennent le pouvoir législatif; un empereur exerce le pouvoir exécutif; les ministres sont responsables. La religion catholique est dominante; cependant la constitution garantit la liberté religieuse à tous les citoyens.

Les revenus de l'état s'élèvent à environ 60 millions de francs et ne forment que les deux tiers de la somme des dépenses; aussi la dette publique est-elle de près de 200 millions. L'armée de terre se compose de 25,000 hommes de troupes de ligne, et de 60,000 miliciens ou gardes nationaux; la marine comptait, en 1831, 2 vaisseaux de ligne, 10 frégates, 10 corvettes, 10 bricks, 10 schooners, 1 bombarde, 1 bateau à vapeur et 60 bâtiments de moindre dimension.

L'empire est divisé en dix-huit provinces, savoir: Para, Maranhao, Piauhy, Ceara, Rio-Grande, Parahyba, Pernambuco, Dos-Alagoas, Seregipe, Bahia, Espiritu-Santo, Rio-de-Janeiro, San-Paulo, Santa-Catharina, San-Pedro, Minas-Geraès, Goyaz et Matto-Grosso.

Ce fut en 1500 que le navigateur portugais Pedro-Alvarez Cabral fit la découverte du Brésil. Poussé vers la côte, par une tempête, il vint jeter l'ancre dans un lieu qu'il nomma Porto-Séguro et dont il prit possession. Il n'y fonda point d'établissement, et comme on ignorait les richesses que renfermait ce pays, on en fit un lieu de déportation pour les malfaiteurs qui y introduisirent la culture du sucre. Cependant le Brésil ne tarda pas à fixer plus sérieusement l'attention de la cour du Portugal; on pressentit tous les avantages qu'on pouvait retirer de la possession de ce pays, et l'on songea aux moyens d'y établir solidement la domination portugaise. C'est dans ce but que le gouvernement accorda à la noblesse du Portugal, la propriété des terres dont elle ferait la conquête au Brésil. Beaucoup de gentilshommes portugais vinrent chercher fortune, en faisant la chasse aux Brésiliens, et une grande partie de cette contrée fut soumise de cette manière. Les jésuites entreprirent la conversion des sauvages, et peu à peu le Brésil devint une province portugaise, dont les richesses ne manquèrent pas d'exciter l'envie des autres nations. Le Portugal ayant été réuni à la couronne d'Espagne, en 1580, le Brésil subit le même sort. Mais les puissances ennemies de l'Espagne, l'Angleterre et la Hollande, se jetèrent sur le Portugal affaibli et désarmé par l'ambition inquiète de Philippe II, et plus de la moitié du Brésil fut conquise par les Hollandais. Une révolution ayant rétabli le duc de Bragance, Jean IV, de l'ancienne famille royale, sur le trône du Portugal; en 1640, la paix fut conclue avec la Hollande, qui ne restitua pourtant point alors ses conquêtes du Brésil; mais quelques années plus tard, les colons portugais coururent aux armes et après une lutte vigoureuse parvinrent, en 1654, à expulser définitivement les Hollandais. Depuis cette époque, le Brésil resta attaché au Portugal jusqu'en 1821. Alors il se sépara de la métropole, se déclara indépendant et proclama empereur le fils du roi don Jean VI, don Pedro, qui étant alors prince régent du Brésil, résidait à Rio-Janeiro. En 1825, le Portugal reconnut l'indépendance du Brésil. Don Pedro, qui épousa en 1829 la princesse Amélie de Bavière, fille du brave Eugène de Beauharnais, fut forcé d'abdiquer, en 1831, en faveur de son fils don Pedro II, encore enfant, et la régence fut confiée à un président. Depuis 1834 de grandes réformes ont été introduites dans l'organisation politique du Brésil; on y a établi des assemblées législatives provinciales, institutions démocratiques, dont naîtra peut-être une république brésilienne.

BRÉSILLEY, vg. de Fr., HauteSaône, arr. de Gray, cant. et poste de Pesmes, 200 hab.

BRESLAU (Wraclaw), *Vratislavia*, v. de Prusse, prov. de Silésie, chef-lieu de la régence du même nom, sur les deux rives et au confluent de l'Oder; siège des autorités provinciales; elle est la troisième ville de la monarchie prussienne et se compose de la ville intérieure (ancienne et nouvelle) et de cinq faubourgs. Parmi ses places publiques on distingue celles de Blücher et de Tauenzien, toutes deux ornées des statues de ces généraux, et le Ring au milieu duquel se trouve un superbe hôtel de ville; parmi ses églises, celle de Ste.-Élisabeth, avec sa tour gigantesque et son énorme clocher, et l'église-cathédrale catholique, tiennent le premier rang. Le bâtiment de l'Université, le Château-Royal, l'hôtel de la Régence, la nouvelle Bourse, la salle de spectacle sont ses principaux édifices publics. Cette ville possède une université avec une bibliothèque de 100,000 volumes; une école de chirurgie, plusieurs séminaires et gymnases, un institut des aveugles et sourds-muets, et un grand nombre d'établissements philantrophiques. Le commerce y est très-actif et ses deux foires pour la laine sont peut-être les plus considérables de toute l'Allemagne; son industrie consiste presqu'exclusivement en tanneries, fabr. de sucre, brasseries et distilleries. Patrie des philosophes Wolf et Garve. Breslau a donné son nom au traité de paix de 1742, conclu entre Marie-Thérèse, le roi de Prusse et l'électeur de Saxe (cession de la Silésie à la Prusse); les Prussiens, sous Bevern, y furent défaits et la ville prise par l'armée du prince de Lorraine et le maréchal de camp Daun (22 novembre 1557); les Français la prirent le 3 janv. 1807, époque à laquelle elle a cessé d'être une ville forte. Ses fortifications ont été depuis converties en jardins et belles promenades. La régence a 940,000 habitants et la ville 90,000.

BRESLE, riv. de Fr., a sa source dans le dép. de l'Oise, cant. de Formerie; elle forme la limite N.-E. entre les dép. de la Seine-Inférieure et celui de la Somme, coule du S. au N., passe à Aumale, à Montchau, à Eu et se jette dans la Manche au-dessous de Tréport, après un cours de 16 l.

BRESLE, vg. de Fr., Somme, arr. d'Amiens, cant. de Corbie, poste d'Albert; 440 hab.

BRESLES, vg. de Fr., Oise, arr. de Beauvais, cant. de Nivillers, poste; 1730 hab.

BRESNAY, vg. de Fr., Allier, arr. et poste de Moulins-sur-Allier, cant. de Souvigny; 780 hab.

BRESOLETTES, vg. de Fr., Orne, arr. de Mortagne-sur-Huine, cant. de Tourouvre, poste de St.-Maurice; 180 hab.

BRÉSOULOUX, vg. de Fr., Finistère, com. de Cleden-Capsizun; 330 hab.

BRESQ (Saint-), vg. de Fr., Gers, arr. de Lectoure, cant. et poste de Mauvezin; 280 h.

BRESSE, *Bressia*, ci-devant petite prov. de France, bornée au N. par la Bourgogne et la Franche-Comté, à l'O. par le Lyonnais, au S. par le Dauphiné et à l'E. par le Bugey. Quand les Romains en firent la conquête, elle était habitée par les Ségusiens. Au cinquième siècle elle fut conquise par les Bourguignons qui la réunirent au royaume fondé par Gondicaire. Un siècle après elle passa, avec le royaume de Bourgogne, sous la domination des Mérovingiens. Lorsqu'une partie du second royaume de Bourgogne, fondé vers la fin du neuvième siècle, fut réuni, en 1032, aux états de l'empereur Conrad II, le Salien, les seigneurs particuliers de la Bresse, profitant de la faiblesse du souverain et de la décadence de l'empire, s'emparèrent de cette province et la partagèrent entre eux. Les sires de Bauné s'en approprièrent la plus grande partie et devinrent les véritables souverains de la Bresse. Ces petits princes, comme tous ceux du moyen âge, furent continuellement en guerre avec leurs voisins; les querelles des sires de la Bresse avec les évêques et les comtes de Mâcon durent pendant tout le douzième siècle; vers 1154, le sire de Beaujeu et l'archevêque de Lyon prennent le parti des Maconais et ravagent la Bresse. Plusieurs sires de Beaujeu prirent part aux croisades; cependant de tous ces seigneurs nous ne citerons que Gui, fils de Renaud IV; ce fut lui qui, en 1253, donna à plusieurs communes de sa sirerie une charte d'affranchissement. Sa fille Sybille ayant épousé Amédée, comte de Savoie, la Bresse passa dans la maison de Savoie, en 1272. En 1601, cette contrée fut cédée à Henri IV qui donna en échange le marquisat de Saluces au duc de Savoie. Cette province fut incorporée au gouvernement de Bourgogne, et depuis la révolution elle forme une partie du département de l'Ain.

BRESSE (la) ou **WOHL**, vg. de Fr., Vosges, arr. de Remiremont, cant. de Saulxures, poste de Vagney; 2900 hab.

BRESSE-SUR-GROSNE, vg. de Fr., Saône-et-Loire, arr. de Châlon-sur-Saône, cant. et poste de Sennecey; 480 hab.

BRESSEY-SUR-TILLE, vg. de Fr., Côte-d'Or, arr., cant. et poste de Dijon; 160 hab.

BRESSIEU, vg. de Fr., Rhône, arr. de Lyon, cant. et poste de St.-Laurent-de-Chamousset; 670 hab.

BRESSIEUX, vg. de Fr., Isère, arr. de St.-Marcellin, cant. de St.-Étienne-de-St.-Geoirs, poste de la Côte-St.-André; 270 hab.

BRESSOLLES, vg. de Fr., Ain, arr. de Trévoux, cant. et poste de Montluel; 520 h.

BRESSOLLES, vg. de Fr., Allier, arr., cant. et poste de Moulins-sur-Allier; 680 h.

BRESSOLS, vg. de Fr., Tarn-et-Garonne, arr. de Castelsarrasin, cant. et poste de Montech; 860 hab.

BRESSON, vg. de Fr., Isère, arr., cant. et poste de Grenoble; 290 hab.

BRESSON (Saint-), vg. de Fr., Gard, arr. et poste du Vigan, cant. de Sumène; 300 h.

BRESSON (Saint-), vg. de Fr., Haute-Saône, arr. de Lure, cant. de Faucognay, poste de Luxeuil; fabr. de papier et de tissus de coton; 2400 hab.

BRESSOU (Saint-), vg. de Fr., Lot, arr. de Figeac, cant. et poste de la Capelle-Marival; 420 hab.

BRESSUIRE, *Bercorium*, v. de Fr., Deux-Sèvres, chef-lieu d'arrondissement, à 15 l. N. de Niort; elle est située dans une contrée fertile, sur une colline baignée par l'Argenton; siège d'un tribunal de première instance et d'une conservation des hypothèques; elle n'a de remarquable que les débris de son ancien château détruit en 1793. Bressuire possède une société d'agriculture, des fabr. de tiretaine, flanelles, serges, toiles, mouchoirs façonnés et tanneries; son commerce consiste dans la vente des grains et des bestiaux; foires : les 26 juillet, 27 août et le deuxième jeudi de chaque mois; 1900 hab.

Peu de villes ont éprouvé autant de désastres que Bressuire. Au quatorzième siècle elle eut à souffrir de la guerre contre les Anglais, qui s'en étaient emparés. Duguesclin la reprit, mais elle était ruinée. Plus tard les guerres de religion et la révocation de l'édit de Nantes anéantirent de nouveau son commerce, et enfin la guerre de la Vendée la détruisit entièrement. Dans cette horrible guerre civile, excitée par le fanatisme au profit des despotes, cette ville malheureuse fut incendiée; il n'en resta qu'une maison et l'église. Ce n'est qu'en 1802 qu'elle commença à se relever de ses ruines, et son industrie ne tarda pas à lui faire réparer les désastres nombreux, dont les traces cependant ne sont point encore effacées.

BREST, *Brivates Portus*, v. forte et port de Fr., sur l'Océan, Finistère, chef-lieu d'arrondissement, à 14 l. N.-O. de Quimper et 136 l. O. de Paris; siège de tribunaux de première instance et de commerce, d'une préfecture et d'un tribunal maritime, de directions d'artillerie de la marine, des constructions navales et des ports, d'une recette générale, de directions des contributions et des douanes, d'une conservation des hypothèques, etc. Cette ville, située sur la rade du même nom et la petite rivière de Penfeld, s'élève en amphithéâtre sur le penchant d'une double colline; elle est divisée en ville haute et ville basse. Les rues de la première sont si escarpées qu'elles ne communiquent avec la ville basse que par des escaliers. Le port sépare la ville en deux quartiers : celui de la Recouvrance à droite, et celui de Brest à gauche. Brest est d'une construction assez irrégulière et renferme plusieurs rues sombres et tortueuses; cependant on y a fait de nombreuses améliorations; il y a des rues fort belles dans le quartier de la Recouvrance, et le port est garni de très-jolis quais, ornés de beaux édifices appartenant la plupart à la marine. Parmi les établissements et édifices remarquables de Brest, nous citerons les chantiers de construction, le bagne, qui passe pour le plus beau et le plus vaste de l'Europe, les bassins, les corderies, la machine à mater les vaisseaux, le parc d'artillerie, l'arsenal, les casernes de la marine, les hôpitaux, la place d'Armes, l'hôtel de la préfecture maritime, l'hôtel de ville, la salle de spectacle, l'église St.-Louis, la bibliothèque de la marine, composée de 20,000 volumes, le cabinet d'histoire naturelle, l'observatoire, le jardin botanique, l'école de navigation, etc. Mais ce qu'il y a de plus remarquable, c'est le port, dont presque tous ces établissements ne sont que les accessoires; c'est le plus fort et le plus beau port militaire de France; sa rade est sûre et profonde; elle forme deux petites baies dans lesquelles s'embouchent le Landerneau et l'Aulne, et peut contenir 500 bâtiments de guerre; on n'y pénètre que par un détroit très-resserré, appelé le Goulet, défendu des deux côtés par des batteries formidables. Le port lui-même, qui peut contenir plus de 50 vaisseaux de ligne, est dé-

38

fendu par une citadelle, élevée sur un rocher escarpé et flanquée de hautes tours, dont l'une, celle du Donjon, fut habitée par les ducs de Bretagne.

L'industrie de Brest n'est pas très-étendue; outre la pêche et la fabrication des toiles communes, elle est concentrée dans les chantiers de la marine, et le commerce ne consiste que dans la vente des objets nécessaires à l'approvisionnement des vaisseaux; foires : 1er lundi de chaque mois; 29,850 h.

Quoique cette ville fût connue déjà du temps des Romains et qu'elle ait dû jouir d'une assez grande importance sous les rois de l'Armorique, ce n'est cependant qu'au quatorzième siècle que l'histoire commence à parler de Brest. En 1341, Jean de Montfort, qui disputait à Charles de Blois la possession du duché de Bretagne, s'empara du château de Brest. Pendant la guerre entre Charles V et le duc de Bretagne Jean IV, celui-ci appela les Anglais à son secours et leur confia la défense de Brest, que Duguesclin assiégea vainement en 1373. Cinq ans après, la guerre ayant recommencé entre la France et la Bretagne, Jean IV rappela les Anglais. Cependant la paix fut conclue en 1381; mais les Anglais refusèrent de sortir de la ville et ne la restituèrent qu'en 1395, moyennant la somme de 120,000 francs d'or. Les Anglais tentèrent plusieurs fois depuis de s'emparer de Brest; mais ils furent chaque fois repoussés. Par le mariage d'Anne de Bretagne avec Charles VIII, cette ville fut réunie à la France, dont elle ne fut plus séparée. Pendant la ligue elle prit partie contre les ligueurs. Une flotte espagnole qui se dirigeait alors sur Brest, fut dispersée par une tempête. En 1694, une flotte anglo-hollandaise débarqua près de Brest; mais les habitants attaquèrent vivement les troupes débarquées et les taillèrent en pièces. Depuis cette époque, aucune nouvelle agression ne troubla cette ville qui, dès lors seulement, commença à s'agrandir et ne tarda pas à prendre l'importance que nous lui voyons aujourd'hui.

Brest est la patrie de Lamoth-Piquet et de Kersaint, marins distingués.

BRESTOT, vg. de Fr., Eure, arr. de Pont-Audemer, cant. de Montfort-sur-Rille, poste de Bourgachard; 910 hab.

BRETAGNE, *Armorica*, *Britannia Minor*, ci-devant prov. de Fr., bornée au N. par la Manche et la Normandie, à l'O. et au S. par l'Océan Atlantique, au S.-E. par le Poitou et à l'E. par le Maine et l'Anjou; était habitée par les Redons, les Curiosolites, les Vénètes, les Namnètes et quelques autres peuplades celtes, généralement désignées sous le nom d'Armorici. Cette contrée fut comprise, sous les Romains, dans la troisième Lyonnaise. Vers la fin du troisième siècle, plusieurs familles, pour échapper aux pirateries des Saxons, émigrèrent de la Grande-Bretagne et vinrent s'établir dans l'Armorique, où les Romains leur accordèrent des terres. D'autres colonies de Bretons suivirent cette première, et lorsque Maxime, gouverneur de la Grande-Bretagne, se révolta et passa dans les Gaules, une troupe considérable de Bretons, sous les ordres de Conan-Mériadec, firent partie de son armée. Conan fut nommé gouverneur de l'Armorique, et plus tard, quand l'empire fut affaibli par les attaques incessantes des Barbares, Conan se fit proclamer roi des Bretons et se déclara indépendant. La Bretagne fut gouvernée par des rois, des comtes et des ducs. A la fin du huitième siècle Charlemagne en fit la conquête; mais sous les descendants de ce conquérant, les Bretons profitèrent des troubles de la France pour recouvrer leur indépendance. Parmi les princes qui gouvernèrent la Bretagne sous les Carlovingiens, on distingue Nomenoé, que Louis-le-Débonnaire avait nommé lieutenant-général de cette province, et qui, après avoir combattu avec succès contre Charles-le-Chauve, prit le titre de roi. Sa dynastie régna jusqu'en 1169. Au dixième siècle la France est ravagée par les Normands. Charles-le-Simple leur cède la Bretagne et accorde sa fille à Rollon, leur redoutable chef. La guerre éclata aussitôt entre les Normands et les Bretons. Ceux-ci appelèrent les Anglais à leur secours. Tout fut confusion à cette époque: les seigneurs, aspirant à l'indépendance, étaient révoltés; la guerre civile, avec tous les fléaux qui l'accompagnent, livrait la Bretagne sans défense aux Anglais, et Henri II, roi d'Angleterre, profita de toutes ces circonstances. Il fit couronner son fils Geoffroi comme duc de Bretagne, après lui avoir fait épouser Constance, fille de Conan IV, qu'il venait de dépouiller de son duché. Geoffroi étant mort, sa veuve Constance fut reconnue duchesse de Bretagne. Son fils, Arthur, fut assassiné par Jean-sans-Terre, frère de Richard-Cœur-de-Lion. Philippe-Auguste fit reconnaître Alix, fille aînée de Constance, et la maria à Pierre de Dreux, qui devint ainsi duc de Bretagne en 1213. Les successeurs de Pierre de Dreux soutinrent fidèlement les intérêts de la France dans cette province, dont les Anglais convoitaient toujours la possession. Après la mort de Jean III (1341), la succession du duché de Bretagne ralluma de nouveau la guerre civile. Jean de Montfort et Charles de Blois étaient les prétendants. La France et l'Angleterre prirent part à cette guerre, qui dura 23 ans, et dans laquelle figurent, au premier rang, Duguesclin, Olivier de Clisson, et surtout l'héroïque Jeanne de Flandre, épouse de Montfort. Charles de Blois ayant perdu la vie à la bataille d'Auray (1364), le duché resta à Jean IV de Montfort. Cependant la Bretagne ne jouit point encore du repos. La guerre entre l'Angleterre et la France, les factions d'Armagnac et de Bourgogne, de nouvelles querelles de succession avec la maison de Penthièvre, la ligue du bien public, les démêlés entre Charles VIII et le duc d'Orléans, furent autant de sources de calamités pour les Bretons. Après la mort de François II, duc de Bretagne, en 1488, sa fille, Anne de Bretagne, alors âgée de onze ans, lui succéda. Les puissances rivales de la France et les conseillers de la jeune duchesse avaient négocié son mariage avec Maximilien, roi des Romains. Déjà ce mariage avait même eu lieu par procuration, lorsque Charles VIII, qui revendiquait la succession de la Bretagne au nom de la maison de Blois, fit envahir cette province. Pour rétablir la paix, Anne épousa Charles VIII. Devenue veuve, en 1498, elle s'unit au nouveau roi Louis XII qui, pour épouser Anne de Bretagne, répudia Jeanne, fille de Louis XI. Leur fille aînée Claude, épousa François d'Angoulême, devenu plus tard le roi de France François Iᵉʳ; elle lui apporta en dot le duché de Bretagne, qui fut définitivement réuni à la couronne en 1532. En 1589, Henri III ayant été assassiné, plusieurs princes élevèrent des prétentions au duché de Bretagne, entre autres le duc de Mercœur, qui profita des troubles de la ligue pour soulever cette province. La Bretagne fut de nouveau ravagée, non seulement par les Français et les Bretons des deux partis, mais encore par les Espagnols venus au secours des ligueurs et par les Anglais auxiliaires des royalistes. Mercœur fit durer cette guerre même après la défaite de la ligue. La paix ne fut rétablie qu'en 1597, après la destruction de la flotte espagnole, qui tentait un débarquement près de Brest. Depuis cette époque la possession de la Bretagne n'a pas été contestée à la France, dont elle ne s'est plus séparée.

La Bretagne forme aujourd'hui les cinq départements suivants : Ille-et-Vilaine, Loire-Inférieure, Côtes-du-Nord, Finistère et Morbihan.

BRETAGNE, canaux de France. La Bretagne a quatre lignes en canaux ou rivières canalisées qui correspondent entre elles et réunissent le port de Nantes avec ceux de Rodon, Lorient, Brest et St.-Malo. Une de ces lignes, la Vilaine, canalisée entre Redon et Rennes, est la plus ancienne navigation artificielle de la France; les travaux y ont été commencés en 1538 et achevés en 1575. Au commencement du siècle dernier on s'occupa de projets pour les communications intérieures entre Nantes et les autres ports principaux de la Bretagne, mais ceux actuellement en exécution ne datent que de 1786, et les travaux commencés sous le consulat et souvent interrompus par les événements politiques doivent leur achèvement à la loi du 14 août 1822.

A Nantes la navigation entre de la Loire dans l'Edre, qu'elle suit jusqu'à Quihaix, près Casson, sur 5 1/2 l. Sur ce point elle rencontre le canal de Nantes à Brest, qui, se dirigeant à l'O., atteint son premier faîte à Bout-du-Bois et, suivant ainsi le cours de la rivière d'Isaac, passe près de Blain, Guerrouet et Fegreac, et se verse dans la Vilaine, à 1 l. au-dessous de Redon. Cette ville est le carrefour de la correspondance nautique entre Nantes et Brest, St.-Malo et le golfe du Morbihan, la ligne réunissant les deux derniers points (et dont il sera parlé plus bas) venant y croiser le premier canal. La distance de Nantes à Redon est de 24 1/4 l. De Redon le canal se dirige par St.-Perreux, Malestroit et Josselin sur Hilvern, où il passe son second faîte par une coupure de 17 mètres de profondeur pratiquée dans le haut de la montagne; il se verse ensuite, par une pente rapide qui a exigé 29 écluses sur 2 l., dans le Blavet, à Pontivy. Entre cette ville et Hennebont, sur 15 l., le Blavet est canalisé et forme ainsi une ligne secondaire, correspondant au port de Lorient. Partant de Pontivy, la ligne de Nantes à Brest continue dans le lit du Blavet jusqu'à Gouarec, suit alors la petite rivière de Doré et vient atteindre son troisième faîte à Glomel, où elle passe le sommet de la montagne par une coupure de 23 mètres de profondeur; elle passe alors près de Carhaix, Landeleau, Châteauneuf, et vient aboutir au-dessous du Chateaulin au port de Launay dans l'Aune, par laquelle elle entre dans le golfe de Brest. La distance de Nantes à Brest est de 83 1/4 l.

La ligne de jonction entre St.-Malo et le golfe de Morbihan, qui coupe à Redon le canal dont nous venons de parler, embouche dans le golfe par la Vilaine, suit depuis Redon le lit canalisé de cette rivière, passe à Brain, Langon, Messac et Moigné, près de Rennes, finit la navigation de la Vilaine; elle entre dans le canal d'Ille-et-Rance, en tombant dans l'Ille canalisée; elle contourne la ville, se dirige par Betton, St.-Germain et atteint son faîte à Bazouges, près de Hédé; elle tombe alors dans le lit de la Rance, qui est aussi canalisée jusqu'à Dinan et communique ainsi avec le port de St.-Malo. Le développement de la Vilaine, depuis son embouchure dans le golfe du Morbihan jusqu'à Rennes, est de 24 l., celui du canal d'Ille-et-Rance, entre cette dernière ville et Dinan, est de 15 l.

Ces canaux communiquent par la Loire avec les lignes de navigation qui se ramifient dans le N., l'E. et le S. de la France.

BRETAGNE, vg. de Fr., Gers, arr. de Condom, cant. et poste d'Eauze; 470 hab.

BRETAGNE, vg. de Fr., Indre, arr. de Châteauroux, cant. et poste de Levroux; 220 hab.

BRETAGNE, vg. de Fr., Landes, arr., cant. et poste de Mont-de-Marsan; 410 hab.

BRETAGNE, vg. de Fr., Basses-Pyrénées, arr. et poste de Pau, cant. de Morlaas; 180 hab.

BRETAGNE ou **BRETT**, vg. de Fr., Haut-Rhin, arr. de Belfort, cant. et poste de Delle; 310 hab.

BRETAGNE (Grande-). *Voyez* BRITANNIQUES (îles).

BRETAGNE (Nouvelle-) ou LABRADOR, vaste contrée de l'Amérique septentrionale, s'étendant en forme de presqu'île entre le 50° et le 62° de lat. E.; elle est bornée au N. par le détroit d'Hudson, qui la sépare du pays de Baffin, à l'O. par les baies d'Hudson et de James, au S. par le Bas-Canada et à l'E. par l'Océan Atlantique; sa superficie est de 24,500 l. c. et sa population de 15,000 habitants de la race des Esquimaux; ils sont petits, mais robustes, divisés en deux races : les montagnards et les Esquimaux proprement dits habitant les côtes de l'Océan Atlantique. Le froid y est excessif en hiver et la chaleur étouffante en été; les nombreux marais rendent le climat très-malsain pendant cette dernière saison. La pêche de baleines et de phoques et la chasse aux daims, castors, loups, buffles, renards, loutres, martres, etc., donnent une grande importance à cette contrée, dont la côte orientale a plusieurs établissements moraves, dont Naïn est le plus considérable, et six comptoirs anglais aux forts d'York, de Richmond, du Prince-de-Galles, etc. Tout ce pays appartient aux Anglais et fait partie du gouvernement de New-Foundland.

BRETAGNE (Nouvelle-), archipel dans l'Océan Pacifique, au N. de celui de la Louisiade, au N.-O. de celui de Salomon, à l'E.-N.-E. de la Papouasie et au S.-E. des îles de l'Amirauté. Les îles qui en font partie furent peu à peu découvertes dans le siècle passé par Dampier, Carteret, Hunter, Bougainville et d'autres navigateurs. Leur sol, en grande partie volcanique, est fertile et abonde en poivre, canne à sucre, gingembre, muscades, cocos, fruits à pain, etc. C'est une des parties les mieux peuplées de l'Océanie, sans l'être cependant beaucoup. Ses habitants appartiennent à la race des Papouas; ceux de la Nouvelle-Irlande sont les plus policés parmi eux. Ils ont un culte et des temples avec des idoles à figures humaines, et d'autres qui représentent des animaux, auxquels ils font des offrandes. Leur taille est plus haute et leur traits sont plus beaux que ceux des Papouas de la Papouasie, quoique leur angle facial soit presque aussi aigu que celui des nègres de Sidney, Nouvelle-Hollande. Les principales îles de cet archipel sont : la Nouvelle-Bretagne, la Nouvelle-Irlande, la Nouvelle-Hanovre, l'île du duc d'York, etc. Lat. S. 2° 20′ 7″—6° 55′, long. E. 145°—150°.

BRETAGNE (Nouvelle-) ou BIRARA, la plus grande des îles de l'archipel de la Nouvelle-Bretagne, Océanie, découverte, en 1699, par Dampier et visitée, en 1722, par Roggeween; montagneuse et boisée. Elle s'étend depuis le cap Stephens jusqu'au cap Anne, à une longueur de plus de 100 lieues. On y trouve le Port-Montaigu. Lat. S. 4° 11′ 25″—6° 55′, long. E. 145° 42′—149° 45′.

BRETAGNOLLES, vg. de Fr., Eure, arr. d'Évreux, cant. et poste de St.-André; 220 hab.

BRETEAU, vg. de Fr., Loiret, arr. de Gien, cant. et poste de Briare; 200 hab.

BRÉTÈCHE-SAINT-NOM. *Voyez* SAINT-NOM-LA-BRÉTÈCHE.

BRÉTEIL, vg. de Fr., Ille-et-Vilaine, arr., cant. et poste de Montfort-sur-Meu; 1180 hab.

BRETENCOURT, vg. de Fr., Pas-de-Calais, com. de Rivière; 410 hab.

BRÉTENCOURT. *Voyez* SAINT-MARTIN-BRÉTENCOURT.

BRETENIÈRE (la), vg. de Fr., Doubs, arr. de Besançon, cant. de Marchaux, poste de Baume-les-Dames; 180 hab.

BRETENIÈRE (la), vg. de Fr., Jura, arr. de Dôle, cant. de Dampierre, poste d'Orchamps; 360 hab.

BRETENIÈRES ou SAINT-PHAL-BRETENIÈRES, vg. de Fr., Côte-d'Or, arr. de Dijon, cant. et poste de Genlis; 200 hab.

BRETENIÈRES, vg. de Fr., Jura, arr. de Dôle, cant. de Chaussin, poste du Deschaux; 190 hab.

BRETENOUX, pet. v. de Fr., Lot, arr. et à 9 l. N.-N.-O. de Figeac, chef-lieu de canton, près du confluent de la Cère avec la Dordogne; elle est très-ancienne; des restes de fortifications indiquent qu'elle était jadis une place de guerre. On voit près de Bretenoux le château de Castelnau dont les seigneurs s'intitulaient seconds barons chrétiens du royaume; 845 hab.

BRETÈQUE (la), vg. de Fr., Seine-Inférieure, com. de Caudebeck-les-Elbeuf; 230 h.

BRETEUIL, *Bretelium*, pet. v. de Fr., Eure, arr. et à 7 l. S.-O. d'Évreux, chef-lieu de canton, sur la rive droite de l'Iton; elle possède des forges, des hauts-fourneaux, des clouteries, des fabriques d'objets en fer de toute espèce et des sources d'eaux ferrugineuses. On exploite dans les environs des mines de fer d'un grand rapport; 2310 hab.

BRETEUIL. *Voyez* BRETEIL.

BRETEUIL, *Bretellium*, pet. v. de Fr., Oise, arr., à 7 l. N.-N.-O. de Clermont et à 6 l. N.-N.-E. de Beauvais, chef-lieu de canton; elle est remarquable par les belles pépinières qui l'environnent; elle a des fabriques de souliers pour les troupes et des papeteries; commerce de blé; 2420 hab.

Des restes de murailles, des médailles romaines et d'autres antiquités trouvées près de Breteuil, prouvent que cette ville est bâtie sur l'emplacement d'une ancienne ville romaine ou gauloise, ruinée et détruite lors de l'invasion des barbares. Breteuil eut d'abord des comtes et passa à différentes maisons seigneuriales de France. Les Anglais s'en étaient emparés au quatorzième siècle; elle était alors défendue par un château fort et des murailles. Après l'expulsion des Anglais, Charles VII en fit raser les fortifications et démolir le château.

BRETEUIL-SUR-ITON (Eure). *Voyez* BRETEUIL.

BRETEUIL-SUR-NOYE (Oise). *Voyez* BRETEUIL.

BRETHEL, vg. de Fr., Orne, arr. de Mortagne-sur-Huine, cant. de Moulins-la-Marche, poste de l'Aigle; 220 hab.

BRETHENAY, vg. de Fr., Haute-Marne, arr., cant. et poste de Chaumont-en-Bassigny; haut-fourneau et affinerie; 280 hab.

BRETHON (le), vg. de Fr., Allier, arr. de Montluçon, cant. et poste d'Hérisson; 1030 h.

BRETIGNETTE, vg. de Fr., Nièvre, com. de Pougny; 500 hab.

BRETIGNEY, vg. de Fr., Doubs, arr., cant. et poste de Baume-les-Dames; 360 hab.

BRETIGNEY, vg. de Fr., Doubs, arr. et cant. de Montbéliard, poste de l'Isle-sur-le-Doubs; 130 hab.

BRETIGNOLLE, vg. de Fr., Deux-Sèvres, arr. et poste de Bressuire, cant. de Cerizay; 420 hab.

BRETIGNOLLES, vg. de Fr., Mayenne, arr. de Mayenne, cant. et poste de Lassay; 440 hab.

BRETIGNOLLES, vg. de Fr., Vendée, arr. des Sables, cant. et poste de St.-Gilles-sur-Vie; 840 hab.

BRETIGNY, vg. de Fr., Eure, arr. de Bernay, cant. et poste de Brionne; 350 hab.

BRETIGNY, vg. de Fr., Oise, arr. de Compiègne, cant. et poste de Noyon; 500 h.

BRETIGNY, vg. de Fr., Seine-et-Oise, arr. de Corbeil, cant. d'Arpajon, poste de Linas; 780 hab.

BRETIGNY, vg. de Fr., Vienne, com. de Beaumont; 250 hab.

BRETIGNY, vg. de Fr., Eure-et-Loir, com. de Sours; il est célèbre par le traité conclu, en 1360, entre la France et l'Angleterre. Par ce traité, qui rendait la liberté au roi Jean-le-Bon, prisonnier des Anglais, Édouard III renonçait à ses prétentions sur la couronne de France, et le duché d'Aquitaine était érigé en souveraineté indépendante, en faveur du roi d'Angleterre.

BRETIGNY-LES-NORGES, vg. de Fr., Côte-d'Or, arr., cant. et poste de Dijon; 280 hab.

BRETON ou TREFOIL, pet. île située au S.-O. de celle de Barren, entre l'île Van-Diemen et celle de King, Océanie.

BRETON (Cap), île à l'entrée du golfe de St.-Laurent, qu'elle ferme à l'O. Au N.-E. et au S.-E. elle est entourée de l'Océan Atlantique, et au S.-O. le Gut-of-Canso, bras de mer très-étroit, la sépare de la presqu'île de la Nouvelle-Écosse. Son étendue est, d'après Leiste, de 112 l. c. géogr., avec une population de 23,500 âmes.

Cette île, située entre les 45° 37' et 47° 3' de lat. N., a été découverte, en 1504, par des pêcheurs de la Normandie et de la Bretagne, qui lui donnèrent le nom de Cap-Breton. Au mois d'août 1713, elle fut prise par les Français qui changèrent son nom en celui d'Ile-Royale et y élevèrent le fort de Louisbourg. Cette île, qui possède des mines abondantes de houille, était alors d'une grande importance pour les Français, à cause de sa situation favorable pour la pêche et le commerce et servant comme clef du golfe de St.-Laurent et de tout le Canada. En 1745, l'île fut prise par les Anglais; cependant ils ne purent pas se rendre maîtres de Louisbourg qui ne leur fut définitivement cédé, avec toute l'île, que par la paix de Paris, en 1763, par laquelle elle reprit son ancien nom. Quelques géographes modernes l'appellent Sidney d'après sa capitale. L'île du Cap-Breton forme, depuis 1820, une partie du gouvernement de la Nouvelle-Écosse, quoique les géographies les plus récentes la représentent comme formant une province à part.

BRETON (Pertuis le), *Britannicum Fretum*, détroit formé par la côte mér. du dép. de la Vendée et l'île de Ré; il communique avec le Pertuis d'Antioche par un autre détroit entre l'île de Ré et la côte N.-O. de la Charente-Inférieure, à l'O. de La Rochelle.

BRETONCELLES, vg. de Fr., Orne, arr. de Mortagne-sur-Huine, cant. et poste de Remalard; 2330 hab.

BRETONNIÈRE (la). *Voyez* SAINT-FORT.

BRETONNIÈRE (la), vg. de Fr., Vendée, arr. de Bourbon-Vendée, cant. de Mareuil, poste de Luçon; 460 hab.

BRETONVILLERS, vg. de Fr., Doubs, arr. de Montbéliard, cant. et poste de Russey; 460 hab.

BRETT. *Voyez* BRETAGNE.

BRETTEN, vg. de Fr., Haut-Rhin, arr. de Belfort, cant. de Fontaine, poste de la Chapelle-sous-Rougemont; 400 hab.

BRETTEN, pet. v. de 2600 habitants dans le grand-duché de Bade, cer. du Rhin-Moyen; est la patrie du réformateur Phil. Melanchton.

BRETTENDORFF. *Voyez* BURTONCOURT.

BRETTES, vg. de Fr., Charente, arr. et poste de Ruffec, cant. de Villefagnan; 560 h.

BRETTES, vg. de Fr., Drôme, arr. de Die, cant. et poste de la Motte-Chalançon; 200 hab.

BRETTES, vg. de Fr., Sarthe, arr. du Mans, cant. et poste d'Écommoy; tuileries; 1080 hab.

BRETTEVILLE, vg. de Fr., Manche, arr. et poste de Cherbourg, cant. d'Octeville; 680 hab.

BRETTEVILLE, vg. de Fr., Seine-Inférieure, arr. de Rouen, cant. de Pavilly, poste de Barentin; 700 hab.

BRETTEVILLE, vg. de Fr., Seine-Inférieure, arr. du Hâvre, cant. et poste de Goderville, commerce de suif; 400 hab.

BRETTEVILLE-LA-PAVÉE. *Voyez* BRETTEVILLE-SUR-ODON.

BRETTEVILLE-LE-RABET, vg. de Fr., Calvados, arr. de Falaise, cant. de Bretteville-sur-Laize, poste de Langannerie; 220 h.
BRETTEVILLE-L'ORGUEILLEUSE, vg. de Fr., Calvados, arr. de Caen, cant. de Tilly-sur-Seulles, poste; 950 hab.
BRETTEVILLE-SAINT-LAURENT, vg. de Fr., Seine-Inférieure, arr. d'Yvetot, cant. et poste de Doudevillle; 320 hab.
BRETTEVILLE-SUR-AY, vg. de Fr., Manche, arr. de Coutances, cant. de Lessay, poste de la Haye-du-Puits; 650 hab.
BRETTEVILLE-SUR-DIVES, vg. de Fr., Calvados, arr. de Lisieux, cant. et poste de St.-Pierre-sur-Dives; 180 hab.
BRETTEVILLE-SUR-LAIZE, b. de Fr., Calvados, arr. et à 5 l. N.-N.-O. de Falaise, chef-lieu de canton, poste de Langannerie; tanneries; 970 hab.
BRETTEVILLE-SUR-ODON, vg. de Fr., Calvados, arr., cant. et poste de Caen; 760 h.
BRETTNACH, vg. de Fr., Moselle, arr. de Thionville, cant. de Bouzonville, poste de Boulay; 520 hab.
BRETX, vg. de Fr., Haute-Garonne, arr. de Toulouse, cant. et poste de Grenade-sur-Garonne; 260 hab.
BREUCHE, vg. de Fr., Haute-Saône, arr. de Lure, cant. et poste de Luxeuil; filat. de coton; 1210 hab.
BREUCHOTTE, vg. de Fr., Haute-Saône, arr. de Lure, cant. et poste de Luxeuil; papeterie; 310 hab.
BREUGNON, vg. de Fr., Nièvre, arr., cant. et poste de Clamecy; 480 hab.
BREUIL (le), vg. de Fr., Allier, arr., cant. et poste de la Palisse; 1340 hab.
BREUIL (le), vg. de Fr., Calvados, arr. de Bayeux, cant. de Trevières, poste de Littry; 400 hab.
BREUIL (le), vg. de Fr., Calvados, arr. de Lisieux, cant. de Mesidon, poste de Croissanville; 240 hab.
BREUIL (le), vg. de Fr., Calvados, arr. et poste de Pont-l'Évêque, cant. de Blangy; 520 hab.
BREUIL (le), vg. de Fr., Charente-Inférieure, com. de Marennes; 220 hab.
BREUIL (le), vg. de Fr., Marne, arr. d'Épernay, cant. et poste de Dormans; 650 hab.
BREUIL, vg. de Fr., Oise, com. de Trosly-Breuil; 270 hab.
BREUIL (le), vg. de Fr., Puy-de-Dôme, arr. d'Issoire, cant. et poste de St.-Germain-Lembron; 530 hab.
BREUIL (le), vg. de Fr., Rhône, arr. de Villefranche-sur-Saône, cant. de Bois-d'Oingt, poste d'Anse; martinet pour cuivre, tuileries; 200 hab.
BREUIL (le), vg. de Fr., Saône-et-Loire, arr. d'Autun, cant. et poste de Montcenis; 710 hab.
BREUIL, vg. de Fr., Seine-et-Oise, arr. de Mantes, cant. de Limay, poste de Meulan; 310 hab.

BREUIL (le), vg. de Fr., Seine-et-Oise, arr., cant. et poste de Mantes; 240 hab.
BREUIL (le), vg. de Fr., Deux-Sèvres, com. de François; 400 hab.
BREUIL, vg. de Fr., Somme, arr. de Montdidier, cant. de Roye, poste de Nesle; 230 hab.
BREUILAUFA, vg. de Fr., Haute-Vienne, arr. de Bellac, cant. et poste de Nantiat; 300 hab.
BREUIL-BARRET, vg. de Fr., Vendée, arr. de Fontenay-le-Comte, cant. et poste de la Châtaigneraie; 870 hab.
BREUIL-BERNARD (le), vg. de Fr., Deux-Sèvres, arr. de Parthenay, cant. et poste de Montcoutant; 580 hab.
BREUIL-CHAUSSÉE, vg. de Fr., Deux-Sèvres, arr., cant. et poste de Bressuire; 570 hab.
BREUILH, vg. de Fr., Dordogne, arr. et poste de Périgueux, cant. de Vergt; 400 h.
BREUIL-LA-REORTE, vg. de Fr., Charente-Inférieure, arr. de Rochefort-sur-Mer, cant. et poste de Surgères; 570 hab.
BREUILLAUD, vg. de Fr., Charente, arr. de Ruffec, cant. et poste d'Aigre; 200 hab.
BREUIL-LE-SEC, vg. de Fr., Oise, arr., cant. et poste de Clermont; 600 hab.
BREUILLET, vg. de Fr., Charente-Inférieure, arr. de Marennes, cant. et poste de Royan; 1340 hab.
BREUILLET, vg. de Fr., Seine-et-Oise, arr. de Rambouillet, cant. de Dourdan, poste de St.-Chéron; 610 hab.
BREUIL-LE-VERT, vg. de Fr., Oise, arr., cant. et poste de Clermont; 810 hab.
BREUILMAGNÉ, vg. de Fr., Charente Inférieure, arr., cant. et poste de Rochefort-sur-Mer; 520 hab.
BREUILPONT, vg. de Fr., Eure, arr. d'Évreux, cant. et poste de Pacy-sur-Eure, 460 hab.
BREUIL-SOUS-ARGENTON-CHATEAU (le), vg. de Fr., Deux-Sèvres, arr. de Bressure, cant. et poste d'Argenton-Château; 330 hab.
BREUIL-SUR-MARNE, vg. de Fr., Haute-Marne, arr. de Vassy, cant. de Chevillon, poste de Joinville; 180 hab.
BREUNIGHOFFEN, vg. de Fr., Haut-Rhin, arr., cant. et poste d'Altkirch; 180 hab.
BREUNSHEIM. *Voyez* PRINZHEIM.
BREUREY-LÈS-FAVERNEY, vg. de Fr., Haute-Saône, arr. de Vesoul, cant. de Port-sur-Saône, poste de Faverney; carrières de gypse; 1360 hab.
BREUREY-LES-SORANS, ham. de Fr., Haute-Saône, com. de Sorans-lès-Breurey; usines à fer; 200 hab.
BREUTY, ham. de Fr., Charente, com. de la Couronne; papeterie; 160 hab.
BREUVANNES, vg. de Fr., Haute-Marne, arr. de Chaumont-en-Bassigny, cant. de Clefmont, poste de Montigny-le-Roi; fonderie de cloches et fabr. de limes; 1360 hab.
BREUVERY, vg. de Fr., Marne, arr. et

poste de Châlons-sur-Marne, cant. d'Écury-sur-Côole ; 120 hab.
BREUVILLE, vg. de Fr., Manche, arr. de Valognes, cant. et poste de Bricquebec; 510 hab.
BREUX, vg. de Fr., Allier, com. de St.-Pourçain; 310 hab.
BREUX, vg. de Fr., Eure, arr. d'Évreux, cant. de Nonancourt, poste de Tillières-sur-Avre; 640 hab.
BREUX, vg. de Fr., Meuse, arr., cant. et poste de Montmédy; 670 hab.
BREUX, vg. de Fr., Seine-et-Oise, arr. de Rambouillet, cant. de Dourdan, poste de St.-Chéron; 450 hab.
BRÉVAINVILLE, vg. de Fr., Loir-et-Cher, arr. de Vendôme, cant. de Morée, poste de Cloyes; 350 hab.
BREVAL, vg. de Fr., Seine-et-Oise, arr. de Mantes, cant. de Bonnières, poste de Rosny-sur-Seine; fabr. de rubans; 620 hab.
BEEVANDS, vg. de Fr., Manche, arr. de St.-Lô, cant. et poste de Carentan; 450 h.
BREVANNES, vg. de Fr., Seine-et-Oise, com. de Limil-Brevannes; 300 hab.
BREVANS, vg. de Fr., Jura, arr. et poste de Dôle, cant. de Rochefort; verrerie; 240 hab.
BRÉVEDENT (le), vg. de Fr., Calvados, arr. et poste de Pont-l'Évêque, cant. de Blangy; commerce de toiles; 250 hab.
BRÈVES, vg. de Fr., Nièvre, arr., cant. et poste de Clamecy; 370 hab.
BRÈVES-CHATEAU ou **BAUCHÉ**, ham. de Fr., Indre, com. de Vendœuvres; 70 hab.
BRÉVIAIRES (les), vg. de Fr., Seine-et-Oise, arr., cant. et poste de Rambouillet; 350 hab.
BREVIANDE, vg. de Fr., Aube, arr., cant. et poste de Troyes; 580 hab.
BREVIÈRE (la), vg. de Fr., Calvados, arr. de Lisieux, cant. et poste de Livarot; 220 hab.
BREVILLE, vg. de Fr., Calvados, arr. de Caen, cant. de Troarn, poste de Bavent; 320 hab.
BREVILLE, vg. de Fr., Charente, arr. et cant. de Cognac, poste de Jarnac; 760 h.
BREVILLE, vg. de Fr., Manche, arr. de Coutances, cant. et poste de Bréhal; 400 hab.
BREVILLERS, vg. de Fr., Pas-de-Calais, arr. de Montreuil-sur-Mer, cant. et poste d'Hesdin; 160 hab.
BRÉVILLIERS, vg. de Fr., Haute-Saône, arr. de Lure, cant. et poste d'Héricourt; tissage de coton; 500 hab.
BRÉVILLY, vg. de Fr., Ardennes, arr. de Sédan, cant. et poste de Mouzon; forges, haut-fourneau, fenderie, rubannerie et foulerie; 410 hab.
BREVIN (Saint-), vg. de Fr., Loire-Inférieure, arr., cant. et poste de Paimbœuf; 1020 hab.
BREVOINE, vg. de Fr., Haute-Marne, com. de Langres; 350 hab.

BREVONNE, vg. de Fr., Aube, arr. de Troyes, cant. et poste de Piney; 810 hab.
BREWSTER, pet. v. des États-Unis de l'Amérique du Nord, état de Massachusetts, sur la baie de Barnstabble; elle a un port, assez de commerce et 2400 hab.
BREXENT-ENOCQ, vg. de Fr., Pas-de-Calais, arr. et poste de Montreuil-sur-Mer, cant. d'Étaples; 440 hab.
BREY. *Voyez* BRÉE.
BREY (le), vg. de Fr., Doubs, arr. de Pontarlier, cant. et poste de Mouthe; 210 hab.
BRÉZÉ, vg. de Fr., Maine-et-Loire, arr. de Saumur, cant. et poste de Montreuil-Bellay; 540 hab.
BREZIERS, vg. de Fr., Hautes-Alpes, arr. d'Embrun, cant. de Chorges, poste de Remollon; 560 hab.
BRÉZILLAC, vg. de Fr., Aude, arr. de Limoux, cant. et poste d'Alaigne; 310 hab.
BREZIN, ham. de Fr., Isère, com. du Pin; 250 hab.
BREZINS, vg. de Fr., Isère, arr. de St.-Marcellin, cant. de St.-Étienne-de-St.-Geoirs, poste de la Côte-St.-André; 1040 h.
BREZOLLES, b. de Fr., Eure-et-Loir, arr. et à 5 l. O.-S.-O. de Dreux, chef-lieu de canton et poste; fruits et grains; 950 hab.
BREZONS, vg. de Fr., Cantal, arr. de St.-Flour, cant. et poste de Pierrefort; 1470 hab.
BRIAC (Saint-), vg. de Fr., Ille-et-Vilaine, arr. et poste de St.-Malo, cant. de Pleurtuit; 2440 hab.
BRIAILLES, vg. de Fr., Allier, com. de St.-Pourçain; 430 hab.
BRIANÇON, *Brigantio*, v. forte de Fr., Hautes-Alpes, chef-lieu d'arrondissement, à 17 l. N.-E. de Gap et à 156 l. S.-S.-E. de Paris; siège d'un tribunal de première instance, d'une conservation des hypothèques et d'une direction de contributions indirectes. Cette ville, située au confluent du Clairet et de la Guisanne, les deux sources supérieures de la Durance, est la plus élevée de France et une des plus importantes par sa position inexpugnable; elle est ceinte d'une triple muraille et protégée par sept forts qui dominent toutes les vallées environnantes. Ces forts, dont cinq sont sur la rive gauche et deux sur la rive droite de la Durance, communiquent entre eux par des galeries souterraines creusées dans le roc. Les fortifications principales communiquent avec la ville par un pont d'une seule arche de 120 pieds d'ouverture et de 180 pieds au-dessus d'un abime, au fond duquel se précipite le torrent fougueux de la Durance. La ville n'a aucun édifice remarquable; la caserne est le seul qui se distingue par sa grandeur et sa propreté; mais les environs offrent toutes les beautés d'une nature grande et majestueuse. L'industrie de Briançon ne consiste presque que dans la clouterie et la fabrication de faulx

et de faucilles. On y exploite aussi le cristal de roche qu'on façonne pour la bijouterie et une espèce de talc connu sous le nom de craie de Briançon. On recueille dans les environs une manne provenant des feuilles de mélèze; commerce en produits du pays, tricots et bonnets de laine, amianthe, térébenthine, gentiane, plantes médicinales, tinctoriales, etc. Foires le quatrième jeudi de carême, premier lundi de mai, deuxièmes lundis de juin et de septembre; 3460 hab.

Longtemps avant l'invasion romaine, Briançon était le chef-lieu des Brigiani, peuplade d'origine grecque que les Romains vainquirent, mais dont ils respectèrent l'indépendance. Après la chute de l'empire d'Occident, les habitants de Briançon se constituèrent en république, et, protégés par leurs montagnes, ils surent conserver leurs droits et leurs priviléges, même pendant les temps de la féodalité. Ils n'y renoncèrent qu'en 1789, lorsque des principes plus équitables anéantirent tous les priviléges.

BRIANÇONNET, vg. de Fr., Var, arr. de Grasse, cant. de St.-Auban, poste d'Escragnolles; 650 hab.

BRIANNY, vg. de Fr., Côte-d'Or, arr. de Sémur, cant. de Précy-sous-Thil, poste de la Maison-Neuve; 290 hab.

BRIANT, vg. de Fr., Saône-et-Loire, arr. de Charolles, cant. de Sémur-en-Brionnais, poste de Marcigny; 940 hab.

BRIANTES, vg. de Fr., Indre, arr., cant. et poste de la Châtre; 700 hab.

BRIANTICA REGIO, g. a., contrée de la Thrace, sur les deux rives du Lyssus, entre la Samothrace, l'Hebrus, le Schœnus et les Cicones.

BRIAR. *Voyez* SAVANNAH (fleuve).

BRIARE, *Brivodurum*, pet. v. de Fr., Loiret, arr. et à 2 l. S.-E. de Gien, chef-lieu de canton, sur la rive droite de la Loire, à la jonction du canal de Briare avec ce fleuve. Une partie de cette petite ville borde le canal garni d'un beau quai. Briare a un grand entrepôt de vins et les habitants sont la plupart occupés aux travaux du port ou de la navigation sur la Loire; fabr. de faïence imitant la porcelaine; 2980 hab.

BRIARE, canal de Fr. Ce canal et celui du Loing, qui en est une continuation depuis Montargis, mettent en communication la Saône et la Seine; le canal d'Orléans est une branche de cette même ligne vers Orléans. L'idée de ces jonctions remonte à François Ier, mais son plus grand développement est dû à Adam de Craponne. D'après les ordres de Henri IV, Sully fit travailler 6000 soldats à l'ouverture du canal de Briare, depuis 1605 jusqu'à 1610; les travaux, interrompus par la mort du roi, furent repris en 1638 et terminés en 1642. Ce canal est le premier à point de partage qui ait existé; il fait par ce motif et les combinaisons qui en résultent le plus grand honneur à ceux qui en ont conçu et exécuté le projet.

Il commence dans le canal latéral à la Loire, à 1/2 l. au-dessous de Briare, se dirige sur Ouzouer, atteint à 1 l. de là son point de partage (faîte), où il reçoit les eaux de plusieurs réservoirs et rigoles d'alimentation, se verse ensuite, par une pente rapide qui a exigé sept écluses sur 1/2 l., sur Rogny, y devient latéral à la rivière du Loing, passe à Châtillon et rencontre à Montargis le canal du Loing. Sa longueur totale est de 12 1/2 l.; il a 40 écluses.

Le canal d'Orléans, commencé en 1682 et terminé en 1692 par le duc d'Orléans, prend son origine dans la Loire à Combleux, a 3/4 l. au-dessous d'Orléans, passe à Vitry, Grignon, Chaissy et se termine dans le canal du Loing à Buges, 3/4 l. au-dessous de Montargis. Sa longueur est de 16 1/2 l.; il a 28 écluses.

Le canal du Loing, commencé en 1720 et terminé en 1724 par le duc d'Orléans, continue le canal de Briare à Montargis, reçoit le canal d'Orléans à Buges, passe, en suivant et en coupant huit fois le cours du Loing, à Nemours et Moret et embouche dans la Seine à St.-Mamert. Sa longueur est de 11 3/4 l.; il a 23 écluses.

BRIARE, vg. de Fr., Loiret, arr. de Pithiviers, cant. et poste de Puiseaux; 370 h.

BRIAS, vg. de Fr., Pas-de-Calais, arr., cant. et poste de St.-Pol-sur-Ternoise; 360 hab.

BRIASTRE, vg. de Fr., Nord, arr. de Cambrai, cant. de Solesme, poste du Château; 780 hab.

BRIATEXTE, vg. de Fr., Tarn, arr. et poste de Lavaur, cant. de Graulbet; 1520 h.

BRIAUCOURT, vg. de Fr., Haute-Marne, arr. de Chaumont-en-Bassigny, cant. et poste d'Andelot; 230 hab.

BRIAUCOURT, vg. de Fr., Haute-Saône, arr. de Lure, cant. de St.-Loup, poste de Luxeuil; 560 hab.

BRICE (Saint-), vg. de Fr., Charente, arr., cant. et poste de Cognac; 610 hab.

BRICE (Saint-), vg. de Fr., Gironde, arr. de la Réole, cant. et poste de Sauveterre; 250 hab.

BRICE (Saint-), vg. de Fr., Lot-et-Garonne, arr. d'Agen, cant. de Port-Ste.-Marie, poste d'Aiguillon; 660 hab.

BRICE (Saint-), vg. de Fr., Manche, arr., cant. et poste d'Avranches; 210 hab.

BRICE (Saint-), vg. de Fr., Marne, arr., cant. et poste de Reims; 430 hab.

BRICE (Saint-), vg. de Fr., Mayenne, arr. de Château-Gontier, cant. et poste de Grez-en-Bouërre; 900 hab.

BRICE (Saint-), vg. de Fr., Orne, arr., cant. et poste de Domfront; 410 hab.

BRICE (Saint-), vg. de Fr., Seine-et-Marne, arr., cant. et poste de Provins; 320 hab.

BRICE (Saint-), vg. de Fr., Seine-et-Oise, arr. de Pontoise, cant. et poste d'Écouen; fabr. de blondes, fichus et écharpes; 830 h.

BRICE (Saint-), vg. de Fr., Haute-Vienne, arr. de Rochechouart, cant. et poste de St.-Junien ; 1130 hab.

BRICE-DE-LANDELLE (Saint-), vg. de Fr., Manche, arr. de Mortain, cant. et poste de St.-Hilaire-du-Harcouet; 1150 hab.

BRICE-EN-COGLES (Saint-), vg. de Fr., Ille-et-Vilaine, arr. et à 3 l. O.-N.-O. de Fougères, chef-lieu de canton et poste; papeterie; 1400 hab.

BRICE-SOUS-RANES (Saint-), vg. de Fr., Orne, arr. d'Argentan, cant. d'Écouché, poste de Rânes; 520 hab.

BRICHE (la), ham. de Fr., Seine, com. d'Epinay; fabr. de cadres; 60 hab.

BRICHE (la), ham. de Fr., Seine-et-Oise, com. de Souzy-la-Briche; 50 hab.

BRICHERASIO, pet. v. industrieuse du Piémont; 2800 hab.

BRICON, vg. de Fr., Haute-Marne, arr. de Chaumont-en-Bassigny, cant. et poste de Château-Villain; mines de fer; 560 hab.

BRICONVILLE, vg. de Fr., Eure-et-Loir, arr., cant. et poste de Chartres; 130 hab.

BRICOT-LA-VILLE, ham. de Fr., Marne, arr. d'Épernay, cant. d'Esternay, poste de Courgiveaux; 60 hab.

BRICQUEBEC, b. de Fr., Manche, arr. et à 5 l. O.-S.-O de Valognes, chef-lieu de canton et poste ; mines de cuivre, eaux ferrugineuses froides; 4450 hab.

BRICQUEBOSQ, vg. de Fr., Manche, arr. de Cherbourg, cant. et poste des Pieux; 660 hab.

BBICQUEVILLE-LA-BLOUETTE, vg. de Fr., Manche, arr., cant. et poste de Coutances; 580 hab.

BRICQUEVILLE-SUR-MER, vg. de Fr., Manche, arr., de Coutances, cant. et poste de Bréhal; 1860 hab.

BRICY, vg. de Fr., Loiret, arr. d'Orléans, cant. de Patay, poste de Chevilly; 300 h.

BRIDGE-CREEK. *Voyez* BROADFIELD.

BRIDGEMAN, île faisant partie du groupe du Shetland méridional; toute l'île ne forme presque qu'un seul volcan.

BRIDGENORTH, b. d'Angleterre, comté de Shrop, nomme deux députés au parlement. Il est traversé par la Severn et possède une fonderie; fabr. de colle forte, de pipes et de tapis; tanneries, clouteries; construction de vaisseaux; 5000 hab.

BRIDGEPORT, pet. v. des États-Unis de l'Amérique du Nord, état de Connecticut, comté de Fairfield, avec un bon port, à l'embouchure, du Pocquanoc; académie; fabr. de toiles à voiles; forges; moulins à huile; 4000 hab.

BRIDGETOWN, pet. v. des États-Unis de l'Amérique du Nord, état de New-Jersey, comté de Cumberland, dont elle est le chef-lieu, à 4 l. de l'embouchure du Cohanzy, avec un port; commerce très-actif; 3600 h.

BRIDGETOWN, capitale de l'île de Barbadoès, résidence du gouverneur, du sénat et de l'assembly; c'est une des plus jolies villes des Antilles; elle est située au fond de la baie de Carlisle qui y forme un bon et vaste port couvert constamment de vaisseaux de tous les pays. Parmi les bâtiments les plus remarquables de la ville on doit citer l'église de St.-Michel, une des plus belles et des plus grandes des Antilles; le palais de justice et la prison; son commerce, quoique bien considérable encore, n'est pourtant plus aussi florissant qu'autrefois. De nombreux forts et une formidable artillerie protègent le port et font de cette ville une des plus fortes places maritimes des Antilles; 15,000 hab.

BRIDGEWATER, pet. v. des États-Unis de l'Amérique du Nord, état de Pensylvanie, comté de Luzerne; 2500 hab.

BRIDGEWATER, b. florissant par son agriculture, dans les États-Unis de l'Amérique du Nord, état de Vermont, comté de Windsor, sur le Quataquéchy; 2300 hab.

BRIDGEWATER, v. des États-Unis de l'Amérique du Nord, état de Massachusetts, comté de Plymouth, sur le Town-River; fabr. de draps; 6400 hab.

BRIDGEWATER, pet. v. des États-Unis de l'Amérique du Nord, état de New-Hamsphire, comté de Grafton, sur le Pénigavasset; 2000 hab.

BRIDGEWATER, pet. v. des États-Unis de l'Amérique du Nord, état de New-Jersey, comté de Sommersets, sur le Raritan; exploitation de mines; 4000 hab.

BRIDGEWATER, pet. v. des États-Unis de l'Amérique du Nord, état de New-York, comté d'Oneida; 2000 hab.

BRIDGEWATER, b. d'Angleterre, comté de Gloucester, sur le Parret, que l'on y passe sur un pont en fer qui joint la ville au faubourg Eastover. Fabr. de laiton et fonderies de fer. Cabotage; 5000 hab.

BRIDGEWATER, baie du comté de Sommersets, Angleterre.

BRIDGEWATER, canal d'Angleterre. Il a 88 1/2 kilomètres de longueur et commence à Worsleymill, comté de Lancastre, où il y a de riches mines de charbon fossile, et se termine à Manchester; il possède plusieurs embranchements et met en communication Manchester et Liverpool; il fut commencé en 1745 et achevé en 1758.

BRIDGEWATER ou MONTESQUIEU, cap sur la côte S.-E. de la Nouvelle-Hollande, Océanie, terre de Grant, à l'O. de la baie Descartes.

BRIDORÉ, vg. de Fr., Indre-et-Loire, arr., cant. et poste de Loches; 390 hab.

BRIDPORT, pet. v. des États-Unis de l'Amérique du Nord, état de Vermont, comté d'Addison, sur le South-River; 2600 hab.

BRIDPORT, pet. v. d'Angleterre, comté de Dorset, entre deux bras du Brit; elle nomme deux députés au parlement, possède des corderies, fabr. de toiles à voiles, de fil, de combrières et des chantiers; son port est presque comblé; 4000 hab.

BRIE, *Brigensis tractus*, ancienne prov.

de Fr., bornée au N. par le Soissonnais et le Valois, à l'O. par l'Isle-de-France, au S. et à l'E. par la Champagne. Sous les Romains, elle fit partie de la quatrième Lyonnaise, et sous les Francs elle fut comprise dans le royaume de Neustrie. Sous les Carlovingiens elle eut des comtes particuliers. En 968, Herbert de Vermandois la réunit à la Champagne dont il était devenu comte. Cette province était divisée en Brie champenoise, dont Meaux était la capitale, et en Brie française, qui avait pour chef-lieu Brie-Comte-Robert. Une partie de la Brie champenoise, dont Château-Thierry était le chef-lieu, portait le nom de Brie pouilleuse. La Brie, qui forme aujourd'hui une partie du département de l'Aisne et de celui de Seine-et-Marne, fut, ainsi que la Champagne, réunie à la couronne, en 1361.

BRIE, vg. de Fr., Aisne, arr. de Laon, cant. et poste de la Fère; 200 hab.

BRIE, vg. de Fr., Arriége, arr. de Pamiers, cant. et poste de Saverdun; 350 hab.

BRIE, vg. de Fr., Ille-et-Vilaine, arr. de Rennes, cant. et poste de Janzé; 1040 hab.

BRIE, vg. de Fr., Isère, arr. de Grenoble, cant. et poste de Vizille; 650 hab.

BRIE, vg. de Fr., Deux-Sèvres, arr. de Bressuire, cant. et poste de Thouars; 490 h.

BRIE. *Voyez* Bry-sur-Marne.

BRIE, vg. de Fr., Somme, arr., cant. et poste de Péronne; 460 hab.

BRIEC, b. de Fr., Finistère, arr., à 3 1/2 l. et poste de Quimper, chef-lieu de canton; 4600 hab.

BRIE-COMTE-ROBERT ou **BRIE-SUR-YÈRES**, *Braja*, pet. v. de Fr., Seine-et-Marne, arr. et à 4 l. N. de Melun, chef-lieu de canton, sur la rive droite de l'Yères, dans une contrée fertile, surtout en céréales; exploitation de pierres de taille et commerce de vins en gros; 2765 hab.

Cette ville, ancien chef-lieu de la Brie française, doit son nom à Robert, comte de Dreux, auquel son frère Louis VII donna le territoire de la Brie. Le fils de Robert de Dreux fit construire le château de Brie-Comte-Robert, dont il ne reste plus que quelques débris. En 1430, Brie fut emporté d'assaut par les Anglais; il fut reconquis en 1440 par Charles VII.

BRIE-DE-BARBEZIEUX, vg. de Fr., Charente, arr., cant. et poste de Barbezieux; 360 hab.

BRIE-DE-ROCHEFOUCAULD, vg. de Fr., Charente, arr. d'Angoulême, cant. et poste de la Rochefoucauld; 2050 hab.

BRIEG, *Brega*, v. fortifiée de Prusse, prov. de Silésie, rég. de Breslau, chef-lieu du cercle et de la principauté de ce nom, sur la rive gauche de l'Oder, à 492 pieds au-dessus du niveau de la mer; elle fleurit par ses fabriques et par son commerce. Brieg est le siége des autorités du cercle et de l'administration des mines de la province de Silésie; 12,000 hab.

BRIEL, vg. de Fr., Aube, arr. et cant. de Bar-sur-Seine, poste de Vendeuvre; 380 h.

BRIEL ou **BRIELLES**, *Helium*, v. forte du roy. des Pays-Bas, prov. de Hollande, gouv. de la Hollande méridionale, dans la partie septentrionale de l'île de Voorne et près de l'embouchure de la Meuse, à 5 l. S.-S.-O. de la Haye; chef-lieu d'arrondissement; siége d'un tribunal de première instance; bon port; commerce considérable de blé et de garance. Briel fut la première des villes dont Guillaume-le-Taciturne, prince d'Orange, s'empara, en 1572, à la tête des insurgés des Pays-Bas qui y jetèrent les fondements de leur indépendance; patrie de l'amiral Tromp; 3200 habitants, presque tous bons marins et pêcheurs.

BRIELLES, vg. de Fr., Ille-et-Vilaine, arr. et poste de Vitré, cant. d'Argentré; 980 hab.

BRIENNE, vg. de Fr., Ardennes, arr. de Réthel, cant. d'Asfeld, poste de Tagnon; 330 hab.

BRIENNE, vg. de Fr., Saône-et-Loire, arr. de Louhans, cant. de Cuysery, poste de Tournus; 360 hab.

BRIENNE-LA-VIEILLE, vg. de Fr., Aube, arr. de Bar-sur-Aube, cant. et poste de Brienne; 710 hab.

BRIENNE-LE-CHATEAU, *Breona*, pet. v. de Fr., Aube, arr. et à 5 l. N.-O. de Bar-sur-Aube, chef-lieu de canton, non loin de la rive droite de l'Aube; elle est divisée en deux bourgades appelées Brienne-la-Ville et Brienne-le-Château. A une petite distance de la ville, au sommet d'un plateau d'où la vue s'étend sur une plaine immense, s'élève un magnifique château dont on admire surtout les jardins. Brienne avait autrefois une célèbre école militaire qui eut l'honneur de compter Napoléon au nombre de ses élèves; entrepôt considérable de bois de charpente; 2000 hab.

Brienne était la résidence des anciens comtes de ce nom, vassaux des comtes de Champagne. La maison de Brienne atteignit un haut degré de puissance et de gloire. Au commencement du treizième siècle, Jean de Brienne, frère du comte de Brienne, Gauthier III, fut couronné roi de Jérusalem. Ses descendants jouèrent un grand rôle dans l'histoire. Le comté de Brienne passa successivement par mariage dans d'autres familles et en 1623 à celle de Loménie, qui le posséda jusqu'à la révolution française. En 1814, Brienne fut le théâtre d'un terrible combat où Napoléon battit les Russes et les Prussiens : c'était le 29 janvier. Cependant le 1er février, après un combat plus sanglant encore que le premier, les Français, accablés par le nombre, furent forcés de se replier sur Troyes; 35,000 Français avaient, pendant quatre jours, défendu le champ de bataille contre plus de 120,000 hommes de la coalition.

BRIENNON, vg. de Fr., Loire, arr., et

cant. de Roanne, poste de Charlieu; 1160 h.

BRIENON, pet. v. de Fr., Yonne, arr. et à 5 l. de Joigny, chef-lieu de canton et poste; fabr. de draps Londres et serges; tanneries; commerce de bois à flotter pour Paris; charbons; grains; toiles; 2680 hab.

BRIENZ (lac de), dans le cant. de Berne; il reçoit l'Aar qui vient de la vallée de Cosle et communique avec le lac de Thun par un étroit canal. Sa longueur est d'environ trois lieues et sa largeur d'une lieue. Sa côte, derrière laquelle le Tannhorn et le Rothhorn s'élèvent jusqu'à une hauteur de 6530 et 7270 pieds au-dessus de la mer, est particulièrement riante et animée. Le lac reçoit à l'E. le Giessbach.

BRIENZA, b. du roy. des Deux-Siciles, principauté citérieure; 4400 hab.

BRIÈRES-LES-SCELLÉS, vg. de Fr., Seine-et-Oise, arr., cant. et poste d'Étampes; 330 hab.

BRIES (Brezno-Banja), *Britzna*, v. du roy. de Hongrie, cer. en-deçà du Danube, sur le Grau; grandes carrières; éducation de bétail et d'abeilles; 7000 hab.

BRIE-SOUS-ARCHIAC, vg. de Fr., Charente-Inférieure, arr. et poste de Jonzac, cant. d'Archiac; 540 hab.

BRIE-SOUS-MATHA, vg. de Fr., Charente-Inférieure, arr. de St.-Jean d'Angely, cant. et poste de Matha; 570 hab.

BRIE-SOUS-MORTAGNE, vg. de Fr., Charente-Inférieure, arr. de Saintes, cant. et poste de Cozes; 350 hab.

BRIE-SUR-CHALAIS, vg. de Fr., Charente, arr. de Barbezieux, cant. et poste de Chalais; 1550 hab.

BRIEUC (Saint), v. et port de Fr., chef-lieu du dép. des Côtes-du-Nord, sur le Gouet, à 94 l. O. de Paris; siége d'une cour d'assises, de tribunaux de première instance et de commerce, d'un évêché, d'une recette générale, d'une direction des contributions et d'une conservation des hypothèques. Cette ville, située à 1 l. de la mer, possède un port commode garni d'un beau quai; il peut recevoir des bâtiments de 350 tonneaux. Les places, les rues et les maisons de St.-Brieuc sont assez belles. La cathédrale, l'hôpital, le pont sur le Gouet et la salle de spectacle en sont les édifices les plus remarquables. Ses principaux établissements sont la bibliothèque, riche de 24,000 volumes, le collége, une école des arts et métiers, une société d'agriculture et une école d'hydrographie. On remarque aussi la jolie promenade du Champ-de-Mars et près du port les ruines d'une tour construite vers la fin du quatorzième siècle pour défendre l'entrée du Gouet. L'industrie de cette ville consiste en fabr. de serges, de molletons, de toiles, de fil; filat. de coton; tanneries; papeteries, etc.; le commerce, dans le cabotage, la vente des grains, du chanvre, beurre, cidre, sel, bestiaux, laine, poissons et légumes. Quelques négociants font des armements pour Terre-Neuve, la mer du Sud et les Antilles; 11,390 hab.

On attribue l'origine de St.-Brieuc à un monastère fondé par un saint du même nom vers la fin du cinquième siècle. Des maisons élevées successivement autour de ce cloître donnèrent naissance à cette ville qui, érigée en évêché au neuvième siècle, demeura longtemps sous la juridiction temporelle et spirituelle de ses évêques; elle n'en suivit pas moins les destinées du reste de la Bretagne et souffrit beaucoup des guerres qui désolèrent cette contrée. A l'époque où Charles V voulut enlever la Bretagne au duc de Montfort, attaché au parti des Anglais, elle fut prise par le connétable Olivier de Clisson. Pendant la ligue elle fut aussi en proie aux horreurs de la guerre civile. Au commencement du dix-septième siècle elle fut ravagée par la peste, et ce n'est qu'après de nombreuses années qu'elle parvint à effacer les traces de tant de calamités. En 1799, les chouans tentèrent de s'emparer de St.-Brieuc; mais ils furent bravement repoussés par la population.

BRIEUC-DE-MAURON (Saint-), vg. de Fr., Morbihan, arr. et poste de Ploermel, cant. de Mauron; 800 hab.

BRIEUC-DES-IFFS (Saint-), vg. de Fr., Ille-et-Vilaine, arr. de Montfort-sur-Meu, cant. et poste de Bécherel; 580 hab.

BRIEUL, vg. de Fr., Deux-Sèvres, arr. de Melle, cant. et poste de Brioux; 180 h.

BRIEULLES-SUR-BAR, vg. de Fr., Ardennes, arr. de Vouziers, cant. du Chêne, poste de Buzancy; commerce de bétail; 550 hab.

BRIEULLES-SUR-MEUSE, vg. de Fr., Meuse, arr. de Montmédy, cant. et poste de Dun-sur-Meuse; 1000 hab.

BRIEUX, vg. de Fr., Orne, arr. d'Argentan, cant. et poste de Trun; 340 hab.

BRIEY, *Bricejum*, v. de Fr., Moselle, chef-lieu d'arrondissement, à 5 l. N.-O. de Metz, sur le Voigot; siége d'un tribunal de première instance, d'une conservation des hypothèques, d'une direction des contributions indirectes et d'une inspection des forêts; elle est située dans une vallée profonde, sur le penchant de plusieurs petites collines baignées par la petite rivière de Vagot; filat. hydrauliques et tissages de coton; tanneries; brasseries, etc.; 1755 hab.

BRIFFONS, vg. de Fr., Puy-de-Dôme, arr. de Clermont-Ferrand, cant. et poste de Bourg-Lastic; 1030 hab.

BRIGACH (la), une des trois sources du Rhin.

BRIGANTES, g. a., peuple de la Britannia Romana, occupait les comtés actuels de Cumberland, Westmoreland, Lancaster, York et Durham.

BRIGHTON, pet. v. commerçante des États-Unis de l'Amérique du Nord, état de New-York, comté d'Ontario, à l'embouchure du Gennessée; 4000 hab.

BRIGHTON, pet. v. d'Angleterre, comté de Sussex, autrefois appelée Brighthelmstone, sur une baie; elle est surtout remarquable par ses bains minéraux et de mer; elle a été embellie et pour ainsi dire créée par Georges IV, lorsqu'il était prince-royal, et est aujourd'hui un des lieux les plus beaux qu'il y ait sur la terre : tous les genres d'architecture y sont réunis. Ses édifices les plus remarquables sont le Pavillon, palais bâti par Georges IV; les superbes bâtiments des bains, surtout ceux de Mahomet; les beaux édifices du quai Marine-Parade; ceux encore plus beaux qui composent le Kemp-Town et la belle église des Unitaires. Brighton possède en outre une belle salle de spectacle, des casernes, un hôpital et un magnifique musée d'horticulture fondé, il y a quelques années, par le savant botaniste M. Philipps. Pêche et commerce; le port peut contenir 200 navires; 20,000 hab.

BRIGITTE (Sainte-), vg. de Fr., Morbihan, arr. et poste de Pontivy, cant. de Cléguerec; 740 hab.

BRIGNAC, vg. de Fr., Corrèze, arr. de Brives, cant. d'Ayen, poste d'Objat; 1130 h.

BRIGNAC, vg. de Fr., Hérault, arr. de Lodève, cant. et poste de Clermont; 280 h.

BRIGNAC, vg. de Fr., Morbihan, arr. et poste de Ploermel, cant. de Mauron; 530 h.

BRIGNAIS, b. de Fr., Rhône, arr., poste et à 3 l. S. de Lyon, cant. de St.-Genis-Laval; il est situé sur le Garou, dans une contrée riche en vignobles et environné d'un grand nombre de belles maisons de campagne. On fait à Brignais un commerce assez considérable de bestiaux. On trouve dans ce bourg des vestiges d'aqueducs que l'on croit de construction romaine; 1700 hab.

BRIGNANCOURT, vg. de Fr., Seine-et-Oise, arr. de Pontoise, cant. et poste de Marines; 100 hab.

BRIGNE, vg. de Fr., Maine-et-Loire, arr. de Saumur, cant. et poste de Doué; 590 h.

BRIGNEMONT, vg. de Fr., Haute-Garonne, arr. de Toulouse, cant. de Cadours, poste de Puységur; 1000 hab.

BRIGNOLLES, *Brinolium, Brinonia*, v. de Fr., Var, chef-lieu d'arrondissement, à 8 l. O.-S.-O. de Draguignan et à 7 l. N. de Toulon; siège des tribunaux de première instance et de commerce; conservation des hypothèques et direction de contributions indirectes; elle est agréablement située sur le penchant d'une colline, environnée de jolis côteaux, au bord de la petite rivière de Carami; son monument le plus remarquable est la magnifique fontaine qui orne la place Carami. Brignolles possède une société d'agriculture et une bibliothèque publique de 1200 volumes. Il règne une grande activité dans cette ville; ses tanneries surtout sont renommées. Les environs produisent beaucoup d'olives dont l'huile est un des principaux objets de commerce, ainsi que le vin, l'eau-de-vie, les liqueurs et des prunes sèches fort renommées dont il se fait une exportation considérable. Non loin de Brignolles se trouve la grotte de Villecrosse ornée de curieuses stalactites. Patrie de Parrocel (Joseph), célèbre peintre de batailles du dix-septième siècle, et de Raynouard (François), écrivain distingué, membre du corps législatif sous l'empire; 5650 hab.

Brignolles fut plusieurs fois prise et reprise par les catholiques et les protestants pendant les guerres de religion. En 1536, les troupes de Charles-Quint la saccagèrent. Vers la fin du seizième siècle, le duc d'Epernon, alors gouverneur de la Provence, faillit y devenir victime d'un complot : on fit sauter, avec de la poudre, la salle où il dînait. Le duc fut grièvement blessé, mais survécut cependant à cette catastrophe.

BRIGNON, vg. de Fr., Gard, arr. d'Alais, cant. de Vezenobres, poste de Ledignan; 510 hab.

BRIGNON (le), vg. de Fr., Haute-Loire, arr. et poste du Puy, cant. de Solignac-sur-Loire; 1390 hab.

BRIGUEIL-LE-CHANTRE, vg. de Fr., Vienne, arr. et poste de Montmorillon, cant. de la Trimouille; 1160 hab.

BRIGUEUIL, b. de Fr., Charente, arr. et cant. de Confolens, poste de St.-Junien; manufacture de porcelaine; 2200 hab.

BRIHUEGA, b. d'Espagne, roy. de la Nouvelle-Castille, prov. de Tolède, sur le Tage; fabr. de draps et de toiles; 2400 hab.

BRIIS-SOUS-FORGES, vg. de Fr., Seine-et-Oise, arr. de Rambouillet, cant. et poste de Limours; 680 hab.

BRILLAC, vg. de Fr., Charente, arr., cant. et poste de Confolens; 1600 hab.

BRILLANNE (la), vg. de Fr., Basses-Alpes, arr. et poste de Forcalquier, cant. de Peyruis; 250 hab.

BRILLECOURT, vg. de Fr., Aube, arr. d'Arcis-sur-Aube, cant. et poste de Ramerupt; 150 hab.

BRILLEVAST, vg. de Fr., Manche, arr. de Cherbourg, cant. et poste de St.-Pierre-Église; 870 hab.

BRILLON, vg. de Fr., Meuse, arr. et poste de Bar-le-Duc, cant. d'Ancerville; commerce de cerises, kirschwasser et bois; carrières de pierres de taille; minerai de fer; 870 hab.

BRILLON, vg. de Fr., Nord, arr. de Valenciennes, cant. et poste de St.-Amand-les-Eaux; 710 hab.

BRILLOUET. *Voyez* SAINT-ÉTIENNE-DE-BRILLOUET.

BRILON, v. très-ancienne des états prussiens, prov. de Westphalie, rég. d'Arnsberg, sur la Mœnne, chef-lieu et siège des autorités du cercle. Sa grande église paroissiale a été, dit-on, bâtie par Charlemagne. Fabr. de clous et d'ouvrages en fer blanc; commerce assez considérable; mines de fer et de plomb; 3100 hab.

BRIMEUX, vg. de Fr., Pas-de-Calais,

arr. et poste de Montreuil-sur-Mer, cant. de Campagne-les-Hesdin ; 660 hab.

BRIMFIELD, b. florissant des États-Unis de l'Amérique du Nord, état de Massachusetts, comté de Hampden; 2200 hab.

BRIMONT, vg. de Fr., Marne, arr. et poste de Reims, cant. de Bourgogne ; 440 hab.

BRIMSTONE-HILL, pet. v. tres-forte dans l'île de St.-Christophe, une des Petites-Antilles; possession anglaise ; 1400 hab.

BRIN, ham. de Fr., Gard, com. de Coucoules; 230 hab.

BRIN ou **BRIN-SUR-SEILLE**, vg. de Fr., Meurthe, arr. et poste de Nancy, cant. de Nomény; 450 hab.

BRINAY, vg. de Fr., Cher, arr. de Bourges, cant. de Lure, poste de Vierzon ; 530 hab.

BRINAY, vg. de Fr., Nièvre, arr. de Château-Chinon, cant. de Châtillon-en-Bazois, poste de Moulins-en-Gilbert; 500 h.

BRINDAS, vg. de Fr., Rhône, arr. de Lyon, cant. et poste de Vaugneray ; 800 h.

BRINDES, *Brindisi*, *Brundusium*, v. du roy. des Deux-Siciles, terre d'Otrante, siége d'un archevêché, autrefois une des villes de commerce les plus florissantes de la mer Adriatique ; elle est au fond d'une baie de la mer Adriatique, mais son port, ruiné par les Romains et les Vénitiens, est ensablé et n'est plus accessible qu'à de petits bâtiments. Le fort de St.-André, dans l'îlot de ce nom, défend l'entrée du port. Brindes ne compte plus que 6000 habitants, le dixième de son ancienne population. On y trouve beaucoup d'antiquités.

BRINDSCHOK, dist. dans l'île de Java, arrosé par le Kadiri. Les montagnes, qui en couvrent le sol et parmi lesquelles on distingue le volcan Kellut, sont habitées par des tribus sauvages qui défendent leur indépendance contre les Hollandais. Les principaux endroits de ce district sont Brindschok, pet. v. de 5000 âmes, et Blitar.

BRINGOLO, vg. de Fr., Côtes-du-Nord, arr. de Guingamp, cant. de Plouagat, poste de Châtelaudren ; 860 hab.

BRINGUES. *Voyez* BRENGUES.

BRINON, vg. de Fr., Cher, arr. de Sancerre, cant. d'Argent, poste d'Aubigny-Ville ; 1130 hab.

BRINON ou **BRINON-LES-ALLEMANDS**, vg. de Fr., Nièvre, arr. et à 5 l. S. de Clamecy, chef-lieu de canton, poste de Varzy ; 585 h.

BRINON. *Voyez* BRIENON.

BRIOD, vg. de Fr., Jura, arr. et poste de Lons-le-Saulnier, cant. de Conliège; 280 hab.

BRIOLA. *Voyez* SAINT-JULIEN-DE-BRIOLA.

BRIOLET, vg. de Fr., Lot-et-Garonne, com. de Cocumont; 250 hab.

BRIOLLAY, vg. de Fr., Maine-et-Loire, arr. et à 2 1/2 l. N.-N.-E. d'Angers, chef-lieu de canton, poste de Châteauneuf-sur-Sarthe; 1010 hab.

BRION, île dans le golfe de St.-Laurent, Amérique du Nord ; elle fait partie du groupe des Madeleines.

BRION, vg. de Fr., Indre, arr. de Châteauroux, cant. et poste de Levroux ; 700 h.

BRION, vg. de Fr., Isère, arr. de St.-Marcellin, cant. de St.-Etienne-de-St.-Geoirs, poste de la Frette ; 350 hab.

BRION, vg. de Fr., Lozère, arr. de Marvejols, cant. de Fournels, poste de St.-Chely ; fabr. de serge et de cadis ; eaux thermales aux environs; 360 hab.

BRION, vg. de Fr., Maine-et-Loire, arr. de Beaugé, cant. et poste de Beaufort; 1610 hab.

BRION, vg. de Fr., Saône-et-Loire, arr. et poste d'Autun, cant. de Mesvres; 550 h.

BRION, vg. de Fr., Deux-Sèvres, arr. de Bressuire, cant. et poste de Thouars; 520 hab.

BRION, vg. de Fr., Vienne, arr. de Civray, cant. et poste de Gençais; 320 hab.

BRION, vg. de Fr., Yonne, arr. et cant. de Joigny, poste de la Roche-sur-Yonne; 790 hab.

BRIONNE (la), vg. de Fr., Creuse, arr. de Guéret, cant. et poste de St.-Vaury; 280 h.

BRIONNE, pet. v. de Fr., Eure, arr. et à 4 l. N.-E. de Bernay, chef-lieu de canton, sur la rive droite de la Rille, dans une contrée riche en beaux pâturages; filat. de coton et fabr. d'huiles. Des restes d'une vieille citadelle attestent que Brionne fut autrefois une place de guerre ; 2600 hab.

BRION-SUR-OURCE, vg. de Fr., Côte-d'Or, arr. et poste de Châtillon-sur-Seine, cant. de Montigny-sur-Aube; 620 hab.

BRIORD, vg. de Fr., Ain, arr. et poste de Belley, cant. de Lhuis; 770 hab.

BRIOSNE, vg. de Fr., Sarthe, arr. de Mamers, cant. et poste de Bonnétable ; 540 hab.

BRIOST, vg. de Fr., Somme, arr. et poste de Péronne, cant. de Nesle; 150 hab.

BRIOT, vg. de Fr., Oise, arr. de Beauvais, cant. et poste de Grandvilliers; 670 h.

BRIOU, vg. de Fr., Loir-et-Cher, arr. de Blois, cant. de Marchenoir, poste d'Oucques; 260 hab.

BRIOUDE, *Brivas*, v. de Fr., Haute-Loire, chef-lieu d'arrondissement et à 13 l. N.-O. du Puy; siége de tribunaux de première instance et de commerce, conservation des hypothèques et perception des contributions indirectes; elle est agréablement située dans un vaste bassin, environné de montagnes, près de la rive gauche de l'Allier. Les bâtiments du collége et l'église gothique de St.-Julien sont les édifices les plus remarquables de cette ville qui possède aussi une petite bibliothèque et une société d'agriculture. Son industrie est très-bornée; commerce de vins, grains et chanvre; foires les 3 mai, 23 juin, 15 septembre, 23 novembre, 24 décembre et avant-dernier lundi de carnaval; 5250 hab.

Des restes d'un pont de construction romaine prouvent l'antiquité de Brioude. Cette ville fut ravagée au cinquième siècle par les Bourguignons, et au neuvième par les Sarrasins. Dans les temps de la féodalité, elle souffrit beaucoup des guerres que les seigneurs de l'Auvergne faisaient aux chanoines de St.-Julien. La guerre des Anglais fut une époque également désastreuse pour Brioude. Plus tard, la lutte terrible entre les catholiques et les protestants fut la source de nouvelles calamités pour cette ville dont la tranquillité ne fut heureusement plus troublée, et qui depuis a pu réparer ses désastres.

BRIOUDE. *Voyez* VIEILLE-BRIOUDE.

BRIOUX, b. de Fr., Deux-Sèvres, arr. et à 3 l. S.-S.-O. de Melle, chef-lieu de canton et poste; 1155 hab.

BRIOUZE, b. de Fr., Orne, arr. et à 7 l. O.-S.-O. d'Argentan, chef-lieu de canton et poste; 1600 hab.

BRIOZ. *Voyez* BRIOD.

BRIQUEMESNIL, vg. de Fr., Somme, arr. d'Amiens, cant. de Molliens-Vidame, poste de Picquigny; 270 hab.

BRIQUENAY, vg. de Fr., Ardennes, arr. de Vouziers, cant. et poste de Buzancy; 480 hab.

BRIQUERIE (la), ham. de Fr., Moselle, com. de Thionville; 170 hab.

BRIQUETTE (la), ham. de Fr., Nord, com. de Marly; usine à torréfier la chicorée; sucrerie indigène; 100 hab.

BRIQUEVILLE, vg. de Fr., Calvados, arr. de Bayeux, cant. de Trevières, poste d'Isigny; 420 hab.

BRIS (Saint-), pet. v. de Fr., Yonne, arr. et cant. d'Auxerre, poste; vins blancs estimés; 1950 hab.

BRISACH (Neuf-). *Voyez* NEUFBRISACH.

BRISACH (Vieux-), v. du grand-duché de Bade, chef-lieu d'un arrondissement, cer. du Haut-Rhin, sur le Rhin; possède une église curieuse et avait autrefois une forte citadelle sur l'Eggarsberg; 3000 hab.

BRISAMBOURG, b. de Fr., Charente-Inférieure, arr. et poste de St.-Jean-d'Angely, cant. de St.-Hilaire; 1500 hab.

BRISBANC (cap). *Voyez* DIBDIN (île).

BRISBANC, comté dans les colonies anglaises de la Nouvelle-Hollande.

BRISBANC, riv. considérable dans la partie moyenne de la Nouvelle-Galles du Sud, Nouvelle-Hollande, Océanie; on n'en connaît bien que la partie inférieure, découverte, en 1823, par Oxley. En admettant que ses sources se trouvent sur le revers des montagnes Bleues, ce serait le plus grand fleuve du continent austral; elle a son embouchure dans la baie de Glashowe ou Moreton, sur la côte orientale de la Nouvelle-Galles du Sud, sous le 28° de lat. S.

BRISCOUS, vg. de Fr., Basses-Pyrénées, arr. de Bayonne, cant. de la Bastide-Clairence, poste d'Hasparren; 4290 hab.

BRIS-DES-BOIS (Saint-), vg. de Fr., Charente-Inférieure, arr. de Saintes, cant. et poste de Burie; 520 hab.

BRISIGHELLO, b. des états de l'Eglise, délégation de Ravenne; 3100 hab.

BRISSAC, vg. de Fr., Hérault, arr. de Montpellier, cant. et poste de Ganges; papeterie; 900 hab.

BRISSAC, vg. de Fr., Maine-et-Loire, arr. d'Angers, cant. de Thouarcé, poste; 930 hab.

BRISSARD, vg. de Fr., Eure-et-Loir, com. d'Abondant; 480 hab.

BRISSARTHE, vg. de Fr., Maine-et-Loire, arr. de Segré, cant. et poste de Châteauneuf-sur-Sarthe; 1060 hab.

BRISSAY-CHOIGNY, vg. de Fr., Aisne, arr. de St.-Quentin, cant. de Moy, poste de la Fère; 727 hab.

BRISSON (Saint-), vg. de Fr., Loiret, arr., cant. et poste de Gien; 870 hab.

BRISSON (Saint-), vg. de Fr., Nièvre, arr. de Château-Chinon, cant. et poste de Montsauche; 1190 hab.

BRISSY, vg. de Fr., Aisne, arr. de St.-Quentin, cant. de Moy, poste de la Fère; 956 h.

BRISTOL, comté de l'état de Massachusetts, États-Unis de l'Amérique du Nord; il est borné par les comtés de Norfolk et de Plymouth, par l'état de Rhode-Island et par la baie de Buzzard. Son étendue est, d'après Ebeling, de 27 l. c. géogr. Ce pays présente une plaine onduleuse, avec de riches prairies le long des fleuves et couverte de vastes forêts au N. Le Patuket à l'O., et le Taunton, qui y reçoit le Wading, sont les principales rivières de ce comté; 40,000 hab.

BRISTOL, comté de l'état d'Ohio, États-Unis de l'Amérique du Nord, il forme une presqu'île qui s'étend dans la baie de Narraganset et est borné par l'état de Massachusetts et par les baies de Mount-Hope, de Narraganset, de Providence et de Bristol. C'est un pays de collines, offrant de bonnes prairies. Le Warren est le principal fleuve de ce comté; 6000 hab.

BRISTOL, pet v. municipale des États-Unis de l'Amérique du Nord, état de Pensylvanie, comté de Bucks dont elle est le chef-lieu, au confluent du Mill-Crik et du Delaware; eaux minérales très-fréquentées dans les environs; 2600 hab.

BRISTOL, pet. v. des États-Unis de l'Amérique du Nord, état de Rhode-Island, comté de Bristol dont elle est le chef-lieu, sur la baie du même nom; elle a un bon port très-commerçant; 4400 hab.

BRISTOL, pet. v. des États-Unis de l'Amérique du Nord, état de Connecticut, comté de Hartford, sur plusieurs bras du Poquaboc; mines de cuivre; 2300 hab.

BRISTOL, pet. v. commerçante des États-Unis de l'Amérique du Nord, état du Maine, comté de Lincoln; a un bon port et 3000 h.

BRISTOL (baie ou golfe de), appelée Kamischatzkaja par les Russes, à l'O. du dist. des Conaigues, Amérique russe, entre les

57° et 58° 45' lat. N.; elle est fermée au N.-O. par le cap Névenham.

BRISTOL (cap), promontoire au S. de la terre de Sandwich, Océan Polaire Austral.

BRISTOL, v. d'Angleterre, la plus considérable du comté de Gloucester, un des quatre grands ports marchands de l'Angleterre, au confluent de l'Avon et de la Severn, forme à elle seule avec sa banlieue un petit comté qui nomme deux députés au parlement. La ville ancienne est de mauvaise apparence, mais la nouvelle est bien bâtie, a de belles places et de beaux édifices, dont les principaux sont : la cathédrale, la bourse, le théâtre, un beau bazar couvert, le nouvel hôtel de ville, le pont suspendu sur l'Avon, la douane et la prison; elle possède en outre une université, des sociétés d'arts et de sciences, une bibliothèque de 70,000 volumes, de nombreuses raffineries de sucre, des verreries, distilleries, fabr. de produits chimiques, d'huiles, de de faïence, de cuirs, de vaisselles d'étain, d'étoffes de laine, de toiles à voiles, de laiton, etc.; chantier pour la construction des vaisseaux. Bristol possède un commerce aussi actif qu'étendu et des eaux minérales renommées. Cette ville est la patrie de Chatterton (Thomas), un des génies poétiques les plus précoces de l'Angleterre (1752—1770), et du célèbre peintre de portraits sir Thomas Lawrence (1769—1830); 104,000 hab.

Une émeute violente éclata en cette ville en 1831, à l'occasion de l'arrivée du recorder sir Ch. Wetherell, qui s'était opposé avec acharnement au bill de réforme constitutionelle. Trois prisons, la maison commune et le palais épiscopal furent réduits en cendres et 500 personnes périrent à la suite de ces troubles, qui n'ont cessé que devant la force armée.

BRISTOL (canal de), golfe d'Angleterre, sur la côte occidentale entre la principauté de Galles, et le comté de Devon.

BRISTOL ou **CAMPBELL**, pet. île au S.-E. du groupe des îles Auckland.

BRITANNIA ou **LOYALTY**, groupe de petites îles dans l'archipel de la Nouvelle-Calédonie, Océanie, au S.-E. de celles de Beaupré; lat. S. 20° 55'.

BRITANNIA, *Brettania, Albion*, g. a.; c'est le nom donné par les anciens à la plus grande des îles océaniques qu'ils aient connues au N.-O. de la Gaule. Lorsque Jules-César y pénétra (55 et 54 avant J.-C.), elle était couverte de vastes forêts et habitée par des colonies belges; conquise en partie sous l'empereur Claude par A. Plautius, elle ne fut réduite en province romaine que sous Domitien par Julius Agricola qui se fixa en Calédonie. Après la conquête, les Romains la divisèrent en *Britannia Romania* (aujourd'hui Angleterre et en *Britannia Barbara Caledonia* (aujourd'hui Ecosse), au N. de la précédente et séparée d'elle par une muraille et des retranchements, ouvrage des empereurs Adrien, Antonin-le-Pieux et Septime-Sévère.

BRITANNIQUES (îles). On désigne sous cette dénomination les îles dont se compose la monarchie anglaise; savoir : l'île de la Grande-Bretagne, comprenant l'Angleterre et l'Écosse, l'île d'Irlande, plusieurs petites îles et groupes d'îles ; le Man, Anglesey, Helgoland, l'archipel de Scilly, les îles Normandes, les Orcades, les Hébrides, les Shetland auxquelles nous consacrons des articles particuliers. Elles s'étendent depuis 0° 30' jusqu'à 13° de long. O., entre 49° 54' et 60° 44' de lat. N., et sont baignées par l'Océan Atlantique, la mer du Nord, la mer d'Irlande et la Manche. Nous traiterons dans celui-ci l'Angleterre avec la principauté de Galles, l'Écosse et l'Irlande.

L'Angleterre (England), bornée au N. par l'Écosse, à l'O. par la mer d'Irlande, au S. par la Manche et à l'E. par la mer du Nord, a une superficie de 2728 milles c. de 15 au degré, en y comprenant l'île de Man et les îles Normandes. L'Écosse, baignée par la mer du Nord et l'Atlantique, comprend le reste de l'île, depuis le golfe de Stoway jusqu'au cap Wreath; sa superficie, y comprise celle des îles voisines, est de 1467 milles c. L'Irlande en a 1511. Dans la partie orientale de l'Angleterre proprement dite, le sol présente une surface légèrement ondulée et entrecoupée par des collines peu élevées; la partie occidentale renferme des montagnes assez hautes dont aucune cependant n'atteint la région des neiges. Au S. se trouvent les montagnes de Cornouailles, qui, s'étendant dans une direction N.-E. depuis le cap Landsend, traversent toute la partie méridionale de l'Angleterre. Les montagnes du pays de Galles sont plus hautes et plus rudes; le Snowdon, à l'E. de Carnarvon, a 3456 pieds au-dessus du niveau de la mer; c'est le point culminant de cette chaîne, qui se rattache au N.-E. à la chaîne de Peak, la plus remarquable de cette partie de la Grande-Bretagne. Le Peak commence dans le comté de Stafford, traverse ceux de Derby, de Lancaster et d'York; et offre les sites les plus ravissants et les curiosités naturelles les plus admirables, entre autres la fameuse grotte de Castleton, ornée de magnifiques stalactites ; c'est une galerie souterraine de 2250 pieds de longueur, au travers de laquelle serpente une petite rivière; la grotte de Wathercoat, avec sa belle cascade, dans le comté d'York. Les plus hauts sommets du Peak sont le Wharn, qui a 4050 pieds, et l'Ingleborough de 3987 pieds d'élévation. Cette chaîne se rattache dans le Cumberland aux monts Cheviot, qui forment la limite septentrionale de l'Angleterre. Les Cheviots, renommés pour leurs pâturages, s'étendent au S. de l'Écosse, depuis la source de Clyde jusqu'à la Tweed. Une autre chaîne, celle de Ross, dont le mont Vevis, dans le comté de Ross, est le point culminant, sillonne la partie septentrionale de l'Écosse, appelée Highland (haut pays), et traverse les comtés d'Inverness, de Ross, de Sutherland et de Caithness; enfin les Grampians, la plus formidable chaîne du système britannique, traversent les comtés d'Argyle, de Perth, d'Inverness, d'Aberdeen, d'Angus et de Kinkardine. Le Ben-Nevis de 4370 pieds, dans le comté d'Inverness, en est le point culminant. Ces montagnes rocheuses qui séparent la Haute-Écosse de la Basse-Ecosse, donnent à ce pays l'aspect le plus sauvage et le plus pittoresque.

L'Irlande est la partie la moins montagneuse du royaume; on n'y trouve que quelques groupes isolés et peu étendus; le Carcan, dans le comté de Kerry, est le point culminant des montagnes de l'Irlande; il a 3200 pieds d'élévation.

Les côtes de ces deux grandes îles sont extrêmement sinueuses et découpées de la manière la plus bizarre, surtout dans la partie occidentale de l'Écosse; entre leurs innombrables échancrures s'avancent des golfes, les uns larges et profonds, d'autres étroits et tortueux encaissés entre des murailles de rochers, barrières gigantesques contre lesquelles viennent se briser les flots de l'Océan. On compte en Angleterre cinquante rivières navigables, dont les principales sont : la Tamise, qui, à sa source, dans le comté de Glocester, porte le nom d'Isis et ne prend celui de Tamise qu'à sa réunion avec le Charwel, près d'Oxford; elle arrose les comtés les plus riches et les plus peuplés du pays, et devient près de Londres un fleuve majestueux qui se jette dans la mer du Nord, après un cours de 50 milles; le Trent, qui prend le nom d'Humber après s'être confondu avec l'Ouse, forme un large bras à son embouchure dans la mer du Nord; la Severn, qui reçoit l'Avon, a sa source dans le comté de Montgomery et se jette dans le canal de Bristol.

L'Écosse possède aussi un grand nombre de rivières, dont nous ne citerons que les plus considérables : le Tay, qui sort du lac de même nom et se jette dans la mer du Nord, près de Dundée; la Clyde, qui, après avoir arrosé le comté de Lanerk, se jette dans le golfe de Clyde, dans la mer d'Irlande; la Spey, qui a sa source dans les monts Grampians, arrose les comtés d'Inverness, de Murray et de Banff, et se jette dans la mer du Nord.

En Irlande les principales rivières sont : le Shannon; il a sa source dans le comté de Leitrim, reçoit l'Inny et la Brosna et se jette dans l'Atlantique; il a un mille et demi de large à son embouchure; le Barrow sort du comté de Kildare, devient navigable après sa jonction avec la Nore et la Suir, et forme à son embouchure, près de Waterford, un des meilleurs ports de l'Irlande.

On trouve dans les trois royaumes plusieurs lacs d'une assez grande étendue : en Angleterre, le Winander-Meer et le Dervent-Water, remarquables par les paysages délicieux qui les environnent; en Écosse, le Loch-Lomond dont les bords présentent les sites les plus agréables; il a 5 milles de longueur et 2 de large et forme un grand nombre d'îles, dont quelques-unes sont habitées; le Loch-Ness, de 9 milles de longueur, dans une contrée non moins agréable, et, au N.-O. du Lomond, le lac Awe, aussi étendu que le premier. Parmi ceux de l'Irlande, le Lough-Neagh, au N.-E. du royaume, et le Lough-Erne sont les plus considérables.

De nombreux et magnifiques canaux, dont la longueur totale est de plus de 1100 lieues, donnent à la navigation intérieure une activité extraordinaire; le canal de Bridgewater, qui unit Manchester à Liverpool; le canal de Grande-Jonction, dont la longueur est de 40 lieues et qui fait communiquer tous les canaux de l'Angleterre avec Londres; le Grent-Trunck-Navigation, entre Liverpool et Hull; le canal d'Oxford, qui joint le Trent à la Tamise, et le canal de Londres à Portsmouth, sont les plus importants de l'Angleterre. Les plus considérables de l'Écosse sont : le canal Calédonien, qui réunit la mer du Nord à l'Atlantique; il est assez large pour donner passage à des bâtiments de guerre; le canal de Glasgow établit une communication entre la Clyde et le Forth et joint ainsi la mer du Nord à la mer d'Irlande; le canal de Crinan, dans le comté d'Argyle, et le canal d'Inverary, à Aberdeen. L'Irlande renferme aussi plusieurs canaux, dont nous ne citerons que le Grand-Canal, qui réunit le Shannon à la mer d'Irlande et celle-ci à l'Atlantique, en joignant Dublin à Limerik. L'air est plus humide en Angleterre et en Irlande qu'en Écosse, cependant il n'est point malsain, quoique la pluie, les vents et les brouillards y soient fréquents. L'hiver y est moins rigoureux et l'été moins chaud que dans d'autres contrées situées sous la même latitude, et sous ce rapport il existe même une différence assez sensible entre l'Angleterre et l'Irlande : dans cette dernière contrée il fait ordinairement moins froid et moins chaud que dans la première.

Le climat de l'Écosse est très-sain; la température varie beaucoup, dans les Highlands l'air est pur et vif; il est beaucoup plus doux dans la Basse-Écosse. Le long des côtes orientales, exposées aux vents du N. et du N.-E., le froid est intense et souvent nuisible, tandis que sur les côtes occidentales, où dominent les vents du S., la température est douce et humide.

Le sol de l'Angleterre est très-fertile; peu de pays sont aussi bien cultivés. Ses produits sont : d'excellents bestiaux, des chevaux renommés pour leur beauté et leur vigueur, des moutons dont la laine égale presque la plus belle laine d'Espagne, des porcs en grande quantité, des chiens de forte race, beaucoup de volaille, particulièrement des oies remarquables par leur taille; on en trouve qui pèsent de 20 à 30 livres; une grande abondance de poissons, d'huîtres et de homards. Les races des quadrupèdes carnassiers y ont été détruites, et l'on y trouve peu de gibier.

On cultive en Angleterre : le froment, le seigle en plus petite quantité, de l'orge excellent, de l'avoine, de très-bons légumes, du lin, du chanvre, des fourrages en très-grande quantité (les prairies et autres pâturages couvrent la moitié du territoire), du houblon, du safran, de la rhubarbe, de la réglisse, des fruits de qualité médiocre; le pays manque de bois de chauffage; mais il possède d'inépuisables mines de charbons de terre. Aucune contrée de l'Europe ne fournit une aussi grande quantité ni une aussi bonne qualité d'étain. L'Angleterre produit peu d'argent, mais beaucoup de plomb, de cuivre et de fer, de la plombagine, de l'arsenic, du zinc, de l'antimoine, du cobalt, de la calamine, la meilleure terre à foulon, de la terre à porcelaine, de la terre de potier, de la terre de pipe, beaucoup de sel, de la pierre à bâtir, du marbre, de l'ardoise, du soufre, du vitriol, de l'alun et des eaux minérales, dont les plus célèbres sont celles de Bath, de Bristol et de Brigthon.

L'Écosse nourrit beaucoup de bétail, mais les espèces sont plus petites; la laine des brebis y est aussi moins fine qu'en Angleterre; on y trouve beaucoup d'animaux sauvages : des renards, des blaireaux, des cerfs, des chevreuils, des hérissons, etc.; plusieurs espèces d'oiseaux aquatiques, entre autres des Eider, dont le duvet si recherché est connu sous le nom d'édredon, enfin une grande abondance de poissons. Les productions végétales sont : le froment, plus abondant dans la Basse-Écosse, beaucoup d'avoine et d'orge, du chanvre, du lin, du tabac, des légumes, de la rhubarbe, de belles forêts dont le sapin et le chêne forment les essences principales. Les richesses minérales de cette contrée sont importantes, quoiqu'on n'y exploite plus, comme au seizième siècle, des mines d'or et d'argent. Les mines en exploitation aujourd'hui fournissent d'énormes quantités de plomb et de fer, du cuivre, du mercure, de l'alun, du charbon de terre; on y trouve aussi des carrières d'ardoises, de marbre, d'albâtre; du cristal de roche, de l'agate, des ophites, des pierres à meule, du sel marin et de la tourbe.

Le bétail est aussi beau et aussi nombreux en Irlande qu'en Angleterre; les chevaux seuls y sont plus petits; l'éducation du bétail y est en général plus florissante que l'agriculture, quoique l'industrie agricole de ce pays ait pris un grand développement depuis une trentaine d'années. L'Irlande produit du froment, dont il se fait une exportation assez considérable, beaucoup de pommes de terre, des légumes, du lin et du chanvre. Les mines de l'Irlande ont peu d'importance; elles fournissent une petite quantité de cuivre, de plomb, de fer et du vitriol; mais les carrières de marbre et d'ardoises y sont très-productives.

Dans aucun pays l'industrie n'est aussi active, ni aussi florissante que dans les Iles Britanniques, dont la moitié de la population vit du travail des fabriques, lesquelles, par la perfection des machines en tous genres, tiennent le premier rang parmi les établissements industriels de tous les pays du globe. Les manufactures les plus importantes sont celles des tissus de coton, qui occupent plus de 1,200,000 personnes en Angleterre et en Écosse; celles des étoffes de laine, celles de toile en Angleterre et en Irlande, les fabriques de cuir, de fer, d'acier, de porcelaine, de faïence, de verre, de soie, etc. Les cuirs et les objets d'acier ne sont dans aucun pays ni aussi bien fabriqués, ni d'aussi bonne qualité qu'en Angleterre, non moins renommée pour la fabrication des navires en fonte et d'autres constructions en fer. L'emploi du fer y a pris d'ailleurs une extension étonnante. La quincaillerie de Birmingham est la plus recherchée dans tous les pays. Parmi les fabriques de porcelaine celles de Wedgwood sont les plus renommées. Les fabriques de faïence dans le comté de Stafford occupent un district de 10 à 12 milles (anglais), peuplé de plus de 60,000 habitants. Ce district a pris de là le nom de Pottery. L'art de tailler et de polir le verre y est aussi très-perfectionné, et la fabrication de la soierie prend chaque année plus d'accroissement. Les raffineries de sucre et les brasseries y prennent place parmi les grands établissements industriels. En Écosse l'industrie n'est pas moins florissante, ni moins perfectionnée qu'en Angleterre; les manufactures de toiles d'Aberdeen, d'Angus, de Fife et de Mearns, les manufactures de coton à Glasgow, à Paisley, celles de laine à Glasgow et à Perth, les fabriques de soie à Paisley, la fonderie de canons, la faïencerie et la verrerie de Glasgow ont atteint depuis un demi-siècle un haut degré de prospérité.

L'éducation du bétail forme, comme nous l'avons dit, la principale industrie de l'Irlande; mais la fabrication de la toile et la pêche y sont aussi d'une assez grande importance; cependant la misère du peuple y est excessive; il faut l'attribuer sans doute à l'administration oppressive que la division des opinions religieuses fait peser sur ce pays.

Sous le rapport commercial, les Iles Britanniques tiennent également le premier rang entre tous les pays de la terre. Leur commerce est favorisé par une longue étendue de côtes, par des ports nombreux et commodes, par les canaux et les chemins de fer qui sillonnent l'intérieur du royaume, et surtout par les possessions considérables que les Anglais ont su conquérir ou acquérir dans toutes les parties du globe. Les grandes sociétés commerciales et particulièrement la compagnie des Indes-Orientales, la banque de Londres et les banques provinciales, ne contribuent pas moins à la puissante prépondérance du commerce anglais. D'innombrables navires exportent sans cesse tous les produits des manufactures anglaises et vont chercher les productions de tous les autres pays du monde. En 1830, la valeur des marchandises exportées dépassa de 23,401,000 livres sterlings la valeur de l'importation. Les articles d'exportation sont : les tissus de coton, coton filé, étoffes de laine, fer, acier, quincaillerie, coutellerie, ouvrages de cuivre et de bronze, plomb, étain, joaillerie, orfèvrerie, selleries, tabletteries, verreries, papier, sel, suif, poisson, huile de baleine, houille, tabac, etc. On importe du sucre, du café, du thé, du coton brut, de la laine, de la soie, des grains, du lin, de l'indigo, du vin, de l'eau-de-vie, du bois de charpente, de construction et de teinture, de la pelleterie, des fruits du midi, etc.

Les principales villes de commerce sont, en Angleterre: Londres, Plymouth, Portsmouth, Falmouth, Bristol, Yarmouth, Liverpool, Hull, etc.; en Écosse: Edimbourg, Dunbar, Perth, Leith, Glasgow, et en Irlande: Dublin, Cork et Belfast.

Les sciences et les lettres sont cultivées avec succès dans le royaume britannique; l'instruction y est répandue dans toutes les classes de la société; des universités et un grand nombre d'autres établissements y sont ouverts à la jeunesse, et ont produit des publicistes, des orateurs et des savants dont l'Angleterre s'honore à juste titre; mais c'est un bien pauvre pays sous le rapport des beaux arts. L'Angleterre n'a eu aucun grand peintre, aucun musicien distingué, ni aucun sculpteur dont le nom ait quelque célébrité.

Le gouvernement britannique est une monarchie constitutionnelle, héréditaire même dans la ligne féminine. Le roi ou, comme aujourd'hui, la reine a le pouvoir exécutif; le pouvoir législatif est exercé par deux chambres: celle des communes et celle des pairs. La chambre basse est composée de 598 députés élus par les bourgeois; la haute noblesse et le haut clergé composent celle des paires ou chambre haute. Les shérifs, les coroners, les juges-de-paix et les constables sont chargés des fonctions judiciaires. Les causes criminelles sont jugées par un jury. Il n'existe point de pays où les lois et la liberté des citoyens soient plus respectées qu'en Angleterre; mais malgré toutes les importantes et belles institutions dont jouit ce royaume, on ne peut s'empêcher de gémir en voyant, dans un état aussi civilisé, l'excès de pauvreté de la masse du peuple à côté de l'excès d'opulence de l'aristocratie et du clergé. La misère de la classe ouvrière est extrême; près de deux millions d'individus manquent du nécessaire et ne vivent que de la taxe des pauvres, tandis que quelques familles jouissent de plusieurs millions de revenus. Cette grande disproportion, nulle part aussi affligeante qu'en Angleterre, entraînera rapidement ce pays vers un abîme, si l'aristocratie, dans l'intérêt de sa propre conservation, ne songe bientôt à arrêter les progrès du mal, par quelques sacrifices qui deviennent de jour en jour plus indispensables. La religion anglicane ou épiscopale est dominante en Angleterre et en Irlande; par ses dogmes principaux, elle est la même que le luthéranisme; mais elle a conservé la hiérarchie de l'église romaine. Le presbytérianisme, dominant en Écosse, est la religion réformée, sans mélange de catholicisme. Les trois quarts des Irlandais sont catholiques, et le gouvernement anglais ne s'est point montré fort tolérant envers eux. Ce n'est qu'après de grands efforts et d'opiniâtres réclamations qu'ils ont obtenu leur émancipation, il y a peu d'années. La liberté religieuse s'étend en Angleterre sur une foule d'autres sectes, tels que les arminiens, les sociniens, les méthodistes, les déistes, les quakers, etc.

Le royaume uni, dont la population, en y comprenant 277,917 hommes qui composent l'armée et la marine, s'élève, d'après le recensement de 1831, à 24,272,663 hab., est divisé en 117 comtés; savoir : l'Angleterre en 40; la principauté de Galles en 12; l'Écosse en 33; et les quatre provinces de l'Irlande en 32.

Les 40 comtés de l'Angleterre sont :

	chefs-lieux.
1. Middlesex,	Londres.
2. Essex,	Colchester.
3. Suffolk,	Ipswich.
4. Norfolk,	Norwich.
5. Cambridge,	Cambridge.
6. Hertford,	Hertford.
7. Buckingham,	Buckingham.
8. Oxford,	Oxford.
9. Gloucester,	Gloucester.
10. Monmouth,	Monmouth.
11. Hereford,	Hereford.
12. Worcester,	Worcester.
13. Warwick,	Warwick.
14. Northampton,	Northampton.
15. Bedford,	Bedford.
16. Huntingdon,	Huntingdon.
17. Rutland,	Okeham.
18. Leicester,	Leicester.
19. Stafford,	Stafford.
20. Shrop,	Shrewsbury.
21. Chester,	Chester.
22. Derby,	Derby.
23. Nottingham,	Nottingham.
24. Lincoln,	Lincoln.
25. York,	York.
26. Lancaster,	Lancaster.
27. Durham,	Durham.
28. Northumberland,	Newcastle.

	chefs-lieux.
29. Cumberland,	Carlisle.
30. Westmoreland,	Appleby.
31. Kent,	Canterbury.
32. Sussex,	Chicester.
33. Surry,	Guildford.
34. Berk,	Reading.
35. Southampton (Hampshire),	Winchester.
36. Devon,	Exeter.
37. Sommerset,	Bristol.
38. Wilt,	Salisbury.
39. Dorset,	Dorchester.
40. Cornouailles (duché),	Launceston.

Ces quarante comtés renferment, d'après le recensement de 1831, une population de 13,089,340 hab.

La principauté de Galles est divisée en Galles septentrionale (Northwales) et Galles méridionale (Southwales); ses 12 comtés sont:

Galles septentrionale.

	chefs-lieux.
1. Montgomery,	Montgomery.
2. Flint,	Flint.
3. Anglesey,	Beaumaris.
4. Cærnarvon,	Cærnarvon.
5. Denbigh,	Denbigh.
6. Merioneth,	Dolgelly.

Galles méridionale.

7. Pembroke,	Pembroke.
8. Radnord,	Presteing.
9. Brecknock,	Brecknock.
10. Glamorgan,	Cardiff.
11. Cardigan,	Cardigan.
12. Cærmarthen,	Cærmarthen.

La population de la principauté de Galles est (1831) de 805,236 hab.

Les 33 comtés de l'Écosse sont :

Écosse méridionale.

	chefs-lieux.
1. Edimbourg ou Mid-Lothian,	Edimbourg, cap. du roy. d'Ecosse.
2. Linlithgow ou West-Lothian,	Linlithgow.
3. Haddington ou East-Lothian,	Haddington.
4. Berwick,	Greenlaw.
5. Renfrew,	Renfrew.
6. Ayr,	Ayr.
7. Wigton,	Wigton.
8. Lanerk,	Lanerk.
9. Peebles,	Peebles.
10. Selkirk,	Selkirk.
11. Roxburgh,	Roxburgh.
12. Dumfries,	Dumfries.
13. Kirkudbrigh,	Kirkudbrigh.

Écosse centrale.

14. Argyle,	Inverary.
15. Bute,	Rothsay.
16. Nairn,	Nairn.
17. Murray,	Elgin.
18. Banff,	Banff.
19. Aberdeen,	New-Aberdeen.
20. Mearn,	Stonehaven.
21. Angus ou Forfar,	Forfar.

	chefs-lieux.
22. Perth,	Perth.
23. Fife,	Cupar.
24. Kinross,	Kinross.
25. Clackmannan,	Clackmannan.
26. Sterling,	Sterling.
27. Dumbarton ou Lenox,	Dumbarton.

Écosse septentrionale.

28. Inverness,	Inverness.
29. Cromarty,	Cromarty.
30. Ross,	Tain.
31. Sutherland,	Dornoch.
32. Caithness,	Wick.
33. Orkney, comprenant les Orcades et les Shetland,	Kirkwall.

La pop. de l'Écosse est de 2,365,807 hab.

L'Irlande, divisée en 4 provinces et archevêchés, est subdivisée en 15 évêchés et en 32 comtés ; savoir : 9 dans la province d'Ulster, qui comprend la partie N. de l'île ; 12 dans la province de Leinster, partie S.-E.; 6 au S.-O., dans la province de Munster, et 5 au N.-O., dans la province de Connaught. Ces comtés sont :

Province d'Ulster.

	chefs-lieux.
1. Cavan,	Cavan.
2. Monaghan,	Monaghan.
3. Armagh,	Armagh.
4. Down,	Downpatrick.
5. Antrim,	Belfast.
6. Londonderry,	Londonderry.
7. Donegal,	Donegal.
8. Tyrone,	Omagh.
9. Fermanagh,	Enniskillen.

Province de Leinster.

10. Leinster,	Dublin, cap. de l'Irlande.
11. Wicklow,	Wicklow.
12. Wexford,	Wexford.
13. Kilkenny,	Kilkenny.
14. Carlow,	Carlow.
15. Kildare,	Kildare.
16. Queen's county (comté de la reine),	Maryborough.
17. King's county (comté du roi),	Philippstown.
18. Louth,	Dundalk.
19. East-Meath,	Trim.
20. West-Meath,	Mullingar.
21. Longford,	Longford.

Province de Munster.

22. Clare,	Ennis.
23. Limerick,	Limerick.
24. Cork,	Cork.
25. Waterford,	Waterford.
26. Kerry,	Tralée.
27. Tipperary,	Clonmel.

Province de Connaugth.

28. Leitrim,	Carrick-on-Shannon.
29. Sligo,	Sligo.
30. Mayo,	Castlebar.
31. Roscommon,	Roscommon.
32. Galway,	Galway.

L'Irlande a une pop. de 7,734,365 hab.

Les Anglais sont les descendants des anciens Angles et des Saxons ; les Gallois sont d'origine bretonne ; la population de l'Écosse appartient aux souches germanique et celtique, et les Irlandais sont les descendants des Ibériens, qui se sont mêlés depuis longtemps avec les autres habitants de l'île, des Écossais, des Angles et des Anglais.

Historique. La Grande-Bretagne, nommée autrefois *Albion* et *Britannica*, était peu connue des Romains avant César ; cependant les Phéniciens et les Carthaginois avaient déjà visité cette île et en avaient exporté de l'étain. César y fit une descente, après la conquête des Gaules, mais sans y faire de grands progrès. Les habitants étaient alors tout à fait barbares ; l'agriculture leur était, pour ainsi dire, inconnue ; ils étaient gouvernés par les druides, dont l'autorité fut d'autant plus puissante qu'elle était mystérieuse et divine aux yeux d'un peuple sauvage et superstitieux. Ce ne fut que sous l'empereur Claude que les Romains s'affermirent dans la Grande-Bretagne et réduisirent leur nouvelle conquête en province romaine. Cependant les barbares restèrent en possession d'une grande partie de l'île ; toute la Calédonie, c'est-à-dire l'Écosse, était occupée par les Pictes et les Scots que les Romains ne purent réduire. Adrien fit construire une forte muraille depuis Newcastle jusqu'à Carlisle pour arrêter les courses que ces barbares faisaient dans la Bretagne romaine. L'Irlande, nommée alors *Hibernie*, était restée tout à fait indépendante et presque ignorée des Romains. Lorsqu'Honorius eut rappelé les légions romaines, le pays se trouva sans défense et exposé aux invasions des Pictes et des Scots. Les Bretons appelèrent à leur secours les Angles et les Saxons. Ceux-ci repoussèrent les Pictes ; mais ils refoulèrent en même temps les Bretons dans le pays de Galles et fondèrent sept petits royaumes, connus sous le nom d'Eptarchie saxonne. Egbert-le-Grand, descendant de l'un de ces premiers chefs saxons, réunit les sept royaumes en un seul, qui prit le nom d'Angleterre, sous Alfred-le-Grand, en 871. C'est quarante ans avant le règne d'Alfred que les Normands commencèrent leurs invasions et que des colonies danoises s'établirent en Angleterre. Dans le même siècle Kenneth II, roi des Scots, soumit les Pictes et réunit les deux peuples en une seule nation. Ethelred II, roi d'Angleterre, successeur d'Edgard, fils d'Alfred, ayant fait massacrer la plus grande partie des Danois qui se trouvaient dans le royaume, Suénon, roi de Danemark, vint tout mettre à feu et à sang en Angleterre et se fit proclamer roi du pays. Son fils, Canut-le-Grand, y régna vingt ans. Enfin, après la mort des deux fils de Canut, Édouard III, dit le Confesseur, fils d'Ethelred II, fut proclamé roi. Celui-ci étant mort sans enfants, Guillaume, duc de Normandie, surnommé plus tard le Conquérant, aborda en Angleterre, à la tête d'une puissante armée, pour s'emparer d'un trône, auquel il prétendait qu'un testament d'Édouard l'avait appelé ; il combattit, vainquit Harold II, comte de Kent, à la célèbre bataille d'Hastings et se fit couronner à Londres, en 1066. Il eut à réprimer plusieurs révoltes des Saxons, des Bretons et des Danois. Guillaume établit la féodalité en Angleterre par la distribution des terres ou domaines qu'il donna en fief aux seigneurs normands qui l'avaient suivi. Il mourut, en 1087, dans une guerre qu'il avait entreprise contre la France, à l'occasion d'une plaisanterie que Philippe Ier avait faite sur l'embonpoint excessif du monarque anglais. Guillaume-le-Roux, son fils, lui succéda. Il eut quelques guerres avec Malcolm, roi d'Écosse, qu'il obligea de lui prêter serment de fidélité. A la mort de Guillaume-le-Roux, son frère Henri, profitant de l'absence de Robert (un autre frère auquel le trône devait appartenir) qui était à la croisade, se fit couronner. Henri envahit aussi la Normandie, où son frère Robert, qui en était duc, s'était retiré à son retour de la Terre-Sainte. Robert, corrompu et abruti par ses passions effrénées, fut vaincu et fait prisonnier ; Henri lui fit crever les yeux et enfermer dans une prison. Malgré les efforts de Louis VI le Gros, roi de France, pour chasser Henri de la Normandie, celui-ci garda cette province, après avoir toutefois prêté serment de fidélité à la France (1119). A la mort de Henri, les Anglais refusèrent de reconnaître sa fille qu'il nommait héritière de la couronne par son testament et proclamèrent Étienne de Blois, son cousin, qui, sous le nom de Henri II Plantagenet, fonda une nouvelle dynastie. C'est sous son règne que les Anglais tentèrent une expédition en Irlande, indépendante jusqu'alors, et la soumirent à leur domination. Les rois d'Écosse se trouvaient déjà sous le vasselage des rois d'Angleterre, contre lesquels ils soutinrent alors des guerres sanglantes.

Richard-Cœur-de-Lion, fils de Henri II, eut à combattre contre son frère Jean qui lui disputa la couronne. Après la mort de Richard, Jean-sans-Terre, que le pape Innocent III avait excommunié, fut dépouillé de ses domaines du continent par Philippe-Auguste. Après la victoire de Bouvines, en 1214, remportée par Philippe sur Othon IV, avec lequel Jean-sans-Terre s'était ligué contre la France, Louis, fils de Philippe, passa en Angleterre et se fit proclamer roi ; mais Jean-sans-Terre, qui venait de sanctionner la grande charte, put lui opposer ses hauts barons, avec lesquels il s'était réconcilié. Après la mort de Jean, les Anglais reconnurent son fils Henri III, et Louis fut forcé de se retirer, après avoir perdu la bataille de Lincoln, en 1217.

Henri III fit longtemps la guerre à St.-Louis qui soutenait les vassaux rebelles du roi d'Angleterre. Celui-ci venait de révoquer la grande charte et le pays était en proie à la guerre civile.

Édouard Ier succéda à Henri III, son père. Sous ce règne, l'Angleterre jouit de quelque tranquillité. Ce roi acquit la souveraineté d'Écosse par l'extinction de la branche masculine des anciens rois d'Écosse; il s'immisça, pour y parvenir, dans la lutte des prétendants à cette couronne; le brave Guillaume Wallace avait perdu la vie en combattant pour l'indépendance de l'Écosse. Cependant Robert Bruce obtint la couronne, en 1306. Édouard en mourant chargea son fils Édouard II de subjuguer et de punir les Écossais. Celui-ci, loin d'exécuter les projets de son père sur l'Écosse, se livra à ses plaisirs et laissa à ses favoris le soin du gouvernement. Les seigneurs se révoltèrent et Robert Bruce profita de ces troubles pour se jeter sur l'Angleterre. Édouard, forcé de fuir devant les insurgés, fut pris avec ses favoris. Ceux-ci furent pendus et le roi fut déclaré déchu. La couronne passa alors à son fils Édouard III, célèbre par la guerre qu'il fit contre la France. C'est sous son règne que les Stuart parvinrent au trône d'Écosse.

Sous Richard II, successeur d'Édouard III, l'Angleterre est, comme la France, en proie à la guerre civile. Le duc de Lancastre se soulève contre lui, le fait périr et se fait proclamer sous le titre de Henri IV, en 1399.

Henri V, son fils et son successeur, continue la guerre contre la France. Il gagne la bataille d'Azincourt, en 1415. Le duc de Bourgogne et l'infâme Isabelle de Bavière, femme de Charles VI, lui livrent Paris. Par le traité de Troyes, il est déclaré régent et héritier de la couronne de France. A la mort de Henri V, Henri VI, encore enfant, est proclamé roi à Paris et à Londres. Charles VII, dauphin de France, se fait couronner à Poitiers; il s'allie aux Écossais et prend quelque avantage sur les Anglais. Bientôt Jeanne d'Arc apparut et le pouvoir des Anglais en France ne tarda pas à être anéanti.

C'est sous Henri VI que commença en Angleterre cette terrible lutte entre les deux maisons rivales d'York et de Lancastre, connues sous le nom de *rose rouge* et *rose blanche*. Les deux fractions firent une guerre acharnée qui couvrit l'Angleterre et l'Irlande, paisible jusqu'alors, de deuil et de sang. Henri VI, fait prisonnier, périt à la Tour de Londres de la main même du duc de Glocester, et le comte de la Marche, proclamé roi sous le nom d'Édouard IV, ne rendit la femme de Henri, Marguerite d'Anjou, à Louis XI qu'au prix d'une forte rançon. De nouveaux troubles éclatèrent sous ce règne. Édouard V fut assassiné par Richard III, le Néron de l'Angleterre. Celui-ci fut à son tour renversé et tué par Henri Tudor de Richemont, qui prit le nom de Henri VII et, réunissant par son mariage avec Élisabeth, fille aînée d'Édouard IV,

les droits des maisons d'York et de Lancastre, mit fin à la guerre des deux roses. Henri VII gouverna avec tant de sagesse qu'on le surnomma le Salomon de l'Angleterre. C'est par le mariage de sa fille Marguerite avec Jacques IV Stuart que les Stuart acquirent des droits au trône d'Angleterre.

Henri VIII, son fils, célèbre par ses cruautés et le nombre de ses mariages, jeta les fondements de l'église anglicane. Depuis cette époque, l'Irlande, restée fidèle à l'église romaine, fut toujours traitée en pays conquis. Marie qui succéda à son frère Édouard VI, fils de Henri VI, rétablit le catholicisme qu'elle soutint avec atrocité; elle fit brûler vif l'archevêque Cramer; mais sa sœur Élisabeth qui lui succéda donna à l'église anglicane plus de force et de stabilité. Quoique le règne de cette princesse, une des plus justement célèbres, ait été troublé par des conspirations fréquentes, elle sut rendre son pays florissant au dedans et redoutable au dehors. C'est sous son règne que les Anglais commencèrent ces établissements aux Indes, en Perse, en Amérique, etc., qui leur ont donné une si grande prépondérance sur toutes les autres nations. Élisabeth appela pour lui succéder le roi d'Écosse, Jacques VI (Ier d'Angleterre), fils de Marie Stuart qu'Élisabeth avait fait décapiter. La couronne d'Écosse fut ainsi réunie à celle d'Angleterre. Charles Ier, fils et successeur de Jacques Ier, voulut changer arbitrairement la constitution de l'état et se rendit odieux aux Anglais et aux Écossais. Le peuple s'insurgea; le roi fut fait prisonnier, jugé et condamné à mort. L'Angleterre se constitua en république et fut administrée par Cromwell, l'un des chefs de l'insurrection; il gouverna sous le titre de protecteur.

Dix ans après la mort de Cromwel, qui gouverna avec sagesse et éleva bien haut la gloire de son pays, 1658, Charles II, fils de Charles Ier, profita de l'anarchie dans laquelle l'Angleterre était retombée, pour réclamer et obtenir la couronne. Sous son règne de grandes calamités fondirent sur l'Angleterre: la peste et la guerre civile ravagèrent le pays; les catholiques d'Irlande et les puritains d'Écosse s'étaient révoltés. Ces désordres continuèrent sous Jacques II; le fameux Jefféries couvrit l'Angleterre d'échafauds. Enfin, en 1688, une révolte générale éclate, le parlement appelle au trône Guillaume d'Orange, gendre de Jacques II. Après Guillaume d'Orange, qui régna sous le titre de Guillaume III, Anne, seconde fille de Jacques Ier, régna douze ans. Elle mourut en 1714, et le parlement, refusant de reconnaître pour roi aucun membre de la famille des Stuart, appela au trône Georges Ier, duc de Hanovre. La postérité de ce prince est restée en possession du trône, occupé aujourd'hui par la jeune reine Victoria.

BRITO, baie au S. du canal de Santa-Catharina, qui sépare l'île de ce nom du continent du Brésil.

BRIVE, vg. de Fr., Haute-Loire, arr., cant. et poste du Puy; 410 hab.

BRIVE-LA-GAILLARDE, *Briva Curetia*, v. de Fr., Corrèze, chef-lieu d'arrondissement et à 6 l. S.-O. de Tulle, sur la rive gauche de la Corrèze; tribunal de première instance, conservation des hypothèques et direction des contributions; elle est située dans un vallon charmant, environné de collines couvertes de vignobles, et passe pour une des plus agréables villes du département, elle a de jolies maisons couvertes en ardoises, un hôpital bien entretenu, une belle promenade, un collége et une bibliothèque. On y remarque une activité manufacturière, peu commune dans cette contrée; fabr. d'huiles de noix, blanchisserie de cire, filat. de coton; commerce assez considérable en vins, bois, bétail, truffes et volaille truffée, châtaignes et marrons; il y a dans les environs des carrières d'ardoises en exploitation; foires les 7 janvier, 1ᵉʳ mars, 17 avril, 19 mai, 13 juin, 20 juillet, 11 août, 9 septembre, 18 octobre, 21 novembre, 13 décembre; 8850 hab.

Cette ville est la patrie de l'infâme cardinal Dubois, ministre du duc d'Orléans pendant la régence, et du brave maréchal Brune, assassiné à Avignon, en 1815.

BRIVES, vg. de Fr., Indre, arr., cant. et poste d'Issoudun; mine de fer; 600 hab.

BRIVES-SUR-CHARENTE, vg. de Fr., Charente-Inférieure, arr. de Saintes, cant. et poste de Pons; 360 hab.

BRIVEZAC, vg. de Fr., Corrèze, arr. de Brives, cant. et poste de Beaulieu; 850 hab.

BRIVIESCA, *Virovesca*, pet. v. d'Espagne, roy. de la Vieille-Castille, prov. et à 7 l. N.-E. de Burgos, sur l'Oca; 2500 hab.

BRIX, vg. de Fr., Manche, arr., cant. et poste de Valognes; 3090 hab.

BRIX (Saint-). *Voyez* SAINT-MANDÉ.

BRIXEN, v. d'Autriche, gouv. du Tyrol, cer. de Pusterthal, au confluent de l'Eisack et de la Rienz, un des points militaires les plus importants du Tyrol; siége d'un évêque; belle cathédrale; culture du vin. Cette ville a donné son nom à une diète où l'empereur Henri IV fait déposer le pape Grégoire VII et fait élire à sa place l'archevêque Guibert de Ravenne (Clément III), le 26 juin 1080; 4000 hab.

BRIXEY-SUR-MEUSE, vg. de Fr., Meuse, arr. de Commercy, cant. et poste de Vaucouleurs; 380 hab.

BRIZAY, vg. de Fr., Indre-et-Loire, arr. de Chinon, cant. et poste de l'Isle-Bouchard; 270 hab.

BRIZEAUX, vg. de Fr., Meuse, arr. de Bar-le-Duc, cant. de Triaucourt, poste de Beauzée; 490 hab.

BRIZOLLES. *Voyez* BIZOLE.

BRJANSK, v. et chef-lieu de cercle dans la Russie d'Europe, gouv. d'Orel, sur la Desna; elle a un commerce très-actif, une fabrique d'armes à feu, fonderie de canons et des chantiers pour la construction de vaisseaux.

BRNO. *Voyez* BRUNN.

BROACH. *Voyez* BAROTCH.

BROAD, chaîne de montagnes, ramification des Montagnes-Bleues (Blue-Mountains), États-Unis de l'Amérique du Nord, états de Virginie et de la Caroline du Nord.

BROAD. *Voyez* les mots CONGARÉE, CONNECTICUT, NANTICOKE, POTOWMAC, SAVANNAH (fleuves).

BROADFIELD, vg. des États-Unis de l'Amérique du Nord, état de Virginie, comté de Westmoreland, sur le Rappahanoc, dans une contrée fertile et bien cultivée. Tout près se trouve la ferme de Bridge-Creek, lieu de naissance du grand Washington; 600 hab.

BROAD-HEAD. *Voyez* DELAWARE.

BROC, vg. de Fr., Maine-et-Loire, arr. de Baugé, cant. et poste de Noyant; 950 h.

BROC (le), vg. de Fr., Puy-de-Dôme, arr., cant. et poste d'Issoire; 1120 hab.

BROC (le), vg. de Fr., Var, arr. de Grasse, cant. et poste de Vence; 910 hab.

BROCAS, vg. de Fr., Landes, arr. et poste de Mont-de-Marsan, cant. de Labrit; 860 hab.

BROCHON, vg. de Fr., Côte-d'Or, arr. de Dijon, cant. et poste de Gevrey; vins exquis; 450 hab.

BROCK, pet. v. du roy. de Pologne, woïwodie de Plock, dist. d'Ostrolenka, sur le Bug.

BROCKEN, *Bructerus Mons*, point culminant des montagnes du Harz, Allemagne septentrionale, Prusse, rég. de Magdebourg, à l'O. de Wernigerode, à 1140 mètres au-dessus de la mer; sa substance est granitique.

BROCKEN, baie considérable de la côte de la Nouvelle-Galles du Sud, Nouvelle-Hollande, Océanie, au S. du cap des Trois-Pointes et à 10 l. N. de Port-Jackson. Elle reçoit les eaux du Hawkesbury et offre une bonne rade aux vaisseaux. On trouve sur ses bords une grande quantité de coquilles dont on cuit de la chaux; une petite colonie s'y est aussi établie, il y a environ vingt ans. Lat. S. 33° 34', long. E. 149° 7'.

BROCOTTE, vg. de Fr., Calvados, arr. de Pont-l'Évêque, cant. de Cambremer, poste de Dozullé; 130 hab.

BROCOURT, vg. de Fr., Meuse, arr. de Verdun-sur-Meuse, cant. et poste de Clermont-en-Argonne; 200 hab.

BROCOURT, vg. de Fr., Somme, arr. d'Amiens, cant. d'Hornoy, poste de Poix; 180 hab.

BROD, v. fortifiée d'Autriche, gouv. des confins militaires, généralat de Slavonie, sur la Save; commerce; 4000 hab.

BROD (Deutsch-Brod), pet. v. fortifiée du roy. de Bohême, cer. de Czaslau, sur la

Sazava. Gymnase, fabr. de draps, bains minéraux; 3000 hab. Les Hussites, commandés par Ziska, y remportèrent une victoire sur les Allemands et les Hongrois sous l'empereur Sigismond (8 janvier 1422).

BROD (Bœhmisch-Brod), pet. v. du roy. de Bohême, cer. de Kaurzim, sur le Zembera; 200 hab. Le 30 mai 1434, l'empereur Sigismond y défit les Taborites et les Orphanites (partis des Hussites), commandés par Procop-Holy et Procop-le-Petit.

BRODY, v. d'Autriche, roy. de Gallicie, cer. de Zloczow, sur le Sucha-Wielka. Cette ville, qui est hors de la ligne des douanes, jouit de tous les priviléges d'un port franc, fait un commerce immense de toutes sortes de marchandises avec la Pologne, la Turquie et toute la Russie. Belle synagogue et académie juive; 24000 hab.

BRŒCK, vg. du roy. de Hollande, gouv. de la Hollande septentrionale, dist. de Hoorn. Il ne compte que 800 habitants, mais la plupart sont de riches capitalistes. Les maisons, petites, d'un style presque uniforme, manquent de goût; mais leur netteté, leur couleurs tranchantes, donnent un ensemble qui flatte l'œil. Les rues sont carrelées avec des briques émaillées, rouges et bleuâtres, formant des dessins variés.

BROGLIE ou **CHAMBROIS**, b. de Fr., Eure, arr. et à 3 l. S.-S.-O. de Bernay, chef-lieu de canton et poste; 1050 hab.

BROGNARD, vg. de Fr., Doubs, arr. et poste de Montbéliard, cant. d'Audincourt; 190 hab.

BROGNON, vg. de Fr., Ardennes, arr. de Rocroi, cant. de Signy-le-Petit, poste d'Aubenton; 610 hab.

BROGNON, vg. de Fr., Côte-d'Or, arr., cant. et poste de Dijon; 200 hab.

BROICH ou **BRUCH**, seigneurie de Prusse, prov. rhénane, rég. de Dusseldorf, propriété du grand-duc de Hesse; 12,000 hab.

BROIN, vg. de Fr., Côte-d'Or, arr. de Beaune, cant. et poste de Seurre; 530 hab.

BROINDON, vg. de Fr., Côte-d'Or, arr. de Dijon, cant. et poste de Gevrey; 100 hab.

BROING (Saint-), vg. de Fr., Haute-Saône, arr., cant. et poste de Gray; 260 hab.

BROING-LES-BOIS (Saint-), vg. de Fr., Haute-Marne, arr. de Langres, cant. de Longeau, poste de Chassigny; 280 hab.

BROING-LES-FOSSES (Saint-), vg. de Fr., Haute-Marne, arr. de Langres, cant. et poste de Prauthoy; 470 hab.

BROIN-LES-ROCHES (Saint-) ou **SAINT-BROIN-LES-MOINES**, vg. de Fr., Côte-d'Or, arr. de Châtillon-sur-Seine, cant. et poste de Recey-sur-Ource; 470 hab.

BROISSIA, vg. de Fr., Jura, arr. de Lons-le-Saulnier, cant. de St.-Julien, poste de St.-Amour; 160 hab.

BROKVILLE, pet. v. du Haut-Canada, dist. de Johnstown, à l'O. de la ville de ce nom; mines de fer et salines dans les environs; 1200 hab.

BROLADRE (Saint-), vg. de Fr., Ille-et-Vilaine, arr. de St.-Malo, cant. de Plaine-Fougères, poste de Dol; 1610 hab.

BROLLES, vg. de Fr., Seine-et-Marne, com. de Bois-le-Roi; 350 hab.

BROMBERG, vg. d'Autriche, gouv. de la Haute-Autriche, cer. de Salzach ou de Salzbourg; mines de cuivre, de vitriol et de soufre; 1600 hab.

BROMBERG (Bydgoszcz), *Bidgostia*, v. de Prusse, prov. de Posen, chef-lieu et siége des autorités de la régence et du cercle de ce nom, est située sur une hauteur, sur la Braa et au commencement du canal de Bromberg, qui met l'Oder en communication avec la Vistule. Elle a un dépôt royal de fer, raffinerie de sucre, plusieurs fabriques de draps, tabac, chicorée, huile et vinaigre; un grand nombre de brasseries, distilleries et moulins. Commerce de blé et de vin. Bromberg est remarquable par le combat qui fut livré le 7 octobre 1793 dans un de ses faubourgs et dans lequel le colonel prussien Szceculi (fils de Szceculi, célèbre dans la guerre de sept ans) fut tué par un adjudant du général Dombrowski. La régence a 40,000 hab. et la ville 7000.

BROMBOS, vg. de Fr., Oise, arr. de Beauvais, cant. et poste de Grandvilliers; 420 hab.

BROMEILLES, vg. de Fr., Loiret, arr. de Pithiviers, cant. et poste de Puiseaux; 790 hab.

BROMESGROVE, pet. v. d'Angleterre, comté de Worcester, sur la Salwurp; fabr. de draps, de toiles, de quincaillerie, d'aiguilles à coudre et d'hameçons; 3000 hab.

BROMLEY, pet. v. d'Angleterre, comté de Kent, sur le Ravensburn; source d'eau minérale; 3000 hab.

BROMMAT, vg. de Fr., Aveyron, arr. d'Espalion, cant. et poste de Mur-de-Barrez; 1690 hab.

BROMONT-LA-MOTHE, vg. de Fr., Puy-de-Dôme, arr. de Riom, cant. et poste de Pontgibaud; 3100 hab.

BROMPTON, vg. d'Angleterre, comté de Middlesex, près de Londres, remarquable par son grand jardin botanique.

BRON, vg. de Fr., Isère, arr. de Vienne, cant. de Meyzieu, poste de Lyon; 800 hab.

BRON, vg. de Fr., Maine-et-Loire, com. du Coudray-Macouard; 280 hab.

BRONCOURT, vg. de Fr., Haute-Marne, arr. de Langres, cant. et poste du Fays-Billot; 250 hab.

BRONDOLO, *Brundulus Portus*, b. d'Autriche, roy. Lombard-Vénitien, gouv. et prov. de Venise, misérable petit endroit avec un port, où débouchait anciennement l'Adige et où débouchent aujourd'hui la Brenta et le Bacchiglione. Dans le moyen âge c'était une petite ville populeuse, dont le célèbre sanctuaire de St.-Michel était visité par un grand nombre de pèlerins.

BRONNITSI, pet. ville de la Russie d'Europe; gouv. de Moskwa, chef-lieu de cercle, sur la Moskwa; 2000 hab.

BRONTE, dans le roy. des Deux-Siciles, intendance de Catane, ville industrieuse avec 10,000 hab. Le titre de duc de Bronte et un revenu considérable avaient été conférés à l'amiral Nelson.

BRONVAUX, vg. de Fr., Moselle, arr. et cant. de Briey, poste de Metz; 140 hab.

BROOKE, comté de l'état de Virginie, États-Unis de l'Amérique du Nord; il est borné par les états d'Ohio et de Pensylvanie, et renferme 7400 hab. C'est un pays très-fertile.

BROOKFIELD, pet. v. industrieuse des États-Unis de l'Amérique du Nord, état de Massachusetts, comté de Worcester, sur le Guinebaugh; fabr. de draps, teintureries, forges; 4500 hab.

BROOKFIELD, v. assez commerçante des États-Unis de l'Amérique du Nord, état de New-York, comté de Madison; 5000 hab.

BROOKHAVEN, b. des États-Unis de l'Amérique du Nord, état de New-York, comté de Suffolk; 4200 hab.

BROOKLYN, v. très-commerçante des États-Unis de l'Amérique du Nord, état de New-York, comté de Kings; bataille en 1776 perdue par les Américains; 5000 hab.

BROOKVILLE, pet. v. des États-Unis de l'Amérique de Nord, état d'Indiana, comté de Franklin, sur le Whitewater qui y devient navigable; commerce actif; 2600 hab.

BROOME, comté de l'état de New-York, États-Unis de l'Amérique du Nord; il est borné par les comtés de Cortland, de Chénango, de Delaware, de Tioga, de Tompkins, et par l'état de Pensylvanie. Le Susquéhannah, qui y reçoit le Chénango et l'Oswégo, traverse ce pays fort montagneux et encore peu cultivé; 15,000 hab. Chénango en est le chef-lieu.

BROOME, pet. v. des États-Unis de l'Amérique du Nord, état de New-York, comté de Scoharie; 2300 hab.

BROONS, b. de Fr., Côte-du-Nord, arr. et à 5 1/2 l. S.-O. de Dinan, chef-lieu de canton et poste; 2530 hab.

BROONS-SUR-VILAINE, vg. de Fr., Ille-et-Vilaine, arr. de Vitré, cant. et poste de Châteaubourg; 520 hab.

BROOS, b. d'Autriche, gouv. de Transylvanie, pays des Saxons; agriculture; 3200 h.

BROQUE (la), vg. de Fr., Vosges, arr. de St.-Dié, cant. et poste de Schirmeck; 2020 hab.

BROQUIERS, vg. de Fr., Oise, arr. de Beauvais, cant. de Formerie, poste de Grandvilliers; 250 hab.

BROQUIÈS, vg. de Fr., Aveyron, arr. et poste de St.-Affrique, cant. de St.-Rome-de-Tarn; 3680 hab.

BROQUINIÈRE (la), vg. de Fr., Loire, com. de Cottance; 230 hab.

BROSE, vg. de Fr., Tarn, arr., cant. et poste de Gaillac; 210 hab.

BROSELEY, pet. v. manufacturière d'Angleterre, comté de Shrop; sur la Severn; fabr. de pipes, mines de houille et de bitume; forges considérables; 5000 hab.

BROSSAC, vg. de Fr., Charente, arr. et à 5 l. S.-S.-E. de Barbezieux, chef-lieu de canton, poste de Chalais; 1200 hab.

BROSSAINE, vg. de Fr., Ardèche, arr. de Tournon, cant. de Serrières, poste du Péage; 320 hab.

BROSSAY, vg. de Fr., Maine-et-Loire, arr. de Saumur, cant. et poste de Montreuil-Bellay; 180 hab.

BROSSE-MONTCEAUX (la), vg. de Fr., Seine-et-Marne, arr. de Fontainebleau, cant. et poste de Montereau; 490 hab.

BROSSES, vg. de Fr., Yonne, arr. d'Avallon, cant. et poste de Vezelay; 1140 hab.

BROSVILLE, vg. de Fr., Eure, arr., cant. et poste d'Évreux; 440 hab.

BROTHERTON (Indiens-), peuplade indienne, en partie convertie au christianisme; ils appartiennent à la tribu des Mohigans et habitent les forêts de l'état de New-York, États-Unis de l'Amérique du Nord.

BROTTE, vg. de Fr., Haute-Saône, arr. de Gray, cant. de Dampierre-sur-Salon, poste de Lavoncourt; 220 hab.

BROTTE, vg. de Fr., Haute-Saône, arr. de Lure, cant. et poste de Luxeuil; 390 h.

BROTTEAUX. *Voyez* LYON.

BROTTES, vg. de Fr., Haute-Marne, arr., cant. et poste de Chaumont-en-Bassigny; 300 hab.

BROU, vg. de Fr., Ain, com. de Bourg-en-Bresse; 500 hab.

BROU, pet. v. de Fr., Eure-et-Loir, arr. et à 5 l. N.-N.-O. de Châteaudun, chef-lieu de canton et poste; située sur l'Ozanne; fabr. de toiles, tuiles, briques, chandelles; commerce de toiles, volailles et graines; 2260 hab.

BROU, vg. de Fr., Seine-et-Marne, arr. de Meaux, cant. de Lagny, poste de Chelles; 120 hab.

BROUAGE, *Broagium*, v. forte et pet. port de Fr., Charente-Inférieure, arr., cant., poste et à 1 l. N. de Marennes, vis-à-vis l'île d'Oléron; elle est régulièrement bâtie et ses rues sont bien alignées; mais elle n'a rien de remarquable et son port est sans importance. Le sel qu'on recueille dans les marais environnants est pour cette ville un objet de commerce assez productif; 800 h. Brouage fut fondé vers le milieu du seizième siècle. Pendant les guerres de religion, cette ville fut prise par les protestants, puis reprise par les catholiques. Après la prise de La Rochelle, le cardinal Richelieu y fit ajouter des fortifications et l'érigea en gouvernement. Elle était alors assez importante, mais depuis le commencement du dix-huitième siècle elle n'a fait que déchoir. On voit près de Brouage les restes d'une ancienne tour carrée que l'on nomme *Tour de Brouc* et dont on ignore l'origine.

BROUAGE, canal de Fr., Charente-Inférieure. Ce canal, établi en 1782 pour le desséchement des marais de Rochefort, a reçu, en 1807, deux écluses à portes d'èbe et de flot, qui le rendent propre à la navigation. Il prend son origine dans la Charente à 1/2 l. au-dessus de Rochefort et embouche dans la mer, vis-à-vis de l'île d'Oléron. Sa longueur est de 3 1/2 l. Il sert au desséchement de près de 12,000 hectares de terrain, au transport des denrées, mais surtout à celui du sel des immenses salines des environs.

BROUAINS, vg. de Fr., Manche, arr. de Mortain, cant. et poste de Sourdeval; papeterie; 610 hab.

BROUAY, vg. de Fr., Calvados, arr. de Caen, cant. de Tilly-sur-Seulles, poste de Bretteville-l'Orgueilleuse; 410 hab.

BROUAY. *Voyez* BRUAY.

BROUCHAUD, vg. de Fr., Dordogne, arr. de Périgueux, cant. de Thenon, poste d'Azerac; 540 hab.

BROUCHY, vg. de Fr., Somme, arr. de Péronne, cant. et poste de Ham; fabr. de sucre indigène; 480 hab.

BROUCK ou BRAUCHEN, ham. de Fr., Moselle, com. de Narbéfontaine; 200 hab.

BROUCKE, vg. de Fr., Nord, com. de Laon; 300 hab.

BROUCKERQUE, vg. de Fr., Nord, arr. de Dunkerque, cant. et poste de Bourbourg; 890 hab.

BROUDERDORFF, vg. de Fr., Meurthe, arr., cant. et poste de Sarrebourg; 640 hab.

BROUÉ, vg. de Fr., Eure-et-Loir, arr. de Dreux, cant. d'Anet, poste d'Houdan; 580 hab.

BROUENNE, vg. de Fr., Meuse, arr. et cant. de Montmédy, poste de Stenay; 560 h.

BROUGHTON, groupe d'îles, situées au S.-E. de la Nouvelle-Séelande ou Tasmanie, Océanie; il se compose de l'île Chatam, beaucoup plus grande que toutes les autres, de celles de Pitt et des Trois-Sœurs, et d'autres qui ne sont que des îlots; elles furent découvertes par Broughton, en 1795, et sont peu connues. Leurs habitants, de couleur brun foncé, sont robustes et bien faits. L'île Chatam est située sous le 43° 53' de lat. S. et sous le 179° 15' de long. O.

BROUGTON (archipel de), groupe de quelques petites îles, dans le détroit de la Reine-Charlotte, sur la côte occidentale du Nouveau-Cornouailles.

BROUILLA, vg. de Fr., Pyrénées-Orientales, arr. de Perpignan, cant. de Thuir, poste d'Elne; 210 hab.

BROUILLET, vg. de Fr., Marne, arr. de Reims, cant. de Ville-en-Tardenois, poste de Fismes; 150 hab.

BROUKO, prov. comprise dans le Fouladou ou Fouladougou, Sénégambie, Afrique, à l'E. du Bambouk, pays peu connu; Tombifoura, capitale.

BROUKO, v. de la Sénégambie, Afrique, sur la rive gauche du Sénégal, à 40 l. S.-E. de Sédo.

BROUQUEYRAN, vg. de Fr., Gironde, arr. et poste de Bazas, cant. d'Auros; 320 h.

BROUSSANT (le), vg. de Fr., Var, com. d'Évenos; 230 hab.

BROUSSE, *Prusa*, gr. v. de la Turquie d'Asie, eyalet d'Anadolie, située au pied du mont Olympe, sur le Nilufer, qu'on passe sur plusieurs beaux ponts; elle est le siège d'un molla, d'un pacha, d'un métropolitain grec et d'un archevêque arménien. Les rues sont belles quoique étroites; dans la citadelle qui la domine et sur les murs de laquelle on remarque encore des sculptures romaines, se trouve un nouveau palais impérial. Les principeux édifices de cette ville sont: la mosquée du sultan Orkhan avec ses tombeaux et un collége très-fréquenté; la mosquée principale ou Ouloudjami, dont la construction date de la conquête de la ville; les mosquées des sultans Othman, Murad et Bayazid et cinquante autres, plusieurs églises grecques, une église arménienne et quatre synagogues. De grands bazars, de beaux caravansérails construits en pierre, des bains magnifiques, une multitude de fontaines, de kiosks, de tombeaux, de jardins, ornent la ville et ses environs et la rendent une des villes les plus élégantes et les plus agréables de l'empire ottoman. L'industrie et le commerce y fleurissent. On y fabrique des étoffes en or, en argent et en soie, des tapis renommés, des mousselines, des cuirs, des pipes, des baumes, etc. Toutes les caravanes qui viennent de l'E. et du S.-E. y abordent; Moudania, sur la mer Noire, à 4 l. de Brousse, peut être regardé comme son port. La foire de Balukisson, présidée par un envoyé de Brousse, est une des plus considérables de l'Orient. Brousse, bâti, dit-on, par Prusias, roi de Bithynie, fut longtemps la résidence des rois de cette contrée; au moyen âge elle fut conquise par les Osmanlis et resta la capitale de leur empire jusqu'à la prise d'Andrinople; 50,000 h.

BROUSSE, vg. de Fr., Aveyron, com. de Broquiès; mines de cuivre; 260 hab.

BROUSSE (la), vg. de Fr., Charente-Inférieure, arr. de St.-Jean-d'Angely, cant. et poste de Matha; 840 hab.

BROUSSE, vg. de Fr., Puy-de-Dôme, arr. d'Ambert, cant. de Cunthat, poste de St.-Amand-Roche-Savine; 2300 hab.

BROUSSE, vg. de Fr., Tarn, arr. de Castres, cant. de Lautrec, poste de Réalmont; 620 hab.

BROUSSES, vg. de Fr., Aude, arr. de Carcassonne, cant. de Saissac, poste d'Alzonne; filat. de laine; fabr. de papier mécanique; 390 hab.

BROUSSES (les), vg. de Fr., Haute-Vienne, com. de Darnac; 90 hab.

BROUSSEVAL, vg. de Fr., Haute-Marne, arr., cant. et poste de Vassy; forges, hauts-fourneaux, fonderie en cuivre et fourneaux, pièces mécaniques, rouages, cylindres, etc.; 480 hab.

BROUSSEY-EN-BLOIS, vg. de Fr., Meuse, arr. de Commercy, cant. et poste de Void; 330 hab.

BROUSSEY-EN-WŒVRE, vg. de Fr., Meuse, arr. et poste de Commercy, cant. de St.-Mihiel; 380 hab.

BROUSSEY-LE-GRAND, vg. de Fr., Marne, arr. d'Épernay, cant. et poste de Fère-Champenoise; 480 hab.

BROUSSY-LE-PETIT, vg. de Fr., Marne, arr. d'Épernay, cant. et poste de Sézanne; 290 hab.

BROUTHIÈRES, vg. de Fr., Haute-Marne, arr. de Vassy, cant. de Poissons, poste de Sailly; 100 hab.

BROUTRIE, vg. de Fr., Charente, com. de Mornac; 310 hab.

BROUT-VERNET, vg. de Fr., Allier, arr. et poste de Gannat, cant. d'Escurolles; 1570 hab.

BROUVELIEURES, b. de Fr., Vosges, arr. et à 5 l. O.-S.-O. de St.-Dié, chef-lieu de canton, poste de Bruyères; forges; 500 h.

BROUVILLE, vg. de Fr., Meurthe, arr. de Lunéville, cant. et poste de Baccarat; 320 hab.

BROUVILLER, vg. de Fr., Meurthe, arr. de Sarrebourg, cant. et poste de Phalsbourg; 520 hab.

BROUWERSHAVEN, v. du roy. des Pays-Bas, sur la côte septentrionale de l'île de Schouwen, dist. de Zierickzee, dans la prov. de Zeeland; patrie du poëte hollandais J. Cate, surnommé le Lafontaine hollandais (1557 — 1660). A peu de distance était située la ville de Bommene, détruite par une inondation, en 1632; 800 hab., la plupart pêcheurs et bateliers.

BROUY, vg. de Fr., Seine-et-Oise, arr. d'Étampes, cant. de Milly, poste de Gironville; 240 hab.

BROUZET, vg. de Fr., Gard, arr. et poste d'Alais, cant. de Vezenobre; 440 hab.

BROUZET, vg. de Fr., Gard, arr. du Vigan, cant. de Quissac, poste de Sauve; 180 hab.

BROUZILS (les), vg. de Fr., Vendée, arr. de Bourbon-Vendée, cant. et poste de St.-Fulgent; 1970 hab.

BROVES, vg. de Fr., Var, arr. de Draguignan, cant. et poste de Comps; 280 hab.

BROWN (îles de), groupe d'îles, sur la côte N.-E. de Grœnland, sous le 75° 35' de lat. N., formant la limite des terres connues dans ces parages.

BROWN, comté du territoire du Michigan, États-Unis de l'Amérique du Nord. Ce comté, formé il y a peu d'années seulement, se compose de quelques districts d'Indiens, à l'O. de la Green-Bai, partie du lac Michigan et faisant autrefois partie du grand territoire du Nord-Ouest. Le Fox traverse ce pays du S. au N. Brown, autrefois Fort-Howard, a l'embouchure du Fox, en est le chef-lieu; 1600 hab.

BROWN, comté de l'état d'Ohio, États-Unis de l'Amérique du Nord; il est borné par l'Ohio, l'état de Kentucky et les comtés de Highland, d'Adams et de Clermont. L'Eagle et plusieurs autres rivières, affluents de l'Ohio, arrosent ce comté, dont le sol est très-fertile; chef-lieu Ripley; 14,000 hab.

BROWNSTOWN. *Voyez* JACKSON (comté).

BROWNSVILLE, pet. v. municipale très-florissante, États-Unis de l'Amérique du Nord, état de Pensylvanie, comté de Fayette, au confluent du Redstone et de la Monongahela. C'est la ville la plus importante de l'O. de la Pensylvanie, par son industrie et son commerce; 4500 hab.

BROXEELE, vg. de Fr., Nord, arr. de Dunkerque, cant. et poste de Wormhoudt; 410 hab.

BROYE, vg. de Fr., Saône-et-Loire, arr. et poste d'Autun, cant. de Mesvres; 1106 h.

BROYE-LES-LOUPS, vg. de Fr., Haute-Saône, arr. et poste de Gray, cant. d'Autrey; 220 hab.

BROYE-LES-PESMES, vg. de Fr., Haute-Saône, arr. de Grey, cant. et poste de Pesmes; 650 hab.

BROYES, vg. de Fr., Marne, arr. d'Épernay, cant. et poste de Sézanne; 820 hab.

BROYES, vg. de Fr., Oise, arr. de Clermont, cant. et poste de Breteuil; exploitation de cendres fossiles; 390 hab.

BROZAS, b. d'Espagne, roy. de la Nouvelle-Castille, prov. d'Estramadure, sur le Tage. On y récolte le meilleur vin de la province; 2500 hab.

BRU, vg. de Fr., Vosges, arr. d'Épinal, cant. et poste de Rambervillers; fabr. de papier; 770 hab.

BRUAILLES, vg. de Fr., Saône-et-Loire, arr., cant. et poste de Louhans; 1130 hab.

BRUAY, vg. de Fr., Nord, arr., cant. et poste de Valenciennes; sucrerie indigène, verrerie; 1910 hab.

BRUAY, vg. de Fr., Pas-de-Calais, arr., cant. et poste de Béthune; 690 hab.

BRUC (le), vg. de Fr., Ille-et-Vilaine, arr. de Redon, cant. de Pipriac, poste de Lohéac; 1120 hab.

BRUCAMPS, vg. de Fr., Somme, arr. d'Abbeville, cant. d'Ailly-le-Haut-Clocher, poste de Flixecourt; 500 hab.

BRUCH. *Voyez* BROICH.

BRUCH, b. de Fr., Lot-et-Garonne, arr. de Nérac, cant. de Lavardac, poste de Port-St.-Marie; 1150 hab.

BRUCHE, vg. de Fr., Vosges, com. de Bourg-Bruche; 610 hab.

BRUCHE (canal de la), canal de Fr., Bas-Rhin, a été exécuté d'après les projets du maréchal de Vauban, en 1682. Ses eaux appartiennent au système défensif de la place de Strasbourg, et il a servi au transport des pierres pour la construction de la citadelle et autres ordonnées par Vauban. Il prend les eaux de la Mossig à Soultz-les-Bains, à 1/2 l. de Molsheim, près de la jonction de la Mossig avec la Bruche, devient navigable à Wolxheim, passe à Hangenbieten, Achenheim et Eckbolsheim, en suivant plus ou moins parallèlement la Bruche, et se verse dans l'Ill à 1/2 l. au-dessus de Strasbourg. Sa longueur est de 4 3/4 l.; il a 12 écluses. Il sert au transport des vins, bois de chauffage et pierres des carrières de Wolxheim et de Soultz.

BRUCHEVILLE, vg. de Fr., Manche, arr. de Valognes, cant. de Ste.-Mère-Église, poste de Blosville; 330 hab.

BRUCK, *Pons Muræ*, pet. v. d'Autriche, gouv. de Styrie, au confluent de la Mur et de la Murz, chef-lieu et siége des autorités du cercle de même nom. Château ruiné; forges; caverne de stalactites, longue de 2000 mètres; le cercle a 64,000 habitants et la ville 1600.

BRUCK, *Motenum*, pet. v. d'Autriche, gouv. de la Basse-Autriche, cer. inférieur du Wienerwald, sur la Leitha, beau château; fabr. de machines à filer; 3000 hab.

BRUCKENSWILLER. *Voyez* BRÉCHAUMONT.

BRUCKENAU, pet. v. de la Bavière, chef-lieu et siége des autorités du district de ce nom, cer. du Mein-Inférieur, sur la Sinn, à 6 l. de Hammelbourg. Tout près se trouve un grand établissement de bains alcali-salins très-renommés. Le roi en fait souvent sa résidence d'été; 1450 hab.

BRUCOURT, vg. de Fr., Calvados, arr. de Pont-l'Évêque, cant. et poste de Dives; eaux minérales froides; 160 hab.

BRUE, vg. de Fr., Var, arr. de Brignolles, cant. et poste de Barjols; 400 hab.

BRUEBACH, vg. de Fr., Haut-Rhin, arr. d'Altkirch, cant. de Landser, poste de Mulhouse; 590 hab.

BRUEL (le), ham. de Fr., Aveyron, com. de St.-Jean-du-Bruel; 240 hab.

BRUÈRE, vg. de Fr., Cher, com. de la Celle-Bruère; 320 hab.

BRUÈRE (la), vg. de Fr., Sarthe, arr. de la Flèche, cant. du Lude, poste de Vaas; 360 hab.

BRUFFIÈRE (la), vg. de Fr., Vendée, arr. de Bourbon-Vendée, cant. et poste de Montaigu; 2350 hab.

BRUGAIROLLES, vg. de Fr., Aude, arr. de Limoux, cant. et poste d'Alaigne; 460 h.

BRUGERON (le), vg. de Fr., Puy-de-Dôme, arr. d'Ambert, cant. d'Olliergues, poste de St.-Amand-Roche-Savine; 1240 hab.

BRUGES, *Brugæ*, v. du roy. de Belgique, chef-lieu du district de ce nom et siége du gouvernement de la Flandre-Occidentale, située dans une plaine fertile, sur le canal d'Ostende, à 12 l. de Bruxelles et à 72 l. de Paris. Elle est assez bien bâtie et coupée par plusieurs canaux que l'on traverse sur 54 ponts, dont 42 en pierre. Elle possède plusieurs hôpitaux, une bourse, un collége royal, une académie de peinture et de sculpture, une bibliothèque publique, un jardin botanique. Parmi ses édifices, on remarque la belle église de Notre-Dame, dont la tour élevée sert de phare; celles de St.-Sauveur et de Ste.-Walburge; l'hôtel de ville, d'architecture gothique et un beau palais de justice. Cette ville, qui était une des premières places de commerce de l'Europe pendant le treizième et le quatorzième siècle, a beaucoup perdu de son importance; cependant elle se distingue encore par son industrie étendue: la manufacture de dentelles occupe à elle seule plus de 6000 individus; elle a de grandes fabriques de draps et autres étoffes de laine, de toiles de coton et de lin; des filatures et des teintureries, tanneries, faïenceries, fonderies, moulins à huile, distilleries; elle possède plusieurs chantiers de marine. Les communications ouvertes par le canal d'Ostende font de cette ville l'entrepôt des productions du pays, qui consistent en toiles, blé, graines oléagineuses, huiles, etc. En mai et en octobre il y a des foires très-fréquentées. Patrie de Van Eyk, inventeur de la peinture à l'huile, au commencement du quinzième siècle; du littérateur Pontanus, mort en 1591; de Berghen (Louis de), inventeur de l'art de tailler le diamant; de Gomar (François), savant théologien (1563—1641), et des deux Oost (Jacques van) dits Oost le père (1600—1671), et Oost le jeune (1637—1713), tous deux grands peintres de l'école flamande; Philippe-le-Bon, duc de Bourgogne, y institua l'ordre de la Toison-d'Or, en 1430; 42,000 hab.

BRUGES, vg. de Fr., Gironde, arr., cant. et poste de Bordeaux; il referme de jolies maisons de campagne, qui pendant la belle saison y attirent beaucoup de promeneurs; 930 hab.

BRUGES, b. de Fr., Basses-Pyrénées, arr. de Pau, cant. et poste de Nay; fabr. de cadis, d'étoffes de laine communes; 1850 hab.

BRUGG, pet. v. de Suisse, chef-lieu du district du même nom; 800 hab. Il est situé dans la riante et pittoresque vallée de l'Aar, à 3 1/2 l. d'Aarau et à 3/4 l. des bains de Schinznach. Patrie de Zimmermann (Jean-Georges), célèbre auteur et médecin (1728—1795).

BRUGGEN, pet. v. de Prusse, prov. rhénane, rég. de Dusseldorf, sur la Schwalm; ancien château; fabr. de draps, de casimir, de toiles, d'étoffes et de rubans de soie et de velours; blanchisseries, tanneries et tuileries. Défaite des Autrichiens par l'armée de Sambre-et-Meuse, en 1794; 700 hab.

BRUGHEAS, vg. de Fr., Allier, arr. et poste de Gannat, cant. d'Escurolles; 1830 h.

BRUGNAC, vg. de Fr., Lot-et-Garonne, arr. de Marmande, cant. de Castelmoron, poste de Tonneins; 1050 hab.

BRUGNAC, vg. de Fr., Tarn, com. de Castelnau-de-Montmiral; 370 hab.

BRUGNENS, vg. de Fr., Gers, arr. de

Lectoure, cant. et poste de Fleurance; 530 hab.

BRUGNY, vg. de Fr., Marne, arr. et poste d'Epernay, cant. et poste d'Avise; 390 hab.

BRUGUIERE (la), vg. de Fr., Gard, arr. d'Uzès, cant. et poste de Lussan; 400 hab.

BRUGUIÈRE (la). *Voyez* LABRUGUIÈRE.

BRUGUIÈRES, vg. de Fr., Haute-Garonne, arr. de Toulouse, cant. de Fronty, poste de St.-Jory; 550 hab.

BRUHL, (Bruyl), *Brielium*, pet. v. de Prusse, prov. rhénane, rég. de Cologne, dans une contrée charmante; possède un magnifique château appelé Augustenberg, entouré d'un beau parc; école normale catholique; agriculture et éducation du bétail; marché aux poulains; 1600 hab.

BRUILLE-LES-MARCHIENNES, vg. de Fr., Nord, arr. de Douai, cant. et poste de Marchiennes; houille; 670 hab.

BRUILLE-SAINT-AMAND, vg. de Fr., Nord, arr. de Valenciennes, cant. et poste de St.-Amand-les-Eaux; 1920 hab.

BRUIS, vg. de Fr., Hautes-Alpes, arr. de Gap, cant. de Rosans, poste de Serres; 450 hab.

BRULAIN, vg. de Fr., Deux-Sèvres, arr. et poste de Niort, cant. de Prahecq; 990 h.

BRULAIS (les), vg. de Fr., Ille-et-Vilaine, arr. de Redon, cant. de Maure, poste de Lohéac; 680 hab.

BRULANGE ou BRELING, vg. de Fr., Moselle, arr. de Sarreguemines, cant. de Gros-Tenquin, poste de Faulquemont; 540 hab.

BRULATTE (la), vg. de Fr., Mayenne, arr. de Laval, cant. de Loiron, poste de la Gravelle; 750 hab.

BRULES (les), vg. de Fr., Eure, com. d'Acon; 270 hab.

BRULEY, vg. de Fr., Meurthe, arr., cant. et poste de Toul; 640 hab.

BRULLEMAIL, vg. de Fr., Orne, arr. d'Alençon, cant. de Courtomer, poste du Merlerault; 650 hab.

BRULLIOLES, vg. de Fr., Rhône, arr. de Lyon, cant. et poste de St.-Laurent-de-Chamousset; fabr. de mousselines; 1050 hab.

BRULON, b. de Fr., Sarthe, arr. et à 9 l. N. de la Flèche, chef-lieu de canton, poste de Sablé; tanneries; 1655 hab.

BRULOS. *Voyez* BOURLOS.

BRUMADO. *Voyez* CONTAS (Rio-das-).

BRUMATH ou BRUMPT, *Brocomagus*, b. de Fr., Bas-Rhin, arr. et à 3 l. N. de Strasbourg, chef-lieu de canton, sur la Zorn, dans une plaine couverte de pâturages, bornée au N. par des collines et au S. par des forêts; il est bien bâti et possède un élégant hôtel de ville, près duquel on remarque le presbytère protestant, construit sur le même plan. Une jolie avenue de deux rangées d'arbres plantés entre ces deux édifices, conduit au temple protestant, autrefois palais de la princesse Christine de Saxe. L'industrie est peu importante à Brumath, dont les seuls établissements consistent en moulins à huile, blanchisseries, un moulin à gypse, deux tuileries et quelques tanneries. Il y a une quinzaine d'années qu'on découvrit dans une maison de ce bourg une source d'eaux minérales, que l'on prétendit être de même nature que les eaux de Plombières; mais il paraît que l'expérience n'a pas confirmé cette croyance favorable à la source de Brumath, car ses eaux, loin d'être recherchées, sont presque entièrement ignorées aujourd'hui; 4133 hab.

Des antiquités trouvées à Brumath et dont quelques-unes sont conservées à la bibliothèque de Strasbourg attestent que ce bourg était sous les Romains une ville importante que les Barbares détruisirent au cinquième siècle. Vers la fin du neuvième siècle ce n'était qu'une métairie royale qu'Arnoul, duc de Carinthie, neveu de Charles-le-Gros, contre lequel il se révolta, donna au monastère de Lorsch, situé entre Worms et Darmstadt. Trois siècles après, Brumath était redevenu un village assez considérable, et en 1336, l'empereur Louis, de Bavière, l'éleva au rang de ville. En 1384, le territoire et la ville de Brumath furent divisés entre plusieurs seigneurs, par suite de ventes successives d'une partie de ce fief. Le comte de Linange, ayant engagé sa part au comte palatin Robert, alors en guerre avec les villes de l'Alsace, les Strasbourgeois, pour se venger de Robert, dont les troupes avaient incendié plusieurs villages du domaine de Strasbourg, détruisirent Brumath et ses deux châteaux. Au quinzième siècle, Brumath fut l'objet et le théâtre presque continuel d'une guerre acharnée entre le comte de Lichtenberg et celui de Linange. Ce dernier vaincu et fait prisonnier, fut forcé de renoncer à tous ses droits sur ce fief, qui demeura à la famille de Lichtenberg. Celle-ci s'étant éteinte en 1480, cette seigneurie passa aux comtes de Hanau. La guerre de trente ans et la campagne de Turenne, en 1674, furent aussi désastreuses pour Brumath, dont le domaine passa en 1736 aux landgraves de Hesse-Darmstadt, qui le possédèrent jusqu'au commencement de la révolution française; alors le chef-lieu de bailliage Brumath, dont la juridiction s'étendait sur onze villages, devint le chef-lieu d'un canton de vingt-et-une communes.

BRUMETZ, vg. de Fr., Aisne, arr. de Château-Thierry, cant. de Neuilly-St.-Front, poste de Gandela; 290 hab.

BRUMPT. *Voyez* BRUMATH.

BRUN. *Voyez* PERNAMBUCO.

BRUNCAN, vg. de Fr., Haute-Garonne, com. de Sauveterre; 220 hab.

BRUNE ou WHIDBEY, cap sur la côte méridionale de la Nouvelle-Hollande, Océanie, terre de Flindres, à l'O. du golfe Spencer. Lat. S. 34° 35', long. E. 152° 51'.

BRUNELLES, vg. de Fr., Eure-et-Loir, arr., cant. et poste de Nogent-le-Rotrou; papeterie; 980 hab.

BRUNELS (les), ham. de Fr., Aude, com. de Labecède-Lauragais ; 350 hab.

BRUNEMBERT, vg. de Fr., Pas-de-Calais, arr. et poste de Boulogne-sur-Mer, cant. de Desvres ; 350 hab.

BRUNÉMONT, vg. de Fr., Nord, arr. et poste de Douai, cant. d'Arleux ; 590 hab.

BRUNET, vg. de Fr., Basses-Alpes, arr. de Digne, cant. et poste de Valensolle ; 510 h.

BRUNHAMEL, b. de Fr., Aisne, arr. de Laon, cant. de Rozoy-sur-Serre, poste ; 960 hab.

BRUNIG (le), mont. de Suisse, qui sert de passage entre la vallée de Hasle, dans l'Oberland bernois et la vallée de Lungern, dans l'Unterwalden. De son sommet, haut de 3580 pieds, on jouit d'une vue superbe sur les principales montagnes de la chaîne des Alpes de l'Oberland.

BRUNIQUEL, pet. v. de Fr., Tarn-et-Garonne, arr., poste et à 6 l. E. de Montauban, cant. de Monclar, sur la rive gauche de l'Aveyron, qui reçoit en cet endroit la petite rivière de la Verre. Bruniquel est remarquable par ses forges, martinets, hauts-fourneaux, ses belles usines de fer et les ruines d'un vieux château, bâti sur la crête d'un rocher ; 1800 hab.

BRUNN. *Voyez* FONTAINE.

BRUNN (Brno), v. fortifiée d'Autriche, gouv. de Moravie et Silésie, chef-lieu de la Moravie et du cercle de Brunn, au confluent de la Zwittawa et de la Schwartzawa, à 18 l. de Vienne. Siége des autorités du gouvernement et d'un archevêché. Brunn est une fort belle ville, et doit son agrandissement à son commerce et à son industrie ; fabr. d'étoffes de laine, de draps et de toiles de coton, de soierie, de tabac et de savon ; teintureries. Ses édifices les plus remarquables sont : les églises de St.-Jacques et de St.-Pierre, le palais du gouverneur, l'hôtel de ville et le théâtre. Ses principaux établissements scientifiques et littéraires sont : l'institut philosophique, l'école normale, l'institut théologique, le gymnase, la société impériale pour l'encouragement de l'agriculture, de l'histoire naturelle et de la géographie de la Moravie et de la Silésie, avec un beau musée ; le jardin botanique et agricole, où l'on montre la charrue, maniée par Joseph II, dans les environs de Rausnitz ; la bibliothèque publique. Au S. de la ville, sur une montagne, s'élève le Spielberg, forteresse en partie démolie ; chemin de fer du Nord, de l'empereur Ferdinand ; le cercle a 306,000 habitants et la ville 40,000.

BRUNNEN, b. du canton de Schwyz, sur le lac des Quatre-Cantons, est un entrepôt pour les marchandises qui vont en Italie. C'est là qu'en 1315, après la bataille de Morgarten, fut jurée la première confédération suisse ; 1600 hab.

BRUNNTHAL. *Voyez* FREUDENTHAL.

BRUNOY, vg. de Fr., Seine-et-Oise, arr., à 3 l. N. de Corbeil, cant. de Boissy-St.-Léger, poste ; il est situé dans un joli vallon sur l'Yères ; filat. de coton et belle pépinière. L'ancien château, détruit pendant la révolution, a été remplacé par d'élégantes maisons de campagne, parmi lesquelles on remarque celle du célèbre Talma, qui répandit de nombreux bienfaits sur cette contrée ; 1000 hab.

BRUNSTADT, vg. de Fr., Haut-Rhin, arr. d'Altkirch, cant. et poste de Mulhouse. C'est entre Mulhouse et Brunstadt que Turenne battit l'électeur Frédéric-Guillaume de Brandenbourg et le duc de Bournonville, et força, quatre jours après, le prince de Portia, qui s'était réfugié dans le château de Brunstadt, à se rendre avec son régiment ; 1480 hab.

BRUNSWIC (baie de), baie vaste et sûre, à l'O. du Spitzbergen oriental ; c'est le point le plus septentrional visité par les chasseurs russes.

BRUNSWIC (Nouveau-), partie des possessions anglaises dans l'Amérique septentrionale. Ses bornes sont : au N. et à l'E. le golfe de St.-Laurent, au S.-E. la presqu'île de la Nouvelle-Écosse, au S. l'Océan Atlantique (baie de Fundy), à l'O. les États-Unis de l'Amérique du Nord, dont il est séparé par la rivière de Ste.-Croix, et au N.-O. le St.-Laurent qui le sépare du Canada. Ce pays, situé entre le 44° 52' et le 48° 50' de lat. N., a une étendue de 1350 l. c. géogr., avec une population de 110,000 âmes ; il forme une province divisée en sept districts et administrée par un gouverneur résidant à Frédérictown. Découvert en même temps que la Nouvelle-Écosse, le Nouveau-Brunswic reçut ses premiers colons de ce pays et forma avec lui une seule et même province jusqu'en 1784. Les monts Albany, qui font la frontière entre l'état du Maine et le Nouveau-Brunswic, s'étendent en diverses ramifications sur tout ce pays, en longeant le St.-Johns jusqu'à son embouchure. L'isthme qui joint la Nouvelle-Écosse au Nouveau-Brunswic est aussi couvert par une chaîne de montagnes peu élevées. Toutes ces montagnes, en général de peu d'élévation, sont couvertes jusqu'à leur sommet d'épaisses forêts. La plupart des fleuves qui traversent en tout sens ce vaste pays prennent naissance dans ces différentes chaînes de montagnes ; ce sont : le St.-Johns, le Schudiac, le Ste-Croix ou Magaguadic, le Péticodjac ou Chépody, le Memcancook, le Tintamarre et le Misquash, qui fait la limite du côté de la Nouvelle-Écosse. Une foule d'autres rivières moins considérables se jettent dans le St.-Laurent ou se perdent dans les nombreux lacs qui couvrent l'E. et le S.-E. de ce pays, et dont la Fréneuse est le plus considérable.

Les principaux caps et promontoires sur les côtes du Nouveau-Brunswic, sont : le cap Lièvre, le Misko-Point, fermant la baie de la Chaleur, le cap Martin, le cap

Ecuménac, le cap Herring et le Torment-Point, sur le golfe de St.-Laurent, le cap Rage, le Mispec-Point et le Pointle qui s'avancent dans la baie de Fundy.

Le climat du Nouveau-Brunswic est plus doux que celui du Canada et généralement sain, quoique nébuleux sur les côtes. Le sol qui ne reçoit de culture qu'au S., entre les rivières de St.-Johns et de Chudiak, est d'une fertilité médiocre et couvert en grande partie d'immenses forêts de pins, de sapins et de cèdres, qui fournissent d'excellent bois de construction. L'éducation du bétail y est considérable et la pêche sur les côtes, à laquelle se livrent la plupart des habitants, est très-productive. L'industrie manufacturière est presque nulle, et le commerce de ce pays se borne à l'exportation du poisson et du bois de construction.

BRUNSWICK, pet. v. des États-Unis de l'Amérique du Nord, état de Géorgie, comté de Glynn, dont elle est le chef-lieu, sur le Turtle ; son port peut recevoir les plus grands vaisseaux ; 2000 hab.

BRUNSWICK, comté de l'état de la Caroline du Nord, États-Unis de l'Amérique du Nord, borné par les comtés de Bladen, de New-Hanover et de Columbus, par l'état de la Caroline du Sud et par l'Océan. Ce pays est bien arrosé et fertile en riz, maïs, poix, bois de construction, etc.; 7000 hab.

BRUNSWICK, pet. v. des États-Unis de l'Amérique du Nord, état de Pensylvanie, comté de Schuylkill ; 2300 hab.

BRUNSWICK, comté de l'état de Virginie, États-Unis de l'Amérique du Nord, borné par les comtés de Dinwiddie, de Sussex-de Greenville, de Mecklenburg et de Lunenburgh ; culture de maïs et de riz, éducation de chevaux et de porcs; 17,000 h.

BRUNSWICK (duché de), état de la confédération germanique, ne forme pas un tout contigu ; il se compose de trois parties principales et de quelques petits districts enclavés dans le Hanovre et la Saxe prussienne. La principauté de Wolfenbuttel a sa plus grande partie septentrionale bornée au N., à l'E. et au S.-E. par le Hanovre, à l'E. et au S.-E. par la Prusse, tandis que le bailliage de Kalvœrde est enclavé dans la Saxe prussienne et Olsbourg dans le Hanovre ; sa plus petite partie méridionale, limitée au N. et au S. par le Hanovre, à l'O. par la Prusse et la principauté de Waldeck, possède également Bodenbourg et Haringen dans le Hanovre. La principauté de Blankenbourg et le chapitre de Walkenried sont entourés par la Prusse, le Hanovre et l'Anhalt. Thedinghausen est enclavé dans le Hanovre. Il reste enfin la prélature de Helmstedt, puis une partie du Bas-Harz possédée en commun avec le roi de Hanovre. La superficie générale du duché est de 202 milles c. Il est arrosé par le Weser, par l'Aller et quelques-uns de ses affluents, tels que la Leine, l'Ocker, etc. ; enfin par quelques rivières appartenant au bassin de l'Elbe. Le climat y est sain et tempéré, surtout vers le N. ; le sol, élevé dans la partie méridionale, est généralement fertile et très-bien cultivé. Le Harz renferme des mines productives ; les habitants de la plaine fabriquent des toiles de lin ; les villes possèdent quelques manufactures ; le commerce est considérable et les exportations se font surtout par l'intermédiaire des villes anséatiques. La population du duché s'élève à 250,000 habitants, répartis dans 12 villes, 15 bourgs, 417 villages et 50 hameaux ou maisons isolées. La religion dominante est la luthérienne ; l'instruction y est très-répandue. Le gouvernement est une monarchie, tempérée par deux chambres et dans laquelle la noblesse n'a pas de priviléges importants. La maison régnante appartient a la même famille que celle de Hanovre et le droit de succession peut passer de l'une à l'autre ; mais il n'arrive à la branche féminine qu'après extinction complète des deux branches masculines. Brunswick et Nassau occupent la dix-huitième place et ont deux voix dans la diète germanique ; le premier duché doit fournir un contingent de 2000 hommes. L'armée, en temps de paix, ne s'élève pas au-dessus de 1500 hommes ; mais la landwehr est en organisation permanente. Tout le duché a été assez récemment divisé en six districts qui portent les noms de leurs chefs-lieux : ce sont Brunswick, Wolfenbuttel, Helmstedt, Gandersheim, Holzminden et Blankenbourg.

Nous ne pouvons ici nous étendre sur l'histoire de Brunswick, qui d'ailleurs ressemble, sous beaucoup de rapports, à celle de la plupart des petits états de l'Allemagne pendant le moyen âge. Le territoire de Brunswick fut érigé en duché en 1235, sous Othon l'Enfant, de la maison des Guelfes, et par l'empereur Frédéric II. Albert-le-Grand, qui régna de 1252 à 1279, fit admettre Brunswick dans la ligue anséatique ; il s'empara de Wolfenbuttel et d'Assebourg, et un partage avec son frère donna naissance aux maisons de Brunswick-Wolfenbuttel et Brunswick-Lunebourg. Bientôt les partages se multiplièrent, et pendant plus de deux siècles le pays, naguère florissant, fut morcelé entre un grand nombre de dynasties et livré à des guerres interminables. Plus tard, au dix-huitième siècle, l'empereur éleva un membre de la branche cadette de Brunswick à l'électorat de Hanovre, qui fut ainsi détaché définitivement des possessions de la maison de la branche aînée. On sait que Napoléon les fit entrer dans le royaume de Westphalie et que le duc Frédéric-Guillaume ne rentra en possession de ses états qu'en 1813. Il fut tué dans l'affaire qui précéda la bataille de Waterloo et laissa deux fis, Charles et Guillaume. Le premier fut chassé en 1830 par un mouvement populaire, qui peut-être n'a été amené que par la conduite de Georges IV, roi d'Angleterre, son oncle, qui s'était emparé de la tutelle des deux princes, et par les efforts de l'aristocratie du duché auprès de la diète germanique.

BRUNSWICK (Braunschweig), capitale du duché du même nom, située sous le 8° 12' 12" long. orient. et le 52° 15' 35" lat. sept., sur les deux rives de l'Ocker et dans une contrée agréable. Elle est assez bien bâtie et renferme plusieurs beaux édifices : la cathédrale St.-Blaise, l'église St.-André avec une tour de 318 pieds de haut, l'ancien hôtel de ville, les bâtiments du collège Carolinum, la salle d'opéra, l'arsenal, les casernes, dont une, le Mosthaus, était l'ancienne résidence des ducs; le monument en fer des ducs Charles-Guillaume, Ferdinand et Frédéric-Guillaume, tués à Auerstædt, en 1806, et à Quatre-Bras, en 1815; le beau palais appelé le Graue-Hof ou le château ducal, a été brûlé par le peuple en 1830. Brunswick possède plusieurs établissements scientifiques et littéraires importants, parmi lesquels nous citerons le collegium Carolinum, espèce de gymnase supérieur qui a acquis une grande réputation; l'institut ducal, auquel ont été réunis récemment les gymnases de Catherine et de Martin; le collège d'anatomie et de chirurgie, l'école normale, l'école des cadets, la société d'horticulture. La bibliothèque publique est assez considérable et le musée renferme des collections extrêmement précieuses. L'hôpital des pauvres, l'institution des sourds et muets et l'hospice des orphelins sont parfaitement organisés. Brunswick a plusieurs fabriques importantes et fait un grand commerce de transit; ses deux foires annuelles sont, après celles de Leipzic et de Francfort, les plus renommées de toute l'Allemagne. Sa population est de 36,000 habitants. Ville libre et impériale, Brunswick a reçu son nom d'un duc Saxon appelé Bruno qui en fut le fondateur; elle fut ensuite agrandie par Henri-le-Lion, sous lequel elle s'éleva promptement à un haut degré de prospérité. Les Français la prirent en 1758 et l'assiégèrent inutilement en 1761; un combat y fut livré en 1813. Elle est la patrie de l'historien Meibom, du théologien Henke et du romancier Lafontaine.

BRUNSWYK, pet. v. des États-Unis de l'Amérique du Nord, état du Maine, comté de Cumberland, sur le Sagadahok; elle a un collège avec une bibliothèque de 5000 volumes, et un port assez commerçant; 4000 hab.

BRUNVILLE, vg. de Fr., Seine-Inférieure, arr. de Dieppe, cant. et poste d'Envermeu; 150 hab.

BRUNVILLERS-LA-MOTTE, vg. de Fr., Oise, arr. de Clermont, cant. et poste de St.-Just-en-Chaussée; 390 hab.

BRUNY où **PITT**, île considérable et fertile sur la côte S.-E. de l'île Van-Diemen, Océanie, entre le canal d'Entrecasteaux, la baie des Tempêtes et le Grand Océan Austral, non loin de l'embouchure de la Derwent; environ 10 l. de long; habitants sauvages et de mœurs très-farouches; pêche abondante, surtout en raies monstrueuses. Lat. S. 43° 21', long. E. 145° 9'.

BRUQUEDALLE, vg. de Fr., Seine-Inférieure, arr. de Neufchâtel-en-Bray, cant. et poste d'Argueil; 110 hab.

BRUSCHWICKERSHEIM, vg. de Fr., Bas-Rhin, arr. et poste de Strasbourg, cant. de Schiltigheim; 530 hab.

BRUSH. *Voyez* OHIO (fleuve).

BRUSHY-MOUNTAINS, chaîne de montagnes des États-Unis de l'Amérique du Nord; elles sont une continuation des Montagnes-Bleues (Bleu-Ridge) et traversent les états de la Caroline du Nord et de la Caroline du Sud. Le Pendleton, de 4300 pieds de haut, en est le point culminant.

BRUSLES, vg. de Fr., Somme, com. de Cartigny; 270 hab.

BRUSQUE, b. de Fr., Aveyron, arr. de St.-Affrique, cant. et poste de Camarès; fabr. de draps; 1150 hab.

BRUSQUET (le), vg. de Fr., Basses-Alpes, arr. et poste de Digne, cant. de la Javie; 620 hab.

BRUSSEY, vg. de Fr., Haute-Saône, arr. de Gray, cant. et poste de Marnay; 330 h.

BRUSSON, vg. de Fr., Marne, arr. et poste de Vitry-le-Français, cant. de Thiéblemont; 210 hab.

BRUSTICO, vg. de Fr., Corse, arr. et poste de Corte, cant. de Piedicroce; 160 h.

BRUSVILY, vg. de Fr., Côtes-du-Nord, arr., cant. et poste de Dinan; 670 hab.

BRUTELLES, vg. de Fr., Somme, arr. d'Abbeville, cant. et poste de St.-Valery-sur-Somme; 270 hab.

BRUTUS, pet. v. commerçante des États-Unis de l'Amérique du Nord, état de New-York, comté de Cayuga, sur le canal de l'Erié; 3000 hab.

BRUVILLE, vg. de Fr., Moselle, arr. de Briey, cant. de Conflans, poste de Mars-la-Tour; 310 hab.

BRUX, pet. v. d'Autriche, gouv. de Bohême, cer. de Saatz, sur la Biala. Institut philosophique; institut pour les enfants des militaires; fabr. de toiles de coton et d'acides minéraux; 2500 hab.

BRUXELLES, v. capitale du roy. de Belgique, chef-lieu de la province du Brabant-Méridional; elle est située sur la Senne, sous les 50° 50' de lat. N. et 2° 2' de long E., à 65 l. N.-N.-E. de Paris, dans une contrée fertile et agréable, embellie par un grand nombre de jolies maisons de campagne; ses remparts ont été transformés en promenades. Cette ville a 2 l. de circonférence; elle est entourée d'une muraille et l'on y entre par huit portes, parmi lesquelles on distingue la belle porte Guillaume; elle est bâtie sur un sol inégal et quelques-unes de ses rues sont construites en pente; mais la plupart sont larges et droites; la plus belle est la rue Royale qui depuis peu d'années a été prolongée. Parmi les huit places publiques de Bruxelles on remarque: la place Royale, ornée autrefois de la statue du prince Charles de Lorraine; la place du Marché, la place de la Monnaie, la grande et la petite place du Sablon. Les édifices les plus remarquables sont: l'hôtel de ville, monument gothique, surmonté d'une tour de 364 pieds, sur le sommet de laquelle on a élevé une statue dorée de l'archange Michel, le palais royal, à l'extrémité de la belle promenade du parc, les églises St.-Jacques et St.-Gudule, le palais de justice, l'hôtel de la bibliothèque et du musée, ci-devant palais du gouverneur, l'hôtel de la monnaie, la nouvelle salle de spectacle, la banque, l'hôtel magnifique, destiné aux expositions des produits des arts et des manufactures, etc. Bruxelles renferme aussi plusieurs établissements littéraires et scientifiques; entre autres une académie des sciences et des arts, une école de sculpture et d'architecture, un musée, une bibliothèque de 80,000 volumes, un observatoire, un jardin botanique; quelques sociétés savantes, parmi lesquelles se distingue particulièrement celle de Flore ou de botanique. Au nombre des curiosités de cette ville, il faut aussi compter une fontaine de très-mauvais goût; l'eau jaillit par une ouverture pratiquée à la partie que la décence nous défend de nommer, d'une laide et petite statue de bronze que les Bruxellois appellent Manneckep, et qu'ils considèrent, dit-on, comme le palladium de leur ville.

Bruxelles est une des villes les plus avancées sous le rapport industriel; on peut même dire que l'industrie y fait oublier la nationalité et que le fabricant de Bruxelles est industriel avant d'être Belge. Cette ville a de nombreuses manufactures de draps, de basins, de velours, de dentelles très-estimées, des bonneteries, des chapelleries, des fabriques de tabac, de faïence, de porcelaine, de produits chimiques, des brasseries, des carosseries, des lithographies, des imprimeries où l'on s'occupe activement de contrefaçon des ouvrages français, etc.; le commerce avec les provinces et l'étranger y est considérable et favorisé par des canaux et des chemins de fer qui se dirigent de cette capitale vers les villes les plus importantes du royaume. D'après le recensement de 1830, Bruxelles a une population de 100,000 habitants.

Aucune histoire ne fait mention de Bruxelles avant le septième siècle. Vers la fin du dixième, cette ville n'était encore qu'une bourgade. Cependant Charles, frère de Lothaire, roi des Francs, la choisit pour résidence, et ce fut ensuite des comtes particuliers, qui prirent plus tard le titre de ducs de Brabant. Les priviléges des bourgeois y furent plusieurs fois méconnus par les patriciens et y occasionnèrent de fréquentes séditions En 1313, Bruxelles et Louvain se confédérèrent pour la défense de leurs priviléges. En 1355, les Flamands s'emparent de Bruxelles, mais ils en sont chassés peu de temps après. La ville est incendiée en 1326 et en 1405; le premier incendie consuma, dit-on, 2400 maisons, l'autre plus de 1400. La peste y fait d'horribles ravages en 1489 et en 1578. L'archiduc Maximilien, qui épousa ensuite Marie de Bourgogne, fit son entrée à Bruxelles en 1477. Charles-Quint y abdiqua en 1556. Dix ans après cette abdication, les Bruxellois demandèrent la liberté de conscience à la gouvernante Marguerite de Parme. Il se forme alors sous le nom de *Gueux* un parti insurrectionnel. En 1567, le duc d'Albe arrive à Bruxelles; il y fait dresser des échafauds; les comtes d'Egmont et de Horn sont livrés au bourreau. Les troubles civils continuent jusqu'en 1586. En 1599, l'archiduc Albert et l'infante Isabelle parviennent à la souveraineté des Pays-Bas. Bruxelles est bombardée par les Français en 1695, prise par Marlborough en 1706 et par le maréchal de Saxe en 1746. Une armée de la république française s'en empara le 24 octobre 1792, après la bataille d'Anderlach; cependant les Autrichiens y rentrèrent le 26 mars 1793, après la bataille de Louvain; mais le 9 juillet 1794 les Français la reprirent et cette ville devint le chef-lieu du département de la Dyle. Elle fut séparée de la France après les désastres de 1814 et réunie avec la Belgique par les traités de la sainte alliance, au royaume des Pays-Bas. La révolution de 1830 l'a enlevée au roi Neerlandais et donnée à un autre roi.

Bruxelles est la patrie d'André Vesale, célèbre anatomiste (1613), de l'historien et diplomate Aubert-le-Mire (1573), de J.-B. van Helmont, médecin et chimiste (1612), du mathématicien François Aguillon (1580), de J.-B. Christyn, historien (1622), du poëte Periander (1538), des peintres Henri van der Borgt (1583), Pierre Snayers (1593), Arnold Mytens (1580), Janssens (1720), Philippe et J.-B. Champagne (1674 et 1688), etc.

BRUYÈRE (la), vg. de Fr., Oise, arr. de Clermont, cant. et poste de Liancourt; 270 hab.

BRUYÈRE (la), vg. de Fr., Oise, com. de Meux; 300 hab.

BRUYÈRE, vg. de Fr., Haute-Saône, arr. de Lure, cant. de Faucogney, poste de Luxeuil; 420 hab.

BRUYERES, vg. de Fr., Seine-et-Oise, arr. de Pontoise, cant. de l'Isle-Adam, poste de Beaumont; 320 hab.

BRUYÈRES, b. de Fr., Vosges, arr. et à 5 l. E.-N.-E. d'Épinal, chef-lieu de canton et poste; fabr. de cotons filés et calicots; tissage et commerce de toiles de lin très-estimées; 2330 hab.

BRUYÈRES-LE-CHATEL, vg. de Fr., Seine-et-Oise, arr. de Corbeil, cant. d'Arpajon, poste; 740 hab.

BRUYÈRES-RADON, vg. de Fr., Nièvre, com. de Luthenay; 400 hab.

BRUYÈRES-SOUS-LAON, vg. de Fr., Aisne, arr., cant. et poste de Laon; eaux minérales; 740 hab.

BRUYÈRES-VAL-CHRÉTIEN, vg. de Fr., Aisne, arr. de Château-Thierry, cant. et poste de Fère-en-Tardenois; 310 hab.

BRUYS, ham. de Fr., Aisne, arr. de Soissons, cant. et poste de Braisne; 120 hab.

BRUZ, vg. de Fr., Ille-et-Vilaine, arr., cant. et poste de Rennes; 2300 hab.

BRY, vg. de Fr., Nord, arr. d'Avesnes, cant. et poste du Quesnoy; 370 hab.

BRYAN, comté de l'état de Géorgie, États-Unis de l'Amérique du Nord; il est borné par les comtés de Bullock, d'Effingham, de Chatham et de Tatnell et par l'Océan. C'est un pays-très-malsain, mais fertile, compris entre les embouchures de l'Ogeechy, qui y reçoit le Cannouchée; 4000 hab.

BRY-SUR-MARNE, vg. de Fr., Seine, arr. de Sceaux, cant. de Charenton-le-Pont, poste; fabr. de produits chimiques; 380 hab.

BRZESC, *Bresta*, pet. v. du roy. de Pologne, woïwodie de Masovie, chef-lieu du district de Cyavie, dans une plaine marécageuse; a des fortifications, mais qui tombent en ruines, deux églises, un ci-devant collége des jésuites; 5 foires; 1000 hab.

BRZESC-LITOWSKY, v. fortifiée de la Russie d'Europe, gouv. de Grodno, chef-lieu du cercle de Brzesc, sur le Bug; célèbre par son académie juive; elle est le siège d'un évêque arménien catholique, qui est le chef de tous les Arméniens unis de la Russie. C'est près de cette ville qu'en 1794 Suwarow fit subir aux Polonais une entière défaite; 8000 hab.

BRZESINKA, vg. de Prusse, prov. de Silésie, rég. d'Oppeln; 5 mines de houilles et 2 forges de zinc; 700 hab.

BRZEZANI, cer. d'Autriche, gouv. du roy. de Gallicie. Ses bornes sont au N.-O. le cer. de Lemberg, au N.-E. le cer. de Zloczow, à l'E. le cer. de Tarnopol, au S. les cer. de Czortkow et de Stanislawow, au S.-O. le cer. de Stry et à l'O. le cer. de Sambor; 113 l. c. géogr. avec 180,000 hab.

BRZEZANI, v. d'Autriche, gouv. du roy. de Gallicie, sur le Lipa-Gnita. Chef-lieu et siège des autorités du cercle de même nom; gymnase, école normale principale; fabr. de draps et de cuirs. Le cercle a 180,000 hab. et la ville 4500.

BRZEZYN, pet. v. du roy. de Pologne, woïwodie de Masovie, dist. de Lencyc; elle possède plusieurs fabr. de draps; 1600 hab.

BRZOZOW, pet. v. d'Autriche, gouv. de Gallicie, cer. de Sanok, sur le Steonica; agriculture et fabr. de toiles; 2200 hab.

BU, b. de Fr., Eure-et-Loir, arr. de Dreux, cant. d'Anet, poste d'Houdan; 1550 hab.

BUA, *Boa*, *Bavo*, île d'Autriche, gouv. du roy. de Dalmatie, cer. de Spalatro, non loin de la côte, vis-à-vis de Trau. Elle est bien peuplée et produit du vin, de l'huile et des fruits en abondance. Source d'asphalte.

BUACHE, baie et pet. port sur la côte S.-E. de l'île Van-Diemen, Océanie, dans la presqu'île de Tasman, sur la baie des Tempêtes.

BUACHE, pet. île sablonneuse et boisée sur la côte S.-O. de la Nouvelle-Hollande, Océanie, terre d'Edel, près des îles Rottnest et Berthollet, avec lesquelles elle forme le groupe Louis-Napoléon.

BUAIS, vg. de Fr., Manche, arr. de Mortain, cant. et poste du Teuilleul; 1200 hab.

BUANES, vg. de Fr., Landes, arr. de St.-Sever, cant. d'Aire-sur-l'Adour, poste de Grenade-sur-l'Adour; 640 hab.

BUAT (le), vg. de Fr., Manche, arr. de Mortain, cant. d'Isigny, poste de St.-Hilaire-du-Harcouet; 370 hab.

BUAT (le), vg. de Fr., Orne, arr. de Mortagne-sur-Huine, cant. et poste de l'Aigle; 160 hab.

BUBAEIA, g. a., v. de la Basse-Pannonie, à l'O. de Sirmium; patrie de l'empereur Decius.

BUBENDORF, vg. de Prusse, prov. de Saxe, rég. de Mersebourg, où fut livrée, en 1760, la célèbre bataille connue sous le nom de bataille de Torgau.

BUBERTRÉ, vg. de Fr., Orne, arr. et poste de Mortagne-sur-Huine, cant. de Tourouvre; 470 hab.

BUBLANNE, ham. de Fr., Ain, com. de Châtillon-la-Palud; 200 hab.

BUBLITZ, v. de Prusse, prov. de Poméranie, rég. de Cœslin, située dans une vallée sur la Gozel; siége d'un tribunal; fabr. de draps et d'étoffes de laine; 2100 hab.

BUBRY, vg. de Fr., Morbihan, arr. de Lorient, cant. de Plouay, poste d'Hennebont; 3610 hab.

BUC (le), vg. de Fr., Seine-et-Oise, arr., cant. et poste de Versailles; fabr. d'étoffes de crins; 630 hab.

BUCALEMU, lac salant dans la rép. du Chili, prov. de Santiago, dist. de Rancagua, non loin de la mer.

BUCAMP, vg. de Fr., Oise, arr. de Clermont, cant. de Froissy, poste de St.-Just-en-Chaussée; 540 hab.

BUCCARI, pet. v. et port franc d'Autriche, gouv. de Trieste, cer. d'Istrie, située sur une baie du golfe Quarnar, entre deux montagnes; château fort; chantier pour la construction de vaisseaux; commerce de bois, de vins et de poissons; 2000 hab.

BUCCINO, v. du roy. des Deux-Siciles, intendance de Principato-Citeriore, au confluent de la Botta et du Negro; on traverse cette rivière sur un pont romain bien conservé; 4750 hab.

BUCÉELS, vg. de Fr., Calvados, arr. de Bayeux, cant. de Balleroy, poste de Tilly-sur-Seulles; 400 hab.

BUCEY-EN-OTHE, vg. de Fr., Aube, arr. de Troyes, cant. et poste d'Estissac; 500 h.

BUCEY-LÈS-GY, vg. de Fr., Haute-Saône, arr. de Gray, cant. et poste de Gy; 1670 h.

BUCEY-LES-TRAVES, vg. de Fr., Haute-Saône, arr. de Vesoul, cant. de Scey-sur-Saône, poste de Port-sur-Saône; 200 hab.

BUCHANESS, cap. d'Écosse, comté d'Aberdeen; entre ce cap et Peterhead se trouve le gouffre de Buchan, appelé *Bullers of Buchan*, avec un port naturel très-curieux.

BUCHAU, *Buchavia*, sur le lac de Feder, pet. v. du Wurtemberg, cer. du Danube, gr.-bge de Riedlingen; tourbières. Auprès de la ville se trouve l'ancien monastère du même nom, dont l'abbesse avait le rang de princesse et qui jouissait en 999 de la protection particulière de l'empereur Othon III; 1840 hab.

BUCHELAY, vg. de Fr., Seine-et-Oise, arr., cant. et poste de Mantes; 400 hab.

BUCHELBERG ou LA BLANCHERIE, BLEICH, vg. de Fr., Meurthe, com. de Phalsbourg; 230 hab.

BUCHEN, v. et chef-lieu de district du grand-duché de Bade, sur la Moren; 2350 h.

BUCHÈRES, vg. de Fr., Aube, arr. et poste de Troyes, cant. de Bouilly; 560 hab.

BUCHET, ham. de Fr., Seine-et-Oise, com. de Buhy; papeterie; 140 hab.

BUCHEY, vg. de Fr., Haute-Marne, arr. de Chaumont-en-Bassigny, cant. de Juzennecourt, poste de Colombey-les-Deux-Églises; 110 hab.

BUCHHOLZ (le Français), vg. de Prusse, prov. de Brandebourg, rég. de Potsdam; habité par des colons français. Dans le voisinage on trouve un chêne remarquable par son âge et sa hauteur; 430 hab.

BUCHHOLTZ, v. de Saxe, cer. de l'Erzgebirge; fabr. de dentelles et de passementerie; 2300 hab.

BUCHIR. *Voyez* ABOUCHER.

BUCHLŒ, b. de la Bavière, chef-lieu et siége des autorités du district de ce nom, cer. du Danube-Supérieur, à 4 l. de Landsberg; pop. du b. 760, du dist. 8700 hab.

BUCHSWEILER. *Voyez* BOUXWILLER.

BUCHY, vg. de Fr., Moselle, arr. de Metz, cant. de Verny, poste de Solgne; 180 hab.

BUCHY, vg. de Fr., Seine-Inférieure, arr. et à 6 l. N.-E. de Rouen, chef-lieu de canton et poste; 585 hab.

BUCILLY, vg. de Fr., Aisne, arr. de Vervins, cant. et poste d'Hirson; 380 hab.

BUCK, pet. île au S.-E. de l'île danoise de St.-Thomas, dont elle dépend, Petites-Antilles.

BUCK. *Voyez* CUMBERLAND et OHIO (fleuves).

BUCKEBOURG, capitale de la principauté de Lippe-Schauenbourg, située sur l'Aue; elle a un château, un gymnase et une pop. de 4200 hab.

BUCKING, île dans la baie de New-York; elle est couverte de batteries pour protéger le port de New-York, et habitée par quelques pêcheurs.

BUCKINGHAM, comté d'Angleterre, borné par les comtés de Northampton, de Bedford, de Hertford, de Middlesex, de Berks et d'Oxford. Sa superficie est de 680 l. c. anglaises et sa pop. de 12,000 hab. Le sol est bien arrosé et produit du blé, des fruits, des légumes, du lin, du bois, etc., du marbre, de la terre à foulon, de l'ambre, etc.; l'agriculture et l'éducation du bétail sont dans un état florissant; fabr. considérables de dentelles, de papier et d'étoffes de coton. L'on exporte du blé, du beurre, de la laine fine, des bœufs et des moutons gras, de la terre à foulon, du papier, des dentelles et des ouvrages en laiton. Le canal de Grande-Jonction entre dans le comté à Walwerton et le traverse jusqu'à l'Oux. Le comté fait partie du diocèse de Lincoln, nomme 14 députés au parlement et est divisé en 8 districts.

BUCKINGHAM, pet. v. des États-Unis de l'Amérique du Nord, état de Pensylvanie, comté de Bucks; 2200 hab.

BUCKINGHAM, comté de l'état de Virginie, États-Unis de l'Amérique du Nord; il est borné par les comtés de Fluvanna, d'Albemarle, de Cumberland, de Prince-Edward, de Campbell, d'Amherst et de Nelson. Le James au N. et l'Appamatox au S. sont les principaux fleuves de ce pays, traversé par les Wills-Mountains et couvert de vastes forêts; culture du riz et du tabac; mines de fer, de cuivre et d'or; 28,000 hab.

BUCKINGHAM, comté du dist. des Trois-Rivières, Bas-Canada, Amérique anglaise. Ce comté est borné par le St.-Laurent, par les états du Maine et de New-Hampshire et par les comtés de Dorchester, de Bedford et de Richelieu. La Chaudière, le Grand et le Petit-Duchêne, la Grande et la Petite-Puante, le Godefroi, le Nicholite et le St.-Francis arrosent ce pays montueux, bien boisé, fertile et bien cultivé le long du St.-Laurent.

BUCKINGHAM, pet. v. d'Angleterre, chef-lieu du comté de ce nom, sur l'Ouse; nomme deux députés au parlement. Les habitants, au nombre de 4000, se livrent principalement à la fabrication de dentelles.

BUCKINGHAM, comté fertile de l'île Van-Diemen, Océanie, dont il occupe le côté méridional; Hobartstown chef-lieu. Lat. S. 42° 10′—43° 30′, long. E. 144° 4′—145°.

BUCKINGHAM, comptoir anglais dans l'île de la Nouvelle-Bretagne, Océanie.

BUCKLEY-SOUND, canal à l'O. du détroit de Magellan, entre la Patagonie et la Terre-de-Feu.

BUCKS, comté de l'état de Pensylvanie, États-Unis de l'Amérique du Nord; il est borné par les comtés de Léhigh, de Northampton, de Montgomery et de Philadelphie et par l'état de New-Jersey. Son étendue est, d'après Ebeling, de 30 3/10 l. c. géogr., avec 40,000 hab. C'est un pays plat, arrosé par le Delaware, qui le sépare de l'état de New-Jersey. Le sol, aride au N., est très-productif au S. et partout bien boisé; riches mines de fer et de plomb, carrières de chaux.

BUCQUIÈRE (le), vg. de Fr., Pas-de-Calais, arr. d'Arras, cant. de Bertincourt, poste de Bapaume; 780 hab.

BUCQUOY, b. de Fr., Pas-de-Calais, arr. d'Arras, cant. de Croisilles, poste de Bapaume; 1560 hab.

BUCY-LE-LONG, vg. de Fr., Aisne, arr. et poste de Soissons, cant. de Vailly; 1170 h.

BUCY-LE-ROI, vg. de Fr., Loiret, arr. d'Orléans, cant. et poste d'Artenay; 290 b.

BUCY-LÈS-CERNY, vg. de Fr., Aisne, arr., cant. et poste de Laon; 220 hab.

BUCY-LÈS-PIERREPONT, vg. de Fr., Aisne, arr. de Laon, cant. de Sissonne, poste de Montcornet; 740 hab.

BUCY-SAINT-LIPHARD, vg. de Fr., Loiret, arr. et poste d'Orléans, cant. de Patay; 140 hab.

BUDANGE-SOUS-JUSTEMONT, vg. de Fr., Moselle, com. de Fameck; 350 hab.

BUDE (*Ofen* des Allemands, *Buda* des Hongrois, *Budin* des Slaves), v. fortifiée d'Autriche, roy. de Hongrie, cer. en-deçà du Danube, comitat de Pesth, sur la rive droite du Danube, presque au milieu du roy. de Hongrie, dont elle est la capitale depuis 1784 et vis-à-vis de Pesth, à laquelle la réunit un pont de bateaux. Bude est le siège du palatin (vice-roi de Hongrie), d'un évêché grec et du commandement-général militaire de toute la Hongrie. Ses édifices les plus remarquables sont: le palais royal, où réside le palatin; l'arsenal, la fonderie de canons et l'observatoire de l'université, bâti sur le Blocksberg; l'hôtel de ville, ainsi que quelques palais des magnats ou grands seigneurs hongrois. L'archigymnase, les deux écoles principales, l'école de dessin et plusieurs hospices sont ses établissements littéraires et philanthropiques les plus importants. Fabriques de tabac, de cuir, de coutellerie et de vaisselle de cuivre; commerce; culture de vin rouge. Bains chauds très-fréquentés. La délicieuse île Marguerite, sur le Danube, est transformée en un charmant jardin. Bude fut prise par les Turcs, en 1541, et par les Autrichiens, sous Charles de Lorraine, en 1686; 34,000 hab.

BUDERICH ou **NEUF-BUDERICH**, pet. v. de Prusse, prov. rhénane, rég. de Dusseldorf, sur le Rhin, bâtie en 1814, à quelque distance de l'emplacement du Vieux-Buderich, détruit par les Français en 1813. Éducation du bétail et agriculture; 1067 hab.

BUDGEBUNGE ou **BADJBADJ**, v. de l'Inde anglaise, présidence et district de Calcutta; était autrefois une forteresse du nabab du Bengale.

BUDING, vg. de Fr., Moselle, arr. et poste de Thionville, cant. de Metzervisse; foulons et presse à apprêter les draps; 550 h.

BUDINGEN, pet. v. du gr.-duché de Hesse-Darmstadt, principauté de la Haute-Hesse; 2300 hab.

BUDLEY, sur l'Otter, dans le comté de Devon, en Angleterre; patrie du fameux amiral Walther Raleigh, décapité à Westminster, en 1618.

BUDLING, vg. de Fr., Moselle, arr. et poste de Thionville, cant. de Metzervisse; 850 hab.

BUDNA, pet. v. fortifiée d'Autriche, gouv. du roy. de Dalmatie, cer. de Cattaro, sur une presqu'île, avec un port; 1000 hab.

BUDNIAN, b. d'Autriche, gouv. du roy. de Bohême, cer. de Beraun, au pied du mont Carlstein, au sommet duquel s'élève un château fort où l'on conservait autrefois les joyaux de l'empire; 1500 hab.

BUDOS, vg. de Fr., Gironde, arr. de Bordeaux, cant. et poste de Podensac; 940 hab.

BUDWEIS, *Budovicium*, v. d'Autriche, gouv. du roy. de Bohême, cer. de Budweis, sur la Moldau; chef-lieu du cercle, siège des autorités et d'un évêque. Institut théologique et philosophique. Fabr. de draps et de salpêtre. C'est à Budweis que commence le grand chemin de fer qui va jusqu'à Gmund, dans la Haute-Autriche. C'est le premier chemin de fer à grande dimension, qui ait été ouvert sur le continent européen. Il n'a pas moins de 100 milles de long et passe par Freistadt, Linz, Wels et Lambach, et forme la jonction du bassin de l'Elbe avec celui du Danube. Son commerce est très-florissant. Le comte de Mansfeld y fut défait par l'armée impériale, le 9 juin 1619. La population de la ville est de 7000 hab. et celle du cercle de 180,000.

BUÉ, vg. de Fr., Cher, arr., cant. et poste de Sancerre; 980 hab.

BUECH, riv. de Fr., a sa source dans le dép. de la Drôme, dans le cant. de Chatillon, arr. de Die; elle coule du N. au S.-E., entre dans le dép. des Hautes-Alpes, dont elle traverse la partie S.-O., en passant par Aspres-les-Veyne, Serres, Laragne et Ribiers, et se jette dans la Durance à Sisteron, Basses-Alpes, après un cours de 20 l. dont 15 de flottage.

BUEIL, vg. de Fr., Eure, arr. d'Évreux, cant. et posté de Pacy-sur-Eure; 300 hab.

BUEIL, vg. de Fr., Indre-et-Loire, arr. de Tours, cant. et poste de Neuvy-le-Roi; 660 hab.

BUEIL (Saint-), vg. de Fr., Isère, arr. de la Tour-du-Pin, cant. de St.-Geoirs, poste du Pont-de-Beauvoisin; 260 hab.

BUEL (Saint-), ham. de Fr., Isère, com. de St.-Geoirs; 240 hab.

BUELLAS, vg. de Fr., Ain, arr., cant. et poste de Bourg-en-Bresse; 560 hab.

BUENA-GUARDIA, fort à l'embouchure du Casiquiari dans l'Orénoque, rép. de Vénézuela, dép. de l'Orénoque, prov. de Guyane.

BUENAVENTURA, prov. de la rép. de la Nouvelle-Grenade, dép. de Cauca. Cette province, formée il y a quelques années seulement, se compose du littoral de la prov. de Choco et du dist. de Barbacoas, faisant autrefois partie de la prov. de Quito. Elle s'étend le long du Grand-Océan, depuis le Rio-de-San-Juan jusqu'au Rio-Mira, sur une longueur de 90 l. C'est un pays aride, peu cultivé et n'offrant que de rares habitations, borné par les prov. de Choco, de Popajan et de Los-Pastos, par la rép. de l'Ecuador et l'Océan. San-Buénaventura, misérable village, mais très-important par la belle baie de son nom, est le chef-lieu de cette province. Le gouverneur réside à Yscuenda.

BUENAVENTURA, b. des états mexicains, dans la Nouvelle-Californie, sur l'Océan Austral. Il fut fondé en 1782; station de missionnaires; 1200 hab.

BUENAVISTA, fort dans les états mexicains, état de Sonora-et-Cinaloa, au S. de Hostimuri, sur l'Yagui. Ce fort est établi pour garder et protéger les mines d'or situées dans son voisinage.

BUENAVISTA. *Voyez* BONAVISTA et TINIAN.

BUÉNOS-AYRES (Bon-Air), état ou prov. des états unis du Rio-de-la-Plata (rép. Argentine), s'étend depuis le confluent de l'Arroya-del-Medio et du Parana, le long de la rive gauche de ce fleuve et du Rio-de-la-Plata jusqu'au Rio-Salado, qui s'embouche dans la baie de Somborombon. Si l'on y comprend les établissements nouvellement fondés par l'état sur le Rio-Négro, le Rio-Colorado, etc., cette province s'étend jusqu'à la Bahia-Blanca.

La province de Buénos-Ayres est bornée au N. par le Rio-de-la-Plata et le Rio-Parana, qui la séparent de la rép. de l'Uruguay, et la prov. de Santa-Fé; au N.-O. par la prov. de Cordova, à l'O. par celles de San-Luis et de Mendoza; au S. elle est contigue aux plaines encore inhabitées de la Patagonie. Toute la partie habitée de cette province est située dans la fertile région des Pampas, où l'agriculture et l'éducation du bétail se trouvent dans un état très-florissant. Dans les villes on s'adonne surtout au commerce qui y est d'une grande importance. La population de toute la province, les différentes hordes d'Indiens (Puelches, Moluques) y comprises, se monte à 163,000 âmes.

BUÉNOS-AYRES (Bon-Air), capitale de l'état de ce nom et de toute la rép. Argentine ou du Rio-de-la-Plata; siége du congrès, du président de la république et de toutes les autorités supérieures civiles et militaires, ainsi que d'un archevêque. Cette ville, fondée par les Espagnols, en 1535, est située sur la rive droite du Rio-de-la-Plata, sous le 34° 36′ 28″ de lat. S. et le 60° 34′ 26″ de long. O., à 3100 l. de Paris. Elle est non seulement la ville la plus peuplée, la plus riche et la plus commerçante de la confédération, mais une des principales places de commerce du Nouveau-Monde et un de ses principaux foyers d'instruction et de civilisation. Quoique située près de l'embouchure d'un des plus grands fleuves du monde, elle n'a pas de port pour les gros navires, à cause de plusieurs bancs de sable qui entravent la navigation. Buénos-Ayres n'a qu'un fort pour toute défense et est assez bien bâti. De belles rues régulières et pavées, avec des trottoirs, de belles maisons, quoique presque toutes d'un seul étage, quelques vastes bâtiments, de nombreuses églises avec leurs dômes et leurs clochers rendent agréable l'aspect de cette ville, dont le climat justifie le nom que son fondateur Mendoza lui a donné. La cathédrale, l'église de San-Francisco, celle de la Merced, la banque et l'hôtel des monnaies, le grand-hôpital, la chambre des députés sont ses édifices les plus remarquables; on doit aussi mentionner le fort. On peut dire, sans exagération, que Buénos-Ayres, sous le rapport des ressources scientifiques et littéraires, tient le premier rang parmi les grandes villes de l'Amérique méridionale ci-devant espagnole. Parmi les nombreux établissements auxquels elle doit cet avantage, nous citerons l'université, qui, pour le nombre et le talent des professeurs, comme pour la méthode d'enseignement, est une des premières du Nouveau-Monde; M. Isabelle dit qu'elle a été organisée en 1833, sur un nouveau plan assez semblable à celui de l'ancienne université de France. Ce même voyageur, qui l'a visitée il y a quelques années, nomme encore parmi les principales écoles spéciales, l'académie commerciale, l'académie argentine, l'académie des provinces unies, le gymnase argentin, le lycée argentin et l'école des jeunes personnes. On doit citer encore le département topographique, l'observatoire, le cabinet de physique et celui de minéralogie, la bibliothèque publique, une des plus riches et des meilleures de toute l'Amérique méridionale, la société littéraire, instituée par M. Ribadavia. Nous ajouterons qu'aucune ville de l'Amérique du Sud ne pouvait, en 1826, soutenir la comparaison avec Buénos-Ayres, sous le rapport de l'activité de la presse périodique, surtout si l'on a égard au nombre respectif des habitants, car dans cette année on n'y publiait pas moins de dix-sept journaux; ce nombre était réduit à cinq ou six en 1834. Buénos-Ayres a été la capitale de la vice-royauté de ce nom, et, depuis l'indépendance, elle l'a été non seulement de l'état de Buénos-Ayres, mais, par intervalle, de tous les pays qui ont formé la confédération du Rio-de-la-Plata et de la république argentine. Malgré les sanglantes révolutions dont elle a été le théâtre depuis 1800, cette ville possède encore une population de 80,000 âmes; dans ce nombre on compte quelques milliers d'Anglais, d'Italiens, de Français, d'Allemands et d'autres nations d'Europe et d'Amérique.

BUÉNOS-AYRES ou **BON-AIRE**, île à 6 l. S. de celle de Curassao, possession hollandaise, dont elle dépend, Petites-Antilles. Elle est très-fertile, riche en sel et a un bon port, avec un établissement de commerce sur la côte S.-O.

BUESWILLER, vg. de Fr., Bas-Rhin, arr. de Saverne, cant. et poste de Bouxwiller; 400 hab.

BUFFALO, v. très-florissante des États-Unis de l'Amérique du Nord, état de New-York, comté de Niagara, dont elle est le chef-lieu, à l'endroit où le Niagara sort du lac Erié et sur le canal d'Erié; fait un commerce très-étendu avec Albany et l'Amérique anglaise; 13,000 hab.

BUFFALOE (fleuve). *Voyez* MISSISSIPI, MISSOURI, TENNESSÉE et YADKIN (fleuves).

BUFFALORA, b. d'Autriche, roy. Lombard-Vénitien, gouv. de Milan, délégation de Pavie, important par la douane qu'on y a établie et par un magnifique pont sur le Tessin; 2000 hab.

BUFFARD, vg. de Fr., Doubs, arr. de Besançon, cant. et poste de Quingey; 600 h.

BUFFIÈRES, vg. de Fr., Saône-et-Loire, arr. de Mâcon, cant. et poste de Cluny; 910 hab.

BUFFIGNÉCOURT, vg. de Fr., Haute-Saône, arr. de Vesoul, cant. d'Amance, poste de Faverney; tuilerie; 410 hab.

BUFFIGNY. *Voyez* SAINT-LOUP-DE-BUFFIGNY.

BUFFLE, lac d'une assez grande étendue dans l'Amérique septentrionale, Nouvelle-Bretagne, dist. des Indiens-Cuivre. Il est situé sous le 67° de lat. N.; c'est le lac le plus septentrional de l'Amérique.

BUFFON, vg. de Fr., Côte-d'Or, arr. de Semur, cant. et poste de Montbard; martinets et hauts-fourneaux; 450 hab.

BUFFON, une des plus grandes îles du groupe inhabité d'Arcole, dans l'archipel Bonaparte, sur la côte N.-N.-E. de la Terre de Witt, dans la Nouvelle-Hollande, Océanie.

BUG, riv. de la Russie d'Europe; elle prend sa source dans les environs de Mierzchobucz, non loin d'Oleska, fait depuis Piasecznia la frontière entre la Russie et la Pologne jusqu'à Sterdyn, où elle se dirige vers l'O., entre dans la Pologne et se jette dans la Vistule, près de Modlin; ses affluents sont la Hudawka, la Modanka, la Krzna, le Nuzzek, la Narew, grande rivière qui vient des marais de la Lithuanie.

BUGA ou **GUADALAXARA DE BUGA**, v. de la rép. de la Nouvelle-Grenade, dép. de Cauca, prov. de Popayan, à une lieue de Cauca et dans une vallée délicieuse et extrêmement fertile. Cette ville, fondée en 1588 par Domingo Lonzano, est bien bâtie et offre quelques beaux édifices. Elle est l'entrepôt d'un commerce d'ouvrages d'art qui viennent de l'Europe et passent dans les pays méridionaux; 6500 hab.

BUGARACH, vg. de Fr., Aude, arr. de Limoux, cant. et poste de Couiza; fabr. de chapeaux; jayet et plomb sulfuré aux environs; 870 hab.

BUGARD, vg. de Fr., Hautes-Pyrénées, arr. de Tarbes, cant. et poste de Trie; 220 hab.

BUGAS, pointe de terre dans la presqu'île de la Crimée, Russie d'Europe; on y a construit une forteresse avec un port où l'on trouve une petite station russe.

BUGEAT, vg. de Fr., Corrèze, arr. et à 7 l. O.-N.-O. d'Ussel, chef-lieu de cant. et poste de Meymac; 825 hab.

BUGEY, *Beugesia*, ci-devant pet. prov. de Fr., bornée au N. par la Franche-Comté, à l'O. par l'Ain qui la séparait de la Bresse; au S. le Rhône la sépare du Dauphiné et à l'E. de la Savoie; elle était habitée par les Ségusiens, les Allobroges et les Séquaniens. Les Romains la comprirent dans la première Lyonnaise. Conquise par les Bourguignons, elle passa ensuite sous la domination des Francs. Belley en était la capitale. Lors de la décadence du second royaume de Bourgogne, dont le Bugey fit aussi partie, des seigneurs particuliers se partagèrent cette contrée, et cette province échut aux sires de Thouars et de Villars, vers le milieu du onzième siècle. La Bresse ayant été incorporée à la Savoie, par le mariage de Sybille, fille du dernier sire de Bresse, les comtes, puis les ducs de Savoie conquirent aussi le Bugey. Pendant les guerres entre la France et la Bourgogne, alliée à la Savoie, Louis XI s'empara de plusieurs villes du Bugey, qui furent restituées par le traité de Péronne en 1468. Cette province fut cédée à la France en échange du marquisat de Saluces, en 1601, et fait aujourd'hui, avec la Bresse, partie du département de l'Ain.

BUGGENHOUT, vg. du roy. de Belgique, prov. de Flandre orientale, dist. de Dendermonde; 3000 hab.

BUGIS-WUGI ou **BOUGUIS**. Le peuple de ce nom, maintenant la nation la plus puissante de l'île Célèbès, est regardé par M. de Rienzi comme la souche des Malais et des Javanais. Les Bouguis, comme les Macassars, vivent simplement, mais ils sont très-adonnés aux plaisirs: les combats de coqs, les dés et les cartes leur servent de passe-temps. Braves et entreprenants, mais rusés, ils s'adonnent avec succès au commerce et à la navigation et forment presque seuls les équipages des bâtiments appelés *prahus*, employés dans le commerce maritime de la Malaisie. Ils sont en même temps d'intrépides pirates. Leur langue est un dialecte malaie; leur littérature est, dit-on, assez riche.

BUGLISE, vg. de Fr., Seine-Inférieure, com. de Cauville; 200 hab.

BUGNAC, vg. de Fr., Haute-Garonne, arr. de Villefranche-de-Lauragais, cant. de Lanta, poste de Caraman; 120 hab.

BUGNEIN, vg. de Fr., Basses-Pyrénées, arr. d'Orthez, cant. et poste de Navarrenx; 640 hab.

BUGNICOURT, vg. de Fr., Nord, arr. et poste de Douai, cant. d'Arleux; fabr. de sucre indigène; 720 hab.

BUGNIÈRES, vg. de Fr., Haute-Marne, arr. de Chaumont-en-Bassigny, cant. et poste d'Arc-en-Barrois; 350 hab.

BUGNY, vg. de Fr., Doubs, arr. et poste de Pontarlier, cant. de Montbenoît; 160 h.

BUGRES, nom général que les Paulistes donnent à différentes tribus d'Indiens qui habitent l'O. de la prov. do San-Paulo, emp. du Brésil.

BUGUE (le), b. de Fr., Dordogne, arr. et à 5 l. O.-N.-O. de Sarlat, chef-lieu de canton et poste; fabr. d'huile de noix, de serge, cadis, étamine et bonneterie; il est l'entrepôt pour les vins et les denrées que l'on transporte à Bordeaux; commerce de bœufs, porcs et bestiaux; tuilerie; 2440 hab.

BUHAWALBOUR. *Voyez* BAHAWALPOUR.

BUHL, vg. de Fr., Bas-Rhin, arr. de Wissembourg, cant. de Seltz, poste de Soultz-sous-Forêts; 690 hab.

BUHL, b. et chef-lieu de district du gr.-duché de Bade, cer. du Rhin-Moyen; 2560 hab.

BUHL ou BIUL, vg. de Fr., Meurthe, arr., cant. et poste de Sarrebourg; 830 hab.

BUHL, vg. de Fr., Haut-Rhin, arr. de Colmar, cant. de Guebwiller, poste de Soultz; fabr. de draps fins, filat., tissage de calicots. Tout près se trouve un établissement de bains qu'on dit efficaces contre les maladies cutanées, celles des nerfs et la constipation; 1160 hab.

BUHULIEN, vg. de Fr., Côtes-du-Nord, arr., cant. et poste de Lannion; papeterie; 1020 hab.

BUHY, vg. de Fr., Seine-et-Oise, arr. de Mantes, cant. et poste de Magny; 370 hab.

BUICOURT, vg. de Fr., Oise, arr. de Beauvais, cant. et poste de Songeons; marbre lumachelle; 280 hab.

BUIGNY-L'ABBÉ, vg. de Fr., Somme, arr. et poste d'Abbeville, cant. d'Ailly-le-Haut-Clocher; 530 hab.

BUIGNY-LES-GAMACHES, vg. de Fr., Somme, arr. et poste d'Abbeville, cant. de Gamaches; 490 hab.

BUIGNY-SAINT-MACLOUX, vg. de Fr., Somme, arr. et poste d'Abbeville, cant. de Nouvion-en-Ponthieu; 440 hab.

BUILHAC, vg. de Fr., Aude, com. de Roquefort-de-Sault; 410 hab.

BUILLON, ham. de Fr., Doubs, com. de Chenecey; tréfilerie et tôlerie; 120 hab.

BUINAK, v. du Daghestan, Russie d'Asie, dans les montagnes, résidence du prince héréditaire, du schamchal ou khan de Tarki. Une ville assez grande, dont on voit encore les ruines, existait anciennement dans le voisinage de Buinak.

BUIRE, vg. de Fr., Aisne, arr. de Vervins, cant. et poste d'Hirson; 300 hab.

BUIRE-AU-BOIS, vg. de Fr., Pas-de-Calais, arr. de St.-Pol-sur-Ternoise, cant. et poste d'Auxy-le-Château; 830 hab.

BUIRE-COURCELLES, vg. de Fr., Somme, arr., cant. et poste de Péronne; 440 hab.

BUIRE-LE-SEC, vg. de Fr., Pas-de-Calais, arr., cant. et poste de Montreuil-sur-Mer; 1100 hab.

BUIRE-SOUS-CORBIE, vg. de Fr., Somme, arr. de Péronne, cant. et poste d'Albert; fabr. de sucre indigène; 390 hab.

BUIRONFOSSE, vg. de Fr., Aisne, arr. de Vervins, cant. et poste de la Capelle; fabr. de sabots et de tulle; 2260 hab.

BUIS (le), *Buxium*, pet. v. de Fr., Drôme, arr. et à 4 l. S.-E. de Nions, chef-lieu de canton et poste; filat., fabr. de soie et d'huile d'olives; 2150 hab.

BUIS, vg. de Fr., Isère, com. de Cour; 300 hab.

BUIS (le), vg. de Fr., Haute-Vienne, arr. de Bellac, cant. et poste de Nantiat; 340 h.

BUISSARD, vg. de Fr., Hautes-Alpes, arr. de Gap, cant. et poste de St.-Bonnet; 210 hab.

BUISSE (la), b. de Fr., Isère, arr. de Grenoble, cant. et poste de Voiron; fabr. de toiles; 1340 hab.

BUISSIÈRE (la), vg. de Fr., Isère, arr. de Grenoble, cant. et poste de Touvet; 800 hab.

BUISSIÈRE (la), vg. de Fr., Pas-de-Calais, arr. et poste de Béthune, cant. d'Houdain; 830 hab.

BUISSON (le), vg. de Fr., Lozère, arr., cant. et poste de Marvejols; 850 hab.

BUISSON (le), vg. de Fr., Marne, arr. et poste de Vitry-le-Français, cant. de Thiéblemont; 270 hab.

BUISSON, ham. de Fr., Puy-de-Dôme, com. d'Auzelles; 200 hab.

BUISSON, vg. de Fr., Vaucluse, arr. d'Orange, cant. et poste de Viaison; fabr. de toiles de lin; 290 hab.

BUISSON (le), ham. de Fr., Haute-Vienne, com. de Ladignac; affineries et martinets; 110 hab.

BUISSONCOURT, vg. de Fr., Meurthe, arr. de Nancy, cant. et poste de St.-Nicolas-du-Port; 350 hab.

BUISSON-HOCPIN, ham. de Fr., com. d'Évreux; 240 hab.

BUISSONNIÈRE, ham. de Fr., Isère, com. de Vinay; 200 hab.

BUISSONS (Nègres) ou NÈGRES-MARRONS, peuplade de noirs originaires d'Afrique, vivant dans l'indépendance, sur les bords du Surinam et dans d'autres districts de la Guyane hollandaise. Ces nègres, originairement esclaves des Hollandais et des Anglais, surent se soustraire à la domination de ces colons, en se réfugiant dans les forêts de l'intérieur de la Guyane, où ils parvinrent à faire reconnaître leur indépendance, depuis 1766, et à former un petit état libre.

Cette petite nation, qui vit aujourd'hui dans des relations très-amicales avec les Hollandais, a souvent jeté l'épouvante dans cette riche colonie.

BUISSONS-VILLONS. *Voyez* VILLONS-LES-BUISSONS.

BUISSY-BARALLE, vg. de Fr., Pas-de-Calais, arr. d'Arras, cant. de Marquion, poste de Cambrai; 460 hab.

BUITENZOORG, résidence hollandaise de l'île de Java, bornée au N. par Batavia, à l'E. et au S. par les Préaugers et à l'O. par Boutam. C'est un pays montagneux, limité au S. par les monts Salak, qui faisaient autrefois partie de la résidence des Préaugers dont il a été séparé en 1745, pour former un district particulier. Il peut avoir 80,000 hab.

BUITENZOORG, v. ouverte, chef-lieu de la résidence du même nom, située sur un plateau, sous un climat délicieux. Elle renferme un beau château du gouverneur, rebâti en 1816, et entouré de belles plantations. Le général van der Capellen y a établi un jardin botanique, où l'on a rassemblé toutes les plantes de Java et un grand nombre de végétaux des Moluques, du Brésil, de la Chine, du Japon, du Bengale et de l'Australie; 5000 hab.

BUITRAGO, *Blitabrum*, b. d'Espagne, roy. de la Nouvelle-Castille, prov. de Guadalaxara, chef-lieu du district de même nom, à 15 l. de Madrid; château.

BUJALENCE, *Calpurniana*, v. d'Espagne, Andalousie, prov. de Séville, entourée de plantations d'oliviers; fabr. de draps; 9000 h.

BUJALEUF, vg. de Fr., Haute-Vienne, arr. de Limoges, cant. et poste d'Eymoutiers; 1940 hab.

BUK, pet. v. de Prusse, prov. et rég. de Posen, chef-lieu et siége des autorités du cer. de ce nom; fabr. de toiles et tanneries; 2200 hab.

BUKAREST (Bukarescht des Valaques), capitale de la Valachie, résidence de l'hospodar, d'un archevêque grec et des consuls étrangers. C'est une grande ville moderne, située dans une plaine marécageuse, sur la Dombovitza; de loin les tours de soixante églises et de quarante couvents, les jardins et les promenades dont elle est parsemée, lui donnent un aspect fort pittoresque; ses maisons sont presques toutes en briques et ses rues très-sales et pavées de madriers, au-dessous desquels sont creusés des canaux qui portent les immondices de la ville à la Dombovitza, ce qui, joint à l'humidité du sol, rend, en été surtout, l'air très-malsain; aussi la peste à plusieurs reprises, et le choléra-morbus en 1830, ont-ils fait de grands ravages à Bukarest. Le palais de l'hospodar, brûlé en 1813, ne présente que des ruines. Les hôtels des consuls autrichien et russe, le palais archiépiscopal, l'église métropolitaine et la tour de Kolza ou l'hôpital sont les bâtiments les plus remarquables. Les établissements publics y sont peu nombreux; nous ne citerons que le lycée, qui compte une douzaine de professeurs et trois cents étudiants, la bibliothèque publique, la société littéraire; on y publie un journal en valaque. Son industrie est peu considérable, mais son commerce est très-important; Bukarest est l'entrepôt de toute la Valachie; il consiste en vins, grains, cuirs, chanvre, tabac, cire et autres denrées du pays; une trentaine de caravansérails servent à la fois de couvents, d'hôtelleries et de magasins. Sa population s'élève à 80,000 habitants. Bukarest est comme le point de séparation entre l'Europe et le Levant; on y trouve des hommes de toutes les nations et un singulier mélange de mœurs européennes et orientales. Les Autrichiens et les Russes se sont plusieurs fois emparés de cette ville. Elle est célèbre par le traité de paix de 1812, qui fut conclu entre la Russie et la Porte ottomane, et qui permit à la première de ces puissances de concentrer tous ses efforts dans sa lutte avec Napoléon.

BUKOWINE, ancienne partie de la Moldavie, située entre le Pruth et le Dniester, réunie à la Gallicie depuis 1777, et formant depuis 1786 le cercle de Czernowitz; cédée par les Turcs à l'Autriche. Cette petite province sert à établir une liaison directe et une communication facile entre la Transylvanie et la Gallicie; son territoire est fort boisé et très-mal cultivé; sa population ne dépasse pas 200,000 hab. Elle est traversée par des ramifications des Karpathes; Czernowitz en est la capitale.

BUKTIR. *Voyez* BAKTIARI.

BUKURESD, vg. d'Autriche, gouv. de Transylvanie, pays des Hongrois; mines d'or et d'argent.

BULACAN, prov. de l'île de Luçon, Philippines; produit grains, sucre, poivre et indigo; le chef-lieu porte le même nom.

BULACH, chef-lieu d'un district dans le canton de Zurich, Suisse; 5000 hab.

BULAINVILLE, vg. de Fr., Meuse, arr. de Bar-le-Duc, cant. de Triaucourt, poste de Beauzée; 290 hab.

BULAMA. *Voyez* BOULAMA.

BULAN, vg. de Fr., Hautes Pyrénées, arr. de Bagnères-en-Bigorre, cant. et poste de la Barthe-de-Neste; 390 hab.

BULAWADDIN, la *Dinias* des Romains, est une pet. v. de l'Anadolie, Turquie d'Asie, située sur l'Akar-Su, qu'on passe sur un pont de 1080 pieds de long, bâti par le sultan Sélim.

BULCY, vg. de Fr., Nièvre, arr. de Cosne, cant. et poste de Pouilly-sur-Loire; 340 hab.

BULEIX, vg. de Fr., Arriège, com. de Soulan; 380 hab.

BULEON, vg. de Fr., Morbihan, arr. de Ploërmel, cant. de St.-Jean-Brévelay, poste de Josselin; 510 hab.

BULGARES, g. a., peuple de la Basse-

Mœsie, descendant des Scythes, qui fonda au septième siècle un royaume, conquis par les Turcs au quatorzième siècle, et formant depuis la province turque de Bulgarie.

BULGARIE, ancien roy. des Bulgares, prov. de la Turquie d'Europe, fait partie de l'eyalet de Roumili. La Bulgarie est bornée au N. par le Danube, à l'E. par la mer Noire, au S. par le Balkan, à l'O. par la Servie et renferme environ 1,800,000 hab. C'est un pays montagneux mais fertile, situé sous un beau climat. L'éducation du bétail y est florissante; on exporte du blé, du vin, du fer, du bois, de la cire, etc. Les Bulgares appartiennent à la famille slavo-tartare, parlent la langue serbe et professent, depuis 866, la religion chrétienne. La ville de Sophia (Triaditza des Bulgares), est la capitale de ce pays; Choumla, Silistrie, Varna, Vidin, etc., sont d'autres villes remarquables de la Bulgarie. Elle formait anciennement un royaume indépendant qui succomba; l'empereur Isaac-l'Ange le rétablit, mais il dépérit rapidement et devint la proie des Turcs; Bajazet consomma sa ruine en 1396, après la victoire de Nicopoli. Depuis ce temps la Bulgarie est restée province ottomane.

BULGNÉVILLE, b. de Fr., Vosges, arr. et à 5 1/2 l. S.-S.-E. de Neufchâteau, chef-lieu de canton et poste; broderie sur mousseline, fabr. de poterie de terre, filat. de laine; et dans le canton, grandes fabriques d'agrafes, de pointes de Paris et de toiles communes; 1010 hab.

BULHON, vg. de Fr., Puy-de-Dôme, arr. de Thiers, cant. de Lezoux, poste du Pont-du-Château; 440 hab.

BULIMKUMBA, v. d'Afrique, autrement appelée Moiaharra, dans la Nigritie occidentale où Sénégambie.

BULKA, pet. v. d'Autriche, gouv. de la Basse-Autriche, cer. inférieur du Mannhartsberg, sur la Bulka; 3000 hab.

BULL, île très-boisée, à l'E. de la baie de Sandusky, sur la côte de l'état d'Ohio, États-Unis de l'Amérique du Nord.

BULLAINVILLE, vg. de Fr., Eure-et-Loir, arr. de Châteaudun, cant. et poste de Bonneval; 320 hab.

BULLAQUE. *Voyez* BALLAQUE.

BULLE, vg. de Fr., Doubs, arr. et poste de Pontarlier, cant. de Levier; 510 hab.

BULLE, *Bulium*, pet. v. de Suisse, cant. de Fribourg, chef-lieu d'arrondissement; fromages de Gruyère; 1800 hab.

BULLECOURT, vg. de Fr., Pas-de-Calais, arr. d'Arras, cant. de Croisilles, poste de Bapaume; 580 hab.

BULLERS-OF-BUCHAN. *Voyez* BUCHANESS.

BULLES, b. de Fr., Oise, arr. et cant. de Clermont, poste de Bresles; manufactures de toiles fines; 1070 hab.

BULLET, comté de l'état de Kentucky, États-Unis de l'Amérique du Nord; il est borné par les comtés de Jefferson, de Shelby, de Nelson et de Hardin. Il est arrosé par le Salt qui y reçoit le Rolling et se jette dans l'Ohio; chef-lieu Stephensville; 7000 hab.

BULLETIÈRE (la), ham. de Fr., Eure, com. de Thiberville; 200 hab.

BULLIGNY, vg. de Fr., Meurthe, arr., cant. et poste de Toul; 860 hab.

BULLION, vg. de Fr., Seine-et-Oise, arr. de Rambouillet, cant. de Dourdan, poste de Limours; briqueterie, tuilerie; 810 hab.

BULLOCK, comté de l'état de Géorgie, États-Unis de l'Amérique du Nord; il est borné par les comtés d'Émanuel, de Scriven, d'Effingham, de Bryan et de Tatnell. L'Ogeechy et la Cannouchée sont les deux principales rivières du pays; chef-lieu Statesborough; 4000 hab.

BULLOM (riv.). *Voyez* SIERRA-LEONE.

BULLOM, contrée d'Afrique, au N. du fleuve Sierra-Leone, Haute-Guinée, Nigritie maritime, habitée par les Bulloms.

BULLOU, vg. de Fr., Eure-et-Loir, arr. de Châteaudun, cant. et poste de Brou; 460 hab.

BULLS-ISLES, groupe de petites îles, dans la baie de la Trinité, au S.-E. de l'île de Terre-Neuve.

BULLY, vg. de Fr., Calvados, arr. de Caen, cant. et poste d'Evrecy; 180 hab.

BULLY, vg. de Fr., Loire, arr. de Roanne, cant. et poste de St.-Germain-Laval; 770 h.

BULLY, vg. de Fr., Pas-de-Calais, arr. de Béthune, cant. et poste de Lens; 500 hab.

BULLY, vg. de Fr., Rhône, arr. de Lyon, cant. et poste de l'Arbresle; carrières de marbre, couleur isabelle; mine de houille; 1180 hab.

BULLY, vg. de Fr., Seine-Inférieure, arr., cant. et poste de Neufchâtel-en-Bray; 1390 hab.

BULSAU ou **BULSAUR**, v. et port dans l'Inde anglaise, près de Bombay, au S. de Surate; fabr. de cotonnades et d'autres étoffes; commerce de bois, de blé, etc.

BULSON, vg. de Fr., Ardennes, arr. et poste de Sédan, cant. de Raucourt; 260 h.

BULT, vg. de Fr., Vosges, arr. d'Épinal, cant. de Bruyères; 410 hab.

BULTIGLIERA-D'ASTI, b. du Piémont, roy. de Sardaigne; grand commerce de vins; 3000 hab.

BUMBO, pet. contrée d'Afrique, Nigritie maritime, Guinée inférieure, roy. de Benguéla; très-belle et fertile. Ses habitants sont agriculteurs et cultivent surtout du millet, du maïs, de l'orge, des fèves et du tabac.

BUMM, v. de la Perse, prov. de Kerman, située sur une hauteur, bien fortifiée et défendue par une citadelle.

BUN, vg. de Fr., Hautes-Pyrénées, arr. et poste d'Argelès, cant. d'Aucun; 510 hab.

BUNAUX (les). *Voyez* SAINT-MARTIN-AUX-BUNEAUX.

BUNBURY. *Voyez* RICHMOND (baie).

BUNCEY, vg. de Fr., Côte-d'Or, arr., cant. et poste de Châtillon-sur-Seine; 510 h.

BUNCH. *Voyez* SIERRA-LEONE.

BUNCOMBE, comté de l'état de la Caroline du Nord, États-Unis de l'Amérique du Nord; il est borné par les états de Tennessée et de la Caroline du Sud et par les comtés de Burke, d'Ashe et de Rutherford. C'est un pays bien arrosé, montueux au N. et à l'E. où s'élèvent les Bald-Mountains, entrecoupé de belles vallées très-fertiles et de vastes forêts. Minéraux de différentes espèces, eaux thermales et minérales; chef-lieu Morristown; 12,000 hab.

BUNDELKUND, *Bundela*, dist. de l'Inde anglaise, présidence de Calcutta; pays montagneux, arrosé par la Betna et la Keane. Une partie seulement de son territoire appartient immédiatement aux Anglais; le reste est régi par des radjahs tributaires. Il est riche en mines de diamants.

BUNDER-CASSIM, port d'Afrique, région de l'Afrique orientale, pays des Somaulis, non loin du cap Félis. On en exporte beaucoup d'encens qu'on récolte dans le voisinage de Guardafui.

BUNDFORD, pet. v. du Haut-Canada, dist. de Londres; 1300 hab.

BUNGAY, pet. v. d'Angleterre, comté de Suffolk, sur la Wawency; 3000 hab.

BUNNAUS (Vanasa), *Banas*, fl. de l'Inde, prend sa source dans l'Adjmir, reçoit les eaux de plusieurs affluents et se jette dans le golfe de Cuteh.

BUNNEVILLE, vg. de Fr., Pas-de-Calais, arr. et cant. de St.-Pol-sur-Ternoise, poste de Frévent; 220 hab.

BUNNO-BONNEVAUX, vg. de Fr., Seine-et-Oise, arr. d'Étampes, cant. de Milly, poste de Gironville; 400 hab.

BUNNU, gr. plaine de l'Afghanistan, arrosée par le Kurrum, très-fertile et couverte de villages. Les habitants appartiennent à la tribu des Damanes.

BUNOL, b. d'Espagne, roy. de Valence, fabr. de draps; 2500 hab.

BUNTOKOO, v. d'Afrique, Nigritie intérieure ou Soudan. Elle est bien bâtie et située à onze journées O.-N.-O. de Coumassie. Les Maures y dominent.

BUNUS, vg. de Fr., Basses-Pyrénées, arr. de Mauléon, cant. d'Iholdy, poste de St.-Palais; 390 hab.

BUNZAC, vg. de Fr., Charente, arr. d'Angoulême, cant. et poste de la Rochefoucauld; 570 hab.

BUNZLAU, cer. d'Autriche, gouv. de Bohême. Ses bornes sont au N. la Saxe, au N.-E. la Prusse, à l'E. le cercle de Bidschow, au S. celui de Kaurzim, à l'O. ceux de Rakonitz et de Leitmeritz; 77 l. c. géogr., avec 400,000 habitants, répartis dans 26 villes, 30 bailliages et 1032 villages. Il est arrosé par l'Elbe, la Moldau et l'Iser.

BUNZLAU, *Boleslavia*, v. fortifiée de Prusse, prov. de Silésie, rég. de Liegnitz, sur la rive droite du Bober, chef-lieu de cercle. Ses principaux édifices sont: l'hôtel de ville, l'hospice des orphelins et l'école normale, réunie à l'hospice depuis 1828. Fabriques de draps, de toiles, de bas, de broderies, de tabac et de pipes; la poterie de Bunzlau est très-recherchée et exportée jusqu'en Russie. Commerce de blé, de fil et bétail. La place du Marché est ornée du monument érigé en l'honneur du prince Kutusow-Smolenskei, général russe, mort en cette ville, le 28 avril 1813. Bunzlau est la patrie des poëtes lyriques Opitz, mort en 1639, et Tscherning, mort en 1659. La population du cercle est de 47,520 hab., et celle de la ville de 5065.

BUOUX, vg. de Fr., Vaucluse, arr. et poste d'Apt, cant. de Bonnieux; 240 hab.

BUQUET (le), vg. de Fr., Seine-Inférieure, com. de la Gaillarde; 420 hab.

BURANO, v. d'Autriche, roy. Lombard-Vénitien, gouv. de Milan, prov. de Venise; belle cathédrale; fabr. de belles dentelles de fil; 10,000 hab.

BURBACH, vg. de Fr., Bas-Rhin, arr. de Saverne, cant. de Drulingen, poste de Saar-Union; 575 hab.

BURBANCHE (la), vg. de Fr., Ain, arr. et poste de Belley, cant. de Virieux-le-Grand; 510 hab.

BURBURATA, pet. v. et port, rép. et dép. de Vénézuela, prov. de Carabobo. Cet endroit, autrefois très-florissant, a beaucoup perdu depuis les dernières guerres. Salines très-considérables dans les environs. Les îles Burburata se trouvent en face de la ville; 2060 hab.

BURBURE, vg. de Fr., Pas-de-Calais, arr. de Béthune, cant. de Norrent-Fontes, poste de Lillers; 820 hab.

BURCHÈRE (Grand et Petit-), ham. de Fr., Saône-et-Loire, com. d'Azé; 240 hab.

BURCIN, vg. de Fr., Isère, arr. de la Tour-du-Pin, cant. et poste du Grand-Lemps; bétail; 580 hab.

BURCY, vg. de Fr., Calvados, arr. de Vire, cant. et poste de Vassy; 670 hab.

BURCY, vg. de Fr., Seine-et-Marne, arr. de Fontainebleau, cant. et poste de la Chapelle-la-Reine; 370 hab.

BURDAH, v. d'Afrique, Nigritie occidentale ou Sénégambie.

BURDENTOWN, b. des États-Unis de l'Amérique du Nord, état de New-Jersey, comté de Burlington; commerce actif; 2000 hab.

BURDIGNE, vg. de Fr., Loire, arr. de St.-Étienne, cant. et poste de Bourg-Argental; 990 hab.

BURDWAN ou BARDWAN, v. de l'Inde anglaise, présidence et à 56 milles N.-O. de Calcutta; elle est assez grande et fabrique beaucoup d'étoffes de coton. Les Mongols la regardent comme une ville sacrée, parce qu'elle renferme le tombeau d'Ibrahim Sukka, un de leurs saints; 54,000 hab.

BURE, capitale de la prov. de Damot, roy. d'Amhara, Abyssinie, Afrique.

BURE, vg. de Fr., Meuse, arr. de Bar-le-Duc, cant. de Moutiers-sur-Saux, poste de Gondrecourt; 350 hab.

BURÉ, vg. de Fr., Orne, arr. de Mortagne-sur-Huîne, cant. de Bazoches-sur-Hoëne, poste du Mesle-sur-Sarthe; 310 h.

BURE-LA-VILLE, ham. de Fr., Moselle, com. de St.-Pancré; 190 hab.

BURE-LES-TEMPLIERS, vg. de Fr., Côte-d'Or, arr. de Châtillon-sur-Seine, cant. et poste de Recey-sur-Ource; 690 hab.

BURELLES, vg. de Fr., Aisne, arr., cant. et poste de Vervins; 510 hab.

BUREN, pet. v. du roy. des Pays-Bas, prov. de Gueldres, dist. de Thiel; bien bâtie; vieux château; 2000 hab.

BUREN, *Bura*, v. fortifiée de Prusse, prov. de Westphalie, rég. de Minden, au confluent de l'Alme et de l'Alfte, chef-lieu et siège des autorités du cercle. Fabr. de toiles, papeterie et verrerie. Buren était autrefois le chef-lieu d'une seigneurie appartenant aux jésuites; source d'eau minérale; 1700 hab.

BUREN, pet. v., chef-lieu d'arrondissement, cant. de Berne, en Suisse; 1600 hab.

BURENS. *Voyez* BESSIÈRE-BURENS (la).

BURES, vg. de Fr., Calvados, arr. de Caen, cant. et poste de Troarn; 310 hab.

BURES, vg. de Fr., Calvados, arr. et poste de Vire, cant. de Beny-Bocage; 410 hab.

BURES, vg. de Fr., Meurthe, arr. de Château-Salins, cant. de Vic, poste de Moyenvic; 220 hab.

BURES, vg. de Fr., Orne, arr. d'Alençon, cant. de Courtemer, poste de Mesle-sur-Sarthe; 550 hab.

BURES, vg. de Fr., Seine-et-Oise, arr. de Versailles, cant. de Palaiseau, poste d'Orçay; 340 hab.

BURES, vg. de Fr., Seine-et-Oise, com. d'Orgeval-et-Morainvilliers; 390 hab.

BURES, vg. de Fr., Seine-Inférieure, arr. et poste de Neufchâtel-en-Bray, cant. de Loudinières; 470 hab.

BURET (le), vg. de Fr., Mayenne, arr. de Château-Gontier, cant. et poste de Grezen-Bouère; 750 hab.

BUREY, vg. de Fr., Eure, arr. d'Évreux, cant. et poste de Conches; 110 hab.

BUREY-EN-VAUX, vg. de Fr., Meuse, arr. de Commercy, cant. et poste de Vaucouleurs; 570 hab.

BUREY-LA-COTE, vg. de Fr., Meuse, arr. de Commercy, cant. et poste de Vaucouleurs; 310 hab.

BURG, vg. de Fr., Hautes-Pyrénées, arr. de Tarbes, cant. et poste de Tournay; 600 h.

BURG ou BOURG, pet. v. de Prusse, prov. rhénane, rég. de Dusseldorf, au confluent de la Burg ou Esch avec la Wupper; fabr. de couvertures et d'ouvrages en fer et en acier; 1470 hab.

BURG, v. fortifiée de Prusse, prov. de Saxe, rég. de Magdebourg, sur l'Ihle; fabr. considérables de draps et commerce de laine; culture du tabac et du houblon; maison d'éducation pour les enfants pauvres; 13,000 hab.

BURGALAIS, vg. de Fr., Haute-Garonne, arr. de St.-Gaudens, cant. et poste de St.-Béat; 370 hab.

BURGARONNE, vg. de Fr., Basses-Pyrénées, arr. d'Orthez, cant. et poste de Sauveterre; 220 hab.

BURGAS, *Bergulæ*, v. dans la Turquie d'Europe, eyalet de Roumili, sur le golfe de la mer Noire qui porte son nom. Les habitants sont la plupart pêcheurs.

BURGAU, *Burgavia*, v. de Bavière, sur la Mundel, chef-lieu et siège des autorités du district de ce nom, cer. du Danube-Supérieur, à 10 l. d'Augsbourg. Tanneries, fabr. de colle. Le margraviat de Burgau a été cédé par l'Autriche à la Bavière, en 1805; pop. de la ville 1800 hab., du district 13,000.

BURGAUD (le), vg. de Fr., Haute-Garonne, arr. de Toulouse, cant. et poste de Grenade-sur-Garonne; 930 hab.

BURGBERNHEIM, b. de la Bavière, dist. et à 3 l. de Windsheim, cer. de la Rezat; tanneries; commerce de bétail et carrières de plâtre; dans le voisinage un bain minéral; 1360 hab.

BURGDORF, pet. v. de Suisse, cant. de Berne, chef-lieu de district, dans une position charmante, à 1800 pieds au-dessus de la mer, non loin de la rivière Emmen et au sortir de l'Emmenthal. Elle possède un château bâti au septième siècle, et dans lequel Pestalozzi établit d'abord son institut; 1900 h.

BURGEBRACH, b. de la Bavière, chef-lieu et siège des autorités du district de ce nom, cer. du Mein-Supérieur, à 3 l. de Bamberg, sur l'Ebrach. Les environs sont boisés; culture et commerce de blé; le bourg a 800 hab. et le dist. 9000.

BURGEO (îles de) ou ILES DE L'ECLIPSE, groupe d'îles au S. de l'île de Terre-Neuve, à l'entrée de la baie de Walf. Elles portent le dernier nom, parceque Cook y observa une éclipse solaire, en 1765.

BURGH. *Voyez* DUFFUS.

BURGHASSLACH, b. de la Bavière, siège des autorités du dist. de ce nom, cer. de la Rezat, à 4 l. de Castell et de Possenheim; le bourg a 870 hab. et le dist. 3500.

BURGHAUSEN, v. de Bavière, avec un château; siège des autorités du district de ce nom, cer. du Danube-Inférieur; fabr. de draps et de savon; mégisserie; fonderie de cloches et moulin à poudre. Elle a été presque entièrement réduite en cendres par la foudre, en 1504. La ville a 2250 hab., le district 11,400 hab.

BURGH-CASTLE, b. d'Angleterre, comté de Suffolk, sur le Waweney. On y voit les ruines d'un château fort, déjà connu du temps des Romains.

BURGHEIM, vg. de Fr., Bas-Rhin, arr. de Schléstadt, cant. d'Obernai, poste de Barr; 225 hab.

BURGILLE, vg. de Fr., Doubs, arr. de Besançon, cant. d'Audeux, poste de Marnay; 270 hab.

BURGKUNSTADT, pet. v. de Bavière, dist. de Weissmaie, cer. du Mein-Supérieur; 1360 hab.

BURGLENFELD, v. de la Bavière, siége des autorités du district de ce nom., cer. de Regen, à 6 l. de Ratisbonne. Tanneries et fabriques de pierres à feu avec du silex tiré d'une carrière des environs. En 1504, la ville fut prise et son château incendié par les Bohémiens. En 1633, les Suédois s'en emparèrent, mais ils furent forcés de l'abandonner aux impériaux, en 1641, après l'avoir livrée aux flammes. Sa population est de 1490 hab., celle du district de 17,100.

BURGNAC, vg. de Fr., Haute-Vienne, arr. de Limoges, cant. et poste d'Aixe; 460 hab.

BURGOS, prov. d'Espagne, roy. de la Vieille-Castille, bornée au N. par le golfe de Biscaye, à l'E. par les prov. de Biscaye, d'Alava et de Soria, au S. par la prov. de Ségovie et à l'O. par celles de Valadolid, Palencia, Torro et la principauté des Asturies. Sa superficie est de 361 l. c. géogr. et sa population de 612,000 habitants, répartis dans 5 villes, 583 bourgs et 1118 villages. Le pays est élevé, entouré et sillonné de chaînes de montagnes dont les principales sont, au N. les monts Cantabres qui séparent la plaine du district de la Montana; au centre, la Sierra de Ossa, une des plus âpres et des plus hautes de la péninsule; au N. les Sierras de Lorenzo, St.-Millan, St.-Cruy et d'Umbra. Elles sont généralement escarpées et stériles; les monts Cantabres seuls sont boisés. La province est traversée de l'E. à l'O. par le Duero et du N.-O. au S.-E. par l'Ebre. Le climat est tempéré, l'été frais, l'hiver quelquefois assez froid, surtout dans les montagnes; dans les vallées, le sol est pierreux et sablonneux et ne produit guère que des châtaignes; la culture des fruits et de l'olivier y est sans importance; le vin réussit mieux, mais ne se conservant pas au-delà de l'année, il ne sert qu'à la consommation locale. Dans les régions inférieures, aux environs de Burgos, il y a des plaines fertiles, qui produisent du blé et des fruits en abondance, de l'huile, du chanvre, du lin et de la garance. L'éducation et le commerce du bétail sont considérables, mais l'agriculture est peu avancée; forges et tanneries importantes; manufactures d'étoffes de coton et de toile, de chapeaux et de poterie. L'exportation se réduit au fer forgé, à la laine, peu de vin, du blé, et du poisson que l'on prend en grande quantité sur les côtes.

BURGOS, *Burgi*, v. d'Espagne, archevêché, chef-lieu et siége des autorités de la province et du district de ce nom, à 42 l. N. de Madrid; elle est entourée de collines, bâtie en demi-cercle sur l'Arlanzon, fortifiée et défendue par une citadelle établie sur un rocher; sur l'une de ses places on voit la statue de Charles III. Sa cathédrale, de 400 pieds de long sur 250 de large, est un monument gothique des plus remarquables; il y a plusieurs tombeaux des rois et reines de Castille et celui du Cid; l'hôtel de ville et le palais de Velásca sont dignes d'être vus; elle possède onze hôpitaux ou autres établissements de charité; un collége, reste de son ancienne université; une école de chirurgie, des manufactures de draps et d'étamine; elle est l'entrepôt du commerce des laines de la province. Patrie des grands capitaines castillans Fernando Gonzalès, auquel on y a élevé un arc de triomphe, et de Ruy Diaz de Viar, plus connu sous le nom de Cid, et du célèbre peintre Cerezo; 14,000 hab.

BURGSCHEIDUNGEN, vg. de Prusse, prov. de Saxe, rég. de Mersebourg, sur l'Unstrut. Le château de la seigneurie est un des plus beaux de la Thuringe, c'était autrefois une forteresse appelée Scheidingen et la résidence des rois de Thuringe; 330 h.

BURGSTEIN, vg. d'Autriche, gouv. du roy. de Bohême, cer. de Leitmeritz, près de Hayde; possède une verrerie, la plus ancienne et la plus célèbre de la Bohême, des manufactures de coton, de toile cirée et de glaces; 1000 hab.

BURGUÈDE (la), vg. de Fr., Tarn-et-Garonne, com. de St.-Nazaire; 220 hab.

BURGUNDIONES, g. a., peuple habitant au N. de la Germanie, sur les deux rives de l'Oder; il fonda le royaume de Bourgogne.

BURGWERDEN, vg. de Prusse, prov. de Saxe, rég. de Mersebourg, sur la Saale, avec une seigneurie. Le célèbre philosophe et poëte Ch.-H. Heydenreich y passa les dernières années de sa vie; sa tombe y est ornée d'un beau monument; 300 hab.

BURGY, vg. de Fr., Saône-et-Loire, arr. de Mâcon, cant. de Lugny, poste de St.-Oyen; 230 hab.

BURIAS. *Voyez* BISSAYES.

BURIE, vg. de Fr., Charente-Inférieure, arr. et à 4 l. E. de Saintes, chef-lieu de canton et poste; 1540 hab.

BURITICA, pet. v. de la rép. de la Nouvelle-Grenade, dép. de Cundinamarca, prov. d'Antioquia, sur la pente orientale des Andes et au pied du mont Hugum où l'on exploitait autrefois de riches mines d'or; 1600 hab.

BURIVILLE, vg. de Fr., Meurthe, arr. de Lunéville, cant. et poste de Blamont; 160 hab.

BURJASOT, b. d'Espagne, roy. et à 1/2 l. de Valence; 2000 hab.

BURKE, comté de l'état de Géorgie, États-Unis de l'Amérique du Nord; il est borné par les comtés de Richmond, de Scriven, d'Emanuel et de Jefferson. Le Savannah à l'E. et l'Ogeechy à l'O. sont les principales rivières de ce pays sablonneux et marécageux, mais présentant des districts très-propres à la culture du riz et du coton; 13,000 hab.

BURKE, comté de l'état de la Caroline du Nord, États-Unis de l'Amérique du Nord; il est borné par les comtés de Wilkes, d'Iredell, de Lincoln, de Rutherford et de Buncombe. Ce pays forme une vallée très-étendue entre les Alleghany et les monts Tricots, arrosée par la Catawba et ses affluents; 15,000 hab.

BURKE, une des îles dans l'archipel de Clarence, située dans le détroit de Torrès, entre la Nouvelle-Hollande et la Nouvelle-Guinée (Océanie).

BURKESVILLE. *Voyez* CUMBERLAND (comté).

BURLATS, b. de Fr., Tarn, arr. de Castres, cant. et poste de Roquecourbe; mines de plomb; 1500 hab.

BURLINGTON, comté de l'état de New-Jersey, États-Unis de l'Amérique du Nord; il est borné par les comtés de Hunterdon, de Middlesex, de Monmouth et de Gloucester, par l'état de Pensylvanie, dont il est séparé par le Delaware et l'Océan. Le pays s'élève le long du Delaware, où il présente une longue chaîne de collines très-propres à la culture de la vigne; le long de la mer s'étendent plusieurs marais salants. L'intérieur est couvert de vastes forêts de cèdres et de cyprès, entrecoupées de belles prairies qui nourrissent de nombreux troupeaux. Le Delaware et le Mullicus sont les principaux fleuves de ce comté.

BURLINGTON, v. des États-Unis de l'Amérique du Nord, état de New-Jersey, comté de Burlington, dont elle est le chef-lieu. Cette ville, fondée en 1677, est située sur le Delaware et en partie sur une île formée par ce fleuve et réunie à la ville par des ponts; elle est bien bâtie, a un vaste port, un bel hôtel de ville, une académie avec une bibliothèque publique, etc; distilleries d'eau-de-vie; commerce actif; 4600 hab.

BURLINGTON, pet. v. des États-Unis de l'Amérique du Nord, état de Connecticut, comté de Hartford; mines de fer et de cuivre; 2000 hab.

BURLINGTON, pet. v. des États-Unis de l'Amérique du Nord, état de New-York, comté d'Otségo; fabr. de draps; commerce; 3800 hab.

BURLINGTON, pet. v. des États-Unis de l'Amérique du Nord, état de Vermont, comté de Chittenden; elle a un bon port sur le lac Champlain et une petite université. C'est la ville la plus commerçante de l'état; 4000 hab.

BURLINGTON ou BRIDLINGTON, pet. v. d'Angleterre, comté d'York, sur la baie de Burlington; a un petit port défendu par deux batteries; 4000 hab.

BURLIONCOURT, vg. de Fr., Meurthe, arr., cant. et poste de Château-Salins; 460 h.

BURNAND, vg. de Fr., Saône-et-Loire, arr. de Mâcon, cant. et poste de St.-Gengoux-le-Royal; 400 hab.

BURNEVILLERS, vg. de Fr., Doubs, arr. de Montbéliard, cant. et poste de St.-Hyppolite; 160 hab.

BURNHAM, b. d'Angleterre, comté de Norfolk, avec un petit port sur le Burn.

BURNHAUPT-LE-BAS, vg. de Fr., Haut-Rhin, arr. de Belfort, cant. et poste de Cernay; blanchisserie; 1160 hab.

BURNHAUPT-LE-HAUT, vg. de Fr., Haut-Rhin, arr. de Belfort, cant. et poste de Cernay; 1170 hab.

BURNLEY, v. d'Angleterre, comté de Lancaster, sur le canal de Leeds-et-Liverpool; fabr. d'étoffes de laine et de coton; mines de houille; 5000 hab.

BURNOU. *Voyez* BORNOU.

BURNOW, vg. d'Écosse, comté d'Argyle, près des ruines de l'antique capitale de l'Écosse, Berignonium, qu'on présume avoir été détruite par l'éruption d'un volcan.

BURNT-ISLAND, île dans le Christmas-Sound (détroit de Noël), au S.-E. de l'île de la Terre-de-Feu.

BURNTISLAND, b. d'Écosse, comté de Fife, sur le Frith-of-Forth; fabr. de vitriol et raffineries de sucre; cabotage; pêche du hareng et des huîtres; construction de vaisseaux; bon port; 2330 hab.

BURNTWOOD (Indiens), peuplade indienne indépendante de la tribu des Tétonges; ils habitent la rive droite du Missouri dans le territoire de ce nom, États-Unis de l'Amérique du Nord.

BURO. *Voyez* BOUROU.

BURON, pet. île d'Angleterre, au N.-O. de l'île d'Alderney.

BURON, vg. de Fr., Calvados, com. de St.-Contest; 400 hab.

BURON-DE-LA-MEYRAND, ham. de Fr., Puy-de-Dôme, com. de la Meyrand; 130 h.

BUROS, vg. de Fr., Basses-Pyrénées, arr. et poste de Pau, cant. de Morlaas; 620 hab.

BUROSSE, vg. de Fr., Basses-Pyrénées, arr. de Pau, cant. et poste de Garlin; 120 hab.

BUROUGH, baie à l'O. du Nouveau-Cornouailles, Amérique septentrionale. Les Russes regardent cette baie comme la frontière méridionale de leurs possessions en Amérique.

BURRAMPOUTER. *Voyez* BRAHMAPOUTRA.

BURRAY, pet. île du groupe des îles Orkney, entre les îles Mainland et South-Ronaldsay, dont elle est séparée par le Watersund. Elle est fertile et produit beaucoup de blé et de légumes. Elle appartient à lord Dundas. Dans le voisinage se trouvent les petites îles Lamon, Glemsholm et Hunda; 2000 hab.

BURRET, vg. de Fr., Arriège, arr., cant. et poste de Foix; 520 hab.

BURRIANA, *Sepelaci*, pet. v. d'Espagne, roy. de Valence, dist. de Castello ; 7000 hab.

BURRILVILLE, pet. v. des États-Unis de l'Amérique du Nord, état de Rhode-Island, comté de Providence ; manufactures de coton ; 2500 hab.

BUR-SALUM, roy. d'Afrique, Nigritie occidentale ou Sénégambie. Sa longueur de l'E. à l'O. est de 60 l. et sa largeur du N. au S. de 25 l. Il est très-fertile et bien peuplé ; 300,000 hab.

BURSARD, vg. de Fr., Orne, arr. d'Alençon, cant. et poste de Mesle-sur-Sarthe ; 400 hab.

BURSFELDE, v. du roy. de Hanovre, gouv. de Hildesheim ; est connue pour son couvent, qui était avant la réformation une des plus fameuses abbayes de bénédictins.

BURSLEM, v. industrieuse d'Angleterre, comté de Stafford, près de Newcastle, sur le canal de Grand-Tronc. Poteries ; 10,000 hab.

BURTECOURT-AUX-CHÊNES, vg. de Fr., Meurthe, arr. de Nancy, cant. et poste de St.-Nicolas-du-Port ; 270 hab.

BURTONCOURT ou **BRETTENDORF**, vg. de Fr., Moselle, arr. de Metz, cant. de Vigy, poste de Boulay ; tuilerie, briqueterie, carrières de pierres de taille, plâtre gris et blanc ; 405 hab.

BURTON-UPON-TRENT, pet. v. d'Angleterre, comté de Stafford, sur la Trente qu'on y passe sur un pont de 34 arches. Fabriques de toiles de coton, de chapeaux, etc. On y travaille aussi le marbre et l'albâtre. Ses habitants jouissent encore de certains priviléges ; 4000 hab.

BURTSCHEID, v. de Prusse, prov. rhénane, rég. et près d'Aix-la-Chapelle, sur la Worm. Elle est très-industrieuse et possède 24 manufactures de draps et de casimir de toute espèce ; fabr. d'aiguilles à coudre et à tricoter, de dés, de toile cirée et de savon ; filat. de coton, teintureries, tanneries, mégisseries et commerce de laine. Bains minéraux très-fréquentés ; 5000 hab.

BURTULET, vg. de Fr., Côtes-du-Nord, com. du Duault ; 390 hab.

BURUCA, promontoire au S. des États-Unis de l'Amérique centrale, prov. de Costa-Rica. C'est la pointe la plus méridionale de l'état. On y voit les ruines d'un bourg autrefois très-florissant.

BURUDSCHERD, v. de la Perse, dans l'Irak-Adjemi. Elle est située à 18 l. de Hamadan, dans une vallée fertile et bien peuplée.

BURY, v. d'Angleterre, comté de Lancaster, sur l'Irwel. Manufactures de laine et de coton renommées dans toute l'Angleterre ; blanchisseries et moulins à foulon ; 11,000 h.

BURY, vg. de Fr., Oise, arr. de Clermont, cant. et poste de Mouy ; fabr. de serges ; 1410 hab.

BURY, pet. port sur la côte occidentale de la Nouvelle-Guinée, Océanie.

BURY-SAINT-EDMUNDS, *Faustini Villa*, v. d'Angleterre, comté de Suffolk, sur le Larke ; elle a 33 rues, 5 hôpitaux ; commerce de laine. A la St.-Mathieu il s'y tient un des plus grands marchés au blé du royaume ; 11,000 hab.

BURZET, b. de Fr., Ardèche, arr. et à 6 l. N. de l'Argentière, chef-lieu de canton, poste de Montpezat ; fab. de soie ; 3520 hab.

BURZY, vg. de Fr., Saône-et-Loire, arr. de Mâcon, cant. de St.-Gengoux-le-Royal, poste de Joncy ; 340 hab.

BUS, vg. de Fr., Pas-de-Calais, arr. d'Arras, cant. de Bertincourt, poste de Bapaume ; 490 hab.

BUS, vg. de Fr., Somme, arr. de Doullens, cant. et poste d'Acheux ; 790 hab.

BUS, vg. de Fr., Somme, arr. et cant. de Montdidier, poste de Roye ; 360 hab.

BUS, peuplade indienne indépendante, habitant les confins des provinces de Para et de Maranhao, emp. du Brésil.

BUSACHI, b. dans l'île de Sardaigne, div. de Cagliari ; 2000 hab.

BUSCA, v. du roy. de Sardaigne, division de Cuneo, sur la Maira. C'est une ville industrieuse, située au milieu d'une plaine fertilisée par d'innombrables canaux, alimentés par la Maira. On trouve dans ses environs du marbre blanc et gris, de l'albâtre, du fer, des cristaux, etc. ; 8000 hab.

BUSCO, v. épiscopale de la Valachie, sur la riv. du même nom ; très-déchue, avec environ 4500 hab.

BUSCHING. *Voyez* GRANDE-ILE.

BUSCHWILLER, vg. de Fr., Haut-Rhin, arr. d'Altkirch, cant. et poste d'Huningue ; 660 hab.

BUSEINS, vg. de Fr., Aveyron, arr. de Milhau, cant. et poste de Séverac ; 650 hab.

BUSIGNY, vg. de Fr., Nord, arr. de Cambrai, cant. de Clary, poste du Cateau ; fabr. de châles cachemires ; 2380 hab.

BUSK, pet. v. d'Autriche, gouv. du roy. de Gallicie, cer. de Zloczow, sur le Boug ; fabr. de cuir et de papier ; 3000 hab.

BUSLOUP, vg. de Fr., Loir-et-Cher, arr. de Vendôme, cant. de Morée, poste de Pezou ; 750 hab.

BUSNES, vg. de Fr., Pas-de-Calais, arr. de Béthune, cant. de Lillers, poste de St.-Venant ; 1500 hab.

BUSQUE, vg. de Fr., Tarn, arr. et poste de Lavaur, cant. de Graulhet ; 470 hab.

BUSSAC, vg. de Fr., Charente-Inférieure, arr. de Jonzac, cant. et poste de Montlieu ; 550 hab.

BUSSAC, vg. de Fr., Charente-Inférieure, arr., cant. et poste de Saintes ; 540 hab.

BUSSAC, vg. de Fr., Dordogne, arr. de Périgueux, cant. de Brantôme, poste de Bourdeilles ; 730 hab.

BUSSACO, monastère de carmes du Portugal, sur une montagne élevée, dans la prov. de Beira, dist. de Coïmbre. Il y eut, près de là, le 27 septembre 1810, entre les généraux Masséna et Wellington une affaire qui se décida en faveur du dernier.

BUS-SAINT-RÉMY, vg. de Fr., Eure, arr. des Andelys, cant. d'Ecos, poste des Thilliers-en-Vexin; 240 hab.

BUSSANG ou BILTZENBACH, b. de Fr., Vosges, arr., et à 6 l. S.-E. de Remiremont, cant. de Ramonchamp, poste du Tillot, dans une contrée pittoresque, au pied de la montagne de Jaye, près de l'une des sources de la Moselle; il possède cinq sources d'eau minérale qui jaillissent de hauts rochers, tout près de ce bourg. On exporte chaque année une grande quantité d'eau de Bussang; 2350 hab.

BUSSEAU (le), vg. de Fr., Deux-Sèvres, arr. et poste de Niort, cant. de Coulonges; 1100 hab.

BUSSEAUT, vg. de Fr., Côte-d'Or, arr. de Châtillon-sur-Seine, cant. et poste d'Aignay-le-Duc; 190 hab.

BUSSEN, mont. isolée de Wurtemberg, gr.-bge de Riedlingen. Elle est couronnée des ruines d'un château qui a été la résidence du comte Hérold Bussenius, beau-frère de Charlemagne, tué en 799 dans un combat contre les Huns. Les Suédois et les Wurtembergeois ont pris et incendié ce château en 1633.

BUSSÉOL, vg. de Fr., Puy-de-Dôme, arr. de Clermont-Ferrand, cant. de Vic-le-Comte, poste de Pont-du-Château; 380 hab.

BUSSEROLLES, vg. de Fr., Dordogne, arr. et poste de Nontron, cant. de Bussière-Badil; fourneaux et forges à martinets; 2190 hab.

BUSSEROTTE, vg. de Fr., Côte-d'Or, arr. de Dijon, cant. et poste de Grencey; 130 hab.

BUSSET, vg. de Fr., Allier, arr. de la Palisse, cant. et poste de Cusset; 1690 hab.

BUSSIARES, vg. de Fr., Aisne, arr. de Château-Thierry, cant. de Neuilly-St.-Front; 280 hab.

BUSSIÈRE, vg. de Fr., Loire, arr. de Roanne, cant. de Néronde, poste de St.-Symphorien-de-Lay; 1620 hab.

BUSSIÈRE (la), vg. de Fr., Loiret, arr. de Gien, cant. et poste de Briare; 610 hab.

BUSSIÈRE, vg. de Fr., Puy-de-Dôme, arr. de Riom, cant. et poste d'Aigueperse; 960 hab.

BUSSIÈRE (la), vg. de Fr., Vienne, arr. de Montmorillon, cant. et poste de St.-Savin; 1070 hab.

BUSSIÈRE-BADIL, b. de Fr., Dordogne, arr., à 3 l. N. et poste de Nontron, chef-lieu de canton; fabr. de briques, tuiles, chaux; forges; 1200 hab.

BUSSIÈRE-BOFFY, vg. de Fr., Haute-Vienne, arr. et poste de Bellac, cant. de Mézières; 1140 hab.

BUSSIÈRE-DUNOISE, b. de Fr., Creuse, arr. de Guéret, cant. et poste de Ste.-Vaury; 2810 hab.

BUSSIÈRE-GALANT, vg. de Fr., Haute-Vienne, arr. de St.-Yrieix, cant. et poste de Chalus; 1590 hab.

BUSSIÈRE-NOUVELLE, vg. de Fr., Creuse, arr. d'Aubusson, cant. et poste d'Auzances; 280 hab.

BUSSIÈRE-POITEVINE, *Buxerium Pictonum*, b. de Fr., Haute-Vienne, arr. et poste de Bellac, cant. de Mézières; 2050 h.

BUSSIÈRES, ham. de Fr., Côte-d'Or, arr. de Dijon, cant. et poste de Grancey; 120 h.

BUSSIÈRES, vg. de Fr., Saône-et-Loire, arr. et cant. de Mâcon, poste de St.-Sorlin; 420 hab.

BUSSIÈRES, vg. de Fr., Seine-et-Marne, arr. de Meaux, cant. et poste de la Ferté-sous-Jouarre; 410 hab.

BUSSIÈRES, vg. de Fr., Yonne, arr. d'Avallon, cant. de Quarré-les-Tombes, poste de Rouvray; 520 hab.

BUSSIÈRES-LES-BELMONT, vg. de Fr., Haute-Marne, arr. de Langres, cant. et poste du Fayl-Billot; 1820 hab.

BUSSIÈRES-LES-CLEFMONT, vg. de Fr., Haute-Marne, arr. de Chaumont-en-Bassigny, cant. et poste de Clefmont; 220 hab.

BUSSIÈRES-SAINT-GEORGES, vg. de Fr., Creuse, arr., cant. et poste de Boussac; 763 h.

BUSSIÈRES-SOUS-ROCHE-D'AGOUT, vg. de Fr., Puy-de-Dôme, arr. de Riom, cant. et poste de Pionsat; 600 hab.

BUSSIÈRES-SUR-L'OIGNON, vg. de Fr., Haute-Saône, arr. de Vesoul, cant. et poste de Rioz; 300 hab.

BUSSIÈRE-SUR-OUCHE (la), vg. de Fr., Côte-d'Or, arr. de Beaune, cant. de Pouilly-en-Montagne, poste de Sombernon; 700 h.

BUSSINARITS, vg. de Fr., Basses-Pyrénées, arr. de Mauléon, cant. et poste de St.-Jean-Pied-de-Port; 310 hab.

BUSSO, canal d'Autriche, roy. Lombard-Vénitien, gouv. de Venise.

BUSSOLENGO, pet. v. d'Autriche, roy. Lombard-Vénitien, gouv. de Milan, prov. ou délégation de Vérone, sur l'Adige; fabr. de toiles; 3000 hab.

BUSSOLLES, ham. de Fr., Allier, com. de Barrais; 200 hab.

BUSSON, vg. de Fr., Haute-Marne, arr. de Chaumont-en-Bassigny, cant. de St.-Blin, poste d'Andelot; 200 hab.

BUSSUREL, vg. de Fr., Haute-Saône, arr. de Lure, cant. et poste d'Héricourt; tissage de coton; 390 hab.

BUSSUS, vg. de Fr., Somme, arr., cant. et poste de Péronne; 540 hab.

BUSSUS-BUSSUEL, vg. de Fr., Somme, arr. et poste d'Abbeville, cant. d'Ailly-le-haut-Clocher; 570 hab.

BUSSY, vg. de Fr., Cher, arr. de St.-Amand-Mont-Rond, cant. et poste de Dun-le-Roi; 770 hab.

BUSSY, vg. de Fr., Oise, arr. de Compiègne, cant. et poste de Guiscard; 530 h.

BUSSY-ALBIEUX, vg. de Fr., Loire, arr. de Montbrison, cant. et poste de Boen; 650 hab.

BUSSY-AUX-BOIS, vg. de Fr., Marne, arr. de Vitry-le-Français, cant. et poste de St.-Remy-en-Bouzemont; 110 hab.

BUSSY-EN-OTHE, vg. de Fr., Yonne, arr. de Joigny, cant. de Brienon, poste de la Roche-sur-Yonne; fabr. de toiles, briques, carreaux; 1215 hab.

BUSSY-LA-COTE, vg. de Fr., Meuse, arr. et poste de Bar-le-Duc, cant. de Revigny; 200 hab.

BUSSY-LA-PESLE, vg. de Fr., Côte-d'Or, arr. de Dijon, cant. et poste de Sombernon; 290 hab.

BUSSY-LA-PESLE, vg. de Fr., Nièvre, arr. de Clamecy, cant. de Brinon-les-Allemands, poste de Varzy; 230 hab.

BUSSY-LE-CHATEAU ou **LES MOTTES**, vg. de Fr., Marne, arr. de Châlons-sur-Marne, cant. de Suippes, poste de Tilloy; 400 hab.

BUSSY-LE-GRAND, b. de Fr., Côte-d'Or, arr. de Semur, cant. et poste de Flavigny; forge, moulin à foulon; mérinos race pure; 850 hab.

Le satirique Bussy-Rabutin passa au chateau de ce bourg son temps d'exil, auquel il était condamné par Louis XIV.

BUSSY-LE-REPOS, vg. de Fr., Marne, arr. de Vitry-le-Français, cant. et poste de Heiltz-le-Maurupt; 400 hab.

BUSSY-LE-REPOS, vg. de Fr., Yonne, arr. de Joigny, cant. et poste de Villeneuve-le-Roi; 510 hab.

BUSSY-LES-DAOURS, vg. de Fr., Somme, arr. d'Amiens, cant. et poste de Corbie; 490 hab.

BUSSY-LES-POIX, vg. de Fr., Somme, arr. d'Amiens, cant. et poste de Poix; 230 hab.

BUSSY-LES-RAMONTS. *Voyez* CERNY-LES-BUCY.

BUSSY-LETTRÉE, vg. de Fr., Marne, arr. et poste de Châlons-sur-Marne, cant. d'Écury-sur-Coôle; 390 hab.

BUSSY-SAINT-GEORGES, vg. de Fr., Seine-et-Marne, arr. de Meaux, cant. et poste de Lagny; troupeau de mérinos; 540 hab.

BUSSY-SAINT-MARTIN, vg. de Fr., Seine-et-Marne, arr. de Méaux, cant. et poste de Lagny; 300 hab.

BUST, vg. de Fr., Bas-Rhin, arr. de Saverne, cant. de Drulingen, poste de Phalsbourg; 445 hab.

BUSTANICO, vg. de Fr., Corse, arr. et poste de Corte, cant. de Sermano; 280 hab.

BUSTAR, v. de l'Inde anglaise, prov. de Gundwânâ, siége d'un zemindar; son commerce est très-considérable, surtout en coton et riz.

BUSTARD, baie sur la côte de la Nouvelle-Galles du Sud, Nouvelle-Hollande, Océanie.

BUSTINCE-IRIBERRY, vg. de Fr., Basses-Pyrénées, arr. de Mauléon, cant. et poste de St.-Jean-Pied-de-Port; 280 hab.

BUSTO-ARSIZIO, b. du roy. Lombard-Vénitien, prov. de Milan; filat. de coton; 6000 hab.

BUSULUK ou **BOUZOULOUK**, v. forte de la Russie d'Europe, gouv. d'Orenbourg, au confluent de la Domaschnaya et du Busuluk; bien bâtie et habitée par environ 2000 Cosaques et Tartares, agriculteurs et marchands de bois.

BUSUNGIRD, v. forte de Perse, prov. de Khorossan, sur la frontière de la Turcomanie; elle est défendue par un château très-fort.

BUSWAGAN. *Voyez* CALAMIANES.

BUSY, vg. de Fr., Doubs, arr. et poste de Besançon, cant. de Boussières; 380 hab.

BUSYR. *Voyez* ABUSYR.

BUTE. *Voyez* CLYDE (baie).

BUTE, comté d'Écosse, formé par les îles de Bute, Arran, Inch-Marnock et les deux Combrais. Sa superficie est de 10 l. c. géogr. (224 l. c. anglaises), et sa population de 13,980 hab.

BUTE, île d'Écosse, dans le golfe de Clyde-Frith, fait partie du comté de ce nom; un canal étroit la sépare du comté d'Argyle; sa superficie est de 2 1/2 l. c. géogr. Le sol, bien arrosé, est tantôt sablonneux, tantôt argileux; les montagnes et les collines sont peu élevées; il y a aussi quelques petits lacs. Le climat, quoique fort humide, est très-sain et aussi doux qu'au S. de l'Angleterre. On y trouve de la houille, de la chaux, des pierres de taille et du grès rouge. Les terres sont bien cultivées et les productions sont les mêmes que celles de l'Écosse; on y élève des bêtes à cornes et des moutons; dans les champs on rencontre des lièvres, et sur les côtes des lapins et des phoques. Les habitants se livrent à la pêche du hareng. Cette île ne compte qu'une ville et quelques villages et forme deux paroisses; elle est la propriété de plusieurs particuliers dont le plus riche est le marquis de Bute; 6000 hab.

BUTGNÉVILLE, vg. de Fr., Meuse, arr. de Verdun-sur-Meuse, cant. de Fresnes-en-Wœvre, poste de Manheulles; 230 hab.

BUTHIERS, vg. de Fr., Haute-Saône, arr. de Vesoul, cant. et poste de Rioz; 330 h.

BUTHIERS, vg. de Fr., Seine-et-Marne, arr. de Fontainebleau, cant. de la Chapelle-la-Reine, poste de Malesherbes; 290 hab.

BUTLER, comté de l'état d'Alabama, États-Unis de l'Amérique du Nord; il est borné par les comtés de Willcox, de Montgoméry, de Pike, de Covington et de Connécuh. Le Mudder et le Connécuh arrosent ce pays encore très-peu cultivé; 2400 hab.

BUTLER, comté de l'état de Kentucky, États-Unis de l'Amérique du Nord; il est borné par l'état d'Ohio et par les comtés de Grayson, de Warren, de Logan et de Mecklenburgh. Le Green, qui y reçoit le Muddy et d'autres petites rivières, arrose ce pays; chef-lieu Morgantown; 4000 hab.

BUTLER, comté de l'état d'Ohio, États-Unis de l'Amérique du Nord; il est borné par les comtés de Beaver, de Vénango, d'Armstrong, d'Alleghany et de Mercer. L'Alleghany coule au N.-E. et le Big-Beaver, qui y prend naissance, traverse l'intérieur de ce pays dont le sol fertile est peu cultivé et couvert d'immenses forêts; chef-lieu Butler; 13,000 hab.

BUTLER, comté de l'état d'Ohio, Etats-Unis de l'Amérique du Nord; il est borné par les comtés de Preble, de Montgoméry, de Warren, de Hamilton et par l'état d'Indiana. Le Big-Miami le traverse du N. au S. Au N.-E. et au S.-O. le sol est stérile; au S.-E. et au N.-O. il est assez fertile et bien cultivé; vastes forêts; 22,000 hab.

BUTON, ham. de Fr., Indre-et-Loire, com. de Bourgueil; 200 hab.

BUTONG ou BOUTON, groupe d'îles sur la côte S.-E. de l'île de Célébès, dont les principales sont : Butong, Pangasane et Cambyna. L'île de Butong est fertile ; mais les Hollandais y ont détruit les girofliers. Le nombre des habitants s'élève à 100,000, régis par un sultan, vassal des Hollandais et qui réside dans la petite ville de Kalla-Susong et commande aux autres chefs qui dominent dans les îles de ce groupe.

BUTOT, vg. de Fr., Seine-Inférieure, arr. de Rouen, cant. de Pavilly, poste de Valmartin; 290 hab.

BUTOT, vg. de Fr., Seine-Inférieure, arr. d'Yvetot, cant. et poste de Cany; 260 hab.

BUTOT, vg. de Fr., Seine-Inférieure, com. de Biville-la-Rivière; 250 hab.

BUTOW, *Butavia*, pet. v. de Prusse, prov. de Poméranie, rég. de Cœslin, sur la Butow; agriculture et éducation du bétail; fabr. de draps et d'étoffes de laine; 2070 h.

BUTOWITZ, vg. d'Autriche, gouv. de Bohême, cer. de Rakonitz, remarquable par la caverne de Prokov.

BUTRINTO, v. et port sur le détroit de Corfou, Albanie. Elle est le siége d'un évêché grec, possède une citadelle et a 1500 habitants. A une lieue de Butrinto, près de Paleo-Kastro, se trouvent les ruines de l'ancienne *Buthrotum*, avec le tombeau d'Hector.

BUTSCHOWITZ, b. d'Autriche, gouv. de Moravie et Silésie, cer. de Brunn; beau château; fabr. de draps et de casimir; 2000 hab.

BUT-SUR-ROUVRES (le), vg. de Fr., Calvados, arr. de Falaise, cant. de Bretteville-sur-Laize, poste de Langannerie; 130 hab.

BUTTEAUX, vg. de Fr., Yonne, arr. de Tonnerre, cant. et poste de Flogny; 520 hab.

BUTTEN, vg. de Fr., Bas-Rhin, arr. de Saverne, cant. et poste de Saar-Union; 850 hab.

BUTTER, pet. île habitée par des pêcheurs, sur la côte de l'état du Maine, États-Unis de l'Amérique du Nord.

BUTTERNUTS, pet. v. des États-Unis de l'Amérique du Nord, état de New-York, comté d'Otségo; fabr. de draps; 3500 hab.

BUTTIGLIERA-D'ASTI, b. de Sardaigne, Piémont, prov. d'Asti; 3000 hab.

BUTTONS-ISLES, groupe d'îles, au N.-E. du cap Chidley, sur la côte septentrionale du Labrador.

BUTTSTÆDT, v. du grand-duché de Weimar, chef-lieu et siége des autorités du bailliage, sur la Lossa; commerce de chevaux; 2000 hab.

BUTTWILLER, vg. de Fr., Haut-Rhin, arr. de Belfort, cant. et poste de Dannemarie; 315 hab.

BUTUA. *Voyez* ABUTUA.

BUTZBACH, v. du grand-duché de Hesse, prov. de la Haute-Hesse, chef-lieu de district; fabr. de bas; 2300 hab.

BUTZOW, chef-lieu de la principauté de Schwerin, gr.-duché de Mecklembourg-Schwerin; 3600 hab.

BUVERCHY, vg. de Fr., Somme, arr. de Péronne, cant. de Nesle, poste de Ham; 140 hab.

BUVILLY, vg. de Fr., Jura, arr., cant. et poste de Poligny; 600 hab.

BUXAR, v. et forteresse de l'Inde anglaise, présidence de Calcutta, ci-devant roy. de Bahar; elle est célèbre par la bataille qui s'y livra en 1764.

BUXEDAWAR. *Voyez* BOUXEDAOUAR.

BUXERETTE (la), vg. de Fr., Indre, arr. de la Châtre, cant. et poste d'Aigurande; 320 hab.

BUXEROLLES, vg. de Fr., Côte-d'Or, arr. de Châtillon-sur-Seine, cant. et poste de Recey-sur-Ource; 270 hab.

BUXEROLLES, vg. de Fr., Puy-de-Dôme, com. de St.-Ignat; 230 hab.

BUXEROLLES, vg. de Fr., Vienne, arr. et poste de Poitiers, cant. de St.-Georges; 330 hab.

BUXEROTTE. *Voyez* BUSSEROTTE.

BUXERULLES, vg. de Fr., Meuse, arr. de Commercy, cant. de Vigneulles, poste de St.-Mihiel; 260 hab.

BUXEUIL, vg. de Fr., Aube, arr. et cant. de Bar-sur-Seine, poste de Gyé-sur-Seine, 360 hab.

BUXEUIL, vg. de Fr., Indre, arr. d'Issoudun, cant. et poste de Vatan; 580 hab.

BUXEUIL, vg. de Fr., Vienne, arr. de Châtellerault, cant. de Dangé; poste de la Haye-Descartes; 680 hab.

BUXIÈRE-LA-GRUE, vg. de Fr., Allier, arr. de Moulins-sur-Allier, cant. et poste de Bourbon-l'Archambault; mine de fer aux environs; 1715 hab.

BUXIÈRES, vg. de Fr., Aube, arr. et poste de Bar-sur-Seine, cant. d'Essoyes; 470 hab.

BUXIÈRES, vg. de Fr., Meuse, arr. de Commercy, cant. de Vigneulles, poste de St.-Mihiel; 560 hab.

BUXIÈRES-D'AILLAC, vg. de Fr., Indre, arr. et poste de Châteauroux, cant. d'Ardentes-St.-Vincent; 370 hab..

BUXIÈRES-LES-FRONCLES, vg. de Fr., Haute-Marne, arr. de Chaumont-en-Bassigny, cant. et poste de Vignory; 270 hab.

BUXIÈRES-LES-VILLIERS, vg. de Fr., Haute-Marne, arr., cant. et poste de Chaumont-en-Bassigny; 180 hab.

BUXIÈRES-SOUS-MONTAIGUT, vg. de Fr., Puy-de-Dôme, arr. de Riom, cant. et poste de Montaigut; 430 hab.

BUXTEHUDE, v. du roy. de Hanovre, gouv. de Stade sur l'Este; elle a beaucoup de brasseries et un commerce très-actif; 1800 h.

BUXTON, pet. v. des États-Unis de l'Amérique du Nord, état du Maine, comté d'York, sur le Saco; agriculture, éducation du bétail; 2700 hab.

BUXTON, b. d'Angleterre, comté de Derby, sur le Wye, dans une vallée, au pied du Peak; remarquable par ses bains sulfureux (82° Fahrenheit) très-fréquentés. L'édifice le plus remarquable est le magnifique Crescent, composé de trois hôtels que le duc de Devonshire y a fait bâtir pour les baigneurs. On y voit aussi le superbe tunnel du chemin de fer qui mène à Cromford. Dans le voisinage se trouve la célèbre caverne de Pool; 1200 hab.

BUXY, b. de Fr., Saône-et-Loire, arr. et à 4 l. S.-O. de Châlon-sur-Saône, chef-lieu de canton et poste; vins blancs très-estimés; 1960 hab.

BUY, ham. de Fr., Saône-et-Loire, com. de Chiessey-en-Morvant; 240 hab.

BUY ou **BUYA**, pet. v. de la Russie d'Europe, gouv. de Kostroma, chef-lieu du cercle, sur l'embouchure de la Wochsa dans la Bostroma; tanneries; 1800 hab.

BUYSSCHEURE, vg. de Fr., Nord, arr. de Hazebrouck, cant. de Cassel; 900 h.

BUYUK-DÉRÉ (grande vallée) est un endroit délicieux, situé sur la côte asiatique du Bosphore, à 5 l. de Constantinople et à 3 l. de la mer Noire, à l'endroit où le canal forme un coude et une espèce de port arrondi. On distingue la ville haute de la ville basse. Les ambassadeurs européens et les riches banquiers et négociants de Constantinople, de Péra et de Galata y ont leurs maisons de campagne. On suppose que l'armée de Godefroi de Bouillon campa sur la prairie de Buyuk-déré. En 1833, une division russe y débarqua pour défendre Constantinople contre le pacha d'Égypte.

BUZAN, vg. de Fr., Arriège, arr. de St.-Girons, cant. et poste de Castillon; 420 h.

BUZANÇAIS, *Buzancœum*, v. de Fr., Indre, arr. et à 5 l. N.-O. de Châteauroux, chef-lieu de canton, sur un côteau près de la rive droite de l'Indre et sur plusieurs îlots unis entre eux par des ponts; les environs sont charmants, mais la ville a peu de constructions remarquables; elle a des forges, des fonderies; fabr. de grosse draperie, et fait commerce de laine et de sangsues; 4600 hab. Buzançais était autrefois un domaine dont les seigneurs portaient le titre de comtes; elle avait un château fort dont on voit encore les ruines.

BUZANCY, vg. de Fr., Aisne, arr. et poste de Soissons, cant. d'Oulchy; 160 hab.

BUZANCY, b. de Fr., Ardennes, arr. et à 5 l. E. de Vouziers, chef-lieu de canton et poste; tourbière; commerce de bœufs; 920 h.

BUZENOU, ham. de Fr., Lot-et-Garonne, com. de Castelsagrat; 220 hab.

BUZET, b. de Fr., Haute-Garonne, arr. de Toulouse, cant. de Montastruc, poste de la Pointe-St.-Sulpice; 1260 hab.

BUZET, b. de Fr., Lot-et-Garonne, arr. de Nérac, cant. et poste de Damazan; 1620 h.

BUZIET, vg. de Fr., Basses-Pyrénées, arr. et cant. d'Oloron, poste d'Arudy; 620 hab.

BUZIGNARGUES, vg. de Fr., Hérault, arr. de Montpellier, cant. de Castries, poste de Sommières; 160 hab.

BUZINS. *Voyez* BUSEINS.

BUZIOS, pet. ile fertile dans la baie d'Angra-dos-Reys, sur la côte de la prov. de Rio-Janeiro, emp. du Brésil.

BUZON, ham. de Fr., Haute-Marne, com. de Langres; 200 hab.

BUZON, vg. de Fr., Hautes-Pyrénées, arr. de Tarbes, cant. et poste de Rabastens; 360 hab.

BUZOT, b. d'Espagne, roy. de Valence, dist. d'Alicante, remarquable par ses quatre sources d'eaux thermales.

BUZY, vg. de Fr., Meuse, arr. de Verdun-sur-Meuse, cant. et poste d'Étain; 660 hab.

BUZY, vg. de Fr., Basses-Pyrénées, arr. d'Oloron, cant. et poste d'Arudy; 1410 hab.

BUZZARD, baie très-étendue et offrant plusieurs bons ports, sur la côte méridionale de l'état de Massachusetts, États-Unis de l'Amérique du Nord.

BY, vg. de Fr., Doubs, arr. de Besançon, cant. et poste de Quingey; 250 hab.

BY ou **BYCH**, ham. de Fr., Seine-et-Marne, com. de Thomery; 300 hab.

BYAM-MARTIN, île du groupe des îles de la Géorgie septentrionale, à l'O. de l'île de Bathurst, entre le 92° et le 94° de long. O. Parry y trouva des traces d'Esquimaux.

BYANS, vg. de Fr., Doubs, arr. de Besançon, cant. de Boussières, poste de Quingey; 730 hab.

BYANS, vg. de Fr., Haute-Saône, arr. de Lure, cant. et poste d'Héricourt; fabr. de tissus de coton; 140 hab.

BYCHOW ou **SAROY-BYCHOW**, pet v. de la Russie d'Europe, gouv. de Mohilew, chef-lieu du cercle de Bychow, sur le Dnieper. Au seizième siècle, elle possédait plusieurs imprimeries, et l'on y réimprima la célèbre Bible de Radziwill, aux frais de Nicolas Radziwill. Les immenses travaux qu'on y a faits depuis la dernière révolution de Pologne, l'ont rendue une place très-forte; 4000 hab.

BYNCOWSK, b. de la Russie d'Europe, gouv. d'Orenbourg, sur le Bim, remarquable par ses hauts-fourneaux, qui fournissent tous les ans plus de 14,000 pouds de cuivre; 1500 hab.

BYR-AN'BAR (Puits des Puits) ou BIRAL-BAR, b. de la Haute-Égypte, à l'entrée de la vallée de Koséir, à 4 l. S. de Kenné et à 1/2 l. E. du Nil; source d'eau, dont l'odeur de soufre disparaît à l'époque des inondations de ce fleuve.

BYRON, baie étendue, sur la côte orientale du Labrador.

BYRON, île bien peuplée de l'archipel Gilbert, Océanie, à l'E. de celle de Drummond; ses forêts nombreuses sont formées surtout de cocotiers. Elle fut découverte en 1765, par le commodore Byron. Lat. S. 1° 8', long. E. 174° 34'.

BYRON, cap sur la côte de la Nouvelle-Galles du Sud, Nouvelle-Hollande, Océanie, à l'O. duquel s'élève, dans une contrée fertile et très-boisée, le Mount-Warning, baigné par le Twéed. Lat. S. 28° 38', long. E. 151° 16' 45".

BYRON, cap sur la côte N.-E. de l'île Santa-Cruz, dans l'archipel de la Pérouse. Lat. S. 10° 41', long. E. 163° 44' 32".

BYRON, détroit navigable qui sépare les îles de la Nouvelle-Irlande, de celle de la Nouvelle-Hanovre (Océanie); il fut découvert en 1767 par Carteret.

BYSRA (Astaroch) ou BOSTRA, pet. v. dans une oasis du désert de Hauran, près de Damas. Les puissantes tribus arabes des Hauari et de Serbies vivent dans ses environs.

BYZACENA-PROVINCIA, g. a., prov. romaine de l'Afrique, comprenant la partie septentrionale de l'état actuel de Tunis.

BYZANCE. *Voyez* CONSTANTINOPLE.

C

AACUPE, b. du dictatorat du Paraguay; il fut fondé en 1770; agriculture; assez de commerce; 1600 hab.

CAANA. *Voyez* KÉNÉH.

CABA. *Voyez* SIERRA-LEONE.

CABABURI. *Voyez* NEGRO (Rio-).

CABACEIRO ou CABECEIRO, presqu'île de la côte orientale d'Afrique, à l'opposite de l'île de Mosambique; elle a environ 4 l. de long sur 2 de large. Elle a de très-bons pâturages et plusieurs villages, dont les habitants cultivent beaucoup de cocotiers et de manioc.

CABADEUR, vg. de Fr., Hautes-Pyrénées, com. de Campan; 800 hab.

CABAHYBAS, peuplade indienne indépendante, errant sur la rive droite de l'Arinos, dans la comarque de ce nom, prov. de Matto-Grosso, emp. du Brésil.

CABALLO ou CAVAGLIERO, baie au N. de l'île d'Haïti; elle est fermée à l'E. par la pointe de Caballo.

CABANA, baie sur la côte septentrionale de l'île de Cuba, entre la Bahia-Honda et la Bahia-Dominica.

CABANAC, vg. de Fr., Haute-Garonne, arr. de St.-Gaudens, cant. et poste d'Aspet; 190 hab.

CABANAC, vg. de Fr., Gironde, arr. de Bordeaux, cant. de Labrède, poste de Castres; 700 hab.

CABANAC, vg. de Fr., Hautes-Pyrénées, arr. et poste de Tarbes, cant. de Pouyastruc; 410 hab.

CABANASSE, vg. de Fr., Pyrénées-Orientales, arr. de Prades, cant. et poste de Mont-Louis; 130 hab.

CABANES, vg. de Fr., Aveyron, arr. de Rhodez, cant. et poste de Sauveterre; 800 hab.

CABANES (les), b. de Fr., Tarn, arr. de Gaillac, cant. et poste de Cordes; 540 hab.

CABANES, vg. de Fr., Tarn, arr. et poste de Lavaur, cant. de St.-Paul-Cap-de-Joux; 360 hab.

CABANIAL (le), vg. de Fr., Haute-Garonne, arr. de Villefranche-de-Lauragais, cant. et poste de Caraman ; 590 hab.

CABANNES (les), b. de Fr., Ariège, arr. et à 6 l. S.-S.-E. de Foix, chef-lieu de canton et poste; mines d'argent et de fer; forges; 660 hab.

CABANNES, vg. de Fr., Bouches-du-Rhône, arr. d'Arles-sur-Rhône, cant. et poste d'Orgon; 1550 hab.

CABANNES, vg. de Fr., Tarn, arr. de Castres, cant. de Murat, poste de Lacaune; 1280 hab.

CABANS, vg. de Fr., Dordogne, arr. de Bergerac, cant. de Cadouin, poste de Lalinde; 1150 hab.

CABARA, vg. de Fr., Gironde, arr. de Libourne, cant. et poste de Branne; 610 h.

CABARAL. *Voyez* PARAGUAY (fleuve).

CABARÈDE (la). *Voyez* LACABARÈDE.

CABARRAS, comté de l'état de la Caroline du Nord, États-Unis de l'Amérique du Nord; il est borné par les comtés de Rowan, de Montgomery et de Mecklenburgh. Le Rocky, qui y reçoit le Buffaloe et le Coddle, arrose ce pays assez fertile. Concord en est le chef-lieu; 8200 hab.

CABASA, v. capitale du pays de Ginga, dans la Basse-Guinée, Afrique, située à l'E. de celui de Bongo.

CABAS-LOUMASSÉS, vg. de Fr., Gers, arr. de Mirande, cant. et poste de Masseube; 200 hab.

CABASSE, vg. de Fr., Var, arr. et poste de Brignolles, cant. de Besse; 1450 hab.

CABEÇO-DE-VIDE, b. du Portugal, roy. d'Algarve; 1800 hab.

CABEL, île d'Irlande, comté de Cork, à l'extrémité de la baie de Kinsale.

CABELL, comté de l'état de Virginie, États-Unis de l'Amérique du Nord; il est borné par les comtés d'Amherst, de Buckingham, de Campbell, de Bedford et de Rockbridge. A l'O. de ce pays s'étendent les Montagnes-Bleues, avec les Tobacco-Row-Mountains et les Buffaloe-Ridge qui en forment les premiers échelons. Entre ces montagnes s'étendent de fertiles vallées, traversées par le James, le Tye et d'autres rivières; chef-lieu Cabellsborough; 4000 h.

CABELLO (Puerto-), v. de la rép. de Vénézuela, dép. du même nom, prov. de Carabobo, à 24 l. O. de Guaira. Cette ville, la seconde place forte de toute la Colombie, est très-importante par son beau port et par son commerce; mais l'air malsain n'en laisse pas accroître la population, qui ne s'élève qu'à 5000 âmes.

CABELLO-DA-VELHA, baie sur la côte de la prov. de Maranhao, emp. du Brésil.

CABELLOS ou CAVALLOS (punta dos), promontoire au N.-O. de l'état de Honduras, États-Unis de l'Amérique centrale.

CABENDA ou CABINDA, GABINDA, v. maritime et capitale du roy. de N'gojo, dépendant de celui de Loango, Basse-Guinée, sur la côte et à 25 l. S.-S.-E. de Loango; remarquable par la beauté de sa situation, la fertilité de ses environs et par son port; tout près on voit une haute montagne de forme conique et bien boisée. Les Portugais y avaient un établissement que les Français détruisirent en 1783; traite des noirs.

CABES ou GABES, *Tacape*, *Tacapœ Colonia*, *Cape*, v. de l'Afrique septentrionale, rég. et à 80 l. S. de Tunis, avec un port, au fond d'un golfe de même nom, Petite-Syrte, et non loin des bains Aquæ Tacapinæ; commerce considérable de dattes; 30,000 hab., la pluplart adonnés au commerce et aux manufactures.

CABEZA ou CABEZZO, gouv. portugais dans le Haut-Benguela, Afrique, avec le chef-lieu de même nom, situé au confluent de l'Icole et de la Coanza. Ce pays est très-riche en mines de fer.

CABESTANY, vg. de Fr., Pyrénées-Orientales, arr., cant. et poste de Perpignan; 420 hab.

CABESTERRE. *Voyez* CAPESTERRE.

CABESTERRE, b. et chef-lieu de canton, sur la côte S.-E. de l'île de Marie-Galante, une des Petites-Antilles dépendant de la Guadeloupe; 5000 hab. pour tout le canton.

CABESTERRE, la partie orientale de la Guadeloupe proprement dite.

CABESTERRE, la partie orientale de l'île de Martinique.

CABESTERRE, la partie orientale de l'île de St.-Vincent.

CABEZO-DE-BUEY, v. d'Espagne, roy. de la Nouvelle-Castille, prov. d'Estramadure; fabr. de draps; 5500 hab.

CABI, territoire du Soudan ou Nigritie, Afrique, non loin des rives du Djoliba; il n'est guère connu que de nom.

CABIAC, ham. de Fr., Gard, com. de St.-Privas-de-Champclos; 130 hab.

CABIDOS, vg. de Fr., Basses-Pyrénées, arr. d'Orthez, cant. et poste d'Arzacq; 380 hab.

CABO (Villa do), pet. v. de l'emp. du Brésil, prov. de Pernambuco, comarque de Récifé, près du cap St.-Augustin et à 4 l. S. de Pernambuco; 2800 hab.

CABO ou CAP, GABO, roy. de la Sénégambie, Afrique, dans le pays des Mandingos et au N. de Rio-Grande; ses habitants faisaient un grand commerce d'esclaves avec les Européens.

CABO - DE - SAN - VINCENTÉ, promontoire à l'extrémité S.-O. du Portugal, roy. d'Algarve. Les Anglais y ont remporté une victoire sur la flotte espagnole, en 1797. A 1/2 l. au N. se trouve une caverne remarquable, exposée au flux de la mer et s'étendant de près de 2 l. dans la montagne.

CABO-AGUADA, promontoire à l'O. de l'île de Porto-Rico, une des Grandes-Antilles appartenant aux Espagnols.

CABO-BUÉNO ou PUNTA-DE-OCCOA, promontoire au S.-E. de l'île de Cuba.

CABO - CORRIENTES, promontoire au

S.-O. de l'île de Cuba et à 15 l. E. du cap St.-Antoine, l'extrémité occidentale de l'île.

CABO-DE-LA-VÉRA-CRUZ, promontoire au S. et à la partie la plus large de l'île de Cuba, dont il forme l'extrémité méridionale.

CABO-DE-MALAPASQUA ou CAP SAINT-FRANÇOIS, promontoire au S. de l'île de Porto-Rico.

CABO-DE-TRES-PUNTAS, promontoire très-saillant au N.-O. de l'état de Honduras, États-Unis de l'Amérique centrale.

CABO-FALSO. *Voyez* FALSO (Cabo).

CABO-FRIO, v. de l'emp. du Brésil, prov. de Rio-Janeiro, dist. de Cabo-Frio, dont elle est le chef-lieu, en partie sur l'Océan, en partie sur les bords du lac Araruama. Elle est dominée par un rocher élevé; pêcheries importantes; 4000 hab.

CABO-NEGRO. *Voyez* NEGRO (Cabo).

CABORCA, établissement de missionnaires, près du Rio-San-Ignacio, au N.-O. de l'état de Sonora et Cinaloa, états mexicains.

CABO-ROXO, promontoire au S. de l'île de Porto-Rico. Tout près de ce promontoire est situé le bourg de Cabo-Roxo, avec un port dont l'entrée est très-dangereuse; culture du riz, du maïs et du tabac; excellent café; salines importantes; 2200 hab.

CABO-SAN-ANTONIO, promontoire à l'O. de l'île de Cuba, dont il forme l'extrémité occidentale, sous le 21° 54' lat. N.

CABOUL. *Voyez* KABOUL.

CABOURG, vg. de Fr., Calvados, arr. de Caen, cant. de Troarn, poste de Dives; 280 hab.

CABRA ou EGABRA, v. d'Espagne, sur la riv. de ce nom, dans l'Andalousie, roy. de Cordoue; 6000 hab.

CABRA, pet. v. de la Nigritie centrale, Afrique, dans le roy. et à peu de lieues S. de Tombouctou, dont elle est le port par sa situation sur la rive gauche du Djoliba; commerce très-florissant; 1200 hab.

CABRÉRA ou CAPRARIA, une des îles Baléares appartenant à l'Espagne, au S. de Majorque, avec un bon port et un château servant de prison d'état. Son intérieur est stérile et la principale ressource des habitants est la pêche.

CABRERETS, b. de Fr., Lot, arr. et poste de Cahors, cant. de Lauzès; 960 hab.

CABREROLLES, vg. de Fr., Hérault, arr. de Beziers, cant. de Murviel, poste de Bédarieux; 620 hab.

CABRES, peuplade indienne indépendante, habitant les bords du Méta supérieur, rép. de la Nouvelle-Grenade, dép. de Boyaca.

CABRESPINE, vg. de Fr., Aude, arr. de Carcassonne, cant. et poste de Peyriac-Minervois; draperies; 870 hab.

CABREZE. *Voyez* MANZORA.

CABRIEL. *Voyez* XUCAR.

CABRIÈRES, vg. de Fr., Vaucluse, arr. d'Avignon, cant. et poste de l'Isle. Ce village est tristement célèbre dans l'histoire, par le massacre de ses habitants, accusés d'hérésie, sous le règne de François Ier; 780 hab.

CABRIÈRES, vg. de Fr., Gard, arr. de Nismes, cant. de Margueritts, poste de Remoulins; 520 hab.

CABRIÈRES, vg. de Fr., Hérault, arr. de Beziers, cant. de Montagnac, poste de Pezénas; fabr. d'eau-de-vie; 600 hab.

CABRIÈRES-D'AIGUES, vg. de Fr., Vaucluse, arr. d'Apt, cant. et poste de Pertuis; 490 hab.

CABRIÉS, vg. de Fr., Bouches-du-Rhône, arr. et poste d'Aix, cant. de Gardanne; 1060 hab.

CABRIS, vg. de Fr., Var, arr. et poste de Grasse, cant. de St.-Vallier; 1850 hab.

CABRITA (la). *Voyez* CABRAS (las).

CABRITO. *Voyez* ENRIQUILLE (lac).

CABROLL, comté de l'état de Tennessée, États-Unis de l'Amérique du Nord; il est borné par les comtés de Henry, de Humphries, de Perry, de Henderson, de Madison, par le Tennessée et le Mississipi. Ce pays, qui formait autrefois un des districts des Chikasaws et où la culture a encore fait peu de progrès, est arrosé par Forked-Deer et les affluents de l'Obion.

CAÇACA, *Metagonium*, v. du roy. de Fez, Afrique, à 5 l. de Metilla.

CACAPOU. *Voyez* POTOWMAC.

CACCAMO, v. de Sicile, située non loin de la mer, dans l'intendance de Palerme; 6424 hab.

CACCAVONE, v. du roy. des Deux-Siciles, prov. de Molise; 2300 hab.

CACCO, île au S. de l'île de St.-Barthélemy, une des Petites-Antilles, possession suédoise.

CACERES, v. d'Espagne, chef-lieu du district du même nom, prov. d'Estramadure, roy. de la Nouvelle-Castille; tanneries; fabr. de faïence, de draps et de corderies; 8000 hab.

CACHAMBU, chaîne de montagnes de l'emp. du Brésil; elle s'étend entre le Rio-Grande et l'Iacaré, au N.-O. de la prov. de Minas-Geraès.

CACHAO ou CACHÉO, CACHAUX, pet. v. maritime et fort de la Sénégambie, dans une île formée par les rivières de Cachao et de Guéba, à 20 l. de l'embouchure de la première dans l'Océan Atlantique. Elle est la résidence du gouverneur et le lieu le plus important de tous les postes portugais dans ce pays. Commerce d'esclaves, d'or, d'ivoire et de cire.

CACHAO ou CACHÉO, SANTO-DOMINGO, riv. de la partie méridionale de la Sénégambie, Afrique; elle prend sa source dans le pays des Mandingos, à l'E. de la ville de Gueba et se jette dans l'Océan Atlantique, à 20 l. de la ville de Cachéo.

CACHAPOAL, fl. considérable et très-rapide, dans la rép. du Chili. Il naît dans les Andes, forme plusieurs belles cataractes et se jette dans l'Océan Pacifique, sous le nom de Rapel, qu'il reçoit après sa jonction avec le Tinquirica.

CACHAR ou **KATCHAR**, **HAÏROUMBO**, pet. principauté de l'Inde transgangétique, bornée au N. par l'Assam, à l'E. et au S. par le Kassaï, à l'O. par le Bengale. C'est un pays fertile, mais faiblement peuplé ; ses habitants font encore des sacrifices humains à la déesse Kali. Il était autrefois vassal de l'empire des Birmans, mais depuis la défaite de ce peuple, il est tributaire des Anglais. Le radjah de Cachar réside à Cospour, sa capitale.

CACHARCAS. *Voyez* APURIMAC (fleuve).

CACHEMIRE, *Kachmir*, un des états de la confédération des Seikhs. Il est situé sur le haut-plateau de l'Asie, entre 70° et 74° long. E., et 33° 20' et 35° lat. N. Sa superficie est de 1200 l. c. C'est une vallée magnifique, formée par les chaînes de l'Himalaya et de l'Hindou-Koh, arrosée par un affluent de l'Hindus, le Djhélam ou Jhylum, qui reçoit les eaux d'une multitude de ruisseaux. Malgré sa position élevée, le climat du Cachemire est très-doux et très-agréable. Une végétation luxuriante, de belles forêts, d'excellents pâturages, couvrent son sol où viennent facilement toutes les plantes de l'Europe méridionale. Mais le principal produit de ce pays, c'est la laine si fine de ses chèvres qui sert à la fabrication des châles de Cachemire, dont la renommée est universelle. Les habitants, au nombre de 2 millions, appartiennent à la famille hindoue. Ils sont de belle race, laborieux, et professent l'islamisme ; leur langue est un idiôme du sanscrit.

Un grand nombre d'historiens regardent le Cachemire comme le berceau de l'humanité ; les brahmanes aussi l'estiment comme un pays sacré. Par sa géographie physique, il fait partie de l'Inde ; un grand nombre de temples et d'antiquités portent à croire que dans les temps anciens il lui appartenait politiquement. En 1586, le mongol Akbar réunit la vallée de Cachemire à son vaste empire. Les Afghans s'en emparèrent en 1747 ; en 1803, elle tomba entre les mains du scheik de Lahore, Runjet-Sing, mais il paraît que depuis 1827, le Cachemire est un des états indépendants de la confédération des Seikhs.

CACHEMIRE (habitation de bonheur) ou **SERINAGAR**, capitale de l'état du même nom, gr. v. industrieuse, située dans une plaine magnifique, aux bords du Djhélam, qu'on y passe sur cinq ponts de bois. Ses rues sont sales et étroites ; ses maisons ont trois étages, leurs toits plats sont chargés d'une couche de terre qui se couvre de fleurs en été. Le seul édifice remarquable de cette cité est l'ancien palais, bâti par les grands-mogols, près du lac Dak ou de Kachmir, où ces empereurs de l'Inde passaient une partie de l'été. La principale industrie de Cachemire est la fabrication des châles ; sa population, qui se montait encore en 1809 à 150,000 âmes, a dû beaucoup diminuer depuis, par suite des troubles qui ont agité ce pays.

CACHEN, vg. de Fr., Landes, arr. de Mont-de-Marsan, cant. et poste de Roquefort ; 710 hab.

CACHENAH ou **CASSINA**, **CASSACENA**, état de la Nigritie centrale, Afrique, appartenant à l'empire des Fellatas ; il est arrosé par le Kouarra. Cachenah, nommée, il y a cent ans, Sangras, en est le chef-lieu. Ses murailles en terre embrassent une grande étendue de terrain, mais les maisons n'occupent pas la dixième partie de cet espace ; tout le reste est couvert de champs et de bois. Depuis la conquête des Fellatas, le commerce des environs s'est porté à Cano, et la plupart des maisons de cette grande ville, jadis si florissante par son industrie et par ses vastes relations commerciales, tombent en ruines ; ses ouvrages en cuir sont estimés.

CACHETTO, prov. montagneuse du roy. de Congo, dans la Basse-Guinée, Afrique.

CACHIACO. *Voyez* HUALLAGA (fleuve).

CACHIAS ou **CAXIAS**, autres noms de la ville d'Aldeas-Altas.

CACHIMAYO. *Voyez* PILCOMAYO (fleuve).

CACHOCIRA. *Voyez* ILHÉOS (Rio dos).

CACHY, vg. de Fr., Somme, arr. d'Amiens, cant. de Sains, poste de Villers-Bretonneux ; 350 hab.

CACHY-MAYU. *Voyez* PILCO-MAYU.

CACONDA, b. dans le Jaga-Caconda, qui forme la partie méridionale de la Basse-Guinée, Afrique, sur le Catapé ; c'est le lieu le plus éloigné et en même temps le plus sain de tous les établissements portugais de ces côtes, à 100 l. S.-E. de Benguela.

CACONGO ou **MACONGO**, **MALEMBA**, **CHIMFOOKA**, pet. roy. de la Basse-Guinée, Afrique, dans le Congo, au S. de Loango, sur le Zaïre ; vers le S.-E. il s'étend jusqu'à la rivière de Bélé, qui le sépare du royaume de N'gojo. Pays fertile, quoique en grande partie montagneux ; habitants commerçants, cultivateurs et pêcheurs ; la justice est administrée par le prince en personne, qui, à chaque sentence, avale un verre de vin de palmier, ce qui donne force de loi à l'arrêt prononcé ; chef-lieu Malemba.

CACOSIN, v. de l'île de Cuba.

CACOVOUNIOTES, peuplade grecque de pirates et de brigands qui habitent dans la Laconie, près du cap Matapan.

CACUNDY, v. assez commerçante de Sénégambie, Afrique, dans le roy. de Fonta-Djallon, sur le Nunnez.

CADALEN, b. de Fr., Tarn, arr., à 2 l. N. et poste de Gaillac, chef-lieu de canton ; commerce de bestiaux ; 2225 hab.

CADARCET, vg. de Fr., Arriège, arr. de Foix, cant. et poste de la Bastide-de-Serou ; 860 hab.

CADARSAC, vg. de Fr., Gironde, arr., cant. et poste de Libourne ; 140 hab.

CADAUJAC, vg. de Fr., Gironde, arr. et poste de Bordeaux, cant. de Labrède; 960 h.

CADAYRAC, ham. de Fr., Aveyron, com. de Salles-Comtaux; 100 hab.

CADDÉE (ligue). *Voyez* GRISONS.

CADÉAC, vg. de Fr., Hautes-Pyrénées, arr. de Bagnères-en-Bigorre, cant. et poste d'Arreau; eaux minérales renommées; 510 hab.

CADEILHAN, vg. de Fr., Gers, arr. de Lectoure, cant. et poste de St.-Clar; 250 h.

CADEILLAN, vg. de Fr., Gers, arr., cant. et poste de Lombez; 210 hab.

CADEILLAN-TRACHÈRE, vg. de Fr., Hautes-Pyrénées, arr. de Bagnères-en-Bigorre, cant. de Vieille-Aure, poste d'Arreau; 190 hab.

CADEMÈNE, vg. de Fr., Doubs, arr. de Besançon, cant. de Quingey, poste d'Ornans; 150 hab.

CADEN, vg. de Fr., Morbihan, arr. de Vannes, cant. et poste de Rochefort-en-Terre; 2260 hab.

CADENET, b. de Fr., Vaucluse, arr. et à 4 l. S. d'Apt, chef-lieu de canton et poste; huile estimée; mûriers; 2600 hab.

CADEREITA, pet. v. des états mexicains, état de Guérétaro, dans la belle vallée de San-Juan, entre les rivières de Silla et de Santa-Lucia et au pied de la Sierra Gorda; riches mines d'argent d'El-Doctor; 4000 h.

CADEROUSSE, pet. v. de Fr., Vaucluse, arr., cant. et poste d'Orange; récolte de blé, cocons et garance; filat. de soie; 3170 hab.

CADIE ou CAUDIE, CHADIE, TSAD, SCHAD, BAHAR-NOA, NOU, le plus grand de tous les lacs connus de l'Afrique dont il occupe presque le centre. Il s'étend dans l'empire de Bournou, de la Nigritie centrale, sur une surface d'environ 50 milles d'Allemagne, et renferme beaucoup d'îles habitées par les féroces Biddoumahs, qu'on dit être de terribles pirates. Ses principaux affluents sont l'Yéou et le Shary.

CADIÈRE (la), b. de Fr., Var, arr. de Toulon-sur-Mer, cant. et poste du Beausset; 2620 hab.

CADIÈRE (le). *Voyez* LACADIÈRE.

CADILLAC, v. de Fr., Gironde, arr. et à 8 l. S.-E. de Bordeaux, chef-lieu de canton et poste. Cette ville est l'entrepôt des denrées de la Bénauge et possède une grande fabrique de barriques et de creusets, des usines pour outils aratoires et aciérie, et une maison centrale de force et de correction pour femmes. Le canton produit des vins excellents. Non loin se trouve le beau château d'Epernon; 1420 hab.

CADILLAC-SAINT-GEORGES, vg. de Fr., Gironde, arr. de Libourne, cant. de Fronsac, poste de St.-André-de-Cubzac; 1420 h.

CADILLON, vg. de Fr., Basses-Pyrénées, arr. de Pau, cant. et poste de Lembeye; 360 hab.

CADIOÉO, peuplade indienne, indépendante de la tribu des Guaycurus, habitant les bords du Paraguay, rép. du Rio-de-la-Plata.

CADIX, *Augusta Julia Gaditana, Gadeas*, v. d'Espagne, Andalousie, roy. de Séville, à 26 l. de Séville et à 112 l. S.-S.-O. de Madrid, située sur la pointe occ. de l'île de Léon, avec laquelle elle communique par une digue étroite, interrompue par une large tranchée couverte d'un pont de fer défendu par des bastions. Siége des autorités de la trésorerie du même nom., d'un évêché et d'un des trois départements de marine du royaume. Elle est bien fortifiée et couverte du côté de la mer par les forts de St.-Catalina et de St.-Sébastien, dont le dernier, situé sur un promontoire, est surmonté d'un phare. La ville a deux portes: celle de mer et celle de terre; hors de la dernière se trouve un grand faubourg renfermant une belle cathédrale, entièrement revêtue de marbre, plusieurs autres églises et couvents et cinq hôpitaux, dont l'un, destiné aux militaires, peut contenir 1500 malades et est remarquable par sa belle distribution. La cité offre un aspect oriental: toutes les maisons ont des plate-formes ornées en partie de jardins et de tourelles; chaque étage est entouré d'un balcon; dans l'intérieur se trouve une citerne pour conserver l'eau de pluie destinée à la cuisine et aux services de propreté; l'eau potable est amenée à grands frais du port Ste.-Marie. Cadix est la ville la plus riche de la péninsule; elle est l'entrepôt du commerce colonial et toutes les nations de l'Europe y ont des comptoirs. Son port excellent et bien défendu reçoit près de 1000 bâtiments par an. Elle a une académie des sciences et belles-lettres, des écoles de chirurgie et de marine et un grand nombre d'établissements industriels pour les besoins de la navigation. Sa maison d'opéra et son riche arsenal méritent d'être vus; son amphithéâtre pour les combats de taureaux peut contenir 12,000 spectateurs. Cadix a soutenu plusieurs siéges; le plus remarquable est celui du 6 février 1810 au 25 août 1812; 70,000 hab.

CADIX, vg. de Fr., Tarn, arr. d'Albi, cant. et poste de Valence-en-Albigeois; 220 h.

CADIX, pet. v. des États-Unis de l'Amérique du Nord, état d'Ohio, comté de Harrison, dont elle est le chef-lieu, sur l'Indian; 2400 hab.

CADIZ, v. de l'île de Cubagua, sur la côte de la Nouvelle-Grenade.

CADORE, *Cadubrium*, b. du roy. Lombard-Vénitien, gouv. de Venise, délégation de Bellune, sur le Piave. Commerce de fer et de bois. Patrie du célèbre peintre Titien (Tiziano Vecelli), né en 1477; 1700 hab.

CADOUIN, vg. de Fr., Dordogne, arr. et à 6 l. E. de Bergerac, chef-lieu de canton, poste de Lalinde; 750 hab.

CADOUL, vg. de Fr., Tarn, com. de la Gougotte-Cadoul; 370 hab.

CADOURS, vg. de Fr., Haute-Garonne,

arr. et à 8 l. N.-O. de Toulouse, chef-lieu de canton, poste de Puységur; 930 hab.

CADRIEU, vg. de Fr., Lot, arr. de Figeac, cant. et poste de Cajarc; 250 hab.

CADURCI, g. a., peuple de l'Aquitaine, sur les deux rives du Lot; capitale Cahors.

CÆCUBUM, g. a., contrée du Latium, sur les frontières de Campanie, renommée pour son vin.

CÆDESA, g. a., v. de la Galilée supérieure, tribu de Naphthali.

CAËN. *Voyez* ORAISON.

CAEN, *Cadomum*, v. de Fr., au confluent de l'Orne et de l'Odon, chef-lieu du département du Calvados, à 52 l. O. de Paris et à 3 l. S. de la Manche; siége d'une cour royale, d'une cour d'assises, de tribunaux de première instance et de commerce, d'une direction des domaines et des contributions, d'une académie universitaire, comprenant une faculté de droit, une faculté des lettres et des sciences, une école secondaire de médecine et un collège royal de deuxième classe. Cette ville, l'une des plus agréables et des mieux bâties de France, a la forme d'un demi-cercle; elle est située dans un beau vallon, entre deux vastes prairies; ses rues sont larges, régulières et d'une admirable propreté; ses maisons sont d'une belle construction. Caen a un petit port bordé de fort jolis quais, des promenades délicieuses, entre autres le Grand-Cours, près du port; le cours Cafarelli, sur la rive gauche de l'Orne, et plusieurs édifices et monuments remarquables, tels que les restes de l'ancien château qui sert aujourd'hui de prison; il est élevé sur un mamelon et environné de larges fossés; l'Abbaye-aux-Hommes ou de St.-Étienne, magnifique édifice gothique, orné de deux hauts clochers; son église renferme le tombeau de Guillaume-le-Conquérant; l'Abbaye-aux-Femmes, restaurée depuis peu d'années, renferme le tombeau de la reine Mathilde, épouse de Guillaume-le-Conquérant; la belle église de St.-Pierre, dont on admire surtout la flèche gracieuse et légère; l'hôtel de la préfecture, près du cours Cafarelli; l'hôtel de ville, le palais de justice, décoré d'une élégante colonnade, et un beau pont de granit qui lie le faubourg de Vaucelles à la ville. La place Royale, ornée d'une statue de Louis XIV en bronze et bordée d'allées d'arbres, est la plus belle de Caen. Parmi ses nombreux établissements d'agrément, d'utilité et de bienfaisance nous citerons: la salle de spectacle, le Parc-aux-Dames, la bibliothèque publique de 47,000 volumes, un cabinet d'histoire naturelle et de physique, un laboratoire de chimie, un jardin botanique, une école gratuite de navigation, de dessin et d'architecture, un musée de tableaux, la Bourse, le chantier du commerce, la nouvelle poissonnerie, l'abattoir, l'Hôtel-Dieu, etc.

Caen est une des villes de France où les sciences et les lettres sont cultivées avec le plus d'ardeur; outre son académie, dont nous avons déjà parlé, on y remarque plusieurs sociétés savantes, savoir: la société des antiquaires de Normandie, une société Linnéenne de Normandie, une société d'agriculture et de commerce, une société philharmonique et une société des vétérinaires du Calvados.

Les produits de l'industrie de cette ville sont nombreux et variés: on y fabrique des dentelles de fil communes et de soie noire et blanche de diverses qualités, de la bonneterie de plusieurs espèces, des toiles, des étoffes de coton, des futaines, des draps, des droguets, de la porcelaine, de la faïence, de la coutellerie, de l'huile de colza et de lin; elle possède aussi des papeteries, des fabriques de papiers peints, une blanchisserie de cire, des coutelleries, des tanneries, des chapelleries et des brasseries. Les exportations consistent en objets manufacturés, en grains, en cidre, chevaux, bestiaux, poissons, etc. Le fer, les laines, le coton, la soie, les vins, les eaux-de-vie et les denrées coloniales sont les articles d'importation. Ses foires sont importantes, surtout pour la vente des chevaux et du bétail: les plus considérables se tiennent le premier lundi de carême, dimanche après la Quasimodo, 29 septembre, 28 octobre et 28 décembre; 39,170 hab.

Cette ville a vu naître un grand nombre d'hommes célèbres, parmi lesquels on distingue Malherbe (François de), le père de la poésie française, en 1556; le savant helléniste Tannegui-Lefèvre, père de la célèbre madame Dacier, en 1620; le poëte Segrais (Jean-Regnauld de), en 1624; le savant et érudit Huet (Pierre-Daniel), évêque d'Avranches, en 1630; Avrigny (Hyacinthe Robillard d'), historien, en 1690; Boisrobert (François-le-Metel de), abbé, poëte et favori du cardinal de Richelieu, en 1592; Choron (Alexandre-Étienne), savant musicien, en 1771; Patris (Pierre), poëte, en 1585; et Malfilatre (Jean-Charles), poëte dont la carrière fut douloureuse et rapide, en 1733.

Caen n'est pas une ville fort ancienne; on ignore cependant l'époque de sa fondation; c'était déjà une cité importante, lorsqu'en 912 Charles-le-Simple céda aux Normands cette partie de la France, qui prit alors le nom de Normandie. Son accroissement fut rapide sous les ducs normands et surtout sous Guillaume-le-Conquérant qui y fit construire l'Abbaye-aux-Hommes et l'Abbaye-aux-Femmes, ainsi que la plus grande partie des fortifications qui ceignaient autrefois cette ville. Le vieux château fut également commencé par le même prince et achevé par Henri Ier d'Angleterre. En 1346, Edouard III, roi d'Angleterre, s'en empara, la livra au pillage et fit massacrer une partie des habitants. En 1417, les Anglais la prirent une seconde fois et s'y maintinrent jusqu'en 1449; elle fut alors reprise d'assaut par le brave Dunois. Le duc de Sommerset, qui s'était retiré dans le château avec 4000 Anglais, fut forcé de capituler. Au seizième siècle Caen souffrit beaucoup des guerres civiles et religieuses, fléau de cette époque si désastreuse pour la France. Plusieurs beaux monuments, entre autres le tombeau de Guillaume-le-Conquérant, furent brisés par les protestants que les persécutions avaient fanatisés.

CÆNICA, g. a., contrée au S.-E. de la Thrace.

CÆNOMANNI, g. a., colonie gauloise qui s'établit, 600 ans avant J.-C., aux environs de Crémone et de Mantoue.

CÆRACATES, g. a., peuple de la Gaule belgique, Germanie-Supérieure, habitant les rives occidentales du Rhin. Quelques auteurs regardent les Cæracates comme les premiers habitants de Strasbourg.

CÆRDIFF, pet. v. d'Angleterre, chef-lieu du comté de Glamorgan, non loin de l'embouchure du Tave, mal bâtie, avec un port; fabr. considérables de fer-blanc; commerce, foires très-fréquentées; 4000 hab.

CÆRLEON, b. d'Angleterre, ci-devant chef-lieu du comté de Monmouth, sur l'Usk; forges et mines d'étain; 1200 hab.

CÆRMARTHEN, comté de l'Angleterre, prov. maritime. Il est borné par les comtés de Cardigan, de Glamorgan, de Brécknack, le canal de Bristol, les comtés de Pembroke et d'Arrowsmith; 926 l. c. géogr. anglaises et 80,000 habitants. Le pays est montagneux et la côte entourée de rochers calcaires. Les principales rivières sont le Towy dans l'intérieur et le Tivy au N. Le climat est rude et le sol produit du blé, du lin, du bois; le pays est riche en bêtes à cornes, chevaux, brebis, chèvres, porcs, menu gibier, surtout des lapins, poissons, volaille, plomb, fer, chaux et mines de houille. On exporte pour Bristol des bêtes à cornes, du beurre, des moutons, de la laine, des porcs, des œufs, de l'orge, de l'avoine, de la chaux et de la houille. L'industrie est presque nulle. Le comté est divisé en six districts et nomme deux députés au parlement.

CÆRMARTHEN, v. d'Angleterre, chef-lieu du comté de ce nom, sur le Towy; elle a un joli hôtel de ville, une belle église avec le tombeau de Richard Steele et un monument élevé au général Picton, en 1826; fabr. de fer-blanc et corderies; construction de vaisseaux; commerce de porcs, de beurre, d'œufs et de fer-blanc; bon port; 10,000 h.

CÆRWYS, b. d'Angleterre, comté de Flint; remarquable par la fête qu'on y célébrait jusqu'en 1798 et où l'on couronnait les anciens bardes de la principauté de Galles. C'est de Cærwys qu'aujourd'hui encore sortent les meilleurs harpistes du royaume; 1000 hab.

CÆSTRE, vg. de Fr., Nord, arr., cant. et poste d'Hazebrouck; foire aux chevaux considérable; 1650 hab.

CAÉTE ou **CAHYTE**, *Villa-Nova-da-Raynha*, v. de l'emp. du Brésil, prov. de Minas-Geraës, comarque de Sabara, dans une contrée charmante et très-fertile, à 5 l. S.-E. de Sabara; lavages d'or; commerce; 8000 h.

CAFFIERS, vg. de Fr., Pas-de-Calais, arr. de Boulogne-sur-Mer, cant. et poste de Guines; 330 hab.

CAFRERIE, pays considérable de l'Afrique méridionale, dont la partie maritime, Cafrerie proprement dite ou côte de Natal ou Noël, s'étend le long de l'Océan Indien, depuis le Keiskamma et la Hottentotie jusqu'à la baie de Lagoa, dans les établissements portugais; la Cafrerie inférieure ou le pays des Betjuanas, située à l'E. de la précédente, forme la plus grande division de la région de l'Afrique australe. La Cafrerie en général, bornée à l'O. par les monts des Neiges et les monts Kamhani, est arrosée d'un grand nombre de rivières, parmi lesquelles le Keiskamma, le Tey-Noir, qui, après sa jonction au Tey-Blanc, forme l'Améra, le Gobousi, le Karoonga, sont les plus considérables; elle a de belles forêts; on y trouve de bons pâturages, mais le bétail y est médiocre. Les habitants, appelés Cafres, c'est-à-dire infidèles, sont noirs, grands, bien faits, robustes et de mœurs simples; ils révèrent Dieu, croient à une vie future, n'ont point de prêtres, mais des magiciens; ils sont circoncis, polygames, aiment les chiens, la danse, le chant et les exercices militaires, s'oignent le corps, vont presque nus, sont armés de zagayes et de boucliers, vivent de lait et de chasse, habitent dans des huttes en branchages, couvertes de torchis, et ressemblent peu aux Hottentots, leurs voisins. Les Cafres maritimes sont divisés en plusieurs peuplades, subdivisées en tribus, dont les plus remarquables sont : les Amakosas ou Koussas, qui vivent le long des frontières orientales de la colonie anglaise du Cap; les Tamboukis, remarquables par leur industrie: ils savent travailler le fer et l'argent, qu'ils mêlent ensemble pour faire des ornements; les Zoolas ou Zoulas, nommés Hollontontes par les indigènes de la baie de Lagoa, dont ils forment une tribu, sont devenus, dans les dernières années, très-puissants. Leur chef a soumis le Mapouta et a été pendant quelque temps la terreur des populations qui demeurent au S. de la baie de Lagoa. Avec son armée, forte de 25,000 hommes, il a résisté longtemps à son rival Mosolekatsi, qui, selon les rapports les plus récents, étend sa domination sur presque toutes les peuplades cafres, connues des colons du Cap; les Mantatis qui paraissent n'avoir été que des tribus cafres de cette partie de l'Afrique que Tchaka mettait en fuite par la terreur de ses armes; c'est dans son territoire et sous sa protection que le lieutenant anglais Tarewell, a fondé, en 1824, la petite colonie du Port-Natal; les Manboukkis, qui passent pour être les plus belliqueux; ils sont pasteurs et agriculteurs. La Cafrerie inférieure ou le pays des Betjuanas, est partagée entre plusieurs peuples indépendants et souvent en guerre entre eux. Des missionnaires protestants, tant Anglais que Français, y propagent le christianisme et la civilisation. Les principaux peuples, connus jusqu'à présent, sont : les Briquas, qui demeurent le long du Kruman et de ses affluents; leur roi, auquel plusieurs hordes de Hottentots, errant dans les solitudes du S.-O., payent un tribut, réside à Nouvelle-Litakou, ville d'une population d'environ 6000 âmes, où les missionnaires ont une église et des écoles; les Tammahas, au N.-E. des Briquas; leur roi réside à Meribowhey; les Barrolongs, au N. et à l'E. des Tammahas, subdivisés en plusieurs peuplades, dont les principales sont ; les Ouanketzes (Wanketzes), dont le roi réside à Mélita; les Maroutzis ou Marootzes, qui se distinguent par leur industrie et dont Kourichané, peu éloigné à ce qu'il paraît d'un affluent du Mafumo, est la résidence du roi; elle peut avoir 16,000 hab.; les Machows ou Mashows, dont le chef-lieu est Machow, qui paraît avoir avec ses environs 10 à 12,000 âmes; ces peuples sont agriculteurs; les Macquinis, qui demeurent au N. des Maroutzis, et qui paraissent être les plus nombreux, les plus puissants et les plus civilisés de tous les peuples cafres; ils tirent une grande quantité de fer et de cuivre de leurs mines, qu'ils vendent aux nations voisines; les Morolongs, au N. et à l'O. des Machows; les Gokas, le long du Donkin, affluent du Fleuve-Jaune; selon les rapports des voyageurs leur chef-lieu est plus grand que Litakou.

CAFTA ou CAFSA, *Capsa*, pet. v. de la rég. de Tunis, Afrique, au milieu des déserts, au N. du lac Loudéah et à 25 l. O.-N.-O. de Cabès; capitale des états de Jugurtha, prise par Marius, 106 ans avant J.-C.

CAGAYAN, prov. et au N. de l'île de Luçon; l'intérieur est couvert de montagnes inaccessibles.

CAGGIANO, v. du roy. des Deux-Siciles, principauté citérieure; 2800 hab.

CAGLI, *Calium*, pet. v. des états de l'Église; siége d'un évêché; elle souffrit beaucoup d'un tremblement de terre en 1781; 3030 hab.

CAGLIARI, *Calaris*, v., chef-lieu de l'intendance du même nom, dans l'île de Sardaigne, dont elle est la capitale. Elle est située sur la côte méridionale de l'île, à l'embouchure du Muraglia, entourée de fortifications, et s'étend autour d'un château qui domine son vaste port. Elle est la résidence du vice-roi, le siége d'un évêché, de la cour suprême de justice de l'île; ses principaux édifices sont le palais du vice-roi, la cathédrale, le théâtre; elle possède un hôtel de monnaie, une université, une société royale d'agriculture,

un musée d'histoire naturelle et d'antiquités et une bibliothèque publique assez considérable. Deux lagunes, non loin de la ville, fournissent du sel pour l'exportation; 27,000 hab.

CAGNAC ou SAINT-DALMAZE, vg. de Fr., Tarn, com. de St.-Sernin-les-Mailhoc; 300 hab.

CAGNAGA ou GAYAGA, CAJAAGA, GALAM, roy. dans la Sénégambie, Afrique, borné au N. par le Sénégal, au S. par le roy. de Bambouk, à l'E. par celui de Brouko et au S.-O. par celui de Bondou. Pays très-fertile en millet, riz, maïs, coton, tabac, indigo, graines musquées sans culture; mines d'or; beau cristal de roche.

CAGNANO, vg. de Fr., Corse, arr. de Bastia, cant. de Lury, poste de Rogliano; 780 hab.

CAGNES, vg. de Fr., Var, arr. de Grasse, cant. de Vence, poste; 2350 hab.

CAGNICOURT, vg. de Fr., Pas-de-Calais, arr. et poste d'Arras, cant. de Vitry; 1140 hab.

CAGNOLES, vg. de Fr., Calvados, arr. de Bayeux, cant. et poste de Balleroy; 480 h.

CAGNONCLES, vg. de Fr., Nord, arr., cant. et poste de Cambrai; 800 hab.

CAGNOTTE-CAZORDITE, vg. de Fr., Landes, arr. et poste de Dax, cant. de Pouillon; 630 hab.

CAGNY, vg. de Fr., Calvados, arr. de Caen, cant. de Troarn, poste de Vimont; 480 hab.

CAGNY, vg. de Fr., Somme, arr., cant. et poste d'Amiens; 340 hab.

CAGUEITADA, pet. île fertile, dans la baie de Rio-Janeiro, sur la côte de la prov. du même nom, emp. du Brésil.

CAHABON. *Voyez* GRANDE (Rio-).

CAHABONS, peuplade indienne, convertie au christianisme et habitant des villages, dans la prov. de Véra-Paz, États-Unis de l'Amérique centrale

CAHAGNES, vg. de Fr., Calvados, arr. de Vire, cant. d'Aulnay-sur-Odon, poste de Villers-Bocage; 1900 hab.

CAHAIGNES, vg. de Fr., Eure, arr. des Andelys, cant. d'Ecos, poste des Thilliers-en-Vexin; 360 hab.

CAHAN, vg. de Fr., Orne, arr. de Domfront, cant. et poste d'Athis; 550 hab.

CAHANS, peuplade indienne indépendante, habitant le district entre les fleuves Igatimy, Escopil et Miammaya, comarque de Camapuania, prov. de Matto-Grosso, emp. du Brésil.

CAHARET, vg. de Fr., Hautes-Pyrénées, arr. de Tarbes, cant. et poste de Tournay; 120 hab.

CAHAWBA, pet. v. des États-Unis de l'Amérique du Nord, état d'Alabama, comté de Dallas, dont elle est le chef-lieu, au confluent de l'Alabama et de la Cahawba; elle a été depuis 1820 la capitale de l'état; culture de la vigne; 800 hab.

CAHAWBA. *Voyez* Tombigbée (fleuve).

CAHIRCONRIGH, les plus formidables montagnes de l'Irlande, prov. de Munster, comté de Kerry, le point culminant atteint 1100 mètres.

CAHISSARA ou **ALVARENS**, pet. v. de l'emp. du Brésil, prov. de Para, comarque de Rio-Négro, entre l'Urana et le Solimoès. Culture du cacao et du coton; 3400 hab.

CAHLA, v. du duché de Saxe-Altenbourg, située dans une belle contrée, sur la rive gauche de la Saale. De l'autre côté du fleuve s'élève le château de Leuchtenberg, dans lequel on a établi une maison de correction et un hôpital pour les aliénés; 2600 hab.

CAHLORE, pet. principauté de l'Inde, dans le Gherwâl, tributaire des Anglais. Le radjah réside à Belaspour.

CAHOKIA. *Voyez* Mississipi.

CAHOKIA, pet. v. des Etats-Unis de l'Amérique du Nord, état d'Illinois, comté de St.-Clair, dont elle est le chef-lieu, sur la Cahokia; commerce; 1200 hab.

CAHON, vg. de Fr., Somme, arr. et poste d'Abbeville, cant. de Moyenneville; 190 hab.

CAHONE, v. capitale du roy. de Saloum, en Sénégambie, Afrique, sur le Saloum et à 20 l. des côtes de l'Océan Atlantique. On y fait le commerce d'or et d'ivoire avec les Mandingos.

CAHORRA ou **CHAHORA**, COLORADO, VERMEJA, PICO-VIEJO, volcan dans l'île de Ténériffe, archipel des Canaries, Afrique, au S.-O. du Pic. Son éruption la plus récente remonte à l'année 1798. Sa hauteur s'élève à 1546 toises.

CAHORS, *Cadurci*, *Divona Cadurcorum*, v. de Fr., chef-lieu du département du Lot, siége de tribunaux de première instance et de commerce, d'un évêché suffragant de l'archevêché d'Albi, d'une académie, de directions des contributions directes et indirectes, d'une conservation des hypothèques et d'un ingénieur en chef des ponts-et-chaussées. Cette ville, située sur la rive droite du Lot, à 112 l. S. de Paris, est dominée par des montagnes qui bordent la rive gauche de cette rivière; elle est mal bâtie et se divise en villes haute et basse. A l'E. elle présente des restes de fortifications encore assez solides et capables de la défendre de ce côté; ses rues sont étroites, tortueuses et escarpées; cependant depuis quelques années on y a percé plusieurs nouvelles rues bien alignées; les boulevards, ornés de maisons élégantes, forment une belle promenade. On trouve encore à Cahors quelques vestiges d'antiquités: ce sont les restes d'un portique que l'on croit avoir fait partie des bains publics; celles d'un théâtre, qui porte encore le nom de Cirque des Cadourques; celles d'un aqueduc et d'un monument érigé sous Auguste par les Cadurci, en mémoire de la courageuse résistance que leurs compatriotes opposèrent à César dans la cité d'Uxellodunum (Capdenac). La cathédrale, dévastée pendant les guerres de religion, est bâtie, à ce que l'on présume, sur les ruines d'un temple de Mercure; elle a été restaurée depuis et présente des constructions de diverses époques; l'hôtel de la préfecture, ci-devant palais épiscopal, et le séminaire sont de grands bâtiments qui n'ont de remarquable que leurs vastes dimensions. Après avoir visité ces édifices, il ne reste plus à voir que le monument érigé en 1820 à Fénelon, qui fit ses études dans cette ville, dont l'université, fondée par le pape Jean XXII, était jadis fort renommée. Cahors possède un collége royal de troisième classe, une bibliothèque de 12,000 volumes, un cabinet de physique, une société d'agriculture et des arts et une salle de spectacle.

L'industrie principale de Cahors consiste dans la fabrication des draps et des gants; filat. de coton, papeterie, verrerie et distilleries. Les vins du territoire, remarquables par leur couleur foncée; les eaux-de-vie, l'huile de noix et de lin et les productions peu variées de son industrie sont les principaux objets de commerce. Foires les 3 janvier, 3 novembre et 1er décembre; 12,420 h.

Cahors existait déjà avant l'expédition de César dans les Gaules; elle portait alors le nom de *Divona;* les Romains, qui l'appelèrent *Cadurci*, du nom des habitants de la contrée, l'embellirent, et sa prospérité s'accrut sous leur domination. En 472, les Visigoths s'en emparèrent et s'y établirent. Cette ville fut ensuite, à diverses époques, prise et saccagée par les Vandales, les Francs, les Sarrasins et les Normands. Plus tard elle passa sous le joug des Anglais. Devenue capitale du Quercy, domaine de l'épouse de Henri IV, elle refusa de reconnaître ce prince, alors encore roi de Navarre; elle avait pris parti contre les protestants; une trentaine de huguenots, comme on les appelait alors, avaient été impitoyablement massacrés par le peuple de Cahors, lorsque Henri IV vint l'assiéger en 1580. Malgré la courageuse résistance des habitants, les protestants s'emparèrent de la place; mais les bourgeois avaient construit des barricades, chaque maison était devenue une citadelle et pendant quatre jours on se battit dans les rues avec le plus féroce acharnement; ce ne fut que le matin du cinquième jour que les Navarrais furent entièrement maîtres de la ville. Alors commencèrent le pillage et les massacres; tout fut passé au fil de l'épée: ni l'âge ni le sexe ne trouvèrent grâce devant le vainqueur, et la ville demeura presque déserte. Ce n'est qu'après de nombreuses années que Cahors a vu renaître sa prospérité.

Avant la révolution, l'évêché de Cahors avait beaucoup d'importance; il conférait au prélat qui l'occupait le titre de comte de Cahors. Cet évêque présidait les états du Quercy et jouissait du singulier privilége d'avoir l'épée et les gantelets près de l'autel quand il officiait pontificalement. A son installation, son vassal, le vicomte de Cessac, était obligé de l'attendre à la porte de la ville, la tête découverte, sans manteau, la jambe droite nue, le pied droit dans une pantoufle, et de prendre la bride de la mule montée par l'évêque pour le conduire au palais, où il le servait pendant le dîner. La mule, le buffet et la vaisselle qui avaient servi au repas, devenaient le salaire du rôle humiliant que le vicomte était forcé de jouer dans cette scène de la féodalité. Cahors est la patrie du pape Jean XXII, fils d'un savetier de cette ville (1244—1334); du spirituel et célèbre poëte Clément Marot (1495—1545), du romancier La Calprenède (1610—1663), du roi de Naples, Joachim Murat (né le 25 mars 1771 et fusillé le 13 octobre 1815, à Pizzo, par les sicaires de la sainte-alliance), du général Ramel, assassiné en 1815 par les royalistes de Toulouse.

CAHUACHES, peuplade indienne convertie en partie au christianisme; elle habite les rives du Maragnon, dans la rép. et le dép. de l'Ecuador (Colombie).

CAHUAPANAS, peuplade indienne indépendante, errant sur les bords du fleuve qui porte son nom, dans la rép. et le dép. de l'Ecuador.

CAHUMARIS, peuplade indienne convertie au christianisme; elle habite sur la rive droite du Putumajo, dans la république et le dép. de l'Ecuador.

CAHUS, vg. de Fr., Lot, arr. de Figeac, cant. de Bretenoux, poste de St.-Céré; 930 hab.

CAHUSAC, vg. de Fr., Gers, arr. de Mirande, cant. et poste de Plaisance; 420 hab.

CAHUZAC, vg. de Fr., Aude, arr. de Castelnaudary, cant. de Belpech, poste de Salles-sur-l'Hers; 170 hab.

CAHUZAC, ham. de Fr., Gers, com. de Gimont; 290 hab.

CAHUZAC, b. de Fr., Lot-et-Garonne, arr. de Villeneuve-sur-Lot, cant. et poste de Castillonès; 630 hab.

CAHUZAC, vg. de Fr., Tarn, arr. de Castres, cant. de Dourgne, poste de Sorèze; 360 hab.

CAHUZAC-SUR-VÈRE, vg. de Fr., Tarn, arr. et poste de Gaillac, cant. de Castelnau-de-Montmirail; 1770 hab.

CAICHAX, vg. de Fr., Arriège, arr. de Foix, cant. et poste des Cabannes; 160 hab.

CAICOS. *Voyez* CAYQUES.

CAIGNAC, vg. de Fr., Haute-Garonne, arr. et poste de Villefranche-de-Lauragais, cant. de Nailloux; 560 hab.

CAILAR (le), vg. de Fr., Gard, arr. de Nîmes, cant. de Vauvert, poste de Lunel; 1100 hab.

CAILHAU, vg. de Fr., Aude, arr. de Limoux, cant. et poste d'Alaigne; 520 hab.

CAILHAVEL, vg. de Fr., Aude, arr. de Limoux, cant. et poste d'Alaigne; 290 hab.

CAILLA, vg. de Fr., Aude, arr. de Limoux, cant. de Roquefort-de-Sault, poste de Quillan; 210 hab.

CAILLAC, vg. de Fr., Lot, arr. de Cahors, cant. de Luzech, poste de Castelfranc; 630 hab.

CAILLAUDIÈRE, ham. de Fr., Indre, com. de Vandœuvres; haut-fourneau et forges; 290 hab.

CAILLAVET, vg. de Fr., Gers, arr. d'Auch, cant. et poste de Vic-Fezensac; 600 hab.

CAILLE (la), ham. de Fr., Ardennes, com. d'Écaille; 270 hab.

CAILLE (la), vg. de Fr., Var, arr. de Grasse, cant. de St.-Auban, poste d'Escragnolles; 220 hab.

CAILLÈRE (la), b. de Fr., Vendée, arr. de Fontenay-le-Comte, cant. et poste de Ste.-Hermine; 540 hab.

CAILLEVILLE, vg. de Fr., Seine-Inférieure, arr. d'Yvetot, cant. et poste de St.-Valery-en-Caux; 650 hab.

CAILLOLS (les), ham. de Fr., Bouches-du-Rhône, com. de Marseille; 300 hab.

CAILLOMA, prov. de la rép. du Pérou, dép. d'Aréquipa; elle tire son nom de la montagne de Cailloma qui renferme de riches mines d'argent. Cette province est bornée au N. par celle de Tinta, à l'E. par la prov. de Lampa, au S. par les provinces d'Aréquipa et de Canama, et à l'O. par celle de Condésuyos. Son étendue est de 140 l. c. géogr. avec une population de 22,000 âmes. Les Cordillères traversent cette province, dont le sol est très-fertile et arrosé par un grand nombre de cours d'eau, dont l'Apurimac est le principal. L'exploitation des mines d'argent, d'or, d'étain, de plomb, de cuivre et de soufre y est de beaucoup d'importance.

CAILLOMA, capitale de la province du même nom; cet endroit, assez bien bâti, renferme plusieurs églises, dont une est remarquable par un immense crucifix en cristal qu'on dit avoir été trouvé à 40 toises au-dessous de la terre; riches mines d'argent dans les environs; 2800 hab.

CAILLOU (pointe du), promontoire à l'O. de l'île de Guadeloupe, où se trouve le fort du Caillou.

CAILLOUEL-CRÉPIGNY, vg. de Fr., Aisne, arr. de Laon, cant. et poste de Chauny; 580 hab.

CAILLOUET, vg. de Fr., Eure, arr. d'Évreux, cant. et poste de Pacy-sur-Eure; 170 hab.

CAILLOUX-SUR-FONTAINES, vg. de Fr., Rhône, arr. et poste de Lyon, cant. de Neuville-sur-Saône; 840 hab.

CAILLY, vg. de Fr., Eure, arr. de Louviers, cant. et poste de Gaillon; filat. de laine et fabr. de papiers; 260 hab.

CAILLY, b. de Fr., Seine-Inférieure, arr. de Rouen, cant. de Clères, poste du Fréneau; 420 hab.

CAILLY, riv. de Fr., Seine-Inférieure, a

sa source près du village du même nom, cant. de Clères, arr. de Rouen; elle coule dans la direction S.-O., passe par Maromme et se jette dans la Seine, au-dessous de Rouen, après un cours de 6 l.

CAILOUM, gr. riv. du Soudan, Afrique, que plusieurs voyageurs prétendent être un bras du Djoliba; elle arrose la ville de Tombouctou.

CAIMANES. *Voyez* GUAPORE (fleuve).

CAIMANS, groupe de trois îles, à 55 l. N.-O. de l'île de Jamaïque, dont les Anglais les font dépendre; ces îles, riches en tortues et en poissons, portent les noms de Great-Caiman, Little-Caiman et Caiman-Brac, et ont une population de 340 âmes.

CAINE, vg. de Fr., Calvados, arr. de Caen, cant. et poste d'Évrecy; 120 hab.

CAIRANNE, vg. de Fr., Vaucluse, arr. d'Orange, cant. et poste de Vaison; 850 hab.

CAIRE (le), vg. de Fr., Basses-Alpes, arr. de Sisteron, cant. et poste de la Motte-du-Caire; 240 hab.

CAIRE (le), *Cairus Magna, Cairum*, très-gr. v. d'Afrique, chef-lieu de la prov. de même nom, dans la Basse-Égypte et en même temps capitale de tout ce vice-royaume, bâtie, l'an 968 après J.-C., par les califes Fatimites et appelée par les Arabes El-Kahera (ville de la victoire) ou Masr; elle est située dans une plaine sablonneuse, à 400 toises de la rive droite du Nil, au pied du mont Mokattam. Ses rues sont étroites, tortueuses et non pavées; quelques-unes sont si étroites que souvent les balcons de deux maisons opposées se touchent; plusieurs rues sont couvertes, ce qui les garantit des rayons du soleil; cela a lieu surtout dans les rues où se tiennent les marchés; plusieurs ont des embranchements en zigzags, aboutissant à des impasses innombrables. Chacune de ces ramifications a une entrée, que les habitants ferment quand il leur plaît. La ville est divisée en 53 quartiers, appelés *harah*, dont 16 principaux. Les Juifs, les Coptes, les Grecs et les Francs ou Européens ont leurs quartiers respectifs. Quatre places se distinguent par leur étendue : celles de Karameydan, de Roumeyleh, de Birket-el-Fil et d'El-Ezbekyeh; les deux dernières sont inondées pendant les grandes eaux; la quatrième est la plus grande de la ville et on peut la comparer pour l'étendue à deux fois celle de Louis XV à Paris. Elle offre un magnifique spectacle, lorsqu'un grand nombre de barques illuminées la parcourent dans tous les sens, au mois de septembre, quand la crue du Nil est parvenue à son plus haut degré d'élévation. Les maisons en terre et en briques, comme toutes celles de l'Égypte en général, sont mal construites; la plupart ont deux et jusqu'à trois étages. N'étant éclairées que par des fenêtres sur des cours intérieures, elles présentent du côté de la rue l'aspect de prisons.

La ville du Caire doit beaucoup d'embellissements et plusieurs établissements au vice-roi Mohamed-Ali, entre autres les constructions nouvelles, exécutées dans le château du Caire, tant pour le palais du vice-roi que pour les établissements militaires.

Sous le rapport commercial, le Caire forme le grand entrepôt du commerce entre Alexandrie et la Haute-Égypte. Il fut pris par les Français en 1798, par les Anglais en 1802 et rendu aux Turcs en 1803. Ce fut pendant l'occupation de cette ville par les Français que Kléber, général en chef de l'armée d'Égypte, y fut assassiné par un fanatique Osmanlis, le 14 juin 1800.

Quant à la population, elle était avant le choléra et la peste, qui l'ont terriblement décimée, de 330,000 âmes; il n'est pas vraisemblable qu'elle soit actuellement au-dessus de 270,000.

CAIRE (le Vieux-) ou FOSTAT, FOSTAT-MASR, MASR-EL-ATIK, pet. v. commerciale de la Basse-Égypte, Afrique, prov. et à 1/2 l. du Caire, sur la rive droite du Nil; on y voit entre autres les greniers dits vulgairement de Joseph, qui consistent en sept cours carrées, dont les murs en briques ont quinze pieds de hauteur; ils renferment des tas de blé d'une hauteur prodigieuse, et on croit voir des montagnes recouvertes de nattes. Quelques auteurs prétendent que cette ville est l'ancienne *Babylone*, fondée par les Perses, à l'époque de l'expédition de Cambyse, près du canal de jonction du Nil à la mer Rouge.

CAIRNGORM. *Voyez* GRAMPIANS.

CAIRO, *Canalicum*, pet. v. du roy. de Sardaigne, sur la Borméda, intendance-générale de Genova, duché de Gênes; 3000 hab.

CAIRON, vg. de Fr., Calvados, arr. de Caen, cant. de Creully, poste de Bretteville-l'Orgueilleuse; 700 hab.

CAISNE, vg. de Fr., Oise, arr. de Compiègne, cant. et poste de Noyon; 880 hab.

CAITHNESS, *Cathenesia*, comté d'Écosse, prov. maritime, le plus oriental des deux comtés septentrionaux de ce royaume. Ses bornes sont : au N. la mer du Nord, à l'E. la mer d'Allemagne, au S. et à l'O. le comté de Sonterland. Sa superficie est de 32 l. c. géogr. et sa pop. de 20,000 hab.

CAITI, fl. de l'emp. du Brésil, naît dans la Serra dos Limités, prov. de Para, comarque du même nom, coule vers le N. et se jette dans l'Océan Atlantique.

CAIVANO, v. du roy. des Deux-Siciles, prov. de Terra-di-Lavoro; 5430 hab.

CAIX, ham. de Fr., Lot, com. de Luzech; 300 hab.

CAIX, vg. de Fr., Somme, arr. de Montdidier, cant. de Rosières, poste de Lihons-en-Santerre; 1180 hab.

CAIXAS, vg. de Fr., Pyrénées-Orientales, arr. et poste de Perpignan, cant. de Thuir; 420 hab.

CAIXON, vg. de Fr., Hautes-Pyrénées, arr. de Tarbes, cant. et poste de Vic-en-Bigorre; 460 hab.

CAJAHYBA, île basse, fertile et bien cultivée de 1 1/2 l. de long, sur la côte de la prov. de Para, emp. du Brésil.

CAJAMARCA ou CAXAMARCA, prov. de la rép. du Pérou, dép. de Livertad (Liberté). Elle est bornée par les provinces de Chota, de Chachapojas, dont elle est séparée par le Maragnon, de Patas, de Guamachuto, de Truxillo et de Lambayèque. La chaîne des Cordillères occidentales traverse ce pays en tout sens et donne naissance à un grand nombre de rivières, qui toutes s'embouchent dans le Maragnon. Le règne animal et le règne végétal y offrent beaucoup de variété. Agriculture, éducation du bétail, fabrication de gros draps, exploitation de mines très-considérables et du lavage de l'or, que plusieurs rivières charrient en grande quantité. Cette province a 245 l. c. géogr. et 85,000 hab.

CAJAMARCA ou CAXAMARCA, v. de la rép. du Pérou, dép. de Livertad, prov. de Cajamarca dont elle est la capitale. C'est une très-jolie ville, située à 1464 toises au-dessus du niveau de la mer, dans la charmante vallée traversée par la Caxamarca. Ses rues spacieuses se coupent à angles droits; sa vaste place au centre de la ville, les dômes de ses églises, les belles maisons, tout contribue à réjouir les yeux et augmente l'intérêt qu'inspire cette ville si célèbre dans l'histoire du Pérou et théâtre des souffrances et de l'assassinat de l'inca Atahualpa. Ses principaux bâtiments sont : l'église, appelée la Matris, édifice construit avec beaucoup de goût, et l'église du monastère de la Conception. Parmi les édifices, appartenant à des particuliers, on doit citer le palais du cacique Astopilco, qui offre une partie du palais où l'infortuné Atahualpa fut assassiné. On y voit encore la vaste chambre, où il fut retenu prisonnier pendant trois mois et où il fit une marque sur le mur, promettant de remplir la chambre d'or et d'argent jusqu'à cette hauteur pour payer sa rançon, évaluée par Garcilasso et M. de Humboldt à 20,149,804 livres tournois. Dans la chapelle, dépendant de la prison ordinaire qui faisait autrefois partie du palais, on voit un autel élevé sur la pierre où Atahualpa fut étranglé par les Espagnols et sous laquelle il fut enseveli. On remarque encore près de la fontaine, sur la grande place, les fondements en pierre de la petite batterie élevée par Pizarre, en face de laquelle Valverde adressa sa fameuse harangue à l'inca, et d'où il commanda aux soldats espagnols de massacrer les Indiens. La ville possède en outre un collége et est importante par son commerce et son industrie; 7000 hab. A 3 milles environ de Caxamarca se trouvent les fameux bains chauds; ce sont deux grandes maisons bâties en pierre, ayant chacune un bain très-vaste; c'est là qu'Atahualpa avait établi sa résidence, lorsque Pizarre arriva à Caxamarca. Ils sont encore très-fréquentés de nos jours.

CAJARC, pet. v. de Fr., Lot, arr. et à 5 l. S. de Figeac, à 7 l. E. de Cahors, chef-lieu de canton et poste; elle est agréablement située sur la rive droite du Lot; mais ses rues sont étroites et mal alignées. Le seul édifice remarquable de Cajarc est une église gothique, fondée au treizième siècle; elle a aussi une promenade assez agréable sur le bord de la rivière et des maisons élégantes et bien bâties. Cette ville était autrefois fortifiée et possédait un fort dont on voit encore quelques ruines. Les Anglais la prirent au quatorzième siècle; mais les habitants refusèrent longtemps de prêter serment au roi d'Angleterre, et ce ne fut sur les injonctions de l'évêque de Cahors, alors seigneur de cette contrée, qu'ils se décidèrent à cet acte de soumission. Au dix-septième siècle, Cajarc ayant pris parti pour les protestants, Louis XIII en fit démolir les fortifications; 2060 hab.

CAJATAMBO ou CAXATAMBO, prov. de la rép. du Pérou, dép. de Junin; elle est bornée par les provinces de Conchucos et de Huaylas, dont elle est séparée par les Cordillères occidentales, de Chancay et de Santa.

Cette province très-montueuse a un climat fort rigoureux et est une des plus stériles et des plus pauvres de tout le Pérou. Il paraît cependant, d'après des traces d'ancienne culture, des restes d'aqueducs et de vastes ruines de bourgs et de villages, qu'avant l'arrivée des Espagnols ce pays se trouvait dans un état assez florissant. Les côtes des montagnes offrent encore d'assez belles prairies et nourrissent quelques troupeaux de bœufs et de moutons.

L'étendue de cette province est évaluée à 166 l. c. géogr., avec une population de 25,000 âmes. L'industrie manufacturière, autrefois très-florissante, est encore aujourd'hui de quelque importance et consiste surtout dans la préparation de la laine d'une qualité très-fine, qu'on exporte à Lima et dans les provinces voisines. En outre, on fait un commerce assez considérable en vitriol, soufre et sel. L'exploitation des mines paraît être négligée.

CAJATAMBO ou CAXATAMBO, pet. v. de la rép. du Pérou et capitale de la prov. du même nom; elle est située au pied des Cordillères, dans une vallée fertile, traversée par un des bras du Barranca; filat. de laine; commerce; 3000 hab.

CAJAZZO, *Calatia*, pet. v. sur une colline, près du Volturno, siége d'un évêché, dans les domaines en-deçà du Phare du roy. des Deux-Siciles, prov. de Terra-di-Lavoro; 2765 hab.

CAJIMAR ou CAXIMAR, pet. forteresse sur un rocher élevé, dominant la baie du même nom à quelque distance de la Havanne, île de Cuba.

CAJUENCHES, peuplade indienne indépendante et assez civilisée, habitant les rives du Rio-Colorado et du Rio-Gila, dans le territoire du Nouveau-Mexique, états mexicains.

CALA ou **EL-CALLAH**, **COLA**, pet. v. sale et mal bâtie de la rég. d'Alger, prov. de Tlémecen, à 5 l. N.-E. de Mascara; elle est remarquable parce qu'on y fabrique la plus grande partie des tapis et des étoffes de laine en usage dans cette partie de l'Afrique.

CALAAT-CHIMAK, b. de l'état d'Alger, Afrique, non loin des bords de la Méditerranée, sur la route de Ténès à Mostaghanem.

CALAAT-EL-WED, pet. v. du N.-O. du roy. marocain de Fez, Afrique, non loin de l'embouchure de la Mullavia dans la Méditerranée.

CALABAR (le Nouveau-), v. de la Haute-Guinée, Afrique, sur la côte de Bénin, à 30 l. O. du Vieux-Calabar, dans une île formée par deux bras de la rivière de même nom; centre du commerce hollandais.

CALABAR (le Vieux-) ou **QUA**, roy. de la Haute-Guinée, Afrique, sur la côte de Bénin, entre le St.-Antony et le Rio-Réal; fertile en poivre, canne à sucre, coton, etc.; ses habitants, quoique idolâtres, se distinguent par leur civilisation. Vieux-Calabar ou Dukestown, sur le Bongo ou Calabar, en est la capitale.

CALABAR ou **COLBAR**, **BONGO**, riv. considérable de la Haute-Guinée, Afrique, sur la côte de Bénin; elle paraît descendre du plateau élevé du pays des Calbingos et débouche dans le golfe où l'on croit qu'aboutit le bras oriental du vaste delta du Djoliba, sous le nom de Rio-de-la-Cruz.

CALABCHÉ ou **CALAPTCHI**, *Talmis*, gr. vg. de Nubie, dans le Ouady-el-Kenous, sur les deux rives du Nil, entre Tafa et Derr; il est situé presque sous le tropique et compte environ 200 familles. Son grand temple, que Burckhardt regardait comme un des plus précieux restes de l'antiquité égyptienne, n'a jamais été terminé; construit sous Auguste, Caligula et Trajan, il a servi plus tard d'église aux chrétiens; ses sculptures sont d'un goût barbare. Tout près est situé l'intéressant monument de Beyt-Oually, spéos (excavation dans la roche) remarquable par les bas-reliefs historiques qui le décorent et qui sont d'un fort beau style.

CALABOSO, v. de la rép. de Vénézuela, dép. du même nom, prov. de Caracas, sur le Guarico, à 52 l. de Caracas; commerce assez actif; 4000 hab.

CALABRIA, g. a., presqu'île au S.-E. de la Grande-Grèce, comprenant la prov. napolitaine actuelle de Terre-d'Otrante.

CALABRE (la), pays de côtes et montagneux, forme la pointe la plus méridionale de l'Italie et du roy. de Naples; elle renferme une population de 900,000 hab., sur une superficie de 530 l. c.

Elle est bornée au N., sur un étroit espace, par la province de Basilicate, à l'E. par le golfe de Tarente et la mer Ionienne, au S. par le détroit de Messine, à l'O. par la mer Tyrrhénienne. Elle est parcourue dans sa longueur par la chaîne des Apennins, d'où se précipitent un grand nombre de rivières qui se perdent dans des lacs et des marais, et de fleuves, dont le principal, le Crati, s'embouche dans la mer Ionienne, ainsi que le Coscile, le Trionto, l'Alli et l'Alaro, tandis que le Lao, le Metauro, le Diamante vont mêler leurs eaux à celles de la mer Tyrrhénienne. Sous le ciel de la Calabre, l'hiver est un temps de pluies, et le thermomètre ne descend jamais au-dessous de 3°; le sol des plaines, formé en grande partie de craie, de calcaire et de sable, est extrêmement fertile et produit presque sans culture les fruits les plus délicieux; mais ce pays est souvent exposé à de terribles tremblements de terre, dont souffrent particulièrement les belles plaines qui longent la mer Tyrrhénienne; des sources d'eau sulfureuse, etc. bouillonnent continuellement dans son sein; en été la chaleur est étouffante, et avec cette saison arrivent des nuées de sauterelles et de moustiques, le brûlant sirocco et de fréquentes maladies pestilentielles, produites par les exhalaisons des lacs et des marais.

Les productions principales de la Calabre sont: un vin très-capiteux, le blé, le riz, le lin, le coton, un peu de tabac, des fruits, d'excellent bois, de beaux chevaux, des moutons, des cochons, des bêtes à cornes, beaucoup d'oiseaux et de volailles, des vers à soie, des poissons, un peu de sel, de l'argent, du plomb, du cuivre, ainsi que de la chaux, du gypse, du marbre, de la craie et de l'argile.

Les habitants du pays, beaux et robustes, au teint brun, aux yeux de feu, sont doués d'heureuses dispositions, mais paresseux, ignorants, animés de passions ardentes, superstitieux, en proie à la violence et à la cupidité des grands, des juges et des moines. Une partie d'entre eux, connus sous le nom d'Arnautes et habitant quelques villages particuliers, sont des Grecs unis. Le manque de grandes routes s'oppose en Calabre à l'extension du commerce; il ne s'y trouve d'ailleurs aucune manufacture ou fabrique importante.

La Calabre forme trois intendances générales ou provinces du royaume de Naples; ce sont: la Calabre citérieure, entre 13° 38' et 14° 56' long. orient., entre 39° 1' et 40° 7' lat. sept.; la Calabre ultérieure Ire et la Calabre ultérieure IIe, qui forment la pointe la plus méridionale de l'Italie, et qui s'étendent de 13° 22' à 14° 57' long. orient., de 37° 51' à 39° 12' lat. sept.

CALACUCCIA, vg. de Fr., Corse, arr., à 4 l. O. et poste de Corte, chef-lieu de canton ; 670 hab.

CALAHORRA, *Calagorina*, v. d'Espagne, dist. de la Rioja, prov. de Soria, roy. de la Vieille-Castille, sur le Cidacos qu'on y passe sur un pont de dix arches ; évêché. Patrie de Quintilien. Elle fut assiégée et prise par Sertorius ; 7000 hab.

CALAHORRA (la), b. d'Espagne, roy. de Grenade ; 2000 hab.

CALAIS, *Calesium*, *Caletum*, v. forte et port de Fr., Pas-de-Calais, arr. et à 7 l. N.-N.-E. de Boulogne ; 69 l. N.-O. de Paris et 7 l. S.-E. de Douvres, sur le détroit dont le dép. a pris son nom, chef-lieu de canton et siége d'un tribunal de commerce. Elle est défendue par la mer, par des marais, par une forte enceinte bastionnée et par sa citadelle, qui la couvre du côté de la campagne. C'est une jolie ville, généralement bien bâtie ; ses rues sont bien percées et ses maisons remarquables par leur élégance et leur symétrie ; elle possède plusieurs beaux édifices publics et un grand nombre d'établissements consacrés à l'administration, à l'instruction, aux arts et à la bienfaisance ; tels sont : la bourse, une bibliothèque publique, un hôpital, des écoles de navigation et de dessin, des bains publics, une salle de spectacle et une infinité d'hôtels garnis, parmi lesquels se distingue l'hôtel Dessin, établissement devenu presque historique ; la tour du Beffroi, jointe à l'hôtel de ville ; l'ancien palais du duc de Guise, la maison d'Eustache de St.-Pierre, le phare et le port d'où l'on aperçoit les côtes d'Angleterre, sont les objets de curiosité de Calais. Le chenal, par lequel les bâtiments arrivent dans le port, bassin de peu d'étendue, n'est pas toujours praticable pour les navires ; quand ce passage n'est pas encombré, le Fort-Rouge, situé à l'extrémité de la Passe, en donne le signal par un drapeau pendant le jour, et la nuit par un fanal. On voit aussi sur le môle de droite une colonne qui rappelle le débarquement de Louis XVIII en 1814. Calais est le port le plus fréquenté et le plus facile pour les communications entre l'Angleterre et la France ; et il s'y fait journellement un service actif et régulier au moyen de paquebots et de bateaux à vapeur, qui transportent par an plus de 50,000 voyageurs. Le transit des marchandises n'y est pas moins considérable, et occupe un grand nombre de navires. Des canaux, qui communiquent avec celui de St.-Quentin, sont aux portes de Calais et favorisent son commerce, qui consiste principalement dans la vente des bois, du fer et autres productions du Nord, dans la pêche de la morue, du hareng et du maquereau, etc. ; entrepôt et raffinerie de sel ; fabr. considérables de tulles, d'huile, de savon noir, etc. Le cabotage est une des parties les plus importantes du commerce de Calais. Foires les 18 janvier et 15 juillet ; 10,855 hab.

Ce n'est que vers la fin du dixième siècle que Calais commence à s'élever peu à peu au rang de ville ; sous Philippe-Auguste, son port acquiert déjà de la célébrité, ce monarque augmente les fortifications de Calais, qui joua au quatorzième siècle un si beau rôle pendant la guerre des Anglais. En 1347, après la bataille de Crecy, Édouard III d'Angleterre assiégea pendant onze mois cette ville, que la famine la plus horrible réduisit seule à se rendre à discrétion. Le vainqueur, irrité de la belle et longue résistance des Calaisiens, exigea que six des citoyens notables de Calais vinssent tête nue et la corde au cou lui apporter les clefs de la ville et se remettre entre ses mains. Eustache de St.-Pierre, Jean d'Aire, Jacques et Pierre de Vuissant et deux autres, dont l'histoire n'a pas conservé les noms, se dévouèrent pour le salut de tous. Edouard voulait les faire pendre, et ce ne fut qu'aux supplications de la reine d'Angleterre que ces généreux citoyens obtinrent la vie sauve. Le roi d'Angleterre chassa alors les habitants de Calais, et peupla la ville d'Anglais, qui la conservèrent pendant plus de deux siècles. En 1558, elle fut reprise par François de Guise. L'archiduc Albert s'en empara en 1596 ; mais deux ans après elle fut rendue à la France par la paix de Vervins, et depuis cette époque elle n'eut plus à souffrir que de quelques tentatives infructueuses de la part des Anglais.

Calais est la patrie de Pigault-Lebrun, romancier spirituel et fécond ; du peintre Francia ; du voyageur Mollien ; de Blanquart-Dessalines, membre de l'assemblée législative, etc.

CALAIS, canaux de Fr. Ligne de navigation entre Aire, Calais et Gravelines, correspondant avec les canaux de Dunkerque. 1° *Canal de St.-Omer* ou *Neuf-Fossé*. Un large et profond fossé de 4 l. de long séparait autrefois la Flandre de l'Artois entre Aire et St.-Omer et paraît avoir été creusé à la fin du onzième siècle par ordre de Baudouin, comte de Flandre. Les Espagnols s'en servirent plus tard comme ligne de défense contre les Français. M. de Vauban, tout en lui laissant la même destination, trouva à l'utiliser encore, en y établissant une ligne de navigation. Les travaux ne furent cependant commencés qu'en 1754, interrompus par la guerre et terminés en 1774. Ce canal continue celui d'Aire à la Bassée ; il reçoit près de cette ville, dans un bassin circulaire de 100 mètres de diamètre, les eaux de la Lys qui se dirige d'Aire sur Courtray et Gand. Le canal laisse à son origine celui de la Nieppe à sa droite, passe ensuite près de Racquinghem et d'Arques et se termine dans la rivière d'A, à St.-Omer. Sa longueur est de 3 2/3 l. ; il a huit écluses, parmi lesquelles se trouvent deux constructions remarquables. Aux Fontinettes, cinq écluses accolées et l'écluse carrée qui, par le moyen de quatre vannages, donne passage aux eaux de la Basse-Meldick, sans qu'elles puissent se confondre avec celles du canal. 2° *La rivière d'A canalisée*, a sa source au-dessous du village de Bourthec, passe à Arques et St.-Omer, se divise à Watten en deux bras dont l'un fait partie des canaux de Dunkerque, sous les noms de Haute et Basse-Colme. L'autre a été rendu navigable, dès 1320, depuis St.-Omer et aux frais de cette ville jusqu'au port de Gravelines, sur une distance de 6 2/3 l.; d'autres ouvrages ont été ajoutés en 1665. Ce bras rencontre à sa gauche, à 1 1/2 l. en aval de Watten, le canal de Calais, et à 2 l. plus bas, à sa droite, le canal de Bourbourg à Dunkerque. 3° *Le canal de Calais* a été exécuté par cette ville à la fin du dix-septième siècle. Il part de la rivière d'A, à 1 l. au-dessous de Watten, et se dirige de ce point au N.-O. sur Calais. Sa longueur est de 6 2/3 l. avec deux écluses. Il a deux petites branches : la première, de 1 l. de long, venant d'Ardres et se prolongeant jusqu'au Fort-Brûlé, possède un pont remarquable : sa voûte sphérique est pénétrée par quatre lunettes et s'appuie sur quatre culées; il donne à la fois au point d'intersection des deux canaux un octuple passage à la navigation et à la route de terre, suivant les quatre directions différentes à prendre sur ce point. La seconde branche, établie dans le lit d'un petit ruisseau, vient de Quines. Sa seule écluse, construite en 1787, est carrée, pareille à celle du canal de St.-Omer, et donne passage aux eaux venant d'Ardres et de Balingbem et se rendant sur l'autre rive aux Pierrettes.

Outre les marchandises importées par Calais, et celles venant de l'intérieur, ces lignes de navigation servent encore au transport de matériaux de construction, tourbes et engrais.

CALAIS (Saint-), v. de Fr., Sarthe, chef-lieu d'arrondissement, à 9 l. E.-S.-E. du Mans; siége d'un tribunal de première instance et d'une conservation des hypothèques. Cette petite ville, située au milieu des landes et des forêts, sur la rivière d'Anille, n'a de remarquable qu'une église gothique, monument du moyen âge; elle possède un collége communal, des fabr. de lainages, des filat. de laine, et l'on y fait commerce en blé, grains et trèfle, etc. Foires le troisième jeudi de janvier et le quatrième jeudi avant Pâques. St.-Calais doit son origine à un monastère qu'un saint du même nom y fonda, dit-on, vers l'an 515 ; 8785 h.

CALAIS-DU-DÉSERT (Saint-), vg. de Fr., Mayenne, arr. de Mayenne, cant. de Couptrain, poste de Prez-en-Pail; 1520 hab.

CALAMANE, vg. de Fr., Lot, arr. et poste de Cahors, cant. de Catus; 410 hab.

CALAMAS, fl. de l'Épire; il nait dans les montagnes au N.-O. de Janino et se jette dans le canal de Corfou.

CALAMATA, pet. v. de la Grèce, Messénie, chef-lieu de l'eptarchie de Kalamai; elle est située au fond du golfe de Coron et n'a encore été rebâtie qu'en partie depuis sa destruction par Ibrahim.

CALAMIANES, groupe d'îles situées au S.-O. de Mindoro, entre les 117° 30' et 118° long. orient. et entre les 10° 30' et 11° 10' lat. N. Buswagan, Calamiana et Linapæan sont les trois principales îles de ce groupe, dans lequel on en comprend encore quelques autres plus petites et un grand nombre d'îlots et de récifs. En 1810, elles étaient habitées par 15,000 individus de la famille des Bissayes, soumis aux Espagnols. Un alcade de cette nation gouverne ces îles, ainsi que l'établissement formé dans l'île voisine de Paragoa ; sa résidence est à Culiong, village situé dans Calamiana.

CALAN, vg. de Fr., Morbihan, arr. de Lorient, cant. de Plouay, poste d'Hennebont; 540 hab.

CALANHEL, vg. de Fr., Côtes-du-Nord, arr. de Guingamp, cant. et poste de Callac; 720 hab.

CALANNA ou CALANSCHIE, CHAMDAY, COTALOO, LAKOO, grande v. bien peuplée, industrieuse et commerçante de Nigritie, Afrique, capitale du roy. de ce nom ; elle est située au pied d'une montagne très-riche en mines de fer, à 110 l. E.-S.-E. de Ségo.

CALAPAN, v. située sur la côte N.-E. de l'île de Mindoro, siége de l'alcade chargé de l'administration des possessions espagnoles dans cette île.

CALASCIBETTA, v. du roy. des Deux-Siciles, île de ce nom, intendance de Caltanisetta; dans ses environs se trouvent de nombreuses cavernes ; 5000 hab.

CALATAFIMI, v. de Sicile, intendance de Trupani, non loin des ruines de l'ancienne Ségeste; ses bestiaux et ses fromages sont les plus estimés de toute l'île; 10,000 hab.

CALATAGUA, chaîne de montagnes qui s'étend sur une grande partie du dép. de l'Isthme, rép. de la Nouvelle-Grenade, et se termine à la pointe mér. du golfe de Panama. Cette chaîne de montagnes est regardée ordinairement comme la ligne de séparation entre l'Amérique septentrionale et l'Amérique méridionale.

CALATAROTURO, v. de Sicile, intendance de Palerme; 4055 hab.

CALATASCIBETTA, v. de Sicile, intendance de Catane; 5500 hab.

CALATAYUD, *Bilbilis Nova*, v. d'Espagne, chef-lieu du district de ce nom, roy. de Murcie, près du confluent du Xalon et de la Xiloca. Elle est ceinte de murailles et a un ancien château situé sur un rocher, un grand nombre d'églises et de couvents. Grand commerce de savon, d'huile et de chanvre renommé. Patrie du diplomate Gratien. Près de là, l'on voit les restes de l'ancienne Bilbilis où Martial reçut le jour; 9000 hab.

CALAVANTÉ, vg. de Fr., Hautes-Pyrénées, arr. de Tarbes, cant. et poste de Tournay; 200 hab.

CALAVON, riv. de Fr., a sa source près de Banon, arr. de Forcalquier, dans le dép. des Basses-Alpes; elle coule d'abord du S. au N., à l'extrémité S.-O. de ce département; tournant alors vers l'O., elle entre dans celui de Vaucluse, passe à Apt et se jette dans la Durance au-dessous de Cavaillon, après un cours de 20 l.

CALAVRITA, pet. v. de la Grèce, nomos d'Achaïe et d'Élide, chef-lieu de l'eptarchie de Kinaitha, est le siége d'un évêché et fabr. des fromages renommés.

CALBE, v. de Prusse, chef-lieu et siége des autorités du cer. du même nom, rég. de Magdebourg; 4800 hab.

CALBINGOS ou **CALBONGOS**, peuple de la Haute-Guinée, Afrique, sur la côte de Bénin, entre le Vieux-Calabar et la rivière de Camezonès. Le pays qu'il habite, partagé en plusieurs petits états, est surtout remarquable par les hautes montagnes qui s'élèvent sur son sol.

CALBUCO, pet. v. de la rép. du Chili, prov. de Chiloë, elle est située au N.-O. de la province, sur une belle baie, formée par l'Ancud et a un bon port; elle est défendue par un fort, dans lequel l'état entretient une faible garnison; 2400 hab.

CALCA, pet. v. de la rép. du Pérou, capitale de la prov. du même nom, à 9 l. N. de Cuzco; 2300 hab.

CALCAR, pet. v. de Prusse, située à 1 l. du Rhin, sur une île formée par la rivière de Lech, cer. de Clèves, rég. de Dusseldorf; fabr. d'étoffes de laine; commerce de houille et de bois.

CALCASU, lac dans les États-Unis de l'Amérique du Nord, au S.-O. de l'état de Louisiane. Ce lac, de 8 l. de circonférence, est traversé par le fleuve du même nom, qui se jette dans le golfe du Mexique.

CALCATOGGIO, vg. de Fr., Corse, arr. et poste d'Ajaccio, cant. de Sari; 440 hab.

CALCA-Y-LARES, prov. de la rép. du Pérou, dép. de Cuzco. Elle est bornée au N. par le district des Indiens sauvages, à l'E. par la province de Paucartambó, au S. par les provinces de Cuzco et de Paruro et à l'O. par la prov. d'Urubamba. Son étendue est de 78 l. c. géogr., avec 16,000 hab. Les vallées de cette province jouissent d'un climat délicieux et sont d'une extrême fertilité; sur les montagnes, au contraire, qui s'y élèvent à une hauteur considérable, il règne un froid très-rigoureux. Au N. le pays est couvert de vastes forêts. Le coton, la canne à sucre, des fruits délicieux, le vin, le blé et les pommes de terre sont les principales productions de ce pays. Les mines d'argent et de salpêtre, autrefois très-importantes, paraissent être négligées.

CALCE, vg. de Fr., Pyrénées-Orientales, arr. et poste de Perpignan, cant. de Rivesaltes; 230 hab.

CALCHAQUI. *Voyez* SALADO (Rio-).

CALCHAQUI (Rio-Chico-de-). *Voyez* SALADO (Rio-).

CALCHUAPA, pet. v. bien bâtie des États-Unis de l'Amérique centrale, prov. de San-Salvador, dist. de Santa-Anna; 4000 hab.

CALCINATO, pet. v. du roy. Lombard-Vénitien, gouv. de Venise, délégation de Brescia; 3000 hab.

CALCUTTA, capitale du Bengale et de toutes les possessions anglaises dans l'Inde, est située dans un terrain marécageux et malsain, sur la rive gauche de l'Hagli ou Hougly, bras occidental du Gange, à 30 l. environ de son embouchure. Ce bras forme un port capable de recevoir des vaisseaux de 500 tonneaux. Fondée il y a un siècle sur l'emplacement d'un simple village, Calcutta est aujourd'hui une ville immense qui a près de 2 l. de longueur sur une largeur très-inégale. Elle est partagée en deux quartiers: celui du N., appelé la ville Noire, est occupé par les indigènes; les maisons en briques y sont rares; la plupart sont des huttes construites avec des nattes et des bambous, couvertes de chaume ou de feuilles et précédées de petites galeries. Ce quartier fourmille d'habitants: « on y rencontre, dit un voyageur, des étrangers venus de tous les points de l'Asie, des Chinois, des Arabes, des Persans, des Insulaires de l'archipel Oriental, beaucoup de Juifs et des marchands des bords de la mer Rouge. » Des hérons gigantesques se promènent dans ses rues, sans se laisser intimider par le bruit et par la foule; leur nombre est considérable, et comme ils détruisent les crapauds et les petits reptiles, il est défendu de leur faire du mal. On rencontre aussi, errant en toute liberté, beaucoup de bœufs consacrés aux pagodes et nourris par la piété des Hindous. La ville Blanche ou du Gouvernement, appelée aussi faubourg de Chowringhy, est le quartier habité par les Européens et se compose de maisons en briques, revêtues de stuc, la plupart ornées de colonnes et de portiques et couronnées par de vastes terrasses. Les principaux édifices de Calcutta sont: le palais du gouvernement, la cour de justice, l'hôtel de ville, les deux églises anglicanes, celle des presbytériens, plusieurs temples indiens et des mosquées musulmanes. On regrette que cette ville n'offre aucun bazar comparable à ceux qui font l'ornement des villes de la Perse et de l'Asie ottomane; tout près de la ville et au S. s'élève le fort William, commencé en 1757 par lord Clive; il est remarquable par son étendue et sa belle construction; c'est la forteresse la plus importante de l'Inde; elle renferme de vastes casernes, un bel arsenal, une fonderie de canons et d'autres établissements militaires. Parmi les nombreux établissements publics de Calcutta, philanthropiques, religieux ou scientifiques, nous citerons: la société de médecine, qui a publié plusieurs volumes de mémoires; la société asiatique, fondée en 1784 par William Jones, dont les Transactions sont célèbres dans toute l'Europe; le collége du Fort-William, où les élèves du collége de Haïleybury, en Angleterre, destinés aux emplois civils de la compagnie des Indes-Orientales, venaient achever leurs études; le collége sanscrit du gouvernement; le médressé ou collége mahométan du gouvernement; le collége épiscopal; le gymnase de Calcutta; l'académie arménienne; l'école de commerce; l'école de jeunes filles indiennes et plusieurs autres établissements d'instruction; le théâtre; le jardin botanique, situé à 1 l. de Calcutta, où sont cultivées les plus belles plantes de l'Inde, du Népal, de Sumatra, de Java et d'autres végétaux de l'Afrique, de l'Amérique et de l'Australie. En 1826, on publiait à Calcutta onze journaux, dont quatre en bengali et deux en persan. Calcutta est la résidence du gouverneur-général, le siége de la haute cour de justice et d'un évêché anglican, dont la juridiction s'étend sur presque toutes les églises de cette religion, établies dans les Indes-Orientales. On a beaucoup exagéré la population de cette ville. Elle n'est que de 300,000 âmes environ, tandis que certaines estimations la portaient jusqu'à 700,000. Les Asiatic-Researches ne lui en accordent, pour 1819, que 173,000. Calcutta n'est pas seulement la métropole politique de l'Inde anglaise, elle est une des villes les plus riches et les plus commerçantes du globe; ses relations commerciales sont immenses; 12,000 bâtiments entrent tous les ans dans l'Hagli. Les fortunes de quelques-uns de ses négociants, surtout parmi les habitants asiatiques, sont colossales. Quantité d'Européens ont adopté des habitudes asiatiques; par contre, des usages européens se sont introduits parmi les indigènes. A la campagne on se sert généralement de l'éléphant, soit pour la chasse, soit pour la promenade.

CALDAS, b. d'Espagne, dist. de Mataro, principauté de Catalogne, situé dans une contrée montagneuse et renommé par ses eaux thermales.

CALDAS-DE-LA-REYNA, v. du Portugal, prov. d'Estramadure, dist. d'Alenquer, située sur la pente d'une colline; renommée par sa foire d'août et par ses quatre sources sulfureuses, dont la chaleur s'élève à 27° Réaumur

CALDEGAS, vg. de Fr., Pyrénées-Orientales, arr. de Prades, cant. de Saillagouse, poste de Mont-Louis; 140 hab.

CALDERA (la), belle baie au N.-O. de la ville de Porto-Bello, rép. de la Nouvelle-Grenade, dép. de l'Isthme, prov. de Panama.

CALDÉRONA-DE-APRA, hâvre de l'île Gouajan ou St.-Juan, archipel des Mariannes, Océanie, à 2 l. de la capitale San-Ignazio-de-Agana; il a deux entrées, dont l'une est très-dangereuse.

CALDIÉRO, vg. du roy. Lombard-Vénitien, gouv. de Venise, délégation de Vérone; eaux minérales; remarquable par plusieurs batailles qui ont été livrées dans son voisinage; 1600 hab.

CALDWELL, pet. v. dans la colonie anglo-américaine de Liberia, en Guinée, Afrique, sur le St.-Paul, entre la côte Sierra-Leone et la côte Malaguetta, à l'E. du cap Mesurado.

CALDWELL, comté de l'état d'Illinois, États-Unis de l'Amérique du Nord; ce comté, formé depuis 1820, est borné par l'état d'Indiana, par les comtés de Clarke et de Dearborn et par le territoire du Missouri, dont il est séparé par le Mississipi. Le Wabash et la Kaskaskia, qui y prend naissance, traversent ce comté, chef-lieu Caldwell; 3000 hab.

CALDWELL, comté de l'état de Kentucky, États-Unis de l'Amérique du Nord; il est borné par les comtés de Livingstone, de Hopkins, de Christian et de Trigg. Le Cumberland, qui y reçoit le Livingstone et l'Eddy et le Tradewater, arrosent ce comté; chef-lieu Princeton; 11,000 hab.

CALDWELL, pet. v. industrieuse des États-Unis de l'Amérique du Nord, état de New-Jersey, comté d'Essex; 2600 hab.

CALÉDON, promontoire au S.-E. du Devon septentrional, fermant au N. le détroit de Jones.

CALÉDON, baie sur la côte septentrionale de la Nouvelle-Hollande, Océanie, à l'O. du golfe de Carpentarie; ses bords sont bien peuplés et riches en bois et bons pâturages; les chaleurs y sont insupportables. Lat. S. 12° 47′ 15″, long. E. 134° 15′ 32″.

CALEDONIA, comté de l'état de Vermont, États-Unis de l'Amérique du Nord; il est borné par les comtés d'Essex, d'Orange, de Washington, d'Orléans et par l'état de New-Hampshire, dont il est séparé par le Connecticut. C'est un beau pays très-fertile, couvert à l'O. de montagnes bien boisées et arrosé par une multitude de fleuves et de rivières; 18,000 hab.

CALEDONIA, pet. v. des États-Unis de l'Amérique du Nord, état de New-York, comté de Génessée. Dans les environs se trouvent de vastes catacombes remplies d'ossements humains; 3000 hab.

CALÉDONIE (Nouvelle-), île de l'Océanie centrale, située à l'E. du continent austral, entre le 161° 29′ et le 164° 31′ long. E. et le 20° 9′ et le 22° 26′ lat. S. La Nouvelle-Calédonie, découverte par Cook, pendant son second voyage, a été plus complètement exploré par le voyageur français d'Entrecasteaux, dans les années 1792 et 1793. C'est une longue île qui se prolonge du N.-O. au S.-E., dans une étendue de près de 100 l. sur 12 de largeur. Sa côte occidentale est bordée d'un récif immense, qui en fait un des parages les plus périlleux que le navigateur puisse trouver dans le Grand-Océan;

sa superficie est d'environ 650 l. c. Cette île est habitée par des nègres océaniens, dont quelques tribus sont anthropophages; on en évalue le nombre à environ 50,000, qui tous n'habitent que les côtes de l'île, tandis que l'intérieur est entièrement désert; ils se nourrissent principalement de la pêche et des fruits du cocotier, de l'arbre à pain, de la canne à sucre, de l'igname, qu'ils cultivent régulièrement. Les voyageurs n'y ont trouvé d'autres quadrupèdes que le vampire et le phoque. Les petites îles de l'Observatoire, de Beaupré, de Loyalty, des Pins, remarquable par ses cyprès de plus de cent pieds de haut, de Botanique, de Huon et de Hohohua, sont des dépendances de la Nouvelle-Calédonie, et forment avec celle-ci un groupe auquel elle donne son nom.

CALÉDONIEN, canal d'Écosse; il réunit les deux mers qui baignent l'E. et l'O. de l'Écosse, en traversant trois lacs navigables, les lacs Nesse, Oich et Lochy. Sa longueur totale est de 95 kilomètres, sa largeur de 15 mètres, sa profondeur de 6 mètres; 23 écluses. Il est un des plus larges et des plus profonds de l'Europe et peut porter des frégates de 32 canons.

CALÉDONIENNE (mer), partie de l'Océan entre l'Écosse et l'archipel des Hébrides.

CALELLA, b. d'Espagne, principauté de Catalogne, dist. de Gérone, situé sur la mer. Grand commerce de toile, coton et dentelles; 2000 hab.

CALENBERG (principauté de), prov. dans le roy. de Hanovre; elle est bornée au N. par le comté de Hoya et le gouv. de Lunebourg, à l'E. par les gouv. de Lunebourg et de Hildesheim, au S. par le duché de Brunswick et à l'O. par la principauté de Lippe-Detmold, le comté de Pyrmont, la seigneurie de Schaumbourg, la principauté de Lippe-Schauenbourg, la prov. prussienne de Westphalie et le comté de Hoya; son étendue est de 49 1/2 m. c. Elle est arrosée par le Weser et la Leine; au N. on trouve un terrain uni, le lac Steinhuder, des bruyères et quelques marécages; dans la partie méridionale le pays est montagneux et fertile. La principauté de Calenberg est habitée par une population de 164,000 hab.; elle renferme Hanovre, la capitale du royaume.

CALENZANA, vg. de Fr., Corse, arr., à 3 l. S.-E. et poste de Calvi, chef-lieu de canton; 1970 hab.

CALÈS, vg. de Fr., Dordogne, arr. de Bergerac, cant. de Cadouin, poste de Lalinde; 670 hab.

CALÈS, vg. de Fr., Lot, arr. de Gourdon, cant. et poste de Payrac; 650 hab.

CALEZ-EN-SAOSNOIS (Saint-), vg. de Fr., Sarthe, arr., cant. et poste de Mamers; 730 h.

CALHETTA, b. de l'île de Madère, dans l'archipel des Canaries, Afrique, capitainerie de Funchal, sur une rivière de même nom.

CALI ou **SANTIAGO-DE-CALI**, v. de la rép. de la Nouvelle-Grenade, dép. de Cauca, prov. de Popayan; elle est située dans une belle plaine à peu de distance de la rive gauche du Cauca. Cette ville, fondée en 1557, par Mig. Munnoz, est bien bâtie et possède un célèbre collége; commerce très-actif entre Cali et Buenaventura, exploitation de mines importantes, agriculture; 5000 hab.

CALIACOUA ou **TYRELLSBAI**, pet. v. de l'île de St.-Vincent, une des Petites-Antilles appartenant aux Anglais. Cette ville, située sur une baie au S.-O. de l'île, en a le meilleur port et fait un commerce très-étendu; 5000 hab.

CALIAN, vg. de Fr., Gers, arr. d'Auch, cant. et poste de Vic-Fezensac; 240 hab.

CALIBIA ou **GALIPOLI**, pet. v. maritime de la rég. de Tunis, Afrique, à 6 l. S.-S.-E. du Cap-Bon; château fort; 4000 hab.

CALICO, vg. du roy. Lombard-Vénitien, gouv. de Venise, délégation de Côme, sur la partie supérieure du lac de ce nom. Dans son voisinage on voit les ruines du fort de Fuentes, sur l'Adige, détruit par les Français, en 1795.

CALICUT ou **KALIKAT**, chef-lieu du district du Malabar, présidence de Madras, Inde anglaise. Cette ville est située au bord de la mer, dans une contrée basse; son port est à moitié comblé; commerce de poivre, cire, bois de Teck et de sandal, que viennent chercher les Arabes des bords de la mer Rouge, etc. Calicut ou Calicoda était anciennement une des villes les plus florissantes du Dekkan, lorsqu'elle était la résidence du zamorin ou empereur, qui dominait sur les nombreux états du Malabar. En 1773 Hyder-Ali la prit, chassa les négociants, changea son nom en celui de Farukabah et détruisit toutes les plantations de poivriers et de palmiers qui environnaient la ville. Son fils, Tippo Saheb, acheva son œuvre et transplanta les habitants à Baypour. Elle se relève sous la domination des Anglais et en 1800 elle comptait déjà 5000 maisons. Calicut est encore célèbre à un autre titre : c'est le premier port de l'Inde où aborda Vasco de Gama, en 1498, et d'où partit pour Lisbonne, par la voie du cap de Bonne-Espérance, un vaisseau chargé de marchandises indiennes; 24,000 hab.

CALIDEH-MENHI ou **CANAL DE JOSEPH**, un des canaux les plus importants de l'Égypte, entre le Nil et les montagnes de Lybie; il a environ 100 milles de long, sur une largeur de 50 à 300 pieds; une partie paraît répondre à l'ancien canal d'Oxyrynchus, que Strabon, en y naviguant, prit pour le Nil même.

CALIFORNIE (golfe de), nommé vulgairement **MER-VERMEILLE** ou **MER DE CORTÉS**; il s'étend entre la presqu'île dont il tire son nom et l'état de Sonora, états mexicains, depuis le 22° 55' jusqu'au 32° 35' lat. N. Ce golfe, qui offre beaucoup de ressemblance avec la mer Adriatique, forme plusieurs bons ports et est rempli d'un grand nombre d'îles, dont les principales sont : l'île de San-Ignacio, de San-Ines, de Tiburon, de San-Francisco, de Carmen, de San-Catalina, de San-José, d'Espirito-Santo et de Ceralbo. La pêche des perles entre l'île de San-Francisco et le cap San-Miguel, sur la côte de la presqu'île, était autrefois plus importante qu'elle ne l'est aujourd'hui.

CALIFORNIE, territoire de la confédération mexicaine, comprend la presqu'île de Californie (California la Nueva) et une étroite lisière de pays, qui s'étend au N. de la presqu'île, le long de l'Océan Pacifique jusqu'au territoire de l'Orégon, dans les États-Unis de l'Amérique du Nord (California la Viéja). D'après Alcédo ce fut Hernan Cortez, d'après M..de Humboldt, Hernan de Grijalva, qui le premier visita ces contrées. Cortez y vint en 1535, mais sans y fonder d'établissement, et la stérilité du sol fit que ces terres furent entièrement oubliées, jusqu'à ce qu'en 1697 le jésuite Salvatierra et le missionnaire allemand Kyno Kuchne, y fondèrent le presidio de San-Dionisio, à l'endroit où s'élève aujourd'hui le bourg de Lorèto. Les établissements se multiplièrent bientôt, grâces à l'activité et à l'industrie des jésuites, et s'étendirent, après leur expulsion, au-delà de la presqu'île, par les soins des Franciscains et des Dominicains.

Le territoire des deux Californie est borné au N. par le territoire de l'Orégon, États-Unis de l'Amérique du Nord, à l'E. par le district des Indiens libres (Indios bravos) et le golfe de Californie, au S. et à l'O. par l'Océan Pacifique. Il est compris entre le 23° 6' et le 41° 30' lat. N., a une étendue de 4000 l. c., dont 2200 pour la Vieille-Californie et 1800 pour la Nouvelle-Californie, avec une population qui ne s'élève qu'à 32,000 âmes.

Le sol de la Vieille-Californie est sablonneux et aride, cependant il n'est pas incapable de culture comme on le prétendait autrefois, et il possède de riches mines, mais qui ne sont guère exploitées, faute de bois. Le centre de la presqu'île est traversé par une chaine de montagnes, presque dénuées de toute espèce de végétation, dont le Céro de la Giganta, son point culminant, s'élève à la hauteur de 1500 mètres. Cette chaîne de montagnes, de nature volcanique, s'étend sous différentes dénominations, Sierra del Carmelo, Sierra del Enfado au S., sur toute la presqu'île et se termine au cap de San-Lucas, son extrémité méridionale. Le climat y est très-chaud et fait tarir le plus souvent le peu de rivières qui traversent ces sables. Les côtes de la Vieille-Californie sont très-déchirées et offrent plusieurs vastes baies et des promontoires très-saillants, dont il sera question dans les articles spéciaux.

La Nouvelle-Californie, bien plus fertile et plus peuplée que la Vieille, offre quelques beaux districts. Une chaîne de collines peu élevées et bien boisées sépare cette région du district des Indiens libres; de nombreuses rivières, dont le San-Félipé est la principale, en descendent et sillonnent en tout sens de riches champs de blé, de vastes plantations de coton et de grasses prairies où paissent de nombreux troupeaux de bœufs. Les côtes de ce pays offrent des ports sûrs et commodes pour le commerce.

Le territoire des Californie, soumis à un seul et même gouverneur, a été divisé récemment en deux districts : 1° la Basse-Californie, autrefois California la Viéja, subdivisée en 4 certados qui eux-mêmes se subdivisent en 19 missions; 2° la Haute-Californie, ci-devant California la Nuéva, divisée en 4 certados, subdivisés en 24 missions.

CALIG, b. d'Espagne, roy. de Valence, dist. de Penniscola; 2500 hab.

CALIGNAC, vg. de Fr., Lot-et-Garonne, arr., cant. et poste de Nérac; 770 hab.

CALIGNI, vg. de Fr., Orne, arr. de Domfront, cant. et poste de Flers; 1360 hab.

CALINI ou **KALLY-NADDY**, riv. de l'Inde, affluent du Gange. Elle prend sa source dans les montagnes du Gerwàl et se jette dans le Gange à l'E. de Kanoge.

CALITRI, v. du roy. des Deux-Siciles, intendance de Principato-Ulteriore, non loin de l'Ofanto; 4540 hab.

CALIX, v. de la Laponie suédoise, sur la rivière de même nom.

CALIX-ELF, riv. de Suède, prend sa source dans le Nordland, traverse la Nordbotten, arrose la ville de Calix, et vient verser ses eaux, réunies à celles de la Fornéo, dans le golfe de Botnie.

CALIXTE-D'HORNAING (Saint-). *Voyez* HORNAING.

CALKEN, b. du roy. de Belgique, prov. de la Flandre orientale, dist. de Dendermonde; 4000 hab.

CALLAC, b. de Fr., Côtes-du-Nord, arr. et à 6 l. S.-O. de Guingamp, chef-lieu de canton et poste; 2760 hab.

CALLACALLA. *Voyez* VALDIVIA (fleuve).

CALLAH, pet. v. de la rég. d'Alger, Afrique, à 7 l. N.-O. de Méjanah; manufacture d'armes à feu.

CALLANDER, pet. v. d'Écosse, comté de Perth, sur le Teat; manufactures de coton et broderies; 2300 hab.

CALLAO ou **NUEVO-CALLAO**, v. de la rép. du Pérou, dép. et prov. de Lima, sur l'Océan; les belles fortifications qui dominent le port, le meilleur du Pérou, la ville et l'isthme par lequel on y arrive, rendent cet endroit la première place maritime de la république. Elle fut fondée en 1572, sous le nom de Buénavista, détruite complétement par le tremblement de terre de 1746, et rebâtie, en 1747, par Supérunda, alors vice-roi du Pérou, à 1/2 l. de l'emplacement de l'ancienne ville, dont on voit encore les ruines sous l'eau lorsque la mer est calme. Un magnifique chemin conduit de cette ville à Lima qui en est éloigné de 3 lieues; avant la guerre (1821) Callao comptait 4000 hab.

CALLAS, pet. v. de Fr., Var, arr. à 3 1/2 l. N.-E. et poste de Draguignan, chef-lieu de canton; fabr. de draps, d'huile, de toiles, de chanvre; 17 usines de plâtre; exploitation de pierres de taille; 2330 hab.

CALLE (la), ancien fort français dans l'état d'Alger, Afrique, sur un rocher stérile, sur la Méditerranée, défendu par un bon mur du côté de la terre, à 18 l. E. de Bone; c'était autrefois le principal établissement français sur cette côte, et fut entièrement démoli et réduit à un amas de ruines par les troupes du dey en 1827. La compagnie d'Afrique, établie à Marseille pour la pêche du corail, y avait son comptoir.

CALLEN, vg. de Fr., Landes, arr. de Mont-de-Marsan, cant. de Sore, poste de Sabres; 610 hab.

CALLEVILLE, vg. de Fr., Eure, arr. de Bernay, cant. et poste de Brionne; 650 hab.

CALLEVILLE-LES-DEUX-ÉGLISES, vg. de Fr., Seine-Inférieure, arr. de Dieppe, cant. et poste de Tôtes; 560 hab.

CALLIAN, b. de Fr., Var, arr. de Draguignan, cant. et poste de Fayence; mines de houille; carrières de marbre; verreries; 2230 hab.

CALLIANCE, *Kalliani*, v. de l'Inde, chef-lieu du district du même nom, présidence de Bombay; fabr. de coton, poterie, etc. Les habitants sont presque tous mahométans.

CALLIES, v. de Prusse, située dans une contrée marécageuse et entourée de montagnes, prov. de Poméranie, rég. de Cœslin, fabr. de draps; 2700 hab.

CALLINGER, *Kallinger*, v. de l'Inde, présidence de Calcutta, dist. de Bandelkhand, autrefois une des plus fortes villes de l'Indoustan. Les Anglais ont démoli ses fortifications, en 1820. Dans ses environs on trouve du fer et des petits diamants.

CALLINGTON, b. d'Angleterre, comté de Cornwall, nomme deux députés au parlement; fabr. de draps; 1200 hab.

CALLOSA, b. d'Espagne, roy. de Valence, dist. de Denia; carrières de marbre recherché; 3000 hab.

CALM (la), vg. de Fr., Aveyron, arr. d'Espalion, cant. de St.-Geneviève, poste de Laguiole; 1500 hab.

CALMAR, v. de Suède, gouv. de Calmar, située sur le détroit de même nom, formé par l'île d'Œland, siège d'un évêque; elle est célèbre par l'acte d'union des trois couronnes de Suède, de Danemark et de Norwège, sous la reine Marguerite en 1397. Son commerce, quoique déchu, est encore florissant; cathédrale remarquable; 5000 hab.

CALMEILLES, vg. de Fr., Pyrénées-Orientales, arr., cant. et poste de Céret; 330 hab.

CALMETTE (la), vg. de Fr., Gard, arr. et poste d'Uzès, cant. de St.-Chaptes; 1100 hab.

CALMINA, v. considérable de la Haute-Guinée, Afrique, roy. et à 5 l. S. de Dahomey. Le roi y fait quelquefois sa résidence; 15,000 hab.

CALMONT, b. de Fr., Aveyron, arr. de Rhodez, cant. et poste de Cassagnes-Bégonhès; 1400 hab.

CALMONT, b. de Fr., Haute-Garonne, arr. et poste de Villefranche-de-Lauragais, cant. de Nailloux; 1900 hab.

CALMOUTIERS, vg. de Fr., Haute-Saône, arr. et poste de Vesoul, cant. de Noroy-le-Bourg; 920 hab.

CALNE, pet. v. d'Angleterre, comté de Wilts, sur un embranchement du canal de Wilts et Berk; fabr. de draps fins; 4000 h.

CALOFARO (Charybdis), est le nom d'un tournant dans le détroit de Messine, que redoutaient beaucoup les marins lorsque l'art de la navigation était encore dans l'enfance. On le traverse maintenant sans danger, si ce n'est parfois pendant un violent vent du sud.

CALOGIERI, v. de Sicile, au N.-E. de Sciacca, intendance de Girgenti, est un lieu de pèlerinage et possède des bains d'eaux minérales.

CALOIRE ou **DECALOIRE**, vg. de Fr., Loire, arr. de St.-Étienne, cant. du Chambon, poste de Firminy; 360 hab.

CALOMPÉ. *Voyez* PENOMPENG.

CALONGES, vg. de Fr., Lot-et-Garonne, arr. de Marmande, cant. du Mas-d'Agenais, poste de Tonneins; 960 hab.

CALONNE-RICOUART, vg. de Fr., Pas-de-Calais, arr. et poste de Béthune, cant. d'Houdain; 290 hab.

CALONNE-SUR-LA-LYS, vg. de Fr., Pas-de-Calais, arr. du Béthune, cant. de Lillers, poste de St.-Venant; 1510 hab.

CALOO, b. du roy. de Belgique, prov. de la Flandre orientale, dist. de Dendermonde, sur la rive gauche de l'Escaut; 2000 hab.

CALORGUEN, vg. de Fr., Côtes-du-Nord, arr., cant. et poste de Dinan; 850 hab.

CALOTTERIE (la), vg. de Fr., Pas-de-Calais, arr., cant. et poste de Montreuil-sur-Mer; 490 hab.

CALOUNGA-KOUFFOUA (lac mort), dit aussi simplement KOUFFOUA ou GUIFFOUA, lac considérable de l'intérieur de l'Afrique, à l'E. des royaumes indépendants de la Basse-Guinée; il fut découvert par M. Douville.

CALPÉ, promontoire au S. de l'Espagne, au pied duquel se trouve Gibraltar.

CALTAGIRONE ou **CALTAGRIONE**, v. épiscopale de Sicile et chef-lieu de district, intendance de Catane; est importante par son commerce et son industrie; elle possède un collége royal et plusieurs établissements d'utilité publique; 20,000 hab.

CALTANISETTA, v. bien bâtie, une des plus importantes de la Sicile et située sur le Salso, dans la plaine fertile de Mazzara;

CALV

16,000 hab. Elle est le chef-lieu de l'intendance de même nom, qui renferme les trois districts de Caltanisetta, de Piazza et de Terranova, avec une pop. de 157,000 hab.

CALTURA, v. de l'île de Ceylan, sur la mer et près de l'embouchure du Mulawaddy; plantations de sucre.

CALUIRE, vg. de Fr., Rhône, arr. et poste de Lyon, cant. de Neuville-sur-Saône; 4230 hab.

CALUSO, v. du roy. de Sardaigne, intendance-générale de Turin; 5000 hab.

CALVADOS (dép. du), situé dans la région N.-O. de Fr., est formé d'une partie de la Basse-Normandie. Il a reçu son nom d'une chaine de rochers, longue de 7 l., située entre les embouchures de la Vire et de l'Orne et qui bordent cette partie de ses côtes. Un vaisseau qui faisait partie de la flotte que Philippe II d'Espagne envoyait contre l'Angleterre, s'étant brisé sur ces rochers leur a donné son nom.

Ce département est borné au N. par le canal de la Manche, à l'E. par le dép. de l'Eure, au S. par celui de l'Orne, à l'O. par le dép. de la Manche. Sa superficie est de 557,663 hectares et sa pop. de 494,702 hab.

Les hauteurs situées dans la partie méridionale du département sont le prolongement de celles qui forment les bassins de la Loire et de la Seine; elles se divisent en deux rameaux, dont l'un se dirige au N. et va se perdre, par le cap de la Hoge, dans la Manche, tandis que l'autre, se dirigeant vers le S., se réunit aux monts de Bretagne.

Tous les cours d'eaux qui arrosent le département se dirigent vers le N. et viennent se jeter dans cette partie de la Manche qu'on nomme le golfe de la Seine; ils ne sont navigables qu'à une petite distance de leur embouchure.

Les principales rivières sont : l'Orne, qui a sa source dans le département du même nom, devient navigable à deux lieues au-dessus de Caen et se jette dans le canal près de Sallenelles; ses affluents sont : la Baise, la Laizé et l'Odon. La Vire, venant du département de la Manche, reçoit l'Esques et se rend dans le canal en s'élargissant considérablement. La Vie, l'Oison, la Dorette, la Botte et un grand nombre d'autres cours d'eaux versent leurs eaux dans la Dive, dont l'embouchure dans le canal est près d'Issigny. Les affluents de la Toucque sont la Caloune et l'Orbec; la Seule reçoit la Mue. Un plateau assez élevé arrête le cours de la Dromm et de l'Aure supérieur qui se perdent dans des cavités souterraines. Les étangs et les marais sont peu nombreux.

Ce département présente trois régions bien distinctes. Les pâturages des belles vallées de l'ancien pays d'Auge bornent à l'E. la belle et grande plaine de Caen, l'une des plus riches de la France; elle est bornée à l'O. par le pays du Bocage, moins fertile, mais présentant un aspect plus varié. Les côtes du département sont tantôt formées par des dunes de sable, tantôt par des collines; leur hauteur varie de 150 à 720 pieds; elles sont formées d'un terrain calcaire contenant beaucoup de silex pyromaque, dont on fait les pierres à fusil.

Le sol dans les vallées est formé par une terre végétale alluvionnée; celui de la plaine est un mélange de chaux et d'argile. Dans la partie montueuse, le terrain est sablonneux et repose, soit sur la marne, la chaux ou le grès, soit sur le granit.

Le climat est plutôt froid que tempéré; exposé à des variations de température brusques et fréquentes; l'automne et le printemps sont froids et humides. Le vent de l'ouest qui souffle pendant les deux derniers mois de l'année amène des pluies de longue durée; de nombreuses tempêtes y rendent la navigation très-dangereuse.

L'industrie rurale est bien entendue : le département est fertile en céréales; les légumes, les melons, le chanvre, le lin, sont d'une qualité supérieure. Les pommiers et les poiriers fournissent le cidre et le poiré, boisson habituelle d'une grande partie des habitants; dans le centre du département l'horticulture est très-perfectionnée. La principale richesse du département consiste dans ses vastes pâturages; les vallées sont couvertes de prairies naturelles bien irriguées; l'emploi des prairies artificielles devient de plus en plus fréquent. Le beurre, le fromage et le miel occupent une place importante dans l'exportation.

Les richesses minérales du département sont du fer d'une qualité médiocre, de la houille, des carrières de granit, de marbre, de pierres de taille, de meulières, des tourbières nombreuses, des ardoisières; d'excellentes pierres calcaires fournissent une grande quantité de chaux, que l'agriculteur emploie si utilement pour l'amendement des terres. La recherche du varech et de quelques autres plantes maritimes fournit de la soude.

L'éducation du bétail et surtout des porcs, des moutons, de la grosse volaille, des abeilles sont des articles considérables de l'économie rurale du département; cependant l'engraissage des bestiaux est la principale source de la richesse du département. Achetés dans les départements limitrophes, ils restent pendant quelque temps dans ces pâturages magnifiques, pour être conduits en grande partie sur les marchés de Sceaux et de Poissy, et de là approvisionner la capitale. Les chevaux de la Normandie jouissent depuis longtemps d'une réputation méritée. Sur les côtes on se livre à la pêche du maquereau, des homards, des huitres. Quelques ports arment pour la pêche de la baleine, du hareng, etc.

L'industrie manufacturière consiste dans la fabrication de toiles de lin, parmi lesquelles on cite surtout les toiles cretonnes pour linge de table, les fabriques de draps, de cotonnades, de siamoises, de dentelles; les filatures de laine, de coton; les fabriques de porcelaine, les tanneries, les mégisseries sont nombreuses.

Le commerce est très-florissant, l'exportation est considérable; les principaux produits sont : les bestiaux, les chevaux, le beurre, les œufs, la volaille, les huîtres, les toiles, les dentelles, etc.

Ce département est divisé en six arrondissements, dont les chefs-lieux sont :

Caen	. . . . .	9	cant.	197	com.	140,435 h.
Bayeux	. . . .	6	«	137	«	81,244 «
Falaise	. . . .	5	«	140	«	63,002 «
Lisieux	. . . .	6	«	144	«	69,864 «
Pont-l'Évêque	.	5	«	118	«	57,800 «
Vire	. . . . .	6	«	97	«	89,450 «

37 cant. 833 com. 501,795 h.

Il nomme sept députés, fait partie de la quatorzième division militaire, dont le quartier-général est à Rouen, est du ressort de la cour royale et de l'académie de Caen, du diocèse de Bayeux, suffragant de l'archevêché de Rouen; il fait partie de la quinzième conservation forestière, de la onzième inspection des ponts et chaussées, dont le chef-lieu est Alençon, de la deuxième division des mines, dont le chef-lieu est Abbeville. Il a 5 colléges, une école normale primaire et 664 écoles primaires.

CALVAIRE ou **MONT-VALÉRIEN**, point culminant de la chaîne de collines qui borde la rive gauche de la Seine, dans le dép. de la Seine; le Calvaire est situé au S.-O. de St.-Denis, à 136 mètres au-dessus du niveau de la rivière; son nom lui vient d'un couvent dans lequel on voyait une imitation du calvaire de Jérusalem; on y venait en pèlerinage. Les statues et les images qui s'y trouvaient ont été détruites en 1830.

CALVENS, groupe de pet. îles, près de la côte de l'état de Connecticut, États-Unis de l'Amérique du Nord.

CALVERT, comté de l'état de Maryland, États-Unis de l'Amérique du Nord; il est borné par les comtés d'Ann-Arundel, de St.-Marys, de Charles, de Prince-George et la baie de Chésapeak. Le Patuxent fait la frontière de ce pays à l'O. Le sol, quoique sablonneux, se prête à la culture du maïs, du blé, du tabac et du coton; vastes forêts de sapins; 9000 hab.

CALVERT, groupe de quinze petites îles, faisant partie de l'archipel Mulgrave, découvert par Gilbert.

CALVÈSE, vg. de Fr., Corse, arr. de Sartene, cant. de Petreto-et-Bicchisano, poste d'Olmeto; 240 hab.

CALVI, v. forte et port de Fr., Corse, chef-lieu d'arrondissement, à 17 l. N. d'Ajaccio, dans le golfe du même nom; siége d'un tribunal de première instance et d'une conservation des hypothèques. Elle est située sur un promontoire élevé, à l'extrémité d'une petite presqu'île et possède un château très-fort, flanqué de bastions et un des meilleurs port de l'île; sa rade, fort commode, peut recevoir un assez grand nombre de vaisseaux. On récolte dans les environs beaucoup d'huile et de vin, qui sont l'objet principal du commerce de cette ville; 1457 hab.

CALVI, v. du roy. des Deux-Siciles, prov. de Terra-di-Lavoro, siége d'un évêque; elle n'offre plus guère que les ruines de l'ancienne ville du même nom; non loin était le Campus Falernus.

CALVIAC, vg. de Fr., Lot, arr. de Figeac, cant. de la Tronquière, poste de St.-Céré; 870 hab.

CALVIAT, vg. de Fr., Dordogne, arr. et poste de Sarlat, cant. de Carlux; 670 h.

CALVIGNAC, vg. de Fr., Lot, arr. de Cahors, cant. et poste de Limogne; 680 hab.

CALVIGNET, vg. de Fr., Cantal, arr. d'Aurillac, cant. et poste de Montsalvy; 330 hab.

CALVISANO, b. du roy. Lombard-Vénitien, gouv. de Venise, délégation de Brescia; 3500 hab.

CALVISSON, vg. de Fr., Gard, arr. de Nîmes, cant. de Sommières, poste; fabr. de bonneterie de coton; vins blancs et eaux-de-vie; 2690 hab.

CALVORDE, b. du duché de Brunswick, dist. de Helmstedt; environ 1900 hab.

CALW, v. du roy. de Wurtemberg, chef-lieu du grand-bailliage de ce nom, cer. et dans une vallée étroite de la Forêt-Noire. Les environs sont remarquables par leur richesse minérale. Exploitation de bois de construction, culture de lin; filat., manufactures de draps, de maroquin et de colle. La ville fut pillée et réduite en cendres pendant la guerre de trente ans, en 1634. La population du grand-bailliage est de 21,000 hab. et celle de la ville de 2200.

CALWARI, v. du roy. de Pologne, woïwodie d'Augustowo; elle a des foires très-fréquentées; 5450 hab.

CALYPSO, g. a., île du golfe de Squillace, sur la côte de la Calabre; elle est célèbre dans l'histoire d'Ulysse et de Télémaque.

CALZAN, vg. de Fr., Arriège, arr. de Pamiers, cant. et poste de Varilles; 110 hab.

CAMACANS, peuplade indienne indépendante, appelée *Monjoyos* par les Portugais. Ils errent sur les bords du Rio-Pardo et du Rio-das-Contas, dans la prov. de Bahia, emp. du Brésil.

CAMACHO (Lagoas de), trois lacs de l'emp. du Brésil, prov. de Santa-Catharina; ils communiquent entre eux par des canaux ou écoulements et portent chacun un nom différent : Santa-Martha au S. du Tubarao, la lagoa Garopaba à 1 l. du précédent et la lagoa Jaguaruna, le plus grand des trois.

CAMADAOU. *Voyez* DJOLIBA.

CAMALÉCON, fl. des États-Unis de l'Amérique centrale; il prend naissance dans le district de San-Pedro-do-Sul, état de Honduras, coule vers le N.-O. et se jette dans la mer des Antilles, après un cours de 56 à 60 lieues.

CAMALÈS, vg. de Fr., Hautes-Pyrénées, arr. de Tarbes, cant. et poste de Vic-en-Bigorre; 540 hab.

CAMAMU, baie très-étendue au S. de celle de Toussaint, sur la côte de la prov. de Bahia, emp. du Brésil. Cette baie de 13 l. de longueur du N. au S. est fermée par une étroite langue de terre, qui s'avance du S. au N. et à l'extrémité de laquelle s'élève le fort de Punta-da-Mutta. La baie est remplie d'îles dont celle de Camamu, appelée aussi île de Pierre, est la plus considérable.

CAMAMU, pet. v. de l'emp. du Brésil, prov. de Bahia, comarque Dos-Ilhéos, dans une contrée agréable et fertile, sur la rive gauche de l'Acarahy à 5 l. de l'embouchure de ce fleuve; collége; pêcheries importantes; 4000 hab.

CAMANA, dist. du Bambouk, en Sénégambie, Afrique.

CAMANCHES ou **CAMANQUES**, **JÉTAUS**, peuplade indienne indépendante, habitant les rives supérieures du fleuve La-Platte et du Kanzas, à l'O. des Pawnées, territoire du Missouri, États-Unis de l'Amérique du Nord. Ils ont des demeures fixes et sont, d'après Pike, au nombre de 8200.

CAMAPUAN. *Voyez* SUL (Rio-Grande de).

CAMAPUANIA, dist. ou comarque de la prov. de Matto-Grosso, emp. du Brésil. Ce vaste district, bien plus grand que la France, est le plus méridional de la province et borné au N. par le district de Bororonia et la province de Goyaz, dont il est séparé par le Rio-Pardo et le Rio-Tacoary; à l'E. par la province de San-Paolo, où le Parana fait la limite; au S. et à l'O. par le dictatorat du Paraguay, dont le séparent l'Iguaray, le Chichuhy et le Paraguay. Ce pays assez plat est traversé par le Paraguay et le Parana, avec leurs nombreux affluents dont les rives sont bordées d'immenses forêts. Une chaîne de montagnes peu élevées, ramification de la Serra de Barbara, traverse l'intérieur du pays et sépare le bassin du Paraguay de celui du Parana. Une foule de peuplades sauvages et indépendantes, les Cahans, les Bayas, les Guaycurus, etc., parcourent cette immense région, remplie de lacs fangeux, exposée à de grandes inondations, surtout à l'O., très-peu connue et presque inaccessible à la culture.

CAMARADE, vg. de Fr., Arriège, arr. de Pamiers, cant. et poste du Mas-d'Azil; eaux minérales; 1250 hab.

CAMARANCA, riv. de la Haute-Guinée, Afrique; elle prend sa source un peu au S. de la Rokelle, dans le Kissi, traverse le Kourango et se jette dans l'Océan Atlantique, entre le cap Schilling et celui de Ste.-Anne, à 20 l. O. de la ville de Roumpy.

CAMARATA, v. de Sicile, intendance de Girgenti, au pied d'une montagne renfermant de belles carrières de marbre; 7000 h.

CAMARÈS. *Voyez* PONT-CAMARÈS.

CAMARET, vg. de Fr., Finistère, arr. de Châteaudin, cant. de Crozon, poste d'Argol. Il a un petit port sur l'Océan; pêche de la sardine; 1000 hab.

CAMARET, vg. de Fr., Vaucluse, arr., cant. et poste d'Orange; 2220 hab.

CAMARGUE (la), *Camaria*, île de Fr., Bouches-du-Rhône, arr. d'Arles. Cette île, formée par la bifurcation du Rhône, un peu au-dessus d'Arles jusqu'à la Méditerranée, présente un triangle dont la base est baignée par la Méditerranée et les côtés par les deux bras du fleuve, le Grand et le Petit-Rhône; sa superficie est d'environ 140,000 hectares, dont le cinquième seulement est en culture; des sables, des marais et des étangs, parmi lesquels le grand étang de Valcarès, occupent tout le reste de l'île.

La partie cultivée produit de l'orge, de l'avoine et un peu de vin; la massette (*typha latifolia*) y croît en abondance; de grands troupeaux de bêtes à laine paissent dans la partie non encore défrichée. On y élève aussi quelques bœufs qui, nourris dans les marais, restent à demi sauvages. Les parties sujettes aux inondations donnent une grande quantité de sel et de soude.

Quoique la Camargue comprenne plus du dixième de la surface du département, elle n'a que 4000 habitants, qui appartiennent au canton des Saintes-Maries et à celui d'Arles.

CAMARINES, prov. de l'île de Luçon, une des Philippines; elle renferme des mines d'or, exploitées par les Espagnols, à qui appartient cette côte.

CAMARON, un des principaux promontoires sur la côte N.-E. de l'état de Honduras, États-Unis de l'Amérique centrale.

CAMARSAC, vg. de Fr., Gironde, arr. de Bordeaux, cant. et poste de Créon; 280 h.

CAMARU. *Voyez* VILLA-FRANCA.

CAMAS, ham. de Fr., Bouches-du-Rhône, com. de Marseille; 470 hab.

CAMBAI, v. de l'Inde anglaise, présidence de Bombay, située sur le golfe du même nom; 30,000 hab.

CAMBAT, roy. d'Abyssinie, Afrique, à l'E. de celui de Gingiro; habité par des Gallas féroces et abrutis.

CAMBAYE (golfe de), enfoncement du golfe d'Oman, au S. de la presqu'île de Guzerate, sur la côte occidentale de l'Inde. La Narmmada ou Nerbuddah et le Tapty sont les deux principaux fleuves qui se jettent dans ce golfe.

CAMBAYRAC, vg. de Fr., Lot, arr. de Cahors, cant. de Luzech, poste de Castelfranc; 350 hab.

CAMBAZ. *Voyez* GUAYCURUS (peuplade).

CAMBE (la), vg. de Fr., Calvados, arr. de Bayeux, cant. et poste d'Isigny; 790 hab.

CAMBE (la), vg. de Fr., Orne, arr. d'Argentan, cant. et poste de Trun; 190 hab.

CAMBELONG, mont. dans le dép. des Hautes-Pyrénées, au S.-E. de Luz; elle renferme de l'argent et du plomb.

CAMBERNARD, vg. de Fr., Haute-Garonne, arr. de Muret, cant. et poste de St.-Lys; 250 hab.

CAMBERNON, vg. de Fr., Manche, arr., cant. et poste de Coutances; 1450 hab.

CAMBERWELL, v. d'Angleterre, comté de Surry, importante par ses nombreuses fabriques; 6000 hab.

CAMBES, vg. de Fr., Calvados, arr. et poste de Caen, cant. de Creully; 270 hab.

CAMBES, vg. de Fr., Gironde, arr. de Bordeaux, cant. et poste de Créon; 710 hab.

CAMBES, vg. de Fr., Lot, arr. et poste de Figeac, cant. de Livernon; 370 hab.

CAMBES, vg. de Fr., Lot-et-Garonne, arr. de Marmande, cant. de Seyches, poste de Miramont; 480 hab.

CAMBEYRES. *Voyez* CAUBEYRES.

CAMBIA, vg. de Fr., Corse, arr. et poste de Corte, cant. de St.-Laurent; 480 hab.

CAMBIEURE, vg. de Fr., Aude, arr. de Limoux, cant. et poste d'Alaigne; 270 hab.

CAMBION, vg. de Fr., Haute-Garonne, arr. de Villefranche-de-Lauragais, cant. et poste de Caraman; 350 hab.

CAMBLAIN-L'ABBÉ, vg. de Fr., Pas-de-Calais, arr. de St.-Pol-sur-Ternoise, cant. et poste d'Aubigny; 370 hab.

CAMBLANES, vg. de Fr., Gironde, arr. de Bordeaux, cant. et poste de Créon; 860 hab.

CAMBLIGNEUL, vg. de Fr., Pas-de-Calais, arr. de St.-Pol-sur-Ternoise, cant. et poste d'Aubigny; 320 hab.

CAMBLIN-CHATELIN, vg. de Fr., Pas-de-Calais, arr. de Béthune, cant. d'Houdain; 620 hab.

CAMBO, vg. de Fr., Gard, arr. du Vigan, cant. et poste de St.-Hyppolite; 100 hab.

CAMBO, vg. de Fr., Basses-Pyrénées, arr. de Bayonne, cant. d'Espelette, poste d'Ustaritz; eaux minérales; 1370 hab.

CAMBON, vg. de Fr., Loire-Inférieure, arr., cant. et poste de Savenay; 4120 hab.

CAMBON, vg. de Fr., Tarn, arr. de Lavaur, cant. de Cuq-Toulza, poste de Puylaurens; 540 hab.

CAMBON-D'ALBI, vg. de Fr., Tarn, arr. et poste d'Albi, cant. de Villefranche; 270 h.

CAMBOOCUNUM ou **KOMBOOCUNUM**, v. de l'Inde, présidence de Madras, dist. de Tanjore, sur un des bras du Kavery, autrefois la cap. de l'ancienne dynastie des Cholo. On y trouve beaucoup de pagodes et une multitude de brahmanes. Un étang sacré, réputé pour guérir tous les maux physiques et moraux, y attire tous les ans un grand nombre de pèlerins.

CAMBORI, v. du roy. de Siam, sur la frontière de l'emp. Birman.

CAMBORNE, b. d'Angleterre, comté de Cornwall; possède de riches mines de cuivre dont l'exploitation occupe plus de 1500 ouvriers; 1400 hab.

CAMBOTCHE, une des villes principales du roy. d'Angote en Abyssinie, Afrique.

CAMBOULAZET, vg. de Fr., Aveyron, arr. de Rhodez, cant. de Naucelle, poste de Sauveterre; commerce de bourre de poils de bœuf et de tissus de laine; 710 hab.

CAMBOULIT, vg. de Fr., Lot, arr., cant. et poste de Figeac; 630 hab.

CAMBOUNES, vg. de Fr., Tarn, arr. de Castres, cant. et poste de Brassac; fabr. d'étoffes de laine; 1680 hab.

CAMBOUNET-LES-MONTAGNES, vg. de Fr., Tarn, arr. de Lavaur, cant. et poste de Puylaurens; 390 hab.

CAMBRAI ou **CAMBRAY**, *Cameracum*, v. forte de Fr., Nord, à 12 l. S.-S.-E. de Lille, chef-lieu d'arrondissement; siège de tribunaux de première instance et de commerce, d'un évêché suffragant de l'archevêché de Paris, d'une conservation des hypothèques et d'une direction des contributions indirectes. Cette ville, défendue par une bonne citadelle, est située sur la rive gauche de l'Escaut, dont un bras la traverse; elle renferme plusieurs beaux édifices, un hôtel de ville, une cathédrale remarquable, une salle de spectacle, une vaste place d'armes et une bibliothèque de 30,000 volumes; elle possède un collége, une société d'émulation, des écoles de dessin, de sculpture, de peinture, d'anatomie, de musique, etc. Tous les deux ans il y a dans cette ville une exposition des produits des arts et de l'industrie. Fabriques de toiles fines très-estimées connues sous le nom de *toiles de Cambrai*, de linons, de batistes, de gazes, de mouchoirs, de tissus de coton, de bonneterie, de savon raffiné; filatures de coton et de fil très-fin; raffineries de sel et tanneries. Le commerce y consiste principalement en blé, huile, graines grasses, lins, tissus de fil et de coton, chevaux et bétail. Foires les 1er mai, 28 octobre et le 24 de chaque mois; 17,846 h.

Cambrai est une ville très-ancienne; elle était déjà importante lors de l'invasion des Francs, puisque Clodion en fit la capitale du royaume qu'il avait conquis; elle resta sous la domination des deux premières races des rois Francs jusqu'à la fin du neuvième siècle et passa ensuite sous celle des rois d'Allemagne. En 1007, l'empereur Henri II en donna la souveraineté à des évêques qui la gardèrent jusqu'en 1543, époque où Charles-Quint réunit le Cambrésis à son domaine. Les Cambrésiens luttèrent longtemps et avec courage pour l'affranchissement de leur commune; ils soutinrent depuis 957, époque de la première association des bourgeois de Cambrai, jusque vers le milieu du quatorzième siècle, une guerre à outrance contre les évêques et leur clergé; le droit qu'ils conquirent de se gouverner par des magistrats municipaux coûta des torrents de sang; mais du moins leurs efforts ne furent

CAMB

point vains, et l'antique commune de Cambrai fut une des plus admirablement organisées de France. Louis XIV en fit la conquête en 1676; mais la ville conserva ses libertés communales. En 1793, les Autrichiens l'assiégèrent sans succès. Les Anglais l'occupèrent en 1815. Plusieurs traités mémorables furent conclus dans cette ville, entre autres le fameux traité de 1508, connu sous le nom de *ligue de Cambrai*, entre le pape Jules II, l'empereur Maximilien et le roi de France Louis XII contre la république de Venise; et en 1529 la paix dite *traité des Dames*, signée en cette ville par la duchesse d'Angoulême, Louise de Savoie, mère de François Ier, et Marguerite, tante de Charles-Quint, gouvernante des Pays-Bas.

Cambrai est la patrie du traître Dumouriez (Charles-François), né en 1739, mort à Turville-Park, dans le comté de Buckingham, en Angleterre, le 14 mars 1823. Le chroniqueur Monstrelet, dont on ne précise point le lieu de naissance (1390), était prévôt de Cambrai, et l'on peut regarder cette ville comme la patrie adoptive de ce célèbre historien. Le vertueux Fénélon résida longtemps à Cambrai dont il était archevêque. Dubois, l'infâme favori du duc d'Orléans, porta aussi le titre d'archevêque de Cambrai.

CAMBREMER, b. de Fr., Calvados, arr. et à 6 l. S.-O. de Pont-l'Évêque, chef-lieu de canton et poste; 1350 hab.

CAMBRÉSIS, *Camaracensis Pagus*, *Camaracensium*, ancienne dénomination du territoire compris aujourd'hui presque en entier dans l'arrondissement de Cambrai. C'était une petite province bornée au N. par la Flandre et le Hainaut, à l'E. également par le Hainaut, à l'O. par l'Artois et au S. par la Picardie; c'était un pays d'états dont Louis XIV jura de respecter les priviléges et les institutions. *Voyez* CAMBRAI et CATEAU-CAMBRÉSIS.

CAMBRIA, comté de l'état de Pensylvanie, États-Unis de l'Amérique du Nord; il est borné par les comtés de Clearfield, de Huntingdon, de Bedford, de Sommersets, de Westmoreland et par l'état d'Indiana; 4500 hab.

CAMBRIA, pet. v. des États-Unis de l'Amérique du Nord, état de New-York, comté de Niagara, sur le Niagara et près de la fameuse cataracte de cette rivière; elle a un port où l'on débarque les marchandises destinées pour le Canada; 2400 hab.

CAMBRIDGE, v. des États-Unis de l'Amérique du Nord, état de Massachusetts, comté de Middlesex, sur le Charles; elle est jointe par de superbes ponts à Charlestown et à Boston dont elle peut être regardée comme un faubourg. Cette ville, assez irrégulièrement bâtie, possède une université, fondée en 1638, une bibliothèque de 35,000 volumes, un jardin botanique et de belles collections scientifiques, parmi lesquelles on distingue le musée anatomique en cire. C'est dans cette ville qu'a été établie la première imprimerie des États-Unis; 6400 hab.

CAMBRIDGE, pet. v. bien bâtie des États-Unis de l'Amérique du Nord, état de Maryland, comté de Dorchester, dont elle est le chef-lieu, à l'embouchure du Choptank; académie; 2700 hab.

CAMBRIDGE, v. industrieuse des États-Unis de l'Amérique du Nord, état de New-York, comté de Washington; 6000 hab.

CAMBRIDGE, pet. v. florissante des États-Unis de l'Amérique du Nord, état d'Ohio, comté de Guernsey, dont elle est le chef-lieu, sur le Wills; agriculture, industrie et commerce; 1600 hab.

CAMBRIDGE, v. naissante du Haut-Canada, dist. de l'Ottawa, dont elle est le chef-lieu, sur la rivière de la Petite-Nation; 800 h.

CAMBRIDGE, comté d'Angleterre, borné par les comtés de Lincoln, de Norfolk, de Suffolk, d'Essex, de Huntington et de Northampton. Sa superficie est de 35 l. c. géogr. et sa population de 122,000 habitants. L'île d'Ely, formée par l'Ouse, la Nine et plusieurs canaux, fait la partie supérieure du comté. L'Ouse est la rivière principale. Au N., le climat est humide et très-malsain; au S., il est le même que dans les autres comtés du royaume. Ses productions sont: orge, légumes, navette, safran, tourbe, chaux et sable fin. L'éducation du bétail est la principale ressource des habitants de l'île d'Ely; leur beurre et leurs fromages sont très-estimés. Au S. on se livre à l'agriculture; l'industrie est presque nulle. Le comté nomme six députés au parlement et est divisé en 15 districts.

CAMBRIDGE, *Camboricum*, *Cantabrigia*, v. épiscopale d'Angleterre, chef-lieu du comté de ce nom, sur le Cam; ses rues sont sales et étroites. Cambridge est célèbre par son université, la seconde du royaume; elle fut fondée, dit-on, au septième siècle par Siegbert, roi des Angles. On y distingue le collége de St.-Pierre, fondé en 1284; le Christ-College, dans le jardin duquel on voit un mûrier qu'on dit avoir été planté par Milton et dont le tronc est enveloppé de plomb; le collége de la Trinité, avec une bibliothèque de 30 à 40,000 volumes; la célèbre chapelle royale, une des plus grandes et des plus belles de l'Europe. La bibliothèque de l'université possède 100,000 volumes. Beau jardin botanique, observatoire, musée très-riche (avec un globe céleste en cuivre de 6 mètres de diamètre), plusieurs hospices. La foire de Cambridge est célèbre. Patrie du célèbre orientaliste Edmond Castell, mort en 1685; 21,000 hab.

CAMBRILS, pet. port d'Espagne, principauté de Catalogne, dist. de Tarragona; commerce de vin et de laine; 1600 hab.

CAMBRIN, vg. de Fr., Pas-de-Calais, arr., à 2 l. E. et poste de Béthune, chef-lieu de canton; 500 hab.

CAMBRON, vg. de Fr., Somme, arr., cant. et poste d'Abbeville; 950 hab.

CAMBRONNE, vg. de Fr., Oise, arr..de Compiègne, cant. et poste de Ribecourt; 500 hab.

CAMBRONNE-LES-CLERMONT, vg. de Fr., Oise, arr. de Clermont, cant. et poste de Mouy; 510 hab.

CAMBURAT, vg. de Fr., Lot, arr., cant. et poste de Figeac; carrière de pierres lithographiques; 600 hab.

CAMBUSMETHAN, b. d'Écosse, comté de Lanark, sur le Clyde; manufactures de coton; mines de houille et carrières de marbre; 2000 hab.

CAMDEBO, riv. dans la colonie du Cap, Afrique; elle se jette dans le fleuve de Dimanche (Noukakamma).

CAMDEBOO, dist. montagneux, aride et peu peuplé dans la colonie du Cap, Afrique; il renferme la source de plusieurs rivières, dont une porte son nom; à l'O. il touche au grand Karroo.

CAMDEN, comté de l'état de Géorgie, États-Unis de l'Amérique du Nord; il est borné par les comtés de Wayne, de Glynn et d'Appling, par le territoire de la Floride orientale et par l'Océan. Ce pays, traversé par le St.-Maris, la grande Santilla et le Crooked, présente d'immenses landes entrecoupées de marais, de forêts et de districts fertiles; 5200 hab.

CAMDEN, pet. v. des États-Unis de l'Amérique du Nord, état du Maine, comté de Lincoln; 2300 hab.

CAMDEN, comté de l'état de la Caroline du Nord, États-Unis de l'Amérique du Nord; il est borné par les comtés de Currituk et de Pasquotank, l'état de Virginie et l'Albemarle-Sund. Ce comté est situé entre le Nord-River et le Pasquotank qui s'embouchent dans le Sund, et s'étend au N.-E. bien avant dans le vaste désert de Dismal-Swamp; chef-lieu : Jonesborough; 7000 h.

CAMDEN, pet. v. des États-Unis de l'Amérique du Nord, état de la Caroline du Sud, comté de Kershaw, dont elle est le chef-lieu, sur la Waterée. Elle possède une académie; commerce de tabac, de coton et de pelleterie. Dans le voisinage de la ville se livra, en 1780, un combat entre les Anglais et les Américains; 3000 hab.

CAMDEN, vg. du Haut-Canada, dist. occidental; salines, eaux minérales sulfurées, sources de naphte; 400 hab.

CAME, vg. de Fr., Basses-Pyrénées, arr. de Bayon, cant. de Bidache, poste de Peyrehorade; 1790 hab.

CAMÉCRANS, peuplade indienne, en partie sauvage et indépendante, en partie soumise et convertie au christianisme; elle habite les rives supérieures du Moju, prov. de Para, et les districts adjacents des prov. de Maranhao et de Goyaz, emp. du Brésil. Cette peuplade se divise en cinq hordes principales : les Macamécrans, les Corécamécrans, les Porécamécrans, les Chacamécrans et les Piocamécrans.

CAMELAS, vg. de Fr. Pyrénées-Orientales, arr. et poste de Perpignan, cant. de Thuir; 590 hab.

CAMELFORD, b. d'Angleterre, comté de Cornwall, sur le Camel, nomme deux députés au parlement. Bataille entre les Bretons et les Saxons; bataille entre le roi Arthur et son neveu Mordred.

CAMELIN, vg. de Fr., Aisne, arr. de Laon, cant. de Coucy-le-Château, poste de Blérancourt; fabr. de toiles de coton et de batiste; 720 hab.

CAMELLE (Sainte-), vg. de Fr., Aude, arr. et poste de Castelnaudary, cant. de Salles-sur-l'Hers; 310 hab.

CAMEMBERT, vg. de Fr., Orne, arr. d'Argentan, cant. et poste de Vimoutier; 640 hab.

CAMEN, pet. v. de Prusse, rég. d'Arnsberg; 2400 hab.

CAMENZ, v. du roy. de Saxe, cer. de Bautzen, à 9 l. N.-E. de Dresde; lycée; fabr. de draps et de toiles; patrie de Lessing; 3350 hab.

CAMEREN. *Voyez* CHAMBRE (la).

CAMERI, v. entre le Ticino et le Terdoppio, roy. de Sardaigne, intendance générale de Novara; 4380 hab.

CAMERINO, *Camerinum*, v. de l'état de l'Église, chef-lieu de la délégation de même nom; elle est le siége d'un évêché et possède une université secondaire; 7000 hab.

CAMERONES, territoire dans la Haute-Guinée, Afrique, sur la côte des Calbingos, arrosé par la rivière de même nom; climat agréable; commerce d'esclaves.

CAMERONES ou CAMEROUN, chaîne de montagnes élevées dans la Haute-Guinée, Afrique, sur la côte de Bénin, à l'opposite de l'île de Fernando-Po. On suppose à leur point culminant une hauteur d'environ 2200 toises. On y trouve plusieurs volcans.

CAMERONES ou CAMEROUNS, v. de la Haute-Guinée, Afrique, sur la côte de Bénin, dans une île formée par les rivières de Cameronès et de Malimba. On y fait le commerce de poivre, de gomme, d'ivoire, d'huile, de palmiers, etc.

CAMEROTA ou CAMEROTO, pet. v. du roy. des Deux-Siciles, située non loin de la mer, intendance de Principato-Citeriora; on s'y occupe de la pêche du corail; 2000 h.

CAMÉTA. *Voyez* VIÇOZA (villa).

CAMETOURS, vg. de Fr., Manche, arr. de Coutances, cant. de Cerisy-la-Salle, poste de la Fosse; 1260 hab.

CAMFLEUR-COURCELLES, vg. de Fr., Eure, arr., cant. et poste de Bernay; 190 h.

CAMIAC, vg. de Fr., Gironde, arr. de Libourne, cant. et poste de Branne; 250 h.

CAMIERS, vg. de Fr., Pas-de-Calais, arr. et poste de Montreuil-sur-Mer, cant. d'Etapes; 460 hab.

CAMILLUS, pet. v. des États-Unis de

l'Amérique du Nord, état de New-York, comté d'Onondaga, sur le Sénéca et le canal de l'Erié; carrières de gypse; commerce; 3200 hab.

CAMILLY, ham. de Fr., Calvados, com. de Fresne-Camilly; 300 hab.

CAMINHA, pet. v. du Portugal, prov. d'Entre-Duero-et-Minho, dist. de Valenza, à 85 l. de Lisbonne; mal fortifiée et incapable de soutenir un siége, étant dominée par une montagne. Elle est située près de la mer, au confluent du Couro et du Minho; son port, dont les deux entrées sont étroites et envasées, ne peut recevoir que de petites embarcations; 2500 hab.

CAMIRAN, vg. de Fr., Gironde, arr., cant. et poste de la Réole; 530 hab.

CAMISANO, *Camissanum*, b. du roy. Lombard-Vénitien, gouv. de Venise, délégation de Vicence, entre le Cérison et l'Armeola; 4000 hab.

CAMISENE, g. a., contrée de la Parthie.

CAMIZAO (Serra do). *Voyez* MANTIQUEIRA (Serra da).

CAMJAC, vg. de Fr., Aveyron, arr. de Rhodez, cant. de Naucelle, poste de Sauveterre; 930 hab.

CAMLES, vg. de Fr., Côtes-du-Nord, arr. de Lannion, cant. et poste de Tréguier; 1100 hab.

CAMMA ou COUMMA, territoire de la Basse-Guinée, Afrique, au N. du Loango, avec une petite rivière du même nom. On y trouve le petit port de Ste.-Catherine, peu fréquenté par les Européens.

CAMMAZES (les), vg. de Fr., Tarn, arr. de Castres, cant. de Dourgne, poste de Sorèze; 740 hab.

CAMMIN, *Caminum*, v. de Prusse, rég. de Stettin, à l'embouchure de l'Oder dans la mer Baltique; siége des autorités du cer. du même nom et ci-devant résidence des évêques de la Poméranie; pêche, distillerie et agriculture; 2900 hab.

CAMODOKOU. *Voyez* DJOLIBA.

CAMOIL, vg. de Fr., Morbihan, arr. de Vannes, cant. et poste de la Roche-Bernard; 400 hab.

CAMOINS (les), vg. de Fr., Bouches-du-Rhône, com. de Marseille; 460 hab.

CAMON, vg. de Fr., Arriége, arr. de Pamiers, cant. et poste de Mirepoix; 630 hab.

CAMON, vg. de Fr., Somme, arr., cant. et poste d'Amiens; 1410 hab.

CAMONICA, b. du roy. Lombard-Vénitien, gouv. de Milan, délégation de Bergame, sur l'Adda et près l'embouchure du canal de Milan; forges et fabr. de quincaillerie; 3000 hab.

CAMORA, lac au S. du Marannon, prov. de Para, comarque de Rio-Négro, emp. du Brésil.

CAMORS, vg. de Fr., Morbihan, arr. de Lorient, cant. de Pluvigner, poste de Baud; 1830 hab.

CAMORTA ou KOMORTA, une des îles de l'archipel de Nikobar, dans le golfe du Bengale, au N.-E. de Katchoul. Sur la côte S.-O. il existe un bon port, où les Danois ont fondé leur premier établissement. En 1778, les Autrichiens y ont fondé une colonie qu'ils ont depuis abandonnée, après avoir cherché, mais en vain, de faire reconnaître aux missionnaires danois la suprématie de leur empereur.

CAMOU-MIXE, vg. de Fr., Basses-Pyrénées, arr. de Mauléon, cant. et poste de St.-Palais; 230 hab.

CAMOUS, vg. de Fr., Hautes-Pyrénées, arr. de Bagnères-en-Bigorre, cant. et poste d'Arreau; 150 hab.

CAMOU-SOULE, vg. de Fr., Basses-Pyrénées, arr. de Mauléon, cant. et poste de Tardets; 360 hab.

CAMPAGNA, vg. de Fr., Aude, arr. de Limoux, cant. de Belcaire, poste de Quillan; 370 hab.

CAMPAGNAC, vg. de Fr., Aveyron, arr. et à 7 l. N. de Milhau, chef-lieu de canton, poste de St.-Geniez; 1300 hab.

CAMPAGNAC, vg. de Fr., Tarn, arr. de Gaillac, cant. de Castelnau-de-Montmirail, poste de Cordes; 450 hab.

CAMPAGNAC-LES-QUERCY, vg. de Fr., Dordogne, arr. de Sarlat, cant. et poste de Villefranche-de-Belvès; 1170 hab.

CAMPAGNA-DI-ROMA, *Latium*. On désigne sous ce nom les environs de Rome, un espace de pays insalubre et presque inhabité, couvert de ruines, parcouru par le Tibre et le Teverone et qui s'étend de Ronciglione à Terracine, au-delà des marais Pontins. Dans la saison des pluies, de nombreux ruisseaux descendent des Apennins, inondent les campagnes et forment des marais dont les exhalaisons causent en été des fièvres et une foule d'autres maladies. Bien différents du temps des Romains, ces lieux offraient partout le tableau d'une culture soignée, d'une extrême fécondité; ils étaient parsemés de nombreux monuments et de maisons de campagne. Le pape Pie VI a fait faire des travaux pour le desséchement des marais Pontins; le principal canal d'écoulement porte le nom de *Linea Pia*.

CAMPAGNAN, vg. de Fr., Hérault, arr. de Lodève, cant. et poste de Gignac; 270 h.

CAMPAGNE, vg. de Fr., Arriége, arr. de Pamiers, cant. et poste du Mas-d'Azil; 800 hab.

CAMPAGNE, vg. de Fr., Dordogne, arr. de Sarlat, cant. et poste du Bugue; 710 h.

CAMPAGNE, vg. de Fr., Gers, arr. de Condom, cant. et poste de Cazaubon; 470 h.

CAMPAGNE, vg. de Fr., Hérault, arr. de Montpellier, cant. de Clarret, poste de Sommières; 130 hab.

CAMPAGNE, vg. de Fr., Landes, arr., cant. et poste de Mont-de-Marsan; 1020 hab.

CAMPAGNE, vg. de Fr., Oise, arr. de Compiègne, cant. et poste de Guiscard; 180 hab.

CAMPAGNE, vg. de Fr., Pas-de-Calais, arr. de Boulogne-sur-Mer, cant. et poste de Guines; 420 hab.

CAMPAGNE, vg. de Fr., Pas-de-Calais, com. de Wardrecque; 450 hab.

CAMPAGNE-LES-BOULONNAIS, vg. de Fr., Pas-de-Calais, arr. de Montreuil-sur-Mer, cant. et poste d'Hucqueliers; 1060 h.

CAMPAGNE-LÈS-HESDIN ou **CAMPAGNE-LÈS-SAINT-ANDRÉ**, vg. de Fr., Pas-de-Calais, arr., à 3 1/2 l. et poste de Montreuil-sur-Mer, chef-lieu de canton; 1400 hab.

CAMPAGNE-LÈS-WARDRECQUES, vg. de Fr., Pas-de-Calais, arr., cant. et poste de St.-Omer; sucrerie indigène; 460 hab.

CAMPAGNE-SUR-AUDE, vg. de Fr., Aude, arr. de Limoux, cant. de Quillan, poste de Couiza; filat. de laine; eaux thermales ferrugineuses; 410 hab.

CAMPAGNOLLES, vg. de Fr., Calvados, arr. et poste de Vire, cant. de St.-Sever; 880 hab.

CAMPAN, b. de Fr., Hautes-Pyrénées, arr. et à 2 l. S. de Bagnères, chef-lieu de canton. Ce bourg, situé sur la rive gauche de l'Adour, au centre de la belle vallée à laquelle il donne son nom, est surtout remarquable par les beaux sites qui l'environnent; il a des fabriques de cadis, d'étamines et de tricots. La vallée est bien cultivée et abonde en pâturages; des vergers et des bosquets couvrent le versant du côté gauche dont la pente est fort douce; l'autre côté est aride et escarpé. Près de Campan se trouve une caverne remarquable par des stalactites d'albâtre. Le marbre qu'on exploite près de ce bourg est renommé; 4250 h.

CAMPANA, v. du roy. des Deux-Siciles, prov. de la Calabre citérieure, sur l'Aquanite; commerce de manne; 2050 hab.

CAMPANA ou **SANTA-BARBARA**, île séparée par le canal du même nom de la côte occ. de la Patagonie. Elle est située sous le 48° 35' lat. S., au S. du golfe de Pennas; elle est encore peu connue.

CAMPANA, bras de mer ou canal de 40 l. de longueur sur 4 à 5 de large; il sépare l'île de Campana de la côte occidentale de la Patagonie.

CAMPANA, vg. de Fr., Corse, arr. et poste de Corte, cant. de Piedicroce; 170 h.

CAMPANDRE, vg. de Fr., Calvados, arr. de Caen, cant. de Villers-Bocage, poste d'Aulnay-sur-Odon; 260 hab.

CAMPANHA ou **VILLA-DA-PRINCEZA-DA-BEIRA**, v. de l'emp. du Brésil, prov. de Minas-Geraès, comarque du Rio-das-Mortes, dans une belle plaine, à 5 l. du Rio-Verde; école latine; industrie, agriculture très-florissante, commerce actif, lavages d'or. Les mines d'or, ouvertes il y a peu d'années dans les environs de cette ville, sont regardées comme les plus riches de la province; 4600 hab.

CAMPANIA, v. épiscopale du roy. des Deux-Siciles, Principato-Citeriore; 6744 h.

CAMPANIA, g. a., contrée de l'Italie, était bornée au S.-E. par la Lucanie, au N.-E. par la Samnie, au N.-O. par le Latium et au S.-O. par la mer Tyrrhénienne; elle embrassait la province actuelle de Terre-de-Labour.

CAMPARAN, vg. de Fr., Hautes-Pyrénées, arr. de Bagnères-en-Bigorre, cant. de Vielle-Aure, poste d'Arreau; 120 hab.

CAMPARDO, vg. du roy. Lombard-Vénitien, gouv. de Venise, délégation de Trévise, renommé par sa grande foire aux chevaux, une des plus considérables de l'Italie.

CAMPBELL, v. du pays des Hottentots, Afrique, dans le pays des Koranas, à l'E. de Klaarwater; carrières d'ardoises aux environs.

CAMPBELL, comté de l'état de Kentucky, États-Unis de l'Amérique du Nord; il est borné par l'Ohio et les comtés de Pendleton et de Boone. Le Licking traverse ce pays; 8000 hab.

CAMPBELL, comté de l'état de Tennessée, États-Unis de l'Amérique du Nord; il est borné par l'état de Kentucky et par les comtés de Clairborne, de Grainger, d'Anderson et de Morgan. Les monts Cumberland traversent en tout sens ce pays, arrosé par le Powell. Chef-lieu Jacksonsborough; 5300 hab.

CAMPBELL, comté de l'état de Virginie, États-Unis de l'Amérique du Nord; il est entouré des comtés de Cabell, de Buckingham, du Prince-Edward, de Charlotte, de Halifax, de Pittsylvanie et de Bedford. Les Long-Mountains, riches en fer, s'étendent sur ce pays, arrosé par le Roanoke, le Goose, le Big-Otter et l'Opossum. Sol fertile en blé et en tabac; 17,000 hab.

CAMPDUMY, ham. de Fr., Var, arr. et poste de Brignolles, cant. de Besse; 100 h.

CAMPEAUX, vg. de Fr., Calvados, arr. et poste de Vire, cant. de Bény-Bocage; fabr. de cordes, cordeaux et ficelles; 910 h.

CAMPEAUX, vg. de Fr., Oise, arr. de Beauvais, cant. et poste de Formerie; fabr. de bonneterie et de tricots de laine; 855 h.

CAMPÈCHE ou **SAN-FRANCISCO-DE-CAMPÈCHE**, v. des états méxicains, état de Yucatan, à l'embouchure du Rio-Francisco dans la baie de Campêche. Cette ville, fondée en 1540, est bien bâtie, défendue par une bonne citadelle, et compte parmi les meilleures places fortes du Mexique. Elle possède deux hôpitaux, un collége et beaucoup de fabriques d'indiennes et de cire. Son port, quoique peu sûr, est pourtant le meilleur du Yucatan. C'est surtout dans les forêts, qui s'étendent au S. de cette ville, le long du Rio-Champoton, que l'on fait la coupe du fameux bois de campêche (*hæmatoxilon campechianum*), dont il se fait un commerce très-important; 18,000 hab.

CAMPEL, vg. de Fr., Ille-et-Vilaine, arr. de Redon, cant. de Maure, poste de Plélan; 640 hab.

CAMPÉNÉAC, b. de Fr., Morbihan, arr., cant. et poste de Ploermel; 2190 hab.

CAMPENGBERT, v. et chef-lieu de la province de même nom, roy. de Siam, sur le Menam; mines de fer et d'acier; coutellerie et fabr. d'objets en fer et en acier.

CAMPES, vg. de Fr., Tarn, arr. de Gaillac, cant. et poste de Cordes; 290 hab.

CAMPESTRE, vg. de Fr., Gard, arr. et poste du Vigan, cant. d'Alzon; 690 hab.

CAMPESTRIA-MOAB (plaines de Moab), g. a., dans le pays des Amorréens, Pérée, au N. du fleuve Arnon. Les Moabites possédaient d'abord tout le pays s'étendant le long des deux rives de l'Arnon; mais Sihon, dernier roi des Amorréens, battit les Moabites et leur enleva leurs possessions sur la rive septentrionale de l'Arnon. Les Hébreux y avaient établi leur camp avant de passer le Jourdain.

CAMPET, b. du roy. de Naples, terre d'Otrante; 3500 hab.

CAMPET, v. du grand-duché de Toscane, prov. de Florence; fab. et commerce de chapeaux de paille.

CAMPET, vg. de Fr., Landes, arr., cant. et poste de Mont-de-Marsan; 500 hab.

CAMPHIN-EN-CAREMBAULT, vg. de Fr., Nord, arr. de Lille, cant. de Seclin, poste de Carvin; 850 hab.

CAMPHIN-EN-PÉVÈLE, vg. de Fr., Nord, arr. et poste de Lille, cant. de Cysoing; 1450 hab.

CAMPI, vg. de Fr., Corse, arr. et poste de Corte, cant. de Pietra-de-Verde; 260 h.

CAMPIGNEUL-LES-GRANDES, vg. de Fr., Pas-de-Calais, arr., cant. et poste de Montreuil-sur-Mer; 250 hab.

CAMPIGNEUL-LES-PETITES, vg. de Fr., Pas-de-Calais, arr., cant. et poste de Montreuil-sur-Mer; 230 hab.

CAMPIGNY, vg. de Fr., Calvados, arr. de Bayeux, cant. et poste de Balleroy; 300 h.

CAMPIGNY, vg. de Fr., Eure, arr., cant. et poste de Pont-Audemer; 800 hab.

CAMPILE, vg. de Fr., Corse, arr. et à 5 l. S. de Bastia, chef-lieu de canton, poste de la Porta; 755 hab.

CAMPILLO-DE-ARENAS, b. d'Espagne, Andalousie, prov. de Jaen; il est célèbre par la victoire des Français, sous Molitor, sur les Espagnols, commandés par Ballesteros (1823).

CAMPINA-GRANDE ou VILLA-DA-RAINHA, appelée autrefois *Paupinna*, pet. v. de l'emp. du Brésil, prov. de Parahyba, sur un plateau élevé, à 38 l. O.-N.-O. de Parahyba; commerce assez actif. La contrée manque d'eau; 2500 hab.

CAMPINAS. *Voyez* CARLOS (San-), v.

CAMPINHO. *Voyez* VILLA-VICOZA.

CAMPI RAUDII, g. a., près de Vérone; Marius y battit les Cimbres et les Teutons.

CAMPISTROUS, vg. de Fr., Hautes-Pyrénées, arr. de Bagnères-en-Bigorre, cant. et poste de Lannemezan; 470 hab.

CAMPITELLO, vg. de Fr., Corse, arr., à 6 l. S.-S.-O. et poste de Bastia, chef-lieu de canton; 250 hab.

CAMPJAC-LE-BOSC. *Voyez* CAMJAC.

CAMPLETOWN, v. d'Écosse, comté d'Argyle, sur une petite baie de la côte orientale de la presqu'île de Cantyre; fabr. de toiles de coton et de mousselines; distilleries; pêche du hareng; mines de houille; terre à foulon; port; 3000 hab.

CAMPLI, v. épiscopale du roy. des Deux-Siciles, intendance de l'Abruzze ultérieure Ire; possède une belle cathédrale; 6000 hab.

CAMPLONG, vg. de Fr., Aude, arr. de Narbonne, cant. et poste de Lézignan; 270 hab.

CAMPLONG, vg. de Fr., Hérault, arr. de Beziers, cant. et poste de Bédarieux; mines de fer; 2420 hab.

CAMPNEUSEVILLE, vg. de Fr., Seine-Inférieure, arr. de Neufchâtel-en-Bray, cant. et poste de Blangy; 740 hab.

CAMPO., vg. de Fr., Corse, arr. et poste d'Ajaccio, cant. de Ste.-Marie-et-Sicche; 260 hab.

CAMPOALÉGRE. *Voyez* RÉZENDÉ.

CAMPOBASSO, v. du roy. des Deux-Siciles, intendance de Molise, bâtie en amphithéâtre sur une colline. Elle est une des premières places de commerce de l'Italie, possède un collége royal et un tribunal civil et criminel; ses environs sont fertiles et parmi ses nombreuses fabriques celles de coutellerie sont surtout renommées; 8000 hab.

CAMPOBELLO, île fertile et bien cultivée, avec un port dans la baie de Passamaquoddi, sur la côte de l'état du Maine, États-Unis de l'Amérique du Nord.

CAMPO-FORMIO, vg. du roy. Lombard-Vénitien, gouv. de Venise, délégation d'Udine. Traité de paix célèbre, signé en 1797 entre la république française et l'Autriche; 800 hab.

CAMPO-GRANDE, pet. v. de l'emp. du Brésil, prov. de Rio-Grande-do-Norte; agriculture florissante; 2000 hab.

CAMPO-GRANDE. *Voyez* VILLANOVA-D'EL-REY.

CAMPO-LARGO ou SANTA-ANNA-DE-CAMPO-LARGO, pet. v. de l'emp. du Brésil, prov. de Pernambuco, comarque de Sertao (Sertong), sur le Rio-Grande, à 12 l. de Carynhanha; agriculture, commerce; 2300 hab.

CAMPO-LARGO, pet. v. de l'emp. du Brésil, prov. de Minas-Geraès, comarque du Rio-San-Francisco; riches lavages d'or; 2800 hab.

CAMPO-MAJOR, autrefois SOBURIM, pet. v. de l'emp. du Brésil, prov. de Piauhy, dans une contrée très-agréable, à 3 l. de l'embouchure du Soburim et sur un lac très-poissonneux; 3700 hab.

CAMPO-MAJOR DE QUIXERAMOBY. *Voyez* QUIXERAMOBY.

CAMPO-MAYOR, place frontière du Portugal, prov. d'Alentéjo, dist. d'Elvas, à 45 l. E.

de Lisbonne, sur une pet. riv. se versant dans la Caya. Son château fut détruit en 1732 par l'explosion de la poudrière; dans la ville même il ne resta sur 1066 habitations que 240. Les Espagnols y ont remporté une victoire sur l'armée anglo-portugaise, en 1709; 1500 hab.

CAMPOME, vg. de Fr., Pyrénées-Orientales, arr., cant. et poste de Prades; 360 h.

CAMPO-MORO, ham. de Fr., Corse, com. de Fozzano; port dans le golfe de Valinco, où des vaisseaux de guerre peuvent mouiller en sûreté; 160 hab.

CAMPOS (San-Salvador-dos-), v. très-florissante de l'emp. du Brésil, prov. de Rio-Janeiro, comarque de Goytacazes, sur la rive droite du Parahyba et à 8 l. de la mer; collége; agriculture, commerce de coton, de sucre, de café et de rhum; 5000 hab.

CAMPOS, pet. v. d'Espagne, sur l'île de Palma, l'une des Baléares, située près de la côte méridionale où sont établis des sauneries; eaux minérales; 2400 hab.

CAMPO-SAN-PIÉTRO, b. du roy. Lombard-Vénitien, gouv. de Venise, délégation de Padoue, sur le Muson; tanneries, toileries, commerce de grains. Dans son voisinage il y a des carrières de pierres à aiguiser; 1700 hab.

CAMPOURIES, vg. de Fr., Aveyron, arr. d'Espalion, cant. de St.-Amans, poste d'Entraygues; 1000 hab.

CAMPOUSSY, vg. de Fr., Pyrénées-Orientales, arr. et poste de Prades, cant. de Sournia; 320 hab.

CAMPO-VECCHIO, vg. de Fr., Corse, arr. et poste de Corte, cant. de Seraggio; 100 h.

CAMPREDON, *Campus Rotundus*, place frontière d'Espagne, avec citadelle, principauté de Catalogne, dist., à 9 l. de Vique et à 15 l. de Perpignan; située sur la pente des Pyrénées, sur le confluent du Ter et du Ritont qui sont traversés par trois ponts; 1500 hab.

CAMPREMOLDO-DI-SOPRA, petit endroit du duché de Parme, sur le Rinaldo; n'est remarquable que par sa proximité du lieu où Annibal gagna la bataille de la Trébie (219 avant J.-C.).

CAMPREMY, vg. de Fr., Oise, arr. de Clermont, cant. de Froissy, poste de Breteuil; 460 hab.

CAMPROND, vg. de Fr., Manche, arr. et poste de Coutance, cant. de St.-Sauveur-Lendelin; 790 hab.

CAMPS, vg. de Fr., Aude, arr. de Limoux, cant. de Cuiza, poste de St.-Paul-de-Fenouillet; 490 hab.

CAMPS, vg. de Fr., Corrèze, arr. de Tulle, cant. de Mercœur, poste d'Argentat; 830 h.

CAMPS, vg. de Fr., Gironde, arr. de Libourne, cant. de Coutras, poste de St.-Médard; 230 hab.

CAMPS, vg. de Fr., Gironde, com. du Teich; 410 hab.

CAMPS, vg. de Fr., Var, arr., cant. et poste de Brignolles; 1060 hab.

CAMPSAS, vg. de Fr., Tarn-et-Garonne, arr. de Castelsarrasin, cant. et poste de Grisolles; 570 hab.

CAMPSEGRET, vg. de Fr., Dordogne, arr. de Bergerac, cant. de Villamblard, poste de Douville; 740 hab.

CAMPS-EN-AMIÉNOIS, vg. de Fr., Somme, arr. d'Amiens, cant. de Moliens-Vidame, poste d'Airaines; 570 hab.

CAMPSIE, pet. v. d'Écosse, comté de Stirling. Manufactures de coton et fabriques de draps grossiers, connus sous le nom de *Campsie Greys*. Dans le voisinage se trouvent les *Campsie Fels*, rochers dont le plus élevé a plus de 500 mètres au-dessus de la mer; mines de houille; 4000 hab.

CAMTOOS ou **CHAMTOOS**, riv. considérable de l'Afrique méridionale, dans la colonie du Cap; elle est formée par la réunion de plusieurs branches qui descendent des monts du Nieuveld, arrose le pays appelé Krakkakamma et se jette dans la baie de Camtoos, entre le cap des Récifs et celui de St.-François.

CAMPTORT, vg. de Fr., Basses-Pyrénées, arr. d'Orthez, cant. et poste de Navarrenx; 150 hab.

CAMPUNAN, vg. de Fr., Gironde, arr., cant. et poste de Blaye; 579 hab.

CAMPUS DIOMEDIS, g. a., plaine de l'Apulie, près de Cannes; Diomède, revenant de Troie, y établit une colonie; les Romains morts à la bataille de Cannes y furent enterrés.

CAMPUS HYRCANIUS, g. a., contrée de la Lydie, près de Thyatira (Akhessar). Une colonie hyrcanienne, qui y fut établie par les Perses, lui donna son nom.

CAMPUS MAGNUS, g. a., contrée de la Galilée, sur la frontière de la Samarie.

CAMPUZAN, vg. de Fr., Hautes-Pyrénées, arr. de Bagnères-en-Bigorre, cant. et poste de Castelnau-Magnoac; 330 hab.

CAMPVILLE (le), vg. de Fr., Haute-Garonne, arr., cant. et poste de Toulouse; 230 hab.

CAMU, vg. de Fr., Basses-Pyrénées, arr. d'Orthez, cant. et poste de Sauveterre; 160 hab.

CAMU. *Voyez* YUNA (fleuve).

CAMUCIM (Rio-), fl. considérable de l'emp. du Brésil, prov. de Ciara; il descend de la Serra Boa-Vista sous le nom de Croaihu, reçoit beaucoup d'affluents de la Serra Allégré, passe par la ville de Granja et se jette dans l'Océan après un cours de 90 à 100 l. A son embouchure il forme une bonne rade pour les petits vaisseaux.

CAMURAC, vg. de Fr., Aude, arr. de Limoux, cant. de Belcaire, poste de Quillan; 470 hab.

CANA ou SANTA-CRUZ-DE-CANA, b. défendu par un fort en ruines, dans la rép. de la Nouvelle-Grenade, dép. de Cauca, prov.

de Choco. Ce fut autrefois une ville assez florissante et riche par les mines d'or qu'on exploitait dans ses environs, et qui aujourd'hui paraissent entièrement abandonnées.

CANA, vg. de Syrie, non loin de Nazareth ; remarquable par le miracle qu'y opéra Jésus-Christ; patrie de l'apôtre Simon; 300 hab.

CANAAN, g. a., partie occidentale de la Palestine; comprenait : dans la Galilée, les tribus de Naphthali, d'Asser, d'Issachar et de Sébulon ; dans la Samarie, la tribu d'Ephraïm et la moitié de la tribu de Manassé; dans la Judée, les tribus de Benjamin, de Dan, de Siméon et de Juda. Avant la conquête de ce pays par les Hébreux, il était occupé par onze peuplades, régies par des rois. Un grand nombre de Cananéens émigrèrent, bien avant l'entrée des Israélites dans la Terre-Sainte, vers le N., et colonisèrent la Phénicie et la Grèce.

CANAAN, b. des États-Unis de l'Amérique du Nord, état de Connecticut, comté de Lichtfield, sur le Housatonic, qui y fait une chute de 60 pieds de hauteur; mines de fer et de plomb; 2800 hab.

CANAAN, pet. v. des États-Unis de l'Amérique du Nord, état de New-York, comté de Columbia; industrie, commerce; eaux minérales à New-Libanon; 5000 hab.

CANAAN (New-), pet. v. des États-Unis de l'Amérique du Nord, état de Connecticut, comté de Fairfield; académie; 2600 hab.

CANAC, ham. de Fr., Tarn, com. de Murat; 300 hab.

CANADA (le) est une contrée de l'Amérique septentrionale, appartenant à l'Angleterre et formant, sous les noms de Haut et de Bas-Canada, deux gouvernements de la Nouvelle-Bretagne. Il s'étend entre 42° et 52° de lat. sept., entre 69° et 92° de long. occident. et est borné à l'O., au N. et au N.-E., où ses frontières ne sont presque pas déterminées, par les pays des Indiens libres, le lac Winnipeg, la Nouvelle-Galles, la baie d'Hudson et le Labrador ; à l'E. et au S. par le golfe de St.-Laurent, le Nouveau-Brunswick et les États-Unis ; sa superficie est évaluée par les uns à 32,000 et par les autres, probablement avec plus d'exactitude, à 20,000 l. c.

Le Haut et le Bas-Canada sont séparés par la rivière Ottawa. Le Haut-Canada, situé au N. des grands lacs, comprend toute la contrée qui s'étend de l'O. et du S. de la rivière Ottawa jusqu'aux extrémités du pays connu sous le nom de Canada ; le gouvernement du Bas-Canada s'étend à l'E. de l'Ottawa, sur les deux rives de la rivière St.-Laurent jusqu'à son embouchure.

Le principal cours d'eau du Canada est le fleuve St.-Laurent, qui transporte à la mer une partie des eaux des grands lacs de cette contrée; il traverse successivement le lac Supérieur, le lac Huron, les lacs St.-Clair, Erié et Ontario. Il forme entre les deux premiers les courants de Ste.-Marie; entre le lac Erié et le lac Ontario, il prend le nom de Niagara, et forme, près du fort Niagara, où il atteint une largeur de 4730 pieds, l'admirable cataracte du Niagara, divisée par l'île de Goat-Island, qui forme la limite entre le Canada et l'état de New-York, en deux cascades hautes, l'une de 144 et l'autre de 162 pieds. Du lac Ontario jusqu'à Montréal, le fleuve porte le nom de Cataraqui. Des vaisseaux de 600 tonneaux le remontent jusqu'à cette ville, où commencent des courants. A Québec il forme un golfe qui atteint 20 à 50 milles de largeur à son embouchure. Sur tout son cours, qui est de près de 660 l., le St.-Laurent est navigable, et au moyen de deux canaux évitent les rapides de Ste.-Marie et la chute du Niagara. Deux rivières considérables, l'Utawas ou Ottawa et le Saguenay, se jettent dans le St.-Laurent. Parmi les nombreux lacs du Canada, nous nommerons le lac Supérieur, aux côtes déchirées et escarpées, qui reçoit 40 cours d'eau et qui communique avec le lac Huron par le canal de Ste.-Marie; le lac Huron, qui est en communication avec les lacs Supérieur, Nipissing, Michigan et Erié, et dont la partie supérieure est parcourue par une série d'îles appelées l'archipel de Manatoulin; le lac Erié, dont le niveau est à 334 pieds d'élévation au-dessus du lac Ontario, le plus petit des quatre. La superficie du lac Supérieur est de 1100, celle du lac Huron de 820, celle du lac Erié de 370 et celle du lac Ontario de 248 m. c. Outre les deux canaux que nous avons nommés et dont celui qui joint les lacs Erié et Ontario porte le nom de Welland, nous devons encore mentionner le canal de Rideau, qui réunit le lac Ontario et la rivière Ottawa.

La partie méridionale du Bas-Canada est particulièrement montagneuse entre Québec et le golfe de St.-Laurent, et une chaîne assez considérable sépare le Canada de la Nouvelle-Galles méridionale et du Labrador ; le Canada offre aussi quelques plaines sablonneuses et de vastes forêts qui couvrent une très-grande partie du pays surtout à l'O. Mais le sol y est en général productif; il est très-fertile sur les bords des lacs et du St.-Laurent. Les rives de ce fleuve sont riantes, cultivées, couvertes de villages, tandis que le Haut-Canada est généralement inculte. Quant au climat, l'hiver est long et rude, la neige commence à tomber en novembre et le dégel arrive au mois de mai ; mais dans ce mois déjà l'été succède au printemps, les champs reprennent leur verdure, les arbres leur feuillage et le grain qu'on sème en mai se récolte à la fin de juillet.

Les principales productions du pays sont : les bêtes à cornes et à laine, les chevaux, les cochons, les bisons, les buffles, les oiseaux et entre autres de gros dindons sauvages, les poissons en quantité, les castors, les chiens de mer, les ours marins, les baleines; le blé, l'orge, l'avoine, d'excellents légumes, le lin, le chanvre, de bon tabac, particulièrement près de Montréal, de belles forêts qui fournissent entre autres de beaux bois pour la marine, des bouleaux d'une hauteur prodigieuse, l'arbrisseau à coton, les fruits; et dans le règne minéral, dont les richesses offrent encore peu d'importance, le fer, le cuivre, le plomb, le soufre et la houille.

La population du Canada est peu considérable quoiqu'elle s'accroisse chaque année par les émigrations d'Écossais et d'Irlandais pauvres, dans les déserts du Haut-Canada; elle ne s'élève qu'à 861,300 habitants, dont 626,430 dans le Bas-Canada. Les contrées les plus peuplées sont sur les bords du St.-Laurent; en s'enfonçant plus avant dans le pays, on ne trouve souvent que d'immenses forêts. Les deux tiers de la population du Bas-Canada sont d'origine française; la plus grande partie de celle du Haut-Canada est composée d'Anglais, établis surtout dans les plaines fertiles situées entre les lacs Ontario, Érié et Huron, plaines qui offrent en outre une position avantageuse au commerce. On trouve encore environ 16,000 Indiens ou habitants indigènes; ce sont surtout des Algonquins, des Chipeways et des Mohawks, qui appartiennent aux Iroquois ou, comme on les nomme encore, aux six nations. Quant aux Hurons, ils ont embrassé le christianisme et habitent le village de Loretto, près de Québec. Le catholicisme est la religion de la grande majorité des habitants du Canada; il y a 493,620 habitants catholiques dans le Bas-Canada; mais toutes les religions sont tolérées, et il existe entre les membres des deux confessions le plus parfait accord.

Les principales occupations des Canadiens sont : l'agriculture, l'éducation des bestiaux, la chasse et la pêche. Les manufactures sont insignifiantes; chaque famille travaille généralement le drap, la toile et le cuir nécessaires à son usage; le reste des objets de fabrication vient de l'Angleterre. Le commerce est plus considérable et particulièrement le commerce de pelleteries avec les Indiens; on exporte surtout pour l'Angleterres des grains, des fourrures et de très-beaux bois de construction. La valeur des exportations s'est élevée, en 1824, à la somme de 1,063,827 livres sterling, et celle des importations à 1,212,217 livres sterling.

Le Canada, qui porta dans l'origine le nom de Nouvelle-France, fut découvert en 1497, par Jean et Sébastien Cabot, et peuplé d'abord par des Français qui s'établirent à Québec, en 1608. Cette ville fut prise par le général Wolfe, en 1759, et le Canada fut cédé à la Grande-Bretagne par le traité de Paris de 1763. Aujourd'hui cette contrée forme les deux gouvernements du Haut et du Bas-Canada, ayant chacun un gouverneur investi du pouvoir exécutif, un conseil législatif et une assemblée ayant le pouvoir de faire des lois moyennant le consentement du gouverneur et la ratification du roi de la Grande-Bretagne. Ces deux gouvernements ont en même temps un gouverneur-général, duquel dépendent, sous le rapport militaire, les gouverneurs de la Nouvelle-Écosse, du Nouveau-Brunswick, de l'île du Prince-Édouard, du Haut et du Bas-Canada. Les comptoirs de commerce, établis dans la Nouvelle-Galles et dans les pays de l'intérieur, à l'O. parmi les Indiens, ressortissent également de sa juridiction. Le système judiciaire actuel dans chaque province a été établi en vertu du bill de Québec, en 1774; mais on laissa aux habitants français les lois civiles françaises, et leur langue est celle de l'administration et des tribunaux. Les dépenses de la couronne d'Angleterre pour le Canada dépassent les revenus qu'elle en retire. Les principales villes sont Québec et Montréal, dans le Bas-Canada, York ou Toronto et Kingston dans le Haut-Canada. Une insurrection a éclaté récemment dans ce pays. Des Canadiens, fatigués du joug des Anglais, ont tenté de s'en affranchir; les malheureux ont échoué, et plusieurs ont payé de leur vie cette tentative de reconquérir leur liberté.

CANADA. *Voyez* MOHAWK (fleuve).

CANADIEN. *Voyez* ARKANSAS (fleuve).

CANAJOHARIE, pet. v. des États-Unis de l'Amérique du Nord, état de New-York, comté de Montgoméry, au confluent du Mohawk et du Canajoharie; commerce; 4000 hab.

CANAL-BIANCO, fleuve d'Italie, prend ensuite le nom de Pô de Levante; une des branches principales du Pô.

CANALE, ham. de Fr., Corse, com. de Pila; 590 hab.

CANALE, pet. v. du roy. de Sardaigne, dans la prov. d'Alba; 3148 hab.

CANALE-DE-VERDE, vg. de Fr., Corse, arr. et poste de Corte, cant. de Pietra-de-Verde; 420 hab.

CANALS, vg. de Fr., Tarn-et-Garonne, arr. de Castelsarrasin, cant. et poste de Grisolles; 480 hab.

CANAMA, prov. maritime de la rép. du Pérou, dép. d'Aréquipa. Elle est bornée par les provinces d'Ica, de Lucanas, de Parinacochas, de Condésuyos, de Collahuas et d'Aréquipa. Ses côtes ont un développement de 96 l., et toute son étendue est estimée à 306 l. c. géogr. Cette province, une des plus fertiles de la république, produit surtout du vin, du sucre, de l'huile et du piment; pêcheries importantes; mines; éducation du bétail; 30,000 hab.

CANAMA, b. de la rép. du Pérou, chef-lieu de la province à laquelle il a donné son nom, à l'entrée de la belle vallée de Canama. Cet endroit, autrefois très-considérable, a beaucoup perdu depuis qu'un grand nombre de ses anciens habitants sont allés s'établir à Aréquipa; 2000 hab.

CANANDAIGUA, v. des États-Unis de l'Amérique du Nord, état de New-York, comté d'Ontario, dont elle est le chef-lieu, sur une colline et près du lac de Canandaigua; la ville est assez bien bâtie et possède plusieurs églises, un arsenal de l'état, une académie et une prison; industrie, commerce; 5600 hab.

CANANORE ou **KANANORE**, v. et port de l'Inde, présidence de Madras, dist. de Malabar. Cette ville et son petit territoire sont gouvernés par une reine appelée Bilby, à laquelle obéissent les Moplays ou Arabes de Malabar et qui domine aussi, à ce qu'il parait, dans quelques-unes des îles Laquedives. Elle est tributaire des Anglais.

CANAPLES, vg. de Fr., Somme, arr. de Doullens, cant. et poste de Domart; 850 h.

CANAPPEVILLE, vg. de Fr., Eure, arr. et poste de Louviers, cant. du Neubourg; 900 hab.

CANAPVILLE-SAINT-AUBIN, vg. de Fr., Orne, arr. d'Argentan, cant. et poste de Vimoutier; 600 hab.

CANAPVILLE-SUR-TOUQUES, vg. de Fr., Calvados, arr. et cant. de Pont-l'Évêque, poste de Touques; 230 hab.

CANARA. *Voyez* KANARA.

CANARI, vg. de Fr., Corse, arr. de Bastia, cant. de Nona, poste de St.-Florent; 990 hab.

CANARIE (la Grande-), *Canaria Magna*, *Planaria*, la plus considérable des îles Canaries, Afrique, auxquelles elle a donné son nom; elle est presque ronde, à peu près égale en étendue à Ténériffe, et ne forme, pour ainsi dire, qu'une seule montagne, dont le sommet, nommé Pico-del-Pozo-delas-Nieves, toujours couvert de neige, forme le centre de l'île et atteint une hauteur de 974 toises. Déjà connue des anciens, elle fut négligée jusqu'en 1483, époque à laquelle l'Espagnol Pierre de Véra en fit de nouveau la découverte. Elle est fertile, bien arrosée, abonde en grains, excellents vins, fruits du sud, coton, sucre, miel, cire, sel, bétail, volaille et gibier; dans plusieurs endroits on fait deux et même trois récoltes par an; surface 33 3/4 l. c.; pop. 70,000 hab. Les endroits les plus remarquables sont Palmas, Porto-de-Luz, qui en est le port, et Atalaja, ville souterraine, dont les habitants, au nombre de 2000, habitent dans des cavernes.

CANARIES (les îles), groupe de vingt îles et îlots dans l'Océan Atlantique, à environ 40 l. de la côte occidentale de l'emp. de Maroc et de la Nigritie, déjà connues des anciens sous le nom d'îles Fortunées; oubliées des Européens jusqu'en 1402, que Jean de Bétancourt, Normand, en prit possession pour le roi Henri III, de Castille; elles ne furent cependant entièrement subjuguées qu'en 1497, après un massacre impitoyable des indigènes (Guanches), qui résistèrent aux premiers conquérants espagnols avec la plus grande opiniâtreté. Des analogies frappantes, signalées, il y a quelques années, par un philologue célèbre, entre les idiômes que parlent des peuples indigènes de l'Atlas et ceux que parlaient jadis ces Guanches, ont réveillé de nos jours l'attention des savants sur ce peuple éteint, qui, quoique dépouillé de tout ce qui appartient aux brillantes fictions mythologiques et à l'exagération de ses enthousiastes admirateurs, qui les premiers nous l'ont décrit dans de nombreux récits, inspire encore trop d'intérêt pour que le géographe n'ait pas à s'arrêter un moment, afin de rappeler quelques-uns de ses usages, en parlant des îles où, pendant tant de siècles, vécut une nation ignorée du reste du monde. La taille élancée et la grande force musculaire des Guanches, si vantées par les anciens auteurs, nous autorisent à regarder ce peuple comme les Patagons de la géographie classique. La parfaite conservation et l'affublement de ses momies nous offrent, à l'extrémité du monde connu des anciens, cet usage si remarquable d'embaumer les morts, presque exclusivement propre aux Égyptiens, tandis que les bandelettes et les petits disques, qui parfois sont attachés à ces momies, nous présentent quelque chose qui ressemble aux fameux quippus des Péruviens, des Mexicains et des Chinois. D'un autre côté, ses institutions politiques nous retracent le système féodal européen du moyen âge, établi, depuis un temps immémorial, sur les hautes plaines de l'Asie moyenne et retrouvé chez presque toutes les nations policées du monde maritime. L'habitude singulière des Guanches de donner plusieurs maris à une femme nous rappelle la polyandrie, que naguère encore on croyait n'être en usage qu'au Thibet, mais que des voyageurs dignes de foi ont retrouvée depuis dans d'autres régions, au N. de l'Inde, à Ceylan, dans le Dekkan, sur les bords de l'Orénoque, en quelques autres localités de l'Amérique et jusqu'au centre de la Polynésie. Enfin la grande muraille que les anciens habitants de Lancerotte, réputés les plus policés de tous les Guanches, ont élevée pour séparer les possessions de deux petits états rivaux entre lesquels cette île était partagée, rappelle les murailles semblables construites par les Romains au N. de l'Angleterre et en Écosse, par les Persans dans la région du Caucase, par les Égyptiens depuis Pelusium jusqu'à Héliopolis, par les Péruviens dans l'Amérique méridionale et la plus étonnante de toutes les constructions de ce genre, la grande muraille élevée par les Chinois pour mettre leur vaste empire à l'abri des incursions des barbares. On compte dans cet archipel sept grandes îles qui sont habitées : Palma, Fer, Gomera, Ténériffe, la Grande-Canarie, Tortaventura et Lancerotte; les six petites inhabitées sont : Graciosa, Rocca Allegranza, Ste.-Claire, Infierno et Lobos; climat sain et agréable; le terrain, qui est bon et fertile, produit toutes sortes de grains, d'excellents vins, de la canne à sucre, de l'orseille, des fruits du sud, du coton, etc. ; côtes et rivières très-poissonneuses; grande quantité de serins ou canaris, au chant mélodieux; chevaux de Lancerotte, daims de Gomère. Habitants, mélange de Guanches, de Maures et d'Espagnols, basanés, robustes, courageux, vifs, subtils et grands mangeurs; ils sont catholiques; commerce avec les Maures; surface 152 l. c. géogr. ; revenu annuel, 240,000 piastres; 234,000 hab.

CANASTRA, chaîne de montagnes de l'emp. du Brésil, s'étend entre les prov. de Minas-Geraès et de Seregipe d'un côté, et la prov. de Goyaz de l'autre. Elle se détache de la Serra do Espinhaço, dans la contrée la plus élevée du Brésil, au S. de Villa-Rica, et s'étend d'abord dans une direction O. et sur une ligne de 90 l. de longueur entre le Rio-Grande (Parana) et le Rio-San-Francisco, puis, se tournant vers le N., elle parcourt une étendue de 124 l. jusqu'au 15° lat. S., où elle se divise en plusieurs chaînons dont les principaux sont : 1° la chaîne N.-O. qui, sous les noms de Serra de Acrias, de Tabatinga, de Gucuruagas, de Piauhi, d'Ibiapaba et de Pomaré, se détache de la Serra Canastra et s'étend entre les provinces de Minas-Geraès et de Goyaz, puis entre celles de Piauhi, de Seregipe et de Pernambuco, enfin entre les provinces de Maranhao, de Piauhi et de Ciara jusqu'à l'embouchure du Parnaïba, où elle se termine sous le 3° lat. S.; elle a un développement de 400 l. de longueur et sépare le bassin du Piauhi de celui du Parnaïba. 2° La chaîne O. qui se détache de la précédente sous le 15° lat. S., sous le nom de Serra Negra; elle rejoint, d'abord dans une direction S., puis dans une direction S.-O., la Cordilheira-Grande. Toute son étendue est de 64 l. de longueur. Ces différentes chaînes de montagnes joignent la Serra do Espinhaço à la Serra dos Vertentes.

CANAULE, vg. de Fr., Gard, arr. du Vigan; cant. et poste de Sauve; 380 hab.

CANAVAGGIA, vg. de Fr., Corse, arr. et poste de Corte, cant. de Castifao; 460 hab.

CANAVEILLES, vg. de Fr., Pyrénées-Orientales, arr. de Prades, cant. et poste d'Olette; mines de cuivre; 270 hab.

CANAVIERAS, pet. v. de l'emp. du Brésil, prov. de Bahia, comarque dos Ilhéos, entre les embouchures du Rio-Belmonte et du Rio-Patype; construction de vaisseaux, pêcheries importantes; commerce; 3000 hab.

CANCALE, b. de Fr., Ille-et-Vilaine, arr. et à 3 l. E.-N.-E. de St.-Malo, chef-lieu de canton et poste; il possède un petit port sur la Manche et est connu par le rocher du même nom, où l'on pêche ces excellentes huî-tres qui sont l'objet d'un grand commerce ; 5155 hab.

CANCE, riv. ou canal qui met le lac Nipissing en communication avec le lac Huron, Amérique anglaise septentrionale.

CANCELLARA, b. du roy. de Naples, prov. de Basilicate; 3000 hab.

CANCHAY ou CANCHY, vg. de Fr., Calvados, arr. de Bayeux, cant. et poste d'Isigny; 520 hab.

CANCHE (la), Cantius, riv. de Fr., Pas-de-Calais; a sa source près de Penin, cant. d'Avesne-le-Comte; elle coule d'abord vers le S.-O. jusqu'à Frévent, tournant ensuite dans la direction N.-O., elle passe par Hesdin et par Montreuil et se jette dans la Manche, au-dessus d'Étaples, après 18 l. de cours.

CANCHY, vg. de Fr., Somme, arr. et poste d'Abbeville, cant. de Nouvion-en-Ponthieu; 520 hab.

CANCON, b. de Fr., Lot-et-Garonne, arr. et à 4 l. N.-N.-O. de Villeneuve-sur-Lot, chef-lieu de cant. et poste; 1690 hab.

CANCOUPA, v. de l'Inde anglaise, présidence de Madras.

CANDA, b. du roy. Lombard-Vénitien, gouv. de Venise, délégation de Polesina, sur le Castagnaro, qui s'y joint avec le Tartaro et forme ainsi le canal Bianco; grand commerce de lin; 3000 hab.

CANDAS, vg. de Fr., Somme, arr. de Doullens, cant. et poste de Bernaville; 1630 hab.

CANDÉ, vg. de Fr., Loir-et-Cher, arr. de Blois, cant. de Contres, poste des Montils; 390 hab.

CANDÉ, pet. v. de Fr., Maine-et-Loire, arr. et à 5 1/2 l. S.-O. de Segré, chef-lieu de canton et poste; commerce de vins, légumes secs, chanvre, maïs, huile et pruneaux; mines de fer et carrières; 1345 hab.

CANDELA, b. du roy. de Naples, prov. de Capitanate; vins renommés; 3000 hab.

CANDELARIA. *Voyez* TÉNÉRIFFE.

CANDES, vg. de Fr., Indre-et-Loire, arr. et cant. de Chinon, poste de Montsoreau; 750 hab.

CANDIA, b. du roy. de Sardaigne, Piémont, prov. d'Ivrée; 2650 hab.

CANDIA, b. des États-Unis de l'Amérique du Nord, état de New-Hampshire, comté de Rockingham; 1700 hab.

CANDIE, *Creta* (*Kirid* des Turcs), île de la mer Méditerranée, formait dans l'empire ottoman l'eyalet de Kirid, avant que le sultan l'eût mise en dépôt entre les mains du vice-roi d'Égypte, pour le dédommager des dépenses de la guerre de Morée. Elle s'étend entre les 21° 30′ et 24° 30′ long. orient., entre les 34° 50′ et 35° 55′ lat. sept.; sa longueur est de 55 l., sa largeur varie de 5 à 18 l. et sa superficie est de 313 l. c. Une longue chaîne de montagnes, coupées par de larges vallées, la parcourt de l'O. à l'E. On les partage en deux branches, dont l'une, celle de l'O., porte le nom de montagnes Blanches ou Lemi, l'autre, celle de l'E., s'appelle montagnes Saintes ou Kryavici. Une autre branche, au milieu de l'île, renferme le mont Psilorite, Ida des anciens, haut de 7200 pieds, et qui est presque toujours couvert de neige. Dans les montagnes Saintes se trouve le haut Dictæos. Les côtes offrent de nombreux promontoires; les principaux sont : Buso, Spada et Melek au N.-O., Korbo à l'O., Krio et Selino au S.-O., Drepani, Sassoto et Zuano, Sidera et Salomo au N. et au N.-E., et Matala au S. Quant aux cours d'eaux, ce ne sont que des torrents qui se dessèchent le plus souvent pendant les chaleurs.

Le climat des vallées est très-doux et agréable; il n'y pleut jamais en été, et la terre n'est alors rafraîchie que par la rosée, et il est rare qu'en hiver le thermomètre descende à 4 ou 6°. Le vent du N., qu'on nomme *Embat*, empêche le plus souvent la trop grande chaleur, mais cette île est en même temps exposée au terrible sirocco qui vient du S.

L'île de Crète était jadis un des pays les plus heureux, les mieux peuplés et les mieux cultivés du globe, mais sous le joug ottoman, sa splendeur et son bien-être tombèrent rapidement; l'agriculture y est dans un état déplorable et le terrain s'y détériore tous les jours, faute de soins; on n'utilise pas même les magnifiques forêts qui couvrent ses montagnes. Ses habitants élèvent surtout des moutons et des chèvres; ils ne se livrent pas même activement à la pêche, quoique la mer sur les côtes fourmille de poissons; toute leur industrie se borne à la fabrication de quelques étoffes grossières et d'instruments aratoires. Ce qu'ils exportent, surtout par le port de Canée, consiste en huile, savon, miel, cire, fromage, raisins, amandes, noix, châtaignes, carouges, graines de lin et réglisse, doit leur suffire pour satisfaire à leurs besoins en grains, sel, objets fabriqués et leur fournir, en outre, de l'argent que leurs maîtres leur arrachent ou exigent d'eux sous forme de contributions.

Quant à la population de l'île de Candie, Olivier lui accorde 240,000 habitants, Turcs et Grecs; Savary l'élève à 350,200 habitants, parmi lesquels seraient 150,000 Grecs, 200,000 Turcs et un petit nombre de juifs. Les Grecs n'osent pas quitter le pays et sont soumis à toutes les vexations; ils ont un juge particulier.

L'île de Crète fut donnée aux Vénitiens lorsque la quatrième croisade se fut terminée par l'établissement d'un empire français à Constantinople; elle leur fut enlevée par les Turcs en 1669.

CANDIE, *Cytæum*, capitale de l'île du même nom, résidence du pacha, ainsi que de l'archevêque de Gortyne. Cette ville est considérablement déchue; son port est presque comblé, son commerce insignifiant; la plupart de ses maisons sont en ruines. Elle a encore des savonneries assez importantes. Les musulmans s'emparèrent de cette ville le 16 septembre 1669, après un siége mémorable, soutenu pendant plus de trois ans par les Vénitiens, qui tentèrent en vain de la reprendre en 1692; 15,000 hab., dont 12,000 Turcs.

CANDILLARGUES, vg. de Fr., Hérault, arr. de Montpellier, cant. de Mauguio, poste de Lunel; 160 hab.

CANDOR, vg. de Fr., Oise, arr. de Compiègne, cant. de Lassigny, poste de Noyon; 600 hab.

CANDRESSE, vg. de Fr., Landes, arr., cant. et poste de Dax; 380 hab.

CANDUNI. *Voyez* CAMPDUNY.

CANDY, *Maagrammum*, v. de l'île de Ceylan, autrefois la résidence du roi de cette île. Elle possède le plus beau temple de Ceylan; on y conserve les reliques, parmi lesquelles se trouve une dent de Boudha; 3000 hab.

CANECTANCOURT, vg. de Fr., Oise, arr. de Compiègne, cant. de Lassigny, poste de Noyon; 540 hab.

CANÉE, *Cydonia*, v. de l'île de Candie, est le chef-lieu d'un sandschak de même nom qui occupe la partie occidentale de l'île et le siége d'un évêché grec; son port, qui est le plus fréquenté de l'île, en fait la place la plus commerçante et en quelque sorte la seule qui ait des relations avec les étrangers; 12,000 hab. Le sandschak de Canée est parcouru par les derniers chaînons des montagnes Blanches, il offre des sommets nus et rocailleux et d'excellents pâturages; les côtes sont fertiles en huile, en grains, en coton, en chanvre, en cire, en miel et en quelques espèces de fruits; une partie des habitants s'occupe de la pêche.

CANEJEAN, vg. de Fr., Gironde, arr. et poste de Bordeaux, cant. de Pessac; 320 h.

CANEL ou KANEL, pet. v. de Sénégambie, Afrique, dans le Fonta-Toro, roy. de Domga, dans une très-belle contrée qu'arrose le Gouiloulou; mines de fer; il y a beaucoup de lions aux environs; forges; 6000 hab.

CANELLI, v. du roy. de Sardaigne, prov. d'Asti; patrie du peintre Aliberti; 3150 hab.

CANELONES, dép. de la rép. orientale de l'Uruguay, Amérique méridionale. Les délimitations et la population des neuf départements, qui forment les divisions de la nouvelle république de l'Uruguay, n'étant pas encore bien connues, nous ne pourrons donner sur aucun de ces départements des renseignements exacts et détaillés.

CANELONES, pet. v. naissante de la rép. de l'Uruguay, dép. de Canelones, dans l'intérieur de l'état; 800 hab.

CANELOS ou PUERTO-DE-CANELOS, b. de la rép. de l'Ecuador, dép. d'Assuay, prov. de Loxa, sur le Bobonazo, avec un port où l'on décharge les marchandises destinées pour Quito; 2500 hab.

CANENS, vg. de Fr., Haute-Garonne, arr. de Muret, cant. de Montesquieu-Volvestre, poste de Rieux; 300 hab.

CANENX, vg. de Fr., Landes, arr. et poste de Mont-de-Marsan, cant. de Labrit; verrerie; 490 hab.

CANET, b. d'Espagne, roy. de Valence, dist. de Peniscola; distillerie, culture de soie et d'abeilles.; 1800 hab.

CANET, vg. de Fr., Aude, arr. et poste de Narbonne, cant. de Lezignan; 620 hab.

CANET, vg. de Fr., Bouches-du-Rhône, com. de Marseille; 850 hab.

CANET, vg. de Fr., Dordogne, arr. de Bergerac, cant. de Velines, poste de Ste.-Foy; 230 hab.

CANET, vg. de Fr., Hérault, arr. de Lodève, cant. et poste de Clermont; 1000 hab.

CANET, vg. de Fr., Pyrénées-Orientales, arr., cant. et poste de Perpignan; 380 hab.

CANETE, pet. v. autrefois très-forte, mais qui aujourd'hui ne présente qu'un amas de ruines, rép. du Chili, prov. de Chiloé, dist. de Butal-Mapu-Lelbun (Araucanie). Cet endroit, fondé en 1557 par Hurtado-de-Mendoza, fut détruit par le chef des Araucans Toqui, surnommé Antiquéno:

CANETO, *Bebriacum*, b. du roy. Lombard-Vénitien, gouv. de Milan, délégation de Mantoue, sur l'Oglio; 3000 hab.

CANETO, v. du roy. Lombard-Vénitien, prov. de Venise, sur l'Oglio; 3200 hab.

CANET-SAINT-JEAN, vg. de Fr., Aveyron, arr. de Rhodez, cant. et poste de Pont-de-Salars; 380 hab.

CANETTEMONT, vg. de Fr., Pas-de-Calais, arr. de St.-Pol-sur Ternoise, cant. d'Avesnes-le-Comte, poste de Frévent; 110 hab.

CANEVA, b. du roy. Lombard-Vénitien, gouv. de Venise, délégation d'Udine; 3000 h.

CANEZAC, vg. de Fr., Tarn, com. de Montirat; 450 hab.

CANFOU, ancienne v. de la Chine, prov. de Tché-kiang, près de Hang-tcheou. Elle est connue par le récit qu'en fit Marco-Polo; au onzième siècle les Arabes y faisaient un commerce maritime très-considérable. Aujourd'hui son port est comblé et il n'en existe que des ruines. A l'O. de Canfou se trouve le lac de Si-hou, où s'élèvent, dans trois îlots, des temples, des arcs de triomphe, des maisons de plaisance et un palais de l'empereur.

CANFRAN ou **CAMPFRANO**, b. d'Espagne, roy. d'Aragon, dist., à 3 1/2 l. de Jaca et à 12 1/2 l. d'Oloron. Situé dans le défilé de même nom, par où les Aragonais se rendent en France.

CANGALA, riv. de la Basse-Guinée, Afrique, au S. du Capororo.

CANGALLO, prov. du dép. d'Ayacucho, rép. du Pérou. Elle est bornée par les provinces de Huanta, de Huancavelica, de Castrovireyna, de Lucanas, d'Andahuailas, d'Anco et par le certado de Huamanga. Son étendue est de 200 l. c. géogr., avec une population de 18,000 âmes. Plusieurs rivières assez considérables, dont le Calcamajo, le Rio-Vinoque et le Cangallo, sont les principales, traversent ce pays assez fertile et d'un climat généralement sain. On y exploite quelques mines d'argent, et on s'y adonne avec succès à l'éducation du bétail, à l'agriculture et à la filature du coton dont on fait de grandes exportations.

CANGALLO, pet. v. de la rép. du Pérou, chef-lieu et à l'extrémité septentrionale de la prov. qui porte son nom, sur le Cangallo, à 9 l. de Huamanga; agriculture; industrie; 3000 hab.

CANGEY ou **CANGY**, vg. de Fr., Indre-et-Loire, arr. de Tours, cant. et poste d'Amboise; 780 hab.

CANHA, pet. v. du Portugal, prov. d'Estramadure, située sur une colline, près de la rivière de même nom.

CANIAC, vg. de Fr., Lot, arr. de Gourdon, cant. de la Bastide, poste de Frayssinet; 1090 hab.

CANICATTI, v. de Sicile, intendance de Caltanisetta, au S.-O. du chef-lieu; sa population, forte de 16,500 habitants, ne s'occupe guère que de l'agriculture.

CANIGOU (le), un des principaux monts de la chaîne des Pyrénées; il est situé à 3 l. S. de Prades, dép. des Pyrénées-Orientales; son élévation absolue est de 2780 mètres.

CANIHUEL, vg. de Fr., Côtes-du-Nord, arr. de Guingamp, cant. de Bothoa, poste de Plésidy; 1530 hab.

CANILHAC, vg. de Fr., Lozère, arr. de Marvejols, cant. et poste de la Canourgue; 310 hab.

CANILLO, vg. de la rép. d'Andorre; remarquable par ses mines de fer.

CANINA, b. des états de l'Église, délégation de Viterbe; remarquable par un superbe palais appartenant à Lucien Bonaparte.

CANISY, b. de Fr., Manche, arr., à 2 1/2 l. S.-O. et poste de St.-Lô, chef-lieu de canton; fabr. de draps, de coutils et de droguets; 930 hab.

CANISY, ham. de Fr., Somme, com. d'Hombleux; extraction et entrepôt de tourbe; 220 hab.

CANIVET. *Voyez* SAINT-PIERRE et VILLERS-CANIVET.

CANLERS, vg. de Fr., Pas-de-Calais, arr. de Montreuil-sur-Mer, cant. et poste de Fruges; 320 hab.

CANLY, vg. de Fr., Oise, arr. et poste de Compiègne, cant. d'Estrées-St.-Denis; 630 h.

CANNA (cabo de). *Voyez* FORWARD (cap).

CANNABRABA. *Voyez* POMBAL (ville).

CANNANÉA, pet. v. de l'emp. du Brésil, prov. de San-Paulo, comarque de Paraguay-Corityba. Cette ville, fondée en 1587, est agréablement située sur une petite île, dans la baie de Cannanéa; agriculture, pêcheries, commerce de riz; 2400 hab.

CANNAR. *Voyez* ASSUAY.

CANNAT (Saint-), vg. de Fr., Bouches-du-Rhône, arr. d'Aix, cant. et poste de Lambesc; 1650 hab.

CANNAY, pet. île d'Écosse, groupe des Hébrides, comté d'Inverness, au N.-O. de l'île de Rum; elle est couverte de montagnes, mais bien arrosée et assez fertile. Les habitants se livrent à l'éducation du bétail et à la pêche. C'est là que se trouve le célèbre rocher qui, à ce que l'on prétend, fait dévier l'aiguille de la boussole des pêcheurs qui y passent; 500 hab.

CANNEHAN, vg. de Fr., Seine-Inférieure, arr. de Dieppe, cant. et poste d'Eu; 370 h.

CANNELLE, vg. de Fr., Corse, arr. et poste d'Ajaccio, cant. de Sari; 110 hab.

CANNES, vg. de Fr., Seine-et-Marne, arr. de Fontainebleau, cant. et poste de Montereau; tuileries; 570 hab.

CANNES, v. et pet. port de Fr., sur la Méditerranée, Var, arr. et à 3 l. S.-E. de Grasse, chef-lieu de canton et poste; elle est bâtie sur la pente d'une colline, au pied de laquelle se trouve le port, fort peu commode et que les bateaux de pêcheurs et de cabotage peuvent seuls fréquenter; il est dominé par un vieux château gothique, à demi ruiné. La pêche des sardines est très-abondante sur cette côte. Commerce en vin, huile, fruits du midi, anchois, sardines. C'est à Cannes que Napoléon débarqua en 1815, à son retour de l'île d'Elbe; 8998 hab.

CANNES, *Cannæ*, pet. v. du roy. des Deux-Siciles, intendance de Bari; à ce nom se rattache le souvenir de la fameuse victoire qu'Annibal remporta sur les Romains, 216 avant J.-C.

CANNES-CLAIRAN, vg. de Fr., Gard, arr. du Vigan, cant. de Quissac, poste de Sauve; 310 hab.

CANNESSIÈRES, vg. de Fr., Somme, arr. d'Amiens, cant. et poste d'Oisemont; 190 h.

CANNET, vg. de Fr., Gers, arr. de Mirande, cant. et poste de Plaisance; 220 hab.

CANNETÉ, prov. maritime du dép. de Lima, rép. du Pérou. Elle est bornée par les provinces de Huarochiri, d'Yauyos, de Castro-Vireyna, d'Ica et par le certado (arrondissement) de Lima. Ses côtes ont un développement de 40 à 44 l. et toute son étendue est évaluée à 106 l. c. géogr., avec une population de 16,000 âmes. Plusieurs rivières qui ont leurs sources dans les Cordillères, et dont les principales sont : le Mala, le Canneté et le Chincha, traversent ce pays de l'E. à l'O. et s'embouchent dans l'Océan Pacifique.

Les côtes offrent plusieurs baies d'un abord généralement très-dangereux. Le sol de cette province, en partie pierreux et sablonneux, en partie très-fertile (la vallée de Chinca), produit du maïs, du blé et des légumes. Les pêches sur les côtes sont importantes, et on fait un grand commerce en poissons, en sel, en salpêtre et en volaille.

CANNETÉ, pet. v. de la rép. du Pérou et chef-lieu de la province de ce nom, à l'embouchure du Rio-Cannete, avec un port pour les petits vaisseaux marchands; commerce; 4700 hab.

CANNET-PRÈS-CANNES (le), vg. de Fr., Var, arr. de Grasse, cant. et poste de Cannes; 1480 hab.

CANNET-PRÈS-LE-LUC (le), vg. de Fr., Var, arr. de Draguignan, cant. et poste de Luc; manufacture de cristal et de verre de vitres; mine de plomb; 1000 hab.

CANNON-BALL. *Voyez* Mississipi.

CANNOUCHÉE. *Voyez* Ogechée (fleuve).

CANNUELOS, île au S.-E. de celle de Porto-Rico, dont elle dépend.

CANNY-SUR-MATZ, vg. de Fr., Oise, arr. de Compiègne, cant. de Lassigny, poste de Ressons; 360 hab.

CANNY-SUR-THÉRAIN, vg. de Fr., Oise, arr. de Beauvais, cant. et poste de Formerie; fabr. de miroirs de toutes sortes, verres d'optiques, verres à lunettes de Picardie, etc.; 350 hab.

CANO ou KANA, KANNO, KEENO, ALCANEM, *Canum*, v. et territoire dans la Nigritie centrale, Afrique, dépendant de l'emp. de Haoussa, entre le roy. de Cassina et le Bornou. Habitants laboureurs et pasteurs.

CANOÉ. *Voyez* Columbia (fleuve).

CANOHES, vg. de Fr., Pyrénées-Orientales, arr., cant. et poste de Perpignan; 310 hab.

CANON, vg. de Fr., Calvados, arr. de Lizieux, cant. de Mezidon, poste de Croissanville; 190 hab.

CANONICUT, île à l'entrée de la baie de Narraganset, sur la côte de l'état de Rhode-Island, États-Unis de l'Amérique du Nord. Elle est située à l'O. de l'île de Rhodes et a une étendue de 3/4 l. c. géogr., avec 300 habitants qui forment la commune de Jamestown. A l'extrémité méridionale de l'île s'élève le phare de Beaver-Tail, haut de 170 pieds.

CANOSA, v. du roy. des Deux-Siciles, située non loin de l'Ofanto et de Cannes, intendance de Bari; elle offre de nombreux et beaux restes de l'ancienne Canusium; 4000 hab.

CANOSSA, b. du comté de Modène, offre encore les ruines du château dans lequel l'empereur d'Allemagne, Henri IV, fut forcé de faire une dure pénitence devant le pape Grégoire VII, en 1077.

CANOUAN. *Voyez* Grenadilles.

CANOURGUE (la), *Canorgia*, v. de Fr., Lozère, arr. et à 3 1/2 l. S.-S.-O. de Marvejols, chef-lieu de canton et poste; elle est située dans un vallon fertile et agréable, sur l'Urugne; possède un grand commerce de cadis, de coton filé et des fabriques de toiles de coton, tricots, estamets, etc.; 1997 hab.

CANOUVILLE, vg. de Fr., Seine-Inférieure, arr. d'Yvetot, cant. et poste de Cany; 1850 hab.

CANSO, pet. baie ou port fréquenté par des pêcheurs, à l'O. du cap Canso, côte sept. de la Nouvelle-Écosse, comté de Sidney.

CANSTATT, *Cana, Cantaropolis*, v. du Wurtemberg, chef-lieu et siége des autorités du gr.-bge de ce nom; il est traversé par le Necker et a des eaux minérales et thermales. On y trouve beaucoup d'antiquités romaines. Les environs produisent des vins renommés, de la garance et du maïs; on y élève avec succès des bestiaux. Fabriques de tissus et de tabac; filatures. La ville est située sur le Necker, dans une des plaines les plus belles et les plus fertiles et au centre du royaume; toutes les grandes routes s'y réunissent; elle est un point central d'industrie et de commerce et l'entrepôt principal de la navigation du Necker. Ses environs sont renommés par les nombreux fossiles d'animaux et de plantes pétrifiées qu'on y a trouvés et dont les genres ne sont plus connus. Lors du tremblement de terre qui détruisit Lisbonne en 1755, on ressentit à Canstatt une forte commotion et la maison de ville s'enfonça de trois pieds. Incendiée, en 1286, par Rodolphe de Habsbourg, et en 1310, pendant les guerres intestines. En 1796, il y eut dans les environs un combat entre Moreau et l'archiduc Charles. La population de la ville est de 4000 et celle du grand-bailliage de 22,100 h.

CANTA, prov. du dép. de Lima, rép. du Pérou. Elle est entourée des provinces de Tarma, de Chancay, de Huarochiri et du certado de Lima. Cette province, couverte en grande partie par les Cordillères, a une étendue de 70 l. c. géogr., avec une population de 17,000 âmes. Le climat, très-inégal, est doux dans les vallées, où l'on cultive des pommes de terre, du maïs et d'excellents fruits; le bois y manque généralement; on y supplée par une espèce de tourbe. Selon M. de Humboldt, on y a découvert une riche mine de houille. Les montagnes fournissent du fer, du cuivre, du plomb et de l'argent; mais l'exploitation des mines paraît être négligée. Canta, pet. v. sur un plateau très-élevé des Cordillères, est le chef-lieu de cette province; 1300 hab.

CANTABRES (les monts), dont le nom vient de l'ancienne Cantabrie, c'est-à-dire la partie septentrionale de l'Espagne, sont la continuation occidentale des Pyrénées, dont ils se séparent dans les provinces de Guipuscoa et de Navarre, pour se diriger, parallèlement avec la côte septentrionale de l'Espagne, des provinces basques dans la partie N. de la Vieille-Castille et des Asturies qu'ils séparent du royaume de Léon, sous le nom de Monts-Asturiens (Pennas-de-Europa, *Mons Vidius* des anciens); ils sillonnent ensuite la Galice jusqu'aux bords de l'Atlantique. Les principales subdivisions des monts Cantabres sont : Sierra Orcamo, Engana, Sejos, Pennamarella, Cabrera, Lorenza, etc. Les points culminants de ces différentes chaines ont de 6 à 7500 pieds. Les parties les plus sauvages se trouvent depuis et à l'O. des sources de l'Ebre, jusqu'à celles du Minho; partout ailleurs, ces montagnes sont couronnées de superbes forêts de noyers et de châtaigniers, entrecoupées de belles prairies qui nourrissent de nombreux troupeaux de toute espèce. Ses caps les plus remarquables sont : Pennas, au N. d'Oviedo, dans les Asturies; Ortégal, au N.-E. de Ferrol, et Finistère, à l'O.-N.-O. de Santiago, dans la Galice.

CANTAGALLO ou SAN-PEDRO-DE-CANTAGALLO, autrefois SANTISSIMO-SACRAMENTO, pet. v. de l'emp. du Brésil, prov. de Rio-Janeiro, comarque de Cantagallo, dont elle est le chef-lieu; agriculture florissante, exploitation des mines, commerce; 3600 hab.

CANTAING, vg. de Fr., Nord, arr. et poste de Cambrai, cant. de Marcoing; fabr. de sucre indigène; 660 hab.

CANTAL (Plomb du), point culminant de la chaîne de montagnes qui sillonnent le département du même nom; il est situé à 3 l. S. de Murat, à 1856 mètres au-dessus du niveau de la mer. Comme la plupart des montagnes du Cantal, c'est un volcan éteint.

CANTAL (dép. du), en France, situé dans la région S.-E., est formé d'une grande partie de la Haute-Auvergne. Il est borné au N. par le département du Puy-de-Dôme, à l'E. par celui de la Haute-Loire, au S.-E. par le département de la Lozère, au S. par celui de l'Aveyron et à l'O. par les départements du Lot et de la Corrèze. Sa superficie est de 542,037 hectares et sa population de 258,594 habitants.

Le Cantal, un des trois groupes qui forment les monts d'Auvergne, s'élève au centre du département qu'il couvre dans toutes les directions de ses nombreuses ramifications. Une haute chaîne de montagnes se détache à l'E. du massif et se lie, par les montagnes de la Margeride, à la chaîne Cévennique; une seconde chaîne, non moins haute, se dirige vers le N.; elle forme la jonction du Cantal au Mont-d'Or et au Puy-du-Dôme. Cette chaîne offre les sommets les plus élevés de tout le système cévennique. Le point culminant, le Plomb du Cantal, a 1856 mètres d'élévation. Plusieurs autres puys ou pics volcaniques s'élancent à une hauteur considérable ; les plus élevés sont : le Puy-Mari, de 1859 mètres, et le Puy-Violent, de 1594 mètres.

Une grande quantité de rivières peu considérables et qui descendent toutes du Cantal arrosent le département. La Dordogne, sortant du département du Puy-de-Dôme, borne le département au N.-E.; elle reçoit la Rue, rivière principale du département. La Trucyre, venant du département de la Lozère, traverse la partie méridionale du département et entre dans celui de l'Aveyron. Les autres cours d'eaux sont : la Marone, l'Ar, l'Alagnon et le Bes.

Ce département offre les sites les plus pittoresques et les plus sauvages de la France. Les montagnes présentent de toutes parts les traces de leur origine ignée; les cimes nues et déchirées, des cratères éteints dominent de belles forêts; des pentes verdoyantes alternent avec d'anciennes coulées de lave; de petites rivières torrentueuses sillonnent des vallées profondes et fertiles; à l'E. du département on rencontre quelques plateaux élevés, nommés Planaises, qui produisent les seules graines qui s'y récoltent; ces petites plaines sont interrompues par des collines de formation volcanique.

Le climat est plus froid que la position géographique du département ne le ferait présumer; aussi voit-on les cimes des montagnes couvertes de neige pendant huit mois de l'année. Dans les vallées étroites la chaleur est excessive durant l'été. Des ouragans terribles, appelés Ecirs, des orages presque toujours accompagnés de grêle, des ondées entraînent quelquefois des troupeaux entiers.

Les habitants sont renommés pour leur probité, leur ardeur du travail; l'ingratitude du sol qu'ils cultivent les oblige de quitter leur foyer pour porter leur industrie dans des contrées éloignées. La récolte des céréales est insuffisante pour la consommation, le sarrazin, la pomme de terre, le seigle suppléent aux céréales. Le chanvre, le lin qu'on y récolte sont d'une qualité supérieure; le vin récolté sur quelques collines basaltiques est médiocre. De pâturages nombreux favorisent l'éducation des bestiaux, principale richesse du département. Les fromages du Cantal sont renommés et envoyés au loin.

De nombreuses forêts couvrent le sol du département; le chêne, le frêne, l'orme, le hêtre, le châtaignier sont les essences principales.

Les richesses minérales du département sont considérables. On y trouve du fer, du cuivre, du plomb, quelques mines d'antimoine; l'exploitation de la houille est la plus considérable; on exploite, en outre, un grand nombre d'ardoisières, de tourbières, des carrières de pierres à bâtir, de pierres meulières, de granit. Le tuf, le porphyre, la terre d'ombre, le tripoli, la pierre-ponce et d'autres productions volcaniques s'y trouvent en quantités considérables. Les eaux minérales sont nombreuses; on a porté le nombre des sources à 142, parmi lesquelles on distingue celles de Chaudesaigues, de Ste.-Marie, de Vic-sur-Cère, de Fontane et de la Bastide.

Le règne animal est varié. Le gibier est abondant; le loup, le sanglier, le renard habitent encore les forêts presque inaccessibles. Les troupeaux sont nombreux. Les bœufs, d'une qualité supérieure, sont exportés en grande partie, les moutons livrent une laine estimée, les chevaux sont petits, mais infatigables; une branche considérable de l'exportation est celle des mulets, renommés sous le nom de mulets d'Auvergne.

L'industrie manufacturière est peu étendue. On fabrique dans le département de la toile, des dentelles, des étoffes de laine, du papier; mais le tout sur une bien petite échelle.

L'exportation serait plus considérable, si les voies de communication étaient plus faciles à établir; elle consiste surtout en bœufs, mulets, fromage, laine, beurre, huile de noix, houille, ardoises, bois.

Ce département est divisé en 4 arrondissements, dont les chefs-lieux sont:

Aurillac....	8	cant.	93	com.	98,092 hab.
Mauriac...	6	»	61	»	63,829 »
Murat.....	3	»	32	»	35,801 »
St.-Flour...	6	»	80	»	64,395 »

23 cant. 266 com. 262,117 hab.

Il nomme quatre députés, fait partie de la dix-neuvième division militaire, dont le quartier-général est à Clermont, est du ressort de la cour royale de Riom, de l'académie de Clermont, du diocèse de St.-Flour, suffragant de l'archevêché de Bourges; il fait partie de la trentième conservation forestière, dont le chef-lieu est Aurillac; de la quatrième division des mines, dont le chef-lieu est St.-Étienne; de la douzième inspection des ponts-et-chaussées, dont le chef-lieu est Clermont-Ferrand. Il a 3 collèges, 1 école normale primaire à Salers et 310 écoles primaires.

CANTALAPIEDRA, b. d'Espagne, roy. de Léon, prov. de Salamanque; 1800 hab.

CANTALUPO, b. du roy. des Deux-Siciles, intendance de Molise; il est connu par le tremblement de terre qui, en 1805, y engloutit 142 familles dans une même ruine; 1850 hab.

CANTANHEDE, pet. v. du Portugal, prov. de Beira, dist. de Coïmbre; 2000 hab.

CANTE, vg. de Fr., Arriège, arr. de Pamiers, cant. et poste de Saverdun; 340 hab.

CANTELEU, b. de Fr., Seine-Inférieure, arr. et poste de Rouen, cant. de Maromme; commerce de bois et de cidre; 3370 hab.

CANTELEUX, vg. de Fr., Pas-de-Calais, arr. de St.-Pol-sur-Ternoise, cant. d'Auxy-le-Château, poste de Doullens; 110 hab.

CANTELOUP, vg. de Fr., Calvados, arr. de Caen, cant. de Troarn, poste de Croissanville; 150 hab.

CANTELOUP, vg. de Fr., Manche, arr. de Cherbourg, cant. et poste de St.-Pierre-Église; 470 hab.

CANTENAC, vg. de Fr., Gironde, arr. de Bordeaux, cant. de Castelnau-de-Médoc, poste de Margaux; 850 hab.

CANTENAY-ÉPINARD, vg. de Fr., Maine-et-Loire, arr., cant. et poste d'Angers; 790 hab.

CANTERAINES. *Voyez* VERNET (le).

CANTERBURY, pet. v. des Etats-Unis de l'Amérique du Nord, état de Connecticut, comté de Windham, sur le Quénebaugh; elle est bien bâtie, a plusieurs églises, une académie et beaucoup de moulins dans les environs; commerce; 2800 hab.

CANTERBURY, pet. v. des États-Unis de l'Amérique du Nord, état de New-Hampshire, comté de Rockingham, sur le Huckleberry; société des sciences et des belles-lettres, bibliothèque; 2500 hab., parmi lesquels beaucoup de quakers.

CANTERBURY, *Cantuaria*, *Durovernum*, v. d'Angleterre, chef-lieu du comté de Kent et siége archiépiscopal, dont le prélat a les titres de primat d'Angleterre et de premier pair du royaume. C'est une ville fort ancienne, bâtie en forme d'ovale et traversée par quatre rues principales qui se coupent à angles droits; de ses fortifications il n'existe plus que quelques tours. Elle possède seize églises, dont la plus remarquable est la magnifique cathédrale, une des plus vastes de l'Europe, avec une tour haute de 285 pieds; un joli hôtel de ville, une salle de spectacle, une prison et plusieurs hospices. Manufactures de soie et de coton, surtout des mousselines de Canterbury. Culture de houblon très-considérable; commerce de viandes salées, expédiées pour tout le royaume; deux sources minérales. Canterbury est encore important par les nombreux vestiges d'antiquités romaines qu'on y a découvertes; 15,000 hab.

CANTIANO, b. des états de l'Église, délégation d'Urbino, sur la rivière du même nom; elle est bâtie sur les ruines de l'antique Luceola et possède un château.

CANTIERS, vg. de Fr., Eure, arr. des Andelys, cant. d'Écos, poste des Thilliers-en-Vexin; 180 hab.

CANTIGNY, vg. de Fr., Somme, arr., cant. et poste de Montdidier; 220 hab.

CANTILLAC, vg. de Fr., Dordogne, arr. de Nontron, cant. de Champagnac, poste de Brantôme; 370 hab.

CANTIN, vg. de Fr., Nord, arr. et poste de Douai, cant. d'Arleux; fabr. de produits chimiques; 810 hab.

CANTOIN, vg. de Fr., Aveyron, arr. d'Espalion, cant. de Ste.-Geneviève, poste de Laguiole; 1620 hab.

CANTOIS, vg. de Fr., Gironde, arr. de la Réole, cant. de Targon, poste de Cadillac; 270 hab.

CANTON, pet. v. des États-Unis de l'Amérique du Nord, état de Connecticut, comté de Hartford; 2000 hab.

CANTON, pet. v. des États-Unis de l'Amérique du Nord, état d'Ohio, comté de Stark, dont elle est le chef-lieu, sur le Nimishillen; commerce; 2400 hab.

CANTON (Kwang-tcheou en chinois), v. de la Chine, capitale de la prov. de Kwangtoung (grande province orientale). Canton est une très-grande ville située entre le Tchukiang, nommé Tigre par les Européens, et le Pékiang, sur la mer de Chine. Elle est défendue par cinq forts et par une muraille garnie de quelques canons. Comme d'autres villes de la Chine, elle est séparée en deux parties distinctes: la ville chinoise et la ville tartare. Tout le monde sait que cette ville est jusqu'ici le seul pied à terre que les Chinois aient permis de prendre, pour leur commerce, aux nations les plus puissantes de l'Europe et de l'Amérique. Les commerçants de ces nations ont leurs factoreries sur la rivière de Canton, en dehors de la ville chinoise, et il ne leur est pas permis de pénétrer dans cette dernière. Voici la description de Canton que nous donnent les voyageurs:

Ses rues sont alignées, pavées, propres, mais étroites; les maisons, bâties en briques, n'ont qu'un étage; chacune a plusieurs cours sur lesquelles donnent les magasins et les appartements des femmes. Les rues sont généralement bordées de boutiques; plusieurs ne sont affectées qu'à une seule espèce d'ouvriers ou de marchands. Les temples ornés de statues et d'arcs de triomphe, et les maisons des Européens, construites avec goût, sont les principaux édifices publics de Canton. Ces dernières sont toutes situées, comme nous l'avons déjà dit, sur les bords du Tigre, dans le faubourg méridional; on appelle leur quartier les treize comptoirs. Mais tous les habitants de Canton ne demeurent pas dans la ville. Le Tigre est couvert sur un espace de plus d'une lieue par plusieurs lignes parallèles de bâtiments de toute grandeur, entre lesquelles il n'y a qu'un étroit passage pour les vaisseaux. Le propriétaire de ces embarcations y habite avec toute sa famille. En 1810, un incendie a détruit 10,000 maisons et tous les comptoirs étrangers. Il a fallu quinze ans pour réparer ce désastre. La population actuelle de Canton est évaluée différemment. M. Balbi la porte à 500,000 âmes environ et il est probable que l'accroissement des relations avec les Européens l'augmentera encore. Ces relations ont commencé en 1517, lorsque Emmanuel, roi de Portugal, envoya une flotte de huit vaisseaux en Chine, avec un ambassadeur qui fut conduit à Peking et qui obtint du gouvernement chinois la permission d'établir un comptoir à Canton. En 1634, les Anglais visitèrent Canton et entamèrent des affaires, qui depuis prirent une grande extension. Les Français seuls restèrent en arrière et cependant les relations amicales que Louis XIV, inspiré par Colbert, entretint avec l'empereur de Chine, auraient promis à notre commerce un succès non douteux. Quoiqu'il en soit, voici l'état actuel du commerce européen à Canton:

Les marchands ont payé au gouvernment chinois, pour droit d'importation
de 1830—31 . . . 997,070 taëls.
de 1831—32 . . . 1,120,145 «
de 1832—33 . . . 1,257,827 «
Le taël vaut environ 7 francs 50 centimes.

Le nombre des vaisseaux européens et américains, entrés dans le port de Canton, pendant l'année finissant au 30 juin 1834, est de 243, parmi lesquels 24 de la Compagnie des Indes, 77 anglais, 70 américains, 37 espagnols, 23 portugais, 6 hollandais, autant de français et 10 de différentes nations. Les importations, faites par les Européens, se montent à la valeur totale de 100,000,000 fr. Les exportations atteignent le même chiffre.

CANTOR, v. et roy. de Sénégambie, Afrique, sur la Gambie.

CANTYRE, *Cantiera*, presqu'île et cap formant la pointe la plus occidentale du comté d'Argyle, en Écosse; le pays est plat et ne produit que de l'avoine et des pommes de terre.

CANUMA, lac très-étendu de l'emp. du Brésil, prov. de Para, comarque de Rio-Négro, au N. du Marannon.

CANVILLE, vg. de Fr., Manche, arr. de Coutances, cant. et poste de la Haye-du-Puits; 590 hab.

CANVILLE-LES-DEUX-ÉGLISES, vg. de Fr., Seine-Inférieure, arr. d'Yvetot, cant. et poste de Doudeville; 1020 hab.

CANY, b. de Fr., Seine-Inférieure, arr. et à 6 l. N.-O. d'Yvetot, chef-lieu de canton et poste, sur la Durdent; commerce de bestiaux, de toiles, grains, lin et huile de navette; filat. et tissage de coton; 1800 hab.

CAOONDA ou **CAOUNDA**, v. du Monomotapa, Afrique, dans le pays des Cazembes, à l'E. du fleuve Rœna, qui se jette dans le Zambèse.

CAORCHES, vg. de Fr., Eure, arr., cant. et poste de Bernay; 250 hab.

CAORLE (Caprule), pet. v. du roy. Lombard-Vénitien, gouv. et délégation de Venise, située vers la limite extérieure de la lagune de même nom, à l'embouchure de la Sivenza et du Semene. Au temps des Romains, son port était la station d'une escadre de la flotte de Ravenne; il était un des principaux entrepôts maritimes de la république de Venise; depuis elle a beaucoup déchu. Ses habitants, au nombre de 1600, se livrent à la pêche; le climat est très-malsain.

CAOUNNE, vg. de Fr., Côtes-du-Nord, arr., cant. et poste de Lannion; 580 hab.

CAOURS ou **CAUX**, vg. de Fr., Somme, arr., cant. et poste d'Abbeville; 260 hab.

CAPA, le plus grand fleuve de l'état de Honduras, états méxicains. Il prend sa source dans les montagnes qui séparent l'état de Honduras de celui de Nicaragua, porte d'abord le nom de Yare, coule vers le N.-O., reçoit beaucoup d'affluents et se jette par plusieurs embouchures dans la mer des Caraïbes.

CAPACA, lac dans l'emp. du Brésil, prov. de Para, au S. du Marannon.

CAPACCIO, *Caput Aqueum*, pet. v. épiscopale, roy. des Deux-Siciles, intendance de la Principauté citérieure, se trouve près de l'emplacement de l'ancienne Pæstum; 1860 hab.

CAPAC-URKU, volcan et un des points culminants de la chaîne des Andes colombiennes, rép. de l'Ecuador, dép. d'Assuay. Il s'élève, selon M. de Humboldt, à la hauteur de 5460 mètres.

CAPANAGUAS, peuplade indienne indépendante, autrefois très-forte et très-nombreuse; elle habite les bords des fleuves Huallaya et Mapui au N. de la rép. du Pérou.

CAPANGARA, v. du Monomotapa, Afrique, dans le pays des Marawis, sur le Roanga ou Arovanga, à 70 l. N.-N.-O. de Tété, sur le Zambèse.

CAPANNA. *Voyez* MADEIRA (Rio).

CAP-APOLLONIE, promontoire dans la Haute-Guinée, Afrique, entre la côte des Dents et celle d'Or, à l'O. d'Ancobra. Les Anglais y avaient autrefois un établissement pour la traite des Nègres.

CAPBIS, vg. de Fr., Basses-Pyrénées, arr. de Pau, cant. et poste de Nay; 210 h.

CAP-BRETON, *Caput Bruti*, b. de Fr., Landes, arr. et à 8 l. O. de Dax, cant. et poste de St.-Vincent-de-Tyrosse; il n'est qu'à une petite demi-lieue de la mer dont il est séparé par des dunes plantées de vignes. C'était autrefois une ville considérable dont le changement du cours de l'Adour a ruiné le commerce qui y florissait jusqu'à la fin du seizième siècle. Il a une vieille enceinte qui prouve son ancienne importance. Les templiers y avaient un monastère dont on voit encore les ruines; 915 hab.

CAP-CERA, cap situé au S. de l'île de Zante.

CAP-CORSE ou **CABO-CORSO**, **CAP-COAST-CASTLE**, **IGOUA**, **GOUÉH**, promontoire de la Haute-Guinée, Afrique, avec une ville de même nom, fondée en 1655, par la Compagnie suédo-africaine, qui lui donna le nom de Carlsbourg. Après avoir appartenu aux Danois et aux Hollandais, elle tomba au pouvoir des Anglais, dont elle est le principal établissement sur toute la côte d'Or; fort à quatre bastions; école; commerce; 10,000 hab.

CAP-DAME-MARIE. *Voyez* DAME-MARIE.

CAP DE BONNE-ESPÉRANCE, cap, v. et vaste colonie, à l'extrémité méridionale de l'Afrique, formant aujourd'hui le noyau des possessions anglaises, dans cette partie du monde. Elle est bornée au N. par le pays des Hottentots indépendants, au S. par l'Océan Austral, à l'E. par la Cafrerie proprement dite, et à l'O. par l'Océan Atlantique. On en doit la découverte au Portugais Vasco-de-Gama, qui doubla ce cap en 1497. Les Hollandais y bâtirent un fort en 1650, et environ un siècle après ils s'établirent dans l'intérieur, après avoir chassé dans les montagnes les Hottentots qui ne pouvaient leur résister. Les Anglais s'emparèrent du cap de Bonne-Espérance, en 1795 et en 1806, et toute la colonie leur fut cédée en 1815, par suite des stipulations du congrès de Vienne. Elle s'étend sur l'espace d'environ 240 l. du N.-O. au S.-E., depuis la rivière de Coussie jusqu'à celle de Keiskamma, et sa moindre largeur du N. au S., depuis la frontière de l'Hottentotie indépendante jusqu'à la baie de Plattenberg, est de 50 l. Parmi ses nombreux ruisseaux, les plus considérables sont : le Coussie ou rivière de Sable, la rivière des Éléphants, celle des Montagnes, la rivière Large, le Camtouhs, le Cauritz, celle du Grand-Poisson, le Keiskamma, etc. Parmi les nombreuses baies qui s'enfoncent dans la côte, nous ne nommerons ici que celles de Ste.-Hélène, de Saldanha, de la Table et la baie Fausse, sur la côte occidentale, et celles de St.-Blaise ou des Écailles, de Plattenberg, de Camtouhs et de Lagoa, sur la côte orientale.

Pour ce qui tient au système orographique; il est à remarquer que les monts de Neige, qui sont un prolongement méridional interrompu des monts Lupata, se dirigent vers l'O., sous la dénomination de Nieuveld; après avoir laissé une branche qui court à l'O.-N.-O., sous le nom de monts Karri (Karrée), à travers le pays des Bosjemans. Les Nieuveld, dans le district de Tulbagh, se partagent en plusieurs branches; l'une va d'abord au N., ensuite au N.-O., sous les noms de monts Roggeveld et monts Khamies; une autre va au S.-O., en prenant les dénominations de monts Witteberg et monts Bokkeveld et finit au cap de Bonne-Espérance. Une branche des Bokkeveld, se prolongeant à l'E., forme le Zwarteberg, qui, avec les Nieuveld sus-mentionnés, forme les contrescarpes méridionale et septentrionale du grand plateau désert, nommé le Grand-Karron, dans la colonie du Cap. Le plus haut sommet de toutes ces branches de montagnes, le Compass, dans les monts de Neige, a une hauteur de 6500 pieds, le mont de la Table, près du Cap, 3353 pieds, et le Pic du Diable 3100 pieds au-dessus du niveau de la mer. La côte offre une quantité de caps, parmi lesquels les principaux sont celui de Bonne-Espérance et celui d'Aguilhos ou des Aiguilles, remarquable comme le point le plus austral de tout le continent d'Afrique. On n'y connaît que deux saisons : l'été extrêmement sec et d'une chaleur excessive, et l'hiver avec des pluies continuelles; le climat y est sain et en général plus doux que dans l'intérieur; le sol fertile, surtout le long de la mer; les principales productions sont le blé, les fruits du sud, les légumes et les herbes potagères européennes; excellents vins, dont on exporte annuellement plus de 8000 futailles; chevaux, chèvres, brebis, cochons, buffles sauvages, bêtes féroces, baleines, sauterelles et fourmis qui causent beaucoup de dommages; mines de fer, de cuivre, de plomb; salines; eaux minérales.

D'après des notices récentes, toute la colonie, dont la population s'élève, sur une surface de 6000 l. c. géogr., à environ 121,000 hab., est partagée en deux gouvernements : celui du Cap ou de l'Ouest, subdivisé en quatre districts : le Cap, Stellenbosch, Worcester et Zwellendam avec Calédon, et celui d'Uitenhage ou de l'Est, subdivisé en cinq districts : George, Graaf Reynett avec la sous-préfecture de Beaufort et une portion de Cradock, Sommerset, Albany et Uitenhage. La population se compose d'Hottentots indépendants, d'Hottentots bâtards, de Nègres, de Malais et d'Européens, surtout de Hollandais et d'Anglais. Lat. S. 29° 55'—34° 17'; long. E. 14° 20'—25 °50'. — La ville du Cap, que les Hollandais nomment Kaapstad et les Anglais Capetown, est située au pied des montagnes de la Table et du Lion, au fond de la baie de la Table sur l'Océan Atlantique et à une petite distance de la baie Fausse, sur l'Océan Austral. Elle est la résidence du gouverneur-général et de toutes les autorités supérieures. Malgré sa position avantageuse, on peut dire que le Cap n'a pas de véritable port, parce que les deux baies que nous avons citées sont exposées aux vents et n'offrent toutes deux qu'un mouillage peu sûr; néanmoins cette ville est toujours un des points les plus importants du globe sous le rapport militaire et commercial; car le Cap est la plus forte place de l'Afrique et le lieu de relâche ordinaire des vaisseaux qui vont en Asie ou qui en reviennent. Toutes les rues sont coupées à angles droits, les maisons bâties en pierres ou en briques et presque toutes ont les toits en terrasse. Ses édifices les plus remarquables sont : l'église principale, qui sert au culte réformé et anglican, le palais du gouverneur, l'hôtel de ville, l'hôtel de justice, du secrétariat et des principaux colléges, les casernes et les magasins. Hors de l'enceinte de la ville se trouve le magnifique hôpital qui peut contenir 600 malades. La ville possède en outre une ménagerie assez bien fournie d'animaux rares, un jardin botanique, dont les belles allées ombragées, offrent une promenade charmante; un collége très-bien organisé et destiné à compléter l'instruction de la jeunesse; plusieurs écoles élémentaires, une bibliothèque et deux journaux. En 1834, sa population s'élevait à près de 20,000 hab., dont plus d'un tiers se composait d'esclaves affranchis pendant cette même année. Ses environs sont remarquables par de beaux chemins et par les charmantes maisons de campagne, où se retirent les riches pendant les grandes chaleurs. Lat. S. 33° 5'; long. E. 16° 12'.

CAP-DELLA-GROTTE, cap situé au N. de l'île de Zanté.

CAPDENAC, *Uxellodunum*, b. de Fr., Lot, arr., cant., poste et à 1 1/2 l. S.-E. de Figeac, sur une montagne baignée par le Lot. Ce lieu, aujourd'hui sans importance, existait du temps des Romains; c'était une forte cité dont la courageuse population résista la dernière à l'invasion romaine. Elle fut plus tard prise par les Visigoths et les Francs. Pendant la guerre des Albigeois, elle fut assiégée par Simon de Montfort. Les Anglais s'en emparèrent au quatorzième siècle; après leur expulsion, Capdenac devint une propriété de la couronne. Pendant les guerres religieuses, cette ville était devenue une place d'armes des protestants. Sully, qui l'avait achetée en 1614, la remit à Louis XIII après la prise de Montauban. Quelques vieilles tours sont les seuls restes de ses anciennes fortifications; 1280 hab.

CAPDEVILLE, ham. de Fr., Tarn-et-Garonne, com. de la Mothe-Capdeville; 220 h.

CAPDROT, vg. de Fr., Dordogne, arr. de Bergerac, cant. et poste de Montpazier; 1160 hab.

CAP-DUCATO (le), dans l'île Jonienne de Ste-Maure; c'était anciennement le fameux promontoire de Leucate; sur son sommet se trouvait un temple d'Apollon, du haut duquel les amants malheureux et superstitieux se précipitaient dans la mer pour se guérir de leur passion.

CAPE-ANN, presqu'île au N.-E. de l'état de Massachusetts, États-Unis de l'Amérique du Nord; elle ferme au N. la baie de Cape-Ann.

CAPE-CHARLES, promontoire très-saillant, à l'entrée N. de la baie de Chésapeak, côte S.-E. de l'état de Maryland, États-Unis de l'Amérique du Nord.

CAPE-CLEAR, île d'Irlande, avec un cap du même nom, comté de Cork, vis-à-vis de Baltimore, habitée par des pêcheurs.

CAPE-COD (baie de), baie étendue, profonde et très-sûre, formée par une longue presqu'île qui l'entoure en forme de fer à cheval, sur la côte S.-E. de l'état de Massachusetts, États-Unis de l'Amérique du Nord. Cette baie en renferme plusieurs autres moins étendues, dont celle de Barnstable au S. et de Plymouth à l'O. sont les plus considérables.

CAPE-COD-HAVEN. *Voyez* MASSACHUSETTS (baie de).

CAPE-DIGGS, groupe de petites îles à l'O. du cap Wostenholm, la pointe occidentale du Labrador.

CAPE-ELISABETH, pet. v. des États-Unis de l'Amérique du Nord, état du Maine, comté de Cumberland; agriculture; commerce; 2300 hab.

CAPE-FEAR, fl. assez considérable des États-Unis de l'Amérique du Nord; il se forme de deux rivières : le Deep et le Haw, qui naissent dans les montagnes Bleues, au N.-O. de l'état de la Caroline du Nord. Le Cape-Fear traverse cet état du N.-O. au S.-E.; il forme plusieurs chutes qui en empêchent la navigation et reçoit une foule de petites rivières, dont le Black et le Clarenden sont les plus considérables et très-importantes pour le commerce. Après un cours de plus de 90 lieues, le Cape-Fear se jette par une large embouchure dans l'Océan Atlantique, où il forme l'île de Smiths.

CAPE-GIRARDEAU, comté de l'état de Missouri, États-Unis de l'Amérique du Nord; il est borné par les comtés de Ste.-Geneviève, de New-Madrid, de Madison, de Washington et par le Mississipi. Le Mississipi et le St.-Francis arrosent ce pays très-fertile en blé, maïs, tabac et coton. Le Great-Swamp (grand marais), s'étend en partie sur ce district; 7000 habitants français et allemands. Cape-Girardeau, bourg sur le Mississipi est le chef-lieu du comté; 600 hab.

CAPE-GRANGE (la) ou CAPE-MONTE-CHRISTI, promontoire formé par une colline très-élevée au N. de l'île d'Haïti. On l'aperçoit jusqu'au cap Français, qui en est éloigné de 13 lieues.

CAPE-HENRY, promontoire au S.-E. de l'état de Virginie, États-Unis de l'Amérique du Nord; il forme avec le Cape-Charles l'entrée de la baie de Chésapeak.

CAPELLE (la), vg. de Fr., Aisne, arr. et à 4 l. N. de Vervins, chef-lieu de canton et poste; fabr. de chicorée, de noir animal; commerce de blé; 1550 hab.

CAPELLE (la), vg. de Fr., Gard, arr., cant. et poste d'Uzès; argile à poterie; 540 hab.

CAPELLE (la), vg. de Fr., Lozère, arr. de Marvejols, cant. et poste de la Canourgue; 290 hab.

CAPELLE (la). *Voyez* ARMBOUTS-CAPPEL.

CAPELLE (la), vg. de Fr., Pas-de-Calais, arr. de Montreuil, cant. et poste d'Hesdin; 450 hab.

CAPELLE (la), ham. de Fr., Tarn, com. de Damiate; 260 hab.

CAPELLE-BALAGUIER (la), vg. de Fr., Aveyron, arr. et poste de Villefranche-de-Rouergue, cant. de Villeneuve; 650 hab.

CAPELLE-BANHAC (la), vg. de Fr., Lot, arr., cant. et poste de Figeac; 2205 hab.

CAPELLE-BARREZ (la), vg. de Fr., Cantal, arr. de St.-Flour, cant. et poste de Pierrefort; 250 hab.

CAPELLE-BIRON (la), vg. de Fr., Lot-et-Garonne, arr. de Villeneuve-sur-Lot, cant. et poste de Monflanquin; fabr. de poterie et fonderie de gueuses; 970 hab.

CAPELLE-CABANAC (la), vg. de Fr., Lot, arr. de Cahors, cant. et poste de Puy-l'Évêque; 520 hab.

CAPELLE-CLAPIER (la). *Voyez* TERRE-CLAPIER.

CAPELLE-DEL-FRAISSE (la), vg. de Fr., Cantal, arr. d'Aurillac, cant. et poste de Montsalvy; 320 hab.

CAPELLE-EN-PEVELLE, b. de Fr., Nord, arr. de Lille, cant. de Cysoing, poste d'Orchies; 1370 hab.

CAPELLE-FERMONT, vg. de Fr., Pas-de-Calais, arr. de St.-Pol-sur-Ternoise, cant. et poste d'Aubigny; 100 hab.

CAPELLE-LIVRON (la), vg. de Fr., Tarn-et-Garonne, arr. de Montauban, cant. et poste de Caylux; 800 hab.

CAPELLE-MARIVAL (la), b. de Fr., Lot, arr. et à 4 l. N.-O. de Figeac, chef-lieu de cant. et poste; commerce de toiles; 1340 h.

CAPELLE-SAINTE-LUCE (la), vg. de Fr., Tarn, arr. de Gaillac, cant. et poste de Cordes; 200 hab.

CAPELLE-SÉGALAR (la), vg. de Fr., Tarn, arr. de Gaillac, cant. et poste de Cordes; 280 hab.

CAPELLES-LES-GRANDS (les), vg. de Fr., Eure, arr. de Berne, cant. et poste de Broglie; 970 hab.

CAPELLETTE, vg. de Fr., Bouches-du-Rhône, com. de Marseille; 420 hab.

CAPELLE-VALAGUIER (la). *Voyez* CAPELLE-BALAGUIER.

CAPELLE-VIESCAMP (la), vg. de Fr., Cantal, arr. d'Aurillac, cant. de la Roquebrou, poste de Montvert; 810 hab.

CAPE-MAI, comté de l'état de New-Jersey, États-Unis de l'Amérique du Nord; il forme l'extrémité méridionale de l'état et est terminé par le Cape-Mai; ses bornes sont : les comtés de Gloucester et de Cumberland, l'Océan et la baie de Delaware. Ce pays, très-sablonneux et peu fertile, traversé par une multitude de petites rivières et couvert de marais et de forêts de sapins, a une étendue de 11 l. c. géogr. avec une population de 5000 habitants qui se nourrissent surtout de la pêche et du commerce de bois.

CAPENDU, vg. de Fr., Aude, arr. et à 4 1/2 l. E.-S.-E. de Carcassonne, chef-lieu de canton et poste; 740 hab.

CAP-ENRAGÉ. *Voyez* ENRAGÉ (cap).

CAPENS, vg. de Fr., Haute-Garonne, arr. de Muret, cant. de Carbonne, poste de Noé; 450 hab.

CAPERNAUM, g. a., v. de la Galilée-Inférieure, sur la frontière des tribus de Naphthali et de Sébulon. Jésus-Christ y demeurait ordinairement dans les dernières années de sa vie. Cette ville est aujourd'hui en ruines; on croit encore en apercevoir des vestiges près de Jelhoue.

CAPES, riv. de l'Afrique septentrionale, états de Tripoli et de Tunis; elle prend sa source dans les montagnes du Bilédulgérid et se jette dans la Méditerranée.

CAPESTANG, b. de Fr., Hérault, arr., à 3 l. O. et poste de Beziers, chef-lieu de canton. Près de ce bourg se trouve un étang considérable qui porte le même nom; 1895 h.

CAPESTERRE ou CABESTERRE (la), pet. v. et chef-lieu de canton, sur la côte S.-E. de la Guadeloupe proprement dite, arr. de de Basse-Terre; agriculture; commerce; 5400 hab. avec le canton.

CAP-FRANÇAIS. *Voyez* HAÏTI.

CAP-FRANÇAIS (le vieux), promontoire au N. de l'île d'Haïti, entre la baie de Balsamo et la baie Écossaise.

CAP-GRONDEUR. *Voyez* GRONDEUR (cap).

CAP-HAÏTI. *Voyez* HAÏTI.

CAP-HENRI. *Voyez* HAÏTI.

CAPHTHOR, g. a., île de l'Asie Mineure, sur la côte de la Colchide; les Philistins en étaient originaires. Quelques savants regardent cette île comme la même que celle de Crète, se fondant en cela sur ce que les Philistins sont quelquefois appelés dans les livres saints Cerethæi ou Cretæi.

CAPIAN, vg. de Fr., Gironde, arr. de Bordeaux, cant. et poste de Cadillac; 700 h.

CAPIATA, v. du dictatorat du Paraguay, Amérique du Sud; elle fut fondée en 1640, est bien bâtie, renferme plusieurs églises et couvents, un collége et fait le commerce; 6600 hab. pour tout le diocèse.

CAPIBARIBE ou CAPIBARI, fl. d'un très-beau cours dans l'emp. du Brésil. Il descend de la Sierra Cayriris-Velhos, sur les confins des provinces de Pernambuco et de Parahyba, traverse de fertiles campagnes qu'il inonde très-souvent, fait plusieurs belles chutes et se jette par deux embouchures dans l'Océan Atlantique, près de la ville de Récife, après un cours de 75 à 80 lieues.

CAPINGHEM, vg. de Fr., Nord, arr. et poste de Lille, cant. d'Armentières; 320 h.

CAPIOBA (Serra). *Voyez* MANTIQUEIRA (Serra).

CAPIS ou CASPIS, chef-lieu de la province de ce nom, île de Panay, une des Philippines; elle est située sur la côte septentrionale, possède un port et est la résidence d'un alcade espagnol.

CAPISTRANO, v. du roy. des Deux-Siciles, prov. de l'Abruzze ultérieure IIe; a un château; 2140 hab.

CAPISTRELLO, v. du roy. des Deux-Siciles, prov. de l'Abruzze ultérieure IIe, sur le Garigliano; 1800 hab.

CAPITANATE (la), intendance du roy. des Deux-Siciles, limitée par la mer Adriatique, les provinces de Bari, de la Principauté ultérieure, de Basilicate et de Molise; elle renferme une population de 293,425 habitants sur une superficie de 250 l. c. Cette province, la plus grande de tout le royaume, n'offre d'autre montagne que le Gargano au N.-E.; elle est arrosée par l'Ofanto et le Biserno; son climat est doux et sain; ses productions principales sont les grains, le vin, les fruits, le bois, le sel, les poissons, les chèvres et le gros bétail; capitale : Foggia.

CAPIVARI. *Voyez* GUAPORE (Rio-).

CAPLONG, vg. de Fr., Gironde, arr. de Libourne, cant. et poste de Ste.-Foy; 520 hab.

CAPLY, vg. de Fr., Oise, com. de Vendeuil-Caply; 390 hab.

CAP-NÈGRE, cap de la rég. de Tunis, Afrique, à l'O. du cap Serrat; les Français y étaient établis. Lat. N. 37° 15', long. E. 6° 47'. *Voyez* CONCESSIONS.

CAPO-BLANCO. *Voyez* YUNA (fleuve).

CAPODILLO. *Voyez* DAJABON (fleuve).

CAPO-DI-PONTE, vg. du roy. Lombard-

Vénitien, gouv. de Venise, délégation de Bellune, à la droite de la Piave; remarquable par le beau pont, sur lequel passe la route superbe de Ceneda; son arche a 50 mètres de corde.

CAPO-D'ISTRIA, v. d'Illyrie, gouv. de Trieste, cer. d'Istrie, sur le golfe de Trieste, autrefois la capitale de l'Istrie vénitienne; siége d'un évêque, avec une citadelle. Elle possède 30 églises, 8 couvents, un gymnase, un collége et plusieurs hospices. Fabrication de cuir, de savon; commerce de vins, d'huile et de sel; cabotage; pêche; grandes salines; 5000 hab.

CAPORORO ou **COPORORO**, riv. considérable de la Basse-Guinée, Afrique; elle est formée par plusieurs branches qui descendent de la Sierra Trio, et se jette dans l'Océan Atlantique, à 20 l. S.-O. de Benguela.

CAPOSELE, pet. v. du roy. des Deux-Siciles, principauté citérieure, près de la source du Silaro; 3512 hab.

CAPOT, une des rivières les plus considérables de l'île de Martinique; elle nait au pied du Morne-Calebasse, au N. de l'île, reçoit plusieurs petites rivières et se jette dans l'Océan Atlantique, au N.-O. de l'île, entre la Falaise et la Grande-Anse.

CAPOUDIA, *Caputuada*, b. maritime dans l'état de Tunis, Afrique, au S. de la ville de Tunis; Bélisaire, général de l'empereur Justinien, y débarqua ses troupes pour attaquer Gilimer, dernier roi des Vandales, en 534.

CAPOUE, v. forte et archiépiscopale du roy. des Deux-Siciles, intendance Terra-di-Lavoro, est située sur le Volturne, dans un pays charmant, sous 41° 7' lat. sept. et 11° 36' long. orient.; on distingue sa belle cathédrale; 8000 hab.

CAPOULET, vg. de Fr., Arriège, arr. de Foix, cant. et poste de Tarascon-sur-Arriège; 177 hab.

CAPPADOCE, g. a., prov. de l'Asie Mineure, s'étendit primitivement depuis le Taurus jusqu'au Pont-Euxin, et de l'Halys jusqu'à l'Euphrate. Divisée en deux provinces par les Perses, elle forma, sous l'empire des Macédoniens, deux royaumes dont l'Achelaüs fit dix juridictions, auxquelles les Romains en ajoutèrent une onzième. Elle embrassait la province actuelle de Caramanie.

CAP PALONQUE. *Voyez* PALONQUE.

CAPPEL, ancien monastère dans le canton de Zurich; est célèbre par le combat où le réformateur Ulrich Zwingli reçut la mort, le 10 octobre 1531.

CAPPEL-BROUCK, vg. de Fr., Nord, arr. de Dunkerque, cant. et poste de Bourbourg; 960 hab.

CAPPELLE, vg. de Fr., Moselle, arr. de Sarreguemines, cant. et poste de St.-Avold; 500 hab.

CAPPELLE-SUR-ÉCAILLON, vg. de Fr., Nord, arr. de Cambrai, cant. de Solesmes; poste du Quesnoy; 350 hab.

CAPPELTCHA. *Voyez* CHAPELLÉ-SOUS-CHAUX (la).

CAPPENPRUGGE, b. du roy. de Hanovre, principauté de Callenberg, ancien comté de Spiegelberg; 1200 hab.

CAPPY, vg. de Fr., Somme, arr. de Péronne, cant. de Bray-sur-Somme, poste d'Estrées-Déniécourt; 1070 hab.

CAP-RAFAËL. *Voyez* RAFAËL.

CAPRAIS (Saint-), vg. de Fr., Allier, arr. de Montluçon, cant. et poste d'Hérisson; 340 hab.

CAPRAIS (Saint-), vg. de Fr., Cher, arr. de Bourges, cant. de Levet, poste de St.-Florent; 360 hab.

CAPRAIS (Saint-), vg. de Fr., Gironde, arr. de Blaye, cant. de St.-Ciers-la-Lande, poste de St.-Aubin; 510 hab.

CAPRAIS (Saint-), vg. de Fr., Gironde, arr. de Bordeaux, cant. et poste de Créon; 500 hab.

CAPRAIS-DE-LERME (Saint-), vg. de Fr., Lot-et-Garonne, arr. d'Agen, cant. de Puymirol, poste de Roque-Timbault; 830 hab.

CAPRAIS-DIT-ROUANEL (Saint-), vg. de Fr., Haute-Garonne, com. de Grenade-sur-Garonne; 500 hab.

CAPRAIS-DU-TEMPLE (Saint-), vg. de Fr., Lot-et-Garonne, arr. de Villeneuve-sur-Lot, cant. et poste de Ste.-Livrade; 530 hab.

CAPRAISE-DE-LALINDE (Saint-), vg. de Fr., Dordogne, arr. de Bergerac, cant. et poste de Lalinde; 370 hab.

CAPRAISE-D'EYMET (Saint-), vg. de Fr., Dordogne, arr. de Bergerac, cant. et poste d'Eymet; 470 hab.

CAPRAISY (Saint-). *Voyez* CAPRAIS-DU-TEMPLE (Saint-).

CAPRAJA, île de la Méditerranée, appartenant au roy. de Sardaigne; on y trouve beaucoup de chèvres sauvages; toute l'île n'est qu'un volcan éteint; 2000 hab.

CAPRAMERA, v. du Monomotapa, dans le pays des Morowis, entre Mezamba et la rivière de Sanza, sur la route qui conduit de Tété à la capitale des Cazembes.

CAP-RESON. *Voyez* RESON.

CAPRI, île située à l'entrée du golfe de Naples, annexée à l'intendance de Naples, avec la ville du même nom; est célèbre par la beauté et la salubrité de son ciel, par le séjour d'Auguste et de Tibère et par ses antiquités. La grotte d'azur, jadis appelée la grotte des nymphes, passe pour être la plus belle de toutes les grottes connues. Anacapri, petit bourg, se trouve dans la partie occidentale de l'île, qui a en tout une population de 3700 hab.

CAPRINO, b. du roy. Lombard-Vénitien, gouv. de Venise, délégation de Vérone; 5000 hab.

CAP-ROJO ou **CAP-ROUX**, cap de la rég. d'Alger, Afrique, au N.-N.-E. de la Calle. Les Français y étaient établis. *Voyez* CONCESSIONS.

CAP-ROSE, cap de la rég. d'Alger, Afrique, sur la côte orientale du golfe de Bone. Les Français y étaient établis. *Voyez* CONCESSIONS.

CAPRULE. *Voyez* CAORLE.

CAPSALI, chef-lieu et à l'extrémité méridionale de l'île de Cérigo, sur une espèce de rade, formée par un grand golfe et au pied d'une haute montagne où s'élève un ancien château fort. Siége d'un évêque grec et des autorités; 1500 hab.

CAP-SAMANA. *Voyez* SAMANA.

CAPTAIN, île importante pour la pêche, dans le New-York-Sund, au S. de l'état de New-York, États-Unis de l'Amérique du Nord.

CAP-TERRE, promontoire saillant au S.-E. de l'île de Martinique, entre la pointe Macabou et le cul-de-sac d'Anglois.

CAPTIEUX, pet. v. de Fr., Gironde, arr. et à 3 1/2 l. S. de Bazas, chef-lieu de canton et poste; mine de fer; 1420 hab.

CAPUDAN ou CAPOUDIA, VADA, *Brachodes, Ammonis Promontorium*, promontoire sur la côte de l'état de Tunis, Afrique, au N. du golfe de Cabès.

CAPURO. *Voyez* ORÉNOQUE (fleuve).

CAPURSO, b. du roy. de Naples, prov. de Bari; 2400 hab.

CAPVERN, vg. de Fr., Hautes-Pyrénées, arr. de Bagnères-en-Bigorre, cant. et poste de Lannemezan; eaux ferrugineuses fréquentées; 750 hab.

CAP-VERT (îles du), archipel de dix îles principales et de quelques autres déserts dans l'Océan Atlantique, à l'opposite du cap dont il a le nom et de l'embouchure du Sénégal, Afrique. Climat chaud et malsain; sol montagneux et rocailleux; sources d'eau et pluies très-rares; riches en salines; côtes poissonneuses et remplies de tortues. Les grandes îles sont: 1° San-Yago, qui est la plus grande; Porto-Prayo, avec 1200 habitants et une rade, est la résidence du gouverneur-général de l'archipel et des possessions portugaises dans la Sénégambie; Ribeira-Grande, misérable bourg maritime où réside l'évêque, ne compte que 200 habitants; 2° San-Antonio ou San-Antao, est l'île la plus saine et la plus peuplée de tout l'archipel; elle est aussi remarquable par son pic élevé de 8000 pieds; Villa-de-Nossa-Senhora-do-Rosario, avec environ 6000 habitants, en est le chef-lieu; 3° Fogo ou Fuego (île de Feu), la plus élevée et la mieux cultivée de l'archipel, est la troisième pour la population, et renferme un volcan élevé de 1233 toises; 4° San-Nicolao, la seconde île pour la grandeur, avec le Monte-Guardé haut de 4380 pieds; on y plante beaucoup de vin et de canne à sucre; San-Nicolao ou Ribeira-Brava, avec un port et 2600 habitants, en est le chef-lieu; 5° Bonavista, riche en sel, indigo et en coton; 6° Ste.-Lucie; 7° et 8° Maio et Sal ou Sel, importantes par leurs salines et par le grand nombre de tortues qu'on y trouve; 9° Brava ou St.-Jean, et 10° San-Vicente ou St.-Vincent, remarquable par son beau port; surface 78 1/2 l. c. géogr.; 63,000 hab.

CAP-VERT ou CABO-VERDE, promontoire considérable sur la côte de Sénégambie, forme la pointe la plus occ. de toute l'Afrique. Il est situé entre le Sénégal et la Gambie et fut découvert, en 1445, par le navigateur portugais Fernandèz, qui lui donna ce nom, probablement à cause des arbres dont il le trouva surmonté; il est habité par des nègres agriculteurs et pasteurs qui rendent un culte particulier à la lune. On y trouve plusieurs vallées très-fertiles, arrosées par de petits ruisseaux. Lat. N. 14° 43′ 45″, long. O. 19° 50′ 45″.

CAPZYKE, vg. du roy. de Belgique, prov. de la Flandre-Orientale, dist. de Cecloo; 3500 hab.

CAQUITA. *Voyez* MARAGNON.

CARABAYA, prov. de la rép. du Pérou, dép. de Puno; elle est bornée par les provinces de Puno, d'Asangoro, de Lampa, de Tinta, par le district des Indiens libres et par la république de Bolivia. Son étendue est estimée à 270, selon d'autres à 1691. c. géogr., avec une population de 34,000 âmes. Cette province, arrosée par les affluents de l'Ynambari et dont le climat est très-doux, est bien cultivée et partout couverte de plantations de riz et de cocos. C'est en même temps la province la plus riche en mines d'or, d'argent et de cuivre de tout le Pérou. Les principales mines sont celles de San-Juan del Oro, de Paulo, de Coya, d'Ananea et d'Aporoma. Le sol est volcanique sur plusieurs points et les sources thermales s'y trouvent en grand nombre. Le tremblement de terre de 1747 y a causé beaucoup de dégât et suscité des maladies épidémiques, auxquelles succomba un grand nombre des habitants.

CARABORO, prov. de la rép. de Vénézuela, dép. de Vénézuela. Nous manquons de renseignemts sur la démarcation et la population de cette province.

CARAÇA, chaine de montagnes de l'emp. du Brésil, prov. de Minas-Geraès, comarque de Villa-Rica, à 5 l. N. de Marianna. C'est une masse de rochers formidables et inaccessibles, de 18 l. de circonférence. Au haut de ces rochers s'élève un couvent en partie taillé dans le roc et habité par des ermites.

CARACAS, prov. de la rép. de Vénézuela, dép. de Vénézuela. Elle s'étend à l'E. de la province de Carabobo, dont elle est séparée par le Guarico.

CARACAS (Santiago de Léon de), v. de la rép. de Vénézuela, prov. de Caracas, dont elle est la capitale ainsi que de toute la république. Elle a été autrefois le chef-lieu de la capitainerie de Caracas. Avant le tremblement de terre, qui, en 1812, la ruina presque entièrement, cette ville se distinguait par plusieurs beaux édifices et par une population qui s'élevait à près de 50,000 âmes. Caracas est le siége d'un archevêché et s'est relevée en partie de ses ruines; mais la guerre et les maux qui l'accompagnent l'ont empêchée de se rétablir entièrement. Cette ville a été le théâtre de plusieurs grands évènements, depuis la guerre de l'indépendance et a fait de grands efforts pour se séparer de la Colombie, afin de former un état à part. Université, école normale d'enseignement mutuel, collége, séminaire et plusieurs autres établissements littéraires. Elle est aussi le centre d'un grand commerce avec les vastes contrées qui forment le département dont elle est le chef-lieu, patrie de Simon Bolivar (1785—1830); 32,000 hab.

CARACAS (Sierra de), on comprend sous cette dénomination la haute chaîne de montagnes qui sépare la Colombie de l'emp. du Brésil; elle ne se rattache ni aux Andes ni aux montagnes du Brésil, mais paraît former un système à part. Elle se compose de deux principales ramifications, dont l'une s'avance des bords du Rio-Méta et entre dans la Guyane sous le nom de Sierra Maggnalida; l'autre s'élève sur les rives du Rio-Négro, fait la frontière entre le Brésil et la Colombie, s'étend sous le nom de Serra de Tumucumaque jusqu'à l'embouchure du Marannon, où elle paraît se perdre dans les plaines comprises entre le cap Orange et le cap Nord. Des groupes de cette chaîne se dirigent vers le N.-O. Ce sont surtout la Sierra Mei, la Sierra de Rimocotte, la Sierra de Usupama, la Sierra de Acha et la Sierra de Ymataca. En général cette montagne, s'élevant à la hauteur de 2900 mètres, s'étend sur tout le pays compris entre le Marannon et l'Orénoque et est encore très-peu connue.

CARACCA, pet. île d'Espagne, près de Cadix, entre l'île de Léon et la terre ferme, au N.-E. de la baie de Puntales. Elle a un port et renferme l'arsenal et les chantiers de marine pour la flotte royale; 2000 hab.

CARACOLLO, pet. v. de la rép. de Bolivia, dép. de Charcas, prov. d'Oruro, à 12 l. de la ville de ce nom; 3000 hab.

CARACORUM ou KARAKHORIN. Les ruines de cette ville sont situées en Chine, sur la rive gauche de l'Orkhan, dans une grande vallée formée par le Khangar et les monts Sayaniens. Le fameux Rubriquis, qui l'a vue au temps de sa splendeur, dit qu'elle n'était jamais très-grande; mais elle était le point de ralliement des innombrables hordes de la Tartarie et la résidence des premiers successeurs de Djingis-Khan, en un mot, la capitale du plus grand empire qui ait jamais existé. C'est à Caracorum que Koublaï et Argoun reçurent les ambassadeurs de toutes les puissances de l'Asie et ceux d'une grande partie de l'Europe et de l'Amérique.

CARAÇU. *Voyez* SOBRAL.

CARADEC (Saint-), b. de Fr., Côtes-du-Nord, arr., cant. et poste de Loudéac; 2180 hab.

CARADEC (Saint-), vg. de Fr., Morbihan, com. de Hennebont; 800 hab.

CARADEC-TRÉGOMEL (Saint-), vg. de Fr., Morbihan, arr. de Pontivy, cant. et poste de Guéméné; 1170 hab.

CARÆ ou KAREK, pet. v. de l'Arabie Pétrée, à quelques milles de Petra ; elle a joué un grand rôle dans les guerres des croisades. Burckhardt lui accorde 550 familles, population assez considérable dans ces contrées.

CARAGA, chef-lieu de province, situé sur la côte orient. de l'île de Mindanao, résidence d'un alcade.

CARAGLIO, b. des états sardes, prov. de Coni; filat. de soie; 5200 hab.

CARAGOUDES, vg. de Fr., Haute-Garonne, arr. de Villefranche-de-Lauragais, cant. et poste de Caraman; 480 hab.

CARAHATAS, chaîne de montagnes de l'île de Cuba; elle s'étend au S. de la Punta-de-Ycacos.

CARAIBES ou plutôt CARIBES, peuplade indienne, sauvage et indépendante, divisée en beaucoup de hordes. Elle habite les côtes du gouvernement d'Esséquébo (Guyane hollandaise), et une grande partie des Guyanes française et hollandaise où elle porte le nom de *Calibis* ou *Galibiens*; mais ses principales habitations sont encore le long de l'Orénoque. Cette nation, très-nombreuse, fut jadis maîtresse de toutes les Petites-Antilles et d'une immense étendue du continent, et a joué un grand rôle par son audace, par ses entreprises guerrières et par son activité commerciale, qui lui méritèrent l'épithète de Boukhares du nouveau-monde. M. de Humboldt remarque que ces sauvages sont peut-être, après les Patagons, les hommes les plus robustes et les plus grands du globe; ils faisaient autrefois la traite des esclaves, et quoique très-féroces et très-cruels, ils n'ont jamais été anthropophages comme leurs frères qui habitaient les Petites-Antilles et chez lesquels cet horrible usage est tellement commun, qu'il a rendu synonymes les mots *cannibale*, *caraïbe* et *anthropophage*.

CARAIBES (îles). *Voyez* ANTILLES.

CARAIBES (mer des). On donne ce nom à la partie de la mer des Antilles comprise entre la Colombie, la partie S.-E. du Guatémala, les îles de Jamaïque, d'Haïti, de Porto-Rico et les Petites-Antilles. Ces parages surtout étaient habités autrefois par les Caraïbes.

CARALP. *Voyez* SAINT-MARTIN-DE-CARALP.

CARAMAGNA, pet. v. du roy. de Sardaigne, intendance de Saluzzo; 3200 hab.

CARAMAN, pet. v. de Fr., Haute-Garonne, arr. et à 3 1/2 l. N. de Villefranche-de-Lauragais, chef-lieu de canton et poste; 2530 hab.

44

CARAMANIE (Karaman), eyalet de la Turquie d'Asie, dans l'intérieur de l'Asie Mineure, entre 28° 40' et 34° 10' de long. E., et 37° 20' et 39° 55' de lat. N. Cet eyalet comprend l'ancienne Pisidie, l'Isaurie et la Lycaonie, une grande partie de la Cappadoce et de la Galatie; il est borné au N. par Sivas, à l'E. par Marasch, au S. par Itchil, à l'O. et au N.-O. par Anadoli. C'est un plateau traversé par les chaînes boisées du Taurus et sur lequel s'élève un des points culminants du système taurique, l'Ardschich, qui a 12,000 pieds de hauteur. Le Kisil Irmak (Halys), et son affluent, le Kisil Hissar, sont les principaux fleuves de la Caramanie. Un grand nombre de lacs se trouvent dans les vallées de ce pays, fertile partout où il peut être arrosé, stérile et sans végétation là où il manque d'eau. La population s'élève à un million d'habitants environ. Les principales villes de la Caramanie sont : Konieh, Karaman et Kaisarieh.

CARAMANY, vg. de Fr., Pyrénées-Orientales, arr. de Perpignan, cant. de la Tour-de-France, poste d'Estagel; 490 hab.

CARANGAS, prov. de la rép. de Bolivia, dép. de Charcas; elle est bornée par les provinces de Pacajès, de Paria, de Lipès et de Tarapaca. Le climat de cette province, qui occupe le coin S.-O. du plateau Désaguadéro, est froid; l'agriculture, l'éducation du bétail et l'exploitation de quelques riches mines d'argent font l'occupation des habitants, dont le nombre est évalué à 25,000.

CARANGAS ou CURAHUARA-DE-CARANGAS, v. de la rép. de Bolivia et chef-lieu de la province de même nom; elle a une position très-élevée, sur un plateau des Cordillères occidentales; 3800 hab.

CARANITIS, g. a., dist. de la Grande-Arménie, où, selon Pline, l'Euphrate a sa source.

CARANJA ou ORUN, pet. île à l'E. de Bombay, séparée du continent par un canal étroit. Ses habitants, assez nombreux, font un commerce considérable de sel.

CARANTEC, vg. de Fr., Finistère, arr. et poste de Morlaix, cant. de Taulé; 1230 h.

CARANTILLY, vg. de Fr., Manche, arr. de St.-Lô, cant. de Marigny, poste de la Fosse; 1440 hab.

CARAPEBUS, lac très-poissonneux et tout près de la côte, entre les villes de Rio-Janeiro et Cabo-Frio, prov. de Rio-Janeiro, emp. du Brésil.

CARAPEGUA, b. du dictatorat du Paraguay; il fut fondé en 1725 et compte 4200 h.

CARAPHERIA (Weria), v. de la Turquie d'Europe, Roméilie, sandschak et à l'O. de Salonique, sur le Wiriasou; manufactures de coton, teintureries, commerce; 8000 hab. la plupart Grecs.

CARAPOULA, pet. v. de la rég. d'Alger, Afrique.

CARASSA (Serra do). *Voyez* ESPINHAÇO (Serra do).

CARAVACA, v. d'Espagne, sur la rivière de même nom, roy. et dist. de Murcie; 900 hab.

CARAVAGGIO, *Caravacium*, b. du roy. Lombard-Vénitien, gouv. de Milan, délégation de Bergame, sur la Giera-d'Adda; remarquable par le voisinage du beau temple de la Madonna-di-Caravaggio, visité par un grand nombre de fidèles.

CARAVELLAS, fl. de l'emp. du Brésil, prov. d'Espiritu-Santo, coule de l'O. à l'E. et se jette par une embouchure très-large dans l'Océan Atlantique. Ses rives sont couvertes de superbes forêts.

CARAVELLAS, pet. v. de l'emp. du Brésil, prov. d'Espiritu-Santo, comarque de Porto-Séguro, dans une plaine fertile, à 2 l. de l'embouchure du Rio-Caravellas; agriculture, commerce de farine avec Pernambuco, Bahia et Rio-Janeiro; 4000 hab.

CARAVELLE, pet. île vis-à-vis la Pointe-de-la-Caravelle, côte orientale de l'île de Martinique.

CARAY (Cara), île d'Écosse, archipel des Hébrides, au-dessous de l'île de Gigha et à l'O. de celle de Cantyre, entourée de rochers très-élevés; elle n'est habitée que par quelques familles.

CARAYAC, vg. de Fr., Lot, arr. de Figeac, cant. et poste de Cajarc; 280 hab.

CARAYBAT, ham. de Fr., Arriège, com. de Soula; 280 hab.

CARBAY, vg. de Fr., Maine-et-Loire, arr. de Segré, cant. et poste de Pouancé; 250 hab.

CARBEC-GRESTAIN, vg. de Fr., Eure, arr. de Pont-Audemer, cant. et poste de Beuzeville; 110 hab.

CARBES, vg. de Fr., Tarn, arr. et poste de Castres, cant. de Vielmur; 400 hab.

CARBET, b. avec un bon port, de la côte O. de l'île de Martinique, à l'embouchure de la rivière de même nom et à 3/4 l. S. de St.-Pierre; 1900 hab.

CARBON, b. maritime de l'état d'Alger, Afrique, près de Dellys, entre Alger et Bougie, près du cap de même nom.

CARBONA, b. du roy. des Deux-Siciles, prov. de Basilicate; 2580 hab.

CARBONARA, b. de la Principauté ultérieure, roy. des Deux-Siciles; 3000 hab.

CARBON-BLANC, vg. de Fr., Gironde, arr. et à 2 l. N.-E. de Bordeaux, chef-lieu de canton, poste; fabr. de faïence, laminoirs pour cuivre et plomb; vins excellents; 1900 hab.

CARBONERA-LA-MAYOR, v. d'Espagne, prov. de Ségovie.

CARBONNE, pet. v. de Fr., Haute-Garonne, arr. et à 5 l. S. de Muret, chef-lieu de canton, poste de Noé; commerce de laines et d'huiles; 2285 hab.

CARBONNIÈRE (la), vg. de Fr., Eure, com. de Thiberville; 250 hab.

CARBUCCIA, vg. de Fr., Corse, arr. d'Ajaccio, cant. et poste de Bocognano; 350 h.

CARCAGNY, vg. de Fr., Calvados, arr. de Caen, cant. de Tilly-sur-Seulles, poste de St.-Léger; 560 hab.

CARCAIXENTE, jolie v. d'Espagne, sur le Xuxar, roy. et district de Valence; filat. de soie; grand commerce d'oranges; 6000 hab.

CARCANIÈRES, vg. de Fr., Arriège, arr. de Foix, cant. de Querigut, poste d'Ax; eaux thermales; 240 hab.

CARCANS, vg. de Fr., Gironde, arr. et poste de Lesparre, cant. de St.-Laurent-de-Médoc; 1010 hab.

CARCARÈS, vg. de Fr., Landes, arr. de St.-Sever, cant. et poste de Tartas; 560 h.

CARCASSONNE, *Carcaso*, *Carcasum*, v. de Fr., chef-lieu du département de l'Aude, à 153 l. S. de Paris; siège de tribunaux de première instance et de commerce, d'un évêché suffragant de l'archevêché de Toulouse, de directions des domaines et des contributions, d'un ingénieur en chef des ponts et chaussées et chef-lieu du trente-huitième arrondissement forestier. L'Aude divise Carcassonne en deux parties, qui communiquent entre elles par un beau pont de pierre de dix arches, près duquel se trouvent deux faubourgs considérables. La ville haute, misérable et mal bâtie, sur la rive droite de l'Aude, est entourée d'une double muraille; ella a conservé tout le caractère du moyen âge, avec ses tourelles et ses donjons; elle est habitée par les familles pauvres. La ville basse où neuve, au contraire, est formée de rues larges et bien alignées; elle a de belles promenades, des fontaines élégantes, un beau port sur le canal, plusieurs édifices et établissements remarquables, entre autres la cathédrale, dont on admire surtout les vitreaux; cette église renferme le tombeau de Simon de Montfort; l'hôtel de la préfecture avec un jardin magnifique; de vastes casernes, un collège, une bibliothèque de 20,000 volumes, la bourse, le théâtre, un cabinet d'histoire naturelle, etc. Carcassonne possède aussi une société d'agriculture, des manufactures de draps, renommées depuis plusieurs siècles, des fabriques de couvertures de laine, de molletons, de bas, de toiles, de savon; des tanneries, des papeteries, des clouteries et des distilleries d'eau-de-vie. Les produits de son industrie, les grains, les vins, les fruits et les cuirs sont les principaux articles de son commerce, très-actif et singulièrement favorisé par la situation de cette ville sur un canal, embranchement du canal du Midi, qui passe à 3/4 l. de Carcassonne. A la même distance, on admire le pont-aqueduc, construit en 1810, sur le Fresquel. Foires le 6 mars, mardi après la Pentecôte, 6 août, 10 septembre et 20 novembre; 17,400 hab.

Cette ville est la patrie de Fabre d'Eglantine, député à la convention nationale (né en 1755, mort sur l'échafaud le 5 avril 1794); il était accusé d'avoir reçu 100,000 fr., pour falsifier, en faveur des administrateurs de la Compagnie des Indes, un décret qui excluait ces administrateurs de la liquidation des comptes de cette même Compagnie, et les jacobins l'avaient déjà chassé de leur société, lorsque la convention le décréta d'accusation.

Carcassonne était habitée par les Volces-Tectosages, lorsque les Romains envahirent les Gaules; elle avait déjà de l'importance sous César. Des Romains elle passa aux Visigoths. Au huitième siècle, elle fut conquise par les Sarrasins, qui la conservèrent pendant environ trente-six ans; elle fut alors soumise aux rois de France, par Pépin-le-Bref, qui conquit à cette époque toute la Septimanie. Cette ville fut plusieurs fois prise et saccagée pendant la guerre des Albigeois, auxquels Louis VIII l'enleva en 1226. Enfin, en 1247, Raimond de Trencavel, le dernier comte de Carcassonne, céda tout le comté à Louis IX.

CARCAVELOS, b. du Portugal, prov. d'Estramadure, dist. de Torresvedras. On y récolte le meilleur vin blanc de la province.

CARCELEN, b. d'Espagne, roy. et dist. de Murcie; 2000 hab.

CARCEN, vg. de Fr., Landes, arr. de St.-Sever, cant. et poste de Tartas; mine abondante de fer en grains; 480 hab.

CARCENAC-PEYRALÈS, vg. de Fr., Aveyron, arr. de Rhodez, cant. de Cassagnes-Bégonhès, poste de Sauveterre; 490 hab.

CARCÈS, b. de Fr., Var, arr. et poste de Brignolles, cant. de Cotignac; tanneries et fabr. de soieries; 2220 hab.

CARCHETO, vg. de Fr. Corse, arr. et poste de Corte, cant. de Piedicroce; 320 h.

CARCOPINO, vg. de Fr., Corse, com. de Sarrola-et-Carcopino; 550 hab.

CARCORA, b. et cap dans l'état de Tripoli, Afrique; désert de Barca, sur la côte orient. du golfe de Sydra (Grande-Syrte). Lat. N. 11° 17' 6".

CARDAILLAC, b. de Fr., Lot, arr. de Figeac, cant. et poste de la Capelle-Marival; 1300 hab.

CARDAN, vg. de Fr., Gironde, arr. de Bordeaux, cant. et poste de Cadillac; 290 h.

CARDASSI, b. commerçant de la Basse-Égypte, Afrique, au N.-O. du Caire.

CARDEILHAC, vg. de Fr., Haute-Garonne, arr. de St.-Gaudens, cant. et poste de Boulogne; 680 hab.

CARDESSE, vg. de Fr., Basses-Pyrénées, arr., cant. et poste d'Oloron; 590 hab.

CARDET, vg. de Fr., Gard, arr. d'Alais, cant. et poste de Ledignan; 440 hab.

CARDIFF, pet. v. d'Angleterre, comté de Glamorgan; importante par son port où l'on embarque tous les ans environ 30,000 caisses de fer-blanc, provenant de la fabrique de Melyn Griffin, et plus de 100,000 tonneaux de fer ouvré des forges de Merthyr Tydvil;

chemin de fer de Cardiff à Merthyr Tydvil; 6000 hab.

CARDINALE, b. du roy. de Naples, prov. de la Calabre ultérieure IIe; fabr. de draps; 2400 hab.

CARDIGAN, comté d'Angleterre, prov. maritime, borné par la mer d'Irlande, les comtés de Montgomery, de Radnord, de Brecknock, de Cærmarthen et de Pembroke. Sa superficie est de 31 1/2 l. c. géogr., et sa population de 60,000 habitants. Le pays est montagneux, surtout au N. et à l'E. Le Tivy en est le fleuve principal. Le climat rude est en général assez sain. Les productions sont : de l'orge, de l'avoine, du bois, des bêtes à cornes, des brebis, des poissons de rivière et de mer, de l'argent, du plomb, du cuivre, du fer, des pierres de construction, de la chaux et de l'ardoise; la houille manque. L'agriculture, à laquelle on se livre dans les plaines du S., n'est pas dans un état très-florissant; le sol de la côte surtout est très-négligé. L'éducation du bétail fait la principale ressource des habitants du N., ceux de la côte s'adonnent à la pêche. L'industrie se réduit à la fabrication de flanelles et de bas de laine. On exporte des bêtes à cornes, des porcs, du beurre salé, de l'orge, de l'avoine, des flanelles et des bas de laine. Le comté fait partie du diocèse de St.-Davids, nomme deux députés au parlement et se divise en cinq districts.

CARDIGAN, *Ceretica*, pet. v. d'Angleterre, chef-lieu du comté de ce nom; elle est située à proximité de l'embouchure du Tivy et importante par son commerce florissant et par sa nombreuse marine marchande qui compte 12,300 tonneaux et occupe plus de 1000 marins. Société pour l'encouragement de la culture et le perfectionnement de la langue galloise. Bataille en 1136 entre les Anglais et les Gallois; 3000 hab.

CARDIGAN, île d'Angleterre, comté de Cardigan, située à l'embouchure du Tivy.

CARDIGAN (baie de), baie d'Angleterre, dans le comté de même nom, longue de 4 l., entre les comtés de Carnarvon et de Pembroke.

CARDITO, v. du roy. des Deux-Siciles, intendance Terra-di-Lavoro; 3500 hab.

CARDO, vg. de Fr., Corse, arr. et poste de Bastia, cant. de San-Martino-di-Lota; 200 hab.

CARDON ou **RÉALÉJO**, baie très-étendue au S. de l'état de Nicaragua, États-Unis de l'Amérique centrale. Cette baie offre le meilleur et le plus beau port de l'état de Guatémala. A son entrée s'étend l'île de Cardon, couverte de plusieurs forts pour défendre le port et la ville.

CARDONA, *Cordona*, pet. v. d'Espagne, principauté de Catalogne, à 4 l. de Solsona, sur le Cardonero; elle a trois hôpitaux et 3000 habitants qui fabriquent des étoffes de soie et de la coutellerie. Tout près se trouve un rocher de 45 pieds de hauteur, tout com-

posé de sel gemme que l'on exploite comme une carrière et qui semble inépuisable. On en fabrique des statues, des colliers, des chapelets et d'autres objets d'ornement. Les environs possèdent des sources salines.

CARDONNETTE, vg. de Fr., Somme, arr. et poste d'Amiens, cant. de Villers-Bocage; 420 hab.

CARDONNOIS (le), vg. de Fr., Somme, arr., cant. et poste de Montdidier; 130 hab.

CARDONVILLE, vg. de Fr., Calvados, arr. de Bayeux, cant. et poste d'Isigny; 160 hab.

CARDROC, vg. de Fr., Ille-et-Vilaine, arr. de Montfort-sur-Meu, cant. et poste de Bechrel; 950 hab.

CARDROS, pet. v. d'Écosse, comté de Dumbarton; manufactures de coton. Patrie du poëte Smollet (1720—1771); 3000 hab.

CAREAU-D'ÉCOULLEVILLE (le), ham. de Fr., Seine-Inférieure, com. de St.-Laurent-de-Brèvedent; 250 hab.

CAREGLIO, v. des états sardes, intendance générale de Cuneo; 5200 hab.

CAREIL, vg. de Fr., Loire-Inférieure, com. de Guérande; 400 hab.

CAREL, ham. de Fr., Calvados, arr. de Lisieux, cant. et poste de St.-Pierre-sur-Dives; 130 hab.

CARELLES, vg. de Fr., Mayenne, arr. de Mayenne, cant. et poste de Gorron; 850 hab.

CARENAGE ou **PORT-CASTRIES**, capitale de l'île de Ste.-Lucie, une des Petites-Antilles, possession anglaise. Cette ville, résidence du gouverneur, est bien bâtie et importante par son beau port et son commerce. Le fort Morne-Fortuné, sur un rocher très-élevé, défend la ville et le port; 5000 hab.

CARENAGE, b. avec un bon port de guerre dans l'île de Trinidad, Petites-Antilles, possession anglaise. Il est situé entre le Port-d'Espagne et le cap Monos.

CARENCY, vg. de Fr., Pas-de-Calais, arr. et poste d'Arras, cant. de Vimy; 460 hab.

CARENERO. *Voyez* JAMES (île).

CARENNAC, b. de Fr., Lot, arr. et à 8 l. N.-E. de Gourdon, cant. de Veyrac, poste de Martel. On remarque dans cette commune de vastes bâtiments d'un ancien monastère, dont l'illustre Fénélon fut abbé avant sa nomination à l'archevêché de Cambrai. Une île, formée par la Dordogne, en face de l'abbaye, porte le nom d'île de Calypso. Les étrangers visitent dans le monastère une petite pièce qu'on nomme le cabinet de Fénélon; 1100 hab.

CARENTAN, pet. v. de Fr., Manche, arr. et à 6 l. N.-N.-O. de St.-Lô, chef-lieu de canton et poste; elle est située dans une contrée marécageuse, sur la rive gauche de la Taute qui forme dans la ville un petit port, où de grosses barques peuvent remonter avec la marée; elle a de vieilles fortifications à demi ruinées et un château flanqué de plusieurs tours; des fabr. de toiles de coton et de dentelles. On y fait commerce de chevaux, de bétail, de grains et de cidre; 2800 hab.

CARENTOIR, pet. v. de Fr., Morbihan, arr. et à 13 l. N.-E. de Vannes, chef-lieu de canton et poste; 5460 hab.

CARESBROOK-CASTLE, château fort d'Angleterre, comté de Southampton, au S.-O. de Newport, dans l'île de Wight. C'était la prison du roi Charles Ier et de ses enfants; il n'en existe plus que des ruines.

CARESTIEMBLE, vg. de Fr., Côtes-du-Nord, communes de St.-Brandan et Lanfains; 480 hab.

CARET (à), pet. île sur un banc de sable, d'une lieue de longueur, dans le Grand-Cul-de-Sac, entre l'île de la Guadeloupe proprement dite et la Grande-Terre.

CARFANTIN, vg. de Fr., Ille-et-Vilaine, com. de Dol; 680 hab.

CARGESE, pet. v. de Fr., Corse, arr. et à 6 l. N. d'Ajaccio, cant. de Piana, poste de Vico; elle est située sur la côte, dans le golfe de Sagone et habitée par des Grecs qui accompagnèrent dans leur fuite les descendants d'Étienne Comnène, fils d'Alexis Ier, empereur d'Orient, et vinrent s'y établir, il y a moins de deux siècles. On exploite de beaux granits dans les environs; 700 hab.

CARGIACA, vg. de Fr., Corse, arr. et poste de Sartène, com. de Ste.-Lucie; 250 hab.

CARGUAIRAZO, volcan et un des points culminants de la chaîne des Andes colombiennes, rép. et dép. de l'Ecuador. Il s'élève à la hauteur de 4900 mètres.

CARHAIX, pet. v. de Fr., Finistère, arr. et à 9 l. E.-N.-E. de Châteaulin, chef-lieu de canton et poste; elle est située sur la petite rivière d'Illiers et fait un grand commerce en toiles et draperies. Patrie de Théophile Malo Corret la Tour d'Auvergne (1743—1800), une des plus modestes illustrations de la république française; 2000 hab.

CARHAM, vg. d'Angleterre, comté de Northumberland; célèbre dans l'histoire de ce royaume par trois batailles qui y furent livrées.

CARIACO ou **SAN-FELIPE-DE-AUSTRIA**, v. de la rép. de Vénézuela, dép. de Maturin, prov. de Cumana, dans une très-belle plaine; elle est importante par son port, les produits de son agriculture, qui consiste particulièrement en coton, sucre, cacao, et par son commerce; 7000 hab.

CARIACO (Bahia de), belle et vaste baie sur la côte N.-E. de la rép. de Vénézuela, dép. de Maturin. Elle s'étend sur une longueur de 18 l. et de 2 l. de large et renferme plusieurs bons ports. Une chaîne de montagnes, qui s'élève en amphithéâtre autour de cette baie, la protège contre tous les vents, excepté contre celui du N.-E.

CARIACOU, la plus grande île du groupe des Grenadilles, Petites-Antilles, possession anglaise. Elle renferme de hautes montagnes,

est partout bien cultivée et couverte de riches plantations de coton, de vertes collines et de belles maisons. Sa population est de 5800 âmes. Hillsborough, bourg sur un marais et dans une contrée très-malsaine, est le chef-lieu de l'île.

CARIATI, v. épiscopale du roy. des Deux-Siciles, Calabre citérieure; 2200 hab.

CARIBE ou **RIO-CARIBE**, v. de la rép. de Vénézuela, dép. de Maturin, prov. de Cumana, dans la vallée délicieuse de Caribe, à 6 l. de Carupano et non loin du cap des Trois-Pointes; culture du cacao, du maïs et de la vigne; 4500 hab.

CARIBÉRIS. *Voyez* TOPAJONIA.

CARIE, g. a., contrée au S.-O. de l'Asie Mineure, était bornée à l'E. par la Phrygie et la Lycie, au N. par l'Ionie, à l'O. par la mer Egée et au S. par la Méditerranée; aujourd'hui Alidinella.

CARIGNAN, pet. v. de Fr., Ardennes, arr. et à 5 l. S.-E. de Sedan, chef-lieu de canton et poste; elle est située sur le Chiersa; une seule rue très-longue et assez large forme la presque totalité de la ville; elle a d'assez belles maisons et une fabrique de fer-blanc. On y fait commerce de grains. Cette ville, autrefois fortifiée, se nommait Ivroi et faisait partie du Luxembourg français. Louis XIV en ayant fait don au comte de Soissons de la maison de Savoie, elle reçut alors le nom de Carignan; 1390 hab.

CARIGNAN, vg. de Fr., Gironde, arr. et poste de Bordeaux, cant. de Créon; 610 h.

CARIGNANO, *Carinianum*, v. des états sardes, sur la rive gauche du Pô, intendance générale de Turin; une branche de la maison de Savoie porte le nom de cette ville où elle a possédé un château; 7300 hab.

CARIMATA ou **COREMATA**, pet. île déserte à l'O. de Bornéo. Elle donne son nom au canal qui sépare Bornéo de l'île de Billiton.

CARINENA, b. d'Espagne, roy. d'Aragon, dist. de Saragosse; on y récolte de bon vin rouge; 2100 hab.

CARINI, v. de Sicile, intendance de Palerme, au fond d'un petit golfe formé par la mer Tyrrhénienne; pêche; 7000 hab.

CARINTHIE, ancienne prov. du roy. d'Illyrie, forme avec celle de Carniole le gouvernement de Laibach.

CARIOCOS, gr. lac de l'emp. du Brésil, prov. de Para, au S. du Maranhon.

CARIOTH-ARBE. *Voyez* KALIL.

CARISEY, vg. de Fr., Yonne, arr. de Tonnerre, cant. et poste de Flogny; 470 h.

CARISIEU, vg. de Fr., Isère, arr. de la Tour-du-Pin, cant. et poste de Crémieu; 160 hab.

CARISSENO ou **CORANZA**, pet. roy. dans la Haute-Guinée, Afrique, faisant partie de l'emp. d'Achanti, à l'E. des royaumes de Soko et de Takima; on dit que ses habitants sont plus civilisés que les Achantis. La ville capitale de même nom est située à 30 l. N.-N.-E. de Coumassie.

CARISTO, pet. v. de l'île grecque de Négrepont, est remarquable par son voisinage de la haute montagne de St.-Elie, d'où les anciens retiraient un très-beau marbre; elle est bien fortifiée.

CARITÈNE, v. de la Grèce, dans l'Arcadie, chef-lieu de l'eptarchie de Gortyna. C'est dans cette petite ville, qui comptait 3000 âmes, que commença la révolution de Morée; Ibrahim la brûla trois fois, et aujourd'hui elle n'a plus que 6 à 700 hab.

CARIY, b. du dictatorat de Paraguay, fondé en 1770; 1100 hab.

CARIZAL, fort sur la frontière orientale de l'état de Chihuahua, confédération mexicaine.

CARLA (le), vg. de Fr., Aude, com. d'Orsans; 350 hab.

CARLA-DE-ROQUEFORT (le), vg. de Fr., Arriège, arr. de Foix, cant. et poste de Lavelanet; patrie de Bayle, célèbre philosophe (1647 - 1706); 400 hab.

CARLA-LE-COMTE, pet. v. de Fr., Arriège, arr. de Pamiers, cant. du Fossat, poste du Mas-d'Azil; 1840 hab.

CARLARET (le), vg. de Fr., Arriège, arr. cant. et poste de Pamiers; 210 hab.

CARLAT, b. de Fr., Cantal, arr. d'Aurillac, cant. et poste de Vic-sur-Cère; 930 h.

CARLENCAS, vg. de Fr., Hérault, arr. de Beziers, cant. et poste de Bédarieux; 140 h.

CARLENTINI, v. de Sicile, intendance de Catane; l'air y est si malsain que beaucoup d'habitants la quittent; 2100 hab.

CARLEPONT, vg. de Fr., Oise, arr. de Compiègne, cant. et poste de Ribecourt; fabr. d'étoffes de coton et filatures de coton; grande récolte de chanvre; 1780 hab.

CARLET, pet. v. d'Espagne, roy. de Valence, gouv. d'Alcira; 4500 hab.

CARLI ou **KARLI**, pet. vg. dans le Djounir ou Sounur (Aurungabad), à 3 l. de Loghur. Il est remarquable par les grottes taillées dans une colline couverte d'arbres et de broussailles. Ces excavations sont liées entre elles. La grotte principale est située à l'O.; elle renferme un temple voûté, supporté par des piliers et orné d'un grand nombre de sculptures et d'inscriptions; M. Erskine le croit boudhiste. Une colonne haute de 24 pieds et une pagode se trouvent près de son entrée.

CARLING, vg. de Fr., Moselle, com. de l'Hôpital; 420 hab.

CARLINGFORD, *Buvindum*, pet. v. d'Irlande, comté de Louth, sur la baie de ce nom. Elle a un port d'où l'on exporte du beurre de Tyrone, de la toile et d'excellentes huîtres; 4000 hab.

CARLIPA, vg. de Fr., Aude, arr., cant. et poste de Castelnaudary; 640 hab.

CARLISLE ou **OLD-READ** (baie de), à la pointe S.-O. de l'île d'Antigua, une des îles Leeward, Petites-Antilles, possession anglaise. C'est sur cette baie que fut fondé le premier établissement dans cette île.

CARLISLE, pet. v. des Etats-Unis de l'Amérique du Nord, état de Pensylvanie, comté de Cumberland, dont elle est le chef-lieu. Elle est très-régulièrement bâtie et renferme six églises de différents cultes, un collége universitaire, avec une bibliothèque, plusieurs fabriques et une manufacture d'armes à feu; commerce; 4300 hab.

CARLISLE. *Voyez* NICHOLAS (comté).

CARLISLE, b. des États-Unis de l'Amérique du Nord, état de New-York, comté de Scoharie; agriculture; 2200 hab.

CARLISLE, fort d'Irlande, comté de Cork; c'est l'un des deux forts qui défendent le port de Cork.

CARLISLE, *Carleolum*, v. fortifiée d'Angleterre, chef-lieu du comté de Cumberland, sur l'Edon; siége d'un évêque, nomme deux députés au parlement. C'est une jolie ville remarquable par son ancienneté. Ses principaux édifices sont: une belle cathédrale, le palais de justice, la prison et l'arsenal. Carlisle a de nombreuses manufactures de coton, de mousselines, de chapeaux, de toile, de savon, de fouets, d'hameçons et de cuir. Dans ses environs on trouve quelques vestiges d'antiquités romaines, la muraille élevée par Adrien et un beau monument druidique; 2000 hab.

CARLOFORTE, b. des états sardes, île de St.-Pierre; salines; port; 2500 hab.

CARLOPOLI, b. du roy. de Naples, prov. de la Calabre ultérieure IIe; vers à soie; 2000 hab.

CARLOS (San-), pet. forteresse des États-Unis de l'Amérique centrale, état de Nicaragua, dist. de Matagalpa, sur le Rio-San-Juan, qu'elle domine; elle a une garnison de 100 hommes.

CARLOS (San-) ou ILEIGNES, b. régulièrement bâti, dans l'île d'Haïti, dép. du Sud-Est, à 1 l. N. de San-Domingo; 2500 hab.

CARLOS (San-), dép. de la rép. orientale de l'Uruguay.

CARLOS (San-), v. de la rép. orientale de l'Uruguay, capitale du dép. de San-Carlos, dans l'intérieur de l'état; 2200 hab.

CARLOS (San-), fort dans l'île de Paxara, à l'extrémité du lac de Maracaybo, prov. de ce nom, dép. de Zulia, rép. de Vénézuela.

CARLOS (San-), v. de la rép. de Vénézuela, dép. de Vénézuela, prov. de Carabobo, à 36 l. de Caracas et à 15 l. du lac Tacargua, dans une contrée riche en belles prairies; industrie, culture d'indigo, de café et de coton; commerce; 5000 hab., d'après Lavaissé (1807), selon d'autres 15,000.

CARLOS (San-), v. de la rép. du Chili, prov. de Chiloë et sur la côte N. de l'île de ce nom, dans une plaine très-inégale. La ville est mal bâtie, cependant elle est très-importante par son port bien défendu et un des meilleurs de l'état, et son commerce très-étendu; 3800 hab.

CARLOS (San-), pet. v. de l'emp. du Brésil, prov. de San-Paolo, comarque d'Itu, à 1 l. du Rio-Tibaya, à 9 l. de Hytu, sur la route de Jundiahy à Mugy-Mirim. Elle fut fondée en 1797 et porta d'abord le nom de Campinas. Son district, bien arrosé et boisé, est fertile en blé, maïs, légumes, cannes à sucre, etc.; 5000 hab.

CARLOS (Sierra de San-). *Voyez* PERENE (Sierra del Rio-).

CARLOS-DE-CERRO-GORDO (San-). *Voyez* CERRO-GORDO.

CARLOS-DEL-MONTEREY (San-). *Voyez* MONTEREY.

CARLOS-DE-MATANZAS (San-). *Voyez* MATANZAS.

CARLOS-DE-PEROTE (San-). *Voyez* PEROTE.

CARLOS-DE-VALLACILLO (San-). *Voyez* TLASCALA.

CARLOW, comté d'Irlande, borné par les comtés de Kildare, de Wicklow, de Wexford, de Kilkenny et de Queens; superficie 13 l. c. géogr.; population 80,000 âmes. Le pays est plat et très-fertile et présente d'excellents pâturages, arrosés par le Barrow et le Slaney. Le climat est tempéré et sain. L'agriculture et l'éducation du bétail font la principale occupation des habitants; le sol fournit les mêmes productions que le reste de l'Irlande, principalement du froment et de l'orge; le beurre de Carlow est le meilleur de l'Irlande. Ses deux fleuves abondent en anguilles, brochets, perches et carpes, et les collines situées à l'E. du Barrow fournissent une immense quantité de pierres à chaux. On exporte de la farine, du bétail, du beurre, du fromage, de la laine, du suif, des peaux et de la chaux. Ce comté est divisé en cinq baronies.

CARLOW, *Caterlogum*, v. d'Irlande, chef-lieu du comté de ce nom, sur le Barrow, dans un site charmant, résidence de l'évêque catholique de Kildare-et-Leighlin; son séminaire théologique est un des principaux de l'Irlande; belle cathédrale; fabrication d'étoffes de laine et commerce très-considérable en houille; château ruiné. Carlow nomme un député au parlement; 10,000 h.

CARLSBAD (Wary), pet. v. de Bohême, cer. d'Ellenbogen, sur le Tepl, encaissée dans de hautes montagnes; elle est renommée par ses bains bien fréquentés; on y fabrique des ouvrages en acier et de la quincaillerie très-estimée. Monument de lord Findlater; 2500 hab.

CARLSCRONA, v. du roy. de Suède, chef-lieu du gouvernement de Blekinge; possède un beau port, où la flotte stationne ordinairement, et des chantiers de marine; bâtie sur plusieurs îlots, elle est protégée par des fortifications en quelque sorte imprenables, et en particulier par une citadelle extrèmement remarquable. Elle a en outre une école de marine et un arsenal; 12,000 hab.

CARLSROUHE ou **KARLSROUHE**, capitale du grand-duché de Bade, située dans une grande plaine du cer. du Rhin-Moyen, à 1 1/2 l. du fleuve et tout près de la forêt du Hart; est une ville moderne, belle, bâtie en forme d'éventail et dont toutes les rues aboutissent au château grand-ducal. On remarque les portes d'Ettlingen et de Durlach pour leur architecture, la nouvelle église évangélique, la nouvelle église catholique, avec sa coupole élevée et son orgue, et une synagogue bâtie dans le genre oriental; et parmi les neuf places, la place du Château et la nouvelle place du Marché, ornée de la statue de Charles, margrave de Bade, fondateur de la ville. Les édifices les plus remarquables, outre les églises, sont : le château grand-ducal, d'une architecture simple et auquel sont attachés de beaux jardins, un cabinet de médailles et d'histoire naturelle, et une bibliothèque de 80,000 volumes; le nouvel hôtel de la monnaie, le bâtiment du musée et celui de l'académie, le théâtre de la cour et l'arsenal. Autour de la ville se trouvent plusieurs jardins de plaisance, parmi lesquels nous citerons celui de la margrave Amélie, appelé Amaliens-Ruhe, et ceux de Ludwigslust. Les plus belles promenades sont celles de l'Augarten, de Beiertheim et de l'Alléehaus. C'est une ville industrieuse, qui renferme plusieurs fabriques. Mais ce qui lui donne surtout de l'importance, ce sont ses établissements littéraires et scientifiques : le lycée, l'école polytechnique, fondée en 1825, l'école militaire, l'institut des sourds-muets, l'école royale, l'école vétérinaire, l'école de chirurgie, la société centrale d'économie rurale, celle des arts et de l'industrie, la bibliothèque publique, le médailler, la galerie de tableaux et de gravures, le jardin botanique, etc.; la population de Carlsrouhe s'élève à plus de 20,000 hab., parmi lesquels environ 13,000 protestants, 6000 catholiques et le reste juifs.

CARLSROUHE, b. de Prusse, rég. et cer. d'Oppeln; 1700 hab.

CARLTOWN. *Voyez* ABACO.

CARLUCET, vg. de Fr., Lot, arr. de Gourdon, cant. et poste de Gramat; 930 h.

CARLUS, vg. de Fr., Tarn, arr., cant. et poste d'Albi; 620 hab.

CARLUX, vg. de Fr., Dordogne, arr. à 2 1/2 l. E. et poste de Sarlat, chef-lieu de canton; 980 hab.

CARLY, vg. de Fr., Pas-de-Calais, arr. de Boulogne-sur-Mer, cant. et poste de Samer; 250 hab.

CARMAGNOLA, *Carmaniola*, b. des états sardes, intendance générale de Turin, fait un grand commerce de soie; 1200 hab.

CARMANIA, g. a., prov. de Perse, bornée à l'E. par la Gédrosie et l'Ararchosie, au N. par le Paractacene, à l'O. par la Perse et au S. par le golfe Persique et la mer des Indes; elle était divisée en Carmanie Déserte et en

Carmanie Propre et forme la province perse actuelle de Kerman.

CARMEL (mont). Cette montagne, célèbre dans les annales de la religion par le séjour qu'y ont fait les prophètes Elie et Elisée, et par celui de nombreux chrétiens qui, dans le moyen âge, vivaient dans les grottes dont elle est percée, est située tout près de St.-Jean-d'Acre, en Syrie, et dépend de la chaîne du Liban. Sa hauteur est de 680 mètres. Le couvent du mont Carmel est aujourd'hui le plus beau de toute la Terre-Sainte. L'ancien couvent avait été détruit en 1821, sous un vain prétexte, par Abdallah-Pacha; des quêtes ont été faites dans toute l'Europe pour élever le couvent actuel. Il est bâti sur un cap avancé et domine la mer à une assez grande hauteur. Il est vaste, très-bien construit et disposé pour la défense. L'église est bâtie sur la grotte qui servait d'asile au prophète Elie.

CARMEL, pet. v. des États-Unis de l'Amérique du Nord, état de New-York, comté de Putnam, dont elle est le chef-lieu, sur le Hudson; industrie; 2900 hab.

CARMELO (Sierras del), chaîne de montagnes dans la presqu'île de la Nouvelle-Californie, états mexicains; cette chaîne se détache de la crête centrale, traverse toute la partie méridionale de la presqu'île et se termine au cap San-Lucas.

CARMEN (Isla-del-), île grande et habitée à l'entrée de la Laguna-das-Terminas, sur la côte O. de l'état d'Yucatan, états mexicains.

CARMEN (El-). *Voyez* CONDOROMA.

CARMICHAËL, paroisse d'Écosse, comté de Lanark, possède des mines de houille et des carrières de pierres à chaux très-riches; 1000 hab.

CARMIER (le), ham. de Fr., Sarthe, com. d'Écommoy; 270 hab.

CARMO (Ribeirao-do-). *Voyez* DOCE (Rio-).

CARMONA, *Carmene*, v. d'Espagne, prov. d'Andalousie, roy. et à 7 l. de Séville, située sur une colline baignée par le Carbonos. Cette ville est très-vieille et possède cinq hôpitaux; fabr. d'huiles; 12,700 hab.

CARNABAT ou KARINABAD, pet. v. de Turquie, eyalet de Silistrie, située dans les défilés du Balkan; est importante par sa position sur la route d'Andrinople.

CARNAC, ham. de Fr., Lot, com. de Rouffiac; 200 hab.

CARNAC, vg. de Fr., Morbihan, arr. et à 6 l. S.-E. de Lorient, cant. de Quiberon, poste d'Auray. Ce village doit sa célébrité aux monuments druidiques que l'on voit dans ses environs. Un espace d'environ 3 kilomètres de longueur sur 95 mètres de large est couvert de pierres brutes au nombre de plus de 4000; ce sont des rochers isolés de 20 pieds de hauteur, rangés sur onze lignes parallèles, qui forment des allées perpendiculaires à la côte. On ignore encore à quelle époque et dans quel but ces pierres ont été élevées. La commune de Carnac a une population de 3060 habitants, qui sont disséminés dans plusieurs villages ou hameaux des environs.

CARNARVON, comté d'Angleterre, prov. maritime. Il est borné par les comtés de Denbigh, de Merioneth et la mer d'Irlande et séparé de l'île d'Anglesey par le canal de Menai. Le pays est très-montagneux. Le Snowdon, point culminant des montagnes septentrionales de la principauté de Galles, a 3568 pieds de haut. Les vallées sont généralement très-sauvages; celle du Conway est la plus belle et la plus fertile. Le climat est pur et sain, mais très-froid et la côte exposée à de fréquentes tempêtes. Ce comté produit du bois, des pommes de terre, de l'orge, de l'avoine, du gibier, de la volaille sauvage, des oiseaux de mer, des poissons, du cuivre, du plomb, de l'ardoise, de l'ocre et des pierres à aiguiser. Ses habitants sont généralement pasteurs. Sur la côte on se livre à la pêche du hareng, des homards et des huîtres et l'on fait la chasse aux oiseaux de mer. On exporte de l'avoine, de l'orge, du beurre, du fromage, des bêtes à cornes, de l'ardoise, des harengs et des huîtres. Le comté fait partie du diocèse de Bangor, nomme deux députés au parlement et est divisé en sept districts; il a une superficie de 23 l. c. géogr. et une pop. de 50,000 âmes.

CARNARVON, *Segontium*, v. fortifiée d'Angleterre, chef-lieu du comté de ce nom, sur le détroit de Ménui, non loin de l'embouchure du Séjant; elle est importante par son port et son commerce en cuivre et ardoises, flanelles et bas. Château fort où naquit Édouard II; 7000 hab.

CARNAS, vg. de Fr., Gard, arr. du Vigan, cant. de Quissac, poste de Sauve; 360 hab.

CARNATIC ou KARNATIK. Les Européens donnent ce nom à une grande province de la presqu'île de l'Inde, qui s'étend sur la côte de Coromandel, entre le 7° 56′ et le 15° 40′ lat. N., sur une largeur moyenne de 55 l. Elle est bornée au N. par les Circars du Nord, à l'E. par le golfe du Bengale, au S. par la mer des Indes, à l'O. par Travancore, la principauté de Cochin, le Coïmbatour, le Salem et le Balaghât. Sa population est d'environ 5 millions d'habitants. La religion dominante est le brahmanisme; les musulmans y sont peu nombreux. Les principaux fleuves du Carnatic sont le Kavéry, le Panaour, le Palaour et le Vaïgarou, qui tous prennent leur source dans le plateau au-dessus des Ghâtes. Le climat de cette province est extrêmement chaud, le sol généralement médiocre. Aux mois de mai, de juin et de juillet, il survient ordinairement de grandes averses qui rafraîchissent l'air et favorisent la culture des grains. Dans les districts qui ne sont pas traversés par de grands fleuves, on recueille l'eau de pluie dans de grands bassins creusés au milieu des champs, pour pourvoir à l'irrigation. Le Carnatic est divisé actuellement dans les districts suivants : Madras, Tchinglepet ou Chingleput, Nellore, l'Arcot septentrional et l'Arcot méridional, Taudjore, Tricthinapoli, Madoura, Chevâganga et Tinevelly. Les districts français de Pondichéry et de Karikal sont également situés dans le Carnatic, qui renferme une foule de villes considérables dont les principales sont les chefs-lieux des districts auxquels elles ont donné leur nom. Cette province renferme une grande quantité de vastes temples ou pagodes chargés de sculptures, bâtis presque tous sur le même modèle, ainsi que d'anciennes forteresses, qui la plupart tombent en ruines. Dans les villes, dans les villages, le long des grandes routes on trouve une espèce d'hôtelleries, appelées tchoultris ou tchavadis; un brahmane qui y réside donne l'hospitalité aux voyageurs. Les Indiens appelaient anciennement Carnata le vaste plateau situé entre les côtes de Malabar et de Coromandel et borné de trois côtés par les Ghâtes; il formait un puissant royaume gouverné par les princes Belalas. Dans les temps modernes on donna le nom de Carnatic au pays situé au-dessous des Ghâtes; l'ancien Carnatic fut distingué par le nom de Bala-Ghâtes, c'est-à-dire au-dessus des Ghâtes. Les princes musulmans du Dekkan envahirent le Carnatic dans le courant du dix-septième siècle. De longues et sanglantes dissensions eurent lieu pendant le dix-huitième siècle, envenimées par l'intervention des Anglais et des Français. En 1801, 1803 et 1810, les différentes parties du Carnatic devinrent successivement possessions immédiates de la Compagnie des Indes.

CARNÉ (Saint-), vg. de Fr., Côtes-du-Nord, arr., cant. et poste de Dinan; 770 hab.

CARNEILLE, b. de Fr., Orne, arr. de Domfront, cant. et poste d'Athis; 1500 hab.

CARNEL, ham. de Fr., Morbihan, com. de Lorient; 280 hab.

CARNET, vg. de Fr., Manche, arr. d'Avranches, cant. et poste de St.-James; 1220 h.; fabr. de toiles dites de St.-Georges.

CARNETIN, vg. de Fr., Seine-et-Marne, arr. de Meaux, cant. et poste de Claye; 230 hab.

CARNEVILLE, vg. de Fr., Manche, arr. de Cherbourg, cant. et poste de St.-Pierre-Eglise; 590 hab.

CARNIÈRE, vg. du roy. de Belgique, prov. de Hainaut, dist. de Charleroi; fabr. renommée de fer battu, sur la riv. de Haine; mines de houille; 1500 hab.

CARNIÈRES, vg. de Fr., Nord, arr. à 2 l. et poste de Cambrai, chef-lieu de canton; fabr. de linon; mine de houille; 1340 hab.

CARNIKOBAR, une des îles de l'archipel de Nikobar, élevée de quelques pieds seulement au-dessus du niveau de la mer. Elle est fertile et renferme un grand nombre de caïmans. Les naturels savent presque tous un peu d'anglais.

CARNIN, vg. de Fr., Nord, arr. de Lille, cant. et poste de Seclin; 430 hab.

CARNIOLE ou CRAIN, ancienne prov. du royaume d'Illyrie, forme, avec celle de Carinthie, le gouvernement de Laibach.

CARNŒT, b. de Fr., Côtes-du-Nord, arr. de Guingamp, cant. et poste de Callac; 1840 hab.

CARNOUL ou KARNOUL, v. de l'Inde anglaise, près de Madras, distr. de Bellary, sur la Tombudra; 4000 hab.

CARNOULES, vg. de Fr., Var, arr. de Toulon, cant. de Cuers, poste de Pignans; 970 hab.

CARNOY, vg. de Fr., Somme, arr. et poste de Péronne, cant. de Combles; 160 h.

CARNSORE, cap d'Irlande, comté de Dexford.

CARNWATH, paroisse d'Écosse, comté de Lanark, sur le lac du même nom; mines de houille et de fer et gîtes d'argile. Dans le voisinage se trouve la grande forge de Wilsontown; 3000 hab.

CARO, b. de Fr., Morbihan, arr. de Ploërmel, cant. et poste de Malestroit; 1600 hab.

CARO, vg. de Fr., Basses-Pyrénées, arr. de Mauléon, cant. et poste de St.-Jean-Pied-de-Port; 270 hab.

CAROL (la tour de). *Voyez* VALLÉE-DE-CAROL.

CAROLATH, pet. v. de Prusse sur la rive droite de l'Oder, possession et résidence du prince de Carolath-Deuthen-Schœnaich, rég. de Liegnitz, cerc. de Freistadt.

CAROLINA, v. d'Espagne, prov. de Jaen, Andalousie, à 9 l. d'Andujar; elle est le chef-lieu d'une colonie fondée dans la Sierra-Moréna, en 1767, par le comte Olivares. La ville est bâtie régulièrement et possède des fabriques de toiles et de draps; 2100 hab.

CAROLINE, comté de l'état de Maryland, États-Unis de l'Amérique du Nord; il est borné par l'état de Delaware et par les comtés de Queen-Anns, de Dorchester et de Talbot. C'est un pays plat, mais marécageux et malsain, traversé par une foule de petites rivières et couvert de vastes forêts; culture du blé et du tabac; 16 l. c. géogr.; 12,000 h.

CAROLINE, comté de l'état de Virginie, États-Unis de l'Amérique du Nord; il est borné par les comtés de Stafford, de King-George, d'Essex, de King, de Queen, de King-William, d'Hanovre et de Spotssylvania. Le Rappahanoc, le North-Ann et le Mattapony sont les principaux fleuves de ce pays généralement fertile. Chef-lieu Bowling-Green; 21,000 hab.

CAROLINE DU NORD, état faisant partie de la confédération des États-Unis de l'Amérique du Nord. Il est borné au N. par l'état de Virginie, à l'E. par l'Océan Atlantique, au S. par la Caroline du Sud et à l'O. par l'état de Tennessée dont il est séparé par les

Alleghany. Son étendue est de 2357 l. c. géogr., avec une population de 740,000 âmes dont 245,600 esclaves. Ce pays, plat et sablonneux sur les bords de la mer, très-montagneux à l'O. et au N.-O., a un climat fort doux (33° 45′ — 36° 30′ lat. N.), quoique couvert de vastes marais, dont l'Alligator-Swamp est le principal. Le long des côtes s'étendent les deux grands lacs de l'Albemarle-Sound et de Palimco, séparés par d'étroites dunes (banc des Hatteras). Vers les montagnes, entre lesquelles s'ouvrent des vallées fertiles et pittoresques, le sol présente d'agréables hauteurs et de belles collines couvertes de riches plantations. Les fleuves les plus considérables qui traversent ce pays sont : le Roanoke, qui se jette dans l'Albemarle-Sound, le Palimco et la Neuse, qui se déchargent dans le Palimco-Sound ; le Cap-Fear, qui s'embouche dans l'Océan. L'ouest du pays est arrosé par l'Yadkin (Pédée) et la Catawba (Waterée, dans la Caroline du Sud). On y récolte presque toutes les productions européennes et, en outre, du tabac d'une excellente qualité, du riz et du coton. De vastes forêts couvrent encore les plaines et les montagnes, qui fournissent du fer en grande quantité, de l'or et du plomb. Les mines d'or les plus importantes se trouvent sur l'Yadkin et ses affluents, et comprennent un district de 48 l. c. géogr.

La Caroline porta d'abord le nom de Floride française. En 1512, le gouverneur espagnol Juan-Ponce de Léon essaya d'y fonder quelques établissements, mais il ne réussit pas. Les Français s'y établirent après lui et donnèrent à ce pays le nom de Caroline, en l'honneur du roi Charles IX ; cependant ils ne purent pas s'y maintenir ; les Espagnols s'en emparèrent une seconde fois, mais avec moins de succès encore qu'auparavant. Enfin, en 1584, Walter Raleigh s'établit avec quelques colons dans l'île de Roanoke. Cependant le commencement de la colonisation de ce pays ne date que de 1662, époque à laquelle huit Bretons furent autorisés par le roi Charles II d'en prendre possession et de la gouverner comme fief de la couronne d'Angleterre. Les nouvelles lois, imposées à la colonie, y causèrent des troubles qui finirent par faire diviser le pays en deux districts, dont celui du N. (Caroline du Nord) reçut le nom de comté d'Albemarle. La colonie prospéra surtout après la soumission des nombreuses hordes d'Indiens, qui l'avaient inquiétée incessamment. La Caroline du Nord fut un des premiers états qui entrèrent dans l'Union. Sa dernière constitution date du 18 décembre 1776 et est toute démocratique. L'état envoie au congrès deux sénateurs et treize députés élus par l'assemblée générale, qui nomme en même temps tous les fonctionnaires publics. La Caroline du Nord est divisée en 64 comtés. Les cours judiciaires supérieures (tribunaux de l'Union et tribunaux de l'arrondissement siègent à Fayetteville et à Wilmington. L'Union entretient une petite garnison à Smithville, à l'embouchure du Cape-Fear.

CAROLINE DU SUD, un des états de l'Union de l'Amérique du Nord. Comme cet état partagea le sort de la Caroline septentrionale, nous renvoyons à cet article pour les renseignements historiques. La Caroline du Sud est bornée au N. et au N.-E. par la Caroline du Nord, à l'E. et au S. par l'Océan Atlantique, à l'O. et au S.-O. par la Géorgie. Cet état a une étendue de 1512 l. c. géogr., avec une populatation de 582,000 âmes dont 315,400 esclaves. C'est le seul état de la confédération dans lequel le nombre des esclaves dépasse celui des habitants libres. Ce pays, plat et très-fertile sur les bords de la mer, où l'on cultive surtout beaucoup de riz et de coton, est couvert dans l'intérieur par de hauts chaînons de montagnes, ramifications des Alleghany. Le grand Pédée (Yadkin dans la Caroline du Nord), le Santée et le Savannah, qui tous se jettent dans l'Océan, sont les principaux cours d'eaux de cette vaste région. La culture y fait de jour en jour plus de progrès. On y trouve aussi de l'or d'une qualité très-fine.

La Caroline du Sud, dont la dernière constitution date du mois de juin 1790, qui modifia la loi fondamentale du 26 mars 1776, est divisée en 29 districts et envoie au congrès deux sénateurs et neuf députés. Les cours supérieures de justice siègent à Colombia et à Charleston.

CAROLINES (îles), grand archipel dans la Polynésie, Océanie orientale, composées de plusieurs groupes dont les îles sont disséminées entre le 147° 29′ et 178° long. orient. et le 3° 5′ et 12° lat. N., au S. de l'archipel des Mariannes. Ces îles, dont le nombre s'élève à plusieurs centaines, sont généralement peu importantes; la première a été découverte en 1686 par l'Espagnol Franzesco Lareano, qui lui a donné le nom d'île de Charles II ou Caroline; la découverte des autres îles de cet archipel, connues jusqu'à présent, a eu lieu dans le siècle dernier et principalement au commencement du siècle actuel. Les peuples qui habitent les Carolines diffèrent beaucoup des autres Polynésiens par leurs mœurs et leurs habitudes pacifiques; ils les dépassent tous dans l'art de naviguer ; la mer est leur élément et c'est elle aussi qui leur fournit à peu près leur unique nourriture : les poissons. Le vampire est le seul quadrupède que les voyageurs aient rencontré dans ces îles ; les autres animaux de ce genre qui s'y trouvent, y ont été apportés par les Européens. En fait de plantes nutritives, la plupart de ces îles produisent l'arbre à pain, la canne à sucre, l'oranger, le cocotier. Les principaux groupes de cet archipel sont ceux de Pelew, d'Eap, de Lemourzec, de Cittack et d'Ulea.

CAROLLES, vg. de Fr., Manche, arr. d'Avranches, cant. de Sartilly, poste de

Granville; mines de plomb, de fer et de cuivre ; 530 hab.

CAROLSBACH. *Voyez* CARSPACH.

CAROMB, pet. v. de Fr., Vaucluse, arr., cant. et poste de Carpentras; commerce de vins, huile d'olives et légumes ; 2550 hab.

CARONDELET. *Voyez* PONTCHARTRAIN (lac).

CARONI, fl. très-considérable de la rép. de Vénézuela; il naît dans la Serra Tumucumaque, au N. du lac Parime. Il coule d'abord vers l'O., puis vers le N.-O. et atteint enfin l'Orénoque, dans une direction N. et après un cours de 180 l. Ce fleuve majestueux n'est guère navigable, à cause de la rapidité de son cours et de plusieurs cataractes, dont celle d'Aguacagua est la plus considérable et la plus belle.

CARONI, la riv. la plus considérable de l'île de Trinidad, une des Petites-Antilles, possession anglaise; est navigable presque tout le long de son cours, reçoit les rivières également navigables de Guanaba et d'Oripo et se jette dans le golfe de Paria.

CARORA ou JUAN-BATISTA-DEL-PORTILLO-DE-CARORA, pet. v. de la rép. de Vénézuela, dép. de Zulia, prov. de Coro. Elle fut fondée en 1572 par Juan Salamanca; éducation du bétail; culture du riz; 2500 h.

CAROUGE (baie de), baie assez vaste sur la côte orientale de l'île de Terre-Neuve. Les îles considérables de Grouais et de Belle-Ile sont situées à l'entrée de cette baie.

CAROUGE, v. du cant. de Genève, située à 1/4 l. du chef-lieu; elle appartint jusqu'en 1816 au roi de Sardaigne; fabr. de papiers coloriés et de poterie; 4700 hab.

CAROUN-BELED, ruines considérables sur le lac Caroun, dans la Moyenne-Égypte, prov. de Fayoum; on croit que ce sont les restes du fameux Labyrinthe, construit par douze rois d'Égypte, au S. et à quelque distance du lac Mœris. Ce bâtiment était non seulement le plus ancien et le plus magnifique de tous les ouvrages de ce genre, mentionnés dans l'histoire, mais il était encore supérieur, selon Hérodote, au temple de Diane à Éphèse, à celui de Junon à Samos et même aux célèbres pyramides.

CAROVIGNO, b. du roy. des Deux-Siciles, prov. d'Otrante, non loin de la mer; 3000 h.

CARPENEDOLA, b. du roy. Lombard-Vénitien, gouv. de Milan, délégation de Brescia, sur le Seriola; 4400 hab.

CARPENTARIE, nom d'un golfe et de tout le pays qui l'entoure, dans l'Australie; il s'étend depuis le cap Wilson à l'E. jusqu'à la terre d'Arnheim à l'O. Le climat est très-chaud et les habitants sont de la même race que ceux des autres parties du continent austral, quoique leur langue soit entièrement différente.

CARPENTRAS, *Carpentoracte*, *Forum Neronis*, v. de Fr., Vaucluse, chef-lieu d'arrondissement, à 6 l. N.-E. d'Avignon, siège d'un tribunal de première instance, d'une cour d'assises et d'une conservation des hypothèques; elle est très-agréablement située près de l'Auzon, à l'extrémité d'une colline environnée de vallées; elle a des murailles et quatre portes, parmi lesquelles on remarque celle d'Orange, surmontée d'une grosse tour. Ses rues ne sont pas larges, mais les maisons sont bien bâties et d'un aspect très-agréable. Les fontaines, les places, les halles sont d'un très-bon goût; l'hôpital est d'une architecture aussi belle qu'imposante; la chapelle, ornée de marbre et de sculpture, et le grand escalier sont dignes d'admiration; le palais de justice, ci-devant épiscopal, n'est pas moins remarquable ; c'est un grand édifice derrière lequel se trouvent les prisons. Dans une cour où se trouvaient autrefois les cuisines de l'évêché on voit un arc de triomphe antique. La cathédrale, le lavoir, l'aqueduc, le théâtre, la bibliothèque riche de 25,000 volumes et 2000 manuscrits, le musée d'antiquités et de curiosités naturelles et une synagogue assez jolie méritent d'être visités.

Carpentras a des fabriques de savon, des distilleries d'eau-de-vie, des tanneries, filat. de coton, des teintureries, fabr. d'acide nitrique, d'huile d'olives, des moulins à moudre la garance. Le commerce y est assez important et se fait principalement en soie, amandes, garance, laine, safran, cire, miel, graines de trèfle et de luzerne, huiles d'olives, excellents fruits, truffes, etc. Foires 21 septembre et 27 novembre; 9224 hab.

Carpentras existait longtemps avant l'invasion romaine; les Romains l'embellirent et l'ornèrent de magnifiques édifices; mais les différents peuples barbares, qui se succédèrent dans cette contrée, détruisirent tous les monuments antiques. Lorsqu'au treizième siècle les papes résidèrent à Avignon, Carpentras s'agrandit et s'embellit de nouveau. Après la mort de Clément V, qui, en 1313, était venu y établir le saint siège, cette ville fut incendiée et presque entièrement détruite par des factieux. Cinquante ans après, Innocent VI fit ceindre de murailles la ville nouvelle, bâtie sur les ruines de l'ancienne. En 1562, elle soutint un siège pendant lequel le cruel baron des Adrets fut tué par un boulet de canon. En 1791, Carpentras, influencée par la faction ultramontaine, persista à vouloir rester sous le régime sacerdotal et ses murailles la protégèrent seules contre le parti opposé; des commissaires, envoyés par la France, mirent fin aux hostilités et bientôt après cette ville devint française.

Carpentras est la patrie de La Bastie et Guilhem de Ste.-Croix, académiciens archéologues; de l'orateur Hercule Audiffret, oncle et maître de Fléchier, mort en 1659, et de l'abbé Arnaud, littérateur.

CARPI, *Carpium*, v. épiscopale du duché

de Modène; était autrefois le siège d'une principauté appartenant à la maison Pico, et qui fut vendue, en 1530, au duc de Modène; 5000 hab.

CARPI, *Carpium ad Athesin*, b. du roy. Lombard-Vénitien, gouv. de Venise, sur l'Adige; les Français, sous Catinat, y furent défaits par les Autrichiens, sous le prince Eugène (1701).

CARPINETO, vg. de Fr., Corse, arr. et poste de Corte, cant. de Piedicroce; 320 h.

CARPINO, b. du roy. des Deux-Siciles, prov. de Capitanate; 5000 hab.

CARPINONE, b. du roy. de Naples, prov. de Molise; 2500 hab.

CARPIQUET, vg. de Fr., Calvados, arr. et poste de Caen, cant. de Tilly-sur-Seulles; 860 hab.

CARPONIER ou **CARBONIER**, b. commerçant sur la côte E. de l'île de Terrre-Neuve, presqu'île d'Avalon; port vaste et commode; 2400 hab.

CARQUEBUT, vg. de Fr., Manche, arr. de Valognes, cant. de Ste.-Mère-Église; 570 h.

CARQUEFOU, vg. de Fr., Loire-Inférieure, arr., à 2 l. N.-E. et poste de Nantes, chef-lieu de canton; 2630 hab.

CARRAR, v. de l'Inde, roy. de Satarah, dans le Bejapour. Elle est située sur la Kistnah, dans une vallée riche et fertile, défendue par un fort; fabr. de coton, commerce actif; 8000 hab.

CARRARE, v. du duché de Modène, a une population d'environ 4500 habitants, qui s'occupent presque exclusivement à travailler le beau marbre qu'on extrait dans ses environs. Cette ville, assez élevée dans les montagnes, faisait partie du duché de Massa-Carrara, qui fut réuni à celui de Modène, en 1829, après la mort de la duchesse Marie-Béatrix.

CARRÉPUIS, vg. de Fr., Somme, arr. de Montdidier, cant. et poste de Roye; fonderie de cloches et fabr. de sucre indigène; 310 hab.

CARRÈRE, vg. de Fr., Basses-Pyrénées, arr. de Pau, cant. de Thèze, poste d'Auriac; 340 hab.

CARRESSE, vg. de Fr., Basses-Pyrénées, arr. d'Orthez, cant. et poste de Salies; 720 hab.

CARREUX (Saint-), vg. de Fr., Côtes-du-Nord, arr. de St.-Brieux, cant. et poste de Moncontour; 1140 hab.

CARRICKFERGUS, *Fergusii Rupes*, v. d'Irlande, comté d'Antrim, sur la baie de ce nom; importante par son port et sa citadelle; 4000 hab.

CARRICKMÆROSS, b. d'Irlande, comté de Monaghan; fabr. de toiles et marchés très-fréquentés; 2000 hab.

CARRICK-ON-SHANNON, pet. v. d'Irlande, chef-lieu du comté de Leitrim, sur le Shannon; 2000 hab.

CARRICK-ON-SUIR, v. d'Irlande, comté de Tipperary, sur le Suir, qui y devient navigable; florissant par son commerce et ses fabriques d'étoffes de laine. Le chemin de fer de Waterford à Limerick y passe; 8000 hab.

CARRIÈRES-CHARENTON (les), vg. de Fr., Seine, com. de Charenton-le-Pont; commerce de vins, de vinaigre et d'extrait de saturne; fonderie pour les machines à vapeur; 900 hab.

CARRIÈRES-SAINT-DENIS, vg. de Fr., Seine-et-Oise, arr. de Versailles, cant. d'Argenteuil, poste de Chatou; exploitation de pierres à bâtir; 1050 hab.

CARRIÈRES-SOUS-BOIS, vg. de Fr., Seine-et-Oise, com. de Mesnil-le-Roi; 300 hab.

CARRIÈRES-SOUS-POISSY, vg. de Fr., Seine-et-Oise, arr. de Versailles, cant. et poste de Poissy; 500 hab.

CARRI-LE-ROUET, vg. de Fr., Bouches-du-Rhône, arr. d'Aix, cant. et poste de Martigues; pêche du thon; 360 hab.

CARRIONE-DE-LOS-CONDES, *Carrio Comittum*, v. d'Espagne, roy. de Léon, prov. de Toro, sur la rivière du même nom; 2800 hab.

CARRIZAL. *Voyez* SONORA (ville).

CARROIS, vg. de Fr., Oise, com. de Romescamps; 310 hab.

CARRON, b. d'Écosse, comté de Stirling; possède la forge la plus considérable de toute la monarchie anglaise; les carronades y furent inventées.

CARROS, vg. de Fr., Var, arr. de Grasse, cant. et poste de Vence; 780 hab.

CARROUGES, b. de Fr., Orne, arr. et à 6 l. N.-O. d'Alençon, chef-lieu de canton, poste; mines de fer; forges; excellents moutons; 2290 hab.

CARRU, pet. v. du roy de Sardaigne, intendance de Mondovi; 4200 hab.

CARRY. *Voyez* CARRI-LE-ROUET.

CARS, vg. de Fr., Gironde, arr., cant. et poste de Blaye; 1640 hab.

CARS (les), vg. de Fr., Haute-Vienne, arr. de St.-Yrieix, cant. et poste de Chalus; 970 hab.

CARSAC, vg. de Fr., Dordogne, arr. de Bergerac, cant. de Villefranche-de-Longchapt, poste de Montpont; 380 hab.

CARSAC, vg. de Fr., Dordogne, arr. et poste de Sarlat, cant. de Carlux; 970 hab.

CARSAN, vg. de Fr., Gard, arr. d'Uzès, cant. et poste de Pont-St.-Esprit; 370 hab.

CARSIX, vg. de Fr., Eure, arr., cant. et poste de Bernay; fabr. de toiles; 680 hab.

CARSPACH ou **CAROLSBACH**, vg. de Fr., Haut-Rhin, arr., cant. et poste d'Altkirch; filat. de coton; 1140 hab.

CARTAGO, v. des États-Unis de l'Amérique centrale, prov. et dist. de Costa-Rica, sur la rivière de Cartago et à 12 l. de l'Océan Austral. Quoique très-déchue, Cartago est encore la principale ville du commerce par terre de la province, dont elle était autrefois la capitale; 12 à 15,000 hab.

CARTAGO, v. de la rép. de la Nouvelle-Grenade, dép. du Cauca, prov. de Popayan, sur la rive droite de la Vieja, affluent du Cauca et non loin de ce dernier fleuve, à 700 mètres au-dessus du niveau de la mer. Cette ville, régulièrement bâtie, fut fondée par George Robledo, en 1540, et s'accrut rapidement par la grande fertilité de ses environs et par sa position avantageuse pour le commerce. Elle renferme une école normale et de bonnes écoles primaires; des manufactures de tabac et des fabriques de draps et de dentelles; culture de riz, de tabac, de cacao d'une qualité supérieure, de café et de fruits délicieux, commerce étendu; 6000 hab.

CARTAMA, b. d'Espagne, roy. de Grenade, dist. et à 6 l. de Malaga; situé sur le Quadalzo, au pied d'une colline couronnée d'un vieux château. Dans les environs on remarque le château de Casa Palma et l'on y trouve beaucoup d'antiquités romaines; 1500 hab.

CARTELÈGUE, vg. de Fr., Gironde, arr., cant. et poste de Blaye; 1100 hab.

CARTER, comté de l'état de Tennessée, États-Unis de l'Amérique du Nord; il est borné par les comtés de Sullivan, de Washington et l'état de la Caroline du Nord. Ce pays, très-montagneux à l'E. et au S., où s'étendent les Iron et les Yellow-Mountains, est arrosé par la Watuga et le Nolichucky. Chef-lieu Elisabethtown; 5800 h.

CARTERET, comté de l'état de la Caroline du Nord, États-Unis de l'Amérique du Nord; il est borné par les comtés de Jones, de Crawen, d'Onslow, le Core-Sund, et l'Océan. A l'E. de ce pays s'étend le Core-Sound, partie inférieure du Palimco-Sound, séparé de l'Océan par une large langue de terre, terminée par le cap Loocout. L'intérieur est marécageux, traversé par quelques rivières peu considérables et couvert de vastes forêts de sapins; culture du riz; 6400 h.

CARTERET, vg. de Fr., Manche, arr. de Valognes, cant. de Barneville, poste de Bricquebec; port de mer, cabotage; commerce avec Jersey pour l'exportation de porcs, moutons, volailles, vins, etc.; 540 hab.

CARTHAGE, g. a., capitale de la Zeugitane, au N.-E. de Tunis, située sur une presqu'île. Les auteurs varient sur l'époque de sa fondation; selon les uns, elle fut fondée 50 ans avant la prise de Troie (1198 avant J.-C.), par un nommé Tzorus ou Charchedon; selon les autres, elle ne s'éleva que 133 ans après la prise de Troie (1065 avant J.-C.). Quelques auteurs croient qu'elle dut son existence à Didon, qui l'aurait fondée 883 avant J.-C., lorsque cette reine fut forcée de quitter la Phénicie, où son époux avait été assassiné par le jaloux Pygmalion. Quoi qu'il en soit, cette ville devint la maîtresse des mers et la redoutable rivale de Rome, contre laquelle elle soutint, pendant 120 ans, son puissant empire qui dura 750 ans et que Scipion détruisit (145 ans avant J.-C.), par la prise de Carthage, après un siége de trois ans, un des plus mémorables dont l'histoire fasse mention. Rebâtie par Auguste, elle répara bientôt ses désastres et redevint la capitale de l'Afrique. Mais prise et saccagée par Genserich, roi des Vandales, en 439, par Bélisaire, au sixième siècle, et par les Arabes à la fin du septième, elle n'a plus pu se relever et ses ruines portent aujourd'hui le nom de Mersa, misérable bourg de la régence de Tunis.

CARTHAGE. *Voyez* SMITH (comté).

CARTHAGÈNE, prov. de la rép. de la Nouvelle-Grenade, dép. du Magdaléna; elle comprend la partie N.-O. du département et a pour limites: l'Océan, les prov. de Santa-Marta, de Mompox et d'Antioquia et le dép. de Cauca. Les chaînons septentrionaux des Andes s'étendent sur le N.-O. de ce vaste district, traversé par le Rio-Magdaléna et le Rio-Cauca. Cette province n'est peuplée et cultivée que sur les bords du Magdaléna et dans le voisinage de la mer.

CARTHAGÈNE, v. de la rép. de la Nouvelle-Grenade, dép. du Magdaléna, prov. du même nom, dont elle est la capitale, ainsi que de tout le département. Cette ville, siège d'un évêque et située sur une île sablonneuse, non loin du Magdaléna, fut fondée, en 1533, par Pedro-de-Heredia. Carthagène a un des plus beaux ports de l'Amérique; c'est la station ordinaire d'une partie de la marine militaire de toute la Colombie, dont elle est la première place forte: mais ses fortifications ont besoin d'être réparées. Cette ville, en général bien bâtie, possède une université de second ordre, une école de navigation et un collège. Malgré tout ce qu'elle a souffert pendant la guerre de l'insurrection, Carthagène compte encore environ 18,000 habitants, en y comprenant ceux du faubourg Gimani ou Xiximani, qui communique avec la ville par un pont de bois. Elle est encore le centre d'un commerce étendu et de communications régulières entretenues par des paquebots avec l'Europe, les États-Unis de l'Amérique du Nord et les Antilles.

CARTHAGÈNE, *Carthago nova*, port et place forte d'Espagne, situé sur la pente d'un rocher couronné d'un fort, à l'entrée d'une vaste baie, dans le roy., le district et à 10 l. de Murcie; évêché. Son port, dont le mouvement commercial s'élève jusqu'à 500 navires par année, est un des plus sûrs de la Méditerranée; il a la forme d'un fer à cheval, dont les extrémités sont occupées par des forts qui en défendent l'entrée; un îlot situé à son ouverture le met à l'abri des vents. Carthagène a un département de marine et est un point de station pour la flotte royale, ce qui donne un grand mouvement à l'industrie locale; fabr. de verrerie et de cristaux, commerce de soude, sparterie, orge et huile; il y a une école de marine et son arsenal maritime est le plus vaste de l'Europe; casernes, hôpitaux, etc. Son chantier de construction occupe, outre les ouvriers de l'état, 5 à 600 galériens. Les environs produisent beaucoup de blé; l'exploitation du soude y est considérable; 25,000 hab.

CARTHAGINIENSIS PROVINCIA, g. a., une des trois provinces formées par Dioclétien dans la Tarragonie; elle était bornée à l'E. par la Méditerranée, au N. par la Tarragonie propre et la Callæcie, à l'O. par la Lusitanie et au S. par la Bétique; elle comprenait la prov. actuelle de Murcie, une partie de la Nouvelle-Castille et la partie méridionale du royaume de Valence; capitale, Nouvelle-Carthage (Carthagène).

CARTICASI, vg. de Fr., Corse, arr. et poste de Corte, cant. de St.-Laurent; 290 h.

CARTIGNIES, vg. de Fr., Nord, arr., cant. et poste d'Avesnes; 1750 hab.; fabr. de boissellerie.

CARTIGNY, vg. de Fr., Somme, arr., cant. et poste de Péronne; 840 hab.

CARTIGNY-L'ÉPINCY, vg. de Fr., Calvados, arr. de Bayeux, cant. et poste d'Isigny; 420 hab.

CARTIGNY-TESSON, vg. de Fr., Calvados, arr. de Bayeux, cant. et poste d'Isigny; 720 hab.

CARUBICHAS. *Voyez* JOAM (San-), fleuve.

CARUPANO, p. v. de la rép. de Vénézuela, dép. de Maturin, prov. de Cumana, dans le voisinage du cap des Trois-Pointes, et dans une contrée très-saine, au débouché de deux vallées; port, commerce, plantation de cacao et de sucre; 5000 hab.

CARVAJAL-DE-LA-ENCONCINIEDA, b. d'Espagne, roy. de Léon, prov. de Valadolid, chef-lieu du dist. de même nom; 1800 h.

CARVAJALES, *Vicus Aquarius*, b. d'Espagne, roy. de Léon, chef-lieu d'un dist., au centre de la prov. et à 5 l. de Zamora.

CARVER, b. des Etats-Unis de l'Amérique du Nord, état de Massachusetts, dans le voisinage d'un petit lac ferrugineux d'où l'on retire annuellement jusqu'à 10,000 quintaux de fer; forges; 1600 hab.

CARVES, vg. de Fr., Dordogne, arr. de Sarlat, cant. et poste de Belvès; 640 hab.

CARVILLE, vg. de Fr., Calvados, arr. et poste de Vire, cant. de Bény-Bocage; 710 h.

CARVILLE-LA-FOLLETIERE, vg. de Fr., Seine-Inférieure, arr. de Rouen, cant. de Pavilly, poste de Barentin; 390 hab.

CARVILLE-POT-DE-FER, vg. de Fr., Seine-Inférieure, arr. d'Yvetot, cant. d'Urville, poste de Doudeville; 470 hab.

CARVIN-ÉPINOY, b. de Fr., Pas-de-Calais, arr. et 2 l. S.-S.-E. de Béthune, chef-lieu de canton et poste; 5000 h.; fabr. d'amidon, de poterie, de sucre indigène; tanneries; culture du tabac.

CARVOEIRO, p. v. de l'emp. du Brésil, prov. de Para, comarque de Rio-Négro, sur la rive droite du fleuve de ce nom; 2000 h.

CARYNEYN ou **QUARYNEYN**, **CHYBYN-EL-KOUM**, canal dans la Basse-Égypte, Afrique, au Nord de celui de Menouf.

CARYNHENHA. *Voyez* FRANCISCO (Rio de San-).

CARYNHENHA, p. v. de l'emp. du Brésil, prov. de Pernambuco, comarque de Sertao, à l'embouchure du Carynhenha dans le San-Francisco et à 60 l. S. de la ville de Rio-Grande; agriculture, commerce; 2600 hab.

CASABA, b. du roy. de Hongrie, sur l'Hojo; on y cultive beaucoup de vin et de chanvre; 20,000 hab.

CASA-BIANCA, vg. de Fr., Corse, arr. de Bastia, cant. et poste de la Porta; 240 hab.

CASA-BLANCA ou **SANTA-BARBARA-DE-CASA-BLANCA**, b. de la rép. du Chili, prov. d'Aconcagua, sur la route de Valparaiso à Santiago, dans une contrée très-élevée; siége d'un intendant militaire; petite garnison; 2600 hab.

CASACASENDA, b. du roy. des Deux-Siciles, intendance de Molise; 8600 hab.

CASAGLIONE, vg. de Fr., Corse, arr. et poste d'Ajaccio, cant. de Sari; 320 hab.

CASALABRIVA, vg. de Fr., Corse, arr. de Sartene, cant. de Petreto-et-Bicchisano, poste d'Olmeto; 270 hab.

CASAL-BORDINO, b. du roy. des Deux-Siciles, prov. de l'Abruzze citérieure, non loin de la mer; 2000 hab.

CASAL-DI-PRINCIPE, b. du roy. des Deux-Siciles, prov. de Terre-de-Labour; 2200 hab.

CASAL-DUNI, b. du roy. des Deux-Siciles, prov. de Molise; 2500 hab.

CASALE, b. du roy. des Deux-Siciles, prov. de Principato Ulteriore; 2200 hab.

CASALE, b. du roy. Lombard-Vénitien, gouv. de Venise, délégation de Padoue; 3000 hab.

CASALE, *Bodinconigum*, v. du roy. de Sardaigne, chef-lieu de l'intendance du même nom, intendance-générale d'Alexandrie; était jadis fort importante et la capitale du Montferrat; 16,000 hab.

CASAL-MAGGIORE, *Casale Majus*, pet. v. du roy. Lombard-Vénitien, gouv. de Milan, délégation de Crémone, sur la rive gauche du Pô; commerçante; 6000 hab.

CASAL-NUOVO, *Mandonium*, v. du roy. des Deux-Siciles, terre d'Otrante; 4800 hab.

CASAL-NUOVO, pet. v. du roy. des Deux-Siciles, Calabre ultérieure Ire, située au pied de l'Apennin, dans la riche plaine d'Oliveto; sur une population de 5490 habitants, elle en perdit 2271, lors du tremblement de terre de 1783.

CASAL-PUSTERLENGO, b. du roy. Lombard-Vénitien, prov. de Lodi. Les Autrichiens y furent défaits par les Français, en 1796; 4700 hab.

CASALS, vg. de Fr., Tarn-et-Garonne, arr. de Montauban, cant. de Négrepelisse, poste de St.-Antonin; 620 hab.

CASAL-SAINTE-MARIE (le), ham. de Fr., Aude, com. de Chalabre; 130 hab.

CASALTA, vg. de Fr., Corse, arr. de Bastia, cant. et poste de la Porta; 160 hab.

CASALVIERI, v. du roy. des Deux-Siciles, prov. de Terre-de-Labour; 3700 hab.

CASAMACCIOLI, vg. de Fr., Corse, arr. et poste de Corte, cant. de Calacuccia; 440 hab.

CASAMANSA ou **CASSAMANCE**, **ZÉMANÉE**, un des bras de la Gambie, Sénégambie, Afrique, se jette dans l'Océan Atlantique, près de l'île de même nom.

CASAMANSA, île de l'Océan Atlantique, près des côtes de la Sénégambie, Afrique; elle produit beaucoup de poivre et de riz.

CASA-MASSIMA, b. de Naples, prov. de Bari; 3200 hab.

CASAMICCIOLA, pet. v. du roy. des Deux-Siciles, intendance de Naples; 3200 h.

CASANARE, prov. de la rép. de la Nouvelle-Grenade, dép. de Boyaca; elle s'étend depuis la pente orientale des Andes jusqu'à l'Orénoque et est très-montagneuse à l'O. Le reste du pays présente une immense plaine, couverte de forêts et de marais, traversée par beaucoup de rivières, riche en belles prairies, mais peu cultivée. Il n'y a que les rives de l'Orénoque qui soient habitées; 12,000 hab.

CASANARE, b. sur le fl. du même nom, avec un bon port, rép. de la Nouvelle-Grenade, dép. de Boyaca, prov. de Casanare; agriculture, commerce; 900 hab., la plupart Indiens-Achagueas.

CASANDRINO, b. du roy. des Deux-Siciles, prov. de Naples; vers à soie; 2900 hab.

CASANOVA, vg. de Fr., Corse, arr. et poste de Corte, cant. de Serraggio; 230 hab.

CASANOVA, pet. v. du roy. des Deux-Siciles, intendance de Terre-de-Labour; 3040 hab.

CASA-NUOVA, vg. du roy. Lombard-Vénitien, gouv. de Venise, délégation de Padoue, à 2 milles d'Abano; correspond probablement à une partie de l'*Aponus* des anciens Romains; vers la fin du dix-huitième siècle on y trouva des restes de thermes, les ruines d'un palais et des débris d'autres édifices antiques.

CASAPULA, b. du roy. des Deux-Siciles, prov. de Terre-de-Labour; 2230 hab.

CASARANO, b. du roy. des Deux-Siciles, prov. de la Terre-d'Otrante; 2600 hab.

CASAREEN, pet. v. dans la partie mér. de la rég. de Tunis, Afrique, dans une contrée boisée et montagneuse, non loin de Spaitla.

CASAVECCHIA, ham. de Fr., Corse, com. de Noceta; 200 hab.

CASCADE, île du fl. St.-Laurent, près du Point-de-Cascade, Bas-Canada; . dist. de Montréal, comté d'York.

CASCÆS, *Cascale*, pet. port du Portugal, prov. d'Estramadure, sur la rade et à 6 l. de Lisbonne; ce point est défendu par les forts de St.-Luz et de Ste.-Marthe; 2500 hab.

CASCANTE, *Cascantum*, pet. v. d'Espagne, roy. de Navarre, distr. de Tudela; 1700 hab.

CASCASTEL, vg. de Fr., Aude, arr. de Narbonne, cant. de Durban, poste de Sijean; mines de plomb argentifère et de cuivre; marbres renommés; 700 hab.

CASCIA, b. des états de l'Église, délégation de Spoleto; 3000 hab.

CASCIANO-A-BUGNI (Santo-), b. du gr.-duché de Toscane, division de Sienne; possède les bains de Santo-Philippo que les Romains connaissaient déjà, sous le nom d'*Aquæ Elusianæ*.

CASCO (baie de), vaste baie au S.-E. de l'état du Maine, États-Unis de l'Amérique du Nord. Elle s'étend entre les caps Élisabeth et de Small-Point, sur une longueur de 10 l. avec un enfoncement de 3 l. Elle est parsemée d'îles, renferme plusieurs bons ports et est assez profonde pour les plus grands vaisseaux.

CASCUELA, b. d'Espagne, roy. de la Nouvelle-Castille, prov. de Cuenca; 1800 hab.

CASEDARNES, vg. de Fr., Hérault, com. de Cessenon; 300 hab.

CASEFABRE, vg. de Fr., Pyrénées-Orientales, arr. de Prades, cant. de Vinça, poste d'Ille; 150 hab.

CASELLE, pet. v. du roy. de Sardaigne, intendance-générale de Turin; manufactures de soie et papeteries; 3500 hab.

CASENEUVE, vg. de Fr., Vaucluse, arr., cant. et poste d'Apt; 740 hab.

CASERTA-NUOVA ou **CASERTE**, v. du roy. des Deux-Siciles, chef-lieu de la Terre-de-Labour, située dans une plaine charmante et bien cultivée, au pied du mont Tifata; elle renferme un palais royal magnifique, avec de vastes et beaux jardins et des jets d'eau entretenus par un aqueduc remarquable, long de 27 milles; école militaire et manufacture royale de soie.

CASERTA-VECCHIA, pet. v. épiscopale à 1/2 l. de Caserta-Nuova; elle a beaucoup perdu de son importance.

Population des deux villes : 18,000 hab.

CASEY, comté de l'état de Kentucky, États-Unis de l'Amérique du Nord; il est borné par les comtés de Mercer, de Lincoln, de Pulasky, d'Adair et de Washington. Le Green est la principale rivière de ce pays encore peu cultivé; chef-lieu Caseyville; 4500 hab.

CASH. *Voyez* OHIO.

CASHAGROU, pet. v. forte dans l'île de Dominique, une des Petites-Antilles, possession anglaise.

CASHEL, *Cassilia*, pet. v. d'Irlande, dans le comté de Tipperary; assez jolie; résidence d'un archevêque anglican; elle a une cathédrale moderne, un palais archiépiscopal avec de beaux jardins et une bibliothèque où se trouvent des manuscrits très-précieux. Commerce considérable. Dans le voisinage on voit sur un rocher les restes de l'ancienne cathédrale, consacrée à St.-Patrick, le plus ancien des temples chrétiens de l'Irlande; 5000 hab.

CASHWELL, comté de l'état de la Caroline du Nord, États-Unis de l'Amérique du Nord; il est borné par les comtés de Person, d'Orange, de Rockingham, et par l'état de Virginie. Le Dan et ses affluents, le Hogan et le Country-Line arrosent ce pays assez fertile. Chef-lieu Leesburgh; 15,000 hab.

CASILDA (bahia de), baie sûre et commode, au S. de l'île de Cuba.

CASIMIR, pet. v. de Prusse, rég. de Posen; Charles XII, roi de Suède, y fit exécuter le général Patkul, accusé d'avoir voulu livrer la Livonie au czar Pierre et au roi de Pologne Auguste (10 octobre 1707).

CASINO, *Casinus Mons*, mont. du roy. des Deux-Siciles, Terre-de-Labour; est célèbre par le fameux couvent de bénédictins qui y fut fondé par St.-Benoît, en 530.

CASIOTIS, g. a., contrée à l'E. de la Basse-Égypte.

CASIUS (mont), mont. élevée au S. d'Antioche ou Antakia, qu'on regarde ordinairement comme le point de départ de la chaîne du Liban.

CASOLA, b. du roy. des Deux-Siciles, prov. de Principauté citérieure.

CASOLE, v. du grand-duché de Toscane, dist. de Sienne; 1600 hab.

CASOLI, b. du roy. de Naples, prov. de l'Abruzze citérieure; 4600 hab.

CASORATE, b. du roy. Lombard-Vénitien, prov. de Pavie; 2400 hab.

CASORIA, v. du roy. des Deux-Siciles, intendance de Naples; 6000 hab.

CASPE, *Caspium*, v. d'Espagne, roy. d'Aragon, à l'embouchure du Guadalope dans l'Ebre; château; 8000 hab.

CASPEAU, lac dans l'état de Vermont, au S.-E. du comté d'Orléans, États-Unis de l'Amérique du Nord.

CASPIENNE (mer), *Mare Caspium*, *Mare Hyrcanum*. Cette mer intérieure de l'Asie, située entre 36º 36' et 47º 23' de lat. N. et entre 44º 10' et 52º 20' de long. orient., a environ 250 l. dans sa plus grande longueur du N. au S. Sa plus grande largeur de l'E. à l'O. est de 165 l., sa plus petite est de 60; en y comprenant le lac Amer que les Turcomans appellent *Kouli Deria* (mer du Serviteur), lac situé sur la côte orientale et encore peu connu, mais qui forme un appendice de la mer Caspienne, dont la superficie totale est d'environ 16,900 l. c. La mer Caspienne reçoit les eaux d'un grand nombre de fleuves et de rivières; les principaux sont: l'Oural ou Jaïk; le Volga, le Terek, le Kour ou Cyrus; nous citerons encore l'Aksai, la Kouma, le Kizil-Ozen, l'Abi-Atreck, le Gougen et la Jemba, appelée aussi le *Djem*. Ces cours d'eau charrient beaucoup de sable, qui contribuent à la rendre de moins en moins navigable, surtout sur les côtes. La profondeur moyenne de la mer Caspienne est de 400 à 600 pieds; mais en quelques endroits on ne trouve pas le fond avec une sonde de 2700 pieds de longueur. Ses bords sont escarpés au S. et à l'O.; ils sont plats à l'E. et au N. et couverts de ce côté de marais et de roseaux, ce qui, joint à la fréquence des vents d'E. et d'O., aux rochers qui garnissent les côtes, aux bancs de sable, etc., rend la navigation de cette mer assez dangereuse. Parmi les nombreux golfes qu'elle forme nous ne citerons que celui de Wertwoi au N.-E. et celui de Balkau au S.-E. En 1723, l'Amou se jetait encore dans ce dernier. De nombreuses îles garnissent les côtes; les principales sont: Tchétyré-Bougra à l'embouchure du Volga; Ouga, Popova et Tchetchen, près de l'embouchure du Terek; les Deux-Frères; les trois îles qui ferment le détroit d'Apchéron; les îles qui forment le golfe de Balkau, etc. La mer Caspienne est très-poissonneuse; on y pêche plusieurs espèces d'esturgeons, des saumons, des carpes, des brochets, l'ablette aux yeux rouges; elle nourrit aussi plusieurs variétés de phoques (blancs, jaunâtres, gris, tigrés) et des tortues. Son eau est peu salée, mais très-amère; cette particularité est due à la grande quantité de sources de naphte qui jaillissent de son fond, de ses îles et de plusieurs parties de ses côtes. Une autre particularité de cette mer c'est son étonnante dépression qui, selon les mesures barométriques de M. de Humboldt et d'autres savants, est de 300 pieds au-dessous du niveau de l'Océan. Les mêmes savants ont constaté l'exactitude des anciens, qui donnaient à la mer Caspienne une bien plus grande étendue: le lac d'Aral en était la partie orientale. Son amoindrissement coïncide du reste avec le desséchement graduel des lacs et des rivières dans la partie occidentale de l'Asie. Les côtes septentrionale et occidentale de la mer Caspienne, où se trouvent les bouches des plus grands fleuves qu'elle reçoit, appartiennent à la Russie; au midi elle baigne les provinces persanes du Ghilan, du Mazenderan et d'Astrabad; à l'E. errent les tribus nomades de la Tartarie indépendante. La Russie y entretient une flotte. Le port commercial et militaire de cette puissance sur la mer Caspienne est Astrakhan.

CASPIENNE (porte). *Voyez* DARIEL.

CASSABA ou DURGUTHLI, v. de la Turquie d'Asie, eyalet d'Anadoli, à l'E. de Smyrne. C'est une grande ville de 6000 maisons.

CASSABÉ, vg. de Fr., Basses-Pyrénées, arr. d'Orthez, cant. et poste de Salies; 330 hab.

CASSAGNABÈRE, vg. de Fr., Haute-Garonne, arr. de St.-Gaudens, cant. d'Aurignac, poste de Martres; 1410 hab.

CASSAGNAS, vg. de Fr., Lozère, arr. de Florac, cant. de Barre, poste de Pompidou; mine d'antimoine; 770 hab.

CASSAGNE-DE-LA-FRONTIÈRE ou CAS-

SANYES, vg. de Fr., Pyrénées-Orientales, arr. de Perpignan, cant. de la Tour-de-France, poste d'Estagel; 350 hab.

CASSAGNES-BÉGONHÈS, vg. de Fr., Aveyron, arr. et à 5 l. S. de Rhodez, chef-lieu de canton et poste; 1550 hab.

CASSAGNES-COMTAUX, vg. de Fr., Aveyron, arr. de Rhodez, cant. et poste de Rignac; 1290 hab.

CASSAGNOLES, vg. de Fr., Gard, arr. d'Alais, cant. et poste de Ledignan; 330 h.

CASSAGNOLLES, vg. de Fr., Hérault, arr. de St.-Pons, cant. d'Olonzac, poste de la Bastide-Rouairoux; 620 hab.

CASSAI. *Voyez* COSSEA.

CASSAIGNE (la), vg. de Fr., Aude, arr. et poste de Castelnaudary, cant. de Fanjeaux; 730 hab.

CASSAIGNE; vg. de Fr., Haute-Garonne, arr. de St.-Gaudens, cant. de Salies, poste de St.-Martory; fabr. de faïence blanche; 770 hab.

CASSAIGNE, vg. de Fr., Gers, arr., cant. et poste de Condom; 380 hab.

CASSAIGNES, vg. de Fr., Aude, arr. de Limoux, cant. et poste de Couiza; 170 hab.

CASSANA ou MÉDINAH, v. capitale du roy. d'Oulli, en Sénégambie, Afrique.

CASSANCI, pet. v. et capitale du roy. de Cassange, dans la Basse-Guinée, Afrique, sur une riv. du même nom; c'est le plus grand marché aux esclaves de tout l'intérieur de la Nigritie méridionale; 3000 hab.

CASSANGE, roy. de la Nigritie méridionale, Afrique, qui s'étend très-loin vers l'E., en suivant le cours du Cuango. Ses habitants sont les peuples connus autrefois sous le nom impropre de *Jaggas*.

CASSANIOUSE, vg. de Fr., Cantal, arr. d'Aurillac, cant. et poste de Montsalvy; 1820 hab.

CASSANO, vg. de Fr., Corse, arr. et poste de Calvi, cant. de Calenzana; 470 hab.

CASSANO, b. du roy. Lombard-Vénitien, gouv. et délégation de Milan, sur le Ticino; le prince Eugène y fut défait, en 1702, par le duc de Vendôme; le 27 avril 1799, 45,000 Autrichiens et Russes, commandés par Suwarow, y remportèrent une victoire sur 28,000 Français, commandés par Moreau.

CASSANO, *Cassanum*, v. épiscopale du roy. des Deux-Siciles, Calabre citérieure. Dans ce diocèse vivent jusqu'à 5 ou 6000 Arnautes; 6000 hab.

CASSANO, b. du roy. des Deux-Siciles, prov. de la Principauté ultérieure; 2130 h.

CASSANOUS, vg. de Fr., Haute-Garonne, arr. de St.-Gaudens, cant. et poste d'Aspet; 360 hab.

CASSANYES. *Voyez* CASSAGNE-DE-LA-FRONTIÈRE.

CASSAY ou KATHEE, appelé aussi improprement *Mecklay* par les Européens, état de l'Inde transgangétique, autrefois vassal de l'emp. birman, aujourd'hui tributaire des Anglais. Il est borné au N. par l'Assam, au N.-O. par le Cachar, à l'E. et au S.-E. par l'empire birman, au S.-O. par l'Aracan, à l'O. par le Bengale; le Mugg, les Garrows et l'Anoupectoumjou, qui forment une limite naturelle au Cassay, sont ses principales montagnes. C'est un pays élevé, sillonné de belles vallées, fertile, bien arrosé; le Kyaindouen, le principal affluent de l'Iraouaddy, le traverse; du reste, il est encore peu connu. Les habitants se rapprochent plus des Hindous que des Birmans; leur langue est un dialecte bengali; ils sont renommés comme excellents cavaliers; ils fabriquent de bonnes armes et fondent presque tous les canons de l'armée des Birmans. Des tribus sauvages et indépendantes habitent les montagnes. Le Cassay est gouverné par un radjah particulier qui maintint son indépendance jusqu'en 1774, où il devint tributaire des Birmans. Par le traité de paix qui termina la guerre si malheureuse de ceux-ci contre les Anglais (1824), le Cassay est devenu un état tributaire des vainqueurs. Le chef-lieu de cette province est Mannipour.

CASSEL, *Casletum*, pet. v. de Fr., Nord, arr. et à 3 l. N.-N-O. d'Hazebrouck, chef-lieu de canton, cette ville est fort ancienne et remarquable par sa position: elle est située sur une hauteur qui domine tous les environs et d'où l'œil embrasse un horizon immense. Le château du général Vandamme, né dans cette ville, le beau parc qui orne ce château, et les ruines d'un vieux manoir sont les monuments les plus dignes de la curiosité des étrangers. Fabr. de dentelles, de bas de fil et de laine; chapellerie, huilerie, poterie, raffinerie de sel; commerce de bétail; 4490 hab.

Trois batailles mémorables furent livrées sous les murs de Cassel, par trois Philippe de France; en 1071, Philippe Ier y fut vaincu par Robert-le-Frison, usurpateur de la Flandre, contre lequel ce roi de France avait pris parti pour Arnauld III, petit-fils de Baudoin V; en 1328, Philippe VI, dit de Valois, y battit les Flamands, révoltés contre Louis de Réthel, comte de Flandre, qui avait violé les priviléges des cités flamandes. Cassel fut alors presque entièrement réduit en cendres par les vainqueurs. En 1677, Philippe d'Orléans, frère de Louis XIV, y battit le prince d'Orange. Ce fut une année après cette dernière bataille que Cassel fut réuni à la France par le traité de Nimègue.

CASSEL, *Castellum Castorum*, v. de la confédération germanique, capitale de l'électorat de Hesse-Cassel, prov. de Basse-Hesse, sous 51° 29' 20" de lat. sept. et 7° 7' 5" de long. orient.; elle est située dans une contrée riante, entourée de montagnes et sur la Fulda, qui sépare l'ancienne ville de la nouvelle ville basse avec laquelle elle communique par un pont en pierre. L'ancienne ville est irrégulière, tortueuse et sale; mais la plus belle partie est celle que l'on appelle le quartier français. Cassel renferme plusieurs belles places, qui sont : la place du Château, où l'on jouit d'une vue superbe sur la vallée de la Fulda ; la place d'armes ; la place Royale, place ronde d'un diamètre de 456 pieds et remarquable par son écho, qui répète six fois les sons ; la place de Frédéric, longue de 1000 pieds et large de 450, ornée d'une triple rangée de tilleuls et décorée de la statue du landgrave Frédéric II. A côté de ces places il faut nommer la rue Royale et la nouvelle rue de Guillaume. Les édifices les plus remarquables sont : le Kattenburg, dans l'ancienne ville, magnifique palais de l'électeur, commencé en 1820, après l'incendie de l'ancien, et dont une partie seulement est construite ; le palais du prince électoral, décoré intérieurement avec un grand luxe ; le musée, situé sur la place de Frédéric et regardé comme le plus beau monument de la ville ; la nouvelle église catholique ; l'opéra ; l'arsenal ; l'observatoire ; le palais Bellevue ; les casernes de la garde ; le palais de la galerie de tableaux. C'est une ville très-industrieuse ; mais son commerce n'est pas très-considérable : il consiste principalement dans le transit. On trouve à Cassel de nombreux établissements scientifiques, littéraires, de bienfaisance et autres, parmi lesquels nous citerons : le lycée, le séminaire pour les maîtres d'école, l'école militaire ; l'école d'architecture et des arts ; l'académie des antiquités ; celle de peinture, de sculpture et d'architecture ; l'institut des cadets ; l'école des arts et métiers juive, avec un séminaire pour les instituteurs de cette religion ; la société d'agriculture ; la société du commerce et de l'industrie ; l'institut de Guillaume, maison de travail pour les pauvres ; la Charité ou l'hospice des malades ; la fonderie ; la monnaie ; le musée, où se trouve une bibliothèque de 70,000 volumes, un cabinet de médailles, une collection extrêmement précieuse d'instruments de physique et de mathématiques, d'antiques et la galerie de tableaux. Cassel a été depuis 1807 jusqu'en 1814 la capitale du royaume de Westphalie ; 27,000 hab.

CASSEN, vg. de Fr., Landes, arr. de Dax, cant. de Montfort, poste de Tartas ; 440 h.

CASSENEUIL, b. de Fr., Lot-et-Garonne, arr., poste et à 2 l. N.-N.-O. de Villeneuve-d'Agen, cant. de Cancon ; il est très-agréablement situé sur la rive droite du Lot. C'était autrefois une ville dont l'origine est fort ancienne. Louis-le-Débonnaire y naquit en 778 ; Casseneuil était alors une résidence royale ; Charlemagne y avait un palais, mais il n'en reste plus aucun vestige ; 1970 hab.

CASSES (les), vg. de Fr., Aude, arr., cant. et poste de Castelnaudary ; 410 hab.

CASSET (le), vg. de Fr., Hautes-Alpes, com. du Monetier ; 610 hab.

CASSEUIL, vg. de Fr., Gironde, arr. et cant. de la Réole, poste de Caudrot ; 620 hab.

CASSI, lac des États-Unis de l'Amérique du Nord, état de Louisiane, à l'O. du Mississipi.

CASSIAQUARI ou **CASIQUIARE**, fl. appartenant en partie au Brésil, en partie à la Colombie. C'est un bras de l'Orénoque, dont il se détache pour se jeter dans le Rio-Négro, affluent du Marannon, et établir de cette manière une communication naturelle entre les deux plus grands cours d'eau de l'Amérique méridionale.

CASSIEN (Saint-), vg. de Fr., Dordogne, arr. de Bergerac, cant. et poste de Montpazier ; 190 hab.

CASSIEN (Saint-), vg. de Fr., Vienne, arr. et poste de Loudun, cant. de Moncontour ; 170 hab.

CASSIENT (Saint-), vg. de Fr., Isère, arr. de St.-Marcellin, cant. de Rives, poste de Voiron ; 910 hab.

CASSIGNAS, vg. de Fr., Lot-et-Garonne, arr. d'Agen, cant. et poste de la Roque-Timbaut ; 410 hab.

CASSINE (la), vg. de Fr., Ardennes, arr. de Mézières, cant. d'Omont, poste de Flize ; 230 hab.

CASSINE, v. du roy. de Sardaigne, intendance-générale d'Alexandrie ; 3500 hab.

CASSIPOUR, cap au N.-E. de la Guyane brésilienne.

CASSIS, *Carcisis Portus*, pet. v. de Fr., Bouches-du-Rhône, arr. et à 3 l. S.-E. de Marseille, cant. de La Ciotat, poste ; elle a un port sur la Méditerranée et des chantiers pour la construction des petits bâtiments marchands. Les vins doux de son territoire sont renommés et très-recherchés, ainsi que les figues et d'autres fruits excellents que produit ce pays. On y pêche aussi du corail ; exploitation de pierres de taille ; fabr. de cabas ou scoffin de Sparte pour l'huile ; Cassis est la patrie de Barthélemy, Jean-Jacques, auteur du Voyage d'Anacharsis (1716 - 1795) ; 2070 hab.

CASSON, vg. de Fr., Loire-Inférieure, arr. de Châteaubriant, cant. et poste de Nort ; 910 hab.

CASSON ou **CASSOU**, **KASSO**, roy. de la Sénégambie, Afrique, autrefois étendu au N. de ce fleuve, aujourd'hui réduit à la seule province de Logo, sur la rive méridionale de ce fleuve près des cataractes de Félou et de Govina ; les habitants sont des Foulahs, gouvernés par le prince Haouah-Benba, homme d'un grand courage, qui cherche à étendre sa domination sur les contrées bamboukaines du voisinage. Mamier est sa résidence habituelle.

CASSOPIA, g. a., contrée de l'Épire, était bornée à l'E. par les Molosses et l'Athamanie, au N. par la Thesprotie, à l'O. par la mer Ionienne et au S. par le golfe d'Arta.

CASSOS. *Voyez* CAXO.

CASSOVIA. *Voyez* KASCHAU.

CASSUÉJOULS, vg. de Fr., Aveyron, arr. d'Espalion, cant. et poste de Laguiole; 730 hab.

CAST, vg. de Fr., Finistère, arr., cant. et poste de Châteaulin; 1710 hab.

CAST (Saint-), vg. de Fr., Côtes-du-Nord, arr. de Dinan, cant. et poste de Matignon; 1480 hab.

CASTAGNAC, vg. de Fr., Haute-Garonne, arr. de Muret, cant. de Montesquieu-Volvestre, poste de Rieux; 620 hab.

CASTAGNARO ou **CANAL BIAMO**, une des branches principales de l'Adige, passe par Adria.

CASTAGNÈDE, vg. de Fr., Haute-Garonne, arr. de St.-Gaudens, cant. de Salies, poste de St.-Martory; 190 hab.

CASTAGNÈDE, vg. de Fr., Basses-Pyrénées, arr. d'Orthez, cant. et poste de Salies; 460 hab.

CASTAGNETO, b. du roy. des Deux-Siciles, prov. de la Calabre citérieure.

CASTAGNOS, vg. de Fr., Landes, arr. de St.-Sever, cant. d'Amou, poste d'Orthez; 340 hab.

CASTAHANAS, peuplade indienne indépendante des États-Unis de l'Amérique du Nord, territoire du Missouri. Le district qu'elle habite et qui abonde en salines et en eaux minérales et thermales, est situé à l'O. de celui des Wétapabatos, entre le fleuve La-Platte et le Big-Horn jusqu'au Yellow-Stone, et borné par les Rocky-Mountains. Cette peuplade, qui se monte à environ 5000 individus, vit dans des relations très-amicales avec les colons blancs.

CASTALLA, pet. v. d'Espagne, roy. de Valence, prov. d'Alicante; fabr. d'étoffes de laine et de chanvre; 2800 hab.

CASTANDET, vg. de Fr., Landes, arr. de Mont-de-Marsan, cant. et poste de Grenade-sur-l'Adour; 1060 hab.

CASTANET, b. de Fr., Haute-Garonne, arr. à 3 l. S.-S.-E. et poste de Toulouse, chef-lieu de canton; 1120 hab.

CASTANET, vg. de Fr., Tarn, arr., cant. et poste de Gaillac; 470 hab.

CASTANET, vg. de Fr., Tarn-et-Garonne, arr. de Montauban, cant. de St.-Antonin, poste de Caylux; 900 hab.

CASTANET-LE-HAUT, vg. de Fr., Hérault, arr. de Béziers, cant. de St.-Gervais, poste de Bédarieux; exploitation de houille; 690 hab.

CASTANHEIRA ou **SAN-ANTONIO-DE-CASTANHEIRA**, pet. v. de l'emp. du Brésil, prov. de Para, comarque de Rio-Négro, sur la rive gauche du Rio-Négro; 2600 hab., la plupart Indiens de diverses tribus, convertis au christianisme.

CASTANHEIRA, b. du Portugal, prov. d'Estramadure, dist. de Torresvedras, sur le Tage; 2000 hab.

CASTANO, b. du roy. Lombard-Vénitien, prov. de Milan; 2300 hab.

CASTANS, vg. de Fr., Aude, arr. de Carcassonne, cant. et poste de Peyriac-Minervois; 820 hab.

CASTANUELA, pet. v. des états mexicains, état de Cohahuila, sur les frontières de celui de Chihuahua et non loin de la ville de Saltillo; 2400 hab.

CASTBERGH. *Voyez* MONT-DES-CHATS.

CASTEGGIO, b. des états sardes, Piémont, prov. de Voghera; antiquités romaines; 2000 hab.

CASTEIDE-CAMI, vg. de Fr., Basses-Pyrénées, arr. d'Orthez, cant. d'Arthez, poste de Lacq; 290 hab.

CASTEIDE-CANDAU, vg. de Fr., Basses-Pyrénées, arr. d'Orthez, cant. d'Arthez, poste de Lacq; 410 hab.

CASTEIDE-DOAT, vg. de Fr., Basses-Pyrénées, arr. de Pau, cant. de Montaner, poste de Vic-en-Bigorre; 240 hab.

CASTEIL, vg. de Fr., Pyrénées-Orientales, arr. et cant. de Prades, poste de Villefranche-de-Conflent; 150 hab.

CASTEL (sur la Lauter), b. et château de Bavière, dist. de Pfaffenhofen, cer. de Regen, à 4 l. d'Amberg et à 5 l. de Neumarkt. Centre du commerce des environs; l'église renferme le tombeau d'Anne, fille de l'empereur Louis IV, morte en 1319.

CASTEL, vg. de Fr., Somme, arr. de Montdidier, cant. d'Ailly-sur-Noye, poste d'Hangest; 290 hab.

CASTEL-ARROUY, vg. de Fr., Gers, arr. et poste de Lectoure, cant. de Miradoux; 400 hab.

CASTEL-BAJAC, vg. de Fr., Hautes-Pyrénées, arr. de Tarbes, cant. de Galan, poste de Lannemezan; 780 hab.

CASTELBALDA, b. du roy. Lombard-Vénitien, gouv. de Venise, délégation de Padoue, sur l'Adige, ci-devant forteresse; 2600 hab.

CASTELBIAGUE, vg. de Fr., Haute-Garonne, arr. de St.-Gaudens, poste de Salies, cant. de St.-Martory; 560 hab.

CASTEL-BOLOGNESE, *Castrum Bononiense*, v. des états de l'Église, légation de Ravenne; 4300 hab.

CASTELBUONO, v. de Sicile, intendance de Palerme; 7100 hab.

CASTELCULIER, b. de Fr., Lot-et-Garonne, arr. et poste d'Agen, cant. de Puymirol; 820 hab.

CASTEL-DE-FRONCHI, b. du roy. des Deux-Siciles, prov. de la Principauté ultérieure; 2040 hab.

CASTEL-DELL'ALBATE, b. du roy. de Naples, prov. de la Principauté citérieure; filat. de coton; le territoire est fertile en coton et en bons vins; 2800 hab.

CASTEL-DELLA-PIETRA, b. d'Autriche, gouv. de Tyrol, cer. de Roveredo; bataille où les Vénitiens furent défaits par l'archiduc Sigismond (1487).

CASTELET (le), b. de Fr., Var, arr. de Toulon-sur-Mer, cant. et poste du Beausset; 1950 hab.

CASTELET, ham. de Fr., Arriège, com. de Perles ; forges ; 400 hab.

CASTELFABEI, b. d'Espagne, roy. et dist. de Valence ; 1200 hab.

CASTELFERRUS, vg. de Fr., Tarn-et-Garonne, arr. cant. et poste de Castelsarrasin ; 620 hab.

CASTEL-FORTE, v. du roy. des Deux-Siciles, Terre-de-Labour ; 3500 hab.

CASTELFRANC, ham. de Fr., Gers, com. d'Estampes ; 290 hab.

CASTELFRANC, b. de Fr., Lot, arr. de Cahors, cant. de Luzech, poste ; commerce de bestiaux, vins, eaux-de-vie, huiles de noix, grains, fer et cuivre ; 780 hab.

CASTEL-FRANCO, pet. v. fortifiée du roy. Lombard-Vénitien, gouv. de Venise, délégation de Trévise ; assez commerçante. Patrie du mathématicien Riccati (1707-1775) et du grand peintre Giorgione. Les Autrichiens y furent défaits par les Français (1805) ; 4000 hab.

CASTEL-FRANCO, *Castrum Francorum*, b. du roy. des Deux-Siciles, prov. de la Principauté ultérieure ; 2250 hab.

CASTELGAILLARD, vg. de Fr., Haute-Garonne, arr. de St.-Gaudens, cant. et poste de l'Isle-en-Dodon ; 310 hab.

CASTEL-GANDOLFO. *Voyez* ALBANO.

CASTEL-GANDOLFO (le canal de), dans les états de l'Église, creusé par les Romains l'an 398 avant J.-C., pour la décharge du lac de Castel-Gandolfo où Lago-Castello ; il n'a, dit-on, jamais eu besoin de réparations.

CASTELGINEST, vg. de Fr., Haute-Garonne, arr., cant. et poste de Toulouse ; 490 h.

CASTEL - GRANDINE, b. du roy. de Naples, prov. de Basilicate ; 3500 hab.

CASTEL-JALOUX, *Castrum Gelosum*, pet. v. de Fr., Lot-et-Garonne, arr. et à 9 l. N.-O. de Nérac, chef-lieu de canton et poste ; elle est située sur l'Avence, dans un terrain fertile et assez agréable, mais entouré de landes stériles ; cette ville est propre et bien bâtie ; elle a des fabriques de tissus de laine, de papier, des tanneries, verreries, hauts-fourneaux et laminoir, et l'on y fait commerce de vins, froment, seigle, blé d'Espagne, millet, liége, cire, miel, goudron, térébenthine, résine et surtout écorce de chêne, pour tan. Castel-Jaloux appartenait autrefois aux seigneurs d'Albret, qui y avaient un château dont on voit encore les ruines ; 2160 hab.

CASTELJAU, vg. de Fr., Ardèche, arr. de l'Argentière, cant. et poste des Vans ; 360 h.

CASTELL, *Castellum*, b. de Bavière, dist. de Rudenhausen, cer. du Mein-Inférieur, à 3 l. de Kitzingen. Château des comtes de Castell, seigneurs justiciers des dist. de Rudenhausen, Burghaslach et Remlingen ; contrée fertile ; carrières de plâtre et d'albâtre ; 700 hab.

CASTELLA, vg. de Fr., Lot-et-Garonne, arr. d'Agen, cant. et poste de la Roque-Timbaut ; 540 hab.

CASTELLAMARE ou **CASTELLO-A-MARE-STABIA**, v. maritime et épiscopale du roy. des Deux-Siciles, intendance de Naples, non loin des ruines de l'ancienne Stabiæ ; Pline l'ancien y est mort l'an 70 de J.-C. ; 15,000 hab.

CASTELLAMARE, v. de Sicile, intendance de Trapani, donne son nom à un golfe ; près de là se trouvent les ruines de Ségesta ; 6000 hab.

CASTELLAMONTE, v. du roy. de Sardaigne, intendance-générale de Turin ; 5000 hab.

CASTELLANA, *Æquum Faliscum*, v. du roy. des Deux-Siciles, prov. de Bari ; 6300 h.

CASTELLANA, vg. de Fr., Corse, com. de San-Nicolas ; 430 hab.

CASTELLANE, *Civitas Salinarum, Salinæ*, v. de Fr., Basses-Alpes, chef-lieu d'arrondissement, à 8 l. S.-E. de Digne ; siége d'un tribunal de première instance et d'une conservation des hypothèques ; elle est située sur la rive droite du Verdon et assez bien bâtie ; mais les rues y sont tortueuses et sales ; des débris de fortifications sont épars autour de la ville. Un pont en pierres, d'une seule arche et d'une construction hardie, unit en cet endroit les deux rives du Verdon. On remarque près de la ville un ruisseau d'eau salée qui fait tourner un moulin. Il y a à Castellane un collége et une société d'agriculture, mais point ou peu d'industrie ; fabr. de draps communs. Le principal commerce consiste dans la vente des fruits secs et confits, et particulièrement des pruneaux-castellains ; foire le Vendredi-Saint. Castellane était jusqu'au milieu du treizième siècle une baronie dont les seigneurs étaient vassaux du roi d'Arles ; en 1257 Castellane fut réuni au comté de Provence ; 2110 hab.

CASTELLANETA, *Castania*, v. épiscopale du roy. des Deux-Siciles, prov. d'Otrante ; 5000 hab.

CASTELLARD (le), vg. de Fr., Basses-Alpes, arr., cant. et poste de Digne ; 180 h.

CASTELLA-REAL ou **MAZAGAN, MAZAY-GAN**, dite aussi **BOUREEJA** ou **EL-BARRICA**, pet. v. et port sur la frontière sept. du roy. de Maroc, Afrique, prov. de Duquella, à l'embouchure de la Morbéa, dans une baie de l'Océan Atlantique ; elle fut fortifiée par les Portugais, en 1500, et prise par les Maures, en 1796 ; autrefois très-commerçante, aujourd'hui déserte.

CASTELLARE-DE-CASINCA, vg. de Fr., Corse, arr. de Bastia, cant. de Vescovato, poste de la Porta ; 340 hab.

CASTELLARE-DI-MERCURIO, vg. de Fr., Corse, arr. et poste de Corte, cant. de Sermano ; 260 hab.

CASTELLARO, b. du roy. Lombard-Vénitien, gouv. de Milan, délégation de Mantoue, sur la Molinella ; bataille en 1796.

CASTELLAZO, *Gamundium*, v. du roy. de Sardaigne, intendance-générale d'Alexandrie, au confluent du Tanaro et de l'Orba; 5000 hab.

CASTEL-LÉON, fort d'Espagne, près des frontières de France, sur la Garonne, principauté de Catalogne, dans la vallée d'Aran, dist. et à 2 l. de Viella.

CASTELLEONE, b. du roy. Lombard-Vénitien, gouv. de Milan, délégation de Crémone; 4000 hab.

CASTELLET (le), vg. de Fr., Basses-Alpes, arr. de Digne, cant. et poste des Mées; 340 hab.

CASTELLET, vg. de Fr., Vaucluse, arr., cant. et poste d'Apt; fabriques renommées de poterie, dont les produits s'exportent au loin; 290 hab.

CASTELLET-LES-SAUSSES, vg. de Fr., Basses-Alpes, arr. de Castellane, cant. et poste d'Entrevaux; 410 hab.

CASTELLETO-SOPRA-TESSINO, b. des états sardes, Piémont, prov. de Pallanza; 3000 hab.

CASTELLET-SAINT-CASSIEN, vg. de Fr., Basses-Alpes, arr. de Castellane, cant. et poste d'Entrevaux; 140 hab.

CASTELL-GOFFREDO, b. du roy. Lombard-Vénitien, prov. de Mantoue; filat. de soie; 3000 hab.

CASTELLO-A-MARE-STABIA. *Voyez* CASTELLAMARE.

CASTELLOBRANCO, v. épiscopale du Portugal, prov. de Beira, à 32 l. de Lisbonne, chef-lieu du district de même nom, sur les frontières d'Espagne. La ville est située sur une colline, baignée par la Vereza; elle a une forte citadelle; 5700 hab.

CASTELLO-DE-LA-PLANA, v. d'Espagne, roy. de Valence, chef-lieu du district de même nom, située sur une petite rivière, à 1 l. de la mer et à 10 l. S. de Peniscola; elle a de belles rues, 7 hôpitaux et compte, avec ses deux faubourgs, 11,000 habitants. On y remarque une ancienne tour de 260 pieds de hauteur et de 116 pieds de circonférence. Fabrication et commerce de toiles.

CASTELLO-DE-VIDE, v. du Portugal, prov. d'Alentejo, dist. et à 2 l. de Portalègre, située sur une colline; 6000 hab., qui fabriquent des étoffes de laine.

CASTELLONE, b. du roy. de Naples, prov. de la Terre-de-Labour.

CASTELLO-SAN-FERNANDO, fort d'Espagne, près de Figuières, principauté de Catalogne, dist. de Gérone. Il forme un carré irrégulier avec des ouvrages extérieurs étendus; renferme des casernes, des magasins et un hôpital, construits à l'épreuve de la bombe et peut recevoir une garnison de 12,000 à 16,000 hommes. En 1813, les Français ont fait sauter une partie de cette forteresse.

CASTELLO-VETERE, pet. v. du roy. des Deux-Siciles, Calabre ultérieure Ire; elle a beaucoup souffert d'un tremblement de terre, en 1783; non loin se trouvait l'ancienne Caulonia; 2500 hab.

CASTELLUCCIO-ACQUABORANA, b. du roy. des Deux-Siciles, prov. de Molise; 2300 hab.

CASTELLUCCIO-INFERIORE, b. du roy. de Naples, prov. de Basilicate; 2400 hab.

CASTELLUCCIO-SUPERIORE, b. du roy. de Naples, prov. de Basilicate; 2000 hab.

CASTELMARY, vg. de Fr., Aveyron, arr. de Rhodez, cant. de la Salvetat, poste de Sauveterre; 1090 hab.

CASTELMAUROU, vg. de Fr., Haute-Garonne, arr., cant. et poste de Toulouse; 820 hab.

CASTELMAYRAN, vg. de Fr., Tarn-et-Garonne, arr. de Castelsarrasin, cant. et poste de St.-Nicolas-de-la-Grâve; 970 hab.

CASTEL-MENDO, pet. v. du Portugal, prov. de Beira, dist. de Pinhel; 800 hab.

CASTELMORON-D'ALBRET, vg. de Fr., Gironde, arr. de la Réole, cant. et poste de Montségur; 110 hab.

CASTELMORON-SUR-LOT, b. de Fr., Lot-et-Garonne, arr. et à 8 l. E.-S.-E. de Marmande, chef-lieu de canton, poste de Clairac; 2330 hab.

CASTELMUS, ham. de Fr., Aveyron, com. de Castelnau-Pégayrols; 240 hab.

CASTELNAU, vg. de Fr., Hérault, arr., cant. et poste de Montpellier; 670 hab.

CASTELNAU, vg. de Fr., Landes, com. de Saugnac-Muret; 580 hab.

CASTELNAU-BARBARENS, b. de Fr., Gers, arr. et poste d'Auch, cant. de Saramon; 1470 hab.

CASTELNAU-CHALOSSE, vg. de Fr., Landes, arr. de St.-Sever, cant. d'Amou, poste d'Orthez; 890 hab.

CASTELNAUD, vg. de Fr., Dordogne, arr. de Sarlat, cant. et poste de Domme; 810 hab.

CASTELNAU-D'ANGLES, vg. de Fr., Gers, arr. et poste de Mirande, cant. de Montesquiou; 420 hab.

CASTELNAU-D'ARBIEU, vg. de Fr., Gers, arr. de Lectoure, cant. et poste de Fleurance; 780 hab.

CASTELNAUDARY, *Sostomagus, Castrum Novum Arianorum*, v. de Fr., Aude, chef-lieu d'arrondissement, à 7 1/2 l. O.-N.-O. de Carcassonne; siège de tribunaux de première instance et de commerce; conservation des hypothèques. Cette ville est bâtie en amphithéâtre, sur le canal du Midi, qui la traverse et y forme un beau bassin servant de port, dont l'enceinte, garnie de quais ombragés par des arbres, est une promenade des plus agréables. Les rues y sont mal percées et les maisons sans élégance. L'église St.-Michel et l'hôpital général sont les seuls édifices dignes d'être mentionnés. Castelnaudary possède plusieurs établissements de bienfaisance et d'industrie; elle a un collége communal, une bourse, une société philotechnique, de belles manufactures de laine et de soieries, des filatures de coton, des imprimeries sur toile, des tanneries et des chantiers de construction. Le blé, le vin, les melons cantaloups et les produits de ses manufactures sont ses principaux articles de commerce. Foires les 7 janvier, lundi de Quasimodo et 2 novembre; 10,190 hab.

Cette ville est riche en souvenirs historiques. C'est une des plus anciennes de la Gaule méridionale; les Goths la ruinèrent au cinquième siècle; mais ils la relevèrent plus tard et la fortifièrent; elle passa ensuite sous la domination des Francs, et fut soumise à différents princes, qui, sous la première, la deuxième et même sous la troisième race des rois de France, se disputaient les provinces, devenues autant de petits états continuellement en proie à l'anarchie. En 1229, le comte de Toulouse, auquel elle appartenait alors, fut obligé de démolir ses fortifications, St.-Louis ne lui ayant accordé la paix qu'à cette condition. En 1355, elle fut brûlée par les Anglais. Elle fut rebâtie en 1365. Ce fut sous les murs de Castelnaudary que le maréchal de Schomberg, commandant les troupes de Louis XIII, battit en 1632 l'armée de Gaston d'Orléans, commandée par le duc de Montmorency, que ce prince avait entraîné dans sa révolte contre le roi. Cette ville est la patrie du savant et habile général Andréossi (Antoine-François), né en 1761 et mort à Montauban, en 1828.

CASTELNAU-D'AUDE, vg. de Fr., Aude, arr. de Narbonne, cant. et poste de Lesignan; 320 hab.

CASTELNAU-D'AUZAN, vg. de Fr., Gers, arr. et poste de Condom, cant. de Montréal; 1670 hab.

CASTELNAUD-DE-GRATTECAMBE, b. de Fr., Lot-et-Garonne, arr. de Villeneuve-sur-Lot, cant. et poste de Cancon; 1040 h.

CASTELNAU-DE-BONNAFOUS. *Voyez* CASTELNAU-DE-LEVIS.

CASTELNAU-DE-BRASSAC, b. de Fr., Tarn, arr. de Castres, cant. et poste de Brassac; 4550 hab.

CASTELNAU-DE-FIMARÇON. *Voyez* CASTELNAU-SUR-LOVIGNON.

CASTELNAU-DE-GUERS, vg. de Fr., Hérault, arr. de Béziers, cant. de Florensac, poste de Pézenas; 880 hab.

CASTELNAU-DE-LEVIS, b. de Fr., Tarn, arr., cant. et poste d'Albi; 1660 hab.

CASTELNAU-DE-MAGNOAC, pet. v. de Fr., Hautes-Pyrénées, arr. et à 10 l. N.-E. de Bagnères-en-Bigorre, chef-lieu de canton et poste; fabr. et commerce d'étoffes de laine, de bougies, et blanchisseries de cire; 620 hab.

CASTELNAU-DE-MÉDOC, pet. v. de Fr., Gironde, arr. et à 6 l. N.-O. de Bordeaux, chef-lieu de canton, poste; premiers vins de Grave rouges de Bordeaux; usine à fer; 1120 hab.

CASTELNAU-DE-MONTMIRAIL, v. de Fr., Tarn, arr., à 3 l. N.-O. et poste de Gaillac, chef-lieu de canton; territoire fertile en céréales et en fruits; carrières de marbre; 1120 hab.

CASTELNAU-DE-MONTRATIER, v. de Fr., Lot, arr. et à 5 l. S. de Cahors, chef-lieu de canton et poste; elle est située sur une colline et entourée de vieilles ruines de murailles, restes d'anciennes fortifications, derrières lesquelles un capitaine, nommé Ratier, défendit cette ville contre Simon de Montfort, pendant la guerre des Albigeois; 4200 hab.

CASTELNAU-DE-RIVE-D'OLT, vg. de Fr., Aveyron, arr., cant. et poste d'Espalion; 1740 hab.

CASTELNAU-D'ESTRETEFONS, b. de Fr., Haute-Garonne, arr. de Toulouse, cant. de Fronton, poste de St.-Jory; 1830 hab.

CASTELNAUD-SUR-GUPIE, b. de Fr., Lot-et-Garonne, arr. et poste de Marmande, cant. de Seyches; 920 hab.

CASTELNAU-DURBAN, vg. de Fr., Arriège, arr. et cant. de St.-Girons, poste de la Bastide-de-Serou; 1600 hab.

CASTELNAU-LE-CRÉS, vg. de Fr., Hérault, arr., cant. et poste de Montpellier; 570 hab.

CASTELNAU-PÉGAYROLS, vg. de Fr., Aveyron, arr. et poste de Milhau, cant. de St.-Beauzely; 490 hab.

CASTELNAU-PEYRALÉS, vg. de Fr., Aveyron, arr. de Rhodez, cant. et poste de Sauveterre; 3500 hab.

CASTELNAU-PICAMPEAU, vg. de Fr., Haute-Garonne, arr. de Muret, cant. du Fousseret, poste de Martres; 520 hab.

CASTELNAU-RIVIÈRE-BASSE, pet. v. de Fr., Hautes-Pyrénées, arr. et à 9 l. N. de Tarbes, chef-lieu de canton, poste de Maubourguet; 1340 hab.

CASTELNAU-SUR-LOVIGNON, vg. de Fr., Gers, arr., cant. et poste de Condom; 340 hab.

CASTELNAU-TURSAN, vg. de Fr., Landes, arr. de St.-Sever, cant. de Geaune, poste d'Aire-sur-l'Adour; 600 hab.

CASTELNAU-VALENCE, vg. de Fr., Gard, arr. d'Alais, cant. de Vezenobres, poste de Ledignan; 330 hab.

CASTELNAVET, vg. de Fr., Gers, arr. de Mirande, cant. d'Aignan, poste de Vic-Fezensac; 620 hab.

CASTELNER, vg. de Fr., Landes, arr. de St.-Sever, cant. et poste de Hagetman; 310 hab.

CASTELNOU, vg. de Fr., Pyrénées-Orientales, arr. et poste de Perpignan, cant. de Thuir; 420 hab.

CASTELNOVO, v. du roy. des Deux-Siciles, île de Sicile, intendance de Messine; 3300 hab.

CASTELNOVO, *Castrum Novum*, pet. v. fortifiée dans le roy. de Dalmatie, cer. de Cattaro, sur le golfe de Cattaro, avec la citadelle de Cornigerad.

CASTELNUOVO, v. du roy. de Sardaigne, intendance-générale d'Alexandrie; 6000 h.

CASTELNUOVO, b. des états sardes, Piémont, prov. d'Asti; fabr. de gypse; 2500 hab.

CASTELNUOVO, b. des états sardes, prov. de Mondors; 2500 hab.

CASTELNUOVO-DE-SCRIVIA, v. du roy. de Sardaigne, intendance-générale d'Alexandrie; patrie du poëte Baudello, mort en 1561; 5414 hab.

CASTELNUOVO-DI-GARFAGNANA, *Caferonianum*, chef-lieu de la Garfagnana, vallée sauvage et pauvre, située sur le penchant mér. de l'Apennin; arrosée par le Serchio et dépendante du duché de Modène; 3000 hab.

CASTEL-PAGANO, b. du roy. de Naples, prov. de Molise; 2000 hab.

CASTELPERS, vg. de Fr., Aveyron, com. de St.-Just; 320 hab.

CASTELRENG, vg. de Fr., Aude, arr., cant. et poste de Limoux; 510 hab.

CASTEL-ROSSO, la *Mégiste* des Grecs, est un îlot situé sur la côte mér. de l'Asie Mineure; remarquable par des tombeaux taillés dans le roc et les ruines, assez bien conservées, de l'ancienne ville de Mira, où se trouve aujourd'hui le petit village du même nom. La principale de ces ruines est un vaste et beau théâtre. Dans plusieurs des nombreux tombeaux de Mira on trouve des inscriptions en caractères lyciens.

CASTELS, vg. de Fr., Dordogne, arr. et poste de Sarlat, cant. de St.-Cyprien; 790 h.

CASTELSAGRAT, b. de Fr., Tarn-et-Garonne, arr. de Moissac, cant. et poste de Valence-d'Agen; 1330 hab.

CASTEL-SAN-PIETRO, *Silarum*, b. des états de l'Eglise, légation de Bologne; 3000 h.

CASTEL-SARACENO, b. du roy. de Naples, prov. de Basilicate; 3300 hab.

CASTEL-SARDO (jusqu'en 1767 CASTEL-ARAGONESE), *Castrum Aragonense*, pet. v. de l'île de Sardaigne, intendance-générale de Sassari; est le siège d'un évêché et forte par sa position sur un rocher élevé; 2000 h.

CASTELSARRAZIN, vg. de Fr., Landes, arr. de St.-Sever, cant. d'Amou, poste d'Orthez; 830 hab.

CASTEL-SARRAZIN, v. de Fr., Tarn-et-Garonne, chef-lieu d'arrondissement et à 5 l. O. de Montauban, sur la rive droite de la Garonne, siège d'un tribunal de première instance et d'une conservation des hypothèques; c'est une ville propre et bien bâtie, entourée d'agréables promenades, dans une plaine vaste et fertile; son église, de construction gothique, est un édifice remarquable. Elle a un collége, des fabriques d'étoffes de laine, des chapelleries et des tanneries; commerce de grains, millet, vins, bestiaux; foires les 3 avril, 29 août et 4 novembre; 7419 hab.

CASTELVETRANO, v. de Sicile, intendance de Trapani, sur le fl. Belici, près des ruines de Seline; ville laide et pauvre; l'on y travaille le corail et l'albâtre; elle est entourée d'excellents pâturages; 13,000 hab.

CASTEL-VIADANA, b. du roy. Lombard-Vénitien, gouv. de Milan, délégation de Crémone, sur le Pô; 5400 hab.

CASTELVIEIL, vg. de Fr., Gironde, arr. de la Réole, cant. et poste de Sauveterre; 400 hab.

CASTELVIEIL, vg. de Fr., Tarn, com. d'Albi; 600 hab.

CASTELVIEILH, vg. de Fr., Hautes-Pyrénées, arr. et poste de Tarbes, cant. de Pouyastruc; 530 hab.

CASTELVIEL, ham. de Fr., Haute-Garonne, com. de Castelmaurou; 110 hab.

CASTENEDOLO, b. du roy. Lombard-Vénitien, gouv. de Milan, délégation de Brescia; 4500 hab.

CASTERA, vg. de Fr., Haute-Garonne, arr. de St. Gaudens, cant. et poste de Boulogne; 130 hab.

CASTERA (le), vg. de Fr., Haute-Garonne, arr. de Toulouse, cant. de Cadours, poste de l'Isle-en-Jourdain; 950 hab.

CASTERA, vg. de Fr., Basses-Pyrénées, arr. de Pau, cant. de Montaner, poste de Vic-en-Bigorre; 160 hab.

CASTERA, vg. de Fr., Hautes-Pyrénées, arr. et poste de Tarbes, cant. de Pouyastruc; 290 hab.

CASTERA-BOUZET, vg. de Fr., Tarn-et-Garonne, arr. de Castelsarrazin, cant. et poste de Lavit; 570 hab.

CASTERA-LANUSSE, vg. de Fr., Hautes-Pyrénées, arr. de Tarbes, cant. et poste de Tournay; 180 hab.

CASTERA-LECTOUROIS, vg. de Fr., Gers, arr., cant. et poste de Lectoure; eaux minérales aux environs; 910 hab.

CASTERAS, vg. de Fr., Arriège, arr. de Pamiers, cant. du Tossat, poste du Mas-d'Azil; 140 hab.

CASTERA-VERDUZAN ou DU-VIVENT, b. de Fr., Gers, arr. et à 5 l. S. de Condom, cant. de Valence, poste. Ce bourg possède un établissement thermal très-fréquenté. L'édifice qui renferme les bains est un modèle d'architecture et l'un des plus beaux de ce genre en France. On y trouve toutes les commodités qui peuvent en rendre le séjour agréable. Les eaux de Castera jaillissent de deux sources, l'une ferrugineuse, l'autre sulfureuse. La première a une température de 19° 1/4, la seconde 19° Réaumur; 1030 h.

CASTERETS, vg. de Fr., Hautes-Pyrénées, arr. de Bagnères-en-Bigorre, cant. et poste de Castelnau-Magnoac; 100 hab.

CASTERLÉE, vg. du roy. de Belgique, prov. d'Anvers, dist. de Turnhout; on y fabrique des dentelles et des draps; 1500 h.

CASTERON, vg. de Fr., Gers, arr. de Lectoure, cant. et poste de St.-Clar; 280 h.

CASTET, ham. de Fr., Arriège, com. d'Aleu; 220 hab.

CASTET, vg. de Fr., Basses-Pyrénées, arr. d'Oloron, cant. et poste d'Arudy; 440 hab.

CASTETARBE, ham. de Fr., Basses-Pyrénées, com. d'Orthez; 250 hab.

CASTETBORN, vg. de Fr., Basses-Pyrénées, arr. d'Orthez, cant. et poste de Sauveterre; 660 hab.

CASTETIS, vg. de Fr., Basses-Pyrénées, arr., cant. et poste d'Orthez; 620 hab.

CASTETNAU-CAMPLONG, vg. de Fr., Basses-Pyrénées, arr. d'Orthez, cant. et poste de Navarrenx; 660 hab.

CASTETNER, vg. de Fr., Basses-Pyrénées, arr. et poste d'Orthez, cant. de Lagor; 340 hab.

CASTETPUGON, vg. de Fr., Basses-Pyrénées, arr. de Pau, cant. et poste de Garlin; 440 hab.

CASTETS, b. de Fr., Landes, arr. et à 5 l. N.-N.-O. de Dax, chef-lieu de canton et poste; il est situé dans un charmant vallon et possède une belle église gothique, une source intermittente d'eau ferrugineuse et des forges; 1450 hab.

CASTETS-EN-DORTHE, vg. de Fr., Gironde, arr. de Bazas, cant. et poste de Langon; 1180 hab.

CASTEX, vg. de Fr., Arriège, arr. de Pamiers, cant. et poste du Mas-d'Azil; 370 hab.

CASTEX, vg. de Fr., Gers, arr. de Condom, cant. et poste de Cazaubon; 530 hab.

CASTEX, vg. de Fr., Gers, arr. de Mirande, cant. et poste de Miélan; 400 hab.

CASTIES, vg. de Fr., Haute-Garonne, arr. de Muret, cant. du Fousseret, poste de Martres; 370 hab.

CASTIFAO, vg. de Fr., Corse, arr., à 5 l. N. et poste de Corte, chef-lieu de canton; 620 hab.

CASTIGLIONE, vg. de Fr., Corse, arr. et poste de Corte, cant. d'Omessa; 330 hab.

CASTIGLIONE, b. du roy. Lombard-Vénitien, prov. de Lodi; 2400 hab.

CASTIGLIONE-DELLE-STIVIERE, *Castilio Stiverorum*, b. du roy. Lombard-Vénitien, gouv. de Milan, délégation de Mantoue, sur une hauteur; très-commerçant. Défaite des Autrichiens par les Français sous Augereau, en 1796; 5000 hab.

CASTIGLIONE-MESSER-RAIMONDO, *Castelionum*, b. du roy. de Naples, prov. de l'Abruzze ultérieure Ire; 2000 hab.

CASTILLE. On désigne généralement par ce terme commun les deux anciennes provinces de la monarchie espagnole : la Nouvelle-Castille et la Vieille-Castille, que nous allons traiter séparément. Leur circonscription n'existe plus que sous le rapport militaire; sous le rapport financier et administratif, la chancellerie espagnole comprend sous le nom de *pays de la Couronne de Castille* toutes les intendances de la monarchie, sauf celles de Sarragosse, de Barcelone, de Valence, de Murcie, de Carthagène et de Palma qui forment les *pays de la Couronne d'Aragon*. Sous le rapport judiciaire les deux Castilles dépendent du tribunal supérieur, appelé *Chancellerie royale de Valladolid* (Léon).

La *Nouvelle-Castille* est bornée au N. par la Vieille-Castille et l'Aragon; à l'E. par l'Aragon et Valence; au S. par Murcie et l'Andalousie; à l'O. par l'Estramadure. Sa superficie est de plus de 2000 l. c.; sa population de 1,800,000 habitants. Ce pays est un plateau, coupé au N. et à l'O. par des ramifications de la chaîne des monts de Castille. La partie occidentale est sauvage et sillonnée de profondes vallées. Les cols escarpés de la Sierra Morena le séparent au S. de l'Andalousie; à l'E. il est traversé par les monts d'Alcaraz. Ses principaux fleuves et rivières sont : le Tage et la Xarama, le Manzanarès, l'Henarez, la Tajuna, la Guadiana et la Zangara, la Giquela et le Jabalon. Le terrain est argileux et peu favorable à l'agriculture. Les montagnes sont généralement nues et arides; pas de forêts, quelques chênes rabougris. Les productions de la Nouvelle-Castille sont : l'huile, le vin, le blé, des fruits, du salpêtre, du fer, de la houille, du gypse, du mercure; des moutons, des chèvres et des ânes. Le climat est très-chaud en été, très-froid en hiver; ce dernier est sensible à cause du manque de bois. Les habitants ont du sérieux, de la dignité et de l'intelligence; mais ils sont d'un naturel indolent.

La capitainerie générale de la Nouvelle-Castille (division militaire) comprend les intendances de Madrid, de Quadalaxara, de Tolède, de Cuenca, de Mancha (Manche). Le chef-lieu de cette dernière est Ciudad-Réal. Les villes principales de la Nouvelle-Castille sont les chefs-lieux des quatre premières auxquelles elles ont donné leur nom.

La *Vieille-Castille* est bornée au S. par la Nouvelle-Castille, à l'O. par Léon et les Asturies, au N. par la mer, à l'E. par l'Aragon, la Navarre et les provinces basques. Sa superficie est de 1250 l. c.; sa population de 1,170,000 habitants. Plateau élevé, elle est ceinte par les monts de la chaîne de Castille, les monts Cantabriques et les montagnes des Asturies, et traversée par l'Ebre, le Duero et ses affluents l'Ardaja, l'Eresma et l'Arlanzon, et l'Alberche, affluent du Tage. Cette province produit du vin, du chanvre, du lin, du poivre, des moutons, du bétail, des ânes, des poissons, de l'argent, du plomb et du fer; les produits minéraux sont peu exploités. Le climat est encore plus froid que dans la Nouvelle-Castille; le même manque de bois s'y fait sentir; le caractère des habitants est sérieux, réservé, et fier : on l'a désigné par le mot de grandezza.

La capitainerie générale de la Vieille-Castille et du royaume de Léon comprend les intendances de Burgos, de Santander, de Soria, de Ségovie et d'Avila qui appartiennent à la province de la Vieille-Castille; les autres intendances de cette capitainerie appartiennent au royaume de Léon.

La Castille fut pendant longtemps un des plus puissants des petits états maures et catholiques qui se partageaient l'Espagne; elle en absorba plusieurs et, après sa réunion avec l'Aragon et l'expulsion des Maures, constitua la grande monarchie espagnole.

Son histoire particulière commence avec les conquêtes des chrétiens refugiés, sous Pélage, dans les Asturies. Les nombreux châteaux qu'élevèrent les vainqueurs, firent donner à leur territoire le nom de Castille. Ce territoire était divisé en plusieurs comtés qui relevaient du royaume de Léon et d'Oviédo. Les nobles Castillans s'affranchirent en 925 et se donnèrent deux juges pour gouverneurs. Le petit-fils de l'un d'eux, Fernand Gonzalez, reprit le titre de comte de Castille. Ce fut un des plus fameux héros de l'Espagne, il ne cessa de guerroyer contre les Maures. Les royaumes de Léon et de Castille, réunis par Ferdinand Ier, en 1037, et divisés après sa mort, se trouvèrent réunis de nouveau sous le sceptre d'Alphonse VI, en 1073. Ce grand monarque, secondé par la valeur de Rodrigue Diaz de Bivar, si fameux sous le nom de Cid, plaça la Castille au premier rang des états chrétiens d'Espagne, tant par l'étendue de ses domaines héréditaires que par ses conquêtes sur les Maures. Il enleva à ceux-ci la riche ville de Tolède qui devint alors la capitale de la Castille et le siège d'une cour brillante; mais il eût une lutte terrible à soutenir contre les Almoravides d'Afrique et perdit contre eux deux batailles.

Pendant plus de deux siècles l'histoire de Castille n'est qu'une suite de guerres contre les musulmans, tantôt pour résister à leurs invasions, tantôt pour leur arracher le sol de l'Espagne, interrompue néanmoins par de fréquentes discordes civiles. Les règnes de St.-Ferdinand, qui réunit définitivement les couronnes de Castille et de Léon, d'Alphonse-le-Sage, de Sanche-le-Brave, méritent d'être mentionnés. La victoire des chrétiens sur les bords du Salado, en 1340, et la prise d'Algéras, acheva de briser la puissance des Maures d'Afrique, qui dès ce moment ne se trouvèrent plus en guerre avec la Péninsule que pour leur propre défense. Cependant l'énergie castillane, qui n'a plus d'ennemis à combattre, s'épuise dans des divisions intestines de royaume à royaume et de famille à famille. Les violences de Pierre-le-Cruel soulèvent de nouvelles haines dans la maison royale, et Henri de Transtamare, avec le secours des Français et du connétable Du Guesclin, venge par la mort de ce tyran la mort de ses victimes. Une longue anarchie suit l'avènement au trône de Henri II de Transtamare, compliquée plus tard par de longues minorités, la tyrannie du connétable d'Alvarez de Luna et la faiblesse de Henri IV. Enfin une femme rend la paix à la Castille et par le mariage d'Isabelle de Castille avec Ferdinand d'Aragon (1469), une ère nouvelle commence pour l'Espagne.

CASTILLE (chaîne des monts de). On appelle ainsi la chaîne de montagnes qui partage le plateau de l'Espagne en deux parties, dont la septentrionale est plus élevée, plus froide et plus triste que la méridionale. Elle atteint une hauteur de 8000 pieds près des sources de l'Henarez et se dirige, sous les différents noms de Somo Sierra et Sierra de Guadarama, entre la Vieille-Castille et la Nouvelle, Sierra de Gredos, Sierra de Francia et Sierra de Gata, entre les intendances de Salamanque et de Badajoz, vers le Portugal où elle aboutit à la Sierra de Estrella. Ces masses de montagnes s'élèvent assez doucement au N., mais se précipitent escarpées et déchirées vers les plaines moins élevées de la Nouvelle-Castille et de l'Estramadure.

CASTILLE (canal de), canal d'Espagne, destiné à réunir le port de Santander avec le Duero et le centre du royaume. Il prend son origine près d'Alar-del-Rey, province de Burgos, dans la rivière de Pisuerga, dont il suit la rive gauche jusqu'à son entrée dans la province de Palencia; après avoir pris la rive droite, il s'incline au S.-O., traverse la Cieza et le Carrion et rejoint la Pisuerga à l'O. de Palencia; avant cette ville il reçoit le canal de Campos.

CASTILLO-DE-SAN-PEDRO, pet. fort d'Espagne, avec un port, roy. de Grenade, dist. d'Almeria.

CASTILLON, vg. de Fr., Basses-Alpes, arr., cant. et poste de Castellane; 180 hab.

CASTILLON, b. de Fr., Arriège, arr. et à 2 1/2 l. S.-O. de St.-Girons, chef-lieu de canton et poste; commerce de bestiaux et de fruits; 1000 hab.

CASTILLON, vg. de Fr., Calvados, arr. de Bayeux, cant. de Balleroy, poste de Livarot; 780 hab.

CASTILLON, vg. de Fr., Calvados, arr. de Lisieux, cant. de Mézidon, poste de Balleroy; 360 hab.

CASTILLON, vg. de Fr., Gers, arr. de Lombez, cant. et poste de l'Isle-en-Jourdain; 560 hab.

CASTILLON, pet. v. de Fr., Gironde, arr. et à 5 l. S.-E. de Libourne, chef-lieu de canton et poste; elle est située sur la rive droite de la Dordogne; filat. de coton et de laines. On voit près de là les ruines du château de Montaigne, où naquit l'illustre écrivain de ce nom (1533—1592). Les Français y remportèrent, en 1451, une brillante victoire sur les Anglais; 2960 hab.

CASTILLON, vg. de Fr., Basses-Pyrénées, arr. de Pau, cant. et poste de Lembeye; 200 hab.

CASTILLON, vg. de Fr., Hautes-Pyrénées, arr. et poste de Bagnères-en-Bigorre, cant. de Lannemezan; 210 hab.

CASTILLON-DEBATS, vg. de Fr., Gers,

arr. d'Auch, cant. et poste de Vic-Fezensac; 1130 hab.

CASTILLON-DE-CASTETS, vg. de Fr., Gironde, arr. de Bazas, cant. d'Auros, poste de Langon; 380 hab.

CASTILLON-DE-COURRY, vg. de Fr., Gard, arr. d'Alais, cant. et poste de St.-Ambroix; 1260 hab.

CASTILLON-DE-LUCHON, vg. de Fr., Haute-Garonne, arr. de St.-Gaudens, cant. et poste de Bagnères-de-Luchon; 240 hab.

CASTILLON-DE-SAINT-MARTORY, vg. de Fr., Haute-Garonne, arr. de St.-Gaudens, cant. et poste de St.-Martory; 810 hab.

CASTILLON-DU-GARD, vg. de Fr., Gard, arr. d'Uzès, cant. et poste de Remoulins; 750 hab.

CASTILLON-EN-SAUVESTRE, vg. de Fr., Basses-Pyrénées, arr. d'Orthez; cant. d'Arthez, poste de Lacq; 360 hab.

CASTILLON-MASSAS, vg. de Fr., Gers, arr. et poste d'Auch, cant. de Jegun; 420 h.

CASTILLONNÈS, vg. de Fr., Lot-et-Garonne, arr. et à 9 l. N.-O. de Villeneuve-sur-Lot, chef-lieu de canton et poste; 2030 h.

CASTILLY, vg. de Fr., Calvados, arr. de Bayeux, cant. et poste d'Isigny; 620 hab.

CASTIN, vg. de Fr., Gers, arr., cant. et poste d'Auch; 330 hab.

CASTIN (Saint-), vg. de Fr., Basses-Pyrénées, arr. et poste de Pau, cant. de Morlaas; 390 hab.

CASTINE, pet. v. des États-Unis de l'Amérique du Nord, état du Maine, comté de Hancock; dont elle est le chef-lieu; elle est située sur une langue de terre qui s'avance dans le Penobscot; elle a un beau palais de justice et fait un commerce assez actif par son excellent port, fortifié et protégé par plusieurs îles; 2700 hab.

CASTINETA, vg. de Fr., Corse, arr. et poste de Corte, cant. de Morosaglia; 310 h.

CASTIRLA, vg. de Fr., Corse, arr. et poste de Corte cant. d'Omessa; 220 hab.

CASTLE. *Voyez* CHATEAU (baie de).

CASTLEBAR, v. d'Irlande, chef-lieu du comté de Majo. Fabr. et commerce de toiles. Défaite des Anglais par les Français, en 1798; 5000 hab.

CASTLECOMER, b. d'Irlande, comté de Kilkenny. Ses mines de houille sont les plus considérables du royaume; 2000 hab.

CASTLECONNEC, b. d'Irlande, comté de Simmerick, sur le Shannon; eaux minérales.

CASTLE-ISLAND. *Voyez* CROOKED-ISLANDS.

CASTLEREAGH, gr. fl. de l'intérieur de la Nouvelle-Hollande, Océanie, prend sa source dans la partie occidentale des montagnes Bleues, et se jette dans le Darling.

CASTLETON, pet. v. des États-Unis de l'Amérique du Nord, état de Vermont, comté de Rutland, sur le Castleton et non loin du lac de Bombazon; agriculture, commerce; 2400 hab.

CASTLETON, vg. d'Angleterre, comté de Derby, dans les montagnes de Peak; on y voit la célèbre caverne de Peak, d'une longueur très-considérable; patrie de John Armstrong, poëte et médecin (1709-1779); 1000 hab.

CASTLETOWN, pet. v. des États-Unis de l'Amérique du Nord, état de New-York, comté de Richmond, sur la baie de New-York; elle a un hôpital pour la marine, et un grand établissement où les vaisseaux qui vont à New-York sont obligés de faire quarantaine; 2800 hab.

CASTLETOWN, pet. v. d'Angleterre, chef-lieu de l'île de Man, située sur la baie de ce nom, au S. de l'île, autrefois appelée Sodor; elle est le siége du gouverneur, d'un tribunal et de l'évêque de Man et de Sodor, et possède un séminaire ecclésiastique. Son commerce et sa navigation sont peu considérables; château fort; pêche du hareng; 3000 hab.

CASTONS (les). *Voyez* SAINT-MARTIN-LES-CASTONS.

CASTOR, v. naissante des États-Unis de l'Amérique du Nord, état du Missouri, comté de Madison.

CASTORS (Indiens), peuplade indienne indépendante de la Nouvelle-Bretagne. Elle habite au N.-O. du lac des Esclaves jusqu'au Mackenzie. Elle porte son nom de la grande quantité de castors qu'on trouve dans son district et dont elle vend les peaux dans les factoreries anglaises.

CASTRES, vg. de Fr., Aisne, arr. et poste de St.-Quentin, cant. de St.-Simon; 420 h.

CASTRES, b. de Fr., Gironde, arr. de Bordeaux, cant. de Labrède, poste; 760 h.

CASTRES, *Castra ad Garumnam*, v. de Fr., Tarn, chef-lieu d'arrondissement, à 9 l. S. d'Albi; siége de tribunaux de première instance et de commerce, de direction des contributions, de conservation des hypothèques et d'une inspection forestière. Cette ville, située sur l'Argout, est la plus riche et la mieux bâtie du département; cependant elle a peu d'édifices remarquables, et l'hôtel de la sous-préfecture, ci-devant palais épiscopal, est le seul qui mérite d'être cité. Castres possède une salle de spectacle, une bibliothèque de 7000 volumes, une bourse, une chambre consultative du commerce, un conseil d'agriculture, plusieurs établissements de bienfaisance, des manufactures de draps, casimir, espagnolette et surtout de cuir-laine, d'étoffes de coton, de couverture de laine, de basins, de bonneterie; des filat. de coton, des tanneries, des blanchisseries, des papeteries et des forges. Les produits de tous ces établissements industriels forment le commerce de cette ville que l'on peut mettre au rang des villes manufacturières du pays; foires les 28 avril, 28 août, 3 novembre, 6 décembre et le premier jeudi de carême; 17,602 hab.

Castres, qui avait autrefois le titre de

comté, doit son origine à un monastère fondé en 647. La ville fut d'abord gouvernée par les abbés de ce monastère ; mais au commencement du treizième siècle, elle passa volontairement au comte Simon de Montfort. Elle fit depuis partie du domaine de divers seigneurs, auxquels elle fut transmise par héritage ou par mariage jusqu'en 1519. François Ier réunit alors ce comté à la couronne. Au seizième siècle Castres devint l'un des plus redoutables boulevards du protestantisme ; ses habitants catholiques furent forcés de fuir, et la ville se constitua en république. Vaincue par Louis XIII, ses fortifications furent démolies. Cette ville est la patrie du savant médecin Pierre Borel (1620 - 89) ; de l'érudit André Dacier (1651 - 1722), de l'historien Paul Rapin de Thoyras (1661 - 1725) et du savant grammairien Abel Boyer (1664-1729).

CASTRI, gros vg. de Grèce, dans l'Argolide, chef-lieu de l'eptarchie de l'Hermionis; est très-remarquable par sa position sur l'emplacement de l'ancienne Delphes, et par les ruines qu'on y a découvertes.

CASTRIES, b. de Fr., Hérault, arr. à 3 l. N.-E. et poste de Montpellier, chef-lieu de canton ; tuilerie ; 800 hab.

CASTRO, pet. v. de l'emp. du Brésil, prov. de San-Paolo, comarque de Paranagua ; agriculture très-florissante ; mines de diamants ; 3000 hab.

CASTRO, pet. v. de la rép. du Chili, prov. de Chiloë, à l'E. de l'île de ce nom, sur la belle baie de Castro. Cette ville, importante par son port et son commerce, fut fondée, en 1560, par Don-Lopez-Garcia, alors vice-roi du Pérou ; 3500 hab.

CASTRO, v. épiscopale du roy. des Deux-Siciles, prov. d'Otrante ; patrie de Paul de Castro, l'un des plus célèbres jurisconsultes du quinzième siècle ; 8000 hab.

CASTRODAIRE, b. du Portugal, prov. de Beira, dist. de Lamégo ; 2400 hab.

CASTRO-FELICI, v. de Sicile, intendance de Caltanisetta ; 4000 hab.

CASTRO-GIOVANNI, v. de Sicile, intendance de Caltanisetta ; est située sur une haute montagne et sur l'emplacement de l'ancienne Enna ; elle a un collége royal ; 11,000 hab.

CASTRO-LABOREIRO, b. du Portugal, avec un fort, prov. d'Entre-Duero-et-Minho, dist. de Barcellos.

CASTROMARIM, pet. v. du Portugal, roy. d'Algarve, dist. de Tavira, sur un bras et près de l'embouchure de la Guadiana, vis-à-vis et à 1 l. de la ville espagnole d'Ayamonta, avec un château en ruines ; 1900 hab., vivant de pêche et de contrebande.

CASTRONUOVO, b. du roy. des Deux-Siciles, prov. de Basilicate ; 2200 hab.

CASTRONUOVO, v. de Sicile, intendance de Girgenti ; 5000 hab., s'occupant principalement à cultiver et à filer le coton.

CASTROPIGNANO, gr. b. du roy. des Deux-Siciles, prov. de Molise ; 2500 hab.

CASTROREALE, *Castrum Regale*, v. de Sicile, intendance de Messine ; on y recueille beaucoup d'huile et un excellent vin ; 11,150 hab.

CASTROVERDE, b. du Portugal, prov. d'Alentéjo ; 2000 hab.

CASTROVILLARI, pet. v. de la Calabre citérieure, entourée de nombreuses plantations de coton, de mûriers et de fruits ; 5600 hab.

CASTROVIREYNA, prov. de la rép. du Pérou, dép. d'Ayacucho ; elle est bornée par les provinces d'Yaucos, de Canneta, d'Ica, de Lucanas et de Cangallo. Son étendue est de 180 l. c. géogr., avec une population de 14,000 âmes. C'est un des districts les plus arides et les plus sauvages du Pérou. Son sol très-élevé présente un terrain déchiré, des deux côtés duquel s'étendent plusieurs lacs de montagnes dont celui de Cholco-Cocha est le principal. Le climat y est généralement froid, cependant il y a des vallées où la température est très-douce et qui produisent du maïs, du blé et des patates ; l'éducation du bétail fait la principale occupation des habitants. D'après Alcédo, on y exploitait autrefois quelques mines d'argent ; aujourd'hui elles sont absolument négligées.

CASTROVIREYNA, misérable bourg dans une contrée élevée et très-sauvage du Pérou, à 21 l. de Huancavelica et à 40 l. de Pisco, est le chef-lieu de la province du même nom.

CASTROXERIZ, b. d'Espagne, roy. de la Vieille-Castille, prov. et à 8 l. de Burgos, chef-lieu du district de même nom ; 1400 h.

CASTUA ou KHESTAN, pet. v. d'Illyrie, gouv. de Trieste, cer. d'Istrie, capitale de l'ancienne Liburnie, au bord de l'Adriatique ; bâtie sur un rocher très-élevé ; près de là commence la route à travers le monte Maggiore ; 600 hab.

CAT. *Voyez* TIMBALLIER (baie).

CAT, île entre la baie de Pascagoula et le lac Borgne, au S. de l'état de Mississipi, États-Unis de l'Amérique du Nord.

CAT, lac dans le New-Wales, pays occidentaux de la mer d'Hudson ; il est traversé par le Catsée, et communique par un large canal avec l'Albany.

CATACECOMENE, g. a., contrée de l'Asie Mineure, sur la frontière de la Mysie et de la Phrygie ; renommée par ses bons vins.

CATALANAZOR, b. d'Espagne, prov. de Soria, chef-lieu de district ; 1500 hab.

CATALANS (les), vg. de Fr., Bouches-du-Rhône, com. de Marseille ; 420 hab.

CATALAUNICI CAMPI, g. a., plaine de la Gaule belgique, dans les environs de Châlons-sur-Marne ; elle est célèbre par la grande victoire que remportèrent sur Attila, roi des Huns, les armées réunies des Francs, sous Mérovée, des Visigoths, sous Théodoric, et des Romains, sous Ætius (451 de J.-C.).

CATALDO, v. de Sicile, intendance et à l'E. de Caltanisetta ; 8000 hab.

CATALINA (Santa-), ou SAINTE-CATHE-RINE, île non loin de la côte méridionale de l'île d'Haïti, dont elle dépend, à l'O. de l'île de Saona et à 20 l. E. de la ville de St.-Domingue.

CATALINA (Santa-), île considérable dans la mer des Antilles, au N. de l'état d'Honduras, dont elle dépend, États-Unis de l'Amérique centrale. Elle est couverte de vastes forêts, mais elle manque d'eau.

CATALINA (Santa-), île considérable, à 8 l. de la côte de la Nouvelle-Californie, dont elle fait partie, confédération mexicaine ; elle abonde en loutres marines.

CATALINA (bahia de San-), baie au S. de la Patagonie, dans le détroit de Magellan, entre la Bahia de Papagayos et la Punta de San-Antonio-de-Padua.

CATALINA, île assez considérable dans le golfe de Californie, au S. de l'île del Carmen et non loin de la côte orientale de la presqu'île.

CATALOGNE (principauté de), *Catalaunia*, prov. d'Espagne, gouvernée par un capitaine-général résidant à Barcelone; elle est située entre le 40° 40' et le 42° 45' de lat. N., et entre le 1° et le 2° de long. O., et bornée au N. par la France, dont elle est séparée par les Pyrénées, à l'E. et au S. par la Méditerranée, au S.-O. par le roy. de Valence et à l'O. par celui d'Aragon. Sa superficie est de 1003 l. c. d'Espagne (17 1/2 au degré). Il part de la chaîne des Pyrénées des ramifications qui sillonnent le pays du N. au S.-E. et au S., et forment des vallées plus ou moins vastes qui se terminent en plaines vers les côtes. Parmi ces chaînes secondaires on remarque à l'E. le Monseny, au centre le Monserrat, de 1237 mètres au-dessus du niveau de la mer, au S.-O. sur l'Ebro, la Sierra de Clena. Au N. les caps de Creux et de Norfeo s'élèvent dans une presqu'île pierreuse pour se prolonger dans la mer et protéger le golfe de Roses; à partir du cap St.-Sébastien, situé plus au S., la côte tourne au S. O. et atteint la limite de la province au S. du cap de Tortose, qui couvre l'embouchure de l'Ebro. Le sol des régions élevées est entremêlé de débris granitiques; celui des vallées et de la plaine est argileux et sablonneux, mais généralement productif. La crête des Pyrénées est traversée depuis La Jonquière (Junquera) jusqu'à Bellegarde et Perpignan par la route la plus commode et la plus fréquentée, conduisant de la péninsule en France; plusieurs autres routes traversent la frontière, mais ne sont praticables que pour les piétons et les mulets de bât; ce sont celles de Viella à St.-Béat, de Puycerda à Montlouis, de Campredon à Prats, etc. Les Pyrénées y donnent naissance à vingt-six rivières principales, dont dix atteignent immédiatement la mer; les eaux jointes à celles d'un grand nombre de fontaines et de ruisseaux, fournissent à des irrigations artificielles fertilisantes, surveillées par une junte spéciale. La rivière principale est l'Ebro; elle entre dans la province à Mequinenza, où elle reçoit le Segré, venant avec ses affluents des Pyrénées; elle traverse la province du N.-O. au S.-E. et se jette dans la mer par les dunes d'Amposta. Le Francoli a son embouchure à Taragone, le Clobregat à l'O. de Barcelone, le Besos à l'E. de la même ville, le Toldera à Blanos, le Ter en face des îles Medâs, la Fluvia dans la baie de Roses, etc. Le climat de la Catalogne est très varié et diffère de celui du reste de l'Espagne. Les montagnes, où le froid et la chaleur sont extrêmes, sont couvertes de neige pendant tout l'hiver et même jusqu'en juin, dans les régions plus élevées; dans les vallées l'hiver est doux et l'été tempéré; dans l'intérieur l'air est sec et le ciel ordinairement pur, mais sur les côtes où règnent les vents d'E. et de S.-E., l'atmosphère est le plus souvent chargée de nuages et les pluies y sont fréquentes.

La Catalogne est la province la plus habitée d'Espagne; sa population, qui n'était en 1797 que de 859,000 habitants s'est élevée à 1,200,000; elle renferme plus du onzième de celle du royaume, tandis qu'elle n'occupe que le quinzième de sa superficie. Les Catalans sont le peuple le plus industriel et le plus laborieux de la péninsule; leur physique, leur langage et leurs mœurs tiennent plus du midi de la France que de l'Espagne; ils sont grands admirateurs de leur province et méprisent le reste de la nation; altiers, vindicatifs, mais amis sûrs, quoique aimant l'argent, ils jouissent d'une réputation de grande probité. L'agriculture y a atteint un haut degré de perfection. Il se fait un grand commerce d'exportation de vins, d'eaux-de-vie, d'huiles, de chanvre et de lin, de fruits du sud, de liége, etc. La pêche sur les côtes et l'exploitation des forêts dans les montagnes sont d'un grand rapport. Quoique la province produise beaucoup de laine et de la soie, on en importe encore pour ses fabriques, ainsi que du blé, les récoltes ne suffisant pas à la consommation.

Outre les ressources territoriales, chaque localité possède une industrie spéciale; c'est ainsi que Lérida prospère par ses papeteries et ses imprimeries; Barcelone par ses manufactures de coutellerie, d'indiennes et d'étoffes de soie; Aulat et Terrasa par leurs fabriques de draps et de bonneterie; Figuières par ses fonderies; Cardona par sa mine de sel; Montalona par ses mines de houille et ses usines. La province fait de plus un grand commerce d'orfèvrerie et de joyaux. Cette activité manufacturière et commerciale serait encore plus étendue, si les communications n'étaient rendues difficiles par les branches des Pyrénées qui entrecoupent le pays. Les montagnes renferment des mines de fer, d'étain, de plomb, d'or et d'argent, de vitriol et d'alun; mais leur exploitation est difficile et les produits d'importance se réduisent au fer. On y trouve beaucoup de sources minérales.

La Catalogne a été la première conquête des Romains en Espagne; elle y a aussi été leur dernière possession et portait le nom de *Hispania Tarraconensis;* le siége de leur gouvernement était établi à Tarragone. On voit près de cette ville les tombeaux des deux Scipion, auxquels on attribue la fondation d'une colonie dès l'occupation romaine. En 472, les Visigoths commencèrent à infester l'Espagne; mais leur domination fut bouleversée, au commencement du huitième siècle, par les Arabes qui s'emparèrent aussi de la Catalogne et passèrent de là en France. Ceux-ci ayant été battus à Poitiers par Charles-Martel, en 732, les Catalans profitèrent de cet échec: ils se révoltèrent en masse et délivrèrent leur pays de la domination musulmane. En 1640, la province se donna volontairement à la France, mais a été restituée, en 1652, au roy. d'Aragon. En 1808, l'armée française s'empara, en moins de quinze jours, de quatre-vingts redoutes qui défendaient, dans les Pyrénées, l'entrée de la Catalogne. Cette belle province est aujourd'hui, comme le reste de l'Espagne, en proie à la guerre civile.

CATAMARCA, prov. ou état de la rép. Argentine, faisait partie de l'ancien Tucuman, est un des districts les moins connus de tout l'état. Ses établissements sont disséminés dans les immenses landes du Tucuman. Cette province est bornée au S.-O. par celle de Rioja, à l'E. par la prov. de Tucuman; au N. et au S. ses délimitations nous sont inconnues. Il parait que les établissements de la belle vallée de Palcipa et d'Andalgala font encore partie de cette province. Une grande partie du sol de ce pays manque d'eau, et le Rio-de-Catamarca, appelé vulgairement Rio-del-Valle, très-peu connu encore et qui se perd dans quelques lacs au S. de la ville de Catamarca, est le seul cours d'eau de cette province qu'on puisse mentionner. A l'O. de la vallée de Catamarca s'étend une haute Serrania, qui, du N. au S., traverse toute la province, et renferme, dit-on, des mines d'or. Au pied et sur la pente de ces montagnes se développent de riches prairies qui nourrissent de nombreux troupeaux de bœufs, de moutons, de chevaux, d'ânes et de mulets. Les autres productions du pays consistent en poivre, blé et coton d'une qualité très-fine et qui parait être le principal objet du commerce d'exportation. Le climat de ce pays, dont les habitants s'élèvent à 40,000 âmes, est des plus doux et des plus sains de l'Amérique méridionale.

CATAMARCA, v. de la rép. Argentine, prov. de Catamarca, dont elle est la capitale, dans la vallée de Catamarca et sur la rivière de même nom, dont le cours est peu connu. Cette ville, dont la position fut changée plusieurs fois à cause des vexations qu'elle éprouva de la part des Indiens de cette contrée, fut fondée pour la première fois, en 1558, sous le nom de Conando. Aujourd'hui c'est un endroit très-florissant par ses manufactures de coton; 5400 hab.

CATAMAYU, fl. de la rép. de l'Ecuador, dép. d'Assuay; il naît dans le Paramo-de-Sabanilla, prov. de Loxa et coule vers le N. jusqu'à sa jonction avec le Gonzanama; de là, dans une direction O., il entre dans les états Péruviens, traverse la prov. de Piura, où il se grossit de plusieurs affluents considérables et se jette dans l'Océan, non loin de la ville de Colan.

CATANDUANES, gr. îlot sur la côte orient. de l'île de Manille. Il est fertile et bien cultivé; les principaux centres d'habitation dans cette île sont les villages de Catanduanes, Birai, Biga, Manito, Barili et Caramoan; ces deux derniers, le premier sur la côte orient., le second sur la côte occ., possèdent de bonnes rades.

CATANE (l'intendance de), bornée au N. par celle de Messine, à l'E. par la mer Ionienne, au S. par l'intendance de Syracuse, à l'O. et au N.-O. par celles de Caltanisetta et de Palerme, comprend en partie le Val-di-Demona et le Val-di-Mazzara et tout le mont Etna; sa superficie est de 336 l. c., et sa population de 289,500 hab.

CATANE, *Catana,* v. de Sicile, au pied du mont Etna, chef-lieu de l'intendance du même nom, est située sous le 37° 29' 30" lat. sept. et sous le 12° 58' long. orient., à 90 l. S.-E. de Naples et à 520 l. de Paris, avec un port sur la côte orient. de l'île; la plaine de Catane, qui comprend toute la vallée de l'Etna jusqu'aux montagnes de Vizzini, passe pour la plus fertile de toute la Sicile. Catane a vu plusieurs fois ses monuments engloutis par les éruptions de l'Etna; elle renferme des ruines remarquables, entre autres celles d'un vaste amphithéâtre, de bains et de deux théâtres; c'est encore une fort belle ville, ses principaux édifices sont la cathédrale, l'hôtel de ville et le couvent des bénédictins. Catane est le siège d'un archevêché, elle possède un tribunal de commerce et un tribunal d'appel; elle fut, de 1798 à 1826, la résidence du grand-maître de l'ordre des chevaliers de St.-Jean-de-Jérusalem; quant aux établissements littéraires, à côté de l'université, fondée en 1445, du lycée, de la bibliothèque publique et du musée, nous devons encore citer le médailler et le musée du prince Biscari, le cabinet d'histoire naturelle de M. Gioeni et l'académie Giojena, vouée à l'histoire naturelle; les produits des fabriques de soie de Catane sont très-estimés; commerce en blé, soude, soufre, soie et vins. On y recueille en abondance de l'ambre jaune, dont on fait toutes sortes d'ouvrages. Sa population est, d'après Hassel, de 60,000 hab. Cette ville, fondée 720 ans avant J.-C., par une colonie grecque, possède un territoire des plus favorisés, mais ces avantages sont malheureusement compensés par le voisinage de l'Etna, dont les éruptions menacent sans cesse cette antique cité.

CATANZARO, *Catacium*, *Catancium*, v. et chef-lieu de la Calabre ultérieure IIᵉ, roy. des Deux-Siciles, est le siége d'un évêché, du tribunal civil et criminel de la province et d'une cour d'appel pour la Calabre ; elle possède un lycée, une maison d'éducation pour les nobles, des manufactures de soie et un commerce actif; 11,500 hab.

CATAONIA, contrée au S. de la Grande-Cappadoce, bornée à l'E. par Sophene et Commagene, au N. par l'Antitaurus, à l'O. par le Taurus et la Lycaonie et au S. par le Taurus.

CATARACTES DU NIL (les), g. a. On en distinguait deux : la Grande, *Cataractes Major*, dans l'Ethiopie, au S.-O. de Pselcis et de Premis Parva, et la Petite, *Catapuda*, *Cataractes Minor* ou *Novissimus*, dans la Thébaïde, près de Philæ, au S. de l'île Eléphantide. Déjà plusieurs voyageurs modernes ont signalé l'exagération des géographes anciens et modernes sur la hauteur qu'on leur attribuait ; malgré cela, par une inconcevable négligence, plusieurs géographes portent encore à plusieurs centaines de pieds leur élévation, qui n'est que de quelques pieds de chute perpendiculaire.

CATARAQUI. *Voyez* **LAURENT** (Saint-), fleuve.

CATARINA (Santa-), prov. de l'emp. du Brésil. Elle se compose de l'île de ce nom, avec plusieurs autres plus petites, et d'une étroite lisière de pays le long de l'Océan, entre les prov. de San-Paolo et de Rio-Grande-do-Sul. Son étendue est de 7201. c. g., avec 96,000 habitants. La Serra do Mar avec de nombreuses ramifications s'étend en tout sens sur ce pays et avance ses pics jusqu'aux bords de l'Océan. Le sol y est d'une extrême fertilité et généralement bien cultivé. Les principales productions sont : le blé, des légumes de toute espèce, le riz, l'érable à sucre, le coton, le tabac, le café et le lin, dont on n'a commencé la culture que depuis peu d'années et qui déjà est un article très-important du commerce de ce pays ; l'éducation du bétail et les pêcheries y sont très-importantes. Les mines sont négligées; la chaux, la pierre à aiguiser et une excellente terre à potier sont les seuls objets qu'on exploite. Les eaux thermales y abondent. De nombreuses rivières, d'un cours plus ou moins restreint et dont nous ne nommerons que le Tuburao et l'Embahu, arrosent cette province et se déchargent toutes dans l'Océan Atlantique. Parmi les lacs dont ce pays est couvert, nous citerons les lagoas de Camacho, la lagoa da Cruz et la Laguna, le plus grand de tous. Les côtes de ce pays forment plusieurs baies peu étendues, mais qui offrent de bons ports; celles de Guaroupas et d'Itapacoroya en sont les plus importantes.

L'île de Santa-Catarina, appelée autrefois Ilha dos Patos, séparée du continent par le détroit du même nom, est très-fertile, bien boisée et bien arrosée. De nombreux lacs, d'une assez grande étendue et très-poissonneux, s'étendent à l'E. et au S. de l'île qui, comme la partie continentale de la province, jouit d'un climat délicieux. L'île de San-Francisco est, après celle de Santa-Catarina, la plus considérable de la province.

Cette province, dont il est fait mention pour la première fois en 1532, où elle fut donnée par le roi Jean III à quelques seigneurs espagnols pour être gouvernée comme fief de la couronnne, ne doit sa population qu'à l'arrivée de colons des îles Açores, envoyés à Santa-Catarina aux frais du gouvernement espagnol, en 1670. Dès lors, elle devint une dépendance de celle de San-Paolo ; plus tard, elle fut réunie à la capitainerie de Rio-Janeiro et, en dernier lieu, à celle de Rio-Grande-de-San-Petro, dont elle faisait une comarque. Depuis quelques années elle forme une province à part, divisée en certados.

CATARROJA, b. d'Espagne, roy. et prov. de Valence ; culture du riz ; 3000 hab.

CATARZENE, g. a., contrée de la Grande-Arménie, entre l'Araxe et le Cyrus.

CATAUGHQUE ou **CHATAUQUE**, comté de l'état de New-York, États-Unis de l'Amérique du Nord ; il est borné par les comtés de Nicaragua et de Cattaragus, par le lac Erié et l'état de Pensylvanie. Ce district, le plus occidental de l'état, renferme plusieurs lacs qui communiquent entre eux par des canaux ; le lac Cataughque en est le plus considérable. Ce pays, encore couvert de vastes forêts, a un sol très-fertile, comme tous les districts à l'O. de l'état de New-York ; l'agriculture y a fait depuis quelques années de rapides progrès, et ce comté qui, en 1810 ne renfermait pas 3000 habitants, en compte aujourd'hui 15,000.

CATAUGHQUE (ville). *Voyez* **MAYSVILLE**.

CATAUXIS, peuplade indienne, en partie convertie au christianisme ; elle habite un immense district entre le Rio-Coary et le Rio-Purus, prov. de Para, comarque de Rio-Négro, emp. du Brésil.

CATAWBA. *Voyez* **SANTÉE** (fleuve).

CATAWBA (Indiens-), peuplade indienne, en partie indépendante, en partie soumise et convertie au christianisme. Elle habite à l'O. de la Catawba, comté d'York, état de la Caroline du Nord, États-Unis de l'Amérique du Nord.

CATAWESSY, b. des États-Unis de l'Amérique du Nord, état de Pensylvanie, comté de Northumberland, à l'embouchure du Catawessy dans le Susquehannah ; agriculture, commerce ; 2600 hab.

CATCHAO. *Voyez* **KETCHO**.

CATCHAR. *Voyez* **CACHAR**.

CATEAU-CAMBRÉSIS, v. de Fr., Nord, arr. et à 6 l. E.-S.-E. de Cambrai, chef-lieu de canton et poste ; elle est située sur la rive droite de la Selle et possède des chapelleries; des fabriques de mérinos, mousseline laine, etc. ; filatures de laine et de coton, des tanneries, des brasseries et des raffineries de sel ; 6015 hab.

Cette ville fut fondée au commencement du onzième siècle par l'évêque Herluin; elle fut cédée, en 1108, au comte de Flandre, qui la rendit, dix ans après, à l'évêque de Cambrai. Incendiée en 1133, elle est reconstruite et agrandie en 1250; assiégée et prise par les comtes de Dunois et de Nevers, en 1449; un incendie la détruisit presque entièrement en 1472; en 1481, la garnison de St.-Quentin s'en empara. Il s'y tint, en 1559, un congrès où fut signée la paix entre Henri II, roi de France, et Philippe II, roi d'Espagne. En 1793, les Autrichiens prirent cette ville; mais ils furent bientôt forcés de l'évacuer.

CATELET, b. de Fr., Aisne, arr. et à 4 l. N. de St.-Quentin, chef-lieu de canton et poste; carrières d'excellentes pierres dures; 610 hab.

CATELET (le), vg. de Fr., Nord, com. de Flines-les-Rach ; 300 hab.

CATELIER (le), vg. de Fr., Seine-Inférieure, arr. de Dieppe, cant. et poste de Longueville; 390 hab.

CATELON, vg. de Fr., Eure, arr. de Pont-Audemer, cant. et poste de Bourgtheroulde; 200 hab.

CATENAY, vg. de Fr., Seine-Inférieure, arr. de Rouen, cant. et poste de Buchy ; 410 hab.

CATENAY, vg. de Fr., Oise, arr. de Clermont, cant. et poste de Liancourt; fabr. d'escots; commerce de vins; 630 hab.

CATERINA (Santa-), b. du roy. de Naples, Calabre ultérieure II\ ; territoire fertile en vins; 2000 hab.

CATHARINA (Santa-), île dans la baie du même nom, sur la côte de l'état de Géorgie, États-Unis de l'Amérique du Nord ; cette île très-marécageuse est fertile en riz.

CATHARINESTOWN, pet. v. des États-Unis de l'Amérique du Nord, état de New-York, comté de Tioga; agriculture; 2000 hab.

CATHEDRAL-OF-YORK. *Voyez* YORK-MINSTER.

CATHERINE (Sainte-). *Voyez* CATALINA (Santa-).

CATHERINE (Sainte-), ham. de Fr., Hautes-Alpes, com. de Briançon; 230 hab.

CATHERINE (Sainte-), ham. de Fr., Hautes-Alpes, com. de Vars; 290 hab.

CATHERINE (Sainte-), vg. de Fr., Finistère, com. de Mespaul; 470 hab.

CATHERINE (Sainte-), vg. de Fr., Finistère, com. de Plounévezel ; 700 hab.

CATHERINE (Sainte-). *Voyez* FOURS.

CATHERINE (Sainte-), vg. de Fr., Puy-de-Dôme, arr. d'Ambert, cant. et poste de St.-Germain-l'Herm; 550 hab.

CATHERINE-D'ANCELLE (Sainte-). *Voyez* CHATEAU-D'ANCELLE.

CATHERINE-DE-FIERBOIS (Sainte-), vg. de Fr., Indre-et-Loire, arr. de Chinon, cant. et poste de Ste.-Maure ; 560 hab.

CATHERINE-DE-MOURENS (Sainte-), vg. de Fr., Tarn, com. de Puiceley ; 220 hab.

CATHERINE-LES-ARRAS (Sainte-), vg. Fr., Pas-de-Calais, arr., cant. et poste d'Arras ; 610 hab.

CATHERINE-SUR-RIVERIE (Sainte-), vg. de Fr., Rhône, arr. de Lyon, cant. et poste de Mornant; 665 hab.

CATHERVIEILLE, vg. de Fr., Haute-Garonne, arr. de St.-Gaudens, cant. et poste de Bagnères-de-Luchon ; 120 hab.

CATHEUX, vg. de Fr., Oise, arr. de Clermont, cant. et poste de Crèvecœur; fabr. d'étoffes de laine; 380 hab.

CATI, pet. v. d'Espagne, roy. de Valence, dist. de Morella ; fabr. de rubans ; 2000 h.

CATIEH ou KATTYEH, b. de la Basse-Égypte, Afrique, prov. de Damiette, sur le chemin de Tynreh à Gaza, non loin de la Méditerranée.

CATIGNY, vg. de Fr., Oise, arr. de Compiègne, cant. et poste de Guiscard; 500 hab.

CATILLON, vg. de Fr., Oise, arr. de Clermont, cant. et poste de St.-Just-en-Chaussée ; 800 hab.

CATINGUINHA. *Voyez* VALENÇA.

CATLLAR, vg. de Fr., Pyrénées-Orientales, arr., cant. et poste de Prades ; 580 h.

CATO, pet. v. des États-Unis de l'Amérique du Nord, état de New-York, comté de Cayuga, sur le Sénéca; agriculture, commerce ; 2200 hab.

CATOLICA, vg. de la légation de Forli, états de l'Eglise; est connu par la réunion des évêques catholiques, sur lesquels les Ariens l'avaient emporté par le nombre au concile de Ravenne, en 359.

CATON. *Voyez* PRÈBLE (comté).

CATONVIELLE, vg. de Fr., Gers, arr. de Lombez, cant. de Cologne, poste de Gimont; 200 hab.

CATOUMBOLA, riv. considérable de la Basse-Guinée, Afrique, formée par la jonction du Cabal, du Valombo et de plusieurs autres branches; elle arrose le roy. de Benguela de l'E. à l'O. et se jette dans l'Océan Atlantique, à 12 l. N. de la ville de Benguela.

CATRAL, pet. v. d'Espagne, roy. de Valence, gouv. d'Orihuela; fabr. de toiles; 2000 hab.

CATTARAGUS, comté de l'état de New-York, États-Unis de l'Amérique du Nord; il est borné par les comtés de Niagara, de Genessée, d'Alleghany, de Cataughque et par l'état de Pensylvanie. Ce pays très-étendu, encore peu cultivé, couvert d'immenses forêts et traversé par l'Alleghany, qui y reçoit différentes petites rivières, ne compte que 5000 hab., dont plusieurs hordes indiennes.

CATTARO, cer. du roy. de Dalmatie; il

comprend le cant. des Bouches-du-Cattaro, a 17 l. c. géogr. (26 l. c. géogr. d'après Liechtenstern) et une pop. de 30,000 âmes; il forme la partie la plus mér. de tout l'empire, sur les frontières de la Turquie. C'est un pays montagneux, dont le sol, le mieux cultivé de la Dalmatie, produit des olives, des figues, du vin, des fruits, du seigle et des pommes de terre; le commerce et la navigation sont la seule occupation de ses habitants. En 1805, le petit canton des Bouches-du-Cattaro ne comptait pas moins de 399 navires de long cours et 290 de cabotage.

CATTARO, *Ascrivium*, pet. v. fortifiée du roy. de Dalmatie, chef-lieu du cercle de ce nom, encaissée dans des rochers, à l'extrémité du golfe de Cattaro; siége d'un évêque catholique. Son port, très-commerçant, est le plus important de l'Adriatique; commerce maritime très-considérable; 2300 hab.

CATTÉGAT (le), *Codanus*; *Scagensis Sinus*, est un large détroit qui s'étend entre la Suède et la presqu'île du Jutland. Il communique au N.-O. avec la mer du Nord par le large bras de mer du Scager-Rack; au S. avec la mer Baltique par trois détroits; celui du Sund, le plus fréquenté, entre la Gothie méridionale et l'île de Seeland; le Grand-Belt, entre cette même île et l'île de Fionie, et le Petit-Belt, entre l'île de Fionie et le Jutland. Au milieu de ce golfe sont les îles d'Anholt et de Léso; à son extrémité S.-O. celle de Sanso. Le Guden, qui est le plus grand fleuve du Jutland, et le Gotha, qui sort du lac Wener, en Suède, se jettent dans le Cattégat.

CATTENIÈRES, vg. de Fr., Nord, arr. et poste de Cambrai, cant. de Carnières; 820 hab.

CATTENOM ou KETTENHOWEN, vg. de Fr., Moselle, arr., à 2 l. N.-E. et poste de Thionville, chef-lieu de canton; vins blancs renommés, dits de Kontz; 1150 hab.

CATTERI, vg. de Fr., Corse, arr. et poste de Calvi, cant. d'Algajola; 510 hab.

CATTES ou QUADES, g. a., puissant peuple de la Germanie; il habitait les pays compris actuellement dans les prov. de Fulde, de Hanau, de Haute et Basse-Hesse et en partie l'E. du duché de Nassau et de la prov. de Westphalie. Vaincu sous Marc-Aurèle par Didius Julianus, ce vaillant peuple disparaît de l'histoire.

CATTEVILLE, vg. de Fr., Manche, arr. de Valognes, cant. et poste de St.-Sauveur-sur Douve; 310 hab.

CATTILLON, b. de Fr., Nord, arr. de Cambrai, cant. et poste du Cateau; 3150 h.

CATTOLICA, v. de Sicile, intendance de Girgenti; non loin se trouvent de riches mines de soufre; 7060 hab.

CATTYWARS, peuple de l'Inde, vivant depuis un temps immémorial dans l'intérieur de ce pays, mais d'origine étrangère; sauvage, abruti et idolâtre.

CATULEZ (Serra de). *Voyez* MANTIQUEIRA (Serra de).

CATUS, pet. v. de Fr., Lot, arr., à 4 l. N.-N.-O. et poste de Cahors, chef-lieu de canton; 1480 hab.

CATWA ou CUTWA, v. de l'Inde anglaise, présidence de Calcutta, dist. de Burdwan; on y fabrique de beaux vases de cuivre.

CATZ, vg. de Fr., Manche, arr. de St.-Lô, cant. et poste de Carentan; 200 hab.

CAUB, *Cuba*, v. du duché de Nassau, bge de Goarshausen, sur le Rhin; ses environs possèdent de bons vignobles et douze carrières d'où l'on extrait une excellente ardoise; vis-à-vis se trouve l'ancien château de la Pfalz; 1500 hab.

CAUBEL, vg. de Fr., Lot-et-Garonne, arr. de Villeneuve-sur-Lot, cant. de Monclar, poste de Cancon; 640 hab.

CAUBERT, vg. de Fr., Somme, com. de Mareuil; 260 hab.

CAUBEYRES, vg. de Fr., Lot-et-Garonne, arr. de Nérac, cant. et poste de Damazan; 500 hab.

CAUBIAC, vg. de Fr., Haute-Garonne, arr. de Toulouse, cant. de Cadours; poste de Puységur; 560 hab.

CAUBIOS, vg. de Fr., Basses-Pyrénées, arr. et poste de Pau, cant. de Lescar; 310 hab.

CAUBOUS, vg. de Fr., Haute-Garonne, arr. de St.-Gaudens, cant. et poste de Bagnères-de-Luchon; 70 hab.

CAUBOUS, vg. de Fr., Hautes-Pyrénées, arr. de Bagnères-en-Bigorre, cant. et poste de Castelnau-de-Magnoac; 150 hab.

CAUCA (Rio-). *Voyez* MAGDALENA (Rio-).

CAUCA, dép. de la rép. de la Nouvelle-Grenade, tire son nom du Rio-Cauca qui le traverse du S. au N. Il est borné par les dép. de l'Isthme, du Magdalena, de Cundinamarca, par la rép. de l'Ecuador, par la mer des Caraïbes et par l'Océan Pacifique. Ce vaste pays qui du 8° lat. N. s'étend presque jusqu'à l'équateur, a une étendue de 2560 l. c. géogr., avec une population de 152,000 âmes. Il comprend les bassins de l'Atrato et du Cauca-Supérieur et est arrosé, outre ces grands fleuves, par le San-Juan qui se jette dans la mer Pacifique et qui, par un canal, se trouve en communication avec le Rio-Atrato qui se décharge dans la mer des Caraïbes; le Rio-Patia, le Rio-Mira, le Rio-Sinu et plusieurs autres fleuves et rivières plus ou moins considérables. C'est un pays très-montagneux, couvert sur tous les points par des ramifications des Andes qui s'y divisent en trois branches, et séparé de tous les pays voisins par des montagnes presque inaccessibles. C'est là que s'élèvent la Cordilhera de Quindiu; les Paramos-de-Ruiz et de Guanacos, la Sierra Choco, la Sierra de Sindagua et la Sierra de Pasto, entrecoupées de larges et fertiles vallées dont celle du Cauca est la plus belle, la plus pittoresque et la plus peuplée. Le sol de ce pays, dont le climat est généralement très-chaud, est d'une grande fertilité, surtout le long des fleuves, et les montagnes sont très-riches en or et en platine. Les deux principales baies qui s'ouvrent sur les côtes de ce département sont : celle de Mandinga, d'une grande étendue et offrant plusieurs bons ports, et celle de Darien. L'industrie y est encore peu développée et le commerce peu important, faute de moyens de communication; il consiste dans l'exportation du cacao, du café, du lin, du tabac et d'objets d'art fabriqués dans les couvents. Les principales villes de commerce de ce pays sont : Buénaventura, Pasto, Popayan, Cali, Buga et Carthago. Le gouverneur réside à Popayan où siégent aussi les tribunaux supérieurs et un évêque suffragant de l'archevêque de Bogota. Le département est divisé en quatre provinces : Popayan, Choco, Buénaventura et Los-Pastos ou Pasto.

CAUCAHUE, île fertile et habitée dans le golfe de Chiloé, sur la côte de la province de ce nom, rép. du Chili.

CAUCALIÈRES-CASTRES, vg. de Fr., Tarn, arr. de Castres, cant. et poste de Mazamet; 400 hab.

CAUCAOS (Rio de los), un des fleuves les plus considérables de la côte O. de la Patagonie; se jette dans l'Océan Pacifique.

CAUCASE, *Caucasus*. La chaîne de montagnes qui porte ce nom s'étend du S.-E. au N.-O., depuis la mer Caspienne jusqu'à la mer Noire, entre 35° et 47° de long. E., et forme, au S.-E., la limite naturelle entre l'Europe et l'Asie. Sa longueur est de 300 l. environ, en comptant ses sinuosités; sa largeur moyenne est de 40 l. Trois chaînes parallèles forment le noyau du Caucase et s'élèvent, hautes et escarpées, au-dessus des contreforts et des ramifications qui encaissent au N. les bassins du Kouban et du Terek, au S. ceux du Kour et du Rioni. La chaîne centrale, d'une hauteur de 10 à 11,000 pieds, est de formation granitique; ses cimes sont couvertes de neige éternelle et entourées de glaciers; les chaînes latérales se composent de schiste argileux; elles forment des plateaux de 7 à 8000 pieds de hauteur, séparés de la chaîne centrale par des coupures qui ressemblent plutôt à des abîmes qu'à des vallées.

D'autres chaînes, moins hautes et de formation calcaire, mais toujours parallèles, lient ces plateaux à la plaine. Les points culminants du groupe caucasien sont l'Elbrouz, au N. de Kouthæsi, haut de 2800 toises; le Mquinwari, connu aussi sous le nom de Kasbek, haut de 2400 toises, et le Chat-Albrouz, sur les confins du Daghestan, haut de 2000 toises. Les pentes méridionales du Caucase ont été peu explorées; les pentes septentrionales se perdent dans les enfoncements de l'E. de l'Europe. Les principales rivières qui prennent leurs sources dans le Caucase sont le Kouban et le Terek au N., et le Rioni (l'ancien Phasis) et le Kour (l'ancien Cyrus) au midi. Le Caucase s'élève comme une muraille formidable pour séparer deux continents. Trois passages ou portes seulement permettent une communication difficile à travers ce rempart gigantesque; l'un à l'E., le long de la mer Caspienne, l'autre au centre de la chaîne, fermée autrefois par la fameuse porte Caucasienne, et un passage intermédiaire peu connu.

La chaîne du Caucase est riche en phénomènes volcaniques; il existe encore plusieurs volcans en activité au pied des rameaux qu'elle projette vers la mer Caspienne et la mer Noire; le plus connu est celui de Gakourali, qui s'élève à 4 l. E. de Bakou. Les traces de métaux sont nombreuses et promettent de riches produits à une exploitation future. Quant à la végétation, elle varie autant que les différents climats qui règnent sur ces diverses hauteurs. La végétation asiatique caractérise les belles vallées et les plaines du versant méridional; des forêts touffues de hêtres et d'autres grands arbres couvrent les terrains calcaires du Caucase, dont les flancs nourrissent des pins et des bouleaux, de plus en plus rares, à mesure qu'il s'élève; les plantes alpines avoisinent la région des neiges. Parmi les animaux particuliers à cette région, nous ne citerons que le chamois et le bouquetin du Caucase, qui aiment à parcourir les sommets escarpés des montagnes schisteuses.

Cette vaste chaîne de montagnes a toujours été habitée par une foule de peuplades guerrières et sauvages, auxquelles les événements contemporains donnent une assez grande importance. Klaproth compte six nations principales qui habitent les vallées du Caucase : ce sont les Lesghi et les Métageghi ou Kistes dans le Caucase oriental; au centre, les Ossetes ou Iron; les tribus circassiennes et abases dans le Caucase occidental; les Géorgiens au N., et dans les steppes sont des Turcs Nogaïs, Kosaques et Truchmènes. Ces peuplades parlent, en près de cent dialectes, plusieurs langues différentes. Les indigènes, tels que les Lesghi, les Circassiens, etc., appartiennent, par leur constitution physique et leurs traditions, plutôt que par leur langue, aux Arméniens et aux Géorgiens. Les étrangers sont des débris des nations indo-germaniques, turques et mongoles, qui ont passé d'Asie en Europe par les steppes du N. Nulle autre contrée ne possède un aussi grand nombre de peuples divers. Pasteurs et quelque peu agriculteurs, chasseurs, brigands ou pirates, sans autre industrie que la fabrication des armes, ces peuples vivent indépendants dans leurs vallées, presque continuellement en guerre les uns avec les autres. Grâce à ces divisions, la Russie, qui convoitait depuis longtemps le Caucase, pour donner un point d'appui à ses projets contre la Turquie et la Perse, a pu établir et conserver sa ligne militaire; mais depuis 1777, époque où cette ligne fut établie, ses efforts, quelque persévérants et quelque habiles qu'ils aient été, n'ont pu réussir encore à assurer complétement ses positions. Les peuplades du Caucase, qui forment un total d'environ deux millions d'hommes, sont restées, à peu d'exceptions près, indépendantes de la Russie; elles avaient été converties au christianisme par les empereurs de Constantinople et les anciens rois de la Géorgie; elles sont aujourd'hui en majeure partie mahométanes. Mais en réalité leur religion n'est qu'un mélange de superstitions païennes, de souvenirs altérés du christianisme et de pratiques mahométanes, et ils n'ont ni culte public ni prêtres.

CAUCASIENNE (Porte). On appelle ainsi le passage qui se trouve au centre de la chaîne du Caucase et remonte la vallée du Terek. Les Russes l'ont occupé, mais ce passage, indispensable pour pouvoir communiquer avec leurs provinces géorgiennes et arméniennes, ne reste à leur usage qu'à l'aide d'une ligne de points fortifiés, qui le dominent dans toute sa longueur, et dont les garnisons ont des combats continuels à livrer aux populations montagnardes.

CAUCHIE (la), vg. de Fr., Pas-de-Calais, arr. d'Arras, cant. de Beaumetz-les-Loges, poste de l'Arbret; 320 hab.

CAUCHIE-A-LA-TOUR, vg. de Fr., Pas-de-Calais, arr. de Béthune, cant. de Norrent-Fontes, poste de Lillers; 360 hab.

CAUCHOISE, vg. de Fr., Seine-Inférieure, com. de Rouen; 3000 hab.

CAUCOURT, vg. de Fr., Pas-de-Calais, arr. de Béthune; 390 hab.

CAUDAN, vg. de Fr., Morbihan, arr. de Lorient, cant. et poste de Pont-Scorff; 3480 hab.

CAUDEBEC, *Caldebeccum*, v. de Fr., Seine-Inférieure, arr. et à 3 l. S. d'Yvetot, chef-lieu de canton et poste; elle est située sur la rive droite de la Seine; son port, autrefois très-fréquenté, était l'entrepôt des pêches de ce fleuve; aujourd'hui les navires marchands viennent s'y approvisionner de viandes, biscuits et bière. Caudebec est bien bâti et orné de très-jolis quais; l'église paroissiale est un monument remarquable d'architecture sarrasine, et les environs de la ville sont magnifiques. L'industrie y est assez développée; il y a plusieurs fabriques, des filatures, des tanneries, etc.; le commerce, autrefois plus considérable, consiste aujourd'hui principalement dans la vente de bois, grains, fruits, haricots, légumes secs, etc.; 2800 hab.

CAUDEBEC-LES-ELBEUF, b. de Fr., Seine-Inférieure, arr. de Rouen, cant. et poste d'Elbeuf; il est traversé par la pet. riv. d'Oison et possède beaucoup de manufactures de draps du genre d'Elbeuf; filatures pour ces fabriques et pour celles d'Elbeuf et une belle fabrique de serrurerie; 5300 hab.

CAUDEBRONDE, vg. de Fr., Aude, arr. de Carcassonne, cant. et poste de Mas-Cabardès; machines à lainer, à tondre; fouleries et fabr. de draps; 570 hab.

CAUDECOSTE, b. de Fr., Lot-et-Garonne, arr. d'Agen, cant. d'Astaffort, poste de la Magistère; 1190 hab.

CAUDECOTTE. *Voyez* VILLY-LE-HAUT.

CAUDERAN, vg. de Fr., Gironde, arr., cant., poste et à 1/2 l. O. de Bordeaux. Un grand nombre de maisons de campagne embellissent ce village, rendez-vous des promeneurs de Bordeaux pendant la belle saison; c'est surtout le mercredi des Cendres et le lundi de Pâques que l'on y rencontre une grande affluence de monde. Cauderan a de nombreuses laiteries qui fournissent presque tout le lait qui se consomme à Bordeaux; 2500 hab.

CAUDEROT. *Voyez* CAUDROT.

CAUDESAIGUES, vg. de Fr., Tarn-et-Garonne, com. de Caylux; 440 hab.

CAUDETE, v. d'Espagne, roy. et prov. de Murcie, dans une plaine fertile; 1500 hab. d'après Hassel et 6000 d'après Vincent.

CAUDEVAL, vg. de Fr., Aude, arr. de Limoux, cant. et poste de Chalabre; 350 h.

CAUDIE. *Voyez* CADIE.

CAUDIÉS-DE-MONT-LOUIS, vg. de Fr., Pyrénées-Orientales, arr. de Prades, cant. et poste de Mont-Louis; 160 hab.

CAUDIES-DE-SAINT-PAUL, *Cauderiæ*, b. de Fr., Pyrénées-Orientales, arr. de Perpignan, cant. et poste de St.-Paul-de-Fenouillet; il est situé au pied des Pyrénées, sur l'Egli; 1350 hab.

CAUDINES (Fourches-). *Voyez* FOURCHES.

CAUDOS-MORA, ham. de Fr., Gironde, com. de Mios; 200 hab.

CAUDROT, *Cadrotium*, b. de Fr., Gironde, arr. de la Réole, cant. de St.-Macaire, poste; commerce de grains et vins; 1310 hab.

CAUDRY, vg. de Fr., Nord, arr. de Cambrai, cant. de Clary, poste du Cateau; fabr. de tulle; 3200 hab.

CAUFFRY, vg. de Fr., Oise, arr. de Clermont, cant. et poste de Liancourt; 290 hab.

CAUGÉ, vg. de Fr., Eure, arr., cant. et poste d'Évreux; 400 hab.

CAUHAPE, ham. de Fr., Haute-Garonne, com. de Cuing; 200 hab.

CAUJAC, vg. de Fr., Haute-Garonne, arr. de Muret, cant. de Cintegabelle, poste d'Auterive; 610 hab.

CAULAINCOURT, vg. de Fr., Aisne, arr. de St.-Quentin, cant. de Vermand, poste de Ham; 460 hab.

CAULE-SAINTE-BEUVE (le), vg. de Fr., Seine-Inférieure, arr. et poste de Neufchâtel-en-Bray, cant. de Blangy; verrerie; 300 hab.

CAULIÈRE, vg. de Fr., Somme, arr. d'Amiens, cant. et poste de Poix; 290 hab.

CAULLERY, vg. de Fr., Nord, arr. et poste de Cambrai, cant. de Clary; 600 hab.

CAULNES, vg. de Fr., Côtes-du-Nord, arr. de Dinan, cant. de St.-Jouan-de-l'Isle, poste de Broons; exploitation d'ardoises; 1900 hab.

CAULRES, ham. de Fr., Moselle, com. de Briey; filat. de coton et de laine; foulerie, tissage de coutil et nappage, huileries et moulin à farine.

CAULSDORF, vg. parois. de la Bavière, dist. et à 5 l. de Laumstein, cer. du Mein-Supérieur. Près de là se trouvent les mines de Bothenberg, où l'on exploite du cobalt et du minerai de cuivre argentifère; 360 hab.

CAUMONT, vg. de Fr., Aisne, arr. de Laon, cant. et poste de Chauny; 610 hab.

CAUMONT, vg. de Fr., Ariège, arr. et poste de St.-Girons, cant. de St.-Lizier; 500 hab.

CAUMONT, b. de Fr., Calvados, arr. et à 6 l. S.-S.-O. de Bayeux, chef-lieu de canton et poste; commerce de volailles; 840 hab.

CAUMONT, vg. de Fr., Calvados, arr. de Falaise, cant. et poste d'Harcourt-Thury; 130 hab.

CAUMONT, vg. de Fr., Eure, arr. de Pont-Audemer, cant. de Routot, poste de Grand-Couronne; carrières de pierres de taille; fabr. de fers fins; 930 hab.

CAUMONT, vg. de Fr., Gers, arr. de Mirande, cant. et poste de Riscle; 230 hab.

CAUMONT, vg. de Fr., Gironde, arr. de la Réole, cant. de Pellegrue, poste de Monségur; 260 hab.

CAUMONT, b. de Fr., Lot-et-Garonne, arr. et poste de Marmande, cant. du Mas-d'Agénois; 1020 hab.

CAUMONT, vg. de Fr., Pas-de-Calais, arr. de Montreuil-sur-Mer, cant. et poste d'Hesdin; 670 hab.

CAUMONT, vg. de Fr., Tarn-et-Garonne, arr. de Castelsarrasin, cant. et poste de St.-Nicolas-de-la-Grave; 780 hab.

CAUMONT, vg. de Fr., Vaucluse, arr. d'Avignon, cant. et poste de Cavaillon; 1830 hab.

CAUNA, vg. de Fr., Landes, arr., cant. et poste de St.-Sever; 690 hab.

CAUNANT, ham. de Fr., Ain, com. d'Arandas; 200 hab.

CAUNAS, ham. de Fr., Hérault, com. de Lunas; 250 hab.

CAUNAY, vg. de Fr., Deux-Sèvres, arr. de Melle, cant. et poste de Sauzé; 640 hab.

CAUNEILLE, vg. de Fr., Landes, arr. de Dax, cant. et poste de Peyrehorade; 720 h.

CAUNES, pet. v. de Fr., Aude, arr. de Carcassonne, cant. et poste de Peyriac-Minervois; fabr. de draps, carrières de marbre gris, agathe, griotte, incarnat dit rouge de Languedoc, cervelas, vert de moulin ou petite griotte; 2260 hab.

CAUNETTE (la), vg. de Fr., Hérault, arr. et poste de St.-Pons, cant. d'Olonzac; exploitation de lignite; 630 hab.

CAUNETTE-EN-VAL, vg. de Fr., Aude, arr. de Carcassonne, cant. et poste de Lagrasse; 200 hab.

CAUNOS, g. a., v. sur la côte de Rhodes;

patrie de Protogène, peintre célèbre, environ 328 avant J.-C.

CAUNPOUR ou **KAPOUR**, v. de l'Inde anglaise, présidence de Calcutta, chef-lieu de district, sur le Gange; ville moderne, bien bâtie, industrieuse et commerçante. Elle est une des principales stations militaires des Anglais et peut recevoir une garnison de plus de 7000 hommes.

CAUPÈNE, vg. de Fr., Gers, arr. de Condom, cant. et poste de Lagrasse; 200 hab.

CAUPENNE, vg. de Fr., Landes, arr. de St.-Sever, cant. et poste de Mugron; 1010 h.

CAUQUÉNÈS, pet. v. de la rép. du Chili, prov. de Colchaqua, certado de Maulé (selon d'autres chef-lieu de la province de Maulé), entre le Tutuben et le Rio-Cauquénès. Cette ville, fondée en 1742, fleurit par son agriculture et son industrie; 2000 hab.

CAUQUÉNÈS, vg. avec des eaux thermales très-fréquentées dans la rép. du Chili, prov. de Santiago, certado de Rancagua.

CAUQUESSAC. *Voyez* SAINT-JEAN-DE-CAUQUESSAC.

CAURA (Rio-). *Voyez* ORÉNOQUE (fleuve).

CAURE (la), vg. de Fr., Marne, arr. d'Épernay, cant. de Montmort, poste de Baye; 200 hab.

CAUREL, vg. de Fr., Côtes-du-Nord, arr. de Loudéac, cant. de Mur, poste d'Uzel; 710 hab.

CAUREL-LES-LAVANNES, vg. de Fr., Marne, arr. de Rheims, cant. de Bourgogne, poste d'Isles-sur-Suippe; 590 hab.

CAURIEU, vg. de Fr., Gard, com. de St.-Sauveur-des-Pourceils; 200 hab.

CAURO, vg. de Fr., Corse, arr. et poste d'Ajaccio, cant. de Bastelica; 510 hab.

CAUROIR, vg. de Fr., Nord, arr., cant. et poste de Cambrai; 660 hab.

CAUROY (le), vg. de Fr., Pas-de-Calais, com. de Berlencourt; 340 hab.

CAUROY, ham. de Fr., Somme, com. de Tours; 240 hab.

CAUROY-LÈS-HERMONVILLE, vg. de Fr., Marne, arr. de Reims, cant. de Bourgogne, poste de Berry-au-Bac; 510 hab.

CAUROY-LÈS-MACHAULT, vg. de Fr., Ardennes, arr. et poste de Vouziers, cant. de Machault; 290 hab.

CAUSE (le), vg. de Fr., Tarn-et-Garonne, arr. de Castelsarrasin, cant. et poste de Beaumont-de-Lomagne; 590 hab.

CAUSE-DE-CLÉRANS, vg. de Fr., Dordogne, arr. de Bergerac, cant. et poste de Lalinde; 700 hab.

CAUSSADE, vg. de Fr., Hautes-Pyrénées, arr. de Tarbes, cant. et poste de Maubourguet; 230 hab.

CAUSSADE, *Calciata*, v. de Fr., Tarn-et-Garonne, arr. et à 5 l. N.-E. de Montauban, chef-lieu de canton et poste, sur la rive gauche du Lire. C'est une jolie petite ville, bien bâtie, autour de laquelle on remarque les restes des fortifications qui furent démolies après les guerres de religion ; fabr. de minots, de sucre indigène ; commerce de grains, volaille, gibier, safran et genièvre ; 4545 hab.

CAUSSE-BEGON, vg. de Fr., Gard, arr. du Vigan, cant. de Trèves, poste de Nant; 120 hab.

CAUSSE-DE-LA-SELLE, vg. de Fr., Hérault, arr. de Montpellier, cant. de St.-Martin-de-Londres, poste de Ganges; 530 h.

CAUSSENS, vg. de Fr., Gers, arr., cant. et poste de Condom ; 630 hab.

CAUSSES, vg. de Fr., Hérault, arr. et poste de Béziers ; 540 hab.

CAUSSINIOJOULS, vg. de Fr., Hérault, arr. de Béziers, cant. de Murviel, poste de Bédarieux ; 250 hab.

CAUSSOLS, vg. de Fr., Var, arr. et poste de Grasse, cant. du Bar.

CAUSSOU, vg. de Fr., Arriège, arr. de Foix, cant. et poste des Cabannes; mines d'argent, de fer, de cuivre et de plomb aux environs; 500 hab.

CAUTEN (punta de), promontoire au S.-E. de la rép. du Chili.

CAUTEN (Rio-) ou **CAULEN**, un des fleuves les plus considérables et les plus profonds de la rép. du Chili ; il prend naissance dans les Andes, dist. de Maquégua, non loin du volcan de Chinal et se grossit d'une foule d'affluents, dont le Colpi est le plus considérable, passe par la ville d'Imperiale et se jette dans l'Océan Pacifique par une embouchure de 600 mètres de large.

CAUTERETS, vg. de Fr., Hautes-Pyrénées, arr., cant., poste et à 4 l. S. d'Argelès, dans une vallée étroite, dominée par de hautes montagnes. Ce village, célèbre par ses eaux minérales, analogues à celles de Barrèges, n'est pas moins remarquable par les sites majestueux et pittoresques qui l'environnent; il a plusieurs établissements de bains très-élégants et de bons hôtels garnis. On exploite dans les environs des carrières de marbre gris et de granit; 1100 hab.

CAUTO (Rio-), le fleuve le plus considérable de l'île de Cuba; il prend sa source sur le versant septentrional de la Sierra del Cobre. Il doit la longueur de son cours, qu'on estime à près de 150 milles, à la direction tortueuse de sa marche. Le Cauto fertilise le dép. Oriental et débouche à quelques milles au-dessous de Manzanillo.

CAUVERVILLE-EN-LIEUVIN, vg. de Fr., Eure, arr. et poste de Pont-Audemer, cant. de Cormeilles; 260 hab.

CAUVERVILLE-EN-ROMOIS, vg. de Fr., Eure, arr. et poste de Pont-Audemer, cant. de Routot; 250 hab.

CAUVICOURT, vg. de Fr., Calvados, arr. de Falaise, cant. de Bretteville-sur-Laize, poste de Langannerie; 420 hab.

CAUVIGNAC, vg. de Fr., Gironde, arr. et poste de Bazas, cant. de Grignols; 330 h.

CAUVIGNY, vg. de Fr., Oise, arr. de Beauvais, cant. et poste de Nailles; 1030 h.

CAUVILLE, vg. de Fr., Calvados, arr. de Falaise, cant. et poste d'Harcourt-Thury; 480 hab.

CAUVILLE, vg. de Fr., Seine-Inférieure, arr. du Hâvre, cant. et poste de Montivilliers; 610 hab.

CAUX, vg. de Fr., Aude, arr. de Carcassonne, cant. et poste d'Alzonne; 470 hab.

CAUX, vg. de Fr., Hérault, arr. de Béziers, cant. et poste de Pezénas ; 1810 hab.

CAUX. *Voyez* CAOURS.

CAUZAC, vg. de Fr., Lot-et-Garonne, arr. d'Agen, cant. de Beauville, poste de la Roque-Timbaut; 840 hab.

CAVA, v. du roy. des Deux-Siciles, Principauté citérieure, est le siége d'un évêché ; son abbaye possède une grande et précieuse bibliothèque. Ainsi que plusieurs villages, dont elle est le centre, Cava est très-importante par son industrie ; pop. avec celle de la banlieue 19,000 hab.

CAVADO, riv. du Portugal, se jette dans la mer dans la prov. d'Entre-Duero-e-Minho.

CAVAGLIA, b. des états sardes, prov. de Piémont; commerce considérable, surtout en vin et en soie ; 3000 hab.

CAVAGNAC, vg. de Fr., Lot, arr. de Gourdon, cant. de Vayrac, poste de Cressensac; 900 hab.

CAVAGNAN, vg. de Fr., Lot-et-Garonne, arr. et poste de Marmande, cant. de Bouglon; 340 hab.

CAVAILLE ou **CAVALIA**, **CAVALLY**, v. maritime et chef-lieu d'une petite république oligarchique dans la Haute-Guinée, Afrique, sur la côte des Dents, à l'E. du cap Palmas et à l'embouchure d'une rivière de même nom dans l'Océan Atlantique. On y fait un commerce assez étendu ; les relations modernes lui accordent 10,000 hab.

CAVAILLON, ham. de Fr., Var, com. de la Seyne; 280 hab.

CAVAILLON, *Caballio*, v. de Fr., Vaucluse, arr. et à 5 l. E.-S.-E. d'Avignon, chef-lieu de canton et poste, sur la rive droite de la Durance, dans un site très-agréable ; elle est mal bâtie ; ses rues sont étroites et mal percées ; son hôtel de ville est le seul édifice remarquable. Commerce en fruits, olives, garance, mûriers, légumes; moulins à olives et à soie ; marchés considérables pour les soies grèges ; 7050 hab.

Cavaillon est une ville très-ancienne ; elle existait avant l'invasion romaine. On y remarque encore des débris d'édifices antiques, entre autres les restes d'un arc de triomphe de style corinthien. Cette ville fut ravagée plusieurs fois pendant les incursions des Barbares et demeura longtemps abandonnée. Relevée plus tard de ses ruines, elle suivit la destinée des autres villes du Venaissin et passa sous la domination des comtes de Toulouse et des papes. En 1731, elle souffrit beaucoup d'un tremblement de terre.

CAVAILLON, b. de l'île d'Haïti, dép. du Sud, à l'O. de la ville Les Cayes et sur une baie très-profonde. Les environs sont extrêmement fertiles; commerce; 2500 hab.

CAVALA, *Bucephala Peloponnesiaca*, v. de Turquie et chef-lieu d'un liva dans l'eyalet de Roumili, a un petit port au fond du golfe de l'archipel qui porte son nom; 2800 hab.

CAVALCANTE, pet. v. de l'emp. du Brésil, prov. de Goyaz, comarque de San-Joaodas-duas-Barras, certado de Cavalcante, sur un affluent du Parannan. Cette ville, fondée en 1740, fleurit par son agriculture, son industrie et son commerce; mines d'or; carrières de marbre et de pierres de taille; 3000 hab.

CAVALERIE (la), b. de Fr., Aveyron, arr. et poste de Milhau, cant. de Nant; 1750 hab.

CAVALER-MAGGIORE, v. du roy. de Sardaigne, intendance-générale de Cunéo; 5000 hab.

CAVALÈSE, b. d'Autriche, gouv. du Tyrol, cer. de Trente; fait un grand commerce en bois; patrie du peintre Unterberger. (1744-97).

CAVALLAR, b. d'Espagne, roy. de la Vieille-Castille, prov. et dist. de Ségovie; a des sources thermales.

CAVALLIEROS. *Voyez* GUAYCURUS.

CAVALLOS (Rio-dos-). *Voyez* PIRANHAS (Rio).

CAVAN, vg. de Fr., Côtes-du-Nord, arr. et poste de Lannion, cant. de La Roche-Derrien; 1830 hab.

CAVAN, comté d'Irlande. Il est borné par les comtés de Fermanagh, de Managhan, d'East-Meath, West-Meath, de Longford et de Leitrim; superficie 27 l. c. géogr. Le climat est tempéré, mais humide; le pays est couvert de montagnes qui fournissent du plomb, de l'argent, du fer, du soufre et de la houille; le sol est peu fertile et l'agriculture, à l'exception de la culture du lin, se trouve dans un état très-déplorable; mais l'éducation du bétail est assez florissante; la fabrication de la toile est la principale ressource de la plupart des habitants. On exporte des étoffes de lin pour plus de 60,000 liv. sterl. par an, du beurre, de la laine, des bêtes à cornes et des porcs. Le comté est divisé en 6 baronies; 120,000 hab.

CAVAN, *Breania*, pet. v. d'Irlande, chef-lieu du comté de ce nom, sur le Cavan; 4000 hab.

CAVAN, pet. v. naissante, dans le Haut-Canada, dist. de Newcastle.

CAVANAC, vg. de Fr., Aude, arr., cant. et poste de Carcassonne; 580 hab.

CAVASO, b. du roy. Lombard-Vénitien, prov. de Trévise; fabr. de draps et de toiles; teintureries et chapelleries.

CAVARC, vg. de Fr., Lot-et-Garonne, arr. de Villeneuve-sur-Lot, cant. et poste de Castillonnès; 350 hab.

CAVARZÈRE, gros b. du roy. Lombard-Vénitien, gouv. et délégation de Venise;

il est traversé par l'Adige; commerce, navigation; 7000 hab.

CAVEIRAC, vg. de Fr., Gard, arr. de Nîmes, cant. de St.-Mamert, poste de Calvisson; 840 hab.

CAVENDISH, pet. v. des États-Unis de l'Amérique du Nord, état de Vermont, comté de Windsor, sur le Black-River et au pied des Hawk-Mountains; agriculture, commerce; 2100 hab.

CAVEREAU (le), ham. de Fr., Loir-et-Cher, com. de Nouan-sur-Loire; 100 hab.

CAVERY. *Voyez* KAVERY.

CAVES (les), ham. de Fr., Indre-et-Loire, com. de St.-Nicolas-de-Bourgueuil; 3000 hab.

CAVIANA, île très-considérable à l'embouchure du Maranhao, emp. du Brésil, prov. de Para, dist. de Xingu. Cette île, de 16 l. de longueur sur 9 l. de large, est basse, très-fertile et très-poissonneuse, nourrit de beaux troupeaux et produit le bois précieux de Macaco.

CAVIGNAC, vg. de Fr., Gironde, arr. de Blaye, cant. de St.-Savin, poste; 720 hab.

CAVIGNY, vg. de Fr., Manche, arr. de St.-Lô, cant. de St.-Jean-de-Daye, poste de la Périne; 520 hab.

CAVILLARGUES, b. de Fr., Gard, arr. d'Uzès, cant. et poste de Bagnols; 840 hab.

CAVILLON, vg. de Fr., Somme, arr. d'Amiens, cant. et poste de Picquigny; 260 h.

CAVITE, chef-lieu de la prov. de ce nom, dans l'île de Manille. C'est une ville importante par son excellent port, ses beaux chantiers où l'on construit beaucoup de vaisseaux, son arsenal et ses grands magasins. Elle est la station de la marine militaire espagnole aux Philippines, et sert, pendant six mois de l'année, de port à Manille, lorsque les vents rendent dangereuse la rade de cette ville; 6000 hab.

CAVORE, pet. v. d'Italie, roy. de Sardaigne, prov. de Pinerolo; elle est au pied d'une colline du mont Pellice, sur laquelle se trouvait autrefois la ville de Caburrum et plus tard un château fort; 5673 hab.

CAVRON-SAINT-MARTIN, vg. de Fr., Pas-de-Calais, arr. de Montreuil-sur-Mer, cant. et poste d'Hesdin; 840 hab.

CAWLEY, v. d'Angleterre, comté de Derby, possède des bains sulfureux.

CAXAMARCA, prov. et v. de la rép. du Pérou. *Voyez* CAJAMARCA.

CAXAMARQUILLA, pet. v. de la rép. du Pérou, dép. de Livertad; elle est située au N. de la province qui porte son nom et dont elle était autrefois la capitale; 2500 hab.

CAXAMARQUILLA Y COLLAOS ou PATAS, prov. de la rép. du Pérou, dép. de Livertad. Cette province forme une longue et étroite lisière entre le Marannon, qui la sépare à l'O. des prov. de Huamachuco et de Conchucos, et les Cordillères orientales; au N. elle est bornée par la prov. de Chachapoyas, au N.-O. par celle de Caxamarca, dont elle est également séparée par le Marannon, et au S. par la prov. de Huamaliès. Sa longueur, le long du fleuve, du S.-S.-E. au N.-N.-O., est de 48 à 52 l. sur 11 à 13 l. de largeur seulement ; toute son étendue est estimée à 170 l. c. géogr. C'est un pays fort montueux, favorable à l'agriculture et à l'éducation du bétail, et riche en mines d'or et d'argent ; 22,000 hab.

CAXATAMBO. *Voyez* CAJATAMBO, province et ville.

CAXIAS. *Voyez* CACHIAS.

CAXINES, ou CAZINE ACCONNATTER, cap sur la côte sept. de l'Afrique, dans l'état et au N.-O. de la ville d'Alger.

CAXO, *Cassos*, îlot de l'Archipel. Géographiquement il fait partie de la Turquie d'Asie, politiquement de l'eyalet des Djezayrs ou des îles soumises au capudan-pacha. Le petit bourg qui s'y trouve fournit de bon vin et d'excellents fruits ; ses habitants sont d'habiles plongeurs et de bons matelots ; ils font le commerce des éponges qu'ils cherchent au fond de la mer.

CAXOEIRA (Rio-da-). *Voyez* PORTO-SEGURO.

CAXOEIRA, v. de l'emp. du Brésil, prov. et comarque de Bahia, sur les deux rives et à 11 l. de l'embouchure du Paraguassu, à 6 l. de Maragogipe et à quelques lieues O.-S.-O. de Santo-Amaro. Cette ville est la plus importante de toute la province, après Bahia, pour les produits de son agriculture et pour son commerce florissant avec l'intérieur ; collége académique, bel hôtel de ville, hôpital, raffinerie de sucre ; 16,000 hab.

CAXTON, vg. d'Angleterre, dans le comté de Cambridge. Patrie de l'historien Matthieu Paris, mort en 1259, et du laborieux et savant Caxton, qui introduisit l'imprimerie en Angleterre (1410 — 91).

CAYABAVA. *Voyez* CAHANS (peuplade).

CAYAMBE-URCU, un des pics les plus élevés de la chaîne des Andes colombiennes ; sa hauteur est, selon M. de Humboldt, de 6110 mètres.

CAYAPONIA, dist. ou comarque de la prov. de Goyaz, emp. du Brésil ; il tire son nom des Cayapos, peuplade indienne qui occupe ce pays, comprenant toute la partie S.-O. de cette immense province. Ce district est borné par celui de Goyaz, dont le sépare une haute chaîne de montagnes, par la comarque du Rio-das-Velhas, qui en est séparée par le Paranahyba et le Rio-Anicuns, la comarque de Hitu et la prov. de Matto-Grasso où le Rio-Pardo et l'Araguaya font la limite. Ce pays a une étendue de 120 l. du N. au S., et de 80 l. de l'E. à l'O., environ 2000 l. c. géogr. La Serra de Santa-Marta et la Serra Seiada ; ramifications de la Serra dos Vertentes, s'étendent au N. de ce pays, et donnent naissance à une foule de fleuves et de rivières peu connus jusqu'ici et coulant tous vers le S.

CAYCARA, pet. v. de la rép. de Vénézuela, dép. de l'Orénoque, prov. de Guyane, sur l'Orénoque. Cet endroit, autrefois très-joli et assez considérable, fut presque entièrement détruit dans la dernière guerre. Les environs sont remarquables par des rochers de syénite et de granit, couverts de figures symboliques colossales, représentant des crocodiles, des tigres, des ustensiles de ménage et les images du soleil et de la lune. On trouve encore de pareilles sculptures à Urbana, sur l'Orénoque, entre les sources de l'Esséquébo et du Rio-Branco, et dans la vaste plaine boisée qu'entourent l'Orénoque, l'Atabapo, le Rio-Negro et le Cassiquiare.

CAYCO. *Voyez* PRINCIPE (Villa nova do).

CAYE DE JAQUIN. *Voyez* JAQUIN.

CAYE D'ORANGE. *Voyez* ORANGE.

CAYEMITES (les) ou LOS CAIMITOS, deux pet. îles (la Grande et la Petite-Cayemite) dans la vaste baie de Léogane, vis-à-vis celle de los Caimitos, côte O. de l'île de Haïti, aux Antilles.

CAYENNE (colonie). *Voyez* GUYANE FRANÇAISE.

CAYENNE, capitale de la Guyane française, sur la pointe N.-O. de l'île de Cayenne, à l'embouchure du fleuve de ce nom, sous 4° 56' de lat. N. et 54° 35' de long. O. Cette ville, située dans une contrée très-marécageuse et entourée de vastes forêts, est divisée en vieille ville et ville neuve, séparées par un fossé de 30 pieds de large. La ville neuve est régulièrement bâtie et offre quelques beaux édifices, tels que le palais du gouvernement, l'ancien collége des jésuites, etc. Quoique d'une petite étendue, cette ville est pourtant la plus grande, la plus peuplée et la plus commerçante de toute la colonie ; elle possède deux jardins botaniques et de naturalisation, une cour royale, un tribunal de première instance, une imprimerie et un journal. Sa rade est vaste et commode ; 3000 hab.

CAYES (les), v. de l'île d'Haïti, dép. du Sud, dont elle est le chef-lieu, dans une contrée marécageuse, mais très-fertile, sur une baie peu profonde. Cette ville très-jolie peut être regardée actuellement comme la seconde place de commerce de la république ; c'est le siège d'un tribunal civil ; le gouvernement y a établi une imprimerie et un gymnase. Un terrible ouragan a détruit presque entièrement (12 août 1831) cette ville, qui a été la capitale de l'état éphémère fondé par le général Rigaud ; 3700 hab.

CAYES DE JACQMEL. *Voyez* JACQMEL.

CAYEUX, b. de Fr., Somme, arr. d'Abbeville, cant. et poste de St.-Valery-sur-Somme. D'après d'Anville, ce bourg correspondrait à l'ancienne Setuci ; 2550 hab.

CAYEUX, vg. de Fr., Somme, arr. de Montdidier, cant. de Moreuil, poste d'Hangest ; 270 hab.

CAYHA. *Voyez* MONCARAZ (ville).

CAYLAR (le), vg. de Fr., Hérault, arr. à 3 1/2 l. N. et poste de Lodève, chef-lieu de canton; 860 hab.

CAYLUS, pet. v. de Fr., Tarn-et-Garonne, arr. et à 10 l. N.-E. de Montauban, chef-lieu de canton et poste, agréablement située sur la Bonnette. On y fait commerce en grains; 5430 hab.

CAYO-DE-ICARNIER. *Voyez* ICARNIER.

CAYO-DE-LA-BALANDRA. *Voyez* BALANDRA.

CAYO-DE-LOS-LEVANTADOS. *Voyez* LEVANTADOS.

CAYO-LARGO, île assez considérabe, au S. de celle d'Haïti et à l'E. de l'Isla de Pinos, Antilles.

CAYONA, pet. v. et capitale de l'île de la Tortue, au N. de l'île d'Haïti, vis-à-vis le Port-de-Paix; elle est défendue par le fort Ogéron et assez commerçante; 1200 hab.

CAYONE, riv. de l'île de St.-Christophe (St.-Kitts), une des Petites-Antilles, possession anglaise; elle coule vers l'E. et se jette dans l'Océan, près de l'établissement de Cayone.

CAYONI: *Voyez* ESSÉQUÉBO (Rio-).

CAYOR, le plus considérable des états ghiolofs, en Sénégambie, Afrique; il s'étend le long de la côte depuis le Cap-Vert jusqu'au fort St.-Louis; les états contigus sont: au N. le Ouallo, le Syn et le Saloum, et à l'E. le Ghiolof proprement dit. Il a environ 50 l. de long sur 40 de large; le roi prend le titre de Damel; Makas, capitale; sa population se montait autrefois à plus de 180,000 h.

CAYOR ou EMBAUL, pet. v. et ancienne résidence du Damel, dans le roy. de Cayor, en Sénégambie, Afrique, à 20 l. S.-E. du fort St.-Louis.

CAYOS-DE-DIÉGO. *Voyez* DIÉGO.

CAYOS-DE-LOS-MARTYRES. *Voyez* MARTYRES (Cayos-de-los-).

CAYQUES ou CAICOS, CAUCUS, groupe d'îles, faisant partie des îles Bahama; elles s'étendent au N.-O. des Turques et au N. de l'île d'Haïti, en forme de croissant qui s'ouvre vers le S. La fertilité de ces îles y attira un assez grand nombre de colons, et depuis la paix de Paris de 1783 l'agriculture et le commerce s'y développent de plus en plus. On y cultive surtout du coton, du sucre et des fruits des Indes occidentales. Caica ou la Grande-Caica, la plus considérable de ces îles a une étendue de 15 l. c. géogr. Il s'y trouve un fort; la population de ces îles s'élève à 1300 âmes.

CAYRAC, vg. de Fr., Tarn-et-Garonne, arr. de Montauban, cant. de Caussade, poste de Réalville; 360 hab.

CAYRES, vg. de Fr., Haute-Loire, arr. et à 4 l. S.-S.-O. du Puy, chef-lieu de canton et poste; 1270 hab.

CAYRIECH, vg. de Fr., Tarn-et-Garonne, arr. de Montauban, cant. et poste de Caussade; 420 hab.

CAYRIRIS (Serra dos), chaîne de montagnes de l'emp. du Brésil, au N. de la prov. de Pernambuco. Elle suit, parallèlement avec sa ramification méridionale, la Serra Iabitaca, le cours du Rio-Francisco et du Rio-Unna, bien avant dans l'intérieur du pays, où elle se divise en plusieurs autres chaînons, dont les principaux sont : la Serra Negra, la Serra d'Agua-Branca et la Serra d'Olho-d'Agua, au S.-O. de la chaîne-mère.

CAYROLS, vg. de Fr., Cantal, arr. d'Aurillac, cant. et poste de St.-Mamet; 500 h.

CAYRONS, vg. de Fr., Gers, com. de Beaumarchez; 400 hab.

CAYRU, pet. v. de l'emp. du Brésil, prov. de Bahia, comarque dos Ilhéos, sur la petite île de Cayru et dans une contrée assez fertile; collège académique; industrie; 2400 h.

CAYTÉ. *Voyez* BRAGANÇA.

CAYUBABAS, peuplade indienne convertie au christianisme; elle habite différentes missions dans la province de Mojos, rép. de Bolivia.

CAYUBABAS (laguna de los), lac à l'extrémité E. de la rép. du Pérou, tout près de la frontière du Brésil; il communique par des canaux avec les lacs de Vinoriagua et del Mamoré, et le Rio-Cayuba, qui le traverse, le joint au Rio-Madeira.

CAYUGA, comté de l'état de New-York, États-Unis de l'Amérique du Nord; il est borné par le lac Ontario et par les comtés de Cortland, d'Onondaga, de Tompkins et de Sénéca. De nombreux lacs, dont ceux de Cayuga, d'Owasco, de Skaneatetec et de Cross sont les plus considérables, s'étendent sur ce pays très-fertile, bien peuplé et traversé par le Sénéca et le canal de l'Erié; agriculture, industrie, commerce; 45,000 h.

CAYUGA. *Voyez* SÉNÉCA (fleuve).

CAZAL-DES-BAILLES, vg. de Fr., Arriège, arr. de Pamiers, cant. et poste de Mirepoix; 170 hab.

CAZAL-DES-FAURÉS, vg. de Fr., Arriège, arr. de Pamiers, cant. et poste de Mirepoix; 170 hab.

CAZALIS, vg. de Fr., Gironde, com. de Préchac; 350 hab.

CAZALIS, vg. de Fr., Landes, arr. de St.-Sever, cant. et poste d'Hagetmau; 310 hab.

CAZALLA, b. d'Espagne, Andalousie, roy. et dist. de Séville. Ses vins sont renommés. Il y a des mines d'argent et de plomb abandonnées depuis la révolution; 1200 h.

CAZALON, ham. de Fr., Landes, com. de Momuy; 300 hab.

CAZALRENOUX, vg. de Fr., Aude, arr. et poste de Castelnaudary, cant. de Franjeaux; 261 hab.

CAZALS, b. de Fr., Lot, arr. et à 7 l. N.-O. de Cahors, chef-lieu de canton, poste de Castelfranc; 800 hab.

CAZAR (El-) ou KASR, QUASR, gros vg. et chef-lieu de la Petite-Oasis, nommée El-Ouah-el-Babryeh par les Arabes, à l'O. de la Moyenne-Égypte, Afrique, sur la route de Bénisouèf à Siwah. Dans ses environs on trouve les ruines de bains romains et d'une église grecque.

CAZAR-DE-CACERES, v. d'Espagne, roy. de la Nouvelle-Castille, prov. d'Estramadure, chef-lieu du district de même nom, à 11 l. de Plasencia et à 12 l. de Mérida. La ville jouit d'anciennes immunités et a le droit d'élire ses magistrats. On y fabrique beaucoup de cuir; 5000 hab.

CAZARIL, vg. de Fr., Haute-Garonne, arr. de St.-Gaudens, cant. et poste de Montrejeau; 300 hab.

CAZARILH, vg. de Fr., Hautes-Pyrénées, arr. de Bagnères-en-Bigorre, cant. de Mauléon-Barousse, poste de Montrejeau; 270 h.

CAZARIL-LASPÈNES, vg. de Fr., Haute-Garonne, arr. de St.-Gaudens, cant. et poste de Bagnères-de-Luchon; 210 hab.

CAZASSES-DE-PÈNE ou **CASES-DE-PENNE**, vg. de Fr., Pyrénées-Orientales, arr. et poste de Perpignan, cant. de Rivesaltes; 230 hab.

CAZATS, vg. de Fr., Gironde, arr., cant. et poste de Bazas; 440 hab.

CAZAUBON, pet. v. de Fr., Gers, arr. et à 9 1/2 l. O. de Condom, chef-lieu de canton et poste; commerce de liqueurs; 2610 hab.

CAZAUGITAT, vg. de Fr., Gironde, arr. de la Réole, cant. de Pellegrue, poste de Monségur; 640 hab.

CAZAUNOUS. *Voyez* CASSANOUS.

CAZAUTETS, vg. de Fr., Landes, arr. de St.-Sever, cant. de Gaune, poste d'Aire-sur-l'Adour; 110 hab.

CAZAUX, vg. de Fr., Ariège, arr. de Pamiers, cant. et poste de Varilles; 180 h.

CAZAUX-D'ANGLÈS, vg. de Fr., Gers, arr. d'Auch, cant. de Fic-Fezensac; 590 h.

CAZAUX-LAYRISSE, vg. de Fr., Haute-Garonne, arr. de St.-Gaudens, cant. et poste de St.-Béat; 220 hab.

CAZAUX-SUR-SAVE, vg. de Fr., Gers, arr. de Lombez, cant. et poste de Samatan; 360 hab.

CAZAUX-VILLE-COMTAL, vg. de Fr., Gers, arr. de Mirande, cant. et poste de Marciac; 240 hab.

CAZAVET, vg. de Fr., Ariège, arr. et poste de St.-Girons, cant. de St.-Lizier; 730 hab.

CAZBIN ou **KAZBIN**, **KASWIN**, v. de Perse, prov. d'Irak-Adjemi. C'est une des principales cités de l'Iran, située dans une contrée fertile et pittoresque, arrosée par le Kaswinend et le Girdanreed. Elle est plus grande que Tehran, mais moins peuplée; elle est partagée en 9 quartiers et renferme 3 palais, de belles mosquées, des caravansérails, des bains, des bazars magnifiques et plusieurs collèges. Cazbin est très-industrieuse; on y fabrique des velours et d'autres étoffes de soie, des étoffes de coton, des bijoux, des montres, des armes à feu et surtout des sabres, qui cependant sont inférieurs à ceux de Chiraz; son commerce est considérable. Cazbin fut fondée par le chah Schabur Sulectaf et rebâtie par Haroun-al-Raschid. Elle est la patrie de Sekeria Ben Mohamed, de l'iman Rasti et de l'iman Redschmeddin Ali Ben Omar Klatidi, tous écrivains célèbres; ses habitants passent pour les meilleurs musiciens de la Perse; 60,000 hab.

CAZEAUX-DÉBAT, vg. de Fr., Hautes-Pyrénées, arr. de Bagnères-en-Bigorre, cant. de Bordères, poste d'Arreau; 100 h.

CAZEAUX-DE-LARBOUST, vg. de Fr., Haute-Garonne, arr. de St.-Gaudens, cant. et poste de Bagnères-de-Luchon; 310 hab.

CAZEAUX-FRÉCHET ou **CAZEAUX-DESSUS**, vg. de Fr., Hautes-Pyrénées, arr. de Bagnères-en-Bigorre, cant. de Bordères, poste d'Arreau; 190 hab.

CAZELLES, vg. de Fr., Tarn, arr. de Gaillac, cant. et poste de Cordes; 360 hab.

CAZENAVE, vg. de Fr., Ariège, arr. de Foix, cant. et poste de Tarascon-sur-Ariège; 280 hab.

CAZENEUVE, vg. de Fr., Haute-Garonne, arr. de St.-Gaudens, cant. d'Aurignac, poste de Martres; 360 hab.

CAZENEUVE, vg. de Fr., Gers, arr. de Condom, cant. de Montréal, poste d'Eauze; 280 hab.

CAZENOVIA, pet. v. des États-Unis de l'Amérique du Nord, état de New-York, comté de Madison; commerce en blé et en bétail; 4300 hab.

CAZÈRES, *Calagorris*, pet. v. de Fr., Haute-Garonne, arr. et à 9 l. S.-S.-O. de Muret, chef-lieu de canton, poste de Martres; fabr. de draps; 2630 hab.

CAZÈRES, b. de Fr., Landes, arr. de Mont-de-Marsan, cant. de Granade-sur-l'Adour, poste; tanneries, teintureries et chapelleries; 960 hab.

CAZES-MONDENARD, vg. de Fr., Tarn-et-Garonne, arr. de Moissac, cant. et poste de Lauzerte; 2850 hab.

CAZILHAC, vg. de Fr., Aude, arr., cant. et poste de Carcassonne; 210 hab.

CAZILHAC-LE-BAS, vg. de Fr., Hérault, arr. de Montpellier, cant. et poste de Ganges; 500 hab.

CAZILLAC, vg. de Fr., Lot, arr. de Gourdon, cant. de Martel, poste de Cressensac; 1030 hab.

CAZOULÈS, vg. de Fr., Dordogne, arr. de Sarlat, cant. de Carlux, poste de Souillac; 350 hab.

CAZORLA, b. d'Espagne, Andalousie, roy. et dist. de Jaen; formait une cité considérable du temps des Romains et des Carthaginois.

CAZOULS-D'HÉRAULT, vg. de Fr., Hérault, arr. de Béziers, cant. de Montagnac, poste de Pezénas; eaux-de-vie; 540 hab.

CAZOULS-LÈS-BÉZIERS, b. de Fr., Hérault, arr., cant. et poste de Béziers; commerce de vins et eaux-de-vie; 2070 hab.

CEA ou **CAEA**, b. d'Espagne, roy. de Léon; 1000 hab.

CEARA. *Voyez* CIARA (province et ville).

CEAUCE, vg. de Fr., Orne, arr., cant. et poste de Domfront; 3160 hab.

CEAULMONT, vg. de Fr., Indre, arr. de la Châtre, cant. d'Éguzon, poste d'Argentan-sur-Creuse; 1110 hab.

CEAUX, vg. de Fr., Manche, arr. et poste d'Avranches, cant. de Ducey; salines; 820 hab.

CÉAUX, vg. de Fr., Vienne, arr. de Civray, cant. et poste de Couhé; 510 hab.

CEAUX, vg. de Fr., Vienne, arr., cant. et poste de Loudun; 890 hab.

CEAUX-D'ALLÈGRE, vg. de Fr., Haute-Loire, arr. du Puy, cant. d'Allègre, poste de St.-Paulien; 1500 hab.

CEBAZAN, vg. de Fr., Hérault, arr. de St.-Pons, cant. et poste de St.-Chinian; 370 hab.

CEBAZAT, vg. de Fr., Puy-de-Dôme, arr., cant. et poste de Clermont-Ferrand; 2580 h.

CEBOLLA, b. d'Espagne, roy. de la Nouvelle-Castille, prov. et dist. de Tolède; renommé par ses vins blancs; 2500 hab.

CEBOU ou SEBOO, SEBOUN, SABOU, riv. considérable de l'Afrique septentrionale, roy. marocain de Fez; elle a sa source dans les monts Benijazga, à l'E. de Fez et de Méquinez, et se jette dans l'Océan Atlantique à Méhédouma ou Mamora.

CEBREROS, b. d'Espagne, roy. de la Vieille-Castille, prov. et dist. d'Avila; on y fabrique un fromage très-estimé; 1500 hab.

CECCANO, b. des états de l'Église, délégation de Frosinone, sur le Sacco; 3500 h.

CÉCIL, comté de l'état de Maryland, États-Unis de l'Amérique du Nord; il est borné par les états de Pensylvanie et de Delaware, par la baie de Chésapeak et par les comtés de Kent et de Harford. Son étendue est de 18 l. c. géogr. avec 18,000 hab. Un grand nombre de fleuves et de rivières, dont le Susquéhannah, le Sassafras, l'Elk et le Conéwago sont les plus considérables, arrosent ce pays, dont le sol très-inégal est couvert de grasses prairies, surtout le long du Susquéhannah, et généralement fertile; pêcheries importantes dans le Susquéhannah; forges.

CÉCILE (Sainte-), vg. de Fr., Indre, arr. d'Issoudun, cant. de St.-Christophe, poste de Valençay; 320 hab.

CÉCILE (Sainte-), vg. de Fr., Manche, arr. d'Avranches, cant. et poste de Ville-dieu; 820 hab.

CÉCILE (Sainte-), vg. de Fr., Saône-et-Loire, arr. de Mâcon, cant. et poste de Cluny; 500 hab.

CÉCILE (Sainte-), ham. de Fr., Sarthe, com. de Flée-Ste.-Cécile; 250 hab.

CÉCILE (Sainte-), vg. de Fr., Tarn-et-Garonne, com. de Montaigut; 380 hab.

CÉCILE (Sainte-), vg. de Fr., Vaucluse, arr. et poste d'Orange, cant. de Bollène; 1980 hab.

CÉCILE (Sainte-), vg. de Fr., Vendée, arr. de Bourbon-Vendée, cant. des Essarts, poste du Fougerais; 1620 hab.

CÉCILE-D'ANDORGE (Sainte-), vg. de Fr., Gard, arr. d'Alais, cant. et poste de Genolhac; 670 hab.

CÉCILE-DU-CAYROU (Sainte-), vg. de Fr., Tarn, arr. et poste de Gaillac, cant. de Castelnau-de-Montmirail; 410 hab.

CECLAVIN, v. d'Espagne, roy. de la Nouvelle-Castille, prov. d'Estramadure; 3000 hab.

CÉDAR, chaîne de montagnes des États-Unis de l'Amérique du Nord; cette montagne traverse une partie de l'état de Vermont, parallèlement avec les montagnes Vertes.

CÉDAR, pet. île fertile et habitée dans le Cora-Sund, sur la côte de l'état de la Caroline du Nord, États-Unis de l'Amérique du Nord.

CÉDAR, île à l'E. de la baie de Maumée ou de Miami, sur la côte de l'état d'Ohio, États-Unis de l'Amérique du Nord.

CÉDAR, lac des États-Unis de l'Amérique du Nord, territoire du Nord-Ouest; l'écoulement de ce lac forme une des principales sources du Mississipi.

CÉDAR (rivière). *Voyez* PASCAGOULA.

CEDAR, g. a., contrée au S. de l'Arabie Pétrée; elle était habitée par les Cedres et son nom est souvent employée pour désigner toute l'Arabie.

CÉDAR-SWAMPS, dist. marécageux d'une grande étendue, dans l'état de Vermont, États-Unis de l'Amérique du Nord, au N.-E. du lac Champlain; ce district offre de bonnes prairies et d'épaisses forêts de pins et de sapins.

CEDERNHALL, établissement fondé par des frères moraves dans l'île d'Antigoa, une des Petites-Antilles (îles Lewards), possession anglaise.

CEDRARO, v. du roy. des Deux-Siciles, Principauté citérieure; 4600 hab.

CEFALO, promontoire sur lequel est située la ville de Mésurata, à 50 l. E.-S.-E. et dans la rég. de Tripoli.

CEFALU, *Cephalœdis*, v. de Sicile, intendance de Palerme; elle possède un petit port, une école de navigation et a assez d'importance par le commerce et la pêche; elle est le siége d'un évêché. Non loin se trouve un bâtiment de construction cyclopéenne; 9000 hab.

CEFFIA, vg. de Fr., Jura, arr. de Lons-le-Saulnier, cant. et poste d'Arinthod; 270 h.

CEFFONDS, vg. de Fr., Haute-Marne, arr. de Lassy, cant. et poste de Montiérender; 960 hab.

CEHEGIN, *Segisa*, b. d'Espagne, roy. de Murcie, dist. de Ziezar, sur la Caravacca; 2000 hab.

CEILHAC, vg. de Fr., Hérault, arr. et poste de Lodève, cant. de Lunas; mines de cuivre et de plomb argentifère; 1060 hab.

CEILLAC, vg. de Fr., Hautes-Alpes, arr.

d'Embrun, cant. de Guillestre ; 920 hab.

CEILLOUX, vg. de Fr., Puy-de-Dôme, arr. de Clermont-Ferrand, cant. de St.-Dier, poste de Billom; 1110 hab.

CEINTREY, vg. de Fr., Meurthe, arr. de Nancy, cant. d'Haroué, poste de Vezelise; 870 hab.

CEISSEINS, vg. de Fr., Ain, arr. de Trévoux, cant. de St.-Trivier-sur-Moignans, poste de Montmerle; 190 hab.

CELÆNÆ, g. a. Du temps de Cyrus c'était la capitale de la Grande-Phrygie, non loin des sources du Méandre.

CELANO ou **CELLANO**, pet. v. du roy. des Deux-Siciles, dans l'Abruzze ultérieure IIe, près d'un lac très-poissonneux qui porte le même nom; 2200 hab.

CELBRIDGE, b. d'Irlande, prov. de Leinster, comté de Kildare, sur la rive droite du Liffy; fabr. de draps, de toiles et de chapeaux de paille.

CÉLÈBES, gr. ile de la Malaisie, située à l'E. de l'île de Bornéo, entre 116° 34′ et 122° 52′ long. E., et 1° 45′ de lat. N. et 5° 39′ de lat. S. Elle est baignée à l'O. par le détroit de Macassar, à l'E. par la mer des Moluques, au N. par celle des Célébès et au S. par celle de la Sonde. Sa forme est très-irrégulière; ses échancrures extraordinaires la partagent en quatre péninsules dont la longueur est de 180 l. sur 50 à 60 de largeur. Son intérieur est couvert de montagnes, principalement au centre et au N. Leur point culminant est le Lampo-Batan qui paraît avoir 2000 mètres de hauteur. Les monts Kloba et Empong sont aussi très-élevés. Le sol est volcanique; trois ou quatre volcans actifs s'y trouvent aujourd'hui; l'un d'eux, le Kemas, fut formé en 1680 après un terrible tremblement de terre qui ravagea toute l'île. Les principales rivières de Célébès sont : la Chirana, le Boul ou Boli, le Macassar, la Tempe, le Tzico et le Zino. Bien que Célébès appartienne à la zône torride et qu'elle soit traversée par l'équateur, le climat y est cependant tempéré; cet effet est dû aux golfes profonds qui entrent dans cette île, aux vents du nord qui y règnent pendant une partie de l'année et aux pluies abondantes qui tombent vers le milieu de chaque mois. Le climat y est en même temps très-salubre; les Européens y vivent plus longtemps que dans aucune autre partie de l'Océanie, et il n'est pas rare d'y rencontrer des indigènes centenaires. Le terrain y est fertile; les montagnes sont couvertes de forêts; les plaines produisent du riz, du maïs, les fruits des tropiques, du coton, du poivre; des buffles sauvages, appelés anoas, des cerfs, des sangliers et des singes peuplent les bois; on y trouve aussi des diamants, de l'or, du fer, de l'étain et du sel. Les habitants indigènes de Célébès, de race malaie, appartiennent à trois familles, différentes de civilisation, de mœurs et de caractère : les féroces Biadjous, les Macas-

sars et les Bugis. Les deux dernières professent l'islamisme; les premiers habitent les côtes du S.-O. de l'île et professent le fétichisme. Le centre de leur famille se trouve dans l'île de Bornéo. Les habitants étrangers de Célébès sont Hollandais, Anglais et Chinois. A l'exception des parties les moins cultivées, on peut regarder l'île entière comme soumise aux Hollandais. Leurs possessions se divisent en possessions immédiates et en possessions médiates. Les possessions immédiates forment ce que les Hollandais appellent le gouvernement de Macassar; il se compose du district de Macassar, où l'on trouve le fort de Rotterdam et la ville de Vlaardingen; des districts méridionaux, de la résidence de Bonthain, de celle de Maros, où se trouve la ville de Maros. La résidence de Manado, qui comprend l'extrémité N.-E. de la péninsule septentrionale de Célébès et où se trouvent les villes de Manado, de Kema et de Gorontalo, relève directement du gouverneur des Moluques. Les possessions médiates des Hollandais comprennent la plus grande partie de l'ile; ce sont de petits états gouvernés par des rois ou princes indigènes qui ont fait des traités d'alliance avec l'ancienne Compagnie hollandaise des Indes orientales et qui se sont placés sous sa protection. Les principaux de ces états sont ceux de Boni, Ouajou ou Waju, Louhou (Lœhœ), Sidinring, Mandhar, Panète, Sopingou, Sopeng, Uncuila et Goa. Voici quelle est la constitution de ces états : Les chefs sont élus, leur pouvoir limité par une aristocratie héréditaire. Les conseillers choisissent le roi dans la famille royale, mais ils ont le droit de le destituer; ces mêmes conseillers surveillent les revenus publics, nomment les fonctionnaires publics, et le roi a besoin de leur consentement pour faire, soit la guerre, soit la paix. Le roi commande l'armée en temps de guerre; un conseiller le remplace alors dans le gouvernement. On prétend que les femmes y jouissent des mêmes droits politiques que les hommes. Ce n'est qu'à la faveur des guerres civiles que les Hollandais ont pu consolider leur pouvoir dans Célébès. En se plaçant sous leur protection, les princes indigènes se sont engagés à leur être fidèles, à ne pas faire la guerre entre eux sans le consentement du gouverneur-général, enfin à soumettre à son approbation, lors du décès des princes, le choix qui aura été fait de leurs successeurs.

Parmi les îles qui dépendent géographiquement de Célébès, nous ne citerons que les principales; ce sont : Sangie, Siao, Banca, le groupe de Xoulla, celui de Bouton ou Butong, enfin le groupe de Salayer (Calaur). On trouvera les détails aux articles spéciaux.

CELENZA, b. du roy. de Naples, prov. de Capitanate; 3000 hab.

CÉLERIN (Saint-), vg. de Fr., Sarthe,

arr. du Mans, cant. de Montfort, poste de Bonnétable; mines de fer; 950 hab.

CELETTE-EN-BERRY (la), vg. de Fr., Cher, arr. et poste de St.-Amand-Mont-Rond, cant. de Saulzais-le-Potier; 570 hab.

CELETTES, vg. de Fr., Charente, arr. de Ruffec, cant. et poste de Mansle; 480 b.

CELHAY. *Voyez* ELORY.

CELLAND (le Grand-), vg. de Fr., Manche, arr. d'Avranches, cant. et poste de Brécey; 530 hab.

CELLAND (le Petit-), vg. de Fr., Manche, arr. d'Avranches, cant. et poste de Brécey; 530 hab.

CELLE, vg. de Fr., Aisne, arr. de Château-Thierry, cant. de Condé-en-Brie, poste de Montmirail; 240 hab.

CELLE (la), vg. de Fr., Allier, arr. de Montluçon, cant. de Mareillat, poste de Néris; 1010 hab.

CELLE (la), vg. de Fr., Corrèze, arr. de Tulle, cant. et poste de Treignac; 430 hab.

CELLE, vg. de Fr., Loir-et-Cher, arr. de Vendôme, cant. de Savigny, poste de Besse-sur-Braye; 510 hab.

CELLE (la), vg. de Fr., Puy-de-Dôme, arr. de Riom, cant. et poste de Pontaumur; 550 hab.

CELLE (la), vg. de Fr., Seine-et-Marne, arr. et cant. de Coulommiers, poste de Faremoutiers; 1130 hab.

CELLE (la), vg. de Fr., Seine-et-Marne, arr. de Fontainebleau, cant. et poste de Moret. Celle est remarquable par le château de Graville, qui a été habité par Henri IV; 280 hab.

CELLE, (la), vg. de Fr., Var, arr., cant. et poste de Brignolles; 580 hab.

CELLE, v. du roy. de Hanovre, gouv. de Lunebourg; est assez bien bâtie et située dans une plaine sablonneuse, au confluent de la Fuse avec l'Aller. Cette ville est le siège de la cour suprême de justice du royaume; elle renferme un gymnase, une société d'économie rurale, une école d'accouchement, un haras, une maison de travail et une maison de correction avec de beaux bâtiments. Son commerce de transit a considérablement diminué. A l'O. de la ville s'élève un château qui renferme une magnifique chapelle et qui fut, de 1772 à 1775, la résidence de la reine de Danemark Mathilde, sœur du roi d'Angleterre George III; 10,000 hab.

CELLE - BARMONTOISE (la), vg. de Fr., Creuse, arr. d'Aubusson, cant. de Crocq, poste de la Villeneuve; 800 hab.

CELLE-BRUÈRE (la), vg. de Fr., Cher, arr., cant. et poste de St.-Amand-Mont-Rond; carrières de pierres de taille; minerai de fer; 850 hab.

CELLE-CONDÉ (la), vg. de Fr., Cher, arr. de St.-Amand-Mont-Rond, cant. et poste de Lignières; 600 hab.

CELLE-DUNOISE (la), vg. de Fr., Creuse, arr. de Guéret, cant. et poste de Dun-le-Palleteau; fabr. de toiles; 1860 hab.

CELLEFROUIN, b. de Fr., Charente, arr. de Ruffec, cant. et poste de Mansle; 2040 hab.

CELLE-LÈS-CONDÉ, vg. de Fr., Aisne, arr. et poste de Château-Thierry, cant. de Condé-en-Brie; 170 hab.

CELLE-LEVÉCAULT, vg. de Fr., Vienne, arr. de Poitiers, cant. de Lusignan, poste de Vivonne; 1550 hab.

CELLE-NEUVE, vg. de Fr., Hérault, com. de Montpellier; 640 hab.

CELLERFELD, v. du roy. de Hanovre; est située dans le capitanat montueux de Clausthal, et séparée seulement de Clausthal par le Cellerbach; elle renferme une précieuse collection de minéraux, une fabrique d'émaux, un atelier de construction de machines et forges; mines; 4100 hab.

CELLES, vg. de Fr., Arriège, arr., cant. et poste de Foix; forges; 890 hab.

CELLES, vg. de Fr., Aube, arr. et poste de Bar-sur-Seine, cant. de Mussy-sur-Seine; 1030 hab.

CELLES, vg. de Fr., Cantal, arr., cant. et poste de Murat; 820 hab.

CELLES, vg. de Fr., Charente-Inférieure, arr. de Jonzac, cant. et poste d'Archiac; 400 hab.

CELLES, vg. de Fr., Dordogne, arr. de Ribérac, cant. de Montagrier, poste de Verteillac; 1650 hab.

CELLES, vg. de Fr., Hérault, arr. de Lodève, cant. et poste de Clermont; 100 hab.

CELLES, vg. de Fr., Haute-Marne, arr. de Langres, cant. de Varennes, poste de Montigny-le-Roi; 420 hab.

CELLES, b. de Fr., Puy-de-Dôme, arr. et poste de Thiers, cant. de St.-Remy; 4440 hab.

CELLES, b. de Fr., Deux-Sèvres, arr., à 2 1/2 l. N.-O. et poste de Melle; chef-lieu de canton; commerce de laine; 1460 hab.

CELLES, vg. de Fr., Vosges, arr. de St.-Dié, cant. et poste de Raon-l'Étape; filat. de coton; 1610 hab.

CELLE-SAINT-CYR (la), vg. de Fr., Yonne, arr. et poste de Joigny, cant. de St.-Julien-du-Sault; 1510 hab.

CELLE-SOUS-CHANTEMERLE (la), vg. de Fr., Marne, arr. d'Épernay, cant. et poste d'Anglure; 380 hab.

CELLE-SOUS-GOUZON (la), vg. de Fr., Creuse, arr. de Boussac, cant. de Jarnages, poste de Gouzon; 350 hab.

CELLES-SUR-AISNE, vg. de Fr., Aisne, arr. de Soissons, cant. et poste de Vailly; 330 hab.

CELLE-SUR-LOIRE (la), vg. de Fr., Nièvre, arr., cant. et poste de Cosne; 710 hab.

CELLE-SUR-NIÈVRE (la), vg. de Fr., Nièvre, arr. de Cosne, cant. et poste de la Charité; 640 hab.

CELLETTE (la), vg. de Fr., Creuse, arr. et poste de Boussac, cant. de Chatelus; 650 hab.

CELLETTE (la), vg. de Fr., Puy-de-Dôme,

arr. de Riom, cant. et poste de Pionsat; 390 hab.

CELLETTES, vg. de Fr., Loir-et-Cher, arr. et cant. de Blois, poste; fabr. de sucre indigène.

CELLIER (le), vg. de Fr., Loire-Inférieure, arr. d'Ancenis, cant. de Lignée, poste d'Oudon; 2170 hab.

CELLIER-LE-DUC, vg. de Fr., Ardèche, arr. de l'Argentière, cant. de St.-Étienne-de-Lugdarès, poste de Langogne; 310 hab.

CELLIEU, vg. de Fr., Loire, arr. de St.-Étienne, cant. et poste de Rive-de-Gier; fabr. de clous; 900 hab.

CELLINO, b. du roy. des Deux-Siciles, prov. d'Otrante; 2000 hab.

CELLULE, vg. de Fr., Puy-de-Dôme, arr., cant. et poste de Riom; 2030 hab.

CELON, vg. de Fr., Indre, arr. de Châteauroux, cant. et poste d'Argenton-sur-Creuse; 500 hab.

CELOUX, vg. de Fr., Cantal, arr. de St.-Flour, cant. de Ruines, poste de Massiac; 240 hab.

CELSOY, vg. de Fr., Haute-Marne, arr. et poste de Langres, cant. de Neuilly-l'Évêque; 330 hab.

CELTES, g. a., peuple originaire du N.-O. de l'Europe, forma une des quatre grandes nations de la Gaule. Selon César, ils habitèrent dans la Gaule narbonnaise; d'après Mela, ils occupèrent le pays compris entre les Pyrénées et la Seine. Plus tard ils s'établirent en Italie, en Espagne (l'an 500 environ) et dans la Grande-Bretagne. De concert avec les Thraces, ils pénétrèrent ensuite jusqu'à l'embouchure du Danube et à l'Hellespont; une partie entra même en Asie. Les Celtibères descendent des Celtes.

CELTIBÉRIE, g. a., contrée de l'Espagne tarraconnaise, comprenait la partie S.-O. de l'Aragon, la Navarre méridionale, la Vieille-Castille orientale (prov. de Soria) et la partie N.-E. de la Nouvelle-Castille (prov. de Cuenca. Ce nom servait quelquefois pour désigner toute l'Espagne.

CELY, vg. de Fr., Seine-et-Marne, arr. et cant. de Melun, poste de Chailly. On y remarque un beau château, bâti par Jacques Cœur; 600 hab.

CEMBOING, vg. de Fr., Haute-Saône, arr. de Vesoul, cant. et poste de Jussey; 780 hab.

CEMPUIS, vg. de Fr., Oise, arr. de Beauvais, cant. et poste de Grandvilliers; 730 hab.

CÉNAC, vg. de Fr., Dordogne, arr. de Sarlat, cant. et poste de Domme; 1210 hab.

CÉNAC, vg. de Fr., Gironde, arr. de Bordeaux, cant. et poste de Créon; 450 hab.

CENANS, vg. de Fr., Haute-Saône, arr. de Vesoul, cant. de Montbozon, poste de Rioz; 270 hab.

CENDRAS, vg. de Fr., Gard, arr., cant. et poste d'Alais; 600 hab.

CENDRE, vg. de Fr., Puy-de-Dôme, com. d'Orcet; 550 hab.

CENDRECOURT, vg. de Fr., Haute-Saône, arr. de Vesoul, cant. et poste de Jussey; 760 hab.

CENDREY, vg. de Fr., Doubs, arr. de Besançon, cant. de Marchaux, poste de Baume-les-Dames; 460 hab.

CENDRIEUX, vg. de Fr., Dordogne, arr. et poste de Périgueux, cant. de Vergt; 1060 hab.

CENÉ. *Voyez* BOIS-DE-CENÉ.

CENEDA, *Acedes*, pet. v. du roy. Lombard-Vénitien, gouv. de Venise, délégation de Trévise, sur le Maschio, siége d'un évêque. Ses habitants sont très-industrieux et fabriquent surtout de beau papier, de la toile et des étoffes de laine; elle a un séminaire et un gymnase. C'est à Ceneda que commence la superbe route ouverte depuis peu à travers des montagnes et des vallées regardées jusqu'ici comme inaccessibles; elle passe par Serravalle, Longarone, Pérarola, dans les provinces vénitiennes; Cortina et Toblach, dans le Tyrol, où elle se partage en deux branches, dont l'une va à Brixen et l'autre à Lintz; son point culminant est aux Cimes-Blanches, à 1300 mètres au-dessus du niveau de la mer; sa longueur est de 67 milles; 4000 hab.

CENERÉ (Saint-), vg. de Fr., Mayenne, arr. de Laval, cant. de Montsurs, poste de Martigné; haut-fourneau; 880 hab.

CÉNEVIÈRES, vg. de Fr., Lot, arr. de Cahors, cant. et poste de Limogne; 650 hab.

CENIA, *Sœtabis*, riv. d'Espagne, séparant la Catalogne du roy. de Valence.

CENICERO, v. d'Espagne, roy. de la Vieille-Castille, prov. de Burgos.

CENILLY. *Voyez* SAINT-MARTIN-DE-CENILLY.

CENIS (Mont-), *Cenisius Mons*, mont. des états sardes, entre les prov. de Luze et de Maurienne; elle fait partie du noyau des Alpes grecques et cottiennes, et son point culminant est à 2000 mètres au-dessus de la mer. Elle est traversée par une belle route, longue de 9 l., et qui conduit dans le Piémont.

CENNES-MONESTIÉS, vg. de Fr., Aude, arr., cant. et poste de Castelnaudary; fabr. de draps; 940 hab.

CENOMES, vg. de Fr., Aveyron, com. de Montagnol; 320 hab.

CENON, vg. de Fr., Vienne, arr. et poste de Châtellerault, cant. de Vouneuil-sur-Vienne; 260 hab.

CENON-LA-BASTIDE, vg. de Fr., Gironde, arr. et poste de Bordeaux, cant. de Carbon-Blanc; 1810 hab.

CENSAC-LAVAUX, vg. de Fr., Haute-Loire, arr. de Brioude, cant. et poste de Paulhaguet; 170 hab.

CENSEAU, vg. de Fr., Jura, arr. de Poligny, cant. de Nozeroy, poste de Champagnole; 820 hab.

CENSEREY, vg. de Fr., Côte-d'Or, arr. de Beaune, cant. de Liernans, poste d'Arnay-le-Duc; commerce de grains, planches sapins; entrepôt de sel; 560 hab.

CENSY, vg. de Fr., Yonne, arr. de Tonnerre, cant. et poste de Noyers; 160 hab.

CENT-ACRES (les), vg. de Fr., Seine-Inférieure, arr. de Dieppe, cant. et poste de Longueville; 125 hab.

CENTALE, *Centallo*, pet. v. du roy. de Sardaigne, intendance-générale de Cunéo; 3600 hab.

CENTO, pet. v. des états de l'Église, légation de Bologne, siége d'un évêché; patrie du peintre Fr. Barbieri, plus communément appelé Guercino da Cento (1590-1667); 4000 hab.

CENTOCÉ, pet. v. de l'emp. du Brésil, prov. de Bahia, comarque de Jacobina; commerce de sel; 2400 hab.

CENTORBI, *Centuriba*, pet. v. de Sicile, intendance de Catane, est située sur un rocher et ne forme qu'une seule rue; 3000 h.

CENTRE ou **CHAROLAIS** (Canal du), canal de Fr., jonction de la Loire avec la Saône. Cette communication donna, dès 1515, naissance à plusieurs projets, mais tous restèrent sans exécution jusqu'à ce qu'enfin un édit du mois de février 1783 détermina l'ouverture du canal; on y employa trois régiments; les travaux ont été terminés en 1793.

Il embouche dans la Loire, au-dessous de Digoin, à 1/4 l. en aval de l'origine du canal latéral à la Loire, auquel il se rattache par une dérivation passant au-dessus de Digoin; il se dirige latéralement à la Bourbince, par Paray, Palinges, Blancy, sur son point de partage à l'étang de Montchanin, près St.-Laurent, où il est alimenté par la rigole de Torcy, se verse ensuite, en suivant le cours de la Dheune vers la Saône, par une pente rapide, réduite par 24 écluses sur 2 l., jusqu'à St.-Berrain, passe à Cheilly et Remigny pour arriver à Chagny, où il quitte la Dheune, se dirige, au S.-E., par la Loyère sur Châlon, pour se verser dans la Saône, en aval de cette ville, à 12 l. au-dessous de l'embouchure des canaux de Bourgogne et du Rhône-au-Rhin.

La longueur totale du canal est de 25 1/2 l., il a 30 écluses sur le versant de la Loire et 50 sur le versant de la Saône. Il sert au transport des vins et denrées venant du Midi et de la Bourgogne, de charbon de bois, de bois de chauffage et de matériaux de construction; blé, légumes secs; fer et fonte; beaucoup de radeaux pour les chantiers de marine de Nantes et Brest.

CENTRE, comté de l'état de Pensylvanie, États-Unis de l'Amérique du Nord. Ce comté, situé au centre de l'état (de là son nom), est borné par les comtés de Lycoming, d'Union, de Mifflin, de Huntingdon et de Clearfield. C'est un pays très-montagneux, resserré entre les Alléghany, les Nettanys et les Tusseys. En général, ce pays n'offre que de hautes montagnes, des collines, des vallées, d'épaisses forêts et encore peu de terres cultivées. Ses principaux cours sont : le Savannah, le Mushannon, le Bald-Eagle et le Penn. Le règne minéral de ce pays, encore peu exploré, parait être d'une grande richesse. Jusqu'ici on exploite quelques carrières de marbre et d'importantes mines de fer et de houille; 16,000 h.

CENTRE, pet. v. des États-Unis de l'Amérique du Nord, état de Pensylvanie, comté d'Union; agriculture, commerce; 2200 h.

CENTRÈS, vg. de Fr., Aveyron, arr. de Rhodez, cant. de Naucelle, poste de Sauveterre; 1500 hab.

CENTREVILLE. *Voyez* BIBB (comté).

CENTREVILLE. *Voyez* WAYNE (comté).

CENTREVILLE, pet. v. des États-Unis de l'Amérique du Nord, état de Maryland, comté de Queen-Anns, dont elle est le chef-lieu, sur le Corsica-Krik; poste, académie, quelque commerce; 2000 hab.

CENTREVILLE, pet. v. des États-Unis de l'Amérique du Nord, état de Virginie, comté de Fairfax, dont elle est le chef-lieu, à l'extrémité O. du comté et non loin de la frontière du comté de Prince-William; poste, agriculture; 1800 hab.

CENTRY, île stérile, couverte seulement de quelques plantes arctiques sur la côte E. de la Nouvelle-Galles du Nord, 61° 40' lat. N., Amérique du Nord.

CENTURY, vg. de Fr., Corse, arr. de Bastia, cant. et poste de Rogliano, pet. port; 730 hab.

CENVES, vg. de Fr., Rhône, arr. de Villefranche-sur-Saône, cant. de Monsol, poste de Tramayes; 1370 hab.

CÉOLS (Saint-), vg. de Fr., Cher, arr. de Bourges, cant. et poste des Aix-d'Angillon; 125 hab.

CEOS. *Voyez* ZEA.

CEPET, vg. de Fr., Haute-Garonne, arr. de Toulouse, cant. de Fronton, poste de St.-Jory; 330 hab.

CEPHALONI, b. du roy. de Naples, prov. de la Principauté ultérieure; 2500 hab.

CEPHALONIE, *Cephalenia*, la plus grande des îles Ioniennes, entre 18° 12' et 18° 53' long. E., et 38° 8' à 38° 47' lat. N. Elle est séparée de l'île Teaki, l'ancienne Ithaque, par le canal de Viskardo et de l'île de Zante, par celui de Céphalonie; sa superficie est de 16 l. c. géogr. Cette île est traversée par une chaine de montagnes très-élevées, qui porte le nom de montagnes Noires; l'Oros-Ainos en est le point culminant (4000 pieds); il s'y trouvait autrefois un autel consacré à Jupiter Aspasias; il n'y existe pas de rivière, mais quelques sources dont l'eau est très-bonne. Son sol est calcaire et recouvert d'une couche de terre labourable plus ou moins fertile; son climat est extrêmement doux; les arbres y portent des fruits deux fois par an, en avril et en novembre, et les raisins se récoltent souvent quatre fois par an. En été la pluie manque, mais en automne elle tombe par torrents ; les tremblements de terre et le vent Sirocco y sont très-fréquents. L'agriculture est peu considérable et l'éducation du bétail presque nulle, faute de pâturages. Les principales productions sont : des raisins dits de Corinthe (2,100,000 kilogrammes par an), de l'huile d'olives, du coton, du vin, des melons et des fruits du sud. Céphalonie est habitée par des Grecs ; c'est un peuple fier, brave, intelligent et sobre; mais rusé, adonné au brigandage et vindicatif ; il fait un commerce assez considérable et fabrique des étoffes de coton, des tapis de poil de chèvre, de la poterie et du cuir ; il parle le grec moderne, et le plus grand nombre appartient à l'église grecque, à la tête de laquelle se trouve un archevêque; on compte 25 couvents grecs et 3 couvents catholiques. L'île est divisée en trois cantons : Argostoli, Lixuri et Asso. La population, répartie dans 3 villes, 7 bourgs et 105 villages, était en 1814 de 63,228 hab. et n'est plus aujourd'hui que de 48,857 hab. Les Anglais s'emparèrent de cette île en 1810; ils y ouvrirent des routes, perfectionnèrent le port d'Argostoli, capitale de l'île, et établirent des moyens de communication intérieure dont elle manquait entièrement.

CEPHENE, g. a., contrée de la Grande-Arménie, au N.-E. d'Adiabene.

CÉPIE, vg. de Fr., Aude, arr., cant. et poste de Limoux ; 500 hab.

CEPOY, vg. de Fr., Loiret, arr., cant. et poste de Montargis; 930 hab.

CEPS, ham. de Fr., Hérault, com. de Roquebrun ; 240 hab.

CERAC, vg. de Fr., Arriège, com. d'Ustou ; 510 hab.

CÉRAM ou **SIRANG**, jolie pet. v. dans l'île de Java, chef-lieu de la résidence de Bantam et siége du gouverneur. La ville de Bantam, qu'on présente à tort comme le siége du sultan de Bantam, qui a cessé de régner, n'est plus qu'un amas de ruines.

CÉRAM, la plus grande des Amboines; c'est une île située dans la mer de Banda, Océanie occidentale, entre 125° 40' et 128° 25' long. orient., et sous 3° 40' lat. S. L'intérieur est traversé par une chaîne de montagnes, dont le pic le plus élevé paraît avoir 2660 mètres de hauteur ; belles forêts, vallées et plaines fertiles; climat sec, chaleur quelquefois excessive; cours d'eau peu considérables; productions des tropiques. Le giroflier a été détruit sur les côtes par les soins des Hollandais; mais l'intérieur, où leur pouvoir n'a pas encore pénétré, renferme des plantations de ce végétal précieux, que des vaisseaux anglais et chinois cherchent en contrebande sur la côte. Les Hollandais s'efforcent de l'empêcher, ainsi que la piraterie, à laquelle se livrent une partie des habitants, en s'attachant mieux leur vassal, le sultan de Céram, qui domine dans une partie de l'île. Les habitants des côtes sont de race malaie, gouvernés par plusieurs chefs, dépendant, ceux de la partie occidentale du résident d'Amboine, ceux de la partie orientale de celui de Banda. L'intérieur est habité par des peuplades indigènes féroces, mais belliqueuses et maintenant leur indépendance. Les principaux ports de Céram sont Saway ou Sawa et Wara ; les Hollandais ont établi, il y a quelques années, un poste à Atiling, près de Saway.

CÉRAMLAUT, pet. île faisant partie du groupe des Moluques, située non loin de la pointe méridionale de Céram. Les Hollandais ont détruit tous les girofliers qui couvraient jadis l'île et chassé la plupart des habitants, qui faisaient la contrebande des clous de girofle.

CERAN, vg. de Fr., Gers, arr. de Lectoure, cant. et poste de Fleurance; 330 h.

CERANS-FOULLETOURTE, vg. de Fr., Sarthe, arr. de la Flèche, cant. de Pontvalin, poste de Foulletourte; 2320 hab.

CERASONDE (Keresoun des Turcs), *Cerasus*, v. de la Turquie d'Asie, eyalet de Trébisonde, sur la mer Noire ; elle est située dans une forêt d'arbres fruitiers; c'est de cette ville que Lucullus apporta le premier cerisier à Rome; construction de vaisseaux.

CERAY. *Voyez* CÉRÉ.

CERBOIS, vg. de Fr., Cher, arr. de Bourges, com. de Lury, poste de Vierzon ; 500 hab.

CERCANCEAU, ham. de Fr., Seine-et-Marne, com. de Souppes; fabr. de papier ; 100 hab.

CERCIÉ, vg. de Fr., Rhône, arr. de Villefranche-sur-Saône, cant. et poste de Belleville-sur-Saône; 710 hab.

CERCLES, vg. de Fr., Dordogne, arr. de Ribérac, cant. et poste de Verteillac ; 1360 hab.

CERCOT, vg. de Fr., Saône-et-Loire, com. de Moroges; 270 hab.

CERCOTTES, vg. de Fr., Loiret, arr. d'Orléans, cant. d'Arthenay, poste de Chévilly.

CERCOUX, vg. de Fr., Seine-Inférieure, arr. de Jonzac, cant. de Montguyon, poste de Montlieu; 1820 hab.

CERCUEIL, vg. de Fr., Marne, com. de Mareuil-le-Port; 350 hab.

CERCUEIL ou **OURCHES**, vg. de Fr., Meurthe, arr. de Nancy, cant. et poste de St.-Nicolas-du-Port; 290 hab.

CERCUEIL (le), vg. de Fr., Orne, arr. d'Alençon, cant. de Carrouges, poste de Sées; 390 hab.

CERCY-LA-TOUR, b. de Fr., Nièvre, arr. de Nevers, cant. et poste de Fours; 1300 hab.

CERDON, b. de Fr., Ain, arr. de Nantua, cant. de Poncin, poste ; tissage de coton et papeterie; 1750 hab.

CERDON, vg. de Fr., Loiret, arr. de Gien, cant. et poste de Sully; 820 hab.

CÉRÉ, vg. de Fr., Indre-et-Loire, arr. de Tours, cant. et poste de Bléré; 930 hab.

CÈRE, vg. de Fr., Landes, arr. et poste de Mont-de-Marsan, cant. de Labrit; 500 h.

CÈRE (la), riv. de Fr., a sa source au pied du Plomb-du-Cantal, près du village de St.-Jacques, dans le dép. du Cantal; elle coule d'abord vers le S.-O., en passant par Vic-sur-Cère; elle prend ensuite la direction N.-O., puis O., passe par La-Roquerou, entre alors dans le dép. du Lot, où elle arrose Bretenoux, et se jette dans la Dordogne, après un cours de 27 l.

CÉRÉ (Saint-), b. de Fr., Lot, arr. et à 6 l. N.-N.-O. de Figeac, chef-lieu de canton et poste, sur une île formée par la Bave et entourée de montagnes très-bien cultivées; elle est environnée de charmantes promenades. On remarque au N. de la ville, sur un plateau assez élevé, des restes de fortifications et deux tours carrées, appelées *Tours de St.-Laurent*. C'était, au quatorzième siècle, un château fort appartenant aux vicomtes de Turenne. On exploite, près de St.-Céré, des carrières de marbre et de pierre; 4065 hab.

CEREA, *Cerera*, b. du roy. Lombard-Vénitien, gouv. de Venise, délégation de Vérone, sur le Menago; 5000 hab.

CERELLES, vg. de Fr., Indre-et-Loire, arr. de Tours, cant. de Neuillé-Pont-Pierre, poste de Monnaie; 540 hab.

CÉRENCES, b. de Fr., Manche, arr. de Coutances, cant. et poste de Bréhal; 2060 h.

CERENZIA, *Cerenthia*, v. épiscopale du roy. des Deux-Siciles, Calabre citérieure.

CERÈRES ou **SERÈRES**, **SERRAIRES**, peuple nègre de la Sénégambie, Afrique, dans les roy. de Baol et de Syn; nation libre et indépendante, divisée en plusieurs tribus; elle s'occupe de l'éducation des bestiaux, sa richesse principale; elle est industrieuse, hospitalière et inoffensive, mais se réunit au besoin contre ses ennemis.

CÈRES, vg. de Fr., Landes, arr. et à 4 l. N. de Mont-de-Marsan, cant. de Labrit. C'est dans ce village que se trouve l'établissement fondé par M. de Poyféré, pour l'éducation des mérinos; 475 hab.

CERESTE, vg. de Fr., Basses-Alpes, arr. et poste de Forcalquier, cant. de Reillanne; 1190 hab.

CÉRESTE, vg. de Fr., Bouches-du-Rhône, arr. de Marseille, cant. et poste de la Ciotat; vins muscats excellents; 700 hab.

CÉRET, v. de Fr., Pyrénées-Orientales, chef-lieu d'arrondissement, à 7 l. S.-S.-O. de Perpignan; siège d'un tribunal de première instance et d'une conservation des hypothèques; elle est située au pied des Pyrénées, près de la rive droite du Tech; ses rues sont étroites; elle a une petite place, ornée d'une fort jolie fontaine, et un faubourg plus vaste et mieux bâti que la ville même; collège communal; fabr. de bouchons de liége et commerce d'huile; denrées coloniales, fruits excellents; 3310 hab. C'est à Céret que se réunirent, en 1660, les commissaires chargés de fixer les limites de la France et de l'Espagne.

CERFONTAINE, vg. du roy. de Belgique, prov. de Namur, dist. de Philippeville, avec une forge et une fonderie. Les Autrichiens y furent défaits par les Français, en 1793; 1000 hab.

CERFONTAINE, vg. de Fr., Nord, arr. d'Avesnes, cant. et poste de Maubeuge; 280 hab.

CERGY, vg. de Fr., Seine-et-Oise, arr., cant. et poste de Pontoise; 1020 hab.

CERI-BELLE-ÉTOILE, vg. de Fr., Orne, arr. de Domfront, cant. et poste de Flers; 1360 hab.

CERIGNOLA (la), b. du roy. des Deux-Siciles, prov. de Capitanate; elle a été, en majeure partie, rebâtie à neuf, après le tremblement de terre en 1730; 6000 hab.

CÉRIGO, *Cythera*, île de la mer Égée, une des sept îles Ioniennes, au S.-E. de Morah, devant le golfe de Kolokythia. Avec Cerigotto et Pori elle a une superficie de 4 1/2 l. c. géogr. L'intérieur de l'île est couvert de montagnes, qui renferment des cavernes de stalactites dont celle du mont Ste.-Sophie est la plus remarquable. Les sources sont abondantes et le sol des vallées est assez fertile; il y a d'excellents pâturages, mais le bois manque; sur les côtes on trouve quelques bonnes carrières. Le climat est extrêmement doux, mais très-variable, et les tempêtes y sont très-fréquentes. Les productions de Cérigo sont : du blé, dont on exporte une grande quantité pour Zante et Céphalonie, un excellent vin, des raisins de Corinthe, des olives, des oranges, des citrons, des lièvres, des lapins et des cailles; le sel manque. Les habitants s'adonnent à l'éducation des vers à soie, des abeilles et du bétail et sont pour la plupart assez pauvres. Leur caractère est doux et leurs mœurs très-simples; ils appartiennent à l'église grecque, et ils ont un évêque; le clergé et les églises sont aussi nombreux que l'instruction du peuple est négligée; 8146 hab. (en 1814 elle avait 9477 hab.)

CÉRIGOTTO, île de la mer Égée, au S.-E. de Cérigo; de médiocre étendue mais fertile, avec plusieurs sources et beaucoup d'oliviers sauvages. Depuis la fin du dix-huitième siècle elle est habitée par une centaine de familles grecques; avant cette époque elle n'était fréquentée que par des corsaires. Les vaisseaux venant du Levant y relâchent pour prendre des rafraîchissements.

CÉRILLY, pet. v. de Fr., Allier, arr. et à 8 1/2 l. N.-N.-E. de Montluçon, chef-lieu de canton et poste; fabr. d'étoffes de laine et de papier; 2400 hab.

CÉRILLY, vg. de Fr., Côte-d'Or, arr. de Châtillon-sur-Seine, cant. et poste de Laignes; fabr. d'ouvrages en tôle et clous; 530 hab.

CÉRILLY, vg. de Fr., Yonne, arr. de Joigny, cant. et poste de Cérisiers; exploitation de pierres à fusil rouges et noires; 220 hab.

CERISÉ, vg. de Fr., Orne, arr., cant. et poste d'Alençon; 170 hab.

CERISIERS, b. de Fr., Yonne, arr. et à 5 l. N.-E. de Joigny, chef-lieu de canton et poste; commerce en cidre, raisiné; 1375 h.

CÉRISOLES, vg. des états sardes, principauté de Piémont, dist. d'Alba; il est célèbre par la grande bataille que les Français y gagnèrent sur les Espagnols, en 1544.

CERISY-BULEUX, vg. de Fr., Somme, arr. et poste d'Abbeville, cant. de Gamaches; 510 hab.

CERISY-GAILLY, vg. de Fr., Somme, arr. de Péronne, cant. de Bray-sur-Somme, poste d'Albert; fabr. de sucre indigène; 690 hab.

CERISY-LA-FORÊT, b. de Fr., Manche, arr. et poste de St.-Lô, cant. de St.-Clair; 2160 hab.

CERISY-LA-SALLE, b. de Fr., Manche, arr. et à 4 l. E. de Coutances, chef-lieu de canton et poste; commerce de fil, coutil, lin, chanvre et bestiaux; fabr. de calicots; 2470 hab.

CERIZAY ou **CERISAY**, b. de Fr., Deux-Sèvres, arr., à 4 l. O.-S.-O. et poste de Bressuire, chef-lieu de canton; 1050 hab.

CERIZIÈRES, vg. de Fr., Haute-Marne, arr. de Vassy, cant. de Doulaincourt, poste de Vignory; 350 hab.

CERIZOLS, vg. de Fr., Arriège, arr. et poste de St.-Girons, cant. de St.-Croix; 890 hab.

CERLANGUE (la), vg. de Fr., Seine-Inférieure, arr. du Hâvre, cant. et poste de St.-Romain; 930 hab.

CERLEAU (la), vg. de Fr., Ardennes, arr. de Rocroy, cant. de Rumigny, poste d'Aubenton; 180 hab.

CERNANS, vg. de Fr., Jura, arr. de Poligny, cant. et poste de Salins; 350 hab.

CERNAY, vg. de Fr., Calvados, arr. de Lisieux, cant. et poste d'Orbec; 265 hab.

CERNAY, vg. de Fr., Doubs, arr. de Montbéliard, cant. de Maiche, poste de St.-Hyppolite; 170 hab.

CERNAY, vg. de Fr., Eure-et-Loir, arr. de Chartres, cant. et poste d'Illiers; 170 hab.

CERNAY (Sennheim), pet. v. de Fr., Haut-Rhin, arr. et à 9 l. N.-E. de Belfort, chef-lieu de canton et poste. Elle est située sur la rive gauche de la Thurr et n'a d'autres édifices remarquables que la vieille église et la belle filature de MM. Witz fils et comp.; filat. et tissage de coton, fabr. de papiers de toiles peintes, etc.; 3041 hab.

CERNAY, vg. de Fr., Vienne, arr. et poste de Châtellerault, cant. de Lencloitre; 400 hab.

CERNAY - EN - DORMOIS, vg. de Fr.,
Marne, arr. de Ste.-Ménéhoulde, cant. et poste de Ville-sur-Tourbe; 800 hab.

CERNAY-LA-VILLE, vg. de Fr., Seine-et-Oise, arr. de Rambouillet, cant. et poste de Chevreuse; 410 hab.

CERNAY-LES-REIMS, vg. de Fr., Marne, arr. et poste de Reims, cant. de Beine; 860 hab.

CERNE-ABBAS, b. d'Angleterre, comté de Dorset, sur la Cerne; on y trouve beaucoup d'antiquités; 1100 hab.

CERNE - MOUNTAINS. *Voyez* OZARK monts).

CERNEUX (les), vg. de Fr., Seine-et-Marne, arr. de Provins, cant. de Villers-St.-Georges, poste de Champcenest; 360 h.

CERNIEBAUD, vg. de Fr., Jura, arr. de Poligny, cant. de Nozeroy, poste de Champagnole; 210 hab.

CERNIN (Saint-). *Voyez* SERNIN (Saint-).

CERNIN (Saint-), vg. de Fr., Cantal, arr. et à 4 l. N. d'Aurillac, chef-lieu de canton, poste de St.-Martin-Valmeroux; 3180 hab.

CERNIN (Saint-), vg. de Fr., Lot, arr. de Cahors, cant. de Lauzès, poste de Pélacoy; 1040 hab.

CERNIN-DE-L'ARCHE (Saint-), vg. de Fr., Corrèze, arr. et poste de Brives, poste de Larche; 600 hab.

CERNIN-DE-L'HERM (Saint-), vg. de Fr., Dordogne, arr. de Sarlat, cant. et poste de Villefranche-de-Belvès; 670 hab.

CERNIN-DE-REILLAC (Saint-), vg. de Fr., Dordogne, arr. de Sarlat, cant. et poste de Bugue; 420 hab.

CERNION, vg. de Fr., Ardennes, arr. de Rocroy, cant. de Rumigny, poste de Maubert-Fontaine; 210 hab.

CERNON, vg. de Fr., Jura, arr. de Lons-le-Saulnier, cant. d'Arinthod; 530 hab.

CERNON, vg. de Fr., Marne, arr. et poste de Châlons-sur-Marne, poste d'Écury-sur-Cools; 170 hab.

CERNOY, vg. de Fr., Loiret, arr. de Gien, cant. et poste de Châtillon-sur-Loire; 650 h.

CERNOY, vg. de Fr., Oise, arr. de Clermont, cant. et poste de St.-Just-en-Chaussée; 110 hab.

CERNUSCO-ASINARO, b. du roy. Lombard-Vénitien, prov. de Milan; 2000 hab.

CERNUSSON, vg. de Fr., Maine-et-Loire, arr. de Saumur, cant. et poste de Vihiers; 330 hab.

CERNY, vg. de Fr., Seine-et-Oise, arr. d'Étampes, cant. et poste de la Ferté-Aleps; 920 hab.

CERNY-EN-LAONNAIS, vg. de Fr., Aisne, arr. de Laon, cant. de Craonne, poste de Corbeny; 200 hab.

CERNY-LES-BUCY, vg. de Fr., Aisne, arr., cant. et poste de Laon; 120 hab.

CERON, vg. de Fr., Saône-et-Loire, arr. de Charolles, cant. et poste de Marcigny; 720 hab.

CERONNE-LE-MORTAGNE (Sainte-), vg. de Fr., Orne, arr. et poste de Mortagne-sur-Huîne, cant. de Bazoches-sur-Hoëne; 740 hab.

CÉRONS, vg. de Fr., Gironde, arr. de Bordeaux, cant. et poste de Podensac; vins blancs excellents; 1355 hab.

CEROTTE (Sainte-), vg. de Fr., Sarthe, arr., cant. et poste de St.-Calais; 520 hab.

CEROU (le), riv. de Fr., a sa source à 1 l. N.-E. de Valence, dép. du Tarn; elle coule vers l'O., passe par Carmeaux et Monestiés; elle prend une direction N.-N.-O. à 3 l. de son embouchure, et se jette dans l'Aveyron, sur la limite du dép. de Tarn-et-Garonne, après un cours de 16 l.

CERQUEUX, vg. de Fr., Calvados, arr. de Lisieux, cant. et poste d'Orbec; 260 h.

CERQUEUX, ham. de Fr., Calvados, com. de St.-Crespin; 200 hab.

CERQUEUX-DE-MAULÉVRIER (les), vg. de Fr., Maine-et-Loire, arr. de Beaupréau, cant. et poste de Cholet; 500 hab.

CERQUEUX-SOUS-PASSAVANT (les), vg. de Fr., Maine-et-Loire, arr. de Saumur, cant. et poste de Vihiers; 300 hab.

CERRALBO, île dans le golfe de Californie, états mexicains; importantes pêches de perles.

CERRE-LÈS-NOROY, vg. de Fr., Haute-Saône, arr. et poste de Vesoul, cant. de Noroy-le-Bourg; 520 hab.

CERRETO, *Cenetum*, v. du roy. des Deux-Siciles, Terre-de-Labour; tissage de laine et de coton; 4800 hab.

CERRETO, b. des états de l'Église, délégation de Perugia, sur la Nera; filat. de soie; commerce.

CERRIGEY-DRUIDION, vg. d'Angleterre, comté de Denbigh, remarquable par les ruines d'un fort druidique.

CERRO-COLORADO. *Voyez* COLORADO (Cerro-).

CERRO-DA-PIE-DE-PALO. *Voyez* CORDILLÈRES.

CERRO-DE-COLLOCAR. *Voyez* COLLOCAR (Cerro-de-).

CERRO-DE-LA-GIGANTA. *Voyez* GIGANTA (Cerro-de-la-).

CERRO-DE-LA-SAL. *Voyez* TARMA (Sierra-de-).

CERRO-DE-MÉAPIRE. *Voyez* MÉAPIRE (Cerro-de-).

CERRO-DE-NABAJAS. *Voyez* NABAJAS (Cerro-de-).

CERRO-DE-PLATA. *Voyez* PLATA (Cerro-de-).

CERRO-DE-POTOSI, mont. et point culminant des Cordillères orientales du Titicaca, prov. de Potosi, rép. de Bolivia. Cette montagne, haute de 4888 mètres (Humboldt), est en outre très-célèbre par sa grande richesse en métaux de toute espèce.

CERRO-DE-SAN-LAZARO. *Voyez* LAZARO (Cerro-de-San-).

CERRO-DE-SENTUALTÉPEC. *Voyez* SENTUALTÉPEC (Cerro-do-).

CERRO-GORDO, fort des états mexicains, sur la frontière orientale de la province de Chihuahua; il fut construit pour arrêter les invasions des Cumanches, des Acoclames, des Cocoyames, etc., qui, du fond des Bolsons-de-Mapimi, viennent souvent inquiéter les provinces voisines.

CERRO-HERMOSO. *Voyez* HERMOSO (Cerro-).

CERRO-LARGO, dép. de la rép. orientale de l'Uruguay; Cerro-Largo en est le chef-lieu.

CERRO-NÉGRO. *Voyez* PARAMILLO (Serrade-).

CERROS-DE-SAN-FERNANDO. *Voyez* FERNANDO (San-).

CERROS-DE-SANTA-FÉ. *Voyez* FÉ (Cerros-de-Santa-).

CERROS-DE-TUQUILLO. *Voy.* TUQUILLO (Cerros-de-).

CERRO-SEIADO. *Voyez* SEIADO (Cerro-).

CERS, vg. de Fr., Hérault, arr., cant. et poste de Béziers; 230 hab.

CERSAY, vg. de Fr., Deux-Sèvres, arr. de Bressuire, cant. et poste d'Argenton-Château; 700 hab.

CERSEUIL, vg. de Fr., Aisne, arr. de Soissons, cant. et poste de Braisne; 240 h.

CERSOT, vg. de Fr., Saône-et-Loire, arr. de Châlon-sur-Saône, cant. et poste de Buxy; 290 hab.

CERTA, b. du Portugal, prov. d'Alentejo, dist. de Crato, avec un castel en ruines, dont la construction est attribuée au romain Sertorius; 1200 hab.

CERTADO-DE-AREQUIPA, prov. du dép. d'Aréquipa, rép. du Pérou; elle est bornée par les prov. de Cailloma, de Lampa, de Moquehua et de Canama et par l'Océan. Ses côtes ont un développement de 30 à 34 l., et toute son étendue est d'environ 248 l. c. g. Cette province, plus montagneuse que plate, s'étend depuis la crète des Cordillères jusqu'à la côte, offre de charmantes vallées bien arrosées et très-fertiles, et produit du blé, du sucre, du coton, de l'huile et surtout du vin, dont il se fait un commerce très-important. Le Rio-de-Aréquipa (Rio-Chila selon Alcedo et Bayer) et le Rio-Inchocayo naissent au pied du volcan du même nom et y sont les seuls cours d'eau dignes d'être mentionnés. L'industrie et le commerce de cette province, favorisés par les ports de Mollendo, d'Ilay et d'Aranta, s'étendent de plus en plus, et la population, qui s'élève à 50,000 âmes, s'accroît rapidement sous le climat doux et sain de ce pays.

CERTAIMS, vg. de Fr., Nièvre, com. de Cervon; 250 hab.

CERTALDO, b. du grand-duché de Toscane, prov. de Florence. Le célèbre écrivain italien Boccace (Jean) y mourut (21 décembre 1375).

CERTEMERY, vg. de Fr., Doubs, arr. de Poligny, cant. de Villers-Farlay, poste de Mouchard; 100 hab.

47

CERTES, vg. de Fr., Gironde, com. d'Audenge; marais salants; 200 hab.

CERTILLEUX, vg. de Fr., Vosges, arr., cant. et poste de Neufchâteau; 230 hab.

CERTINES, vg. de Fr., Ain, arr. de Bourg-en-Bresse, cant. et poste d'Ain; 380 hab.

CERTOSA, vg. du roy. Lombard-Vénitien, gouv. de Milan, délégation et dans les environs de Pavie, avec un magnifique temple, la Certosa (Chartreuse), destinée à recevoir les restes mortels des ducs de Milan; cet édifice, orné avec un goût et une richesse des plus recherchés, est un des plus beaux monuments de l'Italie, parmi ceux qu'on y a élevés, entre la fin du quinzième et le commencement du seizième siècle. Le vaste parc dans lequel François Ier fut fait prisonnier après la bataille de Pavie, en 1525, n'existe plus; sept villages considérables s'élèvent sur son emplacement.

CERVENON, ham. de Fr., Nièvre, com. de St.-Germain; 260 hab.

CERVERA, *Cervaria*, v. d'Espagne, principauté de Catalogne, chef-lieu du district de ce nom, à 11 l. de Lerida, au centre de la province, sur une colline baignée par la Cervera, elle a des rues larges et bien pavées; son université, fondée en 1717, est la seule que possède la Catalogne; 5000 hab.

CERVERA, b. d'Espagne, chef-lieu de district, prov. de Palencia, roy. de Léon, sur la Pisuerga; 2000 hab.

CERVERA, b. d'Espagne, roy. de la Vieille-Castille, prov. de Soria, dist. d'Enciso, sur l'Alma; fabr. de toiles; 2000 hab.

CERVIA, *Ficocle*, pet. v. des états de l'Église, légation de Ravenne, possède d'immenses salines; 4000 hab.

CERVIERA (Villa-Nova-da-), b. du Portugal, prov. de Minho; 2000 hab.

CERVIÈRE, vg. de Fr., Loire, arr. de Montbrison, cant. et poste de Noirétable; fonderies; 490 hab.

CERVIÈRES, vg. de Fr., Hautes-Alpes, arr., cant. et poste de Briançon; 900 hab.

CERVIN (mont), point culminant de la partie méridionale du mont Rose, Alpes Pennines; il est traversé par une belle route et son sommet est à 3613 mètres au-dessus du niveau de la mer.

CERVINARA, v. archiépiscopale du roy. des Deux-Siciles, Principauté ultérieure; 5200 hab.

CERVIONE, b. de Fr., Corse, arr. et à 10 l. S. de Bastia, chef-lieu de canton et poste; vignobles renommés; 1470 hab.

CERVON, b. de Fr., Nièvre, arr. de Clamecy, cant. et poste de Corbigny; 2110 hab.

CERZAT, vg. de Fr., Haute-Loire, arr. de Brioude, cant. de Lavoute-Chilhac, poste de Langeac; 440 hab.

CERZAULT, vg. de Fr., Deux-Sèvres, com. d'Azay-Brûlé; 400 hab.

CERZÉ (Grand et Petit-), ham. de Fr., Deux-Sèvres, com. de Mairé-l'Évescault; 190 hab.

CÉSAIRE-DE-GAUZIGNAN (Saint-), vg. de Fr., Gard, arr. d'Alais, cant. de Vezenobres, poste de Ledignan; 320 hab.

CESANA, b. du roy. Lombard-Vénitien, gouv. de Venise, délégation de Bellune; château; 2000 hab.

CÉSANCEY, vg. de Fr., Jura, arr. et poste de Lons-le-Saulnier, cant. de Beaufort; 490 h.

CESARE (Rio-). *Voyez* MAGDALENA (Rio-Grande-de-la-).

CÉSARÉE. *Voyez* KAÏSARIEH.

CESARES, nation qui, d'après quelques auteurs espagnols, habitait l'intérieur de la Terre de Magellan, entre les 43° et 44° lat. S. Selon ces auteurs, cette peuplade, qu'ils disent moitié chrétienne, moitié païenne, doit son origine au naufrage d'une petite flotte, envoyée par Guttières de Carjaval, évêque de Placencia, pour occuper les îles Moluques, et qui fut jetée sur les côtes E. de la Patagonie; 250 personnes de l'équipage parvinrent à se sauver et fondèrent dans l'intérieur du pays une colonie, grossie bientôt par des Indiens Puelches et Téhuelches. Alcédo fait mention de cette colonie, et quelques explorateurs, plus récents encore, assurent l'avoir vue; cependant Falkner déjà se prononce décidément contre son existence.

CÉSARVILLE, vg. de Fr., Loiret, arr. de Pithiviers, cant. de Malesherbes, poste de Sermaises; 220 hab.

CESCAU, vg. de Fr., Arriège, arr. de St.-Girons, cant. et poste de Castillon; 630 hab.

CESCAU, vg. de Fr., Bassés-Pyrénées, arr. d'Orthez, cant. d'Arthez, poste de Lacq; 520 hab.

CESENA, v. des états de l'Église, légation de Forli; siège d'un évêché; 14,700 hab.

CESENATICO, v. des états de l'Église, légation de Forli; a un port et 3600 habitants qui se livrent à la navigation et à la pêche.

CESERT (Saint-), vg. de Fr., Haute-Garonne, arr. de Toulouse, cant. et poste de Grenade-sur-Garonne; 440 hab.

CESI, b. des états de l'Église, légation de Spolète; dans ses environs se trouve la caverne d'Éole, appelée *Grotta di Vento*.

CESNY-AUX-VIGNES, vg. de Fr., Calvados, arr. de Caen, cant. de Bourguébus, poste de Croissanville; 200 hab.

CESNY-EN-CINGLAIS, vg. de Fr., Calvados, arr. de Falaise, cant. et poste d'Harcourt-Thury; 640 hab.

CESSAC, vg. de Fr., Gironde, arr. de la Réole, cant. de Targon, poste de Sauveterre; 210 hab.

CESSAC, vg. de Fr., Lot, com. de Douelle. Ce village, qui ne forme plus même une commune, était, au quatorzième siècle, une place forte occupée par les Anglais, et la résidence des barons de Cessac, vassaux de l'évêque de Cahors.

CESSALES, vg. de Fr., Haute-Garonne, arr., cant. et poste de Villefranche-de-Lauragais; 200 hab.

CESSEINS. *Voyez* CEISSEINS.

CESSENON, vg. de Fr., Hérault, arr. de St.-Pons, cant. et poste de St.-Chinian; mines de houille; 2160 hab.

CESSERAS, vg. de Fr., Hérault, arr. de St.-Pons, cant. d'Olonzac, poste d'Azille; exploitation de lignite; 600 hab.

CESSES, vg. de Fr., Meuse, arr. de Montmédy, cant. et poste de Stenay; fabr. de sucre indigène; 440 hab.

CESSET, vg. de Fr., Allier, arr. de Gannat, cant. et poste de St.-Pourçain; 560 hab.

CESSEVILLE, vg. de Fr., Eure, arr. de Louviers, cant. et poste du Neubourg; 560 hab.

CESSEY, vg. de Fr., Doubs, arr. de Besançon, cant. et poste de Quingey; 360 hab.

CESSEY-LES-VITTEAUX, vg. de Fr., Côte-d'Or, arr. de Semur, cant. et poste de Vitteaux; eaux minérales; 120 hab.

CESSEY-SUR-TILLE, vg. de Fr., Côte-d'Or, arr. de Dijon, cant. et poste de Genlis; eaux minérales froides; 460 hab.

CESSIÈRES, vg. de Fr., Aisne, arr. de Laon, cant. et poste d'Anizy-le-Château; cendre propre à la fabrication de glaces; 600 hab.

CESSIEUX, vg. de Fr., Isère, arr., cant. et poste de la Tour-du-Pin; 2010 hab.

CESSON, vg. de Fr., Côtes-du-Nord, com. de St.-Brieuc; 1010 hab.

CESSON, vg. de Fr., Ille-et-Vilaine, arr., cant. et poste de Rennes; 2370 hab.

CESSON, vg. de Fr., Seine-et-Marne, arr., cant. et poste de Melun; 350 hab.

CESSOY, vg. de Fr., Seine-et-Marne, arr. de Provins, cant. et poste de Donnemarie; 370 hab.

CESSY, vg. de Fr., Ain, arr., cant. et poste de Gex; 980 hab.

CESSY-LES-BOIS, vg. de Fr., Nièvre, arr. de Cosne, cant. et poste de Donzy; forge; 660 hab.

CESTAS, vg. de Fr., Gironde, arr. et poste de Bordeaux, cant. de Pessac; 870 h.

CESTAYROLS, b. de Fr., Tarn, arr., cant. et poste de Gaillac; 1150 hab.

CETIGNE, *Cettina* ou *Tschetin*, pet. v. de la Turquie d'Europe, est le chef-lieu du Montenegro, eyalet de Roumili.

CETON, b. de Fr., Orne, arr. de Mortagne-sur-Huîne, cant. du Theil, poste de Nogent-le-Rotrou; siamoises et cotonnades; 3780 hab.

CETRARO, *Parthenius Portus*, v. du roy. des Deux-Siciles, Calabre citérieure, avec un bon hâvre; 5000 hab., qui se livrent à la pêche et au commerce.

CETTE, *Messua Collis*, *Setium*, v. forte et port. de Fr., sur la Méditerranée, Hérault, arr. et à 6 l. S.-O. de Montpellier, chef-lieu de canton; siége d'un tribunal de commerce, d'un tribunal de prud'hommes-pêcheurs et d'une direction de douanes; elle est bâtie en amphithéâtre, au milieu d'une longue langue de terre, sur la pente d'une petite montagne calcaire, à l'E. de l'étang de Thau, avec lequel elle communique par un large canal bordé de jolis quais et qui traverse la ville dans toute sa longueur. Son port est défendu par deux forts et une citadelle; un môle isolé, construit en avant de son entrée, le protège contre les ensablements. Il peut contenir 400 navires, bâtiments marchands et tartanes; un phare très-élevé en indique l'entrée. Cette a un établissement de bains de mer et de sable très-fréquenté, des chantiers de construction pour la marine marchande, une école royale de navigation; fabr. d'eau-de-vie, d'esprit de vins et de liqueurs; des salines très-considérables; tonnellerie, etc. On y fait des salaisons de sardines; commerce important en vins, eaux-de-vie et denrées coloniales; cabotage actif et pêche très-productive. Placée à l'extrémité du canal du Midi, cette ville est le point intermédiaire du commerce et de la navigation des départements du S.-O. avec ceux du S.-E. et les ports de l'Italie et de l'Espagne. Cette, seul port du Bas-Languedoc, sur la Méditerranée, a été fondé par Louis XIV, sous le ministère Colbert; 11,050 hab.

CETTE-EYGUN, vg. de Fr., Basses-Pyrénées, arr. d'Oloron, cant. d'Accous, poste de Bedous; 490 hab.

CETTIGNE, *Cettina* ou *Tschetin*, v. de la Turquie d'Europe, prov. de Scutari, chef-lieu de Montenegro.

CEUTA ou SEPTA, CIBTA, place forte dans l'emp. de Maroc, roy. de Fez, Afrique, située sur une presqu'île, à l'extrémité orientale du détroit de Gibraltar, avec un mauvais port et environ 7000 habitants. Elle est la plus grande des Presidios, c'est-à-dire des forteresses espagnoles sur cette côte; elles servent de lieu de déportation pour les criminels; c'est aussi à Ceuta que réside le gouverneur de ces forteresses, ainsi qu'un évêque.

CEVA, *Seba* ou *Ceba*, v. du roy. de Sardaigne, intendance-générale de Cunéo, à l'embouchure de la Cevetta et du Fanaro; 5500 hab.

CÉVENNES, *Cebennæ*, *Cebennici Montes*, chaîne de montagnes de France, qui s'étend entre le canal du Midi et le canal du Centre; elle tient le milieu entre les Alpes et les Pyrénées et forme le groupe occidental du système alpique. Elle commence au col de Narouze, près de Castelnaudary; sa direction est d'abord au N.-E., jusqu'au mont Pilet, point culminant de cette chaîne, dans le Lyonnais; de là, elle se dirige vers le N. jusqu'à la Côte-d'Or, dont elle est séparée par le canal du Centre. Les Cévennes séparent les bassins de la Garonne et de la Loire de ceux du Rhône et de la Saône et forment ainsi la ligne de partage entre les cours d'eau qui affluent vers la Méditerranée et ceux qui se jettent dans l'Océan. La longueur totale de cette chaîne est d'environ 120 l.; elle se subdivise du S. au N., sous les dénominations suivantes : 1° montagnes Noires, dans les départements de l'Aude et de l'Hérault; 2° montagnes de l'Epinous, entre les départements du Tarn, de l'Aveyron et de l'Hérault; 3° celles de Garrigues, dans les départements de l'Aveyron et du Gard; 4° du Gévaudan ou Cévennes proprement dites, dans la Lozère; 5° du Vivarais, dans l'Ardèche; 6° du Lyonnais, dans le Rhône; 7° du Charollais, dans le département de Saône-et-Loire.

Ces montagnes, dont le sol est couvert sur un grand nombre de points d'épaisses couches de matières volcaniques, renferment de nombreux sillons métallifères, des mines de calamine, d'antimoine, de manganèse, de couperose, d'asphalte et de houille; des carrières de granit, de marbre, de porphyre, d'ardoises, d'ocre, de pierres de taille et plusieurs sources minérales. Les grains y sont rares, mais on y recueille beaucoup de pommes de terre et de châtaignes. On y voit aussi des grottes très-curieuses, surtout dans le département du Gard, aux environs d'Alais.

Les points culminants des Cévennes sont : le Pic-Montant, dans les montagnes Noires, de 1040 mètres; la Lozère, dans le Gévaudan, 1480 mètres; le Mezen, dans le Vivarais, 2000 mètres; le mont Pilet, dans le Lyonnais, 1200 mètres, etc.

Les Cévennes furent sous Louis XIV le théâtre des dernières guerres religieuses en France, et jusqu'en 1776 les protestants de cette contrée furent victimes des plus cruelles persécutions. C'est surtout contre les braves et laborieux montagnards de cette contrée que les ministres courtisans de Louis XIV et de Louis XV organisèrent ces horribles massacres connus sous le nom de *dragonnades*.

CEVIA, b. de Suisse, cant. du Tésin, chef-lieu de district; culture du vin; 600 h.

CEVICO. *Voyez* YUNA (Rio-).

CEYLAN, *Taprobane*, gr. île de l'Océan Indien, à l'entrée du golfe du Bengale, au S.-E. de la pointe méridionale du Dekan, située entre 77° 50' et 79° 30' long. orient., et 5° 56' et 9° 55' lat. N. Sa longueur est d'environ 100 l. du N. au S. Sa largeur varie de 10 à 50 l. Sa superficie totale est de 2550 l. c. géogr. Elle a porté successivement les noms de Taprobane chez les Grecs (lieu où se lève le soleil), de Seïlen Div chez les Arabes, de Singola, Chingola, etc. Les côtes de l'île de Ceylan offrent un grand nombre de ports et de rades très-sûrs, bien que celles du N. soient bordées de bas-fonds et de récifs qui rendent la navigation dangereuse. L'intérieur est traversé par une chaîne de montagnes qui la coupe en deux parties, l'orientale et l'occidentale; des contreforts se dirigent vers le N. et le S. Le versant méridional de ces montagnes est presque inaccessible; celui de l'E. s'adoucit insensiblement. Les points culminants de la chaîne sont le pic d'Adam, haut de 1900 mètres, et le Namina-Couly-Kandy, haut de 1658 mètres. Ces montagnes sont riches en minéraux; on y trouve des mines de plomb, de fer, d'antimoine et de mercure, du salpêtre et du soufre; on en tire aussi des pierres précieuses, diamants, saphyrs, rubis et autres. La principale rivière de Ceylan est le Mahavellé ou Mérila-Ganga, qui descend de Namina-Couly-Kandy et parcourt près de 70 l. de pays. Son embouchure est obstruée par de nombreux bancs de sable. Parmi les autres cours d'eau, qui presque tous prennent leur source au pied du pic d'Adam, nous ne citerons que le Kalani-Ganga, la Parapa-Oya ou Yallé, le Kanakau, le Kaymel, le Kalou-Kanga, le Maplegoum, etc. Toutes ces rivières n'ont que 15 à 20 l. de cours. Le principal lac est celui de Candy. Le climat de Ceylan, malgré la situation tropicale de cette île, est assez doux, mais les côtes septentrionales et occidentales sont ravagées périodiquement par des ouragans terribles. Les côtes sont généralement stériles; celles du S.-O. sont marécageuses, très-malsaines, mais très-fertiles; on y récolte surtout d'excellent chanvre. Les plantes de l'Europe n'y viennent qu'avec peine; mais on y trouve presque toutes celles des tropiques. Les épaisses forêts de l'intérieur renferment de beaux bois de construction et d'ornement; les principales productions sont: le riz, les noix de coco (dont on a exporté en 1825 plus de six millions), le tabac, le poivre, la canne à sucre, le café, le chanvre, le camphre, le betel, cultivées dans les plantations par plus de 30,000 travailleurs, et sa plante la plus précieuse, la cannelle. Parmi les animaux on distingue deux espèces d'éléphants, des buffles, des sangliers, des ours, un animal à musc; les chevaux y sont de belle race. On y trouve des léopards, des chacals, des hyènes, des gazelles, des lièvres, des singes; dont plusieurs espèces sont remarquables, beaucoup de serpents et de crocodiles, des fourmis, des araignées vénimeuses, etc.

Les habitants de Ceylan, au nombre de 1,200,000 environ, dont 200,000 chrétiens, sont partagés en trois grandes branches : les étrangers; les Ceylanais ou Chingalais et les Veddads. Les premiers, Malais, Portugais, Hollandais, Anglais et Malabars ont conservé généralement les mœurs et usages de la nation à laquelle ils appartiennent. Les Ceylanais, qui habitent le midi et une partie de l'O. de l'île, sont un peuple étranger, d'origine contestée malaise ou hindoue. Ils sont bouddhistes de religion et divisés en castes correspondant à celles de l'Inde. Leur caractère est doux et hospitalier; ils excellent dans plusieurs sortes de fabrication, et les ruines qu'on découvre sur le sol qu'ils habitent, des temples ornés, des statues de Boudha et d'autres sculptures montrent qu'anciennement l'art religieux florissait chez eux. La classe des Veddads, autrefois cultivateurs, occupe aujourd'hui sous le gouvernement britannique toutes les dignités civiles. Les Veddads, qui sont probablement les anciens habitants de l'île, vivent en sauvages dans les forêts et ont constamment cherché à défendre leur indépendance. De courageux missionnaires ont cherché à répandre parmi eux les germes de la civilisation chrétienne.

. L'île de Ceylan était anciennement partagée en six royaumes: Candy ou Conde-Ouda, Cotta, Sieta-Reca, Dambadan, Ramnadapour et Jafnapatnam. Les Portugais y vinrent en 1517 et soumirent les côtes, à la faveur de la mésintelligence qui régnait entre les petits souverains de ces royaumes. Les Hollandais parvinrent à les chasser en 1636; mais furent obligés, au dix-huitième siècle de renoncer à leurs possessions considérables dans Ceylan. Les Anglais et les Français s'en disputèrent la souveraineté. En 1782, les premiers s'emparèrent de Trinkomali, qui fut repris par les Français, sous les ordres de Suffren. En 1795, les Anglais prirent Negombo et Colombo; en 1813, ils s'emparèrent de la capitale de Candy, déposèrent le roi et l'envoyèrent prisonnier à Madras. Depuis lors ils règnent en maîtres absolus à Ceylan, qui ne dépend pas, comme les possessions anglaises dans l'Inde, de la Compagnie des Indes-Orientales, mais qui est possession immédiate de l'Angleterre. La métropole y entretient un gouverneur général, un nombre assez limité d'employés (la plupart des fonctions sont confiées à des indigènes), et une garnison de 5000 hommes environ. Le pays est divisé en un grand nombre de districts. Les principales villes sont : Colombo, la capitale, Negombo, Candy, Matoura, Trinkomali, Jafnapatnam et Nouradjapoura, l'antique capitale de l'île.

L'île de Ceylan est entourée d'un grand nombre de petits îlots; les bancs de sable connus sous le nom de Pont-de-Rama ou Pont-d'Adam, la joignent presque au continent de l'Inde.

CEYRAC, vg. de Fr., Aveyron, com. de Gabriac; 490 hab.

CEYRAS, vg. de Fr., Hérault, arr. de Lodève, cant. et poste de Clermont; fabr. de verdet; 710 hab.

CEYRAT, vg. de Fr., Puy-de-Dôme, arr., cant. et poste de Clermont-Ferrand; 1530 h.

CEYRESTE. Voyez CÉRESTE.

CEYROUX, vg. de Fr., Creuse, arr. de Bourganeuf, cant. et poste de Bénévent; 630 hab.

CEYSSAC, vg. de Fr., Haute-Loire, arr., cant. et poste du Puy; 300 hab.

CEYSSAT, vg. de Fr., Puy-de-Dôme, com. d'Allagnat; 550 hab.

CEYZÉRIAT, b. de Fr., Ain; arr. à 2 l. E. et poste de Bourg-en-Bresse, chef-lieu de canton; 1040 hab.

CEYZÉRIEU, vg. de Fr., Ain, arr. de Belley, cant. de Virieux-le-Grand, poste de Culoz; 1830 hab.

CÉZAC, vg. de Fr., Gironde, arr. de Blaye, cant. de St.-Savin, poste de Cavignac; 1600 hab.

CÉZAC, vg. de Fr., Lot, arr. de Cahors, cant. et poste de Castelnau-de-Montratier; 560 hab.

CÉZAIRE (Sainte-), vg. de Fr., Charente-Inférieure, arr. de Saintes, cant. et poste de Burie; 1020 hab.

CÉZAIRE (Saint-), vg. de Fr., Meurthe, com. de Parey-St.-Cézaire; 400 hab.

CÉZAIRE (Saint-), vg. de Fr., Var, arr. et poste de Grasse, cant. de St.-Vallier; 1220 hab.

CEZAIS, vg. de Fr., Vendée, arr. de Fontenay-le-Comte, cant. et poste de la Châtaigneraie; 440 hab.

CEZAN, vg. de Fr., Gers, arr. de Lectoure, cant. et poste de Fleurance; 590 hab.

CÉZAS, vg. de Fr., Gard, arr. du Vigan, cant. de Sumène, poste de St.-Hippolyte; 150 hab.

CEZAY, vg. de Fr., Loire, arr. de Montbrison, cant. de Boën, poste de St.-Germain-Laval; 560 hab.

CEZE (la), riv. de Fr., a sa source dans les Cévennes, près de Villefort, dép. de la Lozère; elle coule dans la direction S.-E., entre dans le dép. du Gard, passe par St.-Ambroix et Bagnols, et se jette dans le Rhône, presque vis-à-vis de Caderousse, après un cours de 27 l. Cette rivière a plusieurs affluents, entre autres la Luech, l'Aguillon, l'Auzonet, etc.

CEZENS, vg. de Fr., Cantal, arr. de St.-Flour, cant. et poste de Pierrefort; 1070 h.

CÉZÉRACQ. Voyez BASTIDE-CÉZÉRACQ (la).

CÉZIA, vg. de Fr., Jura, arr. de Lons-le-Saulnier, cant. et poste d'Arinthod; 170 h.

CEZIMBRA, pet. v. du Portugal, prov. de Beira, dist. de Sétuval; avec un petit port et une bonne rade protégés par un fort; 1800 hab.

CÉZY, vg. de Fr., Yonne, arr., cant. et poste de Joigny; 1390 hab.

CHABAN, ham. de Fr., Charente-Inférieure, com. de Cram-Chaban; 200 hab.

CHABAN, ham. de Fr., Deux-Sèvres, com. de Chauray; 200 hab.

CHABANAIS, pet. v. de Fr., Charente, arr. et à 3 l. S. de Confolens, chef-lieu de canton et poste, sur la Vienne; elle est vieille et mal bâtie; on y remarque les ruines d'un château qui a appartenu au célèbre ministre Colbert; commerce de bétail; 1895 hab.

CHABB, riv. de l'Arabie, qui descend comme le Meïdam du plateau du Yémen et se jette dans le golfe d'Oman.

CHABESTAN, vg. de Fr., Hautes-Alpes,

arr. de Gap, cant. et poste de Veynes; 270 hab.

CHABEUIL, pet. v. de Fr., Drôme, arr., poste et à 2 l. E.-S.-E. de Valence, chef-lieu de canton, sur la rive gauche de la Vioure; c'est une vieille ville autrefois défendue par un château fort, dont on voit encore des ruines; elle n'a de remarquable que la beauté des sites qui l'environnent; fabr. et filat. de soie; papeteries; mégisseries; 4300 h.

CHABLAIS, *Caballicus Ager*, c'est le nom d'une province du roy. de Sardaigne, qui se trouve entre le canton et le lac de Genève, le Valais, les provinces de Faussigny et le Genevois. Elle est comprise dans l'intendance-générale de Savoie, duché de Savoie; son chef-lieu est Thonon; elle renferme 44,000 hab.

CHABLIS, *Cabelia*, pet. v. de Fr., Yonne, arr. et 4 1/2 l. E. d'Auxerre, chef-lieu de canton et poste; elle est située sur le Serin, et ses environs produisent des vins blancs renommés; bataille, en 841, entre les fils de Louis-le-Débonnaire; 2560 hab.

CHABONS, vg. de Fr., Isère, arr. de la Tour-du-Pin, cant. et poste du Grand-Lemps; 2230 hab.

CHABOTTES, vg. de Fr., Hautes-Alpes, arr. de Gap, cant. et poste de St.-Bonnet; 710 hab.

CHABOURNAIS, vg. de Fr., Vienne, arr. de Poitiers, cant. de Neuville, poste de Mirebeau; 720 hab.

CHABRAIS (Saint-), vg. de Fr., Creuse, arr. d'Aubusson, cant. et poste de Chénérailles; 1190 hab.

CHABRAT, vg. de Fr., Charente, arr. de Confolens, cant. et poste de Chabanais; 810 hab.

CHABRIGNAC, vg. de Fr., Corrèze, arr. de Brives, cant. de Juillac, poste d'Objat; mine de plomb argentifère; 690 hab.

CHABRILLAN, vg. de Fr., Drôme, arr. de Die, cant. et poste de Crest; 1020 hab.

CHABRIS, *Gabris*, b. de Fr., Indre, arr. d'Issoudun, cant. de St.-Christophe, poste de Selles-sur-Cher; 2570 hab.

CHABUL, g. a., contrée de la Galilée supérieure; elle comprenait vingt villes dont Salomon fit don au roi de Tyr, Hiram.

CHACAMÉCRANS. *Voyez* CAMÉCRANS (peuplade).

CHACAO, b. de la rép. de Chili, prov. de Chiloé. Cet endroit, très-florissant par son commerce jusqu'en 1768, est très-déchu depuis ce temps, à cause de l'accès difficile de son port. L'état entretient une garnison dans le fort qui défend l'endroit.

CHACÉ, vg. de Fr., Maine-et-Loire, arr., cant. et poste de Saumur; 570 hab.

CHACHAPOYAS, prov. de la rép. du Pérou, dép. de Livertad. Cette province, bornée par la Colombie et les provinces de Caxamarca, de Patas et de Mainas, comprenait autrefois les districts de Chachapoyas, de Luya et de Chillaos. Ce pays, situé entre le Marannon et la chaîne centrale des Andes, a un sol très-inégal plus montagneux que plat, bien boisé sur les montagnes, très-fertile dans les profondeurs et arrosé par un grand nombre de rivières, affluents du Marannon, dont l'Atunmayo et l'Uccubamba sont les plus considérables. Les principales productions de cette province sont le tabac, le coton, le sucre, le cacao, l'indigo, la cochenille, différents bois précieux, la cire, l'or, l'alun, le vitriol et le sel de roche. Cependant le commerce de ces productions est peu important, faute de moyens de communication. Sa population, qui était avant la révolution de 20,000 âmes, ne se monte plus aujourd'hui qu'à 15,000.

CHACHAPOYAS ou SAN-JUAN-DE-LA-FRONTÉRA, v. de la rép. du Pérou, capitale de la province de son nom, sur le Rio Uccubamba; on y remarque une belle cathédrale; quelque commerce; 4000 hab.

CHACIM, b. du Portugal, prov. de Tras-os-Montes; manufactures et tissage de soie; 1000 hab.

CHACRISE, vg. de Fr., Aisne, arr. et poste de Soissons, cant. d'Oulchy; 420 hab.

CHADELEUF, vg. de Fr., Puy-de-Dôme, arr. et poste d'Issoire, cant. de Champeix; 470 hab.

CHADENAC, vg. de Fr., Charente-Inférieure, arr. de Saintes, cant. et poste de Pons; 860 hab.

CHADENET, vg. de Fr., Lozère, arr. et poste de Mende, cant. de Blaymard; 210 h.

CHADERNOLLES, vg. de Fr., Puy-de-Dôme, com. de Marsac; 220 hab.

CHADIE. *Voyez* CADIE.

CHADJAWALPOUR ou SCHAHJEHANPOUR, v. de l'Inde, roy. de Sindhia, prov. de Malwa, sur le Sagurmuttec; commerce assez considérable.

CHADRAC, vg. de Fr., Haute-Loire, arr., cant. et poste du Puy; 260 hab.

CHADRAT, vg. de Fr., Puy-de-Dôme, com. de St.-Saturnin; 520 hab.

CHADRON, vg. de Fr., Haute-Loire, arr. du Puy, cant. du Monastier; 1420 hab.

CHADURIE, vg. de Fr., Charente, arr. d'Angoulême, cant. et poste de Blanzac; 810 hab.

CHAFFAR (le). *Voyez* CHAFFAT (le).

CHAFFART (le), ham. de Fr., Isère, com. des Avenières; 250 hab.

CHAFFAT, vg. de Fr., Drôme, arr. de Valence, cant. de Chabeuil, poste de Crest; 280 hab.

CHAFFAT (le), ham. de Fr., Isère, com. de Roche; 200 hab.

CHAFFAUT (le), vg. de Fr., Basses-Alpes, arr., cant. et poste de Digne; 230 hab.

CHAFFOIS, vg. de Fr., Doubs, arr., cant. et poste de Pontarlier; 710 hab.

CHAFFREY (Saint-), vg. de Fr., Hautes-Alpes, arr. et poste de Briançon, cant. du Monestier; 1320 hab.

CHAGAIN. *Voyez* SAÏGAING.

CHAGARAMUS, excellent port au N.-O. de l'île de Trinidad, une des Petites-Antilles, possession anglaise; grands chantiers pour la construction des vaisseaux.

CHAGEY, vg. de Fr., Haute-Saône, arr. de Lure, cant. et poste d'Héricourt; tissage de coton; forges et hauts-fourneaux; 840 h.

CHAGNON, vg. de Fr., Loire, arr. de St.-Étienne, cant. et poste de Rive-de-Gier; 510 hab.

CHAGNY, vg. de Fr., Ardennes, arr. de Mézières, cant. d'Omont, poste de Flize; 780 hab.

CHAGNY, b. de Fr., Saône-et-Loire, arr. et à 4 l. N.-O. de Châlon-sur-Saône, chef-lieu de canton et poste; bons vins; pierres non gelisses sur le bord du canal du Centre; 3110 hab.

CHAGOS ou DIEGO GARCIA, île de l'Océan Indien, au S.-O. du groupe d'Adou; elle est très-fertile.

CHAGOTÉO. *Voyez* GUAYCURUS.

CHAGRES, riv. de la rép. de la Nouvelle-Grenade, dép. de l'Isthme; cette rivière, quoique d'un cours très-borné, est pourtant très-importante, parce qu'elle sert de voie commerciale entre Panama et le port de Chagres.

CHAGUYS ou CHAIGIE, CHAYKYE, SHEYGYAS, tribu considérable d'Arabes, dans la partie septentrionale de la Nubie centrale, Afrique, le long du Nil. Avant l'invasion d'Ismaïl-Pacha, fils du vice-roi actuel d'Égypte, leur pays formait une république militaire, gouvernée par trois meliks principaux nommés Chauss, Zibert et Omar. Ces Arabes devinrent redoutables à leurs voisins, surtout au Dongolah, au Barbar et à l'Halfay, sur lesquels ils dominèrent pendant quelque temps. Les Chaykye furent ceux qui opposèrent le plus de résistance aux troupes des Égyptiens. Leurs chevaux sont les meilleurs que l'on connaisse parmi les races arabes. Korti, capitale.

CHAHABAD, v. de l'Inde, principauté de Katah, Adjmir, chef-lieu du district de Cutchwara.

CHAH-ABDOULAZIM, vg. de Perse, prov. d'Irak-Adjemi, de 3 à 400 familles. Il est bâti sur les ruines de Rei, la Rhagès de la Bible, où se passa la scène de Tobie; l'Arsacia des rois parthes, le lieu de naissance du grand calife Haroun-al-Raschid et du médecin Al-Rhazes, la résidence des Seljoucides. Au huitième siècle, Rei était une des plus grandes villes de l'Asie. Trois tours informes et le mausolée de l'iman Musa Kassim, c'est tout ce qu'on reconnaît parmi ses immenses débris.

CHAHAIGNES, b. de Fr., Sarthe, arr. de St.-Calais, cant. et poste de la Chartre-sur-le-Loir; 1670 hab.

CHAHAINS, vg. de Fr., Orne, arr. d'Alençon, cant. et poste de Carrouges; 250 hab.

CHAHAK (mont), point culminant de la chaîne maritime du système arabique. Sa hauteur n'a pas encore été mesurée.

CHAHAR, gros b. dans le pays des Lesghis (région du Caucase), résidence du khan de Kazikoumuk, qui a le titre de sourkhaï. Ce chef, dont les domaines s'étendent le long du Koïsou, est l'ennemi des Russes; il peut armer jusqu'à 6000 hommes.

CHAHDJIHANPOUR (Shahjehanpour), v. de l'Inde anglaise, présidence de Calcutta, ancienne prov. de Delhi, grande et belle; M. Hamilton lui accorde 50,000 hab.

CHAHORRA. *Voyez* CAHORRA.

CHAIAT (le désert de) ou ST.-MACAIRE NITRE, BERIJET-ISCHIHAD, SCITI, SCETE SCEE, contrée d'Afrique, à l'O. des montagnes qui bordent la rive occidentale du Nil, au N.-O. du Caire. Elle faisait partie de la région scythique, très-renommée dans les annales de l'église par le grand nombre de saints solitaires qui l'habitèrent pendant le quatrième siècle; c'est là qu'était le couvent de St.-Macaire, ainsi que 160 autres monastères qui existaient encore à la fin du neuvième siècle. On y trouve des lacs de natron, très-remarquables par la grande quantité de cette substance qu'on en retire depuis un temps immémorial.

CHAI-FUNG-FU, capitale de la prov. chinoise de Ho-nan, au S.-O. de Pékin et sur un bras du Hoangho; les juifs y ont un temple considérable.

CHAIGNAY, vg. de Fr., Côte-d'Or, arr. de Dijon, cant. et poste d'Is-sur-Tille; 630 h.

CHAIGNES, vg. de Fr., Eure, arr. d'Évreux, cant. et poste de Pacy-sur-Eure; 230 hab.

CHAIL, vg. de Fr., Deux-Sèvres, arr., cant. et poste de Melle; 410 hab.

CHAILARD (le), vg. de Fr., Lozère, com. de Chaudeyrac; 330 hab.

CHAILLAC, b. de Fr., Indre, arr. du Blanc, cant. et poste de St.-Benoist-du-Sault; 2530 hab.

CHAILLAC, vg. de Fr., Haute-Vienne, arr. de Rochechouart, cant. et poste de St.-Junien; 1190 hab.

CHAILLAND, b. de Fr., Mayenne, arr. et à 4 1/2 l. N.-N.-O. de Laval, chef-lieu de canton, poste d'Ernée; exploitation de houille; forges et haut-fourneau; 2450 hab.

CHAILLÉ-LES-MARAIS, b. de Fr., Vendée, arr. et à 4 1/2 l. S.-O. de Fontenay-le-Comte, chef-lieu de canton et poste; 2140 hab.

CHAILLÉ-LES-ORMEAUX, vg. de Fr., Vendée, arr., cant. et poste de Bourbon-Vendée; 1210 hab.

CHAILLES, vg. de Fr., Loir-et-Cher, arr., cant. et poste de Blois; fabr. de sucre de betteraves; 780 hab.

CHAILLEVETTE, vg. de Fr., Charente-Inférieure, arr. de Marennes, cant. et poste de la Tremblade; 1050 hab.

CHAILLEVOIS, vg. de Fr., Aisne, arr. de Laon, cant. d'Anizy-le-Château, poste de Chavignon; usine vitriolique; 230 hab.

CHAILLEY, vg. de Fr., Yonne, arr. de Joigny, cant. de Brienon, poste de St.-Florentin; 1230 hab.

CHAILLON, vg. de Fr., Meuse, arr. de Commercy, cant. de Vigneulles, poste de St.-Mihiel; 550 hab.

CHAILLOUÉ, vg. de Fr., Orne, arr. d'Alençon, cant. et poste de Sées; 810 hab.

CHAILLY, vg. de Fr., Côte-d'Or, arr. de Beaune, cant. et poste de Pouilly-en-Montagne; 690 hab.

CHAILLY, vg. de Fr., Loiret, arr. de Montargis, cant. et poste de Lorris; 545 h.

CHAILLY, vg. de Fr., Seine-et-Marne, arr., cant. et poste de Coulommiers; 740 h.

CHAILLY, vg. de Fr., Seine-et-Marne, arr. et cant. de Melun, poste; 960 hab.

CHAILLY-LES-ENNERY, vg. de Fr., Moselle, arr. et poste de Metz, cant. de Vigy; 270 hab.

CHAINÉE-DES-COUPIS, vg. de Fr., Jura, arr. de Dôle, cant. de Chaussin, poste du Deschaux; 200 hab.

CHAINGY, vg. de Fr., Loiret, arr., cant. et poste d'Orléans; 1700 hab.

CHAIN-HILLS, chaîne de montagnes peu élevées, continuation des montagnes Vertes; elles bornent à l'E. la vallée du Connecticut, dans l'état de ce nom, États-Unis de l'Amérique du Nord.

CHAINTRÉ, vg. de Fr., Saône-et-Loire, arr. et poste de Mâcon, cant. de la Chapelle-de-Guinchay; 540 hab.

CHAINTREAUX, vg. de Fr., Seine-et-Marne, arr. de Fontainebleau, cant. de Château-Landon, poste d'Égreville; 720 h.

CHAINTRIX, vg. de Fr., Marne, arr. de Châlons-sur-Marne, cant. et poste de Vertus; fabr. de carton; 260 hab.

CHAIR-AUX-GENS (la), ham. de Fr., Seine-et-Marne, com. de Jouy-sur-Morin; 160 hab.

CHAISE (la), vg. de Fr., Aube, arr. de Bar-sur-Aube, cant. de Saulaines, poste de Ville-sur-Terre; 100 hab.

CHAISE (la), vg. de Fr., Charente, arr., cant. et poste de Barbezieux; 740 hab.

CHAISE (la), ham. de Fr., Loir-et-Cher, com. de St.-Georges-sur-Cher; 270 hab.

CHAISE (la), vg. de Fr., Nièvre, com. de Planchez; 360 hab.

CHAISE-BAUDOIN (la), vg. de Fr., Manche, arr. d'Avranches, cant. et poste de Brécey; 920 hab.

CHAISE-DIEU (la), vg. de Fr., Eure, arr. d'Évreux, cant. de Rugles, poste de Chanday; 540 hab.

CHAISE-DIEU (la), b. de Fr., Haute-Loire, arr. et à 7 l. E. de Brioude, chef-lieu de canton et poste; 1860 hab.

CHAIX, vg. de Fr., Vendée, arr., cant. et poste de Fontenay-le-Comte; 470 hab.

CHAIZE-GIRAULT, vg. de Fr., Vendée, arr. des Sables, cant. et poste de St.-Gilles-sur-Vie; 220 hab.

CHAIZE-LE-VICOMTE (la), vg. de Fr., Vendée, arr., cant. et poste de Bourbon-Vendée; 2010 hab.

CHAJA, v. d'Abyssinie, Afrique, prov. d'Efat ou Iffat.

CHALABRE, v. de Fr., Aude, arr. et à 4 1/2 l. O.-S.-O. de Limoux, chef-lieu de canton et poste; elle est située sur la rive droite de l'Hers et possède une chambre consultative des manufactures, arts et métiers; de nombreuses fabr. de draps; filat. de laine; teintureries; 3530 hab.

CHALADE (la). *Voyez* LACHALADE.

CHALAGNAC, vg. de Fr., Dordogne, arr. et poste de Périgueux, cant. de Vergt; 630 hab.

CHALAIN-D'UZORE, vg. de Fr., Loire, arr., cant. et poste de Montbrison; 230 hab.

CHALAIN-LE-COMTAL, vg. de Fr., Loire, arr., cant. et poste de Montbrison; 480 hab.

CHALAINES, vg. de Fr., Meuse, arr. de Commercy, cant. et poste de Vaucouleurs; 520 hab.

CHALAIS, vg. de Fr., Charente, arr. et à 8 l. S.-S.-E. de Barbezieux, chef-lieu de canton et poste; 550 hab.

CHALAIS, vg. de Fr., Dordogne, arr. de Nontron, cant. de Jumillac-le-Grand, poste de Thiviers; 610 hab.

CHALAIS, vg. de Fr., Indre, arr. et poste du Blanc, cant. de Bélâbre; 770 hab.

CHALAIS, vg. de Fr., Vienne, arr., cant. et poste de Loudun; 810 hab.

CHALAMONT, b. de Fr., Ain, arr. et à 7 l. E. de Trévoux, chef-lieu de canton, poste de Meximieux; 1600 hab.

CHALAMONT. *Voyez* VILLERS-SOUS-CHALAMONT.

CHALAMPÉ, vg. de Fr., Haut-Rhin, arr. d'Altkirch, cant. et poste de Habsheim; 310 hab.

CHALANCEY, vg. de Fr., Haute-Marne, arr. de Langres, cant. et poste de Prauthoy; 410 hab.

CHALANÇON, b. de Fr., Ardèche, arr. de Tournon, cant. et poste de Vernoux; 1040 hab.

CHALANÇON, vg. de Fr., Drôme, arr. de Die, cant. et poste de la Motte-Chalançon; 560 hab.

CHALANÇON, vg. de Fr., Haute-Loire, com. de St.-André-de-Chalençon; 450 hab.

CHALANDRAY, vg. de Fr., Vienne, arr. de Poitiers, cant. de Vouillé, poste de Neuville; 630 hab.

CHALANDREY, vg. de Fr., Manche, arr. de Mortain, cant. d'Isigny, poste de St.-Hilaire-du-Harcourt; 700 hab.

CHALANDRY-ÉLAIRE, vg. de Fr., Ardennes, arr. et poste de Mézières, cant. de Flize; 200 hab.

CHALANDRY-SUR-SERRE, vg. de Fr., Aisne, arr. et poste de Laon, cant. de Crécy-sur-Serre; 540 hab.

CHALANGE, vg. de Fr., Côte-d'Or, com. de Beaune; 300 hab.

CHALANGE (le), vg. de Fr., Orne, arr.

d'Alençon, cant. de Courtomer, poste de Sées; 290 hab.

CHALARD (le), vg. de Fr., Haute-Vienne, com. de Ladignac; 240 hab.

CHALARDS (les), ham. de Fr., Puy-de-Dôme, com. de Lezoux; 240 hab.

CHALAUTRE-LA-GRANDE, b. de Fr., Seine-et-Marne, arr. de Provins, cant. de Villers-St.-Georges, poste de Nogent-sur-Seine; 1090 hab.

CHALAUTRE-LA-PETITE, vg. de Fr., Seine-et-Marne, arr., cant. et poste de Provins; 850 hab.

CHALAUTRE-LA-REPOSTE, vg. de Fr., Seine-et-Marne, arr. de Provins, cant. et poste de Donnemarie; 190 hab.

CHALAUX, vg. de Fr., Charente-Inférieure, com. de la Garde-Montlieu; 380 hab.

CHALAUX, vg. de Fr., Nièvre, arr. de Clamecy, cant. et poste de Lormes; 340 hab.

CHALAUX, pet. riv. de Fr., a sa source au S. d'Ouroux, cant. de Montsauche, dép. de la Nièvre; elle coule dans la direction N.-N.-O. et se jette dans la Cure, après 7 l. de cours.

CHALUIS. *Voyez* NEGREPONT.

CHALCO, b. considérable des états mexicains, état de Mexico, sur la rive orientale du lac de Chalco et dans une contrée extrêmement fertile; pêcheries, commerce de blé; mines d'argent dans les environs; 3000 hab.

CHALCO, lac de la confédération mexicaine, état de Mexico, au S. de la ville de ce nom; n'est séparé que par une étroite digue du lac de Xochimileo; il est très-poissonneux et porte trois charmantes îles fertiles et habitées.

CHALDECOSTE, vg. de Fr., Lozère, com. de Mende; 390 hab.

CHALDÉE, g. a., partie S.-O. de la Babylonie, à l'O. de l'Euphrate, au N.-O. du golfe Persique. Les prophètes désignent quelquefois sous ce nom toute la Babylonie.

CHALDÉENS (les), g. a., peuple belliqueux, fut depuis Ninus assujetti à l'emp. d'Assyrie, s'établit en Babylonie peu avant Salmanassar, s'affranchit du joug assyrien, environ 620 avant J.-C., conquit toute la Palestine, sous Nebucadnezar (604—598 avant J.-C.), et disparaît de l'histoire lors de la destruction de l'empire babylonien par Cyrus (539—38 avant J.-C.).

CHALDETTE, établissement d'eaux thermales, dép. de l'Isère, com. de Brion.

CHALEAT, ham. de Fr., Jura, com. de Thoirette; 230 hab.

CHALEINS, vg. de Fr., Ain, arr. de Trévoux, cant. de St.-Trivier-sur-Moignans, poste de Montmerle; 850 hab.

CHALÊMES (les), vg. de Fr., Jura, arr. de Poligny, cant. des Planches, poste de Champagnole; 330 hab.

CHALENDRAY. *Voyez* FONTAINE-CHALENDRAY.

CHALÉONS. *Voyez* SAINT-HILAIRE-DE-CHALÉONS.

CHALETTE, vg. de Fr., Aube, arr. d'Arcis-sur-Aube, cant. de Chavanges, poste de Brienne; chantier pour la construction de bâteaux; 350 hab.

CHALETTE, vg. de Fr., Loiret, arr., cant. et poste de Montargis; 715 hab.

CHALEUR (la). *Voyez* LACHALEUR.

CHALEUR (baie de la), vaste baie avec de nombreux enfoncements, dont la plupart offrent de bons ports, sur la côte E. du Nouveau-Brunswick.

CHALEY, vg. de Fr., Ain, arr. de Belley, cant. et poste de St.-Rambert; 280 hab.

CHALEYSSIN, vg. de Fr., Isère, com. de St.-Just-Chaleyssin; 350 hab.

CHALÈZE, vg. de Fr., Doubs, arr., cant. et poste de Besançon; 240 hab.

CHALEZEULE, vg. de Fr., Doubs, arr., cant. et poste de Besançon; 240 hab.

CHALGOUTTE, vg. de Fr., Vosges, com. d'Anould; 240 hab.

CHALIARGUE, vg. de Fr., Puy-de-Dôme, com. de St.-Just-de-Baffie; 200 hab.

CHALIERS, vg. de Fr., Cantal, arr. et poste de St.-Flour, cant. de Ruines; eaux minérales aux environs; 1490 hab.

CHALIFERT, vg. de Fr., Seine-et-Marne, arr. de Meaux, cant. et poste de Lagny; 390 hab.

CHALIGNY, vg. de Fr., Meurthe, arr. et cant. de Nancy, poste de Pont-St.-Vincent; 950 hab.

CHALINARGUES, vg. de Fr., Cantal, arr., cant. et poste de Murat; 150 hab.

CHALINDREY, vg. de Fr., Haute-Marne, arr. et poste de Langres, cant. de Longeau; 950 hab.

CHALIVOY-MILON, vg. de Fr., Cher, arr. de St.-Amand-Mont-Rond, cant. et poste de Dun-le-Roi; 700 hab.

CHALLAIN. *Voyez* POTHERIE (la).

CHALLANS, v. de Fr., Vendée, arr. et à 10 l. N. des Sables, chef-lieu de canton et poste; 3640 hab.

CHALLEMENT, vg. de Fr., Nièvre, arr. de Clamecy, cant. de Brinon-les-Allemands, poste de Tannay; 510 hab.

CHALLERANGE, vg. de Fr., Ardennes, arr. et poste de Vouziers, cant. de Monthois; 410 hab.

CHALLES, vg. de Fr., Ain, arr. de Nantua, cant. d'Izernore, poste de Cerdon; 570 hab.

CHALLES, vg. de Fr., Ain, com. de St.-Didier-de-Chalaronne; 270 hab.

CHALLES, vg. de Fr., Sarthe, arr. et cant. du Mans, poste de Parigné-l'Évêque; papeterie; 1310 hab.

CHALLET, vg. de Fr., Eure-et-Loir, arr., cant. et poste de Chartres; 320 hab.

CHALLEX, vg. de Fr., Ain, arr. de Gex, cant. et poste de Collonges; 540 hab.

CHALLIGNAC, vg. de Fr., Charente, arr., cant. et poste de Barbezieux; 740 hab.

CHALLUY, vg. de Fr., Nièvre, arr., cant. et poste de Nevers; 600 hab.

CHALMAISON, vg. de Fr., Seine-et-Marne, arr. de Provins, cant. et poste de Bray-sur-Seine; 520 hab.

CHALMAZELLE, vg. de Fr., Loire, arr. de Montbrison, cant. de St.-George-en-Cuzan, poste de Bœn; 1140 hab.

CHALMESSIN, vg. de Fr., Haute-Marne, arr. de Langres, cant. et poste d'Auberive; 40 hab.

CHALMOUX, vg. de Fr., Saône-et-Loire, arr. de Charolles, cant. et poste de Bourbon-Lancy; 1150 hab.

CHALON, vg. de Fr., Isère, arr. et poste de Vienne, cant. de Beaurepaire; 140 hab.

CHALONNES, vg. de Fr., Maine-et-Loire, arr. de Beaugé, cant. et poste de Noyant; 430 hab.

CHALONNES-SUR-LOIRE, v. de Fr., Maine-et-Loire, arr., à 5 l. S.-E. et poste d'Angers, chef-lieu de canton; elle est située sur la rive droite de la Loire et possède des distilleries considérables d'eaux-de-vie et de liqueurs, tanneries, etc.; 4890 hab.

CHALONS, vg. de Fr., Mayenne, arr. de Laval, cant. d'Argentré, poste de Martigné; 770 hab.

CHALONS-SUR-MARNE, *Duro Catalauni, Catalauni*, v. de Fr., chef-lieu du département de la Marne et de la troisième division militaire, à 46 l. E. de Paris, sur la rive droite de la Marne; siège de tribunaux de première instance et de commerce, d'un évêché suffragant de l'archevêché de Reims; directions des contributions et des domaines; conservation des hypothèques; résidence d'un inspecteur des ponts-et-chaussées; chambre consultative des manufactures, etc. Cette ville, située au milieu de vastes prairies, est assez régulièrement bâtie et renferme plusieurs édifices remarquables par l'élégance de leur construction, tels que l'hôtel de ville, l'hôtel de la préfecture, ci-devant de l'intendance, une vaste cathédrale, une caserne magnifique, autrefois couvent de St.-Pierre, l'église Notre-Dame, la porte Ste.-Croix, le collége et le séminaire. Le Jars est une charmante promenade située en dehors de la ville, près de la porte Ste.-Croix. Chalons possède aussi un théâtre, une bibliothèque de 20,000 volumes, un cabinet d'histoire naturelle, un jardin botanique, une société d'agriculture, de commerce, de sciences et arts; mais de tous ses établissements, le plus important est l'école des arts et métiers, où 450 élèves sont entretenus et instruits aux frais de l'état, et dont les travaux ont obtenu, aux différentes expositions, des médailles d'or et d'argent. Outre les élèves du gouvernement, cette école reçoit encore un grand nombre d'élèves payants. Cet établissement, organisé à Compiègne, en 1803, sous le ministère de M. Chaptal, fut transféré à Chalons, en 1806.

Les produits de l'industrie de cette ville sont assez variés; elle a des tanneries et des chamoiseries renommées; des fabriques d'espagnolette, de serge drapée, de toiles, de bonneterie, de cotonnades et de blanc d'Espagne; des chapelleries, etc.; son commerce consiste en vins de Champagne, blé, laine du pays, chanvre, huile de navette, plâtres tirés de l'Aisne et de Seine-et-Marne et produits de ses fabriques. Foires les 1er, 2 et 3 août, premier samedi de Carême, troisième mardi après Pâques, veille de la Pentecôte, samedi après St.-Denis et après St.-Martin; 12,952 hab.

Châlons est une ville très-ancienne, dont l'importance s'accrut beaucoup sous les Romains. Elle fit partie de la seconde Belgique dont elle était une des principales cités. Deux grandes batailles furent livrées dans les vastes plaines de Châlons: la première en 273, gagnée par Aurélien sur Tetricus qui s'était fait proclamer empereur par les légions révoltées; la seconde, où l'armée du terrible Attila, roi des Huns, fut défaite, en 451, par les Francs, les Romains et les Visigoths réunis. Châlons fut longtemps administré par des évêques qui portaient le titre de comte, auquel ils joignirent plus tard la dignité de pair. Cette ville devint très-florissante; sous les rois de la troisième race, elle était le centre d'un grand commerce; mais vers la fin du quinzième siècle, elle perdit presque toute son importance commerciale.

Les guerres civiles du seizième siècle eurent une influence fatale à la prospérité de Chalons qui eut à supporter sa part des malheurs de la France. Ce ne fut que longtemps après qu'elle répara les désastres de cette époque de calamités. En 1814, elle souffrit beaucoup aussi de l'occupation étrangère qui pesa plus particulièrement sur la Champagne, théâtre glorieux des dernières victoires de l'empire.

Châlons est la patrie du célèbre astronome La Caille (1713-62), de David Blondel, professeur d'histoire (1591-1655), et de Perrot d'Ablancourt, traducteur distingué (1606-65).

CHALONS-SUR-SAONE ou **CHALON-SUR-SAONE**, *Castrum Frumentarium, Cabillonum*, v. de Fr., Saône-et-Loire, chef-lieu d'arrondissement et à 12 l. N. de Mâcon; siège de tribunaux de première instance et de commerce; conservation des hypothèques et inspection forestière; elle est située sur la rive droite de la Saône; dans une vaste plaine couverte de prairies, de vignes et de taillis; un grand pont, de construction ancienne, joint le faubourg St.-Laurent à la ville. La grande église Notre-Dame, l'hôtel du Parc, les quais, la place de Beaune, ornée d'une très-jolie fontaine, méritent d'être mentionnés. Cette ville possède un collége, une école de dessin, une salle de spectacle, une bibliothèque de 10,000 volumes et plusieurs établissements de bienfaisance.

La position de Châlons est très-favorable à son commerce; par la Saône et le Rhône elle communique avec la Méditerranée, et par le canal du Centre, qui aboutit à cette ville, elle communique avec l'Océan, elle est en outre le point de réunion de plusieurs grandes routes. Tous ces avantages l'ont rendue la plus peuplée et la plus commerçante du département. On y fait grand commerce de vins, de grains, de vinaigre, de bois de marine et de merrains, de chanvre, de cuirs, et c'est l'entrepôt des marchandises expédiées des ports des deux mers pour l'intérieur du royaume. Foires les 11 et 27 février, 25 juin, 9 août, 12 septembre et 30 octobre; 12,230 hab.

Au temps des Romains, Châlons était comprise dans la Ire Lyonnaise et considérée comme la seconde ville de cette province. La fertilité de ses environs y fit établir des magasins d'approvisionnements pour les troupes romaines, et c'est à cette circonstance qu'elle dût le nom de *Castrum Frumentarium*. De la domination romaine, elle passa sous celle des Bourguignons, dont les rois résidaient souvent dans cette ville. Au cinquième siècle, elle fut entièrement ruinée par les Vandales. Un siècle après, Chrame, qui s'était révolté contre son père Clotaire Ier, la dévasta. Dans le huitième siècle, elle tomba au pouvoir des Sarrasins qui la ravagèrent à leur tour. Elle fut rétablie, en 813, par Charlemagne. Châlons fut ensuite gouvernée par des comtes. Théodoric Ier, qui fut comte de Châlons en 830, rendit ce titre héréditaire. Ses descendants conservèrent Châlons jusqu'en 1113; alors une partie de ce comté, divisé entre les héritiers du comte Hugues Ier, fut cédée à l'évêque de Châlons dont les successeurs l'ont toujours possédé ; l'autre partie passa, en 1247, par échange, au duc de Bourgogne, et, en 1477, Châlons, ainsi que son territoire, fut, avec la Bourgogne, réunie à la couronne. Cette ville est une de celles qui souffrirent le plus des guerres civiles et religieuses des quinzième et seizième siècle et de l'invasion étrangère de 1814.

Châlons est la patrie de Roberjot, l'un des plénipotentiaires français lâchement assassinés à Rastadt, le 28 avril 1799, et de Denon (Vivant), dessinateur distingué, membre de l'institut d'Égypte (1747—1825).

CHALONS-SUR-VESLE, vg. de Fr., Marne, arr. de Reims, cant. de Ville-en-Tardenois, poste de Jonchery-sur-Vesle; 120 hab.

CHALONVILLARS, vg. de Fr., Haute-Saône, arr. de Lure, cant. et poste d'Héricourt; fabr. de tissus de coton; 860 hab.

CHALO-SAINT-MARS, vg. de Fr., Seine-et-Oise, arr., cant. et poste d'Étampes; 960 hab.

CHALOSSE. *Voyez* CASTELNAU-CHALOSSE.

CHALOU-MOULINEUX, vg. de Fr., Seine-et-Oise, arr. d'Étampes, cant. de Méréville, poste d'Angerville; 470 hab.

CHALP (la), ham. de Fr., Hautes-Alpes, com. de Crevoux ; 240 hab.

CHALTRAIT, vg. de Fr., Marne, arr. et poste d'Épernay, cant. de Montmort; 160 h.

CHALUS, vg. de Fr., Puy-de-Dôme, arr. d'Issoire, cant. et poste de St.-Germain-Lembron ; 460 hab.

CHALUS, b. de Fr., Haute-Vienne, arr. et à 5 1/2 l. N.-O. d'Yrieix, chef-lieu de canton et poste; commerce de pelleterie ; 2060 hab.

CHALVIGNAC, vg. de Fr., Cantal, arr., cant. et poste de Mauriac; 1280 hab.

CHALVRAINES, vg. de Fr., Haute-Marne, arr. de Chaumont-en-Bassigny, cant. de St.-Blin, poste de Bourmont; fabr. de clous, d'épingles et pointes de Paris ; 890 hab.

CHALVRON, vg. de Fr., Nièvre, com. de St.-Aubin-des-Chaumes; 250 hab.

CHAM, *Cambum*, v. et château de Bavière, chef-lieu et siège des autorités du district de ce nom, cer. de Regen, située dans les montagnes, sur le confluent de la Regen et de la Cham, à 6 l. de Rœtz. On trouve dans les montagnes granitiques des environs du grenat, des carnioles et du quarz rose; pop. de la ville 1670 hab., du district 19,700.

CHAMA, fl. de la rép. de Vénézuela; il descend de la Sierra de Merida, dép. de Zulia, et s'embouche dans le lac Maracaïbo.

CHAMA ou SAMA, BASSOMBRA, BOSSUN-PRA, BOUSEMPRA (rivière sainte), SAINT-JEAN ou SAINT-GEORGE, riv. de la Haute-Guinée, Afrique, sur la côte d'Or; elle naît dans l'Achanti proprement dit, arrose le Dinkara, le Tufel, l'Ouarsa et entre dans l'Océan Atlantique, sur les limites du Fontée. C'est à ce bassin qu'appartient la rivière qui passe à Coumassie ; elle forme plusieurs cataractes auxquelles les nègres de ces contrées rendent des honneurs divins.

CHAMADELLE, vg. de Fr., Gironde, arr. de Libourne, cant. et poste de Coutras; 750 hab.

CHAMAGNAT, ham. de Fr., Ain, com. de St.-Alban; 200 hab.

CHAMAGNE, vg. de Fr., Vosges, arr. de Mirecourt, cant. et poste de Charmes; 590 h.

CHAMAGNIEU, vg. de Fr., Isère, arr. de la Tour-du-Pin, cant. et poste de Crémieu; 560 hab.

CHAMAH. *Voyez* ASSEMA.

CHAMAKHI, v. de la prov. de Chirvan, Asie russe. Le Vieux-Chamakhi avait été pendant plusieurs siècles la capitale du khanat du même nom et une des villes les plus florissantes de cette région. Pierre-le-Grand la détruisit en grande partie et plus tard elle fut entièrement abandonnée. De nos jours son heureuse situation engagea le gouverneur-général Yermolof à relever ses ruines et à réparer ses bazars. Les 30,000 habitants du Nouveau-Chamakhi, que le dernier khan avait forcés de se retirer dans la forteresse de Fittag, sont presque tous venus à Chamakhi et promettent le rétablissement de cet ancien entrepôt de commerce de l'Orient. Vins excellents.

CHAMALIÈRES, vg. de Fr., Haute-Loire, arr. du Puy, cant. de Vorey, poste de St.-Paulien; 1030 hab.

CHAMALIÈRES, b. de Fr., Puy-de-Dôme, arr., cant. et poste de Clermont-Ferrand; papeterie; mines de bitume pisasphalte; 925 hab.

CHAMALOC, ham. de Fr., Drôme, arr., cant. et poste de Die; 250 hab.

CHAMANT, vg. de Fr., Oise, arr., cant. et poste de Senlis; 480 hab.

CHAMANT (Saint-), vg. de Fr., arr. de Mauriac, cant. de Salers, poste de St.-Martin-Valmeroux; 990 hab.

CHAMANT (Saint-), vg. de Fr., Corrèze, arr. de Tulle, cant. et poste d'Argentat; 1240 hab.

CHAMARAND, (Saint-) vg. de Fr., Lot, arr. de Gourdon, cant. de St.-Germain, poste de Frayssinet; 750 hab.

CHAMARANDE, vg. de Fr., Seine-et-Oise, arr. d'Étampes, cant. de la Ferté-Aleps, poste d'Étréchy; 350 hab.

CHAMARANDES, vg. de Fr., Haute-Marne, arr., cant. et poste de Chaumont-en-Bassigny; 140 hab.

CHAMARET, vg. de Fr., Drôme, arr. de Montélimart, cant. de Grignan, poste de Taulignan; 590 hab.

CHAMAS (Rio). *Voyez* RIO-DEL-NORTE.

CHAMAS (Saint-), pet. v. de Fr., Bouches-du-Rhône, arr. et à 9 l. S.-O. d'Aix, cant. d'Istres, poste de Sablon; elle est très-bien bâtie, ses rues sont larges et bien percées, et elle possède un joli port sur l'étang de Berre. La colline de St.-Amand partage la ville en deux quartiers qui communiquent ensemble par une voûte souterraine de 250 pieds de longueur. On remarque dans les environs le pont de Flavius sur la Touloubre. C'est un ouvrage romain, orné aux extrémités de deux arcs de triomphe. Cette petite ville est renommée pour ses olives, dites piccholines; on y fait commerce d'huile; 2632 hab.

CHAMASSY (Saint-), vg. de Fr., Dordogne, arr. de Sarlat, cant. de St.-Cyprien; poste du Bugue; 1030 hab.

CHAMAUX (Saint-). *Voyez* SAINT-AMANCET-MONTMOURRE.

CHAMBA (la), vg. de Fr., Loire, arr. de Montbrison, cant. et poste de Noirétable; 540 hab.

CHAMBA. *Voyez* GAMBA.

CHAMBAIN, vg. de Fr., Côte-d'Or, arr. de Châtillon-sur-Seine, cant. et poste de Recey-sur-Ource; 270 hab.

CHAMBEIRE, vg. de Fr., Côte-d'Or, arr. de Dijon, cant. et poste de Genlis; 270 hab.

CHAMBELLAY, vg. de Fr., Maine-et-Loire, arr. de Segré, cant. et poste du Lion-d'Angers; 740 hab.

CHAMBÉON, vg. de Fr., Loire, arr., cant. et poste de Montbrison; 440 hab.

CHAMBERAUD, vg. de Fr., Creuse, arr. et poste d'Aubusson, cant. de St.-Sulpice-les-Champs.

CHAMBERET, b. de Fr., Corrèze, arr. de Tulle, cant. et poste de Treignac; 2660 h.

CHAMBERIA, vg. de Fr., Jura, arr. de Lons-le-Saulnier, cant. et poste d'Orgelet; 530 hab.

CHAMBERSBURGH, pet. v. des États-Unis de l'Amérique du Nord, état de Pensylvanie, comté de Franklin, dont elle est le chef-lieu, dans une contrée saine et agréable, sur le Conécocheague; cette ville renferme sept églises, une académie, une banque, une société littéraire et quelques fabriques; 4200 hab.

CHAMBÉRY, *Camberiacum*, *Camberium* (sous 45° 26' lat. sept. et 3° 56' long. orient.), est la capitale du duché de Savoie proprement dit et de l'intendance-générale de ce nom dans le roy. de Sardaigne. Ses environs sont aussi beaux que fertiles : la ville elle-même, située sur la Leisse et l'Orbane, n'est pas belle en général ; mais il faut citer la place de Lons, le château, la vaste caserne, la promenade de Vernay, le portail de la Ste.-Chapelle, puis l'Hôtel-Dieu, le nouveau théâtre et la rue à portiques. Chambéry est animé en hiver par le concours de la noblesse savoyaise; c'est une des principales places de commerce de l'intérieur de l'Italie; elle possède des fabriques de soie, draps fins, papiers peints, chapeaux de paille, des filatures et des tanneries; récolte de vins fins; il est le siège d'un archevêché et du tribunal supérieur de la division; la société royale académique de Savoie s'y occupe de commerce, d'industrie et d'agriculture; sa bibliothèque est assez considérable, ainsi que le musée. Dans ses environs se trouve la métairie les Charmettes, où J.-J. Rousseau vécut quelque temps auprès de madame de Varens.

Chambéry ne remonte pas au-delà du dixième siècle. Cette ville eut des seigneurs particuliers jusqu'au treizième siècle. En 1230, elle fut cédée à Thomas Ier, comte de Savoie, qui fit élever un château que l'on voit encore, et où résidèrent longtemps les princes de Savoie. Les Français entrèrent à Chambéry le 24 septembre 1792; ils en firent le chef-lieu du département du Montblanc qu'ils conservèrent jusqu'en 1815.

CHAMBEUF, vg. de Fr., Côte-d'Or, arr. de Dijon, cant. et poste de Gevrey; 320 hab.

CHAMBEUGLE, vg. de Fr., Yonne, arr. de Joigny, cant. et poste de Charny; 200 h.

CHAMBEZON, vg. de Fr., Haute-Loire, arr. de Brioude, cant. de Blesle, poste de Lempdes; 300 hab.

CHAMBIÈRE. *Voyez* METZ.

CHAMBILLY, vg. de Fr., Saône-et-Loire, arr. de Charolles, cant. et poste de Marcigny; 600 hab.

CHAMBLAC, vg. de Fr., Eure, arr. de Bernay, cant. de Broglie; 510 hab.

CHAMBLANC, vg. de Fr., Côte-d'Or, arr. de Beaune, cant. et poste de Seurre; 640 h.

CHAMBLAY, vg. de Fr., Jura, arr. de Poligny, cant. de Villers-Farlay, poste de Mouchard; 1150 hab.

CHAMBLE, vg. de Fr., Loire, arr. de Montbrison, cant. de St.-Rambert, poste de Sury-le-Comtal; 700 hab.

CHAMBLET, vg. de Fr., Allier, arr., cant. et poste de Montluçon; 630 hab.

CHAMBLEY, vg. de Fr., Moselle, arr. de Metz, cant. de Gorze, poste de Mars-la-Tour; 520 hab.

CHAMBLY, *Camiliacum*, *Cambliacum*, b. de Fr., Oise, arr. de Senlis, cant. de Neuilly-en-Telle, poste. Ce bourg, situé sur la grande route, possède beaucoup de moulins à blé; fabr. d'armes blanches et d'outils; commerce de laines; 1350 hab.

CHAMBŒUF, vg. de Fr., Loire, arr. de Montbrison, cant. de St.-Galmier, poste de Chazelles; 450 hab.

CHAMBOIS, b. de Fr., Orne, arr. d'Argentan, cant. et poste de Trun; forges et fabr. d'étoffes de laine; 680 hab.

CHAMBOLE, vg. de Fr., Côte-d'Or, arr. de Dijon, cant. et poste de Gevrey; on y récolte des vins fins, qui vont de pair pour les prix avec les vins de Nuits, Vosne et Prémeaux; on distingue surtout le Musigny; 450 hab.

CHAMBON, ham. de Fr., Charente, com. de St.-Maurice; 160 hab.

CHAMBON, vg. de Fr., Charente-Inférieure, arr. de Rochefort-sur-Mer, cant. d'Aigrefeuille, poste de Surgères; 750 hab.

CHAMBON, vg. de Fr., Cher, arr. de St.-Amand-Mont-Rond, cant. et poste de Châteauneuf-sur-Cher; 520 hab.

CHAMBON ou CHAMBON-VILLE, pet. v. de Fr., Creuse, arr. et à 5 l. S.-E. de Boussac, chef-lieu de canton et poste; siége d'un tribunal de première instance et conservation des hypothèques. Cette petite ville, située au confluent de la Tarde et de la Vouise, était sous les rois de la première race une place forte très-importante. Des vestiges de voies romaines, que l'on voit dans ses environs, prouvent son antiquité. Elle a des tanneries et des coutelleries; on y fait commerce de bétail; 2120 hab.

CHAMBON (le), b. de Fr., Loire, arr., à 2 l. S.-S.-O. et poste de St.-Étienne, chef-lieu de canton; il est situé sur les ruisseaux d'Ondaine et Devacherie, dont les eaux sont excellentes pour la trempe de l'acier; il possède des forges pour acier; fonderie, clouterie, coutellerie; mine de houille; 4020 h.

CHAMBON (le), vg. de Fr., Haute-Loire, arr. d'Yssingeaux, cant. et poste de Tence; 2400 hab.

CHAMBON, vg. de Fr., Loir-et-Cher, arr. de Blois, cant. et poste d'Herbault; 610 hab.

CHAMBON, vg. de Fr., Loiret, arr. de Pithiviers, cant. de Beaune-la-Rolande, poste de Boiscommun; 790 hab.

CHAMBON, vg. de Fr., Puy-de-Dôme, arr. d'Ambert, cant. et poste de St.-Germain-l'Herm; 1120 hab.

CHAMBON, vg. de Fr., Puy-de-Dôme, arr. d'Issoire, cant. et poste de Besse; 1120 hab.

CHAMBON, ham. de Fr., Haute-Vienne, com. de Condat; usine à matière à porcelaine; 170 hab.

CHAMBON-CHAMPAGNE, vg. de Fr., Creuse, com. de Chambon-Ville; 610 hab.

CHAMBONNAS, vg. de Fr., Ardèche, arr. de l'Argentière, cant. et poste des Vans; 1290 hab.

CHAMBONNET, vg. de Fr., Puy-de-Dôme, arr. de Riom, cant. et poste de St.-Gervais; 200 hab.

CHAMBON-SAINTE-CROIX, vg. de Fr., Creuse, arr. de Guéret, cant. de Bonnat, poste d'Aigurande; 300 hab.

CHAMBON-SUR-CREUSE, vg. de Fr., Indre-et-Loire, arr. de Loches, cant. et poste de Preuilly; 590 hab.

CHAMBON-VILLE. *Voyez* CHAMBON, v.

CHAMBORAND, vg. de Fr., Creuse, arr. de Guéret, cant. de Grand-Bourg, poste de Bénévent; 590 hab.

CHAMBORD, vg. de Fr., Eure, arr. d'Évreux, cant. et poste de Rugles; 380 hab.

CHAMBORD, *Camboritum*, vg. de Fr., Loir-et-Cher, arr. et à 4 l. O. de Blois. Le magnifique château qui se trouve tout près de là a donné de la célébrité à ce village. C'est un des plus beaux et des plus riches monuments gothiques que nous ayons en France. François Ier le fit construire par l'architecte Primatice, sur les ruines d'un ancien château de plaisance qui, vers la fin du onzième siècle, était un rendez-vous de chasse des comtes de Blois. Cet édifice, situé à une lieue de la Loire, sur le Cosson, dans une vallée fertile et au centre d'un parc immense, présente à la vue une masse imposante de bâtiments surmontés de dômes majestueux et d'élégantes tourelles. Un escalier, d'une construction aussi belle que hardie, conduit aux grands appartements. Cet escalier, chef-d'œuvre d'architecture, s'élève en double spirale jusqu'au sommet de l'édifice, où il se termine par un cabinet vitré, couronné d'une fleur de lis colossale. Ce qu'il a de plus merveilleux, c'est que plusieurs personnes peuvent monter et descendre à la fois sans se voir ni se rencontrer. Le château renferme 440 salles ornées de fresques et de sculptures du travail le plus exquis; mais tout y est dans le plus grand délabrement; le riche mobilier, les belles tapisseries en ont été enlevés et vendus pendant la révolution, et la plupart des belles peintures sont devenues méconnaissables.

Chambord fut le séjour de prédilection de François Ier; tout y rappelle ce monarque et ses nombreuses amours. Louis XIII y résida quelque temps. Louis XIV l'habita aussi pendant plusieurs années. C'est dans une des salles de ce château que Molière donna la première représentation du *Bourgeois Gentilhomme*, en 1670. En 1725, Stanislas Leczinski, forcé d'abandonner son royaume de Pologne, se retira à Chambord qu'il habita pendant neuf ans; il en sortit lorsqu'il fut mis en possession du duché de Lorraine. En 1745, Louis XV en fit don au vainqueur de Fontenoy, le maréchal de Saxe, qui y mourut en 1750. Louis XVI en donna la jouissance à la famille de Polignac. A la révolution, Chambord devint domaine de l'état. En 1804, le château et ses vastes dépendances devinrent une dotation de la Légion-d'Honneur. Après la bataille de Wagram, Napoléon en fit don au maréchal Berthier. Les héritiers de ce dernier, ayant fait publier la vente de Chambord, en 1820, quelques courtisans ouvrirent une souscription, à laquelle presque tous les employés furent forcés de contribuer, sous peine de disgrâce, et l'on acheta ce beau domaine pour en faire don au duc de Bordeaux, qui venait à peine de naître. Après la révolution de 1830, l'administration des domaines en revendiqua la possession, mais un jugement du tribunal de première instance de Blois a maintenu les droits du duc de Bordeaux.

CHAMBORET, vg. de Fr., Haute-Vienne, arr. de Bellac, cant. et poste de Nantiat; 900 hab.

CHAMBORIGAUD, vg. de Fr., Gard, arr. d'Alais, cant. et poste de Genolhac; 980 h.

CHAMBORNAY-LES-BELLEVEAUX, vg. de Fr., Haute-Saône, arr. de Vesoul, cant. et poste de Rioz; 330 hab.

CHAMBORNAY-LES-PINS, vg. de Fr., Haute-Saône, arr. de Gray, cant. de Marnay, poste de Gy; 300 hab.

CHAMBORS, vg. de Fr., Oise, arr. de Beauvais, cant. et poste de Chaumont-en-Vexin; 490 hab.

CHAMBOST-SUR-CHAMELET, vg. de Fr., Rhône, arr. et poste de Villefranche-sur-Saône, cant. de St.-Nizier-d'Azergues; blanchisseries; 1010 hab.

CHAMBOST-SUR-LONGESSAIGNE, vg. de Fr., Rhône, arr. de Lyon, cant. et poste de St.-Laurent-de-Chamousset; 1630 hab.

CHAMBOUCHARD, vg. de Fr., Creuse, arr. d'Aubusson, cant. et poste d'Evaux; 450 hab.

CHAMBOUIE (la), vg. de Fr., Loire, com. de la Chamba; 270 hab.

CHAMBOULIVE, vg. de Fr., Corrèze, arr. de Tulle, cant. de Seilhac; poste d'Uzerche; 3030 hab.

CHAMBOURCI, vg. de Fr., Seine-et-Oise, arr. de Versailles, cant. et poste de St.-Germain-en-Laye; 650 hab.

CHAMBOURG, vg. de Fr., Indre-et-Loire, arr., cant. et poste de Loches; 970 hab.

CHAMBRAY, vg. de Fr., Eure, arr. d'Évreux, cant. de Vernon, poste de Pacy-sur-Eure; 540 hab.

CHAMBRAY, vg. de Fr., Indre-et-Loire, arr. de Tours, cant. et poste de Montbazon; 730 hab.

CHAMBRE, vg. de Fr., Cantal, com. de Vigean; 320 hab.

CHAMBRE (la) ou **CAMEREN**, vg. de Fr., Moselle, arr. de Sarreguemines, cant. et poste de St.-Avold; 580 hab.

CHAMBRE, vg. de Fr., Nièvre, com. de Pougny; 350 hab.

CHAMBRECY, vg. de Fr., Marne, arr. de Reims, cant. de Ville-en-Tardenois, poste de Jonchery-sur-Vesle; 160 hab.

CHAMBRES (les), vg. de Fr., Manche, arr. d'Avranches, cant. et poste de la Haye-Pesnel; 270 hab.

CHAMBRETAUD, vg. de Fr., Vendée, arr. de Bourbon-Vendée, cant. et poste de Mortagne-sur-Sèvre; 810 hab.

CHAMBREY, vg. de Fr., Meurthe, arr., cant. et poste de Château-Salins; exploitation de plâtre; 880 hab.

CHAMBROIS. *Voyez* BROGLIE.

CHAMBRON, vg. de Fr., Deux-Sèvres, com. d'Ardin; 270 hab.

CHAMBRONCOURT, vg. de de Fr., Haute-Marne, arr. de Chaumont-en-Bassigny, cant. de St.-Blin, poste d'Andelot; eaux minérales; 210 hab.

CHAMBROUTET, vg. de Fr., Deux-Sèvres, arr., cant. et poste de Bressuire; 270 hab.

CHAMBRY, vg. de Fr., Aisne, arr., cant. et poste de Laon; 240 hab.

CHAMBRY, vg. de Fr., Seine-et-Marne, arr., cant. et poste de Meaux; 710 hab.

CHAMDOTRE, vg. de Fr., Côte-d'Or, arr. de Dijon, cant. et poste d'Auxonne; 720 hab.

CHAMÉANE, vg. de Fr., Puy-de-Dôme, arr. d'Issoire, cant. et poste de Sauxillanges; 570 hab.

CHAMELA, b. des états méxicains, état de Sonora-et-Cinaloa, à l'embouchure de la Bayona, dans l'Océan Pacifique; commerce; 2000 hab.

CHAMELET, vg. de Fr., Rhône, arr. et poste de Villefranche-sur-Saône, cant. de Bois-d'Oingt; fabr. de mousselines; blanchisseries; 890 hab.

CHAMEROY, vg. de Fr., Haute-Marne, arr. de Langres, cant. et poste d'Auberive; 140 hab.

CHAMERY, b. de Fr., Marne, arr. et poste de Reims, cant. de Versy; 640 hab.

CHAMESEY, vg. de Fr., Doubs, arr. de Montbéliard, cant. de Russey, poste de Morteau; 250 hab.

CHAMESOL, vg. de Fr., Doubs, cant. et poste de St.-Hyppolite; 580 hab.

CHAMESSON, vg. de Fr., Côte-d'Or, arr., cant. et poste de Châtillon-sur-Seine; forges; 365 hab.

CHAMEYRAC, vg. de Fr., Corrèze, arr., cant. et poste de Tulle; 1340 hab.

CHAMI ou **Choumi**, une des tribus des Albanais, dans la Basse-Albanie.

CHAMIES ou **Khamies**, chaîne de montagnes d'environ 100 l. de longueur, dans la partie occ. de la colonie du cap de Bonne-Espérance, Afrique ; elle s'étend du N. au S., depuis la riv. de Koussie, qui sépare ladite colonie de l'Hottentotie, jusqu'à la baie Fausse, au S. de la ville du Cap, où elle se rattache, dans le district de Zwellendam, à la chaîne des Zwarteberge (monts Noirs). Ses plus hauts sommets atteignent une hauteur de 4000 pieds.

CHAMIGNY, vg. de Fr., Seine-et-Marne, arr. de Meaux, cant. et poste de la Ferté-Jouarre ; 870 hab.

CHAMILLY, vg. de Fr., Saône-et-Loire, arr. de Châlon-sur-Saône, cant. de Chagny, poste du Bourgneuf ; 380 hab.

CHAMIREY, vg. de Fr., Saône-et-Loire, com. de Touches ; 230 hab.

CHAMITAUX, vg. de Fr., Aisne, com. de St.-Michel ; 400 hab.

CHAMMES, vg. de Fr., Mayenne, arr. de Laval, cant. et poste de Ste.-Suzanne ; 1100 hab.

CHAMO. *Voyez* Gobi.

CHAMOLE, vg. de Fr., Isère, com. des Avenières ; 300 hab.

CHAMOLE, vg. de Fr., Jura, arr., cant. et poste de Poligny ; 310 hab.

CHAMOND (Saint-), *Castrum sancti Annemundi*, v. de Fr., Loire, arr. et à 3 1/2 l. E.-N.-E. de St.-Étienne, chef-lieu de canton, poste et chambre consultative des manufactures. Cette ville, située dans une vallée agréable, au confluent du Gier et du Janon, est bien bâtie ; elle a une jolie promenade, des bains publics, un collège, une petite bibliothèque publique, de nombreuses fabriques de rubans et de galons en soie et une grande forge à l'anglaise. L'activité de son industrie a beaucoup contribué à son accroissement, et sa population s'est plus que doublée depuis un siècle. Les ruines d'un château fort dominent Chamond, qui eut autrefois des seigneurs auxquels cette ville doit en partie son agrandissement ; 7450 hab.

CHAMONT, vg. de Fr., Isère, com. de St.-Chef ; 400 hab.

CHAMONTARUPT. *Voyez* Xamontarupt.

CHAMOUILLAC, vg. de Fr., Charente-Inférieure, arr. de Jonzac, cant. et poste de Montendre ; 480 hab.

CHAMOUILLE, vg. de Fr., Aisne, arr. de Laon, cant. de Craonne, poste de Chavignon ; 220 hab.

CHAMOUILLEY (Haut et Bas-), vg. de Fr., Haute-Marne, arr. de Vassy, cant. et poste de St.-Dizier ; hauts-fourneaux, pudlage et chaufferie sur la rivière de Cousances ; 700 h.

CHAMOUNY, vallée de la Savoie, célèbre par son aspect imposant et pittoresque, et par sa position au pied du Mont-Blanc ; longue et étroite, elle est partout resserrée entre de hautes montagnes ; le climat y est très-froid ; elle est arrosée par l'Arve. Cette vallée renferme quatre villages et le bourg de Chamouny, d'où l'on monte au Mont-Blanc et où l'on admire, sur le Montanvert, la mer de Glace ; c'est une vallée remplie de glaces, longue d'une demi-lieue et large de deux lieues, resserrée entre le Charmotz et le Dru. La population de la vallée est de 4000 habitants, qui se nourrissent d'un peu de culture, de quelques métiers et de l'éducation des troupeaux ; ils trouvent surtout des ressources dans les dépenses faites par les nombreux voyageurs qu'amène chaque année le désir de contempler la nature grandiose de cette contrée. Ces voyages ne sont guère possibles que pendant quatre mois de l'année.

CHAMOUX, vg. de Fr., Yonne, arr. d'Avallon, cant. et poste de Vezelay ; 450 hab.

CHAMOY, vg. de Fr., Aube, arr. de Troyes, cant. d'Évry, poste d'Auxon ; 1000 h.

CHAMP (le), vg. de Fr., Maine-et-Loire, arr. d'Angers, cant. de Thouarcé, poste de St.-Lambert-du-Lattay ; 740 hab.

CHAMP (Saint-), vg. de Fr., Ain, arr. et cant. de Belley, cant. de Culoz ; 400 hab.

CHAMPAGNAC, vg. de Fr., Cantal, arr. de Mauriac, cant. de Saignes, poste de Bort ; mine de houille ; 1740 hab.

CHAMPAGNAC, vg. de Fr., Charente-Inférieure, arr., cant. et poste de Jonzac ; 700 h.

CHAMPAGNAC ou **Champagnac-de-Bélair**, b. de Fr., Dordogne, arr. et à 3 1/2 l. S. de Nontron, chef-lieu de canton, poste de Brantôme ; 1000 hab.

CHAMPAGNAC, vg. de Fr., Haute-Loire, arr. et poste de Brioude, cant. d'Auzon ; 1050 hab.

CHAMPAGNAC, vg. de Fr., Haute-Vienne, arr. et poste de Rochechouart, cant. d'Oradour-sur-Vayres ; exploitation de serpentine ; forges, haut-fourneau, martinet, affineries, dont les produits sont très-estimés, surtout l'acier laminé ; 1800 hab.

CHAMPAGNAC-LA-NOAILLE, vg. de Fr., Corrèze, arr. de Tulle, cant. et poste d'Egletons ; 860 hab.

CHAMPAGNAC-LA-PRUNE, vg. de Fr., Corrèze, arr. de Tulle, cant. de la Roche-Canillac, poste d'Argentat ; 320 hab.

CHAMPAGNAT, vg. de Fr., Creuse, arr. et poste d'Aubusson, cant. de Bellegarde ; 1980 hab.

CHAMPAGNAT, vg. de Fr., Saône-et-Loire, arr. de Louhans, cant. de Cuiseaux, poste de St.-Amour ; 850 hab.

CHAMPAGNAT-LE-JEUNE, vg. de Fr., Puy-de-Dôme, arr. d'Issoire, cant. de Jumeaux, poste de St.-Germain-Lembron ; 640 hab.

CHAMPAGNE, *Campania Francica*, ancienne prov. de Fr. ; bornée au N. par le Hainaut et le comté de Namur, à l'O. par l'Isle-de-France, au S. par la Bourgogne et à l'E. par la Lorraine. Lors de l'invasion romaine, cette partie des Gaules était habitée par les Rémois, dont Reims était la capitale ; par les Senonais et les Tricasses, établis sur le territoire de Troyes, et par les Lingons, qui avaient Langres pour chef-lieu. Lors du partage de la France entre les fils de Clovis, la Champagne fit partie du royaume d'Austrasie et fut gouvernée par des ducs jusqu'au commencement du huitième siècle. A ces ducs succédèrent des comtes héréditaires qui, après les ducs de Bourgogne et de Bretagne, furent les plus puissants grands-vassaux de la couronne. Au douzième siècle, Raoul de Vermandois ayant répudié sa femme, parente de Thibaut IV, pour épouser une belle-sœur du roi de France Louis VII (le Jeune), le comte Thibaut soutint à main armée la protestation de sa parente contre le divorce obtenu par Raoul, et la Champagne devint victime de cette querelle de famille. Une armée de Louis VII entra dans le comté et y porta partout le pillage, l'incendie et la mort ; 1300 habitants de Vitry périrent à la fois dans leur église, incendiée par l'armée royale, et la ville entière fut réduite en cendres. C'est après cette guerre atroce, que le Louis-le-Jeune, pour expier sa cruauté envers les Champenois, alla guerroyer en Palestine contre les infidèles. C'était l'époque des croisades, et les comtes de Champagne étaient au nombre des plus fervents champions de cette guerre aventureuse. Henri II, comte de Champagne, fut nommé roi de Jérusalem en 1193 ; il mourut à Acre, en 1197, et Thibaut VI, le Chansonnier, lui succéda. Ce comte joua un rôle important pendant la régence de Blanche de Castille, mère de Louis IX, contre laquelle les grands-vassaux s'étaient ligués. Thibaut, qui d'abord était entré dans cette ligue, ne tint pas contre le souvenir de l'amour qu'il avait nourri autrefois pour la reine ; à la vue de Blanche, il sentit se réveiller son ancienne passion, et il abandonna son parti pour se dévouer à la défense de cette princesse ; il se mit à la tête de l'armée du jeune roi et servit avec succès la cause qu'il avait embrassée. Ce même Thibaut hérita du royaume de Navarre et fut couronné à Pampelune en 1216. Ce trône resta dans sa famille pendant un siècle. En 1274, Henri III, quatorzième comte de Champagne et roi de Navarre étant mort, sa fille unique, Jeanne, lui succéda ; elle épousa, en 1284, Philippe-le-Bel, qui devint roi de France en 1285, et auquel elle fit don de ses états. Divers traités, conclus peu de temps après entre les rois de Navarre et de France, confirmèrent cette donation, et la Champagne fut réunie définitivement à la France en 1316 et n'en a plus été séparée depuis. Après sa réunion, cette province, divisée en Haute-Champagne, au N., et en Basse-Champagne au S. de la Marne, était administrée par différents seigneurs et par des évêques plus ou moins dépendants, selon les priviléges attachés à la seigneurie que chacun d'eux tenait en fief. La Champagne souffrit beaucoup des guerres religieuses du seizième siècle : elle se trouvait dans le gouvernement du duc de Guise ; le massacre des protestants à Vassy, ordonné et exécuté par ce prince lui-même, le 1er mars 1562, fut l'horrible prélude de la St.-Barthélemi. La guerre civile dura dans cette province jusqu'en 1594. Deux siècles après, cette province fut le théâtre d'événements plus glorieux pour la France : en 1792, l'orgueilleux et présomptueux Brunswick, à la tête des Prussiens, avait envahi le territoire français et s'avançait vers Paris, dont il avait insolemment promis le pillage à ses soldats, lorsque, près de Valmy, Kellermann, avec 22,000 républicains et au cri de *vive la nation !* tombe sur l'armée ennemie, forte de 124,000 hommes, la met en déroute et sauve ainsi la Champagne et la France. L'année 1814 a laissé des souvenirs non moins glorieux pour les Champenois : les braves habitants de cette province ont donné pendant l'invasion les plus beaux exemples de dévouement à la patrie, et beaucoup d'entre eux ont dignement secondé l'armée aux journées mémorables de Châlons, de Reims, de Champ-Aubert, de Montmirail, de Brienne, etc.

La Champagne forme, depuis la révolution, les quatre départements de la Marne, de la Haute-Marne, de l'Aube et des Ardennes.

CHAMPAGNE (canal de). *Voyez* ARDENNES (canal des).

CHAMPAGNE, b. de Fr., Ain, arr., à 3 1/2 l. N. et poste de Belley, chef-lieu de canton ; 470 hab.

CHAMPAGNE, vg. de Fr., Ardèche, arr. de Tournon, cant. de Serrières, poste d'Andance ; 520 hab.

CHAMPAGNE, vg. de Fr., Charente-Inférieure, arr. de Marennes, cant. de St.-Agnant, poste de Rochefort-sur-Mer ; 500 h.

CHAMPAGNE, b. de Fr., Dordogne, arr. de Ribérac, cant. et poste de Verteillac ; 2430 hab.

CHAMPAGNE, vg. de Fr., Eure-et-Loir, arr. de Dreux, cant. d'Anet, poste d'Houdan ; 110 hab.

CHAMPAGNE, vg. de Fr., Jura, arr. de Poligny, cant. de Villers-Farlay, poste de Mouchard ; 340 hab.

CHAMPAGNE, vg. de Fr., Marne, arr. de Châlons-sur-Marne, cant. d'Écury-sur-Coole, poste de Jaalons ; 45 hab.

CHAMPAGNE, vg. de Fr., Nièvre, com. de Metz-le-Comte ; 300 hab.

CHAMPAGNÉ, vg. de Fr., Sarthe, arr. et poste du Mans, cant. de Montfort ; commerce de toiles ; vins blancs renommés ; 850 hab.

CHAMPAGNE, vg. de Fr., Seine-et-Marne, arr. de Fontainebleau, cant. et poste de Moret ; 520 hab.

CHAMPAGNE, vg. de Fr., Seine-et-Oise,

arr. de Pontoise, cant. et poste de l'Isle-Adam; 750 hab.

CHAMPAGNE-DE-BLANZAC, vg. de Fr., Charente, arr. d'Angoulême, cant. et poste de Blanzac; 200 hab.

CHAMPAGNÉ-LE-SEC, vg. de Fr., Vienne, arr., cant. et poste de Civray; 530 hab.

CHAMPAGNE-LES-MARAIS, vg. de Fr., Vendée, arr. de Fontenay-le-Comte, cant. et poste de Chaillé-les-Marais; 1590 hab.

CHAMPAGNE-MOUTON, vg. de Fr., Charente, arr. et à 6 l. O. de Confolens, chef-lieu de canton, poste de St.-Claud; 1160 h.

CHAMPAGNERMUHLE. *Voyez* REINHARDSMUNSTER.

CHAMPAGNES, ham. de Fr., Ardèche, com. de Montpezat; 200 hab.

CHAMPAGNE-SAINT-HILAIRE, vg. de Fr., Vienne, arr. de Civray, cant. et poste de Gençais; 1420 hab.

CHAMPAGNE-SUR-VINGEANNE, vg. de Fr., Côte-d'Or, arr. de Dijon, cant. et poste de Mirebeau-sur-Bèze; 480 hab.

CHAMPAGNEY, vg. de Fr., Doubs, arr. et poste de Besançon, cant. d'Audeux; 150 hab.

CHAMPAGNEY, vg. de Fr., Jura, arr. de Dôle, cant. de Montmirey-la-Ville, poste de Pesmes; 570 hab.

CHAMPAGNEY, b. de Fr., Haute-Saône, arr. et à 3 1/2 l. E. de Lure, chef-lieu de canton et poste; fabr. d'étoffes de coton; 3030 hab.

CHAMPAGNIER, vg. de Fr., Isère, arr. de Grenoble, cant. et poste de Vizille; 460 h.

CHAMPAGNOLE, b. de Fr., Jura, arr. et à 5 l. S.-E. de Poligny, chef-lieu de canton et poste; il est situé au pied d'une montagne; forges, tréfilerie; 3150 hab.

CHAMPAGNOLLES, vg. de Fr., Charente-Inférieure, arr. de Jonzac, cant. et poste de St.-Genis; 1060 hab.

CHAMPAGNY, vg. de Fr., Côte-d'Or, arr. de Dijon, cant. et poste de St.-Seine; 200 h.

CHAMPAGNY, vg. de Fr., Jura, arr. de Poligny, cant. et poste de Salins; 120 hab.

CHAMPAGNY, vg. de Fr., Saône-et-Loire, com. de Colombier-sous-Uxelles; 370 hab.

CHAMPAIGN, comté de l'état d'Ohio, États-Unis de l'Amérique du Nord; il est borné par les comtés d'Allen, de Crawford, de Hancock, de Hardin, de Logan, de Madison, de Clarke et de Miami. Ce pays, arrosé par le Miami et le Mad, avec leurs affluents, présente une immense plaine assez fertile et couverte à l'O. de belles forêts; 12,000 hab.

CHAMPAISSANT, vg. de Fr., Sarthe, arr. et cant. de Mamers, poste de St.-Cosme; 630 hab.

CHAMPALLEMENT, vg. de Fr., Nièvre, arr. de Clamecy, cant. de Brinon-les-Allemands, poste de St.-Révérien; 260 hab.

CHAMPAUBERT, vg. de Fr., Marne, arr. d'Épernay, cant. de Montmort, poste de Baye. Le nom de ce village est devenu célèbre par une victoire que les Français y remportèrent le 10 février 1814 sur l'armée de la sainte-alliance; 180 hab.

CHAMPAUBERT-AUX-BOIS, vg. de Fr., Marne, arr. de Vitry-le-Français, cant. et poste de St.-Remy-en-Bouzemont; 420 hab.

CHAMP-AU-ROI ou SUR-BARCE, vg. de Fr., Aube, arr. de Bar-sur-Aube, cant. et poste de Vendœuvre; tuileries; 100 hab.

CHAMP-BERTRAND, ham. de Fr., Deux-Sèvres, com. de Villiers-en-Plaine; 200 h.

CHAMPCELLA, vg. de Fr., Hautes-Alpes, arr. d'Embrun, cant. de Guillestre, poste de Mont-Dauphin; 680 hab.

CHAMPCENEST, vg. de Fr., Seine-et-Marne, arr. de Provins, cant. de Villiers-St.-Georges, poste; 240 hab.

CHAMPCERIE, vg. de Fr., Orne, arr. d'Argentan, cant. et poste de Putanges; 470 hab.

CHAMPCERVON, vg. de Fr., Manche, arr. d'Avranches, cant. et poste de la Haie-Pesnel; 450 hab.

CHAMPCEVINEL, vg. de Fr., Dordogne, arr., cant. et poste de Périgueux; 680 hab.

CHAMPCEVRAIS, vg. de Fr., Yonne, arr. de Joigny, cant. et poste de Bléneau; 640 h.

CHAMPCEY, vg. de Fr., Manche, arr. et poste d'Avranches, cant. de Sartilly; 410 h.

CHAMPCOMMEAU, ham. de Fr., Nièvre, com. d'Alligny; 210 hab.

CHAMPCOUELLE, vg. de Fr., Seine-et-Marne, arr. de Provins, cant. et poste de Villiers-St.-Georges; 110 hab.

CHAMPCOURT, vg. de Fr., Haute-Marne, arr. de Chaumont-en-Bassigny, cant. et poste de Vignory; 230 hab.

CHAMPCUEIL, vg. de Fr., Seine-et-Oise, arr. et cant. de Corbeil, poste de Mennecy; 700 hab.

CHAMP-D'ASILE. *Voyez* TEXAS (province).

CHAMP-DE-LA-PIERRE (le), vg. de Fr., Orne, arr. d'Alençon, cant. et poste de Carrouges; forges et fourneaux; 220 hab.

CHAMPDENIERS, b. de Fr., Deux-Sèvres, arr. et à 4 1/2 l. N.-N.-E. de Niort, chef-lieu de canton et poste; ce bourg est l'entrepôt des denrées et du commerce de la Gatine; tanneries; 1435 hab.

CHAMPDEUIL, vg. de Fr., Seine-et-Marne, arr. de Melun, cant. de Mormant; poste de Guignes; 180 hab.

CHAMPDIEU, vg. de Fr., Loire, arr., cant. et poste de Montbrison; 1010 hab.

CHAMPDIVERS, vg. de Fr., Jura, arr. de Dôle, cant. et poste de Chemin; 540 h.

CHAMP-D'OISEAU, vg. de Fr., Côte-d'Or, arr. de Sémur, cant. et poste de Montbard; 170 hab.

CHAMP-D'OISSEL, vg. de Fr., Seine-Inférieure, cant. de la Neuville-Champ-d'Oissel; 260 hab.

CHAMPDOLENT, vg. de Fr., Charente-Inférieure, arr. de St.-Jean-d'Angely, cant. et poste de St.-Savinien; 540 hab.

48

CHAMPDOLENT, vg. de Fr., Eure, arr. d'Évreux, cant. et poste de Conches; 80 h.

CHAMP-DOMINEL, vg. de Fr., Eure, arr. d'Évreux, cant. et poste de Damville; 100 hab.

CHAMPDOR, vg. de Fr., Ain, arr. et poste de Nantua, cant. de Brenod; 720 hab.

CHAMP-DU-BOULT, vg. de Fr., Calvados, arr. de Vire, cant. et poste de St.-Sever; 1720 hab.

CHAMPDRAY, vg. de Fr., Vosges, arr. de St.-Dié, cant. de Corcieux, poste de Bruyères; 1100 hab.

CHAMPEAU, vg. de Fr., Dordogne, arr. de Nontron, cant. et poste de Mareuil; 780 hab.

CHAMPEAUX, vg. de Fr., Ille-et-Vilaine, arr., cant. et poste de Vitré; 520 hab.

CHAMPEAUX, vg. de Fr., Manche, arr. et poste d'Avranches, cant. de Sartilly; 550 hab.

CHAMPEAUX (les), vg. de Fr., Orne, arr. d'Argentan, cant. et poste de Vimoutier; 330 hab.

CHAMPEAUX, vg. de Fr., Seine-et-Marne, arr. et à 4 l. N.-E. de Melun, cant. de Mormant, poste de Guignes. Patrie de Champeaux (Guillaume de), un des plus célèbres philosophes du onzième et du douzième siècle. C'est lui qui enseigna la philosophie à l'illustre Abélard; 450 hab.

CHAMPEAUX, vg. de Fr., Deux-Sèvres, arr. de Niort, cant. et poste de Champdeniers; 280 hab.

CHAMPEAUX-SUR-SARTHE (les), vg. de Fr., Orne, arr. et poste de Mortagne-sur-Huine, cant. de Bazoches-sur-Hoëne; 650 h.

CHAMPEGAULT, ham. de Fr., Indre-et-Loire, com. d'Esvres; 200 hab.

CHAMPEIROUX, vg. de Fr., Puy-de-Dôme, com. de St.-Ignat; 500 hab.

CHAMPEIX, b. de Fr., Puy-de-Dôme, arr. à 3 l. N.-O. et poste d'Issoire, chef-lieu de canton; 1890 hab.

CHAMPEL, vg. de Fr., Ain, com. de Coligny; 320 hab.

CHAMPELAUSE, vg. de Fr., Haute-Loire, arr. du Puy, cant. de Fay-le-Froid, poste du Monastier; 960 hab.

CHAMPELOU, ham. de Fr., Vendée, com. d'Olonne; 200 hab.

CHAMPÉNARD, vg. de Fr., Eure, arr. de Louviers, cant. et poste de Gaillon; 100 h.

CHAMPENAY, vg. de Fr., Vosges, com. de Plaine; 490 hab.

CHAMPENOISE (la), vg. de Fr., Indre, arr., cant. et poste d'Issoudun; 760 hab.

CHAMPENOUX, vg. de Fr., Meurthe, arr., cant. et poste de Nancy; 620 hab.

CHAMPÉON, b. de Fr., Mayenne, arr. de Mayenne, cant. du Horps, poste du Ribay; 1480 hab.

CHAMPETIÈRES, vg. de Fr., Puy-de-Dôme, arr., cant. et poste d'Ambert; 1510 hab.

CHAMPEY, vg. de Fr., Meurthe, arr. de Nancy, cant. et poste de Pont-à-Mousson; 250 hab.

CHAMPEY, vg. de Fr., Haute-Saône, arr. de Lure, cant. et poste d'Héricourt; tissage de coton; 730 hab.

CHAMPFLEUR, vg. de Fr., Sarthe, arr. de Mamers, cant. de St.-Pater, poste d'Alençon; 630 hab.

CHAMPFLEURY, vg. de Fr., Aube, arr. d'Arcis-sur-Aube, cant. et poste de Méry-sur-Seine; 335 hab.

CHAMPFLEURY, vg. de Fr., Marne, arr. et poste de Reims, cant. de Verzy; 300 hab.

CHAMPFORGUEIL, vg. de Fr., Saône-et-Loire, arr., cant. et poste de Châlon-sur-Saône; 430 hab.

CHAMPFROMIER, vg. de Fr., Ain, arr. de Nantua, cant. et poste de Châtillon-de-Michaille; 1260 hab.

CHAMPGENETEUX, vg. de Fr., Mayenne, arr. de Mayenne, cant. et poste de Bais; 1850 hab.

CHAMP-GUYON, vg. de Fr., Marne, arr. d'Épernay, cant. d'Esternay, poste de Courgivaux; 380 hab.

CHAMP-HAUT, vg. de Fr., Orne, arr. d'Argentan, cant. et poste du Merlerault; 290 hab.

CHAMPHOL, vg. de Fr., Eure-et-Loir, arr., cant. et poste de Chartres; 440 hab.

CHAMPIEN, vg. de Fr., Somme, arr. de Montdidier, cant. et poste de Roye; 660 h.

CHAMPIER, vg. de Fr., Isère, arr. de Vienne, cant. de la Côte-St.-André, poste; 1140 hab.

CHAMPIGNÉ, vg. de Fr., Maine-et-Loire, arr. de Segré, cant. et poste de Châteauneuf-sur-Sarthe; 1210 hab.

CHAMPIGNELLES, vg. de Fr., Yonne, arr. de Joigny, cant. et poste de Bléneau; 1390 hab.

CHAMPIGNEUL, vg. de Fr., Ardennes, arr. et poste de Mézières, cant. de Flize; 550 hab.

CHAMPIGNEUL, vg. de Fr., Marne, arr. de Châlons-sur-Marne, cant. d'Ecury-sur-Coole, poste de Jaalons; 380 hab.

CHAMPIGNEULES, vg. de Fr., Meurthe, arr., cant. et poste de Nancy, sur la rive gauche de la Meurthe; fabr. de papier et carton; 750 hab.

CHAMPIGNEULLE, vg. de Fr., Ardennes, arr. de Vouziers, cant. et poste de Grand-Pré; forges, hauts-fourneaux, tôleries; 310 hab.

CHAMPIGNEULLES, vg. de Fr., Haute-Marne, arr. de Chaumont-en-Bassigny, cant. et poste de Bourmont; fonderie de cloches; 260 hab.

CHAMPIGNOL, vg. de Fr., Aube, arr. et cant. de Bar-sur-Aube, poste de Clairvaux; 1190 hab.

CHAMPIGNOLE (Haut et Bas-), vg. de Fr., Nièvre, com. de Bazoches; 310 hab.

CHAMPIGNOLLES, vg. de Fr., Côte-d'Or,

arr. de Beaune, cant. et poste d'Arnay-le-Duc; 290 hab.

CHAMPIGNOLLES, vg. de Fr., Eure, arr. d'Evreux, cant. de Rugles, poste de la Neuve-Lyre; 180 hab.

CHAMPIGNY, vg. de Fr., Eure, arr. d'Évreux, cant. et poste de St.-André; 300 h.

CHAMPIGNY, vg. de Fr., Indre-et-Loire, arr. de Chinon, cant. de Richelieu, poste; 1070 hab.

CHAMPIGNY, vg. de Fr., Marne, arr., cant. et poste de Reims; 200 hab.

CHAMPIGNY. *Voyez* CHAMPIGNY-SUR-MARNE.

CHAMPIGNY-EN-BEAUCE, vg. de Fr., Loir-et-Cher, arr. de Blois, cant. d'Herbault, poste de la Chapelle-Vendomoise; 750 hab.

CHAMPIGNY-LE-SEC, vg. de Fr., Vienne, arr. de Poitiers, cant. et poste de Mirebeau; 640 hab.

CHAMPIGNY-LES-LANGRES, vg. de Fr., Haute-Marne, arr., cant. et poste de Langres; 210 hab.

CHAMPIGNY-SOUS-VARENNES, vg. de Fr., Haute-Marne, arr. de Langres, cant. de Varennes, poste de Bourbonne; 400 h.

CHAMPIGNY-SUR-AUBE, vg. de Fr., Aube, arr., cant. et poste d'Arcis-sur-Aube; 230 h.

CHAMPIGNY-SUR-MARNE, vg. de Fr., Seine, arr. de Sceaux, cant. de Charenton-le-Pont, poste; fours à chaux; carrières de pierres; 1440 hab.

CHAMPIGNY-SUR-YONNE, vg. de Fr., Yonne, arr. de Sens, cant. de Pont-sur-Yonne, poste de Villeneuve-la-Guyard; 1610 hab.

CHAMPILLON, vg. de Fr., Marne, arr. de Reims, cant. d'Ay, poste d'Épernay; 290 hab.

CHAMPION, b. florissant des États-Unis de l'Amérique du Nord, état de New-York, comté de Jefferson, sur le Black-River et à l'endroit où ce fleuve fait une belle chute; poste; 2000 hab.

CHAMPIS, vg. de Fr., Ardèche, arr. de Tournon, cant. et poste de St.-Péray; 800 h.

CHAMPLAIN, lac très-considérable des États-Unis de l'Amérique du Nord, entre les états de New-York et de Vermont; il a 32 l. de longueur sur 6 de large et une superficie de 86 à 87 l. c. géogr.; sa profondeur est de 60 à 100 toises. Ses bords très-déchirés offrent plusieurs baies, dont celles de l'Ouest, de Clovenrock, de Pichon et de Cumberland sont les plus considérables; de nombreuses îles bien boisées et en partie habitées s'élèvent du sein de ses eaux. A son extrémité méridionale, ce lac se trouve resserré entre d'énormes rochers taillés à pic (les Narrows), et ne forme plus qu'un canal assez étroit qui, prolongé de nos jours, établit une communication entre le lac Champlain et le lac George, au S. du premier. Le canal du Nord joint le Champlain au fleuve Hudson et le canal de l'Ouest l'unit au lac Erié.

CHAMPLAIN (canal), canal des États-Unis de l'Amérique du Nord, états de New-York et de Vermont. Ce canal, ouvert en 1820, va depuis le grand canal d'Erié qu'il quitte à 8 milles d'Albany, jusqu'à Whitehall, sur un affluent du lac Champlain, en passant par Waterford, Sandy-Hill et Fort-Ann. Sa longueur est de 63 milles et demi et son point culminant est élevé de 92 pieds et demi. Ce canal, par le moyen du Sorel qui débouche dans le St.-Laurent, établit la communication la plus courte entre New-York et Québec, par conséquent entre le lac Erié, l'Hudson et le St.-Laurent.

CHAMPLAIN, pet. v. des États-Unis de l'Amérique du Nord, état de New-York, comté de Clinton, à l'embouchure du Chazy dans le lac Champlain; agriculture, pêcheries, commerce; 2300 hab.

CHAMPLAN, vg. de Fr., Seine-et-Oise, arr. de Corbeil, cant. et poste de Longjumeau; 530 hab.

CHAMPLAT, vg. de Fr., Marne, arr. de Reims, cant. de Châtillon-sur-Marne, poste de Port-à-Binson; 630 hab.

CHAMPLAY, vg. de Fr., Yonne, arr. et poste de Joigny, poste de Bassou; 850 hab.

CHAMPLECY, vg. de Fr., Saône-et-Loire, arr., cant. et poste de Charolles; 530 hab.

CHAMP-LE-DUC ou sur-LIZERNE, vg. de Fr., Vosges, arr. d'Épinal, cant. et poste de Bruyères; blanchisseries de toiles; 340 h.

CHAMPLEMY, b. de Fr., Nièvre, arr. de Cosne, cant. de Prémery, poste de Varzy; forges; 1270 hab.

CHAMPLIEU, vg. de Fr., Saône-et-Loire, arr. de Châlon-sur-Saône, cant. et poste de Sennecey; 170 hab.

CHAMPLIN, vg. de Fr., Ardennes, arr. de Rocroi, cant. de Rumigny, poste de Maubert-Fontaine; 160 hab.

CHAMPLIN, vg. de Fr., Nièvre, arr. de Cosne, cant. et poste de Prémery; 250 hab.

CHAMPLITTE, pet. v. de Fr., Haute-Saône, arr. et à 6 l. N. de Gray, chef-lieu de canton et poste; elle est située sur le penchant d'une colline, baignée par le Saolon, et au sommet de laquelle on aperçoit les ruines assez intéressantes d'un vieux château. La partie haute se nomme Champlitte-le-Château, l'autre, qui s'étend jusqu'au bord de la rivière, se nomme Champlitte-la-Ville et forme une commune à part. Cette ville a des distilleries d'eau-de-vie, une blanchisserie de cire, etc.; commerce de vins et de grains. Les vignobles de Champlitte sont les meilleurs du département; 3560 hab.; Champlitte-la-Ville a une population de 300 hab.

CHAMPLITTE-LA-VILLE, vg. de Fr., Haute-Saône, arr. de Gray, cant. et poste de Champlitte; 300 hab.

CHAMPLIVE, vg. de Fr., Doubs, arr. de Baume-les-Dames, cant. de Roulans, poste de Besançon; 300 hab.

CHAMPLON, vg. de Fr., Meuse, arr. de

Verdun-sur-Meuse, cant. de Fresnes-en-Woëvre, poste de Manheulles; 150 hab.

CHAMPLOST, vg. de Fr., Yonne, arr. de Joigny, cant. et poste de Brienon; 1420 h.

CHAMPMILLON, vg. de Fr., Charente, arr. et poste d'Angoulême, cant. de Hiersac; 580 hab.

CHAMPMOTTEUX, vg. de Fr., Seine-et-Oise, arr. d'Étampes, cant. de Milly, poste de Gironville. L'église de Champmotteux renferme le tombeau du chancelier de L'Hôpital, qui mourut non loin de là au château de Vignay; 410 hab.

CHAMPNETERI, vg. de Fr., Haute-Vienne, arr. de Limoges, cant. et poste de St.-Léonard; 890 hab.

CHAMPNEUVILLE, vg. de Fr., Meuse, arr. et poste de Verdun, cant. de Charny; 430 hab.

CHAMPNIER, vg. de Fr., Vienne, arr., cant. et poste de Civray; 700 hab.

CHAMPNIERS, b. de Fr., Charente, arr., cant. et poste d'Angoulême; tuilerie, récolte de safran; 4260 hab.

CHAMPOLÉON, vg. de Fr., Hautes-Alpes, arr. d'Embrun, cant. d'Orcières, poste de St.-Bonnet; 690 hab.

CHAMPOLY, vg. de Fr., Loire, arr. de Roanne, cant. et poste de St.-Just-en-Chevalet; mines de plomb; 1010 hab.

CHAMPOSOULT, vg. de Fr., Orne, arr. d'Argentan, cant. et poste de Vimoutier; 470 hab.

CHAMPOUGNY, vg. de Fr., Meuse, arr. de Commercy, cant. et poste de Vaucouleurs; 240 hab.

CHAMPOULET, vg. de Fr., Loiret, arr. de Gien, cant. et poste de Briare; 170 hab.

CHAMPOUX, vg. de Fr., Doubs, arr. et poste de Besançon, cant. de Marchaux; 110 hab.

CHAMP-PRÈS-FORGES (le), vg. de Fr., Isère, arr. de Grenoble, cant. et poste de Goncelin; carrières de plâtre pour engrais; 560 hab.

CHAMP-PRÈS-VIZILLE, vg. de Fr., Isère, arr. de Grenoble, cant. et poste de Vizille; carrières de plâtre pour engrais; 530 hab.

CHAMPRENAULT, vg. de Fr., Côte-d'Or, arr. de Sémur, cant. et poste de Vitteaux; moulins; huilerie; 190 hab.

CHAMPREPUS, vg. de Fr., Manche, arr. d'Avranches, cant. et poste de Villedieu; fabr. de papiers; 920 hab.

CHAMPRERT, vg. de Fr., Rhône, com. de Tassin; 220 hab.

CHAMPROND ou CHAMPROND-EN-GATINE, b. de Fr., Eure-et-Loir, arr. de Nogent-le-Rotrou, cant. de la Loupe, poste; commerce en fer, bois et charbon; 900 hab.

CHAMPROND-SOUS-MONTMIRAIL, vg. de Fr., Sarthe, arr. de Mamers, cant. de Montmirail, poste de la Ferté-Bernard; forges de Vibraye ou de Cormenin; poterie; 190 hab.

CHAMP-ROUGIER, vg. de Fr., Jura, arr., cant. et poste de Poligny; 270 hab.

CHAMPROUX, vg. de Fr., Allier, com. de Pouzy; 340 hab.

CHAMPROY, vg. de Fr., Creuse, arr. et poste de Bourganeuf, cant. de Bénévent; 200 hab.

CHAMPS, vg. de Fr., Aisne, arr. de Laon, cant. et poste de Coucy-le-Château; 490 hab.

CHAMPS, vg. de Fr., Cantal, arr. et à 6 1/2 l. N.-E. de Mauriac, chef-lieu de canton, poste de Bort; boissellerie, planches de sapin, merrain, scierie; 1740 hab.

CHAMPS. Voyez BORN-DE-CHAMPS.

CHAMPS, vg. de Fr., Orne, arr. et poste de Mortagne-sur-Huine, cant. de Tourouvre; 300 hab.

CHAMPS, vg. de Fr., Puy-de-Dôme, arr. et poste de Riom, cant. de Combronde; 560 hab.

CHAMPS, vg. de Fr., Seine-et-Marne, arr. de Meaux, cant. et poste de Lagny; 460 hab.

CHAMPS, vg. de Fr., Vosges, com. du Val-d'Ajol; 320 hab.

CHAMPS, vg. de Fr., Yonne, arr. et cant. d'Auxerre, poste de St.-Bris; 560 hab.

CHAMPS-DE-LOSQUE. Voyez AUBIN-DE-LOSQUE (Saint-).

CHAMPS-DE-PIES, vg. de Fr., Côtes-du-Nord, com. de Plœuc; 260 hab.

CHAMPSAC, vg. de Fr., Haute-Vienne, arr. et poste de Rochechouart, cant. d'Oradour-sur-Vayres; 1320 hab.

CHAMP-SAINT-PÈRE, vg. de Fr., Vendée, arr. des Sables, cant. des Moutiers, poste d'Avrillé; 1120 hab.

CHAMPSANGLARD, vg. de Fr., Creuse, arr. de Guéret, cant. de Bonnat, poste de Genouillat; 850 hab.

CHAMPSECRET, b. de Fr., Orne, arr., cant. et poste de Domfront; forges et haut-fourneau; fabr. de tuiles; 4040 hab.

CHAMPSERU, vg. de Fr., Eure-et-Loir, arr. de Chartres, cant. d'Auneau, poste de Gallardon; 330 hab.

CHAMP-SUR-BARCE. Voyez CHAMP-AU-ROI.

CHAMP-SUR-LIZERNE. Voyez CHAMP-LE-DUC.

CHAMPTERCIER, vg. de Fr., Basses-Alpes, arr., cant. et poste de Digne; 410 h.

CHAMPTOCÉ, vg. de Fr., Maine-et-Loire, arr. d'Angers, cant. de St.-Georges-sur-Loire, poste d'Ingrande; 1920 hab.

CHAMPTOCEAUX, *Castrum Celsum*, b. de Fr., Maine-et-Loire, arr. et à 6 l. N.-O. de Beaupréau, chef-lieu de canton, poste d'Ancenis; 1480 hab.

CHAMPVALLON, vg. de Fr., Yonne, arr. et poste de Joigny, cant. d'Aillant-sur-Tholon; 410 hab.

CHAMPVANS, vg. de Fr., Doubs, arr., cant. et poste de Baume-les-Dames; 80 h.

CHAMPVANS, vg. de Fr., Doubs, arr. et poste de Besançon, cant. d'Audeux; 100 h.

CHAMPVANS, vg. de Fr., Jura, arr., cant. et poste de Dôle; 1020 hab.

CHAMPVANS, vg. de Fr., Haute-Saône, arr., cant. et poste de Gray; 370 hab.

CHAMPVERT, vg. de Fr., Nièvre, arr. de Nevers, cant. et poste de Decize; forges et mines de houille; 780 hab.

CHAMPVOISY, vg. de Fr., Marne, arr. d'Épernay, cant. et poste de Dormans; 560 hab.

CHAMPVOUX, vg. de Fr., Nièvre, arr. de Cosne, cant. et poste de la Charité; verrerie; 360 hab.

CHAMUSCA, pet. v. du Portugal, prov. d'Estramadure, dist. d'Alenquer, à 9 l. d'Abrantès; on y récolte de bon vin; 3200 h.

CHAMVRES, vg. de Fr., Yonne, arr., cant. et poste de Joigny; 660 hab.

CHANAC, vg. de Fr., Corrèze, arr., cant. et poste de Tulle; 630 hab.

CHANAC, b. de Fr., Lozère, arr., à 3 l. S. et poste de Marvejols, chef-lieu de canton, sur la rive gauche du Lot; on y voit les ruines de l'ancien château des évêques de Mende; 1900 hab.

CHANALEILLES, vg. de Fr., Haute-Loire, arr. du Puy, cant. et poste de Saugues; 630 hab.

CHANANS, vg. de Fr., Doubs, arr. de Baume-les-Dames, cant. de Vercel, poste de la Valdahon; 270 hab.

CHANAS, vg. de Fr., Isère, arr. de Vienne, cant. de Roussillon, poste du Péage; 1090 hab.

CHANAS, peuplade indienne, autrefois forte et nombreuse, aujourd'hui entièrement mêlée aux Espagnols. Les Chanas habitaient originairement les îles de l'Uruguay, en face du Rio-Négro. Pressés par les Charruas, qui avaient déjà extirpé les Yaros et les Bohanes, ils se soumirent aux Espagnols et fondèrent la ville de Santo-Domingo-Soriano.

CHANAT, vg. de Fr., Puy-de-Dôme, com. de Nohanent; 300 hab.

CHANAY, vg. de Fr., Ain, arr. de Belley, cant. et poste de Seyssel; 720 hab.

CHANAY, vg. de Fr., Vendée, arr. de Fontenay-le-Comte, cant. et poste de Luçon; 360 hab.

CHANÇAY, vg. de Fr., Indre-et-Loire, arr. de Tours, cant. et poste de Vouvray; 820 hab.

CHANCAY, prov. maritime de la rép. du Pérou, dép. de Lima; elle est bornée par les prov. de Santa, de Caxatambo et de Canta. Son étendue est de 160 l. c. géogr. Cette province, qui s'élève jusqu'au plateau des Cordillères, est arrosée par plusieurs rivières peu considérables; nous n'en citerons que la Barranca au N. et le Rio-Haura qui fertilise la belle vallée de son nom. L'agriculture, l'éducation du bétail et l'exploitation de quelques salines considérables font l'occupation des habitants, au nombre de 17,000.

CHANCAY, pet. v. de la rép. du Pérou, chef-lieu de la province de même nom, à 2 l. du Pasamayo et à 1 l. de la mer; son port est petit et peu sûr; environs très-fertiles; 2400 hab.

CHANCÉ, vg. de Fr., Ille-et-Vilaine, arr. de Rennes, cant. de Châteaugiron, poste de Châteaubourg; 520 hab.

CHANCEAUX, b. de Fr., Côte-d'Or, arr. de Sémur, cant. de Flavigny, poste; confitures d'épine-vinette très-renommées; 560 h.

CHANCEAUX, vg. de Fr., Indre-et-Loire, arr., cant. et poste de Loches; 260 hab.

CHANCEAUX, vg. de Fr., Indre-et-Loire, arr. et poste de Tours, cant. de Vouvray; 620 hab.

CHANCEFORD, pet. v. des États-Unis de l'Amérique du Nord, état de Pensylvanie, comté d'York, sur le Susquehannah; agriculture, commerce; 2200 hab.

CHANCELLADE, vg. de Fr., Dordogne, arr., cant. et poste de Périgueux; 1090 hab.

CHANCENAY, vg. de Fr., Haute-Marne, arr. de Vassy, cant. et poste de St.-Dizier; 460 hab.

CHANCEY, vg. de Fr., Haute-Saône, arr. de Gray, cant. de Pesmes, poste de Marnay; 450 hab.

CHANDAI, vg. de Fr., Orne, arr. de Mortagne-sur-Huîne, cant. de l'Aigle, poste; tréfilerie en laiton; 915 hab.

CHANDELEUR, île considérable à l'entrée de la baie de même nom, sur la côte S.-E. de l'état de Louisiane, États-Unis de l'Amérique du Nord.

CHANDELLES, vg. de Fr., Eure-et-Loir, com. de Coulombs; 230 hab.

CHANDIEU, vg. de Fr., Isère, arr. de Vienne, cant. d'Heyrieux, poste de la Verpillière; 1300 hab.

CHANDLERSVILLE. *Voy*. JONESBOROUGH.

CHANDOLAS ou COMPS, vg. de Fr., Ardèche, arr. de l'Argentière, cant. et poste de Joyeuse; 950 hab.

CHANDON, vg. de Fr., Loire, arr. de Roanne, cant. et poste de Charlieu; 710 h.

CHANÉ. *Voyez* GUANAS (peuplade).

CHANÉAC, vg. de Fr., Ardèche, arr. de Tournon, cant. de St.-Martin-de-Valamas, poste du Chaylard; 980 hab.

CHANEINS, vg. de Fr., Ain, arr. de Trevoux, cant. de St.-Trivier-sur-Moignans, poste de Châtillon-les-Dombes; 710 hab.

CHANES, vg. de Fr., Saône-et-Loire, arr. et poste de Mâcon, cant. de la Chapelle-de-Guinchay; 460 hab.

CHANET, vg. de Fr., Cantal, arr. de Murat, cant. et poste d'Allanche; 280 hab.

CHANGAI ou KHANGAI, chaîne de montagnes de l'Asie qu'on regarde comme une ramification du Grand-Altaï; elle se rattache aux monts Sayaniens et au Petit-Altaï, se dirige vers le S.-E. et se perd dans le désert de Gobi. Une des branches du Jenissey prend sa source dans le Changai.

CHANGAMERAS, peuple du Monomotapa,

Afrique, sur le Zambèse, au S.-E. du pays de Pemba.

CHANGE (le), vg. de Fr., Dordogne, arr. et poste de Périgueux, cant. de Savignac; exploitation de marne; 680 hab.

CHANGE, vg. de Fr., Mayenne, arr., cant. et poste de Laval; 2000 hab.

CHANGÉ, vg. de Fr., Saône-et-Loire, arr. d'Autun, cant. d'Épinac, posté de Nolay; 560 hab.

CHANGÉ, vg. de Fr., Sarthe, arr., cant. et poste du Mans; fabr. de sucre indigène; 2730 hab.

CHANGEY, vg. de Fr., Côte-d'Or, arr. de Châtillon-sur-Seine, cant. et poste de Receysur-Ource; 110 hab.

CHANGEY, ham. de Fr., Côte-d'Or, com. d'Échevronne; 200 hab.

CHANGEY, vg. de Fr., Haute-Marne, arr. et poste de Langres, cant. de Neuilly-l'Évêque; 240 hab.

CHANGIS, vg. de Fr., Seine-et-Marne, arr. de Meaux, cant. et poste de la Ferté-sous-Jouarre; 230 hab.

CHANG-TOUNG (le) ou SHAN-TUNG, prov. de Chine, est une presqu'île située entre 113° et 141° long. E. et 34° 40′ et 38° 18′ lat. N.; elle est bornée par le golfe de Péking, la mer Jaune et par les provinces Kiang-sou, Ngan-hoeï, Ho-nan et Tchili. Elle a 65,104 milles carrés de superficie et 28,758,364 habitants (grande géographie chinoise publiée par ordre de l'autorité en 1825). Elle est divisée en douze départements. Sa capitale est Tsi-nan-fou, à 80 l. S. de Pé-king, les autres villes remarquables sont Thsing-cheou-fou, Tengcheou-fou, une des stations de la flotille, Lai-tcheou-fou, autre station, Lin-thsin-tcheou, Tsi-ning-tscheu, etc. Le Chang-toung est un pays très-montueux, les vallées sont fertiles de même que les plaines traversées par le canal impérial. Ce canal le parcourt à l'O. et est l'aboutissant de tous les canaux soit d'arrosement, soit de navigation de la province. Le climat du Chang-toung est sec, la pluie rare; ses principales productions sont le blé, l'indigo, la soie; les fruits, la volaille et les poissons y abondent; les montagnes contiennent de riches mines de houille. Outre le ver à soie ordinaire, on y cultive un autre ver (phalaena serici) dont le fil est plus fort et plus durable; on en fabrique des étoffes très-solides qu'on expédie dans toute la Chine. L'industrie des habitants consiste dans la culture du ver à soie, dans le tissage et la fabrication de ce produit, la pêche, la navigation intérieure, le cabotage qui est très-actif et le commerce. La province de Chang-toung renferme 106 villes; seize petites forteresses défendent la côte. Ses revenus se montent à 3,574,415 liang ou onces d'argent, ce qui équivaut à peu près à 27,000,000 de nos francs, sans compter une quantité considérable de grains livrés en nature.

CHANGY, b. de Fr., Loire, arr. de Roanne, cant. de la Pacaudière; 920 hab.

CHANGY, ham. de Fr., Loire, com. de Cordelle; 250 hab.

CHANGY, vg. de Fr., Marne, arr. de Vitry-le-Français, cant. et poste de Heiltz-le-Maurupt; 310 hab.

CHANGY, vg. de Fr., Nièvre, arr. de Clamecy, cant. de Brinon-les-Allemands, poste de Varzy; 220 hab.

CHANGY, vg. de Fr., Saône-et-Loire, arr., cant. et poste de Charolles; 730 hab.

CHANGY, vg. de Fr., Seine-et-Marne, com. d'Avon; 350 hab.

CHANGY-COUST. *Voyez* COUST.

CHANGY-LES-BOIS, vg. de Fr., Loiret, arr. de Montargis, cant. de Lorris, poste de Noyen-sur-Vernisson; 220 hab.

CHANIAT, vg. de Fr., Haute-Loire, arr., cant. et poste de Brioude; 310 hab.

CHANIERS, b. de Fr., Charente-Inférieure, arr., cant. et poste de Saintes; territoire fertile en blé et en vins; beaux pâturages; 2720 hab.

CHANIZIEU, ham. de Fr., Isère, com. de Courtenay; 240 hab.

CHANNAY, vg. de Fr., Côte-d'Or, arr. de Châtillon-sur-Seine, cant. et poste de Laignes; 300 hab.

CHANNAY, vg. de Fr., Indre-et-Loire, arr. de Tours, cant. et poste de Château-la-Vallière; 1100 hab.

CHANNES, vg. de Fr., Aube, arr. de Bar-sur-Seine, cant. et poste de Riceys; 470 hab.

CHANOCH, g. a., la plus ancienne ville citée dans la Bible; elle fut bâtie par Caïn, dans le pays de Nod, et reçut le nom de son fils.

CHANONAT, vg. de Fr., Puy-de-Dôme, arr. de Clermont-Ferrand, cant. de St.-Amand, poste de Veyre; eaux minérales; 1230 hab.

CHANOS ou CHONOS, peuplade indienne, soumise et convertie au christianisme; habite les îles de l'archipel de Chiloë, rép. du Chili. Cette peuplade de la tribu des Huilliches, nation Molutche, se soumit, en 1565, presque sans résistance et quoique forte de 70,000 âmes à l'Espagnol Martin Ruiz Gamboa, qui ne les attaqua qu'avec 30 hommes, et depuis ce temps ils n'ont jamais osé se soustraire au joug de leurs maîtres.

CHANOS ou CHONOS (archipielago de los), groupe de petites îles peu connues, entre la presqu'île des Trois-Montagnes et la grande île de Chiloë, sous le 45° de lat. S. Guaiteca, île déserte, mais bien boisée, est l'île la plus considérable du groupe; ses côtes sont riches en poissons de toute espèce.

CHANOS-CURSON, vg. de Fr., Drôme, arr. de Valence, cant. et poste de Tain; 970 hab.

CHANOUSSE, vg. de Fr., Hautes-Alpes, arr. de Gap, cant. de Rosans, poste de Serres; 299 hab.

CHANOY, vg. de Fr., Haute-Marne, arr., cant. et poste de Langres ; 130 hab.

CHANOZ, vg. de Fr., Ain, arr. de Trevoux, cant. et poste de Châtillon-les-Dombes; 580 hab.

CHAN-SI ou SCHANSI, prov. de Chine située entre 107° 47′ et 111° 37′ long. orient. et 34° 43′ et 46° 45′ lat. N. Elle est bornée au N. par la Mongolie, à l'E. par la prov. de Tchili, au S. par Ho-nan, à l'O. par Chensi. Toute sa frontière septentrionale est ceinte par la grande muraille flanquée d'un grand nombre de forts et de forteresses. Sa plus grande étendue de l'E. à l'O. est de 88 l. et du S. au N. de 162. Le sol est en général montagneux, tantôt couvert de rochers incultes, tantôt de plateaux aussi fertiles que les vallées. Une partie des montagnes est taillée en terrasses et cultivée jusqu'à leurs cimes. Le terrain est argileux ou calcaire; la canalisation peu développée à cause des montagnes. Le Hoang-ho et le Fuen-ho sont les principales rivières du Chan-si, dont le climat est tempéré et sain. Les principales productions consistent en céréales, fruits, vins, coton, tabac, bestiaux, gibier, poissons. Le ver à soie et l'abeille y sont cultivés. Les montagnes renferment du fer, du sel, des cristaux, du jaspe, du porphyre, du marbre, du lapis lazuli, des mines abondantes de houille qui supplée au bois assez rare dans cette province. L'industrie consiste dans la fabrication de tapis, de feutres, d'étoffes en soie, de cuirs, d'eau-de-vie (fait avec du riz), et surtout dans celle d'outils en fer qui ont de la renommée dans toute la Chine. Le Chan-si a 55,208 milles carrés de superficie et 14,000,000 d'habitants; ses revenus se montent à 26,547,800 francs. Il est divisé en 19 départements, renferme 5 villes de premier ordre et 93 de deuxième et de troisième ordre. Sa capitale est Thaïyouan-fou, située à 120 l. au S.-E. de Péking. Les autres villes remarquables sont Feu-tcheou-fou, Thaï-thoung-fou, etc.

CHANTEAU, vg. de Fr., Loiret, arr., cant. et poste d'Orléans; 270 hab.

CHANTECOCQ, vg. de Fr., Marne, arr. de Vitry-le-Français, cant. et poste de St.-Remy-en-Bouzémont; 100 hab.

CHANTECOQ, vg. de Fr., Loiret, arr. de Montargis, cant. et poste de Courtenay; 590 hab.

CHANTECORPS, vg. de Fr., Deux-Sèvres, arr. de Parthenay, cant. de Menigoute, poste de St.-Maixent; 830 hab.

CHANTEGRUE, ham. de Fr., Doubs, com. de Vaux; 200 hab.

CHANTEHEUX, vg. de Fr., Meurthe, arr., cant. et poste de Lunéville; 315 hab.

CHANTEIX, vg. de Fr., Corrèze, arr. et poste de Tulle; cant. de Seilhac; 1190 hab.

CHANTELLE-LE-CHATEAU, vg. de Fr., Allier, arr. et à 4 l. N. de Gannat, chef-lieu de canton et poste; vins des Garennes d'Usel; 1640 hab.

CHANTELOUP, vg. de Fr., Eure, arr. d'Évreux, cant. et poste de Damville; 120 h.

CHANTELOUP, vg. de Fr., Ille-et-Vilaine, arr. de Redon, cant. du Sel, poste de Bain; 1550 hab.

CHANTELOUP, vg. de Fr., Maine-et-Loire, arr. de Beaupréau, cant. et poste de Cholet; 1000 hab.

CHANTELOUP, vg. de Fr., Manche, arr. de Coutances, cant. et poste de Bréhal; 510 hab.

CHANTELOUP, vg. de Fr., Seine-et-Marne, arr. de Meaux, cant. et poste de Lagny; 100 hab.

CHANTELOUP, vg. de Fr., Seine-et-Oise, arr. de Versailles, cant. de Poissy, poste de Triel; 800 hab.

CHANTELOUP, vg. de Fr., Deux-Sèvres, arr. de Parthenay, cant. de Moncoutant, poste de Bressuire; 790 hab.

CHANTELOUP, ham. de Fr., Deux-Sèvres, com. de Bessine; 300 hab.

CHANTELOUVE, vg. de Fr., Hautes-Alpes, com. de St.-Crépin; 350 hab.

CHANTELOUVE, vg. de Fr., Isère, arr. de Grenoble, cant. d'Entraigues, poste de la Mure; 160 hab.

CHANTEMERLE, vg. de Fr., Hautes-Alpes, com. de St.-Chaffrey; 460 hab.

CHANTEMERLE, vg. de Fr., Aube, com. de Radouvilliers; 250 hab.

CHANTEMERLE, vg. de Fr., Charente-Inférieure, arr. de St.-Jean-d'Angely, cant. et poste de Tonnay-Boutonne; 330 hab.

CHANTEMERLE, vg. de Fr., Drôme, arr. de Montélimart, cant. de Grignan, poste de Taulignan; 460 hab.

CHANTEMERLE, vg. de Fr., Drôme, arr. de Valence, cant. et poste de Tain; 620 hab.

CHANTEMERLE, vg. de Fr., Marne, arr. d'Épernay, cant. d'Esternay, poste de Villenauxe; 180 hab.

CHANTILLY, *Chantilliacum*, b. de Fr., Oise, arr., à 2 l. O. de Senlis et à 9 l. de Paris, cant. de Creil, poste. Ce bourg, situé sur la rive droite de la Nonette et au N. de la forêt de même nom, est célèbre par le somptueux château qui le décorait autrefois, et dont il ne reste plus que les écuries, la partie appelée petit château et le parc, un des plus beaux de France. Des bâtiments plus modestes, mais plus utiles, remplacent ces constructions de luxe que la révolution a fait disparaître. Une machine hydraulique, établie sur le canal de la Nonette, fournit de l'eau à plusieurs fontaines bornes, construites depuis 1823. Chantilly ne doit plus son aisance à la prodigalité des grands seigneurs qui y faisaient leur séjour; c'est dans le travail et l'industrie que ses habitants trouvent aujourd'hui une source intarissable de prospérité. Il a des manufactures de porcelaine et de toiles peintes, des fabriques de dentelles, de blondes; etc. 2430 hab.

Vers la fin du dixième siècle, Chantilly

faisait partie du domaine des comtes de Senlis et passa ensuite à la maison de Le Bouteiller, puis, en 1300, à un baron de Montmorency, par son mariage avec une fille de Jean Le Bouteiller. Sous le règne déplorable de Charles VI, Chantilly fut au pouvoir des Anglais, qui en restèrent maîtres jusqu'en 1429. Charles VII en ayant repris possession, cette célèbre terre retourna aux Montmorency. Le célèbre connétable de France, Anne de Montmorency, naquit à Chantilly, en 1492, et ce bourg fit partie du duché de Montmorency, érigé en faveur du connétable. Son petit-fils Henri II de Montmorency ayant été décapité à Toulouse, en 1632, pour crime de rébellion contre Louis XIII ou plutôt contre le cardinal de Richelieu, ses biens furent confisqués, et le roi donna Chantilly à la maison de Condé, qui l'a conservé jusqu'à la révolution. Après les événements malheureux de 1814, le prince de Condé et le duc de Bourbon rentrèrent dans la possession du château ; ils firent disparaître les ruines et réparer ce qui était encore debout. Depuis le suicide ou l'assassinat du duc de Bourbon, en 1830, la terre de Chantilly appartient au duc d'Aumale, fils du roi Louis-Philippe.

CHANTENAY, b. de Fr., Loire-Inférieure, arr., cant. et poste de Nantes ; fabr. de céruse ; 3515 hab.

CHANTENAY, vg. de Fr., Nièvre, arr. de Nevers, cant. et poste de St.-Pierre-le-Moutier ; 1420 hab.

CHANTENAY, vg. de Fr., Sarthe, arr. de la Flèche, cant. de Brulon, poste de Sablé ; 1360 hab.

CHANTEPIE, vg. de Fr., Ille-et-Vilaine, arr., cant. et poste de Rennes ; 750 hab.

CHANTERAC, vg. de Fr., Dordogne, arr. de Ribérac, cant. et poste de Neuvic ; 1050 hab.

CHANTES, vg. de Fr., Haute-Saône, arr. de Vesoul, cant. de Scey-sur-Saône, poste de Traves ; 380 hab.

CHANTESSE, vg. de Fr., Isère, arr. de St.-Marcellin, cant. et poste de Vinay ; 360 h.

CHANTEUGES, vg. de Fr., Haute-Loire, arr. de Brioude, cant. et poste de Longeac ; 850 hab.

CHANTEUSSÉ, vg. de Fr., Maine-et-Loire, arr. de Segré, cant. de Châteauneuf-sur-Sarthe, poste du Lion-d'Angers ; 490 hab.

CHANTIBON, v. et port du roy. de Siam, sur la côte orientale de cet état ; la ville n'est pas grande, mais florissante par son commerce, entièrement entre les mains des Chinois qui forment la majeure partie de la population. Le port de Chantibon est un des meilleurs du Siam et un des grands arsenaux du royaume. Il y arrive tous les ans une caravane du Bas-Laos, chargée des riches produits de ce pays.

CHANTILLAC, vg. de Fr., Charente, arr. de Barbezieux, cant. de Baignes, poste de Touvérac ; 810 hab.

CHANTOISEAU, ham. de Fr., Charente, com. de St.-Michel ; papeterie ; 120 hab.

CHANTOME, vg. de Fr., Indre, arr. de la Châtre, cant. d'Éguzon, poste de St.-Benoist-du-Sault ; 260 hab.

CHANTONNAY, vg. de Fr., Haute-Saône, arr., cant. et poste de Gray ; 150 hab.

CHANTONNAY, b. de Fr., Vendée, arr. et à 7 1/2 l. de Bourbon-Vendée, chef-lieu de canton et poste ; 2530 hab.

CHANTRAINES, vg. de Fr., Haute-Marne, arr. de Chaumont-en-Bassigny, cant. et poste d'Andelot ; 370 hab.

CHANTRANS, vg. de Fr., Doubs, arr. de Besançon, cant. et poste d'Ornans ; 560 hab.

CHANTRÉZAC, vg. de Fr., Charente, arr. de Confolens, cant. et poste de St.-Claud ; 810 hab.

CHANTRIGNÉ, b. de Fr., Mayenne, arr. et poste de Mayenne, cant. d'Ambrières ; 1860 hab.

CHANU, vg. de Fr., Eure, arr. d'Évreux, cant. et poste de Pacy-sur-Eure ; 140 hab.

CHANU, vg. de Fr., Orne, arr. de Domfront, cant. et poste de Tinchebray ; fabr. de coutils ; quincaillerie et serrurerie ; clouterie ; exploitation de pierres de taille ; 2660 hab.

CHANVILLE, vg. de Fr., Moselle, arr. de Metz, cant. de Pange, poste de Courcelles-Chaussy ; 930 hab.

CHANZA, riv. d'Espagne, affluent de la Guadiana, sur les frontières du Portugal, roy. de Séville.

CHANZEAUX, vg. de Fr., Maine-et-Loire, arr. d'Angers, cant. de Thouarcé, poste de St.-Lambert-du-Lattay ; 1770 hab.

CHAO-DE-CONCE, b. et chef-lieu de dist. du Portugal, prov. d'Estramadure ; 1000 h.

CHAOMPS. *Voyez* CHAMPS.

CHAON, vg. de Fr., Loir-et-Cher, arr. de Romorantin, cant. et poste de la Motte-Beuvron ; 500 hab.

CHAOS (Ile-des-Oiseaux), pet. île dans l'Océan Indien, sur la côte orientale de la colonie du Cap, à l'embouchure de la rivière du Grand-Poisson.

CHAOUILLEY, vg. de Fr., Meurthe, arr. de Nancy, cant. et poste de Vezelise ; 320 h.

CHAOURCE, *Chaorcium*, pet. v. de Fr., Aube, arr. et à 5 l. O.-S.-O. de Bar-sur-Seine, chef-lieu de canton et poste. Lieu de naissance de Richer (1560—1631) ; célèbre controversiste de l'église gallicane ; 1540 h.

CHAOURSE, vg. de Fr., Aisne, arr. de Laon, cant. de Rozoy-sur-Serre, poste de Montcornet ; 960 hab.

CHAPADA (Serra). *Voyez* MANTIQUEIRA (Serra da).

CHAPADA-DAS-MANGABEIRAS. *Voyez* MANGABEIRAS.

CHAPAIZE, vg. de Fr., Saône-et-Loire, arr. de Mâcon, cant. et poste de St.-Gengoux-le-Royal ; 580 hab.

CHAPALA, gr. lac des états mexicains, au S.-E. de la prov. de Guadalaxara ; il est traversé par le Rio-Grande de Santiago et porte deux îles. M. de Humboldt estime sa superficie à 21 l. c. géogr., ce qui ferait le double de l'étendue du lac de Constance.

CHAPANECOS, nation indienne autrefois puissante et indépendante, aujourd'hui soumise et en grande partie mêlée aux Espagnols; elle habitait la ci-devant intendance de Chiapa, États-Unis de l'Amérique centrale.

CHAPAREILLAN, vg. de Fr., Isère, arr. de Grenoble, cant. du Touvet, poste; 2540 hab.

CHAPDES-BEAUFORT, vg. de Fr., Puy-de-Dôme, arr. de Riom, cant. et poste de Pontgibaud; mines de plomb; 2030 hab.

CHAPDEUIL (le), vg. de Fr., Dordogne, arr. de Ribérac, cant. de Montagrier, poste de Bourdeilles; 870 hab.

CHAPEAU, vg. de Fr., Allier, arr. et poste de Moulin-sur-Allier, cant. de Neuilly-le-Réal; 500 hab.

CHAPELAINE, vg. de Fr., Marne, arr. de Vitry-le-Français, cant. de Sommepuis, poste de St.-Remy-en-Bouzemont; 160 hab.

CHAPELAUDE (la), vg. de Fr., Allier, arr. et poste de Montluçon, cant. d'Huriel; 1230 hab.

CHAPEL-EN-LE-FRITH, b. d'Angleterre, comté de Derby; manufactures de coton. Dans le voisinage il y a un puits où le flux et le reflux arrivent régulièrement; 3000 h.

CHAPELETTE (la), vg. de Fr., Allier, arr. et poste de Montluçon, cant. d'Huriel; 250 hab.

CHAPELLE (la), vg. de Fr., Allier, arr. de la Pelisse, cant. et poste de Cusset; 950 hab.

CHAPELLE (la), vg. de Fr., Ardèche, arr. de Privas, cant. et poste d'Aubenas; 650 h.

CHAPELLE (la), vg. de Fr., Ardèche, arr. de Tournon, cant. de St.-Martin-de-Valamas, poste du Chaylard; 530 hab.

CHAPELLE (la), vg. de Fr., Ardennes, arr., cant. et poste de Sédan; 270 hab.

CHAPELLE (la), vg. de Fr., Isère, arr. de Vienne, cant. de Roussillon, poste du Péage; 580 hab.

CHAPELLE (la), vg. de Fr., Jura, arr. de Poligny, cant. et poste de Salins; 670 hab.

CHAPELLE (la), vg. de Fr., Loire, arr. de St.-Étienne, cant. de Pélussin, poste de Condrieu; 260 hab.

CHAPELLE (la), vg. de Fr., Lot-et-Garonne, arr. et poste de Marmande, cant. de Seyches; 340 hab.

CHAPELLE (la), vg. de Fr., Marne, arr., cant. et poste de Ste.-Ménéhoulde; 110 hab.

CHAPELLE (la), vg. de Fr., Meurthe, arr. de Lunéville, cant. et poste de Baccarat; 340 hab.

CHAPELLE (la), vg. de Fr., Morbihan, arr. et poste de Ploërmel, cant. de Malestroit; 820 hab.

CHAPELLE (la), Basses-Pyrénées. *Voyez* HABAN.

CHAPELLE (la), vg. de Fr., Rhône, arr. de Lyon, cant. de St.-Simphorien-sur-Coise, poste de Duerne; 370 hab.

CHAPELLE (la), vg. de Fr., Seine-et-Oise, arr. de Mantes, cant. et poste de Magny; 230 hab.

CHAPELLE (la), vg. de Fr., Tarn-et-Garonne, arr. de Castelsarrasin, cant. et poste de Lavit; 480 hab.

CHAPELLE (la), vg. de Fr., Vosges, arr. de St.-Dié, cant. et poste de Corcieux; fabr. de papier; 1120 hab.

CHAPELLE-ACHARD (la), vg. de Fr., Vendée, arr. des Sables, cant. et poste de la Motte-Achard; 990 hab.

CHAPELLE-AGNON (la), vg. de Fr., Puy-de-Dôme, arr. d'Ambers, cant. de Cunlhat, poste de St.-Amand-Roche-Savine; 3019 h.

CHAPELLE-ALAGNON (la), vg. de Fr., Haute-Loire, com. de Blesle; 220 hab.

CHAPELLE-ANTHENAISE (la), vg. de Fr., Mayenne, arr. et poste de Laval, cant. d'Argentré; 740 hab.

CHAPELLE-AUBAREIL (la), vg. de Fr., Dordogne, arr. de Sarlat, cant. et poste de Montignac; 900 hab.

CHAPELLE-AU-MANS (la), vg. de Fr., Saône-et-Loire, arr. de Charolles, cant. de Gueugnon, poste de Toulon-sur-Arroux; 550 hab.

CHAPELLE-AU-MOINE (la), vg. de Fr., Orne, arr. de Domfront, cant. et poste de Flers; 450 hab.

CHAPELLE-AU-RIBOULE (la), vg. de Fr., Mayenne, arr. de Mayenne, cant. du Horps, poste du Ribay; 1185 hab.

CHAPELLE-AUX-BOIS (la), vg. de Fr., Vosges, arr. d'Épinal, cant. et poste de Xertigny; 2550 hab.

CHAPELLE-AUX-BROTS (la) ou PRUGNÉ, vg. de Fr., Corrèze, arr., cant. et poste de Brives; 280 hab.

CHAPELLE-AUX-CASSES (la), vg. de Fr., Allier, arr. de Moulins-sur-Allier, cant. et poste de Chevagnes; 280 hab.

CHAPELLE-AUX-CHOUX (la), vg. de Fr., Sarthe, arr. de la Flèche, cant. et poste du Lude; 530 hab.

CHAPELLE-AUX-FILZ-MEENS (la), vg. de Fr., Ille-et-Vilaine, arr. de St.-Malo, cant. de Tinteniac, poste de Combourg; 530 hab.

CHAPELLE-AUX-LYS, vg. de Fr., Vendée, arr. de Fontenay-le-Comte, cant. et poste de la Châtaigneraie; 610 hab.

CHAPELLE-AUX-NAUX (la), vg. de Fr., Indre-et-Loire, arr. de Chinon, cant. et poste d'Azay-le-Rideau; 620 hab.

CHAPELLE-AUX-POTS (la), vg. de Fr., Oise, arr. de Beauvais, cant. du Coudray-St.-Germer, poste de Songeons; fabr. de poterie; 675 hab.

CHAPELLE-AUX-SAINTS (la), vg. de Fr., Corrèze, arr. de Brives, cant. et poste de Beaulieu; 510 hab.

CHAPELLE-AUZAC (la), vg. de Fr., Lot,

arr. de Gourdon, cant. et poste de Souillac; 760 hab.

CHAPELLE-BALOUE (la), vg. de Fr., Creuse, arr. de Guéret, cant. et poste de Dun-le-Palleteau; 390 hab.

CHAPELLE-BASSE-MER (la), b. de Fr., Loire-Inférieure, arr. et poste de Nantes, cant. du Loroux; 4240 hab.

CHAPELLE-BATON (la), vg. de Fr., Charente-Inférieure, arr., cant. et poste de St.-Jean-d'Angely; 150 hab.

CHAPELLE-BATON (la), vg. de Fr., Deux-Sèvres, arr. de Niort, cant. et poste de Champdeniers; 700 hab.

CHAPELLE-BATON (la), vg. de Fr., Vienne, arr. et poste de Civray, cant. de Charroux; 700 hab.

CHAPELLE-BAYVEL, vg. de Fr., Eure, arr. de Pont-Audemer, cant. et poste de Cormeilles; 860 hab.

CHAPELLE-BECQUET, vg. de Fr., Eure, arr. de Pont-Audemer, cant. de Cormeilles, poste de Lieurey; 140 hab.

CHAPELLE-BERTIN (la), vg. de Fr., Haute-Loire, arr. de Brioude, cant. et poste de Paulhaguet; 390 hab.

CHAPELLE-BERTRAND (la), vg. de Fr., Deux-Sèvres, arr., cant. et poste de Parthenay; 420 hab.

CHAPELLE-BICHE (la), vg. de Fr., Orne, arr. de Domfront, cant. et poste de Flers; 1020 hab.

CHAPELLE-BLANCHE (la), vg. de Fr., Côtes-du-Nord, arr. de Dinan, cant. de St.-Jean-de-l'Isle, poste de Broons; exploitation d'ardoises; 480 hab.

CHAPELLE-BLANCHE (la); b. de Fr., Indre-et-Loire, arr. de Locher, cant. et poste de Ligueil; 960 hab.

CHAPELLE - BLANCHE - SUR - LOIRE. *Voyez* CHAPELLE-SUR-LOIRE.

CHAPELLE-BOUEXIC (la), vg. de Fr., Ille-et-Vilaine, arr. de Redon, cant. de Maure, poste de Lohéac; 990 hab.

CHAPELLE-CECELIN (la), vg. de Fr., Manche, arr. de Mortain, cant. de St.-Pois, poste de Villedieu; 430 hab.

CHAPELLE-CHAMPIGNY (la), vg. de Fr., Yonne, com. de Champigny-sur-Yonne; 400 hab.

CHAPELLE-CHAUSSÉE (la), vg. de Fr., Ille-et-Vilaine, arr. de Montfort-sur-Meu, cant. et poste de Bécherel; 1200 hab.

CHAPELLE-CRAONNAISE (la), vg. de Fr., Mayenne, arr. de Château-Gontier, cant. et poste de Cossé-le-Vivien; 710 hab.

CHAPELLE-D'ALAGNON (la), vg. de Fr., Cantal, arr., cant. et poste de Murat; 430 h.

CHAPELLE-D'ALLIGNÉ (la), vg. de Fr., Sarthe, arr., cant. et poste de la Flèche; 1530 hab.

CHAPELLE-D'ANGILLON (la), b. de Fr., Cher, arr. et à 7 l. O. de Sancerre, chef-lieu de canton et poste; 770 hab.

CHAPELLE-D'ARMENTIÈRES (la), vg. de Fr., Nord, arr. de Lille, cant. et poste d'Armentières; fabr. de sucre indigène; 1890 h.

CHAPELLE-D'AUNAINVILLE (la). *Voyez* AUNAINVILLE.

CHAPELLE-D'AUREC (la), vg. de Fr., Haute-Loire, arr. d'Yssingeaux, cant. et poste de Monistrol; 570 hab.

CHAPELLE-DE-BARBEZIEUX (la), vg. de Fr., Charente, arr., cant. et poste de Barbezieux; 270 hab.

CHAPELLE-DE-BRAGNY (la), vg. de Fr., Saône-et-Loire, arr. de Châlon-sur-Saône, cant. et poste de Sennecey; 460 hab.

CHAPELLE-DE-CASTELNAUD (la). *Voyez* CHAPELLE-PECHAUD (la).

CHAPELLE-DE-GUINCHAY (la), vg. de Fr., Saône-et-Loire, arr. de Mâcon, cant. de la Chapelle-de-Guinchay, poste de Romanèche; commerce de vins; 1890 hab.

CHAPELLE-DE-LA-TOUR (la), vg. de Fr., Isère, arr., cant. et poste de la Tour-du-Pin; 920 hab.

CHAPELLE-DE-MARDORE (la), vg. de Fr., Rhône, arr. de Villefranche-sur-Saône, cant. et poste de Thizy; 600 hab.

CHAPELLE-DE-PEYRIN (la), vg. de Fr., Isère, com. de la Bâtie-Divisin; 420 hab.

CHAPELLE-DE-SAINT-AMANT-DE-BOIXE (la), vg. de Fr., Charente, arr. d'Angoulême, cant. de St.-Amand-de-Boixe, poste d'Aigre; 350 hab.

CHAPELLE-DE-SAINT-CHEF (la), vg. de Fr., Isère, com. de St.-Chef; 350 hab.

CHAPELLE-DES-BOIS (la), vg. de Fr., Doubs, arr. de Pontarlier, cant. de Mouthe, poste de Morez; 910 hab.

CHAPELLE-DES-FOUGERETS (la), vg. de Fr., Ille-et-Vilaine; arr., cant. et poste de Rennes. On vient de découvrir près de ce village une mine d'asphalte très-riche; 750 h.

CHAPELLE-DES-MARAIS (la), vg. de Fr., Loire-Inférieure, arr. de Savenay, cant. d'Herbignac, poste du Pont-Château; 1860 h.

CHAPELLE-DES-POTS (la), vg. de Fr., Charente-Inférieure, arr., cant. et poste de Saintes; 880 hab.

CHAPELLE-DES-VILLARS (la), vg. de Fr., Saône-et-Loire; arr. de Châlon-sur-Saône, cant. et poste de Buxy; 170 hab.

CHAPELLE-D'HUIN (la), vg. de Fr., Doubs, arr. de Pontarlier, cant. et poste de Levier; 750 hab.

CHAPELLE-DU-BARD (la), vg. de Fr., Isère, arr. de Grenoble, cant. d'Allevard; poste de Goncelin; 1280 hab.

CHAPELLE-DU-BOIS (la), vg. de Fr., Sarthe, arr. de Mamers, cant. et poste de la Ferté-Bernard; 1110 hab.

CHAPELLE-DU-BOIS-DES-FAULX (la), vg. de Fr., Eure, arr., cant. et poste de Louviers; 260 hab.

CHAPELLE-DU-BOURGAY (la), vg. de Fr., Seine-Inférieure, arr. de Dieppe, cant. et poste de Longueville; 180 hab.

CHAPELLE-DU-CHATELARD (la), vg. de Fr., Ain, arr. de Trévoux, cant. et poste de Châtillon-les-Dombes; 290 hab.

CHAPELLE-DU-FEST (la), vg. de Fr., Manche, arr. de St.-Lô, cant. et poste de Torigni; 220 hab.

CHAPELLE-DU-GENÊT (la), vg. de Fr., Maine-et-Loire, arr., cant. et poste de Beaupréau ; 790 hab.

CHAPELLE-DU-LOUP (la), vg. de Fr., Ille-et-Vilaine, arr. de Montfort-sur-Meu; cant. et poste de Montauban; 510 hab.

CHAPELLE-DU-MONT-DE-FRANCE (la), vg. de Fr., Saône-et-Loire, arr. de Mâcon, cant. et poste de Matour; 650 hab.

CHAPELLE-DU-NOYER (la), vg. de Fr., Eure-et-Loire, arr., cant. et poste de Chateaudun; 390 hab.

CHAPELLE-EN-BLAISY (la), vg. de Fr., Haute-Marne, arr. de Chaumont-en-Bassigny, cant. et poste de Juzennecourt; 380 hab.

CHAPELLE-ENCHÉRIE (la), vg. de Fr., Loir-et-Cher, arr. de Vendôme, cant. de Selommes, poste d'Oucques ; 290 hab.

CHAPELLE-ENGERBOLD, vg. de Fr., Calvados, arr. de Vire, cant. et poste de Condé-sur-Noireau ; 400 hab.

CHAPELLE-EN-JUGER (la), vg. de Fr., Manche, arr. de St.-Lô, cant. de Marigny, poste de la Fosse; fabr. de poterie vernissée; 1440 hab.

CHAPELLE-EN-LAFYE (la), vg. de Fr., Loire, arr. de Montbrison, cant. de St.-Jean-Poleymieux, poste de St.-Bonnet-le-Château; 410 hab.

CHAPELLE-EN-SERVAL (la), vg. de Fr., Oise, arr. et cant. de Senlis, poste; fabr. de herse à dents de fer et à roues; 550 hab.

CHAPELLE-EN-VALGODEMARD(la), ham. de Fr., Hautes-Alpes, com. de Clémence-d'Ambel ; 200 hab.

CHAPELLE-EN-VERCORS (la), vg. de Fr., Drôme, arr., à 5 1/2 l. N. et poste de Die, chef-lieu de canton; commerce de bestiaux; bois et charbon ; 1350 hab.

CHAPELLE-ERBRÉE (la), b. de Fr., Ille-et-Vilaine, arr., cant. et poste de Vitré; 690 hab.

CHAPELLE-FAUCHER (la), vg. de Fr., Dordogne, arr. de Nontron, cant. de Champagnac, poste de Brantôme; 900 hab.

CHAPELLE-FORAINVILLIERS (la), vg. de Fr., Eure-et-Loir, arr., cant. et poste de Dreux; 190 hab.

CHAPELLE-FORTIN (la), vg. de Fr., Eure-et-Loir, arr. de Dreux, cant. et poste de la Ferté-Vidame; 500 hab.

CHAPELLE-GACELIN (la), vg. de Fr., Morbihan, com. de Carentoir; 500 hab.

CHAPELLE-GAUDIN (la), vg. de Fr., Deux-Sèvres, arr. de Bressuire, cant. de St.-Varent, poste d'Argenton-Château ; 400 hab.

CHAPELLE-GAUGAIN (la), vg. de Fr., Sarthe, arr. de St.-Calais, cant. de la Chartre-sur-le-Loir, poste de Bessé-sur-Braye; 730 hab.

CHAPELLE-GAUTHIER (la), vg. de Fr.,

Seine-et-Marne, arr. de Melun, cant. de Mormant, poste; 940 hab.

CHAPELLE-GAUTIER (la), vg. de Fr., Eure, arr. de Bernay, cant. et poste de Broglie; 500 hab.

CHAPELLE-GENESTE (la), vg. de Fr., Haute-Loire, arr. de Brioude, cant. et poste de la Chaise-Dieu; 760 hab.

CHAPELLE-GENNEVRAY (la), vg. de Fr., Eure, arr. d'Évreux, cant. et poste de Vernon; 160 hab.

CHAPELLE-GLAIN (la), vg. de Fr., Loire-Inférieure, arr. et poste de Châteaubriant, cant. de St.-Julien-de-Vouvantes; 1120 hab.

CHAPELLE-GONAGUET (la), vg. de Fr., Dordogne, arr. et poste de Périgueux, cant. de St.-Astier; 690 hab.

CHAPELLE-GRAILLOUZE (la), vg. de Fr., Ardèche, arr. de l'Argentière, cant. de Coucouron, poste de Langogne; 950 hab.

CHAPELLE-GUILLAUME (la), vg. de Fr., Eure-et-Loir, arr. de Nogent-le-Rotrou, cant. d'Authon, poste de la Bazoche-Gouet; 910 hab.

CHAPELLE-HAINFRAY (la), vg. de Fr., Calvados, arr. et poste de Pont-l'Évêque, cant. de Combremer ; 120 hab.

CHAPELLE-HAMELIN. *Voyez* HAMELIN.

CHAPELLE-HARENG (la), vg. de Fr., Eure, arr. de Bernay, cant. et poste de Thiberville; 430 hab.

CHAPELLE-HAUTEGRUE (la), vg. de Fr., Calvados, arr. de Lisieux, cant. et poste de Livarot; 110 hab.

CHAPELLE-HERMIER (la), vg. de Fr., Vendée, arr. des Sables, cant. et poste de la Mothe-Achard ; 530 hab.

CHAPELLE-HEULIN (la), vg. de Fr., Loire-Inférieure, arr. de Nantes, cant. de Vallet, poste de Clisson; 1360 hab.

CHAPELLE-HORTEMALE (la), vg. de Fr., Indre, arr. de Châteauroux, cant. et poste de Buzançais; 270 hab.

CHAPELLE-HUGON (la), vg. de Fr., Cher, arr. de St.-Amand-Mont-Rond, cant. et poste de la Guerche-sur-l'Aubois; 750 hab.

CHAPELLE-HULIN (la), vg. de Fr., Maine-et-Loire, arr. de Segré, cant. et poste de Pouancé; 350 hab.

CHAPELLE-HUON (la), vg. de Fr., Sarthe, arr., cant. et poste de St.-Calais ; 640 hab.

CHAPELLE-IGER (la), vg. de Fr., Seine-et-Marne, arr. de Coulommiers, cant. et poste de Rozoy-en-Brie; 250 hab.

CHAPELLE-JANSON (la); vg. de Fr., Ille-et-Vilaine, arr., cant. et poste de Fougères; 2010 hab.

CHAPELLE-LA-REINE (la), b. de Fr., Seine-et-Marne, et à 3 l. S.-O. de Fontainebleau, chef-lieu de canton et poste; 980 hab.

CHAPELLE-LARGEAU (la), vg. de Fr., Deux-Sèvres, arr. de Bressuire, cant. et poste de Châtillon-sur-Sèvres; fabr. de droguets et flanelle ; 650 hab.

CHAPELLE-LASSON (la), vg. de Fr.,

Marne, arr. d'Épernay, cant. et poste d'Anglure; 190 hab.

CHAPELLE-LAUNAY (la), vg. de Fr., Loire-Inférieure, arr., cant. et poste de Savenay; 1420 hab.

CHAPELLE-LAURENT (la), b. de Fr., Cantal, arr. de St.-Flour, cant. et poste de Massiac; 730 hab.

CHAPELLE-LES-LUXEUIL (la), vg. de Fr., Haute-Saône, arr. de Lure, cant. et poste de Luxeuil; 550 hab.

CHAPELLE-MARCOUSSE (la), vg. de Fr., Puy-de-Dôme, arr. d'Issoire, cant. et poste d'Ardes; 650 hab.

CHAPELLE-MERLAS (la), vg. de Fr., Isère, com. de Merlas; 400 hab.

CHAPELLE-MOCHE (la), vg. de Fr., Orne, arr. de Domfront, cant. de Juvigny-sous-Andaine, poste de Couterne; commerce de lin; 2820 hab.

CHAPELLE-MOLIÈRE (la), vg. de Fr., Vienne, arr. de Poitiers, cant. de St.-Julien-l'Ars, poste de Chauvigny; 520 hab.

CHAPELLE-MONTBRANDEIX (la), vg. de Fr., Haute-Vienne, arr. et poste de Rochechouart, cant. de St.-Mathieu; forges, fabr. de fer et d'acier; 690 hab.

CHAPELLE-MONTHODON (la), vg. de Fr., Aisne, arr. de Château-Thierry, cant. de Condé-en-Brie, poste de Dormans; 440 h.

CHAPELLE-MONTLIGEON (la), vg. de Fr., Orne, arr., cant. et poste de Mortagne-sur-Huine; 1010 hab.

CHAPELLE-MONTLINARD (la), vg. de Fr., Cher, arr. de Sancerre, cant. de Sancergues, poste de la Charité; 360 hab.

CHAPELLE-MONTMARTIN (la), vg. de Fr., Loir-et-Cher, arr. et poste de Romorantin, cant. de Mennetou; 340 hab.

CHAPELLE-MONTMOREAU (la), vg. de Fr., Dordogne, arr. et poste de Nontron, cant. de Champagnac; 320 hab.

CHAPELLE-MONTREUIL (la). *Voyez* MONTREUIL-BONNIN.

CHAPELLE-MORTHEMER (la), vg. de Fr., Vienne, arr. de Montmorillon, cant. de Lussac-les-Châteaux, poste de Chauvigny; 370 hab.

CHAPELLE-NAUDE (la), vg. de Fr., Saône-et-Loire, arr., cant. et poste de Louhans; 660 hab.

CHAPELLE-ONZERAIN (la), vg. de Fr., Loiret, arr. d'Orléans, cant. et poste de Patay; 220 hab.

CHAPELLE-PALLUAU (la), vg. de Fr., Vendée, arr. des Sables, cant. et poste de Palluau; 1110 hab.

CHAPELLE-PÉCHAUD (la) ou DE CASTELNAUD, vg. de Fr., Dordogne, arr. de Sarlat, cant. et poste de Domme; 440 hab.

CHAPELLE-POUILLOUX (la), vg. de Fr., Deux-Sèvres, arr. de Mell, cant. et poste de Sauzé; 500 hab.

CHAPELLE-PRÈS-SÉES (la), vg. de Fr., Orne, arr. d'Alençon, cant. et poste de Sées; 290 hab.

CHAPELLE-RABLAIS (la), vg. de Fr., Seine-et-Marne, arr. de Provins, cant. et poste de Nangis; 520 hab.

CHAPELLE-RAINSOUIN (la) ou BOURG-LE-PRÊTRE, vg. de Fr., Mayenne, arr. de Laval, cant. de Montsurs, poste de Vaiges; 470 hab.

CHAPELLERIE. *Voyez* TRINITÉ (la).

CHAPELLE-ROUSSELIN (la), vg. de Fr., Maine-et-Loire, arr. de Beaupréau, cant. et poste de Chemillé; 620 hab.

CHAPELLE-ROYALE, vg. de Fr., Eure-et-Loir, arr. de Nogent-le-Rotrou, cant. d'Authon, poste de la Bazoche-Gouet; 560 hab.

CHAPELLES (les), vg. de Fr., Mayenne, arr. de Mayenne cant. de Couptrain, poste du Ribay; 940 hab.

CHAPELLE-SAINT-ANDRÉ (la), vg. de Fr., Nièvre, arr. de Clamecy, cant. et poste de Varzy; forges considérables; affineries; 1120 hab.

CHAPELLE-SAINT-AUBERT (la), vg. de Fr., Ille-et-Vilaine, arr. de Fougères, cant. et poste de St.-Aubin-du-Cormier; 720 hab.

CHAPELLE-SAINT-AUBIN (la), vg. de Fr., Sarthe, arr., cant. et poste du Mans; 600 hab.

CHAPELLE-SAINT-DENIS (la), vg. de Fr., Seine, arr. et cant. de St.-Denis, poste; fabr. de poterie, de produits chimiques, toiles cirées, raffineries de sel, etc.; 4180 h.

CHAPELLE-SAINT-ÉTIENNE (la), vg. de Fr., Deux-Sèvres, arr. de Parthenay, cant. et poste de Moncoutant; 610 hab.

CHAPELLE-SAINT-FLORENT (la), vg. de Fr., Maine-et-Loire, arr. et poste de Beaupréau, cant. de St.-Florent-le-Viel; 1160 hab.

CHAPELLE-SAINT-FRAY (la), vg. de Fr., Sarthe, arr. du Mans, cant. et poste de Conlie; 500 hab.

CHAPELLE-SAINT-GÉRAUD (la), vg. de Fr., Corrèze, arr. de Tulles, cant. de Mercœur, poste d'Argentat; 540 hab.

CHAPELLE-SAINT-HEBERT (la), vg. de Fr., Nord, com. de Crespin; 250 hab.

CHAPELLE-SAINT-HIPPOLYTE (la). *Voyez* SAINT-HIPPOLYTE.

CHAPELLE-SAINT-JEAN (la), vg. de Fr., Dordogne, arr. de Périgueux, cant. de Hautefort, poste d'Azerac; 150 hab.

CHAPELLE-SAINT-LAUD (la), vg. de Fr., Maine-et-Loire, arr. de Baugé, cant. de Seiches, poste de Durtal; 640 hab.

CHAPELLE-SAINT-LAURENT (la), b. de Fr., Deux-Sèvres, arr. de Parthenay, cant. et poste de Montcoutant; tuileries, commerce de bestiaux; 1350 hab.

CHAPELLE-SAINT-LAURIANT (la), vg. de Fr., Indre, arr. d'Issoudun, cant. et poste de Vatan; 350 hab.

CHAPELLE-SAINT-LUC (la), vg. de Fr., Aube, arr., cant. et poste de Troyes; 350 h.

CHAPELLE-SAINT-LUC (la), ham. de Fr., Loire, com. de Panissière; 200 hab.

CHAPELLE-SAINT-MARTIAL (la), vg. de Fr., Creuse, arr. et poste de Bourganeuf, cant. de Pontarion ; 360 hab.

CHAPELLE-SAINT-MARTIN (la), vg. de Fr., Loir-et-Cher, arr. de Blois, cant. et poste de Mer ; 1050 hab.

CHAPELLE-SAINT-MESMIN (la), vg. de Fr., Loiret, arr., cant. et poste d'Orléans ; 1280 hab.

CHAPELLE-SAINT-NICOLAS (la). *Voyez* SAINT-NICOLAS.

CHAPELLE-SAINT-OUEN (la), vg. de Fr., Eure, arr. des Andelys, cant. d'Écos, poste de Vernon ; 150 hab.

CHAPELLE-SAINT-OUIN (la), vg. de Fr., Seine-Inférieure, arr. de Neufchâtel-en-Bray, cant. et poste d'Argueil ; 100 hab.

CHAPELLE-SAINT-PIERRE (la), vg. de Fr., Oise, arr. de Beauvais, cant. et poste de Noailles ; 210 hab.

CHAPELLE-SAINT-QUILLAIN (la), vg. de Fr., Haute-Saône, arr. de Gray, cant. et poste de Gy ; minerai de fer ; 570 hab.

CHAPELLE-SAINT-REMY (la), vg. de Fr., Sarthe, arr. de Mamers, cant. de Tuffé, poste de Connerré ; 1130 hab.

CHAPELLE-SAINT-SAUVEUR (la), vg. de Fr., Loire-Inférieure, arr. d'Ancenis, cant. et poste de Varades ; 1310 hab.

CHAPELLE-SAINT-SAUVEUR (la), vg. de Fr., Saône-et-Loire, arr. de Louhans, cant. et poste de Pierre ; 1810 hab.

CHAPELLE-SAINT-SÉPULCHRE (la), vg. de Fr., Loiret, arr. et poste de Montargis, cant. de Courtenay ; 170 hab.

CHAPELLE-SAINT-SULPICE (la), vg. de Fr., Seine et Marne, arr., cant. et poste de Provins ; 180 hab.

CHAPELLE-SAINT-URSIN (la), vg. de Fr., Cher, arr. et poste de Bourges, cant. de Méhun-sur-Yèvre ; 300 hab.

CHAPELLE-SALAMART (la), ham. de Fr., Corrèze, com. de St.-Solve, poste d'Objat ; 210 hab.

CHAPELLES-BOURBON (les), vg. de Fr., Seine-et-Marne, arr. de Coulommiers, cant. de Rozoy-en-Brie, poste de Tournan ; 90 h.

CHAPELLE-SEGUIN (la), vg. de Fr., Deux-Sèvres, arr. de Parthenay, cant. et poste de Moncoutant ; 800 h.

CHAPELLE-SENEVOI (la). *Voyez* SENEVOI-LE-HAUT.

CHAPELLE-SOUEF (la), vg. de Fr., Orne, arr. de Mortagne-sur-Huine, cant. et poste de Bellême ; 900 hab.

CHAPELLE-SOUS-BRANCION (la), vg. de Fr., Saône-et-Loire, arr. de Mâcon, cant. et poste de Tournus ; 620 hab.

CHAPELLE-SOUS-CHAUX (la) ou CAPPELTCHA, vg. de Fr., Haut-Rhin, arr. et poste de Belfort, cant. de Giromagny ; 590 h.

CHAPELLE-SOUS-DOUÉ (la), vg. de Fr., Maine-et-Loire, arr. de Saumur, cant. et poste de Doué ; 590 hab.

CHAPELLE-SOUS-DUN (la), vg. de Fr., Saône-et-Loire, arr. de Charolles, cant. et poste de la Clayette ; exploitation de houille ; 585 hab.

CHAPELLE-SOUS-GERBEROY (la), vg. de Fr., Oise, arr. de Beauvais, cant. et poste de Songeons ; 240 hab.

CHAPELLE-SOUS-ORBAIS (la), vg. de Fr., Marne, arr. d'Épernay, cant. de Montmort, poste de Baye ; 100 hab.

CHAPELLE-SOUS-ROUGEMONT (la) ou KAPELLEN, vg. de Fr., Haut-Rhin, arr. de Belfort, cant. de Fontaine, poste ; 710 hab.

CHAPELLE-SOUS-UCHON (la), vg. de Fr., Saône-et-Loire, arr. et poste d'Autun, cant. de Mesvres ; 610 hab.

CHAPELLE-SUR-AVEYRON (la), vg. de Fr., Loiret, arr. de Montargis, cant. et poste de Châtillon-sur-Loing ; 570 hab.

CHAPELLE-SUR-CHÉZY (la), vg. de Fr., Aisne, arr. de Château-Thierry, cant. et poste de Charly ; 280 hab.

CHAPELLE-SUR-CRÉCY (la), vg. de Fr., Seine-et-Marne, arr. de Meaux, cant. et poste de Crécy ; 1250 hab.

CHAPELLE-SUR-DUN (la), vg. de Fr., Seine-Inférieure, arr. d'Yvetot, cant. de Fontaine-le-Dun, poste de Bourg-Dun ; 780 h.

CHAPELLE-SUR-ERDRE (la), vg. de Fr., Loire-Inférieure, arr., à 2 l. N. et poste de Nantes, chef-lieu de canton ; 2300 hab.

CHAPELLE-SUR-LOIRE (la), b. de Fr., Indre-et-Loire, arr. de Chinon, cant. de Bourgueil, poste ; 3650 hab.

CHAPELLE-SUR-OREUSE (la), vg. de Fr., Yonne, arr. de Sens, cant. de Sergines, poste de Pont-sur-Yonne ; 490 hab.

CHAPELLE-SUR-OUDON (la), vg. de Fr., Maine-et-Loire, arr., cant. et poste de Segré ; 780 hab.

CHAPELLE-SUR-USSON (la), vg. de Fr., Puy-de-Dôme, arr. d'Issoire, cant. de Jumeaux, poste de St.-Germain-Lembron ; 230 hab.

CHAPELLE-TAILLEFERT (la), b. de Fr., Creuse, arr., cant. et poste de Guéret ; 800 hab.

CHAPELLE-THÈCLE (la), vg. de Fr., Saône-et-Loire, arr. et poste de Louhans, cant. de Montpont ; 1290 hab.

CHAPELLE-THÉMER (la), vg. de Fr., Vendée, arr. de Fontenay-le-Comte, cant. et poste de Ste.-Hermine ; 970 hab.

CHAPELLE-THIBOUST (la). *Voyez* CHAPELLE-GAUTHIER (la).

CHAPELLE-THIREUIL (la), vg. de Fr., Deux-Sèvres, arr. et poste de Niort, cant. de Coulonges ; 780 hab.

CHAPELLE-THOUAULT (la), vg. de Fr., Ille-et-Vilaine, arr., cant. et poste de Montfort-sur-Meu ; 510 hab.

CHAPELLE-URÉE (la), vg. de Fr., Manche, arr. d'Avranches, cant. et poste de Brécey ; 410 hab.

CHAPELLE-VALLON (la), vg. de Fr., Aube, arr. d'Arcis-sur-Aube, cant. et poste de Méry-sur-Seine ; 460 hab.

CHAPELLE-VAUPELLETEIGNE (la), vg.

de Fr., Yonne, arr. d'Auxerre, cant. et poste de Ligny-le-Châtel; 260 hab.

CHAPELLE-VENDOMOISE (la), vg. de Fr., Loir-et-Cher, arr. de Blois, cant. d'Herbault, poste; 420 hab.

CHAPELLE-VÉRONGE (la), vg. de Fr., Seine-et-Marne, arr. de Coulommiers, cant. et poste de la Ferté-Gaucher; 550 hab.

CHAPELLE-VICOMTESSE (la), vg. de Fr., Loir-et-Cher, arr. de Vendôme, cant. de Doué, poste de la Ville-aux-Clercs; 430 hab.

CHAPELLE-VIEILLE-FORÊT (la), vg. de Fr., Yonne, arr. de Tonnerre, cant. et poste de Flogny; 690 hab.

CHAPELLE-VIEL (la), vg. de Fr., Orne, arr. de Mortagne-sur-Huine, cant. de Moulins-la-Marche, poste de l'Aigle; 360 hab.

CHAPELLE-VIVIERS, vg. de Fr., Vienne, arr. de Montmorillon, cant. et poste de Chauvigny; 450 hab.

CHAPELLE-VOLAND vg. de Fr., Jura, arr. de Lons-le-Saulnier, cant. et poste de Bletterans; 1910 hab.

CHAPELLE-YVON (la), vg. de Fr., Calvados, arr. de Lisieux, cant. et poste d'Orbec; filat. de laine et de coton; 560 hab.

CHAPELON, vg. de Fr., Loiret, arr. et poste de Montargis, cant. de Bellegarde; 350 hab.

CHAPELOTTE, vg. de Fr., Cher, arr. de Sancerre, cant. et poste d'Henrichemont; 720 hab.

CHAPELTIQUE, pet. v. des États-Unis de l'Amérique centrale, prov. de San-Salvador, dist. de San-Miguel; 2800 hab.

CHAPENDU, ham. de Fr., Haute-Saône, com. de Radon; 200 hab.

CHAPEO (Morro). *Voyez* MANTIQUEIRA. (Serra da).

CHAPEQUIDDICK, pet. île très-fertile et habitée à l'E. de l'île de Martha's Vinegard, dont elle est séparée par un étroit canal, à l'entrée de la baie de Buzzard, côte S.-E. de l'état de Massachusetts, États-Unis de l'Amérique du Nord.

CHAPET, vg. de Fr., Seine-et-Oise, arr. de Versailles, cant. et poste de Meulan; 450 hab.

CHAPLAMBERT, ham. de Fr., Jura, com. de Mantry; 220 hab.

CHAPMANS, pet. lac dans l'état de Rhode-Island, États-Unis de l'Amérique du Nord.

CHAPONNAY, vg. de Fr., Isère, arr. de Vienne, cant. et poste de St.-Symphorien-d'Ozon; 1160 hab.

CHAPONOST, vg. de Fr., Rhône, arr. de Lyon, cant. et poste de St.-Genis-Laval; fabr. de peignes d'acier pour les tissus, de filets de pêche et de chasse; 1480 hab.

CHAPPES, vg. de Fr., Allier, arr. de Montluçon, cant. et poste de Montmarault; 760 hab.

CHAPPES, vg. de Fr., Ardennes, arr. de Réthel, cant. et poste de Chaumont-Porcien; 360 hab.

CHAPPES, vg. de Fr., Aube, arr. et cant. de Bar-sur-Seine, poste de St.-Parres-les-Vaudes; 440 hab.

CHAPPES, vg. de Fr., Puy-de-Dôme, arr. et poste de Riom, cant. d'Ennezat; 780 hab.

CHAPPOIS, vg. de Fr., Jura, arr. de Poligny, cant. et poste de Champagnole; 430 hab.

CHAPRAIS, vg. de Fr., Doubs, com. de Besançon; 280 hab.

CHAPTELAT, vg. de Fr., Haute-Vienne, arr. de Limoges, cant. et poste de Nieul; 540 hab.

CHAPTES (Saint-), vg. de Fr., Gard, arr., à 2 1/2 l. S.-O. et poste d'Uzès, chef-lieu de canton; 760 hab.

CHAPTUZAT, vg. de Fr., Puy-de-Dôme, arr. de Riom, cant. et poste d'Aigueperse; 870 hab.

CHAPUS (fort du), fort de Fr., Charente-Inférieure, com. de Marennes; il est construit vis-à-vis l'île d'Oléron, sur le bord de l'Océan.

CHAQUANAGON ou CHÉQUOINÉGON, promontoire très-saillant, fermant à l'E. la Western-Baï, à l'O. du lac Supérieur, territoire du Nord-Ouest, États-Unis de l'Amérique du Nord.

CHARABUCO, b. de la rép. du Chili, prov. de Santiago, sur la grande route de Mendoza. Près de cet endroit, le vaillant S. Martin remporta, en 1617, une victoire complète sur les Espagnols, après son mémorable passage des Andes; 1000 hab.

CHARAIX, ham. de Fr., Drôme, com. de Montrigaud; 210 hab.

CHARANCIEUX, vg. de Fr., Isère, arr. de la Tour-du-Pin, cant. de St.-Geoirs, poste des Abrets; 550 hab.

CHARANCIN, vg. de Fr., Ain, arr. et poste de Belley, cant. de Champagne; 310 hab.

CHARANTONNAY, vg. de Fr., Cher, arr. de Sancerre, cant. et poste de Sancergues; 660 hab.

CHARAS (canal de), canal de Fr., Charente-Inférieure, prend son origine à Guitcharon et embouche dans la Charente sur la rive droite, près Charas, à 2 l. au-dessous de Rochefort, par un pont ayant deux arches fermées par des portes d'ébe et de flot. Son développement est de 4 1/2 l.; il concourt au desséchement des marais de Rochefort et sert principalement au transport du sel provenant des marais salants du département.

CHARATON, v. naissante des États-Unis de l'Amérique du Nord, état du Missouri, comté de Howard, sur le Charaton; agriculture très-florissante, commerce; 2500 h.

CHARAVINES, vg. de Fr., Isère; arr. de la Tour-du-Pin, cant. et poste du Virieu; 770 hab.

CHARBE. *Voyez* LALAYE.

CHARBOGNE, vg. de Fr., Ardennes, arr. de Vouziers, cant. et poste d'Attigny; 500 h.

CHARBONIÈRE (la), vg. de Fr., Isère, com. de St.-Laurent-du-Pont; 250 hab.

CHARBONNAT-SUR-ARROUX, vg. de Fr., Saône-et-Loire, arr. d'Autun, cant. de Mesvres, poste de Toulon-sur-Arroux; 750 hab.

CHARBONNIER, vg. de Fr., Puy-de-Dôme, arr. d'Issoire, cant. et poste de St.-Germain-Lembron; mine de houille; 180 h.

CHARBONNIÈRE (la), vg. de Fr., Nièvre, com. de St.-Léger-de-Vignes; haut-fourneau; verreries; 290 hab.

CHARBONNIÈRE (la), vg. de Fr., Saône-et-Loire, arr., cant. et poste de Mâcon; 260 hab.

CHARBONNIÈRES, vg. de Fr., Doubs, arr. de Besançon, cant. et poste d'Ornans; 210 hab.

CHARBONNIÈRES, vg. de Fr., Eure-et-Loir, arr. de Nogent-le-Rotrou, cant. d'Authon, poste de Beaumont-les-Autels; 910 h.

CHARBONNIÈRES, vg. de Fr., Rhône, arr. et poste de Lyon, cant. de Vaugneray; 350 hab.

CHARBONNIÈRES-LES-VARENNES, vg. de Fr., Puy-de-Dôme, arr. et poste de Riom, cant. de Manzet; 1320 hab.

CHARBONNIÈRES-LES-VIEILLES, vg. de Fr., Puy-de-Dôme, arr. et poste de Riom, cant. de Manzat; 2160 hab.

CHARBUY, vg. de Fr., Yonne, arr., cant. et poste d'Auxerre; 1270 hab.

CHARCAS (département). *Voyez* CHUQUISACA.

CHARCAS (province). *Voyez* CHUQUISACA.

CHARCAS (ville). *Voyez* CHUQUISACA.

CHARCAS ou SANTA-MARIA DE LAS CHARCAS, pet. v. de la confédération mexicaine, état de Potosi, sur le Santander; riches mines d'argent et de cuivre dans les environs; 1500 hab.

CHARCÉ (la), vg. de Fr., Drôme, arr. et poste de Nyons, cant. de Remuzat; 250 hab.

CHARCÉ, vg. de Fr., Maine-et-Loire, arr. d'Angers, cant. de Thouarcé, poste de Brissac; 650 hab.

CHARCENNE, vg. de Fr., Haute-Saône, arr. de Gray, cant. de Marnay, poste de Gy; 860 hab.

CHARCEY, vg. de Fr., Saône-et-Loire, arr. de Châlon-sur-Saône, cant. de Givry, poste du Bourgneuf; 490 hab.

CHARCHIGNÉ, vg. de Fr., Mayenne, arr. de Mayenne, cant. du Horps, poste du Ribay; 990 hab.

CHARCHILLAT, vg. de Fr., Jura, arr. de St.-Claude, cant. et poste de Moirans; 370 hab.

CHARCIER, vg. de Fr., Jura, arr. de St.-Claude, cant. de St.-Laurent, poste de Clairvaux; foulon de draps; 400 hab.

CHARD, vg. de Fr., Creuse, arr. d'Aubusson, cant. et poste d'Auzances; 800 hab.

CHARD, pet. v. d'Angleterre, comté de Sommerset, sur la frontière de celui de Devon; a un joli hôtel de ville d'architecture gothique et fait un commerce considérable; 3000 hab.

CHARDAVON, vg. de Fr., Basses-Alpes, arr., cant. et poste de Sisteron; 50 hab.

CHARDAVON, vg. de Fr., Basses-Alpes, com. de Seyne; 230 hab.

CHARDES, vg. de Fr., Charente-Inférieure, arr. de Jonzac, cant. et poste de Montendre; 220 hab.

CHARDOGNE, vg. de Fr., Meuse, arr. et poste de Bar-le-Duc, cant. de Vavincourt; 590 hab.

CHARDONNAY, vg. de Fr., Saône-et-Loire, arr. de Mâcon, cant. de Lugny, poste de St.-Oyen; 460 hab.

CHAREIL-CINTRAT, vg. de Fr., Allier, arr. de Gannat, cant. et poste de Chantelle; 840 hab.

CHARENCEY, vg. de Fr., Côte-d'Or, arr. de Sémur, cant. et poste de Vitteaux; 160 hab.

CHARENCEY, vg. de Fr., Moselle, arr. de Briey, cant. et poste de Longuyon; 1070 hab.

CHARENCY, vg. de Fr., Jura, arr. de Poligny, cant. de Nozeroy, poste de Champagnole; 190 hab.

CHARENCY, vg. de Fr., Nièvre, com. de St.-Aubin; 250 hab.

CHARENS, vg. de Fr., Drôme, arr. de Die, cant. et poste de Luc-en-Diois; 230 h.

CHARENSAC, vg. de Fr., Haute-Loire, arr., cant. et poste du Puy; fabr. de poêles, tuyaux de conduite d'eau; briqueterie et tuilerie mécaniques; 645 hab.

CHARENSAT, vg. de Fr., Puy-de-Dôme, arr. de Riom, cant. et poste de St.-Gervais; 1680 hab.

CHARENTAY, vg. de Fr., Rhône, arr. de Villefranche-sur-Saône, cant. et poste de Belleville-sur-Saône; 930 hab.

CHARENTE (la), *Carantonus*, fl. de Fr., a sa source dans le dép. de la Haute-Vienne, près de Chéronnac, arr. et cant. de Rochechouart; elle entre dans le dép. de la Charente dans la direction N.-N.-O., et décrivant un arc qui passe par Civray, dans le dép. de la Vienne, elle rentre dans celui de la Charente et se dirige vers le S. jusqu'à Angoulême, d'où elle s'avance vers l'O., en passant par Châteauneuf et Cognac, traverse le dép. de la Charente-Inférieure, où elle coule vers le N.-O., baigne Saintes, Taillebourg, Tonnay-Charente et Rochefort, et se jette au-dessous de cette dernière ville dans le bras de mer connu sous le nom de Pertuis-d'Antioche, après un cours de 32 myriamètres. Ce fleuve, navigable jusque près de Montignac, au-dessus d'Angoulême, a plusieurs affluents, tels que : le Son, la Dronne, la Touvre, la Tardouèze, le Bandiat, le Lamps, l'Auteine, la Né, la Seugne, la Boutonne, etc.

CHARENTE. *Voyez* TONNAY-CHARENTE.

CHARENTE (département de la), situé dans la région S.-O. de la France, est formé de l'Angoumois, d'une partie de la Saintonge et d'une partie du Poitou; il est borné au N. par les départements des Deux-Sèvres et de la Vienne, à l'E. par ceux de la Haute-Vienne et de la Dordogne, au S. par ce dernier et par celui de la Charente-Inférieure, qui le borne également à l'O. Sa superficie est de 603,239 hectares et sa population de 365,126 habitants.

Une suite de hauteurs assez considérables se dirigent du S.-E. vers le N.-O. traversant la partie septentrionale du département; elles lient les monts Jargeau et autres prolongements des monts d'Auvergne au plateau de Gatine; une seconde chaîne traverse la partie méridionale; elle est un prolongement des monts précités et sépare le bassin de la Garonne de celui de la Charente.

La Charente, fleuve principal et dont le département emprunte le nom, a sa source dans le département de la Haute-Vienne, entre dans celui de la Charente, se dirige, en décrivant des sinuosités innombrables, d'abord du S. au N., puis du N. au S. et ensuite de l'E. à l'O. et se rend dans le département de la Charente-Inférieure. Elle est navigable jusque près de Montignac, à 3 l. au-dessus d'Angoulême. Ses affluents les plus considérables sont: la Touvre, la Tardouèze, le Bandiat, la Né et la Seugne.

La Vienne traverse la partie septentrionale du département; elle se dirige d'abord de l'E. à l'O., fait un coude et va du S. au N. se rendre dans le département du même nom; elle reçoit la Goire et la Marchadène.

La Nizonne sépare le département de celui de la Dordogne, se jette dans la Dronne qui forme la limite méridionale du département; ses affluents sont la Tude et l'Aussonne. Les étangs sont assez nombreux; le plus considérable est celui de Cognac.

Ce département offre un aspect varié. De nombreuses collines de vignobles, couronnées de forêts de châtaigniers, traversent une grande partie du pays; des vallées charmantes, couvertes de prairies, sont arrosées par une multitude de ruisseaux; le sol est presque partout fertile; le terrain est calcaire, sec, brûlant; les collines sont formées d'un terrain calcaire conchylien.

Le climat est sain, tempéré, et l'un des plus agréables de la France: cependant l'arrondissement de Confolens fait exception; la présence d'un grand nombre de marais est la cause de l'insalubrité de cette contrée.

On y cultive le blé, l'avoine, l'orge, le maïs, le colza, le pavot, etc. Les graines de lin et de chanvre y sont d'une qualité supérieure. La principale culture est celle de la vigne, dont les produits sont convertis en grande partie en eaux-de-vie; les plus renommées sont ceux de Cognac; de beaux pâturages couvrent la contrée limousine; le châtaignier est l'arbre fruitier le plus commun du département. Les forêts sont nombreuses, surtout dans la partie orientale; les essences qui dominent sont: le chêne, le hêtre et surtout le châtaignier.

Les productions minérales sont: le fer, le plomb, l'antimoine; on exploite avec succès des carrières d'excellentes pierres de construction, de très-bonnes pierres meulières et lithographiques; celles des environs d'Angoulême et de St.-Mesme sont très renommées. Dans les environs de Cognac on exploite une riche carrière de gypse.

On élève dans le département des bêtes à corne et à laine; les chevaux sont assez rares; les animaux sauvages sont le loup, le renard et le sanglier. Les reptiles n'y sont pas rares, surtout la vipère et l'aspic. Le gibier est abondant, ainsi que le poisson; au bord des eaux l'on rencontre quelques loutres.

L'industrie est très-active. La plus importante, après la distillerie des vins, est la fabrication du papier; la supériorité de ce produit est due autant aux eaux du pays qu'à l'habileté des ouvriers. En troisième lieu viennent les forges et les aciéries. Le département possède de nombreuses tanneries et mégisseries, des filatures de chanvre et de lin, des fabriques de draps grossiers et de cordages, des fabriques de poterie, etc.

On exporte du vin, surtout des eaux-de-vie, du fer, du papier, du sel, des bestiaux, des cuirs tannés, des bouchons de liège, des truffes, des volailles truffées, etc.

Ce département nomme sept députés; il est divisé en cinq arrondissements, 29 cantons et 453 communes.

Les chefs-lieux d'arrondissement sont:

Angoulême,	9	cant.	143 com.	130,456	hab.
Barbezieux,	6	«	87 «	55,532	«
Cognac,	4	«	70 «	51,647	«
Confolens,	6	«	70 «	68,583	«
Ruffec,	4	«	83 «	58,908	«
	29	cant.	453 com.	365,126	hab.

Il est compris dans la vingtième division militaire, dont le quartier-général est à Périgueux; est du ressort de la cour royale et de l'académie de Bordeaux, du diocèse d'Angoulême, suffragant de l'archevêché de Bordeaux; il fait partie de la vingt-septième conservation forestière, de la neuvième inspection des ponts-et-chaussés, dont le chef-lieu est Tours, de la cinquième division des mines, dont le chef-lieu est Montpellier. Il a trois collèges, une école normale et 470 écoles primaires (405 de garçons et 65 de filles).

CHARENTE-INFÉRIEURE (département de la), est situé dans la région O. de la France; il est formé de l'Aunis et d'une partie de la Saintonge. Ses limites sont au N. le dép. de la Vendée, au N.-E. celui des Deux-Sèvres, à l'E. celui de la Charente, au S.-E. celui de la Dordogne et au S. celui de la Gironde; l'Océan et la Garonne le bornent à l'O.

Quatre îles appartiennent à ce département; les plus importantes sont celles de Ré et d'Oléron.

Sa superficie est de 654,685 hectares et sa population de 449,649 hab.

Des rangs de collines de moyenne hauteur, courant en général de l'E. à l'O., occupent les parties de l'E. et du S. du département; ces collines sont les dernières ramifications des prolongements du plateau de la Gatine, qui se rattache aux monts d'Auvergne.

La Charente, fleuve navigable qui donne son nom au département, le traverse au milieu en se dirigeant du S.-E. au N.-O., et va se jeter dans le bras de mer nommé Pertuis d'Antioche, vis-à-vis des îles d'Oléron et d'Aix. Les affluents les plus considérables sont la Boutonne, qui a sa source dans le département des Deux-Sèvres, la Seugne et la Né. La Seudre, qui prend sa source dans le département, se jette dans l'Océan, vis-à-vis de la pointe méridionale de l'île d'Oléron. La Sèvre niortaise le sépare au N. du département de la Vendée, et à l'O. la Gironde le sépare de celui du même nom.

Les étangs y sont peu nombreux; mais il renferme beaucoup de marais. On a creusé plusieurs canaux pour opérer leur dessèchement; on cite ceux de Moutier-Neuf, Moise, Dercy et de Brouc. Celui de Niort à La Rochelle et celui de Brouage sont navigables.

La plaine, généralement ondulée, offre l'aspect d'un pays agricole et fertile, les plus beaux paysages bordent le cours des rivières et des ruisseaux.

Un développement considérable de côtes maritimes, tantôt basses, tantôt relevées en dunes ou falaises calcaires, se trouve à l'O. du département; le long de ces côtes le sol est fertile, gras, quelquefois marécageux; il est crayeux sur les collines; dans la plaine et les vallées il est sablonneux, mêlé d'argile et de chaux.

Le climat est doux et tempéré; il est malsain dans le voisinage des marais.

Les produits de la culture du sol sont variés: on y récolte le froment, le maïs, l'avoine, au-delà de ce qu'il faut pour la consommation; la récolte du vin se monte à 1,700,000 hectolitres, dont 600,000 sont convertis en eaux-de-vie; les produits moins importants sont le chanvre, le lin, le safran, la moutarde, le colza, l'absinthe; les fèves de Marennes ont de la réputation; les arbres fruitiers sont nombreux, surtout les noyers et les châtaigniers, les pêches de Luchat sont renommées; les prairies naturelles et artificielles sont belles et vastes, surtout celles qui bordent la Charente.

Les productions minérales sont peu nombreuses; quelques localités sont riches, soit en pierres de taille, soit en gypse, soit en une marne très-fine. Quelques tourbières sont exploitées dans l'arrondissement de Marennes. Le sel, qui provient de ses marais salants, les plus importants de la France et réputés les meilleurs de l'Europe, est d'une qualité supérieure; il est exporté jusqu'en Angleterre; la moyenne du produit annuel est évaluée à 30,000,000 kilogrammes.

Le département a de nombreux moutons, tant mérinos qu'indigènes, beaucoup de bestiaux, de porcs, de grosses volailles, d'abeilles; on rencontre dans les taillis des renards, des sangliers, des loups; le gibier n'y est pas rare, surtout les oiseaux aquatiques.

La pêche commune, celle des huîtres, principalement dans les environs de Marennes, et celle des sardines, occupent les habitants de la côte.

L'industrie consiste surtout dans l'exploitation des richesses naturelles du département; ainsi la distillation des eaux-de-vie, l'exploitation du sel, la pêche, en sont les branches principales. Le département possède quelques fabriques d'étoffes de laine, de porcelaine, des tanneries, des corderies considérables, des chantiers de construction pour navires.

La situation du département, ainsi que la présence de quelques bons ports de mer, est très-favorable au commerce; il est alimenté par les différents produits du sol. Le cabotage est très-actif le long des côtes.

L'exportation consiste principalement en vins et eaux-de-vie, sel, huîtres, beurre, œufs, volailles, faïence, verreries, etc.

Ce département est divisé en 6 arrondissements, 39 cantons et 480 communes.

Les chefs-lieux d'arrondissement sont :

La Rochelle,	7	cant.	55	com.	78,797	h.
Rochefort,	4	«	42	«	51,727	«
Saintes,	8	«	109	«	104,871	«
Marennes,	6	«	34	«	49,626	«
St.-Jean-d'Angely,	7	«	120	«	81,692	«
Jonzac,	7	«	120	«	82,936	«
		39 cant.	480 com.		449,649	h.

Il nomme sept députés, fait partie de la onzième division militaire, dont le quartier-général est à Bordeaux; est du ressort de la cour royale et de l'académie de Poitiers, du diocèse de La Rochelle, suffragant de l'archevêché de Bordeaux; il fait partie de la vingt-sixième conservation forestière, de la neuvième inspection des ponts-et-chaussées, dont le chef-lieu est Tours; de la cinquième division des mines, dont le chef-lieu est Montpellier.

Il a 4 collèges et 559 écoles primaires (465 de garçons et 94 de filles).

CHARENTENAY, vg. de Fr., Haute-Saône, arr. de Gray, cant. de Fresnes-St.-Mamès, poste de Frétigney; 280 hab.

CHARENTENAY, vg. de Fr., Yonne, arr. d'Auxerre, cant. de Coulange-la-Vineuse, poste de Courson; 710 hab.

CHARENTILLY, vg. de Fr., Indre-et-Loire,

arr. de Tours, cant. et poste de Neuillé-Pont-Pierre; 500 hab.

CHARENTON, vg. de Fr., Cher, arr., à 2 1/2 l. E. et poste de St.-Amand-Mont-Rond, chef-lieu de canton; forges; 142 hab.

CHARENTON-LE-PONT, b. de Fr., Seine, arr. à 3 l. N.-E. de Sceaux, chef-lieu de canton et poste; il est situé sur la rive droite de la Marne et possède une manufacture de porcelaine; forges; fonderies; exploitation de pierres de taille; 2560 hab.

CHARENTON-SAINT-MAURICE, vg. de Fr., Seine, arr. et à 3 l. N.-E. de Sceaux, à 2 l. S.-E. de Paris, cant. et poste de Charenton-le-Pont, non loin duquel il est situé, sur la rive droite de la Marne. Ce village possède un établissement célèbre, fondé il y a environ un siècle pour le traitement des aliénés; il a des fabriques de produits chimiques, d'acier, d'amidon, de papier, clous d'épingles et bequets, de gomme indigène; filat. de soie; forges anglaises sur le canal, ainsi que plusieurs moulins; 1450 hab.

CHARÉSIER, vg. de Fr., Jura, arr. de St.-Claude, cant. de St.-Laurent, poste de Clairvaux; 290 hab.

CHARETTE, vg. de Fr., Isère, arr. de la Tour-du-Pin, cant. de Morestel, poste de Crémieu; 490 hab.

CHARETTE, vg. de Fr., Saône-et-Loire, arr. de Louhans, cant. et poste de Pierre; 670 hab.

CHAREY, vg. de Fr., Isère, com. de Vézeronces; 250 hab.

CHAREY, vg. de Fr., Meurthe, arr. de Toul, cant. et poste de Thiaucourt; 380 h.

CHARGÉ, vg. de Fr., Indre-et-Loire, arr. de Tours, cant. et poste d'Amboise; 320 h.

CHARGÉ-LÈS-AUTREY, vg. de Fr., Haute-Saône, arr. et poste de Gray, cant. d'Autrey; minerai de fer; fabr. de noir animal; 900 hab.

CHARGEY-LÈS-PORT, vg. de Fr., Haute-Saône, arr. de Vesoul, cant. de Combeaufontaine, poste de Port-sur-Saône; fabr. de machines à battre les grains, cylindres et presses à huile; 700 hab.

CHARGNAT. *Voyez* REMY-DE-CHARGNAT (Saint-).

CHARIE. *Voyez* ORANGE (rivière d').

CHARIEZ, vg. de Fr., Haute-Saône, arr., cant. et poste de Vesoul; 700 hab.

CHARIGNY, vg. de Fr., Côte-d'Or, arr., cant. et poste de Sémur; 160 hab.

CHARITÉ (la), v. de Fr., Nièvre, arr. et à 7 l. S.-S.-E. de Cosne, chef-lieu de canton et poste; elle est bien bâtie et agréablement située sur une colline, près de la rive droite de la Loire, sur laquelle elle possède un port et un pont remarquable par sa beauté. A l'extrémité de la ville se trouve une fort jolie promenade. Son principal commerce consiste en grains, fer, bois à brûler, charbons de bois, vins et chanvre. Cette ville, autrefois fortifiée, était plus considérable avant les guerres religieuses du seizième et du dix-septième siècle; saccagée et presque détruite plusieurs fois par les différents partis qui désolèrent alors la France, elle n'a plus recouvré son importance; 5000 h.

CHARIX, vg. de Fr., Ain, arr., cant. et poste de Nantua; 690 hab.

CHARJEH ou **EL-KHARGEH**, LA GRANDE-OASIS, nommée aussi OASIS DE THÈBES, EL-WAH-EL-KÉBIR (*Ile-des-Bienheureux*), grande oasis fertile, située à l'O. de la Haute-Égypte, Afrique, à cinq journées d'Esné, sur le Nil; elle a 24 l. de long sur 4 de large; des trois chemins qui y conduisent de l'Égypte, celui de Syout est le plus fréquenté, à cause des caravanes qui vont de cette ville au Darfour; le chef-lieu en est El-Khargeh, petit endroit d'environ 2000 hab. En 1818, on a découvert dans son voisinage les ruines de trois beaux temples et une nécropolis; le grand temple avait trois enceintes, comme celui de Jupiter Ammon; le toit, dont il subsiste encore une partie, était formé par d'immenses blocs; on en a mesuré un de 35 pieds de long sur 19 de large et 2 1/4 d'épaisseur; ce temple a des statues colossales et des hiéroglyphes. La nécropolis offre 2 à 300 monuments construits en briques non cuites; les figures de saints peintes sur les murs, indiquent qu'ils ont servi de demeures à des chrétiens. Le commerce principal des habitants de cette oasis consiste en riz.

CHARKIEH ou **CHERKIE**, cette partie de la Basse-Égypte, Afrique, qui est à l'E. du bras de Damiette. Dans un sens plus étroit, ce nom ne désigne qu'une partie de la Basse-Égypte.

CHARKOW. *Voyez* KHARKOW.

CHARLAS, vg. de Fr., Haute-Garonne, arr. de St.-Gaudens, cant. et poste de Boulogne-sur-Mer; 600 hab.

CHARLEMONT, fort de Fr., Ardennes, com. de Givet.

CHARLEROI, v. forte du roy. de Belgique, prov. de Hainaut, chef-lieu du district de même nom, à 12 l. de Bruxelles. Elle occupe le sommet et la pente d'une montagne escarpée et s'étend à son pied où elle est traversée par la Sambre. Sa population est très-industrieuse; on y fabrique des outils et de la poterie en fer, de la grosse quincaillerie, des clous, des étoffes de laine. Les environs renferment des mines de houille, des forges et des verreries. La possession de cette place est de la plus haute importance pour toute armée qui veut dominer les rives de la Sambre; aussi a-t-elle joué un rôle dans toutes les guerres des Pays-Bas. Fortifiée par les Espagnols en 1669, elle fut bientôt après cédée à la France. En 1672 et 1677, Maurice de Nassau, prince d'Orange, tenta inutilement de l'enlever. A la paix de Nimègue en 1678, elle fut rendue à l'Espagne. En 1692 la place fut bombardée par les Français; en 1693 elle soutint un siége dirigé par Vauban, sous les ordres du maréchal de Luxembourg. Elle se rendit en 1736 au prince de Conti, après deux jours de tranchée ouverte, et retourna, après la paix, à l'Autriche. En 1792 les impériaux l'abandonnèrent à l'approche de la division Valence, et les Français l'occupèrent, mais furent obligés de l'évacuer à la suite de la bataille de Nerwinde.

En 1794. le général Charbonnier, commandant l'armée des Ardennes, fut chargé par la convention nationale d'investir Charleroi; il passa la Sambre le 20 mai. Le 23, le général autrichien Kaunitz attaqua en nombre supérieur les Français, et secondé par une sortie de la garnison qui les prit en flanc, il les força de repasser la rivière, après avoir essuyé une perte de 1300 hommes. Des tentatives pour repasser la Sambre échouèrent les 25, 26 et 27, mais le 29 la place fut de nouveau investie; les Autrichiens renforcés par les garnisons des environs, parvinrent encore à rejeter les Français sur l'autre rive. Enfin, dans les premiers jours de juin, le général Jourdan amena 30,000 hommes de l'armée de la Moselle, et prit le commandement des troupes réunies sous le nom d'armée de Sambre-et-Meuse. Il effectua immédiatement le passage de la Sambre et cerna la place de Charleroi. Le général Hatré fut chargé du siége et les divisions Marceau, Championnet, Lefèvre, Morlat et Kléber furent déployées autour de la place pour couvrir ses opérations. Les coalisés envoyèrent alors un nouveau secours sous les ordres du prince d'Orange (aujourd'hui roi de Hollande); les Français furent harcelés, mais on ne put empêcher leurs préparatifs pour le siége. La tranchée fut ouverte dans la nuit du 14 au 15. Le 25 le gouverneur de Charleroi, craignant un assaut général, demanda à capituler. Le représentant du peuple, St.-Juste, lui répondit : « Je suis arrivé en hâte, j'ai oublié ma plume, je n'ai pris qu'une épée. » La place se rendit à discrétion. Le même jour le prince de Cobourg s'avançait de Nivelle pour attaquer l'armée républicaine, et ce mouvement fut suivi de la bataille de Fleurus.

En 1814 Charleroi fut remis par les Bourbons aux alliés. Les Français s'en emparèrent sans difficulté le 15 juin 1815, mais furent forcés de l'abandonner le 19, après la malheureuse bataille de Waterloo. La population du district de Charleroi est de 94,300 hab., celle de la ville de 5000.

CHARLES, comté de l'état de Maryland, États-Unis de l'Amérique du Nord; il est borné par les comtés de Prince-George, de Calvert, de St.-Marys et par l'état de Virginie, dont il est séparé par le Potowmak. Son étendue est de 17 à 18 l. c. géogr. Ce pays, généralement plat et sablonneux, est arrosé par le Potowmak, le Patuxent et de nombreux affluents de ces deux fleuves, et entrecoupé de marais, dont le grand Zakiah-Swamp est le plus étendu. Il produit du tabac d'une excellente qualité, du maïs, du riz, des patates et du coton ; 21,000 hab.

CHARLES, riv. des États-Unis de l'Amérique du Nord, état de Massachusetts; elle prend naissance dans un lac du comté de Hopkinton, a un cours très-tortueux; se divise, dans le comté de Dedham, en deux bras, dont celui du N. rejoint le Néponset ; le bras méridional s'embouche dans la baie de Boston.

CHARLES. *Voyez* SUÉDOISES (îles).

CHARLES (cap), l'extrémité mérid. de la côte E. du Labrador.

CHARLES, île considérable à l'extrémité O. du détroit d'Hudson; cette île, bien boisée, est habitée par des Esquimaux.

CHARLES (Saint-), paroisse de l'état de Louisiane, États-Unis de l'Amérique du Nord; elle est bornée par les paroisses de Pont-Chartrain, de St.-Bernard, de La Fourche et de Jean-Baptiste (John-Baptist). Il n'y a que les environs du Mississipi qui soient cultivés ; ils produisent du sucre, du riz et du coton : le reste du pays ne présente qu'une immense forêt impénétrable. Mancas, sur le Maurepas, est le chef-lieu de cette paroisse ; 5000 hab.

CHARLES (Saint-), comté de l'état de Missouri, États-Unis de l'Amérique du Nord; il est borné par les comtés de Lincoln, de St.-Louis, de Franklin et de Montgomery. C'est un pays très-fertile, riche en bois et en belles prairies, arrosé par le Mississipi, qui y reçoit le Cuivre, le Péraque et le Darden ; 6000 hab.

CHARLES (Saint-), pet. v. des États-Unis de l'Amérique du Nord, état de Missouri, comté de St.-Charles, dont elle est le chef-lieu, sur le Missouri et au pied d'une colline, au haut de laquelle s'élève une tour ronde en bois, construite par les Espagnols ; commerce de peaux et de pelleteries ; 2500 h.

CHARLES (Saint-), vg. de Fr., Bouches-du-Rhône, com. de Marseille; 530 hab.

CHARLES (Saint-), vg. de Fr., Mayenne, arr. de Château-Gontier, cant. et poste de Grez-en-Bouère ; 520 hab.

CHARLES (Saint-), ham. de Fr., Oise, com. d'Éragny-sur-Epte; 110 hab.

CHARLES-CITY, comté de l'état de Virginie, États-Unis de l'Amérique du Nord; il est borné par les comtés de Newkent, de James-City, de James, de Surry, de Prince-George, de Chesterfield et de Henrico. Ce pays, dont le sol est très-sablonneux, couvert de forêts de sapins et encore très-peu cultivé, est arrosé par le James, qui y reçoit le Tuckey ; 5000 hab.

CHARLES-DE-PERCY (Saint-). *Voyez* MONTCHAMP-LE-PETIT.

CHARLES-RIVER, baie sur la côte E. du Labrador. Les îles de Great et de Little-Caribou (Grand et Petit-Caribou), de Battle et de Seols s'étendent à l'entrée de cette baie.

CHARLESTON, v. des États-Unis de l'Amérique du Nord, état de Newhampshire, comté de Chesshire, sur le Connecticut, traversée par un pont qui conduit dans l'état de Vermont. Cette ville, bien bâtie, est le siège des tribunaux supérieurs de l'état et renferme plusieurs églises, une académie, une prison et un beau palais de justice; industrie; commerce; 3000 hab.

CHARLESTON, pet. v. des États-Unis de l'Amérique du Nord, état d'Indiana, comté de Clarke, non loin de l'Ohio; agriculture florissante; commerce; 2800 hab.

CHARLESTON, v. des États-Unis de l'Amérique du Nord, état de New-York, comté de Montgoméry, sur le Mohawk; commerce; 5000 hab.

CHARLESTOWN, pet. v. forte avec un port assez commode et bien défendu, dans l'île de la Barbade, Petites-Antilles, possession anglaise; commerce très-important; 2000 hab.

CHARLESTOWN, capitale de l'île de Névis, Petites-Antilles (Lewards), possession anglaise, siége du gouverneur; est la première place de commerce de l'île; elle possède de vastes magasins et un bon port, défendu par le fort Charles; 2000 hab.

CHARLESTOWN, b. des États-Unis de l'Amérique du Nord, état de Maryland, comté de Cécil, sur le North-East; pêcheries importantes; foire annuelle; mines de fer et la grande North-East-Forge dans les environs; 1400 hab.

CHARLESTOWN, dist. de l'état de la Caroline du Sud, États-Unis de l'Amérique du Nord, il est borné par les dist. d'Orangeburgh, de Sumter, de Williamsburgh, de Georgetown, de Coleton et par l'Océan. Ce pays, formant une province maritime de l'état, est rempli de landes et de marais et arrosé par la Santée, le Cooper, l'Ashley et le Stone, qui tous s'embouchent dans l'Océan Atlantique. Les deux derniers fleuves forment à leur embouchure le port de Charlestown, à l'extrémité O. duquel s'élève un phare. Un canal de 8 l. de longueur, au N. de Wadboo, joint le Cooper au Santée. Ce pays, qui produit les plus doux et les plus précieux fruits du sud, est malheureusement trop souvent ravagé par la fièvre jaune; 85,000 hab.

CHARLESTOWN, v. des États-Unis de l'Amérique du Nord, état de la Caroline du Sud, dans le district qui porte son nom et dont elle est le chef-lieu. Cette ville, fondée en 1630, est le siège d'un évêque protestant et d'un évêque catholique; c'est une des plus grandes, des plus belles et des plus peuplées des états méridionaux de l'Union; elle est bâtie sur une péninsule formée par le Cooper et l'Ashley qui, se réunissant au-dessous de cette ville, forment un port aussi vaste que sûr, dont l'entrée est défendue par trois forts. Parmi ses édifices publics, nous citerons : le palais de l'état, l'hôtel de ville, la douane, le théâtre, le marché, la prison et l'église St.-Michel, avec un clocher très-élevé. L'école de médecine, le Charlestown-college, l'école de droit, la société littéraire et philosophique, les sociétés de médecine et d'agriculture, celle de botanique, avec un beau jardin, et la bibliothèque publique sont les principaux établissements scientifiques et littéraires de cette ville. Charlestown renferme 17 églises de différents cultes, une synagogue, 6 banques, une bourse, plusieurs hôpitaux, une maison des orphelins, fondée en 1790, une maison de refuge et d'autres établissements de bienfaisance; chantiers pour la construction de vaisseaux marchands. La fièvre jaune a souvent décimé la population de Charlestown; cependant on regarde cette ville comme une des plus saines de toutes celles qui sont situées dans la région inférieure des états méridionaux de l'Union; aussi est-elle, pendant la mauvaise saison, le rendez-vous des riches planteurs du pays et même de ceux des Antilles; 35,000 hab.

CHARLESTOWN. *Voyez* JEFFERSON.

CHARLESTOWN, pet. v. des États-Unis de l'Amérique du Nord, état de Virginie, comté de Kenhawa, dont elle est le chef-lieu, au confluent du Kenhawa et de l'Elk; salines très-importantes sur le Kenhawa; 1500 hab.

CHARLESTOWN, v. des États-Unis de l'Amérique du Nord, état de Massachusetts, comté de Middlesex; agréablement située sur une péninsule formée par le confluent du Charles et du Mystic. Deux ponts sur le Charles, dont le nouveau pont de Warren, construit en pierres de taille, en 1828, d'une longueur de 474 mètres, joignent cette ville à Boston et à Cambridge; deux autres ponts sur le Mystic l'unissent à Chelséa et à Malden. Charlestown est très-important par son commerce, mais surtout par son arsenal maritime, établi depuis 1814. Cette ville renferme, en outre, un hôpital pour la marine, une belle prison de l'état, un arsenal construit en 1816, un magasin à poudre, un hôpital civil, avec une maison de refuge, une maison pour les aliénés et beaucoup d'autres édifices remarquables. Dans ses environs on voit, au haut de la colline de Breedshill, une grande et belle pyramide en granit, élevée en l'honneur du général Warren qui y remporta, en 1775, sur les Anglais une victoire, connue sous le nom de bataille de Bunkershill; 9000 hab.

CHARLESTOWN, pet. v. des États-Unis de l'Amérique du Nord, état de Pensylvanie, comté de Chester, sur le Schuylkill; agriculture, commerce; 2400 hab.

CHARLESTOWN, pet. v. des États-Unis de l'Amérique du Nord, état de Rhode-Island, comté de Washington, sur les deux rives du Charles; commerce; 2700 hab., dont beaucoup d'Indiens.

CHARLEVAL, vg. de Fr., Bouches-du-

Rhône, arr. et à 7 l. N.-O. d'Aix, cant. et poste de Lambesc. Ce joli village, fondé il y a environ un siècle, est situé sur le canal de Craponne et près la rive gauche de l'Andelle, et remarquable par la symétrie avec laquelle toutes ses maisons sont construites. Il a un élégant hôtel de ville, une belle promenade, plantée de peupliers; fabr. de coton et laine, de mouchoirs et toiles peintes, moulins à papier et à foulon. A l'extrémité d'une avenue on aperçoit, de l'autre côté du canal, le château des ci-devant seigneurs de Charleval; 1015 hab.

CHARLEVAL, b. de Fr., Eure, arr. des Andelys, cant. d'Ecouis, poste de Fleurysur-Andelle; papeteries, filat. de laine et de coton, fabrication d'indiennes et de mouchoirs, moulin à foulon; 910 hab.

CHARLEVILLE, v. de Fr., Ardennes, arr. et à 1/4 l. de Mézières, chef-lieu de canton; siége de tribunaux de première instance et de commerce et chambre consultative des manufactures. Cette ville, de fondation toute moderne, est située sur la rive gauche de la Meuse; elle n'est séparée de Mézières que par un pont et une belle chaussée plantée d'arbres; ses rues sont larges et bien alignées, et les maisons, construites très-régulièrement, sont presque toutes couvertes d'ardoises. Au milieu de la ville se trouve une belle place, entourée d'arcades et ornée d'une élégante fontaine.

Charleville possède de fort jolies promenades, un collége communal, une bibliothèque de 22,000 volumes, un cabinet d'histoire naturelle et d'antiquités et un hôpital. Sa clouterie, sa ferronnerie et ses armes sont les principaux articles de son commerce; tanneries, corroieries, brasseries, fabr. de noir animal, de sucre de betteraves, etc.; 8880 hab.

Charleville fut fondée au commencement du dix-septième siècle par Charles de Gonzague duc de Nevers et de Mantoue, qui lui donna son nom. La souveraineté de cette ville passa ensuite, par succession, à Anne de Bavière, veuve de Jules de Bourbon, prince de Condé, mort en 1709. Cette princesse transmit ses droits à ses enfants. Les princes de Condé portèrent jusqu'à la révolution le titre de seigneurs de Charleville.

Cette ville est la patrie de l'abbé Dufour de Longuerue, érudit et savant célèbre (1652—1733).

CHARLEVILLE, vg. de Fr., Marne, arr. d'Épernay, cant. et poste de Montmirail; 380 hab.

CHARLEVILLE, vg. de Fr., Moselle, arr. de Metz, cant. de Vigy, poste de Boulay; 530 hab.

CHARLEVILLE, b. d'Irlande, comté de Cork, sur la grande route de Cork à Limérik.

CHARLIEU, *Carilocus*, pet. v. de Fr., Loire, arr. et à 3 1/2 l. N.-E. de Roanne, chef-lieu de canton et poste; elle est agréablement située sur la Sornin et renferme des ruines d'une ancienne abbaye; filat. et tissage hydrauliques de coton, fabr. de rouennerie, soierie, toiles, linge de table et coutil; tanneries, teintureries; son commerce est assez considérable et alimenté surtout par les produits de son active industrie; 3500 hab.

CHARLOTTE, pet. v. des États-Unis de l'Amérique du Nord, état de Vermont, comté de Chittenden, sur le lac Champlain; pêcheries, commerce; 2600 hab.

CHARLOTTE, comté de l'état de Virginie, États-Unis de l'Amérique du Nord; il est borné par les comtés de Prince-Edward, de Lunenburgh, de Mecklenburgh, de Halifax et de Campbell. Le Roanoke, avec de nombreux affluents, arrose ce pays marécageux et sablonneux, mais fertile en riz; mines de schiste et de houille; 14,500 hab.

CHARLOTTE (Tennessée). *Voyez* DICKSON (comté).

CHARLOTTE, pet. v. des États-Unis de l'Amérique du Nord, état de la Caroline du Nord, comté de Mecklenburgh, dont elle est le chef-lieu, sur le Sugar; exploitation de mines d'or; on y construit un hôtel des monnaies; commerce; cet endroit s'accroît rapidement; 2500 hab.

CHARLOTTE (fort). *Voyez* NASSAU (Bahamas).

CHARLOTTE, baie sur la côte orient. du Labrador.

CHARLOTTE (ile). *Voyez* REINE-CHARLOTTE (île de la).

CHARLOTTE (détroit). *Voyez* REINE-CHARLOTTE (détroit de la).

CHARLOTTE (cap); il termine la langue de terre qui, en faisant partie de la prov. Fon-lien, en Chine, se projette dans la mer Jaune et forme le golfe de Liao-tong.

CHARLOTTE-HAVEN, baie étendue à l'O. du territoire de la Floride, côte occ. de la presqu'île, États-Unis de l'Amérique du Nord; l'entrée de cette baie est protégée par une longue série d'îles formant de nombreux *inlets* (entrées).

CHARLOTTEBOURG, v. du Haut-Canada, dist. de l'Est, sur le St.-Laurent, à l'E. de Cornwall. Elle renferme cinq églises de différents cultes, une dixaine d'écoles et fait un commerce très-important; 5000 hab.

CHARLOTTENBOURG, v. de Prusse, près de Berlin, située au milieu d'une forêt, sur la rive gauche de la Sprée. Le beau château royal, qui s'y trouve et qui contribue beaucoup à sa prospérité, possède un riche cabinet d'antiquités; ses magnifiques jardins renferment une belle orangerie, une métairie, un belvédère, de jolis pavillons, une salle de spectacle, etc. La ville est séparée de Berlin par un parc appelé *Thiergarten*, rendez-vous des promeneurs de la capitale; brasseries et distilleries; fabr. de toiles, de bas et d'étoffes de coton; 7000 hab.

CHARLOTTENBRUNN, b. des états prussiens, prov. de Silésie., rég. de Breslau; bains minéraux; tissage de toiles de lin; 600 hab.

CHARLOTTENLUND, château de plaisance du roi de Danemark, île de Seeland, à 1 1/2 mille de Copenhague.

CHARLOTTETOWN, v. et capitale de l'île du Prince-Edward ou de St.-Johns, dans le golfe de St.-Laurent, au N. de la Nouvelle-Écosse. Cette ville, située sur le Hillsborough qui est navigable jusqu'aux quais de la ville, est la résidence du gouverneur, des tribunaux provinciaux, d'un évêque catholique, et la première place de commerce de l'île; elle possède une bonne école latine et une société d'agriculture; son port est défendu par le fort Lot; 3400 hab.

CHARLOTTETOWN ou **CHARLOTTEVILLE**, v. de l'île de Dominique, Petites-Antilles, possession anglaise; cette ville aboutit à celle de Roseau, la capitale de l'île, dont elle peut être regardée comme un faubourg; 2400 hab.

CHARLOTTEVILLE, v. naissante du Haut-Canada, dist. de Londres, sur le lac Érié, non loin du Turkey-Point; elle a un port et les collines qui l'entourent sont couvertes de forêts. Elle paraît destinée à devenir une des premières places de guerre et, en même temps, une des premières villes de commerce du Haut-Canada; 4000 hab.

CHARLOTTEVILLE, pet. v. des États-Unis de l'Amérique du Nord, état de Virginie, comté d'Albemarle, dont elle est le chef-lieu, sur la Rivanna; collège académique; université de la Virginie, ouverte en 1828; 1300 hab.

CHARLSTON, pet. v. des États-Unis de l'Amérique du Nord, état de Massachusetts, comté de Worcester; commerce de potasse et de cendre de perles; 3000 hab.

CHARLTON, pet. v. des États-Unis de l'Amérique du Nord, état de New-York, comté de Saratoga; agriculture, commerce; 2500 hab.

CHARLTON, île dans la baie de James, sur la côte O. du Labrador; elle est bien boisée et remplie de gibier et d'oiseaux marins.

CHARLY, vg. de Fr., Cher, arr. de St.-Amand-Mont-Rond, cant. de Nérondes, poste de Dun-le-Roi; 790 hab.

CHARLY, vg. de Fr., Moselle, arr. et poste de Metz, cant. de Vigy; 380 hab.

CHARLY, vg. de Fr., Rhône, arr. de Lyon, cant. de St.-Genis-Laval, poste de Brignais; vins exquis; 1020 hab.

CHARLY-SUR-MARNE, b. de Fr., Aisne, arr. et à 3 l. S.-S.-O. de Château-Thierry, chef-lieu de canton et poste; 1600 hab.

CHARMANT, vg. de Fr., Charente, arr. d'Angoulême, cant. et poste de la Valette; 400 hab.

CHARMAUVILLERS, vg. de Fr., Doubs, arr. de Montbéliard, cant. de Maiche, poste de St.-Hippolyte; 300 hab.

CHARME, vg. de Fr., Charente, arr. de Ruffec, cant. et poste d'Aigre; 1180 hab.

CHARME, vg. de Fr., Côte-d'Or, arr. de Dijon, cant. et poste de Mirebeau-sur-Bèze; 210 hab.

CHARME (la), vg. de Fr., Jura, arr. de Lons-le-Saulnier, cant. et poste de Sellières; 100 hab.

CHARME (le), vg. de Fr., Loiret, arr. de Montargis, cant. et poste de Châtillon-sur-Loing; 330 hab.

CHARME (le), ham. de Fr., Haute-Saône, com. de St.-Gaud; 120 hab.

CHARMÉE (la), vg. de Fr., Saône-et-Loire, arr., cant. et poste de Châlon-sur-Saône; 510 hab.

CHARMÉE (la), vg. de Fr., Yonne, com. de Lailly; 330 hab.

CHARMEIL, vg. de Fr., Allier, arr. et poste de Gannat, cant. d'Escurolles; 350 h.

CHARMEL (le), vg. de Fr., Aisne, arr. de Château-Thierry, cant. et poste de Fère-en-Tardenois; 350 hab.

CHARMENSAC, vg. de Fr., Cantal, arr. de Murat, cant. et poste d'Allanche; 550 hab.

CHARMENTRAY, vg. de Fr., Seine-et-Marne, arr. de Meaux, cant. et poste de Meaux; 220 hab.

CHARMES, vg. de Fr., Aisne, arr. de Laon, cant. et poste de la Fère; 630 hab.

CHARMES, vg. de Fr., Allier, arr., cant. et poste de Gannat; 730 hab.

CHARMES, vg. de Fr., Ardèche, arr. de Privas, cant. et poste de la Voulte; 790 hab.

CHARMES, vg. de Fr., Drôme, arr. de Valence, cant. de St.-Donat, poste de Romans; 880 hab.

CHARMES, vg. de Fr., Haute-Marne, arr. et poste de Langres, cant. de Neuilly-l'Évêque; 210 hab.

CHARME-SAINT-VALBERT, vg. de Fr., Haute-Saône, arr. de Vesoul, cant. de Vitrey, poste de Cintrey; 310 hab.

CHARMES-EN-LANGLE, vg. de Fr., Haute-Marne, arr. de Vassy, cant. et poste de Doulevant; haut-fourneau; raffineries, sur le Blaison; 180 hab.

CHARMES-LA-COTE, vg. de Fr., Meurthe, arr., cant. et poste de Toul; 610 hab.

CHARMES-LA-GRANDE, vg. de Fr., Haute-Marne, arr. de Vassy, cant. et poste de Doulevant; forges; haut-fourneau; 610 hab.

CHARMES-LA-PETITE. *Voyez* **CHARMES-EN-LANGLE**.

CHARMES-SUR-MOSELLE, pet. v. de Fr., Vosges, arr. et à 3 l. N.-E. de Mirecourt, chef-lieu de canton et poste; elle est très-avantageusement située sur la rive gauche de la Moselle que l'on y passe sur un ancien pont de dix arches, remarquable par la hardiesse de sa construction. L'église, d'architecture gothique, mérite d'être mentionnée. Commerce de grains, vins, bois, cuirs; fabr. de dentelles et de plâtre; 2950 hab. Cette ville, défendue autrefois par un château fort, eut beaucoup à souffrir de nos guerres civiles et religieuses; elle fut détruite trois fois du quinzième au dix-septième siècle; aussi ne reste-t-il plus rien de ses anciennes constructions.

CHARMOILLE, vg. de Fr., Doubs, arr. de Montbéliard, cant. de Maiche, poste de St.-Hippolyte; 400 hab.

CHARMOILLE, vg. de Fr., Haute-Saône, arr., cant. et poste de Vesoul; tuilerie; 260 hab.

CHARMOILLES, vg. de Fr., Haute-Marne, arr. et poste de Langres, cant. de Neuilly-l'Évêque; 410 hab.

CHARMOIS, vg. de Fr., Meurthe, arr. et poste de Lunéville, cant. de Bayon; 100 h.

CHARMOIS, vg. de Fr., Haut-Rhin, arr., cant. et poste de Belfort; 260 hab.

CHARMOIS-LE-ROUILLIER, vg. de Fr., Vosges, arr. et poste d'Épinal, cant. de Bruyères; 580 hab.

CHARMOIS-L'ORGUEILLEUX, vg. de Fr., Vosges, arr. d'Épinal, cant. et poste de Xertigny; verrerie; 1215 hab.

CHARMONT, vg. de Fr., Aube, arr., cant. et poste d'Arcis-sur-Aube; fabr. de cordes et ficelles; 690 hab.

CHARMONT, vg. de Fr., Loiret, arr. de Pithiviers, cant. d'Outarville, poste d'Angerville; 690 hab.

CHARMONT, vg. de Fr., Marne, arr. de Vitry-le-François, cant. et poste de Heiltz-le-Maurupt; 1160 hab.

CHARMONT, vg. de Fr., Seine-et-Oise, arr. de Mantes, cant. et poste de Magny; 60 hab.

CHARMONTOIS - L'ABBÉ, vg. de Fr., Marne, arr. et poste de Ste.-Ménéhoulde, cant. de Dommartin-sur-Yèvre; 290 hab.

CHARMONTOIS-LE-ROI, vg. de Fr., Marne, arr. et poste de Ste.-Ménéhoulde, cant. de Dommartin-sur-Yèvre; 250 hab.

CHARMOY, vg. de Fr., Aube, arr. de Nogent-sur-Seine, cant. et poste de Marcilly-le-Hayer; 100 hab.

CHARMOY, vg. de Fr., Haute-Marne, arr. de Langres, cant. et poste de Fayl-Billot; 400 hab.

CHARMOY, vg. de Fr., Nièvre, com. de Billy; 250 hab.

CHARMOY, vg. de Fr., Saône-et-Loire, arr. d'Autun, cant. et poste de Montcenis; 670 hab.

CHARMOY, vg. de Fr., Yonne, arr. et poste de Joigny, cant. de Bassou; 390 hab.

CHARMOY (le), ham. de Fr., Yonne, com. de Belle-Chaume; 220 hab.

CHARNAS, vg. de Fr., Ardèche, arr. de Tournon, cant. de Serrières, poste du Péage; 520 hab.

CHARNAT, vg. de Fr., Puy-de-Dôme, arr. de Thiers, cant. de Lezoux, poste de Maringues; 540 hab.

CHARNAY, vg. de Fr., Doubs, arr. de Besançon, cant. et poste de Quingey; 210 h.

CHARNAY, ham. de Fr., Mayenne, com. d'Ernée; 240 hab.

CHARNAY, vg. de Fr., Rhône, arr. de Villefranche - sur - Saône, cant. et poste d'Anse; 700 hab.

CHARNAY, vg. de Fr., Saône-et-Loire, arr., cant. et poste de Mâcon; 1660 hab.

CHARNAY - LES - CHALES, vg. de Fr., Saône-et-Loire, arr. de Châlon-sur-Saône, cant. de Verdun-sur-le-Doubs, poste de Seurre; 660 hab.

CHARNÈCLES, vg. de Fr., Isère, arr. de St.-Marcellin, cant. et poste de Rives; 1340 hab.

CHARNELLES, vg. de Fr., Eure, arr. d'Évreux, cant. et poste de Verneuil; 210 h.

CHARNEUIL - GASTEVINE (la), ham. de Fr., Indre, com. de Bélâbre; forge, haut-fourneau, fonderie; 110 hab.

CHARNEUX, vg. du roy. de Belgique, prov. et arr. de Liège; 2800 hab.

CHARNIZAY, vg. de Fr., Indre-et-Loire, arr. de Loches, cant. de Preutly, poste de St.-Flovier; 1600 hab.

CHARNOD, vg. de Fr., Jura, arr. de Lons-le-Saulnier, cant. et poste d'Arinthod; 160 h.

CHARNOIS, vg. de Fr., Ardennes, arr. de Rocroi, cant. et poste de Givet; ardoisières renommées; 130 hab.

CHARNOY-SUR-GUÉRARD (le), ham. de Fr., Seine-et-Marne, com. de Guérard; 210 hab.

CHARNOY-SUR-TRESME (le), ham. de Fr., Seine-et-Marne, com. de Pommeuse; 280 h.

CHARNOZ, vg. de Fr., Ain, arr. de Trévoux, cant. et poste de Meximieux; 290 h.

CHARNY, vg. de Fr., Côte-d'Or, arr. de Sémur, cant. de Saulieu, poste de la Maison-Neuve; 270 hab.

CHARNY, vg. de Fr., Seine-et-Marne, arr. de Meaux, cant. et poste de Claye; 490 hab.

CHARNY, b. de Fr., Yonne, arr. et à 7 l. O.-S.-O. de Joigny, chef-lieu de canton et poste; commerce de vins et cidre; 1210 hab.

CHARNY-LE-BACHOT, vg. de Fr., Aube, arr. d'Arcis-sur-Aube, cant. et poste de Méry-sur-Seine; fabr. de bas de coton; 310 hab.

CHARNY-SUR-MEUSE, vg. de Fr., Meuse, arr., à 2 l. N. et poste de Verdun, chef-lieu de canton; scierie mécanique; 510 hab.

CHARO, pet. v. de la confédération mexicaine, état de Méchoacan; cette ville, l'ancienne Matlanzinga, est située au pied de la Sierra Otzumatlan et fait assez de commerce; 3800 hab.

CHAROLAIS (canal du). *Voyez* CENTRE (canal du).

CHAROLAIS, ancien comté compris dans le duché de Bourgogne; il était borné au N. et à l'O. par le territoire d'Autun, au S. et à l'E. par le Mâconnais. Plusieurs princes de la maison de Bourgogne portèrent le titre de comte de Charolais. Le plus remarquable de ces comtes fut Charles-le-Téméraire, après la mort duquel, en 1477, Louis XI se rendit maître du Charolais et de la Bourgogne. La possession de ce domaine fut le sujet de différends entre la France et l'Espagne. Le traité des Pyrénées, en 1659, le rendit à Philippe IV d'Espagne; mais il rentra peu de temps après dans le domaine de la couronne de France.

CHAROLLES, *Caroliœ*, *Quadrigellœ*, v. de Fr., Saône-et-Loire, chef-lieu d'arrondissement, à 12 l. O.-N.-O. de Mâcon, au confluent de la Semonce et de l'Arconce; c'est une petite ville bien bâtie et très-agréablement située; sur une des collines qui la dominent on remarque les ruines d'un château, autrefois résidence des comtes de Charolais; elle est le siége de tribunaux de première instance et de commerce, d'une conservation des hypothèques; direction des contributions indirectes; elle a un collége communal. Fabr. de poterie et de creusets; forges considérables; commerce de vins, bois, fer, blé, charbon de terre, bestiaux; foires le deuxième mercredi de chaque mois; 3226 hab.

Charolles était autrefois le chef-lieu du Charolais, érigé en comté par St.-Louis, en faveur de son fils Robert, comte de Clermont, en 1271.

CHAROLS, vg. de Fr., Drôme, arr. et poste de Montélimart, cant. de Marsanne; 460 hab.

CHARONNE, vg. de Fr., Seine, arr. de St.-Denis, cant. de Pantin, poste; fabr. de produits chimiques; 660 hab.

CHARONVILLE, vg. de Fr., Eure-et-Loir, arr. de Chartres, cant. et poste d'Illiers; 360 hab.

CHAROST, *Carophium*, *Carovium*, pet. v. de Fr., Cher, arr. et à 5 l. S.-O. de Bourges, chef-lieu de canton et poste, sur la rive gauche de l'Arnon; on y remarque les ruines d'un ancien château fort, détruit pendant les guerres de la ligue. Les habitants s'occupent presque généralement de la culture de la vigne et du commerce de vins; 1363 hab.

CHARPEIZE, ham. de Fr., Isère, com. de St.-Savin; 230 hab.

CHARPENNES, vg. de Fr., Isère, com. de Villeurbanne; fabr. de chapeaux, façon feutre vernis; 300 hab.

CHARPENTIERS (Anse des), baie au N.-E. de l'île de Martinique; elle est dominée par le morne Pain-de-sucre.

CHARPENTRY, vg. de Fr., Meuse, arr. de Verdun, cant. et poste de Varennes-en-Argonne; forge; 200 hab.

CHARPEY, b. de Fr., Drôme, arr. de Valence, cant. de Bourg-du-Péage, poste de Romans; vers à soie; fabr. d'étoffes de laine; 2770 hab.

CHARPONT, vg. de Fr., Eure-et-Loir, arr., cant. et poste de Dreux; 370 hab.

CHARQUEMONT, vg. de Fr., Doubs, arr. de Montbéliard, cant. de Maiche, poste de St.-Hippolyte; fabr. de fournitures d'horlogerie; 1030 hab.

CHARRAIS, vg. de Fr., Vienne, arr. de Poitiers, cant. et poste de Neuville; 810 h.

CHARRAIX, vg. de Fr., Haute-Loire, arr. de Brioude, cant. et poste de Langeac; 380 hab.

CHARRARAT, tribu arabe, misérable, mais nombreuse, qui parcourt le désert de l'Arabie, située entre l'Euphrate, la Syrie et le Nedjed. Elle est gouvernée par 30 à 40 cheiks.

CHARRAS, vg. de Fr., Charente, arr. d'Angoulême, cant. et poste de Montbron; 820 hab.

CHARRAY, vg. de Fr., Eure-et-Loir, arr. de Châteaudun, cant. et poste de Cloyes; 370 hab.

CHARRE, vg. de Fr., Basses-Pyrénées, arr. d'Orthez, cant. et poste de Navarrenx; 550 hab.

CHARRENEC, vg. de Fr., Hautes-Alpes, com. de Gap; 420 hab.

CHARRETTE. *Voy*. MONTGOMÉRY (comté).

CHARREY, vg. de Fr., Côte-d'Or, arr. de Beaune, cant. et poste de St.-Jean-de-Losne; 450 hab.

CHARREY, vg. de Fr., Côte-d'Or, arr. et cant. de Châtillon-sur-Seine, poste de Mussy-sur-Seine; 450 hab.

CHARRIÈRE (la), ham. de Fr., Isère, com. de Bevenais; 200 hab.

CHARRIÈRE (la), vg. de Fr., Deux-Sèvres, arr. de Niort, cant. et poste de Beauvoir-sur-Niort; vins blancs excellents; 690 hab.

CHARRIN, vg. de Fr., Nièvre, arr. de Nevers, cant. de Fours, poste de Decize; forges; 790 hab.

CHARRITTE-DE-BAS, vg. de Fr., Basses-Pyrénées, arr., cant. et poste de Mauléon; 370 hab.

CHARRITTE-MIXE, vg. de Fr., Basses-Pyrénées, arr. de Mauléon, cant. et poste de St.-Palais; 210 hab.

CHARRON, vg. de Fr., Charente-Inférieure, arr. de la Rochelle, cant. et poste de Marans; 960 hab.

CHARRON, vg. de Fr., Creuse, arr. d'Aubusson, cant. d'Évaux, poste d'Auzances; 1350 hab.

CHARROUX, b. de Fr., Allier, arr. et poste de Gannat, cant. de Chantelle; tanneries importantes; fours à chaux; 1760 h.

CHARROUX, pet. v. de Fr., Vienne, arr., à 2 l. E.-S.-E. et poste de Civray, chef-lieu de canton, sur la Vienne; commerce de bestiaux; elle doit son origine à un monastère, fondé vers la fin du huitième siècle par Roger, comte de Limoges. On y voit encore les ruines d'une église, détruite pendant les guerres religieuses du seizième siècle; 1740 hab.

CHARS, b. de Fr., Seine-et-Oise, arr. de Pontoise, cant. et poste de Marines; belle église; hospice; carrières; 1160 hab.

CHARSONVILLE, vg. de Fr., Loiret, arr. d'Orléans, cant. de Meung-sur-Loire, poste d'Ouzouer-le-Marché; 800 hab.

CHARTAINVILLIERS, vg. de Fr., Eure-et-Loir, arr. de Chartres, cant. et poste de Maintenon; 500 hab.

CHARTÈVES, vg. de Fr., Aisne, arr. et poste de Château-Thierry, cant. de Condé-en-Brie; 360 hab.

CHARTIER (Saint-), b. de Fr., Indre, arr., cant. et poste de la Châtre; 1020 hab.

CHARTIERS, pet. v. des États-Unis de l'Amérique du Nord, état de Pensylvanie, comté de Washington; elle possède depuis 1802 le Jeffersons-college, avec une bibliothèque; 2700 hab.

CHARTON, pet. v. des États-Unis de l'Amérique du Nord, état d'Ohio, comté de Geauga, dont elle est le chef-lieu, sur le Great-River et à 3 l. de l'embouchure de ce fleuve; commerce; 2000 hab.

CHARTRAINS (les). *Voyez* MARTIN-AUX-CHARTRAINS.

CHARTRENÉ, vg. de Fr., Maine-et-Loire, arr., cant. et poste de Baugé; 230 hab.

CHARTRES, *Autricum*, *Carnutes*, v. de Fr., chef-lieu du département d'Eure-et-Loir, à 18 1/2 l. S.-O. de Paris; siége d'une cour d'assises, de tribunaux de première instance et de commerce, d'un évêché suffragant de l'archevêché de Paris, d'une direction des domaines, de directions des contributions directes et indirectes, d'une recette générale et d'une conservation des hypothèques. Cette ville est située sur le haut et le penchant d'une colline, au bord de l'Eure, qui forme en cet endroit deux bras, l'un en dedans, l'autre en dehors des murs; des promenades, en forme de boulevards, remplacent les anciennes fortifications, dont il ne reste plus que quelques débris, tels que d'énormes pans de murailles et des ruines de quelques tours crénelées; elle n'a plus que trois portes, dont l'une, la porte Guillaume, est remarquable par la solidité de son antique construction. Chartres se divise en haute et en basse ville, qui communiquent entre elles par des rampes très-rapides. La ville basse, arrosée par l'Eure, est la partie la plus ancienne; les rues y sont étroites, sombres et tortueuses; la plupart des maisons sont construites en bois, chargées de sculptures, d'ornements bizarres et garnies de tourelles qui rappellent tout à fait le moyen âge. De tous ses édifices, la cathédrale est le seul qui mérite d'être cité : c'est un précieux monument, véritable chef-d'œuvre d'architecture gothique, aussi admirable par la majesté imposante et la richesse de son intérieur que par la hardiesse, la grandeur et l'élégance de sa construction; ses flèches élancées gracieusement s'aperçoivent de plus de dix lieues. Ce bel édifice a été endommagé par un incendie en 1836. Une place, fort petite et mal entourée, porte le nom de Marceau; elle est décorée d'un monument élevé à la mémoire de ce jeune et brave général républicain que Chartres s'honore d'avoir vu naître. Cette ville possède une société royale d'agriculture, une bibliothèque publique de 46,000 volumes, un cabinet d'histoire naturelle, un collége communal avec un cabinet de physique, un jardin botanique, une école de dessin, un séminaire, une école normale primaire, une salle de spectacle et une belle caserne propre et spacieuse. Fabr. de broderies, mousselines, couvertures; poterie; mégisseries; teintureries; filat. de laine; les patés de Chartres sont renommés. Cette ville est le centre du commerce des grains et de la laine de la contrée, et elle tient les marchés les plus considérables de ce genre en France. Foires le 11 mai, le premier samedi après St.-Jean, tous les jeudis de juillet, 24 août, 8 septembre et 30 novembre; 14,750 hab.

Patrie du chancelier Étienne d'Aligre, mort en 1635; de Philippe Desportes (1546—1606), un des plus délicieux poëtes de son temps; du poëte satirique Régnier, né en 1573; des conventionnels Brissot (1754—1793), et Petion (1760—1793), etc.

Chartres était avant l'invasion romaine la principale cité des Carnutes; les druides y avaient leur collége. Après la chute de l'empire d'Occident, cette ville, que les Romains avaient embellie, passa sous la domination des Francs et fit partie du royaume de Paris. Les Normands la prirent et la détruisirent presque entièrement en 858. Vers le milieu du dixième siècle, elle tomba au pouvoir des comtes de Champagne, qui ajoutèrent à leur titre celui de comte de Chartres. Ces seigneurs conservèrent ce comté jusqu'en 1286; il fut alors réuni à la couronne. Les Anglais s'emparèrent de Chartres, sous Charles VI et en restèrent maîtres jusqu'en 1432, époque où ils en furent chassés par le brave Dunois. Les protestants l'assiégèrent vainement en 1568. Henri IV s'en empara en 1591 et s'y fit sacrer en 1594. Chartres fut plus tard érigée en duché, et quoiqu'il n'y ait plus de duchés en France, le titre de duc de Chartres a été conservé avec une foule d'autres, qui ne sont plus que des titres purement honorifiques; le duc d'Orléans actuel portait avant 1830 celui de duc de Chartres.

CHARTRES (Saint-), vg. de Fr., Vienne, arr. de Loudun, cant. de Moncontour, poste de Mirebeau; 410 hab.

CHARTRES, vg. de Fr., Ille-et-Vilaine, arr., cant. et poste de Rennes; 740 hab.

CHARTRE-SUR-LE-LOIR (la), b. de Fr., Sarthe, arr. à 5 1/2 l. S.-O. de St.-Calais, chef-lieu de cant. et poste; commerce considérable en grains.

CHARTRETTES, vg. de Fr., Seine-et-Marne, arr. et poste de Melun, cant. du Châtelet. On y remarque le château du Pré, qui était bâti par Henri IV pour Gabriel d'Estrées; 500 hab.

CHARTREUSE (la), ham. de Fr., Morbihan, com. de Brech; 100 hab.

CHARTREUSE (la Grande -). *Voye* PIERRE-DE-CHARTREUSE (Saint-).

CHARTREUX (les), vg. de Fr., Bouches-du-Rhône, com. de Marseille; 310 hab.

CHARTREUX (les), vg. de Fr., Seine-Inférieure, com. de Petit-Quevilly; 250 hab.

CHARTRIER, vg. de Fr., Corrèze, arr. de Brives, cant. de Larche, poste de Noailles; pays de truffes; 570 hab.

CHARTRONGES, vg. de Fr., Seine-et-Marne, arr. de Coulommiers, cant. et poste de la Ferté-Gaucher; 200 hab.

CHARTROUSSE. *Voyez* PIERRE - DE - CHARTREUSE (Saint-).

CHARTRUZAC, vg. de Fr., Charente-Inférieure, arr. de Jonzac, cant. et poste de Montendre; 310 hab.

CHARVIEUX, vg. de Fr., Isère, arr. de Vienne, cant. de Meyzieux, poste de Crémieu; 310 hab.

CHARY ou **SHARY**, riv. considérable de la Nigritie centrale, Afrique. On ne connaît encore qu'une petite partie de son cours inférieur; l'opinion généralement adoptée fait venir ses eaux, dont la masse est très-grande, des montagnes situées au N. du désert éthiopien, où paraissent aussi être les sources du Bahr-el-Abiad.

CHARYBDIS, g. a., gouffre célèbre près du détroit et de la côte N.-E. de Sicile, vis-à-vis le rocher de Scylla, près le cap dit Faro de nos jours; il était redouté par les navigateurs.

CHARZAIS, vg. de Fr., Vendée, arr., cant. et poste de Fontenay-le-Comte; 530 h.

FIN DU TOME PREMIER.

www.ingramcontent.com/pod-product-compliance
Lightning Source LLC
Chambersburg PA
CBHW061730300426
44115CB00009B/1164